GEO – Das FRILO-Gebäudemodell

Das praxisnahe Konzept des Programms **GEO** mit seinen einfach nachvollziehbaren Ansätzen hat am Markt große Akzeptanz und Verbreitung gefunden.

Dabei steht nicht das Gebäudemodell mit allen Details im Zentrum des Ansatzes sondern die einfache, schnelle Lastermittlung und die Vorbemessung. Die endgültige Bemessung erfolgt dann über die einzelnen Frilo-Bemessungsprogramme.

Während mit dem Grundmodul GEO die vertikale Lastabtragung berechnet werden kann, bietet die Ergänzung GEO-HL die Möglichkeit, die Verteilung der Horizontallasten zu berechnen. Mit dem Zusatzmodul GEO-EB können die Erdbebenlasten nach dem vereinfachten Antwortspektrenverfahren berechnet werden.

Das FRILO-Gebäudemodell basiert auf Bauteilen, die alle ihre eigenen Eigenschaften haben. Gemischte Konstruktionen aus Stahlbeton, Mauerwerk, Stahl und Holz sind damit sehr gut erfassbar.

Ein pragmatischer und überschaubarer Ansatz für die Verteilung der Horizontallasten auf die aussteifenden Bauteile rundet das Gesamtpaket ab – der Ingenieur wird von Rechenarbeit entlastet und kann wieder mehr im konstruktiven Bereich tätig sein.

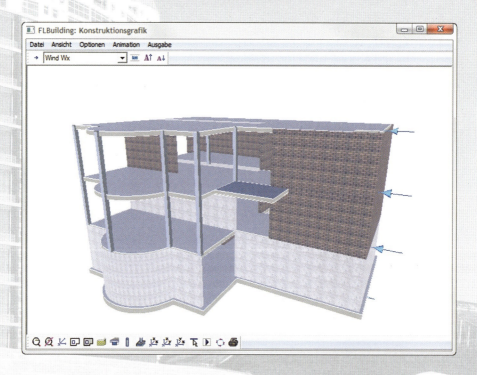

Bauwerke des üblichen Hochbaus in Massivbauweise werden als Gesamttragwerk betrachtet. Dabei werden alle tragenden Bauteile wie Decken, Wände, Stützen und Unterzüge grafisch eingegeben und geschossweise erfasst. Es besteht die Möglichkeit eingegebene Geschosse zu kopieren.

Die Berechnung des Gebäudes erfolgt dann geschossweise von oben nach unten. Die Fundamente können auf Basis der so ermittelten Lasten dimensioniert werden. Die Lastabtragung wird Geschoss für Geschoss übersichtlich für jedes Bauteil dargestellt. Auch die Verteilung der Horizontallasten auf die einzelnen aussteifenden Bauteile wird detailliert dokumentiert.

Die Bemessung der einzelnen Bauteile erfolgt dann durch direkten Aufruf des jeweiligen Bemessungsprogramms aus dem Gebäudemodell mit automatischer Übergabe der Geometrie- und Lastdaten.

Nähere Informationen zum Programm und zum implementierten Erdbebennachweis finden sie auf www.frilo.de.

Stahlbetonbau aktuell 2013

Jetzt diesen Titel zusätzlich als E-Book downloaden und 70 % sparen!

Als Käufer dieses Buchtitels haben Sie Anspruch auf ein besonderes Kombi-Angebot: Sie können den Titel zusätzlich zum Ihnen vorliegenden gedruckten Exemplar für nur 30 % des Normalpreises als E-Book beziehen.

Der BESONDERE VORTEIL: Im E-Book recherchieren Sie in Sekundenschnelle die gewünschten Themen und Textpassagen. Denn die E-Book-Variante ist mit einer komfortablen Volltextsuche ausgestattet!

Deshalb: Zögern Sie nicht. Laden Sie sich am besten gleich Ihre persönliche E-Book-Ausgabe dieses Titels herunter.

In 3 einfachen Schritten zum E-Book:

❶ Rufen Sie die Website **www.beuth.de/e-book** auf.

❷ Geben Sie hier Ihren persönlichen, nur einmal verwendbaren E-Book-Code ein:

230293036F84C3F

❸ Klicken Sie das „Download-Feld" an und gehen dann weiter zum Warenkorb. Führen Sie den normalen Bestellprozess aus.

Hinweis: Der E-Book-Code wurde individuell für Sie als Erwerber dieses Buches erzeugt und darf nicht an Dritte weitergegeben werden. Mit Zurückziehung dieses Buches wird auch der damit verbundene E-Book-Code für den Download ungültig.

Die Bewehrungshelfer.
Auf diese Männer ist Verlass.

Planen und bemessen Sie Bauwerke?
Die Schöck Bewehrungshelfer unterstützen Sie
mit kompetenter Beratung, zugelassenen Produkten,
kostenloser Software und zuverlässiger Lieferung.
Mehr auf www.diebewehrungshelfer.de

Schöck
Innovative Baulösungen

Schöck Bauteile GmbH | Vimbucher Straße 2 | 76534 Baden-Baden | Telefon: 07223 967-0 | www.schoeck.de

Wo Stahl an seine Grenzen stößt.
Schöck ComBAR® - die dauerhafte Glasfaserbewehrung.

Schöck ComBAR® Bewehrungsstäbe

Die Glasfaserbewehrung Schöck ComBAR®, ist eine dauerhafte, hochfeste, nicht-metallische Bewehrung und die Alternative zu herkömmlichem Betonstahl. Die Zugfestigkeit von ComBAR® ist deutlich höher als die des herkömmlichen Betonstahls und ein weiterer Vorteil: ComBAR® rostet nicht. Korrosionsschäden an Betonbauwerken gehören mit diesem Material somit der Vergangenheit an. Ferner zeichnet sich ComBAR® dadurch aus, dass es nicht elektrisch leitend ist. Aus diesen Materialeigenschaften resultieren zahlreiche Sonderanwendungen.

Einbau von Schöck ComBAR® bei Energieanlagen

ComBAR® als nichtleitende Bewehrung bei Energieanlager
Schöck ComBAR® ist elektromagnetisch nicht leitend und daher ideal geeignet für den Bau von Einhausungen und Fundamenten für Sammelschienen und Drosselspulen z.B. in Schaltanlagen, Stahlhütten, Aluschmelzen, Schwerindustrieanlagen, Umspannwerken und Unterwerken. Einhausungen können durch den Einsatz von Schöck ComBAR® kleiner ausgeführt werden, die Spulen arbeiten trotzdem ohne Verluste. Die Bau- und Betriebskosten sinken enorm.

Einbau von Schöck ComBAR® im Tunnelbau

ComBAR® als temporäre Bewehrung im Tunnelbau
Durch die leichte Zerspanbarkeit ist ComBAR® ideal geeignet für Bauteile, die durchbohrt oder durchschnitten werden müssen, wie z.B. die Schachtwände im Tunnelbau (Schlitzwände, Bohrpfähle) beim Einsatz einer Tunnelbohrmaschine. Die Tunnelbohrmaschine kann den mit ComBAR®-bewehrten Durchörterungsbereich, das Soft-eye, direkt durchfahren; die Wände müssen nicht händisch aufgebrochen werden. Das reduziert die Bauzeit und Baukosten und erhöht die Sicherheit der Mitarbeiter.

Einbau von Schöck ComBAR® im Brückenbau

ComBAR® als nichtrostende Bewehrung im Brückenbau
Schöck ComBAR® rostet nicht und ist resistent gegen Tausalze. Es ist daher das perfekte Bewehrungsmaterial für den Einsatz in Brückendecks, Brückenkappen, Anprallwänden auf Brücken, Lärmschutzwänden, Betontragschichten (feste Fahrbahn) und Flugfeldern. ComBAR® erhöht die Lebensdauer solcher Bauwerke und reduziert deren Lebenszykluskosten erheblich.

Wir unterstützen Sie gerne bei Ihrem Projekt. Rufen Sie uns an, Tel.: 07223 967-449 oder senden Sie uns eine E-Mail an: combar@schoeck.de

Schöck Bauteile GmbH · Vimbucher Straße 2 · 76534 Baden-Baden · Tel.: 07223 967-0 · www.schoeck.de

CONCRETE CONNECTIONS

Peikko Group, weltweit Ihr Partner im Bereich der Befestigungstechnik und Transportankersysteme für den Stahlbeton- und Stahlbetonfertigteilbau

Peikko Deutschland GmbH
Brinker Weg 15
34513 Waldeck
Tel.: (05634) 9947-0
Fax: (05634) 7572
E-Mail: peikko@peikko.de

www.peikko.com

Peikko Group - Concrete Connections since 1965

PEIKKO® GmbH
Brinker Weg 15
D-34513 WALDECK
Tel. +49 5634 9947-0
Fax. +49 5634 7572
www. peikko.com

PEIKKO® ist der führende Hersteller von **Befestigungs- und Verbindungssystemen** für den Stahlbetonfertigteilbau in Europa. Das Stammhaus mit Sitz in Lahti / Finnland wurde 1965 gegründet, heute ist PEIKKO® weltweit vertreten.

Standardisierte Schraubsysteme (**PEIKKO® System,** Europäische Zulassung) ermöglichen ein schnelles und wirtschaftliches Verbinden von Stahlbetonfertigteilen unter Verzicht auf Hilfsabstützungen. Dadurch können biegesteife Rahmensysteme schnell und wirtschaftlich ohne aufwendige Vergussknoten realisiert werden. Die Montagevorteile des Stahlbaus werden auf den Stahlbetonfertigteilbau konsequent übertragen. Das **PEIKKO® System** besteht aus Ankerbolzen und Einbauteilen, es stehen Lastklassen von 61 kN bis 1200 kN zur Verfügung.

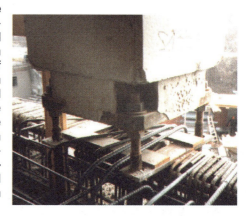

Der **DELTABEAM** ist ein Verbundträger, der höchste architektonische Ansprüche durch die Bauweise mit Deckengleichen Unterzügen (Slim-Floor System) erfüllt- ohne kostenintensive Brandschutzverkleidungen.
Durch die Reduzierung der Bauhöhe ist der DELTABEAM eine wirtschaftliche Alternative zu Flachdecken und herkömmlichen Verbundbauten.
Als Deckensysteme kommen vorgespannte Hohlplatten, Filigran oder auch Trapezprofile / Verbunddecken zur Anwendung.
Standardisierte Anschlüsse und Trägertypen, Installationsfreiheiten, ein geringer Ortbetonanteil und eine umfangreiche technische Unterstützung ermöglichen eine kurze Bauzeit. Je nach Deckensystem erfolgt die Montage ohne Abstützungen.
Es können Einfeld- oder Mehrfeldsysteme ausgeführt werden. Eine projektbezogene detaillierte Bemessung erfolgt von PEIKKO®.

Neben allgemeinen Kopfbolzenverankerungen (standardisierte Ankerplatten, Sonderanfertigen, Durchstanzbewehrungen) werden spezielle Verankerungen auf Kundenanforderung entwickelt und hergestellt.

Software für Statik und Dynamik

RSTAB 8
Das räumliche Stabwerksprogramm

RFEM 5
Das ultimative FEM-Programm

- FEM für Stahl- und Spannbeton, Stahl, Holz, Glas, Aluminium etc.
- Balken, Platten, Schalen und Volumenelemente
- Rotationsschalen
- Durchdringungen beliebiger Flächen
- Orthotrope Materialien
- Lineare, nichtlineare und Seilberechnungen
- Unterzüge und Rippen
- Nichtlineare elastische Bettungen und Auflager
- Spannungsanalyse
- Fundamentbemessung
- Rissbreitennachweise
- Durchbiegung im gerissenen Zustand
- Brandschutznachweise
- Durchbiegung von Flächen
- Durchstanznachweise

- Für Stabwerke aus Stahlbeton, Stahl, Holz und Aluminium
- Nichtlineare Berechnung bei großen Verschiebungen
- Dynamische Analyse
- Erweiterte Stabilitätsanalyse für Knicken und Beulen
- Verbindungen
- Querschnittswerte
- Elastische und plastische Nachweise
- Internationale Bemessungsnormen (Eurocodes, DIN, SIA, ACI, GB, AISC, IS, BS, CS)
- Bauphasen
- Gittermast-Berechnungen
- Nahtlose BIM-Integration

Fit für die EUROCODES

Folgen Sie uns auf:

Infos auf **www.dlubal.de**

Weitere Informationen:

Ingenieur-Software Dlubal GmbH
Am Zellweg 2, D-93464 Tiefenbach
Tel.: +49 9673 9203-0
Fax: +49 9673 9203-51
info@dlubal.com
www.dlubal.de

Statik, die Spaß macht...

RFEM

Das FEM-Statikprogramm zur Bemessung von Stahlbetontragwerken

Neue Features in den BETON-Zusatzmodulen

→ Nichtlineare Berechnung von räumlichen Stabwerken in den Grenzzuständen der Tragfähigkeit und Gebrauchstauglichkeit
→ Berechnung der erforderlichen Bewehrung für die unterschiedlichen Bemessungssituationen im Grenzzustand der Tragfähigkeit in einem Berechnungsgang
→ Kopierfunktion für vorhandene Bewehrungssätze
→ Optionale Berechnung der Mindestlängsbewehrung für duktiles Bauteilverhalten nach EN 1992-1-1 sowie der Mindestschubbewehrung nach EN 1992-1-1
→ Direkte Berücksichtigung von Schwinden in der nichtlinearen Verformungsberechnung von Flächentragwerken

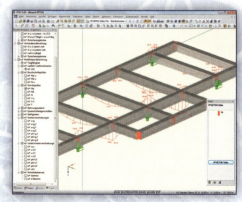

RFEM – Darstellung der Schnittgrößen einer nichtlinearen Berechnung

RF-FUND Pro
Fundamentbemessung nach Eurocode

→ Bemessung von Einzel-, Köcher- und Blockfundamenten nach Eurocode 2 und Eurocode 7
→ Nachweis der Lagesicherheit, der Sicherheit gegen Abheben, Grundbruch, Kippen, Gleiten, Durchstanzen
→ Automatische Lastübernahme aus RFEM
→ Optionale Vorgabe von zusätzlichen Lagerkräften
→ Bewehrungsvorschlag für die obere und untere Plattenbewehrung
→ Ausgabe der Fundamentbewehrung in detaillierten Bewehrungsplänen

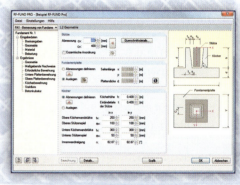

RF-FUND Pro – Eingabe der Fundamentabmessungen

Brandschutznachweis für Stahlbetonstützen und -träger

→ Brandschutznachweis nach EN 1992-1-2, Kapitel 4.2 (Zonenverfahren) in RF-BETON Stäbe und Stützen
→ Freie Auswahl der dem Brand ausgesetzten Querschnittsseiten
→ Automatische Ermittlung der Temperatur in Zonenmitte, geschädigten Zone, reduzierten Druckfestigkeit des Betons sowie der reduzierten Zugfestigkeit und des E-Moduls des Betonstahls

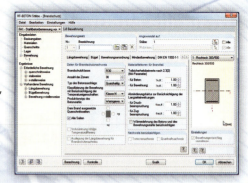

RF-BETON – Festlegung der Brandschutzparameter

Bemessung nach Eurocode 2 und weiteren internationalen Normen

→ EC 2 mit Nationalen Anhängen für Dänemark, Deutschland, Finnland, Frankreich, Italien, Niederlande, Österreich, Polen, Portugal, Schweden, Singapur, Slowakei, Slowenien, Spanien, Tschechien, Vereinigtes Königreich
→ Optionale Bemessung nach SIA 262 (Schweiz), ACI 318-11 (USA) und GB 50010-2010 (China)

Ingenieur-Software Dlubal

Kostenlose Testversion auf www.dlubal.de

Mit Scia Engineer für die Eurocodes bereit sein

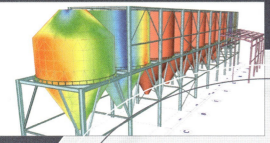
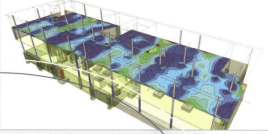
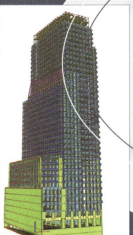
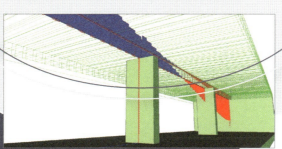
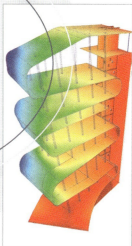

Mit **Scia Engineer** und den **Eurocodes** grenzenlos arbeiten

Leistungsumfang

- Generierung von Schneelasten nach DIN EN 1991-1-3
- 3D Windlastgenerator nach DIN EN 1991-1-4
- Lineare und nichtlineare Schnittgrößenermittlung nach DIN EN 1992-1-1
- Berechnung nach Theorie I. oder II. Ordnung
- Bemessung von Stahlbetonträgern und -stützen nach DIN EN 1992-1-1
- Bemessung von Stahlbetonflächentragwerken nach DIN EN 1992-1-1
- Bemessung von Spannbetontragwerken nach DIN EN 1992-1-1
- Nachweis des Feuerwiderstandes nach DIN EN 1992-1-2

Eurocode zertifiziert durch das CTICM (EN 1993-1-1)

Kontaktieren Sie uns für mehr Informationen oder ein Angebot!

Scia Software GmbH
Emil-Figge-Straße 76-80, D-44227 Dortmund, (+49) 0231/9742-586, info@scia.de

Scia Datenservice Ges.m.b.H
Dresdnerstrasse 68/2/6/9, A-1200 Wien, (+43) 01 7433232-11, info@scia.at

www.scia-online.com

Kompetenz im Hochbau
Praktische Kurzfassung des Eurocode 2 für Tragwerksplaner

Mit diesem praktischen Fachbuch gelingt der sichere Einstieg in das europäische Regelwerk für Stahlbetontragwerke im Hochbau.

Der Beuth Kommentar bereitet den **Eurocode 2 für Stahlbetontragwerke im Hochbau** in einer kompakten, preiswerten Kurzfassung für Stahlbetontragwerke im üblichen Hochbau auf.

// Der Kommentar ist als persönliches Arbeitsexemplar für Tragwerksplaner konzipiert, die regelmäßig nur übliche Hochbautragwerke aus Beton und Stahlbeton bearbeiten.

Bestellen Sie die Kurzfassung des EC 2 für Stahlbetontragwerke im Hochbau mit

// den wichtigsten Passagen aus DIN EN 1992-1-1 und Nationalem Anhang sowie Erläuterungen und Hinweisen
// anschaulichen Bildern, Tabellen und Grafiken
// Zuordnungstabellen im Anhang zur leichteren Orientierung im EC 2
// Literatur- und Stichwortverzeichnis

Beuth Kommentar
Kurzfassung des Eurocode 2 für Stahlbetontragwerke im Hochbau
von Frank Fingerloos, Josef Hegger, Konrad Zilch
1. Auflage 2013. ca. 160 S. A4. Broschiert.
ca. 39,00 EUR | ISBN 978-3-410-23208-7

Bestellen Sie unter:
Telefon +49 30 2601-2260 Telefax +49 30 2601-1260
info@beuth.de www.beuth.de

Die Autoren:
Frank Fingerloos, Josef Hegger und Konrad Zilch lehren an Universitäten und arbeiten als Sachverständige, Bauprüfer und Ingenieure.

Auch als E-Book:
www.beuth.de/sc/kurzfassung-ec2

BEFESTIGUNGSTECHNIK	BEWEHRUNGSTECHNIK	VERBINDUNGSTECHNIK	FASSADENBEFESTIGUNG	MONTAGETECHNIK
Ankerschienen				

„In unseren Ankerschienen stecken 100 Jahre Erfahrung. Und die neueste Technik."

Rolf Ratsch,
Technischer Berater
bei JORDAHL

JORDAHL® Ankerschienen und Schrauben

JORDAHL® Ankerschienen in Verbindung mit passenden Schrauben garantieren seit über einem Jahrhundert die sichere Befestigung von Lasten in Beton.

Unser bewährtes Befestigungssystem ist durch die Europäische Technische Zulassung (ETA-09/0338) auf dem neuesten Stand der Technik und kompatibel mit dem Eurocode 2.
Maximale Planungssicherheit garantiert Ihnen das intuitiv bedienbare Bemessungsprogramm: JORDAHL® Expert.

Kostenloser Download unter www.jordahl.de

Verankert
Lasten
sicher im
Beton.

JORDAHL GmbH
Nobelstr. 51
12057 Berlin
Telefon: + 49 30 68283-02
Fax: + 49 30 68283-497
E-Mail: info@jordahl.de
www.jordahl.de

BEFESTIGUNGSTECHNIK | BEWEHRUNGSTECHNIK | VERBINDUNGSTECHNIK | FASSADENBEFESTIGUNG | MONTAGETECHNIK
Ankerschienen

JORDAHL®-Ankerschienen – jetzt fit für EC2

Als einer der ersten Hersteller in Deutschland hat die JORDAHL GmbH für ihre Ankerschienen JORDAHL® JTA-CE die Europäische Technische Zulassung (ETA-09/0338) erhalten. Die neuen Ankerschienen JTA-CE bieten eine ganze Reihe von Vorteilen. So erlauben diese Schienen kleinere Randabstände und um bis zu 33 % höhere Tragfähigkeiten. Zudem können Planer durch die rechnerische Berücksichtigung von variablen Laststellungen, Bauteilabmessungen, Betonparametern und optionalen Bewehrungen alle Anwendungssituationen zulassungskonform erarbeiten. Diese verbesserten und verfeinerten Berechnungsmethoden beruhen auf dem europäischen Teilsicherheitskonzept und der Bemessung nach CEN/TS 1992-4-3, sowie neuesten Forschungsergebnissen, die in Zusammenarbeit mit den Universitäten Stuttgart und Dortmund, sowie dem DiBt durchgeführt wurden und auch in die Bemessungssoftware JORDAHL® EXPERT eingeflossen sind. Der Anwender erhält so stets EC2-konforme Ergebnisse. Das neue Bemessungskonzept berücksichtigt die Parameter Randabstand, Schienenlänge, Lastpositionierung auf der Schiene, Betonfestigkeit, zusätzliche Bewehrung sowie die Bauteildicke. In Verbindung mit der ETA lassen sich damit wirtschaftliche und technische Effizienz weiter optimieren.

JORDAHL® JTA-CE-Schienen sind in feuerverzinkter oder Edelstahlausführung in Längen zwischen 150 und 6.000 Millimetern und in einer Vielzahl von Querschnitten als warmgewalztes oder kaltgeformtes Schienenprofil lieferbar. Ergänzt wird das Programm durch Hammerkopf- und Hakenkopfschrauben, die wie die Schienen aus verzinktem oder Edelstahl hergestellt werden und somit abhängig von der geforderten Korrosionsbeständigkeit der Befestigung eingesetzt werden können.

JORDAHL GmbH
Nobelstr. 51
12057 Berlin
Telefon: + 49 30 68283-02
Fax: + 49 30 68283-497
E-Mail: info@jordahl.de
www.jordahl.de

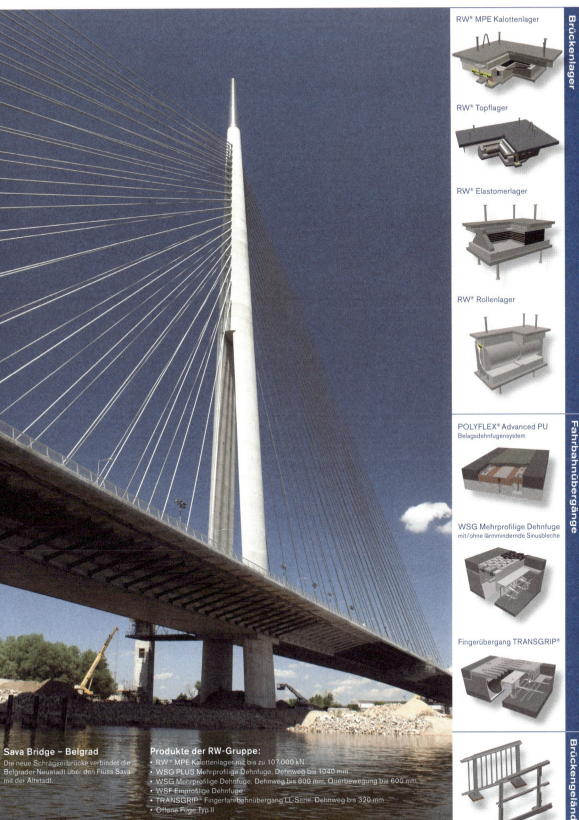

Neue Entwicklungen bei der RW Sollinger Hütte GmbH

Fingerfahrbahnübergang Transgrip® Serie LL

Mit Entwicklung des **TRANSGRIP®** Fingerüberganges ist es unserem Unternehmen gelungen, die Anforderungen der Bauherrn, der Erhalter, der Benutzer und der Anrainer an eine Dehnfuge für Schwerlastverkehr mit hoher Geschwindigkeit perfekt zu erfüllen. Gleichzeitig deckt der **TRANSGRIP®** Fingerübergang auch die hohen Anforderungen an die Verkehrssicherheit und an die Bauwerkslebensdauer ab.

Der **TRANSGRIP®**-Fingerfahrbahnübergang überbrückt den Bauwerksspalt mit frei auskragenden Fingerplatten. Die massiven und ermüdungsfesten Fingerelemente mit einer maximalen Länge von 2 m sind durch eine zweireihige Schraubenverbindung im Zick-Zack auf dem soliden Unterbau befestigt, welcher im Aussparungsbeton nach den Regeln des Stahlbetonbaus verankert ist.

Vorgespannte hochfeste Schrauben in speziell für diesen Übergang entwickelten ermüdungsfreien Rundankern sorgen dabei für eine sichere Verankerung und einen direkten Kraftfluss.

Die außergewöhnlich solide und massive Ausführung aller Details und das Fehlen von Verschleißteilen ermöglicht eine einwandfreie Funktion über die gesamte Bauwerkslebensdauer.

Die Fingerübergänge der aktuellen **TRANSGRIP®** LL-Serie weisen wesentliche Verbesserungen in der Ausführung des Stahlunterbaus und der Tragwerksverankerung auf. So wird

z. B. der Stahlunterbau aus Walzprofilen gefertigt und kommt gänzlich ohne Schweißnähte aus, die Ausgangspunkt von Ermüdungsrissen sein könnten. An Stelle der konventionellen geschweißten Ankersteifen und -bügel kommen ermüdungsarme, direkt einbetonierte Ankerstangen zum Einsatz. Die Verkehrslasten werden so auf direktem Weg und ohne „Umwege" von den Fingerplatten in das Brückentragwerk eingeleitet, was die Lebensdauer des Fahrbahnübergangs auf das Niveau der Tragwerkskonstruktion anhebt.

Die ersten Fingerfugen **TRANSGRIP®** Serie LL in Westeuropa wurden in zwei Brücken im Zuge der Autobahn A2 in den Niederlanden im Jahr 2011 eingebaut. In der Brücke Vianen befinden sich zwei Fingerfugen vom Typ LL 240 und LL 360 und in der Brücke bei Zaltbommel drei Fingerfugen LL 240 und LL 320.

Wir folgen somit konsequent dem eingeschlagenen Weg der wirtschaftlichen Optimierung und Kostenreduktion für den Bauherrn.

Lamellen-Fahrbahnübergänge in Straßenbrücken

In Deutschland sind rund 80 % aller eingebauten Fahrbahnübergangskonstruktionen Lammellenübergänge. Diese Bauart ist wasserdicht und inzwischen durch lärmmindernde Zusatzelemente auch besonders schallgemindert ausführbar. Die Trägerrostkonstruktion besteht aus Lamellen, die auf Stützträgern auflagern und mit Lagerungs- und Steuerelementen ausgestattet werden. Diese Konstruktion hat sich über viele Jahre bewährt, erfordert aber eine regelmäßige Unterhaltung und Wartung.

Das WSG-Lamellensystem der RW Sollinger Hütte wurde entsprechend weiterentwickelt, wichtigste Neuerung ist die Möglichkeit, Querverschiebungen bis 15° abweichend von der Hauptbewegungsrichtung zu realisieren. Die entsprechend geänderte Regelprüfung gemäß TL / TP FÜ liegt vor.

Zur lärmtechnischen Verbesserung von Lamellenübergängen werden u. a. sogenannte Sinusbleche auf den Obergurten der Lamellen angeordnet.

Eine Konstruktionslösung ist die Befestigung der Lärmschutzelemente mit vorgespannten HV Schrauben der Güte

10.9. Bei Bedarf können die Platten problemlos abgeschraubt oder auch Übergangskonstruktion mit Elastomer – beschichtetes Lärmminderungselement im Zuge der B 241 nachgerüstet werden. In einer weiteren Entwicklung wird die Oberfläche der Sinuselemente mit einer zusätzlich schallmindernden Elastomerschicht ausgerüstet.

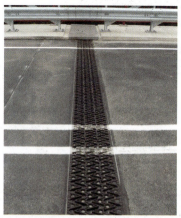

Übergangskonstruktion mit Elastomer – beschichtetes Lärmminderungselement im Zuge der B 241

Autoren dieser Artikel:

Dr.-Ing. Jens Tusche,
jens.tusche@rwsh.de
RW Sollinger Hütte GmbH,
Auschnippe 52, D-37170 Uslar

Dr.-Ing. Joachim Braun,
familie_braun@gmx.net
Beratender Ingenieur,
Hainebuche 16, D-37170 Uslar

www.RWSH.de
www.REISNERWOLFF.com

FRANK | TECHNOLOGIEN FÜR DIE BAUINDUSTRIE

Egcotritt

Podest- und Laubengang-Entkopplung für höchste Ansprüche.

- Akustische Entkopplung durch Querkraftdornverbindung
- Trittschallminderung von bis zu ΔL_W 32 dB bei Treppenpodesten, Laubengängen, vorgeständerten Balkonen usw.
- Bauaufsichtliche Zulassung des DIBt
- Fugenbreite bis 100 mm
- Feuerwiderstandsklasse F120
- Tragfähigkeit bis zu 37 kN

QUERKRAFTDORN EGCOTRITT MIT BESTER TRITTSCHALLMINDERUNG!

Max Frank GmbH & Co. KG | Mitterweg 1 | 94339 Leiblfing | Tel. +49 9427 189-0   www.maxfrank.de

FRANK | TECHNOLOGIEN FÜR DIE BAUINDUSTRIE

Podest- und Laubengang-Entkopplung für höchste Ansprüche

Querkraftdorn Egcotritt mit bester Trittschallminderung

Der Wunsch nach Ruhe innerhalb von Gebäuden und die Anforderungen der Bauherren hinsichtlich des Schallschutzes sind in den letzten Jahren kontinuierlich gestiegen. Um in den eigenen vier Wänden Momente der Stille zu genießen, sollten die Anforderungen hinsichtlich des Schallschutzes während der Planungsphase in der Baubeschreibung festgehalten werden. DIN 4109-1 regelt zwar die bauordnungsrechtlichen Schallschutzmaßnahmen, jedoch entspricht sie derzeit lediglich den Mindestanforderungen.

Eine große Herausforderung bei Planung und Erstellung von Wohnobjekten stellt die Reduzierung des Trittschalls dar. Die Lösung zur schalltechnischen Entkopplung von Bauteilen aus Beton, Stahlbeton oder Mauerwerk bietet der Querkraftdorn Egcotritt von FRANK.

Das System Egcotritt besteht aus einem Querkraftdorn und einer Akustikbox zur schalltechnischen Entkopplung von Bauteilen wie Treppenpodesten, Laubengängen und vorgeständerten Balkonen. Die akustisch entkoppelte Auflagerung verhindert konsequent die Ausbreitung von Schallwellen in die tragenden Bauteile. Fugenbreiten bis zu 100 mm ermöglichen die Anordnung des Egcotritts in der Dämmebene, wodurch Wärmebrücken minimiert werden.

Hervorragende Trittschalldämmwerte von bis zu ΔL_W 32 dB heben den Egcotritt von anderen Konstruktionen ab. Das vom DIBt zugelassene System Egcotritt erfüllt höchste Ansprüche an die Tragfähigkeit sowie die Dauerhaftigkeit und bietet somit bestmögliche Planungssicherheit.

Vorteile des Systems Egcotritt von FRANK:

- Akustische Entkopplung durch Querkraftdornverbindung
- Trittschallminderung von bis zu ΔL_W 32 dB bei Treppenpodesten, Laubengängen, vorgeständerten Balkonen usw.
- Bauaufsichtliche Zulassung des DIBt
- Fugenbreite bis 100 mm, Tragfähigkeit bis zu 37 kN
- Feuerwiderstandsklasse F120

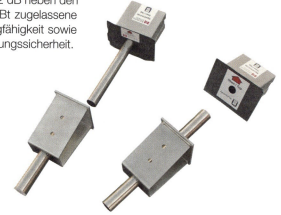

FRANK Egcotritt für Ortbeton- und Fertigteilbauweise

Durch die unterschiedlichen Varianten des Egcotritt ist eine hochwertige Entkopplung sowohl im Ortbeton – als auch im Fertigteilbau möglich. Eine Durchdringung der Schalhaut ist in beiden Fällen nicht erforderlich.

Eine Steigerung der Wohnqualität wird durch gezielten Schallschutz erreicht. Die akustische Entkopplung durch das System Egcotritt unterstützt dabei bestens durch eine Trittschallminderung von bis zu 32 dB.

Max Frank GmbH & Co. KG | Mitterweg 1 | 94339 Leiblfing | Tel. +49 9427 189-0   www.maxfrank.de

Brandschutz

Baustoffe

Statik

Bemessung

Brückenbau

Spannbeton

Erdbeben-
bemessung

Normen

Verzeichnisse

Inserentenverzeichnis

Die inserierenden Firmen und die Aussagen in Inseraten stehen nicht notwendigerweise in einem Zusammenhang mit den in diesem Buch abgedruckten Normen. Aus dem Nebeneinander von Inseraten und redaktionellem Teil kann weder auf die Normgerechtheit der beworbenen Produkte oder Verfahren geschlossen werden, noch stehen die Inserenten notwendigerweise in einem besonderen Zusammenhang mit den wiedergegebenen Normen. Die Inserenten dieses Buches müssen auch nicht Mitarbeiter eines Normenausschusses oder Mitglied des DIN sein. Inhalt und Gestaltung der Inserate liegen außerhalb der Verantwortung des DIN.

Lesezeichen
Hilti Deutschland AG
86916 Kaufering

Vorsatz Seite 1 und vor Kapitel D
Halfen Vertriebsgesellschaft mbH
40764 Langenfeld

Vorsatz Seite 2 und 3
Nemetschek Frilo GmbH
70469 Stuttgart

Seite 1 und 2
Schöck Bauteile GmbH
76534 Baden-Baden

Seite 3 und 4
Peikko Deutschland GmbH
34513 Waldeck

Seite 5 und 6
Ingenieursoftware Dlubal GmbH
93464 Tiefenbach

Seite 7
Scia Software GmbH
44227 Dortmund

Seite 9 und 10
JORDAHL GmbH
12057 Berlin

Seite 11 und 12
RW Sollinger Hütte GmbH
37170 Uslar

Seite 13 und 14
Max Frank GmbH & Co. KG
94339 Leiblfing

Seite 16
TPH Bausysteme GmbH
22848 Norderstedt

vor Kapitel F
DYWIDAG-Systems International GmbH
40764 Langenfeld

Zuschriften bezüglich des Anzeigenteils werden erbeten an:

Beuth Verlag GmbH
Anzeigenverwaltung
Burggrafenstraße 6
10787 Berlin

Vertrieb und Produktion:
TPH Bausysteme GmbH
Gutenbergring 55 C
22848 Norderstedt
Telefon + 49 (0) 40 / 50 11 66
Telefax + 49 (0) 40 / 50 29 56
info@tph-hamburg.com
www.tph-hamburg.com

TPH. INTERNATIONAL
ALGERIEN - AUSTRALIEN - BELGIEN - BULGARIEN - CHINA - DÄNEMARK - DEUTSCHLAND
DUBAI - GRIECHENLAND - IRAN - IRLAND - ITALIEN - JAPAN - KASACHSTAN - KATAR
LITAUEN - MAROKKO - NIEDERLANDE - NORWEGEN - OMAN - ÖSTERREICH - POLEN
PORTUGAL - RUSSLAND - SCHWEDEN - SCHWEIZ - SPANIEN - TSCHECHIEN - TÜRKEI
UKRAINE - UNGARN - VEREINIGTE ARABISCHE EMIRATE

Stahlbetonbau aktuell 2013

Praxishandbuch

Herausgegeben von
Prof. Dr.-Ing. Alfons Goris
Prof. Dr.-Ing. Josef Hegger

Mit Beiträgen von:
Prof. Dr.-Ing. W. Brameshuber • Dr.-Ing. C. Butenweg
Dipl.-Ing. S. Frass • Dipl.-Ing. St. Geßner
Prof. Dr.-Ing. A. Goris • Dr.-Ing. K.-H. Haveresch
Prof. Dr.-Ing. J. Hegger • Prof. Dr.-Ing. D. Hosser
Dipl-Ing. (FH) J. Leißner • Prof. Dr.-Ing. R. Maurer
Dipl.-Ing. M. Müermann • Prof. Dr.-Ing. M. Raupach
Dr.-Ing. E. Richter • Dr.-Ing. W. Roeser
Prof. Dr.-Ing. U. P. Schmitz
Dipl.-Ing. (FH) J. Voigt M.Sc. • Dr.-Ing. N. Will

Beuth Verlag GmbH • Berlin • Wien • Zürich

Bauwerk

© 2013 Beuth Verlag GmbH
Berlin · Wien · Zürich
Burggrafenstraße 6
10787 Berlin

Telefon: +49 30 2601-0
Telefax: +49 30 2601-1260
Internet: www.beuth.de
E-Mail: info@beuth.de

Das Werk einschließlich aller seiner Teile ist urheberrechtlich geschützt.
Jede Verwertung außerhalb der Grenzen des Urheberrechts ist ohne schriftliche Zustimmung
des Verlages unzulässig und strafbar. Das gilt insbesondere für Vervielfältigungen, Übersetzungen,
Mikroverfilmungen und die Einspeicherung in elektronischen Systemen.

Die im Werk enthaltenen Inhalte wurden vom Verfasser und Verlag sorgfältig erarbeitet und
geprüft. Eine Gewährleistung für die Richtigkeit des Inhalts wird gleichwohl nicht übernommen.
Der Verlag haftet nur für Schäden, die auf Vorsatz oder grobe Fahrlässigkeit seitens des Verlages
zurückzuführen sind. Im Übrigen ist die Haftung ausgeschlossen.

Druck und Bindung: AZ-Druck und Datentechnik GmbH, Berlin

Gedruckt auf säurefreiem, alterungsbeständigem Papier nach DIN EN ISO 9706.

ISBN 978-3-410-23029-8

Vorwort zum Jahrbuch 2013

„Stahlbetonbau aktuell" – nunmehr als 16. Jahrgang – ist ein unverzichtbares Standardwerk für Bauingenieure geworden. In diesem Kompendium wird unter Berücksichtigung des neuesten Standes der Normung ein breites Spektrum der Beton-, Stahlbeton- und Spannbetonbauweise dargestellt.

Die Fortentwicklung der Europäischen Normung schreitet voran. Im konstruktiven Ingenieurbau liegt mit den Eurocodes ein Normenwerk vor, das im europäischen Binnenmarkt gelten wird. Die Eurocodes werden durch Nationale Anhänge (NA) ergänzt mit Festlegungen, die in den europäischen Regelwerken nur als Empfehlung enthalten sind. Die abschließenden Fassungen der wichtigsten Eurocodes einschl. der NA's liegen vor und wurden Ende 2010 bzw. Anfang 2011 veröffentlicht.

Die Fachkommission Bautechnik der Bauministerkonferenz hat die Einführung der Eurocodes in Paketen beschlossen. Für das erste Paket, das die wesentlichen Grundlagen-Normen enthält, ist die Anwendung bereits ab 01. Juli 2012 verbindlich geworden – in einigen Bundesländern ohne Übergangsfristen!

Umso dringlicher werden für die Anwender Fachinformationen, die den neuesten Stand wiedergeben. Mit dem vorliegenden Jahrbuch stellt sich „Stahlbetonbau aktuell" dieser Verantwortung. In den Beiträgen diese Jahrgangs werden daher die wesentlichen Anwendungsbereiche der Betonbauweise behandelt: angefangen von den Baustoffe Beton, Betonstahl und Spannstahl, den Grundlagen der Bemessung und Konstruktion im Stahlbetonbau und im Spannbetonbau einschl. der Besonderheiten bei der Schnittgrößenermittlung bis hin zur Brandbemessung, der Bemessung und Konstruktion im Brückenbau und der Auslegung von Betontragwerken gegen Erdbebeneinwirkungen. Der Abdruck der Grundlagennorm (EC 2-1-1:2011 und EC 2-1-1/NA:2011 einschl. Druckfehlerkorrektur) als „verwobenes" Dokument rundet die Beiträge ab.

Im Kapitel A wird die Brandbemessung von Stahlbetonkonstruktionen von *Hosser/Richter* behandelt; das Thema gewinnt in den letzten Jahren zunehmend an Bedeutung. Das jährlich erscheinende Kapitel B „Beton und Betonstahl" (*Brameshuber/Raupach/Leißner*) wurde aktualisiert. Das Kapitel C „Statik" (*Schmitz*) wurde mit Blick auf EC 2-1-1 angepasst; in dem Beitrag finden sich viele nützliche Informationen für die tägliche Bemessungspraxis.

Die „Bemessung von Stahlbetonbauteilen" (Kapitel D, *Goris/Müermann/Voigt*), ein Kernthema jedes Praxishandbuchs, berücksichtigt die Neufassung von EC 2-1-1 einschl. EC 2-1-1/NA in den einzelnen Nachweisführungen, wesentliche Änderungen gegenüber der Vorgängernorm werden vertieft behandelt.

Das Kapitel E „Brückenbau" wurde von *Maurer/Haveresch/Frass* vollständig neu verfasst. Es werden die Lastannahmen und die besonderen Regelungen, die für die Bemessung von Betonbrückenbauwerken gelten, behandelt und im Beispiel erläutert.

Im Kapitel F „Spannbeton" stellen *Hegger/Will/Geßner* die Grundlagen der Spannbetonbauweise und deren praktische Anwendung dar. Der Beitrag wurde vollständig neu bearbeitet und unter Berücksichtigung des aktuellen Stands von EC 2 verfasst.

Die erdbebensichere Auslegung von Bauwerken ist auch in Deutschland von Bedeutung. Der Beitrag des vergangenen Jahrbuchs „Erdbebenbemessung von Stahlbetontragwerken nach DIN EN 1998" von *Butenweg/Roeser* wurde daher im Kapitel G in aktualisierter Form wieder aufgenommen

Für die tägliche Arbeit ist das zugehörige Normenwerk unverzichtbar. In diesem Jahrbuch wurden die vollständigen Normen DIN EN 1992-1-1:2011 sowie DIN EN 1992-11/NA:2011 einschließlich Druckfehlerkorrektur (2012) als verwobenes, fortlaufend zu lesendes Dokument abgedruckt; ein mühseliges Arbeiten mit drei separaten Normentexten ist damit entbehrlich.

Die Herausgeber bedanken sich bei den Autoren und beim Verlag für die gute Zusammenarbeit. Wenn Sie als unsere Leser Anregungen geben oder Kritik äußern möchten, sind wir für Sie gerne erreichbar.

Siegen, Aachen, im Oktober 2012

Alfons Goris
Josef Hegger

Aus dem Vorwort zum Jahrbuch 1998

Die gegenwärtige Rezession im Bauwesen ist auch dadurch gekennzeichnet, dass die fachliche Weiterbildung von Bauingenieuren eine geringere Priorität aufweist; Seminare werden aus Kostengründen nicht besucht und die Zahl der Abonnenten von Fachzeitschriften sinkt ständig.

Eine langfristige Fortsetzung dieses Trends wird zum Verlust von „Know how" und letzten Endes zur Aufgabe von Arbeitsfeldern führen.

Die Herausgeber wollen dieser Entwicklung entgegenwirken, indem in einem Buch zusammen sowohl Arbeitsmaterialien für das Tagesgeschäft der Berufspraxis als auch Fachbeiträge zu aktuellen Themen zu finden sind. Diese Artikel informieren über neue Entwicklungen und Arbeitshilfen für die Lösung von baupraktischen Problemen.

Vor diesem Hintergrund erscheint hiermit das erste Jahrbuch einer zukünftigen jährlichen Edition. Hierdurch ist ein Höchstmaß an Aktualität gewährleistet. Im Unterschied zu anderen langjährig eingeführten Jahrbüchern auf dem Gebiet des Stahlbetonbaus wird das Schwergewicht weniger auf die grundlegende Darstellung von Themen gelegt und mehr Augenmerk der Anwendbarkeit in der täglichen Berufspraxis gewidmet. Insofern stellt das Buch eine Ergänzung zu anderen Periodika dar.

Im November 1997

Ralf Avak
Alfons Goris

A Brandschutz nach DIN EN 1992-1-2

Univ.-Prof. Dr.-Ing. Dietmar Hosser und Dr.-Ing. Ekkehard Richter

1 Überblick A.3

2 Grundlagen der Bemessung A.3
    2.1 Allgemeines A.3
    2.2 Thermische Einwirkungen A.4
    2.3 Mechanische Einwirkungen A.6

3 Materialeigenschaften A.7
    3.1 Festigkeits- und Verformungseigenschaften A.7
    3.2 Thermische und physikalische Eigenschaften A.9

4 Allgemeines Rechenverfahren A.11
    4.1 Allgemeines A.11
    4.2 Thermische Analyse A.11
    4.3 Mechanische Analyse A.13

5 Vereinfachte Rechenverfahren A.13
    5.1 Allgemeines A.13
    5.2 Querschnittsverkleinerung A.15
    5.3 Stützenbemessung mit der Zonenmethode A.16

6 Tabellarische Daten A.17
    6.1 Allgemeines A.17
    6.2 Bemessung von Stützen A.17

7 Hochfester Beton A.19
    7.1 Allgemeines A.19
    7.2 Bemessung mit vereinfachten Rechenverfahren A.20
    7.3 Bemessung mittels tabellarischer Daten A.20

8 Anwendungsbeispiele A.21
    8.1 Tragwerk eines Lagerhauses A.21
    8.2 Stahlbetondurchlaufplatte A.21
        8.2.1 System, Betondeckung, Plattendicke A.21
        8.2.2 Brandschutznachweis mit Tabelle A.22
        8.2.3 Brandschutznachweis mit dem vereinfachten Rechenverfahren aus Anhang E   A.23
    8.3 Stahlbetondurchlaufträger A.25
        8.3.1 System, Betondeckung, Bauteildicke A.26
        8.3.2 Brandschutznachweis mit Tabelle A.26
        8.3.3 Brandschutznachweis mit dem vereinfachten Rechenverfahren   A.27

8.4		Stahlbeton-Innenstütze	A.28
	8.4.1	System, Betondeckung, Bauteildicke	A.28
	8.4.2	Brandschutznachweis nach Methode A	A.29
	8.4.3	Brandschutznachweis mit dem allgemeinen Rechenverfahren	A.30
	8.4.4	Ergebnisvergleich	A.33
8.5		Fertigteil-Dachbinder	A.33
	8.5.1	System und Belastung	A.33
	8.5.2	Brandschutznachweis mit Tabelle	A.33
	8.5.3	Brandschutznachweis mit dem vereinfachten Rechenverfahren	A.34
	8.5.4	Brandschutznachweis mit dem allgemeinen Rechenverfahren	A.34
	8.5.5	Ergebnisvergleich	A.34
8.6		Stahlbeton-Kragstütze mit Horizontallast	A.35
	8.6.1	Nachweisverfahren nach dem NA zu EC 2-1-2, Anhang AA	A.35
	8.6.2	System, Einwirkungen, Bauteilabmessungen	A.38
	8.6.3	Brandschutznachweis	A.38

9 Vergleich der Nachweisverfahren und Ausblick A.39

9.1	Vergleich des vereinfachten und des allgemeinen Rechenverfahrens	A.39
9.2	Vergleich des Tabellenverfahrens und des vereinfachten Rechenverfahrens	A.40
9.3	Ausblick	A.40

A Brandschutz nach DIN EN 1992-1-2

1 Überblick

Im Dezember 2010 wurden die Brandschutzteile der Eurocodes 1 bis 5 vom Deutschen Institut für Normung als DIN EN-Normen in konsolidierter Fassung zusammen mit den für die Anwendung in Deutschland benötigten Nationalen Anhängen veröffentlicht, im Dezember 2011 wurden diese Normen in die Musterliste der Technischen Baubestimmungen aufgenommen und zum 1. Juli 2012 wurden sie in den meisten Bundesländern bauaufsichtlich eingeführt. Seitdem können die Brandschutzteile der Eurocodes, bei Beachtung der zusätzlichen Regelungen in den Nationalen Anhängen und in zwei Anlagen zur Musterliste der Technischen Baubestimmungen, für die Brandschutzbemessung von Bauteilen und Tragwerken in Deutschland angewendet werden.

In diesem Beitrag werden die Verfahren zur Brandschutzbemessung von Betontragwerken nach DIN EN 1992-1-2 (im Folgenden kurz: EC 2-1-2) [DIN EN 1992-1-2 – 10] in Verbindung mit dem Nationalen Anhang zu DIN EN 1992-1-2 (kurz: NA zu EC 2-1-2) [DIN EN 1992-1-2/NA – 10] vorgestellt und die Hintergründe der Regelungen in Anlehnung an [Richter – 09], [Hosser – 09] und [Hosser/Richter – 2011] erläutert.

Den Schwerpunkt bilden die allgemeinen und vereinfachten Rechenverfahren, die in den bisherigen Brandschutznormen DIN 4102-4 [DIN 4102-4 – 94] und DIN 4102-22 [DIN 4102-22 – 04] nicht enthalten waren. Diese Rechenverfahren für den konstruktiven Brandschutz orientieren sich an den Tragwerksnachweisen für die Gebrauchslastfälle bei Normaltemperatur, mit denen die Tragwerksplaner vertraut sind [Hosser/Richter – 07]. Auf die Nachweise mittels tabellarischer Daten, die in EC 2-1-2 einen relativ breiten Raum einnehmen, wird hier nur kurz eingegangen, weil sie im Wesentlichen den bekannten Bemessungstabellen der DIN 4102-4 und DIN 4102-22 entsprechen.

Die Anwendung der neuen Nachweisverfahren wird in Abschnitt 8 am Beispiel verschiedener Bauteile eines Lagerhauses und einer größeren Lagerhalle vorgeführt und vergleichend bewertet.

2 Grundlagen der Bemessung

2.1 Allgemeines

Die Brandschutzteile der Eurocodes sehen grundsätzlich brandschutztechnische Nachweise auf drei Stufen vor:

- mit tabellarischen Daten (Stufe 1),
- mit vereinfachten Rechenverfahren (Stufe 2),
- mit allgemeinen Rechenverfahren (Stufe 3).

Die Bemessung mit tabellarischen Daten beschränkt sich in der Regel darauf, die Querschnittsabmessungen des zu untersuchenden Bauteils und bei Betonbauteilen den Achsabstand der Bewehrung mit Werten zu vergleichen, die nach den Ergebnissen von Normbrandversuchen zum Erreichen einer geforderten Feuerwiderstandsklasse ausreichen.

Mit den vereinfachten Rechenverfahren wird in der Regel nachgewiesen, dass von einem Bauteil die im Brandfall maßgebenden mechanischen Einwirkungen nach Ablauf einer vorgeschriebenen Branddauer (entsprechend der Feuerwiderstandsklasse) aufgenommen werden können. Dafür werden u. a. Vereinfachungen bei der Ermittlung der Bauteiltemperaturen und der Beschreibung des Versagenszustandes im Brandfall getroffen.

Mit den allgemeinen Rechenverfahren können für eine vorgegebene Brandbeanspruchung das tatsächliche Tragvermögen und ggf. das Verformungsverhalten eines Bauteils oder Tragwerks ermittelt werden, und zwar entweder

- die maximal aufnehmbare Belastung (z. B. $N_{R,fi,d}$, $M_{R,fi,d}$) eines Einzelbauteils bei einer vorgegebenen Temperaturzeitkurve in der Bauteilumgebung nach einer Branddauer t oder
- der Gleichgewichts- und Verformungszustand eines Einzelbauteils zum Zeitpunkt t eines Brandes bei Vorgabe der Temperaturzeitkurve in der Bauteilumgebung, der Belastung und der Lagerungsbedingungen oder
- der Gleichgewichts- und Verformungszustand eines Teil- oder Gesamttragwerks aus mehreren Bauteilen bei Vorgabe einer bestimmten Brandbeanspruchung, die entweder als nominelle

Temperaturzeitkurve oder als natürlicher Brandverlauf, ggf. auch lokal begrenzt, vorgegeben werden kann.

Wichtige Grundlagen für den brandschutztechnischen Nachweis sind die thermischen und mechanischen Einwirkungen im Brandfall, die in DIN EN 1991-1-2 [DIN EN 1991-1-2 – 03] behandelt werden. Zum Verständnis der im Folgenden erläuterten Nachweisverfahren werden daher vorab die wesentlichen Regelungen aus EC 1-1-2 und dem zugehörigen Nationalen Anhang [DIN EN 1991-1-2/NA – 10] zur Ermittlung der thermischen und mechanischen Einwirkungen bei einem Brand zusammenfassend dargestellt.

Der Brandfall wird als ein außergewöhnliches Ereignis (accidental situation) angesehen, das nicht mit anderen, davon unabhängigen außergewöhnlichen Ereignissen überlagert werden muss. Zeit- und lastabhängige Einflüsse auf das Tragverhalten, die vor dem Auftreten des Brandes wirksam werden, müssen nicht berücksichtigt werden. In der Regel ist es auch nicht erforderlich, die Abkühlphase des Brandes zu berücksichtigen.

2.2 Thermische Einwirkungen

Die thermischen Einwirkungen auf Bauteile werden in Abhängigkeit von der (Heißgas-) Temperatur θ_g in der Bauteilumgebung als Netto-Wärmestrom vorgegeben, der aus einem konvektiven Anteil und einem radiativen Anteil besteht:

$$\dot{h}_{net} = \dot{h}_{net,c} + \dot{h}_{net,r} \qquad \text{(A.2.1)}$$

mit

$\dot{h}_{net}$ Netto-Wärmestrom [W/m²]

$$\dot{h}_{net,c} = \alpha_c \cdot (\theta_g - \theta_m) \qquad \text{(A.2.2)}$$

konvektiver Anteil des Netto-Wärmestroms [W/m²]

$$\dot{h}_{net,r} = \Phi \cdot \varepsilon_m \cdot \varepsilon_f \cdot \sigma \cdot \left[(\theta_r + 273)^4 - (\theta_m + 273)^4 \right]$$

(A.2.3)
radiativer Anteil des Netto-Wärmestroms [W/m²]

α_c Wärmeübergangskoeffizient für Konvektion [W/m²K]

θ_g Heißgastemperatur in der Umgebung des Bauteils [°C]

θ_m Oberflächentemperatur des Bauteils [°C]

Φ Konfigurationsfaktor (zur Berücksichtigung von Abschattungen) [-]

ε_m Emissivität der Bauteiloberfläche [-]

ε_f Emissivität des Feuers [-]

θ_r Strahlungstemperatur der Umgebung [°C]

σ Stefan Boltzmann Konstante (= $5{,}67 \cdot 10^{-8}$) [W/m²K⁴]

Vereinfachend und auf der sicheren Seite liegend dürfen der Konfigurationsfaktor $\Phi = 1{,}0$ und die Strahlungstemperatur θ_r gleich der Heißgastemperatur θ_g gesetzt werden. Der Wärmeübergangskoeffizient für Konvektion darf auf der feuerabgekehrten Bauteilseite mit $\alpha_c = 4$ W/m²K angenommen werden. Mit $\alpha_c = 9$ W/m²K kann gerechnet werden, wenn die Wärmeübertragung durch Strahlung mit abgedeckt werden soll. Falls in den baustoffbezogenen Eurocodes keine anderen Angaben gemacht werden, darf $\varepsilon_m = 0{,}8$ gesetzt werden. Für die Emissivität der Flamme gilt im Allgemeinen $\varepsilon_f = 1{,}0$.

Für die brandschutztechnische Bemessung werden verschiedene nominelle Temperaturzeitkurven zur Beschreibung der Heißgastemperatur θ_g in Abhängigkeit der Branddauer t (in Minuten) mit dem jeweils zugehörigen Wärmeübergangskoeffizienten für Konvektion α_c vorgegeben.

Für die Heißgastemperatur θ_g (in °C) ist im Regelfall die Einheits-Temperaturzeitkurve anzunehmen, die der ETK nach DIN 4102-2 [DIN 4102-2 – 77] entspricht:

$$\theta_g = 20 + 345 \cdot \log_{10}(8t + 1) \qquad \text{(A.2.4)}$$

Für den konvektiven Wärmeübergangskoeffizienten gilt $\alpha_c = 25$ W/(m²K).

Unter bestimmten Randbedingungen, z. B. bei außerhalb eines Brandraumes liegenden Bauteilen oder Bauteiloberflächen, kann die Außenbrandkurve verwendet werden, die der Brandbeanspruchung nach DIN 4102-3 [DIN 4102-3 – 77] für Brüstungen und nichttragende Außenwände entspricht:

$$\theta_g = 660 \cdot \left[1 - 0{,}687 \cdot e^{-0{,}32t} - 0{,}313 \cdot e^{-3{,}8t} \right] + 20$$

(A.2.5)
mit dem konvektiven Wärmeübergangskoeffizienten $\alpha_c = 25$ W/(m²K).

Für Flüssigkeitsbrände ist die sog. Hydrocarbon-Brandkurve gedacht:

$$\theta_g = 1080 \cdot \left[1 - 0{,}325 \cdot e^{-0{,}167t} - 0{,}675 \cdot e^{-2{,}5t} \right] + 20$$

(A.2.6)
Der konvektive Wärmeübergangskoeffizient beträgt in diesem Fall $\alpha_c = 50$ W/(m²K).

Die drei genannten nominellen Temperaturzeitkurven sind in Abbildung A.2.1 grafisch dargestellt.

Grundlagen der Bemessung

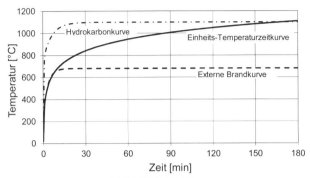

Abb. A.2.1 Nominelle Temperaturzeitkurven nach DIN EN 1991-1-2

Im NA zu EC 1-1-2 wird die Anwendung der nominellen Temperaturzeitkurven in Deutschland wie folgt geregelt (als Normzitat kursiv gedruckt):

Für die zu erbringenden brandschutztechnischen Nachweise bei Tragwerken im Hochbau ist in der Regel die Einheits-Temperaturzeitkurve anzuwenden.

Zum Nachweis des Raumabschlusses bei nichttragenden Außenwänden und aufgesetzten Brüstungen darf als Brandbeanspruchung von außen die Außenbrandkurve und von innen die Einheits-Temperaturzeitkurve angesetzt werden.

Für Tragwerksteile von Hochbauten, die ganz vor der Fassade des Gebäudes liegen, darf ebenfalls die Außenbrandkurve angesetzt werden, sofern nicht die thermischen Einwirkungen nach Anhang B ermittelt werden.

Die Hydrokarbon-Brandkurve ist für Hochbauten mit üblichen Mischbrandlasten nicht anzuwenden.

Neben der Möglichkeit, die thermische Beanspruchung der Bauteile im Brandraum durch nominelle Temperaturzeitkurven vorzugeben, bietet der EC 1-1-2 verschiedene Naturbrandmodelle an, die jedoch in der Norm selbst nur sehr knapp im Sinne der grundsätzlichen Anwendbarkeit behandelt werden. Weitere Angaben dazu finden sich in informativen Anhängen. Folgende Naturbrandmodelle werden genannt und in den (in Klammern angegebenen) informativen Anhängen näher beschrieben:

a) Vereinfachte Brandmodelle

- für Vollbrände (Beschreibung auf der Grundlage physikalischer Parameter)
  - für innenliegende Bauteile (Anhang A)
  - für außenliegende Bauteile (Anhang B)
- für lokale Brände (Beschreibung mit Hilfe von sog. Plume-Modellen, Anhang C)

b) Allgemeine Brandmodelle (Anhang D)

- Ein-Zonen-Modelle
- Zwei-Zonen-Modelle
- Feldmodelle.

Die Anwendbarkeit von Naturbrandmodellen wurde in zwei Forschungsvorhaben [Hosser/Kampmeier – 04], [Hosser et al. – 08] im Hinblick auf mögliche Veränderungen des bisherigen nationalen Sicherheitsniveaus überprüft. Auf dieser Grundlage wurde im NA zu EC 1-1-2 [DIN EN 1991-1-2/NA] die Anwendung der vereinfachten und allgemeinen Naturbrandmodelle teilweise eingeschränkt bzw. anders geregelt (Zitat):

Naturbrandmodelle (nach 3.3.1 bzw. 3.3.2) sollen nur im Zusammenhang mit einem Brandschutzkonzept bzw. Brandschutznachweis (nach Landesrecht) angewendet werden.

Der informative Anhang A ((Parametrische Temperaturzeitkurven)) darf nicht angewendet werden. Zur Ermittlung der Gastemperatur in einem Brandraum darf das Verfahren im Anhang AA zu diesem Nationalen Anhang unter Beachtung der dort festgelegten Anwendungsgrenzen verwendet werden ...

Zur Berechnung der Erwärmungsbedingungen von außenliegenden Bauteilen darf grundsätzlich das im Anhang B ((Thermische Einwirkungen auf außen liegende Bauteile)) gegebene Verfahren angewendet werden ... mit folgenden Änderungen:

- *der Abschnitt B.4.2 (Zwangsbelüftung) darf nicht angewendet werden;*
- *Gleichung (B.6) darf nicht angewendet werden. Die Länge der Flamme darf mit Gleichung B.7 bestimmt werden;*
- *Gleichung (B.16) darf nicht angewendet werden. Die Emmissivität der Flamme ist unabhängig von der Dicke der Flamme zu $\varepsilon_f = 1{,}0$ anzusetzen ...*

Die Erwärmungsbedingungen von Bauteilen im Einflussbereich eines lokal begrenzten Brandes dürfen mit dem im Anhang C ((Lokale Brände)) gegebenen Verfahren berechnet werden ... mit folgenden Änderungen:

– *Das Verfahren nach Anhang C gilt nur für lokal konzentrierte Brandlasten mit RHR_f (Rate of Heat Release, flächenbezogen) $\geq 250\ kW/m^2$.*
– *ergänzend zu Gleichung (C.2) gilt $\theta(z) = 900\ °C$ für $z \leq 1,0\ m$.*

Der Anhang D ((Erweiterte Brandmodelle)) darf grundsätzlich angewendet werden. Dabei sind die Bemessungsbrandlast und der Bemessungswert der Wärmefreisetzungsrate jedoch nicht nach Anhang E zu bestimmen, sondern nach Anhang BB zu diesem Nationalen Anhang.

Rechenprogramme für die Ermittlung von Brandwirkungen bei Naturbränden sollten nur angewendet werden, wenn sie für den jeweiligen Anwendungsbereich validiert sind ...

Der informative Anhang E ((Brandlastdichten)) darf nicht angewendet werden. Die erforderlichen Angaben zur Berechnung der Bemessungsbrandlastdichte und der Bemessungswärmefreisetzungsrate enthält Anhang BB zu diesem Nationalen Anhang ...

Der Anhang F ((Äquivalente Branddauer)) darf nicht angewendet werden ... Für Anwendungen im Industriebau steht das Verfahren nach DIN 18230-1 zur Verfügung.

Für weitere Informationen und Erläuterungen zu den Regelungen in EC 1-1-2 und dem Nationalen Anhang wird auf [Hosser – 09] verwiesen.

2.3 Mechanische Einwirkungen

EC 1-1-2 regelt auch die im Brandfall anzunehmenden mechanischen Einwirkungen. Dabei wird unterschieden zwischen direkten und indirekten Einwirkungen. Indirekte Einwirkungen infolge Brandbeanspruchung sind Kräfte und Momente, die durch thermische Ausdehnungen, Verformungen und Verkrümmungen hervorgerufen werden. Sie müssen nicht berücksichtigt werden, wenn sie das Tragverhalten nur geringfügig beeinflussen und/oder durch entsprechende Ausbildung der Auflager aufgenommen werden können. Außerdem brauchen sie bei der brandschutztechnischen Bemessung von Einzelbauteilen nicht gesondert verfolgt zu werden. Wenn indirekte Einwirkungen berücksichtigt werden müssen, sind sie unter Ansatz der thermischen und mechanischen Materialkennwerte aus den baustoffbezogenen Eurocodes zu ermitteln.

Als direkte Einwirkungen werden die bei der Bemessung für Normaltemperatur berücksichtigten Lasten (Eigengewicht, Wind, Schnee usw.) bezeichnet. Die maßgebenden Werte der Einwirkungen sind den verschiedenen Teilen der DIN EN 1991 bzw. den zugehörigen Nationalen Anhängen zu entnehmen, wo auch allgemeine Regeln zur Berücksichtigung von Schnee- und Windlasten sowie Lasten infolge Betrieb (z. B. Horizontalkräfte infolge Kranbewegung) angegeben werden. Eine Verringerung der Belastung durch Abbrand bleibt unberücksichtigt.

Die Einwirkungen im Brandfall $E_{d,fi,t}$ ergeben sich nach den Kombinationsregeln des Eurocodes DIN EN 1990 [DIN EN 1990 – 10] und des Nationalen Anhangs [DIN EN 1990/NA – 10] zu

$$E_{d,fi,t} = \sum \gamma_{GA} \cdot G_k + \psi_{1,1} \cdot Q_{k,1} + \sum \psi_{2,i} \cdot Q_{k,i} + \sum A_d(t)$$
(A.2.7)

mit
G_k charakteristischer Wert der ständigen Einwirkungen
$Q_{k,1}$ charakteristischer Wert der dominierenden veränderlichen Einwirkung
$Q_{k,i}$ charakteristischer Wert weiterer veränderlicher Einwirkungen
$A_d(t)$ Bemessungswert der indirekten Einwirkungen
γ_{GA} Teilsicherheitsbeiwert für ständige Einwirkungen (= 1,0)
$\psi_{1,1}$, $\psi_{2,i}$ Kombinationsbeiwerte nach Eurocode DIN EN 1990 bzw. dem zugehörigen NA

Abweichend davon wird in EC 1-1-2 für den Brandfall empfohlen, auch für die maßgebende veränderliche Einwirkung den quasi-ständigen Wert $\psi_{2,1} \cdot Q_{k,1}$ anstelle des häufigen Wertes $\psi_{1,1} \cdot Q_{k,1}$ zu verwenden. Diese Erleichterung wird im NA zu EC 1-1-2 wie folgt eingeschränkt (Zitat):

Es ist grundsätzlich die quasi-ständige Größe $\psi_{2,1}\ Q_{k,1}$ zu verwenden. Eine Ausnahme bilden Bauteile, deren führende veränderliche Einwirkung der Wind ist; in diesem Fall ist für die Einwirkung aus Wind die häufige Größe $\psi_{1,1}\ Q_{k,1}$ zu verwenden.

Vereinfachend dürfen die mechanischen Einwirkungen im Brandfall $E_{d,fi,t}$ direkt aus den Einwirkungen bei Normaltemperatur E_d durch Reduktion mit dem Faktor η_{fi} abgeleitet werden:

$$E_{d,fi,t} = \eta_{fi} \cdot E_d$$
(A.2.8)

mit
E_d Bemessungswert der Einwirkungen mit Berücksichtigung der Teilsicherheitsbei-

werte γ_G für ständige und γ_Q für veränderliche Einwirkungen

$$\eta_{fi} = \frac{\gamma_{GA} + \psi_{2,1} \cdot \xi}{\gamma_G + \gamma_Q \cdot \xi} \qquad (A.2.9)$$

Reduktionsfaktor, abhängig vom Verhältnis der dominierenden veränderlichen Einwirkung zur ständigen Einwirkung $\xi = Q_{k,1}/G_K$

Ohne Nachweis darf für Betonbauteile der Reduktionsfaktor $\eta_{fi} = 0{,}7$ gesetzt werden.

Abb. A.2.2 zeigt die Auswertung von Gl. (A.2.9) mit den Teilsicherheitsbeiwerten für die ständige Einwirkung $\gamma_G = 1{,}35$ und die dominierende veränderliche Einwirkung $\gamma_{Q,1} = 1{,}5$ bei Normaltemperatur sowie die ständige Einwirkung im Brandfall $\gamma_{GA} = 1{,}0$. Durch den Kombinationsbeiwert werden die veränderlichen Einwirkungen abgemindert, z. B. mit $\psi_{2,1} = 0{,}8$ für Lagerräume, $\psi_{2,1} = 0{,}6$ für Versammlungs- und Verkaufsräume, $\psi_{2,1} = 0{,}3$ für Wohn- und Aufenthaltsräume sowie Büros und $\psi_{2,1} = 0{,}2$ für Scheelasten.

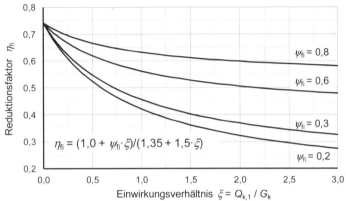

Abb. A.2.2 Reduktionsfaktor η_{fi} in Abhängigkeit der Kombinationsbeiwerte $\psi_{2,1}$ und des Verhältnisses $\xi = Q_{k,1}/G_k$

3 Materialeigenschaften

3.1 Festigkeits- und Verformungseigenschaften

Grundlage der brandschutztechnischen Bauteil- und Tragwerksanalyse sind die temperaturabhängigen Spannungs-Dehnungsbeziehungen und die thermischen Dehnungen der Baustoffe.

In EC 2-1-2, Abschnitt 3 sind alle wesentlichen Informationen zur temperaturabhängigen Veränderung der mechanischen Materialwerte enthalten. Für die numerische Beschreibung der temperaturabhängigen Spannungs-Dehnungsbeziehungen und der thermischen Dehnungen sind Gleichungen angegeben. Eingangswerte für die Berechnung der temperaturabhängigen Spannungs-Dehnungsbeziehungen sind die charakteristischen Werte der maßgebenden Festigkeiten bei Normaltemperatur f_{ck} und f_{yk} sowie beim Spannstahl wegen des Fehlens einer ausgeprägten Streckgrenze der Wert $0{,}9 \cdot f_{pk}$ (vgl. DIN EN 1992-1-1 [DIN EN 1992-1-1 – 10]).

Die thermo-mechanischen Materialkennwerte des Eurocodes geben in vereinfachter, für den brandschutztechnischen Nachweis aber ausreichend genauer Form das Festigkeits- und Verformungsverhalten der Baustoffe bei erhöhten Temperaturen wieder. Durch die Darstellung des Baustoffverhaltens in Form von temperaturabhängigen Spannungs-Dehnungsbeziehungen wird an bekannte Grundlagen aus der Bemessung bei Normaltemperatur angeknüpft. In den temperaturabhängigen Spannungs-Dehnungsbeziehungen des Eurocodes sind alle während der Aufheizphase entstehenden Verformungen enthalten. Neben den temperaturabhängigen elastischen und plastischen Dehnungen sind auch die sehr viel größeren instationären Hochtemperatur-Kriechanteile integriert. Deshalb darf die Tangentenneigung im Ursprung der Spannungs-Dehnungsbeziehungen nicht als temperaturabhängiger Elastizitätsmodul der Baustoffe interpretiert werden. Er ist deutlich größer und führt im Vergleich zu den Spannungs-Dehnungsbeziehungen des Eurocodes zu einem steileren Anstieg, was einem steiferen Baustoffverhalten entspricht. Unter dem Begriff „Kriechen" werden im Hochtemperaturbereich im Wesentlichen die temperaturabhängigen und mit zunehmender Temperatur größer werdenden nicht elastischen, lastabhängigen Verformungsanteile zusammengefasst und nicht wie bei Normaltemperatur die vornehmlich zeitabhängigen, einem Endwert zustrebenden Verformungen unter andauernden Spannungen.

Nachfolgend werden die Vorgaben in Kapitel 3 von EC 2-1-2 zur Ermittlung der temperaturabhängigen Spannungs-Dehnungsbeziehungen für druckbeanspruchten Beton auszugsweise wiedergegeben (vgl. Abb. A.3.1).

3.2.2.1 Druckbeanspruchter Beton

(1)P Die Festigkeits- und Verformungseigenschaften von einachsig gedrücktem Beton bei erhöhten Temperaturen werden aus Spannungs-Dehnungsbeziehungen entsprechend Abb. A.3.1 entnommen.

(2) Die Spannungs-Dehnungsbeziehungen im Bild 3.1 werden durch zwei Parameter definiert:
- *die Druckfestigkeit $f_{c,\theta}$*
- *die Stauchung $\varepsilon_{c1,\theta}$ entsprechend $f_{c,\theta}$*

(3) Für jeden der Parameter sind in Tabelle 3.1 Werte in Abhängigkeit von der Betontemperatur angegeben. Für Zwischenwerte der Temperatur ist eine lineare Interpolation zulässig.

(4) Die in Tafel A.3.1 angegebenen Werte können für Normalbeton mit überwiegend quarzit- oder kalksteinhaltiger (mindestens 80 Gew.-%) Gesteinskörnung angewendet werden.

(5) Werte für $\varepsilon_{cu1,\theta}$, die den Bereich des abfallenden Kurventeils definieren, können aus Tabelle 3.1 entnommen werden, Spalte 4 gilt für Normalbeton mit quarzithaltigen Zuschlägen, Spalte 7 für Normalbeton mit kalksteinhaltiger Gesteinskörnung.

(6) Bei thermischen Einwirkungen nach EN 1991-1-2, Abschnitt 3 (Simulation eines natürlichen Brandes), ist das Modell für die Spannungs-Dehnungsbeziehungen von Beton nach Bild 3.1 zu modifizieren, insbesondere für den Bereich abfallender Temperaturen.

Die Umsetzung dieser Vorgaben ist in Abb. A.3.2 exemplarisch für Beton mit überwiegend quarzithaltiger Gesteinskörnung gezeigt.

Die Zugfestigkeit des Betons soll in der Regel nicht in Ansatz gebracht werden. Wenn die Zugfestigkeit ausnahmsweise bei vereinfachten oder allgemeinen Rechenverfahren berücksichtigt werden soll, ist der Wert $f_{ct,k}$ bei Normaltemperatur temperaturabhängig zwischen 100 °C und 600 °C linear auf null zu reduzieren.

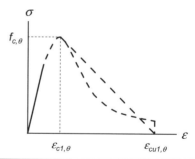

Bereich	Spannung $\sigma(\theta)$
$\varepsilon \leq \varepsilon_{c1,\theta}$	$\dfrac{3\varepsilon f_{c,\theta}}{\varepsilon_{c1,\theta}\left(2+\left(\dfrac{\varepsilon}{\varepsilon_{c1,\theta}}\right)^3\right)}$
$\varepsilon_{c1,\theta} < \varepsilon \leq \varepsilon_{cu1,\theta}$	Für numerische Zwecke sollte ein abfallender Kurventeil angenommen werden. Lineare und nichtlineare Modelle sind zulässig.

Abb. A.3.1 Modell der Spannungs-Dehnungsbeziehungen für druckbeanspruchten Beton bei erhöhter Temperatur

Die temperaturabhängigen Spannungs-Dehnungsbeziehungen für Betonstahl werden ähnlich wie für den druckbeanspruchten Beton vorgegeben. Nachstehend werden einige wesentliche Aussagen zitiert:

3.2.3 Betonstahl

(1)P Die Festigkeits- und Verformungseigenschaften von Betonstahl bei erhöhten Temperaturen werden durch Spannungs-Dehnungsbeziehungen nach Bild 3.3 und Tabelle 3.2 (a oder b) festgelegt. Tabelle 3.2b sollte nur angewendet werden, wenn die Festigkeit bei erhöhter Temperatur durch Versuche nachgewiesen worden ist.

(2) Die Spannungs-Dehnungsbeziehungen nach Bild 3.3 werden durch drei Parameter definiert:
- *Neigung im linear-elastischen Bereich $E_{s,\theta}$*
- *Proportionalitätsgrenze $f_{sp,\theta}$*
- *maximales Spannungsniveau $f_{sy,\theta}$*

(3) Für die Parameter in (2) sind in Tabelle 3.2 Werte für warmgewalzten und kaltverformten Betonstahl bei erhöhten Temperaturen angegeben. Für Zwischenwerte der Temperatur ist eine lineare Interpolation zulässig.

(4) Die Spannungs-Dehnungsbeziehungen dürfen auch für druckbeanspruchten Betonstahl angewendet werden.

Materialeigenschaften

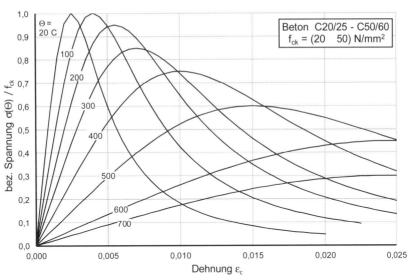

Abb. A.3.2 Temperaturabhängige Spannungs-Dehnungsbeziehungen von Beton mit überwiegend quarzithaltiger Gesteinskörnung

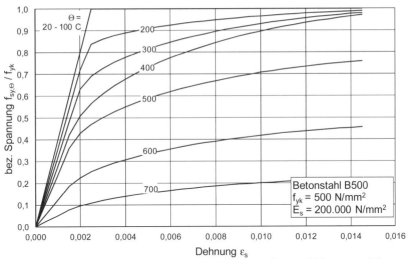

Abb. A.3.3 Temperaturabhängige Spannungs-Dehnungsbeziehungen von Betonstahl (warmgewalzt)

(5) Bei thermischen Einwirkungen nach EN 1991-1-2, Abschnitt 3 (Simulation eines natürlichen Feuers), können die Spannungs-Dehnungsbeziehungen von Betonstahl nach Tabelle 3.2 als zutreffende Näherung verwendet werden, insbesondere für den Bereich abfallender Temperaturen.

Abb. A.3.3 zeigt exemplarisch die Spannungs-Dehnungsbeziehungen für warmgewalzten Betonstahl (B 500). Bezugsgröße ist die Streckgrenze bei Normaltemperatur gemäß EC 2-1-1.

Zur Ermittlung der Bemessungswerte werden die charakteristischen Werte der Baustoffkennwerte mit temperaturabhängigen Reduktionsfaktoren für Festigkeit bzw. E-Modul $k_{M,\theta}$ multipliziert und durch die von den Streuungen der Baustoffkennwerte im Brandfall abhängigen Teilsicherheitsbeiwerte $\gamma_{M,fi}$ dividiert.

Generell werden die Teilsicherheitsbeiwerte für die thermo-mechanischen Baustoffkennwerte in den Brandschutzteilen der Eurocodes und den Nationalen Anhängen zu $\gamma_{M,fi} = 1{,}0$ gesetzt.

3.2 Thermische und physikalische Eigenschaften

Zum Trag- und Verformungsverhalten von brandbeanspruchten Bauteilen und Tragwerken tragen ganz wesentlich die thermischen Dehnungen bei. Abb. A.3.4 zeigt im Vergleich die in Kapitel 3.3 bzw. 3.4 von EC 2-1-2 angegebenen thermischen Dehnungen für Beton, Betonstahl (und Baustahl) sowie Spannstahl.

Bei der spezifischen Wärme c_p wird im Temperaturbereich von 100 – 200 °C Porenwasser verdampft; die dafür verbrauchte Wärmeenergie kann näherungsweise durch eine Erhöhung der spezifischen Wärme berücksichtigt werden, die von der relativen Feuchtigkeit des Betons abhängig ist. Abb. 3.5 zeigt den Verlauf der spezifischen Wärme für eine relative Feuchte von 2 M.-%.

Für die Wärmeleitfähigkeit λ wird in EC 2-1-2 eine Bandbreite definiert, wobei der obere und der untere Grenzwert formelmäßig beschrieben werden.

Der NA zu EC 2-1-2 schreibt die Verwendung des oberen Grenzwertes vor, mit dem in umfangreichen Vergleichsrechnungen [Hosser/Richter – 06] die beste Übereinstimmung zwischen den numerischen Simulationen und den Ergebnissen von Normbrandversuchen erreicht wurde.

Die im NA zu EC 2-1-2 festgelegten thermischen Materialeigenschaften des Betons sind in Abb. A.3.5 zusammenfassend dargestellt.

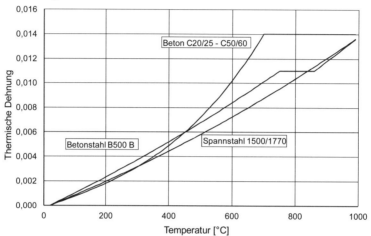

Abb. A.3.4 Thermische Dehnungen von Beton, Betonstahl (Baustahl) und Spannstahl

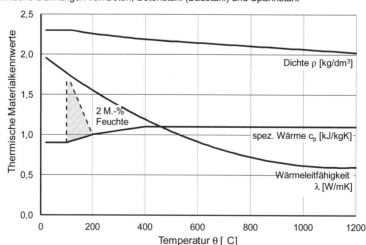

Abb. A.3.5 Rechenwerte der temperaturabhängigen thermischen Materialeigenschaften von Beton auf der Grundlage von [NA zu EN 1992-1-2 – 10]

4 Allgemeines Rechenverfahren

4.1 Allgemeines

Das allgemeine Rechenverfahren dient zur numerischen Simulation des Trag- und Verformungsverhaltens brandbeanspruchter Einzelbauteile, Teil- und Gesamttragwerke mit beliebiger Querschnittsart und -form bei voller oder lokaler Temperaturbeanspruchung. Es erfordert im Vergleich zum tabellarischen Nachweis und zum vereinfachten Rechenverfahren den größten Aufwand, da in der Regel eine thermische Analyse zur Ermittlung der Bauteiltemperaturen und anschließend eine mechanische Analyse zur Ermittlung des Trag- und Verformungsverhaltens durchgeführt werden muss.

Für den Nachweis werden die Rechengrundlagen zur Ermittlung der Temperatur- und Lasteinwirkungen gemäß Abschnitt 2 benötigt.

Ausgehend von den Heißgastemperaturen im Brandraum werden im Rahmen der thermischen Analyse die Temperaturen in den Bauteilquerschnitten berechnet. Dabei müssen die temperaturabhängigen thermischen Materialkennwerte des Bauteils und eventuell vorhandener Schutzschichten berücksichtigt werden.

Im Rahmen der mechanischen Analyse werden das Trag- und ggf. das Verformungsverhalten der brandbeanspruchten Bauteile oder Tragwerke berechnet. Dabei müssen auf der Einwirkungsseite die Einflüsse aus der Belastung, aus behinderten thermischen Verformungen (Zwangkräfte/-momente) sowie ggf. aus nichtlinearen geometrischen Einflüssen berücksichtigt werden. Auf der Widerstandsseite gehen die temperaturabhängigen thermo-mechanischen Eigenschaften der Baustoffe und die thermischen Dehnungen ein. Das Tragverhalten nach dem Abkühlen des Tragwerks, die sog. Resttragfähigkeit im wieder erkalteten Zustand, wird in der Regel nicht betrachtet.

4.2 Thermische Analyse

Ausgehend von dem nach EC 1-1-2 ermittelten zeitlichen Verlauf der Heißgastemperatur (vgl. Abschnitt 2.2) werden die thermischen Einwirkungen auf die Bauteile ermittelt. Für eine Brandbeanspruchung entsprechend der Einheits-Temperaturzeitkurve wird der Netto-Wärmestrom in die Bauteiloberfläche mit dem Wärmeübergangskoeffizienten für Konvektion α_c = 25 W/m²K aus EC 1-1-2 und der Emissivität ε_m = 0,7 aus EC 2-1-2 berechnet.

Grundlage für die Berechnung der Temperaturverteilung in Bauteilen ist die Differentialgleichung von Fourier (Gl. (A.4.1)) zur Beschreibung der instationären Wärmeleitung in Festkörpern. Dabei wird vorausgesetzt, dass keine Wärmequellen oder -senken im Körperinneren vorhanden sind.

$$\frac{\delta \theta}{\delta t} = a \cdot \left(\frac{\delta^2 \theta}{\delta x^2} + \frac{\delta^2 \theta}{\delta y^2} + \frac{\delta^2 \theta}{\delta z^2} \right) \quad \text{(A.4.1)}$$

mit
θ Temperatur [K]
t Zeit [s]
a $= \dfrac{\lambda}{\rho \cdot c_p}$ Temperaturleitzahl [m²/s]
λ Wärmeleitfähigkeit [W/(mK)]
ρ Rohdichte [kg/m³]
c_p spezifische Wärme [J/(kgK)]
x, y, z Raumkoordinaten [m].

Eine analytische Lösung für Gl. (A.4.1) lässt sich nur für den Sonderfall eines homogenen und isotropen Körpers mit eindimensionalem Wärmestrom und temperaturunabhängigen thermischen Materialeigenschaften finden. Zur Berechnung der Temperaturverteilung innerhalb brandbeanspruchter Bauteile aus Beton und Stahl müssen die temperaturabhängigen thermischen Materialeigenschaften – Wärmeleitfähigkeit λ, spezifische Wärme c_p und Rohdichte ρ – berücksichtigt werden. Damit ist die Zielgröße der Berechnung, die Bauteiltemperatur, von temperaturabhängigen Eingangsparametern abhängig. Zur Lösung werden numerische Methoden wie die Finite-Elemente-Methode oder Finite-Differenzen-Methode mit Integrationsverfahren über die Zeitschritte eingesetzt. Für baupraktische Fälle werden dabei folgende Vereinfachungen getroffen.

Die Temperaturausbreitung in Bauteillängsrichtung wird vernachlässigt. In stabförmigen Bauteilen wird die Temperaturausbreitung nur in der Querschnittsfläche (zweidimensional) und in flächigen Bauteilen nur über die Querschnittsdicke (eindimensional) berechnet.

Wasserdampfbewegungen werden nicht erfasst. Beim Beton werden der Energieverbrauch für das Verdampfen von Wasser und sonstige Energie verzehrende Vorgänge über die Wahl des Rechenwertes für die spezifische Wärmekapazität des Betons im Temperaturbereich zwischen 100 °C und 200 °C berücksichtigt (Abb. A.3.5).

Für Stahlbetonquerschnitte mit praxisüblichem Bewehrungsgehalt darf die Bewehrung bei der thermischen Analyse vernachlässigt werden. Die Temperatur in der Achse des Bewehrungsstabes entspricht in etwa der Temperatur im ungestörten Beton (Abb. A.4.1).

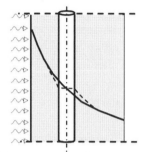

Abb. A.4.1 Temperaturverlauf in einem einseitig brandbeanspruchten Wandabschnitt

Die durchgezogene Linie zeigt die Temperaturen im Beton ohne Bewehrung, die gestrichelte Linie mit Bewehrung.

Für Bauteile und Tragwerke wird der brandschutztechnische Nachweis in der Regel als Querschnittsanalyse und/oder Analyse des Systemverhaltens durchgeführt. Dabei wird von der berechneten Temperaturverteilung im Bauteilquerschnitt ausgegangen, zusätzlich werden die temperaturabhängigen Baustoffeigenschaften (Festigkeit, Elastizitätsmodul, thermische Dehnung) berücksichtigt.

EC 2-1-2, Anhang A enthält Temperaturprofile und Isothermenverläufe für Platten, Balken und Stützen. Diese Temperaturen wurden allerdings mit der unteren Grenzfunktion für die thermische Leitfähigkeit λ berechnet. Das steht im Widerspruch zur o. g. Empfehlung im NA zu EC 2-1-2, die obere Grenzfunktion für die Wärmeleitfähigkeit zu benutzen. Die Auswirkungen der unterschiedlichen Funktionen auf die Temperaturen in Betonquerschnitten wurden in [Hosser/Richter – 06] durch Vergleichsrechnungen untersucht. Die Randbedingungen wurden dabei bis auf die thermische Leitfähigkeit unverändert aus EC 2-1-2, Anhang A übernommen. In Abb. A.4.2 sind die Isothermen für einen Stützenquerschnitt h/b = 300 mm/300 mm aus Anhang A (links) und aus der Vergleichsrechnung (rechts) gegenübergestellt.

Die höhere thermische Leitfähigkeit in den Vergleichsrechnungen bewirkt nach längeren Branddauern etwas höhere Temperaturen im Querschnittsinnern. Bei Plattenquerschnitten betragen die Unterschiede nach 240 Minuten Branddauer in 100 mm Tiefe ca. 35 K, bei den Balken- und Stützenquerschnitten wurden in den Vergleichsrechnungen nach 90 bzw. 120 Minuten Branddauer im Querschnittsinneren ca. 100 K höhere Temperaturen als nach den Bildern in Anhang A ermittelt.

Die Bilder in Anhang A werden hauptsächlich zur Bestimmung der Temperatur in der Bewehrung im Zusammenhang mit dem vereinfachten Rechenverfahren, der sog. Zonenmethode, benutzt (siehe Abschnitt 5.2). In diesem Fall kommt es auf die „richtigen" Temperaturen in den Randzonen der Querschnitte an. Da Unterschiede zwischen den Temperaturen nach Anhang A bzw. den Vergleichsrechnungen primär im Querschnittsinnern auftreten, während in den Randzonen der Querschnitte die Temperaturen weitgehend übereinstimmen, können die Bilder in Anhang A ohne Bedenken zur Bestimmung der Temperatur in der Bewehrung benutzt werden.

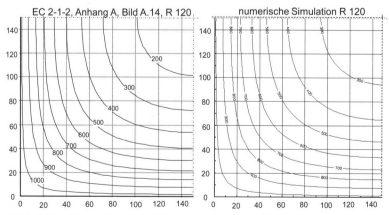

Abb. A.4.2 Vergleich der Isothermen für einen Stützenquerschnitt $h \cdot b$ = 300 mm·300 m und R 120 aus EC 2-1-2, Anhang A, Bild A.14 (links) und aus einer numerischen Vergleichsrechnung (rechts)

4.3 Mechanische Analyse

Die Einwirkungen im Brandfall sind entsprechend den Angaben in Gln. (A.2.7) oder (A.2.8) zu ermitteln. Ohne genauen Nachweis darf für Betonbauteile der Reduktionsfaktor in Gl. (A.2.8) mit $\eta_{fi} = 0{,}7$ genommen werden.

Zur Erfüllung der Gleichgewichts- und Verträglichkeitsbedingungen werden Dehnungen im Querschnitt ermittelt. Dafür wird angenommen, dass die Querschnitte auch nach der Verformung eben bleiben (Bernoulli-Hypothese) und die Dehnungen ε eines Querschnitts sich zueinander verhalten wie ihre Abstände z von der Dehnungs-Nulllinie; bei einachsiger Biegung wird

$$\varepsilon = \varepsilon_0 + d\varepsilon/dz \cdot z = \varepsilon_0 + k \cdot z \qquad (A.4.2)$$

Die Dehnungen im Querschnitt setzen sich aus den spannungserzeugenden Dehnungen ε_σ der Baustoffe und aus ihren thermischen Dehnungen ε_{th} zusammen

$$\varepsilon = \varepsilon_\sigma + \varepsilon_{th} \qquad (A.4.3)$$

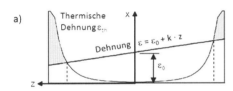

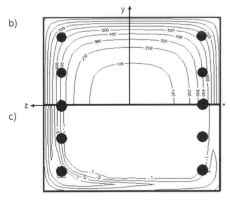

Abb. A.4.3 4-seitig brandbeanspruchter Stützenquerschnitt h = 450 mm nach 90 min Branddauer mit den Einwirkungen $N_{E,fi,d,90}$ = –218 kN und $M_{tot,fi,d,90}$ = 204,3 kNm;
    a)   Dehnungsverteilung in Höhe der z-Achse
    b)   Isothermen
    c)   Betonspannungen

Zur Spannungsermittlung wird ε_σ benötigt, um damit $\sigma(\varepsilon_\sigma, \theta)$ aus den temperaturabhängigen Spannungs-Dehnungsbeziehungen zu ermitteln

$$\varepsilon_\sigma = \varepsilon - \varepsilon_{th} = \varepsilon_0 + k \cdot z - \varepsilon_{th} \qquad (A.4.4)$$

In Abb. A.4.3 sind die einzelnen Dehnungsanteile am Beispiel einer Stahlbetonstütze nach 90 Minuten Branddauer dargestellt. Der grau unterlegte Bereich der thermischen Dehnungen kennzeichnet die spannungserzeugenden Dehnungen ε_σ des Betons. Die Dehnungsverteilung zur Erfüllung der Gleichgewichts- und Verträglichkeitsbedingungen muss iterativ bestimmt werden.

5 Vereinfachte Rechenverfahren

5.1 Allgemeines

Die in EC 2-1-2 enthaltenen vereinfachten Rechenverfahren beschreiben die Verringerung der Tragfähigkeit von Bauteilen unter Brandbeanspruchung näherungsweise durch eine temperaturabhängige Verkleinerung des Betonquerschnittes und eine temperaturbedingte Abminderung der Materialfestigkeiten. Die Verringerung des Betonquerschnitts berücksichtigt, dass die äußeren, dem Brand direkt ausgesetzten Betonbereiche zermürbt werden und nicht mehr mittragen. Der Tragfähigkeitsnachweis wird mit dem Restquerschnitt (Beton und Bewehrung) analog zum Nachweis für Normaltemperatur nach EC 2-1-1 geführt, allerdings werden die Festigkeiten von Beton und Bewehrungsstahl temperaturabhängig mit Beiwerten $k_c(\theta)$ bzw. $k_s(\theta)$ abgemindert (Abb. A.5.1 und A.5.2).

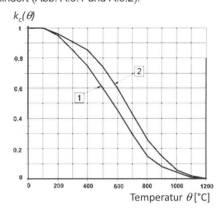

Abb. A.5.1 Beiwert $k_c(\theta)$ zur Berücksichtigung des Abfalls der charakteristischen Druckfestigkeit f_{ck} von Normalbeton mit überwiegend quarzithaltiger (Kurve 1) bzw. überwiegend kalksteinhaltiger (Kurve 2) Gesteinskörnung

Brandschutz nach DIN EN 1992-1-2

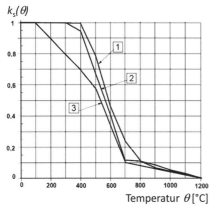

Abb. A.5.2 Beiwert $k_s(\theta)$ zur Berücksichtigung des Abfalls der charakteristischen Festigkeit f_{yk} von Zugbewehrung (warmgewalzt, Kurve 1 bzw. kaltverformt, Kurve 2) sowie Zug- und Druckbewehrung mit $\varepsilon_{s,fi} < 2\,\%$ (Kurve 3)

Zur Ermittlung der Querschnittstemperaturen von Wänden und Platten, Balken und Stützen mit üblichen Querschnittsformen bei Brandbeanspruchung nach der Einheits-Temperaturzeitkurve können die im informativen Anhang A zusammengestellten Diagramme mit Temperaturprofilen verwendet werden (vgl. Abb. A.4.2 links).

Der reduzierte Betonquerschnitt und die temperaturabhängige Abminderung der Betonfestigkeit können mit dem vereinfachten Verfahren im informativen Anhang B.2 (sog. Zonenmethode) von EC 2-1-2 bestimmt werden.

Im Einzelnen müssen nach Anhang B.2 folgende Bemessungsschritte durchgeführt werden:

– Berechnung der temperaturabhängigen Verkleinerung des Betonquerschnitts um das Maß a_z mit Hilfe der in EC 2-1-2 angegebenen Gleichungen oder der Diagramme in Bild B.5b) oder c) (s. Abb. A.5.3b + c).
– Ermittlung des Beiwertes $k_c(\theta_M)$ für die temperaturabhängige Abminderung der Druckfestigkeit des reduzierten Betonquerschnitts mit Hilfe der in Anhang B.2 angegebenen Gleichungen oder des Diagramms in Bild B.5a) (s. Abb. A.5.3a).
– Ermittlung der Temperaturen in den einzelnen Bewehrungsstäben mit Hilfe der Diagramme in Anhang A (s. Abb. A.4.1) und der zugehörigen Beiwerte für Bewehrungsstahl $k_s(\theta)$ (siehe Abb. A.5.2) bzw. Spannstahl $k_p(\theta)$ mit Bild 4.2a aus EC 2-1-2.
– Nachweis der Tragfähigkeit des Bauteils $R_{fi,d,t}$ mit dem Restquerschnitt analog zum Nachweis für Normaltemperatur nach EC 2-1-1 für die maßgebenden Lasteinwirkungen $E_{fi,d,t}$ nach EC 1-1-2 (s. Abb. A.5.4).

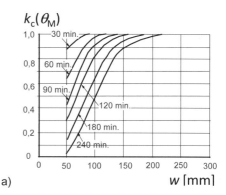
a)

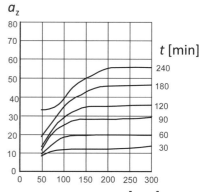
b)

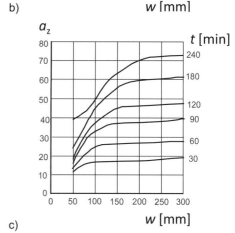
c)

Abb. A.5.3 Reduktion des Querschnitts und der Festigkeit eines Betons mit überwiegend quarzithaltiger Gesteinskörnung bei Normbrandbeanspruchung
a) Reduktion der Druckfestigkeit für den reduzierten Querschnitt
b) Reduktion a_z des Querschnitts eines Balkens oder einer Platte
c) Reduktion a_z des Querschnitts einer Stütze oder einer Wand

Vereinfachte Rechenverfahren

Das vereinfachte Rechenverfahren nach Anhang B.2 eignet sich insbesondere für Bauteile, bei denen der vorhandene Achsabstand der Bewehrung oder die Querschnittsabmessung kleiner ist als der entsprechende Mindestwert aus der Bemessungstabelle und gleichzeitig die Tragfähigkeit bei Normaltemperatur nicht voll ausgenutzt wird.

Ein weiteres Verfahren in Anhang B.1 (500°C-Isothermen-Methode) darf nach dem NA zu EC 2-1-2 nicht in Deutschland angewendet werden,

5.2 Querschnittsverkleinerung

Gleichung (B.12) und Bilder B.5b in Anhang B.2 von EC 2-1-2 gelten für den Wert a_z bei biegebeanspruchten Bauteilen wie Balken und Platten, während Gleichung (B.13) und Bild B.5c für druckbeanspruchte Bauteile gelten, bei denen Auswirkungen infolge Theorie 2. Ordnung berücksichtigt werden müssen. Die Unterscheidung zwischen biege- und druckbeanspruchten Bauteilen macht deutlich, dass der Wert a_z eine mechanische Bedeutung besitzt.

In [Hertz – 85] wurden die Gleichungen für a_z an einem unendlich langen, zweiseitig brandbeanspruchten Wandquerschnitt hergeleitet. Dabei wurde die Größe der druckbeanspruchten Querschnittsfläche so bestimmt, dass die resultierende Betondruckkraft durch einen Spannungsblock mit der temperaturabhängigen Betondruckfestigkeit im Mittelpunkt der Druckfläche ermittelt werden kann (vgl. Abb. A.5.4) und die infolge Brand verminderte Querschnittsbiegesteifigkeit näherungsweise erfasst wird.

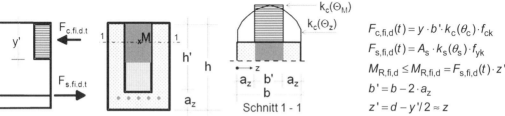

Abb. A.5.4 Prinzip der Tragfähigkeitsberechnung mit brandreduziertem Betonquerschnitt und temperaturabhängig reduzierten Festigkeiten am Beispiel der Biegemomententragfähigkeit eines Stahlbeton-Rechteckquerschnitts

Die resultierende Betondruckkraft $F_{c,fi,d,t}$ für einen dreiseitig brandbeanspruchten Querschnitt lässt sich nach Gl. (A.5.1) durch Integration über die Druckzone des Querschnitts berechnen, mit dem Teilsicherheitsbeiwert $\gamma_{c,fi} = 1{,}0$ für Beton im Brandfall und dem Beiwert $k_c(\theta(z))$ für die temperaturabhängige Reduktion der charakteristischen Druckfestigkeit des Betons:

$$F_{c,fi,d,t} = y \cdot \int_0^b k_c(\theta(z))dz \cdot \frac{f_{ck,20°C}}{\gamma_{c,fi}} \qquad (A.5.1)$$

In der Regel verlaufen die Isothermen im Bereich der Betondruckzone parallel zu den Seitenflächen des Querschnitts, so dass die resultierende Betondruckkraft $F_{c,fi,d,t}$ näherungsweise durch Gl. (A.5.2) wiedergegeben werden kann.

$$F_{c,fi,d,t} = y' \cdot b' \cdot k_c(\theta_M) \cdot \frac{f_{ck,20°C}}{\gamma_{c,fi}} \qquad (A.5.2)$$

Dabei erstreckt sich der Spannungsblock über die reduzierte Querschnittsfläche mit den Abmessungen y' und b' und der Betondruckspannung $k_c(\theta_M) \cdot f_{ck,20°C}/\gamma_{c,fi}$ mit dem Beiwert $k_c(\theta_M)$ für die Betontemperatur θ_M im Mittelpunkt der druckbeanspruchten Querschnittsfläche $y' \cdot b'$ (vgl. Bild A.5.4).

Unter der Voraussetzung, dass die Höhe des Spannungsblockes wie bei der Bemessung für Raumtemperatur $y' \approx 0{,}8 \cdot y$ beträgt, werden die auf y bzw. y' bezogenen Betondruckkräfte nach Gleichung (A.5.1) und (A.5.2) gleichgesetzt. Hieraus kann die Breite des Spannungsblocks b' ermittelt und zur Querschnittsbreite b ins Verhältnis (η) gesetzt werden.

Aus der Differenz zwischen der Breite des Querschnitts b und der Breite des Spannungsblocks b' ergibt sich Gl. (A.5.3) (entspricht Gl. (B.12) in EC 2-1-2, Anhang B) für das Maß a_z:

$$a_z = \frac{1}{2}(b - b') = \frac{b}{2} \cdot (1 - \eta) = w \cdot \left(1 - \frac{k_{c,m}}{k_c(\theta_M)}\right) \qquad (A.5.3)$$

mit einem über die Querschnittsbreite gemittelten Reduktionsfaktor

$$k_{c,m} = \frac{\int_0^b k_c(\theta(z))dz}{b} \qquad (A.5.4a)$$

In EC 2-1-2 (dort Gl. (B.11)) wird das Integral durch eine Summe über n Zonen mit unterschiedlicher Querschnittstemperatur und Festigkeit angenähert, wobei $n \geq 3$ sein muss:

A.15

$$k_{c,m} = \frac{(1-0,2/n)}{n} \cdot \sum_{i=1}^{n} k_c(\theta_i) \quad \text{(A.5.4b)}$$

In Abb. A.5.5 werden für Branddauern von 30, 90 und 180 Minuten die aus EC 2-1-2, Anhang B, Bild B.5 b abgelesenen und die mit den Gln. (B.12) und (B.11) berechneten Werte für a_z verglichen. Eine ausreichende Annäherung wird erst mit $n = 20$ erreicht, wobei die berechneten Werte größer als die Werte nach Bild B.5 b sind, d. h. auf der sicheren Seite liegen.

In den informativen Anhängen C bis E von EC 2-1-2 werden noch weitere vereinfachte Rechenverfahren beschrieben. Nach dem NA zu EC 2-1-2 dürfen davon in Deutschland nur die Verfahren im Anhang E für statisch bestimmte gelagerte und durchlaufende Balken und Platten angewendet werden, deren Tragfähigkeit hauptsächlich von der temperaturabhängigen Abminderung der Betonstahlfestigkeit und der kritischen Temperatur der Feldbewehrung abhängt (vgl. Abschnitt A.8.3).

5.3 Stützenbemessung mit der Zonenmethode

In EC 2-1-2, Abschnitt 4.2.1 wird in Anmerkung 1 die Anwendung der Zonenmethode nach Anhang B.2 „für kleine Querschnitte und schlanke Stützen" empfohlen. Für Stützen, bei denen die Auswirkungen infolge Theorie 2. Ordnung berücksichtigt werden müssen, wird eine Gleichung zur Berechnung der geschädigten Zone a_z angegeben (dort Gl. (B.13)), alternativ kann a_z direkt aus dem Diagramm (dort Bild B.5) abgelesen werden. Die weiteren Angaben im Anhang B.2 (9) legen dann die Anwendung eines Berechnungsverfahrens für Normaltemperatur nahe, unter Berücksichtigung des reduzierten Querschnitts, der temperaturabhängigen Festigkeiten und des neuen Elastizitätsmoduls.

Die Angaben in EC 2-1-2, Anhang B.2 sind für eine praxisrelevante brandschutztechnische Stützenbemessung unter Berücksichtigung der Stützenverformungen unzureichend. Aus diesem Grund wird in [EN 1992-1-2/AC – 08], das Berichtigungen und Korrekturen zur EN 1992-1-2 von deutscher Seite enthält, das vereinfachte Rechenverfahren (Zonenmethode) lediglich für kleine Querschnitte empfohlen, die Empfehlung für schlanke Stützen wurde gestrichen.

Folgerichtig wird auch im NA zu EC 2-1-2 die Anwendung der Zonenmethode nach Anhang B.2 für Druckglieder ausgeschlossen. Auf die Möglichkeit von Erweiterungen der Zonenmethode im Hinblick auf eine vereinfachte Bemessung von schlanken Druckgliedern – bei Absicherung des Anwendungsbereichs mit Hilfe von allgemeinen Rechenverfahren oder Versuchen – und auf erste Veröffentlichungen derart erweiterter Zonenmethoden [Cyllok/Achenbach – 09], [Zilch et al. – 10] wird hingewiesen.

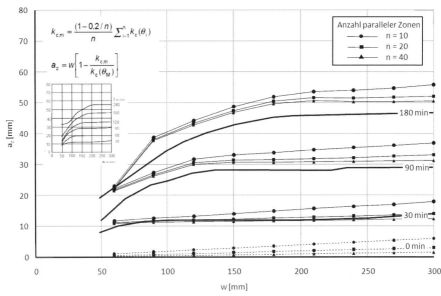

Abb. A.5.5 a_z-Werte eines biegebeanspruchten Bauteils, berechnet mit den Gleichungen (A.5.3) und (A.5.4) für unterschiedliche Anzahl paralleler Zonen n im Vergleich zu den Werten aus dem Diagramm in EC 2-1-2, Bild B.5b für 30, 90 und 180 Minuten Branddauer

6 Tabellarische Daten

6.1 Allgemeines

Die Bemessungstabellen in Abschnitt 5 von EC 2-1-2 entsprechen weitgehend den bekannten Tabellen in DIN 4102-4 und DIN 4102-22 und sind ganz ähnlich aufgebaut. Deshalb wird hier auf eine ausführliche Darstellung verzichtet und lediglich ein kurzer Überblick gegeben. Anwendungen der Tabellen werden im Zusammenhang mit den Beispielen in Abschnitt 8 gezeigt.

In den Bemessungstabellen sind in Abhängigkeit der Feuerwiderstandsklasse Mindestwerte für die Querschnittsabmessungen und Mindestachsabstände der Bewehrung angegeben. Für Stahlbetonstützen und belastete Stahlbetonwände geht außerdem der Lastausnutzungsfaktor ein.

Der EC 2-1-2 enthält Bemessungstabellen für

- Stützen mit Rechteck- oder Kreisquerschnitt bei ein- und mehrseitiger Brandbeanspruchung,
- nichttragende und tragende Wände,
- Balken mit Rechteck- und I-Querschnitt bei drei- oder vierseitiger Brandbeanspruchung,
- einachsig oder zweiachsig gespannte Platten, Durchlaufplatten, Flachdecken und Rippendecken.

Bei Einhaltung der tabellierten Mindestforderungen gilt hinsichtlich der Tragfähigkeit (Kriterium R):

$$E_{d,fi,t} / R_{d,fi} \leq 1,0$$

mit

$E_{d,fi,t}$ Bemessungswert der Schnittgrößen beim Brand
$R_{d,fi}$ Bemessungswert der Tragfähigkeit (Widerstand) beim Brand

In der Regel wurde bei der Ermittlung der Tabellenwerte eine volle Ausnutzung der Querschnitte bei Normaltemperatur vorausgesetzt, d. h. die aufnehmbare Schnittgröße im Brandfall $E_{d,fi,t}$ wurde aus der Tragfähigkeit bei Normaltemperatur R_d durch Reduktion mit dem Faktor $\eta_{fi} = 0,7$ ermittelt. Unter diesen Umständen beträgt die kritische Temperatur von Betonstahl $\theta_{cr} = 500\ °C$. Hierfür gelten die in den Bemessungstabellen für Balken und Platten angegebenen Mindestachsabstände der Zugbewehrung.

Wenn ein Querschnitt nicht voll ausgelastet ist, kann die kritische Temperatur der Bewehrung in Abhängigkeit vom Ausnutzungsgrad aus Abb. A.6.1 (entspricht Bild 5.1 von EC 2-1-2) abgelesen werden. Dabei entspricht $k_s(\theta_{cr})$ dem Verhältnis der Stahlspannung $\sigma_{s,fi}$ (bzw. $\sigma_{p,fi}$) aufgrund der Einwirkungen im Brandfall zur Streckgrenze $f_y(20\ °C)$ bei Normaltemperatur:

$$k_s(\theta_{cr}) = \frac{E_{d,fi}}{E_d} \cdot \frac{1}{\gamma_s} \cdot \frac{A_{s,req}}{A_{s,prov}} \quad (A.6.1)$$

mit

γ_s Teilsicherheitsbeiwert für die Bewehrung ($\gamma_s = 1,15$ nach EC 2-1-1, Abschnitt 2)
$A_{s,req}$ die erforderliche Bewehrungsfläche für den Grenzzustand der Tragfähigkeit nach EC 2-1-1
$A_{s,prov}$ die vorhandene Bewehrungsfläche
$E_{d,fi}/E_d$ das Verhältnis der Einwirkungen im Brandfall und bei Normaltemperatur

In Abhängigkeit von der kritischen Temperatur θ_{cr} kann dann der aus der Bemessungstabelle abgelesene Achsabstand a der Bewehrung mit Gl. (A.6.2) (entspricht Gl. (5.3) in EC 2-1-2) korrigiert werden:

$$\Delta a = 0,1\ (500 - \theta_{cr})\quad (mm) \quad (A.6.2)$$

Für Spannstahl gelten die Gleichungen (A.6.1) und (A.6.2) sinngemäß, wobei jedoch in Gl. (A.6.1) $0,9/\gamma_s$ und in Gl. (A.6.2) als kritische Temperatur bei voller Lastausnutzung anstelle von 500 °C bei Spannstäben 400 °C bzw. bei Spannlitzen = 350 °C anzusetzen ist.

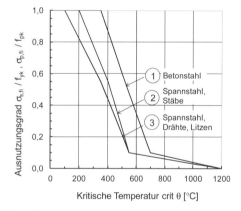

Abb. A.6.1 Bemessungskurven für die kritische Temperatur θ_{cr} von Betonstahl und Spannstahl als Funktion des Beiwerts $k_s(\theta_{cr}) = \sigma_{s,fi}/f_{yk}(20\ °C)$ oder $k_p(\theta_{cr}) = \sigma_{p,fi}/f_{pk}(20\ °C)$

6.2 Bemessung von Stützen

Exemplarisch wird nachstehend die Bemessung einer Stütze mit Rechteck- oder Kreisquerschnitt erläutert. Hierfür wird entsprechend der Vorgabe im NA zu EC 2-1-2 das als „Methode A" bezeichnete Verfahren verwendet. Es gilt für überwiegend auf Druck beanspruchte schlaff bewehrte und vorgespannte Betonstützen in ausgesteiften Bauwerken, wenn folgende Bedingungen erfüllt sind:

Brandschutz nach DIN EN 1992-1-2

- Ersatzlänge der Stütze (gemäß EC 2-1-1, Abschnitt 5) im Brandfall $l_{0,fi} \leq 3$ m
- Bewehrungsquerschnitt $A_s < 0{,}04\, A_c$
- Bei Druckgliedern spielt der Ausnutzungsgrad μ_{fi} eine große Rolle, der wie folgt definiert ist:

$\mu_{fi} = N_{Ed,fi} / N_{Rd}$ \hfill (A.6.3)

$N_{Ed,fi}$ der Bemessungswert der Längskraft beim Brand

N_{Rd} der Bemessungswert der Tragfähigkeit der Stütze bei Normaltemperatur

Die Bemessung erfolgt mit Tabelle 5.2a (hier Tafel A.6.1). Zwischen den angegebenen Mindestmaßen darf jeweils linear interpoliert werden.

Anstelle der Tabelle 5.2a darf alternativ die Bemessungsgleichung (A.6.4) (entspricht Gl. (5.7) in EC 2-1-2) benutzt werden, die aus Regressionsanalysen der zugrunde liegenden Versuchsdaten abgeleitet wurde. Damit kann für eine Stütze die Feuerwiderstandsdauer R in Abhängigkeit der maßgebenden Einflussgrößen – Ausnutzungsgrad, Achsabstand der Bewehrung, Stützenlänge, Querschnittsbreite und Bewehrungsanordnung – berechnet werden:

$R = 120 \cdot [R_{\eta fi} + R_a + R_l + R_b + R_n)/120]^{1,8}$ \hfill (A.6.4)

Dabei ist

$$R_{\eta fi} = 83\left[1{,}00 - \mu_{fi}\frac{(1+\omega)}{(0{,}85/\alpha_{cc})+\omega}\right]$$

$R_a = 1{,}60\,(a - 30)$
$R_l = 9{,}60\,(5 - l_{0,fi})$
$R_b = 0{,}09\,b'$
$R_n = 0$ \quad für $n = 4$ (nur Eckstäbe vorhanden)
$\quad\; = 12$ \quad für $n > 4$

a \quad der Achsabstand der Längsbewehrung (mm); $25\text{ mm} \leq a \leq 80\text{ mm}$

$l_{0,fi}$ \quad die Ersatzlänge der Stütze im Brandfall, $1\text{ m} \leq l_{0,fi} \leq 3\text{ m}$; abweichend vom Normentext gilt max $l_{0,fi} \leq 3$ m und min $l_{0,fi} \geq 1$ m

b' \quad $= 2 A_c / (b+h)$ für Rechteckquerschnitte
$= \phi_{col}$ für Kreisquerschnitte (mm)
$200\text{ mm} \leq b' \leq 450\text{ mm}$; $h \leq 1{,}5$

ω \quad der mechanische Bewehrungsgrad bei Normaltemperatur: $\omega = A_s f_{yd} / (A_c f_{cd})$

α_{cc} \quad der Abminderungsbeiwert für die Betondruckfestigkeit (siehe DIN EN 1992-1-1)

Die Verwendung der Gl. (5.7) ist dann vorteilhaft, wenn die Mindestabmessungen gemäß Tabelle 5.2a nicht eingehalten werden können und für die Neubemessung möglichst gezielte Informationen über das Verhalten der einzelnen Einflussparameter benötigt werden.

Tafel A.6.1 Mindestquerschnittsabmessungen und Achsabstände von Stützen mit Rechteck- oder Kreisquerschnitt (entspricht Tabelle 5.2a in DIN EN 1992-1-2)

Feuerwiderstands-klasse	Mindestmaße (mm) Stützenbreite b_{min}/ Achsabstand a			
	brandbeansprucht auf mehr als einer Seite			brandbeansprucht auf einer Seite
	$\mu_{fi} = 0{,}2$	$\mu_{fi} = 0{,}5$	$\mu_{fi} = 0{,}7$	$\mu_{fi} = 0{,}7$
1	2	3	4	5
R 30	200/25	200/25	200/32 300/27	155/25
R 60	200/25	200/36 300/31	250/46 350/40	155/25
R 90	200/31 300/25	300/45 400/38	350/53 450/40**	155/25
R 120	250/40 350/35	350/45** 450/40**	350/57** 450/51**	175/35
R 180	350/45**	350/63**	450/70**	230/55
R 240	350/61**	450/75**	–	295/70
** Mindestens 8 Stäbe Bei vorgespannten Stützen ist die Vergrößerung des Achsabstandes nach 4.2.2 (4) zu beachten.				
ANMERKUNG: Tabelle 5.2a berücksichtigt den empfohlenen Wert für $\alpha_{cc} = 1{,}0$.				

7 Hochfester Beton

7.1 Allgemeines

Beim Nachweis von Bauteilen aus hochfestem Beton dürfen grundsätzlich die Bemessungsverfahren für normalfesten Beton gemäß den Abschnitten 4 und 5 von EC 2-1-2 benutzt werden. Bei den vereinfachten Rechenverfahren sind jedoch abweichende Annahmen für die temperaturabhängige Abnahme der Druckfestigkeit hochfester Betone und bei den tabellarischen Daten sind vergrößerte Mindestmaße zugrunde zu legen. Außerdem sind besondere Vorkehrungen zur Vermeidung zerstörender Betonabplatzungen zu treffen. Die entsprechenden Empfehlungen in Abschnitt 6 von EC 2-1-2 gelten nur für eine Brandbeanspruchung gemäß der Einheits-Temperaturzeitkurve.

Die Festigkeitsreduzierung $f_{c,\theta}/f_{ck}$ für hohe Temperaturen kann der Tafel A.7.1 (entspricht Tabelle 6.1N von EC 2-1-2) entnommen werden. Dabei gilt die Klasse 1 für Beton C55/67 und C60/75, die Klasse 2 für Beton C70/85 und C80/95 und die Klasse 3 für Beton C90/105.

In Abb. A.7.1 sind die bezogenen Druckfestigkeiten der hochfesten Betone im Vergleich zum Normalbeton mit überwiegend quarzithaltiger Gesteinskörnung grafisch dargestellt.

Im NA zu EC 2-1-2 wird diese Festigkeitsabminderung für hochfeste Betone der Klassen 1 bis 3 bestätigt. Allerdings ist die experimentelle Absicherung im Vergleich zu normalfesten Betonen lückenhaft; hier besteht noch Forschungsbedarf.

Tafel A.7.1 Reduzierung der Festigkeit von hochfesten Betonen bei hoher Temperatur

Betontemperatur θ °C	$f_{c,\theta}/f_{ck}$		
	Klasse 1	Klasse 2	Klasse 3
20	1,00	1,0	1,0
50	1,00	1,0	1,0
100	0,90	0,75	0,75
200			0,70
250	0,90		
300	0,85		0,65
400	0,75	0,75	0,45
500			0,30
600			0,25
700			
800	0,15	0,15	0,15
900	0,08		0,08
1 000	0,04		0,04
1 100	0,01		0,01
1 200	0,00	0,00	0,00

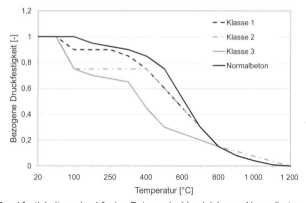

Abb. A.7.1 Bezogene Druckfestigkeit von hochfesten Betonen im Vergleich zum Normalbeton

Aus Brandversuchen ist bekannt, dass hochfeste Betone aufgrund ihres dichteren Gefüges in stärkerem Maße zu Abplatzungen neigen (Abb. A.7.2). Diese können bereits in einer frühen Phase des Brandes explosionsartig auftreten und bis auf die tragende Bewehrung reichen, die sich dadurch rascher erwärmt und ihre Festigkeit verliert. Bei Druckgliedern führt der gleichzeitige Steifigkeitsverlust zu deutlich größeren Verformungen und Zusatzbeanspruchungen nach Theorie II. Ordnung als bei Normaltemperatur.

Um die Betonabplatzungen der Ausdehnung und Tiefe nach zu begrenzen, sind nach Abschnitt 6.2 der DIN EN 1992-1-2 besondere Vorkehrungen zu treffen (Zitat):

(1) Für die Betonklassen C55/67 bis C80/95 gelten die in 4.5 angegebenen Vorschriften ((für Normalbeton)), vorausgesetzt, der maximale Gehalt an Silikastaub ist weniger als 6 % des Betongewichts. Für höhere Anteile an Silikastaub gelten die Vorschriften in (2).

(2) Für die Betonklassen 80/95 < C ⩽ 90/105 können Abplatzungen in jeder Situation vorkommen, wenn der Beton direkt dem Feuer ausgesetzt ist. Mindestens eine der folgenden Methoden sollte angewandt werden:

Brandschutz nach DIN EN 1992-1-2

(Foto: iBMB)

Abb. A.7.2 Betonabplatzungen bis zur Schutzbewehrung bei einer Stahlbetonstütze aus hochfestem Beton nach einem Brandversuch

- Methode A: Ein Bewehrungsnetz mit einer nominellen Betondeckung von 15 mm einbauen. Dieses Bewehrungsnetz sollte Stäbe mit einem Durchmesser von ≥ 2 mm und eine Maschengröße von ≤ 50 mm x 50 mm haben. Die nominelle Betondeckung zur Hauptbewehrung sollte ≥ 40 mm betragen.
- Methode B: Einen Betontyp verwenden, bei dem erwiesenermaßen (durch Erfahrung oder Versuche) unter Brandbeanspruchung keine Abplatzungen erfolgen.
- Methode C: Schutzschichten verwenden, bei denen erwiesenermaßen keine Betonabplatzungen unter Brandbeanspruchung erfolgen.
- Methode D: In die Betonmischung mehr als 2 kg/m³ einfaserige Polypropylenfasern zugeben.

Im NA zu EC 2-1-2 wird dazu ausgeführt (Zitat):

Die Methoden A, B, C und D dürfen angewendet werden. Bei Methode D ist der Anteil an Polypropylenfasern auf den Wasserzementwert w/z zu beziehen. Für w/z $\leq 0,24$ sind 4 kg/m³ Polypropylenfasern und für w/z $\geq 0,28$ sind 2 kg/m³ Polypropylenfasern in die Betonmischung zu geben. Zwischenwerte dürfen linear interpoliert werden

7.2 Bemessung mit vereinfachten Rechenverfahren

Für die brandschutztechnische Bemessung von Bauteilen aus hochfestem Beton mit vereinfachten Rechenverfahren werden in Abschnitt 6.4 von EC 2-1-2 einige Zusatzregelungen getroffen, auf die hier kurz hingewiesen werden soll.

a) Stützen und Wände

Bei der Berechnung des effektiven Querschnitts soll der Wert a_z aus der Lage der 500°C-Isotherme a_{500}, erhöht durch einen Faktor k, ermittelt werden (Gl. (6.4) in EC 2-1-2):

$a_z = k \, a_{z,500}$

Der empfohlene Wert ist $k = 1,1$ für Klasse 1 und $k = 1,3$ für Klasse 2. Für Klasse 3 werden genauere Methoden empfohlen.

Im Nationalen Anhang wird diese Regelung wie folgt geändert (Zitat):

Die Umrechnung der Querschnittsabmessungen mit dem Faktor k zur Berücksichtigung der Verschiebung von der 500°C-Isotherme auf die 460°C-Isotherme darf für den Nachweis der Tragfähigkeit bei Stützen und Wänden aus hochfestem Beton nicht angewendet werden.

Der Faktor k darf aber zur Vergrößerung der Mindestquerschnittsabmessungen und Achsabständen gegenüber den Tabellen in Abschnitt 5 angewendet werden.

b) Balken und Platten

Die Momententragfähigkeit im Brandfall sollte reduziert werden (Gl. (6.5) in EC 2-1-2):

$M_{d,fi} = M_{500} \cdot k_m$

Dabei bezieht sich der Reduktionsfaktor k_m auf die berechnete Momententragfähigkeit für den durch die 500°C-Isotherme definierten Restquerschnitt. Für k_m werden bei Klasse 1 und 2 die Werte in Tabelle 6.2N empfohlen, bei Klasse 3 sollen genauere Methoden verwendet werden.

Im NA wird diese Regelung für Deutschland außer Kraft gesetzt, da sie sich aus vorliegenden Versuchsergebnissen nicht nachvollziehen lässt. Daher sind generell genauere Nachweise erforderlich.

7.3 Bemessung mittels tabellarischer Daten

Die brandschutztechnische Bemessung für Bauteile aus hochfestem Beton darf mit den Bemessungstabellen in Abschnitt 5 von EC 2-1-2 durchgeführt werden, wenn die aus den Tabellen entnommenen Mindestmaße wie folgt modifiziert werden:

- Mindestquerschnittsabmessung vergrößern um $(k-1) \cdot a$ für Wände und Platten, die nur auf einer Seite brandbeansprucht werden;
- Mindestquerschnittsabmessung vergrößern um $2(k-1) \cdot a$ für alle anderen tragenden Bauteile;
- Multiplikation des Achsabstandes a der Bewehrung mit dem Faktor k.

Für den Faktor k gelten die in Abschnitt 7.2 für die Bemessung von Stützen und Wänden genannten Werte ($k = 1,1$ für Klasse 1 und $k = 1,3$ für Klasse 2). Nach NA zu EC 2-1-2 ist diese Vergrößerung der Mindestabmessungen in Deutschland anzuwenden.

8 Anwendungsbeispiele

8.1 Tragwerk eines Lagerhauses

In den Abschnitten 8.2 bis 8.4 werden Teile des Tragwerks eines Lagerhauses in Anlehnung an [Litzner – 95] für die bauaufsichtliche Anforderung feuerbeständig bemessen. Im Einzelnen werden eine Stahlbetondurchlaufplatte für die Feuerwiderstandsklasse REI 90 sowie ein Stahlbetondurchlaufträger und eine Stahlbeton-Innenstütze für die Feuerwiderstandsklasse R 90 nachgewiesen. Im Folgenden werden nur die zum Verständnis der brandschutztechnischen Bemessung notwendigen Angaben zum Tragwerk wiedergegeben, für weitere Informationen siehe [Litzner – 95].

In Abb. A.8.1 ist das Lagerhaus im Grundriss und Längsschnitt dargestellt. Mit Pos. 1 wird die Stahlbetondurchlaufplatte, mit Pos. 2 der Stahlbetondurchlaufträger und mit Pos. 3 die Stahlbeton-Innenstütze bezeichnet. Das Tragwerk ist durch aussteifende Bauteile ausgesteift, die auch die horizontalen Lasten aufnehmen und in den Baugrund abtragen.

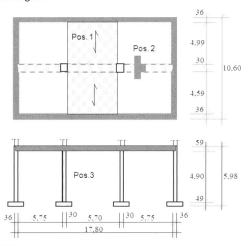

Abb. A.8.1 Grundriss und Längsschnitt des Lagerhauses

Als Baustoffe werden Beton der Festigkeitsklasse C20/25 und Betonstahl B500B eingesetzt. Die Teilsicherheitsbeiwerte für die mechanischen Materialkennwerte bei Brandbeanspruchung betragen einheitlich $\gamma_{M,fi} = 1,0$.

Die mechanischen Einwirkungen im Brand können entweder nach Gl. (A.3.7) oder vereinfachend nach Gl. (A.3.8) mit dem Teilsicherheitsbeiwert für ständige Einwirkungen $\gamma_{GA} = 1,0$ und dem Kombinationsbeiwert $\psi_{2,1} = 0,8$ für Lagerflächen nach DIN EN 1990 [DIN EN 1990 – 10], Tabelle A.1.1 ermittelt werden.

Weitere, für die Brandschutzbemessung erforderliche Vorgaben aus den Tragwerksnachweisen für die Gebrauchslastfälle bei Normaltemperatur werden an den jeweiligen Stellen mitgeteilt.

8.2 Stahlbetondurchlaufplatte

8.2.1 System, Betondeckung, Plattendicke

Nach [Litzner – 95] gelten für die Stahlbetondurchlaufplatte folgende Vorgaben (Abb. A.8.2):

Wirksame Stützweiten: $l_1 = 5,2$ m und $l_2 = 4,8$ m
Betondeckung: nom $c = 20$ mm
Plattendicke: $h_s = 190$ mm

Lasten (Einwirkungen):
- ständige Einwirkungen $G_k = 6,0$ kN/m²
- veränderliche Einwirkungen $Q_k = 5,0$ kN/m²

Die Bemessung der Stahlbetondurchlaufplatte erfolgt in [Litzner – 95] mit den Schnittgrößen im Grenzzustand der Tragfähigkeit, wobei das Stützmoment gegenüber der Elastizitätstheorie um 30 % abgemindert wurde. Die Bemessungsergebnisse sind in Tafel A.8.1 zusammengestellt.

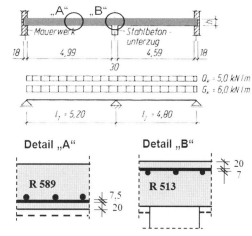

Abb. A.8.2 Statisches System und Belastung der Stahlbetondurchlaufplatte; Detail A und B zeigen die vorhandene Bewehrung im Feld 1 und über dem Mittelauflager

Tafel A.8.1 Bemessungsergebnisse bei Normaltemperatur für die Stahlbetondurchlaufplatte

Moment [kNm/m]		erf a_s [cm²/m]	gew. a_s [cm²/m]
über der Stütze $M_{Ed,B}$	−31,56	4,70	5,13 (R 513)
in Feld 1 $M_{Ed,F1}$	36,98	5,56	5,89 (R 589)

8.2.2 Brandschutznachweis mit Tabelle

Für den tabellarischen Brandschutznachweis von statisch unbestimmt gelagerten Platten enthält EC 2-1-2, Tabelle 5.8 Mindestmaße für die Plattendicke und -achsabstände, mit denen die Feuerwiderstandsklasse REI 90 erreicht sind.

Nachfolgend werden Tabelle 5.8 und die Vorgaben in Kapitel 5 von EC 2-1-2 zur Bemessung von statisch unbestimmt gelagerten Platten (Durchlaufplatten) soweit wiedergegeben, wie sie das Beispiel betreffen (Zitat):

5.7.3 Statisch unbestimmt gelagerte Platten (Durchlaufplatten)

(1) Die Zahlenwerte in Tabelle 5.8 (Spalte 2 und 4) gelten auch für einachsig und zweiachsig gespannte statisch unbestimmt gelagerte Platten (Durchlaufplatten).

(2) Tabelle 5.8 und die folgenden Regeln gelten für Platten, bei denen die Momentenumlagerung bei Normaltemperatur nicht mehr als 15 % beträgt. Sofern nicht genauer gerechnet wird und die Momentenumlagerung 15 % überschreitet oder sofern die Bewehrungsregeln dieser Norm nicht befolgt werden, ist jedes Feld der Platte wie eine statisch bestimmt gelagerte Platte unter Anwendung von Tabelle 5.8 (Spalte 2, 3, 4 oder 5) nachzuweisen.

Die Regeln in 5.6.3 (3) für Durchlaufbalken gelten auch für Durchlaufplatten. Sofern diese Regeln nicht befolgt werden, sollte jedes Feld einer Durchlaufplatte wie eine statisch bestimmt gelagerte Platte (siehe oben) nachgewiesen werden.

ANMERKUNG Zusätzliche Regeln zur Rotationsfähigkeit über den Auflagern können in den Nationalen Anhängen gegeben werden.

Im NA zu EC 2-1-2 wird als zusätzliche Regel zur Rotationsfähigkeit über den Auflagern festgelegt (Zitat):

Die Stützbewehrung ist gegenüber der nach DIN EN 1992-1-1 erforderlichen Länge beidseitig um 0,15 l weiter ins Feld zu führen, wobei l die Stützweite des angrenzenden größeren Feldes ist.

Tabelle 5.8 Mindestmaße und -achsabstände für statisch bestimmt gelagerte, einachsig und zweiachsig gespannte Stahlbeton- und Spannbetonplatten (= Tabelle 5.8, EC 2-1-2)

Feuerwiderstandsklasse	Plattendicke h_s (mm)	Mindestabmessungen (mm) Achsabstand a		
		Einachsig	zweiachsig $l_y/l_x \leq 1{,}5$	$1{,}5 < l_y/l_x \leq 2$
1	2	3	4	5
REI 30	60	10*	10*	10*
REI 60	80	20	10*	15*
REI 90	100	30	15*	20
REI 120	120	40	20	25
REI 180	150	55	30	40
REI 240	175	65	40	50

l_x und l_y sind die Spannweiten einer zweiachsig gespannten Platte (beide Richtungen rechtwinklig zueinander), wobei l_y die längere Seite ist.
Bei Spannbetonplatten ist die Vergrößerung des Achsabstandes entsprechend 5.2 (5) zu beachten.
Der Achsabstand a in den Spalten 4 und 5 gilt für zweiachsig gespannte Platten, die an allen vier Rändern gestützt sind. Trifft dies nicht zu, sind die Platten wie einachsig gespannte Platten zu behandeln.
* Normalerweise reicht die nach EN 1992-1-1 erforderliche Betondeckung aus.

Schlussfolgerungen:

Bei der Bemessung bei Normaltemperatur wurden 30 % des Stützmomentes gegenüber der Elastizitätstheorie umgelagert. Damit muss nach EC 2-1-2, 5.7.3 (2) jedes Feld der Durchlaufplatte wie eine statisch bestimmte gelagerte Platte nach Tabelle 5.8, Spalte 2 und 3 für die Feuerwiderstandsklasse REI 90 nachgewiesen werden.

Aus Tafel A.8.2 liest man folgende Mindestwerte ab:
- Mindestmaß der Plattendicke:
  erf h_s = 100 mm < vorh h_s = 190 mm
- Mindestmaß des Achsabstandes:
  erf a = 30 mm > vorh a = 20 + 7,5/2 ≈ 23,7 mm

Wegen erf a = 30 mm > vorh a = 23,7 mm kann die Stahlbetondurchlaufplatte <u>nicht</u> in die Feuerwiderstandsklasse REI 90 eingestuft werden.

Nach EC 2-1-2, Kapitel 5.2 (7) kann für statisch bestimmt gelagerte Biegebauteile, bei denen die kritische Temperatur nicht 500 °C beträgt der Achsabstand aus den Tabellen um das Maß Δa verändert werden. Diese Möglichkeit, die in 5.2 (7) auf die Tabellen 5.5, 5.6 und 5.9 beschränkt wird, soll hier sinngemäß auf die statisch bestimmt gelagerte Platte mit dem Achsabstand aus Tabelle 5.8 angewendet werden.

Die Berechnung der Änderung des Achsabstandes Δa wird im Abschnitt 6.1 beschrieben. Danach wird der Reduktionsfaktor $k_s(\theta_{cr}) = \sigma_{s,fi}/f_{yk}$ für die Einwirkungen beim Brand ($E_{d,fi}$) mit Gl. (A.6.1) ermittelt

$$k_s(\theta_{cr}) = \frac{E_{d,fi}}{E_d \cdot \gamma_s} \cdot \frac{A_{s,req}}{A_{s,prov}} = \frac{10}{15{,}6 \cdot 1{,}15} \cdot \frac{5{,}56}{5{,}89} = 0{,}5262$$

mit
$E_{d,fi} = 1{,}0 \cdot 6{,}0 + 0{,}8 \cdot 5{,}0 = 10{,}0$ kN/m²
$E_d = 1{,}35 \cdot 6{,}0 + 1{,}5 \cdot 5{,}0 = 15{,}6$ kN/m²
$\gamma_s = 1{,}15$
$A_{s,req} = 5{,}56$ cm²/m (Tafel A.8.1)
$A_{s,prov} = 5{,}89$ cm²/m (Tafel A.8.1)

Anschließend wird für $k_s(\theta_{cr}) = 0{,}5262$ die kritische Temperatur der Bewehrung aus Abb. A.6.1 abgelesen mit $\theta_{cr} \approx 530$ °C.

Mit Gl. (A.6.2) ergibt sich die Änderung des Achsabstandes zu

$\Delta a = 0{,}1 \cdot (500 - \theta_{cr}) = 0{,}1 \cdot (500 - 530) = -3$ mm

und damit der erforderliche Achsabstand:

erf $a = (30 - 3) = 27$ mm.

Wegen erf $a = 27$ mm > vorh $a = 23{,}7$ mm kann die Stahlbetondurchlaufplatte <u>nicht</u> in die Feuerwiderstandsklasse REI 90 eingestuft werden.

8.2.3 Brandschutznachweis mit dem vereinfachten Rechenverfahren aus Anhang E

Das in EC 2-1-2, Anhang E (informativ) angegebene vereinfachte Rechenverfahren darf für biegebeanspruchte Bauteile mit überwiegend gleichförmig verteilter Belastung angewendet werden, wenn die Bemessung für Normaltemperatur mit Hilfe linear-elastischer Berechnung mit Momentenumlagerung nach EC 2-1-1 um weniger als 15 % durchgeführt wurde. Bei Momentenumlagerung um mehr als 15 % muss für die erforderliche Feuerwiderstandsdauer eine ausreichende Rotationsfähigkeit über den Auflagern nachgewiesen werden.

Das vereinfachte Rechenverfahren stellt eine Erweiterung des Verfahrens mit tabellarischen Daten dar. Es bestimmt den Einfluss auf die Biegetragfähigkeit für Fälle, in denen der Achsabstand a der Feldbewehrung kleiner als der in den Tabellen verlangte Wert ist.

Die in den Tabellen 5.5 bis 5.11 angegebenen Mindestquerschnittsabmessungen (b_{min}, b_w, h_s) sollten nicht verkleinert werden.

Nachfolgend werden die Vorgaben von EC 2-1-2, Anhang E zum vereinfachten Rechenverfahren für durchlaufende Balken und Platten soweit wiedergegeben, wie sie das Beispiel betreffen (Zitat):

E.2 Statisch bestimmt gelagerte Balken und Platten

(1) Es sollte nachgewiesen werden:

$M_{E,fi,d} \leq M_{R,fi,d}$ (E.1)

(4) Das Bemessungsmoment des Widerstandes im Brandfall $M_{R,fi,d}$ darf mit Hilfe von Gleichung (E.3) berechnet werden.

$M_{R,fi,d} = (\gamma_s/\gamma_{s,fi}) \cdot k_s(\theta) \cdot M_{Ed} \cdot (A_{s,prov}/A_{s,req})$ (E.3)

Dabei ist

γ_s *der Teilsicherheitsbeiwert für Stahl nach EN 1992-1-1;*

$\gamma_{s,fi}$ *der Teilsicherheitsbeiwert für Stahl im Brandfall;*

$k_s(\theta)$ *der Reduktionsfaktor für die Stahlfestigkeit für die vorhandene Temperatur θ zur erforderlichen Feuerwiderstandsdauer, θ darf für den gewählten Achsabstand aus Anhang A entnommen werden;*

M_{Ed} *maßgebendes Moment für die Bemessung bei Normaltemperatur nach EN 1992-1-1;*

$A_{s,prov}$ *vorhandene Fläche der Zugbewehrung;*

$A_{s,req}$ *die erforderliche Fläche der Zugbewehrung aus der Bemessung bei Normaltemperatur nach EN 199-1-1;*

$A_{s,prov}/A_{s,req} \leq 1{,}3$.

E.3 Durchlaufende Balken und Platten

(1) Im Brandfall sollte über die gesamte Länge von Durchlaufträgern und -platten das statische Gleichgewicht von Biegemomenten und Schubkräften erfüllt sein.

(2) Zur Erfüllung des Gleichgewichtes bei Brandbeanspruchung ist eine Momentenumlagerung vom Feld zu den Auflagern erlaubt, sofern über den Auflagern eine ausreichende Bewehrung zur Aufnahme der im Brandfall vorhandenen Belastung vorhanden ist. Diese Bewehrung sollte ausreichend weit ins Feld geführt werden, um eine sichere Momentenabdeckung zu gewährleisten.

(3) Das Bemessungsmoment des Widerstandes $M_{R,fi,d,Span}$ des Querschnitts an der Stelle des größten Feldmomentes sollte für den Brandfall nach E.2 (4) berechnet werden. Das maximale freie Biegemoment unter der im Brandfall einwirkenden gleichförmig verteilten Belastung

Brandschutz nach DIN EN 1992-1-2

$M_{E,fi,d} = q_{E,fi,d} \cdot l_{eff}^2/8$ sollte zum Bemessungsmoment des Widerstandes so angepasst werden, dass die Stützmomente ... für Gleichgewicht sorgen. ...

(4) Fehlen genauere Rechnungen, kann das Bemessungsmoment des Widerstandes an den Auflagern für den Brandfall nach Gleichung (E.4) berechnet werden.

$$M_{R,fi,d} = (\gamma_s/\gamma_{s,fi}) \cdot M_{Ed} \cdot (A_{s,prov}/A_{s,req}) \cdot (d-a)/d \quad (E.4)$$

Dabei ist

γ_s, $\gamma_{s,fi}$, M_{Ed}, $A_{s,prov}$, $A_{s,req}$ nach E.2;
a   der erforderliche mittlere Achsabstand aus ... Tabelle 5.8, Spalte 3 für Platten;
d   die statische Nutzhöhe des Querschnitts;
$A_{s,prov}/A_{s,req} \leq 1{,}3$.

(5) Gleichung (E.4) gilt, solange die Temperatur in der oberen Bewehrung über dem Auflager bei Betonstahl 350 °C und bei Spannstahl 100 °C nicht überschreitet.

Bei höheren Temperaturen sollte $M_{R,fi,d}$ mit $k_s(\theta_{cr})$ oder $k_p(\theta_{cr})$ entsprechend Bild 5.1 reduziert werden.

(6) Die im Brandfall erforderliche Verankerungslänge $l_{b,fi,d}$ sollte überprüft werden. Sie darf mit Hilfe von Gleichung (E.5) berechnet werden.

$$l_{b,fi,d} = (\gamma_s/\gamma_{s,fi}) \cdot (\gamma_{c,fi}/\gamma_c) \cdot l_{bd} \quad (E.5)$$

Dabei ist l_{bd} in EN 1992-1-1, Abschnitt 8 gegeben.
Die tatsächliche Stablänge der Bewehrung über dem Auflager sollte bis zum zugehörigen Momentennullpunkt gem. Berechnung nach E.3 (3) zuzüglich der Länge $l_{b,fi,d}$ verlängert werden.

Zur Kontrolle der Temperatur in der oberen Bewehrung über dem Auflager nach E.3 (5) können die Temperaturprofile aus EC 2-1-2, Anhang A verwendet werden. Die entsprechende grafische Darstellung für Platten mit der Dicke $h = 200$ mm ist in Abb. A.8.3 wiedergegeben.

Bemessungsmoment des Widerstandes im Feld 1 $M_{R,fi,d,F1}$ nach Gleichung (E.3):

$M_{R,fi,d,F1} = (1{,}15/1{,}0) \cdot 0{,}45 \cdot 36{,}98 \cdot (5{,}89/5{,}56)$
$\qquad = 20{,}27$ kNm/m

mit
vorh $a = 23{,}7$ mm $\rightarrow \theta \approx 560$ °C (Abb. A.8.3, nach EC 2-1-2, Bild A.2)
$k_s(560\,°C) = 0{,}45$ (Abb. A.5.2)
$M_{Ed,F1} = 36{,}98$ kNm/m (Tafel A.8.1)
$a_{s,prov} = 5{,}89$ cm²/m (Tafel A.8.1)
$a_{s,req} = 5{,}56$ cm²/m (Tafel A.8.1)
$a_{s,prov} / a_{s,req} = 5{,}89 / 5{,}56 = 1{,}06 < 1{,}3$

Bemessungsmoment des Widerstands am Auflager B $M_{R,fi,d,B}$ nach Gleichung (E.4):

$M_{R,fi,d,B} = (1{,}15/1{,}0) \cdot (-31{,}56) \, (5{,}89/5{,}56) \cdot$
$\qquad \cdot (166{,}5 - 30)/166{,}5 = -31{,}52$ kNm/m

mit
$M_{Ed,B} = -31{,}56$ kNm/m (Tafel A.8.1)

$d = 190 - 20 - 7/2 = 166{,}5$ mm (Abb. A.8.2)
$a = 30$ mm (EC 2-1-2, Tabelle 5.8, Sp. 3 für REI 90)

Kontrolle der Temperatur in der oberen Bewehrung über dem Auflager B:

Achsabstand der oberen Bewehrung von der brandbeanspruchten Unterseite der Platte:

$x = 190 - 20 - 7{,}0/2 = 166{,}5$ mm
$\rightarrow \theta \approx 100$ °C $\ll 350$ °C (EC 2-1-2, Bild A.2)

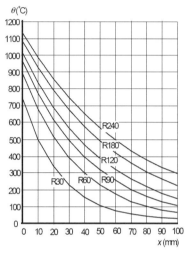

Abb. A.8.3 Temperaturprofile für Platten (Dicke $h = 20$ mm) für R 60 bis R 240

Das maximale Moment im Feld 1 im Brand infolge der Einwirkung $q_{E,fi,d} = 10{,}0$ kN/m wird

$$\max M_{E,fi,d,F1} = M_{R,fi,d,B} \cdot \left(0{,}5 + \frac{M_{R,fi,d,B}}{2 \cdot q_{E,fi,d} \cdot l^2} \right)$$

$$+ \frac{q_{E,fi,d} \cdot l^2}{8} = (-31{,}52) \cdot \left(0{,}5 + \frac{(-31{,}52)}{2 \cdot 10{,}0 \cdot 5{,}2^2} \right)$$

$$+ \frac{10{,}0 \cdot 5{,}2^2}{8} = 19{,}88 \text{ kNm/m}$$

Mit $M_{R,fi,d,B} = M_{E,fi,d,B} = -31{,}25$ kNm/m am Auflager B und $M_{R,fi,d,F1} = 20{,}27$ kNm/m $>$ max $M_{E,fi,d,F1} = 19{,}88$ kNm/m im Feld 1 kann die Stahlbetondurchlaufplatte in die Feuerwiderstandsklasse REI 90 eingestuft werden.

Abb. A.8.4 zeigt die Bemessungsmomente der Einwirkungen $M_{E,fi,d,t}$ und des Widerstandes im Feld 1 $M_{R,fi,d,F1}$ und über dem Auflager B $M_{R,fi,d,B}$ nach 90 Minuten Branddauer.

Überprüfung der Verankerungslänge $l_{b,fi,d}$ mit Gleichung (E.5):

$l_{b,fi,d} = (1{,}15/1{,}0) \cdot (1{,}0/1{,}5) \cdot 0{,}17 = 0{,}13$ m

mit $l_{bd} = 0{,}17$ m aus der Bemessung bei Normaltemperatur [Litzner – 95].

Erforderliche Stablänge über dem Auflager B:

$l_{fi} = l_{0,fi} + l_{b,fi,d} = 1{,}21 + 0{,}13 \approx 1{,}34$ m
mit $l_{0,fi} = 1{,}21$ m (Abb. A.8.4)

In der Bemessung bei Normaltemperatur wird die Bewehrung über dem Auflager B bis $x = 1{,}95$ m (Punkt K in Abb. A.8.4) ins Feld 1 geführt. Damit ist auch die Zugkraftlinie im Brand mit $x = l_{fi} = 1{,}34$ m ausreichend abgedeckt und der Nachweis gemäß dem NA zu EC 2-1-2, die Stützbewehrung gegenüber der Bemessung bei Normaltemperatur um 0,15 l weiter ins Feld zu führen (Punkt H in Abb. A.8.4), kann in diesem Fall entfallen.

Der Grund hierfür ist die bei der Bemessung bei Normaltemperatur vorgenommene Umlagerung von 30 % des Stützmomentes und die daraus resultierende vergleichsweise geringe Bewehrungsmenge über dem Auflager. Im Brand bilden sich nur noch kleine thermische Zwangsmomente über dem Auflager aus, die zu einem entsprechend geringen Anstieg der Momente über dem Auflager bei gleichzeitiger Momentenreduzierung im Feldbereich führen.

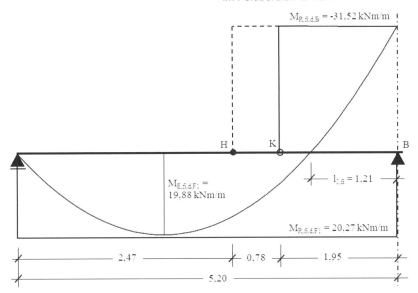

Abb. A.8.4 Bemessungsmoment der Einwirkungen $M_{E,fi,d,t}$ und des Widerstandes im Feld 1 $M_{R,fi,d,F1}$ und über dem Auflager B $M_{R,fi,d,B}$ nach 90 Minuten Branddauer

8.3 Stahlbetondurchlaufträger

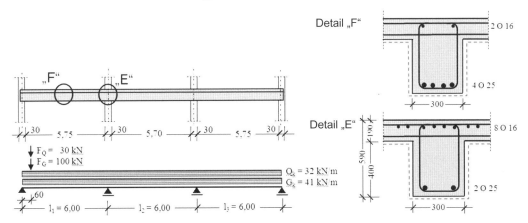

Abb. A.8.5 Statisches System und Belastung des Stahlbetondurchlaufträgers; Detail F und E zeigen die vorhandene Bewehrung im Feld 1 und über dem Auflager E

8.3.1 System, Betondeckung, Bauteildicke

Nach [Litzner – 95] gelten für den Stahlbetondurchlaufträger folgende Vorgaben (Bild Abb. A.8.5):

Wirksame Stützweiten: $l_1 = l_2 = l_3 = 6,0$ m
Betondeckung: nom $c = 25$ mm
Trägerabmessungen: $b/h/h_f = 300/590/190$ mm
Lasten (Einwirkungen):
ständige Einwirkungen $G_k = 41$ kN/m
$F_G = 100$ kN
Veränderl. Einwirkungen $Q_k = 32$ kN/m
$F_Q = 30$ kN

Die Bemessung des Stahlbetondurchlaufträgers erfolgt in [Litzner – 95] mit den Schnittgrößen im Grenzzustand der Tragfähigkeit, wobei das Stützmoment gegenüber der Elastizitätstheorie um 25 % abgemindert wurde. Die Bemessungsergebnisse sind in Tafel A.8.2 zusammengestellt.

Tafel A.8.2 Bemessungsergebnisse für den Stahlbetondurchlaufträger

Moment [kNm]		erf A_s [cm²]	gew. A_s [cm²]
über der Stütze $M_{Ed,E}$	−305,21	16,19	16,10 (8 Ø 16)
in Feld 1 $M_{Ed,F1}$	383,18	17,48	19,63 (4 Ø 25)

8.3.2 Brandschutznachweis mit Tabelle

Für den tabellarischen Brandschutznachweis statisch unbestimmt gelagerter Balken enthält EC 2-1-2, Tabelle 5.6 Mindestmaße für die Balkenbreite und Achsabstände, die zum Erreichen der vorgesehenen Feuerwiderstandsklasse R 90 erforderlich sind. Die Werte der Tabelle 5.6 dürfen im vorliegenden Fall aber nicht verwendet werden, weil die Momentenumlagerung bei der Bemessung für Normaltemperatur mehr als 15 % beträgt. Es muss jedes Feld des Durchlaufträgers wie ein statisch bestimmt gelagerter Balken nach Tabelle 5.5 behandelt werden.

Nachweis im Feld 1 mit Tabelle 5.5 (s. Tafel A.8.4) für die Feuerwiderstandsklasse R 90:

Querschnittsabmessungen:
Mindestmaß der Balkenbreite:
$b_{min} = 300$ mm = vorh $b = 300$ mm
(EC 2-12, Tabelle 5.5, Spalte 4)

Achsabstand:
Vorhandener Achsabstand:
vorh a = nom $c + Ø_{Bü} + Ø_L/2 = 25 + 10 + 25/2$
  = 47,5 mm
Vorhandener seitlicher Achsabstand:
$a_{sd} = (300 − 6 · 25)/2 = 75$ mm
Mindestmaß des Achsabstandes:
erf $a = 40$ mm < vorh $a = 47,5$ mm
Mindestmaß des seitlichen Achsabstandes:
erf $a_{sd} = 40 + 10 = 50$ mm < vorh $a_{sd} = 75$ mm

Der Stahlbetondurchlaufträger kann ohne Zusatzmaßnahmen in die Feuerwiderstandsklasse R 90 eingestuft werden.

Tabelle 5.5 Mindestmaße und -achsabstände für statisch bestimmt gelagerte Balken aus Stahlbeton und Spannbeton

Feuerwiderstandsklasse	Mindestabmessungen (mm)						
	Mögliche Kombinationen von a und b_{min}, dabei ist a der mittlere Achsabstand und b_{min} die Mindestbalkenbreite				Stegdicke b_w		
					Klasse WA	Klasse WB	Klasse WC
1	2	3	4	5	6	7	8
R 30	$b_{min} = 80$ $a = 25$	120 20	160 15*	200 15*	80	80	80
R 60	$b_{min} = 120$ $a = 40$	160 35	200 30	300 25	100	80	100
R 90	$b_{min} = 150$ $a = 55$	200 45	300 40	400 35	110	100	100
R 120	$b_{min} = 200$ $a = 65$	240 60	300 55	500 50	130	120	120
R 180	$b_{min} = 240$ $a = 80$	300 70	400 65	600 60	150	150	140
R 240	$b_{min} = 280$ $a = 90$	350 80	500 75	700 70	170	170	160
$a_{sd} = a + 10$ mm (siehe Anmerkung unten)							
Bei Spannbetonbalken sollte der Achsabstand entsprechend 5.2 (5) vergrößert werden. a_{sd} ist der seitliche Achsabstand der Eckstäbe (bzw. des Spannglieds oder -drahts) in Balken mit nur einer Bewehrungslage. Für größere b_{min}-Werte als nach Spalte 4 ist eine Vergrößerung von a_{sd} nicht erforderlich. * Normalerweise reicht die nach EN 1992-1-1 erforderliche Betondeckung aus.							

Anwendungsbeispiele

8.3.3 Brandschutznachweis mit dem vereinfachten Rechenverfahren

Alternativ zum Nachweisverfahren mittels tabellarischer Daten wird der brandschutztechnische Nachweis des Stahlbetondurchlaufträgers mit dem in EC 2-1-2, Kapitel 4.2 und Anhang B.2 enthaltenen vereinfachten Rechenverfahren, der sog. Zonenmethode, durchgeführt. Die Grundlagen der Zonenmethode und die durchzuführenden Bemessungsschritte wurden oben in Abschnitt 4.3 erläutert.

Verkleinerung des Betonquerschnitts (Abb. A.8.6):

Steg des Plattenbalkenquerschnitts:
$w_1 = 300/2 = 150$ mm $\rightarrow a_{z1} \approx 28$ mm

Plattenspiegel:
$w_2 = 190$ mm $\rightarrow a_{z2} \approx 28$ mm

Beiwert $k_c(\theta_M)$ für die temperaturabhängige Abminderung der Betondruckfestigkeit (Abb. A.8.7):

im Steg des Plattenbalkenquerschnitts:
$w_1 = 150$ mm $\rightarrow k_c(\theta_{M1}) \approx 1{,}0$

im Plattenspiegel:
$w_2 = 190$ mm $\rightarrow k_c(\theta_{M2}) \approx 1{,}0$

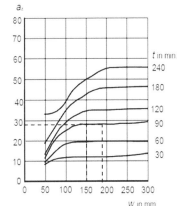

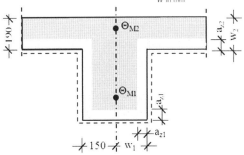

Abb. A.8.6 Verkleinerung des Betonquerschnitts um das Maß a_z

Temperatur in der Bewehrung im Feld 1 (Abb. A.8.8)
Bewehrungsstab in der Ecke mit $a = 47{,}5$ mm und $a_{sd} \geq 50$ mm: $\rightarrow \theta_s \approx 500$ °C

mittlerer Bewehrungsstab mit $a = 47{,}5$ mm und $a_{sd} \geq 120$ mm $\rightarrow \theta_s \approx 350$ °C

Temperatur in der Bewehrung über dem Auflager E (Detail E in Bild A.8.5):

Vereinfachend wird für alle Bewehrungsstäbe mit der Temperatur gerechnet, die die Bewehrungsstäbe in der Platte haben. Abstand der Bewehrung von der brandbeanspruchten Plattenunterseite:

$x = 190 - 47{,}5 = 142{,}5$ mm
$\rightarrow \theta \approx 100$ °C (EC2-1-2, Bild A.2)

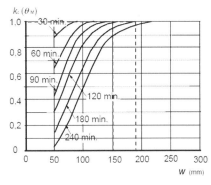

Abb. A.8.7 Ermittlung des Beiwertes $k_c(\theta_M)$ für die temperaturabhängige Abminderung der Betondruckfestigkeit

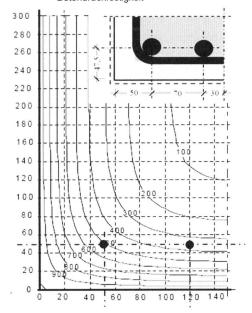

Abb. A.8.8 Ermittlung der Temperatur für die Bewehrung im Feld 1

Beiwert $k_s(\theta)$ zur Berücksichtigung des Abfalls der charakteristischen Festigkeit f_{yk} der Bewehrung:

Eckstab $\rightarrow k_s(\theta = 500\ °C) = 0{,}78$
(s. o. Abb. 5.2, Zugbewehrung mit $\varepsilon_{s,fi} \geq 2\ \%$)

Mittelstab $\rightarrow k_s(\theta = 350\ °C) = 1{,}0$
(s. o. Abb. 5.2, Zugbewehrung mit $\varepsilon_{s,fi} \geq 2\ \%$).

Nachweis der Tragfähigkeit im Feld 1 mit dem Restquerschnitt:

Resultierende Zugkraft in der Bewehrung (Ø 25, $A_s = 491\ mm^2$)

$F_{s,fi,d,90} = \Sigma (A_{s,i} \cdot k_{s,i}(\theta) \cdot f_{yk(20\ °C)})$
$F_{s,fi,d,90} = 491 \cdot 500 \cdot (2 \cdot 0{,}78 + 2 \cdot 1{,}0) \cdot 10^{-3}$
$= 874\ kN$

Resultierende Betondruckkraft:

$F_{c,fi,d,90} = b_{eff} \cdot y' \cdot k_c(\theta_{M2}) \cdot f_{ck(20\ °C)}$
$F_{c,fi,d,90} = 1320 \cdot y' \cdot 1{,}0 \cdot 20{,}0 \cdot 10^{-3}$

mit
b_{eff} = 1320 mm aus Bemessung bei Normtemperatur und
y' Höhe der druckbeanspruchten Querschnittsfläche (s. o. Abb. A.5.4)

Für Gleichgewicht der inneren Kräfte:
$F_{c,fi,d,90} = F_{s,fi,d,90} = 874\ kN$
wird
$y' = 33\ mm < h_s - a_{z2} = 190 - 28 = 162\ mm$;
$\rightarrow$ Druckzone liegt in der Platte

Bemessungsmoment des Widerstands im Brand:
$M_{R,fi,d,F1} = F_{s,fi,d,90} \cdot (h_{fi} - y'/2)$
$= 874 \cdot (542{,}5 - 33/2)\ 10^{-3} \approx 460\ kNm$

Bemessungsmoment der Einwirkungen im Brand:
$M_{E,fi,d,F1} \leq \eta_{fi} \cdot M_{Ed,F1} = 0{,}7 \cdot 383{,}18 = 268{,}3\ kNm$
$< M_{R,fi,d,F1} = 460\ kNm$

mit
η_{fi} Reduktionsfaktor (Abschnitt 2.3)
$M_{Ed,F1}$ Bemessungsmoment in Feld 1 (Tafel A.8.32)

Kontrolle der Dehnung in der Zugbewehrung:
vorh $\varepsilon_{s,fi} = 4{,}25\ \% > 2\ \%$)

Nachweis der Tragfähigkeit über dem Auflager E mit dem Restquerschnitt:

Resultierende Zugkraft in der Bewehrung (Ø 16, $A_s = 201\ mm^2$):

$F_{s,fi,d,90} = 8 \cdot 201 \cdot 1{,}0 \cdot 500 \cdot 10^{-3} = 804\ kN$

Resultierende Betondruckkraft:
$F_{c,fi,d,90} = b' \cdot y' \cdot k_c(\theta_{M1}) \cdot f_{ck(20\ °C)}$
$F_{c,fi,d,90} = 244 \cdot y' \cdot 1{,}0 \cdot 20{,}0 \cdot 10^{-3}$
mit $b' = b - 2 \cdot a_{z1} = 300 - 2 \cdot 28 = 244\ mm$

Für Gleichgewicht der inneren Kräfte:

$F_{c,fi,d,90} = F_{s,fi,d,90} = 804\ kN$ wird $y \approx 165\ mm$.

Bemessungsmoment des Widerstands im Brand:
$M_{R,fi,d,E} = F_{s,fi,d,90} \cdot (h_{fi} - a_{z1} - y'/2)$
$= -804 \cdot (542{,}5 - 28 - 165/2) \cdot 10^{-3}$
$\approx -347\ kNm$

Bemessungsmoment der Einwirkungen im Brand:
$M_{E,fi,d,E} \leq \eta_{fi} \cdot M_{Ed,E} = 0{,}7 \cdot (-305{,}21)$
$= |-213{,}6\ kNm| < M_{R,fi,d,E} = |-347\ kNm|$

mit $M_{Ed,E}$ Bemessungsmoment am Auflager E (Tafel A.8.3)

Eine Kontrolle der Dehnung in der Zugbewehrung ist nicht notwendig, da für $\varepsilon_{s,fi} \geq 2\ \%$ und $\varepsilon_{s,fi} < 2\ \%$ $k_s(\theta = 100\ °C) = 1{,}0$ gilt.

8.4 Stahlbeton-Innenstütze

8.4.1 System, Betondeckung, Bauteildicke

Nach [Litzner – 95] gelten für die Stahlbeton-Innenstütze folgende Vorgaben (s. Abb. A.8.9):

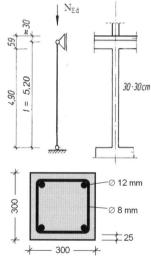

Abb. A.8.9 Statisches System, Belastung und Querschnitt der Stahlbeton-Innenstütze

Länge: $l = 5{,}20\ m$
Betondeckung: nom $c_{Bü} = 25\ mm$
Bauteildicke: $h\ /\ b = 300\ mm\ /\ 300\ mm$

Lasten (Einwirkungen): $N_{Ed} = 720\ kN$
Ungewollte Ausmitte $e_a = 1{,}30\ cm$

Bei der Schnittgrößenermittlung bei Normaltemperatur wurde in [Litzner – 95] eine freidrehbare Lagerung am Stützenkopf und -fuß angenommen.

8.4.2 Brandschutznachweis nach Methode A

EC 2-1-2 bietet im Kapitel 5.3.2 als Methode A den Brandschutznachweis mittels tabellarischer Daten (Tabelle 5.2a) und mit Hilfe einer Gleichung (Gl. (5.7)) an.

Beide Nachweisverfahren werden im Abschnitt 6.2 erläutert, die Randbedingungen zusammengestellt und Tabelle 5.2a (= Tafel A.6.1) und Gleichung (5.7) (= Gl. (A.6.4)) wiedergegeben.

Hinsichtlich der statischen Randbedingungen werden in EC 2-1-2, 5.3.2 unter Berücksichtigung der Änderungen in [EN 1992-1-2/AC – 08] noch ergänzende Vorgaben festgelegt (Zitat):

ANMERKUNG 2: Die Ersatzlänge der Stütze im Brandfall $l_{0,fi}$ kann in allen Fällen mit l_0 bei Normaltemperatur gleichgesetzt werden. Für ausgesteifte Bauwerke mit einer erforderlichen Feuerwiderstandsdauer größer als 30 Minuten darf die Ersatzlänge $l_{0,fi}$ für Stützen in innen liegenden Geschossen zu 0,5 l und für Stützen im obersten Geschoss zu $0,5\ l \leq l_{0,fi} \leq 0,7\ l$ angenommen werden. Dabei ist l die Stützenlänge zwischen den Einspannstellen.

Die Randbedingungen der beiden Nachweisverfahren werden in diesem Beispiel eingehalten. In Tabelle 5.2.a werden die Mindestquerschnittsabmessungen und Achsabstände in Abhängigkeit der Feuerwiderstandsklasse und des Lastausnutzungsfaktors μ_{fi} angegeben, mit Gleichung (5.7) wird die vorhandene Feuerwiderstandsdauer u.a. in Abhängigkeit vom Lastausnutzungsfaktor μ_{fi} berechnet.

$\mu_{fi} = N_{E,fi,d,t} / N_{Rd}$

mit $N_{E,fi,d,t}$ dem Bemessungswert der Längskraft im Brand (in Abschnitt 6.2 und in EC 2-1-2 als $N_{Ed,fi}$ bezeichnet)

N_{Rd} dem Bemessungswert der Tragfähigkeit der Stütze bei Normaltemperatur

a) Brandschutznachweis mit Tabelle 5.2a für R 90 (Lastausnutzung vereinfacht)

$N_{E,fi,d,t} = \eta_{fi} \cdot N_{Ed} = 0{,}7 \cdot (-720) = -504$ kN
$N_{Rd} \approx N_{Ed} = -720$ kN
$\mu_{fi} = -504 / (-720) = 0{,}7$

Querschnittsabmessungen:
Mindestmaß der Stützenbreite:
$b_{min} = 350$ mm (Tabelle 5.2a, Spalte 4)
Vorhandener Achsabstand:
vorh a = nom $c + \emptyset_{Bü} + \emptyset_L/2 = 25 + 8 + 12/2 = 39$ mm
Mindestmaß des Achsabstandes: erf $a = 53$ mm (Tabelle 5.2a, Spalte 4).

Wegen $b_{min} = 350$ mm > vorh $b = 300$ mm und erf $a = 53$ mm > vorh $a = 39$ mm kann die Stahlbeton-Innenstütze nicht in die Feuerwiderstandsklasse R 90 eingestuft werden.

Im Nachweis a) wurde mit Näherungswerten für den Ausnutzungsfaktor $\eta_{fi} = 0{,}7$ und den Bemessungswert der Tragfähigkeit $N_{Rd} \approx N_{Ed}$ gerechnet. Im folgenden Nachweis b) werden diese beiden Werte genauer ermittelt.

b) Brandschutznachweis mit Tabelle 5.2a für R 90 (Lastausnutzung genauer)

$N_{Ek} = N_{Gk} + N_{Qk} = -338 + (-176) = -514$ kN
$N_{Ed} = N_{Gd} + N_{Qd} = -338 \cdot 1{,}35 + (-176) \cdot 1{,}5$
      $= -720$ kN

$$\eta_{fi} = \frac{\gamma_{GA} + \psi_{1,1} \cdot \xi}{\gamma_G + \gamma_Q \cdot \xi} = \frac{1 + 0{,}8 \cdot 0{,}52}{1{,}35 + 1{,}5 \cdot 0{,}52} = 0{,}66$$

mit $\xi = N_{Qk} / N_{Gk} = -176 / (-338) = 0{,}52$
$N_{E,fi,d,t} = \eta_{fi} \cdot N_{Ed} = 0{,}66 \cdot (-720) = -475{,}2$ kN

Der Bemessungswert der Tragfähigkeit der Stütze bei Normaltemperatur N_{Rd} wird durch Vergleich der Querschnittstragfähigkeit und der Stützentragfähigkeit nach Abb. A.8.10 ermittelt. Für die Berechnung der Querschnittstragfähigkeit werden die Bemessungswerte der Beton- und Betonstahlfestigkeit f_{cd} und f_{yd} nach EC 2-1-1, Gl. (3.17) verwendet, für die Berechnung der Stützentragfähigkeit mit Berücksichtigung der Auswirkungen nach Theorie II. Ordnung wird der Mittelwert der Betondruckfestigkeit nach EC 2-1-1, Gl. (3.14) angesetzt. Weitere Vorgaben der Berechnung sind in Abb. A.8.10 vermerkt.

Man erhält

$\mu_{fi} = -475{,}2 / (-1025) \approx 0{,}46$

Die Interpolation in Tabelle 5.2 a zwischen Spalte 2 mit $\mu_{fi} = 0{,}2$ und Spalte 3 mit $\mu_{fi} = 0{,}5$ zeigt Tafel A.8.3.

Tafel A.8.3 Interpolation in Tabelle 5.2a, Feuerwiderstandsklasse R 90 für $\mu_{fi} = 0{,}46$

Feuerwider-standsklasse R 90	$\mu_{fi} =$		
	0,2	0,46	0,5
Stützenbreite b_{min} [mm]	300	300	300
Achsabstand a [mm]	25	≈ 42	45

Der Mindestachsabstand erf $a = 42$ mm ist geringfügig größer als der vorhandene Achsabstand vorh $a = 39$ mm. Trotzdem ist die Einstufung der Stütze in die Feuerwiderstandsklasse R 90 brandschutztechnisch unbedenklich, da die Werte in Tabelle 5.2a für eine Stütze mit der Ersatzlänge im Brand $l_{0,fi} = 3$ m gelten, im Beispiel die Ersatzlänge aber nur $l_{0,fi} = 5{,}2/2 = 2{,}6$ m beträgt. Die kleinere Ersatzlänge kann als Ausgleich für den fehlenden Achsabstand $\Delta a = 42 - 39 = 3$ mm angesehen werden.

c) Brandschutznachweis mit Gleichung (5.7) für die Feuerwiderstandsklasse R 90

Gleichung (5.7) in EC 2-1-2 beschreibt die vorhandene Feuerwiderstandsdauer R einer Stahlbetonstütze in Abhängigkeit der maßgebenden Einflussfaktoren – Lastausnutzung $R_{\eta fi}$, Achsabstand der Bewehrung R_a, Stützenlänge R_l, Querschnittsbreite R_b und Bewehrungsanordnung R_n. Im Abschnitt 6.2 werden die Grundlagen der Gleichung (5.7) erläutert.

Prüfung der Randbedingungen von Gl. (5.7):

Achsabstand:
25 mm ≤ a ≤ 80 mm
vorh a = 39 mm

Ersatzlänge im Brand:
$l_{0,fi}$ ≤ 3 m
vorh $l_{0,fi}$ = 2,6 m

Querschnittsabmessungen:
h ≤ 1,5 · b < 1,5 · 300 = 450 mm
vorh h = 300 mm

200 mm ≤ b' ≤ 450 mm
vorh b' = (2·A_c)/(b+h) = (2·300²)/(300+300)
= 300 mm

Ermittlung der Einflussfaktoren:

$$R_{\eta fi} = 83\left[1{,}00 - \mu_{fi}\frac{(1+\omega)}{(0{,}85/\alpha_{cc})+\omega}\right]$$

$$= 83\left[1{,}0 - 0{,}46 \cdot \frac{1+0{,}193}{0{,}85/0{,}85+0{,}193}\right] = 44{,}02$$

mit
μ_{fi} = 0,46
ω = $A_{s,tot}/A_c \cdot f_{yd}/f_{cd}$ = 452,4/300² · 38,4 = 0,193
α_{cc} = 0,85
R_a = 1,60 · (a − 30) = 1,60 · (39 − 30) = 14,4
R_l = 9,60 · (5 − $l_{0,fi}$) = 9,60 · (5 − 5,2/2) = 23,04
R_b = 0,09 · b' = 0,09 · 300 = 27
R_n = 0 für n = 4 (nur Eckstäbe vorhanden)

Vorh. Feuerwiderstandsdauer
R = 120 · (($R_{\eta fi}$ + R_a + R_l + R_b + R_n)/120)^{1,8}
R = 120 · ((44,02 + 14,4 + 23,04 + 27 + 0)/120)^{1,8}
= 100 min

Die Stahlbeton-Innenstütze kann in die Feuerwiderstandsklasse R 90 eingestuft werden.

8.4.3 Brandschutznachweis mit dem allgemeinen Rechenverfahren

Mit dem allgemeinen Rechenverfahren wird das Trag- und Verformungsverhalten der Stahlbeton-Innenstütze numerisch simuliert. Es erfordert im Vergleich zum Tabellenverfahren einen größeren Aufwand, da eine thermische Analyse zur Ermittlung der Bauteiltemperaturen und eine mechanische Analyse zur Ermittlung des Trag- und Verformungsverhaltens durchgeführt werden muss; zu den Rechengrundlagen siehe Abschnitt 4.

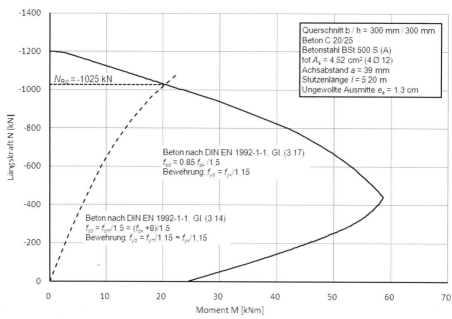

Abb. A.8.10 Ermittlung des Bemessungswertes des Bauteilwiderstandes N_{Rd}

Für die thermische Analyse wurde die Betonfeuchte mit $k = 3$ M.-%, die Betonrohdichte mit $\rho = 2400$ kg/m³ und die Wärmeleitfähigkeit mit der oberen Grenzfunktion von EC 2-1-2, Bild 3.7 nach der Festlegung im NA zu EC 2-1-2 berücksichtigt.

Die Temperaturabhängigkeit der Wärmeleitfähigkeit λ, der Rohdichte ρ und der spezifischen Wärme c_p sowie der thermischen Dehnung wurde nach den Angaben in Abb. A.3.5 und A.3.4 berücksichtigt.

Die Ergebnisse der thermischen Analyse sind in Abb. A.8.11 als Temperaturprofile nach 30 min, 60 min, 90 min und 120 min Normbrandbeanspruchung und in Abb. A.8.12 als Temperaturentwicklung in der Bewehrung zusammengefasst.

In der mechanischen Analyse wurden die thermo-mechanischen Baustoffeigenschaften aus Abschnitt 3, Abb. A.3.2 und A.3.3 sowie die im Brandfall vorhandenen Auflagerbedingungen berücksichtigt.

Die Ergebnisse der mechanischen Analyse sind in Abb. A.8.13 und Abb. A.8.14 zusammengefasst. Abb. A.8.13 zeigt die Verformung der Stütze zu Brandbeginn und nach 30, 60, 90, 120 und 125 min Branddauer. In Abb. A.8.14 sind die horizontalen Verformungen in Stützenmitte über der Branddauer dargestellt.

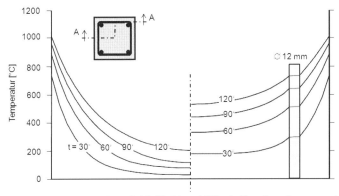

Abb. A.8.11 Temperaturprofil im Schnitt A - A nach 30, 60, 90 und 120 min Normbrandbeanspruchung

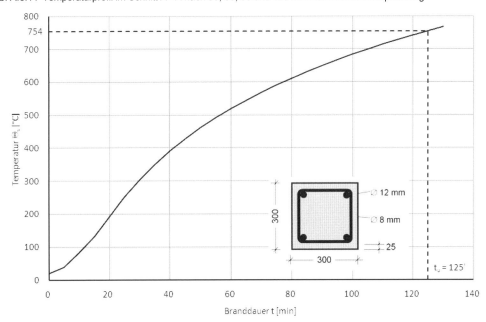

Abb. A.8.12 Temperaturentwicklung in der Bewehrung

Brandschutz nach DIN EN 1992-1-2

Durch die rotationsbehinderte Lagerung wird die Innenstütze im Brandfall beidseitig eingespannt, das bedeutet statisch gesehen Euler-Fall 4, wobei die bei der Bemessung für Normaltemperatur anzusetzende Imperfektion e_i durch eine Vorverformung in Stützenmitte von $l/2000$ ersetzt wurde, um damit in der Berechnung die Abweichungen zwischen den Ist-Werten und den Nenngrößen der Stütze zu berücksichtigen.

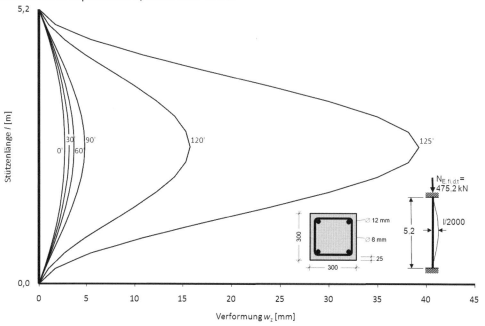

Abb. A.8.13 Verformung der Stütze nach 30, 60, 90 und 120 min Branddauer

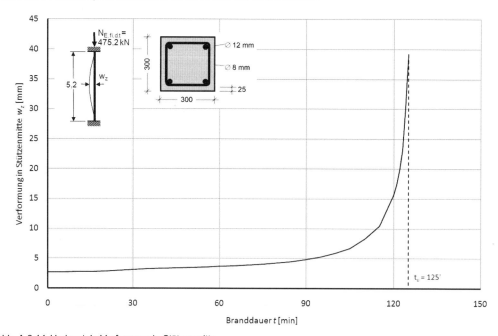

Abb. A.8.14 Horizontale Verformung in Stützenmitte

Um die vorhandenen Tragreserven nach 90 Minuten Branddauer abzuschätzen, wurde die Belastung bis zum Versagen auf $N_{E,fi,d,t} = -752$ kN gesteigert. Das entspricht einer Sicherheit von $-752 / (-475{,}2) = 1{,}58$ nach 90 Minuten Branddauer.

8.4.4 Ergebnisvergleich

In Tafel A.8.4 sind die Ergebnisse der brandschutztechnischen Nachweise für die Stahlbeton-Innenstütze zusammengefasst. Die erreichte Feuerwiderstandsdauer steigt mit dem Aufwand, der für den Nachweis erforderlich ist. Beim Nachweis mit Tabelle und Eingangswerten, die auf der sicheren Seite liegend aus der Bemessung bei Normaltemperatur übernommen wurden, konnte die angestrebte Feuerwiderstandsklasse R 90 nicht erreicht werden. Wurden die Eingangswerte aufwändiger bestimmt, war die Einstufung der Stütze in die Feuerwiderstandsklasse R 90 möglich, beim Nachweis mit genauerer Berechnung der maßgebenden Einflussgrößen wurden bereits Tragreserven für 90 Minuten Branddauer aufgezeigt, die beim Nachweis mit dem allgemeinen Rechenverfahren noch deutlicher ausfielen.

Tafel A.8.4 Ergebnisse der brandschutztechnischen Nachweise für die Stahlbeton-Innenstütze

Nachweis-verfahren	Einstufung R 90	Feuerwiderstandsdauer [min]
Tabelle 5.2a (vereinfacht)	nein	--
Tabelle 5.2a (genauer)	ja	--
Gleichung (5.7)	ja	100
allgemeines Rechenverfahren	ja	126

8.5 Fertigteil-Dachbinder

8.5.1 System und Belastung

Der in Abb. A.8.15 im Querschnitt dargestellte Fertigteil-Dachbinder einer Lagerhalle soll für die Feuerwiderstandsklasse R 60 bemessen werden. Da die Dachdecke aus Porenbetonplatten besteht, ist von einer dreiseitigen Brandbeanspruchung gemäß Einheits-Temperaturzeitkurve auszugehen.

Der Bemessung sind folgende Randbedingungen zugrunde zu legen:

Baustoffe:
- Beton C35/45
- Betonstahl B500

System:
  statisch bestimmt gelagert

max. Biegemoment:
- bei Normaltemperatur $\quad M_{Ed} = 360$ kNm
- im Brandfall $\quad M_{E,fi,d} = 0{,}7 \cdot 360 = 252$ kNm

Bewehrung:
- untere Lage $\quad 2 \varnothing 20,\ A_{s1} = 628$ mm²
- obere Lage $\quad 2 \varnothing 25,\ A_{s2} = 982$ mm²

Betondeckung: siehe Abb. A.8.16

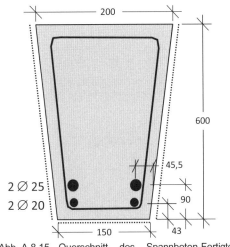

Abb. A.8.15 Querschnitt des Spannbeton-Fertigteilbinders

Der Fertigteilbinder soll im Folgenden mit allen drei Nachweisverfahren vergleichend bemessen werden, dem Tabellenverfahren, dem vereinfachten Rechenverfahren (Zonenmethode) und dem allgemeinen Rechenverfahren.

8.5.2 Brandschutznachweis mit Tabelle

Für den tabellarischen Brandschutznachweis von statisch bestimmt gelagerten Balken enthält EC 2-1-2, Tabelle 5.5 Mindestmaße für die Balkenbreite und Achsabstände, die zum Erreichen der vorgesehenen Feuerwiderstandsklasse R 60 erforderlich sind (vgl. Abschnitt 8.3.2).

Querschnittsabmessungen:
(EC 2-12, Tabelle 5.5, Spalte 2)

Balkenbreite: $\quad b_{min} = 120$ mm
  vorh $b > 150$ mm

Achsabstand: $\quad$ erf $a = 40$ mm $<$ vorh $a = 47{,}5$ mm
  vorh $a > 43$ mm

Der Dachbinder kann in die Feuerwiderstandsklasse R 60 eingestuft werden.

8.5.3 Brandschutznachweis mit dem vereinfachten Rechenverfahren

Alternativ zum Nachweisverfahren mit Tabelle 5.5 wird der brandschutztechnische Nachweis des Fertigteil-Dachbinders mit dem in EC 2-1-2, Kapitel 4.2 und Anhang B.2 enthaltenen vereinfachten Rechenverfahren, der Zonenmethode, durchgeführt (vgl. Abschnitt 8.3.2).

Verkleinerung des Betonquerschnitts (Abb. A.5.3 b):
$w = 150 / 2 = 75$ mm $\rightarrow a_z \approx 15$ mm

Damit ergeben sich folgende Abmessungen des reduzierten Querschnitts:
$h' = h - a_z = 600 - 15 = 585$ mm
$b' = b - 2 \cdot a_z = 150 - 2 \cdot 15 = 120$ mm

Beiwert $k_c(\theta_M)$ für die temperaturabhängige Abminderung der Betondruckfestigkeit (vgl. Abb. A.5.3 a):
$w \approx 200$ mm $\rightarrow k_c(\theta_M) \approx 1,0$

Temperatur in der Bewehrung (s. Abb. A.8.16):
untere Lage mit $a = 43$ mm $\rightarrow \theta_s \approx 450$ °C
obere Lage mit $a = 45,5$ mm $\rightarrow \theta_s \approx 320$ °C

Der Abminderungsfaktor $k_s(\theta)$ wird mit EC 2-1-2, Bild 4.2 a (siehe Abb. A.6.1) ermittelt. Dabei wird konservativ Kurve 3 zugrunde gelegt, die für Stahldehnungen $\varepsilon_s < 2,0$ % gilt. Man erhält:
untere Lage mit $\theta_s \approx 450$ °C $\rightarrow k_s(\theta) = 0,63$
obere Lage mit $\theta_s \approx 320$ °C $\rightarrow k_s(\theta) = 0,78$

Mit diesen Werten kann die Zugkraft $F_{sd,fi}$ in der Bewehrung berechnet werden:
$F_{sd,fi} = k_s(\theta) \cdot f_{yk} \cdot A_s$
untere Lage: $F_{s1d,fi} = 0,63 \cdot 500 \cdot 628 = 197,8$ kN
obere Lage: $F_{s2d,fi} = 0,78 \cdot 500 \cdot 982 = 383,0$ kN
res. Zugkraft: $F_{sd,fi} = F_{s1d,fi} + F_{s2d,fi} = 580,8$ kN

Betondruckkraft bei reiner Biegung:
$F_{cd,fi} = F_{sd,fi} = 580,8$ kN $= b_M{'} \cdot y' \cdot k_c(\theta_M) \cdot f_{ck}$

Höhe des Spannungsblocks (s. Abb. A.8.17):
$y' = F_{cd,fi} / (b_M{'} \cdot k_c(\theta_M) \cdot f_{ck}) = 0,114$ m

Mit dem inneren Hebelarm $z_{fi} \approx 0,47$ m errechnet sich der Bemessungswert des aufnehmbaren Biegemomentes:
$M_{R,fi,d} = F_{sd,fi} \cdot z_{fi} = 580,8 \cdot 0,47 = 273,6$ kNm

Dieser Wert ist größer als der Bemessungswert des einwirkenden Momentes $M_{E,fi,d} = 252$ kNm.

Der Dachbinder kann somit in die Feuerwiderstandsklasse R 60 eingestuft werden und weist noch gewisse Tragreserven auf.

8.5.4 Brandschutznachweis mit dem allgemeinen Rechenverfahren

Als dritte Nachweisvariante wird das allgemeine Rechenverfahren angewendet. Dabei werden die temperaturabhängigen Materialeigenschaften gemäß Abschnitt 3 vorgegeben.

Als Ergebnis der numerischen Simulation im Zeitschrittverfahren ist in Abb. A.8.18 der Bemessungswert des aufnehmbaren Momentes $M_{R,fi,d}$ über der Branddauer t aufgetragen. Dieses liegt nach 60 Minuten mit $M_{R,fi,d} = 317,8$ kNm deutlich über dem einwirkenden Moment $M_{E,fi,d} = 252,0$ kNm.

Somit kann der Dachbinder in die Feuerwiderstandsklasse R 60 eingestuft werden.

Mit einem Versagen durch Unterschreiten des einwirkenden Momentes ist erst nach ca. 80 Minuten zu rechnen. Der Binder weist also erwartungsgemäß Reserven hinsichtlich der Belastung oder der Feuerwiderstandsdauer auf.

8.5.5 Ergebnisvergleich

In Tafel A.8.5 sind nochmals alle Ergebnisse der brandschutztechnischen Nachweise für den Fertigteil-Dachbinder zusammengefasst. Obwohl alle drei Nachweise zu einer Einstufung des Dachbinders in die Feuerwiderstandsklasse R 60 führen, zeigen sich doch jeweils Tragreserven beim vereinfachten Rechenverfahren gegenüber dem Tabellenverfahren und beim allgemeinen gegenüber dem vereinfachten Rechenverfahren.

Tafel A.8.5 Ergebnisse der Nachweise für den Fertigteil-Dachbinder

Nachweisverfahren	Einstufung R 60	aufnehmbares Moment [kNm]
Tabelle 5.5 (vereinfachte Eingangswerte)	ja	--
vereinfachtes Rechenverfahren	ja	273,8
allgemeines Rechenverfahren	ja	317,8

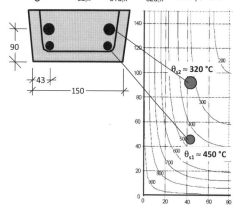

Anhang A, Bild A.4   b) R60

Abb. A.8.16 Ermittlung der Stahltemperaturen mit EC 2-1-2, Anhang A

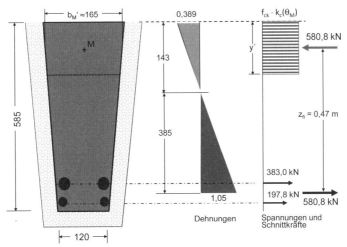

Abb. A.8.17 Innere Spannungen und Schnittkräfte im Querschnitt

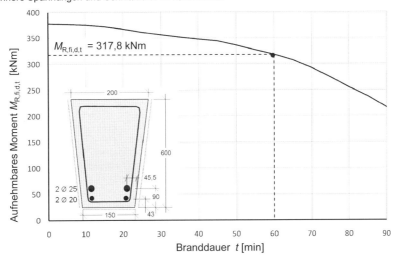

Abb. A.8.18 Bemessungswert des aufnehmbaren Momentes in Abhängigkeit von der Branddauer

8.6 Stahlbeton-Kragstütze mit Horizontallast

8.6.1 Nachweisverfahren nach dem NA zu EC 2-1-2, Anhang AA

Das tabellarische Nachweisverfahren in EC 2-1-2, Abschnitt 5.3.2 darf nur für Stützen angewendet werden, die sich in einem horizontal ausgesteiften Gebäude befinden und an beiden Enden im Brandfall rotationsbehindert gelagert sind. Ein weiteres tabellarisches Verfahren in EC 2-1-2, Anhang C ist für die Anwendung in Deutschland nicht zugelassen. Auch das vereinfachte Nachweisverfahren nach EC 2-1-2, Anhang B.2 kann nach den Erläuterungen in Abschnitt 5.3 nicht verwendet werden.

Als Ersatz steht im NA zu EC 2-1-2, Anhang AA ein „Vereinfachtes Verfahren zum Nachweis der Feuerwiderstandsklasse R 90 von Stahlbeton-Kragstützen aus Normalbeton" zur Verfügung, bei dem die Bemessung mit Hilfe von 4 sog. Standarddiagrammen durchgeführt werden kann. Durch eine Erweiterung des Anwendungsbereichs auf Randbedingungen, die von den Vorgaben in den Standarddiagrammen abweichen, kann ein relativ großes Spektrum praxisrelevanter Anwendungsfälle abgedeckt werden.

Nachstehend werden die Regelungen im NA zu EC 2-1-2, Anhang AA auszugsweise wiedergegeben (Zitat).

AA.1 Anwendungsgrenzen

(1) Das vereinfachte Nachweisverfahren gilt für Stahlbeton-Kragstützen mit ein-, drei- oder vierseitiger Brandbeanspruchung nach der Einheits-Temperaturzeitkurve.

(2) Das Verfahren gilt für Stahlbeton-Kragstützen mit folgenden statisch-konstruktiven Randbedingungen:

- Normalbeton nach DIN EN 206-1 mit überwiegend quarzithaltiger Gesteinskörnung und der Festigkeitsklasse zwischen C20/25 und C50/60;
- einlagige Bewehrung aus warmgewalztem Betonstahl B500 nach DIN 488-1 und EC2-1-2, Tab. 3.2 a (Klasse N);
- bezogene Knicklänge $10 \leq l_0/h \leq 50$ (mit l_0 nach EC 2-1-1, 5.8.3.2);
- bezogene Lastausmitte $0 \leq e_1/h \leq 1{,}5$ (dabei ist $e_1 = e_0 + e_i$ mit e_i nach EC 2-1-1, 5.2);
- Mindestquerschnittsabmessung $300\ mm \leq h_{min} \leq 800\ mm$;
- geometrischer Bewehrungsgrad $1\% \leq \rho \leq 8\%$
- bezogener Achsabstand der Längsbewehrung $0{,}05 \leq a/h \leq 0{,}15$.

AA.2 Allgemeines

(1) Für die Klassifizierung der Stahlbeton-Kragstützen in die Feuerwiderstandsklasse R 90 muss nachgewiesen werden, dass der Bemessungswert der vorhandenen Normalkraft $N_{E,fi,d}$ nicht größer ist als der Bemessungswert der Traglast nach 90 min Brandbeanspruchung $N_{R,fi,d,90}$

$$N_{E,fi,d} \leq N_{R,fi,d,90} \qquad (AA.1)$$

(2) Der Nachweis erfolgt mit Hilfe der Diagramme in den Bildern AA.1 bis AA.4. Für die bezogene Lastausmitte e_1/h und die bezogene Ersatzlänge im Brandfall $l_{0,fi}/h$ kann in der rechten Diagrammhälfte der Bemessungswert der bezogenen Stützentraglast abgelesen werden:

$$v_{R,fi,d,90} = N_{R,fi,d,90} / (A_c \cdot f_{cd}) \qquad (AA.2)$$

Für den Nachweis der Einspannung in der Unterkonstruktion oder im Stützenfundament kann in der linken Diagrammhälfte das bezogene Gesamtmoment am Stützenfuß im Grenzzustand der Tragfähigkeit entnommen werden:

$$v_{tot,fi,d,90} = M_{tot,fi,d,90} / (A_c \cdot h \cdot f_{cd}) \qquad (AA.3)$$

Dabei ist
A_c die Gesamtfläche des Betonquerschnitts;
h die Gesamthöhe des Betonquerschnitts;
f_{cd} der Bemessungswert der einaxialen Druckfestigkeit des Betons bei Normaltemperatur.

ANMERKUNG Die Diagramme in den Bildern AA.1 bis AA.4 wurden mit der Rohdichte $\rho = 2\,400\ kg/m^3$ und der Betonfeuchte $k = 3$ M.-% berechnet. Die Bewehrungsstäbe wurden auf Durchmesser $\leq 28\ mm$ begrenzt.

Die Diagramme in den Bildern AA.1 bis AA.4 gelten für Querschnitte mit $h = 300\ mm$, $h = 450\ mm$, $h = 600\ mm$ und $h = 800\ mm$.

Exemplarisch ist in Abbildung AA.2 eines der vier Standarddiagramme, hier für einen Querschnitt mit $h = 450\ mm$, gezeigt.

AA.3 Erweiterter Anwendungsbereich für die Diagramme in den Bildern AA.1 bis AA.4

(1) Die Diagramme in den Bildern AA.1 bis AA.4 gelten für 4-seitig brandbeanspruchte Stahlbeton-Kragstützen mit Mindestquerschnittsabmessung $h = [300\ mm,\ 450\ mm,\ 600\ mm\ und\ 800\ mm]$, dem bezogenen Achsabstand der Längsbewehrung $a/h = 0{,}10$, der Betonfestigkeitsklasse C30/37 und dem geometrischen Bewehrungsverhältnis $\rho = 2\ \%$. Für abweichende Brandbeanspruchung und Stützenparameter, die im Anwendungsbereich nach AA.1 (2) liegen, dürfen die folgenden Regeln angewendet werden.

(2) Für Zwischenwerte der Mindestquerschnittsabmessungen ist eine lineare Interpolation zwischen den Kurven der Diagramme in den Bildern AA.1 bis AA.4 zulässig. Dabei ist eine konstante Schlankheit $l_{0,fi}$ und eine konstante bezogene Lastausmitte e_1/h anzusetzen.

(3) Bei 1- und 3-seitiger Brandbeanspruchung sowie für Zwischenwerte des bezogenen Achsabstandes der Längsbewehrung, der Betonfestigkeitsklasse und des geometrischen Bewehrungsverhältnisses dürfen der Bemessungswert der bezogenen Stützentraglast und das bezogene Gesamtmoment am Stützenfuß nach folgenden Gleichungen ermittelt werden:

$$v_{R,fi,d,90} = k_{fi} \cdot k_a \cdot k_C \cdot k_\rho \cdot X_{R90} \qquad (AA.4)$$
$$v_{tot,fi,d,90} = k_{fi} \cdot k_a \cdot k_C \cdot k_\rho \cdot X_{tot,90} \qquad (AA.5)$$

Dabei ist
k_{fi} ein Beiwert zur Berücksichtigung der Brandbeanspruchung, siehe AA.2 (4);
k_a ein Beiwert zur Berücksichtigung des Achsabstandes, siehe AA.2 (5);
k_C ein Beiwert zur Berücksichtigung der Betonfestigkeitsklasse, siehe AA.2 (6);
k_ρ ein Beiwert zur Berücksichtigung des Bewehrungsverhältnisses, siehe AA.2 (7);
$X_{R,90}$ $v_{R,fi,d,90}$ aus Diagramm in Bild AA.1 bis Bild AA.4;
$X_{tot,90}$ $v_{tot,fi,d,90}$ aus Diagramm in Bild AA.1 bis Bild AA.4.

Anwendungsbeispiele

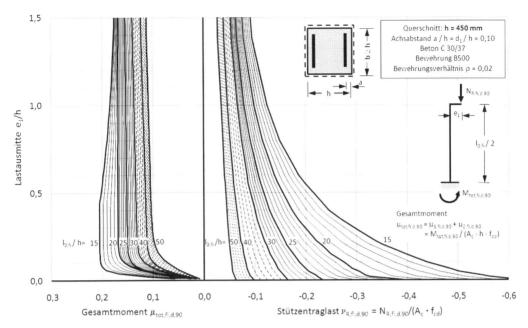

Bild AA.1 — Diagramm zur Ermittlung des Bemessungswerts der Stützentraglast $N_{R,fi,d,90}$ und des Gesamtmoments $M_{tot,fi,d,90}$ für einen Querschnitt mit h = 450 mm

(4) Der Beiwert zur Berücksichtigung 1- oder 3-seitiger Brandbeanspruchung ist wie folgt festzulegen (h in mm):

k_{fi} = min (e_1/h; 1) ·k_1 + h' (AA.6a)
für 1-seitige Brandbeanspruchung

k_{fi} = min (0,6 + 0,2 ·e_1/h; 0,8) (AA.6b)
für 3-seitige Brandbeanspruchung

Dabei ist
h' = max (4 – h/150; 0,7);
k_1 = max (6 – h/75; 0,3).

(5) Der Beiwert k_a zur Berücksichtigung des Achsabstandes a/h ≠ 0,10 ist wie folgt festzulegen (h in mm):

k_a = (h' – 1)/0,05·(a/h) – 2 ·h' + 3 (AA.7a)
für 0,10 < a/h ≤ 0,15

Dabei ist
h' = max (0,65 ·(5 – h/150) – k_1; 1);
k_1= max (0,65 ·(1 – (e_1/h)) ·(3 – h/150); 0).

k_a = (1 – h')/0,05·(a/h) + 2 ·h' – 1 (AA.7b)
für 0,05 ≤ a/h < 0,10

Dabei ist
h' = 0,3 + max (0,3 ·(h – 450)/350 + k_1; 0);
k_1= max (0,1·(1 – (e_1/h)) ·(4 – h/150); 0).

(6) Der Beiwert k_C zur Berücksichtigung der Betonfestigkeitsklasse ist wie folgt festzulegen:

k_C = (k_1 – 1)/20 ·f_{ck} – 1,5 ·k_1 + 2,5 (AA.8a)
für 30 N/mm² < f_{ck} ≤ 50 N/mm²
Dabei ist
k_1 = max (1,1 – 0,1 (e_1/h); 1).

k_C = (1 – k_1)/10 ·f_{ck} + 3 ·k_1 – 2 (AA.8b)
für 20 N/mm² ≤ f_{ck} < 30 N/mm²
Dabei ist
k_1 = min (0,75 + 0,2·(e_1/h); 0,95).

(7) Der Beiwert $k_ρ$ zur Berücksichtigung des Bewehrungsverhältnisses ρ ≠ 2 % ist wie folgt festzulegen:

$k_ρ$ = min (1 + (ρ – 2) ·(e_1/h); ρ/2) (AA.9a)
für 2 % < ρ ≤ 8 %

$k_ρ$ = max (0,6 – 0,1 ·(ρ + 1) ·(e_1/h); ρ /2) (AA.9b)
für 1 % ≤ ρ < 2 %

(8) Für Stahlbeton-Kragstützen mit h ≤ 450 mm und gleichmäßig verteilter Bewehrung auf der zug- und druckbeanspruchten Querschnittsseite (Eckbewehrung ≤ 0,5 · $A_{s,tot}$) dürfen die aus den Diagrammen der Bilder AA.1 bis AA.4 ermittelten Werte für die Traglast $v_{R,fi,d,90}$ und für das Gesamtmoment am Stützenfuß $μ_{tot,fi,d,90}$ mit den Faktor 1,2 vergrößert werden.

Brandschutz nach DIN EN 1992-1-2

8.6.2 System, Einwirkungen, Bauteilabmessungen

Die in Abb. A.8.19 dargestellte Stahlbeton-Kragstütze einer Lagerhalle soll mit dem Nachweisverfahren im NA zu EC 2-1-2, Anhang AA für die Feuerwiderstandsklasse R 90 nachgewiesen werden. Die Stütze wird durch eine Längsdruckkraft und eine Horizontalkraft belastet und wird einer 4-seitigen Brandbeanspruchung entsprechend der Einheits-Temperaturzeitkurve nach DIN 4102-2 ausgesetzt.

8.6.3 Brandschutznachweis

Es werden zwei Nachweise für die Feuerwiderstandsklasse R 90 geführt. Im Nachweis a) wird die Horizontalkraft durch Vergrößerung der Lastausmitte e_1 und im Nachweis b) beim einwirkenden Moment am Stützenfuß berücksichtigt (vgl. Abb. A.8.20).

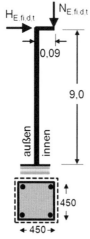

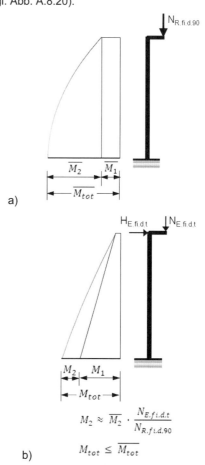

Abb. A.8.19 System und Belastung der Kragstütze

Baustoffe:
C30/37 mit f_{cd} = 17 N/mm²
B500 mit f_{yd} = 435 N/mm²

Achsabstand der Längsbewehrung:
$d_1/h = a/h = 0{,}10$
Bewehrungsverhältnis $\rho = 0{,}02$ ($\omega = 0{,}512$)

Einwirkungen bei Normaltemperatur:
Eigenlast: $N_{Gk} = -50$ kN
Wind: $H_{wk} = 22$ kN
N_{Ed} = $-(1{,}35 \cdot 50 + 0 \cdot 0) = -67{,}5$ kN
H_{Ed} = $1{,}35 \cdot 0 + 1{,}5 \cdot 22 = 33$ kN
μ_{Ed} = $(67{,}5 \cdot 0{,}09 + 33 \cdot 9) \cdot 10^6 / (450^2 \cdot 450 \cdot 17)$
= 0,196

Einwirkungen beim Brand:
($\psi_{1,1} = 0{,}9$ für Lager, $\psi_{1,1} = 0{,}5$ für Wind):
$N_{E,fi,d,t}$ = $-(1{,}0 \cdot 50 + 0{,}9 \cdot 0)$
= -50 kN   ($\nu_{E,fi,d,t} = -0{,}0145$)
$H_{E,fi,d,t}$ = $1{,}0 \cdot 0 + 0{,}5 \cdot 22 = 11$ kN

Bezogenes Moment nach Theorie 1. Ordnung am Stützenfuß im Brandfall:
$\mu_{E,fi,d,1}$ = $(50 \cdot 0{,}09 + 11 \cdot 9) \cdot 10^6 / (450^2 \cdot 450 \cdot 17)$
= 0,0668.

Abb. A.8.20 Momentenverteilung bei den Stützen der Standard-Diagramme (a) und Näherung für Kragstützen mit horizontaler Beanspruchung (b)

a) Nachweis mit vergrößerter Lastausmitte

Berücksichtigung der Horizontalkraft durch Vergrößerung der Lastausmitte e_1:

e_1/h = $\mu_{E,fi,d,1} / |\nu_{E,fi,d,t}|$ = $0{,}0668 / |-0{,}0145|$
= 4,61 > 3,5

Die Anwendungsgrenze des Standard-Diagramms $e_1/h = 3{,}5$ wird überschritten. Die Stütze wird nach EC 2-1-2 als vorwiegend auf Biegung beanspruchtes Bauteil mit 4-seitiger Brandbeanspruchung für die Feuerwiderstandsklasse R 90 nachgewiesen.

Nachfolgend werden die Vorgaben von EC 2-1-2 zur Bemessung von vierseitig brandbeanspruchten Balken wiedergegeben (Zitat):

5.6.4 Vierseitig brandbeanspruchte Balken

(1) Die Tabellen 5.5, 5.6 und 5.7 können angewendet werden, jedoch darf
- *die Höhe des Balkens nicht kleiner sein als die für die betreffende Feuerwiderstandsdauer erforderliche Mindestbreite und*
- *die Querschnittsfläche des Balkens nicht kleiner sein als $A_c = 2\,b_{min}^2$*

Dabei ist b_{min} aus Tabellen 5.5 bis 5.7 zu nehmen.

Überprüfung der Anforderungen:
(EC 2-1-2, Tabelle 5.5; hier Abschnitt 8.5.2)

vorh h = 450 mm   > b_{min} = 300 mm
vorh a = 45 mm   > erf a = 40 mm
vorh A_c = 2025 cm² ≥ erf A_c = 2 · b_{min}^2 = 1800 cm²

Die Stütze kann somit in die Feuerwiderstandsklasse R 90 eingestuft werden.

Die programmierte Berechnung mit dem allgemeinen Rechenverfahren ergibt für die Stütze eine Feuerwiderstandsdauer von t = 134 min.

b) Nachweise mit vergrößertem Fußmoment

Berücksichtigung der Horizontalkraft beim einwirkenden Moment am Stützenfuß:

Eingangsparameter für das Standard-Diagramm
h = 450 mm (Bild AA.2):

bez. Lastausmitte: e_1/h = 0,09/0,45 = 0,20 und
Schlankheit: $l_{0,fi}/h$ = (2 · 9,0)/0,45 = 40

$|\nu_{R,fi,d,90}|$ = 0,075 > $|\nu_{E,fi,d}|$ = 0,0145
$|\mu_{tot,fi,d,90}|$ = 0,106

k-Faktoren für 4-seitige Brandbeanspruchung:

k_{fi} = 1,0
- Eckbewehrung > 50 %: k_{Bew} = 1,0
- Achsabstand a/h = 0,10: k_a = 1,0
- Betonfestigkeit f_{ck} = 30 N/mm²: k_C = 1,0
- Bewehrungsverhältnis ρ = 2,0 %: k_ρ = 1,0

Für eine Abschätzung der Momentenbeanspruchung am Stützenfuß reicht es oft aus, das Zusatzmoment infolge Verformungen aus dem Gesamtmoment $\mu_{tot,fi,d,90}$ = 0,106 und dem Verhältnis der Längskrafteinwirkung zur Normalkrafttragfähigkeit $\nu_{E,fi,d}/\nu_{R,fi,d,90}$ zu bestimmen (Abb. A.8.17).

$\mu_{E,fi,d,2}$ = $\nu_{E,fi,d} \cdot (\mu_{tot,fi,d,90} / \nu_{R,fi,d,90} + e_1/h)$
= $-0{,}0145 \cdot (0{,}106 / (-0{,}075) + 0{,}2)$
= 0,0176

vorh $\mu_{tot,fi,d,90}$ = $\mu_{E,fi,d,1} + \mu_{E,fi,d,2}$
= 0,0668 + 0,0176 = 0,0844 < 0,106

Auch bei dieser Vorgehensweise kann die Stahlbeton-Kragstütze in die Feuerwiderstandsklasse R 90 eingestuft werden.

Das Fundament ist nachzuweisen für das Einspannmoment am Stützenfuß von

vorh $M_{tot,fi,d,90}$ = 0,0844 (450² · 450 · 17) / 10⁻⁶
= 130,75 kNm

9 Vergleich der Nachweisverfahren und Ausblick

9.1 Vergleich des vereinfachten und des allgemeinen Rechenverfahrens

Umfangreiche Vergleichsrechnungen für repräsentative Stahlbetonbauteile in [Richter/Zehfuß – 98] haben gezeigt, dass die Nachweise mit dem vereinfachten Rechenverfahren (Zonenmethode) nach EC 2-1-2, Anhang B.2 in der Regel auf der sicheren Seite liegen.

In Abb. A.9.1 werden die Bemessungswerte der aufnehmbaren Biegemomente $M_{R,fi,d,t}$ von dreiseitig brandbeanspruchten Stahlbeton-Biegebauteilen, die mit dem allgemeinen Rechenverfahren nach EC 2-1-2 berechnet wurden, den Bemessungswerten nach dem vereinfachten Rechenverfahren mit der Zonenmethode aus Anhang B.2, Bild B.5 b gegenübergestellt.

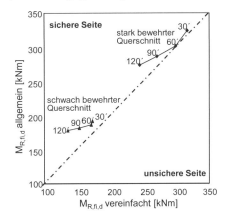

Abb. A.9.1 Bemessungswerte der Biegemomente $M_{R,fi,d,t}$ nach dem vereinfachten Rechenverfahren (Zonenmethode) und dem allgemeinen Rechenverfahren für schwach und stark bewehrte Rechteckquerschnitte (aus [Hosser et al. – 00])

Die Ergebnisse des vereinfachten Rechenverfahrens liegen für die untersuchten Branddauern t = 30 min bis t = 120 min sowohl bei schwach bewehrten als auch bei stark bewehrten Rechteckquerschnitten stets auf der sicheren Seite.

9.2 Vergleich des Tabellenverfahrens und des vereinfachten Rechenverfahrens

In der oben erwähnten Studie [Richter/Zehfuß – 98] wurden in Abstimmung mit dem zuständigen DIN-Arbeitsausschuss repräsentative Stahlbetonbauteile für einen umfassenden Vergleich der verschiedenen Bemessungsverfahren ausgewählt. Es handelte sich um folgende Bauteile:

1 Stahlbeton-Einfeldbalken, R 60
2 Stahlbeton-Durchlaufbalken, R 90
3 Spannbetonbalken, R 90
4 Massivplatte, R 120
5 Punktförmig gestützte Platte, R 60
6a Innenstütze, Eulerfall 2, voll ausgelastet, R 60
6b Innenstütze, Eulerfall 2, nicht voll ausgelastet, R 120
7 Innenstütze, Eulerfall 3, voll ausgelastet
8 Stahlbetonwand, R 90.

Verglichen wurden (soweit möglich) die Ergebnisse des tabellarischen Nachweises, des vereinfachten und des allgemeinen Rechenverfahrens nach der damals vorliegenden Vornorm DIN V ENV 1992-1-2 untereinander und mit dem Tabellenverfahren nach DIN 4102-4. Da sich die Nachweisverfahren in der EN-Fassung des EC 2-1-2 praktisch nicht geändert haben, ist der Ergebnisvergleich in Abb. A.9.2 nach wie vor gültig.

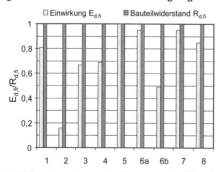

Abb. A.9.2 Ausnutzung der Tragmomente $M_{R,fi,d,t}$ bzw. Traglasten $N_{R,fi,d,t}$ nach dem vereinfachten Rechenverfahren bei Bemessung der Bauteile nach dem Tabellenverfahren

Bei allen mit dem Tabellenverfahren bemessenen Bauteilen ergab das vereinfachte Rechenverfahren zum Teil erhebliche Tragreserven.

9.3 Ausblick

Für den konstruktiven Brandschutz in Deutschland bedeutet die in naher Zukunft anstehende bauaufsichtliche Einführung der Eurocodes und der Nationalen Anhänge, dass die Eurocode-Nachweise in ihrem für Deutschland zugelassenen Anwendungsbereich während einer relativ kurzen Übergangsfrist alternativ zu den bisherigen tabellarischen Bemessungen nach DIN 4102-4 und DIN 4102-22 verwendet werden dürfen und nach Ablauf der Übergangsfrist ausschließlich angewendet werden müssen.

Für die nicht in den Eurocodes enthaltenen Konstruktionen, insbesondere raumabschließende Bauteile und Sonderbauteile, wird die DIN 4102-4 (ggf. als überarbeitete und konsolidierte Restnorm) auch weiterhin eine unverzichtbare Bemessungsgrundlage in Deutschland bleiben.

Anfangsschwierigkeiten bei der Anwendung der Eurocode-Brandschutzteile sind natürlich nicht auszuschließen, da die Praktiker mit den verschiedenen Möglichkeiten der Brandschutznachweise – Bemessungstabellen, vereinfachte und allgemeine Rechenverfahren – noch nicht vertraut sind und deren Vor- und Nachteile erst an Beispielen kennenlernen müssen.

Generell sollte man versuchen, das gewünschte Bemessungsergebnis mit möglichst geringem Aufwand zu erreichen. Einzelbauteile können für Normbrandbeanspruchung effizient mit dem Tabellenverfahren bemessen werden, das neben dem EC 2-1-2 (Beton) derzeit nur in EC 4-1-2 (Verbund) vorgesehen ist. Wenn die Anwendungsvoraussetzungen der Tabellen nicht erfüllt sind oder die Mindestabmessungen für die geforderte Feuerwiderstandsklasse nicht eingehalten werden, bieten die vereinfachten Rechenverfahren eine ingenieurmäßige Lösung ohne großen Rechenaufwand.

Durch Vergleichsrechnungen für repräsentative Bauteile wurde nachgewiesen, dass die Ergebnisse des vereinfachten Rechenverfahrens für gleiche Bauteile etwas günstiger als nach dem tabellarischen Nachweis sind. Wenn das Bemessungsziel auch mit dem vereinfachten Rechenverfahren noch nicht erreicht wird, bleibt das allgemeine Rechenverfahren als vollständige numerische Simulation des Brandgeschehens und Tragwerksverhaltens. Hierfür sind allerdings eine geeignete, für den betreffenden Anwendungsbereich validierte Software und einschlägige Kenntnisse und Erfahrungen des Anwenders erforderlich. Die Ergebnisse des allgemeinen Berechnungsverfahrens sind für gleiche Bauteile wiederum günstiger als die des vereinfachten Rechenverfahrens, so dass der Anwender für den größeren Aufwand durch eine günstigere Bemessung belohnt wird.

Aus Sicht der Autoren wird sich über kurz oder lang die Bemessung mit den vereinfachten Rechenverfahren für Einzelbauteile unter Normbrandbeanspruchung durchsetzen, weil damit die tatsächlichen Randbedingungen und Einwirkungen anstelle der in den Bemessungstabellen fest vorgegebenen Werte berücksichtigt werden können.

Für die Bemessung von Tragwerken für Naturbrandbeanspruchung stellen die allgemeinen Rechenverfahren vielfach die einzige Lösungsmöglichkeit dar. Das betrifft sowohl Neubauten mit ausgedehnten und hohen Räumen wie Hallen oder Atrien oder mit ungewöhnlichen Brandlasten wie Parkhäuser oder Einkaufspassagen als auch Bestandsbauten mit nicht nach DIN 4102-4 klassifizierbaren Stahlbetonkonstruktionen. In diesen Fällen ist der rechnerische Nachweis trotz des relativ hohen Aufwandes in der Regel deutlich kostengünstiger als unerwünschte, zusätzliche Brandschutzmaßnahmen.

Die in Abschnitt 8 vorgeführten Anwendungsbeispiele sollen den Einstieg in die neuen Brandschutznachweise der Eurocodes erleichtern und dazu beitragen, die anfänglich sicher bestehenden Berührungsängste zu überwinden. Sie machen deutlich, dass die Brandschutzbemessung den Standsicherheitsnachweisen bei Normaltemperatur durchweg sehr ähnlich ist und daher den Tragwerksplanern ohne größere Schwierigkeiten zugänglich sein sollte.

Beuth informiert über die Eurocodes
Kommentar: Brandschutz in Europa – Bemessung nach Eurocodes

Aus dem Inhalt:

// Allgemeine Grundlagen der Brandschutzbemessung und Regelungen zu den Einwirkungen auf Tragwerke gemäß Eurocode 1.

// Generelle Betrachtungen zur Sicherheitsphilosophie der Eurocodes und zur Kalibrierung des Sicherheitsniveaus anhand von DIN 4102-4.

// Die Brandschutzteile werden einzeln erläutert und durch Hinweise ergänzt. Viele Beispiele!

Beuth Kommentar
**Brandschutz in Europa –
Bemessung nach Eurocodes
Erläuterungen und Anwendungen zu den
Brandschutzteilen der Eurocodes 1 bis 5**
Herausgeber: Dietmar Hosser
2., vollständig überarbeitete und erweiterte
Auflage 2012. ca. 270 S. A4. Broschiert.
ca. 68,00 EUR | ISBN 978-3-410-16766-2

Bestellen Sie am besten unter:
www.beuth.de/eurocode (mit allen Infos / weiteren Literaturtipps)
Telefon +49 30 2601-2260 | Telefax +49 30 2601-1260 | info@beuth.de

Natürlich auch als E-Book.

Berlin · Wien · Zürich

B BAUSTOFFE: BETON UND BETONSTAHL

Prof. Dr.-Ing. Wolfgang Brameshuber (Kapitel B1 bis B5)
Prof. Dr.-Ing. Michael Raupach, Dipl.-Ing. (FH) Jürgen Leißner (Kapitel B6)

BETON

Seite

1 Allgemeines ... B.3
    1.1 Wesentliche Normen ... B.3
    1.2 Begriffe und Klassifizierung ... B.4
        1.2.1 Begriffe zum Beton ... B.4
        1.2.2 Klassifizierung von Beton ... B.5

2 Ausgangsstoffe ... B.6
    2.1 Zement ... B.6
        2.1.1 Herstellung und Eigenschaften ... B.6
        2.1.2 Hydratation von Zement ... B.7
        2.1.3 Regelung der Erstarrungszeiten ... B.8
        2.1.4 Genormte Zemente ... B.9
        2.1.5 Sonderzemente ... B.11
        2.1.6 Anwendungsbereiche ... B.13
    2.2 Gesteinskörnung für Beton ... B.13
        2.2.1 Begriffe, Anforderungen, Arten ... B.13
        2.2.2 Kornzusammensetzung und Sieblinie ... B.15
        2.2.3 Wasseranspruch im Beton ... B.17
    2.3 Zugabewasser ... B.18
    2.4 Betonzusatzstoffe ... B.18
    2.5 Betonzusatzmittel ... B.18

3 Frischer und junger Beton ... B.21
    3.1 Frischbeton ... B.21
        3.1.1 Zementleimgehalt ... B.21
        3.1.2 Verarbeitbarkeit und Konsistenzklassen ... B.22
        3.1.3 Mehlkorngehalt ... B.23
    3.2 Junger Beton ... B.24
        3.2.1 Hydratationswärme ... B.24
        3.2.2 Abschätzung der Temperaturerhöhung ... B.25
        3.2.3 Maßnahmen gegen Hydratationswärme ... B.25
        3.2.4 Nachbehandlung von jungem Beton ... B.26

4 Festbeton ... B.27
    4.1 Festigkeitsklassen und Einflüsse auf die Betondruckfestigkeit ... B.27
    4.2 Zugfestigkeit ... B.29
    4.3 Formänderungseigenschaften von Beton ... B.30
        4.3.1 Lastunabhängige Verformungen, Wärmedehnung ... B.30
        4.3.2 Lastabhängige Verformungen ... B.31

Seite

5 Dauerhaftigkeit ... B.35

- 5.1 Allgemeines ... B.35
- 5.2 Korrosionsprinzipien und Grundlagen ... B.39
  - 5.2.1 Stahlkorrosion ... B.40
  - 5.2.2 Frost und Frost-Tausalz ... B.40
  - 5.2.3 Lösender Angriff ... B.41
  - 5.2.4 Treibender Angriff ... B.43

BETONSTAHL

6 Betonstahl ... B.45

- 6.1 Herstellung ... B.45
- 6.2 Eigenschaften ... B.46
- 6.3 Benennung ... B.48
  - 6.3.1 Kurzname ... B.48
  - 6.3.2 Normative Bezeichnung ... B.48
- 6.4 Oberflächengeometrie der Erzeugnisform ... B.48
- 6.5 Werkkennzeichen ... B.49
- 6.6 Angaben zu den Erzeugnisformen ... B.50
  - 6.6.1 Metergewicht und Nennquerschnitte ... B.50
  - 6.6.2 Betonstabstahl B500B ... B.51
  - 6.6.3 Betonstahl in Ringen ... B.51
  - 6.6.4 Betonstahlmatten B500A oder B500B ... B.51
  - 6.6.5 Bewehrungsdraht B500A ... B.54
  - 6.6.6 Gitterträger ... B.54
  - 6.6.7 Betonstahl in Ringen ... B.54
  - 6.6.8 Feuerverzinkter Betonstahl ... B.54
- 6.7 Bauaufsichtliche Regelungen ... B.54
  - 6.7.1 Übersicht ... B.54
  - 6.7.2 Betonstahlprodukte ... B.55
- 6.8 Betonstahlverbindungen ... B.55
  - 6.8.1 Verbindungsarten ... B.55
  - 6.8.2 Verbindungstypen ... B.55
  - 6.8.3 Eigenschaften ... B.56
  - 6.8.4 Verbindungsbauteile ... B.57
- 6.9 Plattenanschlüsse ... B.59
- 6.10 Verbindung mit flexiblen Seilschlaufen ... B.60
- 6.11 Rückbiegen von Betonstahl ... B.60
  - 6.11.1 Grundsätzliche Hinweise ... B.60
  - 6.11.2 Verwahrkästen ... B.61
- 6.12 Doppelkopfanker ... B.61
- 6.13 Unterstützungen ... B.62
- 6.14 Ankerstabstahl ... B.62
- 6.15 Spannstahl ... B.63
  - 6.15.1 Allgemeines ... B.63
  - 6.15.2 Litzen ... B.63
  - 6.15.3 Drähte ... B.65
  - 6.14.4 Stäbe ... B.65

Beton

1 Allgemeines

1.1 Wesentliche Normen

Mit Einführung der europäischen Betonnorm EN 206-1 [DIN EN 206-1 – 2001] und ihrem Anwendungsdokument DIN 1045-2 [DIN 1045-2 – 2001] wurde ein wesentlicher Schritt zu einem einheitlichen Normenwerk für Europa im Bereich des Betonbaus getan. In unmittelbarem Zusammenhang mit der Betonnorm stehen die deutsche Bemessungsnorm DIN 1045-1 [DIN 1045-1 – 2001], die Ausführungsnorm DIN 1045-3 [DIN 1045-3 – 2001] und die Fertigteilnorm DIN 1045-4 [DIN 1045-4 – 2001], die im Wesentlichen die CE-Deklaration regelt. Tafel B.1.1 gibt einen Überblick über wichtige Normen, die auf EN 206-1/DIN 1045-2 aufbauen. Diese Tabelle ist keinesfalls vollständig, sie weist zunächst auf Normen mit direktem Bezug hin. Zur Sicherstellung einer leichteren Anwendung wurde aus den beiden Normen EN 206-1 und DIN 1045-2 ein Dokument erstellt, der so genannte DIN-Fachbericht [DIN-FB 100 – 2005]. Aufgrund der Neuerscheinung der DIN 1045-2, mit doch einigen erheblichen Anpassungen im Jahr 2008, wird der Fachbericht derzeit neu bearbeitet.

Tafel B.1.1 Normenübersicht

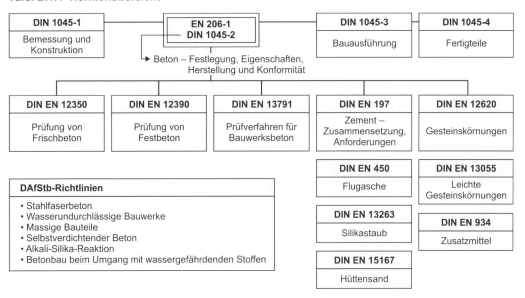

Für den Betonbau wesentlich als übergeordnetes Dokument ist dann noch die ZTV-ING [ZTV-ING – 2007] für den Brücken- und Ingenieurbau des Verkehrsministeriums, wobei hier wegen der doch häufigen längeren Lebensdauer der Bauwerke schärfere Anforderungen an den Beton und seine Zusammensetzung gestellt werden. Zu erwähnen sind auch die Richtlinien des Deutschen Ausschusses für Stahlbeton, die bei besonderen Fragestellungen der Dauerhaftigkeit oder besonderen Betonen über die Bauregelliste bauaufsichtlich eingeführt und damit verbindlich sind. Die Entwicklung des Betonbaus ist in den letzten Jahren sehr dynamisch gewesen. Ob nun Massenbetone, selbstverdichtende Betone oder ultrahochfeste Betone mit Festigkeiten über 150 N/mm², die Entwicklung geht hin zu mehr den Anforderungen angepassten Werkstoffen. Aus dem Massenbaustoff hat sich ein flexibler Werkstoff entwickelt, mit dem die unterschiedlichsten Bauaufgaben gelöst werden können. Daneben wird Beton/Stahlbeton immer seine Hauptaufgabe als preiswerter und dauerhafter Massenbaustoff behalten. Hilfreich zur Interpretation der Normen DIN 1045-1 und EN 206-1/DIN 1045-2 sind die zugehörigen Erläuterungshefte des DAfStb Nr. 525 [DAfStb-H. 525 – 2003] und Nr. 526 [DAfStb-H. 526 – 2003].

1.2 Begriffe und Klassifizierung
1.2.1 Begriffe zum Beton
Tafel B.1.2 Begriffe zum Beton

Baustellenbeton	Beton, dessen Bestandteile auf der Baustelle zugegeben und gemischt werden
Bewehrung	Stahleinlagen bei Stahlbeton und Spannbeton
Eignungsprüfung	Festigkeitsprüfung vor Verwendung des Betons, um festzustellen, welche Zusammensetzung und Konsistenz der Beton haben muss, damit er mit den in Aussicht genommenen Baustoffen unter den Verhältnissen der betreffenden Baustelle zuverlässig verarbeitet werden kann und die geforderten Eigenschaften sicher erreicht (bei Beton mit besonderen Eigenschaften ggf. weitere Nachweise)
Erhärtungsprüfung	Festigkeitsprüfung als Anhaltswert für die von den Umwelteinflüssen abhängige Festigkeit des Betons im Bauwerk zu einem bestimmten Zeitpunkt und damit beispielsweise für die Ausschalfristen
Faserbeton	Beton, dem neben der Gesteinskörnung noch Fasern zugesetzt werden
Festbeton	Beton, der über das Erstarren hinaus bereits eine gewisse Festigkeit aufweist
Festbetonrohdichte ρ_{Rb}	Rohdichte des erhärteten Betons
Fließbeton	Normalbeton, der mit einem Fließmittel hergestellt wird und eine Konsistenz weicher als F3 aufweist
Frischbeton	Zustand des Betons, in dem er verarbeitet und verdichtet werden kann
Frischbetonrohdichte ρ_{Rf}	Rohdichte des verdichteten Frischbetons
Güteprüfung	Prüfung an genormten Probekörpern nach Herstellung und Lagerung gemäß DIN EN 12390-1 während der Bauausführung zum Nachweis, dass der für den Einbau hergestellte Beton die geforderten Eigenschaften erreicht
Hydratationsgrad	Maß für die Menge des durch Zement chemisch gebundenen Wassers
Konsistenz	Maß für die Verarbeitbarkeit und Verdichtbarkeit des Frischbetons
Leichtbeton	Beton mit einer Rohdichte ≤ 2000 kg/m³
Leichter Leichtbeton	Leichtbeton mit einer Trockenrohdichte < 800 kg/m³
Leichter Normalbeton	Normalbeton mit einer Rohdichte zwischen 2000 und 2100 kg/m³, bei dem Korngruppen der normalen Gesteinskörnung ganz oder teilweise durch leichte ersetzt wird
Massenbeton	Beton für Bauteile mit Dicken über etwa 0,8 m
Matrix	Geschlossene Phase im Mehrphasenstoff Beton, im Allgemeinen Zementleim oder Zementstein, es kann auch die Gesteinskörnung bis zu einer Korngröße von 2 mm dazugerechnet werden
Mischungsverhältnis MV	Verhältnis von Bindemittel: Gesteinskörnung (trocken): Wasser, Angabe erfolgt im Allgemeinen in Massen- (MT), in Ausnahmefällen in Raumteilen (RT)
Nachbehandlung	Maßnahmen, die einen ungestörten Ablauf der Hydratation ermöglichen
Charakteristische Festigkeit f_{ck}	Kenngröße für die Druckfestigkeit zur Einteilung in Festigkeitsklassen
Ortbeton	Beton, der als Frischbeton in Bauteile in ihrer endgültigen Lage eingebracht wird und dort erhärtet
Pumpbeton	Frischbeton, der durch Rohrleitungen zur Einbringstelle gepumpt wird
Standardbeton oder vorgeschriebener Beton	Beton, dessen Zusammensetzung in Vorschriften oder vom Abnehmer so festgelegt ist, dass die gewünschten Eigenschaften erfüllt werden
Rühren des Frischbetons	Ständige Bewegung des Frischbetons im Fahrzeugmischer mit etwa 2 bis 6 Umdrehungen je min
Rüttelbeton	Beton, der durch Rütteln verdichtet wird
Schüttbeton	Haufwerksporiger Beton, der meist als Leichtbeton ohne besonderes Verdichten in die Schalung eingebracht wird
Schwerbeton	Abschirmbeton für Reaktorbau und Luftschutz mit geschlossenem Gefüge und einer Festbetonrohdichte über 2800 bis etwa 6500 kg/m³ durch Zuschläge mit höherer Dichte, der Aufbau von Normal- und Schwerbeton ist bis auf diese Dichte praktisch gleich
Selbstverdichtender Beton	Beton, der sich ohne von außen einwirkende Verdichtungsenergie vollständig entlüften und bis zum Niveauausgleich fließen kann

Tafel B.1.2 Begriffe zum Beton (Fortsetzung)

Spritzbeton	Beton, der mit Druckluft durch eine Spritzdüse gegen die Auftragsfläche geschleudert und dabei verdichtet wird
Stampfbeton	Beton, der durch Stampfen verdichtet wird
Stoffraum	Volumen der Bestandteile Zement, Gesteinskörnung und Wasser im Beton, wobei das Volumen der Gesteinskörnung die Kornporen einschließt
Transportbeton	Beton, dessen Bestandteile in einer Anlage außerhalb der Baustelle abgemessen werden und der an der Baustelle in einbaufertigem Zustand mit den geforderten Frischbetoneigenschaften und in der vereinbarten Zusammensetzung übergeben wird
Verdichtungsgrad	Verhältnis von erreichter zu theoretisch möglicher Frischbetonrohdichte
Walzbeton	Beton, der durch Walzen verdichtet wird
Wassergehalt	Zugabewasser und Oberflächenfeuchte der Gesteinskörnung
Werkgemischter Transportbeton	Beton, der in einem ortsfesten Mischer gemischt und in geeigneten Fahrzeugen zur Baustelle gebracht wird
Zementleim	Zement und Wasser in frischem Zustand, ggf. mit Zusätzen
Zementstein	Erhärteter Zementleim
Zugabewasser	Wasser, das dem Beton im Mischer zugegeben wird

1.2.2 Klassifizierung von Beton

Normalbeton ist Beton mit geschlossenem Gefüge und einer Festbetonrohdichte von mehr als 2000, höchstens 2800 kg/m³ (meist zwischen 2200 und 2500 kg/m³). Wenn keine Verwechslung mit Leicht- oder Schwerbeton möglich ist, wird er nur als Beton bezeichnet. Leichter Normalbeton ist ein Beton mit einer Rohdichte zwischen 2000 und 2100 kg/m³, der sowohl Normal- als auch Leichtzuschlag enthält.

Normalbeton kann eingeteilt werden in:

Tafel B.1.3 Klassifizierung

Nach dem Erhärtungszustand:	Frischbeton, Festbeton
Nach der charakteristischen Festigkeit:	in Festigkeitsklassen C8/10 bis C105/115
Nach den Überwachungsbedingungen gemäß DIN 1045-3:	Überwachungsklasse 1 $\leq$ C25/30[1]; X0, XC, XA1[3]; XF1, XF3[3] [1] Spannbeton: generell ÜK2 [3] Für XA1 und XF3 nur als Standardbeton Überwachungsklasse 2 $\geq$ C30/37, ($\leq$ C50/60) $\leq$ LC 25/28 ($\leq$ LC 1,4) $\leq$ LC 35/38 ($\geq$ LC 1,6) XS; XD; XA, XM, $\geq$ XF2 Beton mit hohem Wassereindringwiderstand; Unterwasserbeton Beton für hohe Gebrauchstemperaturen $\geq$ 250 °C; Strahlenschutzbeton Überwachungsklasse 3 $\geq$ C55/67 $\leq$ LC 30/33 ($\leq$ LC 1,4) $\leq$ LC 40/44 ($\geq$ LC 1,6)
Nach der Zementart:	Portlandzementbeton, Hochofenzementbeton usw.
Nach der Art der Gesteinskörnungen:	Kiessandbeton, (Naturstein-)Splittbeton, Grobbeton, Feinbeton (Zementmörtel)
Nach der Konsistenz:	F1-, F2-, F3-Beton, Fließbeton mit F4, F5, F6 (steif, plastisch, weich, fließfähig)
Nach dem Transport, Einbringen und Verdichten:	Pump-, Spritzbeton, Schütt-, Prepakt-, Colcrete-, Rüttelgrob-, Unterwasserbeton, Stampf-, Rüttel-, Schock-, Schleuder-, Walz-, Vakuumbeton, selbstverdichtender Beton
Nach dem Ort und der Art der Herstellung:	Baustellenbeton, Transportbeton (werk- oder fahrzeuggemischt), Ortbeton, Betonwaren und Betonwerkstein (im Betonsteinwerk hergestellt), Betonfertigteile

2 Ausgangsstoffe

2.1 Zement

2.1.1 Herstellung und Eigenschaften

Zementwerke haben sich dort angesiedelt, wo sich die erforderlichen Rohstoffe, insbesondere der Mergel, befinden. Zement ist ein pulverförmiges Bindemittel, das hydraulisch reagiert. Aus dem Zementleim (Zement + Wasser) wird durch Hydratation der reaktionsfähigen Bestandteile an Luft oder auch unter Wasser Zementstein. Zement wird im Zementwerk aus Portlandzementklinker und weiteren Hauptbestandteilen, wie z. B. dem latent-hydraulischen Hüttensand, dem inerten Kalksteinmehl oder der puzzolanischen Flugasche und dem Trass hergestellt. Neben einer gemeinsamen Vermahlung aller Hauptbestandteile werden diese in vielen Zementwerken inzwischen gemischt. Vorteil dieser Vorgehensweise ist die individuell mögliche Abstimmung der Granulometrie der Hauptbestandteile Portlandzementklinker und den oben aufgeführten Stoffen.

Klinkermineralien

Der Portlandzementklinker, d. h. die Phasen Calciumsilikat, Calciumaluminat und Calciumaluminatferrit, wird durch Brennen des Rohmehls, das aus Kalkstein und Mineralien mit Hydraulfaktoren (SiO_2, Al_2O_3, Fe_2O_3) besteht, bei Temperaturen von mehr als 1300 °C hergestellt (siehe Abb. B.2.1). Die Klinkerphasen reagieren mit Wasser zu Calciumsilikat-, Calciumaluminat- bzw. Calciumaluminatferrithydraten unter gleichzeitiger Bildung von Calciumhydroxid (Portlandit).

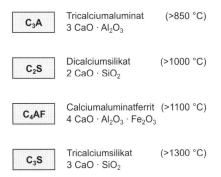

Abb. B.2.1 Klinkerphasen im Zement

Andere Hauptbestandteile

Bei den anderen Hauptbestandteilen wird unterschieden zwischen den latent-hydraulischen Stoffen, das sind Stoffe, die im Beisein von Anregern aus der Zementhydratation oder mit Bestandteilen des Zementsteins reagieren, und puzzolanischen Stoffen, die z. B. mit dem $Ca(OH)_2$ der Zementhydratation reagieren. Wasser allein reicht für latent-hydraulische Stoffe nicht aus. Für Zement unterscheidet man bei den anderen Hauptbestandteilen zwischen:

- Hüttensanden und
- Puzzolanen,

wobei bei den Puzzolanen Ölschiefer, Trass, Flugasche oder Silikastaub zum Einsatz kommen. Inerte Stoffe, d. h. reine Füllstoffe, die nicht chemisch reagieren, sind Kalksteinmehl und Quarzmehl. Quarzmehle sind in Normzementen nicht enthalten. Die Hauptbestandteile haben bei der Zementherstellung folgende Funktion:

- Optimierung der Korngrößenverteilung von Zement und damit Verbesserung der Verarbeitungseigenschaften
- Chemische Reaktionen mit Wasser/Calciumhydroxid, d. h. direkter Beitrag zur Zement- und Betondruckfestigkeit sowie auch zur Porenstruktur und damit zur Dauerhaftigkeit.

Inerte Stoffe werden lediglich für die Verbesserung der Verarbeitungseigenschaften eingesetzt. Latent-hydraulische Stoffe können teilweise beide Ziele erfüllen.

Hüttensand

Hüttensand fällt bei der Herstellung von Roheisen im Hochofen an (Abb. B.2.2).

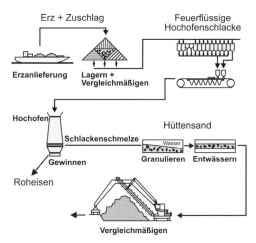

Abb. B.2.2 Herstellung von Hüttensand

Hüttensand ist ein glasiger Rohstoff, der durch Abschrecken der Schmelze entsteht. Bei der Zugabe zum Zement reagiert er im Beisein von Portlandit (Calciumhydroxid) und bildet eigenständige Calciumsilikathydratphasen.

Puzzolanische Stoffe

Ölschiefer kommt vorwiegend in den südlichen Teilen Deutschlands vor, wie z. B. der Schwäbischen Alb. Trass ist vulkanischen Ursprungs und besteht im Wesentlichen aus reaktivem SiO_2. Thermisch behandelte, natürliche Puzzolane (Phonolithe) finden ebenfalls Anwendung. Steinkohlenflugaschen und Silikastaub fallen bei Produktionsprozessen als so genannte industrielle Nebenprodukte an. Beide reagieren mit Calciumhydroxid und Wasser und bilden eigenständige CSH-Phasen (Abb. B.2.3).

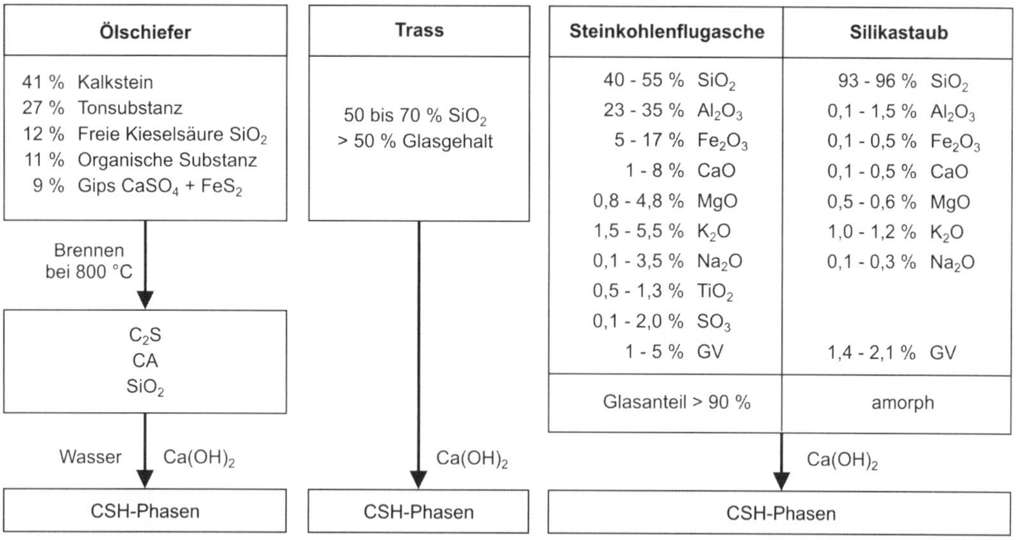

Ölschiefer
41 % Kalkstein
27 % Tonsubstanz
12 % Freie Kieselsäure SiO_2
11 % Organische Substanz
9 % Gips $CaSO_4$ + FeS_2
Brennen bei 800 °C
C_2S
CA
SiO_2
Wasser
$Ca(OH)_2$
CSH-Phasen
Trass
50 bis 70 % SiO_2
> 50 % Glasgehalt
$Ca(OH)_2$
CSH-Phasen
Steinkohlenflugasche
40 - 55 % SiO_2
23 - 35 % Al_2O_3
5 - 17 % Fe_2O_3
1 - 8 % CaO
0,8 - 4,8 % MgO
1,5 - 5,5 % K_2O
0,1 - 3,5 % Na_2O
0,5 - 1,3 % TiO_2
0,1 - 2,0 % SO_3
1 - 5 % GV
Glasanteil > 90 %
Silikastaub
93 - 96 % SiO_2
0,1 - 1,5 % Al_2O_3
0,1 - 0,5 % Fe_2O_3
0,1 - 0,5 % CaO
0,5 - 0,6 % MgO
1,0 - 1,2 % K_2O
0,1 - 0,3 % Na_2O
1,4 - 2,1 % GV
amorph
$Ca(OH)_2$
CSH-Phasen

Abb. B.2.3 Puzzolanische Stoffe

Bei der Stromerzeugung im Steinkohlekraftwerk fallen die Steinkohlenflugasche und der so genannte REA-Gips an. Die Qualität derartiger Steinkohlenflugaschen lässt sich durch den Brennprozess (Aufmahlung der Kohle, Brenntemperatur) beeinflussen (Abb. B.2.4).

Kohle
Lager
Mühle
Brenner
Turbine
Generator
Transformator
Strom
Kondensator
Wasser
Kühlturm
NO_x
NH_3
Staub
SO_2
$Ca(OH)_2$
Dampfkessel
$DeNO_x$-Filter
E-Filter
REA
Schornstein
Entwässerung
Grobasche Granulat
N_2+H_2O (NH_4HSO_4)
Flugasche
$CaSO_4$ (Gips)

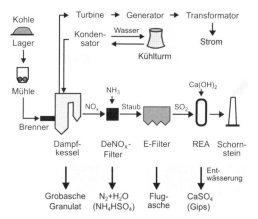

Abb. B.2.4 Entstehung von Steinkohlenflugasche

Seit einigen Jahren gibt es auch bestimmte Braunkohlenflugaschen, die als Betonzusatzstoff eingesetzt werden können. Silikastaub entsteht bei der Herstellung von Ferrosilicium. Durch das extreme Erhitzen eines Gemisches aus Quarz, Kohle, Holzspänen und Eisen entsteht gasförmiges Siliciumoxid, das beim Abkühlen zu Siliciumdioxid in Form von sehr feinen glasigen Kügelchen kondensiert.

Silikastaub ist hundertmal feiner als Zement oder Flugasche und wird nur in geringen Mengen dem Zement als Hauptbestandteil zugegeben. Das Größtkorn liegt unter 1 µm. Durch die hohe Feinheit ist Silikastaub erheblich reaktiver als Flugasche.

Inerte Stoffe

Durch die Zugabe von Kalksteinmehl zu Zement kann die Sieblinie des Zementes im feinen Bereich verbessert werden. Die Folgen sind bessere Verarbeitbarkeit des Betons und geringere Neigung des Zementleims zum Wasserabsondern (Bluten).

2.1.2 Hydratation von Zement

Die Reaktion von Zement mit Wasser wird als Hydratation bezeichnet. Gekennzeichnet ist dieser Vorgang dadurch, dass der Zement Wasser chemisch bindet, d. h., aus den Calciumsilikaten werden Calciumsilikathydrate (Abb. B.2.5).

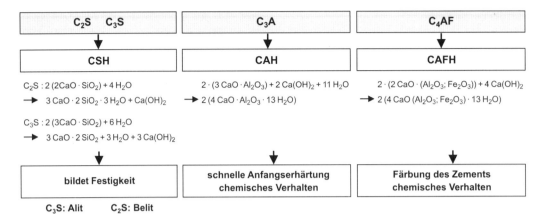

$C_2S : 2(2CaO \cdot SiO_2) + 4 H_2O$
→ $3 CaO \cdot 2 SiO_2 \cdot 3 H_2O + Ca(OH)_2$

$C_3S : 2(3CaO \cdot SiO_2) + 6 H_2O$
→ $3 CaO \cdot 2 SiO_2 + 3 H_2O + 3 Ca(OH)_2$

$2 \cdot (3 CaO \cdot Al_2O_3) + 2 Ca(OH)_2 + 11 H_2O$
→ $2 (4 CaO \cdot Al_2O_3 \cdot 13 H_2O)$

$2 \cdot (2 CaO \cdot (Al_2O_3; Fe_2O_3)) + 4 Ca(OH)_2$
→ $2 (4 CaO (Al_2O_3; Fe_2O_3) \cdot 13 H_2O)$

C_3S: Alit C_2S: Belit

Abb. B.2.5 Hydratationsprodukte des Zements

Diese Calciumsilikathydrate bestehen aus sehr feinen Kristallen, die untereinander mit van-der-Waals'schen Bindungen verbunden sind. Es handelt sich dabei um ein Gel. Neben den Calciumsilikathydraten bilden sich auch noch Calciumaluminathydrate und Calciumaluminatferrithydrate. Diese beiden, ebenfalls in Form eines Gels vorliegenden Produkte bestimmen vorwiegend das chemische Verhalten des Zementsteins bzw. Betons, so z. B. seinen Sulfatwiderstand. Die Calciumsilikathydrate sind vorwiegend für die Festigkeit des Zementsteins bzw. Betons verantwortlich. Durch die Reaktion der Calciumsilikate mit Wasser entsteht zusätzlich noch Calciumhydroxid in Form von großen, eingelagerten Kristallen. Dieses Calciumhydroxid ist neben den Alkalien verantwortlich für die hohe Alkalität, d. h. den hohen pH-Wert von Beton und die Alkalitätspufferung. Die Alkalität wird zum Schutz der Stahlbewehrung im Beton benötigt. Durch Säuren oder aber auch CO_2 in der Luft kommt es zur Umwandlung des Calciumhydroxids in Calciumkarbonat (Karbonatisierung) bzw. Calciumsalze der angreifenden Säure, z. B. $CaCl_2$, so dass dann der Beton seine Alkalität verliert.

2.1.3 Regelung der Erstarrungszeiten

Wird das C_3A des Zements mit Wasser angeregt, kommt es bei Vorhandensein von Calciumhydroxid zu einem sofortigen Erstarren. Dies wäre bei Zement der Fall, da Calciumhydroxid durch die Calciumsilikate bei ihrer Reaktion mit Wasser gebildet wird. Um dieses sofortige Erstarren zu vermeiden, wird dem Zement bei der Herstellung im Zementwerk eine geringe Menge Gips zugegeben. Durch diesen Gips kommt es zur Bildung von Trisulfat (Ettringit), das sich wie ein Schutzmantel um die Zementkörner legt. Nach einer gewissen Zeit wandelt sich das Trisulfat in Monosulfat um, und der Zement kann mit dem Wasser reagieren.

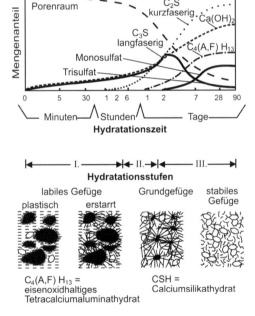

Abb. B.2.6 Hydratationsablauf [VDZ – 2008]

Den Reaktionsablauf im Hinblick auf die zeitliche Entwicklung zeigt Abb. B.2.6. Bis zur ersten Stunde bilden sich vorwiegend Trisulfat und Calciumhydroxid. Aus dem C_3S des Zementes entsteht langfaseriges CSH, aus dem C_2S zu einem späteren Zeitpunkt das kurzfaserige CSH. Durch das Wachsen der Produkte nimmt der Porenraum mit der Zeit ab. Sehr spät erst bilden sich die Hydratphasen aus C_4AF. Über den ganzen Zeitraum hinweg wird Calciumhydroxid gebildet. Für die Frühfestigkeit des Zementsteins ist das

Ausgangsstoffe

C_3S verantwortlich. C_2S bildet sich langsamer und führt zu einer kontinuierlichen Nacherhärtung des Zementsteins auch in höherem Alter (Abb. B.2.7).

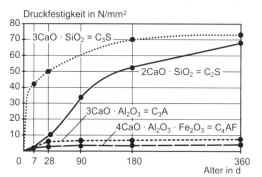

Abb. B.2.7 Festigkeitsverlauf der Klinkermineralien

Tafel B.2.1 gibt eine Übersicht über die Anteile der Klinkermineralien im Zement und die jeweiligen Hydratationswärmen. C_3A-reiche Zemente bringen demnach die höchste Wärmeentwicklung und werden daher im Fertigteilwerk bevorzugt eingesetzt.

Tafel B.2.1 Zusammensetzung von Portlandzement

Klinkerphase	Kurzbezeichnung	Gehalt in M-%	Hydratationswärme (J/g)
Tricalciumsilikat	C_3S	45 bis 80	500
Dicalciumsilikat	C_2S	0 bis 32	250
Tricalciumaluminat	C_3A	0 bis 15	1340
Calciumaluminatferrit	C_4AF	4 bis 14	420

2.1.4 Genormte Zemente

Zemente sind gemäß DIN EN 197-1 in Deutschland genormt. Es gibt fünf Hauptgruppen (Abb. B.2.8).

Ausgangsbasis ist der Portlandzement CEM I. Diesem können unterschiedliche Hauptbestandteile zugegeben werden. Beim Portlandkompositzement ist der maximale Gehalt des zusätzlichen Hauptbestandteils i.d.R. auf 35 M.-%, beim Hochofenzement auf bis zu 95 M.-% begrenzt. Puzzolanzemente und Kompositzemente, bei denen verschiedene Hauptbestandteile gemischt werden

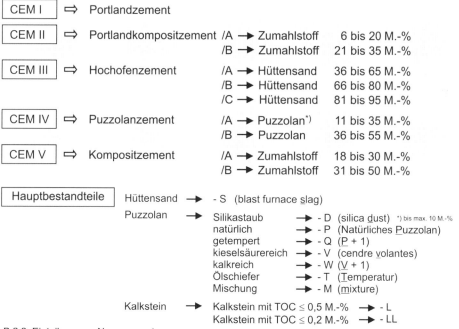

Abb. B.2.8 Einteilung von Normzementen

dürfen, haben bis zu 55 M.-% bzw. 50 M.-% Anteile. Größten Anteil an der Zementproduktion hat nach wie vor der Portlandzement CEM I, der allerdings in den nächsten Jahren vom Portlandkompositzement CEM II verdrängt werden wird.

Eine ebenfalls sehr große Rolle spielt der Hochofenzement CEM III/A. Aufgrund der regionalen Abhängigkeit wird der Portlandölschieferzement lediglich im südlichen Teil Deutschlands verstärkt eingesetzt (Tafel B.2.2).

Tafel B.2.2 Portlandkompositzemente nach DIN EN 197

Haupt-zementart	Bezeichnung der Produkte (Normalzementarten)		Zusammensetzung: (Massenanteile in %)										Neben-bestand-teile
			Hauptbestandteile										
			Portland-zement-klinker	Hütten-sand	Silika-staub	Puzzolane		Flugasche		Ge-brannter Schiefer	Kalkstein		
						natür-lich	natür-lich getem-pert	kiesel-säure-reich	kalk-reich				
			K	S	D	P	Q	V	W	T	L	LL	
CEM II	Portland-hütten-zement	CEM II/A-S	80–94	6–20	–	–	–	–	–	–	–	–	0–5
		CEM II/B-S	65–79	21–35	–	–	–	–	–	–	–	–	0–5
	Portland-silika-staubz.	CEM II/A-D	90–94	–	6–10	–	–	–	–	–	–	–	0–5
	Portland-puzzolan-zement	CEM II/A-P	80–94	–	–	6–20	–	–	–	–	–	–	0–5
		CEM II/B-P	65–79	–	–	21–35	–	–	–	–	–	–	0–5
		CEM II/A-Q	80–94	–	–	–	6–20	–	–	–	–	–	0–5
		CEM II/B-Q	65–79	–	–	–	21–35	–	–	–	–	–	0–5
	Portland-flugasche-zement	CEM II/A-V	80–94	–	–	–	–	6–20	–	–	–	–	0–5
		CEM II/B-V	65–79	–	–	–	–	21–35	–	–	–	–	0–5
		CEM II/A-W	80–94	–	–	–	–	–	6–20	–	–	–	0–5
		CEM II/B-W	65–79	–	–	–	–	–	21–35	–	–	–	0–5
	Portland-schiefer-zement	CEM II/A-T	80–94	–	–	–	–	–	–	6–20	–	–	0–5
		CEM II/B-T	65–79	–	–	–	–	–	–	21–35	–	–	0–5
	Portland-kalkstein-zement	CEM II/A-L	80–94	–	–	–	–	–	–	–	6–20	–	0–5
		CEM II/B-L	65–79	–	–	–	–	–	–	–	21–35	–	0–5
		CEM II/A-LL	80–94	–	–	–	–	–	–	–	–	6–20	0–5
		CEM II/B-LL	65–79	–	–	–	–	–	–	–	–	21–35	0–5
	Portland-komposit-zement	CEM II/A-M	80–94	←-------- 6–20 --------→									0–5
		CEM II/B-M	65–79	←-------- 21–35 --------→									0–5

Es gibt bei den Normzementen vier Festigkeitsklassen. Zement mit der Festigkeitsklasse 32,5 zeichnet sich durch eine etwas geringere Mahlfeinheit (Blaine-Wert ca. 3000–3500 cm²/g) aus. Bei etwas tieferen Außentemperaturen weicht man häufiger auf den etwas schnelleren, da mahlfeineren Zement der Festigkeitsklasse 42,5 aus. Zemente der Festigkeitsklasse 52,5 haben Mahlfeinheiten über 5000 cm²/g Blaine-Wert und werden meist in Fertigteilwerken eingesetzt, da hier sehr kurze Ausschalzeiten gefordert werden.

Neu – und in DIN EN 12416 geregelt – sind Zemente der Festigkeitsklasse 22,5. Für jede Klasse der Normfestigkeit sind mit Ausnahme von 22,5 Anforderungen an die Anfangsfestigkeit sowie die minimale und die maximale Normfestigkeit definiert (Tafel B.2.3).

Es wird unterschieden zwischen normaler Festigkeitsentwicklung (Kennzeichen N) und hoher Anfangsfestigkeit (Kennzeichen R) (Tafel B.2.4).

Ausgangsstoffe

Tafel B.2.3 Klassifizierung von Zementen

Zement-art	Festigkeits-klasse	Festigkeits-entwicklung	Besondere Eigenschaften
Bezeich-nung	Festigkeit nach 28 Tagen	Zeitliche Entwicklung der Druck-festigkeit	
CEM I CEM II CEM III CEM IV CEM V	22,5 32,5 42,5 52,5	N → normal R → schnell	LH → niedrige Hydratations-wärme VLH → sehr niedrige Hydratations-wärme SR → hoch sulfat-beständig NA → niedriger Alkaligehalt

Besondere Eigenschaften von Zementen sind weiterhin:

- die niedrige Hydratationswärme, gekennzeichnet mit LH (low heat) oder VLH (very low heat), d. h. die Begrenzung der freiwerdenden Wärme-energie während der Hydratation. Diese Zemente setzt man insbesondere bei sehr massigen Bauteilen (Fundamenten, Bodenplatten) ein, um die Hydratationswärme gering und damit Zwangs-spannungen aus abfließender Wärme klein zu halten.

- Der hohe Sulfatwiderstand wird bei Portlandze-menten durch einen C_3A-Gehalt kleiner 3 % sowie einem Al_2O_3-Gehalt kleiner 5 % geregelt, bei Hochofenzementen durch einen Hüttensand-gehalt > 65 M.-%, gekennzeichnet mit SR (früher HS). Derartige Zemente werden benötigt, wenn aufgrund anstehender Wässer und Böden ein hoher Sulfatwiderstand, siehe hierzu auch Abschnitt B.5.2.4, gefordert wird.
- Bei alkaliempfindlichen Zuschlägen (siehe Abschnitt B.2.2) sind ggf. Zemente mit einem niedrigen Alkaligehalt zu verwenden, gekennzeichnet mit NA (siehe hierzu auch Abschnitt B.2.1.5). Zemente mit niedrigem wirksamen Alkaligehalt sind gemäß Alkali-Richtlinie des DAfStb unter bestimmten Umweltbedingungen und Zusammensetzung der Gesteinskörnung zu verwenden. Es wird auf die sehr ausführliche Beschreibung zu diesem komplexen Thema in [VDZ – 2008] verwiesen. Mit zunehmendem Hüttensandgehalt im Zement darf das Na_2O-Äquivalent bis auf 2 M.-% (CEM III/B) zunehmen.

Ob ein Zement ein R-Zement oder ein N-Zement ist, muss gemäß EN 197-1 anhand der 2- bzw. 7- und 28-Tage-Festigkeit festgestellt werden (Tafel B.2.4). LH-Zemente dürfen eine maximale Hydra-tationswärme von 270 J/g entwickeln.

Tafel B.2.4 Anforderungen an Festigkeitsklassen

Festigkeits-klasse	Druckfestigkeit N/mm²				Erstarrungsbeginn	Raumbeständigkeit (Dehnungsmaß)
	Anfangsfestigkeit		Normfestigkeit			
	2 Tage	7 Tage	28 Tage		min	mm
22,5	–	–	≥ 22,5	≤ 42,5	≥ 75	≤ 10
32,5 N	–	≥ 16	≥ 32,5	≤ 52,5		
32,5 R	≥ 10	–				
42,5 N	≥ 10	–	≥ 42,5	≤ 62,5	≥ 60	
42,5 R	≥ 20	–				
52,5 N	≥ 20	–	≥ 52,5	–	≥ 45	
52,5 R	≥ 30	–				

2.1.5 Sonderzemente

Tonerdezemente

Durch Brennen von Kalkstein und Bauxit entstehen Calciumaluminate, geringe Mengen Calciumsilikate und Siliciumdioxid. Aus diesem Gemisch bilden sich durch Zugabe von Wasser Calciumaluminat-hydrate, ohne Calciumhydroxid. Zementstein aus Tonerdezement ist kaum alkalisch und daher für Stahlbeton in der Regel nicht geeignet. Das Haupt-einsatzgebiet des Tonerdezements ist im Feuer-festbereich, da der Zementstein extrem beständig gegen hohe Temperaturen ist.

Quellzemente

Quellzementen werden z. B. zusätzlich Calci-umaluminate und Gips beigegeben. Dadurch bildet sich auch zusätzliches Ettringit. Dies führt zu Volumenvergrößerung auch im festen Zu-stand. Die Hauptschwierigkeit bei der Herstellung solcher Zemente ist die Kontrolle der Quellfähig-keit. Für lautloses Sprengen sind solche Zemente sehr gut geeignet. In das zu zerstörende Bauteil werden Bohrlöcher in bestimmten Abständen gesetzt. Zementleim aus Quellzement und Wasser wird in das Loch gefüllt. Durch die massive Expansion dieser so genannten Sprengzemente kommt es zur lautlosen Zerstörung des Bauteils.

Schnellzemente

Gibt man dem Zement keinen Erstarrungsregler in Form von Gips zu, kommt es zu einem sehr raschen Erstarren durch die Reaktion des C_3A mit Calciumhydroxid und Wasser, da keine Ettringitbildung vorhanden ist. Dieses rasche Erstarren kann z. B. für die Verwendung in Reparaturmörteln oder insbesondere für Bindemittel für Spritzbeton genutzt werden. Spritzbeton wird beispielsweise für die Sicherung im Tunnelbau oder für Baugruben verwendet.

Sulfathüttenzemente

Sulfathüttenzemente bestehen zu einem sehr hohen Prozentsatz aus Hüttensand mit hohem Aluminatgehalt und einem Zusatz von Anhydrit. Weiterhin wird für die Anregung des Hüttensandes eine sehr geringe Menge an Portlandzement zugegeben. Sulfathüttenzemente kommen in aller Regel bei Baumaßnahmen unter der Erdoberfläche, z. B. Schlitzwänden und massigen Fundamenten, zum Einsatz. Der pH-Wert von Beton mit Sulfathüttenzement ist verhältnismäßig niedrig. Daher kann die Bewehrung nicht passiviert werden, so dass die Gefahr der Bewehrungskorrosion sehr hoch ist. Vorteilhaft wirkt sich die geringe Wärmeentwicklung insbesondere bei großen massigen Bauteilen aus. Allerdings ist die Festigkeitsentwicklung solcher Betone sehr langsam.

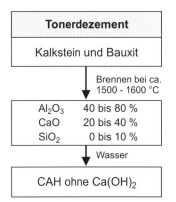
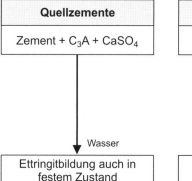
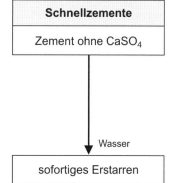
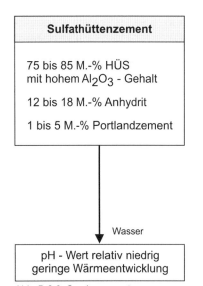
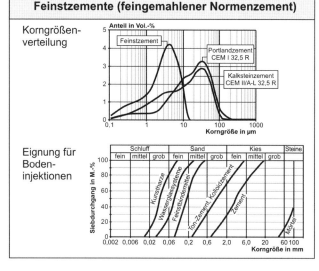

Abb. B.2.9 Sonderzemente

Ausgangsstoffe

Feinstzemente

Feinstzemente sind im weitesten Sinne Normzemente, die sehr fein gemahlen wurden. Beispielsweise hat ein normaler CEM I 32,5 R eine Mahlfeinheit von ca. 3200 cm²/g. Feinstzemente hingegen haben Blaine-Werte zwischen 10.000 und 18.000 cm²/g. Durch ihre hohe Mahlfeinheit ist es möglich, Suspensionen mit sehr guter Stabilität bei relativ hohen Wasserzementwerten im Bereich von 1,0 herzustellen. Durch das kleine Korn und die hohe Stabilität ist es möglich, solche Suspensionen für die Verfestigung von Böden einzusetzen. Auch im Bereich der Rissverpressung werden Zementsuspensionen, die mit Feinstzementen hergestellt wurden, verwendet.

In Abb. B.2.9 sind die Sonderzemente und ihre Zusammensetzung und die damit verbundenen Eigenschaften zusammengestellt.

2.1.6 Anwendungsbereiche

Nicht alle Zementarten sind für bestimmte Expositionen geeignet. Daher gibt es für CEM II-Zemente mit Kalksteinmehl oder kalkreicher Flugasche diverse Einschränkungen bei Außenbauteilen, mit drei Hauptbestandteilen (M-Zemente) gemäß DIN 1045-2 ebenfalls, wobei hier Anwendungszulassungen für eine Öffnung zu den anderen Expositionsklassen möglich sind. DIN 1045-2 gibt in den Tabellen F 3.1 bis F 3.3 eine Zuordnung von Zementen zu Expositionsklassen. ZTV-ING [ZTV-ING – 2007] schränkt die Zementanwendung weiter ein, im Einzelfall muss die Eignung eines Zements für eine normgemäße Anwendung überprüft werden.

2.2 Gesteinskörnung für Beton

2.2.1 Begriffe, Anforderungen, Arten

Begriffe

Mit Gesteinskörnung wird eine Mischung von

- ungebrochenen oder gebrochenen Körnern,
- aus natürlichem oder künstlichem, dichtem oder porigem Gestein

bezeichnet, die durch Zementleim zum Beton verkittet wird. Die Gesteinskörnung bildet mit 70 bis 80 Vol.-% mengenmäßig den Hauptbestandteil des Betons. Gesteinskörnungen sind ein preiswerter Füllstoff für Beton und bestimmen durch ihren hohen Anteil viele Eigenschaften des Festbetons. Gesteinskörnungen für Beton sind in DIN EN 12620 genormt.

Tafel B.2.5 Begriffe

Brechsand	Gebrochene Gesteinskörnung mit Korngrößen bis 4 mm
Füllkorn	Korngröße, die gerade in die Zwickel zwischen den nächstgrößeren Körnern nacheinander aufgeschichtet werden, Modell von Kugelpackungen
Grobkies	32 bis 63 mm
Größt-, Kleinstkorn D in mm	Obere bzw. untere Prüfkorngröße einer Korngruppe oder eines Gemisches
Haufwerk	Aus Einzelkörnern ohne Verkittung bestehendes Volumen (lose geschüttet oder verdichtet)
Kies	4 bis 32 mm
Korngröße d in mm	Nennweite einer Sieböffnung, durch die ein (i. Allg. unregelmäßig geformtes) Korn beim Siebvorgang gerade noch hindurch geht
Korngruppe	Körner, die zwischen einer unteren und einer oberen (Prüf-)Korngröße liegen (s. DIN EN 12620)
Sand	Ungebrochene Gesteinskörnung mit Korngrößen bis 4 mm
Schlüpfkorn	Korngröße, die in die Zwickel zwischen den nächstgrößeren Körnern eingerüttelt werden kann, wenn die grobe Schüttung zuerst eingebracht wurde
Schotter	32 bis 63 mm
Sperrkorn	Korngröße, die etwas größer ist als das Füllkorn und dadurch die dichteste Lagerung der gröberen Körner verhindert
Splitt	Gebrochenes Korn 4 bis 32 mm
Überkorn	Anteil, der bei einer (Prüf-)Siebung auf dem oberen Prüfsieb der jeweiligen Korngruppe liegen bleibt
Unterkorn	Anteil, der durch das untere Prüfsieb hindurchfällt
Gemisch aus Gesteinskörnungen	Gemenge, das aus mehreren (2 bis 3) Korngruppen zusammengesetzt ist

Anforderungen

Gesteinskörnungen müssen je nach Verwendungszweck und Aufgabe hinsichtlich Kornzusammensetzung, Reinheit, Festigkeit, Kornform, Widerstand gegen Frost und Abnutzung nach DIN 1045 besonderen Anforderungen genügen. Die Gesteinskörnung darf unter der Einwirkung von Wasser nicht erweichen, sich nicht zersetzen, mit den Zementbestandteilen keine schädlichen Verbindungen eingehen und den Korrosionsschutz der Bewehrung nicht beeinträchtigen. In Abb. B.2.10 sind die schädlichen Bestandteile aufgeführt. Die Prüfverfahren sind in DIN EN 12620 beschrieben.

Tafel B.2.6 gibt die Anforderungswerte für Gesteinskörnung im Beton bei Frost- und Frost-Tausalz-Angriff wieder. Möglich ist nach ZTV-ING [ZTV-ING – 2007] der Nachweis der Frostbeständigkeit der Gesteinskörnung im Beton. Hierzu sind besondere Randbedingungen einzuhalten.

In Tafel B.2.7 sind mögliche Gesteinkörnungen und Rohdichten und Herkunft zusammengestellt.

- **Allgemein (Glimmer)**
- **Abschlämmbare Bestandteile**
  Siebdurchgang < 0,063 mm
  Absetzversuch
- **Stoffe organischen Ursprungs**
  Fein verteilte Stoffe (Natronlauge)
  Quellfähige Bestandteile (Aufschwemmen)
- **Erhärtungsstörende Stoffe**
  (Druckfestigkeit)
- **Schwefelverbindungen**
- **Stahlangreifende Stoffe (Chloride)**
- **Alkalilösliche Kieselsäure**

Abb. B.2.10 Schädliche Bestandteile und ihr Nachweis

Tafel B.2.6 Anforderungswerte an Gesteinkörnungen bei Frost oder Frost-Tausalz-Beanspruchung

Expositions-klasse EN 206-1	Anforderungs-kategorie DIN EN 12620	Frost- oder Frost-Tausalz-Prüfung			
		Dosenfrost Wasser	Magnesium-Sulfat-Wert	Dosenfrost 1%ige NaCl-Lösung	Standard-LP-Beton
		Masse-Verlust in %			Verlust in g/m²
XF1[1]	F$_4$	≤ 4			
XF2[2]	MS$_{25}$		≤ 25	≤ 8	≤ 500
XF3[1]	F$_2$	≤ 2			
XF4[2]	MS$_{18}$		≤ 18	≤ 8	≤ 500

[1] ohne Taumittel   [2] mit Taumittel

Tafel B.2.7 Übersicht über Gesteinkörnungen

Art	Kornrohdichte in kg/dm³	Natürliche Gesteinskörnung		Industriell hergestellte Gesteinskörnung
		natürlich gekörnt	mechanisch zerkleinert	
Normale Gesteins-körnungen	≥ 2,0 bis < 3,0	Flusssand, Flusskies, Grubensand, Grubenkies, Moränensand, Dünensand	Brechsand, Splitt und Schotter aus geeigneten Natursteinen	Hochofenschlacke, Metallhüttenschlacke, Klinkerbruch, Sintersplitt, Hartstoffe wie künstl. Korund und Silicium-Karbid
Schwere Gesteins-körnungen	≥ 3,0	Baryt (Schwerspat), Magnetit	Baryt, Magnetit, Roteisenstein, Ilmenit, Hämatit	Stahlgranalien, Ferrosilicium, Schwermetallschlacken, Stahlsand, Ferrophosphor
Leichte Gesteins-körnungen	0,4 bis 2,0	Bims, Lavakies, Lavasand	gebrochener Bims	Blähschiefer, Blähton, Ziegelsplitt
	0,1 bis 0,4	-	gebrochene Schaumlava, gebrochene Tuffe	Perlit, Schaumkunststoffe, geschäumter Kunststoffzuschlag

2.2.2 Kornzusammensetzung und Sieblinie

Die Gesteinskörnung für Beton soll einen möglichst geringen Hohlraum hinterlassen. Durch eine entsprechende Zusammensetzung nach Korngröße lässt sich dieses Ziel erreichen. Die Beurteilung der Zusammensetzung erfolgt mit so genannten Sieblinien (Abb. B.2.11).

Die Anforderungen an das Größtkorn des Gemisches ergeben sich aus den Bauteilabmessungen und dem Bewehrungsabstand. Bei engliegender Bewehrung oder geringer Betondeckung soll der überwiegende Teil der Gesteinskörnung kleiner als der Abstand der Bewehrungsstäbe untereinander und von der Schalung sein. Bei Stahlleichtbeton muss das Größtkorn kleiner als die Betondeckung sein, damit der Korrosionsschutz der Bewehrung gewährleistet ist. Da die Festigkeit der Matrix umso kleiner ist, je mehr sie im gleichen Querschnitt bei gleichem Gesteinskörnungsanteil im Beton unterbrochen wird, d. h. je geringer ihr Zusammenhang wird, sollte das Größtkorn max. d nie größer als 1/4 bis 1/3 der kleinsten Bauteilabmessung gewählt werden, was auch bei der Wahl der Größe von Betonprobekörpern beachtet werden muss. Die Kornzusammensetzung eines Gesteinskörnungsgemisches wird durch Sieben und Wägen der im Siebversuch getrennten Korngruppen bestimmt. Dazu werden

- die Maschensiebe (0,125); 0,25; 0,50; 1 und 2 mm und
- die Quadratlochsiebe 4; 8; 16; 31,5 (Benennung 32) und ggf. 63 mm

benutzt und die Rückstände auf diesen Sieben gewogen (Abb. B.2.12).

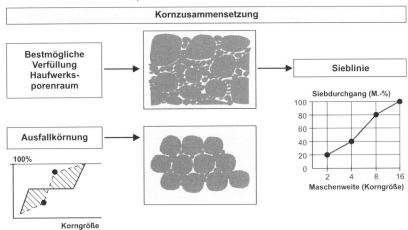

Abb. B.2.11   Kornzusammensetzung und Sieblinie

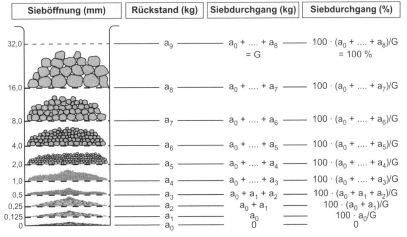

Abb. B.2.12   Sieblinienbestimmung

Wenn man den Anteil der einzelnen Korngruppen am Gesamtsiebgut über den Siebweiten aufträgt, erhält man die Sieblinie. Für die Siebrückstände fällt diese von 100 % auf 0 %. Da jedoch eine steigende Sieblinie die Korngruppenanteile von 0 mm bis zum jeweiligen Sieb direkt angibt und daher übersichtlicher und verständlicher ist, wird der Siebdurchgang = 100%-Siebrückstand errechnet und daraus die Sieblinie gezeichnet. Da für die Betontechnologie nur die Kenntnis der volumenmäßigen Zusammensetzung von Interesse ist, weil diese die zu umhüllende Oberfläche und die Packungsdichte bestimmt, von denen der Zementleimgehalt und die von ihm abhängigen Eigenschaften beeinflusst werden, muss mit der praktischen, massenmäßig durchgeführten Ermittlung der Sieblinie und ebenso mit der Festlegung der Sieblinienbereiche stets eine volumenmäßige Vorstellung verbunden werden. Die Betontechnologie fordert zur Herstellung von Beton mit möglichst vollständiger Verdichtung vom Kornaufbau eines Zuschlaggemisches die Erfüllung zweier Aufgaben:

- Der Kornaufbau soll ein dichtes Korngerüst ergeben, damit der Zementleimgehalt zum Umhüllen der Körner und zum Ausfüllen der Zwischenräume gering ist. Eine Vergrößerung der Packungsdichte kann durch Zusatz von Feinstsand erreicht werden, der jedoch wegen der damit verbundenen Oberflächenvergrößerung bei gleichem Zementleimgehalt zu geringerer Verdichtbarkeit führt. Eine diese Wirkung ausgleichende Zementleimvermehrung hebt dagegen die Vorteile des größeren Dichtigkeitsgrades wieder auf.
- Die Oberfläche soll möglichst klein, die Gesteinskörnung also möglichst grob sein, um die zur Umhüllung benötigte Zementleimmenge gering halten zu können.

Das Optimum liegt zwischen diesen Extremwerten, d. h., dass die Gesteinskörnungsoberfläche und gleichzeitig der Haufwerksporenraum möglichst klein sein sollen. Die günstigsten Bedingungen werden durch zahlreiche „Idealsieblinien" angegeben, die sowohl stetig als auch unstetig sein können. Die bekannteste Idealsieblinie ist die von Fuller, die sich auf das trockene Betongemisch einschließlich Zement bezieht, durch die Gleichung

$$A = 100 \cdot \left(\frac{d}{D}\right)^n$$

mit $n = 0{,}5$ ausgedrückt wird und im Wurzelmaßstab dargestellt einer Geraden entspricht. In DIN 1045-2 sind die für Stahlbeton üblichen Sieblinien im Anhang angegeben. Je nach Anteil grober bzw. feiner Bestandteile wird zwischen groben und feinen Sieblinien unterschieden (Abb. B.2.13 mit schematischer Darstellung und Abb. B.2.14 für ein Größtkorn von 32 mm mit Praxisbeispiel).

Ziel jeder Sieblinie ist es, den Wasseranspruch/Zementleimgehalt möglichst gering zu halten. Für Normalgesteinskörnungen kann dieser Wasseranspruch über die so genannte Körnungsziffer (Abb. B.2.15), das heißt die auf die Gesamtmasse bezogene Summe der Siebrückstände, grob ermittelt werden. Scharparameter dabei ist die zu erzielende Konsistenz des Betons. Für höhere Konsistenzen ist bei realistischen Wassergehalten des Betons eine derartige Ermittlung unsinnig, da ohnehin mit Fließmittel gegengesteuert werden muss. Bei der Ermittlung der Körnungsziffer entfällt das kleinste Sieb mit 0,125 mm Maschenweite.

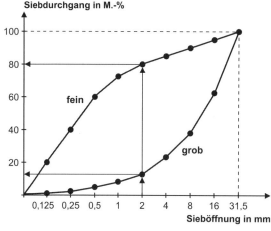

$A = 100 \, (d/D)^n$

D = Größtkorndurchmesser

d = Korndurchmesser von 0 bis D

n = Exponent

Unter Abzug des Mehlkorns < 0,1 mm:

$$A = \frac{100}{1 - (0{,}1/D)^n} \, [(d/D)^n - (0{,}1/D)^n]$$

Sieblinie A: $n = 0{,}70$
B: $n = 0{,}20$
C: $n = 0{,}01$

Fuller-Parabel: $n = 0{,}50$

Abb. B.2.13 Beschreibung von Sieblinien

Ausgangsstoffe

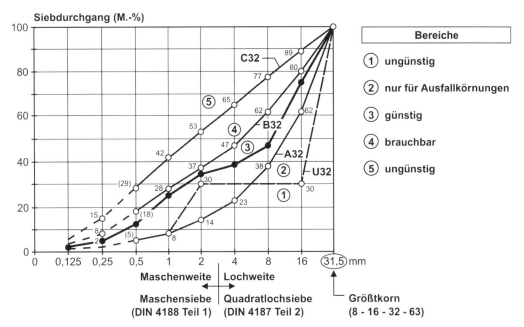

Abb. B.2.14 Regelsieblinien nach DIN 1045-2 und Praxisbeispiel

2.2.3 Wasseranspruch im Beton

Eine bestimmte Verarbeitbarkeit des Betons erfordert einen bestimmten Zementleimbedarf, der sich wiederum aus spezifischer Oberfläche und Packungsdichte der Gesteinskörnung ergibt. Da die spezifische Oberfläche der Gesteinskörnung nur mit beträchtlichem Aufwand zu messen ist, verwendet man in der Betontechnologie aus der Kornzusammensetzung abgeleitete Kenngrößen. Mit ihnen lassen sich auch Gesteinskörnungsgemische beurteilen, die von einer vorgeschriebenen Sieblinie abweichen, da Kornzusammensetzungen mit gleichen Kennwerten betontechnologisch gleichwertig sind. Aus dem Siebrückstand lässt sich der Wasseranspruch über die so genannte Körnungsziffer k ermitteln.

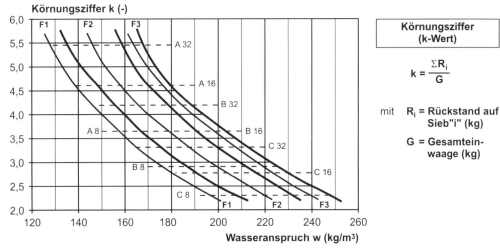

Körnungsziffer (k-Wert)

$$k = \frac{\Sigma R_i}{G}$$

mit R_i = Rückstand auf Sieb "i" (kg)

G = Gesamteinwaage (kg)

Abb. B.2.15 Wasseranspruch des Korngemisches

2.3 Zugabewasser

Als Zugabewasser ist jedes in der Natur vorkommende Wasser geeignet, soweit es nicht Bestandteile enthält, die das Erhärten oder andere Eigenschaften des Betons ungünstig beeinflussen oder den Korrosionsschutz der Bewehrung beeinträchtigen. Ungeeignet sind demnach z. B. Industriewässer, die Öle, Fette, Zucker, Huminsäure, Kalisalze und größere Anteile an SO_3, freiem MgO und Chloriden enthalten. Andererseits können Meerwasser und CO_2-haltiges Wasser, die den erhärteten Beton angreifen, als Anmachwasser verwendet werden, da die angreifenden Stoffe bei der Zementerhärtung gebunden werden. Meerwasser darf wegen des Chloridgehaltes bei Spannbeton nicht, bei Stahlbeton unter gewissen Bedingungen (Gesamtgehalt des Betons an Chloriden) zugegeben werden. Da jeder Zement anders reagieren kann, ist im Zweifelsfall eine Eignungsprüfung, ggf. auch mit einem Vergleichsbeton, nötig.

2.4 Betonzusatzstoffe

Betonzusatzstoffe sind meist fein aufgeteilte mineralische Stoffe, zum Teil auch mit organischen Bestandteilen, meist in Form von Mehlkorn, die die Eigenschaften von Frischbeton und Festbeton günstig beeinflussen sollen. Wegen der höheren Zugabemenge als bei Betonzusatzmitteln sind sie als Stoffraumkomponente zu berücksichtigen. Hauptsächlich verwendete anorganische Zusatzstoffe sind puzzolanische und inerte Stoffe (Gesteinsmehl, Bentonit, Farbstoffe, Zementfarben). Organische Zusatzstoffe (Kunststoffe, Kautschuk, Bitumen) werden insbesondere für Instandsetzungsmörtel verwendet. Betonzusatzstoffe, die nicht DIN EN 12620 oder einer dafür vorgesehenen Norm, wie z. B. bei Trass und Flugasche, entsprechen, dürfen nur mit bauaufsichtlicher Zulassung verwendet werden. Eine Anrechnung auf den Zementgehalt ist derzeit bei Steinkohlenflugaschen und Silikastaub erlaubt.

Puzzolane können

- die Verarbeitbarkeit bei gleichem Wassergehalt verbessern,
- das Bluten vermindern,
- die Wasserundurchlässigkeit durch Quellen erhöhen,
- die Hydratationswärme, das Schwindmaß und damit die Reißneigung verringern,
- die chemische Widerstandsfähigkeit verbessern,
- die Entstehung von Ausblühungen durch $Ca(OH)_2$-Bindung verhindern und
- die Festigkeiten von Beton deutlich erhöhen.

Zementfarben sind anorganische Pigmente aus Metalloxiden und Metallsalzen. Organische Farbstoffe sind nicht geeignet.

Eisenoxide: Rot-, Gelb-, Braun-, Schwarzfärbung
Titandioxid: Weißfärbung
Chromoxidgrün: Grünfärbung
Chromoxidhydratgrün: Grünfärbung.

Verwendung für Sichtbetone im Hochbau, Straßenbau zur Schwarzeinfärbung, für weiße Randsteine und farbige Fahrspuren.

Nicht verwendbar: Bleimennige, Cadmiumrot, Chromgelb, Bleiweiß, Zinkweiß, Chromgrün, Berliner- und Preußischblau.

Wichtig ist die richtige, gleichmäßige Zugabe nach Masse, bezogen auf den Zement, um Farbschwankungen zu vermeiden. Der Farbton ist von Zugabemenge, Gesteinskörnung, Zementart, Mischungsverhältnis und Feuchtigkeit abhängig. Daher ist immer eine Probemischung zur Beurteilung der Farbwirkung am trockenen Beton erforderlich. Die mechanischen Betoneigenschaften werden meist nicht beeinflusst. Bei Farbstoffen mit hohen spezifischen Oberflächen (die bis 700 m²/g möglich sind) kann jedoch der Beton bei gleichem Wassergehalt so steif oder klebrig werden, dass er nicht ausreichend verdichtet werden kann. Die Betonfestigkeit sinkt dann entsprechend dem geringeren Verdichtungsgrad oder bei Wasserzugabe durch einen höheren w/z-Wert. Kunststoffzusätze können aus verschiedensten Kunststoffen bestehen, die durch die Alkalien des Zementes nicht verseifen. Sie erhöhen die Zugfestigkeit und Haftfestigkeit, der chemische Widerstand steigt und das Kriechen nimmt zu, Druckfestigkeit und Elastizitätsmodul nehmen ab.

2.5 Betonzusatzmittel

Betonzusatzmittel gibt man flüssig oder pulverförmig dem Beton zu, um durch chemische oder physikalische Wirkung die natürlichen Eigenschaften von Beton oder Mörtel besonderen Anforderungen anzupassen und günstig zu beeinflussen. Die Wirkungsweise der Zusatzmittel ist vielseitig, sie beruht unter anderem auf elektrochemischen Vorgängen, wobei organische, meist positiv geladene Ionen hydrophob, z. B. bei Luftporenbildnern, oder hydrophil, z. B. bei Betonverflüssigern, wirken. Da sie dem Beton in geringen Mengen (≤ 50 g bzw. cm³ je kg Zement) zugesetzt werden, ist der Einfluss als Stoffraumkomponente, im Gegensatz zu dem der Betonzusatzstoffe, unbedeutend und muss daher i. d. R. in der Stoffraumrechnung nicht berücksichtigt werden. Betonzusatzmittel sind entweder genormt (DIN EN 934) oder bauaufsichtlich zugelassen. Der Name des Betonzusatzmittels mit dem in Klammern nachgestellten Kurzzeichen der Wirkungsgruppe darf keine Zusage für eine andere Eigenschaft als die der angestrebten Wirkung (Gruppe BV, FM, LP, DM, VZ, BE, EH, ST) des Zusatzmittels oder des damit hergestellten Betons enthalten. Die Anwendung von Betonzusatzmitteln ist in der heutigen Betontechnologie weit verbreitet und erprobt. Die Verwendung von Zusatzmitteln ermöglicht eine zielgerichtete Einstellung der gewünschten Frischbeton- bzw. Festbetoneigenschaften. Voraussetzung ihres erfolgreichen Einsatzes ist stets das Vorhandensein eines guten Betons. Zu berücksichtigen ist, dass Zusatzmittel auch nachteilige Wirkungen haben können, wie z. B.:

- übermäßige Lufteinführung (insbesondere von BV und DM sowie bei besonders langen Mischzeiten, z. B. bei Transportbeton, auch bei VZ bekannt),
- verzögertes bzw. beschleunigtes Erstarren (von BV und FM bekannt),
- „Umschlagen", das heißt, eine Umkehrung der Wirkung auf das Erstarrungsverhalten von Zementen je nach Zusatzmenge (insbesondere von VZ und BE bekannt),
- erhöhtes Schwindmaß beim Austrocknen des Betons (insbesondere von BV, LP, DM und VZ bekannt),
- Förderung der Reißneigung durch Frühschwinden (insbes. bei VZ bekannt, weniger bei BV),
- Beeinträchtigung der Festigkeitsentwicklung und der Endfestigkeit (insbesondere von LP, DM und BE bekannt),
- Vergrößerung des Kriechens,
- schlechte Sichtflächen (von VZ bekannt),
- verminderter Widerstand gegen chemisch angreifende Wässer und Böden,
- mittelbar korrosionsfördernde Wirkung.

Außerdem können die Betonzusatzmittel die Raumbeständigkeit, das Erstarren, den Frostwiderstand, die Wasseraufnahme und die Wasserdichtheit beeinflussen. Gelegentlich wird eine Eigenschaft auf Kosten einer anderen verbessert. Eine Eignungsprüfung ist daher immer erforderlich.

Betonverflüssiger (BV)

ermöglichen die Reduktion des Wassergehalts in einem begrenzten Maß. Damit kann vor allem die Konsistenz des Betons und damit seine Verarbeitbarkeit verbessert werden. BV wirken bei etwas weicherem Beton etwas stärker als bei steifem.

Fließmittel (FM)

werden zur Reduktion des Wassergehalts bei Betonen mit sehr niedrigen w/z-Werten (hochfeste Betone) oder extrem fließfähigen Betonen (z. B. selbstverdichtende) benötigt. Abb. B.2.16 zeigt die Wirksamkeit leistungsfähiger FM auf. Sie müssen i. d. R. wegen ihrer begrenzten Dauer der Wirksamkeit auf der Baustelle dem Fahrzeugmischer zugegeben werden. Abb. B.2.17 zeigt beispielhaft für verschiedene Wirkstoffgruppen die Wirkungsdauer. Neue Fließmittel auf Basis von Polycarboxylat-Ether, wie sie mit den selbstverdichtenden Betonen entwickelt wurden, können deutlich längere Wirkungsdauern haben, allerdings besteht dann auch die Gefahr einer Verzögerung des Erstarrens. Die Eignung von Fließmitteln ist in Erstprüfungen mit dem entworfenen Beton nachzuweisen. Besondere Bedeutung kommt dabei der Prüfung der Entmischungsneigung zu, da durch Fließmittel die Viskosität herabgesetzt wird.

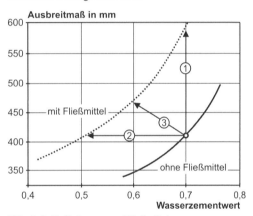

Abb. B.2.16 Nutzung von Fließmitteln

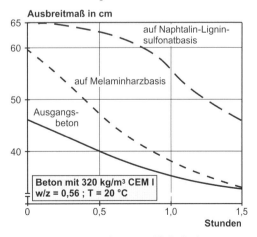

Abb. B.2.17 Wirkungsdauer von Fließmitteln

Stabilisierer (ST)

sind entweder organisch (Polysaccharide) oder anorganisch (Kieselsäure). Sie können das Zusammenhaltevermögen des Frischbetons verbessern. Allerdings ist ein schlecht abgestimmtes Mehlkorn durch ST normalerweise nicht auszugleichen.

Verzögerer (VZ)

behindern über einen gewünschten Zeitraum das Erstarren des Zements im Beton. Sie werden überall dort eingesetzt, wo das Betonieren lange dauert, z. B. bei massigen Bauteilen. Auch bei höheren Frischbetontemperaturen und langen Transportzeiten im Fahrzeug haben sich Verzögerer bewährt. Bei Überdosierungen kann auch noch nach Tagen eine Erstarrung eintreten, vorausgesetzt, der Beton wird sehr gut feucht gehalten. Abb. B.2.18 zeigt die Begriffe bei der Anwendung von verzögertem Beton.

Beschleuniger (BE)

dienen entweder der Beschleunigung des Erstarrens (Erstarrungsbeschleuniger), wie sie zum Beispiel bei der Verwendung von Spritzbeton erforderlich ist (Tunnelbau, Baugrubensicherung), oder zur Beschleunigung des Erhärtens (Erhärtungsbeschleuniger) zur Verbesserung der Frühfestigkeit, z. B. bei der Ausbesserung schadhafter Betone. Die Effektivität von BE ist in Wirkungstests mit dem jeweiligen Bindemittel zu überprüfen, z.B. bei Spritzbeton an Zementleim mit dem so genannten Bleistifttest.

Luftporenbildner (LP)

dienen der Ausbildung eines durchgängigen künstlichen Luftporensystems zu Unterbrechung der Kapillaraktivität des Porensystems im Beton und zur Ausbildung eines Entspannungsraumes für das größere Volumen des gefrierenden Porenwassers. Bei Frost-Tausalz-Angriff mit hoher Wassersättigung sind LP-Bildner zwingend vorgeschrieben (mit Ausnahme erdfeuchter Beton mit $w/z \leq 0{,}40$). Das Luftporensystem im Festbeton gilt dann als funktionsfähig, wenn die Mikroluftporen, d. h. Poren ≤ 300 µm, mehr als 1,5 Vol.-% und der mittlere Abstand der Luftporen (Abstandsfaktor) $\leq 0{,}2$ mm betragen. Luftporen verbessern die Verarbeitbarkeit des Frischbetons, da sie wie kleine Kugellager wirken, allerdings reduzieren sie auch die Festigkeit des Betons. Je 0,5 Vol.-% nimmt die Druckfestigkeit etwa um 1 N/mm^2 ab. Das Pumpen des Frischbetons wird erschwert.

Dichtungsmittel (DM)

helfen einerseits ähnlich wie BV, den w/z-Wert abzusenken, andererseits hydrophobieren einige DM die Porenwände und reduzieren damit die Kapillaraktivität des Betons. Anstelle von DM führt eine gute Betontechnologie zu einem vergleichbaren Ergebnis.

Einpresshilfen (EH)

führen zum Quellen des Frischmörtels und sind ausschließlich für die Einpressmörtel bei Spanngliedern in Hüllrohren vorgesehen.

Chromatreduzierer (CR)

sind heutzutage kaum noch erhältlich, da die Zemente im offenen Kreislauf bereits chromatreduziert sind. Hier geht es um die Reduktion des CR VI-Anteils im Zement wegen möglicher Auswirkungen auf Allergiereaktionen von Arbeitern.

Recyclinghilfe für Waschwasser (RH) und Recyclinghilfe für Beton (RB)

dienen zur Reinigung der Mischgeräte oder dem „Einschläfern" des Frischbetons, um ihn später mittels eines weiteren Mittels wieder der normalen Reaktion zuzuführen. Durch diese Mittel wird die Reinigung der Geräte erleichtert und die Wiederverwendung von Waschwasser im Betrieb ermöglicht.

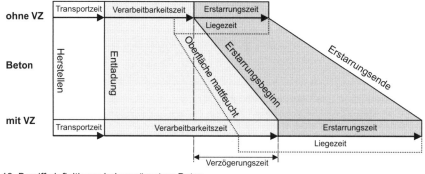

Abb. B.2.18 Begriffsdefinitionen bei verzögertem Beton

3 Frischer und junger Beton

3.1 Frischbeton

3.1.1 Zementleimgehalt

Der Anteil des Zementleims (V_{zl}) bzw. des Zementsteins (V_{zSt}) im Beton wird in m³/m³ oder in Vol.-% angegeben und setzt sich zusammen aus den Stoffraumteilen von Zement (V_z) und Wasser (V_w) und den Luft- oder Frischbetonporen (V_l) je m³ Beton. Die Luftporen können Verdichtungsporen oder künstlich eingeführte Mikroluftporen sein. In der Praxis wird dabei die Volumenänderung durch Schrumpfen und Schwinden vernachlässigt. In Abb. B.3.1 ist der erforderliche Zementleimgehalt im Beton dargestellt. Aufgrund der dichtesten Packung (siehe Abschn. 2.2.2) ergäbe sich lediglich ein Zementleimvolumen von 15 ltr/m³ Beton, praktikabel sind jedoch wegen der erzielbaren Verarbeitbarkeit etwa 25 ltr/m³. Aus diesen Überlegungen heraus und aus Korrosionsschutzgründen haben sich die in DIN 1045-2 festgelegten Mindestzementgehalte ergeben (Abb. B.3.2). Für besondere Expositionen sind auch höhere Werte vorgegeben.

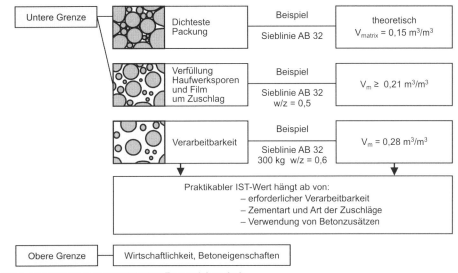

Abb. B.3.1 Theoretischer und praktischer Zementleimgehalt

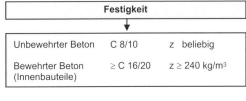

Abb. B.3.2 Mindestzementgehalte nach DIN 1045-2

3.1.2 Verarbeitbarkeit und Konsistenzklassen

Die Verarbeitbarkeit, die das Verhalten des Frischbetons unter äußerer Beanspruchung beim Mischen, Transportieren, Einbringen, Verdichten und Verarbeiten maßgeblich beeinflusst, ist genauso wie die Zielgröße Druckfestigkeit eine maßgebende Betoneigenschaft, die durch die Konsistenz gekennzeichnet wird und deren Wichtigkeit durch die Bezeichnung verschiedener Konsistenzgruppen mit steif, plastisch, weich und Fließbeton in EN 206-1 sowie durch die Festlegung von Prüfverfahren in DIN EN 12350 unterstrichen wird.

Die Verarbeitbarkeit ist eine komplexe, physikalisch nicht genau definierbare, rheologische Eigenschaft, die die Begriffe Mischbarkeit, Transportierbarkeit (Widerstand gegen Entmischen beim Transport) und Verdichtbarkeit umschließt.

Die Verarbeitbarkeit ist vor allem eine Funktion des Wasser-, Zement- und Mehlkorngehaltes, des w/z-Wertes, der Zementart, der Kornzusammensetzung und der Kornform der Gesteinskörnung. Der Beton wird bei Konstanthalten der jeweils anderen Einflüsse weicher mit

- größerem Wasser- bzw. Zementleimgehalt,
- kleinerem Zementgehalt,
- größerem Wasserzementwert,
- gröberem Zement,
- kleinerem Mehlkorngehalt,
- sandärmerer Kornzusammensetzung und
- rundlicherer Kornform.

Konsistenzklassen

Die Konsistenz als Messgröße für die Verarbeitbarkeit ist kein Maßstab für die Betongüte. Konsistenzänderungen geben jedoch Hinweise auf Mischungsänderungen. Zusammen mit der Frischbetonrohdichte gestatten die Konsistenzmaße eine gute Frischbetonüberwachung.

F1: Steifer Beton

Der Feinmörtel im Beton ist etwas nasser als erdfeucht. Der Beton ist beim Schütten noch lose. Er ist durch kräftig wirkende Rüttler bzw. durch kräftiges Stampfen dünner Schichten verdichtbar.

F2: Plastischer Beton

Der Feinmörtel im Beton ist weich. Beim Schütten ist der Beton schollig bis gerade zusammenhängend. Er ist durch Rütteln leicht, aber auch durch Stochern und Stampfen von Hand zuverlässig zu verdichten.

F3: Weicher Beton

Der Feinmörtel des Betons ist flüssig, der Beton beim Schütten schwach fließend. Zu seiner Verdichtung ist eine gute Verdichtungsarbeit erforderlich. Da diese Konsistenz sehr häufig zum Einsatz kommt, wird sie Regelkonsistenz genannt.

F4 bis F6: Fließbeton

Fließbeton ist ein Beton, der nur noch wenig gerüttelt werden muss, um verdichtet zu werden. Die hohe Konsistenz wird entweder durch hohe Zementleimgehalte (z. B. Unterwasserbeton) oder die Zugabe von stark verflüssigenden Zusatzmitteln (Fließmitteln) erreicht.

Tafel B.3.1 gibt die Definition der Konsistenzklassen wieder. Eine Korrelation zwischen Verdichtungsmaß und Ausbreitmaß besteht jedoch nicht.

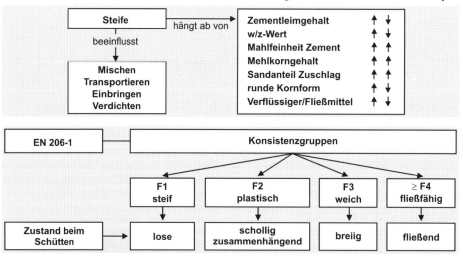

Abb. B.3.3 Verarbeitbarkeit und Konsistenz

Tafel B.3.1 Konsistenzklassen nach EN 206-1 / DIN 1045-2

Verdichtungsmaß			Ausbreitmaß	
Klasse	Verdichtungsmaß (-)	Bereich	Klasse	Ausbreitmaß (in mm)
C 0	≥ 1,46	sehr steif	–	–
C 1	1,45...1,26	steif	F 1	≤ 340
C 2	1,25...1,11	plastisch	F 2	350...410
C 3	1,10...1,04	weich	F 3	420...480
–	–	sehr weich	F 4	490...550
–	–	fließfähig	F 5	560...620
–	–	sehr fließfähig	F 6	≥ 630

Frischer und junger Beton

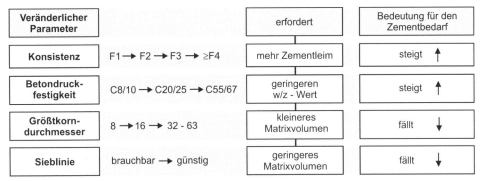

Abb. B.3.3 Einfluss verschiedener Parameter auf den Zementbedarf

Für Betone mit einem Ausbreitmaß von mehr als 700 mm kommt die DAfStb-Richtlinie „Selbstverdichtender Beton" zur Anwendung. Auf die Besonderheiten der Konsistenzmessung bei selbstverdichtendem Beton (Setzfließmaß, Fließzeit und Sedimentation) geht z. B. [Bra – 2004] ein. Generell gibt es eine Vielzahl von Parametern, die die Konsistenz von Beton stark beeinflussen.

In Abb. B.3.3 sind beispielhaft einige wichtige aufgeführt.

3.1.3 Mehlkorngehalt

Damit Beton gut verarbeitbar ist, ein geschlossenes Gefüge erhält und kein Wasser absondert, muss er eine vom Größtkorn des Gesteinskörungsgemisches abhängige Menge Mehlkorn ent-

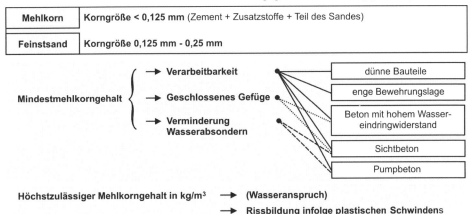

Betonfestigkeits-klasse	Expositions-klasse	Zementgehalt [1) kg/m³	Höchstzulässiger Mehlkorngehalt in kg/m³ bei einem Größtkorn der Gesteinskörnung von	
			8 mm	16 – 63 mm
bis C50/60 LC 50/55	XO, XC, XD XS, XA XF, XM		550	
		≤ 300	450 [2)	400 [2)
		≤ 350	500 [2)	450 [2)
ab C55/67 LC55/60	alle	≤ 400	550	500
		450	600	550
		≤ 400	650	600
1) Bei Zwischenwerten ist geradlinig zu interpolieren.				
2) Die Werte dürfen insgesamt um höchstens 50 kg/m³ erhöht werden, wenn – der Zementgehalt 350 kg/m³ übersteigt um den über 350 kg hinausgehenden Zementgehalt, – ein puzzolanischer Betonzusatzstoff Typ II verwendet wird um den entsprechenden Gehalt.				

Abb. B.3.4 Mehlkorngehalte

halten, für die die Anhaltswerte der EN 206-1 in Abb. B.3.4 angegeben sind. Ein ausreichender Mehlkorngehalt ist besonders bei Beton, der über längere Strecken oder in Rohrleitungen gefördert wird, wichtig. Er ist aber auch erforderlich bei Beton für dünnwandige, eng bewehrte Bauteile, bei Beton mit hohem Wassereindringwiderstand und bei Sichtbeton. Zu hoher Mehlkorngehalt erhöht jedoch den Wasseranspruch und damit den Zementbedarf für gleiche Konsistenz und Druckfestigkeit, im Fahrbahndeckenbau erhöht er die Zementschlämmebildung auf der Oberfläche, erschwert die Luftporenbildung und muss daher begrenzt werden. Es ist zweckmäßig, den in der Abbildung angegebenen Mehlkornbedarf herabzusetzen.

3.2 Junger Beton

3.2.1 Hydratationswärme

Obwohl Beton verglichen mit Dämmstoffen ein guter Wärmeleiter ist, heizen sich massige Bauteile durch die beim Erhärten entstehende Hydratationswärme auf.

Die Hydratationswärme des Betons wird größer mit
- steigender Hydratationswärme des Zementes,
- steigendem Zementgehalt,
- fallender spezifischer Wärmekapazität der Gesteinskörnung.

Bei der Erwärmung tritt bereits ein Temperaturgefälle vom Kern zum Rand hin auf, das sich bei Abkühlung, die von außen nach innen verläuft, noch verstärken kann. Dabei zieht sich der Beton außen zusammen, während er sich ggf. innen noch ausdehnt. Die dadurch entstehenden Randzugspannungen werden in den ersten Tagen durch die Plastizität des noch gering erhärteten bzw. die Relaxation des jungen Betons noch abgebaut. Bei wachsendem E-Modul können die Zugspannungen aber so groß werden, dass sie die Zugfestigkeit überschreiten und zu Rissen führen (Abb. B.3.5). Dies ist besonders bei massigen Bauteilen, z. B. Sperrmauern, Schleusen, Brückenwiderlagern, Schutzbunkern, Stützmauern usw., zu beachten, bei denen die Temperaturunterschiede 30 bis 40 K betragen können.

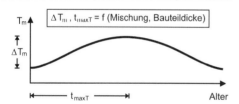

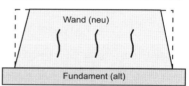

Bereich ①
Grüner Beton, keine Festigkeit, daher spannungsfreie Erwärmung

Bereich ②
Junger Beton, geringer E-Modul, hohe Spannungsrelaxation

Bereich ③
Älterer Beton, höherer E-Modul, geringere Relaxation, höherer Spannungsaufbau

Abb. B.3.5 Temperatur- und Spannungsentwicklung im zwangbeanspruchten Betonbauteil

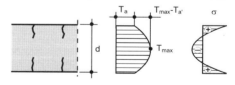

Rissbildung, wenn $T_{max} - T_a \geq 15$ bis 20 °C

Maßnahmen

- Betontechnologische Maßnahmen
  → NW-Zement oder CEM + Flugasche

- Wärmeabfluss verhindern
  → Abdecken mit wärmedämmenden Matten

- Dehnungsfugenabstände = f (Dehnungsbehinderung)

- Ausreichende Bewehrungsmenge
  → feine Rissverteilung

Abb. B.3.6 Zwang- und Eigenspannungen aus abfließender Temperatur

Zur Verringerung der Hydratationswärme muss der Klinkergehalt im Beton gering gehalten werden. In erster Linie werden Betone aus Zementen mit niedriger Hydratationswärme (LH) bei möglichst niedrigem Zementgehalt verwendet. Weiterhin kann durch die Verwendung von Betonzusatzstoffen der Zementgehalt gesenkt werden. Bei Massenbeton können darüber hinaus besondere Abkühlmaßnahmen erforderlich sein. Beim Betonieren im Winter kann die Hydratationswärme dazu beitragen, dass der Beton auch bei niedrigen Außentemperaturen ausreichend erhärten und gefrierbeständig werden kann.

Man unterscheidet bei den Auswirkungen abfließender Hydratationswärme zwischen Eigenspannungen, also eine ungleichmäßige Temperaturverteilung über den Querschnitt, und Zwangspannungen, d. h. die aus behinderter Verformung infolge äußerer Lagerungsbedingungen entstehenden Spannungen.

3.2.2 Abschätzung der Temperaturerhöhung

In Tafel B 3.2 sind typische Werte für die Wärmefreisetzung von Zementen angegeben. Mittels Gleichung (B.3.1) lässt sich die maximale Temperaturerhöhung unter adiabatischen Bedingungen zu bestimmten Zeitpunkten berechnen.

$$\Delta T_{max} = \frac{z \cdot H_{Zement}}{Q_{Beton}} \quad \text{(B.3.1)}$$

mit

z Zementgehalt (kg/m³)
H_{Zement} aktuelle Hydratationswärme (kJ/kg)

$$Q_{Beton} = \sum_1^i (m_i \cdot c_i)$$

c_z spez. Wärmekapazität des Zementes (kJ/(kg·K) ($\approx 0{,}84$)
c_g spez. Wärmekapazität der Gesteinskörnung (kJ/(kg·K) ($\approx 0{,}84$)
m_z Masse des Zements (kg m³)
m_g Masse der Gesteinskörnung (kg m³)
m_w Masse des Wassers (kg m³)

Der Zeitpunkt des Auftretens des Temperaturmaximums lässt sich nach Gleichung (B.3.2) grob abschätzen:

$d \leq 3{,}5$ m: $t(T_{max}) = d + 0{,}5$ (Tage)   (B.3.2a)
$d > 3{,}5$ m: $t(T_{max}) = d + 1{,}0$ (Tage)   (B.3.2b)
mit d = Bauteildicke (m)

Der Zeitpunkt des Temperaturausgleichs ergibt sich aus folgender Abschätzung:

$$t_{Ausgleich} \approx 12 \cdot d - 5 \quad \text{(B.3.3)}$$

Die Summe aus Frischbetontemperatur und ΔT_{max} ergibt die maximal zu erwartende Temperatur. Für eine erste Abschätzung sind die vorgeschlagenen Gleichungen durchaus brauchbar. Zur Planung geeigneter bautechnischer Maßnahmen bedarf es jedoch genauerer Methoden. Da es sich bei der Entstehung der Hydratationswärme um ein instationäres Problem handelt, werden meist numerische Methoden angewendet.

Tafel B.3.2 Hydratationswärme von Zementen

Zementart	Hydratationswärme nach				bei vollständiger Hydratation
	1 d	3 d	7 d	28 d	
	J/g	J/g	J/g	J/g	J/g
Zemente mit hoher Hydratationswärme CEM 42,5 R, 52,5	210...275	290...360	340...380	370...420	bis 525
Übliche Zemente CEM 32,5 R, 42,5	120...210	210...340	270...380	290...420	bis 490
Zemente mit niedriger Hydratationswärme CEM 32,5	60...170	120...250	140...300	210...380	bis 460
Grenzwert für Zemente mit niedriger Hydratationswärme (LH) ≤ 270 J/g nach 7 Tagen					

3.2.3 Maßnahmen gegen Hydratationswärme

Je nach Bedeutung der Auswirkungen der Hydratationswärme sind – auch aus wirtschaftlichen Erwägungen – folgende Maßnahmen möglich/sinnvoll:

- Reduktion der entstehenden Wärmemenge aus der Hydratation des Zements durch Verwendung geringerer Klinkergehalte im Beton, z. B. LH-Zemente oder Zugabe Betonzusatzstoffe. Die Auswirkungen lassen sich entsprechend vorherigem Kapitel direkt abschätzen.
- Reduktion der Frischbetontemperatur durch
  - Kühlung der Gesteinskörnung (Verdunstungskälte nutzen durch Berieseln mit Wasser)
  - Kühlung des Anmachwassers, z. B. mit Stickstoff
  - Kühlung des Zements, z. B. mit Stickstoff

Um die Frischbetontemperatur um 1 °C abzusenken, muss:

- Zement um 10 °C,
- Gesteinskörnung um 2 °C,
- Wasser um 3 °C

abgekühlt werden, eine übliche Betonrezeptur vorausgesetzt. Das Kühlen der Gesteinskörnung und des Wassers sind demnach am effektivsten.

- Kühlung des Frischbetons mit Stickstoff oder Scherbeneis. Letzteres ist im Ausland bei durchgängig hohen Außentemperaturen Stand der Technik. Stickstoff wird in den Frischbeton, oft im Transportbetonfahrzeug, zugegeben.
- Kühlung des eingebrachten Betons mittels eingebauter Kühlrohre. Diese Maßnahme bedarf im Vorfeld sehr genauer Berechnungen, um die erforderliche Kühlleistung zu ermitteln. Wegen der relativ schlechten Wärmeleitfähigkeit von Beton ist der Abstand der Kühlrohre relativ eng zu wählen, z. B. 0,50 m.

3.2.4 Nachbehandlung von jungem Beton

Zwang- und Eigenspannungen in Betonbauteilen lassen sich auch durch geeignete Nachbehandlungsmaßnahmen reduzieren. Daher wird unterschieden in:

- Feuchtenachbehandlung,
- Steuerung des Wärmeabflusses.

Feuchtenachbehandlung

Viele der Festbetoneigenschaften bis hin zur Dauerhaftigkeit des Betons werden beeinflusst durch die Nachbehandlung. Bei sofortigem Austrocknen tritt nach Abtrocknen des auf der Oberfläche abgesonderten Wassers ein Frühschwinden auf, das mit maximal 4 mm/m viel mehr als das Zehnfache der minimalen Bruchdehnung des jungen Betons betragen kann. Dem Frühschwinden kann beim Austrocknen durch Wind oder Absinken der Außentemperatur eine Verkürzung durch Temperaturänderung überlagert werden. Die auftretenden Zwängungsspannungen sind zwar nicht sehr groß, da der E-Modul noch sehr klein ist und die Spannungen in kurzer Zeit durch Relaxation um über 50 % abgebaut werden können. Außerdem fällt der wesentliche Teil der Verkürzung in die ersten Stunden, in der die Verformungsfähigkeit des Betons noch sehr groß ist. Trotzdem können beim Zusammentreffen mehrerer Ursachen die Zugspannungen größer als die nur geringe Zugfestigkeit werden und Risse auftreten, die wegen des weiteren Ablaufs der Verformung große Weiten annehmen können. Nachbehandlungsmaßnahmen müssen deshalb

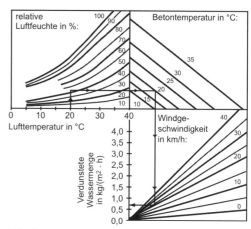

Abb. B.3.7 Austrocknungsverhalten von Betonoberflächen

insbesondere bei Sonne und Wind so früh wie möglich beginnen (Abb. B.3.7).

Die Bedeutung der Nachbehandlung bei relativ normalen Witterungsbedingungen wird deutlich, wenn man eine Dicke der beeinflussten oberflächennahen Schicht von ca. 50 mm annimmt. Pro Stunde verliert nicht nachbehandelter Beton zwischen 10 und 15 ltr Wasser je m^3, welches zur Hydratation dann nicht mehr zur Verfügung steht. Folgende Feuchthaltemethoden gibt es grundsätzlich (Abb. B.3.8):

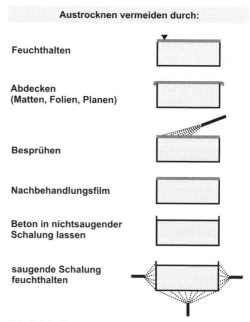

Abb. B.3.8 Feuchtenachbehandlungsverfahren

Beim Besprühen der Betonoberfläche ist besonders zu beachten, dass der kalte Wasserstrahl nicht direkt auf die warme Betonoberfläche trifft, da die Temperaturdifferenzen dann zu Rissen in jungem Alter führen können. DIN 1045-3 hat zum Hintergrund, dass eine Feuchtenachbehandlung des Betons dann abgebrochen werden kann, wenn dieser eine Druckfestigkeit von 50 % seiner charakteristischen Festigkeit erreicht hat. Bei ZTV-ING [ZTV-ING – 2007] sollen dies 70 % sein, d. h., es wird dort eine längere Nachbehandlungsdauer gefordert. Die tatsächliche Reife infolge Temperatureinflusses darf natürlich berücksichtigt werden. Bei einer mehr pauschalen Behandlung der Nachbehandlungsdauer gibt DIN 1045-3 in Abhängigkeit der Festigkeitsentwicklung der Betone (Tafel B.3.3) Mindestnachbehandlungsdauern an (Tafel B.3.4). Diese hängen von der Oberflächentemperatur im Bauteil ab.

Tafel B.3.3 Festigkeitsentwicklung von Betonen nach DIN 1045-3

Festigkeitsentwicklung des Zementes	Festigkeitsverhältnis $r = f_{cm,2} / f_{cm,28}$
schnell	$\geq 0{,}5$
mittel	0,3 bis < 0,5
langsam	0,15 bis < 0,3
sehr langsam	< 0,15

Tafel B.3.4 Mindestnachbehandlungsdauer nach DIN 1045-3

Oberflächentemperatur ϑ °C	Mindestdauer der Nachbehandlung in Tagen			
	Festigkeitsentwicklung des Betons $r = f_{cm,2} / f_{cm,28}$			
	$r \geq 0{,}50$	$r \geq 0{,}30$	$r \geq 0{,}15$	$r < 0{,}15$
$\vartheta \geq 25$	1	2	2	3
$25 > \vartheta \geq 25$	1	2	4	5
$15 > \vartheta \geq 25$	2	4	7	10
$10 > \vartheta \geq 25$ *)	3	6	10	15

*) Nachbehandlungsdauer bei Temperaturen < 5 °C um die Zeit der Temperaturen < 5 °C verlängern

Steuerung des Wärmeabflusses

Gegen Sonneneinstrahlung oder kalte Luft von außen bzw. die abfließende Hydratationswärme von jungen Bauteilen helfen wärmedämmende Maßnahmen, z. B. Holzschalungen oder bei horizontalen Flächen PU-Schaummatten. Ein exklusives Beispiel der Wärme- und Feuchtenachbehandlung sind die im Tunnelbau vorgeschriebenen Nachbehandlungswagen. Seitdem diese zusätzlichen Maßnahmen durchgeführt werden, ist das Thema Rissbildung im Tunnelbau völlig unbedenklich geworden. Der Verfasser dieses Buchbeitrages war maßgeblich an der Durchsetzung und Ausgestaltung der Nachbehandlungswagen beteiligt.

4 Festbeton

4.1 Festigkeitsklassen und Einflüsse auf die Betondruckfestigkeit

Da der Beton in erster Linie Druckspannungen aufnehmen muss, die Druckfestigkeit leicht zu bestimmen ist und diese auch zur Abschätzung von Verformungen und anderen Beanspruchungen benutzt werden kann, wird der Beton nach seiner Druckfestigkeit beurteilt und gemäß Tafel B.4.1 in Festigkeitsklassen und Betongruppen eingeteilt. Dabei dient als Bestimmungsmaß die Druckfestigkeit von Würfeln mit 150 mm Kantenlänge im Alter von 28 d, die nach DIN EN 12390 hergestellt, gelagert und geprüft werden.

Aus der charakteristischen Festigkeit f_{ck} wird die Rechenfestigkeit f_{cd} abgeleitet, die die Grundlage für die Bemessung der Stahl- und Spannbetonbauteile ist. Für den Nachweis der Konformität müssten bei stetiger Betonproduktion bei Beton $\leq$ C50/60, d. h. ausreichender Probenzahl, gemäß EN 206-1 ein Mindestwert $f_{ck} - 4$ und ein Mittelwert $f_{cm} = f_{ck} + 1{,}48 \cdot \sigma$ eingehalten werden. Für Beton $\geq$ C55/67 gilt ein Mindestwert von $0{,}9 \, f_{ck}$. Ein sinnvolles Maß für die Standardabweichung für Normalbeton ist $\sigma = 3$ bis 4 N/mm², für hochfesten Beton mindestens 5 N/mm².

Tafel B 4.1 Betonfestigkeitsklassen

Einteilung nach der Druckfestigkeit																
C8/10	C12/15	C16/20	C20/25	C25/30	C30/37	C35/45	C40/50	C45/55	C50/60	C55/67	C60/75	C70/85	C80/95	C90/105	C100/115
unbewehrt															

EN 206-1 und DIN 1045-2	Zustimmung im Einzelfall

DIN 1045-3 (Ausführung)		
Überwachungsklasse 1	Überwachungsklasse 2	Überwachungsklasse 3

Bei der Einteilung der Festigkeitsklassen wird zwischen der charakteristischen Zylinderdruckfestigkeit (erste Zahl) und der charakteristischen Würfeldruckfestigkeit (zweite Zahl) unterschieden. Der Unterschied z. B. bei C30/37 in der Größe der Zahl ergibt sich aus dem Einfluss von Probekörpergröße und Schlankheit auf die Druckfestigkeit. Da die Druckfestigkeit eine streuende Größe ist, wird die Entwurfsfestigkeit wie oben beschrieben über die mittlere Betondruckfestigkeit ermittelt. Das 5%-Quantil ist dann die charakteristische Druckfestigkeit f_{ck}. Die in der Statik ansetzbare Druckfestigkeit f_{cd} ergibt sich gemäß Abb. B.4.1 unter Berücksichtigung des Teilsicherheitsbeiwerts und dem Dauerhaftigkeitsfaktor.

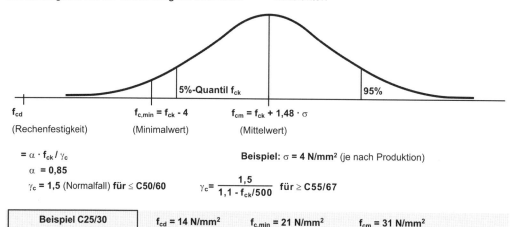

f_{cd} (Rechenfestigkeit)
$f_{c,min} = f_{ck} - 4$ (Minimalwert)
$f_{cm} = f_{ck} + 1{,}48 \cdot \sigma$ (Mittelwert)

$= \alpha \cdot f_{ck} / \gamma_c$
$\alpha = 0{,}85$
$\gamma_c = 1{,}5$ (Normalfall) für $\leq$ C50/60
$\gamma_c = \dfrac{1{,}5}{1{,}1 - f_{ck}/500}$ für $\geq$ C55/67

Beispiel: $\sigma = 4$ N/mm² (je nach Produktion)

Beispiel C25/30 $\quad f_{cd} = 14$ N/mm² $\quad f_{c,min} = 21$ N/mm² $\quad f_{cm} = 31$ N/mm²

Abb. B.4.1 Druckfestigkeit als streuende Kenngröße

Die Gesteinskörnung hat bei Normalbeton nahezu keinen Einfluss auf die Betondruckfestigkeit (Abb. B.4.2), allerdings in Bereichen niedriger w/z-Werte, wie bei hochfesten Betonen erforderlich, einen durchaus erkennbaren.

Das Betonalter hat natürlich einen großen Einfluss auf die Druckfestigkeit. Die Festigkeitsentwicklung lässt sich gemäß Abb. B.4.3, entnommen aus dem CEB Model Code 90 [CEB – 1990], abschätzen. Kennt man mehrere Stützstellen der Festigkeitsentwicklung, kann der zementabhängige Faktor s ermittelt werden. Daraus lässt sich dann unter Kenntnis einer Temperaturentwicklung das tatsächliche Betonalter mittels der ebenfalls in Abb. B.4.3 aufgeführten Reifeformel be-

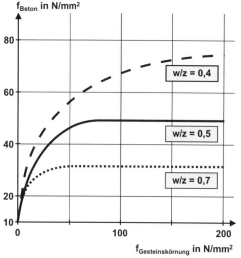

Abb. B.4.2 Einfluss Gesteinskörnung auf Betondruckfestigkeit [WES – 1993]

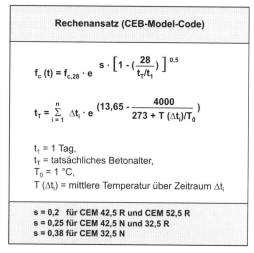

Rechenansatz (CEB-Model-Code)

$$f_c(t) = f_{c,28} \cdot e^{s \cdot \left[1 - \left(\frac{28}{t_T/t_1}\right)\right]^{0{,}5}}$$

$$t_T = \sum_{i=1}^{n} \Delta t_i \cdot e^{\left(13{,}65 - \frac{4000}{273 + T(\Delta t_i)/T_0}\right)}$$

$t_1 = 1$ Tag,
t_T = tatsächliches Betonalter,
$T_0 = 1$ °C,
$T(\Delta t_i)$ = mittlere Temperatur über Zeitraum Δt_i

$s = 0{,}2$ für CEM 42,5 R und CEM 52,5 R
$s = 0{,}25$ für CEM 42,5 N und 32,5 R
$s = 0{,}38$ für CEM 32,5 N

Abb. B.4.3 Abschätzung der Betondruckfestigkeit nach CEB Model Code 90

rechnen. So kann die tatsächliche erforderliche Nachbehandlungsdauer, siehe Abschn. B.3.2.4, abgeschätzt werden.

Die Feuchte hat einen maßgebenden Einfluss auf die Entwicklung und den Endwert der Betondruckfestigkeit, da hier die ständige Feuchthaltung eine bessere Hydratation ermöglicht, allerdings gegenläufig nasse Proben eine geringere Druckfestigkeit als trockene haben.

4.2 Zugfestigkeit

Beton weist eine von der Betonzusammensetzung abhängige, vergleichsweise hohe Druckfestigkeit, aber nur eine geringe Zugfestigkeit auf. Darüber hinaus ist die Betonzugfestigkeit eine stark streuende Größe, so dass eine Bemessungszugfestigkeit i. d. R. nicht angesetzt werden darf. Die überwiegende Mehrzahl aller Bauteile weist neben Druckspannungen aber auch Zugspannungen auf, z. B. alle biegebeanspruchten Bauteile. Aus den oben genannten Gründen darf die Zugfestigkeit des Betons zur Bemessung nicht planmäßig angesetzt werden. In allen Bereichen, in denen planmäßig Zugbeanspruchungen auftreten, müssen die daraus abgeleiteten Zugkräfte durch Bewehrung abgedeckt werden. Die Zugfestigkeit von Beton hat einen direkten Einfluss auf den Bewehrungsgehalt von Stahlbeton, da bei Rissbildung freiwerdende Kräfte dann von der Bewehrung aufzunehmen sind. Werte für die Zugfestigkeit mit Fraktilwerten sind in DIN 1045-1 aufgeführt.

Zentrische Zugfestigkeit

Die zentrische Zugfestigkeit wird entweder an zylindrischen Proben, wie in Abb. B.4.4 gezeigt, geprüft, oder kann im Alter von 28 d nach dauernder Feucht- oder Wasserlagerung näherungsweise aus der Druckfestigkeit bestimmt werden.

Spaltzugfestigkeit

Die Spaltzugprüfung hat den Vorteil, dass normalerweise keine anderen Probekörper und Versuchseinrichtungen als bei der Druckfestigkeitsprüfung benötigt werden. Vielmehr werden hierbei vorwiegend Zylinder, aber auch Würfel, Prismen oder Balken durch Belastung auf zwei gegenüberliegenden Streifen einer Druckprüfmaschine bis zum Bruch geprüft. Als Lastverteilungsstreifen sind in DIN EN 12390-6 Streifen mit einer Breite von 10 mm und einer Dicke von 4 mm aus Hartfilz oder aus harten Holzfaserplatten vorgeschrieben. Allerdings ist zu beachten, dass die an verschiedenen Probekörpern ermittelten Spaltzugfestigkeiten nicht gleich sind. Der Zugriss geht nur beim Kreisquerschnitt mit Sicherheit vom Zugspannungsbereich in Kreismitte aus, und nur beim Kreisquerschnitt wird $f_{ct,sp}$ durch unbeabsichtigte Änderung der Laststreifenbreite nicht beeinflusst. Da die Zugspannung nur auf einen Bereich von etwa 0,85 bis 0,90 d wirkt, ist die Bestimmung von $f_{ct,sp}$ weniger von äußeren Einflüssen wie Feuchtigkeits- und Temperaturänderung abhängig als bei den beiden anderen Prüfverfahren. Die Streuung der Spaltzugfestigkeit ist daher geringer. Die übrigen Einflüsse wirken genauso wie bei der zentrischen Zugfestigkeit. Die Spaltzugfestigkeit ist etwa 10 % größer als die zentrische Zugfestigkeit.

Biegezugfestigkeit

Bei den auf Biegezug beanspruchten, unbewehrten bzw. schwach bewehrten Bauteilen, z. B. Betonfahrbahnplatten, Estrichen, Gehwegplatten, Bordsteinen, Betonwerksteinen u. a., ist die Biegezugfestigkeit maßgebend. Sie wird i. d. R. nach DIN EN 12390-5 an Balken von 150 mm x 150 mm x 700 mm oder bei Größtkorn > 32 mm an Balken 200 mm x 200 mm x 900 mm mit zwei Einzellasten in den Drittelspunkten geprüft. Es ist

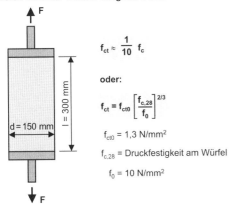

Abb. B.4.4 Zentrische Zugfestigkeit von Beton

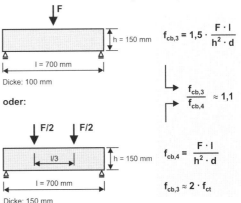

Abb. B.4.5 Biegezugfestigkeit von Beton

auch möglich, Balken von 100 mm x 150 mm x 700 mm mit einer Einzellast in der Mitte zu prüfen (Abb. B.4.5).

Die Belastung mit einer Einzellast in der Balkenmitte ergibt rd. 10 % höhere Werte als mit Einzellasten in den Drittelspunkten, da bei der Einzellast nur an der Stelle des Maximalmomentes der Bruch auftreten kann, während bei zwei Einzellasten das Maximalmoment zwischen diesen Lasten konstant ist und der Balken in diesem Bereich dort bricht, wo örtlich die geringste Festigkeit vorhanden ist.

4.3 Formänderungseigenschaften von Beton

Wie in Abb. B.4.6 dargestellt, unterteilt man die Formänderungen von Beton in lastunabhängige Anteile, d. h. aus der Wärmedehnung, Schwinden/Quellen und nur im Fall der Korrosion auch chemischer Dehnungen, und lastabhängige Anteile, d.h. elastische und die zeitabhängigen Kriech-/Relaxationsverformungen.

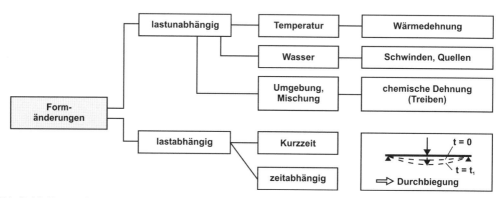

Abb. B.4.6 Formänderungen von Beton

4.3.1 Lastunabhängige Verformungen

Wärmedehnung

Die Folgen der Hydratationswärmeentwicklung wurden bereits in Abschn. B.3.2.1 erläutert. Der Wärmedehnungskoeffizient des Betons schwankt dadurch zwischen $5 \cdot 10^{-6}/K$ und $14 \cdot 10^{-6}/K$, wobei Gesteinskörnungsart und -menge den größten Einfluss haben. Den größten Wert erreicht man mit Quarzit bei lufttrockenem Beton mit niedrigem Gesteinskörnungsgehalt, den kleinsten mit Kalkstein als Gesteinskörnung bei wassergesättigtem Beton mit hohem Gesteinskörnungsgehalt. Bei Schwerbeton mit Baryt als Gesteinskörnung kann der Wärmedehnungskoeffizient bis auf $20 \cdot 10^{-6}/K$ steigen. Trotz dieser Schwankungen kann nach DIN 1045 für Beton und auch ebenfalls für Stahl mit einem Wärmedehnungskoeffizienten von $10 \cdot 10^{-6}/K$ gerechnet werden, wenn kein anderer Wert durch Versuche nachgewiesen wird. Eine der Voraussetzungen für die Anwendung des Verbundbaustoffes Stahlbeton ist die gleiche Größe der Wärmedehnungskoeffizienten von Beton und Stahl. Die Wärmeleitfähigkeit des Stahles ist jedoch rd. 30-mal größer als die von Beton, das heißt, die Temperatur und die Dehnung des Stahles verändern sich schneller als die des Betons, was bei schnell ablaufenden Temperaturänderungen, z. B. bei Bränden, zu hohen Zwängungsspannungen führen kann. Auch bei Verbindung von Stahl und Beton außerhalb der Stahlbetonkonstruktion, z. B. bei Brückengeländern, kann dies zu Schäden führen, denen man durch Verschieblichkeit des Geländers und Aussparungen zwischen Geländerpfosten und Beton begegnen muss.

Feuchtedehnung

Das Schwinden (Quellen) von Zementstein ist ein äußerst komplexer Vorgang, bei dem Ursache und Einflüsse noch immer nicht ganz geklärt sind. Es entsteht wahrscheinlich einmal durch die Lageveränderung von festen Teilchen aus ihrer Ruhestellung, zum anderen vor allem aber durch die Verdrängung des Wassers zwischen den Gelteilchen. Bei der großen inneren Oberfläche des Zementgels stehen die kleinen Gelpartikel unter der Wirkung der Oberflächenenergie, durch die sich die Partikel zusammenziehen, um in einen energieärmeren Zustand überzugehen. Wird nun durch Erhöhung der Luftfeuchte auf der Oberfläche der Partikel Wasser adsorbiert, so wird die Oberflächenenergie mit zunehmender Wasserfilmdicke abgesättigt und kleiner. Die Gelpartikel dehnen sich aus, ohne dass das Gefüge verändert wird. Änderungen der Feuchteverteilung im Beton (Schwinden, Kriechen) sind sehr langsame, langandauernde Prozesse, die sich über Jahrzehnte hinweg erstrecken können. Durch den unterschiedlichen E-Modul von Gesteinskorn und Zementstein treten durch die Behinderung innere Schwindzugspannungen (Gefügespannungen) auf, die von der Dicke der Zementsteinschicht, das heißt, vom Kornabstand, und auch von der Korngröße abhängen und bei schlechter Haftzug- und Haftscherfestigkeit zu Mikrorissen in der Grenzfläche Zuschlagkorn/Zementstein und bei hoher Reißneigung des Zementes auch zu Rissen im Zementstein führen können. Diese Risse verringern mit zunehmendem Alter die Druck- und Zugfestigkeit. Durch das Austrocknen treten über den Querschnitt von innen nach außen ein Feuchtigkeitsgefälle und eine Schwindzunahme auf. Dabei wird jedoch das Schwinden der äußeren Schichten durch den noch feuchten und nicht schwindenden Kern behindert, so dass am Querschnittsrand Zug- und im Kern Druckspannungen auftreten. Durch sie wird die Biegezugfestigkeit verringert. Wenn die Schwindzugspannungen die Zugfestigkeit überschreiten, treten im Randbereich Schwindrisse auf, die sich bei Austrocknung des Kerns wieder mehr oder weniger schließen können. Es kann je nach Austrocknungsbedingungen sehr lange dauern, bis ein Bauteil die Gleichgewichtsfeuchte erreicht hat und die Schwindspannungen abgebaut sind. Ein plattenförmiges Bauteil benötigt bei 50 % r. F. dazu folgende Zeit:

Bauteildicke	Zeit bis zur Austrocknung
0,15 m	1 mon
0,45 m	1 a
1,20 m	10 a

Das Schwindmaß des Betons wird größer durch
- größeren Wassergehalt,
- größeren w/z-Wert, vor allem bei gleichem Zementgehalt,
- größeren Zementsteingehalt (nur bei gleichem w/z-Wert),
- größeren Zementgehalt (nur bei gleichem w/z-Wert),
- größere Schwindneigung des Zementes,
- größeres Schwinden der Gesteinskörnung,
- kleinerer E-Modul der Gesteinskörnung,
- schnelleres Austrocknen, was wiederum vom Verhältnis Volumen/austrocknende Oberfläche abhängt.

Das Schwindmaß kann durch Dampfbehandlung, z. B. bei Betonfertigteilen, oder Oberflächenschutz gegen schnelles Austrocknen, z. B. durch Nachbehandlungsfilme auf Betonfahrbahnen, verringert werden. Gemäß Abb. B.4.7 nimmt das Schwindmaß Größenordnungen an, die eine Überschreitung der Zugfestigkeit von Beton erwarten lassen.

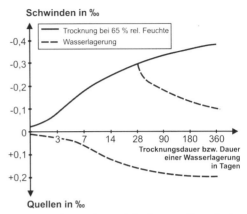

Abb. B.4.7 Schwinden und Quellen von Normalbeton

Umgekehrt nimmt trockener Beton Wasser auf, so dass es zu Quellverformungen kommt. Die Wasseraufnahme erfolgt in der Regel schneller als eine Wasserabgabe. Bei hochfesten Betonen ist in jüngerem Alter zusätzlich noch der Anteil aus autogenem Schwinden (Selbstaustrocknung und chemisches Schrumpfen) zu berücksichtigen. Für eine Berechnung des Schwindens nach DIN 1045-1 wird auf das Heft des Deutschen Ausschusses für Stahlbeton Nr. 525 [DAfStb-H. 525 – 2003] verwiesen.

4.3.2 Lastabhängige Verformungen

Elastizitätsmodul

Der E-Modul des Betons wird im Stahlbetonbau zur Berechnung der Bauwerkverformung, vor allem jedoch im Spannbetonbau zur Berechnung der notwendigen Vorspannkräfte benötigt, die sich aus der entsprechenden Stahldehnung zuzüglich der Betonverformungen ergeben, das heißt, der elastischen Verformung, des Kriechens und des Schwindens. Die Möglichkeit der Beeinflussung des E-Moduls ist besonders wichtig, denn bei Konstruktionsbeton soll der E-Modul möglichst hoch sein, da eine hohe Festigkeit bei kleinen Verformungen angestrebt wird, während er bei Betonstraßen und Massenbeton möglichst klein sein soll, um hohe Spannungen bei Dehnungsbehinderung zu vermeiden.

Bei gleicher Druckfestigkeit ist der E-Modul von der Betonzusammensetzung, vor allem vom E-Modul der Matrix E_m und der Gesteinskörnung E_g sowie vom Zementsteingehalt V_m abhängig.

Der E-Modul des Zementsteins E_{m28} liegt zwischen 6000 und 30 000 N/mm² und ist vor allem

Beton

vom w/z-Wert, das heißt vom Zementsteinporenraum abhängig. Darüber hinaus wird E_{m28} durch die Hydratationsgeschwindigkeit beeinflusst: Bei Zementen mit schneller Anfangserhärtung ist dieser E-Modul offenbar etwas höher als bei solchen mit langsamer Anfangserhärtung.

Der E-Modul der Gesteinskörnung E_g schwankt schon für die Normalgesteinskörnung, erst recht aber für die Leichtgesteinskörnung in weiten Grenzen. Weitere Werte sind

- Rheinkies/-sand 40 000 N/mm²
- Hochofenschlacke 75 000...95 000 N/mm².

Dabei kann man von gemessenen E-Moduln gleichartiger Betone mit Rheinkies/-sand oder auch von den E-Moduln nach Tafel B.1.16 ausgehen.

Tafel B 4.2 Rechenwerte für den Elastizitäts- und Schubmodul im Alter von 28 d nach DIN 1045-1

Normalbeton

Betonfestigkeitsklasse	C12/15	C16/20	C20/25	C25/30	C30/37	C35/45	C40/50	C45/55	C50/60
Elastizitätsmodul (N/mm²)	25.800	27.400	28.800	30.500	31.900	33.300	34.500	35.700	36.800

Hochfester Beton

Betonfestigkeitsklasse	C55/67	C60/75	C70/85	C80/95	C90/105	C100/115
Elastizitätsmodul (N/mm²)	37.800	38.800	40.600	42.300	43.800	45.200

Auch der Einfluss des Zementstein- bzw. Gesteinskörnungsgehaltes ist so groß, dass im Bereich der Baustellenbetone der E-Modul vom zementsteinreichen zum zementsteinarmen Beton bei gleichem w/z-Wert und damit gleicher Druckfestigkeit beinahe auf das Doppelte wachsen kann.

Spannungs-Dehnungslinie

Die Spannungs-Dehnungslinie von Zementstein ist deutlich weniger gekrümmt als diejenige von Beton. Der Unterschied zum Beton ist auf die Rissbildung infolge der Heterogenität des Betons zurückzuführen. Mit der Hydratation sind im Zementstein Volumenänderungen verbunden, es können Feuchte- und Wärmedehnungen auftreten, die im Zementstein anders sind als in der Gesteinskörnung. Dadurch können Zugspannungen im Zementstein und in der Verbundzone zur Gesteinskörnung entstehen, die bei örtlichen Spannungskonzentrationen zu Mikrorissen führen. Da die Haftzugfestigkeit zwischen Matrix und Gesteinskörnung kleiner ist als die Matrixzugfestigkeit, treten diese Risse ohne äußere Belastung nur in der Verbundzone auf. Bis etwa 30 % der Druckfestigkeit verändern sich die Mikrorisse kaum und nach Entlastung sind die bleibenden Formänderungen nur gering (Abb. B.4.8).

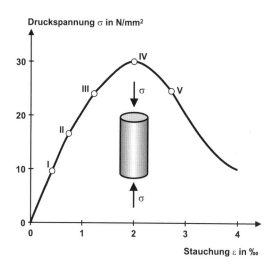
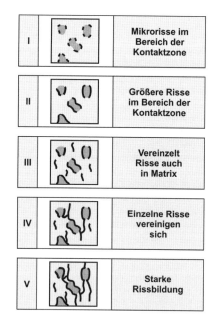

Abb. B.4.8 Druckspannungs-Dehnungslinie

Darüber hinaus breiten sich die Risse bis zu etwa 70 bis 90 % der Festigkeit aus und verbinden sich in der Verbundzone. Das Verhalten des Betons weicht dadurch immer mehr vom linear-elastischen ab. Die Zugspannungs-Dehnungslinie unterscheidet sich von der unter Druckbelastung durch den ausgeprägten linearen Anstieg (Abb. B.4.9).

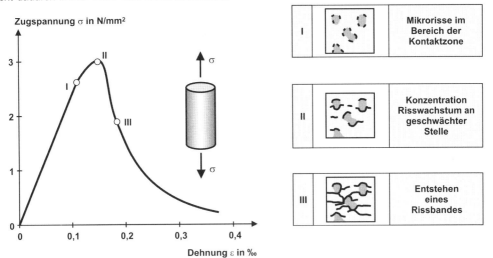

Abb. B.4.9 Zugspannungs-Dehnungslinie

Ab der kritischen Spannung von 70 bis 90 % der Festigkeit, die etwa mit der Dauerstandfestigkeit übereinstimmt, wird das Gefüge instabil: Die Risse in der Verbundzone werden durch Risse im Zementstein verbunden, das Volumen, das bisher durch die Längsstauchung kleiner wurde, wächst durch die größere Querdehnung wieder an, bei konstanter Verformungsgeschwindigkeit wird die Steigung der Spannungs-Dehnungslinie gleich null. Darüber hinaus ist die Energie, die bei der Rissbildung frei wird, größer als diejenige, die für die Rissbildung benötigt wird. Das Gefüge besteht nur noch aus einzelnen Matrix-Gesteinskörnungs-Säulen, die Spannungs-Dehnungslinie fällt bis zur völligen Zerstörung ab. Die ersten und meisten Mikrorisse entstehen an der Oberfläche der größten Gesteinskörner, weil hier die größten Spannungskonzentrationen auftreten. Daher ergeben größeres Größtkorn und gröbere Kornzusammensetzung bei sonst gleichen Voraussetzungen eine geringere Druckfestigkeit. Bei den üblichen Prüfverfahren wird Beton mit konstanter Belastungsgeschwindigkeit belastet. Die Spannungs-Dehnungslinien, die bei Druckbeanspruchung beobachtet werden, sind vom Ursprung ab gekrümmt und enden bei der Höchstspannung. Belastet man Beton nicht mit konstanter Belastungs-, sondern konstanter Dehngeschwindigkeit, so hört die Spannungs-Dehnungslinie nicht im Scheitelpunkt auf, sondern hat noch einen abfallenden Ast. Der Vergleich mit anderen Baustoffen zeigt, dass die Bruchdehnung sehr gering und der Beton ein quasi-spröder Baustoff ist. Bei exzentrischen Beanspruchungen ist die Bruchdehnung bis etwa 50 % größer. Bei Zugbeanspruchung beträgt ε_u etwa 0,15 ‰. Bei sehr geringer Verformungsgeschwindigkeit, das heißt bei höherem zeitabhängigem Verformungsanteil, können die Bruchdehnungen 4- bis 5-mal so groß werden. Da somit der Verlauf der Spannungs-Dehnungslinie von zahlreichen Parametern abhängt (z. B. Betonzusammensetzung, Druckfestigkeit, Alter, Hydratationsgrad, Belastungs- oder Verformungsgeschwindigkeit, Temperatur, Feuchtigkeit), gibt es keine Linie, die für alle Anwendungsfälle gilt, so dass man für die Bemessung des Stahlbetons von mittleren Werten ausgehen muss. In DIN 1045-1 wurde daher ein Parabel-Rechteck-Diagramm als idealisierte Spannungs-Dehnungslinie gewählt mit einer maximalen Betondehnung für Betonfestigkeitsklassen ≤ C50/60 max ε_{c2u} von 3,5 ‰ sowie einer Dehnung ε_{c2u} von 2 ‰ und der Rechenfestigkeit f_{cd} im Parabelscheitel. Bei höherfesten Betonen wird dem ausgeprägt linearen Verhalten Rechnung getragen, und die Bruchdehnungen werden entsprechend Abb. B.4.10 angesetzt. Es kann bei Spannbeton auch durch ein Dreieck-Rechteck-Diagramm ersetzt werden.

Beton

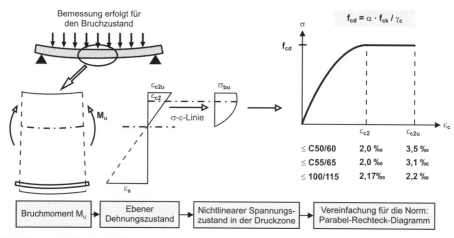

Abb. B.4.10 Parabel-Rechteck-Diagramm

Kriechen

Man versteht unter Kriechen die zeitabhängige Verformungszunahme unter andauernden Spannungen. Lagert man Beton an Luft, so schwindet er. Bei Belastung tritt eine bleibende und elastische Verformung auf. Wird die Belastung aufrechterhalten, kriecht der Beton. Die Kriechgeschwindigkeit nimmt bei Spannungen unterhalb der kritischen Spannung im Gegensatz zu höheren Spannungen, bei denen die auftretenden Verformungen zum Bruch führen, laufend ab (siehe Abb. B 4.11) und wird nach mehreren Jahren etwa gleich null, das heißt, das Kriechmaß erreicht wahrscheinlich einen asymptotischen Grenzwert $\varepsilon_{k\infty}$, der je nach Austrocknungsverlauf das Ein- bis Vierfache der elastischen Verformung beträgt. Es ist jedoch sinnvoll, diesen Grenzwert anzunehmen, weshalb er auch den Kriechberechnungen in den Vorschriften zugrunde gelegt wird. Für die Ermittlung des Kriechens nach neuer Norm DIN 1045-1 wird auf das Heft Nr. 525 [DAfStb-H. 525 – 2003] des Deutschen Ausschusses für Stahlbeton verwiesen.

Da das Kriechen des Zementsteins durch die Feuchtigkeit im Gel und in den Kapillarporen bedingt ist und bei Austrocknen verstärkt wird, muss man zwischen Grundkriechen (basic creep) bei konstantem Feuchtigkeitsgehalt und Trocknungskriechen oder Schwindkriechen (drying oder shrinkage creep) bei Austrocknen unterscheiden.

Das Grundkriechen wird vergrößert durch

- größeren w/z-Wert,
- kleinere Zementstein- bzw. Betonfestigkeit bei Belastungsbeginn,
- langsamere Erhärtung des Zementes,
- geringere Nacherhärtung nach Belastungsbeginn,
- kleineren E-Modul der Gesteinskörnung (s. u.),
- größeren Zementsteingehalt,

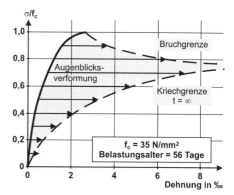

Abb. B.4.11 Betonbruch- und Kriechgrenze

- gröbere Zusammensetzung der Gesteinskörnung (größere Zementsteinschichtdicke),
- zunehmenden Puzzolangehalt,
- höhere Temperaturen und
- größere Spannung.

Das Trocknungskriechen wird größer durch

- größeren Feuchtigkeitsgehalt des Betons bei Belastungsbeginn,
- kleinere relative Luftfeuchte,
- höhere Temperaturen,
- kleinere Querschnittsabmessungen und dadurch größeren Feuchtigkeitsverlust nach Belastungsbeginn.

Der Beton kriecht also umso mehr und umso länger, je feuchter der Zementstein bei Belastungsbeginn ist und je schneller er während der Belastung austrocknet. Bereits völlig ausgetrocknete Betone kriechen praktisch nicht. Das Trocknungskriechen kann daher durch wasserdampfdichte Anstriche vermindert werden.

5 Dauerhaftigkeit

5.1 Allgemeines

EN 206-1 und DIN 1045-2 definieren aufgrund der jeweiligen Expositionsklassen die Grenzwerte für Zementgehalt, Wasserzementgehalt, Wasserzementwert und Druckfestigkeit (Tafel B.5.1). Der Wasserzementwert ist die für die Dauerhaftigkeit allein bestimmende Größe – mit Ausnahme der Wahl des Bindemittels bei XA. Die zugeordneten Druckfestigkeitsklassen sind Hilfsgrößen, da sie einfach zu bestimmen sind. Eine Unterschreitung der Druckfestigkeit ist daher nicht zwangsläufig einer unzureichenden Dauerhaftigkeit gleichbedeutend. Eine Analyse der Zerstörungsprozesse zeigt, dass die maßgebenden Einflussparameter auf der Einwirkungsseite die Feuchtigkeit und der Schadstoffgehalt und auf der Widerstandsseite der Feuchte- und Schadstofftransport im Beton und damit die Porosität des Zementsteins sowie das Bindevermögen für Schadstoffe sind, wobei für die meisten Zerstörungsprozesse die Porosität des Zementsteins und das Wasserangebot an der Betonoberfläche im Vordergrund stehen. Für eine Festlegung von Einwirkungsklassen stehen deshalb die Feuchtigkeitsverhältnisse zusammen mit dem Schadstoffgehalt im Vordergrund, bei den Widerstandsklassen sind es die Porenstruktur maßgeblich beeinflussenden Parameter w/z-Wert, Nachbehandlung und Bindemittelgehalt sowie insbesondere bei Sulfatangriff die Art des Zementes. Bei den Einwirkungsklassen ist zu beachten, dass praktisch immer das so genannte Mikroklima, das sind die Bedingungen unmittelbar an der betrachteten Betonoberfläche, gemeint ist. Entsprechend den teilweise unterschiedlichen maßgebenden Einflussparametern auf die einzelnen Zerstörungsprozesse müssen, bezogen auf die relevanten Einwirkungen, differenzierte Einwirkungsklassen definiert werden. Folgende grundsätzliche Einteilung erscheint sinnvoll:

- Umgebungsbedingungen, maßgebend für die Dauerhaftigkeit von Beton,
- Umgebungsbedingungen, maßgebend für den Korrosionsschutz der Bewehrung,
- Klassifizierung des chemischen Angriffes auf Beton.

In Tafel B.5.2 sind die in der neuen EN 206-1 und DIN 1045-2 definierten Umweltklassen angegeben, Tafel B.5.3 definiert die Einstufung bei chemischem Angriff XA.

Tafel B.5.3a Grenzwerte für Zusammensetzung und Eigenschaften von Beton – Teil 1

Nr.	Expositions-klassen	Kein Korrosions- oder Angriffsrisiko	Bewehrungskorrosion									
			durch Karbonatisierung verursachte Korrosion				durch Chloride verursachte Korrosion					
							Chloride außer aus Meerwasser			Chloride aus Meerwasser		
		X0[a]	XC1	XC2	XC3	XC4	XD1	XD2	XD3	XS1	XS2	XS3
1	Höchstzulässiger w/z	-	0,75	0,65	0,60	0,55	0,50	0,45				
2	Mindestdruckfestigkeitsklasse[b]	C8/10	C16/20	C20/25	C25/30	C30/37[d]	C35/45[d,e]	C35/45[d]				
3	Mindestzementgehalt[c] in kg/m³	-	240	260	280	300	320	320	Siehe XD1	Siehe XD2	Siehe XD3
4	Mindestzementgehalt[c] bei Anrechnung von Zusatzstoffen in kg/m³	-	240	240	270	270	270	270				
5	Mindestluftgehalt in %	-	-	-	-	-	-	-				
6	Andere Anforderungen	-	-									

[a] Nur für Beton ohne Bewehrung oder eingebettetes Metall.
[b] Gilt nicht für Leichtbeton.
[c] bei einem Größtkorn der Gesteinskörnung von 63 mm darf der Zementgehalt um 30 kg/m³ reduziert werden.
[d] Bei Verwendung von Luftporenbeton, z. B. aufgrund gleichzeitiger Anforderungen aus der Expositionsklasse XF, eine Festigkeitsklasse niedriger.
[e] Bei langsam und sehr langsam erhärtenden Betonen ($r < 0{,}30$) eine Festigkeitsklasse niedriger. Die Druckfestigkeit zur Einteilung in die geforderte Druckfestigkeitsklasse nach 4.3.1 ist auch in diesem Fall an Probekörpern im Alter von 28 Tagen zu bestimmen.

Tafel B.5.1b Grenzwerte für Zusammensetzung und Eigenschaften von Beton – Teil 2

Nr.	Expositions-klassen	Betonkorrosion										
		Frostangriff				Aggressive chemische Umgebung			Verschleißbeanspruchung[h]		
		XF1	XF2	XF3	XF4	XA1	XA2	XA3	XM1	XM2	XM3
1	Höchstzulässiger w/z	0,60	0,55[g]	0,50[g]	0,55	0,50	0,50[g]	0,60	0,50	0,45	0,55	0,55	0,45	0,45
2	Mindestdruck-festigkeits-klasse[b]	C25/30	C25/30	C35/45[e]	C25/30	C35/45[e]	C30/37	C25/30	C35/45[d,e]	C35/45[d]	C30/37[d]	C30/37[d]	C35/45[d]	C35/45[d]
3	Mindest-zement-gehalt[c] in kg/m³	280	300	320	300	320	320	280	320	320	300[i]	300[i]	320[i]	320[i]
4	Mindest-zement-gehalt[c] bei Anrechnung von Zusatzstoffen in kg/m³	270	g	g	270	270	g	270	270	270	270	270	270	270
5	Mindest-luftgehalt in %	-	f	-	f	-	f, j	-	-	-	-	-	-	-
6	Andere Anforderungen	Gesteinskörnungen für die Expositionsklassen XF1 bis XF4 (siehe DIN V 20000-103 und DIN V 20000-104)				-	-	l	-	Oberflächen-behandlung des Betons[k]	-	Hartstoffe nach DIN 1100
		F₄	MS₂₅	F₂	MS₁₈						

Hinweis: Die Spalten der Tabelle verlaufen: XF1, XF2, XF3, XF4, XA1, XA2, XA3, XM1, XM2, XM3.

[b, c, d] und [e] siehe Fußnoten in Tafel B.5.1a.
[f] Der mittlere Luftgehalt im Frischbeton unmittelbar vor dem Einbau muss bei einem Größtkorn der Gesteinskörnung von 8 mm ≥ 5,5 % (Volumenanteil), 16 mm ≥ 4,5 % (Volumenanteil) 32 mm ≥ 4,0 % (Volumenanteil) und 63 mm ≥ 3,5 % (Volumenanteil) betragen. Einzelwerte dürfen diese Anforderungen um höchstens 0,5 % (Volumenanteil) unterschreiten.
[g] Zusatzstoffe des Typs II dürfen zugesetzt, aber nicht auf den Zementgehalt oder den w/z angerechnet werden.
[h] Es dürfen nur Gesteinskörnungen nach DIN EN 12620 unter Beachtung der Festlegungen von DIN V 20000-103 verwendet werden.
[i] Höchstzementgehalt 360 kg/m³, jedoch nicht bei hochfesten Betonen.
[j] Erdfeuchter Beton mit w/z ≤ 0,40 darf ohne Luftporen hergestellt werden.
[k] Z. B. Vakuumieren und Flügelglätten des Betons.
[l] Schutzmaßnahmen siehe DIN 1045-2, 5.3.2.

Tafel B.5.2 Umweltklassen nach DIN 1045-2

Klasse	Beschreibung und Umgebung	Beispiele für die Zuordnung von Expositionsklassen (informativ)
1	Kein Korrosions- oder Angriffsrisiko	
Für Bauteile ohne Bewehrung oder eingebettetes Metall in nicht betonangreifender Umgebung kann die Expositionsklasse X0 zugeordnet werden.		
X0	Für Beton ohne Bewehrung oder eingebettetes Metall: alle Umgebungsbedingungen, ausgenommen Frostangriff, Verschleiß oder chemischer Angriff	Fundamente ohne Bewehrung ohne Frost; Innenbauteile ohne Bewehrung

Tafel B.5.2 Umweltklassen nach DIN 1045-2 (Fortsetzung)

Klasse	Beschreibung und Umgebung	Beispiele für die Zuordnung von Expositionsklassen (informativ)
2	**Bewehrungskorrosion, ausgelöst durch Karbonatisierung**	
Wenn Beton, der Bewehrung oder anderes eingebettetes Metall enthält, Luft und Feuchte ausgesetzt ist, muss die Expositionsklasse wie folgt zugeordnet werden: ANMERKUNG: Die Feuchtebedingung bezieht sich auf den Zustand innerhalb der Betondeckung der Bewehrung oder anderen eingebetteten Metalls; in vielen Fällen kann jedoch angenommen werden, dass die Bedingungen in der Betondeckung den Umgebungsbedingungen entsprechen. In diesen Fällen darf die Klasseneinteilung nach der Umgebungsbedingung als gleichwertig angenommen werden. Dies braucht nicht der Fall zu sein, wenn sich zwischen dem Beton und seiner Umgebung eine Sperrschicht befindet.		
XC1	trocken oder ständig nass	Bauteile in Innenräumen mit üblicher Luftfeuchte (einschließlich Küche, Bad und Waschküche in Wohngebäuden); Beton, der ständig in Wasser getaucht ist
XC2	nass, selten trocken	Teile von Wasserbehältern; Gründungsbauteile
XC3	mäßige Feuchte	Bauteile, zu denen die Außenluft häufig oder ständig Zugang hat, z. B. offene Hallen, Innenräume mit hoher Luftfeuchtigkeit, z. B. in gewerblichen Küchen, Bädern, Wäschereien, in Feuchträumen von Hallenbädern und in Viehställen.
XC4	wechselnd nass und trocken	Außenbauteile mit direkter Beregnung
3	**Bewehrungskorrosion, verursacht durch Chloride, ausgenommen Meerwasser**	
Wenn Beton, der Bewehrung oder anderes eingebettetes Metall enthält, chloridhaltigem Wasser, einschließlich Taumittel, ausgenommen Meerwasser, ausgesetzt ist, muss die Expositionsklasse wie folgt zugeordnet werden:		
XD1	mäßige Feuchte	Bauteile im Sprühnebelbereich von Verkehrsflächen; Einzelgaragen
XD2	nass, selten trocken	Solebäder; Bauteile, die chloridhaltigen Industrieabwässern ausgesetzt sind
XD3	wechselnd nass und trocken	Teile von Brücken mit häufiger Spritzwasserbeanspruchung; Fahrbahndecken; direkt befahrene Parkdecks[a]
4	**Bewehrungskorrosion, verursacht durch Chloride aus Meerwasser**	
Wenn Beton, der Bewehrung oder anderes eingebettetes Metall enthält, Chloriden aus Meerwasser oder salzhaltiger Seeluft ausgesetzt ist, muss die Expositionsklasse wie folgt zugeordnet werden:		
XS1	salzhaltige Luft, aber kein unmittelbarer Kontakt mit Meerwasser	Außenbauteile in Küstennähe
XS2	unter Wasser	Bauteile in Hafenanlagen, die ständig unter Wasser liegen
XS3	Tidebereich, Spritzwasser- und Sprühnebelbereiche	Kaimauern in Hafenanlagen
5	**Frostangriff mit und ohne Taumittel**	
Wenn durchfeuchteter Beton erheblichem Angriff durch Frost-Tau-Wechsel ausgesetzt ist, muss die Expositionsklasse wie folgt zugeordnet werden:		
XF1	mäßige Wassersättigung, ohne Taumittel	Außenbauteile
XF2	mäßige Wassersättigung, mit Taumittel	Bauteile im Sprühnebel- oder Spritzwasserbereich von taumittelbehandelten Verkehrsflächen, soweit nicht XF4; Betonbauteile im Sprühnebelbereich von Meerwasser
XF3	hohe Wassersättigung, ohne Taumittel	offene Wasserbehälter; Bauteile in der Wasserwechselzone von Süßwasser
XF4	hohe Wassersättigung, mit Taumittel	Verkehrsflächen, die mit Taumitteln behandelt werden; Überwiegend horizontale Bauteile im Spritzwasserbereich von taumittelbehandelten Verkehrsflächen; Räumerlaufbahnen von Kläranlagen; Meerwasserbauteile in der Wasserwechselzone

Tafel B.5.2 Umweltklassen nach DIN 1045-2 (Fortsetzung)

Klasse	Beschreibung und Umgebung	Beispiele für die Zuordnung von Expositionsklassen (informativ)
6	**Betonkorrosion durch chemischen Angriff**	
	Wenn Beton chemischen Angriffen durch natürliche Böden, Grundwasser, Meerwasser nach Tabelle 2 und Abwasser ausgesetzt ist, muss die Expositionsklasse wie folgt zugeordnet werden: ANMERKUNG: Bei XA3 und unter Umgebungsbedingungen außerhalb der Grenzen von Tabelle 2, bei Anwesenheit anderer angreifender Chemikalien, chemisch verunreinigtem Boder oder Wasser, bei hoher Fließgeschwindigkeit von Wasser und Einwirkung von Chemikalien nach Tabelle 2 sind Anforderungen an den Beton oder Schutzmaßnahmen in diesen Anwendungsregeln nach 5.3.2 vorgegeben.	
XA1	chemisch schwach angreifende Umgebung	Behälter von Kläranlagen; Güllebehälter
XA2	chemisch mäßig angreifende Umgebung und Meeresbauwerke	Betonbauteile, die mit Meerwasser in Berührung kommen; Bauteile in betonangreifenden Böden
XA3	chemisch stark angreifende Umgebung	Industrieabwasseranlagen mit chemisch angreifenden Abwässern; Futtertische der Landwirtschaft; Kühltürme mit Rauchgasableitung
7	**Betonkorrosion durch Verschleißbeanspruchung** Wenn Beton einer erheblichen mechanischen Beanspruchung ausgesetzt ist, muss die Expositionsklasse wie folgt zugeordnet werden:	
XM1	mäßige Verschleißbeanspruchung	Tragende oder aussteifende Industriefußböden mit Beanspruchung durch luftbereifte Fahrzeuge
XM2	starke Verschleißbeanspruchung	Tragende oder aussteifende Industriefußböden mit Beanspruchung durch luft- oder vollgummibereifte Gabelstapler
XM3	sehr starke Verschleißbeanspruchung	Tragende oder aussteifende Industriefußböden mit Beanspruchung durch elastomer- oder stahlrollenbereifte Gabelstapler; Oberflächen, die häufig mit Kettenfahrzeugen befahren werden; Wasserbauwerke in geschiebebelasteten Gewässern, z. B. Tosbecken
8	**Betonkorrosion infolge Alkali-Kieselsäurereaktion** Anhand der zu erwartenden Umgebungsbedingungen ist der Beton einer der vier nachfolgenden Feuchtigkeitsklassen zuzuordnen.	
WO	Beton, der nach normaler Nachbehandlung nicht längere Zeit feucht und nach dem Austrocknen während der Nutzung weitgehend trocken bleibt.	Innenbauteile des Hochbaus; Bauteile, auf die Außenluft, nicht jedoch z. B. Niederschläge, Oberflächenwasser, Bodenfeuchte einwirken können und/oder die nicht ständig einer relativen Luftfeuchte von mehr als 80 % ausgesetzt werden.
WF	Beton, der während der Nutzung häufig oder längere Zeit feucht ist.	Ungeschützte Außenbauteile, die z. B. Niederschlägen, Oberflächenwasser oder Bodenfeuchte ausgesetzt sind; Innenbauteile des Hochbaus für Feuchträume, wie z. B. Hallenbäder, Wäschereien und andere gewerbliche Feuchträume, in denen die relative Luftfeuchte überwiegend höher als 80 % ist; Bauteile mit häufiger Taupunktunterschreitung, wie z. B. Schornsteine, Wärmeübertragerstationen, Filterkammern und Viehställe; Massige Bauteile gemäß DAfStb-Richtlinie „Massige Bauteile aus Beton", deren kleinste Abmessung 0,80 m überschreitet (unabhängig vom Feuchtezutritt).
WA	Beton, der zusätzlich zu der Beanspruchung nach Klasse WF häufiger oder langzeitiger Alkalizufuhr von außen ausgesetzt ist.	Bauteile mit Meerwassereinwirkung; Bauteile unter Tausalzeinwirkung ohne zusätzliche hohe dynamische Beanspruchung (z. B. Spritzwasserbereiche, Fahr- und Stellflächen in Parkhäusern); Bauteile von Industriebauten und landwirtschaftlichen Bauwerken (z. B. Güllebehälter) mit Alkalisalzeinwirkung.
WS	Beton, der hoher dynamischer Beanspruchung und direktem Alkalieintrag ausgesetzt ist.	Bauteile unter Tausalzeinwirkung mit zusätzlicher hoher dynamischer Beanspruchung (z. B. Betonfahrbahnen)

[a] Ausführung nur mit zusätzlichen Maßnahmen (z. B. rissüberbrückende Beschichtung, s. a. DAfStb Heft 526).

Tafel B.5.3 Festlegungen zum Angriffsgrad bei Expositionsklasse XA

Stärke des Angriffs	schwach (XA1)	mäßig (XA2)	stark (XA3)
Wässer			
pH-Wert	6,5...5,5	5,5...4,5	4,5...4,0
aggressive Kohlensäure, mg CO_2/l	15...40	40...100	> 100
Ammonium, mg NH_4^+/l	0...15	30...60	60...100
Magnesium, mg Mg^{2+}/l	300...1000	1000...3000	> 3000
Sulfat, mg SO_4^{2-}/l	200...600	600...3000	3000...6000
Böden			
Säuregrad nach Baumann-Gully	200	–	–
Sulfat	2000...3000	3000...12 000	12 000...24 000

5.2 Korrosionsprinzipien und Grundlagen

Es wird, um die jeweiligen Kategorien zu den Expositionsklassen besser verstehen zu können, in Abb. B.5.1 eine Übersicht über die Mechanismen gegeben.

Man unterscheidet demnach zunächst direkte und indirekte Korrosion, d. h. zwischen die Betonstruktur zerstörenden oder durch die korrodierende Bewehrung schädigenden Angriffen. Es gibt physikalisch oder chemisch bedingte Korrosionsarten, die entweder von innen oder durch Eintrag von außen verursacht werden. Die Folge sind sprengende, lösende oder treibende Reaktionen. Eine wesentliche Steuergröße ist der Wasserzementwert des Betons. Sämtliche Medien werden über das Kapillarporensystem in den Beton eingetragen. In Abb. B.5.2 sind die Porenvolumina und die Größenordnungen mineralischer Baustoffe aufgeführt.

In den folgenden Kapiteln werden sowohl die indirekte Korrosion (Stahlkorrosion) als auch die direkte Korrosion (Frost und Frost-Tausalz, lösender Angriff, treibender Angriff) beschrieben.

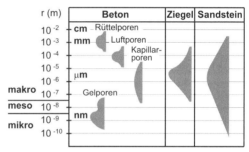

Abb. B.5.2 Poren in mineralischen Baustoffen

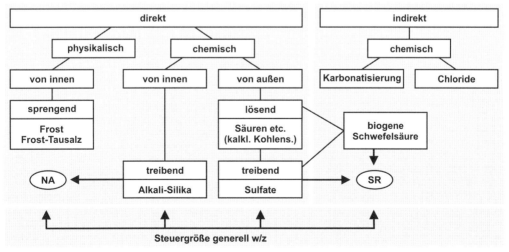

Abb. B.5.1 Schema zur Stahlbetonkorrosion

5.2.1 Stahlkorrosion

Indirekte Korrosion entsteht, wenn der Stahl korrodiert. Bei Eindringen von Chloriden wird in der Regel eine lokale Lochfraßkorrosion ausgelöst, obwohl der umgebende Beton noch einen hohen pH-Wert über 11 hat. Wird die Alkalität des Betons durch Karbonatisierung des Betons abgebaut, kommt es bei gleichzeitigem Feuchte- und Sauerstoffangebot ebenfalls zur Korrosion des Bewehrungsstahls. In Abb. B.5.3 ist die Karbonatisierungsgeschwindigkeit in Abhängigkeit der Druckfestigkeit zu Beginn der Karbonatisierung dargestellt.

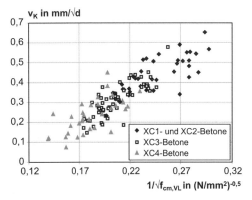

Abb. B.5.3 Einfluss der Druckfestigkeit zu Beginn der Karbonatisierung auf die Karbonatisierungsgeschwindigkeit.

Je höher die Druckfestigkeit zu Beginn der Karbonatisierung ist, umso weniger stark karbonatisiert der Beton, d. h., die Nachbehandlungsdauer hat einen sehr maßgebenden Einfluss auf die Geschwindigkeit, wie auch der w/z-Wert. Es handelt sich um eine zusammenfassende Auswertung von Versuchen des Instituts für Bauforschung der RWTH Aachen.

5.2.2 Frost und Frost-Tausalz

Grundvoraussetzung für eine Schädigung des Betongefüges bei Frost ist das Erreichen einer kritischen Sättigung des Porenraums mit Wasser und die Einwirkung sehr tiefer Temperaturen. Erst dann kann sich die Ausdehnung des gefrierenden Wassers schädigend auswirken. Während des Gefrierens von Wasser in porösen Systemen laufen mehrere Vorgänge ab, die das Gefrierverhalten (Frostwiderstand) ganz entscheidend beeinflussen:

- Volumenänderung des Wassers,
- Gefrierpunkterniedrigung des Wassers in kleinen Poren,
- Verdunstungsneigung des Wassers an Porenoberflächen,
- Diffusionsvorgänge von Wasser im Porensystem.

Alle genannten Einflüsse sind ganz entscheidend von Art und Menge der Poren und insbesondere von der Porengrößenverteilung abhängig. Die Frostwiderstandsfähigkeit wird weiterhin durch den Zusatz von Luftporenbildnern erhöht. Die dadurch erzeugten Mikroluftporen sollten größer als die Kapillarporen (≥ 50 µm), aber kleiner als 300 µm sein. Um ausreichend wirksam zu sein, müssen sie gleichmäßig verteilt sein und dürfen keinen zu großen Abstand haben, da sich sonst der Gefrierdruck in den Kapillaren nicht in die Luftporen hinein ausgleichen kann. Aus zahlreichen Versuchen hat sich ergeben, dass jeder Punkt im Zementstein nicht weiter als 200 µm von der nächsten Luftpore entfernt sein sollte. Dieser als Abstandsfaktor bezeichnete Wert kann an Betonschnittflächen mikroskopisch durch Linienmess- und -zählverfahren oder durch quantitative Bildanalyse als statistischer Mittelwert ermittelt werden. Theoretisch ergibt sich bei rd. 160 bis 170 ltr Anmachwasser/m³ Beton für einen normalen Beton und einer Ausdehnung von 9,1 Vol.-% ein Luftporenbedarf von mindestens 1,5 Vol.-%. Da die Mikroluftporen zum Teil ≤ 50 µm und ≥ 300 µm und ggf. vorhandene größere Verdichtungsporen nicht wirksam sind, ist der praktisch erforderliche Gesamtluftgehalt größer. Hinzu kommt, dass durch eine Erhöhung der Feinteile im Beton (ungünstigere Kornzusammensetzung, kleineres Größtkorn, höherer Mehlkorngehalt) der Zementleim- und Wasserbedarf wesentlich erhöht werden kann. Durch den höheren Wassergehalt kann der theoretisch erforderliche Luftporengehalt im Zementstein bis etwa doppelt so groß wie oben errechnet werden. Durch den höheren Zementsteingehalt kann der theoretisch erforderliche Luftporengehalt im Beton noch einmal wesentlich gesteigert werden. Schließlich gehen nach dem Mischen etwa 20 bis 25 % des LP-Gehaltes durch Transport, Einbau und Verdichten verloren. So ist es verständlich, dass für Straßenbeton ein Luftporengehalt $\geq 4,0$ Vol.-% gefordert wird. Der Luftporengehalt sollte 6 % nicht überschreiten, da sonst die Druckfestigkeit zu stark abnimmt. Dieser Festigkeitsminderung kann ggf. durch die Kombination des LP-Mittels mit einem Betonverflüssiger – Absenkung w/z-Wert – begegnet werden. Frostschäden werden auch durch Taumittel hervorgerufen oder verstärkt und treten als flächenhafte Abtragungen auf. Auf Straßen werden meist Natriumchlorid bis etwa −10 °C, seltener Calcium- und Magnesiumchlorid bei niedrigeren Temperaturen bis etwa −20 °C gestreut. Auf den Beton wirken die Salze nicht oder nur schwach angreifend, ggf. durch Kristallisationsdruck in den Zementsteinporen. Neben der Umweltbelastung und der Fahrzeugkorrosion entstehen jedoch immer mehr Probleme an Brückenbauwerken durch die Korrosion des Betonstahls. Auf Flugplätzen werden daher künstlicher Harnstoff oder Alkohole verwendet, die zwar teurer sind, aber keine Korrosion von Flugzeugteilen verursachen. Harnstofflösungen können im Beton bei Temperaturen über +20 °C bis +30 °C zu Ammoniak und Kohlensäure zersetzt werden, die beide betonangreifend sind. Die Taumittel bringen Schnee und Eis auf dem Beton durch die Gefrierpunktniedrigung des Wassers zum Schmelzen und entziehen die dazu notwendige Schmelzwärme fast ausschließlich dem Beton. Die dabei auftretende schockartige Abkühlung der Betonoberfläche kann bis zu 14 K in 1 bis 2 Minuten betragen. Die dadurch verursachten Zugspannungen liegen im Bereich der Betonzugfestigkeit und darüber. Durch die Diffusion von Taumitteln in Beton entsteht in einer dünnen Schicht ein Konzentrationsgefälle von außen nach innen und dadurch eine kontinuierliche Änderung des Gefrierpunktes. Bei Überschneidung der Temperatur- und der Gefrierpunktkurve kann es geschehen, dass das Wasser im Beton zuerst an der Oberfläche und in einer tiefer liegenden Schicht und erst bei weiterem Abkühlen in der dazwischen liegenden Schicht gefriert. Es kann dabei den Gefrierpunkt nicht in die Poren der benachbarten gefrorenen Schichten abgeben und sprengt daher die äußere Schicht ab. Deshalb sind Tausalzschäden in ihrer Art gewöhnlichen Frostabsprengungen sehr ähnlich, die bei Beton mit hohem w/z-Wert auftreten. Taumittel setzen den Dampfdruck im Beton herab. Dadurch wird die Wirkung der Taumittel noch erhöht, indem der Beton schon bei niedrigen Luftfeuchten mit Wasser gesättigt ist und in Trocknungsperioden weniger Wasser verdampft und mehr gefrierbares Wasser im Beton verbleibt. Bevor der Beton mit Tausalz in Berührung kommt, sollte er wenigstens einmal austrocknen, da sich eine einmal ausgetrocknete Betondecke nicht mehr so stark vollsaugt und die Sprengkräfte in den nur zum Teil mit Wasser gefüllten Kapillarporen kleiner sind. Im Spätherbst hergestellte Betonfahrbahnen sollten deshalb nicht durch Feuchthalten nachbehandelt, sondern durch einen Nachbehandlungsfilm vor Feuchtigkeitsabgabe geschützt werden. Stets ist für eine ausreichende Entwässerung zu sorgen, damit das Salzwasser von der Betonoberfläche abfließen kann.

5.2.3 Lösender Angriff

Ein lösender chemischer Angriff wird durch Säuren, bestimmte austauschfähige Salze, starke Basen, organische Fette und Öle und in geringem Maße auch durch weiches Wasser hervorgerufen. Dabei werden die Calciumsilikat-, -aluminat- und -ferrithydrate durch Hydrolyse gespalten und das dabei freigesetzte $Ca(OH)_2$ sowie durch Ionenaustausch gebildete leicht lösliche Salze gelöst. Gesteinskörnungen werden angegriffen, wenn sie aus Kalk- oder Dolomitgestein bestehen (Schema siehe Abb. B.5.4).

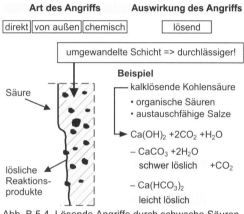

Abb. B.5.4 Lösende Angriffe durch schwache Säuren

Säuren

Für den Angriffsgrad saurer Wässer ist außer der Konzentration der Säure in erster Linie ihre Stärke, ausgedrückt durch den pH-Wert, maßgebend. Starke Mineralsäuren, wie z. B. Salzsäure, Salpetersäure oder Schwefelsäure, lösen alle Bestandteile des Zementsteins unter Bildung von Calcium-, Aluminium-, Eisensalzen und Kieselgel auf. Schwache Säuren, wie z. B. die Kohlensäure, bilden nur mit dem Kalk, nicht aber mit der Tonerde und dem Eisenoxid wasserlösliche Salze, so dass Aluminium- und Eisenhydroxid zurückbleiben. Die Abgase zahlreicher Brennstoffe, vor allem Kohle und Heizöl, enthalten Schwefeldioxid, das mit Wasser schweflige Säure bildet. Moorböden können Eisensulfide (Pyrit) enthalten, die nach Oxidation des Schwefels schweflige Säure bilden. Es können auch Sulfate gebildet werden, die zum treibenden Angriff führen. Organische Säuren greifen den Beton im Allgemeinen weniger stark an. Von ihnen zeigen wiederum Ameisensäure, Essigsäure und Milchsäure den relativ stärksten Angriffsgrad. Huminsäuren, die in Moorwässern vorkommen, greifen den Beton nur schwach an, da ihre Kalksalze im Wasser wenig löslich sind. Einige organische Säuren, die schwerlösliches Calciumsalz bilden, wie z. B. die Oxalsäure, greifen praktisch nicht an, da die Reaktionsprodukte auf der Betonoberfläche Schutzschichten bilden.

Schwefelwasserstoff

Schwefelwasserstoff ist eine schwache Säure, die den Beton praktisch nicht angreift. Im Gasraum von Abwasseranlagen oberhalb des Wasserspiegels kann er jedoch zum Angriff führen, wenn gewisse Voraussetzungen erfüllt und eine Reihe von Reaktionen in bestimmter Folge ablaufen. Grundvoraussetzung ist das Vorhandensein von elementarem Schwefel in organischer oder anorganischer Form, wie er in kommunalen, besonders aber in gewerblichen, industriellen und landwirtschaftlichen Abwässern enthalten ist. Schwefelwasserstoff bildet sich daraus jedoch nur, wenn das Abwasser durch Sauerstoffmangel vom aeroben in den anaeroben Zustand übergeht, was durch höhere Temperaturen beschleunigt wird. Diese Verhältnisse treten besonders in überregionalen Abwasseranlagen, so genannten Sammlern, auf. Der Schwefelwasserstoff entweicht in den Gasraum über dem Abwasser, verstärkt im Bereich turbulenter Strömung, und kann auf feuchten Oberflächen unter Wirkung von aeroben Mikroorganismen, vor allem der Thiobakterien, Schwefelsäure bilden. Dabei sind weniger die angebotenen Schwefelwasserstoffmengen als die Temperaturen maßgebend, da derartige mikrobiologische Vorgänge optimal bei Temperaturen von +30 °C bis +37 °C ablaufen. Es kann aber schon bei +18 °C eine 6-prozentige Schwefelsäure mit pH = 0,1 gebildet werden. Durch die Schwefelsäure wird der Beton einem lösenden, durch Sulfate einem treibenden Angriff, ggf. einer Kombination beider Angriffe ausgesetzt. Da Beton mit hohem Widerstand gegen chemische Angriffe bis zu pH = 4,5 nur wenig geschädigt wird und preiswerte Schutzschichten die Verhältnisse bisher nicht verbessert haben, sind in erster Linie vorbeugende Maßnahmen anzuwenden:

- Abwasser: Überwachung des pH-Wertes und der Temperatur.
- Bauwerk: Gleichmäßiges ausreichendes Gefälle, keine Turbulenzen, keine toten Ecken und Staus (Schlammbildung), gute Belüftung, trockene Wände durch wasserundurchlässigen Beton, glatte Flächen, gerundete Kanten, Ecken und Kehlen.

Kohlensäure

Kohlensäure tritt vor allem in Gebirgswässern und im Bereich von Mineralquellen (Grundwässern) auf. Die im Wasser gelöste Kohlensäure bildet mit dem Calciumhydroxid des Zementsteins das in Wasser schwer lösliche Calciumkarbonat. Der im Calciumkarbonat enthaltene CO_2-Gehalt wird gebundene Kohlensäure genannt. Bei Zutritt weiterer Kohlensäure (kalklösende Kohlensäure) entsteht das Calciumhydrogenkarbonat ($Ca(HCO_3)_2$), das im Wasser beträchtlich löslich ist, in festem Zustand aber nicht vorkommt. Die im Calciumhydrogenkarbonat gegenüber dem Calciumkarbonat zusätzlich enthaltene Kohlensäure heißt halbgebundene Kohlensäure. Das Calciumhydrogenkarbonat bleibt aber nur dann in Lösung, wenn im Wasser eine bestimmte Menge Kohlendioxid gelöst vorhanden ist, die als zugehörige Kohlensäure bezeichnet wird und einen Teil der freien Kohlensäure ausmacht. Der andere Teil dieser freien Kohlensäure, die überschüssige Kohlensäure, liefert die bereits genannte kalklösende Kohlensäure, die für den weiteren Angriff frei ist. Die Kohlensäure kann also den Beton nur dann angreifen, wenn so viel freie Kohlensäure vorhanden ist, dass über den Bedarf an zugehöriger Kohlensäure hinaus kalklösende Kohlensäure übrig ist. Dabei kann die Kohlensäure außer den freien Kalk (Calciumhydroxid) auch den in den anderen Hydratationsprodukten gebundenen Kalk angreifen. Wenn kohlensäurehaltiges Wasser durch Beton durchsickern kann, scheidet das Calciumhydrogenkarbonat die halbgebundene Kohlensäure an der Betonoberfläche ab und das verbleibende Calciumkarbonat bleibt als Kalksinterfahne zurück, die immer auf undichten Beton oder undichte Arbeitsfugen hinweist.

Maßnahmen bei kalklösender Kohlensäure:
- geringe Porosität (w/z gering; Nachbehandlung)
- nicht zu hoher Zementgehalt
- calcitische Gesteinskörnung (quarzitische Gesteinskörnung ist zwar wesentlich widerstandsfähiger als calcitische, die Korrosionsgeschwindigkeit (Abtragsrate) ist bei calcitischer Gesteinskörnung aber kleiner, da diese mit aufgelöst werden muss und dafür Kohlensäure verbraucht wird)
- ggf. erhöhte Betondeckung
- kalkarme Zemente (CEM III, CEM I + FA).

Saurer Regen

Es wird häufig behauptet, dass der saure Regen zu starken Betonschäden führt. Ordnungsgemäß zusammengesetzter Beton hat durch den großen Kalküberschuss (ca. 25 % des hydratisierten Zementes liegt als $Ca(OH)_2$ vor) aber eine so große Pufferkapazität gegenüber saurem Regen, dass die Abwitterungen infolge Säureangriff durch

SO_3^- auch über lange Zeiträume vernachlässigbar klein bleiben. Viel wichtiger ist die Einwirkung von CO_2, die zur Neutralisierung des calcitischen Betons und ggf. zum Verlust des Korrosionsschutzes für die Bewehrung führen kann. Der Verwitterungswiderstand des Betons (Abwitterung von Oberflächen im Millimeterbereich, unterstützt durch sauren Regen) hängt i. W. von der Qualität der oberflächennahen Zone, die vom w/z-Wert und der Nachbehandlung beeinflusst wird, ab. Die Zementart spielt dabei eine untergeordnete Rolle (einen ausreichenden Hydratationsgrad vorausgesetzt). Bestimmte Natursteine, insbesondere kalkgebundene Sandsteine, sind wegen der fehlenden Pufferkapazität gegenüber saurem Regen dagegen äußerst empfindlich.

Austauschfähige Salze

Zu den austauschfähigen Salzen, die in Wässern gelegentlich vorkommen, gehören vor allem die Salze des Magnesiums und Ammoniums, von denen alle Magnesiumsalze außer $MgCO_3$ und das Nitrat, Chlorid, Sulfid, Sulfat und Hydrogenkarbonat des Ammoniums betonangreifend sind. Die Chloride von Magnesium und Ammonium greifen den Beton dadurch an, dass sie mit dem Kalk des Zementsteins wasserlösliche Verbindungen eingehen, die ausgelaugt werden. Das Magnesium scheidet sich bei allen Umwandlungen auf der Betonoberfläche in fester Form als Hydroxid oder als Silikat ab und bildet eine den weiteren Angriff hemmende Schicht. Das Ammonium entweicht dagegen gasförmig als Ammoniak. Es kann sich keine Schutzschicht bilden, und der Beton wird erheblich stärker geschädigt. Ammoniumsalze, wie Ammoniumkarbonat, -fluorid und -oxalat, die schwerlösliche Calciumverbindungen bilden, greifen den Beton nicht an. Unschädlich ist außerdem Ammoniakwasser. Chloride können mit den Calciumaluminathydraten des Zementes nahezu wasserunlösliches Friedel'sches Salz ($3CaO \cdot Al_2O_3 \cdot CaCl_2 \cdot 10H_2O$) bilden, das nicht zum Treiben führt. Erst wenn die Aluminiumhydrate verbraucht sind, liegt im Beton freies Chlorid vor. Das gebundene Chlorid kann im karbonatisierten Bereich wieder in freies Chlorid übergehen. Außer im Meerwasser und in der Umgebung des Meeres sowie im Bereich von Mineralquellen und Salzlagerstätten kommen Chloride vor allem als Tausalzlösungen bei Betonfahrbahndecken und Brücken und als Chlorwasserstoff-Gase beim Brand von Polyvinylchlorid (PVC) mit dem Beton in Berührung. In stärkerer Verdünnung sind Salzsäuredämpfe auch in den Abgasen von Müllverbrennungsanlagen enthalten. Bei Berührung mit Beton reagieren diese Dämpfe mit dem Zementstein unter Bildung von Calciumchlorid.

Basische Flüssigkeiten

Basische Wässer geringer Konzentration greifen den Beton im Allgemeinen nicht an. Dagegen ist bei konzentrierten Lösungen starker Basen wie Natron- und Kalilauge mit einem Angriff auf die aluminathaltigen Phasen des Zementsteins zu rechnen, wobei es auch zu Auflösungserscheinungen der kieselsäurehaltigen Gesteinskörnung für Beton und damit zur Lockerung der Haftung am Zementstein kommen kann.

5.2.4 Treibender Angriff

Sulfate

Während bei den im vorherigen Abschnitt B.5.2.3 beschriebenen Vorgängen der Zementstein durch die angreifenden Stoffe mehr oder weniger schnell aufgelöst wird, entstehen bei der Reaktion mit sulfathaltigen Böden und Wässern neue feste Verbindungen, die durch ihren Volumenbedarf Treiben hervorrufen. Die Sulfate können sich bei Verdunstung an freien Flächen stark anreichern und dadurch den Angriff verstärken. Dies ist auch durch das Verdampfen in Kühltürmen möglich, vor allem, wenn im System mit wenig Zusatzwasser gearbeitet wird. Wenn in Wasser gelöste Sulfate in den Beton eindringen können, reagieren sie mit den Aluminathydraten des erhärteten Zements und bilden zunächst Ettringit, das durch seine große Wasserbindung beim Kristallwachstum einen starken Druck auf die Porenwandungen ausübt und dadurch Zugspannungen und Spaltrisse im Beton verursacht. In den Rissen bilden sich Gipskristalle, die durch weiteres Wachstum die Spaltrisse aufweiten. Dadurch kann die Ettringitfront weiter in den Beton eindringen und die Zerstörung fortsetzen. Die Wirkung ist bei Magnesiumsulfatlösungen wesentlich stärker als bei anderen Sulfaten, da neben dem treibenden Angriff durch eine Basenaustauschreaktion der Mg-Ions ein lösender Angriff stattfindet. Die Geschwindigkeit des Treibvorganges hängt natürlich vom Zementsteinporenraum und damit vom w/z-Wert ab. Der chemisch-physikalische oder treibende Angriff entsteht durch chemische Reaktion mit dem Zementstein, die zur Bildung neuer Verbindungen mit größerem Volumen und damit zum Treiben führt. Besondere Bedeutung hat der Sulfatangriff in Abwassersystemen. Durch sulfatreduzierende Bakterien im Abwasser und sulfatbildende Bakterien im Feuchtraum über dem Abwasser entsteht ein so genannter Schwefelkreislauf, der unter ungünstigen Bedingungen (Schwitzwasserbildung und schlechte Belüftung) zu sehr starkem Betonangriff führen kann.

Meerwasser

Meerwasser wäre aufgrund seines Magnesium- und Sulfatgehaltes als sehr stark betonangreifend einzustufen, da der Salzgehalt verschiedener Meere in folgenden Bereichen liegt:

Ostsee 0,7…1,6 %

Nordsee 3,1…3,6 % (bei einem Salzgehalt von 3,6 % enthält Meerwasser u. a. 1330 mg Mg^{2+}/l und 2780 mg SO_4^{2-}/l)

Mittelmeer bis 4 %

Bei der Beurteilung von Schäden muss man berücksichtigen, dass ein dem Meerwasser ausgesetzter Beton nicht nur einem chemischen Angriff, sondern auch einem komplexen Angriff durch Sulfat-, Frost- oder mechanische Eisbeanspruchung, ggf. auch durch Alkalitreiben, ausgesetzt ist. Bei Bauten im Meer (Off-Shore) kommen noch der hohe Wasserdruck und die starke dynamische Belastung hinzu, die über die Wassereindringtiefe und die Rissbildung die Wirkung des chemischen Angriffs verstärken können. In Meerwasserentsalzungsanlagen ändern sich die Zusammensetzung und die Eigenschaften des Meerwassers durch Erhitzung bis zu etwa +110 °C. Es wirkt dadurch als Sulfatlösung angreifend.

Erfahrungen und Versuche haben jedoch gezeigt, dass das Meerwasser weit weniger stark angreift als reine Magnesium- und Sulfatlösungen gleicher Konzentration. Dies kann darauf zurückgeführt werden, dass der hohe Chloridgehalt des Meerwassers den Sulfatangriff hemmen kann. Außerdem bilden sich auf der Oberfläche von meerwassergelagerten Betonbauteilen durch Reaktion des im Meerwasser enthaltenen Calciumhydrogenkarbonats mit dem Calciumhydroxid im Zementstein verschiedene Formen des Calciumkarbonats, die ebenfalls das Eindringen der angreifenden Stoffe hemmen.

Kieselsäure

Zuschläge aus amorpher Kieselsäure (z. B. Opal, Flint) reagieren mit den Alkalien des Zementsteins (Na^+, K^+) und führen zu Treiberscheinungen. Empfindliche Zuschläge kommen in den nördlichen (alten) Bundesländern Schleswig-Holstein, nördliches Niedersachsen sowie etwa in der nördlichen Hälfte der neuen Bundesländer vor. Bei Anwendung der Richtlinie des Deutschen Ausschusses für Stahlbeton kann Alkalitreiben ausgeschlossen werden. Besonders zu beachten ist dabei, dass eine klare Zuordnung der Bauteile zur Exposition (W-Klassen) und der Alkaliempfindlichkeit der Gesteinskörnung erfolgt (E-Klassen). Es wird auf die DAfStb Richtlinie verwiesen [DAfStb-Ri – 2007].

6 Betonstahl

6.1 Herstellung

Als Betonstähle werden allgemein Stähle bezeichnet, die als Bewehrung in Stahlbetonbauteile eingebaut werden.

Die Herstellung erfolgt durch Warmwalzen in einem Walzprozess oder durch Kaltwalzen in zwei aufeinander folgenden Walzprozessen. Im ersten Walzprozess werden durch Warmwalzen bei Temperaturen von ca. 850 °C (Beginn der Warmwalzstraße) oder je nach Fabrikationsstätte ab ca. 1000 °C Rohstahl in Form der in Abb. B.6.1 dargestellten Knüppel hergestellt. Am Ende der Warmwalzstraße erreicht der Stahl Temperaturen von rund 1000 °C.

Durch Einwalzen der endgültigen Rippenform auf dem letzten Walzgerüst der Warmwalzstraße entsteht Betonstabstahl mit bedingungsgemäßen Eigenschaften oder warmgewalzter Betonstahl in Ringen.

Abb. B.6.1 Knüppel als Vormaterial für die Betonstahlherstellung mit einem Querschnitt von ca. 15 cm × 15 cm

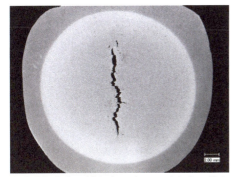

Abb. B.6.2 Gefügebild eines tempcorisierten Betonstahls des Nenndurchmessers d = 28 mm mit gehärtetem Gefüge im Randbereich und typischem Gefüge im Stabkern bei großen Durchmessern

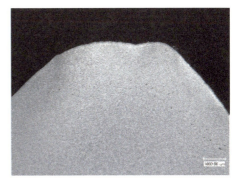

Abb. B.6.3 Gefüge eines kaltgewalzten Betonstahls des Nenndurchmessers d = 12 mm

Beim Warmwalzen werden mehrere Verfahren unterschieden:

1. Das Walzen kann ohne besondere Behandlung auf der Warmwalzstraße erfolgen, wenn aufgrund der gezielt eingestellten chemischen Zusammensetzung Stahlgefüge im Herstellprozess gebildet werden, die zu bedingungsgemäßen Eigenschaften führen (Mikrolegierung).

2. Wenn nach dem letzten Walzgerüst der Warmwalzstraße gezielt eine Abkühlung vorgenommen wird, entsteht im Randbereich des Stabs ein martensitisches Gefüge, das sich durch das Anlassen aus der Walzhitze des Stabkerns zu einem bainitischen Gefüge umwandeln kann (Tempcorebehandlung). Durch die gehärteten Gefüge im Randbereich werden die bedingungsgemäßen Eigenschaften erreicht. Als Beispiel eines tempcorisierten Betonstahls ist das Gefügebild eines Betonstabstahls des Nenndurchmessers d = 28 mm in Abbildung B.6.2 zu sehen. Das im Bild erkennbare Gefüge im Stabkern bedeutet keine Qualitätsminderung bei den genormten Eigenschaften. Alternativ kommen auch Stäbe großen Durchmessers mit vollständig geschlossenem Gefüge aus der Produktion.

3. Warmgewalzter Betonstahl in Ringen kann gezielt umgespult werden. Dabei werden die Wicklungen enger gefasst und in der Umspuleinrichtung eine Zugspannung erzeugt, die den Betonstahl verformt, wodurch die Streckgrenze gesteigert wird und bedingungsgemäße Eigenschaften erreicht werden.

Beim alternativen Kaltwalzen verlässt Vormaterial mit glatter Oberfläche die Warmwalzstraße. In einem zweiten Walzprozess werden bei Normaltemperaturen die Rippen eingewalzt und durch das Walzen und gleichzeitige Ziehen das Stahlgefüge so umgeformt, dass die bedingungsgemäßen Eigenschaften als Betonstahl in Ringen oder als Stäbe für das Schweißen von Betonstahlmatten erreicht werden. Das Gefüge von kaltgewalztem Betonstahl ist in Abb. B.6.3 dargestellt.

6.2 Eigenschaften

Die Anforderungen an die Eigenschaften von Betonstahl sind in der Stoffnorm DIN 488-1:2009-08 in Tabelle 2 angegeben (siehe Tafel B.6.1). Sie beschreiben schweißgeeigneten Betonstahl mit der charakteristischen Streckgrenze von R_e = 500 N/mm² in den zwei Duktilitätsklassen A (normalduktil) und B (hochduktil). Betonstahl der Festigkeitsklasse 420 ist in der neugefassten DIN 488 von 2009 nicht mehr enthalten. Gegenüber der Vorgängernorm ist in der neuen DIN 488 von 2009 der Durchmesserbereich für Betonstabstahl B500B um die Nenndurchmesser d = 32 mm und d = 40 mm erweitert worden und Regelungen für Betonstahl mit erhöhtem Kupfergehalt bis 0,8 % aufgenommen worden, so dass die bisher für Stäbe mit diesen Eigenschaften geltenden allgemeinen bauaufsichtlichen Zulassungen ihre Wirkung verlieren.

In der Bemessungsnorm DIN EN 1992-1-1:2011-01 wird im Anhang C Betonstahl in drei Duktilitätsklassen eingeteilt. Betonstahl der dritten Duktilitätsklasse wird in Südeuropa eingesetzt, um den dort geltenden Lastannahmen infolge Erdbeben Rechnung zu tragen. Die höheren Duktilitätseigenschaften werden in der Regel durch eine Reduzierung der Streckgrenze erreicht, so dass diese Stahlsorte in Deutschland nicht eingesetzt werden darf.

In Tafel B.6.2 sind die Betonstäbe aufgeführt, für die die allgemeinen bauaufsichtlichen Zulassungen bei Anwendung der jeweiligen Stäbe weiterhin zu beachten sind.

Tafel B.6.1 Eigenschaften der Betonstähle nach DIN 488-1

Eigenschaft	Einheiten	Betonstahlsorte				Quantile p (%) bei $W = 1 - \alpha$ (einseitig)
		B500A	B500B	B500A		
		1.0438	1.0439	1.0438		
		gerippt	gerippt	glatt (+G)	profiliert (+P)	
–	–	Betonstahl in Ringen, abgewickelte Erzeugnisse, Betonstahlmatten, Gitterträger	Betonstabstahl, Betonstahl in Ringen, abgewickelte Erzeugnisse, Betonstahlmatten, Gitterträger	Bewehrungsdraht in Ringen und Stäben, Gitterträger		
Streckgrenze R_e	N/mm²	500				p = 5,0 bei W = 0,90
Streckgrenzenverhältnis R_m/R_e	–	1,05	1,08	1,05		p = 10,0 bei W = 0,90
Verhältnis $R_{e,ist}/R_{e,nenn}$	–	–	1,3	–		p = 90,0 bei W = 0,90
Gesamtdehnung bei Höchstkraft A_{gt}	%	2,5	5	2,5		p = 10,0 bei W = 0,90
Schwingbreite $2\sigma_a$ in MPa bei 1 x 10⁶ LW; Exponenten k_1 und k_2 der Wöhlerkurve	N/mm²	Stäbe und Ringe: 175 k_1 = 4; k_2 = 9	Stäbe und Ringe: $d \leq 28$: 175 $d > 28$: 145 k_1 = 4; k_2 = 9	–		p = 5,0 bei W = 0,75 (einseitig)
		Matten 100				
Biegefähigkeit	–	– ermittelt im Rückbiegeversuch bis d = 32 mm nach DIN 488-2 und DIN 488-3, – ermittelt im Biegeversuch für d = 40 mm nach DIN 488-2, – ermittelt im Biegeversuch an der Schweißstelle nach DIN 488-4				Mindestwert
Unter- oder Überschreitung der Nennquerschnittsfläche A_n	%	+ 6 / – 4				p = 95,0 / p = 5,0 bei W = 0,90
Knotenscherkraft von Betonstahlmatten	kN	0,3 x A_n x R_e		–		p = 5,0 bei W = 0,90
Bezogene Rippenfläche f_R	–	d = 4,0 und 4,5: 0,036 d = 5,0 bis 6,0: 0,039 d = 6,5 bis 8,5: 0,045 d = 9,0 bis 10,0: 0,052 d = 11,0 bis 40,0: 0,056		–	siehe DIN 488-3	
Schweißeignung	–	$C_{eq} \leq 0,50$ (0,52) für $d \leq 28$ mm $C_{eq} \leq 0,47$ (0,49) für $d > 28$ mm $C \leq 0,22$ (0,24); $P \leq 0,050$ (0,055); $S \leq 0,050$ (0,055) $N \leq 0,012$ (0,014); $Cu \leq 0,60$ (0,65)				

Eigenschaften

Tafel B.6.2 Allgemeine bauaufsichtliche Zulassungen für Betonstäbe und Betonstahl in Ringen

Zulassung	Antragsteller	größter Nenndurchmesser	Oberflächenform	Streckgrenze	Verformung		Durchmesser der Biegerolle bei Biegeversuchen	Bemessung der Ermüdungsfestigkeit	
					Dehnung bei Höchstlast	Quantilwert		Spannungskennwert	Zug. Lastspielzahl
-	-	mm	-	N/mm²	%	%	mm	N/mm²	
Z-1.1-1	Annahütte	63,5		555	5	5	-	100	2·10⁶
Z-1.1-58	Annahütte	12-20		500	6	10	8d	175	1·10⁶
		32						145	
Z-1.1-59	Arcelor Rodange (L)	40		500	5	5	10d	135	2·10⁶
		50					6d	110	
Z-1.1-106	Annahütte	40	Gewinderippen	500	6	10	6d	145	1·10⁶
		50							
Z-1.1-167	ARES Rodange (L)	16-28		500	6	5	10d	165	2·10⁶
		32						135	
Z-1.1-198	Arcelor Rodange (L)	63,5		550	5	5	6d ¹⁾	100	1·10⁶
Z-1.1-229	Leali (I)	20-32		500	6	5	8d-10d	165	1·10⁶
		40					5d ¹⁾	135	
		50					5d ¹⁾	130	
Z-1.1-215	Feralpi	12	3 Rippenreihen	500	2,5	10	5d	175	1·10⁶
Z-1.2-186	BSW	14	Bawari						2·10⁶
Z-1.2-193	Van Merksteijn (NL)	12	Europrofil	500	5	10	5d	175	1·10⁶

¹⁾ nur Biegeversuch

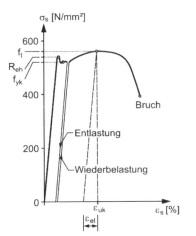
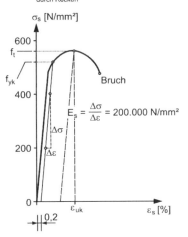

Abb. B.6.4 Kennwerte des Spannungs-Dehnungsverhaltens

In Abb. B.6.4 sind die Unterschiede zwischen warm- und kaltgewalztem Betonstahl hinsichtlich des Spannungsdehnungsverhaltens erkennbar. Bis zum Erreichen der Streckgrenze sind die Dehnungsanteile überwiegend elastisch. Bei Erreichen der natürlichen Streckgrenze R_{eh} kommt es bei warmgewalztem Betonstahl zu Versetzungen im Stahlgefüge, wodurch die Spannung reduziert wird und die Dehnung stärker zunimmt. Nach Überschreiten der Streckgrenze nehmen Spannung und Dehnungen kontinuierlich bei höheren plastischen Anteilen zu. Da bei kaltgewalztem Betonstahl die natürliche Streckgrenze nicht ausgeprägt ist – die Versetzungen im Stahlgefüge werden durch den Kaltwalzprozess vorweggenommen –, wird eine technische Streckgrenze definiert. Diese ergibt sich am Schnittpunkt der Spannungs-Dehnungslinie und einer Parallelen zur Spannungs-Dehnungslinie, die im Ursprung um 0,2 % Dehnung versetzt wird.

6.3 Benennung

6.3.1 Kurzname

Der Kurzname besteht aus drei Teilen:
1. „B" für Betonstahl
2. „500" als Nennwert der charakteristischen Streckgrenze für die Festigkeitsklasse
3. „A" oder „B" für die Duktilitätsklasse A = normalduktil; B = hochduktil

6.3.2 Normative Bezeichnung

Die normgerechte Bezeichnung eines Betonstahlerzeugnisses erfolgt in folgender Reihenfolge:
1. Betonstahlerzeugnis
2. Hauptnummer der DIN (488)
3. Kurzname oder Werkstoffnummer
4. Kennzeichnendes Nennmaß (z. B. Nenndurchmesser)

Beispiel 1:
Betonstahlmatte DIN 488-B500A-Q335

Beispiel 2:
Betonstahl in Ringen DIN 488-B500B-12

6.4 Oberflächengeometrie der Erzeugnisformen

6.4.1 Allgemeines

Am Betonstahl ist die Duktilitätsklasse durch die Anzahl der Schrägrippenreihen erkennbar:
- Betonstähle mit zwei oder vier Schrägrippenreihen gehören zur Duktilitätsklasse B.
- Glatter und profilierter Bewehrungsdraht sowie gerippter Betonstahl mit drei Schrägrippenreihen gehören zur Duktilitätsklasse A.

6.4.2 Betonstabstahl B500B

Betonstabstahl wird mit zwei Rippenreihen produziert. In der Regel erfolgt die Produktion gemäß der Darstellung in Abb. B.6.5 und B.6.6.

Abb. B.6.5 Betonstabstahl mit zwei Schrägrippenreihen und alternierendem Schrägrippenwinkel in einer Reihe

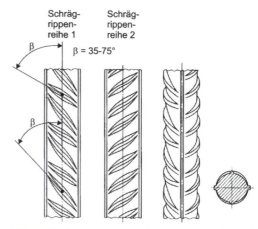

Abb. B.6.6 Darstellung eines Betonstabstahls mit zwei Schrägrippenreihen und alternierendem Schrägrippenwinkel in einer Reihe

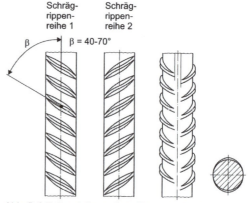

Abb. B.6.7 Darstellung eines Betonstabstahls mit zwei Schrägrippenreihen und ausschließlich parallelen Schrägrippenwinkeln

6.4.3 Betonstahl in Ringen warmgewalzt als B500B oder kaltgewalzt als B500A

Warmgewalzter Betonstahl in Ringen weist vier Schrägrippenreihen und kaltgewalzter Betonstahl in Ringen drei Schrägrippenreihen auf.

Abb. B.6.8 Betonstahl in Ringen

Werkkennzeichen

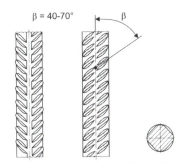

Abb. B.6.9 Darstellung eines Betonstahls in Ringen B500B warmgewalzt mit vier Schrägrippenreihen

6.4.5 Bewehrungsdraht B500A

Bewehrungsdraht wird kaltgewalzt als glatter oder profilierter Draht in der Duktilitätsklasse A produziert.

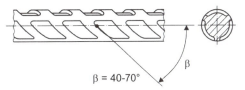

Abb. B.6.12 Darstellung eines profilierten Bewehrungsdrahtes, kaltgewalzt mit drei Profilreihen

6.4.6 Gitterträger

Gitterträger werden aus Betonstahl in Ringen oder Bewehrungsdraht mit einem Obergurt, einem oder mehreren Untergurten und Diagonalen hergestellt. Die Diagonalstäbe werden in der Regel aus glattem Bewehrungsdraht hergestellt und sind durch Widerstandspunktschweißen mit den Gurtstäben verbunden. Die Gurtstäbe können aus Stäben, Betonstahl in Ringen oder profiliertem Bewehrungsdraht hergestellt sein.

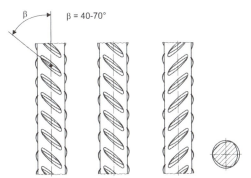

Abb. B.6.10 Darstellung eines Betonstahls in Ringen B500A kaltgewalzt mit drei Schrägrippenreihen

6.4.4 Betonstahlmatten B500A, B500B

Betonstahlmatten werden aus gerichtetem und gewalztem Vormaterial in der Duktilitätsklasse A oder B geschweißt mit Rippenoberflächen in den Formen, wie im Abschnitt 6.4.3 angegeben.

Abb. B.6.11 Betonstahlmatten (Vordergrund) und glatter Betonstahl in Ringen als Vormaterial (Hintergrund)

Abb. B.6.13
Gitterträger mit kleiner Höhe und glattem Obergurt und zwei Untergurtstäben aus kaltgewalztem Betonstahl in Ringen B500A (Bild oben) und mit großer Höhe und Ober- und Untergurt aus warmgewalztem Betonstahl in Ringen B500B (Bild unten). Die Diagonaldrähte können aus glattem Bewehrungsdraht hergestellt werden.

6.5 Werkkennzeichen

Jeder Hersteller hat sein Produkt mit einem Werkkennzeichen zu markieren, das durch unterschiedliche Ausbildung benachbarter Schrägrippen auf dem Betonstahl erkennbar sein muss.
Die Werkkennzeichen werden vom Deutschen Institut für Bautechnik (DIBt/www.dibt.de) zugeteilt. Das DIBt veröffentlicht die Werkkennzeichen in den halbjährlich aktualisierten „Betonstahlverzeichnissen". Die Werkkennzeichen sind in den

Walzrollen eingeprägt, die die Schrägrippen im Herstellprozess erzeugen, so dass sie in regelmäßigen Abständen von etwa 40 cm bis 100 cm je nach Durchmesser der Rollen auf der Betonstahloberfläche wiederkehren.

Das Werkkennzeichen besteht aus zwei Teilen:
1. eine einstellige Zahl als Kennzeichen des Herstellerlandes
2. eine ein- oder zweistellige Zahl als Kennung für die Fabrikationsstätte.

Die Zahlen des Werkkennzeichens auf den Betonstählen sind lesbar, indem die Anzahl von normalen Schrägrippen, die zwischen deutlich markierten Schrägrippen liegen, gezählt wird.

Die Leserichtung des Werkkennzeichens wird nach Erkennen seines Beginns deutlich. Der Beginn ist durch zwei aufeinander folgende markierte Schrägrippen festgelegt. Die Markierung der Schrägrippen ist bei Betonstabstahl durch eine Verdickung der Rippen erkennbar. Andere Markierungsarten können durch Weglassen von Schrägrippen oder durch Querverbindungen in Schrägrippenmitte gebildet werden.

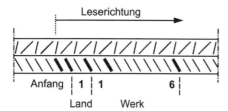

Abb. B.6.14 Werkkennzeichen für Betonstabstahl

Werkkennzeichen mit Zwischenrippen

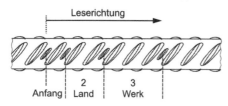

Werkkennzeichen durch Weglassen von Rippen

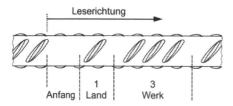

Abb. B.6.15 Zwei unterschiedliche Möglichkeiten des Werkkennzeichens für Betonstahl in Ringen B500A oder Betonstahlmatten B500A

Werkkennzeichen von profiliertem Bewehrungsdraht (Beispiel)

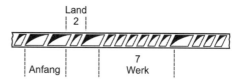

Abb. B.6.16 Werkkennzeichen für profilierten Bewehrungsdraht

Das DIBt hat vor einiger Zeit die Zuordnung der Länder zur Länderkennung in Anlehnung an den Vorschlag der EN 10080:2005 geändert. Zurzeit gelten daher die Zuordnungen der Tafel B.6.3.

Tafel B.6.3 Zuordnung der Länder bei Werkkennzeichen von Betonstahl

Land	Nummer
Deutschland, Österreich, Polen, Slowakei, Tschechische Republik	1
Belgien, Luxemburg, Niederlande, Schweiz	2
Frankreich, Ungarn	3
Italien, Malta, Slowenien	4
Irland, Island, Vereinigtes Königreich	5
Dänemark, Estland, Finnland, Lettland, Litauen, Norwegen, Schweden	6
Portugal, Spanien	7
Griechenland, Zypern	8
Andere Länder	9

6.6 Angaben zu den Erzeugnisformen

6.6.1 Metergewicht und Nennquerschnitte

Tafel B.6.4 Nenngewichte und Nennquerschnitte von Betonstäben

Durchmesser d in mm	Querschnittsfläche A_n in mm²	Gewicht g in kg/m
6	28,3	0,222
8	50,3	0,395
10	78,5	0,617
12	113,1	0,888
14	154	1,21
16	201	1,58
20	314	2,47
25	491	3,85
28	616	4,83
32	804	6,31
40	1257	9,86

6.6.2 Betonstabstahl B500B

Betonstabstahl DIN 488-B500B ist immer warmgewalzt und wird in dem Durchmesserbereich von $d = 6$ mm bis $d = 40$ mm und Standardlieferlängen von 12 m mit Überlängen bis 18 m geliefert. Darüber hinaus wird Stabstahl nach Zulassungen bis $d = 63{,}5$ mm hergestellt (siehe Tafel B.6.2)

6.6.3 Betonstahl in Ringen

Betonstahl in Ringen wird entweder warmgewalzt als B500B oder kaltgewalzt als B500A im Durchmesserbereich von $d = 6$ mm bis $d = 16$ mm und Ringgewichten von 2 t bis 4,5 t hergestellt. Im europäischen Ausland ist Betonstahl in Ringen bis $d = 25$ mm auf dem Markt. Der gewalzte Stab verlässt schlaufenförmig die Warmwalzstraße, wird nach dem Abkühlen grob aufgehaspelt und in einem weiteren Arbeitsgang gereckt und sauber lagenweise gespult.

Dabei werden die mechanischen Eigenschaften gezielt verbessert.

Abb. B.6.18 Weiterverarbeitungsmaschine von Betonstahl in Ringen bei der Produktion von Bügeln. Abzuspulendes Ringmaterial im linken Hintergrund und unverarbeitetes Ringmaterial im mittleren Hintergrund.

Abb. B.6.17 Produktion von Betonstahl in Ringen: Abkühlstrecke am Ende der Warmwalzstraße

Das Ringmaterial muss von einem überwachten und zertifizierten Weiterverarbeiter zum Endprodukt (z. B. Bügel, Stäbe oder gebogene Stäbe) in kombinierten Richt-, Biege- und Schneidemaschinen für die Baustelle weiterverarbeitet werden.

Weiterverarbeiteter Betonstahl in Ringen muss als solcher deklariert und vertrieben werden, auch wenn er ausschließlich zu geraden Stäben weiterverarbeitet wurde. Die Weiterverarbeiter müssen jede Schnittstelle ihrer Produkte mit dem ihnen vom DIBt zugeteilten Weiterverarbeiterkennzeichen versehen. Die Weiterverarbeitung und Auslieferung erfolgen nach den Angaben der Stahllisten objektbezogen. Die Herstellung von dreidimensionalen Betonstahlformen ist mit besonders geeigneten Verarbeitungsmaschinen möglich.

6.6.4 Betonstahlmatten B500A, B500B

Betonstahlmatten werden aus gerichtetem und kaltgewalztem Vormaterial B500A oder B500B aus sich rechtwinklig kreuzenden Stäben hergestellt, die durch Widerstands-Punktschweißung an jedem Kreuzpunkt scherfest miteinander verbunden sind.

Nach DIN 488-4 werden Lagermatten und Listenmatten unterschieden.

Abb. B.6.19 Mattenschweißanlage

6.6.4.1 Lagermatten

Lagermatten werden nach festgelegten Abmessungen und Querschnitten serienmäßig vorproduziert und auf Lager gelegt.

Einige Betonstahlmattenhersteller produzieren auch so genannte Vorratsmatten, die an das Lagermattenprogramm der Tafel B.6.5 angepasst sind und mit einem Überstand jeweils an der Längs- und Querseite ausgestattet sind. Diese werden von den Herstellern als Typ „B" bezeichnet. Die Stoßlänge kann für die jeweilige Anwendung gezielt hergestellt werden (in Abhängigkeit von der Verbundspannung). Die Überstände ermöglichen den Mattenstoß in einer Ebene. Die geforderte Betondeckung ist mit Einebenenstoß sicherer einzuhalten.

6.6.4.2 Listenmatten

Listenmatten werden nach spezifischen Anforderungen des Verwenders hinsichtlich Abmessungen und Stabdurchmesser sowie Stababstand objektbezogen gefertigt und geliefert. Bei optimaler Logistik können die einzelnen Matten, wenn sie vom Lieferfahrzeug entnommen werden, direkt auf der Schalung gezielt abgeladen werden.

Listenmatten werden als B500A oder B500B mit Lieferzeiten von 1–2 Wochen nach Auftragseingang hergestellt. Im Stahlquerschnitt und in den äußeren Abmessungen vom Typenprogramm der Lagermatten abweichende Betonstahlmatten können von folgenden Listenmattenherstellern bestellt werden:

- BESTA Lübbecke
- SBS Glaubitz
- BBS Dinkelscherben
- HBS Hattersheim
- Wilhelm Schwarz & Co Schlüsselfeld

Listenmatten können nach den in Abb. B.6.21 dargestellten Grundtypen bestellt werden.

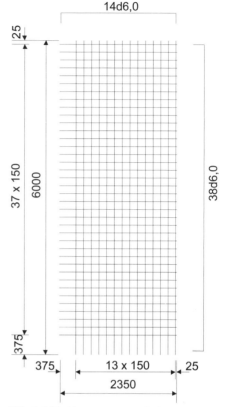

Abb. B.6.20 Vorratsmatte am Beispiel einer Matte des Typs B 188

Tafel B.6.5 Typenprogramm für Lagermatten

Typ	Querschnitte		Äußere Abmessungen		Stababstände		Durchmesser			Anzahl d.	Gewicht	
	längs	quer	Länge	Breite	längs	quer	Längs	Quer	Rand	Randstäbe	je Matte	je m²
	mm² / m		m				mm			-	kg	kg
Q 188	1,88	1,88					6	6	-	-	41,7	3,02
Q 257	2,57	2,57					7	7	-	-	56,8	4,12
Q 335	3,35	3,35		2,30	150	150	8	8	-	-	74,3	5,38
Q 424	4,24	4,24					9	9			84,4	6,12
Q 524	5,24	5,24					10	10	7	4	100,9	7,31
Q 636	6,36	6,28	6,0	2,35	100	125	9	10			132	9,36
R 188	1,88	1,13					6		-	-	33,6	2,43
R 257	2,57	1,13					7	6	-	-	41,2	2,99
R 335	3,35	1,13		2,30	150	250	8		-	-	50,2	3,64
R 424	4,24	2,01					9	8	8	2	67,2	4,87
R 524	5,24	2,01					10				75,7	5,49

Die Bestellung von Listenmatten erfolgt mit den Angaben nach Abb. B.6.22.

Für Knotenpunkte, Durchdringungen und Ecken werden HS-Matten verwendet. Bei diesen fehlen im mittleren Bereich die Längsstäbe. Hierdurch lassen sich zwei gebogene Matten ineinanderschieben.

HS-Matten nach einem speziellen Typenprogramm werden von einigen Herstellern und dem Handel angeboten und sind in Tafel B.6.6 wiedergegeben.

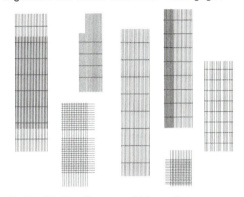

Abb. B.6.21 Grundtypen von Listenmatten

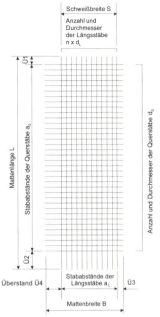

Abb. B.6.22 Maßangaben für die Bestellung von Listenmatten

Tafel B.6.6 HS-Mattenprogramm

Kurz-bezeich-nung	Länge	Breite	Abstand			Stabdurchmesser		Bewehrungs-querschnitt	Gewicht
			Längsstäbe im Randbereich	Längsstäbe in der Mitte	Querstäbe	Längs	Quer		
	m		mm						kg/m²
HSE 1	5	1,25	3 * 100	600	150	6	6	1,88	18,3
HSE 2		1,85	3 * 150	900					22,8
HSE 3							8	3,35	40,6

6.6.4.3 Betonstahlmatten B500A/B-dyn

Betonstahlmatten B500A/B-dyn sind Listenmatten. Bei Betonstahlmatten B500A/B-dyn werden die sich kreuzenden Stäbe nur in definierten Bereichen verschweißt. Es werden mindestens so viele Kreuzpunkte verschweißt, dass Transport und Verlegen gesichert sind.

In den verschweißten Bereichen ist entsprechend DIN EN 1992-1-1/NA der Ermüdungsnachweis mit einem Wert von $\Delta\sigma_{Risk}$ = 85 N/mm² und in den nicht verschweißten Bereichen mit $\Delta\sigma_{Risk}$ = 175 N/mm² jeweils bei $N^* = 1\times10^6$ zu führen.

6.6.4.4 Besondere Mattenformen – Bamtec-Verfahren

Einzelne Stäbe können durch Bänder aus Stahlblech miteinander durch Heftschweißung verbunden sein, so dass ein Aufrollen der Stäbe möglich ist. Nach dem Transport können die für das einzelne Bauobjekt gefertigten Rollen mit wirtschaftlichem Vorteil gegenüber einer Einzelstabverlegung abgerollt werden, wenn die „Rollmatten" für Längs- und Querbewehrung getrennt abgerollt werden. Eine allgemeine bauaufsichtliche Zulassung ist für Bauobjekte mit vorwiegend ruhender Belastung für dieses Bauverfahren nicht erforderlich. Für die Verwendung bei Objekten mit nicht vorwiegend ruhender Belastung wird 2011 eine allgemeine bauaufsichtliche Zulassung erteilt. In dieser wird geregelt, dass für Stäbe bis d = 16 mm der Ermüdungsnachweis mit $\Delta\sigma_{Risk}$ = 165 N/mm² jeweils bei $N^* = 1\times10^6$ zu führen ist. Für Stäbe größeren Durchmessers wird keine Abminderung beim Ermüdungsnachweis gefordert.

Abb. B.6.23 Bewehren nach dem Bamtec-Verfahren

6.6.5 Bewehrungsdraht B500A

Bewehrungsdraht B500A wird im Durchmesserbereich von $d = 4$ mm bis $d = 12$ mm hergestellt und darf nur in weiterverarbeiteter Form eingesetzt werden, z. B. in Gitterträgern, Bewehrungskörben von Stahlbetonrohren oder er kann zu Doppelkopfankern als Schub- oder Durchstanzbewehrung verarbeitet werden.

6.6.6 Gitterträger

Gitterträger werden bei der Herstellung von vorgefertigten Decken- oder Wandplatten für die Anwendung als Bauteil mit bewehrtem Aufbeton verwendet. Die Obergurte können aus glattem Bewehrungsdraht oder auch aus profilierten Stahlbändern bestehen, die im Fertigteilwerk mit Beton gefüllt werden und die dünnen Betonplatten für den Transport aussteifen. Gitterträger können für den Durchstanz- und Schubnachweis bei der Bemessung berücksichtigt werden. Bemessungshilfen werden von den Gitterträgerherstellern angeboten. Gitterträger sind in DIN 488-5:2009-08 genormt. Für einzelne Produkte sind allgemeine bauaufsichtlichen Zulassungen weiterhin gültig.

6.6.7 Betonstahl in Ringen NR mit erhöhtem Korrosionswiderstand

Betonstahl in Ringen B500NR wird aus nichtrostendem Stahl nach der allgemeinen bauaufsichtlichen Zulassung Z-30.3-6 durch Kaltwalzen und -ziehen hergestellt und entspricht je nach Werkstoffsorte der Duktilitätsklasse A oder B.

Die zurzeit zugelassenen Werkstoffe und Hersteller sind Tafel B.6.7 zu entnehmen.

Für die Bemessung ist für alle Werkstoffsorten einheitlich eine Streckgrenze von $R_p = 500$ N/mm² anzusetzen. Die Einordnung in die Korrosionswiderstandsklassen nach Z-30.6-6 ist in den Zulassungen, die in Tafel B.6.7 genannt sind, geregelt.

Für den Ermüdungsnachweis ist in den Zulassungen Z-1.4-153 und Z-1.4-80 ein $\Delta\sigma_{Risk}$ von 175 N/mm² bei $N = 1 \times 10^6$ Lastwechseln festgelegt. Die Festlegungen für den Ermüdungsnachweis der Zulassungen Z-1.4-50 und Z-1.4-228, die noch bis 2012 gelten, sind mit den Angaben der DIN 1045-1:2009-08 nicht vereinbar.

Die Zulassung Z-1.4-130 enthält keine Hinweise zum Ermüdungsnachweis.

Die Werkkennzeichen sind den einzelnen Zulassungen und dem Betonstahlverzeichnis des DIBt zu entnehmen.

Tafel B.6.7 Zulassungen für B500NR

Hersteller	Zulassung	Werkstoff	Duktilitätsklasse	Streckgrenze N/mm²	Durchmesserbereich mm
Blankstahl (Kamp-Lintfort)	Z-1.4-228	1.4362	A	700	6-12
	Z-1.4-50	1.4571	B	500	6-14
Sigma (Duisburg)	Z-1.4-130	1.4571 1.4462	B A	500 700	5-14
Hagener Feinstahl (Hagen)	Z-1.4-153	1.4571 1.4462	B A	500 700	6-14
Arminox (Viborg DK)	Z-1.4-80	1.4571	B	500	6-14

6.6.8 Feuerverzinkter Betonstahl

Das Feuerverzinken von Bewehrung nach DIN 488 darf nach Z-1.4-165 nur an warmgewalztem Betonstahl erfolgen.

Nach den Angaben der Zulassung sind für den Ermüdungsnachweis die Kennwerte für $\Delta\sigma_{Risk}$ aus DIN 1045-1 um 0,75 abzumindern. Dies gilt sinngemäß auch für die Bemessung nach EN 1992-1-1.

Die Bemessungswerte für die Verbundspannungen sind wegen der Möglichkeit, dass im Frischbeton an den Betonstahloberflächen Wasserstoff gebildet wird, der den Verbund beeinträchtigen kann, um 0,8 abzumindern. Feuerverzinkte Betonstähle dürfen weder zurückgebogen noch geschweißt werden. Auflagen und Bestimmungen zur Betonzusammensetzung und für das Herstellen von Bauteilen mit feuerverzinkter Bewehrung zusammen mit nicht verzinktem Betonstahl sind der Zulassung Z-1.4-165 zu entnehmen.

6.7 Bauaufsichtliche Regelungen

6.7.1 Genormter Betonstahl

Betonstähle sind in DIN 488 in den Teilen 1 bis 6 genormt.

- DIN 488-1:2009-08 Stahlsorten, Eigenschaften und Kennzeichnung
- DIN 488-2:2009-08 Betonstabstahl
- DIN 488-3:2009-08 Betonstahl in Ringen, Bewehrungsdraht
- DIN 488-4:2009-08 Betonstahlmatten
- DIN 488-5:2009-08 Gitterträger
- DIN 488-6:2010-01 Übereinstimmungsnachweis

6.7.2 Betonstahlprodukte nach Zulassungen

Anforderungen und Anwendungsregeln bei Betonstählen, die von DIN 488 wesentlich abweichen, sind in allgemeinen bauaufsichtlichen Zulassungen des Deutschen Instituts für Bautechnik (DIBt) festgelegt. Alle Produkte müssen von einer vom DIBt anerkannten Stelle fremdüberwacht und zertifiziert werden. Das DIBt veröffentlicht die aktuellen Zertifikate aller Betonstahlprodukte in der Liste „Betonstahlverzeichnisse" zweimal im Jahr.

6.8 Betonstahlverbindungen

6.8.1 Verbindungsarten

Anstelle der Ausführungen von Überlappstößen oder Verschweißen können Betonstäbe mechanisch verbunden werden. Dies kann erforderlich werden wegen zu engen Bauteilquerschnitten oder wenn z. B. für eine rationelle und/oder wirtschaftliche Bewehrungsarbeit Schweißarbeiten auszuschließen sind.

Mechanische Betonstahlverbindungen können direkt an einer Arbeitsfuge eingeplant werden oder im Abstand zur Arbeitsfuge komplett im homogenen Bauwerk angeordnet werden. Bei einer Verbindung ist der zu verlängernde Stab in der Regel nicht drehbar und in seiner Lage feststehend.

Für das Herstellen von Verbindungen sind drei Randbedingungen zu unterscheiden:
1. der anzuschließende Stab ist frei drehbar und beliebig in der Stabachse verschiebbar,
2. der anzuschließende Stab ist nicht frei drehbar, der Stab aber in der Achse beliebig verschiebbar,
3. der anzuschließende Stab ist nicht frei drehbar und in der Achse nicht beliebig verschiebbar.

Im ersten Fall wird eine Standardverbindung, im zweiten eine Positionsverbindung ausgeführt. Im dritten Fall wird eine Brücken- oder Positions-II-Verbindung ausgeführt, die im Bild B.6.24 dargestellt ist. Gegenüber Standardverbindungen werden z. B. bei Griptec-Verbindungen zusätzlich eine lange Hülse mit Innengewinde und ein langer Gewindebolzen zur Überbrückung einer kurzen Distanz eingesetzt, die das freie Verschrauben ermöglichen. Mit zwei zusätzlichen Sechskantmuttern zum Aufbringen eines Vorspannmoments wird der Schlupf reduziert.

6.8.2 Verbindungstypen

Aufgrund der Bauart werden Verbindungen für Gewindestäbe und für Betonstähle mit Rippengeometrien nach DIN 488 unterschieden.

6.8.2.1 Verbindungen für Gewindestäbe

Die Gewindestäbe werden mit Muffen, die zum Gewindestab das passende Innengewinde haben, verschraubt und mit Kontermuttern verspannt, wie in Abb. B.6.25 zu sehen ist.

Alternativ können mit einer geeigneten transportablen hydraulisch betriebenen Pressmaschine zwei Gewindebetonstäbe mit einer Muffe entsprechend der Darstellung in Abb. B.6.26 verpresst werden.

Abb. B.6.25 Betonstahlverbindung Gewindeschraubmuffe

Abb. B.6.26 Betonstahlverbindung Fließpressmuffe

6.8.2.2 Verbindungen für Stäbe mit genormter Rippengeometrie

1 Verbindungen von Muffen mit Scherbolzenverspannung

Durch Schrauben in der Muffenwandung werden die in die Muffen eingeschobenen Betonstäbe in den Muffen eingeklemmt. Die Schrauben werden bis zum Abscheren des Schraubenkopfs angezogen, dabei dringt die gehärtete Schraubenspitze in das Betonstahlgefüge ein. Der Verbindungstyp ist beispielhaft in den Fotos der Abbildungen B.6.27 und B.6.28 dargestellt.

Abb. B.6.27 Betonstahlverbindung Terwa Alligator (Typ Muffe mit Scherbolzen)

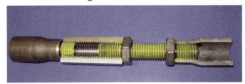

Abb. B.6.24 Betonstahlverbindung Griptec GTB Pos.-II-Verbindung mit unverpressten Hülsen und gelbgefärbten Gewindebolzen

Abb. B.6.28 Betonstahlverbindung Halfen HGC (Typ Muffe mit Scherbolzen)

2 Verschraubte Pressmuffen

Mit geeigneten Maschinen werden Muffen im kalten Zustand auf das Betonstabende aufgepresst. Die Muffen weisen am freien Ende ein metrisches Innengewinde auf (Muffenstab), so dass eine Verschraubung mit einer zweiten Pressmuffe (Anschlussstab) oder einem Betonstabende mit aufgerolltem Außengewinde möglich ist, wie in Abb. B.6.29 und B.6.30 gezeigt wird.

Abb. B.6.29 Betonstahlverbindung Pressmuffe Griptec GTB Standardverbindung

Abb. B.6.30 Betonstahlverbindung Pressmuffe Peikko MODIX

3 Schraubmuffen mit metrischem Gewinde

Muffen mit durchgehendem metrischem Innengewinde werden mit Betonstabenden, auf die ein metrisches Außengewinde aufgerollt ist, verschraubt, s. Abb. B.6.31 und B.6.32. Vor dem Aufrollen der Außengewinde müssen an den Stabenden die Rippen abgeschält oder das Ende kalt gestaucht werden. Das Aufbringen des Vorspanndrehmoments kann direkt zwischen Betonstäben und Muffe erfolgen oder je nach Hersteller unterschiedlich über Kontermuttern.

4 Schraubmuffen mit konischem Gewinde

Muffen mit beidseitigem konischem Innengewinde werden mit Betonstabenden, die mit aufgerolltem konischem Außengewinde versehen sind, verschraubt und verspannt. Die Neigung des Auslaufs der Gewinde ist bei den einzelnen Herstellern unterschiedlich, wie in den Abbildungen B.6.33 und B.6.34 zu erkennen ist.

Abb. B.6.31 Betonstahlverbindung Schraubmuffe mit metrischem Gewinde nach Abschälen der Schrägrippen Fa. Max Frank Coupler CAE oder Fa. Plakabeton; ohne Kontermuttern

Abb. B.6.32 Betonstahlverbindung Schraubmuffe mit metrischem Gewinde aufgebracht auf ein aufgestauchtes Stabende Fa. Bartec

Abb. B.6.33 Betonstahlverbindung Schraubmuffe mit konischer Schraubmuffe Lenton

Abb. B.6.34 Betonstahlverbindung Schraubmuffe mit konischer Schraubmuffe Ancon

6.8.3 Eigenschaften

Mit den allgemeinen bauaufsichtlichen Zulassungen wird dem Anwender zugesichert, dass die Zugfestigkeit der Verbindung der eines ungestoßenen Stabs entspricht und der Schlupf der Verbindung die Anwendung als Vollstoß hinsichtlich des Rissbreitenbeschränkungsnachweises nach EN 1992-1-1 erlaubt. Durch die unterschiedlichen Bauarten, die bei den einzelnen Verbindungen zu unterschiedlichen Kerbspannungen bei Dauerschwingbelastungen führen, ist der Ermüdungsnachweis mit den in den einzelnen allgemeinen bauaufsichtlichen Zulassungen genannten Parametern ($\Delta\sigma_{Rsk}$, N^*, k_1 und k_2) zu führen.

Die Parameter der gültigen Zulassungen sind in Tafel B.6.8 aufgeführt und die daraus resultierenden Wöhlerlinien jeweils für die Standardverbindungen in den Abbildungen B.6.35 bis B.6.39 dargestellt.

6.8.4 Verbindungsbauteile

Die Hersteller der Betonstahlverbindungen bieten in unterschiedlicher Weise neben den Standardverbindungen zusätzliche Verbindungsteile an, mit denen die oben beschriebenen Positions- und Brückenverbindungen herzustellen sind. Mit weiteren Bauteilen lassen sich Endverankerungen ausbilden oder Muffen an Stahlbauteile anschweißen. Alternativ können auch Verbindungsteile geliefert werden, mit denen das Anschrauben an Stahlbauteilen möglich ist, oder Verbindungsteile aus nichtrostendem Stahl, mit denen zwei Anschlussstäbe miteinander verschraubt werden können.

Tafel B.6.8 Zusammenstellung der Betonstahlverbindungen mit gültiger Zulassung und Parameter des Ermüdungsnachweises

Verbindungstyp	Hersteller und Produkt	Nenndurchmesser mm	$\Delta\sigma$ bei N^* N/mm²	N^* 10^6	k_1	k_2
GEWI -Stäbe	DYWIDAG S 555/700 Z-1.5-02	63,5	60	2	$\Delta\sigma_{Rsk}$ = konst.	
	DYWIDAG 500 Z-1.5-76	12-32	47	10	3	5
	DYWIDAG 500 Z-1.5-149	40-50	72	2	3	5
	DYWIDAG Flimu-Verfahren Z-1.5-150	16-32	90	10	3	5
	Annahütte SAS 500 Z-1.5-173	40-50	72	2	3	5
	Annahütte SAS 500 Z-1.5-174	12-32	53	4	3	5
	Annahütte S 555/700 Z-1.5-175	63,5	60	2	$\Delta\sigma_{Rsk}$ = konst.	
Scherbolzen	Ancon MBT Z-1.5-10	8-28	55	10	3	3
	Halfen HGC Z-1.5-209	8-28	100	2	$\Delta\sigma_{Rsk}$ = konst.	
	Terwa Alligator Z-1.5-213	10-16 20-28	120 115	6 5	4 4	5 5
	Erico LENTON LOCK Z-1.5-240	10-28	97	10	4	5
konische Schraubmuffen	Ancon TT Z-1.5-179	12-20 25-40	58 44	10 10	3 3	5 5
	Erico LENTON Z-1.5-200	10-28 32-40	50 44	10 10	3 3	5 5
	Erico LENTON World Wide Z-1.5-245	10-40	60	10	3,5	5
metrische Schraubmuffen	Frank Z-1.5-100	12-28	75	2 [1)]	5	5
	Halfen HBS Z-1.5-189	10-20 25-28	47 41	10 10	(3,5 bis 2 × 10^6 danach 3,0 bis 10^7)	5 5
	Plakabeton Z-1.5-249	12-28	75	2 [1)]	5	5
	Bartec Z-1.5-214	12-28	nur vorwiegend ruhend			
Pressmuffen	Dextra Griptec FT / GTB Z-1.5-133	GTB 12-28 FT GTB 32-40	43 47	10 10	3 2	5 3
	Peikko MODIX-Verbindung Z-1.5-177	10-20 25-32	54 47	10 10	3,5 3,5	5 5
	Pfeifer Z-1.5-226	8-32	41	10	3	5

[1)] Die angegebene Lastspielzahl gilt für $\Delta\sigma$ (man beachte: $k_1 = k_2$).

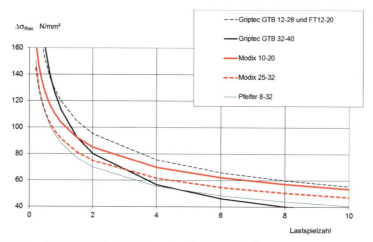

Abb. B.6.35 Wöhlerlinien der Betonstahlverbindungen des Typs Pressmuffen

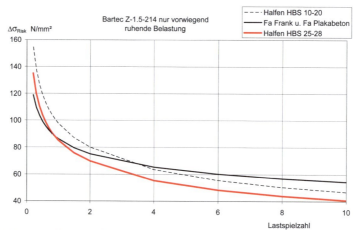

Abb. B.6.36 Wöhlerlinien der Betonstahlverbindungen des Typs metrische Schraubmuffen

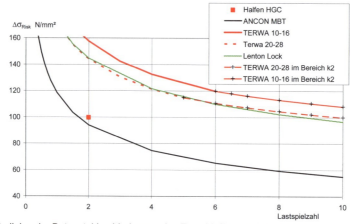

Abb. B.6.37 Wöhlerlinien der Betonstahlverbindungen des Typs Muffen mit Scherbolzen

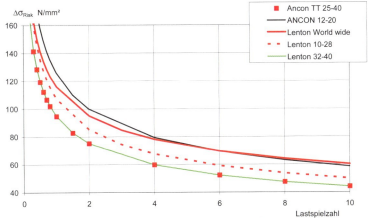

Abb. B.6.38 Wöhlerlinien der Betonstahlverbindungen des Typs konische Schraubmuffen

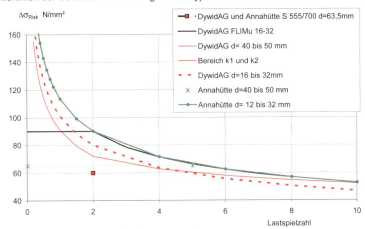

Abb. B.6.39 Wöhlerlinien der Betonstahlverbindungen des Typs Gewi-Stäbe

6.9 Plattenanschlüsse

Plattenanschlüsse sind tragende Verbindungselemente mit wärmedämmender Funktion zwischen zwei zu verbindenden Platten aus Stahlbeton. Sie bestehen aus einer Wärmedämmschicht mit einer Breite von 50 bis 120 mm und Zug- und Druckstäben sowie Querkraftstäben, die die Wärmedämmschicht durchstoßen.

Die Hersteller bieten unterschiedliche Typen für verschiedene Beanspruchungen an:
- Typen für die Übertragung von Biegemomenten und Querkräften, die sowohl positiv als auch negativ sein können.
- Typen für die Übertragung ausschließlich von Querkräften, die sowohl positiv als auch negativ sein können.

Die die Wärmedämmschicht durchstoßenden Stäbe bestehen überwiegend aus nichtrostendem Betonstahl (B500NR), daher ist bei der Bemessung, die bei jedem Einzelfall erforderlich ist, die allgemeine bauaufsichtliche Zulassung Z-30.3-6 zu beachten.

Nachweise für Spannungen, die aus den Verformungen der Temperaturdifferenz zwischen Innen- und Außenbauteil resultieren, brauchen nicht geführt zu werden, weil diese durch das Zulassungsverfahren (Bauteilversuche) erbracht sind.

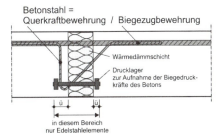

Abb. B.6.40 Plattenanschluss

Tafel B.6.9 Zusammenstellung der Zulassungen von Plattenanschlüssen

Zulassung	Antragsteller	Zulassungsgegenstand
Z-15.7-238	Halfen GmbH	Halfen Iso Element nach DIN 1045-1
Z-15.7-239	Schöck Bauteile GmbH	Schöck Isokorb nach DIN 1045-1
Z-15.7-240	Schöck Bauteile GmbH	Schöck Isokorb mit Betondrucklager nach DIN 1045-1
Z-15.7-243	H-Bau Technik GmbH	Plattenanschluss Isopro IPT und ISOMAXX IMT nach DIN 1045-1
Z-15.7-244	H-Bau Technik GmbH	Plattenanschluss ISOPRO IP nach DIN 1045-1
Z-15.7-248	Peca Verbundtechnik GmbH	„egcobox" Plattenanschluss nach DIN 1045-1

6.10 Verbindungen mit flexiblen Seilschlaufen

Boxen und Schienen mit flexiblen Seilschlaufen eignen sich für die Verbindung von vorgefertigten Stahlbetonfertigteilwänden der Betongüte C30/37 und besser.

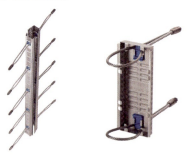

Abb. B.6.41 Seilschlaufenanschluss

Das System kann bei einem Stumpfstoß, einem Eckstoß, einem T-Stoß und einer Verbindung von Wand- und Stützenbauteilen eingebaut werden. Die Wandverbindungen sind für Einwirkungen aus allen drei Richtungen und für Einwirkung aus vorwiegend ruhender Belastung zugelassen. Die Berechnung erfolgt über den Nachweis der Einzelkräfte aus den unterschiedlichen Einwirkungsrichtungen, ihrer Interaktion und abschließend der Zugkraftkomponenten. Bemessungssoftware der Hersteller generiert einen prüffähigen Nachweis für Statik und Brandschutz.

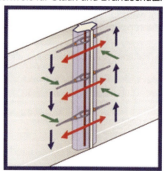

Abb. B.6.42 Zugkraftkomponenten beim Seilschlaufenanschluss

Zugelassene Systeme sind z. B. Z-21.8-1793 der Fa. Phillip und Z-21.8-1792 der Fa. Pfeifer.

6.11 Rückbiegen von Betonstahl

6.11.1 Grundsätzliche Hinweise

An Arbeitsfugen werden Anschlussstäbe im ersten Betonierabschnitt um 90° hingebogen, um an der Innenseite der Stirnflächenschalung befestigt zu werden. Nach dem Ausschalen wird beim Herstellen des zweiten Betonierabschnitts der hingebogene Schenkel in die ursprüngliche Stabachse zurückgebogen. Das einmalige Hin- und Zurückbiegen von Betonstahl wird im Merkblatt „Rückbiegen" des Deutschen Beton- und Bautechnikvereins und in EN 1992-1-1/NA:2011 geregelt.

Nach Warmbiegen bei Temperaturen von > 500 °C darf der Stab nur noch mit einer charakteristischen Streckgrenze f_{yk} von 250 N/mm² in Rechnung gestellt werden.

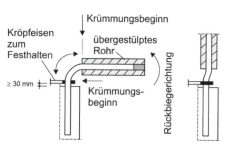

Abb. B.6.43 Hinweise zum Rückbiegen von Betonstahl

Das Rückbiegen muss mit geeigneten Werkzeugen erfolgen. Der Krümmungsbeginn sollte unmittelbar an die Betonoberfläche der Arbeitsfuge anschließen. Wenn der Krümmungsbeginn nicht unmittelbar an der Betonoberfläche beginnen kann, muss er mindestens 30 mm von der Oberfläche entfernt beginnen, um beim Rückbiegen ein Kröpfeisen ansetzen zu können. Hinweise darauf werden in der Abbildung B.6.43 gegeben.

Kaltbiegen ist bis zum Nenndurchmesser von $d = 14$ mm möglich. Für das Hinbiegen ist bei vorwiegend ruhender Belastung ein Biegerollenradius D von mindestens $D = 6\,d$ einzuhalten. Bei nicht vorwiegend ruhender Belastung muss der Biegerollenradius mindestens $D = 15\,d$ betragen.

6.11.2 Verwahrkästen

Für das rationale Bewehren an Arbeitsfugen werden von verschiedenen Herstellern Verwahrkästen mit eingelegten hingebogenen Stäben angeboten. Nach dem Ausschalen und Rückbiegen verbleibt das stählerne Rückenblech im Bauwerk, so dass die Schubkraftübertragung an dieser Stelle gemindert ist. Die Hersteller müssen die Oberflächenrauigkeit ihrer Bleche durch Versuche nach dem Anhang des Merkblatts „Rückbiegen" für die Belastungsrichtungen „quer" und „längs" zur Fuge nachweisen. Nach dem Prüfergebnis werden die Rückenbleche für die jeweilige Belastungsrichtung in die Rauigkeitsklassen entsprechend den Angaben von Abschn. 6.2.5 der EN 1992-1-1 eingeteilt, so dass in der Bemessung der Schubnachweis an der Stelle des Rückenblechs geführt werden kann.

Das Bauprodukt „Verwahrkästen" wird nicht in der Bauregelliste geführt. Daher wird das Produkt ohne allgemeine bauaufsichtliche Zulassung, allgemeines bauaufsichtliches Prüfzeugnis und/oder Zertifikat einer Überwachungs- und Zertifizierungsstelle in Verkehr gebracht.

Abb. B.6.44 Beispiel eines Verwahrkastens (Hersteller Fa. Max Frank)

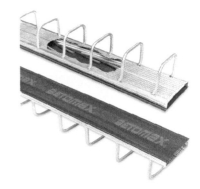

Abb. B.6.45 Beispiel eines Verwahrkastens (Hersteller Betomax)

6.12 Doppelkopfanker

6.12.1 Produkt und Anwendung

Durch Aufstauchen von Enden von Bewehrungsstäben bis auf mindestens das Dreifache des Schafts entstehen Doppelkopfanker, die als Schubbewehrung oder Durchstanzbewehrung eingesetzt werden können. Nach den geltenden Zulassungen ist Betonstabstahl B500B oder glatter Bewehrungsdraht B500A als Ausgangsmaterial einsetzbar. Da für alle Hersteller die gleichen konstruktiven Anforderungen in den Zulassungen festgelegt sind, sind die verschiedenen Produkte mit gleichen Stahleigenschaften gleichwertig einsetzbar. Einzelne Doppelkopfanker werden mit Betonstahl (ggf. B500 NR) oder mit Baustahl zu Elementen verschweißt oder an Montageleisten befestigt, um einen lagegenauen Einbau zu ermöglichen.

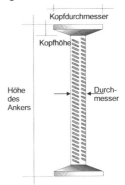

Abb. B.6.46 Darstellung eines Doppelkopfankers

6.12.2 Anforderungen an Doppelkopfanker

Anforderungen an die Bruchlast werden gemäß allg. bauaufsichtlichen Zulassungen in einem Datenblatt, das beim DIBt hinterlegt ist, beschrieben. Für die Bemessung ist die zulässige Streckgrenze mit $f_{yk} = 500$ N/mm² anzusetzen.

Der Ermüdungsnachweis ist nach den zurzeit geltenden Zulassungen nur bis zu einer Lastspielzahl von $N = 2 \cdot 10^6$ möglich. Als zulässige Schwingbreite ist $\sigma_a = 70$ N/mm² anzunehmen.

Tafel B.6.10 Zusammenstellung der allg. bauaufsichtlichen Zulassungen von Doppelkopfankern

Antragsteller	Gegenstand	Zulassung	Anwendung
Halfen	HDB System Durchstanzbewehrung in Platten nach DIN 1045-1	Z-15.1-213	Durchstanzbewehrung
	Halfen Doppelkopfanker HDB G mit glattem Schaft als Durchstanzbewehrung	Z-15.1-264	
Schöck	Durchstanzbewehrung Schöck BOLE nach DIN 1045-1	Z-15.1-219	
Peikko Group Oy	Peikko PSB - Durchstanzbewehrung nach DIN 1045-1	Z-15.1-231	
Ancotech GmbH	ancoPLUS ® Durchstanzbewehrung	Z-15.1-220	
Deutsche Kahneisen GmbH	Jordahl-Durchstanzbewehrung JDA in Platten, die nach DIN 1045-1 bemessen werden	Z-15.1-214	
	Jordahl-Querkraftbewehrung JDA – S	Z-15.1-268	Schubbewehrung
Halfen	Halfen Schubbewehrung Typ HDB-G-S	Z-15.1-270	
	Halfen Doppelkopfanker als Schubbewehrung nach DIN 1045-1	Z-15.1-249	
Schöck	Schöck BOLE V als Schubbewehrung nach DIN 1045-1	Z-15.1-260	
Peikko Finland Oy	Peikko PSB - S Doppelkopfanker als Querkraftbewehrung	Z-15.1-267	
Ancotech GmbH	ancoPLUS ® Schubbewehrung	Z-15.1-258	

6.13 Unterstützungen

Unterstützungen sichern in Platten die Lage, die statische Nutzhöhe und die Betondeckung der oben liegenden Bewehrung. Im Merkblatt „Unterstützungen" des Deutschen Beton- und Bautechnikvereins werden Anforderungen an Unterstützungen aus Bewehrungsdraht und/oder Betonstahl festgelegt, die in Platten mit Bauteildicken bis ca. 50 cm eingebaut werden. Das Merkblatt unterscheidet die drei Typen, die in Abbildung B.6.47 schematisch dargestellt sind.

1. Unterstützungskörbe
2. Unterstützungsschlangen
3. Unterstützungsböcke

Als Verlegeabstand soll 50 cm nicht unterschritten werden, wenn die zu unterstützenden Stäbe im Durchmesser 6,5 mm nicht überschreiten. Die zulässige Belastbarkeit der Unterstützungen müssen die Hersteller durch einen aufwändigen Belastungsversuch nachweisen, der im Anhang des Merkblatts beschrieben ist und von einer vom DBV anerkannten Prüfstelle durchzuführen ist. Die Prüfstelle muss die Prüfung in Abständen von drei Jahren wiederholen oder in einer jährlichen Prüfung nachweisen, dass Material und Abmessungen der Erstprüfung entsprechen.

Erfüllen die Ergebnisse der Belastungsversuche die Beurteilungskriterien, kann der Anwender von folgender Belastbarkeit ausgehen:

– für Unterstützungskörbe u. -schlangen: 0,67 kN/m
– für Unterstützungsböcke: 0,50 kN/Bock

6.14 Ankerstabstahl

6.14.1 Anwendung

Ankerstabstähle eignen sich für die Verwendung als Ankerstäbe für Schalungsanker und als Bestandteil von Gerüstverankerungen. Die Oberflächen sind mit Gewinde ausgebildet, so dass die Ankerstäbe mit den zugehörigen Muttern schraubbare Verbindungen ermöglichen.

Als Zubehörteile werden von den Herstellern Gegenplatten (Unterlegscheiben) in verschiedenen Ausführungen sowie als verschraubbare Teile Flügelmuttern, Sechskantmuttern, Muffen mit zylindrischer Oberfläche in unterschiedlicher Länge, Tellerflügelmuttern und zweiteilige Vorspannmuttern mit innerem Feingewinde geliefert.

Unterstützungskörbe (linienförmig)

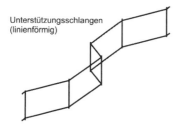

Unterstützungsschlangen (linienförmig)

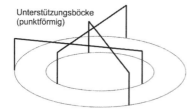

Unterstützungsböcke (punktförmig)

Abb. B.6.47 Typen von Unterstützungen

Spannstahl

6.14.2 Ankerstäbe und Gewinderippen

Ankerstäbe mit Gewinderippen sind in der Festigkeitsklasse 900/1100 für die in Tafel B.6.11 genannten Hersteller allgemein bauaufsichtlich zugelassen. Die Stäbe sind nicht schweißbar.

Anforderungen an die Festigkeits- und Verformungseigenschaften sind in den Zulassungen festgelegt und in Tafel B.6.12 zusammengefasst. In den Zulassungen sind Ankerstäbe mit dem Nenndurchmesser von d = 15 mm festgelegt. In den Zulassungen werden Querschnittsbestimmungen unterschiedlich interpretiert, so dass die in Tafel B.6.12 aufgeführte Streckgrenzkraft und Bruchkraft nicht zahlengleich den Zulassungen zu entnehmen waren, obwohl die Festigkeiten gleiche Werte aufweisen. Bei der in aller Regel vorgesehenen Anwendung als Einzelstäbe ist die Vorgabe und Überwachung von Kräften anstatt von Festigkeiten sinnvoll. In der Zulassung Z-12.5-96 sind zusätzlich Anforderungen an einen Stab des Nenndurchmessers d = 20 mm angegeben.

Tafel B.6.11 Hersteller von Ankerstäben

Zulassung	Hersteller
Z-12.5-81	Forges & Laminores de Breteuil, Breteuil (F)
Z-12.5-94	Ares, Rodange (L)
Z-12.5-96	Stahlwerk Annahütte, Ainring (D)
Z-12.5-99	Swiss Steel AG, Emmenbrücke (CH)

Tafel B.6.12 Eigenschaften von Ankerstäben mit Gewinderippen des Nenndurchmessers d = 15 mm

Eigenschaft	Einheit	Z-12.5-81	Z-12.5-94	Z-12.5-96	Z-12.5-99
Streckgrenze	N/mm²	900	900	900	900
Zugfestigkeit	N/mm²	1100	1100	1100	1100
Streckgrenzkraft	kN	160	-	156	159
Bruchkraft	kN	195	-	190	195
Bruchdehnung	%	7	7	7	7
Dehnung bei Höchstkraft	%	4	4	3	4

6.14.3 Ankerstäbe mit umlaufendem Trapezgewinde

In den allgemeinen bauaufsichtlichen Zulassungen Z-12.5-82 und Z-12.5-104 (Hersteller Betomax, Neuss (D) und Annahütte, Ainring (D)) sind Anforderungen an Ankerstäbe mit umlaufendem Trapezgewinde festgelegt.

Tafel B.6.13 Eigenschaften von Ankerstäben mit umlaufendem Trapezgewinde des Nenndurchmessers d = 15 mm

Eigenschaft	Einheit	Z-12.5-82	Z-12.5-104
Streckgrenze	N/mm²	750	750
Zugfestigkeit	N/mm²	875	875
Streckgrenzkraft	kN	142	142
Bruchkraft	kN	165	165
Bruchdehnung	%	6,2	5,5
Dehnung bei Höchstkraft	%	1,9	2,0
Nenndurchmesser	mm	15	15 und 20

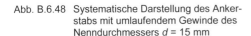

Abb. B.6.48 Systematische Darstellung des Ankerstabs mit umlaufendem Gewinde des Nenndurchmessers d = 15 mm

6.15 Spannstahl

6.15.1 Allgemeines

Spannstähle sind in Deutschland nicht genormt. Für jede Stahlsorte wird vom DIBt eine allgemeine bauaufsichtliche Zulassung nach einer vorausgehenden Zulassungsprüfung erteilt. Die zu prüfenden Eigenschaften sind in der Richtlinie für Zulassungs- und Überwachungsprüfungen für Spannstähle, Fassung 2004 herausgegeben vom DIBt, festgelegt und in Tafel B.6.14 wiedergegeben.

Zum Nachweis der Ermüdung für Spannstähle sind die Werte in EN 1992-1-1 in Tabelle 6.4N für Spannstähle der Klasse 1 festgelegt. Da die Zulassungsprüfungen der Spannstähle nach Angaben des DIBt für die meisten Produkte keinen genügenden Abstand zu diesen Werten aufweisen, wurden Parameter von modifizierten Wöhlerlinien für Spannstähle der Klasse 2 festgelegt.

Diese sind der Tafel B.6.15 zu entnehmen und in EN 1992-1-1/NA:2011 als Regelfall für die Bemessung festgelegt. Die Werte für Spannstähle der Klasse 1 können nur angesetzt werden, wenn dies in den Festlegungen der allgemeinen bauaufsichtlichen Zulassung zu entnehmen ist.

6.15.2 Litzen

Tafel B.6.16 enthält eine Zusammenfassung der geltenden allgemeinen bauaufsichtlichen Zulassungen.

Tafel B.6.14 Richtlinie für Zulassungs- und Überwachungsprüfung von Spannstählen

Chemische Zusammensetzung und Abmessungen	Oberflächengestalt (profiliert, gerippt)	–
	Stahldichte	g/cm³
	Durchmesser (bei Litze ≡ Hüllkreis)	mm
	Querschnittsfläche	mm²
	Schlaglänge Litzen	mm
	Unrundheit (rund, glatt)	mm
	Geradheit (Stich)	mm/m
Mechanische Eigenschaften im Zugversuch DIN 10002-1	E-Modul	N/mm²
	0,01%-Elastizitätsgrenze	N/mm²
	0,1- bzw. 0,2%-Dehngrenze	N/mm²
	Zugfestigkeit	N/mm²
	Dehnung bei Höchstkraft A_{gt}	%
	Bruchdehnung A_{10}	%
	Gleichmaßdehnung A_g	%
	Brucheinschnürung Z	%
Biegeverhalten	Biegeversuch DIN EN ISO 7438	
	Hin- und Herbiegeversuch DIN 51211 (Drähte bis d_N = 12,2 mm)	
	Zugfestigkeit nach 1x Hin- und Zurückbiegen	
	Arbeitsmodul nach 1x Hin- und Zurückbiegen	
	Zugfestigkeitsreduzierung im Umlenkzugversuch (bei Litzen d_N ≥ 12,5 mm)	%

Tafel B.6.14 (Fortsetzung)

Spezifische Eigenschaften	Isothermische Relaxation (1000 h) Spannungsabfall $R_i = 0,7\,R_{m,ist}$ und $R_i = 0,8\,R_{m,ist}$	%
	Wöhlerlinie (Mindestamplitude für N > 2 Mio.) Mpa	$\sigma_0 = 0,7\,R_{m,ist}$
	Korrosionswiderstand bei Prüflösung A + B (Standzeit h)	$R_0 = 0,8\,R_{m,ist}$
	Verbundverhalten	–

Tafel B.6.15 Parameter für Spannstähle mit modifizierter Wöhlerlinie

Spannstahl		N^*	Spannungsexponent		$\Delta\sigma_{Risk}$ bei N^* N/mm²
			k_1	k_2	
im sofortigen Verbund			5	9	120
im nachträglichen Verbund	Einzellitzen in Kunststoffhüllrohren	10^6	5	9	120
	gerade Spannglieder, gekrümmte Spannglieder in Kunststoffhüllrohren		5	9	95
	gekrümmte Spannglieder in Stahlhüllrohren		3	7	75
	Kopplungen und Verankerungen		3	5	50

Tafel B.6.16 Allgemeine bauaufsichtliche Zulassungen für Litzen

Hersteller	Zulassung	Form	Stahlsorte	$f_{p0,01k}$	$f_{p0,1k}$
Italcables, Sarezzo (I)	Z-12.3-4	glatt	St 1570/1770	1350	1500
Nedri, Venlo (NL)	Z-12.3-6	glatt	St 1570/1770	1350	1525
voestalpine, Bruck an der Mur (A)	Z-12.3-8	glatt	St 1570/1770	1350	1500
D & D, Miskolc (H)	Z-12.3-10	glatt	St 1570/1770	1350	1500
I.T.A.S., Mantova (I)	Z-12.3-21	glatt	St 1570/1770	1350	1500
Trenzas y Cables, Santander (E)	Z-12.3-24	glatt	St 1570/1770	1350	1500
DWK, Köln (D)	Z-12.3-29	glatt	St 1570/1770	1350	1500
Emesa Trefileria, Arteixo (E)	Z-12.3-34	glatt	St 1570/1770	1350	1500
Nedri, Venlo (NL)	Z-12.3-36	glatt	St 1570/1770	1350	1500
CB Trafilati Acciai, Tezze sul Brenta (I)	Z-12.3-58	glatt	St 1570/1770	1350	1500
Bekaert, Hlohovec (SK)	Z-12.3-66	glatt/rund	St 1570/1770	1350	1570
Siderurgica, Ceprano (I)	Z-12.3-68	glatt	St 1570/1770	1350	1570
voestalpine, Bruck an der Mur (A)	Z-12.3-77	glatt	St 1570/1770	1350	1500
Westfälische Drahtindustrie, Hamm (D)	Z-12.3-78	glatt/profiliert	St 1570/1770	1350	1500
Nedri, Venlo (NL)	Z-12.3-84	glatt	St 1660/1860	1400	1600
Fapricela, Anca (P)	Z-12.3-88	glatt	St 1660/1860	1400	1600
DWK, Köln	Z-12.3-91	glatt	St 1660/1860	1400	1600
I.T.A.S., Mantova (I)	Z-12.3-98	glatt	St 1660/1860	1400	1600
voestalpine, Bruck an der Mur (A)	Z-12.3-101	glatt	St 1660/1860	1400	1600
Nedri, Venlo (NL)	Z-12.3-102	glatt	St 1660/1860	1400	1600
D & D, Miskolc (H)	Z-12.3-105	glatt	St 1660/1860	1400	1600
ArcelorMittal Fontaine, Fontaine-L'Eveque (B)	Z-12.3-106	glatt/rund	St 1570/1770	1350	1500
Fapricela, Anca (P)	Z-12.3-107	glatt	St 1570/1770	1350	1500

6.15.3 Drähte

Tafel B.6.17 enthält eine Zusammenfassung der geltenden allgemeinen bauaufsichtlichen Zulassungen.

Tafel B.6.17 Allgemeine bauaufsichtliche Zulassungen für Drähte

Hersteller	Form	Zulassung	Stahlsorte	$f_{p0,01k}$	$f_{p0,1k}$
Nedri, Venlo (NL)	profiliert	Z-12.2-11	St 1470/1670	1300	1420
Nedri, Venlo (NL)	profiliert	Z-12.2-12	St 1570/1770	1350	1500
Nedri, Venlo (NL)	glatt	Z-12.2-13	St 1375/1570	1200	1360
Nedri, Venlo (NL)	glatt	Z-12.2-14	St 1470/1670	1300	1420
Nedri, Venlo (NL)	glatt	Z-12.2-15	St 1570/1770	1350	1500
DWK, Köln (D)	glatt	Z-12.2-17	St 1470/1670	1300	1420
DWK, Köln (D)	profiliert	Z-12.2-27	St 1470/1670	1300	1420
DWK, Köln (D)	profiliert	Z-12.2-28	St 1570/1770	1350	1500
Trenzas y Cables, Santander (E)	profiliert	Z-12.2-35	St 1570/1770	1350	1500
voestalpine, Bruck an der Mur (A)	glatt	Z-12.2-41	St 1375/1570	1200	1360
voestalpine, Bruck an der Mur (A)	glatt	Z-12.2-42	St 1470/1670	1300	1420
voestalpine, Bruck an der Mur (A)	profiliert	Z-12.2-47	St 1470/1670	1300	1420
voestalpine, Bruck an der Mur (A)	profiliert	Z-12.2-48	St 1570/1770	1350	1500
D & D, Miskolc (H)	profiliert	Z-12.2-50	St 1570/1770	1350	1500
ArcelorMittal Fontaine, Fontaine-L'Eveque (B)	profiliert	Z-12.2-53	St 1470/1670	1300	1420
CB Trafilati Acciai, Tezze sul Brenta (I)	glatt	Z-12.2-56	St 1470/1670	1300[1]	1420
ITALCABLES, Brescia (I)	glatt	Z-12.2-63	St 1470/1670	1300	1420
Sigma-Stahl, Duisburg (D)[1]	gerippt	Z-12.2-67	St 1420/1570	1420	1570
D & D, Miskolc (H)	profiliert	Z-12.2-72	St 1470/1670	1300	1420
Nedri, Venlo (NL)	sonderprofiliert	Z-12.2-80	St 1375/1570	1200	1360
voestalpine, Bruck an der Mur (A)	sonderprofiliert	Z-12.2-83	St 1375/1570	1200	1360
Sigma-Stahl, Duisburg (D)[1]	gerippt	Z-12.2-93	St 1325/1470	1120	1325
Trenzas y Cables, Santander (E)	profiliert	Z-12.2-95	St 1470/1670	1300	1470
Silver Dragon, Tianjin (RC)	glatt	Z-12.2-100	St 1470/1670	1300	1420
Silver Dragon, Tianjin (RC)	sondergerippt	Z-12.2-103	St 1375/1570	1200	1360

[1] Drähte sind vergütet.

6.15.4 Stäbe

Tafel B.6.18 enthält eine Zusammenfassung der geltenden allgemeinen bauaufsichtlichen Zulassungen.

Tafel B.6.18 Allgemeine bauaufsichtliche Zulassungen für Stäbe

Hersteller	Form	Zulassung	Stahlsorte	$f_{p0,01k}$	$f_{p0,1k}$	Herstellung
Annahütte, Ainring (D)	glatt	Z-12.4-26	St 950/1050	850	950	warmgewalzt, aus der Walzhitze wärmebehandelt, gereckt und angelassen
Macalloy, Dinnington (GB)	glatt	Z-12.4-59	St 835/1030	630[1]	835	warmgewalzt, gereckt
Annahütte, Ainring (D)	Gewi	Z-12.4-71	St 950/1050	850	950	warmgewalzt, aus der Walzhitze wärmebehandelt, gereckt und angelassen

[1] Ab Durchmesser größer 26,5 mm 530 N/mm².

Beuth informiert über die Eurocodes
Handbuch Eurocode 2. Betonbau

In den Eurocode-Handbüchern von Beuth finden Sie die EUROCODE-Normen (EC) mit den entsprechenden „Nationalen Anhängen" (NA) und ggf. Restnormen **in einem Dokument** zusammengefasst: Das erleichtert die Anwendung erheblich.

Band 1: Allgemeine Regeln
1. Auflage 2012. ca. 500 S. A4. Broschiert.
ca. 194,00 EUR | ISBN 978-3-410-20826-6

→ **DIN EN 1992-1-1** Allgemeine Bemessungsregeln und Regeln für den Hochbau + Nationaler Anhang
→ **DIN EN 1992-1-2** Allgemeine Regeln – Tragwerksbemessung für den Brandfall + Nationaler Anhang
→ **DIN EN 1992-3** Silos und Behälterbauwerke aus Beton + Nationaler Anhang

Band 2: Brücken
1. Auflage 2012. ca. 170 S. A4. Broschiert.
ca. 74,00 EUR | ISBN 978-3-410-21379-6

→ **DIN EN 1992-2** Betonbrücken – Bemessungs- und Konstruktionsregeln + Nationaler Anhang

Kombi-Paket: Band 1 und Band 2
Ausgabe 2012. ca. 670 S. A4. Broschiert.
ca. 240,00 EUR | ISBN 978-3-410-21405-2

Beide Bände als Kombi-Paket für nur ca. 240,00 EUR!

Bestellen Sie am besten unter:
www.beuth.de/eurocode (mit allen Infos / weiteren Literaturtipps)
Telefon +49 30 2601-2260 | Telefax +49 30 2601-1260 | info@beuth.de

 Natürlich auch als E-Books.

Beuth
Berlin · Wien · Zürich

C STATIK

Prof. Dr.-Ing. Ulrich P. Schmitz

1 Stabtragwerke C.3

    1.1   Erläuterung baustatischer Verfahren im Stahlbetonbau C.3
    1.2   Lineare Schnittgrößenermittlung C.3
        1.2.1   Allgemeines C.3
        1.2.2   Querschnittssteifigkeit C.4
        1.2.3   Bemessung C.4
        1.2.4   Rotationsfähigkeit C.5
        1.2.5   Mindestmomente C.5
    1.3   Linear-elastisches Verfahren mit begrenzter Umlagerung C.5
        1.3.1   Allgemeines C.5
        1.3.2   Umlagerung nach EC2-1-1 .... C.6
        1.3.3   Beispiel nach EC2-1-1 .... C.7
    1.4   Verfahren nach der Plastizitätstheorie / nichtlineare Verfahren C.8
        1.4.1   Allgemeines C.8
        1.4.2   Nachweis der Rotationsfähigkeit nach EC2-1-1 .... C.9
                1.4.2.1   Möglicher Rotationswinkel $\theta_{pl,d}$ C.9
                1.4.2.2   Vorhandener Rotationswinkel θ_s C.10
                1.4.2.3   Fortsetzung des Berechnungsbeispiels C.12
        1.4.3   Stützenberechnung nach Theorie II. Ordnung C.16
    1.5   Baupraktische Anwendungen C.19
        1.5.1   Tafeln für Einfeld- und Durchlaufträger C.19
        1.5.2   Rahmenartige Tragwerke C.25
        1.5.3   Stabilität des Gesamttragwerks im Hochbau C.27
                1.5.3.1   Translationssteifigkeit C.27
                1.5.3.2   Rotationssteifigkeit C.28
                1.5.3.3   Aussteifungssysteme ohne wesentliche Schubverformungen C.28
                1.5.3.4   Aussteifungssysteme mit wesentlichen Schubverformungen C.29
                1.5.3.5   Berechnungsverfahren nach Theorie II. Ordnung am Gesamtsystem C.29

2 Plattentragwerke C.30

    2.1   Einleitung C.30
        2.1.1   Bezeichnungen und Abkürzungen C.30
        2.1.2   Berechnungsgrundlagen C.30
        2.1.3   Einteilung der Platten C.31
    2.2   Einachsig gespannte Platten C.31
        2.2.1   Allgemeines C.31
        2.2.2   Konzentrierte Lasten C.32
        2.2.3   Platten mit Rechtecköffnungen C.33
        2.2.4   Unberücksichtigte Stützungen C.36
    2.3   Zweiachsig gespannte Platten C.37
        2.3.1   Berechnungsgrundsätze C.37
        2.3.2   Vierseitig gestützte Platten C.38
                2.3.2.1   Drillbewehrung C.38
                2.3.2.2   Abminderung der Stützmomente C.38

			2.3.2.3	Dreiseitige Auflagerknoten	C.38
			2.3.2.4	Berechnung der Biegemomente	C.38
			2.3.2.5	Momentenkurven und Bewehrungsabstufung	C.40
			2.3.2.6	Auflager- und Querkräfte	C.41
			2.3.2.7	Eckabhebekräfte	C.41
			2.3.2.8	Öffnungen	C.41
			2.3.2.9	Unterbrochene Stützung	C.44
		2.3.3	Dreiseitig gestützte Platten		C.47
			2.3.3.1	Tabellen für Biegemomente	C.47
			2.3.3.2	Superposition der Schnittgrößen	C.47
			2.3.3.3	Auflagerkräfte	C.50
			2.3.3.4	Drillmomente	C.50
			2.3.3.5	Momentenkurven	C.50
		2.3.4	Berechnungsbeispiel nach EC2-1-1		C.52
	2.4	Sonderfälle der Plattenberechnung			C.54
		2.4.1	Punktförmig gestützte Platten		C.54
			2.4.1.1	Tragverhalten	C.54
			2.4.1.2	Näherungsverfahren nach H. 240	C.54
			2.4.1.3	Berechnungsbeispiel	C.56
		2.4.2	Anwendung der Bruchlinientheorie		C.56
			2.4.2.1	Grundlagen	C.56
			2.4.2.2	Berechnungsannahmen	C.57
			2.4.2.3	Ermittlung der Bruchfigur	C.58
			2.4.2.4	Umfanggelagerte Rechteckplatten unter Gleichlast	C.59
			2.4.2.5	Punktgestützte Rechteckplatten unter Gleichlast	C.62
		2.4.3	Berechnungsbeipiel Nutzlasterhöhung einer Deckenplatte		C.65
			2.4.3.1	Vorgaben	C.66
			2.4.3.2	Systemmaße	C. 66
			2.4.3.3	Einwirkungen	C. 66
			2.4.3.4	Berechnung nach Elastizitätstheorie	C. 66
			2.4.3.5	Schnittgrößen für die Berechnung nach Bruchlinientheorie	C.68
			2.4.3.6	Bemessung im Grenzzustand der Tragfähigkeit	C.70
			2.4.3.7	Nachweise im Grenzzustand der Gebrauchstauglichkeit	C.70
		2.4.4	Berechnungsbeispiel: Punktgestützte Rechteckplatte nach vereinfachter Bruchlinientheorie		C.72

3 Scheiben C.73

3.1	Berechnungsverfahren			C.73
3.2	Näherungsverfahren			C.74
3.3	Anwendung von Stabwerkmodellen			C.75
	3.3.1	Modellentwicklung		C.75
	3.3.2	Nachweise		C.76
		3.3.2.1	Druckstäbe	C.76
		3.3.2.2	Zugstäbe	C.77
		3.3.2.3	Knoten	C.77
		3.3.2.4	Gebrauchszustand	C.77
3.4	Berechnungsbeispiel			C.78

C Statik

1 Stabtragwerke

1.1 Erläuterung baustatischer Verfahren im Stahlbetonbau

Den im Stahlbetonbau zur Schnittgrößenermittlung einsetzbaren Verfahren liegen folgende Annahmen über das Bauteilverhalten zugrunde, vgl. EC2-1-1 [DIN EN 1992-1-1 – 10], 5.1.1 (6) bzw. DIN 1045-1 [DIN 1045-1 – 08], (8):

- linear-elastisches Verhalten
- linear-elastisches Verhalten mit begrenzter Umlagerung
- plastisches Verhalten (elastisch-plastisch oder starr-plastisch) einschließlich von Stabwerkmodellen
- nichtlineares Verhalten

Verfahren, die auf den beiden letztgenannten Ansätzen beruhen, stellen eine Neuerung gegenüber den Regelungen nach [DIN 1045 – 88] dar. Eine Schnittgrößen- und Verformungsermittlung auf der Grundlage nichtlinearen Materialverhaltens war zwar mit geeigneten Computerprogrammen bei Berechnungen nach Theorie II. Ordnung einschließlich Knicksicherheitsnachweis auch im Rahmen der „alten" DIN 1045 seit langem üblich („Nachweis am Gesamtsystem", 17.4.9), in den neuen Normen EC2-1-1 und DIN 1045-1 werden nun die benötigten Stoffgesetze und Anwendungsregeln genauer beschrieben.

Bei der Schnittgrößenermittlung ist nach EC2-1-1, 5.1.1 (NA.8f) [DIN EN 1992-1-1 NA(DE) – 10] vergleichbar wie in DIN 1045-1, 7.1 auf die Einhaltung folgender Grundprinzipien zu achten:

- Der Gleichgewichtszustand ist sicherzustellen.
- Wenn die Verträglichkeit der Verformungen durch das Berechnungsverfahren nicht nachgewiesen wird, muss das Tragwerk ausreichend verformungsfähig (duktil) sein.
- Das Tragwerk ist nach Theorie II. Ordnung zu berechnen, wenn dies im Vergleich zur Theorie I. Ordnung zu einem *wesentlichen* Anstieg der Schnittgrößen führt, oder wenn die Gesamtstabilität oder die Tragfähigkeit in kritischen Abschnitten durch die Auswirkungen nach Theorie II. Ordnung nachteilig beeinflusst wird.

Die Auswirkungen der Theorie II. Ordnung dürfen vernachlässigt werden, wenn weniger als 10 % der entsprechenden Auswirkungen nach Theorie I. Ordnung betragen (EC2-1-1, 5.8.2 (6)).

- Auswirkungen zeitlicher Einflüsse (Kriechen, Schwinden) auf die Schnittgrößen sind zu berücksichtigen, wenn sie von Bedeutung sind.

Für die Untersuchungen zum Nachweis des Stahlbetontragwerks bedeuten diese Prinzipien:

- **Nachweis der Gebrauchstauglichkeit**

  Da bei geringer Querschnittsbeanspruchung im Zustand I lineare Beziehungen das Tragwerksverhalten recht zutreffend beschreiben, können die Nachweise im Grenzzustand der Gebrauchstauglichkeit in der Regel nach der linearen Elastizitätstheorie geführt werden. Dies gilt auch dann, wenn die Nachweise der Tragfähigkeit nach nichtlinearen Verfahren geführt werden.

  Zeitabhängige Einflüsse sind nach DIN 1045-1 und EC2 zu berücksichtigen, wenn sie bedeutsam sind. Ebenso ist die Rissbildung bei der Schnittgrößenermittlung zu berücksichtigen, wenn sie einen ungünstigen Einfluss auf das Tragverhalten ausübt.

  Berechnungsverfahren unter Ansatz plastischen Verhaltens einschließlich linear-elastischen Verhaltens mit Umlagerung sind für Nachweise des Gebrauchszustandes nicht zulässig.

- **Nachweis der Tragfähigkeit**

  Für Nachweise im Grenzzustand der Tragfähigkeit eignen sich prinzipiell alle vorgenannten Verfahren. Berechnungsverfahren auf der Grundlage plastischen Verhaltens erfordern wegen der Versprödung des Bewehrungsstahls bei Temperaturen unter –20 °C zusätzliche Nachweise.

1.2 Lineare Schnittgrößenermittlung

1.2.1 Allgemeines

Grundlage dieses Verfahrens ist die Annahme eines idealen linear-elastischen Werkstoffverhaltens und die Verwendung fiktiver, meist auf den unbewehrten und ungerissenen Betonquerschnitt (Bruttoquerschnitt) bezogenen Steifigkeiten. Das Versagen des Tragwerks wird angenommen, wenn an irgendeiner Stelle eine Schnittgröße den Grenzzustand der Tragfähigkeit überschreitet.

Neben ihrer Einfachheit bieten lineare Verfahren den großen Vorteil der Gültigkeit des Superpositionsprinzips. Wenn Schnittgrößen lastfallweise berechnet und für die einzelnen Nachweise mit Faktoren versehen überlagert werden können, bedeutet dies insbesondere bei umfangreichen Systemen eine entscheidende Arbeitserleichterung für Handrechnungen und für die Kontrolle elektronischer Berechnungen.

Mit einsetzender Rissbildung liefern linear-elastische Verfahren keine wirklichkeitsnahen Aussagen mehr über die Verformungen und die Verteilung der relativen Steifigkeiten in statisch unbestimmten Tragwerken. Nur beschränkt dafür geeignet und nach DIN 1045-1, 8.2 nicht zugelassen sind daher linear-elastische Berechnungsannahmen zur Bestimmung der Verformungen oberhalb des reinen Zustands I und von Schnittgrößen, die von den Verformungen abhängen (Stabilitätsfälle, Theorie II. Ordnung).

1.2.2 Querschnittssteifigkeit

Eine wesentliche Abweichung des linear-elastischen Berechnungsmodells gegenüber dem wirklichen Bauteilverhalten ergibt sich bereits aus dem Ansatz der Querschnittswerte.

Wie sich aus Abb. C.1.1 an beispielhaft ausgewählten Verläufen erkennen lässt, liegt bei den häufigen geometrischen Bewehrungsgehalten unter 2 % die Steifigkeit des unbewehrten Bruttoquerschnitts zwischen den tatsächlichen Steifigkeiten in Zustand I und II, die mit zunehmender Bewehrung anwachsen. Noch größere Unterschiede können bei Plattenbalkenquerschnitten

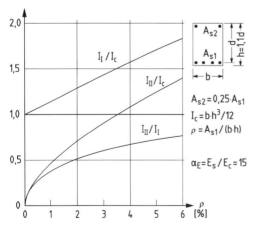

Abb. C.1.1 Beispielhafte Darstellung relativer Steifigkeiten eines Stahlbetonquerschnitts in Zustand I und II nach [Franz – 83]

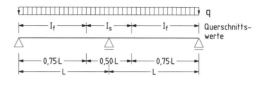
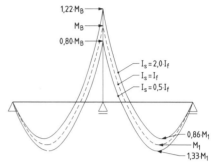

Abb. C.1.2 Beeinflussung der Biegemomente durch abschnittsweise unterschiedliche Querschnittssteifigkeiten

im Zustand II auftreten, abhängig davon, ob die Platte in der Druck- oder in der Zugzone liegt.

Berücksichtigt man weiterhin, dass Rissbildung nur in höher beanspruchten Abschnitten auftritt, so stellt sich die wirkliche Steifigkeitsverteilung längs eines Stahlbetonbauteils auch bei äußerlich konstanter Querschnittsform stark veränderlich dar. Dies wiederum beeinflusst in statisch unbestimmten Systemen die Schnittgrößenverteilung.

In Abb. C.1.2 sind Momentenkurven eines Zweifeldträgers aufgetragen, bei dem die Querschnittssteifigkeiten in Stütz- und Feldbereich in einem Maße variiert wurden, wie es auch durch Wahl einer bestimmten Querschnittsform, durch gezielte Bewehrungsanordnungen und/oder sich einstellende Rissbildung möglich ist. Danach weichen die linear-elastisch ermittelten Stützmomente bei einem Steifigkeitsverhältnis der Abschnitte von 2:1 um bis zu 22 % gegenüber den Werten bei konstanter Steifigkeitsverteilung ab.

1.2.3 Bemessung

Die Bemessung für den Grenzzustand der Tragfähigkeit vergleicht die **linear**-elastisch ermittelten Schnittgrößen des Bauteils mit den inneren Schnittgrößen des Stahlbetonquerschnitts und definiert dessen Spannungs- und Dehnungszustand unter Berücksichtigung der **nichtlinearen** Arbeitslinie des Werkstoffs im Zustand II und der gewählten Bewehrung.

Stabtragwerke

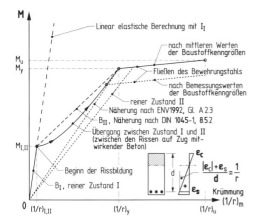

Abb. C.1.3 Vereinfachte Momenten-Krümmungsbeziehung

Die sich aus dieser Bemessung ergebenden Randdehnungen des Querschnitts und damit die Krümmungen des Trägers stimmen grundsätzlich nicht mit denen des linear-elastischen Berechnungsansatzes überein. Da sich dies auf die Biegelinie überträgt, liegt bei statisch unbestimmten Stahlbetontragwerken, deren Schnittgrößen nach der reinen Elastizitätstheorie bestimmt wurden, eine rechnerische Unverträglichkeit der Verformungen vor. Der Unterschied zwischen den berechneten und den tatsächlichen Schnittgrößen wächst mit zunehmender Beanspruchung, wie die vergleichenden Momenten-Krümmungsbeziehungen erkennen lassen, s. Abb. C.1.3. Es ist ferner zu erkennen, dass die bei Annäherung an die Grenztragfähigkeit zu erwartenden Tragwerksverformungen wesentlich größer als die rechnerischen sind.

1.2.4 Rotationsfähigkeit

Trotz der zuvor geschilderten Unzulänglichkeiten des Berechnungsansatzes liefert eine nach reiner Elastizitätstheorie geführte Bemessung gemäß des ersten Grenzwertsatzes der Plastizitätstheorie ein sicheres Ergebnis, wenn ein statischer Gleichgewichtszustand vorliegt, eine hinreichende Verformungsfähigkeit gegeben ist und die Fließmomente an keiner Stelle überschritten werden, vgl. [DAfStb-H.425 – 92], 2.5.4.1. Die letztgenannte Bedingung wird bereits durch die Bemessungsverfahren sichergestellt.

Damit Verformungsunverträglichkeiten vom Tragwerk ausgeglichen werden können, muss die hinreichende Verformungsfähigkeit der kritischen Abschnitte (Rotationsfähigkeit) gewährleistet sein, welche entscheidend durch das Fließen des Bewehrungsstahls bestimmt wird. Sehr hohe Bewehrungsgrade sind daher zu vermeiden, und die Mindestbewehrung ist zu beachten.

Bei durchlaufenden Balken und Platten (einschließlich Riegeln unverschieblicher Rahmen) mit einem Stützweitenverhältnis $0,5 < l_1/l_2 < 2$ genügt es nach EC2-1-1, 5.5 (NA.5) und DIN 1045-1, 8.2 (3), von den verschiedenen Einflüssen auf die Rotationsfähigkeit des Querschnitts nur das vorzeitige Versagen der Biegedruckzone bei hohen Bewehrungsgraden zu überprüfen. Wenn keine geeigneten konstruktiven Maßnahmen (z. B. die enge Verbügelung der Biegedruckzone wie bei Druckgliedern) getroffen oder andere Nachweise zur Sicherstellung der Duktilität geführt werden, so ist dazu die Druckzonenhöhe x_d wie folgt zu begrenzen:

$x_d / d \leq 0,45$ für $C \leq C50/60$ (C.1.1a)

$x_d / d \leq 0,35$ für $C \geq C55/67$ (C.1.2b)

Bei Querschnitten mit rechteckiger Betondruckzone entspricht dies folgenden bezogenen Bemessungsmomenten bei normalfestem Beton:

$\mu_{Eds} \leq 0,296$ für C12/15 bis C50/60

Für hochfesten Beton nach EC2 ergibt sich:

$\mu_{Eds} \leq 0,225$ für C55/67

$\mu_{Eds} \leq 0,211$ für C60/75

$\mu_{Eds} \leq 0,192$ für C70/85

$\mu_{Eds} \leq 0,183$ für C80/95

$\mu_{Eds} \leq 0,179$ für C90/105 und C100/115

1.2.5 Mindestmomente

Das Bemessungsmoment in den Anschnitten vertikaler Auflager von Durchlaufträgern soll wenigstens 65 % des Volleinspannmomentes am Auflagerrand betragen, s. DIN 1045-1, 8.2 (5) und EC2, 5.3.2.2 (3).

1.3 Linear-elastisches Verfahren mit begrenzter Umlagerung

1.3.1 Allgemeines

Es kann im wirtschaftlichen und technischen Interesse liegen, nicht die nach linearer Elastizitätstheorie ermittelten Biegemomente, sondern umgelagerte Momentenkurven zur Grundlage der Bemessung statisch unbestimmter Tragwerke zu machen. Die Zulässigkeit dieses Vorgehens begründet sich durch von den Annahmen abweichende Querschnittssteifigkeiten, nichtlineares Materialverhalten und vor allem die örtliche Ausbildung von Fließgelenken (Plastifizierung).

Bei der praktischen Bemessung wird, ausgehend von den Biegemomentenlinien der linearen Elastizitätstheorie, eine begrenzte Umlagerung unter Einhaltung des Gleichgewichts gewählt, wobei auch die **Mindestwerte der Biegemomente** nach Abschn. C.1.2.5 zu beachten sind.

Voraussetzung dafür, dass sich die gewählte Umlagerung der Schnittgrößen tatsächlich einstellen kann, ist eine ausreichende Verformbarkeit (Duktilität) des Bauteils. Die zur Umlagerung benötigte plastische Verdrehung θ im angenommenen Fließgelenk darf die mögliche Verdrehung des Querschnittes $\theta_{pl,d}$ nicht überschreiten. Dies ist beim **Nachweis der Rotationsfähigkeit** zu prüfen, wenn die erweiterten Umlagerungsmöglichkeiten einer Berechnung mit plastischen oder nichtlinearen Ansätzen nach EC2 5.6 bzw. 5.7 (vgl. DIN 1045-1, 8.4 bzw. 8.5) genutzt werden sollen, s. Abschn. C.1.4.

Bei der Momentenumlagerung wird man meist die Stützmomente verringern, wodurch sich die Feldmomente vergrößern. Daraus können sich folgende **Vorteile** ergeben:

- Die Bewehrungskonzentration im Stützbereich wird verringert.
- Beim häufigen Plattenbalkenquerschnitt mit oben liegender Platte werden Feld- und Stützquerschnitt besser den tatsächlichen Steifigkeiten entsprechend ausgenutzt.
- Da die Umlagerung lastfallweise unterschiedlich vorgenommen werden kann (was sich durch die Ausbildung von Fließgelenken begründet), wird man bei den für die Stützmomente maßgeblichen Lastfällen die Schnittgrößen von der Stütze zum Feld umlagern und die Schnittgrößen der für die Feldmomente maßgeblichen Lastfälle möglicherweise unverändert lassen. Bei Systemen mit hohem Verkehrslastanteil können auf diese Weise die oberen und die unteren Momentengrenzlinien einander angenähert werden.
- In Endfeldern von Durchlaufträgern beträgt die Vergrößerung des Feldmomentes durch die Umlagerung nur etwa die Hälfte des Abminderungsbetrags des zugehörigen Stützmomentes, woraus unabhängig vom Verkehrslastanteil eine direkte Bewehrungseinsparung resultiert.

Dem stehen als **Nachteile** gegenüber:

- Die Inanspruchnahme der Tragwerksduktilität zur Schnittgrößenumlagerung lässt größere Verformungen und verstärkte Rissbildung im Bereich der Fließgelenke erwarten.
- Der höhere Bearbeitungsaufwand falls ein Nachweis der Rotationsfähigkeit zu führen ist.

Im Gegensatz zu den nichtlinearen und plastischen Verfahren, mit denen sich ebenfalls eine Umlagerung vornehmen lässt, bleiben bei der begrenzten Umlagerung auf linear-elastischer Grundlage die Vorteile linearer Verfahren – insbesondere das Superpositionsprinzip – erhalten.

1.3.2 Umlagerung nach EC2-1-1

Die Regeln für die linear-elastische Berechnung mit begrenzter Umlagerung nach EC2-1-1 und NA(DE) entsprechen weitgehend jenen nach DIN 1045-1, 8.3. Ausdrücklich von der Umlagerung ausgenommen sind verschiebliche Rahmen und Bauteile aus vorgefertigten Segmenten mit unbewehrten Kontaktfugen.

Das linear-elastische Verfahren mit begrenzter Umlagerung kann bei

- durchlaufenden Balken oder Platten mit $0,5 < l_1/l_2 < 2$,
- Riegeln unverschieblicher Rahmen und
- vorwiegend auf Biegung beanspruchten Bauteilen einschließlich durchlaufender, in Querrichtung kontinuierlich gestützter Platten

angewendet werden, wenn die nachfolgenden Bedingungen erfüllt sind:

a) Hochduktiler Stahl:

$$\left.\begin{array}{l}\delta \geq 0{,}64 + 0{,}8\ x_u/d \\ \delta \geq 0{,}70\end{array}\right\} \text{bis C50/60} \quad \text{(C.1.3a)}$$

$$\left.\begin{array}{l}\delta \geq 0{,}72 + 0{,}8\ x_u/d \\ \delta \geq 0{,}80\end{array}\right\} \text{ab C55/67} \quad \text{(C.1.3b)}$$

b) Normalduktiler Stahl:

$$\left.\begin{array}{l}\delta \geq 0{,}64 + 0{,}8\ x_u/d \\ \delta \geq 0{,}85\end{array}\right\} \text{bis C50/60} \quad \text{(C.1.2c)}$$

$$\delta = 1{,}0 \ \text{(keine Umlagerung) ab C55/67} \quad \text{(C.1.2d)}$$

Dabei ist

δ \quad Verhältnis des umgelagerten Moments zum Ausgangsmoment **vor** der Umlagerung, wobei $\delta \leq 1$

x_u/d \quad auf die Nutzhöhe d bezogene Höhe der Druckzone **nach** Umlagerung, berechnet mit den Bemessungswerten der Einwirkungen und der Baustoffkenngrößen. Die zulässige Umlagerung δ ist ggf. iterativ zu bestimmen.

Für die Eckknoten unverschieblicher Rahmen ist $\delta \geq 0{,}90$ einzuhalten.

Nachweise zur Spannungsbegrenzung im Gebrauchszustand sind zu führen, wenn eine Umlagerung von mehr als 15 % (d. h. $\delta < 0{,}85$) gewählt wird, s. EC2-1-1, 7.1 (NA.3) bzw. DIN 1045-1, 11.1.1 (3).

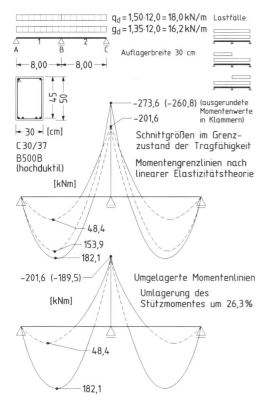

Abb. C.1.4 Beispiel einer Momentenumlagerung nach DIN EC2-1-1

Um die Grenzwerte nach Gl. (C.1.3) einzuhalten, kann es notwendig werden, eine Druckbewehrung einzulegen, was andererseits aus konstruktiven Gründen nicht immer wünschenswert ist.

Sollen die vorgenannten Grenzwerte überschritten werden, ist ein nichtlineares oder plastisches Berechnungsverfahren anzuwenden und dabei ein Nachweis des Rotationsvermögens zu erbringen, der in einfachen Fällen auch mittels Handrechnung durchgeführt werden kann (s. Bsp. S. C.12).

Bei Momentenumlagerungen vom Feld zur Stütze empfiehlt es sich, den genaueren Nachweis der Rotationsfähigkeit zu führen, wenn das Umlagerungsmaß mehr als 15 % beträgt. [Litzner – 96], S. 561.

Die Mindestbemessungsmomente nach Abschn. C.1.2.5 sind zu beachten.

1.3.3 Beispiel nach EC2-1-1

Für den in Abb. C.1.4 dargestellten Zweifeldträger sollen die Stütz- und Feldmomente bestimmt und eine begrenzte Momentenumlagerung nach EC2-1-1, 5.5 durchgeführt werden. Auf die Überprüfung der Mindestmomente wird hier nicht eingegangen.

Die Ermittlung der Momente erfolgt mit den Tafeln C.1.4 oder C.1.5. Die Momentengrenzlinien der drei Lastfälle sind in Abb. C.1.4 aufgetragen.

Ohne Nachweis der Rotationsfähigkeit ist im vorliegenden Fall nur eine Momentenumlagerung von 10,3 % möglich ($\delta = 0{,}897$ und zugehöriges ausgerundetes Stützmoment $-232{,}8$ kNm):

Überprüfen der Bedingungen nach Gl. (C.1.3):

$f_{cd} = 0{,}85 \cdot 30/1{,}5 = 17{,}0$ MN/m^2

$$\mu_{Sd,s} = \frac{232{,}8 \cdot 10^{-3}}{0{,}30 \cdot 0{,}45^2 \cdot 17{,}0} = 0{,}225 \Rightarrow \frac{x}{d} = 0{,}321$$

$x/d < 0{,}45$ (Bedingung Gl. (C.1.1a) eingehalten)
$\delta = 0{,}897 \leq 0{,}64 + 0{,}80 \cdot 0{,}321 = 0{,}897$

Zusammenstellung der Ergebnisse (für Umlagerung $\delta = 0{,}897$):

	vor Umlagerung	nach Umlagerung	Veränderung
Stützmoment vor/*nach* Ausrundung	−273,6 *−260,8* kNm	−245,4 *−232,8* kNm	−10,3 % *−10,7 %*
Stützbewehrung	15,7 cm^2	13,7 cm^2	−12,7 %
Feldmoment	182 kNm		
Feldbewehrung	10,0 cm^2		

Umlagerungen von mehr als 10,3 % ($\delta < 0{,}897$) erfordern im vorliegenden Fall einen Nachweis der Rotationsfähigkeit, der bei sparsam gewählter Bewehrung hier nicht zum Erfolg führt. Dies gilt für alle theoretisch möglichen Umlagerungswerte $0{,}7 \leq \delta < 1{,}0$.

Zur Verdeutlichung der Vorgehensweise wird eine Umlagerung der Stützmomente zum Feld von 26,3 % ($\delta = 0{,}737$) gewählt, sodass beide Momentengrenzlinien gleiche extremale Stütz- und Feldmomente aufweisen. Die Schnittgrößen im Grenzzustand der Tragfähigkeit sind in Abb. C.1.4 aufgetragen.

$$\mu_{Ed,s} = \frac{189{,}5 \cdot 10^{-3}}{0{,}30 \cdot 0{,}45^2 \cdot 17{,}0} = 0{,}183 \Rightarrow \frac{x}{d} = 0{,}253$$

Zusätzlich zum genaueren Nachweis der Rotationsfähigkeit ist wegen $\delta < 0{,}85$ ein Nachweis der Spannungen im Gebrauchszustand zu führen.

Zusammenstellung der Ergebnisse (für Umlagerung $\delta = 0{,}737$):

	vor Um-lagerung	nach Um-lagerung	Veränderung
Stützmoment vor / *nach* Ausrundung	–273,6 *–260,8* kNm	–201,6 *–189,5* kNm	–26,3 % *–27,3 %*
Stützbewehrung	15,7 cm²	10,8 cm²	–31 %
gewählt		2 ⌀ 20 + 3 ⌀ 14 = 10,9 cm²	
Feldmoment	182 kNm		
Feldbewehrung	10,3 cm²		
gewählt (s. Text)	5 ⌀ 20 = 15,7 cm²		(+52 %)

Die Bemessung erfolgte unter Ansatz eines Spannungs-Dehnungs-Diagramms für Stahl mit horizontalem oberem Ast. Die Feldbewehrung wurde im Hinblick auf den Nachweis der Rotationsfähigkeit reichlich gewählt. Fortsetzung des Beispiels s. Seite C.12.

1.4 Verfahren nach der Plastizitätstheorie/nichtlineare Verfahren

1.4.1 Allgemeines

Die Zielsetzung **nichtlinearer Berechnungsverfahren** sollte darin bestehen, für Schnittgrößenermittlung und Bemessung dasselbe (nichtlineare) Materialgesetz zu verwenden, sodass die zuvor schon beschriebene Inkonsistenz linearer Verfahren entfällt. Auf diese Weise kann das tatsächliche Tragwerksverhalten zutreffender beschrieben werden.

Das Verhalten eines Tragwerks mit vorgeschätzter Bewehrung wird bestimmt, indem die Belastung inkrementell aufgebracht wird und jeweils Verformungen, Steifigkeiten sowie Schnittgrößen schrittweise realistischen Werkstoffgesetzen folgend berechnet werden. Dafür sind die Stoffgesetze abschnittsweise zu linearisieren, was sehr kleine Lastschritte voraussetzt. Da auch räumlich eine feine Unterteilung gewählt werden muss, sind nichtlineare Verfahren dieser Form wegen ihres Aufwands für den Einsatz in Computerprogrammen vorgesehen.

Einem Laborversuch ähnlich wird mit einem Rechengang das Verhalten des Tragwerks unter allmählicher Laststeigerung verfolgt und so z. B. die Bruchlast bestimmt. Stimmt die ermittelte Tragfähigkeit nicht mit den Anforderungen überein, so müssen in einer Iteration neue Versuche bzw. Rechenläufe mit veränderter Bewehrung

folgen, was in Computerprogrammen automatisch geschehen kann.

Wird neben der physikalischen auch die geometrische Nichtlinearität berücksichtigt, indem die Gleichgewichtsbedingungen bei jedem Schritt neu am verformten System formuliert werden, so eignet sich ein derartiges „Allgemeines Verfahren" im Sinne des EC2-1-1, 5.8.6 für direkte Berechnungen nach Theorie II. Ordnung und Stabilitätsnachweise.

Eine Superposition von Schnittgrößen und Verformungen, die unterschiedlichen Einwirkungen zuzuordnen sind, ist bei nichtlinearen Verfahren nicht möglich, vielmehr ist jede Lastfallkombination völlig separat zu berechnen.

Als Spannungs-Dehnungs-Linien zur *Schnittgrößenermittlung* eignet sich für Beton das Parabeldiagramm nach EC2-1-1, 3.1.5 (vgl. Abb. C.1.12a) und für Stahl das bilineare Diagramm mit ansteigendem oberen Ast (s. EC2-1-1, Bild NA.3.8.1), vgl. Abb. C.1.13a. Die Mitwirkung des Betons zwischen den Rissen kann durch Gl. (C.1.8) beschrieben werden. Eine auf diesen Ansätzen beruhende nichtlineare Berechnung mit wirklichkeitsnaher Berücksichtigung des Materialverhaltens unter Einbeziehung des Rotationsvermögens muss wegen des hohen Aufwands im Allgemeinen EDV-gestützt durchgeführt werden.

Einen Sonderfall nichtlinearer Berechnungsverfahren stellen Methoden auf der Grundlage der **Plastizitätstheorie** dar. Sie erlangen vorwiegend bei der Schnittgrößenermittlung von Platten praktische Bedeutung. Verfahren nach der Plastizitätstheorie eignen sich nur für Nachweise im Grenzzustand der Tragfähigkeit, s. EC2-1-1, 5.6. Anwendungsvoraussetzung ist Bewehrungsstahl hoher Duktilität für stabförmige Bauteile und Platten. Bei Scheiben dürfen Verfahren der Plastizitätstheorie stets ohne direkten Nachweis des Rotationsvermögens angewendet werden. Bei Bauteilen aus Leichtbeton sollten diese Verfahren nicht angewendet werden.

Tragwerksberechnungen gemäß der Elastizitätstheorie gehen vom Systemversagen aus, wenn an einer beliebigen Stelle die Tragfähigkeit überschritten ist. Bildet sich an dieser Stelle jedoch ein plastisches Gelenk aus, so kann sich bei statisch unbestimmten Tragwerken ein stabiler Zustand einstellen, der weitere Laststeigerungen zulässt. Erst wenn in einem Abschnitt Tragwerksgelenke und plastische Gelenke eine kinematische Kette bilden, ist die örtliche Traglast erreicht. In Abb. C.1.5 wird die Systemtraglast erreicht, wenn die Belastung im Feld 2 bis zur Ausbildung eines weiteren Fließgelenks gesteigert wird.

Stabtragwerke

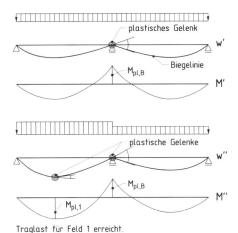

Abb. C.1.5 Ausbilden einer Fließgelenkkette bei ausreichend duktilem Tragwerk

Allgemeine Voraussetzung für die Ausbildung von Fließgelenken ist eine ausreichende Duktilität des Tragwerks. Die Zahl der möglichen Fließgelenke beträgt $n+1$, wenn n der Grad der statischen Unbestimmtheit ist.

Entscheidend für die Berechnung ist das Auffinden der maßgebenden, von statischem System, Steifigkeitsverteilung (Bewehrung) und Belastung abhängigen Fließgelenkkette, die zur niedrigsten möglichen Traglast gehört: Eine *beliebig* gewählte Fließgelenkkette liefert nach dem zweiten Grenzwertsatz der Plastizitätstheorie eine Traglast, die größer oder gleich der tatsächlichen Traglast ist und damit nicht notwendigerweise eine sichere Lösung.

Zweiachsig gespannte Platten dürfen im Grenzzustand der Tragfähigkeit ohne direkten Nachweis der Rotationsfähigkeit nach der Plastizitätstheorie berechnet werden, wenn die folgenden Bedingungen erfüllt sind (s. EC2-1-1, 5.6.2 (2) und NA):

- Im gesamten Tragwerk gilt:
  $x_u/d \leq 0{,}25$ bis C50/60,
  $x_u/d \leq 0{,}15$ ab C55/67.
- Es wird Bewehrungsstahl hoher Duktilität verwendet (Klasse B oder C).
- Das Verhältnis von Stütz- zu Feldmomenten sollte zwischen 0,5 und 2,0 liegen.

Die Druckzonenhöhe x_u ist dabei mit den Bemessungswerten der Einwirkungen und Baustofffestigkeiten zu bestimmen.

Zusätzlich können sich aus dem Nachweis der Gebrauchstauglichkeit maßgebliche Einschränkungen ergeben.

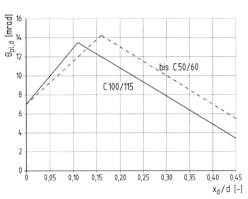

Abb. C.1.6 Grundwert der zulässigen plastischen Rotation für eine Schubschlankheit von $\lambda = 3$ (EC2-1-1, Bild 5.6DE)

1.4.2 Nachweis der Rotationsfähigkeit nach EC2-1-1

Die Rotationsfähigkeit wird nachgewiesen, indem der im Querschnitt zulässige plastische Rotationswinkel $\theta_{pl,d}$ mit dem vorhandenen Rotationswinkel θ_s verglichen wird, der sich bei der umgelagerten Schnittgrößenverteilung einstellt:

$$\theta_s \leq \theta_{pl,d} \tag{C.1.4}$$

Dabei muss gelten:

$x/d \leq 0{,}45$ bis C50/60
$x/d \leq 0{,}35$ ab C55/67

1.4.2.1 Möglicher Rotationswinkel $\theta_{pl,d}$

Der Bemessungswert des möglichen plastischen Rotationswinkels des Querschnitts $\theta_{pl,d}$ ergibt sich nach DIN 1045-1, 8.4.2 beim vereinfachten Nachweis aus:

$$\theta_{pl,d} = \sqrt{\frac{\lambda}{3}} \cdot \theta_{pl,d;\lambda=3} \tag{C.1.5}$$

mit

λ Schubschlankheit; Verhältnis der Länge zwischen Momentennullpunkt und -maximum (nach Umlagerung) zur statischen Nutzhöhe; vereinfacht:
= $M_{Ed}/(V_{Ed} \cdot d)$

$\theta_{pl,d;\lambda=3}$ Grundwert der zulässigen Rotation für $\lambda = 3$ nach Abb. C.1.6

x_d/d bezogene Druckzonenhöhe bei Bruch, berechnet mit den Bemessungswerten der Einwirkungen und den Bemessungswerten der Baustoffkenngrößen

1.4.2.2 Vorhandener Rotationswinkel θ_s

Die Berechnung des zur Umlagerung benötigten Rotationswinkels θ_s (vorhandener Rotationswinkel) setzt voraus, dass eine Biegebemessung für die umgelagerten Momente durchgeführt wurde und die vorgesehenen Bewehrungsquerschnitte bekannt sind.

Da wirklichkeitsnahe Verformungswerte zu bestimmen sind, wird für Beton die Spannungs-Dehnungs-Linie nach Gl. (C.1.15) (vgl. Abb. C.1.12a), für Stahl nach Abb. C.1.13a verwendet. Dabei werden der Berechnung die Bemessungswerte der Einwirkungen und die Mittelwerte der Baustofffestigkeiten zugrunde gelegt. Die Mitwirkung des Betons auf Zug zwischen den Rissen kann berücksichtigt werden (EC2-1-1, 5.7 (NA.6) bis (NA.15):

$f_{yR} = 1{,}1 \, f_{yk}$ (C.1.6a)
$f_{tR} = 1{,}08 \, f_{yR}$ (für B500B) (C.1.6b)
$f_{tR} = 1{,}05 \, f_{yR}$ (für B500A) (C.1.6c)
$f_{p0,1R} = 1{,}1 \, f_{p0,1k}$ (C.1.6d)
$f_{pR} = 1{,}1 \, f_{pk}$ (C.1.6e)
$f_{cR} = 0{,}85 \, \alpha \, f_{ck}$ (C.1.6f)

Dabei gilt für Normalbeton: $\alpha = 0{,}85$.

Die auftretende plastische Verformung kann vereinfachend in einem plastischen Gelenk konzentriert angenommen werden. Die größte Verdrehung im plastischen Gelenk stellt sich bei maxi-

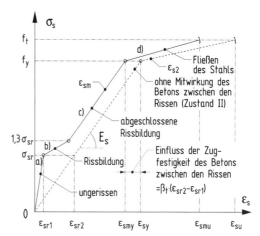

Abb. C.1.8 Mitwirkung des Betons auf Zug zwischen den Rissen

maler Belastung der beiderseits anliegenden Felder ein. Sie berechnet sich aus dem umgelagerten Moment M'_{Ed} über den Arbeitssatz, wenn am Gelenk ein virtuelles Einheitsmoment M_1 angesetzt wird (s. Abb. C.1.7):

$$\theta_s = \int \frac{M'_{Ed}}{EI} \cdot M_1 \, dx \qquad (C.1.7)$$
$$= \int (1/r)_m \cdot M_1 \, dx$$

wobei wegen des nichtlinearen Berechnungsansatzes auch die Querschnittssteifigkeit EI mit x veränderlich ist. Die mittlere Krümmung $(1/r)_m$ eines Querschnitts kann im Rahmen dieses Nachweises aus der vereinfachten, trilinearen Momenten-Krümmungs-Beziehung nach Abb. C.1.9 ermittelt werden, die durch drei Wertepaare definiert wird:

- $M_{I,II}$ und $(1/r)_{I,II}$ beim Übergang des Querschnitts von Zustand I zu Zustand II,
- M_y und $(1/r)_y$ an der Streckgrenze des Bewehrungsstahls,
- M_u und $(1/r)_u$ bei Erreichen der Zugfestigkeit des Bewehrungsstahls.

Für einen gegebenen Stahlbetonquerschnitt werden diese Wertepaare bestimmt, indem zu ausgewählten Biegemomenten (nämlich $M_{I,II}$, M_y und M_u) die zugehörigen Randdehnungen ε_c und ε_s berechnet werden. Die Krümmung des Querschnitts ergibt sich dann aus (vgl. Abb. C.1.9):

$$(1/r) = \frac{\varepsilon_s + |\varepsilon_c|}{d} \qquad (C.1.8)$$

Dabei ist im Allgemeinen das Mitwirken des Betons auf Zug zwischen den Rissen zu berücksichtigen, wodurch sich die Stahldehnung auf ε_{sm} verringert (Zugversteifung). Ein entsprechender,

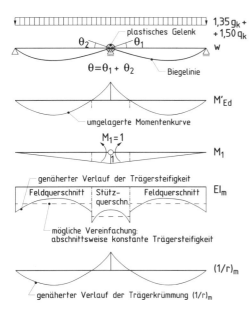

Abb. C.1.7 Ermittlung des vorhandenen Rotationswinkels θ_s

Stabtragwerke

in Abb. C.1.8 dargestellter Berechnungsansatz ist in [DAfStb-H.525 – 03] angegeben. Danach werden in einem abschnittsweise linearisierten Spannungs-Dehnungs-Verlauf des Betonstahls vier Bereiche a, b, c und d der tatsächlichen Stahlspannung entsprechend unterschieden:

a) Ungerissen ($0 < \sigma_s \leq \sigma_{sr}$)

$$\varepsilon_{sm} = \varepsilon_{s1} \tag{C.1.9a}$$

b) Rissbildung ($\sigma_{sr} < \sigma_s \leq 1{,}3 \cdot \sigma_{sr}$)

$$\varepsilon_{sm} = \varepsilon_{s2} - \frac{\beta_t \cdot (\sigma_s - \sigma_{sr}) + (1{,}3 \cdot \sigma_{sr} - \sigma_s)}{0{,}3 \cdot \sigma_{sr}}$$
$$\cdot (\varepsilon_{sr2} - \varepsilon_{sr1}) \tag{C.1.9b}$$

c) Abgeschlossene Rissbildung ($1{,}3 \cdot \sigma_{sr} < \sigma_s \leq f_y$)

$$\varepsilon_{sm} = \varepsilon_{s2} - \beta_t \cdot (\varepsilon_{sr2} - \varepsilon_{sr1}) \tag{C.1.9c}$$

d) Fließen des Stahls ($f_y < \sigma_s \leq f_t$)

$$\varepsilon_{sm} = \varepsilon_{sy} - \beta_t \cdot (\varepsilon_{sr2} - \varepsilon_{sr1}) +$$
$$+ \delta \cdot (1 - \sigma_{sr}/f_y) \cdot (\varepsilon_{s2} - \varepsilon_{sy}) \tag{C.1.9d}$$

Dabei ist:

ε_{sm} mittlere Stahldehnung bei Berücksichtigung des zwischen den Rissen auf Zug mitwirkenden Betons

ε_{su} Stahldehnung unter Höchstlast = 25 ‰

ε_{s1} Stahldehnung im ungerissenen Zustand

ε_{s2} Stahldehnung im gerissenen Zustand im Riss

ε_{sr1} Stahldehnung im ungerissenen Zustand unter Riss-Schnittgrößen bei Erreichen von f_{ctm}, dem Mittelwert der Betonzugfestigkeit

ε_{sr2} Stahldehnung im Riss unter Riss-Schnittgrößen

β_t Beiwert zur Berücksichtigung des Einflusses der Belastungsdauer oder einer wiederholten Belastung auf die mittlere Dehnung

     = 0,40 für eine einzelne kurzzeitige Belastung

     = 0,25 für eine andauernde Last oder für häufige Lastwechsel

σ_s Spannung in der Zugbewehrung, die auf der Grundlage eines gerissenen Querschnitts berechnet wird (Spannung im Riss)

σ_{sr} Spannung in der Zugbewehrung, die auf der Grundlage eines gerissenen Querschnitts für eine Einwirkungskombination berechnet wird, die zur Erstrissbildung führt

δ Beiwert zur Berücksichtigung der Duktilität der Bewehrung

     = 0,8 für hochduktilen Stahl

     = 0,6 für normalduktilen Stahl

Ermittlung der Kennwerte

Unter Vernachlässigung des Bewehrungsanteils ermittelt sich das Rissmoment $M_{I,II}$ des Betonquerschnitts **vor** Rissbildung näherungsweise zu:

$$M_{I,II} = f_{ctm} \cdot I_c/z_1 \tag{C.1.10}$$

mit

I_c Flächenträgheitsmoment des gesamten Betonquerschnitts

z_1 Abstand des Zugrandes vom Schwerpunkt

Unter dem Rissmoment beträgt die Dehnung des noch ungerissenen Querschnitts in Höhe der Zugbewehrung:

$$\varepsilon_{sr1} = \frac{M_{I,II}}{E_{cm} I_c}(z_1 - d_1) \tag{C.1.11}$$

und am Druckrand:

$$\varepsilon_c = -\frac{M_{I,II}}{E_{cm} I_c} z_2 \tag{C.1.12}$$

mit

z_2 Abstand des Druckrandes vom Schwerpunkt

Nach Rissbildung unter demselben Rissmoment wird der zuvor vom Beton getragene Zugkeil von der Bewehrung übernommen. Die Dehnungsverteilung ist grundsätzlich durch Iteration zu bestimmen.

Alternativ kann zunächst unter Gebrauchslasten wegen der geringen Beanspruchung des Betons näherungsweise auch ein linear-elastischer Spannungs-Dehnungs-Verlauf unter Ausfall der Betonzugspannungen angenommen werden. Aus der Druckzonenhöhe des Rechteckquerschnitts unter reiner Biegung

$$\frac{x}{d} = \sqrt{(\alpha_e \cdot \rho)^2 + 2\,\alpha_e \cdot \rho} - \alpha_e \cdot \rho \tag{C.1.13}$$

mit $\alpha_e = E_s/E_{cm}$
         $\rho = A_s/(b \cdot d)$

folgt die Stahlspannung im Zustand II bei Erstrissbildung

$$\sigma_{sr} = \frac{3 \cdot M_{I,II}}{A_s \cdot d \cdot (3 - x/d)} = \frac{M_{I,II}}{A_s \cdot z} \tag{C.1.14}$$

und daraus die gesuchte Dehnung:

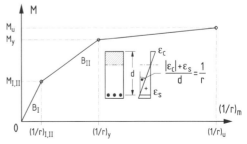

Abb. C.1.9   Vereinfachte, trilineare Momenten-Krümmungs-Beziehung

$$\varepsilon_{sr2} = \frac{\sigma_{sr}}{E_s} \qquad (C.1.15)$$

Bei Erreichen der Streckgrenze des Bewehrungsstahls wird $\varepsilon_{sy} = f_{yR}/E_s = 2{,}75$ ‰, und das vom Querschnitt aufnehmbare Fließmoment M_y sowie die Betondehnung ε_c können durch Iteration bestimmt werden.

Diesen Rechenschritt vereinfachen in den häufig anzutreffenden Sonderfällen ohne Längskraft die Diagramme der Tafel C.1.1, die auf der Grundlage der Spannungs-Dehnungs-Linie des Betons für nichtlineare Verfahren der Schnittgrößenermittlung nach DIN 1045-1, 9.1.5 aufgestellt wurden. Unter anderem sind die Verläufe der Betondehnung ε_c und des Fließmomentes M_y bei Fließbeginn im reinen Zustand II (d. h. ohne Mitwirken des Betons auf Zug) unter Biegung ohne Normalkraft als dimensionslose Beiwerte aufgetragen und können über den Tafeleingangswert ω_{II} unmittelbar bestimmt werden:

$$\omega_{II} = \frac{A_s \; f_{yR}}{b \cdot d \; f_{cR}}$$

mit

b, d Breite und Nutzhöhe des Querschnitts
A_s im Querschnitt eingelegte Biegezugbewehrung
f_{yR} rechnerischer Mittelwert der Stahlspannung an der Fließgrenze, s. Gl. (C.1.5a)
f_{cR} rechnerischer Mittelwert der Druckfestigkeit des Betons, s. Gl. (C.1.5f)

Bei Anwendung der Tafel C.1.1 auf Plattenbalkenquerschnitte ist b durch b_{eff} des Druckgurtes zu ersetzen, und es muss $x \leq h_f$ erfüllt sein.

Die mittlere Stahldehnung unter Mitwirkung des Betons auf Zug an der Streckgrenze ε_{smy} ergibt sich aus Gl. (C.1.9c), wenn ε_{sy} für ε_{s2} eingesetzt wird.

In ähnlicher Weise kann das Wertepaar an der Zugfestigkeitsgrenze des Bewehrungsstahls bestimmt werden.

Die aus den Wertepaaren zu konstruierenden Momenten-Krümmungs-Beziehungen sind für alle Stababschnitte mit unterschiedlichen Querschnittsparametern aufzustellen.

1.4.2.3 Fortsetzung des Berechnungsbeispiels

Möglicher plastischer Rotationswinkel

Nach Gl. (C.1.4), mit

$V_{Ed} = (-201{,}6 - 34{,}2 \cdot 8{,}00^2/2)/8{,}00 = -162{,}0$ kN
$\lambda \;\; = 201{,}6/(162{,}0 \cdot 0{,}45) = 2{,}77$
Ablesung in Abb. C.1.7 für $x_d/d = 0{,}253$:

$\theta_{pl,d;\lambda=3} = 11{,}3$

Damit ergibt sich der mögliche plastische Rotationswinkel zu:

$$\theta_{pl,d} = \sqrt{\frac{2{,}77}{3}} \cdot 11{,}3 = 10{,}9\text{‰}$$

Vorhandener plastischer Rotationswinkel

Für Verformungsberechnungen dürfen nach EC2-1-1, 5.7 (NA.6f) mittlere Materialkenngrößen verwendet werden:

f_{cR} $= 0{,}85 \cdot 0{,}85 \cdot 30 = 21{,}7$ MN/m²
f_{ctm} $= 2{,}9$ MN/m²
E_{cm} $= 32.800$ MN/m²
f_{yR} $= 1{,}1 \cdot 500 = 550$ MN/m²

Momenten-Krümmungs-Beziehungen

Es werden zwei Trägerabschnitte mit unterschiedlich bewehrten Querschnitten untersucht, nämlich Stütz- und Feldquerschnitt.

1. Stützquerschnitt:
Ungerissener Querschnitt, s. Gl. (C.1.10) f.:

$I_c \;\; = 0{,}30 \cdot 0{,}50^3/12 = 3{,}125 \cdot 10^{-3}$ m⁴
$M_{I,II} = 2{,}9 \cdot 3{,}125 \cdot 10^{-3}/0{,}25 \cdot 10^3 = 36{,}25$ kNm

$$\varepsilon_{sr1} = \frac{0{,}03625}{32.800 \cdot 3{,}125 \cdot 10^{-3}} \cdot (0{,}25 - 0{,}05) = 0{,}0707\text{‰}$$

$$\varepsilon_c = \frac{0{,}03625}{32.800 \cdot 3{,}125 \cdot 10^{-3}} \cdot 0{,}25 = -0{,}0884\text{‰}$$

Krümmung des ungerissenen Querschnitts:

$$(1/r)_{I,II} = \frac{0{,}0707 + 0{,}0884}{0{,}45} \cdot 10^{-3} = 0{,}354 \cdot 10^{-3}$$

Nach Erstrissbildung ergibt sich aus Gl. (C.1.13) f.:

$\alpha_e \;\; = 200.000/32.800 = 6{,}10$
$\rho \;\; = 10{,}9 / (30 \cdot 45) = 0{,}00807$
$\alpha_e \cdot \rho = 0{,}0492$

$$\frac{x}{d} = \sqrt{0{,}0492^2 + 2 \cdot 0{,}0492} - 0{,}0492 = 0{,}268$$

$$\sigma_{sr} = \frac{3 \cdot 0{,}03625}{10{,}9 \cdot 10^{-4} \cdot 0{,}45 \cdot (3 - 0{,}268)} = 81{,}2 \text{ MN/m}^2$$

Damit folgt aus Gl. (C.1.15) die Dehnung:
$\varepsilon_{sr2} = 81{,}2/200.000 = 0{,}406$ ‰

Bei Fließbeginn errechnet sich die Stahldehnung unter Mitwirken des Betons zwischen den Rissen aus Gl. (C.1.9c):

$\varepsilon_{smy} = 2{,}75 - 0{,}25 \cdot (0{,}406 - 0{,}0707) = 2{,}67$ ‰

Das zugehörige Moment und die Betonstauchung werden mittels Tafel C.1.1 bestimmt. Mit dem Tafeleingangswert

$$\omega_{II} = \frac{10{,}9}{30 \cdot 45} \cdot \frac{550}{21{,}7} = 0{,}205$$

Tafel C.1.1a Kenngrößen rein biegebeanspruchter Querschnitte im Zustand II bei Fließbeginn (ε_{sy} = 2,75 ‰) auf der Grundlage der Spannungs-Dehnungs-Linie für die Schnittgrößenermittlung mit nichtlinearen Verfahren

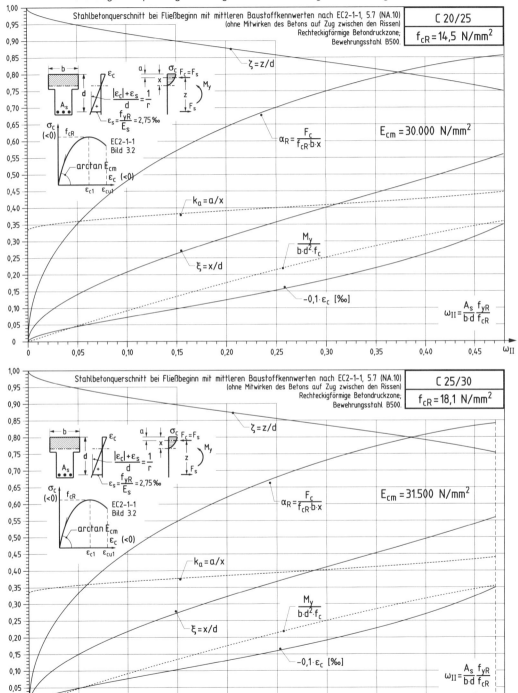

Tafel C.1.1b Kenngrößen rein biegebeanspruchter Querschnitte im Zustand II bei Fließbeginn (ε_{sy} = 2,75 ‰) auf der Grundlage der Spannungs-Dehnungs-Linie für die Schnittgrößenermittlung mit nichtlinearen Verfahren

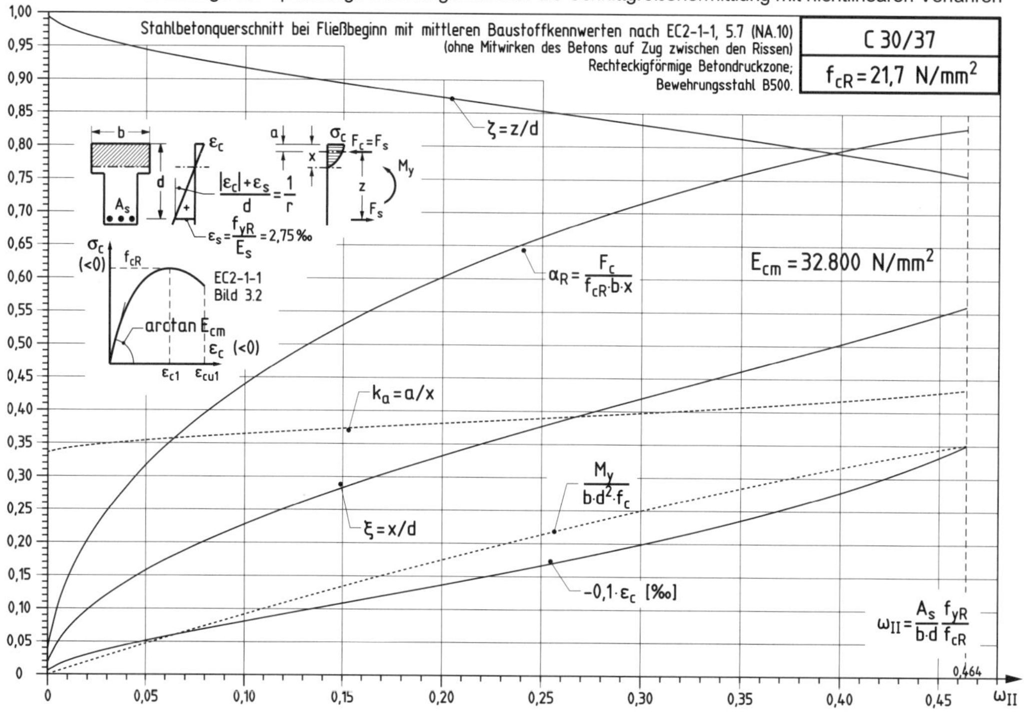
Stahlbetonquerschnitt bei Fließbeginn mit mittleren Baustoffkennwerten nach EC2-1-1, 5.7 (NA.10)
(ohne Mitwirken des Betons auf Zug zwischen den Rissen)
Rechteckigförmige Betondruckzone;
Bewehrungsstahl B500.
C 30/37
f_{cR} = 21,7 N/mm²
E_{cm} = 32.800 N/mm²
ζ = z/d
$\alpha_R = \frac{F_c}{f_{cR} \cdot b \cdot x}$
k_a = a/x
ξ = x/d
$\frac{M_y}{b \cdot d^2 \cdot f_c}$
−0,1·ε_c [‰]
$\omega_{II} = \frac{A_s}{b \cdot d} \frac{f_{yR}}{f_{cR}}$
$\frac{|\varepsilon_c| + \varepsilon_s}{d} = \frac{1}{r}$
$\varepsilon_s = \frac{f_{yR}}{E_s}$ = 2,75 ‰
EC2-1-1
Bild 3.2
arctan E_{cm}
0,464

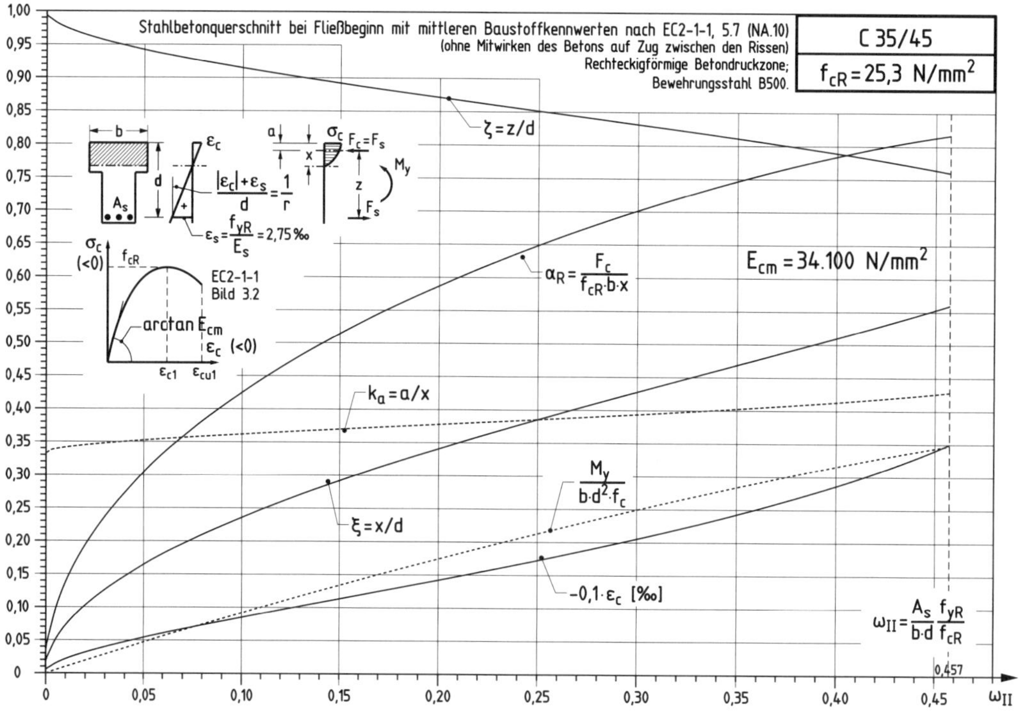
Stahlbetonquerschnitt bei Fließbeginn mit mittleren Baustoffkennwerten nach EC2-1-1, 5.7 (NA.10)
(ohne Mitwirken des Betons auf Zug zwischen den Rissen)
Rechteckigförmige Betondruckzone;
Bewehrungsstahl B500.
C 35/45
f_{cR} = 25,3 N/mm²
E_{cm} = 34.100 N/mm²
ζ = z/d
$\alpha_R = \frac{F_c}{f_{cR} \cdot b \cdot x}$
k_a = a/x
ξ = x/d
$\frac{M_y}{b \cdot d^2 \cdot f_c}$
−0,1·ε_c [‰]
$\omega_{II} = \frac{A_s}{b \cdot d} \frac{f_{yR}}{f_{cR}}$
$\frac{|\varepsilon_c| + \varepsilon_s}{d} = \frac{1}{r}$
$\varepsilon_s = \frac{f_{yR}}{E_s}$ = 2,75 ‰
EC2-1-1
Bild 3.2
arctan E_{cm}
0,457

und den Ablesungen aus Tafel C.1.1 folgen
$M_y = 0{,}179 \cdot 0{,}30 \cdot 0{,}45^2 \cdot 21{,}7 \cdot 10^3 = 236$ kNm
$\varepsilon_c = -1{,}40$ ‰   ($\varepsilon_{sy} = 2{,}75$ ‰)

und damit die mittlere Krümmung:

$$(1/r)_y = \frac{2{,}67 + 1{,}40}{0{,}45} \cdot 10^{-3} = 9{,}04 \cdot 10^{-3}$$

2. Feldquerschnitt:

Wegen gleicher Abmessungen des Betonquerschnitts bleiben die Werte im Zustand I unverändert.
Nach Erstrissbildung:

$\rho = 15{,}7/(30 \cdot 45) = 0{,}01163$
$\alpha_e \cdot \rho = 0{,}0709$

$\dfrac{x}{d} = \sqrt{0{,}0709^2 + 2 \cdot 0{,}0709} - 0{,}0709 = 0{,}312$

$\sigma_{sr} = \dfrac{3 \cdot 0{,}03625}{15{,}7 \cdot 10^{-4} \cdot 0{,}45 \cdot (3-0{,}312)} = 57{,}3$ MN/m^2

$\varepsilon_{sr2} = 57{,}3/200.000 = 0{,}287$ ‰
$\varepsilon_{smy} = 2{,}75 - 0{,}25 \cdot (0{,}287 - 0{,}0709) = 2{,}70$ ‰

$\omega_{II} = \dfrac{15{,}7}{30 \cdot 45} \cdot \dfrac{550}{21{,}7} = 0{,}295$

$M_y = 0{,}246 \cdot 0{,}30 \cdot 0{,}45^2 \cdot 21{,}7 \cdot 10^3 = 324$ kNm
$\varepsilon_c = -1{,}96$ ‰   ($\varepsilon_{sy} = 2{,}75$ ‰)

$(1/r)_y = \dfrac{2{,}70 + 1{,}96}{0{,}45} \cdot 10^{-3} = 10{,}36 \cdot 10^{-3}$

Die Weiterführung der Momenten-Krümmungs-Beziehung bis zur Höchstlast wird hier nicht benötigt. Damit sind alle Wertepaare zur Auftragung der Momenten-Krümmungs-Beziehungen bekannt, s. Abb. C.1.10.

Im nächsten Schritt werden zu den Biegemomenten des Trägers unter Verwendung der Momenten-Krümmungs-Beziehungen (Abb. C.1.10) die Krümmungen bestimmt. Dazu werden der Bereich des Feldquerschnitts und der Bereich des Stützenquerschnitts zweckmäßigerweise jeweils in kleine Abschnitte unterteilt. Durch numerische Integration z. B. nach Simpson wird die vorhandene Rotation ermittelt. Deren Ergebnisse sind in Tafel C.1.2 zusammengestellt. Zusätzlich sind die Krümmungen in Abb. C.1.11 aufgetragen.

Zur Vereinfachung wurde nur eine Hälfte des symmetrischen Trägers betrachtet. Das Ergebnis der Integration ist daher mit 2 zu multiplizieren.

Die vorhandene Rotation beträgt dann:

$\theta_s = 2 \cdot (0{,}653 \cdot 41{,}30 - 0{,}368 \cdot 34{,}12) \cdot 10^{-3}/3$
$\quad = 9{,}61 \cdot 10^{-3}$

Dies ist kleiner als die mögliche Rotation
$\theta_{pl,d} = 10{,}9 \cdot 10^{-3}$

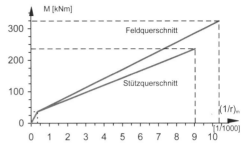

Abb. C.1.10 Momenten-Krümmungs-Beziehung

Tafel C.1.2 Numerische Integration der Krümmungen

Feldquerschnitt						
x	M	$(1/r)_m$	EI_m	M_1	s	$s \cdot M_1 \cdot (1/r)_m$
m	kNm	1/1000	MNm^2	kNm		
0	0	0	47,74	0	1	0
0,65	65,6	1,373	47,74	0,082	4	0,448
1,31	116,5	3,146	37,04	0,163	2	1,027
1,96	153,0	4,412	34,67	0,245	4	4,319
2,61	174,8	5,172	33,80	0,326	2	3,375
3,26	182,1	5,425	33,56	0,408	4	8,851
3,92	174,8	5,172	33,80	0,489	2	5,063
4,57	153,0	4,412	34,67	0,571	4	10,078
5,22	116,5	3,146	37,04	0,653	2	4,106
5,87	65,5	1,373	47,74	0,734	4	4,032
6,53	0	0	47,74	0,816	1	0
Abschnittslänge: 0,653 m				Summe:		**41,30**

Stützquerschnitt						
x	M	$(1/r)_m$	EI_m	M_1	s	$s \cdot M_1 \cdot (1/r)_m$
m	kNm	1/1000	MNm^2	kNm		
6,53	0	0	59,26	0,816	1	0
6,89	−43,4	−0,733	59,26	0,862	4	−2,296
7,26	−91,5	−2,896	31,60	0,908	2	−5,006
7,63	−144,2	−5,267	27,39	0,954	4	−19,270
8,00	−201,6	−7,848	25,69	1,000	1	−7,544
Abschnittslänge: 0,368 m				Summe:		**−34,12**

Der Nachweis der Rotationsfähigkeit ist damit **knapp** gelungen. Bei einer wirtschaftlich gewählten Feldbewehrung von beispielsweise 10,9 cm^2 hätte sich eine unzulässig große Rotation eingestellt. Zusätzlich ist in jedem Fall der Nachweis der Spannungen unter Gebrauchslasten zu führen, der weitere, bedeutende Einschränkungen ergeben kann.

Im Beispiel wurde der hohe Aufwand des Nachweises der Rotationsfähigkeit mittels einer trilinearen (bzw. hier bilinearen) Momenten-Krümmungs-Beziehung nach EC2-1-1 und NA(DE) verdeutlicht. Auch wenn weitere Vereinfachungen hätten getroffen werden können (wie

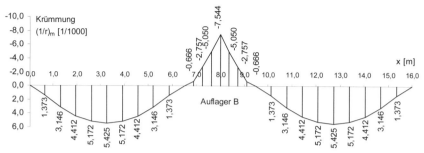

Abb. C.1.11 Verlauf der mittleren Krümmung des Trägers

z. B. weitere Vereinfachung der Momenten-Krümmungs-Beziehung oder abschnittsweise konstante Trägersteifigkeiten), wird dieser Nachweis in der Praxis kaum als Handrechnung durchgeführt werden.

1.4.3 Stützenberechnung nach Theorie II. Ordnung

Für den Nachweis von Stützen im Grenzzustand der Tragfähigkeit infolge von Tragwerksverformungen (Knicksicherheitsnachweis) ist als Näherungsverfahren für häufig anzutreffende Sonderfälle das Verfahren mit Nennkrümmung vorgesehen (EC2-1-1, 5.8.8, bisher als „Modellstützenverfahren" bezeichnet), für welches auch entsprechende Bemessungstafeln zur Verfügung stehen, s. Abschnitt D.

Nachfolgend soll an einem einfachen Beispiel der Nachweis im Grenzzustand der Tragfähigkeit durch eine Verformungsberechnung nach Theorie II. Ordnung auf der Grundlage des nichtlinearen Berechnungsverfahrens gezeigt werden (vgl. EC2-1-1, 5.8.6). Wie bei allen Verformungsberechnungen muss die Bewehrung des Bauteils bereits zuvor festgelegt worden sein. Sollte sich anschließend im Nachweisverfahren die Notwendigkeit zeigen, die Bewehrung abzuändern, müsste die Berechnung mit den neuen Vorgaben wiederholt werden.

Für Beton ist zur **Schnittgrößenermittlung** mittels nichtlinearer Verfahren sowie für **Verformungsberechnungen** die Spannungs-Dehnungs-Linie nach EC2-1-1, 3.1.5 zu verwenden (Abb. C.1.12a):

$$\frac{\sigma_c}{f_{cm}} = -\left(\frac{k \cdot \eta - \eta^2}{1+(k-2)\cdot \eta}\right) \quad \text{(C.1.16)}$$

mit $\eta = \varepsilon_c/\varepsilon_{c1}$ und $k = 1{,}05 \cdot E_{cm} \cdot |\varepsilon_{c1}|/f_{cm}$. Das Kriechen kann berücksichtigt werden, indem E_{cm} durch $E_{c,eff} = E_{cm}/(1+\varphi_{ef})$ ersetzt wird. Dabei ist φ_{ef} die effektive Kriechzahl nach EC2-1-1, 5.8.4:

$\varphi_{ef} = \varphi(\infty,t_0) \cdot M_{0Eqp} / M_{0Ed}$

mit $\varphi(\infty,t_0)$ Endkriechzahl nach EC2-1-1

M_{0Eqp} Biegemoment nach Theorie I. Ordnung unter der quasi-ständigen Einwirkungskombination im GZG

M_{0Ed} Biegemoment nach Theorie I. Ordnung unter der Bemessungs-Einwirkungskombination (GZT)

Die Mitwirkung des Betons auf Zug darf berücksichtigt werden. Diese wirkt sich bei Einzeldruckgliedern günstig aus.

Für die **Querschnittsbemessung** wird das Parabel-Rechteck-Diagramm nach Gl. (C.1.16) angewendet (Abb. C.1.12b), s. EC2-1-1, 3.1.7 (1):

$$\sigma_c = f_{cd}\cdot\left[1-\left(1-\frac{\varepsilon_c}{\varepsilon_{c2}}\right)^n\right] \quad \text{für } 0\leq|\varepsilon_c|<|\varepsilon_{c2}|$$

$$\sigma_c = f_{cd} \quad \text{für } |\varepsilon_{c2}|\leq|\varepsilon_c|\leq|\varepsilon_{cu2}| \quad \text{(C.1.17)}$$

Für den **Betonstahl** ist zur **Schnittgrößenermittlung** eine wirklichkeitsnahe Spannungs-Dehnungs-Linie gemäß Abb. C.1.13a anzusetzen. Ersatzweise darf auch ein idealisierter bilinearer Verlauf mit $f_y = f_{yR}$ angenommen werden.

Für die **Bemessung** gilt Abb. C.1.13b.

Die direkte Berechnung nach Theorie II. Ordnung soll so erfolgen, dass ausgehend von der Verformung nach Theorie I. Ordnung, einschließlich Kriechausmitte und ungewollter Ausmitte, ein weiterer Berechnungsschritt die Schnittgrößen am verformten System zugrunde legt und damit Schnittgrößen und Verformungen nach Theorie II. Ordnung bestimmt. Dieser Rechenschritt wird so lange wiederholt bis sich entweder keine weitere Vergrößerung von Schnittgrößen und Verformung mehr ergibt oder das System durch stetig anwachsende Verformungen instabil wird.

Für den direkten Stabilitätsnachweis durch Berechnung der Verformungen wird analog zu Abschnitt 1.4.2 eine abschnittsweise linearisierte Momenten-Krümmungs-Beziehung aufgestellt.

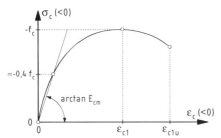

a) Für die Schnittgrößenermittlung mit nichtlinearen Verfahren und für Verformungsberechnungen (EC2-1-1, Bild 3.2)

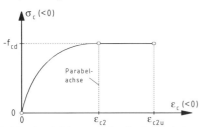

b) Parabel-Rechteck-Diagramm für die Querschnittsbemessung (EC2-1-1, Bild 3.3)

Abb. C.1.12 Spannungs-Dehnungs-Linien von Beton

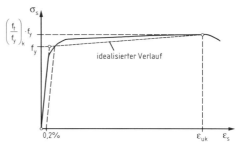

a) Für die Schnittgrößenermittlung mit nichtlinearen Verfahren (EC2-1-1, Bild NA.3.8.1)

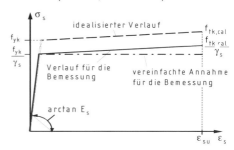

b) Für die Bemessung (EC2-1-1, Bild 3.8)

Abb. C.1.13 Spannungs-Dehnungs-Linien des Betonstahls nach EC2-1-1

Es werden die rechnerischen Mittelwerte der Baustoffkennwerte zugrunde gelegt (s. Seite C.10). Dabei kommt gemäß EC2-1-1, 5.7 (NA.7) ein einheitlicher Teilsicherheitsbeiwert für den Systemwiderstand $\gamma_R = 1{,}3$ (für ständige oder vorübergehende Bemessungssituationen) zur Anwendung. Der Dauerstandsbeiwert $\alpha = 0{,}85$ kann bei Kurzzeitbeanspruchung auf 1,0 heraufgesetzt werden. Davon wird im nachfolgenden Beispiel kein Gebrauch gemacht.

Beispiel

Es wird eine Kragstütze betrachtet, deren Knicksicherheit in einer Ebene nachzuweisen sei.

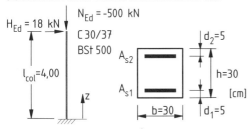

$A_c = 0{,}30 \cdot 0{,}30 = 0{,}090 \text{ m}^2$
$I_c = 0{,}30 \cdot 0{,}30^3/12 = 0{,}675 \cdot 10^{-3} \text{ m}^4$

Die Schlankheit beträgt $\lambda = 92{,}3$. Als Bewehrung ist $A_{s1} = A_{s2} = 12{,}57 \text{ cm}^2$ vorgesehen. Die mittleren Baustoffkennwerte und deren Bemessungswerte für $\gamma_R = 1{,}3$ sind

$f_{cR} = 0{,}85^2 \cdot 30 = 21{,}7 \text{ MN/m}^2$ $\quad f_{cd} = 16{,}7 \text{ MN/m}^2$
$f_{ctm} = 2{,}9 \text{ MN/m}^2$ $\qquad\qquad f_{ct,d} = 2{,}23 \text{ MN/m}^2$
$f_{yR} = 1{,}1 \cdot 500 = 550 \text{ MN/m}^2$ $\quad f_{yd} = 423{,}1 \text{ MN/m}^2$
$\varepsilon_{sy} = 550/200000 = 2{,}75 \text{ ‰}$ $\quad \varepsilon_{yd} = 2{,}12 \text{ ‰}$
$E_{cm} = 32.800 \text{ MN/m}^2$ $\qquad E_{cmd} = 25.231 \text{ MN/m}^2$
$E_c = 34.440 \text{ MN/m}^2$ $\qquad E_{cd} = 26.492 \text{ MN/m}^2$

Für die gewählte Bewehrung und die vorgegebene Normalkraft wird nachfolgend eine abschnittsweise linearisierte Momenten-Krümmungs-Beziehung des Stahlbetonquerschnitts aufgestellt.

Ungerissener Querschnitt

Das Rissmoment wird hier wieder vereinfachend ohne Berücksichtigung der Bewehrung ermittelt:

$$M_{I,II} = \frac{h}{6} \cdot (A_c \cdot f_{ct,d} - N_{Ed})$$

$$= \frac{0{,}30}{6} \cdot \left(0{,}090 \cdot \frac{2{,}9}{1{,}3} - (-0{,}500)\right) = 0{,}035 \text{ MNm}$$

Unter dem Rissmoment beträgt die Dehnung am Zugrand $\varepsilon_{c1} = f_{ct,d} / E_{cmd} = 2{,}23/25{,}231 = 0{,}088 \text{ ‰}$

Am Druckrand berechnet sich die Spannung aus

$$\sigma_{c2} = \frac{N_{Ed}}{A_c} - \frac{M_{I,II}}{I_c} z_2 = \frac{-0,5}{0,09} - \frac{0,035}{0,675 \cdot 10^{-3}} \cdot 0,15$$

$$= -13,3 \text{ MN/m}^2$$

und damit die zugehörige Dehnung

$\varepsilon_{c2} = \sigma_{c2}/E_{cmd} = -13,3/25.231 = -0,527$ ‰

Die Krümmung des ungerissenen Querschnitts ergibt sich damit zu

$$(1/r)_{I,II} = \frac{0,088 + 0,527}{0,30} \cdot 10^{-3} = 2,05 \cdot 10^{-3} \text{ m}^{-1}$$

Querschnitt im Zustand II

Bei weiterer Steigerung des Momentes erreicht die Bewehrung der weniger gedrückten Querschnittsseite die Streckgrenze $\varepsilon_{yd} = 2,12$ ‰.

Iterativ findet man das Gleichgewicht der Normalkräfte im Querschnitt einschließlich des Anteils der beiden Bewehrungseinlagen für $\varepsilon_{c2} = -2,83$ ‰ ($\alpha_R = 0,80$, $k_a = 0,74$). Der Völligkeitsbeiwert α_R und der Beiwert k_a für die Lage der Resultierenden der Betondruckkraft werden bei der Handrechnung für die Iteration benötigt und können in Abhängigkeit von der Betonstauchung am Druckrand Abb. C.1.15 entnommen werden.

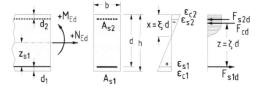

Das zu diesem Dehnungszustand gehörige aufnehmbare Moment des Querschnitts beträgt $M_{Rd} = 0,151$ MNm. Die Krümmung des Querschnitts ist damit

$$(1/r)_{s1} = \frac{2,12 + 2,83}{0,25} = 19,8 \cdot 10^{-3} \text{ m}^{-1}$$

Die durch die berechneten Wertepaare festgelegte Momenten-Krümmungs-Linie ist in Abb. C.1.16 dargestellt. Weitergehende Dehnungszustände (wie das Erreichen der Streckgrenze auf der Druckseite) sind im vorliegenden Fall nicht zu untersuchen.

Verformungsberechnung

Zunächst werden die Schnittgrößen nach Theorie I. Ordnung unter Berücksichtigung einer angenommenen Kriechausmitte von $e_c = 0,02$ m und einer Imperfektion der Lastausmitte e_a am Stützenkopf nach EC2-1-1, berechnet.

$$e_i = \theta_i \cdot \frac{L_0}{2} = \frac{1}{200} \cdot \frac{8,00}{2} = 0,02 \text{ m}$$

Der Verlauf von Kriechausmitte, Imperfektion und Biegelinie wird parabelförmig angenommen und die Momentenkurve berechnet. Zur Ermittlung

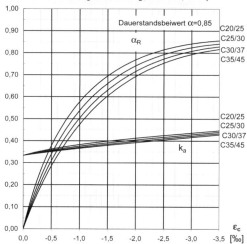

Abb. C.1.14 Querschnittsparameter für nichtlineare Berechnung

der Kopfauslenkung mittels des Arbeitssatzes Gl. (C.1.17) werden die den Momentenwerten zuzuordnenden Krümmungen aus Abb. C.1.15 abgegriffen.

$$w = \int \frac{M_{Ed}}{EI} \cdot M' \, dx$$
$$= \int (1/r) \cdot M' \, dx \qquad \text{(C.1.18)}$$

Abb. C.1.15 Momenten-Krümmungs-Linie des Stützenquerschnitts für $N_{Rd} = -500$ kN

Die Berechnung wird zweckmäßigerweise tabellarisch geführt und das Integral numerisch ausgewertet, z. B. nach Simpson. Die ersten beiden und der letzte Berechnungsschritt sind in Tafel C.1.3 dargestellt. Es ergibt sich zunächst eine Kopfauslenkung von $w = 5,36$ cm bei einem Einspannmoment von 92,0 kNm (Theorie I. Ordnung). In weiteren Schritten werden die Schnittgrößen jeweils am verformten System mit der

Tafel C.1.3 Schrittweise Berechnung der Biegemomente und Kopfauslenkung nach Theorie II. Ordnung

i	z	M'	$w(e_i+e_c)$		w	$M(N)$	$M(H)$	M_0	$(1/r)\cdot 10^3$	s	$s\cdot M'\cdot(1/r)\cdot 10^3$
–	m	m	m		m	kNm	kNm	kNm	m^{-1}	–	
8	4,00	0,00	0,0400		0,0400	0,0	0,0	0,0	0,00	1	0,00
7	3,50	0,50	0,0306		0,0306	4,7	9,0	13,7	0,80	4	1,60
6	3,00	1,00	0,0225		0,0225	8,8	18,0	26,8	1,57	2	3,13
5	2,50	1,50	0,0156		0,0156	12,2	27,0	39,2	2,69	4	16,14
4	2,00	2,00	0,0100		0,0100	15,0	36,0	51,0	4,50	2	17,99
3	1,50	2,50	0,0056		0,0056	17,2	45,0	62,2	6,21	4	62,10
2	1,00	3,00	0,0025		0,0025	18,8	54,0	72,8	7,83	2	46,96
1	0,50	3,50	0,0006		0,0006	19,7	63,0	82,7	9,35	4	130,86
0	0,00	4,00	0,0000		0,0000	20,0	72,0	92,0	10,77	1	43,09

Kopfauslenkung infolge der Schnittgrößen nach Theorie I. Ordnung: $w_1 =$ 0,053.6 m

i	z	M'	$w(e_i+e_c)$	$w(w_1)$	w	$M(N)$	$M(H)$	M_0	$(1/r)\cdot 10^3$	s	$s\cdot M'\cdot(1/r)\cdot 10^3$
–	m	m	m	m	m	kNm	kNm	kNm	m^{-1}	–	
8	4,00	0,00	0,0400	0,0536	0,0936	0,0	0,0	0,0	0,00	1	0,00
7	3,50	0,50	0,0306	0,0411	0,0717	11,0	9,0	20,0	1,17	4	2,34
6	3,00	1,00	0,0225	0,0302	0,0527	20,5	18,0	38,5	2,58	2	5,17
5	2,50	1,50	0,0156	0,0210	0,0366	28,5	27,0	55,5	5,19	4	31,15
4	2,00	2,00	0,0100	0,0134	0,0234	35,1	36,0	71,1	7,58	2	30,31
3	1,50	2,50	0,0056	0,0075	0,0132	40,2	45,0	85,2	9,74	4	97,37
2	1,00	3,00	0,0025	0,0034	0,0059	43,9	54,0	97,9	11,67	2	70,05
1	0,50	3,50	0,0006	0,0008	0,0015	46,1	63,0	109,1	13,39	4	187,42
0	0,00	4,00	0,0000	0,0000	0,0000	46,8	72,0	118,8	14,88	1	59,51

Kopfauslenkung nach dem zweiten Rechenschritt: $w_2 =$ 0,080.6 m

(weitere Zwischenschritte hier nicht dargestellt)

i	z	M'	$w(e_i+e_c)$	$w(w_{11})$	w	$M(N)$	$M(H)$	M_0	$(1/r)\cdot 10^3$	s	$s\cdot M'\cdot(1/r)\cdot 10^3$
–	m	m	m	m	m	kNm	kNm	kNm	m^{-1}	–	
8	4,00	0,00	0,0400	0,1081	0,1481	0,0	0,0	0,0	0,00	1	0,00
7	3,50	0,50	0,0306	0,0828	0,1134	17,4	9,0	26,4	1,54	4	3,09
6	3,00	1,00	0,0225	0,0608	0,0833	32,4	18,0	50,4	4,41	2	8,81
5	2,50	1,50	0,0156	0,0422	0,0579	45,1	27,0	72,1	7,73	4	46,40
4	2,00	2,00	0,0100	0,0270	0,0370	55,6	36,0	91,6	10,70	2	42,81
3	1,50	2,50	0,0056	0,0152	0,0208	63,7	45,0	108,7	13,32	4	133,21
2	1,00	3,00	0,0025	0,0068	0,0093	69,4	54,0	123,4	15,58	2	93,50
1	0,50	3,50	0,0006	0,0017	0,0023	72,9	63,0	135,9	17,49	4	244,88
0	0,00	4,00	0,0000	0,0000	0,0000	74,1	72,0	146,1	19,05	1	76,18

Endgültige Kopfauslenkung (Zusatzausmitte nach Theorie II. Ordnung): $w_{12} =$ 0,108.1 m

Auslenkung des vorangegangenen Schrittes bestimmt. Das Erreichen eines stabilen Zustandes ist eine Voraussetzung für den Nachweis der Stabilität. Im vorliegenden Beispiel stellt sich bei einer Kopfauslenkung von w = 10,8 cm mit einem zugehörigen Einspannmoment von 146,1 kNm ein solcher Gleichgewichtszustand ein. Dieses Moment liegt noch innerhalb des Gültigkeitsbereichs der Abb. C.1.15.

Weiterhin ist im Rahmen einer üblichen Bemessung die Aufnahme der Schnittgrößen durch den Querschnitt zu prüfen. Aus einem Interaktionsdiagramm für symmetrische Bewehrungsanordnung (s. Abschnitt D) liest man als erforderliche Bewehrung $A_{s1} = A_{s2} = 11,1$ cm^2 ab. Die vorhandene Bewehrung ($A_{s1} = A_{s2} = 12,57$ cm^2) kann jedoch nicht einfach auf diesen Wert abgesenkt werden, weil sonst wegen der veränderten Querschnittssteifigkeit ein erneuter Nachweis der Stabilität erforderlich würde.

1.5 Baupraktische Anwendungen

1.5.1 Tafeln für Einfeld- und Durchlaufträger

Die nachfolgenden Tafeln dienen als Berechnungshilfe für Einfeld- und Durchlaufträger:

Tafel C.1.4   Schnittgrößen und Formänderungen einfeldriger Träger

Tafel C.1.5   Durchlaufträger mit gleichen Stützweiten

Tafel C.1.6   Durchlaufträger unter Gleichlasten: Größtwerte der Biegemomente, Auflager- und Querkräfte aus der Überlagerung von ständigen und veränderlichen Lasten

Tafel C.1.4   Schnittgrößen und Formänderungen einfeldriger Träger

$\alpha = a/L$ $\beta = b/L$ $\gamma = c/L$ 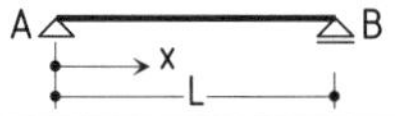	Auflagerkräfte	Biegemoment [1]	Durchbiegung [1] für EI = const.
1 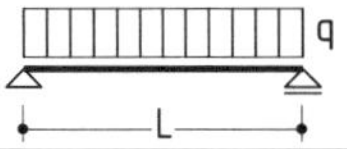	$A = B = \dfrac{qL}{2}$	$M_{max} = \dfrac{qL^2}{8}$	$EI f = \dfrac{5}{384} qL^4$
2 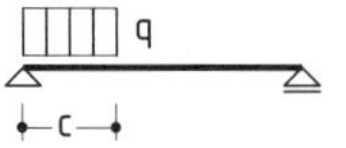	$A = qc\left(1 - \dfrac{c}{2L}\right)$ $B = \dfrac{qc^2}{2L}$	$M_{max} = \dfrac{A^2}{2q}$ bei $x = A/q$	$EI f = \dfrac{1}{48} qc^2 L^2 (1{,}5 - \gamma^2)$
3 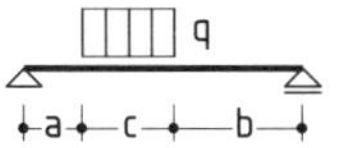	$A = \dfrac{qc(2b+c)}{2L}$ $B = \dfrac{qc(2a+c)}{2L}$	$M_{max} = \dfrac{A^2}{2q} + Aa$ bei $x = a + A/q$	$EI f = \dfrac{1}{384} qL^4 (5 - 12\alpha^2 + 8\alpha^4 - 12\beta^2 + 8\beta^4)$
4 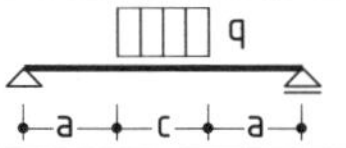	$A = B = \dfrac{qc}{2}$	$M_{max} = \dfrac{qc}{8}(2L - c)$	$EI f = \dfrac{1}{384} qL^4 (5 - 24\alpha^2 + 16\alpha^4)$
5 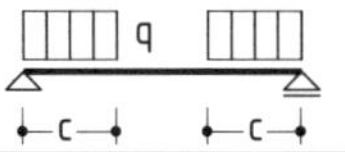	$A = B = qc$	$M_{max} = \dfrac{qc^2}{2}$	$EI f = \dfrac{1}{24} qc^2 L^2 (1{,}5 - \gamma^2)$
6 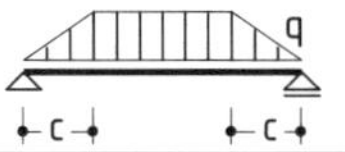	$A = B = \dfrac{q}{2}(L - c)$	$M_{max} = \dfrac{q}{24}(3L^2 - 4c^2)$	$EI f = \dfrac{1}{1920} qL^4 (25 - 40\gamma^2 + 16\gamma^4)$
7 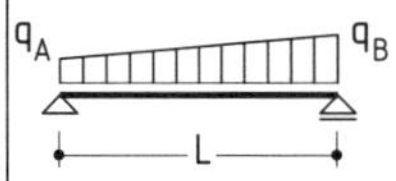	$A = \dfrac{2q_A + q_B}{6} L$ $B = \dfrac{q_A + 2q_B}{6} L$	$M_{max} \approx \dfrac{q_A + q_B}{15{,}6} L^2$ bei $0{,}423 L \le x \le 0{,}577 L$	$EI f = \dfrac{5}{768}(q_A + q_B) L^4$ bei $0{,}481 L \le x \le 0{,}519 L$
8 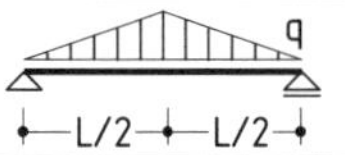	$A = B = \dfrac{qL}{4}$	$M_{max} = \dfrac{qL^2}{12}$	$EI f = \dfrac{1}{120} qL^4$
9 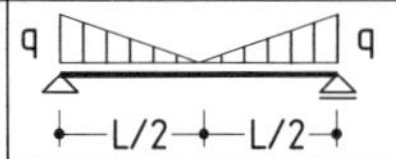	$A = B = \dfrac{qL}{4}$	$M_{max} = \dfrac{qL^2}{24}$	$EI f = \dfrac{3}{640} qL^4$
10 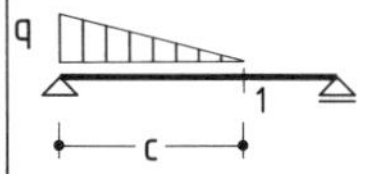	$A = \dfrac{qc}{6}(3 - \gamma)$ $B = \dfrac{qc^2}{6L}$	$M_{max} = \dfrac{qc^2}{6L}\left(L - c + \dfrac{2c}{3}\sqrt{\dfrac{\gamma}{3}}\right)$ bei $x = c - c \cdot \sqrt{\dfrac{\gamma}{3}}$	$EI f_1 = \dfrac{qc^3}{360}(1 - \gamma)(20L - 13c)$
11 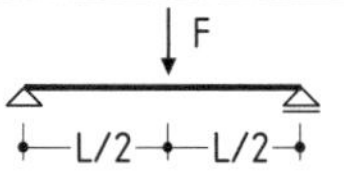	$A = B = \dfrac{F}{2}$	$M_{max} = \dfrac{FL}{4}$	$EI f = \dfrac{1}{48} FL^3$
12 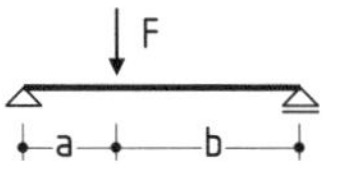	$A = \dfrac{Fb}{L}$ $B = \dfrac{Fa}{L}$	$M_{max} = \dfrac{Fab}{L}$ bei $x = a$	$EI f = \dfrac{1}{48} FL^3 (3\alpha - 4\alpha^3)$ für $a \le b$
13 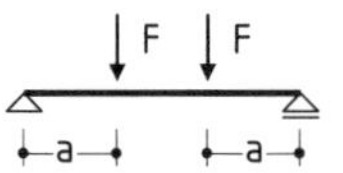	$A = B = F$	$M_{max} = Fa$	$EI f = \dfrac{1}{24} FL^3 (3\alpha - 4\alpha^3)$

[1] Werte gelten für Feldmitte, wenn anders lautende Angaben fehlen.

Tafel C.1.4 Schnittgrößen und Formänderungen einfeldriger Träger (Fortsetzung)

$\alpha=a/L$ $\beta=b/L$ $\gamma=c/L$		Auflagerkräfte	Biegemomente und Formänderungen (für EI = const.)[1]						
14	F ⟷c⟷ F, A—a—1—2—b—B, L	$A=\dfrac{2F(b+c/2)}{L}$ $B=\dfrac{2F(a+c/2)}{L}$	$M_1=\dfrac{2Fa(b+c/2)}{L}$			$M_2=\dfrac{2Fb(a+c/2)}{L}$			
15	Sonderfall, wenn $a=\dfrac{L}{2}-\dfrac{c}{4}$	$A=F(1-\gamma/2)$ $B=F(1+\gamma/2)$	für $\gamma \leq 0{,}589$: $M_{1,max}=\dfrac{FL}{8}(2-\gamma)^2$			für $\gamma > 0{,}589$: Einzellast in Feldmitte maßgebend s. Zeile 11			
16	n gleiche Lasten F	$A=B=\dfrac{Fn}{2}$	$M_{max}=\dfrac{FL}{r}$ $EIf=\dfrac{FL^3}{t}$	n r t	2 3 28,17	3 2 20,22	4 1,67 15,87	5 1,33 13,08	6 1,17 11,15	7 1 9,72
17	n gleiche Lasten F, a/2…a…a…a…a…a/2	$A=B=\dfrac{Fn}{2}$	$M_{max}=\dfrac{FL}{r}$ $EIf=\dfrac{FL^3}{t}$	n r t	2 4 34,89	3 2,4 24,46	4 2 18,74	5 1,54 15,10	6 1,33 12,62	7 1,12 10,89
18	M_A ⟵ ⟶ M_B, L	$A=-B=\dfrac{M_B-M_A}{L}$	$EIf=\dfrac{L^2}{16}(M_A+M_B)$			$EI\tau_A=\dfrac{L}{6}(2M_A+M_B)$ $EI\tau_B=\dfrac{L}{6}(M_A+2M_B)$			
19	q über L, mit Kragarm L_1	$A=B=\dfrac{qL}{2}$	$M_{max}=\dfrac{qL^2}{8}$			$EIf_1=-\dfrac{1}{24}qL^3L_1$			
20	q über L_1 Kragarm	$A=-\dfrac{qL_1^2}{2L}$ $B=qL_1\left(1+\dfrac{L_1}{2L}\right)$	$M_B=-\dfrac{qL_1^2}{2}$			$EIf=-\dfrac{1}{32}qL^2L_1^2$ $EIf_1=\dfrac{qL_1^2}{24}(4L+3L_1)$			
21	F auf Kragarm, a, b	$A=-\dfrac{Fa}{L}$ $B=\dfrac{F(a+L)}{L}$	$M_B=-Fa$			$EIf=-\dfrac{1}{16}FL^2a$ $EIf_1=\dfrac{Fa}{6}(2LL_1+3L_1a-a^2)$			
22	q, eingespannt A, B frei, L	$A=qL$	$M_A=-\dfrac{qL^2}{2}$			$EIf_B=\dfrac{qL^4}{8}$ $EI\tau_B=-\dfrac{qL^3}{6}$			
23	q_A, q_B Dreieckslast	$A=\dfrac{q_A+q_B}{2}L$	$M_A=-\dfrac{L^2}{6}(q_A+2q_B)$			$EIf_B=\dfrac{L^4}{120}(4q_A+11q_B)$ $EI\tau_B=-\dfrac{L^3}{24}(q_A+3q_B)$			
24	F am Ende Kragträger, L	$A=F$	$M_A=-FL$			$EIf_B=\dfrac{FL^3}{3}$ $EI\tau_B=-\dfrac{FL^2}{2}$			
25	Moment M_B am Ende	$A=0$	$M_A=M_B$			$EIf_B=-\dfrac{M_BL^2}{2}$ $EI\tau_B=M_BL$			
26	q, A eingespannt, B gelenk	$A=\dfrac{5}{8}qL$ $B=\dfrac{3}{8}qL$	$M_A=-\dfrac{qL^2}{8}$ $M_{max}=\dfrac{9}{128}qL^2$ bei $x=0{,}625L$			$EIf=\dfrac{2}{369}qL^4$ bei $x=0{,}579L$			

Fußnote s. Seite C.20.

Tafel C.1.4 Schnittgrößen und Formänderungen einfeldriger Träger (Fortsetzung)

$\alpha=a/L$ $\beta=b/L$ $\gamma=c/L$	Auflagerkräfte	Biegemomente und Formänderungen (für EI = const.)[1]		
27	$A = \dfrac{2}{5} qL$ $B = \dfrac{qL}{10}$	$M_A = -\dfrac{qL^2}{15}$ $M_{max} = \dfrac{qL^2}{33,54}$ bei $x = 0,553 L$	$EI f = \dfrac{qL^4}{419,3}$ bei $x = 0,553 L$	
28	$A = \dfrac{F}{2}(3\beta - \beta^3)$ $B = \dfrac{F}{2}(2 - 3\beta + \beta^3)$	$M_A = -\dfrac{Fab}{2L}(1+\beta)$ $M_{max} = \dfrac{Fa^2 b}{2L^3}(2a + 3b)$ bei x_1	$EI f_1 = \dfrac{Fa^3}{12}(3\beta^2 + \beta^3)$	
29	$A = -B = \dfrac{3 M_B}{2L}$	$M_A = -\dfrac{M_B}{2}$	$EI f = \dfrac{M_B L^2}{27}$ bei $x = \dfrac{2}{3} L$	
30	$A = -B = \dfrac{3 EI}{L^3} \Delta_B$	$M_A = -\dfrac{3 EI}{L^2} \Delta_B$		
31	$A = B = \dfrac{qL}{2}$	$M_A = M_B = -\dfrac{qL^2}{12}$ $M_{max} = \dfrac{qL^2}{24}$	$EI f = \dfrac{qL^4}{384}$	
32	$A = \dfrac{7}{20} qL$ $B = \dfrac{3}{20} qL$	$M_A = -\dfrac{qL^2}{20}$; $M_B = -\dfrac{qL^2}{30}$ $M_{max} = \dfrac{qL^2}{46,6}$ bei $x = 0,452 L$	$EI f = \dfrac{qL^4}{764}$ bei $x - 0,475 L$	
33	$A = \dfrac{Fb^2}{L^3}(L + 2a)$ $B = \dfrac{Fa^2}{L^3}(L + 2b)$	$M_A = -Fa\beta^2$; $M_B = -Fb\alpha^2$ $M_{max} = \dfrac{2 F a^2 b^2}{L^3}$ bei x_1	$EI f_1 = \dfrac{Fa^3 b^3}{3 L^3}$	
34	$A = -B = \dfrac{12 EI}{L^3} \Delta_B$	$M_A = -M_B = -\dfrac{6 EI}{L^2} \Delta_B$		

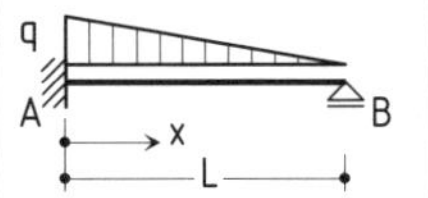

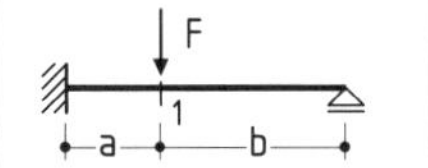

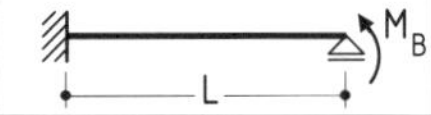

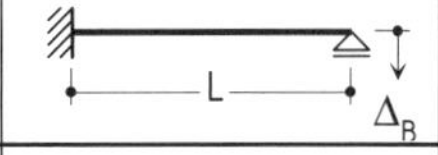

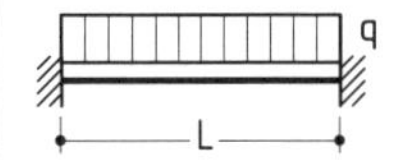

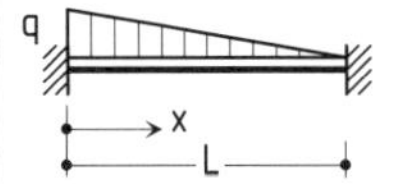

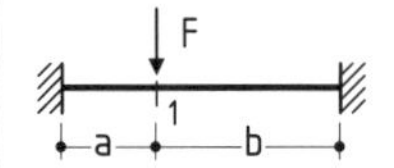

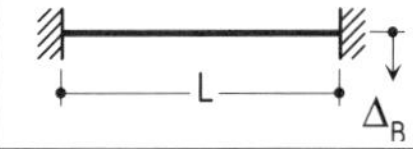

Fußnote s. Seite C.20.

Tafel C.1.5 Durchlaufträger mit gleichen Stützweiten

TW = Tafelwert

Gleichlast: ▭ over span L

Dreieckslast: △ 0,5L 0,5L

Momente = $TW \cdot q \cdot L^2$
Kräfte = $TW \cdot q \cdot L$

Trapezlasten in guter Näherung mit den TW für Dreieckslast:
0,4L 0,2L 0,4L
Momente ≈ $1{,}2 \cdot TW_\triangle \cdot q \cdot L^2$
Kräfte ≈ $1{,}2 \cdot TW_\triangle \cdot q \cdot L$

0,3L 0,4L 0,3L
Momente ≈ $1{,}4 \cdot TW_\triangle \cdot q \cdot L^2$
Kräfte ≈ $1{,}4 \cdot TW_\triangle \cdot q \cdot L$

Einzellast: F at 0,5L 0,5L
Momente = $TW \cdot F \cdot L$
Kräfte = $TW \cdot F$

Zweifeldträger (A–1–B–2–C)

Lastanordnung	Schnittgrößen	▭	△	→
1,2	M_1	0,070	0,048	0,156
	$M_{B,min}$	−0,125	−0,078	−0,188
	A	0,375	0,172	0,313
	B_{max}	1,250	0,656	1,375
	$V_{Bl,min}$	−0,625	−0,328	−0,688
1 (A-B)	$M_{1,max}$	0,096	0,065	0,203
	M_B	−0,063	−0,039	−0,094
	A_{max}	0,438	0,211	0,406
	C_{min}	−0,063	−0,039	−0,094

Dreifeldträger (1,2,3)

Lastanordnung	Schnittgrößen	▭	△	→
1,2,3	M_1	0,080	0,054	0,175
	M_2	0,025	0,021	0,100
	M_B	−0,100	−0,063	−0,150
	A	0,400	0,188	0,350
	B	1,100	0,563	1,150
	V_{Bl}	−0,600	−0,313	−0,650
	V_{Br}	0,500	0,250	0,500
1,3 (A-B, C-D)	$M_{1,max}$	0,101	0,068	0,213
	$M_{2,min}$	−0,050	−0,032	−0,075
	A_{max}	0,450	0,219	0,425
2	$M_{2,max}$	0,075	0,052	0,175
	A_{min}	−0,050	−0,032	−0,075
1,2 (A-B-C)	$M_{B,min}$	−0,117	−0,073	−0,175
	M_C	−0,033	−0,021	−0,050
	B_{max}	1,200	0,626	1,300
	$V_{Bl,min}$	−0,617	−0,323	−0,675
	$V_{Br,max}$	0,583	0,303	0,625
1 (A-B)	$M_{B,max}$	0,017	0,011	0,025
	M_C	0,017	0,011	0,025
	$V_{Bl,max}$	−0,083	−0,053	−0,125
	$V_{Br,min}$	−0,083	−0,053	−0,125

Vierfeldträger (1,2,3,4)

Lastanordnung	Schnittgrößen	▭	△	→
1,2,3,4	M_1	0,077	0,052	0,170
	M_2	0,036	0,028	0,116
	M_B	−0,107	−0,067	−0,161
	M_C	−0,071	−0,045	−0,107
	A	0,393	0,183	0,339
	B	1,143	0,590	1,214
	C	0,929	0,455	0,892
	V_{Bl}	−0,607	−0,317	−0,661
	V_{Br}	0,536	0,273	0,554
	V_{Cl}	−0,464	−0,228	−0,446

Vierfeldträger – weitere Lastanordnungen (A,B,C,D,E)

Lastanordnung	Schnittgrößen	▭	△	→
1,3 (A-B, C-D)	$M_{1,max}$	0,100	0,067	0,210
	M_B	−0,054	−0,034	−0,080
	M_C	−0,036	−0,023	−0,054
	A_{max}	0,446	0,217	0,420
2,4 (B-C, D-E)	$M_{2,max}$	0,080	0,056	0,183
	M_B	−0,054	−0,034	−0,080
	M_C	−0,036	−0,023	−0,054
	A_{min}	−0,054	−0,034	−0,080
1,2 (A-B-C)	$M_{B,min}$	−0,121	−0,076	−0,181
	M_C	−0,018	−0,012	−0,027
	M_D	−0,058	−0,036	−0,087
	B_{max}	1,223	0,640	1,335
	$V_{Bl,min}$	−0,621	−0,326	−0,681
	$V_{Br,max}$	0,603	0,314	0,654
2,3 (B-C-D)	$M_{B,max}$	0,013	0,009	0,020
	M_C	−0,054	−0,033	−0,080
	M_D	−0,049	−0,031	−0,074
	B_{min}	−0,080	−0,050	−0,121
	$V_{Bl,max}$	0,013	0,009	0,020
	$V_{Br,min}$	−0,067	−0,042	−0,100
2 (B-C)	M_B	−0,036	−0,023	−0,054
	$M_{C,min}$	−0,107	−0,067	−0,161
	C_{max}	1,143	0,589	1,214
	$V_{Cl,min}$	−0,571	−0,295	−0,607
1 (A-B)	M_B	−0,071	−0,045	−0,107
	$M_{C,max}$	0,036	0,023	0,054
	C_{min}	−0,214	−0,134	−0,321
	$V_{Cl,max}$	0,107	0,067	0,161

Einzellasten (J,K,L,M,N mit ∞,L,L,∞)

Lastanordnung	Schnittgrößen	▭	△	→
1,2,3,4,5	M_1	0,078	0,053	0,171
	M_2	0,033	0,026	0,112
	M_3	0,046	0,034	0,132
	M_B	−0,105	−0,066	−0,158
	M_C	−0,079	−0,050	−0,118
	A	0,395	0,185	0,342
	B	1,132	0,582	1,197
	C	0,974	0,484	0,960
	V_{Bl}	−0,605	−0,316	−0,658
	V_{Br}	0,526	0,266	0,540
	V_{Cl}	−0,474	−0,234	−0,460
	V_{Cr}	0,500	0,250	0,500
JKLMN (∞–L–L–∞)	$M_{1,max}$	0,100	0,068	0,210
	$M_{3,max}$	0,086	0,059	0,191
	M_B	−0,053	−0,033	−0,079
	M_C	−0,039	−0,025	−0,059
	A_{max}	0,447	0,217	0,421

Zusätzliche Felder (rechte Seite der Tafel)

Lastanordnung	Schnittgrößen	▭	△	→
	$M_{2,max}$	0,079	0,055	0,181
	M_B	−0,053	−0,033	−0,079
	M_C	−0,039	−0,025	−0,059
	A_{min}	−0,053	−0,033	−0,079
	$M_{B,min}$	−0,120	−0,075	−0,179
	M_C	−0,022	−0,014	−0,032
	M_D	−0,044	−0,028	−0,066
	M_E	−0,051	−0,032	−0,077
	B_{max}	1,218	0,636	1,327
	$V_{Bl,min}$	−0,620	−0,325	−0,679
	$V_{Br,max}$	0,598	0,311	0,647
	$M_{B,max}$	0,014	0,009	0,022
	M_C	−0,057	−0,036	−0,086
	M_D	−0,035	−0,022	−0,052
	M_E	−0,054	−0,034	−0,081
	B_{min}	−0,086	−0,054	−0,129
	$V_{Bl,max}$	0,014	0,009	0,022
	$V_{Br,min}$	−0,072	−0,045	−0,108
	M_B	−0,035	−0,022	−0,052
	$M_{C,min}$	−0,111	−0,070	−0,167
	M_D	−0,020	−0,013	−0,031
	M_E	−0,057	−0,036	−0,086
	C_{max}	1,167	0,605	1,251
	$V_{Cl,min}$	−0,576	−0,298	−0,615
	$V_{Cr,max}$	0,591	0,307	0,636
	M_B	−0,071	−0,044	−0,106
	$M_{C,max}$	0,032	0,020	0,048
	M_D	−0,059	−0,037	−0,088
	M_E	−0,048	−0,030	−0,072
	C_{min}	−0,194	−0,121	−0,291
	$V_{Cl,max}$	0,103	0,064	0,154
	$V_{Cr,min}$	−0,091	−0,057	−0,136
JKLMN ∞-L-L-∞	M_L	−0,083	−0,052	−0,125
	M_{Feld}	0,042	0,031	0,125
	L	1,000	0,500	1,000
	V	0,500	0,250	0,500
JKLMN	M_L	−0,042	−0,026	−0,063
	M_{Feld}	0,083	0,058	0,188
	L	0,500	0,250	0,500
JKLMN	M_K	−0,022	−0,014	−0,034
	M_L	−0,114	−0,071	−0,171
	L	1,184	0,615	1,274
JKLMN	M_K	0,014	0,009	0,021
	M_L	−0,054	−0,033	−0,079
	M_{L-M}	0,071	0,051	0,171

C.23

Tafel C.1.6 Durchlaufträger unter Gleichlasten: Größtwerte der Biegemomente, Auflager- und Querkräfte aus der Überlagerung von ständigen und veränderlichen Lasten

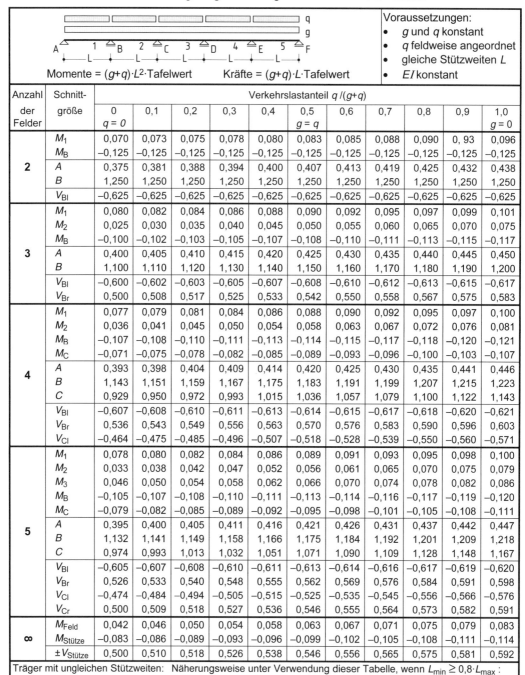

Momente = $(g+q) \cdot L^2 \cdot$ Tafelwert   Kräfte = $(g+q) \cdot L \cdot$ Tafelwert

Voraussetzungen:
- g und q konstant
- q feldweise angeordnet
- gleiche Stützweiten L
- EI konstant

Anzahl der Felder	Schnittgröße	Verkehrslastanteil $q/(g+q)$										
		0 $q=0$	0,1	0,2	0,3	0,4	0,5 $g=q$	0,6	0,7	0,8	0,9	1,0 $g=0$
2	M_1	0,070	0,073	0,075	0,078	0,080	0,083	0,085	0,088	0,090	0,93	0,096
	M_B	−0,125	−0,125	−0,125	−0,125	−0,125	−0,125	−0,125	−0,125	−0,125	−0,125	−0,125
	A	0,375	0,381	0,388	0,394	0,400	0,407	0,413	0,419	0,425	0,432	0,438
	B	1,250	1,250	1,250	1,250	1,250	1,250	1,250	1,250	1,250	1,250	1,250
	V_{Bl}	−0,625	−0,625	−0,625	−0,625	−0,625	−0,625	−0,625	−0,625	−0,625	−0,625	−0,625
3	M_1	0,080	0,082	0,084	0,086	0,088	0,090	0,092	0,095	0,097	0,099	0,101
	M_2	0,025	0,030	0,035	0,040	0,045	0,050	0,055	0,060	0,065	0,070	0,075
	M_B	−0,100	−0,102	−0,103	−0,105	−0,107	−0,108	−0,110	−0,111	−0,113	−0,115	−0,117
	A	0,400	0,405	0,410	0,415	0,420	0,425	0,430	0,435	0,440	0,445	0,450
	B	1,100	1,110	1,120	1,130	1,140	1,150	1,160	1,170	1,180	1,190	1,200
	V_{Bl}	−0,600	−0,602	−0,603	−0,605	−0,607	−0,608	−0,610	−0,612	−0,613	−0,615	−0,617
	V_{Br}	0,500	0,508	0,517	0,525	0,533	0,542	0,550	0,558	0,567	0,575	0,583
4	M_1	0,077	0,079	0,081	0,084	0,086	0,088	0,090	0,092	0,095	0,097	0,100
	M_2	0,036	0,041	0,045	0,050	0,054	0,058	0,063	0,067	0,072	0,076	0,081
	M_B	−0,107	−0,108	−0,110	−0,111	−0,113	−0,114	−0,115	−0,117	−0,118	−0,120	−0,121
	M_C	−0,071	−0,075	−0,078	−0,082	−0,085	−0,089	−0,093	−0,096	−0,100	−0,103	−0,107
	A	0,393	0,398	0,404	0,409	0,414	0,420	0,425	0,430	0,435	0,441	0,446
	B	1,143	1,151	1,159	1,167	1,175	1,183	1,191	1,199	1,207	1,215	1,223
	C	0,929	0,950	0,972	0,993	1,015	1,036	1,057	1,079	1,100	1,122	1,143
	V_{Bl}	−0,607	−0,608	−0,610	−0,611	−0,613	−0,614	−0,615	−0,617	−0,618	−0,620	−0,621
	V_{Br}	0,536	0,543	0,549	0,556	0,563	0,570	0,576	0,583	0,590	0,596	0,603
	V_{Cl}	−0,464	−0,475	−0,485	−0,496	−0,507	−0,518	−0,528	−0,539	−0,550	−0,560	−0,571
5	M_1	0,078	0,080	0,082	0,084	0,086	0,089	0,091	0,093	0,095	0,098	0,100
	M_2	0,033	0,038	0,042	0,047	0,052	0,056	0,061	0,065	0,070	0,075	0,079
	M_3	0,046	0,050	0,054	0,058	0,062	0,066	0,070	0,074	0,078	0,082	0,086
	M_B	−0,105	−0,107	−0,108	−0,110	−0,111	−0,113	−0,114	−0,116	−0,117	−0,119	−0,120
	M_C	−0,079	−0,082	−0,085	−0,089	−0,092	−0,095	−0,098	−0,101	−0,105	−0,108	−0,111
	A	0,395	0,400	0,405	0,411	0,416	0,421	0,426	0,431	0,437	0,442	0,447
	B	1,132	1,141	1,149	1,158	1,166	1,175	1,184	1,192	1,201	1,209	1,218
	C	0,974	0,993	1,013	1,032	1,051	1,071	1,090	1,109	1,128	1,148	1,167
	V_{Bl}	−0,605	−0,607	−0,608	−0,610	−0,611	−0,613	−0,614	−0,616	−0,617	−0,619	−0,620
	V_{Br}	0,526	0,533	0,540	0,548	0,555	0,562	0,569	0,576	0,584	0,591	0,598
	V_{Cl}	−0,474	−0,484	−0,494	−0,505	−0,515	−0,525	−0,535	−0,545	−0,556	−0,566	−0,576
	V_{Cr}	0,500	0,509	0,518	0,527	0,536	0,546	0,555	0,564	0,573	0,582	0,591
∞	M_{Feld}	0,042	0,046	0,050	0,054	0,058	0,063	0,067	0,071	0,075	0,079	0,083
	$M_{Stütze}$	−0,083	−0,086	−0,089	−0,093	−0,096	−0,099	−0,102	−0,105	−0,108	−0,111	−0,114
	$\pm V_{Stütze}$	0,500	0,510	0,518	0,526	0,538	0,546	0,556	0,565	0,575	0,581	0,592

Träger mit ungleichen Stützweiten: Näherungsweise unter Verwendung dieser Tabelle, wenn $L_{min} \geq 0{,}8 \cdot L_{max}$: Feldmomente mit den Stützweiten des jeweiligen Feldes berechnen, Schnittgrößen an den Stützungen mit dem Mittelwert der anliegenden Felder.

Träger mit mehr als 5 Feldern: Für die Randfelder 1 bis 3: Tabellenwerte des Fünffeldträgers verwenden. Für die Innenfelder: Träger mit unendlich vielen Feldern annehmen.

1.5.2 Rahmenartige Tragwerke

In rahmenartig ausgebildeten, horizontal unverschieblichen Stahlbetongeschossbauten können die Schnittgrößen auf der Grundlage folgender Vereinfachungen ermittelt werden (vgl. Abb. C.1.16):

- Die Einspannung der Riegel an den *Innen*stützen wird vernachlässigt.
- Die Knotenmomente an den *Rand*stützen werden nach [DAfStb-H.240 – 91], 1.6 näherungsweise durch den ersten Schritt eines Momentenausgleichsverfahrens bestimmt (Bezeichnungen an EC2-1-1 angepasst, s. [Schneider – 12]):

$$\left. \begin{array}{l} M_b = (c_o + c_u) \cdot \\ M_{col,o} = -c_o \cdot \\ M_{col,u} = c_u \cdot \end{array} \right\} \cdot C \cdot M_b^{(0)} \qquad (C.1.19)$$

mit

$$c_o = \frac{I_{col,o}}{I_b} \cdot \frac{L_{eff}}{L_{col,o}}$$

$$c_u = \frac{I_{col,u}}{I_b} \cdot \frac{L_{eff}}{L_{col,u}} \qquad (C.1.20)$$

$$C = \frac{1}{3(c_o + c_u) + 2{,}5} \cdot \left(3 + \frac{q}{g+q}\right)$$

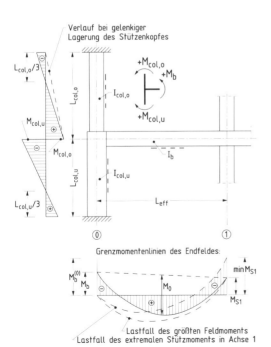

Abb. C.1.16 Bezeichnungen beim c_o-c_u-Verfahren

Darin bedeuten:

$M_b^{(0)}$ Stützmoment des Rahmenriegels im Endfeld bei beidseitiger Volleinspannung unter Vollast $g + q$

M_b Knotenmoment des Rahmenriegels

$M_{col,o}$; $M_{col,u}$ Knotenmoment der oberen bzw. unteren Randstütze

I_b Flächenmoment 2. Grades des Riegels

$I_{col,o}$; $I_{col,u}$ Flächenmoment 2. Grades der oberen bzw. unteren Randstütze

g ständige Last

q feldweise veränderliche Last des Durchlaufträgers

Den Gleichungen (C.1.19) und (C.1.20) liegen die Laststellungen nach Abb. C.1.17 zugrunde.

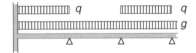

Abb. C.1.17 Lastanordnung des c_o-c_u-Verfahrens

Bei stark unterschiedlichen Riegelstützweiten ist der Bemessungswert des Riegelfeldmoments ohne Berücksichtigung der Endeinspannung zu ermitteln.

Die Querkräfte im Riegel und in den Stielen können über Gleichgewichtsbedingungen aus den Momenten M_b und $M_{col,o}$ bzw. $M_{col,u}$ bestimmt werden.

Berechnungsbeispiel:

Für den in Abb. C.1.18 dargestellten Randbereich eines unverschieblichen Stockwerkrahmens mit fünffeldrigem Riegel sollen die Bemessungs-

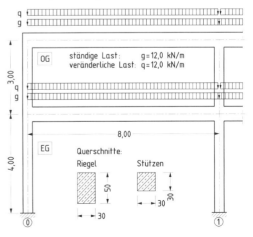

Abb. C.1.18 Berechnungsbeispiel

schnittgrößen im Grenzzustand der Tragfähigkeit nach dem c_o-c_u-Verfahren bestimmt und den Ergebnissen einer elektronischen Berechnung des vollständigen Systems gegenübergestellt werden.

- **Einwirkungen und Querschnittswerte**

g_d = 1,35 · 12,0 = 16,2 kN/m
q_d = 1,50 · 12,0 = 18,0 kN/m
I_{col} = 3,0⁴/12 = 6,75 dm⁴
I_b = 3,0 · 5,0³/12 = 31,25 dm⁴

- **Riegel über OG (Randfeld)**

c_o = 0
c_u = 6,75 · 8,00 / (31,25 · 3,00) = 0,576

$$C = \frac{1}{3(0+0,576)+2,5} \cdot \left(3 + \frac{18,0}{16,2+18,0}\right) = 0,834$$

$M_b^{(0)}$ = −34,2 · 8,00²/12 = −182,4 kNm

Tafel C.1.6, Verkehrslastanteil = 18,0/34,2 = 0,53:
min M_{S1} = −0,114 · 34,2 · 8,00² = −249,5 kNm
zum größten Feldmoment gehöriges Stützmoment M_{S1}, aus Tafel C.1.5:
M_{S1} = (−0,105 · 16,2 − 0,053 · 18,0) · 8,00²
    = −169,9 kNm
M_b = (0 + 0,576) · 0,834 · (−182,4) = −87,6 kNm
$M_{col,u}$ = 0,576 · 0,834 · (−182,4) = −87,6 kNm
M_0 = 34,2 · 8,00²/8 = 273,6 kNm
V_b = 34,2 · 8,00/2 + (−169,9 + 87,6)/8,00
    = 126,5 kN

Minimale Querkraft, näherungsweise ohne Berücksichtigung der Endeinspannung:
$V_{b,min}$ = (0,395 · 16,2 − 0,053 · 18,0) · 8,00
    = 43,6 kN
M_{max} = −87,6 + 126,5²/(2 · 34,2) = 146,4 kNm
bei x = 126,5/34,2 = 3,69 m
Stützeneigenlast: 25 · 0,3 · 0,3 · 3,00 = 6,8 kN

- **Riegel über EG (Randfeld):**

c_o = 6,75 · 8,00/(31,25 · 3,00) = 0,576
c_u = 6,75 · 8,00/(31,25 · 4,00) = 0,432

$$C = \frac{1}{3(0,432+0,576)+2,5} \cdot \left(3 + \frac{18,0}{16,2+18,0}\right) = 0,638$$

M_b = (0432 + 0,576) · 0,638 · (−182,4)
    = −117,4 kNm
$M_{col,o}$ = 0,576 · 0,638 · (−182,4) = 67,0 kNm
$M_{col,u}$ = 0,432 · 0,638 · (−182,4) = −50,3 kNm
V_b = 34,2 · 8,00/2 + (−169,9 + 117,4)/8,00
    = 130,2 kN
M_{max} = −117,4 + 130,2²/(2 · 34,2) = 130,4 kNm
bei x = 130,2/34,2 = 3,80 m
Stützeneigenlast: 25 · 0,3 · 0,3 · 4,00 = 9,0 kN

- **Stützenschlankheit**

max $\lambda = \lambda_{EG} \approx 0{,}8 \cdot 4{,}00/(0{,}289 \cdot 0{,}30) = 36{,}9$

- **Schnittgrößen der Stützen**

Bei der Regelbemessung der Stützen sind zunächst Lastfallkombinationen zu untersuchen, die zu folgenden Schnittgrößen führen:

{ max |M|, zugehöriges max |N| }
{ max |M|, zugehöriges min |N| }

Für Knicksicherheitsnachweise sind zusätzlich die Stützenendmomente M_1 und M_2 im Verhältnis zueinander zu betrachten (|M_2| ≥ |M_1|). Die größte Ausmitte nach dem Modellstützenverfahren stellt sich im kritischen Schnitt bei der Kombination

{ max |M_2|, max |N|, min |$M_2 - M_1$| }

ein. Bei Rahmenstützen mit wechselndem Momentenvorzeichen liegt man daher im Allgemeinen auf der sicheren Seite, wenn, wie beim c_o-c_u-Verfahren üblich, auf weitere Momentenausgleichsschritte bzw. Überlagerungen mit Nachbarknoten verzichtet wird.

Aus den in Abb. C.1.19 zusammengestellten Stützenschnittgrößen erhält man die Lastausmitten:

e_{01} = 43,8/(−133,3) = −0,329 m
e_{02} = −87,6/(−133,3) = 0,657 m

Auf den Nachweis der Knicksicherheit kann hier verzichtet werden, da

$$\lambda < \lambda_{cr} = 25 \cdot \left(2 - \frac{-0{,}329}{0{,}657}\right) = 62{,}5$$

Dieser Wert gilt wegen $e_{01}/e_{02} = M_1/M_2 = -1/2$ für alle beidseitig eingespannten Stützen im c_o-c_u-Verfahren.

- **Momentenkurven der Riegel**

Die Biegemomente des Randfelds sind in Abb. C.1.21 aufgetragen. Die Momente der Riegelinnenfelder werden mittels Tafel C.1.5 wie für Durchlaufträger ohne Endeinspannungen bestimmt.

- **Vergleich mit elektronischer Berechnung**

Zum Vergleich sind in Abb. C.1.20 und C.1.22 die Ergebnisse einer elektronischen Berechnung des Gesamtsystems unter Berücksichtigung aller relevanten Lastfälle aufgetragen.

Einzig die Knotenmomente der Stütze im OG fallen bei der Berechnung nach dem c_o-c_u-Verfahren etwas zu gering aus.

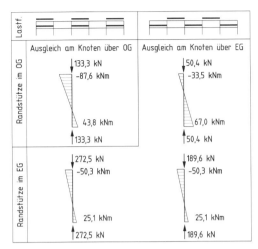

Abb. C.1.19 Stützenschnittgrößen c_o-c_u-Verfahren

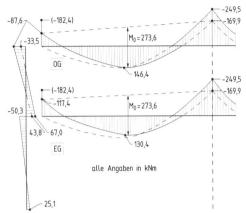

Abb. C.1.21 Momentenkurven nach c_o-c_u-Verfahren

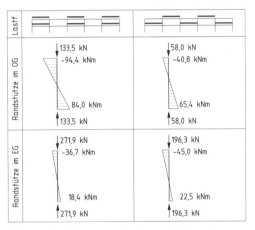

Abb. C.1.20 Stützenschnittgrößen EDV-Berechnung

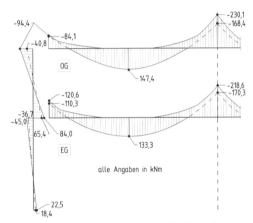

Abb. C.1.22 Momentenkurven der EDV-Berechnung

1.5.3 Stabilität des Gesamttragwerks im Hochbau

Die Stabilität eines Gebäudes kann durch horizontale Einwirkungen (Wind, Lotabweichung etc.) ungünstig beeinflusst werden. Bei der Untersuchung der Stabilität des Gesamtsystems wird unterschieden zwischen

- horizontal *unverschieblichen* Tragwerken, bei denen ein Nachweis nach Theorie II. Ordnung am Gesamtsystem nicht erforderlich ist und
- horizontal *verschieblichen* Tragwerken, die nicht oder nicht ausreichend ausgesteift sind, sodass ein Nachweis nach Theorie II. Ordnung am Gesamtsystem zu führen ist.

Die Verschieblichkeit kann sich aus Anteilen von Translation und Rotation zusammensetzen (EC2-1-1, 5.8.3.3 / NA(DE)).

1.5.3.1 Translationssteifigkeit

Die translatorische Unverschieblichkeit des Gesamttragwerks gilt als ausreichend, wenn für jede Richtung, in der Ausweichen möglich ist, folgendes Kriterium erfüllt ist (EC2-1-1, Gl. 5.18DE):

$$\frac{F_{V,Ed} \cdot L^2}{\sum E_{cd} \cdot I_c} \leq K_1 \cdot \frac{n_s}{n_s + 1{,}6} \tag{C.1.21}$$

Dabei ist:

$F_{V,ED}$ die gesamte vertikale Last auf ausgesteifte und aussteifende Bauteile

n_s die Anzahl der Geschosse

L die Gesamthöhe des Gebäudes oberhalb der Einspannung

E_{cd} der Bemessungswert des Elastizitätsmoduls, $E_{cd} = E_{cm}/\gamma_{cE}$, wobei $\gamma_{cE} = 1{,}2$ gemäß EC2-1-1 5.8.6 (3)/NA

I_c das Trägheitsmoment des ungerissenen Betonquerschnitts der/des aussteifenden Bauteile/-s

K_1 Beiwert. $K_1 = 0{,}31$; wird nachgewiesen, dass die Aussteifungsbauteile im Grenzzustand der Tragfähigkeit nicht gerissen sind (d. h. ihre Betonzugspannungen den Wert f_{ctm} nicht überschreiten), gilt $K_1 = 0{,}62$

Anwendungsvoraussetzungen der Gl. (C.1.20) sind:

- die Schubkraftverformungen am Gesamttragwerk sind vernachlässigbar;
- Verdrehungen der aussteifenden Bauteile in der Einspannebene sind vernachlässigbar klein;
- die Steifigkeit der aussteifenden Bauteile entlang der Höhe ist näherungsweise konstant;
- die vertikalen Lasten sind über die Höhe annähernd gleichmäßig verteilt.

Ist das Kriterium nicht erfüllt oder treffen die Voraussetzungen nicht zu, kann alternativ der Nachweis über Abschn. C.1.5.3.3 bzw. C.1.5.3.4 geführt werden.

1.5.3.2 Rotationssteifigkeit

Falls die aussteifenden Bauteile nicht annähernd symmetrisch angeordnet sind oder nicht vernachlässigbare Verdrehungen auftreten können, ist zusätzlich das Kriterium der Rotationssteifigkeit zu überprüfen (EC2-1-1, NA.5.18.1):

$$\cfrac{1}{\cfrac{1}{L}\sqrt{\cfrac{E_{cd} \cdot I_\omega}{\sum_j F_{V,Ed,j} \cdot r_j^2}} + \cfrac{1}{2{,}28}\sqrt{\cfrac{G_{cd} \cdot I_T}{\sum_j F_{V,Ed,j} \cdot r_j^2}}} \leq$$

$$\leq K_1 \cdot \frac{n_s}{n_s + 1{,}6} \quad \text{(C.1.22)}$$

Dabei ist:

r_j Abstand der Stütze j vom Schubmittelpunkt des Gesamtssystems

$F_{V,Ed,j}$ Bemessungswert der Vertikallast der ausgesteiften und aussteifenden Bauteile j mit $\gamma_F = 1{,}0$

$E_{cd} I_\omega$ Summe der Nennwölbsteifigkeiten aller gegen Verdrehung aussteifenden Bauteile (Bemessungswert)

$G_{cd} I_T$ die Summe der Torsionssteifigkeiten aller gegen Verdrehung aussteifenden Bauteile (St. Venant'sche Torsionssteifigkeit, Bemessungswert)

1.5.3.3 Aussteifungssysteme ohne wesentliche Schubverformungen

Falls die Bedingungen aus Abschn. C.1.5.3.1 nicht erfüllt sind, kann bei Aussteifungssystemen ohne wesentliche Schubverformungen auf den Nachweis nach Theorie II. Ordnung am Gesamtsystem verzichtet werden, wenn:

$$F_{V,ED} \leq 0{,}1 \cdot F_{V,BB} \quad \text{(C.1.23)}$$

Die globale nominale Grenzlast für globale Biegung $F_{V,BB}$ ist definiert durch:

$$F_{V,BB} = \xi \cdot \sum E I / L^2 \quad \text{(C.1.24)}$$

Dabei ist

$\sum E I$ Summe der Biegesteifigkeiten der aussteifenden Bauteile in der betrachteten Richtung, einschließlich möglicher Auswirkungen durch Rissbildung. Für ein Aussteifungsbauteil mit gerissenem Querschnitt kann angesetzt werden:

$$E I \approx 0{,}4 \cdot E_{cd} \cdot I_c$$

Falls der Querschnitt im Grenzzustand der Tragfähigkeit nachweislich *ungerissen* ist, gilt

$$E I \approx 0{,}8 \cdot E_{cd} \cdot I_c$$

ξ Beiwert zur Berücksichtigung der Anzahl der Geschosse, der Änderung der Steifigkeit, dem Grad der Einspannung und der Lastverteilung. Für über die Höhe konstante Steifigkeit der Aussteifungsbauteile und gleichmäßige Verteilung der vertikalen Lasten gilt:

$$\xi = 7{,}8 \cdot \frac{n_s}{n_s + 1{,}6} \cdot \frac{1}{1 + 0{,}7 \cdot k} \quad \text{(C.1.25)}$$

Mit der bezogenen Steifigkeit der Einspannung am Fundament:

$$k = \frac{\theta}{M} \cdot \frac{E \cdot I}{L} \quad \text{(C.1.26)}$$

Dabei ist:

θ Rotation infolge des Biegemoments M

L Gesamthöhe der Aussteifungseinheit

1.5.3.4 Aussteifungssysteme mit wesentlichen Schubverformungen

Der Nachweis nach Theorie II. Ordnung am Gesamtsystem darf entfallen, wenn gilt:

$$F_{V,Ed} \leq 0{,}1 \cdot F_{V,B} = 0{,}1 \cdot \frac{F_{V,BB}}{1+F_{V,BB}/F_{V,BS}} \quad (C.1.27)$$

Dabei ist:

$F_{V,B}$ globale Grenzlast unter Berücksichtigung der globalen Biegung *und* Querkraft

$F_{V,BS}$ globale Grenzlast für reine Querkraft, $F_{V,BS} = \Sigma S$

ΣS gesamte Schubsteifigkeit (Kraft bezogen auf den Schubwinkel) der Aussteifungseinheiten (vgl. Abb. C.1.23)

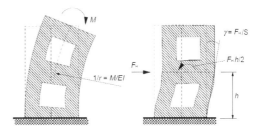

Abb. C.1.23 Globale Krümmung, Schubverformung und zugehörige Steifigkeiten (EC2-1-1, Anhang H)

1.5.3.5 Berechnungsverfahren nach Theorie II. Ordnung am Gesamtsystem

Auswirkungen nach Theorie II. Ordnung am Gesamtsystem können bei der Schnittgrößenermittlung durch fiktive, vergrößerte Horizontalkräfte $F_{H,Ed}$ berücksichtigt werden:

$$F_{H,Ed} = \frac{F_{H,0Ed}}{1-F_{V,Ed}/F_{V,B}} \quad (C.1.28)$$

Dabei ist:

$F_{H,0Ed}$ Horizontalkraft nach Theorie I. Ordnung aus Wind, Imperfektionen usw.

$F_{V,Ed}$ gesamte vertikale Last, die auf aussteifende *und* ausgesteifte Bauteile einwirkt

$F_{V,B}$ globale nominale Grenzlast nach Abschn. C.1.5.3.3 bzw. C.1.5.3.4, jedoch unter Ansatz von Nennsteifigkeiten, welche auch Bewehrung, Rissbildung und Kriechen berücksichtigen, s. EC2-1-1, 5.8.7

2 Plattentragwerke

2.1 Einleitung

Eine Plattentragwirkung liegt vor, wenn flächige Bauteile senkrecht zu ihrer Ebene gerichtete Lasten über Biegung abtragen.

Im vorliegenden Kapitel werden ausschließlich koordinatenparallel berandete Rechteckplatten behandelt, deren Dicke klein ist im Vergleich zu den Längenabmessungen.

2.1.1 Bezeichnungen und Abkürzungen

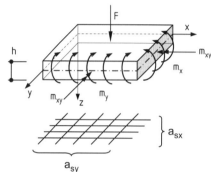

h Plattendicke
m_x, m_y Achsbiegemomente, deren Biegespannungen sowie zugehörige Bewehrungen a_{sx} und a_{sy} in x- bzw. y-Richtung verlaufen
a_{sx}, a_{sy} auf die Längeneinheit bezogene Bewehrungsquerschnitte in x- bzw. y-Richtung
m_{xy} Drillmoment

Abb. C.2.1   Plattenelement

2.1.2 Berechnungsgrundlagen

Die in Abschnitt C.1.1 aufgeführten Berechnungsansätze (linear-elastisch ohne bzw. mit Umlagerung, plastisch sowie nichtlinear) gelten auch für Plattentragwerke. Ihrer Bedeutung entsprechend, werden nachfolgend zunächst linear-elastische Berechnungsverfahren behandelt.

Bei der linear-elastischen Berechnung sind folgende Eigenschaften von Massivplatten zu berücksichtigen:

Drillsteifigkeit

Weicht die Richtung der Hauptmomente von den Bezugsachsen x und y ab, so treten zu den Achsmomenten m_x und m_y noch die so genannten Drillmomente m_{xy} hinzu. Sie erreichen ihr Maximum meist in Ecken und verschwinden auf Symmetrieachsen und längs eingespannter Ränder.

Die grundsätzlich für die Bemessung maßgebenden Hauptmomente

$$m_{\mathrm{I,II}} = \frac{m_x + m_y}{2} \pm \sqrt{\left(\frac{m_x - m_y}{2}\right)^2 + m_{xy}^2} \quad \text{(C.2.1)}$$

verlaufen gegenüber den Bezugsachsen unter dem Winkel

$$\tan 2\varphi = \frac{2 \cdot m_{xy}}{m_x - m_y} \quad \text{(C.2.2)}$$

In Ecken koordinatenparalleler Ränder, an denen keine Einspannung vorliegt, verschwinden die Achsmomente, und es gilt $m_{\mathrm{I,II}} = \pm m_{xy}$. Die Hauptmomente treten dort unter einem Winkel von $\pm 45°$ auf und bewirken dabei das Abheben der Platte, wenn diese nicht verankert ist.

Die Drillsteifigkeit der Platte ist vermindert, wenn keine geeignete obere und untere Bewehrung zur Aufnahme der Hauptmomente in den Ecken angeordnet wird, der Eckbereich durch bedeutende Öffnungen geschwächt ist oder die Ecken nicht verankert sind. Bei dem eher theoretischen Fall der vollkommen drillweichen Platte stellt sich ein Tragmodell ein, bei dem die Lastabtragung über achsenparallele Tragstreifen überwiegt, mit der Folge, dass Achsbiegemomente und Durchbiegung deutlich größer werden als bei der drillsteif ausgebildeten Platte. Für die idealen Lagerungsbedingungen der freien Drehbarkeit oder der Volleinspannung sind die Schnittgrößen bei ungeschwächter Drillsteifigkeit in den Tabellen von [Czerny – 96] enthalten, während [Stiglat/Wippel – 92] vorwiegend die Schnittgrößen vollkommen drillweicher Einfeldplatten angeben.

In der Praxis bedeutet die Ausbildung ungeschwächt drillsteifer Platten einen erhöhten Herstellungsaufwand, den es abzuwägen gilt. Andererseits bleibt auch unter ungünstigen Umständen stets eine deutliche Restdrillsteifigkeit erhalten, die sich günstig auf das Tragverhalten auswirkt. In [DAfStb-H.240 – 91], Tabellen 2.3 und 2.4 sind Erhöhungsfaktoren für Biegemomente angegeben, die den begrenzten Verlust der Drillsteifigkeit durch fehlende Drillbewehrung, nicht ausreichende Eckverankerung oder Öffnungen im Eckbereich berücksichtigen.

Sicherung der Ecken gegen Abheben

Treffen zwei frei drehbar gelagerte Plattenränder zusammen, so bewirkt die in den Eckbereichen auftretende Verwindung, dass die Plattenecke vom Auflager abhebt, wenn nicht eine der folgenden Maßnahmen ergriffen wird:

- Eine geeignete Auflast auf der Ecke bzw. eine gleichwertige Verankerung. Gemäß [DIN 1045 – 88], 20.1.5 sind diese für wenigstens 1/16 der Gesamtlast der Platte zu bemessen.
- Eine biegesteife Verbindung wenigstens eines Plattenrandes mit der Unterstützung.

Das Niederhalten der Plattenecken ist nur dann sinnvoll, wenn zugleich die Platte drillsteif ausgeführt wird.

Das günstigste Tragverhalten wird durch die eckverankerte, drillsteife Platte erzielt, deren Feldmoment im Extremfall weniger als die Hälfte einer unverankerten, drillweichen Platte beträgt.

Querdehnung

Die **Querdehnung** des Werkstoffs bewirkt, dass Biegemomente in Platten auch quer zur eigentlichen Beanspruchungsrichtung auftreten. Die Auswirkung der Querdehnung auf die Schnittgrößen hängt wesentlich von den Rand- und Lagerungsbedingungen der Platte ab. So betragen die Quermomente bei einachsig gespannten Platten das μ-fache der Biegemomente in der Hauptrichtung.

Die Querdehnzahl μ nimmt mit steigender Betongüte zu und liegt zwischen 0,14 und 0,26 [DAfStb-H.525 – 03]. Nach EC2-1-1, 3.1.3 (4) kann für ungerissene Querschnitte $\mu = 0{,}2$ angesetzt werden. Da mit einsetzender Rissbildung die wirksame Querdehnung des Stahlbetonquerschnitts abnimmt, kann μ im gerissenen Querschnitt mit null angenommen werden. Für Betonbrücken ist gemäß [DIN-Fachbericht 102 – 08] $\mu = 0{,}2$ anzusetzen.

Anhand der üblicherweise für $\mu = 0$ aufgestellten Tabellenwerke lassen sich näherungsweise auch die Biegemomente unter Berücksichtigung der Querdehnung ermitteln:

$$\left. \begin{aligned} m_{x\mu} &\cong \frac{1}{(1-\mu^2)} \cdot (m_{x0} + \mu \cdot m_{y0}) \\ &\cong m_{x0} + \mu \cdot m_{y0} \\ m_{y\mu} &\cong \frac{1}{(1-\mu^2)} \cdot (m_{y0} + \mu \cdot m_{x0}) \\ &\cong m_{y0} + \mu \cdot m_{x0} \\ m_{xy\mu} &\cong (1-\mu) \cdot m_{xy0} \end{aligned} \right\} \qquad \text{(C.2.3)}$$

Dabei verweist der Index „0" auf die für $\mu = 0$ ermittelten Biegemomente.

Rand- und Lagerungsbedingungen

Die Rand- und Lagerungsbedingungen von Platten werden im Allgemeinen auf die Hauptfälle ungestützt (= frei), gelenkig gelagert (= frei aufliegend), eingespannt und punktgestützt zurückgeführt. Weiterhin ist von Bedeutung, ob die Stützung starr oder nachgiebig ist und kontinuierlich oder unterbrochen erfolgt.

Die Einordnung der Stützungsart muss wirklichkeitsnah erfolgen. Die Einspannung eines Plattenrandes kann meist nur dann angenommen werden, wenn das einspannende Bauteil eine Wandscheibe oder eine Durchlaufplatte ist, welches der Auflagerverdrehung entgegenwirkt. Da die Steifigkeitsunterschiede zwischen einspannendem und eingespanntem Bauteil häufig gering sind, wird die Auflagerverdrehung durch die jeweiligen Lastkombinationen der Bauteile bestimmt. Eine vollkommen starre Einspannung kann nur in Sonderfällen unterstellt werden.

Ein Randunterzug scheidet als statisch wirksame Einspannung meist aus, da sich der Träger durch die geringe Torsionssteifigkeit des Stahlbetons im Zustand II und aufgrund fehlender Torsionseinspannungen an den Auflagern verdrillt.

2.1.3 Einteilung der Platten

Hinsichtlich ihrer Tragwirkung und der sich daraus ergebenden Berechnungsverfahren kann man unterscheiden zwischen

- einachsig gespannten Platten,
- zweiachsig gespannten Platten,
- punktgestützten Platten und
- elastisch gebetteten Platten.

2.2 Einachsig gespannte Platten

2.2.1 Allgemeines

In folgenden Fällen liegt bei Gleichflächenlast ein überwiegend einachsiges Tragverhalten vor:

- Bei der nur an zwei gegenüberliegenden Rändern gelagerten Platte ist die Haupttragrichtung unabhängig vom Seitenverhältnis vorgegeben.
- Bei umfanggelagerten Platten mit einem Seitenverhältnis ≥ 2 wird der Anteil der über die lange Seite abgetragenen Lasten so klein, dass mit guter Näherung einachsiges Tragverhalten in Richtung der kürzeren Stützweite unterstellt werden kann. Nebentragrichtung ist damit die Richtung der längeren Stützweite.
- Bei dreiseitig gelagerten Platten, deren ungestützter Rand kürzer ist als 2/3 der dazu senkrechten Seitenlänge, lassen die Schnittkraftverläufe vorwiegend einachsiges Tragverhalten in der zum freien Rand parallelen Richtung erkennen, s. [Leonhardt/Mönnig-T3 – 77], S. 104.

Die Ermittlung der Schnittgrößen einachsig gespannter Platten erfolgt mit den einfachen Mitteln der Balkenstatik. Die für Platten geltenden Bemessungs- und Bewehrungsvorschriften finden Anwendung, wenn gilt:

$$\left.\begin{array}{l}b \geq 5 \cdot h \\ l_{eff} \geq 3 \cdot h\end{array}\right\} \text{EC2-1-1, 9.3 / NA(DE)} \quad (C.2.3)$$

mit: h Plattendicke
      b Bauteilbreite
      l_{eff} wirksame Stützweite

Bei Belastung durch Gleichflächenlast werden die in der Nebentragrichtung infolge Querdehnung oder unregelmäßiger Lastverteilung auftretenden geringen Biegemomente pauschal durch die einzulegende Querbewehrung von wenigstens 20 % der Biegezugbewehrung abgedeckt.

2.2.2 Konzentrierte Lasten

Konzentrierte Lasten führen zu örtlich erhöhten Schnittkräften, die in Haupt- wie in Nebentragrichtung wirksam werden. Die Berechnung der Schnittgrößen in Haupttragrichtung des erhöht beanspruchten Plattenstreifens kann mit den Angaben in [DAfStb-H.240 – 91] und [DIN 1045 – 88], 20.1.6.3 erfolgen, vgl. Abb. C.2.2. Zunächst wird eine Lastverteilung bis zur Plattenmittelebene unter 45° unterstellt, bei der druckfeste Beläge einbezogen werden können. Die Größe dieser Belastungsfläche in Plattenmittelebene ist maßgebend für die mitwirkende Breite des Plattenstreifens, der für die Lastabtragung angesetzt werden kann. Für die jeweils zu berechnenden Schnittgrößen kann die zugehörige mitwirkende Breite nach Tafel C.2.1 bestimmt werden, wobei Eingrenzungen durch Plattenränder oder Öffnungen zu berücksichtigen sind.

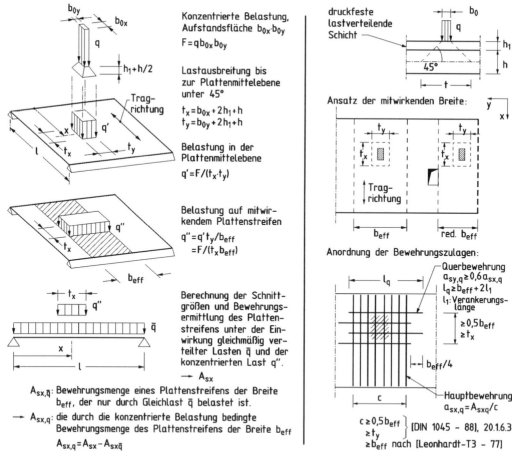

Abb. C.2.2   Rechnerische Berücksichtigung konzentrierter Einwirkungen auf einachsig gespannter Platte nach [DIN 1045 – 88] und [DAfStb-H.240 – 91]

Tafel C.2.1 Mitwirkende Breiten unter konzentrierten Lasten [DAfStb-H.240 – 91]

	1	2	3			4	
	Statisches System und Schnittgröße	Mitwirkende Breite (rechnerische Lastverteilungsbreite) b_{eff}	Gültigkeitsgrenzen			Mitwirkende Breite b_{eff} für durchgehende Linienlast ($t_x = l$)	
						$t_y \leq 0{,}05 \cdot l$	$t_y \leq 0{,}10 \cdot l$
1		$b_{eff}^M = t_y + 2{,}5 \cdot x \cdot \left(1 - \dfrac{x}{l}\right)$	$0 < x < l$	$t_y \leq 0{,}8 \cdot l$	$t_x \leq l$	$b_{eff}^M = 1{,}36 \cdot l$	
2		$b_{eff}^V = t_y + 0{,}5 \cdot x$	$0 < x < l$	$t_y \leq 0{,}8 \cdot l$	$t_x \leq l$	$b_{eff}^V = 0{,}25 \cdot l$	$b_{eff}^V = 0{,}30 \cdot l$
3		$b_{eff}^M = t_y + 1{,}5 \cdot x \cdot \left(1 - \dfrac{x}{l}\right)$	$0 < x < l$	$t_y \leq 0{,}8 \cdot l$	$t_x \leq l$	$b_{eff}^M = 1{,}01 \cdot l$	
4		$b_{eff}^Q = t_y + 0{,}4 \cdot (l - x)$	$0 < x < l$	$t_y \leq 0{,}8 \cdot l$	$t_x \leq l$	$b_{eff}^M = 0{,}67 \cdot l$	
5		$b_{eff}^V = t_y + 0{,}3 \cdot x$	$0{,}2 \cdot l < x < l$	$t_y \leq 0{,}4 \cdot l$	$t_x \leq 0{,}2 \cdot l$	$b_{eff}^V = 0{,}25 \cdot l$	$b_{eff}^V = 0{,}30 \cdot l$
6		$b_{eff}^V = t_y + 0{,}4 \cdot (l - x)$	$0 < x < 0{,}8 \cdot l$	$t_y \leq 0{,}4 \cdot l$	$t_x \leq 0{,}2 \cdot l$	$b_{eff}^V = 0{,}17 \cdot l$	$b_{eff}^V = 0{,}21 \cdot l$
7		$b_{eff}^M = t_y + x \cdot \left(1 - \dfrac{x}{l}\right)$	$0 < x < l$	$t_y \leq 0{,}8 \cdot l$	$t_x \leq l$	$b_{eff}^M = 0{,}86 \cdot l$	
8		$b_{eff}^M = t_y + 0{,}5 \cdot x \cdot \left(2 - \dfrac{x}{l}\right)$	$0 < x < l$	$t_y \leq 0{,}4 \cdot l$	$t_x \leq l$	$b_{eff}^M = 0{,}52 \cdot l$	
9		$b_{eff}^V = t_y + 0{,}3 \cdot x$	$0{,}2 \cdot l < x < l$	$t_y \leq 0{,}4 \cdot l$	$t_x \leq 0{,}2 \cdot l$	$b_{eff}^V = 0{,}21 \cdot l$	$b_{eff}^V = 0{,}25 \cdot l$
10		$b_{eff}^M = 0{,}2 \cdot l + 1{,}5 \cdot x$	$0 < x < l$	$t_y \leq 0{,}2 \cdot l$	$t_x \leq l$	$b_{eff}^M = 1{,}35 \cdot l$	
		$b_{eff}^M = t_y + 1{,}5 \cdot x$	$0 < x < l$	$0{,}2 \cdot l \leq t_y \leq 0{,}8 \cdot l$	$t_x \leq l$	–	
11		$b_{eff}^V = 0{,}2 \cdot l + 0{,}3 \cdot x$	$0{,}2 \cdot l < x < l$	$t_y \leq 0{,}2 \cdot l$	$t_x \leq 0{,}2 \cdot l$	$b_{eff}^V = 0{,}36 \cdot l$	$b_{eff}^V = 0{,}43 \cdot l$
		$b_{eff}^V = t_y + 0{,}3 \cdot x$	$0{,}2 \cdot l < x < l$	$0{,}2 \cdot l \leq t_y \leq 0{,}4 \cdot l$	$t_x \leq 0{,}2 \cdot l$	–	–

Die für den Plattenstreifen ermittelten Bewehrungszulagen sind gemäß Abb. C.2.2 einzulegen. Zur Abdeckung der positiven Quermomente genügt eine Zulage von 60 % der Hauptbewehrungszulage. Negative Quermomente können – außer an Plattenrändern – im Allgemeinen unberücksichtigt bleiben.

Bei auskragenden Platten ist zu beachten, dass die Zulage zur Hauptbewehrung an der Oberseite, die Querbewehrungszulage aber an der Unterseite anzuordnen ist.

Die Ermittlung der Schnittgrößen und die Bemessung des erhöht beanspruchten Plattenstreifens ersetzt nicht den Nachweis der Sicherheit gegen Durchstanzen nach EC2-1-1, 6.4, der in der Umgebung der Lasteinleitungsstelle geführt wird.

2.2.3 Platten mit Rechtecköffnungen

Durch Öffnungen werden die gedachten, einachsig in Haupttragrichtung wirksamen Plattenstreifen durchtrennt. Damit die verbleibenden, dem Loch benachbarten Streifen die zusätzlichen Lasten übernehmen können, stellt sich auch in der Nebentragrichtung eine nicht mehr zu vernachlässigende Tragwirkung ein. Im Eckpunkt selbst nehmen die Schnittgrößen und damit die Spannungen theoretisch einen unendlich großen Wert an, der aber mit wachsender Entfernung vom Eckpunkt rasch abklingt.

Kleine Öffnungen

Bis Öffnungsabmessungen von $L/5$ genügt nach [Leonhardt/Mönnig-T3 – 77] S. 95 das Auswechseln der Bewehrung, d. h. der durch das Loch unterbrochene Bewehrungsquerschnitt wird an den Lochrändern in Form zusätzlicher Bewehrungsstäbe mit reichlich bemessenem Überstand eingelegt.

Bewehrungsanordnung

Denkt man sich die Platte unter positivem Moment horizontal in eine obere (= Druckgurt) und untere Schicht (= Zuggurt) geteilt, so erhält man die in Abb. C.2.3 dargestellten Stabwerksmodelle (s. [Schlaich/Schäfer – 98]), die den Kräftefluss im Öffnungsbereich veranschaulichen und Hinweise auf den benötigten Querschnitt und die Anordnung der Bewehrung im Öffnungsbereich geben.

Die Hauptbewehrung ist bis an die Öffnung heranzuführen und dort mittels Endschlaufen oder Steckbügeln zu verankern. Quer zur Tragrichtung muss die obere Lochrandbewehrung wenigstens den halben Querschnitt der unterbrochenen Hauptbewehrung aufweisen. Die weiter vom Loch entfernt auftretenden Querzugkräfte an der Unterseite werden in der Praxis meist der vorhandenen Querbewehrung zugewiesen.

Die in Tragrichtung neben der Öffnung einzulegende Bewehrungszulage muss wenigstens um die halbe Öffnungsbreite am Loch vorbeigeführt und anschließend verankert werden, wenn sie nicht bis zum Auflager verlängert wird.

Durch Schrägzulagen an den Ecken kann man die Rissbildung infolge von Kerbspannungen wirkungsvoll vermindern.

Mit Ausnahme von Fundamenten und Innenbauteilen des üblichen Hochbaus sind sämtliche Lochränder zu umbügeln, s.[DIN 1045 – 1], 13.3.2.

Gelenkig gelagerter Vollstreifen mit Rechteckloch

Bei Öffnungen größerer Abmessungen kann die Ermittlung der Schnittgrößen näherungsweise an einem von [Stiglat/Wippel – 92] und [Beck/Zuber – 69] beschriebenen Ersatzsystem aus Trag- und Wechselstreifen nach Abb. C.2.5 erfolgen.

Die als Wechselstreifen dienende Zwischenplatte ① der Länge $a + 2 \cdot b_{eff}$ liegt an den Enden auf den Tragstreifen ② auf und kann im Allgemeinen als einachsig gespannte Platte mit dem Bemessungsmoment

$$m_x = \frac{q \cdot a}{8}(a + 2 \cdot b_{eff}) \qquad (C.2.4)$$

aufgefasst werden. Erst bei langen Öffnungen mit $a > 2 \cdot b$ ist nach [Beck/Zuber – 69] die Zwischenplatte als dreiseitig gelenkig gestützte Platte der Länge $a + 2 \cdot b_{eff}$ unter Teilflächenbelastung zu behandeln und für das Moment m_{xr} am freien Rand zu bemessen.

Die Tragstreifen erhalten eine erhöhte Belastung aus den Auflagerkräften der Zwischenplatte. Zur

Vereinfachte Stabwerksmodelle:

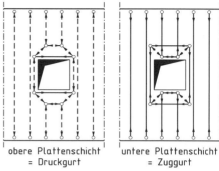

obere Plattenschicht = Druckgurt   untere Plattenschicht = Zuggurt

Anordnung der zusätzlichen Bewehrung (schematisch):

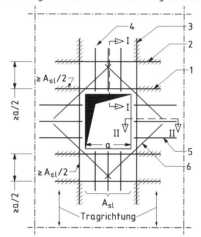

Mögliche Verankerungsbereiche sind schraffiert

Schnitt I-I: Schnitt II-II:

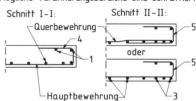

1 – Randbewehrung am Lochrand (oben), unten konstruktiv.
2 – Querbewehrung (unten).
3 – Ausgewechselte Tragbewehrung (unten), oben konstruktiv.
4 – Steckbügel mit Tragbewehrung stoßen oder Tragbewehrung mit Endschlaufe.
5 – Steckbügel, mit Querbewehrung stoßen.
6 – Schrägzulage gegen Kerbwirkung.

Abb. C.2.3 Stabwerkmodell und Bewehrung bei Öffnungen in einachsig gespannten Platten, vgl. [Schlaich/Schäfer – 98]

Ermittlung der mitwirkenden Breite der Tragstreifen stellen [Beck/Zuber – 69] Diagramme bereit.

Einfacher kann sie nach [Stiglat/Wippel – 92] abgeschätzt werden zu:

$b_{eff} \approx 0{,}8 \cdot L - b$ (C.2.5)

Dabei ist natürlich darauf zu achten, dass b_{eff} nicht über die tatsächlich in der Nebentragrichtung zur Verfügung stehende Streifenbreite hinaus angesetzt werden darf. Diese kann durch einen Plattenrand oder den Einzugsbereich einer benachbarten Öffnung begrenzt sein.

Das Bemessungsmoment des Tragstreifens beträgt nach [Stiglat/Wippel – 92]:

$$m_{ym} = q\left(\frac{L^2}{8} + 0{,}76\frac{ab^2}{L}\right) \quad (C.2.6)$$

Die Bewehrung des Tragstreifens erhält lochseitig Zulagen. In der Zwischenplatte ist die ermittelte Bewehrung zum Lochrand hin zu konzentrieren, während sie entlang des direkt gestützten Randes verringert werden kann. Im Übrigen gelten die Hinweise auf S. C.34.

Eingespannter Vollstreifen mit Rechteckloch

Beim eingespannten Vollstreifen mit Öffnung nach [Stiglat/Wippel – 92] treten nun Einspannmomente an der Stützung hinzu (Abb. C.2.4). Im Bereich der Zwischenplatte ① werden sie für $a > 2 \cdot b$ ersatzweise an einer Kragplatte berechnet:

$$m_{ysm} = -\frac{q \cdot b^2}{2} \quad (C.2.7)$$

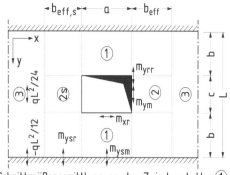

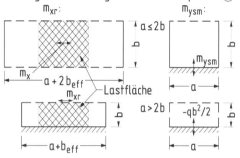

Abb. C.2.4   Eingespannter Vollstreifen mit Rechteckloch nach [Stiglat/Wippel – 92]

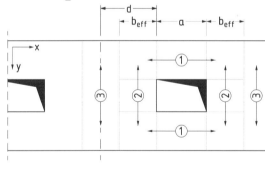

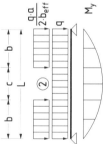

Bemessungsmoment des Tragstreifens (als Balken der Breite b_{eff}) :

$$M_y = q\left(\frac{L^2}{8} + 0{,}76\frac{a \cdot b^2}{L}\right) b_{eff}$$

① Zwischenplatte
② Tragstreifen
③ Normalbereich (ungestörtes Tragverhalten)

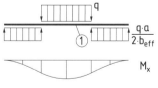

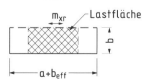

Bemessung der Zwischenplatte ① :

- als Balken der Breite b, wenn $a \leq 2b$
  mit $b_{eff} \approx 0{,}8L - b$

  $M_x = \frac{q \cdot a}{8}(a + 2 \cdot b_{eff}) \cdot b$

- als dreiseitig gelenkig gelagerte Platte unter Teilbelastung
  wenn $a > 2b$

Abb. C.2.5   Berechnung einachsig gespannter Platten mit Rechteckloch bei gelenkiger Lagerung nach [Beck/Zuber – 69] und [Stiglat/Wippel – 92]

Bei kürzeren Öffnungen wird das Einspannmoment an einer dreiseitig gestützten Vergleichsplatte ermittelt.

Im Bereich des Tragstreifens ② berechnet sich das Einspannmoment aus:

$$m_{ysr} = -\left(\frac{1}{12} + \frac{b^2 c}{3 \cdot b_{eff,s} \cdot L^2}\right) \cdot \left(1{,}5 - \frac{b}{L}\right) \cdot q \cdot L^2 \quad (C.2.8)$$

Im Feld ergibt sich das Bemessungsmoment des Tragstreifens zu:

$$m_{ym} = \left(\frac{1}{24} + 0{,}19 \cdot \frac{a}{L}\right) \cdot q \cdot L^2 \quad \text{für } b \geq 0{,}4 \cdot L$$

$$m_{ym} = \left(\frac{1}{24} + \frac{b^3 c}{3 \cdot b_{eff} \cdot L^3}\right) \cdot q \cdot L^2 \quad \text{für } b < 0{,}4 \cdot L \quad (C.2.9)$$

In den vorstehenden Gleichungen ist

$c = a/2 \quad$ für $a \leq 2\,b$

und

$c = b \quad$ für $a > 2\,b$

Ferner beträgt die mitwirkende Breite im Feld:

$b_{eff} \approx 0{,}6 \cdot (0{,}8 \cdot L - b)$ \quad (C.2.10)

und an der Einspannung:

$b_{eff,s} \approx 0{,}18 \cdot L$ \quad (C.2.11)

Das lochrandparallele Moment der Zwischenplatte wird prinzipiell in gleicher Weise bestimmt wie beim gelenkig gelagerten Vollstreifen und wie in Abb. C.2.4 angegeben.

2.2.4 Unberücksichtigte Stützungen

Oft weisen auch solche Platten, denen einachsiges Tragverhalten unterstellt wird, Stützungen parallel zur Haupttragrichtung auf (Abb. C.2.6). Über diesen Unterstützungen verschwinden die Momente in Haupttragrichtung. Die nun dort auftretenden Querbiegemomente erreichen über einer Zwischenunterstützung betragsmäßig den Wert des Feldmomentes im ungestörten Bereich. Daher wird in [Leonhardt/Mönnig-T3 – 77], S. 88 empfohlen, als Stützbewehrung rechtwinklig zur Unterstützung den vollen Bewehrungsquerschnitt des Feldes einzulegen, während nach [DIN 1045 – 88], 20.1.6.3 ohne genaueren Nachweis nur 60 % dieses Wertes gefordert werden.

Kleinere Querbiegemomente positiven Vorzeichens entstehen in der Nähe der Zwischenunterstützung sowie bei Stützung am seitlichen Rand. Sie brauchen aber nicht gesondert berücksichtigt zu werden, da die stets vorhandene Querbewehrung von 20 % der Hauptbewehrung hierfür ausreicht.

Im allgemeinen Lagerungsfall wird man lange Rechteckplatten in einachsig gespannte Streifen und dreiseitig gestützte Plattenteile gemäß Abb.

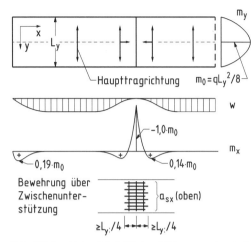

Abb. C.2.6 Unberücksichtigte Stützung einachsig gespannter Platten bei gelenkiger Lagerung, vgl. [Leonhardt/Mönnig-T3 – 77]

C.2.7 zerlegen. Letztere dienen dann der Schnittgrößenermittlung im Bereich der zur Haupttragrichtung parallelen Stützungen.

Die Stützkräfte können über Lasteinzugsflächen ermittelt werden, s. Abschn. 2.3.2.6 und 2.3.3.3.

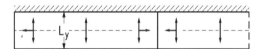

Bereichsweise Berechnung als

- Plattenstreifen:

- dreiseitig gelagerte Platten:

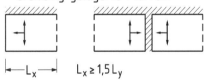

$L_x \geq 1{,}5\, L_y$

Abb. C.2.7 Geeignete Aufteilung zur Berechnung langer Rechteckplatten

2.3 Zweiachsig gespannte Platten

2.3.1 Berechnungsgrundsätze

Gegenstand eingehender Schnittgrößenermittlung bei Plattentragwerken sind meist nur die Biegemomente, da die Querkräfte einfach abgeschätzt werden können und man im Übrigen die Plattendicke so wählen wird, dass keine Schubbewehrung erforderlich ist.

Einfeldplatten

Zur Berechnung von Einfeldplatten kommen vorwiegend folgende Möglichkeiten infrage:

- Exakte Plattentheorie: Nur für wenige Sonderfälle lassen sich geschlossene Lösungen angeben. Grundlage numerischer Verfahren bei Computereinsatz.
- Sich kreuzende Plattenstreifen gleicher größter Durchbiegung: Anschauliche Methode (Marcus) unter Vernachlässigung der Drillsteifigkeit, die sehr einfach anzuwenden ist und zu hinreichend genauen Ergebnissen führt. Verfeinerung hinsichtlich des Belastungsansatzes, vgl. z. B. [Stiglat/Wippel – 92].
- Berechnung als Trägerrost, s. z. B. [Mattheis – 82], S. 42: Streifenmethode mit Möglichkeit der Berücksichtigung der Drillsteifigkeit. Interessant als zusätzliches Einsatzgebiet für Trägerrostprogramme.

Die gängigen Tabellenwerke enthalten die Schnittgrößen für die jeweils sechs Grundfälle der Lagerungsarten bei drei- und vierseitig gelagerten Platten, die sich aus den Lagerungen gelenkiger gelagerter Rand, voll eingespannter Rand und ungestützter Rand kombinieren lassen (Abb. C.2.8).

Abb. C.2.8 Grundfälle der Lagerung von Einzelplatten

Durchlaufplatten

Zusammenhängende Plattensysteme wie z. B. Hochbaudecken müssen – vergleichbar den Durchlaufträgern in der Balkenstatik – unter Einschluss der ungünstigsten Anordnung der veränderlichen Lasten berechnet werden. Diese werden im zu untersuchenden Plattenfeld selbst und in den Nachbarfeldern im schachbrettartigen Wechsel aufgebracht, um bei minimal wirksamer

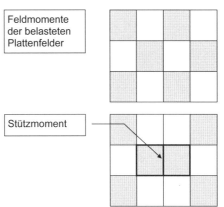

Abb. C.2.9 Maßgebende Anordnung der veränderlichen Lasten zur Bestimmung der Momente

Randeinspannung die größten Feldmomente zu erhalten. Das größte Stützmoment stellt sich ein, wenn man diese Anordnung längs der betrachteten Stützung spiegelt und dadurch die Auflagerverdrehung sehr klein wird.

Bei einer Mittelplatte eines Durchlaufsystems sind folglich für das Stützmoment vier Lastkombinationen und für das Feldmoment eine weitere zu untersuchen. Die Biegebemessung hat für die einhüllenden Grenzlinien der Momente zu erfolgen, die sich aus der Überlagerung der Einzellastfälle ergeben. Bei feldweise ungünstiger Lastanordnung werden daher die Feldmomente von Durchlaufplatten stets größer sein als die der entsprechenden Einzelplatten unter voll wirksamer Randeinspannung.

Bei der Schnittgrößenermittlung liefern Drehwinkel- oder Momentenausgleichsverfahren recht genaue Ergebnisse, welche aber – wie weitere Verfahren auch – wegen des hohen Aufwands an Bedeutung für die Handrechnung verloren haben und heute nicht mehr mit dem Computereinsatz konkurrieren können. Stattdessen haben solche Methoden eine weite Verbreitung gefunden, die Vergleichseinfeldplatten anstelle zusammenhängender Gesamtsysteme betrachten. Erwähnt seien

- das Lastumordnungsverfahren, angeführt in [DIN 1045 – 88], 20.1.5 (4), [DAfStb-H.240 – 91], dessen Anwendung aber auf Fälle mit $l_{min}/l_{max} \geq 0{,}75$ beschränkt und damit für viele baupraktische Belange nicht brauchbar ist,
- das Einspanngradverfahren, siehe z. B. [Eichstaedt – 63] und [Schriever – 79]; s. a. [Pieper/Martens – 66].

Derartige Verfahren liefern akzeptable Näherungen mit erheblich geringerem Aufwand als Drehwinkel- oder Momentenausgleichsverfahren.

Das wohl einfachste und damit fehlerunempfindlichste Verfahren, welches gleichwohl ausreichend

zutreffende Ergebnisse liefert, ist ein vereinfachtes Einspanngradverfahren von [Pieper/Martens – 66]. Ihm liegen folgende Überlegungen zugrunde:
- Die Stützmomente nehmen im Allgemeinen einen Wert an, der zwischen den Volleinspannmomenten der Einzelplatten beider an der Stützung anliegenden Felder liegt.
- Die Feldmomente einer Platte liegen zwischen den Grenzwerten, die durch die allseits gelenkige Lagerung (Lagerungsfall 1) einerseits und die voll wirksame Randeinspannung in Nachbarplatten (Lagerungsfälle 2 bis 6) andererseits gebildet werden. Die Annahme eines Einspanngrads von 0,5 (d. h. 50 %) liegt auf der sicheren Seite, da sich bei typischen Anwendungen im Hochbau meist ein Einspanngrad zwischen 0,70 und 0,90 einstellt.

Die Ermittlung der Plattenmomente nach diesem Verfahren ist im Abschn. 2.3.2.4 beschrieben.

2.3.2 Vierseitig gestützte Platten

2.3.2.1 Drillbewehrung

In den Ecken wird auf die elastizitätstheoretisch optimale Bewehrungsführung in Richtung der Hauptmomente meist zugunsten eines verlegetechnisch günstigeren, koordinatenparallelen Bewehrungsnetzes verzichtet. Die Eckbewehrung nach Abb. C.2.10 deckt die Drillmomente ohne näheren Nachweis ab, s. DIN EC2-1-1, 9.3.1.3/NA(DE), wobei eine bereits vorhandene Bewehrung angerechnet werden kann. Damit die Drillbewehrung wirksam werden kann, muss sie über der Stützung verankert sein.

Bei unzureichender Drillbewehrung gilt die Platte nicht mehr als drillsteif. Ein vollständiger Entfall der Drillbewehrung lässt erhöhte Rissbildung erwarten und wird daher nicht empfohlen.

2.3.2.2 Abminderung der Stützmomente

Stützmomente dürfen bei durchlaufenden Platten in gleicher Weise wie bei Balken ausgerundet werden. Häufig wird man aber auf die dazu erforderliche Ermittlung der Auflagerkräfte verzichten und sich mit der folgenden, auf der sicheren Seite liegenden Abschätzung begnügen:

$$m_s' = (1 - 1{,}25 \cdot b / l_{max}) \cdot m_s \qquad (C.2.12)$$

mit: b Breite der Unterstützung (Wanddicke)

l_{max} die größere der quer zur Unterstützung gerichteten Stützweiten der beiden anliegenden Platten

Nicht abzumindern sind Stützmomente, die nach dem *Lastumordnungsverfahren* als *reine Mittelwerte* der anliegenden Volleinspannmomente berechnet werden, weil sie nach [DAfStb-H.240 – 91], 2.3.3 bereits als Bemessungswerte gelten. Da das Lastumordnungsverfahren in dieser Form unter ungünstigen Verhältnissen (d. h. große Unterschiede der anliegenden Einspannmomente) etwas zu geringe Stützmomente liefert, wird auf diese Weise ein Ausgleich geschaffen.

Beim Einspanngradverfahren beträgt das Stützmoment wenigstens 75 % des Größtwertes der anliegenden Volleinspannmomente. Aufgrund dieser Verbesserung gegenüber dem einfachen Lastumordnungsverfahren scheint es gerechtfertigt, die Momentenabminderung wie bei allen übrigen Berechnungsverfahren auch auf das in Abschn. C.2.3.2.4 beschriebene Einspanngradverfahren anzuwenden, s. a. Berechnungsbeispiele bei [Schriever – 79].

Bei monolithischem Verbund zwischen Platte und Unterstützung kann auch für das Anschnittmoment bemessen werden, wobei die Mindestmomente einzuhalten sind, s. C.1.2.5.

2.3.2.3 Dreiseitige Auflagerknoten

Laufen wie in Abb. C.2.11 Deckenunterstützungen in dreiseitigen Knoten zusammen, so kann nach [Eisenbiegler – 73] das Einspannmoment der Platte ① im Bereich der Mittelquerwand unter der Platte ② eine Spitze aufweisen. Es empfiehlt sich dann eine örtliche Bewehrungsverstärkung, die wenigstens das Volleinspannmoment der Platte ① abdeckt. Diese Momentenspitze tritt aber nur dann auf, wenn die Platte ② durch monolithische Verbindung oder sehr hohe Wandauflast druck- und zugfest mit der Mittelquerwand verbunden ist.

2.3.2.4 Berechnung der Biegemomente

Beschreibung des Verfahrens

Bei dem von [Pieper/Martens – 66] vorgeschlagenen vereinfachten Einspanngradverfahren werden die möglichen Lastfallkombinationen der Durchlaufplatten auf Grenzwertabschätzungen für Stützmomente und Feldmomente reduziert. Allen Einzelplatten wird für die Bestimmung der

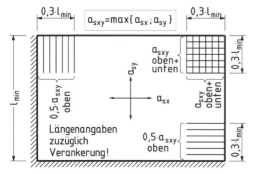

Abb. C.2.10 Drillbewehrung vierseitig gelagerter Platten nach EC2-1-1/NA(DE)

Plattentragwerke

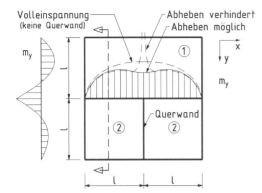

Abb. C.2.11 Verlauf des Stützmomentes m_y bei unterschiedlichen Lagerungsarten nach [Eisenbiegler – 73]

Feldmomente ein einheitlicher Einspanngrad von 0,50 zugrunde gelegt. Entsprechend sind die Stützmomente bei Volleinspannung und Feldmomente bei einer zu 50 % wirksamen Einspannung angegeben.

Abweichend von [Pieper/Martens – 66] dient hier als Leitwert die resultierende Gesamtlast der Platte, um die Behandlung drei- und vierseitig gestützter Platten zu vereinheitlichen. Zusätzlich vereinfachen erweiterte Seitenverhältnisse (l_y/l_x von 0,5 bis 2,0) die Handhabung.

Lagerungsfälle

Die sechs Grundkombinationen der Plattenlagerung sind in der linken Randleiste der Tafel C.2.2 symbolhaft aufgeführt. Die Tafelwerte gelten auch für nicht dargestellte Lagerungsfälle, die durch Spiegelung an den Koordinatenachsen entstehen. Werden gegenüber diesen um 90° gedrehte Lagerungsfälle benötigt (das kann bei den Fällen 2, 3 und 5 erforderlich sein), so sind entweder die Koordinatenachsen zu vertauschen, oder die Ablesung der Tafel ist über die rechte Randleiste vorzunehmen.

Erfolgt die Ablesung der Tafel über die rechte Randleiste, ist darauf zu achten, dass zwar die Lage des allgemeinen Koordinatensystems beibehalten wird, als Kenngröße aber das umgekehrte Seitenverhältnis, nämlich l_x/l_y zu verwenden ist.

Wird die wahlweise Ablesung über die linke bzw. rechte Randleiste genutzt, können alle Einzelplatten mit einem einheitlichen, dem globalen Koordinatensystem berechnet werden, was die Fehleranfälligkeit der Berechnung verringert.

Bezeichnungen

Die Beiwerte f verweisen auf Momente im Feld, s auf Volleinspannmomente an der Stützung, d auf Drillmomente in der Plattenecke. Die Beiwerte tragen einen Index der Richtung (x oder y) und/oder einen zusätzlichen Index, um den Bezugspunkt zu präzisieren:

- x, y   Bezugskoordinaten
- f   Feldmoment (dieser Index kann fehlen)
- s   Stützmoment
- xy   Drillmoment
- m   bei Feldmomenten: Plattenmittelpunkt
  bei Stützmomenten: Mitte des eingespannten Randes
- r   Größtwert längs des ungestützten Randes dreiseitig gestützter Platten
- gg   Ecke zweier gelenkig gelagerter Ränder
- rg   Ecke ungestützter/gelenkig gelagerter Ränder

Fehlt der Hinweis auf den Bezugsort, dann bezieht sich der Beiwert auf den absoluten Größtwert im Feld bzw. an der Stützung.

Voraussetzungen für die Anwendung

Das Verfahren kann bei gleichmäßig verteilter Belastung angewendet werden, wenn:

$$q_d \leq 2 \cdot g_d \qquad (C.2.13)$$

mit: q_d Bemessungswert der veränderlichen Einwirkungen

g_d Bemessungswert der ständigen Einwirkungen

Feldmomente

Für eckverankerte Platten mit ungeschwächter Drillsteifigkeit gilt:

$$m_{xf} = \frac{K}{f_x} \qquad m_{yf} = \frac{K}{f_y} \qquad (C.2.14a)$$

wobei $K = (g_d + q_d) \cdot l_x \cdot l_y$

Für Platten, die infolge fehlender Drillbewehrung, unzureichender Eckverankerung oder durch Öffnungen im Eckbereich eine **verminderte Drillsteifigkeit** aufweisen (s. S. C.30), gilt:

$$m_{xf} = \frac{K}{f_x^o} \qquad m_{yf} = \frac{K}{f_y^o} \qquad (C.2.14b)$$

Stützmomente

Zunächst werden die Volleinspannmomente der Einzelplatten berechnet gemäß:

$$m_{xs} = \frac{K}{s_x} \qquad m_{ys} = \frac{K}{s_y} \qquad (C.2.15)$$

Die so auf beiden Seiten jeder Stützung erhaltenen Volleinspannmomente der Platten i und j werden dann nach folgender Vorschrift gemittelt:

- Bei einem Verhältnis der Stützweiten der beiden an der gemeinsamen Stützung anliegenden Platten zueinander zwischen 0,2 und 5 gilt als Stützmoment der Mittelwert der beiden Einzelwerte, wenigstens aber 75 % des Maximalwertes:

für $0{,}2 \leq l_i/l_j \leq 5$:

$$|m_{sij}| = 0{,}50 \cdot |m_{si} + m_{sj}|$$
$$\geq 0{,}75 \cdot \max\{|m_{si}|;|m_{sj}|\} \quad \text{(C.2.16a)}$$

- Nur bei stark unterschiedlichen Stützweitenverhältnissen wird das betragsmäßig größere der beiden Volleinspannmomente herangezogen:

für $l_i/l_j < 0{,}2$ oder $l_i/l_j > 5$:

$$|m_{sij}| = \max\{|m_{si}|;|m_{sj}|\} \quad \text{(C.2.16b)}$$

Bezüglich der Abminderung von Stützmomenten s. Abschn. C.2.3.2.2.

Drillmomente

Das Eckdrillmoment der allseits gelenkig gelagerten Platte (Lagerungsfall 1) berechnet sich aus dem Tabellenwert d_{gg}:

$$m_{xy} = \pm \frac{K}{d_{gg}} \quad \text{(C.2.17)}$$

Darüber hinaus weisen auch die Lagerungsfälle 2 und 4 Ecken mit zwei gelenkig gelagerten Rändern auf. Da ihre Drillmomente meist nur geringfügig kleiner ausfallen als die des Lagerungsfalls 1, kann dessen Tabellenwert auch für die anderen Fälle mitgelten. Dies gilt umso mehr bei der hier zugrunde gelegten elastischen Einspannung.

Außer zur Bestimmung der Eckabhebekräfte nach Gl. (C.2.19) ist bei vierseitig gestützten Platten die Kenntnis der Drillmomente nicht erforderlich, da die konstruktive Ausbildung der Plattenecken gemäß Abschn. 2.3.2.1 ausreichend ist.

Die Vorzeichen der Drillmomente hängen von der Orientierung der Platte im Koordinatensystem ab und lassen daher keine unmittelbaren Rückschlüsse auf die Richtung von Zugspannungen oder das Vorzeichen von Eckkräften zu.

Behandlung von Kragplatten

Eine Kragplatte kann als einspannendes Bauteil für die Ermittlung der Feldmomente gelten, wenn

- ihr Kragmoment aus Eigengewicht größer ist als das halbe Volleinspannmoment des angeschlossenen Plattenfeldes unter Vollbelastung
- und sie den Stützrand des Plattenfeldes nahezu über die gesamte Länge erfasst.

Das Einspannmoment ist natürlich nicht nach Gl. (C.2.16) zu mitteln.

Besondere Stützweitenverhältnisse

Bestimmte Stützweitenverhältnisse bedürfen einer zusätzlichen Überprüfung (Abb. C.2.12). Folgen nämlich zwei kurze Felder (①,②) und ein langes Feld (③) unmittelbar aufeinander (Stützweitenverhältnisse $l_1 : l_2 : l_3$ im Bereich $\leq 0{,}5 : \leq 0{,}5 : 1{,}0$), so kann das Stützmoment zwischen den beiden kurzen Feldern positive Werte annehmen, und das Feldmoment in ① würde mit dem zuvor beschriebenen Verfahren nicht zutreffend ermittelt (Abb. C.2.12).

Zur Behandlung dieses Sonderfalls stellen [Pieper/Martens – 66] ausführliche Diagramme bereit, aus denen [Schriever – 79] die folgenden Mindestwerte für das Moment im äußeren kleinen Feld abgeleitet hat:

$$\left.\begin{array}{l} l'/l_3 \geq 1{,}00 \rightarrow m_1 \geq 0{,}6 \cdot m_3 \\ 1{,}00 > l'/l_3 \geq 0{,}77 \rightarrow m_1 \geq 0{,}5 \cdot m_3 \\ 0{,}77 > l'/l_3 \rightarrow m_1 \geq 0{,}3 \cdot m_3 \end{array}\right\} \quad \text{(C.2.18)}$$

Diesen Mindestwerten sind die Momente nach Gl. (C.2.14) gegenüberzustellen.

Wird kein genauerer Nachweis des Momentenverlaufs der Felder ① und ② geführt, so empfiehlt sich folgende Bewehrungsführung:

- Die größere der beiden Feldbewehrungen ist auch über der Stützung durchlaufend in beiden Feldern einzulegen. Damit wird auch ein eventuell positiver Wert des Stützmomentes abgedeckt.
- Zusätzlich ist eine obere Stützbewehrung über der Stützung zwischen Feld ① und ② anzuordnen, die nach den Regeln für normale Stützweitenverhältnisse bestimmt wird.

Eine genauere Untersuchung der Momentenwerte der kleinen Felder lohnt sich kaum, da die darauf entfallenden Bewehrungsmengen gering sind. Bei kleinen Feldern einer Decke wird häufig die Mindestbewehrung nach EC2-1-1, 9.3.1.1 (1) maßgebend sein.

2.3.2.5 Momentenkurven und Bewehrungsabstufung

Als Grundlage einer Bewehrungsabstufung können die vereinfachten Verläufe der Momentengrenzlinien in Tafel C.2.3 dienen, wie sie aus Angaben in [Czerny – 96] zusammengestellt wurden. Zu jedem Lagerungsfall ist der Verlauf der Stützmomente für Volleinspannung, der Verlauf der Feldmomente für einen Einspanngrad von 0,50 aufgetragen.

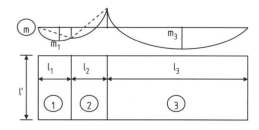

Abb. C.2.12 Zwei kurze Felder und ein langes Feld in Folge

2.3.2.6 Auflager- und Querkräfte

Die Auflagerreaktionen zweiachsig gespannter Platten können näherungsweise über Lasteinzugsflächen nach [DAfStb-H.240 – 91] ermittelt werden. Der Zerlegungswinkel in der Ecke beträgt 45°, wenn die anliegenden Seiten die gleiche Lagerungsart aufweisen. Ein Zerlegungswinkel $\alpha = 60°$ wird an einem vollkommen eingespannten Rand angenommen, wenn der benachbarte Rand gelenkig gelagert ist. Bei Platten mit teilweiser Einspannung kann der Winkel zwischen 45° und 60° angenommen werden. Für die Unterstützung ergeben sich damit die in Tafel C.2.4 aufgetragenen Lastbilder.

Bei Ansatz der ungünstigsten Einwirkungskombinationen sind die Auflagerkräfte unter eingespannten Rändern für den Grenzfall der Volleinspannung (d. h. $\alpha = 60°$) zu bestimmen. Unter gelenkig gelagerten Rändern hingegen stellen sich die größten Auflagerkräfte dann ein, wenn Einspannungen an den übrigen Rändern der Platte nur teilweise wirksam sind. Daher wurde in Tafel C.2.4 zusätzlich der Zerlegungswinkel $\alpha = 52{,}5°$ aufgenommen, der einem Einspanngrad von 50 % entspricht.

Der lastvergrößernde Einfluss der Eckabhebekräfte ist bei den Lagerungsfällen 1, 2 und 4 durch rechteckförmig erweiterte Lastbilder zu erfassen.

Längs gelenkig gelagerter Ränder bewirken die Drillmomente, dass sich die Querkräfte von den Auflagerkräften unterscheiden. Die meist geringfügig kleineren Querkräfte dürfen näherungsweise ebenfalls nach Tafel C.2.4 bestimmt werden.

2.3.2.7 Eckabhebekräfte

In Ecken, die aus zwei gelenkig gelagerten Rändern gebildet werden, ist die Platte gegen Abheben zu verankern.

Die in einer Ecke wirkende Abhebekraft R_e errechnet man aus dem zugehörigen Drillmoment:

$$R_e = 2 \cdot |m_{xy}| \tag{C.2.19}$$

Wird kein genauerer Nachweis geführt, kann die Eckverankerung für eine Abhebekraft von $K/16$ bemessen werden (K resultierende Gesamtlast der Platte).

Platten ohne ausreichende Eckverankerung können nicht als drillsteif angesehen werden.

2.3.2.8 Öffnungen

Wegen der vielfältigen Möglichkeiten der Anordnung von Öffnungen in Platten gibt es nur für wenige Sonderfälle Berechnungstafeln, wie z. B. für die eingespannte Quadratplatte mit Quadratloch in der Mitte, s. [Stiglat/Wippel – 92]. Diese Sonderfälle kommen zwar nur selten zur unmittelbaren Anwendung, sie geben aber Aufschluss über das zu erwartende Tragverhalten ähnlicher Fälle.

Mit geeigneten Rechenprogramme können nach der Methode der Finiten Elemente die Schnittgrößen in zweiachsig gespannten Platten mit Öffnungen recht zuverlässig bestimmt werden. Zur Überprüfung der elektronischen Berechnung und für die Bearbeitung einfacher Fälle wird man auf überschaubare Ersatzsysteme zurückgreifen.

Bei einer *kleinen* Öffnung (Lochweite $\leq L_{min}/5$, s. Abb. C.2.13) werden die Schnittgrößen wie für eine ungeschwächte Platte unter Volllast bestimmt. Liegt die Öffnung in Plattenmitte, werden die Schnittgrößen im übrigen Plattenbereich nicht nennenswert ansteigen, da sich auch die Gesamtlast verringert. Es genügt dann die Auswechselung der Bewehrung, wofür die Lösungen bei einachsig gespannten Platten auf die beiden Tragrichtungen angewandt als Grundlage dienen. Liegt die Öffnung im Eckbereich, sind die Schnittgrößen für **verminderte Drillsteifigkeit** zu ermitteln, was z. B. bei einer Berechnung nach Abschn. C.2.3.2.4 durch Wahl der entsprechenden Tabellenwerte berücksichtigt werden kann.

Beträgt die Lochweite $> L_{min}/5$ oder weist die Platte mehrere Löcher auf, kann eine näherungsweise Schnittgrößenermittlung an Ersatzsystemen erfolgen. Dazu wendet man die Lastaufteilung nach der Hillerborg'schen Streifenmethode an (s. Bsp. in [DAfStb-H425 – 92], 2.5.5) oder man teilt die Platte in einachsig gespannte Plattenstreifen und/oder dreiseitig gestützte Bereiche auf, vgl. [Schlaich/Schäfer – 98]. Dabei sei auch auf die Angaben für einachsig gespannte Platten mit Löchern hingewiesen (s. Abschn. C.2.2.3). Ab einem Abstand vom Loch von 60 % der Hauptstützweite (L_{min}) bleiben die Schnittgrößen durch die Öffnung unbeeinflusst, s. [Stiglat/Wippel – 92].

Bei der Wahl geeigneter Ersatzsysteme wird man sich möglichst an der Biegefläche des Tragwerkes orientieren. Dies soll anhand der Platte in Abb. C.2.14 erläutert werden. Für die lochrandparallelen Momente in der Nähe der Öffnung wurde ein trägerrostartiges System aus einachsig gespannten Trag- und Wechselstreifen gewählt.

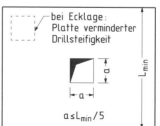

Abb. C.2.13 Zweiachsig gespannte Rechteckplatte mit kleiner Öffnung

Die Zuordnung der Plattenbereiche zu gestützten Wechselstreifen ① und zu stützenden Tragstreifen ②, ③ geschieht entsprechend der Auflagersituation bzw. gemäß den relativen Steifigkeiten der Plattenstreifen. Streifen mit dem kürzeren Weg in Richtung des Lochrandes bis zur festen Unterstützung besitzen die höhere Steifigkeit und sind daher Tragstreifen. Lässt sich keine eindeutige Zuordnung finden, so sind sicherheitshalber unterschiedliche Kombinationen von Trag- und Wechselstreifen zu überprüfen. Im Beispiel nach Abb. C.2.14 wird sich der Wechselstreifen ① nur zum Teil auf dem Tragstreifen ③ abstützen, teilweise auch direkt auf dem festen Auflager in der Verlängerung.

Für die von der Öffnung weiter entfernten Schnittgrößen wurden dreiseitig gestützte Platten als Ersatzsysteme gewählt.

Die gleichen Ersatzsysteme können auch bei Plattenfeldern mit vom Rechteck abweichender Stützung angewendet werden. An einem einfachen Beispiel, welches zum Vergleich mit der Methode der Finiten Elemente berechnet wurde, sollen die Möglichkeiten einer Näherungslösung erläutert werden. Für eine symmetrische Winkelplatte, wie in Abb. C.2.15, werden häufig zwei sich überlagernde, dreiseitig gelagerte Platten (1a) und (2a) unter Gleichlast angesetzt, vgl. [Hahn – 76], S. 221. Dabei wird die Belastung im Überschneidungsbereich der Einfachheit halber doppelt berücksichtigt. Der ebenfalls in Abb. C.2.15 aufgetragene Vergleich der Biegemomente längs der Achse eines freien Randes mit denen einer Vergleichsplatte zeigt aber, dass dabei das Bemessungsmoment am Rand um rund 25 % unterschätzt würde.

Zum besseren Verständnis des Tragverhaltens werden die Momente m_x der Platte ① entlang der Achse I-I betrachtet. Längs des Randes wachsen die Momente an, um dann im unmittelbaren Eckbereich einen sehr hohen (theoretisch unendlich großen) Wert anzunehmen, der aber für die Bemessung nicht relevant ist, da der Werkstoff durch Plastifizieren die Spannungsspitzen abbaut. Der mit numerischen Verfahren in der Ecke ermittelte Zahlenwert wächst mit der Feinheit der Rasterteilung und ist bedeutungslos. Ab einer Entfernung, die etwa der Plattendicke entspricht, sind die Ergebnisse vom Berechnungsraster unabhängig. Nur auf diese Werte wird nachfolgend Bezug genommen.

In der Verlängerung der Randlinie über die Ecke hinaus fallen die Momente sprunghaft auf etwa die halben Größtwerte des freien Randes ab, da nun eine größere mittragende Breite zur Verfügung steht.

Die gegenüber der Vergleichsplatte (1a) höheren Momentenwerte am freien Rand der symmetri-

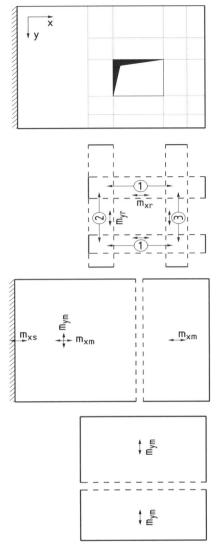

Abb. C.2.14 Mögliche Aufteilung in Plattenstreifen und dreiseitig gestützte Platten zur Schnittgrößenbestimmung

schen Winkelplatte erklären sich, wenn eine Aufteilung in die Plattenbereiche (1b) und (2b) nach Abb. C.2.15 vorgenommen wird: Die Platte (2a) ist an zwei Rändern starr, an einem Rand nachgiebig gestützt und elastisch eingespannt. Man begeht keinen großen Fehler, wenn man für diesen Rand nur eine elastische Punktstützung in der Ecke annimmt. Deren Stützkraft R wirkt auf die Platte (1b) ein und führt offensichtlich zur Vergrößerung der Momente gegenüber der nur durch Gleichlast beanspruchten Vergleichsplatte.

Plattentragwerke

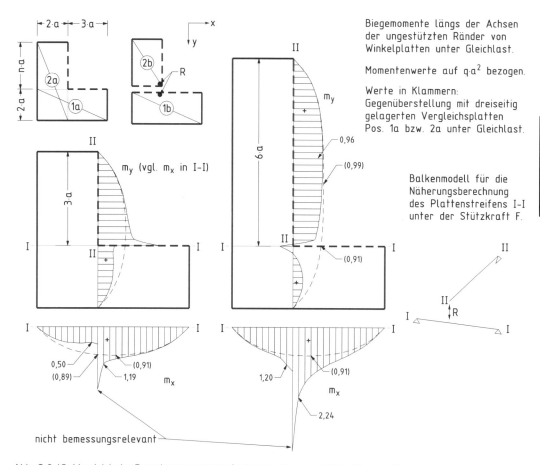

Abb. C.2.15 Vergleich der Berechnungsansätze für innenseitig ungestützte Winkelplatten

Wird nun der Plattenteil ② entsprechend in y-Richtung verlängert, so wachsen die Momente im Plattenteil ① deutlich an, da die Stützkraft in der Ecke zunimmt. Im Plattenteil ② werden die Momente längs des freien Randes kleiner als bei einer dreiseitig gestützten Vergleichsplatte.

Man erhält auf der sicheren Seite liegende Ergebnisse für die Momente m_x im Schnitt I-I, wenn für die Abtragung der Randlast aus dem Plattenteil ② einachsig gespannte Streifen betrachtet werden.

Bewehrung

Die vorstehend beschriebenen Ersatzsysteme berücksichtigen das wirkliche Plattentragverhalten nur ungenügend. Insbesondere die lochrandnahen Momente werden häufig unterschätzt. Daher empfiehlt es sich, die so ermittelte Bewehrung längs der Ränder großzügig zu bemessen. Zusätzlich ist stets auch eine obere Längsbewehrung einzulegen. Wegen der starken Drillmomente sind Steckbügel anzuordnen und vor allem in den Eckbereichen Zulagen vorzusehen. Im Übrigen gelten die Angaben auf S. C.34.

2.3.2.9 Unterbrochene Stützung

Bei örtlichem Wegfall der Plattenstützung auf kurzer Länge wird für die Plattenberechnung zunächst ein durchgehendes Auflager angenommen. Für die Bewehrung des ungestützten Plattenbereichs genügen konstruktive Zulagen ohne Nachweis, wenn:

$$l_n / h \leq 7 \qquad (C.2.20)$$

mit: l_n Länge der fehlenden Stützung
h Plattendicke

Bei längerer fehlender Unterstützung gemäß

$$7 < l_n / h \leq 15 \qquad (C.2.21)$$

kann nach [DAfStb-H240 – 91], 2.4 bei vorwiegend ruhender Belastung ein Näherungsverfahren angewendet werden. Dabei wird der Plattenstreifen entlang der fehlenden Stützung als Ersatzbalken („deckengleicher Unterzug") behandelt, dem Stützkräfte der Platte in diesem Bereich als Auflast zugewiesen werden (Abb. C.2.16). Die wirksame Stützweite des Ersatzbalkens beträgt:

$$l_{eff} = 1{,}05 \cdot l_n \qquad (C.2.22)$$

Der Lasteinzugsbereich des Ersatzbalkens ist durch 60°-Linien begrenzt, die von seinen Auflagern bis zur Plattenmittellinie verlaufen. Vereinfachend kann auch eine rechteckige Lasteinzugsfläche bis zur Plattenmittellinie angenommen werden (Abb. C.2.17).

Zur **Biegebemessung** des Ersatzbalkens in Richtung der unterbrochenen Stützung über einem Zwischenauflager der Decke dürfen mittragende Breiten wie folgt angesetzt werden:

$$b_{eff,MF} = 0{,}50 \cdot l_{eff} \qquad (C.2.23)$$

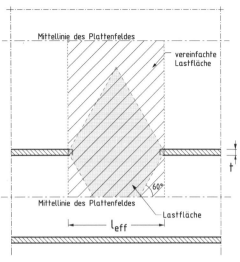

Abb. C.2.17 Lasteinzugsflächen deckengleicher Unterzüge

$$b_{eff,MS} = 0{,}25 \cdot l_{eff} \qquad (C.2.24)$$

mit: $b_{eff,MF}$ mittragende Breite für Biegebemessung im Feldbereich

$b_{eff,MS}$ mittragende Breite für Biegebemessung im Stützbereich des Ersatzbalkens

Bei unterbrochenen Stützungen am Endauflager einer Platte gelten die halben Werte:

$$b_{eff,F} = 0{,}25 \cdot l_{eff} \qquad (C.2.25)$$

$$b_{eff,S} = 0{,}125 \cdot l_{eff} \qquad (C.2.26)$$

Auf die senkrecht zur unterbrochenen Unterstützung erforderliche Verstärkung der Plattenbewehrung ab $l = 10\,h$ wird hingewiesen (s. hierzu [DAfStb-H240 – 91]).

Für die **Schubbemessung** des Ersatzbalkens beträgt die mittragende Breite über einem Zwischenauflager der Decke:

$$b_{eff,V} = t + h \qquad (C.2.27)$$

und bei einer unterbrochenen Stützung am Endauflager einer Platte:

$$b_{eff,V} = t + 0{,}5 \cdot h \qquad (C.2.28)$$

Bei größeren Öffnungen ($l/h > 15$) sind genauere Untersuchungen auf der Grundlage der Plattentheorie gefordert, s. z. B. [Stiglat/Wippel – 83].

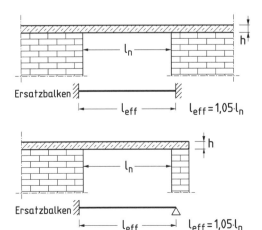

Abb. C.2.16 Ersatzbalken im Bereich fehlender Stützung

Tafel C.2.2 Beiwerte zur Berechnung vierseitig gelagerter Platten unter Gleichlast

Leitwert: $K = q \cdot l_x \cdot l_y$

Feldmomente für einen Einspanngrad von 50 %:
- bei voller Drillsteifigkeit: $m_{xf} = \dfrac{K}{f_x}$; $m_{yf} = \dfrac{K}{f_y}$
- bei verminderter Drillsteifigkeit: $m_{xf} = \dfrac{K}{f_x^o}$; $m_{yf} = \dfrac{K}{f_y^o}$

Drillmoment: $m_{xy,gg} = \pm \dfrac{K}{d_{gg}}$

Volleinspannmomente: $m_{xs} = \dfrac{K}{s_x}$; $m_{ys} = \dfrac{K}{s_y}$

Seitenverhältnisse l_y/l_x bzw. l_x/l_y für Ablesung über linke bzw. rechte Randleiste

l_y/l_x →		0,50	0,55	0,60	0,65	0,70	0,75	0,80	0,85	0,90	0,95	1,00	1,10	1,20	1,30	1,40	1,50	1,60	1,70	1,80	1,90	2,00		← l_x/l_y
1	f_x	80,1	70,3	61,7	54,2	47,6	42,0	37,3	33,8	31,0	28,9	27,2	24,6	22,9	21,8	21,0	20,6	20,3	20,3	20,3	20,5	20,7	f_y	**1**
	f_y	20,7	20,3	20,3	20,5	20,9	21,5	22,3	23,2	24,3	25,6	27,2	30,6	34,9	40,0	45,9	51,9	57,8	63,6	69,3	74,8	80,1	f_x	
	f_x^o	71,5	61,2	52,3	44,8	38,4	33,1	28,7	25,4	23,0	21,2	20,0	18,2	17,3	17,0	16,8	16,9	17,0	17,2	17,7	18,1	18,5	f_y^o	
l_x	f_y^o	18,5	17,7	17,2	16,9	16,8	16,9	17,1	17,5	18,0	18,9	20,0	22,7	26,4	31,3	36,7	42,5	48,2	53,9	60,2	66,2	71,5	f_x^o	l_x
Drillmom.	d_{gg}	30,2	27,9	26,1	24,8	23,7	22,9	22,3	21,9	21,7	21,5	21,6	22,1	22,7	23,5	24,4	25,4	26,5	27,7	28,9	30,2	—	d_{gg}	Drillmom.
2.1	f_x	96,2	85,5	75,9	67,5	59,9	53,3	47,5	42,4	38,3	35,1	32,5	28,7	26,2	24,4	23,2	22,4	21,9	21,6	21,5	21,5	21,6	f_y	**2.2**
	f_y	25,3	24,4	23,9	23,8	23,9	24,2	24,7	25,4	26,2	27,3	28,5	31,4	34,9	39,3	44,3	49,9	55,7	61,6	67,4	73,1	78,6	f_x	
	s_y	-16,5	-15,3	-14,4	-13,7	-13,2	-12,7	-12,4	-12,2	-12,1	-12,0	-11,9	-12,0	-12,2	-12,5	-12,9	-13,4	-13,9	-14,5	-15,2	-15,8	-16,5	s_x	
2.1	f_x^o	88,5	76,8	66,8	58,4	50,7	44,2	38,6	33,9	30,2	27,5	25,4	22,5	20,8	19,8	19,1	18,8	18,6	18,6	18,8	19,1	19,4	f_y^o	**2.2**
	f_y^o	23,0	21,8	21,0	20,4	20,0	19,8	19,8	20,0	20,4	21,0	21,8	23,8	26,8	30,6	35,0	40,1	45,5	51,1	57,1	63,0	68,6	f_x^o	
3.1	f_x	108	96,1	86,1	77,0	69,1	62,1	55,8	50,2	45,3	41,2	37,9	33,1	29,7	27,4	25,7	24,6	23,8	23,2	22,9	22,7	22,6	f_y	**3.**
	f_y	28,9	27,8	27,2	26,9	26,8	27,0	27,4	27,9	28,6	29,5	30,6	33,1	36,3	40,2	45,0	50,6	57,3	65,1	73,6	82,2	90,6	f_x	
	s_y	-23,8	-21,7	-20,0	-18,7	-17,6	-16,7	-16,0	-15,4	-15,0	-14,6	-14,3	-14,0	-13,9	-13,9	-14,1	-14,3	-14,7	-15,2	-15,7	-16,2	-16,8	s_x	
4	f_x	99,4	86,5	76,1	66,7	58,6	51,4	45,3	39,9	35,5	32,2	29,7	26,1	23,9	22,5	21,5	20,4	20,2	20,2	20,2	20,3	20,5	f_y	**4**
	f_y	26,4	24,9	24,2	22,7	22,7	22,4	22,4	22,5	22,8	23,3	24,1	26,0	28,8	32,3	36,4	41,5	47,3	54,5	62,6	70,8	78,8	f_x	
4	s_y	95,6	84,6	74,5	65,7	58,0	51,2	45,5	41,0	37,5	34,7	32,5	29,4	27,4	26,1	25,3	24,9	24,8	24,8	25,0	25,3	25,7	s_x	**4**
		25,7	25,0	24,8	24,8	25,2	25,8	26,7	27,8	29,1	30,7	32,5	36,9	42,4	48,9	55,9	63,0	70,0	76,7	83,4	89,7	95,6		
		-24,7	-22,5	-20,7	-19,2	-18,0	-17,0	-16,3	-15,6	-15,1	-14,7	-14,4	-14,1	-13,9	-14,0	-14,2	-14,4	-14,8	-15,3	-15,8	-16,3	-16,9		
		-16,9	-15,9	-15,1	-14,6	-14,2	-14,0	-13,9	-14,0	-14,2	-14,4	-14,4	-15,0	-15,8	-16,7	-17,7	-18,8	-19,9	-21,1	-22,2	-23,5	-24,7		
5.1	f_x^o	87,3	75,5	65,4	56,4	48,6	42,2	36,8	32,7	29,6	27,2	25,5	23,3	22,0	21,4	21,2	21,3	21,4	21,7	22,3	22,8	23,4	f_y^o	**5.**
	f_y^o	23,4	22,3	21,7	21,3	21,2	21,3	21,6	22,2	23,1	24,1	25,5	29,2	34,0	40,0	46,7	53,8	60,6	67,4	74,3	80,9	87,3	f_x^o	
5.1	f_x	109	93,9	80,0	68,0	57,9	50,4	44,9	40,8	37,7	35,3	33,4	30,8	29,1	28,2	27,6	27,4	27,5	28,0	28,3	29,2	29,1	f_y	**5.**
	f_y	26,2	25,7	25,7	26,0	26,7	27,7	29,0	30,5	32,4	34,5	37,0	42,8	49,9	57,8	65,7	73,4	80,7	87,8	94,7	101	108	f_x	
	s_y	-24,7	-22,6	-20,9	-19,6	-18,6	-17,8	-17,2	-16,6	-16,3	-16,4	-16,3	-16,5	-16,8	-17,4	-18,1	-18,9	-19,8	-20,7	-21,7	-22,8	-23,9	s_x	
5.1	f_x^o	-17,5	-16,7	-16,2	-15,9	-15,9	-16,0	-16,2	-16,6	-17,0	-17,6	-18,2	-19,6	-21,7	-22,8	-24,7	-26,3	-28,1	-29,9	-31,7	-33,5	-35,3	f_y^o	**5.**
	f_y^o	99,2	83,5	69,9	58,3	48,8	41,8	36,6	32,8	30,0	27,9	26,5	24,5	23,6	23,3	23,3	23,5	23,8	24,3	25,1	25,9	26,5	f_x^o	
		23,8	22,9	22,5	22,4	22,6	23,0	23,6	24,4	25,6	27,1	29,0	33,7	40,0	47,5	55,1	62,9	70,0	77,2	85,0	92,3	99,1		
6	f_x	118	104	90,8	79,1	68,7	59,6	52,2	46,7	42,5	39,2	36,8	33,1	30,8	29,4	28,5	28,1	28,0	28,1	28,3	29,2	29,2	f_y	**6**
	f_y	29,2	28,4	28,4	28,4	28,4	28,4	28,4	29,1	30,0	31,2	32,8	36,8	41,8	48,3	56,5	66,0	75,4	84,7	93,6	102	110	f_x	
	s_y	-35,3	-32,0	-29,3	-27,1	-25,2	-23,7	-22,4	-21,4	-20,6	-20,0	-19,4	-19,0	-18,8	-19,0	-19,3	-19,8	-20,5	-21,3	-22,2	-23,3	-24,2	s_x	
	f_x^o	-24,2	-22,4	-21,1	-20,1	-19,5	-19,1	-18,9	-18,8	-18,9	-19,2	-19,4	-20,5	-21,7	-23,2	-24,7	-26,3	-28,1	-29,9	-31,7	-33,5	-35,3	f_y^o	
	f_y^o	109	93,4	80,2	68,6	58,6	50,0	43,1	38,0	34,3	31,5	29,5	26,8	25,3	24,7	24,4	24,4	25,0	25,5	25,6	26,3	26,9	f_x^o	
		26,9	25,7	24,9	24,5	24,4	24,6	25,0	25,6	26,5	27,8	29,5	33,7	39,6	47,2	55,9	65,0	73,9	82,7	92,0	101	109		

C.45

Tafel C.2.3 Verlauf der Momentengrenzlinien nach [Goris – 10] und [Czerny – 96]

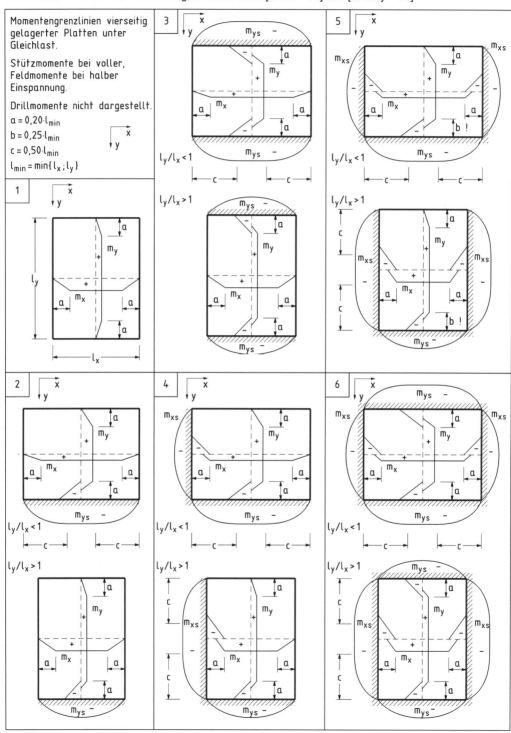

Plattentragwerke

Tafel C.2.4 Auflagerkräfte vierseitig gelagerter Platten nach [DafStb-H.425 – 92]

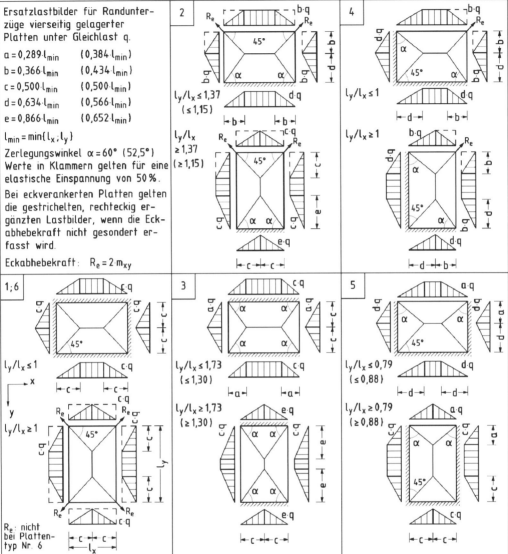

Ersatzlastbilder für Randunterzüge vierseitig gelagerter Platten unter Gleichlast q.

$a = 0,289 \cdot l_{min}$ (0,384·l_{min})
$b = 0,366 \cdot l_{min}$ (0,434·l_{min})
$c = 0,500 \cdot l_{min}$ (0,500·l_{min})
$d = 0,634 \cdot l_{min}$ (0,566·l_{min})
$e = 0,866 \cdot l_{min}$ (0,652·l_{min})

$l_{min} = \min\{l_x; l_y\}$

Zerlegungswinkel $\alpha = 60°$ (52,5°)
Werte in Klammern gelten für eine elastische Einspannung von 50 %.

Bei eckverankerten Platten gelten die gestrichelten, rechteckig ergänzten Lastbilder, wenn die Eckabhebekraft nicht gesondert erfasst wird.

Eckabhebekraft: $R_e = 2 \cdot m_{xy}$

R_e: nicht bei Plattentyp Nr. 6

2.3.3 Dreiseitig gestützte Platten

2.3.3.1 Tabellen für Biegemomente

Zur Berechnung dreiseitig gelagerter Platten nach dem bereits unter Abschn. C.2.3.2.4 beschriebenen Prinzip sind für einen Einspanngrad von 50 % die Momentenbeiwerte für Gleichlast in Tafel C.2.5 und für eine Linienlast am freien Rand in Tafel C.2.6 angegeben.

2.3.3.2 Superposition der Schnittgrößen

Bei Plattentragwerken werden bei der Überlagerung der Feldmomente aus unterschiedlichen Lastfällen (bzw. Lagerungsfällen) häufig nur die Maximalwerte zusammengezählt, die aber an unterschiedlichen Orten auftreten. Dies geschieht aus Vereinfachungsgründen, weil die Momentenkurven bei Platten einen flachen Verlauf haben, und ist so lange gerechtfertigt, wie die Momentenwerte das gleiche Vorzeichen aufweisen.

Statik

Tafel C.2.5 Beiwerte zur Berechnung dreiseitig gelagerter Platten unter Gleichlast

Leitwert	Feldmomente drillsteifer Platten (Einspanngrad 50 %): $m_{xf} = \dfrac{K}{f_x}$; $m_{yf} = \dfrac{K}{f_y}$													Drillmomente: $m_{xy,gg} = \pm\dfrac{K}{d_{gg}}$; $m_{xy,rg} = \pm\dfrac{K}{d_{rg}}$			Stützmomente bei voller Einspannung: $m_{xs} = \dfrac{K}{s_x}$; $m_{ys} = \dfrac{K}{s_y}$								
$K = q \cdot l_x \cdot l_y$	Seitenverhältnisse l_y/l_x bzw. l_x/l_y für Ablesung über linke bzw. rechte Randleiste																								
$l_y/l_x \rightarrow$	0,50	0,55	0,60	0,65	0,70	0,75	0,80	0,85	0,90	0,95	1,00	1,10	1,20	1,30	1,40	1,50	1,60	1,70	1,80	1,90	2,00	$\leftarrow l_x/l_y$
1.1 f_{xr}	9,8	9,4	9,2	9,1	9,1	9,1	9,1	9,3	9,4	9,6	9,8	10,2	10,7	11,3	11,9	12,6	13,3	14,0	14,7	15,4	16,2	f_{yr}
f_{xm}	16,9	15,9	15,2	14,6	14,2	14,0	13,8	13,7	13,6	13,6	13,7	13,8	14,1	14,5	14,9	15,3	15,8	16,4	16,9	17,5	18,1	f_{ym} **1.2**
f_y	25,9	26,4	27,3	28,4	29,8	31,4	33,2	35,1	37,1	39,3	41,4	45,9	50,4	54,8	59,3	63,7	68,0	72,4	76,7	81,0	85,2	f_x
f_{ym}	25,9	26,5	27,5	28,7	30,3	36,9	34,4	36,9	39,6	42,7	46,1	53,9	63,2	74,2	87,1	102	120	141	165	194	227	f_{xm}
d_{rg}	20,2	23,0	26,4	30,4	35,1	40,7	47,3	55,1	64,2	75,0	87,5	120	165	227	316	439	612	871	>999	>999	>999	d_{rg}
d_{gg}	10,2	10,5	10,9	11,4	11,8	12,3	12,9	13,4	14,0	14,6	15,2	16,6	17,9	19,3	20,7	22,2	23,6	25,1	26,5	28,0	29,5	d_{gg}
2.1 f_{xr}	13,0	12,1	11,5	11,0	10,7	10,5	10,4	10,3	10,3	10,4	10,5	10,8	11,2	11,7	12,2	12,8	13,5	14,1	14,8	15,5	16,3	f_{yr}
f_{xm}	25,0	22,8	21,0	19,7	18,7	17,9	17,3	16,9	16,5	16,1	16,1	15,9	15,9	16,1	16,3	16,6	17,0	17,4	17,8	18,3	18,8	f_{ym} **2.2**
f_y	42,8	41,1	40,3	40,3	40,8	41,8	43,1	44,9	46,9	49,2	51,7	57,2	63,0	69,1	75,1	81,2	87,0	92,8	98,6	104	110	f_x
s_y	-6,8	-6,8	-6,8	-6,9	-7,1	-7,2	-7,4	-7,7	-7,9	-8,2	-8,5	-9,2	-9,8	-10,6	-11,3	-12,1	-12,9	-13,7	-14,5	-15,2	-16,1	s_x
3.1 f_{xr}	10,7	10,5	10,5	10,5	10,6	10,7	10,9	11,1	11,4	11,7	12,0	12,7	13,5	14,4	15,3	16,2	17,1	18,1	19,1	20,1	21,1	f_{yr}
f_{xm}	18,6	17,8	17,2	16,8	16,6	16,4	16,3	16,9	16,4	16,5	16,7	17,1	17,6	18,1	18,8	19,4	20,2	20,9	21,7	22,5	23,3	f_{ym} **3.2**
f_y	29,3	30,2	31,6	33,1	35,0	37,0	39,2	41,6	44,0	46,5	49,0	54,1	59,4	64,5	69,6	74,7	79,8	84,7	89,7	94,7	99,9	f_x
s_x	-4,1	-4,4	-4,7	-5,1	-5,4	-5,8	-6,2	-6,6	-7,0	-7,4	-7,8	-8,6	-9,4	-10,3	-11,1	-12,0	-12,8	-13,6	-14,4	-15,2	-16,0	s_y
s_{xm}	-7,8	-7,8	-8,0	-8,1	-8,3	-8,5	-8,7	-8,9	-9,1	-9,4	-9,7	-10,2	-10,8	-11,4	-12,1	-12,7	-13,4	-14,1	-14,8	-15,5	-16,3	s_{ym}
4.1 f_{xr}	11,8	11,7	11,7	11,8	11,9	12,2	12,4	12,7	13,1	13,4	13,8	14,7	15,6	16,6	17,6	18,6	19,7	20,8	21,9	23,0	24,2	f_{yr}
f_{xm}	19,7	19,0	18,6	18,2	18,0	17,9	18,0	18,0	18,1	18,3	18,4	18,9	19,5	20,2	20,9	21,7	22,5	23,4	24,3	25,3	26,2	f_{ym} **4.2**
f_y	32,3	33,6	35,1	37,0	39,1	41,5	43,9	46,6	49,3	52,0	54,8	60,6	66,3	72,0	77,7	83,4	89,0	94,8	100	106	111	f_x
s_{xr}	-5,4	-5,9	-6,5	-7,1	-7,7	-8,3	-9,0	-9,6	-10,3	-11,0	-11,6	-13,0	-14,3	-15,5	-16,7	-17,9	-19,1	-20,3	-21,5	-22,7	-23,9	s_{yr}
s_{xm}	-9,3	-9,6	-9,9	-10,2	-10,6	-10,9	-11,3	-11,7	-12,2	-12,6	-13,1	-14,0	-15,0	-16,0	-17,1	-18,2	-19,3	-20,4	-21,6	-22,7	-23,9	s_{ym}
5.1 f_{xr}	13,1	12,4	12,0	11,7	11,5	11,5	11,6	11,7	11,9	12,1	12,3	13,0	13,7	14,5	15,3	16,2	17,2	18,1	19,1	20,1	21,1	f_{yr}
f_{xm}	24,8	22,9	21,5	20,5	19,7	19,2	18,8	18,5	18,4	18,3	18,3	18,4	18,7	19,1	19,6	20,2	20,8	21,4	22,2	22,9	23,7	f_{ym} **5.2**
f_y	42,7	41,7	41,6	42,3	43,6	45,1	47,2	49,5	52,2	54,8	57,8	63,8	70,1	76,5	82,7	88,8	94,9	101	107	113	119	f_x
s_{xr}	-5,5	-5,5	-5,7	-6,2	-6,7	-6,8	-6,5	-6,8	-7,1	-7,5	-7,8	-8,6	-9,4	-10,2	-11,1	-11,9	-12,7	-13,6	-14,4	-15,2	-16,0	s_{yr}
s_{xm}	-14,9	-14,0	-13,3	-12,8	-12,4	-12,1	-12,0	-11,9	-11,8	-11,9	-12,1	-12,4	-12,8	-13,3	-13,7	-14,3	-14,8	-15,4	-16,0	-16,7	-17,3	s_{ym}
s_y	-8,0	-8,3	-8,6	-8,9	-9,3	-9,8	-10,3	-10,8	-11,3	-11,9	-12,5	-13,6	-15,0	-16,0	-17,1	-18,5	-19,7	-20,9	-22,2	-23,4	-24,7	s_x
6.1 f_{xr}	13,4	12,9	12,6	12,4	12,4	12,5	12,7	13,0	13,2	13,6	13,9	14,7	15,6	16,6	17,6	18,6	19,7	20,8	21,9	23,0	24,2	f_{yr}
f_{xm}	24,6	23,0	21,8	20,9	20,3	19,9	19,7	19,5	19,4	19,5	19,5	19,8	20,2	20,8	21,4	22,1	22,9	23,7	24,5	25,4	26,4	f_{ym} **6.2**
f_y	42,5	42,2	42,7	43,8	45,4	47,4	49,8	52,4	55,2	58,2	61,3	67,7	74,1	80,6	87,0	93,5	99,8	106	113	119	125	f_x
s_{xr}	-6,4	-6,7	-7,0	-7,4	-7,9	-8,4	-9,0	-9,6	-10,2	-10,8	-11,4	-12,8	-14,1	-15,4	-16,7	-17,9	-19,1	-20,3	-21,5	-22,8	-24,0	s_{yr}
s_{xm}	-15,8	-15,1	-14,7	-14,4	-14,3	-14,3	-14,4	-14,6	-14,8	-15,1	-15,5	-16,3	-17,0	-17,8	-18,5	-19,3	-20,1	-20,9	-21,9	-23,0	-24,1	s_{ym}
s_y	-9,9	-10,5	-11,1	-11,9	-12,6	-13,4	-14,2	-15,1	-15,9	-16,8	-17,7	-19,4	-21,2	-22,9	-24,7	-26,5	-28,2	-30,0	-31,8	-33,5	-35,3	s_x

Tafel C.2.6 Beiwerte zur Berechnung dreiseitig gelagerter Platten unter Linienlast am ungestützten Rand

Leitwert $K = q_r \cdot l_r$	Feldmomente drillsteifer Platten (Einspanngrad 50 %): $m_{xf} = \dfrac{K}{f_x}$; $m_{yf} = \dfrac{K}{f_y}$										Drillmomente: $m_{xy,gg} = \pm \dfrac{K}{d_{gg}}$; $m_{xy,rg} = \pm \dfrac{K}{d_{rg}}$						Stützmomente bei voller Einspannung: $m_{xs} = \dfrac{K}{s_x}$; $m_{ys} = \dfrac{K}{s_y}$							
l_y/l_x	Seitenverhältnisse l_y/l_x bzw. l_x/l_y für Ablesung über linke bzw. rechte Randleiste																								← l_x/l_y
	0,50	0,55	0,60	0,65	0,70	0,75	0,80	0,85	0,90	0,95	1,00	1,10	1,20	1,30	1,40	1,50	1,60	1,70	1,80	1,90	2,00	
1.1 f_{xr}	4,9	4,7	4,5	4,4	4,3	4,2	4,2	4,2	4,1	4,1	4,1	4,1	4,1	4,1	4,0	4,0	4,0	4,0	4,0	4,0	4,0	f_{yr}
f_{xm}	9,8	9,5	9,3	9,3	9,3	9,5	9,7	9,9	10,2	10,6	11,0	12,0	13,2	14,7	16,4	18,3	20,6	23,2	26,2	29,6	33,5	f_{ym}
f_y	-50,7	-42,2	-36,5	-32,5	-29,6	-27,5	-25,9	-24,8	-23,9	-23,2	-22,7	-22,0	-21,6	-21,3	-21,1	-21,1	-21,0	-21,0	-21,0	-20,9	-21,0	f_x
f_{ym}	-52,1	-43,6	-37,9	-34,1	-31,4	-29,5	-28,2	-27,3	-26,8	-26,5	-26,5	-27,0	-28,1	-29,6	-31,7	-34,2	-37,2	-40,8	-44,8	-49,6	-55,0	f_{xm}
d_{rg}	7,4	8,1	8,8	9,7	10,7	11,9	13,2	14,8	16,5	18,5	20,8	26,5	33,8	43,4	55,9	72,3	93,9	122	159	209	273	d_{rg}
2.1 f_{xr}	6,0	5,5	5,2	4,9	4,7	4,6	4,4	4,4	4,3	4,2	4,2	4,1	4,1	4,1	4,0	4,0	4,0	4,0	4,0	4,0	4,0	f_{yr}
f_{xm}	13,6	12,7	12,1	11,7	11,5	11,4	11,4	11,5	11,6	11,9	12,2	13,0	14,1	15,4	17,0	18,9	21,1	23,6	26,5	29,9	33,8	f_{ym}
f_{xm}	-21,2	-21,6	-22,1	-22,5	-22,9	-23,3	-23,6	-24,0	-24,4	-24,8	-25,3	-26,5	-27,9	-29,7	-31,9	-34,5	-37,6	-41,1	-45,2	-49,9	-55,3	f_{xm}
s_y	-4,5	-4,7	-5,0	-5,4	-5,8	-6,4	-7,0	-7,7	-8,6	-9,6	-10,7	-13,4	-17,1	-21,8	-28,1	-36,3	-47,1	-61,3	-79,9	-105	-137	s_x
3.1 f_{xr}	5,3	5,1	5,0	4,9	4,9	4,8	4,8	4,8	4,7	4,7	4,7	4,7	4,7	4,7	4,7	4,7	4,7	4,7	4,7	4,7	4,7	f_{yr}
f_{xm}	10,9	10,8	10,8	11,0	11,3	11,7	12,1	12,6	13,3	13,9	14,7	16,5	18,7	21,2	24,2	27,7	31,8	36,6	42,1	48,5	56,0	f_{ym}
f_y	-34,7	-31,5	-28,8	-26,7	-25,1	-23,9	-23,0	-22,4	-21,9	-21,5	-21,3	-20,9	-20,8	-20,6	-20,5	-20,5	-20,5	-20,5	-20,5	-20,5	-20,5	f_x
f_{ym}	-38,5	-33,8	-30,6	-28,5	-27,2	-26,3	-25,9	-25,7	-25,8	-26,2	-26,7	-28,2	-30,4	-33,2	-36,6	-40,6	-45,4	-51,1	-57,7	-65,3	-74,2	f_{xm}
s_{xr}	-1,7	-1,8	-1,8	-1,8	-1,8	-1,9	-1,8	-1,9	-1,9	-1,9	-1,9	-1,9	-2,0	-2,0	-2,0	-2,0	-2,0	-2,1	-2,1	-2,1	-2,1	s_{yr}
s_{xm}	-6,5	-7,0	-7,6	-8,3	-9,1	-9,9	-10,9	-12,1	-13,4	-14,8	-16,4	-20,4	-25,4	-31,9	-40,3	-51,2	-65,5	-84,6	-110	-145	-194	s_{ym}
4.1 f_{xr}	5,8	5,6	5,5	5,4	5,4	5,3	5,3	5,3	5,2	5,2	5,2	5,2	5,2	5,2	5,2	5,2	5,2	5,2	5,2	5,2	5,2	f_{yr}
f_{xm}	11,7	11,8	12,0	12,5	12,7	13,2	13,8	14,5	15,3	16,2	17,3	19,5	22,2	25,4	29,1	33,4	38,4	44,1	50,7	58,3	66,8	f_{ym}
f_y	-32,6	-29,1	-26,8	-25,1	-23,9	-23,1	-22,5	-22,0	-21,7	-21,5	-21,2	-21,0	-20,8	-20,7	-20,7	-20,6	-20,6	-20,6	-20,7	-20,7	-20,6	f_x
f_{ym}	-33,8	-30,5	-28,4	-27,1	-26,4	-26,1	-26,1	-26,4	-27,0	-27,7	-28,7	-31,1	-34,2	-38,1	-42,7	-48,3	-54,8	-62,4	-71,2	-81,7	-93,3	f_{xm}
s_{xr}	-2,1	-2,1	-2,1	-2,2	-2,2	-2,2	-2,3	-2,3	-2,3	-2,3	-2,3	-2,4	-2,4	-2,4	-2,5	-2,5	-2,5	-2,5	-2,5	-2,5	-2,6	s_{yr}
s_{xm}	-8,8	-9,9	-11,2	-12,9	-14,8	-17,2	-20,0	-23,4	-27,6	-32,7	-39,0	-57,0	-86,9	-142	-261	-645	>999	972	606	506	475	s_{ym}
5.1 f_{xr}	6,0	5,7	5,4	5,2	5,1	5,0	4,9	4,8	4,8	4,7	4,7	4,7	4,7	4,7	4,7	4,7	4,7	4,7	4,7	4,7	4,7	f_{yr}
f_{xm}	13,6	12,9	12,6	12,5	12,5	12,7	13,0	13,4	13,9	14,5	15,2	16,8	18,9	21,4	24,3	27,8	31,9	36,6	42,1	48,5	56,0	f_{ym}
f_y	-23,6	-23,9	-24,1	-24,2	-24,3	-24,5	-24,7	-25,0	-25,4	-26,0	-26,6	-28,3	-30,5	-33,3	-36,7	-40,7	-45,5	-51,1	-57,7	-65,3	-74,2	f_x
f_{xm}	-26,0	-25,9	-25,8	-25,6	-25,7	-25,7	-26,0	-26,4	-27,0	-27,8	-28,7	-31,1	-34,2	-38,0	-42,7	-48,2	-54,7	-62,3	-71,2	-81,5	-93,3	f_{xm}
s_{xr}	-2,0	-2,0	-2,2	-2,2	-2,2	-2,3	-2,3	-2,3	-2,3	-2,3	-2,3	-2,4	-2,4	-2,4	-2,5	-2,5	-2,5	-2,5	-2,5	-2,5	-2,5	s_{yr}
s_{xm}	-12,8	-12,6	-12,5	-12,7	-13,0	-13,5	-14,2	-15,0	-16,1	-17,3	-18,7	-22,3	-27,0	-33,3	-41,4	-52,1	-66,2	-85,1	-111	-145	-194	s_{xm}
s_y	-5,8	-6,5	-7,3	-8,4	-9,8	-11,5	-13,6	-16,2	-19,4	-23,3	-28,3	-42,2	-64,5	-101	-161	-267	-460	<-999	<-999	<-999	<-999	s_x
6.1 f_{xr}	6,2	5,9	5,7	5,5	5,4	5,4	5,3	5,3	5,2	5,2	5,2	5,2	5,2	5,2	5,2	5,2	5,2	5,2	5,2	5,2	5,2	f_{yr}
f_{xm}	13,6	13,1	13,0	13,0	13,3	13,7	14,2	14,8	15,5	16,4	17,3	19,5	22,2	25,3	29,0	33,4	38,3	44,1	50,7	58,3	66,8	f_{ym}
f_{xm}	-26,0	-25,9	-25,8	-25,6	-25,6	-25,7	-26,0	-26,4	-27,0	-27,8	-28,7	-31,1	-34,2	-38,0	-42,7	-48,2	-54,7	-62,3	-71,2	-81,5	-93,3	f_{xm}
s_{xr}	-2,2	-2,2	-2,2	-2,2	-2,2	-2,3	-2,3	-2,3	-2,3	-2,3	-2,4	-2,4	-2,4	-2,4	-2,5	-2,5	-2,5	-2,5	-2,5	-2,5	-2,6	s_{ym}
s_{xm}	-14,5	-14,9	-15,7	-16,8	-18,3	-20,3	-22,7	-25,8	-29,6	-34,4	-40,4	-57,5	-86,3	-139	-254	-617	>999	995	611	508	476	s_{ym}
s_y	-8,3	-10,1	-12,5	-15,9	-20,5	-27,0	-36,3	-50,0	-70,7	-104	-161	-550	>999	823	709	782	973	>999	>999	>999	>999	s_x

C.49

Weisen die zu überlagernden Momentenwerte aber unterschiedliche Vorzeichen auf, wie z. B. die senkrecht zum freien Rand gerichteten Momente aus Linienlast bzw. Gleichlast, dann führt eine einfache Addition ohne Berücksichtigung von Ort, zugehöriger Einwirkung und zugrunde liegendem statischem System der Einzelwerte zu unsicheren Ergebnissen. Stark vereinfachend und auf der sicheren Seite liegend, kann auch jeweils für die Summe der Momente gleichen Vorzeichens (d. h. zweifach) bemessen werden.

2.3.3.3 Auflagerkräfte

Wendet man die unter Abschn. C.2.3.2.6 und in Tafel C.2.4 für die vierseitig gelagerte Platte angegebenen Lasteinzugsflächen sinngemäß auf die dreiseitig gelagerte Platte an, so ergeben sich die in Abb. C.2.18 beispielhaft aufgetragenen Lastbilder. Der Vergleich mit den Auflagerkräften nach [Czerny – 96] zeigt eine ausreichend gute Näherung. Die Abweichungen in den Ecken treten auch bei vierseitig gelagerten Platten auf (insbesondere beim Plattentyp 2).

2.3.3.4 Drillmomente

Bei dreiseitig gelagerten Platten werden die Drillmomente sehr groß und stellen bei gelenkig gestützten Platten mit langem freien Rand (Seitenverhältnis $\leq 0{,}4$) sogar die überwiegende Momentenbeanspruchung dar. Die konstruktive Drillbewehrung nach Abb. C.2.10 reicht für dreiseitig gelagerte Platten nicht aus. Vielmehr ist

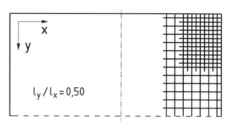

Abb. C.2.19 Anordnung der beiderseitigen Drillbewehrung bei dreiseitig gestützter Platte, nach [Hahn – 76]

für die Drillmomente eine Bewehrungsbemessung durchzuführen. Die mögliche Anordnung einer an den Momentenverlauf angepassten Drillbewehrung zeigt Abb. C.2.19.

Als Drillbewehrung wird meist eine Netzbewehrung gewählt, die von der Richtung der Hauptmomente nach Gl. (C.2.1) erheblich abweicht. Zur Bemessung derartiger Bewehrungsnetze s. z. B. [DAfStb-H.217 – 72], [Herzog – 78] sowie EC 2-1.1, Anhang A 2.8.

2.3.3.5 Momentenkurven

Am Beispiel eines Stützweitenverhältnisses $l_y/l_x = 0{,}7$ sind in den Tafeln C.2.7 und C.2.8 qualitative Momentenkurven aufgetragen, welche die Grenzfälle der vollen und der halben Einspannung unter Gleichlast bzw. Linienlast am ungestützten Rand kennzeichnen.

Die Kurven lassen deutlich erkennen, dass bei allen Lagerungsfällen die Lastabtragung parallel zum ungestützten Rand überwiegt, auch wenn dies die längere Seite ist.

Der Größtwert des randparallel wirkenden Momentes (hier m_{xr}) liegt stets auf dem Rand selbst. Endet der freie Rand in einer Einspannung, so befindet sich dort auch das größte Stützmoment (m_{xs}).

Unter Linienlast am ungestützten Rand sind die dazu parallelen Feldmomente wie gewohnt positiv, senkrecht zum Rand (hier in y-Richtung), aber stets negativ. Zur Überlagerung von Momentenwerten unterschiedlichen Vorzeichens, s. Abschn. C.2.3.3.2.

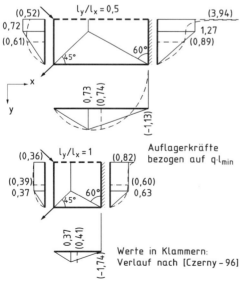

Abb. C.2.18 Vereinfachter Verlauf der Auflagerkräfte dreiseitig gelagerter Platten unter Gleichlast

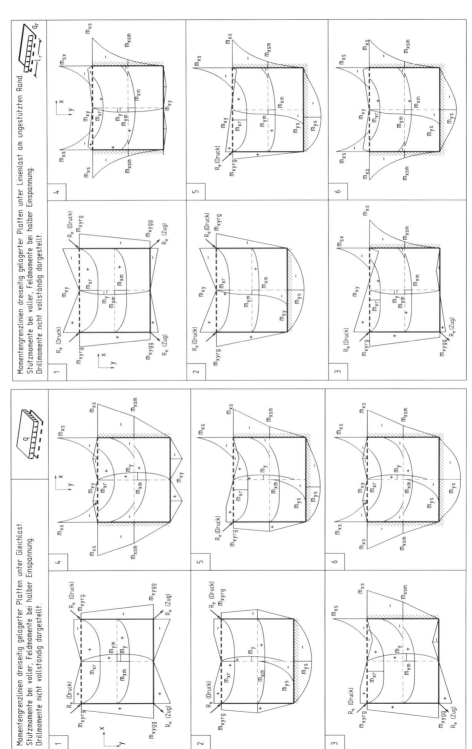

Tafel C.2.7 Vereinfachte Momentenkurven dreiseitig gelagerter Platten unter Gleichlast, vgl. [Czerny – 96]

Tafel C.2.8 Vereinfachte Momentenkurven dreiseitig gelagerter Platten unter Randlast

2.3.4 Berechnungsbeispiel nach DIN EC2-1-1

Plattendicke:
  h = 18 cm (vgl. Beispiel in [Goris – 12], Rechnungsgang analog); d = 16 cm. S. hierzu auch Kap. D, erweiterter Nachweis der Biegeschlankheit.

Eigengewicht:
  $g_k = 25 \cdot 0{,}18 + 1{,}50 = 6{,}00$ kN/m²
  Linienlast auf ungestütztem Rand bei
  Pos. 7: $g_k = 8{,}00$ kN/m

Verkehrslast:
  allg. $q_k = 1{,}50$ kN/m²
  Flur $q_k = 3{,}50$ kN/m² (Pos. 2; keine Randlast aus Treppe)
  Balkon $q_k = 5{,}00$ kN/m² (Pos. 8)

Faktor für Momentenausrundung (vgl. S. C.38):
  (l_{max} = 6,00 m, Auflagerbreite = 0,24 m):
  $1 - 1{,}25 \cdot 0{,}24/6{,}00 = 0{,}95$

Es wird ungeschwächte Drillsteifigkeit angenommen.

Bemessungswerte der Einwirkungen:

  g_d = 1,35 · 6,00 =   8,1 kN/m²
  $g_{d,7}$ = 1,35 · 8,00 = 10,8 kN/m
  q_d = 1,50 · 2,75 =   4,1 kN/m²
  $q_{d,2}$ = 1,50 · 3,50 =   5,3 kN/m²
  $q_{d,8}$ = 1,50 · 5,00 =   7,5 kN/m²

Hinweise zur Berechnung der Feldmomente:

Pos. 1: Einspannung in Pos. 2b sehr gering, daher rechnerisch nicht berücksichtigt.

Pos. 2a: l_y bis zur Mitte der Pos. 2b angesetzt, dort frei aufliegend. Die angegebenen m_y-Werte gelten für den Rand.

Pos. 2b: Die Randlast aus Pos. 2a ($\approx 13{,}4 \cdot 1{,}70 \cdot 0{,}50 = 11{,}4$ kN/m) wird durch Linienlast längs des ungestützten Randes angenähert. Die angegebenen m_x-Werte gelten für den Rand.

Im Bereich der einspringenden Ecke der Pos. 2a/2b sind in beiden Richtungen Bewehrungszulagen für nicht nachgewiesene Momentenspitzen anzuordnen.

Pos. 4: Sonderfall des Stützweitenverhältnisses, s. S. C.40. Wegen $l_{y6}/l_{x6} = 0{,}89$ ist $m_{xf4} = 0{,}5 \cdot m_{xf6} = 0{,}5 \cdot 8{,}3$ als Mindestwert zu berücksichtigen.

Pos. 6: Die Pos. 2a neben Öffnung und das nur über eine Teilstrecke angreifende Kragmoment der Pos. 8 stellen keine vollwertige Einspannungen dar. Es wird daher zwischen den Lagerungsfällen 3.2 und 6 gemittelt.

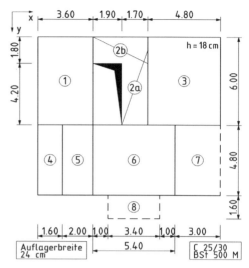

Abb. C.2.20   Deckensystem mit Abmessungen

Feldmomente (Bemessungswerte):

Platte		Anmer-	Belastung			Stützweite		Leitw.	Seitenverh.		abgelesene Tafelwerte				berechnete Momente			
Pos.	Typ	kungen	g	q	g+q	l_x	l_y	K	l_y/l_x	l_x/l_y	f_x	f_y	s_x	s_y	m_{xf}	m_{yf}	m_{xs}	m_{ys}
			kN/m², kN/m			m			(Typ.1)	(Typ.2)					kNm/m			
1	4-2.1		8,1	4,1	12,2	3,60	6,00	263,52	1,67	—	21,8	59,6	—	–14,3	12,1	4,4	—	–18,4
2a	3-5.2		8,1	5,3	13,4	1,70	5,10	116,18	—	0,33	42,7	13,1	–8,0	–5,5	2,7	8,9	–14,5	–21,1
2b	3-4.1	Gleichl.	8,1	5,3	13,4	3,60	1,80	86,83	0,50	—	11,8	32,3	–5,4	—	7,4	2,7	–16,1	—
	3-4.1	Randlast			11,4	3,60	1,80	41,04	0,50	—	5,8	—	–2,1	—	7,1	—	–19,5	—
		Summe													14,4	2,7	–35,6	—
3	4-4		8,1	4,1	12,2	4,80	6,00	351,36	1,25	—	26,8	45,7	–14,0	–16,3	13,1	7,7	–25,1	–21,6
4	4-4		8,1	4,1	12,2	1,60	4,80	93,70	3,00	—	25,7	95,6	–16,9	–24,7	3,6	1,0	–5,5	–3,8
		S. C.34													4,1			
5	4-5.1		8,1	4,1	12,2	2,00	4,80	117,12	2,40	—	29,1	108,0	–23,9	–35,3	4,0	1,1	–4,9	–3,3
6	4-6		8,1	4,1	12,2	5,40	4,80	316,22	0,89	—	43,3	32,5	–20,8	–18,9	7,3	9,7	–15,2	–16,7
	4-3.2		8,1	4,1	12,2	5,40	4,80	316,22	—	1,13	34,1	32,1	–14,0	—	9,3	9,9	–22,6	—
		Mittelwert													8,3	9,8	–18,9	–16,7
7	3-5.2	Gleichl.	8,1	4,1	12,2	3,00	4,80	175,68	—	0,63	42,0	20,9	–8,8	–13,0	4,2	8,4	–20,0	–13,5
	3-5.2	Randlast	10,8		10,8	3,00	4,80	51,84	—	0,63	–24,2	12,5	–8,0	–12,6	–2,1	4,1	–6,5	–4,1
		Summe													12,6	–26,4	–17,6	
8	Kragplatte		8,1	7,5	15,6	—	1,60	39,94	—	—	—	—	—	–2,0	—	—	—	–20,0

Stützmomente (Bemessungswerte):

kNm/m	in x-Richtung						in y-Richtung								
Rand i – k:	2a – 3	2b – 3	4 – 5	5 – 6	6 – 7	1 – 4	1 – 5	1 – 4/5	2a – 6	6 – 8	6 – 2a/3	3 – 6	3 – 7	3 – 6/7
m_{si}	–14,5	–35,6	–5,5	–4,9	–18,9	–18,4	–18,4	–18,4	–21,1	–20,0	–16,7	–21,6	–21,6	–21,6
m_{sk}	–25,1	–25,1	–4,9	–18,9	–26,4	–3,8	–3,3		–16,7			–16,7	–17,6	
$(m_{si} + m_{sk})/2$	–19,8	–30,4	–5,2	–11,9	–22,7	–11,1	–10,9		–18,9			–19,2	–19,6	
$0{,}75 \min(m_{sik})$	–18,8	–26,7	–4,1	–14,2	–19,8	–13,8	–13,8		–15,8			–16,2	–16,2	
Stützmom. m_s	–19,8	–30,4	–5,2	–14,2	–22,7	–13,8	–13,8	–18,4	–18,9	–20,0	–16,7	–19,2	–19,6	–21,6
Bemessungsmoment m_s'	–18,8	–28,8	+4,1 / –4,9	–13,5	–21,5	–13,1	–13,1	–17,5	–18,0	–19,0	–15,9	–18,2	–18,6	–20,5

Pos. 7: Ergänzend zu den in der Tabelle angegebenen Werten in Feld- bzw. Stützungsmitte werden die Momente am ungestützten Rand und das Drillmoment in der Ecke gelenkige/freie Lagerung berechnet:

$$m_{yr} = \frac{175{,}68}{11{,}8} + \frac{51{,}84}{5{,}3} = 24{,}7 \text{ kNm/m}$$

$$m_{ysr} = \frac{175{,}68}{-5{,}7} + \frac{51{,}84}{-1{,}9} = -58{,}1 \text{ kNm/m}$$

$$m_{xy} = \pm\left(\frac{175{,}68}{28{,}8} + \frac{51{,}84}{5{,}8}\right) = \pm 15{,}0 \text{ kNm/m}$$

Wird der Verlauf der aus Gleichlast und Randlast zu überlagernden Momente nicht genauer untersucht, ist wegen Vorzeichenunterschieds für beide m_{xf}-Werte zu bemessen (vgl. Abschn. C.2.3.3.2).

Hinweise zur Berechnung der Stützmomente:

Es wird angenommen, dass das Abheben der Decke von den Stützungen durch aufstehende Wände behindert wird. Bei dreiseitigen Auflagerknoten ist daher zusätzlich das Volleinspannmoment angegeben.

Rand 2–3: Dem hohen Momentenwert von –28,8 kNm/m liegen die Stützmomente an der Ecke des angenommenen freien Randes der Pos. 2b zugrunde, welche auf einen kleinen Bereich begrenzt sind.

Rand 1–2: Die Einspannung der Pos. 2b in Pos. 1 ist für 0,75 · (–35,6) · 0,95 = –25,4 kNm/m zu bemessen. Dieses Moment nimmt mit zunehmender Entfernung vom freien Rand rasch ab.

Rand 4–5: Sonderfall, s. S. C.40: Ohne genaueren Nachweis ist an der Stützung auch für das Feldmoment m_{xf4} zu bemessen.

Rand 6–8: Das Kragmoment ist nicht zu mitteln!

Eckabhebekräfte:

Die Abhebekräfte in den Außenecken des Deckensystems werden zum Vergleich nach beiden im Abschn. 2.3.2.7 angegebenen Verfahren ermittelt:

		Pos. 1	Pos. 3	Pos. 4
K	kN	263,52	351,36	93,70
$K/16$	kN	16,5	22,0	5,9
d_{gg}	–	26,2	22,4	30,2
$m_{xy} = K/d_{gg}$	kN	10,1	15,7	3,1
$R_e = 2 \cdot m_{xy}$	kN	20,2	31,4	6,2

In der Außenecke bei Pos. 7 tritt keine Abhebekraft, sondern ein Auflager**druck** mit dem Spitzenwert von 2 · 15,0 = 30,0 kN auf.

Mindestbewehrung:

Nach EC2-1-1, 9.2.1.1/NA(DE) ist in den Zugzonen eine Mindestbewehrung anzuordnen, die für das Rissmoment $M_{I,II}$ (s. Gl. (C.1.11)) mit der Stahlspannung $\sigma_s = f_{yk} = 500$ N/mm² bemessen wird:

$M_{I,II} = 2{,}6 \cdot 1{,}00 \cdot 0{,}18^2 \cdot 10^3 / 6 = 14{,}0$ kNm/m

$F_{s,r} \approx 14{,}0/(0{,}90 \cdot 0{,}16) = 97{,}2$ kN/m

$A_{s,min} = 97{,}2/50 = 1{,}94$ cm²/m

Diese Bewehrung reicht für ein Bemessungsmoment von $M_{Ed} \approx 14$ kNm/m aus und deckt im vorliegenden Fall kleiner Stützweiten mit geringen Lasten viele der Momente ab.

2.4 Sonderfälle der Plattenberechnung

2.4.1 Punktförmig gestützte Platten

2.4.1.1 Tragverhalten

Flachdecken sind Deckenkonstruktionen, die überwiegend nicht von Unterzügen oder Wänden unterstützt sind, sondern punktförmig auf Stützen ruhen. Besitzen die Stützenköpfe eine Verstärkung, so spricht man von Pilzdecken, s. Abb. C.2.21. Den Vorteilen einfacher und frei wählbarer Installationsführung sowie ebener Schalfläche stehen als Nachteile hohe Bewehrungskonzentrationen im Bereich der Auflager und eine größere Durchbiegung als bei linienförmiger Stützung gegenüber. Aus konstruktiven Gründen und zur Verringerung der Durchbiegung erhalten punktförmig gestützte Platten meist eine größere Dicke als vergleichbare umfanggelagerte Platten. Im Gegensatz zu umfanggelagerten Platten treten die größten Biegemomente in Richtung der *längeren* Stützweite auf. Ein ähnliches Tragverhalten weisen durch Einzelstützen belastete Fundamentplatten auf.

Die Schnittgrößenermittlung erfolgt zweckmäßigerweise mittels der Methode der Finiten Elemente, s. Abb. C.2.23. An den Stützungen auftretende rechnerische Momentenspitzen entstehen durch die Annahme einer in einem Punkt konzentrierten Lagerung und sind nicht in dieser Größe bemessungsrelevant. Eine bessere Anpassung an den wirklichen Momentenverlauf im Stützbereich kann z. B. durch den Ansatz einer elastischen Bettung für die tatsächlich unterstützte Fläche erreicht werden.

Für einfache Fälle und zur Kontrolle elektronischer Berechnungen bietet sich zur Schnittgrößenermittlung die Streifenmethode nach [DafStb-H.240 – 91] an, welche an Ersatzdurchlaufträgern berechnete Biegemomente auf Gurt- und Feldstreifen aufteilt.

Die Anwendung der Bruchlinientheorie auf punktförmig gestützte Platten ist in Abschnitt C.2.4.2.5 gezeigt.

Hinweise zur Bemessung und zum Nachweis der Sicherheit gegen Durchstanzen, s. Stahlbetonbau aktuell 1999, S. H.3.

2.4.1.2 Näherungsverfahren nach H. 240

Das in [DAfStb-H.240 – 91] Abschnitt 3.3 beschriebene Verfahren kann angewendet werden, wenn in jedem Feld das Stützweitenverhältnis die Bedingung $0{,}75 \le l_x/l_y \le 1{,}33$ erfüllt. In jeder der beiden Richtungen x und y werden sich kreuzende, durchlaufende Balken bzw. Rahmenriegel mit über Trägerbreite kontinuierlicher Lagerung be-

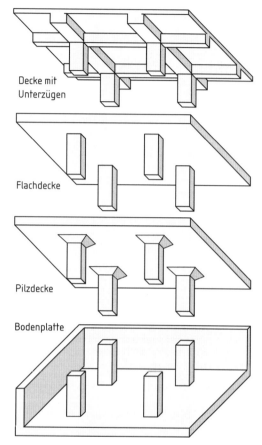

Abb. C.2.21 Konstruktionsprinzipien mit Stahlbetonplatten

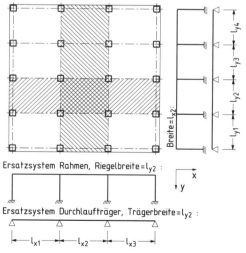

Abb. C.2.22 Ersatzdurchlaufträger des Näherungsverfahrens

Plattentragwerke

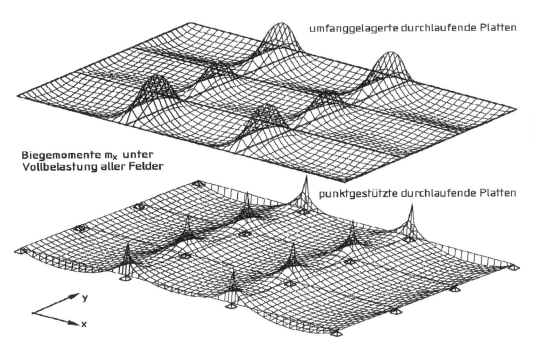

Abb. C.2.23 Tragverhalten kontinuierlich bzw. punktförmig gestützter Platten am Beispiel des Momentes m_x

trachtet, s. Abb. C.2.22. Deren Feld- und Stützmomente werden mit den üblichen Methoden der Stabstatik bei feldweiser ungünstiger Anordnung der Lasten (z.B. mit Tafel C.1.4 oder C.1.5) bestimmt, wobei in jeder Richtung die *volle* Last abzutragen ist. Die so ermittelten Biegemomente der Ersatzdurchlaufträger bzw. -riegel werden mit den Verteilungszahlen nach Abb. C.2.24 in Querrichtung auf Gurt- und Feldstreifen aufgeteilt.

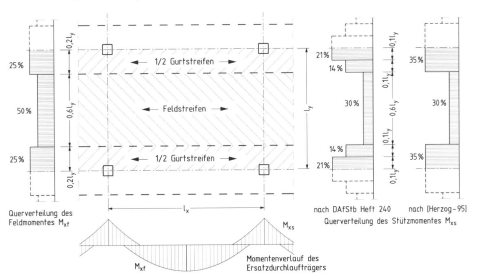

Abb. C.2.24 Querverteilung der Biegemomente beim Näherungsverfahren

2.4.1.3 Berechnungsbeispiel

Stütz- und Feldmomente im Innenfeld einer über viele Felder durchlaufenden Flachdecke sind zu berechnen:

Vorgaben: $l_x = 8,00$ m $l_y = 9,00$ m
 $h = 0,35$ m $d = 0,30$ m
C30/37; BSt 500, hochduktil
Stützenquerschnitt: 50 cm / 50 cm
$g = 10$ kN/m² $q = 10$ kN/m²

g_d = 1,35 · 11,0 = 14,9 kN/m²
q_d = 1,50 · 10,0 = 15,0 kN/m²
$g_d + q_d$ = 14,9 + 15,0 = 29,9 kN/m²
$q_d/(g_d+q_d)$ = 15,0/29,9 = 0,5

x-Richtung:
Momente des Ersatzdurchlaufträgers, s. Tafel C.1.6:
M_{xf} = 0,063 · 29,9 · 9,00 · 8,00² = 1.085,0 kNm
M_{xs} = −0,099 · 29,9 · 9,00 · 8,00² = −1.705,0 kNm
Plattenmomente im Feld:
Gurtstreifen Achse:
  m_{xFGA} = 0,25 · 1.085,0/1,80 = 1.50,7 KNm/m
Feldstreifen:
  m_{xFF} = 0,50 · 1.085,0/5,40 = 100,5 KNm/m
Plattenmomente in Stützenachse:
Gurtstreifen Achse:
  m_{xSGA} = −0,21 · 1.705,0/0,90 = −397,8 KNm/m
Gurtstreifen Rand:
  m_{xSGR} = −0,14 · 1.705,0/0,90 = −265,2 KNm/m
Feldstreifen:
  m_{xSF} = −0,30 · 1.705,0/5,40 = −94,7 KNm/m

y-Richtung:
Momente des Ersatzdurchlaufträgers, s. Tafel C.1.6:
M_{yf} = 0,083 · 29,9 · 8,00 · 9,00² = 1220,6 kNm
M_{ys} = −0,125 · 29,9 · 8,00 · 9,00² = −1.918,1 kNm
Plattenmomente im Feld:
Gurtstreifen Achse:
  m_{yFGA} = 0,25 · 1.220,6/1,60 = 190,7 KNm/m
Feldstreifen:
  m_{yFF} = 0,50 · 1.220,6/4,80 = 127,1 KNm/m
Plattenmomente in Stützenachse:
Gurtstreifen Achse:
  m_{ySGA} = −0,21 · 1.918,1/0,80 = −503,5 KNm/m
Gurtstreifen Rand:
  m_{ySGR} = −0,14 · 1.918,1/0,80 = −335,7 KNm/m
Feldstreifen:
  m_{ySF} = −0,30 · 1.918,1/4,80 = −119,9 KNm/m

In Abschnitt C.2.4.2.6 wird dieses Beispiel alternativ nach der Bruchlinientheorie berechnet.

2.4.2 Anwendung der Bruchlinientheorie

Bei der Berechnung von Flächentragwerken sind neben dem linearen Verfahren mit und ohne Umlagerung auch Berechnungsverfahren nach der Plastizitätstheorie für die praktische Anwendung interessant, die nach EC2-1-1 ebenfalls zugelassen sind. Diese beruhen entweder auf dem statischen oder dem kinematischen Grenzwertsatz. Die statischen Verfahren liefern eine untere Schranke der Tragfähigkeit, d. h. die Berechnungsergebnisse liegen grundsätzlich auf der sicheren Seite. Hingegen bedürfen kinematische Verfahren der Plastizitätstheorie zusätzlicher Betrachtungen, um sicherzustellen, dass der maßgebliche Tragwerkszustand in ausreichender Näherung erfasst ist.

Als **statisches** Verfahren der Plastizitätstheorie eignet sich die **Hillerborgsche Streifenmethode**, insbesondere zur Berechnung von Platten mit Aussparungen. Bei der Berechnung von Scheiben stellen statische Verfahren der Plastizitätstheorie den Regelfall dar (s. Abschn. C.3).

Die Praxistauglichkeit der auf dem **kinematischen** Verfahren der Plastizitätstheorie beruhenden Berechnungsmethoden ist in verschiedenen Veröffentlichungen über die **Bruchlinientheorie** gezeigt worden (u. a. [Avellan/Werkle – 98], [Herzog – 95.1], [DAfStb-H.425 – 92], [Friedrich – 95]). Mittels der Bruchlinientheorie kann die Traglast einer Platte bei vorgegebener Bewehrung oder das Bruchmoment bei vorgegebener Belastung bestimmt werden. Dieses Verfahren ermöglicht aber nur die Berechnung im Grenzzustand der Tragfähigkeit. Nachweise für den Gebrauchszustand sind mit anderen Verfahren (z. B. nach der Elastizitätstheorie) oder indirekt (z. B. über die Begrenzung der Biegeschlankheit) zu führen.

Die ebenfalls mit EC2 und DIN 1045-1 eingeführten **nichtlinearen** Berechnungsverfahren haben noch keine große Bedeutung in der praktischen Berechnung von Plattentragwerken erlangt.

2.4.2.1 Grundlagen

Anlass zur Entwicklung der Bruchlinientheorie (auch Fließgelenktheorie genannt) waren Versuchsbeobachtungen an Stahlbetonplatten im Bruchzustand, bei denen sich Rissbereiche mit geometrischer Regelmäßigkeit und ausgeprägtem plastischem Verhalten ausbildeten. Die Plastifizierung des Querschnitts erstreckt sich etwa über eine Breite der 1,5-fachen Plattendicke und beruht auf dem Fließen des Bewehrungsstahls. Denkt man sich die Plastifizierungsbereiche in Linien konzentriert und vernachlässigt die elastische Verformung der übrigen Plattenteile, so ergibt sich ein idealisierter Versagens-

Plattentragwerke

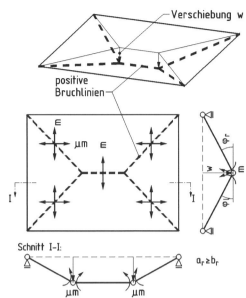

Abb. C.2.25 Idealisierte Bruchfigur einer umfanggelagerten Platte unter Gleichlast

mechanismus mit einem Freiheitsgrad (Abb. C.2.25).

Entsprechend dem Vorzeichen der in der Bruchlinie wirkenden plastischen Momente unterscheidet man **positive** (untere) und **negative** (obere) Bruchlinien. Bei Durchlaufplatten entstehen negative Bruchlinien längs der gemeinsamen Stützung zweier Plattenfelder.

Als Voraussetzung dafür, dass sich plastische Gelenke in den Bruchlinien ausbilden können, müssen die Querschnitte ein ausreichendes Rotationsvermögen aufweisen, d. h. der Stahl muss die Fließgrenze erreichen, und Betonversagen darf nicht eintreten. Dies bedeutet, dass zwar ausreichend Biegezugbewehrung vorhanden sein muss, um den Querschnittswiderstand herzustellen, ein zu hoher Bewehrungsgrad hingegen das Querschnittsversagen in der Betondruckzone erzwingen und damit einen schlagartigen Bruch ohne Fließverhalten herbeiführen würde.

Plattenecke:

Werden Plattenecken nicht gegen Abheben gesichert, so bilden die Bruchlinien dort eine so genannte Wippe mit Drehachse (Abb. C.2.26a). Von negativen Bruchlinien begleitete Fächer oder Wippen bilden sich aus, wenn das Abheben der Ecke durch Auflast oder Verankerung verhindert wird (Abb. C.2.26b/c). Die Traglast der Platte kann spürbar gesteigert werden, wenn die Platte in den Eckbereichen eine obere Bewehrung erhält.

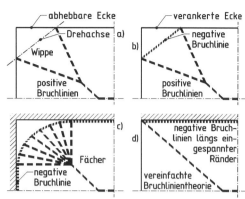

Abb. C.2.26 Möglicher Verlauf der Bruchlinien in Plattenecken

Die genauere Bruchlinientheorie unter Einbeziehung von Fächern und Wippen ist wegen der aufwändigen Berechnung für den praktischen Einsatz weniger geeignet. Allgemein wird daher die vereinfachte Bruchlinientheorie angewendet, die bei allen Lagerungsbedingungen von einem geradlinigen Verlauf der Bruchlinie bis in die Ecke ausgeht (Abb. C.2.26d). Diese Vereinfachung liefert zwar etwas zu geringe Biegemomente, dies kann aber nach [Avellan/Werkle – 98] bei Rechteckplatten unter Gleichlast durch eine pauschale Bewehrungserhöhung um etwa 10 % und eine konstruktive obere Eckbewehrung ausgeglichen werden, vgl. [Kessler – 97.2]. Bei anderer Plattenform oder Belastung ist das Bruchbild genauer zu bestimmen.

2.4.2.2 Berechnungsannahmen

Die vereinfachte Bruchlinientheorie geht von folgenden Annahmen aus:

- Die Platte verhält sich starr-plastisch, d. h. elastische Formänderungen werden gegenüber den plastischen vernachlässigt.
- Die Querschnitte sind ausreichend rotationsfähig, damit sich in allen Plattenbereichen plastische Gelenke ausbilden können.
- Der Bruch des Querschnitts erfolgt durch Fließen der Bewehrung, nicht durch Betonversagen.
- Das quer zur Bruchlinie wirksame Biegemoment ist auf ganzer Länge konstant und entspricht dem plastischen Moment der Bewehrung.
- Die Wirkung der Torsionsmomente wird vernachlässigt.
- In Bereichen außerhalb der Bruchlinien wirkende Biegemomente sind kleiner als das plastische Moment.
- Die Horizontalverschiebung am Auflager ist nicht behindert, d. h. es bildet sich keine Membranwirkung bei durchlaufenden Platten aus.

Um zu gewährleisten, dass das Tragwerk den Annahmen entspricht, bedarf es eines Nachweises des Rotationsvermögens und der Beachtung weiterer, die Verformungsfähigkeit sicherstellender Bedingungen, s. EC2-1-1, 5.6.2 (2):

- Die Höhe der Druckzone im Gelenkbereich darf $x/d = 0{,}25$ (bzw. $x/d = 0{,}15$ für Beton ab C55/67) nicht überschreiten.
- Das Verhältnis von Stütz- zu Feldmoment soll in jeder der beiden Tragrichtungen zwischen 0,5 und 2,0 liegen.

Auf den für die praktische Berechnung zu aufwändigen genauen Nachweis des Rotationsvermögens darf verzichtet werden, wenn die obigen Bedingungen eingehalten sind.

Stahl normaler Duktilität darf für stabförmige Bauteile und Platten nicht verwendet werden, wohl aber für Scheiben. In EC2-1-1 sind neben hochduktilem Stabstahl auch hochduktile Bewehrungsmatten vorgesehen. Sofern für Plattentragwerke Betonstahlmatten normaler Duktilität eingesetzt werden sollen, wird bei Anwendung plastischer Berechnungsverfahren ein genauerer Nachweis des Rotationsvermögens erforderlich. Bei Stählen nach allgemeinen bauaufsichtlichen Zulassungen können die Duktilitätsklassen in den Zulassungen geregelt sein. Sind dort keine Festlegungen getroffen, gelten die Stähle als normalduktil.

Im Hinblick auf die Gebrauchstauglichkeit des Tragwerks ist im Übrigen zu beachten, dass sich die angesetzte Momentenverteilung und die zugehörige Bewehrung an der Elastizitätstheorie orientieren sollen.

2.4.2.3 Ermittlung der Bruchfigur

Für Berechnungen von Stahlbetonplatten nach der Bruchlinientheorie ist unter den möglichen Bruchfiguren diejenige zu bestimmen, bei der die Tragfähigkeit unter der kleinsten äußeren Belastung, der Traglast, erschöpft ist. Die maßgebende Bruchfigur kann analytisch oder iterativ ermittelt werden. In Standardfällen, wie der Rechteckplatte unter Gleichflächenlast, kann man auch auf bekannte, allgemeine Lösungen zurückgreifen.

Bei der analytischen Lösung wird die Bruchfigur durch freie geometrische Parameter beschrieben und ein Ausdruck aufgestellt, der das plastische Moment mit der äußeren Belastung verbindet. Bildet man die partiellen Ableitungen der Belastung oder des Momentes nach den geometrischen Parametern, erhält man als Lösung die Bruchfigur, bei der die äußere Belastung ihr Minimum oder das plastische Moment sein Maximum annimmt.

Meist erweist es sich als zweckmäßig, die Bruchfigur iterativ zu bestimmen und dabei mehrere mögliche kinematische Ketten zu untersuchen, indem die geometrischen Parameter verändert

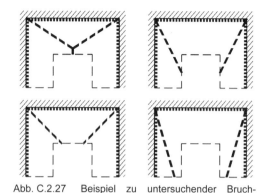

Abb. C.2.27 Beispiel zu untersuchender Bruchfigurvarianten

werden, s. Abb. C.2.27. Da die Bruchfigur ein kinematisches System bildet, unterliegt die Geometrie der Bruchlinien, die zugleich Drehachsen sind, folgenden Regeln (vgl. Abb. C.2.28):

- Ein gelenkig gelagerter Rand ist eine Drehachse.
- Ein eingespannter Rand bildet eine negative Bruchlinie.
- Bruchlinien verlaufen durch den Schnittpunkt der Drehachsen der beiden anliegenden Plattenteile.
- Eine Einzelstützung ist stets geometrischer Ort einer Drehachse.
- Freie Ränder können von Bruchlinien geschnitten werden.
- Bei unterschiedlichen Einspanngraden der Plattenränder werden Bruchlinien von im Vergleich schwächer eingespannten Rändern angezogen.

Bei der Ermittlung der maßgebenden Bruchfigur kommt es nicht auf eine hohe Genauigkeit an, da sich die Traglast in der Nähe des Extremwertes wenig verändert. In [Friedrich – 95] wird als

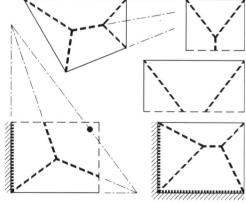

Abb. C.2.28 Beispiele für Gelenkmechanismen

Bruchfigur für Rechteckplatten vereinfachend die Aufteilung der Plattenfläche unter 45° bzw. 60° analog zur Bestimmung der Auflagerkräfte vorgeschlagen und darauf aufbauend werden Hilfsdiagramme zur Ermittlung der Biegemomente bereitgestellt.

2.4.2.4 Umfanggelagerte Rechteckplatten unter Gleichlast

Bei linienförmig gestützten Platten hat sich die Berechnung nach dem Prinzip der virtuellen Verschiebungen bewährt, wobei die innere Arbeit, die vom Tragwerk geleistet wird, wenn es sich verdreht, mit der äußeren Arbeit der Belastung auf dem Verschiebungsweg gleichgesetzt wird. Für eine angenommene Bruchfigur erhält man dann eine einzige Gleichung mit den Feld- und Stützmomenten als Unbekannten. Die je nach Lagerungsart ein bis fünf überzähligen Unbekannten können frei gewählt werden. Man drückt sie üblicherweise als Funktion des Feldmomentes der Haupttragrichtung aus und wählt dafür sinnvolle Vorgaben im Hinblick auf die Gebrauchstauglichkeit (s. Abschn. C.2.4.2.2).

Für eine vierseitig gelagerte Rechteckplatte unter Gleichlast q lautet die allgemeine Gleichung zur Berechnung des Bruchmomentes in der Haupttragrichtung (vgl. Abb. C.2.29):

$$m = \frac{q \cdot b_r^2}{24} \cdot \left(\sqrt{3 + \mu \cdot \left(\frac{b_r}{a_r}\right)^2} - \sqrt{\mu} \cdot \frac{b_r}{a_r} \right)^2 \quad \text{(C.2.29)}$$

mit den reduzierten Längen:

$$a_r = \frac{2 \cdot a}{\sqrt{1+i_1} + \sqrt{1+i_3}} \quad \text{(C.2.30a)}$$

$$b_r = \frac{2 \cdot b}{\sqrt{1+i_2} + \sqrt{1+i_4}} \quad \text{(C.2.30b)}$$

und den vorzuwählenden Größen:

μ Verhältnis der Feldmomente in Neben- und Haupttragrichtung gemäß Abb. C.2.29. Es gilt:

$$\mu \leq 1$$

i_1, i_2, i_3, i_4 Verhältnis von Stütz- zu Feldmoment gemäß Abb. C.2.29.

Am einspannungsfreien Rand gilt:

$$i_j = 0$$

Gl. (C.2.29) gilt für $a_r \geq b_r$. Ist diese Bedingung nicht eingehalten, so trifft das angenommene Bruchbild nicht zu, und die Berechnung ist mit der um 90° gedrehten Bruchfigur zu wiederholen, d. h. a und b sind zu vertauschen; vgl. dazu Abb. C.2.30, welche Haupttragrichtungen und Bruchfiguren bei gleichen Seitenverhältnissen, aber unterschiedlichen Stützungsarten darstellt.

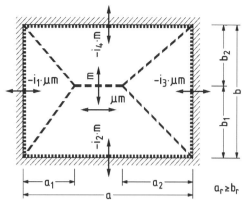

Abb. C.2.29   Bezeichnungen

Lage der Bruchlinien

Die Lage der Bruchlinien in Abb. C.2.29 wird beschrieben durch (vgl. [Haase – 62]):

$$a_1 = \sqrt{\frac{6\,\mu\,m}{q}(1+i_1)}$$

$$a_2 = \sqrt{\frac{6\,\mu\,m}{q}(1+i_3)}$$

$$b_1 = \sqrt{\frac{6\,m}{q\,B}(1+i_2)} \quad \text{(C.2.31a-e)}$$

$$b_2 = \sqrt{\frac{6\,m}{q\,B}(1+i_4)}$$

mit

$$B = 3 - \frac{2\,(a_1+a_2)}{a}$$

Feldmomente

Das Verhältnis μ der Feldmomente in Neben- und Haupttragrichtung ist so zu wählen, dass sich ein der Elastizitätstheorie angenähertes Tragverhalten einstellt. Häufig wird $\mu = l_{min} / l_{max}$ gesetzt (vgl. z. B. [Herzog – 95]), was bei bestimmten Seitenverhältnissen einiger Plattentypen auf das Vertauschen von Haupt- und Nebentragrichtung im Vergleich zur Elastizitätstheorie hinausläuft, vgl. Abb. C.2.30. Zutreffender ist daher der folgende, auch die Lagerungsbedingungen einbeziehende Ansatz:

$$\mu \approx \left(\frac{b_r}{a_r}\right)^2 \quad \text{(C.2.32)}$$

Statik

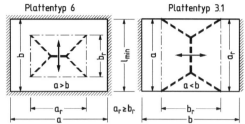

Abb. C.2.30 Beispiele für die Orientierung der Seitenbezeichnungen in Abhängigkeit von den Hilfsgrößen a_r und b_r

Stützmomente

Das Verhältnis von Stütz- zu Feldmoment wird durch die Parameter i_j ausgedrückt und kann im zugelassenen Bereich $0,5 \geq i \geq 2,0$ vorgegeben werden.

Für die einzelnen Ränder einer Platte können unterschiedliche Werte für die Parameter i_j gewählt werden. Weiterhin können die Parameter i_j so eingestellt werden, dass sich beiderseits der gemeinsamen Stützung durchlaufender Platten der gleiche Momentenwert ergibt. In der Praxis wird man bei geringen Momentenunterschieden an der Stützung auf eine solche Abstimmung verzichten und die Bewehrung für den Größtwert der beiden anliegenden Stützmomente bemessen.

Bei der Wahl der Parameter i_j sollten folgende Hinweise berücksichtigt werden, vgl. [Avellan/Werkle – 98]:

$i = 0,5$ entspricht einer Umlagerung der Momente von der Stützung zum Feld, mit größeren Feld- und kleineren Stützmomenten im Vergleich zur Elastizitätstheorie. Dieser Wert ist zu wählen, wenn eine schwache Randeinspannung vorliegt und/oder Feldmomente für einen hohen Verkehrslastanteil zu ermitteln sind.

$i \geq 1,0$ liefert bei den meisten Lagerungsarten eine Umlagerung der Momente zur Stützung mit größeren Stütz- und kleineren Feldmomenten im Vergleich zur Elastizitätstheorie.

$i = 2,0$ ergibt die größtmöglichen Stützmomente bei kleinen Feldmomenten. Bei hohem Verkehrslastanteil sollten mit diesem Wert die Stützmomente bestimmt werden.

Bewehrungsanordnung

Die auf der Grundlage der vereinfachten Bruchlinientheorie ermittelte Bewehrung ist um 10 % zu erhöhen. In den Plattenecken sollte eine konstruktive, obere Bewehrung eingelegt werden, die prinzipiell entsprechend Abb. C.2.10 angeordnet werden kann.

- Untere Bewehrung:

Grundsätzlich kann die für die Bruchmomente ermittelte untere Bewehrung in den beiden Haupttragrichtungen jeweils konstant im gesamten Plattenfeld angeordnet werden. Vor allem in den Eckbereichen setzt dann wegen der dort kleineren Winkelverdrehung in der Bruchlinie die Plastifizierung des Querschnitts später ein als in Feldmitte. Im Hinblick auf ein günstigeres Verformungs- und Rissverhalten kann es daher zweckmäßig sein, die Bewehrung durch Umverteilung entlang der Bruchlinienabschnitte mit den größten Verschiebungen zu verstärken und in den übrigen Bereichen zu verringern, wobei die Gesamtbewehrungsmenge unverändert bleibt. Dies nähert die Bewehrungsanordnung dem Momentenverlauf nach der Elastizitätstheorie an. Die Bemessungsmomente einer dementsprechenden Bewehrungsverteilung sind in Abb. C.2.31 dargestellt.

- Obere Bewehrung:

Die obere Bewehrung deckt das plastische Stützmoment durchlaufender Platten ab. Bei unterschiedlichen Stützmomenten der an gemeinsamer Stützung anliegenden Platten ist der Größtwert maßgeblich. Wird diese Bewehrung nicht weit genug in die Plattenfelder hineingeführt, kann sich bei schachbrettartiger Anordnung der veränderlichen Belastung eine Bruchfigur nach Abb. C.2.32 einstellen. Dabei verlagern sich die Bruchlinien an das Ende der oberen Bewehrung im geringer belasteten Feld. Die Traglast der so entstehenden Bruchfigur kann niedriger sein als die bei Bruchlinienverlauf längs der Stützlinie, da am Bewehrungsende das negative plastische Moment dieser inneren Bruchlinien null ist.

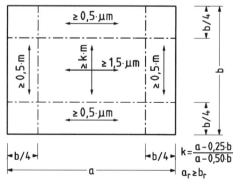

Abb. C.2.31 Bemessungsmomente für die Abstufung der Feldbewehrung, nach [Avellan/Werkle – 98]

Plattentragwerke

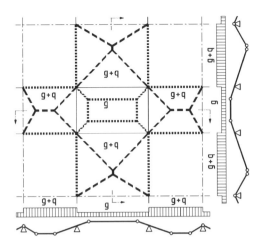

Abb. C.2.32 Bruchfigur bei schachbrettartiger Lastanordnung auf durchlaufender Decke

Um zu gewährleisten, dass diese Bruchfigur nicht maßgebend wird, muss die Stützbewehrung ausreichend weit in das Plattenmittelfeld hineingeführt werden.

Nach [Sawczuk/Jaeger – 63] kann die erforderliche wirksame Länge der oberen Bewehrung gemäß Abb. C.2.33 durch den Beiwert ξ bestimmt werden, der sich aus der Gleichung 3. Grades

$$4\xi^3 - 6\xi^2 + 3(1+2\delta)\xi - 3\delta = 0 \quad (C.2.33)$$

mit dem Koeffizienten

$$\delta = \left| \frac{m'_1 + m'_3}{g \cdot a^2} + \frac{m'_2 + m'_4}{g \cdot b^2} \right| \quad (C.2.34)$$

ergibt. Darin bedeutet:
m'_j Größtwerte der beiderseits des jeweiligen Randes anliegenden Stützmomente.

Die Beiwerte ξ gemäß Gl. (C.2.33) sind in Tafel C.2.9 in Abhängigkeit von δ aufgetragen.

Sind Belastungen sowie Stützweiten durchlaufender Plattenfelder wenigstens annähernd gleich

Tafel C.2.9 Beiwerte ξ zur Bestimmung der erforderlichen Länge der Stützbewehrung

δ	ξ	δ	ξ	δ	ξ	δ	ξ
0,00	0,00	0,35	0,28	0,70	0,38	1,50	0,44
0,05	0,05	0,40	0,30	0,75	0,39	1,75	0,45
0,10	0,10	0,45	0,32	0,80	0,40	2,00	0,46
0,15	0,14	0,50	0,34	0,85	0,40	3,00	0,47
0,20	0,19	0,55	0,35	0,90	0,41	5,00	0,48
0,25	0,22	0,60	0,36	1,00	0,42	10	0,49
0,30	0,25	0,65	0,37	1,25	0,43	∞	0,50

groß, so genügt es für die Festlegung der Bewehrungslängen, die Momentengrenzlinien der Einzelplatte zu kennen. Diese werden nach [Avellan/Werkle – 98] in Abhängigkeit von der Stützungsart durch die Abstände e_j nach Gl. (C.2.35) beschrieben, s. Abb. C.2.34.

$$e_1 = \frac{\sqrt{1+i_1}-1}{\sqrt{1+i_1}+\sqrt{1+i_3}} \cdot \sqrt{a \cdot b}$$

$$e_2 = \frac{\sqrt{1+i_2}-1}{\sqrt{1+i_2}+\sqrt{1+i_4}} \cdot b$$

$$e_3 = \frac{\sqrt{1+i_3}-1}{\sqrt{1+i_1}+\sqrt{1+i_3}} \cdot \sqrt{a \cdot b} \quad (C.2.35)$$

$$e_4 = \frac{\sqrt{1+i_4}-1}{\sqrt{1+i_2}+\sqrt{1+i_4}} \cdot b$$

a und b sind so zu orientieren, dass gilt: $a_r \geq b_r$.

Ersatzweise können die Ausdrücke (C.2.35) auch in folgender Weise abgeschätzt werden:

$i_j \leq 0,5 \rightarrow e_1/a, e_3/a, e_2/b, e_4/b \leq 0,10$
$i_j \leq 1,0 \rightarrow e_1/a, e_3/a, e_2/b, e_4/b \leq 0,17$
$i_j \leq 1,5 \rightarrow e_1/a, e_3/a, e_2/b, e_4/b \leq 0,23$
$i_j \leq 2,0 \rightarrow e_1/a, e_3/a, e_2/b, e_4/b \leq 0,27$

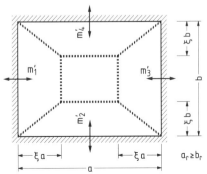

Abb. C.2.33 Erforderliche Länge der Stützbewehrung nach [Sawczuk/Jaeger – 63]

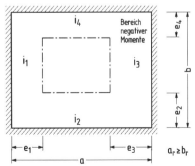

Abb. C.2.34 Ermittlung der erforderlichen Länge der Stützbewehrung, vgl. [Avellan/Werkle – 98]

Zur ermittelten Länge der wirksamen Bewehrung addieren sich in beiden Fällen noch Versatzmaß und Verankerungslänge.

Berechnungstafeln für umfanggelagerte Rechteckplatten unter Gleichlast

Die Tafel C.2.15a/b dienen der praktischen Berechnung umfanggelagerter Rechteckplatten unter Gleichlast nach der vereinfachten Bruchlinientheorie. Nach Wahl des Verhältnisses von Stütz- zu Feldmoment werden die benötigten Beiwerte in Abhängigkeit von Stützungsart und Seitenverhältnis abgelesen.

Liegen die Seitenverhältnisse außerhalb des angegebenen Bereichs, können ersatzweise einachsig gespannte Plattenstreifen betrachtet werden. In Tafel C.2.10 sind die Kenngrößen für diesen Fall zusammengestellt.

2.4.2.5 Punktgestützte Rechteckplatten unter Gleichlast

Im Innenfeld einer punktförmig gestützten Platte kann bei streifenförmiger Lastanordnung einer der Versagensmechanismen des Gesamtsystems nach Abb. C.2.35 auftreten, s. [Favre/Jaccoud – 97]. Infolge der Steifigkeit des Stützenkopfs verläuft die Bruchlinie in diesem Bereich in einem Abstand $c/2$ von der Achslinie der Stützenflucht. Bei der Bestimmung der Lage der Bruchlinie dürfen gemäß Abb. C.2.36 keine flacheren Winkel als 45° angesetzt werden.

Tafel C.2.10 Plastische Momente für Balken unter Gleichstreckenlast

			\multicolumn{4}{c}{$-m_s/m_f$}
			0,5	1,0	1,5	2,0
		f	8,0	8,0	8,0	8,0
		f	9,9	11,7	13,3	14,9
		s	−19,8	−11,7	−8,9	−7,5
		f	12,0	16,0	20,0	24,0
		s	−24,0	−16,0	−13,3	−12,0

$$m_f = \frac{q \cdot l^2}{f} \quad \text{bzw.} \quad m_s = \frac{q \cdot l^2}{s}$$

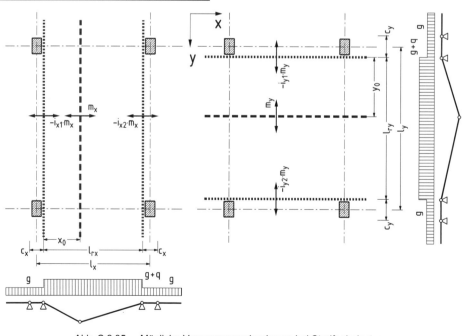

Abb. C.2.35   Mögliche Versagensmechanismen bei Streifenbelastung

Tafel C.2.11a Biegemomente umfanggelagerter Rechteckplatten nach der Bruchlinientheorie

Stützungsarten: 1, 2.1, 2.2, 3.1, 3.2, 4, 5.1, 5.2, 6

Leitwert: $K = q \cdot l_x \cdot l_y$

Feldmomente: $m_{xf} = \dfrac{K}{f_x}$; $m_{yf} = \dfrac{K}{f_y}$ ($l_x = l_{min}$)

Stützmomente: $m_{xs} = \dfrac{K}{s_x}$; $m_{ys} = \dfrac{K}{s_y}$

$-m_s / m_f = 0{,}5$

Verhältnis Stütz- zu Feldmoment ($l_x = l_{min}$), Seitenverhältnis l_y / l_x

Stützung	Beiwert	1,0	1,1	1,2	1,3	1,4	1,5	1,6	1,7	1,8	1,9	2,0
1	f_x	24,0	22,1	21,0	20,3	20,0	19,9	20,0	20,2	20,5	20,9	21,3
	f_y	24,0	26,8	30,2	34,4	39,2	44,9	51,3	58,5	66,5	75,5	85,3
2.1	f_x	30,2	27,0	25,0	23,7	22,9	22,4	22,2	22,2	22,3	22,5	22,8
	f_y	24,4	26,4	29,0	32,3	36,2	40,8	46,0	51,8	58,4	65,7	73,8
	s_y	-48,8	-52,8	-58,1	-64,6	-72,4	-81,5	-91,9	-104	-117	-131	-148
2.2	f_x	24,4	23,1	22,5	22,2	22,2	22,4	22,8	23,2	23,7	24,3	25,0
	f_y	30,2	34,6	40,0	46,4	53,9	62,4	72,1	83,0	95,2	108,7	123,7
	s_x	-48,8	-46,3	-44,9	-44,4	-44,4	-44,8	-45,5	-46,4	-47,5	-48,7	-50,0
3.1	f_x	38,2	33,3	30,0	27,8	26,4	25,5	24,9	24,6	24,4	24,4	24,6
	f_y	25,5	26,9	28,8	31,4	34,5	38,2	42,4	47,3	52,8	58,8	65,6
	s_y	-50,9	-53,7	-57,6	-62,7	-69,0	-76,4	-84,9	-94,6	-106	-118	-131
3.2	f_x	25,5	24,7	24,4	24,5	24,8	25,3	25,9	26,6	27,4	28,2	29,1
	f_y	38,2	44,8	52,8	62,1	73,0	85,4	99,5	115,3	133,1	152,7	174,5
	s_x	-50,9	-49,4	-48,9	-49,0	-49,6	-50,6	-51,8	-53,2	-54,8	-56,4	-58,2
4	f_x	29,7	27,4	26,0	25,2	24,8	24,7	24,8	25,0	25,4	25,9	26,4
	f_y	29,7	33,1	37,4	42,5	48,6	55,5	63,4	72,3	82,3	93,4	105,6
	s_x	-59,4	-54,7	-51,9	-50,3	-49,5	-49,3	-49,5	-50,1	-50,8	-51,7	-52,8
	s_y	-59,4	-66,2	-74,8	-85,1	-97,1	-111	-127	-145	-165	-187	-211
5.1	f_x	30,1	28,5	27,6	27,2	27,2	27,4	27,8	28,3	29,0	29,7	30,4
	f_y	36,5	41,7	48,2	55,8	64,6	74,7	86,3	99,2	113,7	129,8	147,6
	s_x	-60,2	-56,9	-55,2	-54,4	-54,4	-54,8	-55,6	-56,6	-57,9	-59,3	-60,9
	s_y	-73,0	-83,5	-96,3	-112	-129	-149	-173	-198	-227	-260	-295
5.2	f_x	36,5	32,7	30,3	28,8	27,9	27,4	27,2	27,2	27,4	27,7	28,0
	f_y	30,1	32,7	36,0	40,2	45,1	50,8	57,4	64,8	73,1	82,3	92,5
	s_x	-73,0	-65,5	-60,7	-57,6	-55,8	-54,8	-54,4	-54,4	-54,7	-55,3	-56,1
	s_y	-60,2	-65,3	-72,1	-80,4	-90,2	-102	-115	-130	-146	-165	-185
6	f_x	36,0	33,2	31,5	30,5	30,0	29,9	30,0	30,3	30,8	31,4	32,0
	f_y	36,0	40,1	45,3	51,6	58,9	67,3	76,9	87,7	99,8	113,2	128,0
	s_x	-72,0	-66,3	-62,9	-61,0	-60,1	-59,8	-60,1	-60,7	-61,6	-62,7	-64,0
	s_y	-72,0	-80,3	-90,6	-103	-118	-135	-154	-175	-200	-226	-256

$-m_s / m_f = 1{,}0$

Verhältnis Stütz- zu Feldmoment l_y / l_x ($l_x = l_{min}$), Seitenverhältnis

Stützung	Beiwert	1,0	1,1	1,2	1,3	1,4	1,5	1,6	1,7	1,8	1,9	2,0
1	f_x	24,0	22,1	21,0	20,3	20,0	19,9	20,0	20,2	20,5	20,9	21,3
	f_y	24,0	26,8	30,2	34,4	39,2	44,9	51,3	58,5	66,5	75,5	85,3
2.1	f_x	36,8	32,2	29,1	27,1	25,8	24,9	24,4	24,2	24,1	24,1	24,3
	f_y	25,3	26,7	28,8	31,5	34,7	38,5	42,9	47,9	53,5	59,8	66,7
	s_y	-25,3	-26,7	-28,8	-31,5	-34,7	-38,5	-42,9	-47,9	-53,5	-59,8	-66,7
2.2	f_x	25,3	24,4	24,1	24,1	24,4	24,8	25,4	26,0	26,8	27,6	28,4
	f_y	36,8	43,0	50,5	59,4	69,6	81,4	94,7	109,7	126,4	145,0	165,6
	s_x	-25,3	-24,4	-24,1	-24,1	-24,4	-24,8	-25,4	-26,0	-26,8	-27,6	-28,4
3.1	f_x	56,6	47,7	41,6	37,3	34,3	32,2	30,7	29,6	29,0	28,5	28,3
	f_y	28,3	28,9	29,9	31,5	33,6	36,2	39,3	42,8	46,9	51,5	56,6
	s_y	-28,3	-28,9	-29,9	-31,5	-33,6	-36,2	-39,3	-42,8	-46,9	-51,5	-56,6
3.2	f_x	28,3	28,2	28,6	29,2	30,0	31,0	32,1	33,2	34,4	35,7	37,0
	f_y	56,6	68,3	82,4	98,8	117,8	139,5	164,2	191,9	223,0	257,5	295,7
	s_x	-28,3	-28,2	-28,6	-29,2	-30,0	-31,0	-32,1	-33,2	-34,4	-35,7	-37,0
4	f_x	35,0	32,2	30,6	29,6	29,2	29,1	29,2	29,5	29,9	30,5	31,1
	f_y	35,0	39,0	44,0	50,1	57,2	65,4	74,7	85,2	96,9	109,9	124,3
	s_x	-35,0	-32,2	-30,6	-29,6	-29,2	-29,1	-29,2	-29,5	-29,9	-30,5	-31,1
	s_y	-35,0	-39,0	-44,0	-50,1	-57,2	-65,4	-74,7	-85,2	-96,9	-110	-124
5.1	f_x	36,3	34,8	34,2	34,0	34,3	34,8	35,5	36,4	37,3	38,4	39,5
	f_y	49,8	57,8	67,5	79,0	92,3	107,5	124,8	144,2	165,9	190,1	216,7
	s_x	-36,3	-34,8	-34,2	-34,0	-34,3	-34,8	-35,5	-36,4	-37,3	-38,4	-39,5
	s_y	-36,3	-57,8	-67,5	-79,0	-92,3	-107	-125	-144	-166	-190	-217
5.2	f_x	49,8	43,9	40,0	37,5	35,9	34,9	34,3	34,1	34,1	34,2	34,6
	f_y	36,3	38,7	42,0	46,2	51,2	57,2	64,0	71,7	80,4	90,0	100,7
	s_x	-49,8	-43,9	-40,0	-37,5	-35,9	-34,9	-34,3	-34,1	-34,1	-34,2	-34,6
	s_y	-36,3	-38,7	-42,0	-46,2	-51,2	-57,2	-64,0	-71,7	-80,4	-90,0	-101
6	f_x	48,0	44,2	42,0	40,7	40,0	39,9	40,0	40,5	41,1	41,8	42,7
	f_y	48,0	53,5	60,4	68,7	78,5	89,7	102,5	116,9	133,0	150,9	170,7
	s_x	-48,0	-44,2	-42,0	-40,7	-40,0	-39,9	-40,0	-40,5	-41,1	-41,8	-42,7
	s_y	-48,0	-53,5	-60,4	-68,7	-78,5	-89,7	-103	-117	-133	-151	-171

Plattentragwerke

Tafel C.2.11b Biegemomente umfanggelagerter Rechteckplatten nach der Bruchlinientheorie

Stützungsarten: 1, 2.1, 2.2, 3.1, 3.2, 4, 5.1, 5.2, 6

Leitwert: $K = q \cdot l_x \cdot l_y$

Feldmomente: $m_{xf} = \dfrac{K}{f_x}$; $m_{yf} = \dfrac{K}{f_y}$ ($l_x = l_{min}$)

Stützmomente: $m_{xs} = \dfrac{K}{s_x}$; $m_{ys} = \dfrac{K}{s_y}$

$-m_s / m_f = 1{,}5$

Stützung	Beiwert	\multicolumn{11}{c}{Verhältnis Stütz- zu Feldmoment l_y / l_x (Seitenverhältnis)}
		1,0	1,1	1,2	1,3	1,4	1,5	1,6	1,7	1,8	1,9	2,0
1	f_x	24,0	22,1	21,0	20,3	20,0	19,9	20,0	20,2	20,5	20,9	21,3
	f_y	24,0	26,8	30,2	34,4	39,2	44,9	51,3	58,5	66,5	75,5	85,3
2.1	f_x	43,8	37,7	33,6	30,8	28,8	27,5	26,7	26,1	25,9	25,7	25,8
	f_y	26,3	27,4	29,0	31,2	33,9	37,2	41,0	45,4	50,3	55,8	61,9
	s_y	-17,5	-18,3	-19,4	-20,8	-22,6	-24,8	-27,3	-30,2	-33,5	-37,2	-41,2
2.2	f_x	26,3	25,8	25,8	26,0	26,5	27,2	27,9	28,8	29,7	30,7	31,7
	f_y	43,8	52,0	61,8	73,3	86,6	101,8	119,1	138,5	160,2	184,4	211,1
	s_x	-17,5	-17,2	-17,2	-17,4	-17,7	-18,1	-18,6	-19,2	-19,8	-20,4	-21,1
3.1	f_x	79,0	65,2	55,6	48,8	43,8	40,2	37,5	35,6	34,2	33,2	32,4
	f_y	31,6	31,6	32,0	33,0	34,3	36,1	38,4	41,1	44,3	47,9	51,9
	s_y	-21,1	-21,0	-21,4	-22,0	-22,9	-24,1	-25,6	-27,4	-29,5	-31,9	-34,6
3.2	f_x	31,6	32,2	33,0	34,1	35,4	36,8	38,3	39,9	41,5	43,2	44,9
	f_y	79,0	97,3	118,9	144,3	173,6	207,1	245,2	288,2	336,2	389,7	448,9
	s_x	-21,1	-21,4	-22,0	-22,8	-23,6	-24,5	-25,5	-26,6	-27,7	-28,8	-29,9
4	f_x	40,0	36,8	34,9	33,9	33,3	33,2	33,3	33,7	34,2	34,8	35,5
	f_y	40,0	44,6	50,3	57,2	65,4	74,7	85,4	97,4	110,8	125,7	142,1
	s_x	-26,6	-24,6	-23,3	-22,6	-22,2	-22,1	-22,2	-22,5	-22,8	-23,2	-23,7
	s_y	-26,6	-29,7	-33,5	-38,2	-43,6	-49,8	-56,9	-64,9	-73,8	-83,8	-94,8
5.1	f_x	42,4	41,1	40,7	40,8	41,4	42,2	43,2	44,3	45,6	47,0	48,5
	f_y	63,6	74,7	88,0	103,6	121,7	142,4	165,9	192,3	221,9	254,7	291,0
	s_x	-28,3	-27,4	-27,1	-27,2	-27,6	-28,1	-28,8	-29,6	-30,4	-31,3	-32,3
	s_y	-42,4	-49,8	-58,6	-69,1	-81,1	-94,9	-111	-128	-148	-170	-194
5.2	f_x	63,6	55,5	50,0	46,4	44,2	42,4	41,4	40,9	40,7	40,7	41,0
	f_y	42,4	44,7	48,0	52,2	57,4	63,6	70,7	78,8	87,8	98,0	109,2
	s_x	-42,4	-37,0	-33,4	-30,9	-29,3	-28,3	-27,6	-27,3	-27,1	-27,2	-27,3
	s_y	-28,3	-29,8	-32,0	-34,8	-38,3	-42,4	-47,1	-52,5	-58,6	-65,3	-72,8
6	f_x	60,0	55,3	52,5	50,8	50,1	49,8	50,1	50,6	51,3	52,3	53,3
	f_y	60,0	66,9	75,5	85,9	98,1	112,2	128,1	146,1	166,3	188,6	213,3
	s_x	-40,0	-36,9	-35,0	-33,9	-33,4	-33,2	-33,4	-33,7	-34,2	-34,8	-35,6
	s_y	-40,0	-44,6	-50,4	-57,3	-65,4	-74,8	-85,4	-97,4	-111	-126	-142

$-m_s / m_f = 2{,}0$

Stützung	Beiwert	\multicolumn{11}{c}{Verhältnis Stütz- zu Feldmoment l_y / l_x (Seitenverhältnis) ($l_x = l_{min}$)}
		1,0	1,1	1,2	1,3	1,4	1,5	1,6	1,7	1,8	1,9	2,0
1	f_x	24,0	22,1	21,0	20,3	20,0	19,9	20,0	20,2	20,5	20,9	21,3
	f_y	24,0	26,8	30,2	34,4	39,2	44,9	51,3	58,5	66,5	75,5	85,3
2.1	f_x	51,2	43,5	38,2	34,6	32,0	30,2	29,0	28,2	27,7	27,4	27,2
	f_y	27,5	28,2	29,5	31,3	33,6	36,5	39,8	43,7	48,1	53,0	58,4
	s_y	-13,7	-14,1	-14,8	-15,7	-16,8	-18,2	-19,9	-21,8	-24,0	-26,5	-29,2
2.2	f_x	27,5	27,2	27,4	27,9	28,6	29,5	30,4	31,4	32,5	33,7	34,8
	f_y	51,2	61,5	73,7	88,1	104,7	123,7	145,2	169,5	196,6	226,7	260,1
	s_x	-13,7	-13,6	-13,7	-14,0	-14,3	-14,7	-15,2	-15,7	-16,3	-16,8	-17,4
3.1	f_x	105,6	85,8	72,0	62,1	54,9	49,5	45,4	42,4	40,1	38,4	37,1
	f_y	35,2	34,6	34,6	35,0	35,8	37,1	38,8	40,8	43,3	46,2	49,5
	s_y	-17,6	-17,3	-17,3	-17,5	-17,9	-18,5	-19,4	-20,4	-21,6	-23,1	-24,7
3.2	f_x	35,2	36,2	37,6	39,2	40,9	42,7	44,6	46,6	48,6	50,7	52,8
	f_y	105,6	131,5	162,4	198,5	240,4	288,3	342,7	404,1	472,8	549,4	634,2
	s_x	-17,6	-18,1	-18,8	-19,6	-20,4	-21,4	-22,3	-23,3	-24,3	-25,4	-26,4
4	f_x	44,8	41,3	39,1	37,9	37,4	37,2	37,4	37,7	38,3	39,0	39,8
	f_y	44,8	49,9	56,4	64,1	73,2	83,7	95,6	109,1	124,1	140,8	159,2
	s_x	-22,4	-20,6	-19,6	-19,0	-18,7	-18,6	-18,7	-18,9	-19,2	-19,5	-19,9
	s_y	-22,4	-25,0	-28,2	-32,1	-36,6	-41,9	-47,8	-54,5	-62,1	-70,4	-79,6
5.1	f_x	48,5	47,4	47,2	47,6	48,4	49,5	50,8	52,3	53,9	55,6	57,4
	f_y	78,0	92,2	109,2	129,3	152,4	179,0	209,0	242,9	280,7	322,8	369,3
	s_x	-24,3	-23,7	-23,6	-23,8	-24,2	-24,7	-25,4	-26,1	-26,9	-27,8	-28,7
	s_y	-39,0	-46,1	-54,6	-64,6	-76,2	-89,5	-105	-121	-140	-161	-185
5.2	f_x	48,5	67,4	60,3	55,4	52,2	50,0	48,6	47,7	47,3	47,2	47,3
	f_y	48,5	50,7	54,0	58,3	63,6	70,0	77,4	85,8	95,3	105,9	117,7
	s_x	-39,0	-33,7	-30,1	-27,7	-26,1	-25,0	-24,3	-23,9	-23,6	-23,6	-23,6
	s_y	-24,3	-25,4	-27,0	-29,1	-31,8	-35,0	-38,7	-42,9	-47,7	-53,0	-58,8
6	f_x	72,0	66,3	62,9	61,0	60,1	59,8	60,1	60,7	61,6	62,7	64,0
	f_y	72,0	80,3	90,6	103,1	117,7	134,6	153,8	175,4	199,5	226,4	256,0
	s_x	-36,0	-33,2	-31,5	-30,5	-30,0	-29,9	-30,0	-30,3	-30,8	-31,4	-32,0
	s_y	-36,0	-40,1	-45,3	-51,6	-58,9	-67,3	-76,9	-87,7	-99,8	-113	-128

C.64

Plattentragwerke

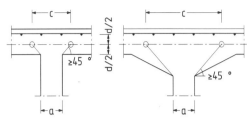

Abb. C.2.36 Lage der Fließgelenke am Stützenkopf

Die über Feldbreite integrierten Bruchmomente unter der Flächenlast q berechnen sich dann aus:

$$M_x = \frac{q \cdot l_{rx}^2 \cdot l_y}{2\left(\sqrt{1+i_{x1}} + \sqrt{1+i_{x2}}\right)^2} \quad (C.2.36a)$$

$$M_y = \frac{q \cdot l_{ry}^2 \cdot l_x}{2\left(\sqrt{1+i_{y1}} + \sqrt{1+i_{y2}}\right)^2} \quad (C.2.36b)$$

wobei:

$$M_x = \int_0^{l_y} m_y \, dx \quad \text{und} \quad M_y = \int_0^{l_x} m_x \, dy$$

Die Parameter i sind sinnvoll vorzuwählen.

Unter Vollbelastung kann örtlich im Bereich des Stützenkopfs ein Fächer als Bruchfigur entstehen, der positive und negative Momente aufweist, s. Abb. C.2.37. Die Stützmomente im Gurtstreifen ergeben sich zu:

$$m_{xs} = \frac{F_u}{1+i_{xs}} \cdot \frac{\sqrt{\mu}}{2\pi \cdot \left(1+\dfrac{4\,a_x}{l_y}\right)} \quad (C.2.37a)$$

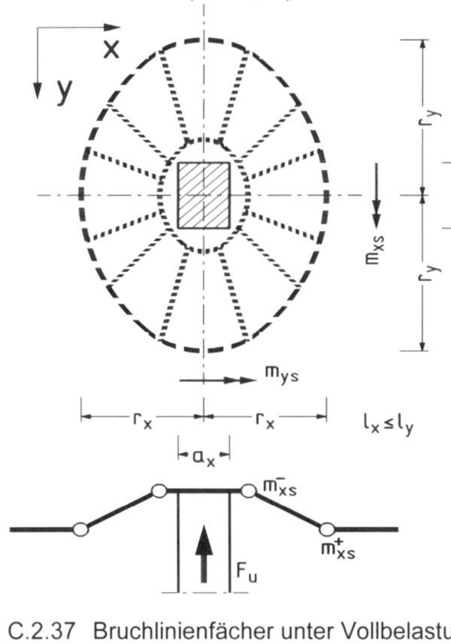

$$m_{ys} = \frac{F_u}{1+i_{ys}} \cdot \frac{1}{2\pi \cdot \left(1+\dfrac{4\,a_y}{l_x}\right) \cdot \sqrt{\mu}} \quad (C.2.37b)$$

mit: F_u Auflagerkraft der Stütze
$\mu = m_{xs}/m_{ys}$
$i_{xs} = m_{xs}^-/m_{xs}^+$, $i_{ys} = m_{ys}^-/m_{ys}^+$

2.4.3 Berechnungsbeipiel Nutzlasterhöhung einer Deckenplatte

Für eine Decke im Hochbau gemäß Abb. C.2.38, die nach der Elastizitätstheorie berechnet und bemessen wurde, soll die Möglichkeit einer Steigerung der Verkehrslast von 3,0 auf 5,0 kN/m² geprüft werden, vgl. [Friedrich – 11].

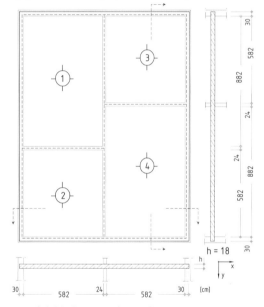

Abb. C.2.38 Bauteilmaße der Deckenplatte

2.4.3.1 Vorgaben

Belastung: Eigenlast g_{k1} = 4,5 kN/m²
            Zusatzeigenlast g_{k2} = 1,5 kN/m²
            bisherige Nutzlast q_k = 3,0 kN/m²
            angestrebte Nutzlast q_k^* = 5,0 kN/m²

Baustoffe: Beton C20/25
           Betonstahl B500 (hochduktil)

Abb. C.2.37 Bruchlinienfächer unter Vollbelastung

Tafel C.2.12 Schnittgrößen nach Elastizitätstheorie (Pieper/Martens, s. Tafel C.2.2) und zugehörige Bewehrung

	m_s [kNm/m]	m_s' [kNm/m]	d [cm]	erf. a_s [cm²/m]	Bew. gew.	vorh. a_s [cm²/m]
m_{xf1} ; m_{xf4}	27,3		15	4,3	ø8/11 cm	4,6
m_{yf1} ; m_{yf4}	10,8		14	1,7	ø8/25 cm	2,0
m_{xf2} ; m_{xf3}	14,0		15	2,1	ø8/20 cm	2,5
m_{yf2} ; m_{yf3}	14,0		14	2,3	ø8/20 cm	2,5
m_{xs13} ; m_{xs24}	−39,4	−37,4	15	6,1	ø10/12,5 cm	6,3
m_{ys12} ; m_{ys34}	−33,9	−32,8	14	5,7	ø10/13,5 cm	5,8

Umweltbedingungen:
  Innenbauteil, trockene Umgebung;
  Expositionsklasse XC1

Eine statische Berechnung unter Ansatz der bisherigen Nutzlast hatte die in Tafel C.2.12 angegebenen Schnittgrößen im Grenzzustand der Tragfähigkeit und zugehörige Bewehrungsmengen geliefert (drillsteife Platten vorausgesetzt).

2.4.3.2 Systemmaße

Wirksame Stützweiten (EC2-1-1, 5.3.2.2):
$l_{x1} = l_{x2} = l_{x3} = l_{x4} = (0,18/2) + 5,82 + (0,18/2) = 6,00$ m
$l_{y1} = l_{y4} = (0,18/2) + 8,82 + (0,18/2) = 9,00$ m
$l_{y2} = l_{y3} = (0,18/2) + 5,82 + (0,18/2) = 6,00$ m
Plattendicke: $h = 18$ cm (Nutzhöhen $d_x \approx 15$ cm, $d_y \approx 14$ cm)

2.4.3.3 Einwirkungen

a) Charakteristische Werte
Ständige Einwirkungen:
Eigenlast: $g_{k1} = 25 \cdot 0,18 = 4,5$ kN/m²
$g_k = g_{k1} + g_{k2} = 4,5 + 1,5 = 6,00$ kN/m²
Veränderliche Einwirkungen:
Nutzlast (neu): $q_k^* = 5,00$ kN/m²

b) Bemessungswerte der Einwirkungen im Grenzzustand der Tragfähigkeit
Ständige Einwirkungen:
$g_d = 1,35 \cdot 6,00 = \underline{8,10 \text{ kN/m}^2}$
Veränderliche Einwirkungen: (neu)
$q_d^* = 1,50 \cdot 5,00 = \underline{7,50 \text{ kN/m}^2}$

c) Repräsentative Werte im Grenzzustand der Gebrauchstauglichkeit

- Quasi-ständige Einwirkungskombination (Nachweis der Betondruckspannungen; Rissbreitenbegrenzung):

$E_{d,perm} = G_k + \Sigma(\psi_{2,i} \cdot Q_{k,i})$ mit $\psi_{2,i} = 0,30$
(Büros, Kat. B; s. DIN 1055-100, Tab. A2)

$e_{d,perm} = g_k + \psi_{2,i} \cdot q_{k1} = 6,0 + 0,30 \cdot 5,0 =$
$= \underline{7,50 \text{ kN/m}^2}$

(unter bisheriger Nutzlast ergibt sich
$e_{d,perm} = 6,0 + 0,30 \cdot 3,0 = 6,90$ kN/m²)

- Seltene Einwirkungskombination (Nachweis der Betonstahlspannungen):

$E_{d,rare} = G_k + Q_{k,1} + \Sigma(\psi_{0,i} \cdot Q_{k,i})$
$e_{d,rare} = g_k + q_k^* = 6,0 + 5,0 = \underline{11,00 \text{ kN/m}^2}$

2.4.3.4 Berechnung nach Elastizitätstheorie

a) Schnittgrößen im Grenzzustand der Tragfähigkeit

- Biegemomente

Die Ermittlung der Biegemomente erfolgt nach Pieper/Martens (Tafel C.2.2). Bei Ausnutzung der Symmetrie genügt es, die Pos. 1 und 2 zu berechnen. Alle Platten sind vom Typ 4 (Einspannung zweier benachbarter Ränder)
Voraussetzung für die Anwendung der Tafel:
$q_d \leq 2 \cdot g_d$
$7,5 < 2 \cdot 8,1 = 16,2$ kN   (erfüllt)
Pos. 1 (entspr. Pos. 4): $l_y/l_x = 9,00/6,00 = 1,5$
$K = (g_d + q_d) \cdot l_y \cdot l_x =$
$= (8,1 + 7,5) \cdot 6,00 \cdot 9,00 = 842,4$ kN
Tafelablesung: $f_x = 24,9,$ $f_y = 63,0,$
            $s_x = -14,4,$ $s_y = -18,8$
Feldmomente:
$m_{xf1} = K/f_x = 842,4/24,9 = \underline{33,8 \text{ kNm/m}}$
$m_{yf1} = K/f_y = 842,4/63,0 = \underline{13,4 \text{ kNm/m}}$

Volleinspannmomente:
$m_{xs1} = K/s_x = 842{,}4/-14{,}4 = -58{,}5$ kNm/m
$m_{ys1} = K/s_y = 842{,}4/-18{,}8 = -44{,}8$ kNm/m
Pos. 2 (entspr. Pos. 3): $l_y/l_x = 6{,}00/6{,}00 = 1{,}0$
$K = (g_d + q_d) \cdot l_y \cdot l_x =$
$ = (8{,}1 + 7{,}5) \cdot 6{,}00 \cdot 6{,}00 = 561{,}6$ kN
Tafelablesung: $f_x = 32{,}5$, $f_y = 32{,}5$,
$s_x = -14{,}4$, $s_y = -14{,}4$
Feldmomente:
$m_{xf2} = K/f_x = 561{,}6/32{,}5 = \underline{17{,}3\text{ kNm/m}}$
$m_{yf2} = K/f_y = 561{,}6/32{,}5 = \underline{17{,}3\text{ kNm/m}}$
Volleinspannmomente:
$m_{xs2} = K/s_x = 561{,}6/-14{,}4 = -39{,}0$ kNm/m
$m_{ys2} = K/s_y = 561{,}6/-14{,}4 = -39{,}0$ kNm/m
Stützmomente: (Mittelwert der beiden an der Stützung anliegenden Volleinspannmomente, mindestens aber 75 % des betragsmäßig größeren der beiden Werte)
Stützung 1–2:
$m_{s12} = 0{,}5 \cdot (-44{,}8 - 39{,}0) = \underline{-41{,}9\text{ kNm/m}}$
$0{,}75 \cdot (-44{,}8) = -33{,}6$ kNm/m (nicht maßgebend)

ausgerundetes Stützmoment, näherungsweise, s. Abschn. C.2.3.2.2:
$m'_{Ed} = (1 - 1{,}25 \cdot a/l_{max}) \cdot m_{Ed}$
$m'_{12} = (1 - 1{,}25 \cdot 0{,}24/9{,}00) \cdot 41{,}6 =$
$\phantom{m'_{12}} = \underline{40{,}2\text{ kNm/m}}$

Stützung 1–3:
$m_{s13} = 0{,}5 \cdot (-58{,}5 - 39{,}0) = \underline{-48{,}8\text{ kNm/m}}$
$0{,}75 \cdot (-58{,}5) = -43{,}9$ kNm/m (nicht maßgebend)
$m'_{13} = (1 - 1{,}25 \cdot 0{,}24/6{,}00) \cdot 48{,}8 =$
$\phantom{m'_{13}} = \underline{46{,}4\text{ kNm/m}}$

- Querkräfte

Die Querkräfte können näherungsweise durch Aufteilung der Platten in Lasteinzugsflächen bestimmt werden. Hier genügt die Ermittlung des Größtwertes der Querkräfte, der an den Innenstützungen (1-2 und 1-3) auftritt. Der Bemessungswert der Querkraft wird in der Entfernung $d \approx 0{,}14$ m (Rand 1-2) vom Auflagerrand bestimmt:

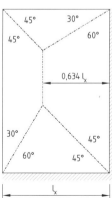

$v_{Ed13,red}$
$\approx (g_d + q_d) \cdot (0{,}634 \cdot l_x - b/2 - d) =$
$= (8{,}1 + 7{,}5) \cdot (0{,}634 \cdot 6{,}00 - 0{,}24/2 - 0{,}14) =$
$= \underline{55{,}3\text{ kN/m}}$

b) Bemessung im Grenzzustand der Tragfähigkeit

Es soll hier zunächst überprüft werden, ob die Nutzlasterhöhung mit der vorhandenen Bewehrung durchgeführt werden könnte.

- Biegung

Die Biegebemessung wird stellvertretend für das Stützmoment m_{s13} dargestellt.

$m'_{Eds} = m'_{Ed} = 46{,}4$ kNm/m (ausgerundeter Wert)
$f_{cd} = 11{,}33$ MN/m²

Einzuhaltende Begrenzung der Druckzonenhöhe für Durchlaufträger gemäß EC2-1-1, 5.4/NA.5:
$\xi = x/d \leq 0{,}45$

Allgemeines Bemessungsdiagramm:

$$\mu_{Eds} = \frac{M_{Eds}}{b \cdot d^2 \cdot f_{cd}} = \frac{0{,}0464}{1{,}00 \cdot 0{,}15^2 \cdot 11{,}33} = 0{,}182 < 0{,}296$$

Ablesungen:
$\zeta = z/d = 0{,}90 \rightarrow z = 0{,}90 \cdot 0{,}15 = 0{,}135$ m
$\xi = x/d = 0{,}25 < 0{,}45$;
$\varepsilon_{s1} = 10{,}5\text{‰} \rightarrow \sigma_{sd} = 442{,}7$ MN/m² (ansteig. Ast)

Auswertung:

$$\text{erf } a_s = \frac{1}{\sigma_{sd}} \cdot \frac{M_{Eds}}{z} = \frac{1}{442{,}7} \cdot \frac{0{,}0464}{0{,}135} \cdot 10^4 = 7{,}8\text{ cm}^2/\text{m}$$

Zusammenstellung aller Bemessungsergebnisse:

	m_s kNm/m	m_s' kNm/m	z/d	x/d	erf. a_s cm²/m
m_{xf1} ; m_{xf4}	33,8		0,927	0,177	5,4
m_{yf1} ; m_{yf4}	13,4		0,966	0,087	2,2
m_{xf2} ; m_{xf3}	17,3		0,963	0,095	2,6
m_{yf2} ; m_{yf3}	17,3		0,958	0,105	2,8
m_{xs13} ; m_{xs24}	−48,8	−46,4	0,896	0,251	7,8
m_{ys12} ; m_{ys34}	−41,9	−40,6	0,910	0,216	6,7

Die vorhandene Bewehrung ist in keiner Position für die erhöhte Nutzlast ausreichend.

- Querkraft

Grenzwert der ohne Querkraftbewehrung aufnehmbaren Querkraft (DIN 1045-1, 10.3.3):

$v_{Rd,c} = [C_{Rdc} \cdot \kappa \cdot (100 \cdot \rho_l \cdot f_{ck})^{1/3} + 0{,}12 \cdot \sigma_{cd}] \cdot b_w \cdot d$

mit:

$\kappa = 1 + \sqrt{\dfrac{200}{d}} \leq 2{,}0$

$C_{Rdc} = 0{,}15/\gamma_C = 0{,}1$
ρ_l Längsbewehrungsgrad $\rho_l = \dfrac{A_{sl}}{b_w \cdot d} \leq 0{,}02$

A_{sl} Zugbewehrung, die um das Maß d über den betrachteten Querschnitt hinaus geführt und dort verankert wird

b_w kleinste Querschnittsbreite innerhalb der Zugzone des Querschnitts [mm]

d statische Nutzhöhe der Biegebewehrung [mm]

σ_{cd} Bemessungswert der Betonlängsspannung in Höhe des Schwerpunkts des Querschnitts (Druck: positiv einsetzen)

Der Nachweis wird für Pos. 1 (entspr. Pos. 4) an den Innenstützungen geführt.

A_{sl} = 5,8 cm² (obere Biegezugbewehrung am Rand 1-2)

$$\rho_l = \frac{5,8}{100 \cdot 14} = 0,0041 \leq 0,02$$

$$\kappa = 1 + \sqrt{\frac{200}{150}} = 2,15$$

$\leq 2,0$ (maßgebend)

σ_{cd} = 0 (keine Längskraft im Querschnitt)

$v_{Rd,c}$ = [0,10 · 2,0 · (100 · 0,0041 · 20)$^{1/3}$ +
  + 0,12 · 0] · 1,00 · 0,14 = 0,0564 MN/m
  = 56,4 kN/m

$v_{Rd,c}$ > $v_{Ed,red}$ = 55,3 kN/m

→ keine Querkraftbewehrung erforderlich.

c) Nachweise im Grenzzustand der Gebrauchstauglichkeit (GZG)

Siehe Abschnitt C.2.4.3.7.

2.4.3.5 Schnittgrößen für die Berechnung nach Bruchlinientheorie

a) Grenzzustand der Tragfähigkeit

- Biegemomente

Durch den Einsatz der Bruchlinientheorie soll versucht werden, die Schnittgrößen der Elastizitätstheorie unter der Nutzlast von 3 kN/m² trotz Nutzlaststeigerung um 2 kN/m² nicht zu überschreiten. Dazu wird zunächst an der Platte Pos.1 demonstriert, wie die Plattenschnittgrößen durch Wahl der Momentenverhältnisse $i = |m_s|/m_f$ gesteuert werden können. Die Momentenverhältnisse i der Platte 1 werden platteneinheitlich in vier Schritten von 0,5 bis 2,0 verändert. Über tabellierte Hilfswerte (Tafel C.2.15) lassen sich die Momente einfach bestimmen. Für den Plattentyp 4 (zwei benachbarte Ränder eingespannt) ergeben sich unter der Bemessungslast $(g_d + q_d)$ = 15,60 kN/m² die dargestellten Varianten (s. Tafel C.2.13).

Mit wenig mehr Aufwand kann man die Gleichungen (C.2.29) bis (C.2.32) auch direkt auswerten (z. B. mittels eines Tabellenkalkulationsprogramms) und dabei unterschiedliche Momentenverhältnisse an den beiden eingespannten Rändern vorgeben. Durch Probieren findet man schnell eine Lösung, welche die Vergleichswerte der Elastizitätstheorie sehr gut einhält:

Pos.	Momenten-verhältnisse	berechnete Momente			
		m_{xf}	m_{yf}	m_{xs}	m_{ys}
		kNm/m			
1	$i_3=\|m_{ys}\|/m_{yf}$ = 1,0 $i_4=\|m_{xs}\|/m_{xf}$ = 1,45	27,2	10,7	−39,4	−10,7
	Vergleichswerte: Elastizitätstheorie bei Nutzlast 3 kN/m²	27,3	10,8	−39,4	−33,9

Für die praktische weitere Berechnung wird nun vereinfachend für alle Platten des Deckenfelds ein einheitliches Verhältnis von Stütz- zu Feldmomenten von $i = |m_s|/m_f$ = 1,5 gewählt, sodass die Momente unter Verwendung der erwähnten Tafeln ermittelt werden können (Ergebnisse s. Tafel C.2.14).

- Querkräfte

Näherungsweise können die Querkräfte über Lasteinzugsflächen wie bei der linear-elastischen Berechnung bestimmt werden. Zutreffender ist hier jedoch die Berechnung über die von den Bruchlinien begrenzten Bruchflächen.

Tafel C.2.13 Schnittgrößen nach Bruchlinientheorie; exemplarische Variation der Momentenverhältnisse bei Platte 1

Pos.	Mom.verh.	Stützweite		Seitenverh.		Leitwert	abgelesene Tafelwerte				berechnete Momente			
	$i=\|m_s\|/m_f$	l_x	l_y	l_y/l_x	l_x/l_y	K	f_x	f_y	s_x	s_y	m_{xf}	m_{yf}	m_{xs}	m_{ys}
		m									kNm/m			
1	0,5	6,00	9,00	1,50	—	842,40	24,7	55,5	−49,3	−111	34,1	15,2	−17,1	−7,6
1	1,0	6,00	9,00	1,50	—	842,40	29,1	65,4	−29,1	−65,4	28,9	12,9	−28,9	−12,9
1	1,5	6,00	9,00	1,50	—	842,40	33,2	74,7	−22,1	−49,8	25,4	11,3	−38,1	−16,9
1	2,0	6,00	9,00	1,50	—	842,40	37,2	83,7	−18,6	−41,9	22,6	10,1	−45,3	−20,1
Vergleichswerte: Elastizitätstheorie bei Nutzlast 3kN/m²											27,3	10,8	−39,4	−33,9

Tafel C.2.14 Schnittgrößen nach Bruchlinientheorie; einheitliche Momentenverhältnisse $i = 1{,}5$

Pos.	Belastung			Stützweite		Seitenverh	Leitwert	abgelesene Tafelwerte				berechnete Momente			
	g_d	q_d	g_d+q_d	l_x	l_y	l_y/l_x l_x/l_y	K	f_x	f_y	s_x	s_y	m_{xf}	m_{yf}	m_{xs}	m_{ys}
	kN/m²			m								kNm/m			
1 = 4	8,1	7,5	15,60	6,00	9,00	1,50	—	842,40	33,2	74,7	-22,1	-49,8	25,4	11,3	-38,1	-16,9
	Vergleichswerte: Elastizitätstheorie bei Nutzlast 3 kN/m²											27,3	10,8	-39,4	-33,9
2 = 3	8,1	7,5	15,60	6,00	6,00	1,00	—	561,60	40,0	40,0	-26,6	-26,6	14,0	14,0	-21,1	-21,1
	Vergleichswerte: Elastizitätstheorie bei Nutzlast 3 kN/m²											14,0	14,0	-39,4	-33,9

Platte Pos. 1 (= Pos. 4):

mit: $m = m_{xf} = 25{,}4$ kNm/m und
           $\mu m = m_{yf} = 11{,}3$ kNm/m

ergibt sich aus den Gln. (C.2.35):

$$a_1 = \sqrt{\frac{6 \cdot 11{,}3}{15{,}6}}(1+0) = 2{,}08 \text{ m}$$

$$a_2 = \sqrt{\frac{6 \cdot 11{,}3}{15{,}6}}(1+1{,}5) = 3{,}30 \text{ m}$$

$$B = 3 - \frac{2 \cdot (2{,}08 + 3{,}30)}{9{,}00} = 1{,}80$$

$$b_1 = \sqrt{\frac{6 \cdot 25{,}40}{15{,}6 \cdot 1{,}80}}(1+0) = 2{,}08 \text{ m}$$

$$b_2 = \sqrt{\frac{6 \cdot 25{,}40}{15{,}6 \cdot 1{,}80}}(1+1{,}5) = 3{,}68 \text{ m}$$

Platte Pos. 2 (= Pos. 3):

mit: $m = m_{xf} = 14{,}0$ kNm/m und
           $\mu m = m_{yf} = 14{,}0$ kNm/m

$$a_1 = \sqrt{\frac{6 \cdot 14{,}0}{15{,}6}}(1+1{,}5) = 3{,}68 \text{ m}$$

$$a_2 = \sqrt{\frac{6 \cdot 14{,}0}{15{,}6}}(1+0) = 2{,}32 \text{ m}$$

$$B = 3 - \frac{2 \cdot (3{,}68 + 2{,}32)}{9{,}00} = 1{,}00$$

$$b_1 = \sqrt{\frac{6 \cdot 14{,}0}{15{,}6 \cdot 1{,}00}}(1+0) = 2{,}32 \text{ m}$$

$$b_2 = \sqrt{\frac{6 \cdot 14{,}0}{15{,}6 \cdot 1{,}00}}(1+1{,}5) = 3{,}68 \text{ m}$$

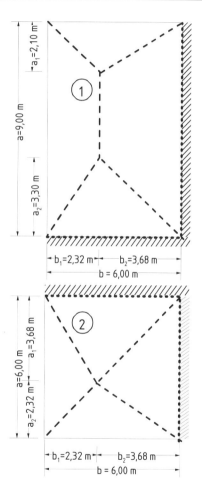

An den eingespannten Rändern berechnet sich damit der Größtwert der Querkraft zu

$v_{Ed13} = (g_d + q_d) \cdot b_2 = 15{,}6 \cdot 3{,}68 = \underline{57{,}4 \text{ kN/m}}$

und der Bemessungswert im Abstand d vom Auflagerrand:

$v_{Ed13,red} = 15{,}6 \cdot (3{,}68 - 0{,}24/2 - 0{,}14) = \underline{53{,}4 \text{ kN/m}}$

b) Grenzzustand der Gebrauchstauglichkeit

Da die Bruchlinientheorie nur Schnittgrößen im Grenzzustand der Tragfähigkeit (Bruchzustand) zu liefern vermag, muss man für Nachweise im Grenzzustand der Gebrauchstauglichkeit auf **Schnittgrößen nach Elastizitätstheorie** zurückgreifen.

Exemplarisch werden hier nur die Stützmomente betrachtet:

- Stützmoment unter quasi-ständiger Einwirkungskombination an der Stützung 1-3:
  Pos. 1 (entspr. Pos. 4): $l_y/l_x = 9{,}00/6{,}00 = 1{,}5$
  $K = e_{d,perm} \cdot l_y \cdot l_x = 7{,}5 \cdot 6{,}00 \cdot 9{,}00 = 405{,}0$ kN
  Volleinspannmoment:
  $m_{xs1} = K/s_x = 405{,}0/-14{,}4 = -28{,}1$ kNm/m
  Pos. 2 (entspr. Pos. 3): $l_y/l_x = 6{,}00/6{,}00 = 1{,}0$
  $K = e_{d,perm} \cdot l_y \cdot l_x = 7{,}5 \cdot 6{,}00 \cdot 6{,}00 = 270{,}0$ kN
  Volleinspannmoment:
  $m_{xs2} = K/s_x = 270/-14{,}4 = -18{,}8$ kNm/m
  Stützmoment 1-3:
  $m_{s13} = 0{,}5 \cdot (-28{,}1 - 18{,}8) = \underline{-23{,}5 \text{ kNm/m}}$
  $0{,}75 \cdot (-58{,}5) = -21{,}1$ kNm/m (nicht maßgeb.)
  $m'_{s13,perm} = (1 - 1{,}25 \cdot 0{,}24/6{,}00) \cdot 23{,}5 =$
  $= 22{,}3$ kNm/m

- Stützmoment unter der seltenen Einwirkungskombination an der Stützung 1-3:
  Im Verhältnis der Einwirkungen $e_{d,rare}/e_{d,perm} =$
  $= 11{,}00/7{,}50$ ergibt sich das Stützmoment 1-3:
  $m'_{s13,rare} = 22{,}3 \cdot 11{,}00/7{,}50 = \underline{32{,}7 \text{ kNm/m}}$

2.4.3.6 Bemessung im Grenzzustand der Tragfähigkeit

a) Bemessung für Biegung

Platte 1 (= 4): bisher: $m_{yf} = 10{,}8$ kNm/m
  neu: $m_{yf} = 11{,}3$ kNm/m

Allgemeines Bemessungsdiagramm:

$$\mu_{Eds} = \frac{M_{Eds}}{b \cdot d^2 \cdot f_{cd}} = \frac{0{,}0113}{1{,}00 \cdot 0{,}14^2 \cdot 11{,}33} = 0{,}051$$

Ablesungen:
$\zeta = z/d = 0{,}971 \rightarrow z = 0{,}971 \cdot 0{,}14 = 0{,}136$ m
$\varepsilon_{s1} = 25$ ‰ $\rightarrow \sigma_{sd} = 456{,}5$ MN/m² (anst. Ast)

Auswertung:

$$\text{erf } a_s = \frac{1}{\sigma_{sd}} \cdot \frac{M_{Eds}}{z} = \frac{1}{456{,}5} \cdot \frac{0{,}0113}{0{,}136} \cdot 10^4 = 1{,}82 \text{ cm}^2/\text{m}$$

$< \text{vorh } a_s = 2{,}0$ cm²/m

Die übrigen Plattenmomente sind kleiner als die unter der ursprünglichen Nutzlast und müssen daher nicht weiter betrachtet werden.

b) Vereinfachter Nachweis der Rotationsfähigkeit

Die ausreichende Verformungsfähigkeit des Systems gilt nach EC2-1-1, 5.6.2 als gesichert, wenn

- Das Verhältnis von Stütz- zu Feldmoment in jeder der beiden Tragrichtungen zwischen 0,5 und 2,0 liegt; (vorhanden: 1,5);
- Bewehrungsstahl hoher Duktilität verwendet wird (s. Berechnungsvorgaben) und
- im Gelenkbereich $x_u/d \leq 0{,}25$ (für Beton bis C50/60) gilt.

Überprüfung der Betondruckzonenhöhe durch Biegebemessung:
Stützung 1-3 (= 2-4):
$m_{xs13} = 39{,}4$ kNm/m
$m'_{xs13} = (1 - 1{,}25 \cdot 0{,}24/6{,}00) \cdot 39{,}4 = \underline{37{,}4 \text{ kNm/m}}$

$$\mu_{Eds} = \frac{M_{Eds}}{b \cdot d^2 \cdot f_{cd}} = \frac{0{,}0374}{1{,}00 \cdot 0{,}15^2 \cdot 11{,}33} = 0{,}147$$

Allgemeines Bemessungsdiagramm:
Ablesungen:
$\zeta = z/d = 0{,}918 \rightarrow z = 0{,}918 \cdot 0{,}15 = 0{,}138$ m
$\underline{\xi = x/d = 0{,}197 < 0{,}25} \rightarrow$ **Nachweis erfüllt.**
$\varepsilon_{s1} = 14{,}2$ ‰ $\rightarrow \sigma_{sd} = 446{,}3$ MN/m² (anst. Ast)
Bewehrung:

$$\text{erf } a_s = \frac{1}{\sigma_{sd}} \cdot \frac{M_{Eds}}{z} = \frac{1}{446{,}3} \cdot \frac{0{,}0374}{0{,}138} \cdot 10^4 = 6{,}09 \text{ cm}^2/\text{m}$$

$< \text{vorh } a_s = 6{,}3$ cm²/m

2.4.3.7 Nachweise im Grenzzustand der Gebrauchstauglichkeit

Im GZG sind folgende Nachweise zu führen:

- Begrenzung der Betondruck- und Stahlzugspannungen
- Rissbreitenbegrenzung
- Mindestbewehrung zur Sicherstellung eines duktilen Bauteilverhaltens
- Beschränkung der Durchbiegungen

a) Begrenzung der Betondruck- und Betonstahlspannungen

Der Nachweis zur Spannungsbegrenzung darf im Allgemeinen nur dann entfallen, wenn die Schnittgrößen nach der Elastizitätstheorie ermittelt wurden und weitere Bedingungen gemäß EC2-1-1, 7.1 (NA.3) eingehalten sind. Dies ist für Berechnungen nach der Bruchlinientheorie nicht gegeben; der Nachweis der Spannungsbegrenzung ist also zu führen.

- Begrenzung der Betondruckspannungen

Durch den Nachweis nach EC2-1-1, 7.2 sollen überproportionale Kriechverformungen vermieden werden. Die einzuhaltende Betondruckspannung beträgt im vorliegenden Fall $0{,}45 \cdot f_{ck} = 9{,}0$ MN/m². Die Berechnung erfolgt mit den Excel-Bemessungshilfen SPANNUNG [Goris – 12] und KRIECHEN [Schmitz/Goris – 09].

Zeitpunkt t = 0, d.h. Kriechzahl $\varphi = 0$:

Moment unter quasi-ständiger Einwirkungskombination (s. 2.6.2): $m'_{xs13,perm} = 22{,}3$ kNm/m
vorh. $a_s = 6{,}3$ cm²/m; Nutzhöhe $d = 15$ cm
$E_{c,eff} = E_{cm} = 30.000$ MN/m² (C20/25);
$\Rightarrow$ Betondruckspannung im Zustand II:
$|\sigma_c| = 10{,}1 > 9{,}0$ MN/m²

Die Überschreitung der zulässigen Betondruckspannung erscheint hier nicht kritisch, da

1. zum betrachteten Zeitpunkt $t = 0$ noch nicht der volle Verkehrslastanteil wirkt und
2. zum Zeitpunkt der Nutzlasterhöhung das Kriechen bereits weitgehend abgeklungen sein dürfte.

Neuberechnung für den Zeitpunkt t = 1 Jahr (angenommener Zeitpunkt der Nutzlasterhöhung):

Ermittlung des Kriechbeiwertes:
Zement CEM 32,5R; $h_0 \approx h = 180$ mm;
RH = 50 %; Belastungsbeginn $t_0 = 14$ Tage
$\Rightarrow \varphi_{t=1a} = 2{,}83$
$E_{c,eff} = E_{cm}/(1+\varphi) = 30.000/(1+2{,}83)$
$= 7.833$ MN/m²
$\Rightarrow$ Betondruckspannung im Zustand II:
$|\sigma_c| = 6{,}1 < 9{,}0$ MN/m²

- Begrenzung der Betonstahlspannungen

Der Nachweis soll gewährleisten, dass die Ausbildung großer und offener Risse unter Gebrauchslasten verhindert wird.

Zeitpunkt $t = \infty$:

Moment unter seltener Einwirkungskombination (s. 2.6.2): $m'_{s13,rare} = 32{,}7$ kNm/m
Belastungsbeginn $t_0 = 14$ Tage
$\Rightarrow \varphi_{t=\infty} = 3{,}73$
$E_{c,eff} = E_{cm}/(1+\varphi) = 30.000/(1+3{,}73)$
$= 6.342$ MN/m²;
$\Rightarrow$ Betonstahlspannung im Zustand II:
$\sigma_s = 399 < 400$ MN/m²

b) **Mindestbewehrung**

Zur Sicherstellung eines duktilen Bauteilverhaltens ist nach DIN 1045-1, 5.3.2 eine Mindestbewehrung einzulegen, die nach DIN 1045-1, 13.1.1 für das Rissmoment M_{cr} zu dimensionieren ist:

$$A_{s,min} = \frac{M_{cr}}{z \cdot f_{yk}} \quad \text{mit:} \quad M_{cr} = b \cdot h^2 \cdot f_{ctm}/6$$

$m_{cr} = 1{,}0 \cdot 0{,}18^2 \cdot 2{,}2/6 = 0{,}0119$ MNm/m = 11,9 kNm/m
$a_{s,min} = 0{,}0119/(0{,}872 \cdot 0{,}15 \cdot 500) \cdot 10^4 = 1{,}8$ cm²/m

Mittels Excel-Bemessungshilfe DUKTILBEW in [Goris – 12] ergibt sich auf der Grundlage eines Parabel-Rechteck-Diagramms für den Beton der Wert $a_{s,min} = 1{,}63$ cm²/m.

Die Mindestbewehrung ist nicht maßgebend.

c) **Rissbreitenbegrenzung**

Für die Expositionsklasse XC1 ist die Rissweite $w_k = 0{,}4$ mm nachzuweisen. Das Biegemoment unter quasi-ständigen Einwirkungen beträgt: $m'_{xs13,perm} = 22{,}3$ kNm/m. Die Ermittlung der zugehörigen Stahlspannung des gerissenen Querschnitts kann mittels Excel-Bemessungshilfe SPANNUNG in [Goris – 12] erfolgen. Für $a_s = 6{,}3$ cm²/m und $d = 14$ cm ergibt sich $\sigma_s = 272{,}5$ MN/m²

$$\emptyset_{s,\lim} = \emptyset_s^* \cdot \frac{\sigma_s \cdot A_s}{4 \cdot (h-d) \cdot b \cdot f_{ct0}}$$

$$\geq \emptyset_s^* \cdot \frac{f_{ct,eff}}{f_{ct0}}$$

mit $d_s^* = 18$ mm (EC2-1-1, 7.3.3/NA)
$f_{ct,eff} = f_{ctm} = 2{,}2$ MN/m²
$f_{ct0} = 2{,}9$ MN/m²

$$\emptyset_{s,\lim} = 18 \cdot \frac{272{,}5 \cdot 6{,}3 \cdot 10^{-4}}{4 \cdot (0{,}18 - 0{,}14) \cdot 1{,}00 \cdot 2{,}9} = 6{,}7 \text{ mm}$$

$$\geq 18 \cdot \frac{2{,}2}{2{,}9} = 13{,}7 \text{ mm} \quad \text{(maßgebend)}$$

Der Stabdurchmesser kann bis $\emptyset_s = 12$ mm gewählt werden, was bei dem hier betrachteten Tragwerk eingehalten ist ($\emptyset_{s,vorh} \leq 10$ mm).

d) **Beschränkung der Durchbiegungen**

Betondeckung:

- Expositionsklasse XC1 (trocken; Bauteile in Innenräumen); mindest erforderliche Betonfestigkeitsklasse C16/20 (EC2-1-1, 4.4.1 Tab. 4.3/NA)
- Mindestbetondeckung für XC1: $c_{min} = 10$ mm (EC2-1-1. 4.4.1.2)
- Vorhaltemaß: $\Delta c = 10$ mm

Erforderliche Plattennutzhöhe, ermittelt über die Begrenzung der Biegeschlankheit ohne direkte Berechnung (EC2-1-1, 7.4.2), hier für erhöhte Anforderungen (nicht maßgeblich):

$\rho_0 = 20^{0{,}5} \cdot 10^{-3} = 0{,}0045$

$\rho_s = 4{,}6/(15 \cdot 100) = 0{,}0031 < \rho_0$,

maßgebend ist EC2-1-1, Gl. (7.16a)

mit $K = 1{,}3$ (EC2-1-1, Tab. 7.4):

$$l/d \leq 1{,}3 \cdot \left[11 + 1{,}5 \cdot \sqrt{20} \cdot \frac{0{,}0045}{0{,}0030} + \right.$$
$$\left. + 3{,}2 \cdot \sqrt{20} \cdot \left(\frac{0{,}0045}{0{,}0030} - 1 \right)^{3/2} \right] =$$
$$= 34 < 1{,}3^2 \cdot (150/6{,}00) = 42$$
$$l/d = 6{,}00/0{,}15 = 40 > 34 \rightarrow \text{nicht erfüllt!}$$

Der im Vergleich zu DIN 1045-1 verschärfte Nachweis der Biegeschlankheit wird nach EC2-1-1 nicht erfüllt (vgl. jedoch Bsp. nach DIN 1045-1 in Stahlbetonbau aktuell 2008). Es ist ggf. eine Schalungsüberhöhung vorzusehen oder eine größere Bauteildicke zu wählen.

Bitte auch Hinweise in Abschn. C.2.4.5 beachten

2.4.4 Berechnungsbeispiel: Punktgestützte Rechteckplatte nach vereinfachter Bruchlinientheorie

Zu Vergleichszwecken sollen die Stütz- und Feldmomente im Grenzzustand der Tragfähigkeit für das Innenfeld einer über viele Felder durchlaufenden Flachdecke gemäß Berechnungsbeispiel 2.4.1.3 hier nach Bruchlinientheorie ermittelt werden.

Vorgaben: s. C.2.4.1.3

Geometrische Kennwerte:

c = 0,50 + 0,30 = 0,80 m
l_{rx} = 8,00 − 0,80 = 7,20 m
l_{ry} = 9,00 − 0,80 = 8,20 m

Bruchfiguren des Gesamtsystems

gewählt: $i = 1$, daher $M_s = -M_f$

$$M_{xf} = -M_{xs} = \frac{29{,}9 \cdot 7{,}20^2 \cdot 9{,}00}{2\left(\sqrt{1+1}+\sqrt{1+1}\right)^2} = 871{,}9 \text{ kNm}$$

$$M_{yf} = -M_{ys} = \frac{29{,}9 \cdot 8{,}20^2 \cdot 8{,}00}{2\left(\sqrt{1+1}+\sqrt{1+1}\right)^2} = 1.005{,}2 \text{ kNm}$$

Momente [kNm/m]		Bruchlinientheorie	Näherungsverfahren, s. Abschn. C.2.4.1
x-Richtg	Feld	872	1.085
x-Richtg	Stütze	−872	−1.705
y-Richtg	Feld	1.005	1.221
y-Richtg	Stütze	−1.005	−1.918

Aufteilung der Momente in Querrichtung gemäß Abb. C.2.24.

Eine Biegebemessung liefert eine erforderliche Feldbewehrung von 99 cm²/m (unten) und 40 cm²/m (oben)

Bruchfigur an der Stützung

Auflagerkraft unter Vollbelastung:
$F_u = 29{,}9 \cdot 8{,}00 \cdot 9{,}00 = 2.153$ kN
$\mu = 871{,}9/1.005{,}2 = 0{,}87$
gewählt: $i_s = 2$

$$m_{xs} = \frac{2153}{1+2} \cdot \frac{\sqrt{0{,}87}}{2\pi \cdot \left(1+\frac{4 \cdot 0{,}50}{9{,}00}\right)} = 87{,}2 \text{ kNm/m}$$

$$m_{ys} = \frac{2153}{1+2} \cdot \frac{1}{2\pi \cdot \left(1+\frac{4 \cdot 0{,}50}{8{,}00}\right) \cdot \sqrt{0{,}87}} = 98{,}0 \text{ kNm/m}$$

Nachweis der Begrenzung der Biegeschlankheit nach EC2-1-1, 7.4.2. Erforderliche Plattennutzhöhe, ermittelt über die Begrenzung der Biegeschlankheit ohne direkte Berechnung (EC2-1-1, 7.4.2), hier für normale Anforderungen:

$\rho_0 = 30^{0{,}5} \cdot 10^{-3} = 0{,}0055$
$\rho_s = 99/(30 \cdot 100) = 0{,}033 > \rho_0$,
$\rho_s' = 40/(30 \cdot 100) = 0{,}013 > \rho_0$,

maßgebend ist EC2-1-1, Gl. (7.16b)
mit $K = 1{,}2$ (EC2-1-1, Tab. 7.4):

$$l/d \leq 1{,}2 \cdot \left[11 + 1{,}5 \cdot \sqrt{30} \cdot \frac{0{,}0055}{0{,}033-0{,}013} + \right.$$
$$\left. + \frac{1}{12} \cdot \sqrt{30} \cdot \left(\frac{0{,}013}{0{,}033}\right)^{1/2} \right] =$$
$$= 16{,}3 < 1{,}2 \cdot 35 = 42$$
$$l/d = 9{,}00/0{,}30 = 30 > 16{,}3 \rightarrow \text{nicht erfüllt!}$$

Auch in diesem Fall wird der Nachweis zur Begrenzung der Biegeschlankheit nach EC2-1-1 nicht erfüllt (vgl. jedoch Bsp. nach DIN 1045-1 in Stahlbetonbau aktuell 2008).

Weitere zu führende Nachweise wie z. B. zum Durchstanzen sind hier nicht dargestellt.

2.4.5 Abschließende Anmerkungen

Die Bruchlinientheorie bietet bei der Plattenberechnung erweiterte Möglichkeiten zur wirtschaftlichen Schnittgrößenermittlung im Grenzzustand der Tragfähigkeit.

Von den Anwendungsvoraussetzungen sei vor allem die hochduktile Bewehrung erwähnt. Bei der Nachrechnung bestehender Tragwerke ist dies ggf. durch Laborprüfungen zu verifizieren.

Die Schnittgrößen im Grenzzustand der Gebrauchstauglichkeit sind nach der Elastizitätstheorie zu bestimmen.

Einschränkungen, die im Grenzzustand der Gebrauchstauglichkeit einzuhalten sind, können maßgeblich werden. Kritisch sind vor allem die Nachweise der Betondruckspannung für $t = 0$ und der Betonstahlspannung für $t = \infty$.

3 Scheiben

3.1 Berechnungsverfahren

Bei wandartigen Trägern (Scheiben) ist die *Bernoulli*-Hypothese vom Ebenbleiben des Querschnitts nicht mehr gültig, da die Verformung infolge Querkraft die Größenordnung der Biegeverformung annimmt (Abb. C.3.1). Die Balkentheorie versagt, wenn beim Einfeldträger die Bauhöhe etwa die halbe Stützweite l_{eff} überschreitet (s. [DAfStb-H.240 – 91]):

- Einfeldträger $\qquad h/l_{eff} > 0,5 \qquad$ (C.3.1a)

- Zweifeldträger sowie Endfelder
  beim Durchlaufträger $\quad h/l_{eff} > 0,4 \qquad$ (C.3.1b)

- Innenfelder beim
  Durchlaufträger $\qquad h/l_{eff} > 0,3 \qquad$ (C.3.1c)

- Kragarm $\qquad\qquad\quad h/l_k > 1,0 \qquad$ (C.3.1d)
  (l_k: Kraglänge)

Nach EC2-1-1, 5.3.1(3) gilt als wandartiger Träger ein Bauteil mit $h/l_{eff} > 1/3$

Für einfache Fälle einfeldriger oder durchlaufender Wandscheiben mit und ohne Auskragung kann die Schnittgrößenermittlung vereinfacht nach [DAfStb-H.240 – 91] mit **Hilfsmitteln auf der Grundlage der Scheibentheorie** oder einem **Näherungsverfahren** erfolgen, welche für die Annahme linear-elastischen Verhaltens entwickelt wurden.

Auch gängige Computerprogramme zur Scheibenberechnung nach der Methode der finiten Elemente (FEM) setzen die Elastizitätstheorie voraus. Rissbildung, Konzentration der Zugkräfte in Bewehrungslagen und plastisches Werkstoffverhalten werden nur selten berücksichtigt, vgl. [Brandmayer–96].

Für Sonderfälle der Scheibenbemessung mit Diskontinuität von Geometrie und/oder Belastung („D-Bereiche", s. [Schlaich/Schäfer – 01]), eignet sich das in EC2-1-1, 6.5 aufgeführte Berechnungsverfahren mittels **Stabwerkmodellen**, dem die Plastizitätstheorie zugrunde liegt. Das Verfahren wird häufig auch auf Konsolen und D-Bereichen von Balken (z. B. Öffnungen, Ausklinkungen etc.) angewendet.

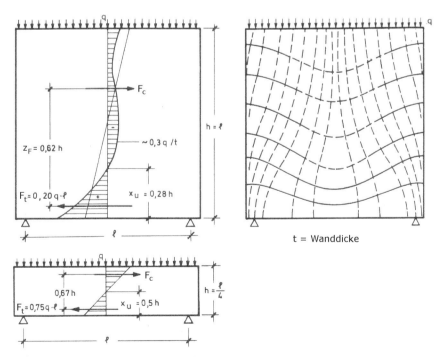

Abb. C.3.1 Spannungsverteilung in Feldmitte bei Scheibe bzw. Balken;
Verlauf der Druck- und Zugspannungstrajektorien (vgl. [Leonhardt – 84])

3.2 Näherungsverfahren

Für die Nachweise wandartiger Träger werden die aus den Hauptzugspannungen gebildeten Zugkräfte sowie die Hauptdruckspannungen bzw. die Auflagerkräfte benötigt. Beim Näherungsverfahren nach [DAfStb-H.240 – 91] werden die Schnittmomente wie für schlanke Balken ermittelt und daraus die gesuchten Längszugkräfte mittels angepasster Hebelarme der inneren Kräfte bestimmt (vgl. Abb. C.3.1). Das Verfahren gilt für beliebige Laststellungen.

Resultierende Längszugkräfte

Die für die Längsbewehrung maßgeblichen resultierenden Längszugkräfte ergeben sich wie folgt:

im Feld : $F_{t,F} = M_F / z_F$ (C.3.2a)

über der Stützung: $F_{t,S} = M_S / z_S$ (C.3.2b)

mit M_F Feldmoment nach Balkentheorie

M_S Stütz- bzw. Kragmoment nach Balkentheorie

z_F rechnerischer Hebelarm der inneren Kräfte im Feld

z_S rechnerischer Hebelarm der inneren Kräfte über der Stützung

Gemäß [DAfStb-H.240 – 91] können die Hebelarme z_F und z_S näherungsweise angesetzt werden zu:

– Einfeldträger:

$z_F = 0{,}3\,h\,(3 - h/l_{eff})$ $\qquad 0{,}5 < h/l_{eff} < 1{,}0$
(C.3.3a)

$z_F = 0{,}6\,l_{eff}$ $\qquad h/l_{eff} \geq 1{,}0$
(C.3.3b)

– Zweifeldträger, Endfelder von Durchlaufträgern:

$z_F = z_S = 0{,}5\,h\,(1{,}9 - h/l_{eff})$ $\qquad 0{,}4 < h/l_{eff} < 1{,}0$
(C.3.4a)

$z_F = z_S = 0{,}45\,l_{eff}$ $\qquad h/l_{eff} \geq 1{,}0$
(C.3.4b)

– Innenfelder von Durchlaufträgern:

$z_F = z_S = 0{,}5\,h\,(1{,}8 - h/l_{eff})$ $\qquad 0{,}3 < h/l_{eff} < 1{,}0$
(C.3.5a)

$z_F = z_S = 0{,}4\,l_{eff}$ $\qquad h/l_{eff} \geq 1{,}0$
(C.3.5b)

– Kragträger:

$z_S = 0{,}65\,l_k + 0{,}10\,h$ $\qquad 1{,}0 < h/l_k < 2{,}0$
(C.3.6a)

$z_S = 0{,}85\,l_k$ $\qquad h/l_k \geq 2{,}0$
(C.3.6b)

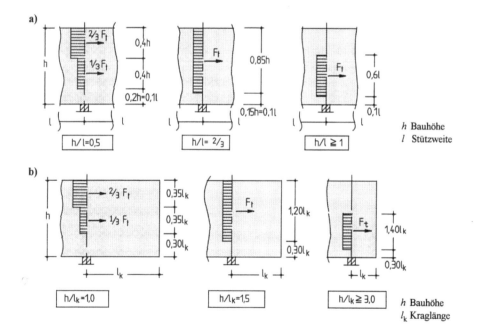

Abb. C.3.2 Bewehrungsanordnung über der Stützung [Goris – 06]

Auflagerkräfte

Näherungsweise können die Auflagerkräfte mehrfeldriger Scheiben nach der Balkentheorie berechnet werden. An den **Endauflagern** sind die so ermittelten Auflagerkräfte mit Erhöhungsfaktoren zu multiplizieren, s. [DAfStb-H.240 – 91]:

h/l_{eff}	0,3	0,4	0,7	≥1,0
Erhöhungsfaktor	1,0	1,08	1,13	1,15

Die Auflagerkräfte der ersten Innenstützen dürfen um maximal den halben Erhöhungsbetrag der Endstützen verringert werden.

Bewehrungsführung

Die **Feldbewehrung** ist ungeschwächt über die Auflager hinwegzuführen und für 80 % der Bemessungszugkraft F_{td} zu verankern. Die Feldbewehrung ist über eine Höhe von min{0,1 d; 0,1 l_{eff}} zu verteilen. Für Übergreifungsstöße und Verankerungen sind nur gerade Stabenden zu verwenden.

Die Verteilung der **Stützbewehrung** mehrfeldriger Scheiben kann gemäß Abb. C.3.2 erfolgen (s. [DAfStb-H.240 – 91]). Die Hälfte der Bewehrung ist über das ganze Feld durchzuführen, der Rest beidseitig über $l_{eff}/3$ ab Auflagerrand ins Feld hineinzuführen. Eine zusätzliche, durchlaufende konstruktive Bewehrung am oberen Rand wird empfohlen.

Weitere Angaben zu Bewehrungsführung, Mindestbewehrung und sonstige Anforderungen s. unter Anderem EC2-1-1, 9.7 sowie [DAfStb-H.240 – 91].

3.3 Anwendung von Stabwerkmodellen

Stabwerkmodelle dienen seit den Ursprüngen des Stahlbetonbaus der anschaulichen Beschreibung des Tragverhaltens und der Herleitung von Bemessungsregeln.

3.3.1 Modellentwicklung

Bei der Entwicklung eines Näherungsmodells für das Tragverhalten muss nicht zwingend das ideale Modell gewählt werden, zu dessen Auffinden es meist entsprechender Erfahrung bedarf: Nach dem unteren Grenzwertsatz der Plastizitätstheorie ist für ein Tragwerk aus plastischem Werkstoff jedes Modell zulässig, bei dem die Fließgrenze nicht überschritten ist und die Gleichgewichtsbedingungen erfüllt sind. Bei Scheibenproblemen ist nach [DAfStb-H.425 – 92], Anhang zu Abschn. 3, die dafür erforderliche Duktilität gewährleistet, wenn Stabwerkmodell und Bewehrungsführung grob am Kraftfluss nach der Elastizitätstheorie orientiert sind. Dadurch wird zusätzlich die Erfüllung von Verträglichkeiten des Gebrauchszustandes ermöglicht. Zum Aufstellen eines Stabwerkmodells ist es daher zweckmäßig, wenn die Ergebnisse einer linear-elastischen Berechnung z. B. nach [DAfStb-H.240 – 91] oder mittels FEM vorliegen.

Folgende Arbeitsschritte der Lastpfadmethode können die Modellfindung unterstützen, vgl. [Schlaich/Schäfer – 01]:

1. Geometrie und Belastung aufzeichnen.
2. Auflagerkräfte ermitteln.
3. Belastung so aufteilen, dass die resultierenden Teillasten den gleich großen Auflagerkräften entsprechen. Bei durchlaufenden Trägern kann es erforderlich sein, die Auflagerkräfte in die Anteile der anliegenden Felder aufzuspalten.
4. Lastpfade mit folgenden Eigenschaften einzeichnen:
   – Sie verbinden die Teillasten auf kurzem Weg mit den zugeordneten Auflagerkräften, ohne sich zu kreuzen.
   – Sie haben am Anfangspunkt die Richtung der angreifenden Kraft und wenden sich von da zunächst in das Innere der Scheibe, um eine größtmögliche Spannungsausbreitung zu erzielen.
5. In den Krümmungsbereichen der Lastpfade Umlenkkräfte antragen, deren Resultierende untereinander im Gleichgewicht stehen.
6. Umlenkkräfte und Lastpfade stabwerkartig idealisieren. Stabkräfte (zeichnerisch) ermitteln und Gleichgewicht kontrollieren.

Die Modellfindung wird erleichtert, wenn in einzelnen Schnitten der Verlauf der Spannungen quer zur Lastrichtung näherungsweise bekannt ist, wie in Abb. C.3.3 an einer Scheibe mit Auskragung unter Gleichlast an der Oberseite gezeigt ist. Die resultierenden Streben- bzw. Zugbandkräfte aus Umlenkwirkung verlaufen durch den Schwerpunkt der zugehörigen Spannungsteilflächen.

Die Lage der Zugstäbe wird meist so gewählt, dass sich randparallele Bewehrungen ergeben. Modelle mit wenigen und kurzen Zugstäben sind zu bevorzugen.

Flache Druckstreben

Ergibt sich an einem Knoten mit Druck-Zug-Druck-Stäben wie beim einfachen Streben-Zugband-Modell zwischen Druck- und Zugstre-

Statik

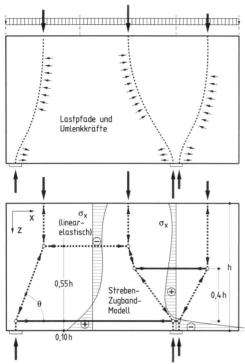

Abb. C.3.3 Beispiel zur Modellentwicklung mittels Lastpfadmethode

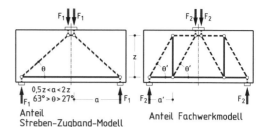

Abb. C.3.4 Kombination zweier Modelle bei flachem Druckstrebenwinkel, s. [DAfStb-H.425 – 92], 3.2

ben ein flacher Winkel $\theta < 55°$ (bzw. $a/z > 0{,}7$), wird in [DAfStb-H.425 – 92], 3.2 die Kombination mit einem Fachwerkmodell empfohlen, s. Abb. C.3.4. Die Aufteilung der Gesamtlast F auf die beiden zu überlagernden Modelle kann für $0{,}5 < a/z < 2$ linear interpoliert werden:

$$F = F_1 + F_2$$
$$F_2 = \frac{F}{3}\left(\frac{2a}{z} - 1\right) \tag{C.3.7}$$

Für $a/z \geq 2$ ist das reine Fachwerkmodell anzuwenden.

Unten angreifende Lasten

Im unteren Randbereich angreifende Lasten – wie z. B. ein Teil des Eigengewichts – sind durch vertikale Zugstäbe („Aufhängebewehrung") nach oben zu führen und in einem Bereich zu verankern, in dem Bogentragwirkung zwischen den Auflagern angenommen werden kann. Ein Zugband zwischen den Auflagern kann den Bogenschub ausgleichen.

Verbesserung des Modells

Durch weitere Unterteilung der Last- und Spannungsflächen sowie Detailbetrachtungen an einzelnen Knoten und Stäben kann ein Modell ver-

feinert werden. In [Schlaich/Schäfer – 01] sind Lösungen für typische Fälle angegeben.

Häufig ist das Stabwerkmodell kinematisch, was zunächst keinen Mangel darstellt, da beliebig „Nullstäbe" zur Ausfachung hinzugefügt werden könnten. Da es sich so aber nur eingeschränkt für andere Belastungen eignet, ist es oft besser, ein allgemein gültiges, statisch bestimmtes Modell aufzustellen. Die Berechnung statisch unbestimmter Modelle wird durch die benötigten Stabsteifigkeiten aufwendiger.

Durchlaufende Wandscheiben

Die zur Stabwerkberechnung benötigten Auflagerkräfte erhält man nach [Schlaich/Schäfer – 01], näherungsweise als Mittelwert aus den Auflagerkräften durchlaufender und einfeldriger Balken oder genauer mittels [DAfStb-H.240 – 91] bzw. FEM-Berechnung.

3.3.2 Nachweise

3.3.2.1 Druckstäbe

Druckkräfte werden allein dem Beton zugewiesen. Lässt die Tragwerksgeometrie es zu, so weiten sich die Druckfelder zwischen den Knoten auf. Die nachzuweisenden Hauptdruckspannungen besitzen dann am Knoten als Engstelle ihren Größtwert („Flaschenhals"). In EC2-1-1, 6.5.2/NA(DE) wird der festigkeitsmindernde Einfluss des Querzugs durch einen Wirksamkeitsfaktor $0{,}6\nu' = 0{,}75$ (für Normalbeton) für den Bemessungswert der Betondruckfestigkeit berücksichtigt.

Bei starker Einschnürung des Druckfeldes zu konzentrierten Knoten hin erübrigen sich Nachweise der Druckspannungen, wenn die angrenzenden Knoten nachgewiesen werden, s. Abschn. C.3.2.2.3.

Die **Querzugkräfte** berechnen sich im ungünstigsten Fall einer freien Ausbreitung des Druckfeldes nach [Schlaich/Schäfer – 01] zu (vgl. Abb. C.3.5):

$$T = \frac{F}{4}\left(1 - 0{,}7\frac{a}{h}\right) \tag{C.3.8}$$

Die zugehörige Breite des Druckfeldes beträgt:

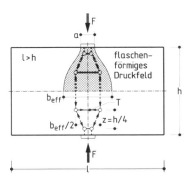

Abb. C.3.5   Querzugkraft der Druckstrebe bei seitlich unbegrenzter Ausbreitung, nach [Schlaich/Schäfer – 01]

$b_{eff} \approx 0{,}50 \cdot h + 0{,}65 \cdot a$ \hfill (C.3.9)

Die Querzugspannungen in den Ausbreitungsbereichen sind durch Bewehrung abzudecken, die nach Gl. (C.3.8) für $T \leq F/4$ auszulegen ist. Die vorgeschriebene Netzbewehrung der Oberflächen kann angerechnet werden.

3.3.2.2 Zugstäbe

Die Zugkräfte des Modells werden von Bewehrungseinlagen abgedeckt, wenn das Mitwirken des Betons auf Zug vernachlässigt wird. Die Bewehrungsverteilung sollte näherungsweise den Zugspannungsdiagrammen nach der Elastizitätstheorie folgen, wobei eine grobe, blockförmige Anpassung genügt. Eine vorhandene Netzbewehrung kann angerechnet werden.

Der Bemessungswert der Stahlspannung des Betonstahls ist für Zugstreben und für Querzugkräfte in Druckstreben auf f_{yd} begrenzt.

3.3.2.3 Knoten

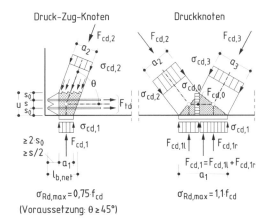

Abb. C.3.6   Standardisierte Knotenbereiche

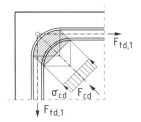

Abb. C.3.7   Knoten mit Bewehrungsumlenkung

Die Knoten sind die am stärksten beanspruchten Tragwerksbereiche, da hier die Kräfte aus Zug- und Druckstreben gebündelt und umgelenkt werden. Häufig sind die Auflagerknoten maßgebend für den Spannungsnachweis der gesamten Scheibe.

Zur Berechnung wird die Knotengeometrie gemäß Abb. C.3.6 idealisiert, vgl. EC2-1-1, 6.5.4. Bestimmende Größen sind die Stabwerksgeometrie, die Verankerungslänge der Bewehrung und die Aufstandsfläche des Lagers. Aus den zuvor berechneten Stabkräften können damit die Spannungen ermittelt und den in Abb. C.3.6 angegebenen Bemessungsdruckspannungen $\sigma_{Rd,max}$ gegenübergestellt werden.

Die Verankerungslänge der Bewehrung in Druck-Zug-Knoten beginnt am Knotenanfang, wo erste Drucktrajektorien auf die Bewehrung treffen. Die Verankerungslänge muss sich mindestens über die gesamte Knotenlänge erstrecken, s. Abb. C.3.6.

Knoten mit Bewehrungsumlenkungen erfordern den Nachweis des Biegerollendurchmessers (Abb. 3.7).

3.3.2.4 Gebrauchszustand

Bei durchlaufenden Wandscheiben können bereits kleine Auflagerverschiebungen zu großen, rissbildenden Schnittgrößen führen.

Bei an der Elastizitätstheorie orientierten Stabwerkmodellen dürfen nach EC2-1-1, 7.3.1 (8) die aus den Stabkräften ermittelten Stahlspannungen zur Rissbreitenbegrenzung verwendet werden. Eine konstruktive Mindestbewehrung zur Begrenzung der Rissbreite ist auch an Stellen anzuordnen, an denen rechnerisch keine Bewehrung erforderlich ist.

An einspringenden Ecken (z. B. bei Öffnungen oder Konsolen) empfiehlt sich zur Vermeidung von Kerbspannungsrissen eine Schrägbewehrung.

3.4 Berechnungsbeispiel

Es wird eine zweifeldrige Wandscheibe mit Kragarm betrachtet, die am oberen und unteren Rand durch Gleichstreckenlasten belastet ist (Abb. C.3.8). Im vorliegenden Beispiel soll nur der Lastfall der ständigen Einwirkung betrachtet werden. Die Wandeigenlast ist in den Lasten bereits enthalten.

Überprüfung, ob Balken- oder Scheibentheorie anzuwenden ist:

$h / l_{eff,1} = 3{,}80/4{,}60 = 0{,}83 > 0{,}4$
$h / l_{eff,2} = 3{,}80/4{,}60 = 0{,}83 > 0{,}3$
$h / l_k = 3{,}80/2{,}30 = 1{,}65 > 1{,}0$

Somit ist für alle drei Abschnitte die Berechnung als Scheibe maßgebend. Die Berechnung wird mit dem Näherungsverfahren nach C.3.2 durchgeführt.

Ermittlung der Schnittgrößen

Bemessungslast:

$g_d = \gamma_k \cdot g_k = 1{,}35 \cdot 300 = 405$ kN/m

- **Schnittgrößen nach Balkentheorie**

  Auflagerreaktionen:
  $F'_{d,A} = 756{,}8$ kN
  $F'_{d,B} = 1979{,}4$ kN
  $V'_{d,Bl} = -1106{,}2$ kN
  $V'_{d,Br} = 873{,}2$ kN
  $F'_{d,C} = 1921{,}2$ kN

  Feldmomente:
  $M'_{d,1} = 707{,}2$ kNm
  $M'_{d,2} = 138{,}1$ kNm

  Stützmomente:
  $M'_{d,B} = -803{,}4$ kNm
  $M'_{d,C} = -1071$ kNm

- **Schnittgrößen der Scheibe nach dem Näherungsverfahren**

  Auflagerreaktionen:
  $F_{d,A} = 1{,}14 \cdot 756{,}8 = 863$ kN
  $F_{d,B} = 1979{,}4 - 0{,}5 \cdot 0{,}14 \cdot 756{,}8$
  $= 1926$ kN
  $V'_{d,Bl} \approx -1106{,}2 + 0{,}5 \cdot 0{,}14 \cdot 756{,}8$ kN
  $= 1053$ kN
  $V'_{d,Br} \approx 1926 - 1053 = 873$ kN
  $F_{d,C} = 1921{,}2$ (Innenstütze)

  Längszugkräfte im Feld:
  $z_1 = 0{,}5 \cdot 3{,}80 \, (1{,}9 - 0{,}83) = 2{,}03$ m
  $F_{td,1} = M'_{d,1} / z_1 = 707{,}2/2{,}03 = 348$ kN
  $z_2 = 0{,}5 \cdot 3{,}80 \, (1{,}8 - 0{,}83) = 1{,}84$ m
  $F_{td,2} = M'_{d,2} / z_2 = 138{,}1/1{,}84 = 75$ kN

  Längszugkräfte über den Stützungen:
  $z_B = z_1 = 2{,}03$ m
  $F_{td,B} = M'_{d,B} / z_B = 803{,}4/2{,}03 = 396$ kN
  $z_C = 0{,}65 \cdot 2{,}30 + 0{,}1 \cdot 3{,}80 = 1{,}88$ m
  $\approx z_2$
  $F_{td,C} = M'_{d,C} / z_C = 1071/1{,}88 = 570$ kN

Nachweise im Grenzzustand der Tragfähigkeit

- **Zugstreben**

Die erforderliche Bewehrung der Zugstreben im Grenzzustand der Tragfähigkeit wird mit dem Bemessungswert der Streckgrenze des Bewehrungsstahls $f_{yd} = 43{,}5$ kN/cm² bestimmt:

Feld 1:   erf $A_{s,1} = 8{,}0$ cm²
Feld 2:   erf $A_{s,2} = 1{,}7$ cm²
Stützung B: erf $A_{s,B} = 9{,}1$ cm²
Stützung C: erf $A_{s,C} = 13{,}1$ cm²

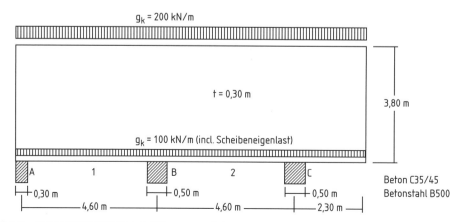

Abb. C.3.8   Berechnungsbeispiel zum Näherungsverfahren

- **Aufhängebewehrung**

Die am unteren Rand angreifende Last (einschließlich Scheibeneigenlast) ist durch eine vertikale Aufhängebewehrung nach oben zurückzuhängen:

$$\text{erf } a_s = \frac{1}{2} \cdot \frac{1{,}35 \cdot 100}{43{,}5} = 1{,}55 \text{ cm}^2/\text{m}, \text{ jeweils innen und außen}$$

- **Nachweis der Druckstreben**

Die Hauptdruckspannungen werden exemplarisch am Auflagerknoten B überprüft. Dazu wird dieser in zwei Einzelknoten B_r und B_l aufgeteilt, welche gemäß Abschn. C.3.3.2.3 nachgewiesen werden.

Bsp. Knoten B_r (Zug-Druck-Knoten, vgl. Abb. C.3.9):

Druckstrebe:

$$\tan\theta = \frac{F_{d,Br}}{F_{td,2}} = \frac{873}{75} = 11{,}6 \quad \rightarrow \theta = 85°$$

$$F_{cd,3} = \frac{F_{d,Br}}{\sin\theta} = \frac{873}{0{,}996} = 877 \text{ kN}$$

Betondruckspannungen:

$$\sigma_{cd,3} = \frac{F_{cd,3}}{a_2 \cdot t} \leq \sigma_{Rd,max}$$

$$a_2 = (a_1 + u \cdot \cot\theta) \cdot \sin\theta$$

$$u \leq 0{,}1 \cdot h = 0{,}1 \cdot 3{,}80 = 0{,}38 \text{ m}$$

$$a_2 = (0{,}25 + 0{,}38 \cdot \cot 85°) \cdot \sin 85° = 0{,}28 \text{ m}$$

$$\sigma_{cd,3} = \frac{0{,}877}{0{,}28 \cdot 0{,}30} = 10{,}4 < 14{,}9 \text{ MN/m}^2$$

$$\sigma_{cd,B} = \frac{F_{d,Br}}{a_1 \cdot t} = \frac{0{,}873}{0{,}25 \cdot 0{,}30} = 11{,}6 \text{ MN/m}^2$$

$$< \sigma_{Rd,max} = 0{,}75 \cdot f_{cd} = 14{,}9 \text{ MN/m}^2$$

Auf weitere Nachweise sowie die Bewehrungsführung wird im Rahmen dieses Beispiels verzichtet.

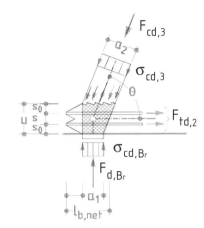

Abb. C.3.9 Auflagerknoten B_r

- **Variante: Wandscheibe mit Öffnung**

Im Falle einer Öffnung wie in Abb. C.3.10 erfolgt die Berechnung erfolgt zunächst wie für eine ungeschwächte Wandscheibe. Der Diskontinuitätsbereich wird anschließend gesondert betrachtet. Die verteilt angreifenden Lasten werden abschnittsweise zu Resultierenden zusammengefasst und unter Einbeziehung der Auflagerreaktionen wird damit ein geeignetes Stabwerkmodell gebildet (Abb. C.3.10), vgl. [Rombach – 99], [Grünberg – 02].

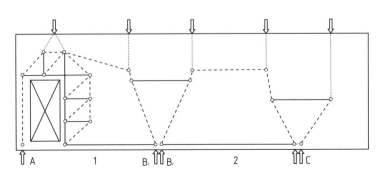

Abb. C.3.10 Stabwerkmodell für Wandscheibe mit Öffnung

Befestigungssysteme für die Bauindustrie

HTA	Einbetonierte Halfenschienen sind die ideale Basis für montagefreundliche und justierbare Befestigungen. Vollschaumfüllung oder ein Füllstreifen schützen den Hohlraum vor dem Eindringen von Beton. An Halfenschienen können beliebige Anschlusskonstruktionen angeschraubt werden.
HBS-05	Der HALFEN HBS-05 Schraubanschluss bietet mit einem umfassenden Sortiment an Muffen- und Anschlussstäben einschließlich Zubehör optimale Lösungen für alle Verbindungen von Stahlbetonbauteilen. Die HBS-05 Schraubanschlüsse sind beliebig miteinander kombinierbar.
HBT	HBT-Rückbiegeanschlüsse dienen der rationellen Verbindung von Betonbauteilen, die in unterschiedlichen Phasen hergestellt und miteinander verbunden werden. Der Verwahrkasten besteht aus verzinktem Stahlblech mit speziellen Sicken und vorgestanztem Griffloch zum einfachen Herauslösen der Abdeckung aus dem Gehäuseprofil.
HDB	Die aus einer Lochleiste mit aufgeschweißten Doppelkopfbolzen bestehenden HDB-Elemente werden bevorzugt als Schub- und Durchstanz-Bewehrungselemente nach dem Verlegen der Flächenbewehrung von oben eingesetzt. Das System besteht aus 2er- und 3er- Elementen, die zu 4er-, 5er-, 6er- usw. -Leisten kombiniert werden können.
HIT	Mit dem HALFEN HIT-HP-ISO-Element und dem HIT-SP-ISO-Element können Wärmebrücken und Tauwasserbildung im Gebäudeinneren wirkungsvoll verhindert werden. Die Besonderheiten der HALFEN HIT-ISO-Elemente liegen in der Kombination von Meterelementen und 20-cm-Modulen. Durch Kombinationen dieser Elemente kann Verschnitt vermieden und eine hohe Wirtschaftlichkeit erzielt werden.
HK4	HALFEN Konsolanker HK4 dienen zur Aufnahme des Eigengewichts von Verblendmauerwerksschalen und dessen Weiterleitung in die Gebäudetragschale. Durch ihre stufenlose Höhenjustierung von ± 3,5 cm sind sie bestens geeignet, vorhandene Rohbautoleranzen oder Einbauungenauigkeiten von Dübeln auszugleichen.
DETAN	Mit DETAN Zugstabsystemen werden Windverbände in Dächern und Wänden, Abspannungen von Vordächern und Unterspannungen für Holz- und Stahlträger hergestellt. Durch Systemlösungen können auch komplizierte Konstruktionen und ästhetische Gestaltungen im Innen- und Außenbereich ansprechend realisiert werden.
HCC	HALFEN Stützenschuhe HCC bilden in Verbindung mit HALFEN Ankerbolzen HAB ein anwenderfreundliches System für den Anschluss von Fertigteilstützen. Es stellt die rationelle Alternative zu den herkömmlichen Lösungen dar, die oft aufwändig in Herstellung, Transport und Handhabung auf der Baustelle sind.

HALFEN Vertriebsgesellschaft mbH: www.halfen.de

D BEMESSUNG VON STAHLBETONBAUTEILEN NACH EUROCODE 2

Prof. Dr.-Ing. Alfons Goris; Dipl.-Ing. Melanie Müermann; Dipl.-Ing. (FH) Jana Voigt M.Sc.

1 Einführung D.3

1.1 Zur europäischen Normung D.3
1.2 Stand der Normung im Stahlbeton- und Spannbetonbau D.4
1.3 Begriffe, Formelzeichen D.5

2 Grundlagen des Sicherheitsnachweises D.6

3 Sicherheitskonzept nach EC 0 und EC 2-1-1 .... D.6

3.1 Grenzzustände der Tragfähigkeit D.6
    3.1.1 Bruch oder übermäßige Verformungen D.6
    3.1.2 Nachweis der Lagesicherheit D.7
    3.1.3 Ermüdung D.8
    3.1.4 Versagen ohne Vorankündigung D.8
3.2 Grenzzustände der Gebrauchstauglichkeit D.8
3.3 Dauerhaftigkeit D.9
    3.3.1 Grundsätzliches D.9
    3.3.2 Expositionsklassen und Mindestbetonfestigkeitsklassen D.9
    3.3.3 Betondeckung der Bewehrung D.11

4 Ausgangswerte für die Querschnittsbemessung D.12

4.1 Beton D.12
4.2 Betonstahl D.16
4.3 Spannstahl D.17

5 Bemessung für Biegung und Längskraft D.18

5.1 Grenzzustände der Tragfähigkeit D.18
    5.1.1 Voraussetzungen und Annahmen D.18
    5.1.2 Mittige Längszugkraft und Zugkraft mit kleiner Ausmitte D.19
    5.1.3 Biegung (mit Längskraft); Querschnitt mit rechteckiger Druckzone D.20
    5.1.4 Druckkraft mit kleiner einachsiger Ausmitte; Rechteck D.32
    5.1.5 Symmetrisch bewehrte Rechtecke unter Biegung und Längskraft D.32
    5.1.6 Biegung (mit Längskraft) bei Plattenbalken D.38
    5.1.7 Beliebige Form der Betondruckzone D.39
5.2 Sicherstellung eines duktilen Bauteilverhaltens von vorwiegend biegebeanspruchten Bauteilen D.42
5.3 Grenzzustände der Gebrauchstauglichkeit D.43
    5.3.1 Grundsätzliches D.43
    5.3.2 Begrenzung der Spannungen D.51
    5.3.3 Begrenzung der Rissbreiten D.51
    5.3.4 Begrenzung der Verformungen D.56

6 Bemessung für Querkraft D.60

6.1 Allgemeine Erläuterungen D.60
6.2 Grundsätzliche Nachweisform D.61

6.3	Bemessungswert V_{Ed}	D.61
6.4	Bauteile ohne Schubbewehrung	D.63
6.5	Bauteile mit Querkraftbewehrung	D.66
6.6	Anschluss von Druck- und Zuggurten	D.70
6.7	Schubfugen	D.71

7 Bemessung für Torsion ... D.77

7.1	Grundsätzliches	D.77
7.2	Nachweis bei reiner Torsion	D.77
7.3	Kombinierte Beanspruchung	D.79

8 Durchstanzen ... D.80

8.1	Allgemeines	D.80
8.2	Lasteinleitungsfläche und kritischer Rundschnitt	D.81
8.3	Nachweisverfahren	D.81
8.4	Punktförmig gestützte Platten oder Fundamente ohne Durchstanzbewehrung	D.83
8.5	Platten mit Durchstanzbewehrung	D.85
8.6	Mindestmomente für Platten-Stützen-Verbindungen	D.86
8.7	Beispiele	D.87

9 Grenzzustand der Tragfähigkeit, durch Verfomungen beeinflusst ... D.92

9.1	Unverschieblichkeit bzw. Verschieblichkeit von Tragwerken	D.92
9.2	Schlankheit λ	D.92
9.3	Vereinfachtes Bemessungsverfahren für Einzeldruckglieder	D.93
9.4	Berücksichtigung des Kriechens	D.96
9.5	Stützen, die nach zwei Richtungen ausweichen können	D.97
9.6	Kippen schlanker Träger	D.98

10 Unbewehrter Beton ... D.101

10.1	Grundsätzliches	D.101
10.2	Grenzzustand der Tragfähigkeit	D.101
10.3	Druckglieder – Berücksichtigung der Verformungen nach Theorie II. Ordung	D.102
10.4	Unbewehrte Fundamente	D.104

11 Stabwerkmodelle ... D.106

11.1	Grundsätzliches	D.106
11.2	Einzellasten	D.107
11.3	Konsolen	D.109
11.4	Ausgeklinkte Trägerenden	D.114
11.5	Rahmenecken und Rahmenknoten	D.114
11.6	Teilflächenbelastung	D.124
11.7	Träger mit Öffnungen	D.126

12 Bewehrungs-/Konstruktionsregeln ... D.133

12.1	Allgemeines	D.133
12.2	Verbund zwischen Beton und Betonstahl	D.133
12.3	Verankerung der Bewehrung	D.134
12.4	Übergreifungsstöße von Stabstahl	D.136
12.5	Übergreifungsstöße von Betonstahlmatten	D.137
12.6	Weitere Änderungen in EC 2 (Auswahl)	D.138

1 Einführung

1.1 Zur europäischen Normung

Für das Bauen mit Beton, Holz, Mauerwerk, Stahl usw. sind in den letzten Jahren die Bemessungs- und Konstruktionsnormen auf das Sicherheitskonzept mit Teilsicherheitsbeiwerten umgestellt worden, die Lastannahmen (Einwirkungen) wurden überarbeitet und angepasst. Inzwischen stehen entsprechende Europäische Normen – EN 1990 bis EN 1999 – zur Verfügung.

Die Europäischen Normen werden ergänzt um sog. Nationale Anhänge (NA); diese enthalten Regelungen zu den Parametern, die im Eurocode für nationale Entscheidungen offen gelassen wurden. Die national festzulegenden Parameter (NDP) gelten für die Tragwerksplanung in dem Land, in dem das Bauwerk erstellt wird. Sie umfassen z. B.

- Zahlenwerte und/oder Klassen, an denen die Eurocodes Alternativen eröffnen,
- Zahlenwerte, bei denen die Eurocodes nur Symbole angeben,
- landesspezifische, geografische und klimatische Daten, die nur für das jeweilige Mitgliedsland gelten (z. B. Schneekarten),
- Vorgehensweisen, wenn die Eurocodes mehrere Verfahren zur Wahl anbieten,
- Verweise zur Anwendung der Eurocodes, soweit sie diese ergänzen und nicht widersprechen.

Gegenwärtig stehen die Eurocodes mit ihren Nationalen Anhängen für die jeweiligen Grundnormen weitestgehend zur Verfügung (detailliertere Hinweise zum Stahlbetonbau siehe in den nachfolgenden Abschnitten). Schon im Jahre 2011 wurde unter bestimmten Voraussetzung eine Anwendung ermöglicht, ab 2012 wird sie jetzt verbindlich.

In DIN EN 1990 „Grundlagen der Tragwerksplanung" sind Prinzipien und Anforderungen zur Tragsicherheit, Gebrauchstauglichkeit und Dauerhaftigkeit von Tragwerken genannt. DIN EN 1990 ist für die direkte Verwendung beim Entwurf, bei der Berechnung und Bemessung von Neubauten in Verbindung mit EN 1991 bis EN 1999 gedacht. In den Normen der Reihe DIN EN 1991 sind die für die Bemessung und Konstruktion von Tragwerken maßgebenden Einwirkungen festgelegt. DIN EN 1992 bis DIN EN 1999 behandeln die Bemessung und Konstruktion mit den Materialien Beton, Stahl, Holz, Mauerwerk und Aluminium sowie die Bemessung in der Geotechnik und die Auslegung von Bauwerken in Erdbebengebieten (s. Tafel D.1.1).

Grundsätzliches Ziel bei Planung, Konstruktion und Ausführung von Bauwerken ist die Sicherstellung einer angemessenen Zuverlässigkeit gegen Versagen und die Gewährleistung des vorgegebenen Nutzungszwecks für die vorgesehene Dauer unter Berücksichtigung von wirtschaftlichen Gesichtspunkten. Das Sicherheits- und Bemessungskonzept beruht auf dem Nachweis, dass diese Anforderungen erfüllt und sog. Grenzzustände – das sind Grenzzustände der *Tragfähigkeit* und der *Gebrauchstauglichkeit* – nicht überschritten werden; zusätzliche Anforderungen an die *Dauerhaftigkeit* sind zu beachten.

Die Regelungen in den Eurocodes gelten für die Tragwerksplanung von Hoch- und Ingenieurbauwerken (inkl. der Gründung). Sie gelten auch für die Tragwerksplanung im Bauzustand und für Tragwerke mit befristeter Standzeit sowie für die Planung von Verstärkungs-, Instandsetzungs- oder Umbaumaßnahmen.

Tafel D.1.1 Übersicht über das Eurocode-Programm

1.2 Stand der Normung im Stahlbeton- und Spannbetonbau

1.2.1 DIN 1045-1 bis DIN 1045-4

Bereits mit Einführung von DIN 1045-1 im Jahre 2001 war es Ziel der Normungsgremien, eine neue deutsche Normengeneration einzuführen, die sich eng an Eurocode 2 anlehnt.

Die folgenden Normen für Tragwerke aus Beton, Stahlbeton und Spannbeton sind zwischenzeitlich in der Reihe DIN 1045 „Tragwerke aus Beton, Stahlbeton und Spannbeton" erarbeitet und erschienen:

- DIN 1045-1: Bemessung und Konstruktion
- DIN 1045-2: Beton; Festlegung, Eigenschaften (Anwendungsregeln zu DIN EN 206-1)
- DIN 1045-3: Bauausführung
- DIN 1045-4: Ergänzende Regeln für die Herstellung und die Konformität von Fertigteilen

DIN 1045-2 gilt für DIN EN 206-1 „Beton – Teil 1: Festlegung, Eigenschaften, Herstellung und Konformität" als deutsche Anwendungsregel.

Die Normenreihe wurde im Juli 2002 bauaufsichtlich eingeführt; nach einer Übergangsfrist bis 2004 wurde dann die Anwendung verbindlich und die „alten" Normen DIN 1045 (1988-07) und DIN 4227 (1988-07) zurückgezogen.

Diese neue Normenreihe von DIN 1045 ist jetzt seit einigen Jahren „im täglichen Gebrauch". Dabei wurden Schwachpunkte, Druckfehler und Auslegungsprobleme deutlich. In den letzten Jahren sind daher zur DIN 1045 Druckfehlerkorrekturen erschienen und zahlreiche Auslegungen erfolgt, die teilweise schon an Normenänderungen grenzen (s. hierzu auch die Beiträge in den Jahrbüchern der letzten Jahre).

Dieser Umstand führte im DAfStb bzw. NABau zu dem Beschluss, eine konsolidierte Neuausgabe herauszubringen. Im Einzelnen liegen vor:

- DIN 1045-1, Ausg. 08.2008
- DIN 1045-2, Ausg. 08.2008
- DIN 1045-3, Ausg. 08.2008
- DIN 1045-4, Ausg. 07.2001

In DIN 1045-1 wurden dabei auch schon Anpassungen und Verbesserungen vorgenommen, die den in Kürze bevorstehenden Übergang zum EC2-1-1 (s. nachfolgend) erleichtern sollen.

DIN 1045-1 gilt für Stahlbeton- und Spannbetontragwerke aus Normalbeton und Leichtbeton – sowohl im normalfesten als auch im hochfesten Bereich. Für bestimmte Tragwerke sind zusätzliche Regelungen zu beachten (z. B. für den Brückenbau, Behälterbau).

1.2.2 Europäische Regelungen

Mit Eurocode 2 – Bemessung und Konstruktion von Stahlbeton- und Spannbetontragwerken – liegt ein Normenkonzept vor, das zukünftig im europäischen Binnenmarkt gelten und die derzeitigen nationalen Normen ersetzen wird. Als Normen sind erschienen:

- DIN EN 1992-1-1: Teil 1-1, Allgemeine Bemessungsregeln und Regeln für den Hochbau (2011-01)
- DIN EN 1992-1-2: Teil 1-2, Tragwerksbemessung für den Brandfall (2010-12)
- DIN EN 1992-2: Teil 2, Betonbrücken – Bemessungs- und Konstruktionsregeln (2010-12)
- DIN EN 1992-3: Teil 3, Silos und Behälterbauwerke aus Beton (2011-01)

Damit liegen die grundlegenden bauart- und baustoffabhängigen Bemessungsregeln für Stahlbetontragwerke vor.

Die oben genannten Normen werden durch Nationale Anhänge (Anwendungsrichtlinien) ergänzt mit Hinweisen auf mitgeltende nationale Normen- und Regelwerke und insbesondere mit nationalen Festlegungen einiger indikativer Zahlenwerte, die in den entsprechenden europäischen Regelwerken nur als empfohlene Angaben enthalten sind.

In einem Forschungsvorhaben „EC2-Pilotprojekt" wurde die Anwendbarkeit von EC2-1-1 mit dem Nationalen Anhang bis zum Jahresende 2009 erprobt. Beteiligt an diesem Vorhaben waren verschiedene Ingenieurbüros und Softwarehäuser. Die aus diesen Untersuchungen resultierenden Anregungen und Verbesserungsvorschläge sind in die weiteren Beratungen der Normengremien eingeflossen. Zwischenzeitlich liegt eine abschließende Fassung des Nationalen Anhangs vor, die in wesentlichen Teilen bereits in [DBV et al. – 2010] abgedruckt wurde.

Zu den oben aufgeführten Europäischen Normen wurden die Nationalen Anhänge zu EC2-1-1, EC2-1-2 und EC2-3 zeitgleich – d. h. im Dez. 2010 bzw. im Jan. 2011 – durch DIN veröffentlicht (eine Veröffentlichung von DIN EN 1992-2/NA ist für 2012 angekündigt).

Die Einführung von EC2-1-1 mit dem zugehörigen Nationalen Anhang erfolgte Mitte 2012, DIN 1045-1 wird parallel zurückgezogen. Eine längere Übergangsfrist – wie dies beispielsweise bei der Einführung von DIN 1045-1 im Jahre 2001 der Fall war – ist nicht vorgesehen.

In diesem Kapitel wird die Bemessung von *Stahlbetonbauteilen* behandelt (*Spannbeton* s. Kap. E), die abschließende Fassung von EC2-1-1 einschl. NA (jeweils von Jan. 2011) ist berücksichtigt.

1.3 Begriffe, Formelzeichen

Nachfolgend sind einige wichtige, in EC2-1-1 häufig gebrauchte Begriffe erläutert.

Prinzipien sind Festlegungen, von denen keine Abweichung zulässig ist. Demgegenüber handelt es sich bei *Anwendungsregeln* um allgemein anerkannte Regeln, die den Prinzipien folgen und deren Anforderungen erfüllen; Alternativen sind auf der Basis der Prinzipien zulässig. (Prinzipien sind in EC2-1-1 durch ein vorangestelltes „P" gekennzeichnet.)

Mit *Grenzzustand* wird ein Zustand bezeichnet, bei dem ein Tragwerk die Entwurfsanforderungen gerade noch erfüllt; es werden Grenzzustände der Tragfähigkeit und der Gebrauchstauglichkeit unterschieden (s. hierzu Abschn. 3). Für den Nachweis von Grenzzuständen sind als *Bemessungssituationen* die ständigen, die vorübergehenden und/oder die außergewöhnlichen zu betrachten. Zusätzlich ist die *Dauerhaftigkeit* sicherzustellen.

Einwirkungen (E) sind auf ein Tragwerk einwirkende Kräfte, Lasten etc. als direkte Einwirkung sowie eingeprägte Verformungen (Temperatur, Setzung) als indirekte Einwirkung. Sie werden weiter eingeteilt in ständige Einwirkung (G), veränderliche Einwirkung (Q) und außergewöhnliche Einwirkung (A).

Zu unterscheiden sind (s. a. Eurocode 0):
- *Charakteristische Werte* der Einwirkungen (F_k); sie werden in Lastnormen festgelegt als:
  - ständige Einwirkung mit i. Allg. einem einzigen Wert (G_k), ggf. auch mit einem oberen ($G_{k,sup}$) und unteren ($G_{k,inf}$) Grenzwert
  - veränderliche Einwirkung (Q_k) mit einem oberen oder unteren Wert, der mit Wahrscheinlichkeit nicht überschritten wird, oder mit einem festgelegten Sollwert
  - außergewöhnliche Einwirkung (A_k) mit einem festgelegten Wert.
- *Repräsentative Werte* der veränderlichen Einwirkung; das sind
  - der charakteristische Wert Q_k
  - der Kombinationswert
    (bzw. der seltene Wert) $\psi_0 \cdot Q_k$
  - der häufige Wert $\psi_1 \cdot Q_k$
  - der quasi-ständige Wert $\psi_2 \cdot Q_k$
- *Bemessungswerte* der Einwirkung (F_d); sie ergeben sich aus $F_d = \gamma_F F_k$ mit γ_F als Teilsicherheitsbeiwert für die betrachtete Einwirkung; der Beiwert γ_F kann mit einem oberen ($\gamma_{F,sup}$) und einem unteren Wert ($\gamma_{F,inf}$) angegeben werden.

Der *Tragwiderstand* (R) oder die Tragfähigkeit eines Bauteils ist durch Materialeigenschaften (Beton, Betonstahl, Spannstahl) und durch geometrische Größen gegeben.

Bei den Baustoffeigenschaften ist zu unterscheiden zwischen:
- *Charakteristischen Werten der Baustoffe* (X_k); sie werden in Baustoff- und Bemessungsnormen als Fraktile einer statistischen Verteilung festgelegt, ggf. mit oberen und unteren Werten.
- *Bemessungswert einer Baustoffeigenschaft;* er ergibt sich aus $X_d = X_k/\gamma_M$ mit γ_M als Teilsicherheitsbeiwert für die Baustoffeigenschaften.

Der Bemessungswert *geometrischer Größen* a_d wird i. Allg. durch den Nennwert a_{nom} beschrieben ($a_d = a_{nom}$). In einigen Fällen wird der Bemessungswert auch durch $a_d = a_{nom} \pm \Delta a$ festgelegt.

Formelzeichen (s. a. Hinweise in den Abschnitten)

Lateinische Großbuchstaben

E	Einwirkung	(internal forces)
G	ständige Einwirkung	(permanent action)
M	Biegemoment	(bending moment)
N	Längskraft	(axial force)
P	Vorspannkraft	(prestressing force)
Q	veränderliche Last	(variable action)
R	Widerstand	(resistance)
T	Torsionsmoment	(torsional moment)
V	Querkraft	(shear force)

Lateinische Kleinbuchstaben

d	Nutzhöhe	(effective depth)
f	Materialfestigkeit	(strength of a material)
g	verteilte ständige Last	(distributed permanent load)
h	Querschnittshöhe	(overall depth)
q	verteilte veränderliche Last	(distributed variable load)

Griechische Kleinbuchstaben

γ	Teilsicherheitsbeiwert	(partial safety factor)
μ	bezogenes Biegemoment	(reduced bending moment)
ν	bez. Längskraft	(reduced axial force)
ρ	geometrischer Bewehrungsgrad	(geometrical reinforcement ratio)
ρ	Dichte	(density)
ω	mechanischer Bewehrungsgrad	(mechanical reinforcement ratio)

Fußzeiger

c	Beton	(concrete)
d	Bemessungswert	(design value)
dir	unmittelbar	(direct)
g, G	ständig	(permanent)
ind	mittelbar	(indirect)
inf	unterer, niedriger	(inferior)
k	charakterist. Wert	(characteristic value)
p	Vorspannung	(prestressing force)
q, Q	Verkehrslast	(variable action)
s	Betonstahl	(reinforcing steel)
sup	oberer, höherer	(superior)
y	Streckgrenze	(yield)

Bemessung

2 Grundlagen des Sicherheitsnachweises

S. Stahlbetonbau aktuell 2001, S. D.5ff.

3 Sicherheitskonzept nach EC0 und EC2-1-1

Das Bemessungskonzept von EC2-1-1 (bzw. EC0) beruht auf dem Nachweis, dass sog. Grenzzustände nicht überschritten werden. Es sind Grenzzustände der Tragfähigkeit (Bruch, Verlust des Gleichgewichts, Ermüdung ...) und der Gebrauchstauglichkeit (unzulässige Verformungen, Schwingungen, Rissbreiten ...) zu beachten. Zudem ist die Dauerhaftigkeit sicherzustellen.

Als *Bemessungssituationen* werden unterschieden:
- ständige Bemessungssituation (normale Nutzungsbedingungen des Tragwerks)
- vorübergehende Bemessungssituation (z. B. Bauzustand, Instandsetzungsarbeiten)
- außergewöhnliche Bemessungssituation (z. B. Anprall, Erschütterungen)
- baulicher Brandschutz (Tragwerksplanung unter Berücksichtigung der Brandschutzanforderungen)
- Erdbeben (eine Bemessungssituation unter der Bedingung von Erdbebeneinwirkung).

3.1 Grenzzustände der Tragfähigkeit

3.1.1 Bruch oder übermäßige Verformung

Der Bemessungswert der Beanspruchung E_d darf den Bemessungswert des Tragwiderstands R_d nicht überschreiten:

$$E_d \leq R_d \quad (D.3.1)$$

Bemessungswerte E_d der Beanspruchungen

Sie werden wie folgt bestimmt:
- ständige und vorübergehende Bemessungssituation (Grundkombination)

$$E_d = E(\sum_{j \geq 1} \gamma_{G,j} \cdot G_{k,j} \,\text{„+"}\, \gamma_P \cdot P_k$$
$$\text{„+"}\, \gamma_{Q,1} \cdot Q_{k,1} \,\text{„+"}\, \sum_{i > 1} \gamma_{Q,i} \cdot \psi_{0,i} \cdot Q_{k,i}) \quad (D.3.2a)$$

- außergewöhnliche Bemessungssituation

$$E_{dA} = E(\sum_{j \geq 1} G_{k,j} \,\text{„+"}\, P_k \,\text{„+"}\, A_d$$
$$\text{„+"}\, \psi_{1,1} \cdot Q_{k,1} \,\text{„+"}\, \sum_{i > 1} \psi_{2,i} \cdot Q_{k,i}) \quad (D.3.2b)$$

- Erdbeben

$$E_{dAE} = E(\sum_{j \geq 1} G_{k,j} \,\text{„+"}\, P_k \,\text{„+"}\, A_{Ed}$$
$$\text{„+"}\, \sum_{i \geq 1} \psi_{2,i} \cdot Q_{k,i}) \quad (D.3.2c)$$

Es sind

$\gamma_{G,j}$ Teilsicherheitsbeiwerte für die ständige Einwirkung j (s. Tafel D.3.1)
γ_P Teilsicherheitsbeiwerte für die Vorspannung (s. Tafel D.3.1)
$\gamma_{Q,1}; \gamma_{Q,i}$ Teilsicherheitsbeiwerte für eine, für weitere veränderliche Einwirkungen i
$G_{k,j}$ charakteristische Werte der ständigen Einwirkungen
P_k charakteristischer Wert der Vorspannung
$Q_{k,1}; Q_{k,i}$ charakteristische Werte einer, weiterer veränderlicher Einwirkungen i
A_d Bemessungswert einer außergewöhnlichen Einwirkung (z. B. Anprallast)
A_{Ed} Bemessungswert der Einwirkung infolge von Erdbeben
ψ_0, ψ_1, ψ_2 Beiwerte für seltene, häufige und quasiständige Einwirkungen (s. Tafel D.3.2)
„+" „ist zu kombinieren"

Tafel D.3.1 Teilsicherheitsbeiwerte γ_F für Einwirkungen (Grundkombination)

Auswirkung	ständige Einwirkung γ_G 1) 4)	veränderliche Einwirkung γ_Q 2) 4)	Vorspannung γ_P 3)
günstig	1,00	0	1,0
ungünstig	1,35	1,50	1,0

1) Sind günstige und ungünstige Anteile einer ständigen Einwirkung als eigenständige Anteile zu betrachten (z. B. beim Nachweis der Lagersicherheit), gilt $\gamma_{G,sup} = 1,1$ (ungünstig) und $\gamma_{G,inf} = 0,9$ (günstig).
2) Zwang darf mit $\gamma_Q = 1,0$ berücksichtigt werden, falls die Schnittgrößenermittlung linear-elastisch nach Zustand I mit dem E-Modul E_{cm} erfolgt.
3) Für Vorspannung als Einwirkung (für die Ermittlung der Spaltzugbewehrung gilt jedoch $\gamma_P = 1,35$).
4) Bei Fertigteilen darf im Bauzustand für Biegung und Längskraft $\gamma_G = 1,15$ und $\gamma_Q = 1,15$ gesetzt werden.

Tafel D.3.2 Kombinationsbeiwerte ψ [4]) (nach EC0)

Einwirkung	Kombinationswerte		
	ψ_0	ψ_1	ψ_2
Nutzlasten für Hochbauten			
– Wohn-/Aufenthaltsräume	0,7	0,5	0,3
– Büros	0,7	0,5	0,3
– Versammlungsräume	0,7	0,7	0,6
– Verkaufsräume	0,7	0,7	0,6
– Lagerräume	1,0	0,9	0,8
Schnee, Orte bis NN +1000 m	0,5	0,2	0
Orte über NN +1000 m	0,7	0,5	0,2
Windlasten	0,6	0,2	0
Temperatureinwirkungen	0,6	0,5	0
Baugrundsetzungen	1,0	1,0	1,0
Sonstige Einwirkungen	0,8	0,7	0,5

4) Auswahl; weitere Werte s. EC0.

Bei durchlaufenden Platten und Balken darf für ein und dieselbe unabhängige ständige Einwirkung entweder der obere ($\gamma_{G,sup}$ = 1,35) oder der untere Wert ($\gamma_{G,inf}$ = 1,00) in allen Feldern gleich angesetzt werden. Bei nicht vorgespannten Durchlaufträgern und -platten des üblichen Hochbaus brauchen zudem Bemessungssituationen mit günstigen ständigen Einwirkungen (d. h. mit $\gamma_{G,inf}$ = 1,00) nicht berücksichtigt zu werden, wenn die Konstruktionsregeln zur Mindestbewehrung eingehalten werden.

In Sonderfällen, wenn Nachweise besonders anfällig gegen Schwankungen in der Größe einer ständigen Einwirkung sind, kann jedoch eine feldweise ungünstige Anordnung erforderlich sein (vgl. DAfStb-H. 525; s. a. Nachweis der Lagesicherheit im Abschn. D.3.1.2 nach EC0).

Die veränderliche Last ist feldweise ungünstig mit γ_Q = 1,50 zu berücksichtigen, im günstigen Fall mit γ_Q = 0, d.h. wegzulassen.

Bemessungswerte des Widerstands R_d

Bei linear-elastischer Schnittgrößenermittlung oder plastischer Berechnung gilt (für nichtlineare Berechnungen s. EC2-1-1):

$$R_d = R\ (\alpha_{cc} f_{ck}/\gamma_C;\ f_{yk}/\gamma_S;\ f_{tk,cal}/\gamma_S;\\ f_{p0,1k}/\gamma_S;\ f_{pk}/\gamma_S) \quad \text{(D.3.3)}$$

α_{cc}	Abminderungsbeiwert zur Berücksichtigung von Langzeiteinwirkungen u. a. m.
f_{ck}	charakteristische Betonfestigkeit
f_{yk}	charakteristischer Wert der Streckgrenze des Betonstahls
$f_{tk,cal}$	charakteristischer Wert der Zugfestigkeit des Betonstahls
$f_{p0,1k}$	charakteristischer Wert der 0,1%-Dehngrenze des Spannstahls
f_{pk}	charakteristischer Wert der Zugfestigkeit des Spannstahls
γ_C	Teilsicherheitsbeiwerte für Beton nach Tafel D.3.3
γ_S	Teilsicherheitsbeiwerte für Betonstahl und Spannstahl nach Tafel D.3.3

Tafel D.3.3 Teilsicherheitsbeiwert γ_M für Baustoffe (EC2-1-1/NA, Tab. 2.1DE)

Kombination	Beton γ_C [1]	Betonstahl, Spannstahl γ_S
Grundkombination	1,50	1,15
Außergewöhnliche Kombination (außer Erdbeben)	1,30	1,00
Ermüdung	1,50	1,15

[1] Bei Fertigteilen (werksmäßige Herstellung mit ständiger Überwachung) darf $\gamma_{C,red}$ = 1,35 gesetzt werden (EC2-1-1/NA, A.2.3).

3.1.2 Nachweis der Lagesicherheit

Der Nachweis der Lagesicherheit wird in DIN EN 1990 (EC0) behandelt. Der Bemessungswert der destabilisierenden Einwirkungen $E_{d,dst}$ darf den Bemessungswert der stabilisierenden $R_{d,stb}$ nicht überschreiten:

$$E_{d,dst} \leq R_{d,stb} \quad \text{(D.3.4a)}$$

Wird die Lagesicherheit durch einen Bauteilwiderstand (z. B. eine Verankerung) bewirkt, wird Gl. (3.4a) wie folgt modifiziert

$$E_{d,dst} - E_{d,stb} \leq R_d \quad \text{(D.3.4b)}$$

mit $E_{d,dst}$ bzw. $E_{d,stb}$ ohne Berücksichtigung des stabilisierenden Bauteils und R_d als Bemessungswert des Tragwiderstandes der Verankerung.

Für die Berechnung der Lagesicherheit sind die Beiwerte nach Tafeln D.3.1 und D.3.2 maßgebend. Für die ständigen Einwirkungen gelten jedoch

- $\gamma_{G,inf}$ = 0,9 für die günstig wirkenden ständigen Einwirkungen,
- $\gamma_{G,sup}$ = 1,1 für die ungünstig wirkenden ständigen Einwirkungen,

wobei die günstigen und ungünstigen Wirkungen getrennt als unabhängige Einwirkungen zu betrachten sind. Bei kleinen Schwankungen, z. B. beim Nachweis der Auftriebssicherheit, dürfen die Werte auf 0,95 bzw. 1,05 herabgesetzt werden.

Bei Anwendung von Gl. (D.3.4b) ist zusätzlich Gl. (D.3.1) bzw. (D.3.3) nachzuweisen mit den maßgebenden Materialsicherheitsbeiwerten γ_M.

Beispiel (zu 3.1.1 und 3.1.2)

Einfeldträger mit Kragarm nach Skizze, Belastung g_k = 10,0 kN/m² (Eigenlasten), q_{k1} = 7,5 kN/m² (Nutzlast in Büroräumen) und Q_{k2} = 5,0 kN/m (Schneelast; Lage bis NN +1000).

Nachweis der Lagesicherheit

Maßg. LF-Kombination mit Q_{k2} als Leiteinwirkung
- $\gamma_{G,sup} \cdot g_{k1}\ "+"\ \gamma_Q \cdot Q_{k2}\ "+"\ \gamma_Q \cdot \psi_0 \cdot q_{k1}$
- $\gamma_{G,inf} \cdot g_{k1}$

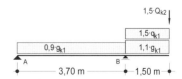

$A_{d,dst} = 1,1 \cdot 10,0 \cdot 1,5^2 / (2 \cdot 3,7)$
$\quad + 1,5 \cdot 5,0 \cdot 1,5/3,7 + 1,5 \cdot (0,7 \cdot 7,5) \cdot 1,5^2/(2 \cdot 3,7)$
$\quad = 8,8\ \text{kN/m}$
$A_{d,stb} = 0,9 \cdot 10,0 \cdot 3,70/2 = 16,7\ \text{kN/m}$
$A_{d,dst} = 8,8\ \text{kN/m} < A_{d,stb} = 16,7\ \text{kN/m}$

⇒ Nachweis erfüllt

Bemessung

Biegebruch an der Stütze B, Einwirkungen:

Maßg. LF-Kombination mit Q_{k2} als Leiteinwirkung

- $\gamma_{G,sup} \cdot g_{k1}$ „+" $\gamma_Q \cdot Q_{k2}$ „+" $\gamma_Q \cdot \psi_0 \cdot q_{k1}$

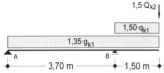

$M_{Ed,B} = 1{,}35 \cdot 10{,}0 \cdot 1{,}5^2 / 2 + 1{,}50 \cdot 5{,}0 \cdot 1{,}5$
$+ 1{,}5 \cdot (0{,}7 \cdot 7{,}5) \cdot 1{,}5^2 / 2 = 35{,}3$ kNm/m

3.1.3 Ermüdung

Tragwerke und tragende Bauteile, die regelmäßigen Lastwechseln unterworfen sind, sind gegen Ermüdung zu bemessen (z. B. Kranbahnen, Brücken). Der Nachweis ist getrennt für Beton und für Stahl zu führen, der Teilsicherheitsbeiwert für die Einwirkungen ist $\gamma_{F,fat} = 1$.

Für Tragwerke des üblichen Hochbaus braucht im Allgemeinen kein Nachweis gegen Ermüdung geführt zu werden.

3.1.4 Versagen ohne Vorankündigung

Ein Versagen ohne Vorankündigung bei Erstrissbildung muss vermieden werden. Dies kann nach EC2-1-1 als erfüllt angesehen werden für:

a) Unbewehrten Beton

Für stabförmige Bauteile mit Rechteckquerschnitt ist die Ausmitte der Längskraft in der maßgebenden Einwirkungskombination des Grenzzustandes der Tragfähigkeit auf $e_d / h < 0{,}4$ zu begrenzen. Für die Ausmitte e_d gilt die Gesamtausmitte $e_d = e_{tot}$, d. h. zusätzlich zur Ausmitte e_0 sind bspw. die ungewollte Ausmitte e_i, die Kriechausmitte e_φ zu berücksichtigen; vgl. EC2-1-1/NA, 12.6.2.

b) Stahlbeton

Anordnung einer Mindestbewehrung, die für das Rissmoment mit dem Mittelwert der Zugfestigkeit f_{ctm} und der Stahlspannung $\sigma_s = f_{yk}$ berechnet ist (rechnerische Ermittlung s. Abschn. D.5.2); vgl. EC2-1-1/NA 9.2.1.1. Auf die Duktilitätsbewehrung darf die statisch erforderliche Bewehrung angerechnet werden.

Die Mindestbewehrung ist ggf. auch bei einer Anschlussbewehrung zu berücksichtigen, wenn eine zu geringe Bewehrung zum spröden Versagen führen kann (z. B. bei einer Rahmenecke).

Die Mindestbewehrung darf jedoch entfallen (vgl. auch DIN 1045-1:2008):

- für Einzelfundamente ohne äußere Zwangbeanspruchung, wenn die Schnittgrößen für äußere Lasten linear-elastisch ermittelt und alle Nachweise der Grenzzustände erfüllt werden;
- für die Querrichtung von Streifenfundamenten, da sie in Querrichtung i. d. R. nicht als Biegebauteile wirken;
- für die Biegezugbewehrung der Nebentragrichtung von Platten.

c) Spannbeton

Die Anordnung und Ermittlung der Mindestbewehrung erfolgt wie im Stahlbetonbau. Es darf 1/3 der Querschnittsfläche der im Verbund liegenden Spannglieder angerechnet werden, wenn mindestens zwei Spannglieder vorhanden sind. Die Spannglieder dürfen dabei nicht mehr als $0{,}2h$ oder 25 cm (kleinerer Wert ist maßgebend) von der Betonstahlbewehrung entfernt liegen. Spannstahl darf nur mit $\sigma_s = f_{yk}$ der Betonstahlbewehrung berücksichtigt werden. Hochgeführte Spannglieder und Bewehrungen dürfen nicht berücksichtigt werden.

3.2 Grenzzustände der Gebrauchstauglichkeit

Der Bemessungswert der Auswirkungen von Einwirkungen E_d darf den Nennwert des Gebrauchstauglichkeitskriteriums C_d nicht überschreiten:

$$E_d \leq C_d \qquad (D.3.5)$$

Einwirkungskombinationen E_d

Sie sind für die Grenzzustände der Gebrauchstauglichkeit wie folgt definiert:

- Charakteristische (seltene) Kombination

$$E_{d,rare} = E \left(\sum_{j \geq j} G_{k,j} \text{ „+" } P_k \right.$$
$$\left. \text{ „+" } Q_{k,1} \text{ „+" } \sum_{i>1} \psi_{0,i} \cdot Q_{k,i} \right) \qquad (D.3.6a)$$

- Häufige Kombination

$$E_{d,frequ} = E \left(\sum_{j \geq j} G_{k,j} \text{ „+" } P_k \right.$$
$$\left. \text{ „+" } \psi_{1,1} \cdot Q_{k,1} \text{ „+" } \sum_{i>1} \psi_{2,i} \cdot Q_{k,i} \right) \quad (D.3.6b)$$

- Quasi-ständige Kombination

$$E_{d,perm} = E \left(\sum_{j \geq 1} G_{k,j} \text{ „+" } P_k \text{ „+" } \sum_{i \geq 1} \psi_{2,i} \cdot Q_{k,i} \right) \quad (D.3.6c)$$

(Erläuterung der Formelzeichen s. vorher.)

Bemessungswert des Gebrauchstauglichkeitskriteriums C_d

Das Gebrauchstauglichkeitskriterium C_d kann zum Beispiel eine ertragbare Spannung, eine zulässige Verformung, eine zulässige Rissbreite o. Ä. sein. Für die Gebrauchstauglichkeitsnachweise sind die Teilsicherheitsbeiwerte γ_M für die Baustoffe mit $\gamma_M = 1{,}0$ anzunehmen (Besonderheit bei Vorspannung – Streuungsfaktor – s. Kap. F).

Es wird auf die ausführlichen Darstellungen im Abschn. D.5.3 verwiesen.

3.3 Dauerhaftigkeit

3.3.1 Grundsätzliches

Die Anforderung an ein angemesses dauerhaftes Tragwerk ist erfüllt, wenn dieses während der vorgesehenen Nutzung seine Funktion hinsichtlich der Tragfähigkeit und der Gebrauchstauglichkeit ohne Verlust der Nutzungseigenschaften bei einem angemessenen Instandhaltungsaufwand erfüllt (EC2-1-1, 4.1).

Der erforderliche Schutz des Tragwerkes ist unter Berücksichtigung seiner geplanten Nutzung, Nutzungsdauer und der Einwirkungen sowie durch Instandhaltung sicherzustellen. (EC2-1-1, 4.2).

Zur Erreichung einer ausreichenden Dauerhaftigkeit sind daher zu berücksichtigen:

- Nutzung des Tragwerks
- geforderte Tragwerkseigenschaften
- voraussichtliche Umweltbedingungen
- Zusammensetzung, Eigenschaften und Verhalten der Baustoffeigenschaften
- Bauteilform und bauliche Durchbildung
- Qualität der Bauausführung und Überwachung
- besondere Schutzmaßnahmen
- voraussichtliche Instandhaltung während der vorgesehenen Nutzungsdauer.

Für eine ausreichende Dauerhaftigkeit sind die Nachweise in den Grenzzuständen der Tragfähigkeit und der Gebrauchstauglichkeit und konstruktive Regeln zu erfüllen. Außerdem sind in Abhängigkeit von den Umweltbedingungen und Einwirkungen Mindestbetonfestigkeitsklassen und Mindestbetondeckungen der Bewehrung einzuhalten. Umwelt im Sinne von EC 2 bedeutet chemische und physikalische Einwirkungen, denen ein Tragwerk als Ganzes oder Tragwerksteile und der Beton selbst ausgesetzt sind.

Chemischer Angriff kann herrühren aus

- der Nutzung eines Bauwerks
- Umweltbedingungen
- Kontakt mit Gasen oder Lösungen
- im Beton enthaltenen Chloriden
- Reaktionen zwischen den Betonbestandteilen (z. B. Alkalireaktionen im Beton).

Physikalischer Angriff kann erfolgen durch

- Verschleiß
- Temperaturwechsel
- Frost-Tau-Wechselwirkung
- Eindringen von Wasser.

3.3.2 Expositionsklassen und Mindestbetonfestigkeitsklassen

In Abhängikeit von den zuvor genannten Einflüssen werden in EC2 bzw. EN 206 *Expositionsklassen* formuliert. Generell wird zunächst unterschieden zwischen Bewehrungskorrosion und Betonangriff. Bei der Bewehrungskorrosion wird dann differenziert nach der karbonatisierungsinduzierten und der chloridinduzierten Korrosion sowie der chloridinduzierten Korrosion aus Meerwasser. Die Expositionsklassen nach den Risiken des Betonangriffs geben den Angriff durch Frost-Tauwechsel, aggressive chemische Umgebung und Verschleiß wieder.

Die Systematik zeigt Tafel D.3.4, detaillierte Angaben sind Kap. B, Tafel B.1.2 zu entnehmen (vgl. auch [Goris – 11]).

In den Planungsunterlagen sind alle maßgebenden Expositionsklassen anzugeben, da sie ggf. Einfluss auf die Betonzusammensetzung haben können und daher für den Betonhersteller von Bedeutung sind.

Den Expositionsklassen ist jeweils eine *Mindestbetonfestigkeitsklasse* zugeordnet; falls mehrere Bedingungen zutreffen, ist die höchste maßgebend.

Mit diesen Mindestfestigkeiten soll die Herstellung eines gefügedichten Betons sichergestellt werden. Der Zusammenhang zwischen Betonfestigkeit und Porosität gilt allerdings nicht für Leichtbeton, da hierbei die Festigkeit des Betons in erster Linie durch den leichten Zuschlagstoff selbst bestimmt wird; für Leichtbeton sind daher keine Mindestfestigkeiten verlangt, die Dichtigkeit ist über andere Maßnahmen sicherzustellen.

Tafel D.3.4 Systematik und Bezeichnungen der Expostionsklassen

Angriffsrisiko	Expositionsklasse (**X**)		Intensität gering → groß
Kein Angriffsrisiko		X0 (**zero** risk)	–
Bewehrungskorrosion	Karbonatisierung	X**C** (**c**arbonation)	1 ... 4
	Chloride aus Tausalz	X**D** (**d**eicing)	1 ... 3
	Chloride aus Meerwasser	X**S** (**s**eawater)	1 ... 3
Betonangriff	Frost	X**F** (**f**rost)	1 ... 4
	Chemisch	X**A** (**a**cid)	1 ... 3
	Verschleiß	X**M** (**m**echanical abrasion)	1 ... 3
	Alkali-Kieselsäure	W	0, F, A, S

Tafel D.3.5 Expositionsklassen und Mindestbetonfestigkeit

Klasse	Beschreibung der Umgebung	Mindestfestigkeitsklasse
Bewehrungskorrosion		
1 Kein Korrosions- oder Angriffsrisiko		
X0	Beton ohne Bewehrung in nicht betonangr. Umgebung	C12/15
2 Karbonatisierung		
XC 1	Trocken oder ständig nass	C16/20
XC 2	Nass, selten trocken	C16/20
XC 3	Mäßige Feuchte	C20/25
XC 4	Wechselnd nass u. trocken	C25/30
3 Chloride		
XD 1	Mäßige Feuchte	C30/37[a]
XD 2	Nass, selten trocken	C35/45[a]
XD 3	Wechselnd nass u. trocken	C35/45[a]
4 Chloride aus Meerwasser		
XS 1	Salzhaltige Luft, kein direkter Meerwasserkontakt	C30/37[a]
XS 2	Unter Wasser	C35/45[a]
XS 3	Tidebereiche, Spritzwasser- und Sprühnebelzonen	C35/45[a]
Betonangriff		
5 Betonangriff durch Frost mit und ohne Taumittel		
XF 1	Mäßige Wassersättigung ohne Taumittel	C25/30
XF 2	Mäßige Wassersättigung mit Taumittel oder Meerw.	C35/45[c]
XF 3	Hohe Wassersättigung ohne Taumittel	C35/45[c]
XF 4	Hohe Wassersättigung mit Taumittel oder Meerw.	C40/50[d]
6 Betonangriff durch aggressive chem. Umgebung[b]		
XA 1	Chemisch schwach angreifende Umgebung	C25/30
XA 2	Chem. mäßig angreifende Umgebung; Meeresbauwerk	C35/45[a]
XA 3	Chemisch stark angreifende Umgebung	C35/45[a]
7 Betonangriff durch Verschleißbeanspruchung		
XM 1	Mäßige Verschleißbeanspruchung	C30/37[a]
XM 2	Schwere Verschleißbeanspruchung	C35/45[a][e]
XM 3	Extreme Verschleißbeanspruchung	C35/45[a]

[a] Bei Luftporenbeton, z. B. wegen gleichzeitiger Anforderung aus XF, eine Betonfestigkeitsklasse niedriger (vgl. a. [c]).
[b] Grenzwerte für die Expo.-kl. s. DIN EN 206-1 / DIN 1045-2.
[c] Bei Verwendung von Luftporenbeton C25/30.
[d] Für Räumerlaufbahnen; bei Verwendung von Luftporenbeton oder erdfeuchtem Beton ($w/z \leq 0{,}40$) gilt C30/37.
[e] Bei Oberflächenbehandlung des Betons nach DIN 1045-2 (Vakuumieren, Flügelglätten) auch C30/37.

Tafel D.3.6 Feuchtigkeitsklassen der Alkali-Kieselsäure-Reaktion

Klasse	Beschreibung der Umgebung
8 Betonkorrosion inf. Alkali-Kieselsäure-Reaktion	
W0	Beton, der während der Nutzung weitgehend trocken bleibt
WF	Beton, der während der Nutzung häufig oder längere Zeit feucht ist
WA	Beton, der zusätzlich zu WF häufig oder langzeitig Alkalizufuhr ausgesetzt ist
WS	Beton unter hoher dyn. Beanspruchung

Die geforderten Mindestbetonfestigkeitsklassen sind in Abhängigkeit von den Expositionsklassen in Tafel D.3.5 zusammengestellt, Beispiele für die Zuordnung von Expositionsklassen können EC2-1-1, Tabelle 4.1 (s. a. Kap. B) entnommen werden.

Zusätzlich sind Feuchtigkeitsklassen W für die Betonkorrosion infolge Alkali-Kieselsäure-Reaktion in den Planungsunterlagen zu nennen, die jedoch keinen direkten Einfluss auf die Tragwerksbemessung haben, jedoch bei der Betonzusammensetzung zu beachten sind (Kurzfassung s. Tafel D.3.6; detailliertere Angaben in Kap. B, Tafel B.1.2).

Der Zusammenhang zwischen den Expositionsklassen und den Feuchtigkeitsklassen ist in Tafel D.3.7 dargestellt (nach [DAfStb-Ri-Alkali – 07]).

Tafel D.3.7 Zuordnung der Feuchtigkeitsklassen (F.Kl) zu den Expositionsklassen

1	Expo-kl.	F.Kl [1][2]	Anmerkung
2a	XC 1	W0	trocken
		WF	nass
2b	XC 2	WF	
2c	XC 3	W0 oder WF	Beurteilung im Einzelfall
2d	XC 4	WF	
3a	XD 1	WF, WA, (WS)	Beurteilung im Einzelfall
3b	XD 2	WA	WS bei dyn. Beanspr.
3c	XD 3	WA	WS bei dyn. Beanspr.
4a	XS 1	WF, WA, (WS)	Beurteilung im Einzelfall
4b	XS 2	WA	WS bei dyn. Beanspr.
4c	XS 3	WA	WS bei dyn. Beanspr.
5a	XF 1	WF	
5b	XF 2	WA	WS bei dyn. Beanspr.
5c	XF 3	WF	
5d	XF 4	WA	WS bei dyn. Beanspr.
6	XA	WF, WA, (WS)	Beurteilung im Einzelfall

[1] Je nach Bauteilabmessung kann eine andere Einstufung erforderlich sein.
[2] Abdichtungen sind ggf. zu beachten.

3.3.3 Bedondeckung der Bewehrung

Eine Mindestbetondeckung c_{min} ist vorzusehen zum Schutz der Bewehrung gegen Korrosion und zur sicheren Übertragung von Verbundkräften. Die Betondeckung wird daher in Abhängigkeit von den Umweltklassen für Bewehrungskorrosion und von dem Durchmesser der Bewehrung in EC2-1-1/NA, Tab. 4.4DE festgelegt (vgl. Tafeln D.3.8 und 3.9). Die aus Brandschutzgründen geforderte Betondeckung wird jedoch nicht in EC2-1-1 behandelt, sie ist zusätzlich zu berücksichtigen.

Die Nennmaße c_{nom} der Betondeckung ergeben sich aus c_{min} zzgl. Vorhaltemaß Δc_{dev}:

$$c_{nom} = c_{min} + \Delta c_{dev}$$

Das Vorhaltemaß stellt sicher, dass die Mindestmaße an jeder Stelle eingehalten sind.

Als Vorhaltemaß gilt
- i. Allg. $\Delta c_{dev} = 15$ mm
- bei XC 1 $\Delta c_{dev} = 10$ mm
- falls Verbundbed. maßgebend $\Delta c_{dev} = 10$ mm

Eine *Vergrößerung* von Δc_{dev} ist erforderlich, wenn Beton gegen unebene Oberflächen (strukturierte Oberflächen, Waschbeton, Baugrund u. a.) geschüttet wird; die Erhöhung erfolgt um das Differenzmaß der Unebenheit, mindestens jedoch um 20 mm, bei Schüttung gegen Baugrund um 50 mm. Eine *Verminderung* von Δc_{dev} ist nur in Ausnahmefällen bei entsprechender Qualitätskontrolle (DBV-Merkblätter „Betondeckung und Bewehrung" und „Abstandhalter") zulässig.

Ortbetonergänzte Fertigteile

Wird Ortbeton kraftschlüssig mit einem Fertigteil verbunden, darf die Mindestbetondeckung an den der Fuge zugewandten Rändern auf 5 mm im Fertigteil und auf 10 mm (bzw. auf 5 mm bei rauer Fuge) im Ortbeton verringert werden; zur Verbundsicherung sind jedoch die Werte nach Tafel D.3.9 einzuhalten,

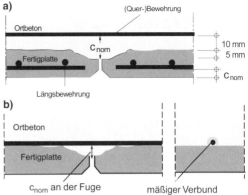

Abb. D.3.1 Betondeckung bei ortbetonergänzten Fertigteilen
a) allgemein
b) auf die Elementdecke verlegte Bewehrung

wenn die Bewehrung im Bauzustand berücksichtigt wird. Auf das Vorhaltemaß Δc_{dev} darf auf beiden Seiten der Verbundfuge verzichtet werden. Zu beachten ist jedoch, dass an der Stoßfuge zwischen den Fertigteilen c_{nom} eingehalten wird (vgl. Abb. D.3.1).

In der Praxis kommt jedoch häufig der Fall vor, dass die im Ortbeton ergänzte Bewehrung direkt auf die Fertigteilfläche verlegt wird. Dabei ist zu beachten (s. Abb. D.3.1b; vgl. a. EC2-1-1, 4.4.1 und NA):

- Die Fuge muss rau oder verzahnt ausgeführt werden, damit die Bewehrung zumindest von Zementleim unterlaufen werden kann.
- Für die Bewehrung auf der innen liegenden Verbundfuge liegt keine Korrosionsgefahr vor. Das gilt allerdings nicht für die Fuge zwischen zwei Elementdecken, so dass hier das Nennmaß der Betondeckung c_{nom} sicherzustellen ist.
- Für Bewehrung, die auf die Fugenoberfläche verlegt wird, gilt mäßige Verbundbedingung, da der Verbund im Bereich des Direktkontakts mit dem Fertigteil gestört ist.

Tafel D.3.8 Mindestmaße $c_{min,dur}$ der Betondeckung (Korrosionsschutz)

	Mindestbetondeckung c_{min} in mm [a) b) c)]								
	karbonatisierungsinduzierte Korrosion				chloridinduzierte Korrosion			chloridinduzierte Korrosion aus Meerwasser		
Expositionsklasse	XC 1	XC 2	XC 3	XC 4	XD 1	XD 2	XD 3 [d)]	XS 1	XS 2	XS 3
Betonstahl	10	20		25		40			40	

a) c_{min} darf bei Bauteilen, deren Festigkeitsklasse um 2 Klassen höher liegt als nach EC2-1-1/NA, Tab. D.1DE (s. a. Tafel D.3.5) erforderlich, um 5 mm vermindert werden (gilt nicht für Expositionsklasse XC 1).
b) Zusätzlich sind 5 mm für die Umweltklasse XM 1, 10 mm für XM 2 und 15 mm für XM 3 vorzusehen, sofern nicht zusätzliche Anforderungen an die Gesteinskörnung nach DIN 1045-2 berücksichtigt werden.
c) Regelungen, wenn Ortbeton kraftschlüssig mit einem Fertigteil verbunden wird, s. nächste Seite.
d) Im Einzelfall können besondere Maßnahmen zum Korrosionsschutz der Bewehrung nötig werden.

Tafel D.3.9 Mindestmaße $c_{min,b}$ zur Sicherung des Verbundes

	Einzelstäbe	Doppelstäbe; Stabbündel
Stahlbeton	$c_{min} \geq \varnothing$	$c_{min} \geq \varnothing_n$ [a)]

a) $\varnothing_n$ Vergleichsdurchmesser; $\varnothing_n = \varnothing \cdot \sqrt{n}$ mit n als Anzahl der Stäbe

4 Ausgangswerte für die Querschnittsbemessung

4.1 Beton

EC2-1-1 gilt für Normal- und Leichtbeton. Die Festigkeitsklassen für Normalbeton werden durch das vorangestellte Symbol C, für Leichtbeton durch LC gekennzeichnet. Auf Leichtbeton wird in diesem Beitrag jedoch nur an einigen Stellen eingegangen, es wird z.B. auf [König/Dehn – 02] verwiesen.

Festigkeitsklassen und mechanische Eigenschaften

In der Bezeichnung der Festigkeitsklassen nach EC2-1-1 gibt der erste Zahlenwert die Zylinderdruckfestigkeit $f_{ck,cyl}$, der zweite die Würfeldruckfestigkeit $f_{ck,cube}$ (jeweils in N/mm²) wieder. Die wesentlichen mechanischen und für die Bemessung relevanten Eigenschaften sind für Normalbeton in EC2-1-1, 3.1.3, für Leichtbeton in EC2-1-1, 11.3.1 zusammengestellt; nachfolgende Tafeln D.4.1 und D.4.2 geben einen Überblick.

Spannungs-Dehnungs-Linien

Nach EC2-1-1 ist zu unterscheiden zwischen der Spannungs-Dehnungs-Linie für die Schnittgrößenermittlung und für die Querschnittsbemessung (EC2-1-1, 3.1.5 und 3.1.7).

Für nichtlineare Verfahren der **Schnittgrößenermittlung** und Ermittlung von Verformungen ist die in EC2-1-1, 3.1.5 (s. Abb. D.4.1) angegebene Spannungs-Dehnungs-Linie maßgebend. Die Beziehung zwischen σ_c und ε_c für kurzzeitig wirkende Lasten und einachsige Spannungszustände wird beschrieben durch

$$\frac{\sigma_c}{f_{cm}} = -\frac{k\eta - \eta^2}{1 + (k-2)\cdot\eta} \qquad (D.4.1)$$

mit $\eta = \varepsilon_c/\varepsilon_{c1}$ und $k = 1{,}05 \cdot E_{cm} \cdot \varepsilon_{c1}/f_{cm}$ (Werte für E_{cm}, ε_{c1} und f_{cm} nach Tafeln D.4.1 und D.4.2). Die Gleichung ist bis ε_{c1u} gültig, wobei ε_{c1u} die Bruchdehnung bei Erreichen der Festigkeitsgrenze nach Tafeln D.4.1 u. D.4.2 darstellt. Für nichtlineare Verfahren der Schnittgrößenermittlung gilt für f_{cm} – je nach Verfahren – der Wert nach EC2-1-1, 5.6–5.8.

Für die **Querschnittsbemessung** ist das Parabel-Rechteck-Diagramm gemäß Abb. D.4.2 die bevorzugte Idealisierung der tatsächlichen Spannungsverteilung. Hierbei ist zu unterscheiden zwischen Betonfestigkeitsklassen bis C50/60 und höheren Festigkeitsklassen.

Für Betonfestigkeitsklassen *bis C50/60* ist das Parabel-Rechteck-Diagramm durch eine affine Form mit konstanten Grenzdehnungen gekennzeichnet, die bei Erreichen der Festigkeitsgrenze mit $\varepsilon_{c2} = 2{,}0$ ‰ und bei Erreichen der Dehnung unter Höchstlast mit $\varepsilon_{c2u} = 3{,}5$ ‰ festgelegt sind. Die Gleichung der Parabel für die Bemessungswerte der Betondruckspannungen im Grenzzustand der Tragfähigkeit erhält man aus

$$\sigma_c = +1000 \cdot (\varepsilon_c - 250 \cdot \varepsilon_c^2) \cdot f_{cd} \qquad (D.4.2)$$

mit $f_{cd} = \alpha_{cc} f_{ck}/\gamma_C$ Bemessungswert der Betondruckfestigkeit
γ_C Teilsicherheitsbeiwert nach Tafel D.3.3
α_{cc} Faktor zur Berücksichtigung von Langzeiteinwirkungen u. Ä. Für Normalbeton gilt $\alpha_{cc} = 0{,}85$
(Für Leichtbeton gilt $\alpha_{lcc} = 0{,}75$, bei Anwendung der bilinearen Spannungs-Dehnungs-Linie nach Abb. D.4.3a $\alpha_{lcc} = 0{,}80$.)

(*Anmerkung*: Gl. (D.4.2) ergibt sich aus Gl. (D.4.3) mit $\varepsilon_{c2} = 0{,}002$ und $n = 2$, s. a. Tafel D.4.1.)

Bei Betonfestigkeitsklassen *ab C55/67* (sowie für Leichtbeton generell) wird das Materialverhalten durch die genannten Grenzdehnungen und durch Gl. (D.4.2) nur ungenau erfasst. Die Stauchung bei Erreichen der Höchstlast wird mit steigenden Betonfestigkeitsklassen zunehmend kleiner und erreicht für C110/115 nur noch den Wert $\varepsilon_{c2u} = 2{,}6$ ‰, ebenso müssen die Werte für die Dehnung ε_{c2} bei Erreichen der Höchstlast und die Form der Parabel angepasst werden (s. hierzu Tafel D.4.1). Es gilt dann

$$\sigma_c = [1 - (1 - \varepsilon_c/\varepsilon_{c2})^n] \cdot f_{cd} \qquad (D.4.3)$$

mit ε_{c2} als Dehnung bei Erreichen der Festigkeitsgrenze nach Tafel D.4.1 (bzw. D.4.2) und n als Exponent nach Tafel D.4.1 (bzw. D.4.2)

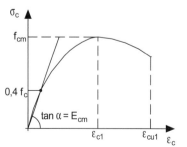

Abb. D.4.1 Spannungs-Dehnungs-Linie für die Schnittgrößenermittlung

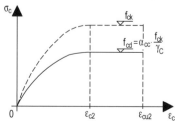

Abb. D.4.2 Parabel-Rechteck-Diagramm für die Querschnittsbemessung

EC2-1-1 – Bemessungsausgangswerte

Tafel D.4.1 Mechanische Eigenschaften von Normalbeton nach EC2-1-1, Tab. 3.1 (f_{ck}, f_{cm}, f_{ctm}, f_{ctk} und E_{cm} in N/mm²)

Normalbeton		C	12/15[1]	16/20	20/25	25/30	30/37	35/45	40/50	45/55	50/60	55/67	60/75	70/85	80/95	90/105[2]	100/115[2]	Analytische Beziehung / Anm.
Druck-	f_{ck}		12	16	20	25	30	35	40	45	50	55	60	70	80	90	100	Zylinderdruckfestigkeit f_{ck}
festigkeit	f_{cm}		20	24	28	33	38	43	48	53	58	63	68	78	88	98	108	$f_{cm} = f_{ck} + 8$ N/mm²
Zug-	f_{ctm}		1,6	1,9	2,2	2,6	2,9	3,2	3,5	3,8	4,1	4,2	4,4	4,6	4,8	5,0	5,2	$f_{ctm} = 0{,}30 \cdot f_{ck}^{2/3}$ $f_{ctm} = 2{,}12 \cdot \ln(1 + (f_{cm}/10))$
festigkeit	$f_{ctk;0,05}$		1,1	1,3	1,5	1,8	2,0	2,2	2,5	2,7	2,9	3,0	3,1	3,2	3,4	3,5	3,7	$f_{ctk;0,05} = 0{,}7 \cdot f_{ctm}$
	$f_{ctk;0,95}$		2,0	2,5	2,9	3,3	3,8	4,2	4,6	4,9	5,3	5,5	5,7	6,0	6,3	6,6	6,8	$f_{ctk;0,95} = 1{,}3 \cdot f_{ctm}$
E-Modul	E_{cm}		27000	29000	30000	31000	33000	34000	35000	36000	37000	38000	39000	41000	42000	44000	45000	$E_{cm} = 22 \cdot (f_{cm}/10)^{0,3}$
Dehnung	ε_{c1}	‰	1,80	1,90	2,00	2,10	2,20	2,25	2,30	2,40	2,45	2,50	2,60	2,70	2,80	2,80	2,80	Siehe Gl. (D.4.1) und zugeh. Abb.
	ε_{cu1}	‰	3,50									3,20	3,00	2,80	2,80	2,80	2,80	
Dehnung	ε_{c2}	‰	2,00									2,20	2,30	2,40	2,50	2,60	2,60	Siehe Gl. (D.4.3) und zugeh. Abb.
	ε_{cu2}	‰	3,50									3,10	2,90	2,70	2,60	2,60	2,60	
Exponent	n		2,00									1,75	1,60	1,45	1,40	1,40	1,40	Exponent nach Gl. (D.4.3)
Dehnung	ε_{c3}	‰	1,75									1,80	1,90	2,00	2,20	2,30	2,40	Gilt für die bilineare σ-ε-Linie nach Abb. D.4.3
	ε_{cu3}	‰	3,50									3,10	2,90	2,70	2,60	2,60	2,60	

Tafel D.4.2 Mechanische Eigenschaften von Leichtbeton nach EC2-1-1, Tab. 11.3.1 (f_{ck}, f_{cm}, f_{ctm}, f_{ctk} und E_{cm} in N/mm²)

Leichtbeton		LC	12/13[1]	16/18	20/22	25/28	30/33	35/38	40/44	45/50	50/55	55/60	60/66	70/77	80/88	Analytische Beziehung; Anmerkung
Druck-	f_{lck}		12	16	20	25	30	35	40	45	50	55	60	70	80	Zylinderdruckfestigkeit f_{lck}
festigkeit	f_{lcm}		20	24	28	33	38	43	48	53	58	63	68	78	88	$f_{lcm} = f_{lck} + 8$ N/mm²
Zug-festigkeit	f_{lctm}		$f_{lctm} = f_{ctm} \cdot \eta_1$													$\eta_1 = 0{,}40 + 0{,}60 \cdot (\rho/2200)$ (ρ Trockenrohdichte in kg/m³)
	$f_{lctk;0,05}$		$f_{lctk;0,05} = f_{ctk;0,05} \cdot \eta_1$													$f_{ctk;0,05}$ s. o.; 5 %-Quantil
	$f_{lctk;0,95}$		$f_{lctk;0,95} = f_{ctk;0,95} \cdot \eta_1$													$f_{ctk;0,95}$ s. o.; 95 %-Quantil
E-Modul	E_{lcm}		$E_{lcm} = E_{cm} \cdot \eta_E$													$\eta_{lE} = (\rho/2200)^2$ (ρ s. vorher)
Dehnung	ε_{lc1}		$\varepsilon_{lc1} = k \cdot f_{lcm}/E_{lcm}$													Siehe Gl. (31.1) und zugeh. Abb. | $k = 1{,}1$ bei Natursand | $k = 1{,}0$ andere Fällen
	ε_{lcu1}		$\varepsilon_{lcu1} = \varepsilon_{lc1}$													
Dehnung	ε_{lc2}	‰	2,00									2,20	2,30	2,40	2,50	Siehe Gl. (D.4.3) und zugeh. Abb.
	ε_{lcu2}	‰	$3{,}5\eta_1$									$3{,}1\eta_1$	$2{,}9\eta_1$	$2{,}7\eta_1$	$2{,}6\eta_1$	
Exponent	n		2,0									1,75	1,60	1,45	1,40	Exponent nach Gl. (D.4.3)
Dehnung	ε_{lc3}	‰	1,75													Gilt nur für die bilineare σ-ε-Linie.
	ε_{lcu3}	‰	$3{,}5\eta_1 \geq \varepsilon_{cu3}$									$3{,}1\eta_1$	$2{,}9\eta_1$	$2{,}7\eta_1$	$2{,}6\eta_1$	

[1] Die Festigkeitsklassen C12/15 und LC12/13 dürfen nur bei vorwiegend ruhenden Lasten verwendet werden.
[2] Für die Herstellung bedarf es weiterer Nachweise nach EN 206 bzw. DIN 1045-2; C100/115 nach Festlegung gemäß EC2-1-1/NA.

Bemessung

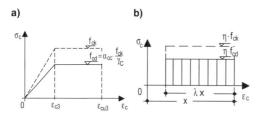

Abb. D.4.3 Vereinfachte Spannungs-Dehnungs-Linien
a) Bilineare Spannungs-Dehnungs-Linie
b) Rechteckiger Spannungsblock

Andere idealisierte Spannungs-Dehnungs-Linien sind zulässig, wenn sie dem Parabel-Rechteck-Diagramm in Bezug auf die Spannungsverteilung gleichwertig sind; hierzu gehört z. B. die bilineare Spannungsverteilung nach Abb. D.4.3a. Für die Grenzdehnungen gilt Tafel D.4.1 bzw. D.4.2.

Der rechteckige Spannungsblock, der für „Von-Hand"- und Kontrollrechnungen eine praktische Bedeutung hat, darf ebenfalls angewendet werden, wenn die Dehnungsnulllinie im Querschnitt liegt. Für die Werte η und λ in Abb. D.4.3b gilt

$\eta = 1{,}00$ für $f_{ck} \leq 50$ N/mm²
$\eta = 1{,}00 - (f_{ck} - 50)/200$ für $f_{ck} > 50$ N/mm²
$\lambda = 0{,}80$ für $f_{ck} \leq 50$ N/mm²
$\lambda = 0{,}80 - (f_{ck} - 50)/400$ für $f_{ck} > 50$ N/mm²

Falls die Querschnittsbreite zum gedrückten Rand abnimmt, ist f_{cd} zusätzlich mit 0,9 zu multiplizieren.

Elastische Verformungseigenschaften

Die elastischen Verformungen des Betons hängen im hohen Maße von seiner Zusammensetzung – insb. von seinen Zuschlagstoffen – ab. Die Angaben nach EC2-1-1 gelten für quarzitische Körnungen und dienen als Richtwerte (weitere Angaben s. DAfStb-H. 525). Hierfür gilt:

- Sekantenmodul E_{cm}
  (Sekantenwert zwischen $\sigma_c = 0$ und $\sigma_c = 0{,}4 f_{cm}$)
  nach Tafel D.4.1 oder D.4.2
- Querdehnzahl
  I. Allg. $\mu = 0{,}2$, bei Rissbildung auch $\mu \approx 0$
- Wärmedehnzahl
  Für Normalbeton i. Allg. $10 \cdot 10^{-6}$ K⁻¹
  (für Leichtbeton etwa $8 \cdot 10^{-6}$ K⁻¹).

Kriechen und Schwinden

Kriechen und Schwinden des Betons hängen hauptsächlich von der Feuchte der Umgebung, den Bauteilabmessungen, der Betonzusammensetzung, dem Betonalter bei Belastungsbeginn sowie von der Dauer und Größe der Beanspruchung ab.

Die nachfolgend angegebenen Beziehungen dürfen als zu erwartende Mittelwerte angesehen werden. Sie gelten unter folgenden Voraussetzungen:

- kriecherzeugende Betondruckspannung $\leq 0{,}45\, f_{ckj}$
  (f_{ckj} Zylinderdruckfestigkeit zum Zeitpunkt des Aufbringens der kriecherzeugenden Spannung)
- Luftfeuchte zwischen RH = 40% und RH = 100%
- mittlere Temperaturen zwischen −40 °C und 40 °C.

Die Kriechdehnung des Betons $\varepsilon_{cc}(t, t_0)$ kann zum Zeitpunkt t – Belastungsbeginn t_0 – in Abhängigkeit von der Kriechzahl wie folgt berechnet werden:

$$\varepsilon_{cc}(t, t_0) = \varphi(t, t_0) \cdot \sigma_c / E_c \qquad (D.4.4)$$

mit σ_c als kriecherzeugende Betonspannung, E_c als Tangentenmodul nach 28 Tagen (näherungsweise auch $E_c = 1{,}05\, E_{cm}$) und der Kriechzahl φ.

Bei einem linearen Kriechverhalten kann die Kriechdehnung auch näherungsweise durch eine Abminderung des Elastizitätsmoduls erfasst werden:

$$E_{c,\text{eff}} = E_{cm} / (1 + \varphi(t, t_0)) \qquad (D.4.5)$$

(gilt für konstante Betondruckspannungen des Gebrauchszustandes bis $|\sigma_c| \approx 0{,}4\, f_{cm}$).

Häufig werden nur die Endkriechzahlen φ_∞ benötigt. Die Ermittlung dieser Werte kann, wenn keine besondere Genauigkeit gefordert ist, mit Hilfe der Abbildungen in EC2-1-1, 3.1.4 erfolgen. Die dortigen Darstellungen beruhen auf den nachfolgend ausführlicher dargestellten Berechnungsansätzen. Zur groben Orientierung sind in Tafel D.4.3 für einige ausgewählte Fälle – zugrunde liegende Parameter s. Anmerkung zu den Tafeln – Zahlenwerte angegeben; bzgl. weiterer Werte (andere Betonfestigkeitsklassen, Zemente etc.) wird auf EC2-1-1 bzw. auf nachfolgende Gleichungen verwiesen.

Soweit die Werte der Tafel D.4.3 (ebenso die Darstellungen in EC2-1-1) für Leichtbeton angewendet werden sollen, sind Anpassungsfaktoren zu beachten (s. nachfolgend).

Tafel D.4.3 Endkriechzahlen φ_∞ [1] (EC2-1-1, Abschn. 3.1.4, s. a. Gl. (D.4.6))

Alter bei Belastung t_0 (Tage)	RH	Wirksame Bauteildicke $2A_c/u$ (in cm)					
		C20/25			C30/37		
		15	50	100	15	50	100
3	50 %	4,6	3,8	3,5	3,7	3,1	2,9
3	80 %	3,2	2,9	2,8	2,7	2,4	2,3
7	50 %	3,9	3,3	3,0	3,2	2,7	2,5
7	80 %	2,8	2,5	2,4	2,3	2,1	2,0
28	50 %	3,0	2,5	2,3	2,5	2,1	1,9
28	80 %	2,1	1,9	1,8	1,8	1,6	1,5

[1] Die Werte gelten für die Betonfestigkeiten C20/25 und C30/37 mit Zement-Klasse N, welche nicht länger als 14 Tage feucht nachbehandelt werden und üblichen Umgebungsbedingungen (Temperaturen zwischen +10 °C und 30 °C) ausgesetzt sind.

Die Kriechzahl zu einem beliebigen Zeitpunkt t kann wie folgt ermittelt werden (vgl. EC2-1-1, Anh. B):

$$\varphi(t, t_0) = \varphi_0 \cdot \beta_c(t, t_0) \quad \text{(D.4.6)}$$

$$\varphi_0 = \varphi_{RH} \cdot \beta(f_{cm}) \cdot \beta(t_0) \quad \text{(D.4.6a)}$$

$$\varphi_{RH} = \left(1 + \frac{1-(RH/100)}{(0{,}1 \cdot h_0)^{1/3}} \cdot \alpha_1\right) \cdot \alpha_2$$

$$\beta(f_{cm}) = 16{,}8 / \sqrt{f_{cm}}$$
$$\beta(t_0) = 1/[0{,}1+(t_0)^{0{,}2}]$$
$$\beta_c(t, t_0) = \left[\frac{(t-t_0)}{\beta_H + (t-t_0)}\right]^{0{,}3} \quad \text{(D.4.6b)}$$

$$\beta_H = 1{,}5 h_0 \cdot [1+(0{,}012 \cdot RH)^{18}] + 250\alpha_3$$
$$\leq 1500\alpha_3$$

mit RH relative Luftfeuchte (in %)
RH_0 = 100 %
h_0 = $2A_c/u$ wirksame Bauteildicke (in mm)
f_{cm} mittlere Betondruckfestigkeit in N/mm²
t Betonalter zur betrachteten Zeit (in Tagen)
t_0 tatsächliches Alter zu Belastungsbeginn in Tagen (s. u.)

$$\left.\begin{array}{l}\alpha_1 = (35/f_{cm})^{0{,}7}\\ \alpha_2 = (35/f_{cm})^{0{,}2}\\ \alpha_3 = (35/f_{cm})^{0{,}5}\end{array}\right\} \text{ für } f_{cm} > 35 \text{ N/mm}^2$$

$$\alpha_1 = \alpha_2 = \alpha_3 = 1{,}0 \quad \text{für } f_{cm} \leq 35 \text{ N/mm}^2$$

In diesem Produktansatz werden die wesentlichen Faktoren des Kriechens beschrieben:
- die Grundkriechzahl φ_0 mit den Beiwerten φ_{RH}, $\beta(f_{cm})$ und $\beta(t_0)$ für den Einfluss der relativen Luftfeuchte, der Betonfestigkeit und des Betonalters bei Belastungsbeginn
- der Beiwert $\beta_c(t, t_0)$ zur Beschreibung des zeitlichen Verlaufs des Kriechens mit β_H in Abhängigkeit von RH und h.

Zusätzlich können Zementart und Temperatur durch Korrektur des tatsächlichen Belastungsalters t_0 erfasst werden; es gilt:

$$t_{0,\text{eff}} = t_{0T} \cdot (9/[2+(t_{0T})^{1{,}2}]+1)^{\alpha} \geq 0{,}5 \text{ Tage} \quad \text{(D.4.6c)}$$

mit t_{0T} angepasstes Betonalter (s. u.)
α von der Zementart abhängiger Exponent
$\alpha = -1$ für Zementklasse S
$\alpha = 0$ für Zementklasse N
$\alpha = 1$ für Zementklasse R

Einflüsse der Temperatur (Wärmebehandlung) können von 0 °C bis 80 °C nach EC2-1-1, Anhang B wie folgt erfasst werden

$$t_{0,T} = \Sigma\, e^{-(4000/[273+T(\Delta t_i)]-13{,}65)} \cdot \Delta t_i$$

mit $T(\Delta t_i)$ Temperatur in °C im Zeitraum Δt_i (in Tagen)
Δt_i Anzahl der Tage mit der Temperatur T

Für Leichtbeton dürfen die Kriechzahlen φ verwendet werden, wenn die Werte $\varphi(t, t_0)$ mit $\eta_E = (\rho/2200)^2$ (für LC12/13 bis LC16/18 zusätzlich mit $\eta_2 = 1{,}3$) multipliziert werden.

Für die Endschwindmaße $\varepsilon_{cs,\infty}$ sind in Tafel D.4.4 einige Zahlenwerte angegeben. Die Werte gelten – wie auch in EC2-1-1 – für t = 70 Jahre. Zu einem späteren Zeitpunkt ($t > 70$ Jahre) sind die Schwindmaße für alle wirksamen Bauteildicken gleich groß und erreichen etwa die für 10 cm angegebenen Werte.

Rechnerisch wird das Schwindmaß $\varepsilon_{cs}(t, t_s)$ ermittelt aus (s. EC2-1-1; vgl. a. [Hilsdorf/Reinhardt – 01]):

$$\varepsilon_{cs}(t, t_s) = \varepsilon_{ca}(t) + \varepsilon_{cd}(t, t_s) \quad \text{(D.4.7)}$$
$$\varepsilon_{ca}(t) = \varepsilon_{ca}(\infty) \cdot \beta_{as}(t) \quad \text{(D.4.7a)}$$
$$\varepsilon_{ca}(\infty) = 2{,}5 \cdot (f_{ck} - 10) \cdot 10^{-6}$$
$$\beta_{as}(t) = 1 - e^{-0{,}2 \cdot \sqrt{t}}$$
$$\varepsilon_{cd}(t, t_s) = \varepsilon_{cd,0} \cdot k_h \cdot \beta_{ds}(t-t_s) \quad \text{(D.4.7b)}$$
$$\varepsilon_{cd,0} = 0{,}85 \cdot (220+110 \cdot \alpha_{ds1}) \cdot e^{-\alpha_{ds2} \cdot f_{cm}/f_{cm0}} \cdot 10^{-6} \cdot \beta_{RH}$$
$$\beta_{RH} = 1{,}55 \cdot (1-(RH/RH_0)^3) \text{ für } RH < 100\%$$
(für $RH = 100\%$ ist $\varepsilon_{cd,0} = 0$)

k_h s. Tabelle unten
$\beta_{ds}(t-t_s) = (t-t_s)/(0{,}04 h_0^{1{,}5} + (t-t_s))$

mit t Betonalter zur betrachteten Zeit (in Tagen)
t_s Betonalter zu Beginn des Schwindens (in d)
α_{as}, α_{ds1}, α_{ds2} von der Zementart abhängige Beiwerte nach Tabelle

Zementkl.	S	N	R
α_{as}	800	700	600
α_{ds1}	3	4	6
α_{ds2}	0,13	0,12	0,12

k_h-Werte

h_0 (mm)	100	200	300	$\geq$ 500
k_h	1,0	0,85	0,75	0,70

(Weitere Formelzeichen wie vorher.)

Die Dehnung aus Schwinden nach Gl. (D.4.7) setzt sich aus zwei Anteilen zusammen:
- der Schrumpfdehnung $\varepsilon_{ca}(t)$ nach Gl. (D.4.7a)
- der Trocknungsschwinddehnung nach Gl. (D.4.7b).

Für Leichtbeton dürfen die Schwindmaße $\varepsilon_{cs}(t, t_s)$ nach Gl. (D.4.7) verwendet werden, wenn sie für die Festigkeitsklassen LC12/13 und LC16/18 mit dem Faktor $\eta_3 = 1{,}5$, in anderen Fällen mit dem Faktor $\eta_3 = 1{,}2$ multipliziert werden.

Tafel D.4.4 Endschwindmaße $\varepsilon_{cs,\infty}$ in ‰ [1], [2]
(nach EC2-1-1, Abschn. 3.1.4 bzw. Gl. (D.4.7))

Lage des Bauteils	Wirksame Bauteildicke $2A_c/u$ (in cm)					
	15	50	100	15	50	100
	C20/25			C30/37		
innen (RH = 50 %)	0,53	0,40	0,39	0,31	0,24	0,23
außen (RH = 80 %)	0,31	0,24	0,23	0,30	0,24	0,23

[1] S. Anmerkung S. D.14.
[2] Schwindmaße gemäß EC2-1-1 als Absolutwerte.

4.2 Betonstahl

Die nachfolgenden Festlegungen gelten für Betonstabstahl, für Betonstahl vom Ring und für Betonstahlmatten. Betonstahlsorten und ihre Eigenschaften werden in DIN 488 oder in bauaufsichtlichen Zulassungsbescheiden beschrieben (Betonstahl nach Zulassung ist für Beton ab C70/85 nur zulässig, wenn dies in der Zulassung geregelt ist). Das Verhalten von Betonstahl ist durch Streckgrenze, Duktilität, Stahldehnung unter Höchstlast, Dauerschwingfestigkeit, Schweißbarkeit, Querschnitte und Toleranzen, Biegbarkeit und durch Verbundeigenschaften bestimmt. Die Oberflächengestaltung, Nennstreckgrenze f_{yk} und die Duktilitätsklassen sind in Tafel D.4.5 zusammengestellt, die weiteren Eigenschaften können den entsprechenden Normen und EC2-1-1, 3.2 entnommen werden.

Duktilitätsanforderungen

Betonstähle müssen eine angemessene Duktilität aufweisen. Das darf angenommen werden, wenn mindestens folgende Duktilitätsanforderungen erfüllt sind:
- normale Duktilität (A): $\varepsilon_{uk} = 25\ ‰$; $(f_t/f_y)_k = 1{,}05$
- hohe Duktilität (B): $\varepsilon_{uk} = 50\ ‰$; $(f_t/f_y)_k = 1{,}08$

Hierin ist ε_{uk} der charakteristische Wert der Dehnung unter Höchstlast, f_t die Zugfestigkeit und f_y die Streckgrenze der Betonstähle.

Spannungs-Dehnungs-Linie

Für die **Schnittgrößenermittlung** gilt die Spannungs-Dehnungs-Linie nach Abb. D.4.4. Dabei darf der Verlauf bilinear idealisiert angesetzt werden. Der abfallende Ast der Spannungs-Dehnungs-Linie ($\varepsilon > \varepsilon_{uk}$) darf bei nichtlinearen Berechnungsverfahren für die Schnittgrößenermittlung jedoch nicht berücksichtigt werden.

Für die **Bemessung** im Querschnitt sind zwei verschiedene Annahmen zugelassen (Abb. D.4.5):
- Linie I: Die Stahlspannung wird auf den Wert f_{yk} bzw. $f_{yd} = f_{yk}/\gamma_s$ begrenzt.
- Linie II: Der Anstieg der Stahlspannung von der Streckgrenze f_{yk} bzw. f_{yk}/γ_s zur Zugfestigkeit $f_{tk,cal}$ bzw. $f_{tk,cal}/\gamma_s$ wird berücksichtigt; die Spannung $f_{tk,cal}$ ist dann auf 525 N/mm² zu begrenzen.

Die Stahldehnung ε_s ist jedoch für die Querschnittsbemessung auf den charakteristischen Wert unter Höchstlast $\varepsilon_{su} \leq 25\ ‰$ zu begrenzen.

Physikalische Eigenschaften

Sofern in DIN 488 oder in Zulassungen nicht abweichend festgelegt, dürfen folgende physikalische Eigenschaften angenommen werden:
- Elastizitätsmodul: $E_s = 200\,000$ N/mm²
- Wärmedehnzahl: $\alpha = 10 \cdot 10^{-6} \cdot K^{-1}$

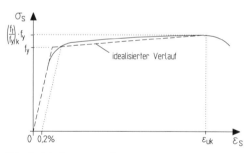

Abb. D.4.4 Spannungs-Dehnungs-Linie des Betonstahls für die Schnittgrößenermittlung

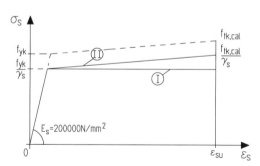

Abb. D.4.5 Spannungs-Dehnungs-Linie des Betonstahls für die Bemessung

Tafel D.4.5 Erforderliche Eigenschaften von Betonstählen (nach EC2-1-1, Abschn. 3.2.2)

Kurzzeichen	Lieferform	Oberfläche	Nennstreckgrenze f_{yk} N/mm²	Duktilität
1	2	3	4	5
B500A	Stab	gerippt	500	normal
B500B	Stab	gerippt	500	hoch
B500A	Matte	gerippt	500	normal
B500B	Matte	gerippt	500	hoch

Für Betonstähle nach Zulassung sind die dort getroffenen Festlegungen zu beachten. Bzgl. der zulässigen Schweißverfahren wird auf EC2-1-1, Tab. 3.4 verwiesen.

4.3 Spannstahl

Die Anforderungen für Spannstähle im Lieferzustand sind in EC2-1-1, 3.3 festgelegt. Sie gelten für Drähte, Litzen und Stäbe. Für Spannstähle und ihre Eigenschaften sind außerdem die bauaufsichtlichen Zulassungsbescheide zu beachten. Das Verhalten von Spannstahl ist durch die Streckgrenze (0,1%-Dehngrenze), Duktilität, Gesamtdehnung unter Höchstlast, Dauerschwingfestigkeit, Querschnitte und Toleranzen, Oberflächenstruktur, E-Modul und Relaxation bestimmt. Die 0,1%-Dehngrenze $f_{p0,1k}$ und die Zugfestigkeit f_{pk} werden jeweils als charakteristische Werte definiert.

Duktilitätsanforderungen

Für Spannstähle und Spannglieder dürfen i. Allg. folgende Duktilitätseigenschaften angenommen werden (die Zulassung ist jedoch zu beachten):
– normal: Spannglieder bzw. Spannstähle mit sofortigem Verbund
– hoch: Spannglieder mit nachträglichem Verbund oder ohne Verbund.

Spannungs-Dehnungs-Linie

Für die **Schnittgrößenermittlung** gilt die Spannungs-Dehnungs-Linie nach Abb. D.4.6, der Verlauf darf bilinear idealisiert angesetzt werden.

Für die **Bemessung** im Querschnitt sind zwei verschiedene Annahmen zugelassen (Abb. D.4.7):
– Linie I: Die Spannstahlspannung wird auf den Wert $f_{p0,1k}$ bzw. $f_{p0,1k}/\gamma_S$ begrenzt.
– Linie II: Der Anstieg der Spannstahlspannung von dem Wert $f_{p0,1k}$ bzw. $f_{p0,1k}/\gamma_S$ zur Zugfestigkeit f_{pk} bzw. f_{pk}/γ_S wird berücksichtigt.

Die Spannstahldehnung ε_p muss jedoch für die Querschnittsbemessung auf den charakteristischen Wert unter Höchstlast $\varepsilon_{pu} \leq \varepsilon_p^{(0)} + 25$ ‰ begrenzt werden. Dabei ist $\varepsilon_p^{(0)}$ die Vordehnung des Spannstahls. Abb. D.4.7 gilt im Temperaturbereich von –40 °C bis +100 °C.

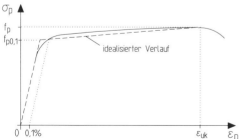

Abb. D.4.6 Spannungs-Dehnungs-Linie des Spannstahls für die Schnittgrößenermittlung

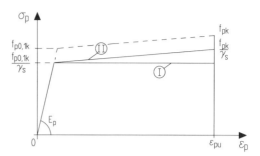

Abb. D.4.7 Spannungs-Dehnungs-Linie des Spannstahls für die Bemessung

Physikalische Eigenschaften

Es dürfen folgende physikalische Eigenschaften angenommen werden:
– Elastizitätsmodul: $E_p = 195\,000$ N/mm² (Litzen)
  $E_p = 205\,000$ N/mm² (Stäbe)
  $E_p = 205\,000$ N/mm² (Drähte)
– Wärmedehnzahl: $\alpha = 10 \cdot 10^{-6} \cdot K^{-1}$

Relaxation

Die Relaxationsverluste $\Delta\sigma_{pr}$ sind der Zulassung zu entnehmen.

Mindestbetonfestigkeiten

Beim Vorspannen von Spanngliedern mit nachträglichem Verbund oder ohne Verbund muss der Beton eine Mindestdruckfestigkeit aufweisen. Die für das Spannverfahren erforderlichen Mindestfestigkeiten sind der allgemeinen bauaufsichtlichen Zulassung zu entnehmen. Anhaltswerte liefert nachfolgende Tafel (aus DIN 1045-1: 2001; in EC2-1-1 ist diese Tabelle nicht enthalten).

Festigkeitsklasse[1]	Festigkeiten f_c [2]	
	beim Teilvorspannen	beim endgültigen Vorspannen
	N/mm²	N/mm²
C25/30	13	26
C30/37	15	30
C35/45	17	34
C40/50	19	38
C45/55	21	42
C50/60	23	46
C55/67	25	50
C60/75	27	54
C70/85	31	62
C80/95	35	70
C90/105	39	78
C100/115	43	86

[1] Gilt sinngemäß auch für Leichtbeton der Festigkeitsklassen LC25/28 bis LC60/66.
[2] Es gilt die Zylinderdruckfestigkeit.

5 Bemessung für Biegung und Längskraft

5.1 Grenzzustände der Tragfähigkeit

5.1.1 Voraussetzungen und Annahmen

Für die Bestimmung der Grenztragfähigkeit von Querschnitten gelten folgende Annahmen:

- Dehnungen der Fasern eines Querschnitts verhalten sich wie ihre Abstände von der Dehnungsnulllinie (*Ebenbleiben der Querschnitte*).
- Starrer Verbund zwischen Beton und im Verbund liegender Bewehrung (*vollkommener Verbund*).
- Die Zugfestigkeit des Betons wird im Grenzzustand der Tragfähigkeit nicht berücksichtigt.
- Für die Betondruckspannung gilt die σ-ε-Linie der Querschnittsbemessung nach Abschn. D.4.1.
- Die Spannungen im Betonstahl werden aus der σ-ε-Linie nach Abschn. D.4.2 hergeleitet.
- Die Betondehnungen sind je nach verwendeter Spannungs-Dehnungs-Linie auf ε_{cu2} bzw. ε_{cu3} zu begrenzen. Bei Ausmitten bis $\varepsilon_d/h \leq 0{,}1$ darf vereinfachend $\varepsilon_{c2} = 2{,}2$ ‰ verwendet werden (womit die Auswirkungen des Kriechens berücksichtigt werden). Bei vollständig überdrückten Gurten von gegliederten Querschnitten gilt als Grenze jedoch ε_{c2}, die Tragfähigkeit braucht jedoch nicht kleiner angesetzt zu werden als die des Stegquerschnitts mit der Höhe h und mit einer Dehnungsverteilung gemäß Abb. D.5.1.
- Für symmetrisch bewehrte Querschnitte, die nicht nach Theorie II. Ordnung bemessen werden, ist eine Mindestausmitte von $\varepsilon_0 = h/30 \geq 20$ mm anzusetzen.
- Für Leichtbeton gelten die Werte aus EC2 Tab. 11.3.1.
- Für die Dehnungen im *Beton- bzw. Spannstahl* gilt $\varepsilon_{ud} \leq 25$ ‰.

Mögliche Dehnungsverteilungen sind in Abb. D.5.1 dargestellt; sie lassen sich wie folgt beschreiben:

Bereich 1 Mittige Zugkraft und Zugkraft mit kleiner Ausmitte (die Zugkraft greift innerhalb der Bewehrungslagen an, d. h., $\varepsilon_{s1} = 25$ ‰ und $\varepsilon_{s2} \geq 0$)

Bereich 2 Biegung und Längskraft bei Ausnutzung der Bewehrung, die Dehnungsgrenze ε_{ud} wird erreicht ($\varepsilon_{s1} = 25$ ‰; $|\varepsilon_{c2}| \leq \varepsilon_{cu}$).

Bereich 3 Biegung und Längskraft bei Ausnutzung der Streckgrenze f_{yd} und der Betonfestigkeit f_{cd} (es ist $\varepsilon_{s1} \geq \varepsilon_{yd}$ und $|\varepsilon_{c2}| = \varepsilon_{cu}$).

Bereich 4 Biegung und Längskraft bei Ausnutzung von f_{cd} (d. h. $0 \leq \varepsilon_{s1} \leq \varepsilon_{yd}$ und $|\varepsilon_{c2}| = \varepsilon_{cu}$).

Bereich 5 Mittige Druckkraft und Druckkraft mit kleiner Ausmitte ($\varepsilon_{s1} \leq 0$; $|\varepsilon_{c2}| \leq \varepsilon_{cu}$).

Die dargestellte Dehnungsverteilung gilt ebenso für Spannbetonbauteile, die Grenzdehnungen sind dann für die Zusatzdehnung $\Delta\varepsilon_p$ einzuhalten; zusätzlich zu $\Delta\varepsilon_p$ ist die Vordehnung $\varepsilon_p^{(0)}$ zu beachten. Zur Sicherstellung eines duktilen Bauteilverhaltens ist ein Querschnittsversagen ohne Vorankündigung bei Erstrissbildung zu verhindern. Dies erfolgt durch Anordnung einer Mindestbewehrung, die für das Rissmoment (bei Vorspannung ohne Anrechnung der Vorspannkraft) mit dem Mittelwert der Zugfestigkeit des Betons f_{ctm} und der Stahlspannung $\sigma_s = f_{yk}$ berechnet wird (s. a. Abschn. D.3.1.2 und D.5.2).

Auswirkungen unterschiedlicher Grenzdehnungen

In EC2-1-1 wird je nach Spannungs-Dehnungs-Linie des Betonstahls (s. Abb. D.4.7) als Grenzdehnung empfohlen:

- bei einem ansteigenden Ast: $0{,}9\varepsilon_{uk}$
- bei einem horizontalen Ast: keine Begrenzung

Allerdings gibt EC2-1-1/NA für beide Fälle – ebenso wie DIN 1045-1 – eine Grenzdehnung von 25 ‰ vor. In älteren Normen (z. B. [DIN 1045 – 88]) war die Grenze noch wesentlich restriktiver mit Begrenzungen auf ≤ 5 ‰. Die Auswirkungen dieser – teilweise sehr unterschiedlichen – Festlegungen sind jedoch i. d. R. sehr gering, wie nachfolgend dargestellt wird. Die Festlegung im NA ist daher eher pragmatisch zu sehen, um für die Erstellung von Bemessungshilfen einheitliche Vorgaben zu erhalten.

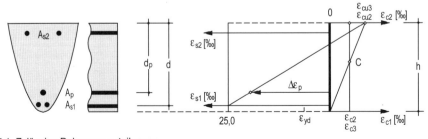

Abb. D.5.1 Zulässige Dehnungsverteilungen

Bei mittigem Zug und Zugkraft mit kleiner Ausmitte (Dehnungsbereich 1; s. a. Abb. D.5.1) wird bei allen genannten Dehnungsbegrenzungen bei üblichen Betonstählen die Streckgrenze der Bewehrung erreicht. Die unterschiedlichen Festlegungen wirken sich daher auf das Ergebnis nicht aus.

Auch in den Dehnungsbereichen 2 bis 4 wirken sich die verschiedenen Dehnungsgrenzen des Betonstahls nur geringfügig auf das Bemessungsergebnis aus. Dies ist anschaulich an dem in Abb. D.5.2 (aus [Geistefeldt/Goris – 93]) dargestellten Ausschnitt eines allgemeinen Bemessungsdiagramms zu sehen (Voraussetzung: Betonfestigkeitsklassen bis C50/60, Betonstauchung $\leq$ 3,5 ‰, keine Druckbewehrung). In der Darstellung ist der bezogene Hebelarm der inneren Kräfte $\zeta = d/z$ für unterschiedliche Grenzdehnungen ε_s in Abhängigkeit von dem bezogenen Moment μ_{Eds} dargestellt. Wie zu sehen, ist ζ für Grenzdehnungen beispielsweise für $\varepsilon_s \leq 5$‰, $\varepsilon_s \leq 20$‰ und $\varepsilon_s \to \infty$ (als theoretischer Grenzwert) nahezu identisch. Lediglich im Bereich geringer Beanspruchungen, also für kleine μ_{Eds}-Werte, sind geringfügige Abweichungen erkennbar, die jedoch im Rahmen einer üblichen Rechengenauigkeit liegen. Größere Unterschiede ergeben sich nur für die bezogene Druckzonenhöhe ξ, auch hier wiederum im Bereich geringer Beanspruchungen.

Eine Begrenzung auf der *Druckseite* bei zentrischem Druck auf 2‰ im Dehnungsbereich 5 (wie in [DIN 1045-88]) bewirkt, dass die Streckgrenze des Betonstahls B 500 nicht erreicht und die Bewehrung nicht voll ausgenutzt wird. Demgegenüber lassen DIN 1045-1 und EC2-1-1/NA für Ausmitten $e/h \leq 0,1$ eine Grenzstauchung von 2,2 ‰ zu, ein Wert, der gerade oberhalb der Bemessungsstreckgrenze ε_{yd} eines B 500 liegt und der eine volle Ausnutzung der Bewehrung ermöglicht.

Die Festlegungen von Grenzdehnungen wirken sich daher auf das Bemessungsergebnis i. Allg. nur geringfügig aus, soweit sie oberhalb der Streckgrenze liegen. Soweit sich gegenüber älteren Berechnungen Abweichungen ergeben, sind diese vielmehr auf die unterschiedlichen Sicherheitskonzepte zurückzuführen: globaler Sicherheitsbeiwert nach DIN 1045 (alt), Teilsicherheitsbeiwerte nach DIN 1045-1 und EC2-1-1. So erhält man z. B. für den häufigen Fall des auf Biegung beanspruchten Querschnitts mit nur einer Nutzlast nach EC2-1-1 (ebenso nach DIN 1045-1) im Mittel ca. 7 % weniger Bewehrung als nach [DIN 1045 – 88], solange die Betondruckzone nicht zu stark beansprucht ist.

5.1.2 Mittige Längszugkraft und Zugkraft mit kleiner Ausmitte
(Dehnungsbereich 1 nach Abb. D.5.1)

Die resultierende Zugkraft greift innerhalb der Bewehrungslagen an, d. h., der gesamte Querschnitt ist gezogen. Die Zugkraft muss ausschließlich durch Bewehrung aufgenommen werden, da das Mitwirken des Betons auf Zug nicht berücksichtigt wird.

Bemessung

Die Ermittlung der erforderlichen bzw. gesuchten Bewehrungen A_{s1} und A_{s2} erfolgt unmittelbar aus den Identitätsbedingungen $\Sigma M_{s1} = 0$ und $\Sigma M_{s2} = 0$.

$\Sigma M_{s1} = 0$: $N_{Ed} \cdot (z_{s1} - e) = F_{s2d} \cdot (z_{s1} + z_{s2})$
$\Sigma M_{s2} = 0$: $N_{Ed} \cdot (z_{s2} + e) = F_{s1d} \cdot (z_{s1} + z_{s2})$

Nimmt man vereinfachend an, dass in beiden Bewehrungslagen die Streckgrenze erreicht wird, erhält man die Stahlzugkräfte in den Bewehrungslagen 1 und 2 zu $F_{s1d} = A_{s1} \cdot f_{yd}$ und $F_{s2d} = A_{s2} \cdot f_{yd}$. Damit lässt sich unmittelbar die gesuchte Bewehrung ermitteln aus

$$A_{s1} = \frac{N_{Ed}}{f_{yd}} \cdot \frac{z_{s2} + e}{z_{s1} + z_{s2}} \quad \text{(D.5.1a)}$$

$$A_{s2} = \frac{N_{Ed}}{f_{yd}} \cdot \frac{z_{s1} - e}{z_{s1} + z_{s2}} \quad \text{(D.5.1b)}$$

(Häufig wird jedoch der GZG maßgebend für die Bewehrungswahl.)

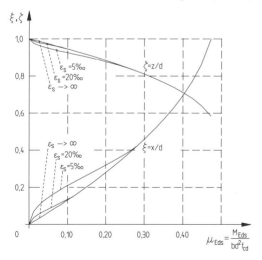

Abb. D.5.2 Bezogener Hebelarm ζ der inneren Kräfte und bezogene Druckzonenhöhe ξ für verschiedene Grenzdehnungen ε_s des Betonstahls in Abhängigkeit vom bezogenen Biegemoment $\mu_{Eds} = M_{Eds}/(b \cdot d^2 \cdot f_{cd})$

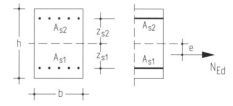

Abb. D.5.3 Zugkraft mit kleiner Ausmitte

5.1.3 Biegung (mit Längskraft); Querschnitt mit rechteckiger Druckzone
(Dehnungsbereiche 2 bis 4)

Für die Bemessung werden die auf die Schwerachse bezogenen Schnittgrößen in ausgewählte, „versetzte" Schnittgrößen umgewandelt. Als neue Bezugslinie wird die Achse der Biegezugbewehrung A_{s1} gewählt. Man erhält dann die in Abb. D.5.4 dargestellten Schnittgrößen.

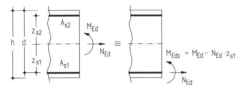

Abb. D.5.4 Schnittgrößen in der Schwerachse und „versetzte" Schnittgrößen

In den Dehnungsbereichen 2 bis 4 liegt die Dehnungsnulllinie innerhalb des Querschnitts (s. hierzu Abb. D.5.1). Die Betonzugzone wird als vollständig gerissen angenommen und darf bei einer Bemessung nicht mehr in Rechnung gestellt werden. Der wirksame Querschnitt besteht aus der Betondruckzone (ggf. mit Verstärkung durch Druckbewehrung A_{s2}) und der Zugbewehrung A_{s1}.

Der Nachweis der Tragfähigkeit erfolgt mit Hilfe von Identitätsbeziehungen; es müssen die einwirkenden Schnittgrößen N_{Ed} und M_{Eds} identisch mit den Widerständen N_{Rd} und M_{Rds} sein. Für das Momentengleichgewicht wird als Bezugspunkt die Zugbewehrung A_{s1} gewählt.

Identitätsbedingungen

$$N_{Ed} \equiv N_{Rd} \quad \text{(D.5.2a)}$$
$$M_{Eds} = M_{Ed} - N_{Ed} \cdot z_s \equiv M_{Rds} \quad \text{(D.5.2b)}$$

(s. a. Abb. D.5.5).

Die „inneren" Schnittgrößen bzw. Widerstände N_{Rd} und M_{Rds} erhält man mit Abb. D.5.5 zu

$$N_{Rd} = -|F_{cd}| - |F_{s2d}| + F_{s1d} \quad \text{(D.5.3a)}$$
$$M_{Rds} = |F_{cd}| \cdot z + |F_{s2d}| \cdot (d - d_2) \quad \text{(D.5.3b)}$$

Es sind

$$F_{cd} = x \cdot b \cdot \alpha_V \cdot f_{cd} \quad \text{(D.5.4a)}$$
$$F_{s2d} = A_{s2} \cdot \sigma_{s2d} \quad \text{(D.5.4b)}$$
$$F_{s1d} = A_{s1} \cdot \sigma_{s1d} \quad \text{(D.5.4c)}$$

Die Werte a, x, z, α_V ergeben sich zu ($|\varepsilon|$ in ‰)

$a = k_a \cdot x$ Randabstand der Betondruckkraft
$x = \xi \cdot d$ Höhe der Druckzone
$z = \zeta \cdot d$ Hebelarm der inneren Kräfte
α_V Völligkeitsbeiwert

mit ξ und ζ nach Gln. (D.5.5a) und (D.5.5b).

$$\xi = |\varepsilon_{c2}| / (|\varepsilon_{c2}| + \varepsilon_{s1}) \quad \text{(D.5.5a)}$$
$$\zeta = 1 - k_a \cdot \xi \quad \text{(D.5.5b)}$$

Die Hilfsgrößen k_a und α_V sind für Normalbeton der Festigkeiten bis C50/60 in Tafel D.5.1 angegeben.[1]

Tafel D.5.1 Hilfswerte k_a und α_V
(Normalbeton ≤ C50/60; $|\varepsilon|$ in ‰)

	$0‰ \leq |\varepsilon_{c2}| < 2,0‰$	$2‰ \leq |\varepsilon_{c2}| \leq 3,5‰$
k_a	$\dfrac{8 - |\varepsilon_{c2}|}{4 \cdot (6 - |\varepsilon_{c2}|)}$	$\dfrac{|\varepsilon_{c2}| \cdot (3 \cdot |\varepsilon_{c2}| - 4) + 2}{2 \cdot |\varepsilon_{c2}| \cdot (3 \cdot |\varepsilon_{c2}| - 2)}$
α_V	$\dfrac{|\varepsilon_{c2}| \cdot (6 - |\varepsilon_{c2}|)}{12}$	$\dfrac{3 \cdot |\varepsilon_{c2}| - 2}{3 \cdot |\varepsilon_{c2}|}$

Mit den Identitätsbeziehungen können die Querschnittswerte A_c und A_s, die aus den Größen F_{cd} und F_{sd} ermittelt werden, bestimmt werden. Dafür werden die noch unbekannten Spannungen σ_s und σ_c benötigt, die aus den Dehnungen hervorgehen. Bei einer „Von-Hand"-Bemessung wird die Lösung in der Regel iterativ[2] durchgeführt. Dabei werden zunächst die Querschnittsabmessungen b und h als bekannt vorausgesetzt („Erfahrungswert") und die unbekannten Dehnungen

- ε_{c2} als Betonrandspannung
- ε_{s1} als Stahldehnung der Zugbewehrung

geschätzt.

[1] Für den hochfesten Beton und für Leichtbeton sind die Werte unter Berücksichtigung der abweichenden σ-ε-Beziehung des Betons entsprechend zu ermitteln.
[2] Als erste Schätzung empfiehlt sich $\varepsilon_{c1} = \varepsilon_{cu2} = -3,5‰$ und $\varepsilon_{s1} = \varepsilon_{ud} = 25‰$.

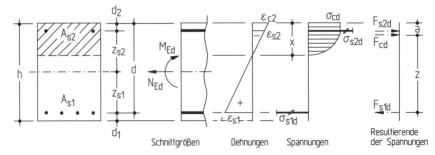

Abb. D.5.5 Schnittgrößen und Spannungen im Dehnungsbereich 2 bis 4

Damit lassen sich alle für eine Bemessung erforderlichen Größen ermitteln. Die Richtigkeit der Schätzung wird dann mit Hilfe der Identitätsbedingungen gem. Gl. (5.2b) überprüft. Es muss gelten, dass die „äußeren" Schnittgrößen den resultierenden „inneren" Spannungen entsprechen. Mit Gl. (D.5.2a) kann dann abschließend die erforderliche Bewehrung bestimmt werden.

In der Regel wird eine Bemessung ohne Druckbewehrung angestrebt. In einigen Fällen ist jedoch die Anordung von Druckbewehrung aus wirtschaftlichen Gründen sinnvoll bzw. aus konstruktiven Gründen – Begrenzung der Druckzonenhöhe[1]) – erforderlich.

Für *Normalbeton* gelten folgende Grenzen:
- aus wirtschaftlichen Gründen
    - $\xi = x/d = 0{,}617$ für C12/15 bis C50/60
    - $\xi = x/d = 0{,}588$ für C55/67
    - $\xi = x/d = 0{,}554$ für C60/75
    - $\xi = x/d = 0{,}535$ für C70/85
    - $\xi = x/d = 0{,}525$ für C80/95
    - $\xi = x/d = 0{,}514$ für C90/105
    - $\xi = x/d = 0{,}503$ für C100/115
- zur Sicherstellung einer ausreichenden Rotationsfähigkeit, soweit keine anderen Maßnahmen[2]) ergriffen werden (EC2-1-1, 5.6.3)
    - $\xi = x/d = 0{,}45$ für C12/15 bis C50/60
    - $\xi = x/d = 0{,}35$ für C55/67 bis C100/115

Für *Leichtbeton* ist als zusätzlicher Parameter die Rohdichte zu beachten; es gelten aus wirtschaftlichen Gründen Grenzen zwischen $\xi = 0{,}520$ (ρ = 800 kg/m³) und $\xi = 0{,}617$ (ρ = 2200 kg/m³). Zur Sicherstellung einer ausreichenden Rotationsfähigkeit gilt, soweit keine anderen Maßnahmen ergriffen werden, $\xi = x/d = 0{,}35$ (EC2-1-1, 11.5.2).

Bei linear-elastischen Berechnungen mit begrenzter Umlagerung der Schnittgrößen, bei Verfahren nach der Plastizitätstheorie u. a. sind weitere Begrenzungen der Druckzonenhöhe gefordert (s. EC 2-1-1, 5.5 und 5.6); es wird auf die Erläuterungen in der Norm verwiesen.

5.1.3.1 Herleitung von Bemessungshilfen

In der praktischen Anwendung erfolgt der Nachweis der Tragfähigkeit i. Allg. mit Bemessungstafeln. Die „gängigen" Verfahren werden nachfolgend kurz erläutert; die Herleitung erfolgt jeweils für den Querschnitt ohne Druckbewehrung.

Allgemeines Bemessungsdiagramm

Die Zusammenhänge zwischen den von den Dehnungen abhängigen Kräften und Abständen werden in dimensionsloser Form dargestellt. Hierzu werden die Gleichgewichtsbeziehungen nach Gln. (D.5.3a) und (D.5.3b) wie folgt formuliert:

$$\mu_{Eds} = \frac{M_{Eds}}{b \cdot d^2 \cdot f_{cd}} = \frac{(\xi \cdot d) \cdot b \cdot \alpha_v \cdot f_{cd}}{b \cdot d^2 \cdot f_{cd}} \cdot (\zeta \cdot d)$$
$$= \xi \cdot \zeta \cdot \alpha_v \qquad (D.5.6)$$

Die Werte ξ, ζ und α_v sind von der Dehnungsverteilung $\varepsilon_{s1}/\varepsilon_{c2}$ und der Spannungsverteilung σ_c abhängig und können in Diagrammform dargestellt werden (s. z. B. Tafel D. 5.2a). Aus der zweiten Bedingung $\Sigma H = 0$ wird die gesuchte Bewehrung gefunden:

$$N_{Ed} = -|F_{cd}| + F_{s1d}$$
$$\rightarrow F_{s1,d} = |F_{cd}| + N_{Ed} = M_{Eds}/z + N_{Ed} \qquad (D.5.7a)$$

$$A_{s1} = \frac{F_{s1,d}}{\sigma_{sd}} = \frac{1}{\sigma_{sd}} \cdot \left(\frac{M_{Eds}}{z} + N_{Ed} \right) \qquad (D.5.7b)$$

Bei Anordnung von Druckbewehrung wird zuerst nur das vom Querschnitt ohne Druckbewehrung aufnehmbare Moment bestimmt:

$$M_{Eds,lim} = \mu_{Eds,lim} \cdot b \cdot d^2 \cdot f_{cd}$$

Das verbleibende Restmoment

$$\Delta M_{Eds} = M_{Eds} - M_{Eds,lim}$$

wird durch ein Kräftepaar aufgenommen, das in Höhe der Zugbewehrung und der anzuordnenden Druckbewehrung angreift. Diese Kräfte sind dann durch eine Druckbewehrung A_{s2} und eine zusätzliche Zugbewehrung ΔA_{s1} aufzunehmen:

$$\Delta A_{s1} = \frac{\Delta M_{Eds}}{d - d_2} \cdot \frac{1}{\sigma_{s1d}} \; ; \quad A_{s2} = \frac{\Delta M_{Eds}}{d - d_2} \cdot \frac{1}{\sigma_{s2d}}$$

Bemessungstafeln mit dimensionslosen Beiwerten

Ebenso wie das allgemeine Bemessungsdiagramm in graphischer Form lassen sich auch Bemessungshilfen als Tabellen aufstellen mit dem bezogenen Moment μ_{Eds} als Eingangswert. Dabei wird zusätzlich der mechanische Bewehrungsgrad ω als Ablesewert angegeben, der bei Querschnitten ohne Druckbewehrung identisch mit der bezogenen Betondruckkraft ν_{cd} ist.

k_d-Tafeln (dimensionsgebundenes Verfahren)

Beim k_d-Verfahren werden die Identitätsbeziehungen in abgewandelter Form dargestellt. Die Größe μ_{Eds} (s. vorher) wird nach d aufgelöst:

$$\mu_{Eds} = \frac{M_{Eds}}{b \cdot d^2 \cdot f_{cd}}$$

$$d = \frac{1}{\sqrt{\mu_{Eds} \cdot f_{cd}}} \cdot \sqrt{\frac{M_{Eds}}{b}} = k_d \cdot \sqrt{\frac{M_{Eds}}{b}} \qquad (D.5.8)$$

Hieraus folgt der (dimensionsgebundene) k_d-Wert als Eingangswert für eine Bemessungstabelle.

$$k_d = \frac{d}{\sqrt{M_{Eds}/b}} = \frac{1}{\sqrt{\mu_{Eds} \cdot f_{cd}}} \qquad (D.5.9)$$

---
[1]) Die Druckzonenbegrenzung ist bei der Anwendung von Bemessungshilfen zusätzlich zu beachten.
[2]) Z. B. Anordnung von Bügeln gem. DIN 1045-1, 13.1.1(5)).

Bemessung

Wie zu sehen ist, lässt sich der k_d-Wert in Abhängigkeit von dem einwirkenden Moment M_{Eds} angeben, aber auch (über μ_{Eds}; s. vorher) als Funktion von den Hilfswerten ξ, ζ und α_v.

Die Bewehrung ergibt sich dann aus (s. vorher)

$$A_{s1} = \frac{F_{s1d}}{\sigma_{sd}} = \frac{1}{\sigma_{sd} \cdot \zeta} \cdot \frac{M_{Eds}}{d} + \frac{N_{Ed}}{\sigma_{sd}}$$

$$= k_s \cdot \frac{M_{Eds}}{d} + \frac{N_{Ed}}{\sigma_{sd}} \qquad (D.5.10)$$

wobei der k_s-Wert aus entsprechenden Tafeln abgelesen wird.

In analoger Weise ist bei Anordnung von Druckbewehrung zu verfahren, die aus wirtschaftlichen Gründen oder aber auch zur Sicherstellung einer ausreichenden Rotationsfähigkeit erforderlich sein kann.

5.1.3.2 Berücksichtigung von Nettoflächen

Bei einer Bemessung mit Druckbewehrung wird üblicherweise die Betondruckzone vollflächig, d. h. ohne Abzug der Flächen der Druckbewehrung, gerechnet. Diese Vereinfachung liegt auf der unsicheren Seite, da für ein und dieselbe Stelle sowohl Beton als auch Betonstahl berücksichtigt wird. Korrekterweise darf in der Druckzone nur der Nettobetonquerschnitt A_{cn} berücksichtigt werden. Für die praktische Bemessung empfiehlt es sich jedoch, zunächst die Betondruckkraft in voller Größe zu berücksichtigen, da die Bemessungshilfen dafür ausgelegt sind. Dann muss aber die zusätzlich aufnehmbare Stahldruckkraft reduziert werden, d. h., die Druckbewehrung darf nur mit

$$F_{s2d} = A_{s2} \cdot (\sigma_{s2d} - \sigma_{cd,s2})$$

berücksichtigt werden. Hierbei ist $\sigma_{cd,s2}$ die Betonspannung in Höhe der Bewehrung A_{s2}.

Wegen der im Vergleich zum Beton hohen Festigkeit des Betonstahls ist der Abzugswert i. Allg. gering. Mit der Weiterentwicklung der Betonfestigkeiten zum hochfesten Beton wird der Fehler jedoch zunehmend bedeutsamer; beispielsweise ergibt sich bei einem Querschnitt aus einem Beton C100/115 unter zentrischem Druck bei Berücksichtigung der Nettofläche eine um mindestens 12 % höhere Druckbewehrung (vgl. a. S. D.23).

Es sollte daher insbes. bei hochfestem Beton die Nettofläche der Betondruckzone berücksichtigt werden. Beispielhaft sind im Anhang das allgemeine Bemessungsdiagramm für den Beton C60/75, C80/95 und C100/115 (Tafeln D.5.2b bis D.5.2d) abgedruckt. Der Abzugswert wird jeweils in der Bemessungsgleichung für die Druckbewehrung A_{s2}

$$A_{s2} = \frac{1}{|\sigma_{s2d} - \sigma_{cd,s2}|} \cdot \left(\frac{\Delta M_{Eds}}{d - d_2} \right)$$

berücksichtigt.

5.1.3.3 Bemessungstafeln

Für Normalbeton mit einer Festigkeitsklasse bis C50/60 ist die Spannungsverteilung affin, so dass der komplette Bereich vom C12/15 bis C50/60 durch nur eine Bemessungstafel abgedeckt werden kann (beim sog. k_d-Verfahren – s. Tafel D.5.4 – ist allerdings die jeweilige Betonfestigkeitsklasse als zusätzlicher Parameter zu beachten). Gegenüber DIN 1045-1 ergeben sich in EC2-1-1 in Verbindung mit EC2-1-1/NA – abgesehen von geänderten Bezeichnungen – keine Abweichungen, so dass für normalfesten Beton bis C50/60 die bisherigen Bemessungshilfen weiter angewendet werden können.

Für den hochfesten Normalbeton (> C50/60) gelten wegen geänderter Spannungs-Dehnungs-Linien des Betons die aus DIN 1045-1 bekannten Bemessungshilfen nicht mehr. Außerdem gelten – bedingt durch die nicht mehr gegebene Affinität der Betonspannungsverteilung – die Bemessungstafeln nur noch für die jeweils angegebenen Betonfestigkeitsklassen.

Für Leichtbeton ist außerdem als zusätzlicher Parameter die Rohdichte ρ zu berücksichtigen.

Auf der Basis der zuvor dargestellten Zusammenhänge lassen sich Bemessungstafeln aufstellen, von denen nachfolgend eine kleine Auswahl wiedergegeben ist.

Im Einzelnen sind abgedruckt:

- Tafeln D.5.2: Allgemeines Bemessungsdiagramm für den Rechteckquerschnitt
  - D.5.2a: Beton C12/15 bis C50/60
  - D.5.2b: Beton C60/75
  - D.5.2c: Beton C80/95
  - D.5.2d: Beton C100/115
- Tafeln D.5.3: Bemessungstafeln mit dimensionslosen Beiwerten (μ_s-Tafeln) für den Rechteckquerschnitt; Beton C12 bis C50
  - D.5.3a: ohne Druckbewehrung
  - D.5.3b: mit Druckbewehrung für $\xi_{lim} = 0,45$
  - D.5.3c: mit Druckbewehrung für $\xi_{lim} = 0,617$
- Tafeln D.5.4: Bemessungstafeln mit dimensionsgebundenen Beiwerten (k_d-Tafeln) für den Rechteckquerschnitt; Beton C12 bis C50
  - D.5.4a: ohne Druckbewehrung
  - D.5.4b: mit Druckbewehrung für $\xi_{lim} = 0,45$ und für $\xi_{lim} = 0,617$

Tafel D.5.2a Allgemeines Bemessungsdiagramm für Rechteckquerschnitte; Normalbeton der Festigkeitsklassen ≤ C50/60 und $\varepsilon_s \leq 25$ ‰ (aus [Schneider – 12])

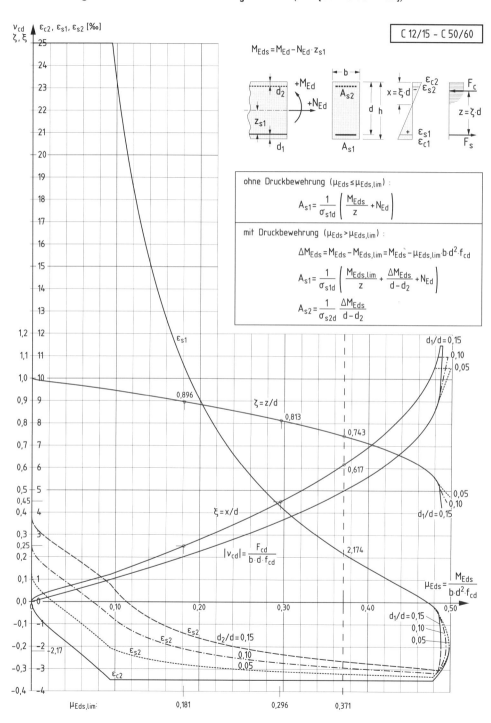

Bemessung

Tafel D.5.2b Allgemeines Bemessungsdiagramm für Rechteckquerschnitte; hochfester Beton C60/75 mit *Netto*werten und $\varepsilon_s \leq 25\ ‰$ (aus [Schneider –12])

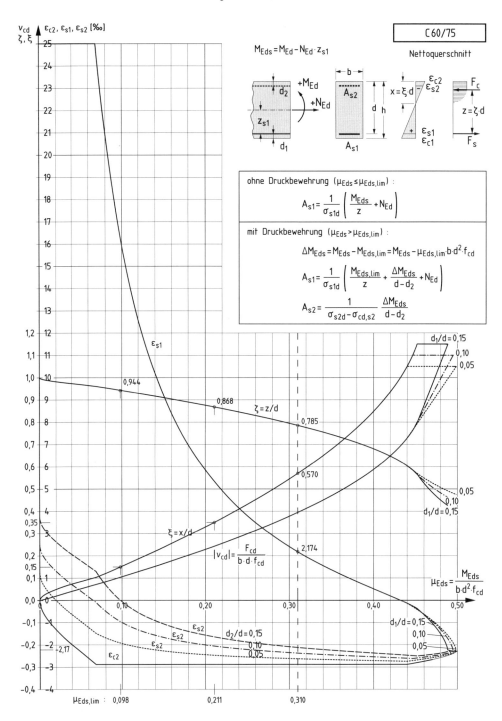

D.24

Tafel D.5.2c Allgemeines Bemessungsdiagramm für Rechteckquerschnitte; hochfester Beton C80/95 mit *Netto*werten und $\varepsilon_s \leq 25\ ‰$ (nach [Schmitz/Goris – 12/2])

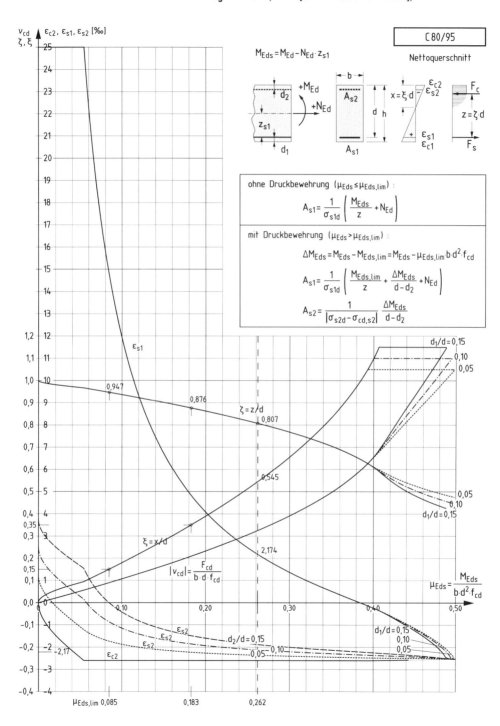

D.25

Bemessung

Tafel D.5.2d Allgemeines Bemessungsdiagramm für Rechteckquerschnitte; hochfester Beton C90/105 und C100/115 mit *Netto*werten und $\varepsilon_s \leq 25$ ‰ (nach [Schmitz/Goris – 12/2])

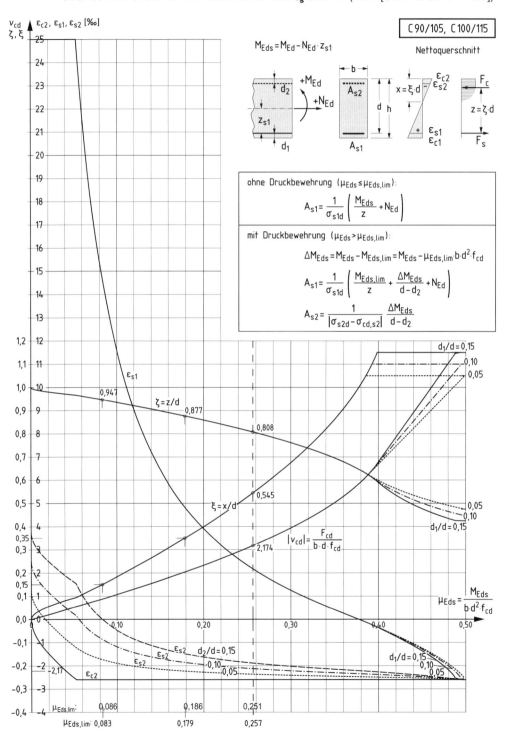

D.26

Tafel D.5.3a Bemessungstafel (μ_s-Tafeln) für Rechteckquerschnitte ohne Druckbewehrung für Normalbeton C12/15 bis C50/60; B 500 und $\gamma_s = 1{,}15$ (aus [Schneider – 12])

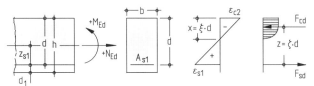

$$\mu_{Eds} = \frac{M_{Eds}}{b \cdot d^2 \cdot f_{cd}}$$

mit $M_{Eds} = M_{Ed} - N_{Ed} \cdot z_{s1}$
$f_{cd} = \alpha_{cc} \cdot f_{ck}/\gamma_C$ (i. Allg. gilt $\alpha_{cc} = 0{,}85$)

μ_{Eds}	ω	$\xi = \frac{x}{d}$	$\zeta = \frac{z}{d}$	ε_{c2} in ‰	ε_{s1} in ‰	σ_{sd}[1] in MPa BSt 500	σ_{sd}[2] in MPa BSt 500
0,01	0,0101	0,030	0,990	−0,77	25,00	435	457
0,02	0,0203	0,044	0,985	−1,15	25,00	435	457
0,03	0,0306	0,055	0,980	−1,46	25,00	435	457
0,04	0,0410	0,066	0,976	−1,76	25,00	435	457
0,05	0,0515	0,076	0,971	−2,06	25,00	435	457
0,06	0,0621	0,086	0,967	−2,37	25,00	435	457
0,07	0,0728	0,097	0,962	−2,68	25,00	435	457
0,08	0,0836	0,107	0,956	−3,01	25,00	435	457
0,09	0,0946	0,118	0,951	−3,35	25,00	435	457
0,10	0,1057	0,131	0,946	−3,50	23,29	435	455
0,11	0,1170	0,145	0,940	−3,50	20,71	435	452
0,12	0,1285	0,159	0,934	−3,50	18,55	435	450
0,13	0,1401	0,173	0,928	−3,50	16,73	435	449
0,14	0,1518	0,188	0,922	−3,50	15,16	435	447
0,15	0,1638	0,202	0,916	−3,50	13,80	435	446
0,16	0,1759	0,217	0,910	−3,50	12,61	435	445
0,17	0,1882	0,232	0,903	−3,50	11,56	435	444
0,18	0,2007	0,248	0,897	−3,50	10,62	435	443
0,19	0,2134	0,264	0,890	−3,50	9,78	435	442
0,20	0,2263	0,280	0,884	−3,50	9,02	435	441
0,21	0,2395	0,296	0,877	−3,50	8,33	435	441
0,22	0,2528	0,312	0,870	−3,50	7,71	435	440
0,23	0,2665	0,329	0,863	−3,50	7,13	435	440
0,24	0,2804	0,346	0,856	−3,50	6,60	435	439
0,25	0,2946	0,364	0,849	−3,50	6,12	435	439
0,26	0,3091	0,382	0,841	−3,50	5,67	435	438
0,27	0,3239	0,400	0,834	−3,50	5,25	435	438
0,28	0,3391	0,419	0,826	−3,50	4,86	435	437
0,29	0,3546	0,438	0,818	−3,50	4,49	435	437
0,30	0,3706	0,458	0,810	−3,50	4,15	435	437
0,31	0,3869	0,478	0,801	−3,50	3,82	435	436
0,32	0,4038	0,499	0,793	−3,50	3,52	435	436
0,33	0,4211	0,520	0,784	−3,50	3,23	435	436
0,34	0,4391	0,542	0,774	−3,50	2,95	435	436
0,35	0,4576	0,565	0,765	−3,50	2,69	435	435
0,36	0,4768	0,589	0,755	−3,50	2,44	435	435
0,37	0,4968	0,614	0,745	−3,50	2,20	435	435
0,38	0,5177	0,640	0,734	−3,50	1,97	395	395
0,39	0,5396	0,667	0,723	−3,50	1,75	350	350
0,40	0,5627	0,695	0,711	−3,50	1,54	307	307

unwirtschaftlicher Bereich (Zeilen 0,38–0,40)

[1] Begrenzung der Stahlspannung auf $f_{yd} = f_{yk} / \gamma_s$ (horizontaler Ast der σ-ε-Linie).
[2] Begrenzung der Stahlspannung auf $f_{td,cal} = f_{tk,cal} / \gamma_s$ (geneigter Ast der σ-ε-Linie).

$$A_{s1} = \frac{1}{\sigma_{sd}} (\omega \cdot b \cdot d \cdot f_{cd} + N_{Ed})$$

Bemessung

Tafel D.5.3b Bemessungstafel (μ_s-Tafeln) für Rechteckquerschnitte mit Druckbewehrung für Normalbeton C12/15 bis C50/60; ξ_{lim} = 0,45; B 500 und γ_s = 1,15 (aus [Schneider – 12])

$$\mu_{Eds} = \frac{M_{Eds}}{b \cdot d^2 \cdot f_{cd}}$$

mit $M_{Eds} = M_{Ed} - N_{Ed} \cdot z_{s1}$
$f_{cd} = \alpha_{cc} \cdot f_{ck}/\gamma_C$ (i. Allg. gilt α_{cc} = 0,85)

ξ = 0,45

| d_2/d | 0,05 | | 0,10 | | 0,15 | | 0,20 | |
| $\varepsilon_{s1}/\varepsilon_{s2}$ | 4,28 ‰ | −3,11 ‰ | 4,28 ‰ | −2,72 ‰ | 4,28 ‰ | −2,33 ‰ | 4,28 ‰ | −1,94 ‰ |
μ_{Eds}	ω_1	ω_2	ω_1	ω_2	ω_1	ω_2	ω_1	ω_2
0,30	0,368	0,004	0,369	0,004	0,369	0,005	0,369	0,005
0,31	0,379	0,015	0,380	0,015	0,381	0,016	0,382	0,019
0,32	0,389	0,025	0,391	0,027	0,392	0,028	0,394	0,033
0,33	0,400	0,036	0,402	0,038	0,404	0,040	0,407	0,047
0,34	0,410	0,046	0,413	0,049	0,416	0,052	0,419	0,061
0,35	0,421	0,057	0,424	0,060	0,428	0,063	0,432	0,075
0,36	0,432	0,067	0,435	0,071	0,439	0,075	0,444	0,089
0,37	0,442	0,078	0,446	0,082	0,451	0,087	0,457	0,103
0,38	0,453	0,088	0,458	0,093	0,463	0,099	0,469	0,117
0,39	0,463	0,099	0,469	0,104	0,475	0,110	0,482	0,131
0,40	0,474	0,109	0,480	0,115	0,487	0,122	0,494	0,145
0,41	0,484	0,120	0,491	0,127	0,498	0,134	0,507	0,159
0,42	0,495	0,130	0,502	0,138	0,510	0,146	0,519	0,173
0,43	0,505	0,141	0,513	0,149	0,522	0,158	0,532	0,187
0,44	0,516	0,151	0,524	0,160	0,534	0,169	0,544	0,201
0,45	0,526	0,162	0,535	0,171	0,545	0,181	0,557	0,215
0,46	0,537	0,173	0,546	0,182	0,557	0,193	0,569	0,229
0,47	0,547	0,183	0,558	0,193	0,569	0,205	0,582	0,243
0,48	0,558	0,194	0,569	0,204	0,581	0,216	0,594	0,257
0,49	0,568	0,204	0,580	0,215	0,592	0,228	0,607	0,271
0,50	0,579	0,215	0,591	0,227	0,604	0,240	0,619	0,285
0,51	0,589	0,225	0,602	0,238	0,616	0,252	0,632	0,299
0,52	0,600	0,236	0,613	0,249	0,628	0,263	0,644	0,313
0,53	0,610	0,246	0,624	0,260	0,639	0,275	0,657	0,327
0,54	0,621	0,257	0,635	0,271	0,651	0,287	0,669	0,341
0,55	0,632	0,267	0,646	0,282	0,663	0,299	0,682	0,355
0,56	0,642	0,278	0,658	0,293	0,675	0,310	0,694	0,369
0,57	0,653	0,288	0,669	0,304	0,687	0,322	0,707	0,383
0,58	0,663	0,299	0,680	0,315	0,698	0,334	0,719	0,397
0,59	0,674	0,309	0,691	0,327	0,710	0,346	0,732	0,411
0,60	0,684	0,320	0,702	0,338	0,722	0,358	0,744	0,425

$$A_{s1} = \frac{1}{f_{yd}} (\omega_1 \cdot b \cdot d \cdot f_{cd} + N_{Ed})$$

$$A_{s2} = \omega_2 \cdot b \cdot d \cdot \frac{f_{cd}}{f_{yd}}$$

Tafel D.5.3c Bemessungstafel (μ_s-Tafeln) für Rechteckquerschnitte mit Druckbewehrung für Normalbeton C12/15 bis C50/60; $\xi_{lim} = 0{,}617$; B 500 und $\gamma_S = 1{,}15$ (aus [Schneider – 12])

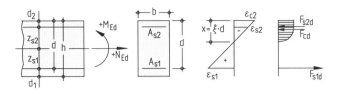

$$\mu_{Eds} = \frac{M_{Eds}}{b \cdot d^2 \cdot f_{cd}}$$

mit $M_{Eds} = M_{Ed} - N_{Ed} \cdot z_{s1}$
$f_{cd} = \alpha_{cc} \cdot f_{ck}/\gamma_C$ (i. Allg. gilt $\alpha_{cc} = 0{,}85$)

$\xi = 0{,}617$

d_2/d	0,05		0,10		0,15		0,20	
$\varepsilon_{s1}/\varepsilon_{s2}$	2,17 ‰	−3,22 ‰	2,17 ‰	−2,93 ‰	2,17 ‰	−2,65 ‰	2,17 ‰	−2,37 ‰
μ_{Eds}	ω_1	ω_2	ω_1	ω_2	ω_1	ω_2	ω_1	ω_2
0,38	0,509	0,009	0,509	0,010	0,510	0,010	0,510	0,011
0,39	0,519	0,020	0,520	0,021	0,521	0,022	0,523	0,023
0,40	0,530	0,030	0,531	0,032	0,533	0,034	0,535	0,036
0,41	0,540	0,041	0,542	0,043	0,545	0,046	0,548	0,048
0,42	0,551	0,051	0,554	0,054	0,557	0,057	0,560	0,061
0,43	0,561	0,062	0,565	0,065	0,569	0,069	0,573	0,073
0,44	0,572	0,072	0,576	0,076	0,580	0,081	0,585	0,086
0,45	0,582	0,083	0,587	0,088	0,592	0,093	0,598	0,098
0,46	0,593	0,093	0,598	0,099	0,604	0,104	0,610	0,111
0,47	0,603	0,104	0,609	0,110	0,616	0,116	0,623	0,123
0,48	0,614	0,114	0,620	0,121	0,627	0,128	0,635	0,136
0,49	0,624	0,125	0,631	0,132	0,639	0,140	0,648	0,148
0,50	0,635	0,136	0,642	0,143	0,651	0,151	0,660	0,161
0,51	0,645	0,146	0,654	0,154	0,663	0,163	0,673	0,173
0,52	0,656	0,157	0,665	0,165	0,674	0,175	0,685	0,186
0,53	0,666	0,167	0,676	0,176	0,686	0,187	0,698	0,198
0,54	0,677	0,178	0,687	0,188	0,698	0,199	0,710	0,211
0,55	0,688	0,188	0,698	0,199	0,710	0,210	0,723	0,223
0,56	0,698	0,199	0,709	0,210	0,721	0,222	0,735	0,236
0,57	0,709	0,209	0,720	0,221	0,733	0,234	0,748	0,248
0,58	0,719	0,220	0,731	0,232	0,745	0,246	0,760	0,261
0,59	0,730	0,230	0,742	0,243	0,757	0,257	0,773	0,273
0,60	0,740	0,241	0,754	0,254	0,769	0,269	0,785	0,286

$$A_{s1} = \frac{1}{f_{yd}} (\omega_1 \cdot b \cdot d \cdot f_{cd} + N_{Ed}) \qquad A_{s2} = \omega_2 \cdot b \cdot d \cdot \frac{f_{cd}}{f_{yd}}$$

Tafel D.5.4a Dimensionsgebundene Bemessungstafel (k_d-Verfahren) für den Rechteckquerschnitt ohne Druckbewehrung bei $\varepsilon_s \leq 25$ ‰ und $\sigma_s \leq f_{yd}$
(Normalbeton der Festigkeitsklassen $\leq$ C50/60; Betonstahl B 500 und $\gamma_S = 1{,}15$)

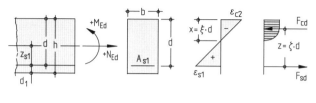

$$k_d = \frac{d \ [\text{cm}]}{\sqrt{M_{Eds} \ [\text{kNm}] / b \ [\text{m}]}} \qquad \text{mit} \quad M_{Eds} = M_{Ed} - N_{Ed} \cdot z_{s1}$$

k_d für Betonfestigkeitsklasse C ...								k_s	ξ	ζ	ε_{c2} in ‰	ε_{s1} in ‰
12/15	16/20	20/25	25/30	30/37	35/45	40/50	45/55 50/60					
14,34	12,41	11,10	9,93	9,07	8,39	7,85	7,40 7,02	2,32	0,025	0,991	-0,64	25,00
7,90	6,84	6,12	5,47	5,00	4,63	4,33	4,08 3,87	2,34	0,048	0,983	-1,26	25,00
5,87	5,08	4,54	4,06	3,71	3,44	3,21	3,03 2,87	2,36	0,069	0,975	-1,84	25,00
4,94	4,27	3,82	3,42	3,12	2,89	2,70	2,55 2,42	2,38	0,087	0,966	-2,38	25,00
4,39	3,80	3,40	3,04	2,77	2,57	2,40	2,27 2,15	2,40	0,104	0,958	-2,89	25,00
4,01	3,47	3,10	2,78	2,53	2,35	2,20	2,07 1,96	2,42	0,120	0,950	-3,40	25,00
3,63	3,14	2,81	2,51	2,29	2,12	1,99	1,87 1,78	2,45	0,147	0,939	-3,50	20,29
3,35	2,90	2,60	2,32	2,12	1,96	1,84	1,73 1,64	2,48	0,174	0,927	-3,50	16,56
3,14	2,72	2,43	2,18	1,99	1,84	1,72	1,62 1,54	2,51	0,201	0,916	-3,50	13,90
2,97	2,57	2,30	2,06	1,88	1,74	1,63	1,53 1,46	2,54	0,227	0,906	-3,50	11,91
2,85	2,47	2,21	1,97	1,80	1,67	1,56	1,47 1,40	2,57	0,250	0,896	-3,50	10,52
2,72	2,36	2,11	1,89	1,72	1,59	1,49	1,41 1,33	2,60	0,277	0,885	-3,50	9,12
2,62	2,27	2,03	1,82	1,66	1,54	1,44	1,36 1,29	2,63	0,302	0,875	-3,50	8,10
2,54	2,20	1,97	1,76	1,61	1,49	1,39	1,31 1,24	2,66	0,325	0,865	-3,50	7,26
2,47	2,14	1,91	1,71	1,56	1,44	1,35	1,27 1,21	2,69	0,350	0,854	-3,50	6,50
2,41	2,08	1,86	1,67	1,52	1,41	1,32	1,24 1,18	2,72	0,371	0,846	-3,50	5,93
2,35	2,03	1,82	1,63	1,49	1,38	1,29	1,21 1,15	2,75	0,393	0,836	-3,50	5,40
2,28	1,98	1,77	1,58	1,44	1,34	1,25	1,18 1,12	2,79	0,422	0,824	-3,50	4,79
2,23	1,93	1,73	1,54	1,41	1,30	1,22	1,15 1,09	2,83	0,450	0,813	-3,50	4,27
2,18	1,89	1,69	1,51	1,38	1,28	1,19	1,13 1,07	2,87	0,477	0,801	-3,50	3,83
2,14	1,85	1,65	1,48	1,35	1,25	1,17	1,10 1,05	2,91	0,504	0,790	-3,50	3,44
2,10	1,82	1,62	1,45	1,33	1,23	1,15	1,08 1,03	2,95	0,530	0,780	-3,50	3,11
2,06	1,79	1,60	1,43	1,30	1,21	1,13	1,07 1,01	2,99	0,555	0,769	-3,50	2,81
2,03	1,75	1,57	1,40	1,28	1,19	1,11	1,05 0,99	3,04	0,585	0,757	-3,50	2,48
1,99	1,72	1,54	1,38	1,26	1,17	1,09	1,03 0,98	3,09	0,617	0,743	-3,50	2,17

$$A_{s1} \ [\text{cm}^2] = k_s \cdot \frac{M_{Eds} \ [\text{kNm}]}{d \ [\text{cm}]} + \frac{N_{Ed} \ [\text{kN}]}{43{,}5}$$

Tafel D.5.4b Dimensionsgebundene Bemessungstafel (k_d-Verfahren) für den Rechteckquerschnitt mit Druckbewehrung (Normalbeton der Festigkeit ≤ C50/60; Betonstahl B 500 und $\gamma_S = 1{,}15$)

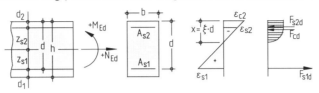

$$k_d = \frac{d \text{ [cm]}}{\sqrt{M_{Eds} \text{ [kNm]} / b \text{ [m]}}} \qquad \text{mit } M_{Eds} = M_{Ed} - N_{Ed} \cdot z_{s1}$$

Beiwerte k_{s1} und k_{s2}

$\xi = 0{,}45$										$\xi = 0{,}617$										$\xi = \begin{cases} 0{,}450 \\ 0{,}617 \end{cases}$
k_d für f_{ck}									k_{s1}	k_d für f_{ck}									k_{s1}	k_{s2}
12	16	20	25	30	35	40	45	50		12	16	20	25	30	35	40	45	50		
2,23	1,93	1,73	1,54	1,41	1,30	1,22	1,15	1,09	2,83	1,99	1,72	1,54	1,38	1,26	1,17	1,09	1,03	0,98	3,09	0
2,18	1,89	1,69	1,51	1,38	1,28	1,20	1,13	1,07	2,81	1,95	1,69	1,51	1,35	1,23	1,14	1,07	1,01	0,95	3,07	0,10
2,14	1,85	1,65	1,48	1,35	1,25	1,17	1,10	1,05	2,80	1,91	1,65	1,48	1,32	1,21	1,12	1,04	0,98	0,93	3,04	0,20
2,09	1,81	1,62	1,45	1,32	1,22	1,14	1,08	1,02	2,78	1,86	1,61	1,44	1,29	1,18	1,09	1,02	0,96	0,91	3,01	0,30
2,04	1,77	1,58	1,41	1,29	1,19	1,12	1,05	1,00	2,77	1,82	1,58	1,41	1,26	1,15	1,07	1,00	0,94	0,89	2,99	0,40
1,99	1,72	1,54	1,38	1,26	1,16	1,09	1,03	0,97	2,75	1,78	1,54	1,38	1,23	1,12	1,04	0,97	0,92	0,87	2,96	0,50
1,94	1,68	1,50	1,34	1,22	1,13	1,06	1,00	0,95	2,74	1,73	1,50	1,34	1,20	1,09	1,01	0,95	0,89	0,85	2,94	0,60
1,88	1,63	1,46	1,30	1,19	1,10	1,03	0,97	0,92	2,72	1,68	1,46	1,30	1,17	1,06	0,98	0,92	0,87	0,83	2,91	0,70
1,83	1,58	1,42	1,27	1,16	1,07	1,00	0,94	0,90	2,70	1,63	1,41	1,26	1,13	1,03	0,96	0,89	0,84	0,80	2,88	0,80
1,77	1,53	1,37	1,23	1,12	1,04	0,97	0,92	0,87	2,69	1,58	1,37	1,23	1,10	1,00	0,93	0,87	0,82	0,78	2,86	0,90
1,71	1,48	1,33	1,19	1,08	1,00	0,94	0,88	0,84	2,67	1,53	1,33	1,19	1,06	0,97	0,90	0,84	0,79	0,75	2,83	1,00
1,65	1,43	1,28	1,15	1,05	0,97	0,91	0,85	0,81	2,66	1,48	1,28	1,14	1,02	0,93	0,86	0,81	0,76	0,72	2,80	1,10
1,59	1,38	1,23	1,10	1,01	0,93	0,87	0,82	0,78	2,64	1,42	1,23	1,10	0,98	0,90	0,83	0,78	0,73	0,70	2,78	1,20
1,53	1,32	1,18	1,06	0,96	0,89	0,84	0,79	0,75	2,63	1,36	1,18	1,06	0,94	0,86	0,80	0,75	0,70	0,67	2,75	1,30
1,46	1,26	1,13	1,01	0,92	0,85	0,80	0,75	0,71	2,61	1,30	1,13	1,01	0,90	0,82	0,76	0,71	0,67	0,64	2,72	1,40

Beiwerte ρ_1 und ρ_2

d_2/d	$\xi = 0{,}45$					$\xi = 0{,}617$				
	ρ_1 für $k_{s1} =$				ρ_2	ρ_1 für $k_{s1} =$				ρ_2
	2,83	2,74	2,69	2,61		3,09	2,94	2,78	2,74	
≤0,06	1,00	1,00	1,00	1,00	1,00	1,00	1,00	1,00	1,00	1,00
0,08	1,00	1,00	1,01	1,01	1,02	1,00	1,00	1,01	1,01	1,02
0,10	1,00	1,01	1,01	1,02	1,04	1,00	1,01	1,02	1,02	1,04
0,12	1,00	1,01	1,02	1,04	1,07	1,00	1,01	1,03	1,04	1,07
0,14	1,00	1,02	1,03	1,05	1,09	1,00	1,02	1,04	1,05	1,09
0,16	1,00	1,03	1,04	1,06	1,12	1,00	1,02	1,05	1,06	1,12
0,18	1,00	1,03	1,05	1,08	1,19	1,00	1,03	1,06	1,08	1,15
0,20	1,00	1,04	1,06	1,09	1,31	1,00	1,04	1,08	1,09	1,18
0,22	1,00	1,04	1,07	1,11	1,46	1,00	1,04	1,09	1,11	1,21
0,24	1,00	1,05	1,08	1,13	1,65	1,00	1,05	1,10	1,12	1,26

$$A_{s1} \text{ [cm}^2\text{]} = \rho_1 \cdot k_{s1} \cdot \frac{M_{Eds} \text{ [kNm]}}{d \text{ [cm]}} + \frac{N_{Ed} \text{ [kN]}}{43{,}5}$$

$$A_{s2} \text{ [cm}^2\text{]} = \rho_2 \cdot k_{s2} \cdot \frac{M_{Eds} \text{ [kNm]}}{d \text{ [cm]}}$$

Bemessung

5.1.4 Druckkraft bei kleiner einachsiger Ausmitte; Rechteck (Dehnungsber. 5)

Es treten nur Druckspannungen auf, die Dehnungsnulllinie liegt außerhalb des Querschnitts (s. Abb. D.5.1). Der Nachweis der Tragfähigkeit ergibt sich für „Bruttowerte" zu (s. Abb. D.5.6):

$$N_{Rd} = -|F_{cd}| - |F_{s2d}| - |F_{s1d}| \quad \text{(D.5.11a)}$$
$$M_{Rds} = |F_{cd}| \cdot (d-a) + |F_{s2d}| \cdot (d-d_2) \quad \text{(D.5.11b)}$$

Es sind

$$F_{cd} = h \cdot b \cdot \alpha_V \cdot f_{cd} \quad \text{(D.5.12a)}$$
$$F_{s1d} = A_{s1} \cdot \sigma_{s1d} \quad \text{(D.5.12b)}$$
$$F_{s2d} = A_{s2} \cdot \sigma_{s2d} \quad \text{(D.5.12c)}$$

Die Werte a und α_V ergeben sich zu ($|\varepsilon|$ in ‰)

$a = k_a \cdot h$ Randabstand der Betondruckkraft
α_V Völligkeitsbeiwert

Die Größen k_a und α_V erhält man bei Normalbeton der Festigkeitsklassen ≤ C50/60 für den Fall, dass die Stauchung im Punkt C gemäß Abb. D.5.1 $|\varepsilon_{c2}| = 2{,}0$‰ beträgt (die Stauchungserhöhung auf $|\varepsilon_{c2}| = 2{,}2$‰ wird hierbei vernachlässigt; s. vorher):

$$k_a = \frac{6}{7} \cdot \frac{441 - 64 \cdot (|\varepsilon_{c2}| - 2)^2}{756 - 64 \cdot (|\varepsilon_{c2}| - 2)^2} \quad \text{(D.5.13a)}$$
$$\alpha_V = 1 - \frac{16}{189} \cdot (|\varepsilon_{c2}| - 2)^2 \quad \text{(D.5.13b)}$$

Auf die Mindestausmitte $e_0 = h/30 \geq 20$ mm wird hingewiesen (s. Abschn. 5.1.1).

Bemessungshilfen für mittig gedrückte Querschnitte

Für den *mittig* gedrückten Querschnitt lassen sich die aufnehmbaren Längskräfte N_{Rd} ermitteln aus

$$|N_{Rd}| = F_{cd} + F_{sd} = A_{cn} \cdot f_{cd} + A_s \cdot \sigma_{sd} \quad \text{(D.5.14)}$$

mit $A_{cn} = A_c - A_s$ als Nettobetonfläche, der Betondruckfestigkeit $f_{cd} = \alpha_{cc} \cdot f_{ck} / \gamma_c$ und $\sigma_{sd} = \varepsilon_s \cdot E_s \leq f_{yd}$, wobei für ε_s eine Dehnungsbegrenzung auf $-2{,}2$‰ berücksichtigt wurde (s. Abb. D.5.1). Aus Gl. (D.5.14) folgt dann

$$N_{Rd} = A_c \cdot f_{cd} + A_s \cdot (\sigma_{sd} - f_{cd})$$
$$= A_c \cdot f_{cd} + A_s \cdot \sigma_{sd} \cdot \kappa \quad \text{(D.5.15)}$$

mit $\kappa = (1 - f_{cd}/\sigma_{sd})$. Die Auswertung von Gl. (D.5.15) zeigt Tafel D.5.5.

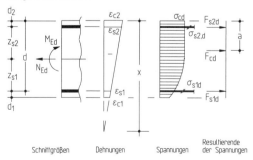

Abb. D.5.6 Schnittgrößen und Spannungen im Dehnungsbereich 5

5.1.5 Symmetrisch bewehrte Rechtecke unter Biegung und Längskraft

Bei gleichzeitiger Wirkung eines Biegemoments kommen i. Allg. „Interaktionsdiagramme" für symmetrische Bewehrung zur Anwendung; hierbei wird in Interaktion zwischen dem Moment und der Längskraft die Bewehrung gefunden. Diese Diagramme decken alle fünf Dehnungsbereiche nach Abb. D.5.1 ab, sind also vom zentrischen Zug bis zum mittigen Druck anwendbar (für eine „übliche" Biegebemessung wegen symmetrischer Bewehrung jedoch unwirtschaftlich). Bevorzugt werden sie für die Bemessung von Druckgliedern verwendet.

Das Aufstellen von Interaktionsdiagrammen erfolgt mit den zuvor dargestellten Identitätsbeziehungen. Allerdings werden die Momente und Längskräfte auf die Schwerachse des Querschnitts bezogen und die Gleichungen in Abhängigkeit von der Bauhöhe h (und nicht von der Nutzhöhe d) aufgestellt.

Nachfolgend sind für die Betone C12/15-C50/60, für C60/75, C80/95 und C100/115 in den Tafeln D.5.6a bis D.5.6d Diagramme abgedruckt (Bewehrungsanordnung nach Skizze. Für die hochfesten Betone (Tafeln D.5.7b bis d) wurden die Nettoflächen in der Betondruckzone berücksichtigt; der Einfluss ist dann nicht mehr vernachlässigbar, wie dies beispielhaft im direkten Vergleich zwischen Brutto- und Nettofläche in Abb. D.5.7 gezeigt ist (aus [Schmitz/Goris – 04]; auf der Basis von DIN 1045-1).

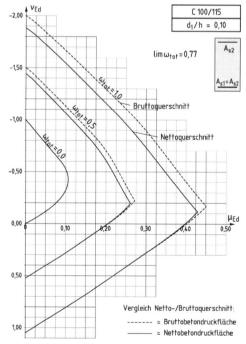

Abb. D.5.7 Unterschiede bei einer Bemessung mit Brutto- und Nettowerten (aus [Schmitz/Goris – 04])

Tafel D.5.5 Aufnehmbare Längsdruckkraft $|N_{Rd}|$ für C12/15, C20/25 und C30/37 und B 500

Betonanteil F_{cd} (in MN)

- Reckteckquerschnitt   **C12/15**

h \ b	20	25	30	40	50	60	70	80
20	0,272	0,340	0,408	0,544	0,680	0,816	0,952	1,088
25		0,425	0,510	0,680	0,850	1,020	1,190	1,360
30			0,612	0,816	1,020	1,224	1,428	1,632
40				1,088	1,360	1,632	1,904	2,176
50					1,700	2,040	2,380	2,720
60						2,448	2,856	3,264
70							3,332	3,808
80								4,352

- Kreisquerschnitt   **C12/15**

D	20	25	30	40	50	60	70	80
	0,214	0,334	0,481	0,855	1,335	1,923	2,617	3,418

Betonanteil F_{cd} (in MN)

- Reckteckquerschnitt   **C20/25**

h \ b	20	25	30	40	50	60	70	80
20	0,453	0,567	0,680	0,907	1,133	1,360	1,587	1,813
25		0,708	0,850	1,133	1,417	1,700	1,983	2,267
30			1,020	1,360	1,700	2,040	2,380	2,720
40				1,813	2,267	2,720	3,173	3,627
50					2,833	3,400	3,967	4,533
60						4,080	4,760	5,440
70							5,553	6,347
80								7,253

- Kreisquerschnitt   **C20/25**

D	20	25	30	40	50	60	70	80
	0,356	0,556	0,801	1,424	2,225	3,204	4,362	5,697

Betonanteil F_{cd} (in MN)

- Reckteckquerschnitt   **C30/37**

h \ b	20	25	30	40	50	60	70	80
20	0,680	0,850	1,020	1,360	1,700	2,040	2,380	2,720
25		1,063	1,275	1,700	2,125	2,550	2,975	3,400
30			1,530	2,040	2,550	3,060	3,570	4,080
40				2,720	3,400	4,080	4,760	5,440
50					4,250	5,100	5,950	6,800
60						6,120	7,140	8,160
70							8,330	9,520
80								10,88

- Kreisquerschnitt   **C30/37**

D	20	25	30	40	50	60	70	80
	0,534	0,835	1,202	2,136	3,338	4,807	6,542	8,545

Stahlanteil F_{sd} (in MN)

- Stabstahl   **BSt 500**

n \ d	12	14	16	20	25	28
4	0,197	0,268	0,350	0,546	0,854	1,071
6	0,295	0,402	0,525	0,820	1,281	1,606
8	0,393	0,535	0,699	1,093	1,707	2,142
10	0,492	0,669	0,874	1,366	2,134	2,677
12	0,590	0,803	1,049	1,639	2,561	3,213
14	0,688	0,937	1,224	1,912	2,988	3,748
16	0,787	1,071	1,399	2,185	3,415	4,283
18	0,885	1,205	1,574	2,459	3,842	4,819
20	0,983	1,339	1,748	2,732	4,268	5,354

Abminderungsfaktor κ
(für den Stahlanteil F_{sd})

Beton	κ
C12/15	0,984
C20/25	0,974
C30/37	0,961

Gesamttragfähigkeit

$$|N_{Rd}| = F_{cd} + \kappa \cdot F_{sd}$$
$$\approx F_{cd} + F_{sd}$$

Beispiel

Stütze 30/50 cm, Beton C20/25, bewehrt mit Stäben 8 $\varnothing$ 16, B 500

gesucht:

Tragfähigkeit bei Beanspruchung unter einer zentrischen Druckkraft

Lösung:

$N_{Rd} = F_{cd} + \kappa \cdot F_{sd}$
$= 1,700 + 0,974 \cdot 0,699 = 2,381$ MN

h, b	Abmessungen des Querschnitts (in cm)
D	Durchmessser des Querschnitts (in cm)
n	Stabanzahl
d	Stabdurchmesser (in mm)

Tafel D.5.6a Interaktionsdiagramm für den symmetrisch bewehrten Rechteckquerschnitt; Beton der Festigkeitsklassen C12/15–C50/60 und B 500 (aus [Schneider – 12])

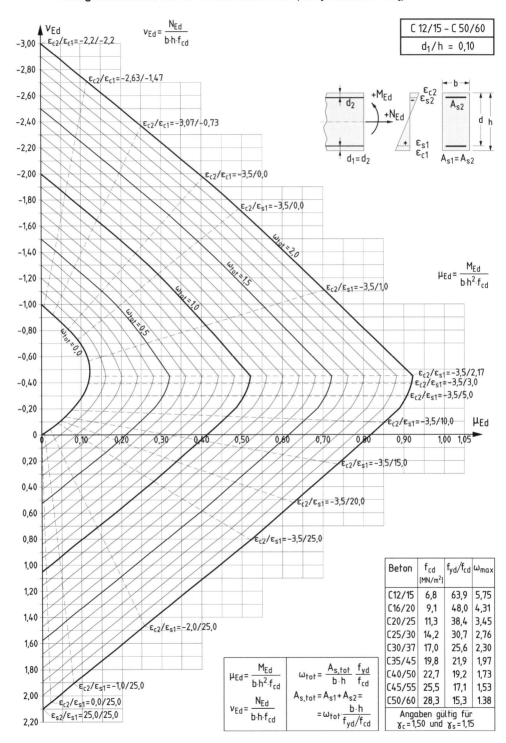

D.34

Tafel D.5.6b Interaktionsdiagramm für den symmetrisch bewehrten Rechteckquerschnitt; Beton der Festigkeitsklasse C60/75 und B 500 mit *Netto*werten (aus [Schmitz/Goris – 12/2])

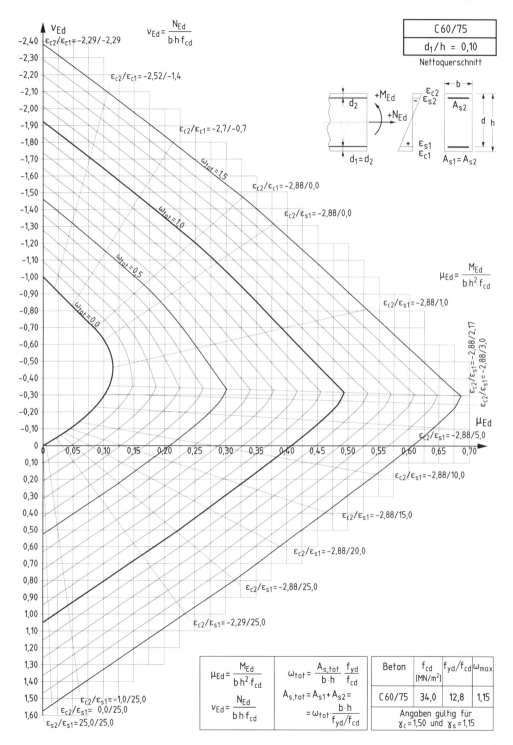

Bemessung

Tafel D.5.6c Interaktionsdiagramm für den symmetrisch bewehrten Rechteckquerschnitt; Beton der Festigkeitsklasse C80/95 und B 500 mit *Netto*werten (aus [Schmitz/Goris – 12/2])

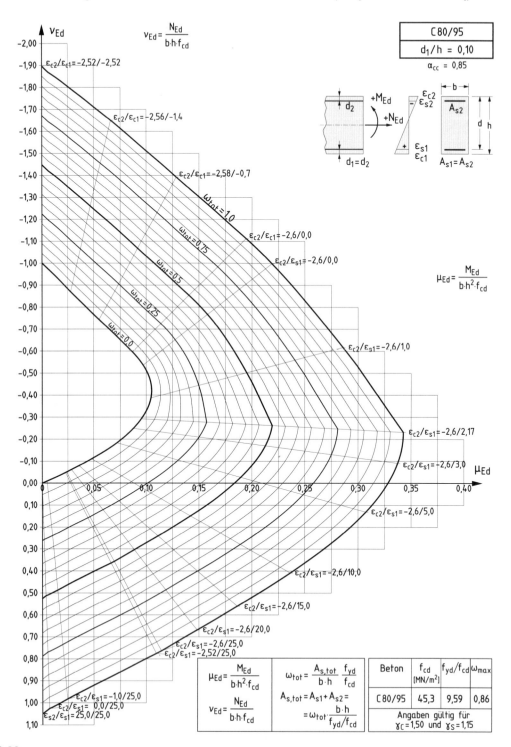

D.36

Tafel D.5.6d Interaktionsdiagramm für den symmetrisch bewehrten Rechteckquerschnitt; Beton der Festigkeitsklasse C100/115 und B 500 mit *Netto*werten (aus [Schmitz/Goris – 12/2])

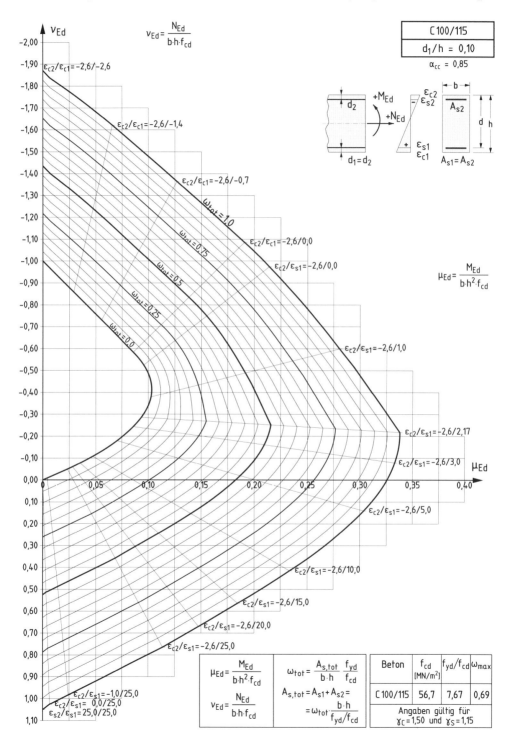

5.1.6 Biegung (mit Längskraft) bei Plattenbalken

Bei Plattenbalken ist i. Allg. zunächst die sog. *mitwirkende Breite* b_{eff} zu bestimmen; sie ist definiert durch diejenige Flanschbreite, bei der man für eine konstante Betonrandspannung die gleiche resultierende Betondruckkraft erhält wie bei Ansatz der tatsächlichen, gekrümmt verlaufenden Spannung. Die konstante Spannung wird dabei so gewählt, dass sie der tatsächlichen maximalen Betonrandspannung entspricht (s. Abb. D.5.8).

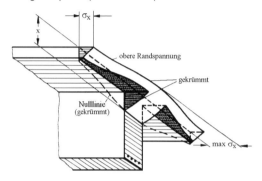

Tatsächlicher Spannungsverlauf

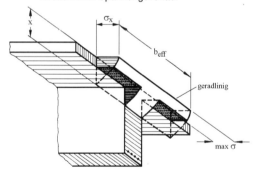

Idealisierter Spannungsverlauf

Abb. D.5.8 Definition der mitwirkenden Plattenbreite

Die Ermittlung der mitwirkenden Plattenbreite kann z.B. nach [DAfStb-H.240–91] erfolgen. Für übliche Fälle kann b_{eff} jedoch auch abgeschätzt werden.

Näherungsweise gilt nach EC2-1-1:

$$b_{eff} = b_w + \Sigma b_{eff,i} \qquad (D.5.16)$$

mit $b_{eff,i} = 0{,}2 \cdot b_i + 0{,}1 \cdot l_0 \leq 0{,}2 \cdot l_0$ und $b_{eff,i} \leq b_i$

Der Abstand der Momentennullpunkte bzw. die wirksame Stützweite l_0 darf mit Abb. D.5.9 abgeschätzt werden, falls etwa gleiche Steifigkeitsverhältnisse vorliegen (z. B. Verhältnis $l_2/l_1 \leq 1{,}5$ mit $l_2 > l_1$ bei konstantem Querschnitt). $l_0 = 1{,}5 \, l_3$ gilt für kurze Kragarme, sonst ist $l_0 = 0{,}15 \, (l_2 + l_3)$ anzuwenden.

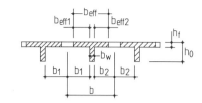

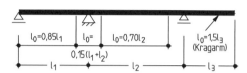

Abb. D.5.9 Bezeichnungen und wirksame Stützweite l_0

Biegebemessung von Plattenbalken

Nachfolgende Ausführungen gelten für den Fall, dass die Platte sich in der Druckzone befindet. Für den Fall, dass die Platte als Zuggurt wirkt (z. B. bei durchlaufenden Plattenbalken mit oben liegender Platte an den Zwischenunterstützungen) und die Druckzone durch den Steg gebildet wird, liegt üblicherweise eine rechteckige Druckzone mit der Druckzonenbreite $b = b_w$ vor. Hierfür gelten die Ausführungen nach Abschnitt D.5.1.3.

Für die Biegebemessung sind je nach Lage der Dehnungsnulllinie bzw. nach Form der Druckzone zwei Fälle zu unterscheiden (s. Abb. D.5.10):

– die Dehnungsnulllinie liegt in der Platte
– die Dehnungsnulllinie liegt im Steg.

Wenn die Nulllinie in der Platte liegt, liegt ein Querschnitt mit rechteckiger Druckzone vor, sodass die Bemessungsverfahren für Rechteckquerschnitte anwendbar sind. Die Druckzonenbreite ist $b = b_{eff}$.

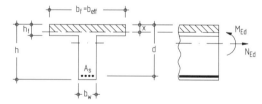

Dehnungsnulllinie in der Platte

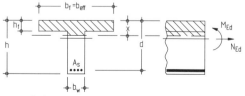

Dehnungsnulllinie im Steg

Abb. D.5.10 Mögliche Lage der Dehnungsnulllinie

Die Überprüfung der Nulllinienlage erfolgt im Rahmen der Bemessung; es muss $x = \xi \cdot d \leq h_f$ gelten.

Liegt die Nulllinie im Steg, ist entweder eine Bemessung mit Näherungsverfahren durchzuführen – Vernachlässigung des Steganteils der Druckzone bei schlanken Plattenbalken oder Annäherung der Druckzone durch ein Ersatzrechteck bei gedrungenen Plattenbalken –, oder es erfolgt eine direkte Bemessung mit Bemessungstafeln für Plattenbalken, [Schmitz/Goris – 12/2]. In Tafel D.5.7 sind die Werte für Normalbeton bis C50/60 wiedergegeben; die Bedingung, die Dehnung in der vollständig überdrückten Platte in Plattenmitte auf $\varepsilon_{c2} = -2{,}0\,‰$ zu begrenzen (vgl. Abschn. D.5.1.1), ist berücksichtigt.

5.1.7 Beliebige Form der Betondruckzone

Wenn die Druckzone von der Rechteck- oder Plattenbalkenform abweicht, gibt es nur noch in einigen Sonderfällen Bemessungshilfen. Zu diesen Sonderfällen gehören beispielsweise

– Rechteckquerschnitte bei zweiachsiger Biegung (s. Abb. D.5.11)
– Kreisquerschnitte.

Es wird auf [Schmitz/Goris – 04] verwiesen.

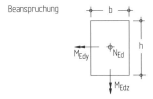

Abb. D.5.11 Druckzonenform bei zweiachsiger Biegung

Allgemeiner Querschnitt

Bei geringer Abweichung von der Rechteckform ist es genügend genau, mit einem Ersatzrechteck zu bemessen (s. Abb. D.5.12). Die Ersatzbreite b_{ers} ist aus der Bedingung zu bestimmen, dass die Fläche der Ersatzdruckzone der tatsächlichen entspricht.

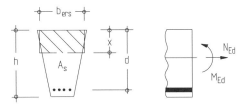

Abb. D.5.12 Ersatzrechteck

In anderen Fällen ist eine Berechnung mit dem „rechteckigen Spannungsblock" möglich. Eine Bemessung für den Querschnitt *ohne* Druckbewehrung (s. Abb. D.5.13) erfolgt für eine Biegebeanspruchung in den Dehnungsbereichen 2 und 3 (s. Abb. D.5.1) in folgenden Schritten:

– Schätzen einer Dehnungsverteilung $\varepsilon_c / \varepsilon_s$
– Bestimmung der Druckzonenhöhe
$$x = [\,|\varepsilon_c| / (|\varepsilon_c| + \varepsilon_s)\,] \cdot d$$
– Berechnung der resultierenden Betondruckkraft
$$F_{cd} = A_{cc,red} \cdot f_{cd,red}$$
Dabei ist
$A_{cc,red}$ reduzierte Betondruckzone der Höhe $k \cdot x$
$k = 0{,}8$ für $f_{ck} \leq 50\,\text{N/mm}^2$
$k = (1{,}0 - f_{ck}/250)$ für $f_{ck} > 50\,\text{N/mm}^2$
$f_{cd,red}$ reduzierte Betondruckspannung $\chi \cdot f_{cd}$
$\chi = 0{,}95$ für $f_{ck} \leq 50\,\text{N/mm}^2$
$\chi = (1{,}05 - f_{ck}/500)$ für $f_{ck} > 50\,\text{N/mm}^2$
(Sofern die Querschnittsbreite zum gedrückten Rand hin abnimmt, ist f_{cd} zusätzlich mit dem Faktor 0,9 abzumindern.)
– Ermittlung des Hebelarms der „inneren Kräfte" $z = d - a$ mit a als Schwerpunktabstand der reduzierten Druckzonenfläche vom oberen Rand
– Überprüfung der geschätzten Dehnungsverteilung; die Summe der „äußeren Momente" ΣM_a muss identisch mit der Summe der „inneren Momente" ΣM_i sein (Identitätsbedingung); bezogen auf die Zugbewehrung A_s erhält man:
$$\Sigma M_a = M_{Ed} - N_{Ed} \cdot z_{s1} \equiv \Sigma M_i = |F_{cd}| \cdot z$$
(Die Dehnungsverteilung ist so lange iterativ zu verbessern, bis die Bedingung erfüllt ist.)
– Bestimmung der Stahlzugkraft F_{sd} und der Bewehrung A_s
$$F_{sd} = |F_{cd}| + N_{Ed} \quad \text{und} \quad A_s = F_{sd} / \sigma_{sd}$$

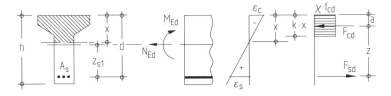

Abb. D.5.13 Näherungsberechnung mit dem rechteckigen Spannungsblock

Bemessung

Tafel D.5.7 Bemessungstafel für den Plattenbalkenquerschnitt; C12/15 bis C50/60 und B 500
(aus [Schneider – 12])

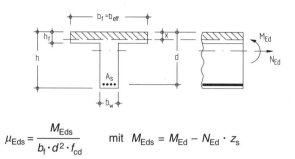

$$\mu_{Eds} = \frac{M_{Eds}}{b_f \cdot d^2 \cdot f_{cd}} \quad \text{mit} \quad M_{Eds} = M_{Ed} - N_{Ed} \cdot z_s$$

$h_f/d=0{,}05$	\multicolumn{5}{c}{ω_1-Werte für $b_f/b_w =$}
μ_{Eds}	1	2	3	5	≥ 10
0,01	0,0101	0,0101	0,0101	0,0101	0,0101
0,02	0,0203	0,0203	0,0203	0,0203	0,0203
0,03	0,0306	0,0306	0,0306	0,0306	0,0306
0,04	0,0410	0,0410	0,0410	0,0409	0,0409
0,05	0,0515	0,0514	0,0514	0,0514	0,0514
0,06	0,0621	0,0621	0,0622	0,0624	0,0629
0,07	0,0728	0,0731	0,0735	0,0742	0,0767
0,08	0,0836	0,0844	0,0852	0,0871	
0,09	0,0946	0,0961	0,0976	0,1014	
0,10	0,1057	0,1082	0,1107		
0,11	0,1170	0,1206	0,1246		
0,12	0,1285	0,1336	0,1396		
0,13	0,1401	0,1470			
0,14	0,1519	0,1611			
0,15	0,1638	0,1757			
0,16	0,1759	0,1912			
0,17	0,1882				
0,18	0,2007				
0,19	0,2134				
0,20	0,2263				
0,21	0,2395				
0,22	0,2529				
0,23	0,2665				
0,24	0,2804				
0,25	0,2946				
0,26	0,3091				
0,27	0,3240				
0,28	0,3391				
0,29	0,3546				
0,30	0,3706				
0,31	0,3870				
0,32	0,4038				
0,33	0,4212				
0,34	0,4391				
0,35	0,4577				
0,36	0,4769				
0,37	0,4969				

unterhalb dieser Linie gilt: $\xi = x/d > 0{,}45$

$h_f/d=0{,}10$	\multicolumn{5}{c}{ω_1-Werte für $b_f/b_w =$}
μ_{Eds}	1	2	3	5	≥ 10
0,01	0,0101	0,0101	0,0101	0,0101	0,0101
0,02	0,0203	0,0203	0,0203	0,0203	0,0203
0,03	0,0306	0,0306	0,0306	0,0306	0,0306
0,04	0,0410	0,0410	0,0410	0,0410	0,0410
0,05	0,0515	0,0515	0,0515	0,0515	0,0515
0,06	0,0621	0,0621	0,0621	0,0621	0,0621
0,07	0,0728	0,0728	0,0728	0,0728	0,0728
0,08	0,0836	0,0836	0,0836	0,0836	0,0836
0,09	0,0946	0,0946	0,0946	0,0946	0,0945
0,10	0,1057	0,1058	0,1058	0,1059	0,1060
0,11	0,1170	0,1173	0,1175	0,1179	0,1192
0,12	0,1285	0,1292	0,1298	0,1311	
0,13	0,1401	0,1415	0,1427	0,1459	
0,14	0,1518	0,1542	0,1565		
0,15	0,1638	0,1674	0,1712		
0,16	0,1759	0,1812			
0,17	0,1882	0,1955			
0,18	0,2007	0,2106			
0,19	0,2134	0,2266			
0,20	0,2263				
0,21	0,2395				
0,22	0,2529				
0,23	0,2665				
0,24	0,2804				
0,25	0,2946				
0,26	0,3091				
0,27	0,3240				
0,28	0,3391				
0,29	0,3546				
0,30	0,3706				
0,31	0,3870				
0,32	0,4038				
0,33	0,4212				
0,34	0,4391				
0,35	0,4577				
0,36	0,4769				
0,37	0,4969				

oberhalb der gestrichelten Linie liegt die Nulllinie in der Platte

$$A_s = \frac{1}{f_{yd}} (\omega \cdot b_f \cdot d \cdot f_{cd} + N_{Ed})$$

Tafel D.5.7 (Fortsetzung von S. D.40)

$h_f/d=0{,}15$ μ_{Eds}	ω_1-Werte für $b_f/b_w =$				
	1	2	3	5	≥ 10
0,01	0,0101	0,0101	0,0101	0,0101	0,0101
0,02	0,0203	0,0203	0,0203	0,0203	0,0203
0,03	0,0306	0,0306	0,0306	0,0306	0,0306
0,04	0,0410	0,0410	0,0410	0,0410	0,0410
0,05	0,0515	0,0515	0,0515	0,0515	0,0515
0,06	0,0621	0,0621	0,0621	0,0621	0,0621
0,07	0,0728	0,0728	0,0728	0,0728	0,0728
0,08	0,0836	0,0836	0,0836	0,0836	0,0836
0,09	0,0946	0,0946	0,0946	0,0946	0,0946
0,10	0,1057	0,1057	0,1057	0,1057	0,1057
0,11	0,1170	0,1170	0,1170	0,1170	0,1170
0,12	0,1285	0,1285	0,1285	0,1285	0,1285
0,13	0,1401	0,1400	0,1400	0,1400	0,1400
0,14	0,1518	0,1519	0,1519	0,1519	0,1518
0,15	0,1638	0,1641	0,1642	0,1644	0,1652
0,16	0,1759	0,1766	0,1771	0,1783	
0,17	0,1882	0,1897	0,1909		
0,18	0,2007	0,2032	0,2056		
0,19	0,2134	0,2174	0,2215		
0,20	0,2263	0,2323			
0,21	0,2395	0,2479			
0,22	0,2529				
0,23	0,2665	unterhalb dieser Linie gilt:			
0,24	0,2804	$\xi = x/d > 0{,}45$			
0,25	0,2946				
0,26	0,3091				
...	...	s. Tabelle für $h_f/d=0{,}05$			
0,37	0,4969				

$h_f/d=0{,}20$ μ_{Eds}	ω_1-Werte für $b_f/b_w =$				
	1	2	3	5	≥ 10
0,01	0,0101	0,0101	0,0101	0,0101	0,0101
0,02	0,0203	0,0203	0,0203	0,0203	0,0203
0,03	0,0306	0,0306	0,0306	0,0306	0,0306
0,04	0,0410	0,0410	0,0410	0,0410	0,0410
0,05	0,0515	0,0515	0,0515	0,0515	0,0515
0,06	0,0621	0,0621	0,0621	0,0621	0,0621
0,07	0,0728	0,0728	0,0728	0,0728	0,0728
0,08	0,0836	0,0836	0,0836	0,0836	0,0836
0,09	0,0946	0,0946	0,0946	0,0946	0,0946
0,10	0,1057	0,1057	0,1057	0,1057	0,1057
0,11	0,1170	0,1170	0,1170	0,1170	0,1170
0,12	0,1285	0,1285	0,1285	0,1285	0,1285
0,13	0,1401	0,1401	0,1401	0,1401	0,1401
0,14	0,1519	0,1519	0,1519	0,1519	0,1519
0,15	0,1638	0,1638	0,1638	0,1638	0,1638
0,16	0,1759	0,1759	0,1758	0,1758	0,1758
0,17	0,1882	0,1881	0,1881	0,1880	0,1880
0,18	0,2007	0,2007	0,2007	0,2006	0,2006
0,19	0,2134	0,2137	0,2139	0,2141	0,2149
0,20	0,2263	0,2272	0,2278	0,2290	
0,21	0,2395	0,2413	0,2427		
0,22	0,2529	0,2560	0,2589		
0,23	0,2665	0,2715			
0,24	0,2804	0,2879			
0,25	0,2946				
0,26	0,3091				
...	...	s. Tabelle für $h_f/d=0{,}05$			
0,37	0,4969				

$h_f/d=0{,}30$ μ_{Eds}	ω_1-Werte für $b_f/b_w =$				
	1	2	3	5	≥ 10
0,01	0,0101	0,0101	0,0101	0,0101	0,0101
0,02	0,0203	0,0203	0,0203	0,0203	0,0203
0,03	0,0306	0,0306	0,0306	0,0306	0,0306
0,04	0,0410	0,0410	0,0410	0,0410	0,0410
0,05	0,0515	0,0515	0,0515	0,0515	0,0515
0,06	0,0621	0,0621	0,0621	0,0621	0,0621
0,07	0,0728	0,0728	0,0728	0,0728	0,0728
0,08	0,0836	0,0836	0,0836	0,0836	0,0836
0,09	0,0946	0,0946	0,0946	0,0946	0,0946
0,10	0,1057	0,1057	0,1057	0,1057	0,1057
0,11	0,1170	0,1170	0,1170	0,1170	0,1170
0,12	0,1285	0,1285	0,1285	0,1285	0,1285
0,13	0,1401	0,1401	0,1401	0,1401	0,1401
0,14	0,1519	0,1519	0,1519	0,1519	0,1519
0,15	0,1638	0,1638	0,1638	0,1638	0,1638
0,16	0,1759	0,1759	0,1759	0,1759	0,1759
0,17	0,1882	0,1882	0,1882	0,1882	0,1882
0,18	0,2007	0,2007	0,2007	0,2007	0,2007
0,19	0,2134	0,2134	0,2134	0,2134	0,2134
0,20	0,2263	0,2263	0,2263	0,2263	0,2263
0,21	0,2395	0,2395	0,2395	0,2395	0,2395
0,22	0,2529	0,2528	0,2528	0,2528	0,2528
0,23	0,2665	0,2664	0,2663	0,2663	0,2662
0,24	0,2804	0,2802	0,2801	0,2800	0,2798
0,25	0,2946	0,2945	0,2944	0,2942	0,2940
0,26	0,3091	0,3095	0,3095	0,3095	
0,27	0,3239	0,3251	0,3256		
0,28	0,3391	0,3416			
0,29	0,3546				
0,30	0,3706	oberhalb der gestrichelten Linie			
0,31	0,3870	liegt die Nulllinie in der Platte			
0,32	0,4038				
0,33	0,4212				
...	...	s. Tabelle für $h_f/d=0{,}05$			
0,37	0,4969				

$h_f/d=0{,}40$ μ_{Eds}	ω_1-Werte für $b_f/b_w =$				
	1	2	3	5	≥ 10
0,01	0,0101	0,0101	0,0101	0,0101	0,0101
0,02	0,0203	0,0203	0,0203	0,0203	0,0203
0,03	0,0306	0,0306	0,0306	0,0306	0,0306
0,04	0,0410	0,0410	0,0410	0,0410	0,0410
0,05	0,0515	0,0515	0,0515	0,0515	0,0515
0,06	0,0621	0,0621	0,0621	0,0621	0,0621
0,07	0,0728	0,0728	0,0728	0,0728	0,0728
0,08	0,0836	0,0836	0,0836	0,0836	0,0836
0,09	0,0946	0,0946	0,0946	0,0946	0,0946
0,10	0,1057	0,1057	0,1057	0,1057	0,1057
0,11	0,1170	0,1170	0,1170	0,1170	0,1170
0,12	0,1285	0,1285	0,1285	0,1285	0,1285
0,13	0,1401	0,1401	0,1401	0,1401	0,1401
0,14	0,1518	0,1518	0,1518	0,1518	0,1518
0,15	0,1638	0,1638	0,1638	0,1638	0,1638
0,16	0,1759	0,1759	0,1759	0,1759	0,1759
0,17	0,1882	0,1882	0,1882	0,1882	0,1882
0,18	0,2007	0,2007	0,2007	0,2007	0,2007
0,19	0,2134	0,2134	0,2134	0,2134	0,2134
0,20	0,2263	0,2263	0,2263	0,2263	0,2263
0,21	0,2395	0,2395	0,2395	0,2395	0,2395
0,22	0,2529	0,2529	0,2529	0,2529	0,2529
0,23	0,2665	0,2665	0,2665	0,2665	0,2665
0,24	0,2805	0,2805	0,2805	0,2805	0,2805
0,25	0,2946	0,2946	0,2946	0,2946	0,2946
0,26	0,3093	0,3093	0,3093	0,3093	0,3093
0,27	0,3239	0,3239	0,3239	0,3239	0,3239
0,28	0,3391	0,3390	0,3390	0,3390	0,3389
0,29	0,3546	0,3544	0,3543	0,3542	0,3541
0,30	0,3706	0,3701	0,3699	0,3697	0,3695
0,31	0,3870	0,3867	0,3864	0,3861	0,3856
0,32	0,4038	0,4041	0,4039		
0,33	0,4212				
...	...	s. Tabelle für $h_f/d=0{,}05$			
0,37	0,4969				

5.2 Sicherstellung eines duktilen Bauteilverhaltens von überwiegend biegebeanspruchten Bauteilen

Das Versagen eines Bauteils ohne Vorankündigung bei Erstrissbildung muss vermieden werden (Duktilitätskriterium). Für Balken und Vollplatten gilt dies als erfüllt, wenn eine Mindestbewehrung nach EC2-1-1, Abschn. 9.2.1.1 NA angeordnet wird.

Die Mindestbewehrung ist für das Rissmoment M_{cr} mit dem Mittelwert der Zugfestigkeit des Betons f_{ctm} und einer Stahlspannung $\sigma_s = f_{yk}$ zu berechnen. Mit Abb. D.5.14 erhält man

$$A_{s,min} = M_{cr} / (z_{II} \cdot f_{yk}) \qquad (D.5.17)$$
mit $M_{cr} = f_{ctm} \cdot I_I / z_{I,c1}$

Es sind
z_{II} Hebelarm der inneren Kräfte im Zustand II
I_I Flächenmoment 2. Grades (Trägheitsmoment) vor Rissbildung (Zustand I)
$z_{I,c1}$ Abstand von der Schwerachse bis zum Zugrand vor Rissbildung (Zustand I)

Für Überschlagsrechnungen genügt es häufig, das Flächenmoment 2. Grades ohne Berücksichtigung der Bewehrung zu bestimmen (Betonquerschnittswert). Außerdem kann in solchen Fällen der Hebelarm z_{II} im Zustand II näherungsweise mit $0{,}9d$ abgeschätzt werden; Tafel D.5.8 zeigt die Auswertung für Rechteckquerschnitte.

Bei Beanspruchung durch Biegung mit Längskraft erhält man für das Rissmoment

$$M_{cr} = (f_{ctm} - N/A_c)/W_c$$

mit $N < 0$ als Druckkraft. Die erforderliche Mindestbewehrung ergibt sich dann zu

$$A_s = (M_{cr,s}/z + N)/f_{yk}$$

mit $M_{cr,s} = M_{cr} - N \cdot z_s$ als auf die Bewehrung bezogenes „versetztes" Moment.

Zu beachten ist, dass die Duktilitätsbewehrung (ebenso die Mindestquerkraftbewehrung) von der Betonzugfestigkeit abhängt und mit steigender Betonfestigkeit zunimmt. Eine nachträgliche Erhöhung der Betongüte ist daher durch Bewehrungsanpassung zu berücksichtigen. (Das gilt auch für die Mindestbewehrung zur Beschränkung der Rissbreite, wenn eine größere Rissbildung vermieden werden soll.)

Anordnung der Mindestbewehrung
(vgl. a. Abschn. D.3.1.2)

Als Feldbewehrung ist die erforderliche Mindestbewehrung zwischen den Auflagern durchlaufend auszubilden (eine hochgeführte Bewehrung darf nicht berücksichtigt werden). Sie ist mit der Mindestverankerungslänge an den Auflagern zu verankern. Als Stützbewehrung muss sie über den Innenauflagern als obere Mindestbewehrung in beiden anschließenden Feldern über eine Länge von mindestens einem Viertel der Stützweite eingelegt werden. Bei Kragarmen muss die Mindestbewehrung über die gesamte Kraglänge durchlaufen und entsprechend weit ins benachbarte Feld geführt werden.

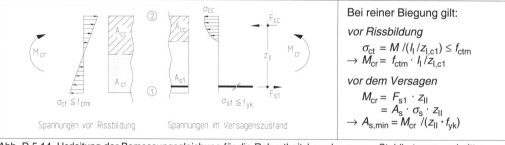

Bei reiner Biegung gilt:

vor Rissbildung
$\sigma_{ct} = M / (I_I / z_{I,c1}) \leq f_{ctm}$
$\rightarrow M_{cr} = f_{ctm} \cdot I_I / z_{I,c1}$

vor dem Versagen
$M_{cr} = F_{s1} \cdot z_{II}$
$= A_s \cdot \sigma_s \cdot z_{II}$
$\rightarrow A_{s,min} = M_{cr} / (z_{II} \cdot f_{yk})$

Abb. D.5.14 Herleitung der Bemessungsgleichung für die Robustheitsbewehrung von Stahlbetonquerschnitten

Tafel D.5.8 Mindestbiegezugbewehrung[1] von Rechteckquerschnitten für Normalbeton (Werte 10^4-fach)

f_{ck} in N/mm²		12	16	20	25	30	35	40	45	50
$\dfrac{A_{s,min}}{b \cdot h}$	$d/h = 0{,}95$	6,13	7,43	8,62	10,00	11,29	12,51	13,68	14,80	15,87
	$d/h = 0{,}90$	6,47	7,84	9,10	10,56	11,92	13,21	14,44	15,62	16,76
	$d/h = 0{,}85$	6,85	8,30	9,63	11,18	12,62	13,99	15,29	16,54	17,74
	$d/h = 0{,}80$	7,28	8,82	10,23	11,87	13,41	14,86	16,24	17,57	18,85
	$d/h = 0{,}75$	7,77	9,41	10,92	12,67	14,30	15,85	17,33	18,74	20,11

[1] Für die angegebenen Werte wurde angenommen, dass der Hebelarm z der inneren Kräfte genügend genau konstant mit $z \approx 0{,}9\,d$ abgeschätzt werden kann (häufig sichere Seite; tatsächlich ist z vom jeweiligen Bewehrungsgrad, von der Größe und Lage einer – ggf. vorhandenen – Druckbewehrung usw. abhängig).

5.3 Grenzzustände der Gebrauchstauglichkeit

5.3.1 Grundsätzliches

In den Grenzzuständen der Gebrauchstauglichkeit sind nachzuweisen bzw. auszuschließen (s. EC2-1-1, Abschn. 7):

- Übermäßige Mikrorissbildung im Beton sowie nichtelastische Verformungen von Beton- und Spannstahl
- Risse im Beton, die das Aussehen, die Dauerhaftigkeit oder die ordnungsgemäße Nutzung nachteilig beeinflussen
- Verformungen und Durchbiegungen, die das Erscheinungsbild oder die planmäßige Nutzung eines Bauteils selbst oder angrenzender Bauteile (leichte Trennwände, Verglasung, Außenwandverkleidung, haustechnische Anlagen, Entwässerung) beeinträchtigen können.

Der Nachweis, dass ein Tragwerk oder Tragwerksteil diese Anforderungen erfüllt, erfolgt durch

- Begrenzung von Spannungen (Abschn. D.5.3.2)
- Rissbreitenbegrenzung (Abschn. D.5.3.3)
- Verformungsbegrenzung (Abschn. D.5.3.4).

Diese Nachweise werden – von Ausnahmen abgesehen – rechnerisch nur für eine Beanspruchung aus Biegung und/oder Längskraft geführt, während für die Beanspruchungsarten Querkraft, Torsion, Durchstanzen die Anforderungen durch konstruktive Regelungen erfüllt werden (beispielsweise über eine zweckmäßige Ausbildung und Abstände der Bügelbewehrung). Der Nachweis erfolgt jeweils für Gebrauchslasten, und zwar je nach Nachweisbedingung für die seltene, häufige oder quasi-ständige Lastkombination (s. Abschn. D.3.2).

Häufig werden nur die Stahlspannungen der Biegezugbewehrung benötigt (insbesondere beispielsweise beim Nachweis zur Begrenzung der Rissbreite). In den Fällen, die keine allzu große Genauigkeit fordern, können die Stahlspannungen im gerissenen Zustand genügend genau mit dem Hebelarm z der inneren Kräfte aus dem Tragfähigkeitsnachweis ermittelt werden (diese Abschätzung liegt allerdings im Allgemeinen auf der unsicheren Seite). Es gilt:

$$\sigma_{s1} \approx \left(\frac{M_s}{z} + N\right) \cdot \frac{1}{A_{s1}} \qquad (D.5.18)$$

wobei M_s und N die auf die Biegezugbewehrung A_{s1} bezogenen Schnittgrößen in der maßgebenden Belastungskombination sind.

Für eine genauere Berechnung der Längsspannungen im Zustand II wird von dem in Abb. D.5.15 dargestellten Dehnungs- bzw. Spannungsverlauf

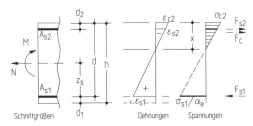

Abb. D.5.15 Spannungs- und Dehnungsverlauf im Gebrauchszustand

ausgegangen. Da bei Beton im Gebrauchszustand i. Allg. Stauchungen von max. 0,3 bis 0,5 ‰ hervorgerufen werden, ist es genügend genau und gerechtfertigt, einen linearen Verlauf der Betonspannungen anzunehmen. Hierfür kann man in vielen praxisrelevanten Fällen direkte Lösungen für die Druckzonenhöhe, die Randspannung, den Hebelarm der inneren Kräfte etc. angeben, die bei den rechnerischen Nachweisen im Einzelnen benötigt werden. Mit den in Abb. D.5.15 dargestellten Bezeichnungen erhält man für den Rechteckquerschnitt

$$N = -|F_c| - |F_{s2}| + F_{s1} \qquad (D.5.19a)$$
$$M_s = |F_c| \cdot (d - x/3) + |F_{s2}| \cdot (d - d_2) \qquad (D.5.19b)$$

mit $M_s = M - N \cdot z_s$

Die „inneren" Kräfte lassen sich mit den Beton- und Stahlspannungen σ_c und σ_s bestimmen. Die Stahlspannungen σ_{s1} und σ_{s2} können jedoch auch über die Betondruckspannung σ_c ausgedrückt werden. Wegen der Linearität der Dehnungsverteilung und mit dem Hooke'schen Gesetz folgt

$$\varepsilon_{s1} = |\varepsilon_{c2}| \cdot (d/x - 1)$$
$$\to \sigma_{s1} = |\sigma_{c2}| \cdot (d/x - 1) \cdot (E_s/E_c) \qquad (D.5.20)$$

Ebenso wird die Stahlspannung σ_{s2} in Abhängigkeit von der Betonrandspannung σ_{c2} ermittelt. Mit $\alpha_e = E_s/E_c$ als Verhältnis der E-Moduln von Stahl und Beton ergeben sich somit die „inneren" Kräfte aus

$$F_c = 0{,}5 \cdot x \cdot b \cdot \sigma_{c2} \qquad (D.5.21a)$$
$$F_{s2} = A_{s2} \cdot \sigma_{s2}$$
$$\phantom{F_{s2}} = A_{s2} \cdot [(\alpha_e - 1) \cdot \sigma_{c2} \cdot (1 - d_2/x)] \qquad (D.5.21b)$$
$$F_{s1} = A_{s1} \cdot \sigma_{s1}$$
$$\phantom{F_{s1}} = A_{s1} \cdot [\alpha_e \cdot |\sigma_{c2}| \cdot (d/x - 1)] \qquad (D.5.21c)$$

Für den – insbesondere bei Platten häufigen – Sonderfall der „reinen" Biegung und des Querschnitts ohne Druckbewehrung vereinfachen sich die Gleichungen entsprechend, und man erhält aus $\Sigma H = 0$ nach Gl. (D.5.19a)

$$0 = -0{,}5 \cdot x \cdot b \cdot |\sigma_{c2}| + A_{s1} \cdot [\alpha_e \cdot |\sigma_{c2}| \cdot (d/x - 1)]$$
$$\to 0{,}5 \cdot x^2 \cdot b - A_{s1} \cdot [\alpha_e \cdot (d - x)] = 0$$

Bemessung

Tafel D.5.9 Zusammenstellung geometrischer Größen für die Ermittlung der Stahl- und Betonspannung σ_{s1} und σ_{c2} unter reiner Biegung im Gebrauchszustand

a) Rechteckquerschnitt im Zustand I

	ohne Druckbewehrung	*mit* Druckbewehrung
1a	$\xi^I = \dfrac{0{,}5 + \alpha_e \cdot \rho^I \cdot d/h}{1 + \alpha_e \cdot \rho^I}$	$\xi^I = \dfrac{0{,}5 + \alpha_e \cdot \rho^I \cdot d/h \cdot \left(1 + \dfrac{A_{s2} \cdot d_2}{A_{s1} \cdot d}\right)}{1 + \alpha_e \cdot \rho^I \cdot (1 + A_{s2}/A_{s1})}$
1b	$\kappa^I = 1 + 12 \cdot (0{,}5 - \xi^I)^2 + 12 \cdot \alpha_e \cdot \rho^I \cdot \left(d/h - \xi^I\right)^2$	$\kappa^I = 1 + 12 \cdot (0{,}5 - \xi^I)^2 + 12 \cdot \alpha_e \cdot \rho^I \cdot \left(d/h - \xi^I\right)^2$ $+ 12 \cdot \alpha_e \cdot \rho^I \cdot \dfrac{A_{s2}}{A_{s1}} \cdot \left(\xi^I - d_2/h\right)^2$
2	$x^I = \xi^I \cdot h$	$x^I = \xi^I \cdot h$
3a	$\left|\sigma_{c2}^I\right| = \dfrac{M}{I^I} \cdot x^I$	$\left|\sigma_{c2}^I\right| = \dfrac{M}{I^I} \cdot x^I$
3b	$\sigma_{s1}^I = \dfrac{M}{I^I} \cdot (d - x^I) = \left|\sigma_{c2}^I\right| \cdot \dfrac{\alpha_e \cdot (d - x^I)}{x^I}$	$\sigma_{s1}^I = \dfrac{M}{I^I} \cdot (d - x^I) = \left|\sigma_{c2}^I\right| \cdot \dfrac{\alpha_e \cdot (d - x^I)}{x^I}$
4a	$I^I = \kappa^I \cdot b \cdot h^3/12$	$I^I = \kappa^I \cdot b \cdot h^3/12$
4b	$S^I = A_{s1} \cdot (d - x^I)$	$S^I = A_{s1} \cdot (d - x^I) - A_{s2} \cdot (x^I - d_2)$

ξ^I auf die Bauhöhe h bezogene Druckzonenhöhe x^I; $\xi^I = x^I / h$
κ^I Hilfswert zur Ermittlung des Flächenmoments 2. Grades
ρ^I auf die Bauhöhe h bezogener Bewehrungsgrad; $\rho^I = A_{s1}/(b \cdot h)$
σ_{c2}^I größte Betonrandspannung des Gebrauchszustands
σ_{s1}^I Stahlzugspannung des Gebrauchszustands
I^I Flächenmoment 2. Grades (Trägheitsmoment) im Zustand I
S^I Flächenmoment 1. Grades (statisches Moment) der Bewehrung (Zustand I)

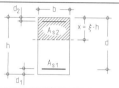

b) Rechteckquerschnitt im Zustand II

	ohne Druckbewehrung	*mit* Druckbewehrung
5a	$\xi = -\alpha_e \cdot \rho + \sqrt{(\alpha_e \cdot \rho)^2 + 2 \cdot \alpha_e \cdot \rho}$	$\xi = -\alpha_e \cdot \rho \cdot \left(1 + \dfrac{A_{s2}}{A_{s1}}\right) + \sqrt{\left[\alpha_e \cdot \rho \cdot \left(1 + \dfrac{A_{s2}}{A_{s1}}\right)\right]^2 + 2 \cdot \alpha_e \cdot \rho \cdot \left(1 + \dfrac{A_{s2} \cdot d_2}{A_{s1} \cdot d}\right)}$
5b	$\kappa = 4 \cdot \xi^3 + 12 \cdot \alpha_e \cdot \rho \cdot (1 - \xi)^2$	$\kappa = 4 \cdot \xi^3 + 12 \cdot \alpha_e \cdot \rho \cdot (1 - \xi)^2 + 12 \cdot \alpha_e \cdot \rho \cdot \dfrac{A_{s2}}{A_{s1}} \cdot \left(\xi - \dfrac{d_2}{d}\right)^2$
6a	$x = \xi \cdot d$	
6b		
7a	$\left|\sigma_{c2}\right| = \dfrac{2M}{b \cdot x \cdot z}$	$\left|\sigma_{c2}\right| = \dfrac{M}{I} \cdot x$
7b	$\sigma_{s1} = \dfrac{M}{z \cdot A_{s1}} = \left|\sigma_{c2}\right| \cdot \dfrac{\alpha_e \cdot (d - x)}{x}$	$\sigma_{s1} = \left|\sigma_{c2}\right| \cdot \dfrac{\alpha_e \cdot (d - x)}{x}$
8b	$I = \kappa \cdot b \cdot d^3/12$	$I = \kappa \cdot b \cdot d^3/12$
8b	$S = A_{s1} \cdot (d - x)$	$S = A_{s1} \cdot (d - x) - A_{s2} \cdot (x - d_2)$

ξ auf die Nutzhöhe d bezogene Druckzonenhöhe x; $\xi = x / d$
κ Hilfswert zur Ermittlung des Flächenmoments 2. Grades
ρ auf die Nutzhöhe d bezogener Bewehrungsgrad; $\rho = A_{s1}/(b \cdot d)$
σ_{c2} größte Betonrandspannung des Gebrauchszustands
σ_{s1} Stahlzugspannung des Gebrauchszustands
I Flächenmoment 2. Grades (Trägheitsmoment) im Zustand II
S Flächenmoment 1. Grades (statisches Moment) der Bewehrung (Zustand II)

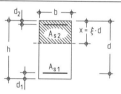

und aufgelöst nach der Druckzonenhöhe x

$$x = \frac{\alpha_e \cdot A_{s1}}{b} \cdot \left(-1 + \sqrt{1 + \frac{2bd}{\alpha_e \cdot A_{s1}}}\right) \quad \text{(D.5.22)}$$

Mit der bekannten Druckzonenhöhe lassen sich dann die weiteren gesuchten Größen – Betonrandspannung, Stahlspannung etc. – bestimmen. In gleicher Weise ist bei Rechteckquerschnitten mit Druckbewehrung zu verfahren. Man erhält dann für reine Biegung die in Tafel D.5.9b zusammengestellten Gleichungen, wobei die Druckzonenhöhe x nach Gl. (D.5.22) jedoch als bezogene Größe ξ dargestellt ist.

Neben der Darstellung der Querschittswerte im Zustand II sind in Tafel 5.9a auch die entsprechenden Werte des Zustandes I (ungerissener Querschnitt) angegeben – zur Verdeutlichung jeweils mit dem Index „I" gekennzeichnet (bei den Zustand-II-Werten wurde auf eine Indizierung verzichtet). Eine Bewehrung ist dabei berücksichtigt, d. h., die aufgeführten Größen entsprechen ideellen Werten. Allerdings wird die Betonfläche an den Stellen, wo die Bewehrung liegt, nicht abgezogen, so dass auf der Betonseite jeweils die „Brutto"-Werte berücksichtigt sind. Eine genauere Erfassung ist jedoch durch Modifikation der Gleichungen in Tafel D.5.9 möglich. Es ist dann für den Zustand I in Tafel D.5.9a, Zeilen (1a) und (1b) der Wert α_e zu ersetzen durch

$$\alpha_e^* = \alpha_e - 1$$

Für den Zustand II wird in Tafel D.5.9b, Zeilen (5a) und (5b) der Wert A_{s2} ersetzt durch

$$A_{s2}^* = A_{s2} \cdot (\alpha_e - 1)/\alpha_e$$

Die weiteren Gleichungen bleiben unverändert.

Für den Rechteckquerschnitt ohne Druckbewehrung können mit Hilfe der Darstellung in Abb. D.5.16 die Druckzonenhöhen im Zustand I und II als bezogene Größen (ξ^I und ξ) direkt abgelesen werden. Zu beachten ist, dass in der Darstellung die Größen des Zustandes I auf die Bauhöhe h und die des Zustandes II auf die Nutzhöhe d zu beziehen sind.

In den Tafeln D.5.10 und D.5.11 sind Hilfsmittel zur einfachen Ermittlung der Hilfswerte ξ und κ des Zustandes II und weiterer Hilfswerte aufgeführt, die unmittelbar zur Spannungsermittlung verwendet werden können. Eingangswert ist jeweils der im Verhältnis der E-Moduln vervielfachte Bewehrungsgrad $\alpha_e \cdot \rho$. Mit den Hilfswerten ξ und κ können dann die gesuchten Größen x und I einfach bestimmt werden. Die Beton- und Betonstahlspannungen können mit den zusätzlich angegebenen bezogenen Werten μ_c und μ_s berechnet werden. Soweit erforderlich, ist als Tafeleingangswert statt A_{s2} der modifizierte Wert A_{s2}^* zu verwenden (s. o.).

Spannungsnachweis bei Biegung mit Längskraft

Ein geschlossener Ansatz führt zu einer kubischen Gleichung. Zur Vereinfachung kann eine Iteration durchgeführt werden.

In obigen Gleichungen wird A_{s1} ersetzt durch den vom Biegemoment M_s allein verursachten Bewehrungsanteil A_{sM} (s. u.). M wird durch das auf die Zugbewehrung bezogene Moment M_s ersetzt.

$$A_{sM} = A_{s1} - (N/\sigma_{s1}) \quad \text{(D.5.23)}$$

Die noch unbekannte Stahlspannung σ_{s1} muss zunächst geschätzt werden und wird so lange iterativ verbessert, bis eine ausreichende Übereinstimmung erreicht ist.

Eine direkte Lösung ist jedoch mit Hilfe von Diagrammen oder mit EDV (z. B. [Schmitz/Goris – 12]) möglich. In Tafel D.5.12 sind für den Rechteckquerschnitt und für ausgewählte Plattenbalkenquerschnitte einige Diagramme wiedergegeben (aus [Schneider – 12]).

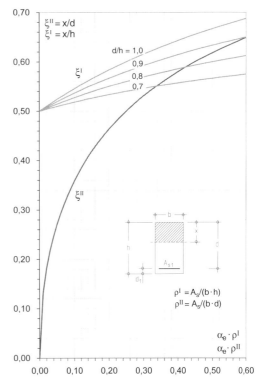

Abb. D.5.16 Bezogene Druckzonenhöhe ξ^I (Zustand I) und ξ^{II} (Zustand II) von Rechtecken

Bemessung

Tafel D.5.10 Hilfswerte ξ der Druckzonenhöhe x und κ des Flächenmoments 2. Grades I für biegebeanspruchte Rechteckquerschnitte ohne Druckbewehrung im Zustand II

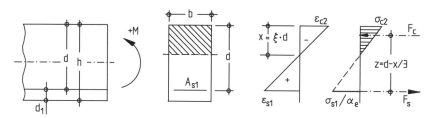

Tafeleingangswert: $\quad \alpha_e \rho = \alpha_e \cdot \dfrac{A_{s1}}{b \cdot d} \quad$ mit $\alpha_e = \dfrac{E_s}{E_{c,\text{eff}}}$

$\alpha_e \cdot \rho$	ξ	κ	μ_c	μ_s	$\alpha_e \cdot \rho$	ξ	κ	μ_c	μ_s
0,01	0,132	0,100	0,063	0,010	0,31	0,536	1,417	0,220	0,255
0,02	0,181	0,185	0,085	0,019	0,32	0,542	1,442	0,222	0,262
0,03	0,217	0,262	0,101	0,028	0,33	0,547	1,467	0,224	0,270
0,04	0,246	0,332	0,113	0,037	0,34	0,552	1,492	0,225	0,277
0,05	0,270	0,398	0,123	0,045	0,35	0,557	1,515	0,227	0,285
0,06	0,292	0,460	0,132	0,054	0,36	0,562	1,539	0,228	0,293
0,07	0,311	0,519	0,139	0,063	0,37	0,566	1,562	0,230	0,300
0,08	0,328	0,575	0,146	0,071	0,38	0,571	1,584	0,231	0,308
0,09	0,344	0,628	0,152	0,080	0,39	0,575	1,606	0,233	0,315
0,10	0,358	0,678	0,158	0,088	0,40	0,580	1,627	0,234	0,323
0,11	0,372	0,727	0,163	0,096	0,41	0,584	1,648	0,235	0,330
0,12	0,384	0,773	0,168	0,105	0,42	0,588	1,669	0,236	0,338
0,13	0,396	0,818	0,172	0,113	0,43	0,592	1,689	0,238	0,345
0,14	0,407	0,860	0,176	0,121	0,44	0,596	1,709	0,239	0,353
0,15	0,418	0,902	0,180	0,129	0,45	0,600	1,728	0,240	0,360
0,16	0,428	0,942	0,183	0,137	0,46	0,604	1,747	0,241	0,367
0,17	0,437	0,980	0,187	0,145	0,47	0,607	1,766	0,242	0,375
0,18	0,446	1,018	0,190	0,153	0,48	0,611	1,784	0,243	0,382
0,19	0,455	1,054	0,193	0,161	0,49	0,615	1,802	0,244	0,390
0,20	0,463	1,089	0,196	0,169	0,50	0,618	1,820	0,245	0,397
0,21	0,471	1,123	0,199	0,177	0,51	0,621	1,837	0,246	0,404
0,22	0,479	1,156	0,201	0,185	0,52	0,625	1,854	0,247	0,412
0,23	0,486	1,188	0,204	0,193	0,53	0,628	1,871	0,248	0,419
0,24	0,493	1,220	0,206	0,201	0,54	0,631	1,887	0,249	0,426
0,25	0,500	1,250	0,208	0,208	0,55	0,634	1,903	0,250	0,434
0,26	0,507	1,280	0,211	0,216	0,56	0,637	1,919	0,251	0,441
0,27	0,513	1,308	0,213	0,224	0,57	0,640	1,935	0,252	0,448
0,28	0,519	1,337	0,215	0,232	0,58	0,643	1,950	0,253	0,456
0,29	0,525	1,364	0,217	0,239	0,59	0,646	1,966	0,253	0,463
0,30	0,531	1,391	0,218	0,247	0,60	0,649	1,980	0,254	0,470

$$x = \xi \cdot d \qquad\qquad I = \kappa \cdot b \cdot d^3 / 12$$

$$\sigma_{c2} = \dfrac{M}{b \cdot d^2 \cdot \mu_c} \qquad \sigma_{s1} = \dfrac{\alpha_e \cdot M}{b \cdot d^2 \cdot \mu_s}$$

EC2-1-1 – Biegebemessung, Gebrauchstauglichkeit

Tafel D.5.11a Hilfswerte zur Ermittlung der Druckzonenhöhe x und des Flächenmoments 2. Grades I sowie der Beton- und Betonstahlspannungen im Zustand II unter reiner Biegung
Rechteckquerschnitt mit Druckbewehrung – $A_{s2}/A_{s1} = 0{,}50$

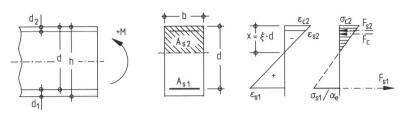

Tafeleingangswert: $\quad \alpha_e \, \rho = \alpha_e \cdot \dfrac{A_{s1}}{b \cdot d} \quad$ mit $\alpha_e = \dfrac{E_s}{E_{c,\text{eff}}}$

$\alpha_e \cdot \rho$	$A_{s2}/A_{s1} = 0{,}50$															
	$d_2/d = 0{,}05$				$d_2/d = 0{,}10$				$d_2/d = 0{,}15$				$d_2/d = 0{,}20$			
	ξ	κ	μ_c	μ_s	ξ	κ	μ_c	μ_s	ξ	κ	μ_c	μ_s	ξ	κ	μ_c	μ_s
0,02	0,175	0,187	0,089	0,019	0,177	0,185	0,087	0,019	0,180	0,185	0,086	0,019	*)			
0,04	0,233	0,341	0,122	0,037	0,236	0,337	0,119	0,037	0,239	0,334	0,116	0,037	0,243	0,333	0,114	0,037
0,06	0,272	0,480	0,147	0,055	0,276	0,473	0,143	0,054	0,280	0,467	0,139	0,054	0,284	0,463	0,136	0,054
0,08	0,302	0,608	0,168	0,073	0,307	0,597	0,162	0,072	0,312	0,588	0,157	0,071	0,316	0,582	0,153	0,071
0,10	0,327	0,729	0,186	0,090	0,332	0,714	0,179	0,089	0,337	0,702	0,173	0,088	0,342	0,692	0,168	0,088
0,12	0,348	0,845	0,202	0,108	0,353	0,825	0,195	0,106	0,359	0,808	0,188	0,105	0,364	0,795	0,182	0,104
0,14	0,365	0,955	0,218	0,125	0,371	0,931	0,209	0,123	0,377	0,910	0,201	0,122	0,383	0,892	0,194	0,121
0,16	0,381	1,062	0,232	0,143	0,387	1,032	0,222	0,140	0,394	1,007	0,213	0,138	0,400	0,986	0,205	0,137
0,18	0,395	1,166	0,246	0,160	0,401	1,131	0,235	0,157	0,408	1,101	0,225	0,155	0,415	1,075	0,216	0,153
0,20	0,407	1,267	0,259	0,178	0,414	1,226	0,247	0,174	0,421	1,191	0,236	0,171	0,428	1,161	0,226	0,169
0,22	0,418	1,365	0,272	0,196	0,426	1,319	0,258	0,191	0,433	1,279	0,246	0,188	0,440	1,245	0,236	0,185
0,24	0,428	1,462	0,284	0,213	0,436	1,410	0,270	0,208	0,443	1,365	0,256	0,204	0,451	1,326	0,245	0,201
0,26	0,438	1,556	0,296	0,231	0,446	1,499	0,280	0,225	0,453	1,449	0,266	0,221	0,461	1,405	0,254	0,217
0,28	0,446	1,650	0,308	0,248	0,454	1,587	0,291	0,242	0,462	1,531	0,276	0,237	0,470	1,482	0,263	0,233
0,30	0,454	1,741	0,320	0,266	0,462	1,672	0,301	0,259	0,471	1,611	0,285	0,254	0,479	1,557	0,271	0,249
0,32	0,461	1,832	0,331	0,283	0,470	1,757	0,312	0,276	0,478	1,690	0,294	0,270	0,487	1,631	0,279	0,265
0,34	0,468	1,921	0,342	0,301	0,477	1,840	0,321	0,293	0,486	1,767	0,303	0,286	0,494	1,703	0,287	0,281
0,36	0,475	2,010	0,353	0,319	0,484	1,922	0,331	0,310	0,492	1,844	0,312	0,303	0,501	1,774	0,295	0,296
0,38	0,481	2,097	0,364	0,336	0,490	2,003	0,341	0,327	0,499	1,919	0,321	0,319	0,507	1,844	0,303	0,312
0,40	0,486	2,184	0,374	0,354	0,495	2,084	0,350	0,344	0,505	1,994	0,329	0,335	0,514	1,914	0,311	0,328
0,42	0,492	2,269	0,385	0,372	0,501	2,163	0,360	0,361	0,510	2,067	0,338	0,352	0,519	1,982	0,318	0,344
0,44	0,497	2,354	0,395	0,390	0,506	2,242	0,369	0,378	0,515	2,140	0,346	0,368	0,525	2,049	0,325	0,359
0,46	0,501	2,439	0,405	0,408	0,511	2,320	0,378	0,395	0,520	2,212	0,354	0,384	0,530	2,115	0,333	0,375
0,48	0,506	2,523	0,416	0,425	0,515	2,397	0,388	0,412	0,525	2,283	0,362	0,401	0,535	2,181	0,340	0,391
0,50	0,510	2,606	0,426	0,443	0,520	2,474	0,397	0,429	0,530	2,354	0,370	0,417	0,539	2,246	0,347	0,406
0,52	0,514	2,689	0,436	0,461	0,524	2,550	0,406	0,446	0,534	2,424	0,378	0,433	0,544	2,311	0,354	0,422
0,54	0,518	2,771	0,446	0,479	0,528	2,626	0,414	0,464	0,538	2,494	0,386	0,450	0,548	2,375	0,361	0,438
0,56	0,521	2,853	0,456	0,497	0,532	2,701	0,423	0,481	0,542	2,563	0,394	0,466	0,552	2,438	0,368	0,453
0,58	0,525	2,934	0,466	0,515	0,535	2,776	0,432	0,498	0,546	2,631	0,402	0,483	0,556	2,501	0,375	0,469
0,60	0,528	3,015	0,476	0,533	0,539	2,850	0,441	0,515	0,549	2,699	0,410	0,499	0,559	2,563	0,382	0,485

*) $\xi \leq d_2/d$, d. h., es ist keine Bewehrung in der Druckzone vorhanden.

$$x = \xi \cdot d \qquad I = \kappa \cdot b \cdot d^3 / 12$$

$$\sigma_{c2} = \dfrac{M}{b \cdot d^2 \cdot \mu_c} \qquad \sigma_{s1} = \dfrac{\alpha_e \cdot M}{b \cdot d^2 \cdot \mu_s}$$

D.47

Bemessung

Tafel D.5.11b Hilfswerte zur Ermittlung der Druckzonenhöhe x und des Flächenmoments 2. Grades I sowie der Beton- und Betonstahlspannungen im Zustand II unter reiner Biegung
Rechteckquerschnitt mit Druckbewehrung – $A_{s2}/A_{s1} = 1{,}00$

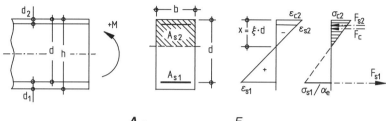

Tafeleingangswert: $\qquad \alpha_e\,\rho = \alpha_e \cdot \dfrac{A_{s1}}{b \cdot d} \qquad$ mit $\alpha_e = \dfrac{E_s}{E_{c,\text{eff}}}$

$\alpha_e \cdot \rho$	$A_{s2}/A_{s1} = 1{,}00$															
	$d_2/d = 0{,}05$				$d_2/d = 0{,}10$				$d_2/d = 0{,}15$				$d_2/d = 0{,}20$			
	ξ	κ	μ_c	μ_s	ξ	κ	μ_c	μ_s	ξ	κ	μ_c	μ_s	ξ	κ	μ_c	μ_s
0,02	0,169	0,188	0,093	0,019	0,174	0,186	0,089	0,019	0,178	0,185	0,086	0,019	*)			
0,04	0,221	0,348	0,132	0,037	0,227	0,341	0,125	0,037	0,234	0,336	0,120	0,037	0,240	0,333	0,116	0,037
0,06	0,255	0,496	0,162	0,055	0,263	0,483	0,153	0,055	0,270	0,473	0,146	0,054	0,278	0,466	0,140	0,054
0,08	0,280	0,636	0,189	0,074	0,289	0,616	0,178	0,072	0,298	0,600	0,168	0,071	0,306	0,588	0,160	0,071
0,10	0,300	0,771	0,214	0,092	0,310	0,743	0,200	0,090	0,320	0,721	0,188	0,088	0,329	0,703	0,178	0,087
0,12	0,316	0,902	0,238	0,110	0,327	0,866	0,221	0,107	0,338	0,836	0,206	0,105	0,348	0,812	0,195	0,104
0,14	0,330	1,030	0,260	0,128	0,342	0,986	0,240	0,125	0,353	0,948	0,224	0,122	0,364	0,918	0,210	0,120
0,16	0,342	1,155	0,281	0,146	0,354	1,103	0,259	0,142	0,366	1,057	0,241	0,139	0,377	1,020	0,225	0,136
0,18	0,352	1,278	0,302	0,165	0,365	1,217	0,278	0,160	0,377	1,164	0,257	0,156	0,389	1,119	0,239	0,153
0,20	0,362	1,400	0,323	0,183	0,375	1,330	0,296	0,177	0,387	1,268	0,273	0,173	0,400	1,216	0,253	0,169
0,22	0,370	1,521	0,343	0,201	0,383	1,441	0,313	0,195	0,396	1,371	0,288	0,189	0,409	1,311	0,267	0,185
0,24	0,377	1,640	0,363	0,219	0,391	1,551	0,331	0,212	0,405	1,473	0,303	0,206	0,418	1,405	0,280	0,201
0,26	0,384	1,758	0,382	0,238	0,398	1,660	0,348	0,230	0,412	1,573	0,318	0,223	0,426	1,497	0,293	0,217
0,28	0,390	1,876	0,401	0,256	0,404	1,768	0,365	0,247	0,419	1,672	0,333	0,240	0,433	1,587	0,306	0,233
0,30	0,395	1,993	0,420	0,274	0,410	1,875	0,381	0,265	0,425	1,770	0,347	0,256	0,439	1,677	0,318	0,249
0,32	0,400	2,109	0,439	0,293	0,415	1,981	0,398	0,282	0,430	1,867	0,361	0,273	0,445	1,766	0,331	0,265
0,34	0,405	2,224	0,458	0,311	0,420	2,087	0,414	0,300	0,436	1,963	0,376	0,290	0,451	1,854	0,343	0,281
0,36	0,409	2,339	0,477	0,330	0,425	2,192	0,430	0,317	0,440	2,059	0,390	0,307	0,456	1,941	0,355	0,297
0,38	0,413	2,454	0,495	0,348	0,429	2,296	0,446	0,335	0,445	2,154	0,404	0,323	0,460	2,027	0,367	0,313
0,40	0,417	2,568	0,514	0,367	0,433	2,400	0,462	0,353	0,449	2,248	0,417	0,340	0,465	2,113	0,379	0,329
0,42	0,420	2,682	0,532	0,385	0,437	2,504	0,478	0,370	0,453	2,343	0,431	0,357	0,469	2,198	0,391	0,345
0,44	0,423	2,795	0,550	0,404	0,440	2,607	0,494	0,388	0,457	2,436	0,445	0,374	0,473	2,283	0,402	0,361
0,46	0,426	2,908	0,569	0,422	0,443	2,710	0,509	0,406	0,460	2,529	0,458	0,390	0,477	2,368	0,414	0,377
0,48	0,429	3,021	0,587	0,441	0,446	2,812	0,525	0,423	0,463	2,622	0,472	0,407	0,480	2,451	0,426	0,393
0,50	0,432	3,134	0,605	0,460	0,449	2,914	0,541	0,441	0,466	2,715	0,485	0,424	0,483	2,535	0,437	0,409
0,52	0,434	3,246	0,623	0,478	0,452	3,016	0,556	0,459	0,469	2,807	0,499	0,441	0,486	2,618	0,449	0,425
0,54	0,437	3,358	0,641	0,497	0,454	3,118	0,572	0,476	0,472	2,899	0,512	0,457	0,489	2,701	0,460	0,441
0,56	0,439	3,470	0,659	0,515	0,457	3,220	0,587	0,494	0,474	2,991	0,525	0,474	0,492	2,784	0,472	0,457
0,58	0,441	3,582	0,677	0,534	0,459	3,321	0,603	0,512	0,477	3,082	0,539	0,491	0,495	2,866	0,483	0,473
0,60	0,443	3,694	0,695	0,553	0,461	3,422	0,618	0,529	0,479	3,173	0,552	0,508	0,497	2,948	0,494	0,488

*) $\xi \leq d_2/d$, d. h., es ist keine Bewehrung in der Druckzone vorhanden.

$$x = \xi \cdot d \qquad\qquad I = \kappa \cdot b \cdot d^3 / 12$$

$$\sigma_{c2} = \frac{M}{b \cdot d^2 \cdot \mu_c} \qquad\qquad \sigma_{s1} = \frac{\alpha_e \cdot M}{b \cdot d^2 \cdot \mu_s}$$

Tafel D.5.12 Hilfswerte zur Ermittlung der Druckzonenhöhe x und des Hebelarms z im Gebrauchszustand im Zustand II unter Biegung mit Längskraft (ohne Druckbewehrung)

a) Rechteck

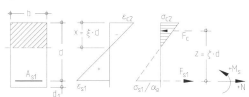

M_S auf die Bewehrung bezogenes Biegemoment in der maßgebenden Kombination – selten, häufige, quasi-ständige – des Gebrauchszustandes
N zugehörige Längskraft
ρ = $A_{s1}/(b \cdot d)$; Längsbewehrungsgrad

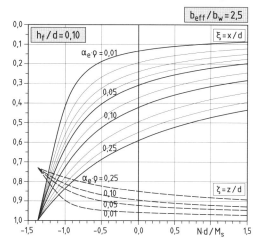

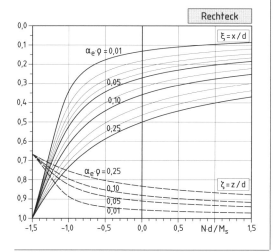

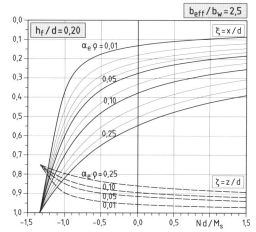

b) Plattenbalken

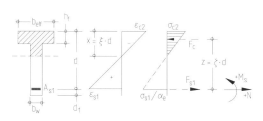

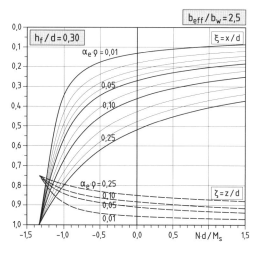

M_S auf die Bewehrung bezogenes Biegemoment in der maßgebenden Kombination – selten, häufige, quasi-ständige – des Gebrauchszustandes
N zugehörige Längskraft
ρ = $A_{s1}/(b_{eff} \cdot d)$; Längsbewehrungsgrad

Bemessung

Tafel D.5.12 (Fortsetzung)

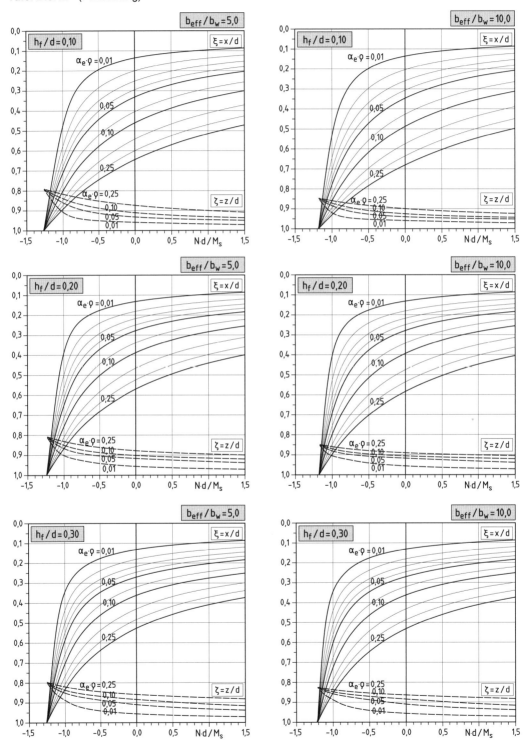

5.3.2 Begrenzung der Spannungen

Durch große Betondruckspannungen und Stahlspannungen im Gebrauchszustand können die Gebrauchstauglichkeit und Dauerhaftigkeit nachteilig beeinflusst werden. Nach EC2-1-1, 7.1 wird daher unter bestimmten Voraussetzungen der Nachweis von Spannungen verlangt:

- im **Beton**
  für die charak. (seltene) Einwirkungskombination in den Expositionsklassen XD, XF und XS:
  $$\sigma_{c,rare} \leq 0{,}60\, f_{ck} \qquad (D.5.24a)$$
  für die quasi-ständige Kombination, falls Kriechen einen wesentlichen Einfluss hat:
  $$\sigma_{c,perm} \leq 0{,}45\, f_{ck} \qquad (D.5.24b)$$
- im **Betonstahl**
  für die seltene Kombination bei Lasteinwirkung
  $$\sigma_{s,rare} \leq 0{,}80\, f_{yk} \qquad (D.5.25a)$$
  für reine Zwangeinwirkungen (indirekte Einw.)
  $$\sigma_{s,indir} \leq 1{,}00\, f_{yk} \qquad (D.5.25b)$$
- im **Spannstahl**
  für die quasi-ständige Einwirkungskombination nach Abzug der Spannkraftverluste und mit dem Mittelwert der Vorspannung
  $$\sigma_{p,perm} \leq 0{,}65\, f_{pk} \qquad (D.5.26a)$$
  für die seltene Einwirkungskombination nach Absetzen der Spannkraft mit dem Mittelwert der Vorspannung
  $$\sigma_{p,rare} \leq 0{,}90\, f_{p0,1k} \qquad (D.5.26b)$$
  $$\sigma_{p,rare} \leq 0{,}80\, f_{pk} \qquad (D.5.26c)$$

Durch die Begrenzung der Betondruckspannungen nach Gl. (D.5.24a) sollen übermäßige Querzugspannungen in der Betondruckzone verhindert werden, die zu Längsrissen führen können. Die Einhaltung der Betondruckspannungen nach Gl. (D.5.24b) soll einer erhöhten und überproportionalen Kriechverformung begegnen.

Stahlspannungen unter Gebrauchslasten oberhalb der Streckgrenze – Gln. (D.5.25a) und (D.5.25b) – führen im Allgemeinen zu großen und ständig offenen Rissen im Beton. Die Dauerhaftigkeit wird dadurch nachteilig beeinflusst.

Ein rechnerischer Nachweis der Spannungen ist dennoch in vielen Fällen nicht erforderlich, da diese Gesichtspunkte bereits weitestgehend im Bemessungskonzept von EC2-1-1 enthalten sind. Für *nicht vorgespannte Tragwerke* des üblichen Hochbaus dürfen die Spannungsnachweise entfallen, falls die folgenden Bemessungs- und Konstruktionsgrundsätze eingehalten sind:

- Die Bemessung für den Grenzzustand der Tragfähigkeit erfolgt nach EC2-1-1, 6.
- Die bauliche Durchbildung wird nach EC2-1-1, Abschn. 8 und 9 durchgeführt (insbesondere die Festlegung für die Mindestbewehrung).

- Die Schnittgrößen werden nach der Elastizitätstheorie ermittelt und im Grenzzustand der Tragfähigkeit um maximal 15 % umgelagert.

Die Spannungsermittlung erfolgt im Allg. im gerissenen Zustand. In EC2 wird ergänzend ausgeführt, dass ein ungerissener Zustand angenommen werden kann, wenn die berechneten Zugspannungen unter den seltenen Einwirkungen (ggf. unter Berücksichtigung von Zwangeinwirkungen) die Betonzugspannungen f_{ctm} nicht überschreiten.

Für den *E*-Modul des Betons wird der Sekantenmodul E_{cm} angesetzt, Langzeiteinflüsse sind jedoch zu berücksichtigen; dies kann durch Berücksichtigung des effektiven *E*-Moduls $E_{c,eff}$ gemäß Gl. (D.4.5) erfolgen. Für den Nachweis von Betonspannungen ist im Allg. der Zeitpunkt $t = 0$, für den Nachweis von Betonstahlspannungen der Zeitpunkt $t = \infty$ maßgebend.

5.3.3 Begrenzung der Rissbreiten

Rissbildung ist in der Betonzugzone nahezu unvermeidbar. Die Rissbildung ist jedoch so zu begrenzen, dass die Nutzung des Tragwerks, die Dauerhaftigkeit und das Erscheinungsbild nicht beeinträchtigt werden.

Die Anforderung an die Dauerhaftigkeit und an das Erscheinungsbild gelten für *Stahlbetonbauteile* (Spannbeton s. Kap. F) als erfüllt, wenn die Anforderungen nach Tafel D.5.13 eingehalten werden. Für besondere Bauteile, z. B. Wasserbehälter, können strengere Begrenzungen erforderlich sein. Andererseits ist bei biegebeanspruchten Platten mit $h \leq 20$ cm ohne wesentlichen zentrischen Zug in der Expositionsklasse XC 1 der Nachweis i. d. R. „automatisch" erfüllt, so dass hierfür nach EC2-1-1, 7.3.3(1) auf den Nachweis verzichtet werden darf.

Die Begrenzung der Rissbreite auf zulässige Werte wird erreicht:

- bei überwiegendem Zwang durch eine Mindestbewehrung nach Gl. D.5.27 und Wahl eines Stabdurchmessers in Abhängigkeit von der Stahlspannung nach Rissbildung nach Tafel D.5.14a,
- bei überwiegend direkten Einwirkungen durch Wahl eines Stabdurchmessers oder Stababstandes in Abhängigkeit von der Stahlspannung unter der maßg. Einwirkungskombination.

Tafel D.5.13 Anforderung an die Begrenzung der Rissbreite für Stahlbetonbauteile

Umweltklasse	Rechenwert der Rissbreite w_k
XC 1	0,4 mm
XC 2 – XC 4 XD 1 – XD 3[1)] XS 1 – XS 3	0,3 mm

[1)] Ggf. zusätzliche besondere Maßnahmen für den Korrosionsschutz (EC2-1-1. 7.3.1(7)).

Bemessung

5.3.3.1 Mindestbewehrung

Eine Mindestbewehrung muss i. Allg. die Rissbildungskraft aufnehmen können. Die Mindestbewehrung kann vermindert werden oder entfallen, wenn die Zwangschnittgröße die Rissschnittgröße nicht erreicht oder Zwangschnittgrößen nicht auftreten können. Die Mindestbewehrung muss dann für die nachgewiesene Zwangschnittgröße angeordnet werden (für vorgespannte Bauteile s. Kap. F.)

Sofern nicht eine genauere Berechnung zeigt, dass eine geringere Bewehrung ausreichend ist, wird die erforderliche Mindestbewehrung für **Rechteckquerschnitte** und Stege von gegliederten Querschnitten nach folgender Gleichung bestimmt (s. Abb. D.5.17):

$$A_{s,min} = k_c \cdot f_{ct,eff} \cdot A_{ct} / \sigma_s \qquad (D.5.27)$$

wobei der Faktor k_c die Spannungsverteilung berücksichtigt. In Gl. (D.5.27) ist eine lineare Spannungsverteilung vorausgesetzt; eine Nichtlinearität wird durch einen Faktor k erfasst, es ergibt sich mit EC2-1-1, 7.3.2:

$$\mathbf{A_{s,min} = k_c \cdot k \cdot f_{ct,eff} \cdot A_{ct} / \sigma_s} \qquad (D.5.28)$$

A_{ct} Betonzugzone unmittelbar vor der Rissbildung

σ_s Spannung in der Bewehrung unmittelbar nach der Rissbildung; σ_s wird in Abhängigkeit vom gewählten Durchmesser für die Mindestbewehrung nach Tafel D.5.14a ermittelt

$f_{ct,eff}$ Mittlere Betonzugfestigkeit f_{ctm} beim Auftreten der Risse. Bei Zwang im frühen Betonalter (z.B. aus dem Abfließen der Hydratationswärme) dürfen, sofern kein genauerer Nachweis erfolgt, für $f_{ct,eff}$ 50 % der mittleren 28-Tage-Zugfestigkeit gewählt werden. Wenn diese Annahme getroffen wird, ist sie in der Baubeschreibung und auf den Ausführungsplänen zu vermerken.

Wenn Rissbildung nicht mit Sicherheit in den ersten 28 Tagen entsteht, gilt als Wert f_{ctm}, mindestens aber 3,0 N/mm² (für Normalbeton).

k_c[1] Faktor zur Erfassung der Spannungsverteilung vor Erstrissbildung und Änderung des inneren Hebelarms beim Übergang in den Zustand II:
 – bei reinem Zug $\qquad k_c = 1,0$
 – bei reiner Biegung $\qquad k_c = 0,4$

k Faktor zur Berücksichtigung einer nichtlinearen Spannungsverteilung
 – bei äußerem Zwang (z. B. Setzung) $k = 1,0$
 – bei innerem Zwang
  Rechteckquerschn.: $h \leq 30$ cm $\quad k = 0,8$
  $\qquad\qquad\qquad\quad h \geq 80$ cm $\quad k = 0,5$

---

[1] Der in EC2-1-1 enthaltene Ansatz gestattet die generelle Berücksichtigung von Längskräften; danach ergibt sich der Beiwert k_c

$$k_c = 0,4 \cdot [\,1 - \sigma_c / (k_1 \cdot f_{ct,eff})\,] \leq 1$$

mit σ_c Betonspannung in Höhe der Schwerlinie des Querschnitts oder Teilquerschnitts im ungerissen Zustand unter der Einwirkungskombination, die am Gesamtquerschnitt zur Erstrissbildung führt (pos. für Druck)

$k_1 = 1,5 \cdot h/h'$ für Drucklängskräfte
$k_1 = 0,67$ für Zuglängskräfte
$h' = h$ für $h < 1$ m
$h' = 1,0$ m für $h \geq 1$ m
h Höhe des (Teil-)Querschnitts

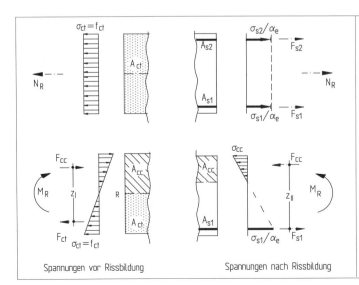

Abb. D.5.17 Herleitung der Bemessungsgleichung für die Mindestbewehrung von Stahlbetonquerschnitten

Bei hohen Balkenstegen u. a. ist ein angemessener Teil der Bewehrung so über die Zugzone zu verteilen, dass die Bildung von breiten Sammelrissen vermieden wird.

Bei profilierten Querschnitten (Hohlkästen, Plattenbalken u. Ä.) wird die Mindestbewehrung für jeden Teilquerschnitt (Gurt, Steg) einzeln nachgewiesen. Dabei ist eine Aufteilung der Teilquerschnitte entsprechend Abb. D.5.18 vorzunehmen.

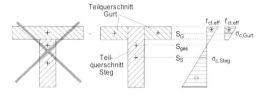

Abb. D.5.18 Aufteilung eines Plattenbalkens in Teilquerschnitte bei negativer Biegebeanspruchung (über der Stütze); vgl. DAfStb-H. 525

Für **Zuggurte** von Plattenbalken und Hohlkästen wird die Mindestbewehrung bestimmt aus

$$k_c = 0{,}9 \cdot F_{cr,Gurt} / (A_{ct} \cdot f_{ct,eff})$$

mit F_{cr} als Zugkraft im Zuggurt unmittelbar vor Rissbildung mit der Randspannung $f_{ct,eff}$. Bei unsymmetrischer Spannungsverteilung sollte die Zugkraft anteilig auf die Bewehrungslagen im Zuggurt verteilt werden.

In EC2-1-1/NA, 7.3.2 sind zusätzliche Regelungen für **dicke Bauteile** enthalten. Während es bei dünnen Bauteilen am Ende der Einleitungslänge l_{es} bereits zu einer Primärrissbildung kommt, liegen bei dicken Bauteilen die Bewehrungslagen so weit auseinander, dass dort im Bereich von $A_{ct,eff}$ zunächst Sekundärrisse entstehen, während Primär- oder Trennrisse sich erst nach einer größeren Entfernung einstellen (vgl. Abb. D.5.19b). Für dicke Bauteile darf die Mindestbewehrung daher unter Berücksichtigung einer eff. Randzone $A_{c,eff}$ bestimmt werden.

Die Kraft für die Sekundärrissbildung ist kleiner als die Trennrisskraft, entsprechend kann die Bewehrung reduziert werden, wobei allerdings zusätzlich nachzuweisen ist, dass in den Trennrissen die Bewehrung nicht ins Fließen gerät.

Nach EC2-1-1/NA gilt daher für die Mindestbewehrung unter zentrischem Zwang (je Seite)

$$A_s = f_{ct,eff} \cdot A_{c,eff} / \sigma_s \geq k \cdot f_{ct,eff} \cdot A_{ct} / f_{yk}$$

$A_{c,eff} = h_{eff} \cdot b$ (Wirkungsbereich der Bewehrung; h_{eff} nach Abb. D.5.20d)

$A_{ct} = 0{,}5 \cdot h \cdot b$ (Betonzugzone je Bauteilseite)

Es muss jedoch nicht mehr Mindestbewehrung angeordnet werden, als sich nach Gl. (D.5.28) ergibt. Der Nachweis der Rissbreite erfolgt durch eine Begrenzung des Stabdurchmessers; dabei muss der Grenzdurchmesser – abweichend von Gl. (D.5.29) – wie folgt modifiziert werden:

$$\phi_s = \phi_s^* \cdot f_{ct,eff} / f_{ct0}$$

mit f_{ct0} = 2,9 und ϕ_s^* in Abhängigkeit von σ_s aus Tafel D.5.14a. Alternativ kann auch σ_s in Abhängigkeit von der Rissbreite w_k (mm) bestimmt werden (vgl. EC2-1-1 Tab. 7.2DE):

$$\sigma_s = (w_k \cdot 3{,}48 \cdot 10^6 / \phi_s^*)^{0{,}5}$$

Bei der Verwendung von langsam erhärtenden Betonen ($r \leq 3{,}0$) darf die Mindestbewehrung mit dem Faktor 0,85 verringert werden. Dies ist dann aber in den Ausführungsunterlagen zu dokumentieren.

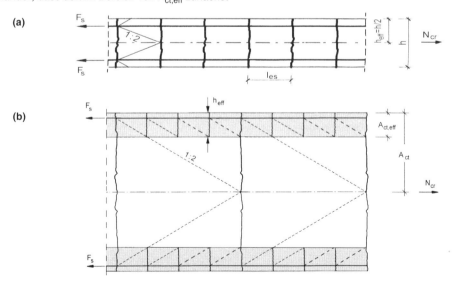

Abb. D.5.19 Rissbildung bei dünnen Bauteilen (a) und bei dicken Bauteilen (b)

Bemessung

Tafel D.5.14a Grenzdurchmesser ϕ_s^* in mm bei Betonrippenstählen für Stahlbetonbauteile

Stahlspannung σ_s in N/mm²		160	200	240	280	320	360	400	450
Grenzdurchmesser ϕ_s^* in mm	bei w_k = 0,40 mm	54	35	24	18	14	11	9	7
	bei w_k = 0,30 mm	41	26	18	13	10	8	7	5
	bei w_k = 0,20 mm	27	17	12	9	7	5	4	3
	bei w_k = 0,15 mm	20	13	9	7	5	4	3	3
	bei w_k = 0,10 mm	14	9	6	4	3	3	-	-

Tafel D.5.14b Grenzstababstände lim s_l in mm bei Betonrippenstählen für Stahlbetonbauteile

Stahlspannung σ_s in N/mm²		160	200	240	280	320	360
Grenzabstand lim s_l in mm	bei w_k = 0,4 mm	300	300	250	200	150	100
	bei w_k = 0,3 mm	300	250	200	150	100	50
	bei w_k = 0,2 mm	200	150	100	50	–	–

5.3.3.2 Rissbreitenbegrenzung

Konstruktionsregeln

Ist eine Mindestbewehrung entsprechend Abschn. D.5.2.3.1 vorhanden, werden die Rissbreiten auf zulässige Werte entsprechend Tafel D.5.14 begrenzt, wenn die nachfolgend wiedergegebenen Konstruktionsregeln eingehalten werden. Es wird jedoch darauf hingewiesen, dass entsprechend der Definition der Rechenwerte gelegentlich Risse mit größerer Breite auftreten können.

Bei einer Rissbreitenbeschränkung ohne direkte Berechnung werden in Abhängigkeit von der Stahlspannung der Durchmesser der Bewehrung oder die Stababstände begrenzt. Im Allg. werden die zulässigen Rissbreiten nicht überschritten, wenn
- für die Mindestbewehrung (Rissbildung infolge überwiegenden Zwangs) die Gl. (D.5.29),
- bei einer Rissbildung infolge überwiegender Lastbeanspruchung entweder Gl. (D.5.30a) oder (D.5.30b)

eingehalten werden.[1]

Eingangswerte für die Ermittlung des Grenzdurchmessers aus Tafel D.5.14a und des Grenzabstandes aus Tafel D.5.14b sind die Stahlspannungen des Zustands II (gerissener Querschnitt); bei Stahlbetonbauteilen unter Zwangbeanspruchung gilt die in Gl. (D.5.28) gewählte Stahlspannung, bei Lastbeanspruchung ist die Stahlspannung für die quasi-ständige Einwirkungskombination zu ermitteln (vgl. Gl. (D.5.18) und Tafel D.5.9).

Der so ermittelte Grenzdurchmesser der Bewehrungsstäbe nach Tafel D.5.14a darf in Abhängigkeit von der Bauteildicke modifiziert werden.

Grundlage für Tafel D.5.14a ist eine Betonzugfestigkeit f_{ct0} = 2,9 N/mm²; bei einer Betonzugfestigkeit $f_{ct,eff} < f_{ct0}$ muss daher der Durchmesser lim ϕ_s^* nach Gl. (D.5.29) bzw. Gl. (D.5.30a) herabgesetzt werden. Eine Erhöhung des Grenzdurchmessers bei $f_{ct,eff} > f_{ct0}$ sollte nur bei einem genaueren Nachweis über die Rissgleichung erfolgen (vgl. [DAfStb-H.425 – 92]).

Für den Grenzdurchmesser gilt (EC2-1-1/NA, 7.3.3)

- Mindestbewehrung Rissmoment Biegung

$$\phi_s = \phi_s^* \cdot \frac{k_c \cdot k \cdot h_{cr}}{4(h-d)} \cdot \frac{f_{ct,eff}}{2,9} \geq \phi_s^* \cdot \frac{f_{ct,eff}}{2,9} \quad \text{(D.5.29a)}$$

- Mindestbewehrung zentrischer Zug

$$\phi_s = \phi_s^* \cdot \frac{k_c \cdot k \cdot h_{cr}}{8(h-d)} \cdot \frac{f_{ct,eff}}{2,9} \geq \phi_s^* \cdot \frac{f_{ct,eff}}{2,9} \quad \text{(D.5.29b)}$$

- *Lastbeanspruchung*

$$\phi_s = \phi_s^* \cdot \frac{\sigma_s \cdot A_s}{4(h-d) \cdot b \cdot 2,9} \geq \phi_s^* \cdot \frac{f_{ct,eff}}{2,9} \quad \text{(D.5.30a)}$$

oder

$$s_l \leq \text{lim } s_l \quad \text{(D.5.30b)}$$

mit ϕ_s modifizierter Grenzdurchmesser
ϕ_s^* Grenzdurchmesser nach Tafel D.5.14a
lim s_l Grenzstababstand nach Tafel D.5.14b
h Bauteildicke
d statische Nutzhöhe
b Breite der Zugzone
h_{cr} Höhe der Zugzone vor Rissbildung
$f_{ct,eff}$ wirksame Zugfestigkeit (Abschn. D.5.3.3.1)
k_c; k Beiwerte nach Abschn. D.5.3.3.1

Werden Stäbe mit unterschiedlichen Durchmessern verwendet, darf ein mittlerer Durchmesser ϕ_{sm} = $\Sigma\phi_{s,i}^2/\Sigma\phi_{s,i}$ angesetzt werden. Bei Stabbündeln ist der Vergleichsdurchmesser des Stabbündels anzusetzen, bei Betonstahlmatten mit Doppelstäben genügt jedoch der Nachweis des Einzelstabes.

Bei Trägern mit einer Höhe ab einem Meter ist in der Regel eine zusätzliche Oberflächenbewehrung zwischen der Bewehrung und der Dehnungsnulllinie einzulegen, wenn die Zugbewehrung auf einen kleinen Teil der Höhe konzentriert ist.

---
[1] Die Anwendung der Stababstandstabelle – Tafel D.5.14b bzw. Gl. (D.5.30b) – sollte bei mehrlagiger Bewehrung vermieden werden (s. [Tue/Pierson – 01] u. a.).

Berechnung der Rissbreite

Das Verfahren zur Berechnung der Rissbreite nach EC2-1-1 entspricht dem nach DIN 1045-1. Die Nachweisverfahren dürfen näherungsweise für Einzelrissbildung und das abgeschlossene Rissbild angewendet werden. Die erforderliche Mindestbewehrung nach Abschn. D.5.3.3.1 muss eingehalten werden. Die Einzelrissbildung und das abgeschlossene Rissbild werden dabei durch Begrenzung auf obere bzw. untere Werte (s. Gln. (D.5.32a) und (5.32b)) berücksichtigt (vgl. [Goris – 11]).

Für die Rissbreite w_k gilt:

$$w_k = s_{r,max} \cdot (\varepsilon_{sm} - \varepsilon_{cm}) \quad \text{(D.5.31)}$$

mit dem maximalen Rissabstand bei abgeschlossenem Rissbild (nach EC2-1-1/NA):

$$s_{r,max} = \frac{\phi}{3{,}6 \cdot \rho_{eff}} \leq \frac{\sigma_s \cdot \phi}{3{,}6 \cdot f_{ct,eff}} \quad \text{(D.5.32a)}$$

und der mittleren Dehnung:

$$\varepsilon_{sm} - \varepsilon_{cm} = \frac{\sigma_s - k_t \cdot (f_{ct,eff}/\rho_{eff}) \cdot (1 + \alpha_e \cdot \rho_{eff})}{E_s}$$

$$\geq \frac{0{,}6\, \sigma_s}{E_s} \quad \text{(D.5.32b)}$$

Dabei sind (ohne Vorspannung):
- ε_{cm} mittlere Dehnung des Betons zwischen den Rissen
- ε_{sm} mittlere Dehnung der Bewehrung
- ρ_{eff} = $A_s/A_{c,eff}$ mit $A_{c,eff}$ als wirksame Zugzonenfläche nach Abb. D.5.20;
- $h_{c,eff}$ = min [2,5($h - d$); ($h - x$)/3; h/2]
- σ_s Betonstahlspannung für die maßgebende LFK, gerissener Querschnitt
- α_e = E_s/E_{cm}; Verhältnis der E-Moduln
- $f_{ct,eff}$ wirksame Zugfestigkeit, ohne Ansatz einer Mindestbetonzugfestigkeit
- k_t = 0,6 bei kurzzeitiger Belastung
  = 0,4 bei langfristiger Belastung (Regelfall)

Die Gleichungen (D.5.32a) und (D.5.32b) sind für den Fall aufgestellt, dass die Bewehrung bereits bekannt ist, wie dies bei überwiegender Lastbeanspruchung der Fall ist. Für eine noch zu ermittelnde Mindestbewehrung unter Beachtung einer zul. Rissbreite sind sie allerdings weniger geeignet.

Aus den zuvor dargestellten Gleichungen lässt sich eine Bemessungsgleichung zur direkten Berechnung der erf. Bewehrung bei Zwang für eine nachzuweisende Rissbreite w_k herleiten. Dabei wird vereinfachend der Ausdruck $(1 + \alpha_e \cdot \rho_{eff}) = 1$ – s. Gl. (D.5.32b) – gesetzt. Es ergibt sich:

$$A_s = \sqrt{\frac{d_s \cdot F_{cr} \cdot (F_s - 0{,}4 \cdot F_{cr})}{3{,}6 \cdot E_s \cdot w_k \cdot f_{ct,eff}}} \quad \text{(D.5.33)}$$

Hierbei sind

- F_{cr} = $f_{ct,eff} \cdot A_{ct,eff}$; Risskraft der wirksamen Betonzugzone
- F_s die von der Bewehrung aufzunehmende Zugkraft
- $f_{ct,eff}$ wirksame Zugfestigkeit zum Betrachtungszeitpunkt
- E_s = 200 000 MN/m²; E-Modul des Stahls

Bei Zwangbeanspruchung ist die von der Bewehrung aufzunehmende Zugkraft F_s im Allg. gleich der gesamten Risskraft. Bei eingeschnürten Bauteilen ist die Stahlzugkraft F_s jedoch getrennt für eine abgeschlossene Rissbildung zu ermitteln und größer als die Risskraft.

Wird Gl. (D.5.33) für eine Lastbeanspruchung angewendet, ist F_s unter der maßgebenden Einwirkungskombination – für Stahlbetonbauteile i. Allg. die quasi-ständige Kombination – zu bestimmen.

Entsprechend der Definition der Rechenwerte können gelegentlich breitere Risse auftreten. An dieser Stelle sei darauf hingewiesen, dass die Aussagewahrscheinlichkeit über die zu erwartende Rissbreite für kleinere rechnerische Rissbreiten abnimmt.

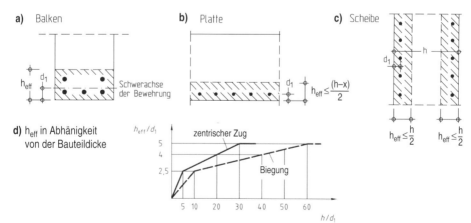

Abb. D.5.20 Wirkungsbereich $A_{c,eff}$ der Bewehrung nach EC2-1-1, Bild 7.1 und NA (der Wirkungsbereich ist jeweils schraffiert)

5.3.4 Begrenzung der Verformungen

5.3.4.1 Verfahren nach EC2-1-1

Durch Begrenzung der Verformungen sollen die Funktion und das Erscheinungsbild eines Bauwerks sichergestellt werden. Dabei werden die Grenzwerte so gewählt, dass die Verformung weder die einzelnen Bauteile selbst, noch die angrenzenden Bauteile beschädigt.

Unterschieden wird in Durchbiegung w und Durchhang f (vgl. Abb. 5.21). Letzterer stellt die Verformung bezogen auf die Verbindungslinie der Auflager dar. Die Durchbiegung w bezieht sich hingegen auf die Systemlinie zum untersuchten Zeitpunkt, z. B. also auf eine überhöhte Lage oder auch bereits vorverformte Lage.

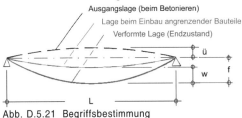

Abb. D.5.21 Begriffsbestimmung

Es sind folgende Grenzen einzuhalten:

$f \leq l/250$: generell
$w \leq l/500$: bei verformungsempfindlichen Ausbauten (leichte Trennwände, Glasflächen)

Bei Kragträgern darf für die Stützweite die 2,5-fache Kraglänge angesetzt werden.

Für den Durchbiegungsnachweis ist die maßgebende Lastfallkombination zu betrachten (i. d. R. die quasi-ständige LFK). Bei einem rechnerischen Nachweis ist jedoch zu beachten, dass Rissbildungsbereiche unter der seltenen LFK festzulegen sind. Verformungen können ggf. durch eine Überhöhung $ü$ ausgeglichen werden; die Überhöhung ist jedoch auf $ü \leq l/250$ zu begrenzen.

Der Nachweis einer Verformungsbegrenzung kann erbracht werden durch:

- Begrenzung der Biegeschlankheit
- Direkte Berechnung der Verformung

Begrenzung der Biegeschlankheit

Der Nachweis der Verformung ohne direkte Berechnung erfolgt nach EC2-1-1, 7.4.2:

$$\rho \leq \rho_0: \frac{l}{d} = K\left[11 + 1{,}5\sqrt{f_{ck}}\,\frac{\rho_0}{\rho} + 3{,}2\sqrt{f_{ck}}\left(\frac{\rho_0}{\rho} - 1\right)^{3/2}\right]$$

(D.5.34a)

$$\rho > \rho_0: \frac{l}{d} = K\left[11 + 1{,}5\sqrt{f_{ck}}\,\frac{\rho_0}{\rho - \rho'} + \frac{1}{12}\sqrt{f_{ck}}\sqrt{\frac{\rho'}{\rho_0}}\right]$$

(D.5.34b)

Zusätzlich gilt (EC2-1-1/NA, 7.4.2):
- allgemein:
  $l/d \leq K \cdot 35$ (D.5.35a)
- bei verformungsempfindlichen Ausbauten
  $l/d \leq K^2 \cdot 150/l$ (D.5.35b)

Es sind:
ρ Zugbewehrungsgrad in Feldmitte
ρ' Druckbewehrungsgrad in Feldmitte
ρ_0 Referenzbewehrungsgrad $\rho_0 = 10^{-3} \cdot f_{ck}^{0,5}$
K Faktor gemäß Tafel D.5.15
l Stützweite

Zweiachsig gespannte Platten werden mit der Stützweite der kürzeren Seite nachgewiesen, Flachdecken mit der längeren Stützweite.

Gleichungen (D.5.34a und b) gelten für eine Stahlspannung $\sigma_s = 310$ N/mm² im gerissenen Querschnitt in Feldmitte unter der maßgebenden Last im GZG. Die Spannung $\sigma_s = 310$ N/mm² ergibt sich unter der Annahme, dass die erforderliche Bewehrung mit $\sigma_{sd} = 435$ N/mm² und unter den 1,4-fachen maßgebenden charakteristischen Einwirkungen bestimmt wurde.

Gln. (D.5.34a und b) dürfen bzw. müssen daher angepasst und mit nachfolgenden Faktoren multipliziert werden

- Stahlspannung $\sigma_s \neq 310$ N/mm²: $k_0 = 310/\sigma_s$
  (näherungsw.: $310/\sigma_s = 500/(f_{yk} \cdot A_{s,req}/A_{s,prov})$)

Weitere Anpassungen sind in folgenden Fällen erforderlich:

- Gegliederte Querschnitte mit einem Verhältnis von Gurt/Steg > 3: $k_1 = 0{,}8$
- Balken u. Platten bei $l > 7$ m mit leichten Trennwänden $k_2 = (7{,}0/l_{eff})$
- Flachdecken bei $l > 8{,}5$ m mit leichten Trennwänden $k_3 = (8{,}5/l_{eff})$

Tafel D.5.15 Grundwert der Biegeschlankheit l/d und Beiwert K

Statisches System	K	$\rho = 1{,}50\,\%$	$\rho = 0{,}50\,\%$
frei drehbar gelagerter **Einfeldträger**; gelenkig gelagerte ein-/zweiachsig gespannte Platte	1	14	20
Endfeld eines Durchlaufträgers/einer durchlaufenden Platte (bei zweiachsig gespannten Platten über eine längere Seite durchlaufend)	1,3	18	26
Mittelfeld Balken bzw. ein-/zweiachsig gespannte Platte	1,5	20	30
Platte ohne Unterzüge auf Stützen gelagert (**Flachdecke**)	1,2	17	24
Kragträger	0,4	6	8

Die in Tafel D.5.15 angegebenen Werte l/d gelten für $\rho = 1{,}5\,\%$ (hoch beanspruchter Beton) bzw. für $\rho = 0{,}5\,\%$ (niedrig beansprucht), für einen C30/37 und für eine Stahlspannung $\sigma_s = 310\,\text{N/mm}^2$, die K-Werte für regelmäßige Systeme (etwa gleiche Stützweiten).

Bei unregelmäßigeren Systemen kann der Beiwert K mit Hilfe der Angaben in [DAfStb-H.240 – 91] ermittelt werden:

- Durchlaufträger mit beliebigen Stützweiten

$$\frac{1}{K} = \frac{1 + 4{,}8 \cdot (m_1 + m_2)}{1 + 4 \cdot (m_1 + m_2)} \quad \text{(D.5.36a)}$$

Grenze: $m_1 \geq -(m_2 + 5/24)$

- Kragbalken an Durchlaufträgern

$$\frac{1}{K} = 0{,}8 \left[\frac{l}{l_k}\left(4 + 3\frac{l_k}{l}\right) - \frac{q}{q_k}\left(\frac{l}{l_k}\right)^3 (4m + 1) \right]$$
(D.5.36b)

Grenze: $m \leq \frac{q_k}{q}\left(\frac{l_k}{l}\right)^2 \cdot \left(1 + \frac{3}{4}\frac{l_k}{l}\right) - \frac{1}{4}$

In Gln. (D.5.36a) und (D.5.36b) bedeuten (s. hierzu auch Abb. D.5.22):

$m = M/ql^2$ bezogene Momente über den Stützen des betrachteten Innenfeldes (m_1, m_2 bzw. M_1, M_2) bzw. über der vom Kragarm abliegenden Stütze des anschließenden Innenfeldes (m, M); bezogene Momente mit Vorzeichen

q maßgebliche Gleichlast des untersuchten Feldes bzw. bei Kragträgern des an den Kragarm anschließenden Feldes

q_k maßgebliche Gleichlast des Kragarms

l Stützweite des untersuchten Feldes bzw. bei Kragträgern des an den Kragarm anschließenden Feldes

l_k Kragarmlänge

Ergibt sich in Gl. (D.5.36b) der Wert $1/K$ erheblich größer als 2,4, ist von der Anwendung des vereinfachten Verfahrens abzuraten, es wird ein rechnerischer Nachweis der Verformungen empfohlen.

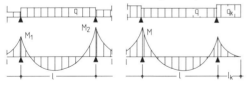

Bezeichnungen „Felder"   Bezeichnungen „Kragträger"

Abb. D.5.22 Erläuterung der Kurzzeichen in Gl. (D.5.36)

5.3.4.2 Plattenartige Bauteile – Vergleich mit DIN 1045-1

DIN 1045-1 gilt nur für Platten des üblichen Hochbaus. Es werden lediglich die in Gln. (D.5.35a) und (D.5.35b) angegebenen Grenzen gefordert:

allgemein: $\quad l_i/d \leq 35$
bei leichten Trennwänden: $\quad l_i \cdot d \leq 150 / l_i$

mit $l_i = \alpha \cdot l$, wobei α etwa der reziproke Wert von K nach Tafel D.5.15 ist. Diese Regelung wurde aus der DIN 1045-1 [88] übernommen. Dadurch, dass heute höhere Stahl- und Betonfestigkeiten verwendet werden, sind diese Regelungen nur noch bedingt auf heutige Konstruktionen anwendbar.

Mit EC2-1-1 bzw. Gln. (D.5.34a) und (D.5.34b) werden gegenüber DIN 1045-1 im Allg. deutlich kleinere Biegeschlankheiten – und damit dickere Bauteile – ermittelt. Nur bei geringen Ausnutzungs- bzw. Bewehrungsgraden (ab $\rho < 0{,}3\,\%$) werden die Werte nach EC2-1-1 günstiger; es können dann sogar Biegeschlankheiten erreicht werden, die teilweise deutlich günstiger sind als nach DIN 1045-1. Damit würde der bisherige Erfahrungsbereich verlassen; um dies zu verhindern, gilt nach EC2-1-1/NA zusätzlich die Regelung nach DIN 1045-1 (s. Gl. (D.5.35 a) und (b)), so dass unsinnige bzw. unterdimensionierte Konstruktionen ausgeschlossen sind (vgl. Abb. D.5.23).

In EC2-1-1 wird der Wert $l/d = 35$ überschritten bei
– C20/25 bei $\rho = 0{,}24\,\%$
– C30/37 bei $\rho = 0{,}32\,\%$;
– C40/50 bei $\rho = 0{,}40\,\%$;
– C50/60 bei $\rho = 0{,}47\,\%$;
(siehe auch Abb. D.5.24), ab diesem Bewehrungsgrad gilt also der Grenzwert nach DIN 1045-1.

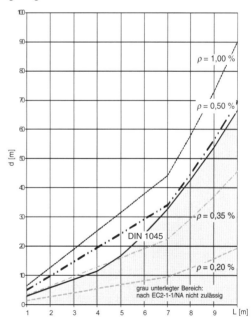

Abb. D.5.23 Erforderliche Nutzhöhe d in Abhängigkeit von der Stützweite l nach DIN 1045-1 und EC2-1-1, Begrenzung der Durchbiegung auf $l/500$, Beton C30/37, $K = 1$

Bemessung

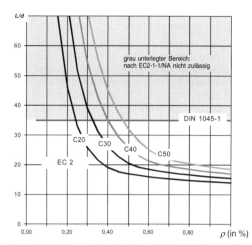

Abb. D.5.24 Biegeschlankheit in Abhängigkeit vom Bewehrungsgrad bei einer Begrenzung auf $l/250$ für $K = 1$ und $\sigma_s = 310$ N/mm²

Der Nachteil im Verfahren nach EC 2-1-1 liegt darin, dass Nutzhöhe und erforderliche Bewehrung ggf. iterativ bestimmt werden müssen. Daher eignet sich das Verfahren nur bedingt für eine Vordimensionierung. Faktoren wie Längsbewehrungsgrad, Belastung und Betonfestigkeit haben Einfluss auf die Biegeschlankheit. Wird der Längsbewehrungsgrad und damit auch die Belastung größer, so wird die Biegeschlankheit kleiner, also die erforderliche Plattendicke größer. Bei steigender Betonfestigkeit (Biegesteifigkeit) wird die erforderliche Plattendicke geringer (vgl. [Fingerloos – 10])

Abschätzung der Biegeschlankheit für Platten

Für Vordimensionierungen ist das Verfahren nach [Krüger/Mertzsch – 03] geeignet, die Einschränkungen zur Anwendung sind zu beachten. Sie gelten für Platten (und in modifizierter Form auch für Balken; s. dort).

Nachweis für Platten (nicht für Flachdecken!)
Voraussetzung: $q \leq 5{,}0$ kN/m²; Kriechzahl $\varphi \leq 2{,}50$

$$d \geq \frac{l_i}{\lambda_i} \cdot k_c \qquad \text{(D.5.37a)}$$

mit $\quad l_i = \eta_1 \cdot l_{eff}$ (ideelle Stützweite)
$\quad l_{eff} = l_{min} = L_y$
$\quad \eta_1$ gemäß Tafel D.5.16

$\lambda_i = k_2 - 3{,}65 l_i + 0{,}15 \, l_i^2$ (Grenzschlankheit)

$k_2 = \begin{cases} 42{,}5 \text{ für eine Begrenzung auf } l/250 \\ 35{,}2 \text{ für eine Begrenzung auf } l/500 \end{cases}$

$k_c = (f_{ck0}/f_{ck})^{1/6}$ mit $f_{ck0} = 20$ N/mm²

Die Grenzschlankheiten λ_i sind in Tafel D.5.17 dargestellt. Wie zu sehen, sind nach [Krüger/Mertzsch – 03] die max. zulässigen Schlankheiten teilweise deutlich kleiner und damit die Plattendicken entsprechend größer als in DIN 1045-1 gefordert.

Tafel D.5.16 Beiwerte η_i zur Bestimmung von l_i bei Platten

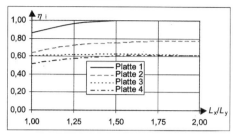

Analytische Beziehung

Platte 1: $\eta_1 = 0{,}168 + 0{,}979 \cdot k_L - 0{,}283 \cdot k_L^2 \leq 1{,}0$
Platte 2: $\eta_2 = 0{,}148 + 0{,}689 \cdot k_L - 0{,}188 \cdot k_L^2$
Platte 3: $\eta_3 = 0{,}473 + 0{,}200 \cdot k_L - 0{,}065 \cdot k_L^2$
Platte 4: $\eta_4 = 0{,}103 + 0{,}578 \cdot k_L - 0{,}162 \cdot k_L^2$
mit $k_L = L_x / L_y$

Tafel D.5.17 Grenzschlankheit λ_i bei Platten

zul. Durchbiegung	l_i	λ_i
$l/250$	$\leq 4{,}0$ m	29
	6,0 m	26
	8,0 m	23
	10,0 m	21
	12,0 m	19
$l/500$	$\leq 4{,}0$ m	23
	6,0 m	19
	8,0 m	16
	10,0 m	14
	12,0 m	13

Nachweis für Flachdecken

Für Platten, die ohne Unterzüge auf Stützen gelagert sind, erfolgt der Nachweis wie bei Platten, jedoch mit

$l_i = \alpha_1 \cdot l_{eff}$ (ideelle Stützweite)
$\alpha_1 = 0{,}85$
$l_{eff} = L_{max}$

d. h. auf der Basis der größeren Stützweite.

5.3.4.3 Balkenartige Tragwerke

Die Konstruktionsregeln nach DIN 1045-1 sind nicht für die Anwendung bei Balken zugelassen. Anders hingegen die Regelungen nach EC 2-1-1, diese sind nicht auf die Anwendung bei Platten beschränkt. Die Konstruktionshöhe von Balken hängt aber nicht wie bei Platten hauptsächlich von der Verformungsbegrenzung ab. Hier spielen die Nachweise im Grenzzustand der Tragfähigkeit und die sinnvolle Bewehrungsführung eine wesentliche Rolle.

Vordimensionierung bei Balken

Für die nachfolgenden Gleichungen ist vorausgesetzt, dass die Kriechzahl $\varphi \leq 2{,}50$ beträgt. Nach [Krüger/Mertzsch – 03] gilt

$$d \geq \frac{l_i}{\lambda_i} \cdot k_c \qquad (D.5.37b)$$

$l_i = \alpha_1 \cdot l_{eff}$
  l_{eff} ideelle Stützweite
  α_1 gemäß Tafel D.5.18

$\lambda_i = k_1 \cdot (36{,}3 - 2{,}46 l_i + 0{,}12 l_i^2)$

$k_1 = \begin{cases} 1{,}00 \text{ für eine Begrenzung auf } l/250 \\ 0{,}56 \text{ für eine Begrenzung auf } l/500 \end{cases}$

$k_c = (f_{ck0}/f_{ck})^{1/6}$ mit $f_{ck0} = 20$ N/mm²

Tafel D.5.18 Beiwerte α_i zur Bestimmung von l_i bei Balken

Statisches System	α_i
frei drehbar gelagerter Endfeldträger	1,00
Endfeld eines Durchlaufträgers	0,80
Mittelfeld eines Balkens	0,70
Kragträger	2,50

Tafel D.5.19 Grenzschlankheit λ_i bei Balken

zul. Durchbiegung	l_i	λ_i
l/250	≤ 4,0 m	28
	6,0 m	26
	8,0 m	23
	10,0 m	21[1]
	12,0 m	19[1]
l/500	≤ 4,0 m	16
	6,0 m	15
	8,0 m	14
	10,0 m	13
	12,0 m	13

[1] Werte für Platten; für Balken sind die Werte rechnerisch etwas günstiger (vgl. [Krüger/Mertzsch – 03]).

Es wird darauf hingewiesen, dass die Schlankheiten nach Tafeln D.5.17 und D.5.19 für „übliche Verhältnisse" und für Regelfälle gelten. Weitere Hinweise und Anwendungsgrenzen vgl. [Krüger/Mertzsch – 03] im Jahrbuch 2003 von *Stahlbetonbau aktuell*.

5.3.4.4 Rechnerischer Nachweis der Verformungen

Ein rechnerischer Nachweis der Verformungen ist mit „einer dem Nachweiszweck" [EC2-1-1, Kap. 7.4.3] angepassten LFK zu führen (im Regelfall in der quasi-ständigen LFK).

Eine Durchbiegung erhält man durch numerische Integration der Krümmungen in vielen Schnitten entlang des Bauteils. Solange die Betonzugfestigkeit nicht überschritten wird, gilt das Bauteil als ungerissen. Treten nur in bestimmten Bereichen Risse auf, so ist es zulässig, die Krümmung für den ungerissenen Querschnitt und den vollständig gerissenen Querschnitt zu berechnen und hieraus den tatsächlichen Wert wie folgt zu bestimmen:

$$(1/r) = \zeta \cdot (1/r)_{II} + (1-\zeta) \cdot (1/r)_{I} \qquad (D.5.38)$$

$(1/r)_I$ Krümmung des ungerissenen Querschnitts
$(1/r)_{II}$ Krümmung des gerissenen Querschnitts
ζ Verteilungsbeiwert; hierfür gilt:

a) $0 \leq \sigma_s \leq \sigma_{sr}$ (ungerissen)
  $\rightarrow \zeta = 0$

b) $\sigma_{sr} \leq \sigma_s \leq f_{ym}$ (gerissen)
  $\rightarrow \zeta = 1 - \beta \cdot \left(\frac{\sigma_{sr}}{\sigma_s}\right)^2$

β Lastbeiwert: 1,00 für Kurzzeitbelastung
    0,50 für Dauerlasten
σ_{sr} Stahlspannung unter Risslast im Zustand II
σ_s vorhandene Stahlspannung im Riss im Zustand II

Eine realistische Verhaltensvorhersage wird am ehesten erreicht, wenn für die Betonzugfestigkeit f_{ctm} angesetzt wird.

Kriechen kann über den effektiven E-Modul

$$E_{c,eff} = E_{cm} / (1{,}0 + \varphi(\infty, t_0)) \qquad (D.5.39)$$

berücksichtigt werden (E_{cm}, $\varphi(\infty, t_0)$, Tafeln D.4.1 bis D.4.3 und S. D.13 f.). Die Formänderung infolge Schwindens wird ermittelt aus der Krümmung nach dem Ansatz

$$(1/r)_{cs} = \varepsilon_{cs} \cdot \alpha_e \cdot S / I \qquad (D.5.40)$$

mit der Schwindzahl ε_{cs}, dem Verhältnis der E-Moduln $\alpha_e = E_s / E_{c,eff}$, S als Flächenmoment 1. Grades der Bewehrung, bezogen auf die Schwerachse des Querschnitts, und I als Flächenmoment 2. Grades.

Eine ausführliche Darstellung der Thematik „Verformungen im Stahlbetonbau" befindet sich auch in [Goris – 04] und [Goris – 11].

6 Bemessung für Querkraft
(Grenzzustand der Tragfähigkeit)

6.1 Allgemeine Erläuterungen

Querkraftbeanspruchungen treten in der Regel in Kombination mit Biegebeanspruchungen auf. Unter dieser Kombination entstehen im Zustand I über die Querschnittshöhe schiefe Hauptzug- σ_1 und Hauptdruckspannungen σ_2 (s. Abb. D.6.1), die nach der Festigkeitslehre in die Spannungskomponenten σ_x (ggf. σ_y) und τ_{xz} zerlegt werden.

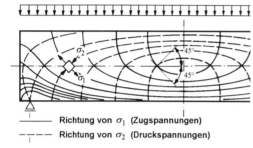

Abb. D.6.1 Schiefe Hauptspannungen im Zustand I für den Rechteckquerschnitt

Überschreiten die Hauptzugspannungen σ_1 die Zugfestigkeit des Betons, dann entstehen Risse rechtwinklig zu σ_1 (Übergang in den Zustand II). Beim Entstehen von Rissen im Beton lagern sich die Hauptzug- und Hauptdruckspannungen um.

Eine wirklichkeitsnahe Berechnung der Druck- und Zugspannungen im Zustand II ist sehr schwierig und kommt für eine praktische Berechnung nicht in Betracht. Das Tragverhalten wird daher durch Stabwerkmodelle beschrieben.

Bei *Platten ohne Schubbewehrung* entstehen zunächst auch im Querkraftbereich Biegerisse. Der geneigte Druckgurt und die Kornverzahnung im Riss übernehmen die Querkraft. Mit Laststeigerung öffnen sich die Risse, so dass die Kornverzahnungskräfte nachlassen. Kurz vor dem Bruch stellt sich eine Bogen-Zugband-Wirkung ein, wie sie vereinfachend in Abb. D.6.2 (s. a. Abb. D.6.8) dargestellt ist. Für Platten ohne Schubbewehrung sollte daher das „Zugband" möglichst wenig geschwächt und gut an den Auflagern verankert werden (demgemäß muss nach EC2-1-1 mindestens die Hälfte der Feldbewehrung einer Platte über die Auflager geführt und verankert werden). Weitere Hinweise zur Schubtragfähigkeit von Platten s. [Leonhardt-T1 – 73] u. a.; vgl. a. Abschn. D.6.4.

Über die *Schubtragfähigkeit von Balken* gibt es grundsätzliche Untersuchungen mit unterschiedlichen Modellvorstellungen. Für die Bemessung hat sich jedoch das Modell eines Fachwerks durchgesetzt mit der Betondruckzone als Druckgurt und der Biegezugzone bzw. der Längsbewehrung als Zuggurt; Druck- und Zuggurt sind verbunden durch von der Betontragfähigkeit bestimmte Druckdiagonalen und durch Zugstreben, für die Querkraftbewehrung in Form von Bügeln und/oder Schrägaufbiegungen erforderlich sind (Abb. D.6.3).

Grundlage für die Berechnung ist die von *Mörsch* entwickelte „klassische Fachwerkanalogie", die ausgeht von

- parallelen Druck- und Zuggurten
- Druckdiagonalen unter $\theta = 45°$
- Zugstreben unter einem beliebigen Winkel α.

Wie jedoch Versuche und theoretische Untersuchungen zeigen, sind insbesondere bei geringerer Schubbeanspruchung auch Modelle mit Druckstrebenneigungen $\theta < 45°$ möglich. Dadurch werden die Kräfte in diesem Fachwerk entscheidend beeinflusst.

Insbesondere wird bei einem flachen Winkel θ die Schubbewehrung zum Teil erheblich vermindert, gleichzeitig jedoch auch die Beanspruchung in der Druckstrebe erhöht. Die Neigung der Druckstrebe ist daher zum einen durch die aufnehmbare Betondruckkraft begrenzt; zum anderen darf der Winkel außerdem zur Erfüllung von Verträglichkeiten in der Schubzone nicht beliebig flach gewählt werden.

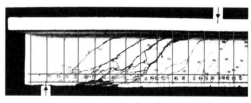

(aus [Leonhardt-T1 – 73])

Abb. D.6.2 Bogen-Zugband-Modell zur Erläuterung des Tragverhaltens von Platten ohne Schubbewehrung

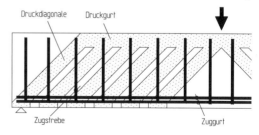

Abb. D.6.3 Rissbild eines Plattenbalkens mit Schubbewehrung und Fachwerkmodell zur Erläuterung des Tragverhaltens

EC2-1-1 – Querkraftbemessung

In der Querkraftbemessung ist für ein Fachwerkmodell mit Strebenneigungen unter dem Winkel θ einerseits die Betontragfähigkeit der Druckstrebe und auf der anderen Seite die Betonstahltragfähigkeit der Zugstrebe nachzuweisen. Darüber hinaus sind aber auch die Gurtkräfte, die bereits nach der Biegetheorie bemessen wurden, zu korrigieren. Die Zuggurtkräfte eines Netzfachwerks sind um

$$\Delta F_{td} = 0{,}5 \cdot |V_{Ed}| \cdot (\cot \theta - \cot \alpha) \quad (D.6.1)$$

größer als die im Rahmen der Biegebemessung ermittelten. Im gleichen Maße sind die Druckgurtkräfte kleiner (s. Abb. D.6.4).

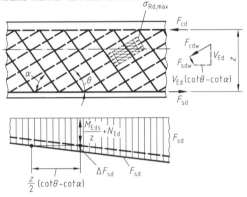

Abb. D.6.4 Fachwerkmodell für Bauteile mit Querkraftbewehrung (DIN 1045-1, Bild 13)

Diese Vergrößerung der Zuggurtkräfte wird in der Praxis im Allgemeinen bei einer Zugkraftdeckung durch Verschieben der $(M_{Eds}/z + N_{Ed})$-Linie um das Versatzmaß a_l berücksichtigt (Versatzmaßregel). Weitergehende Erläuterungen können z. B. [Goris – 11] entnommen werden.

6.2 Grundsätzliche Nachweisform

Beim Nachweis der ausreichenden Tragfähigkeit wird sichergestellt, dass der Bemessungswert der einwirkenden Querkraft V_{Ed} den Bemessungswert des Widerstandes V_{Rd} nicht überschreitet.

$$V_{Ed} \leq V_{Rd} \quad (D.6.2)$$

Die *aufzunehmende Querkraft* wird zunächst als Grundwert $V_{Ed,0}$ im Rahmen einer Schnittkraftermittlung in der Grundkombination – ggf. für die außergewöhnliche Kombination – entsprechend Gln. (D.3.2a) bzw. (D.3.2b) bestimmt. Die Wirkung einer direkten Lasteinleitung in Auflagernähe, der Einfluss geneigter Druck- und Zuggurte usw. werden durch Bestimmung des Bemessungswerts V_{Ed} berücksichtigt (vgl. Abschn. D.6.3). Hierbei ist zu unterscheiden, ob die Tragfähigkeit der Druckstrebe nachzuweisen ist oder die Schubbewehrung bestimmt werden soll.

Der *Bemessungswert der aufnehmbaren Querkraft* V_{Rd} kann durch einen der drei nachfolgenden Werte bestimmt sein (s. hierzu die grundsätzlichen Erläuterungen im Abschn. D.6.1):

- $V_{Rd,c}$ Aufnehmbare Bemessungsquerkraft eines Bauteils ohne Schubbewehrung
- $V_{Rd,s}$ Bemessungswert der aufnehmbaren Querkraft eines Bauteils mit Schubbewehrung, d. h. Querkraft, die ohne Versagen der „Zugstrebe" aufgenommen werden kann
- $V_{Rd,max}$ Bemessungswert der Querkraft, die ohne Versagen des Balkenstegs bzw. der „Betondruckstrebe" aufnehmbar ist.

Eine weitergehende Erläuterung der Bemessungswerte V_{Rd} erfolgt in Abschn. D.6.4 und D.6.5.

6.3 Bemessungswert V_{Ed}

In Bauteilen mit veränderlicher Bauhöhe ergibt sich der Bemessungswert der Querkraft V_{Ed} unter Berücksichtigung der Querkraftkomponente der geneigten Gurtkräfte V_{ccd} und V_{td} (s. Abb. D. 6.5; es ist der Fall der Querkraftverminderung bei positiven Schnittgrößen dargestellt):

$$V_{Ed} = V_{Ed,0} - V_{ccd} - V_{td} \quad (D.6.3)$$

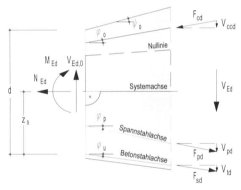

Abb. D.6.5 Querkraftkomponenten geneigter Gurtkräfte (Darstellung ohne Anordnung von Druckbewehrung und ohne Vorspannung)

$V_{Ed,0}$ Bemessungswert (Grundwert) der Querkraft im Querschnitt

V_{ccd} Querkraftkomponente der Betondruckkraft F_{cd} parallel zu V_{Ed}

Es gilt

$V_{ccd} = (M_{Eds}/z) \cdot \tan \varphi_o$
$\approx (M_{Eds}/d) \cdot \tan \psi_o$

mit $M_{Eds} = M_{Ed} - N_{Ed} \cdot z_s$

V_{td} Querkraftkomponente in der Stahlzugkraft F_{sd} parallel zu V_{Ed}

Hierfür erhält man

$V_{td} = (M_{Eds}/z + N_{Ed}) \cdot \tan \varphi_u$
$\approx (M_{Eds}/d + N_{Ed}) \cdot \tan \varphi_u \quad (M_{Eds}$ wie vor$)$

Bemessung

V_{ccd} und V_{td} sind positiv bzw. vermindern die Bemessungsquerkraft V_{Ed}, wenn sie in Richtung von $V_{Ed,0}$ weisen. Das gilt, wenn in Trägerlängsrichtung mit steigendem Moment $|M|$ auch die Nutzhöhe d zunimmt (s. a. [Grasser – 97]). Ist dies nicht der Fall, sind die Bemessungsquerkräfte entsprechend zu vergrößern.

Analog wird bei Bauteilen mit geneigten Spanngliedern die Querkraftkomponente V_{pd} bei der Ermittlung des Bemessungswertes V_{Ed} berücksichtigt (s. EC2-1-1/NA 6.2.1).

Als maßgebende Querkraft V_{Ed} im Auflagerbereich gilt für Balken und Platten im Allgemeinen die größte Querkraft am Auflagerrand. In den nachfolgend genannten Fällen darf jedoch für die Ermittlung der Querkraftbewehrung die Querkraft abgemindert werden.

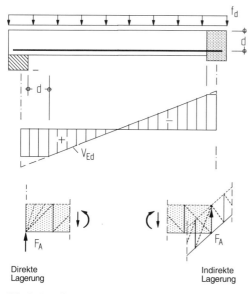

Abb. D.6.6 Bemessungsquerkraft bei direkter und indirekter Stützung

Bei **unmittelbarer (direkter) Stützung**[1], d. h., wenn die Auflagerkraft normal zum unteren Balkenrand mit Druckspannungen eingetragen werden kann, darf für Balken und Platten unter gleichmäßig verteilter Belastung V_{Ed} für die Ermittlung der Querkraftbewehrung im Abstand d vom Auflagerrand gewählt werden (s. Abb. D.6.6). In diesem Bereich stützt sich die Belastung über einen Druckstrebenfächer unmittelbar auf das Auflager ab, so dass für diesen Anteil keine Schubbewehrung erforderlich ist.

---

[1] Eine direkte Stützung wird bei der Einbindung eines Nebenträgers in einen Hauptträger i. Allg. auch angenommen, wenn der Nebenträger in der oberen Hälfte des Hauptträgers einbindet (Definition s. EC2-1-1/NA 1.5.2).

Bei einer indirekten Auflagerung kann sich dagegen diese Lastabtragung nicht einstellen, so dass sämtliche Nachweise am Auflagerrand zu führen sind. Aus einem einfachen Fachwerkmodell ist zudem ersichtlich, dass die gesamte Auflagerkraft des Nebenträgers über eine Aufhängebewehrung an die Bauteiloberseite zu führen ist (s. Abb. D.6.6).

Die Querkraftabminderung bei direkter Lagerung gilt nur für die Ermittlung der Querkaftbewehrung, nicht jedoch für den Nachweis der Druckstrebentragfähigkeit $V_{Rd,max}$, da hierfür die gesamte Lastabtragung in das Auflager nachzuweisen ist.

Auflagernahe Einzellasten bei direkter Lagerung

Bei auflagernahen Einzellasten stellt sich ein Sprengwerk ein, bei dem sich die Einzellast ganz oder teilweise direkt auf das Auflager abstützt (direkte Lagerung vorausgesetzt; s. Abb. D.6.6).

Nach EC2-1-1 darf daher bei direkter Lagerung für oberseitig eingetragene Einzellasten im Abstand $a_v \leq 2d$ vom Auflagerrand der Querkraftanteil um den Faktor $\beta = a_v / 2d$ reduziert werden. Darin ist a_v der Abstand zwischen Auflagerrand und Vorderkante der Lasteinleitungsfläche (Abb. D.6.7). Für Laststellungen $a_v \leq 0{,}5d$ ist der Abstand $a_v = 0{,}5d$ zu setzen. Die Abminderung darf beim Nachweis des Bemessungswiderstandes $V_{Rd,c}$ (s. Gl.(D.6.5)) angesetzt werden, wenn für die nicht reduzierte Querkraft gilt:

$$V_{Ed} \leq 0{,}5 \cdot b_w \cdot \nu \cdot f_{cd} \quad (D.6.4)$$

mit $\quad \nu = 0{,}675 \quad$ für $f_{ck} \leq 50$ N/mm²
$\quad \nu = 0{,}675\,(1{,}1 - f_{ck}/500) \quad$ für $f_{ck} > 50$ N/mm²

Die Druckstrebe muss den gesamten Einzellastanteil ohne Abminderung zum Auflager hin fortleiten können, so dass hierfür stets die volle Querkraft V_{Ed} zu berücksichtigen ist.

Für die Querkraftbewehrung darf jedoch bei Bauteilen mit $V_{Ed,red} > V_{Rd,c}$ eine reduzierte Querkraft angesetzt werden, da sich ein Anteil der Last direkt auf das Auflager abstützen kann. Diese Bewehrung muss

$$A_{sw} \geq V_{Ed,red} / (f_{ywd} \cdot \sin \alpha)$$

betragen, sie ist auf einen mittleren Bereich von $0{,}75 a_v$ anzuordnen. Die Längsbewehrung ist ungeschwächt bis zum Auflager zu führen und dort zu verankern. Die Bemessung darf alternativ mit Stabwerkmodellen erfolgen.

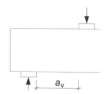

Abb. D.6.7 Auflagernahe Last beim Träger mit direkter Lagerung

6.4 Bauteile ohne Schubbewehrung

In Bauteilen ohne Schubbewehrung bildet sich nach Rissbildung eine kammartige Tragstruktur gemäß Abb. D.6.8. Die Querkraftübertragung erfolgt über die Kornverzahnung in den Rissen, die Dübelwirkung der Längsbewehrung und die Einspannung der zwischen den Rissen verbleibenden Betonzähne in der Betondruckzone. Ein Versagen tritt bei Überschreitung der Betonzugfestigkeit f_{ct} in den Einspannungen der Betonzähne auf, verbunden mit einer Rissuferverschiebung bei Ausfall der Kornverzahnung.

Die Lastabtragung von Bauteilen ohne Schubbewehrung ist an dem einfachen Modell in Abb. D.6.8 zu erkennen. Die Tragsicherheit wird sichergestellt durch

- die Kornverzahnung F_K zwischen den Rissen in Verbindung mit der Einspannwirkung der Betonzähne (Biegezugfestigkeit f_{ct})
- die Dübelwirkung $F_{Dü}$ der Biegezugbewehrung
- die Bogenwirkung des Druckbogens.

Ist Schubwehrung rechnerisch nicht erforderlich, so ist dennoch eine Mindestbewehrung anzuordnen. Hierauf kann nach EC2-1-1 nur bei Platten mit ausreichender Querverteilung der Lasten sowie bei Bauteilen untergeordneter Bedeutung für die Gesamttragfähigkeit verzichtet werden (Bsp. Stürze mit $l < 2$ m).

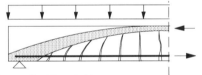

a) Kammartige Tragstruktur

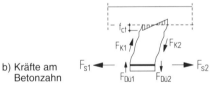

b) Kräfte am Betonzahn

Abb. D.6.8 Querkraftmodell für Bauteile ohne Querkraftbewehrung

Bemessung nach EC2-1-1

Für Bauteile ohne Schubbewehrung ist nachzuweisen, dass die einwirkende Querkraft V_{Ed} den Bemessungswiderstand $V_{Rd,c}$ nicht überschreitet:

$$V_{Rd,c} = [C_{Rdc} \cdot k \cdot (100\rho_l \cdot f_{ck})^{1/3} + 0{,}12 \cdot \sigma_{cp}] \cdot b_w \cdot d \quad \text{(D.6.5a)}$$

$$V_{Rd,c} \geq (v_{min} + 0{,}12 \cdot \sigma_{cp}) \cdot b_w \cdot d \quad \text{(D.6.5b)}$$

mit

$v_{min} = (0{,}0525/\gamma_C) \cdot k^{1,5} \cdot f_{ck}^{0,5}$ für $d \leq 600$ mm

$v_{min} = (0{,}0375/\gamma_C) \cdot k^{1,5} \cdot f_{ck}^{0,5}$ für $d > 800$ mm (D.6.5c)

(Zwischenwerte dürfen interpoliert werden.)

Es sind:
$C_{Rdc} = 0{,}15/\gamma_C$; $k_1 = 0{,}12$
$k = 1 + \sqrt{200/d} \leq 2{,}0$ (mit d in mm)
b_w kleinste Querschnittsbreite in der Zugzone
$\sigma_{cp} = N_{Ed}/A_c \leq 0{,}2 \cdot f_{cd}$ mit N_{Ed} als Längskraft infolge Last oder Vorspannung (Druck *positiv*!)
$\rho_l = A_{sl}/(b_w \cdot d) \leq 0{,}02$ (Längsbewehrungsgrad)
A_{sl} = Zugbewehrung, die ab Nachweisstelle mit mindestens $(l_{bd} + d)$ verankert wird

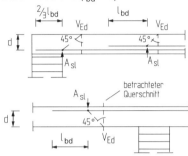

Abb. D.6.9 Definition von A_{sl} nach Gl. (D.6.5a)

In Gl. (D.6.5a) werden die zuvor genannten Mechanismen der Schubtragfähigkeit von Platten ohne Schubbewehrung beschrieben, und zwar

- die Dübelwirkung und die Höhe der Druckzone (bzw. die über die Druckzone übertragbare Schubkraft) durch den Längsbewehrungsgrad $(100\rho_l)^{1/3}$
- die Einspannung der Betonzähne durch die Schubfestigkeit $(C_{Rdc}/\gamma_C) f_{ck}^{1/3}$

Wie aus Versuchen hervorgeht, ist die Maßstäblichkeit der Schubtragfähigkeit mit wachsender Bauhöhe nur bedingt gegeben. Die Biegezugfestigkeit des Betons fällt umso höher aus, je niedriger die Bauteile sind. Mit wachsender Bauhöhe muss daher die Schubtragfähigkeit mit dem Faktor k herabgesetzt werden (s. hierzu auch [Leonhardt-T1 – 73]).

Die Wirkung von Längskräften wird zusätzlich erfasst. Die Querkrafttragfähigkeit wird durch Längsdruckkräfte wegen der geringeren Rissbildung und der größeren Druckzonenhöhe günstig beeinflusst, bei Zugkräften entsprechend ungünstig.

Mindestquerkrafttragfähigkeit $V_{Rd,c,min}$

Die Ermittlung der Querkrafttragfähigkeit nach Gl. (D.6.5a) wurde (halb-)empirisch abgeleitet. Bei geringen Längsbewehrungsgraden liefert diese Gleichung jedoch zunehmend auf der sicheren Seite liegende Ergebnisse (für den theoretischen Grenzfall $\rho_l = 0$ ergäbe sich $V_{Rd,c} = 0$). Daher ist in EC2 eine Mindestquerkrafttragfähigkeit (D.6.5c) definiert.

Die Auswertung von Gl. (D.6.5c) zeigt, dass mit dem Mindestwert für übliche Plattentragwerke – bis etwa 30 cm Dicke, Längsbewehrungsgraden ρ_l von max. 0,4 bis 0,6 % und $\sigma_{cp} = 0$ – günstigere Ergebnisse erhalten werden als mit einer Berechnung nach Gl. (D.6.5a); vgl. hierzu auch Tafel D.6.1c.

Bemessung

In Tafel D.6.1a ist der Verlauf der Mindestquerkrafttragfähigkeit nach Gl. (D.6.5c) in Abhängigkeit von der Nutzhöhe dargestellt. Die stetige Abminderung inf. des k-Wertes im gesamten Bereich $d \geq 20$ cm und die zusätzliche Reduzierung aus Interpolation im Bereich $60 \leq d \leq 80$ cm sind deutlich zu erkennen.

Bei höheren Längsbewehrungsgraden liefert jedoch Gl. (D.6.5a) günstigere Ergebnisse als Gl. (D.6.5c). Die auf den Querschnitt bezogene Querkrafttragfähigkeit für Bauteile aus Normalbeton ohne Längskraft ergibt sich nach Gl. (D.6.5a) zu

$$v_{Rd,c} = V_{Rd,c} / (b_w \cdot d) = 0{,}1 \cdot k \cdot (100 \rho_l \cdot f_{ck})^{1/3} \quad (D.6.6)$$

Eine Ermittlung der Tragfähigkeit ist mit Hilfe von Tafel D.6.1b möglich (vgl. [Friedrich – 04]). Für den häufigen Fall von Platten mit $d \leq 20$ cm kann hier eine direkte Ablesung in der rechten Diagrammhälfte erfolgen (für $d \leq 20$ cm gilt $\bar{v}_{Rd,c} = v_{Rd,c}$). Bei Nutzhöhen $d > 20$ cm ist wegen $k < 2$ eine Ablesung auf der Abszisse der linken Diagrammhälfte erforderlich (weitere Erläuterungen s. Ablesebeispiel 1).

Tafel D.6.1a Mindestquerkrafttragfähigkeit v_{min} von Platten ohne Querkraftbewehrung

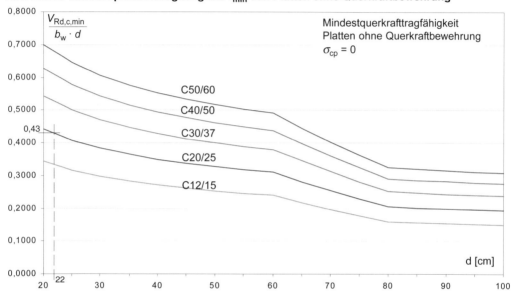

Tafel D.6.1b Bezogene Querkrafttragfähigkeit $v_{Rd,c} = V_{Rd,c} / (b_w \cdot d)$ von Bauteilen ohne Querkraftbewehrung (Normalbeton $\leq$ C50/60, $\sigma_{cp} = 0$)

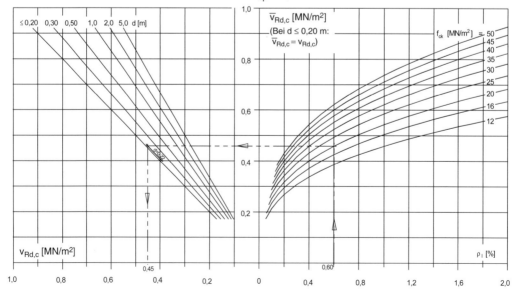

EC2-1-1 – Querkraftbemessung

Ablesebeispiel 1

Platte mit $h/d = 25/22$ cm; Beton C20/25
Bemessungsquerkraft:

$V_{Ed} = 97$ kN/m (Abstand d vom Auflagerrand)
$v_{Ed} = 0{,}097/(1{,}0 \cdot 0{,}22) = 0{,}44$ MN/m²

Mindestquerkrafttragfähigkeit nach *Tafel D.6.1a*
$v_{Rd,c,min} = 0{,}43 < v_{Ed} = 0{,}44$ MN/m² (nicht erfüllt)

Weiter mit *Tafel D.6.1b*
Mit $A_{sl} = 13{,}2$ cm²/m (Annahme) erhält man
$\rho_l = A_{sl}/(b \cdot d) = 0{,}132/(1{,}0 \cdot 0{,}22) = 0{,}60\,\%$
$v_{Rd,c} = 0{,}45$ MN/m² (Tafel D.6.1b, Ablesegrade)
$v_{Rd,c} = 0{,}45 > v_{Ed} = 0{,}44$ MN/m² (erfüllt)
Keine Querkraftbewehrung erforderlich.

Für den im üblichen Hochbau häufigen Fall von Platten mit Nutzhöhen $d \leq 20$ cm und $\sigma_{cp} = 0$ kann als durchgängige Bemessungshilfe – d. h. Querkrafttragfähigkeit unter Berücksichtigung des Längsbewehrungsgrades gemäß Gl. (D.6.5a) und des Mindestwertes nach Gl. (D.6.5) – Tafel 6.1c genutzt werden. Eingangswert ist der maßgebende Längsbewehrungsgrad ρ_l, Ablesewert die bezogene Querkrafttragfähigkeit $v_{Rd,c} = V_{Rd,c}/(b_w \cdot d)$. Vielfach genügt es aber auch, ohne Berechnung von ρ_l direkt den Mindestwert der Querkrafttragfähigkeit – abhängig von der jeweiligen Betonfestigkeitsklasse – abzulesen und mit der einwirkenden Querkraft zu vergleichen (s. nachfolgendes Ablesebeispiel 2).

Ablesebeispiel 2

Gegeben sei eine Platte mit einer Nutzhöhe von $d = 18$ cm aus einem C20/25, die nachzuweisende Querkraft sei $V_{Ed} = 36{,}6$ kN/m und $N_{Ed} = 0$. Die Voraussetzungen für die Anwendung von Tafel D.6.1c sind mit $d \leq 20$ cm und $\sigma_{cp} = 0$ erfüllt.

Mindestquerkrafttragfähigkeit:
$v_{Rd,c,min} \approx 0{,}44$ MN/m²
$V_{Rd,c} = 0{,}44 \cdot 1{,}0 \cdot 0{,}18 = 0{,}0792$ MN/m
$= 79{,}2$ kN/m

Nachweis:
$V_{Ed} = 36{,}6$ kN/m $< V_{Rd,c} = 79{,}2$ kN/m
→ keine Querkraftbewehrung erforderlich.
(Der Nachweis ist hier unabhängig vom vorhandenen Längsbewehrungsgrad erfüllt.)

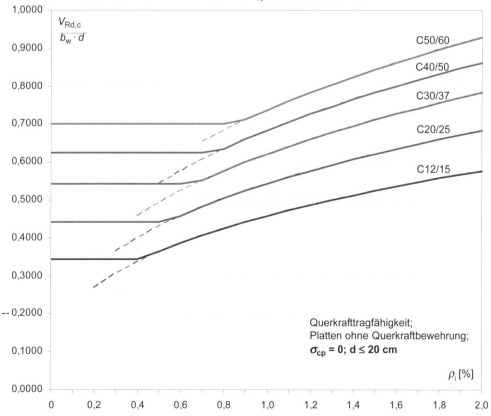

Tafel D.6.1c Bezogene Querkrafttragfähigkeit $v_{Rd,c} = V_{Rd,c}/(b_w \cdot d)$ von Bauteilen ohne Querkraftbewehrung (Normalbeton ≤ C50/60, $\sigma_{cp} = 0$; $d \leq 20$ cm)

6.5 Bauteile mit Querkraftbewehrung

6.5.1 Grundsätzliches

Bei Bauteilen mit Querkraftbewehrung erfolgt die Lastabtragung über ein Stabwerk, das aus dem Ober- und Untergurt der Biegedruck- und -zugzone, aus geneigten Betondruckstreben und vertikalen oder geneigten Zugstreben besteht. Die geneigten Betondruckstreben und Zugstreben verbinden Ober- und Untergurt miteinander. Bei der Querkraftbemessung werden die Betondruckstreben und die Querkraftbewehrung nachgewiesen.

Die Gleichungen der Querkraftbemessung nach EC2-1-1 werden nachfolgend an einem Fachwerkmodell gemäß Abb. D.6.10 für den Sonderfall eines Balkens mit lotrechter Querkraftbewehrung gezeigt. Für eine mittig angreifende Einzellast ergeben sich die für die Knoten 1 und 2 dargestellten Druck- und Zugstrebenkräfte. Für die Ermittlung der Betonspannungen σ_{cd} in der Druckstrebe und der Stahlspannung σ_{sd} in der Zugstrebe müssen diese Kräfte auf die entsprechenden Flächen bezogen werden; man erhält:

$$\sigma_{cd} = \frac{V_{Ed}}{\sin\theta} \cdot \frac{1}{z\cdot\sin\theta\cdot\cot\theta} \cdot \frac{1}{b_w}$$
$$= \frac{V_{Ed}}{b_w \cdot z} \cdot \frac{1+\cot^2\theta}{\cot\theta} \leq \alpha_{cw}\cdot v_1\cdot f_{cd}$$
(D.6.7)

$$\sigma_{sd} = V_{Ed} \cdot \frac{1}{z\cdot\cot\theta} \cdot \frac{1}{A_{sw}/s_w}$$
$$= \frac{V_{Ed}}{(A_{sw}/s_w)\cdot z} \cdot \frac{1}{\cot\theta} \leq f_{ywd}$$
(D.6.8)

Die max. Tragfähigkeit erhält man bei Erreichen der Streckgrenze f_{ywd} der Querkraftbewehrung und/oder Druckfestigkeit $\alpha_{cw}v_1f_{cd}$ der Betondruckstrebe.

Die von der Druckstrebe aufnehmbare Querkraft $V_{Rd,max}$ beträgt mit $V_{Ed} = V_{Rd,max}$

$$V_{Rd,max} = \alpha_{cw}\cdot v_1 \cdot f_{cd}\cdot b_w\cdot z/(\tan\theta+\cot\theta) \quad (D.6.9)$$

Ebenso ergibt sich die größte von der Querkraftbewehrung aufnehmbare Querkraft $V_{Rd,s}$

$$V_{Rd,s} = (A_{sw}/s_w)\cdot f_{ywd}\cdot z\cdot\cot\theta \quad (D.6.10)$$

Der Neigungswinkel θ der Druckstrebe hat einen maßgeblichen Einfluss auf die Bauteilwiderstände. In der klassischen Fachwerkanalogie nach *Mörsch* wird dieser Winkel zu 45° angenommen. Insbesondere bei geringer Beanspruchung können sich jedoch auch deutlich flachere Winkel einstellen, die zu einer erheblichen Reduzierung der erforderlichen Querkraftbewehrung führen. Erst bei hoher Schubbeanspruchung stellt sich dann zur Sicherstellung einer ausreichenden Druckstrebentragfähigkeit ein Neigungswinkel von etwa 45° ein. Der Winkel θ wird mit EC2-1-1 bestimmt aus

$$\cot\theta \leq \frac{1{,}2+1{,}4\cdot\sigma_{cd}/f_{cd}}{1-V_{Rd,cc}/V_{Ed}} \quad \begin{cases}\geq 1{,}0 \text{ (ggf. 0,58) *)}\\ \leq 3{,}0\end{cases}$$

mit

$$V_{Rd,cc} = c\cdot 0{,}48\cdot f_{ck}^{1/3}\cdot(a-1{,}2\cdot(\sigma_{cd}/f_{cd}))\cdot b_w\cdot z$$
$$c = 0{,}5; \quad \sigma_{cd} \text{ als } \textit{Druck positiv}\,!$$

Die maßgebenden Bemessungsgleichungen sind in Tafel D.6.2 zusammenfassend dargestellt.

An dieser Stelle wird noch einmal darauf hingewiesen, dass aus dem Fachwerkmodell auch das Versatzmaß a_l begründet ist (vgl. Abschn. D.6.1).

---
*) Druckstrebenneigungswinkel $\theta > 45°$ (d. h. $\cot\theta < 1{,}0$) sollten nur in Ausnahmefällen verwendet werden. Nach EC2-1-1/NA ist dies nur bei geneigter Querkraftbewehrung zulässig. Bei Längszugbelastung sollte $\cot\theta = 1{,}0$ eingehalten werden.

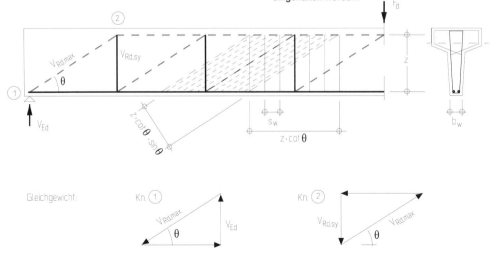

Abb. D.6.10 Fachwerkmodell für Bauteile mit lotrechter Schubbewehrung

Tafel D.6.2 Bemessungsgleichungen für den Nachweis der Schubtragfähigkeit

Der Druckstrebenneigungswinkel θ wird in Abhängigkeit von der Längsspannung σ_{cd} und der Rissreibungskraft (Betontraganteil des verbügelten Querschnitts) $V_{Rd,cc}$ bestimmt. Damit sind die Druck- und Zugstrebenkräfte nachzuweisen.

Lotrechte Schubbewehrung

Bemessungswiderstand $V_{Rd,max}$

$$V_{Rd,max} = \alpha_{cw} \cdot \nu_1 \cdot f_{cd} \cdot b_w \cdot z \cdot \frac{1}{\cot\theta + \tan\theta} \quad (D.6.11)$$

$\alpha_{cw} = 1{,}0$ (EC2-1-1/NA)
$\nu_1 = 0{,}75 \cdot \nu_2$
$\nu_2 = (1{,}1 - f_{ck}/500) \leq 1{,}0$
$f_{cd} = \alpha_{cc} f_{ck}/\gamma_C$ (α_{cc} Dauerlastfaktor; s. S. D.12)
b_w kleinste Stegbreite; bei Stegen mit Spanngliedern s. EC2-1-1, 6.2.3(6)
θ Neigungswinkel der Druckstrebe (s. u.)

Bemessungswert $V_{Rd,s}$

$$V_{Rd,s} = a_{sw} \cdot f_{ywd} \cdot z \cdot \cot\theta \quad (D.6.12)$$

mit a_{sw} Querschnitt der Querkraftbewehrung je Längeneinheit ($a_{sw} = A_{sw}/s_w$)
f_{ywd} Bemessungswert der Stahlfestigkeit der Querkraftbewehrung
z innerer Hebelarm (im Allg.: $z \approx 0{,}9 \cdot d$)[1]
θ Neigungswinkel der Druckstrebe[2]:

$$\cot\theta \leq \frac{1{,}2 + 1{,}4 \cdot \sigma_{cd}/f_{cd}}{1 - V_{Rd,cc}/V_{Ed}} \quad \begin{cases} \geq 1{,}0 \\ \leq 3{,}0 \end{cases}$$

$$V_{Rd,cc} = c \cdot 0{,}48 \cdot f_{ck}^{1/3} \cdot \left(1 - 1{,}2 \cdot \frac{\sigma_{cd}}{f_{cd}}\right) \cdot b_w \cdot z$$

$c = 0{,}5$
$\sigma_{cd} = N_{Ed}/A_c$ ($N_{Ed} > 0$ für Längsdruck)
Näherungsweise darf gesetzt werden
$\cot\theta = 1{,}2$ für reine Biegung
$\cot\theta = 1{,}2$ für Biegung u. Längsdruckkraft
$\cot\theta = 1{,}0$ für Biegung und Längszugkraft

Geneigte Schubbewehrung

Bemessungswert $V_{Rd,max}$

$$V_{Rd,max} = \alpha_{cw} \cdot \nu_1 \cdot f_{cd} \cdot b_w \cdot z \cdot \frac{\cot\theta + \cot\alpha}{1 + \cot^2\theta} \quad (D.6.13)$$

mit α Winkel zwischen Schubbewehrung und Bauteilachse (lotrechte Bügel: $\cot\alpha = 0$)
θ $\cot\theta$ darf bis 0,58 ausgenutzt werden

Bemessungswert $V_{Rd,s}$
$$V_{Rd,s} = a_{sw} \cdot f_{ywd} \cdot z \cdot \sin\alpha \cdot (\cot\theta + \cot\alpha) \quad (D.6.14)$$

---
[1] Weitere Bedingungen und Eingrenzungen s. nachfolgende Erläuterungen.
[2] Die Druckstrebe wird im Fachwerkmodell auf eine Breite $z \cdot \cot\theta$ (s. Abb. D.6.10) durch Bügel hochgehängt. Zumindest etwa auf diese Bereichslänge sollte $\cot\theta$ bzw. die Querkraftbewehrung a_{sw} konstant sein.

Hebelarm z der inneren Kräfte

Für den Hebelarm z der inneren Kräfte in Gln. (D.6.11) und (D.6.12) bzw. (D.6.13) und (D.6.14) darf im Allgemeinen näherungsweise $z = 0{,}9\,d$ gesetzt werden; ggf. ungünstigere Werte, die sich aus der Biegebemessung ergeben, sind zu berücksichtigen. Der Hebelarm z darf jedoch nicht größer als $z = d - 2c_{v,l}$ (mit $c_{v,l}$ als Verlegemaß der Längsbewehrung) angenommen werden, damit sichergestellt ist, dass die Bügel die Betondruckzone umschließen. Bei großen Betondeckungen genügt als Grenzwert $z = d - c_{v,l} - 30$ mm.

Wie aus Abb. D.6.11 zu entnehmen ist, sind diese zusätzlichen Bedingungen für Bauteile mit Bauhöhen von bis zu ca. 60 cm bis 80 cm maßgebend.

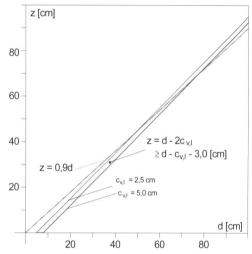

Abb. D.6.11 Hebelarm z der inneren Kräfte

6.5.2 Bemessungshilfen

Die Querkrafttragfähigkeit nach Gln. (D.6.11) und (D.6.12) – d. h. lotrechte Querkraftbewehrung – kann mit Hilfe von Tafel D.6.3 nachgewiesen werden. In der Tafel wird stets der flachste zulässige Winkel θ gewählt, der dann zum kleinsten Schubbewehrungsgrad ρ_w führt. Bei größerer Querkraftbeanspruchung muss θ jedoch zur Erfüllung des Druckstrebennachweises steiler gewählt werden, bei $\theta = 45°$ wird dann die größte Druckstrebentragfähigkeit erreicht (dieser im Allg. unwirtschaftliche Bereich ist in Tafel D.6.3 gestrichelt dargestellt). Die Tafel gilt nur für Standardfälle, gesonderte Betrachtungen sind z. B. bei Längskräften, bei auflagernahen Einzellasten usw. erforderlich.

Der zugrunde liegende Druckstrebenneigungswinkel kann bei bekanntem Schubbewehrungsgrad ermittelt werden aus

$$\cot\theta = \nu_{Ed}/(f_{ywd} \cdot \rho_w)$$

Bemessung

Tafel D.6.3 Diagramm zur Ermittlung des Querkraftbewehrungsgrades $\rho_w = A_{sw}/(s_w \cdot b_w)$ in Abhängigkeit von der Beanspruchung $v_{Ed} = V_{Ed}/(b_w \cdot z)$
(senkrechte Querkraftbewehrung, B 500, Normalbeton ≤ C50/60; $\sigma_{cd} = 0$)

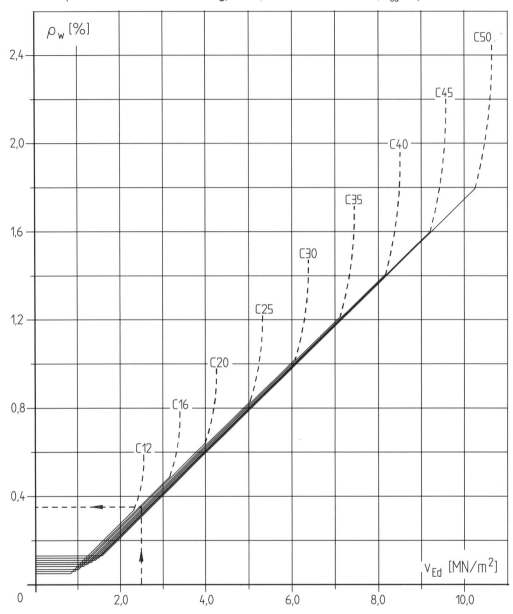

Beispiel

Plattenbalken mit $z = 0{,}48$ m und $b_w = 0{,}30$ m aus Beton C30/37. Bemessungswert der Querkraft

$V_{Ed} = 351$ kN
$v_{Ed} = V_{Ed}/(b_w \cdot z)$
$= 0{,}351/(0{,}30 \cdot 0{,}48) = 2{,}44$ MN/m²

Ermittlung der Querkraftbewehrung mit Tafel D.6.3
$\rho_w = 0{,}34$ %
$a_{sw} = 0{,}0034 \cdot 30 \cdot 100 = 10{,}2$ cm²/m
[cot $\theta = 2{,}44 /(435 \cdot 0{,}0034) = 1{,}65$]

Die Druckstrebentragfähigkeit ist gegeben, da der Maximalwert für C30/37 ($v_{Rd,max} > 6{,}0$ MN/m², s. Tafel D.6.3) deutlich nicht erreicht wird.

6.5.3 Besonderheiten bei Kreisquerschnitten

Die Widerstandsformeln der Querkraftnachweise beziehen sich genau genommen nur auf Rechteckquerschnitte bzw. profilierte Querschnitte gemäß EC2-1-1, Bild 6.5. Der gegenüber diesen Querschnittsformen abweichende Kraftfluss in Trägern mit Kreisquerschnitt erfordert eine Erweiterung des Fachwerkmodells zur Querkraftbemessung.

Der Nationale Anhang zu EC2-1-1, 6.2.3 erlaubt für Kreisquerschnitte die übliche Nachweisführung mit einem äquivalenten Rechteckquerschnitt mit der wirksamen Breite b_w. Als wirksame Breite ist dabei die kleinste Breite senkrecht zum Hebelarm z anzusetzen – also die kleinste Querschnittsbreite zwischen Druckresultierender und Bewehrungsschwerpunkt. Diese Regelung entspricht der bisherigen NABau-Auslegung zur Querkraftbemessung von Kreisquerschnitten nach DIN 1045-1 [NABau-Ausl-1045 – 09].

Das Thema wird in [Bender – 10] ausführlich behandelt, Ergebnisse sind in [Bender/Mark – 06] und [Bender et al. – 10] veröffentlicht (für überdrückte Querschnitte s. [Neuser/Häusler – 05]). Die nachfolgenden Ausführungen geben die dortigen Näherungslösungen für die praktische Bemessung von Bauteilen im Zustand II wieder – angepasst an Vorzeichendefinition und Schreibweise des EC2-1-1.

Bauteile ohne Querkraftbewehrung

Der Widerstand kann additiv aus einem Tragantteil des rein biegebeanspruchten Bauteils $V_{Rd,c}$ und einem Anteil aus Normalkraftwirkung V_{Nd} ermittelt werden. Druck-Normalkräfte wirken dabei traglaststeigernd und sind daher mit dem unteren Teilsicherheitsbeiwert anzusetzen.

Der Nachweis kann geführt werden über

$$V_{Ed} \leq V_{Rd,c} + V_{Nd} \quad \text{(D.6.15)}$$

mit $V_{Rd,c}$ = Querkrafttragfähigkeit des biegebeanspruchten Querschnitts

$$V_{Rd,c} = 0{,}13 \cdot k \cdot (100 \cdot \rho_l)^{0{,}42} \cdot f_{ck}^{1/3} \cdot D \cdot z \quad \text{(D.6.16)}$$

$k = 1 + \sqrt{200/d} \leq 2{,}0$
D = Bauteildurchmesser
z = Hebelarm der inneren Kräfte
ρ_l = Längsbewehrungsgrad

$$\rho_l = 0{,}5 \cdot \frac{A_{s,tot}}{A_c} = 2 \cdot \frac{A_{s,tot}}{\pi \cdot D^2}$$

Die Nutzhöhe d ist dabei aus dem Abstand zwischen dem Schwerpunkt der Zugkraft und dem Druckrand zu ermitteln. Ebenso gilt für den Hebelarm z der Abstand zwischen der resultierenden Betondruckkraft und Stahlzugkraft.

V_{Nd} = Tragwiderstand aus Normalkraft
$V_{Nd} = \lambda \cdot N_{Ed}$ (D. 6.17)
N_{Ed} = Bemessungswert der Längskraft (Druck positiv)

λ = Neigung des Sprengwerks; es ist
$\lambda = f / l_{max}$ bei einer Einzellast
$\lambda_{min} \leq \lambda \leq \lambda_{max}$ bei Gleichstreckenlast
λ linear interpoliert mit
$\lambda_{min} = 0$ bei $M = \max$ und
$\lambda_{max} = 2f / l_{max}$ bei $M = 0$
f Ausmitte der Druckresultierenden im Querschnitt mit max M und l_{max} als Abstand zwischen Momentennullpunkt und -maximum

Bauteile mit Querkraftbewehrung

Wesentlich für den gegenüber Rechteckquerschnitten abweichenden Schubfluss ist die in Kreisquerschnitten ringförmige Querkraftbewehrung, aus der Umlenkkräfte in den Beton eingeleitet werden (Abb. D.6.12). Es ergeben sich sowohl höhere Zugspannungen in der Querkraftbewehrung als auch höhere Druckspannungen im Beton.

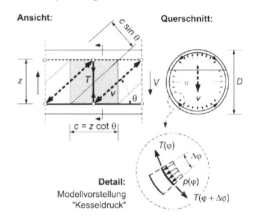

Abb. D.6.12 Lastabtrag bei Bauteilen mit Kreisquerschnitt (aus [Bender et al. – 10])

Dementsprechend werden die Widerstände in den Bemessungsgleichungen über den Wirksamkeitsfaktor α_k reduziert. Die Höhe des Faktors hängt von der Beanspruchung ab und bewegt sich in einem Intervall $0{,}715 \leq \alpha_k \leq 0{,}785$. Vereinfacht kann $\alpha_k = 0{,}75$ geschätzt werden. Für ringförmige Einzelbügel ergibt sich:

$$V_{Rd,s} = \alpha_k \cdot a_{sw} \cdot f_{yd} \cdot z \cdot \cot\theta \quad \text{(D.6.18a)}$$

$$V_{Rd,max} = \alpha_k \cdot \frac{b_w \cdot z \cdot \alpha_{cw} \cdot \nu_1 \cdot f_{cd}}{\cot\theta + \tan\theta} \quad \text{(D.6.18b)}$$

mit a_{sw} Querkraftbewehrung je Längeneinheit
z innerer Hebelarm
$\alpha_{cw} \cdot \nu_1 \cdot f_{cd}$ Festigkeit der Betondruckstrebe (vgl. Gl. (D.6.11))
$\theta = \beta_R$ = Schubrissneigungswinkel
$\cot\beta_R = 1{,}2 + 1{,}4 \cdot (\sigma_{cd} / f_{cd})$
$\sigma_{cd} = N_{Ed} / A_c$ (Druck positiv)

6.6 Anschluss von Druck- und Zuggurten

Bei Plattenbalken oder Hohlkästen müssen Platten, die als Druck- oder Zuggurt mitwirken, schubfest an den Steg angeschlossen werden. Ebenso wie in Balkenstegen ist der schubfeste Anschluss über Druck- und Zugstreben sicherzustellen. Das Zusammenwirken der Druck- und Zugstreben in einem Druckgurt und der Anschluss des „Obergurt"-Fachwerks an den Steg sind an dem einfachen Modell in Abb. D.6.13 zu erkennen. Nachzuweisen ist, dass die Druckstrebentragfähigkeit nicht überschritten wird und die Querbewehrung die Zugstrebenkraft aufnehmen kann.

Nach EC2-1-1 ist daher der Nachweis zu erbringen, dass die einwirkende Schubkraft V_{Ed} die Tragfähigkeiten $V_{Rd,max}$ und $V_{Rd,s}$ nicht überschreitet:

$$V_{Ed} \leq V_{Rd,max} \text{ und } V_{Ed} \leq V_{Rd,s}$$

Einwirkende Längsschubkraft V_{Ed}

Die Längsschubkraft V_{Ed} wird ermittelt aus

$$V_{Ed} = \Delta F_d \quad (D.6.19)$$

Dabei ist ΔF_d die Längskraftdifferenz, die in einem einseitigen Gurtabschnitt auf der Länge Δx auftritt. Die betrachtete Abschnittslänge Δx darf allgemein nicht größer angenommen werden als der halbe Abstand zwischen Momentennullstelle und Momentenmaximum. Bei nennenswerten Einzellasten sollte die Abschnittslänge nicht über die Querkraftsprünge hinausgehen.

Für die Ermittlung der Längskraftdifferenz ΔF_d wird die Gurtkraft $F_{cd,a}$ (Druckgurt) bzw. $F_{sd,a}$ (Zuggurt) des abliegenden Flansches im jeweils betrachteten Querschnitt benötigt. Hierfür erhält man bei einem Druckgurt näherungsweise unter Verwendung des rechteckigen Spannungsblocks für reine Biegung (ohne Längskraft)

$$F_{cd,a} \approx \frac{M_{Ed}}{z} \cdot \frac{A_{ca}}{A_{cc}} \text{ }^{1)} \quad (D.6.20a)$$

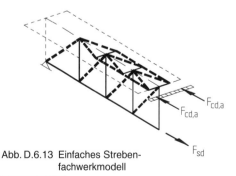

Abb. D.6.13 Einfaches Strebenfachwerkmodell

[1)] Für den häufigen Fall der Nulllinie in der Platte ($x \leq h_f$) gilt
$F_{cd,a} = \dfrac{M_{Ed}}{z} \cdot \dfrac{b_a}{b}$ (vgl. Abb. D.6.15)

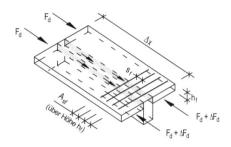

Abb. D.6.14 Anschluss eines Gurts an einen Steg

Die Zugkraft $F_{sd,a}$ der ausgelagerten Biegezugbewehrung ergibt sich bei „reiner" Biegung zu

$$F_{sd,a} = \frac{M_{Ed}}{z} \cdot \frac{A_{sa}}{A_s} \quad (D.6.20b)$$

Hierin sind (s. a. Abb. D.6.15)

- M_{Ed} Bemessungsmoment
- z Hebelarm der inneren Kräfte
- A_{ca} Fläche des abliegenden Flansches
- A_{cc} Gesamtfläche der Druckzone
- A_{sa} Fläche der in den Flansch ausgelagerten Zugbewehrung des betrachteten Gurtstreifens
- A_s Gesamtfläche der Zugbewehrung

Schubtragfähigkeit des Gurtanschlusses

Die Druckstreben- und Zugstrebentragfähigkeit des Gurtanschlusses wird entsprechend Abschn. D.6.5 (s. Tafel D.6.2) nachgewiesen. Dabei ist jedoch $b_w = h_f$ und $z = \Delta x$ zu setzen. Der Neigungswinkel der Druckstrebe darf nach EC2-1-1/NA vereinfachend für Zuggurte zu $\cot\theta = 1{,}0$ und für Druckgurte zu $\cot\theta = 1{,}2$ gesetzt werden. Mit diesen Winkeln θ erhält man für $\alpha = 90°$, d. h. für eine senkrecht zum Steg verlaufende Anschlussbewehrung:

- Druckgurt

$$\Delta F_d \leq V_{Rd,max} = 0{,}492 \cdot \alpha_{cw} \cdot \nu_1 \cdot f_{cd} \cdot h_f \cdot \Delta x \quad (D.6.21)$$

$$\begin{aligned}\Delta F_d &\leq V_{Rd,s} = a_{sw} \cdot f_{ywd} \cdot \Delta x \cdot 1{,}2 \\ a_{sw} &\geq \Delta F_d / (f_{ywd} \cdot \Delta x \cdot 1{,}2)\end{aligned} \quad (D.6.22)$$

- Zuggurt

$$\Delta F_d \leq V_{Rd,max} = 0{,}5 \cdot \alpha_{cw} \cdot \nu_1 \cdot f_{cd} \cdot h_f \cdot \Delta x \quad (D.6.23)$$

$$\begin{aligned}\Delta F_d &\leq V_{Rd,s} = a_{sw} \cdot f_{ywd} \cdot \Delta x \cdot 1{,}0 \\ a_{sw} &\geq \Delta F_d / (f_{ywd} \cdot \Delta x)\end{aligned} \quad (D.6.24)$$

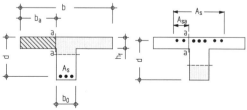

Abb. D.6.15 Bezeichnungen des Druck- und Zuggurts

Längsschub und Querbiegung

Bei kombinierter Beanspruchung aus Querbiegung und Schub zwischen Gurt und Steg ist je Seite derjenige Stahlquerschnitt anzuordnen, der sich entweder ergibt aus:

– Bemessung der Schubbewehrung oder
– Biegebewehrung und Hälfte der Schubbewehrung

Der jeweils größere Wert ist maßgebend (EC2-1-1, 6.2.4). Die Mindestbewehrung ist zu beachten.

Schub zwischen Gurt und Steg sowie Querkraft in der Platte

Bei einer stärkeren Querkraftbeanspruchung der Platte ist zusätzlich eine Interaktion der Querkraftdruckstreben aus Scheibenschub (Schubbeanspruchung des angeschlossenen Gurts) und Plattenschub (Querkraftdruckstrebe in der Platte) zu berücksichtigen (EC2-1-1/NA zu 6.2.4). Sie wird wie folgt durchgeführt

$$\frac{V_{Ed,Platte}}{V_{Rd,max,Platte}} + \frac{V_{Ed,Scheibe}}{V_{Rd,max,Scheibe}} \leq 1{,}0$$

mit
$V_{Ed,Platte}$ Querkraftbeanspruchung der Platte
$V_{Rd,max,Platte}$ max. Querkrafttragfähigkeit der Platte (vgl. Tafel D.6.2)
$V_{Ed,Scheibe}$ Schubbeanspruchung des Gurts nach Gl. (D.6.19)
$V_{Ed,max,Scheibe}$ max. Schubtragfähigkeit des Gurts (s. Gl. (D.6.21) und Gl. (D.6.23))

6.7 Schubfugen

6.7.1 Grundsätzliches

Bei nachträglich ergänzten Betonquerschnitten ist die Übertragung der Schubkraft in der Fuge zwischen den Betonierabschnitten nachzuweisen. Die hierzu in EC2-1-1 getroffenen Regelungen waren in ähnlicher Form bereits in der Neuausgabe DIN 1045-1: 2008 enthalten; sie unterscheiden sich jedoch von den Vorgaben früherer Normen (s. DIN 1045-1:2001). Letztere waren gegenüber der aktuellen Nachweisführung missverständlich und führten teilweise zu unzureichenden Bemessungsergebnissen – insbesondere bei schmalen Verbundfugen.

Die Problematik der Verbund- oder Schubfugen ist für den in der Praxis tätigen Ingenieur von besonderer Bedeutung. Zur Verdeutlichung der Neuerung wird daher nachfolgend auch auf einige ältere Regelungen eingegangen.

6.7.2 Fugenarten

Fugen können senkrecht zur Beanspruchung oder in Richtung der Beanspruchung angeordnet sein (s. Abb. D.6.16; vgl. [Fingerloos/Litzner – 06]). Je nach Lage der Fuge zur Beanspruchungsrichtung tritt eine Längsschubbeanspruchung (z. B. bei mit Ortbeton ergänzten Fertigplatten und -balken) oder eine Biegeschubbeanspruchung auf (z. B. bei vertikalen Betonierfugen in biegebeanspruchten Bauteilen).

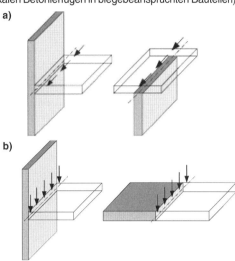

Abb. D.6.16 Verbundfuge parallel (a) und senkrecht (b) zur Bauteilachse

EC2-1-1 behandelt lediglich achsenparallele Fugen, Hinweise zu Fugen senkrecht zur Bauteilachse enthält der Nationale Anhang.

6.7.3 Schubbeanspruchung parallel zur Fuge

6.7.3.1 Grundlagen

Der Tragwiderstand v_{Rdi} schubbeanspruchter Fugen setzt sich aus verschiedenen Mechanismen und Traganteilen zusammen:

$$v_{Rd,i} = v_{Rdi,c} + v_{Rdi,s} \tag{D.6.25}$$

Darin sind

$v_{Rdi,c}$ Traganteil aus der unbewehrten Fuge aus
  – *Haftverbund*
   (Adhäsion und mikromechanische Verzahnung der Grenzflächen) und
  – *Reibung* in der Fuge
   (bei Druckspannungen senkrecht zur Fuge)

$v_{Rdi,s}$ Traganteil der *Bewehrung*
  (Klemm- und Dübelwirkung)

Die Tragmechanismen sind prinzipiell in Abb. D.6.17 dargestellt.

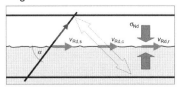

Abb. D.6.17 Modell und Fachwerkansatz (nach [Fingerloos/Zilch – 08])

Die genannten Traganteile werden bei der Nachweisführung nach EC2-1-1 zum Gesamtwiderstand addiert. Dabei werden berücksichtigt:

- Adhäsions- und Reibungsanteil:
$$v_{Rdi,c} = c \cdot f_{ctd} + \mu \cdot \sigma_n \qquad (D.6.26a)$$
- Bewehrungsanteil:
$$v_{Rdi,s} = \rho \cdot f_{yd} \cdot (1{,}2 \cdot \mu \cdot \sin\alpha + \cos\alpha) \qquad (D.6.26b)$$

mit den Beiwerten c und μ in Abhängigkeit von der Fugenrauigkeit (s. Tafel D.6.4), σ_n als kleinste Normalspannung senkrecht zur Fuge, die gleichzeitig mit der Querkraft wirkt ($\sigma_n > 0$ als Druck), und dem Verbundbewehrungsgrad ρ.

Der Traganteil der Bewehrung $v_{Rdi,s}$ ergibt sich für eine die Fuge mit dem Neigungswinkel α kreuzende Verbundbewehrung, die beiderseits der Fuge ausreichend verankert wird. Es wird unterstellt, dass die Verbundbewehrung die Streckgrenze f_{yk} erreicht.

Zusätzlich wird eine maximale Schubtragfähigkeit $v_{Rd,max}$ formuliert, die sich aus der rissbedingt verminderten Druckfestigkeit des Alt- oder Neubetons ergibt (vgl. Nachweis der Druckstrebentragfähigkeit bei monolithischen Bauteilen).

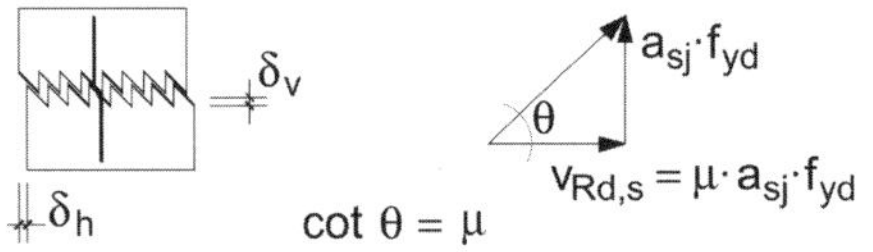

Abb. D.6.18 Erläuterung zur Schub-Reibungs-Theorie (lotr. Verbundbewehrung; s. [Jähring – 06])

Die vertikale Komponente des Bewehrungsanteils ($\rho \cdot f_{yd} \cdot 1{,}2 \cdot \mu \cdot \sin\alpha$) wird mit der Schub-Reibungs-Theorie begründet. Dieser liegt die Vorstellung zugrunde, dass es bei einer gegenseitigen horizontalen Verschiebung δ_h der Fugenränder auch zu einer vertikalen Verschiebung δ_v infolge der Rauigkeit der Fuge kommt.

Die Vertikalverschiebung bewirkt eine (Vor-)Spannung der Verbundbewehrung und erzeugt damit Druckspannung senkrecht zur Fuge. Letztere aktiviert dann die Reibungskraft (vgl. Abb. D.6.18).

Im Nationalen Anhang wird der vertikale Traganteil der Bewehrung über den Faktor 1,2 höher bewertet als nach EC2-1-1 (Hauptdokument). Diese empirisch begründete Erhöhung berücksichtigt eine höhere Tragfähigkeit aus Klemm- und Dübelwirkung der Bewehrung (vgl. [DAfStb-H525 – 10] und [Zilch/Zehetmaier – 10]).

Hinweise zu früheren Regelungen

DIN 1045-1:2001 formulierte den Tragwiderstand in der Schubfuge noch abweichend zu den aktuellen Vorgaben des EC2-1-1.

Zunächst wurde ein Widerstand für Fugen ohne Verbundbewehrung $v_{Rd,ct}$ definiert, der sich aus Haftverbund und Reibung ergibt. Für bewehrte Verbundfugen war der Gesamttragwiderstand $v_{Rd,j}$ unter Zugrundelegen des Fachwerkmodells der Querkraftbemessung mit einem multiplikativen Ansatz zu ermitteln. Insbesondere der zugehörige Druckstrebenneigungswinkel war missverständlich formuliert (vgl. DIN 1045-1:2001, Gl. (86) und Erläuterungen in [Goris – 09]). Erst ein 2005 erschienenes Berichtigungsblatt zu [DAfStb-H525 – 03] verweist auf die Widersprüche.

Mit dem additiven Ansatz in EC2-1-1 (s. auch DIN 1045-1:2008) ist nunmehr ein Nachweiskonzept geringerer Fehleranfälligkeit gegeben.

6.7.3.2 Nachweis nach EC2-1-1

Einwirkung

Die aufzunehmende Bemessungsschubkraft v_{Ed} darf die aufnehmbare v_{Rd} nicht überschreiten. Der Bemessungswert der aufzunehmenden Schubkraft je Längeneinheit v_{Ed} ergibt sich zu

$$v_{Edi} = \beta \cdot \frac{V_{Ed}}{z \cdot b_i} \qquad (D.6.27)$$

mit β als Quotient aus der Längskraft im Aufbeton und der Gesamtlängskraft (Gesamtlängskraft infolge Biegung: M_{Ed}/z), V_{Ed} als Bemessungsquerkraft, z als Hebelarm der inneren Kräfte und b_i als Breite der Kontaktfuge zwischen Ortbeton und Fertigteil (s. z. B. Abb. D.6.22).

Abb. D.6.19 zeigt das zugrunde liegende Modell der Fugenbemessung eines Plattenbalkens. In Abb. D.6.19a liegt die gesamte Betondruckkraft F_{cd} im Aufbeton, die Fuge ist demnach mit $\beta = 1$ zu bemessen; in Abb. D.6.19b liegt ein Anteil der Betondruckkraft im Fertigteil ($F_{cd,w}$), die Fuge muss daher nur für den Anteil $F_{cd,f}$ im Aufbeton – d. h. mit $\beta < 1$ – bemessen werden. (Zusätzlich ist die Querkraftbemessung des monolithischen Gesamtquerschnitts ohne Abminderungen durchzuführen.)

Wie auch bei der Querkraftbemessung des Balkensteges darf die günstige Wirkung einer direkten Krafteinleitung der Druckstrebe bei direkter Lagerung berücksichtigt werden. Der Bemessungswert der Schubkraft $v_{Ed,i}$ wird dann im Abstand d_i vom Auflagerrand bestimmt; d_i ergibt sich dabei aus der Nutzhöhe bis zur Verbundfuge (s. Abb. D.6.20).

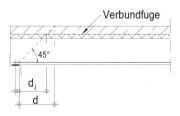

Abb. D.6.20 Bemessungsschnitt bei direkter Lagerung

EC2-1-1 – Querkraftbemessung

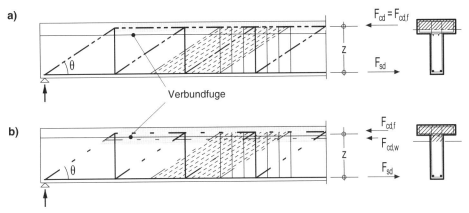

Abb. D.6.19 Fachwerkmodell für die Fugenbemessung eines Balkens
a) Fuge unterhalb der Druckzone (gesamte Gurtlängskraft F_{cd} liegt im Aufbeton, d. h. $\beta = 1,0$)
b) Fuge in der Druckzone (nur Gurtlängskraftanteil $F_{cd,f}$ liegt im Aufbeton, d. h. $\beta < 1,0$)

Tragfähigkeit

Fugenausbildung

Die Tragfähigkeit der Fuge wird entscheidend durch die Fugenrauigkeit beeinflusst. Es wird unterschieden:

- sehr glatte Fuge, wenn gegen Stahl, Plastik oder glatte Holzschalungen betoniert wird (auch: wenn der erste Betonierabschnitt mit einer Konsistenz $\geq$ F5 betoniert wird);
- glatte Fuge, die abgezogen oder im Gleit- bzw. Extruderverfahren hergestellt wird oder die nach dem Verdichten ohne weitere Behandlung bleibt;

a) raue Fuge

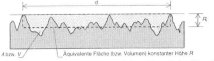

mittlere Rautiefe $R_t > 1,5$ mm

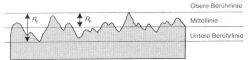

Profilkuppenhöhe $R_p > 1,1$ mm

b) verzahnte Fuge

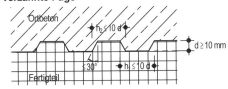

Abb. D.6.21 Fugenausbildung bei Ausführung als
a) raue Fuge
b) Fuge mit Verzahnung

- raue Fuge, bei der die Oberfläche mit mind. 3 mm Rauigkeit mit ca. 40 mm Abstand ausgeführt wird; alternativ kann nachgewiesen werden (vgl. Abb. D.6.21a):
  - mittlere Rautiefe $R_t \geq 1,5$ mm oder
  - maximale Profilkuppenhöhe $R_p \geq 1,1$ mm;
- verzahnte Fuge, die eine Verzahnung nach Abb. D.6.21b ausweist (mit $0,8 \leq h_1/h_2 \leq 1,25$); eine Verzahnung liegt auch vor bei Gesteinskörnung $d_g \geq 16$ mm, bei der das Korngerüst mindestens 3 mm tief freigelegt wird oder $R_t \geq 3,0$ mm bzw. $R_p \geq 2,2$ mm.

Nachweis der Tragfähigkeit

Die Tragfähigkeit wird mit einem additiven Ansatz bestimmt, der sich aus einem Betontraganteil (Kohäsion), der Reibung (Schub-Riss-Reibung) und einem Bewehrungsanteil zusammensetzt. Eine formale Unterscheidung in Verbundfugen ohne rechnerisch erforderliche Verbundbewehrung mit rechnerisch notwendiger Bewehrung, wie dies noch in DIN 1045-1:2001 notwendig war, ist nicht mehr erforderlich.

Die aufnehmbare Bemessungsschubkraft ohne oder mit Anordnung einer Verbundbewehrung ergibt sich zu (EC2-1-1, 6.2.5):

$v_{Rdi} = v_{Rdi,c} + v_{Rdi,s} \leq v_{Rdi,max}$ (D.6.28a)

mit Traglastanteil der unbewehrten Fuge:
$v_{Rdi,c} = c \cdot f_{ctd} + \mu \cdot \sigma_n$ (D.6.28b)

Traglastanteil der Verbundbewehrung:
$v_{Rdi,s} = \rho \cdot f_{yd} \cdot (1,2\mu \cdot \sin\alpha + \cos\alpha)$ (D.6.28c)

$f_{ctd} = \alpha_{ct} \cdot f_{ctk;0,05}/\gamma_C$; Bemessungswert der Betonzugfestigkeit des Ortbetons oder des Fertigteils [N/mm²]; der kleinere Wert ist maßgebend; Teilsicherheitsbeiwert für Beton $\gamma_C = 1,5$; Langzeitfaktor Betonzugfestigkeit $\alpha_{ct} = 0,85$ (EC2-1-1/NA, 3.1.6(2))

Bemessung

σ_n kleinste Spannung senkrecht zur Fuge, die gleichzeitig mit der Querkraft wirkt (*Druck positiv*) mit $\sigma_n \leq 0{,}6 \cdot f_{cd}$

c Beiwert nach Tafel D.6.4 (bei dynamischer Beanspruchung gilt jedoch generell $c = 0$)

μ Beiwert der Schubreibung nach Tafel D.6.4

ρ $= A_s / A_i$; mit A_s = Querschnitt der die Fuge kreuzenden Bewehrung und A_i = Verbundfläche

α Neigung der Bewehrung gegen die Kontaktfläche Ortbeton/Fertigteil mit $45° \leq \alpha \leq 90°$

Tafel D.6.4 Beiwerte c und μ

Oberfläche	c	μ
verzahnt	0,50	0,9
rau	0,40 a)	0,7
glatt	0,20 a)	0,6
sehr glatt	0	0,5

a) Bei Zug senkrecht zur Fuge und bei Fugen zwischen nebeneinander liegenden Fertigteilen ohne Verbindung durch Mörtel oder Kunstharz gilt $c = 0$.

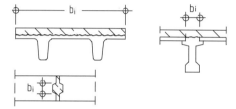

Abb. D.6.22 Breite b der Kontaktfuge

Der Bemessungswert der maximal aufnehmbaren Schubkraft beträgt (vgl. EC2-1-1, 6.2.5):

$$v_{Rdi,max} = 0{,}5 \cdot \nu \cdot f_{cd} \qquad (D.6.29)$$

ν Abminderungsfaktor; hierfür gilt
     $\nu = 0{,}70$ für verzahnte Fugen
     $\nu = 0{,}50$ für raue Fugen
     $\nu = 0{,}20$ für glatte Fugen
     $\nu = 0$ für sehr glatte Fugen; der Reibungsanteil $\mu \cdot \sigma_n$ in Gl. (D.6.28a) darf bis $\leq 0{,}1 f_{cd}$ ausgenutzt werden.

Für höhere Betonfestigkeitsklassen ab C55/67 ist der Beiwert ν mit $\nu_2 = (1{,}1 - f_{ck}/500)$ zu multiplizieren (NDP zu EC2-1-1, 6.2.2(6)).

Die Verbundbewehrung ist kraftschlüssig nach beiden Seiten der Kontaktfläche zu verankern. Die Bewehrung darf abgestuft verteilt werden (vgl. Abb. D.6.23).

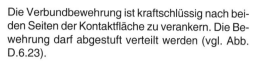

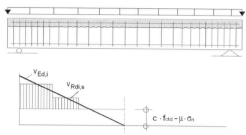

Abb. D.6.23 Staffelung der Verbundbewehrung

Die aufnehmbare Querkraft von *ausbetonierten oder vergossenen Fugen in Scheiben* aus Platten- oder Wandbauteilen wird analog ermittelt. Dabei ist die mittlere Schubtragfähigkeit v_{Rdi} bei rauen und glatten Fugen auf 0,15 N/mm², bei sehr glatten Fugen auf 0,10 N/mm² zu begrenzen (EC2-1-1, 10.9.3(12)).

Beispiel

Für den in Abb. D.6.24 dargestellten Plattenbalken soll die Querkraft an der maßgebenden Stelle am Auflagerrand nachgewiesen werden. Der Nachweis wird im Rahmen des Beispiels nur für den Endzustand geführt.

Baustoffe:

     Beton: C20/25 (Ortbeton)
               C30/37 (Fertigteile)
     Betonstahl: B 500 S

Querkraft V_{Ed}

     $V_{Ed,0} = 172$ kN (theor. Auflagerlinie)
     $V_{Ed} \approx 150$ kN (Abstand d_i vom Rand)

Bemessung des Fertigteilträgers mit Ortbetonergänzung

Die Ortbetonplatte sei über eine „schmale" Fuge mit einer Breite von 38 cm mit dem Fertigbalken verbunden. Die Verbundfuge soll rau ausgeführt werden (s. Abb. D.6.24).

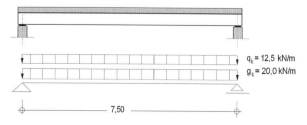

$q_k = 12{,}5$ kN/m
$g_k = 20{,}0$ kN/m

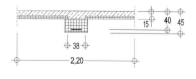

Abb. D.6.24 System und Belastung der Beispielrechnung

- Aufzunehmende Bemessungsschubkraft
  $v_{Ed} = V_{Ed} / (z \cdot b_i)$
  $z = 0,9d = 0,9 \cdot 0,40 = 0,36$ m
  $> (d - 2 c_{v,l}) = 0,40 - 2 \cdot 0,03 = 0,34$ m
  $> d - c_{v,l} - 30$ mm $= 0,34$ m

  z wird in Abhängigkeit von der Betondeckung der Längsbewehrung begrenzt (s. EC2-1-1/ NA 6.2.3, vgl. auch Bemessung der Querkraftbewehrung) (Annahme: $c_{v,l} = 3,0$ cm)

  $v_{Ed} = 0,150 / (0,34 \cdot 0,38) = 1,16$ MN/m²
  $v_{Ed,0} = 0,172 / (0,34 \cdot 0,38) = 1,33$ MN/m²

- Nachweis der Druckstrebe
  $v_{Rdi,max} = 0,5 \cdot v \cdot f_{cd}$
  $v = 0,5$ (raue Fuge)
  $v_{Rdi,max} = 0,5 \cdot 0,5 \cdot (0,85 \cdot 20 / 1,5)$
  $= 2,83$ MN/m² $> v_{Ed,0} = 1,33$ MN/m²

- Nachweis der Verbundbewehrung
  Bemessungswert der aufnehmbaren Schubkraft bei Verzicht auf Verbundbewehrung

  $v_{Rdi,c} = c \cdot f_{ctd} + \mu \cdot \sigma_n$
  $c = 0,40$ (raue Fuge)
  $f_{ctd} = \alpha_{ct} \cdot f_{ctk;0,05} / \gamma_C$
  $= 0,85 \cdot 1,5 / 1,5 = 0,85$ MN/m²
  $\sigma_n = 0$
  $v_{Rdi,c} = 0,40 \cdot 0,85 = 0,34$ MN/m² $< v_{Ed,j} = 1,16$
  → Verbundbewehrung erforderlich.

  Bemessungswert der aufnehmbaren Schubkraft einer Verbundbewehrung

  $v_{Rdi,s} = A_s/A_i \cdot f_{yd} \cdot (1,2\mu \cdot \sin \alpha + \cos \alpha)$
  $\mu = 0,7$
  $\alpha = 90°$

  $a_s = \dfrac{v_{Ed,i} - v_{Rdi,c}}{f_{yd} \cdot (1,2 \cdot \mu \cdot \sin \alpha + \cos \alpha)} \cdot b_i$

  $= \dfrac{1,16 - 0,34}{435 \cdot (1,2 \cdot 0,7 \cdot 1,0)} \cdot 0,38 \cdot 10^4 = 8,53 \dfrac{cm^2}{m}$

*Nachfolgend werden noch zwei **Varianten** zu der gezeigten Beispielrechnung betrachtet:*

a) Ausführung mit $b_i = 38$ cm als **glatte** Fuge:
   - Nachweis der Druckstrebe ($v = 0,2$)
     $v_{Rdi,max} = 0,5 \cdot 0,2 \cdot (0,85 \cdot 20 / 1,5)$
     $= 1,13$ MN/m² $< v_{Ed,0} = 1,33$ MN/m²
     d. h. Ausführung **nicht** zulässig

b) Ausführung mit **$b_i = 20$ cm** als raue Fuge
   - Aufzunehmende Bemessungsschubkraft
     $v_{Ed} = 0,150 / (0,34 \cdot 0,20) = 2,21$ MN/m²
     $v_{Ed,0} = 0,172 / (0,34 \cdot 0,20) = 2,53$ MN/m²
   - Nachweis der Druckstrebe
     $v_{Rdi,max} = 0,5 \cdot v \cdot f_{cd}$ ($v = 0,5$; raue Fuge)
     $v_{Rdi,max} = 0,5 \cdot 0,5 \cdot (0,85 \cdot 20 / 1,5)$
     $= 2,83$ MN/m² $> v_{Ed,0} = 2,53$ MN/m²
     d. h. Ausführung zulässig

- Nachweis der Verbundbewehrung
  $v_{Rdi,c} = c \cdot f_{ctd} - \mu \cdot \sigma_n$
  $c = 0,4$; $f_{ctd} = 0,85$ MN/m²; $\sigma_n = 0$
  $v_{Rdi,c} = 0,40 \cdot 0,85 = 0,34$ MN/m²

  Bemessungswert der aufnehmbaren Schubkraft einer Verbundbewehrung

  $v_{Rdi,s} = A_s/A_i \cdot f_{yd} \cdot (1,2\mu \cdot \sin \alpha + \cos \alpha)$
  $\mu = 0,7$; $\alpha = 90°$

  $a_s = \dfrac{v_{Ed,i} - v_{Rdi,c}}{f_{yd} \cdot (1,2 \cdot \mu \cdot \sin \alpha + \cos \alpha)} \cdot b_i$

  $= \dfrac{2,21 - 0,34}{435 \cdot (1,2 \cdot 0,7 \cdot 1,0)} \cdot 0,2 \cdot 10^4 = 10,24 \dfrac{cm}{m^2}$

Anmerkung: Die Bemessung der Verbundfuge nach EC2-1-1 (und DIN 1045-1:2008) führt zu ähnlichen Bewehrungsmengen wie die Berechnung nach DIN 1045-1:2001. Allerdings ist das Anwendungsspektrum gegenüber der Normenfassung 2001 jetzt deutlich erweitert. So wäre z. B. die Ausführung nach Variante b) nach DIN 1045-1:2001 deutlich nicht zulässig, s. hierzu nachfolgenden Abschnitt D.6.7.3.3.

6.7.3.3 Vergleich

Die Auswirkungen der Nachweisführung nach EC2-1-1 (vgl. auch DIN 1045-1:2008) werden nachfolgend mit Ergebnissen der Berechnung nach DIN 1045-1:2001 verglichen. Unterschiede ergeben sich insbesondere bezüglich:

- Tragfähigkeit ohne Verbundbewehrung ($v_{Rd,c}$)
- Maximaltragfähigkeit der Fuge ($v_{Rdi,max}$) bei Anordnung von Verbundbewehrung

Fugen ohne Verbundbewehrung

Für Normalbeton mit $\sigma_n = 0$ (d. h., keine Spannung senkrecht zur Fuge) darf eine Verbundfuge unbewehrt ausgeführt werden, wenn die Bedingung

DIN 1045-1:2001
$v_{Ed,j} = V_{Ed} / z$
$\leq v_{Rd,ct} = 0,42 \cdot \beta_{ct} \cdot 0,10 f_{ck}^{1/3} \cdot b$ (D.6.30)

EC2-1-1 (etwa wie DIN 1045-1:2008)
$v_{Ed,i} = V_{Ed} / (z \cdot b_i) \leq v_{Rdc} = c \cdot f_{ctd}$ (D.6.31)

erfüllt ist. Ein Vergleich für glatte und raue Fugen zeigt Abb. D.6.25.

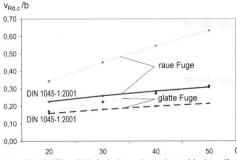

Abb. D.6.25 Tragfähigkeit der unbewehrten Verbundfuge

Bemessung

Fugen mit Verbundbewehrung

Die *maximale Tragfähigkeit* ($v_{Rd,max}$) wird nach DIN 1045-1:2001 durch die Grenze $\cot\theta \geq 1$ erreicht. Für Normalbeton erhält man

$$\cot\theta \leq \frac{1{,}2\mu}{1 - v_{Rd,ct}/v_{Ed,j}} \geq 1{,}00$$

mit $v_{Rd,ct} = v_{Rd,c} = 0{,}42 \cdot \beta_{ct} \cdot 0{,}10\, f_{ck}^{1/3} \cdot b$

Als Maximaltragfähigkeit $v_{Rdj,max}$ ergibt sich daraus

$$v_{Rdj,max} = v_{Rd,c}/(1-1{,}2\mu)$$
$$= 0{,}042 \cdot \beta_{ct} \cdot f_{ck}^{1/3} \cdot b/(1-1{,}2\mu) \quad (D.6.32)$$

In EC2-1-1 wird die Druckstrebentragfähigkeit gemäß Gl. (D.6.29) bestimmt:

$$v_{Rdi,max} = 0{,}5 \cdot \nu \cdot f_{cd}$$

Ein Vergleich der Maximaltragfähigkeiten zeigt Tafel D.6.5. Der erhebliche Unterschied der Grenztragfähigkeiten ist zu erkennen.

Als erforderliche *Verbundbewehrung* erhält man (vgl. Abschn. D.6.7.3.2 und DIN 1045-1:2001)

– DIN 1045-1:2001
$$a_s \geq v_{Edj}/(f_{yd} \cdot \cot\theta)$$
$$= v_{Edj}/(f_{yd} \cdot 1{,}2\mu/(1-v_{Rd,c}/v_{Edj})) \quad (D.6.33)$$

– EC2-1-1
$$a_s \geq \frac{v_{Ed,i}-v_{Rdi,c}}{f_{yd} \cdot 1{,}2\mu \cdot \sin\alpha} \cdot b_i = \frac{v_{Ed,i}-c \cdot f_{ctd}}{f_{yd} \cdot 1{,}2\mu \cdot 1{,}0} \cdot b_i \quad (D.6.34)$$

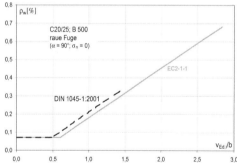

Abb. D.6.26 Erf. Verbundbewehrung für eine **raue** Fuge nach DIN 1045-1:2001 und EC2-1-1

Die sich ergebende Verbundbewehrung nach DIN 1045-1:2001 und EC2-1-1 ist zwar etwa gleich groß, allerdings ist der Anwendungsbereich in EC2 deutlich erweitert; s. Abb. D.6.26 (raue Fuge, Beton C20/25, Betonstahl B 500, $\alpha = 90°$, $\sigma_n = 0$).

6.7.4 Fugen senkrecht zur Bauteilachse

Fugen *senkrecht zur Systemachse* werden nur im Nationalen Anhang zu EC2-1-1 behandelt. Sie sind nach ihrer Wirkungsweise mit Biegerissen vergleichbar. In diesem Fall sind die Fugen rau oder verzahnt auszuführen.

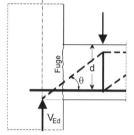

Prinzipiell ist der übliche Querkraftnachweis nach EC2-1-1 zu führen (s. Abschnitt D.6.5). Allerdings sind dabei sowohl $V_{Rd,c}$ und $V_{Rd,cc}$ als auch $V_{Rd,max}$ im Verhältnis $c/0{,}5$ (Beiwert c nach Tafel D.6.4) abzumindern. Diese Abminderung gilt – entsprechend der Ausdehnung des Druckstrebenfeldes – mind. auf einer Länge $(0{,}5 \cdot \cot\theta \cdot d)$ beiderseits der Fuge.

Die Nachweisgleichungen nach EC2-1-1 sind nachfolgend mit der genannten Modifikation in Kurzform zusammenfassend dargestellt; weitere Hinweise und Erläuterungen s. z. B. [Goris – 11].

– Platten ohne Querkraftbewehrung
$$V_{Rd,c} = (c/0{,}5) \cdot [C_{Rdc} \cdot k \cdot (100\rho_l \cdot f_{ck})^{1/3}$$
$$+ k_1 \cdot \sigma_{cp}] \cdot b_w \cdot d \quad (D.6.35)$$
$$\geq (c/0{,}5) \cdot [(v_{min}+ k_1 \cdot \sigma_{cp}) \cdot b_w \cdot d$$

– Bauteile mit Querkraftbewehrung
Druckstrebenneigung nach Tafel D.6.2, jedoch mit
$$V_{Rd,cc} = \frac{c}{0{,}5} \cdot 0{,}24 \cdot f_{ck}^{1/3} \cdot \left(1-1{,}2 \cdot \frac{\sigma_{cd}}{f_{cd}}\right) \cdot b_w \cdot z \quad (D.6.36)$$

Maximale Druckstrebentragfähigkeit
$$V_{Rd,max} = \frac{c}{0{,}5} \cdot \alpha_{cw} \cdot \nu_1 \cdot f_{cd} \cdot b_w \cdot z \cdot \frac{\cot\theta+\cot\alpha}{1+\cot^2\theta} \quad (D.6.37)$$

Tafel D.6.5 Maximaltragfähigkeit $v_{Rdj,max}/b$ nach DIN 1045-1:2001 und $v_{Rdi,max}$ nach EC2-1-1

Oberfläche		f_{ck}	20	25	30	35	40	45	50
	rau	DIN 1045-1:2001	1,43	1,54	1,63	1,72	1,80	1,87	1,93
		EC2-1-1	2,83	3,54	4,25	4,96	5,67	6,38	7,08
	glatt	DIN 1045-1:2001	0,57	0,61	0,65	0,69	0,72	0,75	0,77
		EC2-1-1	1,13	1,42	1,70	1,98	2,27	2,55	2,83
	sehr glatt	DIN 1045-1:2001	0	0	0	0	0	0	0
		EC2-1-1	0*)	0*)	0*)	0*)	0*)	0*)	0*)

*) $v_{Rdi,max}$ ergibt sich wegen $\nu = 0$ zu 0; der Reibungsanteil $\mu \cdot \sigma_n$ darf jedoch berücksichtigt werden.

7 Bemessung für Torsion
(Grenzzustand der Tragfähigkeit)

7.1 Grundsätzliches

Ein rechnerischer Nachweis der Torsionsbeanspruchung ist im Allgemeinen erforderlich, wenn das statische Gleichgewicht von der Torsionstragfähigkeit abhängt („Gleichgewichtstorsion"). Wenn in statisch unbestimmten Systemen Torsion nur aus Einhaltung von Verträglichkeitsbedingungen auftritt („Verträglichkeitstorsion"), darf im Grenzzustand der Tragfähigkeit auf Torsionsnachweise verzichtet werden. Es ist jedoch eine konstruktive Torsionsbewehrung in Form von Bügeln und Längsbewehrung vorzusehen, um eine übermäßige Rissbildung zu vermeiden (s. EC2-1-1, 6.3.1). Die Anforderungen einer Rissbreitenbegrenzung und die Konstruktionsregeln für Torsionsbewehrung nach EC2-1-1, 9.2.3 sind dabei zu beachten.

Die inneren Tragsysteme bei Torsions- und bei Querkraftbeanspruchung unterscheiden sich nicht grundsätzlich. Bei reiner oder überwiegender Torsion sind die Betondruckstreben jedoch wendelartig gerichtet. Die – theoretisch – ebenfalls wendelartig gerichteten Zugstrebenkräfte werden aus baupraktischen Gründen üblicherweise durch eine senkrecht und längs zur Bauteilachse angeordnete Bewehrung abgedeckt, also durch Bügel und durch eine über den Umfang verteilte oder in den Ecken konzentrierte Längsbewehrung. Eine wendelartige Bewehrung empfiehlt sich schon wegen einer möglichen Verwechslungsgefahr nicht (eine „falsch" orientierte Wendel ist wirkungslos!). In Abb. D.7.1 ist ein entsprechendes Fachwerkmodell dargestellt (vgl. [Leonhardt-T1 – 73]); die wendelartig verlaufenden Betondruckstreben stehen in den Knotenpunkten mit der orthogonalen Bügelbewehrung und mit in den Ecken konzentrierten Längsstäben im Gleichgewicht.

Die Torsionstragfähigkeit wird nach EC2-1-1 unter Annahme eines dünnwandigen, geschlossenen Querschnitts bestimmt. Vollquerschnitte werden durch gleichwertige dünnwandige Querschnitte ersetzt, da sich auch bei Vollquerschnitten im Zustand II ein inneres Tragsystem ausbildet, bei dem die Torsionsbeanspruchung im Wesentlichen nur durch die äußere Betonschale in Verbindung mit der Bügelbewehrung und der Längsbewehrung aufgenommen wird.

Querschnitte von komplexerer Form (z. B. T-Querschnitte) können in dünnwandige Teilquerschnitte aufgeteilt werden. Die Gesamttorsionstragfähigkeit berechnet sich dann als Summe der Tragfähigkeiten der Einzelelemente. Die Aufteilung des angreifenden Torsionsmomentes T_{Ed} auf die einzelnen Querschnittsteile darf i. Allg. im Verhältnis der Steifigkeiten der ungerissenen Teilquerschnitte erfolgen:

$$M_{Ti} = M_T \cdot (I_{Ti} / \Sigma I_{Ti})$$

Angaben zu den Steifigkeitswerten (Zustand I) können Tafel D.7.1 entnommen werden.

Tafel D.7.1 Torsionsflächenmoment I_T
(und Widerstandsmoment W_T)

Querschnittsform	I_T	W_T
Kreis	$0{,}0982\,d^4$	$0{,}1963\,d^3$
Rechteck ($h > b$)	$\alpha b^3 h$	$\beta b^2 h$
Hohlkasten	$\dfrac{4 \cdot b \cdot h}{\dfrac{1}{b}\left(\dfrac{1}{t_1}+\dfrac{1}{t_2}\right)+\dfrac{1}{h}\left(\dfrac{1}{t_3}+\dfrac{1}{t_4}\right)}$	$2 \cdot b\,h \cdot t_{min}$

Für Rechteck:
d/h	1,00	1,50	2,00	3,00	5,00	10,0	∞
α	0,140	0,196	0,229	0,263	0,291	0,313	0,333
β	0,208	0,231	0,246	0,267	0,291	0,313	0,333

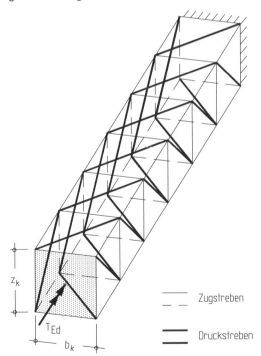

Abb. D.7.1 Fachwerkmodell für reine Torsion bei einer parallel und senkrecht zur Bauteilachse angeordneten Bewehrung

— Zugstreben
━ Druckstreben

7.2 Nachweis bei reiner Torsion

Die Schubkraft $V_{Ed,T}$ infolge eines Torsionsmomentes T_{Ed} in einer Ersatzwand wird berechnet aus

$$V_{Ed,T} = T_{Ed} \cdot z / (2 \cdot A_k) \qquad (D.7.1)$$

Bemessung

Dabei ist A_k die Fläche, die durch die Mittellinie u_k des (Ersatz-)Hohlquerschnitts eingeschlossen ist, und z die Höhe einer Wand, die durch den Abstand der Schnittpunkte mit den angrenzenden Wänden definiert ist (s. Abb. D.7.2). Die Mittellinie verläuft durch die Mitten der Längsstäbe in den Ecken.

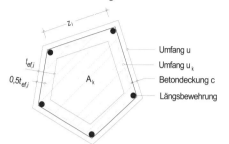

Abb. D.7.2 Hohlkastenquerschnitt zur Bestimmung der Torsionstragfähigkeit (nach EC2-1-1)

Die Wanddicke $t_{ef,i}$ des Hohlkastens bzw. des Ersatzhohlkastens ist nach EC2-1-1/NA gleich dem doppelten Abstand von der Mittellinie bis zur Außenfläche (s. hierzu Abb. D.7.2), bei Hohlkästen jedoch nicht größer als die tatsächliche Wanddicke

$$t_{ef,i} = 2\,d_1 \quad (D.7.2)$$
$$\leq \text{vorhandene Wanddicke}$$

mit d_1 Schwerpunktabstand der Längsstäbe in den Ecken vom Rand der Außenfläche

Sind bei Hohlkastenquerschnitten mit beidseitiger Wandbewehrung die Wanddicken nicht größer als 1/6 der Breite bzw. Höhe des Trägers, so darf $t_{ef,i}$ gleich der Wanddicke gesetzt werden.

Tragfähigkeitsnachweise bei reiner Torsion

Das aufzunehmende Torsionsmoment T_{Ed} muss folgende Bedingungen erfüllen:

$$T_{Ed} \leq T_{Rd,max} \quad (D.7.3a)$$
$$T_{Ed} \leq T_{Rd,s} \quad (D.7.3b)$$

Es sind:

$T_{Rd,max}$ Bemessungswert des durch die Betondruckstrebe aufnehmbaren Torsionsmomentes

$T_{Rd,s}$ Bemessungswert des durch die Bewehrung (Bügel- und Längsbewehrung) aufnehmbaren Torsionsmomentes

Tragfähigkeit der Druckstrebe $T_{Rd,max}$

Die maximale Tragfähigkeit der Druckstrebe $T_{Rd,max}$ erhält man nach DIN 1045-1:

$$T_{Rd,max} = \nu \cdot f_{cd} \cdot 2 \cdot A_k \cdot t_{ef,i} / (\cot\theta + \tan\theta) \quad (D.7.4)$$

Dabei ist θ der Neigungswinkel der Druckstrebe (s. nachfolgend); die aufnehmbare Betondruckfestigkeit $\nu \cdot f_{cd}$ ergibt sich mit (vgl. a. Abschn. D.6.5)

$\nu = 0{,}525$ allgemein
$\nu = 0{,}525 \cdot (1{,}1 - f_{ck}/500)$ bei $f_{ck} \geq 55\,\text{N/mm}^2$

Bei Kastenquerschnitten mit beidseitiger Wandbewehrung darf $\nu = 0{,}75$ gesetzt werden.

Der Neigungswinkel θ der Druckstrebe sollte bei reiner Torsion oder bei überwiegender Torsion entsprechend dem tatsächlichen Tragverhalten zu 45° gewählt werden (s. a. Abschn. D.7.3).

Nachweis der Zugstrebe $T_{Rd,s}$

Wie aus dem Fachwerkmodell nach Abb. D.7.1 ersichtlich, sind als Torsionsbewehrung geschlossene Bügel sowie über den Querschnittsumfang verteilte Längsstäbe notwendig. Das aufnehmbare Torsionsmoment $T_{Rd,s}$ ergibt sich daher aus zwei Anteilen, nämlich (s. hierzu EC2-1-1, 6.3.2 mit nationalen Ergänzungen):

– Bügelbewehrung

$$T_{Rd,s,b} = 2 \cdot A_k \cdot (A_{sw}/s_w) \cdot f_{yd} \cdot \cot\theta \quad (D.7.5a)$$

– Längsbewehrung

$$T_{Rd,s,l} = 2 \cdot A_k \cdot (A_{sl}/u_k) \cdot f_{yd} \cdot \tan\theta \quad (D.7.5b)$$

Es sind

A_{sw} Querschnittsfläche der Bügelbewehrung
s_w Abstand der Bügel in Trägerlängsrichtung
A_{sl} Querschnitt der Torsionslängsbewehrung
u_k Umfang der Fläche A_k
f_{yd} Bemessungswert der Bügelstreckgrenze bzw. der Streckgrenze der Längsbewehrung

Mit $T_{Ed} = T_{Rd,s}$ lässt sich aus Gln. (D.7.5a) und (D.7.5b) auch unmittelbar die erforderliche Bügel- und Längsbewehrung bestimmen (Bezeichnungen wie vorher; s. a. Abb. D.7.3):

– Bügelbewehrung

$$\frac{A_{sw}}{s_w} \geq \frac{T_{Ed}}{2 \cdot A_k \cdot f_{yd} \cdot \cot\theta} \quad (D.7.6a)$$

– Längsbewehrung

$$\frac{A_{sl}}{u_k} \geq \frac{T_{Ed}}{2 \cdot A_k \cdot f_{yd} \cdot \tan\theta} \quad (D.7.6b)$$

oder auch

$$\Sigma A_{sl} \geq \frac{T_{Ed} \cdot u_k}{2 \cdot A_k \cdot f_{yd} \cdot \tan\theta} \quad (D.7.6c)$$

Die *Bügel* müssen geschlossen sein (d. h. mit Übergreifung l_0 gestoßen bzw. in der Druckzone mit Haken $\geq 10\phi$ geschlossen werden, s. EC2-1-1, Bild 8.5DE – e, g und h). Für die Längsabstände gelten die Regeln für Querkraftbügel, zudem darf der Abstand nicht größer sein als $u_k/6$ oder die kleinere Balkenabmessung.

Die *Längsbewehrung* sollte gleichmäßig über den Umfang verteilt werden mit einem Höchstabstand von 350 mm. Mindestens ist aber ein Längsstab in jeder Ecke des vorhandenen Querschnitts vorzusehen. Die Forderungen bzgl. einer Mindestbewehrung, zur Bewehrungsanordnung und gegebenenfalls zur Rissbreitenbegrenzung sind zusätzlich zu beachten.

7.3 Kombinierte Beanspruchung

Tragwerke mit reiner Torsionsbeanspruchung kommen in der Praxis kaum vor. Die Torsionsbeanspruchung wird i. Allg. überlagert mit einer gleichzeitigen Biege- und Querkraftbeanspruchung. In vielen baupraktischen Fällen wird man dennoch das Tragverhalten nicht genauer erfassen müssen. Man kann sich vielmehr mit vereinfachenden Regeln begnügen, die darauf beruhen, dass die Beanspruchungsarten getrennt betrachtet werden. Die gegenseitige Beeinflussung wird dann über vereinfachende Interaktionsregeln berücksichtigt.

Biegung und/oder Längskraft mit Torsion

Bei großen Biegemomenten – insbesondere bei Hohlkästen – ist ein Nachweis der Hauptdruckspannung erforderlich; die Hauptdruckspannungen werden aus dem mittleren Längsbiegedruck und der Schubspannung bestimmt.

Für die *Längsbewehrung* erfolgt eine getrennte Ermittlung der Bewehrung aus Biegung (mit Längskraft) und Torsion; die ermittelten Anteile sind zu addieren. In der Biegedruckzone kann die Torsionslängsbewehrung entsprechend den vorhandenen Längsdruckkräften bzw. -spannungen abgemindert werden, in Zuggurten ist die Torsionslängsbewehrung infolge Torsion zu der übrigen Bewehrung zu addieren. (Zur Bestimmung des Druckstrebenneigungswinkels wird auf die nachfolgenden Ausführungen verwiesen.)

Querkraft und Torsion

Die *Druckstrebentragfähigkeit* unter der kombinierten Beanspruchung aus Torsion T_{Ed} und Querkraft V_{Ed} ergibt sich (EC2-1-1, 6.3.2(4)):

– für Kompaktquerschnitte

$$\left(\frac{T_{Ed}}{T_{Rd,max}}\right)^2 + \left(\frac{V_{Ed}}{V_{Rd,max}}\right)^2 \leq 1 \quad \text{(D.7.7a)}$$

– für Kastenquerschnitte

$$\left(\frac{T_{Ed}}{T_{Rd,max}}\right) + \left(\frac{V_{Ed}}{V_{Rd,max}}\right) \leq 1 \quad \text{(D.7.7b)}$$

mit $T_{Rd,max}$ nach Gl. (D.7.4) und $V_{Rd,max}$ nach Tafel D.6.2.

Die günstigere Interaktionsregel nach Gl. (D.7.7a) für Kompaktquerschnitte resultiert daher, dass die Schubspannungen aus Querkraft und Torsion nicht am gleichen inneren Tragsystem ermittelt werden (für Querkraft steht die gesamte Stegbreite, für Torsion nur der Randbereich zur Verfügung). Im Falle von Kastenquerschnitten ist dies jedoch nicht der Fall, da sich die Druckstrebenbeanspruchungen aus Querkraft und Torsion im stärker beanspruchten Steg addieren.

Der *Druckstrebenneigungswinkel* θ ist nach Abschn. D.6.5 zu begrenzen. Bei einer kombinierten Beanspruchung aus Querkraft und Torsion wird der Winkel θ gemäß Tafel D.6.2 ermittelt, für V_{Ed} ist jedoch die Schubkraft der Wand $V_{Ed,T+V}$ nach Gl. (D.7.8) und für b_w die effektive Wanddicke t_{eff} einzusetzen. Mit dem gewählten Winkel θ ist der Nachweis sowohl für Querkraft als auch für Torsion zu führen. Die so ermittelten Bewehrungen sind zu addieren.

Die Schubkraft $V_{Ed,T+V}$ in den (Ersatz-)Wänden ergibt sich wie folgt

$$V_{Ed,T+V} = V_{Ed,T} + V_{Ed} \cdot t_{eff} / b_w \quad \text{(D.7.8)}$$

($V_{Ed,T}$ s. Gl. (D.7.1))

Näherungsweise darf jedoch auch die Bewehrung für Torsion allein unter der Annahme von $\theta = 45°$ ermittelt und zu der nach Abschn. D.6.5 ermittelten Querkraftbewehrung addiert werden.

Der Neigungswinkel θ bei überwiegender Torsion sollte etwa zu 45° gewählt werden (s. a. Abschn. D.7.2). Für die Torsionsbewehrung führt ein flacher Winkel θ auch nicht unbedingt zu einer geringeren Bewehrung, da sich für $\theta < 45°$ zwar eine geringere Bügelbewehrung, gleichzeitig jedoch eine erhöhte Längsbewehrung ergibt.

Verzicht auf einen Nachweis

Bei näherungsweise rechteckförmigen Vollquerschnitten und bei kleiner Schubbeanspruchung kann auf einen rechnerischen Nachweis der Bewehrung verzichtet werden, falls

$$T_{Ed} \leq \frac{V_{Ed} \cdot b_w}{4{,}5} \quad \text{(D.7.9a)}$$

$$V_{Ed} + \frac{4{,}5 \cdot T_{Ed}}{b_w} \leq V_{Rd,c} \quad \text{(D.7.9b)}$$

eingehalten sind (EC2-1-1/NA zu 6.3.2(5)). Eine Mindestschubbewehrung ist zu beachten.

8 Durchstanzen

8.1 Allgemeines

Beim Durchstanzen handelt es sich um einen Sonderfall der Querkraftbeanspruchung von plattenartigen Bauteilen, bei dem ein Betonkegel im hochbelasteten Stützenbereich gegenüber den übrigen Plattenbauteilen heraus„gestanzt" wird. Aus Versuchen geht hervor, dass der Durchstanzkegel im Allgemeinen eine Neigung von 30° bis 35° aufweist (bei gedrungenen Fundamenten ggf. auch steiler bis zu Neigungen von ca. 45°; vgl. z. B. [DAfStb-H371 – 86], [DAfStb-H387 – 87]).

Bei punktgestützten Platten erfolgt die Lastabtragung von Querkräften und Biegemomenten bei geringen Beanspruchungen zunächst radial und in gleicher Richtung; über den Stützen entstehen dabei radial verlaufende Biegerisse. Diese Rissbildung führt zu einer Veränderung der Steifigkeit und zu einer Umlagerung der Biegemomente in tangentialer Richtung. Bei weiterer Laststeigerung entstehen daher zusätzliche tangential bzw. ringförmig um die Stütze verlaufende Risse, aus denen im äußeren Bereich sich etwa unter 30° bis 35° geneigte Schubrisse entwickeln (s. Abb. D.8.1). Dies führt zu einer starken Einschnürung der Druckzone am Stützenrand. Bei Platten ohne Schubbewehrung wird die Querkraft dann im Wesentlichen von der eingeschnürten Druckzone und dem dabei gebildeten Druckring aufgenommen. Die Tragfähigkeit wird mit Versagen des Druckrings überschritten, es kommt zum typischen Abschervorgang. (Weitere Erläuterungen und Hintergründe können z. B. [Andrä/Avak – 99], [Hegger/Beutel – 03] entnommen werden.)

Nach EC2-1-1 gelten für das Durchstanzen die Grundsätze des Tragfähigkeitsnachweises für Querkraft, jedoch mit Ergänzungen. Gegenüber DIN 1045-1 ergeben sich dabei Änderungen in der Nachweisführung, die aus neueren Forschungsergebnissen resultieren. Grundsätzlich ist nachzuweisen, dass die einwirkende Querkraft v_{Ed} den Widerstand v_{Rd} nicht überschreitet:

$$v_{Ed} \leq v_{Rd} \qquad (D.8.1)$$

Der Nachweis der aufnehmbaren Querkraft erfolgt längs festgelegter Rundschnitte, außerhalb der Rundschnitte gelten die Regelungen für Querkraft (s. Abschn. D.6).

Ein Bemessungsmodell für den Nachweis gegen Durchstanzen ist in Abb. D.8.2 dargestellt.

Hinweis:

Im Rahmen dieses Beitrags werden nur Platten und Fundamente mit konstanter Dicke behandelt. Die hierfür dargestellten Zusammenhänge gelten jedoch für Platten mit Stützenkopfverstärkungen sinngemäß (s. jedoch hierzu die Ergänzungen in EC2-1-1, Abschn. 6.4.2).

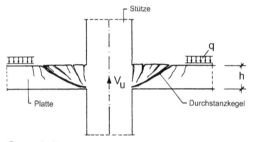

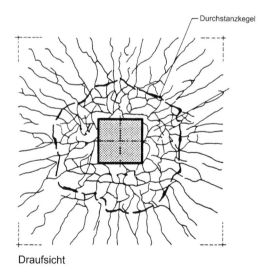

Abb. D.8.1 Rissbild beim Durchstanzen über eine Innenstütze im Versagenszustand

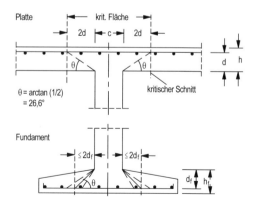

Abb. D.8.2 Bemessungsmodell für den Nachweis der Sicherheit gegen Durchstanzen (nach DIN EC2-1-1)

8.2 Lasteinleitungsfläche und kritischer Rundschnitt

Die Festlegungen für das Durchstanzen mit den kritischen Rundschnitten gelten für folgende Formen von Lasteinleitungsflächen A_{load}:

- kreisförmige mit einem Umfang $u_0 \leq 12d$
- rechteckige mit einem Umfang $u_0 \leq 12\,d$ und mit einem Verhältnis Länge zu Breite ≤ 2
- beliebige andere Formen, die sinngemäß wie oben genannt begrenzt werden

(d mittlere Nutzhöhe der Platte).

Die Lasteinleitungsfläche darf sich nicht im Bereich anderweitig verursachter Querkräfte und nicht in der Nähe von anderen konzentrierten Lasten befinden, damit sich die kritischen Rundschnitte nicht überschneiden.

Der kritische Rundschnitt für runde oder rechteckige Lasteinleitungsflächen ist als Schnitt im Abstand $2\,d$ vom Rand der Lasteinleitungsfläche festgelegt (s. Abb. D.8.3). Die kritische Fläche A_{crit} ist die Fläche innerhalb des kritischen Rundschnitts u_{crit}. Weitere Rundschnitte innerhalb und außerhalb der kritischen Fläche sind affin zum kritischen Rundschnitt anzunehmen.

Wenn die oben genannten Bedingungen bezüglich der Form der Lastaufstandsfläche bei Auflagerungen auf Wänden oder Stützen mit Rechteckquerschnitt nicht erfüllt sind, dürfen nur die in Abb. D.8.4 dargestellten reduzierten kritischen Rundschnitte in Ansatz gebracht werden.

In der Nähe von Öffnungen, bei denen die kürzeste Entfernung zwischen dem Rand der Lasteinleitungsfläche und dem Rand der Öffnung $6d$ nicht überschreitet, ist ein Teil des maßgebenden Rundschnitts als unwirksam zu betrachten (s. reduzierte kritische Rundschnitte in Abb. D.8.5).

Bei Lasteinleitungsflächen in der Nähe eines freien Randes gilt der in Abb. D.8.6 dargestellte kritische Rundschnitt, der jedoch nicht größer als der „planmäßige" Rundschnitt gemäß Abb. D.8.3 sein darf. Der Lasterhöhungsfaktor β für eine Rand- oder Eckstütze nach Abschn. D.8.3 ist zu beachten. Wenn der Randabstand weniger als d beträgt, ist eine besondere Randbewehrung vorzusehen.

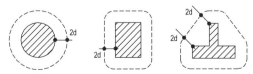

Abb. D.8.3 Kritischer Rundschnitt um die Lasteinleitungsflächen für „Regel"fälle

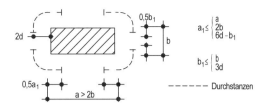

Abb. D.8.4 Festlegung des kritischen Rundschnitts bei Stützen mit einem Seitenverhältnis $a/b > 2$ (analog für Wandenden u. -ecken, wobei nur eine Seite bzw. Ecke zu betrachten ist)

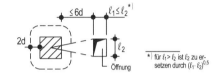

Abb. D.8.5 Kritischer Rundschnitt nahe Öffnungen

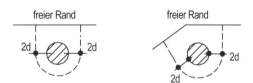

Abb. D.8.6 Kritischer Rundschnitt nahe freier Ränder

8.3 Nachweisverfahren

Einwirkende Querkraft v_{Ed}

Die auf einen kritischen Schnitt bezogene Bemessungsquerkraft wird ermittelt aus

$$v_{Ed} = \beta \cdot V_{Ed} / (u_i \cdot d) \qquad \text{(D.8.2)}$$

V_{Ed} Bemessungswert der gesamten aufzunehmenden Querkraft
β Beiwert zur Berücksichtigung der Auswirkung von Momenten in der Lasteinleitungsfläche (siehe unten)
u_i Umfang des betrachteten Rundschnitts
d mittlere Nutzhöhe der Platte

$$d = (d_y + d_z)/2$$

Ein Reduzieren der Querkraft infolge auflagernaher Einzellasten entsprechend Abschn. D.6.3 ist nicht zulässig.

Bei Fundamenten und Bodenplatten darf V_{Ed} um die Bodenpressung innerhalb der kritischen Fläche reduziert werden (Abb. 8.7); s. jedoch Fußnote [1] Seite D.82.

Bemessung

Allerdings sind in solchen Fällen mit hohem Druck entgegen der konzentrierten Lasteinleitung auch Rundschnitte < 2d zu untersuchen. Die genaue Lage des kritischen Rundschnitts a_{crit} beeinflusst sowohl Einwirkungs- als auch Widerstandsseite des Nachweises und ist daher für den kleinsten Durchstanzwiderstand zu ermitteln (s. Beispiel 1, S. D.87).

Vereinfacht darf bei Bodenplatten und schlanken Fundamenten mit $\lambda = a_\lambda / d > 2$ der Nachweisschnitt im Abstand $1{,}0d$ geführt werden (mit a_λ als Fundamentauskragung und d als mittlere Nutzhöhe). Bei gedrungenen Fundamenten $\lambda < 2$ ist jedoch immer der maßgebende Schnitt iterativ festzulegen.[1)]

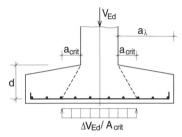

Abb. D.8.7 Abzug der Sohlpressung bei Fundamenten[1)]

Lasterhöhungsfaktor β

Mit dem Beiwert β in Gleichung (D.8.2) werden ausmittige Beanspruchungen der Stützen berücksichtigt. Als Mindestwert legt EC2-1-1/NA sowohl für Flachdecken als auch für mittig belastete Einzelfundamente $\beta = 1{,}10$ fest.

Ähnlich wie DIN 1045-1 gibt EC2-1-1/NA Näherungswerte der β-Faktoren an. Ohne genaueren Nachweis darf für unverschiebliche Systeme mit Stützweitenverhältnissen $0{,}8 \leq l_1/l_2 \leq 1{,}25$ *näherungsweise* angenommen werden:

$\beta = 1{,}10$ bei Innenstützen
$\beta = 1{,}40$ bei Randstützen
$\beta = 1{,}50$ bei Eckstützen
$\beta = 1{,}35$ bei Wandenden
$\beta = 1{,}20$ bei Wandecken

Darüber hinaus werden Ansätze für eine genauere Berechnung mit dem Modell einer vollplastischen Schubspannungsverteilung im kritischen Schnitt vorgestellt, welches allgemeingültiger angewendet werden kann. EC2-1-1 enthält zudem ein weiteres Verfahren mit verkürzten Rundschnitten, allerdings ist Letzteres in Deutschland nicht anzuwenden.

[1)] Wenn zur Vereinfachung der Rundschnitt im Abstand $1{,}0d$ angenommen wird, dürfen nach DIN EN 1992-1-1/NA/A1 (z. Zt. Entwurf) nur 50 % der Bodenpressungen abgezogen werden. Wird der Rundschnitt iterativ bestimmt, dürfen die entlastenden Bodenpressungen zu 100 % angesetzt werden

Bei Randstützen mit Ausmitten $e/c \geq 1{,}2$ sowie bei verschieblichen Systemen sind stets genauere Untersuchungen erforderlich. EC2-1-1, 6.4.3 enthält Verfahren zur Ermittlung des Lastbeiwertes β, die über die bisherigen Ansätze nach [DAfStb-H525 – 10] deutlich hinausgehen.

Nach EC2-1-1 erhält man:

$$\beta = 1 + k \cdot \frac{M_{Ed}}{V_{Ed}} \cdot \frac{u_1}{W_1} \geq 1{,}1 \qquad \text{(D.8.3)}$$

mit k Beiwert in Abhängigkeit von den Stützenabmessung; für rechteckige Lasteinleitungsflächen gilt (EC2-1-1, Tab. 6.1):

c_1/c_2	$\leq 0{,}5$	1,0	2,0	$\geq 3{,}0$
k	0,45	0,60	0,70	0,80

V_{Ed} Bemessungswert der einwirkenden Querkraft; bei Fundamenten ist
$V_{Ed,red} = V_{Ed} - \sigma_0 \cdot A_{crit}$
einzusetzen

W_1 Widerstandsmoment zur Ermittlung der Querkraftverteilung im krit. Schnitt u_1
allgemein

$$W_i = \int_0^{u_1} |e|\, dl$$

dl differentielles Element des kritischen Umfangs
e Abstand von dl zur Schwereachse des kritischen Rundschnitts

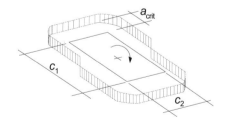

Abb. D.8.8 Modell vollplastischer Spannungsverteilung

Mit den nachfolgenden Gleichungen lassen sich W_1 bzw. β für Rechteck- bzw. Kreisquerschnitte direkt berechnen. Sie sind für Innenstützen anwendbar, bei denen die Schwerpunkte von kritischem Rundschnitt und Stützenquerschnitt übereinander liegen. Vergleichbare Lösungen für Rand- und Eckstützen können [Hegger/Siburg – 10] entnommen werden.

Bei Innenstützen mit Rechteckquerschnitt und einachsiger Lastausmitte gilt für das Widerstandsmoment W_1:

- Achsausmitte in Richtung c_x

$$W_x = c_x^2/2 + c_x \cdot c_y + 2 \cdot c_y \cdot a_{crit} + \\ +4 \cdot a_{crit}^2 + \pi \cdot a_{crit} \cdot c_x \quad (D.8.4a)$$

- Achsausmitte in Richtung c_y

$$W_y = c_y^2/2 + c_y \cdot c_x + 2 \cdot c_x \cdot a_{crit} + \\ +4 \cdot a_{crit}^2 + \pi \cdot a_{crit} \cdot c_y \quad (D.8.4b)$$

Bei Innenstützen mit Rechteckquerschnitt und zweiachsiger Lastausmitte sowie mit Kreisquerschnitten wird der Beiwert β bestimmt aus:

- Rechteckquerschnitt mit zweiachsiger Ausmitte

$$\beta = 1 + 1{,}8 \cdot \sqrt{\left(\frac{e_x}{c_x + 2 \cdot a_{crit}}\right)^2 + \left(\frac{e_y}{c_y + 2 \cdot a_{crit}}\right)^2} \quad (D.8.5)$$

- Kreisquerschnitt

$$\beta = 1 + 0{,}6 \cdot \pi \cdot \frac{e}{D + 2 \cdot a_{crit}} \quad (D.8.6)$$

Gleichung (D.8.4) ist auch bei Randstützen mit großem Plattenüberstand anwendbar, sofern ein geschlossener kritischer Rundschnitt geführt werden kann. Die Gleichungen (D.8.5) und (D.8.6) gelten hingegen ausschließlich für Innenstützen.

Bemessungswert des Widerstands v_{Rd}

Der Bemessungswert v_{Rd} wird durch einen der nachfolgenden Werte bestimmt:

- $v_{Rd,c}$ Bemessungswert der Querkrafttragfähigkeit im *kritischen* Rundschnitt einer Platte ohne Durchstanzbewehrung
- $v_{Rd,max}$ Bemessungswert der maximalen Querkrafttragfähigkeit längs des *kritischen* Schnitts einer Platte mit Durchstanzbewehrung
- $v_{Rd,cs}$ Bemessungswert der Querkrafttragfähigkeit mit Durchstanzbewehrung längs *innerer* Nachweisschnitte
- $v_{Rd,c,out}$ Bemessungswert der Querkrafttragfähigkeit längs des *äußeren* Rundschnitts außerhalb des durchstanzbewehrten Bereichs. Der Wert $v_{Rd,c,out}$ beschreibt den Übergang von Durchstanzwiderstand ohne Querkraftbewehrung $v_{Rd,c}$ zum Querkraftwiderstand nach Abschn. D.6.4 in Abhängigkeit von der Breite l_w des durchstanzbewehrten Bereichs.

Nachweis im Überblick

Im Einzelnen sind folgende Nachweise zu führen:

- Platten ohne Durchstanzbewehrung
  Es ist nachzuweisen, dass im kritischen Rundschnitt gilt: $v_{Ed} \leq v_{Rd,c}$

- Platten mit Durchstanzbewehrung
  Es ist nachzuweisen, dass folgende Bedingungen eingehalten sind:
  - im kritischen Rundschnitt u_1: $v_{Ed} \leq v_{Rd,max}$
  - in (mehreren) inneren Rundschnitten: $v_{Ed} \leq v_{Rd,cs}$
  - im äußeren Rundschnitt u_{out}: $v_{Ed} \leq v_{Rd,c,out}$

8.4 Punktförmig gestützte Platten und Fundamente ohne Durchstanzbewehrung

Die Durchstanztragfähigkeit von Platten ohne Querkraftbewehrung wird analog zu dem entsprechenden Nachweis für Querkaft (Bauteile ohne Schubbewehrung nach Gl. (D.6.5)) geführt. Allerdings kann aufgrund des mehrachsigen Spannungszustands im Durchstanzbereich bei Platten ein größerer Vorfaktor $C_{Rd,c}$ angesetzt werden.

Damit erhält man den Bemessungswiderstand $v_{Rd,c}$ (s. EC2-1-1, 6.4.4):

$$v_{Rd,c} = C_{Rd,c} \cdot k \cdot (100 \rho_l \cdot f_{ck})^{1/3} + 0{,}1 \cdot \sigma_{cp} \quad (D.8.7a)$$
$$v_{Rd,c} \geq v_{min} + 0{,}1 \cdot \sigma_{cp} \quad (D.8.7b)$$

Hierin sind

$C_{Rd,c}$ bei Flachdecken und Bodenplatten
     $= 0{,}18 / \gamma_C$
     bei Innenstützen von Flachdecken mit $u_0/d < 4$
     $= 0{,}18 / \gamma_C \cdot (0{,}1 u_0 / d + 0{,}6)$
     bei Fundamenten (s. u.)
     $= 0{,}15 / \gamma_C$

k $= 1 + \sqrt{200/d} \leq 2{,}0$ (mit d in mm)

ρ_l Bewehrungsgrad der verankerten Zugbewehrung in x- und y-Richtung (bezogen auf die Stützenbreite zuzüglich $3d$ je Seite)

$$\rho_l = \sqrt{\rho_z \cdot \rho_y} \begin{array}{l} \leq 0{,}02 \\ \leq 0{,}5 f_{cd} / f_{yd} \end{array}$$

$\sigma_{cp} = (\sigma_{cx} + \sigma_{cy})/2$
     Betonnormalspannung innerhalb des kritischen Rundschnitts mit
     $\sigma_{cx} = N_{Ed,x}/A_c$ und $\sigma_{cy} = N_{Ed,y}/A_c$
     $N_{Ed,x}$ und $N_{Ed,y}$ als mittlere Längskraft infolge Last oder Vorspannung (Druck positiv!)

v_{min} gemäß Abschnitt D.6.4 (Gl. D.6.5c)

Bei Flachdecken mit üblichen Stützenabmessungen (d. h. $u_0/d \geq 4$) wird der Vorfaktor in Gl. (D.8.7a) mit $C_{Rdc} = 0{,}18/\gamma_C$ im Vergleich zu DIN 1045-1:2008 mit $0{,}21/\gamma_C$ um ca. 15 % kleiner angesetzt. Allerdings muss dabei gleichzeitig gesehen werden, dass der Umfang des kritischen Rundschnitts im Abstand $2{,}0 d$ in EC2-1-1 größer und damit die einwirkende Schubspannung kleiner wird.

Bemessung

Vergleich

Der nachfolgende Vergleich zeigt beispielhaft die Auswirkungen der genannten Änderungen. Die aufnehmbare Schubspannung nach DIN 1045-1 und EC2-1-1 bei Platten ohne Durchstanzbewehrung für $\sigma_{cp} = 0$ für Innenstützen mit $u_0 / d \geq 4$ zeigt Abb. D.8.9.

Betrachtet wird der Durchstanzwiderstand für die Innenstütze einer Flachdecke mit unterschiedlichen Bewehrungsgraden. Wesentliche Differenzen bei der Ermittlung der Einwirkungen und Widerstände fasst Tafel D.8.1 zusammen.

Tafel D.8.1 Parametervergleich DIN 1045-1/EC2
Durchstanznachweis Flachdecke ohne Durchstanzbewehrung, Innenstütze ($u_0/d > 4$)

	DIN 1045-1	EC2-1-1
Lastfaktor β	1,05	1,10
kritischer Rundschnitt	$1,5d$	$2,0d$
Vorfaktor $C_{Rd,c}$	$0,21/\gamma_c = 0,14$	$0,18/\gamma_c = 0,12$

Die Einwirkungen werden gemäß EC2-1-1 als Spannung auf den kritischen Rundschnitt bezogen (Gl. D.8.2), als Bezugsgröße dient jedoch der kritische Schnitt nach DIN 1045-1 bei $1,5d$:

$$v_E = \beta \cdot V_{Ed} / (u_{1,5d} \cdot d) \quad (D.8.8)$$

Die Unterschiede werden auf der Widerstandsseite durch Faktoren $u_{2d}/u_{1,5d}$ berücksichtigt. Ebenso werden die verschiedenen Faktoren β zur Berücksichtigung von Lastausmitten bei der Ermittlung der Tragfähigkeit erfasst. Durchstanzbewehrung ist nicht erforderlich, wenn die Einwirkungen v_E die Tragfähigkeit v_R nicht überschreiten. Als Widerstände ergeben sich:

nach DIN 1045-1

$$v_R = 0,14 \cdot \kappa \cdot (100 \cdot \rho_l \cdot f_{ck})^{1/3} / 1,05 \quad (D.8.9)$$

nach EC2-1-1

$$v_R = 0,12 \cdot k \cdot (100 \cdot \rho_l \cdot f_{ck})^{1/3} \cdot \frac{u_{2d}}{u_{1,5d}} / 1,10 \quad (D.8.10)$$

Der Vergleich erfolgt für einen Beton C30/37 und eine Nutzhöhe d von 20 cm. Das Verhältnis der Plattenstärke zu den Stützenabmessungen wird über den Faktor $u_{2d}/u_{1,5d}$ ausgedrückt; Abb. D.8.9 zeigt den Vergleich für die Verhältniswerte 1,20 und 1,27. Der kleinere Wert steht dabei für größere Plattenstärken im Verhältnis zur Stütze.

Es zeigt sich, dass für größere Verhältnisse $u_{2d}/u_{1,5d}$ die Tragfähigkeit etwa gleich bewertet wird, dass jedoch für kleinere $u_{2d}/u_{1,5d}$-Werte die rechnerische Tragfähigkeit nach EC2-1-1 etwas höher eingeschätzt wird.

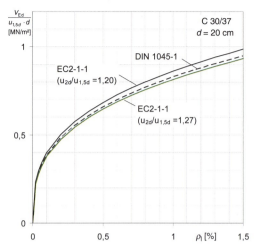

Abb. D.8.9 Größte Durchstanztragfähigkeit von Flachdecken ohne Durchstanzbewehrung für Innenstützen nach DIN 1045-1 und EC2-1-1

Besonderheiten bei Fundamenten

Aus Versuchen ist der Zusammenhang zwischen der Schlankheit eines Fundamentes und dessen Durchstanzwiderstand bekannt (s. z. B. [Hegger/Siburg – 10]). Bei gedrungenen Fundamenten stellen sich steilere Schubrisse ein; die Lage des kritischen Schnitts variiert je nach Schlankheit in einem Bereich $\leq 2d$.

Im Durchstanzbereich A_{crit} dürfen die Einwirkungen vollständig um den Sohldruck reduziert werden. Die Lage des kritischen Schnitts a_{crit} ist iterativ zu ermitteln, da mit wachsendem a_{crit} sowohl die aufnehmbare Schubspannung als auch die Einwirkungen kleiner werden (s. Gl. (D.8.11)). Maßgebend ist der Schnitt mit dem kleinsten Widerstand v_R. Für schlanke Fundamente mit $\lambda > 2$ darf jedoch der Nachweis auch vereinfachend im Abstand $1,0d$ geführt werden (s. jedoch Fußnote [1], S. 82).

In der Bemessungsgleichung (D.8.7) wird der Einfluss der Schlankheit über den Faktor $C_{Rd,c}$ berücksichtigt. In EC2-1-1/NA ist der Beiwert für Fundamente mit $0,15/\gamma_C$ geringer festgelegt als für Flachdecken, da wegen des Einflusses der Schlankheit auf die Tragfähigkeit mit dem höheren Beiwert für Flachdecken das nach EC2-1-1 geforderte Zuverlässigkeitsniveau nicht erreicht wird (s. auch [Hegger et al. – 08]).

Der Widerstand ergibt sich für $\sigma_{cp} = 0$ nach EC2-1-1, 6.4.4(2)) zu:

$$v_{Rd,c} = 0,15/\gamma_C \cdot k \cdot (100 \cdot \rho_l \cdot f_{ck})^{1/3} \cdot 2d/a$$
$$\geq v_{min} \cdot 2d/a \quad (D.8.11)$$

mit a = Abstand des kritischen Schnitts zum Stützenrand (übrige Werte s. Gl. (D.8.7)).

Bei ausmittig belasteten Fundamenten ist die Reduktion der einwirkenden Querkraft bereits in die Ermittlung des Lasterhöhungsfaktors β einzubeziehen (Gl. (D.8.3) mit $V_{Ed} = V_{Ed,red}$).

Zur Ermittlung des maßgebenden Nachweisschnittes können für jeden Schnitt a_i die zugehörigen Werte $V_{Ed,red,i}$, β_i, $v_{Ed,i}$ sowie der maßgebende Widerstand $v_{Rd,c,i}$ ermittelt werden. Gesucht wird die Stelle, für die das Verhältnis von Widerstand und Einwirkung v_{Rd} / v_{Ed} minimal wird (s. Bsp. 1).

Alternativ können für *zentrisch belastete* Fundamente die Gleichungen (D.8.2) und (D.8.7) so umgestellt werden, dass a_{crit} nur noch auf der Widerstandsseite vorkommt. Gesucht wird dann der kleinste Wert des Widerstandes, für den gilt $\beta^* V_{Ed} \leq V_R$. Die Iteration kann so unabhängig von den Einwirkungen erfolgen, d. h., die Lage des kritischen Schnitts ist bei zentrisch belasteten Fundamenten nur von den Stützen- und Fundamentabmessungen sowie der Nutzhöhe abhängig.

Zum Auffinden des kritischen Schnitts quadratischer Einzelfundamente bietet das Diagramm in Abb. D.8.10 eine einfache Hilfestellung (aus [Hegger/Siburg – 10.1]). In Abhängigkeit von den Maßverhältnissen kann hieraus direkt die Lage des kritischen Schnitts als Wert a_{crit} /d abgelesen werden.

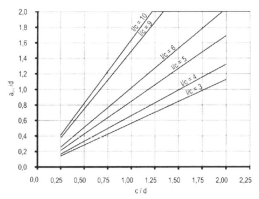

Abb. D.8.10 Diagramm zur Bestimmung der Lage des kritischen Schnitts quadratischer Einzelfundamente (aus [Hegger/Siburg – 10.1])

8.5 Platten mit Durchstanzbewehrung

Wenn die aufzunehmende Beanspruchung v_{Ed} den Widerstand $v_{Rd,c}$ überschreitet, ist eine Durchstanzbewehrung anzuordnen. Die Bemessungsschubkraft v_{Ed} längs des *kritischen* Rundschnitts darf jedoch maximal den 1,4-fachen $v_{Rd,c}$-Wert erreichen.

Die Berechnung der Durchstanzbewehrung nach EC2-1-1 unterscheidet sich von dem Verfahren nach DIN 1045-1. Nach EC2-1-1 wird mit Gl. (D.8.15) die erforderliche Durchstanzbewehrung für den Schnitt u_1 bei $2d$ ermittelt. Diese Bewehrung ist in jeder Bewehrungsreihe gemäß Abb. D.8.11 anzuordnen, bis keine Durchstanzbewehrung mehr erforderlich ist. Dabei sind die Bewehrungsanteile der ersten und zweiten Bewehrungsreihe mit den Faktoren 2,5 bzw. 1,4 zu erhöhen (EC2-1-1/NA, 6.4.5).

Die größte Tragfähigkeit im kritischen Schnitt ergibt sich zu:

$$v_{Rd,max} = 1,4 \cdot v_{Rd,c,u_1} \qquad (D.8.12)$$

(darin v_{Rd,c,u_1} ohne Anteile σ_{cp} aus Vorspannung)

Durchstanzbewehrung ist zulässig, wenn gilt:

$$v_{Ed} \leq v_{Rd,max} \qquad (D.8.13)$$

Die Durchstanztragfähigkeit mit Durchstanzbewehrung beträgt im kritischen Schnitt:

$$v_{Rd,cs} = 0,75 \cdot v_{Rd,c} + \qquad (D.8.14)$$
$$+ [1,5 \cdot (d/s_r) \cdot A_{sw} \cdot f_{ywd,ef} / (u_1 \cdot d)] \cdot \sin\alpha$$

Darin sind

$v_{Rd,c}$ Durchstanzwiderstand nach Gl. (D.8.7). Bei vorgespannten Bauteilen sollten darin Längsspannungen σ_{cp} aus Vorspannung nur zu 50% berücksichtigt werden [DAfStb-H525 – 10])

d mittlere Nutzhöhe

A_{sw} Querschnitt der Durchstanzbewehrung in einer Bewehrungsreihe

s_r radialer Abstand der Bewehrungsreihen (bei unterschiedlichen Abständen ist für s_r der größte Wert einzusetzen)

$f_{ywd,ef}$ wirksamer Bemessungswert der Querkraftbewehrung mit

$$f_{ywd,ef} = 250 + 0,25d \leq f_{ywd}$$

α Winkel zwischen Durchstanzbewehrung und Plattenebene

Aus Gl. (D.8.14) kann die erforderliche Bewehrungsmenge einer Reihe im kritischen Schnitt bestimmt werden:

$$A_{sw} = \frac{(v_{Ed} - 0,75 \cdot v_{Rd,c}) \cdot d \cdot u_1}{1,5 \cdot (d/s_r) \cdot f_{ywd,ef} \cdot \sin\alpha} \qquad (D.8.15)$$

Bis zum Erreichen von $v_{Ed} \leq v_{Rd,c}$ wird diese Bewehrung wie folgt in den Reihen angeordnet:

1. Reihe im Abstand $0,3d \leq a_1 \leq 0,5d$: $2,5 \cdot A_{sw}$
2. Reihe im Abstand $s_r \leq 0,75d$: $1,4 \cdot A_{sw}$
ab der 3. Reihe (Abstände $s_r \leq 0,75d$): $1,0 \cdot A_{sw}$

Die letzte Bewehrungsreihe ist im Abstand $\leq 1,5d$ vom äußeren Rundschnitt u_{out} einzulegen. Im äußeren Rundschnitt erfolgt der Nachweis, dass keine Durchstanzbewehrung mehr erforderlich ist.

$$u_{out} = \beta \cdot V_{Ed} / (v_{Rd,c} \cdot d) \qquad (D.8.16)$$

Dabei ist der Betontraganteil $v_{Rd,c}$ abweichend mit dem Faktor $C_{Rd,c} = 0,15/\gamma_C$ zu bestimmen.

Bemessung

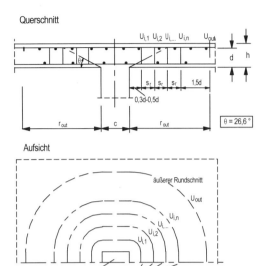

Abb. D.8.11 Rundschnitte zur Bemessung der Durchstanzbewehrung

Ist Durchstanzbewehrung erforderlich, so gilt als *Mindestbewehrung* gemäß EC2-1-1:

$$A_{sw,min} = A_s \cdot \sin\alpha = 0{,}08 \cdot \sqrt{f_{ck}} \cdot s_r \cdot s_t /(f_{yk} \cdot 1{,}5) \quad (D.8.17)$$

Schrägstäbe als Durchstanzbewehrung

Wenn Schrägstäbe eingesetzt werden, müssen sie zwischen $45° \leq \alpha \leq 60°$ gegen die Plattenebene geneigt sein. Aufbiegungen dürfen in einem Bereich $\leq 1{,}5d$ um die Stütze angeordnet werden. Der Tragwiderstand (Gl. (D.8.14)) bzw. die erforderliche Durchstanzbewehrung (Gl. (D.8.15)) sind mit dem Verhältnis $(d / s_r) = 0{,}53$ zu berechnen, die Bewehrung darf bis $f_{ywd,ef} = f_{ywd}$ ausgenutzt werden.

Fundamente mit Durchstanzbewehrung

Wegen der größeren Druckstrebenneigung enthält EC2-1-1/NA besondere Vorgaben für Fundamente und Bodenplatten mit Durchstanzbewehrung. Demnach ist der Betontraganteil $v_{Rd,c}$ für die ersten beiden Bewehrungsreihen zu vernachlässigen und die erforderliche Bewehrung gleichmäßig auf die beiden Reihen zu verteilen (Abstände $s_0 = 0{,}3d$ und $s_1 = 0{,}8d$). Es gilt für:

– Bügelbewehrung
$$\beta \cdot V_{Ed,red} \leq V_{Rd,s} = A_{sw,1+2} \cdot f_{ywd,ef}$$

– Schrägstäbe
$$\beta \cdot V_{Ed,red} \leq V_{Rd,s} = 1{,}3 \cdot A_{sw,1+2} \cdot f_{ywd,ef} \cdot \sin\alpha$$

Weitere ggf. erforderliche Bewehrungsreihen werden mit $0{,}33 \cdot A_{sw,1+2}$ ausgeführt.

8.6 Mindestmomente für Platten-Stützen-Verbindungen

Zur Sicherstellung einer ausreichenden Querkrafttragfähigkeit ist die Platte in *x*- und *y*-Richtung für folgende Mindestmomente je Längeneinheit zu bemessen:

$$m_{Edx} \geq \eta_x \cdot V_{Ed} \text{ und } m_{Edy} \geq \eta_y \cdot V_{Ed} \quad (D.8.18)$$

(V_{Ed} aufzunehmende Querkraft, η s. Tafel D.8.2)

Für den Nachweis der Mindestmomente darf nur die außerhalb der kritischen Querschnittsfläche verankerte Bewehrung berücksichtigt werden.

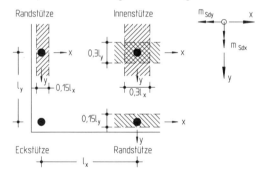

Abb. D.8.12 Biegemomente m_{Edx} und m_{Edy} in Platten-Stützen-Verbindungen bei ausmittiger Belastung und mitwirkender Plattenbreite

Tafel D.8.2 Momentenbeiwerte η für die Ermittlung von Mindestbemessungsmomenten

Lage der Stütze	η_x für m_{Edx}			η_y für m_{Edy}		
	Zug an Plattenoberseite	Zug an Plattenunterseite	anzusetzende Breite	Zug an Plattenoberseite	Zug an Plattenunterseite	anzusetzende Breite
Innenstütze	0,125	0	$0{,}30 \cdot l_y$	0,125	0	$0{,}30 \cdot l_x$
Randstütze, Plattenrand parallel zu *x*	0,25	0	$0{,}15 \cdot l_y$	0,125	+0,125	je m Breite
Randstütze, Plattenrand parallel zu *y*	0,125	+0,125	je m Breite	0,25	0	$0{,}15 \cdot l_x$
Eckstütze	0,50	+0,50	je m Breite	0,50	+0,50	je m Breite
Plattenoberseite bezeichnet die der Lasteinleitungsfläche gegenüberliegende Seite (Plattenunterseite analog).						

8.7 Beispiele

Nachfogend werden in drei Beispielen die Durchstanznachweise gemäß EC2-1-1+ NAD gezeigt. Zum Vergleich wird auch die Berechnung gemäß DIN 1045-1 dargestellt.

Beispiel 1: Einzelfundament mit einfacher Ausmitte

Für ein Einzelfundament mit einfacher Ausmitte ist der Durchstanznachweis zu führen.

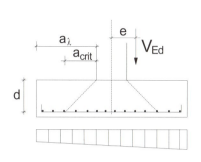

Baustoffe	Beton C30/35
	Betonstahl B500
Einwirkung	V_{Ed} = 1000 kN
	M_{Ed} = 400 kNm

Abmessungen	l_x = 2,5 m, l_y = 2,2 m
	c_x = 0,5 m, c_y = 0,4 m
mittlere Nutzhöhe	d_m = 0,55 m
Bewehrungsgrad	ρ_l = 0,2 %

Durchstanzen gemäß DIN 1045-1

kritischer Rundschnitt:

Der kritische Rundschnitt ist im Abstand $1{,}5d$[1)] vom Stützenrand definiert. Der Umfang des kritischen Schnitts u_{crit} beträgt:

$u_{crit} = 2c_x + 2c_y + 1{,}5d \cdot 2\pi$
$= 2 \cdot 0{,}5 + 2 \cdot 0{,}4 + 1{,}5 \cdot 0{,}55 \cdot 2\pi = \mathbf{6{,}984}$ m

$A_{crit} = c_x \cdot c_y + (c_x + c_y) \cdot 1{,}5d \cdot 2 + \pi \cdot (1{,}5d)^2$
$= 0{,}5 \cdot 0{,}4 + (0{,}5 + 0{,}4) \cdot 1{,}5 \cdot 0{,}55 \cdot 2 + \pi \cdot (1{,}5 \cdot 0{,}55)^2$
$= \mathbf{3{,}823}$ m²

[1)] *Alternativ darf auch der Nachweis im Abstand 1,0d vom Stützenrand geführt werden; dabei darf die Bodenpressung innerhalb der kritischen Fläche zu 100% abgezogen werden, der Widerstand $v_{Rd,ct}$ wird mit $k = u_{crit,r=1,5d} / u_{crit,r=1,0d} \geq 1{,}2$ erhöht. Hierfür ergibt sich (s. a. folgende Seite):*

$u_{crit} = 2c_x + 2c_y + 1{,}0d \cdot 2\pi$
$= 2 \cdot 0{,}5 + 2 \cdot 0{,}4 + 1{,}0 \cdot 0{,}55 \cdot 2\pi = \mathbf{5{,}256}$ m

$A_{crit} = c_x \cdot c_y + (c_x + c_y) \cdot d \cdot 2 + \pi \cdot (d)^2$
$= 0{,}5 \cdot 0{,}4 + (0{,}5 + 0{,}4) \cdot 0{,}55 \cdot 2 + \pi \cdot (0{,}55)^2 = \mathbf{2{,}140}$ m²

$v_{Ed} = \beta \cdot V_{Ed,red} / u_{crit}$
$V_{Ed,red} = V_{Ed} - \sigma_0 \cdot A_{crit} = 1{,}0 - 0{,}182 \cdot 2{,}14 = 0{,}611$ MN
$v_{Ed} = 1{,}8 \cdot 0{,}611 / 5{,}256 = 0{,}209$ MN/m

$v_{Rd,ct,r=1,0d} = v_{Rd,ct,r=1,5d} \cdot k$
$k = u_{crit,r=1,5d} / u_{crit,r=1,0d} = 6{,}984 / 5{,}256 = 1{,}33 > 1{,}2$
$v_{Rd,ct,r=1,0d} = 0{,}224 \cdot 1{,}33 = 0{,}298$ MN/m

Nachweis:

$v_{Ed} = 0{,}209$ MN/m $< v_{Rd,ct} = 0{,}298$ MN/m
→ keine Durchstanzbewehrung erforderlich!

Durchstanzen gemäß EC2-1-1 + NAD

Kritischer Rundschnitt:

In Abhängigkeit von der Schlankheit stellt sich der kritische Schnitt in einem Bereich $\leq 2d$ vom Stützenrand ein. Die Fundamentschlankheit ist:

$\lambda = a_\lambda / d = (2{,}5 - 0{,}5)/2 / 0{,}55 = 1{,}82 < 2$

→ gedrungenes Fundament, die Lage des kritischen Schnitts ist ***iterativ*** zu bestimmen!

Maßgebend ist der Schnitt, in dem v_{Rd} / v_{Ed} ein Minimum wird. Er ergibt sich für a_1 = 0,365 m bzw. $0{,}664 d_m$ vom Stützenrand (s. Skizze).

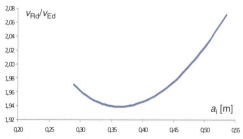

Damit werden

$u_1 = 2c_x + 2c_y + a_1 \cdot 2\pi$
$= 2 \cdot 0{,}5 + 2 \cdot 0{,}4 + 0{,}365 \cdot 2\pi = \mathbf{4{,}093}$ m

$A_{crit} = c_x \cdot c_y + (c_x + c_y) \cdot 2 a_1 + \pi \cdot (a_1)^2$
$= 0{,}5 \cdot 0{,}4 + (0{,}5 + 0{,}4) \cdot 2 \cdot 0{,}365 + \pi \cdot (0{,}365)^2$
$= \mathbf{1{,}276}$ m²

Bemessung

Nachweis nach DIN 1045-1 *(Fortsetzung)*

Einwirkende Querkraft:

$v_{Ed} = \beta \cdot V_{Ed,red} / u_{crit}$

$V_{Ed,red} = V_{Ed} - 0{,}5 \cdot \sigma_0 \cdot A_{crit}$
$\sigma_0 = 1{,}0 / (2{,}5 \cdot 2{,}2) = 0{,}182$ MN/m²
$V_{Ed,red} = 1{,}0 - 0{,}5 \cdot 0{,}182 \cdot 3{,}823 = 0{,}652$ MN

Lasterhöhungsfaktor β für exzentrische Lasteinleitung gemäß [DAfStb-H525 – 10]

$\beta = 1 + (\Delta M_{Stütze} / N_{Stütze}) / l_c$

$\Delta M_{Stütze} / N_{Stütze} = e = 0{,}4$ m

l_c = Stützenbreite = 0,5 m

$\beta = 1 + 0{,}4 / 0{,}5 = 1{,}8$
$v_{Ed} = 1{,}8 \cdot 0{,}652 / 6{,}984 = 0{,}168$ MN/m

Widerstand ohne Durchstanzbewehrung $v_{Rd,ct}$:

$v_{Rd,ct} = \left[(0{,}21/\gamma_c) \cdot \eta_1 \cdot \kappa \cdot (100 \rho_l f_{ck})^{1/3} - 0{,}12 \sigma_{cd} \right] \cdot d$

$\eta_1 = 1{,}0$ (Normalbeton), $\gamma_c = 1{,}5$
$\kappa = 1 + (200/d)^{0{,}5} \leq 2$
$= 1 + (200/550)^{0{,}5} = 1{,}603 < 2$
$\rho_l = 0{,}2$ %, $f_{ck} = 30$ MN/m², $\sigma_{cd} = 0$

$v_{Rd,ct} = \left[(0{,}21/1{,}5) \cdot 1 \cdot 1{,}603 \cdot (0{,}2 \cdot 30)^{1/3} \right] \cdot 0{,}55$
$= \mathbf{0{,}224}$ MN/m

Nachweis:
$v_{Ed} = 0{,}168$ MN/m $< v_{Rd,ct} = 0{,}224$ MN/m
→ keine Durchstanzbewehrung erforderlich!

Nachweis nach EC2-1-1 + NAD *(Fortsetzung)*

Einwirkende Querkraft:

$v_{Ed} = \beta \cdot V_{Ed,red} / (u_1 \cdot d)$

$V_{Ed,red} = V_{Ed} - \sigma_0 \cdot A_{crit}$
$\sigma_0 = 1{,}0 / (2{,}5 \cdot 2{,}2) = 0{,}182$ MN/m²
$V_{Ed,red} = 1{,}0 - 0{,}182 \cdot 1{,}276 = 0{,}768$ MN

Lasterhöhungsfaktor β für exzentrische Lasteinleitung gem. EC2-1-1/NA, 6.4.4 (2)

$\beta = 1 + k \cdot \dfrac{M_{Ed}}{V_{Ed,red}} \cdot \dfrac{u_1}{W_1}$

$k = 0{,}625$ für $c_x/c_y = 1{,}25$ (EC2-1-1, Tab. 6.1)
W_1 statisches Moment im kritischen Rundschnitt, für Rechteckquerschnitt mit Ausmitte in x-Richtung gilt:

$W_1 = \dfrac{c_x^2}{2} + 2 \cdot c_y \cdot a_{crit} + c_x \cdot c_y + \pi \cdot a_{crit} \cdot c_x + 4 \cdot a_{crit}^2$

$= 0{,}5^2/2 + 2 \cdot 0{,}4 \cdot 0{,}365 + 0{,}5 \cdot 0{,}4$
$+ \pi \cdot 0{,}365 \cdot 0{,}5 + 4 \cdot 0{,}365^2 = 1{,}773$ m²

$\beta = 1 + 0{,}625 \cdot 0{,}4 / 0{,}768 \cdot 4{,}093 / 1{,}723 = 1{,}773$
$v_{Ed} = 1{,}773 \cdot 0{,}768 / (4{,}093 \cdot 0{,}55) = 0{,}605$ MN/m²

Widerstand ohne Durchstanzbewehrung $v_{Rd,c}$:

$v_{Rd,c} = \left[C_{Rd,c} \cdot k \cdot (100 \rho_l \cdot f_{ck})^{1/3} + 0{,}1 \sigma_{cp} \right] \cdot 2d / a_{crit}$

$\geq \left[v_{min} + 0{,}1 \sigma_{cp} \right] \cdot 2d / a_{crit}$

$C_{Rd,c} = 0{,}15 / \gamma_C$ (Fundament)
$k = 1 + (200/d)^{0{,}5} \leq 2$
$= 1 + (200/550)^{0{,}5} = 1{,}603 < 2$
$\rho_l = 0{,}2$ %, $f_{ck} = 30$ MN/m², $\sigma_{cp} = 0$
$v_{min} = 0{,}0525 / \gamma_C \cdot (k^3 \cdot f_{ck})^{0{,}5} = 0{,}389$ MN/m²

$v_{Rd,c} = 0{,}15 / 1{,}5 \cdot 1{,}603 \cdot (0{,}2 \cdot 30)^{1/3} \cdot 2 \cdot 0{,}55 / 0{,}365$
$= 0{,}878$ MN/m² $< v_{min} = \mathbf{1{,}173}$ MN/m²

Nachweis:
$v_{Ed} = 0{,}605$ MN/m² $< v_{Rd,c,min} = 1{,}173$ MN/m
→ keine Durchstanzbewehrung erforderlich!

Beispiel 2: Mittig belastete Innenstütze einer Flachdecke

Für die skizzierte Innenstütze mit Kreisquerschnitt ($c = 0{,}3$ m) sind die Durchstanznachweise gemäß EC2-1-1 + NAD zu führen. Zum Vergleich wird auch die Berechnung gemäß DIN 1045-1 dargestellt. Die Stütze ist Bestandteil eines unverschieblichen Tragwerks. Es wird von einer zentrischen Lasteinleitung ausgegangen.

Baustoffe	Beton C30/35
	Betonstahl B500
Einwirkungen	$V_{Ed} = 500$ kN
	$e = 0$ ($\Delta M_{Ed} = 0$)
Bewehrungsgrad	$\rho_l = 0{,}5$ %
mittlere Nutzhöhe	$d = 21$ cm

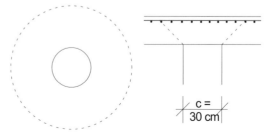

Durchstanzen gemäß DIN 1045-1

Kritischer Rundschnitt:

Der kritische Rundschnitt ist im Abstand $1{,}5d$ vom Stützenrand definiert. Der Umfang des kritischen Schnitts u_{crit} beträgt:

$u_{crit} = (c/2 + 1{,}5d) \cdot 2\pi = (0{,}3/2 + 1{,}5 \cdot 0{,}21) \cdot 2\pi$
$= 2{,}922$ m

Einwirkende Querkraft:

$v_{Ed} = \beta \cdot V_{Ed,red} / u_{crit}$

Lasterhöhungsfaktor $\beta = 1{,}05$
(Näherung für Innenstütze)

$v_{Ed} = 1{,}05 \cdot 0{,}50 / 2{,}922 = 0{,}180$ MN/m

Widerstand ohne Durchstanzbewehrung $v_{Rd,ct}$:

$v_{Rd,ct} = \left[\dfrac{0{,}21}{\gamma_c} \cdot \eta_1 \cdot \kappa \cdot (100\rho_l \cdot f_{ck})^{1/3} - 0{,}12\sigma_{cd} \right] \cdot d$

$\eta_1 = 1{,}0$ (Normalbeton), $\gamma_c = 1{,}5$
$\kappa = 1+ (200/d)^{0{,}5} \leq 2$
$= 1+ (200/210)^{0{,}5} = 1{,}976 < 2$
$\rho_l = 0{,}5$ %, $f_{ck} = 30$ MN/m², $\sigma_{cd} = 0$

$v_{Rd,ct} = \left[0{,}14 \cdot 1 \cdot 1{,}976 \cdot (0{,}5 \cdot 30)^{1/3} \right] \cdot 0{,}21$
$= 0{,}143$ MN/m

$v_{Ed} = 0{,}180$ MN/m $> v_{Rd,ct} = 0{,}143$ MN/m
→ Durchstanzbewehrung erforderlich!

Größter Widerstand mit Schubbewehrung:

$v_{Rd,max} = 1{,}5 \cdot v_{Rd,ct} = 1{,}5 \cdot 0{,}143 = 0{,}215$ MN/m
$v_{Ed} = 0{,}180$ MN/m $< v_{Rd,max} = 0{,}215$ MN/m
→ Ausführung mit Durchstanzbewehrung zulässig.

Ermittlung der Durchstanzbewehrung:

Iterativ wird die kleinste Breite l_w bestimmt, auf der keine Durchstanzbewehrung erforderlich ist. Es ergibt sich

$l_w \geq 0{,}16$ m $= 0{,}762d$

Damit werden zwei Bewehrungsreihen erforderlich: Reihe 1 im Abstand $0{,}5d$ und Reihe 2 im Abstand $(0{,}5 + 0{,}75)d$ vom Stützenrand.

→ $l_w = 1{,}25d > 0{,}762d$

Der äußere Rundschnitt u_a liegt somit im Abstand $(1{,}25 + 1{,}5)d = 2{,}75d$ (Nachweis s. nachf.)

Durchstanzen gemäß EC2-1-1 + NAD

Kritischer Rundschnitt:

Der kritische Rundschnitt ist im Abstand **$2d$** vom Stützenrand definiert. Der Umfang des kritischen Schnitts u_1 beträgt:

$u_1 = (c/2 + 2d) \cdot 2\pi = (0{,}3/2 + 2 \cdot 0{,}21) \cdot 2\pi$
$= 3{,}581$ m

Einwirkende Querkraft:

$v_{Ed} = \beta \cdot V_{Ed,red} / (u_1 \cdot d)$

Lasterhöhungsfaktor $\beta = 1{,}1$
(Näherung für Innenstütze)

$v_{Ed} = 1{,}1 \cdot 0{,}50 / (3{,}581 \cdot 0{,}21) = 0{,}731$ MN/m²

Widerstand ohne Durchstanzbewehrung $v_{Rd,c}$:

$v_{Rd,c} = \left[C_{Rd,c} \cdot k \cdot (100\rho_l \cdot f_{ck})^{1/3} + 0{,}1\sigma_{cp} \right]$

$C_{Rd,c} = 0{,}18/1{,}5$ (Flachdecke mit $u_0/d \geq 4$)
$k = 1 + (200/d)^{0{,}5} \leq 2$
$= 1 + (200/210)^{0{,}5} = 1{,}976 < 2$
$\rho_l = 0{,}5$ %, $f_{ck} = 30$ MN/m², $\sigma_{cp} = 0$
$v_{min} = 0{,}0525/\gamma_C \cdot (k^3 \cdot f_{ck})^{0{,}5} = 0{,}532$ MN/m²

$v_{Rd,c} = 0{,}18/1{,}5 \cdot 1{,}976 \cdot (0{,}5 \cdot 30)^{1/3}$
$= 0{,}585$ MN/m² $> v_{min} = 0{,}532$ MN/m²

$v_{Ed} = 0{,}731$ MN/m² $> v_{Rd,c} = 0{,}585$ MN/m²
→ Durchstanzbewehrung erforderlich!

Größter Widerstand mit Durchstanzbewehrung:

$v_{Rd,max} = 1{,}4 \cdot v_{Rd,c} = 1{,}4 \cdot 0{,}585 = 0{,}819$ MN/m²
$v_{Ed} = 0{,}731$ MN/m² $< v_{Rd,max} = 0{,}819$ MN/m²
→ Ausführung mit Durchstanzbewehrung zulässig.

Ermittlung der Durchstanzbewehrung:

Der äußere Rundschnitt u_{out}, für den keine Durchstanzbewehrung erforderlich ist, ergibt sich aus

$u_{out} = \beta \cdot V_{Ed} / (v_{Rd,c} \cdot d)$

mit $v_{Rd,c}$ als Querkrafttragfähigkeit der Platte mit $C_{Rd,c} = 0{,}15/\gamma_C$, d. h. $v_{Rd,c}$ für den Durchstanznachweis ist mit dem Verhältnis der Beiwerte $C_{Rd,c}$ von Querkraft- zu Durchstanzwiderstand umgerechnet.

$u_{out} = 1{,}1 \cdot 0{,}5 / (0{,}585 \cdot (0{,}15/0{,}18) \cdot 0{,}21) = 5{,}372$ m
→ $r_{out} = 0{,}855$ m

Der äußere Rundschnitt liegt damit $(0{,}855 - 0{,}15) = 0{,}705$ m $= 3{,}35d$ vom Stützenrand entfernt. Damit werden drei Bewehrungsreihen in den Abständen $0{,}5d$, $(0{,}5+0{,}75)d = 1{,}25d$ und $(1{,}25+0{,}75)d = 2d$ vom Stützenrand erforderlich. Der äußere Rundschnitt u_{out} liegt damit bei $(2+1{,}5)d = 3{,}5d > 3{,}35d$ (Nachweis u_{out} s.nachf.).

Bemessung

Nachweis nach DIN 1045-1 *(Fortsetzung)*

1. Reihe (0,5d vom Stützenrand):
Umfang: $u_1 = (0{,}15 + 0{,}5 \cdot 0{,}21) \cdot 2\pi = 1{,}602$ m
Einwirkung: $v_{Ed,1} = 1{,}05 \cdot 0{,}5 / 1{,}602 = 0{,}328$ MN/m
$A_{sw,1} = (v_{Ed,1} - v_{Rd,c}) \cdot u_1 / (\kappa_s \cdot f_{yd})$
$\kappa_s = 0{,}7$ für $d = 21 < 40$ cm
$f_{yd} = 435$ MN/m²
$A_{sw,1} = (0{,}328 - 0{,}1433) \cdot 1{,}602 / (0{,}7 \cdot 435)$
$= 9{,}7 \cdot 10^{-4}$ m² = 9,7 cm²

2. Reihe (0,5d + 0,75d vom Stützenrand):
Umfang: $u_2 = (0{,}15 + 1{,}25 \cdot 0{,}21) \cdot 2\pi = 2{,}592$ m
Einwirkung: $v_{Ed,2} = 1{,}05 \cdot 0{,}5 / 2{,}592 = 0{,}203$ MN/m
$A_{sw,2} = (v_{Ed,2} - v_{Rd,c}) \cdot u_2 / (\kappa_s \cdot f_{yd})$
$A_{sw,2} = (0{,}203 - 0{,}1433) \cdot 2{,}592 / (0{,}7 \cdot 435)$
$= 5{,}1 \cdot 10^{-4}$ m² = 5,1 cm²

Nachweis im äußeren Rundschnitt u_a:

Abstand: $(1{,}25 + 1{,}5)d = 2{,}75d$ vom Auflagerrand
Umfang: $u_a = (0{,}15 + 2{,}75 \cdot 0{,}21) \cdot 2p = 4{,}571$ m
Einwirkung: $v_{Ed,a} = 1{,}05 \cdot 0{,}5 / 4{,}571 = 0{,}115$ MN/m

Übergang zur Querkrafttragfähigkeit der Platte:
$v_{Rd,ca} = k_a \cdot v_{Rd,c} = 0{,}896 \cdot 0{,}585 = 0{,}524$ MM/m
$k_a = 1 - 0{,}29 l_w / 3{,}5d \geq 0{,}71$
$= 1 - 0{,}29 \cdot 1{,}25 / 3{,}5 = 0{,}896 > 0{,}71$
$v_{Ed,a} = 0{,}115$ MN/m $< v_{Rd,ca} = 0{,}524$ MN/m
→ keine weitere Bewehrungsreihe erforderlich.

Nachweis nach EC2-1-1 + NAD *(Fortsetzung)*

Durchstanzbewehrung (Grundwert):
$$A_{sw} = \frac{(v_{Ed} - 0{,}75 \cdot v_{Rd,c}) \cdot d \cdot u_1}{1{,}5 \cdot (d / s_r) \cdot f_{ywd,ef}}$$
$f_{ywd,ef} = 250 + 0{,}25d = 250 + 0{,}25 \cdot 210$
$= 302{,}5$ MN/m², $s_r = 0{,}75d$
$$A_{sw} = \frac{(0{,}731 - 0{,}75 \cdot 0{,}585) \cdot 0{,}21 \cdot 3{,}581}{1{,}5 / 0{,}75 \cdot 302{,}5} = 3{,}6 \text{ cm}^2$$

Durchstanzbewehrung je Bügelreihe:
1. Reihe; Abstand 0,50d: $2{,}5 \cdot 3{,}6 = 9{,}1$ cm²
2. Reihe; Abstand 1,25d: $1{,}4 \cdot 3{,}6 = 5{,}1$ cm²
3. Reihe; Abstand 2,00d: $1{,}0 \cdot 3{,}6 = 3{,}6$ cm²

Nachweis im äußeren Rundschnitt u_{out}:

Abstand: $(2{,}0 + 1{,}5)d = 3{,}5d$ vom Auflagerrand
Umfang: $u_{out} = (0{,}15 + 3{,}5 \cdot 0{,}21) \cdot 2p = 5{,}561$ m
Einwirkung: $v_{Ed,out} = 1{,}1 \cdot 0{,}5 / (5{,}561 \cdot 0{,}21)$
$= 0{,}471$ MN/m²

Übergang zur Querkrafttragfähigkeit der Platte:
$v_{Rd,c,out} = 0{,}15 / 0{,}18 \cdot v_{Rd,c}$
$= 0{,}15 / 0{,}18 \cdot 0{,}585$
$= 0{,}488$ MN/m²
$v_{Ed,out} = 0{,}471$ MN/m² $< v_{Rd,c,out} = 0{,}488$ MN/m²
→ keine weitere Bewehrungsreihe erforderlich.

Beispiel 3: Exzentrisch belastete Innenstütze einer Flachdecke

Für die Stütze aus Beispiel 2 sind die Nachweise für den Fall einer exzentrischen Lasteinleitung mit $e = 0{,}05$ m zu führen. Demonstriert werden die unterschiedlichen Ansätze zur Erhöhung der einwirkenden Querkraft nach DIN 1045-1 (bzw. DAfStb-H. 525) und EC2-1-1.

Durchstanzen gemäß DIN 1045-1

Kritischer Rundschnitt:
$u_{crit} = 2{,}922$ m (wie Beispiel 2)

Einwirkende Querkraft:
$v_{Ed} = \beta \cdot V_{Ed} / u_{crit}$

Lasterhöhungsfaktor β für exzentrische Lasteinleitung gemäß Ansatz [DAfStb-H. 525] für unregelmäßige Systeme

$$\beta = 1 + \frac{\Delta M_{Stütze} / N_{Stütze}}{l_c}$$

$\Delta M_{Stütze} / N_{Stütze} = e = 0{,}05$ m
l_c = Stützendurchmesser = 0,3 m

$\beta = 1 + 0{,}05 / 0{,}3 = 1{,}167$

$v_{Ed} = 1{,}167 \cdot 0{,}5 / 2{,}922 = 0{,}200$ MN/m

Durchstanzen gemäß EC2-1-1 + NAD

Kritischer Rundschnitt:
$u_1 = 3{,}581$ m (wie Beispiel 2)

Einwirkende Querkraft:
$v_{Ed} = \beta \cdot V_{Ed} / (u_{crit} \cdot d)$

Lasterhöhungsfaktor β für exzentrische Lasteinleitung für Innenstütze mit Kreisquerschnitt (EC2-1-1, 6.4.3 (3))

$$\beta = 1 + 0{,}6\pi \cdot \frac{e}{D + 4 \cdot d}$$

$e = M_{Ed} / N_{Ed} = 0{,}05$ m
D = Stützendurchmesser = 0,3 m

$\beta = 1 + 0{,}6\pi \cdot \dfrac{0{,}05}{0{,}3 + 4 \cdot 0{,}21} = 1{,}082 < \mathbf{1{,}1}$

$v_{Ed} = 1{,}1 \cdot 0{,}5 / (3{,}581 \cdot 0{,}21) = 0{,}731$ MN/m²

Nachweis nach DIN 1045-1 *(Fortsetzung)*

Widerstand ohne Durchstanzbewehrung $v_{Rd,ct}$

$v_{Rd,ct}$ = 0,1433 MN/m (wie Beispiel 2)

Nachweis:

v_{Ed} = 0,200 MN/m > $v_{Rd,ct}$ = 0,143 MN/m
→ Durchstanzbewehrung erforderlich!

Größter Widerstand mit Durchstanzbewehrung:
$v_{Rd,max}$ = 0,215 MN/m (s.o.) > v_{Ed} = 0,200 MN/m
→ Ausführung mit Durchstanzbewehrung zulässig.

Ermittlung der Durchstanzbewehrung:

1. Reihe (0,5d vom Stützenrand):
u_1 = (0,15+0,5·0,21)·2π = 1,602 m
$v_{Ed,1}$ = 1,167·0,5/1,602 = 0,364 MN/m

$A_{sw,1} = (v_{Ed,1} - v_{Rd,c}) \cdot u_1 / (\kappa_s \cdot f_{yd})$
$A_{sw,1}$ = (0,364 – 0,143)·1,602 / (0,7·435)
       = 11,6·10^{-4} m^2 = 11,6 cm^2

2. Reihe (0,5d + 0,75d vom Stützenrand):
u_2 = (0,15+1,25·0,21)·2p = 2,592 m
$v_{Ed,2}$ = 1,167·0,5 / 2,592 = 0,225 MN/m

$A_{sw,2} = (v_{Ed,2} - v_{Rd,c}) \cdot u_2 / (\kappa_s \cdot f_{yd})$
$A_{sw,1}$ = (0,225–0,143)·2,592/(0,7·435)·10^4 = 7,0 cm^2

Nachweis im äußeren Rundschnitt u_a:

Abstand (1,25+1,5)d = 2,75d vom Auflagerrand
u_a = (0,15+2,75·0,21)·2p = 4,571 m
$v_{Ed,a}$ = 1,167·0,5 / 4,571 = 0,128 MN/m
$v_{Rd,ca} = k_a \cdot v_{Rd,c}$
  k_a = 1 – 0,29·1,25 / 3,5 = 0,896 > 0,71
$v_{Rd,ca}$ = 0,896 · 0,585 = 0,524 MM/m
$v_{Ed,a}$ = 0,128 MN/m < $v_{Rd,ca}$ = 0,524 MN/m
→ keine weitere Bewehrungsreihe erforderlich.

Nachweis nach EC2-1-1 + NAD *(Fortsetzung)*

Widerstand ohne Durchstanzbewehrung $v_{Rd,c}$

$v_{Rd,c}$ = 0,585 MN/m^2 (wie Beispiel 2)

Nachweis:

v_{Ed} = 0,731 MN/m^2 > $v_{Rd,c}$ = 0,585MN/m^2
→ Durchstanzbewehrung erforderlich!

Größter Widerstand mit Durchstanzbewehrung:
$v_{Rd,max}$ = 0,819 MN/m^2 > v_{Ed} = 0,731 MN/m^2
→ Ausführung mit Durchstanzbewehrung zulässig.

Ermittlung der Durchstanzbewehrung:

Die Ergebnisse entsprechen der Nachweisführung in Beispiel 2 (s. o.).

Durchstanzbewehrung je Bügelreihe:
1. Reihe; Abstand 0,50d: 2,5·3,6 = 9,1 cm^2
2. Reihe; Abstand 1,25d: 1,4·3,6 = 5,1 cm^2
3. Reihe; Abstand 2,00d: 1,0·3,6 = 3,6 cm^2

Ergebnis-Vergleich Beispiel 2 (zentrische Last) und Beispiel 3 (exzentrische Last)

	DIN 1045-1	EC2-1-1
e = 0 (Beispiel 2)	β = 1,05 (Näherung) Reihe 1: 9,7 cm^2 (bei 0,50d) Reihe 2: 5,1 cm^2 (bei 1,25d)	β = 1,1 (Näherung) Reihe 1: 9,1 cm^2 (bei 0,50d) Reihe 2: 5,1 cm^2 (bei 1,25d) Reihe 3: 3,6 cm^2 (bei 2,00d)
e = 0,05 m (Beispiel 3)	β = 1,167 Reihe 1: 11,6 cm^2 (bei 0,50d) Reihe 2: 7,0 cm^2 (bei 1,25d)	β = 1,1 (Mindestwert statt β = 1,08) Reihe 1: 9,1 cm^2 (bei 0,50d) Reihe 2: 5,1 cm^2 (bei 1,25d) Reihe 3: 3,6 cm^2 (bei 2,00d)
e = 0,10 m (zum Vergleich)	β = 1,333 v_{Ed} = 0,228 > $v_{Rd,max}$ = 0,215 Eine Ausführung mit Durchstanzbewehrung ist für e = 0,1 m nicht mehr zulässig	β = 1,165 v_{Ed} = 0,775 < $v_{Rd,max}$ = 0,819 Reihe 1: 10,5 cm^2 (bei 0,50d) Reihe 2: 5,9 cm^2 (bei 1,25d) Reihe 3: 4,2 cm^2 (bei 2,00d) Reihe 4: 4,2 cm^2 (bei 2,75d)

9 Grenzzustand der Tragfähigkeit, durch Verformungen beeinflusst (Knicksicherheitsnachweis)

9.1 Unverschieblichkeit bzw. Verschieblichkeit von Tragwerken

Der Gleichgewichtszustand von Tragwerken und Tragwerksteilen muss unter Berücksichtigung von Bauteilverformungen nachgewiesen werden, wenn sie die Tragfähigkeit um mehr als 10 % verringern. Je nachdem, ob diese Verformungen zu berücksichtigen sind oder nicht bzw. ob bei Einzelbauteilen die gegenseitigen Verschiebungen der Stabenden von Bedeutung sind, werden Tragwerke oder Bauteile als verschieblich oder unverschieblich betrachtet.

Rahmenartige Tragwerke gelten als unverschieblich, wenn ihre Nachgiebigkeit gering ist. Diese Bedingung gilt als erfüllt
- für hinreichend ausgesteifte Tragsysteme
- für nicht ausgesteifte Tragsysteme, wenn der Einfluss der Knotenverschiebungen vernachlässigbar ist.

Die Beurteilung, ob ein Tragwerk oder ein Tragwerksteil ausreichend ausgesteift ist, kann mit EC2-1-1, 5.8.3.3 erfolgen. Annähernd symmetrische Tragwerke mit aussteifenden Bauteilen dürfen als unverschieblich angesehen werden, wenn die nachfolgende Bedingung für jede der beiden Gebäudehauptachsen y und z eingehalten wird:

$$F_{V,Ed} \leq K_i \cdot \frac{n_s}{n_s + 1{,}6} \cdot \frac{\sum E_{cd} I_c}{L^2} \quad \text{(D.9.1)}$$

Es sind:
L Gesamthöhe des Tragwerks über OK Fundament bzw. Einspannebene
n_s Anzahl der Geschosse
$F_{V,Ed}$ Summe der Vertikallasten im Gebrauchszustand (d. h. $\gamma_F = 1$), die auf die aussteifenden und nicht aussteifenden Bauteile wirken
$E_{cd} I_c$ Summe der Nennbiegesteifigkeiten aller vertikalen aussteifenden Bauteile im Zustand I, die in der betrachteten Richtung wirken
$E_{cd} = E_{cm} / \gamma_{CE}$ ($\gamma_{CE} = 1{,}2$; E_{cm} s. Abschn. D.4.1)
$K_i = K_1 = 0{,}31$ allgemein
   $= K_2 = 0{,}62$ wenn in den aussteifenden Bauteilen die Betonzugspannungen die mittlere Zugfestigkeit f_{ctm} im Grenzzustand der Tragfähigkeit nicht überschreiten

Voraussetzung für die Anwendung von Gl. (D.9.1) sind ausreichende Torsionssteifigkeit, vernachlässigbare Schubkraftverformungen, starre Gründung und über die Höhe annähernd konstante Steifigkeit der aussteifenden Bauteile sowie ein gleichmäßiger Zuwachs der Vertikallast je Stockwerk (für abweichende Fälle s. EC2-1-1, Anhang H).

Wenn die lotrechten aussteifenden Bauteile nicht annähernd symmetrisch angeordnet sind oder nicht vernachlässigbare Verdrehungen zulassen, muss zusätzlich die Rotationssteifigkeit nachgewiesen werden. Es wird auf nationale Ergänzungen zu EC2-1-1, 5.8.3.3 (Gl. NA.5.18.1) verwiesen.

Aussteifende Bauteile müssen eine ausreichende Steifigkeit haben, um alle einwirkenden horizontalen Lasten aufzunehmen und in die Fundamente weiterzuleiten und um die Tragfähigkeit der auszusteifenden Bauteile sicherzustellen.

9.2 Schlankheit λ

Bei Einzeldruckgliedern wird i. d. R. durch Vergleich der Schlankheit mit Grenzwerten entschieden, ob Auswirkungen nach Theorie II. Ordnung zu berücksichtigen sind. Die Schlankheit eines Druckglieds ergibt sich zu

$$\lambda = l_0 / i \quad \text{(D.9.2)}$$

mit l_0 = Knicklänge (s. u.)
i = Trägheitsradius des ungerissenen Betonquerschnitts;

$$i = \sqrt{I/A}$$

Die Knicklänge l_0 ist von den Steifigkeiten der Einspannungen an den Enden und von der Verschieblichkeit der Enden des Druckglieds abhängig. Sie kann für regelmäßige Rahmentragwerke wie folgt ermittelt werden (s. EC2-1-1, 5.8.3.2):

– ausgesteifte Bauteile

$$l_0 = 0{,}5 l \cdot \sqrt{\left(1 + \frac{k_1}{0{,}45 + k_1}\right) \cdot \left(1 + \frac{k_2}{0{,}45 + k_2}\right)} \quad \text{(D.9.3)}$$

– nicht ausgesteifte Bauteile

$$l_0 = l \cdot \max \begin{cases} \sqrt{1 + 10 \cdot \dfrac{k_1 \cdot k_2}{k_1 + k_2}} \\ \left(1 + \dfrac{k_1}{1 + k_1}\right) \cdot \left(1 + \dfrac{k_2}{1 + k_2}\right) \end{cases} \quad \text{(D.9.4)}$$

mit den bezogenen Einspanngraden der beiden Stützenenden k_1 und k_2 (s. u.).

Alternativ kann die Ersatzlänge für regelmäßige Rahmentragwerke aus

$$l_0 = \beta \cdot l_{col} \quad \text{(D.9.5)}$$

mit dem Beiwert β als Verhältnis der Ersatzlänge l_0 zur Stützenlänge l_{col} aus den Nomogrammen in Abb. D.9.1 ermittelt werden. Die Gleichungen (D.9.3) und (D.9.4) bilden die Grundlage für Abb. D.9.1 (Darstellung gegenüber den bekannten Nomogrammen nach DAfStb-H. 220 um 90° gedreht; s. [Ehringsen/Quast – 03]).

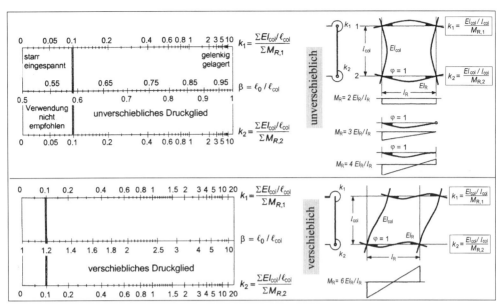

Abb D.9.1 Nomogramm zur Ermittlung der Ersatzlänge

Die Beiwerte k_1 und k_2 in Gln. (D.9.3) und (D.9.4) bzw. Abb. D.9.1 ergeben sich als Summe der Stabsteifigkeiten $\Sigma(EI_{col}/l_{col})$ aller an einem Knoten elastisch eingespannten Druckglieder im Verhältnis zur Summe der Drehwiderstandsmomente $\Sigma M_{R,i}$ infolge einer Knotendrehung φ (Einheitsdrehung $\varphi = 1$).

$$k_i = \Sigma(EI_{col}/l_{col}) / \Sigma M_{R,i} \qquad (D.9.6)$$

E Elastizitätsmodul des Betons
I_{col} Flächenmoment 2. Grades der Stütze
$M_{R,i}$ Drehwiderstandsmoment des Riegels

Zur Berechnung der Ersatzlänge l_0 sollte für die Druckglieder die Steifigkeit des ungerissenen Betonquerschnitts, für die einspannenden Riegel jedoch nur die halbe Steifigkeit berücksichtigt werden. Für die Beiwerte k_i sollten keine kleineren Werte als 0,1 verwendet werden, da starre Einspannungen in der Baupraxis kaum zu realisieren sind.

Eine Ermittlung der Ersatzlänge mit Hilfe von Abb. D.9.1 bzw. Gln. (D.9.3) und (D.9.4) ist in erster Linie nur für regelmäßige und unverschiebliche Tragwerke gedacht. Für verschiebliche Rahmen sind die vereinfachten Verfahren nur bei regelmäßigen Systemen zulässig (weitere Erläuterungen s. [Ehringsen/Quast – 03]; vgl. auch DAfStb-H. 525).

Auf eine Untersuchung am verformten System darf verzichtet werden (d. h., die Lastausmitte e_2 nach Theorie II. Ordnung darf vernachlässigt werden), falls der Einfluss der Zusatzmomente gering ist.

Hiervon kann ausgegangen werden, wenn eine der nachfolgenden Bedingungen erfüllt ist:

$$\lambda \leq 25 \qquad (D.9.7)$$

$$\lambda \leq 16 / \sqrt{n} \quad \text{mit } n = N_{Ed}/(A_c \cdot f_{cd}) \qquad (D.9.8)$$

Der Grenzwert für Stützen ohne Querlasten nach DIN 1045-1 $\lambda \leq 25 \cdot (2 - e_{01}/e_{02})$ ist in EC2-1-1 nicht mehr enthalten. Es gelten nurmehr die Kriterien nach Gl. (D.9.7) bzw. (D.9.8).

9.3 Vereinfachtes Bemessungsverfahren für Einzeldruckglieder

Einzeldruckglieder können sein:

– einzeln stehende Stützen (z. B. Kragstützen)
– Druckglieder als Teile des Gesamttragwerks, die jedoch zum Zwecke der Bemessung als Einzeldruckglieder mit einer Ersatzlänge l_0 betrachtet werden.

Neben allgemeinen Berechnungsverfahren können nach EC2-1-1 zwei vereinfachte Verfahren zur Ermittlung der Schnittgrößen nach Theorie II. Ordnung angewandt werden:

– Verfahren mit Nennsteifigkeiten
– Verfahren mit Nennkrümmungen

Das Verfahren mit Nennsteifigkeiten führt gegenüber der allgemeinen Berechnung zu unwirtschaftlichen Ergebnissen und kann gemäß EC2-1-1/NA in Deutschland entfallen (vgl. [Zilch/Fitik – 10]). Im Folgenden wird daher ausschließlich das Verfahren mit Nennkrümmungen behandelt, das prinzipiell dem bekannten Modellstützenverfahren nach DIN 1045-1 entspricht.

Bemessung

Verfahren mit Nennkrümmungen

Das Verfahren mit Nennkrümmungen ist besonders für den vereinfachten Nachweis von *Einzelstützen* mit einer definierten Knicklänge l_0 unter konstanter Normalkraft geeignet. Sofern die Krümmungsverteilung realistisch angenommen werden kann, ist das Verfahren auch für den Nachweis von Tragwerken anwendbar.

Die Verformungen nach Theorie II. Ordnung werden über ein Nennmoment berücksichtigt, das in Abhängigkeit von der Knicklänge aus Verformungsfigur und Maximalkrümmung ermittelt wird. Das Bemessungsmoment ergibt sich aus Anteilen nach Theorie I. Ordnung unter Berücksichtigung von Imperfektionen und dem Nennmoment nach Theorie II. Ordnung.

Für Einzeldruckglieder dient als Bemessungsmodell eine Kragstütze unter Längskraft und Biegung. Das größte Moment tritt am Stützenfuß auf. Im Schnitt A-A (s. Abb. D.9.2) ergibt sich die Gesamtausmitte zur Ermittlung des Bemessungsmoments aus:

$$\boxed{e_{tot} = e_0 + e_i + e_2} \qquad (D.9.9)$$

Hierin sind
- e_0 Lastausmitte nach Theorie I. Ordnung; es ist $e_0 = M_{Ed}/N_{Ed}$ (s. Gln. (D.9.10a) bis (D.9.10c))
- e_i ungewollte Zusatzausmitte nach Gl. (D.9.11)
- e_2 Lastausmitte nach Theorie II. Ordnung; näherungsweise nach Gl. (D.9.12)

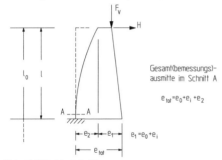

Abb. D.9.2 Modellstütze

Lastausmitte e_0

Die Lastausmitte e_0 im maßgebenden Bemessungsschnitt wird allgemein ermittelt aus:

$$\Rightarrow e_0 = M_{Ed}/N_{Ed} \qquad (D.9.10a)$$

Für unverschieblich gehaltene, elastisch eingespannte Stützen ohne Querlasten kann die planmäßige Lastausmitte e_0 im maßgebenden Schnitt mit Hilfe nachfolgender Gln. (D.9.10b) und (D.9.10c) ermittelt werden (s. hierzu Abb. D.9.3):

- an beiden Enden gleiche Lastausmitten

$$\Rightarrow e_0 = e_{01} = e_{02} \qquad (D.9.10b)$$

- an beiden Enden unterschiedliche Lastausmitten

$$\Rightarrow e_0 \geq 0{,}6\, e_{02} + 0{,}4\, e_{01} \geq 0{,}4\, e_{02} \qquad (D.9.10c)$$

Für Gl. (D.9.10c) gilt, dass $|e_{01}| \leq |e_{02}|$ und die Ausmitten e_{01} und e_{02} mit Vorzeichen einzusetzen sind.

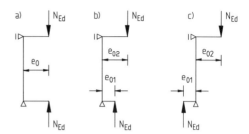

Abb. D.9.3 Lastausmitten elastisch eingespannter, unverschieblicher Stützen

Imperfektionen e_i

Für Einzeldruckglieder dürfen Maßungenauigkeiten und Unsicherheiten bezüglich der Lage und Richtung von Längskräften durch eine Zusatzausmitte e_i, die in ungünstigster Richtung wirkt, erfasst werden. Als zusätzliche Lastausmitte gilt

$$\Rightarrow e_i = \theta_i \cdot l_0 / 2 \qquad (D.9.11)$$

mit Schiefstellung $\theta_i = 1/200 \cdot \alpha_h$ und Höhenbeiwert $0 \leq \alpha_h \leq 2/l^{0{,}5} \leq 1{,}0$ ($l = l_{col}$ in m). Vereinfacht darf bei Einzeldruckgliedern in ausgesteiften Systemen $e_i = l_0 / 400$ gesetzt werden ($\alpha_h = 1$); s. EC2-1-1, 5.2.

Lastausmitte e_2

Die maximale Ausmitte nach Theorie II. Ordnung kann ermittelt werden aus (s. auch nächste Seite)

$$\Rightarrow e_2 = K_1 \cdot (1/r) \cdot l_0^2 / c \qquad (D.9.12)$$

In Gl. (D.9.12) sind:
$K_1 = (\lambda/10) - 2{,}5$ für $25 \leq \lambda \leq 35$
$K_1 = 1$ für $\lambda > 35$

$(1/r)$ Stabkrümmung im maßgebenden Schnitt; näherungsweise gilt:

$$(1/r) = K_r \cdot K_\varphi \cdot (1/r_0) \qquad (D.9.13)$$

K_r Beiwert zur Berücksichtigung der Krümmungsabnahme bei Anstieg der Längsdruckkräfte

$K_r = (n_u - n)/(n_u - n_{bal}) \leq 1$

$n = N_{Ed}/A_c$; bezogene Normalkraft mit Bemessungswert der einwirkenden Längskraft N_{Ed} und Betonquerschnitt A_c

$n_u = 1 + \omega$; bez. Widerstand für $M_{Ed} = 0$

mit $\omega = A_s \cdot f_{yd} / (A_c \cdot f_{cd})$

n_{bal} = bezogener Längskraftwiderstand für $M_{Ed} = M_{max}$, es gilt $n_{bal} = 0{,}4$

K_φ Beiwert z. Berücksichtigung des Kriechens, s. Abschnitt D.9.4, Gl. (D.9.19)

$(1/r_0) = \varepsilon_{yd} / (0{,}45\,d)$ mit $\varepsilon_{yd} = f_{yd}/E_s$

c = Beiwert in Abhängigkeit vom Verlauf d. Gesamtkrümmung; bei konstantem Querschnitt gilt allg. $c = 10$; für M (Th. I. O.) = const. gilt $8 \leq c \leq 10$

Der in Gl. (D.9.12) enthaltene Ansatz ergibt sich aus (vgl. Abb. D.9.5):

$$e_2 = \int \overline{M}(x) \cdot [(1/r)(x)] \cdot dx \quad (D.9.14)$$

Das Moment $\overline{M}(x)$ beträgt an der Einspannstelle $\overline{1} \cdot l$, der Verlauf ist dreieckförmig. Die Krümmung mit dem Größtwert $(1/r)$ verläuft über die Stützenhöhe als Grenzfall dreieckförmig oder rechteckförmig, d. h., die Ausmitte e_2 liegt in den Grenzen

$$e_2 \begin{array}{l} \geq (1/3) \cdot l \cdot (1/r) \cdot l = (1/12) \cdot (1/r) \cdot l_0^2 \\ \leq (1/2) \cdot l \cdot (1/r) \cdot l = (1/8) \cdot (1/r) \cdot l_0^2 \end{array} \quad (D.9.15)$$

bzw. beträgt im Mittel

$$e_2 \approx (1/10) \cdot (1/r) \cdot l_0^2 \quad (D.9.16)$$

Diese Gleichung ist für konstante Querschnitte identisch mit Gl. (D.9.12), wenn man zusätzlich einen Faktor K_1 einführt, der den Übergang von nicht verformungsempfindlichen zu den stabilitätsgefährdeten Stützen berücksichtigt. Dieser Übergangsbereich ist bis $\lambda = 35$ definiert.

Die Krümmung $(1/r)$ erreicht ihren Größtwert, wenn auf der Druck- und Zugseite die Dehnungsgrenzen erreicht werden (s. Abb. D.9.5). Bei einem gegenseitigen Abstand der Bewehrungsstränge bzw. der Zugbewehrung von der resultierenden Betondruckkraft von ca. $0{,}9\,d$ erhält man (vgl. Abb. D.9.5)

$$(1/r)_{max} = 2\,\varepsilon_{yd}/(0{,}9\,d) = \varepsilon_{yd}/(0{,}45\,d) \quad (D.9.17)$$

Die max. Krümmung ist durch die Stelle im Interaktionsdiagramm gekennzeichnet, an der das Biegemoment seinen Größtwert hat. Sie wird bei Rechteckquerschnitten mit symmetrischer Bewehrung bei einer Längskraft N_{bal} erreicht, die ca. 40 % der maximal vom Betonquerschnitt aufnehmbaren Druckkraft N_{ud} entspricht. Mit zunehmender Längsdruckkraft nimmt die Krümmung ab und erreicht bei $N_{Ed} = N_{ud}$ den Wert null. Die Abnahme der Krümmung $(1/r)$ wird mit dem Faktor K_r (s. Gl. (D.9.13)) durch eine geradlinige Annäherung der tatsächlichen Krümmungsbeziehung berücksichtigt (s. Abb. D.9.6).

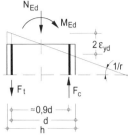

Abb. D.9.5 Bemessungsmodell für die Ermittlung der Krümmung

Bemessungstafeln mit Berücksichtigung der Ausmitte e_2 nach Theorie II. Ordnung sind in [Schmitz/Goris – 12/1], [Schmitz/Goris – 12/2] (vgl. [Avak – 99]) abgedruckt, nachfolgende Tafeln D.9.1 a–c zeigen einige Beispiele. Tafeleingangsgrößen sind das bezogene Biegemoment $\mu_{Ed,1}$, das aus der Ausmitte nach Theorie I. Ordnung e_0 zuzüglich der ungewollten Ausmitte e_i (ggf. Kriechverformung e_c) resultiert, sowie die bezogene Längskraft ν_{Ed}. Der Bereich $e/h < 0{,}1$, in dem das Modellstützenverfahren zu unwirtschaftlichen Ergebnissen führt, ist in den Diagrammen schattiert dargestellt. Der direkte Vergleich der einzelnen Diagramme für unterschiedliche λ-Werte zeigt den Einfluss nach Th. II. O. sehr deutlich.

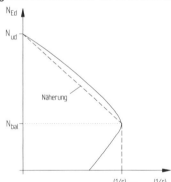

Abb. D.9.6 Prinzipieller Krümmungsverlauf

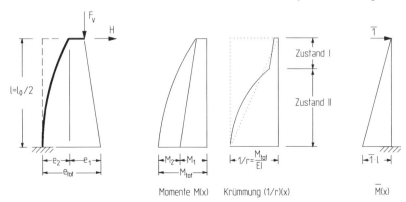

Abb. D.9.4 Modellstütze und Ansätze zur Ermittlung der Verformungen

9.4 Berücksichtigung des Kriechens

Kriechauswirkungen dürfen vernachlässigt werden, wenn die Stützen an beiden Enden monolithisch mit lastabtragenden Bauteilen verbunden sind oder wenn bei verschieblichen Tragwerken die Schlankheit $\lambda < 50$ und gleichzeitig die bezogene Lastausmitte $e_0/h > 2$ ist. Andernfalls ist Kriechen bei Verfahren nach Theorie II. Ordnung zu berücksichtigen.

Unter Kriechen versteht man die zeitabhängige Zunahme der Verformungen unter Dauerlasten. Die Auswirkungen des Kriechens werden demnach unter quasi-ständigen Einwirkungen bestimmt.

Der Nachweis nach Theorie II. Ordnung wird i. d. R. zum Zeitpunkt t_∞ unter Bemessungslasten geführt. Die für diesen Zeitpunkt maßgebenden Verformungen können in drei Anteile unterteilt werden (vgl. Abb. D.9.7; nach [DBV-14 – 07]):

- direkte Verformungen beim Aufbringen der (Dauer-)Last zum Zeitpunkt t_0
- Kriechverformungen unter konstanter Dauerlast von t_0 bis t_∞
- zusätzliche Verformungen durch Lasterhöhung bis zur Bemessungslast F_{Ed} zum Zeitpunkt t_∞

Zur Bestimmung der maßgebenden Bemessungsausmitte sind zu den Direktverformungen zum Zeitpunkt t_0 und t_∞ die Kriechverformungen zu addieren, d. h., die Krümmung $\kappa = (1/r)$ ergibt sich zu (Spannungsumlagerungen vom Beton auf den Betonstahl vernachlässigt):

$$\kappa_{ges} = \kappa_0 + \kappa_\varphi + \kappa_1$$
$$= [M_{perm} + \varphi \cdot M_{perm} + (M_{Ed} - M_{perm})]/(EI)_c$$

Ein direkter Weg mit einer Berechnung in einem Schritt führt zur Formulierung eines effektiven E-Moduls $E_{c,eff}$ bzw. Kriechzahl φ_{eff}:

$$\kappa_{ges} = M_{Ed}/(EI)_c \cdot (1 + \varphi \cdot M_{perm}/M_{Ed})$$
$$= M_{Ed}/(EI)_c \cdot (1 + \varphi_{eff}) \rightarrow$$
$$\varphi_{eff} = \varphi \cdot (M_{perm}/M_{Ed})$$

Die dargestellten Zusammenhänge gelten bei linear-elastischem Materialverhalten; sie lassen sich jedoch unter Berücksichtigung vorhandener geometrischer und physikalischer Nichtlinearitäten in ähnlicher Weise beschreiben (s. [DBV-14 – 07]).

Die effektive Kriechzahl φ_{eff} müsste korrekterweise mit den Momenten nach Th. II. Ordnung ermittelt werden. Nach EC2-1-1 darf hierfür jedoch vereinfachend von Th. I. Ordnung ausgegangen werden. Die effektive Kriechzahl φ_{ef} kann daher bestimmt werden aus (s. vorher):

$$\varphi_{ef} = \varphi_{\infty,t0} \cdot M_{0,Eqp}/M_{0,Ed} \qquad (D.9.18)$$

mit
$M_{0,Eqp}$ Moment unter quasi-ständiger Last (Gebrauchszustand) inkl. Imperfektionen
$M_{0,Ed}$ Moment unter Bemessungslast (Grenzzustand der Tragfähigkeit) inkl. Imperfektionen
$\varphi_{\infty,t0}$ Endkriechzahl

Kriechen beim Verfahren mit Nennkrümmungen

Das Kriechen kann bei Anwendung des Modellstützenverfahrens mit der effektiven Kriechzahl φ_{ef} erfasst werden, indem die Ausmitte e_2 mit dem Faktor K_φ multipliziert wird (vgl. Gleichungen (D.9.12) und (D.9.13)):

$$e_2 = K_1 \cdot K_r \cdot K_\varphi \cdot \frac{\varepsilon_{yd}}{0{,}45d} \cdot \frac{l_0^2}{c} \qquad (D.9.19)$$

mit $K_\varphi = 1 + \beta \cdot \varphi_{ef} \geq 1$
$\beta = 0{,}35 + f_{ck}/200 - \lambda/150 \geq 0$
φ_{ef} effektive Kriechzahl nach Gl. (D.9.18)

Mit dem Funktionswert K_φ werden dabei nicht nur Effekte des Kriechens berücksichtigt, sondern gleichzeitig wird das Modellstützenverfahren angepasst. Wie umfangreiche Parameterstudien gezeigt haben, liefert das Modellstützenverfahren mit steigender Schlankheit zunehmend konservative Ergebnisse. Konkret hat sich gezeigt, dass mit dem Modellstützenverfahren etwa ab $\lambda > 70$ auch bei einem Ansatz von $K_\varphi = 1$ (d. h. $\beta = 0$) das Kriechen ausreichend erfasst wird. Die Funktion des Wertes β zeigt daher insofern eine Merkwürdigkeit, als mit steigender Schlankheit β und K_φ kleiner werden, obwohl der Einfluss der Kriechauswirkungen ansteigt.

Mit höheren Betonfestigkeiten nehmen die Kriechauswirkungen zu; dieser Effekt wird durch den Beiwert β direkt richtig dargestellt (s. Abb. D.9.8).

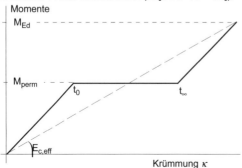

Abb. D.9.7 Krümmungen bei linearem Materialverhalten

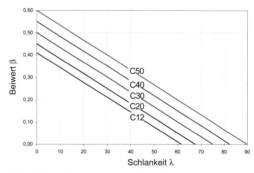

Abb. D.9.8 Abminderungsbeiwert β

9.5 Stützen, die nach zwei Richtungen ausweichen können

Für Stützen, die nach zwei Richtungen ausweichen können, ist im Allg. ein Nachweis für schiefe Biegung mit Längsdruck zu führen. Für einige Fälle liefern jedoch Näherungen, die auf eine getrennte Untersuchung der beiden Hauptrichtungen beruhen, ausreichend sichere Ergebnisse. Hierzu gehört insb. der nachfolgende Fall der überwiegenden Lastausmitte in eine der beiden Richtungen.

Für Druckglieder mit Rechteckquerschnitt sind nach EC2-1-1 getrennte Nachweise in Richtung der beiden Hauptachsen y und z zulässig, wenn für die Verhältnisse der Schlankheiten und bezogenen Lastausmitten folgende Bedingungen erfüllt sind:

$$\lambda_z / \lambda_y \leq 2 \quad \text{und} \quad \lambda_z / \lambda_y \leq 2 \quad \text{(D.9.20a)}$$

und

$$\frac{e_z / h}{e_y / b} \leq 0,2 \quad \text{oder} \quad \frac{e_y / b}{e_z / h} \leq 0,2 \quad \text{(D.9.20b)}$$

e_y, e_z Lastausmitten in y- bzw. z-Richtung[1]

Der Lastangriff der resultierenden Längskraft N_{Ed} liegt bei Einhaltung der Bedingungen nach Gl. (D.9.20) im schraffierten Bereich in Abb. D.9.9.

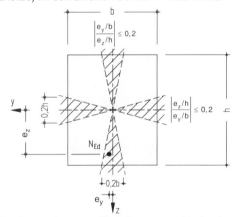

Abb. D.9.9 Lage von N_{Ed} bei getrennten Nachweisen für beide Hauptachsen

Nach EC2-1-1/NA (NCI zu 5.8.9(3)) ist jedoch bei getrennter Betrachtung im Falle $e_{0z} > 0,2\,h$ der Nachweis in Richtung der schwächeren Achse y mit einer reduzierten Breite h_{red} zu führen. Der Wert h_{red} darf unter der Annahme einer linearen Spannungsverteilung nach Zustand I bestimmt werden und ergibt sich für Rechtecke zu:

$$h_{red} = 0,5 \cdot h + h^2 / (12 \cdot e) \leq h \quad \text{(D.9.21)}$$

Hierin ist

e Ausmitte: $e = e_{0z} + e_{az}$ (D.9.22)

e_{0z} Lastausmitte nach Th. I.O. in z-Richtung[1]
e_{az} ungewollte Lastausmitte in z-Richtung

Gl. (D.9.21) gilt für Rechteckquerschnitte unter Biegung mit Längsdruck, wenn e_{0z} und e_{az} als Absolutwerte eingesetzt werden (Bedingungen für getrennte Nachweise mit h_{red} s. Abb. D.9.10).

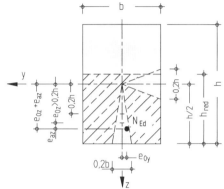

Abb. D.9.10 Getrennte Nachweise in y-Richtung bei $e_{0z} > 0,2h$

9.6 Kippen schlanker Träger

Die Sicherheit gegen seitliches Ausweichen schlanker Stahlbeton- und Spannbetonträger darf nach EC2-1-1, 5.9 als ausreichend angenommen werden, wenn folgende Voraussetzungen erfüllt sind:

– ständige Bemessungssituation

$$b \geq \sqrt[4]{\left(\frac{l_{0t}}{50}\right)^3 \cdot h} \quad \text{und} \quad b \geq \frac{h}{2,5} \quad \text{(D.9.23a)}$$

– vorübergehende Bemessungssituation

$$b \geq \sqrt[4]{\left(\frac{l_{0t}}{70}\right)^3 \cdot h} \quad \text{und} \quad b \geq \frac{h}{3,5} \quad \text{(D.9.23b)}$$

Dabei ist

b Breite des Druckgurtes
h Höhe des Trägers im mittleren Bereich von l_{0t}
l_{0t} Länge des Druckgurts zwischen den seitlichen Abstützungen

EC2-1-1/NA verlangt zudem die Bemessung der Auflagerkonstruktion für ein Torsionsmoment aus dem Träger von mindestens

$$T_{Ed} = V_{Ed} \cdot l_{eff} / 300$$

V_{Ed} ist der Bemessungswert der senkrechten Auflagerkraft, l_{eff} die wirksame Stützweite des Trägers.

---

[1] Nach EC2-1-1 gilt $e_z = M_{Edy}/N_{Ed}$ mit M_{Edy} als Bemessungsmoment um die y-Achse, **einschließlich des Moments nach Theorie II. Ordnung** (e_y analog). In der Fachliteratur (z. B. [DBV-Bsp – 10]) wird dagegen wie bisher – s. DIN 1045-1; vgl. a. Definition nach EC2-1-1/NA in Gl. (D.9.22) – nur das Moment nach Theorie I. Ordnung berücksichtigt. Eine Klarstellung ist in Kürze zu erwarten.

Tafel D.9.1a Bemessungsdiagramm nach dem Modellstützenverfahren für $\lambda = 25, 40, 50$ und 60; Beton C12/15 – C50/60 und Betonstahl B 500 (aus [Schneider –12])

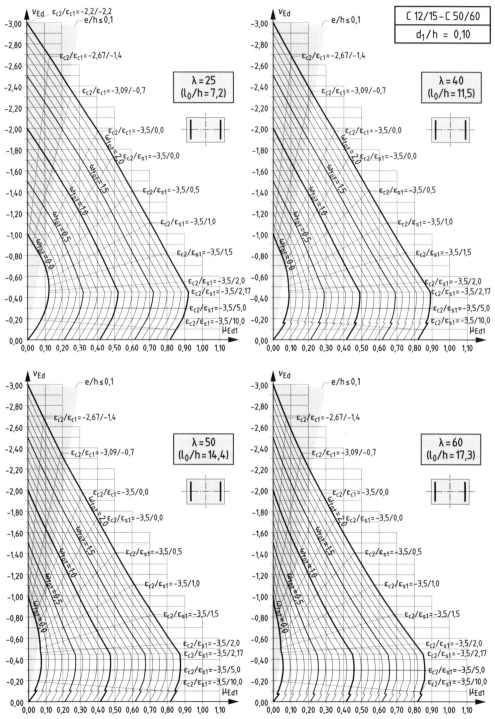

Tafel D.9.1b Bemessungsdiagramm nach dem Modellstützenverfahren für λ = 70, 80, 90 und 100; Beton C12/15 – C50/60 und Betonstahl B 500

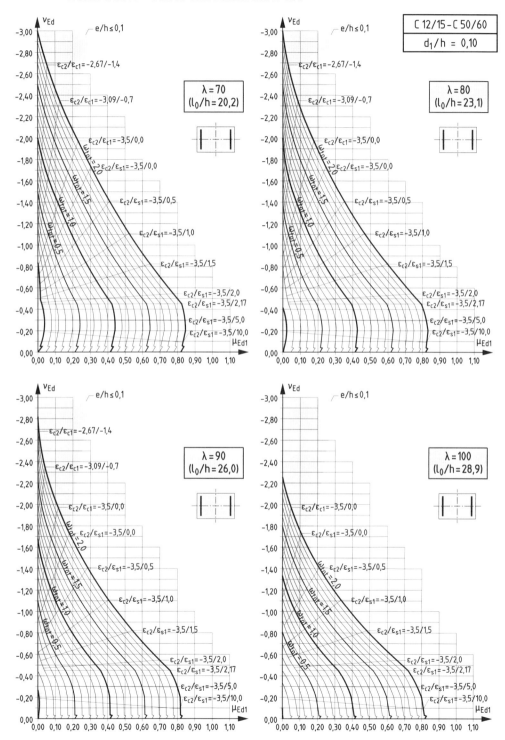

Tafel D.9.1c Bemessungsdiagramm nach dem Modellstützenverfahren für λ = 110, 120, 130 und 140; Beton C12/15 – C50/60 und Betonstahl B 500

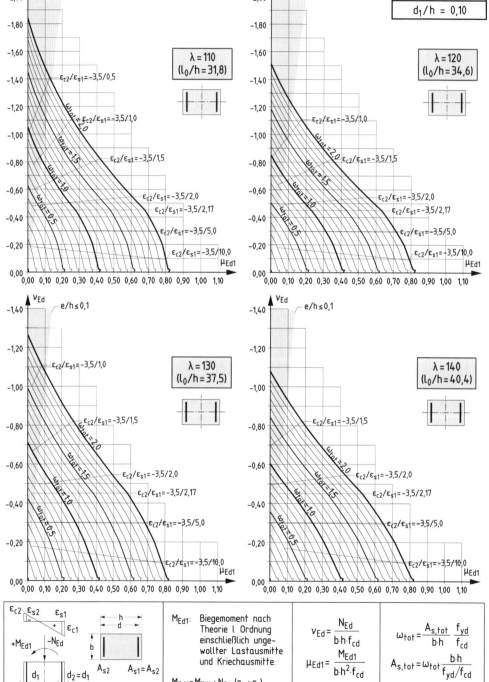

10 Unbewehrter Beton

10.1 Grundlagen

Als unbewehrt gelten Betonbauteile, deren Bewehrungsanteil geringer ist als die Mindestbewehrung für Stahlbeton gemäß EC2-1-1, Kapitel 9 (Konstruktionsregeln). Für unbewehrte Bauteile mit vernachlässigbaren dynamischen Einwirkungen enthält EC2-1-1, Kapitel 12 ergänzende Vorgaben. Typische Anwendungsbereiche sind:
– überwiegend druckbeanspruchte Bauteile (ausgenommen Druck aus Vorspannung) z. B. Wände/Stützen/Bögen/Gewölbe/Tunnel
– Flachgründungen: Einzelfundamente/Streifenfundamente
– Pfähle mit Durchmesser ≥ 600 mm und Ausnutzungsgrad $N_{Ed} / A_c \leq 0{,}3 \cdot f_{ck}$ (bei Ausnutzungsgraden $> 0{,}3 \cdot f_{ck}$ ist eine unbewehrte Ausführung nur bei im GZT vollständig überdrücktem Querschnitt möglich)

Örtlich vorhandene Bewehrung kann bei Nachweisen GZT und GZG berücksichtigt werden.

Beton:
Im Gegensatz zur DIN 1045-1 enthält EC2-1-1 keine höheren Sicherheitsfaktoren mehr für unbewehrten Beton; es gilt einheitlich $\gamma_C = 1{,}5$. Der geringeren Verformungsfähigkeit unbewehrten Betons wird nunmehr über modifizierte Dauerstandsfaktoren zur Ermittlung der Bemessungswerte der Betondruck- und -zugfestigkeit Rechnung getragen. In EC2-1-1/NA wurden die Dauerstandsfaktoren so festgelegt, dass sich im Vergleich mit DIN 1045-1 annähernd gleiche Bemessungsfestigkeiten ergeben. Für Deutschland gilt:
– Bemessungswert der Betondruckfestigkeit
$f_{cd} = \alpha_{cc,pl} \cdot f_{ck} / \gamma_C$ mit $\alpha_{cc,pl} = 0{,}7$ und $\gamma_C = 1{,}5$
– Bemessungswert der Betonzugfestigkeit
$f_{ctd,pl} = \alpha_{ct,pl} \cdot f_{ctk;0,05} / \gamma_C$ mit $\alpha_{ct,pl} = 0{,}7$ und $\gamma_C = 1{,}5$

10.2 Grenzzustand der Tragfähigkeit

Für die Bestimmung der Grenztragfähigkeit unbewehrter Betonquerschnitte darf die Betonzugfestigkeit i. Allg. nicht in Rechnung gestellt werden; Ausnahmefälle sind mit $f_{ctd,pl}$ zu bemessen (Bsp. Fundamente). Rechnerisch werden nur Festigkeiten bis Klasse C35/45 bzw. LC 20/22 berücksichtigt.

Zum Vermeiden eines örtlichen Zugversagens im Querschnitt ist die Lastausmitte zu beschränken. Die höchstzulässige Ausmitte einer Längskraft im Querschnitt ist im Grenzzustand der Tragfähigkeit auf $e_d/h \leq 0{,}4$ zu begrenzen (Sicherstellen eines duktilen Bauteilverhaltens). Diese Forderung nach EC2-1-1/NA,12.6, gilt für Rechteckquerschnitte, Angaben für den allgemeinen Querschnitt fehlen.

Biegung und Längskraft/Längskraft allein:
Es ist nachzuweisen, dass der Bemessungswert der einwirkenden Längskraft N_{Ed} den Bemessungswert der aufnehmbaren Längskraft N_{Rd} nicht überschreitet:

$$N_{Ed} \leq N_{Rd} \quad (D.10.1)$$

Der Bemessungswert der aufnehmbaren Längsdruckkraft N_{Rd} ergibt sich bei Rechteckquerschnitten unter einachsiger Ausmitte zu

$$N_{Rd} = \eta \cdot f_{cd,pl} \cdot b \cdot h_w \cdot (1 - 2 \cdot e / h_w) \quad (D.10.2)$$

mit
$\eta \cdot f_{cd,pl}$ wirksame Bemessungsdruckfestigkeit mit $\eta = 1$ für $f_{ck} < 50$ N/mm² (EC2-1-1, 3.1.7(3))
b Gesamtbreite des Querschnitts
h_w Gesamtdicke des Querschnitts
e Lastausmitte in Richtung h_w (s. Abb. D.10.1)

Aus dem Klaffen der Fuge bei exzentrischem Lastangriff verbleibt ein wirksamer Restquerschnitt. Für Rechteckquerschnitte mit einachsiger Lastausmitte ergibt sich:

$$A_{c,eff} = b \cdot h_{eff} \quad (D.10.3)$$

bzw.

$$A_{c,eff} = b \cdot h \cdot (h_{eff} / h) \quad (D.10.4)$$

Bei der Ermittlung der Ausmitten von N_{Ed} sind erforderlichenfalls auch Einflüsse nach Theorie II. Ordnung und von geometrischen Imperfektionen zu erfassen (s. hierzu Abschn. D.10.3).

Bemessungstafeln für unbewehrte Betonquerschnitte sind als Tafel D.10.2 abgedruckt. Die Tafel ermöglicht neben der Bemessung nach Theorie I. Ordnung auch eine direkte Dimensionierung von schlanken Druckgliedern unter Berücksichtigung der Einflüsse nach Theorie II. Ordnung. Weitere Hinweise s. Abschn. D.10.3.

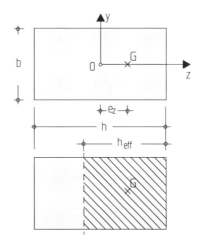

Abb. D.10.1 Wirksame Querschnittsfläche

10.3 Druckglieder – Berücksichtigung der Verformungen nach Theorie II. Ordnung

Unbewehrte Wände und Stützen, die am Einbauort betoniert werden, sind nur bis zu einem Schlankheitsgrad von $\lambda \leq 86$ bzw. bei Pendelstützen oder zweiseitig gehaltenen Wänden bis zu einem Verhältnis $l_w/h_w \leq 25$ zulässig. Sie sind stets als schlanke Bauteile zu betrachten, verformungsbedingte Zusatzmomente sind also zu berücksichtigen. Lediglich bei Schlankheiten $\lambda \leq 8,6$ bzw. $l_w/h_w \leq 2,5$ darf der Einfluss nach Theorie II. Ordnung vernachlässigt werden.

Die Ersatzlänge l_0 einer Wand oder eines Einzeldruckglieds ergibt sich aus

$$l_0 = \beta \cdot l_w \qquad (D.10.5)$$

mit l_w als Länge des Druckglieds und β als von den Lagerungsbedingungen abhängiger Beiwert. Der Beiwert β kann wie folgt angenommen werden:

- (Pendel-)Stütze: $\beta = 1$
- Kragstützen und -wände: $\beta = 2$
- bei zwei-, drei- und vierseitig gehaltenen Wänden kann β Tafel D.10.1[1] entnommen werden.

Für Tafel D.10.1 gelten folgende Voraussetzungen

- Die Wand darf keine Öffnungen aufweisen, deren Höhe $1/3$ der lichten Wandhöhe oder deren Fläche $1/10$ der Wandfläche überschreitet. Andernfalls sind bei drei- und vierseitig gehaltenen Wänden die zwischen den Öffnungen liegenden Teile als zweiseitig gehalten anzusehen.
- Die Quertragfähigkeit darf durch Schlitze oder Aussparungen nicht beeinträchtigt werden.
- Die aussteifenden Querwände müssen mindestens aufweisen
  - eine Dicke von 50 % der Dicke h_w der ausgesteiften Wand,
  - die gleiche Höhe l_w wie die ausgesteifte Wand,
  - eine Länge l_{ht} von mindestens $l/5$ der lichten Höhe der ausgesteiften Wand (auf der Länge l_{ht} dürfen keine Öffnungen vorhanden sein).

[1] Nähere Angaben s. a. Heft 525 des DAfStb.

Vereinfachtes Bemessungsverfahren für Wände und Einzeldruckglieder

Die aufnehmbare Längskraft $N_{Rd,\lambda}$ von schlanken Stützen oder Wänden kann ermittelt werden aus

$$N_{Rd,\lambda} = b \cdot h \cdot f_{cd,pl} \cdot \Phi \qquad (D.10.6)$$

$$\Phi = 1,14 \cdot (1 - 2e_{tot}/h_w) - 0,020 \cdot l_0/h_w$$

mit $0 \leq \Phi \leq 1 - 2e_{tot}/h$; $e_{tot} = e_0 + e_i + e_\varphi$

Φ Traglastfunktion zur Berücksichtigung der Auswirkungen nach Theorie II. Ordnung auf die Tragfähigkeit von Druckgliedern unverschieblicher Tragwerke

e_0 Lastausmitte nach Theorie I. Ordnung unter Berücksichtigung von Momenten infolge einer Einspannung in anschließende Decken, infolge von Wind etc.

e_i ungewollte Lastausmitte; näherungsweise darf hierfür angenommen werden $e_i = l_0/400$

e_φ Ausmitte infolge Kriechens; sie darf in der Regel vernachlässigt werden.

$f_{cd,pl} = \alpha_{cc,pl} \cdot f_{ck}/\gamma_C$ (mit $\alpha_{cc,pl} = 0,7$ u. $\gamma_C = 1,5$)

(Bemessungsdiagramm zur Ermittlung der Traglastfunktion Φ s. [Schneider – 10].)

In Tafel D.10.2 ist auf dieser Basis ein Diagramm angegeben, mit dem eine direkte Bemessung von unbewehrten Rechteckquerschnitten für Schlankheiten bis zu $\lambda = 86$ möglich ist (das Duktilitätskriterium $e_d/h \leq 0,4$ ist ggf. zusätzlich zu beachten).

Tafel D.10.1 Beiwerte β zur Ermittlung der Ersatzlänge l_0 zwei-, drei- u. vierseitig gehaltener Wände

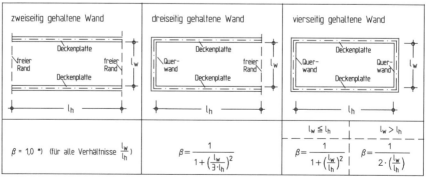

*) Der Beiwert darf bei zweiseitig gehaltenen Wänden auf $\beta = 0,85$ vermindert werden, die am Kopf- und Fußende durch Ortbeton und Bewehrung biegesteif angeschlossen sind, so dass die Randmomente vollständig aufgenommen werden können.

Tafel D.10.2 Bemessungsdiagramm nach dem Modellstützenverfahren für unbewehrte Rechteckquerschnitte

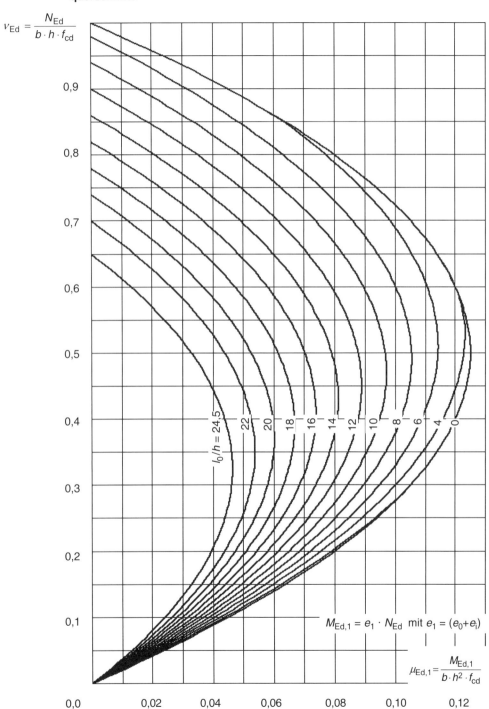

D.103

10.4 Unbewehrte Fundamente

Bei unbewehrten Fundamenten darf die Zugfestigkeit des Betons berücksichtigt werden. In dem Fall müssen allerdings die Hauptzugspannungen im Zustand I nachgewiesen bzw. begrenzt werden. Für die zulässige Zugfestigkeit gilt der Bemessungswert $f_{ctd,pl}$ (s. u.).

Die maßgebende Betonzugspannung kann dabei auf der Grundlage linear-elastischen Verhaltens beispielsweise mittels eines FE-Programms berechnet werden. Eine Handrechnung und eine direkte Bemessung von Fundamenten kann mit EC2-1-1, 12 erfolgen.

Danach ist die Auskragung a bzw. das Verhältnis h_F/a zu begrenzen auf

$$0{,}85 \cdot \frac{h_F}{a} \geq \sqrt{3 \cdot \frac{\sigma_{gd}}{f_{ctd}}} \geq 1 \qquad (D.10.7)$$

mit

σ_{gd} Sohlnormalspannung im Grenzzustand der Tragfähigkeit

f_{ctd} Bemessungswert der Betonzugfestigkeit = $\alpha_{ct} \cdot f_{ctk;0{,}05}/\gamma_c$ mit $\alpha_{ct} = 0{,}85$ und $\gamma_c = 1{,}5$

Gl. (D.10.7) lässt sich aus der elastischen Biegetheorie unter Annahme einer linearen Spannungsverteilung herleiten; mit dem Moment $M = \sigma_{gd} \cdot a^2/2$ und dem Widerstandsmoment $W_c = h_F^2/6$ (vgl. Abb. D.10.2) erhält man die Biegezugspannung

$$\sigma_{ct} = \frac{M}{W_c} = 3 \cdot \sigma_{gd} \frac{a^2}{h_F^2} \leq f_{ctd} \qquad (D.10.8)$$

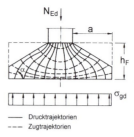

Abb. D.10.2   Trajektorienverlauf in unbewehrten Fundamenten

Der Faktor 0,85 in (Gl. D.10.7) berücksichtigt, dass es sich bei dem dargestellten Fall nicht um ein Balkenproblem, sondern um eine Scheibenbeanspruchung handelt.

Allgemein gilt nach DIN EN 1992-1-1 und NA als Zugfestigkeit bei unbewehrtem Beton $f_{ctd,pl}$ (mit $\alpha_{ct,pl}$ = 0,7 wegen der geringeren Duktilität). Für unbewehrte Fundamente hingegen darf der Wert f_{ctd} mit $\alpha_{ct} = 0{,}85$ angesetzt werden. Die Bedingungen bzw. die Auswertung von Gl. (D.10.7) sind in Abb. D.10.3 dargestellt.

Eine Momentenkonzentration unter der Stütze ist bei unbewehrten Einzelfundamenten ggf. zusätzlich zu beachten.

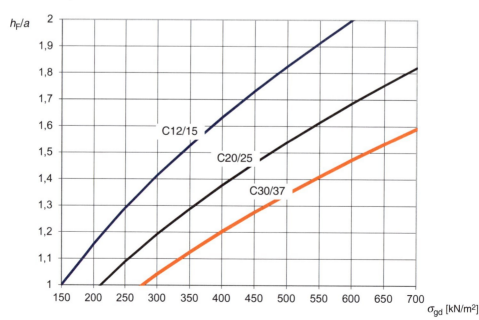

Abb. D.10.3   Zulässige Lastausbreitung h_F/a unbewehrter Streifenfundamente nach EC2-1-1 und NA

Beispiel 1

Gegeben ist ein *Streifenfundament* mit Belastung aus Eigenlasten N_{Gk} und Verkehrslasten N_{Qk}.

Fundamentbreite $b_F = 0{,}90$ m
Baustoffe: Beton C12/15
Belastung: Eigenlasten $N_{Gk} = 150$ kN/m
               Nutzlasten $N_{Qk} = 100$ kN/m

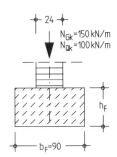

Streifenfundament $b_F = 90$

ges.: Erforderliche Fundamenthöhe h_F

Bodenpressungen (γ-fach):

$\sigma_{gd} = N_{Ed}/b_F$
     $= (1{,}35 \cdot 150 + 1{,}50 \cdot 100)/0{,}90$
     $= 392$ kN/m²

→ $(h_F/a)_{erf} \geq 1{,}62$

   (aus Abb. D.10.3 für $\sigma_{gd} = 392$ kN/m² und Beton C12/15; alternativ mit Gl. (D.10.7))

$h_{F,erf} \geq 1{,}62 \cdot a = 1{,}62 \cdot (0{,}90 - 0{,}24)/2 = 0{,}53$ m

gew.: $h_F = 0{,}60$ m

(Ggf. ist eine größere Gründungstiefe für eine frostfreie Gründung erforderlich.)

Beispiel 2

Gegeben ist ein *quadratisches Einzelfundament* mit Belastung aus Eigenlasten N_{Gk} und Verkehrslasten N_{Qk}.

Fundamentabmessungen:
                $b_x \times b_y = 0{,}90 \times 0{,}90$ [m²]
                $c_x \times c_y = 0{,}24 \times 0{,}24$ [m²]
Baustoffe: Beton C12/15
Belastung: Eigenlasten $N_{Gk} = 150$ kN
              Nutzlasten $N_{Qk} = 100$ kN

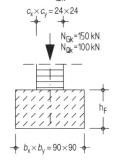

Einzelfundament $b_x \times b_y = 90 \times 90$

ges.: Erforderliche Fundamenthöhe h_F

Bodenpressungen (γ-fach):

$\sigma_{gd} = N_{Ed}/(b_x \times b_y)$
     $= (1{,}35 \cdot 150 + 1{,}50 \cdot 100)/(0{,}90 \cdot 0{,}90)$
     $= 436$ kN/m²

Beim Einzelfundament sollte die Momentenkonzentration unter der Stütze berücksichtigt werden. Mit $c_x/b_x = 24/90 = 0{,}27 \approx 0{,}30$ erfolgt eine Erhöhung der Bodenpressungen mit dem Faktor 1,28*):

$\sigma_{gd}{}^* = 1{,}28 \cdot 436 = 558$ kN/m²

→ $(h_F/a)_{erf} \geq 1{,}93$

   (aus Abb. D.10.3 für $\sigma_{gd} = 558$ kN/m² und Beton C12/15; alternativ mit Gl. (D.10.7))

$h_{F,erf} \geq 1{,}93 \cdot a = 1{,}93 \cdot (0{,}90 - 0{,}24)/2 = 0{,}64$ m

gew.: $h_F = 0{,}70$ m

(Ggf. ist eine größere Gründungstiefe für eine frostfreie Gründung erforderlich.)

---

*) Der Erhöhungsfaktor wird auf der sicheren Seite nach DAfStb-H. 240 gewählt; man erhält bei $c_x/b_x = 0{,}30$ in Fundamentmitte eine Erhöhung von $16/12{,}5 = 1{,}28$ (vgl. [Schneider – 12]).

11 Stabwerkmodelle
(vgl. hierzu [Goris – 11])

11.1 Grundsätzliches

Bauteile wie Scheiben, Konsolen, Auflagerbereiche, die keine lineare Dehnungsverteilung und Diskontinuitäten von Geometrie und/oder Belastung aufweisen (sog. „D-Bereiche"), können mit Stabwerkmodellen (EC2-1-1, 6.5) berechnet werden. Die Tragwerke werden dabei als statisch bestimmte Stabwerke idealisiert und bestehen aus

– Betondruckstreben und Zugstreben sowie
– verbindenden Knoten.

Die Kräfte im Stabwerk ergeben sich aus Gleichgewichtsbedingungen, für die Verträglichkeit sollten sich Lage und Richtung der Druck- und Zugstreben an der Schnittgrößenverteilung der Elastizitätstheorie orientieren. Die Zugkräfte F_t sind durch Bewehrung $A_s \geq F_t / f_{yd}$ abzudecken; die Betondruckspannungen σ_{cd} der Stabdruckkräfte F_c dürfen bestimmte Grenzwerte nicht überschreiten.

Betondruckstreben und Zugstreben

Die Druckstreben des Stabwerkmodells sind für Druck und Querzug zu bemessen. Die Querzugkraft F_{td} entsteht dabei aus der Einschnürung eines Druckfeldes an einem Knoten.

Der Bemessungswert der *Druckstrebenfestigkeit* ist für Normalbeton zu begrenzen auf:

$\sigma_{Rd,max} = 1{,}00 \cdot f_{cd}$ für ungerissene Betondruckzonen

$\sigma_{Rd,max} = 0{,}6 \cdot v' \cdot f_{cd}$ bei Druckstreben parallel zu Rissen

mit $v' = 1{,}25$ bei parallelen Rissen, $v' = 1{,}00$ bei kreuzenden Rissen und $v' = 0{,}875$ bei starker Rissbildung mit Querkraft V und Torsion T. Für Beton $\geq$ C55/67 ist zusätzlich mit dem Beiwert $v_2 = (1{,}1 - f_{ck}/500)$ zu multiplizieren.

Bei Druckstreben, deren Druckfelder sich zu konzentrierenden Knoten hin stark einschnüren, erübrigen sich die Nachweise der Druckspannungen, wenn die angrenzenden Knoten nachgewiesen werden (s. „Bemessung der Knoten").

Die Querzugkraft F_{td} kann mit Hilfe eines *örtlichen* Stabwerkmodells bestimmt werden; sie ergibt sich im ungünstigsten Fall nach [Schlaich/Schäfer – 01] bei *freier* Ausbreitung des Druckfeldes zu

$F_{td} = 0{,}25 \cdot F_d \cdot (1 - 0{,}7 \, a/h)$ (D.11.1a)

Als konservative Lösung wird auch genannt (vgl. [DAfStb-H525 – 03]):

$F_{td} = 0{,}22 \, F_d$ (D.11.1b)

Für die Bewehrung der Zugstreben und zur Aufnahme der Querzugspannungen in Druckstreben ist der Bemessungswert der *Stahlspannung* auf

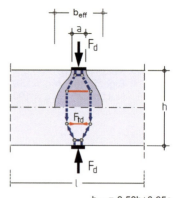

$b_{eff} = 0{,}50h + 0{,}65a$

Abb. D.11.1 Ausdehnung des Druckfeldes und Querzugspannungen

$\sigma_s = f_{yk}/\gamma_s$ zu begrenzen. Die Bewehrung ist bis zu den Knoten ungeschwächt durchzuführen. Die Verankerungslänge der Bewehrung beginnt im Druck-Zug-Knoten am Knotenanfang (s. u.).

Bemessung der Knoten

In konzentrierten Knoten sind für Normalbeton die Druckspannungen zu begrenzen auf:

- $\sigma_{Rd,max} = 1{,}10 \cdot f_{cd}$ in Druckknoten ohne Verankerung von Zugstreben

- $\sigma_{Rd,max} = 0{,}75 \cdot f_{cd}$ in Druck-Zug-Knoten mit Verankerungen von Zugstreben, wenn alle Winkel zwischen Druck- und Zugstreben mindestens 45° betragen (s. Abb. D.11.2; aus [Schmitz – 08]).

Bei Knoten mit Abbiegungen von Bewehrung (z. B. in Rahmenecken, ausgeklinkten Trägerenden) sollte der Biegerollenradius möglichst groß gewählt und die umgelenkte Bewehrung gleichmäßig über die Stegbreite verteilt werden, um die Umlenkkräfte klein zu halten. Die unvermeidlichen Querzugkräfte sind durch eine entsprechende Beweh-

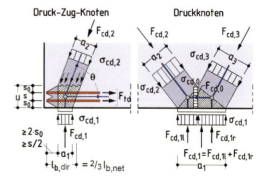

Abb. D.11.2 D-Bereiche an den Knoten

rung aufzunehmen. Der Nachweis der Druckstrebenspannungen wird bei *einlagiger* Bewehrung durch Einhaltung der Mindestwerte der Biegerollendurchmesser erbracht. Bei *mehrlagiger* Bewehrung ist der zulässige Biegerollendurchmesser bzw. der Bemessungswert der Druckstrebenfestigkeit nachzuweisen. Dabei sind die Betondruckspannungen auf $\sigma_{Rd,max} = 0{,}75 \cdot f_{cd}$ zu begrenzen. Der Nachweis der Druckstrebe erfolgt für eine Breite $a_c = D_{min} \cdot \sin\theta_2$ (mit θ_2 als Winkel zwischen der Wirkungslinie von F_{cd} und F_{td2}; s. Abb. D.11.3) und für eine Tiefe b_w des Bauteils oder des Steges, wenn kein Spalten auftreten kann und Querbewehrung vorhanden ist. Die Druckspannung σ_{cd} ergibt sich damit zu

$$\sigma_{cd} = F_{cd}/(b_w \cdot a_c)$$

Im Allg. liegt die Druckstrebe nicht genau in Richtung der Winkelhalbierenden, so dass neben der Umlenkung der Zugkräfte auch ein Teil der Zugkraft im Bereich der Druckstrebe zu verankern ist.

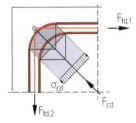

Abb. D.11.3 Abbiegungen

Die Bemessung mit Stabwerkmodellen ist ausführlich z. B. in [Schlaich/Schäfer – 01] erläutert. In [Reineck – 05] werden insbesondere die typischen Konstruktionselemente des Fertigteilbaus wie Konsolen und ausgeklinkte Trägerenden dargestellt.

11.2 Einzellasten

Bei auflagernahen Einzellasten gilt die Bernoulli-Hypothese nicht mehr, es liegt ein Diskontinuitätsbereich (D-Bereich) vor. Für eine Bemessung kommen Stabwerkmodelle zur Anwendung (vgl. z. B. [Schlaich/Schäfer – 01]).

Eine direkte Umsetzung der Bemessungsgleichungen für die Querkraft kann zu unbefriedigenden und falschen Ergebnissen führen. Je nach Entfernung zum Auflagerrand können beispielsweise Druckstreben-Neigungswinkel θ ermittelt werden, die unsinnig und geometrisch nicht möglich sind, da mit der rechnerisch ermittelten Neigung die Druckstrebe das Bauteil verlassen würde (s. nachfolgendes Beispiel).

Bei einem geringen Abstand einer Einzellast vom Auflager kann sich ein Lastanteil direkt auf das Lager abstützen, ein zweiter Anteil wird über Bügel zunächst hochgehängt und dann zum Auflager abgetragen (vgl. Abb. D.11.6). Je näher die Einzellast an das Auflager rückt, desto größer wird der Anteil, der sich auf direktem Weg zum Auflager abstützen kann und für den keine Bügel erforderlich sind. Allerdings wird bei einer sehr geringen Entfernung eine Horizontalbewehrung erforderlich, um ein Spalten der Druckstrebe zu verhindern (s. Abb. D.11.4). Dieser Abstand wird in DAfStb-H. 425 mit $a_{min} = z/2$ angegeben. Die Bewehrung sollte für eine Kraft von

$$T_3 = 0{,}2F \tag{D.11.2}$$

bemessen werden.

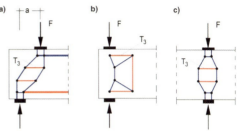

Abb. D.11.4 Einzellast in unmittelbarer Auflagernähe und direkt über dem Auflager [Reineck – 05]
a) $a < z/2$
b) $a = 0$, Endauflager
c) $a = 0$, Zwischenauflager

Bei einer Entfernung $a > a_{min}$ ist eine vertikale Bügelbewehrung erforderlich. Nach [Schlaich/Schäfer – 01] kann diese vereinfachend bemessen werden für

$$F_w = 0{,}33 \cdot (2 \cdot a/z - 1{,}0) \cdot F \tag{D.11.3}$$

(Die Beziehung gilt im Bereich $z/2 \leq a \leq 2z$; für einen Abstand $a > 2z$ wird $F_w = F$).

Die sich ergebende Bügelbewehrung ist auf eine Länge a_w zu verteilen; nach [Schlaich/Schäfer – 01] gilt $a_w = a_n$ (mit a_n als Abstand zwischen Auflagerrand und der Lasteinleitungsfläche, vgl. Abb. D.11.5).

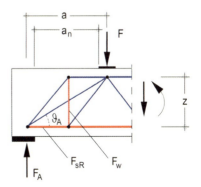

Abb. D.11.5 Einfaches Strebenmodell nach [Schlaich/Schäfer – 01])

Bemessung

In den *FIP-Empfehlungen* (1999) wird als Schätzwert

$$a_w = 0{,}85a - z/4 \qquad (D.11.4)$$

angegeben.

Die Verankerung am Endauflager braucht nicht für die volle Zugkraft F_{sd} zu erfolgen, da innerhalb des D-Bereichs die Zugkraft etwas abgebaut wird. Hierfür gilt als Abschätzung (vgl. [Schlaich/Schäfer – 01])

$$F_{sR} = a/z \cdot (F_A - 0{,}5F_w) \qquad (D.11.5)$$

(Nach [Reineck – 05] liegt diese Abschätzung etwas auf der unsicheren Seite.)

Der Nachweis der Betondruckspannungen wird für die resultierende Druckstrebe mit der Neigung

$$\cot\theta = F_{sR}/F_A \text{ bzw.} \qquad (D.11.5a)$$
$$\cot\theta_A = a/z \qquad (D.11.5b)$$

und über den Nachweis der Lagerpressung geführt.

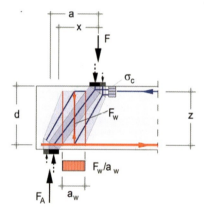

Abb. D.11.6 Modellierung des D-Bereichs für den Sonderfall $a/z = 1{,}0$ nach [Reineck – 05][1)]

Regelungen nach EC2-1-1

Der Querkraftanteil einer auflagernahen Einzellast darf nach EC2-1-1 bei direkter Lagerung abgemindert werden mit

$$\beta = a_v/(2{,}0 \cdot d) \qquad (D.11.6)$$

Gleichung (D.11.2) gilt, wenn die Längsbewehrung vollständig am Auflager verankert wird. Eine Einzellast gilt als auflagernah, wenn ein Abstand vom Auflagerrand $0{,}5d \le a_v \le 2{,}0d$ eingehalten ist (bei $a_v < 0{,}5d$ gilt der Wert $a_v = 0{,}5d$); vgl. Abb. D. 11.7.

Diese Verminderung gilt jedoch nur für die Ermittlung der Schubbewehrung, beim Nachweis von $V_{Rd,max}$ darf sie nicht vorgenommen werden (EC2-1-1, 6.2.2 und 6.2.3).

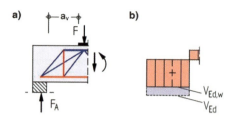

Abb. D.11.7 Auflagernahe Einzellast; Modell (a) und Querkraftverlauf (b)

Es ist also nachzuweisen (vgl. Abb. D.11.7):

$$V_{Ed,w} \le V_{Rd,sy} \qquad (D.11.7a)$$
$$V_{Ed} \le V_{Rd,max} \qquad (D.11.7b)$$

Jenseits der auflagernahen Einzellast, zum „Feld" hin, ist für $\beta = 1$ zu bemessen. Die größte dabei ermittelte Schubbewehrung sollte im ganzen Bereich zwischen Einzellast und Auflager angeordnet werden. Die Biegezugbewehrung ist am Auflager besonders sorgfältig zu verankern.

Bei gleichzeitiger Wirkung einer auflagernahen Einzellast und von Gleichstreckenlasten darf nur der Querkraftanteil reduziert werden, der aus der Einzellast resultiert, nicht jedoch der Anteil aus der Gleichstreckenlast.

Bei Bauteilen mit Querkraftbewehrung gilt für den Nachweis der Druckstrebe

$$V_{Rd,max} = b_w \cdot z \cdot 0{,}75 \cdot v_2 \cdot f_{cd}/(\cot\theta + \tan\theta) \qquad (D.11.8a)$$

mit $v_2 = (1{,}1 - f_{ck}/500) \le 1{,}0$. Für die mit β abgeminderte Querkraft $V_{Ed,w}$ ist als Querkraftbewehrung erforderlich:

$$A_{sw} = V_{Ed,w}/(f_{ywd} \cdot \sin\alpha) \qquad (D.11.8b)$$

Die so ermittelte Bewehrung ist in einem mittleren Bereich von a_v auf etwa $0{,}75 a_v$ anzuordnen.

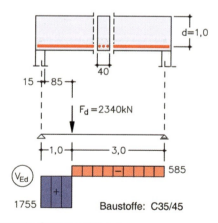

Geometrie, System und Belastung

[1)] Modelle in anderen Fällen s. [Reineck – 05].

Beispiel

Belastung eines Unterzugs durch eine große Einzellast, die Eigenlast des Trägers sei vernachlässigbar (aus [Goris – 11]). Die Querkraftbewehrung soll aus lotrechten Bügeln ($\alpha = 90°$) bestehen.

Bemessung nach [Schlaich/Schäfer – 01]

Nachweis der Querkraftbewehrung

$V_{Rd,s} = F_w = 0{,}33 \cdot (2 \cdot a/z - 1{,}0) \cdot F$
$\quad = 0{,}33 \cdot (2{,}0/0{,}87 - 1{,}0) \cdot 1755 = 760$ kN
$z = 0{,}87$ m (aus Biegebemessung)
$A_{sw} \geq V_{Rd,s}/f_{yd} = 760/43{,}5 = 17{,}5$ cm²
gew.: 8 Bü Ø12 – 9 (zusätzl. konstr. Bewehrung)
Verlegebereich der Bügelbewehrung
$a_w = 0{,}85 a - z/4 = 0{,}85 \cdot 1{,}0 - 0{,}87/4 = 0{,}63$ m

Nachweis der Druckstrebe

$V_{Rd,max} = v_1 \cdot f_{cd} \cdot b_w \cdot z / (\cot\theta + \tan\theta)$
$v_1 \cdot f_{cd} = 0{,}75 \cdot (0{,}85 \cdot 35/1{,}5) = 14{,}9$ MN/m²
$b_w = 0{,}40$ m
$\cot\theta = F_{sR}/F_A = 1375/1755 = 0{,}783$
$V_{Rd,max} = 14{,}9 \cdot 0{,}4 \cdot 0{,}87 / (0{,}783 + 1{,}28)$
$\quad = 2{,}513$ MN $> V_{Ed,l} = 1{,}755$ MN

Verankerung der Biegezugbewehrung

$F_{sR} = a/z \cdot (A - 0{,}5 F_w)$
$\quad = 1{,}0/0{,}87 \cdot (1755 - 0{,}5 \cdot 760) = 1375$ kN
$A_{s,erf} \geq F_{sR}/f_{yd} \geq 1375/43{,}5 = 31{,}6$ cm²
$A_{s,vorh} = 49{,}1$ cm² (Annahme: am Endauflager seien 10 Ø 25 vorhanden)
$l_{bd,dir} = 0{,}7 \cdot (31{,}6/49{,}1) \cdot 81 = 36$ cm

Wenn eine Verankerungslänge in dem Maße nicht zur Verfügung steht, sind zusätzliche Maßnahmen erforderlich (Schlaufen, kombiniert mit dünneren Stäben oder Verankerung mit einer Ankerplatte).

Auf weitere Nachweise (Lagerpressungen u. a.) wird im Rahmen des Beispiels verzichtet.

Bemessung nach EC2-1-1

Nachweis der Querkraftbewehrung

$A_{sw} \geq V_{Ed,w}/f_{yd}$
$V_{Ed,w} = \beta \cdot V_{Ed,0} = 0{,}43 \cdot 1755 = 755$ kN
$\beta = a_v/(2d) = 0{,}85/(2 \cdot 1{,}0) = 0{,}43$
$A_{sw} \geq 0{,}755/435 \cdot 10^4 = 17{,}4$ cm²

Die Bewehrung ist anzuordnen auf eine Länge von $0{,}75 a_v = 0{,}75 \cdot 0{,}85 = 0{,}64$ m.

Nachweis der Druckstrebe

$V_{Rd,max} = b_w \cdot z \cdot 0{,}75 \cdot v_2 \cdot f_{cd} / (\cot\theta + \tan\theta)$
$v_2 = 1{,}0$
$b_w = 0{,}40$ m; $z = 0{,}87$ m (wie vorher)
$\cot\theta = 1{,}0/1{,}0 = 1$ (möglicher Neigungswinkel bei direkter Lasteintragung)
$V_{Rd,max} = 0{,}4 \cdot 0{,}87 \cdot 0{,}75 \cdot 1{,}0 \cdot 19{,}83 / (1+1)$
$\quad = 2{,}589$ MN $> V_{Ed,l} = 1{,}755$ MN

Auf weitere Nachweise (z. B. Verankerung der Biegezugbewehrung) wird hier verzichtet.

11.3 Konsolen

Konsolen sind Bauteile mit einem Verhältnis $a_c \leq h_c$ ($a_c > h_c \to$ Kragträger). Sie sind für die Vertikallast F_{Ed} und Horizontallast H_{Ed} zu bemessen. Auch wenn planmäßig keine Horizontallasten vorhanden sind, sollten diese stets berücksichtigt werden, um unvermeidliche Reibungskräfte in der Lagerfuge zu erfassen. Nach EC 2-1-1 ist $H_{Ed} = 0{,}2 F_{Ed}$ anzusetzen, falls planmäßig nicht eine größere Horizontallast vorhanden ist.

Konsolen werden mit Stabwerkmodellen berechnet und bemessen. In den Druckstreben ist für Normalbeton die Spannung $\sigma_{Rd,max} = 0{,}6 \cdot v' \cdot f_{cd}$ einzuhalten (mit $v' = 1{,}25$ bei Druckstreben parallel zu Rissen). Die Zugstreben sind durch Bewehrung abzudecken, die mit der Betonstahlspannung f_{yd} bemes-

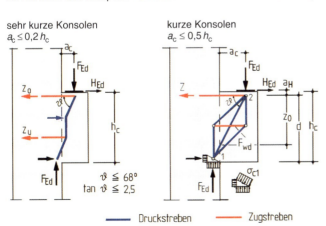

Abb. D.11.8 Stabwerkmodell für Konsolen

Bemessung

sen wird. Die Zuggurtbewehrung A_s ist ab Innenkante der Lagerplatte mit der Verankerungslänge l_{bd} zu verankern; die Verankerung erfolgt i. Allg. mit Schlaufen, ggf. mit Ankerkörpern. Zusätzlich werden geschlossene Bügel eingelegt, die je nach Konsollänge horizonzal oder vertikal anzuordnen sind (vgl. nachfolgende Erläuterungen).

In Abb. D.11.8 sind Stabwerkmodelle für unterschiedliche Konsolenlängen a_c dargestellt. Die einwirkenden Lasten werden jeweils durch eine obere Zuggurtbewehrung und durch Betondruckstreben aufgenommen. Gemäß Abb. D.11.8 ist jedoch eine weitere Bewehrung erforderlich. Bei sehr kurzen und bei kurzen Konsolen sind – bedingt durch eine sekundäre Zuggurtkraft bzw. durch die Ausdehnung des Druckstrebenfeldes – zusätzliche *horizontale* Bügel anzuordnen. Bei größeren Auskragungen (ab etwa 0,4 h_c) wird neben dem direkten Lastabtrag auch ein Anteil indirekt weitergeleitet, der zunächst durch Bügel hochgehängt werden muss; die hierfür erforderlichen Bügel sind daher *vertikal* auszubilden. (Bei Auskragungen $a_c > h_c$ liegt ein Kragträger vor, der dann als Balken zu bemessen ist.)

Die Bemessung der Konsolen und die erforderlichen Nachweisgleichungen sind im DAfStb-H. 525 beschrieben. Weitere Hinweise sind für DAfStb-H. 600 angekündigt (noch nicht erschienen). Darüber hinaus ist in einigen Veröffentlichungen (z. B. [Reineck – 05] eine „direkte" Bemessung mit Stabwerkmodellen beschrieben, die jedoch insbesondere bei gedrungenen Konsolen durch Versuchsergebnisse nicht ausreichend sicher bestätigt werden konnten [Roeser/Hegger – 05].

Bemessung nach DAfStb-H. 525

Für die Bemessung von Konsolen ($a_c \leq 1,0 h_c$) sind nach DAfStb-H. 525 folgende Nachweise zu führen:

- Begrenzung der Betondruckspannungen
  Der Nachweis erfolgt durch Begrenzung der Querkrafttragfähigkeit

$$V_{Ed} = F_{Ed} \leq V_{Rd,max} = 0,5 \cdot v \cdot b \cdot z \cdot f^*_{cd} \quad (D.11.9)$$
mit $v = (0,7 - f_{ck}/200)$
$z = 0,9d; \; f^*_{cd} = f_{ck}/\gamma_c$

- Ermittlung der Zuggurtkraft
  Die Zuggurtkraft wird aus einem einfachen Streben-Zugband-Modell ermittelt

$$Z_{Ed} = F_{Ed} \cdot \frac{a_c}{z_0} + H_{Ed} \cdot \frac{a_h + z_0}{z_0} \quad (D.11.10)$$
mit $a_c/z_0 \geq 0,4$
$z_0 = d \cdot (1 - 0,4 \cdot V_{Ed}/V_{Rd,max})$

- Nachweis der Pressung unter der Lagerplatte und der Verankerung der Zuggurtbewehrung. Die Verankerung beginnt an der Innenkante der Lagerplatte und kann mit Schlaufen oder Ankerkörpern erfolgen.

- Anordnung von Bügeln
  - $a_c \leq 0,5 h_c$ und $V_{Ed} > 0,3 \; V_{Rd,max}$
    Geschlossene *horizontale* oder geneigte Bügel mit $A_{s,bü} \geq 0,50 \; A_s$
  - $a_c > 0,5 h_c$ und $V_{Ed} \geq V_{Rd,ct}$
    Geschlossene *vertikale* Bügel für eine Kraft $F_{wd} \geq 0,70 \; F_{Ed}$
  (vgl. Abb. D.11.9)

- Weiterleitung der Kräfte
  Die Weiterleitung in der anschl. Stütze erfolgt analog zum Rahmenendknoten (s. Abschn. 10.5).

Bemessung mit Stabwerkmodellen

Die direkte Bemessung mit Stabwerkmodellen wird anhand der Vorgehensweise nach [Schlaich/Schäfer – 01] und [Reineck – 05] gezeigt. Dabei wird zunächst grundsätzlich unterschieden zwischen kurzen Konsolen mit $a \leq z/2$ und langen Konsolen mit $a > z/2$ (im letzteren Falle sind ergänzende Nachweise erforderlich; s. Tafel D.11.1). Die Rechenschritte und die Nachweisgleichungen sind für normalfesten Normalbeton ($f_{ck} \leq 50$ MN/m²) in Tafel D.11.1 zusammengefasst. Weitere Erläuterungen erfolgen im nachfolgenden Beispiel.

Konsolen mit $a_c \leq 0,5 \; h_c$

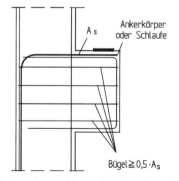

Konsolen mit $a_c > 0,5 \; h_c$

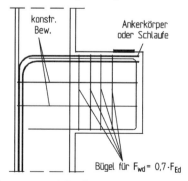

Abb. D.11.9 Bewehrungsführung für Konsolen mit den Bedingungen nach DAfStb-H. 525

Stabwerkmodelle

Tafel D.11.1 Nachweis bei Konsolen nach [Reineck – 05] für nomalfesten Beton

Kurze Konsole ($a < z/2$)[3]			Erläuternde Skizze
Breite	a_1	$= F/(b_w \cdot \sigma_c)$ mit $\sigma_c = 0{,}95\, f_{cd}$	
Abstand	c	$= a_c + 0{,}5 a_1 + (H_{Ed}/F_{Ed}) \cdot a_H$	
Höhe[1]	a_2	$= d - \sqrt{d^2 - 2 \cdot a_1 \cdot c} \leq 0{,}4 d$	
Neigung	$\cot \theta_1$	$= a_2/a_1 = c/z$	
Hebelarm	z	$= d - a_2/2$	
Zuggurtkraft	Z_{Ed}	$= F_{Ed} \cdot \cot \theta_1 + H_{Ed} \cdot (a_h + z)/z$	
Gurtbewehrung	A_s	$= Z_{Ed}/f_{yd}$	
Knotennachweise		Verankerung der Gurtbewehrung $l = l_{bd,dir}$ Betonpressungen unter der Lagerplatte und Nachweis der Druckstrebe $C_w = F_{Ed}/\sin \theta_1$ $\sigma_{Rd,max} \leq 0{,}75\, f_{cd}$ [2]	
horizontale Bügel Druckstrebe	$A_{bü,h}$	$= 0{,}2 \cdot F_{Ed}/f_{yd}$ (s. jedoch H. 525!) Nachweis entfällt bei Anordnung der horizontalen Bügelbewehrung	

Lange Konsole ($a > z/2$)

Nachweise wie bei der kurzen Konsole; zusätzlich erforderlich:
vertikale Bügel $A_{bü,v} = F_w/f_{yd}$
mit $F_w = 0{,}33 \cdot (2 \cdot a/z - 1{,}0) \cdot F$ (s. Gl. (11.5))

[1] Die Gleichung folgt aus dem Zusammenhang zwischen a_1 und a_2 (s. auch Abb. oben):
$a_2 = a_1 \cdot \cot \theta = a_1 \cdot c/(d - 0{,}5 \cdot a_2)$; $a_2 \cdot d - 0{,}5\, a_2^2 - a_1 \cdot c = 0$
[2] Nach [Reineck – 05] kann bei Verankerung mit Ankerplatten der Wert bis auf $\sigma_{Rd,max} = 1{,}1\, f_{cd}$ erhöht werden.
[3] Wegen bestehender Unsicherheiten (s. vorher) wird insbes. bei kurzen Konsolen eine Bemessung nach DAfStb-H. 525 empfohlen.

Beispiel

Konsole nach Skizze; neben den Vertikallasten wird horizontal $H_c = 0{,}2\, F_v$ berücksichtigt.

Bemessungslasten

$F_{Ed} = 1{,}35 \cdot 80 + 1{,}50 \cdot 40 = 168$ kN
$H_{Ed} = 0{,}2 \cdot F_{Ed} = 0{,}2 \cdot 168 = 34$ kN

Nutzhöhe

Der Schwerpunkt der Zuggurtkraft F_{sd} sei 6,5 cm unter OK Konsole. Damit ergibt sich als Nutzhöhe $d = 40{,}0 - 6{,}5 = 33{,}5$ cm. Bei einer angenommenen Lagerhöhe von 1,0 cm hat dann die Horizontalkraft H_{Ed} einen Abstand von der Zuggurtkraft von $a_H = 6{,}5 + 1{,}0 = 7{,}5$ cm.

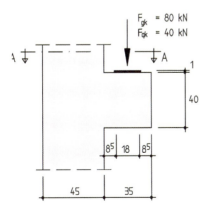

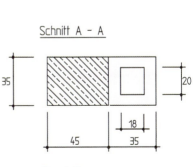

Schnitt A - A

Baustoffe
- Beton C 35/45
- Betonstahl BSt 500 S

Bemessung

Konsolenbedingung und Fachwerkmodell

Mit $a_c/h_c = 17{,}5 / 40 = 0{,}44 < 0{,}5$ liegt eine kurze Konsole vor. Das zugrunde zu legende Stabwerkmodell ist nachfolgend dargestellt.

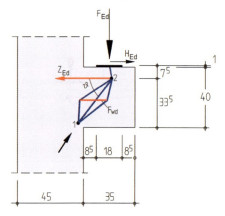

Einfaches Stabwerkmodell für die kurze Konsole

Nachweis der Betondruckspannungen und der Zuggurtkraft

Nachweis nach DAfStb-H. 525

– Druckstrebennachweis

$$V_{Ed} \leq V_{Rd,max} = 0{,}5 \cdot \nu \cdot f_{cd}^* \cdot b_w \cdot z$$

$\nu = 0{,}7 - (f_{ck}/200) = 0{,}7 - (35/200) = 0{,}525$
$f_{cd}^* = f_{ck}/\gamma_c = 35/1{,}5 = 23{,}3$ MN/m²
    (ohne Beiwert α_{cc})
$z = 0{,}9d$
$V_{Ed} = F_{Ed} = 168$ kN
$V_{Rd,max} = 0{,}5 \cdot 0{,}525 \cdot 23{,}3 \cdot 0{,}35 \cdot 0{,}9 \cdot 0{,}335$
    $= 0{,}645$ MN $= 645$ kN

168 kN < 645 kN → Nachweis erfüllt.

– Ermittlung der Zuggurtkraft

$$Z_{Ed} = F_{Ed} \cdot \frac{a_c}{z_0} + H_{Ed} \cdot \frac{a_H + z_0}{z_0}$$

$a_c = 0{,}175$ m
$z_0 = d \cdot (1 - 0{,}4 \cdot V_{Ed}/V_{Rd,max})$
    $= 0{,}335 \cdot (1 - 0{,}4 \cdot 168/645) = 0{,}30$ m
$Z_{Ed} = 168 \cdot \frac{0{,}175}{0{,}300} + 34 \cdot \frac{0{,}075 + 0{,}30}{0{,}300} = 141$ kN

$A_{s,erf} = Z_{Ed}/f_{yd} = 141/43{,}5 = 3{,}24$ cm²
gew.: 2 Schlaufen $\varnothing$ 12 mit $A_{s,vorh} = 4{,}52$ cm²

– Anordnung von Bügeln

$a_c = 0{,}175$ m $< 0{,}5 h_c = 0{,}5 \cdot 0{,}40 = 0{,}20$ m
$V_{Ed} = 168$ kN $< 0{,}3 V_{Rd,max} = 0{,}3 \cdot 645 = 194$ kN

Anordnung von Bügeln konstruktiv.

Nachweis nach [Reineck – 05]
(nur zum Vergleich; s. Anm. vorher und Fußnote 3) in Tafel D.11.1)

– Druckstrebe

$F_{Rd} = a_1 \cdot b_w \cdot 0{,}95 \cdot f_{cd} < F_{Ed}$ →
$a_1 = F_{Ed} / 0{,}95 \cdot f_{cd} \cdot b_w$
    $= 0{,}168 / (0{,}95 \cdot 19{,}8 \cdot 0{,}35) = 0{,}026$ m

$a_2 = d - \sqrt{d^2 - 2 \cdot a_1 \cdot c}$

$c = a_c + 0{,}5 \cdot a_1 + a_H \cdot H_{Ed}/F_{Ed}$
    $= 0{,}175 + 0{,}5 \cdot 0{,}026 + 0{,}075 \cdot 0{,}2 = 0{,}203$ m

$a_2 = 0{,}335 - \sqrt{0{,}335^2 - 2 \cdot 0{,}026 \cdot 0{,}203}$
    $= 0{,}016$ m $\leq 0{,}4d$

$\tan \theta = \dfrac{d - 0{,}5 \cdot a_2}{a_c + 0{,}5 \cdot a_1} = \dfrac{0{,}335 - 0{,}5 \cdot 0{,}016}{0{,}175 + 0{,}5 \cdot 0{,}026}$
    $= 1{,}74$ → $\theta = 60°$

– Ermittlung der Zuggurtkraft

$$Z_{Ed} = F_{Ed} \cdot \frac{a_c + 0{,}5 \cdot a_1}{z} + H_{Ed} \cdot \frac{a_H + z}{z}$$

$z = (a_c + 0{,}5 \cdot a_1) \cdot \tan \theta$
    $= (0{,}175 + 0{,}5 \cdot 0{,}026) \cdot 1{,}74 = 0{,}327$ m

$Z_{Ed} = 168 \cdot \dfrac{0{,}175 + 0{,}5 \cdot 0{,}026}{0{,}327} + 34 \cdot \dfrac{0{,}075 + 0{,}327}{0{,}327}$
    $= 138$ kN

– Anordnung von Bügeln

Es sind horizontale Bügel für 20 % der vertikalen Last F_{Ed} erforderlich:
$A_{sw} = 0{,}2 \cdot 168 / 43{,}5 = 0{,}77$ cm²

Knotennachweise

Unter der Lastplatte dürfen die zulässigen Betondruckspannungen nicht überschritten werden.

$$\sigma_c = \frac{F_{Ed}}{A_{Lager}} \leq \sigma_{Rd,max}$$

$\sigma_{Rd,max} = k_2 \cdot \nu' \cdot f_{cd}$; mit $k_2 = 0{,}75$ und $\nu' = 1{,}0$
(EC 2-1-1, Gl. 6.61)

$A_{Lager} = 0{,}18 \cdot 0{,}20 = 0{,}036$ m²

$\sigma_c = \dfrac{0{,}168}{0{,}036} = 4{,}67$ MN/m²

$< 0{,}75 \cdot f_{cd} = 0{,}75 \cdot 19{,}8 = 14{,}85$ MN/m²
→ Nachweis erfüllt.

Nachzuweisen sind außerdem die Betondruckspannungen der Druckstrebe am Knoten. (Im Rahmen des Beispiels ohne Nachweis.)

Verankerung an der Lastplatte

Die Verankerungslänge beginnt an der Innenkante (der Stütze zugewandten Seite) der Lastplatte. Die erforderliche Verankerungslänge ergibt sich zu

Stabwerkmodelle

$l_{bd} = \alpha_1 \cdot \alpha_5 \cdot l_{b,rqd,y} \cdot \dfrac{A_{s,req}}{A_{s,prov}} \geq l_{b,min}$

$\alpha_1 = 0{,}7$ (Schlaufen; Betondeckung rechtwinklig zur Krümmungsebene ca. 5 cm $\geq 3\, d_s = 3 \cdot 1{,}2 = 3{,}6$ cm)

$\alpha_5 = (1 - 0{,}04 p) \geq 0{,}7$ (Berücksichtigung des Querdrucks p infolge der Lagerpressungen)
$p = 4{,}67$ MN/m² (s. o.; die Querpressung ist näherungsweise auf der ganzen Verankerungslänge vorhanden)
$\alpha_5 = (1 - 0{,}04 \cdot 4{,}67) = 0{,}81$

$l_{b,rqd,y} = \dfrac{d_s}{4} \cdot \dfrac{f_{yd}}{f_{bd}}$

$f_{bd} = 0{,}7 \cdot 3{,}4 = 2{,}4$ MN/m²
  (mäßige Verbundbedingung für die Gurtbewehrung)
$d_s = 1{,}2$ cm (Durchmesser der Schlaufen)

$l_{b,rqd,y} = \dfrac{1{,}2}{4} \cdot \dfrac{435}{2{,}4} = 54$ cm

$A_{s,prov} = 4{,}52$ cm²
$A_{s,req} = 3{,}24$ cm²
$l_{bd} = 0{,}7 \cdot 0{,}81 \cdot 54 \cdot \dfrac{3{,}24}{4{,}52} = $ **22 cm**

$> l_{b,min} = \begin{cases} 0{,}3\, \alpha_1 l_{b,rqd,y} = 0{,}3 \cdot 0{,}7 \cdot 54 = 11\,\text{cm} \\ 10\, d_s = 10 \cdot 1{,}2 = 12\,\text{cm} \end{cases}$

Die mögliche bzw. vorhandene Verankerungslänge beträgt ab Innenkante Lastplatte (s. Skizze)

$l_{bd,vorh} = 26{,}5 - \text{nom } c = 26{,}5 - 3{,}5 = 23$ cm

und ist damit ausreichend.

Biegerollendurchmesser der Schlaufe

$D_{min} = 15\, d_s$

(Betondeckung rechtwinklig zur Krümmungsebene größer 5 cm und $3\, d_s = 3 \cdot 1{,}2 = 3{,}6$ cm.)

Zusätzlich sind Nachweise der Verankerung bzw. Übergreifung an der Stütze erforderlich.

Bewehrungsskizze

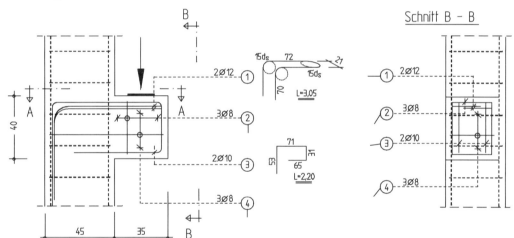

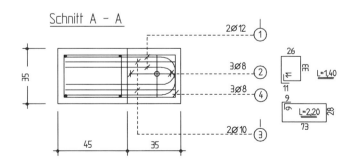

Baustoffe: C 35/45; BSt 500 S
Betondeckung: nom c = 3,5 cm

11.4 Ausgeklinkte Trägerenden

Ausgeklinkte Trägerenden können mit Stabwerkmodellen nach untenstehender Skizze bemessen werden. Es kann das Modell a) oder eine Kombination aus Modellen a) und b) verwendet werden. Die gesamte Bewehrung ist kraftschlüssig zu verankern (s. nachf.).

a) Vertikale Aufhängebewehrung

b) Geneigte Aufhängebewehrung

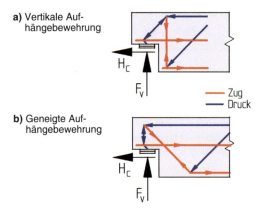

Eine Bewehrungsführung nur nach Modell b) ist wegen frühzeitiger und starker Rissbildung in der einspringenden Ecke nicht zulässig. Die Bewehrungsführung orientiert sich daher an dem Modell a) in einer Kombination mit b). Im Modell a) wird das ausgeklinkte Ende wie bei Konsolen bemessen mit horizontalem Zugband und schräg gerichteter Druckstrebe. Das Zugband wird aus liegenden Schlaufen ausgeführt und ist wirksam im Auflagerbereich zu verankern. Zur anderen Seite hin sollte es weit in den Träger geführt werden. Im ungeschwächten Balkensteg ist eine vertikale Rückhängebewehrung für die Größe der Auflagerkraft zu bemessen, die vorzugsweise aus geschlossenen Bügeln (ggf. mit einer leichten Schrägstellung zur Ausklinkung hin) besteht. Die unten endende Biegezugbewehrung muss mit $l_{b,net}$ (indirekte Auflagerung) verankert werden, was häufig nur durch Zulage von liegenden Schlaufen möglich ist (s. Bewehrungsskizze unten).

Die Bewehrungsführung für eine Kombination aus den Stabwerkmodellen a) und b) ist unten dargestellt. Hierbei wird die Auflagerkraft F_v innerhalb gewisser Grenzen frei auf die Teilmodelle a) und b) aufgeteilt, wobei der dem Modell b) zugewiesene Anteil der Auflagerkraft durch die schräge Bewehrung aufgenommen wird. Hierfür werden in der Regel liegende Schlaufen als Zulage verwendet.

11.5 Rahmenecken und Rahmenknoten

In Rahmenknoten ergeben sich zusätzliche Zug- und Druckkräfte aus der Umlenkung und Richtungsänderung der inneren Kräfte. Durch diese Beanspruchungen wird die Tragfähigkeit der Rahmenknoten entscheidend beeinflusst. Die Bewehrungsführung von Rahmenknoten muss daher besonders sorgfältig konstruiert werden. Hierbei ist zu beachten (vgl. [DAfStb-H525 – 10], [DAfStb-H532 – 02] und [Hegger/Roeser – 04]):

– Mindestbetonfestigkeitsklasse C25/30, sorgfältiges Verdichten des Betons
– große Biegeradien der Bewehrung, möglichst einfache Konstruktionsformen
– ausreichende Verankerungs- und Übergreifungslängen.

Für die Bewehrungsführung ist zu unterscheiden nach Lage des Knotens (Rahmenecke, Rahmenendknoten, Rahmeninnenknoten) und Beanspruchung (positives oder negatives Moment, wechselnde Momentenbeanspruchung).

11.5.1 Rahmenecke mit negativem Moment (Zug außen)

Kräfteverlauf und Stabwerkmodelle

Bei einer Rahmenecke mit negativem Moment (Biegezug außen) sind die Stabwerkmodelle mit der sich daraus ergebenden Bewehrung in Abhängigkeit der Bauteilhöhen zu unterscheiden (vgl. Abb. D.11.11). Mit Hilfe der Stabwerkmodelle können die Zug- und Druckkräfte der Rahmenecke berechnet und hierfür bemessen werden. Statt einer genaueren Berechnung kann der Nachweis alternativ auch durch Beachtung von Konstruktionsregeln geführt werden.

Das Versagen der Rahmenecke mit negativem Moment kann eintreten durch

– Fließen der Zugbewehrung (maßgebend bei mech. Bewehrungsgrad $\omega \leq 0{,}20 - 0{,}25$)

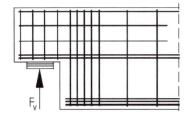
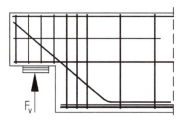

Abb. D.11.10 Bewehrungsführung bei ausgeklinkten Trägerenden

Stabwerkmodelle

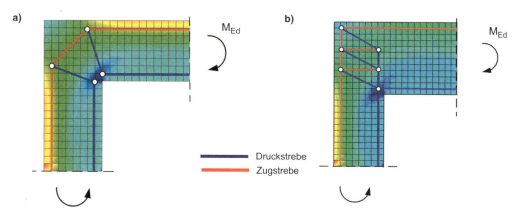

Abb. D.11.11 Stabwerkmodelle für Rahmenecken mit negativem Moment bei $h_{Riegel} = h_{Stütze}$ (a) und $h_{Riegel} > h_{Stütze}$ (b)

- Versagen des Betons auf Druck (maßgebend bei mech. Bewehrungsgrad $\omega > 0{,}20 - 0{,}25$)
- Spaltzugversagen oder Verankerungsbruch.

Bewehrungsführung

Aus dem Kräfteverlauf ergeben sich die Anforderungen für die Bewehrungsführung, wobei der Bauablauf zu beachten ist. Sie können wie folgt zusammengefasst werden:

- Stoß der Biegezugbewehrung oberhalb der Betonierfuge mit der Übergreifungslänge:

  $l_0 = \alpha_6 \cdot l_{bd} \geq l_{0,min}$

  Bei in die Stütze abgebogener Biegezugbewehrung ergeben sich wegen günstigerer Verbundbedingungen kürzere Übergreifungslängen als bei einem Stoß nur im Riegel.

- Biegerollendurchmesser d_{br} der Biegezugbewehrung unter Beachtung der Mindestwerte D_{min}; bei mehrlagiger Bewehrung ist D_{min} angemessen zu vergrößern (s. Abschn. 11.1).

- Querbewehrung im Übergreifungsstoß aus Bügeln oder Steckbügeln.

  Horizontale Steckbügel: Zur Aufnahme der Quer- und Spaltzugkräfte müssen Steckbügel angeordnet werden, die mindestens den Querschnitt der anschließenden Stützenbügel haben; die Anforderungen an die Querbewehrung in Übergreifungsbereichen sind zu beachten. Die Steckbügel müssen ausreichend im Riegel verankert werden ($\geq l_b = l_{b,rqd,y}$ ab Stützeninnenkante).

  Bügelabstände: Im Riegel und in der Stütze ist der Bügelabstand s_w auf eine Länge von etwa $0{,}9\,h_2$ bzw. $0{,}9\,h_1$ auf $s_w \leq 10$ cm zu begrenzen (jeweils gemessen vom Knotenanschnitt).

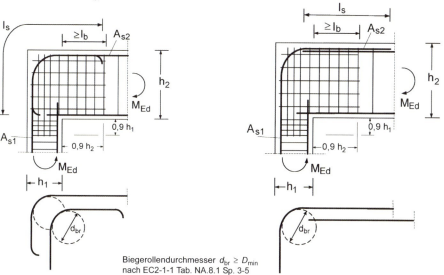

Biegerollendurchmesser $d_{br} \geq D_{min}$ nach EC2-1-1 Tab. NA.8.1 Sp. 3-5

Abb. D.11.12 Bewehrungsführung in der Rahmenecke

11.5.2 Rahmenecke mit positivem Moment (Zug innen)

Kräfteverlauf und Stabwerkmodelle

Rahmenecken mit positivem Moment kommen in der Baupraxis z. B. bei verschieblichen Rahmen, Winkelstützmauern und Wannen vor. Biegezug entsteht innen, die erforderliche Biegezugbewehrung liegt daher auf der Innenseite des Knotens.

An der „inneren" Ecke muss die Zugkraft und an der „äußeren" Ecke die Druckkraft umgelenkt werden. Hierdurch entstehen in der Ecke radial gerichtete Zugspannungen. Das Zusammenwirken dieser Kräfte führt zu den in Abb. D.11.13 dargestellten Spannungsverläufen bzw. zugehörigen Stabwerkmodellen.

Versagensarten der Rahmenecke mit positivem Moment sind (vgl. [DAfStb-H525 – 10]):

- Fließen der Zugbewehrung
- Betondruckversagen unter Querzug
- Druckzonenversagen durch Abplatzen der Betondeckung
- Verankerungsbruch durch Rissbildung.

Bewehrungsführung

- Die Biegezugbewehrung wird am besten schlaufenartig mit großem Biegerollendurchmesser geführt. Die Schlaufen sollten dabei vollständig die Zug- und Druckzonen der Rahmenecken umfassen und ausreichend in der Druckzone verankert sein bzw. mit der Zugbewehrung der angrenzenden Bauteile gestoßen werden.

- Bei einem geometrischen Bewehrungsgrad $\rho_l = A_s / (b \cdot d) < 0{,}4$ ist eine Zulagebewehrung entbehrlich. Bei $\rho_l \geq 0{,}4$ ist eine Bewehrungserhöhung erforderlich, um größere Risse in der Ecke zu vermeiden. Dies kann entweder mit Schrägzulagen (vgl. Abb. D.11.14.a)) oder durch eine Erhöhung der Biegezugbewehrung um 50 % erfüllt werden. Diese Zulagen sind mindestens mit $l_b = l_{b,rqd,y}$ zu verankern. Die Anordnung von Schrägzulagen erleichtert die Umlenkung der Rahmenzugkraft.

- Für Bauteilhöhen $h > 100$ cm müssen Steckbügel angeordnet werden, die in der Lage sind, die resultierende Kraft der Betondruckzone zurückzuhängen. Diese Steckbügelbewehrung ist dann für die volle Kraft U_{cd}, die aus der Umlenkung der Betondruckkraft entsteht, zu bemessen. Unter Vernachlässigung von Längskräften N_{Ed} im Riegel und in der Stütze wird die Umlenkkraft bzw. die erforderliche Bügelbewehrung wie folgt ermittelt:

Umlenkkraft:

$$U_{cd} = \sqrt{F_{cd,1}^2 + F_{cd,2}^2} \qquad \text{(D.11.11a)}$$
mit $F_{cd,1} = M_{Ed,1}/z_1$
$F_{cd,2} = M_{Ed,2}/z_2$

Bügelbewehrung (Summe im Rahmenknoten):
$$A_{s,bü} = U_{cd} / f_{yd} \qquad \text{(D.11.11b)}$$

Die Anordnung von Steckbügeln verhindert ein Abspalten des Druckgurtes infolge der Spaltzugkräfte. Bei Bauteilhöhen $h \leq 100$ cm werden die Steckbügel konstruktiv angeordnet.

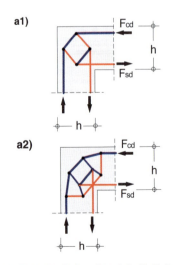
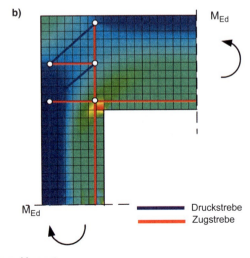

Abb. D.11.13 Stabwerkmodelle für Rahmenecken mit positivem Moment
  a) $h_{Riegel} = h_{Stütze}$ bei mittlerer (a1) und bei hoher Beanspruchung (a2)
  b) $h_{Riegel} > h_{Stütze}$

a) Konstruktion mit Schrägstäben

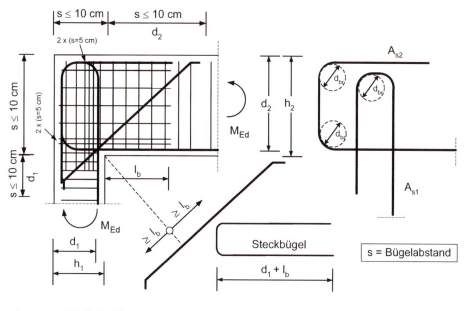

$A_{sS} \geq \max \{A_{s1}/2;\ A_{s2}/2\}$

b) Verstärkung der Biegezugbewehrung um ca. 50 %

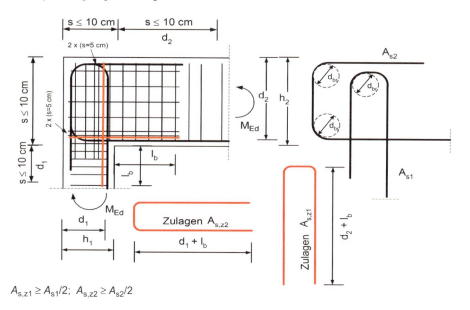

$A_{s,z1} \geq A_{s1}/2;\ A_{s,z2} \geq A_{s2}/2$

Abb. D.11.14   Bewehrungsführung, Rahmenecke mit positivem Moment

Bemessung

11.5.3 Rahmenknoten

11.5.3.1 Rahmenendknoten

An den Randstützen treten nennenswerte Biegemomente aus Rahmenwirkung auf. Bei Randstützen ist daher generell die Rahmenwirkung zu berücksichtigen.

Kräfteverlauf und Stabwerkmodelle

Beim Rahmenendknoten wechselt das Vorzeichen des Stützmomentes innerhalb des Rahmenriegels. Ein Stabwerkmodell, das den Kräfteverlauf innerhalb des Knotens zeigt, ist in Abb. D.11.15 dargestellt.

Die Biegetragfähigkeit von Riegel und Stütze ist sicherzustellen, außerdem muss die Knotentragfähigkeit nachgewiesen werden. Ein Knotenversagen wird durch einen Knotenschubriss in der oberen „inneren" Ecke ausgelöst.

Innerhalb des Knotens treten sehr große Querkräfte auf (vgl. Abb. D.11.15 und nachf. Gl. (D.11.11)). Eine herkömmliche Querkraftbemessung nach EC 2-1-1 ist jedoch für die gedrungene Querschnittsform des Knotenbereichs nicht zulässig, da es sich hier um einen D-Bereich handelt. Zur Aufnahme der Spaltzugkräfte F_j sind Steckbügel anzuordnen, die Betondruckstrebe F_c wird über die Knotentragfähigkeit nach Gl. (D.11.12) nachgewiesen. Zur Berechnung wird in [DAfStb-H525 – 10] ein halbempirischer Bemessungsansatz vorgeschlagen.

Ermittlung der Knotenquerkrafttragfähigkeit
(nach [DAfStb-H525 – 10])

Es ist nachzuweisen, dass die einwirkende Querkraft V_{jh} die Knotentragfähigkeit $V_{j,Rd}$ (bzw. $V_{j,cd}$) nicht überschreitet:

$$V_{jh} \leq V_{j,Rd} \quad (D.11.12)$$

Einwirkende Querkraft V_{jh}

Die auf den Knoten einwirkende Querkraft wird bestimmt aus

$$\begin{aligned}V_{jh} &= F_{sd,beam} - V_{Ed,col,o} \\ &= M_{Ed,beam} / z_{beam} - V_{Ed,col,o}\end{aligned} \quad (D.11.13)$$

Knotentragfähigkeit $V_{j,Rd}$

Es ist zu unterscheiden zwischen der Tragfähigkeit ohne (rechnerisch erf.) und mit Bügelbewehrung.

- Knotentragfähigkeit *ohne* rechnerisch erf. Bügel:

$$V_{j,cd} = 1{,}4 \cdot (1{,}2 - 0{,}3\, h_{beam}/h_{col}) \cdot b_{eff} \cdot h_{col} \cdot (f^*_{cd})^{1/4} \quad (D.11.14a)$$

mit
$b_{eff} = (b_{beam} + b_{col})/2 \leq b_{col}$ (eff. Knotenbreite)
$1{,}0 \leq (h_{beam}/h_{col}) \leq 2{,}0$ (Schubschlankheit)
$f^*_{cd} = f_{ck}/\gamma_C$

Wenn die Knotentragfähigkeit $V_{j,cd}$ ohne Bügel größer als die Querkraft V_{jh} ist, sind Steckbügel konstruktiv zu wählen. Auf den Nachweis der Knotentragfähigkeit mit Bügeln kann dann verzichtet werden.

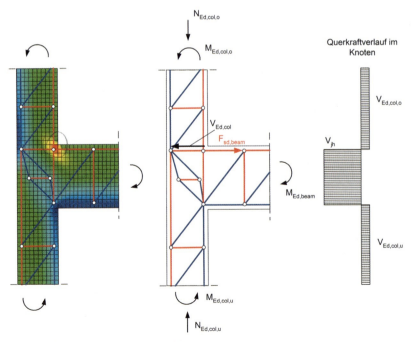

Abb. D.11.15 Kräfteverlauf und Stabwerkmodell eines Endknotens

Stabwerkmodelle

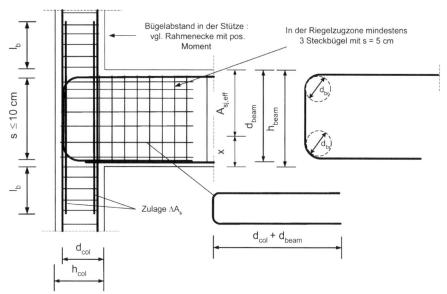

Abb. D.11.16 Bewehrungsführung im Rahmenendknoten

- Knotentragfähigkeit *mit* rechnerisch erf. Bügel:

$$V_{j,Rd} = V_{j,cd} + 0{,}4 A_{sj,eff} \cdot f_{yd} \begin{array}{l} \leq 2\, V_{j,cd} \\ \leq \gamma_N \cdot 0{,}25 \cdot f^*_{cd} \cdot b_{eff} \cdot h_{col} \end{array}$$
(D.11.14b)

mit

$A_{sj,eff}$ eff. Bügelbewehrung (nur im Knotenbereich auf Riegelhöhe anrechenbar)

$\gamma_N = \gamma_{N1} \cdot \gamma_{N2}$ Einfluss der quasi-ständigen Stützendruckkraft $N_{Ed,col}$ auf die Knotenschlankheit; es sind

$\gamma_{N1} = 1{,}5 \cdot (1 - 0{,}8 \cdot (N_{Ed,col}/(A_{c,col} \cdot f_{ck})) \leq 1$
(Längskrafteinfluss)

$\gamma_{N2} = 1{,}9 - 0{,}6\, h_{beam}/h_{col} \leq 1$
(Schubschlankheit)

Bewehrungsführung und Konstruktionsregeln [DAfStb-H525 – 10]

Die **Riegelbewehrung** wird um 180° mit einem Biegerollendurchmesser $D_{min} \geq 10\, d_s$ abgebogen und in die Riegeldruckzone geführt. Die anrechenbare Verankerungslänge beträgt $l_{b,d} = 2 \cdot l_d$.

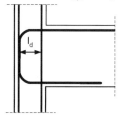

Noch wirkungsvoller ist eine gerade Riegelzugbewehrung mit einer Ankerplatte, die hinter der äußeren Stützenbewehrung verankert wird. Weitere Hinweise s. *Hegger/Roeser* in Stahlbetonbau aktuell 2004.

Bei der **Stützenbewehrung** ist zu beachten, dass das Stützenmoment innerhalb des Knotens das Vorzeichen wechselt. Die *Stützenlängsbewehrung* muss daher innerhalb des Knotens verankert werden. Wenn die Riegelhöhe nicht ausreicht, ist die erforderliche Verankerung durch Zulagebewehrung (ΔA_s) sicherzustellen. In nicht ausgesteiften Rahmentragwerken sollte die Stützenbewehrung an den Knotenanschnitten pauschal um 1/3 gegenüber der rechnerisch erforderlichen erhöht werden, um Rechenungenauigkeiten und vereinfachende Annahmen zu berücksichtigen. Erläuterungen und rechnerische Nachweise s. a. [DAfStb-H532 – 02].

Steckbügelbewehrung sollte im Abstand $s \leq 10$ cm, im Bereich der Riegelzugzone $s \leq 5$ cm (mindestens 3 Bügel) angeordnet werden. Die Steckbügel sind mit der Länge d_{beam} im Riegel zu verankern. Die Abstände der Bügel in den Stützen unterhalb und oberhalb des Knotens sind entsprechend der Rahmenecke mit positivem Moment anzuordnen.

11.5.3.2 Rahmeninnenknoten

Unverschieblicher Rahmen

Bei unverschieblichen Rahmen darf die Rahmenwirkung für die Innenstützen vernachlässigt werden, wenn das Stützweitenverhältnis benachbarter Felder zwischen $0{,}5 < l_{eff,1}/l_{eff,2} < 2$ liegt.

Die Stützenbewehrung wird durch den Knoten durchgeführt. Der Riegel ist für Biegung mit Längskraft und Querkraft zu bemessen. Bei hoher Ausnutzung der Stützendruckbewehrung ist eine enge Verbügelung der Stützenanschnitte vorzusehen.

Das *Stabwerkmodell* und die *Bewehrungsführung* des Rahmeninnenknotens in unverschieblichen Rahmen (d. h. mit beidseitigen negativen Biegemomenten) zeigt Abb. D.11.17.

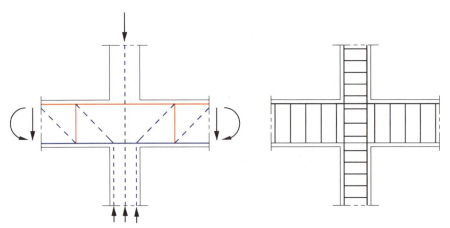

Abb. D.11.17 Stabwerkmodell und Bewehrungsführung in Rahmeninnenknoten unter beidseitig negativer Beanspruchung (unverschieblicher Rahmen)

Verschieblicher Rahmen

Bei verschieblichen Rahmen ist die Rahmenwirkung stets zu berücksichtigen (Gesamtsystemberechnung).

Kräfteverlauf und Stabwerkmodell

Die Rahmeninnenknoten werden durch gegenläufig gerichtete Momente beansprucht, die aus den Horizontallasten und der feldweise ungünstigen Anordnung der Verkehrslast resultieren. Es sind daher zum einen die Knotentragfähigkeit nachzuweisen und zum anderen die Verankerung der Biegezugbewehrung im Knotenbereich zu überprüfen.

Knotenquerkrafttragfähigkeit (nach DAfStb-H. 525)

Die Knotentragfähigkeit wird nachgewiesen durch

$$V_{jh} = (|M_{Ed,beam,1}| + |M_{Ed,beam,2}|) / z_{beam} - |V_{col}|$$
$$\leq \gamma_N \cdot 0{,}25 \cdot f^*_{cd} \cdot b_{eff} \cdot h_{col}$$

(D.11.15)

mit
$f^*_{cd} = f_{ck}/\gamma_C$
$|M_{Ed,beam,i}|$ gegenläufige Biegemomente (betragsmäßig) im Riegel 1 und 2
$\gamma_N = 1{,}5 \cdot (1 - 0{,}8 \cdot N_{Ed,col}/(A_{c,col} \cdot f_{ck})) \leq 1$
Einfluss der quasi-ständigen Stützendruckkraft $N_{Ed,col}$
$1{,}0 \leq h_{beam}/h_{col} \leq 1{,}5$ (Gültigkeitsbereich)

Bewehrungsführung und Konstruktionsregeln

Die Stützen- und Riegelbewehrung ist gerade durch den Knoten zu führen und im Knotenbereich zu verankern. Wenn die Verankerungslänge innerhalb des Knotens nicht ausreicht, ist eine Zulagebewehrung erforderlich (siehe Abb. D.11.18). Die Stützen- und Riegelbewehrung an den Knotenanschnitten sollte pauschal um 1/3 gegenüber der Biegebemessung erhöht werden (vgl. Rahmenendknoten). Der Bügelbewehrungsgrad im Knotenbereich muss dem der Stützen entsprechen.

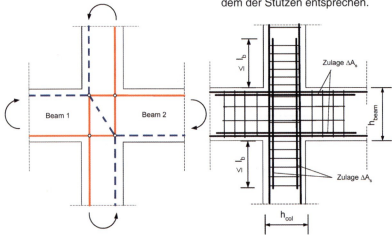

Abb. D.11.18 Stabwerkmodell und Bewehrungsführung in Rahmeninnenknoten unter antimetrischer Belastung

11.5.4 Beispiel

Aufgabenstellung

Zweistöckiger **unverschieblich** gehaltener Rahmen mit Bemessungslasten. Es sind die Rahmenecken „A" und „B" nachzuweisen (weitere Nachweise – z. B. die Bemessung der Stützen als Druckglied – werden im Rahmen des Beispiels nicht gezeigt).

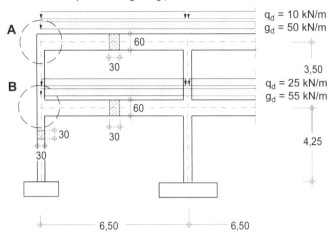

B 500; C30/37
Expositionsklasse: XC1
c_{min} = 10 mm
c_{nom} = 20 mm

11.5.4.1 Rahmenecke „A" (negatives Moment)

Schnittgrößen

In einer hier nicht dargestellten Berechnung (z. B. mit dem c_o/c_u-Verfahren) wurden ermittelt:

- Riegel (beam) $M_{Ed,beam}$ = −48,5 kNm
  ($N_{Ed,beam}$ = −20,8 kN) *)
  $V_{Ed,beam}$ = 166,7 kN
- Stütze (column) $M_{Ed,col}$ = −48,5 kNm
  $N_{Ed,col}$ = −166,7 kN
  $V_{Ed,col}$ = −20,8 kN

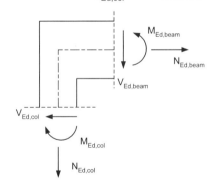

Bemessung der Rahmenecke

- **Riegel** $b/h/d$ = 30/60/56,5 cm

  Die Bemessung erfolgt im Abstand $0,3 h_{col}$ von der Stützenmitte (s. Skizze).

---

*) Aus Gleichgewicht am Knoten; die Riegellängskraft wird bei üblichen Näherungsverfahren nicht explizit ermittelt und nachfolgend bei der Bemessung vernachlässigt.

$M_{Ed,I} = M_{Ed, beam} + V_{Ed, beam} \cdot 0,3 h_{col}$
$= -48,5 + 166,7 \cdot 0,3 \cdot 0,30$
$= -33,5$ kNm

$M_{Eds} = |M_{Ed,I}| = 33,5$ kNm

$\mu_{Eds} = \dfrac{0,0335}{0,3 \cdot 0,565^2 \cdot 17,0} = 0,0206$

$\rightarrow \omega = 0,021$
$\rightarrow \zeta = 0,98$
$z = 0,98 \cdot 0,565 = 0,55$ m

$A_{s,erf} = \dfrac{1}{435} \cdot (0,021 \cdot 0,30 \cdot 0,565 \cdot 17,0)$
$= 1,39 \cdot 10^{-4}$ m² $= 1,39$ cm²

gew.: 2 ⌀ 16 (= 4,02 cm²)

- **Stütze** ($b/h/d$ = 30/30/26,5 cm)

  Als Bemessungsmoment am Knoten gilt der Wert im Anschnitt in Höhe der Riegeldruckzone (Schnitt II, s. Skizze).

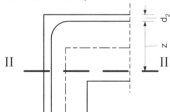

$M_{Ed,II} = M_{Ed} + V_{Ed, col} \cdot (d_2 + z - h_{beam}/2)$
$= -48,5 + 20,8 \cdot (0,035 + 0,55 - 0,30)$
$= -42,6$ kNm

Bemessung

$M_{Eds} = |M_{Ed,II}| = 42{,}6$ kNm
(Längsdruckkraft vernachlässigt; sichere Seite)

$\mu_{Eds} = \dfrac{0{,}0426}{0{,}3 \cdot 0{,}265^2 \cdot 17{,}0} = 0{,}119 \rightarrow \omega = 0{,}127$

$A_{s,erf} = \dfrac{1}{435} \cdot (0{,}127 \cdot 0{,}30 \cdot 0{,}265 \cdot 17{,}0)$
$= 3{,}95 \cdot 10^{-4}$ m² $= 3{,}95$ cm²

gew.: 2 ⌀ 16 (= 4,02 cm²)

- **Bewehrungsführung**

  Der Nachweis wird für die höher beanspruchte Stützenbewehrung geführt.

- Stoß der (Zug-)Längsbewehrung

  Der Stoß befindet sich mit der vertikalen Bewehrung im guten (I) und mit der horizontalen im mäßigen Verbundbereich (II).

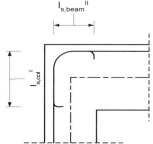

Erforderliche Stoßlänge:

$l_0^{(I)} = \alpha_6 \cdot l_{bd} \geq l_{0,min}$

$l_{0,min} \geq 0{,}3 \cdot \alpha_6 \cdot l_{b,rqd} \geq 15 \cdot \varnothing \geq 200$ mm

$\alpha_6 = 2{,}0$ (Stoßanteil > 33 %, $a < 8\varnothing$ und $c_1 < 4\varnothing$)

$l_{b,rqd} = l_{b,rqd,y} = \dfrac{\varnothing}{4} \cdot \dfrac{\sigma_{sd}}{f_{bd}} = \dfrac{1{,}6}{4} \cdot \dfrac{435}{3{,}04} = 57{,}2$

$f_{bd} = 3{,}04$ (gute Verbundbed., $f_{ck} = 30$)

$l_{0,min} \geq 0{,}3 \cdot 2{,}0 \cdot 57{,}2 = 34{,}2$ cm
(> 24 cm und > 20 cm)

$l_{bd} = \alpha_1 \cdot \alpha_2 \cdot \alpha_3 \cdot \alpha_4 \cdot \alpha_5 \cdot l_{b,rqd}$
$\alpha_1 = 0{,}7$ (Winkelhaken)
$\alpha_2 = \alpha_3 = \alpha_4 = \alpha_5 = 1{,}0$

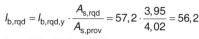

$l_{b,rqd} = l_{b,rqd,y} \cdot \dfrac{A_{s,rqd}}{A_{s,prov}} = 57{,}2 \cdot \dfrac{3{,}95}{4{,}02} = 56{,}2$

$l_{bd} = 0{,}7 \cdot 56{,}2 = 39{,}3$ cm

$l_0^{(I)} = 2{,}0 \cdot 39{,}3 = 78{,}7$ cm > 34,3 cm

Erf. horizontale Stoßlänge $l_{0,beam}^{(II)}$

$l_{0,beam}^{(II)} = (l_0^{(I)} - l_{0,col}^{(I)}) / 0{,}7$
$l_{0,col}^{(I)} = h_{beam} - 5$ cm $= 55$ cm
$l_{0,beam}^{(II)} = (78{,}7 - 55)/0{,}7 = 34$ cm
gewählt: $l_{0,beam}^{(II)} = 35$ cm

- Querbewehrung im Stoßbereich

  $A_{st} \geq A_s$
  A_s = Fläche eines gestoßenen Stabes
  ⌀ 16 → $A_s = 2{,}01$ cm²
  gew.: $2 \cdot 3 = 6$ Bügel ⌀ 8 (vorh. $A_{st} = 3{,}02$ cm²)

  Die Querbewehrung muss die Stoßenden jeweils auf einer Länge $l_s/3$ bügelartig umfassen.

- Biegerollendurchmesser

  Mindestmaß der Betondeckung rechtwinklig zur Krümmungsebene:
  $c_{min} = 2{,}0 + 0{,}8 = 2{,}8$ cm $< 5{,}0$ cm $\rightarrow$
  $D_{min} \geq 20 \cdot \varnothing \geq 20 \cdot 1{,}6 = 32$ cm

- Winkelhaken

  $D_{min} \geq 4{,}0 \cdot \varnothing = 4{,}0 \cdot 1{,}6 = 6{,}4$ cm

- Verankerungslänge der Steckbügel (horizontal)

  $l_{b,rqd}$ ab Innenkante Stütze
  gute Verbundbedingungen: $l_{b,rqd}^{(I)} = 29$ cm
  mäßige Verbundbedingungen: $l_{b,rqd}^{(II)} = 41$ cm

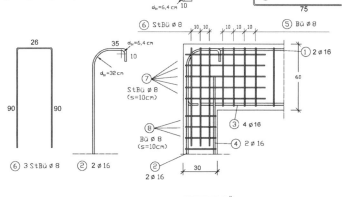

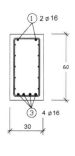

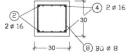

Bewehrungsskizze (Knoten A)

11.5.4.2 Rahmenendknoten „B"

Schnittgrößen

Bemessungsschnittgrößen im Grenzzustand der Tragfähigkeit nach Skizze.

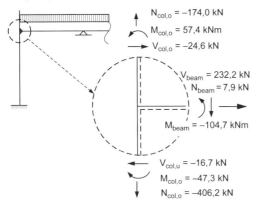

$N_{col,o} = -174,0$ kN
$M_{col,o} = 57,4$ kNm
$V_{col,o} = -24,6$ kN

$V_{beam} = 232,2$ kN
$N_{beam} = 7,9$ kN

$M_{beam} = -104,7$ kNm

$V_{col,u} = -16,7$ kN
$M_{col,o} = -47,3$ kN
$N_{col,o} = -406,2$ kN

Bemessung des Riegels und der Stütze

- **Riegel** $b/h/d = 30/60/56$ cm

  (Bemessung näherungsweise in der Systemachse, Riegellängskraft vernachlässigbar)

  $M_{Eds} = M_{Ed} = 104,7$ kNm

  $\mu_{Eds} = \dfrac{0,1047}{0,3 \cdot 0,56^2 \cdot 17,0} = 0,0655$

  $\rightarrow \omega = 0,068;\ \zeta = 0,96$

  $A_s = \dfrac{1}{435} \cdot (0,068 \cdot 0,30 \cdot 0,56 \cdot 17) \cdot 10^4 = 4,46$ cm²

  gew.: 3 ∅ 14 (= 4,62 cm²)

- **Stütze**

  Bemessung mit Interaktionsdiagramm
  erf $A_{s,tot} = 7,0$ cm²; gew.: 4 ∅ 16 (= 8,04 cm²)

Bemessung und Konstruktion des Knotens

- **Knotenquerkraft**

  $V_{Ed,jh} = F_{sd,beam} - V_{Ed,col,o}$
  $F_{sd,beam} = M_{Ed,beam}/z$
  $= 104,7/(0,96 \cdot 0,56) = 194,8$ kN
  $V_{Ed,col,o} = 24,6$ kN
  $V_{Ed,jh} = 194,8 - 24,6 = 170,2$ kN

- **Knotentragfähigkeit ohne Bügel**

  $V_{j,cd} = 1,4 \cdot (1,2 - 0,3\, h_{beam}/h_{col}) \cdot b_{eff} \cdot h_{col} \cdot (f^*_{cd})^{1/4}$
  $h_{beam} = 60$ cm; $h_{col} = 30$ cm
  $b_{eff} = (b_{col} + b_{beam})/2 = 0,30$ cm
  $V_{j,cd} = 1,4 \cdot (1,2 - 0,3 \cdot 60/30) \cdot 0,3 \cdot 0,3 \cdot (30/1,5)^{1/4}$
  $= 0,1590$ MN $= 159,0$ kN $< 170,2$ kN
  → Knotentragfähigkeit ohne Bügel nicht gegeben.

- **Knotentragfähigkeit mit Bügel**

  gew.: 5 Steckbügel ∅ 8 in der Zugzone
  (2 konstr. Steckbügel in der Druckzone)

  $V_{j,Rd} = V_{j,cd} + 0,4 A_{sj,eff} \cdot f_{yd} \begin{array}{l} \leq 2\, V_{j,cd} \\ \leq \mathcal{H}_N \cdot 0,25 \cdot f^*_{cd} \cdot b_{eff} \cdot h_{col} \end{array}$

  $A_{sj,eff} = 5 \cdot 2 \cdot 0,50 = 5,0$ cm²
  $V_{j,Rd} = 159,9 + 0,4 \cdot 5,0 \cdot 43,5 = 246,9$ kN

  $\mathcal{H}_N = \mathcal{H}_{N1} \cdot \mathcal{H}_{N2}$
  $\mathcal{H}_{N1} = 1,5 \cdot (1 - 0,8 \cdot (N_{Ed,col}/A_{c,col} \cdot f_{ck}) \leq 1$
  $N_{Ed,col}$ quasi-ständige Stützenkraft
  $N_{Ed,col} = N_{Ed,g} + \psi_2 N_{Ed,q}$
  $= -350$ kN (Annahme)
  $\mathcal{H}_{N1} = 1,5 \cdot (1 - 0,8 \cdot (0,350/0,30^2 \cdot 30)$
  $= 1,344 > \mathbf{1}$
  $\mathcal{H}_{N2} = 1,9 - 0,6\, h_{beam}/h_{col} \leq 1$
  $= 1,9 - 0,6 \cdot 2 = \mathbf{0,7} < 1$
  $\mathcal{H}_N = 0,7$

  $V_{j,Rd} = 0,247$ MN $\begin{array}{l} \leq 2 \cdot 0,160 = 0,320 \text{ MN} \\ \leq 0,7 \cdot 0,25 \cdot 20 \cdot 0,3 \cdot 0,3 = 0,321 \text{ MN} \end{array}$

  $V_{j,Rd} = 246,9$ kN $> V_{Ed,jh} = 170,2$ kN
  → Knotentragfähigkeit mit Bügel ausreichend.

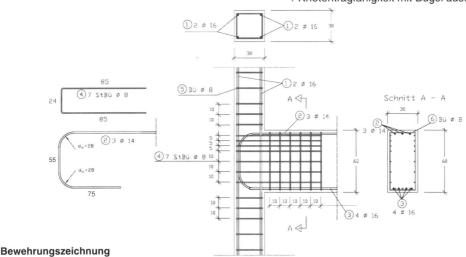

Bewehrungszeichnung

11.6 Teilflächenbelastung

11.6.1 Grundsätzliches

Bei örtlicher Krafteinleitung entstehen auf einer kleinen Teilfläche relativ große Betondruckspannungen, die sich im anschließenden Bauteil ausbreiten. Senkrecht zu diesen Hauptdruckspannungen entstehen Zugspannungen (Querzugspannungen), die durch Bewehrung abzudecken sind. Der Verlauf der Hauptdruck- und Hauptzugspannungen ist in Abb. D.11.19 dargestellt.

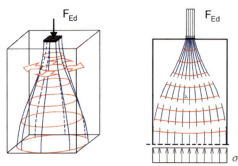

Abb. D.11.19 Hauptdruck- und Hauptzugspannungen im Krafteinleitungsbereich

Etwa auf einer Länge gleich der Querschnittsseite breitet sich die Last über die ganze Bauteilbreite aus, wobei rechnerisch eine Begrenzung auf die 3-fache Krafteinleitungsbreite zu berücksichtigen ist. Im Bereich von etwa $0,2b$ bis $1,0b$ treten Querzugspannungen auf, die mit ihrem Schwerpunkt etwa bei $0,4b$ bis $0,5b$ liegen. Den Kräfteverlauf und das zugehörige Stabwerkmodell zeigt Abb. D.11.20.

Für die Tragfähigkeit sind die Druck- und Zugstreben des Stabwerkmodells nachzuweisen. Bei ausreichender Spaltzugbewehrung können dabei wegen der Umschnürung des Druckspannungsfeldes im Krafteinleitungsbereich erhöhte Druckspannungen (bis zu $3,0 f_{cd}$) zugelassen werden.

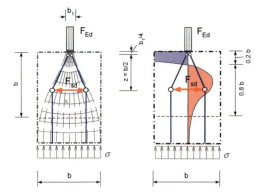

Abb. D.11.20 Spannungsverlauf, Stabwerkmodell und erforderliche Bewehrungsanordnung

11.6.2 Mittige Teilflächenbelastung

Bei örtlicher Krafteinleitung sind die **Druckkräfte** zu begrenzen. Der Bemessungswert der einwirkenden Teilflächenlast F_{Ed} darf die aufnehmbare F_{Rdu} nicht überschreiten:

$$F_{Rdu} = A_{c0} \cdot f_{cd} \cdot \sqrt{A_{c1}/A_{c0}} \leq 3,0 \cdot f_{cd} \cdot A_{c0} \quad \text{(D.11.16)}$$

mit der Belastungsfläche A_{c0} und der Verteilungsfläche A_{c1}.

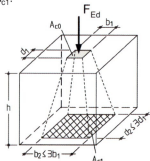

Abb. D.11.21 Lasteinleitungsfläche u. max. zulässige Lastausbreitungsfläche nach EC2-1-1

Die für die Aufnahme der Kraft F_{Rdu} rechn. Verteilungsfläche A_{c1} muss folgende Bedingungen erfüllen:
- A_{c1} muss A_{c0} geometrisch ähnlich sein.
- Der Schwerpunkt von A_{c1} muss in Belastungsrichtung mit dem von A_{c0} übereinstimmen.
- Für die zur Lastverteilung in Belastungsrichtung zur Verfügung stehende Höhe h muss gelten:
  $h \geq b_2 - b_1$ und $h \geq d_2 - d_1$.
  Für die Maße von A_{c1} gilt Abb. D.11.21.
- Bei mehreren Druckkräften dürfen sich die rechnerischen Verteilungsflächen innerhalb der Höhe h nicht überschneiden.
- Bei ungleichmäßiger Belastung über die Teilfläche A_{c0} oder bei größeren Querkräften ist der Wert von F_{Rdu} zu verringern.

Eine Verringerung von F_{Rdu} bei ungleichmäßiger Belastung über die Lasteinleitungsfläche kann beispielsweise durch Reduzierung der Teilfläche A_{c0} mit den Abmessungen b_1 und d_1 auf die rechnerische Breite b_{cal} und d_{cal} unter Berücksichtigung der Verteilung der Lagerpressungen erfolgen. Bei trapezförmiger Verteilung der Auflagerpressungen ergibt sich:

$b_{1,cal} = F_{Ed} / (\sigma_{c,max} \cdot d_1)$
$d_{1,cal} = F_{Ed} / (\sigma_{c,max} \cdot b_1)$

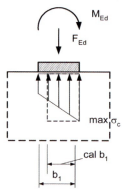

Die im Lasteinleitungsbereich vorhandenen **Querzugkräfte** *(Spalt- und Randzugkräfte)* sind durch Bewehrung aufzunehmen. Für den Sonderfall der mittigen Teilflächenbelastung ergibt sich die Spaltzugkraft aus

$$F_{sd} = \frac{N_{Ed}}{4} \cdot \left(1 - \frac{b_1}{b}\right) \qquad \text{(D.11.17)}$$

Die hierfür erforderliche Spaltzugbewehrung wird mit dem Bemessungswert der Betonstahlspannung f_{yd} ermittelt und sollte den Zugbereich möglichst gleichmäßig durchsetzen. Nach [DAfStb-H240–91] darf die Spaltzugbewehrung näherungsweise dreiecksförmig verteilt werden (vgl. Abb. D.11.22).

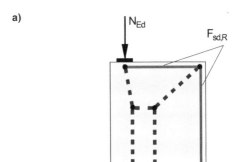

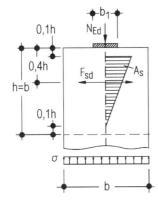

Abb. D.11.22 Anordnung der Spaltzugbewehrung bei Teilflächenbelastung

11.6.3 Exzentrische Teilflächenbelastung

Bei ausmittiger Teilflächenbelastung wird zunächst verfahren wie bei mittiger Belastung, wobei als Belastungsbereich eine Fläche mit einer Breite

$b' = 2 \cdot e'$

(mit e' als Randabstand der einwirkenden Längskraft) angesetzt wird. Dieses Ersatzprisma ist über eine **Randzugbewehrung** in die Konstruktion „zurückzuhängen".

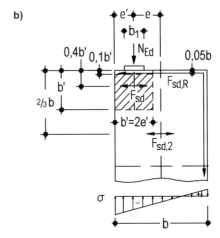

Abb. D.11.23 Exzentrische Teilflächenbelastung und Randzugbewehrung; Stabwerkmodell (a) sowie Spaltzug- und Randzugbewehrung (b)

Spalt- und Randzugbewehrung ergeben sich zu

$$F_{sd} = \frac{N_{Ed}}{4} \cdot \left(1 - \frac{b_1}{b'}\right) \qquad \text{(D.11.18a)}$$

$$F_{sd,R} = N_{Ed} \cdot \left(\frac{e}{b} - \frac{1}{6}\right) \qquad \text{(D.11.18b)}$$

$$F_{sd,2} \approx 0{,}3 \, F_{sd,R} \qquad \text{(D.11.18c)}$$

Für die Ermittlung der Rand- und Spaltzugkräfte bei mehreren angreifenden Längskräften wird auf [DAfStb-H240 – 91] verwiesen.

11.7 Träger mit Öffnungen

Öffnungen in Trägern schwächen deren Tragfähigkeit und müssen daher besonders betrachtet werden. Die Größe der Öffnungen ist maßgebend für das zur Anwendung kommende Bemessungsmodell. Bei kleinen Öffnungen reicht es in der Regel aus, das aus der Querkraftbemessung bekannte Fachwerkmodell der jeweiligen Öffnung anzupassen. Bei großen Öffnungen genügt das nicht mehr, der Bereich der Öffnung muss neu modelliert und separat betrachtet werden.

11.7.1 Unterscheidung zwischen großen und kleinen Öffnungen

Öffnungen werden als klein bezeichnet, wenn das sich ausbildende Fachwerk in der Lage ist, die Öffnung zu „überspringen", wenn also die Öffnung durch Änderung der Druck- bzw. Zugfelder überwunden wird (vgl. [DAfStb-H459 – 96]). Als klein gilt eine Öffnung nach [Reineck – 05], wenn

$$\frac{\ddot{O}_{max}}{z} = \frac{\cos\theta - v_{Ed}/\sin\theta}{1+\sin\theta}$$

wobei $v_{Ed} = V_{Ed}/(0{,}75 \cdot f_{cd} \cdot b_w \cdot z)$.

Nach *Reineck* ist die maximale Öffnungsgröße durch das Erreichen der Betonfestigkeit in der Druckstrebe definiert, für die durch die Öffnung nur noch eine reduzierte Ausdehnung zur Verfügung steht. Die Öffnungsgröße ist dabei abhängig von der Querkraftbeanspruchung.

Nach [DAfStb-H566 – 07] kann eine Öffnung als klein bezeichnet werden, solange sich in den Öffnungsgurten keine Sekundärmomente ausbilden. Die dazu zulässige maximale Öffnungsgröße wird für den Druck- und Zuggurt bestimmt mit:

– Druckgurt

$$l_{0,c,grenz} = \frac{1{,}5 \cdot z_c}{\tan\theta_c} \quad \text{mit } z_c = 0{,}85\,d_c \text{ und } \theta_c = 30°$$

– Zuggurt

$$l_{0,t,grenz} = \frac{1{,}5 \cdot z_t}{\tan\theta_t} \quad \text{mit } z_t = 0{,}95\,d_t \text{ und } \theta_c = 45°$$

11.7.2 Träger mit kleinen Öffnungen

Für die Durchführung von Leitungen sind meist kleine Öffnungen ausreichend. Zweckmäßig werden diese in runder Form ausgebildet, da die durchzuführenden Leitungen und Rohre auch meist einen runden Querschnitt haben. Vorteilhaft ist dabei auch, dass sich keine Spannungsspitzen ergeben, wie sie bei eckigen Öffnungen zu beobachten sind. Günstig wirkt sich eine Anordnung in der Zugzone aus, da dann der Druckgurt nicht geschwächt wird. Häufig kann durch die Darstellung des Fachwerkmodells erkannt werden, wo Öffnungen optimal platziert werden können, ohne den Querschnitt zu stark zu schwächen. Eine günstige Anordnung kann dann dazu führen, dass keine zusätzlichen Zugstreben benötigt werden. Es kann dann davon ausgegangen werden, dass die Bernoulli-Hypothese auch im Öffnungsbereich näherungsweise gilt (siehe auch [DAfStb – H459]).

Es müssen zunächst die D- und B-Bereiche voneinander abgegrenzt werden. Die Länge des D-Bereichs hinter einer Öffnung kann dabei gleich der Trägerhöhe h gesetzt werden (Prinzip von Saint-Venant).

Fachwerkmodelle können grundsätzlich entweder mit vertikalen oder mit geneigten Zugstreben entwickelt werden. Letztere werden aus baupraktischen Gründen selten hergestellt, für Träger mit Öffnungen können sie jedoch eine sinnvolle Alternative darstellen, da sie die Anordnung der Öffnung in der Trägermitte ermöglichen und dabei meist einen größeren Radius erlauben.

Bei dem Modell mit vertikalen Zugstreben wird empfohlen, mit fächerförmigen Druckfeldern zu arbeiten (s. Abb. D.11.24). Es wird der Nachweis der Druckstrebe maßgebend. Die Bemessung erfolgt im Allgemeinen iterativ. Zur Vereinfachung sind in [DAfStb-H459–96] Diagramme enthalten, mit deren Hilfe die maximale Öffnungsgröße unmittelbar bestimmt werden kann.

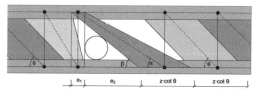

Abb. D.11.24 Modell mit vertikalen Zugstreben und fächerförmigen Druckstreben [DAfStb-H459 – 96]

11.7.3 Träger mit großen Öffnungen

Große Öffnungen können nicht mehr vom Fachwerk überwunden werden, wie es für kleine Öffnungen möglich ist. In den Gurten ober- und unterhalb der Öffnungen werden zusätzliche Fachwerke notwendig. Des Weiteren muss das Fachwerk in den angrenzenden Bereichen geändert und ggf. erweitert werden. Die Bernoulli-Hypothese ist in den Öffnungsbereichen nicht mehr gültig. Innerhalb der Gurte können jedoch ebenflächige Dehnungsverteilungen entstehen, falls keine anderen Störungen dies verhindern oder falls die Gurte nicht zu schlank sind. An den Öffnungsrändern der Gurte entsteht ein Sprung (zwischen Ober- und Untergurt) in der Dehnungsverteilung.

Durch die Querkraft im Öffnungsbereich entstehen in den Öffnungsgurten Sekundärmomente, die berücksichtigt werden müssen. Diese werden näherungsweise und vereinfachend bestimmt, indem der Momentennullpunkt in der Mitte der Öffnung angenommen wird; diese Näherung kann

Stabwerkmodelle

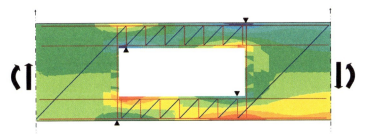

Abb. D.11.25 Spannungsverteilungen und Fachwerkmodell nach [DAfStb-H566 – 07]

jedoch auf der unsicheren Seite liegen. Es wurden daher Verfahren entwickelt, um die Lage des Momentennullpunktes und die Querkraftverteilung auf die Öffnungsgurte genauer zu bestimmen.

Nachfolgend wird auf die Vorgehensweise nach [DAfStb-H566 – 07] zur Modellierung und Bemessung eingegangen. Wegen der recht umfangreichen Berechnung wird das Verfahren nur auszugsweise vorgestellt und vereinfachend angenommen, dass Zug- und Druckgurt in den Zustand II übergehen (damit entfallen die Berechnungen im ungerissenen Zustand I). Zunächst müssen der Momentennulldurchgang und die Querkraftverteilung bestimmt werden.

Prinzipieller Ablauf des Verfahrens:

(1) Bestimmung der globalen Belastung und Schnittgrößen; Bemessung des globalen Systems
(2) Vorbemessung der Gurte unter der Annahme, dass der Momentennulldurchgang in der Mitte der Öffnung liegt
(3) Bestimmung der Querkraftverteilung für drei Bereiche (zur Berücksichtigung der aus der fortschreitenden Rissbildung resultierenden Reduzierung der Gurtsteifigkeit)
   Bereich 1: Linear-elastischer Bereich; Druck- und Zuggurt ungerissen
   Bereich 2: Beginn der Rissbildung im Zuggurt bis zum Aufreißen des Druckgurtes
   Bereich 2*: Trennrisse im Zuggurt
   Bereich 3: Aufreißen eines der Gurtanschnitte bis zum Erreichen der Traglast
(4) Bestimmung der tatsächlichen Lage des Momentennulldurchgangs
(5) Nachweis der Gurtquerschnitte
(6) Bestimmung der Aufhängebewehrung
(7) Nachweise der Rissbreite und der Verformungen

Die weitere Darstellung erfolgt im Beispiel. Weitere ausführliche Beispiele können z. B. [DAfStb-H566 – 07] und [Minnert – 09] entnommen werden.

Hinweise zur Bewehrung

Eine ausreichende Länge der Gurtbewehrung ist besonders zu beachten. Die Verankerung beginnt nicht am Öffnungsrand, sondern erst dort, wo das schräge Druckfeld auf die Gurtbewehrung trifft. Die Gurtbewehrung muss daher über die gesamte Breite des Druckfeldes geführt werden (vgl. auch [Schlaich/Schäfer – 01]).

11.7.4 Beispiel: Träger mit großer Öffnung nach DAfStb H. 566

System und Belastung

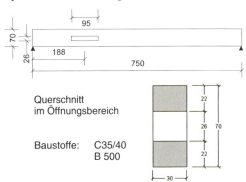

Abmessungen: $h = 70$ cm, $b = 30$ cm, $l = 7{,}50$ m; $h_t = h_c = 22$ cm, $h_ö = 26$ cm, $l_ö = 95$ cm
Belastungen: $g_d = 30$ kN/m, $q_d = 18$ kN/m
$g_d + q_d = r_d = 48$ kN/m

(1) Schnittgrößen und Bemessung des globalen Systems

Auflager $A = 48 \cdot 7{,}50/2 = 180$ kN
Mitte Öffnung $M_{Ed(1,88)} = 180 \cdot 1{,}88 - 48 \cdot 1{,}88^2/2$
$= 254$ kNm
$V_{Ed(1,88)} = 180 - 48 \cdot 1{,}88 = 89{,}8$ kN

Vorbemessung des ungeschwächten Querschnitts
Gew.: $A_s = 15{,}71$ cm² (5 ⌀ 20)
$a_s = 5{,}00$ cm²/m (Bügel)

(2) Vorbemessung der Gurte

Für die Vorbemessung wird der Momentennulldurchgang bei $l_ö/2$ angenommen. Im Druckgurt wird der Querkraftanteil abgeschätzt:

$(V_c/V_{tot})_{geschätzt} = 0{,}60$

Bemessung

Die Normalkraft in den Gurten wird bestimmt mit:
$N_t = -N_c = M_{Ed(1,88)} / z_ö = 254 / 0{,}48 = 528$ kN
mit $z_ö = h - h_c/2 - h_t/2 = 70 - 11 - 11 = 48$ cm

Druckgurt

$$V_{c,Ed} = \frac{V_c}{V_{tot}} \cdot V_{Ed(1,88)} = 0{,}60 \cdot 89{,}8 = 53{,}9 \text{ kN}$$

(Aufteilung gemäß Schätzwert)

$$M_{Ed,3/4} = \pm V_{c,Ed} \cdot \frac{l_ö}{2} = \pm 53{,}9 \cdot \frac{0{,}95}{2} = 25{,}6 \text{ kNm}$$

$$n = \frac{-N_t}{b \cdot h \cdot f_{cd}} = \frac{-0{,}528}{0{,}3 \cdot 0{,}22 \cdot 19{,}83} = -0{,}404$$

$$m = \frac{M_{Ed,3/4}}{b \cdot h^2 \cdot f_{cd}} = \frac{\pm 0{,}0256}{0{,}3 \cdot 0{,}22^2 \cdot 19{,}83} = \pm 0{,}089$$

Anmerkung:
Für die Ermittlung von n (nicht jedoch von m) ist bei einem Plattenbalken die mittragende Querschnittsfläche oberhalb der Öffnung anzusetzen.

$d_1/h = 0{,}05/0{,}22 = 0{,}23$
$\lambda = 0{,}5$ (symmetrische Bewehrung)
$\omega_{tot} = 0{,}0$ (aus M-N-Interaktionsdiagramm)

$$\text{erf. } A_{s3} = \text{erf. } A_{s4} = \frac{(1-\lambda) \cdot \omega_{tot} \cdot b \cdot h}{f_{yd}/f_{cd}} = 0 \text{ cm}^2$$

gew.: 2 Ø 10 (= 1,57 cm²)

Zuggurt

$$V_{t,Ed} = \frac{V_t}{V_{tot}} \cdot V_{Ed(1,88)} = \left(1 - \frac{V_c}{V_{tot}}\right) \cdot V_{Ed(1,88)}$$
$$= (1-0{,}60) \cdot 89{,}8 = 35{,}9 \text{ kN}$$

$$M_{Ed,3/4} = \pm V_{t,Ed} \cdot \frac{l_ö}{2} = \pm 35{,}9 \cdot \frac{0{,}95}{2}$$
$$= 17{,}1 \text{ kNm}$$

(Aufteilung gemäß Schätzwert)

$$m = \frac{M_{Ed,3/4}}{b \cdot h^2 \cdot f_{cd}} = \frac{\pm 0{,}0171}{0{,}3 \cdot 0{,}22^2 \cdot 19{,}83} = \pm 0{,}059$$

$n = 0{,}404$ (s. Druckgurt)
$d_1/h = 0{,}05/0{,}22 = 0{,}23$
$\lambda = 0{,}3$ (Bewehrungsverteilung im Zuggurt)
$\omega_{tot} = 0{,}87$ (aus M-N-Interaktionsdiagramm; s. Abb. D.11.26)

$$\text{erf } A_{s1} = \frac{(1-\lambda) \cdot \omega_{tot} \cdot b \cdot h}{f_{yd}/f_{cd}}$$
$$= \frac{(1-0{,}3) \cdot 0{,}87 \cdot 30 \cdot 22}{435/19{,}83} = 18{,}32 \text{ cm}^2$$

gew.: 4 Ø 25 (19,64 cm²)

$$\text{erf } A_{s2} = \frac{(\lambda) \cdot \omega_{tot} \cdot b \cdot h}{f_{yd}/f_{cd}}$$
$$= \frac{(0{,}3) \cdot 0{,}87 \cdot 30 \cdot 22}{435/19{,}83} = 7{,}85 \text{ cm}^2$$

gew.: 4 Ø 16 (8,04 cm²)

(3) Querkraftverteilung

1. Iteration

Es wird davon ausgegangen, dass der Träger den Bereich 3 erreicht. Dieser Bereich beginnt mit dem Aufreißen des Druckgurtes und endet mit dem Erreichen der Traglast. Hier wird das vereinfachte Konzept (vgl. auch [Schnellenbach-Held – 06]), das auf den effektiven Steifigkeiten aufbaut, verwendet, da dieses eine gute Übereinstimmung mit dem relativ aufwändigen genauen Verfahren aufweist.

Zunächst wird ein Abminderungsfaktor für die Steifigkeit bestimmt:

Zuggurt

$$\chi_t = 15 \cdot (\mu_o + \mu_u) - 0{,}25 + (\eta_t - 0{,}5)^2$$

$$\mu_o = \frac{A_{s,oben}}{b_c \cdot h_c} = \frac{8{,}04}{30 \cdot 22} = 0{,}0122$$

$$\mu_u = \frac{A_{s,unten}}{b_c \cdot h_c} = \frac{19{,}64}{30 \cdot 22} = 0{,}0297$$

$$\chi_t = 15 \cdot (0{,}0122 + 0{,}0297) - 0{,}25 + (0{,}404 - 0{,}5)^2$$
$$= 0{,}388$$

Druckgurt

$$\chi_c = 15 \cdot (\mu_o + \mu_u) + 0{,}4 - (\eta_c - 0{,}5)^2$$

$$\mu_o = \mu_u = \frac{1{,}57}{30 \cdot 22} = 0{,}00238$$

$$\chi_c = 15 \cdot (2 \cdot 0{,}00238) + 0{,}4 - (0{,}404 - 0{,}5)^2$$
$$= 0{,}462$$

Der Anteil der Querkraft im Druckgurt kann dann bestimmt werden mit:

$$\frac{V_c^{(3)}}{V_{tot}^{(3)}} = \frac{\chi_c}{\chi_c + \chi_t} = \frac{0{,}462}{0{,}462 + 0{,}388} = 0{,}54$$

(geschätzter Anfangswert aus Vorbemessung: 0,60)

Bemessung

– Druckgurt

$$V_{c,Ed} = \frac{V_c}{V_{tot}} \cdot V_{Ed(1,88)} = 0{,}54 \cdot 89{,}8 = 48{,}8 \text{ kN}$$

$$M_{Ed,3/4} = \pm V_{c,Ed} \cdot \frac{l_ö}{2} = \pm 48{,}8 \cdot \frac{0{,}95}{2}$$
$$= \pm 23{,}2 \text{ kNm}$$

$$m = \frac{\pm 0{,}0232}{0{,}3 \cdot 0{,}22^2 \cdot 19{,}83} = \pm 0{,}0805$$

$n = 0{,}404$

$d_1/h = 0{,}05/0{,}22 = 0{,}23$
$\lambda = 0{,}5$ (d. h. Bemessung mit Interaktionsdiagramm für symmetrische Bewehrung)
$\omega_{tot} = 0{,}0$
erf A_{s3} = erf $A_{s4} = 0$
gew.: 2 Ø 10 (= 1,57 cm²)

- **Zuggurt:**

$V_{t,Ed} = (1-0{,}54) \cdot 89{,}8 = 41{,}3$ kN

$M_{Ed,3/4} = \pm 41{,}0 \cdot \dfrac{0{,}95}{2} = 19{,}6$ kNm

$m = \dfrac{\pm 0{,}0196}{0{,}3 \cdot 0{,}22^2 \cdot 19{,}83} = \pm 0{,}068$

$n = 0{,}404$

$d_1/h = 0{,}05/0{,}22 = 0{,}23$
$\lambda = 0{,}3$ (Interaktionsdiagramm s. S. D.132)
$\omega_{tot} = 0{,}94$

erf $A_{s1} = \dfrac{(1-\lambda) \cdot \omega_{tot} \cdot b \cdot h}{f_{yd}/f_{cd}}$

$= \dfrac{(1-0{,}3) \cdot 0{,}94 \cdot 30 \cdot 22}{435/19{,}83} = 19{,}80$ cm²

gew.: 4 Ø 25 (19,64 cm²)

erf $A_{s2} = \dfrac{(\lambda) \cdot \omega_{tot} \cdot b \cdot h}{f_{yd}/f_{cd}}$

$= \dfrac{(0{,}3) \cdot 0{,}94 \cdot 30 \cdot 22}{435/19{,}83} = 8{,}20$ cm²

gew.: 3 Ø 20 (9,42 cm²)

2. Iteration

Zuggurt

$\chi_t = 15 \cdot (\mu_o + \mu_u) - 0{,}25 + (\eta_t - 0{,}5)^2$
$\mu_o = 0{,}0143, \mu_u = 0{,}0297$
(mit dem Bemessungsergebnis aus der 1. Iteration)

$\chi_t = 0{,}419$

Druckgurt

$\chi_c = 15 \cdot (\mu_o + \mu_u) + 0{,}4 - (\eta_c - 0{,}5)^2$
$= 0{,}462$ (wie vorher)

Querkraftanteil im Druckgurt

$\dfrac{V_c^{(3)}}{V_{tot}^{(3)}} = \dfrac{\chi_c}{\chi_c + \chi_t} = \dfrac{0{,}462}{0{,}462 + 0{,}419} = 0{,}52$

(Statt des Wertes von 0,54 aus der 1. Iteration.)

Eine weitere Iteration bringt keine Verbesserung, so dass die hier ermittelte Verteilung der weiteren Bemessung zugrunde gelegt wird.

Querkraftanteile für den Bereich 3:

$V_{cd} = 0{,}52 \cdot 89{,}8 = 46{,}8$ kN (Startwert: 54,8 kN)
$V_{td} = 0{,}48 \cdot 89{,}8 = 43{,}1$ kN (Startwert: 35,1 kN)

(4) Momentennulldurchgang

Versatzmaß

Das Versatzmaß a_1 berücksichtigt den Versatz, der sich aus der Eintragung der Druckstrebe des globalen Systems in die Gurte ergibt (vgl. Abb. D.11.25 und D.11.26). Es wird bestimmt zu

$$a_{1,c/t} = \dfrac{z_{c/t} \cdot \cot\theta}{2} > 0$$

Mit $z_{c/t} = 0{,}9 d_{c/t}$ und $\theta = 45°$ erhält man

$a_{1c} = a_{1t} = 0{,}9 \cdot 0{,}17 \cdot 1/2 = 0{,}0765$ m

(für $d_c = d_t = 0{,}17$ m)

Ausmitte der Momentennullpunkte

Der Momentenullpunkt ist – bedingt durch einseitigen Eintrag der Druckstreben (vgl. Abb. D.11.26), durch das M/V-Verhältnis, die Bewehrungsverteilung – bezogen auf die Öffnungsmitte exzentrisch.

Die Ausmittigkeit wird bestimmt mit

$$l_{E,c/t} = \ln\left(\dfrac{l_ö}{\text{grenz } l_ö}\right) \cdot (l_{E,M/V} + l_{E,\alpha})$$

Es sind
$l_ö$ vorhandene Öffnungslänge
grenz $l_ö$ Öffnungslänge, ab der Sekundärmomente auftreten
$l_{E,M/V}$ Ausmitte infolge des M/V-Verhältnisses
$l_{E,\alpha}$ Ausmitte infolge einer unsym. Bewehrung

- *Grenzöffnungslängen*

grenz $l_{öc} = \dfrac{1{,}5 \cdot 0{,}85 \cdot d_c}{\tan\theta_c} = \dfrac{1{,}5 \cdot 0{,}85 \cdot 0{,}17}{\tan 30} = 0{,}375$ m

grenz $l_{öt} = \dfrac{1{,}5 \cdot 0{,}95 \cdot d_t}{\tan\theta_t} = \dfrac{1{,}5 \cdot 0{,}95 \cdot 0{,}17}{\tan 45} = 0{,}242$ m

grenz $l_ö = 0{,}375$ m (maßg.)

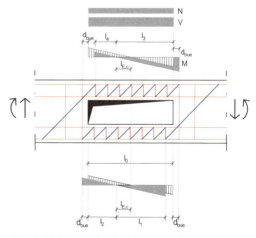

Abb. D.11.26 Ausmitte des Momentennullpunktes bei pos. Moment M und pos. Querkraft V ($M/V > 0$)

Bemessung

– Ausmitte infolge M/V (M / V > 0)

$$l_{E,M/V} = \left(\left|\frac{M_{Ed}}{V_{Ed}}\right| + \frac{l_{\ddot{o}}}{2}\right) \cdot \beta \leq \frac{l_{\ddot{o}}}{4}$$

$$\beta = \left(\frac{1}{A_{i,c}} + \frac{1}{A_{i,t}}\right) \cdot \frac{I_{i,c} + I_{i,t}}{z_L^2}$$

$$A_{i,c/t} = \sum(b_{c,t} \cdot h_{c,t}) + (\alpha_e - 1)(A_{s1} + A_{s2})$$

$$\alpha_e = \frac{E_s}{E_c} = \frac{200\,000}{33300} \approx 6$$

$$A_{i,t} = (0,3 \cdot 0,22) + (6-1) \cdot (19,64 + 9,42) \cdot 10^{-4}$$

$$= 0,0833 \text{ m}^2$$

$$A_{i,c} = 0,0676 \text{ m}^2$$

$$I_{i,c} \approx I_c + (\alpha_e - 1) \cdot \left(A_{s3} \cdot z_{s3}^2 + A_{s4} \cdot z_{s4}^2\right)$$

$$I_{i,t} \approx I_t + (\alpha_e - 1) \cdot \left(A_{s1} \cdot z_{s1}^2 + A_{s2} \cdot z_{s2}^2\right)$$

$$z_s = \frac{0,22}{2} - 0,05 = 0,06$$

$$I_{i,c} = \frac{0,3 \cdot 0,22^3}{12} + (6-1) \cdot (1,57 \cdot 2 \cdot 0,06^2) \cdot 10^{-4}$$

$$= 2,72 \cdot 10^{-4} \text{ m}^4$$

$$I_{i,t} = 3,19 \cdot 10^{-4} \text{ m}^4$$

$$\beta = \left(\frac{1}{0,0676} + \frac{1}{0,0806}\right) \cdot \frac{(2,72 + 3,19) \cdot 10^{-4}}{0,48^2}$$

$$= 0,0697$$

$$l_{E,M/V} = \left(+\left|\frac{253,57}{89,76}\right| + \frac{0,95}{2}\right) \cdot 0,0697$$

$$= 0,230 \text{ m} < \frac{0,95}{4} = 0,238 \text{ m}$$

– Ausmitte infolge unsymmetrischer Bewehrungsverteilung:

$$l_{E,\alpha} = -(0,5 - \alpha) \cdot \gamma \cdot \frac{l_{\ddot{o}}}{2}$$

$$\gamma = \frac{d_1 + d_2}{h} = \frac{0,05 + 0,05}{0,22} = 0,4545$$

Druckgurt

$$l_{E,\alpha} = -(0,5 - 0,5) \cdot \gamma \cdot \frac{l_{\ddot{o}}}{2} = 0$$

$$\alpha = \frac{A_{s,min}}{A_{s,min} + A_{s,max}} = \frac{1,57}{2 \cdot 1,57} = 0,5$$

Zuggurt

$$l_{E,\alpha} = -(0,5 - 0,324) \cdot 0,45 \cdot \frac{0,95}{2} = -0,0376 \text{ m}$$

$$\alpha = \frac{A_{s,min}}{A_{s,min} + A_{s,max}} = \frac{9,42}{29,06} = 0,324$$

– Gesamtausmitte

$$l_{E,c,t} = \ln\left(\frac{l_{\ddot{o}}}{\text{grenz } l_{\ddot{o}}}\right) \cdot (l_{E,M/V} + l_{E,\alpha})$$

$$l_{E,t} = \ln\left(\frac{0,95}{0,375}\right) \cdot (0,230 - 0,038) = 0,179 \text{ m}$$

$$l_{E,c} = 0,221$$

Hebelarme l_1 bis l_4

Zur Bestimmung der Sekundärmomente werden die Abstände l_1 bis l_4 benötigt. Für $M/V > 0$ gilt (vgl. Abb. 11.26):

Zuggurt:

$$l_1 = \left(\frac{l_{\ddot{o}}}{2} + d_{bue} - a_{1t}\right) + l_{Et}$$

$$l_2 = \left(\frac{l_{\ddot{o}}}{2} + d_{bue}\right) - l_{Et}$$

mit $d_{bue} = 3$ cm

$$l_1 = (0,475 + 0,03 - 0,0765) + 0,179 = 0,607 \text{ m}$$

$$l_2 = (0,475 + 0,03) - 0,179 = 0,326 \text{ m}$$

Druckgurt:

$$l_3 = \left(\frac{l_{\ddot{o}}}{2} + d_{bue}\right) + l_{Ec}; \quad l_4 = \left(\frac{l_{\ddot{o}}}{2} + d_{bue} - a_{1c}\right) - l_{Ec}$$

$$l_3 = (0,475 + 0,03) + 0,221 = 0,726 \text{ m}$$

$$l_4 = (0,475 + 0,03 - 0,0765) - 0,221 = 0,208 \text{ m}$$

(5) Bemessung der Querschnitte

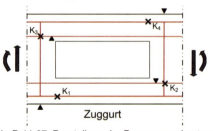

Abb. D.11.27 Darstellung der Bemessungsknoten

Biegebemessung im GZT

– Zuggurt Knoten 1

$$M_{Ed,1} = V_{td} \cdot l_1 = 43,08 \cdot 0,602 = 25,93 \text{ kNm}$$

$$m = \frac{0,02593}{0,3 \cdot 0,22^2 \cdot 19,83} = 0,09$$

$$n = 0,404$$

Mit $\lambda = 0,3$ und $d_1/h \approx 0,2$ ergibt sich ein Bewehrungsgehalt von $\omega_{tot} \approx 1,0$ (vgl. Abb. D.11.30).

erf $A_{s1,1} = \dfrac{(1-0,3) \cdot 1,0 \cdot 30 \cdot 22}{435 / 19,83}$

erf $A_{s1,1} = 20,06$ cm² $> 19,64$ cm²

Zusätzlich wird 1 $\varnothing$ 16 ($= 2,01$ cm²) angeordnet.

erf $A_{s2,1} = \dfrac{(0,3) \cdot 1,0 \cdot 30 \cdot 22}{435 / 19,83}$

erf $A_{s2,1} = 9,03$ cm² $< 9,42$ cm²

- Zuggurt Knoten 2

$M_{Ed,2} = -V_{td} \cdot l_2 = -43,08 \cdot 0,326 = 14,28$ kNm

$m = \dfrac{0,01428}{0,3 \cdot 0,22^2 \cdot 19,83} = 0,05$

$n = 0,404$

Mit $\lambda = 0,3$ und $d_1/h \approx 0,2$ erhält man aus Abb. D.11.30 $\omega_{tot} \approx 1,0$.

erf $A_{s1,2} = \dfrac{(1-0,3) \cdot 1,0 \cdot 30 \cdot 22}{435 / 19,83}$

erf $A_{s1,2} = 21,06$ cm² $> 19,64$ cm²

Zusatzbewehrung: 1 $\varnothing$ 16 ($= 2,01$ cm²)

erf $A_{s2,2} = \dfrac{(0,3) \cdot 1,0 \cdot 30 \cdot 22}{435 / 19,83}$

erf $A_{s2,2} = 9,02$ cm² $< 9,42$ cm²

Keine zusätzliche Bewehrung

- Druckgurt Knoten 3

$M_3 = V_{cd} \cdot l_3 = 46,78 \cdot 0,719 = 33,63$ kNm

$m = 0,1$
$n = -0,404$
$\rightarrow \omega = 0$ (Abb. D.11.30)

- Druckgurt Knoten 4

$M_4 = -V_{cd} \cdot l_4 = -46,78 \cdot 0,215 = -10,05$ kNm

$m = 0,048$
$n = -0,404$
$\rightarrow \omega = 0$ (Abb. D.11.30)

Querkraftbemessung

- Zuggurt

$V_{Rd,max} = 0,3 \cdot 0,9 \cdot 0,22 \cdot 0,75 \cdot 19,83 / 1,0$

$V_{Rd,max} = 0,883 > V_{Ed} = 0,431$

$V_{Rd,max} = b_w \cdot z \cdot v_1 \cdot f_{cd} / (\cot\theta + \tan\theta)$

$a_{sw} = \dfrac{V_{Ed}}{f_{ywd} \cdot z \cdot \cot\theta}$

$a_{sw} = \dfrac{43,08}{43,5 \cdot 0,9 \cdot 0,22 \cdot 1,0} = 5,00$ cm²/m

gew.: Bügel $\varnothing$ 6 - 11 cm ($= 5,14$ cm²/m)

- Druckgurt

$V_{Rd,max} = 0,883 / (1,2 + 1/1,2)$

$V_{Rd,max} = 0,434 > V_{Ed} = 0,431$

$a_{sw} = \dfrac{46,78}{43,5 \cdot 0,9 \cdot 0,22 \cdot 1,2} = 4,53$ cm²/m

gew.: Bügel $\varnothing$ 6 - 12 cm ($= 4,72$ cm²/m)

Aufhängebewehrung

Für die erforderliche Aufhängebewehrung werden zwei Bereiche unterschieden:

- direkte Aufhängebewehrung A_{sH}:
sie ist unmittelbar neben der Öffnung anzuordnen
- Aufhängebewehrung A_{sH2}:
sie schließt sich an den Bereich von A_{sH} an

Zusätzlich ist eine Diagonalbewehrung A_{sD} erforderlich, die in Abhängigkeit vom M/V-Verhältnis bestimmt wird und zur Begrenzung der Rissbreite dient.

Als gesamte Aufhängebewehrung ist erforderlich:

$A_{sh,tot} = 1,6 \cdot \dfrac{V_{tot}}{f_{yd}} = 1,6 \cdot \dfrac{89,76}{43,5} = 3,30$ cm²

Diese setzt sich zusammen aus der direkten Aufhängebewehrung A_{sH} und einer Diagonalbewehrung A_{sD}; letztere ergibt sich zu

$A_{sD} = \dfrac{\dfrac{A_{sD}\sin 45}{A_{sh,tot}} \cdot A_{sh,tot}}{\sin 45°} = \dfrac{0,28 \cdot 3,3}{\sin 45°} = 1,307$ cm²

wobei für $\dfrac{M}{V} > 2,0$ sich $\dfrac{A_{sD,\sin 45}}{A_{sh,tot}} = 0,28$ ergibt

(vgl. Abb. D.11.28; hier $M/V = 2,83$).

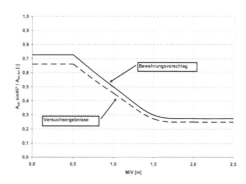

Abb. D.11.28 Anteil der Diagonalbewehrung (aus DAfStb-H.566)

Bemessung

Als Aufhängebewehrung A_{sH} ergibt sich dann

$$A_{sH} = A_{sh,tot} - A_{sD} = 3{,}30 - 1{,}31 = 1{,}99 \text{ cm}^2$$

A_{sH} ist möglichst dicht am Öffnungsrand anzuordnen. Die zweite Aufhängebewehrung A_{sH2} ergibt sich zu

$$A_{sH2} = 1{,}3 \cdot \frac{V_{tot}}{f_{yd}} = 1{,}3 \cdot \frac{89{,}76}{43{,}5} = 2{,}68 \text{ cm}^2$$

und sollte auf der Breite

$$b_{2H} = 0{,}9 \cdot h_{ges} = 0{,}9 \cdot 0{,}7 = 0{,}63 \text{ m}$$

angeordnet werden.

Gewählt werden (prinzipielle Anordnung s. Abb. D.11.29):

A_{sH}:   2 ⌀ 12 (= 2,26 cm²)
A_{sH2}: 3 ⌀ 12 (= 3,39 cm²)
A_{sD}:   2 ⌀ 10 (= 1,57 cm²)

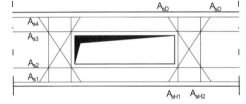

Abb. D.11.29 Bewehrungsskizze
(vgl. [DAfStb-H566 – 07])

Weitere Nachweise

Zusätzlich erforderlich sind die Nachweise der Rissbreite und der Verformungen. Beim Nachweis der Verformungen ist zu beachten, dass die Durchbiegungen bedingt durch die Öffnungen größer werden, die Größe (ggf. die Anzahl) der Öffnungen ist daher zu berücksichtigen.

Auf Nachweise zur Bewehrungsführung (Verankerungslängen usw.) wird im Rahmen des Beispiels verzichtet.

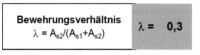

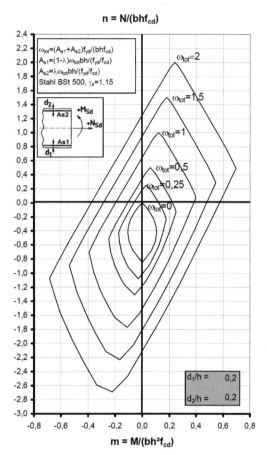

Abb. D.11.30 M-N-Interaktionsdiagramm
(aus [DAfStb-H566 – 07])

12 Bewehrungs-/Konstruktionsregeln

12.1 Allgemeines

Konstruktions- und Bewehrungsregeln in EC2-1-1 weichen formal von den Vorgaben in DIN 1045-1 ab. Wesentliche Abweichungen in den Ergebnissen sind hieraus jedoch nicht zu erwarten. Nachfolgend werden ausgewählte Regelungen des EC2 den DIN-Vorgaben gegenübergestellt. Behandelt werden:

- Verbundspannung
- Verankerungslängen
- Übergreifungsmaße von Stäben und Matten
- Stabbündel
- Querkraftbewehrung
- Oberflächenbewehrung

12.2 Verbund zwischen Beton und Betonstahl

12.2.1 Verbundbedingungen

Je nach Lage der Betonstähle beim Betonieren wird in gute und mäßige Verbundbedingungen unterschieden. Zur Einschätzung der Verbundbedingungen gelten abweichend vom EC2-1-1 die nationalen Vorgaben in EC2-1-1/ NA; letztere entsprechen den bisherigen Regeln nach DIN 1045-1 (s. Abb. D.12.1).

12.2.2 Verbundspannung

Die Verbundspannung für gerippte Betonstähle wird nach EC2-1-1 prinzipiell wie nach DIN 1045-1 ermittelt, indem sie unter Berücksichtigung der Verbundbedingungen, des Stabdurchmessers und

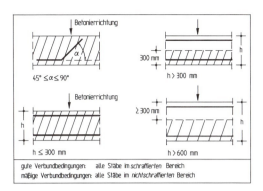

Abb. D.12.1 Verbundbedingungen nach EC2-1-1/NA (aus [Goris – 12])

der Art des Betons (Normalbeton/Leichtbeton) aus der Zugfestigkeit des Betons $f_{ctk;0,05}$ hergeleitet wird (s. Tafel D.12.1). Gegenüber DIN 1045-1 ergeben sich Änderungen nur bei hochfestem Beton, da nach Eurocode 2 bei der Ermittlung der Verbundspannung $f_{ctk;0,05}$ auf den Wert für C60/75 zu begrenzen ist ($f_{ctk;0,05}$ = 3,05 N/mm²; vgl. EC2-1-1, Tab. 3.1). Hierdurch ergeben sich nach EC2-1-1 für hochfesten Beton ab f_{ck} = 70 N/mm² kleinere Verbundspannungen f_{bd} (Abb. D.12.2) und damit auch größere Verankerungslängen (s. Abb. D.12.3). Für Beton C55/67 und C60/75 wirken sich die europäischen Regeln hingegen günstiger aus, da nach EC2-1-1 für hochfesten Beton kein höherer Sicherheitsfaktor gilt (γ_C = 1,5). Leichtbeton und größere Stabdurchmesser ⌀ > 32 mm werden wie bisher behandelt. Es entfällt zwar die Möglichkeit, die Verbundspannung bei Querdruck zu erhöhen; allerdings wird dies sinngemäß bei der Ermittlung der Verankerungslänge und Übergreifungsmaße durch den Beiwert α_5 berücksichtigt (s. Abschn. 12.3).

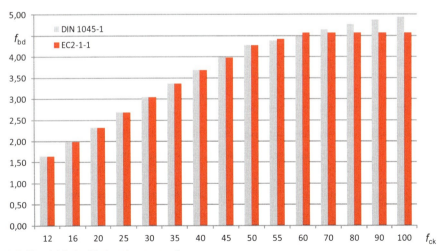

Abb. D.12.2 Vergleich der Verbundspannung f_{bd}

Bemessung

Tafel D.12.1 Ermittlung der Verbundspannung nach DIN 1045-1 und EC 2 für Normalbeton

Verbundspannung nach	
DIN 1045-1	**EC2-1-1 mit EC2-1-1/NA**
Bemessungswert der Verbundspannung	Bemessungswert der Verbundfestigkeit
$f_{bd} = 2{,}25 \cdot \eta_1 \cdot \eta_2 \cdot f_{ctk;0{,}05}/\gamma_C$ a) mit $f_{ctk;0{,}05} = 0{,}7 \cdot f_{ctm}$	$f_{bd} = 2{,}25 \cdot \eta_1 \cdot \eta_2 \cdot f_{ctd}$ mit $f_{ctd} = \alpha_{ct} \cdot f_{ctk;0{,}05}/\gamma_C = 1{,}0 \cdot f_{ctk;0{,}05}/\gamma_C$ $f_{ctk;0{,}05} = 0{,}7 \cdot f_{ctm} \leq 3{,}05$ N/mm²
(Korrektur-)Beiwerte η_i	*Beiwerte η_i*
– *Verbundbedingungen:* guter Verbund: $\eta_1 = 1{,}0$ mäßiger Verbund: $\eta_1 = 0{,}7$ – *Stabdurchmesser:* $\varnothing \leq 32$ mm: $\eta_2 = 1{,}0$ $\varnothing > 32$ mm; $\eta_2 = (132-\varnothing)/100$	– *Verbundbedingungen:* guter Verbund: $\eta_1 = 1{,}0$ mäßiger Verbund: $\eta_1 = 0{,}7$ – *Stabdurchmesser:* $\varnothing \leq 32$ mm: $\eta_2 = 1{,}0$ $\varnothing > 32$ mm; $\eta_2 = (132-\varnothing)/100$
Weitere Korrektur-/Modifikationsbeiwerte	*Weitere Korrektur-/Modifikationsbeiwerte*
– Erhöhungsfaktor $1/(1-0{,}04p) \leq 1{,}5$ bei Querdruck p rechtw. zur Bewehrungsebene $1{,}5$ bei durch Bewehrung gesicherte Betondeckung von $\geq 10\,d_s$ – Abminderungsfaktor $0{,}67$ bei Querzug rechtwinklig zur Bewehrungsebene	Weitere Beiwerte sind in EC 2 bei der Ermittlung der Verbundspannungen nicht vorhanden, sie werden jedoch über Beiwerte bei der Ermittlung von Verankerungslängen analog berücksichtigt.

a) Schreibweise – Faktoren η_1 und η_2 – angepasst

12.3 Verankerung der Bewehrung

12.3.1 Grundwerte der Verankerungslänge

Die Grundwerte der Verankerungslänge werden in Abhängigkeit vom Stabdurchmesser und der maßgebenden Verbundspannung ermittelt. Neu ist in EC2-1-1 die Berücksichtigung der tatsächlichen Stahlspannung bzw. des Auslastungsgrades $A_{s,req}/A_{s,prov}$ bereits im Grundmaß der Verankerungslänge. Statt f_{yd} geht mit σ_{sd} die vorhandene Stahlspannung in die Berechnung ein.
Maßgebend hierfür ist die Stelle, von der aus die Verankerung zu messen ist (vgl. Tafel D.12.2).

Einen Vergleich der Grundmaße nach DIN 1045-1 und EC2-1-1 für hochfesten Beton (Annahmen: $\sigma_s = 435$ N/mm² und $d_s = 10$ mm) zeigt Abb. D.12.3. Ab $f_{ck} = 70$ N/mm² ergeben sich nach EC2 wegen der Verbundspannungsbegrenzung auf C60/75 größere Verankerungsmaße (vgl. Abschn. 12.2).

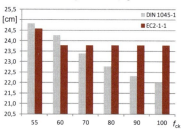

Abb. D.12.3 Grundmaß der Verankerungslänge bei hochfestem Beton ($\sigma_s = 435$ MN/m² und $\varnothing = 10$ mm)

Tafel D.12.2 Basiswert der Verankerungslänge nach DIN 1045-1 und EC 2 für Normalbeton

Basiswert der Verankerungslänge nach	
DIN 1045-1	**EC2-1-1 mit EC2-1-1/NA**
Grundmaß der Verankerungslänge $l_{bd} = \dfrac{d_s}{4} \cdot \dfrac{f_{yd}}{f_{bd}}$ (DIN 1045-1, 12.6.2) mit $f_{yd} = f_{yk}/\gamma_s$	Grundwerte der Verankerungslänge $l_{b,rqd} = \dfrac{\varnothing}{4} \cdot \dfrac{\sigma_{sd}}{f_{bd}}$ (EC 2-1-1, 8.4.3) mit σ_{sd} als Bemessungsstahlspannung an der maßgebenden Stelle

12.3.2 Bemessungswert der Verankerungslänge

Der Bemessungswert der Verankerungslänge wird aus dem Basiswert ermittelt. Neu ist die Bildung eines Bemessungswertes l_{bd} durch Multiplikation des Basiswertes mit Beiwerten α_1 bis α_5. Formal bestehen so zwar Unterschiede gegenüber DIN 1045-1, im Wesentlichen werden jedoch die bisher im Faktor α_a berücksichtigten Einflüsse auf die Verankerungslänge auch weiterhin erfasst. Hinzu kommen die mögliche Reduktion der Verankerungslängen bei nicht angeschweißten Querstäben (α_3) und die Reduktion der Verankerungslänge bei Querdruck (α_5). Die Minderung mit α_5 entspricht sinngemäß der möglichen Erhöhung der Verbundfestigkeit bei Querdruck nach DIN 1045-1. Bei der Ermittlung der Verankerungslänge nach EC2-1-1 ergeben sich für Normalbeton bis C50/60 keine wesentlichen Abweichungen gegenüber DIN 1045-1.

Bei der Ermittlung der Verankerungslänge l_{bd} ist ein Mindestwert $l_{b,min}$ zu berücksichtigen, der sich i.W. aus dem Grundmaß der Verankerungslänge oder dem Stabdurchmesser ergibt (s. nachfolgende Übersicht). Hierbei sollte in $l_{b,min}$ das Grundmaß der Verankerungslänge für die volle Stahlauslastung σ_s = 435 N/mm² ermittelt werden (hier gekennzeichnet mit $l_{b,rqd,y}$ für $\sigma_s = f_{yd}$). In EC2-1-1 ist diese Bedingung derzeit nicht explizit aufgeführt. Der Ansatz von $l_{b,rqd,y}$ entspricht der bisherigen Vorgehensweise nach DIN 1045-1 (Tafel D.12.3).

Der Querdruckeinfluss ist beispielsweise bei der Zugkraftdeckung von Platten und Balken von Bedeutung. Die Verankerungslänge am Endauflager ist bei direkter Lagerung mit dem Faktor α_5 = 0,7 zu ermitteln (Tafel D.12.4).

Tafel D.12.3 Bemessungswerte der Verankerungslänge nach DIN 1045-1 und EC 2

Bemessungswerte der Verankerungslänge nach	
DIN 1045-1	**EC2-1-1 mit EC2-1-1/NA**
Erforderliche Verankerungslänge (12.6.1 (3)) $$l_{b,net} = \alpha_a \cdot l_b \cdot \frac{A_{s,erf}}{A_{s,vorh}} \geq l_{b,min}$$ (DIN 1045-1, Gl.141)	Bemessungswert der Verankerungslänge (8.4.4(1)) $$l_{bd} = \alpha_1 \cdot \alpha_2 \cdot \alpha_3 \cdot \alpha_4 \cdot \alpha_5 \cdot l_{b,rqd} \geq l_{b,min}$$ (EC2, Gl. 8.4) mit $(\alpha_2 \cdot \alpha_3 \cdot \alpha_4) \geq 0,7$
Beiwert nach DIN 1045-1, Tabelle 26 zur Erfassung der Wirksamkeit der Verankerungsart mit: α_a Biegeform **und** angeschweißte Querstäbe innerhalb $l_{b,net}$	Beiwerte nach EC2-1-1, Tabelle 8.2 und NA zur Erfassung der Wirksamkeit der Verankerungsart mit: α_1 Biegeform α_2 Betondeckung, Stababstände α_3 nicht angeschweißte Querbewehrung α_4 angeschweißte Querbewehrung α_5 Querdruck
Mindestwert Verankerungslänge: Zugstäbe: $l_{b,min} = 0,3 \cdot \alpha_a \cdot l_b \geq 10 \cdot d_s$ Druckstäbe: $l_{b,min} = 0,6 \cdot l_b \geq 10 \cdot d_s$	Mindestwert Verankerungslänge: Zugstäbe: $l_{b,min} > \max \begin{cases} 0,3 \cdot l_{b,rqd,y} \\ 10 \cdot \varnothing \end{cases}$ Druckstäbe: $l_{b,min} > \max \begin{cases} 0,6 \cdot l_{b,rqd,y} \\ 10 \cdot \varnothing \end{cases}$ α_1 und α_4 dürfen in $l_{b,min}$ berücksichtigt werden

	Ersatzverankerungslänge $l_{b,eq}$
	 – für Haken, Winkelhaken, Schlaufen:
	    $l_{b,eq} = \alpha_1 \cdot l_{b,rqd}$
	 – bei angeschweißten Querstäben:
	    $l_{b,eq} = \alpha_4 \cdot l_{b,rqd}$

Tafel D.12.4 Ermittlung der Verankerungslängen am Enauflager

Verankerung am Endauflager nach	
DIN 1045-1	**EC2-1-1 mit EC2-1-1/NA** (vereinfacht)
Verankerungslänge bei *direkter* Lagerung: $l_{b,dir} = (2/3) \cdot l_{b,net} \geq 6,7 d_s$ (f_{bd} nicht erhöhen)	Verankerungslänge bei *direkter* Lagerung: $l_{b,dir} = (2/3) \cdot l_{b,eq} \geq 6,7 d_s$ (f_{bd} nicht erhöhen)
Verankerungslänge bei *indirekter* Lagerung: $l_{b,ind} = l_{b,net} \geq 10 d_s$	Verankerungslänge bei *indirekter* Lagerung: $l_{b,ind} = l_{b,eq} \geq 10 d_s$

Tafel D.12.5 Beiwerte α_1, α_2, α_3, α_4, α_5 zur Ermittlung von Verankerungslängen und Übergreifungsstößen (nach EC2-1-1, Tab. 8.2 und EC2-1-1/NA)

	Einfluss		Zugstab	Druckstab
α_1	Form der Stäbe	gerade	$\alpha_1 = 1{,}0$	$\alpha_1 = 1{,}0$
		gebogen	$\alpha_1 = 0{,}7$ für $c_d > 3\varnothing$ $\alpha_1 = 1{,}0$ in anderen Fällen	$\alpha_1 = 1{,}0$
α_2	(Betondeckung) a)		$\alpha_2 = 1{,}0$	$\alpha_2 = 1{,}0$
α_3	nicht an die Hauptbewehrung angeschweißte Querbewehrung		$\alpha_3 = 1 - K\lambda \begin{smallmatrix}\geq 0{,}7 \\ \leq 1{,}0\end{smallmatrix}$	$\alpha_3 = 1{,}0$
α_4	angeschweißte Querbewehrung		$\alpha_4 = 0{,}7$	$\alpha_4 = 0{,}7$
α_5	Querdruck b)		$\alpha_5 = 1 - 0{,}04p \begin{smallmatrix}\geq 0{,}7 \\ \leq 1{,}0\end{smallmatrix}$	–

$\lambda \quad = \left(\sum A_{st} - \sum A_{st,min}\right) / A_s$
ΣA_{st} Querschnittsfläche der Querbewehrung entlang l_{bd}
$\Sigma A_{st,min}$ Querschnittsfläche der Mindestquerbewehrung (= $0{,}25A_s$ für Balken und = 0 für Platten)
A_s Fläche des größten einzelnen verankerten Stabes
p Querdruck [N/mm²] im Grenzzustand der Tragfähigkeit entlang l_{bd}

$K = 0{,}1$ $\qquad K = 0{,}05$ $\qquad K = 0$

gerade Stäbe: $c_d = \min\left(\frac{a}{2}; c_1; c\right)$ (Winkel-)Haken: $c_d = \min\left(\frac{a}{2}; c_1; c\right)$ Schlaufen: $c_d = c$

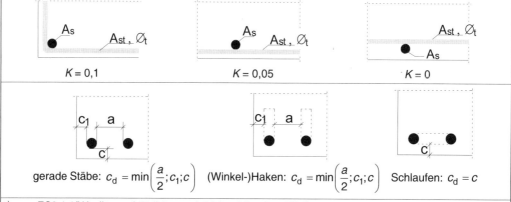

a) gem. EC2-1-1/NA gilt grundsätzlich $\alpha_2 = 1{,}0$ (abweichend zu EC 2)
b) gem. EC2-1-1/NA gilt
– bei direkter Lagerung: $\alpha_5 = 2/3$
– bei allseitig durch Bewehrung gesicherter Betondeckung $\geq 10\varnothing$: $\alpha_5 = 2/3$ (Ausnahme: Übergreifungen mit $s \leq 10\varnothing$)
– bei Querzug rechtwinklig zur Bewehrungsebene: $\alpha_5 = 1{,}5$

12.4 Übergreifungsstöße von Stabstahl

12.4.1 Übergreifungsmaß

Die Übergreifungsmaße werden in EC2-1-1 ähnlich wie die Verankerungslängen mittels Beiwerten aus dem Basiswert der Verankerungslänge hergeleitet. Der Einfluss von Stoßanteil, Stabdurchmesser und -abständen wird über den Faktor α_6 nach EC2-1-1/NA, Tabelle NA.8.3 berücksichtigt (Tafel D.12.6). Dieser Beiwert entspricht prinzipiell dem bisher bekannten Faktor α_1 nach DIN 1045-1, Tabelle 27; im Unterschied zu DIN 1045-1 beziehen sich die Bedingungen für die Stab- und Randabstände in Tafel D.12.5 allerdings auf den lichten Abstand der Stäbe (s. Abb. D.12.4)

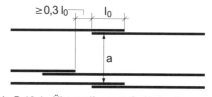

Abb. D.12.4 Übergreifungsstoß, Abstand *a*

Bewehrungsführung

Gegenüber DIN 1045-1 ergeben sich für Betondruckfestigkeiten $f_{ck} \leq 50$ N/mm² keine wesentlichen maßlichen Änderungen. Die Mindestmaße sollten wieder unter Annahme einer vollen Betonstahlauslastung – erreichen der Streckgrenze – ermittelt werden ($l_{b,rqd,y}$, vgl. Abschnitt 12.3.2).

12.4.2 Querbewehrung im Stoßbereich

Die Querbewehrung im Übergreifungsbereich wird im Wesentlichen wie bisher gebildet. Geringfügige Änderungen bestehen hinsichtlich der erforderlichen Ausbildung der Querbewehrung als Bügel. Näheres s. EC2-1-1 mit NA in Abschn. 8.7.4.1 (3).

Tafel D.12.6 Übergreifungslängen von Stabstahl nach DIN 1045-1 und EC2

Übergreifungslängen von Stabstahl nach	
DIN 1045-1	**EC2-1-1 + NA**
Übergreifungslänge (DIN 1045-1, 12.8.2 (1)) $l_s = l_{b,net} \cdot \alpha_1 \geq l_{s,min}$	Übergreifungslänge (EC 2-1-1, 8.7.3) $l_0 = \alpha_1 \cdot \alpha_2 \cdot \alpha_3 \cdot \alpha_5 \cdot \alpha_6 \cdot l_{b,rqd} \geq l_{0,min}$
Beiwert: α_1 Beiwert für die Übergreifungslänge nach DIN 1045-1, Tabelle 27	Beiwerte: $\alpha_1, \alpha_2, \alpha_3, \alpha_5$ EC2-1-1, Tabelle 8.2 + NA (s.o.) α_6 Beiwert für die Übergreifungslänge nach EC2-1-1/NA, Tabelle 8.3DE
Mindest-Übergreifungslänge: $l_{s,min} = 0{,}3 \cdot \alpha_a \cdot \alpha_1 \cdot l_b \begin{cases} \geq 15 d_s \\ \geq 200 \text{ mm} \end{cases}$	Mindest-Übergreifungslänge: $l_{0,min} \geq \max \begin{cases} 0{,}3 \cdot \alpha_6 \cdot l_{b,rqd,y} \\ 15 \cdot \varnothing \\ 200 \text{ mm} \end{cases}$ α_1 darf in $l_{0,min}$ berücksichtigt werden

Tafel D.12.7 Beiwert α_6 zur Ermittlung der Übergreifungslänge von Stabstahl (EC2-1-1/NA, Tab. NA.8.3)

Stoß	Ø	Stoßanteil	
		≤ 33%	≥ 33%
Zug	< 16 mm ≥ 16 mm	1,2 [a] 1,4 [a]	1,4 [a] 2,0 [b]
Druck	alle	1,0	1,0

[a] $\alpha_6 = 1{,}0$, falls der Stababstand $a \geq 8\varnothing$ und Randabstand $c_1 \geq 4\varnothing$
[a] $\alpha_6 = 1{,}4$, falls der Stababstand $a \geq 8\varnothing$ und Randabstand $c_1 \geq 4\varnothing$

12.5 Übergreifungsstöße von Betonstahlmatten

12.5.1 Längsstöße

Die Regeln in EC2-1-1 für die Übergreifungsmaße von Betonstahlmatten beziehen sich auf Zwei-Ebenen-Stöße. (Verschränkungen sind wie Stöße von Stabstahl auszuführen mit $\alpha_3 = 1{,}0$.) Die erforderliche Übergreifungslänge in Längsrichtung wird nach EC2-1-1 mit dem Faktor α_7 aus dem Basiswert der Verankerungslänge ermittelt. Hierüber wird der vorhandene Mattenquerschnitt berücksichtigt; der Wert entspricht dem bisher verwendeten Beiwert α_2 nach DIN 1045-1. Der Auslastungsgrad der Bewehrung geht nicht mehr in die Berechnung ein, weil er bereits im Basiswert der Verankerungslänge enthalten ist.

Die Möglichkeit zur Ausbildung von Vollstößen ist wie in DIN 1045-1 geregelt. Mindestwerte für Übergreifungslängen sollten unter der Annahme ermittelt werden, dass die Bewehrung die Streckgrenze erreicht ($l_{b,rqd,y}$, vgl. Abschnitt 12.3.2).

Eine vergleichende Gegenüberstellung zwischen den Regelungen nach EC 2-1-1 und nach DIN 1045-1 findet sich in Tafel D.12.8.

12.5.2 Querstöße

Querstöße von Betonstahlmatten sind in EC2-1-1, Tabelle 8.4 (mit nationalen Ergänzungen) abweichend zu den bisherigen Vorgaben in DIN 1045-1, Tabelle 27 geregelt. Für Durchmesser $\varnothing > 6$ mm können sich so in Querrichtung größere Übergreifungsmaße ergeben. Allerdings wirkt sich dies wegen der weiterhin bestehenden Forderung nach mindestens zwei im Übergreifungsbereich liegenden Hauptbewehrungs-Stäben nur bei Matten ohne Randspareffekt aus (s. vergleichende Gegenüberstellung in Tafel D.12.9).

Tafel D.12.8 Längsstöße von Betonstahlmatten nach DIN 1045-1 und EC2

Längsstöße von Betonstahlmatten nach	
DIN 1045-1	EC2-1-1 + NA
Übergreifungslänge Zwei-Ebenen-Stoß: $$l_s = l_b \cdot \alpha_2 \cdot \frac{a_{s,erf}}{a_{s,vorh}} \geq l_{s,min} \quad \text{(DIN 1045-1, (Gl. 145))}$$	Übergreifungslänge Zwei-Ebenen-Stoß: $$l_0 = l_{b,rqd} \cdot \alpha_7 \geq l_{0,min} \quad \text{(EC 2-1-1, (Gl. NA.8.11.1)}$$
Beiwert Mattenquerschnitt: $\alpha_2 = 0{,}4 + a_{s,vorh}/8 \quad \text{(mit } 1{,}0 \leq \alpha_2 \leq 2{,}0 \text{)}$	Beiwert Mattenquerschnitt: $\alpha_7 = 0{,}4 + a_{s,vorh}/8 \quad \text{(mit } 1{,}0 \leq \alpha_7 \leq 2{,}0 \text{)}$
Mindestwert: $$l_{s,min} = 0{,}3 \cdot \alpha_2 \cdot l_b \begin{array}{l} \geq s_q \\ \geq 200 \text{ mm} \end{array}$$	Mindestwert: $$l_{0,min} \geq \max \begin{cases} 0{,}3 \cdot \alpha_7 \cdot l_{b,rqd,y} \\ s_q \\ 200 \text{ mm} \end{cases}$$

Tafel D.12.9 Mindestlängen der Querstöße von Betonstahlmatten nach DIN 1045-1 und EC2

Querstöße von Betonstahlmatten nach			
DIN 1045-1		EC2-1-1 + NA	
Stabdurchmesser	Übergreifungslänge	Stabdurchmesser	Übergreifungslänge
$d_s \leq 6{,}0$ mm	$\geq s_l$ und ≥ 150 mm	$\varnothing \leq 6{,}0$ mm	≥ 1 Masche u. ≥ 150 mm
$6{,}0 < d_s \leq 8{,}5$ mm	$\geq s_l$ und ≥ 250 mm	$6{,}0 < \varnothing \leq 8{,}5$ mm	≥ 2 Masche u. ≥ 250 mm
$8{,}5 < d_s \leq 12$ mm	$\geq s_l$ und ≥ 350 mm	$8{,}5 < \varnothing \leq 12$ mm	≥ 2 Masche u. ≥ 350 mm
$d_s > 12$ mm	$\geq s_l$ und ≥ 500 mm	$\varnothing > 12$ mm	≥ 2 Masche u. ≥ 500 mm
	s_l = Abstand der Längsstäbe		s_l = Abstand der Längsstäbe

12.6 Weitere Änderungen in EC2 (Auswahl)

12.6.1 Zusätzliche Regeln für Stabbündel

EC2-1-1 lässt abweichend zu DIN 1045-1 für vertikale Druckglieder bis zu 4 Stäbe in einem Bündel zu. Es sind verschiedene Durchmesser in einem Bündel gestattet, sofern das Verhältnis der Durchmesser ≤ 1,7 beträgt. Neu ist auch die Begrenzung des Vergleichsdurchmessers auf $\varnothing_n \leq 55$ mm. Ansonsten gelten für Stabbündel nach EC2-1-1 die gleichen konstruktiven Regeln wie in DIN 1045-1 (Tafel D.12.10).

12.6.2 Querkraftbewehrung: Mindestbewehrung

Die Mindest-Querkraftbewehrung wurde im Nationalen Anhang zu EC2-1-1 an DIN 1045-1 angeglichen. Es ergeben sich damit nahezu die gleichen Mindestbewehrungsgrade in EC2 und DIN 1045-1 (geringfügige Abweichungen bei gegliederten Querschnitten). Bei den ursprünglich in EC2-1-1 vorgesehenen Bewehrungsgraden ergaben sich je nach Druckfestigkeit des Betons teilweise geringere Bewehrungsgrade. Neu ist der Wegfall der Mindestbewehrung für Voll-, Rippen- und Hohlplatten mit ausreichender Querverteilung der Lasten und für Bauteile untergeordneter Bedeutung (vgl. DIN 1045:1988; s. Tafel D.12.11).

Der in DIN 1045-1 in Bezug auf die Mindestbewehrung definierte Übergangsbereich zwischen Platten und Balken wurde auch in EC2-1-1 beibehalten. Somit ergeben sich trotz unterschiedlicher Bauteildefinition in DIN und EC in diesem Bereich gleiche Mindestbewehrungsgrade (Tafel D.12.11). Bezüglich der Bügelabstände erfolgte über den Nationalen Anhang eine Angleichung von EC2 an das Niveau in DIN 1045-1. Die Regeln zu Längs- und Querabständen der Querkraftbewehrung in EC2-1-1/NA entsprechen den bisherigen Vorgaben in DIN 1045-1.

12.6.3 Längsbewehrung: Mindest- und Höchstbewehrung

Die Mindest- und Höchstbewehrung in Biegebauteilen regelt EC2-1-1/NA in Angleichung an DIN 1045-1. Somit ergeben sich keine Änderungen.

12.6.4 Oberflächenbewehrung

Für die Oberflächenbewehrung bei großen Stabdurchmessern und Stabbündeln sowie bei vorgespannten Bauteilen ergeben sich durch Anpassung des Nationalen Anhangs an DIN 1045-1 keine Änderungen. Neu ist lediglich die Forderung nach einer Oberflächenbewehrung von $0{,}005 \cdot A_{ct,ext}$, wenn die Betondeckung 7 cm übersteigt. Geregelt ist die Oberflächenbewehrung im informativen Anhang J zu EC2-1-1 sowie dem Nationalen Anhang.

Tafel D.12.10 Regeln für Stabbündel nach DIN 1045-1 und EC2

Stabbündel nach	
DIN 1045-1, 12.9	**EC2-1-1, 8.9.1 + NA**
Anzahl der Stäbe: – $n \leq 3$	Anzahl der Stäbe: – $n_b \leq 4$, bei lotr. Druckstäben bei Stäben im Übergreifungsbereich – $n_b \leq 3$, in anderen Fällen
Durchmesser Einzelstäbe: – $d_s \leq 28$ mm	Durchmesser Einzelstäbe: – $\varnothing \leq 28$ mm – bei verschiedenen Durchmessern ist ein Durchmesser-Verhältnis $\leq 1{,}7$ einzuhalten
Vergleichsdurchmesser: $d_{sV} = d_s \cdot \sqrt{n}$ Begrenzung des Vergleichsdurchmessers: $d_{sV} \leq 36$ mm in Bauteilen mit überwiegendem Zug $d_{sV} \leq 28$ mm für Beton $\geq$ C 70/85	Vergleichsdurchmesser: $\varnothing_n = \varnothing \cdot \sqrt{n_b}$ Begrenzung des Vergleichsdurchmessers: $\varnothing_n \leq 55$ mm grundsätzlich $\varnothing_n \leq 28$ mm für Beton $\geq$ C 70/85
Verankerungen / Stöße ohne Längsversatz: Grenzwert $d_{sV} = 28$ mm	Verankerungen / Stöße ohne Längsversatz: Grenzwert $\varnothing_n < 32$ mm

Tafel D.12.11 Mindest-Querkraftbewehrung nach DIN 1045-1 und EC2

Mindest-Querkraftbewehrung nach	
DIN 1045-1	**EC2-1-1 + NA**
Mindestbewehrungsgrad für Querkraft (DIN 1045-1, 13.2.3 (5)) allgemein: $\min \rho_w = 1{,}0 \cdot \rho$ gegliederte Querschnitte mit vorgespannten Gurten: $\min \rho_w = 1{,}6 \cdot \rho$ mit $\rho = 0{,}16 \cdot f_{ctm}/f_{yk}$ gemäß DIN 1045-1, Tab. 29	Mindestbewehrungsgrad Querkraft: (EC 2-1-1, NDP zu 9.2.2 (5)) allgemein: $\rho_{w,min} = 0{,}16 \cdot f_{ctm}/f_{yk}$ gegliederte Querschnitte mit vorgespannten Gurten: $\rho_{w,min} = 0{,}256 \cdot f_{ctm}/f_{yk}$ (EC 2-1-1, Gl. (9.5aDE) und (9.5bDE))
Verzicht auf Mindest-Querkraftbewehrung: In DIN 1045-1:2008 nicht vorgesehen	*Verzicht auf Mindest-Querkraftbewehrung:* (EC 2-1-1, 6.2.1 (4)) • bei Voll-, Rippen- und Hohlplatten, wenn Lastumlagerung in Querrichtung möglich ist (hiervon kann lt. NA bei Einhalten der Konstruktions- und Bewehrungsregeln ausgegangen werden) • bei Bauteilen von untergeordneter Bedeutung mit unwesentlichem Beitrag zu Gesamttragfähigkeit und -stabilität (Bsp. Stürze mit $l \leq 2$ m)

Übergangsbereich Platte / Balken:
Bauteil-Definition:
  Balken: $b/h \leq 4$
  Platte: $b/h > 4$
 	
Mindestquerkraftbewehrung:
• Platten mit $b/h > 5$ ohne rechn.
  erf. Querkraftbewehrung $0{,}0 \min\rho_w$
• Platten mit rechnerisch
  erf. Querkraft-Bewehrung:
  – $b/h > 5$ $0{,}6 \min\rho_w$
  – $4 \leq b/h \leq 5$ $1{,}0 \min\rho_w \ldots 0{,}6 \min\rho_w$
	Übergangsbereich Platte / Balken:
	Bauteil-Definition:
	  Balken: $b/h \leq 5$
	  Platte: $b/h > 5$
	
	Mindestquerkraftbewehrung:
	• Platten mit $b/h > 5$ ohne rechn.
	  erf. Querkraftbewehrung $0{,}0 \min\rho_w$
	• Platten mit rechnerisch
	  erf. Querkraft-Bewehrung:
	  – $b/h > 5$ $0{,}6 \min\rho_w$
	  – $4 \leq b/h \leq 5$ $1{,}0 \min\rho_w \ldots 0{,}6 \min\rho_w$

→ trotz abweichender Bauteildefinition im Übergangsbereich Platte / Balken keine Änderung	

Beuth informiert über die Eurocodes
Aus der Edition Bauwerk in 2 Bänden
Stahlbetonbau-Praxis nach Eurocode 2

Unsere Titel der Edition Bauwerk zeichnen sich durch besondere Praxisnähe aus!

Stahlbetonbau-Praxis nach Eurocode 2
von Alfons Goris

Band 1: Grundlagen, Bemessung, Beispiele
Bauwerk-Basis-Bibliothek
4., aktualisierte Auflage 2011. 264 S.
24 x 17 cm. Broschiert.
29,00 EUR | ISBN 978-3-410-21676-6

Band 2: Schnittgrößen, Gesamtstabilität, Bewehrung und Konstruktion, Brandbemessung nach DIN EN 1992-1-2, Beispiele
Bauwerk-Basis-Bibliothek
4., aktualisierte Auflage 2011. 304 S.
24 x 17 cm. Broschiert.
29,00 EUR | ISBN 978-3-410-21677-3

Kombi-Paket: Band 1 und Band 2
Ausgabe 2011. 568 S. 24 x 17 cm. Broschiert.
48,00 EUR | ISBN 978-3-410-21678-0

Aktuelles Wissen mit vielen Beispielen.
Perfekt für Studium und Praxis. Damit Sie Bescheid wissen!

→ **Top-Autor:**
Prof. Dr.-Ing. Alfons Goris lehrt Stahlbeton- und Spannbetonbau an der Universität Siegen.

Beide Bände im Kombi-Paket für nur 48,00 EUR!

Bestellen Sie am besten unter:
www.beuth.de/eurocode (mit allen Infos / weiteren Literaturtipps)
Telefon +49 30 2601-2260 | Telefax +49 30 2601-1260 | info@beuth.de

E BRÜCKENBAU NACH EUROCODE 2

Prof. Dr.-Ing. R. Maurer; Dr.-Ing. K.-H. Haveresch; Dipl.-Ing. S. Frass

A Einleitung ... E.3

1 Einführung der Eurocodes ... E.3
2 Straßenverkehrslasten nach DIN EN 1991-2/NA ... E.3
3 Das neue technische Regelwerk für Betonbrücken ... E.5
    3.1 Allgemeines ... E.5
    3.2 DIN-Handbuch Betonbrücken ... E.6
    3.3 Ergänzende Regelwerke für den Brücken- und Ingenieurbau an Straßen ... E.7

B Bemessung und Konstruktion von Betonbrücken gemäß DIN EN 1992-1-1, DIN EN 1992-2 und DIN EN 1992-2/NA ... E.10

1 Allgemeines ... E.10
    1.1 Anwendungsbereich ... E.10
    1.2 Normative Verweisungen ... E.10
2 Grundlagen für die Tragwerksplanung ... E.10
    2.1 Anforderungen ... E.10
    2.2 Grundsätzliches zur Bemessung mit Grenzzuständen ... E.10
    2.3 Basisvariablen ... E.11
    2.4 Nachweisverfahren mit Teilsicherheitsbeiwerten ... E.11
    2.5 Versuchsgestützte Bemessung ... E.12
    2.6 Zusätzliche Anforderungen an Gründungen ... E.12
    2.7 Anforderungen an Befestigungsmittel ... E.12
    2.8 Bautechnische Unterlagen ... E.13
3 Baustoffe ... E.13
    3.1 Beton ... E.13
    3.2 Betonstahl ... E.15
    3.3 Spannstahl ... E.15
    3.4 Komponenten von Spannsystemen ... E.16
4 Dauerhaftigkeit und Betondeckung ... E.16
    4.1 Allgemeines ... E.16
    4.2 Umgebungsbedingungen, Anforderungen an Beton und Betondeckung ... E.16
5 Ermittlung der Schnittgrößen ... E.18
    5.1 Allgemeines ... E.18
    5.2 Imperfektionen ... E.18
    5.3 Idealisierungen und Vereinfachungen ... E.19
    5.4 Linear-elastische Berechnung ... E.19
    5.5 Linear-elastische Berechnung mit begrenzter Umlagerung ... E.20
    5.6 Verfahren nach der Plastizitätstheorie ... E.20
    5.7 Nichtlineare Verfahren ... E.20
    5.8 Berechnung der Effekte aus Theorie II. Ordnung mit Normalkraft ... E.21
    5.9 Seitliches Ausweichen schlanker Träger ... E.24
    5.10 Spannbetontragwerke ... E.24
6 Nachweise in den Grenzzuständen der Tragfähigkeit (GZT) ... E.29
    6.1 Biegung mit oder ohne Normalkraft und Normalkraft allein ... E.29
    6.2 Querkraft ... E.32
        6.2.1 Nachweisverfahren ... E.32
        6.2.2 Bauteile ohne rechnerisch erforderliche Querkraftbewehrung ... E.33
        6.2.3 Bauteile mit rechnerisch erforderlicher Querkraftbewehrung ... E.34

	6.3	Torsion	E.34
	6.4	Durchstanzen	E.34
	6.5	Stabwerkmodelle	E.34
	6.6	Verankerung der Längsbewehrung und Stöße	E.34
	6.7	Teilflächenbelastung	E.34
	6.8	Nachweis gegen Ermüdung	E.34
	6.9	Membranelemente	E.40
	6.10	Nachweis gegen Anprall	E.40
7		Nachweise in den Grenzzuständen der Gebrauchstauglichkeit (GZG)	E.42
	7.1	Allgemeines	E.42
	7.2	Begrenzung der Spannung	E.42
	7.3	Begrenzung der Rissbreiten	E.44
		7.3.1 Allgemeines, Dekompression und Anforderungen	E.44
		7.3.2 Mindestbewehrung für die Begrenzung der Rissbreite	E.50
		7.3.3 Begrenzung der Rissbreite ohne direkte Berechnung	E.55
		7.3.4 Berechnung der Rissbreite	E.55
	7.4	Begrenzung der Verformungen	E.55
	7.5	Bewegungen an Lagern und Fahrbahnübergängen	E.56
	7.6	Begrenzung von Schwingungen und dynamischen Einflüssen	E.56
8		Allgemeine Bewehrungsregeln	E.56
	8.1	Betonstahl	E.56
	8.2	Spannglieder	E.56
9		Konstruktionsregeln für Bauteile	E.57
10		Zusätzliche Regeln für Bauteile und Tragwerke aus Fertigteilen	E.59
11		Zusätzliche Regeln für Bauteile und Tragwerke aus Leichtbeton	E.62
12		Tragwerke aus unbewehrtem oder gering bewehrtem Beton	E.62
13		Bemessung für Bauzustände	E.62
Anhang A:		Modifikation von Teilsicherheitsbeiwerten für Baustoffe	E.62
Anhang B:		Kriechen und Schwinden	E.62
Anhang C:		Eigenschaften des Betonstahls	E.63
Anhang D:		Methode zur Berechnung von Spannkraftverlusten aus Relaxation	E.63
Anhang E:		Mindestfestigkeitsklassen zur Sicherstellung der Dauerhaftigkeit	E.63
Anhang F:		Gleichungen für Zugbewehrung für den ebenen Spannungszustand	E.63
Anhang G:		Boden-Bauwerk-Wechselwirkung	E.63
Anhang H:		Nachweis am Gesamttragwerk nach Theorie II. Ordnung	E.63
Anhang I:		Ermittlung der Schnittgrößen bei Flachdecken und Wandscheiden	E.63
Anhang J:		Konstruktionsregeln für ausgewählte Beispiele	E.63
Anhang KK:		Auswirkungen auf das Tragwerk aus zeitabhängigen Effekten	E.64
Anhang LL:		Beton-Schalenelemente	E.64
Anhang MM:		Querkraft und Querbiegung	E.64
Anhang NA.NN:		Schädigungsäquivalente Schwingbreite	E.64
Anhang OO:		Typische Diskontinuitätsbereiche (D)- Bereiche bei Brücken	E.64
Anhang PP:		Sicherheitsformat für nichtlineare Berechnungen	E.64
Anhang QQ:		Beschränkung der Schubrisse in Stegen	E.64
Anhang NA.TT:		Ergänzungen für externe Spanngliedern	E.65
Anhang NA.UU:		Ergänzungen für interne Spanngliedern ohne Verbund	E.69
Anhang NA.VV:		Anprall	E.69

B Beispiel – Nachweis gegen Ermüdung am Beispiel eines Plattenbalkens ... E.72

1	System	E.72
2	Nachweis gegen Ermüdung mittels der schädigungsäquivalenten Spannungsschwingbreite	E.72

A Einleitung

1 Einführung der Eurocodes

Zwei Teile des Eurocode 2 mit zugehörigem nationalem Anhang, die in Deutschland als

DIN EN 1992-1-1,
DIN EN 1992-2 und
DIN EN 1992-2/NA,

veröffentlicht werden, lösen Anfang des Jahres 2013 den bisher geltenden DIN-Fachbericht 102 „Betonbrücken" (Ausgabe März 2009) ab. Zeitgleich ersetzen auch die entsprechenden Teile des Eurocode 0 und Eurocode 1 den DIN-Fachbericht 101 „Einwirkungen auf Brücken", Teile des Eurocode 3 den DIN-Fachbericht 103 „Stahlbrücken" sowie Teile des Eurocode 4 den DIN-Fachbericht 104 „Verbundbrücken".

Die Zurückziehung des DIN-Fachbericht 102 und die bauaufsichtliche Einführung der o. g. Normenteile erfolgt für Straßenbrücken an Bundesfernstraßen durch das Bundesministerium für Verkehr, Bau und Stadtentwicklung (BMVBS) als zuständige Bauaufsichtsbehörde mit Allgemeinem Rundschreiben. In diesem Schreiben sind auch ergänzende Hinweise enthalten, wie die konkrete Stichtagsregelung für den Normenwechsel erfolgt und Festlegungen für die Auslegung optionaler Regeln der Eurocodes. Es ist davon auszugehen, dass auch die Straßenbauverwaltungen der Länder sich zeitnah dem Bundesverkehrsministerium für ihren Zuständigkeitsbereich (Landes- bzw. Staatsstraßen sowie Straßen und Wege der Kreise, Städte und Gemeinden) anschließen werden. Für den Bereich der Eisenbahnen und Wasserstraßen erfolgt die Einführung der Eurocodes für den Brückenbau analog durch die dort jeweils zuständige Bauaufsicht. Damit werden in Deutschland ab dem Jahre 2013 die Eurocodes das maßgebende Technische Regelwerk für die Bemessung und Konstruktion von Brücken und Ingenieurbauten an Verkehrswegen sein.

Der nachfolgende Beitrag möchte die Fachöffentlichkeit über Änderungen oder Neuerungen informieren, die mit diesem Normenwechsel verbunden sind. Hintergründe des neuen Regelwerks werden erläutert und kommentiert. Dabei wird der Normungsstand zum Zeitpunkt des Redaktionsschlusses dieser Veröffentlichung (Herbst 2012) zugrunde gelegt.

Unterschiedliche Regelungen gegenüber DIN-Fachbericht 102 (Ausgabe März 2009) betreffen vor allem:

- nicht-häufige Einwirkungskombination (entfällt)
- Elastizitätsmodul des Betons
- Kriechen und Schwinden des Beton
- Spannkraftverluste infolge Relaxation des Spannstahls
- Nachweis gegen Durchstanzen
- Nachweis gegen Ermüdung (Wöhlerlinien)
- Dekompressionsnachweis
- Regeln für Betonbrücken mit Interner Vorspannung ohne Verbund (neu)

Auswirkungen des neuen Regelwerks auf die Bemessung resultieren allerdings weniger aus der Einführung des Eurocode 2, sondern im Wesentlichen aus der deutlichen Anhebung der charakteristischen Verkehrslasten für Straßenbrücken. Dies machte beim Eurocode 2 einige Anpassungen bei den Nachweisen für die Gebrauchstauglichkeit erforderlich, auf die nachfolgend noch näher eingegangen wird. Zunächst werden jedoch in Kapitel 2 die neuen Verkehrslasten für Straßenbrücken dargestellt.

2 Straßenverkehrslasten nach DIN EN 1991-2/NA

Über die Bundesfernstraßen mit derzeit über 38.000 Brücken werden mehr als 90 % der Transportleistungen für den Güterverkehr abgewickelt [Freundt et al. – 11]. Aktuelle Prognosen bis 2025 sagen einen weiterhin stark ansteigenden Schwerverkehr voraus. Für den Anstieg sind neben der starken Zunahme des Güterverkehrs auch häufige Überladungen und die überproportional gestiegenen Genehmigungen von Schwertransporten als ursächlich zu nennen.

Für den Neubau von Brücken war es daher erforderlich, ein zukunftsfähiges Modell für die Straßenverkehrslasten zu entwickeln, das den prognostizierten Verkehrsentwicklungen ausreichend Rechnung trägt. Bereits in der Vergangenheit mussten seit der DIN 1072 von 1925 die Lastannahmen für Straßenbrücken immer wieder den Verkehrsentwicklungen angepasst werden. So wurden ab 1952 in der DIN 1072 die Brückenklassen „BK60" und „BK30" definiert, aus denen nach Fortschreibung mit Ausgabe von 1985 der DIN 1072 die Brückenklassen „BK60/30" bzw. „BK30/30" hervorgegangen sind. Schließlich folgte das „Lastmodell 1" mit Einführung der DIN-Fachberichte im Jahr 2003.

Es handelt sich jeweils um fiktive Lastmodelle, die nicht den realen Verkehr abbilden, die aber in den Bauwerken zu den gleichen Beanspruchungen führen wie der reale Verkehr. Überdies sollen sie für die Bemessungspraxis leicht handhabbar sein. Die vertikalen Lasteinwirkungen aus dem Straßenverkehr werden mit Flächenlasten und Einzellasten abgebildet. Damit sollen die Obergrenzen des realen Verkehrs sicher abgedeckt werden. Da die Brücken für Nutzungsdauern bis 100 Jahre geplant werden, müssen die Lastmodelle auch künftigen Verkehrsentwicklungen angemessen Rechnung tragen.

Die Entwicklung des „Lastmodell 1" erfolgte in den 1980er Jahren auf der Grundlage der seinerzeit durchgeführten umfangreichen Messungen an Bauwerken sowie von theoretischen Untersuchungen. Die Auswertung der europaweit durchgeführten Messungen ergab für den Auxerre-Verkehr die größte Häufigkeit an schweren Achslasten. Erkenntnisse über die Zusammensetzung des Schwerverkehrs und über die Verteilung der Gesamtgewichte wurden jedoch vor allem durch Messungen an der Brohltalbrücke im Zuge der BAB A61 in den Jahren 1984/85 gewonnen. Das europäische Verkehrslastmodell 1 basiert auf diesen Messungen und Untersuchungen.

Das europäische Modell für die Straßenverkehrslasten nach DIN EN 1991-2 ist so formuliert, dass eine nationale Anpassung der einzelnen Komponenten über sog. „Anpassungsfaktoren" möglich ist. Für die Anwendung in Deutschland auf der Grundlage des DIN-Fachbericht 101 (Tafel E. 2.1) wurden seinerzeit umfangreiche Vergleichsrechnungen durchgeführt, um die „Anpassungsfaktoren" geeignet zu kalibrieren [König/Novak – 1998]. Dies führte zu einer Anhebung des Teilsicherheitsbeiwertes mit $\gamma_Q = 1{,}5$ gegenüber der europäischen Festlegung auf $\gamma_Q = 1{,}35$. Zusätzlich wurde, allerdings ausschließlich für Deutschland, für die Nachweise in den Grenzzuständen der Gebrauchstauglichkeit (GZG) der „nicht häufige Wert" eingeführt.

Tafel E. 2.1: Grundwerte und angepasste Grundwerte des Lastmodell 1 nach DIN-Fachbericht 101

Stellung	Doppelachse			Gleichmäßig verteilte Last		
	Grundwert	a_{Qi}	angepasster Grundwert	Grundwert	a_{qi}	angepasster Grundwert
	Achslast Q_{ik} in kN		Achslast $a_{Qi} \cdot Q_{ik}$ in kN	q_{ik} in kN/m²		$a_{qi} \cdot q_{ik}$ in kN
Fahrstreifen 1	300	0,8	240	9,00	1,0	9,00
Fahrstreifen 2	200	0,8	160	2,50	1,0	2,50
Fahrstreifen 3	100	0	0	2,50	1,0	2,50
andere Fahrstreifen	0	-	0	2,50	1,0	2,50
Teilsicherheitsbeiwert	$\gamma_Q = 1{,}50$					

In den letzten Jahren wurden auf der Grundlage aktueller Messungen auf hochbelasteten Bundesfernstraßen umfangreiche Simulationsberechnungen zur Untersuchung der Auswirkungen des stetig ansteigenden schweren Güterverkehrs durchgeführt. Hierbei zeigte sich, dass mit dem Lastmodell 1 nach DIN-Fachbericht 101, ein Stauverkehr mit 40t Sattelzügen gerade noch abgedeckt werden kann, d. h. in einem derart ungünstigen Fall sind die Reserven aus dem Lastmodell bereits heute aufgebraucht. Daraus resultierte die Notwendigkeit der Entwicklung eines zukunftsfähigen Lastmodells (auch LMM genannt) für Brückenneubauten, unter Berücksichtigung von Annahmen für den künftigen Anstieg der Straßenverkehrslasten.

Als Ergebnisse wurden aus den Simulationsberechnungen auf statistischer Grundlage charakteristische Werte für das Lastmodell 1 der DIN EN 1991-2 für den Nationalen Anhang (NA) ermittelt. Dabei wurde eine Wiederkehrperiode von 1000 Jahren zugrunde gelegt. Das so entwickelte Lastmodell 1 nach DIN EN 1991-2/NA ist mit seinen Grundwerten und „Anpassungsfaktoren" in Abb. E. 2.1 und Tafel E. 2.2 enthalten.

Im Rahmen der Simulationsberechnungen wurden auch die ψ-Werte untersucht. Dabei konnten die bisherigen ψ-Werte nach DIN-Fachbericht 101 im Wesentlichen bestätigt werden. D. h., die Kombinationswerte ψ für die charakteristische, häufige und quasi-ständige Kombination bleiben in DIN EN 1991-2 gegenüber DIN-Fachbericht 101 (Ausgabe 2009) unverändert.

Doppelachse: $\psi_0 / \psi_1 / \psi_2 = 0{,}75 / 0{,}75 / 0{,}20$
Flächenlasten: $\psi_0 / \psi_1 / \psi_2 = 0{,}40 / 0{,}40 / 0{,}20$

Die Ergebnisse aus Vergleichsrechnungen zu den Auswirkungen aus dem neuen Lastmodell 1 auf die Bemessungsergebnisse sind in [Maurer et al. – 11] dargestellt.

Tafel E. 2.2: Grundwerte und angepasste Grundwerte des modifizierten Lastmodell 1 (LMM) nach DIN EN 1991-2/NA

Stellung	Doppelachse			Gleichmäßig verteilte Last		
	Grundwert	a_{Qi}	angepasster Grundwert	Grundwert	a_{qi}	angepasster Grundwert
	Achslast Q_{ik} in kN		Achslast $a_{Qi} \cdot Q_{ik}$ in kN	q_{ik} in kN/m²		$a_{qi} \cdot q_{ik}$ in kN
Fahrstreifen 1	300	1,0	300	9,00	1,333	12,00
Fahrstreifen 2	200	1,0	200	2,50	2,4	6,00
Fahrstreifen 3	100	1,0	100	2,50	1,2	3,00
andere Fahrstreifen	0	-	0	2,50	1,2	3,00
Teilsicherheitsbeiwert	$\gamma_Q = 1,35$					

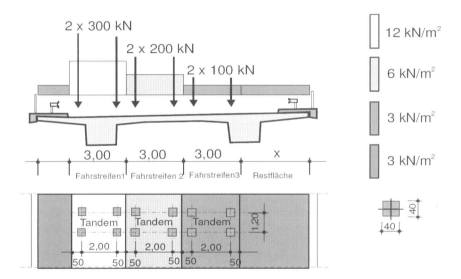

Abb. E. 2.1: Das neue Lastmodell 1 für Straßenbrücken

3 Das neue technische Regelwerk für Betonbrücken

3.1 Allgemeines

Ähnlich grundlegende technische Änderungen, wie sie im Jahre 2003 bei der Ablösung von DIN 1045 und DIN 4227 durch den DIN-Fachbericht 102 aufgetreten waren, sind mit der aktuellen Regelwerksumstellung von DIN-Fachbericht 102 auf die o. g. Teile der DIN EN 1992 nicht verbunden. Weil die DIN-Fachberichte bereits auf den Vornormen der Eurocodes basierten, bestehen inhaltlich große Ähnlichkeiten zwischen diesen beiden Regelwerken. Außerdem wurde bei der Überarbeitung und Neuausgabe des DIN-Fachberichtes 102 im Jahre 2009 bereits darauf hingearbeitet, die Anwender möglichst nahe an den damals bekannten Stand des zukünftig geltenden Eurocode 2 heranzuführen. Bei der Regelwerksumstellung sind aus verschiedenen Gründen aber Anpassungen im Detail vorgenommen worden, über die im Folgenden informiert werden soll.

Bei den verschiedenen Überarbeitungen der Vornorm des Eurocode 2 zur endgültigen EN Norm wurde auch die inhaltliche Gliederung neu strukturiert. Folglich unterscheidet sich das Inhaltsverzeichnis des Eurocode 2 vom Inhaltsverzeichnis des DIN-Fachbericht 102. In der Anfangsphase der Regelwerksumstellung werden die Anwender daher einige Regeln an ungewohnter Stelle des Regelwerks suchen müssen. Vorteilhaft an dieser Regelwerksumstellung ist aber, dass die Gliederung des Regelwerks für den Hochbau exakt mit der Gliederung des Regelwerks für den Betonbrückenbau übereinstimmt, was bisher bei DIN 1045-1 und DIN-Fachbericht 102 so nicht gegeben war und zu Erschwernissen führte. Es wird erwartet, dass die Tragwerksplaner sich in der neuen Eurocode 2 schnell zurechtfinden werden und dass die Harmonisierung des Regelwerks von Hochbau und Brückenbau wegen der damit verbundenen Synergieeffekte sich auf Dauer vorteilhaft auf die Anwendungssicherheit auswirken wird.

Grundlegend neu für die Anwender ist allerdings der formale Umgang mit dem neuen Regelwerk. Durch die „Architektur" des Eurocodes 2 in Form mehrerer, sich ergänzender Teile ist es vorgegeben, dass bei der Anwendung für den Brückenbau stets parallel die o. g. drei Normenteile DIN EN 1992-1-1 „Allgemeine Bemessungsregeln und Regeln für den Hochbau", DIN EN 1992-2 „Betonbrücken – Bemessung und Konstruktion" und DIN EN 1992-2/NA „Nationaler Anhang zu Betonbrücken – Bemessung und Konstruktion" zu beachten sind. Dabei sind verschiedene Fälle möglich. Im einfachsten Fall ist die gesuchte Regel für den Betonbrückenbau nur in einem der Normenteile zu finden. So kann es sich beispielsweise um eine grundlegende Regel in DIN EN 1992-1-1 handeln, die uneingeschränkt sowohl für den Hochbau als auch für den Brückenbau gelten muss.

Es können aber auch in allen drei Normenteilen Regeln zu der gesuchten Fragestellung vorhanden sein, die darüber hinaus auch miteinander in Konkurrenz stehen können. So sind beispielsweise in DIN EN 1992-1-1 Regeln für den Hochbau (Betondeckung, Rissbreitenbeschränkung, Notwendigkeit der Bemessung für Torsion usw.) enthalten, die aus guten Gründen (höhere Dauerhaftigkeitsanforderungen, stärkere dynamische Beanspruchungen, längere Nutzungszeiträume, aggressivere Umwelteinflüsse usw.) für den Betonbrückenbau nicht gelten dürfen und daher in DIN EN 1992-2 durch andere Regeln ersetzt werden müssen. Nicht selten sind zu dieser Regel darüber hinaus auch NDP (National Determined Parameter) oder NCI (Noncontradictory Complementary Information) vorgesehen, die die Anwendung der jeweiligen Regel national konkretisieren. Diese zusätzlichen Festlegungen und Ergänzungen werden im Nationalen Anhang zur Norm (DIN EN 1992-2/NA) zusammengefasst und ermöglichen es, dass der Eurocode 2 den in Europa regional unterschiedlichen Qualitätsanforderungen angepasst werden kann. In diesen Fällen konkurrierender Regeln ist bei Auslegungsfragen der Norm – wie üblich – der „speziellere Normenteil" maßgebend, das heißt DIN EN 1992-2/NA gilt vor DIN EN 1992-2 und DIN EN 1992-2 gilt vor DIN EN 1992-1-1.

Bei der Normentwicklung war ursprünglich sogar vorgesehen gewesen, dass auch DIN EN 1992-1-1/NA nationale Regeln für den Betonbrückenbau enthalten sollte. Dies hätte zur Folge gehabt, dass der Anwender für den Betonbrückenbau gleichzeitig vier Normenteile hätte beachten müssen. Erschwerend wäre hinzugekommen, dass in DIN EN 1992-1-1/NA die Regeln des Brückenbaus mit zahlreichen, spezifischen Regeln des Hochbaus durchmischt worden wären. Die Klarheit und Anwendungssicherheit des Normenwerks wäre dadurch stark beeinträchtigt worden. Es wurde darum entschieden, dass allein DIN EN 1992-2/NA alle national festzulegenden Regeln für Betonbrücken – sowohl für die mitgeltenden „Allgemeinen Bemessungsregeln" aus DIN EN 1992-1-1 als auch für die zusätzlichen brückenspezifischen Regeln in DIN EN 1992-2 enthalten muss. Durch eine enge Abstimmung der beiden zuständigen DIN-Ausschüsse für DIN EN 1992-1-1 und DIN EN 1992-2 wird dafür Sorge getragen, dass die grundlegenden Bemessungsformate des Hochbaus und des Betonbrückenbaus trotz dieser Entkopplung der Normenteile möglichst weitgehend übereinstimmen.

Eine Kommentierung der Grundregeln und der Regeln für die Anwendung des Eurocodes 2 im Hochbau enthält [Fingerloos et al. – 12]. Ergänzend dazu beschäftigt sich der nachfolgende Beitrag schwerpunktmäßig mit der Anwendung des Eurocodes 2 für den Betonbrückenbau. Unterschiede zum DIN-Fachbericht 102 und zum Eurocode 2 für den Hochbau werden dargestellt und erläutert.

3.2 DIN-Handbuch Betonbrücken

Da absehbar war, dass die Arbeit der Tragwerksplaner mit mehreren parallel zu beachtenden Normenteilen zumindest in der Anfangsphase zu ungewohnten Erschwernissen führen würde, hat die Bundesanstalt für Straßenwesen (BASt) ein

- DIN-Handbuch Betonbrücken,
- DIN-Handbuch Verbundbrücken und
- DIN-Handbuch Stahlbrücken

nach dem Vorbild der DIN-Fachberichte erarbeiten lassen. Diese DIN-Handbücher für den Brückenbau wurden nach einheitlichen Formatvorgaben gestaltet, die sich aber aus nachfolgend dargestellten Gründen von den DIN-Fachberichten unterscheiden.

Analog zum Vorgehen beim DIN-Fachbericht 102 fügt das DIN-Handbuch Betonbrücken die o. g. drei Normenteile des Eurocode 2 zu einem in sich abgeschlossenen Werk mit fortlaufend lesbarem Text zusammen. Die jeweils geltenden Regeln sind miteinander verwoben und so im Zusammenhang lesbar. Um die Seitenzahl des Handbuchs möglichst gering zu halten, werden in Deutschland unübliche oder sehr spezielle Bemessungsregeln des Eurocode 2 zur Konsolidierung des Regelwerksumfangs nicht in das Handbuch übernommen und stattdessen mit Auslassungszeichen gekennzeichnet. Dieses Vorgehen bei den DIN-Handbüchern ist noch weitgehend identisch mit dem Vorgehen bei der Erarbeitung der DIN-Fachberichte.

DIN-Handbücher nehmen bauvertraglich und bauaufsichtlich daher nur die Rolle von Sekundärliteratur ein. Sie können den Anwendern aber eine wertvolle Arbeitshilfe anbieten. Um den Anwendern auch eine möglichst gute Anwendungssicherheit bereitzustellen, verfolgt das Gestaltungsformat der DIN-Handbücher das Ziel einer möglichst weitgehenden inhaltlichen und formalen Übereinstimmung zwischen den bauaufsichtlich eingeführten Normenteilen und dem zugehörigen DIN-Handbuch. Zu diesem Zweck ist für den Anwender kenntlich gemacht worden (siehe dazu die Benutzerhinweise im DIN-Handbuch Betonbrücken), aus welchem Normenteil die betrachtete Regel stammt und ob es sich um nationale Ergänzungen (NDP oder NCI) handelt. Aufgrund der Formatvorgaben sind derzeit diese national festgelegten Werte oder Regeln nicht nach dem Muster der DIN-Fachberichte und zur Optimierung der Lesbarkeit in den Fließtext integriert, sondern separat durch Rahmen und Hinweistext gekennzeichnet. Eine Gewähr für die Richtigkeit und Vollständigkeit aller Einzelheiten kann dadurch aber letztlich nicht vorausgesetzt werden.

Ob dem Anwender derartige DIN-Handbücher auch zukünftig als Arbeitserleichterung bereitgestellt werden können, ist noch offen. Ihre Erarbeitung erfordert einen erheblichen Aufwand und sie müssen auf Dauer aktualisiert bleiben, auch wenn sich beispielsweise Berichtigungen oder Ergänzungen der zugrundeliegenden Normenteile ergeben. Die Übernahme der damit verbundenen Kosten und die Zuständigkeiten für diese Aufgabe sind zurzeit noch unklar. Auch die Formatvorgaben der Handbücher sind noch in Diskussion. Insbesondere beim Handbuch Betonbrücken hat sich der zuständige Normungsausschuss für Optimierungen eingesetzt. Unabhängig davon sollte möglichst angestrebt werden, die Eurocodes auf Dauer so zu gestalten, dass sie auch ohne Aufbereitung in Form von Handbüchern für die praktische Anwendung tauglicher werden.

3.3 Ergänzende Regelwerke für den Brücken- und Ingenieurbau an Straßen

Durch die beschriebene Umstellung des Regelwerks für die Bemessung und Konstruktion auf den Eurocode 2 müssen auch die Zusätzlichen Technischen Vertragsbedingungen (ZTV), Richtlinien und Merkblätter angepasst und überarbeitet werden. Einen Überblick über das ergänzende Regelwerk der Straßenbauverwaltung gibt die Abb. E. 3.1.

Das Regelwerk ist in die Bereiche Entwurf, Baudurchführung und Erhaltung (Abb. E. 3.1) gegliedert. Es wird als Loseblatt-Sammlung geführt. Dadurch können diese Arbeitsgrundlagen mit geringem Aufwand aktualisiert werden. Viele dieser Regelwerke stehen inzwischen auch zum kostenfreien „Download" und in stets aktueller Fassung im Internet zur Verfügung. Dazu kann ein Link im Internetauftritt des Bundesverkehrsministeriums (www.bmvbs.de-Verkehr und Mobilität-Verkehrsträger Straße- Richtzeichnungen für Ingenieurbauten) oder der Internetauftritt der Bundesanstalt für Straßenwesen (www.bast.de-Publikationen-Regelwerke zum Download) genutzt werden.

Sachgebiet Entwurf

Für den Teil Entwurf sind insgesamt sechs Teile vorgesehen, davon sind noch vier Teile in Vorbereitung. Zur Verfügung stehen die „Richtlinien für das Aufstellen von Bauwerksentwürfen" (RAB-ING). Sie beschreiben exemplarisch Inhalt und Umfang von Bauwerksentwürfen oder Bauwerkserhaltungsentwürfen mit Erläuterungsbericht, Kostenschätzung und Entwurfszeichnungen für die Vorlage zur Genehmigung bei den Genehmigungsbehörden. Ebenfalls für die Anwendung bereit stehen die „Richtzeichnungen für Ingenieurbauten" (RIZ-ING). Für eine Vielzahl von Anwendungsfällen werden dort bewährte und empfehlenswerte Konstruktionsdetailausbildungen exemplarisch dargestellt.

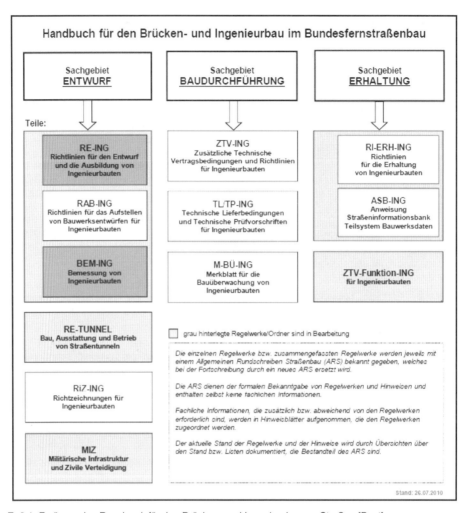

Abb. E. 3.1: Ergänzendes Regelwerk für den Brücken- und Ingenieurbau an Straßen [Bast]

Sachgebiet Baudurchführung

Das Regelwerk im Sachgebiet Baudurchführung besteht aus insgesamt 3 Teilen. Von zentraler Bedeutung sind dabei die „Zusätzlichen Technische Vertragsbedingungen und Richtlinien für Ingenieurbauten" (ZTV-ING, Abb. E. 3.2). Diese geben den am Bau Beteiligten auf der Grundlage des vorliegenden großen Erfahrungsbereichs der Straßenbauverwaltung bauvertragliche Regeln vor. Für die Ausführungsplanung von Betonbrücken und Ingenieurbauten, die in der Regel Bestandteil des Bauvertrages ist, sind insbesondere Teil 1, Abschnitt 2 „Technische Bearbeitung", Teil 2 „Massivbau" Abschnitt 1 bis Abschnitt 3, Teil 6 „Bauverfahren" und Teil 8 „Bauwerksausstattung" von großer Bedeutung. Die dort enthaltenen Regeln gelten zwar unmittelbar für die Phase der Baudurchführung, sie müssen teilweise aber auch bereits bei der Entwurfsaufstellung beachtet werden. Beispiele dafür sind die in Teil 3, Abschnitt 1 enthaltenen Vorgaben für Expositionsklassen von Beton, die in Teil 3, Abschnitt 2 enthaltenen Mindestabmessungen von Bauteilen oder die Anforderungen an Bauverfahren (Teil 6) oder Bauwerksausstattungen (Teil 8).

Im Regelwerksteil „Technische Lieferbedingungen und Technische Prüfvorschriften für Ingenieurbauten (TL/TP-ING)" sind die entsprechenden Regeln für Bauprodukte von Brücken und Ingenieurbauten zusammengefasst. Das „Merkblatt für die Bauüberwachung von Ingenieurbauten (M-BÜ-ING)" unterstützt die Arbeit der Bauüberwachungen, indem es die maßgebenden Regeln aus verschiedenen Regelwerken zusammenträgt und thematisch übersichtlich sortiert.

Sachgebiet Erhaltung

Im Sachgebiet Erhaltung stehen zurZeit zwei Teile zur Verfügung. Die „Anweisung Straßeninformationsbank, Teilsystem Bauwerksdaten" (ASB-ING) regelt die Bestandsdatenerfassung von Brücken und Ingenieurbauten, die die elementare Datengrundlage für Bauwerksprüfungen und für das Bauwerkserhaltungsmanagement liefert. Die „Richtlinien für die Erhaltung von Ingenieurbauten" (RI-ERH-ING) bestehen aus einer Sammlung mehrerer Richtlinien und Leitfäden: Richtlinie zur einheitlichen Erfassung, Bewertung, Aufzeichnung und Auswertung von Ergebnissen der Bauwerksprüfungen nach DIN 1076, Richtlinie zur Planung von Erhaltungsmaßnahmen an Ingenieurbauten, Leitfaden Objektbezogene Schadensanalyse, Richtlinie zur Durchführung von Wirtschaftlichkeitsuntersuchungen im Rahmen von Instandsetzungs- oder Erneuerungsmaßnahmen bei Straßenbrücken sowie den Richtlinien für die Erhaltung des Korrosionsschutzes von Stahlbauten.

ZTV-ING Inhalt

Teil		Abschnitt	
1	Allgemeines	1	Grundsätzliches
		2	Technische Bearbeitung
		3	Prüfungen während der Ausführung
2	Grundbau	1	Baugruben
		2	Gründungen
		3	Wasserhaltung
		4	Stützkonstruktionen
3	Massivbau	1	Beton
		2	Bauausführung
		3	Bauwerksfugen
		4	Schutz und Instandsetzung von Betonbauteilen
		5	Füllen von Rissen und Hohlräumen in Betonbauteilen
		6	Mauerwerk
4	Stahlbau, Stahlverbundbau	1	Stahlbau
		2	Stahlverbundbau
		3	Korrosionsschutz von Stahlbauten
		4	Seile und Kabel
		5	Korrosionsschutz von Seilen und Kabeln
5	Tunnelbau	1	Geschlossene Bauweise
		2	Offene Bauweise
		3	Maschinelle Schildvortriebsverfahren
		4	Betriebstechnische Ausstattung
		5	Abdichtung
6	Bauverfahren	1	Traggerüste
		2	Taktschiebeverfahren
		3	Schutzeinrichtungen gegen Witterungseinflüsse
7	Brückenbeläge	1	Brückenbeläge auf Beton mit einer Dichtungsschicht aus einer Bitumen-Schweißbahn
		2	Brückenbeläge auf Beton mit einer Dichtungsschicht aus zwei Bitumen-Schweißbahnen
		3	Brückenbeläge auf Beton mit einer Dichtungsschicht aus Flüssigkunststoff
		4	Brückenbeläge auf Stahl mit einem Dichtungssystem
		5	Reaktionsharzgebundene Dünnbeläge auf Stahl
8	Bauwerksausstattung	1	Fahrbahnübergänge aus Stahl und aus Elastomer
		2	Fahrbahnübergänge aus Asphalt
		3	Lager und Gelenke
		4	Absturzsicherungen
		5	Entwässerungen
		6	Befestigungseinrichtungen
9	Bauwerke	1	Verkehrszeichenbrücken
		2	Bewegliche Brücken
		3	Lärmschutzwände
		4	Wellstahlbauwerke
10	Anhang	1	Normen und sonstige Technische Regelwerke

Abb. E. 3.2: Inhaltsübersicht der ZTV-ING

B Bemessung und Konstruktion von Betonbrücken gemäß DIN EN 1992-1-1, DIN EN 1992-2 und DIN EN 1992-2/NA

1 Allgemeines

1.1 Anwendungsbereich

DIN EN 1992-2 gilt in Verbindung mit DIN EN 1992-1-1 und DIN EN 1992-2/NA zusammengefasst im DIN-Handbuch „Betonbrücken" für Tragwerke bzw. Bauteile aus Beton, Stahlbeton und Spannbeton in Ortbeton- und Fertigteilbauweise. Geregelt ist die Vorspannung mit Spanngliedern im sofortigen, im nachträglichen oder ohne Verbund, wobei Letztere extern oder intern angeordnet werden können. Die Vorspannkraft ergibt sich i.d.R. aus dem Nachweis der Dekompression oder der Einhaltung zulässiger Betonrandzugspannungen unter definierten Einwirkungskombinationen.

1.2 Normative Verweisungen

Für die Eigenschaften und die Verwendung von Betonstahl gelten bis auf Weiteres die Normenreihe DIN 488 bzw. Zulassungen, da DIN EN 10080 derzeit überarbeitet wird.

Für die Eigenschaften und die Verwendung von Spannstahl gelten in Deutschland ausschließlich die entsprechenden Zulassungen, solange DIN EN 10138 nicht überarbeitet und bauaufsichtlich eingeführt ist.

Die in Deutschland geltenden europäischen Normen für die Bauausführung im Betonbau sind DIN EN 13670, Ausgabe 2011-03, zusammen mit dem nationalen Anwendungsdokument DIN 1045-3, Ausgabe 2012-03. Mit Einführung dieser Normen wird DIN 1045-3, Ausgabe 2008 zurückgezogen.

2 Grundlagen für die Tragwerksplanung

2.1 Anforderungen

Die Erfüllung der grundlegenden Entwurfsanforderungen an die Tragwerke wird nach DIN EN 1992-2 nachgewiesen durch die Einhaltung der

- Grenzzustände der Tragfähigkeit (GZT)
- Grenzzustände der Gebrauchstauglichkeit (GZG)
- Regeln für die konstruktive Durchbildung.

Darüber hinaus sind ergänzende Anforderungen an die Dauerhaftigkeit zu beachten.

DIN EN 1992-2 liegt ebenso wie DIN EN 1992-1-1 das Sicherheitskonzept nach DIN EN 1990 zugrunde. Darüber hinaus enthält DIN EN 1992-2 zusätzliche und bauartspezifische Festlegungen zum Sicherheitskonzept. Diese beziehen sich auf die nichtlinearen Berechnungsverfahren, die Nachweise gegen Ermüdung und die Behandlung der Vorspannung. Die Teilsicherheitsbeiwerte und anderen Sicherheitselemente sind insgesamt so festgelegt, dass die Anforderungen für die Zuverlässigkeitsklasse RC2 nach DIN EN 1990 erfüllt sind.

Die festgelegten Sicherheitselemente können je nach Anwendung multiplikativ oder additiv sein. Die Einwirkungen sind nach der Normenreihe DIN EN 1991 zu verwenden, die Einwirkungskombinationen nach DIN EN 1990 anzusetzen.

2.2 Grundsätzliches zur Bemessung mit Grenzzuständen

Bei Tragwerken aus Stahlbeton und Spannbeton ist durch die rechnerischen Nachweise für die Grenzzustände zu prüfen, ob das Verhalten des Tragwerks innerhalb der festgelegten Grenzen liegt.

Es wird unterschieden zwischen rechnerischen Nachweisen in den Grenzzuständen der Tragfähigkeit (GZT) und der Gebrauchstauglichkeit (GZG), mit denen das geforderte Zuverlässigkeitsniveau sichergestellt wird.

Durch die Nachweise in den GZT wird ein ausreichender Sicherheitsabstand gegen Tragwerksversagen realisiert. Dazu gehören die Nachweise gegen Erreichen kritischer Dehnungszustände in den höchstbeanspruchten Querschnitten ggf. unter Berücksichtigung der Einflüsse der Tragwerksverformungen nach Theorie 2. Ordnung, Verlust des globalen Gleichgewichts, Versagen ohne Vorankündigung bei einem Verlust des inneren Tragwiderstands sowie gegen Ermüdung.

Im Einzelnen sind bei Tragwerken aus Stahlbeton und Spannbeton die folgenden Nachweise zu führen:

- GZT für Biegung mit und ohne Normalkraft,
- GZT für Querkraft,
- GZT für Torsion,
- GZT für Durchstanzen,
- GZT beeinflusst durch Tragwerksverformung,
- GZT infolge Materialermüdung.

Das allgemeine Nachweisformat ist wie folgt definiert:

$$E_d \leq R_d$$

Einer definierten Überbelastung (Teilsicherheitsbeiwerte γ_E auf die charakteristischen Werte der Einwirkungen) wird der Tragwiderstand einer lokalen Fehlstelle (Teilsicherheitsbeiwert γ_R auf die charakteristischen Werte der Materialeigenschaften) gegenübergestellt.

Für die Nachweise in den GZG ist das tatsächliche Verhalten der Bauwerke unter den während der Nutzungsdauer zu erwartenden Einwirkungen maßgebend. Durch die Nachweise in den GZG sollen die Anforderungen an das Verhalten der Tragwerke unter den planmäßigen Nutzungsbedingungen erfüllt werden. Der GZG bezeichnet einen Tragwerkszustand, bei dessen Erreichen die vereinbarten Anforderungen gerade noch erfüllt werden.

Während bei den Nachweisen in den GZT die Tragfähigkeit und Sicherheitsanforderungen im Mittelpunkt stehen, besteht das Ziel der Gebrauchstauglichkeitsnachweise darin, Dauerhaftigkeit, Funktion und das Erscheinungsbild des Bauwerks zu gewährleisten.

Die Bemessungskriterien der Gebrauchstauglichkeit beziehen sich auf:
– Dekompression,
– Begrenzung der Spannungen,
– Rissbildung bzw. Begrenzung der Rissbreiten,
– Verformungen,
– Schwingungsverhalten bei schlanken Konstruktionen.

Das allg. Nachweisformat ist wie folgt definiert:

$$E_d \leq C_d$$

Dabei ist C_d der Grenzwert einer bestimmten Zustandsgröße im Gebrauchszustand unter einer definierten Einwirkungskombination, wie beispielsweise eine zulässige Rissbreite oder eine zulässige Stahl- oder Betonspannung.

2.3 Basisvariablen

Der Abschnitt 2.3 Basisvariablen der DIN EN 1992-2 enthält u. a. Regelungen zur Berücksichtigung von Temperatureinwirkungen, Setzungsunterschieden und der Vorspannwirkung bei den Nachweisen im GZG und GZT. Durch den Nationalen Anhang wurden zusätzliche Regelungen zur Behandlung der entsprechenden Auswirkungen (Zwangsschnittgrößen) ergänzt. Diese zusätzlichen Regelungen wurden über den Nationalen Anhang aus DIN-Fachbericht 102 (Ausgabe 2009) übernommen.

Die Zwangsschnittgrößen sind direkt proportional von den absoluten Steifigkeiten abhängig. Die ergänzenden Regelungen berücksichtigen den Abbau der Zwangsschnittgrößen infolge Temperatureinwirkungen und Setzungsdifferenzen bei einem Abfall der Steifigkeiten infolge einer Rissbildung. Dabei sind die Verformungseinwirkungen mit ihren Teilsicherheitsbeiwerten für Einwirkungen zu berücksichtigen. Werden die Zwangsschnittgrößen auf der Grundlage der Steifigkeiten nach Zustand I berechnet, dürfen sie vereinfachend zur Berücksichtigung des Steifigkeitsabfalls durch Rissbildung auf ihren 0,6-fachen Wert abgemindert werden.

Erfolgt eine genauere Berechnung mit dem nichtlinearen Verfahren, so sind die Zwangsschnittgrößen infolge Temperatureinwirkungen und unterschiedlichen Stützensenkungen mindestens mit dem 0,4-fachen Wert der entsprechenden Zwangsschnittgrößen nach Zustand I anzusetzen.

Temperatureinwirkungen sind als veränderliche Einwirkungen mit einem Teilsicherheitsbeiwert $\gamma_Q = 1,35$ und Setzungsunterschiede als ständige Einwirkungen mit einem Teilsicherheitsbeiwert von $\gamma_{G,set} = 1,0$ zu berücksichtigen.

Dagegen handelt es sich bei dem statisch unbestimmten Anteil der Schnittgrößen aus Vorspannung nicht um eine gewöhnliche Zwangsschnittgröße [König/Maurer – 93], [Maurer/ Arnold – 09]. Der statisch unbestimmte Anteil aus der Vorspannung darf daher nicht infolge eines Steifigkeitsabfalls durch Rissbildung abgemindert werden.

Die Regelungen zur Behandlung der Zwangsschnittgrößen nach DIN EN 1992-2 unterscheiden sich von denen nach DIN EN 1991-1-1.

Des Weiteren enthält der Abschnitt 2.3 Aussagen zu den Auswirkungen aus den zeitabhängigen Verformungsverhalten des Betons. Die Auswirkungen aus dem Kriechen und Schwinden auf die Spannungszustände und Schnittgrößenverteilungen in den Tragwerken sind im Allgemeinen bei den Nachweisen in den GZG und GZT zu berücksichtigen. Beispiele hierzu sind Fertigteilträger mit Ortbetonergänzung, Schnittgrößenumlagerungen bei abschnittsweiser Herstellung oder bei Systemwechseln.

2.4 Nachweisverfahren mit Teilsicherheitsbeiwerten

Abschnitt 2.4 enthält zusätzliche bauartspezifische Angaben zu den anzusetzenden Teilsicherheitsbeiwerten.

Werden bei der Bemessung im GZT Zwangsschnittgrößen infolge Schwindens des Betons berücksichtigt, so werden diese als ständige Einwirkungen mit dem Teilsicherheitsbeiwert $\gamma_{SH} = 1,0$ behandelt.

Bei den Nachweisen im GZT darf im Allgemeinen der Mittelwert der Vorspannkraft $P_{m,t}$ als Bemessungswert angesetzt werden. Da sich bei den Nachweisen im GZT die Vorspannkraft nicht im gleichen Maße wie die γ-fachen Lasteinwirkungen ändert, gilt im Allgemeinen für den Teilsicherheitsbeiwert

$\gamma_P = \gamma_{P,fav} = \gamma_{P,unfav} = 1,0$

Eine Ausnahme besteht bei der Ermittlung der Spaltzugbewehrung. Hierbei ist P_{max} zugrunde zu legen und der Teilsicherheitsbeiwert ist mit $\gamma_{P,unfav} = 1,35$ zu berücksichtigen.

Für die Teilsicherheitsbeiwerte der Baustoffe zur Ermittlung des Tragwiderstands gelten die Angaben in DIN EN 1992-2, Tab. 2.1DE, die hier als Tafel E. 2.1 wiedergegeben ist.

Tafel E. 2.1: Teilsicherheitsbeiwerte für Baustoffe in den Grenzzuständen der Tragfähigkeit

Bemessungs-situationen	γ_C für Beton	γ_S für Betonstahl oder Spannstahl
ständig und vorübergehend	1,5	1,15
Außergewöhnlich	1,3	1,00
Ermüdung	1,5	1,15

Die allgemeinen Kombinationsregeln für die Nachweise in den GZT und GZG sind im Kapitel 6 der DIN EN 1990 enthalten.

Einwirkungskombinationen zur Bestimmung von E_d im GZT:

- ständige oder vorübergehende Bemessungssituation

$$\sum_{j\geq 1} \gamma_{Gj} \cdot G_{kj} \text{"+"} \gamma_P \cdot P \text{"+"} \gamma_{Q1} \cdot Q_{k1} \text{"+"} \sum_{i>1} \gamma_{Qi} \cdot \psi_{0i} \cdot Q_{ki}$$

- außergewöhnliche Bemessungssituation

$$\sum_{j\geq 1} G_{kj} \text{"+"} P \text{"+"} A_d \text{"+"} \psi_{1,1} \cdot Q_{k,1} \text{"+"} \sum_{i\geq 1} \psi_{2,i} \cdot Q_{ki}$$

Für den Nachweis der Lagesicherheit, z. B. Abheben von Lagern, gelten die EQU-Bemessungssituationen nach DIN EN 1990.

Einwirkungskombinationen zur Bestimmung von E_d im GZG:

Bei den Nachweisen in den GZG sind alle Teilsicherheitsbeiwerte auf $\gamma_F = 1,0$ zu setzen. Es gelten künftig nur noch die folgenden 3 Kombinationen, da die nicht-häufige Kombination entfallen ist

Charakteristische (seltene) Kombination

$$\sum_{j\geq 1} G_{k,j} \text{"+"} P_k \text{"+"} Q_{k1} \text{"+"} \sum_{i>1} \psi_{0,i} \cdot Q_{k,i}$$

Häufige Kombination

$$\sum_{j\geq 1} G_{k,j} \text{"+"} P_k \text{"+"} \psi_{1,1} \cdot Q_{k1} \text{"+"} \sum_{i>1} \psi_{2,i} \cdot Q_{k,i}$$

Quasi-ständige Kombination

$$\sum_{j\geq 1} G_{k,j} \text{"+"} P_k \text{"+"} \sum_{i\geq 1} \psi_{2,i} \cdot Q_{k,i}$$

2.5 Versuchsgestützte Bemessung

Die Anwendung der versuchsgestützten Bemessung im Rahmen der Tragwerksplanung bedarf der Zustimmung der zuständigen Bauaufsichtsbehörde.

Im Hinblick auf das Sicherheitskonzept sind Kapitel 5 und Anhang D der DIN EN 1990 zu beachten.

2.6 Zusätzliche Anforderungen an Gründungen

Wenn die Boden-Bauwerk-Interaktion die Schnittgrößenverteilung beeinflusst, muss sie angemessen berücksichtigt werden, z.B. beim Ansatz der horizontalen Bettung bei einer Pfahlgruppe (Gruppenwirkung) oder bei fugenlosen Bauwerken.

An der Schnittstelle zwischen Bauwerk und Baugrund ist aufgrund der nicht durchgängig kompatiblen Sicherheitskonzepte in Eurocode 2 und Eurocode 7 der normative Anhang G zu berücksichtigen. Die darin enthaltenen Regelungen wurden vom DIN-Fachbericht 102, Ausgabe 2009 übernommen. Für den Bereich der Geotechnik gelten die Normen DIN EN 1997-1, DIN EN 1997-1/NA und DIN 1054.

2.7 Anforderungen an Befestigungsmittel

In Deutschland sind Befestigungsmittel über allgemeine bauaufsichtliche Zulassungen (abZ) oder europäische technische Zulassungen (ETA) geregelt. Harmonisierte europäische Normen (hEN) für Befestigungsmittel gibt es bisher nicht. Die europäische Norm mit dem Titel „Bemessung der Verankerung von Befestigungen in Beton" liegt derzeit lediglich als Entwurf EN 1992-4 vor.

Bei Befestigungsmitteln, die durch europäische technische Zulassungen geregelt sind, ist zu beachten, dass in Deutschland für eine Reihe von Bauprodukten ergänzende Anwendungsregeln zu beachten sind. Dies können abZ für die Anwendung des jeweiligen Bauprodukts sein.

Für die Nachweisführung wichtig sind die Angaben zum Bemessungsverfahren sowie die Anhänge mit Werkstoff- und Montagedaten und den charakteristischen Widerstandswerten.

2.8 Bautechnische Unterlagen

Die Regeln für das Aufstellen von Bautechnischen Unterlagen waren bisher in DIN 1045-3 „Tragwerke aus Beton, Stahlbeton und Spannbeton – Teil 3: Bauausführung enthalten. Diese Norm wird bei der Umstellung auf die Eurocodes durch DIN EN 13670 in Verbindung mit dem Nationalen Anwendungsdokument DIN 1045-3:2012 ersetzt. In beiden Regelwerken sind die Regeln zu den Bautechnischen Unterlagen aber nicht mehr vorhanden. Daher wurden sie als Nationale Ergänzung in DIN EN 1992-2/NA, NA.2.8 aufgenommen. Für Ingenieurbauten an Straßen sind darüber hinaus besondere Regeln zu beachten, die in den ZTV-ING enthalten sind. Für andere Anwendungsbereiche, z. B. Wasserstraßen und Eisenbahnen, sind entsprechende bauherrenspezifische Regeln zu beachten.

3 Baustoffe

Die für die Bemessung benötigten charakteristischen Werte der Baustoffeigenschaften sind in DIN EN 1992-2 Kapitel 3 geregelt. Ebenso die Kenngrößen für die mittleren elastischen und zeitabhängigen Verformungseigenschaften sowie die Spannungs-Dehnungs-Linien für die nichtlinearen Verfahren und die Querschnittsbemessung. Diese Regelungen sind weitgehend identisch mit den entsprechenden Angaben in DIN EN 1992-1-1, so dass auf die entsprechenden Erläuterungen in [DAfStb Heft 600 – 13] und [Fingerloos et al. – 12] verwiesen werden kann. Im Folgenden werden daher nur im Wesentlichen die zusätzlichen spezifischen Regelungen für Betonbrücken sowie die gegenüber DIN EN 1992-1-1 etwas abweichende Regelung zur Ermittlung der Schwinddehnung des Betons behandelt.

3.1 Beton

Festigkeitseigenschaften

Der Geltungsbereich von DIN EN 1992-2 umfasst in erster Linie Stahlbeton- und Spannbetonbrücken unter Verwendung von Normalbeton. Für C_{min} und C_{max} gelten die Angaben in der folgenden Tafel E. 3.1.

Tafel E. 3.1: Betonfestigkeitsklassen C_{min} bzw. C_{max} für ein Alter von 28 Tagen

Beton	C_{min}	C_{max}
Unbewehrt	C12/15	C50/60
Stahlbeton	C20/25	C50/60
Spannbeton	C30/37	C50/60

Danach soll für Stahlbetonbauteile der Beton mindestens der Festigkeitsklasse C20/25 und für Spannbetonbauteile der Festigkeitsklasse C30/37 entsprechen.

Für die sog. hochfesten Betone oberhalb der Festigkeitsklasse C50/60 ist nach wie vor eine Zustimmung im Einzelfall erforderlich. Die hochfesten Betone bedürfen eines erhöhten Aufwands im Rahmen der Qualitätssicherung, um die angestrebten Festigkeiten auf der Baustelle zielsicher zu erreichen. Diese Betone reagieren auf Schwankungen bei den Ausgangsstoffen und in der Zusammensetzung wesentlich empfindlicher als die normalfesten Betone. Daher werden sie in DIN EN 1992-2/NA nicht allgemein zur Anwendung freigegeben.

Der Eurocode 2 enthält auch Regelungen für Bauteile und Tragwerke aus Leichtbeton. Letzterer darf im Geltungsbereich von DIN EN 1992-2 jedoch ebenfalls nur mit Zustimmung der zuständigen Bauaufsichtsbehörde angewendet werden.

Zusätzlich zu beachten sind die Vorgaben der ZTV-ING, Teil 3 Massivbau, Abschnitt 1 Beton. Für die Qualitätssicherung bei der Bauausführung ist in aller Regel die Überwachungsklasse 2 zugrunde zu legen.

Als Spannungs-Dehnungs-Linie für die Querschnittsbemessung ist in DIN EN 1992-2 lediglich das Parabel-Rechteck-Diagramm dargestellt Abb. E. 3.1. Die vereinfachte bilineare Spannungs-Dehnungs-Linie sowie der stark idealisierte Spannungsblock dürfen nach wie vor auch verwendet werden, sind in DIN EN 1992-2 jedoch nicht mehr dargestellt, da sie im Hinblick auf die weit verbreitete Anwendung von Bemessungssoftware stark an Bedeutung verloren haben. Im Bedarfsfall sind die notwendigen Angaben in DIN EN 1992-1-1 zu finden.

Der Bemessungswert der Betondruckfestigkeit f_{cd} ergibt sich zu

$$f_{cd} = \alpha_{cc} \cdot \frac{f_{ck}}{\gamma_C}$$

Neu gegenüber DIN-Fachbericht 102 ist, dass auch ein Bemessungswert der Betonzugfestigkeit f_{ctd} definiert ist.

$$f_{ctd} = \alpha_{ct} \cdot \frac{f_{ctk;0,05}}{\gamma_C}$$

Dabei ist

$\gamma_C = 1{,}5$ der Teilsicherheitsbeiwert für Beton nach DIN EN 1992-2, 2.4.2.4

$\alpha_{cc} = 0{,}85$ Beiwert zur Berücksichtigung der Dauerstanddruckfestigkeit und ungünstiger Auswirkungen durch die Art der Beanspruchung

$\alpha_{ct} = 0{,}85$ Beiwert zur Berücksichtigung der Dauerstandzugfestigkeit und ungünstiger Auswirkungen durch die Art der Beanspruchung

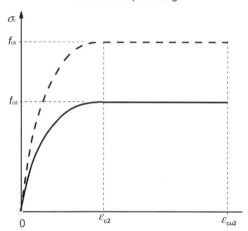

Abb. E. 3.1: Parabel-Rechteck-Diagramm für Beton unter Druck

Ebenfalls neu gegenüber DIN-Fachbericht 102 ist, dass der Festigkeitsanstieg des Betons unter einer mehraxialen Druckbeanspruchung nach DIN EN 1992-2, 3.1.9 rechnerisch berücksichtigt werden darf. Dabei dürfen neben den erhöhten charakteristischen Festigkeiten auch erhöhte Grenzwerte für die Dehnungen in Ansatz gebracht werden.

Grundlage ist ein räumlicher Druckspannungszustand mit der Hauptdruckbeanspruchung $\sigma_1 = f_{ck,c}$ und den betragsmäßig kleineren Druckspannungen $\sigma_2 = \sigma_3$ infolge einer Querdehnungsbehinderung. Die Behinderung der Querdehnung kann dabei auch durch die Umschnürungswirkung durch geschlossene Bügel erzeugt werden.

Mehraxiale Druckspannungszustände treten beispielsweise in Bereichen mit örtlich konzentrierten Lasteinleitungen auf.

Verformungseigenschaften

DIN EN 1992-2 enthält Richtwerte für den Elastizitätsmodul des Betons E_{cm} als Sekantenwert zwischen $\sigma_c = 0$ und $0{,}4\,f_{cm}$. In diesem Bereich verhält sich der Beton annähernd linear. Allerdings kann der tatsächliche E-Modul um bis zu 30 % von den angegebenen Richtwerten, die als Mittelwerte für Betone mit quarzithaltigen Gesteinskörnungen gelten, abweichen. Neben der Zementsteinqualität und -menge, vom Verbund zwischen Zementstein und Gesteinskörnung wird der E-Modul vor allem von der Art der Gesteinskörnung beeinflusst, da die verschiedenen Gesteinsarten unterschiedliche Steifigkeiten aufweisen. Daher kann der tatsächliche E-Modul je nach verwendeter Gesteinskörnung um bis zu 20 % größer oder bis zu 30 % kleiner als die Normwerte ausfallen. Daher sollte der E-Modul in besonderen Fällen, wenn er einen wesentlichen Einfluss auf das Verhalten des Tragwerks hat, im Rahmen einer Erstprüfung für den vorgesehenen Beton aus örtlichen Gesteinskörnungen bestimmt werden.

Die Richtwerte für den E-Modul von Beton aus quarzitischen Gesteinskörnungen werden wie folgt bestimmt.

$$E_{cm} = 22\,000\,(f_{cm}/10)^{0,3}$$

Hiermit ergeben sich gegenüber DIN-Fachbericht 102 höhere E-Moduln (Abb. E. 3.2). Diese Werte wurden jedoch im aktuellen Eurocode 2 auf europäischer Ebene als geeignet angesehen. Damit errechnen sich größere Steifigkeiten, die sich bei Verformungsberechnungen günstig, bei Zwangsschnittgrößen jedoch ungünstig auswirken.

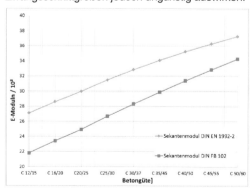

Abb. E. 3.2: Vergleich der E-Moduln nach DIN-FB 102 und DIN EN 1992-2 [DAfStb-H 600 – 13]

Die Kriechzahlen nach DIN EN 1992-2 sind für die Betonfestigkeitsklassen < C30/35 geringfügig kleiner als nach DIN-Fachbericht 102, bei den höheren Festigkeitsklassen ergeben sich keine Unterschiede.

Dagegen ergeben sich auf der Grundlage der europäischen Normung nach DIN EN 1992-1-1 deutlich kleinere Schwinddehnungen als nach DIN-Fachbericht 102 (Abb. E. 3.3). Allerdings wurde in DIN EN 1992-2, Anhang B, ein zusätzlicher Sicherheitsfaktor für die Schwinddehnung zur Abschätzung der Unsicherheiten bei einer Betrachtung über sehr lange Zeiträume berücksichtigt. Dadurch ergeben sich gegenüber DIN EN 1992-1-1 größere Schwinddehnungen, die aber immer noch unterhalb der Werte nach DIN-Fachbericht 102 liegen.

Die Festlegung für die Schwinddehnung erfolgte gegenüber dem Hochbau bewusst konservativer, da den Schwinddehnungen im Brückenbau beispielsweise bei den Bewegungen an Lagern und Fahrbahnübergängen, den Spannkraftverlusten oder bei integralen Bauwerken eine maßgebliche und auch sicherheitsrelevante Bedeutung zukommen kann.

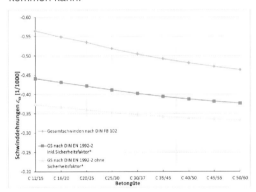

Abb. E. 3.3: Vergleich der Schwinddehnungen nach DIN-Fachbericht 102 und DIN EN 1992-2

3.2 Betonstahl

Im Geltungsbereich der DIN EN 1992-2 ist ausschließlich gerippter Betonstabstahl bzw. Betonstabstahl vom Ring nach den Normen der Reihe DIN 488 oder nach allgemeinen bauaufsichtlichen Zulassungen (abZ) zu verwenden. Für Brücken sind nur die Duktilitätsklassen B und C zu verwenden.

In DIN 488-1:2009-08 und DIN EN 1992-2 wird hochduktiler Stahl (B) mit B500B statt BSt500(B) in DIN-Fachbericht 102 bezeichnet. Weiterhin umfassen die Regelungen in der Normenreihe DIN 488 den Durchmesserbereich bis einschließlich 40 mm. Dies machte in DIN EN 1992-2 zu- sätzliche Bemessungs- und Konstruktionsregeln für große Stabdurchmesser erforderlich, die bisher in den abZ enthalten waren. Daher können diese künftig ohne abZ als genormte Betonstähle verwendet werden. Allerdings bedarf die Verwendung von $d > 32$ mm der Zustimmung der zuständigen Bauaufsichtsbehörde. Für $d > 40$ mm sind auch künftig abZ erforderlich.

Für spezielle Anwendungen, z. B. für Bauwerke in Erdbebengebieten, sind neben den Stählen der Duktilitätsklassen A und B noch Stähle mit sehr hoher Duktilität der Klasse C verfügbar, für die in Deutschland jedoch eine abZ erforderlich ist.

Bei Brücken wirken sich die Schweißpunkte der Betonstahlmatten sehr ungünstig und stark mindernd auf die Ermüdungsfestigkeit aus. Überdies weisen Betonstahlmatten gegenüber einer Bewehrung aus Betonstabstahl nur beschränkte Querschnittsflächen a_s auf. Daher enthält DIN EN 1992-2 ebenso wie DIN-Fachbericht 102 keine Regelungen für Betonstahlmatten. Für Sonderfälle können diese DIN EN 1991-1-1 entnommen werden.

Bei Brücken darf auch Betonstabstahl i. A. nicht geschweißt werden, wenn Ermüdung maßgebend ist, da die Ermüdungsfestigkeit durch Schweißverbindungen signifikant vermindert wird. Es handelt sich hierbei um eine Regelung, um für die Bauwerke konstruktiv ein günstiges Ermüdungsverhalten sicherzustellen.

Die Bemessungs- und Konstruktionsregeln in DIN EN 1992-2 gelten für Betonstahl mit einem charakteristischen Wert der Streckgrenze von $f_{yk} = 500$ N/mm².

Die anzusetzenden Spannungs-Dehnungs-Linien des Betonstahls für die nichtlinearen Verfahren und die Querschnittsbemessung stimmen mit DIN EN 1992-1-1 überein, so dass hierzu auf die Erläuterungen in [DAfStb-H 600 – 13] und [Fingerloos – 12] verwiesen werden kann

3.3 Spannstahl

Bis zur bauaufsichtlichen Einführung von DIN EN 10138 gelten für die Spannstähle die Festlegungen der abZ, denen die charakteristischen Werte $f_{p0,1k}$, f_{pk} und ε_{uk} zu entnehmen sind.

Im Hinblick auf die übereinstimmenden Spannungs-Dehnungs-Linien wird auf die entsprechenden Erläuterungen zu DIN EN 1992-1-1 in [DAfStb-H 600 – 13] und [Fingerloos et al. – 12] verwiesen.

3.4 Komponenten von Spannsystemen

Für die Verwendung von Spannverfahren ist stets eine allgemeine bauaufsichtliche Zulassung (abZ) oder eine Europäische Technische Zulassung (ETA) erforderlich, da die allgemeinen Regelungen in EC 2 zu den Spannverfahren unzureichend sind.

Seit Einführung von DIN Fachbericht 102 sind vom Deutschen Institut für Bautechnik (DIBt) die allgemeinen bauaufsichtlichen Zulassungen (abZ) für Spannverfahren auf die Anforderungen dieser Zulassungsleitlinie angepasst worden. Parallel dazu wurden von den europäischen Zulassungsstellen auch Europäische Technische Zulassungen (ETA) für Spannverfahren nach ETAG 013 erteilt. Es stellt sich heraus, dass es in Europa unterschiedliche Auffassungen und Traditionen zum Inhalt der Spannverfahrenzulassungen in wichtigen Details gibt. Deshalb dürfen ETA in Deutschland nur mit einer zugehörigen Anwendungszulassung (Z-13.7…) des DIBt angewendet werden. Dies wird insbesondere für Straßenbrücken durch die „Hinweise zu den ZTV-ING, Teil 3 – Abschnitt 2" vorgeschrieben. Mit der Anwendungszulassung wird die jeweilige ETA so vervollständigt und in die nationalen Vorschriften eingebettet, dass sie als gleichwertig zu dem allgemeingültigen technischen Standard der abZ gelten kann.

Durch den Wechsel des Technischen Regelwerks von DIN 1045-1 bzw. DIN Fachbericht 102 zum den Eurocode 2 verlieren viele Spannverfahrenzulassungen formal ihren Geltungsbereich für die Anwendung. Da aber ein hohes Maß an Übereinstimmung zwischen DIN 1045-1 bzw. DIN-Fachbericht 102 und den zukünftig geltenden Eurocode 2 besteht, können gemäß den Vorbemerkungen zur Aufnahme der Eurocodes in die Musterliste der Technischen Baubestimmungen die Zulassungen, die noch nicht auf den Geltungsbereich des Eurocode 2 umgestellt sind, grundsätzlich weiterhin verwendet werden. Dabei sind allerdings einige in den Zulassungen enthaltene Regelwerksbezüge oder Bezeichnungen auf das neue technische Regelwerk anzupassen bzw. analog zu verwenden. Im Detail wird dies vom DIBt mit den Zulassungsinhabern geregelt und kann dort von den Anwendern abgefragt werden. Diese Verfahrensweise stellt eine Übergangslösung dar. Zulassungen für Spannverfahren, die nach dem 1. Juli 2012 erteilt, verändert oder verlängert werden, sollen sukzessive auf das neue technische Regelwerk angepasst werden.

4 Dauerhaftigkeit und Betondeckung

4.1 Allgemeines

Eine angemessene Dauerhaftigkeit des Tragwerks gilt als sichergestellt, wenn neben den Anforderungen aus den Nachweisen in den Grenzzuständen der Tragfähigkeit und Gebrauchstauglichkeit und den konstruktiven Regeln die technischen Regeln für die Anforderungen an den Beton, die Betondeckung und die Bauausführung erfüllt sind.

Außer den Anforderungen der DIN EN 1992-2 sind dabei für Brücken und Ingenieurbauten an Straßen zu beachten DIN EN 206-1, DIN 1045-2 und ZTV-ING für die Eigenschaften und Zusammensetzung von Beton sowie DIN 1045-3 bzw. DIN EN 13670 mit dem nationalen Anwendungsdokument DIN 1045-3 und ZTV-ING für die Bauausführung.

4.2 Umgebungsbedingungen, Anforderungen an Beton und Betondeckung

Die Umgebungsbedingungen sind allgemein durch chemische und physikalische Einflüsse gekennzeichnet, denen ein Tragwerk als Ganzes, einzelne Bauteile, der Spann- und Betonstahl sowie der Beton selbst ausgesetzt sind und die bei den Nachweisen in den Grenzzuständen der Tragfähigkeit und der Gebrauchstauglichkeit nicht direkt berücksichtigt werden. Die konkrete Klassifizierung der Umgebungsbedingungen darf gemäß Eurocode 2 national festgelegt werden.

In DIN EN 1992-1-1/NA ist dies durch Tabelle 4.1DE geschehen, indem die jeweilige Expositionsklasse mit einer allgemeinen Beschreibung des Korrosions- oder Angriffsrisikos und konkreten Beispielen für die Zuordnung erläutert wird. Für den Bereich des Brücken- und Ingenieurbaus an Straßen ist diese Tabelle in aller Regel entbehrlich, da in der Straßenbauverwaltung umfangreiche Erfahrungswerte für die dort vorkommenden Anwendungsfälle vorliegen.

So werden dem Tragwerksplaner in den ZTV-ING für die Zusammensetzung und Eigenschaften von Beton die Festlegungen der Expositionsklassen konkret vorgegeben. Die verschiedenen Bauteile von Brücken und Ingenieurbauten sind dort mit den jeweils maßgebenden Expositionsklassen und Eigenschaften des zu wählenden Betons angegeben. Abweichend von den Regeln in DIN EN 206-1 und DIN 1045-2 lassen die ZTV-ING für Kappenbeton einen w/z-Wert bis 0,5 zu, um höhere Festigkeiten als C25/30 möglichst zu vermeiden. Damit wird die notwendige Menge an Mindestbewehrung zur Rissbreitenbeschränkung verringert und eine wirtschaftlichere Bauweise ermöglicht. Es wird empfohlen, diese Regelung auch für Betonschutzwände an Straßen anzuwenden.

Aus oben genannten Gründen ist auch das in DIN EN 1992-1-1 enthaltene allgemeine Nachweisverfahren für die Bemessung einer dauerhaften Betondeckung bei Brücken und anderen Ingenieurbauwerken an Verkehrswegen entbehrlich. Stattdessen sind die bewährten Werte der Betondeckung gemäß Tafel E.4.1 zu verwenden. Sie wurden unverändert vom DIN-Fachbericht 102 übernommen. Zusätzlich sind Werte für die Mindestbetondeckung zur Sicherstellung des Verbundes in Tafel E.4.2 zu berücksichtigen. Es wird darauf hingewiesen, dass die entsprechenden Regeln für den Hochbau in DIN EN 1992-1-1/NA für Betonbrücken und Ingenieurbauten an Verkehrswegen häufig nicht ausreichende Ergebnisse liefern können, da sie an einem anderen Anforderungsniveau – insbesondere kürzere Nutzungszeiträume – ausgerichtet sind.

Für Fälle, in denen Ortbeton gegen existierende Betonflächen (Fertigteile oder Ortbeton) eingebaut wird, dürfen die Anforderungen an die Mindestbetondeckung zwischen Bewehrung und Kontaktfläche geändert werden. Die Betondeckung muss in diesen Fällen nur die Anforderungen für den Verbund erfüllen, vorausgesetzt, dass folgende Bedingungen gegeben sind:

Tafel E. 4.1: **Mindestmaß und Nennmaß der Betondeckung von Betonstahl für Brücken und andere Ingenieurbauwerke an Verkehrswegen**

Bauteil	$c_{min,dur}$ mm	c_{nom} mm
Überbau	40	45
Kappen und dergleichen bei Straßenbrücken		
- nicht betonberührte Flächen	40	50
- betonberührte Flächen	20	25
Kappen und dgl bei Eisenbahnbrücken		
- nicht betonberührte Flächen	30	35
- betonberührte Flächen	20	25
Unterbauten und dergleichen		
- nicht erdberührte Flächen	40	45
- erdberührte Flächen	50	55

Tafel E. 4.2: **Mindestbetondeckung $c_{min,b}$, Anforderungen zur Sicherstellung des Verbundes**

Verbundbedingung	
Art der Bewehrung	Mindestbetondeckung $c_{min,b}$[1]
Betonstabstahl	Stabdurchmesser ϕ
Stabbündel	Vergleichsdurchmesser ϕ_n (s. 8.9.1)
Hüllrohre von Spanngliedern; Spannglieder im nachträglichen Verbund: – runde Hüllrohre: – rechteckige Hüllrohre $a \cdot b$ (mit $a \leq b$):	$\phi_{duct} \leq 80$ mm max$\{a; b/2\} \leq 80$ mm
Spannglieder im sofortigen Verbund bei Ansatz der Verbundspannungen nach 8.10.2.2: – Litzen, profilierte Drähte:	$c_{min,b} = 2{,}5 \phi_p$

[1] Ist der Nenndurchmesser des Größtkorns der Gesteinskörnung größer als 32 mm, ist in der Regel $c_{min,b}$ um 5 mm zu erhöhen.

- Die vorhandene Betonoberfläche ist nicht für mehr als 28 Tage Außenklima ausgesetzt gewesen.
- Die vorhandene Betonoberfläche ist rau.
- Die Festigkeitsklasse des vorhandenen Betons ist mindestens C25/30.
- Auf den Ausführungsplänen sind die Anforderungen an die Arbeitsfugen anzugeben (z. B. Rauigkeit, Vornässen der Fugen nach DIN EN 13670 bzw. DIN 1045-3)

Ist das Bauteil mehr als 28 Tage dem Außenklima ausgesetzt, wird es als Außenbauteil behandelt.

Spannglieder

Anforderungen der zuständigen Bauaufsichtsbehörden an die Dauerhaftigkeit von Spanngliedern sind in der Regel erfüllt, wenn die Anforderungen der bauaufsichtlichen Zulassung bzw. Europäisch technischen Zulassung mit zugehöriger Anwendungszulassung des Deutschen Instituts für Bautechnik (DIBt) für das Spannverfahren beachtet werden. Für den Korrosionsschutz von Ankerplatten o. Ä., die gemäß Tab. 4.3.1DE und Tab. 4.2 nicht die notwendige Betondeckung für den Korrosionsschutz haben (z. B. Ankerplatten von externen Spanngliedern oder internen Spanngliedern ohne Verbund), sind darüber hinaus die Regeln für den Korrosionsschutz von Stahlbauteilen gemäß ZTV-ING zu beachten.

5 Ermittlung der Schnittgrößen

5.1 Allgemeines

Wesentliche Voraussetzung für die zutreffende Erfassung des Tragverhaltens und der Schnittgrößen ist zunächst eine realitätsnahe Modellierung des Tragsystems. Die Bemessung der Querschnitte, die durch die Schnittgrößen infolge der maßgebenden Einwirkungen beansprucht werden, erfolgt in der Regel auf Schnittgrößenebene.

Die Schnittgrößen lassen sich nach der Art der Einwirkung zweckmäßig unterteilen in Schnittgrößen aus Lasten, aus Vorspannung und aus Zwängungen. Die Schnittgrößen aus Lasten, Vorspannung und Zwängungen werden von einem Abfall der Steifigkeiten durch Rissbildung oder plastische Verformungen in hoch beanspruchten Bereichen (Fließgelenke) unterschiedlich beeinflusst [Maurer/Arnold – 09]. Die Schnittgrößen aus Lasten sind zur Aufrechterhaltung des Gleichgewichts erforderlich. Dagegen sind Zwangsschnittgrößen nicht zur Aufrechterhaltung des Gleichgewichts, sondern lediglich zur Erfüllung der Verträglichkeitsbedingungen erforderlich. Sie sind direkt proportional zur absoluten Systemsteifigkeit.

Die statisch unbestimmten Schnittgrößenanteile aus Vorspannung werden im Gegensatz zu den üblichen Zwangsschnittgrößen auch bei einem Steifigkeitsabfall nicht abgebaut, wie u.a. in [Maurer/Arnold – 09] gezeigt wurde.

So dürfen nach DIN EN 1992-2 im Grenzzustand der Tragfähigkeit (GZT) die Lastschnittgrößen im Rahmen der nachgewiesenen Rotationsfähigkeit der Fließgelenke umgelagert und die Zwangsschnittgrößen abgemindert werden. Die statisch unbestimmten Schnittgrößenanteile aus Vorspannung dürfen allerdings nicht abgemindert werden.

Unabhängig vom gewählten Verfahren, müssen bei der Schnittgrößenermittlung grundsätzlich immer die Gleichgewichtsbedingungen erfüllt werden.

Hat die Bauwerk-Baugrund-Interaktion einen nennenswerten Einfluss auf die Schnittgrößenverteilung im Tragwerk, so müssen die Bodeneigenschaften und die Wechselwirkung nach DIN EN 1997-1 berücksichtigt werden.

In den Eurocodes werden die Schnittgrößen auch als Auswirkungen der Einwirkungen bezeichnet. Als Bezeichnung für eine Auswirkung wird das Formelzeichen „E" (effect of actions) verwendet.

5.2 Imperfektionen

In Tragwerken treten strukturelle und geometrische Imperfektionen auf, die durch geometrische Ersatzimperfektionen berücksichtigt werden.

Strukturelle Imperfektionen sind im Wesentlichen Ungleichmäßigkeiten der Baustoffeigenschaften, rechnerisch nicht berücksichtigte Spannungsumlagerungen im Querschnitt infolge Kriechens und Schwindens des Betons und nichtlinear verteilte Eigenspannungen des Betons.

Geometrische Imperfektionen entstehen durch unvermeidbare Ungenauigkeiten bei der Bauausführung, beispielsweise in Form einer Lotabweichung planmäßig vertikaler Bauteile.

Im Gegensatz zu DIN EN 1992-1-1 enthält DIN EN 1992-2 keine Angaben zum Ansatz der Imperfektionen am räumlichen Gesamttragwerk für die Verhältnisse bei Brücken. Hier sind im Einzelfall objektbezogene sinnvolle Festlegungen zu treffen.

Die Regelungen in DIN EN 1992-2 beziehen sich auf Nachweise am Einzeldruckglied. Die Imperfektionen dürfen durch eine Neigung θ_i dargestellt werden. Die Neigung θ_i ist wie folgt zu ermitteln:

$$\theta_i = \theta_0 \cdot \alpha_h$$

Für den Grundwert gilt: $\theta_0 = \dfrac{1}{200}$

Der Abminderungsfaktor für die Höhe wird durch den NA zu $\alpha_h = 1,0$ festgelegt. Eine Abminderung der Winkelabweichung von der Sollachse mit zunehmender Bauteilhöhe wird also entsprechend dem Erfahrungsbereich der DIN 1075 im Gegensatz zum Hochbau nicht berücksichtigt.

Zusätzlich ist durch Kontrollmessungen während der Bauausführung sicherzustellen, dass die Summe der vorhandenen Bauungenauigkeiten einschl. der Lagerversetzfehler (geometrische Imperfektionen) nicht größer als $l/600$ ist.

Bei Einzeldruckgliedern dürfen die Auswirkungen der Imperfektionen mit einer Lastausmitte e_i berücksichtigt werden (Abb. E. 5.1).

$$e_i = \theta_i \cdot l_0 / 2$$

Alternativ darf eine horizontale Ersatzkraft $H_i = \theta_i \cdot N$ angesetzt werden.

Zusätzlich ist beim Nachweis nach Theorie I. Ordnung für schlanke hohe Pfeiler ein linearer Temperaturunterschied über den Querschnitt der Pfeiler ersatzweise als Anfangsimperfektion zu berücksichtigen.

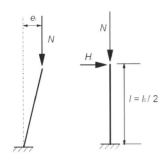

Lastausmitte $e_i = \theta_i \cdot l_0/2$
Horizontalkraft $H_i = \theta_i \cdot N$

Abb. E. 5.1: Beispiel für die Auswirkung geometrischer Imperfektionen. Einzelstütze mit ausmittiger Normalkraft oder alternativ seitlich angreifender Kraft.

5.3 Idealisierungen und Vereinfachungen

Unter dem Abschnitt „Tragwerksmodelle für statische Berechnungen" ist die Regelung zum Einfluss der Profilverformung bzw. Faltwerkwirkung bei Hohlkastenbrücken gemäß DIN 1075, 5.3 als NCI zu finden. Da hierzu keine neueren Untersuchungen vorliegen, wurde die bekannte Regelung, die auch bereits in den DIN-Fachbericht 102 übernommen worden war, beibehalten.

NCI zu 5.3.1 (NA.108):

Ein- und mehrzellige Kastenträger dürfen hinsichtlich der Längsspannungen und der zugehörigen Schubspannungen näherungsweise nach der Theorie des torsionssteifen Stabes behandelt werden, solange die Bedingungen $l_{eff}/h \geq 18$ und $l_a/b \geq 4$ eingehalten sind.

Dabei ist:
- b mittlere Kastenbreite (Außenmaß)
- h mittlere Kastenhöhe (Außenmaß)
- l_{eff} Abstand zwischen den Stützquerträgern
- l_a Abstand der Schotte bzw. Querträger

In allen anderen Fällen ist beim Nachweis gegen Ermüdung im Zustand II der Anteil der unterschiedlichen Längsspannungen in den Stegen zu verfolgen.

Die Querbiegung, auch infolge Profilverformung, muss nachgewiesen werden.

Die Regelungen zu den geometrischen Angaben der mitwirkenden Plattenbreite und der effektiven Stützweiten stimmen mit denen in DIN EN 1992-1-1 überein, so dass auf die entsprechenden Erläuterungen hierzu verwiesen werden kann.

Stützmomente durchlaufender Balken oder Platten über frei drehbaren Auflagern dürfen bei Brücken wie folgt ausgerundet werden (Abb. E. 5.2).

$$\Delta M_{Ed} = F_{Ed,sup} \cdot t/8$$

Dabei ist

$F_{Ed,sup}$ der Bemessungswert der Auflagerreaktion

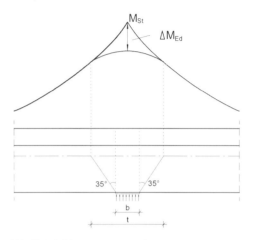

Abb. E. 5.2: Momentenausrundung

5.4 Linear-elastische Berechnung

Auch nach DIN EN 1992-2 stellt die linear-elastische Schnittgrößenermittlung das Standardverfahren für den Brückenbau dar. Der Hauptvorteil besteht in der Gültigkeit des Superpositionsprinzips. Überdies sind bei Spannbetonbrücken für die Bemessung i.d.R. die Nachweise in den GZG maßgebend, denen ohnehin die linear-elastisch berechneten Schnittgrößen zugrunde zu legen sind. Schnittgrößenumlagerungen für die Nachweise in den GZT machen daher i. Allg. wenig Sinn.

Werden die Querschnitte auf der Grundlage der linear-elastisch berechneten Schnittgrößen bemessen, entstehen bei statisch unbestimmten Tragwerken Tragreserven, die im Bedarfsfall zusätzlich als Systemreserven aktiviert werden können.

Zur Sicherstellung einer ausreichenden Duktilität bei unvorhergesehenen Beanspruchungen sollte die bezogene Druckzonenhöhe bis zur Festigkeitsklasse C50/60 den Wert $x_d/d = 0{,}45$ nicht übersteigen.

Bei einer linear-elastischen Berechnung mit den Steifigkeiten der ungerissenen Querschnitte nach

Zustand I werden die Zwangsschnittgrößen deutlich überschätzt. Daher dürfen diese nach DIN EN 1992-2, 2.3.1.2 und 2.3.1.3 entsprechend abgemindert werden.

5.5 Linear-elastische Berechnung mit begrenzter Umlagerung

Eine linear-elastische Berechnung mit begrenzter Umlagerung kann unter konstruktiven Gesichtspunkten sinnvoll sein, wenn dadurch in kritischen Querschnitten hohe Bewehrungskonzentrationen und die damit verbundenen Nachteile vermieden werden können. Bei Ausnutzung einer Umlagerung wird bereits planmäßig ein Teil der Systemreserve in Anspruch genommen, der jedoch ggf. nicht mehr für unvorhergesehene Beanspruchungen zur Verfügung steht.

Eine Momentenumlagerung hat auch Auswirkungen auf alle anderen zugehörigen Schnittgrößen. Dies muss beispielsweise bei den Auflagerkräften, beim Nachweis der Querkrafttragfähigkeit und der Zugkraftdeckung berücksichtigt werden.

Die begrenzten Umlagerungen sind nur für die Nachweise in den GZT zulässig.

5.6 Verfahren nach der Plastizitätstheorie

Verfahren nach der Plastizitätstheorie setzen eine ausreichende plastische Verformbarkeit der Tragwerke in den Fließgelenken voraus, die nachzuweisen ist. Sie dürfen nur für die Nachweise in den GZT verwendet werden. Ihre Anwendung auf Balken-, Rahmen und Plattentragwerke setzt die Zustimmung der zuständigen Bauaufsichtsbehörde voraus. Bei der Plastizitätstheorie können Systemreserven planmäßig weitgehend ausgenutzt werden, so dass sie anschließend allerdings nicht mehr als versteckte Reserven zur Verfügung stehen.

Bei den Stabwerkmodellen stellt die statische Methode der Plastizitätstheorie das Standardverfahren zur Bemessung von Scheibenbereichen dar. Der begrenzten plastischen Verformungsfähigkeit des Betons wird dadurch Rechnung getragen, dass die Lage und Richtung der Betondruckstreben an den Hauptdruckspannungstrajektorien nach elastischer Berechnung orientiert wird. In diesem Fall dürfen die Stabkräfte sowohl den Nachweisen im GZT als auch näherungsweise im GZG zugrunde gelegt werden. Bei Einhaltung dieser Regel sind nur geringe Umlagerungen der inneren Kräfte bis zum Erreichen des GZT zu erwarten, der Nachweis einer ausreichenden plastischen Verformbarkeit ist nicht erforderlich.

Die Zugstäbe des Stabwerkmodells müssen nach Lage und Richtung mit der eingebauten Bewehrung übereinstimmen.

Die Bemessung mit Stabwerkmodellen nach der statischen Methode der Plastizitätstheorie darf auch ohne ausdrückliche Zustimmung der Zuständigen Bauaufsichtsbehörde erfolgen.

5.7 Nichtlineare Verfahren

Mit dem nichtlinearen γ_R-Verfahren können sowohl geometrische als auch materialbedingte Nichtlinearitäten wirklichkeitsnah rechnerisch berücksichtigt werden. Geometrische Nichtlinearitäten sind bei der Schnittgrößenermittlung für schlanke Druckglieder unter Berücksichtigung der Gleichgewichtsbedingungen am verformten System zu berücksichtigen. Materialbedingte Nichtlinearitäten entstehen vor allem durch die Rissbildung im Beton sowie durch die nichtlinearen Spannungs-Dehnungs-Linien.

Nichtlineare Verfahren ermöglichen eine wirklichkeitsnahe Erfassung des Tragwerksverhaltens sowohl für die Nachweise in den GZG als auch in den GZT. Für die GZT gilt dies, solange der Tragwiderstand nicht primär durch die Betonzugfestigkeit gebildet wird und es sich um sprödes Versagen handelt. Die Anwendung nichtlinearer Verfahren auf den letztgenannten Problemkreis bedarf besonderer Erfahrung und erfolgt derzeit ausschließlich im Rahmen wissenschaftlicher Untersuchungen. Bei nichtlinearen Verfahren sind die Ergebnisse der Berechnungen in weitaus höherem Maße abhängig von der Modellierung und den angesetzten Eingangsgrößen als bei einer linear-elastischen Berechnung.

Mit Hilfe nichtlinearer Verfahren kann das Tragwerksverhalten zwar wirklichkeitsnah beschrieben werden, gegenüber einer linear-elastischen Berechnung sind jedoch einige wesentliche Unterschiede zu beachten. Während bei linear elastischer Berechnung zunächst die Schnittgrößen ermittelt werden und danach eine Bemessung auf Querschnittsebene erfolgt, muss bei den nichtlinearen Verfahren eine Bewehrungsverteilung vorgegeben werden. Das Ergebnis der Berechnung ist die Systemtraglast. Ein entscheidender Nachteil besteht darin, dass das Superpositionsprinzip nicht mehr gilt.

Das nichtlineare Verfahren in DIN EN 1992-2 entspricht dem γ_R-Verfahren nach DIN-Fachbericht 102. Der Bemessungswert des Tragwiderstands R_d als Systemtraglast ist wie folgt zu ermitteln:

$$R_d = R\left(f_{cR}; f_{yR}; f_{tR}; f_{p0,1R}; f_{pR}\right)/\gamma_R$$

Dabei ist

f_{cR}, f_{yR}, f_{tR}, $f_{p0,1R}$, f_{pR} der jeweilige rechnerische Mittelwert der Festigkeiten des Betons, des Betonstahls bzw. des Spannstahls

γ_R der Teilsicherheitsbeiwert für den Systemwiderstand

Diese Systemtraglast wird dem Bemessungswert der maßgebenden Einwirkungskombination gegenübergestellt. Da das Superpositionsprinzip nicht gilt, muss für jede Einwirkungskombination ein gesonderter Nachweis geführt werden.

Für die Baustoffkennwerte sind bei Anwendung nichtlinearer Verfahren rechnerische Mittelwerte anzusetzen:

$$f_{yR} = 1{,}1 \cdot f_{yk}$$
$$f_{tR} = 1{,}08 \cdot f_{yR} \quad \text{(für B 500B)}$$
$$f_{cR} = 0{,}85 \cdot \alpha_{cc} \cdot f_{ck}$$

Die versteifende Mitwirkung des Betons auf Zug zwischen den Rissen kann entweder auf der Betonseite oder auf der Stahlseite berücksichtigt werden. Eine Berücksichtigung auf der Betonseite empfiehlt sich, wenn es sich um Biegung mit Längskraft handelt. Bei einer Beanspruchung durch Biegung ohne Normalkraft, ermöglicht die Modifizierung der Stahlkennlinie sehr gute Näherungen (Abb. E. 5.3).

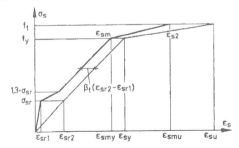

Abb. E. 5.3: Modifizierte Spannungs-Dehnungs-Linie für Betonstahl zur Berücksichtigung der Zugversteifung

Nichtlineare Verfahren sind für Nachweise nach Theorie II. Ordnung von schlanken Druckgliedern zugelassen. Für andere Anwendungen ist eine Zustimmung von der zuständigen Bauaufsichtsbehörde notwendig

5.8 Berechnung der Effekte aus Theorie II. Ordnung mit Normalkraft

5.8.1 Allgemeines

Dieses Kapitel behandelt schlanke Druckglieder, bei denen das Tragverhalten durch die Auswirkungen nach Theorie II. Ordnung wesentlich beeinflusst wird. Dies ist der Fall, wenn die Tragfähigkeit um mehr als 10% vermindert wird. Bei Berücksichtigung der Einflüsse aus Theorie II. Ordnung müssen das Gleichgewicht und die Tragfähigkeit am verformten Bauteil nachgewiesen werden. Die Verformungen müssen unter Berücksichtigung des nichtlinearen Materialverhaltens und ggf. des Kriechens des Betons ermittelt werden.

Die Berechnungsverfahren nach DIN EN 1992-2, 5.8 umfassen ein allgemeines Verfahren auf der Grundlage einer nichtlinearen Schnittgrößenermittlung (z. B. γ_R-Verfahren) sowie ein Näherungsverfahren (Modellstützenverfahren) für einfache Randbedingungen und Systemparameter (z. B. konstanter Querschnitt).

Nachfolgend werden die Regelungen in DIN EN 1992-2 am Beispiel eines schlanken Pfeilers als Einzeldruckglied erläutert.

5.8.2 Behandlung der Rückstell- bzw. Reibungskräfte der Lager

Nachfolgend wird beispielhaft ein schlanker Pfeiler als Einzeldruckglied betrachtet, auf dem der Überbau mit verschieblichen Elastomerlagern oder Gleitlagern aufgelagert ist. Für die Ermittlung der Rückstellkräfte bzw. Reibungskräfte F_{Hd} der Lager ist zusätzlich DIN EN 1990, Anhang NA.E zu beachten. Bei schlanken Pfeilern ist zusätzlich zur Regelbemessung nach Theorie I. Ordnung auch ein Nachweis nach Theorie II. Ordnung erforderlich (Abb. E. 5.4), um zu überprüfen, ob das Bauteil empfindlich auf Einflüsse aus Theorie II. Ordnung reagiert. Der Nachweis erfolgt zweckmäßig nach DIN EN 1992-2, 5.8.6 mit dem γ_R-Verfahren.

Für die Regelbemessung ist der Bemessungswert der Rückstellkräfte F_{Hd} eines Elastomerlagers nach DIN EN 1990, Anhang NA.E sowie DIN EN 1337-3 „Elastomerlager" zu ermitteln. Die Rückstellkraft wird auf der Grundlage des Bemessungswertes der Lagerverschiebung $v_{x,d}$ ermittelt.

Nach Anhang NA.E sind zunächst die charakteristischen Werte der Lagerkräfte und -bewegun-

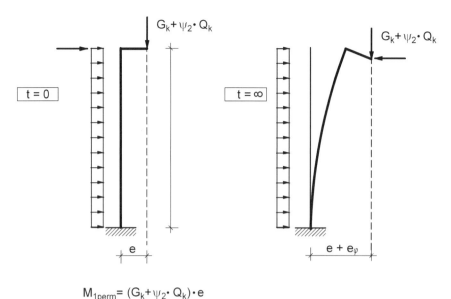

Abb. E. 5.4: Nachweis eines schlanken Pfeilers als Einzeldruckglied

gen mit der charakteristischen (seltenen) Einwirkungskombination zu ermitteln. Dazu werden die Lagerkräfte und -bewegungen zunächst für die jeweiligen charakteristischen Einzeleinwirkungen bestimmt. Die Bemessungswerte der Lagerkräfte und -bewegungen ergeben sich daraus durch Multiplikation mit den Teilsicherheitsbeiwerten für die einzelnen Einwirkungen. Da die Rückstellkräfte F_{Hd} für Elastomerlager proportional zu den Lagerverschiebungen $v_{x,d}$ sind, ergeben sich aus den Bemessungswerten der Verformungen unmittelbar die Bemessungswerte der Rückstellkräfte (Abb. E. 5.5).

Diese müssen also für die Schnittgrößenermittlung zur Bemessung der Pfeiler nicht zusätzlich mit einem weiteren Teilsicherheitsbeiwert vergrößert werden. Die Unsicherheiten für die Lagerverschiebungen sind dieselben wie für die elastischen Rückstellkräfte, daher können sie mit denselben Teilsicherheitsbeiwerten abgedeckt werden.

Bei der Ermittlung der Rückstellkräfte werden die Einflüsse aus dem Verhalten des Elastomers bei tiefen Temperaturen und aus der Belastungsgeschwindigkeit bei kurzzeitigen veränderlichen Einwirkungen sowie der teilweise Abbau der Beanspruchungen aus ständigen Einwirkungen infolge von Kriechen und Relaxation des Elastomers berücksichtigt.

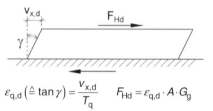

$$\varepsilon_{q,d} \, (\hat{=} \tan \gamma) = \frac{v_{x,d}}{T_q} \qquad F_{Hd} = \varepsilon_{q,d} \cdot A \cdot G_g$$

T_q Gesamtdicke des Elastomers
A Grundfläche des Lagers
G_g Schubmodul
  – ständige Einwirkungen, Kriechen + Schwinden
    $G_g = 0{,}9$ MN/m²
  – veränderliche Einwirkungen in Kombination mit $\Delta T_{N,neg}$
    $G_{T,d} = 2{,}0$ MN/m²

Abb. E. 5.5: Bemessungswert der Rückstellkraft eines Elastomerlagers

Daher wird der Schubmodul des Elastomers bei Bewegungen aus ständigen Einwirkungen sowie aus den zeitabhängigen Anteilen infolge Kriechens und Schwindens des Betons mit $G_g = 0{,}9$ MN/m² angesetzt. Bei veränderlichen Einwirkungen in Kombination mit einer Temperatureinwirkung $\Delta T_{N,neg}$ ist der Rechenwert des Schubmoduls mit $G_{T,d} = 2{,}0$ MN/m² zu berücksichtigen (Abb. E. 5.5).

Für den Nachweis nach Theorie II. Ordnung ist die Rückstellkraft gleich null zu setzen, sofern sich beim seitlichen Ausweichen des Pfeilers die Richtung der Rückstellkraft umkehrt (Abb. E. 5.4), was im Allgemeinen der Fall ist.

Pfeiler mit Elastomerlager können wie Festpfeiler behandelt werden, wenn die auftretenden Kräfte beim Nachweis nach Theorie II. Ordnung aufgenommen werden können.

Bei Gleitlagern wird der Bemessungswert der Lagerreibungskraft F_{Hd} aus dem Bemessungswert der maximalen Vertikallast und der maximalen Reibungszahl $\mu_{max} = 0{,}03$, unabhängig von der Pressung im PTFE, bestimmt (Abb. E. 5.6).

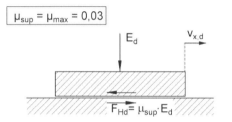

Abb. E. 5.6. Bemessungswert der Reibungskraft F_{Hd} eines Gleitlagers

Der Bemessungswert der Lagerreibungskraft F_{Hd} ist unmittelbar bei der Regelbemessung anzusetzen.

Beim Nachweis nach Theorie II. Ordnung ist die Lagerreibungskraft gleich null zu setzen, sofern sich beim seitlichen Ausweichen des Pfeilers die Richtung der Reibungskraft umkehrt (Abb. E. 5.4), so dass sie haltend wirkt.

5.8.3 Berücksichtigung des Kriechens beim Nachweis nach Theorie II. Ordnung

Die Kriechauswirkungen sind zu beachten, wenn sie die Stabilität des Bauteils bzw. Tragwerks wesentlich vermindern können.

Zunächst wird entsprechend DIN EN 1992-2, 5.8.4 der nachzuweisende Pfeiler mit der quasi-ständigen Einwirkungskombination belastet (Abb. E. 5.7). Aus dieser Beanspruchung resultiert die zusätzliche seitliche Auslenkung e_φ des Pfeilerkopfes. Anschließend wird die Belastung unter zusätzlichem Ansatz der veränderlichen Lasten bis zum Erreichen des Versagenszustandes nach Theorie II Ordnung gesteigert [Westerberg – 04].

Daraus ergeben sich im Hinblick auf die Berücksichtigung der Kriechverformungen zwei Möglichkeiten eines Nachweises für die Pfeiler (Abb. E. 5.8).

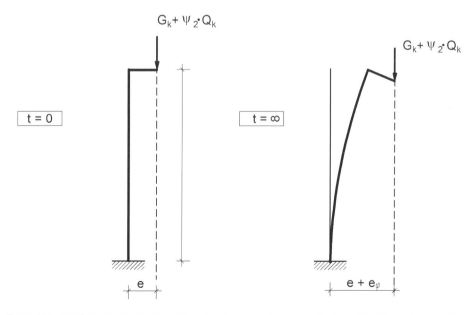

Abb. E. 5.7: Kriechverformungen eines schlanken Pfeilers unter der quasi-ständigen Einwirkungskombination

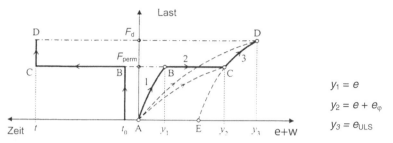

Abb. E. 5.8: Belastungsgeschichte bis zum Erreichen des Grenzzustandes der Tragfähigkeit [Westerberg – 04]

- Ermittlung der Kriechverformung unter der quasi-ständigen Einwirkungskombination mit der Endkriechzahl $\varphi(\infty, t_0)$: Lastpfad A-B-C. Anschließend Ansatz der Kriechverformung als Vorverformung und Steigerung der Belastung bis zum Erreichen des Versagenszustandes: Lastpfad E-C-D.
Diese Vorgehensweise erfordert zwei Berechnungen.
- Nachweis mit einem Rechengang unter näherungsweiser Verwendung der effektiven Kriechzahl φ_{eff}: Lastpfad A-D.
Diese Vorgehensweise erfordert nur eine Berechnung.

Beim Nachweis wird also davon ausgegangen, dass sich zunächst die Kriechverformungen unter den ständigen Gebrauchslasten vollständig einstellen. Anschließend erfolgt zu einem späteren Zeitpunkt eine Steigerung der Belastung bis zum rechnerischen Versagenszustand.

Die beschriebene Belastungsgeschichte kann näherungsweise in einem Rechengang mittels einer effektiven Kriechzahl φ_{eff} berücksichtigt werden.

$$\varphi_{eff} = \varphi_{(\infty,t0)} \cdot \frac{M_{1perm}}{M_{1Ed}}$$

Dabei ist

$\varphi_{(\infty,t0)}$ die Endkriechzahl

M_{1perm} das Biegemoment nach Theorie I. Ordnung unter der quasi-ständigen Einwirkungskombination inkl. Imperfektionen (Grenzzustand der Gebrauchstauglichkeit)

M_{1Ed} das Biegemoment nach Theorie I. Ordnung unter der Bemessungs-Einwirkungskombination inkl. Imperfektionen (Grenzzustand der Tragfähigkeit)

Das Kriechen darf dadurch berücksichtigt werden, dass alle Dehnungswerte des Betons im σ-ε-Diagramm mit dem Faktor $(1+\varphi_{(\infty,t0)})$ bzw. $(1+\varphi_{eff})$ multipliziert werden (Abb. E. 5.9).

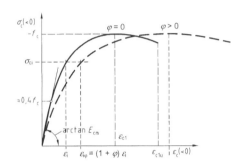

Abb. E. 5.9: Berücksichtigung des Kriechens beim Nachweis nach Theorie II. Ordnung

5.9 Seitliches Ausweichen schlanker Träger

DIN EN 1992-2 enthält in Abschn. 5.9 einfache Kriterien nach denen ein Kippen von schlanken Betonträgern ausgeschlossen werden kann.

In komplizierten Fällen wird die Anwendung nichtlinearer Verfahren erforderlich, wobei besondere Überlegungen zum Ansatz der Torsionssteifigkeiten angestellt werden müssen. Hierzu enthält DIN EN 1992-2 jedoch keine Angaben.

5.10 Spannbetontragwerke

5.10.1 Allgemeines

Im Geltungsbereich der DIN EN 1992-2 wird nur die Vorspannung von Betonbauteilen durch Spannglieder 5.10.1(1)P zugelassen.

Maßgebend für die Zulassung von Spanngliedern ist die europäische Zulassungsleitlinie für Spannverfahren ETAG 013 der Europäischen Organisation für Technische Zulassungen (EOTA). Seit Einführung von DIN-Fachbericht 102 sind vom Deutschen Institut für Bautechnik (DIBt) die allgemeinen bauaufsichtlichen Zulassungen (abZ) für Spannverfahren auf die Anforderungen dieser Zulassungsleitlinie angepasst worden. Parallel dazu wurden von den europäischen Zulassungsstellen auch Europäische Technische Zulassungen (ETA) für Spannverfahren nach ETAG 013 erteilt. Es stellt sich heraus, dass es in Europa unterschiedliche Auffassungen und Traditionen zum Inhalt der Spannverfahrenzulassungen in wichtigen Details gibt. Deshalb dürfen ETA in Deutschland nur mit einer zugehörigen Anwendungszulassung (Z-13.7...) des DIBt angewendet werden. Dies wird insbesondere für Straßenbrücken durch die „Hinweise zu den ZTV-ING, Teil 3 – Abschnitt 2" vorgeschrieben. Mit der Anwendungszulassung wird die jeweilige ETA so vervollständigt und in die nationalen Vorschriften eingebettet, dass sie als gleichwertig zu dem allgemeingültigen technischen Standard der abZ gelten kann. Dem Vernehmen nach werden derartige nationale Anwendungsregeln der ETA im Ausland ebenfalls durch projektspezifische Nebenabreden in den Ausschreibungstexten oder durch spezielle Regelwerke der nationalen Bauaufsichten ergänzt.

Bisher ungewohnt ist in Deutschland die Aufgabenteilung, die gemäß ETA auf Seiten der Spanngliedproduzenten möglich ist. Zulassungsinhaber für das Spannverfahren, Hersteller der Spanngliedkomponenten und Bauausführende Spezialfirma (Abb. E. 5.10) können, müssen aber nicht derselben Unternehmung angehören. Außerdem enthalten ETA nicht mehr die notwendigen Regeln für die Bauausführung, da in einer ETA nach geltender europäischer Rechtsmeinung grundsätzlich nur das Bauprodukt (Qualität, Zertifizierung) – nicht aber seine Verarbeitung auf der Baustelle – geregelt wird. Insbesondere für Spannverfahren entsteht dadurch eine gravierende Regelungslücke, denn die Funktionstüchtigkeit und Dauerhaftigkeit von Spanngliedern hängt nicht nur von der Eignung der Komponenten ab, sondern in erheblichem Umfang auch vom ordnungsgemäßen Einbau auf der Baustelle.

Abb. E. 5.10: Vorspannarbeiten auf der Baustelle

Diese gravierende Regelungslücke wird in Deutschland durch die Anwendungszulassungen des DIBt geschlossen. Mit den Anwendungszulassungen werden die „DIBt-Grundsätze für die Anwendung von Spannverfahren" (DIBt-Mitteilungen Heft 4, 2006) verbindlich für den Bauvertrag vereinbart. Diese Regelungen ergänzen die allgemeine Bauausführungsnorm des Betonbaus DIN 1045-3 für die speziellen Anforderungen der Spannverfahren. Außerdem werden die Verantwortlichkeiten der Beteiligten geregelt. Insbesondere werden auch Anforderungen (Personal, Ausrüstung, Qualifizierung) an die ausführende Spezialfirma festgelegt. Diese muss im Besitz einer Zertifizierung durch den Zulassungsinhaber sein, der mit seiner Zertifizierung Verantwortung für die einwandfreie Qualifizierung und Ausrüstung der Ausführenden Spezialfirma übernimmt. Die Bauaufsicht vor Ort ist verpflichtet, nur zertifizierte Spezialfirmen auf den Baustellen zuzulassen. Erste Erfahrungen bei der Umsetzung dieser neuen Regeln in die Praxis haben gezeigt, dass sich sehr ernste Fehlentwicklungen bei den sicherheitsrelevanten Spannarbeiten ergeben können, wenn diese noch ungewohnten Regeln nicht eingehalten werden.

5.10.2 Vorspannkraft während des Spannvorgangs

Maximale Vorspannkraft

Die am Spannglied aufgebrachte Höchstkraft P_0, d. h. die Kraft am Spannende während des Spannvorgangs, darf auch bei einem notwendigen Überspannen den kleineren der folgenden Werte nicht überschreiten.

$$P_{max} = 0{,}80\, f_{pk} \cdot A_p \quad \text{oder} \quad 0{,}90\, f_{p0,1k} \cdot A_p$$

Bei Spanngliedern mit nachträglichem Verbund ist dazu die Höchstkraft P_0 für das Vorspannen wie folgt abzumindern (der kleinere Wert ist maßgebend):

$$\begin{aligned}P_{max} &= 0{,}80\, f_{pk} \cdot A_p \cdot e^{-\mu \cdot \gamma(\kappa-1)} \quad \text{oder} \\ &= 0{,}90\, f_{p0,1k} \cdot A_p \cdot e^{-\mu \cdot \gamma(\kappa-1)}\end{aligned}$$

Dabei ist

μ Reibungsbeiwert des Spannverfahrens nach allgemeiner bauaufsichtlicher Zulassung

$\gamma = \theta + \kappa \cdot L$ Summe der planmäßigen (horizontalen und vertikalen) und unplanmäßigen Umlenkwinkel zwischen Spannanker und Festanker bzw. fester Kopplung

x bzw. L entspricht bei einseitigem Anspannen dem Abstand zwischen Spannanker und Festanker oder fester Kopplung, bei beidseitiger Vorspannung der Einflusslänge des jeweiligen Spannankers

κ Vorhaltemaß zur Sicherung einer Überspannreserve

= 1,0 für externe Spannglieder und interne Spannglieder ohne Verbund

= 1,5 bei ungeschützter Lage des Spannstahls im Hüllrohr bis zu drei Wochen oder mit Maßnahmen zum Korrosionsschutz

= 2,0 bei ungeschützter Lage über drei Wochen (Gefahr von Flugrost und erheblicher Vergrößerung der Spanngliedreibung)

Bei nahezu gleichzeitigem Vorspannen von beiden Spanngliedenden genügt es ohne weitere Nachweise nur eine Hälfte des Spanngliedes zugrunde zu legen. Auf der sicheren Seite liegend wird dabei die Spanngliedhälfte mit dem größten γ angenommen. Wie bei den Spannkraftverlusten aus Kriechen, Schwinden und Relaxation wird man zu Beginn einer statischen Berechnung auch die Größe von γ zunächst nach Erfahrungswerten abschätzen und nach dem Vorliegen der genauen Konstruktionspläne überprüfen.

Der Bauablauf ist im Regelfall so vorzusehen, dass das Vorhaltemaß zur Sicherung einer Überspannreserve mit $\kappa = 1,5$ ausreichend ist. Auf ein Vorhaltemaß zur Sicherung der Überspannreserve darf bei Spanngliedern mit nachträglichem Verbund nicht verzichtet werden; alternative konstruktive Maßnahmen (z. B. Ersatzhüllrohre) sind nicht vorzusehen. In Abb. E. 5.11 ist der Einfluss des Vorhaltemaßes für das Überspannen durch die mit der Summe der Umlenkwinkel abfallende Kurve für die zulässigen Spannstahlspannungen nach DIN EN 1992-2 zu erkennen.

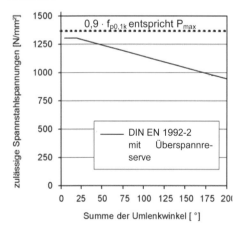

Abb. E. 5.11: Zulässige Spannstahlspannungen nach DIN EN 1992-2 am Beispiel eines Litzenspanngliedes (St 1570/1770, $f_{p0,1k}$ = 1500 N/mm², $\kappa = 1,5$, $\mu = 0,2$)

Begrenzung der Betondruckspannungen

Durch den Einfluss der europäischen Zulassungsleitlinie ETAG 013 haben sich einige Detailregeln verändert. So werden die Mindestbetonfestigkeiten für das Aufbringen der Vorspannung im Rahmen des Zulassungsverfahrens für Anker und Kopplungen konkret geprüft. Die so ermittelten Betonfestigkeiten werden in den Spannverfahrenszulassungen (abZ oder ETA) unmittelbar angegeben. Dies gilt auch bei der Verlängerung von abZ für externe Spannglieder.

Ein lokales Druckversagen oder Spalten des Betons im Verankerungsbereich ist durch Einhalten der Regelungen in den abZ oder ETA zu verhindern. Die Mindestwerte für die Betondruckfestigkeiten beim Vorspannen sind den entsprechenden Zulassungen zu entnehmen.

Die am vorzuspannenden Bauteil vorhandenen Betonfestigkeiten sind vor dem Spannen nachzuweisen. Die Werte für die Mindestbetonfestigkeiten beziehen sich auf die lokale Einleitung der Spannkraft.

Davon unberührt bleibt die Notwendigkeit von weiteren Nachweisen für das Gesamtbauteil in diesem Bauzustand (z.B. Abheben des Überbaus von der Schalung bei eingeschränkter Betonfestigkeit). Diese sind mit einer Betonfestigkeit

$$f_{ck}(t) \leq f_{cm0,cyl} - 8 \text{ MN/m}^2$$

zu führen.

Der Mittelwert der Druckfestigkeit $f_{cm,0}$ zum Zeitpunkt t ist an mindestens 3 Probekörpern nachzuweisen, die unter gleichen Bedingungen wie das vorzuspannende Bauteil zu lagern sind.

Die durch die Vorspannkraft und andere Lasten zum Zeitpunkt des Vorspannens oder des Absetzens der Spannkraft im Tragwerk wirkenden Betondruckspannungen sind in der Regel folgendermaßen zu begrenzen:

$$\sigma_c \leq 0,6 f_{ck}(t)$$

wobei $f_{ck}(t)$ die charakteristische Druckfestigkeit des Betons zum Zeitpunkt t ist, ab dem die Vorspannkraft auf ihn wirkt.

5.10.3 Vorspannkraft nach dem Spannvorgang

Der Mittelwert der Vorspannkraft $P_{m,t}$ wird bestimmt mit

$$P_{m,t} = P_0 - \Delta P_\mu(x) - \Delta P_{sl} - \Delta P_{el} - \Delta P_{c+s+r}$$

Dabei ist

$P_{m,t}$ Mittelwert der Vorspannung zur Zeit t an einer Stelle x längs des Bauteils

P_0 aufgebrachte Höchstkraft am Spannanker während des Spannens

$\Delta P_\mu(x)$ Spannkraftverlust infolge Reibung

ΔP_{sl} Spannkraftverlust infolge Ankerschlupf gemäß Spannverfahrenzulassung (nicht bei sofortigem Verbund)

ΔP_{el} Spannkraftverlust infolge elastischer Verformung des Bauteils bei der Spannkraftübertragung

ΔP_{c+s+r} Spannkraftverlust infolge Kriechen, Schwinden und Relaxation zur Zeit t

Die verschiedenen Spannkraftverluste ΔP sind nach DIN EN 1992-2, 5.10.5 und 5.10.6 zu berechnen.

Für die zulässige Spannkraft am Spannanker P_0 sind gemäß DIN EN 1992-2 mehrere Grenzen zu beachten. Die in den Spannverfahrenzulassungen angegebenen Werte P_{max} (= zulässige Höchstkraft am Spannanker beim Spannen) und P_{m0} können in aller Regel vom Tragwerksplaner nicht ausgenutzt werden (siehe Abb. E. 5.11). Die Ausnutzbarkeit des Spanngliedes ist nach den folgenden drei Kriterien festzulegen:

Die Zugspannungen im Spannstahl der Spannglieder sind in jedem Querschnitt mit dem Mittelwert der Vorspannung unter der quasiständigen Einwirkungskombination nach Abzug der Spannkraftverluste ($t = \infty$) auf den Wert $0{,}65 \cdot f_{pk}$ zu begrenzen. Dieser Grenzwert soll der Gefahr einer Spannungsrisskorrosion entgegenwirken und stellt insbesondere eine wichtige Grundlage für die Ermüdungsfestigkeit von Spanngliedern dar. Erfahrungsgemäß kann diese Grenze bei kurzen oder gering umgelenkten Spanngliedern maßgebend werden. In Abb. E. 5.11 ist dieser Fall durch den horizontalen Anfangsbereich der Kurve für die zulässigen Spannstahlspannungen nach DIN EN 1992-2 zu erkennen. Die Begrenzung $0{,}65 \cdot f_{pk}$ ist nicht erforderlich für externe Spannglieder und interne Spannglieder ohne Verbund, sofern deren Auswechselbarkeit sichergestellt ist. Davon ist bei den Spanngliedern ohne Verbund gemäß DIN EN 1992-2, Anhang NA.T5 „Ergänzungen für Betonbrücken mit externen Spanngliedern" und ZTV-ING, Teil 3, Abschnitt 2 auszugehen.

Der Mittelwert der Vorspannkraft P_{m0} zum Zeitpunkt $t = 0$, die unmittelbar nach dem Absetzen der Pressenkraft auf den Anker (Vorspannung mit nachträglichem Verbund) oder nach dem Lösen der Verankerung (Vorspannung mit sofortigem Verbund) auf den Beton aufgebracht wird, darf den kleineren der nachstehenden Werte nicht überschreiten:

$$P_{m0} = \sigma_{pm0} \cdot A_p = 0{,}75\, f_{pk} \cdot A_p \text{ oder}$$
$$= 0{,}85\, f_{p0{,}1k} \cdot A_p,$$

wobei σ_{pm0} die Spannung im Spannglied unmittelbar nach Absetzen der Vorspannkraft auf den Beton und A_p die Querschnittsfläche des Spannglieds ist. In der Regel wird diese Grenze bei Spanngliedern mit nachträglichem Verbund nicht zur Festlegung der Höchstkraft beim Spannen P_0 maßgebend.

5.10.4 Sofortige Spannkraftverluste bei nachträglichem Verbund

Elastische Verformung des Betons

Der Spannkraftverlust infolge der elastischen Verformung des Betons ist in der Regel unter Berücksichtigung der Reihenfolge, in der die Spannglieder angespannt werden, infolge deren Druckspannungen in Höhe des betrachteten Spannglieds zu ermitteln

Reibungsverluste

Die Reibungsverluste $\Delta P_\mu(x)$ bei Spanngliedern im nachträglichen Verbund dürfen wie folgt abgeschätzt werden:

$$\Delta P_\mu(x) = P_{max}\left(1 - e^{-\mu(\theta + k \cdot x)}\right)$$

Dabei ist

θ die Summe der planmäßigen, horizontalen und vertikalen Umlenkwinkel über die Länge x (unabhängig von Richtung und Vorzeichen);

μ der Reibungsbeiwert zwischen Spannglied und Hüllrohr;

k der ungewollte Umlenkwinkel (je Längeneinheit), abhängig von der Art des Spannglieds;

x die Länge entlang des Spannglieds von der Stelle an, an der die Vorspannkraft gleich P_{max} ist (die Kraft am Spannende).

Verankerungsschlupf

Die Werte für den Verankerungsschlupf sind abhängig vom Spannverfahren. Sie können den abZ und den ETA entnommen werden.

5.10.5 Zeitabhängige Spannkraftverluste bei sofortigem und nachträglichem Verbund

DIN EN 1992-2 enthält gegenüber dem DIN-Fachbericht 102 eine Vereinfachung, da die Spannkraftverluste infolge Relaxation des Spannstahls nicht mehr iterativ bestimmt werden müssen.

Die nachfolgende Gleichung stellt ein vereinfachtes Verfahren zur Ermittlung der zeitabhängigen Verluste an der Stelle x unter ständigen Lasten dar.

$$\Delta P_{c+s+r} = A_p \cdot \Delta \sigma_{p,c+s+r} =$$

$$= A_p \cdot \frac{\varepsilon_{cs} \cdot E_p + 0{,}8 \Delta \sigma_{pr} + \dfrac{E_p}{E_{cm}} \varphi(t,t_0) \cdot \sigma_{c,QP}}{1 + \dfrac{E_p}{E_{cm}} \dfrac{A_p}{A_c} \left(1 + \dfrac{A_c}{I_c} z_{cp}^2\right) \left[1 + 0{,}8 \varphi(t,t_0)\right]}$$

Dabei ist

$\Delta\sigma_{p,c+s+r}$ der absolute Wert der Spannungsänderung in den Spanngliedern aus Kriechen, Schwinden, Relaxation an der Stelle x, bis zum Zeitpunkt t

ε_{cs} die Schwinddehnung als absoluter Wert

E_p der Elastizitätsmodul für Spannstahl

E_{cm} der Elastizitätsmodul für Beton (DIN EN 1992-2, Tabelle 3.1)

$\Delta\sigma_{pr}$ der absolute Wert der Spannungsänderung in den Spanngliedern an der Stelle x zum Zeitpunkt t infolge Relaxation des Spannstahls. Sie wird für eine Spannung $\sigma_p = \sigma_p(G + P_{m0} + \psi_2 Q)$ bestimmt. Dabei ist σ_p die Ausgangsspannung in den Spanngliedern unmittelbar nach dem Vorspannen und infolge der quasi-ständigen Einwirkungen

$\varphi(t,t_0)$ der Kriechbeiwert zum Zeitpunkt t bei einer Lastaufbringung zum Zeitpunkt t_0;

$\sigma_{c,QP}$ die Betonspannungen in Höhe der Spannglieder infolge Eigenlast und Ausgangsspannung sowie weiterer maßgebender quasi-ständiger Einwirkungen. Die Spannung $\sigma_{c,QP}$ darf je nach untersuchtem Bauzustand unter Ansatz nur eines Teils der Eigenlast und der Vorspannung oder unter der gesamten quasi-ständigen Einwirkungskombination $\sigma_c\{G + P_{m0} + \psi_2 Q\}$ ermittelt werden

A_p die Querschnittsfläche aller Spannglieder an der Stelle x

A_c die Betonquerschnittsfläche

I_c das Flächenträgheitsmoment des Betonquerschnitts

z_{cp} der Abstand zwischen dem Schwerpunkt des Betonquerschnitts und den Spanngliedern

Druckspannungen und die entsprechenden Dehnungen in der Gleichung sind in der Regel mit einem positiven Vorzeichen einzusetzen.

5.10.6 Grenzzustand der Tragfähigkeit

Bei den Nachweisen im Grenzzustand der Tragfähigkeit werden die Bemessungswerte der Vorspannung P_d im Allgemeinen mit dem Mittelwert der Vorspannkraft bestimmt:

$$P_{d,t} = \gamma_P \cdot P_{m,t} \quad \text{mit } \gamma_P = 1{,}0$$

Bei der Berechnung der Krafteinleitung von Spanngliedern im Grenzzustand der Tragfähigkeit (z. B. Spaltzugbewehrung) ist jedoch für den Bemessungswert der Spannkräfte $P_d = 1{,}35 \cdot P_{m0,max}$ zugrunde zu legen.

5.10.7 Grenzzustände der Gebrauchstauglichkeit und der Ermüdung

Bei den Nachweisen im Grenzzustand der Gebrauchstauglichkeit ist für den Bemessungswert der Einwirkungen der charakteristische Wert der Vorspannkraft P_k maßgebend. Dabei ist die mögliche Streuung der Vorspannkraft durch einen oberen und einen unteren charakteristischen Wert der Vorspannkraft zu berücksichtigen:

Tafel E. 5.1: Streuung der Vorspannkraft bei den Nachweisen im Grenzzustand der Gebrauchstauglichkeit (Endzustand)

Vorspannart	r_{sup}	r_{inf}
sofortiger Verbund oder ohne Verbund	1,05	0,95
nachträglicher Verbund	1,10	0,90
externe Spannglieder	1,00	1,00

Tafel E. 5.2: Streuung der Vorspannkraft bei den Nachweisen der Dekompression in den Bauzuständen

Einsatzbedingungen des Spanngliedes	r_{sup}	r_{inf}
internes Spannglied mit gerader oder nahezu gerader Spanngliedführung (z. B. zentrische Vorspannung für das Taktschieben)	1,00	1,00
interne girlandenförmig geführte Spannglieder	0,95	1,05
externe Spannglieder oder interne Spannglieder ohne Verbund	1,00	1,00

$$P_{k,sup} = r_{sup} \cdot P_{m,t}$$
$$P_{k,inf} = r_{inf} \cdot P_{m,t}$$

Die Werte von r_{sup} und r_{inf} sind der Tafel E. 5.1 für die Nachweise im Endzustand und Tafel E. 5.2 für die Nachweise im Bauzustand zu entnehmen. Diese Werte berücksichtigen die Unsicherheiten aus der Streuung der Spanngliedreibung sowie der Kriech- und Schwindverluste.

Von dieser Regel ausgenommen ist der Nachweis der Druckspannungen nach DIN EN 1992-2, 7.3.2, der mit dem Mittelwert der Vorspannkraft $P_{m,t}$) geführt werden darf. Bei der Berechnung der Krafteinleitung von Spanngliedern im Grenzzustand der Gebrauchstauglichkeit (z. B. Rissbreitenbeschränkung für die Spaltzugbewehrung) ist für den Bemessungswert der Spannkräfte P_{m0} zugrunde zu legen.

6 Nachweise in den Grenzzuständen der Tragfähigkeit (GZT)

6.1 Biegung mit oder ohne Normalkraft und Normalkraft allein

Die Bemessungsregeln für Biegung mit oder ohne Normalkraft in DIN EN 1992-2, Kapitel 6.1 entsprechen praktisch denen in DIN Fachbericht 102 (Ausgabe 2009).

Die Bemessungsgleichung zum Nachweis ausreichender Zuverlässigkeit bei Biegung mit oder ohne Normalkraft hat das Format:

$$\begin{pmatrix} M_{Ed} \\ N_{Ed} \end{pmatrix} \leq \begin{pmatrix} M_{Rd} \\ N_{Rd} \end{pmatrix}$$

Der Bemessungswert des Tragwiderstandes R_d ist bei linear-elastischer Berechnung der Schnittgrößen wie folgt zu ermitteln:

$$R_d = R\left(\alpha_{cc} \cdot \frac{f_{ck}}{\gamma_C}; \frac{f_{yk}}{\gamma_S}; \frac{f_{tk,cal}}{\gamma_S}; \frac{f_{p0,1k}}{\gamma_S}; \frac{f_{pk}}{\gamma_S} \right)$$

Die zulässigen Verteilungen der Dehnungsebenen sind in Abb. E. 6.1 dargestellt.

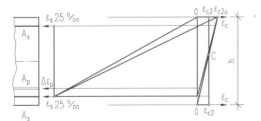

Abb. E. 6.1: Dehnungsdiagramm im Grenzzustand der Tragfähigkeit

Die Dehnung im Betonstahl ist auf 0,025 und im Spannstahl auf die Vordehnung $\varepsilon_p^{(0)} + 0{,}025$ zu begrenzen.

Bei vollständig überdrückten Platten von Plattenbalken, Kastenträgern oder ähnlichen gegliederten Querschnitten ist die Dehnung in der Plattenmitte auf $\varepsilon_{c2} = -2{,}0$ ‰ zu begrenzen. Damit wird berücksichtigt, dass ein vollständig überdrückter Druckgurt nahezu wie ein mittig gedrücktes Bauteil wirkt, bei dem der Grenzzustand der Tragfähigkeit, analog zur Bemessung einer Stütze, bereits bei einer rechnerischen Bruchdehnung in der Gurtplattenmitte von ε_{c2} = –2,0 ‰ erreicht wird.

Das Spannungs-Dehnungs-Verhalten des Betons wird in der Regel unter mittigem Druck im weggesteuerten Kurzzeitversuch mit konstanter Dehnungszunahme an unbewehrten Prismen ermittelt. Die Stauchung bei Erreichen der Höchstlast, d. h. unmittelbar vor Beginn der Entfestigung, wird als Bruchstauchung bezeichnet. Sie beträgt etwa 2 bis 2,5 ‰.

Der Tragwiderstand gegliederter Querschnitte darf alternativ zur oben genannten Regelung auch für den Grenzfall ohne Berücksichtigung des Traganteils der Druckplatte nur unter Ansatz der Stege als Rechteckquerschnitte mit einer Randstauchung $\varepsilon_{c2u} = -3{,}5$ ‰ ermittelt werden.

Wird im Dehnungsbereich 3 die Dehnung ε_{c2} = –2,0 ‰ in Plattenmitte erreicht, so wird diese Dehnung dort festgehalten. Dadurch entsteht ein neuer Drehpunkt des Dehnungsverlaufs (Abb. E. 6.2).

Nur bei dünnen Druckgurten kann in Plattenmitte die Dehnung $\varepsilon_{c2} = -2{,}0$ ‰ bereits im Dehnungsbereich 2 erreicht werden, ohne dass am Querschnittsrand die rechnerische Bruchdehnung des Betons mit $\varepsilon_{c2u} = -3{,}5$ ‰ ausgenutzt werden kann (Dehnungsbereich 2, s. Abb. E. 6.2). Damit ergibt sich auch für den Dehnungsbereich 3 ein neuer Drehpunkt (Abb. E. 6.3) im Teilquerschnitt.

Bei der Ermittlung des Tragwiderstandes im Grenzzustand der Tragfähigkeit dürfen die Druckgurte maximal mit ihren mitwirkenden Gurtbreiten b_{eff} berücksichtigt werden.

Beim Nachweis der Tragfähigkeit darf nur derjenige Teil des Druckflansches als mitwirkend berücksichtigt werden, der durch die Querbewehrung und die Betondruckstreben schubfest an den Steg angeschlossen ist.

Die Längsbewehrung und die Spannglieder im Zugflansch dürfen als mitwirkend berücksichtigt werden, sofern die Zugkräfte durch die Querbewehrung und die Betondruckstreben schubfest an den Steg angeschlossen sind.

Wenn die Richtung der Hauptspannungen deutlich von der Bewehrungsrichtung abweicht, muss dies berücksichtigt werden. Bei Platten darf eine Abweichung zwischen der Richtung der Hauptspannungen und der Bewehrung von ≤ 15° vernachlässigt werden.

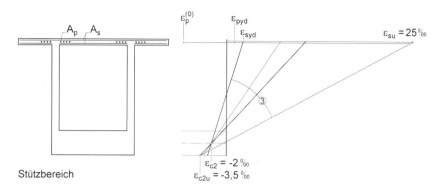

Abb. E. 6.2: Dehnungsdiagramm für den Bereich negativer Momente

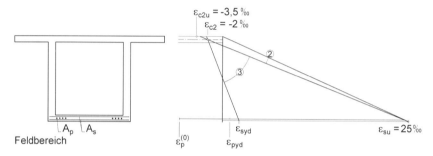

Abb. E. 6.3: Dehnungsdiagramm für den Bereich positiver Momente

Bei Hohlkastenbrücken mit externen Spanngliedern ist die Dehnung im Spannstahl zwischen den Kontaktpunkten an den Umlenk- oder Verankerungsstellen konstant. Ein etwaiger Dehnungszuwachs im GZT ist an der Verformung des Tragwerks zu ermitteln. Dann sind die Dehnungen im Tragwerk in Höhe des Spanngliedes $\varepsilon_{cp(x)}$ zu integrieren.

$$\Delta\varepsilon_p = \Delta l_p / l_p$$

$$\Delta l_p = \int_{l_p} \varepsilon_{cp(x)} \cdot ds = \int_{l_p} \varepsilon_{cp(x)} \frac{dx}{\cos\alpha}$$

l_p Ausgangslänge des Spannglieds
α Neigungswinkel des Spannglieds

Nach DIN EN 1992-2, 5.10.8 (2) darf bei verbundlosen Spanngliedern ein Spannungszuwachs $\Delta\varepsilon_p$ nur mit Zustimmung der zuständigen Bauaufsichtsbehörde berücksichtigt werden.

Vermeidung eines Versagens ohne Vorankündigung bei Erstrissbildung infolge Versagens der Spannglieder (Robustheit)

Die Regelbemessung von Spannbetontragwerken führt zu einer ausreichenden Sicherheit gegenüber planmäßigen Belastungen. Bei einer Überbelastung werden sich ein ausgeprägtes Rissbild bzw. große Verformungen als Vorankündigung einstellen. Dass dieses Verhalten auch bei einem sukzessivem Ausfall der Vorspannung z. B. infolge Korrosion eintritt (Robustheit), ist bei vorhandenen Spannbetontragwerken nicht immer sichergestellt, wie einige wenige Schadensfälle an älteren Konstruktionen im Hochbaubereich gezeigt haben.

Durch die Änderung A1 vom Dezember 1995 zur DIN 4227-1 wurde angestrebt, bei allen künftig gebauten Tragwerken des Hoch- und Ingenieurbaus systematisch die gewünschte Robustheit zu erreichen. Durch eine Robustheitsbewehrung soll das Prinzip der Vorankündigung „Riss vor Kollaps" sichergestellt werden. Zu betonen ist, dass die heutigen Spannstähle eine deutlich geringere Empfindlichkeit gegenüber Spannungs-Riss-Korrosion aufweisen als einige der älteren Spannstähle (Neptun, Sigma), die vorwiegend vor 1965 hergestellt wurden. Dennoch wurde das grundsätzliche Konzept der Verbesserung der Robustheit auch in die europäischen Normen für Brücken- und Hochbau übernommen, um Restrisiken entgegenzuwirken.

Nachweise in den Grenzzuständen der Tragfähigkeit (GZT)

DIN EN 1992-2 sieht unter 6.1 zwei alternative Regeln vor, um ein sprödes Versagen ohne Vorankündigung im Falle eines Ausfalls von Spanngliedern infolge Korrosion zu vermeiden.

Regel a)

Nachweis des ausreichenden Biegetragwiderstands für den Fall der nicht vollständig ausgefallenen Vorspannwirkung.

Diese Vorgehensweise erfordert eine Ermittlung des Tragwiderstands nach teilweisem Ausfall der Spannstahlfläche über die gesamte Bauteillänge für alle Querschnitte. Dabei ist eine rechnerische Reduzierung der Spannglieder auf eine Anzahl vorzunehmen, so dass das auf der Grundlage der Zugfestigkeit $f_{ctk,0,05}$ berechnete Rissmoment M_r kleiner oder höchstens gleich dem Moment infolge der häufigen Einwirkungskombination M_{frequ} ist. Anschließend ist nachzuweisen, dass der Biegetragwiderstand nach Zustand II M_{Rd} mit dieser reduzierten Anzahl an Spanngliedern größer als das Biegemoment infolge der seltenen Einwirkungskombination ist. Die Bedingung für die Rissbildung wurde unter der häufigen Kombination formuliert, da eine Ankündigung nur sichergestellt ist, wenn sie unter üblichen Nutzungsbedingungen auch erkannt werden kann.

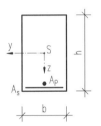 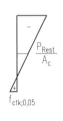

Statisch bestimmte Systeme

Beim stetigen Ausfall von Spannstahl kommt es im betrachteten Schnitt zur Rissbildung, wenn die Betonrandspannung z. B. am unteren Rand $\sigma_{cu,freq}$ infolge der häufigen Kombination und infolge der Restvorspannkraft $P_r = A_{p,r} \cdot \varepsilon_p^{(0)} \cdot E_p$ die Betonzugfestigkeit f_{ct} erreicht.

$$\sigma_{cu,freq} = \frac{M_{freq}}{W_{cu}}$$

mit $M_{freq} = M_{Gk,1} + M_{Gk,2} + \psi_{1,1} \cdot M_{Qk,1}$
(Qk,1: Verkehrslasten)

$$\sigma_{cu,p} = -\left(\frac{P_r}{A_c} + \frac{P_r \cdot z_{cp}}{W_{cu}}\right)$$

Randspannungen infolge Moment aus häufiger Kombination und Restvorspannkraft:

$$\sigma_{cu,freq} - \frac{P_r}{A_c} - \frac{P_r \cdot z_{cp}}{W_{cu}} = f_{ct}$$

$$P_r\left(\frac{1}{A_c} + \frac{z_{cp}}{W_{cu}}\right) = \sigma_{cu,freq} - f_{ct}$$

$$A_{P,r} = \frac{\sigma_{cu,freq} - f_{ct}}{\varepsilon_p^{(0)} \cdot E_p \cdot \left(\frac{1}{A_c} + \frac{z_{cp}}{W_{cu}}\right)}$$

Statisch unbestimmte Systeme

Für statisch unbestimmte Systeme gelten im Prinzip die gleichen Zusammenhänge wie für statisch bestimmte Systeme. Eine Besonderheit hierbei ist die Berücksichtigung des statisch unbestimmten Momentenanteils aus Vorspannung $M_{p,ind}$. Wie beim statisch bestimmten System wird vorausgesetzt, dass der Spannstahlausfall immer ein lokales Ereignis ist. Das statisch unbestimmte Moment aus Vorspannung wird durch den örtlichen Ausfall von Spanngliedern praktisch nicht verändert.

Für den Feldbereich kann geschrieben werden:

$$\sigma_{cu,freq} - f_{ct} =$$
$$= A_{P,r} \cdot \varepsilon_p^{(0)} \cdot E_p \cdot \left(\frac{1}{A_c} + \frac{z_{cp}}{W_{cu}}\right) - \frac{M_{p,ind}}{W_{cu}}$$

$$A_{P,r} = \frac{\sigma_{cu,freq} - f_{ct} + \frac{M_{p,ind}}{W_{cu}}}{\varepsilon_p^{(0)} \cdot E_p \cdot \left(\frac{1}{A_c} + \frac{z_{cp}}{W_{cu}}\right)}$$

z. B. Durchlaufträger und $M_{Qk1} > M_{\Delta TM}$:

$$M_{freq} = M_{Gk,1} + M_{Gk,2} + M_{Gk,set} + \psi_{1,1} \cdot M_{Qk,1} + \psi_2 \cdot M_{\Delta TM}$$

Die zusätzlich erforderliche Bewehrung $A_{s,erf}$ aus Betonstahl ergibt sich bei statisch bestimmten Systemen aus der Bedingung

$$M_{Rd} = M_R(A_{P,Rest}; A_{s,erf}) \geq M_{freq}$$

bzw. bei statisch unbestimmten Systemen

$$M_{Rd} = M_R(A_{P,Rest}; A_{s,erf}) \geq M_{freq} + M_{p,ind}$$

wobei der Tragwiderstand auf der Grundlage der Teilsicherheitsbeiwerte für die Baustoffe $\gamma_s = 1{,}0$ für die außergewöhnliche Bemessungssituation berechnet werden sollte.

Voraussetzungsgemäß kann der Spannstahl an beliebiger Stelle bis zur Rissbildung ausfallen, bevor sich die Vorankündigung im Beton einstellt. In Bereichen, wo das äußere Moment infolge der häufigen Einwirkungskombination größer als das Rissmoment des Betonquerschnitts ist, ist nach erfolgter Rissbildung noch eine intakte Restspannstahlfläche gegeben. Nach teilweisem Spannstahlausfall nimmt die Sicherheit gegen Bruch entsprechend ab.

$$\gamma_R = \frac{M_{Rd}(A_s; A_{p,Rest})}{M_{rare}} \geq 1{,}0 \quad \text{bzw.}$$

$$\gamma_R = \frac{M_{Rd}(A_s; A_{p,Rest})}{M_{rare} + M_{p,ind}} \geq 1{,}0$$

Für den Bereich mit einem Sicherheitsfaktor größer 1,0 ist keine zusätzliche Robustheitsbewehrung erforderlich. Im restlichen Bereich kann die geforderte Sicherheit $\gamma_R = 1{,}0$ nur mit zusätzlicher Betonstahlbewehrung erreicht werden.

Jedoch kann in den Bereichen, wo das äußere Moment infolge der häufigen Einwirkungskombination kleiner als das Rissmoment des Betonquerschnittes ist, theoretisch der gesamte Spannstahl ohne erkennbare Rissbildung ausfallen.

Die größte Betonstahlbewehrungsfläche wird dort gebraucht, wo die Restspannstahlfläche ohne Vorankündigung auf null abfallen kann. Das ist genau die Stelle, wo das Rissmoment des nicht vorgespannten Betonquerschnitts gleich oder größer als das äußere Moment infolge häufiger Einwirkungskombination ist. Die Robustheitsbewehrung ist deshalb aus dem Rissmoment des Betonquerschnitts ohne Berücksichtigung der Vorspannung zu ermitteln.

$$A_{s,min} \cdot f_{yk} \cdot z_s = M_{r,ep}$$

mit $M_{r,ep} = W_c \cdot f_{ctk;0,05}$ $\quad (P_{Rest} = 0)$

Erfahrungen mit Korrosionsschäden an Spannbetontragwerken belegen, dass selten ein einzelner Draht allein bricht. Vielmehr kann unter schlechten Randbedingungen eher ein gemeinsamer Ausfall aller Drähte oder Litzen eines Spanngliedes an einer eng begrenzten Stelle auftreten. Daher sollte beim genaueren Verfahren immer die Anzahl der Spannglieder reduziert werden.

Bei dem genaueren Nachweis dürfen zusätzlich Momentenumlagerungen berücksichtigt werden, was jedoch zusätzliche Nachweise der Verformungsfähigkeit erfordert. In DAfStb-Heft 469 sind hierzu weitere Hinweise enthalten.

Regel b)

Die Robustheitsbewehrung darf alternativ vereinfacht durch Abdeckung des Rissmomentes für den Grenzfall einer vollständig ausgefallenen Vorspannwirkung unter Ausnutzung der Fließgrenze des Betonstahls berechnet werden.

$$A_s = \frac{M_{r,ep}}{f_{yk} \cdot z_s}$$

mit

$M_{r,ep}$ Rissmoment unter Aufnahme einer Zugspannung von $f_{ctk,0,05}$ in der äußersten Zugfaser des Querschnitts ohne Wirkung der Vorspannung

f_{yk} charakteristischer Wert der Streckgrenze des Betonstahls

z_s innerer Hebelarm im Grenzzustand der Tragfähigkeit, bezogen auf die Betonstahlbewehrung; näherungsweise darf $z_s = 0{,}9d$ angenommen werden

Die anzusetzende Betonzugfestigkeit $f_{ctk;0,05}$ wurde festgelegt mit der Begründung, dass ein gedachter sukzessiver Spannstahlausfall langsam erfolgt, Zugspannungen also über eine längere Zeit im Querschnitt mit allmählich steigender Größe wirken werden und daher ein Abfall der Zugfestigkeit infolge des Dauerstandseffekts gegenüber f_{ctm} eintreten wird. Zudem sind in realen Konstruktionen immer auch Eigenspannungen wirksam, welche die effektive Zugfestigkeit mindern.

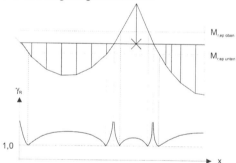

Abb. E. 6.4: Sicherheit γ_R mit Robustheitsbewehrung über die gesamte Länge des Bauteils

Die so vereinfacht ermittelte untere Bewehrung ist für durchlaufende Plattenbalken- oder Hohlkastenquerschnitte bis über die Stützen der entsprechenden Felder zu führen (Abb. E. 6.4). Die obere Bewehrung über den Innenstützen ist in beiden anschließenden Feldern über eine Länge von mindestens einem Viertel der Feldweite einzulegen.

6.2 Querkraft

6.2.1 Nachweisverfahren

Die Regelungen zur Querkraftbemessung in DIN EN 1992-2 sind identisch mit DIN EN 1992-1-1 bzw. dem DIN-Fachbericht 102, Ausg. 2009.

Daher kann auf die Erläuterungen in [DAfStb-H600 – 13] und [Fingerloos et al. – 12] verwiesen werden.

Das Nachweisverfahren ist auf Schnittgrößenebene formuliert:

$V_{Ed} \leq V_{Rd}$

Für die Nachweise des Querkraftwiderstands sind folgende Bemessungswerte definiert:

$V_{Rd,c}$ Querkraftwiderstand eines Bauteils ohne Querkraftbewehrung

$V_{Rd,s}$ durch die Fließgrenze der Querkraftbewehrung begrenzter Querkraftwiderstand

$V_{Rd,max}$ durch die Druckstrebenfestigkeit begrenzter maximaler Querkraftwiderstand.

Bei Bauteilen mit geneigten Gurten werden folgende zusätzliche Bemessungswerte definiert

V_{ccd} Querkraftkomponente in der Druckzone bei geneigtem Druckgurt;

V_{td} Querkraftkomponente in der Zugbewehrung bei geneigtem Zuggurt.

Im Folgenden wird im Wesentlichen nur auf die brückenspezifischen Regelungen eingegangen.

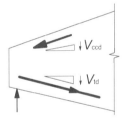

Abb. E. 6.5: Querkraftkomponente für Bauteile mit geneigten Gurten

6.2.2 Bauteile ohne rechnerisch erforderliche Querkraftbewehrung

Der Bemessungswert für den Querkraftwiderstand $V_{Rd,c}$ darf wie folgt ermittelt werden:

$V_{Rd,c} = [0{,}15/\gamma_C \cdot k \cdot (100 \cdot \rho_l \cdot f_{ck})^{1/3} + 0{,}12 \cdot \sigma_{cp}] \cdot b_w \cdot d$

mit mindestens:

$V_{Rd,c} = (v_{min} + k_1 \cdot \sigma_{cp}) \cdot b_w \cdot d$

Dabei ist

f_{ck} in N/mm² einzusetzen;

$k = 1 + \sqrt{\dfrac{200}{d}} \leq 2{,}0$ mit d in mm

$\rho_l = \dfrac{A_{sl}}{b_w \cdot d} \leq 0{,}02$

A_{sl} die Fläche der Zugbewehrung, die mit $\geq (l_{bd} + d)$ über den betrachteten Querschnitt hinaus geführt wird (siehe Abb. E. 6.6); die Querschnittsfläche von im sofortigen Verbund liegendem Spannstahl darf in die Berechnung von A_{sl} einbezogen werden. In diesem Fall darf ein gewichteter Mittelwert für d verwendet werden

b_w die kleinste Querschnittsbreite innerhalb der Zugzone des Querschnitts in mm

$\sigma_{cp} = N_{Ed}/A_c < 0{,}2 f_{cd}$ in N/mm²

N_{Ed} die Normalkraft im Querschnitt infolge Lastbeanspruchung oder aus Vorspannung in N ($N_{Ed} > 0$ für Druck). Der Einfluss von aufgezwungenen Verformungen auf N_{Ed} darf vernachlässigt werden

A_c die Gesamtfläche des Betonquerschnitts in mm²

$V_{Rd,c}$ in N

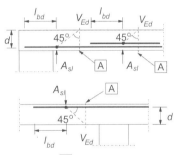

Legende: A betrachteter Querschnitt

Abb. E. 6.6 Definition von A_{sl}

Die Gleichung wird insbesondere für den Nachweis der Fahrbahnplatten unter den örtlich hohen Radlasten benötigt. Bei gevouteten Fahrbahnplatten ist dabei im Falle auflagernaher Einzellasten folgendes zu beachten:

Der Bemessungswert der Querkraftkomponente V_{ccd} infolge der Biegedruckkraft F_{cd} aus dem Momentenanteil der abgeminderten auflagernahen Einzellast darf nicht zusätzlich angesetzt werden, da sich die auflagernahe Einzellast im Wesentlichen konsolartig auf das Auflager abstützt.

Zwischenzeitlich konnte im Rahmen zweier FE-Vorhaben mit experimentellen Untersuchungen gezeigt werden, dass die Nachweisgleichung (6.2) in DIN EN 1992-2 für Fahrbahnplatten unter Einzellasten sehr konservativ ist [Rombach et al. – 09], [Hegger]. Es wird daher zur Vermeidung unnötiger Querkraftbewehrung in Fahrbahnplatten empfohlen, beim Nachweis der Querkrafttragfähigkeit alle Möglichkeiten, die DIN EN 1992-2 bietet, auszuschöpfen. Neben den im Eurocode angegebenen Nachweisformaten ist insbesondere die Verteilung von Radlasten aus Verkehr über eine zutreffende mitwirkende Breite von großem Einfluss, die derzeit noch Gegenstand der Forschung ist.

6.2.3 Bauteile mit rechnerisch erforderlicher Querkraftbewehrung

Grundlage für die Bemessung ist wie bereits im DIN-Fachbericht 102 das Fachwerkmodell mit Rissreibung.

Ein wesentlicher Unterschied gegenüber DIN EN 1992-1-1 besteht bei der Begrenzung des Winkels θ für die Druckstrebenneigung.

$$1{,}0 \leq \cot\theta \leq \frac{1{,}2 + 1{,}4\,\sigma_{cp}/f_{cd}}{1 - V_{Rd,cc}/V_{Ed}} \leq 1{,}75$$

Bei Brücken beträgt die kleinste zulässige Druckstrebenneigung $\theta = 30°$ (cot $\theta = 1{,}75°$). Dagegen beträgt sie im Hochbau $\theta = 18°$ (cot $\theta = 3{,}0°$). Mit dieser Festlegung soll im Brückenbau eine robustere Auslegung erreicht werden.

6.3 Torsion

Wenn das statische Gleichgewicht eines Tragwerks von der Torsionstragfähigkeit seiner einzelnen Bauteile abhängt oder die Schnittgrößenverteilung von den angesetzten Torsionssteifigkeiten beeinflusst wird (z. B. Querverteilung bei Plattenbalken), ist eine Torsionsbemessung erforderlich, die sowohl den Grenzzustand der Tragfähigkeit als auch den Grenzzustand der Gebrauchstauglichkeit umfasst.

Die Regelungen für die Torsionsbemessung in DIN EN 1992-1-1 und DIN EN 1992-2 stimmen im Wesentlichen überein, so dass für die Erläuterung auf [DAfStb-H 600 – 13] und [Fingerloos et al. – 12] verwiesen werden kann.

6.4 Durchstanzen
6.5 Stabwerkmodelle
6.6 Verankerung der Längsbewehrung und Stöße
6.7 Teilflächenbelastung

Die Bemessungsregeln der Abschnitte 6.4 bis 6.7 stimmen im Wesentlichen mit DIN EN 1992-1-1 überein, so dass für die Erläuterungen auf [DAfStb-H 600 – 13] und [Fingerloos et al. – 12] verwiesen werden kann.

6.8 Nachweis gegen Ermüdung

Tragende Bauteile, die beträchtlichen Spannungsänderungen unter nicht vorwiegend ruhenden Einwirkungen unterworfen sind, müssen gegen Ermüdung bemessen werden.

Nachweis gegen Ermüdung nach DIN EN 1992-2

DIN EN 1992-2 sieht einen Nachweis gegen Ermüdung auf 3 Ebenen vor:
– Vereinfachter Nachweis (Dauerfestigeit)
– Nachweis mit Hilfe der schädigungsäquivalenten Schwingbreite $\Delta\sigma_{s,equ}$
– Ansatz einer linearen Schädigungsakkumulation nach der Palmgren-Miner-Regel

Der Nachweis ist für Beton und Stahl getrennt zu führen. Das dreistufige Nachweiskonzept geht aus Abb. E. 6.8 hervor.

Die ermüdungswirksamen Beanspruchungen infolge des fließenden Verkehrs (Abb. E. 6.7) lassen sich statistisch beschreiben in Form eines Spannungskollektivs oder einer Verteilungsdichte bzw. -funktion der Spannungsschwingbreiten. Für die praktische Durchführung des Betriebsfestigkeitsnachweises wird das Spannungskollektiv i. d. R. durch eine gleichwertige einstufige Beanspruchung mit konstanter Schwingbreite ersetzt, die bei einem Umfang von N^* Spannungsspielen die gleiche schädigende Wirkung hervorruft wie das gegebene Kollektiv.

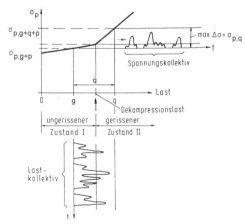

Abb. E. 6.7: Spannunsschwingbreiten infolge fließenden Verkehrs

Voraussetzung für die Entwicklung eines Betriebsfestigkeitsnachweises ist eine hinreichend genaue Beschreibung der Verkehrslasten (Kollektiv) auf der Grundlage von Verkehrslastmessungen an repräsentativen Bauwerken sowie die Kenntnis der Wöhlerlinien. Auf der Grundlage der linearen Schädigungsakkumulations-Hypothese nach Palmgren-Miner kann die schädigungsäquivalente Schwingbreite mit N^* Lastwechseln als schädigungsgleiches Ersatzkollektiv ermittelt werden.

Nachweise in den Grenzzuständen der Tragfähigkeit (GZT)

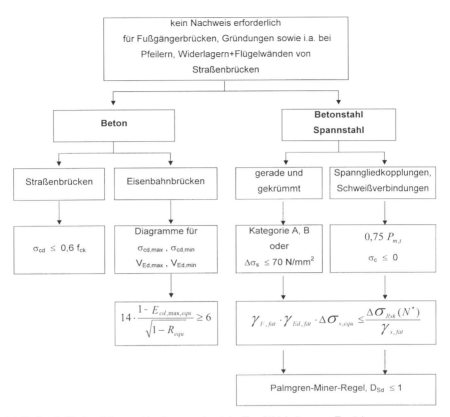

Abb. E. 6.8 Nachweis Nachweiskonzept im Grenzzustand der Tragfähigkeit gegen Ermüdung

Wöhlerlinien Spannstahl

Das Ermüdungsverhalten von Spannstahl in einbetonierten Spanngliedern ist sehr stark beeinflusst durch die Reibdauerbeanspruchung, die sich bei im Rissbereich häufig veränderlichen Einwirkungen (Verkehr) aus der gleichzeitigen Wirkung von hohen Querpressungen und kleinen Relativbewegungen in der Kontaktfläche zwischen Spannstahl und Hüllrohr, zwischen Spannstahl und Anker- bzw. Kopplungskonstruktion oder auch zwischen den einzelnen Spannstählen ergibt (Abb. E. 6.9).

Daher können für die Bemessung nur Wöhlerlinien verwendet werden, die für Spannstähle im einbetonierten Zustand gelten. Dagegen liegen die Ermüdungsfestigkeiten von freischwingend geprüften Spannstählen im Rahmen der Konformitätsnachweise deutlich höher.

Eine wesentliche Änderung in DIN EN 1992-2 gegenüber dem DIN-Fachbericht 102, Ausgabe 2009 besteht darin, dass künftig die Spannstähle hinsichtlich der Ermüdungsfestigkeit in 2 Klassen eingeteilt werden (Tafel E. 6.1).

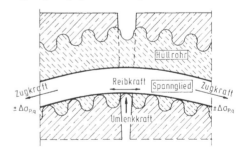

Abb. E. 6.9: Reibdauerbeanspruchung von Spannstahl in einbetonierten Hüllrohren

Dabei entspricht die Klasse 1 den Angaben für die Wöhlerlinien in DIN-Fachbericht 102. Da aber nach neueren Ergebnissen der Materialprüfung nicht mehr alle Spannstähle diese Anforderungen erfüllen, wurde zusätzlich die Klasse 2 mit niedrigeren Ermüdungsfestigkeiten eingeführt. Für die Ermüdungsbemessung auf der sogenannten „freien Länge" ist die Klasse zugrunde zu legen, die in der Zulassung des zur Verwendung kommenden Spannstahls angegeben ist. Die Ermüdungsklasse des Spannstahls muss außerdem in den Bauausführungsplänen angegeben werden.

Anders als vom DIN-Fachbericht 102 gewohnt enthält Tafel E. 6.1 keine Angaben mehr für die Wöhlerlinien von Spannstahl an Ankern und Kopplungen.

Tafel E. 6.1: Parameter der Ermüdungsfestigkeitskurven (Wöhlerlinien) für Spannstahl

Spannstahl[a]	N^*	Spannungs-exponent		$\Delta\sigma_{Rsk}$ bei N^* Zyklen[b] N/mm^2	
		k_1	k_2	Klasse 1	Klasse 2
im sofortigen Verbund	10^6	5	9	185	120
im nachträglichen Verbund – Einzellitzen in Kunststoffhüllrohren – gerade Spannglieder, gekrümmte Spannglieder in Kunststoffhüllrohren	10^6 10^6	5 5	9 9	185 150	120 95
– gekrümmte Spannglieder in Stahlhüllrohren	10^6	3	7	120	75

[a] Sofern nicht andere Wöhlerlinien durch eine Zulassung oder Zustimmung im Einzelfall für den eingebauten Zustand festgelegt werden.
[b] Werte im eingebauten Zustand. Die Spannstähle werden in 2 Klassen eingeteilt. Die Werte für Klasse 1 sind durch eine allgemeine bauaufsichtliche Zulassung für den Spannstahl nachzuweisen. Die Werte für Nachweise des Verankerungsbereichs von Spanngliedern sind immer der allgemeinen bauaufsichtlichen Zulassung zu entnehmen.

Für diese Bereiche werden gemäß der europäischen Zulassungsleitlinie für Spannverfahren ETAG 013 spezielle Ermüdungsprüfungen durchgeführt, da die Ermüdungsfestigkeit von Spanngliedern stark von der konstruktiven Durchbildung dieser Details abhängig ist. Die Parameter für die Ermüdungsfestigkeitskurven an Ankern und Kopplungen sind daher in den Spannverfahrenzulassungen angegeben und für die Bemessung dort zu entnehmen. Es ist zu beobachten, dass die Spanngliedhersteller seit Einführung der ETAG 013 die Ermüdungsfestigkeit der Spannglieder im Bereich von Ankern und Kopplungen erheblich verbessern konnten.

Spannungsschwingbreiten

Die ermüdungswirksamen Spannungsschwingbreiten infolge Verkehr sind auf der Einwirkungsseite abhängig vom Grundmoment, das das Beanspruchungsniveau beschreibt, und den Momentenschwingbreiten infolge fließenden Verkehrs.

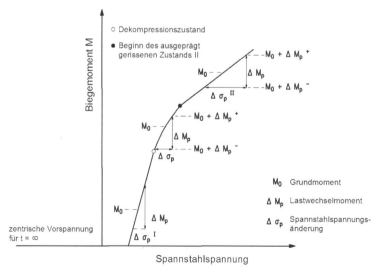

Abb. E. 6.10: Nachweiskonzept im Grenzzustand der Tragfähigkeit infolge Ermüdung

Die Größe der daraus resultierenden Spannungsschwingbreiten ist abhängig von der vorhandenen Spannstahl- und Betonstahlmenge sowie vom Vorspanngrad (Dekompressionsmoment) (Abb. E. 6.10).

Nachweisverfahren

Der Nachweis gegen Ermüdung stellt einen Nachweis im GZT dar. Er ist jedoch mit den häufigen Einwirkungen des Gebrauchszustandes zu führen. Die Teilsicherheitsbeiwerte für Einwirkungen sind daher mit $\gamma_F = 1{,}0$ anzusetzen.

Beim vereinfachten Nachweis ist die Spannungsschwingbreite auf der Grundlage des Grundmoments sowie des max. und min. Moments aus dem häufigen Wert der Verkehrslasten (Momentenschwingbreite) im Nachweisschnitt zu ermitteln.

Beim Nachweis der schädigungsäquivalenten Schwingbreite stellt das Ermüdungslastmodell 3 nach DIN EN 1991-2 die Grundlage für die Ermittlung der Spannungsschwingbreiten dar.

Ermittlung der Spannungen

Die Spannungen im Betonstahl und Spannstahl sind grundsätzlich auf der Grundlage gerissener Querschnitte im Zustand II zu ermitteln.

Das unterschiedliche Verbundverhalten von Beton- und Spannstahl ist durch Erhöhung der Betonstahlspannungen σ_{s2} nach Zustand II auf der Basis starren Verbundes mit dem Faktor η zu berücksichtigen:

$$\sigma_s = \eta \cdot \sigma_{s2}$$

$$\eta = \frac{A_s + A_p}{A_s + A_p \sqrt{\xi \cdot (d_s / d_p)}}$$

Dabei ist

σ_{s2} Spannungen im Betonstahl im Zustand II unter Annahme eines starren Verbundes

σ_s Spannungen im Betonstahl im Zustand II unter Berücksichtigung der unterschiedlichen Verbundsteifigkeit von Beton- und Spannstahl

A_s die Querschnittsfläche der Betonstahlbewehrung

A_p die Querschnittsfläche der Spannstahlbewehrung

d_s der größte Durchmesser der Betonstahlbewehrung

d_p der Durchmesser oder äquivalente Durchmesser der Spannstahlbewehrung

$d_p = 1{,}6\sqrt{A_p}$ für Bündelspannglieder

$d_p = 1{,}20 d_{Draht}$ für Einzellitzen mit 3 Drähten

$d_p = 1{,}75 d_{Draht}$ für Einzellitzen mit 7 Drähten

ξ das Verhältnis der Verbundfestigkeit von im Verbund liegenden Spanngliedern zur Verbundfestigkeit von Betonrippenstahl im Beton nach Tafel E. 6.2

Tafel E. 6.2: Verhältnis ξ der Verbundfestigkeiten von Spannstahl und Betonrippenstahl

Zeile	Spalte	1	2
		Spannglieder im sofortigen Verbund	Spannglieder mit nachträglichem Verbund
1	glatte Stäbe	-	0,3
2	Litzen	0,6	0,5
3	profilierte Stäbe	0,7	0,6
4	gerippte Stäbe	0,8	0,7

Die Gleichung für η gilt für den Zugstab. Bei Biegung sind die Flächen A_s und A_p im Verhältnis ihres Abstandes zur Dehnungsnulllinie zu wichten (Abb. E. 6.11).

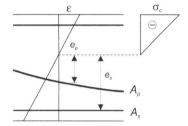

$$\eta = \frac{A_s + \sum \frac{e_{pi}}{e_s} \cdot A_{pi}}{A_s + \sum \frac{e_{pi}}{e_s} \cdot A_{pi} \cdot \sqrt{\xi \cdot d_s / d_p}}$$

Abb. E. 6.11 Wichtung der Spannstahlfläche über den Abstand zur Dehnungsnulllinie

Die Stahlspannungen bzw. Schwingbreiten in der Querkraftbewehrung sind auf der Grundlage eines Fachwerkmodells zu ermitteln, wobei die Druckstrebenneigung wie folgt anzunehmen ist:

$$\tan \theta_{fat} = \sqrt{\tan \theta} \leq 1{,}0$$

mit θ nach DIN EN 1992-2, 6.2.3 (2)

Vereinfachter Nachweis

Die vereinfachten Nachweise gegen Ermüdung sind unter der häufigen Einwirkungskombination zu führen. Die Nachweise sind erfüllt, wenn für die Schwingbreiten der Spannungen bzw. die Ober- und Untergrenzen der Spannungen die folgenden Grenzwerte eingehalten sind:

– Für ungeschweißte Beton- und Spannstähle unter Zugbeanspruchung:

$$\Delta \sigma_{s,freq} \leq 70 \, N/mm^2$$

– Für geschweißte Betonstähle oder Spanngliedkopplungen bei Abminderung der Vorspannkraft auf $0{,}75 P_{m,t}$:

$\sigma_{c,freq} \leq 0$ (im gesamten Querschnitt)
- Für Beton unter Druckbeanspruchung

$$\frac{|\sigma_{cd,max}|}{f_{cd,fat}} \leq 0{,}5 + 0{,}45 \frac{|\sigma_{cd,min}|}{f_{cd,fat}} \leq 0{,}9$$

Dabei ist

$\sigma_{cd,max}$ der Bemessungswert der maximalen Druckspannung unter der häufigen Einwirkungskombination

$\sigma_{cd,min}$ der Bemessungswert der minimalen Druckspannung am Ort von $\sigma_{cd,max}$ (bei Zugspannungen ist $\sigma_{cd,min} = 0$ zu setzen)

Für den Bemessungswert der Betondruck-festigkeit unter Ermüdungsbeanspruchung ist ein modifizierter Wert unter Berücksichtigung der Nacherhärtung und des Zeitpunktes der Erstbelastung zu verwenden:

$$f_{cd,fat} = \beta_{cc}(t_0) \cdot f_{cd} \cdot \left(1 - \frac{f_{ck}}{250}\right) \text{ mit } f_{ck} \text{ in N/mm}^2$$

$\beta_{cc}(t_0)$ Beiwert für die Nacherhärtung mit

$$\beta_{cc}(t_0) = e^{0{,}2\left(1-\sqrt{28/t_0}\right)}$$

t_0 Zeitpunkt der Erstbelastung (in Tagen)

Beim Nachweis der Druckstreben von Bauteilen unter Querkraftbeanspruchung ist die Betondruckfestigkeit $f_{cd,fat}$ zusätzlich mit dem Wirksamkeitsfaktor α_c abzumindern.

- Für Beton unter Querkraftbeanspruchung bei Bauteilen ohne rechnerisch erforderliche Querkraftbewehrung für:

$$\frac{V_{Ed,min}}{V_{Ed,max}} \geq 0 : \frac{|V_{Ed,max}|}{|V_{Rd,ct}|} \leq 0{,}5 + 0{,}45 \frac{|V_{Ed,min}|}{|V_{Rd,ct}|} \leq 0{,}9$$

$$\frac{V_{Ed,min}}{V_{Ed,max}} < 0 : \frac{|V_{Ed,max}|}{|V_{Rd,ct}|} \leq 0{,}5 - \frac{|V_{Ed,min}|}{|V_{Rd,ct}|}$$

Dabei ist

$V_{Ed,max}$ Bemessungswert der maximalen Querkraft unter häufiger Einwirkungskombination

$V_{Ed,min}$ Bemessungswert der minimalen Querkraft unter häufiger Einwirkungskombination in dem Querschnitt, in dem $V_{Ed,max}$ auftritt

$V_{Rd,ct}$ Bemessungswert der aufnehmbaren Querkraft für Querschnitte ohne Schubbewehrung

Betriebsfestigkeitsnachweis

Bei Nichteinhaltung der Spannungsgrenzen des vereinfachten Nachweises ist ein genauer Nachweis der Betriebsfestigkeit zu führen unter Berücksichtigung der tatsächlich zu erwartenden Beanspruchungen. Für den expliziten Nachweis der Betriebsfestigkeit ist die Schädigungssumme D_{Ed} unter Ansatz einer linearen Schädigungsakkumulation mit der Palmgren-Miner-Regel zu ermitteln.

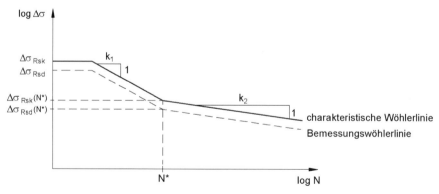

Abb. E. 6.12: Form der Wöhlerlinien für Beton- und Spannstahl

Für den Knickpunkt gilt:

$$\Delta\sigma_{Rsd(N^*)} = \frac{\Delta\sigma_{Rsk(N^*)}}{\gamma_{s,fat}} \text{ mit } \gamma_{s,fat} = 1{,}15$$

Für die Wöhlerlinie des Stahls gilt:

$$N_{id} \cdot (\Delta\sigma_{s,i})^k = N^* \cdot (\Delta\sigma_{Rsd(N^*)})^k = \text{const.}$$

$$N_{id} = N^* \left[\frac{(\Delta\sigma_{Rsd(N^*)})}{\Delta\sigma_{s,i}}\right]^k = \text{const.}$$

$$D_{Ed} = \sum \frac{n_i}{N_{id}} = \sum \frac{n_i}{N^*} \left[\frac{\Delta\sigma_{s,i}}{\Delta\sigma_{Rsd(N^*)}} \right]^k \leq 1{,}0$$

Dabei ist

n_i Anzahl der Lastzyklen

N_{id} Anzahl der ertragbaren Lastzyklen aus der Bemessungswöhlerlinie.

Um den genauen Betriebsfestigkeitsnachweis über die Schädigungssumme D_{Ed} führen zu können, muss jedoch das Beanspruchungskollektiv bekannt sein. Da dies i. d. R. nicht gegeben ist und aufgrund des großen numerischen Aufwandes, kommt der genaue Nachweis bei Neubauten i. Allg. nicht zur Anwendung.

Nachweis der schädigungsäquivalenten Schwingbreite $\Delta\sigma_{equ}$

Vereinfachend darf der Nachweis der Betriebsfestigkeit auch über den Nachweis der schädigungsäquivalenten Schwingbreite geführt werden. Bei diesem Verfahren werden die Schwingbreiten unter Ansatz von Betriebslastfaktoren λ_s bzw. λ_c für Stahl bzw. Beton ermittelt. Die Nachweise für Stahl und Beton sind i. Allg. unter Berücksichtigung der folgenden Einwirkungskombinationen zu führen:

- charakteristischer Wert der ständigen Einwirkungen,
- Wert der wahrscheinlichen Setzungen (sofern ungünstig wirkend),
- 0,9facher Mittelwert der Vorspannkraft für den statisch bestimmten und maßgebender charakteristischer Wert für den statisch unbestimmten Anteil der Vorspannwirkung,
- häufiger Wert der Temperatureinwirkung (sofern ungünstig wirkend),
- maßgebendes Verkehrslastmodell für Ermüdung nach DIN EN 1991-2 (ELM 3).

Der statisch bestimmte Anteil der Vorspannwirkung ist in den Koppelfugen zusätzlich pauschal mit dem Faktor 0,75 für die dort gekoppelten Spannglieder abzumindern. Die in den Zulassungen der Spannverfahren genannten Werte für erhöhte Spannkraftverluste an Kopplungen durch Betonkriechen sind darin pauschal enthalten.

Das Ermüdungslastmodell 3 (ELM 3) besteht aus vier Achsen mit je zwei identischen Rändern (Abb. E. 6.13). Die Achslasten betragen je 120 kN; die Aufstandsfläche jedes Rades ist ein Quadrat mit 0,40 m Seitenlänge.

Zur Berechnung der schädigungsäquivalenten Schwingbreite $\Delta\sigma_s$ (resultierend im Wesentlichen aus der Momentenschwingbreite ΔM_{LM3}) für den Nachweis des Stahls in Brückenlängsrichtung

sind die Achslasten des Ermüdungslastmodells 3 zu erhöhen mit dem Faktor:
- 1,75 für den Nachweis an Zwischenstützen,
- 1,40 für den Nachweis in übrigen Bereichen.

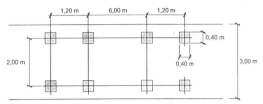

Abb. E. 6.13 Ermüdungslastmodell 3 (ELM 3)

Für den Nachweis in der Umgebung von Zwischenstützen darf über die Länge von 0,15 L zwischen 1,4 und 1,75 linear interpoliert werden.

Für den Nachweis gegen Ermüdung in Brückenquerrichtung gilt für das Ermüdungslastmodell 3 über die gesamte Breite der Fahrbahnplatte der Faktor 1,4. Das Ermüdungsmodell beinhaltet dynamische Erhöhungsfaktoren bei Annahme einer guten Belagsqualität. Zusätzliche Erhöhungen $\Delta\varphi_{fat}$ sind daher nur im Bereich von Fahrbahnübergängen anzusetzen.

Das Modell ist in der Achse eines rechnerischen Fahrstreifens anzuordnen, der an jeder beliebigen Stelle der Fahrbahn liegen kann, unabhängig von der tatsächlichen Anordnung der Fahrstreifen auf der Fahrbahn. Die rechnerische Fahrstreifenbreite beträgt 3,00 m, ebenfalls unabhängig von der tatsächlichen Breite der Fahrstreifen.

Weiterhin ist auf der Einwirkungsseite eine Verkehrskategorie auf Brücken festzulegen durch die Anzahl der Streifen mit Lastkraftverkehr und Anzahl der Lastkraftwagen pro Jahr und Fahrstreifen (N_{obs}). Der Wert für N_{obs} kann DIN EN 1991-2, Abschn. 4.6 entnommen werden.

Der Nachweis gegen Ermüdung für Beton- und Spannstahl gilt als erbracht, wenn die folgende Bedingung erfüllt ist:

$$\gamma_{F,fat} \cdot \gamma_{Ed,fat} \cdot \Delta\sigma_{s,equ} \leq \frac{\Delta\sigma_{Rsk}(N^*)}{\gamma_{s,fat}}$$

Dabei ist

$\Delta\sigma_{Rsk}(N^*)$ die Spannungsschwingbreite für N^* Lastzyklen aus der Wöhlerlinie

$\Delta\sigma_{s,equ}$ die schädigungsäquivalente Spannungsschwingbreite

$\gamma_{F,fat}$ der Teilsicherheitsbeiwert für die Einwirkungen beim Nachweis gegen Ermüdung; $\gamma_{F,fat} = 1{,}0$

$\gamma_{Ed,fat}$ der Teilsicherheitsbeiwert für die Modellunsicherheiten

$\gamma_{s,fat}$ beim Nachweis gegen Ermüdung; $\gamma_{Ed,fat} = 1,0$

$\gamma_{s,fat}$ der Teilsicherheitsbeiwert für den Beton- und Spannstahl beim Nachweis gegen Ermüdung; $\gamma_{s,fat} = 1,15$

Der Nachweis gegen Ermüdung des Stahls wird im Knickpunkt der Wöhlerlinie bei N^* Spannungszyklen geführt. Die schädigungsäquivalente Schwingbreite $\Delta\sigma_{s,equ}$ führt bei N^* Spannungszyklen zur gleichen Schädigung, wie das Kollektiv der Spannungsschwingbreiten aus dem tatsächlichen Verkehr während der rechnerischen Nutzungsdauer.

$$\Delta\sigma_{s,equ} = \Delta\sigma_s \cdot \lambda_S$$

Dabei ist

$\Delta\sigma_s$ Spannungsschwingbreite infolge des Ermüdungsmodells 3 mit den erhöhten Achslasten

λ_S Korrekturbeiwert zur Ermittlung der schädigungsäquivalenten Schwingbreite aus der Spannungsschwingbreite $\Delta\sigma_s$

Der Korrekturbeiwert λ_S berücksichtigt den Einfluss der Spannweite, des jährlichen Verkehrsaufkommens, der Nutzungsdauer, der Anzahl der Verkehrsstreifen, der Verkehrsart sowie der Oberflächenrauigkeit und darf wie folgt berechnet werden:

$$\lambda_S = \varphi_{fat} \cdot \lambda_{S,1} \cdot \lambda_{S,2} \cdot \lambda_{S,3} \cdot \lambda_{S,4}$$

Die Beiwerte sind dem Anhang NA.NN:106 der DIN EN 1992-2 zu entnehmen.

Bei Straßenbrücken ist der Nachweis gegen Ermüdung für Beton unter Druckbeanspruchung nicht zu führen, sofern $\sigma_c \leq 0,6\, f_{ck}$ unter der seltenen Einwirkungskombination und dem Mittelwert der Vorspannkraft zu jedem Zeitpunkt t eingehalten ist.

Da dieser Nachweis ohnehin im GZG zu erbringen ist, kann bei Straßenbrücken der Nachweis gegen Ermüdung für den Beton entfallen.

6.9 Membranelemente

Der Abschnitt 6.9 Membranelemente enthält in der europäischen Fassung des Eurocode 2, Teil 2 ein Bemessungsverfahren, das jedoch in der für Deutschland verbindlichen DIN EN 1992-2 nicht wiedergegeben wird. Dadurch soll die ausschließliche Festlegung auf ein Bemessungsverfahren vermieden werden.

6.10 Nachweis gegen Anprall

Das Kapitel enthält ausschließlich Regelungen in Bezug auf den Anprall von Fahrzeugen auf das Tragwerk. Es geht ausschließlich um Festlegungen zur Vermeidung eines Einsturzes bei Anprall.

Der Nachweis gegen Aufprall stellt eine außergewöhnliche Bemessungssituation dar.

Zusätzlich zu beachten sind die Anforderungen an passive Schutzeinrichtungen an Straßen, wie Schutzplanken, Schutzgeländer, Brüstungswände etc. Hierzu wird auf DIN EN 1991-2, 4.7 verwiesen. Rückhaltesysteme an Straßen sind klassifiziert und müssen nach den Kriterien der EN 1317 geprüft sein: Aufhaltevermögen (Aufhaltestufen H 1 bis H 4), Anprallheftigkeit (Stufen A und B) und Verformung bei Anprall (Wirkungsbereiche W1 bis W8)).

Montagestützen und Lehrgerüste sind durch angemessene konstruktive Maßnahmen vor Fahrzeuganprall zu sichern. Für temporäre Schutzeinrichtungen gibt die EN 1317 die Aufhaltestufen T 1 bis T 3 vor.

Die Anprallkräfte von Fahrzeugen auf die stützenden Pfeiler und Überbauten sind DIN EN 1991-1-7 zu entnehmen.

Anpralllasten aus Straßenverkehr unter Brücken nach DIN EN 1991-1-7, 4.3 sind nur beim Nachweis der Lagesicherheit des Überbaus zu berücksichtigen. Die Anpralllasten dürfen dabei vereinfachend 20 cm oberhalb der Unterseite des Überbaus angesetzt werden.

Die außergewöhnlichen Einwirkungen infolge Entgleisung von Eisenbahnfahrzeugen auf Bauteile neben oder über Gleisen sind DIN EN 1991-1-7, 4.5 zu entnehmen.

Maßnahmen

Die Verformungen des Tragwerks nach dem Schaden eines maßgebenden Tragwerksteils sollten mit der häufigen Einwirkungskombination nachgewiesen werden, um den Lichtraum zu sichern. Solche Tragwerke werden vom Bauherrn benannt.

Es gilt die folgende Einwirkungskombinationen zur Bestimmung von E_d für den Lastfall Anprall

$$\sum_{j\geq 1}\gamma_{GAj}\cdot G_{kj}\,"+"\,\gamma_{PA}\cdot P\,"+"\,A_d\,"+"\,\psi_{1,1}\cdot Q_{k1}\,"+"\,\sum_{i>1}\psi_{2,i}\cdot Q_{ki}$$

Dabei ist

G_{kj} die charakteristischen Werte der ständigen Einwirkungen (z. B. Eigengewicht, Erddruck, Setzungen)

P der charakteristische Wert der Vorspannung

Q_{ki} die charakteristischen Werte der veränderlichen Einwirkungen

γ_{GAj} die zugehörigen Teilsicherheitsbeiwerte der außergewöhnlichen Bemessungssituation

ψ die zugehörigen Kombinationsbeiwerte

Der Tragwiderstand darf mit den Teilsicherheitsbeiwerten nach Tafel E. 6.3 ermittelt werden.

Tafel E. 6.3   Reduzierte Teilsicherheitsbeiwerte der Baustoffeigenschaften beim Nachweis gegen Anprall

Baustoff	Teilsicherheitsbeiwert
Beton	$\gamma_C = 1{,}3$
Betonstahl	$\gamma_S = 1{,}0$
Spannstahl	$\gamma_S = 1{,}0$

Die Festlegungen für die Bemessung und Konstruktion gegen Anprall wurden aufgrund von Versuchen festgelegt, die meist mit Lastkraftwagen von 18 t Gesamtgewicht und Geschwindigkeiten von 60 bis 80 km/h gefahren wurden. Brückenstützen und -pfeiler an Straßen, auf denen oft auch Lastkraftwagen mit höheren Gesamtgewichten oder Geschwindigkeiten verkehren, sind zur Reduzierung der Anprallenergie daher zusätzlich zur Bemessung auf Fahrzeuganprall durch besondere Maßnahmen zu sichern.

Als besondere Maßnahmen gelten Schutzeinrichtungen, die in mindestens 1 m Abstand zwischen der Vorderkante der Schutzeinrichtung und der Vorderkante des zu schützenden Bauteils anzuordnen sind, oder Betonsockel unter den zu schützenden Bauteilen, die mindestens 80 cm hoch sind und parallel zur Verkehrssicherung mindestens 2 m und rechtwinklig dazu mindestens 50 cm über die Außenkante dieser Bauteile hinausragen müssen.

In folgenden Fällen sind weder eine Bemessung auf Anprall und eine zweilagige Bewehrungsführung nach DIN EN 1992-2 Anhang NA.VV.109 noch besondere Maßnahmen erforderlich:

- bei vollen Stahlbetonstützen und -scheiben mit einer Länge *l* in Fahrtrichtung von mindestens 1,6 m und einer Breite *b* quer zur Fahrtrichtung von $b = 1{,}6 - 0{,}2\,l \geq 0{,}9$ m,
- bei vollen runden bzw. ovalen Stahlbetonstützen von mindestens $l \geq 1{,}6$ m $+ x$ und $b \geq 1{,}6$ m $- x \geq 1{,}20$ m
- bei Stahlbeton-Hohlpfeilern mit einer Mindestwanddicke von 0,60 m, die mindestens 2 m über den oberen Rand des Anprallbereiches hinausgeht.

In folgenden Fällen sind nach DIN EN 1991-1-7, 4.3.1 die besonderen Maßnahmen nicht erforderlich in bzw. neben Straßen innerhalb geschlossener Ortschaften

- mit Geschwindigkeitsbeschränkung auf 50 km/h und weniger,
- neben Gemeinde- und Hauptwirtschaftswegen.

Bauliche Durchbildung

Sind Stahlbetonstützen auf Anprall zu bemessen, so sind sie nach DIN EN 1992-2, Anhang NA.VV.109 baulich auszubilden.

Als Anprallbereiche bei Gefährdung durch Straßenverkehr sind anzunehmen:

(a) auf der Seite, auf welcher die F_{dx}-Anpralllast anzusetzen ist, die ganze Breite und 2,0 m Höhe,
(b) auf der Seite, auf welcher die F_{dy}-Anpralllast anzusetzen ist, die ganze Länge, jedoch nicht mehr als 1,6 m von der Vorderkante aus gemessen und 2,0 m Höhe.

Wegen der beim Anprall entstehenden örtlichen Zerstörungen ist davon auszugehen, dass im Anprallbereich der Beton zwischen Stützenrand und Außenkante der inneren Bügel, mindestens jedoch 12,5 cm (Zerschellschicht), und die äußere Lage der Druckbewehrung nicht mitwirken. Zugeinlagen des Anprallbereiches können dagegen in Rechnung gestellt werden (z. B. eingespannte Stützen).

Die Schubdeckung ist nachzuweisen. Hierbei braucht nur die Hälfte des erforderlichen Stahlquerschnitts nach dem Verfahren mit variablen Druckstrebenneigungen und $\theta = 45°$ eingelegt zu werden, wenn die Längsbewehrung der Stützen vom Anprallbereich bis zu den Auflagern bzw. bis zur Einspannstelle zweilagig in voller Stärke durchgeführt wird.

Bei Ausfall der Zerschellschicht (Anhang NA.VV.109) muss die Stütze in der Lage sein, die Einwirkungen aus der außergewöhnlichen Einwirkungskombination unter Ansatz folgender Teilsicherheitsbeiwerte aufzunehmen:

$$\gamma_C = 1{,}3; \quad \gamma_S = 1{,}0; \quad \gamma_F = 1{,}0 \quad (F \text{ Einwirkungen})$$

Sind Stahlbetonstützen für Anpralllasten zu bemessen, so ist ihre Längsbewehrung auf mindestens 2 m über die Höhe des Anprallbereiches hinaus zweilagig und ungestoßen nach Abb. E. 6.14 auszubilden, sofern nachstehend nichts anderes gesagt wird.

Mindestens auf dieser Höhe ist die innere und die äußere Längsbewehrung mit Bügeln oder Wendel von mindestens 12 mm Durchmesser, Abstand ≤ 100 mm zu umschließen. Die Bügelenden müssen sich um mindestens eine Seitenlänge übergreifen oder außerhalb der Zerschellschicht verankert werden. Wendelenden sind in das Innere des Querschnittes zu führen.

Geht eine Stütze in einen Gründungspfahl über und wird der Anprallstoß nicht durch konstruktive Maßnahmen auf mehrere Pfähle verteilt, so ist die Bewehrung des Anprallbereiches, sofern nicht ein genauerer Nachweis geführt wird, unvermindert vom unteren Rande des Anprallbereiches ab noch 5 m in den Gründungspfahl weiterzuführen.

Die Bewehrung darf nicht geschweißt werden.

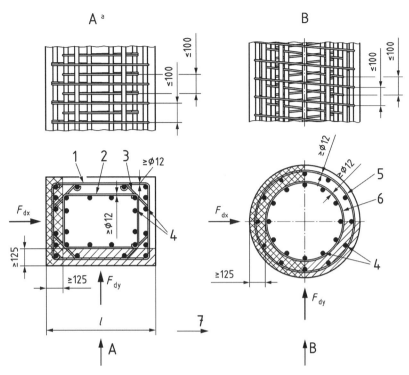

Abb. E. 6.14: Bewehrung anprallgefährdeter Stahlbetonstützen nach DIN EN 1992-2, Anhang NA.VV.109

7 Nachweise in den Grenzzuständen der Gebrauchstauglichkeit (GZG)

7.1 Allgemeines

Die Nachweise in den GZG sind bei Spannbetonbrücken in vielen Fällen entscheidend für die Bemessung. So ist für die Größe der Vorspannkraft und die Spanngliedführung der Nachweis der Dekompression maßgebend. Die Längsbewehrung ergibt sich häufig aus dem Nachweis der Begrenzung der Rissbreiten.

Aufgrund des nichtlinearen Zusammenhangs zwischen den Schnittgrößen und Spannungen sind die Nachweise in den GZT alleine nicht ausreichend, um auch unter den normalen Nutzungsbedingungen ein Tragwerksverhalten innerhalb der zulässigen Grenzen sicherzustellen.

Die Nachweise in den GZG umfassen bei Betonbrücken

- die Begrenzung der Spannungen
- die Begrenzung der Rissbreiten und die Nachweise der Dekompression
- die Begrenzung der Verformungen
- die Begrenzung der Schwingungen.

7.2 Begrenzung der Spannung

Die Spannungen sind abhängig von der Höhe der Beanspruchung mit den Querschnittswerten des ungerissenen Zustands I oder des gerissenen Zustands II zu berechnen. Der Zustand I darf zugrunde gelegt werden, wenn im Beton die Biegezugspannungen σ_c am Querschnittsrand unter der seltenen Kombination den Mittelwert der Betonzugfestigkeit f_{ctm} nicht überschreiten.

Normalspannungen im Zustand I

Sind alle Schnittgrößen bekannt, so können die Längsspannungen wie üblich nach der technischen Biegelehre (N/A; M/W) ermittelt werden, wobei die Längskraft N_p infolge der Vorspannkraft zu berücksichtigen ist.

Die beim Vorspannen vorhandenen Beanspruchungen wirken auf den Nettoquerschnitt (Index n). Die nach Herstellung des Verbundes auftretenden zusätzlichen Einwirkungen, z.B. G_{k2} und Q_k, wirken auf den ideellen Querschnitt (Index i):

Nachweise in den Grenzzuständen der Gebrauchstauglichkeit (GZG)

$$\sigma_{co} = \frac{N_p}{A_{c,n}} - \frac{M_p + M_{g1}}{W_{c,no}} - \frac{M_q}{W_{c,io}} \quad (\hat{=} \sigma_x)$$

$$\sigma_{cu} = \frac{N_p}{A_{c,n}} + \frac{M_p + M_{g1}}{W_{c,nu}} + \frac{M_q}{W_{c,iu}} \quad (\hat{=} \sigma_x)$$

Hierbei sind

W_c Widerstandsmoment des Querschnittes unter Berücksichtigung der mitwirkenden Breite b_{eff}

A_c Querschnittsfläche des Gesamtquerschnittes

Die Schnittgrößen sind dabei mit den entsprechenden Vorzeichen einzusetzen.

Um die Größtwerte zu erhalten, sind entweder die Schnittgrößen zum Zeitpunkt $t = 0$ oder zum Zeitpunkt $t \to \infty$ einzusetzen.

Die Spannungen sind gemäß Tafel E. 7.1 zu begrenzen.

Tafel E. 7.1: Begrenzung der Spannungen

a) Betondruckspannungen	
unter der quasi-ständigen Kombination, zur Vermeidung von überproportionalen Kriechverformungen	$\sigma_c \leq 0{,}45 \cdot f_{ck}$
unter der charakteristischen (seltenen) Kombination, zur Vermeidung von verstärkter Mikrorissbildung und von Längsrissen im Beton	$\sigma_c \leq 0{,}60 \cdot f_{ck}$
b) Spannstahlspannungen	
Verankerung im Spannbett ($P^{(0)}_{max}$) bzw. Pressenkraft beim Anspannen (P_{max})	$\sigma_{p,max} \leq \min \begin{cases} 0{,}80 \cdot f_{pk} \\ 0{,}90 \cdot f_{p0,1k} \end{cases}$
Vorhalten einer Überspannreserve (in Bezug auf P_{max})	$k_\mu = e^{-\mu \cdot \gamma (\kappa - 1)}$
unmittelbar nach dem Spannen (Spannglieder im nachträglichen Verbund) oder nach dem Lösen der Verankerung (Spannglieder im sofortigen Verbund) (P_{m0})	$\sigma_{p,m0} \leq \min \begin{cases} 0{,}75 \cdot f_{pk} \\ 0{,}85 \cdot f_{p0,1k} \end{cases}$
unter quasi-ständiger Kombination und dem Mittelwert der Vorspannkraft, für $t \to \infty$, zur Begrenzung der Gefahr einer Spannungsrisskorrosion	$\sigma_{p,m\,t\to\infty} \leq 0{,}65 \cdot f_{pk}$
unter seltener Kombination, zu jedem Zeitpunkt, zur Vermeidung von nicht-elastischen Verformungen (P_{mt})	$\sigma_{pmt} \leq \min \begin{cases} 0{,}80 \cdot f_{pk} \\ 0{,}90 \cdot f_{p0,1k} \end{cases}$
c) Betonstahlspannungen	
unter charakteristischer (seltener) Kombination, zur Vermeidung von nicht-elastischen Verformungen	$\sigma_s \leq 0{,}80 \cdot f_{yk}$
wie vor, jedoch bei ausschließlicher Zwangsbeanspruchung	$\sigma_s \leq 1{,}00 \cdot f_{yk}$

Begrenzung der Betondruckspannungen im Bauzustand

Grundsätzlich gelten für Bauzustände die gleichen Spannungsgrenzen wie im Endzustand (Tafel E. 7.1). In der Praxis hat sich gezeigt, dass es Bauzustände gibt, bei denen die Begrenzung der Betondruckspannungen auf $0{,}45 \cdot f_{ck}$ unter der quasi-ständigen Kombination maßgebend werden kann. Beim Taktschieben z. B. kann für die Bodenplatten der Feldbereiche die Begrenzung der Betondruckspannungen auf $0{,}45 \cdot f_{ck}$ unter der quasi-ständigen Kombination während des Verschiebens über die Stützen maßgebend werden.

Durch den Nachweis soll ein nichtlineares, überproportionales Kriechen des Betons vermieden werden. Ist der Bauzustand jedoch nur von kurzer Dauer, erscheint daher eine kurzfristige Überschreitung des Grenzwertes $0{,}45 f_{ck}$ unbedenklich.

Der Grenzwert $0{,}60 f_{ck}$ unter der seltenen Einwirkungskombination, zur Vermeidung einer verstärkten Mikrorissbildung oder von Längsrissen im Beton, darf nicht überschritten werden.

Schiefe Hauptzugspannungen

Die Auftretenswahrscheinlichkeit von Rissen soll bei Bauteilen mit Spanngliedern im Verbund unter Gebrauchsbedingungen begrenzt werden. Für Biegerisse wird dies über den Nachweis der Dekompression gesteuert.

Zur Begrenzung der Schubrissbildung sind bei schlanken Stegen ($h_w/b_w > 3$) von Straßenbrücken nach 7.3.1 (NA.111) die Hauptzugspannung nach Zustand I infolge der Längsspannungen σ_x sowie der Schubspannungen τ_v und τ_T

infolge Querkraft und Torsion unter der häufigen Einwirkungskombination nachzuweisen. Die Spannungen sind in der Mittelfläche der Stege zu ermitteln. Dabei dürfen die Hauptzugspannung den Wert $f_{ctk;0,05}$ nicht überschreiten.

Es wird empfohlen, diesen Nachweis nur für Spannbetonbauteile mit Spanngliedern im Verbund durchzuführen.

$$\tau_{xz} = \tau_{xz,V} + \tau_{xz,T}$$

$$\sigma_{1/2} = \frac{\sigma_x}{2} \pm \sqrt{\left(\frac{\sigma_x}{2}\right)^2 + \tau_{xz}^2}$$

7.3 Begrenzung der Rissbreiten

7.3.1 Allgemeines, Dekompression und Anforderungen

Die Dauerhaftigkeitseigenschaften und das Erscheinungsbild eines Betontragwerks werden in hohem Maße beeinflusst durch die Anforderungen an den Dekompressions- und Rissbreitennachweis. Die Dimensionierung des Querschnitts und der Vorspannung sind unmittelbar davon abhängig. Außerdem kann über den Dekompressionsnachweis weitgehend gesteuert werden, ob im Tragwerk unter Gebrauchsbedingungen Risse auftreten werden oder nicht. Die weitgehende Rissvermeidung und die Begrenzung der Rissbreiten auf einen kalkulatorischen Wert von 0,2 mm stellt unter den teilweise aggressiven Umgebungsbedingungen von Brücken an Verkehrswegen eine lange Nutzungszeit dieser wichtigen Infrastrukturbauwerke sicher. Darüber hinaus muss, insbesondere bei schlanken, nichtvorgespannten oder abschnittsweise hergestellten Tragwerken bzw. Tragwerksteilen, auch die Durchbiegung sorgfältig kontrolliert werden, die ebenfalls das Erscheinungsbild und die Gebrauchstauglichkeit des Bauwerks stark beeinflussen kann (siehe dazu auch Abschnitt 7.4).

Im DIN-Fachbericht 102 waren die Anforderungen zu den Nachweisen der Dekompression und Rissbreite in optional angebotenen Anforderungsklassen A bis E festgelegt. Der Bauherr konnte für den konkreten Einzelfall im Rahmen dieser Klassifizierung die zweckmäßige Anforderungsklasse auswählen. Die Anwendungsfälle für die Bemessung von Tragwerken an Verkehrswegen sind jedoch in aller Regel hinlänglich bekannt. Daher konnte beispielsweise das Bundesverkehrsministerium mit dem Allgemeinen Rundschreiben ARS 6/09 zur bauaufsichtlichen Einführung des DIN-Fachberichtes 102 eine generelle Zuordnung von Tragwerksarten und Anforderungsklassen vornehmen. Diese wurden aus den guten Erfahrungen abgeleitet, die von den Spannbetonbrücken nach DIN 4227 vorlagen.

Die dort getroffenen Festlegungen haben sich gut bewährt. Diese Festlegungen des ARS 6 – 09 wurden daher dem Grunde nach in den nationalen Anhang DIN EN 1992-2/NA übertragen. Sie wurden dort mit den entsprechenden Anforderungen an den Dekompressionsnachweis und die Rissbreitenbegrenzung in einer Tabellenübersicht anwenderfreundlich zusammengefügt. So entstanden für Brücken und Ingenieurbauten an Straßen die Tab. 7.101DE und für Brücken an Eisenbahnen die Tab. 7.102DE.

Gegenüber den Anforderungen nach DIN-Fachbericht 102 wurden in den genannten Tabellen der DIN EN 1992-2/NA im Detail allerdings Anpassungen vorgenommen, die hauptsächlich im Zusammenhang mit der Einführung des neuen Verkehrslastmodells LMM (DIN EN 1991-2/NA) mit zugehörigem Sicherheitsbeiwert ($\gamma_Q = 1{,}35$) stehen. Im Rahmen eines Forschungsauftrages der BASt wurden in einem zweiten Schritt die Auswirkungen der neuen, erheblich größeren charakteristischen Verkehrslasten für Straßenbrücken (gemäß DIN EN 1991-2/NA) auf die Bemessung von Betonbrücken untersucht. Es stellte sich heraus, dass einige Anpassungen beim Dekompressions- bzw. Randzugspannungsnachweis vorgenommen werden mussten. Dadurch konnte auch die im DIN-Fachbericht 102 noch gebräuchliche „nicht-häufige Einwirkungskombination" für den Eurocode entfallen, so dass das Regelwerk in Deutschland in diesem wichtigen Punkt nun vollständig europäisch harmonisiert werden konnte. Es entstanden für Brücken und Ingenieurbauten an Straßen die Tab. 7.101DE und für Brücken an Eisenbahnen die Tab. 7.102DE.

Im Vergleich zu den Festlegungen des allgemeinen Hochbaus in DIN EN 1992-1-1/NA, sind die Anforderungen in den Tab. 7.101DE ff. des DIN EN 1992-2/NA signifikant höher und differenzierter festgelegt, um den sehr anspruchsvollen Nutzungsbedingungen und der angestrebten langen Nutzungsdauer von Brücken und anderen Ingenieurbauten an Verkehrswegen gerecht zu werden.

Für Spannbetonbauteile ist der Dekompressionsnachweis von zentraler Bedeutung, mit dem die erforderliche Vorspannung berechnet wird. Unter der in den Tab. 7.101DE ff. festgelegten Einwirkungskombination dürfen keine Zugspannungen an dem Rand auftreten, der dem

Spannglied geometrisch am nächsten liegt (NCI zu 7.3.1 (105)). Eckspannungen, z. B. auch aus Profilverformung, sind für den Dekompressionsnachweis nicht einzurechnen. Die Festlegungen in den Tab. 7.101DE ff. wurden aufgrund vorliegender Erfahrungswerte so getroffen, dass ausreichende Vorspanngrade allein durch die Betrachtung der Randzugspannungen erreicht werden. Diese bewährte Regel im DIN EN 1992-2/NA weicht von der entsprechenden Regel des DIN EN 1992-1-1/NA zur Vereinfachung der Anwendung bei den komplexen Brückenbauten ab. Es ist zu beachten, dass beim Dekompressions- bzw. Randzugspannungsnachweis Spannungen aus dem Längskraftanteil der Vorspannung mit dem Gesamtquerschnitt, Spannungen aus dem Biegemomentenanteil unter Berücksichtigung der mitwirkenden Plattenbreite b_{eff} zu bestimmen sind.

Eine Überbemessung der Vorspannung ist nicht sinnvoll, denn die Erfahrung zeigt, dass singuläre Rissbildungen – z. B. durch Modellungenauigkeiten bei Bemessung und Konstruktion, nicht berechnete Zwangspannungen aus Abfließen der Hydrationswärme usw. – auch bei sehr stark vorgespannten Tragwerken nicht immer auszuschließen sind. Es ist deshalb sinnvoller und häufig auch wirtschaftlicher, für die qualitativ sehr hochwertigen Betontragwerke nach DIN EN 1992-2 einen ausreichenden Mindestgehalt an Betonstahlbewehrung zur Rissbreitenkontrolle vorzusehen, mit dem gleichzeitig auch die Grenzzustände der Tragfähigkeit und die Robustheit gesichert werden.

Die Festlegungen in den Tab. 7.101DE ff. gelten für Regelfälle. In Sonderfällen kann eine Einzelfallentscheidung für die Anforderungen beim Dekompressionsnachweis notwendig werden. So sollte beispielsweise bei einer vorgespannten einfeldrigen schiefen Platte ein Vorspanngrad im Bereich der stumpfen Ecke festgelegt werden, der zweckmäßig zwischen Dekompression für quasi-ständige Einwirkungskombination (statisch-unbestimmter Spannbetonüberbau) oder quasi-ständige Einwirkungskombination mit $\psi_2 = 0{,}5$ für Einwirkungen aus Verkehr (statisch-bestimmter Spannbetonüberbau) liegt. Hauptziel dabei ist eine weitgehende Rissvermeidung zum Schutz der Spannglieder.

Tabelle 7.101DE: Anforderungen an die Nachweise der Dekompression oder zulässigen Randzugspannungen und Rissbreitenbeschränkung bei Straßenbrücken

Bauteile	Anforderungen			
Stahlbetonbauteile allgemein	Dekompression oder zulässige Randzugspannung		Rechenwert der zulässigen Rissbreite	
	Einwirkungskombination	zul $\sigma_{c,Rand}$	Einwirkungskombination	w_{max}
Längs	-	-	häufig	0,2
Quer	-	-	häufig	0,2
Stahlbetonüberbau oder Spannbetonüberbau	Dekompression oder zulässige Randzugspannung		Rechenwert der zulässigen Rissbreite	
ausschließlich mit Vorspannung ohne Verbund	Einwirkungskombination	zul $\sigma_{c,Rand}$	Einwirkungskombination	w_{max}
längs ohne Vorspannung	-	-	häufig	0,2
längs mit Vorspannung (Endzustand)	quasi-ständig [1]	Dekompression	häufig	0,2
längs mit Vorspannung (Bauzustand)	quasi-ständig	Tabelle 7.103DE	häufig	0,2
quer ohne Vorspannung	selten	Tabelle 7.103DE	häufig	0,2
quer mit Vorspannung ohne Verbund	selten	Tabelle 7.103DE	häufig	0,2
Spannbetonüberbau	Dekompression oder zulässige Randzugspannung		Rechenwert der zulässigen Rissbreite	
Vorspannung mit Verbund oder Mischbauweise	Einwirkungskombinaton	zul $\sigma_{c,Rand}$	Einwirkungskombinaton	w_{max}
längs statisch unbestimmt (Endzustand)	quasi-ständig	Dekompression	häufig	0,2
längs statisch bestimmt (Endzustand)	quasi-ständig [2]	Dekompression	häufig	0,2
längs (Bauzustand)	quasi-ständig	$0{,}85 \cdot f_{ctk;0,05}$	häufig	0,2
quer ohne Vorspannung	selten	Tabelle 7.103DE [3]	häufig	0,2
quer mit Vorspannung ohne Verbund	quasi-ständig [2]	Dekompression [3]	häufig	0,2

[1] Die quasi-ständige Einwirkungskombination ist mit dem Beiwert $\psi_2 = 0{,}3$ für alle Einwirkungen aus Verkehr, jedoch ohne Ansatz von Temperatur und Setzungen zu berücksichtigen.
[2] Die quasi-ständige Einwirkungskombination ist mit dem Beiwert $\psi_2 = 0{,}5$ für alle Einwirkungen aus Verkehr zu berücksichtigen.
[3] Lokale begrenzte Überschreitungen dieses Grenzwertes bis zu 1 MN/m² sind zulässig.

Tab. 7.102DE: Anforderungen an die Nachweise der Dekompression oder zulässigen Randzugspannungen und Rissbreitenbeschränkung bei Eisenbahnbrücken

Bauteile	Anforderungen			
Stahlbetonbauteile allgemein	Dekompression oder zulässige Randzugspannung		Rechenwert der zulässigen Rissbreite	
	Einwirkungskombination	zul $\sigma_{c,Rand}$	Einwirkungskombination	w_{max}
Längs	-	-	häufig	0,2
Quer	-	-	häufig	0,2
Spannbetonüberbau ausschließlich mit Vorspannung ohne Verbund [3]	Dekompression oder zulässige Randzugspannung		Rechenwert der zulässigen Rissbreite	
	Einwirkungskombination	zul $\sigma_{c,Rand}$	Einwirkungskombination	w_{max}
längs mit Vorspannung (Endzustand)	quasi-ständig [1]	Dekompression	häufig	0,2
längs mit Vorspannung (Bauzustand)	quasi-ständig [1]	$0,85 \cdot f_{ctk;0,05}$	häufig	0,2
quer ohne Vorspannung	selten	Tabelle 7.103DE	häufig	0,2
quer mit Vorspannung	quasi-ständig [1]	Dekompression	häufig	0,2
Spannbetonüberbau Vorspannung mit Verbund oder Mischbauweise [3]	Dekompression oder zulässige Randzugspannung		Rechenwert der zulässigen Rissbreite	
	Einwirkungskombination	zul $\sigma_{c,Rand}$	Einwirkungskombination	w_{max}
längs (Endzustand)	häufig	Dekompression	häufig [2]	0,2
längs (Bauzustand)	häufig	$0,85 \cdot f_{ctk;0,05}$	häufig [2]	0,2
quer ohne Vorspannung	selten	Tabelle 7.103DE	häufig [2]	0,2
quer mit Vorspannung	quasi-ständig [1], [4]	Dekompression	häufig	0,2

[1] Die quasi-ständige Einwirkungskombination ist mit dem Beiwert $\psi_2 = 0,2$ für alle Einwirkungen aus Eisenbahnverkehr zu berücksichtigen.
[2] Die häufige Einwirkungskombination ist mit dem Beiwert $\psi_1 = 1,0$ für alle Einwirkungen aus Eisenbahnverkehr zu berücksichtigen.
[3] Für Eisenbahnbrücken mit ausschließlich externen Spanngliedern oder Spanngliedern ohne Verbund bzw. in Mischbauweise ist eine Zustimmung des Bauherrn erforderlich. Die nationale Behörde ist von dem Bauvorhaben in Kenntnis zu setzen.
[4] Durchdringen die Querspannglieder Arbeits- oder Montagefugen, so ist für die Querrichtung im Endzustand die Anforderungen der Längsrichtung zugrunde zu legen, wenn Querspannglieder mit Verbund verwendet werden.

Tabelle 7.103DE: Zulässige Betonrandzugspannungen

Betonfestigkeitsklasse	C 30/37	C 35/45	C 40/50	C 45/55	C 50/60
zul $\sigma_{c,Rand}$ [MN/m²]	4,0	5,0	5,5	6,0	6,5

Besondere Überlegungen können auch in den Krafteinleitungsbereichen vorgespannter Bauteile notwendig werden.

Bei mehrfeldrigen, durchlaufenden Brücken mit Spanngliedern im Verbund, die mit Fertigteilen und Ortbetonergänzung gebaut werden, muss gemäß Tab. 101DE ff. grundsätzlich für die gesamte Überbaulänge ein Rissbreitenbeschränkungsnachweis mit $w = 0,2$ mm für die häufige Einwirkungskombination geführt werden. Dies erfordert jedoch an den Innenstützen, wo in der Regel die Fertigteile enden, eine konstruktiv schwierig unterzubringende Betonstahlbewehrung zur Rissbreitenbegrenzung an der Unterseite des Überbaus. Die dort auftretenden Zugspannungen klingen jedoch nach dem Betonieren der Ortbetonergänzung im Laufe der Nutzungszeit durch das zeitabhängige Betonverhalten ab. Sie haben daher nur geringen Einfluss auf die Dauerhaftigkeit des Tragwerks, so dass im Einzelfall Abstriche von den Anforderungen sinnvoll sein können.

Es wird empfohlen, dass Tragwerksplaner und Bauherr die Anforderungen in diesen Fällen gemeinsam festgelegen und begründen. Dabei kann die Regel in DIN EN 1992-2/NA, 7.3.2 (NA 104) die Grundlage bilden.

Abb. E. 7.1: Talbrücke Rümmecke [Haveresch – 99]

Spannbetonüberbauten von Straßenbrücken mit Spanngliedern im Verbund oder Mischbauweise

Bei Spannbetonüberbauten mit in Längsrichtung ausschließlich Spanngliedern im Verbund und Spannbetonüberbauten in Mischbauweise (vgl. DIN EN 1992-2/NA, Anhang NA.TT) ist der Dekompressionsnachweis für die quasi-ständige Einwirkungskombination zu führen. Der sich aus dieser Forderung ergebende Vorspanngrad ist im Hinblick auf die Schutzbedürftigkeit der Spannglieder im Verbund gewählt. Es wird eine möglichst weitgehende Rissefreiheit angestrebt. Korrosions- und Ermüdungsproblemen für Betonstahl und Spannglieder kann dadurch durchgreifend vorgebeugt werden. Bei schlankeren Spannbetonüberbauten ergibt sich aus dem Dekompressionsnachweis ein um etwa 20 % größerer Bedarf an Vorspannung im Vergleich zu den älteren Brücken nach altem DIN 4227-Regelwerk (Spannbeton vor 2003). Ursache für die Vergrößerung der Vorspannung sind die Schnittgrößenanteile aus Temperaturunterschieden ΔT und Setzungsunterschieden Δs, die beim Dekompressionsnachweis nach Eurocode 2 starken Einfluss haben sowie die Berücksichtigung der Streuung der Vorspannung durch eine Abminderung auf $0{,}90 \cdot P_{m,t}$. Bei schlankeren Spannbetonüberbauten ergibt sich aber kein wesentlicher Mehrbedarf an Spannstahl, da gemäß DIN EN 1992-2 höhere Spannstahlspannungen als nach altem DIN 4227-Regelwerk zulässig sind.

Bei Spannbetonüberbauten mit mäßiger Schlankheit (etwa $L/H \leq 16$), die vorteilhaft bei Talbrücken eingesetzt werden, ergibt sich bei der Bemessung nach DIN EN 1992-2 ein signifikanter Mehrbedarf an Spannstahl gegenüber älteren Brücken. Bei diesen Tragwerken ist der Einfluss der Zwangschnittgrößen aus ΔT und Δs derartig groß, dass er auch durch die höheren Spannstahlspannungen nicht mehr kompensiert wird. Beim Wettbewerb um Bauaufträge ergibt sich dadurch eine Tendenz zu Nebenangeboten mit sehr schlanken Überbauten, bei denen nicht nur Baustoff-Massen eingespart werden, sondern zusätzlich auch die Zwangschnittgrößen erheblich reduziert werden können. Die Erfahrungen mit „ausgemagerten" Querschnitten zeigen jedoch, dass diese Konstruktionen hinsichtlich der Bauausführungsqualität erhebliche Nachteile haben können (hohe Bewehrungskonzentrationen, die das Betonieren und Verdichten erschweren können oder sehr hoch infolge Betondruck ausgenutzte Bauteilbereiche, die für ggf. später durchzuführende Verstärkungsmaßnahmen Schwierigkeiten verursachen). Wegen der dadurch verursachten, unverhältnismäßig hohen Kosten für die spätere Bauwerkserhaltung und Verkehrsbehinderungen sind derartige Nebenangebote häufig als nicht gleichwertig zu beurteilen.

Bei in Längsrichtung zwängungsfreien Spannbetonüberbauten mit statisch bestimmtem Längstragsystem liefern ΔT und Δs keinen Beitrag für die Ermittlung der erforderlichen Vorspannung. Erhebliche Anteile für die Dimensionierung der Vorspannung entfallen damit, so dass derartige Brücken mit deutlich weniger Vorspannung ausgestattet würden als nötig. Erschwerend kommt hinzu, dass solche Brücken in Gebieten mit schwierigen Baugrundverhältnissen oder in Bergsenkungsgebieten (z. B. Ruhrgebiet) anzutreffen sind, wo oft ein großer Anteil von Schwerverkehr auftritt mit einem entsprechend hohen Verkehrslastniveau. Um diesen Tragwerken eine ausreichend große Vorspannung zum Schutz vor Korrosion und Ermüdungsproblemen zu geben, sind beim Dekompressionsnachweis alle Einwirkungen aus Verkehr mit einem auf $\psi_2 = 0{,}5$ erhöhten Beiwert einzurechnen. Bei der Bemessung nach DIN-Fachbericht 102 waren die Anforderungen an den Dekompressionsnachweis bei derartigen Brücken sogar noch höher (häufige Einwirkungskombination). Die Erfahrungen mit der Anwendung des DIN-Fachberichtes 102 haben aber gezeigt, dass insbesondere bei Brücken mit vergleichsweise geringerem Eigengewichtsanteil und Schwerverkehrsaufkommen (z. B. Brücken im Zuge von Wirtschaftswegen über die Autobahn) negative Durchbiegungen (Aufwölbungen) eintreten können. Diese ungewollte Erscheinung, die ein Indikator für einen übertrieben hohen Vorspanngrad darstellt, hätte sich mit der Einführung neuen Lastmodells 1 nach DIN EN 1991-2/NA noch verstärkt, so dass es notwendig wurde, die Anforderungen in DIN EN 1992-2/NA entsprechend abzusenken.

Bei der Bemessung im Bauzustand ist nicht Dekompression, sondern eine zulässige Randzugspannung von $0{,}85 \cdot f_{ctk;0,05}$ nachzuweisen. Temperaturunterschiede ΔT gehen in die Berechnung gemäß DIN EN 1991-1-5 mit dem bis zu 1,5-fachen Wert ein, denn der Brückenüberbau hat zu diesem Zeitpunkt noch keinen Belag, so dass die Sonneneinstrahlung zu größeren Temperaturunterschieden im Überbaubeton führen kann. Die daraus resultierenden großen Zwangschnittgrößen dürfen gemäß DIN EN 1992-2/NA, NDP zu 7.3.1 (105) allerdings bis zu einem Überbaualter von 2 Jahren unter Berücksichtigung des Kurzzeitkriechens um 15 % abgemindert werden. Weitere Sonderregeln zur Reduzierung der erforderlichen Vorspannung im Bauzustand sind die geringere Streuung der Vorspannung (1,0·$P_{m,t}$ bei nahezu geraden oder externen Spanngliedern und 0,95·$P_{m,t}$ bei girlandenförmigen Spanngliedern), da die Unsicherheiten aus den zeitabhängigen Spannkraftverlusten entfallen. Die Betonrandzugspannungen müssen nur an dem Rand auf 0,85·$f_{ctk;0,05}$ (Tab. 7.103DE) begrenzt werden, der einem Spannglied im Verbund am nächsten liegt, da es in der Nähe eines Spanngliedes im Verbund auch im Bauzustand nicht zu Vorschädigungen durch Rissbildung kommen soll. Sind Spannglieder sowohl am oberen als auch am unteren Rand vorgesehen – beispielsweise bei Brücken, die im Taktschiebeverfahren hergestellt werden – ist die zulässige Randzugspannung an beiden Rändern nachzuweisen. Der Einbau einer Mindestbewehrung ist nur an den Rändern sinnvoll, wo im Endzustand ausreichende Druckspannungsreserven nicht vorhanden sind (siehe DIN EN 1992-2/NA, NDP zu 7.3.2 (4)). Eine Rissbreitenkontrolle für die Einwirkungen während der Bauzustände bleibt gemäß Tab. 101DE ff. während des Baus hingegen notwendig. Risse, die nicht in der Nähe von Spanngliedern sind, dürfen sich zwar während der Bauphase bilden, sie sollen aber im Endzustand infolge der nachgewiesenen Dekompression sicher überdrückt und geschlossen werden.

Für Brücken, die in Querrichtung nicht vorgespannt sind, kann naturgemäß kein Dekompressionsnachweis geführt werden. Stattdessen ist die Begrenzung einer Betonrandzugspannung im Zustand I unter Volllast (seltene Einwirkungskombination) gefordert (Tab. 7.101DE und Tab. 7.103DE). Mit diesem einfachen Nachweisformat wird eine ausreichende Dimensionierung und Durchbiegungsbegrenzung der Fahrbahnplatte sichergestellt. Die zulässigen Grenzwerte der Betonrandzugspannungen (z. B. 5 MN/m² bei C35/45) sind ausschließlich auf dieses Ziel hin festgelegt worden und sollten nicht mit Grenzwerten zur Rissvermeidung verwechselt werden. Lokal begrenzte Überschreitungen dieser Grenzwerte bis zu 1 MN/m² können im Hinblick auf entsprechende Erfahrungen toleriert werden, wenn die Bewehrungskonzentration (beispielsweise infolge Biegebemessung im GZT und Rissbreitenbeschränkung) in diesen Bereichen ordnungsgemäßes Betonieren ermöglicht. Im Zweifel ist zur Klärung dieser Frage eine Detailzeichnung im Bewehrungsplan aufzustellen.

Soll die Fahrbahnplatte in Querrichtung vorgespannt werden, ist Dekompression für die quasiständige Einwirkungskombination nachzuweisen, wobei die Einwirkungen aus Verkehr mit dem auf $\psi_2 = 0,5$ erhöhten Beiwert zu berücksichtigen sind. Dabei ist Streuung der Vorspannung durch eine Abminderung auf 0,95·$P_{m,t}$ einzurechnen, denn gemäß ZTV-ING sind ausschließlich verbundlose Querspannglieder zu verwenden. Ohne die Erhöhung des Beiwertes ψ_2 würde ein zu geringer Vorspanngrad ergeben, da die Zwangschnittgrößen ΔT und Δs für die Quertragrichtung in der Regel keinen Beitrag liefern und stattdessen die Einwirkungen aus Verkehr absolut dominant sind. Eine weitere Erhöhung des Anforderungsniveaus auf die häu-

Tafel E. 7.2: Übersicht über die Bemessung der erforderlichen Vorspannung bei Vorspannung mit Verbund für Straßenbrücken (Dekompressionsnachweis oder Nachweis der Betonrandzugspannungen)

Spannbetonüberbau mit Spanngliedern im Verbund bzw. Mischbauweise	DIN EN 1992-2/NA, Tab. 7.101 DE
längs (Endzustand)	$0,9 \cdot P_{m\infty}{}^{1)} + G_1 + G_2 + 1,0 \cdot G_{\Delta s} + 0,5 \cdot Q_{\Delta t} + 0,2 \cdot Q_{UDL+TS} \leq 0$ MN/m² ¹⁾ 1,0·$P_{m\infty}$ für externe Spannglieder
längs (Bauzustand)	$0,95 \cdot P_{m,t}{}^{1)} + G_1 + 1,0 \cdot G_{\Delta s} + 0,5 K_{sur} \cdot 0,85 \cdot Q_{\Delta T} + 0,2 Q_{Bz} \leq 0,85 f_{ctk;0,05}$ (Rand, der einem Spannglied am nächsten liegt) ¹⁾ 1,0·$P_{m,t}$ für externe Spannglieder oder nahezu gerade geführte Spannglieder
längs (Endzustand, statisch bestimmt)	$0,9 \cdot P_{m\infty} + G_1 + G_2 + 0,5 \cdot Q_{UDL+TS} \leq 0$ MN/m²
quer ohne Vorspannung	$G_1 + G_2 + Q_{UDL+TS} \leq 5$ MN/m²
quer mit Vorspannung ohne Verbund	$0,95 \cdot P_{m\infty} + G_1 + G_2 + 0,5 \cdot Q_{UDL+TS} \leq 0$ MN/m²

Abb. E. 7.2: Ruhrtalbrücke Rumbeck, Taktschiebeverfahren bei einer Überbauschlankheit L/H = 18 ausschließlich mit externen Spanngliedern

fige Einwirkungskombination, wie bisher bei der Bemessung nach DIN-Fachbericht 102, wird nicht mehr verlangt. Durch das neue Verkehrslastmodell (DIN EN 1991-2/NA) ergäbe sich eine Überbemessung der Quervorspannung, die unwirtschaftlich und zugunsten eines ausreichenden Betonstahlgehaltes nicht zweckmäßig ist.

Überbau von Straßenbrücken mit ausschließlich verbundloser Vorspannung

In DIN EN 1992-2 sind folgende Bauweisen mit ausschließlich verbundloser Vorspannung geregelt:
- Überbauten mit ausschließlich externen Spanngliedern gemäß DIN EN 1992-2/NA, Anhang NA.TT
- Überbauten mit ausschließlich internen Spanngliedern ohne Verbund gemäß DIN EN 1992-2/NA, Anhang NA.UU
- Überbauten mit ausschließlich externen oder internen Spanngliedern ohne Verbund gemäß DIN EN 1992-2/NA, Anhang NA.UU

Bei den genannten Bauweisen wird für die Längstragrichtung im Endzustand ein Dekompressionsnachweis für die quasi-ständige Einwirkungskombination gefordert, wobei die Einwirkungen aus Verkehr mit dem Beiwert $\psi_2 = 0{,}3$ zu berücksichtigen sind. Diese Anforderung ist praktisch identisch mit dem bewährten Dekompressionsniveau nach der Richtlinie [Richtlinie – 99] und knüpft an die guten Praxiserfahrungen an, die mit dieser Bauweise seit ihrer Einführung [Standfuß et al. – 98] gesammelt wurden.

Bei der Bemessung im Bauzustand ist ΔT, wie bei den Spannbetonüberbauten mit Spanngliedern im Verbund, mit dem bis zu 1,5-fachen Wert (fehlender Brückenbelag) anzusetzen. Der charakteristische Wert der Vorspannung darf bei externen Spanngliedern oder vergleichbaren, nur gering umgelenkten inneren Spanngliedern ohne Verbund 1,0-fach berücksichtigt werden. Auch für Spannbetonüberbauten mit ausschließlich Vorspannung ohne Verbund ist im Bauzustand für die Längsrichtung ein Randzugspannungsnachweis zu führen (vgl. Tab. 7.101DE und Tab. 7.103DE). Dieser Nachweis dient jedoch nicht der Rissvermeidung, denn die Bauart mit ausschließlich Vorspannung ohne Verbund ist hinsichtlich der Dauerhaftigkeitseigenschaften als „vorgespannter Stahlbeton" anzusehen. Die Schutzbedürftigkeit der Spannglieder vor Korrosion und Ermüdungseinflüssen ist bei dieser Bauweise erheblich geringer. Die zulässigen Randzugspannungen dienen daher in der Hauptsache der Durchbiegungskontrolle und sind sowohl am oberen als auch am unteren Rand nachzuweisen. Es wird darauf hingewiesen, dass bei Nachweisen der Durchbiegung im Bauzustand, beispielsweise für die Bestimmung einer Traggerüstüberhöhung, ein Steifigkeitsabfall infolge Rissbildung berücksichtigt werden muss, wenn die hohen Betonzugspannungen nach Tab. 7.103DE ausgenutzt werden. Der

Einbau einer Mindestbewehrung ist nur an den Rändern sinnvoll und notwendig, wo im Endzustand ausreichende Druckspannungsreserven nicht vorhanden sind (siehe DIN EN 1992-2/NA, NDP zu 7.3.2 (4)). Eine Rissbreitenkontrolle für die Einwirkungen während der Bauzustände bleibt gemäß Tab. 101DE ff. hingegen voll erforderlich. Das Bemessungskonzept des DIN EN 1992-2/NA sieht aufgrund des Dekompressionsnachweises für den Endzustand vor, dass Risse, die während der Bauphase aufgetreten waren, nach Fertigstellung der Brücke dauerhaft wieder überdrückt und geschlossen werden. In einigen Fällen hat es ich in der Vergangenheit als wirtschaftlich erwiesen, für Bauzustände benötigte externe Spannglieder im Endzustand statisch günstiger umzubauen. Der Mehraufwand für den Spanngliedumbau ist in solchen Fällen der Materialeinsparung gegenüberzustellen.

Soll die Fahrbahnplatte in Querrichtung ohne Vorspannung ausgeführt werden, ist die Begrenzung der nach Zustand I ermittelten Betonrandzugspannungen nachzuweisen (Tab. 7.101DE und Tab. 7.103DE). Ähnliches gilt auch für die Bemessung einer quer-vorgespannten Fahrbahnplatte. Da ausschließlich Querspannglieder ohne Verbund verwendet werden dürfen, ist diese Fahrbahnplatte hinsichtlich ihrer Dauerhaftigkeitseigenschaften als Stahlbetontragwerk anzusehen. Dabei ist Streuung der Vorspannung durch eine Abminderung auf $0{,}95 \cdot P_{m,t}$ einzurechnen. Wie bei den Bauweisen mit Spanngliedern im Verbund können lokal begrenzte Überschreitungen der Grenzwerte für die Randzugspannungen um bis zu 1 MN/m² toleriert werden, wenn die Bewehrungskonzentration (beispielsweise infolge Biegebemessung im GZT und Rissbreitenbeschränkung) in diesen Bereichen ordnungsgemäßes Betonieren ermöglicht. Im Zweifel ist zur Klärung dieser Frage eine Detailzeichnung im Bewehrungsplan aufzustellen.

Tafel E. 7.3: Übersicht über die Bemessung der erforderlichen Vorspannung bei ausschließlich Vorspannung ohne Verbund (Beispiel für C 35/45)

Überbau mit Kastenquerschnitt mit ausschließlich externen Spanngliedern	DIN EN 1992-2/NA, Tabelle 7.101DE
Längs (Endzustand)	$1{,}0 \cdot P_{m\infty} + G_1 + G_2 + 0{,}3 \cdot Q_{UDL+TS} \leq 0$ MN/m²
Längs (Bauzustand)	$1{,}0 \cdot P_{m,t} + G_1 + 1{,}0 \cdot G_{\Delta s} + 0{,}5 K_{sur} \cdot 0{,}85 \cdot Q_{\Delta T} + 0{,}2 Q_{Bz} \leq 5$ MN/m² (oberer und unterer Rand)
Quer ohne Vorspannung	$G_1 + G_2 + Q_{UDL+TS} \leq 5$ MN/m²
Quer mit Vorspannung ohne Verbund	$0{,}95 \cdot P_{m\infty} + G_1 + G_2 + Q_{UDL+TS} \leq 5$ MN/m²

7.3.2 Mindestbewehrung für die Begrenzung der Rissbreite

Die Norm berücksichtigt, dass nicht alle spannungsmäßigen Beanspruchungen rechnerisch genau erfasst werden können. Dazu zählen insbesondere die Eigenspannungen sowie die Spannungen infolge Zwang. Deshalb werden durch Spannungsabfragen unempfindliche von empfindlichen Bereichen (Bereiche wahrscheinlicher Rissbildung) abgegrenzt. In letzteren wird eine Mindestbewehrung angeordnet, um bei Spannungsexkursionen breite Einzelrisse zu vermeiden.

Beim Nachweis der Begrenzung der Rissbreite ist zwischen dem Zustand der Bildung von Einzelrissen und dem Zustand mit abgeschlossenem Rissbild zu unterscheiden.

$\sigma_{c,\text{maßgebend}} \leq f_{ctm}$: Einzelrissbildung

$\sigma_{c,\text{maßgebend}} > f_{ctm}$: abgeschlossenes Rissbild

Die in DIN EN 1992-2, Abschnitt 7.3.3 und 7.3.4 angegebenen Nachweis- und Berechnungsverfahren dürfen näherungsweise für beide Zustände angewendet werden, sofern die zur Verteilung der Risse erforderliche Mindestbewehrung nach 7.3.2 vorhanden ist.

Die Begrenzung der Rissbreite umfasst folgende Nachweise:

- Nachweis der Mindestbewehrung nach 7.3.2,
- Nachweis der Begrenzung der Rissbreite unter der maßgebenden Einwirkungskombination nach 7.3.3 oder 7.3.4.

Bei Straßenbrücken erfolgt der Nachweis der Dekompression im Allgemeinen für die quasi-ständige Einwirkungskombination. Bei derartigen Vorspanngraden kann in der Regel davon ausgegangen werden, dass die Betonrandspannung unter der maßgebenden Einwirkungskombination zur Begrenzung der Rissbreite kleiner ist als die Betonzugfestigkeit.

$$\sigma_{c,\text{maßgebend}} \leq f_{ctm}$$

Da die Randspannung f_{ctm} bereits bei der Ermittlung der Mindestbewehrung zugrunde gelegt wird, ist der Nachweis zur Begrenzung der Rissbreite dann bereits mit der Ermittlung der Mindestbewehrung erbracht.

Die Mindestbewehrung dient der Vermeidung breiter Einzelrisse infolge rechnerisch nicht vollständig berücksichtigter Zwangsspannungen oder Eigenspannungen. Diese können im Allgemeinen nicht mit ausreichender Genauigkeit rechnerisch ermittelt werden, um durch Vorspannung eine Rissbildung im Beton mit Sicherheit zu vermeiden.

In Bauteilen mit Vorspannung im Verbund ist die Mindestbewehrung zur Rissbreitenbegrenzung nicht in Bereichen erforderlich, in denen im Beton unter der seltenen Einwirkungskombination und unter den maßgebenden charakteristischen Werten der Vorspannung Betondruckspannungen am Querschnittsrand auftreten, die dem Betrag nach größer als 1 MN/m² sind. Bei zusätzlich überlagerten Eigenspannungen kann dann i. Allg. die Zugfestigkeit des Betons nicht mehr erreicht werden (Abb. E. 7.3).

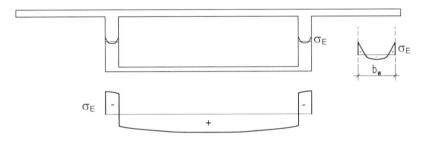

Abb. E. 7.3: Eigenspannungen in gegliederten großen Querschnitten mit unterschiedlich dicken Querschnittsteilen (z. B. dünne Bodenplatte schwindet stärker als dicke Stege, nichtlinear verteilte Eigenspannungen über die Dicke der Stege)

Bei profilierten Querschnitten wie Hohlkästen oder Plattenbalken ist die Mindestbewehrung für jeden Teilquerschnitt (Gurte und Stege) nachzuweisen.

Sofern nicht eine genaue Berechnung zeigt, dass ein geringerer Bewehrungsquerschnitt ausreicht, darf der erforderliche Mindestbewehrungsquerschnitt zur Begrenzung der Rissbreite nach Gl. (7.1), DIN EN 1992-2 ermittelt werden.

$$A_s = k_c \cdot k \cdot f_{ct,eff} \cdot A_{ct} / \sigma_s$$

σ_s die zulässige Spannung in der Betonstahlbewehrung unmittelbar nach Rissbildung zur Begrenzung der Rissbreite in Abhängigkeit vom Grenzdurchmesser ϕ^*_s nach Tabelle 7.2 DE

Grundlage für die Ermittlung der Mindestbewehrung ist die Abdeckung der Zugkeilkraft im Betonquerschnitt unmittelbar vor der Rissbildung infolge der Rissschnittgrößen. Ggf. darf die Vergrößerung des inneren Hebelarms beim Übergang von Zustand I in den Zustand II berücksichtigt werden.

Der günstige Einfluss der Vorspannung auf die Rissbildung und Rissöffnung wird durch die Betonzugfläche A_{ct} nach Zustand I sowie durch den Faktor k_c berücksichtigt.

– Rechteckquerschnitte und Stege von Hohlkästen oder Plattenbalken

$$k_c = 0{,}4 \cdot \left[1 + \frac{\sigma_c}{k_1 \cdot f_{ct,eff}}\right] \leq 1$$

mit $\quad \sigma_c = -\dfrac{P_{kt}}{A_c}$

– Bei Gurtplatten von Hohlkästen und Plattenbalken:

$$k_c = 0{,}9 \frac{F_{cr}}{A_{ct} \cdot f_{ct,eff}} \geq 0{,}5$$

Dabei ist

F_{cr} Kraft des Zugkeils nach Zustand I im Gurt unmittelbar vor der Rissbildung infolge des Rissmomentes auf der Grundlage der Randspannung $f_{ct,eff} = f_{ctm}$

Der Beiwert k berücksichtigt den Einfluss nichtlinear verteilter Betonzugspannungen. Werte für k sind nachfolgend für unterschiedliche Fälle angegeben:

a) Zugspannungen infolge von im Bauteil selbst hervorgerufenen Zwangs (z. B. Zwang infolge Abfließen der Hydratationswärme):

$k = 0{,}8$ für $h \leq 300$ mm
$k = 0{,}5$ für $h \geq 800$ mm

Zwischenwerte dürfen linear interpoliert werden.

b) Zugspannungen infolge außerhalb des Bauteils hervorgerufenen Zwangs (z. B. Stützensenkung):
$k = 1{,}0$

Bei Brückenüberbauten handelt es sich um Außenbauteile. Es kann i.d.R. davon ausgegangen werden, dass in jedem Falle Eigenspannungen infolge der nichtlinear verteilten Temperaturfelder im Querschnitt vorhanden sind (Abb. E. 7.4). Zur Ermittlung von k ist also i.d.R. Fall a) maßgebend.

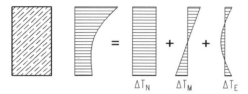

Abb. E. 7.4: Beispiel: nichtlinear verteiltes Temperaturfeld in einem Rechteckquerschnitt

In einem Wirkungsbereich entsprechend einem Quadrat von 300 mm um ein Spannglied, darf Spannstahl im sofortigen oder nachträglichen Verbund bei der Ermittlung der erforderlichen Bewehrung angerechnet werden, wobei das unterschiedliche Verbundverhalten zu berücksichtigen ist.

$$\Delta A_s = \xi_1 \cdot A_p$$

A_p Querschnittsfläche des Spannstahls im Spannglied

$$\xi_1 = \sqrt{\xi \cdot \frac{\phi_s}{\phi_p}}$$

ξ das Verhältnis der mittleren Verbundfestigkeit von Spannstahl zu der von Betonstahl

ϕ_s der größte vorhandene Stabdurchmesser der Betonstahlbewehrung

ϕ_p der äquivalente Durchmesser der Spannstahlbewehrung

Die so ermittelte Mindestbewehrung ist ausreichend für den Nachweis der Rissbreite, wenn unter der maßgebenden Einwirkungskombination für den Rissbreitennachweis die Betonspannung am äußersten Querschnittsrand nicht den Mittelwert der Betonzugfestigkeit überschreitet ($\sigma_{c,\text{maßgebend}} \leq f_{ctm}$).

Wenn dagegen die Betonrandspannung den Mittelwert der Betonzugfestigkeit überschreitet ($\sigma_{c,\text{maßgebend}} > f_{ctm}$), ist der Nachweis der Rissbreitenbeschränkung für das abgeschlossene Rissbild zu führen.

Für den Rissbreitennachweis ist die Stahlspannung unter Berücksichtigung des unterschiedlichen Verbundverhaltens von Spannstahl und Betonstahl zu ermitteln.

Profilierte Querschnitte

Bei profilierten Querschnitten wie Hohlkästen oder Plattenbalken, ist die Mindestbewehrung für jeden Teilquerschnitt (Gurte und Stege) einzeln nachzuweisen.

Der Stegteilquerschnitt ist überwiegend biegebeansprucht und weist in der Schwerachse eine Betondruckspannung auf. Dagegen werden die Gurtteilquerschnitte in der Regel über ihre gesamte Höhe durch Zugspannungen beansprucht (Abb. E. 7.8). Dementsprechend liegt die rechnerisch erforderliche Mindestbewehrung bei dem Nachweisverfahren für die Gurtplatten i. Allg. deutlich über der auf der Stegoberseite. Aus praktischer Sicht ist es jedoch naheliegend, die erforderliche obere Gurtplattenbewehrung auch an der Stegoberseite anzuordnen.

Dicke Bauteile

Typische dicke Bauteile im Brückenbau sind Widerlagerwände. Bei diesen ist für die horizontale Mindestbewehrung zur Begrenzung der Rissbreite i. Allg. der frühe Zwang infolge Abfließens der Hydratationswärme maßgebend.

Dicke Bauteile weisen gegenüber dünnen Bauteilen einen anderen Mechanismus der Rissbildung auf. Bei dicken Bauteilen müssen nur die Randzonen an den Außenflächen im Wirkungsbereich der Bewehrung für die Begrenzung der Rissbreiten bewehrt werden. Es muss jedoch immer mindestens soviel Bewehrung vorhanden sein, dass sich bei einer Zwangbeanspruchung neben den Sekundärrissen in den Randzonen ausreichend viele Primärrisse als Trennrisse zur Herstellung der geometrischen Verträglichkeit bilden können. Gegenüber den Sekundärrissen können die Trennrisse – allerdings nur im Inneren des Bauteils – i.d.R. größere Rissbreiten aufweisen, die jedoch unschädlich sind. Die Trennrisse werden an der Bauteiloberfläche durch die Sekundärrissbildung entsprechend der Verträglichkeitsbedingung für das dicke Bauteil auf mehrere feinere Risse mit kleineren Rissbreiten verteilt.

Für die Ermittlung der zur Bildung der Sekundärrisse erforderlichen Risskraft wird das Modell der effektiven Dicke h_{eff} benutzt. Damit kann bei dicken Bauteilen die Mindestbewehrung unter zentrischem Zwang für die Begrenzung der Rissbreiten je Bauteilseite berechnet werden.

$$A_s = \frac{f_{ct,eff} \cdot A_{c,eff}}{\sigma_s}$$

Die wirksame Dicke h_{eff} darf entsprechend Abb. E. 7.6 angesetzt werden.

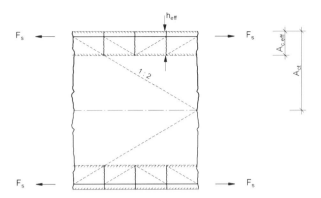

Abb. E. 7.5: Mechanismus der Rissbildung bei dicken Bauteilen zwischen zwei Trennrissen (schematische Darstellung)

Für die wirksame Zugfestigkeit des Betons zum maßgebenden Zeitpunkt der Rissbildung ist der Mittelwert der Zugfestigkeit einzusetzen. Eine Abminderung für nichtlinear verteilte Eigenspannungen in der Randzone erfolgt nicht, da die Eigenspannungen durch die Rissbildung ausgehend vom Primärriss abgebaut werden.

Der Grenzdurchmesser der Bewehrungsstäbe muss in Abhängigkeit von der wirksamen Betonzugfestigkeit $f_{ct,eff}$ modifiziert werden:

$$\phi_s = \phi_s^* \cdot \frac{f_{ct,eff}}{f_{ct,0}} \quad \text{bzw.} \quad \phi_s^* = \phi_s \cdot \frac{f_{ct,0}}{f_{ct,eff}}$$

mit

ϕ_s modifizierter Grenzdurchmesser
ϕ_s^* Grenzdurchmesser nach DIN EN 1992-2, Tab. 7.2 DE
$f_{ct,0} = 2{,}9$ MN/m²

Die Stahlspannung σ_s kann Tab. 7.2 DE für ϕ_s^* entnommen oder mit der folgenden Gleichung in Abhängigkeit von der Rissbreite w_k (mm) direkt berechnet werden:

$$\sigma_s = \sqrt{w_k \cdot \frac{3{,}48 \cdot 10^6}{\phi_s^*}}$$

Wenn sich zur Aufnahme einer Zwangsverformung mehrere Trennrisse ausbilden müssen, ist zu gewährleisten, dass die Bewehrung im Primärriss nicht fließt. Daher darf der folgende Wert für A_s nicht unterschritten werden:

$$A_s = \frac{k \cdot f_{c,eff} \cdot A_{ct}}{f_{yk}}$$

Da für die Kalibrierung des Faktors k keine ausreichenden Erkenntnisse aus Laborversuchen an entsprechend großen Bauteilen unter mit Baustellen vergleichbaren Bedingungen vorliegen, wurde hierzu auch auf Praxiserfahrungen zurückgegriffen.

Der Beiwert k nimmt danach in Abhängigkeit von der Bauteildicke, Werte zwischen 0,8 bis 0,5 an. Dabei berücksichtigt k nicht nur die nichtlinear verteilten Betonzugspannungen, sondern alle Einflüsse, die eine Reduzierung der Kraft für die Trennrissbildung bewirken (insbesondere Anrisse und Spannungskonzentration an deren Rissenden, Dauerstandszugfestigkeit des Betons).

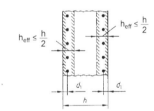

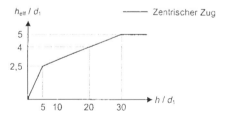

Abb. E. 7.6: Effektive Dicke h_{eff} bei zentrischem Zwang

Einfluss der Betontechnologie

Günstig wirken sich langsam erhärtende Betone ($r \leq 0{,}3$) mit geringer Hydratationswärmeentwicklung aus. Der Einfluss wird am Beispiel einer Wand, die nachträglich auf bereits vorhandenem und erhärtetem Beton hergestellt wird, gezeigt.

Die in Abb. E. 7.7 dargestellte Wand stellt eine Scheibe dar, die an einem Längsrand dehnungs- und krümmungsbehindert festgehalten ist. Selbst wenn die Wandscheibe unbewehrt bleibt, sind beim Abfließen der Hydratationswärme Trennrisse in Abständen entsprechend etwa der 1,0- bis 1,5-fachen Wandhöhe zu erwarten. Dabei stellt sich bei linear-elastischem Werkstoffverhalten eine Rissbreite ein, die direkt proportional zum Temperaturabfall ist. D. h., je kleiner der Temperaturabfall nach Überschreiten der „zweiten Nullspannungstemperatur" ist, umso kleiner ist die Rissöffnung in der unbewehrten Wand.

Bei einer bewehrten Wand kann die Bewehrung im Riss als eine Feder mit nichtlinearer Charakteristik ($\sigma_{s2} - w$) aufgefasst werden, die einer Rissöffnung entgegenwirkt.

Je geringer der Temperaturrückgang beim Abfließen der Hydratationswärme ist, umso geringer ist demzufolge bei gleicher Bewehrung die Rissöffnung in der Wand.

Durch eine zeitliche Streckung des Vorgangs durch Verwendung von langsam erhärtenden Betonen ($r \leq 0{,}30$) kommt verstärkt der günstige Einfluss einer Relaxation durch das Kriechvermögen des Betons zum Tragen. Zu den elastischen Verformungen der Betonscheibe infolge der Zugkraft in der Bewehrung kommen noch die plastischen infolge Kriechens des Betons hinzu, so dass sich eine kleinere Rissöffnung einstellt. Vor dem Hintergrund dieser geometrischen und materialbedingten Zusammenhänge erlaubt DIN EN 1992-2 bei Anwendung entsprechender betontechnologischer Maßnahmen vereinfachend eine pauschale Abminderung der Mindestbewehrung zur Begrenzung der Rissbreiten mit dem Faktor 0,85.

In diesem Zusammenhang ist eine frühzeitige enge Abstimmung zwischen Tragwerksplaner, Betontechnologen und Baustelle sehr sinnvoll und dringend zu empfehlen (s. hierzu [DBV – 06]. Ein Rechenbeispiel zur Ermittlung der Mindestbewehrung bei dicken Bauteilen enthält [Haveresch/Maurer – 10].

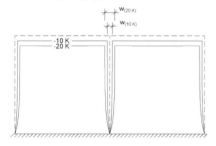

Abb. E. 7.7: Einfluss des Temperaturabfalls auf die Rissbreite

Abb. E. 7.8: Aufteilung von profilierten Querschnitten in Teilquerschnitte

Arbeitsfugen

An Arbeitsfugen ist keine kreuzende Mindestbewehrung zur Begrenzung der Rissbreiten erforderlich, wenn unter der seltenen Kombination und $P_{k(t)}$ die Betondruckspannungen betragsmäßig größer als 2 MN/m² sind. Ist eine Mindestbewehrung erforderlich, sollte sie beidseits der Arbeitsfuge eine Länge entsprechend der Überbauhöhe h zuzüglich dem Grundwert der Verankerungslänge aber nicht mehr als 4 m aufweisen.

Gleichzeitig ist parallel zur Arbeitsfuge im anbetonierten Teil eine Mindestbewehrung mit $k_c = 1{,}0$ zu ermitteln und anzuordnen. Der so parallel zur Arbeitsfuge bewehrte Bereich soll in Brückenlängsrichtung nicht länger als die Überbauhöhe h, höchstens jedoch 2 m sein. Alternativ dürfen die Zwangzugspannungen (Scheibenspannungszustand) im neu anbetonierten Abschnitt als Grundlage für die Ermittlung der Mindestbewehrung rechnerisch genauer ermittelt werden. Dies kann insbesondere für Freivorbaubrücken mit zahlreichen Arbeitsfugen von Interesse sein.

Aufgrund der Besonderheiten von Arbeitsfugen mit Spanngliedkopplungen ist der Mittelwert des statisch bestimmten Anteils der Vorspannkraft mit dem Faktor 0,75 abzumindern. Diese pauschale Abminderung ersetzt auch die erhöhten Spannkraftverluste an Spanngliedkopplungen, die in den allgemeinen Zulassungen der Spannverfahren festgelegt sind.

7.3.3 Begrenzung der Rissbreite ohne direkte Berechnung

Die Rissbreiten werden auf zulässige Werte begrenzt, wenn

- bei einer Rissbildung infolge überwiegender indirekter Einwirkungen (Zwang) die Grenzdurchmesser nach Tabelle 7.2 DE eingehalten sind.
  Die in der Tab. 7.2 DE angegebenen Grenzdurchmesser gelten für die Phase der Einzelrissbildung ($\sigma_{c,\text{maßgebend}} \leq f_{ctm}$). Für das abgeschlossene Rissbild liegen die Werte auf der sicheren Seite.
- bei Rissen infolge überwiegend direkter Einwirkungen (Lastbeanspruchung) entweder die Grenzdurchmesser nach Tabelle 7.2 DE oder die Stababstände nach Tabelle 7.3 N eingehalten sind.
  Die Stababstände nach Tab. 7.3 N gelten nur für das abgeschlossene Rissbild ($\sigma_{c,\text{maßgebend}} > f_{ctm}$).

Für die praktische Anwendung der Tabellen ergibt sich somit folgende Vorgehensweise:

$\sigma_{c,\text{maßgebend}} \leq f_{ctm}$: Anwendung der Tab. 7.2 DE
$\sigma_{c,\text{maßgebend}} > f_{ctm}$: Anwendung der Tab. 7.2 DE od. Tab. 7.3 N

Die in DIN EN 1992-2, Tabelle 7.2 DE und Tabelle 7.3 N angegebenen Stahlspannungen sind für einen gerissenen Querschnitt (Zustand II) und die maßgebende Einwirkungskombination, bei vorgespannten Bauteilen zusätzlich mit dem maßgebenden charakteristischen Wert der Vorspannung zu ermitteln.

Bei Bauteilen mit im Verbund liegenden Spanngliedern ist die Betonstahlspannung unter Berücksichtigung der unterschiedlichen Verbundverhaltens von Betonstahl und Spannstahl für das abgeschlossene Rissbild ($\sigma_c > f_{ctm}$) nach folgender Gleichung zu berechnen.

$$\sigma_s = \sigma_{s2} + 0{,}4 \cdot f_{ct,eff} \left(\frac{1}{\rho_{p,eff}} - \frac{1}{\rho_{tot}} \right)$$

Dabei ist

σ_{s2} die Spannung im Betonstahl bzw. der Spannungszuwachs im Spannstahl im Zustand II für die maßgebende Einwirkungskombination unter Annahme eines starren Verbundes

$\rho_{p,eff}$ der effektive Bewehrungsgrad unter Berücksichtigung der unterschiedlichen Verbundfestigkeiten

$$\rho_{p,eff} = \frac{A_s + \xi_1^2 \cdot A_p}{A_{c,eff}}$$

ρ_{tot} der geometrische Bewehrungsgrad

$$\rho_{tot} = \frac{A_s + A_p}{A_{c,eff}}$$

7.3.4 Berechnung der Rissbreite

Die Begrenzung der Rissbreite darf durch eine direkte Berechnung nachgewiesen werden. Für den Rechenwert der Rissbreite w_k gilt:

$$w_k = s_{r,max} \cdot (\varepsilon_{sm} - \varepsilon_{cm})$$

Dabei ist

w_k der Rechenwert der Rissbreite
$s_{r,max}$ der maximale Rissabstand bei abgeschlossenem Rissbild
ε_{sm} die mittlere Dehnung der Bewehrung unter der maßgebenden Einwirkungskombination unter Berücksichtigung der Mitwirkung des Betons auf Zug zwischen den Rissen
ε_{cm} die mittlere Dehnung des Betons zwischen den Rissen

Die Differenz der mittleren Dehnungen von Beton und Betonstahl darf wie folgt berechnet werden:

$$\varepsilon_{sm} - \varepsilon_{cm} = \frac{\sigma_s - 0{,}4 \dfrac{f_{ct,eff}}{\rho_{p,eff}} \cdot (1 + \alpha_e \cdot \rho_{p,eff})}{E_s} \geq 0{,}6 \frac{\sigma_s}{E_s}$$

Dabei ist

α_e das Verhältnis der Elastizitätsmoduln
$\alpha_e = E_s / E_{cm}$
$\rho_{p,eff}$ effektiver Bewehrungsgrad
$f_{ct,eff}$ wirksame Betonzugfestigkeit
σ_s die Betonstahlspannung im Riss

Der maximale Rissabstand darf nach folgender Gleichung berechnet werden:

$$s_{r,max} = \frac{\phi}{3{,}6 \rho_{p,eff}} \leq \frac{\sigma_s \cdot \phi}{3{,}6 f_{ct,eff}}$$

Dabei ist
ϕ der Stabdurchmesser des Betonstahls

7.4 Begrenzung der Verformungen

DIN EN 1992-2 enthält im Abschnitt 7.4 Regeln zur Verformungsbegrenzung.

Die Anforderungen der Verformungsbegrenzung sind in der Regel bauherrenspezifisch festgelegt. Für Straßenbrücken sind entsprechende Regeln in den ZTV-ING, enthalten und für Eisenbahnbrücken in DIN EN 1991-2 bzw. RIL 804. Bei Straßenbrücken bilden die Einhaltung der planmäßigen Gradiente (Sollgradiente) und die Einhaltung des von Einbauten freizuhaltenden Lichtraumprofils die wichtigsten Anforderungen. Darüber hinaus sind bei Traggerüstkonstruktionen insbesondere eine sorgfältige Überhöhungsbestimmung und ein tangentialer Anschluss der beiden Bauwerksabschnitte an der Arbeitsfuge sicherzustellen.

Erfahrungsgemäß erweisen sich folgende Fälle in der Praxis als problematisch:
- Schlanke, nichtvorgespannte Stahlbetonüberbauten, deren Durchbiegungsverhalten für $t \to \infty$ unterschätzt wird,
- Spannbetonüberbauten mit einem großen Anteil zentrischer Vorspannung (z.B. Feldbereiche gevouteter Überbauten, sehr schlanke Taktschiebebrücken),
- unzweckmäßige Lehrgerüstkonstruktionen.

Die Sollgradiente des Überbaus muss gemäß ZTV-ING, Teil Allgemeines, Abschnitt 2, 3.2 unter voller ständiger Last zum Zeitpunkt $t = \infty$ unter Berücksichtigung der noch zu erwartenden Setzungen bei einer Bauwerkstemperatur von 10 °C und bei einer gleichmäßigen Temperaturverteilung im Überbau eingehalten werden. Die Rohbauisthöhen sind vom Auftragnehmer vor der Kappen- oder Gesimsherstellung durch Nivellement zu ermitteln. Bedingungen für eine Ausgleichsgradiente und die Ebenflächigkeit geben ebenfalls die ZTV-ING vor.

7.5 Bewegungen an Lagern und Fahrbahnübergängen

Es gilt DIN EN 1990, Anhang NA.E.

7.6 Begrenzung von Schwingungen und dynamischen Einflüssen

Bei Straßenbrücken sind für die dynamischen Einflüsse aus Verkehr i.d.R. keine besonderen Nachweise erforderlich. Für Eisenbahnbrücken wird auf DIN EN 1990/A.2 sowie RIL 804 verwiesen. Bei Fußgängerbrücken sollten Grund- und Oberfrequenzen vor allem im Bereich von 1,6 bis 2,4 Hz vermieden werden.

8 Allgemeine Bewehrungsregeln

8.1 Betonstahl

Die allgemeinen Bewehrungsregeln in DIN EN 1992-2 entsprechen im technischen Inhalt der DIN EN 1992-1-1. Für den Brückenbau ist ausschließlich hochduktiler Stabstahl nach DIN 488 oder allgemein bauaufsichtlicher Zulassung zu verwenden. Daher wurden die Bewehrungsregeln für Matten nicht aufgenommen. Diese besitzen zudem aufgrund der Schweißverbindungen ein ungünstiges Ermüdungsverhalten und weisen für die im Brückenbau üblichen dicken Querschnitte nur geringe Querschnittsflächen a_s auf. Üblicherweise werden Matten im Brückenbau nicht eingesetzt. Bei einer Verwendung in nicht ermüdungsbeanspruchten Sonderfällen sind die Regeln DIN EN 1992-1-1 zu entnehmen.

Stabbündel dürfen nur in Unterbauten und mit Zustimmung der zuständigen Bauaufsichtsbehörde verwendet werden.

8.2 Spannglieder

Waagerechter und lotrechter Abstand

Die Abstände von Hüllrohren oder Spanngliedern müssen so festgelegt werden, dass das Einbringen und Verdichten des Betons ordnungsgemäß erfolgen und eine ausreichende Verbundwirkung zwischen Beton und den Spanngliedern erzielt werden kann.

Vorspannung im sofortigen Verbund

Der waagerechte und senkrechte lichte Mindestabstand einzelner Spannglieder ist in Abb. E. 8.1 dargestellt.

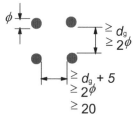

Abb. E. 8.1: Lichter Mindestabstand für Spannglieder im sofortigen Verbund

Vorspannung im nachträglichen Verbund

Der lichte Abstand zwischen den Hüllrohren muss mindestens den 0,8fachen Wert des äußeren Hüllrohrdurchmessers, jedoch nicht weniger als 50 mm horizontal und 40 mm vertikal betragen.

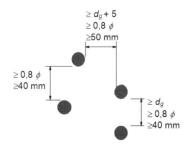

Abb. E. 8.2 Lichter Mindestabstand zwischen Hüllrohren

Verankerung und Kopplung von Spanngliedern

Ankerkörper, die bei Spanngliedern mit nachträglichem Verbund verwendet werden, und die Verankerungslängen von Spanngliedern mit sofortigem Verbund müssen so bemessen sein, dass der volle Bemessungswert der Spanngliedkraft aufgenommen werden kann.

Im Allgemeinen sollten Kopplungen in Bereichen außerhalb von Zwischenauflagern liegen.

In jedem Brückenquerschnitt müssen mindestens 30 % der Spannglieder ungestoßen durchgeführt werden. Dies gilt insbesondere für Koppelfugen.

Werden mehr als 50 % der Spannglieder in einem Querschnitt gekoppelt, ist eine
- durchlaufende Mindestbewehrung entsprechend Gl. (7.1) aus 7.3.2 anzuordnen oder
- mindestens eine bleibende Druckspannung von 3 N/mm² unter der häufigen Einwirkungskombination nachzuweisen, um örtliche Zugspannungen aufnehmen zu können.

Der Abstand der Koppelstellen von Spanngliedern, die nicht in einem Querschnitt gekoppelt werden, darf nicht kleiner als in Tafel E. 8.1 angegeben sein.

Tafel E. 8.1 Abstand der Koppelstellen

Bauteilhöhe h	Abstand a in m
≤ 2,0 m	1,5 h
> 2,0 m	3

9 Konstruktionsregeln für Bauteile

Die DIN EN 1992-2 enthält Konstruktionsregeln für folgende Bauteile aus Ortbeton:
- Balken
- Vollplatten
- Punktgestützte Platten
- Stützen
- Wände
- Wandartige Träger
- Gründungen

Da die Konstruktionsregeln im technischen Inhalt der DIN EN 1992-1-1 entsprechen, wird nachfolgend nur auf einige brückenspezifische Besonderheiten eingegangen.

Stahlbetonwände

Waagerechte Bewehrung

Alle Begrenzungsflächen müssen eine waagerechte Bewehrung mit einem Stahlquerschnitt von 0,06 % des Betonquerschnitts, jedoch mindestens $d_s = 10$ mm, $s = 20$ cm erhalten.

In Bauteilen, die an bereits erhärtete Bauteile anbetoniert werden, ist die in Abb. E.9.1 dargestellte konstruktive Mindestbewehrung einzubauen, sofern sich nicht nach der 0,06-%-Regel oder nach DIN EN 1992-2, 7.3.2 Mindestbewehrung für die Begrenzung der Rissbreite ein höherer Bewehrungsgrad ergibt. Bei dicken Bauteilen ist es ausreichend, diese Bewehrung auf eine effektive Randzone zu beziehen. Die konstruktive Schwindbewehrung darf auf die statisch erforderliche Bewehrung angerechnet werden. Die Mindestbewehrung ist wie die statische Bewehrung ohne Abminderung zu stoßen. Die Rissgefahr anbetonierter Bauteile ist zusätzlich durch geeignete betontechnologische Maßnahmen und Nachbehandlungen sowie ggf. durch Bauwerksfugen zu vermindern.

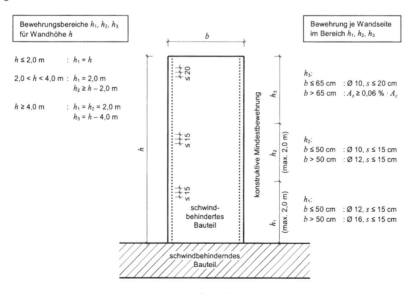

Abb. E.9.1: Mindestbewehrung in schwindbehinderten Bauteilen

Die Anordnung der waagerechten Bewehrung über die Höhe der Wand entspricht der Verteilung der Zwangsspannungen, wie sie sich bei einer regelmäßigen Fugenteilung der Wände auf elastischer Bettung ergibt.

Sonderfälle

Teilflächenbelastung

Wenn konzentrierte Kräfte wirken, ist eine örtliche Zusatzbewehrung vorzusehen, welche die Spaltzugkräfte aufnimmt.

Für Teilflächenbelastung auf einer Fläche A_{c0} (siehe Abb. E.9.2) kann die aufnehmbare Teilflächenbelastung wie folgt ermittelt werden:

$$F_{Rdu} = A_{c0} \cdot f_{cd} \cdot \sqrt{\frac{A_{c1}}{A_{c0}}} \le 3{,}0 f_{cd} \cdot A_{c0}$$

mit

$$f_{cd} = \alpha \cdot \frac{f_{ck}}{\gamma_C} \quad \text{mit } \alpha = 0{,}85$$

A_{c0} Belastungsfläche

A_{c1} größte Fläche, die geometrisch A_{c0} bei gleichem Schwerpunkt entspricht, der Fläche A_c einbeschrieben werden kann und in derselben Ebene wie die Lasteintragungsfläche liegt

Der Wert F_{Rdu} sollte verringert werden, wenn die örtlichen Lasten nicht gleichmäßig über die Fläche A_{c0} verteilt sind oder wenn hohe Schubkräfte vorhanden sind.

Ist die Aufnahme der Spaltzugkräfte nicht durch Bewehrung gesichert, sollte die Teilflächenlast auf $F_{Rdu} \le 0{,}6 \cdot f_{cd} \cdot A_{c0}$ begrenzt werden.

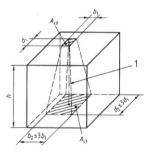

Abb. E.9.2   Ermittlung der Flächen für die Teilflächenpressung

Spaltzugbewehrung

Nach DIN EN 1992-2, 8.10.3 ist eine zusätzliche im Bereich der Ankerplatten erforderliche Bewehrung (Wendel- oder Zulagebewehrung) der allgemeinen bauaufsichtlichen Zulassung für das Spannverfahren zu entnehmen. Der Nachweis der Kraftaufnahme und -weiterleitung im Tragwerk ist mit geeigneten Verfahren – z. B. mit einem Stabwerkmodell nach Kapitel 6.5 zu führen.

Ein Nachweis der Betonpressungen an den Ankerplatten ist nicht erforderlich, da dieser Nachweis im Rahmen des Zulassungsverfahrens erbracht wurde. Die Bemessung beschränkt sich daher auf die Ermittlung der erforderlichen Spaltzugbewehrung.

Grenzzustand der Tragfähigkeit:

Die Spaltzugbewehrung A_s ist im Grenzzustand der Tragfähigkeit nach 8.10.3 (4) für den Bemessungswert der Vorspannung P_d zu ermitteln:

$$P_d = \gamma_P \cdot P_{m0,max} \quad \text{mit } \gamma_P = 1{,}35$$

Hieraus folgt der Bemessungswert der Spaltzugkraft T_d. Die Spaltzugbewehrung errechnet sich daraus zu

$$\text{erf } A_s = \frac{T_d}{f_{yd}} \quad \text{mit } f_{yd} = \frac{500}{1{,}15} = 435 \text{ N/mm}^2$$

Grenzzustand der Gebrauchstauglichkeit:

Im Hinblick auf die Begrenzung der Rissbreiten, sind die Stahlspannungen zu begrenzen. Hierbei ist P_{m0} anzusetzen.

Nach DIN EN 1992-2, 7.3.1(8) dürfen bei Stabwerkmodellen, welche an der Elastizitätstheorie orientiert sind, die aus den Stabkräften T ermittelten Stahlspannungen beim Nachweis der Rissbreitenbegrenzung ermittelt werden.

Bei Spannbetonbauteilen ist die Rissbreite auf $w_k = 0{,}2$ mm zu begrenzen. Dafür ergeben sich nach DIN EN 1992-2, 7.3.2 folgende Grenzdurchmesser ϕ_s^* bei Betonstählen:

Tafel E.9.1 Grenzdurchmesser ϕ_s^* bei Betonstählen

ϕ_s^* [mm]	7	9	12	17	27
σ_s [N/mm²]	320	280	240	200	160

Der Grenzdurchmesser ϕ ergibt sich zu

$$\phi = \phi_s^* \cdot \frac{f_{ct,eff}}{2{,}9}$$

ϕ_s^* der Grenzdurchmesser nach Tabelle
ϕ der modifizierte Grenzdurchmesser
$f_{ct,eff}$ wirksame Betonzugfestigkeit (f_{ctm})

Auf dieser Grundlage ergibt sich die erforderliche Spaltzugbewehrung zu:

$$\text{erf } A_s = \frac{T}{\sigma_s}$$

Da auch an Stellen, an denen nach dem verwendeten Stabwerkmodell rechnerisch keine Bewehrung erforderlich ist, Zugkräfte entstehen können, ist eine geeignete konstruktive Bewehrung vorzusehen.

10 Zusätzliche Regeln für Bauteile und Tragwerke aus Fertigteilen

Fertigteilbrücken werden in Deutschland i.d.R. in Mischbauweise aus vorgefertigten Stahlbeton- oder Spannbetonträgern mit Ortbetonergänzung für die Fahrbahnplatte und die Querträger hergestellt. Die Querschnittsausbildung der Fertigteilträger soll prinzipiell gemäß Abb. E.10.1 erfolgen. Damit das monolithische Tragverhalten der Konstruktion gewährleistet ist, muss die Übertragung von Schubkräften zwischen Ortbeton und vorgefertigten Trägern sichergestellt sein. Der Schubtragwiderstand in der Fuge wird durch die Rauigkeit und Oberflächenbeschaffenheit der Fuge sowie durch die Verbundbewehrung bestimmt.

An den Brückenenden und über allen Zwischenstützen werden die Fertigteilträger mit Querträgern aus Ortbeton monolithisch verbunden. Bei entsprechend kräftiger Ausbildung der Querträger ist eine indirekte Lagerung der Längsträger mit nur wenigen Lagern möglich. Zur Übertragung der Querkräfte können die Trägerenden entsprechend profiliert werden.

Die Herstellung der Fertigteilträger erfolgt i.d.R. in einer Stahlschalung, im Fertigteilwerk. Dabei kann ein Teil der Vorspannung im Spannbettverfahren aufgebracht werden. Die übrige, häufig auch die gesamte Vorspannung besteht aus Spanngliedern mit Hüllrohren im nachträglichen Verbund.

Die Durchlaufwirkung über den Innenstützen kann mit nachträglichen Kontinuitätsspanngliedern oder ausschließlich mit Betonstahlbewehrung realisiert werden.

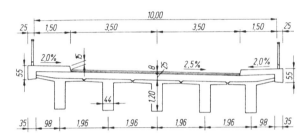

Abb. E.10.1: Querschnitt eines mehrstegigen Plattenbalkens aus Spannbetonfertigteilen

Der Spannungszustand bzw. die Schnittgrößenverteilung in Fertigteilbrücken wird durch einige Besonderheiten beeinflusst.

- Eigenspannungszustand infolge des unterschiedlichen Schwindens von Ortbeton und Fertigteilträger mit unterschiedlichem Alter des Betons (bei statisch unbestimmten Tragwerken entstehen daraus zusätzliche Zwangsmomente). Zum Teil werden die Eigen- und Zwangsspannungen bereits bei ihrer Entstehung durch das Kriechen des Betons abgebaut (Relaxation).
- Spannungsumlagerung im Verbundquerschnitt infolge unterschiedlichen Kriechens des Betons im Fertigteilträger und in der Ortbetonschicht.
- Momentenumlagerung infolge des Systemwechsels von einfeldrigen Trägern zum Durchlaufträger.

Die Ermittlung des tatsächlichen Spannungszustands im Tragwerk (Abb. E. 10.2 und Abb. E. 10.3) ist aufgrund der Streuungen der maßgebenden Baustoffkennwerte (Kriechzahl, Schwinddehnung, E-Modul) mit gewissen Unsicherheiten verbunden. Die entsprechenden Angaben für diese Baustoffkennwerte in DIN EN 1992-1 stellen Mittelwerte dar, von denen die tatsächlichen Werte um bis zu 30 % abweichen können.

Die besonderen Regeln für die Bemessung und Konstruktion von Fertigteilbrücken sind im Kapitel 10 der DIN EN 1992-2 enthalten.

Die Schnittgrößenermittlung muss auch für alle relevanten Bauzustände mit den jeweiligen statischen Systemen und wirksamen Querschnitten sowie den maßgebenden Baustoffeigenschaften durchgeführt werden. Die Steifigkeit eines Verbundquerschnitts ist unter Berücksichtigung der unterschiedlichen elastischen Eigenschaften von Ortbeton und Fertigteil zu bestimmen.

Wird Ortbeton schubfest mit einem Fertigteil verbunden, so darf nach DIN EN 1992-2, 4.4.1.2(109) die Betondeckung an der Fuge auf 10 mm verringert werden. Im Bereich der Verbundfuge darf das Vorhaltemaß Δc_{dev} entfallen. Im Bereich von Elementfugen ist jedoch die Dauerhaftigkeit durch das erforderliche Nennmaß der Betondeckung sicherzustellen (Abb. E. 10.4).

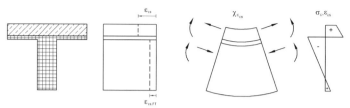

Abb. E. 10.2: Eigenspannungszustand infolge unterschiedlichen Schwindens

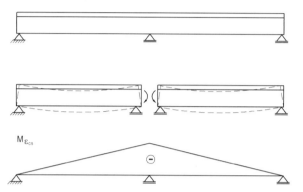

Abb. E. 10.3: Zwangsmomente durch die behinderten Verformungen der Bauteile infolge Schwindens

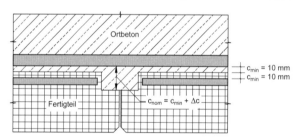

Abb. E. 10.4: Betondeckung bei Fertigteilen im Bereich der Fugen

Werden bei mindestens rau ausgeführten Fugen Bewehrungsstäbe direkt auf die Fugenoberfläche gelegt, so sind für diese Stäbe nur mäßige Verbundbedingungen anzusetzen.

Ein wesentlicher Nachweis bei der Bemessung von Fertigteilbrücken ist die **Schubkraftübertragung in Fugen**. Der Bemessungswert der in der Fuge zu übertragenden Schubkraft darf nach DIN EN 1992-2, 6.2.5 wie folgt ermittelt werden:

$$v_{Edi} = \beta \cdot \frac{V_{Ed}}{z \cdot b_i}$$

Dabei ist:

β das Verhältnis der Normalkraft in der Betonergänzung und der Gesamtnormalkraft in der Druck- bzw. Zugzone im betrachteten Querschnitt

V_{Ed} der Bemessungswert der einwirkenden Querkraft

z der Hebelarm des zusammengesetzten Querschnitts

b_i die Breite der Fuge

Die Übertragung von Spannungen aus teilweise vorgespannten Bauteilen infolge von Kriechen und Schwinden über die Verbundfuge ist bei der einwirkenden Schubkraft v_{Edi} zu berücksichtigen.

Der Bemessungswert der aufnehmbaren Schubkraft in den Fugen v_{Rdi} darf additiv aus mehreren Traganteilen ermittelt werden.

$$v_{Rdi} = c \cdot f_{ctd} + \mu \cdot \sigma_n + \rho \cdot f_{yd} (1{,}2 \cdot \mu \cdot \sin \alpha + \cos \alpha)$$
$$\leq 0{,}5 \cdot v \cdot f_{cd}$$

Dabei ist

c, μ je ein Beiwert, der von der Rauigkeit der Fuge abhängt.

f_{ctd} der Bemessungswert der Betonzugfestigkeit
$$f_{ctd} = \alpha_{ct} \cdot f_{ctk,0,05} / \gamma_C$$

σ_n die Spannung infolge der minimalen Normalkraft rechtwinklig zur Fuge die gleichzeitig mit der Querkraft wirken kann (positiv für Druck mit $\sigma_n < 0{,}6\ f_{cd}$ und negativ für Zug). Ist σ_n eine Zugspannung, ist in der Regel $c \cdot f_{ctd}$ mit 0 anzusetzen;

$\rho\ \ = A_s / A_i$

A_s die Querschnittsfläche der die Fuge kreuzenden Verbundbewehrung mit ausreichender Verankerung auf beiden Seiten der Fuge einschließlich vorhandener Querkraftbewehrung

A_i die Fläche der Fuge, über die Schub übertragen wird

α der Neigungswinkel der Verbundbewehrung nach Abb. E. 10.5 mit einer Begrenzung auf $45° \leq \alpha \leq 90°$

v ein Festigkeitsabminderungsbeiwert für die Fugenrauigkeit

glatte Fuge: $\quad v = 0{,}20$
raue Fuge: $\quad v = 0{,}50$
verzahnte Fuge: $\quad v = 0{,}70$

Die Beiwerte c und μ dürfen, abhängig von der Rauhigkeit der Oberfläche, wie folgt angesetzt werden:

– Glatt: die Oberfläche wurde abgezogen oder im Gleit- bzw. Extruderverfahren hergestellt, oder blieb nach dem Verdichten ohne weitere Behandlung:
$c = 0{,}20$ und $\mu = 0{,}6$

– Rau: eine Oberfläche mit mindestens 3 mm Rauigkeit, erzeugt durch Rechen mit ungefähr 40 mm Zinkenabstand, Freilegen der Gesteinskörnungen oder andere Methoden, die ein äquivalentes Verhalten herbeiführen:
$c = 0{,}40$ und $\mu = 0{,}7$

– Verzahnt: eine verzahnte Oberfläche gemäß Abb. E. 10.5:
$c = 0{,}50$ und $\mu = 0{,}9$.

Bei rauen Fugen muss die Gesteinskörnung mindestens 3 mm tief freigelegt werden

Wenn eine Gesteinskörnung mit $d_g \geq 16$ mm verwendet und diese z. B. mit Hochdruckwasserstrahlen mindestens 6 mm tief freigelegt wird, darf die Fuge als verzahnt eingestuft werden.

In den Fällen, in denen die Fuge infolge Einwirkungen rechtwinklig zur Fuge unter Zug steht, ist bei glatten oder rauen Fugen $c = 0$ zu setzen.

Bei dynamischer oder Ermüdungsbeanspruchung darf der Adhäsionstraganteil des Betonverbundes ebenfalls nicht berücksichtigt werden ($c = 0$).

Wird die Verbundbewehrung gleichzeitig als Querkraftbewehrung eingesetzt, gelten die Konstruktionsregeln für Querkraftbewehrung nach DIN EN 1992-2, 9.3.2.

Die Verbundbewehrung darf nach Abb. E. 10.6 gestaffelt werden.

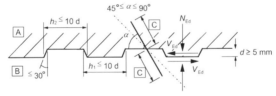

A — 1. Betonabschnitt, B — 2. Betonabschnitt, C — Verankerung der Bewehrung

Abb. E. 10.5: Verzahnte Fugenausbildung. Es gilt zusätzlich: $0{,}8 \leq h_1/h_2 \leq 1{,}25$

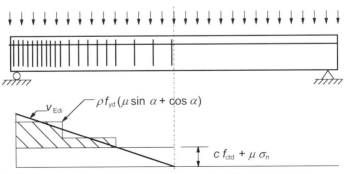

Abb. E. 10.6: Querkraft-Diagramm mit Darstellung der erforderlichen Verbundbewehrung

11 Zusätzliche Regeln für Bauteile und Tragwerke aus Leichtbeton

Das Bauen mit Leichtbeton erfolgte in Deutschland im Brückenbau bisher nur in Einzelfällen, z. B. Rheinbrücke Köln-Deutz. Sollen tragende Bauteile in Leichtbeton ausgeführt werden, so wird in DIN EN 1992-2 auf die Regelungen in DIN EN 1992-1-1 und DIN EN 1992-1-1/NA verwiesen.

12 Tragwerke aus unbewehrtem oder gering bewehrtem Beton

Auch dieses Kapitel ist in DIN EN 1992-2 nicht abgedruckt, da es im Allgemeinen nicht relevant ist. Für Ausnahmefälle wird auf die Regelung in DIN EN 1992-1-1 und DIN EN 1992-1-1/NA verwiesen.

13 Bemessung für Bauzustände

Zum Zeitpunkt des Redaktionsschlusses dieser Veröffentlichung war noch nicht festgelegt, ob das Bundesverkehrsministerium Teile der DIN EN 1991-1-6 die für die Einwirkungen während der Bauzustände im Rahmen eines ARS oder als Ergänzung der ZTV-ING einführen wird. Es ist aber davon auszugehen, dass die in den ZTV-ING bereits enthaltenen Regeln für Bauzustände (z. B. Regeln für das Taktschiebverfahren) vorläufig gültig bleiben werden. Ähnliche Regeln werden auch bei den Eisenbahnen und Wasserstraßen vorläufig weiter gelten müssen.

Außerdem wurden die aus DIN-Fachbericht 102 bekannten Regeln zu Einwirkungen und Imperfektionen als NCI zu 113.2 (NA 106) und (NA 107) während der Bauzustände in DIN EN 1992-2/NA übertragen. Möglicherweise werden diese Regeln aber auch noch zusätzlich in die ZTV-ING übertragen, weil sie grundsätzlich auch bei Stahl- und Verbundbrücken angewendet werden müssten.

Zu den Anhängen

Der Eurocode 2 wird durch Anhänge zum Normentext ergänzt, die einen unterschiedlichen Verbindlichkeitsgrad haben. So sind die Anhänge teilweise normativ, teilweise jedoch lediglich informativ. Die Anwendung dieser Anhänge darf national geregelt werden.

Anhang A: Modifikation von Teilsicherheitsbeiwerten für Baustoffe

Nach DIN EN 1992-2 ist Anhang A für Brückenneubauten nicht anzuwenden.

Anhang B: Kriechen und Schwinden

Der Anhang B in DIN EN 1992-2 ist normativ. Während nach Abschnitt 3.1.4 lediglich die Endkriechzahl $\varphi(\infty, t_0)$ ermittelt werden kann, enthält Anhang B die Grundgleichungen zur Ermittlung der Kriechzahlen für beliebige Zeitpunkte.

Für das Ablesen der Endkriechzahlen enthält Abschn. 3.1.4 Ablesediagramme für Umgebungsbedingungen mit 80 % relativer Luftfeuchte. Die Kriechverformung nach DIN EN 1992-2 sind für Betonfestigkeitsklassen < C30/35 geringfügig kleiner als nach DIN-Fachbericht 102, bei höheren Festigkeitsklassen bestehen praktisch keine Unterschiede.

Für die Schwinddehnungen liefert Eurocode 2 deutlich kleinere Werte als DIN-Fachbericht 102. Daher ist nach DIN EN 1992-2 im Gegensatz zu DIN EN 1992-1-1 zusätzlich der Teilsicherheitsbeiwert für Langzeit- Extrapolation nach Anhang B bei der Ermittlung der Schwinddehnungen zu berücksichtigen. Bei der Konstruktion und Bemessung von Betonbrücken haben die Schwinddehnungen einen größeren Einfluss als bei Hochbauten (Bewegung an Lagern und Fahrbahnübergängen, Zwängungen in integralen Bauwerken, Spannkraftverluste, Begrenzung der Verformungen bei Eisenbahnbrücken, etc.).

Auf Grundlage des Anhang B können Schwinddehnungen für verschiedene Parameter berechnet werden. Auf Diagramme zum Ablesen der Endschwindmaße wurde in DIN EN 1992-2 verzichtet.

Anhang C: Eigenschaften des Betonstahls

Der Anhang C in DIN EN 1992-2 ist lediglich informativ. Für den Betonstahl ist derzeit die Normenreihe DIN 488 maßgebend.

Anhang D: Genauere Methode zur Berechnung von Spannkraftverlusten aus Relaxation

Der Anhang D in DIN EN 1992-2 ist lediglich informativ. Er darf angewendet werden, um die Spannkraftverluste infolge Relaxation für einzelne Zeitintervalle und verschiedene Laststufen zu berechnen. Grundlage ist das Verfahren der äquivalenten Belastungsdauer.

Anhang E: Indikative Mindestfestigkeitsklassen zur Sicherstellung der Dauerhaftigkeit

Der Anhang E ist nicht anzuwenden und daher in DIN EN 1992-2 nicht abgedruckt.

Anhang F: Gleichungen für Zugbewehrung für den ebenen Spannungszustand

Der Anhang F in DIN EN 1992-2 ist lediglich informativ.

Anhang F hat eher Lehrbuchcharakter, da er grundlegende Zusammenhänge zu Hauptspannungszuständen erläutert und lediglich ein Bemessungsverfahren zur Ermittlung der daraus sich ergebenden Bewehrung enthält. Durch DIN EN 1992-2 soll nicht ein einzelnes Bemessungsverfahren als verbindlich vorgegeben werden.

Anhang G: Boden-Bauwerk-Wechselwirkung

Der Anhang G in DIN EN 1992-2 / NA ist normativ, da er die Schnittstelle zwischen Bauwerk und Baugrund regelt. Dies ist erforderlich, da sich die Sicherheitskonzepte in Eurocode 2 und 7 in wesentlichen Details unterscheiden.

Für den Bereich der Geotechnik sind derzeit folgende Normen zu berücksichtigen:
– DIN EN 1997-1
– DIN EN 1997-1 / NA
– DIN 1054

Anhang H: Nachweis am Gesamttragwerk nach Theorie II. Ordnung

Anhang H ist nicht anzuwenden und in DIN EN 1992-2 nicht abgedruckt. Er behandelt die Aussteifung von Gebäuden.

Anhang I: Ermittlung der Schnittgrößen bei Flachdecken und Wandscheiben

Anhang I ist nicht anzuwenden und in DIN EN 1992-2 nicht abgedruckt, weil der Inhalt für Betonbrücken i. Allg. nicht relevant ist.

Anhang J: Konstruktionsregeln für ausgewählte Beispiele

Anhang J ist in DIN EN 1992-2 normativ. Der Inhalt vom Anhang J des Eurocode 2 wird ersetzt durch ein NCI des nationalen Anhangs: NA J.4 Oberflächenbewehrung bei vorgespannten Bauteilen.

Aufgabe der Oberflächenbewehrung ist es, die Rissbildung infolge von nichtlinear verteilten Eigenspannungen aus unterschiedlichem Schwinden und aus Temperaturgradienten innerhalb eines Betonquerschnitts so zu kontrollieren, dass die Oberflächenrisse die Dauerhaftigkeit des Bauteils nicht negativ beeinflussen.

Im Fall von Eigenspannungen kann die Höhe des abzudeckenden Zugkeils mit etwa einem Viertel der Bauteildicke abgeschätzt werden. Setzt man den Völligkeitsbeiwert für die Spannungsverteilung des Zugkeils infolge der nichtlinear verteilten Eigenspannungen mit 0,8 an und geht davon aus, dass zum Zeitpunkt der Rissbildung die Betonzugfestigkeit nur zu 80 % der 28-Tage-Festigkeit angesetzt werden muss, kann die erforderliche Oberflächenbewehrung wie folgt konservativ ermittelt werden:

$$a_s = 0{,}8 \cdot \frac{0{,}25 \cdot b \cdot h \cdot 0{,}8 \; f_{ctm}}{f_{yk}}$$

$$= 0{,}16 \cdot \frac{b \cdot h \cdot f_{ctm}}{f_{yk}}$$

$$\rho = \frac{a_s}{b \cdot h} = \frac{0{,}16 \cdot f_{ctm}}{f_{yk}}$$

$F_{cr} = 0{,}16 \cdot b \cdot h \cdot f_{ctm}$

Dünne Bauteile

Die entsprechenden ρ-Werte können nach DIN EN 1992-2, Tabelle NA.J.4.1 in Verbindung mit GL (9.5 a DE) für die einzelnen Betonfestigkeitsklassen bestimmt werden. Daraus folgt die Mindestoberflächenbewehrung für die verschiedenen Bereiche eines vorgespannten Bauteils.

Da durch die Rissbildung die Eigenspannungen stark abbaut werden, kann für die Stahlspannung rechnerisch die Streckgrenze f_{yk} angesetzt werden.

DIN EN 1992-2 enthält für die Oberflächenbewehrung keine Angabe für einen oberen Grenzwert bei großen Bauteildicken. Dieser kann wie folgt angegeben werden:

Dicke Bauteile

Bei dicken Bauteilen beträgt die maximale Dicke des Zugkeils infolge Eigenspannungen 2,5 ($h-d$) = 2,5·d_1 je Querschnittsseite. Damit ergibt sich der obere Grenzwert für die erforderliche Oberflächenbewehrung bei Spannbetonbrücken zu:

$$a_s = 0,8 \cdot \frac{2,5 \cdot d_1 \cdot b \cdot 0,8 \; f_{ctm}}{f_{yk}}$$
$$= 1,6 \cdot \frac{d_1 \cdot b \cdot f_{ctm}}{f_{yk}}$$

Beispiel: C35/45
f_{ctm} = 3,2 MN/m²
c_{nom} = 4,5 cm
d_1 = ($h-d$) = 5,5 bzw. 7,5 cm
b = 1,00 m

$d_1 = 5,5$ cm:
$$a_s = 0,8 \cdot \frac{2,5 \cdot 0,055 \cdot 1,0 \cdot 0,8 \cdot 3,2}{500} \cdot 10^4 = 5,6 \; cm^2/m$$

$d_1 = 7,5$ cm:
$$a_s = 0,8 \cdot \frac{2,5 \cdot 0,075 \cdot 1,0 \cdot 0,8 \cdot 3,2}{500} \cdot 10^4 = 7,7 \; cm^2/m$$

Anhang KK: Auswirkungen auf das Tragwerk aus zeitabhängigen Effekten des Betonverhaltens

Der Anhang KK ist informativ und wird in DIN EN 1992-2 nicht abgedruckt.

Anhang LL: Beton- Schalenelemente

Der Anhang LL ist informativ und wird in DIN EN 1992-2 wegen seines Lehrbuchcharakters nicht abgedruckt, da das darin enthaltene Bemessungsverfahren nicht als einziges für verbindlich erklärt werden soll.

Anhang MM: Querkraft und Querbiegung

Der Anhang MM ist informativ und wird in DIN EN 1992-2 nicht abgedruckt.

Anhang NA.NN 106: Schädigungsäquivalente Schwingbreite für Nachweise gegen Ermüdung

Anhang NA.NN 106 ist im technischen Inhalt identisch mit Anhang 106 mit gleichlautendem Titel im DIN- Fachbericht 102, Kapitel II.-A.106.

Er enthält die notwendigen Angaben für den Nachweis gegen Ermüdung nach Abschnitt 6.8. Anhang NA.NN.106 ist normativ.

Anhang OO: Typische Diskontinuitätsbereiche (D)- Bereiche bei Brücken

Anhang OO ist informativ und wird zur Begrenzung des Umfangs in DIN EN 1992 wegen seines Lehrbuchcharakters nicht abgedruckt.

Anhang PP: Sicherheitsformat für nichtlineare Berechnungen

Anhang PP ist informativ und wird in DIN EN 1992-2 nicht abgedruckt. In der für Deutschland gültigen DIN EN 1992-2 ist für nichtlineare Berechnungen das γ_R-Verfahren aus DIN-Fachbericht 102 verbindlich geregelt.

Anhang QQ: Beschränkung der Schubrisse in Stegen

Anhang QQ ist informativ und wird in DIN EN 1992-2 nicht abgedruckt.

Anhang NA.TT: Ergänzungen für Betonbrücken mit externen Spanngliedern

Allgemeines

Die Externe Vorspannung ist seit dem Jahre 1998 für große Straßenbrücken mit Kastenquerschnitt Regelbauweise aufgrund ihrer Qualitätsvorteile. Diese ergeben sich insbesondere durch [Standfuß et al. – 98]

- kontrollierbare, nachspannbare und ggf. austauschbare externe Spannglieder,
- günstige Umgebungsbedingungen und hochwertiger Korrosionsschutz für die externen Spannglieder,
- bessere Betonierqualität durch Entfall von Spanngliedern in den Stegen,
- verbesserte Rissbreitenkontrolle und Robustheit durch Absenkung des Vorspanngrades und Vergrößerung des Anteils an Betonstahlbewehrung,
- optionale Tragwerksverstärkung.

Seit ihrer Einführung hat sich diese Bauweise in der Praxis gut fortentwickelt und ist inzwischen bestens bewährt. Die seinerzeit erwarteten Qualitätsverbesserungen konnten in vollem Umfang realisiert werden und die damit verbundenen Mehrkosten sind vernachlässigbar.

Infolge der Ablösung des DIN-Fachberichtes 102 durch den EC 2 ergab sich die Aufgabenstellung, diese erfolgreiche Bauweise in das zukünftige Regelwerk vollständig zu integrieren. Dabei trat zunächst die Situation auf, dass diese relative junge Bauweise durch die Grundlagendokumente EC 2-1-1 und EC 2-2 nur rudimentär erfasst ist. Vom Informationsaustausch mit Fachkollegen aus dem europäischen Ausland ist bekannt, dass dort die Externe Vorspannung zwar ebenfalls angewendet wird. Insbesondere aufgrund anderer Verwaltungsstrukturen und Vergabepraxis werden aber in den Nachbarländern die technischen Regeln dieser Bauweise häufig projektspezifisch in Bauverträgen festgelegt. Ein mit Deutschland vergleichbares, allgemein anwendbares Regelwerk für diese Bauweise existiert dort nicht. Der zuständige DIN-Normungsausschuss hat sich daher entschlossen, die fehlenden Regeln der Bauweise mit Externer Vorspannung als normativen Anhang NA.TT – das heißt für die Anwendung verbindlich geltend – in DIN EN 1992-2/NA aufzunehmen.

Wie im DIN-Fachbericht 102 sind auch im Eurocode 2 zwei alternative Bauweisen vorgesehen. Die Spannglieder in Brückenlängsrichtung befinden sich

- entweder alle außerhalb des Betonquerschnittes im Innern des Kastenquerschnittes (Vorspannung ausschließlich mit externen Spanngliedern, Abb. E.01) oder
- mit Verbund im Betonquerschnitt und ohne Verbund im Innern des Kastenquerschnittes (Mischbauweise, Abb. E.02). Dabei muss der Anteil der mit externen Spanngliedern aufgebrachten Vorspannkraft im Endzustand in jedem Überbauquerschnitt mindestens 20 % der gesamten Vorspannkraft betragen. Zum Ausgleich für den erheblich geringeren Anteil von externen Spanngliedern an der Gesamtvorspannung sind bei der Mischbauweise erhöhte Anforderungen bei den Maßnahmen zur späteren Verstärkung zu erfüllen.

Abb. E. 0.1 Talbrücke Rümmecke: Vorspannung ausschließlich mit externen Spanngliedern, abschnittsweiser Bau auf Vorschubgerüst [Haveresch – 99] (weitere Beispiele in [Haveresch – 01] , [Abel/Krautwald – 01])

Abb. E. 0.2 Strothetalbrücke – erste Brücke in Mischbauweise, Taktschiebeverfahren-Grundsätze für die bauliche Durchbildung

Die Regeln für die Bemessung der Bauweisen mit Externer Vorspannung sind in den Hauptkapiteln des EC 2 integriert, wobei insbesondere für die Festlegung der Anforderungen beim Dekompressionsnachweis und beim Nachweis der Rissbreitenbeschränkung Kapitel 7 des EC 2 zu beachten ist. Die übrigen Regeln, insbesondere die Grundsätze für die bauliche Durchbildung und Regeln für die Überwachung, sind in Anhang NA.TT „Ergänzungen für Betonbrücken mit externen Spanngliedern" enthalten. Mit der Einführung der Externen Vorspannung als Regelbauweise [RiLi BMVBS – 99] wurden der Fachöffentlichkeit auch Entwurfshilfen, Musterpläne und Erläuterungen zur neuen Bauweise zur Verfügung gestellt. Diese Unterlagen können sinngemäß auch bei Anwendung des EC 2 weiterverwendet werden. Für die Verstärkung von älteren Brücken mit externen Spanngliedern sind die Regeln des EC 2 nicht unmittelbar anwendbar, da beim Bauen im Bestand zum Teil andere technische Lösungen zweckmäßiger [Haveresch – 11] sein können.

Grundsätze für die bauliche Durchbildung

Die besonderen Regeln zur baulichen Durchbildung von Überbauten mit externen Spanngliedern und internen Spanngliedern ohne Verbund für die Quervorspannung enthält Anhang NA.TT der DIN EN 1992-2/NA. Einige ausgewählte Regeln sollen im Folgenden erläutert werden.

Die zulässige Spannkraft eines externen Spanngliedes $P_{0,max}$ sollte ca. 3 MN und die Gesamtlänge eines externen Spanngliedes zwischen den Endverankerungen ca. 200 m nicht überschreiten. Diese Größen sind als Richtwerte zu verstehen. Die Begrenzungen dienen der Arbeitserleichterung für den Fall, dass während der Brückennutzungszeit ein Spannglied ausgewechselt werden müsste. Außerdem wird der Aufwand für die Einleitung der Spanngliedkräfte begrenzt. Durch die breite Anwendung der Externen Vorspannung in der Praxis haben sich inzwischen jedoch auch Anhaltspunkte dafür ergeben, dass größere externe Spannglieder in begründeten Einzelfällen durchaus sinnvolle Einsatzfälle haben könnten. Dies gilt insbesondere beim nachträglichen Einbau von externen Spanngliedern zur Verstärkung älterer Spannbetonbrücken, weil dabei die Anzahl der statisch-konstruktiv schwierigen Spanngliedverankerungen möglichst gering gehalten werden muss.

Der ordnungsgemäße Einbau von Spanngliedverankerungen, Umlenkelementen und Durchführungen erfordert bei der Bauausführung Sorgfalt. In der Regel sind dafür geeignete, für das Baustellenpersonal handhabbare Einmesspläne im Rahmen der Ausführungsplanung aufzustellen. Dafür ist ein entsprechender Aufwand bei der Ausführungsplanung einzukalkulieren. Die eingebauten Spannglieder dürfen an den Austrittsenden nicht anliegen (Abb. E.03), weil die im Verhältnis zum Spannstahl weichen Kunststoffhüllrohre sonst durch Kantenpressungen undicht werden könnten. Eine Beeinträchtigung des Korrosionsschutzes für den Spannstahl durch den Austritt von Korrosionsschutzmasse oder Zutritt von Luft kann die Folge sein. Maßgebend ist das Austrittsende der Umlenkung im Beton. Ebenfalls zur Schonung des Kunststoffhüllrohrs ist sicherzustellen, dass die externen Spannglieder beim Vorspannen überwiegend „äußere Gleitung" zeigen, das heißt Hüllrohr und Spannstahl bewegen sich gemeinsam Richtung Spannpresse. Der Anteil an „innerer Gleitung" – d. h. das Hüllrohr bewegt sich beim Spannvorgang weniger als der Spannstahl – soll ausreichend klein bleiben, denn durch die Spannstahlreibung auf dem Hüllrohr kann sich die Hüllrohrwanddicke vermindern. Die Spannverfahrenszulassungen geben dafür die zulässigen Werte vor, die stark abhängig sind von dem gewählten Umlenkradius und dem Spannweg. Die Bauüberwachung muss die Einhaltung dieser Grenzwerte bei der Spannwegkontrolle berücksichtigen.

Abb. E. 0.3 Planmäßig eingebauter Umlenksattel, zwischen Umlenksattelende und externem Spannglied ist ein Luftspalt

Zur Vermeidung von induzierten Schwingungen sollten die externen Spannglieder in einem Abstand von höchstens 35 m gestützt werden. Umlenkstellen und Ankerstellen gelten als

Spanngliedstützungen (Abb. E.04). An den übrigen notwendigen Stellen sollte eine Stützung in Anlehnung an Rohraufhängungen oder Rohrauflagerungen ausgebildet werden. Seit Einführung der Externen Vorspannung als Regelbauweise sind jedoch keine Fälle von kritischem Schwingungsverhalten der Spannglieder bekannt geworden, wobei der Hauptgrund darin zu sehen ist, dass Spannbetonüberbauten in der Regel nicht schwingungsanfällig sind. Häufig wird bis zu einem Unterstützungsabstand von 50 m das Schwingungsverhalten der Spannglieder unter Verkehr zunächst erprobt, bevor entschieden wird ob und wo zusätzliche Halterungen angebracht werden müssen.

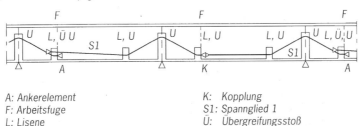

A: Ankerelement
F: Arbeitsfuge
L: Lisene
U: Umlenksattel
K: Kopplung
S1: Spannglied 1
Ü: Übergreifungsstoß

Abb. E. 0.4 Bezeichnungen der Konstruktionselemente von externen Spanngliedern

Schon aus der Ausgabe 2009 des DIN-Fachberichtes 102 sind zwei Regeln für interne Spannglieder ohne Verbund bekannt, die bei der Bauweise für Quervorspannung eingesetzt werden können. Durch einen ausreichenden lichten Mindestabstand dieser Spannglieder soll ein ordnungsgemäßes Betonieren sichergestellt werden. Außerdem wird darauf hingewiesen, dass Querschnittsschwächungen durch interne Spannglieder ohne Verbund bei der Bemessung und Konstruktion zu berücksichtigen sind.

Vom [ARS 11 – 03] übertragen wurde die bekannte Forderung, dass der „Ausbau eines externen Spanngliedes je Steg" als vorübergehende Bemessungssituation zu berücksichtigen ist. Dieses ermöglicht im Bedarfsfalle einen Spanngliedaustausch unter Aufrechterhaltung des Verkehrs.

Anker- und Umlenkelemente sind sowohl für die aus dem Bauablauf resultierende Spannreihenfolge als auch für jede mögliche Spanngliedauswechslung bzw. den Einbau der zusätzlichen externen Spannglieder zu bemessen. Bei der Bemessung von Anker- und Umlenkelementen ist zu berücksichtigen, dass die Umlenkkräfte lagemäßig auch im Toleranzbereich von $\Delta \alpha$ – d. h. am Austritts- oder Eintrittsende des Umlenksattels – auftreten können. Zur Begrenzung der Rissbreiten infolge von Umlenkkräften ist es zweckmäßig, die Bewehrung um die Endbereiche der Umlenksättel stärker zu konzentrieren.

Der Einfluss der Anker- und Umlenkelemente ist bei der Bemessung der angrenzenden Bauteile zu berücksichtigen. Es sind zweckmäßige Modelle zur Verfolgung des Kraftflusses zugrunde zu legen (Abb. E.04). Die gewählten Modelle müssen sich am Kräftefluss nach der Elastizitätstheorie orientieren.

Auf Ankerelemente aufgebrachte Spannkräfte sind mit mindestens 35 % der eingetragenen Vorspannkraft durch Bewehrung in die angrenzenden Bauteile rückzuverankern. Die aufnehmbare Kraft der Rückhängebewehrung ist mit dem Bemessungswert der Betonstahlspannung $f_{yd} = f_{yk}/\gamma_S$ zu ermitteln. Dabei darf nur jener Teil der Bewehrung berücksichtigt werden, der im Eintragungsbereich der Vorspannkraft in das angrenzende Bauteil liegt. Im Verbund liegende Spannglieder dürfen berücksichtigt werden, wobei nur die Spannungsreserven bis zum Erreichen der zulässigen Spannstahlspannung angerechnet werden dürfen.

Bei der Bemessung der Anker- und Umlenkelemente sind zweckmäßige Modelle zur Verfolgung des Kraftflusses zugrunde zu legen. Die gewählten Modelle müssen sich an Kräfteflüssen nach der Elastizitätstheorie orientieren. Dabei sind die Steifigkeitsverhältnisse von Anker- und Umlenkelementen sowie der angrenzenden Bauteile zu berücksichtigen. Bei der Bemessung sind die jeweiligen Anteile der Kraftabtragung vollständig zu verfolgen. Dabei ist der Einfluss von Störungen des Kraftflusses durch Querschnittsaussparungen (Durchführungen, Anker- und Umlenkrohren u. Ä.) zu berücksichtigen.

Bei Ankerelementen, die gemäß überwiegend als Konsole abtragen, ist das Zugband für mindestens 40 % der auf die Konsoltragwirkung entfallenden Ankerkraft zu bemessen.

Bei Ankerelementen, die überwiegend als Eckkonsole abtragen, darf in dem angegebenen Geltungsbereich die Aufteilung auf zwei Zugbänder vereinfacht gemäß Abb. E.05 bestimmt werden. Für Modellungenauigkeiten ist dabei eine rechnerisch um 10 % vergrößerte Vorspannkraft für die Nachweise im Grenzzustand der Tragfähigkeit und der Gebrauchstauglichkeit zugrunde zu legen. Jede Konsolrichtung ist für mindestens 40 % der auf sie entfallenden Ankerkraft zu bemessen.

Für die Bemessung von Anker- und Umlenkelementen im Grenzzustand der Tragfähigkeit ist für die Annahme der Vorspannwirkung der Bemessungswert der Spannkraft P_{max} mit $\gamma_{p,unf}$ = 1,35 anzusetzen. Auf der Widerstandsseite gelten die Teilsicherheitsbeiwerte gemäß DIN EN 1992-2, 2.4.2.4, Tab. 2.1DE unverändert.

Für Umlenkelemente ist im Grenzzustand der Gebrauchstauglichkeit ein Rissbreitennachweis zu führen. Für Modellungenauigkeiten ist dabei eine rechnerisch um 35 % vergrößerte Umlenkkraft zugrunde zu legen. Die Rissbreite darf als ausreichend begrenzt angenommen werden, wenn die Betonstahlspannung die Werte nach EC 2, 7.3.3 Tabelle 7.2DE für Stahlbetonquerschnitte nicht überschreitet. Tabelle 7.3N ist nicht anzuwenden.

Für Ankerelemente ist im Grenzzustand der Gebrauchstauglichkeit ein Rissbreitennachweis zu führen. Die Rissbreite darf als ausreichend begrenzt angenommen werden, wenn die Betonstahlspannung die Werte nach DIN EN 1992-2, 7.3.3 Tabelle 7.2DE für Stahlbetonquerschnitte nicht überschreitet. Tabelle 7.3N ist nicht anzuwenden.

Abb. E. 0.6 Zweckmäßige Bemessungsmodelle für die Einleitung von Ankerkräften, oben: in Stege und Fahrbahnplatte eingespannter, räumlicher Stab (Lisene ist sehr viel steifer als Fahrbahnplatte) unten: Eckkonsole [Haveresch – 01]

Überwachung

Für die hohe Qualität, die mit dem Einsatz der Externen Vorspannung bei Spannbetonbrücken erzielt werden kann, sind die guten Überwachungsmöglichkeiten zur Qualitätssicherung am fertigen Bauwerk ein wesentlicher Grund. Die wichtigsten Regeln dafür sind vom DIN-Fachbericht 102 bekannt, sie wurden auch in den Eurocode 2, Anhang NA.TT aufgenommen:

Vom Auftragnehmer ist eine Arbeitsanweisung für den planmäßigen Einbau und das Auswechseln der externen Spannglieder aufzustellen und dem Auftraggeber rechtzeitig vor Beginn der Arbeiten vorzulegen. Dabei sind insbesondere darzustellen:

– die baustellengerechte Vermaßung der Aussparungskörper in den Ausführungsplänen,
– das Einmessen und der Einbau der Aussparungskörper in die Schalung,
– die Lagesicherung der Aussparungskörper,
– der Einbau, das Spannen und das Auswechseln der Spannglieder.

Der Auftragnehmer hat ein Messprogramm aufzustellen, mit dessen Hilfe die Überwachung und Kontrolle der einzelnen Arbeitsschritte im Bau- und Endzustand sichergestellt werden kann.

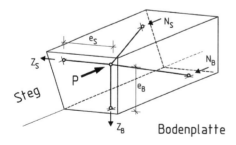

Für $0,6 \leq e_S / e_B \leq 1,5$:

$N_B = P \cdot (e_S / (e_S + e_B))$
$N_S = P \cdot (e_B / (e_S + e_B))$
$Z_B \geq -0,4 \cdot N_B$
$Z_S \geq -0,4 \cdot N_S$

Abb. E. 0.5: Eckkonsole, vereinfachte Aufteilung auf zwei Zugbänder

Der ordnungsgemäße Einbau der Anker- und Umlenkelemente sowie der Durchführungen ist unmittelbar nach deren Herstellung durch geeignete Maßnahmen zu kontrollieren. Dies kann z.B. durch das fortlaufende Durchführen und Spannen eines dünnen Drahtes durch die für ein Spannglied vorgesehenen Anker- und Umlenkelemente sowie Durchführungen erfolgen (sog. Schnurmethode).

Zum Zwecke der Bauwerksprüfung sind alle Bauteile im Kasteninnern, die der Verankerung, Umlenkung oder Durchführung von externen Spanngliedern dienen, eindeutig und dauerhaft zu kennzeichnen.

Anhang NA.UU: Ergänzungen für Betonbrücken mit internen Spanngliedern ohne Verbund in Längsrichtung

Allgemeines

Die Vorteile einer kontrollierbaren, austauschbaren und nachspannbaren Vorspannung sowie die besonders ausgeprägte Robustheit von Spannbetonbauteilen mit Vorspannung ohne Verbund sind für die Baulastträger von Brücken naturgemäß von hohem Interesse. Die hohe Qualität dieser Bauweise lässt besonders lange Nutzungszeiten für die Bauwerke erwarten. Durch das ausgeprägt gute Ankündigungsverhalten können Überbauten mit Vorspannung ohne Verbund als besonders zuverlässig angesehen werden. Die internen Spannglieder ohne Verbund besitzen einen werksgefertigten Korrosionsschutz und Kunststoffhüllrohre, die auch im Falle einer Rissbildung des umgebenden Betons noch unter Verkehrsbelastung dauerhaft dicht bleiben würden. Deshalb sind diese Spannglieder insbesondere auch für anspruchsvollere Anwendungsfälle zu empfehlen, bei denen beispielsweise rechnerisch nur schwer vollständig zu erfassende Zwangschnittgrößen großen Einfluss haben (z. B. größere Integrale oder Semi-Integrale Brücken, Überbauten mit monolithisch angeschlossenen Anschlussstellenfahrstreifen, schiefe oder stark gekrümmte Brücken u. Ä.). Außerdem können hochwertige interne Spannglieder ohne Verbund vorteilhaft als gleichartige Ergänzung einer Externen Vorspannung eingesetzt werden. Dies kann beispielsweise bei schlanken Überbauten mit Kastenquerschnitt interessant werden, wo aus Platzgründen nicht alle benötigten externen Spannglieder im Kasteninneren untergebracht werden können (Abb. E. 0.7).

Abb. E. 0.7 Mühlenbergbrücke – Vorspannung ohne Verbund mit internen und externen Spanngliedern, Bau 2005 bis 2006 [Haveresch – 07]

Im Anwendungsbereich des DIN-Fachberichtes 102 war die interne Vorspannung ohne Verbund bisher nur für die Brückenquertragrichtung von Straßenbrücken erfasst, wo sie für vorgespannte Fahrbahnplatten durch das Regelwerk des Bundesverkehrsministeriums zwingend vorgeschrieben ist. Ziel des neuen DIN EN 1992-1/NA, NA.UU ist es, auch für die Brückenlängstragrichtung Möglichkeiten für vorteilhafte Anwendungen der internen Vorspannung ohne Verbund zu eröffnen. Die Verwendung von Vorspannung ohne Verbund wird damit auch bei Überbauten mit Plattenbalken- und Plattenquerschnitt (Abb. E.0.8) als Längsvorspannung ermöglicht.

In diesen und ähnlichen Anwendungsfällen kann die Interne Vorspannung ohne Verbund eine vorteilhafte Alternative zu den bekannten Regelbauweisen sein.

Die Regeln der neuen Bauweisen, die in DIN EN 1992-2/NA, Anhang NA.UU zusammengefasst sind, wurden auf der Grundlage der Erfahrungen mit der „Richtlinie für Betonbrücken mit internen Spanngliedern ohne Verbund" [RiLi BMVBS – 09] des Bundesverkehrsministeriums (2009) verfasst. Sie sind vorerst nur mit Zustimmung der Bauaufsichtsbehörde anzuwenden, damit neue Erkenntnisse und Erfahrungen dort gebündelt werden und in zukünftige Projekte systematisch einfließen können.

Im Grundsatz gelten für die neuen Bauweisen die bewährten Regeln für die Bemessung, konstruktive Durchbildung und Überwachung der Bauweise ausschließlich mit externen Spanngliedern gemäß Anhang NA.TT. Abweichende

Abb. E.0.8 Pilotprojekt Geh- und Radwegebrücke Heidegrundweg über die A 33 bei Bielefeld, Vorspannung durch interne Spannglieder ohne Verbund, Baujahr 1991

oder ergänzende Regeln der neuen Bauweise enthält Anhang NA.UU. Es sind jedoch nur wenige zusätzliche Regeln notwendig, die nachfolgend dargestellt werden. Spannverfahren, die die nachfolgend beschriebenen Regeln erfüllen sind teilweise noch bei den Spanngliedherstellern in Entwicklung (Abb. E. 0.9).

Abb. E. 0.9 Internes Spannglied mit zweifacher Umhüllung auf der Basis von Monolitzen

Ergänzende Regeln für die Bemessung

Für die Festlegung der Betondeckung ist die Regel 4.4.1.2(3) der DIN EN 1992-2 wegen des Fehlens des Spannstahlverbundes nicht anzuwenden.

Die Tragwerkseigenschaft der Vorankündigung (Vermeidung eines spröden Versagens) ist gemäß DIN EN 1992-2, 6.1 (109)a) nachzuweisen. Zusätzlich ist dabei zu gewährleisten, dass eine deutliche Vorankündigung durch Risse im sichtbaren Feldbereich eintritt. Dazu sind die Spannglieder rechnerisch so zu reduzieren, dass mit der verbleibenden Vorspannung und den Eigen- und Ausbaulasten Randzugspannungen von mindestens 0,5 N/mm^2 in der Unteransicht des Überbaus auftreten. Die Nachweisführung erfolgt zum Zeitpunkt $t \to \infty$ für jedes Überbaufeld. Es ist anzunehmen, dass die Spannglieder ohne Verbund auf gesamter Länge ausfallen.

Interne Spannglieder ohne Verbund sind als Aussparungen des Betonquerschnitts anzusehen, die bei der Bemessung und Konstruktion konsequent nach den Regeln der DIN EN 1992-2 zu verfolgen sind. In besonderen Fällen, beispielsweise im Einleitungsbereich konzentrierter Lasten (Lager, Spanngliedverankerungen usw.) oder bei durch kreuzende Spannglieder gestörter Querkraftabtragung, ist die Bemessung und Konstruktion mit zweckmäßigen Stabwerksmodellen durchzuführen, die sich am Kräftefluss nach der Elastizitätstheorie orientieren.

Ergänzende Regeln für die bauliche Durchbildung von Brücken mit Kastenquerschnitt

Der Anteil der durch externe Spannglieder aufgebrachten Vorspannkraft sollte im Endzustand in jedem Überbauquerschnitt mindestens etwa 50 % der gesamten Vorspannkraft betragen.

Als interne Längsspannglieder ohne Verbund sind nachspannbare Spannglieder zu verwenden, die im Bauwerk einen Austausch des Spannstahls mit dauerhafter Wiederherstellung des Korrosionsschutzes ermöglichen. Die planmäßige Nachspannbarkeit und Auswechselbarkeit im Bauwerk ist entsprechend Anhang NA.TT der DIN EN 1992-2 sicherzustellen.

ANMERKUNG: Die Kontrollierbarkeit der Spannkraft muss gewährleistet sein.

Spannglieder in den Stegen sind nicht zulässig.

Ergänzende Regeln für Brücken mit Platten- oder Plattenbalkenquerschnitt

Bei Brücken bis zu einer Gesamtlänge von etwa 100 m (Widerlager ohne Wartungsgang) oder bei Brücken ohne besondere Verkehrsbedeutung dürfen interne Längsspannglieder ohne Verbund ohne die Anforderungen der Nachspannbarkeit eingebaut werden. Sie sind jedoch an den Überbaustirnseiten so zu verankern, dass sie nach Teilrückbau der Kammerwand zugänglich sind, so dass gegebenenfalls Spannstahl und Korrosionsschutzfett erneuert werden könnten. Bei besonderer Verkehrsbedeutung der Brücke (z. B. Brücken im Zuge von Bundesfernstraßen) kann zusätzlich vereinbart werden, dass eine planmäßige Spannkraftkontrolle über Nischen, Lisenen o. Ä. ohne wesentliche Verkehrsbehinderungen möglich sein soll. Die oben genannten Eigenschaften sind im Rahmen der Ausführungsplanung nachzuweisen. Eine entsprechende Arbeitsanweisung ist vom Auftragnehmer aufzustellen und in das Bauwerksbuch aufzunehmen.

Bei Brücken ab einer Gesamtlänge von etwa 100 m und besonderer Verkehrsbedeutung (in der Regel bei Brücken im Zuge von Bundesfernstraßen) sind höherwertigere Anforderungen zu erfüllen. Sie sollen der Qualität der Bauweise mit Externer Vorspannung nahe kommen. Daher sind als interne Längsspannglieder ohne Verbund nachspannbare Spannglieder zu verwenden, die im Bauwerk einen Austausch des Spannstahls mit dauerhafter Wiederherstellung des Korrosionsschutzes ermöglichen. Die planmäßige Nachspannbarkeit und Auswechselbarkeit im Bauwerk ist entsprechend der Regel des Anhangs NA.TT 3.1(2) sicherzustellen. Bei diesen Brücken nach Absatz 2 ist zusätzlich die Möglichkeit vorzusehen, dass externe Spannglieder mit einer Spannkraft von mindestens 0,75 MN je qm Überbauquerschnittsfläche, mindestens jedoch 2 externe Spannglieder, nachgerüstet werden können (vorsorgliche Maßnahmen zur späteren Verstärkung). Diese Zusatzspannglieder sind umgelenkt zu führen. Die Maßnahmen zur Verstärkung und Instandsetzung sind im Bauwerksentwurf und in der Ausführungsplanung detailliert bezüglich Größe, statischer Wirkung, Spanngliedführung, Einbringungsart und Einbau festzulegen und zu berücksichtigen.

Mit Zustimmung der Bauaufsichtsbehörde dürfen zusätzlich zu den internen Spanngliedern auch externe Spannglieder verwendet werden. Voraussetzung dafür ist eine Zulassung des externen Spannverfahrens für die Verwendung im Freien durch das DIBt oder durch eine Europäische Technische Zulassung mit zugehöriger (abZ) Anwendungszulassung. Wenn externe Spannglieder in geringerer Höhe als 15 m über Gelände angeordnet werden, ist nachzuweisen, dass der Grenzzustand der Tragfähigkeit für den Überbau auch ohne die betroffenen Spannglieder gewährleistet bleibt ($\gamma \geq 1,0$). Der Nachweis ist zu führen für die außergewöhnliche Bemessungssituation unter Eigenlasten und Ausbaulasten.

Mit Zustimmung des Bauherrn dürfen zusätzlich Spannglieder mit nachträglichem Verbund verwendet werden, wenn die Anforderungen und Regeln der Mischbauweise gemäß DIN EN 1992-2 zusätzlich beachtet werden.

Anhang NA.VV.109
(Anprall)

Der Anhang enthält die Angaben zur Bewehrung von Stahlbetonstützen für den Anprall von Fahrzeugen. Aufgrund der Erhöhung der Anpralllasten von Fahrzeugen nach DIN EN 1991-2 /NA gegenüber DIN-Fachbericht 101 wurde in DIN DIN EN 1992-2 gegenüber DIN-Fachbericht 102 die Dicke der Zerschellschicht pragmatisch von 100 auf 125 mm vergrößert und der Bügelabstand wurde von 120 auf 100 mm reduziert.

Diese pragmatischen Festlegungen erfolgten, da hierzu keine neueren wissenschaftlich fundierten Erkenntnisse vorlagen.

C Beispiel
Nachweis gegen Ermüdung am Beispiel eines Plattenbalkens

1 System

Längssystem

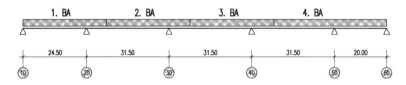

Querschnitt:

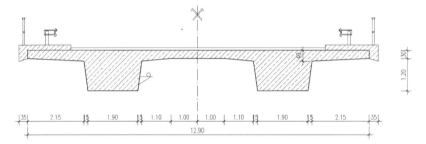

2 Nachweis gegen Ermüdung mittels der schädigungsäquivalenten Spannungsschwingbreite

Der Nachweis gegen Ermüdung gilt für Beton- und Spannstahl als erbracht, wenn folgende Bedingung erfüllt ist:

$$\gamma_F \cdot \gamma_{Ed} \cdot \Delta\sigma_{s,equ} \leq \frac{\Delta\sigma_{Rsk}(N^*)}{\gamma_{s,fat}}$$

Dabei ist

$\Delta\sigma_{Rsk}(N^*)$ Schwingbreite bei N^* Zyklen entsprechend den Wöhlerlinien nach DIN EN 1992-2, 6.8.4

$\Delta\sigma_{s,equ}$ Schadensäquivalente Schwingbreite, die der Schwingbreite bei gleichbleibendem Spannungsspektrum mit N^* Spannungszyklen entspricht und zur gleichen Schädigung führt, wie ein Schwingbreitenspektrum infolge fließenden Verkehrs

2.1 Ermittlung der Spannungsschwingbreite

Die schädigungsäquivalente Spannungsschwingbreite darf wie folgt berechnet werden:

$$\Delta\sigma_{s,equ} = \Delta\sigma_s \cdot \lambda_S$$

Dabei ist

$\Delta\sigma_s$ Spannungsschwingbreite infolge des Ermüdungslastmodells 3 nach DIN EN 1991-2

λ_S Korrekturbeiwert bei Ermittlung der schadensäquivalenten Schwingbreite aus der durch $\Delta\sigma_s$ verursachten Spannungsschwingbreite DIN EN 1992-2, Anhang NA.NN 106

Grundmoment unter der häufigen Einwirkungskombination:

M_0	$= M_{Gk1}$	$=$		1220 kNm
	$+ M_{Gk2}$	$=$		162 kNm
	$+ M_{GkSET}$	$=$		1061 kNm
	$+ M_{Pm,t\to\infty,indirekt}$	$=$	$1{,}10 \cdot$	6211 kNm
	$+ \psi_2 \cdot M_{\Delta TM}$	$=$	$0{,}50 \cdot$	2592 kNm
M_0		$=$		10571 kNm

Beim Nachweis der schädigungsäquivalenten Schwingbreite ist das Lastmodell 3 (Ermüdungslastmodell) zu verwenden. Hierbei sind die Schnittgrößen mit dem Faktor 1,4 zu vergrößern.

$\max M_{LM3} = 1{,}4 \cdot 800 = 1120$ kNm
$\min M_{LM3} = 1{,}4 \cdot (-509) = -713$ kNm

Die für den Ermüdungsnachweis relevanten Schnittgrößen betragen:

$\max M = 10571 + 1120 = 11692$ kNm
$\min M = 10571 - 713 = 9858$ kNm

Der statisch bestimmte Anteil der Vorspannung muss mit dem Faktor 0,75 abgemindert werden. Damit werden der ungünstige Einfluss aus der Abweichung des Spannungszustandes infolge Vorspannung von einer linearen Spannungsverteilung über die Höhe des Querschnitts berücksichtigt sowie die Auswirkungen aus den erhöhten Spannkraftverlusten infolge Kriechens und Schwindens für die Spanngliedkopplungen. Diese lokalen Effekte haben auf den statisch unbestimmten Anteil der Vorspannung einen vernachlässigbaren Einfluss.

$N_{Ed} = 0{,}75 \cdot P_{m,\infty} = 12012$ kN
Zugehörige Vordehnung: $\varepsilon_p^{(0)} = 3{,}7$ ‰

Hieraus ergeben sich zunächst folgende Spannungen im Querschnitt nach Zustand II:

max M = 11691 kNm		min M = 9858 kNm	
x	= 0,55 m	x	= 0,95 m
σ_s	= 78 N/mm²	σ_s	= 16 N/mm²
σ_p	= 741 N/mm²	σ_p	= 712 N/mm²
σ_p	= 784 N/mm²	σ_p	= 728 N/mm²

Das unterschiedliche Verbundverhalten von Beton- und Spannstahl ist zu berücksichtigen.

$$\eta = \frac{A_s + \sum \frac{e_{pi}}{e_s} \cdot A_{pi}}{A_s + \sum \frac{e_{pi}}{e_s} \cdot A_{pi} \cdot \sqrt{\xi \cdot (d_s/d_p)}}$$

Für die maximale Momentenbeanspruchung ergibt sich:

Betonstahl:

$A_s = 40{,}8$ cm² (13 Ø 20)
$d_s = 1{,}42$ m
$e_s = 1{,}42 - 0{,}55 = 0{,}87$ m

Spannstahl (Kontinuitätsspannglieder)

$A_p = 63$ cm²
$d_p = 1{,}35$ m
$e_p = 1{,}35 - 0{,}55 = 0{,}80$ m
$e_p/e_s = 0{,}80/0{,}87 = 0{,}92$

Spannstahl (Koppelspannglieder)

$d_p = 0{,}85$ m
$A_p = 105$ cm²
$e_p = 0{,}85 - 0{,}55 = 0{,}80$ m
$e_p/e_s = 0{,}30/0{,}80 = 0{,}34$

$$\eta = \frac{40{,}8 + 0{,}34 \cdot 105 + 0{,}92 \cdot 63}{40{,}8 + 0{,}34 \cdot 105 \cdot 0{,}370 + 0{,}92 \cdot 63 \cdot 0{,}370} = 1{,}78$$

Die maxgebende Betonstahlspannung beträgt:

$\eta \cdot \max \sigma_s = 1{,}78 \cdot 78 = 139$ N/mm²

Für die minimale Momentenbeanspruchung ergibt sich analog:

Betonstahl:

$A_s = 40{,}8$ cm² (13 Ø 20)
$d_s = 1{,}42$ m
$e_s = 1{,}42 - 0{,}95 = 0{,}47$ m

Spannstahl (Kontinuitätsspannglieder)

$A_p = 63$ cm²
$d_p = 1{,}35$ m
$e_p = 1{,}35 - 0{,}95 = 0{,}40$ m
$e_p/e_s = 0{,}40/0{,}47 = 0{,}85$

Spannstahl (Koppelspannglieder)

$A_p = 105$ cm²
$d_p = 0{,}85$ m
$e_p = 0{,}85 - 0{,}95 < 0!$ wird nicht berücksichtigt
$e_p/e_s = 0$

$$\eta = \frac{40{,}8 + 0{,}85 \cdot 63}{40{,}8 + 0{,}85 \cdot 63 \cdot 0{,}370} = 1{,}56$$

$\eta \cdot \min \sigma_s = 1{,}56 \cdot 16 = 25$ N/mm²

Daraus ergibt sich die Schwingbreite des Betonstahls zu:

$\Delta \sigma_s = 139 - 25 = 114$ N/mm²

Eine Abminderung der Spannstahlspannungen darf nicht vorgenommen werden.

Koppelspannglieder:

$\Delta \sigma_p = 741 - 712$ N/mm² $= 29$ N/mm²

Kontinuitätsspannglieder:

$\Delta \sigma_p = 784 - 728$ N/mm² $= 56$ N/mm²

2.2 Nachweis des Betonstahls

Nachfolgend wird der Nachweis gegen Ermüdung über die schädigungsäquivalente Schwingbreite für den Betonstahl geführt.

$\Delta \sigma_{s,equ} = \Delta \sigma_s \cdot \lambda_S$

Der Korrekturbeiwert λ_S nach DIN EN 1992-2, Anhang NA.NN 106 berücksichtigt den Einfluss der Spannweite, des jährlichen Verkehrsaufkommens, der Nutzungsdauer, der Anzahl der Verkehrsstreifen, der Verkehrsart und der Oberflächenrauigkeit:

$\lambda_S = \varphi_{fat} \cdot \lambda_{S,1} \cdot \lambda_{S,2} \cdot \lambda_{S,3} \cdot \lambda_{S,4}$

$\lambda_{S,1} = 1{,}19$ (Betonstahl, Durchlaufträger; $l = 31{,}50$ m)

$\lambda_{S,2} = \overline{Q} \cdot k_2 \sqrt{\dfrac{N_{obs}}{2{,}0}}$

mit $k_2 = 9$
$N_{obs} = 0{,}5$ Mio/Jahr
$\overline{Q} = 1{,}00$

$\lambda_{S,2} = 1{,}00 \cdot \sqrt[9]{\dfrac{0{,}5}{2{,}0}} = 0{,}86$

$\lambda_{S,3} = k_2\sqrt{\dfrac{N_{years}}{100}} = \sqrt[9]{\dfrac{100}{100}} = 1{,}0$

$\lambda_{S,4} = k_2\sqrt{\dfrac{\sum N_{obs,i}}{N_{obs,1}}}$

$N_{obs,1} = N_{obs,2} = 0{,}5$ Mio/Jahr

$\lambda_{S,4} = \sqrt[9]{\dfrac{0{,}5+0{,}5}{0{,}5}} = 1{,}08$

$\varphi_{fat} = 1{,}2$

$\lambda_S = \varphi_{fat} \cdot \lambda_{S,1} \cdot \lambda_{S,2} \cdot \lambda_{S,3} \cdot \lambda_{S,4}$
$= 1{,}2 \cdot 1{,}19 \cdot 0{,}86 \cdot 1{,}0 \cdot 1{,}08 = 1{,}33$

Damit ergibt sich die schädigungsäquivalente Spannungsschwingbreite des Betonstahls zu:

$\Delta\sigma_{s,equ} = \Delta\sigma_s \cdot \lambda_S = 114 \cdot 1{,}33 = 152$ N/mm²

$\gamma_F \cdot \gamma_{Ed} \cdot \Delta\sigma_{s,equ} \leq \dfrac{\Delta\sigma_{Rsk}(N^*)}{\gamma_{s,fat}}$

$\gamma_F = 1{,}0;\ \gamma_{Ed} = 1{,}0;\ \gamma_{s,fat} = 1{,}15$

$\Delta\sigma_{Rsk}(N^*) = 175$ N/mm² für geraden Betonstahl

$1{,}0 \cdot 1{,}0 \cdot 152 = 152 = \dfrac{175}{1{,}15}$ Nachweis erbracht

Für den Spannstahl muss der Nachweis der Ermüdung getrennt für die gekoppelten und die durchlaufenden Spannglieder geführt werden, da für Spannglieder im Bereich von Kopplungen z. B. niedrigere ertragbare Schwingbreiten entsprechend den Wöhlerlinien zugrunde zu legen sind.

2.3 Nachweis der Kopplungen der gekoppelten Spannglieder

$\lambda_S = \varphi_{fat} \cdot \lambda_{S,1} \cdot \lambda_{S,2} \cdot \lambda_{S,3} \cdot \lambda_{S,4}$

$\lambda_{S,1} = 1{,}75$ (Spannstahlkopplungen, Durchlaufträger; $l = 31{,}50$ m)

$\lambda_{S,2} = \overline{Q} \cdot k_2 \sqrt{\dfrac{N_{obs}}{2{,}0}}$

mit $k_2 = 5$, $N_{obs} = 0{,}5$ Mio/Jahr, $\overline{Q} = 1{,}00$

$\lambda_{S,2} = 1{,}00 \cdot \sqrt[5]{\dfrac{0{,}5}{2{,}0}} = 0{,}76$

$\lambda_{S,3} = k_2\sqrt{\dfrac{N_{years}}{100}} = \sqrt[5]{\dfrac{100}{100}} = 1{,}0$

$\lambda_{S,4} = k_2\sqrt{\dfrac{\sum N_{obs,i}}{N_{obs,1}}} = \sqrt[5]{\dfrac{0{,}5+0{,}5}{0{,}5}} = 1{,}15$

$\varphi_{fat} = 1{,}2$

$\lambda_S = 1{,}2 \cdot 1{,}75 \cdot 0{,}76 \cdot 1{,}0 \cdot 1{,}15 = 1{,}84$

$\Delta\sigma_{p,equ} = \Delta\sigma_p \cdot \lambda_S = 29 \cdot 1{,}84 = 53$ N/mm²

$\gamma_F \cdot \gamma_{Ed} \cdot \Delta\sigma_{s,equ} \leq \dfrac{\Delta\sigma_{Rsk}(N^*)}{\gamma_{s,fat}}$

$\Delta\sigma_{Rsk}(N^*) = 80$ N/mm² für gekoppelte Spannglieder

$1{,}0 \cdot 1{,}0 \cdot 53 < 70 = \dfrac{80}{1{,}15}$ Nachweis erbracht

2.4 Nachweis der durchlaufenden Spannglieder

$\lambda_S = \varphi_{fat} \cdot \lambda_{S,1} \cdot \lambda_{S,2} \cdot \lambda_{S,3} \cdot \lambda_{S,4}$

$\lambda_{S,1} = 1{,}35$ (Spannstahl, Durchlaufträger; $l = 31{,}50$ m)

$\lambda_{S,2} = \overline{Q} \cdot k_2 \sqrt{\dfrac{N_{obs}}{2{,}0}}$

mit $k_2 = 7$; $N_{obs} = 0{,}5$ Mio/Jahr, $\overline{Q} = 1{,}00$

$\lambda_{S,2} = 1{,}00 \cdot \sqrt[7]{\dfrac{0{,}5}{2{,}0}} = 0{,}82$

$\lambda_{S,3} = k_2\sqrt{\dfrac{N_{years}}{100}} = \sqrt[7]{\dfrac{100}{100}} = 1{,}0$

$\lambda_{S,4} = k_2\sqrt{\dfrac{\sum N_{obs,i}}{N_{obs,1}}} = \sqrt[7]{\dfrac{0{,}5+0{,}5}{0{,}5}} = 1{,}10$

$\varphi_{fat} = 1{,}2$

$\lambda_S = 1{,}2 \cdot 1{,}35 \cdot 0{,}82 \cdot 1{,}0 \cdot 1{,}1 = 1{,}46$

$\Delta\sigma_{p,equ} = \Delta\sigma_p \cdot \lambda_S = 56 \cdot 1{,}46 = 82$ N/mm²

$\gamma_F \cdot \gamma_{Ed} \cdot \Delta\sigma_{s,equ} \leq \dfrac{\Delta\sigma_{Rsk}(N^*)}{\gamma_{s,fat}}$

$\Delta\sigma_{Rsk}(N^*) = 120$ N/mm² für durchlaufende Spannglieder

$1{,}0 \cdot 1{,}0 \cdot 82 < 104 = \dfrac{120}{1{,}15}$ Nachweis erbracht.

Beuth informiert über die Eurocodes
Handbuch Eurocode 1. Einwirkungen

In den Eurocode-Handbüchern von Beuth finden Sie die EUROCODE-Normen (EC) mit den entsprechenden „Nationalen Anhängen" (NA) und ggf. Restnormen **in einem Dokument** zusammengefasst: Das erleichtert die Anwendung erheblich.

Band 1: Grundlagen, Nutz- und Eigenlasten, Brandeinwirkungen, Schnee-, Wind-, Temperaturlasten
1. Auflage 2011. ca. 450 S. A4. Broschiert.
ca. 258,00 EUR | ISBN 978-3-410-20820-4

Band 2: Einwirkungen, Bauzustände, Außergewöhnliche Lasten, Verkehrs-, Brücken-, Kranbahn- und Silolasten
1. Auflage 2012. ca. 500 S. A4. Broschiert.
ca. 192,00 EUR | ISBN 978-3-410-20823-5

Band 3: Brückenlasten
1. Auflage 2012. ca. 200 S. A4. Broschiert.
ca. 76,00 EUR | ISBN 978-3-410-21402-1

Kombi-Paket: Band 1 bis Band 3
Ausgabe 2012. ca. 1.150 S. A4. Broschiert.
ca. 473,00 EUR | ISBN 978-3-410-20935-5

Alle 3 Bände als Kombi-Paket für nur ca. 473,00 EUR!

Bestellen Sie am besten unter:
www.beuth.de/eurocode (mit allen Infos / weiteren Literaturtipps)
Telefon +49 30 2601-2260 | Telefax +49 30 2601-1260 | info@beuth.de

 Natürlich auch als E-Books.

Beuth
Berlin · Wien · Zürich

DYWIDAG-SYSTEMS INTERNATIONAL

Elbebrücke Schönebeck, Schönebeck, Deutschland

SUSPA SYSTEMS

Bewährte Qualität

Pünktliche Lieferung

Ausgezeichneter Service

DSI ist globaler Marktführer in der Entwicklung, Produktion und dem Vertrieb innovativer Spannsysteme. Im Einklang mit unseren umfassenden Serviceleistungen verpflichten wir uns stets dazu, die Anforderungen unserer Kunden zu erfüllen.

SUSPA-Spannverfahren
DYWIDAG-Spannverfah

Spannverfahren mit Verbur
Spannverfahren ohne Verbu
Externe Spannverfahren
Ringspannglieder
DYNA Bond® Schrägseilsystem
DYNA Grip® Schrägseilsysteme
DYNA Force®
Lastüberwachungssensoren
Korrosionsschutzsysteme
Sonderverwendungen:
Hebetechnik
Abhängungen
Temporäre Abspannungen

www.dywidag-systems.de

Max-Planck-Ring 1
40764 Langenfeld
Tel. 02173 7902-0
Fax 02173 7902-20

Germanenstraße 8
86343 Königsbrunn
Tel. 08231 9607-0
Fax 08231 9607-43

Schützenstraße 20
14641 Nauen
Tel. 03321 4418-0
Fax 03321 4418-38

E-Mail: suspa@dywidag-systems.com

F SPANNBETONBAU NACH DIN EN 1992-1-1

Prof. Dr.-Ing. Josef Hegger, Dr.-Ing. Norbert Will und Dipl.-Ing. Stephan Geßner

1 Einleitung F.3
1.1 Allgemeines F.3
1.2 Begriffe und Bezeichnungen F.4
1.3 Grundprinzip der Vorspannung F.5
1.4 Vorspannarten F.6
1.5 Vorspanngrad F.8

2 Vorspanntechnologie F.8
2.1 Allgemeines F.8
2.2 Spannverfahren F.8
2.3 Vorspannung mit sofortigem Verbund F.9
2.4 Spannverfahren mit nachträglichem Verbund F.9
2.5 Spannverfahren für Vorspannung ohne Verbund F.12
2.6 Wahl des Vorspannsystems F.14

3 Baustoffe F.15
3.1 Allgemeines F.15
3.2 Beton F.15
3.3 Betonstahl F.17
3.4 Spannstahl F.17
3.5 Hüllrohre F.21
3.6 Einpressmörtel F.21
3.7 Zeitabhängiges Materialverhalten F.22

4 Schnittgrößenermittlung F.26
4.1 Allgemeines F.26
4.2 Einwirkungen F.27
4.3 Ermittlung der Vorspannkraft F.28
4.4 Wirkung der Vorspannung auf den Beton F.29
4.5 Statisch bestimmte Systeme F.32
4.6 Statisch unbestimmte Systeme F.34
4.7 Querschnittswerte F.41
4.8 Spannkraftverluste F.41

5 Vorspannen von Bauteilen F.46
5.1 Vorspannen bei nachträglichem bzw. ohne Verbund F.46
5.2 Vorspannen bei sofortigem Verbund F.47

6 Grenzzustände der Tragfähigkeit ... F.49

    6.1 Grundkonzept der Bemessung ... F.49
    6.2 Versagensarten ... F.49
    6.3 Nachweiskonzept ... F.50
    6.4 Biegung mit Längskraft ... F.51
    6.5 Querkraft ... F.57
    6.6 Torsion ... F.62
    6.7 Statisch unbestimmte Spannbetontragwerke ... F.63

7 Verankerung von Spanngliedern ... F.67

    7.1 Allgemeines ... F.67
    7.2 Spannglieder mit nachträglichem bzw. ohne Verbund ... F.67
    7.3 Spannglieder mit sofortigem Verbund ... F.70

8 Grenzzustand der Gebrauchstauglichkeit ... F.78

    8.1 Allgemeines ... F.78
    8.2 Nachweiskonzepte ... F.78
    8.3 Begrenzung der Spannungen ... F.78
    8.4 Grenzzustände der Rissbildung ... F.79
    8.5 Grenzzustände der Verformung ... F.88

9 Bauliche Durchbildung ... F.89

    9.1 Allgemeines ... F.89
    9.2 Betondeckung ... F.89
    9.3 Spanngliedanordnung ... F.89
    9.4 Oberflächenbewehrung ... F.91
    9.5 Querkraftbewehrung von Balken ... F.91

10 Beispiel: Träger mit nachträglichem Verbund ... F.92

    10.1 Bauteilbeschreibung ... F.92
    10.2 System und Belastung ... F.92
    10.3 Grenzzustände der Tragfähigkeit ... F.99
    10.4 Grenzzustände der Gebrauchstauglichkeit ... F.102
    10.5 Konstruktive Durchbildung ... F.105

F SPANNBETONBAU NACH DIN EN 1992-1-1

1 Einleitung

1.1 Allgemeines

Mit der Einführung der DIN 1045-1 im Juli 2001 werden in Deutschland Stahlbeton- und Spannbetonbauteile mit einem einheitlichen Nachweiskonzept bemessen. Die DIN 1045-1 beruht auf der grundsätzlichen Philosophie des damaligen Eurocode 2, ergänzt um Entwicklungen und Erkenntnisse im Massivbau zur Bemessung und konstruktiven Ausbildung. Die wesentlichen Neuerungen waren:

- Einführung von Teilsicherheitsbeiwerten;
- Erweiterte Berechnungsverfahren zur Schnittgrößenermittlung;
- Klare Trennung zwischen den Nachweisen im Grenzzustand der Tragfähigkeit und den Nachweisen im Grenzzustand der Gebrauchstauglichkeit;
- Einheitliches Bemessungskonzept für Beton, Stahlbeton, Spannbeton (sofortiger Verbund – nachträglicher Verbund – ohne Verbund), Leichtbeton und hochfesten Beton;
- Verzicht auf die Unterscheidung in Tragwerke mit voller, beschränkter und teilweiser Vorspannung.

Mit DIN 1045-1 wurden unbewehrter Beton, Normal- und Leichtbeton, Stahl- und Spannbeton hinsichtlich Bemessung und Konstruktion in einer neuen Norm zusammengefasst. Mit ihr wurde der Übergang zum europäischen Normenkonzept vollzogen.

Die konsolidierte Fassung des Eurocode 2 Teil 1-1 [DIN EN 1992-1-1 – 11] „Allgemeine Bemessungsregeln und Regeln für den Hochbau" wurde Ende 2011 mit seinem Nationalen Anhang [NA DIN EN 1992-1-1 – 11] „National festgelegte Parameter – Eurocode 2: Bemessung und Konstruktion von Stahlbeton- und Spannbetontragwerken – Teil 1-1: Allgemeine Bemessungsregeln und Regeln für den Hochbau" in endgültiger Form veröffentlicht. Die Anwendung des Eurocode 2 in Deutschland ist seit dem 01.07.2012 verpflichtend. Der Eurocode 2 (DIN EN 1992) für den Beton-, Stahlbeton- und Spannbetonbau ersetzt die bisherige nationale Norm für die Tragwerksplanung im Betonbau DIN 1045-1 [DIN 1045-1 – 08].

Der Eurocode beruht auf der grundsätzlichen Philosophie der DIN 1045-1. DIN EN 1992-1-1 enthält somit viele Regeln, die in Deutschland bereits bekannt sind und angewendet werden. Sie wurde ergänzt um die neueren Entwicklungen und Erkenntnisse im Massivbau zur Bemessung und konstruktiven Ausbildung. Die wesentlichen Änderungen mit Bezug zum Spannbetonbau gegenüber DIN 1045-1 sind:

- Wegfall der Anforderungsklassen zum Nachweis der Dekompression;
- Festlegung von Mindestbetonfestigkeitsklassen für Normalbeton zur Sicherstellung der Dauerhaftigkeit abhängig von den Expositionsklassen;
- Erweiterung des Anwendungsbereiches für Leichtbetone bis LC80/88;
- Druckspannungen werden in den Nachweisgleichungen positiv angegeben; da der planende Ingenieur fallbezogen selbst erkennen soll, ob eine Druckspannung (bzw. Druckkraft) günstig (z. B. tragfähigkeitssteigernd) oder ungünstig wirkt;
- Beachtung der abweichenden Bezeichnungen und Unterschiede in den Definitionen, z. B. in der Abgrenzung Platte/Balken oder beim Grundwert der Verankerungslänge;
- Anpassung von Bewehrungs- und Konstruktionsregeln.

Der Eurocode 2 gilt für den Entwurf, die Berechnung, Bemessung und Konstruktion von Tragwerken des Hoch- und Ingenieurbaus aus Beton, Stahlbeton und Spannbeton. Gemäß Nationalem Anhang bedarf es für die Herstellung von Beton der Festigkeitsklassen C90/105 und C100/115 weiterer auf den Verwendungszweck abgestimmter Nachweise. Für Leichtbeton sind die Regelungen des Hauptabschnittes 11 der DIN EN 1992-1-1 zu beachten.

Der Eurocode 2 behandelt ausschließlich Anforderungen an die Tragfähigkeit, die Gebrauchstauglichkeit, die Dauerhaftigkeit und den Feuerwiderstand von Tragwerken aus Beton, Stahlbeton und Spannbeton. Die Gebrauchstauglichkeitsnachweise sichern die Nutzung, zum Teil auch die Dauerhaftigkeit der Konstruktion. Die rechnerischen Grenzwerte zur Sicherung der Dauerhaftigkeit sind verbindlich, die rechnerischen Grenzwerte zur Sicherung der Nutzung sind als Richtwerte angegeben.

Weiterhin ist zu beachten, dass gegebenenfalls weitere Anforderungen zur Bemessung bestimmter Ingenieurbauwerke (z. B. Brücken, Talsperren, Druckbehälter, Bohrinseln oder Behälterbauwerke) einzuhalten sind. Gleiches gilt für die Bemessung und Konstruktion von Tragwerken in Erdbebengebieten. Hier sind zusätzliche Anforderungen und Nachweise z. B. bezüglich der Duktilität der Bauteile und des verwendeten Betonstahls erforderlich.

Die Umstellung ist für die Praxis mit großem Aufwand verbunden. Deshalb wurde eine „Kommentierte Fassung von Eurocode 2: Bemessung und Konstruktion von Stahlbeton- und Spannbetontragwerken" herausgegeben, in der der Normentext von DIN EN 1992-1-1 und die zugehörigen Festlegungen im Nationalen Anhang für Deutschland zu einer konsolidierten Fassung verwoben und redaktionell redigiert wurden [Fingerloos et al. – 12]. Dabei wurden auch überflüssige Teile von EN 1992-1-1 (z.B. durch nationale Regeln ersetzte Anmerkungen) entfernt. Dieser Beitrag behandelt die Grundlagen des Spannbetonbaus sowie die Bemessung und Konstruktion von Spannbetonbauteilen auf Basis von DIN EN 1992-1-1.

1.2 Begriffe und Bezeichnungen

1.2.1 Begriffe

Spannstab: Einzelspannstahl mit glatter Oberfläche oder mit durchgehend aufgewalztem Grobgewinde (Durchmesser: 12 – 36 mm).

Spanndraht: Spannstahldrähte (Durchmesser: 4 – 10 mm).

Spannlitze: Zugglied aus 3 oder 7 gegeneinander verdrehten Spanndrähten (Durchmesser: 0,5 oder 0,6").

Spannglied: Spannstahl im Hüllrohr inkl. Verankerungen.

Bündelspannglied: Spannglied aus mehreren glatten und profilierten Spanndrähten oder Spannlitzen.

Litzenspannglied: Spannglied aus mehreren Spannlitzen.

Monolitze: Werksmäßig korrosionsgeschützte Einzelspannlitze in einem fettverpressten Kunststoffhüllrohr, in der sich die Litze in Längsrichtung frei bewegen kann.

Hüllrohr: Dünnwandiges profiliertes Rohr aus Stahl oder Kunststoff, mit dem der Spannkanal im Beton ausgespart wird.

Umlenkelement: Vorrichtung zur Führung externer Spannglieder, mit der Reibungs- und Umlenkkräfte in die Konstruktion eingeleitet werden. Es kann halbseitig offen (Sattel) oder vollständig von Beton umgeben sein (Durchdringung).

Vorspannung mit sofortigem Verbund (VsV): Spannverfahren, bei dem der im Betonquerschnitt liegende Spannstahl vor dem Betonieren im Spannbett gespannt wird. Der wirksame Verbund zwischen Beton und Spannstahl entsteht nach dem Betonieren und dem Erhärten des Betons.

Vorspannung mit nachträglichem Verbund (VnV): Spannverfahren, bei dem das im Betonquerschnitt im Hüllrohr liegende Zugglied aus Spannstahl beim Vorspannen gegen den bereits erhärteten Beton gespannt und durch Ankerkörper verankert wird. Der wirksame Verbund wird nach dem Einpressen des Mörtels in das Hüllrohr mit dem Erhärten des Verpressmörtels erreicht.

Interne Vorspannung ohne Verbund (iVoV): Spannverfahren, bei dem das im Betonquerschnitt im Hüllrohr ohne Verbund liegende Spannglied gegen den bereits erhärteten Beton vorgespannt wird. Das Spannglied ist nur an den Verankerungen und an den Umlenkstellen mit dem Tragwerk verbunden.

Externe Vorspannung (VoV): Spannverfahren, bei dem das außerhalb des Betonquerschnitts im Hüllrohr liegende Spannglied nach dem Erhärten des Betons über Ankerkörper und Umlenksättel gegen den Beton vorgespannt wird. Das Spannglied liegt aber innerhalb der Umhüllenden des Betontragwerks.

Spannbett: Vorrichtung zum Spannen der Spannstähle bei Vorspannung mit sofortigem Verbund.

Spannpresse: Hydraulische Presse zum Vorspannen.

Konkordante Vorspannung: Vorspannung in statisch unbestimmt gelagerten Bauteilen, bei der aus dem Lastfall Vorspannung keine Auflagerreaktionen entstehen.

Formtreue Vorspannung: Vorspannung, bei der sich unter Eigenlasten keine Biegeverformungen der Tragwerksachse ergeben.

Dekompression: Grenzzustand, bei dem ein Teil des Betonquerschnitts unter der maßgebenden Einwirkungskombination unter Druckspannungen steht.

Druckzone: Anteil des Betonquerschnitts mit Druckspannungen unter der betrachteten Einwirkungskombination.

Zugzone: Anteil des Betonquerschnitts mit Zugspannungen bzw. einer Rissbildung nach dem Überschreiten der effektiven Betonzugfestigkeit unter der betrachteten Einwirkungskombination.

Vorgedrückte Zugzone: Anteil des Betonquerschnitts mit Druckspannungen unter Eigenlast und Vorspannung.

1.2.2 Bezeichnungen

Große lateinische Buchstaben:

A_c Betonquerschnittsfläche
A_p Querschnittsfläche des Spannstahls
A_s Querschnittsfläche des Betonstahls
E_{cm} Elastizitätsmodul für Normalbeton (mittlerer Sekantenmodul)

E_p Bemessungswert des Elastizitätsmoduls für Spannstahl
E_s Bemessungswert des Elastizitätsmodus für Betonstahl
G_k charakteristischer Wert einer ständigen Einwirkung
GZG Grenzzustand der Gebrauchstauglichkeit
GZT Grenzzustand der Tragfähigkeit
Q_k charakteristischer Wert einer veränderlichen Einwirkung
P Vorspannkraft
P_0 aufgebrachte Höchstkraft am Spannanker nach dem Spannen
P_{mt} Mittelwert der Vorspannkraft zum Zeitpunkt t
M_{Ed} Bemessungswert des einwirkenden Biegemomentes
N_{Ed} Bemessungswert der einwirkenden Normalkraft
V_{Ed} Bemessungswert der einwirkenden Querkraft
T_{Ed} Bemessungswert des einwirkenden Torsionsmomentes

Kleine lateinische Buchstaben:

d statische Nutzhöhe
f_{ck} charakteristische Zylinderdruckfestigkeit des Betons nach 28 Tagen
f_{cd} Bemessungswert der einaxialen Betondruckfestigkeit
f_{ctm} Mittelwert der zentrischen Betonzugfestigkeit
f_{pk} charakteristischer Wert der Zugfestigkeit des Spannstahls
$f_{p0,1;k}$ charakteristischer Wert der 0,1-%-Dehngrenze des Spannstahls (Streckgrenze)
f_{tk} charakteristischer Wert der Zugfestigkeit des Betonstahls
f_{yd} Bemessungswert der Streckgrenze des Betonstahls
f_{yk} charakteristischer Wert der Streckgrenze des Betonstahls
f_{ywd} Bemessungswert der Streckgrenze der Querkraftbewehrung
h Bauteilhöhe
r_{inf} unterer Beiwert zur Berücksichtigung der Streuung der Vorspannkraft
r_{sup} oberer Beiwert zur Berücksichtigung der Streuung der Vorspannkraft
t Zeitpunkt
t_0 Zeitpunkt des Belastungsbeginns des Betons
x Druckzonenhöhe
z Hebelarm der inneren Kräfte

Kleine griechische Buchstaben:

γ_c Teilsicherheitsbeiwert für Beton
γ_P Teilsicherheitsbeiwert für die Einwirkung infolge Vorspannung P, wenn diese als Einwirkung berücksichtigt wird
γ_S Teilsicherheitsbeiwert für Beton- und Spannstahl
ε_c Betondehnung
ε_s Dehnung des Betonstahls
ε_{p0} Gesamtdehnung des Spannstahls
ε_p Vordehnung des Spannstahls
ψ Kombinationsbeiwert
ρ_l Bewehrungsgrad der Längsbewehrung
ρ_w Bewehrungsgrad der Querkraftbewehrung
σ_c Betonspannung
σ_p Spannstahlspannung
σ_s Betonstahlspannung
ξ Verhältnis der Verbundfestigkeiten von Spannstahl und Betonstahl
ϕ Durchmesser

Indizes:

c Beton, Kriechen
d Bemessungswert
p Spannstahl, Vorspannung
r Riss
s Betonstahl
y Streckgrenze, Fließgrenze
u Grenzwert
nom Nennwert
fav günstig
unf ungünstig
max oberer Grenzwert
min unterer Grenzwert
perm quasi-ständig
freq häufig
infreq nicht-häufig
rare selten
prov vorhanden
req erforderlich

1.3 Grundprinzip der Vorspannung

Beton besitzt eine große Druckfestigkeit und eine sehr geringe Zugfestigkeit. Sind größere Zugkräfte oder Biegemomente abzutragen, ist dies bei Stahlbetontragwerken nur möglich, wenn die Zugkräfte der Betonstahlbewehrung zugewiesen werden. Um die Zugkräfte aufnehmen zu können, muss sich der Stahl dehnen, was zu Rissbildungen führt. Dabei lassen sich die Rissbreiten durch Wahl der Bewehrungsmenge, sowie des Abstandes und des Durchmessers der Bewehrung soweit reduzieren, dass keine Korrosionsgefahr für die Bewehrung besteht.

Im Spannbeton wird ein anderes Konstruktionsprinzip verfolgt. An den Stellen, an denen Zugspannungen erwartet werden, werden im Voraus Druckspannungen erzeugt, so dass bei Addition aller Spannungen keine oder nur geringe Zugspannungen entstehen, die der Baustoff Beton dauerhaft aufnehmen kann. Abb. F.1.1 zeigt, wie das Prinzip der Vorspannung an einem statisch bestimmt gelagerten Balken verwirklicht wird.

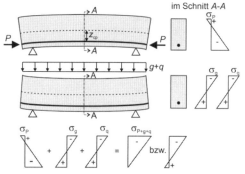

Abb. F.1.1   Spannungen aus Vorspannung, Eigengewicht g und Nutzlast q

Die ausmittige Vorspannkraft P erzeugt eine Spannungsverteilung, die zu Druckspannungen am unteren Rand und Zugspannungen am oberen Rand führt. Gleichzeitig wird der Balken durch die Vorspannung nach oben gebogen. Dem entgegen wirken die Spannungen aus dem Eigengewicht g und der äußeren Belastung q. Bei der Überlagerung aller Spannungsanteile ergibt sich der in Abb. F.1.1 dargestellte Spannungsverlauf. Die Größe der in der Zugzone auftretenden Zugspannungen, oder ob überhaupt keine Zugspannungen auftreten, hängt von der Höhe der Vorspannung ab. Dabei ist auch darauf zu achten, dass die Druckspannungen in der Druckzone bestimmte Grenzwerte nicht überschreiten, um ein Betondruckversagen zu verhindern.

Spannbeton weist im Vergleich zum Stahlbeton zahlreiche Vorteile auf. Allerdings erfordern Herstellung und Verwendung von hochfesten Werkstoffen, wie es bei Spannbeton der Fall ist, ein besonderes Maß an Sorgfalt und Erfahrung. Die Hauptvorteile des Spannbetons sind:

- Durch das Überdrücken der Zugzone können Risse weitgehend vermieden werden, so dass die Korrosionsgefahr für die Bewehrung verringert wird. Außerdem werden Risse, welche sich bei kurzzeitiger Überbelastung öffnen, nach Entlastung wieder geschlossen und bleiben daher ohne nachteilige Wirkung auf die Gebrauchstauglichkeit.
- Die Vorspannung verringert die Verformung der Tragkonstruktion. Während bei Stahlbetonbauteilen die Durchbiegung beim Übergang von Zustand I zum Zustand II, bedingt durch den starken Steifigkeitsabfall infolge Rissbildung, auf das Zwei- bis Dreifache anwächst, werden Risse bei Spannbetonbauteilen weitestgehend vermieden, so dass der ganze Querschnitt mitwirkt. Bei gleicher Betonfestigkeit sind Spannbetonbauteile wesentlich steifer als solche aus Stahlbeton. Die Verformungen unter Last und Vorspannung werden aber noch stärker dadurch vermindert, dass die von der Vorspannung erzeugten inneren Kräfte den Lastspannungen entgegenwirken.
- Die Vorspannung erfordert die Verwendung hochfester Stähle und somit geringere Stahlquerschnitte und kleinere Querschnittsabmessungen. Da die Rissbreiten aus Gründen des Korrosionsschutzes auf Werte von 0,2 bis 0,4 mm begrenzt werden, was einer Betonstahlspannung von 200 – 300 N/mm² entspricht, werden hochfeste Stähle mit einer Streckgrenze zwischen 1000 und 1600 N/mm² in Stahlbetonbauteilen nicht ausgenutzt.
- Durch Verwendung hochfester Baustoffe sowie durch die gleichmäßigere Ausnutzung des Querschnittes infolge Vorspannung lassen sich größere Spannweiten und damit schlankere Tragwerke bei geringerem Eigengewicht realisieren.
- Durch die Vorspannung werden Bauverfahren, wie die feldweise Herstellung von Durchlaufträgern und der Freivorbau im Brückenbau sowie Konstruktionen, die durch Verbindung von Fertigteilen hergestellt werden, erst ermöglicht.

Der Ingenieur besitzt mit der Vorspannung ein Mittel, das ihm in der Wahl und der Konstruktion eines Tragsystems zahlreiche Möglichkeiten erschließt. Viele Tragwerke sind heute aufgrund ihrer Dimensionen oder ihrer Form nur mit Hilfe der Vorspannung möglich.

1.4   Vorspannarten

1.4.1   Einteilung

Bei der Vorspannung werden folgende Arten unterschieden:

- Vorspannung mit sofortigem Verbund oder Spannbettvorspannung (VsV);
- Vorspannung mit nachträglichem Verbund (VnV);

- Vorspannung ohne Verbund (VoV): Hierbei ist zu unterscheiden zwischen der internen (iVoV) und externen Vorspannung (eVoV) ohne Verbund.

Nachfolgend werden die Arten und zugehörigen Spannverfahren beschrieben.

1.4.2 Vorspannung mit sofortigem Verbund (Spannbettvorspannung)

Die Spanndrähte oder -litzen werden vor dem Betonieren von festen Widerlagern aus mit Hilfe hydraulischer Pressen angespannt. In Abb. F.1.2 ist der Ablauf in der Herstellung im Spannbett schematisch dargestellt.

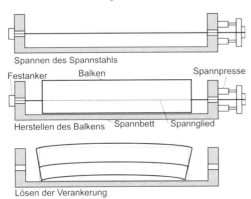

Abb. F.1.2   Herstellung im Spannbett

Nach dem Erhärten des Betons werden die Spanndrähte oder -litzen an den Widerlagern gelöst und die Spannkraft über Verbund auf den Betonquerschnitt übertragen. Da Spannstähle aus fertigungstechnischen Gründen im Verankerungsbereich nicht gewellt oder abgekrümmt werden können, muss ihre Verbundfestigkeit durch geeignete Oberflächenform soweit angehoben werden, dass die für die Übertragung der Spannkraft auf dem Beton erforderliche Strecke (Eintragungslänge) genügend klein bleibt. Dieses Verfahren wird nur bei serienmäßiger Fertigung, vor allem in Fertigteilwerken, angewandt, da das Spannbett teuer ist. Im Allgemeinen werden Spanndrähte geradlinig geführt. Man kann durch Umlenkungen andere Spanngliedverläufe erzielen (Abb. F.1.3).

Abb. F.1.3   Herstellung im Spannbett, Spanngliedführung mit Umlenkungen

1.4.3 Vorspannung mit nachträglichem Verbund

Diese Art des Vorspannens ist unabhängig von der Gestalt und der Form der Konstruktion universell anwendbar. Abb. F.1.4 zeigt das Prinzip der Herstellung.

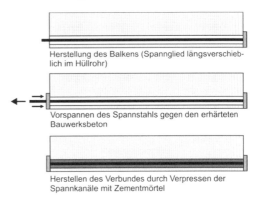

Abb. F.1.4   Prinzip der Herstellung bei Vorspannung mit nachträglichem Verbund

Die Spannglieder werden dabei zunächst längsbeweglich in Hüllrohren mit beliebiger Führung innerhalb der Schalung eingebaut. Nach dem Betonieren werden die Spannglieder gegen den erhärteten Beton gespannt und verankert. Anschließend wird zur Erzeugung der Verbundwirkung und zum Korrosionsschutz des Spannstahls Zementmörtel in die Spannkanäle eingepresst. Die Verbundwirkung ermöglicht die Ausnutzung der Streckgrenze des Spannstahls im rechnerischen Bruchzustand.

1.4.4 Vorspannung ohne Verbund

Das Auspressen der Spannkanäle bei Vorspannung mit nachträglichem Verbund ist ein aufwendiger und fehleranfälliger Vorgang, der in der Vergangenheit nicht immer zum beabsichtigten Korrosionsschutz geführt hat. Vor einigen Jahren wurden daher Spannglieder ohne Verbund entwickelt, die bereits werksmäßig mit einem Korrosionsschutz, bestehend aus Korrosionsschutzfett und PE-Mantel, versehen werden. Neben Vereinfachungen beim Einbau entfällt damit der nicht unerhebliche Kostenanteil für das Einpressen des Zementmörtels.

Bei der Vorspannung ohne Verbund ist zu unterscheiden zwischen der internen Vorspannung ohne Verbund (Abb. F.1.5) und der externen Vorspannung ohne Verbund (Abb. F.1.6).

Abb. F.1.5 Interne Vorspannung ohne Verbund

Bei der internen Vorspannung ohne Verbund liegen die Spannglieder im Betonquerschnitt. Verankerung und Spanngliedführung sind analog zur Vorspannung mit nachträglichem Verbund, allerdings erfolgt der Korrosionsschutz werksmäßig z.B. durch eine Fettschicht und einen Kunststoffmantel. Die Vorspannung ohne Verbund entspricht bei der Herstellung deshalb prinzipiell der Vorspannung mit nachträglichem Verbund gemäß Abb. F.1.4.

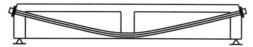

Abb. F.1.6 Externe Vorspannung ohne Verbund

Bei der externen Vorspannung ohne Verbund werden die Spannglieder außerhalb des Betonquerschnittes geführt. Diese externen Spannglieder liegen in der Regel innerhalb der Konstruktionshöhe und geben ihre Kräfte über Endverankerungen und durch Umlenkstellen auf das Tragwerk ab.

Die interne Vorspannung ohne Verbund unter Verwendung von Einzellitzen bietet besonders bei Flachdecken, bei Behältern sowie bei der Quervorspannung von Brückenfahrbahnplatten konstruktive und wirtschaftliche Vorteile. Die externe Vorspannung wurde im Jahr 1998 als Regelbauweise für Hohlkastenbrücken aus Beton im Bundesfernstraßennetz eingeführt.

1.5 Vorspanngrad

In der nicht mehr gültigen DIN 4227, Teil 1 [DIN 4227 – 88] wurde qualitativ zwischen den Vorspanngraden volle Vorspannung, beschränkte Vorspannung und teilweise Vorspannung unterschieden. Volle und beschränkte Vorspannung nach DIN 4227 Teil 1 sind durch festgelegte Grenzen für die Betonzugspannungen eindeutig definiert. Bei voller Vorspannung sind unter Hauptlasten keine Zugspannungen zugelassen, bei beschränkter Vorspannung werden Zugspannungen erlaubt, die unterhalb der Zugfestigkeit liegen. Im Vergleich dazu geringere Vorspanngrade wurden als teilweise Vorspannung bezeichnet.

Mit Einführung von DIN 1045-1 wurde auf diese Unterscheidung verzichtet, da man erkannt hatte, dass wegen der Streuungen der Einwirkungen in der Realität der Nachweis der Betonzugspannungen wenig sinnvoll ist. Die aktuellen Regelungen basieren darauf, dass die Dauerhaftigkeit neben dem Überdrücken möglicher Zugspannungen unter definierten Einwirkungskombinationen (Nachweis der Dekompression) durch die Anordnung einer das Rissbild günstig beeinflussenden Betonstahlbewehrung und eine strengere Rissbreitenbegrenzung verbessert wird.

2 Vorspanntechnologie

2.1 Allgemeines

Spannbetonarbeiten auf der Baustelle werden an zwei Kriterien gemessen:

- der Qualität des fertigen Produktes und
- den Kosten.

Durch die Entwicklung von Spannverfahren mit hochwertigen Spannstählen als Litzen, Einzeldrähten und Stäben mit größeren Querschnitten konnte der Arbeitsaufwand je Tonne einzubauender effektiver Spannkraft gesenkt werden. Durch den Einsatz spezieller Arbeitstechniken und Geräte sowie der Einführung der Vorfertigung ganzer Spannglieder im Werk wurde der Arbeitslohnanteil der klassischen Spannbetonarbeiten auf der Baustelle

- Herstellen und Verlegen der Spannglieder
- Vorspannen der Spannglieder
- Verpressen der Spannglieder

in den aktuellen Spannverfahren reduziert. Bei der Vorspannung ohne Verbund fallen auf der Baustelle nur noch Arbeiten zum Verlegen der Spannglieder an.

2.2 Spannverfahren

Alle Spannverfahren sind bauaufsichtlich zugelassene Verfahren der Hersteller, mit denen Betontragwerke vorgespannt werden dürfen. Die Bauaufsichtlichen Zulassungen werden vom Deutschen Institut für Bautechnik (DIBt) oder bei der Europäischen Organisation für Technische Zulassungen (EOTA) erteilt, nachdem das Spannverfahren intensiv geprüft und begutachtet wurde. Dabei sind für das Spannverfahren bauaufsichtlich zugelassene Bauprodukte (Spannstahl, Verankerungselemente, Hüllrohre) zu verwenden. Weiterhin sind Vorgaben zur Herstellung, den Korrosionsschutzsystemen, dem Transport und Einbau der Spannglieder sowie zum Entwurf, zur Bemessung und Konstruktion der Bauteilvorspannung vorhanden.

Das DIBt legt Zulassungsversuchen die ETAG 013 [ETAG 013 – 02] zugrunde. Dabei ist für

das Spannverfahren eine der folgenden grundlegenden Nutzungskategorien anzugeben:
- internes Spannglied mit Verbund für Beton- und Verbundtragwerke;
- internes Spannglied ohne Verbund für Beton- und Verbundtragwerke;
- externes Spannglied für Betontragwerke außerhalb des Tragwerksquerschnitts, aber innerhalb der Umhüllung des Tragwerksquerschnitts.

Die Laufzeit der Zulassungen beträgt in der Regel fünf Jahre, kann aber anschließend verlängert werden. Übersichten der Zulassungen sind im Internet unter www.dibt.de zu finden.

2.3 Vorspannung mit sofortigem Verbund

Zur Vorspannung mit sofortigem Verbund ist ein Spannbett erforderlich. Moderne Fertigungsstätten sind mit hydraulischen Vorspann- und Entspanneinrichtungen ausgestattet. Im Ausland sind darüber hinaus in der Regel auch Umlenkeinrichtungen vorhanden (Abb. F.2.1).

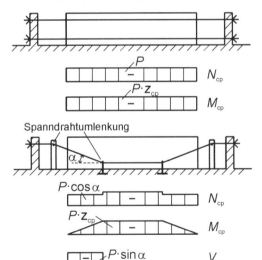

Abb. F.2.1 Schematische Darstellung von zwei unterschiedlichen Spannbetten mit Angabe der erzielbaren Schnittkraftverläufe aus Vorspannung

Als Spannbewehrung kommen bauaufsichtlich zugelassene Spannstähle zum Einsatz. Die wesentlichen Spannstahltypen für die Vorspannung mit sofortigem Verbund sind:
- vergüteter Spannstahl St 1420/1570, rund, gerippt;
- kaltgezogener Spannstahl St 1470/1670, rund, gerippt;
- siebendrähtige Litzen St 1570/1770, Durchmesser 0,5" oder 0,6".

Neue Spannstähle müssen vor der bauaufsichtlichen Zulassung durch das DIBt eine umfangreiche Zulassungsprüfung bestehen.

2.4 Spannverfahren mit nachträglichem Verbund

2.4.1 Arten

Für die Vorspannung mit nachträglichem Verbund werden je nach Spannverfahren folgende Spannstähle eingesetzt:
- Glatte und gerippte Einzelstäbe mit Durchmessern ab 17,5 mm (z.B. Spannverfahren DYWIDAG);
- Glatte Einzeldrähte mit einem Durchmesser von 7 mm (Spannverfahren der Firma DSI, System SUSPA-Draht®)
- Spannstahllitzen aus sieben Einzeldrähten (Durchmesser 0,5" oder 0,6")

Abb. F.2.2 zeigt ausgewählte Spannverfahren.

Generell werden die Spannstähle (Einzelstäbe oder Einzellitzen) getrennt vom Hüllrohr und den Verankerungselementen zur Baustelle geliefert. Auf der Baustelle werden dann die Hüllrohre verlegt, die Spannstähle in die verlegten Hüllrohre eingeschossen und die Verankerungselemente vor Ort montiert.

Alternativ gibt es Verfahren bei denen die Spannglieder vorkonfektioniert komplett mit Hüllrohr und Endverankerungen montiert zur Baustelle geliefert und dort entsprechend den Vorgaben der Konstruktionszeichnungen lagegenau verlegt werden. Hierbei ist der Arbeitsaufwand auf der Baustelle geringer, weiterhin können die Spannstähle kürzer korrosionsfördernden Einflüssen ausgesetzt sein.

2.4.2 Vorspannvorgang

Der Vorspannvorgang wurde prinzipiell in Abschnitt 1.4.3 erläutert. Das eigentliche Vorspannen erfolgt mit hydraulischen Pressen, wobei der Ablauf vom jeweiligen Spannverfahren abhängt. Abb. F.2.3 zeigt das Prinzip des Spannvorgangs eines Litzenspanngliedes in Einzelschritten.

Spannbetonbau nach DIN EN 1992-1-1

a) Stabspannsystem DYWIDAG, Firma DSI

b) Litzenspannanker, Firma VSL

c) Spannverfahren SUSPA-Draht®, Firma DSI

d) Litzenspannverfahren, Firma BBV Systems

Abb. F.2.2 Beispiele für Spannverfahren mit nachträglichem Verbund

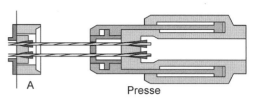

Schritt 1: Vor Aufbringen der Presse wird ein Stützelement (A) befestigt, das eine genaue Zentrierung der Presse ermöglicht.

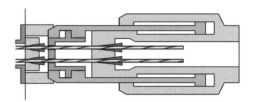

Schritt 2: Wenn die Presse angespannt wird, lösen sich die keilförmigen Verankerungselemente.

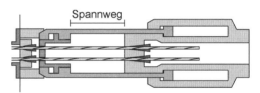

Schritt 3: Während des Spannens werden die Vorspannkabel aus dem Element gezogen.

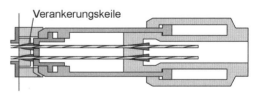

Schritt 4: Wenn die gewünschte Spannung erreicht ist, werden die Verankerungskeile hydraulisch eingepresst.

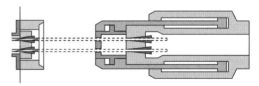

Schritt 5: Die Spannpresse wird entfernt.

Abb. F.2.3 Spannen eines Spanngliedes mit einer hydraulischen Presse [Walraven – 91]

Vor Beginn des Einpressens des Zementmörtels muss man sich vergewissern, dass die Spannkanäle weder mit Wasser gefüllt, noch verstopft sind. Dies geschieht durch Spülen mit Druckluft. Verstopfungen müssen vor dem Einpressen beseitigt oder durch neue Öffnungen umgangen werden. Um Wasseransammlungen und Lufteinschlüsse zu vermeiden, empfiehlt es sich, von den Tiefpunkten aus einzupressen und die Hochpunkte zu entlüften. An Verankerungen, die im Inneren des Betons liegen, sind Entlüftungsröhrchen vorzusehen. Das Einpressen ist solange fortzusetzen, bis an der Entlüftungsstelle genügend Einpressmörtel einwandfreier Beschaffenheit ausgeflossen ist.

2.4.3 Spanngliedverankerung

Die Verankerung hat die Aufgabe, die Kräfte des Spanngliedes auf den Beton zu übertragen. Es gibt eine Reihe von Möglichkeiten ein Spannglied zu verankern.

Lasteinleitung über Ankerplatten

Die Kräfte von Spanngliedern, die aus dickeren Einzelstäben bestehen, werden über Schrauben auf die Ankerplatte übertragen. Die Keilverankerung, die aus mehreren konusförmigen Keilen mit gewindeartig profilierten Innenflächen besteht, wird bei Spanngliedern aus Einzeldrähten oder Litzen verwendet. Beim SUSPA-Draht®-Spannverfahren erfolgt die Verankerung der Drähte dadurch, dass auf die Drahtenden Köpfchen maschinell aufgestaucht werden (siehe Abb. F.2.2c). Die Möglichkeiten sind in Tafel F.2.1 zusammengestellt.

Tafel F.2.1 Möglichkeiten zur Befestigung von Einzeldrähten, Litzen oder Einzelstäben an der Ankerplatte [Walraven – 91]

	Draht	Litze	Stab
Keil	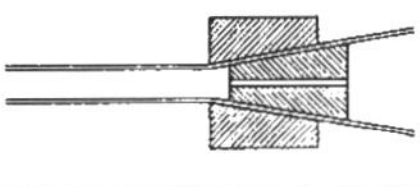		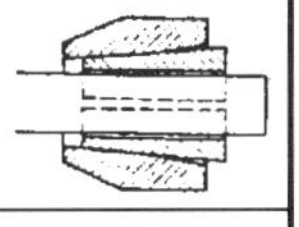
aufgestauchtes Köpfchen	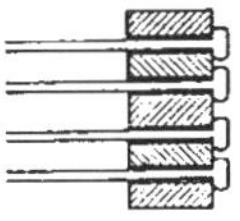		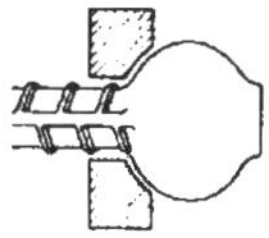
Schrauben			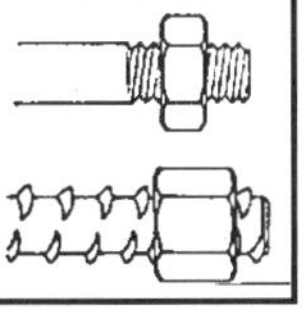

Da über die Ankerplatten große Kräfte auf einer kleinen Fläche in den Beton eingeleitet werden, besteht die Gefahr, dass Spaltzugrisse auftreten. Deswegen wird im Verankerungsbereich eine Wendelbewehrung angeordnet (Abb. F.2.2c, d).

Haftverankerung

Als Festanker können auch Schlaufen oder Fächeranker mit gewellten Drahtenden verwendet werden. Die Spannglieder werden dabei am Ende in Einzeldrähte oder Litzen zerlegt, die über sofortigen Verbund verankert werden. Derartige Verankerungen können selbstverständlich nur an der Seite des Bauteils verwendet werden, an der nicht gespannt wird.

Ausbildung als Fächer:

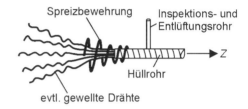

Ausbildung als Schlaufe:

Abb. F.2.4   Beispiele für Haftanker

2.4.4 Spanngliedkopplung

Bei abschnittsweiser Herstellung eines Spannbetonbauwerks ist es häufig notwendig, ein Spannglied zu verlängern. Dabei unterscheidet man feste und bewegliche Kopplungen.

Feste Kopplung

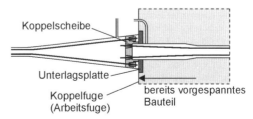

Abb. F.2.5   Beispiel einer festen Kopplung

Nach dem Vorspannen und Verpressen des Spanngliedes im vorhergehenden Bauabschnitt wird das Spannglied im neuen Bauabschnitt angespannt. Der einbetonierte Spannanker des vorhergehenden Abschnitts wirkt für die Verlängerung wie ein Festanker.

Bewegliche Kopplung

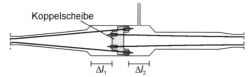

Abb. F.2.6 Prinzip einer beweglichen Kopplung

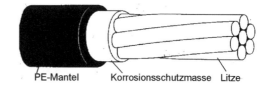

Abb. F.2.7 Aufbau einer korrosionsgeschützten Monolitze (oben) und Anordnung von vier Litzen in einem Band (unten)

Mit beweglichen Kopplungen werden Spanngliedabschnitte, die nacheinander entsprechend dem Baufortschritt eingebaut werden, zu einem längeren Spannglied gekoppelt. Das gesamte Spannglied wird dann in einem Spannvorgang vorgespannt.

2.5 Spannverfahren für Vorspannung ohne Verbund

2.5.1 Allgemeines

Bei der Vorspannung ohne Verbund (VoV) können sich die Spannstähle frei gegenüber dem Betonquerschnitt verschieben. Spannglieder für die Vorspannung ohne Verbund werden in der Regel komplett mit Hüllrohr und Endverankerungen im Werk hergestellt und mit dem Korrosionsschutzfett verpresst. Das fertige Spannglied wird dann zur Baustelle geliefert und dort entsprechend den Vorgaben der Konstruktionszeichnungen lagegenau verlegt. Dies verringert den Arbeitsaufwand auf der Baustelle erheblich und stellt einen besseren Korrosionsschutz des Spannstahls sicher.

2.5.2 Interne Vorspannung ohne Verbund

Bei der internen Vorspannung liegen die Spannglieder im Betonquerschnitt. Verankerung und Spanngliedführung sind analog zur Vorspannung mit nachträglichem Verbund. Allerdings erfolgt der Korrosionsschutz werksmäßig z.B. durch eine Fettschicht und einen Kunststoffmantel, wie bei den Monolitzen nach Abb. F.2.7 und Abb. F.2.8.

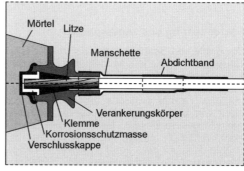

Abb. F.2.8 Aufbau und Verankerung einer kunststoffummantelten, gefetteten Monolitze

Abb. F.2.8 zeigt exemplarisch den Spannankerbereich von Monolitzen-Spanngliedern.

- Der Spannanker, wird mit der Montagespindel an der Schalung befestigt. An dem über die Schalung hinaus stehenden Litzenüberstand wird später beim Vorspannen die Spannpresse angesetzt.
- Der Spannanker wird gegenüber der Schalung zurückversetzt, damit die erforderliche Betonüberdeckung des Ankers erreicht werden kann (Spannnische). Diese Nische muss so groß sein, dass nach dem Spannen eine Trennscheibe zum Abschneiden des Litzenüberstandes hineinpasst.
- Im Bereich der Spannverankerungen muss die so genannte Zusatzbewehrung angeordnet werden, welche die Einleitung der Spanngliedkraft in den Beton sicherstellt.

Die Lieferung des Spannglieds erfolgt mit vormontierter Verankerung (Abb. F.2.9).

Vorspanntechnologie

Abb. F.2.9 Spanngliedanker (Litzenspannverfahren ohne Verbund, BBV Systems)

2.5.3 Externe Vorspannung ohne Verbund

Die Längsvorspannung ist auch mit Spanngliedern, welche außerhalb des Betonquerschnittes angeordnet sind, möglich. Diese externen Spannglieder liegen in der Regel innerhalb der Konstruktionshöhe und geben ihre Kräfte über Endverankerungen und durch Umlenkstellen auf das Tragwerk ab. Mit der Einführung der externen Vorspannung als Regelbauweise für Hohlkastenbrücken aus Beton im Bundesfernstraßennetz im Jahr 1998 hat die Bedeutung von Spanngliedern ohne Verbund erheblich zugenommen.

Die mittlerweile gewonnenen Erfahrungen mit der externen Vorspannung zeigen, dass bei sorgfältiger Planung und Bauausführung sichere, qualitativ hochwertige, dauerhafte, gut inspizierbare und nachrüstbare Bauwerke in dieser Bauweise erstellt werden können. Besondere Aufmerksamkeit ist bei externer Vorspannung aber auf eine gute Konstruktion und bauliche Durchbildung im Bereich von Anker- und Umlenkelementen nach Abb. F.2.10 zu richten, da hier große Kräfte konzentriert in die schlanken Stege, Boden- und Fahrbahnplatten eingeleitet werden.

Abb. F.2.10 Spanngliedführung und Sattelpunkt bei externer Vorspannung

Ein weiteres aktuelles Einsatzgebiet sind Spannbetontürme von Windenergieanlagen in modularer Bauweise [Funke – 05]. Große Anlagen von 2 – 5 MW mit bis zu 60 m langen Rotorblättern und einem Gondelgewicht von 100 – 500 t werden in bis zu 140 m Höhe platziert. Um die hohen Lasten am Turmkopf sicher in das Fundament und den Baugrund zu leiten und ein günstiges Verhältnis von Eigenfrequenz des Turmes und Erregerfrequenz sicherzustellen, stellt ein vorgespannter Stahlbetonturmschaft unter Beachtung der Lebensdauerkosten häufig die wirtschaftlichste Lösung dar (Abb. F.2.11).

Abb. F.2.11 Vorgespannter Turmschaft einer Windenergieanlage [Funke – 05]

Spannverfahren

Die Spannlitzen bei der externen Vorspannung sind entweder durch Zementmörtel, Fette, Paraffin, Wachse oder bituminöse Produkte gegen Korrosion geschützt. Als wasserdichte Schutzmäntel aus Stahlrohren oder Kunststoffmänteln sind die Hüllrohre ausgebildet.

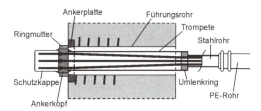

Abb. F.2.12 Verankerung eines Bündelspanngliedes (Vorspannung ohne Verbund)

Nach Abb. F.2.13 werden unterschieden:
- Bündel von Monolitzen, im PE-Schutzrohr geführt, Hohlräume mit Zementmörtel verpresst (Abb. F.2.13a)
- Bündel von Spanndrähten, im PE-Schutzrohr geführt, im Werk mit Korrosionsschutzmasse verfüllt, als komplettes Fertigspannglied ausgeliefert (Abb. F.2.13b)
- Flache und damit stapelbare PE-Schutzrohre jeweils gefüllt mit zwei bis vier Monolitzen (Abb. F.2.13c).

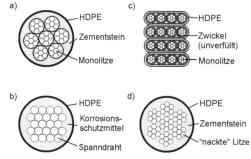

Abb. F.2.13 Querschnittsausbildung von Spanngliedern für die externe Vorspannung

Im Ausland wird eine vereinfachte Standardlösung mit dem Aufbau nach Abb. F.2.13d eingesetzt. Das Bündel aus nackten Litzen wird im PE-Hüllrohr verlegt, an den Umlenkstellen in vorgebogenen Stahlrohen geführt, vorgespannt und anschließend mit Zementmörtel verpresst. Auf eine Nachspannbarkeit wird verzichtet.

2.6 Wahl des Vorspannsystems

Die Auswahl des Vorspannsystems ist Aufgabe des das Tragwerk planenden Ingenieurs. Die häufig gestellte Frage, welches Vorspannsystems gewählt werden soll, kann in der Regel nicht eindeutig beantwortet werden, da eine Vielzahl von Kriterien zu beachten sind. Einige seien nachfolgend genannt:

Vorgaben aus dem Tragwerk:
- In Brücken mit Plattenbalkenquerschnitten soll zur Vermeidung von Schäden aus Anprall, Brand und Vandalismus keine externe Vorspannung angeordnet werden.
- In Brücken mit Hohlkastenquerschnitten ist die externe Vorspannung in Längsrichtung zur Regelbauweise erklärt worden.
- Als Quervorspannung von Fahrbahnplatten im Brückenbau ist in Deutschland ausschließlich interne Vorspannung ohne Verbund zugelassen.
- Vorgespannte Flachdecken im Hochbau werden in der Regel mit Monolitzen ohne Verbund vorgespannt.
- Fertigteile lassen sich wirtschaftlich im Spannbett mit Vorspannung mit sofortigem Verbund herstellen.

Vorgaben aus der Spanngliedführung:
- Spannverfahren mit großem Verankerungsschlupf sind für kurze Spanngliedlängen weniger geeignet.
- Spannverfahren mit Litzen- und Bündelspanngliedern sind für lange Spannglieder mit starken Krümmungen wegen der geringeren Reibungsverluste geeignet.
- Bei großen Spanngliedlängen mit größeren Reibungsverlusten sind Spannverfahren erforderlich, die ein beidseitiges Überspannen und Nachlassen ermöglichen.

Die Vorspannung ohne Verbund hat eine Reihe von Vorteilen, für die interne Variante sind hier zu nennen:
- die serienmäßige Herstellung eines dauerhaften Korrosionsschutzes im Werk,
- die geringen Spannungsschwankungen bei dynamischen Einwirkungen,
- die geringen Reibungsverluste,
- die kleinen Hüllrohrdurchmesser und geringen Abmessungen der Verankerungselemente bei Monolitzen und
- der Wegfall der aufwendigen Verpressarbeiten auf der Baustelle.

Zu den Nachteilen einer verbundlosen, internen Vorspannung zählen:
- Zum Erreichen der Feuerwiderstandsklasse F90 ist evtl. eine erhöhte Betondeckung erforderlich, wodurch die möglichen Spanngliedexzentrizitäten begrenzt sind.
- Zur Vermeidung von großen Folgeschäden bei Bränden sollen Spannglieder nicht über mehr als einen Brandabschnitt durchlaufen, d.h. zusätzliche Zwischenverankerungen sind erforderlich.

Die zusätzlichen Vorteile einer verbundlosen, externen Vorspannung sind:
- Auswechselbarkeit einzelner Spannglieder;
- Prüfbarkeit des Spanngliedes auf seiner ganzen Länge (Inspizierbarkeit);
- Überprüfbarkeit und mögliche Korrektur der Spanngliedkraft (Nachspannbarkeit);
- bessere Betonierbedingungen für die Stege durch den Wegfall der inneren Hüllrohre;
- nahezu witterungsunabhängiger Einbau der Spannglieder.

Nachteilig ist, dass sie gegenüber äußeren Einwirkungen wie Brand oder Vandalismus wenig geschützt sind, wenn sie von außen frei zugänglich sind, und der in den Nachweisen ansetzbare Hebelarm für die Momentenwirkung kleiner ist als bei einem im Betonquerschnitt geführten Spannglied, was gegebenenfalls zu größeren Spannstahlquerschnitten führt.

Außer im Brückenbau als Längsvorspannung und im Turmbau können externe Spannglieder auch bei Stahl-, Holz- oder Verbundkonstruktionen Anwendung finden. Sehr gut geeignet sind sie für die Verstärkung von Tragwerken, wie z.B. Brücken, oder auch für temporäre Konstruktionen.

Im Hochbau erfolgt die Anwendung der internen Vorspannung ohne Verbund vor allem mit den

Monolitzen, da die umfangreichen Verpressarbeiten entfallen und nach Abb. F.2.14 aufgrund der geringen Abmessungen große Spanngliedexzentrizitäten bei geringen Reibungsverlusten möglich sind.

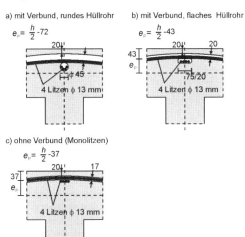

Abb. F.2.14 Exzentrizitäten verschiedener Spanngliedarten (ohne Einhaltung von c_{min})

Flachdecken mit großen Spannweiten und/oder hohen Lasten und Behälter sind Bauteile, auf welche die interne Vorspannung ohne Verbund zugeschnitten ist. Beispiele möglicher Spanngliedführungen zeigt Abb. F.4.9. Weitere Ausführungen zu vorgespannten Decken sind in [Hegger et al. – 09] zu finden.

3 Baustoffe

3.1 Allgemeines

Planung, Entwurf und Ausführung von vorgespannten Tragelementen werden in erheblichem Maße davon bestimmt, ob Vorspannung mit sofortigem Verbund, mit nachträglichem Verbund oder ohne Verbund zum Einsatz kommt.

Bei der Spannbettvorspannung werden nur Beton, Spannstahl und Betonstahl als Einzelbaustoffe verwendet. Für die Spanngliedvorspannung kommen zusätzlich noch Hüllrohre (aus Stahlblechen oder Kunststoffen) und spezielle Materialien zum nachträglichen Verfüllen der Hohlräume im Hüllrohr hinzu. Letztere können entweder verbundfest und korrosionsschützend sein (z.B. Einpressmörtel für den nachträglich hergestellten Verbund) oder aber sie sind nichthärtend und nur korrosionsschützend (z.B. organische Verpressmittel bei der Vorspannung ohne Verbund).

Der nachfolgende Abschnitt beschränkt sich auf die für das Trag- und Verformungsverhalten von Spannbetonbauteilen wichtigen Werkstoffeigenschaften von Beton, Spannstahl, Betonstahl. Die Regelungen entsprechen den Angaben in Abschnitt D.4 des Praxishandbuches. Zusätzlich werden Fragen der Dauerfestigkeit von Spannstählen und des zeitabhängigen Verformungsverhaltens von Beton ausführlicher behandelt.

3.2 Beton

Für den Baustoff Beton liegt die Europäische Norm DIN EN 206 „Beton – Festlegung, Eigenschaften, Herstellung und Konformität" vor. Daneben ist auch DIN 1045-2 zu beachten, die zahlreiche Verweisungen auf weiterhin gültige Regelungen in DIN- und ISO-Normen enthält. Die Einteilung der Betone nach DIN EN 1992-1-1 zeigt Abb. F.3.1.

Abb. F.3.1 Einteilung der Betone nach DIN EN 1992-1-1

Für Spannbetonbauteile sind folgende Eigenschaften des Betons besonders wichtig:
- **Hohe Druckfestigkeit**: Bei der Einleitung der Vorspannkräfte in den Beton entstehen hohe örtliche Spannungen.
- **Hoher Elastizitätsmodul**: Bei der Eintragung der Vorspannkräfte und der dadurch erreichten Druckvorspannung des Betons erfährt der Beton elastische Formänderungen, vor allem Stauchungen, die eine entsprechende Verkürzung des Spannstahles und damit eine Verminderung der im Spannstahl vorhandenen Spannkraft bewirken. Der Beton sollte demnach eine möglichst geringe elastische Verformung, also einen möglichst großen Elastizitätsmodul besitzen.
- **Geringes Kriechen und Schwinden**: Im Gegensatz zum Stahlbeton spielen Schwinden und Kriechen bei Spannbeton wegen der damit verbundenen Spannkraftverluste eine wesentliche Rolle. Im Abschnitt 3.7 wird darauf detailliert eingegangen.
- **Keine korrosionsfördernden Bestandteile**: Da hochfester Spannstahl besonders korrosionsanfällig ist, darf der Beton keine korrosionsfördernden Bestandteile enthalten.

In DIN EN 1992-1-1 wird Normalbeton bis zu einer Festigkeitsklasse C 100/115 und Leichtbeton bis zur Festigkeitsklasse LC 80/88 erfasst. Da bei hochfesten Betonen die Mikrorissbildung erst ab einem höheren Lastniveau als bei normalfesten Betonen einsetzt, verläuft die Spannungsdehnungslinie in einem größeren Bereich linear-elastisch. Die Stauchung bei Erreichen der Maximallast nimmt gleichzeitig mit zunehmender Betonfestigkeit zu und die Bruchstauchung ε_{cu2} wird kleiner.

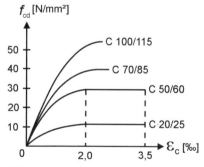

Abb. F.3.2 Spannungs-Dehnungs-Linien für Beton, Einfluss der Betonfestigkeit

Zur Berücksichtigung des unterschiedlichen Materialverhaltens wird in die Spannungs-Dehnungs-Linie des Parabel-Rechteck-Diagramms ein Exponent n eingeführt, der die Völligkeit der ansteigenden Parabel bestimmt. Die Stauchung bei Erreichen der Maximalspannungen wird linear mit der Nennfestigkeit gesteigert und die Maximalstauchung reduziert.

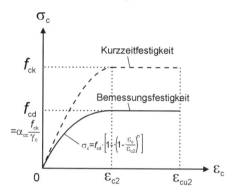

Abb. F.3.3 Parabel-Rechteck-Diagramm für Beton unter Druck

Tafel F.3.1 Kennwerte des Parabel-Rechteck-Diagramms für Normalbeton und hochfesten Beton nach DIN EN 1992-1-1, Tabelle 3.1

f_{ck} [N/mm²]	≤ 50	55	60	70	80	90	100
f_{cd} [N/mm²]	≤ 60	67	75	85	95	105	115
ε_{c2} [‰]	2,0	2,2	2,3	2,4	2,5	2,6	2,6
ε_{cu2} [‰]	3,5	3,1	2,9	2,7	2,6	2,6	2,6
n	2,0	1,75	1,6	1,45	1,4	1,4	1,4

Bei der Bemessung ist grundsätzlich der Höchstwert der Betondruckspannung f_{cd} zugrunde zu legen:

$f_{cd} = \alpha_{cc} \cdot f_{ck} / \gamma_c$

Dabei sind:

f_{ck} Höchstwert der Betondruckspannung (Zylinderdruckfestigkeit)

α_{cc} Abminderungsbeiwert zur Berücksichtigung von Langzeitwirkung

γ_c Teilsicherheitsbeiwert von Beton

Der Teilsicherheitsbeiwert γ_c ergibt sich für die Ortbetonbauweise bei Bemessung unter der Grundkombination zu 1,5 und unter der außergewöhnlichen Kombination zu 1,3. Bei Fertigteilen darf bei einer werksmäßigen und ständig überwachten Herstellung $\gamma_c = 1,35$ angenommen werden.

Andere vereinfachte Spannungs-Dehnungs-Linien wie das bilineare Diagramm oder der rechteckige Spannungsblock sind zulässig, sofern sie dem Parabel-Rechteck-Diagramm im Hinblick auf die Verteilung der Druckspannungen gleichwertig sind.

Der Beiwert α_{cc} erfasst festigkeitsmindernde Einflüsse aus Mikrorissbildung unter dauernder Lasteinwirkung sowie andere ungünstige Einwirkungen, die von der Lasteinleitung herrühren. Der Wert α_{cc} sollte im Regelfall zu 0,85 angenommen werden. Für Kurzzeitbelastungen können auch höhere Werte für α_{cc} ($\alpha_{cc} \leq 1{,}0$) angesetzt werden. Für Leichtbeton ist bei Verwendung des Parabel-Rechteck-Diagramms und des Spannungsblocks der Wert $\alpha_{lcc} = 0{,}80$, bei Verwendung des bilinearen Diagramms auf $\alpha_{lcc} = 0{,}75$ zu setzen.

Die Angabe von Mindestbetondruckfestigkeiten in Abhängigkeit von der Betonfestigkeitsklasse, die beim Vorspannen vorliegen muss, ist in DIN EN 1992-1-1 nicht vorhanden. Die Betonfestigkeit bei Aufbringen oder Übertragen der Vorspannung darf in der Regel den in den entsprechenden Europäischen Technischen Zulassungen definierten Mindestwert nicht unterschreiten. Wird die Vorspannung in einem einzelnen Spannglied schrittweise aufgebracht, darf die erforderliche Betonfestigkeit reduziert werden. Die zugehörigen Werte der Mindestbetondruckfestigkeiten bei Teilvorspannung sind den entsprechenden Zulassungen zu entnehmen.

3.3 Betonstahl

Die Einteilung der Betonstähle nach DIN EN 1992-1-1 zeigt Abb. F.3.4.

```
            Betonstahl nach DIN EN 1992-1-1
           ┌─────────────────┬─────────────────┐
            normalduktil          hochduktil
           ├─────────────────┼─────────────────┤
            f_t/f_y ≥ 1,05    f_t/f_y ≥ 1,08; f_t/f_y ≥ 1,3
            ε_uk ≥ 25‰          ε_uk ≥ 50‰
            B500A              B500B
           └─────────────────┴─────────────────┘
                    f_yk = 500 N/mm²
                    gerippt, schweißgeeignet
              Temperaturbereich -60°C ≤ T ≤ +200°C
```

Abb. F.3.4 Einteilung der Betonstähle nach [DIN EN 1992-1-1]

Anforderungen an Betonstähle bezüglich ihrer mechanischen Eigenschaften sowie der anzuwendenden Prüfverfahren sind in den Euronormen DIN EN 10080 bzw. DIN 488 festgelegt.

Betonstähle im Sinne der DIN EN 1992-1-1 sind gerippt und schweißgeeignet. Für Betonstahl wird ein E-Modul von $E_s = 200.000$ N/mm² und eine Wärmedehnzahl von $10 \cdot 10^{-6}$ K^{-1} angenommen. Die Bemessung erfolgt aufgrund der Nennquerschnittsfläche und des Nenndurchmessers des Betonstahls mit einer idealisierten bilinearen Spannungs-Dehnungs-Linie (Abb. F.3.5) unter Berücksichtigung des Teilsicherheitsbeiwertes γ_s.

Die Bezeichnungen der Spannungs-Dehnungs-Linie von Betonstahl lauten:

γ_s Teilsicherheitsbeiwert für den Betonstahl ($\gamma_s = 1{,}15$ für Grundkombination)
f_{yk} charakt. Streckgrenze ($f_{yk} = 500$ N/mm²)
f_{tk} charakt. Zugfestigkeit ($f_{tk} = 525$ N/mm²)
f_{yd} Bemessungswert der Streckgrenze ($f_{yd} = f_{yk} / \gamma_s$)
ε_{ud} Dehnung bei Erreichen der rechnerischen Zugfestigkeit

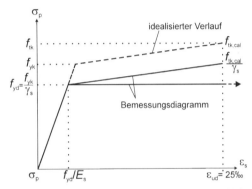

Abb. F.3.5 Idealisierte Spannungs-Dehnungs-Linie von Betonstahl nach DIN EN 1992-1-1 Bild 3.8

3.4 Spannstahl

3.4.1 Allgemeines

Um erfolgreich vorspannen zu können, muss der Spannstahl folgende Anforderungen erfüllen:

- Hohe Festigkeitswerte, um die Spannkraftverluste durch Kriechen und Schwinden des Betons oder durch Relaxation des Stahles gering zu halten.
- Durch gute Zähigkeit wird ein Sprödbruchversagen bei Kaltverformungen an den Verankerungen oder bei mechanischen Beschädigungen vermieden.
- Geringe Empfindlichkeit gegen Korrosion, insbesondere gegen Spannungsrisskorrosion.
- Für die Spannbettvorspannung und bei Verbundankern müssen die Voraussetzungen für hohe Verbundfestigkeit gegeben sein.

Eine höhere Stahlqualität kann durch nachfolgende Maßnahmen erzielt werden:
- Eine Anpassung der chemischen Zusammensetzung des Stahls, zum Beispiel durch Erhöhung des Kohlenstoffgehalts.
- Eine Verbesserung der Stahlstruktur durch Wärmebehandlung oder mechanische Nachbehandlung (z.B. Kaltverformung).

Spannstahl ist in verschiedenen Erscheinungsformen erhältlich:
- Gerippte oder glatte Stäbe mit Durchmessern ⌀12 bis ⌀36 nach Abb. F.3.6:
  Gerippte Stäbe besitzen bessere Verbundeigenschaften und bieten außerdem den wesentlichen Vorteil, dass sie an jeder beliebigen Stelle abgeschnitten und verankert bzw. gestoßen werden können. Die Stahlfestigkeit reicht von 835/1030 bis 1370/1570 N/mm².
- Drähte, mit Durchmessern ⌀4 bis ⌀10, sind meistens kaltgezogen und thermisch nachbehandelt (Abb. F.3.7) Die Drahtoberfläche ist glatt, gerillt oder gerippt. Die Festigkeiten liegen zwischen 835/1030 und 1570/1770 N/mm².
- Litzen, aufgebaut aus 3 oder 7 Drähten (Abb. F.3.8). Der Durchmesser der Einzeldrähte variiert zwischen 3 und 5 mm und Festigkeiten zwischen 1370/1570 und 1570/1770 N/mm².

Abb. F.3.6   Gerippter und glatter Spannstahl

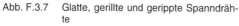

Abb. F.3.7   Glatte, gerillte und gerippte Spanndrähte

Abb. F.3.8   7-drahtige Litze

Anforderungen an Spannstähle bezüglich ihrer mechanischen Eigenschaften sowie der anzuwendenden Prüfverfahren sind in DIN EN 10138 (Spannstähle) festgelegt. Bis zu ihrer bauaufsichtlichen Einführung gelten die Festlegungen in den allgemeinen bauaufsichtlichen Zulassungen. Die für die Bemessung notwendigen Rechenwerte enthält DIN EN 1992-1-1.

3.4.2 Festigkeits- und Verformungseigenschaften

Als Spannstahl dürfen Drähte, Litzen und Stäbe mit bauaufsichtlicher Zulassung verwendet werden. Als charakteristische Werte werden die 0,1-%-Dehngrenze $f_{p0,1k}$ und die Zugfestigkeit f_{pk} definiert. Die Bezeichnungen entsprechen denen für Betonstahl jedoch mit dem Index p anstelle von s. Die Bemessung darf mit einer bilinearen Spannungs-Dehnungs-Linie unter Berücksichtigung des Teilsicherheitsbeiwertes γ_p (=1,15 für Grundkombination) erfolgen. Sofern nicht anders festgelegt, kann für den E-Modul E_p angenommen werden:
- Litzen: 195.000 N/mm²
- Stäbe: 205.000 N/mm²
- Drähte: 205.000 N/mm²

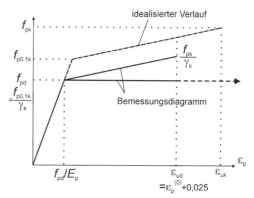

Abb. F.3.9   Idealisierte Spannungs-Dehnungs-Linie für Spannstahl nach DIN EN 1992-1-1 Bild 3.10

Die Bemessung erfolgt aufgrund der Nennquerschnittsfläche des Spannstahls. Für die Querschnittsbemessung ist die Spannstahldehnung auf $\varepsilon_{du} = \leq \varepsilon_p^{(0)} + 0,025 \leq 0,9 \cdot \varepsilon_{uk}$ zu begrenzen. Vereinfachend darf ein horizontaler oberer Ast auf dem Niveau $f_{p0,1k}/\gamma_s$ angenommen werden.

Generell weisen Spannstähle im Vergleich mit den Betonstählen hohe Zugfestigkeiten auf. Diese sind erforderlich, damit die Spannungsverluste im Spannstahl infolge des zeitabhängigen Verhaltens von Beton (Kriechen und Schwinden) vergleichsweise gering bleiben. Sie sind im Spannbeton ausnutzbar, weil durch den Vorspannvorgang eine hohe Vordehnung des Spannstahls gegenüber dem Beton erzeugt wird und somit der Spannungszuwachs im Spannstahl bei späterer Beanspruchung mit äußeren Lasten auf hohem Ausgangsniveau beginnt.

3.4.3 Ermüdungsverhalten

Bauteile mit häufigen Spannungsänderungen versagen bei einer geringeren Beanspruchung als Bauteile unter einer konstanten Dauerbeanspruchung. Diese als Ermüdung bezeichnete Erscheinung ist auf Risswachstum in den verwendeten Baustoffen zurückzuführen, das im Allgemeinen nur bei wechselnder Beanspruchung stattfindet. Endgültiges Versagen tritt ein, wenn der durch die Rissbildung reduzierte Querschnitt nicht mehr in der Lage ist, die Spitzenbelastung aufzunehmen (Stahlversagen) bzw. wenn der Querschnitt durch vermehrte Querrissbildung die aufgebrachte Druckbeanspruchung nicht mehr ertragen kann (Betonversagen).

In der Regel führen Ermüdungserscheinungen zu einer kontinuierlichen Abnahme der Gebrauchsfähigkeit eines Bauteils (Zunahme von Rissbreiten und Durchbiegung), so dass ein Versagen angekündigt wird. Insbesondere in Verbindung mit Korrosionseinwirkungen ist jedoch auch ein unangekündigtes Versagen möglich. Während Ermüdungsnachweise im Stahlbau üblich sind, werden sie im Stahlbeton- und Spannbetonbau wegen des hohen Eigengewichtsanteiles und der großen Steifigkeit deutlich seltener geführt. Nur tragende Bauteile, die beträchtlichen Spannungsänderungen unter nicht vorwiegend ruhenden Lasten unterworfen sind, müssen für Ermüdung bemessen werden, wobei der Ermüdungsnachweis getrennt für Beton und Stahl zu führen ist. Die wichtigsten Kenngrößen einer zyklischen Beanspruchung sind in Abb. F.3.10 dargestellt.

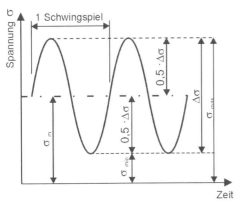

σ_m Mittelspannung
σ_{max} maximale Spannung, Oberspannung
σ_{min} minimale Spannung, Unterspannung
$\Delta\sigma$ Spannungsschwingbreite, Spannungsamplitude

Abb. F.3.10 Bezeichnungen

Die Ermüdungsfestigkeit eines Baustoffes wird im Regelfall in mehreren Versuchen unter einer zyklischen Beanspruchung mit unterschiedlicher, aber jeweils konstanter Schwingbreite ermittelt (Einstufenversuche). Der sich ergebende Zusammenhang zwischen Schwingbreite und ertragbarer Lastspielzahl wird Wöhlerlinie genannt. Der Oberbegriff Ermüdungsfestigkeit lässt sich in die Bereiche Kurzzeitfestigkeit, Zeitfestigkeit und Dauerfestigkeit unterteilen. Die Kurzzeitfestigkeit kann nur für quasi-statische Beanspruchungen ausgenutzt werden, der Zeitfestigkeitsbereich umfasst Lastspielzahlen bis $n = 2 \cdot 10^6$. Lastspielzahlen, $n > 2 \cdot 10^6$ fallen in den Dauerfestigkeitsbereich (Abb. F.3.11).

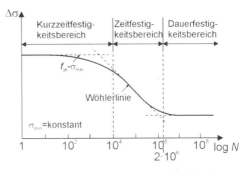

Abb. F.3.11 Bereiche der Ermüdungsfestigkeit

Üblicherweise wird die Wöhlerlinie bilinear angenähert (Abb. F.3.12) mit einer stärker geneigten Gerade im Zeitfestigkeitsbereich und einer flacheren Gerade im Dauerfestigkeitsbereich bei logarithmischer Auftragung von Spannungsamplitude und Lastspielzahl. Eine wirkliche Dauerfestigkeit, d.h. ein Schwellenwert der Spannungsamplitude, unter dem keine Ermüdung eines Bauteiles mehr zu erwarten ist, wird nicht angenommen.

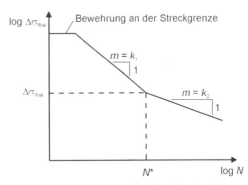

Abb. F.3.12 Wöhlerlinien für die charakteristische Ermüdungsfestigkeit von Spannstählen nach DIN EN 1992-1-1, Bild 6.30

Zur Beurteilung des Dauerfestigkeitsverhaltens von Spannstählen, Spanngliedern sowie ihren Verankerungen und Koppelungen dienen die Ergebnisse von Dauerschwingversuchen. Für frei schwingend geprüfte Proben aus Spannstahllitzen werden in Abb. F.3.13 die Dauerschwingfestigkeiten $2\cdot\sigma_A$ $(=\Delta\sigma)$ zur Grenzlastspielzahl $N = 2\cdot10^6$ für unterschiedlich hohe Mittelspannungen σ_m angegeben, wie sie in den Spannstahlzulassungen aufgeführt sind.

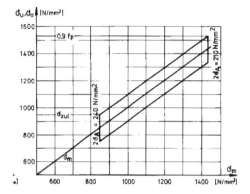

Abb. F.3.13 Dauerfestigkeitsschaubild nach Smith für freischwingend geprüfte Spannstahllitzen St 1570/1770, Nenndurchmesser 12,5 mm (0,5")

Diese vergleichsweise hohen ertragbaren Amplituden sind nicht ohne weiteres auf vorgespannte Bauteile mit einbetonierten Spanngliedern und Verankerungen übertragbar. So treten bei dynamisch belasteten Spannbetonträgern mit Rissbildung im Bereich von Spanngliedern Reibdauerbeanspruchungen an den Spannstählen auf, durch die die Ermüdungsfestigkeit teilweise erheblich reduziert wird (Abb. F.3.14). Ursache ist die gleichzeitige Wirkung von

- Scheuerbewegungen der Spannstähle am Hüllrohr beim wiederholten Öffnen und Schließen der Risse und
- von Umlenkpressungen an diesen Scheuerstellen.

Weitere Untersuchungen finden sich in [Cordes – 86] und [Abel – 96].

Wichtig ist das Ermüdungsverhaltens von Spanngliedkoppelungen, die z.B. bei der abschnittsweisen Herstellung von Brückenbauwerken benötigt werden. Hier liegt die ertragene Schwingbreite für eine Lastspielzahl $N = 2 \cdot 10^6$ – je nach Aufbau des Koppelankers – zwischen 80 und 100 N/mm². Die zulässigen Schwingbreiten reduzieren sich damit auf Werte der Größenordnung $\Delta\sigma_p = 60$ N/mm². Unter dynamischen Einwirkungen aus Verkehr können solche Spannungsamplituden in Bauwerken durchaus auftre-

ten, so dass Dauerfestigkeitsnachweise hierfür in der Regel zu führen sind [König/Gebhardt – 86].

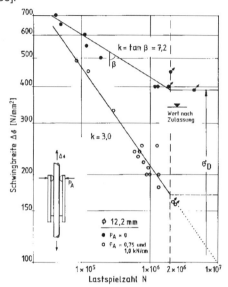

Abb. F.3.14 Wöhlerlinien für freischwingende Proben und Proben mit Reibdauerbeanspruchung beim vergüteten Spannstahl 1420/1570, $\varnothing$ 12,2 [Bökamp – 90]

Rechenwerte für den Nachweis auf Einhaltung des Grenzzustandes der Ermüdungsfestigkeit, der für dynamisch beanspruchte Bauwerke wie z.B. Brücken zu erbringen ist, sind in DIN EN 1992-1-1 wie folgt eingegangen:

- Für die ertragbare Spannungsamplitude des Spannstahls $\Delta\sigma_{Rsk}(N)$ ist ein Rechenwert nach der Wöhlerlinie Abb. F.3.12 anzusetzen, wobei die besonderen Einsatzbedingungen (z.B. gekrümmte Spannglieder mit Reibkorrosionseinfluss) mit den Kennwerten nach Tafel F.3.2 zu berücksichtigen sind.
- Für den Ermüdungsnachweis der Betonstähle finden sich entsprechende Wöhlerlinien und Zahlentafeln wie für den Spannstahl. Dabei muss zusätzlich berücksichtigt werden, dass sich im Betonstahl aufgrund seines besseren Verbundverhaltens höhere Spannungen als für den Spannstahl ergeben. Dieses wird mit dem Erhöhungsfaktor η erfasst

$$\eta = \frac{A_s + A_p}{A_s + A_p\sqrt{\xi \cdot (\phi_s / \phi_p)}}$$

wobei der Verbundkennwert ξ als Verhältnis von Verbundfestigkeit von Spannstahl zu gerripptem Betonstahl ist. Die Verbundkennwerte ξ sind in Tafel F.3.3 zusammengestellt. Die zugehörige Entlastung des Spanngliedes wird nicht in Ansatz gebracht.

Tafel F.3.2 Wöhlerlinien für die charakteristische Ermüdungsfestigkeit von Spannstählen nach DIN EN 1992-1-1 Tabelle 6.4DE

Spannstahl [a]	N^*	Spannungsexponent k_1	Spannungsexponent k_2	$\Delta\sigma_{Rsk}$ [N/mm²] bei N^* Zyklen [b] Klasse 1	$\Delta\sigma_{Rsk}$ [N/mm²] bei N^* Zyklen [b] Klasse 2
im sofortigen Verbund	10^6	5	9	185	120
im nachträglichen Verbund					
Einzellitzen in Kunststoffhüllrohren	10^6	5	9	185	120
gerade Spannglieder, gekrümmte Spannglieder in Kunststoffhüllrohren	10^6	5	9	150	95
gekrümmte Spannglieder in Stahlhüllrohren	10^6	3	7	120	75

[a] Sofern nicht andere Wöhlerlinien durch eine Zulassung oder Zustimmung im Einzelfall für die Einbausitutation vorliegen.
[b] Werte im eingebauten Zustand: Spannstähle werden in zwei Klassen eingeteilt. Werte für Klasse 1 sind durch die allgemeine bauaufsichtliche Zulassung für den Spannstahl nachzuweisen.

Tafel F.3.3 Verhältnis der Verbundfestigkeit ξ von Spannstahl zur Verbundfestigkeit von Betonrippenstahl nach DIN EN 1992-1-1, Tabelle 6.2

Spannstahl	ξ sofortiger Verbund		ξ nachträglicher Verbund	
	≤ C50/60	≥ C70/85	≤ C50/60	≥ C70/85
glatte Stäbe und Drähte	X		0,3	0,15
Litzen	0,6	0,30	0,5	0,25
profilierte Drähte	0,7	0,35	0,6	0,30
gerippte Drähte	0,8	0,40	0,7	0,35

Werte zwischen C50/60 und C70/85 dürfen interpoliert werden.

Die Werte der Spannungsschwingbreite $\Delta\sigma_{Rsk}$ sind für die Bemessung im eingebauten Zustand angegeben. Wegen der Reibkorrosion sind diese ca. 25 % – 35 % niedriger als die Versuchsergebnisse an freien Proben. Die Werte werden in den allgemeinen bauaufsichtlichen Zulassungen produktbezogen überprüft und liegen bei einigen Spannstählen auf dem niedrigeren Niveau der Klasse 2. Die Werte der Klasse 2 werden i. d. R. durch alle zugelassenen Spannstähle erreicht und können ohne weiteres angesetzt werden. Die höheren Werte der Klasse 1 dürfen angesetzt werden, wenn ein Spannstahl verwendet wird, für den im Zulassungsverfahren diese Werte nachgewiesen wurden. Insoweit ist die allgemeine bauaufsichtliche Zulassung des verwendeten Spannstahls der Klasse 1 dahingehend in Bezug zu nehmen (auf den Ausführungsunterlagen). Dies gilt nach DAfStb-Heft 600 [DAfStb-H600 – 12] analog auch für DIN 1992-1-1.

3.5 Hüllrohre

Verwendet werden Wellrohre (längsgeschweißt) oder Falzrohre (spiralgefalzt) aus Stahlblech. Die Schraubmuffen und Übergangshülsen bestehen in der Regel aus Kunststoff. Für die Anforderungen an die Hüllrohre gilt DIN EN 523 „Hüllrohre für Spannglieder" [DIN EN 523 – 03] für die Anforderungen und DIN EN 524 [DIN EN 524 – 97] für die Prüfverfahren.

3.6 Einpressmörtel

Das Herstellen des Verbundes zwischen Beton und Spannstahl mit Einpressmörtel erfolgt zur Sicherstellung einer schubfesten Verbindung der Druck- und Zugstreben des Fachwerks an den Zuggurt und zum Korrosionsschutz für den Spannstahl. Der Einpressmörtel soll durch lückenloses Umhüllen der Spannstähle und Ausfüllen der Hohlräume des Spannkanals den Spannstahl dauerhaft gegen Korrosion schützen. Hieraus leiten sich Anforderungen bezüglich Fließvermögen und zulässiger Absetzmaße des Einpressmörtels ab. Mangelhaft verpresste Hüllrohrabschnitte sind – wie Bauwerksuntersuchungen erkennen lassen – häufig der Ausgangspunkt für korrosive Schädigungen des Spannstahls.

Einpressmörtel besteht aus Zement, Wasser und einer Einpresshilfe. Nach dem Mischen des Mörtels werden seine Temperatur und Fließvermögen noch vor dem Einpressen in das Hüllrohr als Absicherung gegen zu frühes Erstarren geprüft. Weiterhin ist durch das Absetz- bzw. Quellmaß qualitativ der Verlauf der Raumänderung innerhalb der ersten 100 h nach der Herstellung des Einpressmörtels zu ermitteln. Normative Regelungen finden sich in [DIN EN 446 – 08] „Einpressverfahren" und [DIN EN 447 – 08] „Einpressmörtel".

3.7 Zeitabhängiges Materialverhalten

3.7.1 Allgemeines

Das Trag- und Verformungsverhalten von Spannbetonbauteilen wird wesentlich vom zeitabhängigen Materialverhalten der verwendeten Werkstoffe beeinflusst. Deshalb ist es notwendig, das Langzeitverhalten der Baustoffe näher zu betrachten. Zur Beschreibung des zeitabhängigen Materialverhaltens werden die Begriffe Kriechen, Schwinden und Relaxation verwendet. Abb. F.3.15 stellt die Zusammenhänge grafisch dar.

Als Kriechen bezeichnet man die zeitabhängige Verformungszunahme des Betons unter einer konstanten Spannung. Schwinden ist spannungsunabhängig und stellt die Verkürzung des Betons im Laufe der Zeit infolge Feuchtigkeitsabgabe dar. Relaxation ist der Abfall der Spannungen in einem Körper, wenn nach anfänglicher Dehnung unter der Belastung keine weiteren Längenänderungen aufgebracht werden.

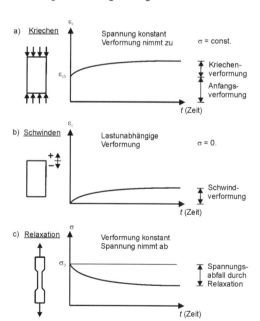

Abb. F.3.15 Definition von a) Kriechen, b) Schwinden und c) Relaxation

3.7.2 Schwinden des Betons

Beton gibt in trockener Umgebung Feuchte ab und trocknet aus. In Wasser gelagert oder in feuchter Umgebung nimmt er Wasser auf. Die durch die Trocknung verursachte Volumenabnahme wird als Schwinden bezeichnet, die bei der Wasseraufnahme auftretende Volumenzunahme als Quellen. Da Normalzuschlag im Allgemeinen nicht schwindet, hängen Schwinden und Quellen maßgeblich vom Volumen und von der Zusammensetzung des Zementsteins ab. Außerdem spielen die Feuchte der umgebenden Luft und die Bauteilabmessungen eine entscheidende Rolle. Das Schwinden ist nahezu lastunabhängig. Man unterscheidet zwischen dem Frühschwinden, das durch Verdunsten des Überschusswassers und Austrocknung in den ersten Tagen entsteht, dem chemischen Schwinden, das durch den Wasserentzug bei der Hydratation verursacht wird, und dem Trocknungsschwinden infolge der Austrocknung des Zementsteins.

Sowohl der zeitliche Verlauf als auch das Endschwindmaß sind von vielen Einflussfaktoren abhängig. Die Ermittlung eines Schwindmaßes ist deshalb immer mit erheblichen Unsicherheiten verbunden. Die Schwindverformungen des Betons werden verstärkt bei:

- kleiner relativer Luftfeuchtigkeit
- großem Verhältnis Oberfläche zu Volumen
- hoher Lufttemperatur
- großem w/z-Wert
- Zement mit hoher Mahlfeinheit
- großem Zementgehalt
- ungenügender Feuchtehaltung des jungen Betons

Beim Spannbeton ist vor allem die durch das Schwinden bedingte Längenänderung des Betons in Richtung des Spannstahles interessant, weil sie zu entsprechenden Verringerungen der Dehnung des Spannstahls und damit zu einem Abfall der Vorspannkraft führt.

Die Gesamtschwinddehnung ε_{cs} setzt sich wie in DIN EN 1992-1 aus dem Trocknungsschwinden ε_{cd} und dem autogenen bzw. chemischen Schwinden ε_{ca}, kurz Schrumpfen genannt, zusammen:

$$\varepsilon_{cs} = \varepsilon_{cd} + \varepsilon_{ca}$$

Der Endwert der Trocknungsschwinddehnung beträgt:

$$\varepsilon_{cd,\infty} = k_h \cdot \varepsilon_{cd,0}$$

Mit:

$\varepsilon_{cd,0}$ Grundwert der unbehinderten Trocknungsschwinddehnung nach Tafel F.3.4

k_h Koeffizient abhängig von der wirksamen Querschnittsdicke h_0 nach Tafel F.3.5

Die zeitabhängige Entwicklung der Trocknungsschwinddehnung folgt aus:

$\varepsilon_{cd}(t) = \beta_{ds}(t, t_s) \cdot k_h \cdot \varepsilon_{cd,0}$

Dabei sind:

k_h Koeffizient in Abhängigkeit von der wirksamen Querschnittsdicke nach Tafel F.3.5

$$\beta_{ds}(t, t_s) = \frac{(t - t_s)}{(t - t_s) + 0.04\sqrt{h_0^3}}$$

t das Alter des Betons in Tagen zum betrachteten Zeitpunkt
t_s das Alter des Betons in Tagen zu Beginn des Trocknungsschwindens (oder des Quellens). Normalerweise das Alter am Ende der Nachbehandlung.
h_0 die wirksame Querschnittsdicke (mm) $h_0 = 2A_c / u$
A_c die Betonquerschnittsfläche
u die Umfangslänge der dem Trocknen ausgesetzten Querschnittsflächen. Bei Hohlkästen einschließlich 50 % des inneren Umfangs.

Tafel F.3.4 Grundwerte für die unbehinderte Trocknungsschwinddehnung $\varepsilon_{cd,0}$ (in ‰) für Beton mit Zement CEM Klasse N nach DIN EN 1992-1-1, Tabelle 3.2

$f_{ck}/f_{ck,cube}$	Relative Luftfeuchte (in %)					
(N/mm²)	20	40	60	80	90	100
20/25	0,62	0,58	0,49	0,30	0,17	
40/50	0,48	0,46	0,38	0,24	0,13	
60/75	0,38	0,36	0,30	0,19	0,10	0
80/95	0,30	0,28	0,24	0,15	0,08	
90/105	0,27	0,25	0,21	0,13	0,07	

Weitere Grundwerte für die unbehinderte Trocknungsschwinddehnung $\varepsilon_{cd,0}$ sind für die Zementklassen S, N, R und die Luftfeuchten RH = 40 % bis RH = 90 % im Anhang B von DIN EN 1992-1-1 als Tabellen NA.B.1 bis NA.B.3 ergänzt.

Tafel F.3.5 k_h-Werte nach DIN EN 1992-1-1, Tabelle 3.3

h_0 [mm]	k_h
100	1,0
200	0,85
300	0,75
≥ 500	0,70

Die autogene Schwinddehnung ergibt sich aus

$\varepsilon_{ca}(t) = \beta_{as}(t) \cdot \varepsilon_{ca}(\infty)$

Mit:

$\varepsilon_{ca}(\infty) = 2{,}5 \cdot (f_{ck} - 10) \cdot 10^{-6}$

$\beta_{as}(t) = 1 - e^{-0{,}2 \cdot \sqrt{t}}$ (t in Tagen)

3.7.3 Kriechen des Betons

Unter länger einwirkender Belastung nehmen die zeitabhängigen Verformungen des Betons ständig zu und kommen erst nach Jahren zum Stillstand. Verlauf und Ausmaß des Kriechens sind hauptsächlich von folgenden Faktoren abhängig:

- Klima, insbesondere Temperatur und Luftfeuchtigkeit beim Erhärten und während der Belastung,
- Zementmenge und Zementart,
- Wasser-Zement-Wert
- Querschnittsabmessungen des Bauteils,
- Höhe der Beanspruchung,
- Kornaufbau, Kornform und Gesteinsart der Zuschlagstoffe,
- Verdichtungsgrad des Betons.

Das Kriechen setzt sich nach Abb. F.3.16 aus zwei Anteilen zusammen:

- Einem reversiblen Anteil, der auch als verzögert elastische Elastizität bzw. bei einer Entlastung als Rückkriechen bezeichnet wird,
- einem irreversiblen Verformungsanteil, der auch als Fließen bezeichnet wird.

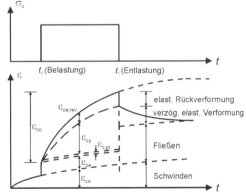

Abb. F.3.16 Spannungen und Verformungen beim Kriechversuch

Die beiden Anteile verlaufen zeitlich verschieden. Der reversible Anteil wird durch das Alter des Betons wenig beeinflusst und erreicht schon nach relativ kurzer Zeit seinen Endwert. Der irreversible Fließanteil ist dagegen stark vom

Betonalter abhängig und erreicht seinen Endwert erst nach langer Zeit.

Zur Vereinfachung der Berechnung und in Anbetracht der Streuungen der kriecherzeugenden Faktoren werden zur Abschätzung der Kriechverformung folgende Annahmen getroffen:
- Kriechen und Schwinden sind voneinander unabhängig.
- Es wird eine lineare Beziehung zwischen den Kriechverformungen und den kriecherzeugenden Spannungen angenommen.
- Einflüsse aus ungleichmäßigen Temperatur- und Feuchtigkeitsverläufen werden vernachlässigt.
- Die Gültigkeit des Superpositionsprinzips wird auch für solche Einflüsse angenommen, die zu verschiedenen Altersstufen des Betons auftreten.
- Die obigen Annahmen gelten auch für zugbeanspruchten Beton.

Da im Allgemeinen die Auswirkungen des Kriechens nur für den Zeitpunkt $t = \infty$ zu berücksichtigen sind, kann vereinfacht mit den Endkriechzahlen $\varphi(\infty,t_0)$ gemäß Abb. F.3.18 oder Abb. F.3.19 gerechnet werden.

Die Kriechdehnung des Betons $\varepsilon_{cc}(\infty,t_0)$ zum Zeitpunkt $t = \infty$ darf bei konstanter kriecherzeugender Spannung wie folgt berechnet werden:

$$\varepsilon_{cc}(\infty,t_0) = \varphi(\infty,t_0) \cdot \frac{\sigma_c}{E_c}$$

Dabei sind:

$\varphi(\infty,t_0)$ Endkriechzahl; darf in Abhängigkeit von der Luftfeuchte vereinfachend Abb. F.3.18 bzw. Abb. F.3.19 entnommen werden; für mittlere Luftfeuchten unter 50 % und zwischen 50 % und 80 % darf linear extrapoliert bzw. linear interpoliert werden

E_c der Elastizitätsmodul des Betons als Tangente im Ursprung der Spannungs-Dehnungs-Linie. Vereinfachend kann $E_c = 1{,}05\,E_{cm}$ angenommen werden; dabei ist E_{cm} der mittlere Sekantenmodul des Betons.

σ_c die kriecherzeugende Betonspannung

t_0 das Betonalter bei Belastungsbeginn in Tagen

Die Zementtypklassen unterteilen sich in:
- Klasse S: CEM 32,5 N
- Klasse N: CEM 32,5 R, CEM 42,5 N
- Klasse R: CEM 42,5 R, CEM 52,5 N, CEM 52,5 R

Die Ablesung aus den Nomogrammen gemäß Abb. F.3.18 und Abb. F.3.19 zeigt Abb. F.3.17.

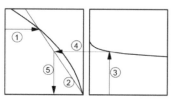

Der Schnittpunkt der Linien 4 und 5 kann über dem Punkt 1 liegen

Für $t_0 > 100$ darf $t_0 = 100$ angenommen werden.

Abb. F.3.17 Hinweis zur Nutzung von Abb. F.3.18 und Abb. F.3.19

Zur Berechnung der Kriechzahl zu einem beliebigen Zeitpunkt sind Angaben in DIN EN 1992-1-1, Anhang B vorhanden. Zusätzlich werden in DIN EN 1992-1-1 Angaben zum Vorgehen gemacht, wenn die Betondruckspannung im Alter t_0 den Wert $0{,}45 \cdot f_{ck}(t_0)$ übersteigt. In diesem Fall ist in der Regel die Nichtlinearität des Kriechens zu berücksichtigen. Diese hohen Spannungen können z.B. durch Vorspannung mit sofortigem Verbund entstehen, z. B. bei Fertigteilen im Bereich der Spannglieder. In diesen Fällen darf die nichtlineare rechnerische Kriechzahl wie folgt ermittelt werden:

$$\varphi_{nl}(\infty, t_0) = \varphi(\infty,t_0) \cdot e^{1{,}5 \cdot (k_\sigma - 0{,}45)}$$

Dabei sind:

$\varphi_{nl}(\infty, t_0)$ nichtlineare rechnerische Kriechzahl

k_σ Spannungs-Festigkeitsverhältnis $\sigma_c / f_{ck}(t_0)$, wobei σ_c die Druckspannung ist und $f_{ck}(t_0)$ der charakteristische Wert der Betondruckfestigkeit zum Zeitpunkt der Belastung

Die so ermittelte nichtlineare rechnerische Kriechzahl $\varphi_{nl}(\infty, t_0)$ kann dann in den Berechnungen statt der Endkriechzahl $\varphi(\infty,t_0)$ angesetzt werden.

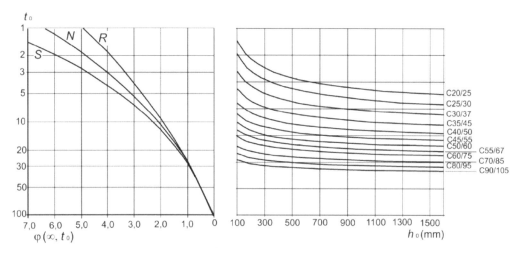

Abb. F.3.18 Endkriechzahl $\varphi\,(\infty,t_0)$ für Normalbeton und trockene Umgebungsbedingungen (trockene Innenräume, RH = 50 %)

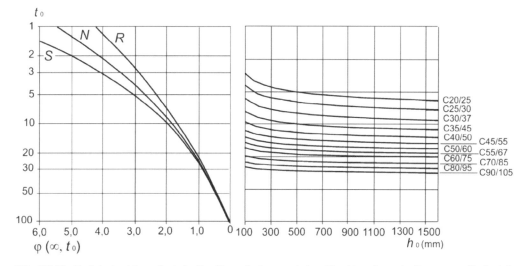

Abb. F.3.19 Endkriechzahl $\varphi\,(\infty,t_0)$ für Normalbeton und feuchte Umgebungsbedingungen (Außenluft, RH = 80 %)

3.7.4 Spannstahlrelaxation

Unter Relaxation versteht man den Spannungsverlust bei konstanter Dehnung. Hochfeste Spannstähle weisen schon unter normalen Klimaverhältnissen ein signifikantes zeitabhängiges Materialverhalten auf. Unter den hohen, ständig wirkenden Gebrauchsspannungen treten Spannungsverluste infolge Relaxation des Spannstahls auf.

Die Relaxation hängt im Wesentlichen von der Spannstahlsorte und der Anfangsspannung im Spannstahl ab. Tafel F.3.6 nennt Rechenwerte nach deutscher Zulassung für Spannstahllitzen. Die Zulassungen enthalten in der Regel auch Angaben zu der erhöhten Relaxation bei Wärmebehandlung von Spannbetonfertigteilen. Man kann der Tafel entnehmen, dass bei Ausnutzung großer zulässiger Spannstahlspannung vergleichsweise hohe Spannungsverluste auftreten, so dass der vermeintliche Vorteil der großen zulässigen Spannstahlspannung beim Vorspannen erheblich schrumpfen kann.

Tafel F.3.6 Typische Rechenwerte für Spannungsverluste $\Delta\sigma_{p,t}$ in % der Anfangsspannung σ_{pm0} bei Litzen mit sehr niedriger Relaxation

R_i/R_m $\approx \sigma_{pm0}/f_{pk}$	Zeit nach dem Vorspannen in [h]						
	1	10	$2\cdot 10^2$	10^3	$5\cdot 10^3$	$5\cdot 10^5$	10^6
0,50							
0,55			<1,0			1,0	1,2
0,60				1,2		2,5	2,8
0,65				1,3	2,0	4,5	5,0
0,70			1,0	2,0	3,0	6,5	7,0
0,75		1,2	2,5	3,0	4,5	9,0	10,0
0,80	1,0	2,0	4,0	5,0	6,5	13,0	14,0

In DIN EN 1992-1-1 werden drei Relaxationsklassen nach den Spannungsverlusten im Versuch nach 1000 Stunden bei 20 °C mit konstanter Dehnung bei $\sigma_p = 0{,}7 f_{p,test}$ definiert:

- Klasse 1: Drähte oder Litzen – normale Relaxation mit $\rho_{1000} = 8\,\%$;
- Klasse 2: Drähte oder Litzen – niedrige Relaxation mit $\rho_{1000} = 2{,}5\,\%$;
- Klasse 3: warmgewalzte und vergütete Stäbe mit $\rho_{1000} = 4\,\%$.

Spannstähle mit normaler Relaxation sind praktisch nicht mehr am Markt und werden in EN 10138: „Spannstähle" auch nicht mehr behandelt. Die obigen Angaben gelten nach dem nationalen Anhang zu DIN EN 1992-1-1 nicht für Deutschland. Die Spannungsänderung $\Delta\sigma_{pr}$ infolge Relaxation ist den Spannstahlzulassungen zu entnehmen. Da sich die zeitabhängigen Betonverformungen und die Spannstahlrelaxation gegenseitig beeinflussen, muss letztere iterativ bestimmt werden. Ein Verfahren zur Berechnung der Spannkraftverluste aus Relaxation ist im Anhang D zu DIN EN 1992-1-1 beschrieben.

DIN EN 1992-1-1 ersetzt die Iteration durch eine Abminderung von $\Delta\sigma_{pr}$ auf 80 %. der Angaben in der Spannstahlzulassung für das Verhältnis der Ausgangsspannung zur charakteristischen Zugfestigkeit σ_p/f_{pk}.

4 Schnittgrößenermittlung

4.1 Allgemeines

Prinzipiell gelten für Spannbetontragwerke die Regeln der Schnittgrößenermittlung aus dem Stahlbetonbau (z.B. für Idealisierung und Vereinfachungen). Zur Schnittgrößenermittlung sind daher folgende Verfahren anwendbar:

- lineare Berechnung nach der Elastizitätstheorie mit und ohne Schnittgrößenumlagerung;
- nichtlineare Berechnungsverfahren;
- plastische Berechnungsverfahren.

Bei der Schnittgrößenermittlung und den Spannungsnachweisen ist Folgendes zu beachten:

- Das statische System ist möglichst wirklichkeitsgetreu abzubilden. Merkliche Einspannungen dürfen nicht vernachlässigt werden, da die Vorspannung Einspannmomente hervorrufen kann, deren Weiterleitung verfolgt werden muss.
- Veränderliche Trägheitsmomente müssen bei Spannbeton mehr als im Stahlbeton üblich berücksichtigt werden, da sie sich auf die statisch unbestimmten Anteile der Schnittgrößen erheblich auswirken.
- Bei den Querschnittswerten dürfen keine Querschnittsteile (z. B. mitwirkende Breite von Platten an Plattenbalken oder Kastenträgern) vernachlässigt werden.
- Bei Spannbetontragwerken können die durch Spannkanäle bedingten Hohlräume im Querschnitt die Spannungen infolge der Lastfälle vor Herstellen des Verbundes wesentlich beeinflussen. Daher wird bei Vorspannung mit nachträglichem Verbund zwischen Lastfällen vor und nach Herstellen des Verbundes unterschieden. Bei der Spannungsberechnung müssen also die entsprechenden Querschnittswerte eingesetzt werden. Es wird zwischen brutto, netto und ideellen Querschnittswerten unterschieden.

Die Verfahren zur Schnittgrößenermittlung müssen sicherstellen, dass die Gleichgewichtsbedingungen erfüllt sind. Werden die Verträglichkeitsbedingungen für die Grenzzustände nicht explizit nachgewiesen, muss sichergestellt sein, dass das Tragwerk bis zum Erreichen des Grenzzustandes der Tragfähigkeit ausreichend verformungsfähig ist und kein unzulässiges Verhalten im Grenzzustand der Gebrauchstauglichkeit auftritt. Auswirkungen aus der Theorie II. Ordnung müssen berücksichtigt werden, wenn sie einen wesentlichen Anstieg der Schnittgrößen hervorrufen. Die Auswirkungen aus zeitabhängigem Verhalten auf die Schnittgrößen sind in Spannbetontragwerken in der Regel zu berücksichtigen, da sie von Bedeutung sind.

Die Vorspannung mit Spanngliedern kann entweder als Einwirkung von Anker- und Umlenkkräften (Einwirkungsseite) oder als Dehnungszustand mit entsprechender Vorkrümmung (Widerstandsseite) berücksichtigt werden. In vorgespannten Tragwerken sollte bei Anwendung linear-elastischer Verfahren der Schnittgrößenermittlung die statisch unbestimmte Auswirkung der Vorspannung als Einwirkung berücksichtigt werden. Bei Anwendung nichtlinearer Verfahren, sowie bei der Ermittlung der erforderlichen Rotation bei Verfahren nach der Plastizitätstheorie sollte die Vorspannung als Vordehnung mit entsprechender Krümmung berücksichtigt werden. Die Ermittlung des statisch unbestimmten Moments aus Vorspannung entfällt dann, da bei diesem Verfahren die Schnittgrößen infolge Vorspannung nicht getrennt von den Lastschnittgrößen ausgewiesen werden können. Bei Verfahren nach der Plastizitätstheorie muss das Rotationsvermögen nachgewiesen werden.

Für Tragwerke mit externer Vorspannung gilt:
- Die Spannglieder dürfen auf der freien Länge zwischen Umlenkelementen als gerade angenommen werden.
- Die Dehnung ist zwischen zwei aufeinanderfolgenden Kontaktpunkten mit dem Tragwerk als konstant anzunehmen. Die Dehnung ist unter Berücksichtigung der Tragwerksverformung zu bestimmen.
- Bei einer linear-elastischen Schnittgrößenermittlung für das ganze Tragwerk darf der Spannungszuwachs vernachlässigt werden.

Für Spannglieder ohne Verbund sollte die Schnittgrößenermittlung unter Ansatz der Vorspannung mit Spanngliedern als Einwirkung von Anker- und Umlenkkräften durchgeführt werden. Dabei sollte der Anstieg der Spanngliedkraft von im Betonquerschnitt geführten Spanngliedern infolge der Verformung des Tragwerks über den Spannbettzustand hinaus berücksichtigt werden.

4.2 Einwirkungen

Spannbetonbauteile sind im Bauwerk verschiedenen Einwirkungen nach Abb. F.4.1 ausgesetzt. Sie rühren aus der natürlichen Umwelt (z.B. Wind, Schnee, Erdbeben, Temperaturänderungen, Karbonatisierung) und aus der menschlichen Nutzung (z.B. ständig wirkenden Eigenlasten, veränderliche Verkehrslasten, Vorspannung) her. Der europäische Lastcode DIN EN 1991 „Einwirkungen auf Bauwerke" (Eurocode 1) spezifiziert diese Einwirkungen bauartübergreifend.

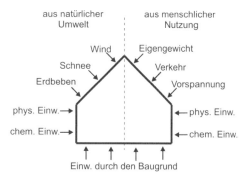

Abb. F.4.1   Einwirkungen auf Tragglieder

Der Eurocode 1 ist unterteilt in folgende Unterkaptiel:
- Allgemeine Einwirkungen auf Tragwerke (DIN EN 1991-1-1)
- Brandeinwirkungen (DIN EN 1991-1-2)
- Schneelasten (DIN EN 1991-1-3)
- Windlasten (DIN EN 1991-1-4)
- Temperatureinwirkungen (DIN EN 1991-1-5)
- Einwirkungen während der Bauausführung (DIN EN 1991-1-6)
- Außergewöhnlichen Einwirkungen (DIN EN 1991-1-7)
- Verkehrslasten auf Brücken (DIN EN 1991-2)
- Einwirkungen infolge von Kranen und Maschinen (DIN EN 1991-3)
- Einwirkungen auf Silos und Flüssigkeitsbehälter (DIN EN 1991-4)

Die Einwirkungen von Erdbeben sind separat in DIN EN 1998-1 geregelt.

Die charakteristischen Werte der Einwirkungen liegen mit dem Eurocode 1 und den zugehörigen Nationalen Anwendungsdokumenten (NAD) vor. Der EC 1 gilt für den EC 2 als zugehörige Lastnorm.

Mit diesen Einwirkungen werden in der Regel folgende Grenzzustände untersucht:
- Grenzzustände der Tragfähigkeit (Ultimate Limit States, abgekürzt ULS).
- Grenzzustände der Gebrauchstauglichkeit (Serviceability Limit States, abgekürzt SLS)

Im Bereich der SLS handelt es sich dabei um die Grenzzustände bei Überschreitung von zulässigen Spannungen (z.B. Dekompression), von kritischen Rissbildungen und Tragwerksverformungen. Im ULS zählen dazu u.a. kritische Dehnungszustände auf der Zugseite bzw. Druckseite des Querschnitts, durch welche die Beanspruchbarkeit bzw. die Widerstandsfähigkeit des Tragelementes begrenzt wird.

Große Bedeutung für das Gebrauchsverhalten von statischen unbestimmten Systemen haben Zwangsbeanspruchungen aus Temperaturänderungen. Die Folgen dieser Temperatureinwirkungen – beispielsweise Rissbildungen – werden anhand Abb. F.4.2 erläutert.

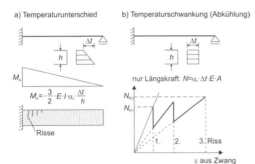

Abb. F.4.2   Zwangsbeanspruchungen und Rissbildungen aus Temperaturänderungen bei einem statisch unbestimmten System

In beiden Fällen werden durch die Rissbildung im Beton die Steifigkeiten des Bauteils verändert und die Zwangsbeanspruchungen abgebaut.

4.3 Ermittlung der Vorspannkraft

4.3.1 Allgemeines

Der Vorteil vorgespannter Tragwerke gegenüber Stahlbetontragwerken ist das bessere Verhalten im Gebrauchszustand (Rissbildung, Durchbiegung). Im Bruchzustand sind kaum Unterschiede festzustellen. Daher sind bei der Wahl der Vorspannung die Nachweise im Grenzzustand der Gebrauchstauglichkeit maßgebend. Hauptkriterium sind die Anforderungen an die Dauerhaftigkeit, d.h. Rissbreitenbeschränkung, Spannungsnachweise oder der Nachweis, dass der Betonquerschnitt überdrückt bleibt (Nachweis der Dekompression). Darüber hinaus kann die Wahl der Vorspannung durch die Durchbiegungsbeschränkungen beeinflusst werden. Wird der Nachweis der Dekompression gefordert, so ergibt sich hieraus in der Regel die erforderliche Vorspannkraft. Bei allen anderen Bauteilen wird die Vorspannung nach wirtschaftlichen und konstruktiven Gründen frei gewählt.

4.3.2 Maximale Vorspannkraft

Für die zulässige Höchstkraft, die auf das Spannglied (aktives Ende) während des Vorspannens aufgebracht werden darf gilt:

$$P_{max} = A_P \cdot \sigma_{p,max} \qquad (F.4.1)$$

Hierin sind:

A_p Querschnittsfläche eines Spanngliedes

$\sigma_{p,max}$ maximale auf das Spannglied aufgebrachte Spannung
= $0{,}80 \cdot f_{pk}$ oder
= $0{,}90 \cdot f_{p0,1k}$
(der kleinere Wert ist maßgebend)

Bei Verwendung einer Spannpresse mit einer Genauigkeit der aufgebrachten Kraft von ± 5 % bezogen auf den Endwert der Vorspannkraft, darf die höchste Pressenkraft $P_{max}=0{,}95 \cdot f_{p0,1k} \cdot A_p$ betragen. Hierbei ist zu beachten, dass diese Überspannreserve bei unerwartet hohem Reibungsbeiwert nicht ausreichend sein kann. Die tatsächlichen Spannkraftverluste während des Spannens sind durch Messung der Spannkraft und des zugehörigen Dehnwegs des Spannglieds zu überprüfen (vgl. Abschnitt 4.8.3).

4.3.3 Vorspannkraft nach dem Spannvorgang

Nach Beendigung des Spannvorgangs bzw. dem Lösen der Verankerung darf die auf den Beton aufgebrachte Höchstkraft den folgenden Wert an keiner Stelle überschreiten:

$$P_{m0}(x) = A_P \cdot \sigma_{pm0}(x)$$

mit: $\sigma_{pm0}(x)$ Spannung im Spannglied unmittelbar nach dem Vorspannen oder der Spannkraftübertragung
= $0{,}75 \cdot f_{pk}$ oder
= $0{,}85 \cdot f_{p0,1k}$
(der kleinere Wert ist maßgebend)

Hierbei sind bei der Bestimmung der sofortigen Verluste $\Delta P_i(x)$ in der Regel je nach Art der Vorspannung folgende Einflüsse zu berücksichtigen:

- elastische Verformung ΔP_{el}
- Kurzzeitrelaxation des Spannstahls ΔP_r
- Reibungsverlust $\Delta P_\mu(x)$
- Verankerungsschlupf ΔP_{sl}

Für den Mittelwert der Vorspannkraft $P_{mt}(x)$ zum Zeitpunkt $t > t_0$ sind in Abhängigkeit von der Vorspannart zusätzlich die Spannkraftverluste $\Delta P_{c+s+r}(x)$ infolge Kriechen und Schwinden des Betons sowie der Langzeitrelaxation des Spannstahls mit den Erfahrungswerten zu berücksichtigen.

4.3.4 Betonspannungen beim Vorspannen

Zum Zeitpunkt t_i des Vorspannens von Spanngliedern mit nachträglichem oder ohne Verbund muss der Beton eine Mindestbetonfestigkeit $f_{cm}(t)$ aufweisen. Die Mindestdruckfestigkeiten für Teilvorspannen und endgültiges Vorspannen sind in der allgemeinen bauaufsichtlichen Zulassung bzw. Europäischen Technischen Zulassungen für das Spannverfahren angegeben.

Die durch die Vorspannkraft und andere Lasten zum Zeitpunkt des Vorspannens oder des Absetzens der Spannkraft im Tragwerk wirkenden Betondruckspannungen sind zu begrenzen:

- Regelfall: $\sigma_c \leq 0,6 \cdot f_{ck}(t)$
- Spannbetonbauteile mit Spanngliedern im sofortigen Verbund: $\sigma_c \leq 0,7 \cdot f_{ck}(t)$

Mit

$f_{ck}(t)$ charakteristische Druckfestigkeit des Betons zum Zeitpunkt t, ab dem die Vorspannkraft auf ihn wirkt

Die Erhöhung der Betondruckspannung zum Zeitpunkt des Übertragens der Vorspannung auf $0,7 \cdot f_{ck}(t)$ bei Spannbetonbauteilen mit Spanngliedern im sofortigen Verbund setzt voraus, dass aufgrund von Versuchen oder Erfahrung sichergestellt werden kann, dass sich keine Längsrisse bilden. Zur Vermeidung von Längsrissen muss die maximale Betondruckspannung zum Zeitpunkt der Spannkraftübertragung durch die Erfahrung des Fertigteilherstellers belegt werden. Genauere Angaben finden sich in DAfStb-Heft 600.

Überschreitet die Betondruckspannung den Wert $0,45 \cdot f_{ck}(t)$ ständig, ist in der Regel die Nichtlinearität des Kriechens zu berücksichtigen.

4.3.5 Charkteristische Werte der Vorspannkraft

Die Streuungen der Vorspannkraft werden im Grenzzustand der Gebrauchstauglichkeit und Ermüdung durch zwei charakteristische Werte berücksichtigt.

$P_{k,sup} = r_{sup} \cdot P_{m,t}(x)$
$P_{k,inf} = r_{inf} \cdot P_{m,t}(x)$

Mit:

$P_{k,sup}$ oberer charakteristischer Wert
$P_{k,inf}$ unterer charakteristischer Wert
$P_{m,t}(x)$ Mittelwert der Vorspannkraft

Im Allgemeinen ist es ausreichend, für die Beiwerte r_{sup} und r_{inf} die folgenden Werte anzunehmen:

- Vorspannung mit sofortigem oder ohne Verbund: $r_{sup} = 1,05$ und $r_{inf} = 0,95$
- Vorspannung mit nachträglichem Verbund: $r_{sup} = 1,10$ und $r_{inf} = 0,90$

Die Annahme von $r_{sup} = r_{inf} = 1,0$ ist unzulässig.

4.3.6 Bemessungswert der Vorspannkraft

Der Bemessungswert der Vorspannkraft $P_d(x)_t = \gamma_p \cdot P_{m,t}(x)$ im Grenzzustand der Tragfähigkeit darf generell mit $\gamma_p = 1,0$ ermittelt werden. Mögliche Streuungen der Vorspannkraft (Ansatz von r_{sup} bzw. r_{inf}) dürfen bei den Nachweisen im Grenzzustand der Tragfähigkeit im Allgemeinen vernachlässigt werden.

Bei Spannbetonbauteilen mit Spanngliedern ohne Verbund muss im Allgemeinen die Verformung des gesamten Bauteils zur Berechnung des Spannungszuwachses berücksichtigt werden. Dabei ist der charakteristische Wert des Spannungszuwachses im Spannstahl $\Delta\sigma_{pk}$ mit den Mittelwerten der Baustoffeigenschaften zu bestimmen. Zur Ermittlung des Bemessungswertes $\Delta\sigma_{pd} = \gamma_p \cdot \Delta\sigma_p$ mit den maßgebenden Teilsicherheitsfaktoren $\gamma_{p,sup}$ und $\gamma_{p,inf}$ gilt:

- bei linear elastischer Berechnung mit ungerissenen Querschnitten: $\gamma_{p,sup} = \gamma_{p,inf} = 1,0$
- bei Berechnung mit nichtlinearen Verfahren: $\gamma_{p,sup} = 1,2$ bzw. $\gamma_{p,inf} = 0,8$

Die Rissbildung bzw. Fugenöffnung (Segmentbauweise) sind bei den nichtlinearen Verfahren zu berücksichtigen.

Wird keine genaue Berechnung durchgeführt, darf der Spannungszuwachs zwischen wirksamer Vorspannung und Spannung im Grenzzustand der Tragfähigkeit bei Tragwerken mit exzentrisch geführten internen Spanngliedern zu $\Delta\sigma_{p,ULS} = 100$ N/mm² angenommen werden. Wenn bei Tragwerken mit externen Spanngliedern die Schnittgrößenermittlung für das gesamte Tragwerk vereinfachend linear-elastisch erfolgt, darf der Spannungszuwachs im Spannstahl infolge Tragwerksverformungen unberücksichtigt bleiben.

4.4 Wirkung der Vorspannung auf den Beton

4.4.1 Grundlagen

Es werden zwei Ansätze verwandt, die bei der Ermittlung der Schnittkräfte infolge Vorspannung zum gleichen Ergebnis führen.

- Die Vorspannung wird wie eine äußere Belastung betrachtet. Dabei werden die von den Spanngliedern auf den Beton ausgeübten Kräfte (Anker-, Umlenk- und Reibungskräfte) wie äußere Lasten behandelt, die zu Schnittgrößen führen.
- Die Vorspannung wird als Eigenspannungszustand betrachtet. Während sich statisch bestimmte Bauteile frei verformen, wird bei

statisch unbestimmten Tragwerken die freie Verformung behindert. Es entstehen statisch unbestimmte Anteile, die zu den Betonschnittgrößen des Eigenspannungszustandes hinzuaddiert werden müssen.

Beim Ansatz der vom Spannglied/Spannstahl auf den Beton aufgebrachten Beanspruchung sind folgende Kräfte zu unterscheiden:

- Verankerungskräfte wirken an den Verankerungsstellen in Richtung des Spanngliedes auf den Beton. Zur Berechnung der Schnittgrößen zerlegt man die Verankerungskraft sinnvollerweise in Komponenten der Längs- und Querkräfte des Bauteils.
- Umlenkkräfte entstehen an den Punkten, in denen die Richtung des Spanngliedes und damit die Richtung der Vorspannkraft gegenüber der Bauteilachse geändert werden.
- Reibungskräfte treten parallel zur Spanngliedachse vorrangig im Bereich von Umlenkungen des Spanngliedes auf.

Die beim Richtungswechsel der Spannglieder anzusetzenden Umlenkkräfte können abhängig von der Spanngliedführung entweder „punktuelle" oder „verteilte" Lasten bilden (Abb. F.4.3).

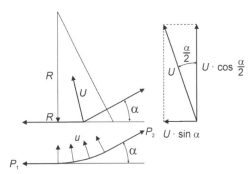

Abb. F.4.3 Umlenkkräfte an Knickstellen und kreisförmige Spanngliedführung [Leonhardt – 80]

Verankerungskräfte stellen ausschließlich Einzelkräfte dar. Die Umlenkkräfte wirken an "Knickstellen" des Spanngliedes in Richtung der Winkelhalbierenden. Beim gekrümmten Spannungsverlauf sind die Umlenkkräfte normal zur Spanngliedachse gerichtet. Für die in der Praxis üblichen parabelförmigen Spanngliedverläufe kann unter der Bedingung $f < l/12$ eine konstante, gleichmäßig verteilte Umlenkkraft u nach Abb. F.4.4 angesetzt werden.

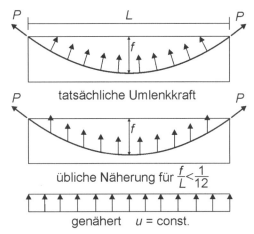

Abb. F.4.4 Vereinfachte Annahme der Umlenkkräfte [Leonhardt – 80]

Die Größe der Umlenkkräfte ergibt sich aus Gleichgewichtsbetrachtungen an den Knickstellen (vgl. Abb. F.4.3) bzw. bei gekrümmten Spanngliedern an einem Bogenausschnitt der Länge Δx nach Abb. F.4.5.

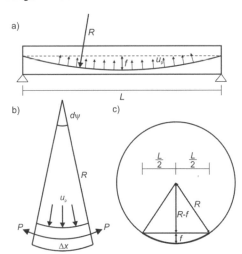

Abb. F.4.5 Ermittlung der Umlenkkräfte bei kreisförmiger Spanngliedführung

Nach Abb. F.4.5 verläuft das Spannglied kreisförmig mit dem Krümmungsradius R und dem Stich f. Werden die Reibungsverluste entlang des Spannglieds vernachlässigt, ist die Vorspannkraft P über die Balkenlänge konstant. Das Gleichgewicht an einem Ausschnitt des gekrümmten Spannglieds (Abb. F.4.5b) ergibt:

$$u_p \cdot R \cdot d\psi = P \cdot d\psi \quad \text{oder} \quad u_p = \frac{P}{R} \qquad \text{(F.4.2)}$$

Da in der Regel das Stichmaß f vom Spanngliedverlauf bekannt ist, ergibt sich der Zusammenhang zwischen R und f zu (Abb. F.4.5c).

$$R^2 = (R-f)^2 + \left(\frac{L}{2}\right)^2$$

$$R^2 = R^2 - 2 \cdot f \cdot R + f^2 + \frac{L^2}{4}$$

$$f^2 - 2 \cdot f \cdot R = -\frac{L^2}{4}$$

Da meistens R im Vergleich zu f sehr groß ist (R >> f), kann der Term f^2 vernachlässigt werden und es ergibt sich:

$$R = \frac{L^2}{8 \cdot f} \qquad (F.4.3)$$

Mit den Gleichungen (F.4.2) und (F.4.3) kann jetzt die Umlenkpressung u_P bestimmt werden.

$$u_P = \frac{P \cdot 8 \cdot f}{L^2}$$

4.4.2 Spanngliedführung

Allgemeingültige Angaben für einen optimalen Spanngliedverlauf sind wegen der Vielzahl der variierenden Randbedingungen, die sich zum Beispiel aus der Art der Einwirkung (Einzel-/Linienlast), der Art der Vorspannung, der Querschnittsgeometrie und des Tragsystems ergeben, nur schwer möglich. Ein weiteres Kriterium kann das gewählte Bauverfahren sein. Generell gilt, dass die Konstruktion an den Spannankern so auszubilden ist, dass ausreichend Platz zum Ansetzen der Spannpressen vorhanden ist und ein einwandfreies Vorspannen möglich ist.

Der Spanngliedverlauf wird in der Regel so gewählt, dass die daraus resultierende Wirkung der Vorspannung den Reaktionen aus den äußeren Beanspruchungen entgegenwirkt. Mit Ausnahme der geraden Spanngliedführung, die z.B. in Fertigteilbindern von Hallen zum Einsatz kommt, obliegt es dem Tragwerksplaner über die Festlegung von Hoch-, Tief- und Wendepunkten durch quadratische Parabeln, kreisförmige Verläufe und gerade Abschnitte einen über die ganze Spanngliedlänge stetigen Spanngliedverlauf zu entwerfen. Dabei wird man aus wirtschaftlichen Gründen bestrebt sein, die Spannglieder in Bereichen großer Biegemomente aus äußeren Einwirkungen möglichst exzentrisch zum Querschnittsschwerpunkt anzuordnen, um eine große entlastende Momentenwirkung aus der Vorspannung zu erreichen. Ein Beispiel für einen parabelförmigen Verlauf mit drei Stützstellen für einen Einfeldträger (zwei Verankerungspunkte, ein Tiefpunkt im Feld), der sich durch einen Kreisbogen annähern lässt, zeigt Abb. F.4.5.

Bei Durchlaufsystemen mit wechselnden Momenten ist für gleichmäßig verteilte Lasten die parabelförmige Spanngliedführung mit einer kurzen Gegenkrümmung über den Mittelstützen die geeignetste Spanngliedführung. Die nach oben gerichteten Umlenkkräfte im Feldbereich wirken der äußeren Belastung entgegen, die nach unten gerichteten Umlenkkräfte an der Mittelstütze werden unmittelbar in das Auflager abgegeben. Bei der Festlegung der Gegenkrümmung sind die minimalen Krümmungsradien des verwendeten Spannverfahrens zu beachten, um eine Schädigung des Spanngliedes durch zu große Umlenkpressungen zu verhindern.

In der Praxis wird die Spanngliedgeometrie in der Regel dem Verlauf der Biegemomente aus den äußeren Lasten angepasst. Eine geeignete Spanngliedführung für einen 2-Feldträger unter Gleichlastbeanspruchung zeigt Abb. F.4.6.

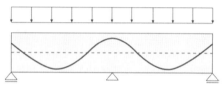

Abb. F.4.6 Spanngliedführung bei einem mit einer Gleichlast beanspruchten Träger

Auch die Art des Bauwerkes und das Bauverfahren bestimmen die Spanngliedführung. So ist bei Brückenneubauten in Hohlkastenbauweise eine Führung der Spannglieder im Steg nicht mehr zugelassen. Die damit verbundene externe Vorspannung erfordert in der Regel eine gerade oder polygonale Spanngliedführung. Verankerung bzw. Umlenkung der Spannglieder erfolgen über Querträger oder durch Lisenen. Bei langen Brückentragwerken ist eine Verlängerung der Spannglieder z.B. an den Arbeitsfugen erforderlich. Hierzu werden feste und bewegliche Kopplungen verwendet. Solche Zwangspunkte sind beim Entwurf der Spanngliedführung zu beachten.

Im Taktschiebeverfahren erstellte Überbauten werden in der Regel als Hohlkastenquerschnitte ausgeführt. Beim Verschieben treten in jedem Querschnitt wechselnd positive und negative Biegemomente auf, so dass für den Verschiebezustand der Überbau zur Aufnahme der durch die Momentenbeanspruchung verursachten Zugspannungen mittig vorgespannt wird (Primärvorspannung) Die Spannglieder der Primärvorspannung liegen in der Regel in der Fahrbahnplatte und der Bodenplatte und ihr Gesamtschwerpunkt fällt mit dem des Betonquerschnitts zusammen (Abb. F.4.7). Sie werden jeweils zur Hälfte an den Taktfugen gekoppelt. Nach Abschluss des Taktschiebens werden für den Momentenverlauf des Endzustandes gekrümmt geführte Kontinuitätsspannglieder (Sekundärvorspannung) ergänzt, die von Lisenen im Inneren des Hohlkastens aus angespannt werden. Hieraus ergibt sich, dass im Endzustand nur etwa ein Drittel aller Spannglieder in einer Taktfuge gestoßen sind.

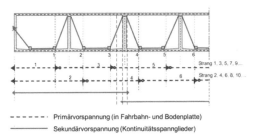

Abb. F.4.7 Spanngliedanordnung beim Taktschiebeverfahren

Beim Freivorbau werden die Spannglieder für die Kragarmvorspannung symmetrisch zur Stütze verlegt, größtenteils in der Fahrbahnplatte angeordnet und im Anschlussbereich Steg-Platte verankert (Abb. F.4.8).

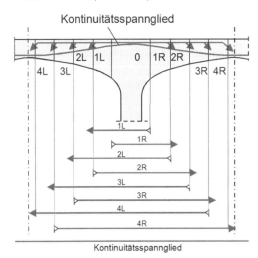

Abb. F.4.8 Spanngliedanordnung beim Freivorbau

Dabei wird die Vorspannung so groß gewählt, dass auf der „Zugseite" noch Druckkräfte vorhanden sind. Nach Herstellung der Kragarme von den Pfeilern aus wird die Kontinuität durch Schließen der Mittelfugen und durch die Anordnung zusätzlicher Spannglieder erreicht. Durch die Herstellung der Kontinuität wird das Tragsystem – Bauzustand (Kragarm), Endzustand (Durchlaufträger) – stark verändert, so dass große Schnittgrößenumlagerungen auftreten.

Beispiele möglicher Spanngliedführungen für Flachdecken zeigt Abb. F.4.9.

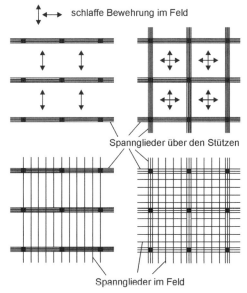

Abb. F.4.9 Mögliche Spanngliedführungen in Flachdecken

Weitere Ausführungen zu vorgespannten Decken sind in [Hegger et. al – 09] zu finden.

4.5 Statisch bestimmte Systeme

4.5.1 Gleichgewichtsbetrachtung am Betonquerschnitt

Die Schnittgrößen des in Abb. F.4.10 dargestellten statisch bestimmt gelagerten Einfeldträgers sollen nach den beiden unter Abschnitt 4.4.1 genannten Vorgehensweisen ermittelt werden.

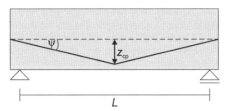

Abb. F.4.10 Einfeldträger mit polygonaler Spanngliedführung

Statisch bestimmt gelagerte Bauteile können sich infolge Vorspannung ungehindert verformen. Es liegt ein Eigenspannungszustand vor, bei dem keine Auflagerreaktionen entstehen. Die Schnittgrößen lassen sich durch eine Querschnittsbetrachtung ermitteln, indem man das Gleichgewicht an einem Balkenelement bildet (Abb. F.4.11).

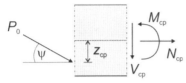

Abb. F.4.11 Schnittkraftermittlung durch Querschnittsbetrachtung (Eigenspannungszustand)

Die linke Seite zeigt die einwirkende Vorspannung und die rechte Seite die resultierenden Schnittgrößen. In Feldmitte ergeben sich mit $z_{cp} = L/2 \cdot \sin \psi$ die folgende Schnittgrößen. Für kleine Spanngliedneigungen ψ können die angegebenen Näherungen verwendet werden:

$M_{cp} = -P_0 \cdot \cos \psi \cdot z_{cp} \approx -P_0 \cdot z_{cp}$

$N_{cp} = -P_0 \cdot \cos \psi \approx -P_0$

$V_{cp} = -P_0 \cdot \sin \psi \approx -P_0 \cdot \tan \psi$

Die zu diesen Schnittgrößen gehörenden Betonspannungen können mit den Regeln der Festigkeitslehre bestimmt werden. Für ebene Stabwerke gilt dann:

$$\sigma_{cp} = \frac{N_{cp}}{A_c} + \frac{M_{cp}}{I_c} \cdot z_c$$

Mit:
z_c Abstand der betrachteten Faser vom Schwerpunkt des Betonquerschnittes
A_c Querschnittsfläche
I_c Trägheitsmoment

4.5.2 Umlenkkraftmethode

Der Ansatz der Vorspannung als äußere Belastung über Anker-, Umlenk- und Reibungskräften wird als Umlenkkraftmethode bezeichnet. Die Wirkung der Vorspannung besteht zunächst aus den beiden Verankerungskräften, die um einen Winkel ψ gegen die Horizontale geneigt sind. Die Horizontalkomponenten dieser Verankerungskräfte stehen bei über die Balkenlänge konstanter Vorspannkraft (Reibung = 0) miteinander im Gleichgewicht. Die Vertikalkomponenten des Spanngliedes stehen mit der Umlenkkraft U in Feldmitte im Gleichgewicht. Abb. F.4.12 zeigt die Kräfte, die am Spannglied angreifen.

Abb. F.4.12 Kräfte am Spannglied

Die Kräfte, die das Spannglied auf den Beton ausübt, wirken in umgekehrter Richtung und führen zu den in Abb. F.4.10 dargestellten Schnittgrößen.

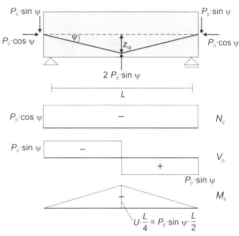

Abb. F.4.13 Kräfte auf den Beton infolge Vorspannung (oben) und daraus resultierende Schnittgrößen (unten)

Die beiden Verfahren zur Ermittlung der Schnittkräfte infolge Vorspannung – die Umlenkkraftmethode sowie die Methode der Querschnittsbetrachtung – führen zum gleichen Ergebnis.

Abb. F.4.14 bis Abb. F.4.16 zeigen die einwirkenden Verankerungs- und Umlenkkräfte sowie den Verlauf der Schnittgrößen von einfeldrigen Balken mit einigen besonderen Spanngliedführungen unter Vernachlässigung der Reibung.

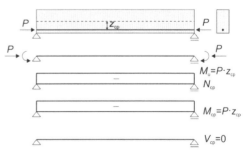

Abb. F.4.14 Einfeldträger mit gerader Spanngliedführung

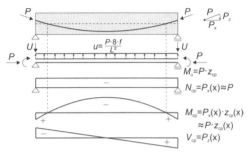

Abb. F.4.15 Einfeldträger mit parabelförmiger Spanngliedführung

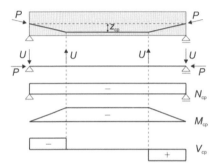

Abb. F.4.16 Einfeldbalken mit polygonaler Spanngliedführung

4.6 Statisch unbestimmte Systeme

4.6.1 Grundlagen

Betonkonstruktionen sind in der Regel statisch unbestimmte Tragwerke, (z.B. Plattensysteme, durchlaufende Träger, Rahmenkonstruktionen), da diese eine bessere Ausnutzung der Querschnitte ermöglichen und ein günstigeres Verformungsverhalten aufweisen als statisch bestimmte Systeme. Sie besitzen auch eine größere Sicherheit gegen Versagen der Gesamtkonstruktion, da ein kinematisches System erst nach der Überschreitung der Tragfähigkeit an mehreren Stellen der Konstruktion auftritt.

Das Vorspannen erzeugt im Bauteil Verformungen. Bei einem statisch bestimmten System können sich die Verformungen ohne Behinderung einstellen, sie haben keinen Einfluss auf die äußeren Schnittgrößen. Die Verformungsbehinderung durch die statisch unbestimmte Lagerung erzeugt zusätzliche Auflagerreaktionen, die zu Zwangsschnittgrößen führen. Dieser Zusammenhang wird am Beispiel des in Abb. F.4.17 dargestellten Zweifeldbalkens erläutert.

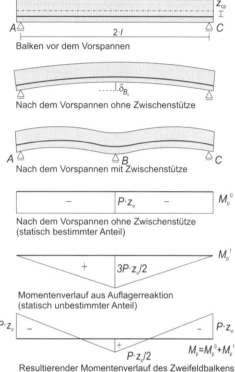

Abb. F.4.17 Momentenverteilung bei einem Zweifeldbalken infolge Vorspannung mit geradem Spanngliedverlauf

Spannt man den dargestellten Träger mit unten liegendem geradem Spannglied vor, so wölbt er sich nach oben, wenn er nur an den Enden aufgelagert ist. Die Verformung aus Vorspannung in Feldmitte beträgt:

$$\delta_{Bp} = \frac{P_0 \cdot z_{cp} \cdot l^2}{2 \cdot EI} \qquad \text{(F. 4.4)}$$

Bei einem Zweifeldträger wird diese Verformung in Feldmitte behindert. Um den Balken gegen Abheben zu sichern, muss am Mittellager eine verankernde Auflagerkraft B_p wirken, die gerade so groß ist, dass die Durchbiegung δ_{Bp} aufgehoben wird. Die durch die Einzellast B_p erzeugte Verschiebung beträgt dann:

$$\delta_{Bp} = \frac{B_p \cdot (2l)^3}{48 \cdot EI} \qquad \text{(F.4.5)}$$

Gleichsetzen von (F.4.4) und (F.4.5) liefert die gesuchte Auflagerreaktion infolge Vorspannung:

$$B_p = -3 \cdot \frac{P_0 \cdot z_{cp}}{l}$$

An den Auflagern A und C entstehen entsprechende Auflagerkräfte, die mit B_p im Gleichgewicht stehen:

$$A_P = C_P = \frac{3 \cdot P_0 \cdot z_{cp}}{2 \cdot l}$$

Durch die Auflagerkräfte entstehen im Tragwerk neben den statisch bestimmten Schnittgrößen aus Vorspannung auch statisch unbestimmte Schnittgrößenanteile. In Abb. F.4.17 unten ist der resultierende Momentenverlauf infolge Vorspannung dargestellt.

Zur Ermittlung der Schnittgrößen infolge Vorspannung stehen in der Regel zwei Verfahren zur Verfügung:
- Kraftgrößenverfahren: Der statisch bestimmte Anteil der Schnittgrößen wird über Querschnittsbetrachtungen (siehe statisch bestimmte Systeme, 4.4.2), der statisch unbestimmte Anteil mit dem aus der Baustatik bekannten Kraftgrößenverfahren ermittelt.
- Umlenkkraftmethode: Die Verankerungs- und Umlenkkräfte werden als äußere Lasten auf das statische System angesetzt.

Nach DIN EN 1992-1-1 sollten bei Anwendung linear-elastischer Verfahren zur Schnittgrößenermittlung die statisch unbestimmte Wirkung der Vorspannung als Einwirkung berücksichtigt werden. Die Schnittgrößen sind im GZT mit den Steifigkeiten der ungerissenen Querschnitte zu bestimmen. Bei Anwendung nichtlinearer Verfahren sowie bei der Ermittlung der erforderlichen Rotation bei Verfahren nach der Plastizitätstheorie sollte die Vorspannung als Vordehnung mit entsprechender Vorkrümmung berücksichtigt werden.

4.6.2 Kraftgrößenverfahren

Die Schnittgrößen infolge Vorspannung setzen sich zusammen aus dem Anteil am statisch bestimmten Grundsystem und dem am statisch unbestimmten System. Nach dem Kraftgrößenverfahren werden diese beiden Schnittgrößenanteile ermittelt.

Für die Biegemomente, Querkräfte und Normalkräfte infolge Vorspannung gilt:

$$X_P = X_{P,dir} + X_{P,ind}$$

Hierin sind:
X_P Gesamtmoment/-kraft aus Vorspannung
$X_{P,dir}$ Momenten-/ Kraftanteil aus Vorspannung am statisch bestimmten System
$X_{P,ind}$ Momenten-/ Kraftanteil aus Vorspannung am statisch unbestimmten System

Bei üblichen Tragwerksabmessungen haben die Normalkraftverformungen einen geringen oder keinen Einfluss auf die Schnittkraftverteilung, so dass dieser Einfluss vernachlässigt werden darf. $(N_{P,ind})$.

Der statisch bestimmte Schnittkraftanteil infolge Vorspannung wird aus einer Querschnittsbetrachtung analog zu Abschnitt 4.5.1 bestimmt:

$$M_{P,dir}(x) = P(x) \cdot z_{cp}(x)$$
$$V_{P,dir}(x) = P(x) \cdot \sin\psi(x)$$
$$N_{P,dir}(x) = P(x) \cdot \cos\psi(x) \approx P(x)$$

Mit:
$P(x)$ Vorspannkraft an der Stelle x
$z_{cp}(x)$ Abstand der Spanngliedachse von der Schwerelinie des Betonquerschnitts an der Stelle x
$\psi(x)$ Winkel zwischen Spanngliedachse und Bauteilachse

Aus den Verträglichkeitsbedingungen werden die statisch unbestimmten Anteile (meist Biegemomente) nach dem Kraftgrößenverfahren bestimmt. Der Rechengang wird am Beispiel in Abb. F.4.18 exemplarisch erläutert.

Zweifeldträger mit gekrümmtem Spanngliedverlauf

Statisch bestimmtes Grundsystem mit überzähliger Größe X_1

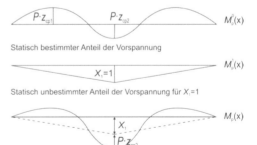

Statisch bestimmter Anteil der Vorspannung

Statisch unbestimmter Anteil der Vorspannung für $X_1=1$

Abb. F.4.18 Schnittgrößen am Zweifeldbalken infolge Vorspannung mit parabelförmigem Spanngliedverlauf

Der dargestellte Durchlaufträger wird durch die Einführung eines zusätzlichen Gelenks über der Mittelstütze mit einem zunächst noch unbekannten Biegemoment X_1 zu einem statisch bestimmten Grundsystem reduziert. Die überzählige Größe X_1 ergibt sich dann aus der Verträglichkeitsbedingung der Drehwinkel über der Mittelstütze.

$$\delta_{10} + X_1 \cdot \delta_{11} = 0 \Rightarrow X_1 = -\frac{\delta_{10}}{\delta_{11}}$$

Dabei sind:

$$\delta_{10} = \int \frac{M_p^0(x) \cdot M_p^1(x)}{EI(x)} dx$$

$$\delta_{11} = \int \frac{M_p^1(x) \cdot M_p^1(x)}{EI(x)} dx$$

Die endgültige Momentenverteilung infolge Vorspannung M_p ergibt sich aus:

$$M_p(x) = M_p^0(x) + X_1 \cdot M_p^1(x)$$

Mit: $X_1 \cdot M_p^1(x) = M_{P,ind}(x)$

Bei rahmenartigen Tragwerken spielen die Normalkraftverformungen eine wesentliche Rolle. Bei der Bestimmung der statisch unbestimmten Anteile X_i sind die Verträglichkeitsbedingungen dann um Normalkraftanteile zu erweitern.

$$\delta_{10} = \int \frac{M_p^0(x) \cdot M_p^1(x)}{EI(x)} dx + \int \frac{N_p^0(x) \cdot N_p^1(x)}{EA(x)} dx;$$

$$\delta_{11} = \int \frac{M_p^1(x) \cdot M_p^1(x)}{EI(x)} dx + \int \frac{N_p^1(x) \cdot N_p^1(x)}{EA(x)} dx$$

Die statisch unbestimmte Wirkung der Vorspannung kann auch als eine Verschiebung der auf den Beton wirkenden Vorspannkraft gegenüber der Spanngliedlage gedeutet werden (Abb. F.4.19).

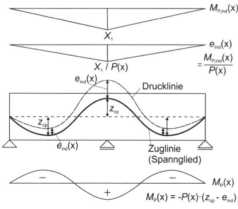

Abb. F.4.19 Erläuterung der Drucklinienverschiebung

Diese sogenannte Drucklinienverschiebung e_{ind} entspricht dem statisch unbestimmten Momentenanteil durch die Vorspannkraft $P(x)$ dividiert.

$$e_{ind}(x) = \frac{M_{P,ind}(x)}{P(x)}$$

Das Moment aus Vorspannung am Betonquerschnitt kann dann auch wie folgt ausgedrückt werden:

$$M_{P,ind}(x) = -P(x) \cdot (z_{cp}(x) - e_{ind}(x))$$

Das Vorzeichen der überzähligen Größe X_1 und damit das der Drucklinienverschiebung e_{ind} ist abhängig vom Spanngliedverlauf, d.h. von der Verteilung der Momentenflächen am Grundsystem. Sinnvollerweise sollte die Spanngliedgeometrie so festgelegt werden, dass die Momente infolge Vorspannung den Momenten aus den äußeren Lasten entgegenwirken. Im Beispiel nach Abb. F.4.19 entspricht dies der Erhöhung der Biegemomente über der Stütze bei einer gleichzeitigen Verringerung der Feldmomente. Hierzu muss der Spanngliedverlauf so gewählt werden, dass sich für X_1 positive Werte ergeben.

4.6.3 Umlenkkraftmethode

Alle durch die Spannglieder auf das Tragwerk ausgeübten Kräfte werden als äußere Kräfte aufgefasst. Wie bei statisch bestimmt gelagerten Systemen wird zwischen

- den Verankerungskräfte V_p und
- den Umlenkkräfte u_p

unterschieden, deren Ermittlung wie bei statisch bestimmten Systemen (vgl. Abschnitt 4.5.2) erfolgt.

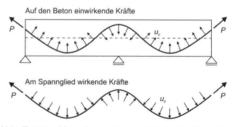

Abb. F.4.20 Verankerungs- und Umlenkkräfte eines Zweifeldträgers mit parabolischer Spanngliedführung

Die Verankerungskräfte V_p sind Einzelkräfte, die Umlenkkräfte stellen bei einer stetigen Krümmung der Spannglieder eine gleichmäßig verteilte Belastung dar. Beide Anteile lassen sich in Komponenten zerlegen, die entweder senkrecht zur Systemachse oder in Balkenlängsrichtung wirken, und lassen sich so übersichtlich in die Berechnung einführen. Die gemeinsame Wirkung dieser Kräfte entspricht vollständig dem Lastfall Vorspannung. Ermittelt man aus diesen

Kräften die zugehörigen Schnittgrößen am statisch unbestimmten System, so enthalten diese bereits die Einflüsse der Zwängungen aus der statisch unbestimmten Lagerung.

Die Umlenkkraftmethode stellt für statisch unbestimmte Tragsysteme ein sehr anschauliches Verfahren zur Ermittlung der Schnittkräfte infolge Vorspannung dar, was vor allem für die Vorbemessung von Vorteil ist. Dies verdeutlichen folgende Beispiele.

Beispiel 1: Durchlaufträger mit polygonaler Spanngliedführung

Die Vorteile der Umlenkkraftmethode gegenüber dem Kraftgrößenverfahren werden am Beispiel des in Abb. F.4.21 dargestellten Vierfeldträgers mit einem polygonartig geführten Spannglied sichtbar.

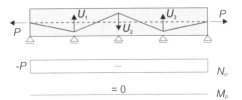

Abb. F.4.21 Anwendung der Umlenkkraftmethode bei einem dreifach unbestimmten Träger mit geknicktem Spanngliedverlauf

Während die Schnittkraftermittlung nach dem Kraftgrößenverfahren wegen der dreifach statischen Unbestimmtheit, die bei Ausnutzung der Symmetrie auf zwei statisch Unbestimmte reduziert wird, aufwendig ist, führt die Umlenkkraftmethode auf kürzestem Weg zum Ergebnis. Da die infolge der Vorspannung entstehenden Umlenkkräfte direkt an den Auflagerpunkten aufgenommen werden, entstehen im System lediglich Normalkräfte. Die Wirkung der polygonartigen Spanngliedführung entspricht in diesem Beispiel also der einer zentrischen Vorspannung.

Beispiel 2: Vorgespannte Flachdecke

Die Umlenkkraftmethode wird häufig bei der Schnittkraftermittlung von Flachdecken mit Vorspannung ohne Verbund angewendet. Die Spannglieder werden so angeordnet, dass in x- und y-Richtung annähernd gleich große Umlenkpressungen erzeugt werden (Abb. F.4.22).

Die Überlagerung beider Richtungen soll näherungsweise konstante Umlenkkräfte über die gesamte Fläche mit Ausnahme der Stützenbereiche ergeben. In Abb. F.4.22c ist zu erkennen, dass die Umlenkpressungen der Spannglieder im Feldbereich den äußeren Lasten (g+q) entgegenwirken. Über der Stütze wird der Umlenkradius so gewählt, dass die ungünstig wirkenden Umlenkpressungen direkt über Druckstreben in die Stützen abgeleitet werden (Abb. F.4.22b). Das Beispiel zeigt, wie anschaulich mit der Umlenkkraftmethode eine sinnvolle Spanngliedführung entwickelt werden kann.

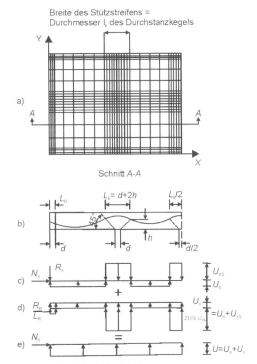

a) Ausschnitt einer Flachdecke
b) Spanngliedführung mit Anordnung der Wendepunkte auf dem Rand des Durchstanzkegels
c) Kräfte infolge Vorspannung im Schnitt A-B der x-Richtung
d) Kräfte infolge Vorspannung im Schnitt A-B der y-Richtung
e) Summe der Umlenk- und Endverankerungskräfte im Schnitt A-B

Abb. F.4.22 Umlenkkräfte aus dem Lastfall Vorspannung bei Flachdecken mit Vorspannung ohne Verbund [DIN 4227-6 – 82]

Neben den von den Umlenkkräften hervorgerufenen Schnittgrößen sind die in Plattenebene wirkenden Ankerkräfte der Spannglieder zu berücksichtigen, die zu einem Scheibenspannungszustand führen. In den Innenbereichen (außerhalb der Krafteinleitungsbereiche) ergibt sich die bezogene Scheibennormalkraft (n_x in kN/m) aus der Summe der Ankerkräfte in x-Richtung dividiert durch die zugehörige Plattenbreite in y-Richtung.

Beispiel 3: Vorgespannte Rahmenkonstruktionen

Bei der Konzeption eines vorgespannten Tragwerks ist grundsätzlich zu prüfen, ob die Vorspannkraft planmäßig in die vorgesehenen Bauteile eingeleitet wird. Dies wird besonders wichtig, wenn in einem Tragwerk Bauteile mit sehr unterschiedlicher Steifigkeit zusammenwirken. Beispiele sind statisch unbestimmte Rahmenkonstruktionen, deren Riegel vorgespannt ist. Durch die Vorspannung werden zwei Wirkungen erzeugt. Zum einen wird der Riegel durch die Normalkraftbeanspruchung verkürzt und zum anderen durch die Umlenkkräfte verkrümmt. Allerdings werden diese Verformungen wegen der statisch unbestimmten Lagerung behindert, so dass Auflagerkräfte und äußere Schnittgrößen entstehen. Die Beeinflussung der Schnittgrößen durch unterschiedliche Steifigkeitsverhältnisse wird bei einer genaueren Betrachtung von Grenzfällen sichtbar.

Fall A: *Die Normalkraftsteifigkeit des Riegels ist groß gegenüber der Biegesteifigkeit der Stützen ($EA / L \gg EI / H^3$)*

a) System

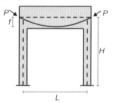

b) Schnittgrößen aus den Umlenkkräften

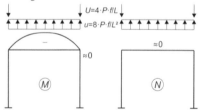

c) Schnittgrößen aus der Normalkraftbeanspruchung

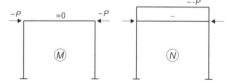

Abb. F.4.23 Vereinfachte Bestimmung der Schnittkräfte infolge Vorspannung für den Fall, dass $EA_{Riegel} / L \gg EI_{Stützen} / H^3$

Da die Normalkraftverformung des Riegels infolge Vorspannung sehr klein ist, entstehen vernachlässigbare Auflagerkräfte und Momente im Rahmen. Dagegen werden durch die Umlenkkräfte Momente erzeugt. Die Riegeleckmomente werden kleiner, wenn das Verhältnis Riegelsteifigkeit zu Stützensteifigkeit zunimmt. Nach Abb. F.4.23 können für eine Vorbemessung folgende Vereinfachungen getroffen werden:

- Die Schnittgrößen aus den Umlenkkräften werden mit den bekannten Rahmenformeln ermittelt.
- Die Vorspannkraft wird vereinfachend vollständig in den Riegel eingeleitet.

Fall B: *Die Biegesteifigkeit der Stützen ist groß gegenüber der Normalkraftsteifigkeit des Riegels ($EA / L \ll EI / H^3$)*

Wegen der großen Biegesteifigkeit der Stützen wird die Normalkraft aus Vorspannung nahezu vollständig von den am Fußpunkt eingespannten Stützen aufgenommen. Die Rahmeneckmomente aus den Umlenkkräften entsprechen den Volleinspannmomenten eines beidseitig eingespannten Balkens.

a) System

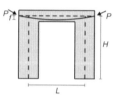

b) Schnittgrößen aus den Umlenkkräften

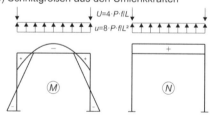

c) Schnittgrößen aus der Normalkraftbeanspruchung

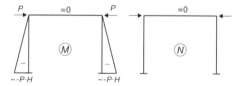

Abb. F.4.24 Wirkung der Vorspannung bei einem Rahmen mit relativ steifen Stützen ($EA_{Riegel} / L \ll EI_{Stützen} / H^3$)

Nach Abb. F.4.24 können für eine Vorbemessung folgende Vereinfachungen getroffen werden:
- Die Normalkraft im Riegel infolge Vorspannung kann zu null angenommen werden.
- Die Riegelmomente aus den Umlenkkräften entsprechen dem Momentenverlauf eines beidseitig voll eingespannten Stabes.

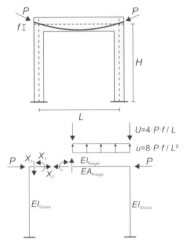

Abb. F.4.25 Bestimmung von Schnittgrößen infolge Vorspannung bei einem Rahmen

Die Schnittgrößen aus den Umlenkkräften können auch mit dem Kraftgrößenverfahren bestimmt werden. Ein Beispiel zeigt Abb. F.4.25. Aus den Verträglichkeitsbedingungen an der durchgetrennten Rahmenecke ergibt sich ein Gleichungssystem mit drei Unbekannten X_1, X_2 und X_3:

$$\delta_{10} + X_1 \cdot \delta_{11} + X_2 \cdot \delta_{12} + X_3 \cdot \delta_{13} = 0$$
$$\delta_{20} + X_1 \cdot \delta_{21} + X_2 \cdot \delta_{22} + X_3 \cdot \delta_{23} = 0 \qquad (F.4.6)$$
$$\delta_{30} + X_1 \cdot \delta_{31} + X_2 \cdot \delta_{32} + X_3 \cdot \delta_{33} = 0$$

Dabei wird die Querkraft X_3 durch die Umlenkkräfte U kompensiert und kann zu null gesetzt werden. Für die einzelnen Verformungsanteile in der Gleichung (F.4.6) gilt:

$$\delta_{ik} = \int \frac{M_p^i(x) \cdot M_p^k(x)}{EI(x)} dx + \int \frac{N_p^i(x) \cdot N_p^k(x)}{EA(x)} dx$$

Der zweite Term der Gleichung beschreibt den Anteil der Verformung infolge der Normalkraftbeanspruchung. Im Allgemeinen ist es ausreichend, nur die Normalkraftsteifigkeit des Riegels zu berücksichtigen ($EA_{Stütze} = \infty$).

Beispiel 4 – 6: Zweifeldträger

Nachfolgend einige Beispiele für die anzusetzenden Verankerungs- und Umlenkkräfte für Zweifeldträger mit exemplarischen Spanngliedführungen.

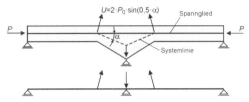

Abb. F.4.26 Zweifeldträger mit Vouten und gerader Spanngliedführung

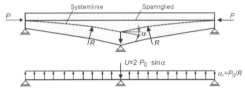

Abb. F.4.27 Zweifeldträger mit gekrümmter Unterseite und gerader Spanngliedführung [Walraven – 91]

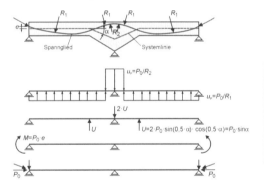

Abb. F.4.28 Zweifeldträger mit Vouten und parabolischer Spanngliedführung [Walraven – 91]

4.6.4 Anwendung von Schnittgrößentabellen

Die Biegemomente von statisch unbestimmten Systemen aus der Vorspannung sind in der Literatur für verschiedene Spanngliedführungen in Tafeln zusammengestellt. Nachfolgend in Tafel F.4.1 und Tafel F.4.2 sind einige exemplarische Spanggliedführungen mit den zugehörigen Momenten aus der Vorspannung für Träger mit konstantem Querschnitt zusammengestellt.

Tafel F.4.1 Vorspannmomente bei statisch unbestimmten Einfeldträgern nach [Leonhardt – 73] und [Rombach – 10]

Spanngliedführung	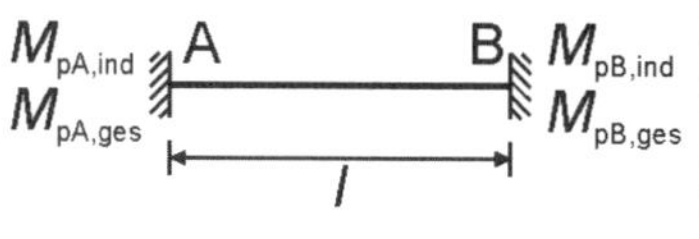 $M_{pA,ind}$ A B $M_{pB,ind}$; $M_{pA,ges}$ — l — $M_{pB,ges}$	$M_{pA,ind}$ A B $M_{pB,ind}$; $M_{pA,ges}$ — l — $M_{pB,ges}$
z_{p1}, WP, Parabel, $\chi \cdot l$ … $\chi \cdot l$, l	$M_{pA,ind} = \frac{1}{3}\cdot(2f\cdot(1-\chi)-3z_{p1})\cdot P$ $M_{pA,ges} = \frac{2}{3}\cdot f\cdot(1-\chi)\cdot P$ $M_{pB,ind} = \frac{1}{3}\cdot(2f\cdot(1-\chi)-3z_{p1})\cdot P$ $M_{pB,ges} = \frac{2}{3}\cdot f\cdot(1-\chi)\cdot P$	$M_{pA,ind} = \frac{1}{2}\cdot(2f\cdot(1-\chi)-3z_{p1})\cdot P$ $M_{pA,ges} = \frac{1}{2}\cdot[2f\cdot(1-\chi)-z_{p1}]\cdot P$ $M_{pB,ind} = \frac{1}{2}\cdot(2f\cdot(1-\chi)-3z_{p1})\cdot P$ $M_{pB,ges} = \frac{1}{2}\cdot[2f\cdot(1-\chi)-z_{p1}]\cdot P$
max z_p, WP, z_{pB}, Parabel, $\alpha \cdot l$, $\chi \cdot l$, l		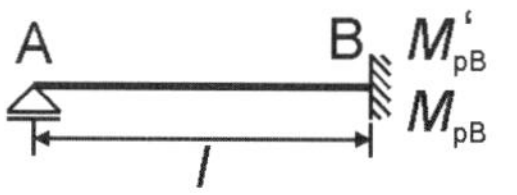 A B M'_{pB} / M_{pB} — l $M_{pB,ind} = \frac{1}{4}\cdot\{f'\cdot[5-\alpha\cdot(2-\chi)-\chi\cdot(4-\chi)]-z_{pB}\cdot[5+\alpha\cdot(2-\alpha)]\}\cdot P$ $M_{pB} = z_{pB}\cdot P + M_{pB,ind}$ $f' = e_u + z_{pB}$ $e_u = \max z_p$

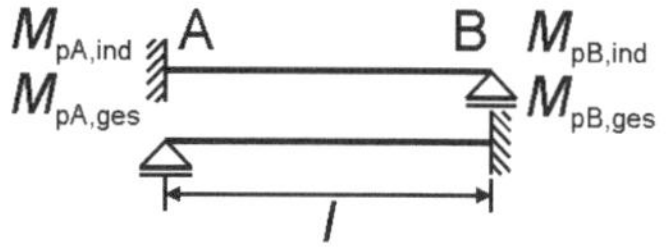

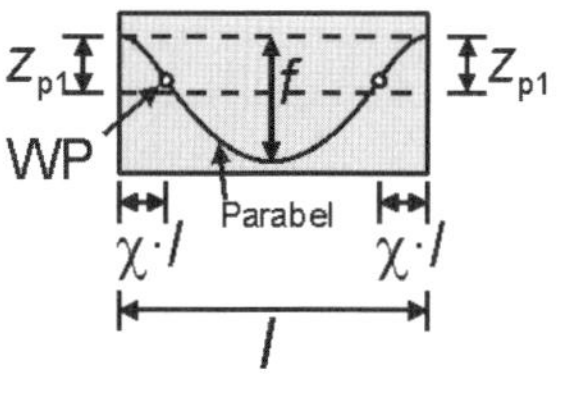

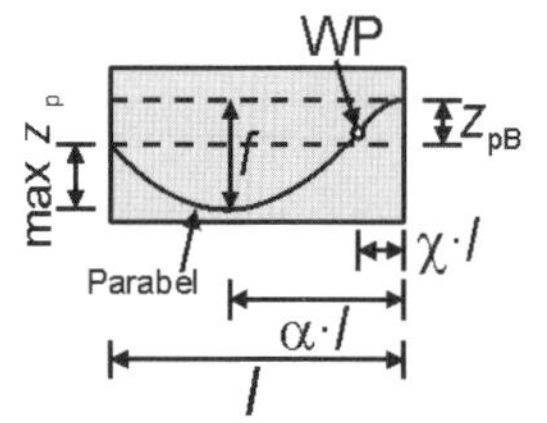

Tafel F.4.2 Statisch unbestimmte Vorspannmomente für Durchlaufträger nach [Holst – 98]

System und Spanngliedverlauf	statisch unbestimmte Vorspannmomente
A — l_1 — B — l_2 — C ; f_1, f_2, e	$M_{pB,ind} = P\cdot\left[\dfrac{l_1\cdot f_1 + l_2\cdot f_2}{l_1 + l_2} + e\right]$ Für $l_1 = l_2 = l$ und $f_1 = f_2 = f$: $M_{pB,ind} = P\cdot(f+e)$
A — l_1 — B — l_2 — C — l_2 — D ; f_1, f_2, e	$M_{pB,ind} = M_{pC,ind} = P\cdot\left[\dfrac{l_1\cdot f_1 + l_2\cdot f_2}{l_1 + 1{,}5\cdot l_2} + e\right]$ Für $l_1 = l_2 = l$: $M_{pB,ind} = M_{pC,ind} = P\cdot[0{,}4\cdot(f_1+f_2)+e]$
A — l_1 — B — l_2 — C — l_2 — D — l_1 — E ; f_1, f_2, e_1, e_2	$M_{pB,ind} = P\cdot\left[\dfrac{2\cdot l_1\cdot f_1 + l_2\cdot f_2}{2\cdot l_1 + 1{,}5\cdot l_2} + e_1\right]$ $M_{pC,ind} = P\cdot\left[\dfrac{l_1\cdot f_1 + 0{,}5\cdot l_2\cdot f_2}{2\cdot l_1 + 1{,}5\cdot l_2} - (f_2+e_2)\right]$

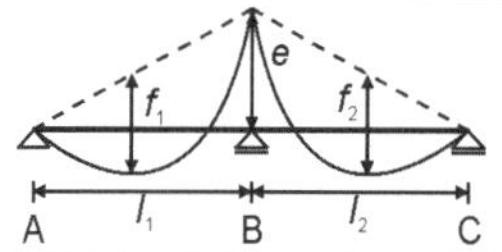

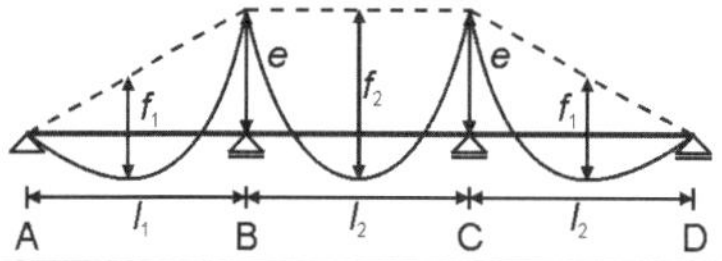

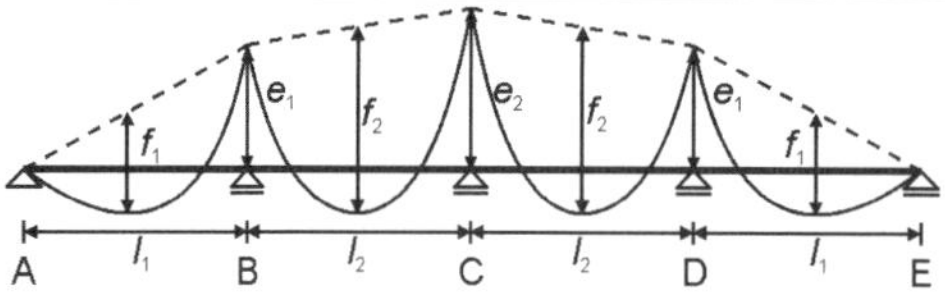

Exzentrizität der Spannglieder an den Endauflagern = 0;
Vorzeichen: P als Druckkraft positiv, e unterhalb der Schwerelinie positiv.

4.7 Querschnittswerte

Die für Spannungsnachweise anzusetzenden Querschnittswerte hängen neben der Vorspannart (VsV, VnV, VoV) vom Zeitpunkt ab, zu dem die Belastung aufgebracht wird. Vor dem Herstellen des Verbundes vorhandene Schnittgrößen wirken auf den „Nettoquerschnitt", die nach dem Herstellen des Verbundes auftretenden zusätzlichen Schnittgrößen (z.B. aus Ausbaulast, veränderlichen Einwirkungen) wirken auf den „ideellen Querschnitt".

Betonquerschnittswerte (Index "c")

Die Betonquerschnittswerte werden ohne Berücksichtigung von nicht verpressten Hüllrohren und Betonstählen ermittelt.

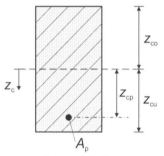

Abb. F.4.29 Querschnittswerte des Betonquerschnitts

Nettoquerschnittswerte (Index "cn")

Die Nettoquerschnittswerte ergeben sich aus den Betonquerschnittswerten unter Abzug der Querschnittsschwächung durch unverpresste Hüllrohre.

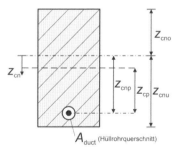

Abb. F.4.30 Querschnittswerte des Nettoquerschnitts

$A_{cn} = A_c - A_{duct}$
$z_{cnp} = A_c \cdot z_{cp} / A_{cn}$

$I_{cn} = I_c - A_{duct} \cdot z_{cnp}^2 + A_{cn} \cdot (z_{cnp} - z_{cp})^2$

Die Werte gelten bei Vorspannung mit nachträglichem Verbund (VnV) für alle Lastfälle vor Herstellen des Verbundes und bei interner Vorspannung ohne Verbund (iVoV) für alle Lastfälle.

Ideelle Querschnittswerte (Index "ci")

Die "ideellen" Querschnittswerte ergeben sich unter Berücksichtigung der im Verbund mit dem Beton liegenden, schlaffen und vorgespannten Bewehrung. Der gegenüber dem Beton höhere Elastizitätsmodul des Stahls wird durch die Werte $\alpha_e = E_s/E_c$ bzw. $\alpha_p = E_p/E_c$ berücksichtigt. Die ideellen Querschnittswerte gelten bei der Vorspannung mit nachträglichem Verbund für alle Lastfälle, die nach Herstellen des Verbundes auftreten, bei der Spannbettvorspannung generell für alle Lastfälle.

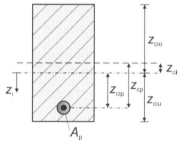

Abb. F.4.31 Querschnittswerte des "ideellen" Querschnitts

$A_{ci} = A_c + (\alpha_p - 1) \cdot \Sigma A_p$
$\alpha_p = E_p / E_c$
$z_{ci} = (\alpha_p - 1) \Sigma A_p \cdot z_{cp} / A_{ci}$
$z_{cip} = A_c \cdot z_{cp} / A_{ci}$
$I_{ci} = I_c + A_c \cdot z_{ci}^2 + (\alpha_p - 1) \cdot A_p \cdot z_{cip}^2$

Bei der Vorbemessung eines Tragwerks kann vereinfachend mit Betonquerschnittswerten gerechnet werden, da sich gegenüber einer Berechnung mit "ideellen" Querschnittswerten in der Regel kleinere Spannungen ergeben und somit die Ergebnisse auf der sicheren Seite liegen.

4.8 Spannkraftverluste

4.8.1 Allgemeines

Für das Gebrauchsverhalten von Spannbetonelementen – beispielsweise bezüglich Rissbildung und Ermüdung – hat die planmäßige Eintragung der Vorspannung wesentliche Bedeutung. Abweichungen zwischen den tatsächlich im Querschnitt vorhandenen Spanngliedkräften und den vorab ermittelten, statisch erforderlichen Rechenwerten lassen sich nicht immer vermeiden. Sie können insbesondere aus Reibungsvorgängen herrühren, die man im Regelfall nur mittels durchschnittlicher Erwartungswerte berechnet, nicht jedoch unter Berücksichtigung von Streuungen im Reibungsverhalten untersucht.

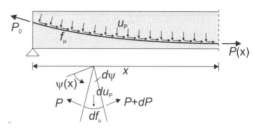

Abb. F.4.33 Prinzip der Herleitung der Reibungsverluste

Aus der Gleichgewichtsbedingung ergibt sich:

$$dP + df_\mu = 0$$

Nach Coulomb gilt:

$$df_\mu = \mu \cdot du_P$$

Mit

$$du_P = \frac{P}{R} \cdot R \cdot d\Psi$$

ergibt sich

$$df_\mu = \mu \cdot P \cdot d\Psi$$

Durch Einsetzen in die Gleichgewichtsbedingung erhält man die Differentialgleichung:

$$\frac{dP}{d\Psi} + \mu P = 0$$

Die Lösung dieser Differentialgleichung lautet:

$$P(x) = P_0 \cdot e^{-\mu \cdot \Psi(x)}$$

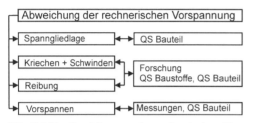

Abb. F.4.32 Abweichungen der rechnerischen Vorspannkraft und Kontrollmaßnahmen

Bei den Spannkraftverlusten sind zu unterscheiden:

- Sofortige Spannkraftverluste beim Vorspannen (Reibung, elastische Bauteilverkürzung, Verankerungsschlupf);
- Spannkraftverluste aus zeitabhängigem Materialverhalten.

Zur Beurteilung des Vorspannerfolges sind deshalb Kontrollmaßnahmen bzw. Qualitätssicherungssysteme (QS) vorgeschrieben, die u.a. die Messungen von Spannkraft und Spannweg sowie den Vergleich zwischen rechnerischen und gemessenen Spannwegen umfassen müssen [Uetscher et al. – 77], [Cordes et al. – 81], [Cordes et al. – 83].

4.8.2 Grundlagen zur Reibung

Rechnerische Ermittlung der Reibungsverluste

Beim Vorspannen mit nachträglichem Verbund geht vor allem bei gekrümmter Spanngliedführung ein Teil der Vorspannkraft durch Reibung zwischen Spannglied und Hüllrohrwand verloren. Die Vorspannkraft ist deshalb über die Spanngliedlänge nicht konstant. Grundlage zur rechnerischen Erfassung des Reibungsverlustes bildet die Differentialgleichung der Seilreibung.

Reibungsvorgänge zwischen Spannglied und Hüllrohr

Untersuchungen zum Reibungsverhalten werden in einem Versuchsstand durchgeführt, der in Abb. F.4.34 schematisch dargestellt ist.

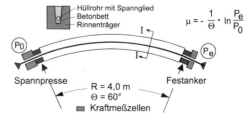

Abb. F.4.34 Großmodell-Versuche zur Spanngliedreibung

Damit ist es möglich, die Einflüsse aus

- Umlenkpressungen $p = P/R$ und Gleitwegen Δl des Spanngliedes im Hüllrohr,

Schnittgrößenermittlung

- Klemmvorgängen zwischen den Einzelstählen bei Bündelspanngliedern,
- Oberflächenausbildung (Rippung) und Oberflächenbeschaffenheit (Flugrost) der Spannstähle

auf die Reibungsbeiwerte zu ermitteln [Cordes et al. – 81]. Typische Beispiele zeigt Abb. F.4.35. Hierbei wird der Reibungsbeiwert μ aus den gemessenen Kräften und unter Ansatz von $k = 0$ mit Hilfe der Coulomb-Cooley'schen Reibungsformel bestimmt.

$$P(x) = P_0 \cdot e^{-\mu(\Theta + k \cdot x)}$$

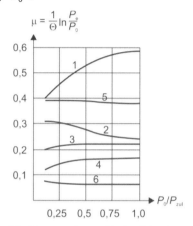

1. Bündel aus gerippten Flachstählen, kurzes, stark gekrümmtes Spannglied
2. Bündel aus glatten vergüteten Rundstählen
3. Litzenbündel
4. Einzellitze
5. Litzenbündel mit trockenem Flugrost
6. Einzellitze in Kunststoffummantelung

Abb. F.4.35 Entwicklung der Reibungsbeiwerte während des Vorspannens von $P_0 = 0$ auf P_{zul}

Maßnahmen zur Verringerung von Reibungsverlusten

Die Reibungsverluste können durch verschiedene Maßnahmen verringert werden, z.B. durch Überspannen und Nachlassen oder das Spannen eines Spanngliedes von beiden Seiten (vgl. Abb. F.4.36).

Zur Erläuterung dient das Spannkraft-Ankerkraft-Diagramm in Abb. F.4.37 einer 7-drähtigen Litze, die im Versuchsstand gemäß Abb. F.4.34 auf $P_{max} = 180$ kN vorgespannt und anschließend wieder entlastet wurde. Die Kraft am Ankerende steigt beim Anspannen proportional zur Spannkraft aus 131 kN (Punkt A). Die Differenz zur Spannkraft von 180 kN ist der Verlust aus Reibung. Beim Ablassen der Spannkraft stellt sich zunächst ein horizontaler Verlauf (A – B) ein, bei dem die Spannkraft abgelassen werden kann, ohne dass dies am Ankerende registriert wird. Am Punkt B erreicht die Umkehrung der Bewegungsrichtung den Festanker und die Kraft am Ankerende fällt linear ab.

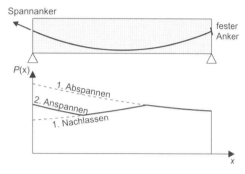

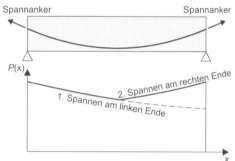

Abb. F.4.36 Ausgleich von Reibungsverlusten durch Überspannen und Nachlassen (oben) bzw. Spannen von beiden Seiten (unten)

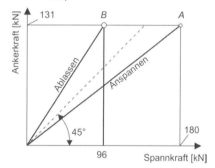

Abb. F.4.37 Spannkraft-Ankerkraft-Diagramm für eine 7-drähtige Litze

In Abb. F.4.38 sind die zugehörigen Verläufe der Spanngliedkraft dargestellt. Dabei gibt die Linie 1 den Verlauf der Spanngliedkraft bei Erreichen des Punktes A nach Abb. F.4.37 wieder; zu Linie 2 gehört der Punkt B. Der geknickte

Linienzug 3 steht für den bisher in der Praxis häufig angewendeten Spannvorgang zum Ausgleich von Reibungsverlusten: Kurzfristiges Überspannen über den Level zulässiger Spannstahlspannungen und anschließende Teilentlastung sowie erneutes Vorspannen, jetzt aber unter Einhaltung der zulässigen Spannungen.

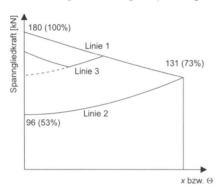

Abb. F.4.38 Verlauf der Spanngliedkraft über die Länge *l*
a) beim Erreichen der vorgesehenen Spannkraft 180 kN (Linie 1)
b) nach Ablassen auf 96 kN (Linie 2)

Dieses Ausgleichsverfahren verliert bei Ausnutzung der vergleichsweise hohen zulässigen Spannstahlspannungen nach EN 1992-1-1 und DIN 1045-1 allerdings seine große Bedeutung.

4.8.3 Reibungsverluste nach DIN EN 1992-1-1

Der Spannkraftverlust aus Reibung in Spanngliedern mit nachträglichem Verbund lautet:

$$\Delta P_\mu(x) = P_0(1 - e^{-\mu(\Theta + k \cdot x)}) \qquad (F.4.7)$$

Hierin sind:
- μ Reibungsbeiwert zwischen Spannglied und Hüllrohr (laut Europäischer Technischer Zulassung; vgl. Tafel F.4.3)
- Θ Summe der planmäßigen vertikalen und horizontalen Umlenkwinkel über die Länge *x* (unabhängig von Richtung und Vorzeichen)
- k ungewollter Umlenkwinkel pro Längeneinheit (abhängig vom Spannglied; laut Europäischer Technischer Zulassung)
- x Länge entlang des Spannglieds von der Stelle an, an der die Vorspannkraft gleich P_{max} ist (die Kraft am Spannende)

In Gleichung (F.4.7) sind Θ und k im Bogenmaß anzusetzen. Durch die ungewollten Umlenkwinkel werden Abweichungen von der Solllage berücksichtigt.

Beim Spannen darf die aufgebrachte Höchstlast P_{max} am aktiven Ende ($x = 0$) nach DIN EN 1992-1-1 den Wert $P_{max} = A_p \cdot \sigma_{p,max}$ ($\sigma_{p,max} = 0{,}80 \cdot f_{pk}$ oder $\sigma_{p,max} = 0{,}90 \cdot f_{p0,1k}$) nicht überschreiten (vgl. Abschnitt 4.3.2). Diese Überspannreserve kann bei einem unerwartet hohen Reibungsbeiwert nicht ausreichend sein. Nach DIN EN 1992-1-1 5.10.2.1(NA.3) ist deshalb für Spannglieder mit nachträglichem Verbund die planmäßige Vorspannkraft so zu begrenzen, dass auch bei erhöhten Reibungsverlusten die gewünschte Vorspannung bei Einhaltung von Gl. (F.4.1) über die Bauteillänge erreicht werden kann. Hierzu muss die planmäßige Höchstkraft P_{max} mit dem Faktor k_μ abgemindert werden.

$$k_\mu = e^{-\mu \cdot \gamma \cdot (\kappa - 1)}$$

Hierin sind:
- μ Reibungswert gemäß Zulassung
- γ $= \Theta + k \cdot x$
  Der Wert *x* entspricht bei einseitigem Vorspannen dem Abstand zwischen Spannanker und Festanker oder fester Koppelung, bei beidseitigem Vorspannen der Einflusslänge des jeweiligen Spannankers.
- κ Vorhaltemaß zur Sicherung einer Überspannreserve:
  $\kappa = 1{,}5$ bei ungeschützter Lage des Spannstahls im Hüllrohr bis zu drei Wochen oder mit Maßnahmen zum Korrosionsschutz
  $\kappa = 2{,}0$ bei ungeschützter Lage über mehr als drei Wochen

Die bei Eintragung der Spannkraft anzusetzenden Reibungsbeiwerte μ hängen von zahlreichen Einflussfaktoren ab, wobei Oberflächenausbildung und Oberflächenbeschaffenheit (Flugrost) der Spannstähle und der Hüllrohre sowie der Füllungsgrad der Hüllrohre besonders wichtige Faktoren sind. In Tafel F.4.3 sind Reibungskennwerte für einige Spannverfahren aus Zulassungen zusammengestellt.

Der ungewollte Umlenkwinkel *k* hängt von der Verarbeitung des Spannglieds, dem Abstand zwischen Spanngliedunterstützungen, von der Art des Hüllrohrs und vom Grad der Verdichtung (Rütteln) beim Einbringen des Betons ab. Die Werte für *k* sind in den bauaufsichtlichen Zulassungen angegeben. Sie liegen im Allgemeinen im Bereich von $0{,}005 \leq k \leq 0{,}01$ pro laufenden Meter.

Bei externen Spanngliedern aus parallelen Drähten oder Litzen dürfen die Spannkraftverluste infolge von ungewollten Umlenkwinkeln vernachlässigt werden. Bei Spanngliedern ohne Verbund muss die Reibung nur bei der Ermittlung der wirksamen mittleren Vorspannkraft P_{mt} und der Ermittlung der daraus resultierenden Momente infolge der Eintragung der Vorspannkraft berücksichtigt zu werden. Die Angaben in den Zulassungen der Spannverfahren sind zu beachten (abZ bzw. ETA mit nationalen Ergänzungszulassungen). Die tatsächlichen Spannkraftverluste sind durch Messung der Spannkraft und des Spannweges zu überprüfen.

Tafel F.4.3 Ausgewählte Reibungskennwerte μ nach Bauaufsichtlichen Zulassungen

Herstellungsart	Festigkeitsklasse [N/mm²]	Form	Durchmesser [mm]	Einzelstahl μ_0	Bündel μ
kaltgezogen	1470/ 1670	rund, glatt	7	-	0,15 – 0,17
kaltgezogen	1570/ 1770	Litze	12,5 & 15,3	0,15	0,18 – 0,24
vergütet	1420/ 1570	rund, glatt	12,2	0,20	0,26 – 0,30
warmgewalzt	1080/ 1230	Gewinderippen	26,5 – 36,0	0,50	-
warmgewalzt	835/ 1030 1080/ 1230	rund, glatt	26 & 32	0,25	-

4.8.4 Spannkraftverluste infolge zeitabhängigem Materialverhalten

Da die Vorspannung das Auftreten von Betonzugspannungen im Gebrauchszustand verhindern soll oder zumindest die Größe dieser Spannungen beschränken soll, ist es wichtig, die zeitabhängigen Einflüsse auf die Vorspannkraft zu berücksichtigen. Die Spannkraftverluste infolge zeitabhängigen Materialverhaltens setzen sich aus den drei Anteilen Schwinden des Betons, Kriechen des Betons und der aufgrund der hohen zulässigen Spannstahlspannungen im Grenzzustand der Gebrauchstauglichkeit nicht vernachlässigbaren Relaxation der Spannstahlspannungen zusammen. Diese Anteile führen im Regelfall zu einem Spannungsabfall im Spannstahl von 10 bis 20 % der ursprünglichen Vorspannkraft.

Die zeitabhängigen Spannkraftverluste dürfen nach DIN EN 1992-1-1 für einsträngige Vorspannung mit Verbund berechnet werden aus:

$$\Delta\sigma_{p,c+s+r} = \frac{\varepsilon_{cs} \cdot E_p + 0,8\Delta\sigma_{pr} + \frac{E_p}{E_{cm}} \cdot \varphi(t,t_0) \cdot \sigma_{c,QP}}{1+\frac{E_p}{E_{cm}}\frac{A_p}{A_c}(1+\frac{A_c}{I_c}z_{cp}^2)[1+0,8\cdot\varphi(t,t_0)]}$$

(F.4.8)

Dabei sind:

$\Delta\sigma_{p,c+s+r}$ absolute Spannungsänderung in den Spanngliedern aus Kriechen, Schwinden und Relaxation an der Stelle x bis zum Zeitpunkt t

ε_{cs} Gesamtschwinddehnung (vgl. Abschnitt 3.7.2)

E_p Elastizitätsmodul des Spannstahls
E_{cm} mittlerer Elastizitätsmodul des Betons
$\Delta\sigma_{pr}$ Spannungsänderung in den Spanngliedern an der Stelle x infolge Relaxation (vgl. Abschnitt 3.7.4)

$\varphi(t, t_0)$ Kriechbeiwert zum Zeitpunkt t bei Lastaufbringung zum Zeitpunkt t_0 (vgl. Abschnitt 3.7.3)

$\sigma_{c,QP}$ Betonspannung in Höhe der Spannglieder infolge Eigenlast und Ausgangsspannung sowie weiterer maßgebender quasi-ständiger Einwirkungen. Die Spannung $\sigma_{c,QP}$ darf je nach untersuchtem Bauzustand unter Ansatz eines Teils der Eigenlast und Vorspannung oder unter der quasi-ständigen Einwirkungskombination $\sigma_{c,QP}\{G + P_{m0} + \psi_2 \cdot Q\}$ ermittelt werden

A_p Querschnittsfläche aller Spannglieder an der Stelle x
A_c Fläche des Betonquerschnitts
I_c Flächenmoment 2. Grades des Betonquerschnitts
z_{cp} Abstand zwischen dem Schwerpunkt des Betonquerschnitts und denen der Spannglieder

Der Relaxationsverlust $\Delta\sigma_{pr}$ in (F.4.8) darf mit den Angaben der Zulassung des Spannstahls für ein Verhältnis Ausgangsspannung/charakteristische Zugspannung (σ_p/f_{pk}) bestimmt werden.

Im Rahmen einer Vorbemessung können die Verluste aus Kriechen, Schwinden und Relaxation näherungsweise zu 15 % angenommen werden.

4.8.5 Sofortige Spannkraftverluste

Sofortiger Verbund

Die folgenden bei sofortigem Verbund auftretenden Spannkraftverluste sind zu berücksichtigen:

- Reibungsverluste an Umlenkungen und Verluste aufgrund von Ankerschlupf beim Spannen der Litzen bzw. Drähte;
- Relaxationsverluste der Spannstähle in der Zeit zwischen dem Spannen und dem eigentlichen Vorspannen des Betons durch die Übertragung der Vorspannung auf den erhärteten Beton;
- Spannkraftverluste durch die elastische Stauchung des Betons bei der Übertragung der Vorspannung vom Spannbett auf den Beton.

Der Einfluss einer Wärmenachbehandlung zur Beschleunigung des Erhärtungsvorgangs des Betons auf die Spannstahlrelaxation ist zu berücksichtigen. Angaben sind den bauaufsichtlichen Zulassungen der Spannstähle zu entnehmen.

Nachträglicher / ohne Verbund

Neben der Reibung treten Spannkraftverluste durch Ankerschlupf auf, wenn die Spanngliedkraft von der Spannpresse auf die Verankerung umgesetzt wird. Der Ankerschlupf hängt von der Art der Verankerung des Spannverfahrens ab.

- Litzenspannglied mit Keilverankerung: ~3 bis 6 mm
- Einzelstäbe mit Schraubenverankerung: ~0 mm
- Ankerkörper und aufgestauchte Köpfe bei den Drähten: ~0 bis 1 mm

Die Werte sind den bauaufsichtlichen Zulassungen zu entnehmen.

Weiterhin ist zu beachten, dass bei Vorspannung mit nachträglichem oder ohne Verbund die Spannglieder in der Regel nacheinander vorgespannt werden. Durch die Vorspannung eines Spanngliedes verlieren die bereits zuvor vorgespannten Spannglieder einen Teil ihrer Vorspannkraft. Dieser Spannkraftverlust ist ebenfalls zu berücksichtigen.

5 Vorspannen von Bauteilen

5.1 Vorspannen bei nachträglichem bzw. ohne Verbund

5.1.1 Spannvorrichtungen

Für das Spannen der Spannglieder werden hydraulische Vorspanneinrichtungen verwendet. Ein Beispiel zeigt Abb. F.5.1.

Tensa M (PAUL Maschinenfabrik)

Zwillingsspannpresse (PAUL Maschinenfabrik)

Abb. F.5.1 Beispiel für Spannpressen

Die Spannkraft wird über den Pressendruck der geeichten Spannpresse bestimmt.

5.1.2 Messungen beim Spannen

Zur Kontrolle der planmäßigen Eintragung der Vorspannung dient neben der gemessenen Spannkraft der Vergleich des tatsächlich vorhandenen Spannwegs mit dem zugehörigen Rechenwert, der sich aus der Verlängerung des Spannstahls Δl_p, der Verkürzung des Betons Δl_c und dem Verankerungsschlupf $\Delta l_{Schlupf}$ mit nachfolgender Gleichung ergibt:

$$\Delta l = \Delta l_p + \Delta l_c + \Delta l_{Schlupf}$$

$$\Delta l_p + \Delta l_c = \int_0^l \frac{P(s)}{E_p \cdot A_p} \, ds + \int_0^l \frac{N_{cp}}{E_c \cdot A_c} \, ds + \int_0^l \frac{M_{cp}}{E_c \cdot I_c} \cdot z_{cp} \, ds \quad \text{(F.5.1)}$$

Ein Problem bei der Spannwegbestimmung ist, dass der Spannweg zum Anlegen des Spanngliedes infolge Spanngliederdurchhang unbekannt

ist. Um dies zu lösen wird wie folgt vorgegangen:
- Aufbringen einer Initialkraft ΔP_1 (ca. $0{,}1 \cdot P_{m0}$),
- Messung des Spannweges Δl_1 bei der Initialkraft ΔP_1,
- Aufbringen der Spannkraft P_{m0},
- Messung des Spannweges Δl_2 bei der Spannkraft P_{m0}
- Extrapolation des Gesamtspannweges Δl

$$\Delta l = (\Delta l_2 - \Delta l_1) \cdot \frac{P_{m0}}{P_{m0} - \Delta P_1}$$

Stimmt bei der aufzubringenden Vorspannkraft P_{m0} der gemessene Spannweg mit dem berechneten Wert nach Gleichung (F.5.1) überein, kann davon ausgegangen werden, dass die Vorspannkraft planmäßig aufgebracht werden konnte.

Diese Dehnwegkontrolle hat aber ihre Grenzen. In Abb. F.5.2 sind zwei Systeme mit unterschiedlicher Eignung für die Dehnwegkontrolle dargestellt.

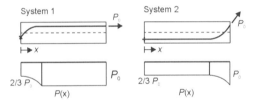

Abb. F.5.2 Beispiel zur Beurteilung der Dehnwegkontrolle

Das System 1 ist ungünstig für die Güte der Spannwegkontrolle im Punkt $x = 0$, da bei einem falschen Reibungsbeiwert im Bereich des Festankers eine große Abweichung der Spanngliedkraft auftritt, aber nur ein kleiner Einfluss auf den Spannweg vorhanden ist. Ein Spanngliedkraftdefizit am Festanker wird somit nicht ausreichend gut erkannt.

5.2 Vorspannen bei sofortigem Verbund

5.2.1 Allgemeines

Zur Vorspannung mit sofortigem Verbund ist ein Spannbett erforderlich. Moderne Fertigungsstätten sind mit hydraulischen Vorspanneinrichtungen ausgestattet. Der im Spannbett hergestellte Träger wird bei werksmäßiger Fertigung in der Regel spätestens nach 3 Tagen durch Lösen der Spannbettverankerung vorgespannt. Dabei wird die Spannkraft über Verbundkräfte in den erhärteten Beton eingeleitet und das Betonbauteil vorgespannt. Aufgrund der im Vergleich zum Betonquerschnitt kleinen Spannstahlfläche bleibt der größte Teil der im Spannbett aufgebrachten Spannkraft im Spannstahl erhalten. Nur ein kleiner Teil geht durch die Verkürzung des Betonbauteils und die Verbundkraftübertragung verloren. Allerdings ist der Einfluss einer Wärmenachbehandlung zur Beschleunigung des Erhärtungsvorgangs des Betons auf die Spannstahlrelaxation zu berücksichtigen.

Da für die Spannkrafteinleitung Verbundkräfte übertragen werden müssen, ist zum Zeitpunkt des Vorspannens auf eine ausreichende Betonfestigkeit zu achten. Die zur Übertragung der Spannkräfte erforderlichen Übertragungslängen sind rechnerisch nachzuweisen. Dies wird in Abschnitt 7.3 detailliert behandelt.

5.2.2 Spannungen im Querschnitt

Die Dehnungsverteilungen können mit den folgenden dargestellten Beziehungen rechnerisch bestimmt werden. Dabei ist zu beachten, dass die Formeln streng nur bei einem Spannstahlstrang gelten.

Abb. F.5.3a zeigt das Spannbett vor dem Spannen: $P = 0$.

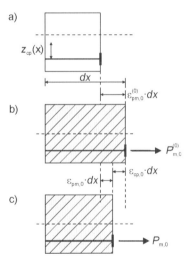

Abb. F.5.3 Spannungen beim Vorspannen mit sofortigem Verbund

In Abb. F.5.3b wird mit der Kraft $P = P_{m,0}^{(0)}$ vorgespannt. Die Verankerung wird noch nicht gelöst. Beim Anspannen wird das Spannglied um den Betrag

$$\varepsilon_{pm,0}^{(0)} = \frac{P_{m,0}^{(0)}}{E_p \cdot A_p} = \frac{\sigma_{pm,0}^{(0)}}{E_p} > 0 \qquad \text{(F.5.2)}$$

gedehnt. Nach dem Lösen der Verankerung in Abb. F.5.3c gilt:

$P = P_{m,0}$ (Vorspannkraft)

Die Stahldehnung beträgt noch

$$\varepsilon_{pm,0} = \frac{P_{m,0}}{E_p \cdot A_p} = \frac{\sigma_{pm,0}}{E_p} > 0 \quad (F.5.3)$$

Die Stauchung der Betonfaser in Höhe des Spanngliedes hat den Betrag

$$\varepsilon_{cp,0} = \frac{\sigma_{cp,0}}{E_c} < 0$$

Aus Gleichgewichtsbedingungen ergibt sich

$N = -P_{m,0} \qquad M = -P_{m,0} \cdot z_{cp}$

Beim Lösen der Vorspannung gilt in der Betonfaser in Höhe des Spannstahls:

$$\sigma_{cp,0} = -\frac{P_{m,0}}{A_c} - \frac{P_{m,0} \cdot z_{cp}}{I_c} \cdot z_{cp}$$

$$\varepsilon_{cp,0} = -\frac{P_{m,0}}{E_c \cdot A_c} \cdot \left(1 + \frac{A_c}{I_c} \cdot z_{cp}^2\right) \quad (F.5.4)$$

$$\alpha_p = \frac{E_p}{E_c} \quad (F.5.5)$$

$$\boxed{\varepsilon_{pm,0}^{(0)} \mid \varepsilon_{cp,0} = \varepsilon_{pm,0}} \quad (F.5.6)$$

Mit (F.5.2), (F.5.3), (F.5.4) und (F.5.5) folgt aus (F.5.6)

$$P_{m,0} = P_{m,0}^{(0)} \cdot \frac{1}{1 + \alpha_p \cdot \frac{A_p}{A_c} \cdot \left(1 + \frac{A_c}{I_c} \cdot z_{cp}^2\right)}$$

$$= \frac{P_{m,0}^{(0)}}{1+\alpha} = P_{m,0}^{(0)} \cdot \left(1 - \alpha^*\right)$$

Mit dem dimensionslosen Wert α lässt sich ein sogenannter Steifigkeitsbeiwert α^* einführen, der vergleichsweise einfach aus den Flächenwerten des Betonquerschnitts ermittelt werden kann. Er stellt denjenigen Teil einer Spannbettkraft $P_{m,0}^{(0)} = 1$ dar, der in dem Stahl durch Zusammendrückung des Betons „verloren geht", während der Anteil $1 - \alpha^*$ als Vorspannung wirksam bleibt. Mit

$$\alpha^* = \frac{\varepsilon_{cp,0}}{\varepsilon_{cp,0} - \varepsilon_{pm,0}} = \frac{1 + \frac{A_c}{I_c} \cdot z_{cp}^2}{1 + \frac{A_c}{I_c} \cdot z_{cp}^2 + \frac{E_c \cdot A_c}{E_p \cdot A_p}}$$

ergeben sich die gesuchten Spannungen nach dem Lösen der Verankerung zu:

$$\sigma_{c,0} = -\frac{P_{m,0}}{A_c} - \frac{P_{m,0} \cdot z_{cp}}{I_c} \cdot z_c$$

$$\sigma_{pm,0} = \sigma_{pm,0}^{(0)} + \alpha_p \cdot \sigma_{cp,0} = \sigma_{pm,0}^{(0)} \cdot \left(1 - \alpha^*\right)$$

$$\sigma_{cp,0} = -\frac{1}{\alpha_p} \cdot \left(\sigma_{pm,0}^{(0)} - \sigma_{pm,0}\right) = -\frac{\alpha^*}{\alpha_p} \cdot \sigma_{pm,0}^{(0)}$$

$$= -\frac{\alpha^*}{\alpha_p} \cdot \frac{\sigma_{pm,0}}{1 - \alpha^*}$$

Alternativ kann die Spannbettkraft $P_{m,0}^{(0)}$ auch als auf den Verbundquerschnitt wirkend betrachtet werden.

6 Grenzzustände der Tragfähigkeit

6.1 Grundkonzept der Bemessung

Die Aufgabe einer Bemessung ist es, ein Bauteil so auszulegen dass einerseits die Versagenswahrscheinlichkeit einen bestimmten Grenzwert nicht überschreitet und andererseits die vorgesehene Nutzung während der angestrebten Lebensdauer gewährleistet wird. Wie in Kapitel 4 erläutert, werden zwei Grenzzustände betrachtet:

- Grenzzustand der Tragfähigkeit (ULS)
- Grenzzustand der Gebrauchstauglichkeit (SLS)

Im Grenzzustand der Tragfähigkeit (Bruchzustand) wird ein Bauteil einer einmaligen außergewöhnlich hohen Belastung ausgesetzt. Die Bemessung im Grenzzustand der Gebrauchstauglichkeit (Gebrauchszustand) geht von einer andauernden Beanspruchung aus, die sich aus einer planmäßigen Nutzung des Bauwerks ergibt.

Die Erfassung der tatsächlich einwirkenden Belastungen sowie die Ermittlung der Bauteilwiderstände sind naturgemäß mit statistischen Unsicherheiten behaftet. Das Sicherheitskonzept der Bemessung basiert auf der Wahrscheinlichkeitstheorie. Die Versagenswahrscheinlichkeit eines Bauteils kann danach zwar eingeschränkt, aber nicht ganz ausgeschlossen werden. Bei der Festlegung der Sicherheitsanforderungen werden neben dem Gefahrenpotential bei Versagen auch wirtschaftliche Aspekte berücksichtigt, die unter anderem Folgekostenbetrachtungen bei Versagen und Einschränkung der vorgesehenen Nutzung beinhalten. Nach dem Konzept von DIN EN 1992-1-1 und DIN 1045-1 werden sowohl auf der Einwirkungs- als auch auf der Widerstandsseite Sicherheitsbeiwerte vorgesehen, dagegen wurde in DIN 1045 und DIN 4227 mit einem globalen Sicherheitsbeiwert gearbeitet. Gegenüber diesem Konzept bieten getrennte Sicherheitsbeiwerte eine bessere Anpassung an die Realität, ein gleichmäßigeres Sicherheitsniveau sowie in der Regel wirtschaftlichere Bemessungsergebnisse.

Die Bemessung von Spannbetonbauteilen im Grenzzustand der Tragfähigkeit unterscheidet sich nicht grundlegend von der Bemessung von Stahlbetonbauteilen. Der wesentliche Unterschied liegt in der Berücksichtigung der Vorspannwirkung, die je nach Art der Vorspannung auf unterschiedliche Weise erfolgen kann. Nachfolgend werden deshalb vorrangig nur die Besonderheiten für Spannbetonbauteile vorgestellt.

6.2 Versagensarten

Spannbeton ist wie auch Stahlbeton ein Verbundbaustoff. Die Tragfähigkeit von Spannbetonbauteilen wird erreicht, wenn ein Versagen einer der Systemkomponenten (Beton, Stahl) eintritt. Abhängig von der Art der Beanspruchung kann grundsätzlich zwischen dem Biege- und Schubversagen unterschieden werden. Bei den üblichen schlanken Spannbetonkonstruktionen bildet der Biegebruch die am häufigsten beobachtete Versagensart.

Biegeversagen

Versagen der Biegedruckzone

Das Versagen der Biegedruckzone tritt bei stark bewehrten Querschnitten auf. Bevor die Bruchdehnung des Spannstahls erreicht wird, kommt es zu einem plötzlichen Bruch der infolge fortschreitender Rissbildung stark eingeschnürten Betondruckzone.

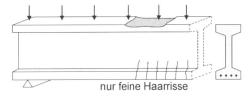

Abb. F.6.1 Versagen der Biegedruckzone bei Vorspannung mit Verbund

Bei Vorspannung <u>ohne Verbund</u> verursacht eine anwachsende Betondehnung in Höhe der Spannstahlachse nur einen geringen Zuwachs der Spannungen im Spannstahl, da sich das Spannglied im Gegensatz zur Vorspannung mit Verbund auf seiner gesamten Länge frei dehnen kann. Aufgrund des geringen Spannungszuwachses wird dann häufig das Versagen der Betondruckzone beobachtet. Wird keine ausreichende rissverteilende Betonstahlbewehrung eingelegt, bilden sich aufgrund des fehlenden Verbundes nur wenige klaffende Risse in großen Abständen.

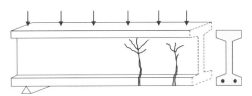

Abb. F.6.2 Rissbild bei Vorspannung ohne Verbund

Stahlversagen

Versagen der Betonstahl- bzw. Spannstahlbewehrung tritt bei <u>schwach bewehrten</u> Querschnitten auf. Während der Beton noch Tragfähigkeitsreserven aufweist, kommt es zur Überschreitung der Bruchdehnung in der Stahlbewehrung. Der Bruch kündigt sich durch starke Rissbildung an.

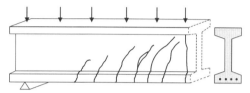

Abb. F.6.3   Stahlversagen

Querkraftversagen

Biegeschubversagen

Das Biegeschubversagen tritt bei Balken mit geringer oder ohne Schubbewehrung auf, wenn ein aus einem Biegeriss entstandener Schubriss die Druckzone einschnürt. Es kommt zu einem schlagartigen Bauteilversagen.

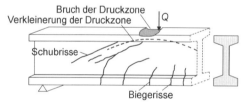

Abb. F.6.4   Biegeschubversagen

Schubzugversagen

Nach der Schubrissbildung ist noch eine deutliche Laststeigerung möglich. Das Schubzugversagen tritt ein, wenn die Querkraftbewehrung ins Fließen kommt. Dabei öffnen sich die Schubrisse und bewirken gleichzeitig eine Einschnürung der Druckzone. Das Versagen des Bauteils kündigt sich durch starke Rissbildung an.

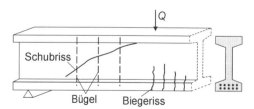

Abb. F.6.5   Schubzugversagen

Schubdruckversagen

Bei Bauteilen mit schlanken Stegen und hoher Querkraftbeanspruchung kommt es zum Druckstrebenversagen. Dabei wird die Tragfähigkeit der geneigten Betondruckstreben überschritten. Das Bauteil versagt schlagartig.

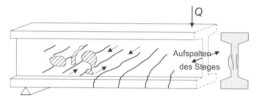

Abb. F.6.6   Schubdruckversagen

Die unterschiedlichen Beanspruchungen (Biegung, Querkraft, Torsion) sowie die Versagensmöglichkeiten werden in den einzelnen Nachweisen für den Grenzzustand der Tragfähigkeit berücksichtigt. Obwohl sich die z.B. Biege- und Querkraftbeanspruchung gegenseitig beeinflussen, werden sie bei der Bemessung getrennt voneinander betrachtet.

6.3 Nachweiskonzept

Die Nachweise im Grenzzustand der Tragfähigkeit nach DIN EN 1992-1-1 basieren auf dem Vergleich der Einwirkungen (Bemessungswert der Einwirkungen E_d) und des Widerstandes (Bemessungswert des Widerstandes R_d), den der Querschnitt rechnerisch aufbringen kann.

$E_d \leq R_d$

Es sind dabei grundsätzlich zwei Gruppen von Belastungskombinationen zu untersuchen:
- Ständige und vorübergehende Bemessungssituationen (Grundkombination)
- Außergewöhnliche Bemessungssituationen

Die Kombination und zugehörigen Erläuterungen sind in Abschnitt D.3.1 des Praxishandbuches ausführlich dargestellt. Die Teilsicherheits- sowie Kombinationsbeiwerte nach DIN EN 1992-1-1 können abhängig von der Art der Einwirkung und der Bemessungssituation den Tafeln D.3.1 bis D.3.3 entnommen werden. Für Fertigteile darf der Teilsicherheitsbeiwert für Beton auf $\gamma_c = 1{,}35$ verringert werden, wenn durch eine Überprüfung der Betonfestigkeit am fertigen Bauteil sichergestellt wird, dass Fertigteile mit zu geringer Betonfestigkeit ausgesondert werden.

In der Regel wirkt eine Vorspannung günstig. Für den Teilsicherheitsbeiwert für Einwirkungen der Vorspannung ist allgemein $\gamma_P = 1{,}0$ zu verwenden. Bei extern vorgespannten Bauteilen kann beim Nachweis im Grenzzustand der Tragfähigkeit nach Theorie II. Ordnung die Vorspannung ungünstig wirken. Hierbei muss der jeweils ungünstigere Wert von $\gamma_{p,fav} = 0{,}83$ und $\gamma_{p,unfav} = 1{,}2$ angesetzt werden.

6.4 Biegung mit Längskraft

6.4.1 Grundlagen

Im Hinblick auf die Tragwirkung im Grenzzustand der Tragfähigkeit verhalten sich biegebeanspruchte Stahl- und Spannbetonbauteile nahezu identisch. Aufgrund des Herstellungsverfahrens sowie aufgrund des zeitabhängigen Materialverhaltens von Beton (Kriechen, Schwinden) und Spannstahl (Spannstahlrelaxation) sind im Gegensatz zu der üblichen Bemessung von Stahlbetonquerschnitten bei Spannbetonbauteilen mehrere Zeitpunkte zu untersuchen (Abb. F.6.7). Für die verschiedenen Zeitpunkte sind jeweils die maßgebenden Lastfallkombinationen anzusetzen. Für die untere Bewehrung des unten dargestellten Systems ist z.B. zum Zeitpunkt $t = \infty$ der Lastfall Volllast $(G + Q)$ maßgebend, da hier die Spannkraftverluste am größten sind. Dagegen ist für die obere Bewehrung der Zeitpunkt $t = 0$ zu untersuchen, wenn die Vorspannkraft am größten ist und als äußere Belastung allein das Eigengewicht wirkt.

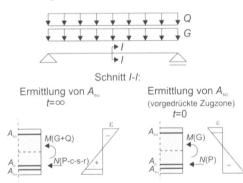

Abb. F.6.7 Ermittlung der Betonstahlbewehrung zu unterschiedlichen Zeitpunkten t

Bei der Bemessung von Spannbetonquerschnitten ist die durch das Vorspannen erzeugte Dehnungsdifferenz zwischen dem Betonstahl und dem Spannstahl – die sogenannte Vordehnung – zu berücksichtigen.

6.4.2 Vordehnung

Zur Ermittlung der im Grenzzustand der Tragfähigkeit vorhandenen Spannstahlspannungen ist die Kenntnis des Dehnungszustandes im Spannstahl erforderlich. Die bei der jeweiligen Dehnungsverteilung vorhandene Spannstahldehnung setzt sich aus zwei Anteilen zusammen:

- der Dehnung infolge der äußeren Lasten, die der Dehnung in der Betonstahlbewehrung in Höhe der Spannstahllage entspricht $(\Delta\varepsilon_p = \varepsilon_s)$,
- der Vordehnung $(\varepsilon_{pm,t}^{(0)})$

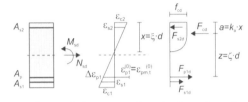

Abb. F.6.8 Dehnungsverteilung in einem Spannbetonquerschnitt

Die Vordehnung ist dabei als diejenige Spanngliedehnung definiert, die sich bei der Dekompression der Betonfaser in Höhe des im Verbund liegenden Spanngliedes ergibt.

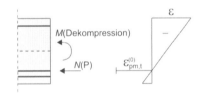

Abb. F.6.9 Dekompression in Höhe der Spannstahllage

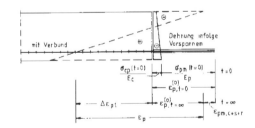

Abb. F.6.10 Vordehnung bei Vorspannung mit nachträglichem Verbund

Bei Vorspannung mit nachträglichem Verbund setzt sich die Vordehnung im Allgemeinen zusammen aus der eigentlichen Spannstahldehnung, die beim Spannvorgang entsteht, und der Stauchung des Betons infolge Vorspannung und der dabei gleichzeitig aktivierten äußeren Lasten. Der Anteil der Betondehnung spielt dabei im Regelfall aufgrund seiner geringen Größe eine untergeordnete Rolle, zumal dieser Anteil durch das zeitabhängige Materialverhalten (Kriechen, Schwinden, Relaxation) mit der Zeit verringert wird.

Die mittlere Vordehnung des Spannglieds $\varepsilon_{pmt}^{(0)}$ gegenüber der benachbarten Betonfaser zum Zeitpunkt t beträgt somit:

$$\varepsilon_{pmt}^{(0)} = \frac{\sigma_{pmt}}{E_p} - \frac{\sigma_{cpt}}{E_c}$$

Dabei sind:

σ_{pmt} Spannstahlspannung für den durch die Vorspannmaßnahmen aktivierten Spannungszustand abzüglich der bis zum Zeitpunkt t aufgetretenen Spannungsverluste
$\sigma_{pmt} = \sigma_{pm0} - \Delta\sigma_{pmt}$

σ_{pm0} Spannstahlspannung zum Zeitpunkt der Beendigung des Vorspannens

$\Delta\sigma_{pmt}$ Verlust infolge von Kriechen, Schwinden und Relaxation

σ_{cpt} zugehörige Betonspannung in Höhe des betrachteten Spanngliedes ($\sigma_{cpt} < 0$)

Bei Vorspannung mit sofortigem Verbund ergibt sich die Betonspannung σ_{cpt} aus dem Lastfall Vorspannung $\sigma_{cp,0}$ unter Abzug der aufgetretenen zeitabhängigen Spannungsverluste $\Delta\sigma_{cp,t}$.

$\sigma_{cp,t} = \sigma_{cp,0} - \Delta\sigma_{cp,t}$

Bei Vorspannung mit nachträglichem Verbund sind zusätzlich diejenigen Lastfälle zu berücksichtigen (meist Eigengewicht), die vor der Herstellung des Verbundes wirksam werden (σ_{cg}).

$\sigma_{cp,t} = \sigma_{cp,0} - \Delta\sigma_{cp,t} - \sigma_{cg}$

Der Dehnungsanteil aus $\sigma_{cp,t}$ kann im Regelfall vernachlässigt werden, da die Vordehnung $\varepsilon_{pmt}^{(0)}$ meist deutlich oberhalb der Dehnung bei der ausnutzbaren Stahlfestigkeit $f_{p0,1k}$ liegt.

Angaben zur Ermittlung der Vordehnung bei Vorspannung ohne Verbund finden sich in Abschnitt 6.4.5. In den Nachweisen im Grenzzustand der Tragfähigkeit wird stets der Rechenwert der Vordehnung $\varepsilon_p^{(0)}$ angesetzt.

6.4.3 Spannstahlspannungen im Grenzzustand der Tragfähigkeit

Für Vorspannung mit und ohne Verbund ergibt sich die Spannstahldehnung zu

$\varepsilon_p = \varepsilon_{pm,t}^{(0)} + \Delta\varepsilon_{p1}$

Hierin sind:

$\varepsilon_{pm,t}^{(0)}$ mittlere Dehnung des Spanngliedes zum Zeitpunkt t unter Berücksichtigung der Einflüsse aus elastischer Verformung des Betons, Spanngliedreibung, Ankerschlupf, Kriechen und Schwinden des Betons sowie Relaxation des Spannstahls

$\Delta\varepsilon_{p1}$ Zusatzdehnung aus äußeren Lasten

Vorspannung mit Verbund

Mit der Annahme eines vollkommenen Verbundes zwischen Spannstahl und umgebendem Beton kann aus einer Änderung der Betondehnung in Höhe der Spannstahllage direkt auf die entsprechende Dehnungsänderung im Spannstahl geschlossen werden. Die Gesamtspannstahldehnung im Grenzzustand der Tragfähigkeit ergibt sich als Summe der Vordehnung und des Dehnungszuwachses infolge äußerer Lasten. Die entsprechende Betondehnung in Höhe des Spanngliedes kann mit den Bemessungshilfen für Stahlbetonquerschnitte oder iterativ ermittelt werden. Aus der Gesamtdehnung des Spannstahls ergibt sich mit der Spannungs-Dehnungs-Linie nach Abb. F.3.9 die ansetzbare rechnerische Spannstahlspannung (Abb. F.6.11).

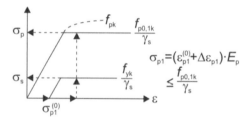

Abb. F.6.11   Ermittlung der Spannstahlspannungen im Grenzzustand der Tragfähigkeit

Vorspannung ohne Verbund

Bei Bauteilen mit Vorspannung ohne Verbund sowie bei Vorspannung mit nachträglichem Verbund für Lastfälle vor dem Auspressen der Hüllrohre wird die Vorspannkraft allein über Ankerkräfte und die Umlenkpressungen in das Bauwerk eingeleitet und ist unter der Vernachlässigung der Reibung über die Spanngliedlänge konstant. Während bei Vorspannung mit Verbund der Dehnungszuwachs im Spannglied der Dehnung des umgebenden Betons entspricht, kann sich ein verbundloses Spannglied gegenüber dem Beton frei verschieben. Die Spanngliedlängung kann nicht mehr aus einer einzelnen Querschnittsanalyse bestimmt werden, sondern entspricht der Summe der Betonverformungen entlang des Spannglieds. Zur Ermittlung der Biegebruch-Tragfähigkeit ist daher im Vergleich zur Vorspannung mit Verbund eine zusätzliche Bestimmung der Spannkraftzunahme erforderlich. Weitere Angaben hierzu siehe Abschnitt 6.4.5.

6.4.4 Bemessung von Querschnitten bei Vorspannung mit Verbund

Die einwirkenden Schnittgrößen resultieren aus den äußeren Lasten (ständige und veränderliche Lasten, Zwangsbeanspruchungen). Die Vorspannung wird bei statisch bestimmten Systemen nur über die Vordehnung des Spannstahls auf der Widerstandsseite berücksichtigt. Die Bemessungsschnittgrößen M_{Ed} und N_{Ed} ergeben sich aus der Grundkombination der Einwirkungen. Ausgangspunkt bei der Bemessung mit den üblichen Bemessungshilfsmitteln sind die auf die Achse der Biegezugbewehrung bezogenen Schnittgrößen. Bei Spannbetonquerschnitten liegen in der Biegezugzone meistens zwei unterschiedliche Lagen für Betonstahl und Spannstahl vor. Dadurch kann es erforderlich werden, unterschiedliche Bezugspunkte für die Schnittgrößen zu untersuchen. Bei einer annähernd gleichen Lage der Spannstahl- und der Betonstahlbewehrung können die Schnittgrößen auf der sicheren Seite liegend auf die Spannstahllage bezogen werden.

Das bezogene Moment M_{Eds} ergibt sich aus:

$$M_{Eds} = M_{Ed} - N_{Ed} \cdot z_{s1} \qquad (M_{Ed} > 0)$$

Den einwirkenden Schnittgrößen stehen auf der Bauteilseite innere Kräfte (Bauteilwiderstand) gegenüber. Diese kann man analog zum Stahlbetonbau mit den dort vorgestellten Bemessungshilfsmitteln wie Allgemeines Bemessungsdiagramm, Bemessungstafeln mit dimensionslosen Beiwerten oder Bemessungstafeln für Plattenbalkenquerschnitte ermitteln (vgl. Abschnitt D des Praxishandbuches). Dabei ist zu beachten, dass neben der Betondruckkraft F_{cd}, den Betonstahlkräften F_{s1d} und F_{s2d} die Zugkraft in der Spannstahlbewehrung in der Biegezugzone F_{p1d} in den Gleichgewichtsbetrachtungen zu berücksichtigen ist. Dabei wird die vorhandene Spannstahlspannung σ_{p1} aus der Summe der Vordehnung und Betondehnung in Höhe der Spannstahllage bestimmt:

$$F_{p1d} = A_{p1} \cdot \sigma_{p1} \qquad (F.6.1)$$

in den Gleichgewichtsbetrachtungen zu berücksichtigen ist. Dabei wird die vorhandene Spannstahlspannung σ_{p1} aus der Summe der Vordehnung und Betondehnung in Höhe der Spannstahllage bestimmt:

$$\sigma_{p1} = \left(\varepsilon_{p1}^{(0)} + \Delta\varepsilon_{p1}\right) \cdot E_p \leq \frac{f_{p\,0,1k}}{\gamma_S} \qquad (F.6.2)$$

Die Anwendung des allgemeinen Bemessungsdiagramms ist unabhängig von der Form der Spannungsdehnungslinien der Bewehrung. Deshalb eignet sich dieses Hilfsmittel auch zur Bemessung von Spannbetonquerschnitten. Für den einfach bewehrten Querschnitt (nur eine Spannstahllage in der Biegezugzone) werden mit dem Eingangsparameter

$$\mu_{Eds} = \frac{M_{Eds}}{b \cdot d^2 \cdot f_{cd}} \qquad (F.6.3)$$

aus dem Bemessungsdiagramm der bezogene Hebelarm der inneren Kräfte $\zeta = z/d$, die Dehnung in der Betonstahlfaser ε_{s1} sowie die Betondehnung ε_{c2} am gedrückten Rand bestimmt. Den Dehnungszuwachs in der Spannstahlfaser erhält man aus dem allgemeinen Bemessungsdiagramm mit

$$\Delta\varepsilon_{p1} = \varepsilon_{s1} \qquad (F.6.4)$$

Die vorhandene Spannstahlspannung σ_{p1} kann nach der Gleichung (F.6.2) ermittelt werden.

Im Fall, dass keine Druckbewehrung ($\mu_{Eds} < \mu_{Eds,lim}$) erforderlich ist, errechnet sich die erforderliche Biegezugbewehrung A_{s1} nach der Formel:

$$A_{s1} = \frac{1}{\sigma_{s1}} \cdot \left(\frac{M_{Eds}}{\zeta \cdot d} + N_{Ed} - F_{p1d}\right)$$

Die Kraft F_{p1d} ist dabei aus der Gleichung (F.6.1) zu bestimmen. Die vorhandene Stahlspannung σ_{s1} ergibt sich in Abhängigkeit von der Stahldehnung ε_{s1} aus der Spannungsdehnungsbeziehung für den Betonstahl (in der Regel $\sigma_{s1} = f_{yd}$).

Für Spannbetonquerschnitte mit Druckbewehrung ($\mu_{Eds} > \mu_{Eds,lim}$) gilt für die Zugbewehrung

$$A_{s1} = \frac{1}{\sigma_{s1}} \cdot \left(\frac{M_{Eds,lim}}{\zeta \cdot d} + \frac{M_{Eds} - M_{Eds,lim}}{d - d_2} + N_{Ed} - F_{p1d}\right)$$

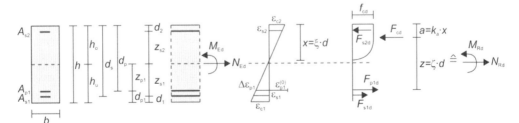

Abb. F.6.12 Tragfähigkeitsnachweis für Biegung mit Längskraft bei Querschnitten mit rechteckiger Druckzone sowie für die Druckbewehrung

$$A_{s2} = \frac{1}{\sigma_{s2}} \cdot \frac{M_{Eds} - M_{Eds,lim}}{d - d_2}$$

wobei σ_{s2} abhängig von der Dehnung ε_{s2} zu bestimmen ist.

Bei Nutzung der Bemessungstabellen mit dimensionslosen Beiwerten kann direkt der mechanische Bewehrungsgrad ω_1, die Randbetondehnung ε_{c2} sowie die Betonstahldehnung ε_{s1} ermittelt werden. Analog zur Bemessung mit dem allgemeinen Bemessungsdiagramm wird mit den Gleichungen (F.6.2) und (F.6.4) die vorhandene Spannstahlspannung σ_{p1} bestimmt.

Für Spannbetonquerschnitte ohne Druckbewehrung errechnet sich damit die erforderliche Biegezugbewehrung A_{s1} zu:

$$A_{s1} = \frac{1}{\sigma_{s1}} \cdot \left(\omega_1 \cdot b \cdot d \cdot f_{cd} + N_{Ed} - F_{p1}\right)$$

Für Querschnitte mit Druckbewehrung gilt zusätzlich:

$$A_{s2} = \frac{1}{\sigma_{s2}} \cdot \left(\omega_2 \cdot b \cdot d \cdot f_{cd}\right)$$

Anordnung der Druckbewehrung

Die Anordnung der Druckbewehrung in Stahlbeton- sowie in Spannbetonquerschnitten erfolgt nach zwei grundsätzlichen Kriterien:
- wirtschaftliche Ausnutzung der Biegezugbewehrung
- Sicherung der Rotationsfähigkeit

Ein wirtschaftlicher Einsatz der Biegezugbewehrung bedeutet, dass sowohl die Streckgrenze des Betonstahls als auch die des Spannstahls ausgenutzt wird. Hieraus ergibt sich, dass die bezogene Druckzonenhöhe ξ kleiner ist als folgender Grenzwert:

$$\xi_{lim} = \frac{3,5\permil}{3,5\permil + \varepsilon_{yd}}$$

Für die übliche Betonstahlsorte B500 ergibt sich mit $\varepsilon_{yd} = 2,17\permil$ $\xi_{lim} = 0,617$. Für die Spannstahlbewehrung gilt:

$$\xi_{lim} = \frac{3,5\permil}{3,5\permil + \Delta\varepsilon_{p,lim}}$$

mit $\Delta\varepsilon_{p,lim} = \frac{f_{p0,1k}}{\gamma_S \cdot E_p} - \varepsilon_p^{(0)}$

Um eine ausreichende Rotationsfähigkeit sicherzustellen sind analog zum Stahlbeton folgende Grenzwerte ξ_{lim} einzuhalten:

- $\xi_{lim} = 0,45$ bei Betonfestigkeitsklassen bis C 50/60
- $\xi_{lim} = 0,35$ bei Betonfestigkeitsklassen ab C 55/67

wenn keine Schnittgrößenumlagerung vorgenommen wird. Bei einer Schnittgrößenumlagerung wird die bezogene Druckzonenhöhe noch weiter reduziert. Ein Überschreiten der Grenzwerte ist möglich, wenn konstruktive Maßnahmen, wie z.B. eine Umschnürung der Druckzone zur Erhöhung der Duktilität angeordnet werden.

Bemessung bei beliebiger Form der Druckzone

Die bisher vorgestellten Bemessungshilfen sind nicht anwendbar für Querschnitte mit einer vom Rechteck abweichenden Form der Druckzone. Ähnlich wie bei Stahlbetonbauteilen wird hier die Bemessung auf direktem bzw. iterativem Wege mit Näherungsansätzen durchgeführt.

Ansatz einer gemittelten Druckzonenbreite

Mit dem Ansatz einer gemittelten Druckzonenbreite kann der Querschnitt wie ein Rechteckquerschnitt bemessen werden. Diese Methode, die je nach Querschnittsform auch zu auf der unsicheren Seite liegenden Ergebnissen führen kann, eignet sich besonders für eine überschlägige Abschätzung der Biegetragfähigkeit.

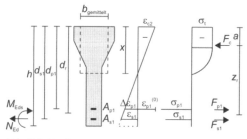

Abb. F.6.13 Ansatz der gemittelten Druckzonenbreite im Nachweis der Biegetragfähigkeit

Die Gleichgewichtsbeziehungen zwischen den einwirkenden inneren und äußeren Kräften werden um den Anteil der Spannstahlbewehrung F_{p1} erweitert. Im Grenzzustand der Tragfähigkeit wird die vorhandene Spannstahlspannung aus der Vordehnung $\varepsilon_{p1}^{(0)}$ und der Zusatzdehnung $\Delta\varepsilon_{p1}$ ermittelt, die sich aus dem angenommenen Dehnungszustand ergibt. Die Bemessung erfolgt iterativ.

Ansatz eines rechteckigen Spannungsblocks

Durch den Ansatz des rechteckigen Spannungsblocks vereinfacht sich die bei einer Handrechnung aufwendige numerische Integration der Betondruckspannungen. Die Berechnung wird wieder iterativ durchgeführt, jedoch mit dem Unterschied, dass die resultierende Betondruckkraft F_{cd} sowie der Hebelarm der inneren Kräfte z für die rechteckige Spannungsverteilung in der Druckzone einfacher zu ermitteln ist.

6.4.5 Bemessung von Querschnitten bei Vorspannung ohne Verbund

Tragverhalten

Zu den grundlegenden Annahmen bei der Querschnittsbemessung im Stahl- und Spannbetonbau gehören unter anderem das Ebenbleiben der Querschnitte und der vollkommene Verbund. Diese Bedingungen sind bei Vorspannung ohne Verbund nicht erfüllt. Das Spannglied kann sich gegenüber der Betonfaser verschieben. Das Ebenbleiben des Querschnitts gilt daher nur mit der Erweiterung, dass die Relativverschiebungen zwischen Spannglied und Beton auf ganzer Länge beachtet werden. Die Verträglichkeitsbedingung ergibt sich somit aus der Gleichheit der Längenänderung des Spannstahls ε_p und der benachbarten Betonfaser ε_c zwischen zwei Verankerungsstellen, also bei Berücksichtigung des gesamten Tragwerkes.

Das Tragverhalten eines Balkens mit Vorspannung ohne Verbund lässt sich wie folgt beschreiben. Vor Erreichen der Risslast gibt es kaum Unterschiede zum Balken mit Verbund, obwohl es sich – streng genommen – um ein innerlich statisch unbestimmtes System handelt (Träger mit Zugband). Danach entstehen nur ein oder evtl. sehr wenige Risse in großen Abständen, wenn keine oder zu wenig schlaffe Bewehrung eingelegt wurde. Die Spannglieder dehnen sich beim Auftreten des ersten Risses auf ihrer ganzen Länge frei, was eine rasche Zunahme der Rissweite w und der Durchbiegung f bei nur geringer Lasterhöhung bewirkt. Zusätzlich wird der Riss immer länger und erzeugt eine starke Konzentration der Betonstauchung, so dass schließlich die Betondruckzone unter Umständen explosionsartig versagt. Dabei wird die auf der ganzen Länge des Spanngliedes gespeicherte Energie schlagartig frei. Der Spannungszuwachs im Spannstahl durch die Trägerdurchbiegung ist meist so klein, dass der Spannstahl nicht fließt, so dass der Tragwiderstand kleiner ist als bei der Vorspannung mit Verbund.

Das beschriebene Bruchverhalten ist insbesondere durch eine gut verteilte schlaffe Bewehrung zu verbessern. Diese bewirkt eine Verteilung der Verformung auf mehrere Risse. Abb. F.6.14 zeigt die Dehnungen von Spannstahl, Betonstahl und Beton in Spannstahlebene für zwei Träger ohne Verbund im Bruchzustand bei verschiedener Momentenbeanspruchung.

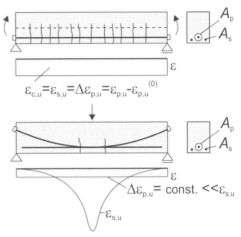

Abb. F.6.14 Qualitativer Verlauf der Dehnungen und Risse für einen Träger (VoV) im Bruchzustand bei verschiedenen Beanspruchungen und Spanngliedführungen

Beim Träger mit geradem Spannglied (oben) und konstantem Moment entspricht der Rissabstand ungefähr der Druckzonenhöhe. Der Dehnungszuwachs von Spannstahl und Betonstahl ist wie beim Träger mit nachträglichem oder sofortigem Verbund gleich groß. Bei dem Träger mit geneigter Spanngliedführung (unten) und einer linearen Änderung des Momentes hat das Spannkabel über die Länge einen konstanten kleinen Dehnungszuwachs, welcher sich aus der Gesamtdurchbiegung des Trägers ergibt, der Betonstahl erfährt eine Dehnung affin zur Momentenbeanspruchung.

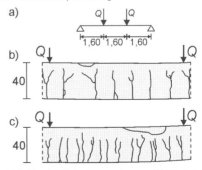

Abb. F.6.15 (a) Belastungsschema, (b) Rissbild des Trägers ohne Verbund, (c) Rissbild des Trägers mit nachträglichem Verbund

Abb. F.6.15 zeigt das Rissbild von zwei Versuchsträgern gleicher Abmessung, Bewehrung und Baustoffgüte. Die Risslasten der beiden Träger waren nahezu gleich groß. Die Bruchlast des Trägers ohne Verbund betrug Q = 86 kN. Der Träger mit nachträglichem Verbund versagte bei Q = 91 kN.

Für Spannglieder ohne Verbund sollte die Schnittgrößenermittlung unter Ansatz der Vorspannung mit Spanngliedern als Einwirkung von Anker- und Umlenkkräften durchgeführt werden. Dabei sollte der Anstieg der Spanngliedkraft von im Betonquerschnitt geführten Spanngliedern infolge der Verformung des Tragwerks über den Spannbettzustand hinaus berücksichtigt werden. Die Berechnung der Schnittgrößen kann mit den in Abschnitt 4.5 und 4.6 vorgestellten Verfahren erfolgen.

Vordehnung

Nach EN 1992-1-1, Abschnitt 5.10.8 darf der Bemessungswert der Vorspannkraft im Allgemeinen mit $P_{d,t}(x) = \gamma_P \cdot P_{m,t}(x)$ ermittelt werden. Für Vorspannung ohne Verbund ergibt sich der Zuwachs der Spannstahldehnung $\Delta\varepsilon_{p1}$ verursacht durch äußere Lasten aus Integration der Betondehnungen in Höhe der Spanngliedlage über die Spanngliedlänge. Bei Spannbetonbauteilen mit Spanngliedern ohne Verbund muss im Allgemeinen die Verformung des gesamten Bauteils zur Berechnung des Spannungszuwachses berücksichtigt werden. Wird keine genaue Berechnung durchgeführt, darf der Spannungszuwachs $\Delta\sigma_{p,ULS}$ bei Tragwerken mit exzentrisch intern angeführten Spanngliedern ohne Verbund vereinfacht wie folgt angesetzt werden:

- $\Delta\sigma_{p,ULS}$ = 100 N/mm²   Einfeldträger
- $\Delta\sigma_{p,ULS}$ = 50 N/mm²   Kragarm
- $\Delta\sigma_{p,ULS}$ = 350 N/mm²   Flachdecke mit n Feldern

Für Tragwerke mit externer Vorspannung gilt:
- Die Spannglieder dürfen auf der freien Länge zwischen Umlenkelementen als gerade angenommen werden.
- Die Dehnung ist zwischen zwei aufeinanderfolgenden Kontaktpunkten mit dem Tragwerk als konstant anzunehmen. Die Dehnung ist unter Berücksichtigung der Tragwerksverformung zu bestimmen.
- Bei einer linear-elastischen Schnittgrößenermittlung für das ganze Tragwerk darf der Spannungszuwachs vernachlässigt werden.

Für zentrisch geführte Spannglieder sollte vereinfacht auf den Ansatz eines Spannungszuwachses verzichtet werden. Weitere Angaben finden sich in Abschnitt 4.3.6.

6.4.6 Sicherstellung eines duktilen Bauteilverhaltens

Zur Sicherstellung eines duktilen Bauteiltragverhaltens (Versagen mit Vorankündigung durch Rissbildung) wird für Spannbetonbauteile ähnlich wie für Stahlbetonbauteile eine Mindestbewehrung $A_{s,min}$ gefordert.

$A_{s,min}$ ist für das Rissmoment M_{cr} mit dem Mittelwert der Zugfestigkeit des Betons f_{ctm} und einer Stahlspannung von $\sigma_s = f_{yk}$ (= 500 N/mm²) zu berechnen.

$$M_{cr} = \left(f_{ctm} - \frac{N}{A_c}\right) \cdot W_c$$

$$A_{s,min} = \left(\frac{M_{s1,cr}}{z} + N\right) \cdot \frac{1}{f_{yk}} = \frac{M_{cr} + N \cdot (z - z_{s1})}{z \cdot f_{yk}}$$

$$= \frac{f_{ctm} \cdot W_c + N \cdot (z - z_{s1} - W_c / A_c)}{z \cdot f_{yk}} \quad \text{(F.6.5)}$$

Dabei sind:
N Normalkraft (Druck negativ, Zug positiv)
A_c Fläche des Betonquerschnitts im Zustand I
W_c Widerstandsmoment des Betonquerschnitts im Zustand I
$M_{s1,cr}$ = $M_{cr} - N \cdot z_{s1}$
z innerer Hebelarm im Zustand II
z_{s1} Abstand Mindestbewehrung von der Schwereachse

Vorspannkräfte dürfen für N nicht berücksichtigt werden. Die Mindestbewehrung ist gleichmäßig über die Breite und anteilmäßig über die Zugzonenhöhe zu verteilen.

In Spannbetonbauteilen kann 1/3 der Querschnittsfläche der im Verbund liegenden Spannglieder auf die Robustheitsbewehrung $A_{s,min}$ angerechnet werden. Voraussetzung hierfür ist, dass mindestens zwei Spannglieder vorhanden sind und diese nicht mehr als $0,2 \cdot h$ bzw. 250 mm (der kleinere Wert ist maßgebend) von der Betonstahlbewehrung entfernt liegen. Hochgeführte Spannglieder dürfen daher nicht berücksichtigt werden. Die anrechenbare Spannung im Spannstahl ist dabei auf f_{yk} zu begrenzen.

Für Bauteile mit Spanngliedern ohne Verbund oder mit externer Vorspannung ist in der Regel nachzuweisen, dass der Biegewiderstand im Grenzzustand der Tragfähigkeit größer ist als das Biegerissmoment. Dabei ist ein Biegewiderstand der dem 1,15-fachen Rissmoment entspricht als ausreichend anzusehen.

6.5 Querkraft

6.5.1 Tragverhalten unter Querkraftbeanspruchung

Spannbetonbauteile verhalten sich unter Querkraftbeanspruchung wie Bauteile aus Stahlbeton mit der Ausnahme, dass die Richtung der Hauptdruckspannungen infolge Vorspannung im Auflagerbereich flacher geneigt ist. Überschreiten die Hauptzugspannungen, die sich aus der Biege- und Querkraftbeanspruchung ergeben, die Betonzugfestigkeit, kommt es zur Schubrissbildung. Die Risse verlaufen annähernd parallel zur Richtung der Hauptdruckspannungen. Je nach Höhe der Biegebeanspruchung entwickeln sich die Schubrisse entweder aus Biegerissen oder sie entstehen besonders bei profilierten Querschnitten unmittelbar im Stegbereich, ohne dass der Biegezugrand aufreißt. Die Tendenz, dass der Biegezugrand ungerissen bleibt, wird im Vergleich zu Stahlbetonbauteilen durch die Längskraft infolge Vorspannung verstärkt.

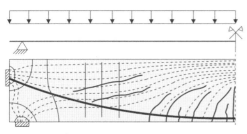

Abb. F.6.16 Spannungstrajektorien und Rissbild eines Spannbetonträgers

Das Schubtragverhalten von Spannbetonbauteilen im Grenzzustand der Tragfähigkeit lässt sich wie bei Stahlbetonbauteilen mit Fachwerkmodellen zutreffend beschreiben. Ausgangsbasis für die Bemessung bildet die erweiterte Fachwerkanalogie, die gegenüber der klassischen Fachwerkanalogie nach Mörsch vorhandene höhere Querkrafttragfähigkeit infolge flacherer Neigung der Betondruckstreben, Dübelwirkung der Längsbewehrung, Rissverzahnung und Querkrafttragfähigkeit der ungerissenen Biegedruckzone berücksichtigt. Die neben dem 45°-Fachwerk vorhandenen Tragwerkwirkungen können entweder wie in Abb. F.6.18 dargestellt zu einem Betontraganteil zusammengefasst werden oder durch eine flachere Druckstrebenneigung erfasst werden.

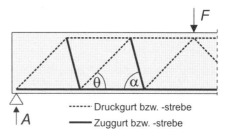

Abb. F.6.17 Klassisches Fachwerkmodell

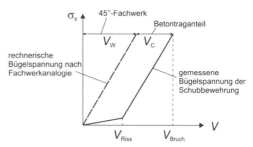

Abb. F.6.18 Vergleich der klassischen Fachwerkanalogie mit Versuchsergebnissen

Die Querkrafttragfähigkeit von Spannbetonbauteilen wird durch folgende Einflussgrößen bestimmt:

- Querkraftbewehrung
- Betonfestigkeit – Tragfähigkeit der Betondruckstreben (Druckstrebentragfähigkeit) und der Biegedruckzone
- Längsbewehrung – Dübelwirkung der Biegezugbewehrung
- Längskraftbeanspruchung – durch Längsdruckkräfte (Vorspannung) wird die Druckstrebenneigung flacher, durch Längszugkräfte steiler
- Bauteilhöhe (Maßstabseffekt)
- Laststellung – direkte Ableitung von auflagernahen Lasten über Betondruckstreben ins Auflager
- Querschnittsform (Stegdicke)

In den Bemessungsansätzen werden diese Einflussgrößen zum Teil in unterschiedlicher Form berücksichtigt.

In DIN EN 1992-1-1 wird die Querkraftbemessung über ein Verfahren mit veränderlicher Druckstrebenneigung geführt, wobei der Mindestwert über ein Fachwerkmodell mit Rissreibung berechnet werden kann. Das Verfahren ist gleichermaßen für Stahlbeton- als auch für Spannbetonbauteile anwendbar. Eine ausführliche Beschreibung ist in Abschnitt D des Praxishandbuches vorhanden. Allerdings sind die Ansätze um den Einfluss der Vorspannung auf die Querkrafttragfähigkeit erweitert, der sich im Wesentlichen aus zwei Anteilen zusammensetzt:

- Einfluss der durch die Vorspannung verursachten Längskraftbeanspruchung
- Einfluss der zusätzlichen Querkraftbeanspruchung infolge geneigter Spanngliedführung

Durch die Längsdruckkräfte aus Vorspannung sind im Vergleich zu Stahlbetonbauteilen der Verlauf der Schubrisse und damit auch der Verlauf der Betondruckstreben flacher geneigt. Die Beanspruchung der Querkraftbewehrung, die im Fachwerkmodell durch Zugpfosten abgebildet wird, wird dadurch bei einem gleichzeitigen Anstieg der Druckstrebenbelastung verringert.

Spannglieder, die nicht parallel zur Bauteilachse geführt sind wie z.B. bei parabolischer Spanngliedführung, erzeugen eine zusätzliche Querkraftkomponente. Der Verlauf der durch die Vorspannung erzeugten Querkräfte ist abhängig von der Spanngliedführung und dem statischen System. Im Regelfall wird die Gesamtquerkraftbeanspruchung durch die Vorspannung verringert, sie kann aber auch vergrößert werden.

6.5.2 Einwirkende Schnittgrößen

Der maßgebende Bemessungsquerschnitt im Auflagerbereich hängt wie bei Stahlbetonbauteilen von der Art der Lagerung ab. Kann sich am Auflager ein geneigtes Druckfeld ausbilden und ist eine direkte Lastabtragung zum Auflager möglich (direkte Lagerung), darf der maßgebende Bemessungsquerschnitt im Abstand der statischen Nutzhöhe d von der Auflagervorderkante angenommen werden. Bei indirekter Lagerung liegt der maßgebende Bemessungsquerschnitt an der Auflagervorderkante.

Die einwirkenden Schnittgrößen sind ausgehend von den charakteristischen Werten mit den entsprechenden Teilsicherheits- und Kombinationsbeiwerten zu bestimmen.

Bei geneigter Spanngliedführung werden durch die Spannglieder Querkraftanteile V_{pd} übernommen. Hierbei ist zwischen günstig und ungünstig wirkenden Spanngliedern zu unterscheiden. Im Fall günstig wirkender Spannglieder ist der Querkraftanteil infolge Vorspannung nach Abzug der zeitabhängigen Verluste, der Reibungsverluste und des Verankerungsschlupfes zu ermitteln. Liegt eine ungünstig wirkende Spanngliedführung vor, so ist der Zustand vor Kriechen, Schwinden und Relaxation maßgebend.

Die Bestimmung der maßgebenden Querkraft zeigt Abb. F.6.19.

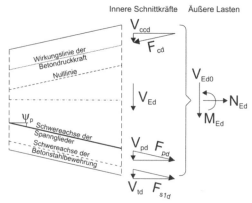

Abb. F.6.19 Bestimmung der schuberzeugenden Querkraft

Die effektiv auf den Betonquerschnitt wirkende Bemessungsquerkraft V_{Ed} ergibt sich zu:

$$V_{Ed} = V_{Ed0} - V_{ccd} - V_{td} - V_{pd} \quad (F.6.6)$$

Hierin sind:

V_{Ed} Bemessungswert der einwirkenden Querkraft
V_{Ed0} Grundbemessungswert der auf den Querschnitt einwirkenden Querkraft
V_{ccd} Querkraftanteil einer geneigten Druckzone
V_{td} Querkraftanteil einer geneigten Zugbewehrung
V_{pd} Querkraftanteil der Vorspannung

$$V_{pd} = -\sum P_{td} \cdot \sin\psi_p = -\sum \gamma_p \cdot P_{mt} \cdot \sin\psi_p$$

Beim Übergang in den Zustand II erfährt der Spannstahl einen Spannungszuwachs, der bei einer günstigen Spanngliedneigung eine Vergrößerung des übertragbaren Querkraftanteiles hervorruft. Auf der sicheren Seite liegend wird dieser Spannkraftzuwachs meistens vernachlässigt.

6.5.3 Bauteile ohne rechnerisch erforderliche Querkraftbewehrung

In Bauteilen, in denen die Bemessungsquerkraft V_{Ed} den Bemessungswert für den Querkraftwiderstand $V_{Rd,c}$ nicht übersteigt ($V_{Ed} \leq V_{Rd,c}$), ist rechnerisch keine Querkraftbewehrung erforderlich. Die Querkraftbelastung kann allein über den Beton abgetragen werden. Der Bemessungswiderstand $V_{Rd,c}$ von Bauteilen ohne Querkraftbewehrung wird durch eine empirisch gewonnene Bestimmungsgleichung berechnet, die die Einflussfaktoren Betonfestigkeit, Längsbewehrungsgrad, Bauteilabmessungen und Normalkraftbeanspruchung berücksichtigt.

Grenzzustände der Tragfähigkeit

$$V_{Rd,c} = [C_{Rd,c} \cdot k \cdot (100 \cdot \rho_l \cdot f_{ck})^{1/3} + 0{,}12 \cdot \sigma_{cp}] \cdot b_w \cdot d$$

Mindestwert $\quad V_{Rd,c} = (v_{min} + 0{,}12 \cdot \sigma_{cp}) \cdot b_w \cdot d$

Dabei sind:

$C_{Rd,c}$ = $(0{,}15/\gamma_c)$
γ_c Teilsicherheitsbeiwert für bewehrten Beton
k Beiwert für den Einfluss der Bauteilhöhe mit d in [mm]

$$k = 1 + \sqrt{\frac{200}{d}} \leq 2{,}0$$

ρ_l = $A_{sl}/(b_w \cdot d) \leq 0{,}2$ Längsbewehrungsgrad
A_{sl} Fläche der Zugbewehrung, die mindestens um das Maß d über den betrachteten Querschnitt hinausgeführt und dort wirksam verankert wird. Bei Vorspannung mit sofortigem Verbund darf nach DAfStb-Heft 600 die Spannstahlfläche voll auf A_{sl} angerechnet werden.
b_w kleinste Querschnittsbreite innerhalb der Zugzone
σ_{cp} Betonlängsspannung in Höhe des Querschnittsschwerpunkts in [N/mm²]
$\sigma_{cp} = N_{Ed}/A_c < 0{,}2 \cdot f_{cd}$
Betonzugspannungen sind negativ einzusetzen!
N_{Ed} Längskraft im Querschnitt infolge äußerer Einwirkung oder Vorspannung ($N_{Ed} > 0$ für Druck); der Einfluss von Zwang auf N_{Ed} darf vernachlässigt werden.
A_c Betonquerschnittsfläche
v_{min} = $(0{,}0525/\gamma_c) \cdot k^{3/2} \cdot f_{ck}^{1/2}$ für $d \leq 600$ mm
v_{min} = $(0{,}0375/\gamma_c) \cdot k^{3/2} \cdot f_{ck}^{1/2}$ für $d \geq 800$ mm
Für 600 mm < d < 800 mm darf interpoliert werden.

Eine Mindestquerkraftbewehrung ist mit Ausnahme von Platten, die an Störstellen eine Umlagerung der Querkraftbeanspruchung auf benachbarte Bereiche mit ausreichender Sicherheit ermöglichen, vorzusehen (vgl. Abschnitt 6.5.6).

Der Bemessungswert der Querkrafttragfähigkeit eines Stahl- oder Spannbetonbauteils ohne rechnerisch erforderliche Querkraftbewehrung entspricht im Wesentlichen den bisherigen Regelungen in DIN 1045-1. Allerdings wurde die Vorzeichenregelung von σ_{cp} gegenüber DIN 1045-1 umgekehrt, Druckspannungen sind positiv (traglaststeigernd) einzusetzen.

Die Mindestquerkrafttragfähigkeit, die für dünne Bauteile mit geringen Längsbewehrungsgraden deutlich größere Tragfähigkeiten liefert, wurde aus DIN 1045-1 übernommen. Bei Bauteilen mit $d \leq 600$ mm entspricht v_{min} somit dem Vorschlag aus DIN EN 1992-1-1, wohingegen bei Bauteilen mit $d > 800$ mm dieser Wert auf ~$0{,}7\,v_{min}$ reduziert wird [DAfStb-Heft 525–03].

Bei der Ermittlung des Querkraftwiderstandes $V_{Rd,c}$ ist eine Verringerung der aufnehmbaren Querkraft infolge einer Biegerissbildung im Vergleich zu einem reinen Schubzugversagen berücksichtigt. Durch die Vorspannung oder äußere Drucknormalkräfte kann ein Querschnitt bereichsweise biegerissfrei bleiben (Betonzugspannung ist kleiner als $f_{ctk;0{,}05}/\gamma_c$). In diesen Bereichen wird die Querkrafttragfähigkeit durch die Hauptzugspannung begrenzt. Deshalb darf in Bereichen ohne Biegerisse die Querkrafttragfähigkeit von einfeldrigen, statisch bestimmt gelagerten Spannbetonbauteilen alternativ auf Basis der Hauptzugspannungsgleichung wie folgt ermittelt werden.

$$V_{Rd,c} = \frac{I \cdot b_w}{S} \sqrt{f_{ctd}^2 + \alpha_l \cdot \sigma_{cp} \cdot f_{ctd}} \qquad \text{(F.6.7)}$$

Hierin sind:

I Flächenmoment 2. Grades des Querschnitts (Trägheitsmoment)
S Flächenmoment 1. Grades des Querschnitts (Statisches Moment)
b_w Querschnittsbreite in der Schwerachse unter Berücksichtigung etwaiger Hüllrohre gemäß Gleichung (F.6.12) bis (F.6.14)
α_l = $l_x/l_{pt2} \leq 1{,}0$ bei Vorspannung mit sofortigem Verbund
α_l = 1 für andere Arten der Vorspannung
l_x Abstand des betrachteten Querschnitts vom Beginn der Verankerungslänge
l_{pt2} oberer Bemessungswert der Übertragungslänge des Spanngliedes nach DIN EN 1992-1-1, Gleichung (8.18)
f_{ctd} Betonzugfestigkeit nach DIN EN 1992-1-1, Abschnitt 3.1.6 (2)
σ_{cp} Betondruckspannung im Schwerpunkt infolge Normalkraft und/oder Vorspannung ($\sigma_{cp} = N_{Ed}/A_c$ in N/mm², $N_{Ed} > 0$ bei Druck)

Für vorgespannte Elementplatten darf die Hauptspannungsgleichung nicht verwendet werden; hier gelten die Angaben in den Zulassungen.

Ein Bereich gilt als ungerissen, wenn die Biegezugspannungen im Grenzzustand der Tragfähigkeit $\sigma_{c,fl,GZT}$ kleiner als f_{ctd} sind. Durch die Definition des Teilsicherheitsbeiwerts γ_c und den Beiwert α_{ct} zur Berücksichtigung von Langzeitauswirkungen und ungünstigen Auswirkungen durch die Art der Beanspruchung weicht die Regelung nur geringfügig von DIN 1045-1 ab. Dies betrifft neben der zulässigen Randzugspannung auch die anrechenbare Betonzugfestigkeit bei der Ermittlung von $V_{Rd,c}$. Der Bemessungswert der Zugfestigkeit f_{ctd} ergibt sich mit den entsprechenden Beiwerten (α_{ct} = 0,85 und γ_C = 1,5) zu etwa $0{,}57 \cdot f_{ctk;0,05}$ gegenüber dem in DIN 1045-1 ansetzbaren Wert $0{,}56 \cdot f_{ctk;0,05}$.

Bei Spannbetonbauteilen ist zusätzlich zur Begrenzung der Randzugspannungen eine Rissbildung infolge der eingeleiteten Vorspannkraft durch eine ausreichende Spaltzugbewehrung zu beschränken bzw. durch Begrenzung der Betondruckspannungen im Bereich der Einleitungslänge der Vorspannung mit sofortigem Verbund zu verhindern. Die Bestimmung der Spaltzugbewehrung kann dabei beispielsweise nach DAfStb-Heft 240 [Grasser/Thiele – 88] oder mit anderen Stabwerkmodellen erfolgen, die den in Abschnitt 5.6.4 (Stabwerkmodelle) und Abschnitt 6.5 (Stabwerkmodelle) von DIN EN 1992-1-1+NA beschriebenen Grundsätzen entsprechen (vgl. Abschnitt 7 und 7.3 des Beitrags).

Bei der Bestimmung der anrechenbaren Querschnittsbreite b_w müssen die Spanngliedhüllrohre je nach Verbundart entsprechend berücksichtigt werden. Der Eingangswert σ_{cp} beschreibt in der Regel die Betondruckspannung im Schwerpunkt und muss positiv eingesetzt werden. In Querschnitten mit veränderlicher Breite kann der maßgebende Schnitt, in dem die Hauptzugspannung σ_I die Zugfestigkeit überschreitet, außerhalb der Schwereachse liegen (Abb. F.6.20).

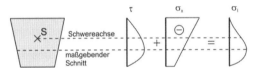

Abb. F.6.20 Hauptzugspannungen bei veränderlicher Querschnittsbreite

Die Bestimmung von $V_{Rd,c}$ nach Gleichung (F.6.7) ist somit in verschiedenen Höhen auszuwerten. Die Betondruckspannung σ_{cp} muss dabei durch die Betonnormalspannung in dem jeweiligen Nachweisschnitt ersetzt werden, die sich aus der Momenten- und Normalkraftbeanspruchung infolge Vorspannung und äußerer Belastung zusammensetzt. Die Biegenormalspannungen infolge der aufnehmbaren Querkraft $V_{Rd,c}$ beeinflussen somit gleichzeitig den Querkraftwiderstand, wodurch eine iterative Ermittlung der Bruchlast erforderlich wird. Da die Biegenormalspannungen zusätzlich in Trägerlängsrichtung variieren, muss der Querkraftwiderstand in verschiedenen Längsschnitten bestimmt werden. Auf die iterative Ermittlung des Querkraftwiderstands kann im Rahmen des Nachweises der Querkrafttragfähigkeit allerdings in der Regel verzichtet werden, da die

Tragfähigkeit für eine definierte Belastungskombination (V_{Ed}, M_{Ed}, N_{Ed}) nachzuweisen ist.

Der Querkraftwiderstand nach Gleichung (F.6.7) ist nicht für die Bereiche zu ermitteln, die weniger als $h/2$ von der Auflagervorderkante entfernt liegen (Abb. F.6.21a)).

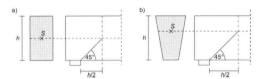

Abb. F.6.21 Definition der Bereiche zur Bestimmung des Querkraftwiderstandes nach Gleichung (F.6.7) bei Trägern mit a) konstanter und b) veränderlicher Breite

Dies stellt eine Vereinfachung der Formulierung von DIN EN 1992-1-1, Abschnitt 6.2.2 (3) für Querschnitte mit konstanter Breite dar. Bei veränderlicher Querschnittsbreite wird $h/2$ durch den Abstand des Schnittpunkts einer unter 45° verlaufenden Geraden von der Auflagervorderkante und der Schwereachse ersetzt (Abb. F.6.21b)).

6.5.4 Bauteile mit rechnerisch erforderlicher Querkraftbewehrung

In Stahlbeton- und Spannbetonbauteilen mit einer größeren Querkraftbeanspruchung als $V_{Rd,c}$ ist eine Querkraftbewehrung erforderlich. Die Querkraftbewehrung sollte vorzugsweise aus einer Bügelbewehrung bestehen, welche die Längsbewehrung und die Druckzone umfasst.

Der Nachweis der Querkrafttragfähigkeit wird durch ein Verfahren mit veränderlicher Druckstrebenneigung geführt. Hieraus ergibt sich die erforderliche Querkraftbewehrung zu:

$$\frac{A_{sw}}{s} = \frac{V_{Ed}}{f_{ywd} \cdot z} \cdot \frac{1}{\sin\alpha \cdot (\cot\theta + \cot\alpha)} \qquad (F.6.8)$$

Bei Bauteilen mit lotrechter Querkraftbewehrung ($\alpha = 90°$) vereinfacht sich die Bemessungsgleichung zu:

$$\frac{A_{sw}}{s} = \frac{V_{Ed}}{f_{ywd} \cdot z \cdot \cot\theta}$$

Der innere Hebelarm z berechnet sich folgendermaßen:

$$z = \min \begin{cases} 0{,}9 \cdot d \\ \max \begin{cases} d - c_{v,l} - 30 \text{ mm} \\ d - 2 \cdot c_{v,l} \end{cases} \end{cases}$$

Mit:
d   statische Höhe
$c_{v,l}$ Verlegemaß der Längsbewehrung in der Betondruckzone

Die Rotation der Druckstrebenneigung gegenüber dem 45°-Winkel bei der Möhrsch'schen Fachwerktheorie wird mechanisch auf Rissreibungskräfte zurückgeführt, die über die Rissufer übertragen werden können. Da die über Rissreibung übertragbaren Kräfte begrenzt sind, ergibt sich bei der Wahl der Druckstrebenneigung ein Mindestdruckstrebenwinkel, der nicht unterschritten werden darf. Die Berechnung des einzuhaltenden Mindestdruckstrebenwinkels ergibt sich nach folgender Formel:

$$1{,}0 \leq \cot\theta = \frac{1{,}2 + 1{,}4 \cdot \sigma_{cp}/f_{cd}}{1 - V_{Rd,cc}/V_{Ed}} \leq 3{,}0 \qquad (F.6.9)$$

Bei geneigter Querkraftbewehrung darf $\cot\theta$ bis 0,58 ausgenutzt werden.

Hierin sind:
$V_{Rd,cc}$ Querkraftanteil des verbügelten Betonquerschnitts infolge Rissreibung

$$V_{Rd,cc} = c \cdot 0{,}48 \cdot f_{ck}^{1/3} \cdot \left(1 - 1{,}2\,\frac{\sigma_{cd}}{f_{cd}}\right) \cdot b_w \cdot z$$

(F.6.10)

c = 0,5
σ_{cd} = N_{Ed}/A_c
   Bemessungswert der Betonlängsspannung in Höhe des Schwerpunkts des Querschnitts (Betonzugspannungen sind negativ einzusetzen)
f_{ck} charakteristische Betondruckfestigkeit in [N/mm²]
N_{Ed} Bemessungswert der Längskraft im Querschnitt infolge äußerer Einwirkung oder Vorspannung ($N_{Ed} > 0$ als Längsdruckkraft)

Wenn die Druckstrebenneigung θ ohne Berechnung wie folgt angenähert wird, kann auf die Berechnung der Mindestdruckstrebenneigung verzichtet werden.
- reine Biegung
  $\cot\theta = 1{,}2 \quad \Rightarrow \quad \theta = 40°$
- Biegung und Längsdruckkraft
  $\cot\theta = 1{,}2 \quad \Rightarrow \quad \theta = 40°$
- Biegung und Längszugkraft
  $\cot\theta = 1{,}0 \quad \Rightarrow \quad \theta = 45°$

Neben der Bemessung der Querkraftbewehrung ist die Querkrafttragfähigkeit der Druckstrebe nachzuweisen. Die Gleichung für die Druckstrebentragfähigkeit wird ebenfalls anhand der Fachwerkanalogie hergeleitet. Die Spannungen in den Betondruckstreben werden aufgrund der verminderten Druckfestigkeit des Betons in der Druckzone auf folgenden Wert begrenzt:

$\sigma_{Rd,max} = v_1 \cdot f_{cd}$
Mit: $v_1 = 0{,}75 \cdot v_2$
       $v_2 = 1{,}0$ für $\leq$ C50/60
       $v_2 = (1{,}1 - f_{ck}/500)$ für $\geq$ C55/67

Die rechnerische Druckstrebentragfähigkeit ergibt sich aus der Fachwerkanalogie zu:

$$V_{Rd,max} = b_w \cdot z \cdot v_1 \cdot f_{cd} \cdot \frac{\cot\theta + \cot\alpha}{1 + \cot^2\theta}$$

Für Bauteile mit senkrechter Querkraftbewehrung vereinfacht sich die Gleichung zu:

$$V_{Rd,max} = \frac{b_w \cdot z \cdot v_1 \cdot f_{cd}}{\cot\theta + \tan\theta} \qquad (F.6.11)$$

Enthält der betrachtete Querschnitt nebeneinander liegende verpresste Spannglieder mit einer Durchmessersumme $\Sigma\phi > b_w/8$, muss der Bemessungswert der Querkrafttragfähigkeit $V_{Rd,max}$ auf der Grundlage des Nennwertes $b_{w,nom}$ der Querschnittsbreite für die ungünstigste Spanngliedlage berechnet werden:

$b_{w,nom} = b_w - 0{,}5\Sigma\phi$ für $\leq$ C50/60   (F.6.12)
$b_{w,nom} = b_w - 1{,}0\Sigma\phi$ für $\geq$ C55/67   (F.6.13)

Dabei ist ϕ der äußere Hüllrohrdurchmesser.

Für nebeneinander liegende nicht verpresste Spannglieder oder solche ohne Verbund gilt:

$b_{w,nom} = b_w - 1{,}2\Sigma\phi$ (F.6.14)

Mit dem Faktor 1,2 wird das durch Querzugspannungen bedingte Spalten der Betondruckstreben berücksichtigt. Die Abminderung dieses Faktors ist auch bei vorhandener Querbewehrung nicht zulässig. Bei Spanngliedern ohne Verbund, bei nichtverpressten Hüllrohren oder verpressten Kunststoffhüllrohren erhöht sich die rechnerische Stegbreite $b_{w,nom}$ bei der Berechnung von $V_{Rd,max}$ geringfügig gegenüber DIN 1045-1. Dort war das 1,3-Fache der Durchmessersumme $\Sigma\phi$ von der Stegbreite abzuziehen.

6.5.5 Schub zwischen Balkensteg und Gurt

Bei gegliederten Querschnitten muss im Grenzzustand der Tragfähigkeit ein schubfester Anschluss der Gurte an den Steg sichergestellt werden. Im Fall von gegliederten Spannbetonquerschnitten wird die Vorspannung auf der Einwirkungsseite bei der Ermittlung der maßgebenden Querkraft v_{Ed} berücksichtigt. Ansonsten entspricht die Vorgehensweise für den Nachweis der von Stahlbetonbauteilen.

6.5.6 Mindestquerkraftbewehrung

Nach DIN EN 1992-1-1 ist grundsätzlich eine Mindestquerkraftbewehrung vorzusehen, auch wenn rechnerisch keine Querkraftbewehrung erforderlich ist. Nur bei Platten mit ausreichender Querverteilung und bei Bauteilen von untergeordneter Bedeutung darf darauf verzichtet werden.

Der Querkraftbewehrungsgrad kann nach folgender Formel berechnet werden:

$$\rho_w = A_{sw}/(s \cdot b_w \cdot \sin\alpha) \geq \rho_{w,min} \qquad (F.6.15)$$

Dabei sind:
A_{sw} Querschnittsfläche der Querkraftbewehrung je Länge s
s Abstand der Querkraftbewehrung (in Längsrichtung)
b_w kleinste Stegbreite
α Winkel zwischen Querkraftbewehrung und der Balkenachse
$\rho_{w,min}$ Mindestquerkraftbewehrungsgrad nach Tafel F.6.1

Tafel F.6.1 Mindestquerkraftbewehrungsgrad $\rho_{w,min}$ nach DIN EN 1992-1-1

f_{ck} [N/mm²]	Allgemein Gl. (F.6.16)	Zuggurt Gl. (F.6.17)
16	0,61	0,98
20	0,71	1,13
25	0,82	1,31
30	0,93	1,48
35	1,03	1,64
40	1,12	1,80
45	1,21	1,94
50	1,30	2,08
55	1,35	2,16
60	1,39	2,23
70	1,48	2,36
80	1,55	2,48
90	1,61	2,58
100	1,67	2,68

Als Mindestquerkraftbewehrungsgrad ist festgelegt:
- Allgemein

$$\rho_{w,min} = 0,16 \cdot \frac{f_{ctm}}{f_{yk}} \qquad (F.6.16)$$

- gegliederte Querschnitte mit vorgespanntem Zuggurt

$$\rho_{w,min} = 0,256 \cdot \frac{f_{ctm}}{f_{yk}} \qquad (F.6.17)$$

Weitere Konstruktionsregeln und Angaben zur baulichen Durchbildung finden sich in Abschnitt 9.2.

6.6 Torsion

6.6.1 Tragverhalten unter Torsionsbeanspruchung

Eine Torsionsbeanspruchung erzeugt in einem Bauteil einen räumlichen Spannungszustand mit Spannungstrajektorien, die um die Torsionsachse drehen. Überschreiten in Spannbeton- oder Stahlbetonbauteilen die schiefen Hauptzugspannungen die Betonzugfestigkeit (Übergang in den Zustand II), bildet sich ein aus Druck- und Zugstreben bestehendes räumliches Tragsystem aus. In Vollquerschnitten wird die Torsionsbeanspruchung hauptsächlich durch die am Querschnittsrand liegenden Bereiche abgetragen. Daher kann für die Bemessung im Grenzzustand der Tragfähigkeit mit ausreichender Genauigkeit ein räumliches Fachwerk nach Abb. F.6.22 angenommen werden, das als Ersatzhohlkasten wirkt.

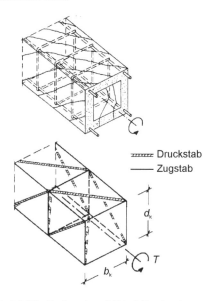

Abb. F.6.22 Fachwerkmodell bei Torsionsbeanspruchung im Zustand II

Die Zugstreben dieses Fachwerks werden durch die Quer- bzw. Längsbewehrung gebildet, die geneigten umlaufend gerichteten Druckstreben werden durch den Beton innerhalb der Wand eines fiktiven Fachwerkkastens gebildet.

Bei entsprechender Spanngliedführung kann die Vorspannung im Tragwerk Torsionsbeanspruchungen erzeugen. Ähnlich wie bei der Querkraftbeanspruchung infolge geneigter Spannglieder sind die einzelnen Torsionsanteile zu überlagern.

6.6.2 Bemessung für Torsion

Bei der Bestimmung des maßgebenden (schuberzeugenden) Torsionsmomentes T_{Ed} sind eventuell vorhandene Einflüsse aus der Vorspannung T_{pd} zu berücksichtigen.

$T_{Ed} = T_{Ed0} - T_{pd}$

Dabei sind:

T_{Ed0} Torsionsmoment infolge äußerer Lasten
T_{pd} Torsionsmoment infolge Vorspannung

Die Bemessung von Spannbetonbauteilen für reine Torsion erfolgt analog zur Bemessung von Bauteilen aus Stahlbeton.

6.6.3 Bemessung für kombinierte Beanspruchungen

Das Tragverhalten von Stahlbeton- und Spannbetonbauteilen unter kombinierter Beanspruchung aus Querkraft, Torsion und Biegung ist sehr komplex. Für die praktische Bemessung hat sich eine getrennte Betrachtung der einzelnen Beanspruchungsarten unter Einbeziehung vereinfachter Interaktionsregeln als zweckmäßig erwiesen. Die Bemessung von Spannbetonbauteilen für kombinierte Beanspruchungen erfolgt analog zur Bemessung von Stahlbetonbauteilen.

In der Biegezugzone sind die beiden in der Biege- und Torsionsbemessung getrennt ermittelten Längsbewehrungen zu überlagern. Überschreiten in der Biegedruckzone die Zugspannungen infolge Torsion die Druckspannungen aus der Biegebeanspruchung nicht, so ist in dem Querschnittsbereich keine zusätzliche Torsionslängsbewehrung erforderlich.

Die Überlagerung bei kombinierter Beanspruchung aus Querkraft und Torsion kann wahlweise dadurch geführt werden, indem die Bügelbewehrung aus Querkraft allein unter der Annahme $\theta = 45°$ ermittelt oder das für jede Wand des idealisierten Hohlkastens aus der Querkraft und der Torsionsbeanspruchung eine resultierende Querkraft berechnet werden.

6.7 Statisch unbestimmte Spannbetontragwerke

6.7.1 Zwangsbeanspruchungen

Neben den äußeren Lasten wirken häufig Zwangsbeanspruchungen wie z.B. Temperaturlastfälle, Auflagerverschiebungen oder das Schwinden des Betons auf Tragwerke ein. Während sich statisch bestimmte Systeme bei diesen Lastfällen frei verformen können, entstehen bei statisch unbestimmten Systemen Zwangsschnittgrößen. Die Zwangsschnittgrößen hängen direkt von der Steifigkeit des Tragwerks ab und verringern sich, wenn durch Rissbildung die Steifigkeitsverhältnisse verändert werden. Einen weiteren wesentlichen Beitrag zum Abbau von Zwangsschnittgrößen liefert das zeitabhängige Materialverhalten des Betons.

Auch bei Spannbetonbauteilen hängt die Biegesteifigkeit vom Grad der Beanspruchung ab. Den Einfluss der Rissbildung auf die Steifigkeit verdeutlicht Abb. F.6.23, das den qualitativen Verlauf der Momenten-Durchbiegungs-Linie für einen teilweise vorgespannten Träger (vgl. Abschnitt 1.5) zeigt.

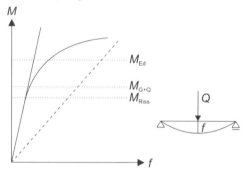

Abb. F.6.23 Momenten-Durchbiegungs-Linie bei einem Spannbetonträger

Bis zum Erreichen der Risslast ist die volle Biegesteifigkeit vorhanden, die sich aus den ideellen Querschnittswerten ergibt. Mit dem Erreichen der Rissschnittgröße (Übergang des Querschnitts in den gerissenen Zustand II) und zunehmender Rissbildung verringert sich die Steifigkeit und die Neigung der Momenten-Durchbiegungs-Linie wird flacher. Durch das Mitwirken des Betons auf Zug zwischen den Rissen (tension stiffening) ist die vorhandene Steifigkeit allerdings größer als die bei Ansatz des reinen Zustand II ohne Berücksichtigung der Betonzugfestigkeit (gestrichelte Linie).

Mit der Abnahme der Steifgkeit ist eine Verringerung der Schnittgrößen infolge Zwangsbeanspruchung verbunden. Dieser Effekt wird bei einer Steigerung der Beanspruchung bis in den

Bereich der Querschnittstragfähigkeit durch das Anwachsen der Dehnungen im Beton und Stahl und die ausgeprägte Rissbildung vergrößert. Dies verdeutlicht der Einfluss der Steifigkeitsabnahme auf die Zwangsschnittgrößen am Beispiel in Abb. F.6.24.

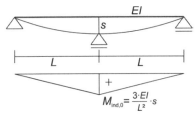

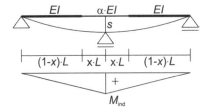

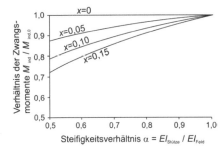

Abb. F.6.24 Verringerung der Zwangsmomente infolge einer Auflagerverschiebung s bei Abnahme der Steifigkeit im Stützenbereich

Wird die Mittelstütze des Zweifeldträgers um das Maß s abgesenkt, entsteht bei konstanter Steifigkeit ein Zwangsmoment $M_0 = 3 \cdot EI \cdot s / L^2$. Weist der Träger dagegen im Stützbereich über eine Länge $x \cdot L$ eine verringerte Biegesteifigkeit $\alpha \cdot EI$ auf, so verringert sich das Zwangsmoment über der Stütze erheblich.

Bei der Bemessung im Grenzzustand der Tragfähigkeit kann der Abbau der Zwangsschnittgrößen unterschiedlich berücksichtigt werden:

- Werden die Schnittgrößen nach der linearen Elastizitätstheorie mit „voller" Steifigkeit ermittelt, darf für Zwang der Teilsicherheitsbeiwert $\gamma_Q = 1,0$ [DAfStb-Heft 525–03] angesetzt werden. Die Zwangsschnittgrößen werden dann wie eine äußere Einwirkung behandelt

- Bei einer nichtlinearen Schnittgrößenermittlung geht der Einfluss der Steifigkeitsabnahme infolge Rissbildung direkt in die Berechnung ein. Die Mitwirkung des Betons zwischen den Rissen muss berücksichtigt werden, da hierdurch die Steifigkeit gegenüber dem „reinen" Zustand II vergrößert wird. Daher sind die Zwangsschnittgrößen in einer nichtlinearen Berechnung genauer zu verfolgen.

Die Bemessung von statisch unbestimmten Spannbetontragwerken erfolgt grundsätzlich wie die von statisch bestimmt gelagerten Systemen. Während aber für Stahlbetonkonstruktionen im Hochbau Zwangsschnittgrößen im Allgemeinen nicht weiter verfolgt werden, wird in statisch unbestimmten Spannbetonbauteilen die Einwirkungsseite um Schnittgrößenanteile aus dem statisch unbestimmten Anteil der Vorspannung erweitert.

6.7.2 Biegung mit Längskraft

Einsträngige Spannstahlbewehrung

Die statisch unbestimmte Wirkung der Vorspannung wird im Allgemeinen wie eine äußere Last behandelt, da sich ihre Größe im Grenzzustand der Tragfähigkeit nicht ändert und im Wesentlichen von den Systemabmessungen und von der Spanngliedführung abhängt. Sie wird der Einwirkungsseite zugeordnet und geht gemeinsam mit den Schnittgrößen infolge von äußeren Lasten sowie Zwangsbeanspruchungen in die Bemessung ein.

Der statisch bestimmte Anteil der Vorspannung wird bei Vorspannung mit oder ohne Verbund durch unterschiedliche Ansätze berücksichtigt, da bei Vorspannung mit Verbund das Spannglied im Bruchquerschnitt einen starken Dehnungszuwachs erfährt.

Vorspannung mit Verbund (Ansatz 1)

Bei der Vorspannung mit Verbund wird die statisch bestimmte Wirkung der Vorspannung auf der Widerstandsseite berücksichtigt, so dass der Dehnungszuwachs im Bruchquerschnitt erfasst wird (Abb. F.6.25).

$$M_{Ed} = \sum (\gamma_{G,i} \cdot M_{Gk,i}) + \gamma_Q \cdot M_{Qk,1} +$$

$$+ \sum_{i>1} (\gamma_Q \cdot \psi_{0,i} \cdot M_{Qk,i}) + \gamma_P \cdot M_{P,ind} \qquad (F.6.18)$$

$$N_{Ed} = \sum (\gamma_{G,i} \cdot N_{Gk,i}) + \gamma_Q \cdot N_{Qk,1} +$$

$$+ \sum_{i>1} (\gamma_Q \cdot \psi_{0,i} \cdot N_{Qk,i}) + \gamma_P \cdot N_{P,ind} \qquad (F.6.19)$$

Dabei sind:

M_{Ed}, N_{Ed} Bemessungsschnittgrößen

$M_{Gk,i}$, $N_{Gk,i}$ charakteristische Werte der Schnittgrößen infolge der ständigen Einwirkungen

$M_{Qk,i}$, $N_{Qk,i}$ charakteristische Werte der Schnittgrößen infolge der veränderlichen Einwirkungen und der Zwangseinwirkungen

$M_{P,ind}$, $N_{P,ind}$ statisch unbestimmter Anteil der Schnittgrößen infolge Vorspannung

γ_G, γ_Q, γ_P Teilsicherheitsbeiwerte für ständige und veränderliche Einwirkungen, sowie Vorspannung

$\psi_{0,i}$ Kombinationsbeiwerte für veränderliche Einwirkungen

Hierbei wird die Bemessung auf die Spannstahllage bezogen, da ansonsten der Hebelarm der Vorspannung überschätzt würde. Bei größeren Abweichungen der Spannstahllage zur Betonstahllage ist dieses Vorgehen zu unwirtschaftlich. Dann bietet es sich auch hier an die statisch bestimmte Wirkung der Vorspannung auf der Einwirkungsseite anzusetzen (Ansatz 2). Die wirtschaftliche Berücksichtigung des Dehnungszuwachses muss hier iterativ ermittelt werden, da die Größe der Zusatzdehnung noch nicht bekannt ist.

Vorspannung ohne Verbund (Ansatz 2)

Bei der Vorspannung ohne Verbund, werden beide Anteile der Vorspannung der Einwirkungsseite zugeordnet. Da sich der Spannungszuwachs im Bruchquerschnitt wegen des fehlenden Verbunds der Spannglieder über die gesamte Spanngliedlänge verteilt, gelten die in Abschnitt 6.4.5 gemachten Angaben zum Spanngliedzuwachs. Die Einwirkungsseite wird um den statisch bestimmten Anteil der Vorspannung $M_{P,dir}$ und $N_{P,dir}$ erweitert (Abb. F.6.26).

$$M_{Ed} = \sum (\gamma_{G,i} \cdot M_{Gk,i}) + \gamma_Q \cdot M_{Qk,1} +$$
$$+ \sum_{i>1} (\gamma_Q \cdot \psi_{0,i} \cdot M_{Qk,i}) + \gamma_P \cdot (M_{P,dir} + M_{P,ind})$$

$$N_{Ed} = \sum (\gamma_{G,i} \cdot N_{Gk,i}) + \gamma_Q \cdot N_{Qk,1} +$$
$$+ \sum_{i>1} (\gamma_Q \cdot \psi_{0,i} \cdot N_{Qk,i}) + \gamma_P \cdot (N_{P,dir} + N_{P,ind})$$

Zweisträngige Vorspannung (Spannstahlbewehrung in Druck- und Zugzone)

Bei einer Momentenbeanspruchung mit wechselndem Vorzeichen, zum Beispiel im Bauzustand einer Taktschiebebrücke oder zur Begrenzung der Rissbildung im Montagezustand bei Fertigteilträgern kann es erforderlich werden, auch in der Druckzone Spannglieder anzuordnen. Man spricht dann von einer zweisträngigen Vorspannung.

Die Bemessung wird am Beispiel von Ansatz 1 erläutert. In Abb. F.6.27 sind schematisch die Dehnungsverteilung im Querschnitt sowie die inneren Kräfte dargestellt. Die obere Spanngliedlage verursacht eine zusätzliche Biegebeanspruchung in Richtung der äußeren Lasten und hat somit einen ungünstigen Einfluss auf die Tragfähigkeit.

Analog zu den Gleichungen (F.6.18) und (F.6.19) beinhalten die Bemessungsschnittgrößen M_{Ed} und N_{Ed} die statisch unbestimmten Anteile, die aus den beiden Spanngliedlagen resultieren. Die statisch bestimmten Anteile der Vorspannung gehen über die Vordehnungen $\varepsilon_{p1}^{(0)}$ und $\varepsilon_{p2}^{(0)}$ in die Berechnung ein. Hierbei sind die zum untersuchten Zeitpunkt aufgetretenen Spannkraftverluste zu berücksichtigen.

$$\varepsilon_{p1}^{(0)} = \varepsilon_{p1m,t}^{(0)} \quad \text{und} \quad \varepsilon_{p2}^{(0)} = \varepsilon_{p2m,t}^{(0)}$$

Die Gesamtdehnung in der jeweiligen Spanngliedlage errechnet sich aus der Vordehnung $\varepsilon_{pi}^{(0)}$ und der Dehnungsänderung im Bruchzustand $\Delta\varepsilon_{pi}$.

$$\varepsilon_{p1} = \varepsilon_{p1}^{(0)} + \Delta\varepsilon_{p1} \quad \text{und} \quad \varepsilon_{p2} = \varepsilon_{p2}^{(0)} + \Delta\varepsilon_{p2}$$

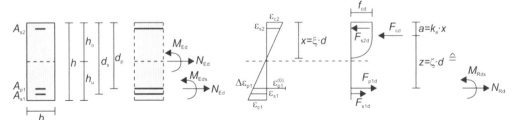

Abb. F.6.25 Grenzzustand der Biegetragfähigkeit: Berücksichtigung des statisch bestimmten Anteils der Vorspannung durch die Vordehnung, besonders geeignet für Vorspannung mit Verbund (Ansatz 1)

Spannbetonbau nach DIN EN 1992-1-1

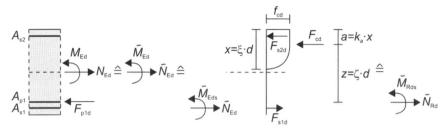

Abb. F.6.26 Grenzzustand der Biegetragfähigkeit: die gesamten Schnittgrößen aus Vorspannung werden als Einwirkungen berücksichtigt, besonders geeignet für Vorspannung ohne Verbund (Ansatz 2)

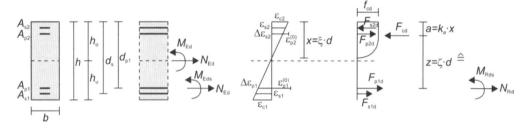

Abb. F.6.27 Grenzzustand der Biegetragfähigkeit bei zweisträngiger Vorspannung: Berücksichtigung des statisch unbestimmten Anteils der Vorspannung durch die Vordehnung (Ansatz 1)

Die Spannstahlkräfte in der Biegezugzone F_{p1d} und in der Biegedruckzone F_{p2d} ergeben sich dann zu:

$$F_{p1d} = A_{p1} \cdot \sigma_{p1} \quad \text{und} \quad F_{p2d} = A_{p2} \cdot \sigma_{p2}$$

Mit:
A_{p1}, A_{p2} Querschnitt der Spannstahlbewehrung in der Biegezug- bzw. Biegedruckzone
σ_{p1}, σ_{p2} Spannung in der Spannstahlbewehrung in der Biegezug- bzw. Biegedruckzone

Die Spannstahlspannung in der Zugzone ergibt sich zu:

$$\sigma_{p1} = \left(\varepsilon_{p1}^{(0)} + \Delta\varepsilon_{p1}\right) \cdot E_p \quad < \quad \frac{f_{p0,1k}}{\gamma_s}$$

Für die Spannstahlbewehrung in der Druckzone gilt:

$$\sigma_{p2} = \left(\varepsilon_{p2}^{(0)} + \Delta\varepsilon_{p2}\right) \cdot E_p \geq \left(\varepsilon_{p2}^{(0)} + \lim\Delta\varepsilon_{p2}\right) \cdot E_p$$

Mit:
E_p Elastizitätsmodul des Spannstahls
$f_{p0,1k}$ charakteristische 0,1‰-Dehngrenze des Spannstahls
γ_s Teilsicherheitsbeiwert für Spannstahl
$\lim\Delta\varepsilon_{p2}$ Grenzwert der Dehnungsänderung des Spannstahls in der Biegedruckzone

Die Dehnungsänderung der Spannglieder im Bereich von Betonstauchungen sollte auf den Wert $\lim\Delta\varepsilon_{p2} = -2,0$ ‰ begrenzt werden. Da erfahrungsgemäß die Betonstauchungen schon in geringer Entfernung des ungünstigsten Schnitts stark abnehmen, reicht die Verbundfestigkeit der Spannglieder im Allgemeinen nicht aus, um Dehnungsgleichheit von Beton und Spannstahl herzustellen.

Durch die Stauchung der Betondruckzone (negativer Wert von $\Delta\varepsilon_{p2}$) nimmt die Gesamtdehnung in der oberen Spanngliedlage ab, so dass diese Spannglieder nur einen geringen Einfluss auf die Biegetragfähigkeit besitzen. Vereinfachend wird teilweise der Spannungsabfall in den Spanngliedern infolge Betonstauchung auf der sicheren Seite liegend vernachlässigt.

6.7.3 Querkraft und Torsion

Die Bemessung für Querkraft und Torsion von statisch unbestimmten Spannbetontragwerken erfolgt analog zu der von statisch bestimmten Systemen. Die Bemessungsschnittgrößen werden um den statisch unbestimmten Anteil der Vorspannung sowie Schnittgrößen infolge Zwangseinwirkung ergänzt. Für Querkraft und Torsion ist der statisch bestimmte Anteil der Vorspannung stets auf der Einwirkungsseite zu berücksichtigen, da die Spannglieder im Bruchzustand keinen Dehnungszuwachs erhalten.

$$V_{Ed} = \sum\left(\gamma_{G,i} \cdot V_{Gk,i}\right) + \gamma_Q \cdot V_{Qk,1}$$
$$+ \sum_{i>1}\left(\gamma_Q \cdot \psi_{0,i} \cdot V_{Qk,i}\right) + \gamma_P \cdot \left(V_{P,dir} + V_{P,ind}\right)$$

$$T_{Ed} = \sum(\gamma_{G,i} \cdot T_{Gk,i}) + \gamma_Q \cdot T_{Qk,1}$$
$$+ \sum_{i>1}(\gamma_Q \cdot \psi_{0,i} \cdot T_{Qk,i}) + \gamma_P \cdot (T_{P,dir} + T_{P,ind})$$

Hierin sind:

V_{Ed}, T_{Ed}	Bemessungswert der Querkraft bzw. des Torsionsmomentes
$V_{Gk,i}$, $T_{Gk,i}$	charakteristische Werte der Querkraft bzw. des Torsionsmomentes infolge der ständigen Einwirkungen
$V_{Qk,i}$, $T_{Qk,i}$	charakteristische Werte der Querkraft bzw. des Torsionsmomentes infolge der veränderlichen Einwirkungen
$V_{P,dir}$, $T_{P,dir}$	statisch bestimmter Anteil der Querkraft bzw. des Torsionsmomentes (im Regelfall nicht vorhanden) infolge Vorspannung
$V_{P,ind}$, $T_{P,ind}$	statisch unbestimmter Anteil der Querkraft bzw. des Torsionsmomentes (im Regelfall nicht vorhanden) infolge Vorspannung

7 Verankerung von Spanngliedern

7.1 Allgemeines

Die Verankerung von Spanngliedern wird in Normen in der Regel im Abschnitt der „Bewehrungsregeln" behandelt. Für Spannbetonsysteme ist die Spanngliedverankerung sehr wichtig, da ohne eine sichere Einleitung der Spannkraft die günstige Wirkung der Vorspannung auf die Grenzzustände der Tragfähigkeit und Gebrauchstauglichkeit nicht genutzt werden kann. Die Nachweise der Spanngliedverankerung werden in der Regel im Grenzzustand der Tragfähigkeit geführt.

7.2 Spannglieder mit nachträglichem bzw. ohne Verbund

7.2.1 Grundlagen zur Spannkrafteinleitung

Eine geradlinige Verteilung der Betonspannungen infolge Vorspannung kann in Spannbetonbauteilen erst in einem bestimmten Abstand von der Verankerungsstelle vorausgesetzt werden. Innerhalb der Eintragungslänge l_{disp} werden die konzentriert eingeleiteten Vorspannkräfte über Zug- und Drucktrajektorien auf den Beton gleichmäßig verteilt. Die Krümmung der Drucktrajektorien bzw. die Neigung der Betondruckstreben (Fachwerkmodell) erzeugen räumliche Querzugspannungen im Beton, die von einer Querbewehrung (Spaltzugbewehrung) aufgenommen werden müssen.

Die Vorspannkräfte werden am Ende des Spanngliedes in den Betonquerschnitt übergeleitet. Dazu sind bei Spannverfahren – mit Ausnahme des sofortigen Verbundes – besondere Ankerkörper erforderlich. Die Spannkraft durchläuft dann nach Abb. F.7.1 drei Bereiche:

a) die Verbindungszone zwischen Spannstahl und Ankerkörper
b) den Übergangsbereich zwischen Ankerkörpern und Beton
c) den Eintragungsbereich von der Länge l_{disp}, an dessen Ende erst ein geradliniger Spannungsverlauf vorliegt.

Für jeden dieser Bereiche a – c muss eine ausreichende Sicherheit gegen Versagen vorhanden sein.

Die Überprüfung ausreichender Sicherheit für Bereich a (Ankerkörper–Spannstahl) und b (Ankerkörper–Beton) erfolgt in den Eignungsprüfungen für die Zulassung von Spannverfahren.

Die Versuche werden unter statischer und dynamischer Belastung durchgeführt.

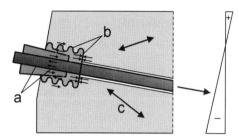

Abb. F.7.1 Überleitung der Spannkraft vom Stahl auf den Beton bei Verwendung von Ankerkörpern

Der Nachweis im Eintragungsbereich c berücksichtigt, dass eine geradlinige Verteilung der Betonspannungen infolge Vorspannung in Spannbetonbauteilen erst in einem bestimmten Abstand von der Verankerungsstelle vorausgesetzt werden kann. Innerhalb der Eintragungslänge werden die konzentriert eingeleiteten Vorspannkräfte gleichmäßig auf den Beton verteilt. Die hieraus resultierenden räumlichen Querzugkräfte müssen durch Bewehrung abgedeckt werden.

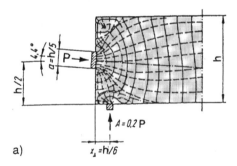

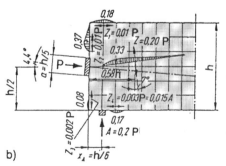

Abb. F.7.2 Auflagerbereich Spannbetonträger
oben: Verlauf der Spannungstrajektorien (—— Zug, - - - Druck)
unten: Verteilung der Zugspannungen und resultierende Zugkräfte

In Abb. F.7.2 sind der Verlauf der Druck- und Zugtrajektorien sowie die zugehörigen Betonzugspannungen, die durch eine Vorspannkraft P und die Auflagerkraft A erzeugt werden und durch Bewehrung aufzunehmen sind, im Auflagerbereich eines Spannbetonträgers dargestellt. Im Allgemeinen bewirken Auflagerkräfte im Eintragungsbereich der Vorspannung eine Abminderung der Spaltzugspannungen. Zur Vereinfachung der Stabwerkmodelle für die Ermittlung der erforderlichen Spaltzugbewehrung darf die Wirkung der Auflagerkräfte auf der sicheren Seite liegend vernachlässigt werden.

Der unmittelbar hinter der Verankerungskonstruktion liegende Bereich von Spannbetonbauteilen mit nachträglichem Verbund ist nach den Regeln für konzentrierte Einzellasten zu bemessen. Die infolge der Einleitung der Vorspannung entstehenden Spaltzugkräfte können entweder mit einem Stabwerkmodell oder aus einer Berechnung der Hauptzugtrajektorien ermittelt werden.

7.2.2 Nachweis der Spannkrafteinleitung

Die Verankerung muss der allgemeinen bauaufsichtlichen Zulassung des Spannverfahrens entsprechen. Die im Verankerungsbereich erforderliche Spaltzug- und Zusatzbewehrung ist dieser Zulassung zu entnehmen. Die in der Zulassung angegebene Bewehrung ist zusätzlich zur ermittelten Spaltzugbewehrung einzulegen.

Der Nachweis der Spannkrafteinleitung ist unter Ansatz des Bemessungswertes der Spanngliedkraft zu führen. Die Zugkräfte, die aufgrund der konzentrierten Krafteintragung auftreten, sind in der Regel mittels eines Stabwerkmodells oder eines anderen geeigneten Modells nachzuweisen. Die Bewehrung ist dabei unter der Annahme durchzubilden, dass sie mit dem Bemessungswert ihrer Festigkeit beansprucht wird. Wenn die Spannung in dieser Bewehrung auf 300 N/mm² begrenzt wird, ist ein Nachweis der Rissbreite nicht erforderlich.

Die Kraftausbreitung im Eintragungsbereich ist für jeden Anwendungsfall zu untersuchen. Neben genaueren Berechnungsmethoden genügt oft eine einfache Abschätzung der ungefähren Lage und Größe der Spaltzugkräfte (Beispiele dazu in Abb. F.7.3 bis Abb. F.7.5). Größere Bedeutung haben dabei Stabwerkmodelle für die sogenannten D-Bereiche ("D" für Diskontinuität, Disturbance) von Tragwerken erlangt, in denen abweichend von den B-Bereichen (B für Balken, Beam, Biegung) die technische Biegelehre mit der Bernoulli-Annahme vom Ebenbleiben der Querschnitte nicht gilt.

Verankerung von Spanngliedern

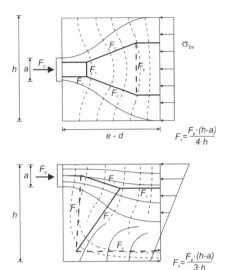

Abb. F.7.3 Kraftfluss bei Lage der Ankerplatte in Querschnittsmitte (a) und am Querschnittsrand (b), nach [Kupfer – 91]

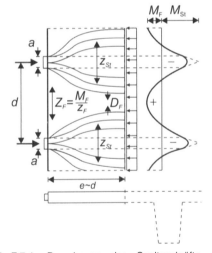

Abb. F.7.4 Berechnung der Spaltzugkräfte am wandartigen Träger als Ersatzsystem

Bei einer Ermittlung der Spaltzugkräfte mit Hilfe eines Stabwerkmodells sind folgende Regeln zur baulichen Durchbildung zu beachten:

- Die Bewehrung zur Abdeckung der Zugstrebenkräfte sollte entsprechend der Verteilung der Zugspannungen angeordnet werden. In der Regel ist sie über einen Bereich zu verteilen, der näherungsweise der größten Querschnittsabmessung entspricht.
- Es sollten geschlossene Bügel verwendet werden.
- Die Verankerungsbewehrung sollte vorzugsweise als ein räumliches, rechtwinkliges Bewehrungssystem ausgebildet werden.

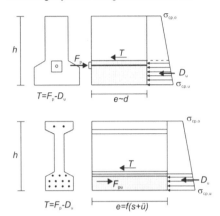

Abb. F.7.5 Ermittlung der Schubkraft T zur Berechnung der Spaltzugbewehrung

Sind im Verankerungsbereich mehrere Spannglieder angeordnet, können die Spaltzugkräfte näherungsweise mit einem Stabwerkmodell nach Abb. F.7.6 abgeschätzt werden.

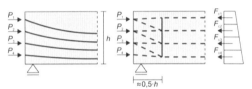

Abb. F.7.6 Stabwerkmodell zur Berechnung der Spaltzugkräfte bei Verankerung von mehreren Spanngliedern (— Zugstreben, - - - Druckstreben)

Bei gegliederten Querschnitten mit im Steg verankerten Spanngliedern (Abb. F.7.7) erfolgt die Lastausbreitung zunächst im Stegbereich. Erreicht die Druckstrebe den Flansch, findet eine weitere Lastausbreitung statt, die Querzugspannungen in der Flanschebene erzeugt.

Die für die Ermittlung der Spaltzugbewehrung anzusetzende Einzellast P ergibt sich mit der charakteristischen Zugfestigkeit des Spannglieds zu $F_p = A_p \cdot f_{pk}$.

Werden bei Vorspannung mit nachträglichem Verbund Gruppen von Spanngliedern in bestimmten Abständen voneinander verlegt, sollten am Ende der Spannglieder Bügel zur Aufnahme der Spaltzugkräfte angeordnet werden. In jedem Teil des Verankerungsbereichs sollte der Bewehrungsgrad auf jeder Seite der Spanngliedgruppe mindestens 0,15 % in beiden Querrichtungen betragen.

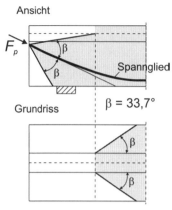

Abb. F.7.7 Kraftfluss bei Eintragung der Vorspannkraft am gegliederten Querschnitt

Auf die Beachtung der Angaben bezüglich der Spaltzugbewehrung in den Zulassungsbescheiden sei nochmals hingewiesen.

7.2.3 Spanngliedkopplungen

Spanngliedkopplungen müssen den Angaben der allgemeinen bauaufsichtlichen Zulassung des Vorspannsystems entsprechen. Besondere Nachweise sind für Spanngliedkopplungen an Arbeitsfugen erforderlich, da an diesen Nahtstellen zwischen altem und neuem Beton herstellungs- und verfahrensbedingte Schwachstellen vorhanden sind (geringe Betonzugfestigkeit, eingeschränkter Betonquerschnitt, größere Spannungsumlagerungen infolge zeitabhängigem Materialverhalten, geringere Dauerfestigkeit des Spanngliedes; vgl. Bauaufsichtliche Zulassungen der Spannverfahren).

Sie müssen unter Berücksichtigung von möglichen durch sie hervorgerufenen Störungen so angeordnet werden, dass die Tragfähigkeit des Bauteils nicht beeinträchtigt wird und dass Zwischenverankerungen im Bauzustand ordnungsgemäß vorgenommen werden können. In der Regel sind Kopplungen in Bereichen außerhalb von Zwischenauflagern anzuordnen. Die Anordnung von 50 % und mehr Spanngliedkopplungen in einem Querschnitt ist in der Regel zu vermeiden, wenn nicht nachgewiesen werden kann, dass ein höherer Anteil die Sicherheit des Tragwerks nicht beeinträchtigt.

7.3 Spannglieder mit sofortigem Verbund

7.3.1 Verbundmechanismen

Im Gegensatz zur Vorspannung mit nachträglichem Verbund wird bei Vorspannung mit sofortigem Verbund die Spanngliedkraft nicht über eine Verankerungskonstruktion, sondern über Verbund in den Beton eingeleitet. Die Spanngliedkraft erreicht ihren Sollwert erst nach der Übertragungslänge l_{pt}. Eine annähernd lineare Spannungsverteilung im Betonquerschnitt stellt sich erst nach der Eintragungslänge l_{disp} ein.

Grundsätzlich wird das Verbundverhalten von vorgespannten Stählen im sofortigen Verbund durch die Anteile Haftverbund, Reibungsverbund und Scherverbund gekennzeichnet (Abb. F.7.8). Treten Verschiebungen zwischen Stahl und Beton auf, wird der Haftverbund überwunden, und der Scherverbund wird aktiviert, der durch die Verzahnung von Stahl und Beton entsteht. Diese Verzahnung wird z.B. durch die Rippen bei Rippenstählen und durch Walzrauigkeiten erzeugt.

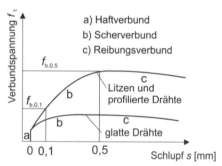

Abb. F.7.8 Qualitative Darstellung von Verbundspannungs-Verschiebungsbeziehungen aus Ausziehversuchen

Das Verbundverhalten von gerippten Spannstählen wird nach Abb. F.7.9 in erster Linie vom Scherverbund bestimmt.

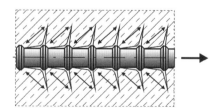

Abb. F.7.9 Schematische Darstellung des Scherverbundes gerippter Stähle

Das Verbundverhalten von Spannlitzen und Spanndrähten mit sofortigem Verbund kann man ebenfalls mit drei Anteilen beschreiben.

Verankerung von Spanngliedern

Nach den Ergebnissen in [Hegger et al. – 07], [Nitsch – 01] setzen sich die resultierenden Verbundspannungen aus einem konstanten Grundwert, einem spannungsabhängigem Anteil und einem verschiebungs- bzw. schlupfabhängigem Anteil zusammen (Abb. F.7.10).

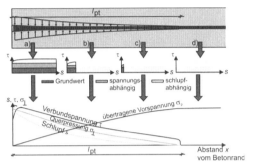

Abb. F.7.10 Verbundkraftübertragung von Spannstählen mit sofortigem Verbund

Der Grundwert kann auf Adhäsion und Grundreibung infolge Oberflächenrauigkeit zurückgeführt werden. Der Zementleim füllt die Räume zwischen den einzelnen Drähten einer Litze aus. Nach [den Uijl – 95], [Hegger/Nitsch – 99] besteht im Endbereich der Litze keine wirksame Verdrehungsbehinderung der Litzen, sodass hieraus zunächst nur eine geringe Behinderung der Relativbewegung zwischen Beton und Litze resultiert. Aufgrund der leicht unregelmäßigen Geometrie von Litzen kann der Spannstahl dem Wendelkanal bei Schlupf jedoch nicht ungehindert folgen und zusätzliche Verbundspannungen entstehen (schlupfabhängiger Anteil).

Der spannungsabhängige Anteil ist mit zusätzlicher Reibung infolge von Querpressung zwischen Spannstahl und Beton zu begründen. Das Frühschwinden des Betons infolge der Volumenreduktion der Zementmatrix während der Hydratation erzeugt bereits geringe Querpressungen. Ein wesentlich größerer Anteil resultiert jedoch aus dem sogenannten Hoyereffekt [Hoyer – 39] (Abb. F.7.11).

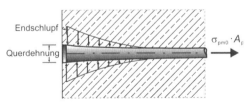

Abb. F.7.11 Schematische Darstellung des Hoyereffektes

Entsprechend der Querdehnzahl verringert sich der Litzendurchmesser infolge der Längsdehnung beim Vorspannen. Bei der Spannkrafteinleitung verkürzt sich die Litze wieder und dehnt sich in Querrichtung aus. Durch den umgebenden Beton wird die Querdehnung behindert und es entstehen Querpressungen in der Kontaktfläche. Diese erzeugen Reibungsanteile, die der Verschiebung der Litze entgegenwirken. Der Hoyereffekt ist innerhalb des Spannkrafteinleitungsbereichs wirksam und trägt wesentlich zur Übertragung der Vorspannkraft auf den Betonquerschnitt bei.

Die Kräfte im Einleitungsbereich bei Vorspannung mit sofortigem Verbund zeigt Abb. F.7.12.

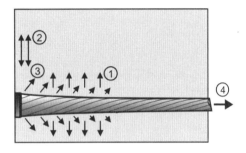

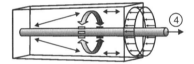

1) Spaltzugkräfte   3) Sprengkräfte
2) Stirnzugkräfte   4) Vorspannkraft

Abb. F.7.12 Beanspruchungen im Eintragungsbereich von Vorspannkräften durch sofortigen Verbund nach [Ruhnau/Kupfer – 77]

Von der Spannbewehrung strahlen Druckspannungen aus. Aus der Umlenkung dieser Spannungen resultieren die Spaltzugspannungen (1), deren Resultierende in einem gewissen Abstand vom Bauteilende liegt. Im Unterschied dazu wirken die Stirnzugkräfte (2), häufig auch als Randzugspannungen bezeichnet, unmittelbar am Ende des Bauteils. Ihre Größe hängt von der Ausmitte der angreifenden Vorspannkraft ab. Sie lassen sich anhand des Fachwerkmodells eines Balkens mit exzentrischer Normalkraft demonstrieren. Sprengkräfte (3) treten nur bei sofortigem Verbund auf. Durch den Hoyereffekt wirken parallel zur Spanngliedachse Verbundspannungen und senkrecht dazu Radialdruckspannungen. Die Radialdruckspannungen erzeugen aus Gleichgewichtsgründen Ringzugspannungen im Beton, welche durch eine entsprechende Betondeckung aufgenommen werden müssen.

7.3.2 Tragverhalten von Endverankerungen

Die Endverankerung wird durch die Verbundverankerung und die Einleitung der Auflagerkraft beansprucht. Durch die Vorspannung treten Biege- und Schubrisse im Verankerungsbereich erst bei größeren Beanspruchungen gegenüber Stahlbetonbauteilen auf (Abb. F.7.13).

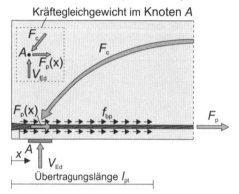

Abb. F.7.13 Vereinfachtes Fachwerkmodell zum Tragverhalten im Auflagerbereich nach [Hegger et al. – 10a]

Zunächst wird die Vorspannung des Betons durch die äußere Belastung bis zur Dekompression aufgezehrt (Zustand I). Hierbei lagert sich der Eigenspannungszustand aus der Vorspannung in einen Gleichgewichtszustand mit der äußeren Belastung um, wobei die Spannstahlspannung nicht größer ist als bei der Spannkrafteinleitung. Nach der Rissbildung im Verankerungsbereich (Zustand II) stehen die Auflagerkraft V_{Ed}, die Stahlzugkraft F_p und die Druckstrebenkraft F_c im Gleichgewicht. Dabei muss durch die Verbundfestigkeit f_{bpt} die horizontale Komponente der geneigten Druckstrebenkraft aufgenommen werden.

Nach Untersuchungen in [Nitsch – 01] stellen sich große Relativverschiebungen zwischen Spannstahl und Beton erst mit der Biegerissbildung im Verankerungsbereich ein. Die Zugkraft M/z aus der äußeren Belastung ist größer als die eingeleitete Vorspannkraft. Dies bedeutet eine höhere Verbundbeanspruchung als zum Zeitpunkt der Spannkrafteinleitung.

Während der gerippte Spanndraht durch den Scherverbund der Verschiebungszunahme weitere Verbundkräfte aktiviert, kann bei Litzen wegen des starr-plastischen Verbundverhaltens ein vorzeitiges Versagen durch die Verschiebungszunahme auftreten. Da bei der Spannkrafteinleitung mit Verschiebungen von bis zu 2 mm die aufnehmbare Verbundspannung der Litzen im Übertragungsbereich bereits erreicht wird, können bei einer Laststeigerung über die Beanspruchung aus der Spannkrafteinleitung hinaus keine weiteren Verbundspannungen aktiviert werden. Im Übertragungsbereich kann deshalb keine größere Verbundkraft aufgenommen werden als zuvor bei der Spannkrafteinleitung.

7.3.3 Nachweis der Spannkrafteinleitung

Die Verankerungslängen von Spanngliedern im sofortigen Verbund müssen so bemessen sein, dass der maximale Bemessungswert der Spanngliedkraft aufgenommen werden kann, wobei die Auswirkungen wiederholter schneller Einwirkungswechsel zu berücksichtigen sind. Dabei ist zu unterscheiden zwischen

- der *Übertragungslänge* l_{pt}, über welche die Spannkraft (P_0) des Spanngliedes mit sofortigem Verbund auf den Beton übertragen wird,
- der *Eintragungslänge* l_{disp}, innerhalb der die Betonspannung allmählich in eine lineare Verteilung über den Betonquerschnitt übergeht und
- der *Verankerungslänge* l_{bpd}, innerhalb der die maximale Spanngliedkraft im Grenzzustand der Tragfähigkeit vollständig verankert ist.

Der Nachweis der Spannkrafteinleitung entspricht prinzipiell einem Nachweis der Zugkraftdeckung im Endverankerungsbereich im Grenzzustand der Tragfähigkeit unter Berücksichtigung der einzuleitenden Spannkraft. Dabei ist von Bedeutung, ob im Bereich der Übertragungslänge l_{pt} oder der Verankerungslänge l_{bpd} eine Biegerissbildung auftritt. Von einer Rissbildung ist auszugehen, wenn die Betonzugspannung im Verankerungsbereich den Wert $f_{ctk;0,05}$ überschreitet.

Übertragungslänge l_{pt}

Bei Annahme einer konstanten Verbundspannung f_{bpt} gilt für die *Übertragungslänge* l_{pt} unter Voraussetzung eines ungerissenen Verankerungsbereichs:

$$l_{pt} = \alpha_1 \cdot \alpha_2 \cdot \phi \cdot \frac{\sigma_{pm0}}{f_{bpt}}$$

Hierin sind:

α_1 = 1,00 bei stufenweisem Eintragen der Vorspannung

= 1,25 bei schlagartigem Eintragen der Vorspannung

α_2 = 0,25 für Spannstahl mit runden Querschnitten

= 0,19 für Litzen mit 3 und 7 Drähten

Verankerung von Spanngliedern

ϕ Nenndurchmesser der Litze oder des Drahtes

σ_{pm0} Spannung im Spannstahl direkt nach dem Absetzen der Spannkraft

f_{bpt} Verbundspannung in der Übertragungslänge $f_{bpt} = \eta_{p1} \cdot \eta_1 \cdot f_{ctd}(t)$

η_1 = 1,0 für gute Verbundbedingungen
= 0,7 für andere Verbundbedingungen, wenn kein höherer Wert durch Maßnahmen in der Bauausführung gerechtfertigt werden kann;

η_{p1} = 2,85 für profilierte Drähte mit $\phi \leq$ 8 mm und Litzen

$f_{ctd}(t)$ Bemessungswert der Betonzugfestigkeit zum Zeitpunkt des Absetzens der Spannkraft:
$f_{ctd}(t) = 0{,}85 \cdot 0{,}7 \cdot f_{ctm}(t) / \gamma_c$

$f_{ctm}(t)$ Betonzugfestigkeit nach DIN EN 1992-1-1, Abschnitt 3.1.2 (9)

Die Verbundspannung f_{bpt} gilt nur für übliche Litzen (nicht verdichtet) mit einer Querschnittsfläche $A_p \leq 100$ mm² und profilierte Drähte mit einem Durchmesser $\phi \leq 8$ mm. Bei mäßigen Verbundbedingungen sind die Werte für f_{bpt} mit dem Faktor 0,7 abzumindern. Hiermit ergeben sich die Werte in Tafel F.7.1.

Tafel F.7.1 Verbundspannung f_{bpt} in der Übertragungslänge von Litzen und Drähten

Betonfestigkeit bei der Spannkraftübertragung (Zylinderdruckfestigkeit) $f_{cm}(t)$	Verbundspannung f_{bpt} [N/mm²]*	
	gute Verbundbedingungen	mäßige Verbundbedingungen
20	2,5	1,7
25	2,9	2,0
30	3,3	2,3
35	3,6	2,5
40	4,0	2,8
45	4,3	3,0
50	4,6	3,2
55	4,8	3,3
60	4,9	3,4
70	5,2	3,6
80	5,5	3,8
90	5,7	4,0
100	5,9	4,1

* Berechnungsannahmen:
$\gamma_c = 1{,}5$, $\eta_{p1} = 2{,}85$, Belastungszeitpunkt $t = 28$ Tage

Für gerippte Drähte gibt es in DIN EN 1992-1-1 keine Angaben, da diese in Deutschland nur nach Zulassung eingesetzt werden dürfen. Sollen höhere Verbundspannungen angesetzt werden, sind diese den bauaufsichtlichen Zulassungen zu entnehmen.

Die angegebenen Verbundspannungen setzen die volle Wirkung des Hoyereffektes voraus, d.h. sie gelten nur innerhalb der Übertragungslänge und erfordern ungerissenen Beton. Außerhalb der Übertragungslänge oder bei Rissbildung innerhalb der Übertragungslänge sind die Werte abzumindern. Es wird davon ausgegangen, dass die auf den Beton übertragene Vorspannkraft innerhalb der Übertragungslänge l_{pt} linear vom Bauteilende her zunimmt. Wird abweichend davon ein parabolischer Verlauf angenommen, ist die Übertragungslänge l_{pt} um 25 % zu vergrößern [DAfStb-H525 – 10]. Der Bemessungswert der Übertragungslänge l_{pt} ist ungünstig mit $l_{pt1} = 0{,}8 \cdot l_{pt}$ oder $l_{pt2} = 1{,}2 \cdot l_{pt}$ anzunehmen.

Eintragungslänge l_{disp}

Für die Spannungsermittlung im Verankerungsbereich darf angenommen werden, dass die Betonspannungen am Ende der Eintragungslänge l_{disp} linear verteilt sind. Für rechteckige Querschnitte und gerade Spannglieder nahe der Unterseite des Querschnitts darf die Eintragungslänge entsprechend Abb. F.7.14 zu

$$l_{disp} = \sqrt{l_{pt}^2 + d^2}$$

festgelegt werden.

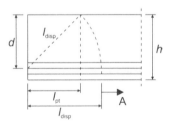

A Lineare Spannungsverteilung im Bauteilquerschnitt

Abb. F.7.14 Übertragung der Vorspannung bei Bauteilen aus Spannbeton nach DIN EN 1992-1-1, Bild 8.16

Bei anderen Querschnittsformen sind die Eintragungslänge und die jeweilige örtliche Spannungsverteilung nach der Elastizitätstheorie zu bestimmen.

Nachweis der Endverankerung (Verankerungslänge l_{bpd}) im Grenzzustand der Tragfähigkeit

Die Verankerung der Vorspannung wird in biegebeanspruchten Bauteilen maßgeblich durch die Rissbildung bestimmt. Aus diesem Grund hängt die Verankerungslänge l_{bpd} davon ab, ob im Verankerungsbereich im Grenzzustand der Tragfähigkeit Biege- und/oder Schubrisse auftreten. Längsrisse sind im Verankerungsbereich aufgrund der unkontrollierten Verlängerung der Verankerungslänge grundsätzlich zu verhindern. Die Verankerungslänge l_{bpd} wird nach Abb. F.7.15 vom Balkenende bis zum Höchstwert der vorhandenen Spannstahlspannung σ_{pd} im Grenzzustand der Tragfähigkeit definiert.

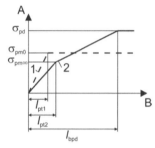

a) Übertragungslänge, ungerissen

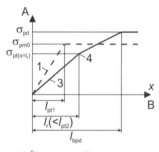

b) Übertragungslänge, gerissen

A Spannung im Spannglied
B Abstand vom Ende
1 Verlauf beim Absetzen der Spannkraft
2 Verlauf im GZT ohne Rissbildung in der Übertragung
3 Verlauf im GZT mit Rissbildung in der Übertragungslänge
4 Stelle des ersten Biegerisses

Abb. F.7.15 Spannungen im Verankerungsbereich von Spannbetonbauteilen mit Spanngliedern im sofortigen Verbund nach DIN EN 1992-1-1/NA, Bild 8.17DE

Zur Bestimmung der Verankerungslänge l_{bpd} sind außerhalb der Übertragungslänge l_{pt} bzw. nach dem ersten Riss ($x \geq l_r$) aufgrund der schlechteren Verbundbedingungen die Werte der Verbundspannungen f_{bpt} auf den Wert f_{bpd} abzumindern:

$f_{bpd} = \eta_{p2} \cdot \eta_1 \cdot f_{ctd}$

Mit:

η_{p2} Beiwert zur Berücksichtigung der Art des Spannglieds und den Verbundbedingungen bei der Verankerung:
= 1,4 für profilierte Drähte und Litzen mit 7 Drähten

Dies entspricht einer Abminderung der Werte in Tafel F.7.1 mit dem Faktor $\eta_{p2} / \eta_{p1} = 1{,}40/2{,}85$. Die Werte von η_{p2} für andere Spanngliedarten dürfen einer Europäischen Technischen Zulassung entnommen werden.

Für den Nachweis der Verankerung sind drei Fälle zu unterscheiden:

- Fall a: Keine Rissbildung in der Verankerungslänge l_{bpd}
- Fall b: Rissbildung außerhalb der Übertragungslänge l_{pt}
- Fall c: Rissbildung innerhalb der Übertragungslänge l_{pt}

Die Verankerungslänge l_{bpd} ergibt sich je nach Rissbildung zu:

- bei Rissbildung außerhalb l_{pt} (Fall a bzw. b):

$$l_{bpd} = l_{pt2} + \alpha_2 \cdot \phi \cdot \frac{\sigma_{pd} - \sigma_{pm\infty}}{f_{bpd}} \qquad (F.7.1)$$

- bei Rissbildung innerhalb l_{pt} (Fall c):

$$l_{bpd} = l_r + \alpha_2 \cdot \phi \cdot \frac{\sigma_{pd} - \sigma_{pt}(x=l_r)}{f_{bpd}} \qquad (F.7.2)$$

mit $f_{bpd} = f_{bpt} \cdot \dfrac{\eta_{p2}}{\eta_{p1}} = f_{bpt} \cdot \dfrac{1{,}40}{2{,}85}$

Die sich hieraus ergebenden Spannungsverläufe im Verankerungsbereich sind in Abb. F.7.15 dargestellt.

Fall a: Keine Rissbildung im Verankerungsbereich

Im Grenzzustand der Tragfähigkeit ist die Verankerung bei ungerissenem Verankerungsbereich l_{bpd} grundsätzlich sichergestellt (DIN EN 1992-1-1, 8.10.2.3). Der Verankerungsbereich gilt als ungerissen, wenn die Biegezugspannungen aus äußerer Last im Grenzzustand der Tragfähigkeit unter Berücksichtigung der maßgebenden 1,0-fachen Vorspannkraft kleiner als die Betonzugfestigkeit $f_{ctk;0{,}05}$ sind. In diesem Fall kann auf den Nachweis der Zugkraftdeckung verzichtet werden. Allerdings ist die Mindestbetondeckung einzuhalten.

Verankerung von Spanngliedern

Fall b: Keine Rissbildung in der Übertragungslänge

Abb. F.7.16 stellt den Nachweis der Verankerung von Spannstahl ohne Rissbildung in der Übertragungslänge l_{pt2} dar.

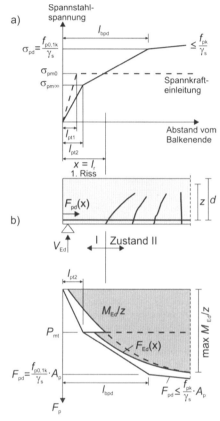

Abb. F.7.16 Spannstahlspannung (a) und Zugkraftdeckungslinie (b) mit Rissbildung in der Übertragungslänge im Grenzzustand der Tragfähigkeit [DAfStb-H600 – 12]

Überschreiten die Betonzugspannungen den Wert $f_{ctk;0,05}$, so ist ein Nachweis der Zugkraftdeckung durchzuführen. Dabei ist nachzuweisen, dass die vorhandene Zugkraftlinie die Deckungslinie aus der Zugkraft von Spannstahl und Betonstahl nicht überschreitet. Die Zugkraft des Spannstahls ist zu bestimmen. Kennzeichnend für diesen Fall ist, dass in der Zugkraftdeckungslinie die über Verbund eingeleitete Vorspannkraft P_{mt} schneller anwächst als die abzudeckende Zugkraft der M_{Ed}/z - Linie. Biegerisse können erst außerhalb der Übertragungslänge auftreten, wenn die Biegebeanspruchung das Dekompressionsmoment der vollständig eingeleiteten Vorspannkraft einschließlich der Betonzugfestigkeit $f_{ctk;0,05}$ erreicht.

Übersteigt die zu verankernde Kraft die Vorspannkraft, tritt eine deutliche Verminderung der spannungsabhängigen Verbundkräfte ein, da außerhalb der Übertragungslänge der Hoyer-Effekt nicht mehr vorhanden ist. Die aufnehmbare Verankerungskraft mit den Verbundspannungen im Spannkrafteinleitungsbereich wird daher auf die eingeleitete Vorspannkraft P_{mt} abzüglich der zeitabhängigen Verluste begrenzt (Abb. F.7.16). Die anschließende Zugkraftdeckung ist mit geringeren Verbundspannungen nachzuweisen.

Nach Gleichung (F.7.1) wird die Verankerungslänge l_{bpd} bestimmt, die zur Verankerung der Spannstahlkraft $(f_{p0,1k}/\gamma_s) \cdot A_p$ notwendig ist.

Die Maximalkraft der Spannbewehrung wird mit dem Wert $\sigma_p \cdot A_p \leq (f_{pk}/\gamma_s) \cdot A_p$ definiert, d. h. es kann die Nachverfestigung des Spannstahls oberhalb der 0,1%-Dehngrenze in Ansatz gebracht werden, wenn entsprechende Spannstahldehnungen rechnerisch erreicht werden.

Bei der Bestimmung der im Abstand x vom Bauteilende zu verankernden Kraft im Spannglied $F_{Ed}(x)$ liegt ab dem ersten Riss der Zustand II vor. Neben der Momentenbelastung ist das Versatzmaß nach der Fachwerkanalogie zu berücksichtigen. Es gilt:

$$F_{Ed}(x) = \frac{M_{Ed}(x)}{z} + 0,5 \cdot V_{Ed}(x) \cdot (\cot\theta - \cot\alpha)$$

(F.7.3)

Hierin sind:

$M_{Ed}(x)$ Bemessungswert des aufzunehmenden Biegemomentes an der Stelle x
z innerer Hebelarm
$V_{Ed}(x)$ Bemessungswert der aufzunehmenden Querkraft an der Stelle x
x Entfernung von der Auflagermitte
θ Winkel zwischen den Betondruckstreben und der rechtwinklig zur Querkraft verlaufenden Bauteilachse; für Bauteile ohne Querkraftbewehrung gilt cot θ = 3,0
α Winkel zwischen Querkraftbewehrung und der Bauteilachse; für Bauteile ohne Querkraftbewehrung gilt cot α = 0

Zwischen Auflager und dem ersten Riss bestimmt sich die Verbundbeanspruchung $F_{Ed}(x)$ nach Zustand I ausschließlich aus der Momentenbelastung:

$$F_{Ed}(x) = \frac{M_{Ed}(x)}{z}$$

Der Nachweis der Verankerungskraft F_{pd} erfolgt mit dem bilinearen Zuwachs der Spannstahlspannung auf der Länge x nach Abb. F.7.16a.

Bei ungerissener Übertragungslänge ist der Nachweis der Endverankerung erfüllt, wenn entsprechend Abb. F.7.16b die Zugkraft F_{Ed} aus äußerer Beanspruchung an jeder Stelle kleiner als die Zugkraft F_{pd} aus der aufnehmbaren Spannstahlspannung σ_{pd} nach Abb. F.7.16a ist. In diesem Fall ist auch bei kurzen Auflagertiefen keine zusätzliche Betonstahlbewehrung erforderlich. Die Auflagertiefe ergibt sich dann allein aus konstruktiven Anforderungen und den zulässigen Auflagerpressungen.

Der Anteil der Auflagerkraft V_{Ed}, der ohne rechnerischen Auflagerüberstand, d. h. im ungerissenen Bereich vor der Auflagervorderkante verankert werden kann, sollte auf die vorhandene Vorspannkraft $P_{mt} \cdot (\cot \theta - \cot \alpha)$ begrenzt werden. Bei Biegetraggliedern ergibt sich die aufzunehmende Verbundbeanspruchung aus der Änderung der Zuggurtkraft. Es ist daher für eine ungerissene Übertragungslänge nachzuweisen, dass die vorhandene Verbundbeanspruchung V_{Ed}/z kleiner als die aufnehmbare Verbundbeanspruchung P_{mt}/l_{pt2} ist. Damit bestimmt sich die zulässige Auflagerkraft V_{Ed} zu:

$$V_{Ed} \leq \frac{z}{l_{pt2}} \cdot P_{m\infty} \qquad (F.7.4)$$

Demnach ist die Spannbewehrung ohne rechnerischen Überstand der Bewehrung am Endauflager ausreichend, wenn Gleichung (F.7.4) erfüllt ist und zusätzlich die Zugkraftdeckung eingehalten wird.

Fall c: Rissbildung innerhalb der Übertragungslänge

Tritt die Rissbildung bereits innerhalb der Übertragungslänge l_{bpt1} auf, werden die zulässigen Verbundbeanspruchungen der Spannstahlbewehrung überschritten, da die abzudeckende Zugkraft aus der M_{Ed}/z - Linie schneller anwächst als die eingeleitete Vorspannkraft (Abb. F.7.17b).

Für $V_{Ed} > \dfrac{z}{l_{pt2}} \cdot P_{mt}$ ist bei Überschreiten der Betonzugfestigkeit mit Rissen in der Übertragungslänge auszugehen. Die aufnehmbare Verankerungskraft der Spannbewehrung errechnet sich dann zu:

$$F_{pd}(x) \leq \frac{x}{l_{pt2}} \cdot P_{mt}$$

Ab der Stelle $x = l_r$ mit dem ersten Biegeriss reduzieren sich die aufnehmbaren Verbundspannungen mit dem Faktor η_{p2}/η_{p1}. Die abzudeckende Zugkraft $F_{Ed}(x)$ berechnet sich im Abstand x aus der um das Versatzmaß verschobenen M_{Ed}/z-Linie mit Gleichung (F.7.3).

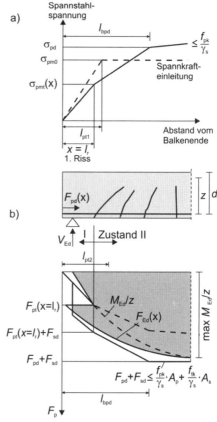

Abb. F.7.17 Spannstahlspannung (a) und Zugkraftdeckungslinie (b) mit Rissbildung in der Übertragungslänge im Grenzzustand der Tragfähigkeit [DAfStb-H600 – 12]

Die über die Spannstahlkraft $F_{pd}(x)$ hinausgehende Zugkraft $F_{sd}(x)$ ist durch eine zusätzliche Betonstahlbewehrung zu verankern, wenn nicht die Auflagertiefe oder die Vorspannung vergrößert werden. Es ist nachzuweisen, dass

$$F_{Ed}(x) \leq F_{pd}(x) + F_{sd}(x)$$

eingehalten wird.

Zyklische Beanspruchung

Um ein Verbundversagen auszuschließen, darf bei zyklischer Beanspruchung der rechnerische Erstriss frühestens 20 cm hinter dem Ende der Verankerungslänge l_{bpd} auftreten. Zudem müssen die Werte der Verbundspannungen zur Berechnung der Übertragungslänge und der Verankerungslänge begrenzt werden:

- $f_{bpt,zykl.} = 0{,}8 \cdot \eta_{p1} \cdot \eta_1 \cdot f_{ctd}(t)$
- $f_{bpd,zykl.} = 0{,}8 \cdot \eta_{p2} \cdot \eta_1 \cdot f_{ctd}$

Verankerung von Spanngliedern

Die Verankerungslänge muss immer frei von Rissen bleiben.

7.3.4 Nachweis der Spaltzugbewehrung

Im Verankerungsbereich von Spanngliedern mit sofortigem Verbund ist neben der Verankerungslänge der Spannglieder die Spaltzugbewehrung nachzuweisen. Zur Ermittlung können ähnliche Verfahren wie bei der Spannkrafteinleitung über Ankerkörper (vgl. Abschnitt 7.2.2) verwendet werden [Kupfer – 91].

Abb. F.7.18 verdeutlicht die Ermittlung der Schubkraft bei Endverankerung durch Verbund für die vertikale Spaltzugbewehrung im Steg.

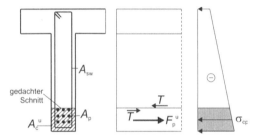

Abb. F.7.18 Bestimmung der Schubkraft T

Die Summe der Schubkräfte T in einem gedachten Schnitt unmittelbar oberhalb der Hauptlage der Spannbewehrung ergibt sich zu:

$$T = F_p^u - A_c^u \cdot \sigma_{cp}$$

Dabei sind:
A_c^u Betonquerschnitt unterhalb des gedachten Schnittes
F_p^u Spannkraft in den sich unterhalb des gedachten Schnittes befindenden Spanngliedern (Bemessung für die charakteristische Zugfestigkeit des Spannglieds $A_p \cdot f_{pk}$)
σ_{cp} mittlere Betonspannung infolge Vorspannung im Querschnitt

Die vertikale Spaltzugkraft F_{sw} kann wie folgt ermittelt werden:
- bei einer annähernd mittig angreifenden Vorspannkraft:

$$F_{sw} = \frac{1}{2} \cdot T$$

- bei einem Lastangriff am Querschnittsrand:

$$F_{sw} = \frac{1}{3} \cdot T$$

Die Faktoren 1/2 bzw. 1/3 berücksichtigen den günstigen Einfluss der in Trägerlängsrichtung eingeleiteten Druckspannungen auf die Richtung der Druckdiagonalen. Der erforderliche Querschnitt A_{sw} ergibt sich aus der Spaltzugkraft F_{sw}:

$$A_{sw} = F_{sw} / f_{ywd}$$

Die ermittelte vertikale Spaltzugbewehrung ist auf folgende Längen gleichmäßig zu verteilen:
- gerippte Stähle : $0{,}50 \cdot l_{disp}$
- profilierte Stäbe : $0{,}75 \cdot l_{disp}$

Der erforderliche Querschnitt A_{sw} der Spaltzugbewehrung in Gurten ergibt sich analog zum Vorgehen im Steg. Die so ermittelte horizontale Spaltzugbewehrung im Gurt ist auf folgende Längen gleichmäßig zu verteilen:
- gerippte Stähle : $0{,}50 \cdot l_{pt}$
- profilierte Stäbe : $0{,}75 \cdot l_{pt}$

Abb. F.7.19 zeigt die empfohlenen Verteilungsbereiche für einen gegliederten Querschnitt mit gerippten Spannstählen.

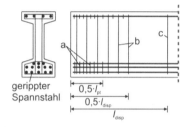

a: Spaltzugbewehrung im Gurt
b: Spaltzugbewehrung im Steg
c: Querkraftbewehrung

Abb. F.7.19 Empfohlene Spaltzugbewehrung im Eintragungsbereich von Spannbettträgern mit gerippten Spannstählen

Querkraftbewehrung und Spaltzugbewehrung brauchen nicht addiert zu werden, der örtlich jeweils größere erforderliche Bewehrungsquerschnitt ist einzulegen.

7.3.5 Mindestbetondeckung und Mindestabstände

Die erforderliche Betondeckung hängt neben der Betonfestigkeit vom Verbundverhalten der Spannstähle ab, da sich die Beanspruchung der Betondeckung (Ringzugspannungen) aus den Sprengkräften (Abb. F.7.12) ergibt, die mit den Verbundkräften korrespondieren. Die Verbundkräfte beeinflussen neben den Sprengkräften auch die Übertragungslänge der Vorspannung im Einleitungsbereich. Angaben zu den Werten finden sich in Abschnitt 9.2 (Mindestbetondeckung) und Abschnitt 9.3.2 (Mindestabstände).

8 Nachweise im Grenzzustand der Gebrauchstauglichkeit

8.1 Allgemeines

Neben der Sicherheit gegen Versagen (Grenzzustand der Tragfähigkeit) muss ein Bauteil die Anforderungen an die Gebrauchstauglichkeit während seiner Lebensdauer erfüllen. Die Gebrauchstauglichkeit umfasst die Gebrauchseigenschaften wie z.B. Durchbiegung oder Wasserundurchlässigkeit und die Dauerhaftigkeit wie z.B. der Korrosionsschutz der Bewehrung. Die Nachweise im Grenzzustand der Gebrauchstauglichkeit werden für ein niedrigeres Lastniveau (Gebrauchslasten) als im Grenzzustand der Tragfähigkeit geführt. Grenzzustände der Gebrauchstauglichkeit, deren Überschreitung Schäden verursacht, die zu einer Gefährdung der Tragfähigkeit führen (z.B. Rissbreitenbeschränkung) sind besonders zu beachten.

Die Anforderungen an die Gebrauchstauglichkeit betreffen:
- die Funktion des Bauwerks oder seiner Teile,
- das Wohlbefinden von Personen,
- das optische Erscheinungsbild.

Nach DIN EN 1992-1-1, Abschnitt 7 umfassen die Nachweise im Grenzzustand der Gebrauchstauglichkeit folgende Nachweise:
- Begrenzung von Beton- und Stahlspannungen;
- Beschränkung von Rissbreiten;
- Begrenzung von Verformungen.

In Sonderfällen können weitere Nachweise z.B. zur Wasserundurchlässigkeit und unter nicht ruhender Beanspruchung erforderlich sein.

Nach DIN EN 1992-1-1, 7.1 (2) ist bei der Ermittlung von Spannungen und Verformungen in der Regel von ungerissenen Querschnitten auszugehen, wenn die Biegezugspannung $f_{ct,eff}$ nicht überschreitet. Der Wert für $f_{ct,eff}$ darf zu f_{ctm} oder $f_{ctm,fl}$ angenommen werden, wenn die Berechnung der Mindestzugbewehrung auch auf Grundlage dieses Wertes erfolgt. Für die Nachweise von Rissbreiten und bei der Berücksichtigung der Mitwirkung des Betons auf Zug ist in der Regel f_{ctm} zu verwenden.

Die Vorspannung hat in erster Linie die Aufgabe das Bauteiltragverhalten im Grenzzustand der Gebrauchstauglichkeit zu verbessern. Da sie den äußeren Lasten entgegenwirkt, werden durch die Vorspannung die Verformungen sowie die Rissbildung günstig beeinflusst. Die Wahl der Spannstahlbewehrung richtet sich deshalb häufig nach den gestellten Anforderungen an die Gebrauchstauglichkeit.

8.2 Nachweiskonzepte

Die Nachweise im Grenzzustand der Gebrauchstauglichkeit basieren auf dem Vergleich der Lasteinwirkungen mit Bauteilwiderständen bzw. mit Größen, die im funktionalen Zusammenhang mit bestimmten Baustoffeigenschaften stehen. Das Nachweiskonzept mit den zugehörigen Einwirkungskombinationen ist in Abschnitt D.3.3 des Praxishandbuches beschrieben.

Die maßgebenden Lasteinwirkungen sind danach in Abhängigkeit von den jeweiligen Nachweisforderungen unter Berücksichtigung von möglichen Zwangsbeanspruchungen nach folgenden Belastungskombinationen zu ermitteln:
- Charakteristische (seltene) Kombination
- Nicht-häufige Kombination
- Häufige Kombination
- Quasi-ständige Kombination

Da die tatsächlich im Bauwerk vorhandene Vorspannkraft Streuungen unterliegt, sind die möglichen Abweichungen der Vorspannkraft vom Sollwert in den Nachweisen der Gebrauchstauglichkeit zu berücksichtigen. Dazu wird bei der Ermittlung der maßgebenden Lasteinwirkungen der ungünstigere der beiden charakteristischen Werte der Vorspannkraft $P_{k,sup}$ bzw. $P_{k,inf}$ gemäß Abschnitt 4.3.5 angesetzt:

8.3 Begrenzung der Spannungen

8.3.1 Betonspannungen

Hohe Betondruckspannungen unter Gebrauchslasten können durch Querzugspannungen zur Rissbildung parallel zur Spannbewehrung führen. Darüber hinaus besteht die Gefahr einer das Betongefüge zerstörenden Mikrorissbildung, die die Dauerhaftigkeit des Bauteils einschränkt. Werden keine weitergehenden Maßnahmen getroffen, wie z.B. die Erhöhung der Betondeckung in der Druckzone oder eine Umschnürung der Druckzone durch Bügelbewehrung, sind für Bauteile der Umgebungsklassen XD1 bis XD3, XF1 bis XF4 und XS1 bis XS3 (nach DIN EN 1992-1-1, Tabelle 4.1) die Betondruckspannungen unter charakteristischen Beanspruchungskombination auf folgenden Wert zu begrenzen:

$\sigma_c \leq 0{,}6 \cdot f_{ck}$

Bei Bauteilen mit Spanngliedern im sofortigen Verbund darf – soweit sichergestellt ist, dass keine Längsrisse entstehen – die Betondruckspannung beim Ablassen auf $0{,}7 \cdot f_{ck}$ erhöht werden.

Zur Vermeidung überproportionaler Kriechverformungen sind die Betondruckspannungen unter quasi-ständigen Lasten auf

$\sigma_c \leq 0{,}45 \cdot f_{ck}$

zu begrenzen. Im Bereich unterhalb dieser Spannungsgrenze kann näherungsweise ein linearer Zusammenhang zwischen der elastischen und der durch Kriechen erzeugten Betonverformung vorausgesetzt werden.

Die genannten Spannungsbegrenzungen können im Bereich von Auflagern und Verankerungen entfallen, wenn die erforderliche Spaltzug- und Zusatzbewehrung eingelegt wird und die allgemeinen Konstruktionsregeln eingehalten sind.

8.3.2 Betonstahlspannungen

Zur Vermeidung von nichtelastischen Verformungen im Stahl, die zur Entstehung von breiten Einzelrissen im Beton sowie unzulässiger Verformungen führen, sind die Spannungen in der Betonstahlbewehrung unter der charakteristischen Einwirkungskombination auf folgende Werte zu beschränken:

- $\sigma_s \leq 0{,}8 \cdot f_{yk}$ bei direkten Einwirkungen (Lastbeanspruchung)
- $\sigma_s \leq 1{,}0 \cdot f_{yk}$ bei ausschließlich indirekten Einwirkungen (Zwang)

8.3.3 Spannstahlspannungen

Die Spannungen in der Spannstahlbewehrung unter der quasi-ständigen Einwirkungskombination sind auf den Wert

$\sigma_p \leq 0{,}65 \cdot f_{pk}$

für den Mittelwert der Vorspannung unter quasi-ständiger Einwirkungskombination nach Abzug der Spannkraftverluste zu beschränken.

Unmittelbar nach Abschluss des Spannvorgangs bei Vorspannung mit nachträglichem Verbund bzw. nach Lösen der Spannbettverankerungen bei Vorspannung mit sofortigem Verbund darf der Mittelwert der Spannstahlspannung unter der seltenen Einwirkungskombination die Werte

$\sigma_p = \sigma_{p,max} \leq \begin{cases} 0{,}80 \cdot f_{pk} \\ 0{,}90 \cdot f_{p0{,}1k} \end{cases}$

in keinem Querschnitt und zu keinem Zeitpunkt überschreiten.

8.4 Grenzzustände der Rissbildung

8.4.1 Allgemeines

Rissbildung tritt in Stahlbeton- und Spannbetontragwerken auf, die durch Biegung, Querkraft, Torsion oder Zugkräfte beansprucht werden. Diese Beanspruchungen stellen sich aus direkter Last oder durch behinderte bzw. aufgebrachte Verformungen ein. Risse im Beton können aber auch aus anderen Gründen, z. B. aus plastischem Schwinden oder chemischen Reaktionen mit Volumenänderung, auftreten. Die Vermeidung und die Begrenzung der Breite solcher Risse werden hier nicht behandelt.

Das Auftreten von Rissen infolge Last- und/oder Zwangsbeanspruchung im Gebrauchszustand kann auch bei Spannbetontragwerken nicht ausgeschlossen werden. Allerdings ist die Wahrscheinlichkeit der Rissbildung im Vergleich zum Stahlbeton geringer. Zur Sicherung der Gebrauchsfähigkeit und Dauerhaftigkeit der Tragwerke ist nach DIN EN 1992-1-1 ein Nachweis der Mindestbewehrung und ein Nachweis zur Beschränkung der Rissbreite gefordert. Letzterer kann sowohl ohne direkte Berechnung über die Einhaltung von Konstruktionsregeln als auch mit einer direkten Berechnung bestimmt werden.

Der Nachweis der Rissbreitenbeschränkung nach DIN EN 1992-1-1 ist in erster Linie ein Gebrauchstauglichkeitsnachweis. Optisch auffällige Risse beeinträchtigen die Ästhetik und können Unbehagen beim Betrachter auslösen. Der Korrosionsschutz der Bewehrung, also die Dauerhaftigkeit, zählt ebenfalls zu den Gebrauchstauglichkeitsnachweisen. Da bei unzureichender Dauerhaftigkeit die Standsicherheit mit der Zeit beeinträchtigt wird, überschneiden sich hier die Grenzzustände der Gebrauchstauglichkeit und der Tragfähigkeit.

In früheren Jahren vermutete man einen signifikanten Zusammenhang zwischen der Rissbreite und der Korrosionsintensität. Nach neueren Untersuchungen ist die Breite von Rissen, die nahezu rechtwinklig zur Bewehrung verlaufen, in Stahlbetonbauteilen von untergeordneter Bedeutung, solange eine Rissbreite von 0,4 bis 0,5 mm nicht überschritten wird. Entscheidend für den Korrosionsschutz sind Dicke und Dichtheit der Betondeckung. Dieser Zusammenhang gilt eingeschränkt auch für Längsrisse parallel zu den Bewehrungsstäben. In Spannbetonbauteilen hingegen sind die Anforderungen an die Rissbreitenbeschränkung aufgrund der höheren Korrosionsempfindlichkeit schärfer als bei Stahlbetonbauteilen.

Bei den Tragfähigkeitsnachweisen sind Einflüsse der Rissbildung ebenfalls vorhanden. Eine Mindestbewehrung sorgt für ein robustes Bauteilverhalten, wenn die Rissenergie plötzlich freigesetzt wird. Dabei darf der Widerstand der Mindestbewehrung nicht kleiner sein als die Beanspruchung, die zur Rissbildung nötig ist, da sonst unkontrolliert breite Risse mit unplanmäßigen Schnittgrößenumlagerungen oder sogar das Versagen eintreten.

Durch die Rissbildung wird zudem die Biegesteifigkeit eines Bauteils insbesondere in hochbeanspruchten Bereichen vermindert. Schnittgrößenumlagerungen sind die Folge. Diese können einerseits für eine wirtschaftlichere Bemessung genutzt werden, wie bei der Umlagerung von Stützmomenten in die Feldbereiche. Andererseits werden Umlagerungen bei einer linearelastischen Berechnung nicht zutreffend erfasst. Das nichtlineare Verhalten wird neben der Rissbildung von weiteren Einflussparametern wie Kriechen, Schwinden oder Boden-Bauwerks-Interaktionen beeinflusst. Je nach Wahl des statischen Systems (statisch bestimmt oder unbestimmt) beeinflussen sich diese Parameter gegenseitig.

8.4.2 Grundlagen

Bei den risserzeugenden Beanspruchungen kann zwischen Lastbeanspruchungen, Zwang und Eigenspannungen unterschieden werden. Dabei sind Lastbeanspruchungen nur selten die Ursache einer übermäßigen Rissbildung mit großen Rissbreiten, da sich diese Einwirkungen durch entsprechende Lastannahmen vergleichsweise sicher in der statischen Berechnung erfassen lassen. Durch Lasten verursachte große Rissbreiten sind in der Regel auf Fehler im Entwurf, bei der Lastermittlung oder der Bauausführung zurückzuführen. In der Vergangenheit wurden Zwangsbeanspruchungen im Massivbau oft vernachlässigt und waren daher oft Ursache von übermäßigen Rissbildungen, die zu Mängelanzeigen und Beanstandungen seitens des Bauherrn führten. Häufig traten Risse in Bauteilen oder Bauteilbereichen auf, in denen nur geringe Lastbeanspruchungen vorhanden waren. Diese ergaben bei der Bemessung der Bauteile nur geringe Bewehrungsmengen, die zur Aufnahme der Zwangsschnittgrößen nicht ausreichend waren. Hinzu kommt, dass sich Zwangsbeanspruchungen oft nur schwer quantifizieren lassen. Die Grundlagen zur Rissbildung sind in [Hegger et al. – 10b] detailliert beschrieben. Nachfolgend werden nur die für Spannbeton wichtigen Punkte vorgestellt.

Das Rissverhalten wird vorzugsweise an zentrisch gezogenen Dehnkörpern untersucht. Das Verhalten von Dehnkörpern kann grundsätzlich auf die Biegezugzone eines biegebeanspruchten Balkens oder andere Querschnitte und Querschnittsbereiche unter Zugbeanspruchung übertragen werden.

Beim Auftreten des ersten Risses fällt die Betondehnung an den Rissufern auf $\varepsilon_c = 0$ ab und die Zugkraft muss von der Bewehrung aufgenommen werden. Den Dehnungsverlauf im Rissbereich im Zustand der Erstrissbildung zeigt Abb. F.8.1.

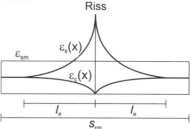

Abb. F.8.1   Verlauf der Stahl- und Betondehnung bei Erstrissbildung

Seitlich eines Risses wird die Stahlkraft über Verbund teilweise auf den Beton übertragen. Um wieder völlige Dehnungsgleichheit ($\varepsilon_c = \varepsilon_s$) zu erreichen, ist die mittlere Einleitungslänge l_e erforderlich. Aus der Dehnungsdifferenz zwischen Stahl und Beton über die Einleitungslängen kann dann die mittlere Rissbreite w_m als Integral der Dehnungsänderungen über die Einleitungslängen berechnet werden.

$$w_m = 2 \cdot l_e \cdot (\varepsilon_{sm} - \varepsilon_{cm})$$

Nach der Erstrissbildung entstehen bei geringer Laststeigerung weitere Risse. Wenn sich keine weiteren Risse mehr bilden ist der Zustand der abgeschlossenen Rissbildung erreicht. Den zugehörigen Dehnungsverlauf im Rissbereich zeigt Abb. F.8.2.

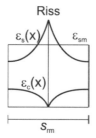

Abb. F.8.2   Verlauf der Stahl- und Betondehnung bei abgeschlossener Rissbildung

Wie bei der Erstrissbildung wird ein Teil der Stahlkraft über Verbund wieder in den Beton eingetragen. Zwischen den Rissen steht allerdings nicht mehr die zweifache Eintragungslänge l_e zur Verfügung, sodass eine Dehnungsgleichheit ($\varepsilon_c = \varepsilon_s$) nicht mehr erreicht wird. Die Betondehnung bleibt über die gesamte Länge unterhalb der Betonzugbruchdehnung ε_{ct}. Beim abgeschlossenen Rissbild bezeichnet s_{rm} den mittleren Rissabstand und für die Berechnung der Rissbreite gilt:

$$w_m = s_{rm} \cdot (\varepsilon_{sm} - \varepsilon_{cm})$$

Auch hier ist näherungsweise die Vernachlässigung von ε_{cm} möglich.

Zwischen den Rissen ist weiterhin die Stahldehnung kleiner als im Riss, was als Mitwirken des Betons zwischen den Rissen bezeichnet wird. Das Mitwirken des Betons auf Zug bedeutet nicht, dass Traganteile des Betons zu einer Laststeigerung führen, sondern zu einer Dehnungsverminderung, welche die Bauteilverformungen gegenüber dem reinen Zustand II reduzieren. Dieser Effekt ist auch als „Tension Stiffening" bekannt und wird bei einer Verformungsberechnung bzw. für die Bestimmung der effektiven Bauteilsteifigkeiten EI_{eff} benötigt.

Im Nachweis der Rissbreitenbeschränkung nach DIN EN 1992-1-1 hat der mittlere Rissabstand s_{rm} jedoch keine Bedeutung. Hier wird die maximale rechnerische Rissbreite w_k nachgewiesen und entsprechend dem Nachweiskonzept der maximal zulässigen Rissbreite gegenübergestellt. Der maximale Rissabstand und damit auch die maximale Rissbreite tritt auf, wenn der Rissabstand genau der zweifachen Eintragungslänge entspricht, sodass kein weiterer Sekundärriss auftreten kann.

8.4.3 Rissbildung in Spannbetonbauteilen

Die Rissbildung im Grenzzustand der Gebrauchstauglichkeit infolge Last- bzw. Zwangsbeanspruchungen wird in Spannbetonbauteilen durch eine zweckmäßige Wahl der Vorspannung günstig beeinflusst (Abb. F.8.3). Bei einem geeigneten Verlauf der Spannglieder wirkt die Vorspannung den planmäßig auf ein Bauteil einwirkenden Lasten entgegen. Risse, die sich durch eine Laststeigerung über das Gebrauchslastniveau hinaus bilden, können nach der Entlastung durch die Vorspannung wieder vollständig geschlossen bzw. überdrückt werden, solange im Spannstahl keine plastischen Dehnungen aufgetreten sind.

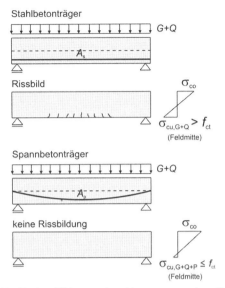

Abb. F.8.3 Wirkung der Vorspannung im Gebrauchszustand

Treten unter den Gebrauchslasten Risse auf, so sind die Rissbreiten unter folgenden Gesichtspunkten zu begrenzen:
- Dauerhaftigkeit (Korrosionsschutz der Bewehrung);
- Gebrauchseigenschaften (z.B. Dichtigkeit gegenüber Flüssigkeiten);
- Ästhetik.

Die Rissbildung und Rissbreite bei Spannbetonbauteilen hängen im Wesentlichen von folgenden Faktoren ab:
- Höhe der Vorspannung;
- Betonzugfestigkeit;
- Verbundwirkung zwischen Beton und Betonstahl bzw. Spannstahl (Profilierung, Stabdurchmesser);
- Bewehrungsgrad;
- Betondeckung;
- Bauteildicke und Bauteilform;
- Verteilung der Zugspannungen vor der Rissbildung.

Zur Beschränkung der Rissbreiten wird im Allgemeinen neben der Spannstahlbewehrung eine rissverteilende Betonstahlbewehrung eingelegt. Wird aus Gründen des Korrosionsschutzes für den Spannstahl bei aggressiven Umweltbedingungen eine Rissfreiheit gefordert, ist der Nachweis des Grenzzustandes der Dekompression zu führen.

8.4.4 Zusammenwirken von Spannstahl und Betonstahl

Bei Vorspannung mit Verbund muss der Einpressmörtel oder Beton neben dem Korrosionsschutz den notwendigen Verbund zwischen Spannglied und umgebendem Bauwerksbeton sicherstellen. Dabei wirkt sich dieser Verbund, der im Wesentlichen erst im gerissenen Zustand II aktiviert wird, sowohl auf das Tragverhalten im Bruchzustand als auch auf die Dauerhaftigkeit und Funktionsfähigkeit unter Gebrauchslasten aus. Im Bruchzustand müssen – bildhaft ausgedrückt – die Druck- und Zugstreben des sich ausbildenden Fachwerks schubfest über Verbundwirkung an das Spannglied angeschlossen werden. Bei gänzlichem Fehlen dieser Verbundwirkung stellt sich ein Tragverhalten ein, wie es in Abschnitt 6 für Tragelemente mit Vorspannung ohne Verbund beschrieben ist.

Im Gebrauchszustand kann das Verbundverhalten der Spannglieder in ihrer jeweiligen Wirkungszone zur Beschränkung der Rissbreiten beitragen. Darüber hinaus kommt es durch das unterschiedliche Verbundverhalten von Betonrippenstählen und Spanngliedern – bei Rissbildungen von Bauteilquerschnitten mit sogenannten gemischten Bewehrungen – zu unterschiedlich hohen Spannungszuwächsen im Betonstahl und Spannstahl.

In Nachweisen, in denen die Spannungen in den beiden Bewehrungselementen von Bedeutung sind, wie

- Nachweis der Spannungen;
- Nachweis der Rissbreiten,
- Nachweis der Verformungen und
- Nachweis der Ermüdung

ist deshalb das unterschiedliche Verbundverhalten des Spannstahls und der Betonstahlbewehrung zu beachten.

Bei Spannbetonbauteilen mit nachträglichem oder sofortigem Verbund weisen der Betonstahl und die Spannstähle unterschiedliche Verbundeigenschaften auf. Als Folge dieser unterschiedlichen Verbundeigenschaften ergeben sich bei der Erstrissbildung auch unterschiedliche Spannungszunahmen für den Betonstahl und den Spannstahl. Der Betonstahl erhält dabei als verbundsteifere Bewehrung einen erheblich höheren Spannungszuwachs als der Spannstahl. Die Risskraft wird also nicht nur entsprechend den Querschnittsflächen, sondern nach den Verbundeigenschaften auf den Betonstahl und die Spannglieder aufgeteilt. Die unterschiedlichen Spannungszunahmen sind nach Abb. F.8.4 bei der Erstrissbildung am größten und nehmen mit fortschreitender Rissbildung und abnehmender Mitwirkung des Betons zwischen den Rissen ab.

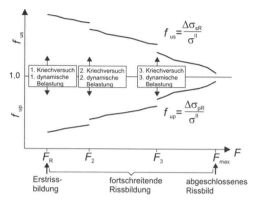

Abb. F.8.4 Prinzipieller Verlauf der Spannungsumlagerungen f_{us} und f_{up} während eines Versuchs

Dargestellt sind die bezogenen Betonstahl- und Spannstahlspannungen in Abhängigkeit von der äußeren Zugkraft. Bei abgeschlossener Rissbildung sind die Spannungszustände im Betonstahl und den Spanngliedern nahezu gleich. Dieser Effekt der unterschiedlichen Spannungszunahmen wird auch als „Spannungsumlagerung" bezeichnet und soll nachfolgend an einem vereinfachten Modell einer Betonzugzone mit gemischter Bewehrung aus Betonstahl A_s und Spanngliedern A_p nach Abb. F.8.5 näher erläutert werden. Als Grundlage der Spannungsermittlung dienen „starr-plastische" Verbundgesetze $\tau_{bm} = f(\Delta l) = $ const.

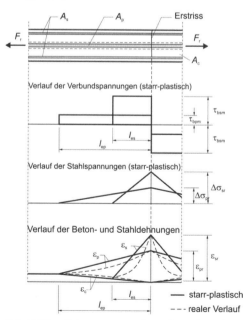

Abb. F.8.5 Betonzugzone eines Spannbetonbauteils bei Erstrissbildung

Aus Gleichgewichtsgründen müssen am Riss die Stahlkräfte den aufsummierten Verbundkräften entsprechen.

$$\Delta\sigma_{pr} \cdot A_p = U_p \cdot \tau_{bpm} \cdot l_{ep}$$

$$\Delta\sigma_{sr} \cdot A_s = U_s \cdot \tau_{bsm} \cdot l_{es}$$

Mit dem Verbundkennwert ξ und $U = 4 \cdot A / \phi_s$ ergibt sich das Verhältnis der Spannungszunahmen zu:

$$\frac{\Delta\sigma_{pr}}{\Delta\sigma_{sr}} = \xi \cdot \frac{\phi_s}{\phi_p} \cdot \frac{l_{ep}}{l_{es}} \qquad (F.8.1)$$

Aus Verträglichkeitsgründen müssen die Verschiebungen von Spannstahl und Betonstahl am Riss gleich sein.

$$\frac{1}{2} \cdot \frac{\Delta\sigma_{pr}}{E_p} \cdot l_{ep} = \frac{1}{2} \cdot \frac{\Delta\sigma_{sr}}{E_s} \cdot l_{es} = \frac{1}{2} \cdot w \qquad (F.8.2)$$

Unter der Annahme $E_p = E_s$ ergibt sich durch Gleichsetzen von (F.8.1) und (F.8.2) das Verhältnis der Einleitungslängen

$$\frac{l_{ep}}{l_{es}} = \sqrt{\frac{\phi_p}{\xi \cdot \phi_s}}$$

und mit (F.8.1) das Verhältnis der Spannungszunahmen

$$\frac{\Delta\sigma_{pr}}{\Delta\sigma_{sr}} = \sqrt{\xi \cdot \phi_s / \phi_p} \qquad (F.8.3)$$

Mit der Gleichheit der Stahlkräfte am Riss und der freigesetzten Betonzugkraft

$$\Delta\sigma_{sr} \cdot A_s + \Delta\sigma_{pr} \cdot A_p = F_r$$

erhält man aus (F.8.3)

$$\Delta\sigma_{sr} = \frac{F_r}{A_s \cdot \left(1 + \frac{A_p}{A_s} \sqrt{\xi \cdot \frac{\phi_s}{\phi_p}}\right)}$$

Bezieht man den Spannungszuwachs $\Delta\sigma_{sr}$ auf die Spannungen im Zustand II, so ergibt sich der Erhöhungsfaktor η:

$$\eta = \frac{\Delta\sigma_{sr}}{\sigma^{II}} = \frac{1 + A_p / A_s}{1 + \frac{A_p}{A_s} \sqrt{\xi \cdot \frac{\phi_s}{\phi_p}}}$$

Dieser Erhöhungsfaktor findet sich auch in DIN EN 1992-1-1, 6.8.2. Die Werte für das Verhältnis der Verbundfestigkeiten ξ sind Tafel F.3.3 zu entnehmen.

8.4.5 Nachweise nach DIN EN 1992-1-1

Anforderungen

Werden an Spannbetonbauteile keine besonderen Anforderungen an die Gebrauchseigenschaften gestellt (z.B. Wasserundurchlässigkeit), sind für die Begrenzung der Rissbreiten Dauerhaftigkeitskriterien maßgebend. Diese Anforderungen gelten als erfüllt, wenn die Grenzwerte von Tafel F.8.1 eingehalten werden. Die Einhaltung des Grenzzustandes der Dekompression bedeutet dabei, dass unter der maßgebenden Einwirkungskombination der Rand der infolge Vorspannung vorgedrückten Zugzone im Bauzustand und im Endzustand vollständig unter Druckspannungen steht.

Tafel F.8.1 Rechenwert w_{max} [mm] nach DIN EN 1992-1-1/NA, Tabelle 7.1DE

Expositionsklasse	Stahlbeton / Vorspannung ohne Verbund	Vorspannung mit nachträglichem Verbund	Vorspannung mit sofortigem Verbund	
	mit Einwirkungskombination			
	quasi-ständig	häufig	häufig	selten
X0, XC1	0,4 [a]	0,2	0,2	X
XC2-XC4			0,2 [b]	
XS1-XS3 XD1, XD2, XD3	0,3	0,2 [b,c]	Dekompression	0,2

[a] Bei X0 und XC1 hat die Rissbreite keinen Einfluss auf die Dauerhaftigkeit. Der Grenzwert wird i.d.R. zur Wahrung eines akzeptablen Erscheinungsbildes gesetzt.

[b] Zusätzlich ist der Nachweis der Dekompression unter quasi-ständiger Einwirkungskombination zu führen.

[c] Dekompressionsnachweis darf entfallen soweit der Korrosionsschutz anderweitig sichergestellt wird.

Für Bauteile mit Spanngliedern ausschließlich ohne Verbund gelten die Anforderungen für Stahlbetonbauteile. Für Bauteile mit einer Kombination von Spanngliedern im und ohne Verbund gelten die Anforderungen an Spannbetonbauteile mit Spanngliedern im Verbund. Bei Bauteilen der Expositionsklasse XD3 können besondere Maßnahmen erforderlich werden. Die Wahl der entsprechenden Maßnahmen hängt von der Art des Angriffsrisikos ab.

Die auftretenden Rissbreiten sind kleiner als die zulässigen Werte nach Tafel F.8.1, wenn folgende Bedingungen eingehalten werden:

- In allen Querschnitten, in denen Zugbeanspruchungen infolge Zwang bzw. einer Kombination aus äußeren Lasten und Zwang auftreten können, wird eine im Verbund liegende

Mindestbewehrung nach DIN EN 1992-1-1, 7.3.2 angeordnet.
- Die Rissbreiten dürfen gemäß DIN EN 1992-1-1, 7.3.4 berechnet werden. Alternativ dürfen vereinfachend die Durchmesser der Stäbe oder deren Abstände gemäß DIN EN 1992-1-1, 7.3.3 begrenzt werden. Für die Nachweise von Rissbreiten und bei der Berücksichtigung der Mitwirkung des Betons auf Zug ist in der Regel f_{ctm} zu verwenden.

Die in den Nachweisverfahren angegebenen Rechenwerte der Rissbreite sind als Anhaltswerte zu verstehen, die gelegentlich geringfügig überschritten werden können. Dies ist bei Beachtung der Regeln zur Begrenzung der Rissbreite im Allgemeinen unbedenklich. Die Verfahren erlauben eine Begrenzung bzw. Berechnung der Rissbreiten innerhalb des Wirkungsbereiches der Bewehrung. Außerhalb dieses Bereiches können größere Rissbreiten auftreten.

Dekompression

Der Zustand der Dekompression ist in einer Querschnittsfaser dann erreicht, wenn die Summe der Spannungen σ_c infolge der einwirkenden Lasten einschließlich Vorspannung in dieser Faser gleich null ist. Die Schnittgrößen infolge der äußeren Einwirkungen, die der Wirkung der Vorspannung in der betrachteten Faser aufheben, werden dabei als Dekompressionsschnittgrößen bezeichnet. Sie können aus folgender Beziehung ermittelt werden:

$$\sigma_c(z) = \frac{N_D - N_p}{A_c} + \frac{M_D - M_p}{I_c} \cdot z = 0$$

Mit:
M_p, N_p Schnittgrößen infolge Vorspannung
M_D, N_D Dekompressionsschnittgrößen
z Koordinate der betrachteten Querschnittsfaser
A_c, I_c Betonquerschnittswerte

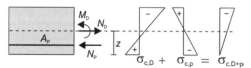

Abb. F.8.6 Definition des Dekompressionszustandes

Neben dem bekannten Dekompressionsnachweis analog zu DIN 1045-1, wonach der Betonquerschnitt im Zustand I unter der jeweils maßgebenden Einwirkungskombination vollständig unter Druckspannungen steht, ermöglicht DIN EN 1992-1-1 auch einen genaueren Nachweis über die Grenzlinie der Dekompression. Zur Einhaltung des Grenzzustands der Dekompression ist hierfür nachzuweisen, dass der Betonquerschnitt um das Spannglied im Bereich von 100 mm oder von 1/10 der Querschnittshöhe unter Druckspannungen steht. Der größere Bereich ist maßgebend. Die Spannungen sind im Zustand II nachzuweisen.

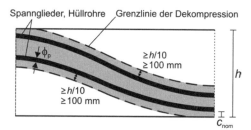

Abb. F.8.7 Grenzlinie der Dekompression

Generell sollte der Dekompressionsnachweis als Entwurfskriterium für die Dimensionierung der erforderlichen Spannstahlmenge herangezogen werden, da der Nachweis bei überwiegend biegebeanspruchten Bauteilen nur durch eine entsprechende Vorspannung zu erfüllen ist.

Mindestbewehrung

Durch die Anordnung einer Mindestbewehrung soll das Entstehen breiter Einzelrisse infolge Zwangsbeanspruchungen verhindert werden. Der Querschnitt der Mindestbewehrung darf vermindert werden, wenn die Zwangsschnittgröße die Rissschnittgröße nicht erreicht. In diesen Fällen darf die Mindestbewehrung durch eine Bemessung des Querschnitts für die nachgewiesene Zwangsschnittgröße unter Berücksichtigung der Anforderungen an die Rissbreitenbegrenzung ermittelt werden.

In Bereichen von Bauteilen mit Vorspannung mit Verbund, in denen unter der charakteristischen (seltenen) Einwirkungskombination und der maßgebenden charakteristischen Vorspannung die Betondruckspannungen betraglich größer als 1 N/mm² sind, kann die Mindestbewehrung zur Rissbreitenbegrenzung entfallen.

Sofern nicht eine genauere Rechnung zeigt, dass ein geringerer Bewehrungsquerschnitt ausreicht, erfolgt die Ermittlung des erforderlichen Bewehrungsquerschnitts $A_{s,min}$ wie bei Stahlbetonbauteilen mit:

$$A_{s,min} \cdot \sigma_s = k_c \cdot k \cdot f_{ct,eff} \cdot A_{ct} \quad \text{(F.8.4)}$$

Hierin sind:
$A_{s,min}$ Mindestquerschnittsfläche der Betonstahlbewehrung innerhalb der Zugzone

Nachweise im Grenzzustand der Gebrauchstauglichkeit

A_{ct} — Querschnittsfläche der Betonzugzone. Die Zugzone ist derjenige Teil des Querschnitts oder Teilquerschnitts, der unter der zur Erstrissbildung am Gesamtquerschnitt führenden Einwirkungskombination im ungerissenen Zustand rechnerisch unter Zugspannungen steht.

σ_s — Absolutwert der maximal zulässigen Spannung in der Betonstahlbewehrung unmittelbar nach Rissbildung. Dieser darf als die Streckgrenze der Bewehrung f_{yk} angenommen werden. Zur Einhaltung der Rissbreitengrenzwerte kann allerdings ein geringerer Wert entsprechend dem Grenzdurchmesser ϕ_s^* der Stäbe oder dem Höchstwert der Stababstände erforderlich werden.

$f_{ct,eff}$ — wirksame Betonzugfestigkeit zum Zeitpunkt der Erstrissbildung

k — Beiwert zur Berücksichtigung von nichtlinear verteilten Eigenspannungen
a) Zugspannungen infolge im Bauteil selbst hervorgerufenen Zwangs (z. B. Eigenspannungen infolge Abfließens der Hydratationswärme):
$k = 0,8$ für $h \leq 300$ mm
$k = 0,5$ für $h \geq 800$ mm
Zwischenwerte sind zu interpolieren; für h ist der kleinere Wert von Höhe und Breite des Querschnitts oder Teilquerschnitts anzusetzen
b) Zugspannungen durch außerhalb des Bauteils hervorgerufenen Zwangs (z. B. Stützensenkung, wenn der Querschnitt frei von nichtlinear verteilten Eigenspannungen und weiteren risskraftreduzierenden Einflüssen ist):
$k = 1,0$

k_c — Beiwert zur Charakterisierung der Spannungsverteilung im Querschnitt
bei reinem Zug: $k_c = 1,0$
bei Biegung / Biegung mit Normalkraft:
- bei Rechteckquerschnitten und Stegen von Hohlkästen- oder T-Querschnitten:

$$k_c = 0,4 \cdot \left[1 - \frac{\sigma_c}{k_1 \cdot (h/h^*) \cdot f_{ct,eff}}\right] \leq 1$$

- bei Gurten von Hohlkästen- oder T-Querschnitten:

$$k_c = 0,9 \cdot \frac{F_{cr}}{A_{ct} \cdot f_{ct,eff}} \geq 0,5$$

σ_c — Betonspannung in Höhe der Schwerlinie des Querschnitts oder Teilquerschnitts im ungerissenen Zustand unter der Einwirkungskombination, die am Gesamtquerschnitt zur Erstrissbildung führt:

$\sigma_c = N_{Ed} / (b \cdot h)$

N_{Ed} — Normalkraft im Grenzzustand der Gebrauchstauglichkeit, die auf den untersuchten Teil des Querschnitts einwirkt (Druckkraft positiv). Zur Bestimmung von N_{Ed} sind in der Regel die charakteristischen Werte der Vorspannung und der Normalkräfte unter der maßgebenden Einwirkungskombination zu berücksichtigen.

k_1 — $= 1,5$ für N_{Ed} als Drucknormalkraft
$= 2/3 \cdot h^*/h$ für N_{Ed} als Zugnormalkraft

h — Höhe des Querschnitts oder Teilquerschnitts
- $h^* = h$ für $h < 1,00$ m
- $h^* = 1,0$ m für $h \geq 1,00$ m

F_{cr} — Absolutwert der Zugkraft im Gurt unmittelbar vor Rissbildung infolge des mit $f_{ct,eff}$ berechneten Rissmoments

Die Rissbreitenbegrenzung sollte durch eine Begrenzung des vorhandenen Stabdurchmessers auf den folgenden Wert nachgewiesen werden:

- Biegemoment:

$$\phi_s = \phi_s^* \cdot \frac{k_c \cdot k \cdot h_{cr}}{4 \cdot (h-d)} \cdot \frac{f_{ct,eff}}{2,9} \geq \phi_s^* \cdot \frac{f_{ct,eff}}{2,9}$$

- zentrischer Zug:

$$\phi_s = \phi_s^* \cdot \frac{k_c \cdot k \cdot h_{cr}}{8 \cdot (h-d)} \cdot \frac{f_{ct,eff}}{2,9} \geq \phi_s^* \cdot \frac{f_{ct,eff}}{2,9}$$

Mit:

ϕ_s^* — Grenzdurchmesser nach Tafel F.8.2
h — Bauteildicke
d — statische Nutzhöhe
h_{cr} — Höhe der Zugzone im Querschnitt bzw. Teilquerschnitt vor Beginn der Erstrissbildung mit Normalkräften unter quasi-ständiger Einwirkungskombination
$f_{ct,eff}$ — wirksame Betonzugfestigkeit zum betrachteten Zeitpunkt

Bis zu einem Abstand ≤ 150 mm von der Mitte eines Spanngliedes mit Verbund darf die in diesem Bereich erforderliche Mindestbewehrung durch die Berücksichtigung des Terms $\xi_1 \cdot A_p' \cdot \Delta\sigma_p$ auf der Widerstandseite in Gleichung (F.8.4) verringert werden:

$$A_{s,min} \cdot \sigma_s + \xi_1 \cdot A_p' \cdot \Delta\sigma_p = k_c \cdot k \cdot f_{ct,eff} \cdot A_{ct}$$

Die unterschiedliche Verbundsteifigkeit der Bewehrung wird über das gewichtete Verhältnis der Verbundsteifigkeiten von Spannstahl und Betonstahl unter Berücksichtigung der unterschiedlichen Durchmesser wie folgt erfasst:

$$\xi_1 = \sqrt{\xi \cdot \frac{\phi_s}{\phi_p}} \qquad \text{(F.8.5)}$$

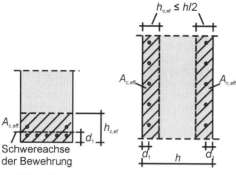

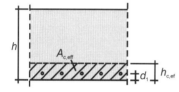

b) Platte/Decke (Biegung)

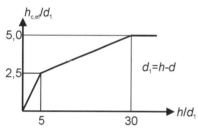

Vergrößerung der Höhe $h_{c,ef}$ des Wirkungsbereiches der Bewehrung bei zunehmender Bauteildicke

Abb. F.8.8 Wirkungsbereich der Bewehrung (typische Fälle) nach DIN EN 1992-1-1/NA, Bild 7.1DE

Dabei sind:

A_p' Querschnitt der Spannglieder mit sofortigem oder nachträglichem Verbund in der Zugzone

$A_{c,eff}$ Wirkungsbereich der Bewehrung nach Abb. F.8.8. $A_{c,eff}$ ist die Betonfläche um die Zugbewehrung mit der Höhe $h_{c,ef}$, wobei $h_{c,ef}$ das Minimum von [$2,5 \cdot (h-d)$; $(h-x)/3$; $h/2$] ist. Bei dickeren Bauteilen ist zu berücksichtigen, dass der Wirkungsbereich entsprechend Abb. F.8.8d bis auf $5 \cdot (h-d)$ anwachsen kann. Wenn die Bewehrung nicht innerhalb des Grenzbereiches $(h-x)/3$ liegt, sollte dieser auf $(h-x)/2$ mit x im Zustand I vergrößert werden.

ϕ_s größter vorhandener Stabdurchmesser der Betonstahlbewehrung

ϕ_p äquivalenter Durchmesser der Spannstahlbewehrung

$\phi_p = 1,6 \cdot \sqrt{A_p}$ Bündelspannglieder

$\phi_p = 1,2 \cdot \phi_{Draht}$ 3-drähtige Einzellitzen

$\phi_p = 1,75 \cdot \phi_{Draht}$ 7-drähtige Einzellitzen

ξ Verhältnis der Verbundsteifigkeiten von Spannstahl und Betonstahl nach Tafel F.3.3

$\Delta\sigma_p$ Spannungsänderung in den Spanngliedern bezogen auf den Zustand des ungedehnten Betons

Wird nur Spannstahl zur Begrenzung der Rissbreite verwendet, gilt $\xi_1 = \sqrt{\xi}$

Die Mindestbewehrung ist überwiegend am gezogenen Querschnittsrand anzuordnen, mit einem angemessenen Anteil aber auch so über die Zugzone zu verteilen, dass die Bildung breiter Sammelrisse vermieden wird.

Beschränkung der Rissbildung ohne direkte Berechnung

Wenn die Durchmesser oder die Abstände der eingelegten Bewehrung aus dem Nachweis der Mindestbewehrung bzw. dem Grenzzustand der Tragfähigkeit für Biegung mit Längskraft in Abhängigkeit von der Spannung nach Tafel F.8.2 und Tafel F.8.3 begrenzt werden, kann die Rissbreite ohne deren direkte Berechnung begrenzt werden.

- Bei Rissbildung infolge überwiegend indirekter Einwirkungen (Zwangsbeanspruchung) ist die Rissbreite nachgewiesen, wenn die Grenzdurchmesser nach Tafel F.8.2 unter Berücksichtigung der Stahlspannung σ_s eingehalten sind.
- Bei Rissbildung infolge überwiegend direkter Einwirkungen (Lastbeanspruchung) ist die Rissbreite nachgewiesen, wenn entweder die Grenzdurchmesser nach Tafel F.8.2 oder die Höchstwerte der Stababstände nach Tafel F.8.3 eingehalten sind.

In Platten der Expositionsklasse XC 1 im üblichen Hochbau ohne wesentliche Zugnormalkraft sind bei einer Gesamthöhe von nicht mehr als 200 mm und bei Einhaltung der Bedingungen gemäß DIN EN 1992-1-1, Abschnitt 9.3 (Konstruktionsregeln für Vollplatten) keine speziellen Maßnahmen zur Begrenzung der Rissbreiten erforderlich.

Tafel F.8.2 Grenzdurchmesser ϕ_s^* bei Betonstählen (DIN EN 1992-1-1/NA, Tabelle 7.2DE)

σ_s [N/mm²] [b)]	Grenzdurchmesser der Stäbe ϕ_s^* [a)] [mm]		
	w_k		
	0,4 mm	0,3 mm	0,2 mm
160	54	41	27
200	35	26	17
240	24	18	12
280	18	13	9
320	14	10	7
360	11	8	5
400	9	7	4
450	7	5	3

a) Die Werte der Tabelle NA.7.2 basieren auf folgenden Annahmen: Grenzwerte der Gleichungen (7.9) und (7.11) nach DIN EN 1992-1-1 mit f_{cteff} = 2,9 N/mm² und E_s = 200000 N/mm²
$\sigma_s = \sqrt{w_k \cdot 3{,}48 \cdot 10^6 / \phi_s^*}$
b) unter der maßgebenden Einwirkungskombination

Tafel F.8.3 Höchstwerte der Stababstände von Betonstählen (DIN EN 1992-1-1, Tabelle 7.3N)

σ_s [N/mm²] [b)]	Höchstwerte der Stababstände [mm]		
	w_k		
	0,4 mm	0,3 mm	0,2 mm
160	300	300	200
200	300	250	150
240	250	200	100
280	200	150	50
320	150	100	-
360	100	50	-

b) unter der maßgebenden Einwirkungskombination

Bei Spannbeton mit Spanngliedern im sofortigen Verbund, bei dem die Begrenzung der Rissbreiten vorwiegend durch Spannglieder sichergestellt wird, dürfen Tafel F.8.2 und Tafel F.8.3 mit einer Spannung angewendet werden, die sich aus der Gesamtspannung abzüglich der Vorspannung ergibt. Bei Spannbeton mit nachträglichem Verbund, bei dem die Begrenzung der Rissbreiten vorwiegend durch Betonstahl sichergestellt wird, dürfen die Tabellen mit der Spannung dieser Bewehrung unter Berücksichtigung der Vorspannkräfte verwendet werden.

Dabei sollte der Grenzdurchmesser in Abhängigkeit von der Bauteildicke wie folgt modifiziert werden:

$$\phi_s = \phi_s^* \cdot \frac{\sigma_s \cdot A_s}{4 \cdot (h-d) \cdot b \cdot 2{,}9} \geq \phi_s^* \frac{f_{ct,eff}}{2{,}9}$$

Mit:
ϕ_s^* Grenzdurchmesser nach Tafel F.8.2
h Bauteildicke
b Querschnittsbreite
σ_s Betonstahlspannung im Zustand II, bei Spanngliedern im Verbund nach Gleichung F.8.6

Die Stahlspannungen sind auch in vorgespannten Bauteilen im Zustand II für die maßgebende Einwirkungskombination einschließlich Zwang unter Ansatz des charakteristischen Wertes der Vorspannung zu ermitteln ($P_{k,inf}$ bzw. $P_{k,sup}$). Hierbei wird die Vorspannung als eine äußere Kraft angesetzt. In Bauteilen mit einer im Verbund liegenden Vorspannung ist die Stahlspannung unter Berücksichtigung des unterschiedlichen Verbundverhaltens von Bewehrungsstahl und Spannstahl wie folgt zu berechnen:

$$\sigma_s = \sigma_{s2} + 0{,}4 \cdot f_{ct,eff} \cdot \left(\frac{1}{\rho_{p,eff}} - \frac{1}{\rho_{tot}} \right) \quad (F.8.6)$$

Dabei sind:
σ_s Spannung in der Betonstahlbewehrung
σ_{s2} Spannung im Betonstahl bzw. der Spannungszuwachs im Spannstahl im Zustand II für die maßgebende Einwirkungskombination unter Annahme eines starren Verbundes
$f_{ct,eff}$ wirksame Betonzugfestigkeit
$\rho_{,eff}$ effektiver Bewehrungsgrad unter Berücksichtigung der unterschiedlichen Verbundsteifigkeiten

$$\rho_{p,eff} = \frac{A_s + \xi_1^2 \cdot A_p'}{A_{c,eff}} \quad (F.8.7)$$

ρ_{tot} der effektive geometrische Bewehrungsgrad

$$\rho_{tot} = \frac{A_s + A_p}{A_{c,eff}}$$

$A_{c,eff}$ Wirkungsbereich der Bewehrung nach Abb. F.8.8; im Allgemeinen darf $h_{c,ef} = 2{,}5 \cdot d_1$ (konstant) verwendet werden
A_s Querschnittsfläche der Betonstahlbewehrung

A_p Querschnittsfläche der Spannglieder, die im Wirkungsbereich $A_{c,eff}$ der Bewehrung liegen

ξ_1 Verhältnis der Verbundsteifigkeiten nach Gleichung F.8.5

Der Wirkungsbereich der Bewehrung $A_{c,eff}$, der für die Rissbreiten maßgebend ist, entspricht im Allgemeinen der die Zugbewehrung umgebenden Betonfläche mit einer Höhe gleich dem 2,5-fachen Abstand der Randzugfaser vom Bewehrungsschwerpunkt. Einige typische Fälle sind in Abb. F.8.8 dargestellt.

Bei Verwendung unterschiedlicher Stabdurchmesser darf ein mittlerer Stabdurchmesser ϕ_m zu

$$\phi_m = \frac{\sum \phi_i^2}{\sum \phi_i}$$

angesetzt werden. Für Doppelstäbe in Betonstahlmatten ist der Durchmesser des Einzelstabes maßgebend.

Die Begrenzung der Schubrissbreite ist bei Einhaltung der Bewehrungs- und Konstruktionsregeln nach DIN EN 1992-1-1, 8.5 bzw. 9.2.2 und 9.2.3 sichergestellt.

Berechnung der Rissbreite

Neben der Begrenzung der Rissbreite durch die Einhaltung von Konstruktionsregeln ist lt. DIN EN 1992-1-1, Abschnitt 7.3.4 auch ein Nachweis über die direkte Berechnung der Rissbreite zulässig. Die hiermit berechneten Rissbreiten gelten innerhalb der Wirkungszone der Bewehrung (vgl. Abb. F.8.8). Außerhalb dieses Bereiches können größere Rissbreiten auftreten, was aber bei Einhaltung der angegebenen Regeln zur Rissbreitenbegrenzung im Allgemeinen unbedenklich ist.

Die Regelungen in DIN EN 1992-1-1 entsprechen den Angaben in [DIN 1045-1 – 08], die in [Hegger et al. – 10b] beschrieben sind. Die Berechnungsgleichungen können auch bei einer kombinierten Beanspruchung aus Lasten und Zwang verwendet werden, wenn die für den gerissenen Querschnitt bestimmte Dehnung aus Lasten um den Wert infolge Zwang erhöht wird. Ist die resultierende Zwangsdehnung $\leq 0,8$ ‰ ist die Rissbreite nur für den größeren Wert von Last- oder Zwangspannung zu ermitteln.

8.5 Grenzzustände der Verformung

Die Verformungen von Bauteilen sind im Allgemeinen so zu begrenzen, dass die vorgesehene Funktion dieser Bauteile sowie ihr Erscheinungsbild nicht beeinträchtigt werden. Übermäßige Durchbiegungen können unter anderem Schäden in leichten Trennwänden, angrenzenden Verglasungen und benachbarten Konstruktionselementen verursachen.

Aus ästhetischen Gründen sowie zur Sicherung der Gebrauchstauglichkeit eines Tragwerks sollte die auf die Verbindungslinie zwischen den Auflagerpunkten bezogene rechnerische Durchbiegung f unter den quasi-ständigen Lasten den Wert:

$$f \leq \frac{l}{250} \quad \text{mit} \quad l \quad \text{Stützweite}$$

nicht übersteigen. Können infolge der Verformungen Folgeschäden in angrenzenden Bauteilen entstehen, sind die nach dem Einbau dieser Bauteile auftretenden Durchbiegungen im Allgemeinen auf den Wert

$$\Delta f \leq \frac{l}{500}$$

zu begrenzen.

Die Größe der Durchbiegung sowie ihre zeitliche Entwicklung werden neben dem Materialverhalten gegenüber Kurzzeit- (E-Modul, Zugfestigkeiten) sowie Langzeitbeanspruchungen (Kriechen, Schwinden, Relaxation) von geometrischen Größen (Querschnittsabmessungen, Lage der Bewehrung, Einspannung an den Auflagern) und vor allem von der tatsächlich auftretenden Belastung beeinflusst.

Das Verformungsverhalten von Spannbetonbauteilen wird wesentlich durch die Vorspannung geprägt, die planmäßig entgegen den äußeren Lasten wirkt. Die Anwendung von einfachen für Stahlbetonbauteile abgeleiteten Regeln zur Beschränkung von Durchbiegungen, die den Einfluss der Belastung nur indirekt berücksichtigen wie z.B. die Begrenzung der Biegeschlankheit, ist deshalb für Spannbetonkonstruktionen nicht sinnvoll.

Die für den rechnerischen Nachweis der Durchbiegung maßgebende Lastkombination hängt von den Gebrauchsfähigkeitsanforderungen an das Bauteil ab. Im Regelfall wird die quasi-ständige Belastungskombination zugrunde gelegt. In der Literatur werden verschiedene Ansätze zur Durchbiegungsberechnung gegeben. Weiter Angaben zur Berechnung von Durchbiegungen sind in DAfStb-Heft 600 zu finden.

9 Bauliche Durchbildung

9.1 Allgemeines

Prinzipiell gelten für Spannbetonbauteile die gleichen Regelungen wie für Stahlbetonbauteile. Nachfolgend werden die nur Spannbetonbauteile betreffenden zusätzlichen Vorgaben zusammengestellt.

9.2 Betondeckung

Eine Mindestbetondeckung c_{min} der Bewehrung muss vorhanden sein zum Schutz der Bewehrung gegen Korrosion, um die Verbundkräfte sicher übertragen zu können und um einen angemessenen Brandschutz sicherzustellen.

Zur Sicherstellung des Korrosionsschutzes sind in Abhängigkeit von den Umweltbedingungen für die Betondeckung der Bewehrung die Mindestmaße nach folgender Formel einzuhalten:

$$c_{min} = \max \begin{cases} c_{min,b} \\ c_{min,dur} + \Delta c_{dur,\gamma} - \Delta c_{dur,st} - \Delta c_{dur,add} \\ 10 \text{ mm} \end{cases}$$

Hierin sind:

$c_{min,b}$ Mindestbetondeckung aus der Verbundanforderung

$c_{min,dur}$ Mindestbetondeckung aus der Dauerhaftigkeitsanforderung (Tafel F.9.1 und Tafel F.9.2)

$\Delta c_{dur,\gamma}$ additives Sicherheitselement, $\Delta c_{dur,\gamma}$ bereits in Tafel F.9.2 integriert

$\Delta c_{dur,st}$ Verringerung der Mindestbetondeckung bei Verwendung nichtrostenden Stahls (aus allgemeiner bauaufsichtlicher Zulassung)

$\Delta c_{dur,add}$ Verringerung der Mindestbetondeckung auf Grund zusätzlicher Schutzmaßnahmen (vgl. Abschnitt D.3.3)

Für Hüllrohre von Spanngliedern gilt für $c_{min,b}$:

- Spannglieder im nachträglichen Verbund:
  - runde Hüllrohre:
    $c_{min,b} = \phi_{duct} \leq 80$ mm
  - rechteckige Hüllrohre a · b (a ≤ b):
    $c_{min,b} = \max\{a;\ 0{,}5 \cdot b\} \leq 80$ mm
- Litzen und profilierte Drähte im sofortigen Verbund bei Ansatz der Verbundspannungen nach DIN EN 1992-1-1:
  $c_{min,b} = 2{,}5 \cdot \phi_p$

Tafel F.9.1 Modifikation für $c_{min,dur}$ nach DIN EN 1992-1-1/NA, Tabelle 4.3

Kriterium	Expositionsklasse						
	X0, XC1	XC2	XC3	XC4	XD1, XS1	XD2, XS2	XD3, XS3
Druckfestigkeitsklasse	0	≥C25/30	≥C30/37	≥C35/45	≥C40/50	≥C45/55	≥C45/55
		-5 mm					

Tafel F.9.2 Mindestbetondeckung $c_{min,dur}$: Anforderungen an die Dauerhaftigkeit von Spannstahl in [mm] (DIN EN 1992-1-1/NA, Tabelle 4.5DE)

Expositionsklasse				
(X0)	XC1	XC2, XC3	XC4	XD1, XD2, XD3, XS1, XS2, XS3
(10)	20	30	35	50[a]

[a] inklusive additivem Sicherheitselement $\Delta c_{dur,\gamma}$

Weiterhin sind die Mindestbetondeckung der entsprechenden Europäischen Technischen Zulassungen zu beachten.

9.3 Spanngliedanordnung

9.3.1 Allgemeines

Es dürfen nur Spannglieder mit einer Zulassung bzw. einer Zustimmung im Einzelfall verwendet werden. Die Abstände der Spannglieder müssen so festgelegt werden, dass das Einbringen und Verdichten des Betons ordnungsgemäß erfolgen kann, dies gilt selbstverständlich auch für eine eventuelle Bündelung von Spanngliedern im Verankerungsbereich.

Zwischen den im Verbund liegenden Spanngliedern und verzinkten Einbauteilen bzw. Bewehrung darf keine metallische Verbindung bestehen und es muss mindestens 20 mm Beton vorhanden sein.

9.3.2 Spannglieder mit sofortigem Verbund

Für Spannglieder mit sofortigem Verbund sind keine glatten Drähte erlaubt. Die Mindestabstände der Spannglieder untereinander ergeben sich aus Abb. F.9.1.

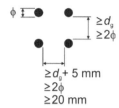

d_g Durchmesser Größtkorn

Abb. F.9.1 Lichter Mindestabstand für Spannglieder mit sofortigem Verbund nach DIN EN 1992-1-1, Bild 8.14

Spannglieder aus gezogenen Drähten oder Litzen dürfen nach dem Spannen umgelenkt werden bzw. im umgelenkten Zustand vorgespannt werden, wenn Folgendes sichergestellt ist:

- $\dfrac{Biegeradius}{Spanngliedurchmesser\ \phi} \geq 15$
- Die Spannglieder bewegen sich im Bereich der Krümmung nicht.

Im Verankerungsbereich ist eine enge Querbewehrung erforderlich, um die aus den Verankerungskräften hervorgerufenen Spaltzugkräfte aufzunehmen. Auf die Anordnung darf in einfachen Fällen (z.B. Spannbetonhohlplatten) verzichtet werden, wenn die Spaltzugspannung den Wert $f_{ct,0,05}/\gamma_c$ nicht überschreitet. Für den Nachweis der Verankerung ist DIN EN 1992-1-1, Abschnitt 8.10.2 zu beachten.

9.3.3 Spannglieder mit nachträglichem Verbund

Mit Ausnahme von paarweise senkrecht übereinander liegenden Hüllrohren sollte der lichte Abstand zwischen den Hüllrohren folgende Werte nicht unterschreiten:

- waagerecht $\phi \geq 50$ mm
- senkrecht $\phi \geq 40$ mm

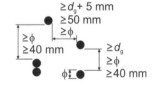

ϕ Hüllrohrdurchmesser

Abb. F.9.2 Lichter Mindestabstand für Spannglieder mit nachträglichem Verbund nach DIN EN 1992-1-1, Bild 8.15

9.3.4 Spannglieder ohne Verbund

Die erforderlichen Abstände von extern geführten Spanngliedern werden durch die Austauschbarkeit und Inspizierbarkeit bestimmt. Bei intern geführten Spanngliedern gelten dieselben Abstände wie bei den Spanngliedern mit nachträglichem Verbund.

9.3.5 Mindestspanngliedanzahl in Einzelbauteilen

In DIN EN 1992-1-1 ist explizit keine Mindestanzahl von Spanngliedern gefordert. Es gilt jedoch allgemein, dass Spannbetonbauteile in der vorgedrückten Zugzone eine Mindestanzahl an Spanngliedern enthalten müssen, um sicherzustellen, dass das Versagen einer bestimmten Anzahl der Spannglieder nicht zum Versagen des gesamten Bauteils führt. Die Anforderung gilt als erfüllt, wenn die in Tafel F.9.3 angegebene Mindestanzahl eingehalten wird. Wird wenigstens eine Litze mit mindestens sieben Drähten ($\phi \geq 4{,}0$ mm) vorgesehen, ist die Anforderung ebenfalls erfüllt.

Tafel F.9.3 Mindestanzahl von Stäben, Drähten und Spanngliedern in der vorgedrückten Zugzone von Einzelbauteilen

Art des Spannglieds	Mindestanzahl
Einzelstäbe und Drähte	3
Stäbe und Drähte, zusammengefasst als Litze oder Spannglied	7
Spannglied außer Litzen	3

9.3.6 Spanngliedverankerungen und Spanngliedkopplungen

Die Verankerung muss der allgemeinen bauaufsichtlichen Zulassung für das verwendete Spannverfahren entsprechen. Die im Verankerungsbereich erforderliche Spaltzug- und Zusatzbewehrung ist dieser Zulassung zu entnehmen.

Die Festigkeit der Verankerungsvorrichtungen und des Verankerungsbereichs muss ausreichen, um die Spanngliedkraft $F_{pk} = A_p \cdot f_{pk}$ auf den Beton zu übertragen. Spanngliedkopplungen sind so anzuordnen, dass sie die Tragfähigkeit des Bauteils nicht beeinträchtigen. Sie sollten in Bereichen geringer Beanspruchung angeordnet werden. Kopplungen von mehr als 50 % der Spannglieder in einem Querschnitt sollten vermieden werden.

Der Nachweis der Spannkrafteinleitung ist unter Ansatz des Bemessungswertes der Spanngliedkraft zu führen. Die Zugkräfte, die aufgrund der konzentrierten Krafteintragung auftreten, sind in der Regel mittels eines Stabwerkmodells oder eines anderen geeigneten Modells nachzuweisen. Die Bewehrung ist dabei unter der Annahme durchzubilden, dass sie mit dem Bemessungswert ihrer Festigkeit beansprucht wird. Weitere Angaben sind in Abschnitt 7.2 zu finden.

Bei Vorspannung mit sofortigem Verbund können Spannglieder, die im Bereich der zweifachen Betondeckung der Oberflächenbewehrung liegen, vollflächig auf die Oberflächenbewehrung angerechnet werden.

Allgemein darf die Oberflächenbewehrung auf alle Nachweise der Tragfähigkeit und der Gebrauchstauglichkeit auf die jeweils erforderliche Bewehrung angerechnet werden, soweit sie die Regeln für die Anordnung und Verankerung dieser Bewehrung erfüllt.

9.4 Oberflächenbewehrung

Gemäß NA.J.4 zu [DIN EN 1992-1-1 - 11] ist in Bauteilen mit Vorspannung eine Oberflächenbewehrung nach Tafel F. 9.4 anzuordnen. Der dort angegebene Grundwert ρ ist nach Abschnitt 6.5.6 anzusetzen:

- $\rho = 0{,}16 \cdot f_{ctm} / f_{yk}$ Allgemein
- $\rho = 0{,}56 \cdot f_{ctm} / f_{yk}$ gegliederte Querschnitte mit vorgespanntem Zuggurt

9.5 Querkraftbewehrung von Balken

Die Regelungen zu den größten Längsabständen $s_{l,max}$ und Querabstände $s_{t,max}$ der Bügel oder Querkraftzulagen werden entsprechend denen von Spannbetonbauteilen in DIN EN 1992-1-1/NA, 9.2.2 sowie Tabelle NA.9.1 (für $s_{l,max}$) bzw. Tabelle NA.9.1 ($s_{t,max}$).

Tafel F. 9.4 Mindestoberflächenbewehrung für verschiedene Bereiche eines vorgespannten Bauteils

Bauteilbereich	Platten, Gurtplatten und breite Balken mit $b_w > h$ je m		Balken mit $b_w \leq h$ und Stege von Plattenbalken und Kastenträgern	
	Expositionsklassen			
	XC1 bis XC4	sonstige	XC1 bis XC4	sonstige
• bei Balken an jeder Seitenfläche • bei Platten mit $h \geq 1{,}0$m an jedem Rand [a]	$0{,}5 \cdot \rho \cdot h$ bzw. $0{,}5 \cdot \rho \cdot h_f$	$1{,}0 \cdot \rho \cdot h$ bzw. $1{,}0 \cdot \rho \cdot h_f$	$0{,}5 \cdot \rho \cdot h$ je m	$1{,}0 \cdot \rho \cdot h$ je m
• in der Druckzone von Balken und Platten am äußeren Rand [b] • in der vorgedrückten Zugzone von Platten [a), b)]	$0{,}5 \cdot \rho \cdot h$ bzw. $0{,}5 \cdot \rho \cdot h_f$	$1{,}0 \cdot \rho \cdot h$ bzw. $1{,}0 \cdot \rho \cdot h_f$	-	$1{,}0 \cdot \rho \cdot h \cdot b_w$
• in Druckgurten mit $h > 120$ mm (obere und untere Lage je für sich) [a]	-	$1{,}0 \cdot \rho \cdot h_f$	-	-

[a] Eine Oberflächenbewehrung größer als 3,35 cm²/m je Richtung ist nicht erforderlich.
[b] In Platten/Gurtplatten von Bauteilen der Expositionsklasse XC1 am äußeren Rand der Druckzone sowie in Fertigteilplatten mit $b < 1{,}20$ m in Querrichtung darf die Oberflächenbewehrung entfallen.

Es bedeuten:
  h Höhe der Balken oder Dicke der Platte
  h_f Dicke des Druck- oder Zuggurtes von profilierten Querschnitten
  b_w Stegbreite des Balken

10 Beispiel: Träger mit nachträglichem Verbund

10.1 Bauteilbeschreibung

Im nachfolgenden Beispiel wird die Berechnung eines Durchlaufträgers mit nachträglichem Verbund ausführlich dargestellt.

Der Spannbetondurchlaufträger hat eine Länge von 24,00 m und eine Querschnittshöhe von 0,80 m. Der Träger weist einen T-Querschnitt auf. Er wird konstant belastet.

10.2 System und Belastung

10.2.1 System

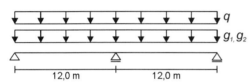

Abb. F.10.1 System und Einwirkungen

10.2.2 Einwirkungen

g_1 = $A_c \cdot \gamma_{Beton}$ = 0,43·25 = 10,75 kN/m (Eigengewicht)
g_2 = 25,0 kN/m (Ausbaulast)
q = 30,0 kN/m (Nutzlast – Kategorie B)

10.2.3 Baustoffe

- **Beton:** C 50/60, CEM 42,5 N
  f_{ck} = 50 N/mm²
  f_{ctm} = 4,1 N/mm²
  E_{cm} = 37.000 N/mm²
  $f_{cd} = \alpha_{cc} \cdot \frac{f_{ck}}{\gamma_c} = 0,85 \cdot \frac{50}{1,5}$ = 28,4 N/mm²

- **Betonstahl:** B500
  f_{yk} = 500 N/mm²
  E_s = 200.000 N/mm²
  $f_{yd} = \frac{f_{yk}}{\gamma_s} = \frac{500}{1,15}$ = 435 N/mm²
  d_1 = 5 cm (Annahme)
  ϕ_l = 16 mm (gewählt)
  ϕ_{lw} = 8 mm (gewählt)

- **Spannstahl**
  0,6" Litzenspannglied St 1570/1770
  A_p = 140 mm²/Litze

  E_p = 195.000 N/mm²
  $f_{p0,1k}$ = 1500 N/mm²
  f_{pk} = 1770 N/mm²
  $f_{pd} = \frac{f_{p0,1k}}{\gamma_p} = \frac{1500}{1,15}$ = 1304 N/mm²

  ϕ_{Draht} = 5,1 mm
  Hüllrohr: ϕ = 80 mm $\phi_{außen}$ = 87 mm

Die zeitabhängigen Spannkraftverluste infolge Kriechen, Schwinden und Relaxation ($c+s+r$) werden vorab pauschal mit 15 % angenommen.

10.2.4 Querschnittswerte

Der Balken hat einen konstanten Querschnitt, gemäß Abb. F.10.2.

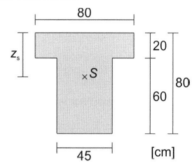

Abb. F.10.2 Balkenquerschnitt

Vereinfachend erfolgt die Berechnung mit Bruttoquerschnittswerten:
A_c = 0,43 m²
z_s = 0,351 m
I_c = 0,0247 m⁴
$W_{c,oben}$ = I_c / z_{co} = 0,070 m³
$W_{c,unten}$ = I_c / z_{cu} = 0,055 m³

10.2.5 Spanngliedverlauf

Unter Ausnutzung der Symmetrie setzt sich der Spanngliedverlauf aus zwei Parabeln gemäß Abb. F.10.3 zusammen.

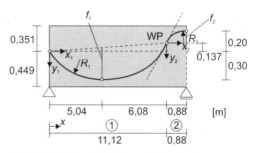

Abb. F.10.3 Gewählter Spanngliedverlauf

Die allgemeine Parabelgleichung lautet:

$y_i = a_i \cdot x_i^2 + b_i \cdot x_i + c_i$

Die Konstanten a, b und c werden über die Ableitungen der Parabelgleichung bestimmt:

$y_i' = 2 \cdot a_i \cdot x_i + b_i \qquad y_i'' = 2 \cdot a_i$

Die Parabelradien R_1 und R_2 ergeben sich aus y_i'':

$y_i'' = 2 \cdot a_i = \kappa = 1/R_i \quad \rightarrow \quad R_i = 1/(2 \cdot a_i)$

Hiermit lassen sich die planmäßigen Umlenkwinkel Θ_i der Parabeln bestimmen:

$\sin(\Theta_i) = l_i/R_i$

$\Theta_i = \sin^{-1}(l_i/R_i)$

Die Reibungsverluste ergeben sich aus:

$\gamma = \Theta + k \cdot x$

$\rho = e^{-\mu \gamma}$

Für die beiden Parabeln folgt somit:

- Bereich 1 ($0 \le x \le 11{,}12$ m):

  $y_1(0) = 0$, $y_1(5{,}04) = 0{,}30$, $y_1(11{,}12) = -0{,}137$

  $a_1 = -0{,}01182$, $b_1 = 0{,}11908$, $c_1 = 0$

  $y_1'(11{,}12) = -0{,}14380$

  $y_1'' = -0{,}02364 \quad \rightarrow \quad R_1 = 42{,}30$ m

  $\Theta_1 = 0{,}1194$ rad ($x = 5{,}04$ m)

  $\Theta_2 = 0{,}1442$ rad ($x = 5{,}04$ m bis 11,12 m)

  $f_1 = 0{,}362$ m

- Bereich 2:

  $y_2(0) = 0$, $\quad y_1(11{,}12)' = y_2(0)' = -0{,}14380$,
  $y_2(0{,}88)' = 0$

  $a_1 = 0{,}08170$, $b_1 = -0{,}14380$, $c_1 = 0$

  $y_2(0{,}88) = -0{,}063$ m $\rightarrow f_2 = 0{,}063$ m

  $y_2'' = 0{,}1634 \quad \rightarrow \quad R_2 = 6{,}12$ m

  $\Theta_3 = 0{,}1443$ rad ($x = 11{,}12$ m bis 12,00 m)

10.2.6 Schnittgrößen infolge äußerer Last

Die Schnittgrößen infolge äußerer Lasten werden mit Tafelwerken berechnet. Es ergeben sich nachfolgende Schnittgrößenverläufe und Werte:

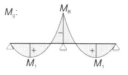
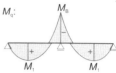
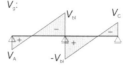
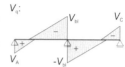

Abb. F.10.4 Schnittgrößenverlauf

Tafel F. 10.1 Schnittgrößen

	M_1	M_B	V_A	V_{Bl}
	[kNm]	[kNm]	[kN]	[kN]
g_1	108	-194	48	-81
g_2	252	-450	113	-188
q – Laststellung maximales Feldmoment	413	-270	158	-203
q – Laststellung maximales Stützmoment	302	-540	135	-225

$M_{1,g1}$ = Feld 1 $\quad M_{B,g1}$ = Mittelstütze B
$V_{A,g1}$ = Endauflager A
$V_{Bl,g1}$ = Mittelstüze B, links

10.2.7 Schnittgrößen infolge Vorspannung

Zur Schnittgrößenermittlung infolge Vorspannung wird das Kraftgrößenverfahren gewählt. Die Angaben zur Spanngliedführung sind Abb. F.10.5 zu entnehmen.

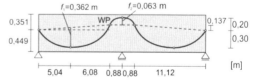

Abb. F.10.5 Spanngliedführung

Die Ermittlung der statisch Unbestimmten infolge $P = 1$ MN erfolgt unter Ausnutzung der Symmetrie.

$\delta_{10} + X_1 \cdot \delta_{11} = 0 \quad \rightarrow \quad X_1 = -\delta_{10} / \delta_{11}$

Vereinfachend wird für den mittleren Parabelstich der Stich bei $x = 5{,}04$ m verwendet.

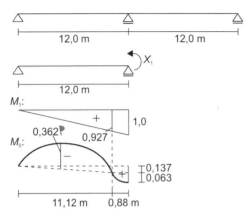

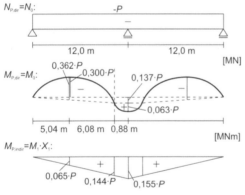

Abb. F.10.6 Kraftgrößenverfahren

$EI \cdot \delta_{11} = 1/3 \cdot 1{,}0 \cdot 1{,}0 \cdot 12 = 4$

$EI \cdot \delta_{10} \approx [1/3 \cdot 0{,}927 \cdot (-0{,}362 \cdot P) +$
$\qquad 1/3 \cdot 0{,}927 \cdot 0{,}137 \cdot P] \cdot 11{,}12 +$
$\qquad [1/2 \cdot (1{,}0+0{,}927) \cdot 0{,}137 \cdot P +$
$\qquad 1/12 \cdot 0{,}063 \cdot P \cdot (3 \cdot 0{,}927 + 5 \cdot 1{,}0)] \cdot 0{,}88$
$\qquad = (-0{,}7731 + 0{,}1521) \cdot P = -0{,}621 \cdot P$

$X_1 \quad = -(-0{,}621 \cdot P)/4 = 0{,}155\,P$

Damit ergeben sich folgende Schnittgrößenverläufe aus der Vorspannung $P = 1$ MN:

Abb. F.10.7 Schnittgrößen infolge Vorspannung

Die Drucklinienverschiebung über der Stütze beträgt 15,5 cm.

10.2.8 Vorbemessung

Die Vordimensionierung des erforderlichen Spannstahlquerschnitts erfolgt über den Nachweis der Dekompression mit den Schnittgrößen der häufigen Lastfallkombination.

$E_{d,frequ} = \sum_{j \geq 1} E_{Gk,j} + E_{PK} + \psi_{1,1} \cdot E_{Qk,1} + \sum_{i>1} \psi_{2,i} \cdot E_{Qk,i}$

$M_{frequ} = M_{g1} + M_{g2} + \psi_{1,1} \cdot M_q$

Kombinationsbeiwert: $\psi_{1,1} = 0{,}5$

$M_{frequ,Feld} = 108 + 252 + 0{,}5 \cdot 413$
$\qquad\qquad = 568$ kNm

$M_{frequ,Stütze} = 194 + 450 + 0{,}5 \cdot 540$
$\qquad\qquad = 914$ kNm

Maximal zulässige Spannstahlspannung während des Spannvorgangs:

$\sigma_{p,max} = \min \begin{cases} 0{,}8 \cdot f_{pk} = 0{,}8 \cdot 1770 = 1416 \text{ N/mm}^2 \\ 0{,}9 \cdot f_{p0,1k} = 0{,}9 \cdot 1500 = 1350 \text{ N/mm}^2 \end{cases}$

$\qquad = 1350$ N/mm²

Zulässige Spannstahlspannung unmittelbar nach dem Spannen:

$\sigma_{pm0} = \min \begin{cases} 0{,}75 \cdot f_{pk} = 0{,}75 \cdot 1770 = 1327 \text{ N/mm}^2 \\ 0{,}85 \cdot f_{p0,1k} = 0{,}85 \cdot 1500 = 1275 \text{ N/mm}^2 \end{cases}$

$\qquad = 1275$ N/mm²

Nachweis der Dekompression

Betrachtung am unteren Querschnittsrand im Feld, Vorspannung wirkt günstig r_{inf}.

$\sigma_{cu} = \left(\dfrac{P_{mt}}{A_c} + \dfrac{P_{mt} \cdot z_{cp}}{W_c} \right) \cdot r_{inf} + \dfrac{M_{freq}}{W_c} \leq 0$

$P_{mt} \geq \dfrac{\dfrac{M_{freq,Feld}}{W_{c,u}}}{\left(\dfrac{1}{A_c} + \dfrac{z_{cp} - e_{ind}}{W_{c,u}} \right) \cdot r_{inf}}$

$P_{mt} \geq \dfrac{-\dfrac{0{,}568}{0{,}055}}{\left(-\dfrac{1}{0{,}43} - \dfrac{0{,}300 - 0{,}065}{0{,}055} \right) \cdot 0{,}9} = 1{,}74$ MN

erf. $P_{mt} = 1{,}74$ MN

Betrachtung am oberen Querschnittsrand über dem mittleren Auflager, Vorspannung wirkt günstig r_{inf}.

$P_{mt} \geq \dfrac{\dfrac{M_{freq,Stütze}}{W_{c,o}}}{\left(\dfrac{1}{A_c} + \dfrac{z_{cp} - e_{ind}}{W_{c,o}} \right) \cdot r_{inf}}$

$P_{mt} \geq \dfrac{-\dfrac{0{,}914}{0{,}070}}{\left(-\dfrac{1}{0{,}43} - \dfrac{0{,}155 + 0{,}137 + 0{,}063}{0{,}070} \right) \cdot 0{,}9} = 1{,}96$ MN

erf. $P_{mt} = 1{,}96$ MN

Um zu verhindern, dass der Träger im Bauzustand aufgrund einer zu hohen Vorspannung aufreißt, werden die maximalen Vorspannkräfte bestimmt.

Betrachtung am oberen Querschnittsrand im Feld, Vorspannung wirkt ungünstig r_{sup}.

$$P_{mt} \leq \frac{\frac{M_{freq,Feld}}{W_{c,o}}}{\left(\frac{1}{A_c} + \frac{z_{cp} \cdot z_{co}}{I_c}\right) \cdot r_{sup}}$$

$$P_{mt} \leq \frac{\frac{0{,}568}{0{,}070}}{\left(-\frac{1}{0{,}43} + \frac{0{,}300 - 0{,}065}{0{,}070}\right) \cdot 1{,}1} = 7{,}15 \text{ MN}$$

max. P_{mt} = 7,15 MN

Betrachtung am unteren Querschnittsrand über dem mittleren Auflager, Vorspannung wirkt ungünstig r_{sup}.

$$P_{mt} \leq \frac{\frac{M_{freq,Stütze}}{W_{cu}}}{\left(\frac{1}{A_c} + \frac{z_{cp} \cdot z_{cu}}{I_c}\right) \cdot r_{inf}}$$

$$P_{mt} \leq \frac{\frac{0{,}914}{0{,}055}}{\left(-\frac{1}{0{,}43} + \frac{0{,}155 + 0{,}137 + 0{,}063}{0{,}055}\right) \cdot 1{,}1} = 3{,}66 \text{ MN}$$

max. P_{mt} = 3,66 MN

Damit wird

$P_{m0} = P_{mt} / (c+s+r) = 1{,}960 \text{ MN} \leq P_{mt} \leq 3{,}66 \text{ MN}$

erf. P_{mt} = erf. $P_{m0} / (c+s+r)$

= 1,96 / 0,85 = 2,31 MN

erf. A_p = erf. P_{mt} / σ_{pmt} = 2,31 / 1275

= 18,1 cm²

Gewählt: 13 · 0,6" Spannlitzen (A_p = 18,2 cm²)

Vorspannkraft: P_{m0} = 18,2 cm² · 1275 N/mm²
= 2,32 MN

Die Litzen werden in einem Hüllrohr eingebaut.

10.2.9 Spannkraftverluste aus Spanngliedreibung

Es wird einseitig vorgespannt. Die Reibungsverluste werden mit den Reibungskennwerten nach Zulassung μ = 0,19 und k = 0,3°/m (0,3 · π / 180 = 0,0052 rad/m) bestimmt.

$P(x) = P_0 \cdot e^{-\mu(\Theta + k \cdot x)} = P_0 \cdot e^{-\mu \cdot \gamma} = P_0 \cdot \rho$

Über die Trägerlänge ergeben sich folgende Spannkraftverluste infolge Reibung:

x [m]	$\Sigma \Theta$	$k \cdot x$	$\Sigma \gamma$	ρ
0	0	0	0	1,00
5,04	0,1194	0,0264	0,1458	0,9727
11,12	0,2636	0,0582	0,3218	0,9407
12,00	0,4079	0,0628	0,4707	0,9144
12,88	0,5522	0,0700	0,6222	0,8885
18,96	0,6964	0,0986	0,7950	0,8598
24,00	0,8158	0,1248	0,9406	0,8363

Beim Nachlassen des Spanngliedes verringert sich die anfängliche Spannkraft P_{m0} an der Verankerung als Folge des Verankerungsschlupfes Δl_{Keil}.

Die Spannstahlspannung während des Spannvorgangs darf maximal $\sigma_{p,max}$=1350 N/mm² betragen. Bei einer Messgenauigkeit der Spannpresse bei der aufgebrachten Spannkraft von +/− 5 % darf nach DIN EN 1992-1-1 5.10.2.1 die Pressenkraft beim Vorspannen maximal P_{max}=0,95 · $f_{p0,1k}$ · A_p (hier σ_{max} = 1425 N/mm²) betragen. Um dies auszunutzen, ist eine iterative Vorgehensweise erforderlich.

Der Keilschlupf Δl_{Keil} am Spannanker ist der Zulassung zu entnehmen (hier Δl_{Keil} = 3 mm).

$\Delta l_{Keil} = P_{m0} \cdot A_{Keil} \cdot \left(\frac{1}{E_p \cdot A_p} + \frac{1}{E_c \cdot A_c}\right)$

$= P_{m0} \cdot A_{Keil} \cdot \left(\frac{1}{195000 \cdot 0{,}00182} + \frac{1}{37000 \cdot 0{,}43}\right)$

$= P_{m0} \cdot A_{Keil} \cdot 2{,}88 \cdot 10^{-3}$

Zum Ausgleich der Spannkraftverluste wird kurzzeitig beim Vorspannen bis auf $\sigma_{p,max}$ = 1360 N/mm² vorgespannt.

$A_{Keil} = \frac{\Delta l_{Keil}}{P_{m0} \cdot 2{,}88 \cdot 10^{-3}} = \frac{0{,}003}{1{,}360 \cdot 2{,}88 \cdot 10^{-3}} = 0{,}766$

Die Spannkraftverluste durch Keilschlupf werden unter der Annahme linearer Spannkraftabnahme ermittelt. Für die erste Iteration wird die Annahme getroffen, dass sich der Blockierpunkt x_{Keil} im Bereich $0 < x \leq 5{,}04$ m befindet.

Iteration 1: $0 < x_{Keil} \leq 5{,}04$ m

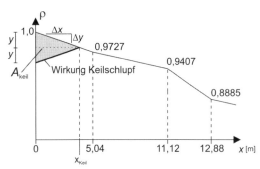

Abb. F.10.8 Ankerschlupfberechnung unter der Annahme $0 < x_{Keil} \leq 5{,}04$ m

y/x = $(1-0{,}9727)/5{,}04 = 0{,}0273/5{,}04$
x = $184{,}6154 \cdot y$
A_{Keil} = $0{,}766 = x \cdot y = 184{,}6154 \cdot y^2$
→ y = $0{,}0644 > 0{,}0273$

Die Annahme mit $x_{Keil} \leq 5{,}04$ m ist falsch.

Iteration 2: $5{,}04 \leq x_{Keil} \leq 11{,}12$ m

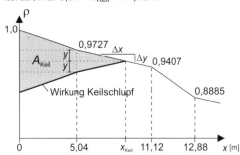

Abb. F.10.9 Ankerschlupfberechnung mit Annahme $5{,}04$ m $\leq x_{Keil} \leq 11{,}12$ m

y/x = $(0{,}9727-0{,}9407)/6{,}08 = 0{,}032/6{,}08$
x = $190{,}0 \cdot y$
A_{Keil} = $0{,}766 = 5{,}04 \cdot 0{,}0273 + 2 \cdot 5{,}04 \cdot y + x \cdot y$
 = $190{,}0 \cdot y^2 + 10{,}08 \cdot y + 0{,}1376$
$190{,}0 \cdot y^2 + 10{,}08 \cdot y - 0{,}6384 = 0$
→ y = $0{,}0368 > 0{,}032$

Die Annahme mit $5{,}04$ m $\leq x_{Keil} \leq 11{,}12$ m ist falsch.

Iteration 3: $11{,}12 \leq x_{Keil} \leq 12{,}88$ m

Im dritten Berechnungsschritt wird angenommen, dass sich der Blockierpunkt x_{Keil} bei $11{,}12$ m $\leq x \leq 12{,}88$ m befindet.

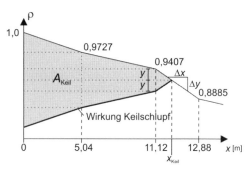

Abb. F.10.10 Ankerschlupfberechnung mit Annahme $11{,}12$ m $\leq x_{Keil} \leq 12{,}88$ m

y/x = $(0{,}0522)/1{,}76$
x = $33{,}7165 \cdot y$
A_{Keil} = $0{,}766$
 = $5{,}04 \cdot 0{,}0273 + 5{,}04 \cdot 0{,}032 \cdot 2 + 5{,}04 \cdot 2 \cdot y$
 $+ 6{,}08 \cdot 0{,}032 + 6{,}08 \cdot 2 \cdot y + x \cdot y$
 = $33{,}7165\, y^2 + 22{,}24\, y + 0{,}6547$
$33{,}7165 \cdot y^2 + 22{,}24 \cdot y - 0{,}1113 = 0$
→ y = $0{,}0050 < 0{,}0522$

Die dritte Annahme ist korrekt.

Nach dem Spannen beträgt der Wirkungsfaktor ρ am Spannanker:

$\rho(x=0)$ = $1-(2 \cdot 0{,}0273 + 2 \cdot 0{,}032 + 2 \cdot y)$
 = $1-(2 \cdot 0{,}0273 + 2 \cdot 0{,}032 + 2 \cdot 0{,}0050)$
 = $0{,}8714$

Der Keilschlupf wirkt bis zur Länge x_{Keil} (Blockierpunkt):

x_{Keil} = $5{,}04 + 6{,}08 + 33{,}7164 \cdot y$
 = $5{,}04 + 6{,}08 + 33{,}7164 \cdot 0{,}0050$
 = $11{,}29$ m

Weitere Spannkraftverluste:

$\rho(x=5{,}04)$ = $0{,}8714 + 0{,}0273 = 0{,}8987$
$\rho(x=11{,}12)$ = $0{,}8987 + 0{,}032 = 0{,}9307$
$\rho(x=11{,}29)$ = $0{,}9307 + y = 0{,}9303 + 0{,}0050$
 = $0{,}9353$

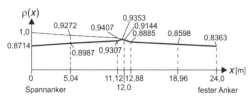

Abb. F.10.11 Verluste aus Reibung und Ankerschlupf

Um den Spannstahl optimal auszunutzen sollte die Spannung unmittelbar nach dem Ablassen $\sigma_{pm0}=1275$ N/mm² betragen. Mit der gewählten Vorspannkraft $\sigma_{p,max} = 1360$ N/mm² beträgt der Maximalwert von σ_{pm0}:

max σ_{pm0} = 1360 · 0,9353
= 1272 N/mm² < 1275 N/mm²

Ein weiteres Überspannen wäre möglich:

$\sigma_{p,Presse}$ = σ_{m0}/ρ_{max}
= 1275/0,9353
= 1363 N/mm² < σ_{max} = 1425 N/mm²

Allerdings müssten die Ankerschlupfwerte neu berechnet werden. Darauf wird hier wegen der geringen Unterschreitung und da der Grenzwert nach DIN EN 1992-1-1 5.10.2.1 eingehalten wird verzichtet.

x	ρ	σ_{m0}	P_{m0}
		[N/mm²]	[MN]
0	0,8714	1185	2,157
5,04	0,8987	1222	2,224
11,12	0,9307	1266	2,304
11,29	0,9357	**1273**	2,317
12	0,9144	1244	2,264
12,88	0,8885	1208	2,198
18,96	0,8598	1169	2,128
24,00	0,8363	1137	2,070

$\sigma_{m0} = \sigma_{p,Presse} \cdot \rho = 1360$ N/mm² $\cdot \rho$
$P_{m0} = \sigma_{m0} \cdot A_p = \sigma_{m0} \cdot 18,2$ cm²

Der Verlauf der Spanngliedspannung zum Zeitpunkt $t = 0$ unter Berücksichtigung der Reibung und des Schlupfes in der Verankerung ergibt sich bei Ansatz einer Spannstahlspannung $\sigma_{m0} = 1275$ N/mm² an der Stelle $x = 11,29$ m gemäß Abb F.10.12.

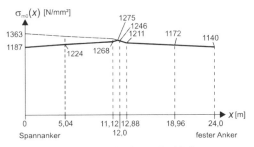

Abb. F.10.12 Vorspannkraft nach Verlusten aus Reibung und Ankerschlupf

10.2.10 Zeitabhängiges Baustoffverhalten

Exemplarisch werden die Verluste durch Kriechen, Schwinden und Relaxation nur zum Zeitpunkt $t = \infty$ über der mittleren Stütze, im Feld bei $x = 5,04$ m und am Auflager A berechnet.

Kriechen

- Vorspannzeitpunkt: 1 Woche nach Betonieren
- Trockene Lagerung bei Raumtemperatur (RH = 50 %)
- Wirksame Körperdicke:
  $h_0 = 2 \cdot A_c / u = 2 \cdot 0,43 / (4 \cdot 0,8) = 269$ mm

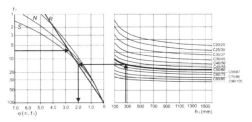

Abb. F.10.13 Bestimmung der Kriechzahl

Ablesung von $\varphi(\infty,t_0)$ aus Abb. F.3.18:
- Belastungsalter $t_0 = 7$ d (Vorspannen)
- $h_0 = 269$ mm
- C50/60
- Zement N

Die Kriechzahl ergibt sich zu: $\varphi(\infty,t_0) = 2,0$

Schwinden

Autogene Schwinddehnung:

$\beta_{as}(\infty)$ = $1 - e^{-0,2\cdot\sqrt{\infty}} = 1$

$\varepsilon_{ca}(\infty)$ = $2,5 \cdot (f_{ck} - 10) \cdot 10^{-6}$
= $2,5 \cdot (50 - 10) \cdot 10^{-6} = 0,0001$

$\varepsilon_{ca}(t)$ = $\beta_{as}(t) \cdot \varepsilon_{ca}(\infty) = 0,0001$

Trocknungsschwinddehnung:

$\varepsilon_{cd,0}$ = 0,00038 (nach DIN EN 1992-1-1 NA, Tabelle NA.B.2)

k_h = 0,781 (linear interpoliert in Tafel F.3.5)

$\beta_{ds}(\infty,t_s) = 1,0$ (Grenzwertbetrachtung)

$\varepsilon_{cd}(t)$ = $\beta_{ds}(t,t_s) \cdot k_h \cdot \varepsilon_{cd,0}$
= $1,0 \cdot 0,781 \cdot 0,00038 = 0,000297$

Gesamtschwinddehnung:

ε_{cs} = $\varepsilon_{cd} + \varepsilon_{ca}$
= $0,000297 + 0,0001 = -0,000397$

Relaxation

Berechnung über der Stütze:

Die Relaxation muss entsprechend den Festlegungen der Zulassungen berechnet werden. Die anfängliche Spannung in den Spanngliedern wird vereinfacht als $\sigma_{pg0} = \sigma_{pm0}$ angenommen, da bedingt durch den Spannvorgang, die mittleren Spannkräfte P_{m0} bereits einen Teil der Spannungsänderung infolge Trägereigenlast enthalten.

$\sigma_{pg0,Stütze}$ = 1246 N/mm²

Die Ausgangsspannung kann iterativ mit folgender Gleichung ermittelt werden:

$\sigma_{p0} = \sigma_{pg0} - 0{,}3 \cdot \Delta\sigma_{p,c+s+r}$

Vereinfachend kann auf der sicheren Seite liegend für üblichen Hochbau angenommen werden:

$\sigma_{p0,Stütze} = 0{,}95 \cdot \sigma_{pg0}$ = 1184 N/mm²

$\sigma_{p0,Stütze} / f_{pk}$ = 1183,7 / 1770 = 0,669

Der Rechenwert der Spannkraftverluste $\Delta\sigma_{pr}$ für kaltgezogenen Spannstahl mit sehr niedriger Relaxation in einer Zeitspanne von 10^6 h (entspricht $t = \infty$) ergibt sich nach Spannstahlzulassung mit dem Eingangswert $\sigma_{p0,Stütze} / f_{pk}$ nach dem Vorspannen bei der Stütze zu ca. 5,8 % der Anfangsspannung σ_{p0}.

$\Delta\sigma_{pr,Stütze}$ = 0,058 · 1184 = –69 N/mm²

Berechnung im Feldquerschnitt:

Im Feldquerschnitt bei x = 5,04 m ergeben sich folgende Werte:

$\sigma_{pg0,Feld}$ = 1224 N/mm²
$\sigma_{p0,Feld}$ = 0,95 · σ_{pg0} = 1163 N/mm²
$\sigma_{p0,Feld} / f_{pk}$ = 1163 / 1770 = 0,657
$\Delta\sigma_{pr,Feld}$ = 0,053 · 1163 = –62 N/mm²

Berechnung am Randauflager:

Am Randauflager A ergeben sich folgende Werte:

$\sigma_{pg0,A}$ = 1187 N/mm²
$\sigma_{p0,A}$ = 0,95 · σ_{pg0} = 1128 N/mm²
$\sigma_{p0,A} / f_{pk}$ = 1128 / 1770 = 0,637
$\Delta\sigma_{pr,A}$ = 0,043 · 1128 = –49 N/mm²

Spannkraftverlust c+s+r

Nachweis über der Stütze:

Die Betonspannung in Höhe der Spannglieder $\sigma_{c,QP}$ setzt sich aus den Komponenten Eigenlast und Ausgangsspannung zusammen und ermittelt sich unter der quasi-ständigen Einwirkungskombination.

Betonspannungen σ_{cg} in Höhe der Spannglieder, jedoch ohne Spannungsanteil aus Vorspannung:

$M_{perm,Stütze}$ = $M_{g1} + M_{g2} + \psi_{2,1} \cdot M_q$
　　　　　　= 194 + 450 + 0,3 · 540 = 806 kNm

$\sigma_{cg,Stütze}$ = $M_{perm} \cdot z_p / I_c$
　　　= 806 · (0,2) / 0,0247
　　　= +6,52 N/mm²

Anfangswert der Betonspannung infolge Vorspannung σ_{cp0}:

$N_{p0,Stütze}$ = 1246 N/mm² · 18,2 cm²
　　　= – 2,27 MN

$M_{p0,Stütze}$ = $N_{p0,Stütze} \cdot z_p$
　　　= 2,27 MN · (0,2)
　　　= 0,454 MNm

σ_{cp0} = $N_{p0} / A_c + M_{p0} \cdot z_p / I_c$
　　= –2,27/0,43 – 0,454·(0,2)/0,0247
　　= –8,95 N/mm²

$\sigma_{c,QP} = \sigma_{cg} + \sigma_{cp0}$ = 6,52 – 8,95 = –2,43 N/mm²

Die Spannungsverluste ermitteln sich zu:

$$\Delta\sigma_{p,c+s+r} = \frac{\varepsilon_{cs} \cdot E_p + 0{,}8\Delta\sigma_{pr} + \dfrac{E_p}{E_{cm}} \cdot \varphi(t,t_0) \cdot \sigma_{c,QP}}{1 + \dfrac{E_p}{E_{cm}} \cdot \dfrac{A_p}{A_c}\left(1 + \dfrac{A_c}{I_c} z_{cp}^2\right)[1 + 0{,}8 \cdot \varphi(t,t_0)]}$$

$$= \frac{-0{,}000397 \cdot 195000 - 0{,}8 \cdot 69 - \dfrac{195000}{37000} \cdot 2{,}0 \cdot 2{,}43}{1 + \dfrac{195000}{37000} \cdot \dfrac{0{,}00182}{0{,}43}\left(1 + \dfrac{0{,}43}{0{,}0247} 0{,}2^2\right)[1 + 0{,}8 \cdot 2{,}0]}$$

$$= \frac{-77{,}4 - 55{,}0 - 25{,}6}{1{,}09838}$$

= –144 N/mm²

Die Spannkraftverluste über der Stütze für $t = \infty$ betragen:

144 / 1246 = 11,5 %.

Damit liegt die Annahme für (c+s+r) = 15 % über der Stütze auf der sicheren Seite.

Nachweis im Feld:

Im Feldquerschnitt bei x = 5,04 m ergeben sich folgende Werte:

$M_{perm,Feld}$ = $M_{g1} + M_{g2} + \psi_{2,1} \cdot M_q$
　　　　= 108 + 252 + 0,3 · 413 = 484 kNm

$\sigma_{cg,Feld}$ = $M_{perm} \cdot z_p / I_c$ = 484 · 0,362 / 0,0247
　　　= +7,10 N/mm²

$N_{p0,Stütze}$ = 1224 N/mm² · 18,2 cm² = –2,23 MN

$M_{p0,Stütze}$ = $N_{p0,Stütze} \cdot z_p$ = 2,23 MN · 0,362
   = –0,807 MNm
σ_{cp0} = $N_{p0} / A_c + M_{p0} \cdot z_p / I_c$
   = 2,23/0,43 - 0,807 · 0,362 / 0,0247
   = –17,01 N/mm²
$\sigma_{c,QP}$ = $\sigma_{cg} + \sigma_{cp0}$ = 7,10 – 17,01
   = –9,91 N/mm²

$\Delta\sigma_{p,c+s+r} =$

$$= \frac{-0{,}000397 \cdot 195000 - 0{,}8 \cdot 62 - \frac{195000}{37000} \cdot 2{,}0 \cdot 9{,}91}{1 + \frac{195000}{37000} \cdot \frac{0{,}00182}{0{,}43}(1 + \frac{0{,}43}{0{,}0247} \cdot 0{,}362^2)[1 + 0{,}8 \cdot 2{,}0]}$$

$$= \frac{-77{,}4 - 49{,}3 - 104{,}5}{1{,}19031}$$

= –194 N/mm²

194 / 1224 = 15,9 % ≈ 15 %

Damit bestätigt sich die Annahme für $(c+s+r)$=15 % im Feld.

Nachweis am Randauflager A:

Bei $x = 0$ ergeben sich folgende Werte:
$M_{perm,Feld}$ = 0
$\sigma_{cg,Feld}$ = 0
$N_{p0,Stütze}$ = 1187 · 18,2 = –2,16 MN
$M_{p0,Stütze}$ = 2,16 MN · 0 = 0
σ_{cp0} = –2,16/0,43 = –5,02 N/mm²
$\sigma_{c,QP}$ = 0 – 5,02 = –5,02 N/mm²

$\Delta\sigma_{p,c+s+r} =$

$$= \frac{-0{,}000397 \cdot 195000 - 0{,}8 \cdot 49 - \frac{195000}{37000} \cdot 2{,}0 \cdot 5{,}02}{1 + \frac{195000}{37000} \cdot \frac{0{,}00182}{0{,}43}(1 + \frac{0{,}43}{0{,}0247} \cdot 0)[1 + 0{,}8 \cdot 2{,}0]}$$

$$= \frac{-77{,}4 - 38{,}8 - 52{,}9}{1{,}0580}$$

= –160 N/mm²

160 / 1187 = 13,5 %

Damit liegt die Annahme für $(c+s+r)$ = 15 % am Auflager A auf der sicheren Seite.

10.3 Grenzzustände der Tragfähigkeit

10.3.1 Biegung mit Längskraft

Nachweis im Feldquerschnitt (x = 5,04 m)

Oberer Rand:
- Maßgebender Zeitpunkt: $t = 0$
- Volle Vorspannkraft (ohne Verluste aus $c+s+r$)
- Keine Verkehrs- und Ausbaulasten

M_{Ed} = $\gamma_g \cdot M_{g1} + M_{p,dir} + M_{p,ind}$
P_{m0} = 1224 N/mm² · 18,2mm² = 2,23 MN
$M_{p,dir}$ = –0,300 · 2,23 = –0,668 MNm
$M_{p,ind}$ = 0,065 · 2,23 = 0,145 MNm
M_{Ed} = 1,35·0,108–0,668+0,145
   = –0,377 MNm
N_{Ed} = –2,23 MN
$\sigma_{o,Stahl}$ = $N/A_c + M \cdot (z_s - d_1)/I_c$
   = –2,23/0,43+0,377·(0,351–0,05)/0,0247
   = –0,59 N/mm² < 0

Der Querschnitt bleibt in Höhe der Bewehrung überdrückt. Daher wird keine Bewehrung im Grenzzustand der Tragfähigkeit benötigt.

Unterer Rand:

Der Faktor $f(c+s+r)$ gibt die Verluste durch Kriechen, Schwinden und Relaxation an. Faktor $f(R)$ sind die Reibungsverluste inkl. Keilschlupf an der jeweiligen Stelle entsprechend der Reibungsberechnung.

M_{Ed} = $\gamma_g \cdot (M_{g1} + M_{g2}) + \gamma_q \cdot M_{g2} +$
     $\gamma_p (M_{p,ind} + M_{p,dir}) \cdot f(c+s+r) \, f(R)$
   = 1,35·(0,108+0,252) + 1,5·0,413 +
     1,0·(0,065–0,300)·1363·0,00182·
     (1–0,159)·0,8987
   = 0,665 MNm

N_{Ed} = $\gamma_p \cdot P_{m0} \cdot f(c+s+r) \cdot f(R)$
   = 1,0·(-1363)·0,00182·(1–0,159)·0,8987
   = –1,87 MN

Bezogen auf die Schlaffstahllage:

z_{s1} = $h - z_s - d_1$ = 0,80 – 0,351 – 0,05 = 0,399 m
M_{Eds} = $M_{Ed} - N_{Ed} \cdot z_{s1}$ = 0,665 + 1,87·0,399
   = 1,41 MNm
d = $h - d_1$ = 0,80 – 0,05 = 0,75

$\mu_{Eds} = \dfrac{M_{Eds}}{b \cdot d^2 \cdot f_{cd}} = \dfrac{1{,}41}{0{,}8 \cdot 0{,}75^2 \cdot 28{,}3} = 0{,}111$

$\xi = x/d = 0{,}146$ → $0{,}146 \cdot d$ = 0,11 m
        < $h_{Flansch}$ = 20 cm

→ Nulllinie liegt im Obergurt

ω_1 = 0,1182
ε_{s1} = 20,5 ‰ > 2,18 ‰ → Betonstahl fließt
$A_{s1,erf}$ = $1/f_{yd} \cdot (\omega_1 \cdot b \cdot d \cdot f_{cd} + N_{Ed})$
   = $10^4/435 \cdot (0{,}1182 \cdot 0{,}80 \cdot 0{,}075 \cdot 28{,}3 - 1{,}87)$
   = 3,06 cm²

Nachweis an der Stütze ($x = 12{,}0$ m)

Oberer Rand:

M_{Ed} = 1,35·(−0,193−0,450) + 1,5·(−0,540) + 1,0·(0,137+0,063+0,155)·1363· 0,00182·(1−0,115)·0,9144
= −0,966 MNm

N_{Ed} = 1,0·(−1363)·0,00182·(1−0,115) 0,914·0,9144
= −2,01 MN

Bezogen auf die Schlaffstahllage:

z_{s1} = $z_s - d_1$ = 0,351 − 0,05 = 0,301 m
M_{Eds} = $M_{Ed} - N_{Ed} \cdot z_{s1}$ = −0,966 − 2,04·0,301
= 1,57 MNm
d = $h - d_1$ = 0,80 − 0,05 = 0,75

$$\mu_{Eds} = \frac{1{,}57}{0{,}45 \cdot 0{,}75^2 \cdot 28{,}3} = 0{,}219$$

ω_1 = 0,251
ε_{s1} = 7,72 ‰ > 2,18 ‰ → Betonstahl fließt
$A_{s1,erf}$ = $10^4/435 \cdot (0{,}251 \cdot 0{,}45 \cdot {,}075 \cdot 28{,}3 - 2{,}01)$
= 8,97 cm²

Robustheitsnachweis

Die Mindestbewehrung für Spannbetonbauteile zur Sicherstellung eines duktilen Bauteilversagens ist für das Rissmoment mit dem Mittelwert der Betonzugfestigkeit f_{ctm} und einer Stahlspannung $\sigma_s = f_{yk}$ zu berechnen. Die Vorspannkraft darf nicht angesetzt werden.

$$A_{s,min,Feld} = \frac{W_{c,u} \cdot f_{ctm}}{f_{yk} \cdot 0{,}9 \cdot d} = \frac{0{,}055 \cdot 4{,}1}{500 \cdot 0{,}9 \cdot 0{,}75} = 6{,}68 \text{ cm}^2$$

$$A_{s,min,Stütze} = \frac{W_{c,o} \cdot f_{ctm}}{f_{yk} \cdot 0{,}9 \cdot d} = \frac{0{,}070 \cdot 4{,}1}{500 \cdot 0{,}9 \cdot 0{,}75} = 8{,}5 \text{ cm}^2$$

Die Querschnittsfläche des Spannstahls kann nicht angesetzt werden, da nur ein Spannglied (ein Hüllrohr) verwendet wird.

Wahl der Längsbewehrung

Im Feld- und im Stützquerschnitt ist die Robustheitsbewehrung maßgebend.

Gewählt: Feld – 4ϕ16 ($A_{s,vorh}$ = 8,04 cm²)
Stütze – 5ϕ16 ($A_{s,vorh}$ = 10,1 cm²)

10.3.2 Querkraft

Aufgrund der direkten Lagerung ist der maßgebende Bemessungsschnitt $1{,}0 \cdot d$ vom Auflagerrand. Im vorliegenden Beispiel wird vereinfacht in der Auflagerachse bemessen.

V_{Ed} = $\gamma_G \cdot \Sigma V_g + \gamma_q \cdot V_q + \gamma_P \cdot V_{P,ind}$

Nachweis am Endauflager:

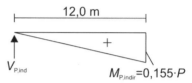

Abb. F.10.14 Bestimmung des indirekten Anteils der Querkraft aus dem indirekten Moment

$V_{P,ind}$ = 0,155 · P/12
= 0,155 · 1187 · 0,00182/12 = 28 kN

Zeitpunkt $t = 0$:
V_{Ed} = 1,35 · (48 + 113) + 1,5 · 158 + 1,0 · 28 = 482 kN

Zeitpunkt $t = \infty$:
V_{Ed} = 1,35 · (48 + 113) + 1,5 · 158 + 1,0 · 0,865 · 28 = 479 kN

Überprüfung, ob Schubbewehrung erforderlich ist ($V_{Ed} \leq V_{Rd,ct}$):

k = $1 + \sqrt{\frac{200}{d}} = 1 + \sqrt{\frac{200}{750}} = 1{,}52 \leq 2{,}0$

ρ_l = $\frac{A_{sl}}{b_w \cdot d} = \frac{8{,}04}{45 \cdot 75} = 0{,}0024 \leq 0{,}02$

σ_{cp} = $\frac{N_{Ed}}{A_c} = \frac{0{,}865 \cdot 1187 \cdot 0{,}00182}{0{,}43}$
= 4,3 N/mm²
< $0{,}2 \cdot f_{cd}$ = 0,2 · 28,3 = 5,7 N/mm²

Betondruckspannungen sind in σ_{cp} positiv anzusetzen.

$v_{min,d \leq 600mm}$ = $(0{,}0525 / \gamma_c) \cdot k^{3/2} \cdot f_{ck}^{1/2}$
= $(0{,}0525 / 1{,}5) \cdot 1{,}52^{3/2} \cdot 50^{1/2}$
= 0,459

$v_{min,d > 800mm}$ = $(0{,}0375 / \gamma_c) \cdot k^{3/2} \cdot f_{ck}^{1/2}$
= $(0{,}0375 / 1{,}5) \cdot 1{,}52^{3/2} \cdot 50^{1/2}$
= 0,328

linear interpoliert: $v_{min,d=750mm}$ = 0,344

Beispiel: Träger mit nachträglichem Verbund

$$V_{Rd,c} = \left[\frac{0,15}{\gamma_c} \cdot k \cdot (100 \cdot \rho_l \cdot f_{ck})^{\frac{1}{3}} + 0,12 \cdot \sigma_{cp}\right] \cdot b_w \cdot d$$

$$= \left[\frac{0,15}{1,5} \cdot 1,52 \cdot (100 \cdot 0,0024 \cdot 50)^{\frac{1}{3}} + 0,12 \cdot 4,3\right] \cdot 0,45 \cdot 0,75$$

$$= 292 \text{ kN}$$

$V_{Rd,c} = (\nu_{min} + 0,12 \cdot \sigma_{cp}) \, b_w \cdot d$
$\quad\quad = (0,344 + 0,12 \cdot 4,3) \, 0,45 \cdot 0,75 \quad = 291 \text{ kN}$
$V_{Rd,c} = \max(291,6 \text{ kN}; 290,2 \text{ kN}) \quad = 292 \text{ kN}$
$\quad\quad\quad\quad\quad\quad\quad\quad\quad\quad\quad\quad < V_{Ed} = 482 \text{ kN}$

Querkraftbewehrung ist erforderlich.

Berechnung der Mindestdruckstrebenneigung:

Hüllrohr aus Zulassung:
- $\phi = 80$ mm $\quad\quad \phi_{außen} = 87$ mm

$\Sigma\phi = 87$ mm $> b_w / 8 = 450/8 = 56,3$ mm
$b_{w,nom} = b_w - 0,5 \cdot \Sigma\phi_{ha} = 45 - 0,5 \cdot 8,7 = 40,7$ cm
$c_{v,l} = d_1 - 0,5 \cdot \phi = 5,0 - 0,5 \cdot 1,6 \quad = 4,2$ cm

$$z = \min \begin{cases} 0,9 \cdot 75 = 67,5 \\ \max \begin{cases} d - c_{v,l} - 30\text{mm} = 75 - 4,2 - 3 = 67,8 \\ d - 2 \cdot c_{v,l} = 75 - 2 \cdot 4,2 = 66,6 \end{cases} \end{cases}$$

$z = 67,5$ cm

$$V_{Rd,cc} = 0,5 \cdot 0,48 \cdot f_{ck}^{\frac{1}{3}} \cdot \left(1 - 1,2 \frac{\sigma_{cp}}{f_{cd}}\right) \cdot b_w \cdot z$$

$$= 0,5 \cdot 0,48 \cdot 50^{\frac{1}{3}} \cdot \left(1 - 1,2 \frac{4,3}{28,3}\right) \cdot 0,407 \cdot 0,675$$

$$= 199 \text{ kN}$$

$$1,0 \leq \cot\theta = \frac{1,2 + 1,4 \cdot \sigma_{cp}/f_{cd}}{1 - V_{Rd,cc}/V_{Ed}} \leq 3,0$$

$$1,0 \leq \cot\theta = \frac{1,2 + 1,4 \cdot 4,3/28,3}{1 - 0,199/0,479} \leq 3,0$$

$\cot\theta = 2,42$

Nachweis der Druckstrebentragfähigkeit:

$\nu_1 = 0,75$

$$V_{Rd,max} = \frac{b_w \cdot z \cdot \nu_1 \cdot f_{cd}}{\cot\theta + \tan\theta}$$

$$= \frac{0,407 \cdot 0,675 \cdot 0,75 \cdot 28,3}{2,42 + 1/2,42} = 2,06 \text{ MN}$$

$V_{Rd,max} = 2,06$ MN $> V_{Ed} = 0,482$ MN

Die Druckstrebentragfähigkeit ist ausreichend.

Ermittlung der erforderlichen Bügelbewehrung:

$$a_{sw} = \frac{V_{Ed}}{f_{ywd} \cdot z \cdot \cot\theta}$$

$$= \frac{0,481}{435 \cdot 0,675 \cdot 2,42} = 6,77 \text{ cm}^2/\text{m}$$

Mindestquerkraftbewehrung:

Gegliederter Querschnitt mit vorgespanntem Zuggurt:

$\rho_{w,min} = 0,256 \cdot f_{ctm}/f_{yk}$
$\quad\quad\quad = 0,256 \cdot 4,1/500 \quad\quad = 0,0021$

$a_{sw} = \rho_{w,min} \cdot b_w \cdot \sin\alpha$
$\quad\quad = 0,0021 \cdot 0,45 \cdot 1,0 \quad = 9,45 \text{ cm}^2/\text{m}$

Mindestbewehrung ist maßgebend.

Gewählt: zweischnittiger Bügel
$\quad\quad\quad\quad \phi 8 - 10$ (= 10,1 cm²/m)

Mindestbügelabstände:

$V_{Ed}/V_{Rd,max} = 0,481/2,06 = 0,23 < 0,3$
$s_{l,max} = 300$ mm (wird erfüllt)
$s_{t,max} = 800$ mm (nicht relevant)

Nachweis an der Mittelstütze:

$V_{P,ind} = 28$ kN

Zeitpunkt $t = 0$:
$V_{Ed} = 1,35 \cdot (-81 - 188) - 1,5 \cdot 225 + 1,0 \cdot 28$
$\quad\quad = -673 \text{ kN}$

Zeitpunkt $t = \infty$:
$V_{Ed} = 1,35 \cdot (-81 - 188) - 1,5 \cdot 225 +$
$\quad\quad 1,0 \cdot 0,885 \cdot 28 \quad\quad = -676 \text{ kN}$

Überprüfung, ob Schubbewehrung erforderlich ist ($V_{Ed} \leq V_{Rd,ct}$):

$$k = 1 + \sqrt{\frac{200}{750}} = 1,52 \leq 2,0$$

$$\rho_l = \frac{10,1}{45 \cdot 75} = 0,0030 \leq 0,02$$

$$\sigma_{cp} = \frac{0,885 \cdot 1246 \cdot 0,00182}{0,43} = 4,7 \text{ N/mm}^2$$

$\sigma_{cp} = 4,7$ N/mm²
$\quad\quad < 0,2 \cdot f_{cd} = 0,2 \cdot 28,3 = 5,7$ N/mm²

$\nu_{min,d=750mm} = 0,344$

$$V_{Rd,c} = \left[\frac{0,15}{1,5} \cdot 1,52 \cdot (100 \cdot 0,0030 \cdot 50)^{\frac{1}{3}} + 0,12 \cdot 4,7\right]$$
$$\cdot 0,45 \cdot 0,75$$
$$= 317 \text{ kN}$$

$V_{Rd,c}$ = $(v_{min} + 0,12 \cdot \sigma_{cp}) \; b_w \cdot d$
    = $(0,344 + 0,12 \cdot 4,7) \; 0,45 \cdot 0,75$
    = 307 kN

$V_{Rd,c}$ = max(317 kN; 307 kN)
    = 317 kN < V_{Ed} = 676 kN

Querkraftbewehrung ist erforderlich.

Berechnung der Mindestdruckstrebenneigung:

z = 67,5 cm

$$V_{Rd,c} = 0,5 \cdot 0,48 \cdot 50^{\frac{1}{3}} \cdot \left(1 - 1,2 \frac{4,7}{28,3}\right) \cdot 0,407 \cdot 0,675$$
$$= 195 \text{ kN}$$

$$1,0 \leq \cot\theta = \frac{1,2 + 1,4 \cdot 4,7/28,3}{1 - 0,1945/0,6744} \leq 3,0$$

$\cot\theta$ = 2,013

Nachweis der Druckstrebentragfähigkeit:

v_1 = 0,75

$$V_{Rd,max} = \frac{0,407 \cdot 0,675 \cdot 0,75 \cdot 28,3}{2,013 + 1/2,013} = 2,32 \text{ MN}$$

$V_{Rd,max}$ = 2,32 MN > V_{Ed} = 0,676 MN

Die Druckstrebentragfähigkeit ist ausreichend.

Ermittlung der erforderlichen Bügelbewehrung:

$$a_{sw} = \frac{0,6747}{435 \cdot 0,675 \cdot 2,013} = 11,4 \text{ cm}^2/\text{m}$$

Mindestquerkraftbewehrung:

a_{sw} = 0,0021 · 0,45 · 1,0 = 9,45 cm²/m

Mindestbewehrung ist nicht maßgebend.

Gewählt: zweischnittiger Bügel
 $\phi 8 - 8$ (= 12,6 cm²/m)

Mindestbügelabstände:

$V_{Ed}/V_{Rd,max}$ = 0,676/2,32 = 0,29 < 0,3
$s_{l,max}$ = 300 mm (wird erfüllt)
$s_{t,max}$ = 800 mm (nicht relevant)

10.4 Grenzzustände der Gebrauchstauglichkeit

10.4.1 Spannungsbegrenzung unter Gebrauchslasten

Betondruckspannungen

Zur Vermeidung überproportionaler Kriechverformungen sind die Betondruckspannungen unter der quasi-ständigen Lastfallkombination auf $0,45 \cdot f_{ck}$ zu begrenzen.

Nachweis über der Stütze:

Der Nachweis erfolgt zum Zeitpunkt $t = \infty$.

$M_{Ed,perm}$ = $\Sigma M_g + r_{inf} \cdot M_p + \psi_{2,i} \cdot M_q$
$M_{Ed,perm}$ = $-0,194 - 0,450 +$
    $0,9 \cdot 0,887 \cdot 1246 \cdot 0,00182 \cdot (0,2+0,155)$
    $-0,3 \cdot 0,540$
    = $-0,163$ MNm

$N_{Ed,perm}$ = $r_{inf} \cdot M_p$
$N_{ed,perm}$ = $0,9 \cdot 0,887 \cdot 1246 \cdot 0,00182$
    = $-1,81$ MN

$$\sigma_{c,u} = \frac{N}{A_c} + \frac{M}{W_{c,u}} = -\frac{1,81}{0,43} - \frac{0,163}{0,055}$$

$$= -7,2 \text{ N/mm}^2$$

$\sigma_{c,u} < 0,45 \cdot f_{ck} = 0,45 \cdot 50 = 22,5$ N/mm²

Nachweis im Feld:

Der Nachweis erfolgt zum Zeitpunkt $t = \infty$.

$M_{Ed,perm}$ = $\Sigma M_g + r_{inf} \cdot M_p + \psi_{2,i} \cdot M_q$
$M_{Ed,perm}$ = $0,108 + 0,252 +$
    $0,9 \cdot (1-0,159) \cdot 1224 \cdot 0,00182 \cdot$
    $(0,065-0,300) + 0,3 \cdot 0,413$
    = $0,088$ MNm

$N_{Ed,perm}$ = $r_{inf} \cdot M_p$
$N_{Ed,perm}$ = $0,9 \cdot (1-0,159) \cdot 1224 \cdot 0,00182$
    = $-1,69$ MN

$$\sigma_{c,o} = \frac{N}{A_c} + \frac{M}{W_{c,o}} = -\frac{1,69}{0,43} - \frac{0,088}{0,070}$$

$$= -5,2 \text{ N/mm}^2$$

$\sigma_{c,o} < 0,45 \cdot f_{ck} = 0,45 \cdot 50 = 22,5$ N/mm²

Betonstahlspannungen

Die Betonstahlspannung ist bei Lasteinwirkung unter der seltenen Lastfallkombination auf $0,8 \cdot f_{yk}$ zu begrenzen. Unter Zwangsbeanspruchung ist ein Wert von f_{yk} zulässig.

$\sigma_{s,rare} \leq 0,8 \cdot 500 = 400$ N/mm²

Annahme: gerissener Querschnitt (sichere Seite)

$$\sigma_s = \left(\frac{M_s}{z} + N\right) \cdot \frac{1}{A_s}$$

Nachweis an der Stütze:

$M_{Ed,rare}$ = $M_{g1} + M_{g2} + M_q + r_{inf} \cdot (M_{p,ind} + M_{p,dir})$
  $\cdot f(c+s+r) \cdot f(R)$

$M_{Ed,rare}$ = $-0,193 - 0,450 - 0,540 +$
  $0,9 \cdot (0,2+0,155) \cdot 1363 \cdot$
  $0,00182 \cdot (1-0,115) \cdot 0,9144$
  = $-0,542$ MNm

$N_{Ed,rare}$ = $r_{inf} \cdot P_{m0} \cdot f(c+s+r) \cdot f(R)$
$N_{Ed,rare}$ = $0,9 \cdot (-1363) \cdot 0,00182 \cdot (1-0,115) \cdot 0,9144$
  = $-1,81$ MN

Bezogen auf die Schlaffstahllage:

$z_{s,o}$ = $z_s - d_1$ = $0,351 - 0,05 = 0,301$ m
M_{Eds} = $M_{Ed,rare} - N_{Ed,rare} \cdot z_{s,o}$
  = $-0,542 - 1,81 \cdot 0,301$
  = $-1,09$ MNm

$$\sigma_s = \left(\frac{-1,09}{0,9 \cdot 0,75} - 1,81\right) \cdot \frac{1}{0,00101} < 0$$

Der Querschnitt ist überdrückt.

Nachweis im Feld:

$M_{Ed,rare}$ = $0,108 + 0,252 + 0,413 +$
  $0,9 \cdot (0,065-0,300) \cdot 1363 \cdot$
  $0,00182 \cdot (1-0,159) \cdot 0,8983$
  = $0,377$ MNm

$N_{Ed,rare}$ = $0,9 \cdot (-1363) \cdot 0,00182 \cdot (1-0,159) \cdot 0,8982$
  = $-1,69$ MN

Bezogen auf die Schlaffstahllage:

z_{s1} = $h - z_s - d_1$
  = $0,80 - 0,351 - 0,05 = 0,399$ m
M_{Eds} = $M_{Ed} - N_{Ed} \cdot z_{s1}$
  = $0,377 + 1,69 \cdot 0,399$
  = $1,05$ MNm

$$\sigma_s = \left(\frac{1,05}{0,9 \cdot 0,75} - 1,69\right) \cdot \frac{1}{0,00101} < 0$$

Der Querschnitt ist überdrückt.

Spannstahlspannungen

Die Spannstahlspannung ist unter der quasi-ständigen Lastfallkombination nach Abzug aller Spannkraftverluste auf $0,65 \cdot f_{pk}$ zu begrenzen.

für $t = \infty$: $\sigma_{p,perm} \leq 0,65 \cdot f_{pk}$

Nachweis an der Stütze:

$\Delta M_{Ed,perm}$ = $M_{g2} + \psi_2 \cdot M_q$
  = $-0,450 - 0,3 \cdot 0,540 = -0,612$ MNm

Zur Berücksichtigung von Kriechumlagerungen wird angesetzt:

α_e = $\dfrac{E_p}{E_c} \approx 10$

$\Delta \sigma_p$ = $\alpha_e \cdot \left(\dfrac{M_{Ed,perm}}{I_c} \cdot z_p\right)$

  = $10 \cdot \dfrac{0,612}{0,0247} \cdot 0,2$ = 50 N/mm²

σ_p = $\sigma_p^0 + \Delta \sigma_p$
  = $1246 \cdot (1 - 0,115) + 50$
  = 1153 N/mm²
  ≈ 1150 N/mm² = $0,65 \cdot f_{pk}$

Nachweis im Feld:

$M_{Ed,perm}$ = $0,252 + 0,3 \cdot 0,413$ = $0,376$ MNm

$\Delta \sigma_p$ = $10 \cdot \dfrac{0,376}{0,0247} \cdot 0,3$ = 46 N/mm²

σ_p = $1224 \cdot (1 - 0,159) + 46$
  = 1076 N/mm²
  < 1150 N/mm² = $0,65 \cdot f_{pk}$

10.4.2 Grenzzustände der Rissbildung

Mindestbewehrung

Der Nachweis der Mindestbewehrung ist bei Bauteilen mit Vorspannung im Verbund nicht in Bereichen erforderlich, in denen unter der seltenen Einwirkungskombination gilt:

$\sigma_{c,rare} \leq -1,0$ N/mm²

Randspannungen Stütze, unten, $t = \infty$:

$M_{Ed,rare} = -0,542$ MNm, $N_{Ed,rare} = -1,81$ MN

$\sigma_{c,rare} = \dfrac{M_{Ed,rare}}{W_o} + \dfrac{N_{Ed,rare}}{A_c} = \dfrac{0,542}{0,070} - \dfrac{1,81}{0,43}$

  = $3,5$ N/mm² $> -1,0$ N/mm²

Der Nachweis der Mindestbewehrung ist an der Stütze erforderlich.

Randspannungen Feld, oben, $t = \infty$:

$M_{Ed,rare} = 0,377$ MNm, $N_{Ed,rare} = -1,69$ MN

$\sigma_{c,rare} = \dfrac{M_{Ed,rare}}{W_u} + \dfrac{N_{Ed,rare}}{A_c} = \dfrac{0,377}{0,055} - \dfrac{1,69}{0,43}$

  = $2,9$ N/mm² $> -1,0$ N/mm²

Der Nachweis der Mindestbewehrung ist im Feld erforderlich.

Nachweis in Feldmitte, unterer Rand:

$$\sigma_c = \frac{N}{A_c} = \frac{r_{inf} \cdot f(c+s+r) \cdot \sigma_{pm0} \cdot A_p}{A_c}$$

$$= \frac{0{,}9 \cdot 0{,}843 \cdot (-1224) \cdot 0{,}00182}{0{,}43}$$

$$= -3{,}93 \text{ N/mm}^2$$

k_1 = 1,5 ,da N_{Ed} Druckkraft
h = h^*, da h = 0,80 m < 1,0 m
$f_{ct,eff}$ = f_{ctm} = 4,1 N/mm²
k = 1,0

Spannungen im Teilquerschnitt Steg:

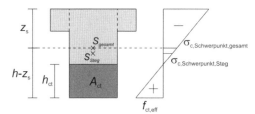

Abb. F.10.15 Bestimmung der Mindestbewehrung im Steg

Schwerpunktspannung im Steg:

$\sigma_{c,\text{Schwerpunkt, Steg}}$ = –0,40/,449 · (4,1 + 3,93) + 4,1
= –3,05 N/mm²

Druckspannungen sind positiv einzusetzen.

$$k_c = 0{,}4 \cdot \left[1 - \frac{\sigma_c}{k_1 \cdot (h/h^*) \cdot f_{ct,eff}}\right] \leq 1$$

$$= 0{,}4 \cdot \left[1 - \frac{3{,}05}{1{,}5 \cdot 4{,}1}\right] = 0{,}202 \leq 1$$

$$h_{ct} = 0{,}449 \cdot \frac{4{,}1}{4{,}1 + 3{,}93} = 0{,}229 \text{ m}$$

A_{ct} = $h_{ct} \cdot b$ = 0,229 · 0,45 = 0,103 m²

Aus dem Nachweis der Biegung erfolgt $A_{s,Feld}$ = 8,04 cm², gewählt werden 4 ϕ 16.

$$\phi_s = \phi_s^* \cdot \frac{k_c \cdot k \cdot h_{cr}}{4 \cdot (h-d)} \cdot \frac{f_{ct,eff}}{2{,}9} \geq \phi_s^* \cdot \frac{f_{ct,eff}}{2{,}9}$$

$$\phi_s^* = \phi_s \cdot \frac{2{,}9}{f_{ct,eff}} = 16 \cdot \frac{2{,}9}{4{,}1} = 11{,}32 \text{ mm}$$

$$\sigma_s = \sqrt{w_k \cdot 3{,}48 \cdot 10^6 / \phi_s^*}$$

$$= \sqrt{0{,}2 \cdot 3{,}48 \cdot 10^6 / 11{,}32} = 248 \text{ N/mm}^2$$

Die erforderliche Mindestbewehrung berechnet sich nach:

$$A_{s,min} = k_c \cdot k \cdot f_{ct,eff} \cdot A_{ct} / \sigma_s$$

Bei Spanngliedern im Verbund kann die erforderliche Mindestbewehrung durch Anrechnen der Spannstahlbewehrung bis zum Abstand 150 mm von der Mitte des Spanngliedes reduziert werden.

$$A_{s,min} = \frac{k_c \cdot k \cdot f_{ct,eff} \cdot A_{ct} - \xi_1 \cdot A_p' \cdot \Delta\sigma_s}{\sigma_s}$$

ξ = 0,5 (Tafel F.3.3)
ϕ_p = 1,75 · ϕ_{Draht} = 1,75 · 5,1 = 8,9 mm

$$\xi_1 = \sqrt{\xi \cdot \frac{\phi_s}{\phi_p}} = \sqrt{0{,}5 \cdot \frac{16}{8{,}9}} = 0{,}95$$

Ohne Berücksichtigung der Spannglieder ergibt sich:

$A_{s,min}$ = 0,202 · 1,0 · 4,1 · 0,103 / 248 · 10⁴
= 3,43 cm

Unter Berücksichtigung der Spannglieder (Lage etwa 15 cm vom unteren Querschnittsrand entfernt) ergibt sich:

$\Delta\sigma_s$ = 248 N/mm²

$$A_{s,min} = 3{,}37 - \frac{0{,}95 \cdot 0{,}00182 \cdot 248}{248} \cdot 10^4 < 0$$

Die erforderliche Biegezugbewehrung im Grenzzustand der Tragfähigkeit ist maßgebend.

Nachweis an der Stütze, oberer Rand:

$$\sigma_s = \frac{0{,}9 \cdot 0{,}914 \cdot (-1246) \cdot 0{,}00182}{0{,}43}$$

$$= -4{,}34 \text{ N/mm}^2$$

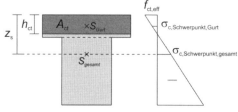

Abb. F.10.16 Bestimmung der Mindestbewehrung im Flansch

$$h_{ot} = 0{,}351 \cdot \frac{4{,}1}{4{,}1 + 4{,}34} = 0{,}171 \text{ m}$$

A_{ct} = 0,171 · 0,80 = 0,137 m²

$F_{cr,Gurt}$ = 0,5 · A_{ct} · $f_{ct,eff}$ = 0,5 · 0,137 · 4,1
= 0,281 MN

$$k_c = 0.9 \cdot \frac{F_{cr}}{A_{ct} \cdot f_{ct,eff}} \geq 0.5$$

$$= 0.9 \cdot \frac{0.281}{0.137 \cdot 4.1} = 0.142 < 0.5 \rightarrow k_c = 0.5$$

$$\phi_s^* = \phi_s \cdot \frac{2.9}{f_{ct,eff}} = 16 \cdot \frac{2.9}{4.1} = 11.32 \text{ mm}$$

$$\sigma_s = \sqrt{0.2 \cdot 3.48 \cdot 10^6 / 11.32} = 248 \text{ N/mm}^2$$

Das Spannglied wird nicht angesetzt, da es am Rand der anzusetzenden Zugzone liegt.

$$A_{s,min} = \frac{0.5 \cdot 1.0 \cdot 4.1 \cdot 0.137}{248 \cdot} = 11.3 \text{ cm}^2$$

Über dem Mittelauflager wird die Mindestbewehrung für die Begrenzung der Rissbreite maßgebend.

Gewählt: $6 \phi 16$ ($A_{s,vorh}$ = 12,1 cm²)

Begrenzung der Rissbreite ohne direkte Berechnung

In diesem Beispiel erfolgt die Begrenzung über die Einhaltung der Grenzdurchmesser.

Nachweis in Feldmitte, unterer Rand:

$M_{Ed,frequ} = M_{g1} + M_{g2} + \psi_1 \cdot M_q +$
$\quad r_{inf} \cdot (M_{p,ind} + M_{p,dir}) \cdot f(c+s+r) \cdot f(R)$

$M_{Ed,frequ} = 0{,}108 + 0{,}252 + 0{,}5 \cdot 0{,}413 +$
$\quad 0{,}9 \cdot (0{,}065 - 0{,}300) \cdot 1363 \cdot$
$\quad 0{,}00182 \cdot (1 - 0{,}159) \cdot 0{,}8987$

$\quad = 0{,}170 \text{ MN}$

$N_{Ed,frequ} = r_{inf} \cdot P_{m0} \cdot f(c+s+r) \cdot f(R)$
$N_{Ed,frequ} = 0{,}9 \cdot (-1363) \cdot 0{,}00182 \cdot (1-0{,}159) \cdot 0{,}8987$
$\quad = -1{,}69 \text{ MN}$

Bezogen auf die Schlaffstahllage:

$z_s = h - z_s - d_1$
$\quad = 0{,}80 - 0{,}351 - 0{,}05 = 0{,}399 \text{ m}$

$M_{Eds} = M_{Ed} - N_{Ed} \cdot z_s$
$\quad = 0{,}170 + 1{,}686 \cdot 0{,}399$
$\quad = 0{,}843 \text{ MNm}$

$\sigma_s = \frac{1}{A_s} \cdot \left(\frac{M_s}{z} + N \right)$

$\quad = \frac{10^4}{8{,}04} \cdot \left(\frac{0{,}843}{0{,}9 \cdot 0{,}75} - 1{,}69 \right) < 0$

Der Querschnitt ist überdrückt, somit ist der Nachweis erbracht.

Nachweis an der Stütze, oberer Rand:

$M_{Ed,frequ} = -0{,}193 - 0{,}450 - 0{,}5 \cdot 0{,}540 +$
$\quad 0{,}9 \cdot (0{,}2 + 0{,}155) \cdot 1363 \cdot$
$\quad 0{,}00182 \cdot (1 - 0{,}115) \; 0{,}9144$

$\quad = -0{,}272 \text{ MNm}$

$N_{Ed,frequ} = 0{,}9 \cdot (-1363) \cdot 0{,}00182 \cdot (1 - 0{,}115)$
$\quad \cdot 0{,}9144$

$\quad = -1{,}81 \text{ MN}$

Bezogen auf die Schlaffstahllage:

$z_{s,o} = z_s - d_1$
$\quad = 0{,}351 - 0{,}05 = 0{,}301 \text{ m}$

$M_{Eds} = M_{Ed} - N_{Ed} \cdot z_s$
$\quad = -0{,}272 + 1{,}81 \cdot 0{,}301$
$\quad = 0{,}272 \text{ MNm}$

$\sigma_s = \frac{10^4}{12{,}1} \cdot \left(\frac{0{,}272}{0{,}9 \cdot 0{,}75} - 1{,}81 \right) < 0$

Der Querschnitt ist überdrückt, somit ist der Nachweis erbracht.

10.4.3 Grenzzustände der Verformung

Die Durchbiegung wird in diesem Beispiel nicht nachgewiesen.

10.5 Konstruktive Durchbildung

Zusammenfassung der ermittelten Bewehrung:

Spannstahl:
- 13 · 0,6" Spannlitzen (A_p = 18,2 cm²)
- 1 Hüllrohr ϕ = 80 mm

Längsbewehrung:
- Feld: $4 \phi 16$ ($A_{s,vorh}$ = 8,0 cm²)
- Stütze: $6 \phi 16$ ($A_{s,vorh}$ = 12,1 cm²)

Querkraftbewehrung mit zweischnittigen Bügeln:
- Endauflager: $\phi 8 - 10$ (= 10,1 cm²/m)
- Mittelstütze: $\phi 8 - 8$ (= 12,6 cm²/m)

Oberflächenbewehrung

$\rho = 0{,}16 \cdot f_{ctm}/f_{yk}$
$\quad = 0{,}16 \cdot 4{,}1/500 = 0{,}0013$

Bewehrung im Steg:

$a_{s,suf} = 0{,}5 \cdot \rho \cdot b_w$
$\quad = 0{,}5 \cdot 0{,}0013 \cdot 0{,}45 = 2{,}9 \text{ cm}^2/\text{m}$

gewäht: $\phi 8 - 20$ (= 2,51 cm²/m) je Seite

Bewehrung im Flansch:
$a_{s,suf}$ = $0,5 \cdot \rho \cdot b_w$
       = $0,5 \cdot 0,0013 \cdot 0,20$ = 1,3 cm²/m
gewäht: $\phi 8 - 20$ (= 2,51 cm²/m) je Seite

Bewehrungsskizzen:

Feldquerschnitt

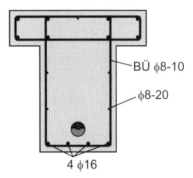

Abb. F.10.17   Bewehrungsskizze Feldquerschnitt

Stützquerschnitt

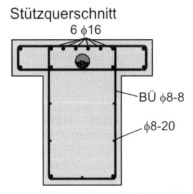

Abb. F.10.18   Bewehrungsskizze Stützquerschnitt

G Erdbebenbemessung von Stahlbetontragwerken nach DIN EN 1998-1

Dr.-Ing. C. Butenweg, Dr.-Ing. W. Roeser

1 Einleitung 3
2 Erdbebeneinwirkung 3
    2.1 Erdbebenzonen und Untergrundklassen 3
    2.2 Definition der Einwirkung 4
    2.3 Elastisches horizontales Antwortspektrum 5
    2.4 Elastisches vertikales Antwortspektrum 6
    2.5 Bemessungsspektren 6
    2.6 Bedeutungsbeiwerte 7

3 Erdbebengerechter Entwurf 8
    3.1 Grundrissgestaltung 8
    3.2 Aufrissgestaltung 9
    3.3 Gründungen 9

4 Berechnungsverfahren 10
    4.1 Vereinfachtes Antwortspektrenverfahren 11
    4.2 Multimodales Antwortspektrenverfahren 11
    4.3 Nichtlineare statische Verfahren 12
    4.4 Nichtlineare Zeitverlaufsberechnungen 14
    4.5 Berücksichtigung von Torsionswirkungen 14
    4.6 Nachweis der Standsicherheit 17

5 Konstruktive Durchbildung nach DIN 4149 und DIN EN 1998-1 19
    5.1 Einleitung 19
    5.2 Duktilitätsklassen 19
    5.3 Anforderungen in der Duktiltätsklasse 1 (DCL) 20
    5.4 Anforderungen in der Duktilitätsklasse 2 (DCM) 21

6 Hinweise zu Flachdecken 26

7 Gründungen 27

8 Fertigteilkonstruktionen 28

9 Berechnungsbeispiel: Stahlbetongebäude mit 4 Geschossen 29
    9.1 Systembeschreibung 29
    9.2 Lasten 29
    9.3 Antwortspektrum: $q = 1$ 30
    9.4 Verhaltensbeiwerte 30
    9.5 Modellbildung 30
    9.6 Vereinfachtes Antwortspektrenverfahren 32

- 9.7 Multimodales Antwortspektrenverfahren am Ersatzstab 34
- 9.8 Multimodales Antwortspektrenverfahren: Räumliches Modell mit Balkenelementen 35
- 9.9 Multimodales Antwortspektrenverfahren: Räumliches Modell mit Schalenelementen 37
- 9.10 Ergebnisvergleich der Rechenverfahren 38
- 9.11 Bemessung und konstruktive Durchbildung: Duktilitätsklasse 1 (DCL) 39
- 9.12 Bemessung und konstruktive Durchbildung: Duktilitätsklasse 2 (DCM) 40

10 Berechnungsbeispiel: Nichtlinearer statischer Nachweis 42

- 10.1 Antwortspektrum 43
- 10.2 Dynamisches Ersatzsystem 43
- 10.3 Pushoverkurve 43
- 10.4 Transformation der Pushoverkurve 44
- 10.5 Periode des äquivalenten Einmassenschwingers 44
- 10.6 Zielverschiebung 44
- 10.7 Zielverschiebung des Mehrmassenschwingers 44
- 10.8 Überprüfung der Zielverschiebung 44
- 10.9 Ermittlung der Duktilität 45
- 10.10 Performance Point 45

11 Zusammenfassung 45

G Erdbebenbemessung von Stahlbetontragwerken nach DIN EN 1998-1

1 Einleitung

Die Erdbeben in Albstadt 1978 (Magnitude 5,7), Roermond 1992 (Magnitude 5,9) oder in Waldkirch 2004 (Magnitude 5,1) haben verdeutlicht, dass die erdbebensichere Auslegung von Bauwerken auch in Deutschland von großer Bedeutung ist. Dem wurde bereits im Jahr 1981 mit der Einführung der DIN 4149 [DIN 4149 – 81] „Bauten in deutschen Erdbebengebieten – Lastannahmen, Bemessung und Ausführung üblicher Hochbauten" Rechnung getragen. Diese Norm wurde durch den NABau-Arbeitsausschuss „Erdbeben; Sonderfragen" des Deutschen Instituts für Normung e.V. (DIN) in Anlehnung an den Eurocode 8 [Eurocode 8 – 04] vollständig überarbeitet. Das Arbeitsergebnis war die bauaufsichtliche Einführung der Erdbebennorm DIN 4149 [DIN 4149 – 05]. Diese wird im nächsten Jahr durch die DIN EN 1998-1 [DIN EN 1998 – 10] abgelöst, die zusammen mit dem Nationalen Anwendungsdokument (NAD) für Deutschland [DIN EN 1998-1/ NA – 11] anzuwenden ist.

Der folgende Beitrag soll dem Ingenieur in der Praxis einen einfachen Einstieg in die Berechnungs- und Bemessungsverfahren der DIN EN 1998-1 [DIN EN 1998 – 10] ermöglichen. Konkret werden die Aspekte des erdbebengerechten Tragwerksentwurfs, die Definition der Erdbebeneinwirkung, die anwendbaren Rechenverfahren und die Nachweise der Standsicherheit vorgestellt. Hierbei ist bei der Bestimmung der Erdbebenwiderstände das Verhalten von Tragwerken unter Erdbebeneinwirkung eher verformungs- und energiegesteuert zu beschreiben, während bei den üblichen statisch betrachteten Einwirkungen eine kraftgesteuerte Bemessung erfolgt. Auch der Verbundwerkstoff Stahlbeton bietet als Kombination aus dem natürlich duktilen Werkstoff Stahl und dem quasi-spröden Beton gute Möglichkeiten hohe Duktilitäten zu erzielen. Voraussetzung ist eine entsprechende konstruktive Durchbildung und Konzeption des Tragwerks zur Bereitstellung lokaler Rotationsfähigkeiten und zur Sicherstellung einer ausreichenden Verformungsfähigkeit auf Tragwerksebene. Hierzu beinhaltet die DIN1998-1 [DIN EN 1998-1 – 10] umfassende konstruktive Regelungen, die im Rahmen des Beitrags im Vergleich zu den bereits bekannten Regelungen der DIN 4149 [DIN 4149 – 05] vorgestellt werden.

2 Erdbebeneinwirkung

2.1 Erdbebenzonen und Untergrundklassen

Die Erdbebengefährdung in Deutschland wird durch eine Erdbebenzonenkarte (Abb. G.2.1) mit der Zoneneinteilung von 0 bis 3 beschrieben. Gebiete, die nicht den Erdbebenzonen 1 bis 3 zugeordnet sind, werden als Gebiete sehr geringer Seismizität eingestuft, so dass für Bauwerke in diesen Gebieten kein Erdbebennachweis erforderlich ist. Die Erdbebenzonenkarte selbst wurde unverändert aus der DIN 4149 [DIN 4149 – 05] übernommen, wobei die Referenz-Wiederkehrperiode 475 Jahre beträgt, was einer Wahrscheinlichkeit des Auftretens von 10 % in 50 Jahren entspricht.

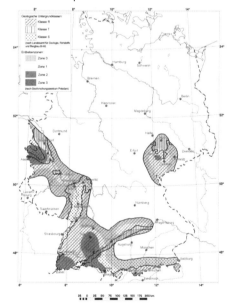

Abb. G.2.1: Karte der Erdbebenzonen und geologischen Untergrundklassen

Die Grenzen der Erdbebenzonen entsprechen Intensitätsgrenzen von 6,0, 6,5, 7,0 und 7,5 nach der EMS-Skala, wobei in der DIN 4149 [DIN 4149 – 05] jeder Zone ein bestimmter Bemessungswert der Bodenbeschleunigung a_g zugeordnet wurde. Nach Schwarz [Schwarz – 98]

handelt es sich bei diesen Werten um effektive Beschleunigungswerte, deren Verwendung in dem Konzept einer Vorläuferversion des Eurocode 8 [Eurocode 8 – 94] in der Fassung von 1994 vorgesehen war. Eine eindeutige Definition für die Ermittlung dieser Effektivwerte existiert nicht. Beispielsweise können diese als quadratischer Mittelwert der Bodenbeschleunigung $a(t)$ über die Starkbebendauer T_B ermittelt werden:

$$a_{eff} = \sqrt{\frac{1}{T_B} \int_0^{T_B} [a(t)]^2 \, dt} \qquad (G.2.1)$$

Die effektiven Beschleunigungswerte der DIN 4149 [DIN 4149 – 05] wurden unverändert in das NAD [DIN EN 1998-1/NA – 11] übernommen. Da die Definition der Erdbebeneinwirkung in der DIN EN 1998-1 [DIN EN 1998-1 – 10] aber auf Referenz-Spitzenwerten der Bodenbeschleunigung a_{gR} basiert, werden die effektiven Bodenbeschleunigungen im NAD [DIN EN 1998-1/NA – 11] als Referenz-Spitzenwerte der Bodenbeschleunigung bezeichnet (Tafel G.2.1). Die Begrifflichkeit ändert aber nichts an der Tatsache, dass es sich nach wie vor um effektive Beschleunigungswerte handelt, deren Verwendung nur innerhalb des abgeschlossenen Konzepts des NAD [DIN EN 1998-1/NA – 11] Gültigkeit besitzt.

Tafel G.2.1: Referenz-Spitzenwerte der Bodenbeschleunigung a_{gR}

Erdbebenzone	Intensität I	a_{gR} [m/s²]
0	$6 \leq I < 6,5$	-
1	$6,5 \leq I < 7$	0,4
2	$7 \leq I < 7,5$	0,6
3	$7,5 \leq I$	0,8

Darüber hinaus wurde der Einfluss der Untergrundverhältnisse auf die Stärke möglicher Beben berücksichtigt und zwar sowohl hinsichtlich der Beschaffenheit des anstehenden Baugrundes als auch hinsichtlich der geologischen Untergrundverhältnisse („deep geology"). Dazu wird der Baugrund einer der vorgesehenen Baugrundklassen A, B und C mit den in Tafel G.2.2 beschriebenen Eigenschaften zugeordnet. Dies gilt nicht, wenn sich der Baugrund nicht in dieses Schema einordnen lässt (z. B. bei weichem Schlick oder lockerem Sand) – hier muss der Baugrundeinfluss auf die Erdbebeneinwirkungen gesondert untersucht werden. Liegt dieser Sonderfall nicht vor, darf jedoch ohne nähere Untersuchung die jeweils ungünstigere Baugrundeinstufung B oder C (anstelle von A oder B) gewählt werden. Die Betrachtung von Zwischenstufen mit entsprechender Interpolation von Zwischenwerten des Untergrundparameters S ist nicht zulässig.

Tafel G.2.2: Klassen: Baugrund, Untergrund

Baugrundklassen	
A	unverwitterte Festgesteine Scherwellengeschwindigkeiten: > 800 m/s
B	mäßig verwitterte Festgesteine oder grob- bis gemischtkörnige Lockergesteine in fester Konsistenz ; Scherwellengeschwindigkeiten: 350 m/s – 800 m/s
C	gemischt- bis feinkörnige Lockergesteine in mindestens steifer Konsistenz; Scherwellengeschwindigkeiten: 150 m/s – 350 m/s
Geologische Untergrundklassen	
R	Festgesteinsgebiete
S	Gebiete flacher Sedimentbecken und Übergangszonen
T	Gebiete tiefer Sedimentbecken

Bei der Festlegung der Baugrundklasse bleibt der oberflächennahe Bereich unberücksichtigt, da dieser in der Regel für die Bauwerksgründung ausgehoben wird und somit für die seismische Beanspruchung nicht relevant ist. Hinsichtlich des geologischen Untergrundes werden die Klassen R, S und T unterschieden, deren räumliche Verteilung ebenfalls durch eine Karte beschrieben wird (Abb. G.2.1). Diese wurde basierend auf Informationen über die Scherwellengeschwindigkeiten und geologische Schichtenfolgen erstellt, wobei auch stratigraphische und lithologische Erkenntnisse sowie Ergebnisse aus Tiefenbohrungen herangezogen wurden. Je nach geologischer Untergrundklasse R, S oder T kommen nur die Kombinationen A-R, B-R, C-R, B-T, C-T oder C-S in Frage. Die Kombinationen A-T, A-S oder B-S, also harter Baugrund über weichem geologischem Untergrund sind in der Norm nicht aufgenommen worden, da diese in der Realität nicht oder nur in wenigen Fällen vorkommen. Das Konzept der Erdbebenzonierung bezieht sich auf tektonische Beben und umfasst nur die in Deutschland im Falle von Erdbeben auftretende Schwingungsbelastung auf Bauwerke infolge der seismischen Wellenausbreitung. Dislokationseffekte mit bleibendem Versatz oder bis an die Oberfläche reichende Bruchflächen werden nicht berücksichtigt. Auch durch Geothermie oder Bergbau induzierte Beben werden von der Norm nicht abgedeckt.

2.2 Definition der Einwirkung

Die Erdbebeneinwirkung wird in der DIN EN 1998-1 [DIN EN 1998-1 – 10] durch Antwortspektren definiert, die in Abhängigkeit der Periode die Antwort eines Einmasseschwingers auf die seismische Einwirkung beschreiben [Meskouris, Hinzen – 11]. Zum einen enthält die Norm elastische Antwortspektren, die für nichtlineare Berechnungen zu anzuwenden sind. Zum anderen werden für lineare Berechnungen Bemessungsspektren angegeben, in denen die Bauwerksduktilität über einen sogenannten Verhaltensbeiwert berücksichtigt wird. In den folgenden Abschnitten 2.3 bis 2.5 werden die Spektren erläutert.

2.3 Elastisches horizontales Antwortspektrum

Die Definition des elastischen horizontalen Spektrums entspricht dem Konzept der DIN 4149 [DIN 4149 – 05], in der das Spektrum in Abhängigkeit von der Erdbebenzone sowie der Untergrund- und Baugrundklasse zu bestimmen ist. Das Spektrum ist definiert durch Funktionsbereiche in Abhängigkeit der Periode zwischen den so genannten Kontrollperioden T_A, T_B, T_C und T_D (Abb. G.2.2).

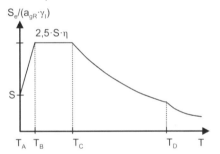

Abb. G.2.2: Elastisches Antwortspektrum

Die Kontrollperioden unterteilen das Spektrum in drei Bereiche, die anschaulich interpretiert werden können: Der Bereich kurzer Perioden zwischen $T_A = 0$ s und T_B entspricht dem beschleunigungssensitiven Bereich, in dem die Bauwerksantwort im Wesentlichen durch Bodenbeschleunigungen hervorgerufen wird (steife Bauwerke). In dem niederfrequenten Bereich des Spektrums mit Perioden größer als T_C stellen hingegen die Bodenverschiebungen die maßgebende Belastung des (weichen) Bauwerks dar. Entsprechend sind im Bereich zwischen T_A und T_B die Spektralgeschwindigkeiten besonders wichtig. Die Lage der Kontrollperioden hängt stark von den Eigenschaften des Untergrundes ab, wobei bei weicheren Böden eine Verschiebung von T_B und T_C hin zu größeren Perioden stattfindet. Die letzte Kontrollperiode T_D entspricht der Herddauer des Bebens und verschiebt sich für größere Bebenmagnituden ebenfalls in Richtung größerer Perioden. Es sei darauf hingewiesen, dass bei Vorliegen des Sonderfalls sehr weicher Böden (keine Einordnung in die Baugrundkategorien A, B oder C nach Tafel G.2.2 möglich) das elastische Antwortspektrum durch eine spezifische Standortuntersuchung zu ermitteln ist. Das elastische Antwortspektrum ist wie folgt definiert:

$0 \leq T \leq T_B$:

$$S_e(T) = a_{gR} \cdot \gamma_I \cdot S \cdot \left[1 + \frac{T}{T_B} \cdot (\eta \cdot 2{,}5 - 1)\right] \quad (G.2.2)$$

$T_B \leq T \leq T_C$:

$$S_e(T) = a_{gR} \cdot \gamma_I \cdot S \cdot \eta \cdot 2{,}5 \quad (G.2.3)$$

$T_C \leq T \leq T_D$:

$$S_e(T) = a_{gR} \cdot \gamma_I \cdot S \cdot \eta \cdot 2{,}5 \cdot \frac{T_C}{T} \quad (G.2.4)$$

$T_D \leq T$:

$$S_e(T) = a_{gR} \cdot \gamma_I \cdot S \cdot \eta \cdot 2{,}5 \cdot \frac{T_C T_D}{T^2} \quad (G.2.5)$$

mit:

$S_e(T)$ Ordinaten des elastischen Spektrums
T Schwingdauer
a_{gR} Referenz-Spitzenwert der Bodenbeschleunigung nach Tafel G.2.1
T_{A-D} Kontrollperioden ($T_A = 0$ s)
S Untergrundparameter
γ_I Bedeutungsbeiwert (Abschnitt 2.6)
η Korrekturwert für den Wert der viskosen Dämpfung des Bauwerks ξ, wenn diese ungleich 5 % ist. Es gilt
$\eta = \sqrt{10/(5+\xi)} \geq 0{,}55$

Hierbei werden die Kontrollperioden T_A, T_B, T_C und T_D sowie der Bodenparameter S in Abhängigkeit der geologischen Untergrundklasse und der Baugrundklasse mit Hilfe der Tafel G.2.3 bestimmt.

Tafel G.2.3: Kontrollperioden des elastischen horizontalen Spektrums in [s]

UK	S	T_B [s]	T_C [s]	T_D [s]
A-R	1,00	0,05	0,20	2,0
B-R	1,25	0,05	0,25	2,0
C-R	1,50	0,05	0,30	2,0
B-T	1,00	0,1	0,30	2,0
C-T	1,25	0,1	0,40	2,0
C-S	0,75	0,1	0,50	2,0

2.4 Elastisches vertikales Antwortspektrum

Abweichend von der DIN 4149 [DIN 4149 – 05] wird das elastische vertikale Antwortspektrum nun vollständig entsprechend der Definition des vertikalen Spektrums nach DIN EN 1998-1 [DIN EN 1998 – 2010] aufgestellt. Hierbei wird der funktionale Verlauf des Vertikalspektrums wie folgt definiert:

$T_A \leq T \leq T_B$:

$$S_{ve}(T) = a_{vg} \cdot \left[1 + \frac{T}{T_B} \cdot (\eta \cdot 3{,}0 - 1)\right] \quad (G.2.6)$$

$T_B \leq T \leq T_C$: $S_{ve}(T) = a_{vg} \cdot \eta \cdot 3{,}0 \quad (G.2.7)$

$T_C \leq T \leq T_D$: $S_{ve}(T) = a_{vg} \cdot \eta \cdot 3{,}0 \cdot \frac{T_C}{T} \quad (G.2.8)$

$T_D \leq T$: $S_{ve}(T) = a_{vg} \cdot \eta \cdot 3{,}0 \cdot \frac{T_C T_D}{T^2} \quad (G.2.9)$

mit:

$S_{ve}(T)$ Ordinate des vertikalen elastischen Spektrums

a_{vg} Bemessungswert der vertikalen Bodenbeschleunigung: $a_{vg} = 0{,}5 \cdot a_{gR} \cdot \gamma_I$

T_{A-D} Kontrollperioden des Spektrums: $T_A = 0$, $T_B = 0{,}05$ s, $T_C = 0{,}2$ s, $T_D = 2{,}0$ s

γ_I Bedeutungsbeiwert (Abschnitt 2.6)

η Korrekturwert für den Wert der viskosen Dämpfung des Bauwerks ξ, wenn diese ungleich 5 % ist. Es gilt:
$\eta = \sqrt{10/(5+\xi)} \geq 0{,}55$

2.5 Bemessungsspektren

Zu Bemessungszwecken werden die in Abschnitt 2.3 und Abschnitt 2.4 vorgestellten elastischen Antwortspektren durch einen Verhaltensbeiwert q abgemindert. Der Verhaltensbeiwert q berücksichtigt pauschal die Bauwerksduktilität und überführt damit das elastische Antwortspektrum in ein inelastisches Bemessungsspektrum. Diese Vorgehensweise stellt eine starke Vereinfachung dar, um mit einem geringen Aufwand die vorhandene globale Duktilität des Tragwerks abzuschätzen. Zudem ist bei der Verwendung von inelastischen Antwortspektren für elastische Berechnungen nach dem modalen Antwortspektrenverfahren die anschließende Überlagerung der Ergebnisgrößen streng genommen nicht korrekt, da das Superpositionsprinzip nicht mehr gültig ist.

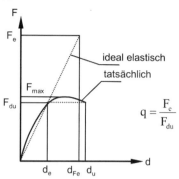

Abb. G.2.3: Definition des Verhaltensbeiwertes q

Trotzdem ist diese einfache Vorgehensweise für den Einsatz in der Baupraxis erfahrungsgemäß gerechtfertigt, da sie bei Beachtung der zusätzlichen materialspezifischen Regelungen der Norm eine zuverlässige Abschätzung des tatsächlichen nichtlinearen dynamischen Tragwerksverhaltens darstellt. Der q-Faktor kann allgemein als das Verhältnis der Rückstellkraft im elastischen System F_e zu der seismischen Kraft F_{du} des realen Bauwerks unter Miteinbeziehung zulässiger plastischer Verformungen interpretiert werden (Abb. G.2.3).

Es handelt sich hierbei jedoch um nicht mehr als eine anschauliche mechanische Interpretation. In Wirklichkeit werden durch den Verhaltensbeiwert q in der DIN EN 1998-1 [DIN EN 1998-1 – 10] auch von 5 % abweichende Dämpfungsmechanismen, auch nichtviskoser Art, abgedeckt, wodurch eine eindeutige mechanische Definition eigentlich nicht mehr möglich ist. Die Definition von Verhaltensbeiwerten für praktische Zwecke setzt demnach in der Regel das Vorhandensein von umfangreichen Daten experimenteller oder theoretischer Natur verbunden mit statistischen Auswertungen voraus. In der Norm ist die Definition des Verhaltensbeiwerts im Wesentlichen durch den Tragwerkstyp und das Baumaterial festgelegt. Der Wert des Verhaltensbeiwertes für Stahlbetontragwerke variiert hierbei zwischen $q = 1{,}5$ und $q = 3{,}0$. Die Streubreite des Verhaltensbeiwerts zeigt, dass die q-Faktoren Näherungswerte sind, die das nichtlineare Verhalten des Tragwerks, abhängig vom Tragwerkstyp und den zugehörigen Versagensmechanismen, integral zu beschreiben versuchen.

Vor diesem Hintergrund sollten höhere q-Faktoren nur dann gewählt werden, wenn sichergestellt ist, dass im Tragwerk die dafür notwendigen Verformungs- und Energiedissipationsmöglichkeiten auch tatsächlich vorhanden sind. Da die Erdbebeneinwirkung direkt mit dem Verhaltensbeiwert abgemindert wird, ist seine Wahl für die tatsächlich vorhandene seismische Sicherheit der auf dieser Basis entworfenen Konstruktion von zentraler Bedeutung. Bei der Abminderung des horizontalen elastischen Antwortspektrums mit dem Verhaltensbeiwert q ist zu beachten, dass der Einhängewert bei der Periode $T = 0$ s nicht abgemindert wird, da dieser der Bodenbeschleunigung entsprechen muss.

Das vertikale Bemessungsspektrum ergibt sich durch Einsetzen des Bemessungswertes der vertikalen Bodenbeschleunigung a_{vg} in die Gleichungen des horizontalen Bemessungsspektrums. Hierbei ist der Untergrundparameter $S = 1,0$ anzusetzen. Auf Grund der im Allgemeinen geringen Dissipationsmöglichkeiten in vertikaler Richtung sollte der Verhaltensbeiwert in der Regel mit 1,0 angesetzt werden. Zudem darf in vertikaler Richtung kein Verhaltensbeiwert größer als 1,5 angesetzt werden.

2.6 Bedeutungsbeiwerte

Den angegebenen Spektren ist eine Referenz-Wiederkehrperiode von 475 Jahren mit einer Überschreitungswahrscheinlichkeit von 10 % in 50 Jahren zugeordnet. Um der Bedeutung des jeweiligen Bauwerkes bei der Annahme der Erdbebeneinwirkung Rechnung zu tragen, werden die Spektren mit dem Bedeutungsbeiwert γ_I skaliert, wobei mit der Referenz-Wiederkehrperiode von 475 Jahren ein Bedeutungsbeiwert von 1,0 für gewöhnliche Wohngebäude verknüpft ist.

Die Skalierung erfolgt in Abhängigkeit von den im NAD [DIN EN 1998-1 – 11] angegebenen vier Bedeutungskategorien mit Bedeutungsbeiwerten von 0,8 bis 1,4. Eine Modifikation des Bedeutungsbeiwertes kann interpretiert werden als eine Veränderung der Wiederkehrperiode bzw. der Überschreitungswahrscheinlichkeit, die durch eine Poisson-Verteilung beschrieben wird:

$$P_N = 1 - e^{-N/T_L} \qquad (G.2.10)$$

Hierbei sind N die Anzahl der Jahre, für welche die Überschreitungswahrscheinlichkeit gesucht ist, und T_L die gewünschte Wiederkehrperiode. Der Zusammenhang mit dem Bedeutungsbeiwert kann über die Referenz-Wiederkehrperiode T_{LR} hergestellt werden:

$$\gamma_I = \frac{1}{(T_{LR}/T_L)^{1/k}} \qquad (G.2.11)$$

Der Exponent k ist von der Seismizität abhängig und kann nach DIN EN 1998-1 [DIN EN 1998 – 10] im Allgemeinen zu 3 angenommen werden. Genauere Werte für k erfordern weitergehende lokale Standortbetrachtungen.

Alternativ kann der Bedeutungsfaktor auch mit den zu T_{LR} und T_L gehörigen Überschreitungswahrscheinlichkeiten P_{LR} und P_L ermittelt werden:

$$\gamma_I = \frac{1}{(P_L/P_{LR})^{1/k}} \qquad (G.2.12)$$

In Tafel G.2.4 sind die mit obigen Beziehungen berechneten Wiederkehrperioden für die einzelnen Bedeutungskategorien angegeben.

Tafel G.2.4 Bedeutungskategorien mit Bedeutungsbeiwerten und Wiederkehrperioden (WKP)

Kategorie	Bauwerke	γ_I	WKP
I	Bauwerke ohne Bedeutung für den Schutz der Allgemeinheit, mit geringem Personenverkehr (z. B. Scheunen, Kulturgewächshäuser, usw.).	0,8	225 Jahre
II	Bauwerke, die nicht zu den anderen Kategorien gehören (z. B. kleinere Wohn- und Bürogebäude, Werkstätten, usw.).	1,0	475 Jahre
III	Bauwerke, von deren Versagen bei Erdbeben eine große Zahl von Personen betroffen ist (z. B. große Wohnanlagen, Schulen, Versammlungsräume, Kaufhäuser, usw.).	1,2	825 Jahre
IV	Bauwerke, deren Unversehrtheit im Erdbebenfall von Bedeutung für den Schutz der Allgemeinheit ist, z.B. Krankenhäuser, wichtige Einrichtungen des Katastrophenschutzes und der Sicherheitskräfte, Feuerwehrhäuser usw.	1,4	1225 Jahre

Beispielsweise ergibt sich für den Bedeutungsfaktor $\gamma_I = 1{,}2$ eine Wiederkehrperiode von 825 Jahren bei einer Überschreitungswahrscheinlichkeit von 6 % in 50 Jahren:

$$\gamma_{I,\,825} = \frac{1}{(475/825)^{1/3}} = 1{,}2$$

$$P_{50,\,825} = 1 - e^{-50/825} = 0{,}06 = 6\ \%$$

Abschließend sei erwähnt, dass die lineare Skalierung ein vereinfachtes ingenieurmäßiges Vorgehen darstellt und aus ingenieurseismologischer Sicht nicht korrekt ist, da die Zonengrenzen für verschiedene Wiederkehrperioden nicht identisch sind. Da entsprechende Gefährdungskarten mit baurechtlicher Zulassung für Deutschland zurzeit noch nicht zur Verfügung stehen, ist die Skalierung mit Bedeutungsbeiwerten ein sinnvoller Ersatz. Weiterhin ist anzumerken, dass der empfohlene Wert 3 für den Exponenten k nur eine Näherung für die deutschen Verhältnisse darstellt, da dieser aus Untersuchungsergebnissen in den USA stammt.

3 Erdbebengerechter Entwurf

Bei der Planung von Bauwerken in Erdbebengebieten ist es von nicht zu unterschätzender Bedeutung, bestimmte Entwurfsgrundsätze zu beachten, um die wichtigsten aus zurückliegenden Erdbeben bekannten Schadensmechanismen schon bei der Grundkonzeption des Bauwerks zu vermeiden. Die Beachtung dieser Grundsätze ist deshalb so wichtig, weil eine nicht erdbebengerechte Gestaltung eines Bauwerks, wenn überhaupt, dann nur mit hohem Mehraufwand in den rechnerischen Nachweisen und in der Ausführung kompensiert werden kann. Die in der DIN EN 1998-1 [DIN EN 1998-1 – 10] in Abschnitt 4 aufgeführten Aspekte beinhalten neben grundlegenden Anforderungen auch Empfehlungen und konstruktive Hinweise für eine günstige Gestaltung seismisch beanspruchter Baukonstruktionen. Diese werden im Folgenden kurz erläutert.

3.1 Grundrissgestaltung

Eine für den Erdbebenfall günstige Grundrissgestaltung kann anschaulich aus dem Mechanismus zu Lastabtragung der Horizontallasten abgeleitet werden. In dem Lastabtrag haben die Geschossdecken die Aufgabe, die horizontalen Erdbebenkräfte entsprechend ihrer Steifigkeit auf die aussteifenden Elemente zu verteilen. Die Deckenscheiben können in der Regel in ihrer Ebene als starr angesehen werden, so dass es zu keinen Relativverschiebungen zwischen den aussteifenden Elementen kommen kann. Für eine günstige Lastabtragung sollte der Gebäudegrundriss möglichst kompakt sein, damit die Decken ihre Form und Steifigkeit bei einem Erdbeben behalten. Abb. G.3.1 zeigt Beispiele für ungünstige und günstige Grundrissformen. Aufgelöste Grundrisse mit einspringenden Ecken oder eine nachteilige Anordnung der Aussparungen können zu lokalen Überbeanspruchungen und damit zu plastischen Verformungen der Deckenscheiben im Erdbebenfall führen. Vermeiden lassen sich solche ungünstigen Effekte durch die Unterteilung des Bauwerks in einzelne rechteckige Teilbauwerke, die durch ausreichend große Fugen voneinander getrennt sind. Zusätzlich sollten Aussparungen im Grundriss so angeordnet werden, dass die Querschnittsreduzierung zu keinen Überbeanspruchungen führt.

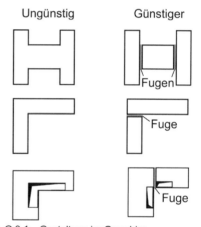

Abb. G.3.1: Gestaltung im Grundriss

Neben der Grundrissform ist auch die Anordnung der horizontal lastabtragenden Elemente von entscheidender Bedeutung für einen erdbebengerechten Entwurf. Zielsetzung ist es hierbei immer, die Steifigkeiten der lastabtragenden Elemente und Bauwerksmassen so zu verteilen, dass Steifigkeitsmittelpunkt und Massenschwerpunkt möglichst nahe beieinander liegen. Ist dies der Fall, so entstehen keine unerwünschten Torsionsschwingungen, die zu einer zusätzlichen Belastung des Bauwerks führen. Abb. G.3.2 verdeutlicht dies an einem Beispiel für eine symmetrische und eine asymmetrische Anordnung von Schubwänden. Im Fall der asymmetrischen Anordnung treten Torsionsschwingungen auf und durch den Abstand von Steifigkeitsmittelpunkt und Massenschwerpunkt entstehen zusätzliche Torsionsmomente, die auf die Wände verteilt werden müssen.

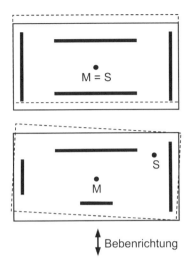

Abb. G.3.2: Beispiele für die Anordnung von Schubwänden

3.2 Aufrissgestaltung

Die Aufrissgestaltung hat ebenfalls einen großen Einfluss auf das Schwingungsverhalten eines Bauwerks. In Tafel G.3.1 sind exemplarisch ungünstige und günstigere Konfigurationen von Aufrissen gegenübergestellt. Im Fall von hohen und schlanken Bauwerken sowie bei Massen in großer Höhe kommt es zu extremen Beanspruchungen der Gründungen. Horizontal versetzte Stützen führen zu großen Biegebeanspruchungen der Decken und bei Gebäuden mit Höhenversatz sollten auf Grund des unterschiedlichen Schwingungsverhaltens Fugen angeordnet werden. Zusätzlich sollten zwischen zwei Bauwerken eventuell vorhandene Verbindungen nicht starr ausgebildet werden, da es auf diese Weise zu schädigenden Interaktionen kommen kann. Ein weiterer Aspekt der Aufrissgestaltung ist die Verteilung der Steifigkeit über die Höhe. Hier ist anzustreben, die Steifigkeit zur Vermeidung „weicher" Geschosse gleichmäßig über die Höhe zu verteilen (Abb. G.3.3). Besitzt ein Geschoss eine wesentlich geringere Horizontalsteifigkeit als die benachbarten Geschosse, so kann es zum vollständigen Geschossversagen kommen. Weiterhin kann es bei einem vertikalen Versatz von Deckenscheiben (Tafel G.3.1) zu großen Querkraftbeanspruchungen in den Aussteifungselementen kommen.

Tafel G.3.1: Gestaltungskriterien im Aufriss [Bachmann – 02]

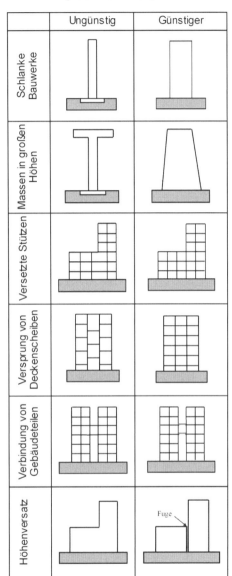

3.3 Gründungen

Gründungen sind so zu konzipieren, dass es zu einheitlichen Verschiebungen für das gesamte Bauwerk kommt. Als praktische Umsetzung bietet sich die Verbindung von Einzel- oder Streifenfundamenten durch Zerrbalken an, so dass Verschiebungsdifferenzen vermieden werden. Zusätzlich sollte bei der Gründung darauf geachtet werden, dass alle Gründungselemente eines Bauwerks auf Untergrund mit ähnlichen bodenmechanischen Eigenschaften gegründet werden. In Hanglagen ist die Gefahr von erdbebeninduzierten Hangrutschungen zu beachten.

Wenn kein zusammenhängender Gründungskörper zu realisieren ist, dann sind bei der Erdbebenbemessung die zusätzlichen Beanspruchungen des Tragwerks aus möglichen Relativverschiebungen der Fundamente rechnerisch zu berücksichtigen. Hierbei sind die Bodenverschiebungen nach DIN EN 1998-1, Abschnitt 3.2.2.4 [DIN EN 1998 – 10] anzusetzen.

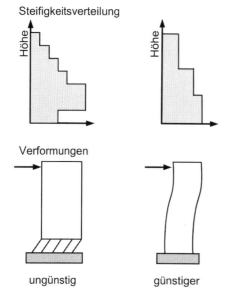

Abb. G.3.3: Steifigkeitsverteilung im Aufriss [Bachmann – 02]

4 Berechnungsverfahren

Als Berechnungsverfahren sind in der DIN 4149 [DIN 4149 – 05] nur das vereinfachte und multimodale Antwortspektrenverfahren zugelassen. Diese Verfahren sind linear und berücksichtigen die Energiedissipation näherungsweise durch einen Verhaltensbeiwert q. In der DIN EN 1998-1 [DIN EN 1998-1 – 10] sind zusätzlich zu den genannten Verfahren auch statisch nichtlineare Verfahren sowie nichtlineare Zeitverlaufsberechnungen zugelassen. Die Anwendung der nichtlinearen Verfahren ist in DIN EN 1998-1 [DIN EN 1998-1 – 10], Abschnitt 4.3.3.4 näher beschrieben. Über die Erforderlichkeit nichtlinearer Verfahren für die Baupraxis kann gestritten werden. Einerseits sollte die Bereitstellung nichtlinearer Verfahren nicht dazu führen, dass schon für die Bemessung von Neubauten bereits sämtliche Reserven in Rechnung gestellt werden. Andererseits kann der Einsatz der Verfahren im Rahmen von baulichen Änderungen im Bestand hilfreich sein, um die realen Tragwerksreserven in Rechnung zu stellen. Aber auch hier gibt es Grenzen der Anwendbarkeit, denn die Berücksichtigung der Nichtlinearitäten im Rechenmodell setzt voraus, dass die werkstofflichen und konstruktiven Gegebenheiten des Tragwerks im Rechenmodell ausreichend genau beschrieben werden können. Die Anwendung nichtlinearer Verfahren ist als Alternative für Einzelfälle zu verstehen, die ein entsprechendes Spezialwissen voraussetzt.

Das Standard-Rechenverfahren der DIN EN 1998-1 [DIN EN 1998-1 – 10] ist das multimodale Antwortspektrenverfahren, bei dem die maßgebenden durch das Erdbeben angeregten Frequenzen zur Berechnung der Kraft- und Verformungsgrößen des Tragwerks berücksichtigt werden.

Bei Erfüllung einer Reihe von den im Abschnitt 3 vorgestellten Merkmalen des erdbebengerechten Entwurfs kann alternativ das vereinfachte Antwortspektrenverfahren angewendet werden, bei dem nur die erste Grundschwingform berücksichtigt wird. Dafür sind folgende Bedingungen nach Abschnitt 4.3.3.2 der Norm zu erfüllen:

- Der Aufriss muss die Regelmäßigkeitskriterien nach Abschnitt 4.2.3.3 der Norm erfüllen.

- Die Grundschwingzeit T_1 muss kleiner als $4 \cdot T_c$ sein, und darf maximal den Wert von 2,0 s annehmen. Hierbei ist T_c die Kontrolleigenperiode nach Abschnitt 2.3.

Sind die genannten Kriterien nicht erfüllt, ist eine Berechnung nach dem multimodalen Antwortspektrenverfahren mit einem ebenen oder räumlichen Modell durchzuführen.

Es wird deutlich, dass der Aufwand für den Berechnungsingenieur bei Einhaltung der Regelmäßigkeitskriterien viel geringer ist. Damit kommt den Kriterien des erdbebengerechten Entwurfs (Abschnitt 3) eine größere Bedeutung zu, weshalb diese nach Möglichkeit schon in der Planungsphase durch den Architekten berücksichtigt werden sollten.

4.1 Vereinfachtes Antwortspektrenverfahren

Nach dem vereinfachten Verfahren ergibt sich die resultierende Gesamterdbebenkraft F_b als Produkt der Ordinate des Bemessungsspektrums $S_d(T_1)$ an der Stelle der Grundperiode T_1 und der Gesamtmasse des Bauwerks M:

$$F_b = S_d(T_1) \cdot M \cdot \lambda \quad (G.4.1)$$

Der Faktor λ berücksichtigt die Tatsache, dass in Gebäuden mit mindestens drei Stockwerken und Verschiebungsfreiheitsgraden in jeder horizontalen Richtung die effektive modale Masse der Grundeigenform um etwa 15 % kleiner ist als die gesamte Gebäudemasse. Die Verteilung der Gesamterdbebenkraft auf das Tragwerk erfolgt affin zur ersten Eigenform oder vereinfacht höhen- und massenproportional über die Bauwerkshöhe. Die Einzelkräfte werden jeweils auf Höhe der Geschossdecken angesetzt. Die Bestimmungsgleichung der Geschosskräfte lautet:

$$F_i = F_b \cdot \frac{s_i \cdot m_i}{\sum s_j \cdot m_j} \quad (G.4.2)$$

Hierin sind m_i, m_j die Geschossmassen und s_i, s_j die zugehörigen Verschiebungen der Massen in der Grundschwingungsform. Bei der linearen Approximation der Grundschwingungsform entsprechen s_i, s_j den Höhen z_i, z_j der Massen m_i, m_j über dem Fundament. Anschaulich ist die Verteilung der Gesamterdbebenkraft in Abb. G.4.1 dargestellt.

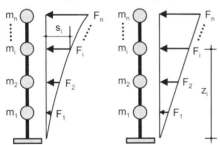

Abb. G.4.1: Verteilung der Gesamterdbebenkraft F_b über die Bauwerkshöhe

Zur Bestimmung der Periode T_1 dürfen vereinfachte Beziehungen der Dynamik angewendet werden. So kann T_1 für Hochbauten mit einer Höhe von bis zu 40 m mit

$$T_1 = C_t \cdot H^{3/4} \quad (G.4.3)$$

abgeschätzt werden. Dabei ist H die Bauwerkshöhe in [m], und C_t ist mit 0,085 für biegebeanspruchte räumliche Stahlrahmen, mit 0,075 für biegebeanspruchte räumliche Stahlbetonrahmen und stählerne Fachwerkverbände mit exzentrischen Anschlüssen sowie mit 0,050 für alle anderen Tragwerke anzusetzen. Eine weitere Möglichkeit ist die Berechnung der ersten Eigenperiode am Ersatzstab nach Rayleigh:

$$T_1 = \left(\frac{1}{2\pi} \cdot \sqrt{\sum_{i=1}^{n} F_i d_i \Big/ \sum_{i=1}^{n} m_i d_i^2} \right)^{-1} \quad (G.4.4)$$

In der Berechnungsformel sind m_i die Geschossmassen auf der jeweiligen Höhe h_i, F_i die Erdbebenersatzkräfte auf der Höhe h_i und d_i die horizontalen Verschiebungen auf der Höhe h_i infolge der Erdbebenersatzkräfte F_i. Alternativ wird von [Müller, Keintzel – 1978] eine Berechnungsformel unter Berücksichtigung der elastischen Einspannung ebenfalls basierend auf dem Ersatzstabverfahren von Rayleigh angegeben:

$$T_1 = 1,5 \cdot \sqrt{\left(\frac{h}{3EI} + \frac{1}{C_k I_F} \right) \cdot \sum_{j=1}^{n} (G_j + P_j) \cdot z_j^2} \quad (G.4.5)$$

mit:

h Bauwerkshöhe [m]
n Anzahl der Geschosse [-]
z_j Höhe der Geschossebene j [m]
E Elastizitätsmodul des Bauwerks [MN/m²]
I Flächenträgheitsmoment Ersatzstab [m⁴]
A Fläche der Fundamentsohle [m²]
I_F Flächenträgheitsmoment Fundamentsohle [m⁴]
G_j Eigengewicht auf Geschossebene j [MN]
P_j Anteilige Verkehrslasten auf Geschossebene j [MN]
C_k Dynamischer Kippbettungsmodul [MN/m³]

$$C_k = \frac{E_{sdyn}}{0,25\sqrt{A}}$$

E_{sdyn} Dynamischer Steifemodul des Baugrunds [MN/m²]

4.2 Multimodales Antwortspektrenverfahren

Das multimodale Antwortspektrenverfahren ist allgemein anwendbar und die Norm sieht eine Anwendung auf ebene und räumliche Modelle vor. Bei räumlichen Modellen ist die Erdbebeneinwirkung entlang aller maßgebenden horizontalen Richtungen hinsichtlich der Grundrisskonfiguration und in den zugehörigen orthogonalen Achsen anzusetzen.

4.2.1 Anzahl der zu berücksichtigenden Eigenformen

Für die Erdbebenbemessung sind die Beanspruchungsgrößen aus allen wesentlichen Schwingungsformen zu berechnen. Diese Bedingung ist erfüllt, wenn entweder die Summe der effektiven modalen Massen der berücksichtigten Schwingungsformen mindestens 90 % der Gesamtmasse des Tragwerks beträgt oder alle Schwingungsformen mit effektiven modalen Massen von mehr als 5 % der Gesamtmasse berücksichtigt werden. Diese Bedingungen sind bei räumlichen Modellen in jeder maßgebenden Richtung einzuhalten. Wenn keine dieser Bedingungen erfüllt werden kann, so sind mindestens k Eigenformen zu berücksichtigen:

$$k = 3 \cdot \sqrt{n} \text{ und } T_k \leq 0,20 s \quad \text{(G.4.6)}$$

Hierin sind n die Anzahl der Geschosse über dem Fundament oder der Oberkante eines starren Kellergeschosses und T_k die Schwingzeit der k-ten Eigenform.

4.2.2 Kombination der modalen Schnittgrößen

Die Kombination der modalen Schnittgrößen der einzelnen Schwingungsformen kann mittels quadratischer Überlagerung nach der SRSS-Regel (Square root of the sum of squares) erfolgen, wenn alle Eigenformen als linear unabhängig betrachtet werden können. Diese Bedingung ist erfüllt, wenn die Bedingung $T_i \leq 0,9\, T_j$ erfüllt ist. Liegen die Schwingungsformen sehr nahe beieinander (z. B. bei räumlichen Systemen mit gekoppelten Torsions- und Translationseigenformen), muss an Stelle der SRSS-Regel die CQC-Methode (Complete quadratic combination) verwendet werden. Diese Methoden der Überlagerung werden in der Regel von allen gängigen Programmsystemen unterstützt.

4.2.3 Kombination der Beanspruchungsgrößen infolge der Erdbebenkomponenten

Das multimodale Antwortspektrenverfahren liefert bei Ansatz der entsprechenden Spektren die Beanspruchungsgrößen in den horizontalen Richtungen und der vertikalen Richtung. Die Beanspruchungsgrößen in den einzelnen Richtungen werden quadratisch mit der SRSS- bzw. CQC-Regel überlagert, um die maßgebenden Bemessungsschnittkräfte zu erhalten.

Die DIN EN 1998-1 [DIN EN 1998-1 – 10] gibt in Abschnitt 4.3.3.5.2 an, dass die Vertikalkomponente erst bei Beschleunigungen größer als $a_{vg} = 0,25 \cdot g$ zu berücksichtigen ist. Somit ist es für deutsche Erdbebengebiete ausreichend lediglich die horizontalen Erdbebenrichtungen zu überlagern. Der Ansatz der Vertikalkomponente des Bebens ist nur in bestimmten Fällen, wie z. B. bei Balken die Stützen tragen, erforderlich. In diesen Fällen ist es aber ausreichend Teilmodelle und deren Auswirkung auf das Gesamtsystem zu betrachten. Für die Überlagerung der Beanspruchungsgrößen E_{Edx} und E_{Edy} in Folge der horizontalen Bebeneinwirkungen gibt die Norm alternativ zu der konservativen quadratischen Überlagerung folgende Kombinationsregel an:

$$E_{Edx} \oplus 0,30 \cdot E_{Edy}$$
$$0,30 \cdot E_{Edx} \oplus E_{Edy} \quad \text{(G.4.7)}$$

Dabei muss jede einzelne Komponente in diesen Kombinationen mit dem für die betrachtete Beanspruchungsgröße ungünstigsten Vorzeichen angenommen werden.

4.3 Nichtlineare statische Verfahren

Nichtlinear-inelastische Untersuchungen unter monoton wachsenden Horizontallasten bei konstant gehaltenen Vertikallasten können als vereinfachter nichtlinearer Ansatz zur Beurteilung des Verhaltens seismisch beanspruchter Konstruktionen herangezogen werden. Sie erlauben eine genauere Abschätzung der inelastischen Strukturantwort als lineare statische Methoden, da sie Umlagerungseffekte infolge Nichtlinearitäten wie z.B. der Bildung von Fließgelenken berücksichtigen, vermeiden aber komplexe nichtlineare dynamische Zeitverlaufsberechnungen. International sind diese Verfahren heute in zahlreichen Normen und Richtlinien verankert: ATC-40 [ATC-40 – 1996], FEMA 273 [FEMA 273 – 1997], FEMA 274 [FEMA 274 – 1997], FEMA 356 [FEMA 356 – 2000]. Auch die europäische Norm DIN EN 1998-1 [DIN EN 1998 – 10] sieht die Möglichkeit des rechnerischen Nachweises auf Basis nichtlinearer statischer Analysen vor.

4.3.1 Bauwerkskapazität

Grundlage nichtlinearer statischer Methoden ist die Ermittlung der „Bauwerkskapazität". Sie drückt die Fähigkeit aus, der seismischen Beanspruchung standzuhalten und wird im Wesentlichen von der Festigkeit und dem Verformungsverhalten beeinflusst. Beschreiben lässt sich die Kapazität mittels einer inelastischen statischen

Last-Verformungskurve unter monoton wachsender Horizontallast bei konstant gehaltenen Vertikallasten (Abb. G.4.2). Eine solche Untersuchung wird auch als „Pushover"-Analyse bezeichnet und die Last-Verformungsbeziehung als Kapazitäts- bzw. „Pushover-Kurve".

durch eine bilineare Kurve approximiert und anschließend in das Spektralbeschleunigungs-Spektralverschiebungs-Diagramm transformiert (Abb. G.4.3).

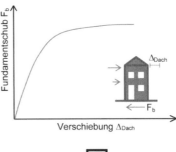

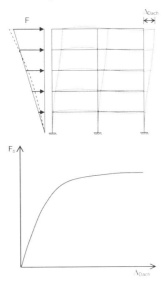

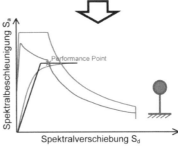

Abb. G.4.2: Ermittlung der (Pushover-Kurve)

Abb. G.4.3: Überlagerung von Antwortspektrum und Kapazitätsspektrum

Die übliche Form dieser Kurve stellt die Dachverschiebung Δ_{Dach} als Funktion des resultierenden Fundamentschubs F_b dar. Die Bestimmung der Pushover-Kurve erfolgt durch monotone Steigerung der horizontal wirkenden Stockwerkskräfte, die aus dem Produkt der jeweiligen Stockwerksmassen mit den Ordinaten der gewählten Verformungsfigur berechnet werden. Die daraus resultierenden Verschiebungen werden unter Berücksichtigung der Effekte aus Theorie II. Ordnung ermittelt. In der Regel ist als Verformungsfigur die erste Eigenform zu verwenden, die unter Berücksichtigung reduzierter Systemsteifigkeiten durch Schädigungseffekte zu bestimmen ist. Einfachheitshalber werden aber auch dreieckförmige, d.h. höhenproportionale Kräfteverteilungen verwendet [DIN EN 1998 – 10]. In diesem Fall sollte aber wenigstens eine weitere Untersuchung durchgeführt werden, und zwar mit einer gleichförmigen (rechteckförmigen) Verteilung, damit sowohl das Verhalten im Ausgangs- als auch im Versagenszustand berücksichtigt wird.

Die Transformation erfolgt mit dem modalen Anteilsfaktor (Transformationsbeiwert) Γ, der mit der Massenmatrix $\underline{M}$, dem auf den Kontrollpunkt normierten Modalvektor $\underline{\Phi}$ der ersten Eigenform und dem Vektor $\underline{r}$ berechnet wird, welcher die Verschiebung der wesentlichen Freiheitsgrade bei einer Einheitsverschiebung des Fußpunktes in der betrachteten Richtung angibt. Bei üblichen Hochbauten entspricht er dem Einsvektor $\underline{1}$. Aufgrund der Diagonalstruktur der Massenmatrix kann die matrizielle Formulierung mit den Geschossmassen m_i und den Komponenten des Modalvektors Φ_i in eine vereinfachte Summationsform überführt werden:

$$\Gamma = \frac{m^*}{\sum m_i \Phi_i^2} \tag{G.4.8}$$

Die Masse m^* des äquivalenten Einmassenschwingers bestimmt sich hierbei zu:

4.3.2 Verformungsbasierter Nachweis

$$m^* = \underline{\phi}^T \underline{M}\,\underline{r} = \sum m_i \Phi_i \tag{G.4.9}$$

Für den verformungsbasierten Nachweis wird die Last-Verformungskurve in der Regel zunächst

Mit dem modalen Anteilsfaktor Γ und der Masse m^*, deren Produkt der effektiven modalen Masse entspricht, kann jeder Punkt der in der Regel auf einen Kontrollpunkt auf Dachgeschossebene bezogenen Pushover-Kurve in das Spektralverschiebungs-Spektralbeschleunigungs-Diagramm transformiert werden. Wird angenommen, dass der Modalvektor auf den Kontrollpunkt normiert ist (Δ_{Dach} = 1), vereinfacht sich die Transformation zu:

$$S_a = \frac{F_b}{\Gamma \cdot m^*} \qquad (G.4.10)$$

$$S_d = \frac{\Delta_{Dach}}{\Gamma \cdot \Phi_{Dach}} = \frac{\Delta_{Dach}}{\Gamma} \qquad (G.4.11)$$

Zur grafischen Ermittlung der maximalen Verschiebung (Zielverschiebung) unter Erdbebenbeanspruchung wird die Bauwerkskapazität im Spektralverschiebungs-Spektralbeschleunigungs-Diagramm mit einem inelastischen Spektrum oder einem gedämpften Antwortspektrum überlagert. Existiert ein Schnittpunkt („Performance Point") ist der Nachweis der Standsicherheit erfüllt. Der Performance Point gibt die maximale Verschiebung des äquivalenten Einmassenschwingers an, aus der durch Rücktransformation die maximale Verschiebung des Kontrollpunktes unter der gegebenen Erdbebenbelastung ermittelt werden kann. Weitergehende Erläuterungen mit Berechnungsbeispielen zu den nichtlinearen statischen Verfahren finden sich in folgenden Publikationen: [Meskouris, Hinzen – 11], [Norda, Butenweg – 11].

4.4 Nichtlineare Zeitverlaufsberechnungen

Nichtlineare Zeitverlaufsberechnungen stellen die mit Abstand aufwändigste Form der Erdbebenanalyse dar und sollten deshalb nur in begründeten Ausnahmefällen von erfahrenen Berechnungsingenieuren eingesetzt werden. Bei Zeitverlaufsberechnungen wird die seismische Belastung durch Zeitverläufe der Bodenbeschleunigung, der Bodengeschwindigkeiten oder Bodenverschiebungen beschrieben. Als Zeitverläufe können nach Abschnitt 3.2.3.1 der DIN EN 1998-1 [DIN EN 1998-1 – 10] entweder künstliche oder aufgezeichnete Zeitverläufe für die Berechnungen verwendet werden.

Zeitverlaufsberechnungen liefern für verschiedene Eingangszeitverläufe streuende Beanspruchungsgrößen. Aus diesem Grunde sind immer mehrere Zeitverlaufsberechnungen durchzuführen, aus denen die Maximalwerte der Beanspruchungen zu ermitteln sind. Werden mindestens 7 Zeitverläufe durchgeführt, so können die Mittelwerte der Beanspruchungen für die Bemessung verwendet werden.

Die Modelle der tragenden Bauteile müssen das nichtlineare dynamische Werkstoffverhalten so abbilden, dass die Energiedissipation und die das nichtlineare Verformungsverhalten der seismischen Bemessungssituation ausreichend genau wiedergegeben werden. Zusätzlich muss das verwendete Tragwerksmodell das dynamische Verhalten des Gesamtbauwerks ausreichend genau wiedergeben.

4.5 Berücksichtigung von Torsionswirkungen

Die Berücksichtigung von Torsionswirkungen ist in der DIN EN 1998-1 [DIN EN 1998-1 – 10] abhängig von dem gewählten Rechenverfahren und den Regelmäßigkeitskriterien des Tragwerks an verschiedenen Stellen geregelt. Durch die Verteilung der Torsionsregelungen auf verschiedene Normkapitel leidet die Übersichtlichkeit, weshalb im Folgenden die Regelungen komprimiert wiedergegeben werden.

Ansatz zufälliger Torsionswirkungen

Um Unsicherheiten bezüglich der Lage von Massen und der räumlichen Veränderlichkeit der Erdbebenbewegung abzudecken, muss der berechnete Massenmittelpunkt von jedem Geschoss *i* um eine zufällige Ausmittigkeit e_{ai} aus seiner planmäßigen Lage in beiden Richtungen verschoben werden:

$$e_{ai} = \pm 0,05 \cdot L_i, \qquad (G.4.12)$$

wobei e_{ai} die zufällige Ausmittigkeit der Geschossmasse *i* von ihrer planmäßigen Lage ist, die für alle Geschosse in gleicher Richtung anzusetzen ist, und L_i die Geschossabmessung senkrecht zur Richtung der Erdbebeneinwirkung.

Ansatz von Torsionswirkungen im vereinfachten Antwortspektrenverfahren

Bei einer symmetrischen Verteilung von horizontaler Steifigkeit und Masse im Grundriss können die zufälligen Torsionswirkungen vereinfacht durch eine Erhöhung der Beanspruchungen in den lastabtragenden Bauteilen mit dem Faktor δ berücksichtigt werden:

$$\delta = 1 + 0,6 \cdot \frac{x}{L_e} \qquad (G.4.13)$$

wobei *x* der Abstand des betrachteten Bauteils vom Massenmittelpunkt des Gebäudes im Grundriss, gemessen senkrecht zur Richtung der betrachteten Erdbebenwirkung, und L_e der Abstand zwischen den beiden äußersten Bauteilen, die horizontale Lasten abtragen, gemessen senkrecht zur Richtung der betrachteten Erdbebenwirkung sind.

Wenn die Berechnung nach dem vereinfachten Antwortspektrenverfahren unter Verwendung von zwei ebenen Modellen durchgeführt wird, jeweils einem für jede horizontale Hauptrichtung, dürfen Torsionswirkungen durch Verdopplung der zufälligen Ausmittigkeit e_{ai} nach G.4.12 berücksichtigt werden. Alternativ kann die Berücksichtigung durch den Faktor δ nach G.4.13 erfolgen, wobei in der Gleichung der Faktor 0,6 auf 1,2 zu erhöhen ist.

Die Anwendung von ebenen Modellen ist in DIN EN 1998-1 [DIN EN 1998-1 – 10], Abschnitt 4.3.3.1 (7) an bestimmte Bedingungen geknüpft, die zu überprüfen sind. Hierbei ist generell zwischen Bauwerken mit regelmäßigen und unregelmäßigen Grundrissen zu unterscheiden.

Regelmäßige Grundrisse

Nach DIN EN 1998-1 [DIN EN 1998-1 – 10], Abschnitt 4.3.3.1 (7) können ebene Modelle angewendet werden, wenn die Kriterien für die Regelmäßigkeit im Grundriss erfüllt sind. Diese Kriterien sind im Normabschnitt 4.2.3.2 zusammengestellt. Neben allgemeinen Kriterien sind für jedes Geschoss und in jede Berechnungsrichtung i folgende rechnerische Überprüfungen erforderlich:

$$e_{0i} \leq 0{,}30 \cdot r_i \quad \text{und} \quad r_i \geq l_s \tag{G.4.14}$$

wobei e_{0i} der Abstand zwischen Steifigkeitsmittelpunkt und dem Massenmittelpunkt, gemessen senkrecht zur betrachteten Berechnungsrichtung, und r_i die Quadratwurzel des Verhältnisses zwischen der Torsionssteifigkeit und der Horizontalsteifigkeit senkrecht zur betrachteten Richtung ("Torsionsradius") ist. l_s ist der „Trägheitsradius", der dem Quotienten aus dem Massenträgheitsmoment des Geschosses für Drehungen um die vertikale Achse durch seinen Massenschwerpunkt und der Geschossmasse entspricht. Für einen Rechteckquerschnitt mit den Abmessungen L und B kann der Trägheitsradius wie folgt berechnet werden:

$$l_s^2 = (L^2 + B^2)/12 \tag{G.4.15}$$

Unregelmäßige Grundrisse

Auch wenn die Kriterien für die Regelmäßigkeit im Grundriss nach DIN EN 1998-1 [DIN EN 1998-1 – 10], Abschnitt 4.2.3.2 nicht erfüllt sind, kann die Berechnung an zwei ebenen Modellen erfolgen, wenn die nachfolgend aufgeführten besonderen Regelmäßigkeitsbedingungen erfüllt werden:

a) Das Bauwerk weist gut verteilte und relativ starre Fassadenteile und Trennwände auf.
b) Die Höhe des Bauwerks darf 10 m nicht überschreiten.
c) Die Steifigkeit der Decken in ihrer Ebene muss im Vergleich zur horizontalen Steifigkeit der vertikalen tragenden Bauteile ausreichend groß sein, so dass eine starre Deckenwirkung angenommen werden kann.
d) Die Mittelpunkte der horizontalen Steifigkeit und der Masse müssen jeweils näherungsweise auf einer vertikalen Geraden liegen, und es werden in den beiden horizontalen Berechnungsrichtungen die Bedingungen $r_x^2 > l_s^2 + e_{0x}^2$, $r_y^2 > l_s^2 + e_{0y}^2$ erfüllt.

Wenn alle Bedingungen bis auf die letzte eingehalten werden, kann trotzdem eine Betrachtung an zwei ebenen Modellen erfolgen, jedoch sind dann die Beanspruchungsgrößen mit dem Faktor 1,25 zu multiplizieren. Wenn mehrere Kriterien verletzt werden, so ist eine räumliche Berechnung durchzuführen.

Ansatz von Torsionswirkungen in räumlichen Tragwerksmodellen

Liegt der Berechnung ein räumliches Modell zugrunde, so dürfen die zufälligen Torsionswirkungen als Umhüllende der Beanspruchungsgrößen durch zusätzliche statische Lastfälle berücksichtigt werden. Die Lastfälle bestehen aus Gruppen von Torsionsmomenten M_{ai}, die um die vertikale Achse eines jeden Geschosses i zu ermitteln sind:

$$M_{ai} = e_{ai} \cdot F_i \tag{G.4.16}$$

Hierbei sind M_{ai} das Torsionsmoment, wirkend auf das Geschoss i um seine vertikale Achse durch den Massenschwerpunkt, e_{ai} die zufällige Ausmittigkeit nach G.4.12 für alle maßgebenden Richtungen und F_i die Horizontalkraft des Geschosses i.

4.5.1 Vergleich mit DIN 4149

Die Torsionsregelungen in der DIN 4149 [DIN 4149 – 05] entsprechen weitestgehend den Regelungen der DIN EN 1998-1 [DIN EN 1998-1 – 10]. Jedoch bietet die DIN 4149 [DIN 4149 – 05] noch eine weitere alternative Berechnungsmöglichkeit an, die einen genaueren Torsionsansatz darstellt, der auch für Gebäudehöhen von mehr als 10 m angewendet werden kann. Dieser Ansatz ist auch in den vereinfachten Auslegungsregeln im informativen Anhang des NAD [DIN EN 1998-1/NA – 11] zu finden, und kann somit für Bauwerke in deutschen Erdbebengebieten angewendet werden. Die Anwendung alternativer Torsionsberechnungen ist zudem nach DIN

EN 1998-1 [DIN EN 1998-1 – 10], Abschnitt 4.3.3.2.4 zugelassen, so dass die Anwendung des genaueren Rechenansatzes normkonform ist. Die genauere Torsionsberechnung kann angewendet werden, wenn die Steifigkeitsmittelpunkte und Massenschwerpunkte der einzelnen Geschosse näherungsweise auf einer vertikalen Geraden liegen und in jeder der beiden Berechnungsrichtungen die Bedingung $r^2 > l_s^2 + e_0^2$ eingehalten ist. Mit r^2 wird das Quadrat des „Torsionsradius" bezeichnet, das dem Verhältnis zwischen der Torsions- und der Horizontalsteifigkeit des Geschosses in der betrachteten Berechnungsrichtung entspricht:

$$r_i^2 = \frac{k_T}{k_j} = \frac{\sum_{i=1}^{n} k_i \cdot r_i^2 + \sum_{j=1}^{l} k_j \cdot r_j^2}{\sum_{i=1}^{n} k_j} \quad (G.4.17)$$

$$r_j^2 = \frac{k_T}{k_i} = \frac{\sum_{i=1}^{n} k_i \cdot r_i^2 + \sum_{j=1}^{l} k_j \cdot r_j^2}{\sum_{i=1}^{n} k_i}$$

mit:
- h Bauwerkshöhe
- k_i, k_j Steifigkeiten der Elemente parallel und senkrecht zur Erdbebenrichtung
- k_T Torsionssteifigkeit des betrachteten Geschosses
- r_i, r_j Abstände der Aussteifungselemente zum Steifigkeitsmittelpunkt

In dem Ansatz wird die Torsionswirkung in jeder Richtung unter Berücksichtigung der tatsächlichen Exzentrizität e_0, der zusätzlichen Exzentrizität e_2 (dynamische Wirkung von gleichzeitigen Translations- und Torsionsschwingungen) und der zufälligen Exzentrizität e_1 angesetzt. Hierbei ergibt sich die zusätzliche Exzentrizität e_2 als Minimum aus den folgenden Berechnungsformeln:

$$e_2 = 0{,}1 \cdot (L+B) \cdot \sqrt{\frac{10 \cdot e_0}{L}} \quad (G.4.18)$$
$$\leq 0{,}1 \cdot (L+B)$$

Bei Vorhandensein einer guten Torsionsaussteifung kann e_2 auch wie folgt ermittelt werden:

$$e_2 = \frac{1}{2e_0}\left[l_s^2 - e_0^2 - r^2\right] +$$
$$\frac{1}{2e_0}\sqrt{\left(l_s^2 + e_0^2 - r^2\right)^2 + 4 \cdot e_0^2 \cdot r^2} \quad (G.4.19)$$

Mit den Exzentrizitäten e_0, e_1 und e_2 sind je Geschoss die Exzentrizitäten e_{min} und e_{max} zu bestimmen (Abb. G.4.4):

$$e_{max} = e_0 + e_1 + e_2$$
$$e_{min} = 0{,}5 e_0 - e_1 \quad (G.4.20)$$

Mit den Exzentrizitäten e_{min} und e_{max} können für ein Tragwerk mit in Erdbebenrichtung liegenden Aussteifungselementen (Index i) und senkrecht dazu liegenden Aussteifungselementen (Index j) die resultierenden Wandkräfte bestimmt werden. Dazu wird für jedes Aussteifungselement eines Geschosses eine Verteilungszahl bestimmt, die einen prozentualen Anteil der insgesamt vom Geschoss aufzunehmenden horizontalen Erdbebenersatzlast F_i darstellt. Die Verteilungszahlen für die Aussteifungselemente in die Richtungen parallel und senkrecht zur Belastungsrichtung ergeben sich zu:

$$s_i = \frac{k_i}{k}\left(1 \pm \frac{k \cdot r_i \cdot e}{k_T}\right), \quad s_j = \frac{k_j \cdot r_j \cdot e}{k_T} \quad (G.4.21)$$

Das Vorzeichen in dem Klammerausdruck ist positiv anzusetzen, wenn r_i und e auf der gleichen Seite des Steifigkeitsmittelpunktes liegen. Im anderen Fall ist das negative Vorzeichen zu wählen. Für die Variable e sind e_{max} oder e_{min} so einzusetzen, dass sich für jedes Aussteifungselement die maßgebenden Verteilungszahlen ergeben. Die zufälligen Exzentrizitäten sind auch im Rahmen des genaueren Ansatzes durch die Berücksichtigung zusätzlicher Torsionsmomente in allen Geschossen zu erfassen:

$$M_{1i} = e_{1i} \cdot F_i \quad (G.4.22)$$

Dabei ist e_{1i} die zufällige Exzentrizität der Geschossmasse i gegenüber ihrer planmäßigen Lage, die für alle Geschosse in der gleichen Richtung anzusetzen ist:

$$e_{1i} = \pm 0{,}05 \cdot L_i \quad (G.4.23)$$

Hierbei ist L_i die Geschossabmessung senkrecht zur Richtung der Erdbebeneinwirkung.

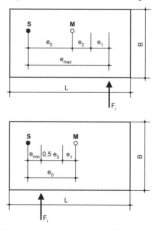

Abb. G.4.4: Ansatz der Exzentrizitäten

Die genauere Torsionsberechnung führt in der Regel zu geringeren Torsionsbeanspruchungen und stellt rechnerisch keinen wesentlichen Mehraufwand dar, da auch für die vereinfachten Torsionsansätze zur Überprüfung der Regelmäßigkeitskriterien die Exzentrizitäten, die Torsionsradien und die Trägheitsradien der einzelnen Geschosse bestimmt werden müssen. Insgesamt stellt die geschossweise Bestimmung der Exzentrizitäten sowie der Torsions- und Trägheitsradien für Handrechnungen einen großen Aufwand dar, so dass weder der vereinfachte noch der genauere Torsionsansatz bei korrekter Anwendung schnell und einfach anwendbar sind. Deshalb ist hier eine Programmunterstützung erforderlich. Hinsichtlich der Wirtschaftlichkeit ist dem genaueren Torsionsansatz Vorzug zu geben, da dieser die Torsionswirkungen realitätsnäher erfasst.

4.6 Nachweis der Standsicherheit

Der Nachweis der Standsicherheit nach DIN EN 1998-1 [DIN EN 1998-1 – 10] umfasst folgende Einzelnachweise:

- Tragfähigkeit
- Duktilität
- Gleichgewicht
- Horizontale Scheiben
- Gründungen
- Fugen

Diese Nachweise können bei Einhaltung bestimmter Konstruktionsmerkmale und Randbedingungen ganz oder teilweise entfallen.

4.6.1 Vereinfachter Nachweis

Die Nachweise der Standsicherheit für Hochbauten der Bedeutungskategorien I bis III können vollständig entfallen, wenn folgende Bedingungen erfüllt sind:

- Die mit einem Verhaltensbeiwert, der dem für Tragwerke mit niedriger Dissipation entspricht, ermittelte horizontale Gesamterdbebenkraft ist kleiner als die Horizontalkraft, die sich aus anderen ständigen und vorübergehenden Bemessungssituationen ergibt (z. B. Wind in Kombination mit ständigen Lasten und Verkehrslasten).
- Die wesentlichen Kriterien des erdbebengerechten Entwurfs nach DIN EN 1998-1 [DIN EN 1998-1 – 10] sind erfüllt.

Weiterhin kann nach dem NAD [DIN EN 1998-1/NA – 11] auf einen rechnerischen Nachweis im Grenzzustand der Tragfähigkeit bei Wohn- und ähnlichen Gebäuden verzichtet werden, wenn die folgenden Bedingungen eingehalten sind:

- Die Anzahl der Vollgeschosse überschreitet nicht die Werte nach Tafel G.4.1.
- Die Kriterien des erdbebengerechten Entwurfs sind erfüllt.
- Für Mauerwerksbauten sind die Regeln nach Abschnitt NA.D. 10 eingehalten.
- Das Bauwerk verfügt über einen als steifen Kasten ausgebildeten Keller.

Tafel G.4.1 Maximale Anzahl von Vollgeschossen für Bauwerke ohne rechnerischen Standsicherheitsnachweis

Erdbebenzone	Bedeutungskategorie	Maximale Anzahl von Vollgeschossen
1	I bis III	4
2	I bis II	3
3	I bis II	2

4.6.2 Tragfähigkeit

Die Ermittlung des Bemessungswertes der Beanspruchungen E_{dAE} erfolgt nach den Kombinationsregeln der DIN EN 1990 [DIN EN 1990 – 10] für die Bemessungssituation Erdbeben:

$$E_{dAE} = \sum_{j\geq 1} G_{k,j} \oplus P_k \oplus \gamma_1 A_{Ed} \oplus \sum_{i>1} \psi_{2,i} Q_{k,i} \qquad (G.4.24)$$

mit:

$\oplus$ „in Kombination mit"

$G_{k,j}$ Charakteristischer Wert der ständigen Einwirkung j

A_{Ed} Bemessungswert der Erdbebeneinwirkung

P_k Charakteristischer Wert der veränderlichen Einwirkung

$\psi_{2,i}$ Kombinationsbeiwert für die veränderliche Einwirkung i

P_K Vorspannung

γ_1 Wichtungsfaktor für Erdbeben nach DIN EN 1990 [DIN EN 1990 – 10], ($\gamma_1 = 1,0$)

Der Bemessungswert der Erdbebeneinwirkung A_{Ed} wird unter Berücksichtigung aller ständig wirkenden Vertikallasten ermittelt:

$$A_{Ed} = \sum G_{kj} \oplus \sum \varphi \cdot \psi_{2i} \cdot Q_{ki} \cdot A \qquad (G.4.25)$$

Darin ist φ nach DIN 4149 [DIN 4149 – 05], Tabelle 6, und der Kombinationsbeiwert ψ_{2i} nach DIN EN 1990 [DIN EN 1990 – 10] anzusetzen. Der Nachweis der Tragfähigkeit erfolgt durch die Gegenüberstellung des Bemessungswertes der Beanspruchungen E_{dAE} mit der Bemessungstragfähigkeit R_d:

$$E_{dAE} < R_d = R\left\{\frac{f_k}{\gamma_m}\right\} \qquad (G.4.26)$$

In dieser Formel ist f_k der charakteristische Wert der Festigkeit des verwendeten Baustoffs und γ_M der Teilsicherheitsbeiwert auf der Materialseite. Bei der Ermittlung der Beanspruchungsgrößen kann der Einfluss der Theorie II. Ordnung (P-Δ-Effekt) vernachlässigt werden, wenn die Bedingung

$$\theta = \frac{P_{tot} \cdot d_t}{V_{tot} \cdot h} \leq 0{,}10 \qquad (G.4.27)$$

erfüllt ist. Hierbei sind P_{tot} die vorhandene Vertikallast oberhalb des betrachteten Stockwerks, d_t die gegenseitige Stockwerksverschiebung, h die Stockwerkshöhe und V_{tot} die Geschossquerkraft infolge Erdbebeneinwirkung. Werte von $\theta > 0{,}3$ sind unzulässig, und für Werte $0{,}1 < \theta \leq 0{,}2$ kann der P-Δ-Effekt näherungsweise durch Vergrößerung der Schnittkräfte aus Erdbeben mit dem Faktor $1/(1 - \theta)$ erfasst werden.

4.6.3 Duktilität

Der Duktilitätsnachweis kann durch Beachtung der baustoffbezogenen Regeln geführt werden. Diese stellen sicher, dass sich in den kritischen Zonen, in denen inelastische Phänomene zu erwarten sind, die gewünschten duktilen Eigenschaften einstellen. Die Regeln der Kapazitätsbemessung erlauben die gezielte Wahl und konstruktive Ausbildung von Bereichen, so dass sich die gewünschte Hierarchie bei der Ausbildung der Fließgelenke einstellt.

4.6.4 Gleichgewicht

Die globale Gleichgewichtsbedingung ist erfüllt, wenn Kippen und Gleiten des gesamten Baukörpers für die Erdbebenkombination ausgeschlossen werden können.

4.6.5 Horizontale Scheiben

Scheiben und Verbände in horizontalen Ebenen müssen in der Lage sein, die Beanspruchung aus der Bemessungs-Erdbebeneinwirkung mit ausreichender Tragreserve an die verschiedenen Aussteifungssysteme zur Aufnahme von Horizontallasten, mit denen sie verbunden sind, weiterzuleiten. Dies kann durch Berücksichtigung eines Überfestigkeitswertes bei der Auslegung der Scheiben sichergestellt werden.

4.6.6 Gründungen

Nachzuweisen ist, dass die Gründung die ermittelten Auflagerkräfte sicher aufnehmen kann. Die Bemessungsschnittgrößen sind auf der Grundlage der Kapazitätsbemessung unter Berücksichtigung möglicher Überfestigkeiten zu ermitteln, wobei diese nicht größer angesetzt werden müssen als die Schnittgrößen, die sich aus einer elastischen Berechnung mit dem Verhaltensbeiwert $q = 1$ ergeben.

4.6.7 Fugen

Zur Vermeidung von „Pounding" - Effekten (Gegeneinanderschlagen benachbarter Bauwerke) sind ausreichend breite Fugen vorzusehen. Die Größe der Fugen ist rechnerisch zu prüfen.

4.6.8 Unterschiede zur DIN 4149

Die Sicherheitsnachweise nach DIN EN 1998-1 [DIN 1998-1 – 10] entsprechen im Wesentlichen den Nachweisen der DIN 4149 [DIN 4149 – 05]. Zu berücksichtigen ist, dass bei der Ermittlung des Bemessungswertes der Erdbebeneinwirkung A_{Ed} der Beiwert φ nach dem NAD [DIN EN 1998-1/NA – 11], Tabelle NA.5 zu bestimmen ist (Tafel G.4.2). Die dort angegebenen Werte weichen von denen der Tabelle 6 in DIN 4149 [DIN 4149 – 05] ab. Weiterhin ist zu beachten, dass Schneelasten mit einem Kombinationsbeiwert von $\psi_2 = 0{,}5$ zu berücksichtigen sind. Dies entspricht den bisherigen Regelungen in den Einführungserlassen zur DIN 4149 [DIN 4149 – 05] der Bundesländer.

Nach DIN 4149 [DIN 4149 – 05], Abschnitt 6.2.4.1 darf für Bauwerke, die die Kriterien für die Regelmäßigkeit im Grundriss erfüllen oder bei denen Horizontallasten ausschließlich durch Wände abgetragen werden, die Erdbebeneinwirkung als getrennt in Richtung der zwei zueinander orthogonalen Hauptachsen des Bauwerks angreifend angenommen werden. Nach DIN EN 1998-1 [DIN EN 1998-1 – 10] entfällt eine Richtungsüberlagerung nur dann, wenn der Grundriss regelmäßig ist und die Horizontallasten vorwiegend über Schubwände abgetragen werden. Diese Regelung stellt eine Verschärfung der Anforderungen dar.

Tafel G.4.2: Beiwerte φ nach NAD (DIN EN 1998-1/NA – 11), Tabelle NA.5

Art der veränderlichen Einwirkung nach NAD (DIN EN 1991-1-1/NA – 10)	Lage im Gebäude	φ
Nutzlasten der Kategorien A – C einschließlich Nutzlasten der Kategorien T und Z	oberstes Geschoss	1,0
	andere Geschosse	0,7
Nutzlasten der Kategorien D – F einschließlich Nutzlasten der Kategorien T und Z	alle Geschosse	1,0

5 Konstruktive Durchbildung nach DIN 4149 und DIN EN 1998-1

5.1 Einleitung

Für Bauwerke in deutschen Erdbebengebieten werden in der aktuell gültigen Erdbebennorm DIN 4149 [DIN 4149 – 05, Roeser – 06] detaillierte Konstruktionsregeln für Stahlbetonbauten vorgeschrieben, die über die Anforderungen der DIN 1045-1 [DIN 1045-1 – 08] hinausreichen und weitestgehend auf die DIN EN 1998-1 [DIN EN 1998-1 – 10; Eibl, Keintzel – 95] zurückgehen. Zukünftig sind die Regelungen dem NAD [DIN EN 1998-1/NA – 11] und der DIN EN 1998-1 [DIN EN 1998-1 – 10] zu entnehmen, die voraussichtlich im nächsten Jahr bauaufsichtlich eingeführt werden.

Bei der Bestimmung der Erdbebenwiderstände wird berücksichtigt, dass sich das Verhalten eines Tragwerks unter Erdbebenbelastung eher verformungs- und energiegesteuert beschreiben lässt, während in der herkömmlichen Bemessung i.d.R. Kräfte als Einwirkungen zu betrachten sind. Schäden aus Starkbebenregionen zeigen zudem, dass einer sorgfältigen konstruktiven Durchbildung gerade im Erdbebenfall eine wesentliche Bedeutung zukommt.

5.2 Duktilitätsklassen

Die konstruktive Durchbildung von Strahlbetonbauten wird in DIN 4149 [DIN 4149 – 05], Abschnitt 8 bzw. DIN EN 1998-1 [DIN EN 1998-1 – 10], Abschnitt 5 geregelt. In Abhängigkeit des Trag- und Verformungsverhaltens werden Duktilitätsklassen (DK) definiert, wobei gemäß dem nationalen Parameter NDP zu Abschnitt 5.2.1 (5) der Norm in Deutschland für Stahlbetonbauten die Anwendung der Duktilitätsklassen DCL und DCM aus der DIN EN 1998-1 [DIN EN 1998-1 – 10] empfohlen wird (Tafel 6.5.1).

Tafel G.5.1: Definition der Duktilitätsklassen

	DIN 4149	DIN EN 1998-1
Niedrige Duktilität	DK 1: Abschnitt 8.2	DCL: Abschnitt 5.3
Mittlere Duktilität	DK 2: Abschnitt 8.3	DCM: Abschnitt 5.4
Hohe Duktilität		DCH: Abschnitt 5.5

Mit zunehmender Duktilität eines Tragwerks werden im Bruchzustand erhöhte plastische Verformungen ermöglicht, durch die die aus dem Erdbeben zugeführte Verformungsenergie verbraucht wird. Bezüglich der Tragfähigkeit unter Erdbeben besteht nach [Bachmann – 96] folgender vereinfachter Zusammenhang:

Tragverhalten unter Erdbeben ≈ Tragwiderstand x Duktilität

Ein Tragwerk kann daher entweder mit einem hohen Tragwiderstand und geringer Duktilität oder alternativ mit einem geringeren Tragwiderstand und erhöhter Duktilität erdbebengerecht ausgelegt werden. Durch die Festlegung der Duktilitätsklasse wird das Tragverhalten innerhalb der Bemessung direkt beeinflusst. Mit einer höheren Duktilitätsklasse werden die anzusetzenden Erdbebenlasten geringer, gleichzeitig nimmt der Aufwand der konstruktiven Durchbildung zu, um die erforderliche Duktilität zu erreichen. Grundlegende Annahmen zu Aussteifungssystemen in Erdbebengebieten sind in [Bachmann – 04, Paulay – 90, Bachmann – 04, Meskouris – 11] enthalten. Darüber hinaus werden für aussteifende Stahlbetonbauteile, wie Wandscheiben, Stützen und Rahmenriegel, in den Literaturstellen die konstruktiven Regelungen zur Sicherstellung der erforderlichen Duktilität angegeben. Als duktilitätssteigernde Maßnahmen im Stahlbetonbau können genannt werden:

- Verwendung von duktilem Betonstahl in den Zugbereichen der kritischen Zonen
- Umschnürung der Biegedruckzone durch Bügel
- Begrenzung der Längsbewehrungsgrade und der Längsdruckkräfte
- Erhöhte Anforderungen an Übergreifungsstöße und Verankerungen
- Gezielte Ausbildung von plastischen Zonen

In Abhängigkeit der Duktilitätsklasse werden die Verhaltensbeiwerte q quantifiziert, mit denen die einwirkenden Erdbebenlasten in Abhängigkeit der Duktilität abgemindert werden und das globale nichtlineare Tragwerksverhalten beschrieben wird. Zur Verdeutlichung der grundlegenden Annahmen ist in Abb. G.5.1 exemplarisch das schematisierte Kraft-Verformungs-Verhalten einer aussteifenden Stahlbetonstütze für eine Industriehalle dargestellt. Während in einer linear-elastischen Berechnung von einem proportionalen Zusammenhang zwischen Verformung und Kraft ausgegangen wird, werden unter Erdbebenbeanspruchung bilineare Zusammenhänge zur Beschreibung des tatsächlichen Hystereseverhaltens gewählt. In der Duktilitätsklasse 1 (bzw. DCL) wird die natürliche Duktilität der Stütze genutzt, so dass die Kopfverschiebung $w = 1$ bei der Bemessungslast $H_{Ed} = H_{elastisch} / q$ mit $q = 1,5$ erreicht wird. Kann durch Einhaltung entsprechender konstruktiver Regeln die Duktilitätsklasse 2 (bzw. DCM) eingehalten werden, so kann der Verhaltensbeiwert q deutlich vergrößert werden: Die gleiche Verschiebung w wird dann bei geringeren Kräften H_{Ed} erreicht. Um eine physikalisch nichtlineare Berechnung zu umgehen, wird mit um den Verhaltensbeiwert q reduzierten Kräften gerechnet. Durch die Wahl der Duktilitätsklasse werden somit die anzusetzenden Erdbebenkräfte für den quasi-statischen Nachweis festgelegt. Die tatsächlichen Verformungen sind dementsprechend um den Verhaltensbeiwert q größer als in der linear-elastischen Ersatzberechnung, was konstruktiv bei der Auslegung von Bauwerksfugen zu berücksichtigen ist. Für höhere Duktilitätsklassen wird somit der Anteil der plastischen Verformungen im Verhältnis zu den elastischen Verformungen beim Erreichen des Bemessungserdbebens größer.

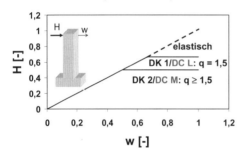

Abb. G.5.1: Einfluss des Verhaltensbeiwerts q auf das globale Last-Verformungs-Verhalten einer aussteifenden Kragstütze in den Duktilitätsklassen 1 und 2 (bzw. DCL und DCM)

5.3 Anforderungen in der Duktiltätsklasse 1 (DCL)

Die wesentlichen konstruktiven Anforderungen an die aussteifenden Bauteile innerhalb der Duktilitätsklasse 1 gemäß DIN 4149 [DIN 4149 – 05], Abschnitt 8.2 sind in Tafel G.5.2 beschrieben. Die Horizontallasten können dabei mit dem Verhaltensbeiwert $q = 1,5$ abgemindert werden, während für die Vertikallasten im Allgemeinen $q = 1,0$ angesetzt wird. Der Betonstahl der Zugbänder der aussteifenden Bauteile muss den Anforderungen an hochduktilen Stahl BSt 500 B gemäß DIN 1045-1 [DIN 1045-1 – 08], Tabelle 11 entsprechen, worauf auf den Bewehrungsplänen hinzuweisen ist.

Für **aussteifende Stützen** (Tafel G.5.2, oben) ist die bezogene Längsdruckkraft auf $v_d = 0,25$ zu begrenzen und die Verankerungs- und Übergreifungslängen der Bewehrung sind mit dem Verhältniswert $A_{svorh}/A_{serf} = 1,0$ zu berechnen. Dadurch wird eine ausreichende Zähigkeit im kritischen Anschlussbereich an das Fundament sichergestellt.

Im Allgemeinen Hochbau werden in Deutschland meistens **Wandsysteme** zur Aussteifung herangezogen (Tafel G.5.2, Mitte). Um ein sprödes Schubversagen auszuschließen und ein duktiles Biegeversagen zu erreichen, wird die einwirkende Querkraft mit dem Faktor $\varepsilon = 1,5$ gegenüber der Biegebemessung erhöht. Gleichzeitig ist die dimensionslose bezogene Drucknormalkraft in den Wänden auf $v_d \leq 0,2$ unter Erdbebenbeanspruchung zu begrenzen.

Seltener werden in Deutschland **aussteifende Rahmensysteme** ausgeführt, während diese gerade in starken Erdbebengebieten wie dem Mittelmeerraum, Nordamerika oder Japan und Neuseeland bevorzugt werden. In den Riegelanschlüssen (Tafel G.5.2, unten) sind gemäß der Duktilitätsklasse 1 der DIN 4149 [DIN 4149 – 05] der geometrische Zugbewehrungsgrad auf $\rho_l = 3\%$ zu begrenzen und der Querschnitt der Druckbewehrung A_{s2} muss mindestens der Hälfte der Zugbewehrung A_{s1} entsprechen. Weitergehende Hinweise zur konstruktiven Durchbildung von Rahmenknoten gemäß der neuen Normengeneration befinden sich in [Hegger, Roeser – 10]. Wichtig ist, dass das seismische Verhalten von Rahmentragwerken nicht durch ausfachende Wandscheiben gestört wird. Wenn sich die unterstellte Rahmenwirkung infolge nichttragender Wände nicht ungehindert einstellen kann, ändert sich das tatsächliche Tragverhalten gegenüber der Berechnung entscheidend, was in Starkbebengebieten häufiger zu Schäden geführt hat. Weiterhin sind kurze Stützen („short columns") in Rahmentragwerken zu vermeiden, wie sie häufig bei nachträglicher Anordnung von steifen Brüstungselementen in Rahmenstrukturen entstehen. In solchen Fällen treten die seismischen Verformungen konzentriert auf der reduzierten Stützenlänge oberhalb der Brüstung auf, woraus größere Biege- und Querkraftbeanspruchungen der Stützen im Erdbebenfall resultieren. Eigene Untersuchungen an ausgeführten Rahmentragwerken zeigen, dass die gemessene Eigenfrequenz am Bauwerk infolge der Mitwirkung nichttragender Fassadenbauteile deutlich höher sein kann als die rechnerische Eigenfrequenz der nackten Tragstruktur. Daher sind Rahmentragwerke in Erdbebengebieten für die seismische

Beanspruchung sorgfältig durchzukonstruieren. Weitergehende Hinweise zu Ausfachungen von Rahmentragwerken mit Mauerwerks- oder Betonwänden enthält DIN EN 1998-1 [DIN EN 1998-1 – 10], Abschnitt 5.9.

Für die Erdbebenzonen 1 und 2 können die zuvor genannten Maßnahmen entfallen, wenn für die Stützen und Wände eine um 20 % vergrößerte Erdbebenlast angesetzt wird. Dies entspricht einem Verhaltensbeiwert $q = 1,5 / 1,2 = 1,25$, für den dann die konstruktive Durchbildung gemäß DIN 1045-1 [DIN 1045-1 – 08] als ausreichend angesehen wird.

Tafel G.5.2 Konstruktive Anforderungen an Bauteile in DK 1, DIN 4149 [DIN 4149 – 05] bzw. DIN EN 1998-1 [DIN EN 1998-1 – 10] DCL

Aussteifende Stützen in Duktilitätsklasse 1
Längskraft $v_d = N_{Ed}/(A_c \, f_{cd}) \leq 0,25$ 
EC 8 DC L: Bemessung nach EC 2
Wände in Duktilitätsklasse 1
Querkraftfaktor $\varepsilon = 1,5$ 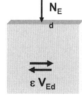
Längskraft $v_d = N_{Ed}/(A_c \, f_{cd}) \leq 0,20$
EC 8 DC L: Bemessung nach EC 2
Riegelanschlüsse in Duktilitätsklasse 1
Zugbewehrungsgrad $\rho_{s1} = A_{s1}/(b \, d) \leq 0,03$
Druckbewehrungsgrad $\rho_{s2} \geq 0,5 \, \rho_{s1}$
EC 8 DC L: Bemessung nach EC 2

Die Teilsicherheitsbeiwerte auf der Widerstandsseite können zu $\gamma_c = 1,5$ und $\gamma_s = 1,15$ entsprechend der ständigen und vorübergehenden Situation der DIN 1045-1 [DIN 1045-1 – 08] gewählt werden. Alternativ können gemäß DIN 4149 [DIN 4149 – 05], Abschnitt 8.1.3 die Teilsicherheitsbeiwerte entsprechend der außergewöhnlichen Kombination der DIN 1045-1 [DIN 1045-1 – 08] zu $\gamma_c = 1,3$ und $\gamma_s = 1,0$ gewählt werden, wenn gleichzeitig der Tragwiderstand unter Berücksichtigung eines möglichen Festigkeitsabfalls infolge von Schädigungen, zyklischen Verformungen und Abplatzungen der Betondeckung ermittelt wird.

Gemäß DIN EN 1998-1 [DIN EN 1998-1 – 10] erfolgt die Bemessung in der Duktilitätsklasse 2 gemäß DIN EN 1992-1-1 [DIN EN 1992-1-1 – 11]. Bei der Bestimmung der Erdbebeneinwirkungen darf unabhängig vom Tragsystem und der Regelmäßigkeit ein Verhaltensbeiwert $q = 1,5$ vorausgesetzt werden. Die Anforderungen aus Tafel G.5.2 gemäß DIN 4149 [DIN 4149 – 05] werden in der Klasse DCL nach DIN EN 1998-1 [DIN EN 1998-1 – 10] nicht gestellt. Zusätzlich sind allerdings die erdbebenspezifischen Konstruktionsregeln zu Verankerungen und Stößen gemäß DIN EN 1998-1 [DIN EN 1998-1 – 10], Abschnitt 5.6 zu beachten.

5.4 Anforderungen in der Duktilitätsklasse 2 (DCM)

In der Duktilitätsklasse 2 bzw. DCM werden erhöhte Anforderungen an die konstruktive Durchbildung gestellt, gleichzeitig können die Erdbebenlasten gegenüber der Duktilitätsklasse 1 deutlich höher abgemindert werden. Dabei wird zwischen den Tragwerksformen gemäß Tafel G.5.3 unterschieden und der Grundwert q_0 des Verhaltensbeiwerts in Abhängigkeit der Aussteifungskonstruktion bestimmt. Der globale Verhaltensbeiwert q wird dann entsprechend DIN 4149 [DIN 4149 – 05], Abschnitt 8.3.3.2.1 bzw. DIN EN 1998-1 [DIN EN 1998-1 – 10], Abschnitt 5.2.2 (1), (3), (11) mit G.5.1 in Abhängigkeit der Regelmäßigkeit des Gebäudes im Aufriss und der Schlankheit der aussteifenden Wände bestimmt.

$$q = k_R \cdot k_W \cdot q_0 \tag{G.5.1}$$

mit:
q Verhaltensbeiwert zur Beschreibung der globalen Duktilität des Tragwerks
q_0 Grundwert q_0 des Verhaltensbeiwerts gemäß Tafel G.5.3

k_R 1,0 für regelmäßige Tragwerke
k_R 0,8 für unregelmäßige Tragwerke
k_w 1,0 für Rahmensysteme oder Mischsysteme mit überwiegend Rahmen
k_w $k_w = (1 + q_0) / 3 \leq 1$
$\geq 0,5$ für Wandsysteme bzw. Mischsysteme mit überwiegend Wänden

Die globale Duktilität muss lokal auf der Querschnittsebene sichergestellt werden, da durch ein günstiges Momenten-Krümmungs-Verhalten das Gesamttragverhalten beeinflusst wird. Als Maß für die lokale Duktilität eines Querschnitts wird der Krümmungs-Duktilitätsfaktor (CCDF-Faktor) gemäß DIN 4149 [DIN 4149 – 05], Abschnitt 8.3.1 bzw. DIN EN 1998-1 [DIN EN 1998-1 – 10], Abschnitt 5.2.3.4(3) angesehen, der sich entsprechend Abb. G.5.2 nach folgender Gleichung ergibt:

$$\mu_\phi = \kappa_u / \kappa_y \qquad (G.5.2)$$

mit:

μ_ϕ Krümmungs-Duktilitäts-Faktor zur Beschreibung der lokalen Duktilität auf Querschnittsebene

κ_y Krümmung bei Erreichen des Plastifizierungszustands

κ_u Krümmung auf dem abfallenden Ast, die dem 0,85-fachen Spitzenwert des Moments M_{max} entspricht

In der praktischen Anwendung der DIN 4149 [DIN 4149 – 05], Abschnitt 8.3 bzw. DIN EN 1998-1 [DIN EN 1998-1 – 10], Abschnitt 5.2.3.4 (3) werden die erforderlichen Krümmungs-Duktilitätsfaktoren μ_ϕ mit vereinfachten Formeln in Abhängigkeit der Gebäudeform und der Eigenperiode ermittelt. Die notwendige Duktilität wird durch konstruktive Regeln sichergestellt, ohne dass das tatsächliche Momenten-Krümmungs-Verhalten im Nachweis explizit bestimmt werden muss.

Neben den erhöhten Anforderungen an die Verankerungs- und Übergreifungslängen, sind in der Duktilitätsklasse 2 bzw. DCM die kritischen Bereiche von aussteifenden Stützen-Riegel-Verbindungen und Wandscheiben besonders duktil auszubilden. Dabei werden solche Bereiche als kritisch bezeichnet, die unter dem Bemessungserdbeben planmäßig bis in den plastischen Bereich beansprucht werden und somit eine erhöhte lokale Duktilität aufweisen müssen.

In Tafel G.5.4 sind für Stützen-Riegel-Verbindungen die wesentlichen Regeln entsprechend DIN 4149 [DIN 4149 – 05], Abschn. 8.3.6 bzw. 8.3.7 zusammengestellt. Analoge Regelungen befinden sich in DIN EN 1998-1 [DIN EN 1998-1 – 10],

Tafel G.5.3: Grundwerte q_0 des Verhaltensbeiwerts für DK 2 nach DIN 4149 [DIN 4149 – 05], Abschnitt 8.3 in Abhängigkeit der Tragwerksform

Rahmensystem $q_0 = 3$ $q_0 = 3\, \alpha_u/\alpha_1$

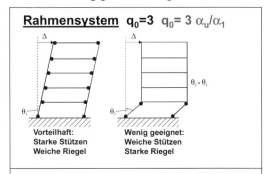

Vorteilhaft: Starke Stützen Weiche Riegel

Wenig geeignet: Weiche Stützen Starke Riegel

Wandsystem   **Mischsystem**

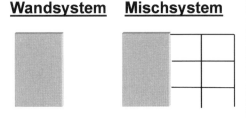

DIN: $q_0 = 3,0$ $q_0 = 3,0$
EC 8: $q_0 = 3,0$ Wie Rahmen

Kernsystem   **Umgekehrtes Pendelsystem**

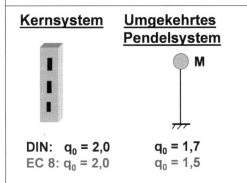

DIN: $q_0 = 2,0$ $q_0 = 1,7$
EC 8: $q_0 = 2,0$ $q_0 = 1,5$

Abschnitt 5.4.3. Für die Riegel sind in den kritischen Bereichen l_{cr} (Tafel G.5.4, oben) die Bewehrungsgrade zu begrenzen und es ist eine Umschnürungsbewehrung aus Bügeln mit einem ausreichend engen Bügelabstand s vorzusehen, um ein Ausknicken der Längsbewehrung in der Riegeldruckzone zu vermeiden (Tafel G.5.4, Mitte). Gleichzeitig sind im Knotenbereich die Stabdurchmesser zu begrenzen, um ein Verankerungsversagen auszuschließen oder es sind weitergehende Maßnahmen wie Ankerkörper vorzusehen.

Weiterhin werden in DIN 4149 [DIN 4149 – 05], Abschnitt 8.3.6.2 bzw. DIN EN 1998-1 [DIN EN 1998-1 – 10], Bild 5.5 Regeln zur Anrechnung der im Erdbeben mitwirkenden Plattenbreite gegeben. Wesentlich ist, dass die Stützen steifer ausgeführt werden als die Riegel, damit sich die plastischen Zonen vorwiegend in den Riegeln ausbilden (Tafel G.5.3, oben).

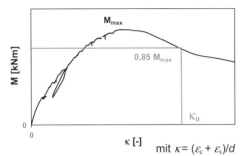

Abb. G.5.2: Momenten-Krümmungs-Verhalten eines Stahlbetonquerschnitts und Bezeichnungen zur Bestimmung des lokalen Krümmungs-Duktilitätsfaktors $\mu_\Phi = \kappa_u / \kappa_y$

Um die gleiche Gesamtverformung Δ zu erreichen, ist in den plastischen Gelenken des Riegelmechanismus ein wesentlich kleinerer plastischer Rotationswinkel θ_1 erforderlich als in den plastischen Gelenken eines ungünstigen Stützenmechanismus θ_2 [Hegger, Roeser – 02; Krätzig, Meskouris – 87]. Die Stützen sind daher mit einem höheren Tragwiderstand als die Riegel auszuführen („strong column – weak beam"), so dass diese sich unter Erdbebenbeanspruchung im Wesentlichen elastisch verhalten.

Für aussteifende Stützen darf gemäß DIN 4149 [DIN 4149 – 05], Abschnitt 8.3.7.2 bzw. DIN EN 1998-1 [DIN EN 1998-1 – 10], Abschnitt 5.4.3.2 bei zweiachsiger Biegung jede Richtung getrennt für sich betrachtet werden, wenn die Biegetragfähigkeit unter der Erdbebenbeanspruchung nur jeweils zu 70 % ausgenutzt wird. Weiterhin sind die bezogenen dimensionslosen Längsdruckkräfte auf $0{,}1 \le \nu_d \le 0{,}65$ zu begrenzen und der Gesamtlängsbewehrungsrad der Stütze muss zwischen 1 % $\le \rho_l \le$ 4 % liegen (Tafel G.5.4, unten).

Besondere Aufmerksamkeit ist im kritischen Bereich der Umschnürung der Stütze durch Bügel zu widmen (Tafel G.5.5): Durch die Umschnürungswirkung wird die Spannungs-Dehnungs-Linie des Betons völliger und es können Betondruckstauchungen $\varepsilon_{cu} \ge 3{,}5$ ‰ erreicht werden, da infolge der Umschnürung ein dreiaxialer Spannungszustand vorliegt (Tafel G.5.5, oben und [Eibl, Keintzel – 95]).

Tafel G.5.4: Konstruktive Anforderungen an die kritischen Bereiche von aussteifenden Stützen-Riegel-Verbindungen in der Duktilitätsklasse 2 (DK 2) bzw. DCM

Die Umschnürungsbügel sind z. B. nach DIN 1045-1, Bild 56e bzw. DIN EN 1992-1-1 [DIN EN 1992-1-1 – 11], Bild 8.5 DE e) aus Bügeln mit 135° Haken auszuführen, die im umschnürten Stützenkern verankert werden. Weitere geeignete Formen von Umschnürungsbügeln gemäß DIN 4149 [DIN 4149 – 05], Abschnitt 8.3.7.3 bzw. gemäß DIN EN 1998-1 [DIN EN 1998-1 – 10], Abschnitt 5.4.3.2 zeigt Tafel G.5.5, Mitte.

In DIN 4149 [DIN 4149 – 05], Gleichung 54 bzw. DIN EN 1998-1 [DIN EN 1998-1 – 10], Gleichung 5.15 wird zur Beschreibung der Umschnürungswirkung der volumetrische mechanische Bügelbewehrungsrad ω_{wd} verwendet. Mit zunehmender Schädigung kann bei einer Erdbebeneinwirkung die Betondeckung abplatzen. Zur Berücksichtigung der damit verbundenen Reduzierung der Tragfähigkeit, ist bei der Bestimmung des Bügelbewehrungsgrades der umschnürte Stützenkern A_0 gemäß Tafel G.5.5, unten anzusetzen. Der wirksame Querschnitt vermindert sich durch das Abplatzen der Betondeckung rechnerisch von $A_c = b_c \cdot d_c$ auf $A_0 = b_0 \cdot d_0$. Um ein Ausknicken der Stützenlängsbewehrung unter zyklischer Beanspruchung zu vermeiden, ist weiterhin der Abstand zwischen aufeinander folgenden "haltenden" Stellen aus Bügeln oder Querhaken auf $b_i \leq 250$ mm zu begrenzen Tabelle D.5.4, unten). Die Wirksamkeit der Umschnürungswirkung in Abhängigkeit der Geometrie der Stütze wird mit den Kennwerten α_n und α_s gemäß Tafel G.5.5, unten beschrieben.

Bei aussteifenden Wandscheiben wird entsprechend DIN 4149 [DIN 4149 – 05], Abschnitt 8.3.8 bzw. DIN EN 1998-1 [DIN EN 1998-1 – 10], Abschnitt 5.4.2.4 und 5.4.3.4.2 in Abhängigkeit von der Wandhöhe h_w zur Wandlänge l_w unterschieden zwischen gedrungenen Wänden ($h_w/l_w \leq 2{,}0$), für die der Querkraftwiderstand maßgebend ist, und schlanken Wänden ($h_w/l_w > 2{,}0$), die im Wesentlichen auf Biegung beansprucht werden und daher plastische Gelenke am Wandfuß ausbilden können. Der Vergrößerungsfaktor für Querkraft in der Duktilitätsklasse 2 beträgt $\varepsilon = 1{,}3$ für gedrungene Wände und $\varepsilon = 1{,}7$ für schlanke Wände. Gemäß DIN EN 1998-1 [DIN EN 1998-1 – 10], Abschnitt 5.4.2.4 (7) kann $\varepsilon = 1{,}5$ angenommen werden. Durch den erhöhten Querkraftfaktor ε für die schlanken Wände wird ein Schubbruch im plastischen Momentengelenk nach einer vorausgehenden Plastifizierung der Vertikalbewehrung am Wandfuß ausgeschlossen. Die Duktilität der schlanken Wände ist auf der kritischen Höhe h_{cr} sicherzustellen, wobei nach DIN 4149 [DIN 4149 – 05] häufig die Geschosshöhe h_s des maßgebenden Geschosses (i.d.R. Erdgeschoss) hierfür maßgebend wird (Tafel G.5.6, oben), während in DIN EN 1998-1 [DIN EN 1998-1 – 10] sich das Versatzmaß a_l aus der Neigung der beim Querkraftnachweis angenommenen Fachwerkstreben ergibt.

Durch die resultierende lineare Zugkraftdeckungslinie wird sichergestellt, dass sich das plastische Gelenk stets am Wandfuß ausbildet und somit nur dort eine entsprechende Bemessung und konstruktive Durchbildung erforderlich ist. Bei gedrungenen Wänden darf die Biegebewehrung hingegen nicht über die Höhe gestaffelt werden und ist vom Wandfuß bis über die ganze Höhe durchzuführen.

Tafel G.5.5 Spannungs-Dehnungs-Linie des Betons in Abhängigkeit des Bügelbewehrungsgrades und Ausbildung von Umschnürungsbügeln von Stützen in den kritischen Bereichen in der DK 2 nach DIN 4149 [DIN 4149 – 05], Abschnitt 8.3.7.3 bzw. DIN EN 1998-1 [DIN EN 1998-1 – 10] DCM

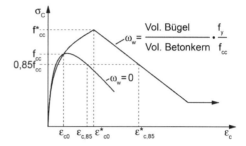

Gestaltung von Umschnürungsbügeln

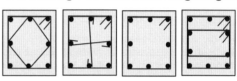

Stützen-Bügel im kritischen Bereich

$\alpha \, \omega_{wd} = 30 \, \mu_\Phi \, \nu_d \, \varepsilon_{syd} \, (b_c/b_0) - 0{,}035$
ω_{wd} = (Vol. Bügel/Vol. Betonkern) $(f_{yd}/f_{cd}) \geq 0{,}05$
$\alpha = \alpha_n \, \alpha_s$

Rechteckstützen:
$\alpha_n = 1 - \sum b_i^2 / (6 * A_0)$
$\alpha_s = [1-s/(2\,b_0)] \, [1-s/(2\,d_0)]$

Kreisstützen:
$\alpha_n = 1$
$\alpha_s = [1-s/(2\,b_0)]^2$ (Bügel)
$\alpha_s = [1-s/(2\,b_0)]$ (Wendel)

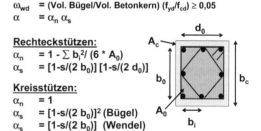

Innerhalb der kritischen Höhe h_{cr} wird die lokale Duktilität der Wände ähnlich wie bei Stützen durch eine sorgfältige Umschnürung der Biegedruckzone mit einer geeigneten Bügelbewehrung erzielt. Auch hier wird zur Dimensionierung der Umschnürungsbewehrung der *volumetrische mechanische Bügelbewehrungsgrad* ω_{wd} verwendet. Dabei sollte die Umschnürung der Druckzone mindestens auf der Länge $l_c \geq \min\{0{,}15\,l_w;\ 1{,}5\,b_w\}$ wirksam sein (Tafel G.5.6, Mitte). Wenn höhere Betondruckstauchungen $\varepsilon_{cu2,c} \geq 3{,}5\,‰$ in der Biegedruckzone der Wand ausgenutzt werden sollen, können auch größere Umschnürungslängen l_c maßgebend werden.

In Tafel G.5.6 unten sind weitergehende Konstruktionsregeln für Wandscheiben angegeben. Dabei werden an die Mindestdicke b_w des umschnürten Wandbereichs höhere Anforderungen gestellt, als für die Mindestwandstegdicke b_{w0}. Bei Wänden mit ausreichenden Querflanschen in der Druckzone kann auf ein umschnürtes Randelement verzichtet werden, da dann ein Ausknicken bzw. Ausbeulen der Wand ausgeschlossen wird.

Eine gegenüber der DIN 4149 [DIN 4149 – 05] neue Reglung in der DIN EN 1998-1 [DIN EN 1998-1 – 10] ist die Definition des Systems großer, leicht bewehrter Wände. Typisch für die Anwendung sind Gebäude in Stahlbeton-Schottenbauweise mit einem großen Verhältniswert Wand-/Grundfläche und daraus folgend einem geringen Bewehrungsgrad in diesen Wänden. Für derartige Wandsysteme wird in der Duktilitätsklasse DCM eine vereinfachte konstruktive Durchbildung gegenüber duktil ausgestalteten Wänden zugelassen. Während sich bei duktilen Wänden planmäßig ein lokales plastisches Gelenk am Wandfuß einstellt, wird für große, leicht bewehrte Wände eine Rißbildung über die gesamte Wandhöhe vorausgesetzt, die nur ein begrenzt duktiles Verhalten zulässt. Daher werden die Wände entsprechend der Zugkraftdeckungslinie gemäß DIN EN 1992-1-1 [DIN EN 1992-1-1 – 11] bewehrt. Die Energiedissipation wird dabei vor allem durch Abheben der Wand (Umwandlung der seismischen Energie in potenzielle Energie) und der Energiedissipation der Gründung durch Starrkörperkippbewegungen erreicht.

Bei einem Aussteifungssystem handelt es sich nach DIN EN 1998-1 [DIN EN 1998-1 – 10], Abschnitt 5.2.2.1 (3) und Abschnitt 5.2.2.2(13) sowie 5.4.1.2.4 um ein System aus großen leicht bewehrten Wänden, wenn in der betrachteten Horizontalrichtung mindestens zwei Wände vorhanden sind, die folgende Bedingungen erfüllen:

- Die Mindestwandlänge l_w darf nicht kleiner sein als 2/3 h_w und muss mindestens 4,0 m betragen. Hierbei ist h_w die Gesamthöhe der Wand.
- Die Wände müssen zusammen mindestens 20 % der Gesamt-Gewichtskraft in der Erdbeben-Bemessungssituation aufnehmen.
- Die Grundperiode des Systems bei angenommener Fußeinspannung muss kleiner oder höchstens gleich 0,5 s sein.
- Der Grundwert des Verhaltensbeiwerts darf entsprechend Wandsystemen der Duktilitätsklasse DCM mit $q_0 = 3$ angesetzt werden.
- Für die Dicke b_{w0} der Wände muss nach DIN EN 1998-1 [DIN EN 1998-1 – 10], Abschnitt 5.4.1.2.3 (1) folgende Bedingung erfüllt werden:

$b_{w0} \geq$ max {0,15 m; h_s /20}. Hierbei ist h_s die Geschosshöhe.

Wenn in der betrachteten Richtung nur eine Wand vorhanden ist, die die vorgenannten Bedingungen erfüllt, ist der Grundwert des Verhaltensbeiwerts q_0 durch 1,5 zu dividieren und es müssen mindestens zwei große leicht bewehrte Wände senkrecht zur betrachteten Richtung vorhanden sein. Die Bemessungsschnittkräfte sind nach DIN EN 1998-1 [DIN EN 1998-1 – 10], Abschnitt 5.4.2.5 zu ermitteln. Hiernach ist die berechnete Querkraft V'_{Ed} mit dem Faktor $(q+1)/2$ zu erhöhen, um ein Fließen der Biegebewehrung vor einem Schubversagen sicherzustellen.

Zusätzliche dynamische Längskräfte infolge des Abhebens vom Boden oder durch das Öffnen und Schließen horizontaler Risse dürfen in der Bemessung näherungsweise mit 50 % der Wandlängskraft aus den Gewichtslasten in der Erdbebenbemessungssituation berücksichtigt werden. Hierbei ist die Kraft mit dem ungünstigsten Vorzeichen anzusetzen. Die daraus resultierenden erhöhten und abgeminderten Längskräfte ($N_{Ed} = 1,5\ N'_{Ed}$ bzw. $N_{Ed} = 0,5\ N'_{Ed}$) sind im Nachweis im Grenzzustand der Tragfähigkeit für Biegung mit Längskraft nur dann zu berücksichtigen, wenn der Verhaltensbeiwert q größer als 2 ist.

Für große leicht bewehrte Wände gibt die DIN EN 1998-1 [DIN EN 1998-1 – 10] spezielle Regeln für die Bewehrungsermittlung und die konstruktive Durchbildung vor. Generell kann auf die Umschnürungsbewehrung für die Wandenden verzichtet werden, und die Bemessung kann im Wesentlichen nach DIN EN 1992-1-1 [DIN EN 1992-1-1 – 11] erfolgen, wenn die nachfolgend erläuterten Regelungen beachtet werden.

Der Nachweis für Biegung mit Längskraft ist nach DIN EN 1992-1-1 [DIN EN 1992-1-1 – 11] zu führen, wobei die Normalspannungen in der Wand zu begrenzen sind, um eine Instabilität aus der Ebene der Wand zu vermeiden. Dies kann unter Berücksichtigung der Theorie 2. Ordnung auf Grundlage von DIN EN 1992-1-1 [DIN EN 1992-1-1 – 11] erfolgen. Wenn die dynamische Wirkung der Längskräfte erfasst wird, kann die Grenzstauchung für nicht umschnürten Beton von $\varepsilon_{cu2} = 3,5$ ‰ auf $\varepsilon_{cu2} = 5$ ‰ erhöht werden.

Wenn die einwirkende Querkraft V_{Ed} kleiner als der Querkraftwiderstand ohne Schubbewehrung V_{Rdc} nach DIN EN 1992-1-1 [DIN EN 1992-1-1 – 11], G.6.2 ist, wird kein Mindestschubbewehrungsgrad gefordert. Für $V_{Ed} > V_{Rdc}$ erfolgt die Bemessung mit einem Fachwerkmodell veränderlicher Neigung (DIN EN 1992-1-1 [DIN EN 1992-1-1 – 11], Abschnitt 6.2.3) oder einem Stabwerkmodell mit einer diagonalen Druckstrebe (DIN EN 1992-1-1 [DIN EN 1992-1-1 – 11], Abschnitt 6.5). Wird ein diskretes Diagonalstrebenmodell angewandt, sind Wandöffnungen in der Modellierung zu berücksichtigen und die Breite der Druckstrebe ist auf den kleineren Wert aus 0,25 l_w oder 4 b_{w0} zu begrenzen. Im Bereich horizontaler Fugen ist der Nachweis gegen Schubgleiten gemäß DIN EN 1992-1-1 [DIN EN 1992-1-1 – 11], Abschnitt 6.2.5 zu führen und die Verankerungslänge der durchgehenden Bewehrung um 50 % zu erhöhen. Hinsichtlich der konstruktiven Durchbildung für die örtliche Duktilität sind folgende Punkte zu beachten:

- Vertikalstäbe, die für den Nachweis mit Längskraft notwendig sind, sind durch Bügel oder Querhaken zu halten. Der Durchmesser muss mindestens 6 mm bzw. 1/3 des Durchmessers d_{BL} des Vertikalstabes betragen. Hierbei sollte der Vertikalabstand der Bügel oder Haken betragen: $s \leq \min\{100\,\text{mm};\ 8\,d_{BL}\}$.

- Vertikalstäbe, die für den Nachweis mit Längskraft notwendig sind, sind, sollten in den Randelementen der Querschnittsenden auf einer Länge von $l_c \geq \max\{b_w;\ 3\,b_w \cdot \sigma_{cm}/f_{cd}\}$ konzentriert angeordnet werden, wobei σ_{cm} die durchschnittliche Betonspannung in der Biegedruckzone der Wand ist. Der Mindestdurchmesser d_{BL} der Vertikalstäbe sollte mindestens 12 mm betragen. Dies gilt im Erdgeschoss und in Geschossen, in denen die Wandlänge l_w um mehr als ein Drittel der Geschosshöhe h_s gegenüber dem darunterliegenden Geschoss reduziert wurde. In allen anderen Geschossen sollte der Stabdurchmesser d_{BL} mindestens 10 mm betragen.

- Die Längsbewehrung sollte gegenüber der Zugkraftdeckungslinie nicht unnötig konstruktiv erhöht werden, damit das Biegeversagen gegenüber dem Schubversagen stets maßgebend wird.

- Zur Verbindung der Bauteile sollten durchgehende horizontale und vertikale Zuganker vorgesehen werden: (a) in den Verbindungspunkten von Wänden oder Verbindungen mit Flanschen, (b) als Ringanker in allen Geschossdecken und (c) um Wandöffnungen herum. Für die Zuganker gelten als Mindestanforderungen die Regeln zur Schadensbegrenzung bei außer-gewöhnlichen Ereignissen nach DIN EN 1992-1-1 [DIN EN 1992-1-1 – 11], Abschnitt 9.10.

Tafel G.5.6: Konstruktive Anforderungen an die kritischen Bereiche einer aussteifenden Wand in der DK 2 nach DIN 4149 [DIN 4149 – 05], Abschnitt 8.3.8 bzw. DIN EN 1998-1 [DIN EN 1998-1 – 10] DCM

6 Hinweise zu Flachdecken

Betonbauten, bei denen die Aussteifung über eine biegesteife Kopplung der Stützen mit Pilz- oder Flachdecken sichergestellt werden soll, sind in Deutschland nicht geregelt. Entsprechend der in Deutschland üblichen Bauweise sind für Flachdecken daher Wandscheiben oder Kerne als primäre Aussteifungssysteme heranzuziehen. Infolge der seismischen Verformungen des primären Aussteifungssystems werden in die nicht aussteifenden Stützen-Decken-Knoten Winkelverdrehungen eingetragen. Diese werden gemäß DIN EN 1998-1 [DIN EN 1998-1 – 10], Abschnitt 5.7 als sekundäre seismische Bauteile bezeichnet. Sekundäre seismische Bauteile müssen auch unter Erdbeben ihre Fähigkeit behalten die vorhandenen Vertikallasten abzutragen. Der Durchstanzwiderstand der Stützen-Decken-Knoten kann infolge großer Winkelverdrehungen eingeschränkt sein. Daher sind die Durchstanzbereiche gemäß DIN 4149 [DIN 4149 – 05], Abschnitt 8.4 ausreichend duktil zu gestalten, um die horizontalen Verschiebungen infolge Erdbebeneinwirkung im Durchstanzbereich aufnehmen zu können. Dazu ist i.d.R. eine durchgehende untere Bewehrung anzuordnen, die über die Stütze zu führen ist. Zudem ist eine konstruktive Mindestdurchstanzbewehrung nach DIN 1045-1 [DIN 1045-1 – 10], Abschnitt 13.2.3, Absatz 5 anzuordnen. Die Durchstanzbewehrung kann z.B. aus Bügeln oder Doppelkopfankern bestehen, wobei gemäß DIN 4149 [DIN 4149 – 05] der Maximalabstand der Durchstanzelemente der 0,75-fachen Plattendicke entspricht und der durchstanzbewehrte Bereich vom Stützenanschnitt aus gesehen mindestens bis zum 3,5-Fachen der Plattendicke reicht.

Auf die Mindestdurchstanzbewehrung kann nach DIN 4149 [DIN 4149 – 05] verzichtet werden, wenn in der Duktilitätsklasse 1 mit den 1,2-fachen Erdbebenkräften für die aussteifenden Bauteile gerechnet wird, so dass die horizontalen Stützenkopfverschiebungen infolge der geringeren plastischen Verformungen begrenzt werden.

Die DIN EN 1998-1 [DIN EN 1998-1 – 10] enthält keine besonderen Vorschriften zum Durchstanzwiderstand von Betonplatten. Auf der anderen Seite werden in der DIN EN 1998-1 [DIN EN 1998-1 – 10], Abschnitt 5.7 allgemeine Hinweise zur Ausführung sekundärer seismischer Bauteile gegeben. Außerdem wird in DIN EN 1998-1 [DIN EN 1998-1 – 10], Abschnitt 4.4.3.2 die gegenseitige Stockwerksverschiebung begrenzt, so dass die seismische Beanspruchung sekundärer Bauteile eingeschränkt wird. Experimentelle Untersuchungen [Beutel – 03] zeigen, dass mit Doppelkopfankern oder Dübelleisten bewehrte Durchstanzbereiche eine erhöhte Duktilität und Rotationsfähigkeit gegenüber einer konventionellen Bügelbewehrung aufweisen. Dies wird auch durch amerikanische Durchstanzversuche unter zyklischer Horizontalverschiebung bestätigt.

7 Gründungen

Die DIN EN 1998-5 [DIN EN 1998-5 – 11] behandelt Gründungen, Stützbauwerke und geotechnische Aspekte. Es werden Nachweisformate angegeben, u.a. zum Grundbruch und Gleiten. Dabei wird zwischen Einzelfundamenten, Zerrbalken, Plattengründungen, kastenförmigen Gründungen, Pfahlgründungen sowie Stützbauwerken unterschieden. Weiterhin werden die spezifischen bodenmechanischen Besonderheiten bei Erdbebenbeanspruchung beschrieben. Gemäß dem deutschen nationalen Anwendungsdokument [DIN EN 1998-5/NA – 11] kann bei einfachen Bauten des üblichen Hochbaus (maximal 6 Geschosse und bis zu einer maximalen Gebäudehöhe von 20 m) sowie einfachen Stützbauwerken (maximal 4 m Stützhöhe und Geländeneigung < 10°) ein vereinfachter Erdbebennachweis geführt werden.

Die konstruktiven Anforderungen an Gründungsbauteile aus Beton werden in DIN EN 1998-1 [DIN EN 1998-1 – 10], Abschnitt 5.8 behandelt. Die wesentlich umfangreichen Regeln gegenüber denen der DIN 4149 [DIN 4149 – 05], Abschnitt 12 werden im Folgenden zusammengefasst.

- **Kastenförmige Kellergeschosse** bestehen aus starren Scheiben in Höhe der Kellerdecke, einer Fundamentbodenplatte oder einem Rost von Zerrbalken und schubsteifen Wänden. Bei rahmenartigen Tragwerken, die auf Kellerkästen gegründet werden, kann davon ausgegangen werden, dass die Stützen im Kellergeschoss und die Balken der Decke über Kellergeschoss elastisch bleiben. Bei Wandaussteifungen sollten die Schubwände unter Berücksichtigung plastischer Gelenke auf Höhe der Kellergeschossdecke ausgelegt werden. Daher sind die kritischen Bereiche der Schubwände unterhalb der Kellergeschossdecke auf der Länge h_{cr} fortzuführen. Bei Schubwänden in Kellergeschossen wird i.d.R. angenommen, dass das plastische Biegemoment sich bis zur Bodenplatte abbaut. Zur Aufnahme der daraus resultierenden großen Querkräfte der Schubwände im Kellergeschoss sind entsprechende Biegeüberfestigkeiten zu berücksichtigen.

- **Zerrbalken** dienen der Verbindung von Einzelfundamenten oder von Pfahlköpfen, um den Zusammenhalt der Bauteile unter Erdbeben im Gründungsbereich sicherzustellen. Gemäß DIN EN 1998-1 [DIN EN 1998-1 – 10] unter Berücksichtigung des NAD [DIN EN 1998-1/NA – 11] sollten diese eine Querschnittsbreite von mindestens $b_{wmin} = 0{,}25$ m und eine Querschnittshöhe von mindestens h_{wmin} = 0,4 m für Hochbauten mit bis zu drei Geschossen und h_{wmin} = 0,5 m für Hochbauten mit vier oder mehr Geschossen aufweisen. Der Längsbewehrungsgrad ρ_{bmin} = 0,4 % sollte hierbei eingehalten werden. Bodenplatten, die zur Verbindung von Einzelfundamenten oder Pfahlkopfplatten dienen, sollten eine Dicke t_{min} = 0,2 m und einen Bewehrungsgrad ρ_{smin} = 0,2 % aufweisen. Gemäß DIN EN 1998-5 [DIN EN 1998-5 – 11], Abschnitt 5.4.1.2 (6) ergibt sich die Längskraft im Zerrbalken in Abhängigkeit der Stützennormalkraft und der Baugrundklasse.

- Bei **Pfahlgründungen** ist der obere Teil des Pfahls als Bereich möglicher plastischer Gelenke auszubilden. Daher sind diese mindestens auf der Länge 2·d (d = Querschnittsabmessung des Pfahls) wie kritische Bereiche in Stützen der Duktilitätsklasse DCM mit Quer- und Umschnürungsbewehrung zu versehen. Pfähle, die unter Erdbebenbeanspruchung Zugkräfte oder planmäßige Biegemomente aufnehmen, sind mit entsprechenden Verankerungen auszuführen. Dabei muss für Zugpfähle der Widerstand gegen Herausziehen aus dem Boden (äußere Mantelreibung) oder die Zugfestigkeit der Bewehrung verankert werden. Der kleine Wert ist maßgebend.

8 Fertigteilkonstruktionen

Die DIN EN 1998-1 [DIN EN 1998-1 – 10], Abschnitt 5.11 enthält Konstruktionsregeln zu Betonbauten, die zum Teil oder ganz aus vorgefertigten Bauteilen erstellt werden. Ein vergleichbarer Abschnitt war in der DIN 4149 [DIN 4149 – 05] bisher nicht enthalten. Die Energiedissipation der Fertigteilkonstruktionen sollte durch plastische Verdrehungen innerhalb der kritischen Bereiche aufgenommen werden. Zusätzlich können auch Schubmechanismen entlang von Fugen begrenzt zur Energiedissipation herangezogen werden.

Insbesondere die Verbindungen der Fertigteile sind sorgfältig hinsichtlich ihrer Eignung für Erdbeben zu konzipieren. Der Verhaltensbeiwert für Fertigteiltragwerke q_p ergibt sich somit in Abhängigkeit der gewählten Verbindungen. Nur für Verbindungen, die den Anforderungen der DIN EN 1998-1 [DIN EN 1998-1 – 10], Abschnitt 5.11.2 entsprechen, darf der volle Verhaltensbeiwert q angesetzt werden. Bei anderen Verbindungen ist der Verhaltensbeiwert um 50% zu reduzieren (q_p = 0,5·q). Als geeignete Verbindungen für aussteifende Bauteile werden in der DIN EN 1998-1 [DIN EN 1998-1 – 10] folgende drei Typen beschrieben:

- Verbindungen, die außerhalb von kritischen Bereichen liegen, sollten einen ausreichenden Abstand zum plastischen Mechanismus aufweisen. Daher sollten sie mindestens im Abstand der größten Querschnittsabmessung zum kritischen Bereich angeordnet werden. Die Verbindung ist unter Berücksichtigung von Überfestigkeiten nachzuweisen.
- Überbemessene Verbindungen sind so auszulegen, dass sie unter Berücksichtigung von Überfestigkeiten nicht plastizieren. Daher sind sie in der Duktilitätsklasse DCM für das 1,2-fache einwirkende Biegemoment M_{Rd} und für DCH für das 1,35fache Biegemoment auszulegen. Die Bewehrung der überbemessenen Verbindung ist vor dem kritischen Bereich zu verankern. Die Bewehrung des kritischen Bereichs sollte außerhalb der überbemessenen Verbindung voll verankert sein.
- Verbindungen in plastischen Bereichen mit Energiedissipation müssen die Anforderungen der Duktilitätskriterien erfüllen oder die Eignung ist durch zyklische inelastische Versuche nachzuweisen.

Die Bemessung der Verbindungen erfolgt nach DIN EN 1992-1-1 [DIN EN 1992-1-1 – 11] oder ist durch Versuche nachzuweisen. Für Schubfugen ist der Reibungswiderstand aus äußeren Druckspannungen zu vernachlässigen. Die inneren Spannungen aus der Klemmwirkung von der Verbindung durchkreuzende Bewehrung darf hingegen angerechnet werden.

Der Nachweis der Schubkraft in den Fertigteilfugen ist gemäß DIN EN 1992-1-1 [DIN EN 1992-1-1 – 11], Abschnitt 6.2.5 zu führen. Die einwirkende Querkraft ist mit dem Faktor ε = 1,5 gemäß DIN EN 1998-1 [DIN EN 1998-1 – 10], Abschnitt 5.4.2.4 Absatz (7) zu multiplizieren. Gemäß dem NCI zu DIN EN 1992-1-1 [DIN EN 1992-1-1 – 11], Abschnitt 6.2.5(5) darf bei dynamischer Beanspruchung der Adhäsionstraganteil nicht berücksichtigt werden (c = 0).

Geschweißte Verbindungen dürfen in energiedissipierenden Bereichen eingesetzt werden, wenn ausreichend duktile, schweißbare Stähle zum Einsatz kommen und entsprechende Qualitätsanforderungen erfüllt sind.

Fertigteilbalken, Fertigteilstützen und aus Fertigteilen zusammengefügte monolithische Balken-Stützen-Knoten als aussteifende Bauteile müssen den Anforderungen für Ortbetonbauteile gemäß DIN EN 1998-1 [DIN EN 1998-1 – 10] entsprechen und zusätzlich hinsichtlich der Verbindungsmittel nachgewiesen werden.

Bei vorgefertigten Wänden in Großtafelbauweise sind alle vertikalen Stoßfugen rau oder mit Verzahnung auszuführen und die Schubtragfähigkeit ist nachzuweisen. Horizontale Stoßfugen, die entlang ihrer Gesamtlänge unter Druck stehen, dürfen ohne Verzahnung ausgeführt werden. Wenn die horizontale Fuge auch nur teilweise unter Zug steht, ist sie entlang der gesamten Länge verzahnt auszuführen. Die Schubkraft wird dann ausschließlich im überdrückten Bereich unter Berücksichtigung der Biegedruckkraft F_c nachgewiesen.

Die gesamte Zugkraft ist durch vertikale Bewehrung aufzunehmen und beidseits der Fuge voll zu verankern. In der Fuge kann die Bewehrung durch Schweißverbindungen in dafür vorgesehenen Taschen gestoßen werden. Weiterhin werden duktilitätssteigernde Maßnahmen für Wandtafeln angegeben.

9 Berechnungsbeispiel: Stahlbetongebäude mit 4 Geschossen

9.1 Systembeschreibung

Die Untersuchung erfolgt für das in Abb. G.9.1 dargestellte 4-geschossige Bürogebäude in Stahlbetonbauweise. Die Abtragung der Vertikallasten erfolgt über Stützen und Wände und die horizontale Aussteifung vollständig über die fünf Wandscheiben.

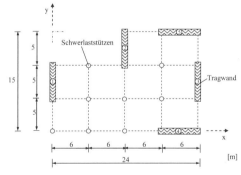

Abb. G.9.1: Grundriss des Stahlbetongebäudes

Das Bürogebäude ist durch 30 cm starke Wände aus Stahlbeton ausgesteift. Die Rundstützen mit einem Radius von 30 cm tragen nur vertikale Lasten ab, und die 20 cm starken Flachdecken sind als starre Deckenscheiben ausgebildet. Die Geschosshöhe beträgt 4 m. Die Baubeschreibung des Gebäudes beinhaltet folgende für die Berechnung relevante Informationen:

- Beton: C 20/25, Bewehrung: BSt 500 M (A), BSt 500 S (B)
- Standort: Aachen, Jülicher Str. (210 m über NN), Erdbebenzone 3
- Boden: Geologische Untergrundklasse R, Baugrundklasse B
- Bauwerkstyp: Bürogebäude, Bedeutungskategorie: II

9.2 Lasten

Die Lasten ergeben sich nach DIN EN 1991-1-1 [DIN EN 1991-1-1 – 10] zu:

Eigengewicht

Geschossdecken

    EG Beton (d = 20 cm)   25,00 kN/m³
    EG Putz (d = 1,5 cm)   21,00 kN/m³
    Estrich (d = 5 cm)   22,00 kN/m³
    Summe   6,42 kN/m²

Dach

    EG Beton (d = 20 cm)   25,00 kN/m³
    EG Putz (d = 1,5 cm)   21,00 kN/m³
    Dach   1,20 kN/m²
    Summe   6,52 kN/m²

Trennwandzuschlag: 1,25 kN/m²

Verkehrslasten

Geschossdecken

    Deckenlast   2,00 kN/m²
    Zuschlag für Trennwände 1,25 kN/m²
    Summe   3,25 kN/m²

Dach

    Dachlast   0,75 kN/m²
    Schneelast   0,75 kN/m²

Die Teilsicherheitsbeiwerte auf der Widerstandsseite werden mit γ_c = 1,5 und γ_s = 1,15 entsprechend der ständigen und vorübergehenden Situation nach DIN 1045-1 [DIN 1045 – 08] bzw. DIN EN 1992-1-1 [DIN 1992-1-1 – 11] angesetzt. Die Kombinationsbeiwerte sind nach DIN EN 1990 [DIN EN 1990 – 10] für Verkehrslasten mit ψ_2 = 0,3 anzusetzen. Für Schneelasten ist nach dem NAD [DIN EN 1998-1/NA – 11], abweichend von DIN EN 1990 [DIN EN 1990 – 10], der Kombinationsbeiwert ψ_2 = 0,5 zu wählen. Damit ist der Bemessungswert der Erdbebeneinwirkungen A_{Ed} mit den Einwirkungen aus Eigengewicht, Verkehr und Schnee wie folgt zu kombinieren:

$$E_{dAE} = E\{1{,}00 \cdot G_k + A_{Ed} + 0{,}3 \cdot Q_{Verkehr} + 0{,}5 \cdot Q_{Schnee}\}$$

9.3 Antwortspektrum: $q = 1$

Gemäß der Erdbebenzoneneinteilung nach DIN EN 1998-1/NA [DIN EN 1998-1/NA – 11] liegt der Standort Aachen in der Erdbebenzone 3. Nach Tafel G.2.1 ist damit ein Referenz-Spitzenwert der Bodenbeschleunigung von $a_{gR} = 0{,}8$ m/s² anzusetzen. Für die Untergrundklasse R und die Baugrundklasse B ergeben sich folgende Parameter für das horizontale Spektrum (Tafel G.2.3):

$S = 1{,}25$, $T_B = 0{,}05$ s, $T_C = 0{,}25$ s, $T_D = 2{,}0$ s

Der Bedeutungsbeiwert des Gebäudes (Bedeutungskategorie II) beträgt nach Tafel G.2.4 $\gamma_I = 1{,}0$. Mit den Eingangsparametern ergibt sich das in Abb. G.9.2 dargestellte Bemessungsspektrum unter Ansatz eines Verhaltensbeiwerts von $q = 1{,}0$ in horizontaler Richtung.

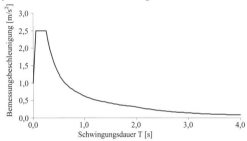

Abb. G.9.2: Elastisches Antwortspektrum, EZ 3, UK B-R, $\gamma_I = 1{,}0$, $q = 1{,}0$

9.4 Verhaltensbeiwerte

9.4.1 Duktilitätsklasse 1 (DCL)

Für die Bemessung in der Duktilitätsklasse DCL kann ein pauschaler Verhaltensbeiwert von $q = 1{,}5$ in die horizontalen Richtungen angesetzt werden.

9.4.2 Duktilitätsklasse 2 (DCM)

Für die Duktilitätsklasse 2 (DCM) ergibt sich der Verhaltensbeiwert q in die horizontalen Richtungen für das Bürogebäude nach DIN 4149 [DIN 4149 – 05] zu:

$q = q_0 \cdot k_R \cdot k_W \geq 1{,}5$

Der Grundwert q_0 des Verhaltensbeiwerts beträgt für das vorliegende Wandsystem 3,0. Der Parameter k_R ist auf Grund der Regelmäßigkeit im Aufriss mit 1,0 anzusetzen und der Beiwert k_W, der das im Bauwerk vorherrschende Maßverhältnis der Wände erfasst, ergibt sich zu:

$k_W = (1 + \alpha_0)/3 = 1{,}32 \leq 1{,}0 \Rightarrow k_W = 1{,}0$

mit: $\alpha_0 = \dfrac{\sum H_{wi}}{\sum l_{wi}} = \dfrac{5 \cdot 16\,\text{m}}{2 \cdot 6\,\text{m} + 3 \cdot 5\,\text{m}} = 2{,}96$

Damit kann der Verhaltensbeiwert für die Duktilitätsklasse 2 (DCM) mit $q = 3{,}0$ in beide horizontalen Richtungen angesetzt werden. Der gleiche Verhaltensbeiwert ergibt sich auch nach DIN EN 1998-1 [DIN EN 1998-1– 10], Abschnitt 5.2.2.2.

9.5 Modellbildung

Das Bauwerk erfüllt die Bedingungen der Regelmäßigkeit im Aufriss, jedoch ist der Grundriss unregelmäßig. Aus diesem Grunde ist ein räumliches Modell unter Berücksichtigung mehrerer Schwingungsformen für die Schnittgrößenermittlung zu verwenden. Werden von dem Tragwerk jedoch die Kriterien nach DIN 4149 [DIN 4149 – 05], Abschnitt 6.2.2.4 erfüllt, können auch einfachere Modelle eingesetzt werden. Diese Bedingungen betreffen die Gebäudehöhe, die Deckenausbildung und die Lage von Steifigkeitsmittel- und Massenschwerpunkt in den einzelnen Geschossen.

Die Höhe des Gebäudes ist mit 16 m größer als der Grenzwert von 10 m der Norm. Die Decken können als ausreichend steif in ihrer Ebene und damit als starr betrachtet werden. Zu überprüfen ist noch, ob die Steifigkeitsmittelpunkte und Massenschwerpunkte der einzelnen Geschosse näherungsweise auf einer vertikalen Geraden liegen. Dies ist erfüllt, wenn die Bedingung

$r^2 > l_s^2 + e_0^2$

in jeder Gebäuderichtung eingehalten ist. Dazu wird zunächst die Lage des Massenschwerpunktes und des Steifigkeitsmittelpunktes berechnet. Vereinfachend wird angenommen, dass die Massen auf den Geschossdecken gleichmäßig verteilt sind. Damit liegt der Massenschwerpunkt im Schwerpunkt der Decke:

$x_m = (12 \cdot 24 \cdot 10 + 18 \cdot 5 \cdot 12)/300 = 13{,}2$ m

$y_m = (5 \cdot 24 \cdot 10 + 12{,}5 \cdot 5 \cdot 12)/300 = 6{,}5$ m

Der Steifigkeitsschwerpunkt ergibt sich zu:

$x_s = \dfrac{\sum_i (l_{x,i} \cdot x_i)}{\sum_i l_{x,i}} = \dfrac{112{,}5}{9{,}375} = 12{,}0$ m

$y_s = \dfrac{\sum_i (l_{y,i} \cdot y_i)}{\sum_i l_{y,i}} = \dfrac{81}{10{,}8} = 7{,}5$ m

Die Lage von Massenschwerpunkt und Steifigkeitsmittelpunkt sind in Abb. G.9.3 dargestellt. Daraus ergeben sich als tatsächliche Exzentrizitäten in der x-Richtung $e_{0,y} = 1{,}0$ m, und in der y-Richtung $e_{0,x} = 1{,}2$ m. Das Quadrat des Torsionsradius r^2 ergibt sich mit folgenden Berechnungsformeln:

$$r_x^2 = \frac{k_T}{k_y} = \frac{\sum k_x \cdot r_x^2 + \sum k_y \cdot r_y^2}{\sum k_y}$$

$$r_y^2 = \frac{k_T}{k_x} = \frac{\sum k_x \cdot r_x^2 + \sum k_y \cdot r_y^2}{\sum k_x}$$

Hierbei sind k_x die Steifigkeiten der Einzelwände in x-Richtung und k_y die Steifigkeiten der Einzelwände in y-Richtung. Weiterhin sind r_x und r_y die jeweiligen Abstände der Wände zum Steifigkeitsmittelpunkt. Die Berechnung der quadrierten Torsionsradien ist in Tafel G.9.1 zusammengestellt.

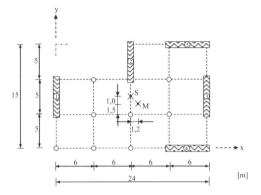

Abb. G.9.3: Lage von Steifigkeits- und Massenmittelpunkt

Die Berechnung liefert in x-Richtung ein Quadrat des Torsionsradius von

$$r_x^2 = \frac{k_T}{\sum k_y} = \frac{(900 + 607{,}5)}{9{,}375} = 160{,}8 \text{ m}^2$$

und in y-Richtung von

$$r_y^2 = \frac{k_T}{\sum k_x} = \frac{(900 + 607{,}5)}{10{,}8} = 139{,}6 \text{ m}^2$$

Tafel G.9.1: Torsionsradien [1/E-fach]

Nr.	k_x [m⁴]	k_y [m⁴]	r_x [m]	r_x^2 [m²]	$r_x^2 \cdot k_x$ [m⁶]	r_y [m]	r_y^2 [m²]	$r_y^2 \cdot k_y$ [m⁶]
1	0	3,125	-12,0	144,0	450,0	0,0	0,0	0
2	0	3,125	0	0	0	5,0	25,0	0
3	0	3,125	12,0	144,0	450,0	0,0	0,0	0
4	5,4	0	9,0	81,0	0	-7,5	56,3	303,8
5	5,4	0	9,0	81,0	0	7,5	56,3	303,8
Σ	10,8	9,375			900			607,5

Das Quadrat des Trägheitsradius l_s^2 ergibt sich als Quotient aus dem Massenträgheitsmoment des Geschosses für Drehungen um die vertikale Achse durch seinen Massenschwerpunkt und der Geschossmasse. Für seine Berechnung wird der Grundriss in zwei Rechtecke aufgeteilt, einmal mit 8 Feldern (24 m x 10 m) und einmal mit 2 Feldern (12 m x 5 m):

$$l_s^2 = \frac{2 \cdot \left(\frac{12^2 + 5^2}{12} + (18 - 13{,}2)^2 + (12{,}5 - 6{,}5)^2\right)}{10}$$

$$+ \frac{8 \cdot \left(\frac{24^2 + 10^2}{12} + 1{,}2^2 + 1{,}5^2\right)}{10} = 62{,}6 \text{ m}^2$$

Nach Einsetzen der Zahlenwerte für r^2, l_s^2 und e_0^2 ergibt sich, dass die Bedingungen in beide Berechnungsrichtungen eingehalten sind. Damit darf nach DIN 4149 [DIN 4149 – 05], Abschnitt 6.2.2.4.2, Absatz (9) die Berechnung mit zwei ebenen Modellen in jede Grundrisshauptrichtung durchgeführt werden. Dabei sind die Torsionseffekte nach dem genaueren Verfahren (Abschnitt 4.5) zu berücksichtigen, da das Bauwerk höher als 10 m ist.

Nach DIN EN 1998-1 [DIN EN 1998-1 – 10], Abschnitt 4.3.3.1 (8) ist die Bauwerkshöhe von 10 m überschritten, so dass ein räumliches Modell zur Anwendung kommen müsste. Der informative Anhang NA.D im NAD [DIN EN 1998-1/NA – 11] erlaubt jedoch die Berechnung mit zwei ebenen Modellen in jede Grundrisshauptrichtung bis zu einer Bauwerkshöhe von 20 m. Dabei muss nachgewiesen werden, dass das hier vorliegende im Grundriss unsymmetrische Bauwerk in der Lage ist die Torsionsauswirkungen aufzunehmen, wobei die Torsionseffekte nach Abschnitt NA.D.4 mit dem genaueren Verfahren berücksichtigt werden können.

Durch den im NAD [DIN EN 1998-1/NA – 11] vorgegebenen Interpretationsspielraum kann somit auch eine Berechnung mit zwei ebenen Modellen in jede Grundrisshauptrichtung durchgeführt werden.

In den Berechnungsmodellen werden die ungerissenen Steifigkeiten der tragenden Stahlbetonbauteile angesetzt. Dies ist gerechtfertigt, da sich bei größeren Steifigkeiten niedrigere Eigenperioden des Bauwerks ergeben, die zu größeren Bemessungsspektralbeschleunigungen führen.

Im Folgenden werden die Bemessungsschnittgrößen zuerst mit dem vereinfachten, dann mit dem multimodalen Antwortspektrenverfahren unter Verwendung von zwei ebenen Systemen am Ersatzstab berechnet. Im Anschluss daran werden die Ergebnisse denen von zwei räumlichen Berechnungen gegenübergestellt. In diesen werden die Wände zum einen mit Balkenelementen und zum anderen mit Schalenelementen abgebildet.

9.6 Vereinfachtes Antwortspektrenverfahren

9.6.1 Eigenfrequenzen

Die Eigenfrequenzen werden an einem starr eingespannten Ersatzbiegestab mit konstanter Steifigkeit und mit als Punktmassen idealisierten Geschossdecken bestimmt. Die Gesamtsteifigkeit EI des Ersatzstabes in x- und y-Richtung wird durch Summation der Einzelwandsteifigkeiten nach Tafel G.9.1 in die beiden Hauptrichtungen ermittelt. Daraus ergeben sich folgende Steifigkeiten:

$$k_x = 10{,}8 \text{ m}^4, \; k_y = 9{,}38 \text{ m}^4$$

Die Gewichtskräfte pro Geschoss ergeben sich mit den in Abschnitt 9.2 angegebenen Lasten bei Vernachlässigung der Stützenmassen zu:

Geschossdecken

$G_{G,EG} = 6{,}415 \text{ kN/m}^2 \cdot 300 \text{ m}^2 + 32{,}4 \text{m}^3 \cdot 25 \text{ kN/m}^3$
$\phantom{G_{G,EG}} = 2734{,}50 \text{ kN}$

$G_{G,V} = 0{,}15 \cdot (3{,}25 \text{ kN/m}^2 \cdot 300 \text{ m}^2)$
$\phantom{G_{G,V}} = 146{,}25 \text{ kN}$

⇨ $G_G = G_{G,V} + G_{G,EG} = 2881 \text{ kN}$

Dachdecke

$G_{D,EG} = 6{,}515 \text{ kN/m}^2 \cdot 300 \text{ m}^2 + 16{,}2 \text{ m}^3 \cdot 25 \text{ kN/m}^3$
$\phantom{G_{D,EG}} = 2359{,}50 \text{ kN}$

$G_{D,V} = 0{,}30 \cdot (0{,}75 \text{ kN/m}^2 \cdot 300 \text{ m}^2)$
$\phantom{G_{D,V}} = 67{,}50 \text{ kN}$

$G_{D,S} = 0{,}50 \cdot (0{,}75 \text{ kN/m}^2 \cdot 300 \text{ m}^2)$
$\phantom{G_{D,S}} = 112{,}50 \text{ kN}$

⇨ $G_D = G_{D,V} + G_{D,S} + G_{D,EG} = 2540 \text{ kN}$

Mit den Steifigkeiten und Massen können die Grundschwingzeiten für einen Mehrmassenschwinger in jede Gebäuderichtung mit einem Stabwerksprogramm berechnet werden. Es ergeben sich in x-Richtung eine Grundschwingzeit $T_{1,x} = 0{,}29$ s und in y-Richtung von $T_{1,y} = 0{,}31$ s. Die Schwingformen sind in Tafel G.9.2 dargestellt.

Tafel G.9.2: Grundschwingformen

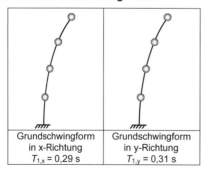

Grundschwingform in x-Richtung $T_{1,x} = 0{,}29$ s	Grundschwingform in y-Richtung $T_{1,y} = 0{,}31$ s

Mit den berechneten Schwingzeiten wird die Bedingung nach DIN 4149 [DIN 4149 – 05], Abschnitt 6.2.2 für die Anwendung des vereinfachten Antwortspektrenverfahrens mit zwei ebenen Modellen erfüllt:

x-Richtung:
$T_{1,x} \leq 4 \cdot T_c \quad \Rightarrow \quad 0{,}29 \text{ s} \leq 4 \cdot 0{,}25 \text{ s} = 1 \text{ s}$

y-Richtung:
$T_{1,y} \leq 4 \cdot T_c \quad \Rightarrow \quad 0{,}31 \text{ s} \leq 4 \cdot 0{,}25 \text{ s} = 1 \text{ s}$

Die Schwingzeiten erfüllen auch die zusätzliche Bedingung $T_{1x}, T_{1y} \leq 2$ s nach DIN EN 1998-1 [DIN EN 1998-1 – 10], Abschnitt 4.3.3.2.

9.6.2 Bemessungsspektrum

Mit den Grundschwingzeiten werden aus den in Abb. G.9.4 dargestellten Bemessungsspektren der Duktilitätsklassen 1 (DCL) und 2 (DCM) die Spektralbeschleunigungen S_d abgelesen:

Duktilitätsklasse 1 (DCL)

$S_{dx} = 1{,}45 \text{ m/s}^2$
$S_{dy} = 1{,}35 \text{ m/s}^2$

Duktilitätsklasse 2 (DCM)

$S_{dx} = 1{,}45/2 = 0{,}725 \text{ m/s}^2$
$S_{dy} = 1{,}35/2 = 0{,}675 \text{ m/s}^2$

Die Spektren wurden aus den elastischen Antwortspektren durch Abminderung mit den in Abschnitt 9.4 bestimmten Verhaltensbeiwerten der Duktilitätsklassen DCL und DCM ermittelt.

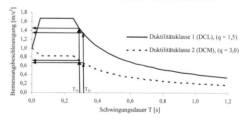

Abb. G.9.4: Bemessungsantwortspektren

9.6.3 Horizontale Ersatzkräfte

Zunächst sind die Gesamterdbebenkräfte in die horizontalen Richtungen zu bestimmen. In diesem Fall darf $\lambda = 0{,}85$ gewählt werden, da die Bedingung $T_1 < 2 \cdot T_c$ für die x- und y-Richtung eingehalten wird und das Gebäude mehr als zwei Geschosse aufweist (DIN 4149 [DIN 4149 – 10], Abschnitt 6.2.2.2; DIN EN 1998-1 [DIN EN 1998-1 – 10], Abschnitt 4.3.3.2.2). Bei einer Gesamtmasse des Gebäudes von

$M = (3 \cdot 2881 + 2540)/9{,}81 = 1140 \text{ t}$

ergeben sich die Erdbebenkräfte zu:

Duktilitätsklasse 1 (DCL)

F_{bx} = 1405 kN
F_{by} = 1308 kN

Duktilitätsklasse 2 (DCM)

F_{bx} = 703 kN
F_{by} = 654 kN

Die Verteilung der Gesamterdbebenkraft auf die einzelnen Geschosse kann massen- und höhenproportional oder massen- und eigenformproportional erfolgen. Die entsprechenden Verteilungsfaktoren für diese beiden Möglichkeiten sind in Tafel G.9.3 zusammengestellt.

Tafel G.9.3: Verteilungsfaktoren für die Gesamterdbebenkraft F_b

Geschoss	Verteilung der normierten Erdbebenlast mittels Höhe [-]	Verteilung der normierten Erdbebenlast mittels Modalform [-]
1	0,105	0,048
2	0,210	0,169
3	0,315	0,332
4	0,370	0,452
Σ	1	1

9.6.4 Torsionswirkungen

Da der Steifigkeitsmittelpunkt nicht mit dem Massenschwerpunkt zusammenfällt, führen die je Geschoss anzusetzenden Erdbebenersatzkräfte zu Torsionsbeanspruchungen. Zur Berücksichtigung dieser Torsionsbeanspruchungen muss das in Abschnitt 4.5 beschriebene genauere Verfahren angewendet werden.

Die für den Massenschwerpunkt M ermittelten Horizontallasten werden im Abstand e_{max} bzw. e_{min} vom Steifigkeitsmittelpunkt S angesetzt. Das hierdurch entstehende Torsionsmoment M_T wird auf die einzelnen Aussteifungselemente verteilt, wobei für jede Wand der ungünstigere der beiden Werte anzusetzen ist.

Die Abstände e_{min} und e_{max} werden aus der tatsächlichen Exzentrizität e_0, einer zufälligen Exzentrizität e_1 und einer zusätzlichen Exzentrizität e_2 berechnet. Tafel G.9.4 beinhaltet die Zusammenstellung der einzelnen Exzentrizitäten und Tafel G.9.5 die resultierenden anzusetzenden Exzentrizitäten e_{min} und e_{max}.

Tafel G.9.4: Absolutwerte der Exzentrizitäten

Bebenrichtung	e_0 [m]	e_1 [m]	e_2 [m]
x-Richtung	1,0	0,75	0,79
y-Richtung	1,2	1,2	0,75

Tafel G.9.5: Exzentrizitäten e_{min} und e_{max}

Bebenrichtung	e_{min}	e_{max}
x-Richtung	-0,25 m	2,54 m
y-Richtung	-0,60 m	3,15 m

Die Verteilung der horizontalen Erdbebenkräfte und die Aufteilung der Torsionsmomente auf die Aussteifungselemente eines Geschosses erfolgt proportional zu ihrem Anteil an der jeweiligen Gesamtsteifigkeit in der jeweiligen Richtung.

In Tafel G.9.6 sind die resultierenden Verteilungszahlen für die x- und y-Richtung angegeben, die sich für eine Einheits-Stockwerksquerkraft V = 1 und dem daraus resultierenden maximalen Torsionsmoment $M_{T,max}$ = 1 · e_{max} bzw. minimalen Torsionsmoment $M_{T,min}$ = 1 · e_{min} ergeben. Für jede Wand ist der maximale Absolutbetrag hervorgehoben.

9.6.5 Bemessungsschnittkräfte

Da beim vorliegenden Bauwerk die Horizontallasten ausschließlich durch Wände abgetragen werden, ist nach DIN 4149 [DIN 4149 – 10], Abschnitt 6.2.4.1 (5) keine Kombination der Horizontalkomponenten der Erdbebeneinwirkungen erforderlich. Nach DIN EN 1998-1 [DIN EN 1998-1 – 10] kann die Kombination nur entfallen, wenn es sich um wandausgesteifte mit regelmäßigem Grundriss handelt. Dieser Fall liegt nicht vor, so dass hier abweichend von der DIN 4149 [DIN 4149 – 10] eine Richtungsüberlagerung durchgeführt werden müsste. Von der Richtungsüberlagerung wird hier entsprechend DIN 4149 [DIN 4149 – 10] jedoch abgesehen, da diese bereits bei den nachfolgenden dreidimensionalen Modellen Anwendung findet.

Damit ergeben sich die in Tafel G.9.11 angegebenen Bemessungsschnittgrößen der einzelnen Wände für die Duktilitätsklasse 1 (DCL). Für die Duktilitätsklasse 2 (DCM) sind die Momente und Querkräfte der einzelnen Wände durch den höheren q-Faktor von 3,0 gerade halb so groß. Da die Wände von der Gründung bis zum Dach durchlaufen, ist der maßgebende Querschnitt die Wandeinspannung in die Gründung.

9.6.6 Theorie II. Ordnung

Es ist zu prüfen, ob Effekte aus Theorie II. Ordnung berücksichtigt werden müssen. Dies geschieht anhand der Horizontalverschiebungen in Folge der seismischen Belastung. Exemplarisch werden nur die Verschiebungen in x-Richtung für die Duktilitätsklasse 1 (DCL) untersucht.

Die gegenseitigen Stockwerksverschiebungen infolge Erdbebeneinwirkung können vereinfachend auf der Grundlage der elastischen Verformungen des Tragsystems nach DIN 4149 [DIN 4149 – 05], Abschnitt 6.3 bzw. DIN EN 1998-1 DIN EN 1998-1 [DIN EN 1998-1 – 10], Abschnitt 4.3.4 berechnet werden.

Hierbei sind die Bemessungswerte der gegenseitigen Stockwerksverschiebungen d_t mit dem angesetzten Verhaltensbeiwert q zu erhöhen. Mit den jeweiligen Vertikallasten über den Geschossen P_{tot}, den Geschossquerkräften V_{tot} und den Geschosshöhen h wird nach Tafel G.9.7 die Empfindlichkeit θ gegenüber Geschossverschiebungen in x-Richtung ermittelt.

Tafel G.9.6: Aufteilung der Erdbebenersatzkraft auf die Einzelwände – Verteilungszahlen

Bebenrichtung	Angesetzte Ausmitte	Wand 1	Wand 2	Wand 3	Wand 4	Wand 5
x-Richtung	e_{min}	-0,0062	0,0000	0,0062	0,4933	**0,5067**
	e_{max}	**0,0633**	0,0000	**-0,0633**	**0,5684**	0,4316
y-Richtung	e_{min}	**0,3483**	0,3333	0,3184	0,0161	-0,0161
	e_{max}	0,2550	0,3333	**0,4116**	**-0,0846**	**0,0846**

Das Ergebnis für die x-Richtung zeigt, dass die Empfindlichkeitsfaktoren θ für alle Geschosse weit unterhalb von 10 % liegen. Gleiches Ergebnis ergibt sich auch für die y-Richtung, so dass die Effekte nach Theorie II. Ordnung vernachlässigt werden können. Auch für die Duktilitätsklasse 2 (DCM) müssen die Effekte nach Theorie II. Ordnung nicht berücksichtigt werden.

Tafel G.9.7: Überprüfung: Theorie II. Ordnung

Geschoss	d_t [mm]	h [m]	P_{tot} [kN]	V_{tot} [kN]	θ [%]
4	2,70	4,0	2539,5	634,4	0,27
3	2,45	4,0	5420,3	871,4	0,38
2	1,82	4,0	8301,0	1337,8	0,28
1	0,72	4,0	11181,8	1972,2	0,11

9.7 Multimodales Antwortspektrenverfahren am Ersatzstab

Das multimodale Antwortspektrenverfahren wird mit dem schon in Abschnitt 9.6 verwendeten Ersatzstab in x- und y- Richtung durchgeführt. Die modale Analyse mit dem Mehrmassenschwinger liefert die in Tafel G.9.8 dargestellten ersten zwei Eigenformen. Bereits mit den ersten zwei Eigenformen werden in jeder Richtung mehr als 90 % der effektiven modalen Masse des Tragwerks aktiviert, so dass keine weiteren Eigenformen berücksichtigt werden müssen.

9.7.1 Überlagerung der Schnittkräfte

Zur Bestimmung der Maximalantwort der Wände werden die Biegemomentenanteile der Eigenschwingungsformen nach der SRSS-Regel überlagert. Die resultierenden Momente sind aufgrund der quadratischen Überlagerung immer positiv. In der Bemessung sind diese entsprechend mit wechselndem Vorzeichen zu berücksichtigen.

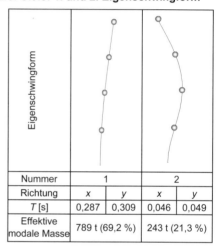

Tafel G.9.8: 1. und 2. Eigenschwingform

Nummer	1		2	
Richtung	x	y	x	y
T [s]	0,287	0,309	0,046	0,049
Effektive modale Masse	789 t (69,2 %)		243 t (21,3 %)	

9.7.2 Torsionswirkungen

Wie bei der Vorgehensweise des vereinfachten Antwortspektrenverfahrens kann auch bei dem multimodalen Ansatz unter Verwendung zweier ebener Systeme die Torsion durch das genauere Verfahren nach Abschnitt 4.5 erfasst werden. Somit können die gleichen Verteilungszahlen nach Tafel G.9.6 verwendet werden. Auch in diesem Fall wird nach DIN 4149 [DIN 4149 – 05] auf eine Kombination der Horizontalkomponenten der Erdbebeneinwirkungen verzichtet, da die Horizontallasten ausschließlich durch Wände abgetragen werden. Nach DIN EN 1998-1 [DIN EN 1998-1 – 10] ist aber eine Überlagerung erforderlich.

9.7.3 Bemessungsschnittkräfte

Bei Annahme der Duktilitätsklasse 1 (DCL) mit $q = 1,5$ ergeben sich für die Wände die in Tafel G.9.12 zusammengestellten Schnittgrößen. Für die Duktilitätsklasse 2 (DCM) mit $q = 3$ sind die Schnittgrößen halb so groß. Das Ergebnis zeigt, dass sich kleinere Schnittgrößen als nach dem vereinfachten Antwortspektrenverfahren (Tafel G.9.11) ergeben. Die Ursache hierfür liegt darin, dass die Ersatzkraft beim vereinfachten Verfahren mit 85 % der totalen Gebäudemasse berechnet wird, der tatsächliche modale Massenanteilsfaktor in der ersten Eigenform jedoch nur 69,2 % beträgt.

9.8 Multimodales Antwortspektrenverfahren: Räumliches Modell mit Balkenelementen

Um die Torsionseffekte genauer zu berücksichtigen, wird ein räumliches Modell verwendet. Generell ist bei Verwendung eines räumlichen Modells die Bemessungs-Erdbebeneinwirkung entlang aller maßgebenden horizontalen Richtungen anzusetzen. Da im vorliegenden Fall alle lastabtragenden Wände in zwei senkrechten Richtungen liegen, sind lediglich diese beiden Richtungen zu untersuchen.

Im Modell des räumlichen Tragwerks werden die Decken mit Schalenelementen, die Stützen mit Fachwerkelementen und die aussteifenden Wände mit Balkenelementen abgebildet. Das Modell ist in Abb. G.9.5 dargestellt. Die Abbildung der Wände als Balkenelemente ist einfach und schnell realisierbar, hat aber den Nachteil, dass der Vertikallastabtrag nicht gut erfasst werden kann. Zudem werden die zusammengesetzten Steifigkeiten von Wänden und Decken nicht abgebildet, da die Balken nur punktuell an die Decken angeschlossen sind. Der horizontale Lastabtrag wird von dem Modell jedoch ausreichend genau abgebildet.

Die ersten drei Eigenformen des Tragwerks mit den Eigenperioden 0,30 s, 0,28 s und 0,20 s sind in Abb. G.9.6 bis Abb. G.9.8 dargestellt. Es wird deutlich, dass die erste Eigenform hauptsächlich von der Schwingung in Querrichtung, die zweite von der Schwingung in Längsrichtung und die dritte Eigenform von der Torsionsschwingung dominiert wird. Gegenüber den ebenen Ersatzstabmodellen haben sich die dominierenden ersten Eigenschwingzeiten je Richtung nur unwesentlich verändert (in x-Richtung 0,28 s gegenüber 0,29 s, in y-Richtung 0,30 s gegenüber 0,31 s). Die leichte Verringerung der Schwingperioden lässt sich auf den Steifigkeitszuwachs durch die Ausbildung der Rahmentragwirkung der Balken mit den biegesteif angeschlossenen Geschossdecken zurückführen.

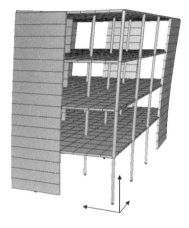

Abb. G.9.6: 1. Eigenform, $T_1 = 0,30$ s

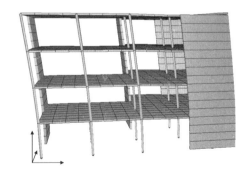

Abb. G.9.7: 2. Eigenform, $T_2 = 0,28$ s

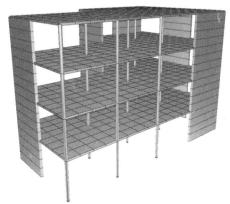

Abb. G.9.5: 3-D-Modell mit Balkenelementen

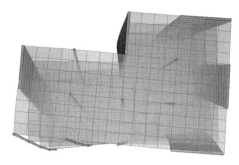

Abb. G.9.8: 3. Eigenform, T_3 = 0,20 s

9.8.1 Torsionswirkungen

Wie in Abschnitt 4.5 beschrieben ist die zufällige Torsionswirkung infolge der nicht genau bekannten Massenverteilung eines Stockwerkes zu berücksichtigen. Die hierfür anzusetzende Exzentrizität beträgt 5 % der Gebäudeabmessung senkrecht zur Erdbebenrichtung.

Für jedes Stockwerk ist diese Exzentrizität mit der am Geschoss wirkenden Horizontalkraft, die entsprechend dem Ersatzkraftverfahren berechnet wird, zu multiplizieren. Die so ermittelten Torsionsmomente sind als Lasten im Modell anzusetzen, wobei die Wirkung mit wechselndem Vorzeichen zu untersuchen ist.

Für das vorliegende Gebäude sind die Ergebnisse für die x- und y-Richtung in Tafel G.9.9 und Tafel G.9.10 zusammengestellt. Grundlage der Berechnungen ist die Gesamterdbebenkraft $F_b = S_d(T_1) \cdot M \cdot \lambda$. Mit einem anzusetzenden Gesamtgewicht des Bauwerks von 1140 t und einem aus der ersten Eigenperiode resultierenden Spektralwert von 1,465 m/s² in x-Richtung bzw. 1,383 m/s² in y-Richtung ergeben sich die Gesamterdbebenkräfte zu $F_{b,x}$ = 1420 kN und $F_{b,y}$ = 1340 kN. Bei einem Beben in x-Richtung beträgt die Exzentrizität in y-Richtung $\pm 0,05 \cdot 15$ m = $\pm 0,75$ m, bei einem Beben in y-Richtung beträgt die Exzentrizität in x-Richtung $\pm 0,05 \cdot 24$ m = $\pm 1,2$ m.

Tafel G.9.9: Torsionsbeanspruchung für die DK 1 (DCL), x-Richtung

Geschoss	Gewicht W [t]	Horizontalkraft $F_{i,x}$ [kN]	M (Beben in x-Rtg.) [kNm]
1	293,7	149	111,8
2	293,7	298	223,5
3	293,7	447	335,2
4	258,9	525	394,0

Tafel G.9.10: Torsionsbeanspruchung für die DK 1 (DCL), y- Richtung

Geschoss	Gewicht W [t]	Horizontalkraft $F_{i,y}$ [kN]	M (Beben in y-Rtg.) [kNm]
1	293,7	141	168,8
2	293,7	281	337,7
3	293,7	422	506,5
4	258,9	496	595,3

Die so ermittelten Torsionsmomente werden unter Berücksichtigung der Lage des Steifigkeitsmittelpunktes als horizontale Schubkräfte auf die Wandscheiben mit folgenden Verteilungszahlen der Einzelwände aufgeteilt:

$$s_i = \frac{k \cdot r_i}{k_T}, s_j = \frac{k_j \cdot r_j}{k_T}$$

Die Schubkräfte für die Duktilitätsklasse 2 (DCM) sind auf Grund des höheren q-Faktors gerade halb so groß. Damit ist ein weiterer Lastfall definiert, der zusätzlich zu den mit dem Antwortspektrenverfahren ermittelten Schnittgrößen zu berücksichtigen ist.

9.8.2 Richtungsüberlagerung

Für ein Beben in x-Richtung werden berechnet:
- Schnittgrößen infolge des Erdbebens für alle mitzunehmenden Modalbeiträge
- Schnittgrößen $E_{Modal,x}$ infolge des Erdbebens in x-Richtung durch Überlagerung der verschiedenen Modalbeiträge mit der SRSS-Regel
- Schnittgrößen E_{Mx} infolge zufälliger Torsionseffekte für ein Beben in x-Richtung
- Schnittgröße $E_{Ed,x}$ durch "Summierung" der Schnittgrößen $E_{Modal,x}$ und E_{Mx}. Dies sind die Schnittgrößen infolge der gesamten seismischen Belastung in x-Richtung.

Analog erfolgt die Berechnung der Schnittgrößen für ein Beben in y-Richtung. Die maßgebenden Schnittgrößen aus der seismischen Belastung ergeben sich dann aus dem jeweiligen Maximum der folgenden Kombinationen:

$E_{Edx} \oplus 0{,}30 \cdot E_{Edy}$

$0{,}30 \cdot E_{Edx} \oplus E_{Edy}$

Hierbei sind die Schnittgrößen mit positivem und negativem Vorzeichen ungünstigst zu überlagern. Daraus ergeben sich die Bemessungswerte der Erdbebeneinwirkung A_{Ed}, die im Anschluss mit den ständigen Lasten sowie anteiligen Verkehrs- und Schneelasten überlagert werden. Das Ablaufschema zur Berechnung der Bemessungsschnittgrößen für den Lastfall Erdbeben ist in Abb. G.9.9 zusammenfassend dargestellt.

In dem räumlichen Modell werden die biegesteifen Balken infolge der sich ausbildenden Rahmentragwirkung auch unter Vertikallasten durch zusätzliche Momentenbeanspruchungen belastet. Diese Effekte sind jedoch für die gewählte Modellierung mit Balkenelementen gegenüber den Beanspruchungen aus Erdbeben vernachlässigbar. Damit entsprechen die dargestellten Schnittgrößen den Bemessungswerten der Erdbebenbeanspruchung E_d.

Die aus der Erdbebeneinwirkung resultierenden Normalkräfte sind im Vergleich zu den Normalkräften aus Eigengewicht, Verkehr und Schnee vernachlässigbar klein. Für die Bemessung werden deshalb nur die Normalkräfte aus Eigengewicht und den anteiligen Verkehrslasten angesetzt. Hierbei ist zu beachten, dass der Vertikallastabtrag auf Grund der Abbildung der Wände als Balken ungenau ist. Hier kann alternativ eine händische Ermittlung über Lasteinzugsflächen erfolgen.

Die Ergebnisse der Bemessungsschnittkräfte für die Schubwände bei Annahme der Duktilitätsklasse 1 (DCL) sind in Tafel G.9.13 zusammengefasst. Für die Duktilitätsklasse 2 (DCM) sind die Bemessungsschnittkräfte gerade halb so groß.

9.9 Multimodales Antwortspektrenverfahren: Räumliches Modell mit Schalenelementen

Da das prinzipielle Vorgehen identisch mit dem in Abschnitt 9.8 vorgestellten räumlichen Modell mit Balkenelementen ist, werden nachfolgend nur noch die wesentlichen Berechnungsergebnisse angegeben. Die Berechnung erfolgt mit dem Programmsystem MINEA [MINEA – 2011]. Die sich einstellenden Eigenformen sind in Abb. G.9.11 bis Abb. G.9.13 dargestellt. Die Eigenperioden unterscheiden sich nur unwesentlich von dem dreidimensionalen Modell mit Balkenelementen.

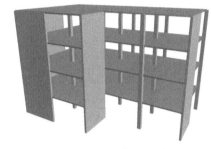

Abb. G.9.10: 3-D-Modell mit Schalenelementen

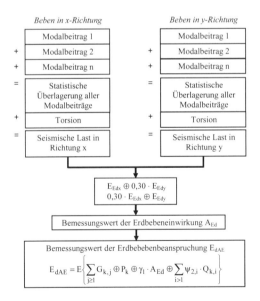

Abb. G.9.9: Ablaufschema zur Ermittlung der Erdbebenbeanspruchung

Abb. G.9.11: 1. Eigenform, $T_1 = 0{,}32$ s

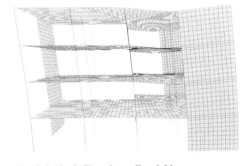

Abb. G.9.12: 2. Eigenform, $T_2 = 0{,}30$ s

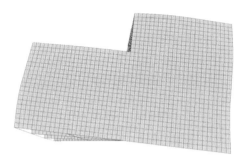

Abb. G.9.13: 3. Eigenform, $T_3 = 0{,}21$ s

Die Torsionswirkungen werden in dem Modell äquivalent zu Abschnitt 9.8 durch den Ansatz von Torsionsmomenten je Geschoss berücksichtigt. Die Ergebnisse der Bemessungsschnittkräfte für die Schubwände bei Annahme der Duktilitätsklasse 1 (DCL) sind in Tafel G.9.14 zusammengefasst. Für die Duktilitätsklasse 2 (DCM) sind die Bemessungsschnittkräfte gerade halb so groß.

Tafel G.9.11: Bemessungsschnittgrößen; Vereinfachtes Antwortspektrenverfahren am Ersatzstab, Duktilitätsklasse 1 (DCL)

Duktilitätsklasse 1 (DCL)	Wand 1	Wand 2	Wand 3	Wand 4	Wand 5
min N_d [kN]	-1259	-1479	-1479	-1379	-1379
(+/-) M_d [kNm]	5808	5559	6864	10180	9076
(+/-) V_d [kN]	456	436	538	798	712

Tafel G.9.12: Bemessungsschnittgrößen; Multimodales Antwortspektrenverfahren am Ersatzstab, Duktilitätsklasse 1 (DCL)

Duktilitätsklasse 1 (DCL)	Wand 1	Wand 2	Wand 3	Wand 4	Wand 5
min N_d [kN]	-1259	-1479	-1479	-1379	-1379
(+/-) M_d [kNm]	4761	4557	5628	8332	7428
(+/-) V_d [kN]	398	381	471	690	615

Tafel G.9.13: Bemessungsschnittgrößen; Multimodales Antwortspektrenverfahren am räumlichen Balkenmodell, Duktilitätsklasse 1 (DCL)

Duktilitätsklasse 1 (DCL)	Wand 1	Wand 2	Wand 3	Wand 4	Wand 5
min N_d [kN]	-1346	-1607	-1466	-1470	-1428
(+/-) M_d [kNm]	4332	4507	5797	8395	7379
Ausmitte (M_d/N_d) [m]	3,22	2,80	3,95	5,71	5,17
(+/-) V_d [kN]	358	402	529	722	639

Tafel G.9.14: Bemessungsschnittgrößen; Multimodales Antwortspektrenverfahren am räumlichen Schalenmodell, Duktilitätsklasse 1 (DCL)

	Wand 1	Wand 2	Wand 3	Wand 4	Wand 5
min N_d [kN]	-1141	-1339	-1341	-1250	-1293
M_d [kNm]	4142	4847	5586	8002	7578
Ausmitte (M_d/N_d) [m]	3,63	3,62	4,17	6,40	5,86
V_d [kN]	334	371,8	493	652,3	583

9.10 Ergebnisvergleich der Rechenverfahren

Ein Vergleich der Rechenergebnisse zwischen dem vereinfachten Antwortspektrenverfahren (Tafel G.9.11), dem multimodalen Antwortspektrenverfahren unter Verwendung eines Ersatzstabes (Tafel G.9.12), dem räumlichen Tragwerksmodell mit Balkenelementen (Tafel G.9.13) und dem räumlichen Tragwerksmodell mit Schalenelementen (Tafel G.9.14) zeigt eine im Rahmen der unterschiedlichen Modellannahmen gute Übereinstimmung der Schnittgrößen. Die größten Beanspruchungen liefert erwartungsgemäß das vereinfachte Antwortspektrenverfahren mit statischen Ersatzkräften. Bei den Normalkräften ergeben sich Abweichungen, da diese bei dem Ersatzstabverfahren näherungsweise über Lasteinzugsflächen bestimmt wurden. Auch zwischen den räumlichen Modellen ergeben sich Abweichungen, da die Wände zum einen mit punktuell angeschlossenen Balkenelementen und zum anderen mit Schalenelementen über die gesamte Wandlänge modelliert wurden.

9.11 Bemessung und konstruktive Durchbildung: Duktilitätsklasse 1 (DCL)

Beispielhaft wird im Folgenden eine Wandbemessung der am höchsten beanspruchten Wand 4 durchgeführt. Als Beanspruchungen werden die mit dem multimodalen Antwortspektrenverfahren unter Verwendung des räumlichen Balkenmodells ermittelten Schnittgrößen angesetzt.

9.11.1 Allgemeine Festlegungen

In der Duktilitätsklasse 1 (DCL) wird die Verwendung einer Betonfestigkeitsklasse von mindestens C 16/20 gefordert. Zusätzlich wird für Bauteile, die Erdbebenlasten abtragen, der Einsatz hochduktiler Stähle vom Typ B nach DIN 1045-1 [DIN 1045-1 – 08] vorgeschrieben. Nachfolgend erfolgt die Bemessung nach DIN 1045-1 [DIN 1045-1 – 08] bzw. DIN EN 1992-1-1 [DIN EN 1992-1-1 – 11]. Die Betondeckung wird allseitig mit 5 cm angesetzt.

9.11.2 Bemessungsschnittkräfte

Die Bemessungsschnittgrößen am Wandfuß betragen für Wand 4:

$N_{Ed} = -1470$ kN
$V_{Ed} = 722$ kN
$M_{Ed} = 8395$ kNm

9.11.3 Bemessung auf Querkraft

Der Bemessungswert der Querkraft V_{Ed} ist nach DIN 4149 [DIN 4149 – 05], Abschnitt 8.2 um den Faktor $\varepsilon = 1,5$ zu erhöhen:

$V_{Ed} = 1,5 \cdot 0,722 = 1,083$ MN

Die maximal aufnehmbare Querkraft der Betondruckstrebe ergibt sich für einen angenommenen Druckstrebenwinkel von $\vartheta = 40°$ zu

$$V_{Rd,max} = \frac{b_w \cdot z \cdot \alpha_c \cdot f_{cd}}{\cot \vartheta + \tan \vartheta}$$
$$= \frac{0,3 \cdot 0,9 \cdot 5,9 \cdot 0,75 \cdot 20,0 \cdot 0,85 / 1,5}{1,2 + 1,0 / 1,2}$$
$$= 6,659 \text{ MN} > 1,083 \text{ MN}$$

und die rechnerisch erforderliche Bügelbewehrung berechnet sich für $\vartheta = 40°$ zu:

$$\text{erf } a_{sw} = \frac{V_{Ed}}{f_{yd} \cdot z \cdot \cot \vartheta}$$
$$= \frac{1,083}{500 / 1,15 \cdot 0,9 \cdot 5,9 \cdot 1,2}$$
$$= 3,91 \text{ cm}^2/\text{m}$$

Zur Abdeckung der erforderlichen Schubbewehrung wird beidseitig eine Matte Q 335 (A) angeordnet. Damit deckt die vorhandene Bewehrung $a_{sw,vorh} = 6,7$ cm²/m die rechnerisch erforderliche Bügelbewehrung ab. Die Randbereiche der Wand sind in beiden Richtungen zusätzlich mit Steckbügeln $\varnothing 10$ mm im Abstand von 15 cm zu bewehren, um die Bewehrung der Matten zu schließen. Die Anordnung einer hochduktilen Bewehrung ist für die Schubabtragung nicht erforderlich, da die Querkraft linear elastisch aufgenommen werden soll. Nach DIN EN 1998-1 [DIN EN 1998-1 – 10] entfällt die Anforderung der Querkraftsteigerung. Stattdessen ist es ausreichend eine Bemessung nach DIN EN 1992-1-1 [DIN EN 1992-1-1 – 11] durchzuführen. Die gewählte Bewehrung ist damit auch nach DIN EN 1998-1 [DIN EN 1998-1 – 11] ausreichend.

9.11.4 Bemessung auf Biegung und Längskraft

Aus einer Biegebemessung mit symmetrischer Bewehrungsanordnung ergibt sich mit dem Bemessungsprogramm FRILO [FRILO – 11] eine erforderliche Biegebewehrung von 16,41 cm² an den Wandenden. Die der Bemessung zugrundeliegende Dehnungsverteilung ist in Abb. G.9.14 dargestellt. Gewählt werden 10 Ø16 hochduktiler Baustahl BSt 500 (B) zur Sicherstellung eines duktilen Wandverhaltens unter Biegebeanspruchung. Bei der Ermittlung der Biegebewehrung wurde die Mattenbewehrung Q 335 (A) rechnerisch nicht berücksichtigt.

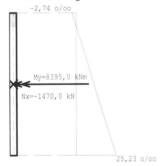

Abb. G.9.14: Dehnungsverteilung der Biegebemessung, DK 1 (DCL)

9.11.5 Bemessungswert der bezogenen Längskraft

Der Bemessungswert der bezogenen Längskraft v_d darf bei Wänden den Grenzwert von 0,2 nicht überschreiten, um eine ausreichende Krümmungsduktilität nach DIN 4149 [DIN 4149 – 05], Abschnitt 8.2, zu sichern:

$$v_d = \frac{N_{Ed}}{A_c \cdot f_{cd}} = \frac{N_{Ed}}{A_c \cdot \alpha \cdot f_{ck}/1,5}$$

$$= \frac{-1,470}{6,0 \cdot 0,3 \cdot 0,85 \cdot 20/1,5} = -0,072 > -0,2$$

Die Forderung der Beschränkung der bezogenen Normalkraft entfällt in der DIN EN 1998-1 [DIN EN 1998-1 – 10]. Es ist lediglich eine Bemessung nach DIN EN 1992-1-1 [DIN EN 1992-1-1 – 11] erforderlich.

9.12 Bemessung und konstruktive Durchbildung: Duktilitätsklasse 2 (DCM)

9.12.1 Allgemeine Anforderungen

In der Duktilitätsklasse 2 (DCM) wird nach DIN 4149 [DIN 4149 – 05] die Verwendung einer Betonfestigkeitsklasse von mindestens C 20/25 gefordert. In der DIN EN 1998-1 [DIN EN 1998-1 – 10] wird nur die Festigkeitsklasse C 16/20 gefordert. Zusätzlich wird für Bauteile, die Erdbebenlasten abtragen, der Einsatz hochduktiler Stähle vom Typ B nach DIN 1045-1 [DIN 1045-1 – 08] bzw. DIN EN 1992-1-1, Tabelle C.1 vorgeschrieben. Die nachfolgende Bemessung erfolgt nach DIN 1045-1 [DIN 1045-1 – 08] bzw. DIN EN 1992-1-1 [DIN EN 1992-1-1 – 11] unter Berücksichtigung der zusätzlichen Anforderungen an die lokale Duktilität. Die Betondeckung wird allseitig mit 5 cm angesetzt.

9.12.2 Bemessungsschnittkräfte

Die Bemessungsschnittkräfte für $q = 3$ am Wandfuß von Wand 4 betragen:

$N_{Ed} = -1470/2 = -735$ kN
$V_{Ed} = 722/2 \ \ = 361$ kN
$M_{Ed} = 8395/2 = 4197,5$ kNm

9.12.3 Bemessung auf Querkraft

Der Bemessungswert der Querkraft V_{Ed} ist nach DIN 4149 [DIN 4149 05], Abschnitt 8.3.2.2 um den Faktor $\varepsilon = 1,7$ zu erhöhen:

$V_{Ed} = 1,7 \cdot 0,361 = 0,614$ MN

Nach DIN EN 1998-1 [DIN EN 1998-1 – 10], Abschnitt 5.4.2.4 ist der Bemessungswert der Querkraft lediglich mit dem Faktor 1,5 zu erhöhen. Mit dem Ansatz von $\varepsilon = 1,7$ ist damit auch die Forderung nach DIN EN 1998-1 [DIN EN 1998-1 – 10], abgedeckt. Die maximal aufnehmbare Querkraft der Betondruckstrebe ergibt sich für einen angenommenen Druckstrebenwinkel von $\vartheta = 40°$ zu

$$V_{Rd,max} = \frac{b_w \cdot z \cdot \alpha_c \cdot f_{cd}}{\cot \vartheta + \tan \vartheta}$$

$$= \frac{0,3 \cdot 0,9 \cdot 5,9 \cdot 0,75 \cdot 20,0 \cdot 0,85/1,5}{1,2 + 1,0/1,2}$$

$$= 6,659 \text{ MN} > 0,614 \text{ MN}$$

und die rechnerisch erforderliche Bügelbewehrung berechnet sich für $\vartheta = 40°$ zu:

$$\text{erf } a_{sw} = \frac{V_{Ed}}{f_{yd} \cdot z \cdot \cot \vartheta}$$

$$= \frac{0,614}{500/1,15 \cdot 0,9 \cdot 5,9 \cdot 1,2}$$

$$= 2,22 \text{ cm}^2/\text{m}$$

Zur Abdeckung der erforderlichen Schubbewehrung wird beidseitig eine Matte Q 257 (A) angeordnet. Damit deckt die vorhandene Bewehrung $a_{sw,vorh} = 5,14$ cm^2/m die rechnerisch erforderliche Bügelbewehrung ab. Die Anordnung einer hochduktilen Bewehrung ist für die Schubabtragung nicht erforderlich, da die Querkraft linear elastisch aufgenommen werden soll.

9.12.4 Bemessung auf Biegung und Längskraft

Aus einer Biegebemessung mit symmetrischer Bewehrungsanordnung ergibt sich mit dem Bemessungsprogramm FRILO [FRILO – 11] eine erforderliche Biegebewehrung von 7,92 cm^2 an den Wandenden. Die der Bemessung zugrundeliegende Dehnungsverteilung zeigt Abb. G.9.15. Gewählt werden 10 Ø12 hochduktiler Baustahl BSt 500 (B), zur Sicherstellung eines duktilen Biegeverhaltens. Bei der Ermittlung der Biegebewehrung wurde die Mattenbewehrung Q 257 (A) rechnerisch nicht berücksichtigt.

9.12.5 Maßnahmen zur Sicherstellung der lokalen Duktilität

Bei der Wand 4 handelt es sich um eine schlanke Wand:

$$\frac{H_w}{l_w} = \frac{16}{6} = 2,7 > 2$$

Damit werden nach DIN 4149 [DIN 4149 – 05], Abschnitt 8.3.8.2.2 bzw. DIN EN 1998-1 [DIN EN 1998-1 – 10], Abschnitt 5.4.3.4.2 besondere Anforderungen an die Bemessung und konstruktive Ausbildung der Wand gestellt. Zunächst ist die Höhe des kritischen Bereichs am Wandfuß zu bestimmen:

$$h_{cr} = \max\left[l_w, \frac{H_w}{6}\right] = 6 \text{ m}$$

$$\leq \begin{bmatrix} 2l_w \\ h_s \text{ für } n \leq 6 \text{ Geschosse} \\ 2h_s \text{ für } n \geq 7 \text{ Geschosse} \end{bmatrix} = 4 - 0{,}2 = 3{,}8 \text{ m}$$

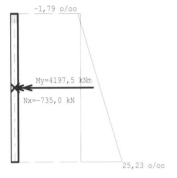

Abb. G.9.15: Dehnungsverteilung der Biegebemessung, DK 2 (DCM)

Damit ist für die Biegebemessung der in Abb. G.9.16 dargestellte Momentenverlauf anzusetzen. Dieser deckt Unsicherheiten im Momentenverlauf über die Höhe, den Einfluss der Querkraft auf die Biegezugkraft und den Effekt der abnehmenden Normalkraft über die Höhe durch das vertikale Versatzmaß h_{cr} ab.

Die Länge des kritischen Bereichs l_c in Wandrichtung ist definiert als der Bereich zwischen der Randstauchung und der Betonstauchung bei 3,5 ‰.

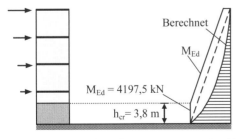

Abb. G.9.16: Verlauf des Bemessungsmomentes M_{Ed} mit dem Versatzmaß h_{cr}

Die sich einstellende Dehnungsverteilung in der Wand unter Ansatz der Stabstahl- und Mattenbewehrung als Vorgabebewehrung zeigt Abb. G.9.17. Da die maximale Randstauchung 0,47 ‰ beträgt, wird der Mindestwert des kritischen Bereichs nach DIN 4149 [DIN 4149 – 05], Abschnitt 8.3.8.5 bzw. DIN EN 1998-1 [DIN EN 1998-1 – 10], Abschnitt 5.4.3.4.2 maßgebend:

$l_c \geq 0{,}15 \cdot l_w = 0{,}9$ m oder $1{,}50 \cdot b_w = 0{,}45$ m
$\Rightarrow l_c = 0{,}45$ m

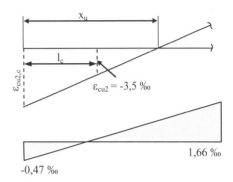

Abb. G.9.17: Länge des kritischen Bereichs l_c und vorhandene Dehnungsverteilung

In dem kritischen Bereich ist für die vertikale Bewehrung mindestens ein Bewehrungsgrad von $\omega_v = 0{,}005$ vorzusehen. Damit ergibt sich die mindestens erforderliche Vertikalbewehrung zu:

$$A_{sv,min} = 0{,}005 \cdot 45 \cdot 30 = 6{,}75 \text{ cm}^2$$

Die Abdeckung der Mindestbewehrung erfolgt durch die Anordnung von 10 Bewehrungsstäben ⌀12 verteilt über die Ränder des kritischen Bereichs. Die Stäbe liefern eine Bewehrung von 11,3 cm²/m. Damit ist die Mindestbewehrung von 6,75 cm²/m abgedeckt. Der vorhandene mechanische Längsbewehrungsgrad ω_v ergibt sich damit:

$$\omega_v = \rho_v \cdot \frac{f_{yd,v}}{f_{cd}} = \frac{11{,}3}{45 \cdot 30} \cdot \frac{500/1{,}15}{0{,}85 \cdot 20/1{,}5} = 0{,}32$$

Für die Umschnürungsbewehrung in den Randbereichen muss der auf das Volumen bezogene mechanische Bügelbewehrungsrad ω_{wd} folgende Bedingung erfüllen (DIN 4149 [DIN 4149 – 05], Abschnitt 8.3.8.5; DIN EN 1998-1 [DIN EN 1998-1 – 10], Abschnitt 8.5.4.3.2):

$$\alpha \cdot \omega_{wd} \geq 30\mu_\Phi \cdot (v_d + \omega_v) \cdot \varepsilon_{sy,d} \cdot b_w / b_0 - 0{,}035 = 0{,}226$$

mit:

$\mu_\Phi = 1{,}5 \cdot (2 \cdot q_0 - 1) = 1{,}5 \cdot (2 \cdot 3{,}0 - 1) = 7{,}5$

für $T_1 = 0{,}29$ s $\geq T_C = 0{,}25$ s

$$v_d = \frac{N_{Ed}}{A_c \cdot \alpha \cdot f_{ck}/1{,}5} = 0{,}036$$

$\omega_v = 0{,}32$

$\varepsilon_{sy,d} = f_{yk}/(E_s \cdot 1{,}15) = 0{,}00217$

$b_w = 0{,}30$ m

$b_0 = 0{,}20$ m

Zur Überprüfung der Bedingung ist noch der Kennwert der Wirksamkeit der Umschnürungsbewehrung α nach DIN 4149 [DIN 4149 – 05], Abschnitt 8.3.7.3 bzw. DIN EN 1998-1 [DIN EN 1998-1 – 10], Abschnitt 5.4.3.4.2 zu berechnen:

$\alpha = \alpha_n \cdot \alpha_s = 0{,}675 \cdot 0{,}667 = 0{,}45$

mit:

$\alpha_n = 1 - \sum_n b_i^2 / 6 b_0 \cdot d_0$

$= 1 - (6 \cdot (15^2 / 6 \cdot 20 \cdot 45) + 4 \cdot (10^2 / 6 \cdot 20 \cdot 45))$

$= 0{,}675$

$\alpha_s = (1 - s/2b_0) \cdot (1 - s/2d_0)$

$= (1 - 10/(2 \cdot 20)) \cdot (1 - 10/(2 \cdot 45))$

$= 0{,}667$

$s = \min\left\{\dfrac{b_0}{2};\ 200\ \text{mm};\ 9d_{sL}\right\} = 10$ cm

Mit dem Faktor α ergibt sich der auf das Volumen bezogene mechanische Bewehrungsrad ω_{wd}:

$\omega_{wd} \geq \dfrac{0{,}226}{0{,}45} = 0{,}50$

Mit diesem kann die erforderliche Bügelbewehrung bestimmt werden:

$V_{\text{Bügel}} = \omega_{wd} \cdot V_{\text{Betonkern}} \cdot \dfrac{f_{cd}}{f_{yd}}$

$= 0{,}50 \cdot 20 \cdot 45 \cdot 100 \cdot \dfrac{0{,}85 \cdot 20/1{,}5}{500/1{,}15}$

$= 1173{,}0$ cm³/m

Als Mindestbügelabstand ist einzuhalten:

$s = \min\left(\dfrac{200}{2};\ 200;\ 9 \cdot 12\right) = 100$ mm

Gewählt werden Bügel ⌀12 mit einem Volumen je Bügel von:

$V_{\text{Bügel},⌀12} = 1{,}13 \cdot (2 \cdot 20 + 2 \cdot 45) = 146{,}9$ cm³

Damit ergibt sich für einen Bügelabstand von 10 cm folgendes Bügelvolumen pro Meter:

$V_{\text{Bügel},⌀12/10} = 146{,}9 \cdot 10 = 1469{,}0$ cm³/m

Im Gegensatz zur Duktilitätsklasse 1 (DCL) sind die Bügel hier zu schließen und am Ende mit $10 d_{bw}$ langen nach innen gerichteten Aufbiegungen mit dem Winkel von 135° zu versehen. Zusätzlich sind die mittleren Bewehrungsstäbe durch S-Haken ⌀10 zu sichern

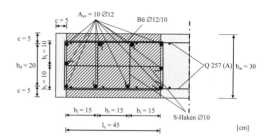

Abb. G.9.18: Konstruktive Durchbildung des kritischen Wandbereichs in der Draufsicht

10 Berechnungsbeispiel: Nichtlinearer statischer Nachweis

Der Ablauf eines nichtlinearen statischen Nachweises wird nach DIN EN 1998-1 [DIN EN 1998-1 – 10], Anhang B auf Grundlage der N2-Methode am Beispiel eines vierstöckigen Stahlbetonrahmentragwerks demonstriert (Abb. G.10.1).

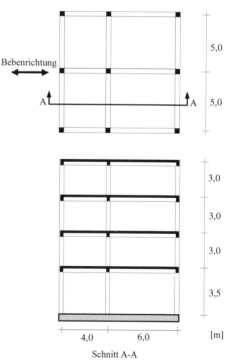

Abb. G.10.1: Grundriss und Aufriss des Gebäudes

Das dynamische Verhalten des dreistöckigen Gebäudes wurde am Joint Research Center in Ispra mit einem pseudodynamischen Versuch im Maßstab von 1:1 untersucht [Fajfar – 98]. Die Versuchsergebnisse werden hier genutzt, um die N2-Methode anzuwenden und die Ergebnisse zu überprüfen

10.1 Antwortspektrum

Gewählt wird ein Spektrum nach DIN EN 1998-1 [DIN EN 1998-1 – 10] vom Typ I, Baugrundkl. B mit $\gamma = 1{,}0$, $q = 1{,}0$ und $a_g = 6{,}0$ m/s² (Abb. G.10.2).

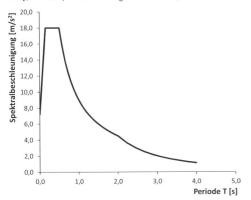

Abb. G.10.2: Antwortspektrum vom Typ I mit $a_g = 6{,}0$ m/s², $\gamma = 1{,}0$, $q = 1{,}0$

10.2 Dynamisches Ersatzsystem

Das Stahlbetonrahmentragwerk wird als Mehrmassenschwinger mit konzentrierten Massen auf den Geschossebenen abgebildet (Abb. G.10.3), wobei als Kontrollknoten der Knoten der Masse m_4 auf der obersten Geschossebene gewählt wird.

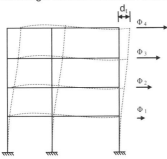

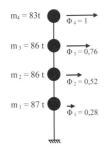

Abb. G.10.3: Rahmentragwerk und Ersatzsystem mit Zunahme der Geschossverschiebungen

10.3 Pushoverkurve

Die Ermittlung der Pushoverkurve erfolgt durch die sukzessive Steigerung der horizontalen Erdbebenbelastung mit dem Lastfaktor λ, die als normierte Belastung höhen- und massenproportional über die Gebäudehöhe verteilt wird.

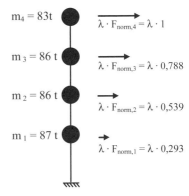

Abb. G.10.4: Belastung zur Bestimmung der Pushoverkurve

Mit den normierten Verschiebungen und den Massen m_i auf den einzelnen Geschossebenen ergibt sich die Lastverteilung zu:

$$\underline{P} = \begin{bmatrix} \Phi_1 \\ \Phi_2 \\ \Phi_3 \\ \Phi_4 \end{bmatrix} \cdot \begin{bmatrix} m_1 \\ m_2 \\ m_3 \\ m_4 \end{bmatrix} = \begin{bmatrix} 0{,}28 \\ 0{,}52 \\ 0{,}76 \\ 1{,}00 \end{bmatrix} \cdot \begin{bmatrix} 87 \\ 86 \\ 86 \\ 83 \end{bmatrix} = \begin{bmatrix} 24{,}36 \\ 44{,}72 \\ 65{,}37 \\ 83{,}00 \end{bmatrix}$$

Die Normierung des Lastvektors und die Einführung des Laststeigerungsfaktors λ liefert den Lastvektor für die Pushoverberechnung:

$$\underline{P}_{\text{Pushover}} = \lambda \cdot \begin{bmatrix} 24{,}36 \\ 44{,}72 \\ 65{,}37 \\ 83{,}00 \end{bmatrix} \cdot \frac{1}{83{,}0} = \lambda \cdot \begin{bmatrix} 0{,}293 \\ 0{,}539 \\ 0{,}788 \\ 1{,}000 \end{bmatrix}$$

Die Pushoverberechnung muss mit einem nichtlinearen Tragwerksprogramm durchgeführt werden. Für das vorliegende Gebäude ergeben sich die in Abb. G.10.5 dargestellte nichtlineare und idealisierte Pushoverkurve, die von Fajfar [Fajfar – 98] für das experimentell untersuchte Stahlbetonrahmentragwerk ermittelt wurden.

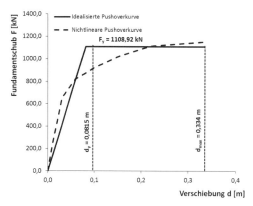

Abb. G.10.5: Nichtlineare und bilinear idealisierte Pushoverkurve

10.4 Transformation der Pushoverkurve

Die Pushoverkurve des äquivalenten Einmassenschwingers ergibt sich durch Transformation mit dem Transformationsbeiwert Γ, der sich wie folgt berechnet:

$$\Gamma = \frac{m^*}{\sum m_i \Phi_i^2}$$
$$= \frac{(0,28 \cdot 87 + 0,52 \cdot 86 + 0,76 \cdot 86 + 1,0 \cdot 83)}{(0,28^2 \cdot 87 + 0,52^2 \cdot 86 + 0,76^2 \cdot 86 + 1,0^2 \cdot 83)}$$
$$= 1,336$$

Die Anwendung des Transformationsbeiwerts liefert die in Abb. G.10.6 dargestellte Pushoverkurve des äquivalenten Einmassenschwingers.

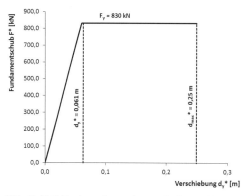

Abb. G.10.6: Pushoverkurve des äquivalenten Einmassenschwingers

10.5 Periode des äquivalenten Einmassenschwingers

Die Periode T^* des idealisierten äquivalenten Einmassenschwingers ergibt sich zu:

$$T^* = 2\pi \sqrt{\frac{m^* \cdot d_y^*}{F_y^*}} = 2\pi \sqrt{\frac{217,44 \cdot 0,061}{830}} = 0,794 \text{ s}$$

10.6 Zielverschiebung

Die Zielverschiebung d_{et}^* beträgt:

$$d_{et}^* = S_e(T^*) \left[\frac{T^*}{2\pi}\right]^2 = 11,331 \cdot \left[\frac{0,794}{2\pi}\right]^2 = 0,181 \text{ m}$$

Da die Periode $T^* = 0,794$ s im Bereich mittlerer und langer Perioden liegt, ist die Zielverschiebung gleich der Verschiebung für uneingeschränkt linear elastisches Materialverhalten:

$$d_t^* = d_{et}^* = 0,181 \text{ m}$$

10.7 Zielverschiebung des Mehrmassenschwingers

Die auf den Kontrollknoten bezogene Verschiebung des Mehrmassenschwingers berechnet sich mit dem Transformationsfaktor Γ zu:

$$d_t = \Gamma \cdot d_t^* = 1,336 \cdot 0,181 = 0,242 \text{ m}$$

10.8 Überprüfung der Zielverschiebung

Der Nachweis ist erfüllt, wenn sich die ermittelte Zielverschiebung einstellen kann. Dies ist der Fall, wenn das Verformungsvermögen des plastischen Bereichs der idealisierten Pushoverkurve ausreichend ist. Da nicht sämtliche plastische Reserven ausgenutzt werden sollen, schreibt die DIN EN 1998-1 [DIN EN 1998-1 – 10] in Abschnitt 4.3.3.4.2.3 verschärft vor, dass folgende Zielverschiebung eingehalten werden muss:

$$d_t = 0,242 \text{ m} \leq \frac{d_m}{1,5} = \frac{0,334}{1,5} = 0,22 \text{ m}$$

Damit wird das 150-%-Kriterium nach der DIN EN 1998-1 [DIN EN 1998-1 – 10] nicht eingehalten, obwohl nach der nichtlinearen Last-Verformungskurve ein ausreichendes plastisches Verformungsvermögen vorhanden ist.

10.9 Ermittlung der Duktilität

Mit der ermittelten Zielverschiebung kann die erforderliche Duktilität μ aus der Zielverschiebung d_t und der Fließverschiebung d_y ermittelt werden:

$$\mu = \frac{d_t}{d_y} = \frac{0{,}242}{0{,}0815} = 2{,}97$$

10.10 Performance Point

Die Ermittlung der Zielverschiebung kann grafisch dargestellt und überprüft werden, indem das Antwortspektrum und die Pushoverkurve gemeinsam in dem Spektralbeschleunigungs- Spektralverschiebungsdiagramm (S_a-S_d-Diagramm) dargestellt werden. Hierzu ist das Spektrum mit dem Reduktionsfaktor R_μ abzumindern, der in Abhängigkeit der Periode T wie folgt zu bestimmen ist:

$$R_\mu = (\mu - 1) \cdot \frac{T}{T_c} + 1 \quad \text{für } T \leq T_c$$

$$R_\mu = \mu \quad \text{für } T > T_c$$

Dabei ist die in Abschnitt 10.9 ermittelte Duktilität μ anzusetzen. Der Performance Point (PP) ergibt sich als Schnittpunkt der beiden Kurven und liefert die bereits in Abschnitt 10.6 ermittelte Zielverschiebung d_t^* (Abb. G.10.7).

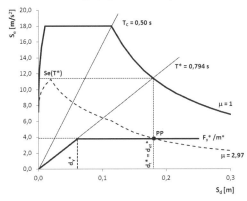

Abb. G.10.7: Bestimmung der Zielverschiebung und des Performance Points (PP)

Es wird deutlich, dass die grafische Überprüfung wesentlich anschaulicher und einfacher interpretierbar ist, als die reine Beschreibung durch Berechnungsformeln.

11 Zusammenfassung

Nach DIN EN 1998-1 [DIN EN 1998-1 – 10] sind im Gegensatz zur DIN 4149 [DIN 4149 – 05] neben den traditionellen linearen Rechenverfahren auch nichtlineare Berechnungsansätze zugelassen. Während in der DIN 4149 [DIN 4149 – 05] nur das vereinfachte und das multimodale Antwortspektrenverfahren zugelassen sind, können nach DIN EN 1998-1 [DIN EN 1998-1 – 10] zukünftig auch statisch nichtlineare Verfahren sowie nichtlineare Zeitverlaufsberechnungen zur Anwendung kommen.

Hinsichtlich der konstruktiven Durchbildung von Stahlbetonbauwerken werden sowohl nach DIN 4149 [DIN 4149 – 05] als auch nach DIN EN 1998-1 [DIN EN 1998-1 – 10] erhöhte Anforderungen an Stahlbetonbauteile gestellt. Dabei kann für den Nachweis zwischen den Duktilitätsklassen 1 und 2 bzw. DCL und DCM gewählt werden, wobei mit zunehmender Duktilität die anzusetzende Erdbebeneinwirkung reduziert wird. In der Duktilitätsklasse 2 / DCM nimmt der für Erdbeben erforderliche Längsbewehrungsgrad in den aussteifenden Bauteilen gegenüber Duktilitätsklasse 1 / DCL deutlich ab. Allerdings steigt in der Duktilitätsklasse 2 / DCM der Aufwand zur konstruktiven Durchbildung der kritischen Bereiche an, woraus lokal größere Bügelbewehrungsmengen und höhere Anforderungen an Verankerungs- und Übergreifungslängen resultieren. Da die Wahl der Duktilitätsklasse weitgehende Auswirkungen auf die konstruktive Durchbildung des Aussteifungssystems und das dynamische Verhalten der Tragstruktur haben kann, sollte sie bereits in der Entwurfsphase abgestimmt werden.

Gegenüber der DIN 4149 [DIN 4149 – 05] sind die Regelungen zur konstruktiven Durchbildung von Stahlbetonbauten in der DIN EN 1998-1 [DIN EN 1998-1 – 10] wesentlich umfangreicher geworden. Insbesondere werden die Anforderungen an Gründungen und Fertigteilkonstruktionen deutlich erhöht.

Beuth informiert über die Eurocodes
Handbuch Eurocode 8. Erdbeben

In den Eurocode-Handbüchern von Beuth finden Sie die EUROCODE-Normen (EC) mit den entsprechenden „Nationalen Anhängen" (NA) und ggf. Restnormen **in einem Dokument** zusammengefasst: Das erleichtert die Anwendung erheblich.

Band 1: Allgemeine Regeln
1. Auflage 2012. ca. 500 S. A4. Broschiert.
ca. 222,00 EUR | ISBN 978-3-410-20865-5

→ **DIN EN 1998-1** Grundlagen, Erdbebeneinwirkungen und Regeln für Hochbauten + Nationaler Anhang
→ **DIN EN 1998-3** Beurteilung und Ertüchtigung von Gebäuden
→ **DIN EN 1998-4** Silos, Tankbauwerke und Rohrleitungen
→ **DIN EN 1998-5** Gründungen, Stützbauwerke und geotechnische Aspekte + Nationaler Anhang
→ **DIN EN 1998-6** Türme, Maste und Schornsteine

Band 2: Brücken
1. Auflage 2012. ca. 180 S. A4. Broschiert.
ca. 70,00 EUR | ISBN 978-3-410-21385-7

→ **DIN EN 1998-2** Brücken + Nationaler Anhang

Kombi-Paket: Band 1 und Band 2
Ausgabe 2012. ca. 680 S. A4. Broschiert.
ca. 280,00 EUR | ISBN 978-3-410-21407-6

Beide Bände im Kombi-Paket für nur ca. 280,00 EUR!

Bestellen Sie am besten unter:
www.beuth.de/eurocode (mit allen Infos / weiteren Literaturtipps)
Telefon +49 30 2601-2260 | Telefax +49 30 2601-1260 | info@beuth.de

Natürlich auch als E-Books.

Berlin · Wien · Zürich

Anhang H

DIN EN 1992-1-1:2011-01
DIN EN 1992-1-1/NA:2011-01
mit
DIN EN 1992-1-1/NA Ber 1:2012-06

Hinweis

Es wird darauf hingewiesen, dass zum Nationalen Anhang DIN EN 1992-1-1/NA:2011-01 eine Änderung A1 – DIN EN 1992-1-1/NA/A1 (zzt. Entwurf 2012-05)[a] – in Vorbereitung ist, die in der nachfolgenden Zusammenstellung noch nicht berücksichtigt werden konnte.

---
[a] E DIN EN 1992-1-1/NA/A1:2012-05 –
  Nationaler Anhang –
  National festgelegte Parameter –
  Eurocode 2: Bemessung und Konstruktion von Stahlbeton- und Spannbetontragwerken –
  Teil 1-1: Allgemeine Bemessungsregeln und Regeln für den Hochbau;
  Änderung A1

Anmerkung der Herausgeber

Nachfolgend ist der Wortlaut von DIN EN 1992-1-1:2011-01 und DIN EN 1992-1-1/NA:2011-01 (Nationaler Anhang (NA)) als verwobenes, fortlaufend zu lesendes Dokument wiedergegeben. Die Regelungen des nationalen Anhangs sind durch hellgraue Unterlegungen kenntlich gemacht.

Berücksichtigt wurde zudem die als DIN EN 1992-1-1/NA Ber 1:2012-06 veröffentlichte Berichtigung 1 zu DIN EN 1992-1-1/NA:2011-01; die entsprechenden Textstellen sind dunkelgrau unterlegt.

Es wurde bewusst der volle Wortlaut von DIN EN 1992-1-1:2011-01 aufgenommen und darauf verzichtet, die Teile wegzulassen oder zu verändern, die durch DIN EN 1992-1-1/NA:2011-01 national angepasst wurden. So wird es ermöglicht, den jeweiligen europäischen „Ursprungstext" im vollen Wortlaut zu lesen und die Auswirkungen der nationalen Anpassungen besser nachzuvollziehen.

EC 2-1-1:2011 und EC 2-1-1/NA:2011

Eurocode 2: Bemessung und Konstruktion von Stahlbeton- und Spannbetontragwerken –
Teil 1-1: Allgemeine Bemessungsregeln und Regeln für den Hochbau;
Deutsche Fassung EN 1992-1-1:2004 + AC:2010

Eurocode 2: Design of concrete structures –
Part 1-1: General rules and rules for buildings;
German version EN 1992-1-1:2004 + AC:2010

Eurocode 2: Calcul des structures en béton –
Partie 1-1: Règles générales et règles pour les bâtiments;
Version allemande EN 1992-1-1:2004 + AC:2010

Nationaler Anhang –
National festgelegte Parameter –
Eurocode 2: Bemessung und Konstruktion von Stahlbeton- und Spannbetontragwerken –
Teil 1-1: Allgemeine Bemessungsregeln und Regeln für den Hochbau

National Annex –
Nationally determined parameters –
Eurocode 2: Design of concrete structures –
Part 1-1: General rules and rules for buildings

Annexe Nationale –
Paramètres déterminés au plan national –
Eurocode 2: Calcul des structures en béton –
Partie 1-1: Règles générales et règles pour les bâtiments

Ersatzvermerk
Ersatz für DIN EN 1992-1-1:2005-10;
mit DIN EN 1992-1-1/NA:2011-01, DIN EN 1992-3:2011-01 und DIN EN 1992-3/NA:2011-01 Ersatz für DIN 1045-1:2008-08; Ersatz für DIN EN 1992-1-1 Berichtigung 1:2010-01

Nationales Vorwort

Dieses Dokument (EN 1992-1-1:2004 + AC:2010) wurde vom CEN/TC 250 „Eurocodes für den konstruktiven Ingenieurbau" erarbeitet, dessen Sekretariat von BSI (Vereinigtes Königreich) gehalten wird.

Die Arbeiten wurden auf nationaler Ebene vom NABau-Arbeitsausschuss NA 005-07-01 AA „Bemessung und Konstruktion (Sp CEN/TC 250/SC 2)" begleitet.

Die Norm EN 1992-1-1 wurde von CEN am 16. April 2004 angenommen.

Die Norm ist Bestandteil einer Reihe von Einwirkungs- und Bemessungsnormen, deren Anwendung nur im Paket sinnvoll ist. Dieser Tatsache wird durch das Leitpapier L der Kommission der Europäischen Gemeinschaft für die Anwendung der Eurocodes Rechnung getragen, indem Übergangsfristen für die verbindliche Umsetzung der Eurocodes in den Mitgliedsstaaten vorgesehen sind. Die Übergangsfristen sind im Vorwort dieser Norm angegeben.

Die Anwendung dieser Norm gilt in Deutschland in Verbindung mit dem Nationalen Anhang.[a]

Es wird auf die Möglichkeit hingewiesen, dass einige Texte dieses Dokuments Patentrechte berühren können. Das DIN [und/oder die DKE] sind nicht dafür verantwortlich, einige oder alle diesbezüglichen Patentrechte zu identifizieren.

Der Beginn und das Ende des hinzugefügten oder geänderten Textes wird im Text durch die Textmarkierungen [AC⟩ ⟨AC] angezeigt.

Vorwort

Dieses Dokument wurde vom NA 005-07-01 AA „Bemessung und Konstruktion" erstellt.

Dieses Dokument bildet den Nationalen Anhang zu DIN EN 1992-1-1, *Eurocode 2: Bemessung und Konstruktion von Stahlbeton- und Spannbetontragwerken – Teil 1-1: Allgemeine Bemessungsregeln und Regeln für den Hochbau.*

Die Europäische Norm EN 1992-1-1 räumt die Möglichkeit ein, eine Reihe von sicherheitsrelevanten Parametern national festzulegen. Diese national festzulegenden Parameter (en: *nationally determined parameters*, NDP) umfassen alternative Nachweisverfahren und Angaben einzelner Werte, sowie die Wahl von Klassen aus gegebenen Klassifizierungssystemen. Die entsprechenden Textstellen sind in der Europäischen Norm durch Hinweise auf die Möglichkeit nationaler Festlegungen gekennzeichnet. Eine Liste dieser Textstellen befindet sich im Unterabschnitt NA 2.1. Darüber hinaus enthält dieser Nationale Anhang ergänzende nicht widersprechende Angaben zur Anwendung von DIN EN 1992-1-1 (en: *non-contradictory complementary information*, NCI).

Nationale Absätze werden mit vorangestelltem „(NA.+lfd. Nr.)" eingeführt.

Bei Bildern, Tabellen und Gleichungen, die national ergänzt werden, wird ein „NA." vorangestellt und die Nummer des vorangegangenen Elements um „.1 ff." ergänzt (z. B. ist das zusätzliche Bild NA.6.22.1 zwischen den Bildern 6.22 und 6.23 angeordnet.)

Bei Bildern, Tabellen und Gleichungen, die national verändert werden, wird statt des „N" eine „DE" nachgestellt (z. B. Gleichung 7.6DE statt 7.6N).

Dieser Nationale Anhang ist Bestandteil von DIN EN 1992-1-1:2011-01.

DIN EN 1992-1-1 und dieser Nationale Anhang DIN EN 1992-1-1/NA:2011-01 ersetzen DIN 1045-1: 2008-08.

Verbindung zwischen den Eurocodes und den harmonisierten Technischen Spezifikationen für Bauprodukte (EN und ETA)

Im Nationalen Anhang werden Europäische Technische Zulassungen und nationale allgemeine bauaufsichtliche Zulassungen in Bezug genommen. Diese werden nachfolgend als Zulassungen bezeichnet.

Soweit in DIN EN 1992-1-1 Europäische Technische Zulassungen in Bezug genommen werden, dürfen in Deutschland auch allgemeine bauaufsichtliche Zulassungen verwendet werden.

In Deutschland dürfen Europäische Technische Zulassungen in bestimmten Fällen (z. B. nach ETAG 013) nur in Verbindung mit einer allgemeinen bauaufsichtlichen Zulassung für die Anwendung verwendet werden.

Änderungen

Gegenüber DIN V ENV 1992-1-1:1992-06, DIN V ENV 1992-1-3:1994-12, DIN V ENV 1992-1-4: 1994-12, DIN V ENV 1992-1-5:1994-12, DIN V ENV 1992-1-6:1994-12 und DIN V ENV 1992-3: 2000-12 wurden folgende Änderungen vorgenommen:

---

[a] Anmerkung der Autoren: Der Nationale Anhang ist in diesem Dokument integriert und grau unterlegt.

a) Vornorm-Charakter wurde aufgehoben;
b) die Stellungnahmen der nationalen Normungsinstitute sind eingearbeitet und der Text ist vollständig überarbeitet worden;
c) Zusatzregeln für Bauteile und Tragwerke aus Fertigteilen sind dem Abschnitt 10 zu entnehmen (vorher DIN V ENV 1992-1-3);
d) Zusatzregeln für Leichtbeton sind dem Abschnitt 11 zu entnehmen (vorher DIN V ENV 1992-1-4);
e) die Regeln für Tragwerke mit Spanngliedern ohne Verbund sind in den Text übernommen worden (vorher DIN V ENV 1992-1-5);
f) Zusatzregeln für Tragwerke aus unbewehrtem Beton sind dem Abschnitt 12 zu entnehmen (vorher DIN V ENV 1992-1-6);
g) die Regeln für Fundamentbemessungen sind in den Text übernommen worden (vorher DIN V ENV 1992-3);
h) sprachlich wurde weitgehend die Terminologie von DIN 1045-1:2001-07 übernommen.

Gegenüber DIN EN 1992-1-1:2005-10, DIN EN 1992-1-1 Berichtigung 1:2010-01 und DIN 1045-1:2008-08 wurden folgende Korrekturen vorgenommen:
a) auf europäisches Bemessungskonzept umgestellt;
b) Ersatzvermerke korrigiert;
c) Vorgänger-Norm mit den europäischen Berichtigungen EN 1992-1-1:2004/AC:2008 und EN 1922-11:2004/AC:2010 konsolidiert;
d) redaktionelle Änderungen durchgeführt.

Änderungen

Gegenüber DIN 1045-1:2008-08 wurden folgende Änderungen vorgenommen:
a) Übernahme der Regelungen aus DIN 1045-1:2008-08 zur nationalen Anwendung von DIN EN 1992-1-1.

Frühere Ausgaben

DIN 1045: 1925-09, 1932-04, 1937-05, 1943xxx, 1959-11, 1972-01, 1978-12, 1988-07
DIN 1045-1: 2001-07, 2008-08
DIN 1045-1 Berichtigung 1: 2002-07
DIN 1045-1 Berichtigung 2: 2005-06
DIN 1046: 1925-09, 1932-04, 1935-12, 1943x
DIN 1047: 1925-09, 1932-04, 1937-05, 1943x
DIN 4028: 1938-10
DIN 4030: 1954-09
DIN 4163: 1951-02
DIN 4219-2: 1979-12
DIN 4225: 1943, 1951xx-02, 1960-07
DIN 4227-1: 1953x-10, 1979-12, 1988-07
DIN 4227-1/A1: 1995-12
DIN 4227-2: 1984-05
DIN V 4227-4: 1985-12
DIN 4227-4: 1986-02
DIN 4229: 1950-07
DIN 4233: 1951-03, 1953x-12
DIN 4420: 1952x-01
DIN V 18932-1: 1991-10
DIN V ENV 1992-1-1: 1992-06
DIN V ENV 1992-1-3: 1994-12
DIN V ENV 1992-1-4: 1994-12
DIN V ENV 1992-1-5: 1994-12
DIN V ENV 1992-1-6: 1994-12
DIN V ENV 1992-3: 2000-12
DIN EN 1992-1-1: 2005-10
DIN EN 1992-1-1 Berichtigung 1: 2010-01

Inhalt

		Seite
Vorwort		H.11
Hintergrund des Eurocode-Programms		H.11
Status und Gültigkeitsbereich der Eurocodes		H.11
Nationale Fassungen der Eurocodes		H.12
Verbindung zwischen den Eurocodes und den harmonisierten Technischen Spezifikationen für Bauprodukte (EN und ETA)		H.12
Besondere Hinweise zu EN 1992-1-1		H.13
Nationaler Anhang zu EN 1992-1-1		H.13
NA 1	Anwendungsbereich	H.13
NA 2	Nationale Festlegungen zur Anwendung von DIN EN 1992-1-1:2011-01	H.13
NA 2.1	Allgemeines	H.13
NA 2.2	Nationale Festlegungen	H.14
1	**ALLGEMEINES**	H.15
1.1	Anwendungsbereich	H.15
1.1.1	Anwendungsbereich des Eurocode 2	H.15
1.1.2	Anwendungsbereich des Eurocode 2 Teil 1-1	H.15
1.2	Normative Verweisungen	H.15
1.2.1	Allgemeine normative Verweisungen	H.15
1.2.2	Weitere normative Verweisungen	H.15
1.3	Annahmen	H.16
1.4	Unterscheidung zwischen Prinzipien und Anwendungsregeln	H.16
1.5	Begriffe	H.17
1.5.1	Allgemeines	H.17
1.5.2	Besondere Begriffe und Definitionen in dieser Norm	H.17
1.6	Formelzeichen	H.18
2	**GRUNDLAGEN DER TRAGWERKSPLANUNG**	H.21
2.1	Anforderungen	H.21
2.1.1	Grundlegende Anforderungen	H.21
2.1.2	Behandlung der Zuverlässigkeit	H.21
2.1.3	Nutzungsdauer, Dauerhaftigkeit und Qualitätssicherung	H.21
2.2	Grundsätzliches zur Bemessung mit Grenzzuständen	H.21
2.3	Basisvariablen	H.21
2.3.1	Einwirkungen und Umgebungseinflüsse	H.21
2.3.2	Eigenschaften von Baustoffen, Bauprodukten und Bauteilen	H.22
2.3.3	Verformungseigenschaften des Betons	H.22
2.3.4	Geometrische Angaben	H.23
2.4	Nachweisverfahren mit Teilsicherheitsbeiwerten	H.23
2.4.1	Allgemeines	H.23
2.4.2	Bemessungswerte	H.23
2.4.3	Kombinationsregeln für Einwirkungen	H.24
2.4.4	Nachweis der Lagesicherheit	H.25
2.5	Versuchsgestützte Bemessung	H.25
2.6	Zusätzliche Anforderungen an Gründungen	H.25
2.7	Anforderungen an Befestigungsmittel	H.25
NA 2.8	Bautechnische Unterlagen	H.25
3	**BAUSTOFFE**	H.27
3.1	Beton	H.27
3.1.1	Allgemeines	H.27
3.1.2	Festigkeiten	H.27
3.1.3	Elastische Verformungseigenschaften	H.29
3.1.4	Kriechen und Schwinden	H.29
3.1.5	Spannungs-Dehnungs-Linie für nichtlineare Verfahren der Schnittgrößenermittlung und für Verformungsberechnungen	H.32
3.1.6	Bemessungswert der Betondruck- und Betonzugfestigkeit	H.32
3.1.7	Spannungs-Dehnungs-Linie für die Querschnittsbemessung	H.33
3.1.8	Biegezugfestigkeit	H.34
3.1.9	Beton unter mehraxialer Druckbeanspruchung	H.34
3.2	Betonstahl	H.34
3.2.1	Allgemeines	H.34
3.2.2	Eigenschaften	H.35
3.2.3	Festigkeiten	H.36
3.2.4	Duktilitätsmerkmale	H.36
3.2.5	Schweißen	H.36
3.2.6	Ermüdung	H.37
3.2.7	Spannungs-Dehnungs-Linie für die Querschnittsbemessung	H.38
3.3	Spannstahl	H.38
3.3.1	Allgemeines	H.38
3.3.2	Eigenschaften	H.39
3.3.3	Festigkeiten	H.40
3.3.4	Duktilitätseigenschaften	H.40
3.3.5	Ermüdung	H.41
3.3.6	Spannungs-Dehnungs-Linie für die Querschnittsbemessung	H.41
3.3.7	Spannstähle in Hüllrohren	H.42
3.4	Komponenten von Spannsystemen	H.42
3.4.1	Verankerungen und Spanngliedkopplungen	H.42
3.4.2	Externe Spannglieder ohne Verbund	H.43
4	**DAUERHAFTIGKEIT UND BETONDECKUNG**	H.44
4.1	Allgemeines	H.44
4.2	Umgebungsbedingungen	H.44
4.3	Anforderungen an die Dauerhaftigkeit	H.44
4.4	Nachweisverfahren	H.46
4.4.1	Betondeckung	H.47

5	**ERMITTLUNG DER SCHNITT-GRÖSSEN**	H.52
5.1	Allgemeines	H.52
5.1.1	Grundlagen	H.52
5.1.2	Besondere Anforderungen an Gründungen	H.53
5.1.3	Lastfälle und Einwirkungskombinationen	H.53
5.1.4	Auswirkungen von Bauteilverformungen (Theorie II. Ordnung)	H.53
5.2	Imperfektionen	H.54
5.3	Idealisierungen und Vereinfachungen	H.55
5.3.1	Tragwerksmodelle für statische Berechnungen	H.55
5.3.2	Geometrische Angaben	H.56
5.4	Linear-elastische Berechnung	H.58
5.5	Linear-elastische Berechnung mit begrenzter Umlagerung	H.58
5.6	Verfahren nach der Plastizitätstheorie	H.59
5.6.1	Allgemeines	H.59
5.6.2	Balken, Rahmen und Platten	H.59
5.6.3	Vereinfachter Nachweis der plastischen Rotation	H.60
5.6.4	Stabwerkmodelle	H.61
5.7	Nichtlineare Verfahren	H.61
5.8	Berechnung von Bauteilen unter Normalkraft nach Theorie II. Ordnung	H.62
5.8.1	Begriffe	H.62
5.8.2	Allgemeines	H.62
5.8.3	Vereinfachte Nachweise für Bauteile unter Normalkraft nach Theorie II. Ordnung	H.63
5.8.4	Kriechen	H.66
5.8.5	Berechnungsverfahren	H.66
5.8.6	Allgemeines Verfahren	H.67
5.8.7	Verfahren mit Nennsteifigkeiten	H.67
5.8.8	Verfahren mit Nennkrümmung	H.69
5.8.9	Druckglieder mit zweiachsiger Lastausmitte	H.70
5.9	Seitliches Ausweichen schlanker Träger	H.71
5.10	Spannbetontragwerke	H.72
5.10.1	Allgemeines	H.72
5.10.2	Vorspannkraft während des Spannvorgangs	H.72
5.10.3	Vorspannkraft nach dem Spannvorgang	H.73
5.10.4	Sofortige Spannkraftverluste bei sofortigem Verbund	H.74
5.10.5	Sofortige Spannkraftverluste bei nachträglichem Verbund	H.74
5.10.6	Zeitabhängige Spannkraftverluste bei sofortigem und nachträglichem Verbund	H.74
5.10.7	Berücksichtigung der Vorspannung in der Berechnung	H.76
5.10.8	Grenzzustand der Tragfähigkeit	H.76
5.10.9	Grenzzustände der Gebrauchstauglichkeit und der Ermüdung	H.77
5.11	Berechnung für ausgewählte Tragwerke	H.77
6	**NACHWEISE IN DEN GRENZZUSTÄNDEN DER TRAGFÄHIGKEIT (GZT)**	H.78
6.1	Biegung mit oder ohne Normalkraft und Normalkraft allein	H.78
6.2	Querkraft	H.79
6.2.1	Nachweisverfahren	H.79
6.2.2	Bauteile ohne rechnerisch erforderliche Querkraftbewehrung	H.80
6.2.3	Bauteile mit rechnerisch erforderlicher Querkraftbewehrung	H.82
6.2.4	Schubkräfte zwischen Balkensteg und Gurten	H.84
6.2.5	Schubkraftübertragung in Fugen	H.85
6.3	Torsion	H.88
6.3.1	Allgemeines	H.88
6.3.2	Nachweisverfahren	H.88
6.3.3	Wölbkrafttorsion	H.90
6.4	Durchstanzen	H.90
6.4.1	Allgemeines	H.90
6.4.2	Lasteinleitung und Nachweisschnitte	H.91
6.4.3	Nachweisverfahren	H.94
6.4.4	Durchstanzwiderstand für Platten oder Fundamente ohne Durchstanzbewehrung	H.97
6.4.5	Durchstanzwiderstand für Platten oder Fundamente mit Durchstanzbewehrung	H.98
6.5	Stabwerkmodelle	H.101
6.5.1	Allgemeines	H.101
6.5.2	Bemessung der Druckstreben	H.101
6.5.3	Bemessung der Zugstreben	H.101
6.5.4	Bemessung der Knoten	H.102
6.6	Verankerung der Längsbewehrung und Stöße	H.103
6.7	Teilflächenbelastung	H.103
6.8	Nachweis gegen Ermüdung	H.104
6.8.1	Allgemeines	H.104
6.8.2	Innere Kräfte und Spannungen beim Nachweis gegen Ermüdung	H.105
6.8.3	Einwirkungskombinationen	H.105
6.8.4	Nachweisverfahren für Betonstahl und Spannstahl	H.106
6.8.5	Nachweis gegen Ermüdung über schädigungsäquivalente Schwingbreiten	H.108
6.8.6	Vereinfachte Nachweise	H.108
6.8.7	Nachweis gegen Ermüdung des Betons unter Druck oder Querkraftbeanspruchung	H.109

7	**NACHWEISE IN DEN GRENZ-ZUSTÄNDEN DER GEBRAUCHS-TAUGLICHKEIT(GZG)**	H.110
7.1	Allgemeines	H.110
7.2	Begrenzung der Spannungen	H.110
7.3	Begrenzung der Rissbreiten	H.111
7.3.1	Allgemeines	H.111
7.3.2	Mindestbewehrung für die Begrenzung der Rissbreite	H.112
7.3.3	Begrenzung der Rissbreite ohne direkte Berechnung	H.115
7.3.4	Berechnung der Rissbreite	H.118
7.4	Begrenzung der Verformungen	H.120
7.4.1	Allgemeines	H.120
7.4.2	Nachweis der Begrenzung der Verformungen ohne direkte Berechnung	H.120
7.4.3	Nachweis der Begrenzung der Verformungen mit direkter Berechnung	H.122
8	**ALLGEMEINE BEWEHRUNGSREGELN**	H.124
8.1	Allgemeines	H.124
8.2	Stababstände von Betonstählen	H.124
8.3	Biegen von Betonstählen	H.124
8.4	Verankerung der Längsbewehrung	H.126
8.4.1	Allgemeines	H.126
8.4.2	Bemessungswert der Verbundfestigkeit	H.127
8.4.3	Grundwert der Verankerungslänge	H.128
8.4.4	Bemessungswert der Verankerungslänge	H.128
8.5	Verankerung von Bügeln und Querkraftbewehrung	H.130
8.6	Verankerung mittels angeschweißter Stäbe	H.131
8.7	Stöße und mechanische Verbindungen	H.131
8.7.1	Allgemeines	H.131
8.7.2	Stöße	H.132
8.7.3	Übergreifungslänge	H.132
8.7.4	Querbewehrung im Bereich der Übergreifungsstöße	H.133
8.7.5	Stöße von Betonstahlmatten aus Rippenstahl	H.134
8.8	Zusätzliche Regeln bei großen Stabdurchmessern	H.135
8.9	Stabbündel	H.137
8.9.1	Allgemeines	H.137
8.9.2	Verankerung von Stabbündeln	H.138
8.9.3	Gestoßene Stabbündel	H.138
8.10	Spannglieder	H.138
8.10.1	Anordnung von Spanngliedern und Hüllrohren	H.138
8.10.2	Verankerung bei Spanngliedern im sofortigen Verbund	H.140
8.10.3	Verankerungsbereiche bei Spanngliedern im nachträglichen oder ohne Verbund	H.143
8.10.4	Verankerungen und Spanngliedkopplungen für Spannglieder	H.143
8.10.5	Umlenkstellen	H.144
9	**KONSTRUKTIONSREGELN**	H.145
9.1	Allgemeines	H.145
9.2	Balken	H.145
9.2.1	Längsbewehrung	H.145
9.2.2	Querkraftbewehrung	H.148
9.2.3	Torsionsbewehrung	H.150
9.2.4	Oberflächenbewehrung	H.151
9.2.5	Indirekte Auflager	H.151
9.3	Vollplatten	H.151
9.3.1	Biegebewehrung	H.151
9.3.2	Querkraftbewehrung	H.153
9.4	Flachdecken	H.153
9.4.1	Flachdecken im Bereich von Innenstützen	H.153
9.4.2	Flachdecken im Bereich von Randstützen	H.154
9.4.3	Durchstanzbewehrung	H.154
9.5	Stützen	H.156
9.5.1	Allgemeines	H.156
9.5.2	Längsbewehrung	H.157
9.5.3	Querbewehrung	H.157
9.6	Wände	H.158
9.6.1	Allgemeines	H.158
9.6.2	Vertikale Bewehrung	H.158
9.6.3	Horizontale Bewehrung	H.159
9.6.4	Querbewehrung	H.159
9.7	Wandartige Träger	H.159
9.8	Gründungen	H.160
9.8.1	Pfahlkopfplatten	H.160
9.8.2	Einzel- und Streifenfundamente	H.160
9.8.3	Zerrbalken	H.161
9.8.4	Einzelfundament auf Fels	H.161
9.8.5	Bohrpfähle	H.162
9.9	Bereiche mit geometrischen Diskontinuitäten oder konzentrierten Einwirkungen (D-Bereiche)	H.162
9.10	Schadensbegrenzung bei außergewöhnlichen Ereignissen	H.163
9.10.1	Allgemeines	H.163
9.10.2	Ausbildung von Zugankern	H.163
9.10.3	Durchlaufwirkung und Verankerung von Zugankern	H.165
10	**ZUSÄTZLICHE REGELN FÜR BAUTEILE UND TRAGWERKE AUS FERTIGTEILEN**	H.166
10.1	Allgemeines	H.166
10.1.1	Besondere Begriffe dieses Kapitels	H.166

10.2	Grundlagen für die Tragwerksplanung, Grundlegende Anforderungen	H.166
10.3	Baustoffe	H.167
10.3.1	Beton	H.167
10.3.2	Spannstahl	H.167
NA 10.4	**Dauerhaftigkeit und Betondeckung**	**H.168**
10.5	Ermittlung der Schnittgrößen	H.168
10.5.1	Allgemeines	H.168
10.5.2	Spannkraftverluste	H.168
10.9	Bemessungs- und Konstruktionsregeln	H.168
10.9.1	Einspannmomente in Platten	H.168
10.9.2	Wand-Decken-Verbindungen	H.168
10.9.3	Deckensysteme	H.170
10.9.4	Verbindungen und Lager für Fertigteile	H.171
10.9.5	Lager	H.12
10.9.6	Köcherfundamente	H.
10.9.7	Schadensbegrenzung bei außergewöhnlichen Ereignissen	H.177
11	**ZUSÄTZLICHE REGELN FÜR BAUTEILE UND TRAGWERKE AUS LEICHTBETON**	**H.178**
11.1	Allgemeines	H.178
11.1.1	Geltungsbereich	H.178
11.1.2	Besondere Formelzeichen	H.178
11.2	Grundlagen für die Tragwerksplanung	H.178
11.3	Baustoffe	H.178
11.3.1	Beton	H.178
11.3.2	Elastische Verformungseigenschaften	H.179
11.3.3	Kriechen und Schwinden	H.180
11.3.4	Spannungs-Dehnungs-Linie für nichtlineare Verfahren der Schnittgrößenermittlung und für Verformungsberechnungen	H.180
11.3.5	Bemessungswert für Druck- und Zugfestigkeiten	H.180
11.3.6	Spannungs-Dehnungs-Linie für die Querschnittsbemessung	H.180
11.3.7	Beton unter mehraxialer Druckbeanspruchung	H.180
11.4	Dauerhaftigkeit und Betondeckung	H.181
11.4.1	Umgebungseinflüsse	H.181
11.4.2	Betondeckung	H.181
11.5	Ermittlung der Schnittgrößen	H.181
<u>11.5.1</u>	Vereinfachter Nachweis der plastischen Rotation	H.181
11.6	Nachweise in den Grenzzuständen der Tragfähigkeit (GZT)	H.181
11.6.1	Bauteile ohne rechnerisch erforderliche Querkraftbewehrung	H.181
11.6.2	Bauteile mit rechnerisch erforderlicher Querkraftbewehrung	H.182
11.6.3	Torsion	H.182
11.6.4	Durchstanzen	H.182
NA 11.6.5	**Stabwerkmodelle**	**H.183**
11.6.7	Teilflächenbelastung	H.183
11.6.8	Nachweis gegen Ermüdung	H.183
11.7	Nachweise in den Grenzzuständen der Gebrauchstauglichkeit (GZG)	H.183
11.8	Allgemeine Bewehrungsregeln	H.183
11.8.1	Zulässige Biegerollendurchmesser für gebogene Betonstähle	H.183
11.8.2	Bemessungswert der Verbundfestigkeit	H.183
11.9	Konstruktionsregeln	H.183
11.10	Zusätzliche Regeln für Bauteile und Tragwerke aus Fertigteilen	H.183
11.12	Tragwerke aus unbewehrtem oder gering bewehrtem Beton	H.183
12	**TRAGWERKE AUS UNBEWEHRTEM ODER GERING BEWEHRTEM BETON**	**H.184**
12.1	Allgemeines	H.184
12.3	Baustoffe	H.184
12.3.1	Beton	H.184
12.5	Ermittlung der Schnittgrößen	H.184
12.6	Nachweise in den Grenzzuständen der Tragfähigkeit (GZT)	H.184
12.6.1	Biegung mit oder ohne Normalkraft und Normalkraft allein	H.185
12.6.2	Örtliches Versagen	H.185
12.6.3	Querkraft	H.185
12.6.4	Torsion	H.186
12.6.5	Auswirkungen von Verformungen von Bauteilen unter Normalkraft nach Theorie II. Ordnung	H.186
12.7	Nachweise in den Grenzzuständen der Gebrauchstauglichkeit (GZG)	H.187
12.9	Konstruktionsregeln	H.188
12.9.1	Tragende Bauteile	H.188
12.9.2	Arbeitsfugen	H.188
12.9.3	Streifen- und Einzelfundamente	H.188

Anhang A (informativ)
Modifikation von Teilsicherheits-
beiwerten für Baustoffe H.189
A.1 Allgemeines H.189
A.2 Tragwerke aus Ortbeton H.189
A.2.1 Reduktion auf Grundlage von Qualitätskontrollen und verminderten Abweichungen H.189
A.2.2 Reduktion auf Grundlage der Verwendung von verminderten oder gemessenen geometrischen Daten bei der Bemessung H.189
A.2.3 Reduktion auf Grundlage der Bestimmung der Betonfestigkeit im fertigen Tragwerk H.190
A.3 Fertigteilprodukte H.190
A.3.1 Allgemeines H.190
A.3.2 Teilsicherheitsbeiwerte von Baustoffen............................. H.190
A.4 Fertigteile H.190

Anhang B (informativ)
Kriechen und Schwinden H.191
B.1 Grundgleichungen zur Ermittlung der Kriechzahl.......................... H.191
B.2 Grundgleichungen zur Ermittlung der Trocknungsschwinddehnung H.192

Anhang C (normativ)
Eigenschaften des Betonstahls H.194
C.1 Allgemeines H.194
C.2 Festigkeiten....................... H.196
C.3 Biegbarkeit........................ H.196

Anhang D (informativ)
Genauere Methode zur Berechnung von Spannkraftverlusten aus Relaxation.. H.197
D.1 Allgemeines H.197

Anhang E (informativ)
Indikative Mindestfestigkeitsklassen zur Sicherstellung der Dauerhaftigkeit H.198
E.1 Allgemeines H.198

Anhang F (informativ)
Gleichungen für Zugbewehrung für den ebenen Spannungszustand H.199
F.1 Allgemeines H.199

Anhang G (informativ)
Boden-Bauwerk-Interaktion H.200
G.1 Flachgründungen..................... H.200
G.1.1 Allgemeines H.200
G.1.2 Genauigkeitsgrade des Nachweisverfahrens H.200
G.2 Pfahlgründungen H.201

Anhang H (informativ)
Nachweise am Gesamttragwerk nach Theorie II. Ordnung H.202
H.1 Kriterien zur Vernachlässigung der Nachweise nach Theorie II. Ordnung.............................. H.202
H.1.1 Allgemeines H.202
H.1.2 Aussteifungssystem ohne wesentliche Schubverformungen H.202
H.1.3 Aussteifungssystem mit wesentlichen globalen Schubverformungen........................... H.203
H.2 Berechnungsverfahren für globale Auswirkungen nach Theorie II. Ordnung H.203

Anhang I (informativ)
Ermittlung der Schnittgrößen bei Flachdecken und Wandscheiben H.204
I.1 Flachdecken..................... H.204
I.1.1 Allgemeines H.204
I.1.2 Modellierung und Berechnung als Rahmen...................... H.204
I.1.3 Ungleiche Stützweiten................ H.204
I.2 Wandscheiben......................... H.205

Anhang J (informativ)
Konstruktionsregeln für ausgewählte Beispiele.. H.206
J.1 Oberflächenbewehrung H.206
J.2 Rahmenecken........................... H.206
J.2.1 Allgemeines H.206
J.2.2 Rahmenecken mit schließendem Moment............................ H.206
J.2.3 Rahmenecken mit öffnendem Moment............................ H.207
J.3 Konsolen........................ H.208

Vorwort

Dieses Dokument (EN 1992-1-1 + AC:2010) „Eurocode 2: Bemessung und Konstruktion von Stahlbeton- und Spannbetontragwerken: Allgemeine Bemessungsregeln und Regeln für den Hochbau" wurde vom Technischen Komitee CEN/TC 250 „Structural Eurocodes" erarbeitet, dessen Sekretariat vom BSI gehalten wird. CEN/TC 250 ist für alle Eurocodes des konstruktiven Ingenieurbaus zuständig.

Diese Europäische Norm muss den Status einer nationalen Norm erhalten, entweder durch Veröffentlichung eines identischen Textes oder durch Anerkennung bis Juni 2005 und etwaige entgegenstehende nationale Normen müssen spätestens bis März 2010 zurückgezogen werden.

Dieser Eurocode ersetzt ENV 1992-1-1, 1992-1-3, 1992-1-4, 1992-1-5, 1992-1-6 und 1992-3.

Entsprechend der CEN/CENELEC-Geschäftsordnung sind die nationalen Normungsinstitute der folgenden Länder gehalten, diese Europäische Norm zu übernehmen: Belgien, Bulgarien, Dänemark, Deutschland, Estland, Finnland, Frankreich, Griechenland, Irland, Island, Italien, Kroatien, Lettland, Litauen, Luxemburg, Malta, den Niederlanden, Norwegen, Österreich, Polen, Portugal, Rumänien, Schweden, der Schweiz, der Slowakei, Slowenien, Spanien, der Tschechischen Republik, Ungarn, dem Vereinigten Königreich und Zypern.

Hintergrund des Eurocode-Programms

Im Jahre 1975 beschloss die Kommission der Europäischen Gemeinschaften, für das Bauwesen ein Programm auf der Grundlage des Artikels 95 der Römischen Verträge durchzuführen. Das Ziel des Programms war die Beseitigung technischer Handelshemmnisse und die Harmonisierung technischer Normen.

Im Rahmen dieses Programms leitete die Kommission die Bearbeitung von harmonisierten technischen Regelwerken für die Tragwerksplanung von Bauwerken ein, die im ersten Schritt als Alternative zu den in den Mitgliedsländern geltenden Regeln dienen und diese schließlich ersetzen sollten.

15 Jahre lang leitete die Kommission mit Hilfe eines Steuerkomitees mit Repräsentanten der Mitgliedsländer die Entwicklung des Eurocode-Programms, das zu der ersten Eurocode-Generation in den 80'er Jahren führte.

Im Jahre 1989 entschieden sich die Kommission und die Mitgliedsländer der Europäischen Union und der EFTA, die Entwicklung und Veröffentlichung der Eurocodes über eine Reihe von Mandaten an CEN zu übertragen, damit diese den Status von Europäischen Normen (EN) erhielten. Grundlage war eine Vereinbarung[1] zwischen der Kommission und CEN. Dieser Schritt verknüpft die Eurocodes de facto mit den Regelungen der Ratsrichtlinien und Kommissionsentscheidungen, die die Europäischen Normen behandeln (z. B. die Ratsrichtlinie 89/106/EWG zu Bauprodukten, die Bauproduktenrichtlinie, die Ratsrichtlinien 93/37/EWG, 92/50/EWG und 89/440/EWG zur Vergabe öffentlicher Aufträge und Dienstleistungen und die entsprechenden EFTA-Richtlinien, die zur Einrichtung des Binnenmarktes eingeleitet wurden).

Das Eurocode-Programm umfasst die folgenden Normen, die in der Regel aus mehreren Teilen bestehen:

EN 1990, *Eurocode 0: Grundlagen der Tragwerksplanung*

EN 1991, *Eurocode 1: Einwirkungen auf Tragwerke*

EN 1992, *Eurocode 2: Bemessung und Konstruktion von Stahlbeton- und Spannbetontragwerken*

EN 1993, *Eurocode 3: Bemessung und Konstruktion von Stahlbauten*

EN 1994, *Eurocode 4: Bemessung und Konstruktion von Verbundtragwerken aus Stahl und Beton*

EN 1995, *Eurocode 5: Bemessung und Konstruktion von Holzbauten*

EN 1996, *Eurocode 6: Bemessung und Konstruktion von Mauerwerksbauten*

EN 1997, *Eurocode 7: Entwurf, Berechnung und Bemessung in der Geotechnik*

EN 1998, *Eurocode 8: Auslegung von Bauwerken gegen Erdbeben*

EN 1999, *Eurocode 9: Bemessung und Konstruktion von Aluminiumbauten*

Die Europäischen Normen berücksichtigen die Verantwortlichkeit der Bauaufsichtsorgane in den Mitgliedsländern und haben deren Recht zur nationalen Festlegung sicherheitsbezogener Werte berücksichtigt, so dass diese Werte von Land zu Land unterschiedlich bleiben können.

Status und Gültigkeitsbereich der Eurocodes

Die Mitgliedsländer der EU und von EFTA be-

---

[1] Vereinbarung zwischen der Kommission der Europäischen Gemeinschaften und dem Europäischen Komitee für Normung (CEN) zur Bearbeitung der Eurocodes für die Tragwerksplanung von Hochbauten und Ingenieurbauwerken (BC/CEN/03/89).

trachten die Eurocodes als Bezugsdokumente für folgende Zwecke:
- als Mittel zum Nachweis der Übereinstimmung von Hoch- und Ingenieurbauten mit den wesentlichen Anforderungen der Richtlinie des Rates 89/106/EWG, besonders mit der wesentlichen Anforderung Nr. 1: Mechanische Festigkeit und Standsicherheit und der wesentlichen Anforderung Nr. 2: Brandschutz;
- als Grundlage für die Spezifizierung von Verträgen für die Ausführung von Bauwerken und die dazu erforderlichen Ingenieurleistungen;
- als Rahmenbedingung für die Erstellung harmonisierter, technischer Spezifikationen für Bauprodukte (ENs und ETAs).

Die Eurocodes haben, da sie sich auf Bauwerke beziehen, eine direkte Verbindung zu den Grundlagendokumenten [2], auf die in Artikel 12 der Bauprodukten-Richtlinie hingewiesen wird, wenn sie auch anderer Art sind als die harmonisierten Produktnormen [3]. Daher sind die technischen Gesichtspunkte, die sich aus den Eurocodes ergeben, von den Technischen Komitees von CEN und den Arbeitsgruppen von EOTA, die an Produktnormen arbeiten, zu beachten, damit diese Produktnormen mit den Eurocodes vollständig kompatibel sind.

Die Eurocodes liefern Regelungen für den Entwurf, die Berechnung und die Bemessung von kompletten Tragwerken und Bauteilen für die allgemeine praktische Anwendung. Sie gehen auf traditionelle Bauweisen und Aspekte innovativer Anwendungen ein, liefern aber keine vollständigen Regelungen für außergewöhnliche Baulösungen und Entwurfsbedingungen. Für diese Fälle können zusätzliche Spezialkenntnisse für den Bauplaner erforderlich sein.

Nationale Fassungen der Eurocodes

Die Nationale Fassung eines Eurocodes enthält den vollständigen Text des Eurocodes (einschließlich aller Anhänge), so wie von CEN veröffentlicht, möglicherweise mit einer nationalen Titelseite und einem nationalen Vorwort sowie einem Nationalen Anhang.

Der Nationale Anhang darf nur Hinweise zu den Parametern geben, die im Eurocode für nationale Entscheidungen offen gelassen wurden. Diese national festzulegenden Parameter (NDP) gelten für die Tragwerksplanung von Hochbauten und Ingenieurbauten in dem Land, in dem sie erstellt werden. Sie umfassen:
- Zahlenwerte und/oder Klassen, wo die Eurocodes Alternativen eröffnen;
- Zahlenwerte, wo die Eurocodes nur Symbole angeben;
- landesspezifische, geographische und klimatische Daten, die nur für ein Mitgliedsland gelten, z. B. Schneekarten;
- Vorgehensweisen, wenn die Eurocodes mehrere Verfahren zur Wahl anbieten;
- Vorschriften zur Verwendung der informativen Anhänge;
- Verweise zur Anwendung des Eurocodes, soweit sie diese ergänzen und nicht widersprechen.

Verbindung zwischen den Eurocodes und den harmonisierten Technischen Spezifikationen für Bauprodukte (EN und ETA)

Die harmonisierten Technischen Spezifikationen für Bauprodukte und die technischen Regelungen für die Tragwerksplanung [4] müssen konsistent sein. Insbesondere sollten die Hinweise, die mit der CE-Kennzeichnung von Bauprodukten verbunden sind, die die Eurocodes in Bezug nehmen, klar erkennen lassen, welche national festzulegenden Parameter (NDP) zugrunde liegen.

---

[2] Entsprechend Artikel 3.3 der Bauproduktenrichtlinie sind die wesentlichen Anforderungen in Grundlagendokumenten zu konkretisieren, um damit die notwendigen Verbindungen zwischen den wesentlichen Anforderungen und den Mandaten für die Erstellung harmonisierter Europäischer Normen und Richtlinien für die europäische Zulassung selbst zu schaffen.

[3] Nach Artikel 12 der Bauproduktenrichtlinie hat das Grundlagendokument
a) die wesentlichen Anforderungen zu konkretisieren, indem die Begriffe und, soweit erforderlich, die technische Grundlage für Klassen und Anforderungsstufen vereinheitlicht werden,
b) Methoden zur Verbindung dieser Klassen oder Anforderungsstufen mit technischen Spezifikationen anzugeben, z. B. Berechnungs- oder Nachweisverfahren, technische Entwurfsregeln usw.,
c) als Bezugsdokument für die Erstellung harmonisierter Normen oder Richtlinien für Europäische Technische Zulassungen zu dienen.

Die Eurocodes spielen de facto eine ähnliche Rolle für die wesentliche Anforderung Nr. 1 und einen Teil der wesentlichen Anforderung Nr. 2.

[4] Siehe Artikel 3.3 und Art. 12 der Bauproduktenrichtlinie ebenso wie die Abschnitte 4.2, 4.3.1, 4.3.2 und 5.2 des Grundlagendokumentes Nr. 1.

Besondere Hinweise zu EN 1992-1-1

EN 1992-1-1 beschreibt die Prinzipien und Anforderungen nach Sicherheit, Gebrauchstauglichkeit und Dauerhaftigkeit von Tragwerken aus Beton, Stahlbeton und Spannbeton zusammen mit spezifischen Angaben für den Hochbau. Grundlage ist das Konzept des Grenzzustandes unter Verwendung von Teilsicherheitsbeiwerten.

Für die Planung neuer Tragwerke ist die direkte Anwendung von EN 1992-1-1 mit anderen Teilen von EN 1992, sowie den Eurocodes EN 1990, 1991, 1997 und 1998 vorgesehen.

EN 1992-1-1 dient ebenfalls als Referenzdokument für andere CEN/TC, die sich mit Tragwerken auseinandersetzen.

Die Anwendung von EN 1992-1-1 ist vorgesehen für:
- Komitees zur Erstellung von Spezifikationen für Bauprodukte, Normen für Prüfverfahren sowie Normen für die Bauausführung;
- Auftraggeber (z. B. zur Formulierung spezieller Anforderungen);
- Tragwerksplaner und Bauausführende;
- zuständige Behörden.

Die Zahlenwerte für Teilsicherheitsbeiwerte und andere Parameter, die die Zuverlässigkeit festlegen, gelten als Empfehlungen, mit denen ein ausreichendes Zuverlässigkeitsniveaus erreicht werden soll. Bei ihrer Festlegung wurde vorausgesetzt, dass ein angemessenes Niveau der Ausführungsqualität und Qualitätsprüfung vorhanden ist. Wird EN 1992-1-1 von anderen CEN/TC als Grundlage benutzt, müssen die gleichen Werte verwendet werden.

Nationaler Anhang zu EN 1992-1-1

Diese Norm enthält alternative Verfahren und Werte sowie Empfehlungen für Klassen mit Hinweisen, an welchen Stellen nationale Festlegungen getroffen werden müssen. Dazu sollte die jeweilige nationale Ausgabe von EN 1992-1-1 einen Nationalen Anhang mit den national festzulegenden Parametern enthalten, mit dem die Tragwerksplanung von Hochbauten und Ingenieurbauten, die in dem Ausgabeland gebaut werden sollen, möglich ist.

NA 1 Anwendungsbereich

Dieser Nationale Anhang enthält nationale Festlegungen für den Entwurf, die Berechnung und die Bemessung von Tragwerken aus Stahlbeton und Spannbeton aus normalen und leichten Gesteinskörnungen und zusätzlich auf den Hochbau abgestimmte Regeln, die bei der Anwendung von DIN EN 1992-1-1 in Deutschland zu berücksichtigen sind.

Dieser Nationale Anhang gilt nur in Verbindung mit DIN EN 1992-1-1:2011-01.

NA 2 Nationale Festlegungen zur Anwendung von DIN EN 1992-1-1:2011-01

NA 2.1 Allgemeines

DIN EN 1992-1-1 weist an den folgenden Textstellen die Möglichkeit nationaler Festlegungen aus (NDP):

– 2.3.3 (3)
– 2.4.2.1 (1)
– 2.4.2.2 (1)
– 2.4.2.2 (2)
– 2.4.2.2 (3)
– 2.4.2.3 (1)
– 2.4.2.4 (1)
– 2.4.2.4 (2)
– 2.4.2.5 (2)
– 3.1.2 (2)P
– 3.1.2 (4)
– 3.1.6 (1)P
– 3.1.6 (2)P
– 3.2.2 (3)P
– 3.2.7 (2)
– 3.3.4 (5)
– 3.3.6 (7)
– 4.4.1.2 (3)
– 4.4.1.2 (5)
– 4.4.1.2 (6)
– 4.4.1.2 (7)
– 4.4.1.2 (8)
– 4.4.1.2 (13)
– 4.4.1.3 (1)P
– 4.4.1.3 (3)
– 4.4.1.3 (4)
– 5.1.3 (1)P
– 5.2 (5)
– 5.5 (4)
– 5.6.3 (4)
– 5.8.3.1 (1)
– 5.8.3.3 (1)
– 5.8.3.3 (2)
– 5.8.5 (1)
– 5.8.6 (3)
– 5.10.1 (6)
– 5.10.2.1 (1)P
– 5.10.2.1 (2)
– 5.10.2.2 (4)
– 5.10.2.2 (5)
– 5.10.3 (2)
– 5.10.8 (2)

- 5.10.8 (3)
- 5.10.9 (1)P
- 6.2.2 (1)
- 6.2.2 (6)
- 6.2.3 (2)
- 6.2.3 (3)
- 6.2.4 (4)
- 6.2.4 (6)
- 6.4.3 (6)
- 6.4.4 (1)
- 6.4.5 (3)
- 6.4.5 (4)
- 6.5.2 (2)
- 6.5.4 (4)
- 6.5.4 (6)
- 6.8.4 (1)
- 6.8.4 (5)
- 6.8.6 (1)
- [AC] 6.8.6 (3) [AC]
- 6.8.7 (1)
- 7.2 (2)
- 7.2 (3)
- 7.2 (5)
- 7.3.1 (5)
- 7.3.2 (4)
- 7.3.3 (2)
- 7.3.4 (3)
- 7.4.2 (2)
- 8.2 (2)
- 8.3 (2)
- 8.6 (2)
- 8.8 (1)
- 9.2.1.1 (1)
- 9.2.1.1 (3)
- 9.2.1.2 (1)
- 9.2.1.4 (1)
- 9.2.2 (4)
- 9.2.2 (5)
- 9.2.2 (6)
- 9.2.2 (7)
- 9.2.2 (8)
- 9.3.1.1 (3)
- 9.5.2 (1)
- 9.5.2 (2)
- 9.5.2 (3)
- 9.5.3 (3)
- 9.6.2 (1)
- 9.6.3 (1)
- 9.7 (1)
- 9.8.1 (3)
- 9.8.2.1 (1)
- 9.8.3 (1)
- 9.8.3 (2)
- 9.8.4 (1)
- 9.8.5 (3)
- 9.10.2.2 (2)
- 9.10.2.3 (3)
- 9.10.2.3 (4)
- 9.10.2.4 (2)
- 11.3.5 (1)P
- 11.3.5 (2)P
- 11.3.7 (1)
- 11.6.1 (1)
- 11.6.2 (1)
- 11.6.4.1 (1)
- 12.3.1 (1)
- 12.6.3 (2)
- A.2.1 (1)
- A.2.1 (2)
- A.2.2 (1)
- A.2.2 (2)
- A.2.3 (1)
- C.1 (1)
- C.1 (3)
- E.1 (2)
- J.1 (2)
- J.2.2 (2)
- J.3 (2)
- J.3 (3)

Darüber hinaus enthält NA 2.2 ergänzende nicht widersprechende Angaben zur Anwendung von DIN EN 1992-1-1:2011-01. Diese sind durch ein vorangestelltes „NCI" (en: non-contradictory complementary information) gekennzeichnet.

NA 2.2 Nationale Festlegungen

Die nachfolgende Nummerierung entspricht der Nummerierung von DIN EN 1992-1-1 bzw. ergänzt diese.

1 ALLGEMEINES

1.1 Anwendungsbereich

1.1.1 Anwendungsbereich des Eurocode 2

(1)P Der Eurocode 2 gilt für den Entwurf, die Berechnung und die Bemessung von Hoch- und Ingenieurbauten aus Beton, Stahlbeton und Spannbeton. Der Eurocode 2 entspricht den Grundsätzen und Anforderungen an die Tragfähigkeit und Gebrauchstauglichkeit von Tragwerken sowie den Grundlagen für ihre Bemessung und den Nachweisen, die in EN 1990 – Grundlagen der Tragwerksplanung – enthalten sind.

(2)P Der Eurocode 2 behandelt ausschließlich Anforderungen an die Tragfähigkeit, die Gebrauchstauglichkeit, die Dauerhaftigkeit und den Feuerwiderstand von Tragwerken aus Beton, Stahlbeton und Spannbeton. Andere Anforderungen, wie z. B. Wärmeschutz oder Schallschutz, werden nicht berücksichtigt.

(3)P Die Anwendung des Eurocode 2 ist in Verbindung mit folgenden Regelwerken beabsichtigt:

EN 1990: Grundlagen der Tragwerksplanung
EN 1991: Einwirkungen auf Tragwerke
hENs für Bauprodukte, die für Beton-, Stahlbeton- und Spannbetontragwerke Verwendung finden
ENV 13670: Ausführung von Betontragwerken
EN 1997: Entwurf, Berechnung und Bemessung in der Geotechnik
EN 1998: Auslegung von Bauwerken gegen Erdbeben.

(4)P Der Eurocode 2 ist in die folgenden Teile gegliedert:

Teil 1-1: Allgemeine Bemessungsregeln und Regeln für den Hochbau
Teil 1-2: Tragwerksbemessung für den Brandfall
Teil 2: Betonbrücken
Teil 3: Silos und Behälterbauwerke aus Beton

1.1.2 Anwendungsbereich des Eurocode 2 Teil 1-1

(1)P Teil 1-1 des Eurocode 2 enthält Grundregeln für den Entwurf, die Berechnung und die Bemessung von Tragwerken aus Beton, Stahlbeton und Spannbeton unter Verwendung normaler und leichter Gesteinskörnung und zusätzlich auf den Hochbau abgestimmte Regeln.

(2)P Teil 1-1 enthält folgende Kapitel:

Kapitel 1: Allgemeines
Kapitel 2: Grundlagen der Tragwerksplanung
Kapitel 3: Baustoffe
Kapitel 4: Dauerhaftigkeit und Betondeckung
Kapitel 5: Ermittlung der Schnittgrößen
Kapitel 6: Nachweise in den Grenzzuständen der Tragfähigkeit (GZT)
Kapitel 7: Nachweise in den Grenzzuständen der Gebrauchstauglichkeit (GZG)
Kapitel 8: Allgemeine Bewehrungsregeln
Kapitel 9: Konstruktionsregeln
Kapitel 10: Zusätzliche Regeln für Bauteile und Tragwerke aus Fertigteilen
Kapitel 11: Zusätzliche Regeln für Bauteile und Tragwerke aus Leichtbeton
Kapitel 12: Tragwerke aus unbewehrtem oder gering bewehrtem Beton

(3)P Kapitel 1 und 2 enthalten zusätzliche Regelungen zu EN 1990 „Grundlagen der Tragwerksplanung"

(4)P Teil 1-1 behandelt folgende Themen nicht:
- die Verwendung von ungerippter Bewehrung;
- Feuerwiderstand;
- besondere Aspekte bei speziellen Anwendungen des Hochbaus (z. B. Hochhäuser);
- besondere Aspekte bei speziellen Anwendungen des Ingenieurbaus (z. B. Brücken, Talsperren, Druckbehälter, Bohrinseln oder Behälterbauwerke);
- Ein-Korn-Betone, Gasbetone und Schwerbetone, sowie Betone mit tragenden Stahl-Querschnitten (siehe Eurocode 4 für Stahl-Beton-Verbundbau).

1.2 Normative Verweisungen

(1)P Die folgenden Normen enthalten Regelungen, auf die in dieser Europäischen Norm durch Hinweis Bezug genommen wird. Bei datierten Bezügen gelten spätere Änderungen oder Ergänzungen der zitierten Normen nicht. Jedoch sollte bei Bedarf geprüft werden, ob die jeweils gültige Ausgabe der Normen angewendet werden darf. Bei undatierten Bezügen gilt die jeweils gültige Ausgabe der zitierten Norm.

1.2.1 Allgemeine normative Verweisungen

EN 1990: Grundlagen der Tragwerksplanung
EN 1991-1-5: Einwirkungen auf Tragwerke – Teil 1-5: Allgemeine Einwirkungen – Temperatureinwirkungen
EN 1991-1-6: Einwirkungen auf Tragwerke – Teil 1-6: Allgemeine Einwirkungen – Einwirkungen während der Bauausführung

1.2.2 Weitere normative Verweisungen

EN 1997: Entwurf, Berechnung und Bemessung in der Geotechnik

EN 197-1: Zement: Zusammensetzung, Anforderungen und Konformitätskriterien von Normalzement
EN 206-1: Beton: Festlegung, Eigenschaften, Herstellung und Konformität
EN 12390: Prüfung von Festbeton
EN 10080: Stahl für die Bewehrung von Beton – Schweißgeeigneter Betonstahl – Allgemeines
EN 10138: Spannstähle
[AC]EN ISO 17660 (alle Teile): Schweißen – Schweißen von Betonstahl[AC]
ENV 13670: Ausführung von Betontragwerken
EN 13791: Bewertung der Druckfestigkeit von Beton in Bauwerken oder in Bauwerksteilen
EN ISO 15630: Stähle für die Bewehrung und das Vorspannen von Beton – Prüfverfahren

NCI Zu 1.2.2

NA Normen der Reihe DIN 488, *Betonstahl*

NA DIN 1045-2:2008-08, *Tragwerke aus Beton, Stahlbeton und Spannbeton – Teil 2: Beton – Festlegung, Eigenschaften, Herstellung und Konformität – Anwendungsregeln zu DIN EN 206-1*

NA DIN 1045-3:2008-08, *Tragwerke aus Beton, Stahlbeton und Spannbeton – Teil 3: Bauausführung*[1]

NA DIN 1045-4, *Tragwerke aus Beton, Stahlbeton und Spannbeton – Teil 4: Ergänzende Regeln für die Herstellung und die Konformität von Fertigteilen*

NA DIN 1055-100, *Einwirkungen auf Tragwerke – Teil 100: Grundlagen der Tragwerksplanung, Sicherheitskonzept und Bemessungsregeln*[2]

NA DIN 18516-1, *Außenwandbekleidungen, hinterlüftet – Teil 1: Anforderungen, Prüfgrundsätze*

NA DIN EN 206-1, *Beton – Teil 1: Festlegung, Eigenschaften, Herstellung und Konformität*

NA DIN EN 1536, *Ausführung von Arbeiten im Spezialtiefbau – Bohrpfähle*

NA DIN EN ISO 4063, *Schweißen und verwandte Prozesse – Liste der Prozesse und Ordnungsnummern*

NA ISO 6784, *Concrete – Determination of static modulus of elasticity in compression*

NA DAfStb-Heft 600, *Erläuterungen zu Eurocode 2 (DIN EN 1992-1-1)*

NA DBV-Merkblatt, *Abstandhalter*[3]

NA DBV-Merkblatt, *Betondeckung und Bewehrung*[3]

NA DBV-Merkblatt, *Unterstützungen*[3]

1.3 Annahmen

(1)P Zusätzlich zu den allgemeinen Annahmen der EN 1990 gelten die folgenden Annahmen:

- Tragwerke werden von entsprechend qualifizierten und erfahrenen Personen geplant.
- In Fabriken, Werken und auf der Baustelle wird eine angemessene Überwachung und Qualitätskontrolle durchgeführt.
- Die Bauausführung erfolgt mit Personal, welches angemessene Fertigkeiten und Erfahrungen hat.
- Baustoffe und Bauprodukte werden nach diesem Eurocode oder entsprechend den maßgeblichen Material- oder Produktspezifikationen verwendet.
- Das Tragwerk wird angemessen instand gehalten.
- Das Tragwerk wird entsprechend der geplanten Anforderungen genutzt.
- Die Anforderungen nach ENV 13670 an die Bauausführung und das Personal werden erfüllt.

1.4 Unterscheidung zwischen Prinzipien und Anwendungsregeln

(1)P Es gelten die Regelungen der EN 1990.

NCI Zu 1.4

Die Prinzipien (mit P nach der Absatznummer gekennzeichnet) enthalten:

- allgemeine Festlegungen, Definitionen und Angaben, die einzuhalten sind,
- Anforderungen und Rechenmodelle, für die keine Abweichungen erlaubt sind, sofern dies nicht ausdrücklich angegeben ist.

Die Anwendungsregeln (ohne P) sind allgemein anerkannte Regeln, die den Prinzipien folgen und deren Anforderungen erfüllen. Abweichungen hiervon sind zulässig, wenn sie mit den Prinzipien übereinstimmen und hinsichtlich der nach dieser Norm erzielten Tragfähigkeit, Gebrauchstauglichkeit und Dauerhaftigkeit gleichwertig sind.

---

[1] Gilt nur bis zur bauaufsichtlichen Einführung von DIN EN 13670.
[2] Gilt nur bis zur bauaufsichtlichen Einführung von DIN EN 1990.
[3] Zu beziehen bei: Deutscher Beton und Bautechnikverein e.V., Kurfürstenstrasse 129, 10785 Berlin.

1.5 Begriffe

1.5.1 Allgemeines

(1)P Es gelten die Begriffe der EN 1990.

1.5.2 Besondere Begriffe und Definitionen in dieser Norm

1.5.2.1 Fertigteile. Bauteile, die nicht in ihrer endgültigen Lage, sondern in einem Werk oder an anderer Stelle hergestellt werden. Im Tragwerk werden die Bauteile miteinander verbunden, um die geforderte Tragfähigkeit zu gewährleisten.

1.5.2.2 Unbewehrte oder gering bewehrte Bauteile. Bauteile ohne Bewehrung oder mit einer Bewehrung, die unterhalb der jeweils erforderlichen Mindestbewehrung nach Kapitel 9 liegt.

1.5.2.3 Interne und externe Spannglieder ohne Verbund. Im Betonquerschnitt im Hüllrohr ohne Verbund liegendes Zugglied aus Spannstahl bzw. außerhalb des Betonquerschnitts liegendes Zugglied aus Spannstahl (welches nach dem Vorspannen von Beton oder mit Korrosionsschutzmasse umhüllt werden kann).

1.5.2.4 Vorspannung. Das Vorspannen ist ein Verfahren, bei dem Kräfte in ein Bauteil durch das Spannen von Zuggliedern eingebracht werden. Der Begriff „Vorspannung" beschreibt allgemein alle dauerhaften Auswirkungen des Vorspannvorgangs, der unter anderem zu Schnittkräften und zu Verformungen des Bauteils und des Tragwerks führen kann. Andere Arten der Vorspannung werden im Rahmen dieser Norm nicht betrachtet.

NCI Zu 1.5.2

NA 1.5.2.5 üblicher Hochbau. Hochbau, der für vorwiegend ruhende, gleichmäßig verteilte Nutzlasten bis 5,0 kN/m^2, gegebenenfalls auch für Einzellasten bis 7,0 kN und für PKW bemessen ist.

NA 1.5.2.6 vorwiegend ruhende Einwirkung. Statische Einwirkung oder nicht ruhende Einwirkung, die jedoch für die Tragwerksplanung als ruhende Einwirkung betrachtet werden darf.

NA 1.5.2.7 nicht vorwiegend ruhende Einwirkung. Stoßende Einwirkung oder sich häufig wiederholende Einwirkung, die eine vielfache Beanspruchungsänderung während der Nutzungsdauer des Tragwerks oder des Bauteils hervorruft und die für die Tragwerksplanung nicht als ruhende Einwirkung angesehen werden darf (z. B. Kran-, Kranbahn-, Gabelstaplerlasten, Verkehrslasten auf Brücken).

NA 1.5.2.8 Normalbeton. Beton mit einer Trockenrohdichte von mehr als 2 000 kg/m^3, höchstens aber 2 600 kg/m^3.

NA 1.5.2.9 Leichtbeton. Gefügedichter Beton mit einer Trockenrohdichte von nicht weniger als 800 kg/m^3 und nicht mehr als 2 000 kg/m^3. Er wird unter Verwendung von grober leichter Gesteinskörnung hergestellt.

NA 1.5.2.10 Schwerbeton. Beton mit einer Trockenrohdichte von mehr als 2 600 kg/m^3.

NA 1.5.2.11 hochfester Beton. Beton mit Festigkeitsklasse $\geq$ C55/67 bzw. $\geq$ LC55/60.

NA 1.5.2.12 Spannglied im sofortigen Verbund. Im Betonquerschnitt liegendes Zugglied aus Spannstahl, das vor dem Betonieren im Spannbett gespannt wird. Der wirksame Verbund zwischen Beton und Spannglied entsteht nach dem Betonieren mit dem Erhärten des Betons.

NA 1.5.2.13 Spannglied im nachträglichen Verbund. Im Betonquerschnitt im Hüllrohr liegendes Zugglied aus Spannstahl, das beim Vorspannen gegen den bereits erhärteten Beton gespannt und durch Ankerkörper verankert wird. Der wirksame Verbund zwischen Beton und Spannglied entsteht nach dem Einpressen des Mörtels in das Hüllrohr mit dem Erhärten des Einpressmörtels.

NA 1.5.2.14 Monolitze. Werksmäßig korrosionsgeschützte Stahllitze in einer fettverpressten Kunststoffhülle, in der sich jene in Längsrichtung frei bewegen kann.

NA 1.5.2.15 Umlenkelement. Dient zur Führung der externen Spannglieder. An ihm werden Reibungs- und Umlenkkräfte in die Konstruktion eingeleitet. Es kann halbseitig offen (Sattel) oder vollständig von Beton umgeben sein (Durchdringung).

NA 1.5.2.16 Verbundbauteil. Bauteil aus einem Fertigteil und einer Ortbetonergänzung mit Verbindungselementen oder ohne Verbindungselemente.

NA 1.5.2.17 vorwiegend auf Biegung beanspruchtes Bauteil. Bauteil mit einer bezogenen Lastausmitte im Grenzzustand der Tragfähigkeit von $e_d/h \geq 3,5$.

NA 1.5.2.18 Druckglied. Vorwiegend auf Druck beanspruchtes, stab- oder flächenförmiges Bauteil mit einer bezogenen Lastausmitte im Grenzzustand der Tragfähigkeit von $e_d/h < 3,5$.

NA 1.5.2.19 Balken, Plattenbalken. Stabförmiges, vorwiegend auf Biegung beanspruchtes Bauteil mit einer Stützweite von mindestens der dreifachen Querschnittshöhe und mit einer Querschnitts- bzw. Stegbreite von höchstens der fünffachen Querschnittshöhe.

NA 1.5.2.20 Platte. Ebenes, durch Kräfte rechtwinklig zur Mittelfläche vorwiegend auf Biegung beanspruchtes, flächenförmiges Bauteil, dessen kleinste Stützweite mindestens das Dreifache seiner Bauteildicke beträgt und mit einer Bauteilbreite von mindestens der fünffachen Bauteildicke.

NA 1.5.2.21 Stütze. Stabförmiges Druckglied, dessen größere Querschnittabmessung das Vierfache der kleineren Abmessung nicht übersteigt.

NA 1.5.2.22 Scheibe, Wand. Ebenes, durch Kräfte parallel zur Mittelfläche beanspruchtes, flächenförmiges Bauteil, dessen größere Querschnittsabmessung das Vierfache der kleineren übersteigt.

NA 1.5.2.23 wandartiger bzw. scheibenartiger Träger. Ebenes, durch Kräfte parallel zur Mittelfläche vorwiegend auf Biegung beanspruchtes, scheibenartiges Bauteil, dessen Stützweite weniger als das Dreifache seiner Querschnittshöhe beträgt.

NA 1.5.2.24 Betondeckung. Abstand zwischen der Oberfläche eines Bewehrungsstabes, eines Spannglieds im sofortigen Verbund oder des Hüllrohrs eines Spannglieds im nachträglichen Verbund und der nächstgelegenen Betonoberfläche.

NA 1.5.2.25 Dekompression. Grenzzustand, bei dem ein Teil des Betonquerschnitts unter der maßgebenden Einwirkungskombination unter Druckspannungen steht.

NA 1.5.2.26 direkte und indirekte Lagerung. Eine direkte Lagerung ist gegeben, wenn der Abstand der Unterkante des gestützten Bauteils zur Unterkante des stützenden Bauteils größer ist als die Höhe des gestützten Bauteils. Andernfalls ist von einer indirekten Lagerung auszugehen (siehe Bild NA.1.1).

Legende
[A] stützendes Bauteil
[B] gestütztes Bauteil
$(h_1 - h_2) \geq h_2$ direkte Lagerung
$(h_1 - h_2) < h_2$ indirekte Lagerung

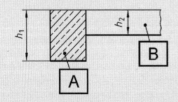

Bild NA.1.1 – Direkte und indirekte Lagerung

1.6 Formelzeichen

In dieser Norm werden die folgenden Formelzeichen verwendet.

ANMERKUNG Die verwendeten Bezeichnungen beruhen auf ISO 3898:1987

Große lateinische Buchstaben

A	außergewöhnliche Einwirkung
A	Querschnittsfläche
A_c	Betonquerschnittsfläche
A_p	Querschnittsfläche des Spannstahls
A_s	Querschnittsfläche des Betonstahls
$A_{s,min}$	Querschnittsfläche der Mindestbewehrung
A_{sw}	Querschnittsfläche der Querkraft- und Torsionsbewehrung
D	Biegerollendurchmesser
D_{Ed}	Schädigungssumme (Ermüdung)
E	Auswirkung der Einwirkung
$E_c, E_{c(28)}$	Elastizitätsmodul für Normalbeton als Tangente im Ursprung der Spannungs-Dehnungs-Linie allgemein und nach 28 Tagen.
$E_{c,eff}$	effektiver Elastizitätsmodul des Betons
E_{cd}	Bemessungswert des Elastizitätsmoduls des Betons
E_{cm}	mittlerer Elastizitätsmodul als Sekante
$E_c(t)$	Elastizitätsmodul für Normalbeton als Tangente im Ursprung der Spannungs-Dehnungs- Linie nach t Tagen
E_p	Bemessungswert des Elastizitätsmoduls für Spannstahl
E_s	Bemessungswert des Elastizitätsmoduls für Betonstahl
EI	Biegesteifigkeit
EQU	Lagesicherheit
F	Einwirkung
F_d	Bemessungswert einer Einwirkung
F_k	charakteristischer Wert einer Einwirkung
G_k	charakteristischer Wert einer ständigen Einwirkung
GZG	Grenzzustand der Gebrauchstauglichkeit – SLS (Serviceability limit state)
GZT	Grenzzustand der Tragfähigkeit – ULS (Ultimate limit state)
I	Flächenträgheitsmoment des Betonquerschnitts
L	Länge
M	Biegemoment
M_{Ed}	Bemessungswert des einwirkenden Biegemoments
N	Normalkraft

N_{Ed}	Bemessungswert der einwirkenden Normalkraft (Zug oder Druck)	$f_{0,2k}$	charakteristischer Wert der 0,2 %-Dehngrenze des Betonstahls
P	Vorspannkraft	f_t	Zugfestigkeit des Betonstahls
P_0	aufgebrachte Höchstkraft am Spannanker nach dem Spannen	f_{tk}	charakteristischer Wert der Zugfestigkeit des Betonstahls
Q_k	charakteristischer Wert der veränderlichen Einwirkung	f_y	Streckgrenze des Betonstahls
Q_{fat}	charakteristischer Wert der veränderlichen Einwirkung beim Nachweis gegen Ermüdung	f_{yd}	Bemessungswert der Streckgrenze des Betonstahls
		f_{yk}	charakteristischer Wert der Streckgrenze des Betonstahls
R	Widerstand	f_{ywd}	Bemessungswert der Streckgrenze von Querkraftbewehrung
S	Schnittgrößen		
S	Flächenmoment ersten Grades	h	Höhe, Dicke
T	Torsionsmoment	h	Gesamthöhe eines Querschnitts
T_{Ed}	Bemessungswert des einwirkenden Torsionsmoments	i	Trägheitsradius
		k	Beiwert; Faktor
V	Querkraft	l (od. L)	Länge, Stützweite, Spannweite
V_{Ed}	Bemessungswert der einwirkenden Querkraft	m	Masse
		r	Radius
		$1/r$	Krümmung

Kleine lateinische Buchstaben

a	Abstand; Auflagerbreite	t	Wanddicke
a	geometrische Angabe	t	Zeitpunkt
Δa	Abweichung für eine geometrische Angabe	t_0	Zeitpunkt des Belastungsbeginns des Betons
b	Breite eines Querschnitts, oder Gurtbreite eines T oder L-Querschnitts	u	Umfang eines Betonquerschnitts mit der Fläche A_c
b_w	Stegbreite eines T-, I- oder L-Querschnitts	u_0	Umfang der Lasteinleitungsfläche A_{load} beim Durchstanzen
d	Durchmesser	u_1	Umfang des kritischen Rundschnitts beim Durchstanzen
d	statische Nutzhöhe		
d_g	Durchmesser des Größtkorns einer Gesteinskörnung ANMERKUNG Größtkorn d_g wird in DIN EN 206-1 mit D_{max} bezeichnet.	u_{out}	Umfang des äußeren Rundschnitts bei dem Durchstanzbewehrung nicht mehr erforderlich ist
		u,v,w	Komponenten der Verschiebung eines Punktes
e	Lastausmitte (Exzentrizität)	x	Höhe der Druckzone
f_c	einaxiale Betondruckfestigkeit	x,y,z	Koordinaten
f_{cd}	Bemessungswert der einaxialen Betondruckfestigkeit	z	Hebelarm der inneren Kräfte
f_{ck}	charakteristische Zylinderdruckfestigkeit des Betons nach 28 Tagen		

Kleine griechische Buchstaben

f_{cm}	Mittelwert der Zylinderdruckfestigkeit des Betons	α	Winkel; Verhältnis
f_{ctk}	charakteristischer Wert der zentrischen Betonzugfestigkeit	β	Winkel; Verhältnis; Beiwert
		γ	Teilsicherheitsbeiwert
f_{ctm}	Mittelwert der zentrischen Zugfestigkeit des Betons	γ_A	Teilsicherheitsbeiwerte für außergewöhnliche Einwirkungen A
f_p	Zugfestigkeit des Spannstahls	γ_C	Teilsicherheitsbeiwerte für Beton
f_{pk}	charakteristischer Wert der Zugfestigkeit des Spannstahls	γ_F	Teilsicherheitsbeiwerte für Einwirkungen, F
$f_{p0,1}$	0,1 %-Dehngrenze des Spannstahls	$\gamma_{F,fat}$	Teilsicherheitsbeiwerte für Einwirkungen beim Nachweis gegen Ermüdung
$f_{p0,1k}$	charakteristischer Wert der 0,1 %-Dehngrenze des Spannstahls	$\gamma_{C,fat}$	Teilsicherheitsbeiwerte für Beton beim Nachweis gegen Ermüdung
		γ_G	Teilsicherheitsbeiwerte für ständige Einwirkungen, G

γ_M	Teilsicherheitsbeiwerte für eine Baustoffeigenschaft unter Berücksichtigung von Streuungen der Baustoffeigenschaft selbst sowie geometrischer Abweichungen und Unsicherheiten des verwendeten Bemessungsmodells (Modellunsicherheiten)	ρ_l	geometrisches Bewehrungsverhältnis der Längsbewehrung
		ρ_w	geometrisches Bewehrungsverhältnis der Querkraftbewehrung
		σ_c	Spannung im Beton
		σ_{cp}	Spannung im Beton aus Normalkraft oder Vorspannung
γ_P	Teilsicherheitsbeiwerte für die Einwirkung infolge Vorspannung, P, sofern diese auf der Einwirkungsseite berücksichtigt wird	σ_{cu}	Spannung im Beton bei der rechnerischen Bruchdehnung des Betons ε_{cu}
		τ	Schubspannung aus Torsion
		$\varnothing$	Durchmesser eines Bewehrungsstabs oder eines Hüllrohrs
γ_Q	Teilsicherheitsbeiwerte für veränderliche Einwirkungen, Q	$\varnothing_n$	Vergleichsdurchmesser eines Stabbündels
γ_S	Teilsicherheitsbeiwerte für Betonstahl und Spannstahl		
$\gamma_{S,fat}$	Teilsicherheitsbeiwerte für Betonstahl und Spannstahl beim Nachweis gegen Ermüdung	$\varphi(t, t_0)$	Kriechzahl, die die Kriechverformung zwischen den Zeitpunkten t und t_0 beschreibt, bezogen auf die elastische Verformung nach 28 Tagen
γ_f	Teilsicherheitsbeiwerte für Einwirkungen ohne Berücksichtigung von Modellunsicherheiten	$\varphi(\infty, t_0)$	Endkriechzahl
		ψ	Kombinationsbeiwert einer veränderlichen Einwirkung
γ_g	Teilsicherheitsbeiwerte für ständige Einwirkungen ohne Berücksichtigung von Modellunsicherheiten	ψ_0	für seltene Werte
		ψ_1	für häufige Werte
		ψ_2	für quasi-ständige Werte
γ_m	Teilsicherheitsbeiwerte für eine Baustoffeigenschaft allein unter Berücksichtigung von Schwankungen der Baustoffeigenschaft selbst		
δ	Inkrement, Zuwachs/Umlagerungsverhältnis		
ζ	Abminderungsbeiwert/Verteilungsbeiwert		
ε_c	Dehnung des Betons		
ε_{c1}	Dehnung des Betons unter der Maximalspannung f_c		
ε_{cu}	rechnerische Bruchdehnung des Betons		
ε_u	rechnerische Bruchdehnung des Beton- oder Spannstahls		
ε_{uk}	charakteristische Dehnung des Beton- oder Spannstahls unter Höchstlast		
θ	Winkel		
λ	Schlankheit		
μ	Reibungsbeiwert zwischen Spannglied und Hüllrohr		
ν	Querdehnzahl		
ν	Abminderungsbeiwert der Druckfestigkeit für gerissenen Beton		
ξ	Verhältnis der Verbundfestigkeit von Spannstahl zu der von Betonstahl		
ρ	Ofentrockene Dichte des Betons in kg/m^3		
ρ_{1000}	Verlust aus Relaxation (in %), 1000 Stunden nach Aufbringung der Vorspannung bei einer mittleren Temperatur von 20 °C		

2 GRUNDLAGEN DER TRAGWERKSPLANUNG

2.1 Anforderungen

2.1.1 Grundlegende Anforderungen

(1)P Für die Tragwerksplanung von Beton-, Stahlbeton- und Spannbetonbauten gelten die Grundlagen der EN 1990.

(2)P Darüber hinaus gelten für Beton-, Stahlbeton- und Spannbetontragwerke die Grundlagen dieses Kapitels.

(3) Die grundlegenden Anforderungen der EN 1990, Kapitel 2, gelten für Beton-, Stahlbeton- und Spannbetontragwerke als erfüllt, wenn:
- die Bemessung in Grenzzuständen in Verbindung mit Teilsicherheitsbeiwerten nach EN 1990 erfolgt,
- die Einwirkungen nach EN 1991 verwendet werden,
- die Lastkombinationen nach EN 1990 angesetzt und
- die Tragwiderstände, die Dauerhaftigkeit und die Gebrauchstauglichkeit entsprechend dieser Norm nachgewiesen werden.

ANMERKUNG Anforderungen an den Feuerwiderstand (siehe EN 1990 Kapitel 5 und EN 1992-1-2) können zu größeren Bauteilabmessungen führen, als sie nach einer Bemessung unter Normaltemperatur erforderlich werden.

2.1.2 Behandlung der Zuverlässigkeit

(1) Die Regeln für die Behandlung der Zuverlässigkeit enthält EN 1990, Kapitel 2.

(2) Ein Tragwerk entspricht der Zuverlässigkeitsklasse RC2, wenn es unter Verwendung der Teilsicherheitsbeiwerte dieses Eurocodes (siehe 2.4) und der Teilsicherheitsbeiwerte der Anhänge der EN 1990 bemessen wird.

ANMERKUNG Anhänge B und C der EN 1990 enthalten weitere Informationen.

2.1.3 Nutzungsdauer, Dauerhaftigkeit und Qualitätssicherung

(1) Die Regeln für geplante Nutzungsdauer, Dauerhaftigkeit und Qualitätssicherung enthält EN 1990, Kapitel 2.

2.2 Grundsätzliches zur Bemessung mit Grenzzuständen

(1) Die Regeln zur Bemessung in Grenzzuständen enthält EN 1990, Kapitel 3.

2.3 Basisvariablen

2.3.1 Einwirkungen und Umgebungseinflüsse

2.3.1.1 Allgemeines

(1) Die bei der Bemessung zu verwendenden Einwirkungen dürfen aus den entsprechenden Teilen der EN 1991 übernommen werden.

ANMERKUNG 1 Zu den für die Bemessung maßgeblichen Teilen der EN 1991 gehören:
EN 1991-1-1 Wichten, Eigengewicht und Nutzlasten im Hochbau
EN 1991-1-2 Brandeinwirkungen auf Tragwerke
EN 1991-1-3 Schneelasten
EN 1991-1-4 Windlasten
EN 1991-1-5 Temperatureinwirkungen
EN 1991-1-6 Einwirkungen während der Bauausführung
EN 1991-1-7 Außergewöhnliche Einwirkungen
EN 1991-2 Verkehrslasten auf Brücken
EN 1991-3 Einwirkungen infolge von Kranen und Maschinen
EN 1991-4 Einwirkungen auf Silos und Flüssigkeitsbehälter

ANMERKUNG 2 Einwirkungen, die nur für diese Norm gelten, werden in den entsprechenden Abschnitten angegeben.

ANMERKUNG 3 Einwirkungen aus Erd- und Wasserdruck enthält EN 1997.

ANMERKUNG 4 Werden Setzungen berücksichtigt, dürfen angemessene Schätzwerte der zu erwartenden Setzungen benutzt werden.

ANMERKUNG 5 In den bautechnischen Unterlagen eines einzelnen Projekts dürfen zusätzliche, maßgebliche Einwirkungen definiert werden.

2.3.1.2 Temperaturauswirkungen

(1) In der Regel sind Temperaturauswirkungen für die Nachweise im Grenzzustand der Gebrauchstauglichkeit zu berücksichtigen.

(2) Temperaturauswirkungen sollten für die Nachweise im Grenzzustand der Tragfähigkeit nur dann berücksichtigt werden, wenn sie wesentlich sind (z. B. bei Ermüdung oder beim Nachweis der Stabilität nach Theorie II. Ordnung). In anderen Fällen muss die Temperatur nicht berücksichtigt werden, wenn Verformungsvermögen und Rotationsfähigkeit der Bauteile im ausreichenden Maße nachgewiesen werden können.

(3) Werden Temperaturauswirkungen berücksichtigt, sind sie in der Regel als veränderliche Einwirkungen mit einem Teilsicherheitsbeiwert γ und dem Kombinationsbeiwert ψ aufzubringen.

ANMERKUNG Der Kombinationsbeiwert ψ ist im entsprechenden Anhang der EN 1990 und EN 1991-1-5 definiert.

NCI Zu 2.3.1.2 (3)

Allgemein gilt $\gamma_{Q,T} = 1{,}5$.

Bei linear-elastischer Schnittgrößenermittlung mit den Steifigkeiten der ungerissenen Querschnitte und dem mittleren Elastizitätsmodul E_{cm} darf für Zwang der Teilsicherheitsbeiwert $\gamma_{Q,T} = 1{,}0$ angesetzt werden.

2.3.1.3 Setzungs-/Bewegungsunterschiede

(1) Setzungs-/Bewegungsunterschiede des Tragwerks infolge von Bodensetzungen sind in der Regel als ständige Einwirkungen G_{set} in den Einwirkungskombinationen zu behandeln. Im Allgemeinen wird G_{set} aus Werten von Setzungs-/Bewegungsunterschieden $d_{set,i}$ (bezogen auf eine Referenzlage) einzelner Gründungen oder Gründungsteile i bestehen.

ANMERKUNG Es dürfen angemessene Schätzwerte der erwarteten Setzungen verwendet werden.

(2) Auswirkungen von Setzungsunterschieden sind in der Regel immer für die Nachweise im Grenzzustand der Gebrauchstauglichkeit zu berücksichtigen.

(3) Auswirkungen von Setzungsunterschieden sollten für die Nachweise im Grenzzustand der Tragfähigkeit nur dann berücksichtigt werden, wenn sie wesentlich sind (z. B. bei Ermüdung oder beim Nachweis der Stabilität nach Theorie II. Ordnung). In anderen Fällen müssen Setzungsunterschiede nicht berücksichtigt werden, wenn Verformungsvermögen und Rotationsfähigkeit im ausreichenden Maße nachgewiesen werden können.

(4) Werden die Auswirkungen von Setzungsunterschieden berücksichtigt, ist in der Regel ein Teilsicherheitsbeiwert für Setzungen anzusetzen.

ANMERKUNG Der Teilsicherheitsbeiwert für Setzungen ist im entsprechenden Anhang der EN 1990 definiert.

NCI Zu 2.3.1.3 (4)

Allgemein gilt $\gamma_{Q,set} = 1{,}5$.

Bei linear-elastischer Schnittgrößenermittlung mit den Steifigkeiten der ungerissenen Querschnitte und dem mittleren Elastizitätsmodul E_{cm} darf für Setzungen der Teilsicherheitsbeiwert $\gamma_{Q,set} = 1{,}0$ angesetzt werden.

2.3.1.4 Vorspannung

(1)P Die Vorspannung im Sinne dieses Eurocodes wird durch Zugglieder aus Spannstahl (Drähte, Litzen oder Stäbe) aufgebracht.

(2) Zugglieder dürfen in den Beton eingebettet werden. Sie dürfen im sofortigen Verbund, im nachträglichen Verbund oder ohne Verbund ausgeführt werden.

(3) Zugglieder dürfen auch außerhalb des Bauteils geführt werden. Berührungspunkte bilden hierbei Umlenkelemente und Verankerungen.

(4) Weitere Angaben zur Vorspannung enthält Abschnitt 5.10.

2.3.2 Eigenschaften von Baustoffen, Bauprodukten und Bauteilen

2.3.2.1 Allgemeines

(1) Die Regeln für Material- und Produkteigenschaften enthält EN 1990, Kapitel 4.

(2) Bestimmungen für Beton, Betonstahl und Spannstahl sind in Kapitel 3 oder in den maßgeblichen Produktnormen enthalten.

2.3.2.2 Kriechen und Schwinden

(1) Kriechen und Schwinden sind zeitabhängige Eigenschaften des Betons. Ihre Auswirkungen sind in der Regel generell für die Nachweise im Grenzzustand der Gebrauchstauglichkeit zu berücksichtigen.

(2) Kriechen und Schwinden sollten für die Nachweise im Grenzzustand der Tragfähigkeit nur dann berücksichtigt werden, wenn sie wesentlich sind, z. B. bei Stabilitätsnachweisen nach Theorie II. Ordnung. In anderen Fällen müssen Kriechen und Schwinden im GZT nicht berücksichtigt werden, wenn Verformungsvermögen und Rotationsfähigkeit der Bauteile im ausreichenden Maße nachgewiesen werden können.

(3) Wird das Kriechen berücksichtigt, sind in der Regel die Auswirkungen unter der quasi-ständigen Einwirkungskombination zu ermitteln, unabhängig davon, ob eine ständige, eine vorübergehende oder eine außergewöhnliche Bemessungssituation untersucht wird.

ANMERKUNG Im Allgemeinen dürfen die Kriechauswirkungen unter ständigen Lasten und mit dem Mittelwert der Vorspannung ermittelt werden.

2.3.3 Verformungseigenschaften des Betons

(1)P Auswirkungen aus Verformungen, die durch Temperatur, Kriechen und Schwinden hervorgerufen sind, müssen in der Bemessung berücksichtigt werden.

(2) Diese Auswirkungen sind im Allgemeinen ausreichend berücksichtigt, wenn die Anwendungsregeln dieser Norm eingehalten werden. Auf

Folgendes sollte ebenfalls Wert gelegt werden:
- Reduzierung von Verformungen und Rissbildung aus früher Belastung von Bauteilen sowie aus Kriechen und Schwinden durch entsprechende Betonzusammensetzung;
- Reduzierung zwangerzeugender Verformungsbehinderungen durch Lager oder Fugen;
- Berücksichtigung auftretenden Zwangs bei der Bemessung.

(3) Für Hochbauten dürfen Auswirkungen aus Temperatur und Schwinden auf das Gesamttragwerk vernachlässigt werden, wenn Fugen im Abstand von d_{joint} vorgesehen werden, die die entstehenden Verformungen aufnehmen können.

ANMERKUNG Der landesspezifische Wert d_{joint} darf einem Nationalen Anhang entnommen werden. Der empfohlene Wert ist 30 m. Für Tragwerke aus Fertigteilen darf der Wert darüber liegen, da ein Teil der Verformungen aus Kriechen und Schwinden bereits vor dem Einbau stattfinden.

NDP Zu 2.3.3 (3)

d_{joint} muss im Einzelfall bestimmt werden.

2.3.4 Geometrische Angaben

2.3.4.1 Allgemeines

(1) Die Regeln zu geometrischen Angaben enthält EN 1990, Kapitel 4.

2.3.4.2 Zusätzliche Anforderungen an Bohrpfähle

NCI Zu 2.3.4.2

ANMERKUNG Dieser Abschnitt gilt sinngemäß auch für Ortbeton-Verdrängungspfähle.

(1)P Unsicherheiten in Bezug auf den Querschnitt eines Ortbeton-Bohrpfahles und auf das Betonieren müssen bei der Bemessung berücksichtigt werden.

NCI Zu 2.3.4.2 (1)P

ANMERKUNG Einflüsse aus der Betonierung gegen den Boden können durch erhöhte Betondeckungen berücksichtigt werden, siehe DIN EN 1536.

(2) Fehlen weitere Angaben, sind für die Bemessung in der Regel folgende Werte für den Durchmesser von Ortbeton-Bohrpfählen mit wieder gewonnener Verrohrung anzunehmen:

- für $d_{nom} < 400$ mm $\qquad d = d_{nom} - 20$ mm
- für 400 mm $\leq d_{nom} \leq$ 1000 mm $\quad d = 0{,}95 d_{nom}$
- für $d_{nom} > 1000$ mm $\qquad d = d_{nom} - 50$ mm

Dabei ist d_{nom} der Nenndurchmesser des Pfahls.

NCI Zu 2.3.4.2 (2)

ANMERKUNG Die Regelungen in DIN EN 1536 sind als „weitere Angaben" im Sinne von 2.3.4.2 (2) zu verstehen. Absatz (2) muss daher nicht angewendet werden, wenn die Pfähle nach DIN EN 1536 hergestellt werden.

2.4 Nachweisverfahren mit Teilsicherheitsbeiwerten

2.4.1 Allgemeines

(1) Die Regeln für das Nachweisverfahren mit Teilsicherheitsbeiwerten enthält EN 1990, Kapitel 6.

2.4.2 Bemessungswerte

2.4.2.1 Teilsicherheitsbeiwerte für Einwirkungen aus Schwinden

(1) Werden Einwirkungen aus Schwinden für die Nachweise im Grenzzustand der Tragfähigkeit berücksichtigt, ist in der Regel ein Teilsicherheitsbeiwert γ_{SH} zu verwenden.

ANMERKUNG Der landesspezifische Wert von γ_{SH} darf einem Nationalen Anhang entnommen werden. Der empfohlene Wert ist 1,0.

NDP Zu 2.4.2.1 (1)

Es gilt der empfohlene Wert $\gamma_{SH} = 1{,}0$.

2.4.2.2 Teilsicherheitsbeiwerte für Einwirkungen aus Vorspannung

(1) Vorspannung wirkt im Allgemeinen günstig. Für die Nachweise im Grenzzustand der Tragfähigkeit ist in der Regel ein Teilsicherheitsbeiwert $\gamma_{P,fav}$ zu verwenden. Als Bemessungswert der Vorspannung darf der Mittelwert der Vorspannkraft verwendet werden (siehe EN 1990, Kapitel 4).

ANMERKUNG Der landesspezifische Wert von $\gamma_{P,fav}$ darf einem Nationalen Anhang entnommen werden. Der empfohlene Wert für ständige und vorübergehende Bemessungssituationen ist 1,0. Dieser Wert darf auch für den Ermüdungsnachweis verwendet werden.

NDP Zu 2.4.2.2 (1)

allgemein: $\gamma_P = \gamma_{P,fav} = \gamma_{P,unfav} = 1{,}0$

(2) Für die Nachweise im Grenzzustand der Tragfähigkeit nach Theorie II. Ordnung eines extern vorgespannten Bauteils, bei dem ein erhöhter Wert der Vorspannung ungünstig wirken kann, ist in der Regel $\gamma_{P,unfav}$ zu verwenden.

ANMERKUNG Der landesspezifische Wert von $\gamma_{P,unfav}$ für die Nachweise im Grenzzustand der Stabilität am Gesamttragwerk darf einem Nationalen Anhang entnommen werden. Der empfohlene Wert ist 1,3.

NDP Zu 2.4.2.2 (2)

$\gamma_{P,unfav} = 1{,}0$

Bei einem nichtlinearen Verfahren der Schnittgrößenermittlung ist ein oberer oder ein unterer Grenzwert für γ_P anzusetzen, wobei die Rissbildung oder die Fugenöffnung (Segmentbauweise) zu berücksichtigen sind: $\gamma_{P,unfav} = 1{,}2$ und $\gamma_{P,fav} = 0{,}83$ (der jeweils ungünstigere Wert ist anzusetzen).

(3) Für die Nachweise von lokalen Auswirkungen ist in der Regel ebenfalls $\gamma_{P,unfav}$ zu verwenden.

ANMERKUNG Der landesspezifische Wert von $\gamma_{P,unfav}$ für die Nachweise von lokalen Auswirkungen darf einem Nationalen Anhang entnommen werden. Der empfohlene Wert ist 1,2. Die lokalen Auswirkungen der Verankerung von Spanngliedern im sofortigen Verbund werden in 8.10.2 behandelt.

NDP Zu 2.4.2.2 (3)

Für die Bestimmung von Spaltzugbewehrung ist $\gamma_{P,unfav} = 1{,}35$ (ständige Last) zu verwenden.

2.4.2.3 Teilsicherheitsbeiwerte für Einwirkungen beim Nachweis gegen Ermüdung

(1) Der Teilsicherheitsbeiwert für Einwirkungen beim Nachweis gegen Ermüdung ist $\gamma_{F,fat}$.

ANMERKUNG Der landesspezifische Wert von $\gamma_{F,fat}$ darf einem Nationalen Anhang entnommen werden. Der empfohlene Wert ist 1,0.

NDP Zu 2.4.2.3 (1)

Es gilt der empfohlene Wert $\gamma_{F,fat} = 1{,}0$

2.4.2.4 Teilsicherheitsbeiwerte für Baustoffe

(1) Für die Nachweise im Grenzzustand der Tragfähigkeit sind für die Baustoffe in der Regel die Teilsicherheitsbeiwerte γ_C und γ_S zu verwenden.

ANMERKUNG Die landesspezifischen Werte von γ_C und γ_S dürfen einem Nationalen Anhang entnommen werden. Tabelle 2.1N enthält die empfohlenen Werte für „ständige und vorübergehende" und für „außergewöhnliche" Bemessungssituationen. Für die Bemessung im Brandfall gelten die Werte nach EN 1992-1-2.

Die empfohlenen Werte $\gamma_{C,fat}$ und $\gamma_{S,fat}$ beim Nachweis gegen Ermüdung entsprechen denen für die ständige Bemessungssituationen nach Tabelle 2.1N.

Tabelle 2.1N – Teilsicherheitsbeiwerte für Baustoffe in den Grenzzuständen der Tragfähigkeit

Bemessungs-situationen	γ_C für Beton	γ_S für Betonstahl	γ_S für Spannstahl
ständig und vorübergehend	1,5	1,15	1,15
außergewöhnlich	1,2	1,0	1,0

NDP Zu 2.4.2.4 (1)

Tabelle 2.1DE – Teilsicherheitsbeiwerte für Baustoffe in den Grenzzuständen der Tragfähigkeit

Bemessungs-situationen	γ_C für Beton	γ_S für Betonstahl oder Spannstahl
ständig und vorübergehend	1,5	1,15
außergewöhnlich	1,3	1,0
Ermüdung	$\gamma_{C,fat} = 1{,}5$	$\gamma_{S,fat} = 1{,}15$

(2) Für die Nachweise im Grenzzustand der Gebrauchstauglichkeit sind in der Regel die Werte der Teilsicherheitsbeiwerte für Baustoffe entsprechend der einzelnen Abschnitte dieses Eurocodes zu verwenden.

ANMERKUNG Die landesspezifischen Werte von γ_C und γ_S dürfen einem Nationalen Anhang entnommen werden. Wenn nicht in einzelnen Abschnitten dieses Eurocodes abweichend festgelegt, ist der empfohlene Wert 1,0.

NDP Zu 2.4.2.4 (2)

Es gelten die empfohlenen Werte $\gamma_C = 1{,}0$ und $\gamma_S = 1{,}0$.

(3) Abgeminderte Werte für γ_C und γ_S dürfen verwendet werden, wenn dies durch Maßnahmen zur Verringerung der Unsicherheit in der Berechnung gerechtfertigt ist.

ANMERKUNG Informationen hierzu enthält der informative Anhang A.

2.4.2.5 Teilsicherheitsbeiwerte für Baustoffe bei Gründungen

(1) Bemessungswerte der Bodeneigenschaften sind in der Regel nach EN 1997 zu ermitteln.

(2) Bei der Berechnung des Bemessungswiderstands von Ortbeton-Bohrpfählen mit wiedergewonnener Verrohrung ist in der Regel der Teilsicherheitsbeiwert für Beton γ_C nach 2.4.2.4 (1) mit dem Beiwert k_f zu multiplizieren.

ANMERKUNG Der landesspezifische Wert von k_f darf einem Nationalen Anhang entnommen werden. Der empfohlene Wert ist 1,1.

NDP Zu 2.4.2.5 (2)

Bei Bohrpfählen, deren Herstellung nach DIN EN 1536 erfolgt, ist für $k_f = 1{,}0$ einzusetzen. In allen anderen Fällen gilt: $k_f = 1{,}1$.

2.4.3 Kombinationsregeln für Einwirkungen

(1) Die allgemeinen Kombinationsregeln für Einwirkungen in den Grenzzuständen der Tragfähigkeit und Gebrauchstauglichkeit enthält EN 1990, Kapitel 6.

ANMERKUNG 1 Die detaillierten Formulierungen für Einwirkungskombinationen sind in den normativen Anhängen der EN 1990, z. B. Anhang A1 für den Hochbau, A2 für Brücken, usw. enthalten. Die Anmerkungen enthalten auch die empfohlenen Werte der dazugehörigen Teilsicherheitsbeiwerte und der repräsentativen Einwirkungen.

ANMERKUNG 2 Einwirkungskombinationen beim Nachweis gegen Ermüdung werden in 6.8.3 behandelt.

(2) Für jede ständige Einwirkung darf durchgängig entweder der untere oder der obere Bemessungswert innerhalb eines Tragwerks verwendet werden, je nachdem, welcher Wert ungünstiger wirkt. (z. B. Eigenlast eines Tragwerks).

ANMERKUNG Unter Umständen gibt es Ausnahmen zu dieser Regel (z. B. Nachweis der Lagesicherheit, siehe EN 1990, Kapitel 6). In solchen Fällen können andere Teilsicherheitsbeiwerte (Satz A) maßgebend werden. Ein Beispiel für den Hochbau enthält Anhang A1 der EN 1990.

2.4.4 Nachweis der Lagesicherheit

(1) Das Format beim Nachweis der Lagesicherheit gilt auch für EQU-Bemessungszustände, z. B. für Abhebesicherungen oder den Nachweis gegen das Abheben von Lagern bei Durchlaufträgern.

ANMERKUNG Informationen hierzu enthält Anhang A der EN 1990.

2.5 Versuchsgestützte Bemessung

(1) Die Bemessung von Tragwerken darf durch Versuche unterstützt werden.

ANMERKUNG Informationen hierzu enthalten Kapitel 5 und Anhang D der EN 1990.

2.6 Zusätzliche Anforderungen an Gründungen

(1)P Hat die Boden-Bauwerk-Interaktion einen wesentlichen Einfluss auf das Tragwerk, müssen die Bodeneigenschaften und die Auswirkungen der Interaktion nach EN 1997-1 berücksichtigt werden.

(2) Sind wesentliche Setzungsunterschiede wahrscheinlich, sind in der Regel ihre Auswirkungen zu berücksichtigen.

ANMERKUNG 1 Anhang G darf zur Modellierung der Boden-Bauwerk-Interaktion herangezogen werden.

NCI Zu 2.6 (2)

ANMERKUNG 1 Der informative Anhang G ist in Deutschland nicht anzuwenden.

ANMERKUNG 2 Im Allgemeinen dürfen für die Tragwerksbemessung vereinfachte Methoden verwendet werden, die die Auswirkungen von Bodendeformationen vernachlässigen.

(3) Gründungsbauteile aus Beton sind in der Regel in Übereinstimmung mit EN 1997-1 zu dimensionieren.

(4) In der Bemessung sind die Auswirkungen von Setzungen, Hebungen, Gefrieren, Tauen, Erosion usw. zu berücksichtigen, wenn sie maßgebend sind.

2.7 Anforderungen an Befestigungsmittel

(1) Lokal begrenzte und auf das Bauteil bezogene Auswirkungen von Befestigungsmitteln sind in der Regel zu berücksichtigen.

ANMERKUNG Die Anforderungen für die Bemessung von Befestigungsmitteln enthält die Technische Spezifikation „Bemessung von Befestigungsmitteln für die Verwendung in Beton" (in Bearbeitung). Diese Technische Spezifikation wird die Bemessung folgender Befestigungsmittel behandeln:

einbetonierte Befestigungsmittel wie beispielsweise:
- Kopfbolzen,
- Ankerschienen,

und nachträglich eingebaute Befestigungsmittel wie beispielsweise:
- Metallspreizdübel,
- Hinterschnittdübel,
- Betonschrauben,
- Verbunddübel,
- Verbundspreizdübel und
- Verbundhinterschnittdübel.

Befestigungsmittel sollten entweder im Einklang mit einer CEN-Norm stehen, oder durch eine Europäische Technische Zulassung geregelt sein.

Die Technische Spezifikation „Bemessung von Befestigungsmitteln für die Verwendung in Beton" behandelt die lokale Einleitung von Lasten in ein Bauteil.

Bei Entwurf und Bemessung eines Tragwerks sind in der Regel die Einwirkungen und zusätzlichen Anforderungen nach Anhang A dieser Technischen Richtlinie zu berücksichtigen.

NCI Zu 2.8

NA.2.8 Bautechnische Unterlagen

NA.2.8.1 Umfang der bautechnischen Unterlagen

(1) Zu den bautechnischen Unterlagen gehören die für die Ausführung des Bauwerks notwendigen Zeichnungen, die statische Berechnung und – wenn für die Bauausführung erforderlich – eine ergänzende Projektbeschreibung sowie bauaufsichtlich erforderliche Verwendbarkeitsnachweise für Bauprodukte bzw. Bauarten (z. B. allgemeine bauaufsichtliche Zulassungen).

(2) Zu den bautechnischen Unterlagen gehören auch Angaben über den Zeitpunkt und die Art des Vorspannens, das Herstellungsverfahren sowie das Spannprogramm.

NA.2.8.2 Zeichnungen

(1)P Die Bauteile, die einzubauende Betonstahlbewehrung und die Spannglieder sowie alle Einbauteile sind auf den Zeichnungen eindeutig und übersichtlich darzustellen und zu bemaßen. Die Darstellungen müssen mit den Angaben in der statischen Berechnung übereinstimmen und alle für die Ausführung der Bauteile und für die Prüfung der Berechnungen erforderlichen Maße enthalten.

(2)P Auf zugehörige Zeichnungen ist hinzuweisen. Bei nachträglicher Änderung einer Zeichnung sind alle von der Änderung ebenfalls betroffenen Zeichnungen entsprechend zu berichten.

(3)P Auf den Bewehrungszeichnungen sind insbesondere anzugeben:

- die erforderliche Festigkeitsklasse, die Expositionsklassen und weitere Anforderungen an den Beton,
- die Betonstahlsorte und die Spannstahlsorte,
- Anzahl, Durchmesser, Form und Lage der Bewehrungsstäbe; gegenseitiger Abstand und Übergreifungslängen an Stößen und Verankerungslängen; Anordnung, Maße und Ausbildung von Schweißstellen; Typ und Lage der mechanischen Verbindungsmittel,
- Rüttelgassen, Lage von Betonieröffnungen,
- das Herstellungsverfahren der Vorspannung; Anzahl, Typ und Lage der Spannglieder sowie der Spanngliedverankerungen und Spanngliedkopplungen sowie Anzahl, Durchmesser, Form und Lage der zugehörigen Betonstahlbewehrung; Typ und Durchmesser der Hüllrohre; Angaben zum Einpressmörtel,
- bei gebogenen Bewehrungsstäben die erforderlichen Biegerollendurchmesser,
- Maßnahmen zur Lagesicherung der Betonstahlbewehrung und der Spannglieder sowie Anordnung, Maße und Ausführung der Unterstützungen der oberen Betonstahlbewehrungslage und der Spannglieder,
- das Verlegemaß c_v der Bewehrung, das sich aus dem Nennmaß der Betondeckung c_{nom} ableitet, sowie das Vorhaltemaß Δc_{dev} der Betondeckung,
- die Fugenausbildung,
- gegebenenfalls besondere Maßnahmen zur Qualitätssicherung.

(4)P Für Schalungs- und Traggerüste, für die eine statische Berechung erforderlich ist, sind Zeichnungen für die Baustelle anzufertigen; ebenso für Schalungen, die seitlichen hohen Druck des Frischbetons aufnehmen müssen.

NA.2.8.3 Statische Berechnungen

(1)P Das Tragwerk und die Lastabtragung sind zu beschreiben. Die Tragfähigkeit und die Gebrauchstauglichkeit der baulichen Anlage und ihrer Bauteile sind in der statischen Berechnung übersichtlich und leicht prüfbar nachzuweisen. Mit numerischen Methoden erzielte Rechenergebnisse sollten grafisch dargestellt werden.

(2) Für Regeln, die von den in dieser Norm angegebenen Anwendungsregeln abweichen, und für abweichende außergewöhnliche Gleichungen ist die Fundstelle anzugeben, sofern diese allgemein zugänglich ist, sonst sind ihre Ableitungen so weit zu entwickeln, dass ihre Richtigkeit geprüft werden kann.

NA.2.8.4 Baubeschreibung

(1)P Angaben, die für die Bauausführung oder für die Prüfung der Zeichnungen oder der statischen Berechnung notwendig sind, aber aus den Unterlagen nach NA.2.8.2 und NA.2.8.3 nicht ohne Weiteres entnommen werden können, müssen in einer Baubeschreibung enthalten und erläutert sein. Dazu gehören auch die erforderlichen Angaben für Beton mit gestalteten Ansichtsflächen.

3 BAUSTOFFE

3.1 Beton

3.1.1 Allgemeines

(1)P Die folgenden Abschnitte enthalten Prinzipien und Anwendungsregeln für Normalbeton und hochfesten Beton.

(2)P Die Regeln für Leichtbeton sind im Abschnitt 11 enthalten.

NCI Zu 3.1.1

(NA.3) Die Abschnitte 3.1 und 11.3.1 gelten für Beton nach DIN EN 206-1 in Verbindung mit DIN 1045-2.

3.1.2 Festigkeiten

(1)P Die Betondruckfestigkeit wird nach Betonfestigkeitsklassen gegliedert, die sich auf die charakteristische (5 %) Zylinderdruckfestigkeit f_{ck} oder die Würfeldruckfestigkeit $f_{ck,cube}$ nach EN 206-1 beziehen.

(2)P Die Festigkeitsklassen dieser Norm beziehen sich auf die charakteristische Zylinderdruckfestigkeit f_{ck} für ein Alter von 28 Tagen mit einem Maximalwert von C_{max}.

ANMERKUNG Der landesspezifische Wert C_{max} darf einem Nationalen Anhang entnommen werden. Der empfohlene Wert ist C90/105.

NDP Zu 3.1.2 (2)P

C_{max} = C100/115

ANMERKUNG Für die Herstellung von Beton der Festigkeitsklassen C90/105 und C100/115 bedarf es nach DIN 1045-2 weiterer auf den Verwendungszweck abgestimmter Nachweise.

(3) In Tabelle 3.1 sind die charakteristischen Festigkeiten f_{ck} mit den ihnen zugeordneten mechanischen Eigenschaften angegeben, die für die Bemessung notwendig sind.

(4) Für bestimmte Anwendungsfälle (z. B. bei Vorspannung) darf unter Umständen die Druckfestigkeit des Betons für ein Alter von weniger oder mehr als 28 Tagen auf der Grundlage von Prüfkörpern bestimmt werden, die unter anderen als den in EN 12390 angegebenen Bedingungen gelagert wurden.

Falls die Betonfestigkeit für ein Alter von $t > 28$ Tagen bestimmt wird, sind in der Regel die in 3.1.6 (1)P und 3.1.6 (2)P definierten Beiwerte α_{cc} und α_{ct} um den Faktor k_t zu reduzieren.

ANMERKUNG Der landesspezifische Wert k_t darf einem Nationalen Anhang entnommen werden. Der empfohlene Wert ist 0,85.

NDP Zu 3.1.2 (4)

Der Wert k_t muss entsprechend der Festigkeitsentwicklung im Einzelfall festgelegt werden.

(5) Muss die Betondruckfestigkeit $f_{ck}(t)$ für ein Alter t für bestimmte Bauzustände (z. B. Ausschalen, Übertragung der Vorspannung), angegeben werden, darf diese wie folgt bestimmt werden:

$f_{ck}(t) = f_{cm}(t) - 8$ [N/mm²] für $3 < t < 28$ Tage
$f_{ck}(t) = f_{ck}$ für $t \geq 28$ Tage

Genauere Werte speziell für $t \leq 3$ Tage sollten auf der Basis von Versuchen bestimmt werden.

(6) Die Betondruckfestigkeit im Alter t hängt vom Zementtyp, der Temperatur und den Lagerungsbedingungen ab. Bei einer mittleren Temperatur von 20 °C und bei Lagerung nach EN 12390 darf die Betondruckfestigkeit zu unterschiedlichen Zeitpunkten $f_{cm}(t)$ mit den Gleichungen (3.1) und (3.2) ermittelt werden.

$$f_{cm}(t) = \beta_{cc}(t) \cdot f_{cm} \qquad (3.1)$$

mit $\beta_{cc}(t) = e^{s\left[1-\sqrt{28/t}\right]}$ (3.2)

Dabei ist

$f_{cm}(t)$ die mittlere Betondruckfestigkeit für ein Alter von t Tagen;

f_{cm} die mittlere Druckfestigkeit nach 28 Tagen gemäß Tabelle 3.1;

$\beta_{cc}(t)$ ein vom Alter des Betons t abhängiger Beiwert;

t das Alter des Betons in Tagen;

s ein vom verwendeten Zementtyp abhängiger Beiwert:
= 0,20 für Zement der Festigkeitsklassen CEM 42,5 R, CEM 52,5 N und CEM 52,5 R (Klasse R),
= 0,25 für Zement der Festigkeitsklassen CEM 32,5 R, CEM 42,5 N (Klasse N),
= 0,38 für Zement der Festigkeitsklassen CEM 32,5 N (Klasse S).

In Fällen, in denen der Beton nicht der geforderten Druckfestigkeit nach 28 Tagen entspricht, sind die Gleichungen (3.1) und (3.2) nicht geeignet.

Es ist nicht zulässig, mit den Regeln dieses Abschnittes eine nichtkonforme Druckfestigkeitsklasse über die Nacherhärtung des Betons im Nachhinein zu rechtfertigen.

Zur Wärmebehandlung von Bauteilen siehe 10.3.1.1 (3).

Normen

Tabelle 3.1 – Festigkeits- und Formänderungskennwerte für Beton

		Betonfestigkeitsklassen															analytische Beziehung
f_{ck}	N/mm²	12[1]	16	20	25	30	35	40	45	50	55	60	70	80	90	100[2]	
$f_{ck,cube}$	N/mm²	15	20	25	30	37	45	50	55	60	67	75	85	95	105	115	
f_{cm}	N/mm²	20	24	28	33	38	43	48	53	58	63	68	78	88	98	108	$f_{cm} = f_{ck} + 8$
f_{ctm}	N/mm²	1,6	1,9	2,2	2,6	2,9	3,2	3,5	3,8	4,1	4,2	4,4	4,6	4,8	5,0	5,2	$f_{ctm} = 0{,}30 \cdot f_{ck}^{(2/3)}$ ≤ C50/60 $f_{ctm} = 2{,}12 \cdot \ln[1+(f_{cm}/10)]$ > C50/60
$f_{ctk;0,05}$	N/mm²	1,1	1,3	1,5	1,8	2,0	2,2	2,5	2,7	2,9	3,0	3,1	3,2	3,4	3,5	3,7	$f_{ctk;0,05} = 0{,}7 f_{ctm}$ 5 % Quantil
$f_{ctk;0,95}$	N/mm²	2,0	2,5	2,9	3,3	3,8	4,2	4,6	4,9	5,3	5,5	5,7	6,0	6,3	6,6	6,8	$f_{ctk;0,95} = 1{,}3 f_{ctm}$ 95 % Quantil
$E_{cm} \cdot 10^{-3}$	N/mm²	27	29	30	31	33	34	35	36	37	38	39	41	42	44	45	$E_{cm} = 22 (f_{cm}/10)^{0,3}$
ε_{c1}	‰	1,8	1,9	2,0	2,1	2,2	2,25	2,3	2,4	2,45	2,5	2,6	2,7	2,8	2,8	2,8	Siehe Bild 3.2 ⌈AC⌉ ε_{c1}(‰) $= 0{,}7 f_{cm}^{0,31} \leq 2{,}8$ ⌈AC⌉
ε_{cu1} [3]	‰					3,5					3,2	3,0	2,8	2,8	2,8	2,8	Siehe Bild 3.2 für $f_{ck} = 50$ N/mm² ε_{cu1}(‰) $= 2{,}8 + 27[(98 - f_{cm})/100]^4$
ε_{c2} [3]	‰					2,0					2,2	2,3	2,4	2,5	2,6	2,6	Siehe Bild 3.3 für $f_{ck} = 50$ N/mm² ε_{c2}(‰) $= 2{,}0 + 0{,}085(f_{ck} - 50)^{0,53}$
ε_{cu2} [3]	‰					3,5					3,1	2,9	2,7	2,6	2,6	2,6	Siehe Bild 3.3 für $f_{ck} = 50$ N/mm² ε_{cu2}(‰) $= 2{,}6 + 35[(90 - f_{ck})/100]^4$
n [3]	–					2,0					1,75	1,6	1,45	1,4	1,4	1,4	für $f_{ck} = 50$ N/mm² $n = 1{,}4 + 23{,}4[(90 - f_{ck})/100]^4$
ε_{c3} [3]	‰					1,75					1,8	1,9	2,0	2,2	2,3	2,4	Siehe Bild 3.4 für $f_{ck} = 50$ N/mm² ε_{c3}(‰) $= 1{,}75 + 0{,}55[(f_{ck} - 50)/40]$
ε_{cu3} [3]	‰					3,5					3,1	2,9	2,7	2,6	2,6	2,6	Siehe Bild 3.4 für $f_{ck} = 50$ N/mm² ε_{cu3}(‰) $= 2{,}6 + 35[(90 - f_{ck})/100]^4$

NCI Zu 3.1.3
Eine Spalte für C100/115 in Tabelle 3.1 wird ergänzt.
Die Fußnoten [1] an $f_{ck} = 12$ und [2] an $f_{ck} = 100$ sowie [3] werden ergänzt:
[1] Die Festigkeitsklasse C12/15 darf nur bei vorwiegend ruhenden Einwirkungen verwendet werden.
[2] Die analytischen Beziehungen interpolieren nur bis C90/105. Die Werte für C100/115 wurden unabhängig davon festgelegt.
[3] Die analytischen Beziehungen der letzten 6 Zeilen der Tabelle 3.1 gelten für $f_{ck} > 50$ N/mm².

NCI Zu 3.1.2 (6)

Für hochfeste Betone gilt für alle Zemente $s = 0{,}20$.

(7)P Die Zugfestigkeit bezieht sich auf die höchste Spannung, die bei zentrischer Zugbeanspruchung erreicht wird. Für die Biegezugfestigkeit siehe auch 3.1.8 (1).

(8) Wenn die Zugfestigkeit mittels der Spaltzugfestigkeit $f_{ct,sp}$ bestimmt wird, darf näherungsweise der Wert der einachsigen Zugfestigkeit f_{ct} mit folgender Gleichung ermittelt werden:

$$f_{ct} = 0{,}9\, f_{ct,sp} \quad (3.3)$$

(9) Die zeitabhängige Entwicklung der Zugfestigkeit hängt besonders stark von der Nachbehandlung und den Trocknungsbedingungen sowie der Bauteilgröße ab. Wenn keine genaueren Werte vorliegen, darf die Zugfestigkeit $f_{ctm}(t)$ wie folgt angenommen werden:

$$f_{ctm}(t) = [\beta_{cc}(t)]^\alpha \cdot f_{ctm} \quad (3.4)$$

mit $\beta_{cc}(t)$ aus Gleichung (3.2) und

$\alpha = 1$ für $t < 28$ Tage
$\alpha = 2/3$ für $t \geq 28$ Tage.

Die Werte für f_{ctm} sind in Tabelle 3.1 enthalten.

ANMERKUNG Wenn die zeitabhängige Entwicklung der Zugfestigkeit von Bedeutung ist, wird empfohlen, dass zusätzliche Prüfungen unter Berücksichtigung der Umgebungsbedingungen und der Bauteilgröße durchgeführt werden.

3.1.3 Elastische Verformungseigenschaften

(1) Die elastischen Verformungseigenschaften des Betons hängen in hohem Maße von seiner Zusammensetzung (vor allem von der Gesteinskörnung) ab. Die folgenden Angaben stellen deshalb lediglich Richtwerte dar. Sie sind in der Regel dann gesondert zu ermitteln, wenn das Tragwerk empfindlich auf entsprechende Abweichungen reagiert.

(2) Der Elastizitätsmodul eines Betons hängt von den Elastizitätsmoduln seiner Bestandteile ab. Tabelle 3.1 enthält die Richtwerte für den Elastizitätsmodul E_{cm} (Sekantenwert zwischen $\sigma = 0$ und $0{,}4 f_{cm}$) für Betonsorten mit quarzithaltigen Gesteinskörnungen. Bei Kalkstein- und Sandsteingesteinskörnungen sollten die Werte um 10 % bzw. 30 % reduziert werden. Bei Basaltgesteinskörnungen sollte der Wert um 20 % erhöht werden.

ANMERKUNG Nichtwidersprechende ergänzende Informationen dürfen einem Nationalen Anhang entnommen werden.

(3) Die zeitabhängige Änderung des Elastizitätsmoduls darf mit folgender Gleichung ermittelt werden:

$$E_{cm}(t) = [f_{cm}(t)\, /\, f_{cm}]^{0{,}3} \cdot E_{cm} \quad (3.5)$$

wobei $E_{cm}(t)$ und $f_{cm}(t)$ die Werte im Alter von t Tagen bzw. E_{cm} und f_{cm} die Werte im Alter von 28 Tagen sind. Die Beziehung zwischen $f_{cm}(t)$ und f_{cm} entspricht Gleichung (3.1).

(4) Die *Poisson*sche Zahl (Querdehnzahl) darf für ungerissenen Beton mit 0,2 und für gerissenen Beton zu Null angesetzt werden.

(5) Liegen keine genaueren Informationen vor, darf die lineare Wärmedehnzahl mit $10 \cdot 10^{-6}\ \text{K}^{-1}$ angesetzt werden.

3.1.4 Kriechen und Schwinden

(1)P Kriechen und Schwinden des Betons hängen hauptsächlich von der Umgebungsfeuchte, den Bauteilabmessungen und der Betonzusammensetzung ab. Das Kriechen wird auch vom Grad der Erhärtung des Betons beim erstmaligen Aufbringen der Last sowie von der Dauer und der Größe der Beanspruchung beeinflusst.

(2) Die Kriechzahl $\varphi(t, t_0)$ bezieht sich auf den Tangentenmodul E_c, der mit $1{,}05 E_{cm}$ angenommen werden darf. Wenn keine besondere Genauigkeit erforderlich ist, darf der in Bild 3.1 angegebene Wert als Endkriechzahl angesehen werden, wenn die Betondruckspannung zum Zeitpunkt des Belastungsbeginns $t = t_0$ nicht mehr als $0{,}45\, f_{ck}(t_0)$ beträgt.

ANMERKUNG Weitere Informationen, einschließlich der zeitabhängigen Kriechentwicklung, sind im Anhang B enthalten.

NCI Zu 3.1.4 (2)

ANMERKUNG Die Endkriechzahlen und Schwinddehnungen dürfen als zu erwartende Mittelwerte angesehen werden. Die mittleren Variationskoeffizienten für die Vorhersage der Endkriechzahl und der Schwinddehnung liegen bei etwa 30 %. Für gegenüber Kriechen und Schwinden empfindliche Tragwerke sollte die mögliche Streuung dieser Werte berücksichtigt werden.

(3) Die Kriechverformung von Beton $\varepsilon_{cc}(\infty, t_0)$ im Alter $t = \infty$ bei konstanter Druckspannung σ_c, aufgebracht im Betonalter t_0, darf mit folgender Gleichung berechnet werden:

$$\varepsilon_{cc}(\infty, t_0) = \varphi(\infty, t_0) \cdot (\sigma_c\, /\, E_c) \quad (3.6)$$

(4) Wenn die Betondruckspannung im Alter t_0 den Wert $0{,}45\, f_{ck}(t_0)$ übersteigt, ist in der Regel die Nichtlinearität des Kriechens zu berücksichtigen.

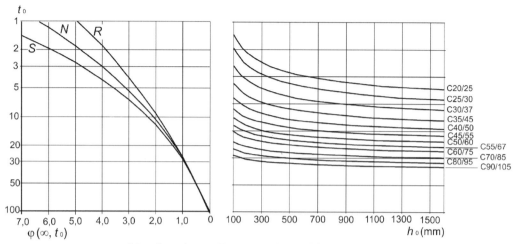

a) trockene Innenräume, relative Luftfeuchte = 50 %

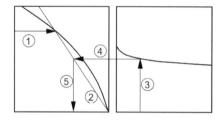

ANMERKUNG
— der Schnittpunkt der Linien 4 und 5 kann auch über dem Punkt 1 liegen
— für $t_0 > 100$ darf $t_0 = 100$ angenommen werden (Tangentenlinie ist zu verwenden)

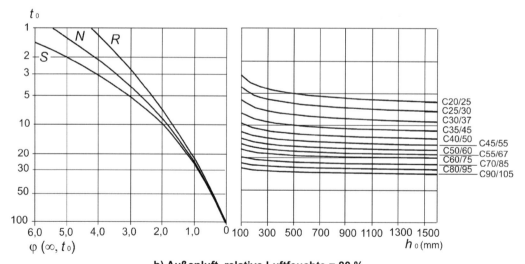

b) Außenluft, relative Luftfeuchte = 80 %

Bild 3.1 – Methode zur Bestimmung der Kriechzahl $\varphi(\infty, t_0)$ für Beton bei normalen Umgebungsbedingungen

Diese hohen Spannungen können durch Vorspannung mit sofortigem Verbund entstehen, z. B. bei Fertigteilen im Bereich der Spannglieder. In diesen Fällen darf die nichtlineare rechnerische Kriechzahl wie folgt ermittelt werden:

$$\text{\footnotesize[AC]}\ \varphi_{nl}(\infty, t_0) = \varphi(\infty, t_0) \cdot e^{1,5(k_\sigma - 0,45)}\ \text{\footnotesize[AC]} \quad (3.7)$$

Dabei ist

$\varphi_{nl}(\infty, t_0)$ die nichtlineare rechnerische Kriechzahl, die $\varphi(\infty, t_0)$ ersetzt;

[AC] k_σ das Spannungs-Festigkeitsverhältnis $\sigma_c/f_{ck}(t_0)$, wobei σ_c die Druckspannung ist und $\sigma_c/f_{ck}(t_0)$ der charakteristische Wert der Betondruckfestigkeit zum Zeitpunkt der Belastung. [AC]

(5) Die in Bild 3.1 angegebenen Werte gelten für mittlere relative Luftfeuchten zwischen 40 % und 100 % und für Umgebungstemperaturen zwischen –40 °C und +40 °C.

Folgende Formelzeichen werden verwendet:

$\varphi(\infty, t_0)$ Endkriechzahl;
t_0 Alter des Betons bei der ersten Lastbeanspruchung in Tagen;
h_0 wirksame Querschnittsdicke mit $h_0 = 2A_c/u$, wobei A_c die Betonquerschnittsfläche und u die Umfangslänge der dem Trocknen ausgesetzten Querschnittsflächen sind;
S Zement der Klasse S nach 3.1.2 (6);
N Zement der Klasse N nach 3.1.2 (6);
R Zement der Klasse R nach 3.1.2 (6).

NCI Zu 3.1.4 (5)

ANMERKUNG u – bei Hohlkästen einschließlich 50 % des inneren Umfangs.

(6) Die Gesamtschwinddehnung setzt sich aus zwei Komponenten zusammen: der Trocknungsschwinddehnung und der autogenen Schwinddehnung. Die Trocknungsschwinddehnung bildet sich langsam aus, da sie eine Funktion der Wassermigration durch den erhärteten Beton ist. Die autogene Schwinddehnung bildet sich bei der Betonerhärtung aus: Der Hauptanteil bildet sich bereits in den ersten Tagen nach dem Betonieren aus. Das autogene Schwinden ist eine lineare Funktion der Betonfestigkeit. Es sollte insbesondere dort berücksichtigt werden, wo Frischbeton auf bereits erhärteten Beton aufgebracht wird. Somit ergibt sich die Gesamtschwinddehnung ε_{cs} aus

$$\varepsilon_{cs} = \varepsilon_{cd} + \varepsilon_{ca} \quad (3.8)$$

Dabei ist

ε_{cs} die Gesamtschwinddehnung;
ε_{cd} die Trocknungsschwinddehnung des Betons;
ε_{ca} die autogene Schwinddehnung.

Der Endwert der Trocknungsschwinddehnung beträgt $\varepsilon_{cd,\infty} = k_h \cdot \varepsilon_{cd,0}$.

Der Grundwert $\varepsilon_{cd,0}$ darf Tabelle 3.2 entnommen werden (erwartete Mittelwerte mit einem Variationskoeffizienten von ca. 30 %).

ANMERKUNG Die Gleichung für $\varepsilon_{cd,0}$ ist im Anhang B angegeben.

Tabelle 3.2 – Grundwerte für die unbehinderte Trocknungsschwinddehnung $\varepsilon_{cd,0}$ (in ‰) für Beton mit Zement CEM Klasse N

$f_{ck}/f_{ck,cube}$	Relative Luftfeuchte (in %)					
(N/mm²)	20	40	60	80	90	100
20/25	0,62	0,58	0,49	0,30	0,17	0,00
40/50	0,48	0,46	0,38	0,24	0,13	0,00
60/75	0,38	0,36	0,30	0,19	0,10	0,00
80/95	0,30	0,28	0,24	0,15	0,08	0,00
90/105	0,27	0,25	0,21	0,13	0,07	0,00

NCI Zu 3.1.4 (6)

ANMERKUNG zu Tabelle 3.2:

Weitere Grundwerte für die unbehinderte Trocknungsschwinddehnung $\varepsilon_{cd,0}$ sind für die Zementklassen S, N, R und die Luftfeuchten RH = 40 % bis RH = 90 % im Anhang B als Tabellen NA.B.1 bis NA.B.3 ergänzt.

Die zeitabhängige Entwicklung der Trocknungsschwinddehnung folgt aus:

$$\varepsilon_{cd}(t) = \beta_{ds}(t, t_s) \cdot k_h \cdot \varepsilon_{cd,0} \quad (3.9)$$

Dabei ist

k_h ein von der wirksamen Querschnittsdicke h_0 abhängiger Koeffizient gemäß Tabelle 3.3.

Tabelle 3.3 – k_h-Werte in Gleichung (3.9)

h_0 [mm]	k_h
100	1,0
200	0,85
300	0,75
≥ 500	0,70

$$\beta_{ds}(t, t_s) = \frac{(t - t_s)}{(t - t_s) + 0,04\sqrt{h_0^3}} \quad (3.10)$$

Dabei ist

- t das Alter des Betons in Tagen zum betrachteten Zeitpunkt;
- t_s das Alter des Betons in Tagen zu Beginn des Trocknungsschwindens (oder des Quellens). Normalerweise das Alter am Ende der Nachbehandlung;
- h_0 die wirksame Querschnittsdicke (mm) $h_0 = 2A_c/u$
  Dabei ist
  - A_c die Betonquerschnittsfläche;
  - u die Umfangslänge der dem Trocknen ausgesetzten Querschnittsflächen.

Die autogene Schwinddehnung folgt aus:

$$\varepsilon_{ca}(t) = \beta_{as}(t)\, \varepsilon_{ca}(\infty) \quad (3.11)$$

Dabei ist

$$\varepsilon_{ca}(\infty) = 2{,}5\,(f_{ck} - 10)\,10^{-6} \quad (3.12)$$

und

$$\beta_{as}(t) = 1 - e^{-0{,}2\,\cdot\,\sqrt{t}} \quad (3.13)$$

mit t in Tagen.

3.1.5 Spannungs-Dehnungs-Linie für nichtlineare Verfahren der Schnittgrößenermittlung und für Verformungsberechnungen

(1) Der in Bild 3.2 dargestellte Zusammenhang zwischen σ_c und ε_c für eine kurzzeitig wirkende, einaxiale Druckbeanspruchung wird durch Gleichung (3.14) beschrieben:

$$\frac{\sigma_c}{f_{cm}} = \frac{k\eta - \eta^2}{1 + (k-2)\eta} \quad (3.14)$$

Dabei ist

- $\eta = \varepsilon_c/\varepsilon_{c1}$
- ε_{c1} die Stauchung beim Höchstwert der Betondruckspannung gemäß Tabelle 3.1
- $k = 1{,}05\, E_{cm} \cdot |\varepsilon_{c1}| / f_{cm}$ (f_{cm} nach Tabelle 3.1).

Die Gleichung (3.14) gilt für $0 < |\varepsilon_c| < |\varepsilon_{cu1}|$, wobei ε_{cu1} die rechnerische Bruchdehnung ist.

NCI Zu 3.1.5 (1)

Für Rotationsnachweise nach 5.6.3, für das Allgemeine Verfahren Theorie II. Ordnung nach 5.8.6 oder für nichtlineare Verfahren nach 5.7, sind für f_{cm} die dort angegebenen Werte zu verwenden.

(2) Andere idealisierte Spannungs-Dehnungs-Linien dürfen verwendet werden, wenn sie das Verhalten des untersuchten Betons angemessen wiedergeben.

NCI Zu 3.1.5 (2)

D. h. sie müssen dem in Absatz (1) beschriebenen Ansatz gleichwertig sein.

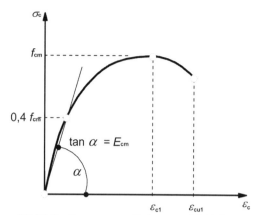

Bild 3.2 – Spannungs-Dehnungs-Linie für die Schnittgrößenermittlung mit nichtlinearen Verfahren und für Verformungsberechnungen

3.1.6 Bemessungswert der Betondruck- und Betonzugfestigkeit

(1)P Der Bemessungswert der Betondruckfestigkeit wird definiert als

$$f_{cd} = \alpha_{cc} \cdot f_{ck} / \gamma_C \quad (3.15)$$

Dabei ist

- γ_C der Teilsicherheitsbeiwert für Beton, siehe 2.4.2.4;
- α_{cc} der Beiwert zur Berücksichtigung von Langzeitauswirkungen auf die Betondruckfestigkeit und von ungünstigen Auswirkungen durch die Art der Beanspruchung.

ANMERKUNG Der jeweilige landesspezifische Wert α_{cc} sollte zwischen 0,8 und 1,0 liegen. Dieser darf einem Nationalen Anhang entnommen werden. Der empfohlene Wert ist 1,0.

NDP Zu 3.1.6 (1)P

$\alpha_{cc} = 0{,}85$

In begründeten Fällen (z. B. Kurzzeitbelastung) dürfen auch höhere Werte für α_{cc} mit $\alpha_{cc} \leq 1$ angesetzt werden.

(2)P Der Bemessungswert der Betonzugfestigkeit f_{ctd} wird definiert als

$$f_{ctd} = \alpha_{ct} \cdot f_{ctk;0{,}05} / \gamma_C \quad (3.16)$$

Dabei ist

- γ_C der Teilsicherheitsbeiwert für Beton, siehe 2.4.2.4;
- α_{ct} der Beiwert zur Berücksichtigung von Langzeitauswirkungen auf die Betonzugfestigkeit und von ungünstigen Auswirkungen durch die Art der Beanspruchung.

ANMERKUNG Der landesspezifische Wert α_{ct} darf einem Nationalen Anhang entnommen werden. Der empfohlene Wert ist 1,0.

NDP Zu 3.1.6 (2)P

$\alpha_{ct} = 0{,}85$
$\alpha_{ct} = 1{,}00$ bei Ermittlung der Verbundspannungen f_{bd} nach 8.4.2 (2)

3.1.7 Spannungs-Dehnungs-Linie für die Querschnittsbemessung

(1) Für die Querschnittsbemessung darf die in Bild 3.3 dargestellte Spannungs-Dehnungs-Linie verwendet werden (Stauchungen positiv):

$$\sigma_c = f_{cd}\left[1-\left(1-\frac{\varepsilon_c}{\varepsilon_{c2}}\right)^n\right] \quad \text{für } 0 \leq \varepsilon_c \leq \varepsilon_{c2} \quad (3.17)$$

$$\sigma_c = f_{cd} \quad \text{für } \varepsilon_{c2} \leq \varepsilon_c \leq \varepsilon_{cu2} \quad (3.18)$$

Dabei ist

n der Exponent gemäß Tabelle 3.1;
ε_{c2} die Dehnung beim Erreichen der Maximalfestigkeit gemäß Tabelle 3.1;
ε_{cu2} die Bruchdehnung gemäß Tabelle 3.1.

(2) Andere vereinfachte Spannungs-Dehnungs-Linien dürfen auch verwendet werden, wenn sie gleichwertig oder konservativer als die in Absatz (1) definierte sind. Ein Beispiel hierfür ist die in Bild 3.4 dargestellte bilineare Spannungs-Dehnungs-Linie mit ε_{c3} und ε_{cu3} nach Tabelle 3.1 (Druckspannung und Stauchung sind positiv dargestellt).

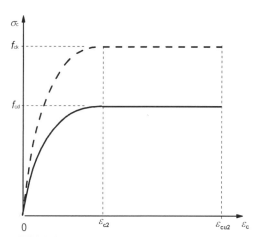

Bild 3.3 – Parabel-Rechteck-Diagramm für Beton unter Druck

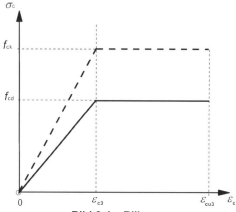

Bild 3.4 – Bilineare Spannungs-Dehnungs-Linie

(3) Ein Spannungsblock wie in Bild 3.5 darf angesetzt werden. Der Beiwert λ zur Bestimmung der effektiven Druckzonenhöhe und der Beiwert η zur Bestimmung der effektiven Festigkeit folgen aus:

$\lambda = 0{,}8$ für $f_{ck} \leq 50$ N/mm² (3.19)
$\lambda = 0{,}8 - (f_{ck}-50)/400$
für $50 < f_{ck} \leq 90$ N/mm² (3.20)

und

$\eta = 1{,}0$ für $f_{ck} \leq 50$ N/mm² (3.21)
$\eta = 1{,}0 - (f_{ck}-50)/200$
für $50 < f_{ck} \leq 90$ N/mm² (3.22)

ANMERKUNG Sofern die Breite der Druckzone zum gedrückten Querschnittsrand hin abnimmt, sollte der Wert $\eta \cdot f_{cd}$ um 10 % abgemindert werden.

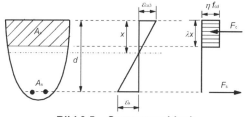

Bild 3.5 – Spannungsblock

NCI Zu 3.1.7 (3)

Die Gleichungen (3.20) und (3.22) dürfen auch bis $f_{ck} \leq 100$ N/mm² verwendet werden.

3.1.8 Biegezugfestigkeit

(1) Die mittlere Biegezugfestigkeit bewehrter Betonbauteile hängt vom Mittelwert der zentrischen Zugfestigkeit und der Querschnittshöhe ab.

Die folgende Beziehung darf verwendet werden:

$$f_{ctm,fl} = (1{,}6 - h/1000) \cdot f_{ctm} \geq f_{ctm} \quad (3.23)$$

Dabei ist

h die Gesamthöhe des Bauteils in mm;
f_{ctm} der Mittelwert der zentrischen Betonzugfestigkeit gemäß Tabelle 3.1.

Die Beziehung nach Gleichung (3.23) gilt auch für charakteristische Zugfestigkeiten.

3.1.9 Beton unter mehraxialer Druckbeanspruchung

(1) Eine mehraxiale Druckbeanspruchung des Betons führt zu einer Modifizierung der effektiven Spannungs-Dehnungs-Linie: Es werden höhere Festigkeiten und höhere kritische Dehnungen erreicht. Andere grundlegende Baustoffeigenschaften dürfen für die Bemessung als unbeeinflusst betrachtet werden.

(2) Fehlen genauere Angaben, darf die in Bild 3.6 dargestellte Spannungs-Dehnungs-Linie (Stauchungen positiv) mit folgenden erhöhten charakteristischen Festigkeiten und Dehnungen verwendet werden:

$$f_{ck,c} = f_{ck} \cdot (1{,}000 + 5{,}0\ \sigma_2/f_{ck})$$
$$\text{für } \sigma_2 \leq 0{,}05\ f_{ck} \quad (3.24)$$
$$f_{ck,c} = f_{ck} \cdot (1{,}125 + 2{,}50\ \sigma_2/f_{ck})$$
$$\text{für } \sigma_2 > 0{,}05\ f_{ck} \quad (3.25)$$
$$\varepsilon_{c2,c} = \varepsilon_{c2} \cdot (f_{ck,c}/f_{ck})^2 \quad (3.26)$$
$$\varepsilon_{cu2,c} = \varepsilon_{cu2} + 0{,}2 \cdot \sigma_2/f_{ck} \quad (3.27)$$

wobei σ_2 ($=\sigma_3$) die effektive Querdruckspannung im GZT infolge einer Querdehnungsbehinderung ist und ε_{c2} und ε_{cu2} aus Tabelle 3.1 zu entnehmen sind. Die Querdehnungsbehinderung kann durch entsprechende geschlossene Bügel oder durch Querbewehrung erzeugt werden, die die Streckgrenze infolge der Querdehnung des Betons [AC⟩ erreichen können ⟨AC].

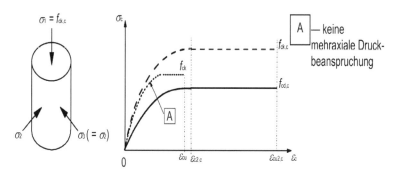

Bild 3.6 – Spannungs-Dehnungs-Linie für Beton unter mehraxialen Druckbeanspruchungen

3.2 Betonstahl

3.2.1 Allgemeines

(1)P Die folgenden Abschnitte enthalten Prinzipien und Anwendungsregeln für Betonstabstahl, Betonstahl vom Ring, Betonstahlmatten und Gitterträger. Sie gelten nicht für speziell beschichtete Stäbe.

NCI Zu 3.2.1 (1)P

Dieser Abschnitt gilt für Betonstahlprodukte im Lieferzustand nach den Normen der Reihe DIN 488 oder nach allgemeinen bauaufsichtlichen Zulassungen. Für Betonstahl, der in Ringen produziert wurde, gelten die Anforderungen für den Zustand nach dem Richten.

(2)P Die Anforderungen an die Materialeigenschaften gelten für die im erhärteten Beton liegende Bewehrung. Wenn durch die Art der Bauausführung die Eigenschaften der Bewehrung beeinträchtigt werden können, müssen diese nachgeprüft werden.

(3)P Bei der Verwendung anderer Betonstähle, die nicht EN 10080 erfüllen, muss nachgewiesen werden, dass die Eigenschaften den Abschnitten 3.2.2 bis 3.2.6 und Anhang C genügen.

NCI Zu 3.2.1 (3)P

Der Absatz wird ersetzt durch: Bei der Verwendung anderer Betonstähle, die nicht den Normen der Reihe DIN 488 entsprechen, sind Zulassungen erforderlich.

(4)P Die erforderlichen Eigenschaften der Betonstähle müssen gemäß der Prüfverfahren in EN 10080 nachgewiesen werden.

ANMERKUNG EN 10080 verweist auf eine Streckgrenze R_e, die sich auf die charakteristischen, minimalen und maximalen Werte bezieht, die auf Grundlage der ständigen Produktionsqualität ermittelt werden. Dagegen stellt f_{yk} die charakteristische Streckgrenze der Bewehrung eines bestimmten Tragwerks dar. Es besteht keine direkte Beziehung zwischen f_{yk} und der charakteristischen Streckgrenze R_e. Die in EN 10080 behandelten Bewertungs- und Nachweisverfahren der Streckgrenze bieten dennoch ausreichende Prüfungsmöglichkeiten, um f_{yk} zu ermitteln.

NCI Zu 3.2.1 (4)P

Betonstähle nach allgemeiner bauaufsichtlicher Zulassung dürfen für Betone ab C70/85 nur verwendet werden, sofern dies in der Zulassung geregelt ist.

ANMERKUNG Die Streckgrenze f_{yk} (R_e nach den Normen der Reihe DIN 488) und die Zugfestigkeit f_{tk} (R_m nach den Normen der Reihe DIN 488) werden jeweils als charakteristische Werte definiert; sie ergeben sich aus der Last bei Erreichen der Streckgrenze bzw. der Höchstlast, geteilt durch den Nennquerschnitt.

(5) Die Anwendungsregeln für Gitterträger (Definition in EN 10080) gelten nur für solche mit gerippten Stäben. Gitterträger mit anderen Bewehrungsarten können in einer entsprechenden Europäischen Technischen Zulassung geregelt sein.

NCI Zu 3.2.1 (5)

ANMERKUNG Für die Verwendung von Gitterträgern sind die jeweiligen allgemeinen bauaufsichtlichen Zulassungen zu beachten.

3.2.2 Eigenschaften

(1)P Das Verhalten von Betonstählen wird durch die nachfolgenden Eigenschaften festgelegt:
- Streckgrenze (f_{yk} oder $f_{0,2k}$),
- maximale tatsächliche Streckgrenze ($f_{y,max}$),
- Zugfestigkeit (f_t),
- Duktilität (ε_{uk} und ($f_t / f_y)_k$),
- Biegbarkeit,
- Verbundeigenschaften (f_R: siehe auch Anhang C),
- Querschnittsgrößen und Toleranzen,
- Ermüdungsfestigkeit,
- Schweißeignung,
- Scher- und Schweißfestigkeit für geschweißte Matten und Gitterträger.

NCI Zu 3.2.2 (1)P

Sofern relevant, gelten die Eigenschaften der Betonstähle gleichermaßen für Zug- und Druckbeanspruchung. Für Stähle mit Eigenschaften, die von den Normen der Reihe DIN 488 abweichen, können andere als die in dieser Norm angegebenen Festlegungen und konstruktiven Regeln notwendig sein. Für Betonstähle nach Zulassungen sind die Duktilitätsmerkmale (normalduktil oder hochduktil) darin geregelt. Falls dort keine entsprechenden Festlegungen getroffen sind, sind die Betonstähle als normalduktil (A) einzustufen.

Soweit in den Normen der Reihe DIN 488 oder in den Zulassungen nicht abweichend festgelegt, darf für die Bemessung die Wärmedehnzahl mit $\alpha = 10 \cdot 10^{-6}\ K^{-1}$ angenommen werden.

(2)P Dieser Eurocode gilt für gerippten und schweißbaren Betonstahl, einschließlich Matten. Die zulässigen Schweißverfahren sind in Tabelle 3.4 aufgeführt.

ANMERKUNG 1 Die erforderlichen Eigenschaften des in diesem Eurocode zu verwendenden Betonstahls sind im Anhang C enthalten.

ANMERKUNG 2 Die Eigenschaften und Regeln, die bei der Verwendung von profilierten Stäben in Fertigteilen zur Anwendung kommen, dürfen den maßgebenden Produktnormen entnommen werden.

NCI Zu 3.2.2 (2)P

ANMERKUNG 1 gilt in Deutschland nicht.
Zu ANMERKUNG 2 wird ergänzt: Maßgebend sind Produktnormen für Betonstahl und Betonfertigteile.

(3)P Die Anwendungsregeln für die Bemessung und die bauliche Durchbildung in diesem Eurocode gelten für Betonstähle mit Streckgrenzen f_{yk} von 400 bis 600 N/mm².

ANMERKUNG Der landesspezifische obere Grenzwert von f_{yk} in diesem Bereich darf dem Nationalen Anhang entnommen werden.

NDP Zu 3.2.2 (3)P

Die Anwendungsregeln in diesem Eurocode gelten für Betonstähle mit der Streckgrenze $f_{yk} = 500$ N/mm².

(4)P Die Oberflächen gerippter Betonstähle müssen so beschaffen sein, dass ein ausreichender Verbund mit dem Beton sichergestellt ist.

(5) Ausreichender Verbund darf bei Einhaltung der geforderten, bezogenen Rippenfläche f_R angenommen werden.

ANMERKUNG Die Mindestwerte für die bezogene Rippenfläche f_R sind im Anhang C enthalten.

NCI Zu 3.2.2 (5)

Anmerkung wird ersetzt:

ANMERKUNG Die entsprechenden Quantilwerte für die bezogene Rippenfläche f_R sind den Normen der Reihe DIN 488 oder den allgemeinen bauaufsichtlichen Zulassungen zu entnehmen.

(6)P Die Bewehrung muss über ausreichende Biegbarkeit verfügen, um die Verwendung der in Tabelle 8.1 angegebenen kleinsten Biegerollendurchmesser und das Zurückbiegen zu ermöglichen.

ANMERKUNG Weitere Informationen zu Anforderungen bezüglich Hin- und Zurückbiegen sind im Anhang C enthalten.

NCI Zu 3.2.2 (6)P

Anmerkung wird ersetzt:

ANMERKUNG Die Normen der Reihe DIN 488 enthalten die Anforderungen an die Biegefähigkeit von Betonstahlerzeugnissen.

3.2.3 Festigkeiten

(1)P Die Streckgrenze f_{yk} (bzw. die 0,2 %-Dehngrenze $f_{0,2k}$) und die Zugfestigkeit f_{tk} werden jeweils als charakteristische Werte definiert; sie ergeben sich aus der Last bei Erreichen der Streckgrenze bzw. der Höchstlast, geteilt durch den Nennquerschnitt.

3.2.4 Duktilitätsmerkmale

(1)P Die Bewehrung muss angemessene Duktilität aufweisen. Diese wird durch das Verhältnis der Zugfestigkeit zur Streckgrenze, $(f_t/f_y)_k$ und der Dehnung bei Höchstlast, ε_{uk} definiert.

NCI Zu 3.2.4 (1)P

Die Duktilität wird ggf. auch durch das Verhältnis der im Zugversuch ermittelten Streckgrenze zum Nennwert der Streckgrenze $f_{y,ist}/f_{yk}$ definiert (siehe DIN 488-1).

(2) Bild 3.7 zeigt die Spannungs-Dehnungs-Linie für typischen warmgewalzten und kaltverformten Stahl.

ANMERKUNG ⒶⒸ Die Werte für $k = (f_t/f_y)_k$ und ⒶⒸ ε_{uk} für die Klassen A, B und C sind im Anhang C enthalten.

NCI zu 3.2.4 (2)

ANMERKUNG wird ersetzt:

ANMERKUNG Die Werte für $k = (f_t/f_y)_k$, ε_{uk} und ggf. $f_{y,ist}/f_{yk}$ für die Duktilitätsklassen A und B sind in DIN 488 angegeben. Betonstähle der Duktilitätsklasse C werden durch allgemeine bauaufsichtliche Zulassungen geregelt.

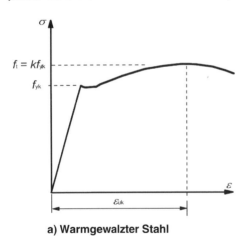

a) Warmgewalzter Stahl

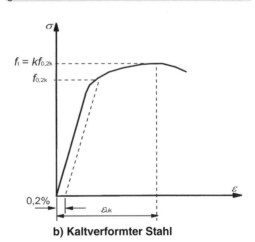

b) Kaltverformter Stahl

Bild 3.7 – Spannungs-Dehnungs-Diagramm für typischen Betonstahl (Zugspannungen und Dehnungen positiv)

3.2.5 Schweißen

(1)P Schweißverfahren für Bewehrungsstäbe müssen mit Tabelle 3.4 übereinstimmen. Die Schweißeignung muss EN 10080 entsprechen.

NCI Zu 3.2.5 (1)P

Betonstähle müssen eine Schweißeignung aufweisen, die für die vorgesehene Verbindung und die in Tabelle 3.4 genannten Schweißverfahren ausreicht.

Tabelle 3.4 – Zulässige Schweißverfahren und Anwendungsbeispiele

Belastungsart	Schweißverfahren	Zugstäbe[1]	Druckstäbe[1]
Vorwiegend ruhend (siehe auch 6.8.1 (2))	Abbrennstumpfschweißen	Stumpfstoß	Stumpfstoß
	Lichtbogenhandschweißen und Metall-Lichtbogenschweißen	Stumpfstoß mit $\emptyset \geq 20$ mm, Laschenstoß, Überlappstoß, Kreuzungsstoß[3], Verbindung mit anderen Stahlteilen	
	Metall-Aktivgasschweißen [AC)gestrichener Text(AC]	Laschenstoß, Überlappstoß, Kreuzungsstoß[3], Verbindung mit anderen Stahlteilen	
		–	Stumpfstoß mit $\emptyset \geq 20$ mm
	Reibschweißen	Stumpfstoß, Verbindung mit anderen Stahlteilen	
	Widerstandspunktschweißen	Überlappstoß[4], Kreuzungsstoß[2), 4]	
Nicht vorwiegend ruhend (siehe auch 6.8.1 (2))	Abbrennstumpfschweißen	Stumpfstoß	Stumpfstoß
	Lichtbogenhandschweißen	–	Stumpfstoß mit $\emptyset \geq 14$ mm
	Metall-Aktivgas schweißen [AC)gestrichener Text(AC]	–	Stumpfstoß mit $\emptyset \geq 14$ mm
	Widerstandspunktschweißen	Überlappstoß[4], Kreuzungsstoß[2), 4]	

ANMERKUNGEN
[1] Es dürfen nur Stäbe mit näherungsweise gleichem Nenndurchmesser zusammengeschweißt werden.
[2] Zulässiges Verhältnis der Stabnenndurchmesser sich kreuzender Stäbe $\geq 0{,}57$
[3] Für tragende Verbindungen $\emptyset \leq 16$ mm
[4] Für tragende Verbindungen $\emptyset \leq 28$ mm

NCI Zu 3.2.5 (1)P, Tabelle 3.4

Das Widerstandspunktschweißen ist bei nicht vorwiegend ruhenden Einwirkungen nicht zugelassen. Zu beachten ist DIN EN ISO 17660-1.

Es gelten folgende Kurzbezeichnungen und Ordnungsnummern der Schweißverfahren nach DIN EN ISO 4063:

Tabelle NA.3.4.1 – Kurzbezeichnungen und Ordnungsnummern der Schweißverfahren nach DIN EN ISO 4063

Schweiß-verfahren	Kurz-bezeichnung	Ordnungs-nummer
Abbrennstumpf-schweißen	RA	24
Lichtbogenhand-schweißen	E	111
Metall-Lichtbogen-schweißen	MF	114
Metall-Aktivgas-schweißen	MAG	135 136
Reibschweißen	FR	42
Widerstandspunkt-schweißen	RP	21

Ergänzung zu Fußnote [1]:
Als näherungsweise gleich gelten benachbarte Stabdurchmesser, die sich nur durch eine Durchmessergröße unterscheiden.

(2)P Alle Schweißarbeiten an Bewehrungsstäben müssen [AC] gemäß EN ISO 17660 (AC] durchgeführt werden.

(3)P Die Festigkeit der Schweißverbindungen innerhalb der Verankerungslänge von Betonstahlmatten muss zur Aufnahme der Bemessungskräfte ausreichen.

(4) Es darf von einer ausreichenden Festigkeit der Schweißverbindung der Betonstahlmatten ausgegangen werden, wenn jede Schweißverbindung einer Scherkraft widerstehen kann, die mindestens 25 % der geforderten charakteristischen Streckgrenze multipliziert mit dem Nennquerschnitt entspricht. Bei zwei unterschiedlichen Stabdurchmessern ist dabei in der Regel der Nennquerschnitt des dickeren Stabes zu verwenden.

3.2.6 Ermüdung

(1)P Wo eine Ermüdungsfestigkeit gefordert wird, ist diese gemäß EN 10080 nachzuweisen.

ANMERKUNG Weitere Informationen hierzu finden sich im Anhang C.

NCI Zu 3.2.6 (1)P

Die Kennwerte der Ermüdungsfestigkeit für Betonstahlprodukte können DIN 488-1 oder einer allgemeinen bauaufsichtlichen Zulassung entnommen werden.

3.2.7 Spannungs-Dehnungs-Linie für die Querschnittsbemessung

(1) Die Bemessung darf auf Grundlage der Nennquerschnittsfläche der Bewehrung und mit den Bemessungswerten, die aus den charakteristischen Werten nach 3.2.2 abgeleitet werden, durchgeführt werden.

(2) Bei der üblichen Bemessung darf eine der folgenden Annahmen getroffen werden (siehe Bild 3.8):
a) ein ansteigender oberer Ast mit einer Dehnungsgrenze ε_{ud} und einer Maximalspannung von ⌈AC⟩ $k \cdot f_{yk} / \gamma_s$ ⌈AC⌋ bei ε_{uk}, wobei $k = (f_t / f_y)_k$ ist.
b) ein horizontaler oberer Ast, bei dem die Dehnungsgrenze nicht geprüft werden muss.

ANMERKUNG 1 Der landesspezifische Wert ε_{ud} darf einem Nationalen Anhang entnommen werden. Der empfohlene Wert ist $0{,}9\varepsilon_{uk}$.

ANMERKUNG 2 Der Wert für $(f_t / f_y)_k$ ist im Anhang C enthalten.

NDP Zu 3.2.7 (2)

Der Absatz a) wird ersetzt durch

a) ein ansteigender oberer Ast mit einer Dehnungsbegrenzung $\varepsilon_{ud} = 0{,}025$.

Für B500A und B500B darf für $f_{tk,cal} = 525$ N/mm² (rechnerische Zugfestigkeit bei $\varepsilon_{ud} = 0{,}025$) angenommen werden.

NCI zu 3.2.7 (2)

Anmerkung 2 wird ersetzt:
ANMERKUNG 2 Der Mindestwert für $(f_t / f_y)_k$ ist in DIN 488-1 enthalten.

(3) Für die Dichte darf ein Mittelwert von 7850 kg/m³ angesetzt werden.

(4) Der Bemessungswert des Elastizitätsmoduls E_s darf mit 200 000 N/mm² angesetzt werden.

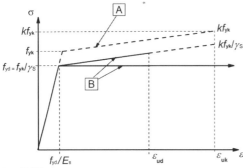

$k = (f_t/f_y)_k$

A Idealisiert   B Bemessung

Bild 3.8 – Rechnerische Spannungs-Dehnungs-Linie des Betonstahls für die Bemessung (für Zug und Druck)

NCI Zu 3.2.7

(NA.5) Bei nichtlinearen Verfahren der Schnittgrößenermittlung ist in der Regel eine wirklichkeitsnahe Spannungs-Dehnungs-Linie nach Bild NA.3.8.1 mit $\varepsilon_s \leq \varepsilon_{uk}$ anzusetzen.

Vereinfachend darf auch ein bilinear idealisierter Verlauf der Spannungs-Dehnungs-Linie (siehe Bild NA.3.8.1) angenommen werden. Dabei darf für f_y der Rechenwert f_{yR} nach den NCI zu 5.7 (NA.10) angenommen werden.

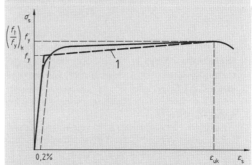

Legende

1 idealisierter Verlauf

Bild NA.3.8.1 – Spannungs-Dehnungs-Linie des Betonstahls für die Schnittgrößenermittlung

3.3 Spannstahl

3.3.1 Allgemeines

(1)P Dieser Abschnitt gilt für Drähte, Stäbe und Litzen, die als Spannstahl in Betontragwerken verwendet werden.

NCI Zu 3.3.1 (1)P

Für die Spannstähle, das Herstellungsverfahren, die Eigenschaften, die Prüfverfahren und das Verfahren zum Übereinstimmungsnachweis gelten bis zur bauaufsichtlichen Einführung von DIN EN 10138 die Festlegungen der allgemeinen bauaufsichtlichen Zulassungen.

(2)P Der Spannstahl muss über eine ausreichend hohe Widerstandsfähigkeit gegen Spannungsrisskorrosion verfügen.

(3) Es darf von einer ausreichend hohen Widerstandsfähigkeit gegen Spannungsrisskorrosion ausgegangen werden, wenn der Spannstahl entweder den in EN 10138 festgelegten Kriterien oder denen einer entsprechenden Europäischen Technischen Zulassung entspricht.

NCI Zu 3.3.1 (3)

Es gelten die Festlegungen der Zulassungen.

(4) Die Anforderungen an die Eigenschaften des Spannstahls gelten für den im erhärteten Beton eingebauten Zustand. Die Anforderungen dieses Eurocodes dürfen als erfüllt angesehen werden, wenn Produktion, Prüfung und Konformitätsbescheinigung des Spannstahls gemäß EN 10138 oder einer entsprechenden Europäischen Technischen Zulassung erfolgen.

NCI Zu 3.3.1 (4)
Die Anforderungen gelten für das Erzeugnis im Lieferzustand. Es gelten die Festlegungen der Zulassungen.

(5)P Für Spannstähle nach diesem Eurocode werden die Zugfestigkeit, die 0,1 %-Dehngrenze und die Dehnung bei Erreichen der Höchstlast als charakteristische Werte angegeben; die einzelnen Werte werden mit f_{pk}, $f_{p0,1k}$ und ε_{uk} bezeichnet.

ANMERKUNG EN 10138 bezieht sich auf charakteristische, minimale und maximale Werte, die auf Grundlage der ständigen Produktionsqualität ermittelt werden. Dagegen stellen $f_{p0,1k}$ und f_{pk} nur die charakteristische Dehngrenze und Zugfestigkeit des Spannstahls dar, die für ein Tragwerk erforderlich sind. Zwischen den beiden Wertereihen besteht keine direkte Beziehung. Allerdings bieten die charakteristischen Werte für die 0,1%-Prüfkraft $F_{p0,1k}$ geteilt durch die Querschnittsfläche S_n nach EN 10138 zusammen mit den Bewertungs- und Nachweisverfahren ausreichend Prüfmöglichkeiten, um den Wert von $f_{p0,1k}$ zu ermitteln.

(6) Bei Verwendung anderer Stähle, die nicht EN 10138 erfüllen, können die Eigenschaften in einer entsprechenden Europäischen Technischen Zulassung geregelt werden.

(7)P Jedes Produkt muss hinsichtlich des Klassifizierungssystems nach 3.3.2 (2)P eindeutig identifizierbar sein.

(8)P Das Relaxationsverhalten des Spannstahls muss gemäß 3.3.2 (4)P oder in einer entsprechenden Europäischen Technischen Zulassung klassifiziert sein.

(9)P Jeder Lieferung muss eine Bescheinigung beigefügt sein, die alle für die eindeutige Bestimmung der Merkmale nach (i) - (iv) in 3.3.2 (2)P notwendigen und erforderlichenfalls weitere Angaben enthält.

(10)P Drähte und Stäbe dürfen keine Schweißstellen aufweisen. Bei Litzen dürfen Einzeldrähte vor dem Kaltziehen geschweißt werden. Die Schweißstellen müssen entlang der Litze versetzt sein.

(11)P Bei Spannstahl vom Ring muss nach dem Abwickeln einer Draht- bzw. Litzenlänge der größte Stich der Krümmung der EN 10138 oder einer entsprechenden Europäischen Technischen Zulassung entsprechen.

3.3.2 Eigenschaften

(1)P Die Eigenschaften von Spannstahl sind in EN 10138, Teile 2 bis 4 oder in Europäischen Technischen Zulassungen enthalten.

(2)P Die Spannstähle (Drähte, Litzen und Stäbe) sind einzuteilen nach:

i Festigkeit, unter Angabe der Werte für die 0,1%-Dehngrenze ($f_{p0,1k}$) und das Verhältnis Zugfestigkeit zu Streckgrenze ($f_{pk}/f_{p0,1k}$) sowie die Dehnung bei Höchstlast (ε_{uk}),
ii Klasse zur Beschreibung des Relaxationsverhaltens,
iii Maße,
iv Oberflächeneigenschaften.

(3)P Der Unterschied zwischen der tatsächlichen Masse des Spannstahls und seiner Nennmasse darf nicht größer sein als die in EN 10138 oder die in der entsprechenden Europäischen Technischen Zulassung angegebenen Grenzwerte.

(4)P In diesem Eurocode werden drei Relaxationsklassen definiert:

– Klasse 1: Drähte oder Litzen – normale Relaxation
– Klasse 2: Drähte oder Litzen – niedrige Relaxation
– Klasse 3: warmgewalzte und vergütete Stäbe

ANMERKUNG Klasse 1 wird von EN 10138 nicht behandelt.

NCI Zu 3.3.2 (4)P
Für die Relaxationsklassen gelten die Festlegungen der Zulassungen.
Diese NCI ersetzt die Abschnitte 3.3.2 (4) bis 3.3.2 (7).

(5) Die für die Bemessung notwendige Ermittlung der relaxationsbedingten Spannstahlverluste erfolgt in der Regel auf der Grundlage des Wertes ρ_{1000}, des Relaxationsverlustes (in %) 1000 Stunden nach dem Anspannen für eine Durchschnittstemperatur von 20 °C (Definition der isothermischen Relaxationsprüfung in EN 10138).

ANMERKUNG Der Wert für ρ_{1000} wird als Prozentanteil der Vorspannung angegeben und gilt für eine Vorspannung von $0,7f_p$, ermittelt, wobei f_p die tatsächliche Zugfestigkeit ermittelt aus einer Serie von Spannstahlproben ist. Für die Bemessung wird die charakteristische Zugfestigkeit (f_{pk}) verwendet. Diese wurde auch in den folgenden Gleichungen berücksichtigt.

(6) Die Werte für ρ_{1000} dürfen entweder dem Prüfzeugnis entnommen oder mit folgenden Werten abgeschätzt werden:

8,0 % für Klasse 1,
2,5 % für Klasse 2 und
4,0 % für Klasse 3.

(7) Der Relaxationsverlust darf einem Prüfzeugnis des Herstellers entnommen werden oder als Prozentanteil der Vorspannungsänderung zur Ausgangsvorspannung definiert werden. Er ist in der Regel mittels einer der folgenden Gleichungen zu bestimmen. Die Gleichungen (3.28) und (3.29) gelten für Drähte oder Litzen mit normaler bzw. mit niedriger Relaxation. Die Gleichung (3.30) gilt für warmgewalzte und vergütete Stäbe.

Klasse 1
$$\frac{\Delta\sigma_{pr}}{\sigma_{pi}} = 5{,}39 \cdot \rho_{1000} \cdot e^{6{,}7\mu} \left(\frac{t}{1000}\right)^{0{,}75(1-\mu)} 10^{-5} \quad (3.28)$$

Klasse 2
$$\frac{\Delta\sigma_{pr}}{\sigma_{pi}} = 0{,}66 \cdot \rho_{1000} \cdot e^{9{,}1\mu} \left(\frac{t}{1000}\right)^{0{,}75(1-\mu)} 10^{-5} \quad (3.29)$$

Klasse 3
$$\frac{\Delta\sigma_{pr}}{\sigma_{pi}} = 1{,}98 \cdot \rho_{1000} \cdot e^{8{,}0\mu} \left(\frac{t}{1000}\right)^{0{,}75(1-\mu)} 10^{-5} \quad (3.30)$$

Dabei ist

$\Delta\sigma_{pr}$ die Spannungsänderung im Spannstahl infolge Relaxation;

σ_{pi} bei Vorspannung mit sofortigem Verbund ist σ_{pi} die Spannung im Spannstahl unmittelbar nach dem Vorspannen oder der Krafteinleitung $\sigma_{pi} = \sigma_{pm0}$ (siehe auch 5.10.3 (2)); bei Vorspannung mit nachträglichem Verbund ist σ_{pi} die maximale auf das Spannglied aufgebrachte Zugspannung abzüglich der unmittelbaren Verluste, die während des Spannvorgangs auftreten, siehe auch 5.10.4(1) (i);

t die Zeit nach dem Vorspannen (in Stunden);

μ = σ_{pi}/f_{pk}, wobei f_{pk} der charakteristische Wert der Zugfestigkeit des Spannstahls ist;

ρ_{1000} der Wert des Relaxationsverlustes (in %) 1000 Stunden nach dem Vorspannen bei einer Durchschnittstemperatur von 20 °C.

ANMERKUNG Für die Ermittlung der Spannkraftverluste für verschiedene Zeitintervalle (Zustände) und wenn größere Genauigkeit erforderlich ist, siehe Anhang D.

(8) Die Endwerte der Spannkraftverluste dürfen für die Zeit t = 500 000 Stunden (d. h. circa 57 Jahre) berechnet werden.

(9) Spannkraftverluste sind stark von der Temperatur des Stahls abhängig. Bei Wärmebehandlung (z. B. Dampf), ⟨AC⟩ siehe 10.3.2.1. ⟨AC⟩ Falls die Temperatur ansonsten 50 °C übersteigt, sind die Spannkraftverluste in der Regel nachzuweisen.

3.3.3 Festigkeiten

(1)P Die 0,1 %-Dehngrenze ($f_{p0,1k}$) und die Zugfestigkeit (f_{pk}) sind als die charakteristischen Werte der Last an der 0,1 %-Dehngrenze und der Höchstlast unter axialem Zug, jeweils geteilt durch den Nennquerschnitt, definiert (siehe Bild 3.9).

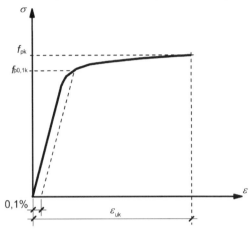

Bild 3.9 – Spannungs-Dehnungs-Diagramm für typischen Spannstahl (Zugspannungen und Dehnungen positiv)

3.3.4 Duktilitätseigenschaften

(1) P Die Spannstähle müssen eine angemessene Duktilität nach EN 10138 aufweisen.

(2) Eine ausreichende Dehnfähigkeit darf angenommen werden, wenn die Spannstähle die festgelegten Dehnungen bei Höchstlast gemäß EN 10138 erreichen.

(3) Eine ausreichende Biegefähigkeit darf angenommen werden, wenn die Spannstähle die in EN ISO 15630-3 festgelegte Biegbarkeit erreichen.

(4) Der Hersteller muss für die Spannstähle Spannungs-Dehnungs-Linien auf Grundlage der Herstellungsdaten erstellen und dem Lieferschein als Anhang beifügen (siehe 3.3.1 (9)P).

(5) Die Duktilität für Zugbeanspruchungen darf für die Spannstähle als ausreichend angenommen werden, wenn $f_{pk}/f_{p0,1k} \geq k$ beträgt.

ANMERKUNG Der landesspezifische Wert k darf einem Nationalen Anhang entnommen werden. Der empfohlene Wert ist 1,1.

NDP Zu 3.3.4 (5)

Es gilt der empfohlene Wert $k = 1{,}1$.

NCI Zu 3.3.4

(NA.6) Es darf im Allgemeinen angenommen werden, dass Spannglieder im nachträglichen Verbund und Spannglieder ohne Verbund eine hohe Duktilität und Spannglieder im sofortigen Verbund eine normale Duktilität aufweisen.

3.3.5 Ermüdung

(1)P Die Spannstähle müssen eine ausreichende Ermüdungsfestigkeit aufweisen.

(2)P Die Schwingbreiten der Spannstähle müssen der EN 10138 oder einer entsprechenden Europäischen Technischen Zulassung entsprechen.

3.3.6 Spannungs-Dehnungs-Linie für die Querschnittsbemessung

(1)P Die Ermittlung der Schnittgrößen ist auf der Grundlage der Nennquerschnittsfläche des Spannstahls und der charakteristischen Werte $f_{p0,1k}$, f_{pk} und ε_{uk} durchzuführen.

(2) Der Bemessungswert des Elastizitätsmoduls E_p darf für Drähte und Stäbe mit 205 000 N/mm² angesetzt werden. Je nach Herstellungsverfahren kann der tatsächliche Wert zwischen 195 000 und 210 000 N/mm² liegen. Der Lieferung sollte eine Bescheinigung beiliegen, die den zugehörigen Wert angibt.

(3) Der Bemessungswert des Elastizitätsmoduls, E_p darf für Litzen mit 195 000 N/mm² angesetzt werden. Je nach Herstellungsverfahren kann der tatsächliche Wert zwischen 185 000 und 205 000 N/mm² liegen. Der Lieferung sollte eine Bescheinigung beiliegen, die den zutreffenden Wert angibt.

(4) Für die Bemessung darf für die Dichte der Spannstähle üblicherweise ein Mittelwert von 7 850 kg/m³ angesetzt werden.

(5) Die oben angegebenen Werte dürfen für den Spannstahl im fertigen Bauteil in einem Temperaturbereich zwischen −40 °C und +100 °C angenommen werden.

(6) Der Bemessungswert der Stahlspannung f_{pd} ist mit $f_{p0,1k}/\gamma_S$ anzusetzen (siehe auch Bild 3.10).

(7) Bei der Querschnittsbemessung darf eine der folgenden Annahmen getroffen werden (siehe Bild 3.10):

– ein ansteigender Ast mit einer Dehnungsgrenze ε_{ud}. Die Bemessung darf auch auf der Grundlage der tatsächlichen Spannungs-Dehnungs-Linie durchgeführt werden, sofern diese bekannt ist. Dabei wird die Spannung oberhalb des elastischen Grenzwertes analog Bild 3.10 abgemindert, oder
– ein horizontaler oberer Ast ohne Dehnungsgrenze.

ANMERKUNG Der landesspezifische Wert ε_{ud} darf einem Nationalen Anhang entnommen werden. Der empfohlene Wert ist $0,9\varepsilon_{uk}$. Wenn keine genaueren Werte bekannt sind, sind die empfohlenen Werte $\varepsilon_{ud} = 0,02$ und $f_{p0,1k}/f_{pk} = 0,9$.

NDP Zu 3.3.6 (7)

Ersatz des ersten Listenpunktes:

– ein ansteigender Ast mit einer Dehnungsgrenze von $\varepsilon_{ud} = \varepsilon_p^{(0)} + 0,025 \leq 0,9\varepsilon_{uk}$ (mit $\varepsilon_p^{(0)}$ als Vordehnung des Spannstahls); oder

Das Verhältnis $f_{p0,1k}/f_{pk}$ ist der Zulassung des Spannstahls bzw. DIN EN 10138 zu entnehmen.

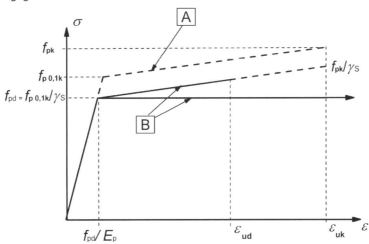

A Idealisiert B Bemessung

Bild 3.10 – Rechnerische Spannungs-Dehnungs-Linie des Spannstahls für die Querschnittsbemessung (Zugspannungen und Dehnungen positiv)

NCI Zu 3.3.6

(NA.8) Für die Bemessung darf die Wärmedehnzahl mit $\alpha = 10 \cdot 10^{-6} \, K^{-1}$ angenommen werden.

(NA.9) Bei nichtlinearen Verfahren der Schnittgrößenermittlung ist in der Regel eine wirklichkeitsnahe Spannungs-Dehnungs-Linie nach Bild NA.3.10.1 anzunehmen. Vereinfachend darf der idealisierte bilineare Verlauf der Spannungs-Dehnungs-Linie nach Bild NA.3.10.1 angesetzt werden. Hierbei dürfen für $f_{p0,1}$ und f_p die Rechenwerte $f_{p0,1R}$ bzw. f_{pR} nach den NCI zu 5.7 (NA.10) angenommen werden.

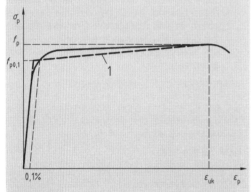

Legende
1 idealisierter Verlauf

Bild NA.3.10.1 – Spannungs-Dehnungs-Linie des Spannstahls für die Schnittgrößenermittlung

NCI Zu 3.4.1

Abschnitt wird wie folgt ersetzt:

(NA.1)P Für die Verwendung von Spannverfahren in tragenden Bauteilen ist stets eine allgemeine bauaufsichtliche Zulassung erforderlich.

NCI Zu 3.4.2.2 (1)

Die Verankerungen und Umlenkstellen müssen der Zulassung für das verwendete Spannverfahren entsprechen.

3.3.7 Spannstähle in Hüllrohren

(1)P Spannstähle in Hüllrohren (z. B. im Verbund, ohne Verbund usw.) müssen ausreichend und dauerhaft gegen Korrosion geschützt sein (siehe auch 4.3).

(2)P Spannstähle in Hüllrohren müssen ausreichend gegen die Auswirkungen von Feuer geschützt sein (siehe auch EN 1992-1-2).

3.4 Komponenten von Spannsystemen

3.4.1 Verankerungen und Spanngliedkopplungen

3.4.1.1 Allgemeines

(1)P Abschnitt 3.4.1 gilt für Verankerungsvorrichtungen (Ankerkörper) und Kopplungsvorrichtungen (Kopplungen), die im nachträglichen Verbund verwendet werden, wobei:

i) Ankerkörper verwendet werden, um im Verankerungsbereich die Kräfte von den Spanngliedern auf den Beton zu übertragen;

ii) Kopplungen verwendet werden, um einzelne Spanngliedabschnitte zu durchlaufenden Spanngliedern zu verbinden.

(2)P Die Verankerungen und Spanngliedkopplungen müssen den entsprechenden Europäischen Technischen Zulassungen für ein Spannverfahren entsprechen.

(3)P Die bauliche Durchbildung der Verankerungsbereiche muss den Abschnitten 5.10, 8.10.3 und 8.10.4 entsprechen.

3.4.1.2 Mechanische Eigenschaften

3.4.1.2.1 Verankerungen und Kopplungen

(1)P Die Festigkeits-, Dehnungs- und Ermüdungseigenschaften von Spanngliedverankerungen und Spanngliedkopplungen müssen den Anforderungen aus der Bemessung genügen.

(2) Dies darf als gegeben angesehen werden, wenn

(i) die Geometrie und Baustoffeigenschaften der Verankerungen und der Kopplungen der entsprechenden Europäischen Technischen Zulassung entsprechen und ein vorzeitiges Versagen ausgeschlossen ist,

(ii) das Spannglied nicht an der Verbindung zur Verankerung oder zur Kopplung versagt,

(iii) die Bruchdehnung der Verankerungen oder Kopplungen ≥ 2 % ist,

(iv) die Spanngliedverankerung nicht in auf andere Weise hochbeanspruchten Bereichen eingebaut wird,

(v) die Ermüdungseigenschaften der Verankerungs- und Kopplungselemente den entsprechenden Europäischen Technischen Zulassungen entsprechen.

3.4.1.2.2 Ankerkörper und Verankerungsbereich

(1)P Die Festigkeit der Ankerkörper und die der Verankerungsbereiche müssen ausreichen, um die Kraft des Spannglieds auf den Beton zu übertragen. Dabei darf die Rissbildung im Verankerungsbereich die Verankerung nicht beeinträchtigen.

3.4.2 Externe Spannglieder ohne Verbund

3.4.2.1 Allgemeines

(1)P Ein externes Spannglied ohne Verbund befindet sich außerhalb des eigentlichen Betonquerschnitts und ist nur über Verankerungen und Umlenkstellen mit dem Tragwerk verbunden.

(2)P Ein Spannverfahren mit nachträglichem Verbund für externe Spannglieder muss einer entsprechenden Europäischen Technischen Zulassung genügen.

(3) Die bauliche Durchbildung der Bewehrung ist in der Regel entsprechend den Regeln in 8.10 auszuführen.

3.4.2.2 Verankerung

(1) Der Mindestradius der Krümmung des Spanngliedes im Verankerungsbereich für Spannglieder ohne Verbund ist in der Regel in den entsprechenden Europäischen Technischen Zulassungen angegeben.

4 DAUERHAFTIGKEIT UND BETONDECKUNG

4.1 Allgemeines

(1)P Die Anforderung nach einem angemessen dauerhaften Tragwerk ist erfüllt, wenn dieses während der vorgesehenen Nutzungsdauer seine Funktion hinsichtlich der Tragfähigkeit und der Gebrauchstauglichkeit ohne wesentlichen Verlust der Nutzungseigenschaften bei einem angemessenen Instandhaltungsaufwand erfüllt (für allgemeine Anforderungen, siehe auch EN 1990).

(2)P Der erforderliche Schutz des Tragwerks ist unter Berücksichtigung seiner geplanten Nutzung und Nutzungsdauer (siehe EN 1990), der Einwirkungen und durch Planung der Instandhaltung sicherzustellen.

(3)P Der mögliche Einfluss von direkten und indirekten Einwirkungen, von Umgebungsbedingungen (4.2) und von daraus folgenden Auswirkungen muss berücksichtigt werden.

ANMERKUNG Beispiele hierfür sind Kriech- und Schwindverformungen (siehe 2.3.2).

(4) Der Schutz der Bewehrung vor Korrosion hängt von Dichtheit, Qualität und Dicke der Betondeckung (siehe 4.4) und der Rissbildung (siehe 7.3) ab. Die Dichtheit und die Qualität der Betondeckung wird durch Begrenzung des Wasserzementwertes und durch einen Mindestzementgehalt (siehe EN 206-1) erreicht. Diese Anforderungen können in Bezug zu einer Mindestbetondruckfestigkeitsklasse gebracht werden.

ANMERKUNG Anhang E enthält weitere Informationen.

NCI Zu 4.1(4)
ANMERKUNG wird ersetzt:
ANMERKUNG Die Mindestbetondruckfestigkeitsklassen sind im normativen Anhang E festgelegt.

(5) Beschichtete Einbauteile aus Metall, die zugänglich und austauschbar sind, dürfen auch bei Korrosionsgefahr verwendet werden. Anderenfalls ist in der Regel korrosionsbeständiges Material zu verwenden.

(6) Anforderungen, die über diesen Abschnitt hinausgehen, sind in der Regel gesondert zu berücksichtigen (z. B. für Tragwerke mit besonders kurzer oder besonders langer Nutzungsdauer, Tragwerke unter extremen oder unüblichen Einwirkungen usw.).

4.2 Umgebungsbedingungen

(1)P Die Umgebungsbedingungen sind durch chemische und physikalische Einflüsse gekennzeichnet, denen ein Tragwerk als Ganzes, einzelne Bauteile, der Spann- und Betonstahl und der Beton selbst ausgesetzt sind und die bei den Nachweisen in den Grenzzuständen der Tragfähigkeit und der Gebrauchstauglichkeit nicht direkt berücksichtigt werden.

(2) Umgebungsbedingungen werden nach der auf EN 206-1 basierenden Tabelle 4.1 eingeteilt.

(3) Zusätzlich zu den Bedingungen in Tabelle 4.1 sind in der Regel bestimmte aggressive oder indirekte Einwirkungen zu berücksichtigen. Zu ihnen gehören:

Chemischer Angriff, z. B. hervorgerufen durch
- die Nutzung des Gebäudes oder des Tragwerks (Lagerung von Flüssigkeiten, usw.),
- saure Lösungen oder Lösungen von Sulfatsalzen (EN 206-1, ISO 9690),
- im Beton enthaltene Chloride (EN 206-1),
- Alkali-Kieselsäure-Reaktionen (EN 206-1, nationale Normen);

Physikalischer Angriff, z. B. hervorgerufen durch
- Temperaturschwankungen,
- Abrieb (siehe 4.4.1.2 (13)),
- Eindringen von Wasser (EN 206-1).

4.3 Anforderungen an die Dauerhaftigkeit

(1)P Um die angestrebte Lebensdauer des Tragwerks zu erreichen, müssen angemessene Maßnahmen ergriffen werden, die jedes einzelne Bauteil vor den jeweiligen umgebungsbedingten Einwirkungen schützen.

(2)P Die Anforderungen an die Dauerhaftigkeit müssen berücksichtigt werden bei:
- dem Tragwerksentwurf,
- der Baustoffauswahl,
- den Konstruktionsdetails,
- der Bauausführung,
- der Qualitätskontrolle,
- der Instandhaltung,
- den Nachweisverfahren,
- besonderen Maßnahmen (z. B. Verwendung von nichtrostendem Stahl, Beschichtungen, kathodischem Korrosionsschutz).

NCI Zu 4.3 (2)P
ANMERKUNG Eine angemessene Dauerhaftigkeit des Tragwerks gilt als sichergestellt, wenn neben den Anforderungen aus den Nachweisen in den Grenzzuständen der Tragfähigkeit und Gebrauchstauglichkeit und den konstruktiven Regeln der Abschnitte 8 und 9 die Anforderungen dieses Abschnittes sowie die Anforderungen an die Zusammensetzung und die Eigenschaften des Betons nach DIN EN 206-1 und DIN 1045-2 und an die Bauausführung nach DIN 1045-3 bzw. E DIN EN 13670 erfüllt sind.

Tabelle 4.1 – Expositionsklassen in Übereinstimmung mit EN 206-1

Klasse	Beschreibung der Umgebung	Beispiele für die Zuordnung von Expositionsklassen (informativ)
1 Kein Korrosions- oder Angriffsrisiko		
X0	Für Beton ohne Bewehrung oder eingebettetes Metall: alle Expositionsklassen, ausgenommen Frostangriff mit und ohne Taumittel, Abrieb oder chemischen Angriff Für Beton mit Bewehrung oder eingebettem Metall: sehr trocken	Beton in Gebäuden mit sehr geringer Luftfeuchte
2 Korrosion, ausgelöst durch Karbonatisierung		
XC1	Trocken oder ständig nass	Beton in Gebäuden mit geringer Luftfeuchte Beton, der ständig in Wasser getaucht ist
XC2	Nass, selten trocken	Langzeitig wasserbenetzte Oberflächen vielfach bei Gründungen
XC3	Mäßige Feuchte	Beton in Gebäuden mit mäßiger oder hoher Luftfeuchte; vor Regen geschützter Beton im Freien
XC4	Wechselnd nass und trocken	wasserbenetzte Oberflächen, die nicht der Klasse XC2 zuzuordnen sind
3 Bewehrungskorrosion, ausgelöst durch Chloride, ausgenommen Meerwasser		
XD1	Mäßige Feuchte	Betonoberflächen, die chloridhaltigem Sprühnebel ausgesetzt sind
XD2	Nass, selten trocken	Schwimmbäder; Beton, der chloridhaltigen Industrieabwässern ausgesetzt ist
XD3	Wechselnd nass und trocken	Teile von Brücken, die chloridhaltigem Spritzwasser ausgesetzt sind; Fahrbahndecken; Parkdecks
4 Bewehrungskorrosion, ausgelöst durch Chloride aus Meerwasser		
XS1	Salzhaltige Luft, kein unmittelbarer Kontakt mit Meerwasser	Bauwerke in Küstennähe oder an der Küste
XS2	Unter Wasser	Teile von Meeresbauwerken
XS3	Tidebereiche, Spritzwasser- und Sprühnebelbereiche	Teile von Meeresbauwerken
5 Betonangriff durch Frost mit und ohne Taumittel		
XF1	Mäßige Wassersättigung ohne Taumittel	senkrechte Betonoberflächen, die Regen und Frost ausgesetzt sind
XF2	Mäßige Wassersättigung mit Taumittel oder Meerwasser	senkrechte Betonoberflächen von Straßenbauwerken, die taumittelhaltigem Sprühnebel ausgesetzt sind
XF3	Hohe Wassersättigung ohne Taumittel	waagerechte Betonoberflächen, die Regen und Frost ausgesetzt sind
XF4	Hohe Wassersättigung mit Taumittel oder Meerwasser	Straßendecken und Brückenplatten, die Taumitteln ausgesetzt sind; senkrechte Betonoberflächen, die taumittelhaltigen Sprühnebeln und Frost ausgesetzt sind; Spritzwasserbereich von Meeresbauwerken, die Frost ausgesetzt sind
6. Betonangriff durch chemischen Angriff der Umgebung		
XA1	Chemisch schwach angreifende Umgebung nach EN 206-1, Tabelle 2	Natürliche Böden und Grundwasser
XA2	Chemisch mäßig angreifende Umgebung und Meeresbauwerke nach EN 206-1, Tabelle 2	Natürliche Böden und Grundwasser
XA3	Chemisch stark angreifende Umgebung nach EN 206-1, Tabelle 2	Natürliche Böden und Grundwasser

NCI Zu 4.2, Tabelle 4.1

Ergänzt wird die Nummer NA.7 „Betonkorrosion infolge Alkali-Kieselsäurereaktion":

1	2	3
Klasse	Beschreibung der Umgebung	Beispiele für die Zuordnung von Expositionsklassen (informativ)
NA.7 Betonkorrosion infolge Alkali-Kieselsäurereaktion Anhand der zu erwartenden Umgebungsbedingungen ist der Beton einer der vier folgenden Feuchtigkeitsklassen zuzuordnen.		
WO	Beton, der nach normaler Nachbehandlung nicht längere Zeit feucht und nach dem Austrocknen während der Nutzung weitgehend trocken bleibt.	– Innenbauteile des Hochbaus; – Bauteile, auf die Außenluft, nicht jedoch z. B. Niederschläge, Oberflächenwasser, Bodenfeuchte einwirken können und/oder die nicht ständig einer relativen Luftfeuchte von mehr als 80 % ausgesetzt werden.
WF	Beton, der während der Nutzung häufig oder längere Zeit feucht ist.	– Ungeschützte Außenbauteile, die z. B. Niederschlägen, Oberflächenwasser oder Bodenfeuchte ausgesetzt sind; – Innenbauteile des Hochbaus für Feuchträume, wie z. B. Hallenbäder, Wäschereien und andere gewerbliche Feuchträume, in denen die relative Luftfeuchte überwiegend höher als 80 % ist; – Bauteile mit häufiger Taupunktunterschreitung, wie z.B. Schornsteine, Wärmeübertragerstationen, Filterkammern und Viehställe; – Massige Bauteile gemäß DAfStb-Richtlinie "Massige Bauteile aus Beton", deren kleinste Abmessung 0,80 m überschreitet (unabhängig vom Feuchtezutritt).
WA	Beton, der zusätzlich zu der Beanspruchung nach Klasse WF häufiger oder langzeitiger Alkalizufuhr von außen ausgesetzt ist.	– Bauteile mit Meerwassereinwirkung; – Bauteile unter Tausalzeinwirkung ohne zusätzliche hohe dynamische Beanspruchung (z. B. Spritzwasserbereiche, Fahr- und Stellflächen in Parkhäusern); – Bauteile von Industriebauten und landwirtschaftlichen Bauwerken (z. B. Güllebehälter) mit Alkalisalzeinwirkung.
WS	Beton, der hoher dynamischer Beanspruchung und direktem Alkalieintrag ausgesetzt ist.	Bauteile unter Tausalzeinwirkung mit zusätzlicher hoher dynamischer Beanspruchung (z. B. Betonfahrbahnen)

ANMERKUNG 1 Die Zusammensetzung des Betons wirkt sich sowohl auf den Schutz der Bewehrung als auch auf den Widerstand des Betons gegen Angriffe aus. Anhang E enthält indikative Mindestfestigkeitsklassen für bestimmte Umgebungsbedingungen. Das kann dazu führen, dass für einen Beton eine höhere Druckfestigkeitsklasse verwendet werden muss, als aus der Bemessung erforderlich ist. In solchen Fällen ist in der Regel der Wert f_{ctm} der höheren Druckfestigkeitsklasse für die Berechnung der Mindestbewehrung und der Begrenzung der Rissbreite (siehe 7.3.2 bis 7.3.4) zu übernehmen.

NCI Zu 4.2, Tabelle 4.1

Zeile 1: X0 – sehr geringe Luftfeuchte bedeutet RH ≤ 30 %.

Zeile 3: XD3 – Ausführung von Parkdecks nur mit zusätzlichen Maßnahmen (z. B. rissüberbrückende Beschichtung, siehe DAfStb-Heft 600)

ANMERKUNG 2 Die Expositionsklasse XM wird in 4.4.1.2 (13) definiert.

ANMERKUNG 3 Die Feuchteangaben beziehen sich auf den Zustand innerhalb der Betondeckung der Bewehrung. Im Allgemeinen kann angenommen werden, dass die Bedingungen in der Betondeckung den Umgebungsbedingungen des Bauteils entsprechen. Dies braucht nicht der Fall zu sein, wenn sich zwischen dem Beton und seiner Umgebung eine Sperrschicht befindet.

ANMERKUNG 4 Grenzwerte für die Expositionsklassen bei chemischem Angriff sind in DIN EN 206-1 und DIN 1045-2 angegeben.

ANMERKUNG 5 Weitere informative Beispiele für die Zuordnung enthält DIN 1045-2.

4.4 Nachweisverfahren

4.4.1 Betondeckung

4.4.1.1 Allgemeines

(1)P Die Betondeckung ist der minimale Abstand zwischen einer Bewehrungsoberfläche zur nächstgelegenen Betonoberfläche (einschließlich vorhandener Bügel, Haken oder Oberflächenbewehrung).

(2)P Das Nennmaß der Betondeckung muss auf den Plänen eingetragen werden. Es ist definiert als die Summe aus der Mindestbetondeckung, c_{min} (siehe 4.4.1.2) und dem Vorhaltemaß Δc_{dev} (siehe 4.4.1.3):

$$c_{nom} = c_{min} + \Delta c_{dev} \quad (4.1)$$

NCI Zu 4.4.1.1 (2)P

Auf den Bewehrungszeichnungen sollte das Verlegemaß der Bewehrung c_v, das sich aus dem Nennmaß der Betondeckung c_{nom} ableitet, sowie das Vorhaltemaß Δc_{dev} der Betondeckung angegeben werden (siehe NA 2.8.2 (3)P).

4.4.1.2 Mindestbetondeckung c_{min}

(1)P Die Mindestbetondeckung c_{min} muss eingehalten werden, um:
- Verbundkräfte sicher zu übertragen (siehe auch Abschnitte 7 und 8),
- einbetonierten Stahl vor Korrosion zu schützen (Dauerhaftigkeit),
- den erforderlichen Feuerwiderstand sicherzustellen (siehe EN 1992-1-2).

(2)P Der Bemessung ist der größere Wert der Betondeckung c_{min}, der sich aus den Verbund- bzw. Dauerhaftigkeitsanforderungen ergibt, zugrunde zu legen.

$$c_{min} = \max \{c_{min,b};\ c_{min,dur} + \Delta c_{dur,\gamma} - \Delta c_{dur,st} - \Delta c_{dur,add};\ 10\ mm\} \quad (4.2)$$

Dabei ist

$c_{min,b}$ die Mindestbetondeckung aus der Verbundanforderung, siehe 4.4.1.2 (3);

$c_{min,dur}$ die Mindestbetondeckung aus der Dauerhaftigkeitsanforderung, siehe 4.4.1.2 (5);

$\Delta c_{dur,\gamma}$ ein additives Sicherheitselement, siehe 4.4.1.2 (6);

$\Delta c_{dur,st}$ die Verringerung der Mindestbetondeckung bei Verwendung nichtrostenden Stahls, siehe 4.4.1.2 (7);

$\Delta c_{dur,add}$ die Verringerung der Mindestbetondeckung auf Grund zusätzlicher Schutzmaßnahmen, siehe 4.4.1.2 (8).

(3) Zur Sicherstellung des Verbundes und einer ausreichenden Verdichtung des Betons, ist in der Regel die Mindestbetondeckung nicht geringer als $c_{min,b}$ aus Tabelle 4.2 zu wählen.

ANMERKUNG Die landesspezifischen Werte für $c_{min,b}$ für runde und rechteckige Hüllrohre für Spannglieder im nachträglichen Verbund und für Spannglieder im sofortigen Verbund dürfen einem Nationalen Anhang entnommen werden.

Die empfohlenen Werte für Spannglieder im nachträglichen Verbund sind:

runde Hüllrohre: Hüllrohrdurchmesser

rechteckige Hüllrohre: der größere Wert aus der kleineren Abmessung und der Hälfte der größeren Abmessung des Hüllrohrs.

Eine Betondeckung von mehr als 80 mm ist weder für das runde noch das rechteckige Hüllrohr erforderlich.

Die empfohlenen Werte für Spannglieder im sofortigen Verbund sind:

1,5-facher Durchmesser der Litze bzw. des Drahtes,

2,5-facher Durchmesser des gerippten Drahtes.

NDP Zu 4.4.1.2 (3)

Die Werte $c_{min,b}$ für Hüllrohre von Spanngliedern sind:

- runde Hüllrohre: $c_{min,b} = \varnothing_{duct} \leq 80\ mm$
- rechteckige Hüllrohre $a \cdot b\ (a \leq b)$:
  $c_{min,b} = \max\{a;\ b/2\} \leq 80\ mm$

Spannglieder im sofortigen Verbund bei Ansatz der Verbundspannungen nach 8.10.2.2:

- Litzen, profilierte Drähte: $c_{min,b} = 2,5\varnothing_p$

Tabelle 4.2 – Mindestbetondeckung $c_{min,b}$, Anforderungen zur Sicherstellung des Verbundes

Verbundbedingung	
Art der Bewehrung	Mindestbetondeckung $c_{min,b}$[1)]
Betonstabstahl	Stabdurchmesser
Stabbündel	Vergleichsdurchmesser ($\varnothing_n$) (siehe 8.9.1)

[1)] Ist der Nenndurchmesser des Größtkorns der Gesteinskörnung größer als 32 mm, ist in der Regel $c_{min,b}$ um 5 mm zu erhöhen.

(4) Die Mindestbetondeckung in den Verankerungsbereichen von Spanngliedern ist der entsprechenden Europäischen Technischen Zulassung zu entnehmen.

(5) Die Mindestbetondeckungen für Betonstahl und Spannglieder in Normalbeton für Expositionsklassen und Anforderungsklassen werden durch $c_{min,dur}$ festgelegt.

ANMERKUNG Länderspezifische Anforderungsklassen und Werte für $c_{min,dur}$ dürfen einem Nationalen Anhang entnommen werden. Die empfohlene Anforderungsklasse (Nutzungsdauer von 50 Jahren) ist für die indikativen Betondruckfestigkeitsklassen aus Anhang E die Klasse S4. Die empfohlenen Modifikationen der Anforderungsklasse dürfen Tabelle 4.3N entnommen werden. Die empfohlene Mindestanforderungsklasse ist die Klasse S1.

Die empfohlenen Werte für $c_{min,dur}$ dürfen Tabelle 4.4N (Betonstahl) und Tabelle 4.5N (Spannstahl) entnommen werden.

Tabelle 4.3N – Empfohlene Modifikation der Anforderungsklasse

Kriterium	Anforderungsklasse						
	Expositionsklasse nach Tabelle 4.1						
	X0	XC1	XC2/XC3	XC4	XD1	XD2/XS1	XD3/XS2/XS3
Nutzungsdauer von 100 Jahren	erhöhe Klasse um 2	erhöhe Klasse um 2	erhöhe Klasse um 2	erhöhe Klasse um 2	erhöhe Klasse um 2	erhöhe Klasse um 2	erhöhe Klasse um 2
Druckfestigkeitsklasse[1)2)]	≥ C30/37 vermindere Klasse um 1	≥ C30/37 vermindere Klasse um 1	≥ C35/45 vermindere Klasse um 1	≥ C40/50 vermindere Klasse um 1	≥ C40/50 vermindere Klasse um 1	≥ C40/50 vermindere Klasse um 1	≥ C45/55 vermindere Klasse um 1
Plattenförmiges Bauteil (Lage der Bewehrung wird durch die Bauarbeiten nicht beeinträchtigt)	vermindere Klasse um 1	vermindere Klasse um 1	vermindere Klasse um 1	vermindere Klasse um 1	vermindere Klasse um 1	vermindere Klasse um 1	vermindere Klasse um 1
Besondere Qualitätskontrolle nachgewiesen	vermindere Klasse um 1	vermindere Klasse um 1	vermindere Klasse um 1	vermindere Klasse um 1	vermindere Klasse um 1	vermindere Klasse um 1	vermindere Klasse um 1

ANMERKUNGEN zu Tabelle 4.3 N

1. Es wird davon ausgegangen, dass die Druckfestigkeitsklasse und der Wasserzementwert einander zugeordnet werden dürfen. Eine besondere Betonzusammensetzung (Zementtyp, Wasserzementwert, Füller), die darauf ausgerichtet ist, eine geringe Permeabilität zu erzeugen, darf berücksichtigt werden.
2. Die geforderten Druckfestigkeitsklassen dürfen um eine Klasse reduziert werden, wenn unter Zugabe eines Luftporenbildners mehr als 4 % Luftporen erzeugt werden.

Tabelle 4.4N – Mindestbetondeckung, $c_{min,dur}$ – Anforderungen an die Dauerhaftigkeit von Betonstahl nach EN 10080

Anforderungsklasse	Dauerhaftigkeitsanforderung für $c_{min,dur}$ (mm)						
	Expositionsklasse nach Tabelle 4.1						
	X0	XC1	XC2 / XC3	XC4	XD1 / XS1	XD2 / XS2	XD3 / XS3
S1	10	10	10	15	20	25	30
S2	10	10	15	20	25	30	35
S3	10	10	20	25	30	35	40
S4	10	15	25	30	35	40	45
S5	15	20	30	35	40	45	50
S6	20	25	35	40	45	50	55

Tabelle 4.5N – Mindestbetondeckung, $c_{min,dur}$ – Anforderungen an die Dauerhaftigkeit von Spannstahl

Anforde-rungs-klasse	Dauerhaftigkeitsanforderung für $c_{min,dur}$ (mm)						
	Expositionsklasse nach Tabelle 4.1						
	X0	XC1	XC2 / XC3	XC4	XD1 / XS1	XD2 / XS2	XD3 / XS3
S1	10	15	20	25	30	35	40
S2	10	15	25	30	35	40	45
S3	10	20	30	35	40	45	50
S4	10	25	35	40	45	50	55
S5	15	30	40	45	50	55	60
S6	20	35	45	50	55	60	65

NDP Zu 4.4.1.2 (5)

Es gelten die Tabellen NA.4.3, NA.4.4 und NA.4.5.

ANMERKUNG In Deutschland wird Beton der Zusammensetzung nach DIN EN 206-1 und DIN 1045-2 verwendet. Die Festigkeit und Dichtheit des Betons im oberflächennahen Bereich wird durch die Nachbehandlung nach DIN 1045-3 bzw. E DIN EN 13670 sichergestellt. Nach nationalen Erfahrungen entspricht die Anforderungsklasse S3 einer Nutzungsdauer von 50 Jahren.

Tabelle 4.3DE – Modifikation für $c_{min,dur}$

Kriterium	Expositionsklasse nach Tabelle 4.1						
	X0 XC1	XC2	XC3	XC4	XD1 XS1	XD2 XS2	XD3 XS3
Druckfestig-keitsklasse[a]	0	$\geq$ C25/30	$\geq$ C30/37	$\geq$ C35/45	$\geq$ C40/50[b]	$\geq$ C45/55[b]	$\geq$ C45/55[b]
				–5 mm			

[a] Es wird davon ausgegangen, dass die Druckfestigkeitsklasse und der Wasserzementwert einander zugeordnet werden dürfen.
[b] Die geforderten Druckfestigkeitsklassen dürfen um eine Klasse reduziert werden, wenn unter Zugabe eines Luftporenbildners Poren mit einem Mindestluftgehalt nach DIN 1045-2 für XF-Klassen erzeugt werden.

Tabelle 4.4DE – Mindestbetondeckung $c_{min,dur}$ – Anforderungen an die Dauerhaftigkeit von Betonstahl nach DIN 488

Anforderungs-klasse	Dauerhaftigkeitsanforderung für $c_{min,dur}$ in mm						
	Expositionsklasse nach Tabelle 4.1						
	(X0)	XC1	XC2 XC3	XC4	XD1 XS1	XD2 XS2	XD3 XS3
S3 → $c_{min,dur}$	(10)	10	20	25	30	35	40
$\Delta c_{dur,\gamma}$	0				+10	+5	0

Tabelle 4.5DE – Mindestbetondeckung $c_{min,dur}$ – Anforderungen an die Dauerhaftigkeit von Spannstahl

Anforderungs-klasse	Dauerhaftigkeitsanforderung für $c_{min,dur}$ in mm						
	Expositionsklasse nach Tabelle 4.1						
	(X0)	XC1	XC2 XC3	XC4	XD1 XS1	XD2 XS2	XD3 XS3
S3 → $c_{min,dur}$	(10)	20	30	35	40	45	50
$\Delta c_{dur,\gamma}$	0				+10	+5	0

(6) Die Mindestbetondeckung ist in der Regel um das additive Sicherheitselement $\Delta c_{dur,\gamma}$ zu erhöhen.

ANMERKUNG Der landesspezifische Wert $\Delta c_{dur,\gamma}$ darf einem Nationalen Anhang entnommen werden. Der empfohlene Wert ist 0 mm.

NDP Zu 4.4.1.2 (6)

Das Sicherheitselement $\Delta c_{dur,\gamma}$ ist anzusetzen. Für die Werte $\Delta c_{dur,\gamma}$ siehe Tabelle NA.4.4 und NA.4.5.

(7) Bei der Verwendung von nichtrostendem Stahl oder aufgrund von besonderen Maßnahmen darf

die Mindestbetondeckung um $\Delta c_{dur,st}$ abgemindert werden. Die sich hieraus ergebenden Auswirkungen auf relevante Baustoffeigenschaften, z. B. den Verbund, sind dabei in der Regel zu berücksichtigen.

ANMERKUNG Der landesspezifische Wert $\Delta c_{dur,st}$ darf einem Nationalen Anhang entnommen werden. Der empfohlene Wert ohne weitere Spezifikationen ist 0 mm.

NDP Zu 4.4.1.2 (7)

Für die Abminderung der Betondeckung $\Delta c_{dur,st}$ gelten die Festlegungen der jeweiligen allgemeinen bauaufsichtlichen Zulassung des nichtrostenden Stahls.

(8) Die Mindestbetondeckung bei Beton mit zusätzlichem Schutz (z. B. Beschichtung) darf um $\Delta c_{dur,add}$ abgemindert werden.

ANMERKUNG Der landesspezifische Wert $\Delta c_{dur,add}$ darf einem Nationalen Anhang entnommen werden. Der empfohlene Wert ohne weitere Spezifikationen ist 0 mm.

NDP Zu 4.4.1.2 (8)

$\Delta c_{dur,add}$ = 0 mm ohne Spezifikation

$\Delta c_{dur,add}$ = 10 mm für Expositionsklassen XD bei dauerhafter, rissüberbrückender Beschichtung (siehe DAfStb-Heft 600)

(9) Wird Ortbeton kraftschlüssig mit einem Fertigteil oder erhärtetem Ortbeton verbunden, dürfen die Werte an den der Fuge zugewandten Rändern auf den Mindestwert zur Sicherstellung des Verbundes (siehe Absatz (3)) abgemindert werden, vorausgesetzt, dass:

- die Betondruckfestigkeitsklasse mindestens C25/30 beträgt,
- die Betonoberfläche nicht länger als 28 Tage dem Außenklima ausgesetzt ist,
- die Fuge aufgeraut wurde.

NCI Zu 4.4.1.2 (9)

Die Werte c_{min} dürfen an den der Fuge zugewandten Rändern auf 5 mm im Fertigteil und auf 10 mm im Ortbeton verringert werden. In diesen Fällen darf auf das Vorhaltemaß verzichtet werden. Die Bedingungen zur Sicherstellung des Verbundes nach 4.4.1.2 (3) müssen jedoch eingehalten werden, sofern die Bewehrung im Bauzustand ausgenutzt wird.

Werden bei rau oder verzahnt ausgeführten Verbundfugen Bewehrungsstäbe direkt auf die Fugenoberfläche aufgelegt, so sind für den Verbund dieser Stäbe nur mäßige Verbundbedingungen nach 8.4.2 (2) anzusetzen. Die Dauerhaftigkeit der Bewehrung ist jedoch durch das erforderliche Nennmaß der Betondeckung im Bereich von Elementfugen bei Halbfertigteilen sicherzustellen.

(10) Die Mindestbetondeckung von Spanngliedern ohne Verbund regelt die entsprechende Europäische Technische Zulassung.

(11) Für unebene Oberflächen (z. B. herausstehendes Grobkorn) ist in der Regel die Mindestbetondeckung um mindestens 5 mm zu erhöhen.

(12) Werden Frost-Tau-Wechsel oder ein chemischer Angriff auf den Beton erwartet (Expositionsklassen XF und XA), ist dies in der Regel in der Betonzusammensetzung zu berücksichtigen (siehe EN 206-1, Abschnitt 6). Die Betondeckung nach 4.4 ist hierbei ausreichend.

(13) Bei Verschleißbeanspruchung des Betons sind in der Regel zusätzliche Anforderungen an die Gesteinskörnung nach EN 206-1 zu berücksichtigen. Alternativ darf die Verschleißbeanspruchung auch durch eine Vergrößerung der Betondeckung (Opferbeton) berücksichtigt werden. In diesem Fall ist in der Regel die Mindestbetondeckung c_{min} für die Expositionsklassen XM1 um k_1, für XM2 um k_2 und für XM3 um k_3 zu erhöhen.

ANMERKUNG Expositionsklasse XM1 bedeutet mäßige Verschleißbeanspruchung wie beispielsweise für Bauteile von Industrieanlagen mit Beanspruchung durch luftbereifte Fahrzeuge. Expositionsklasse XM2 bedeutet starke Verschleißbeanspruchung wie beispielsweise für Bauteile von Industrieanlagen mit Beanspruchung durch luft- oder vollgummibereifte Gabelstapler. Expositionsklasse XM3 bedeutet sehr starke Verschleißbeanspruchung wie beispielsweise für Bauteile von Industrieanlagen mit Beanspruchung durch elastomerbereifte oder stahlrollenbereifte Gabelstapler oder Kettenfahrzeuge.

Die landesspezifischen Werte von k_1, k_2 und k_3 dürfen einem Nationalen Anhang entnommen werden. Die empfohlenen Werte sind 5 mm, 10 mm und 15 mm.

NDP Zu 4.4.1.2 (13)

Es gelten die empfohlenen Werte k_1 = 5 mm, k_2 = 10 mm und k_3 = 15 mm.

ANMERKUNG 2 Die Bauteile von Industrieanlagen sind tragende bzw. aussteifende Industrieböden. Anforderungen an die Betonzusammensetzung für die XM-Klassen ohne Opferbeton sind in DIN 1045-2 geregelt.

4.4.1.3 Vorhaltemaß

(1)P Zur Ermittlung des Nennmaßes der Betondeckung c_{nom} muss bei Bemessung und Konstruktion die Mindestbetondeckung zur Berücksichtigung von unplanmäßigen Abweichungen um das Vorhaltemaß Δc_{dev} (zulässige negative Abweichung in der Bauausführung) erhöht werden.

ANMERKUNG Der landesspezifische Wert Δc_{dev} darf einem Nationalen Anhang entnommen werden. Der empfohlene Wert ist 10 mm.

NDP Zu 4.4.1.3 (1)P

- für Dauerhaftigkeit mit $c_{min,dur}$ nach 4.4.1.2 (5):
  Δc_{dev} = 15 mm
  (außer für XC1: Δc_{dev} = 10 mm)
- für Verbund mit $c_{min,b}$ nach 4.4.1.2 (3):
  Δc_{dev} = 10 mm

(2) Für den Hochbau enthält ENV 13670 die zulässige Abweichung. Diese ist üblicherweise auch für andere Bauwerke ausreichend. Sie ist in der Regel bei der Wahl des Nennmaßes der Betondeckung für die Bemessung zu berücksichtigen. Das Nennmaß der Betondeckung ist in der Regel den Berechnungen zugrunde zu legen und auf den Bewehrungsplänen anzugeben, wenn kein anderer Wert (z. B. ein Mindestwert) vereinbart wurde.

NCI Zu 4.4.1.3 (2)
ANMERKUNG Bis zur bauaufsichtlichen Einführung von DIN EN 13670 gilt DIN 1045-3.

(3) Unter bestimmten Umständen darf das Vorhaltemaß Δc_{dev} abgemindert werden.

ANMERKUNG Die landesspezifische Abminderung des Vorhaltemaßes Δc_{dev} unter solchen Umständen darf einem Nationalen Anhang entnommen werden. Die Empfehlungen sind:
- wenn die Herstellung einer Qualitätskontrolle unterliegt, in der unter anderem die Betondeckung gemessen wird, darf das Vorhaltemaß Δc_{dev} abgemindert werden:

  $10 \text{ mm} \geq \Delta c_{dev} \geq 5 \text{ mm}$ (4.3N)

- wenn sichergestellt werden kann, dass besonders genaue Messgeräte zur Kontrolle benutzt werden und nicht konforme Bauteile abgelehnt werden (z.B. Fertigteile), darf das Vorhaltemaß Δc_{dev} abgemindert werden:

  $10 \text{ mm} \geq \Delta c_{dev} \geq 0 \text{ mm}$ (4.4N)

NDP Zu 4.4.1.3 (3)
Anmerkung wird ersetzt:

ANMERKUNG Das Vorhaltemaß Δc_{dev} darf um 5 mm abgemindert werden, wenn dies durch eine entsprechende Qualitätskontrolle bei Planung, Entwurf, Herstellung und Bauausführung gerechtfertigt werden kann (siehe z. B. DBV-Merkblätter „Betondeckung und Bewehrung", „Unterstützungen" und „Abstandhalter").

(4) Für ein bewehrtes Bauteil, bei dem der Beton gegen unebene Flächen geschüttet wird, [AC) ist in der Regel das Nennmaß der Betondeckung grundsätzlich um (AC] eine zulässige Abweichung zu vergrößern. Die Erhöhung sollte das Differenzmaß der Unebenheit, jedoch mindestens k_1 mm bei Herstellung auf vorbereiteten Baugrund (z.B. Sauberkeitsschicht) bzw. mindestens k_2 mm bei Herstellung unmittelbar auf den Baugrund betragen. Bei Oberflächen mit architektonischer Gestaltung, wie strukturierte Oberflächen oder grober Waschbeton, ist in der Regel die Betondeckung ebenfalls entsprechend zu erhöhen.

ANMERKUNG Die landesspezifischen Werte k_1 und k_2 dürfen einem Nationalen Anhang entnommen werden. Die empfohlenen Werte sind 40 mm und 75 mm.

NDP Zu 4.4.1.3 (4)
k_1 = 20 mm bei unebener Sauberkeitsschicht
k_2 = 50 mm

5 ERMITTLUNG DER SCHNITTGRÖSSEN

5.1 Allgemeines

5.1.1 Grundlagen

(1)P Zweck der statischen Berechnung ist die Bestimmung der Verteilung entweder der Schnittgrößen oder der Spannungen, Dehnungen und Verschiebungen am Gesamttragwerk oder einem Teil davon. Sofern erforderlich, sind zusätzliche Untersuchungen der lokal auftretenden Beanspruchungen durchzuführen.

ANMERKUNG Üblicherweise wird eine statische Berechnung durchgeführt, um die Verteilung der Schnittgrößen zu bestimmen. Der vollständige Nachweis der Querschnittswiderstände basiert auf diesen Schnittgrößen. Werden bei bestimmten Bauteilen jedoch Berechnungsverfahren verwendet, die Spannungen, Dehnungen und Verschiebungen anstelle von Schnittgrößen ergeben (z. B. Finite-Elemente-Methode), werden spezielle Nachweisverfahren benötigt.

(2) Zusätzliche lokale Untersuchungen können erforderlich sein, wenn keine lineare Dehnungsverteilung angenommen werden darf, z. B.:
- in der Nähe von Auflagern,
- in der Nähe von konzentrierten Einzellasten,
- bei Kreuzungspunkten von Trägern und Stützen,
- in Verankerungszonen,
- bei sprunghaften Querschnittsänderungen.

(3) Für den ebenen Spannungszustand darf ein vereinfachtes Verfahren zur Bestimmung der Bewehrung verwendet werden.

ANMERKUNG Anhang F enthält ein vereinfachtes Verfahren.

NCI Zu 5.1.1 (3)

Der informative Anhang F ist in Deutschland nicht anzuwenden.

(4)P Bei der Schnittgrößenermittlung werden sowohl eine idealisierte Tragwerksgeometrie als auch ein idealisiertes Tragverhalten angenommen. Die Idealisierungen sind entsprechend der zu lösenden Aufgabe zu wählen.
[AC]gestrichener Text [AC]

[AC] (5)P [AC] Die Bemessung muss die Tragwerksgeometrie, die Tragwerkseigenschaften und das Tragwerksverhalten während aller Bauphasen berücksichtigen.

[AC](6)P [AC] Der Schnittgrößenermittlung werden gewöhnlich folgende Idealisierungen des Tragverhaltens zugrunde gelegt:
- linear-elastisches Verhalten (siehe 5.4),
- linear-elastisches Verhalten mit begrenzter Umlagerung (siehe 5.5),
- plastisches Verhalten (siehe 5.6) einschließlich von Stabwerkmodellen (siehe 5.6.4),
- nichtlineares Verhalten (siehe 5.7).

[AC](7) [AC] Im Hochbau dürfen die Verformungen aus Querkraft oder aus Normalkräften bei stabförmigen Bauteilen und Platten vernachlässigt werden, wenn diese weniger als 10 % der Biegeverformung betragen.

NCI Zu 5.1.1

(NA.8)P Alle Berechnungsverfahren der Schnittgrößenermittlung müssen sicherstellen, dass die Gleichgewichtsbedingungen erfüllt sind.

(NA.9)P Wenn die Verträglichkeitsbedingungen nicht unmittelbar für die jeweiligen Grenzzustände nachgewiesen werden, muss sichergestellt werden, dass das Tragwerk bis zum Erreichen des Grenzzustandes der Tragfähigkeit ausreichend verformungsfähig ist und ein unzulässiges Verhalten im Grenzzustand der Gebrauchstauglichkeit ausgeschlossen ist.

(NA.10)P Der Gleichgewichtszustand wird im Allgemeinen am nichtverformten Tragwerk nachgewiesen (Theorie I. Ordnung). Wenn jedoch die Tragwerksauslenkungen zu einem wesentlichen Anstieg der Schnittgrößen führen, muss der Gleichgewichtszustand am verformten Tragwerk nachgewiesen werden (Theorie II. Ordnung).

(NA.11)P Die Auswirkungen zeitlicher Einflüsse (z. B. Kriechen, Schwinden des Betons) auf die Schnittgrößen sind zu berücksichtigen, wenn sie von Bedeutung sind.

(NA.12) Für Tragwerke mit vorwiegend ruhender Belastung dürfen die Auswirkungen der Belastungsgeschichte im Allgemeinen vernachlässigt werden. Es darf von einer gleichmäßigen Steigerung der Belastung ausgegangen werden.

(NA.13) Übliche Berechnungsverfahren für Plattenschnittgrößen mit Ansatz gleicher Steifigkeiten in beiden Richtungen gelten nur, wenn der Abstand der Längsbewehrung zur zugehörigen Querbewehrung in der Höhe 50 mm nicht überschreitet.

(NA.14) Berechnungsverfahren mit plastischen Umlagerungen sind bei Bauteiltemperaturen unter −20 °C wegen der abnehmenden Duktilitätseigenschaften der Stähle nicht ohne weitere Nachweise anwendbar.

5.1.2 Besondere Anforderungen an Gründungen

(1)P Hat die Boden-Bauwerk-Interaktion wesentlichen Einfluss auf die Schnittgrößen des Tragwerks, müssen die Bodeneigenschaften und die Wechselwirkung gemäß EN 1997-1 berücksichtigt werden.

ANMERKUNG Weitere Informationen für Flachgründungen sind im Anhang G enthalten.

NCI Zu 5.1.2 (1)P

Der informative Anhang G ist in Deutschland nicht anzuwenden.

(2) Für die Bemessung von Flachgründungen dürfen entsprechend vereinfachte Modelle der Boden-Bauwerk-Interaktion verwendet werden.

ANMERKUNG Bei einfachen Flachgründungen und Pfahlkopfplatten dürfen die Auswirkungen der Boden-Bauwerk-Interaktion i. Allg. vernachlässigt werden.

(3) Für die Bemessung einzelner Pfähle sind in der Regel die Einwirkungen unter Berücksichtigung der Wechselwirkung zwischen Pfählen, Pfahlkopfplatten und stützendem Boden zu ermitteln.

(4) Bei Pfahlgruppen ist in der Regel die Einwirkung auf jeden einzelnen Pfahl unter Berücksichtigung der Wechselwirkung zwischen den Pfählen zu bestimmen.

(5) Diese Wechselwirkung darf vernachlässigt werden, wenn der lichte Abstand zwischen den Pfählen mehr als das Doppelte des Pfahldurchmessers beträgt.

5.1.3 Lastfälle und Einwirkungskombinationen

(1)P Zur Ermittlung der maßgebenden Einwirkungskombination (siehe EN 1990, Kapitel 6) ist eine ausreichende Anzahl von Lastfällen zu untersuchen, um die kritischen Bemessungssituationen für alle Querschnitte im betrachteten Tragwerk oder Tragwerksteil festzustellen.

ANMERKUNG Wo landesspezifisch eine Vereinfachung der Anzahl der Lastfälle erforderlich ist, wird auf den Nationalen Anhang verwiesen. Die nachfolgenden vereinfachten Lastfälle werden für Hochbauten empfohlen:

a) Es werden in jedem zweiten Feld die veränderlichen und ständigen Bemessungslasten ($\gamma_Q \cdot Q_k + \gamma_G \cdot G_k + P_m$) und in allen anderen Feldern nur die ständige Bemessungslast $\gamma_G \cdot G_k + P_m$ angesetzt und

b) in zwei beliebigen, nebeneinander liegenden Feldern werden die veränderlichen und ständigen Bemessungslasten ($\gamma_Q \cdot Q_k + \gamma_G \cdot G_k + P_m$) und in allen anderen Feldern nur die ständige Bemessungslast, $\gamma_G \cdot G_k + P_m$ angesetzt.

NDP Zu 5.1.3 (1)P

Die bei den Nachweisen in den GZT in Betracht zu ziehenden Bemessungssituationen sind in DIN EN 1990 angegeben.

NCI Zu 5.1.3

(NA.2) Bei durchlaufenden Platten und Balken darf für ein und dieselbe unabhängige ständige Einwirkung (z. B. Eigenlast) entweder der obere oder der untere Wert γ_G in allen Feldern gleich angesetzt werden. Dies gilt nicht für den Nachweis der Lagesicherheit nach DIN EN 1990.

(NA.3) Die maßgebenden Querkräfte dürfen bei üblichen Hochbauten für Vollbelastung aller Felder ermittelt werden, wenn das Stützweitenverhältnis benachbarter Felder mit annähernd gleicher Steifigkeit $0,5 < l_{eff,1} / l_{eff,2} < 2,0$ beträgt.

(NA.4) Bei nicht vorgespannten durchlaufenden Bauteilen des üblichen Hochbaus brauchen, mit Ausnahme des Nachweises der Lagesicherheit nach DIN EN 1990, Bemessungssituationen mit günstig wirkenden ständigen Einwirkungen bei linear-elastischer Berechnung nicht berücksichtigt zu werden, wenn die Konstruktionsregeln für die Mindestbewehrung eingehalten werden.

5.1.4 Auswirkungen von Bauteilverformungen (Theorie II. Ordnung)

(1)P Die Auswirkungen nach Theorie II. Ordnung (siehe auch EN 1990, Kapitel 1) müssen berücksichtigt werden, wenn sie die Gesamtstabilität des Bauwerks erheblich beeinflussen oder zum Erreichen des Grenzzustands der Tragfähigkeit in kritischen Querschnitten beitragen.

(2) Die Auswirkungen nach Theorie II. Ordnung sind in der Regel gemäß 5.8 zu berücksichtigen.

(3) Für Hochbauten dürfen die Auswirkungen nach Theorie II. Ordnung unterhalb bestimmter Grenzen vernachlässigt werden (siehe 5.8.2 (6)).

NCI Zu 5.1.4

(NA.4)P Der Gleichgewichtszustand von Tragwerken mit stabförmigen Bauteilen oder Wänden unter Längsdruck und insbesondere der Gleichgewichtszustand dieser Bauteile selbst muss unter Berücksichtigung der Auswirkung von Bauteilverformungen nachgewiesen werden, wenn diese die Tragfähigkeit um mehr als 10 % verringern. Dies gilt für jede Richtung, in der ein Versagen nach Theorie II. Ordnung auftreten kann.

5.2 Imperfektionen

(1)P Für die Ermittlung der Schnittgrößen von Bauteilen und Tragwerken sind die ungünstigen Auswirkungen möglicher Abweichungen in der Tragwerksgeometrie und in der Laststellung zu berücksichtigen.

ANMERKUNG Abweichungen bei den Querschnittsabmessungen von sind i. Allg. in den Materialsicherheitsfaktoren berücksichtigt. Diese brauchen bei der Schnittgrößenermittlung nicht berücksichtigt zu werden. Eine minimale Lastausmitte bei der Bemessung von Querschnitten wird in 6.1 (4) vorgesehen.

NCI Zu 5.2 (1)P

Die einzelnen aussteifenden Bauteile sind für Schnittgrößen zu bemessen, die sich aus der Berechnung am Gesamttragwerk ergeben, wobei die Auswirkungen der Einwirkungen und Imperfektionen am Tragwerk als Ganzem einzubeziehen sind.

Der Einfluss der Tragwerksimperfektionen darf durch den Ansatz geometrischer Ersatzimperfektionen erfasst werden.

(2)P Imperfektionen müssen bei ständigen und vorübergehenden sowie bei außergewöhnlichen Bemessungssituationen im Grenzzustand der Tragfähigkeit berücksichtigt werden.

(3) Imperfektionen brauchen im Grenzzustand der Gebrauchstauglichkeit nicht berücksichtigt zu werden.

(4) Die folgenden Regeln gelten für Bauteile unter Normalkraft sowie für Tragwerke mit vertikaler Belastung (vorwiegend im Hochbau). Die numerischen Werte beziehen sich auf normale Abweichungen der Bauausführung (Klasse 1 in ENV 13670). Bei Verwendung anderer Abweichungen (z. B. Klasse 2) sind die Werte in der Regel entsprechend anzupassen.

(5) Imperfektionen dürfen als Schiefstellung θ_i wie folgt berücksichtigt werden:

$$\theta_i = \theta_0 \cdot \alpha_h \cdot \alpha_m \qquad (5.1)$$

Dabei ist

- θ_0 der Grundwert;
- α_h der Abminderungsbeiwert für die Höhe: $\alpha_h = 2/\sqrt{l}$; $2/3 \leq \alpha_h \leq 1$;
- α_m der Abminderungsbeiwert für die Anzahl der Bauteile: $\alpha_m = \sqrt{0,5 \cdot (1 + 1/m)}$;
- l die Länge oder Höhe [m], ⌐AC⌐siehe (6) ⌐AC⌐;
- m die Anzahl der vertikalen Bauteile, die zur Gesamtauswirkung beitragen.

ANMERKUNG Der landesspezifische Wert θ_0 darf einem Nationalen Anhang entnommen werden. Der empfohlene Wert ist 1/200.

NDP Zu 5.2 (5)

- allgemein:

  $\theta_0 = 1/200$ mit $0 \leq \alpha_h = 2/\sqrt{l} \leq 1,0$

- für Auswirkungen auf Decken- bzw. Dachscheiben:

  $\theta_0 = 0,008/\sqrt{2m}$ mit $\alpha_h = \alpha_m = 1$

(6) Die in Gleichung (5.1) enthaltenen Definitionen von l und m hängen von der untersuchten Auswirkung ab, für die drei Fälle unterschieden werden dürfen (siehe auch Bild 5.1):

- Auswirkung auf Einzelstütze: l = tatsächliche Länge der Stütze, $m = 1$.
- Auswirkung auf Aussteifungssystem: l = Gebäudehöhe, m = Anzahl der vertikalen Bauteile, die zur horizontalen Belastung des Aussteifungssystems beitragen.
- Auswirkung auf Decken- oder Dachscheiben, die horizontale Kräfte verteilen: l = Stockwerkshöhe, m = Anzahl der vertikalen Bauteile in den Stockwerken, die zur horizontalen Gesamtbelastung auf das Geschoss beitragen.

NCI Zu 5.2 (6), zweiter Anstrich

Für m dürfen nur vertikale Bauteile angesetzt werden, die mindestens 70 % des Bemessungswerts der mittleren Längskraft $N_{Ed,m} = F_{Ed}/n$ aufnehmen, worin F_{Ed} die Summe der Bemessungswerte der Längskräfte aller nebeneinander liegenden lotrechten Bauteile im betrachteten Geschoss bezeichnet.

(7) Bei Einzelstützen (siehe 5.8.1) dürfen die Auswirkungen der Imperfektionen mit einer der zwei Alternativen a) oder b) berücksichtigt werden:

a) als Lastausmitte e_i mit

$$e_i = \theta_i \cdot l_0/2 \qquad (5.2)$$

wobei l_0 die Knicklänge ist: siehe auch 5.8.3.2. Bei Wänden und Einzelstützen in ausgesteiften Systemen darf vereinfacht immer $e_i = l_0/400$ verwendet werden (entspricht $\alpha_h = 1$).

b) als Horizontalkraft H_i in der Position, die das maximale Moment erzeugt:
für nichtausgesteifte Stützen (siehe Bild 5.1a1)

$$H_i = \theta_i \cdot N \qquad (5.3a)$$

für ausgesteifte Stützen (siehe Bild 5.1a2)

$$H_i = 2 \cdot \theta_i \cdot N \qquad (5.3b)$$

Dabei ist N die Normalkraft

ANMERKUNG Die Lastausmitte eignet sich für statisch bestimmte Bauteile, wohingegen die Horizontalkraft sowohl für statisch bestimmte als auch für unbestimmte Bauteile verwendet werden darf. Die Kraft H_i darf auch durch eine vergleichbare Quereinwirkung ersetzt werden.

(8) Bei Tragwerken darf die Auswirkung der Schiefstellung θ_i durch äquivalente Horizontalkräfte zusammen mit den anderen Einwirkungen bei der Schnittgrößenermittlung berücksichtigt werden.

Auswirkung auf ein Aussteifungssystem (siehe Bild 5.1b):
$$H_i = \theta_i \cdot (N_b - N_a) \tag{5.4}$$
Auswirkung auf eine Deckenscheibe (siehe Bild 5.1c1):
$$H_i = \theta_i \cdot (N_b + N_a) / 2 \tag{5.5}$$
Auswirkung auf eine Dachscheibe (siehe Bild 5.1c2):
$$H_i = \theta_i \cdot N_a \tag{5.6}$$
Dabei sind N_a und N_b die Normalkräfte, die zu H_i beitragen.

NCI Zu 5.2 (8)

Für die Schiefstellung θ_i in den Gleichungen (5.5) und (5.6) ist $\theta_i = 0{,}008/\sqrt{2m}$ in Bogenmaß anzunehmen (siehe 5.2 (5)).

Dabei ist
m die Anzahl der auszusteifenden Tragwerksteile im betrachteten Geschoss.

(9) Als vereinfachte Alternative für Wände und Einzelstützen in ausgesteiften Systemen darf eine Lastausmitte $e_i = l_0 / 400$ verwendet werden, um die mit den üblichen Abweichungen in der Bauausführung verbundenen Imperfektionen zu berücksichtigen (siehe 5.2 (4)).

5.3 Idealisierungen und Vereinfachungen

5.3.1 Tragwerksmodelle für statische Berechnungen

(1)P Die Bestandteile eines Tragwerks werden nach ihrer Beschaffenheit und Funktion unterteilt in Balken, Stützen, Platten, Wände, Scheiben, Bögen, Schalen usw. Die folgenden Regeln gelten für die Schnittgrößenermittlung der gebräuchlichsten Bauteile und für aus diesen Bauteilen zusammengesetzte Tragwerke.

(2) Die folgenden Absätze (3) bis (7) gelten für den Hochbau.

(3) Ein Balken ist ein Bauteil, dessen Stützweite nicht kleiner als die 3-fache Gesamtquerschnittshöhe ist. Andernfalls ist es in der Regel ein wandartiger Träger.

(4) Als Platte gilt ein flächenartiges Bauteil, dessen kleinste Dimensionen in der Ebene mindestens seiner 5fachen Gesamtdicke entsprechen.

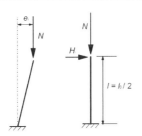

a1) nicht ausgesteift

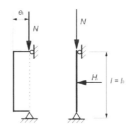

a2) ausgesteift

a) Einzelstützen mit ausmittiger Normalkraft oder seitlich angreifender Kraft

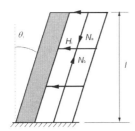

b) Aussteifungssystem

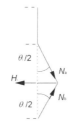

c1) Deckenscheibe

c2) Dachscheibe

Bild 5.1 – Beispiele für die Auswirkung geometrischer Imperfektionen

(5) Eine durch überwiegend gleichmäßig verteilte Lasten belastete Platte darf als einachsig gespannt angenommen werden, wenn sie entweder:
- zwei freie (ungelagerte), nahezu parallele Ränder besitzt oder
- wenn sie den mittleren Bereich einer rechteckigen, allseitig gestützten Platte bildet, die ein Seitenverhältnis der längeren zur kürzeren Stützweite von mehr als 2 aufweist.

(6) Rippen- oder Kassettendecken brauchen für die Ermittlung der Schnittgrößen nicht als diskrete Bauteile behandelt zu werden, wenn die Gurtplatte zusammen mit den Rippen eine ausreichende Torsionssteifigkeit aufweist. Dies darf vorausgesetzt werden, wenn:
- der Rippenabstand 1500 mm nicht übersteigt,
- die Rippenhöhe unter der Gurtplatte die 4fache Rippenbreite nicht übersteigt,
- die Dicke der Gurtplatte mindestens 1/10 des lichten Abstands zwischen den Rippen oder 50 mm beträgt, wobei der größere Wert maßgebend ist,
- Querrippen vorgesehen sind, deren lichter Abstand nicht größer als die 10fache Plattendicke ist.

Die Mindestdicke der Gurtplatte von 50 mm darf auf 40 mm verringert werden, wenn massive Füllkörper zwischen den Rippen vorgesehen sind.

NCI Zu 5.3.1 (6)

Die Schnittgrößenermittlung für diese Decken als Vollplatte ist auf die Verfahren nach 5.4 und 5.5 beschränkt.
Der letzte Satz findet keine Anwendung.
ANMERKUNG In 10.9.3 (11) werden diese Deckensysteme für Fertigteile behandelt.

(7) Eine Stütze ist ein Bauteil, dessen Querschnittsbreite nicht mehr als das 4fache seiner Querschnittshöhe und dessen Gesamtlänge mindestens das 3fache seiner Querschnittshöhe beträgt. Im Falle anderer Querschnittsabmessungen ist es eine Wand.

5.3.2 Geometrische Angaben

5.3.2.1 Mitwirkende Plattenbreite (alle Grenzzustände)

(1)P Bei Plattenbalken hängt die mitwirkende Plattenbreite, für die eine konstante Spannung angenommen werden darf, von den Gurt- und Stegabmessungen, von der Art der Belastung, der Stützweite, den Auflagerbedingungen und der Querbewehrung ab.

(2) Die mitwirkende Plattenbreite ist in der Regel auf der Grundlage des Abstands l_0 zwischen den Momentennullpunkten zu ermitteln. Siehe hierfür Bild 5.2.

Bild 5.2 – Definition von l_0, zur Berechnung der mitwirkenden Plattenbreite

ANMERKUNG Die Länge des Kragarms l_3 sollte kleiner als die halbe Länge des benachbarten Feldes sein und das Verhältnis der benachbarten Felder sollte zwischen 2/3 und 1,5 liegen.

NCI Zu 5.3.2.1 (2)

Bild 5.2 gilt bei annähernd gleichen Steifigkeiten und annähernd gleicher Belastung für ein Stützweitenverhältnis benachbarter Felder im Bereich von $0,8 < l_1 / l_2 < 1,25$. Für kurze Kragarme (in Bezug auf das angrenzende Feld) sollte die wirksame Stützweite l_0 ermittelt werden zu $l_0 = 1,5 l_3$. Die Länge des Kragarms l_3 sollte kleiner als die halbe Länge des benachbarten Feldes sein.

(3) Die mitwirkende Plattenbreite b_{eff} für einen Plattenbalken oder einen einseitigen Plattenbalken darf wie folgt ermittelt werden:

$$b_{eff} = \sum b_{eff,i} + b_w \leq b \quad (5.7)$$

Dabei ist

$$b_{eff,i} = 0,2\, b_i + 0,1\, l_0 \leq 0,2\, l_0 \quad (5.7a)$$

und

$$b_{eff,i} \leq b_i \quad (5.7b)$$

(für die Bezeichnungen siehe Bilder 5.2 und 5.3).

(4) Ist für die Schnittgrößenermittlung keine besondere Genauigkeit erforderlich, darf eine konstante Gurtbreite über die gesamte Stützweite angenommen werden. Dabei darf in der Regel der Wert für den Feldquerschnitt verwendet werden.

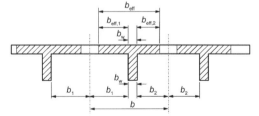

Bild 5.3 – Parameter der mitwirkenden Plattenbreite

5.3.2.2 Effektive Stützweite von Balken und Platten im Hochbau

ANMERKUNG Die folgenden Regeln sind vorwiegend für die Schnittgrößenermittlung von Einzelbauteilen bestimmt. Bei der Schnittgrößenermittlung für Rahmentragwerke dürfen diese Vereinfachungen verwendet werden, sofern sie zutreffen.

(1) Die effektive Stützweite l_{eff} eines Bauteils ist in der Regel wie folgt zu ermitteln:

$$l_{eff} = l_n + a_1 + a_2 \quad (5.8)$$

Dabei ist

l_n der lichte Abstand zwischen den Auflagerrändern.

Die Werte a_1 und a_2 für die beiden Enden des Feldes dürfen nach Bild 5.4 bestimmt werden. Wie dargestellt ist t die Auflagertiefe.

(2) Die Schnittgrößenermittlung bei durchlaufenden Platten und Balken darf unter der Annahme frei drehbarer Lagerung erfolgen.

(3) Bei einer monolithischen Verbindung zwischen Balken bzw. Platte und Auflager darf der Bemessungswert des Stützmoments am Auflagerrand ermittelt werden. Das auf das Auflager (z. B. Stütze, Wand usw.) übertragene Bemessungsmoment und die Auflagerreaktion sind im Allgemeinen jeweils mittels linear-elastischer Berechnung mit und ohne Umlagerung zu bestimmen, abhängig davon, welches Verfahren die größeren Werte liefert.

ANMERKUNG Das Moment am Auflagerrand sollte mindestens das 0,65fache des Volleinspannmoments betragen.

NCI Zu 5.3.2.2 (3)

Bei indirekter Lagerung ist dies nur zulässig, wenn das stützende Bauteil eine Vergrößerung der statischen Nutzhöhe des gestützten Bauteils mit einer Neigung von mindestens 1:3 zulässt.

ANMERKUNG Definition direkte / indirekte Auflagerung siehe NA 1.5.2.26.

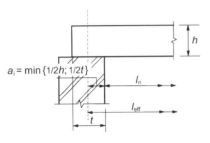

(a) nicht durchlaufende Bauteile (b) durchlaufende Bauteile

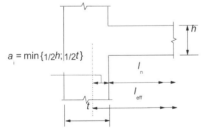

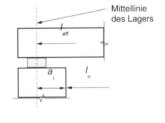

(c) Auflager mit voller Einspannung (d) Anordnung eines Lagers

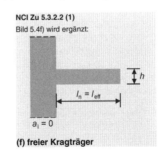

(e) Kragarm (f) freier Kragträger

Bild 5.4 – Effektive Stützweite (l_{eff}) für verschiedene Auflagerbedingungen

(4) Der Bemessungswert des Stützmoments durchlaufender Balken oder Platten, deren Auflager als frei drehbar angenommen werden dürfen (z. B. über Wänden), darf unabhängig vom angewendeten Rechenverfahren um einen Betrag ΔM_{Ed} reduziert werden. Hierbei sollte als effektive Stützweite der Abstand zwischen den Auflagermitten angenommen werden:

$$\Delta M_{Ed} = F_{Ed,sup} \cdot t / 8 \quad (5.9)$$

Dabei ist

$F_{Ed,sup}$ der Bemessungswert der Auflagerreaktion;
t die Auflagertiefe (siehe Bild 5.4b)).

ANMERKUNG Werden Lager eingesetzt, ist in der Regel für t die Breite des Lagers anzusetzen.

5.4 Linear-elastische Berechnung

(1) Die Schnittgrößen von Bauteilen dürfen auf Grundlage der Elastizitätstheorie sowohl für die Grenzzustände der Gebrauchstauglichkeit als auch der Tragfähigkeit bestimmt werden.

(2) Eine linear-elastische Schnittgrößenermittlung darf dabei unter folgenden Annahmen erfolgen:
i) ungerissene Querschnitte,
ii) lineare Spannungs-Dehnungs-Linien und
iii) Mittelwert des Elastizitätsmoduls.

NCI Zu 5.4 (2), i)

Es dürfen jedoch auch die Steifigkeiten der gerissenen Querschnitte (Zustand II) verwendet werden.

(3) Im Grenzzustand der Tragfähigkeit darf bei Temperatureinwirkungen, Setzungen und Schwinden von einer verminderten Steifigkeit infolge gerissener Querschnitte ausgegangen werden. Dabei darf die Mitwirkung des Betons auf Zug vernachlässigt werden, während die Auswirkungen des Kriechens zu berücksichtigen sind. Im Grenzzustand der Gebrauchstauglichkeit ist in der Regel eine sukzessive Rissbildung zu berücksichtigen.

NCI Zu 5.4

(NA.4) Im Allgemeinen sind keine besonderen Maßnahmen zur Sicherstellung angemessener Verformungsfähigkeit erforderlich, sofern sehr hohe Bewehrungsgrade in den kritischen Abschnitten der Bauteile vermieden und die Anforderungen bezüglich der Mindestbewehrung erfüllt werden.

(NA.5) Für Durchlaufträger, bei denen das Stützweitenverhältnis benachbarter Felder mit annähernd gleichen Steifigkeiten $0,5 < l_{eff,1} / l_{eff,2} < 2,0$ beträgt, in Riegeln von Rahmen und in sonstigen Bauteilen, die vorwiegend auf Biegung beansprucht sind, einschließlich durchlaufender, in Querrichtung kontinuierlich gestützter Platten, sollte x_d/d den Wert 0,45 bis C50/60 und 0,35 ab C55/67 nicht überschreiten, sofern keine geeigneten konstruktiven Maßnahmen getroffen oder andere Nachweise zur Sicherstellung ausreichender Duktilität geführt werden.

5.5 Linear-elastische Berechnung mit begrenzter Umlagerung

(1)P Die Auswirkungen einer Momentenumlagerung müssen bei der Bemessung durchgängig berücksichtigt werden.

(2) Die linear-elastische Schnittgrößenermittlung mit begrenzter Umlagerung darf für die Nachweise von Bauteilen im GZT verwendet werden.

(3) Die mit dem linear-elastischen Verfahren ermittelten Momente dürfen für die Nachweise im GZT umgelagert werden, wobei die resultierende Schnittgrößenverteilung mit den einwirkenden Lasten im Gleichgewicht stehen muss.

NCI Zu 5.5 (3)

Für die Ermittlung von Querkraft, Drillmoment und Auflagerreaktion bei Platten darf im üblichen Hochbau entsprechend dem Momentenverlauf nach Umlagerung eine lineare Interpolation zwischen den Beanspruchungen bei voll eingespanntem Rand und denen bei gelenkig gelagertem Rand vorgenommen werden.

(4) Bei durchlaufenden Balken oder Platten, die:
a) vorwiegend auf Biegung beansprucht sind und
b) bei denen das Stützweitenverhältnis benachbarter Felder mit annähernd gleicher Steifigkeit 0,5 bis 2,0 beträgt,

dürfen die Biegemomente ohne besonderen Nachweis der Rotationsfähigkeit umgelagert werden, vorausgesetzt dass:

$\delta \geq k_1 + k_2 \cdot x_u / d$ für $f_{ck} \leq 50$ N/mm² (5.10a)
$\delta \geq k_3 + k_4 \cdot x_u / d$ für $f_{ck} > 50$ N/mm² (5.10b)
$\delta \geq k_5$ bei Betonstahl der Klassen B und C (siehe Anhang C),
$\delta \geq k_6$ bei Betonstahl der Klasse A (siehe Anhang C).

Dabei ist

δ das Verhältnis des umgelagerten Moments zum Ausgangsmoment vor der Umlagerung;
x_u die bezogene Druckzonenhöhe im GZT nach Umlagerung;
d die statische Nutzhöhe des Querschnitts.

ANMERKUNG Die landesspezifischen Werte für k_1, k_2, k_3, k_4, k_5 und k_6 dürfen einem Nationalen Anhang entnommen werden. Der empfohlene Wert für k_1 ist 0,44, für $k_2 = 1{,}25 \cdot (0{,}6+0{,}0014/\varepsilon_{cu2})$, für $k_3 = 0{,}54$, für $k_4 = 1{,}25 \cdot (0{,}6+0{,}0014/\varepsilon_{cu2})$, für $k_5 = 0{,}7$ und $k_6 = 0{,}8$. ε_{cu2} ist die maximale Dehnung des Querschnitts gemäß Tabelle 3.1.

NDP Zu 5.5 (4)

$k_1 = 0{,}64$; $k_2 = 0{,}8$
$k_3 = 0{,}72$; $k_4 = 0{,}8$
$k_5 = 0{,}70$ für $f_{ck} \leq 50$ N/mm² und
$k_5 = 0{,}80$ für $f_{ck} > 50$ N/mm²
$k_6 = 0{,}85$ für $f_{ck} \leq 50$ N/mm² und
$k_6 = 1{,}00$ für $f_{ck} > 50$ N/mm²

(5) Eine Umlagerung darf in der Regel nicht erfolgen, wenn die Rotationsfähigkeit nicht sichergestellt werden kann (z. B. in vorgespannten Rahmenecken).

NCI Zu 5.5 (5)

Bei verschieblichen Rahmen, Tragwerken aus unbewehrtem Beton und solchen, die aus vorgefertigten Segmenten mit unbewehrten Kontaktfugen bestehen, ist keine Umlagerung zugelassen.

(6) Für die Bemessung von Stützen in rahmenartigen Tragwerken sind in der Regel die elastischen Momente ohne Umlagerung zu verwenden.

5.6 Verfahren nach der Plastizitätstheorie

5.6.1 Allgemeines

(1)P Verfahren nach der Plastizitätstheorie dürfen nur für die Nachweise im GZT verwendet werden.

(2)P Die Duktilität der kritischen Querschnitte muss für die geplante Plastifizierung ausreichen.

(3)P Das Verfahren nach der Plastizitätstheorie darf entweder auf Grundlage der unteren Grenze (statisches Verfahren) oder der oberen Grenze (kinematisches Verfahren) angewendet werden.

ANMERKUNG Nichtwidersprechende, ergänzende Informationen dürfen einem Nationalen Anhang entnommen werden.

(4) Die Auswirkungen der vorausgegangenen Lastgeschichte dürfen im Allgemeinen vernachlässigt werden. Es darf eine stetige Zunahme der Einwirkungen angenommen werden.

NCI Zu 5.6.1

(NA.5) Bei Scheiben dürfen Verfahren nach der Plastizitätstheorie stets (also auch bei Verwendung von Stahl mit normaler Duktilität) ohne direkten Nachweis des Rotationsvermögens angewendet werden.

5.6.2 Balken, Rahmen und Platten

(1)P Verfahren nach der Plastizitätstheorie ohne direkten Nachweis der Rotationsfähigkeit dürfen im GZT durchgeführt werden, wenn die Bedingung nach 5.6.1 (2)P erfüllt ist.

(2) Die erforderliche Duktilität darf als ausreichend angenommen werden, wenn alle folgenden Voraussetzungen erfüllt sind:
i) die Fläche der Zugbewehrung ist so begrenzt, dass in jedem Querschnitt
$x_u/d \leq 0{,}25$ für Betonfestigkeitsklassen $\leq$ C50/60,
$x_u/d \leq 0{,}15$ für Betonfestigkeitsklassen $\geq$ C55/67;
ii) der verwendete Betonstahl entspricht entweder Klasse B oder C;
iii) das Verhältnis von Stütz- zu Feldmomenten liegt zwischen 0,5 und 2.

NCI Zu 5.6.2 (2)

Dieser vereinfachte Nachweis ist nur für zweiachsig gespannte Platten zulässig. Die Druckzonenhöhe x_u ist dabei mit den Bemessungswerten der Einwirkungen und der Baustofffestigkeiten zu ermitteln.

(3) Stützen sind in der Regel auf die maximalen plastischen Momente, die von benachbarten Bauteilen übertragen werden können, nachzuweisen. Bei Stützenknoten in Flachdecken ist dieses Moment in der Regel im Durchstanznachweis zu berücksichtigen.

(4) Bei Berechnungen von Platten nach der Plastizitätstheorie sind in der Regel gestaffelte Bewehrungen, Eckverankerungskräfte sowie die Torsion an freien Rändern zu berücksichtigen.

NCI Zu 5.6.2 (4)

Bewehrungsstöße in plastischen Zonen sind nicht gestattet.

(5) Verfahren nach der Plastizitätstheorie dürfen auf Hohlplatten (Rippen-, Hohl- und Kassettendecken) angewendet werden, wenn deren Tragverhalten, insbesondere hinsichtlich der Torsion, dem von massiven Vollplatten entspricht.

Normen

NCI Zu 5.6.2 (5)

Absatz (5) ist in Deutschland nicht anzuwenden.

NCI Zu 5.6.2

(NA.6)P Bei Anwendung der Plastizitätstheorie für stabförmige Bauteile und Platten darf Betonstahl mit normaler Duktilität (Klasse A) nicht verwendet werden.

5.6.3 Vereinfachter Nachweis der plastischen Rotation

(1) Das vereinfachte Verfahren für stabförmige Bauteile und einachsig gespannte Platten basiert auf dem Nachweis der Rotationsfähigkeit ausgezeichneter Stab- oder Plattenabschnitte mit einer Länge etwa der 1,2fachen Querschnittshöhe. Dabei wird vorausgesetzt, dass diese sich als erste unter der jeweils maßgebenden Einwirkungskombination plastisch verformen (Ausbildung plastischer Gelenke), so dass sie wie ein Querschnitt behandelt werden dürfen. Der Nachweis der plastischen Rotation im Grenzzustand der Tragfähigkeit gilt als erbracht, wenn nachgewiesen wird, dass unter der maßgebenden Einwirkungskombination die rechnerische Rotation θ_s die zulässige Rotation nicht überschreitet (siehe Bild 5.5).

(2) ⌈AC⌋ Für die Bereiche der plastischen Gelenke darf in der Regel das ⌈AC⌋ Verhältnis x_u/d die Werte 0,45 für Beton bis zur Festigkeitsklasse C50/60 und 0,35 für Beton ab der Festigkeitsklasse C55/67 nicht überschreiten.

(3) Die Rotation θ_s ist in der Regel auf Grundlage der Bemessungswerte der Einwirkungen ⌈AC⌋ und der Mittelwerte der Baustoffeigenschaften sowie ⌈AC⌋ der Vorspannung zum maßgeblichen Zeitpunkt zu ermitteln.

(4) Die zulässige plastische Rotation darf vereinfachend durch Multiplikation des Grundwerts der zulässigen Rotation $\theta_{pl,d}$ mit einem Korrekturfaktor k_λ zur Berücksichtigung der Schubschlankheit ermittelt werden.

ANMERKUNG Die landesspezifischen Werte $\theta_{pl,d}$ dürfen einem Nationalen Anhang entnommen werden. Die empfohlenen Werte für die Betonstahlklassen B und C (die Verwendung der Klasse A wird für das Verfahren nach der Plastizitätstheorie nicht empfohlen) sowie für die Betonfestigkeitsklassen ≤ C50/60 bzw. C90/105 sind in Bild 5.6N dargestellt.

Die Werte für die Betonfestigkeitsklassen C55/67 bis C90/105 dürfen entsprechend interpoliert werden. Die Werte gelten für eine Schubschlankheit $\lambda = 3{,}0$. Für abweichende Werte der Schubschlankheit ist in der Regel $\theta_{pl,d}$ mit k_λ zu multiplizieren:

$$k_\lambda = \sqrt{\lambda/3} \qquad (5.11N)$$

Dabei ist λ das Verhältnis aus dem Abstand zwischen Momentennullpunkt und Momentenmaximum nach Umlagerung und der statischen Nutzhöhe d.

Vereinfacht darf λ dabei aus den Bemessungswerten des Biegemoments und der zugehörigen Querkraft berechnet werden:

$$\boxed{AC}\, \lambda = M_{Sd}/(V_{Sd} \cdot d)\, \boxed{AC} \qquad (5.12N)$$

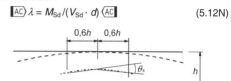

Bild 5.5 – Plastische Rotation θ_s für Stahlbetonquerschnitte durchlaufender, stabförmiger Bauteile einschließlich durchlaufender einachsig gespannter Platten.

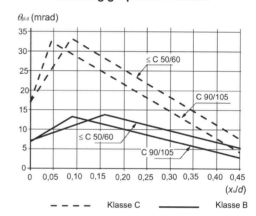

Bild 5.6 N – Grundwert der zulässigen plastischen Rotation $\theta_{pl,d}$ von Stahlbetonquerschnitten für Bewehrungsklassen B und C. Die Werte gelten für eine Schubschlankheit von $\lambda = 3{,}0$.

NDP Zu 5.6.3 (4)

Es gilt Bild 5.6DE.

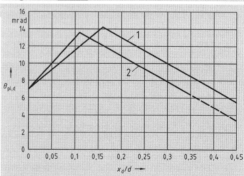

Legende
1 für C12/15 bis C50/60
2 für C100/115

Bild 5.6DE – Grundwert der zulässigen plastischen Rotation $\theta_{pl,d}$ von Stahlbetonquerschnitten (Schubschlankheit $\lambda = 3{,}0$)

ANMERKUNG wird ersetzt:

ANMERKUNG Die Werte nach Bild 5.6DE gelten für Betonstahl B500B sowie für die Betonfestigkeitsklassen ≤ C50/60 bzw. C100/115.

Die Werte für die Betonfestigkeitsklassen C55/67 bis C100/115 dürfen entsprechend interpoliert werden. Die Werte gelten für eine Schubschlankheit $\lambda = 3{,}0$. Für abweichende Werte der Schubschlankheit ist in der Regel $\theta_{pl,d}$ mit k_λ zu multiplizieren:

$$k_\lambda = \sqrt{(\lambda/3)} \qquad (5.11N)$$

Dabei ist λ das Verhältnis aus dem Abstand zwischen Momentennullpunkt und Momentenmaximum nach Umlagerung und der statischen Nutzhöhe d.

Vereinfacht darf λ dabei aus den Bemessungswerten des Biegemoments und der zugehörigen Querkraft berechnet werden:

$$\lambda = M_{Ed} / (V_{Ed} \cdot d) \qquad (5.12N)$$

Angaben für eine genauere Ermittlung der zulässigen plastischen Rotation können DAfStb-Heft 600 entnommen werden.

5.6.4 Stabwerkmodelle

(1) Stabwerkmodelle dürfen bei der Bemessung in den Grenzzuständen der Tragfähigkeit von Kontinuitätsbereichen (ungestörte Bereiche von Balken und Platten im gerissenen Zustand, siehe 6.1 bis 6.4) und bei der Bemessung in den Grenzzuständen der Tragfähigkeit und der baulichen Durchbildung von Diskontinuitätsbereichen, siehe 6.5.1, angewendet werden. Üblicherweise sollten Stabwerkmodelle noch bis zu einer Länge h (Querschnittshöhe des Bauteils) über den Diskontinuitätsbereich ausgedehnt werden. Stabwerkmodelle dürfen ebenfalls bei Bauteilen verwendet werden, bei denen eine lineare Dehnungsverteilung innerhalb des Querschnitts angenommen werden darf (z. B. bei einem ebenen Dehnungszustand).

(2) Nachweise in den Grenzzuständen der Gebrauchstauglichkeit, wie z. B. die Nachweise der Stahlspannung und die Rissbreitenbegrenzung, dürfen ebenfalls mit Hilfe von Stabwerksmodellen ausgeführt werden, sofern eine näherungsweise Verträglichkeit der Stabwerksmodelle sichergestellt ist (insbesondere die Lage und Richtung der Hauptstreben sollten der Elastizitätstheorie entsprechen).

(3) Ein Stabwerkmodell besteht aus Betondruckstreben (diskretisierte Druckspannungsfelder), aus Zugstreben (Bewehrung) und den verbindenden Knoten. Die Kräfte in diesen Elementen des Stabwerkmodells sind in der Regel unter Einhaltung des Gleichgewichts für die Einwirkungen im Grenzzustand der Tragfähigkeit zu ermitteln. Die Elemente des Stabwerksmodells sind in der Regel nach den in 6.5 angegebenen Regeln zu bemessen.

(4) Die Zugstreben des Stabwerkmodells müssen in der Regel nach Lage und Richtung mit der zugehörigen Bewehrung übereinstimmen.

(5) Geeignete Stabwerkmodelle können durch Übernehmen von Spannungstrajektorien und -verteilungen nach der Elastizitätstheorie oder mit dem Lastpfadverfahren entwickelt werden. Alle Stabwerkmodelle dürfen mittels Energiekriterien optimiert werden.

NCI Zu 5.6 4

(NA.6) Stabwerkmodelle dürfen kinematisch sein, wenn Geometrie und Belastung aufeinander abgestimmt sind.

(NA.7) Bei der Stabkraftermittlung für statisch unbestimmte Stabwerkmodelle dürfen die unterschiedlichen Dehnsteifigkeiten der Druck- und Zugstreben näherungsweise berücksichtigt werden. Vereinfachend dürfen einzelne statisch unbestimmte Stabkräfte in Anlehnung an die Kräfte aus einer linear-elastischen Berechnung des Tragwerks gewählt werden.

(NA.8) Die Ergebnisse aus mehreren Stabwerkmodellen dürfen im Allgemeinen nicht überlagert werden. Dies ist im Ausnahmefall möglich, wenn die Stabwerkmodelle für jede Einwirkung im Wesentlichen übereinstimmen.

5.7 Nichtlineare Verfahren

(1) Nichtlineare Verfahren der Schnittgrößenermittlung dürfen sowohl für die Nachweise in den Grenzzuständen der Gebrauchstauglichkeit als auch der Tragfähigkeit angewendet werden, wobei die Gleichgewichts- und Verträglichkeitsbedingungen zu erfüllen und die Nichtlinearität der Baustoffe angemessen zu berücksichtigen sind. Die Berechnung kann nach Theorie I. oder II. Ordnung erfolgen.

(2) Im Grenzzustand der Tragfähigkeit ist in der Regel die Aufnahmefähigkeit nichtelastischer Formänderungen in örtlich kritischen Bereichen zu überprüfen, soweit sie in der Berechnung berücksichtigt werden. Unsicherheiten sind hierbei in geeigneter Form Rechnung zu tragen.

(3) Für vorwiegend ruhend belastete Tragwerke dürfen die Auswirkungen der vorausgegangenen Lastgeschichte im Allgemeinen vernachlässigt und eine stetige Zunahme der Einwirkungen angenommen werden.

(4)P Für nichtlineare Verfahren müssen Baustoffeigenschaften verwendet werden, die zu einer realistischen Steifigkeit führen und die die Unsicherheiten beim Versagen berücksichtigen. Es dürfen nur Bemessungsverfahren verwendet werden, die in den maßgebenden Anwendungsbereichen gültig sind.

(5) Bei schlanken Tragwerken, bei denen die Auswirkungen nach Theorie II. Ordnung nicht vernachlässigt werden dürfen, darf das Bemessungsverfahren nach 5.8.6 angewendet werden.

NCI Zu 5.7

(NA.6) Ein geeignetes nichtlineares Verfahren der Schnittgrößenermittlung einschließlich der Querschnittsbemessung ist in NCI zu 5.7, (NA.7) bis (NA.15) beschrieben.

(NA.7)P Der Bemessungswert des Tragwiderstands R_d ist bei nichtlinearen Verfahren nach Gleichung (NA.5.12.1) zu ermitteln:

$$R_d = R(f_{cR}; f_{yR}; f_{tR}; f_{p0,1R}; f_{pR})/\gamma_R \quad \text{(NA.5.12.1)}$$

Dabei ist

$f_{cR}, f_{yR}, f_{tR}, f_{p0,1R}, f_{pR}$ der jeweilige rechnerische Mittelwert der Festigkeiten des Betons, des Betonstahls bzw. des Spannstahls;

γ_R der Teilsicherheitsbeiwert für den Systemwiderstand.

(NA.8) Durch die Festlegung der Bewehrung nach Größe und Lage schließen nichtlineare Verfahren die Bemessung für Biegung mit Längskraft ein.

(NA.9)P Die Formänderungen und Schnittgrößen des Tragwerks sind auf der Grundlage der Spannungs-Dehnungs-Linien für Beton nach Bild 3.2, Betonstahl nach Bild NA.3.8.1 und für Spannstahl nach Bild NA.3.10.1 zu berechnen, wobei die Mittelwerte der Baustofffestigkeiten zugrunde zu legen sind.

(NA.10) Die Mittelwerte der Baustofffestigkeiten dürfen rechnerisch wie folgt angenommen werden:

$f_{yR} = 1{,}1 \cdot f_{yk}$ (NA.5.12.2)
$f_{tR} = 1{,}08 \cdot f_{yR}$ (für B500B) (NA.5.12.3)
$f_{tR} = 1{,}05 \cdot f_{yR}$ (für B500A) (NA.5.12.4)
$f_{p0,1R} = 1{,}1 \cdot f_{p0,1k}$ (NA.5.12.5)
$f_{pR} = 1{,}1 \cdot f_{pk}$ (NA.5.12.6)
$f_{cR} = 0{,}85 \cdot \alpha_{cc} \cdot f_{ck}$ (NA.5.12.7)

Hierbei sollte ein einheitlicher Teilsicherheitsbeiwert $\gamma_R = 1{,}3$ (für ständige und vorübergehende Bemessungssituationen und Nachweis gegen Ermüdung) oder $\gamma_R = 1{,}1$ (für außergewöhnliche Bemessungssituationen) für den Bemessungswert des Tragwiderstands berücksichtigt werden.

(NA.11)P Der Bemessungswert des Tragwiderstands darf nicht kleiner sein als der Bemessungswert der maßgebenden Einwirkungskombination.

(NA.12)P Der GZT gilt als erreicht, wenn in einem beliebigen Querschnitt des Tragwerks die kritische Stahldehnung oder die kritische Betondehnung oder am Gesamtsystem oder Teilen davon der kritische Zustand des indifferenten Gleichgewichts erreicht ist.

(NA.13) Die kritische Stahldehnung sollte auf den Wert $\varepsilon_{ud} = 0{,}025$ bzw. $\varepsilon_{ud} = \varepsilon_p^{(0)} + 0{,}025 \le 0{,}9\varepsilon_{uk}$ festgelegt werden. Die kritische Betondehnung ε_{c1u} ist Tabelle 3.1 zu entnehmen.

(NA.14) Die Mitwirkung des Betons auf Zug zwischen den Rissen (en: *tension stiffening*) ist zu berücksichtigen. Sie darf unberücksichtigt bleiben, wenn dies auf der sicheren Seite liegt.

(NA.15) Die Auswahl eines geeigneten Verfahrens zur Berücksichtigung der Mitwirkung des Betons auf Zug sollte in Abhängigkeit von der jeweiligen Bemessungsaufgabe getroffen werden.

5.8 Berechnung von Bauteilen unter Normalkraft nach Theorie II. Ordnung

5.8.1 Begriffe

Zweiachsige Biegung: gleichzeitige Biegung in zwei Hauptachsen.

Ausgesteifte Bauteile oder Systeme: Tragwerksteile oder Subsysteme, bei denen in Berechnung und Bemessung davon ausgegangen wird, dass sie *nicht* zur horizontalen Gesamtstabilität eines Tragwerkes beitragen.

Aussteifungsglieder oder Systeme: Tragwerksteile oder Subsysteme, bei denen sowohl in der Berechnung wie auch in der Bemessung davon ausgegangen wird, dass sie zur horizontalen Gesamtstabilität eines Tragwerkes beitragen.

Knicken: Stabilitätsversagen eines Bauteils oder Tragwerks unter reiner Normalkraft ohne Querbelastung.

ANMERKUNG Dieses „reine Knicken" ist bei realen Tragwerken kein maßgebender Grenzzustand wegen der gleichzeitig zu berücksichtigenden Imperfektionen und Querbelastungen. Diese rechnerische Knicklast darf jedoch als Parameter bei einigen Verfahren nach Theorie II. Ordnung eingesetzt werden.

Knicklast: Die Last, bei der Knicken auftritt; bei elastischen Einzelbauteilen entspricht sie der idealen *Euler*schen Verzweigungslast.

Knicklänge: Länge einer beidseitig gelenkig gelagerten Ersatzstütze mit konstanter Normalkraft, die den Querschnitt und die Knicklast des tatsächlichen Bauteils unter Berücksichtigung der Knicklinie aufweist.

Auswirkungen nach Theorie I. Ordnung: Die Auswirkungen der Einwirkungen, die ohne Berücksichtigung der Verformung des Tragwerks berechnet werden, jedoch geometrische Imperfektionen einhalten.

Einzelstützen: einzeln stehende Stützen oder Bauteile in einem Tragwerk, die in der Bemessung einzeln stehend idealisiert werden. Beispiele von Einzelstützen mit verschiedenen Lagerungsbedingungen sind in Bild 5.7 dargestellt.

Rechnerisches Moment nach Theorie II. Ordnung: Ein Moment nach Theorie II. Ordnung, das in bestimmten Bemessungsverfahren verwendet wird. Mit diesem lässt sich ein Gesamtmoment zur Bestimmung des erforderlichen Querschnittswiderstands für die GZT berechnen, siehe auch 5.8.5 (2).

Auswirkungen nach Theorie II. Ordnung: zusätzliche Auswirkungen der Einwirkungen unter Berücksichtigung der Verformungen des Tragwerks.

5.8.2 Allgemeines

(1)P Dieser Abschnitt behandelt Bauteile und Tragwerke, bei denen das Tragverhalten durch die Auswirkungen nach Theorie II. Ordnung wesentlich beeinflusst wird (z. B. Stützen, Wände, Pfähle, Bögen und Schalen). Auswirkungen auf das Gesamtsystem nach Theorie II. Ordnung treten insbesondere bei Tragwerken mit einem nachgiebigen Aussteifungssystem auf.

NCI Zu 5.8.2 (1)P

ANMERKUNG Für Nachweise am Gesamtsystem nach Theorie II. Ordnung wird auf DAfStb-Heft 600 verwiesen.

(2)P Bei Berücksichtigung von Auswirkungen nach Theorie II. Ordnung (siehe auch (6)) muss das Gleichgewicht und die Tragfähigkeit der verformten Bauteile nachgewiesen werden. Die Verformungen müssen unter Berücksichtigung der maßgebenden Auswirkungen von Rissen, nichtlinearer Baustoffeigenschaften und des Kriechens berechnet werden.

ANMERKUNG Werden bei der Berechnung lineare Baustoffeigenschaften angenommen, dürfen diese Auswirkungen durch verminderte Steifigkeitswerte berücksichtigt werden. Siehe 5.8.7.

(3)P Falls maßgebend, muss die Schnittgrößenermittlung den Einfluss der Steifigkeit benachbarter Bauteile und Fundamente beinhalten (Boden-Bauwerk-Interaktion).

(4)P Das Verhalten des Tragwerks muss in der Richtung, in der Verformungen auftreten können, berücksichtigt werden. Eine zweiachsige Lastausmitte ist erforderlichenfalls zu berücksichtigen.

(5)P Unsicherheiten der Geometrie und der Lage der axialen Lasten müssen als zusätzliche Auswirkungen nach Theorie I. Ordnung auf Grundlage geometrischer Imperfektionen berücksichtigt werden. Siehe 5.2.

(6) Die Auswirkungen nach Theorie II. Ordnung dürfen vernachlässigt werden, wenn sie weniger als 10 % der entsprechenden Auswirkungen nach Theorie I. Ordnung betragen. Vereinfachte Kriterien dürfen für Einzelstützen 5.8.3.1 und für Tragwerke 5.8.3.3 entnommen werden.

NCI Zu 5.8.2 (6)

Dies gilt für jede Richtung, in der ein Versagen nach Theorie II. Ordnung auftreten kann.

5.8.3 Vereinfachte Nachweise für Bauteile unter Normalkraft nach Theorie II. Ordnung

5.8.3.1 Grenzwert der Schlankheit für Einzeldruckglieder

(1) Alternativ zu 5.8.2 (6) dürfen die Auswirkungen nach Theorie II. Ordnung vernachlässigt werden, wenn die Schlankheit λ (in 5.8.3.2 definiert) unterhalb eines Grenzwertes λ_{lim} liegt.

ANMERKUNG Der landesspezifische Wert für λ_{lim} darf einem Nationalen Anhang entnommen werden. Der empfohlene Wert folgt aus:

$$\lambda_{lim} = 20 \cdot A \cdot B \cdot C / \sqrt{n} \qquad (5.13N)$$

Dabei ist

$A = 1 / (1 + 0{,}2\varphi_{ef})$ (falls φ_{ef} nicht bekannt ist, darf $A = 0{,}7$ verwendet werden);

$B = \sqrt{1 + 2\omega}$ (falls ω nicht bekannt ist, darf $B = 1{,}1$ verwendet werden);

$C = 1{,}7 - r_m$ (falls r_m nicht bekannt ist, darf $C = 0{,}7$ verwendet werden).

φ_{ef} effektive Kriechzahl; siehe 5.8.4;

$\omega = A_s f_{yd} / (A_c f_{cd})$; mechanischer Bewehrungsgrad;

A_s die Gesamtfläche der Längsbewehrung;

$n = N_{Ed} / (A_c f_{cd})$; bezogene Normalkraft;

$r_m = M_{01} / M_{02}$; Momentverhältnis.

M_{01}, M_{02} sind die Endmomente nach Theorie I. Ordnung, $|M_{02}| \geq |M_{01}|$

Normen

Erzeugen die Endmomente M_{01} und M_{02} Zug auf derselben Seite, ist in der Regel γ_m positiv anzunehmen (d. h. $C \leq 1{,}7$), andernfalls als negativ (d. h. $C > 1{,}7$).

In folgenden Fällen wird in der Regel γ_m mit 1,0 angenommen (d. h. $C = 0{,}7$):

- bei ausgesteiften Bauteilen, bei denen Momente nach Theorie I. Ordnung ausschließlich oder überwiegend infolge von Imperfektionen oder Querlasten entstehen,
- allgemein bei nicht ausgesteiften Bauteilen.

NDP Zu 5.8.3.1 (1)

$\lambda_{lim} = 25$ für $|n| \geq 0{,}41$ (5.13.aDE)

$\lambda_{lim} = 16 / \sqrt{n}$ für $|n| < 0{,}41$ (5.13.bDE)

Dabei ist $n = N_{Ed} / (A_c \, f_{cd})$.

(2) Für Druckglieder mit zweiachsiger Lastausmitte darf das Schlankheitskriterium für jede Richtung einzeln geprüft werden. Demnach dürfen die Auswirkungen nach Theorie II. Ordnung

(a) in beiden Richtungen vernachlässigt werden bzw. sind
(b) in einer Richtung oder
(c) in beiden Richtungen

zu berücksichtigen.

5.8.3.2 Schlankheit und Knicklänge von Einzeldruckgliedern

(1) Die Schlankheit ist wie folgt definiert:

$$\lambda = l_0/i \qquad (5.14)$$

Dabei ist
l_0 die Knicklänge, siehe auch 5.8.3.2 (2) bis (7);
i der Trägheitsradius des ungerissenen Betonquerschnitts.

(2) Eine allgemeine Definition der Knicklänge enthält 5.8.1. Beispiele von Knicklängen bei Einzelstützen mit konstanten Querschnitten sind in Bild 5.7 dargestellt.

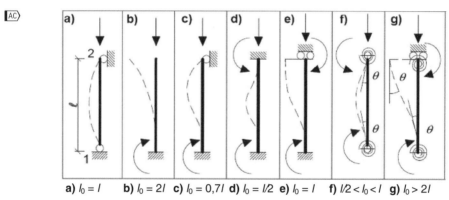

a) $l_0 = l$ b) $l_0 = 2l$ c) $l_0 = 0{,}7l$ d) $l_0 = l/2$ e) $l_0 = l$ f) $l/2 < l_0 < l$ g) $l_0 > 2l$

Bild 5.7 – Beispiele verschiedener Knickfiguren und der entsprechenden Knicklängen von Einzelstützen

(3) Bei Druckgliedern in üblichen Rahmen darf in der Regel das Schlankheitskriterium (siehe 5.8.3.1) mit folgender Knicklänge l_0 nachgewiesen werden:

Ausgesteifte Bauteile (siehe Bild 5.7f)):

$$l_0 = 0{,}5 l \cdot \sqrt{\left(1 + \frac{k_1}{0{,}45 + k_1}\right) \cdot \left(1 + \frac{k_2}{0{,}45 + k_2}\right)} \qquad (5.15)$$

Nicht ausgesteifte Bauteile (siehe Bild 5.7 (g)):

$$l_0 = l \cdot \max\left\{ \sqrt{1 + 10 \frac{k_1 \cdot k_2}{k_1 + k_2}};\; \left(1 + \frac{k_1}{1 + k_1}\right) \cdot \left(1 + \frac{k_2}{1 + k_2}\right) \right\} \qquad (5.16)$$

Dabei ist
k_1, k_2 die jeweils bezogenen Einspanngrade an den Enden 1 und 2;
$k = (\theta / M) \cdot (EI / l)$;
θ die Verdrehung eingespannter Bauteile bei einem Biegemoment M, siehe auch Bild 5.7f) und g);
EI die Biegesteifigkeit des Druckglieds, siehe auch 5.8.3.2 (4) und (5);
l die lichte Höhe des Druckgliedes zwischen den Endeinspannungen.

ANMERKUNG $k = 0$ ist die theoretische Grenze für eine feste Einspannung, und $k = \infty$ stellt den Grenzwert bei gelenkiger Lagerung dar. Da eine volle Einspannung in der Praxis praktisch nicht vorkommt, wird ein Mindestwert von 0,1 für k_1 und k_2 empfohlen.

NCI Zu 5.8.3.2 (3)

ANMERKUNG Die Ermittlung weiterer Knicklängen nach Fachliteratur, z. B. nach DAfStb-Heft 600, ist zulässig.

(4) Wenn ein benachbartes Druckglied (Stütze) zur Knotenverdrehung beim Knicken beitragen kann, ist in der Regel (EI/l) in der Definition von k mit $[(EI/l)_a + (EI/l)_b]$ zu ersetzen, wobei a und b die Druckglieder (Stützen) über und unter dem Knoten kennzeichnen.

(5) Bei der Festlegung von Knicklängen sind in der Regel die Auswirkungen einer Rissbildung auf die Steifigkeit einspannender Bauteile zu berücksichtigen, wenn nicht nachgewiesen werden kann, dass sie im Grenzzustand der Tragfähigkeit ungerissen sind.

(6) In anderen als den in (2) und (3) genannten Fällen, z. B. bei Bauteilen mit veränderlichen Normalkraftbeanspruchungen bzw. Querschnitten, ist in der Regel das Schlankheitskriterium nach 5.8.3.1 mit einer Knicklänge auf Grundlage der Knicklast zu überprüfen (berechnet z. B. mit einer numerischen Methode):

$$l_0 = \pi\sqrt{EI/N_B} \qquad (5.17)$$

Dabei ist

EI eine repräsentative Biegesteifigkeit;

N_B die zu EI gehörige Knicklast, (in Gleichung (5.14) ist i ebenfalls auf dieses EI zu beziehen.)

(7) Die einspannende Wirkung von Querwänden darf bei der Berechnung der Knicklänge von Wänden mit dem Faktor β gemäß 12.6.5.1 berücksichtigt werden. In Gleichung (12.9) und Tabelle 12.1 wird l_w dann durch l_0 nach 5.8.3.2 ersetzt.

5.8.3.3 Nachweise am Gesamttragwerk nach Theorie II. Ordnung im Hochbau

(1) Alternativ zu 5.8.2 (6) dürfen Nachweise am Gesamttragwerk nach Theorie II. Ordnung im Hochbau vernachlässigt werden, falls

$$F_{V,Ed} \leq K_1 \cdot \frac{n_s}{n_s + 1{,}6} \cdot \frac{\sum E_{cd} I_c}{L^2} \qquad (5.18)$$

Dabei ist

$F_{V,Ed}$ die gesamte vertikale Last (auf ausgesteifte und aussteifende Bauteile);

n_s die Anzahl der Geschosse;

L die Gesamthöhe des Gebäudes oberhalb der Einspannung;

E_{cd} der Bemessungswert des Elastizitätsmoduls von Beton, siehe 5.8.6 (3);

I_c das Trägheitsmoment des ungerissenen Betonquerschnitts der aussteifenden Bauteile.

ANMERKUNG Der landesspezifische Wert für K_1 darf dem Nationalen Anhang entnommen werden. Der empfohlene Wert ist 0,31.

Gleichung (5.18) gilt nur unter Einhaltung aller folgenden Bedingungen:
- ein ausreichender Torsionswiderstand ist vorhanden, d. h. das Tragwerk ist annähernd symmetrisch,
- die Schubkraftverformungen am Gesamttragwerk sind vernachlässigbar (wie in Aussteifungssystemen überwiegend aus Wandscheiben ohne große Öffnungen),
- die Aussteifungsbauteile sind starr gegründet, d. h. Verdrehungen sind vernachlässigbar,
- die Steifigkeit der Aussteifungsbauteile ist entlang der Höhe annähernd konstant,
- die gesamte vertikale Last nimmt pro Stockwerk annähernd gleichmäßig zu.

NDP Zu 5.8.3.3 (1)

Es gilt der empfohlene Wert $K_1 = 0{,}31$.

Der Bemessungswert der Vertikallasten $F_{V,Ed}$ darf mit $\gamma_F = 1{,}0$ angesetzt werden.

NCI Zu 5.8.3.3 (1)

Gleichung (5.18) darf in die in Deutschland gebräuchliche Form gebracht werden:

$$\frac{F_{V,Ed} \cdot L^2}{\sum E_{cd} I_c} \leq K_1 \cdot \frac{n_s}{n_s + 1{,}6} \qquad (5.18DE)$$

(2) In Gleichung (5.18) darf K_1 durch K_2 ersetzt werden, wenn nachgewiesen werden kann, dass die Aussteifungsbauteile im Grenzzustand der Tragfähigkeit nicht gerissen sind.

ANMERKUNG 1 Der landesspezifische Wert für K_2 darf dem Nationalen Anhang entnommen werden. Der empfohlene Wert ist 0,62.

ANMERKUNG 2 Anhang H enthält weitere Informationen für Fälle, in denen am Gesamtaussteifungssystem signifikante Schubverformungen und/oder Rotationen an den Enden auftreten. Dieser Anhang enthält auch die Hintergründe für obige Regeln.

NDP Zu 5.8.3.3 (2)

Es gilt der empfohlene Wert $K_2 = 0{,}62$.

NCI Zu 5.8.3.3 (2)

ANMERKUNG 3 Die aussteifenden Bauteile dürfen als nicht gerissen angenommen werden, wenn die Betonzugspannungen den Wert f_{ctm} nach Tabelle 3.1 nicht überschreiten.

ANMERKUNG 4 In Gleichung (NA.5.18.1) darf K_1 ebenfalls durch K_2 ersetzt werden.

NCI Zu 5.8.3.3

(NA.3) Wenn die lotrechten aussteifenden Bauteile nicht annähernd symmetrisch angeordnet sind oder nicht vernachlässigbare Verdrehungen zulassen, muss zusätzlich die Verdrehsteifigkeit aus der Kopplung der Wölbsteifigkeit $E_{cd}I_\omega$ und der Torsionssteifigkeit $G_{cd}\,I_T$ der Gleichung (NA.5.18.1) genügen, um Nachweise am Gesamttragwerk nach Theorie II. Ordnung zu vernachlässigen:

$$\frac{1}{\left(\dfrac{1}{L}\sqrt{\dfrac{E_{cd}I_\omega}{\sum_j F_{V,Ed,j}\cdot r_j^2}} + \dfrac{1}{2{,}28}\cdot\sqrt{\dfrac{G_{cd}\cdot I_T}{\sum_j F_{V,Ed,j}\cdot r_j^2}}\right)^2} \leq K_1 \cdot \frac{n_s}{n_s + 1{,}6} \quad (NA.5.18.1)$$

Dabei ist
K_1, n_s, L, E_{cd}, I_c nach Absatz (1);
r_j der Abstand der Stütze j vom Schubmittelpunkt des Gesamtsystems;
$F_{V,Ed,j}$ der Bemessungswert der Vertikallast der aussteifenden und ausgesteiften Bauteile j mit $\gamma_F = 1{,}0$;
$E_{cd}I_\omega$ die Summe der Nennwölbsteifigkeiten aller gegen Verdrehung aussteifenden Bauteile (Bemessungswert);
$G_{cd}\,I_T$ die Summe der Torsionssteifigkeiten aller gegen Verdrehung aussteifenden Bauteile (*St. Venant*'sche Torsionssteifigkeit, Bemessungswert).

5.8.4 Kriechen

(1)P Kriechauswirkungen müssen bei Verfahren nach Theorie II. Ordnung berücksichtigt werden. Dabei sind die Grundlagen des Kriechens (siehe 3.1.4) sowie die unterschiedlichen Belastungsdauern in den Einwirkungskombinationen zu beachten.

(2) Die Dauer der Belastungen darf vereinfacht mittels einer effektiven Kriechzahl φ_{ef} berücksichtigt werden. Zusammen mit der Bemessungslast ergibt diese eine Kriechverformung (Krümmung), die der quasi-ständigen Beanspruchung entspricht:

$$\varphi_{ef} = \varphi(\infty, t_0) \cdot M_{0Eqp}/M_{0Ed} \quad (5.19)$$

Dabei ist
$\varphi(\infty, t_0)$ die Endkriechzahl nach 3.1.4;
M_{0Eqp} das Biegemoment nach Theorie I. Ordnung unter der quasi-ständigen Einwirkungskombination (GZG);
M_{0Ed} das Biegemoment nach Theorie I. Ordnung unter der Bemessungs-Einwirkungskombination (GZT).

ANMERKUNG Es besteht auch die Möglichkeit, φ_{ef} auf Grundlage der Gesamtbiegemomente M_{Eqp} und M_{Ed} zu ermitteln. Dies bedarf allerdings der Iteration und dem Nachweis der Stabilität unter quasi-ständiger Belastung mit $\varphi_{ef} = \varphi(\infty, t_0)$.

NCI Zu 5.8.4 (2)

Die Biegemomente M_{0Eqp} und M_{0Ed} in Gleichung (5.19) beinhalten die Imperfektionen, die bei Nachweisen nach Theorie II. Ordnung zu berücksichtigen sind.

(3) Wenn M_{0Eqp}/M_{0Ed} in einem Bauteil oder Tragwerk variiert, darf das Verhältnis für den Querschnitt mit dem maximalen Moment berechnet oder ein repräsentativer Mittelwert verwendet werden.

(4) Die Kriechauswirkungen dürfen vernachlässigt werden ($\varphi_{ef} = 0$), wenn die folgenden drei Bedingungen eingehalten werden:
− $\varphi(\infty, t_0) \leq 2$,
− $\lambda \leq 75$,
− $M_{0Ed}/N_{Ed} \geq h$.

Dabei ist M_{0Ed} das Moment nach Theorie I. Ordnung und h ist die Querschnittshöhe in der entsprechenden Richtung.

ANMERKUNG Wenn die Bedingungen zum Vernachlässigen der Auswirkungen nach Theorie II. Ordnung gemäß 5.8.2 (6) oder 5.8.3.3 nur knapp eingehalten werden, kann es unsicher sein, die Auswirkungen nach Theorie II. Ordnung und des Kriechens zu vernachlässigen, außer der mechanische Bewehrungsgrad (ω siehe 5.8.3.1 (1)) beträgt mindestens 0,25.

NCI Zu 5.8.4 (4)

Kriechauswirkungen dürfen auch in der Regel vernachlässigt werden, wenn die Stützen an beiden Enden monolithisch mit lastabtragenden Bauteilen verbunden sind oder wenn bei verschieblichen Tragwerken die Schlankheit des Druckgliedes $\lambda < 50$ und gleichzeitig die bezogene Lastausmitte $e_0/h > 2$ ($M_{0Ed}/N_{Ed} > 2h$) ist.

5.8.5 Berechnungsverfahren

(1) Die Berechnungsverfahren umfassen ein allgemeines Verfahren auf Grundlage einer nichtlinearen Schnittgrößenermittlung nach Theorie II. Ordnung (siehe 5.8.6) sowie die beiden folgenden Näherungsverfahren:

(a) Verfahren auf Grundlage einer Nennsteifigkeit, siehe 5.8.7,
(b) Verfahren auf Grundlage einer Nennkrümmung, siehe 5.8.8.

ANMERKUNG 1 Die Wahl eines Näherungsverfahrens (a) und (b) zur Anwendung in einem Land darf dem entsprechenden Nationalen Anhang entnommen werden.

ANMERKUNG 2 Die mittels der Näherungsverfahren (a) und (b) ermittelten rechnerischen Momente nach Theorie II. Ordnung sind manchmal größer als infolge Instabilität. Damit soll sichergestellt werden, dass das Gesamtmoment mit dem Querschnittswiderstand kompatibel ist.

NDP Zu 5.8.5 (1)

Anmerkung 1 Die vereinfachte Methode (a) Verfahren auf Grundlage einer Nennsteifigkeit kann in Deutschland entfallen.

(2) Das Verfahren (a) nach 5.8.7 darf sowohl für Einzelstützen als auch für Gesamttragwerke verwendet werden, wenn die Nennsteifigkeiten sachgemäß abgeschätzt werden.

(3) Das Verfahren (b) nach 5.8.8 eignet sich vorwiegend für Einzelstützen. Bei realistischen Annahmen hinsichtlich der Krümmungsverteilung darf dieses Verfahren jedoch auch für Tragwerke angewendet werden.

5.8.6 Allgemeines Verfahren

(1)P Das allgemeine Verfahren basiert auf einer nichtlinearen Schnittgrößenermittlung, die die geometrische Nichtlinearität nach Theorie II. Ordnung beinhaltet. Es gelten die allgemeinen Regeln für nichtlineare Verfahren nach 5.7.

(2)P Für die Schnittgrößenermittlung müssen geeignete Spannungs-Dehnungs-Linien für Beton und Stahl verwendet werden. Kriechauswirkungen sind zu berücksichtigen.

(3) [AC] Die in 3.1.5, Gleichung (3.14) und 3.2.7 (Bild 3.8) [AC] dargestellten Spannungs-Dehnungs-Linien für Beton und Stahl dürfen verwendet werden. Mit auf Grundlage von Bemessungswerten ermittelten Spannungs-Dehnungs-Diagrammen darf der Bemessungswert der Tragfähigkeit direkt ermittelt werden. In Gleichung (3.14) und im k-Wert werden dabei f_{cm} durch den Bemessungswert der Betondruckfestigkeit f_{cd} und E_{cm} durch

$$[AC] E_{cd} = E_{cm} / \gamma_{cE} [AC] \qquad (5.20)$$

ersetzt.

ANMERKUNG Der landesspezifische Wert γ_{cE} darf einem Nationalen Anhang entnommen werden. Der empfohlene Wert ist 1,2.

NDP Zu 5.8.6 (3)

Dabei ist $\gamma_{cE} = 1,5$

Die Formänderungen dürfen auf der Grundlage von Bemessungswerten, die auf den Mittelwerten der Baustoffkennwerte beruhen (z. B. f_{cm} / γ_c, E_{cm} / γ_{cE}) ermittelt werden. Für die Ermittlung der Grenztragfähigkeit im kritischen Querschnitt sind jedoch die Bemessungswerte der Baustofffestigkeiten anzusetzen.

Für die Aussteifungskriterien nach 5.8.3.3 gilt $\gamma_{cE} = 1,2$.

(4) Fehlen genauere Berechnungsmodelle, darf das Kriechen berücksichtigt werden, indem alle Dehnungswerte des Betons in der Spannungs-Dehnungs-Linie gemäß 5.8.6 (3) mit einem Faktor $(1 + \varphi_{ef})$ multipliziert werden. Dabei ist φ_{ef} die effektive Kriechzahl gemäß 5.8.4.

(5) Die günstigen Auswirkungen der Mitwirkung des Betons auf Zug dürfen berücksichtigt werden.

ANMERKUNG Diese Auswirkung ist günstig und darf zur Vereinfachung immer vernachlässigt werden.

NCI Zu 5.8.6 (5)

ANMERKUNG Diese Auswirkung ist nur bei Einzeldruckgliedern immer günstig.

(6) Üblicherweise werden die Gleichgewichtsbedingungen und die Dehnungsverträglichkeit von mehreren Querschnitten erfüllt. Werden vereinfachend nur die kritischen Querschnitte untersucht, darf ein realistischer Verlauf der dazwischen liegenden Krümmungen angenommen werden (d. h. ähnlich dem Momentenverlauf nach Theorie I. Ordnung oder entsprechend einer anderen zweckmäßigen Vereinfachung).

5.8.7 Verfahren mit Nennsteifigkeiten

NDP Zu 5.8.7

Das Verfahren mit Nenn-Steifigkeiten nach 5.8.7 kann in Deutschland entfallen.

5.8.7.1 Allgemeines

(1) Bei Verfahren nach Theorie II. Ordnung auf der Grundlage von Steifigkeiten sind in der Regel Nennwerte der Biegesteifigkeit zu verwenden, die unter Berücksichtigung der Effekte aus Rissbildung, aus nichtlinearen Baustoffeigenschaften und aus dem Einfluss von Kriechen auf das Gesamtverhalten ermittelt werden. Dies gilt auch für angrenzende in der Berechnung berücksichtigte Bauteile, z. B. Balken, Platten oder Fundamente. Falls erforderlich, sollte die Boden-Bauwerk-Interaktion ebenfalls berücksichtigt werden.

(2) Das auf dieser Grundlage ermittelte Bemessungsmoment wird zur Bemessung von Querschnitten unter Biegung mit Normalkraft gemäß 6.1 [AC] unter Berücksichtigung von 5.8.5 (1) [AC] verwendet.

5.8.7.2 Nennsteifigkeit

(1) Der folgende Ansatz darf zur Ermittlung der Nennsteifigkeit schlanker Druckglieder mit beliebigen Querschnitten verwendet werden.

$$EI = K_c \cdot E_{cd} \cdot I_c + K_s \cdot E_s \cdot I_s \quad (5.21)$$

Dabei ist

E_{cd} der Bemessungswert des Elastizitätsmoduls von Beton nach 5.8.6 (3);
I_c das Flächenträgheitsmoment des Betonquerschnitts;
E_s der Bemessungswert des Elastizitätsmoduls der Bewehrung, siehe 5.8.6 (3);
I_s das Flächenträgheitsmoment der Bewehrung bezogen auf den Schwerpunkt des Betonquerschnitts;
K_c ein Beiwert zur Berücksichtigung der Auswirkungen von Rissbildung, Kriechen, usw. siehe 5.8.7.2 (2) oder (3);
K_s ein Beiwert zur Berücksichtigung der Mitwirkung der Bewehrung, siehe 5.8.7.2 (2) oder (3).

(2) Die folgenden Faktoren dürfen in Gleichung (5.21) verwendet werden, wenn $\rho \geq 0{,}002$ ist:

$K_s = 1$
$K_c = k_1 \cdot k_2 / (1 + \varphi_{ef}) \quad (5.22)$

Dabei ist

ρ der geometrische Bewehrungsgrad, A_s / A_c;
A_s die Gesamtquerschnittsfläche der Bewehrung;
A_c die Betonquerschnittsfläche;
φ_{ef} die effektive Kriechzahl, siehe 5.8.4;
k_1 ein Beiwert für die Betonfestigkeitsklasse, siehe Gleichung (5.23);
k_2 ein Beiwert für die Normalkräfte und die Schlankheit, siehe Gleichung (5.24).

$k_1 = \sqrt{f_{ck}/20}$ (N/mm²) $\quad (5.23)$
$k_2 = n \cdot \lambda / 170 \leq 0{,}20 \quad (5.24)$

Dabei ist

n die bezogene Normalkraft $N_{Ed}/(A_c \cdot f_{cd})$;
λ die Schlankheit, siehe 5.8.3.

Wenn die Schlankheit λ nicht definiert ist, darf für k_2 angenommen werden:

$k_2 = n \cdot 0{,}30 \leq 0{,}20 \quad (5.25)$

(3) Wenn $\rho \geq 0{,}01$ ist, dürfen die folgenden Faktoren als vereinfachte Alternative in Gleichung (5.21) verwendet werden:

$K_s = 0$
$K_c = 0{,}3 / (1 + 0{,}5\varphi_{ef}) \quad (5.26)$

ANMERKUNG Die vereinfachte Alternative darf als erster Schritt verwendet werden, dem eine genauere Berechnung nach (2) folgt.

(4) Bei statisch unbestimmten Tragwerken sind in der Regel ungünstige Auswirkungen der Rissbildung in benachbarten Bauteilen zu berücksichtigen. Die Gleichungen (5.21) bis (5.26) gelten nicht generell für solche Bauteile. Teilweise Rissbildung und die Mitwirkung des Betons auf Zug dürfen berücksichtigt werden, beispielsweise gemäß 7.4.3. Vereinfachend darf allerdings von vollständig gerissenen Querschnitten ausgegangen werden. Die Steifigkeit ist in der Regel mit einem effektiven Elastizitätsmodul des Betons zu ermitteln:

$E_{cd,eff} = E_{cd} / (1+\varphi_{ef}) \quad (5.27)$

Dabei ist

E_{cd} der Bemessungswert gemäß 5.8.6 (3);
φ_{ef} die effektive Kriechzahl; es darf derselbe Wert wie für Stützen verwendet werden.

5.8.7.3 Beiwert zur Momenten-Vergrößerung

(1) Das Gesamtbemessungsmoment, einschließlich des Moments nach Theorie II. Ordnung, darf durch eine Vergrößerung der Biegemomente nach Theorie I. Ordnung wie folgt ermittelt werden:

$$M_{Ed} = M_{0Ed} \cdot \left[1 + \frac{\beta}{(N_B / N_{Ed}) - 1}\right] \quad (5.28)$$

Dabei ist

M_{0Ed} das Moment nach Theorie I. Ordnung, siehe auch 5.8.8.2 (2);
β ein Beiwert, der von den Momentenverläufen nach Theorie I. und II. Ordnung abhängt, siehe 5.8.7.3 (2) bis (3);
N_{Ed} der Bemessungswert der Normalkraft;
N_B die Knicklast auf Basis der Nennsteifigkeit.

(2) Bei Einzelstützen mit konstanten Querschnitten und Normalkraft darf das Moment nach Theorie II. Ordnung üblicherweise mit einem sinusförmigen Verlauf angenommen werden. Daraus folgt:

$\beta = \pi^2 / c_0 \quad (5.29)$

Dabei ist

c_0 der Beiwert, der vom Momentenverlauf nach Theorie I. Ordnung abhängt (beispielsweise $c_0 = 8$ bei einem konstanten, $c_0 = 9{,}6$ bei einem parabelförmigen und 12 bei einem symmetrischen dreieckigen Verlauf usw.).

(3) Bei Bauteilen ohne Querbelastung dürfen unterschiedliche Endmomente M_{01} und M_{02} nach Theorie I. Ordnung mit einem äquivalenten konstanten Moment nach Theorie I. Ordnung M_{0e} gemäß 5.8.8.2 (2) ersetzt werden. Unter Annahme eines konstanten Momentenverlaufs nach Theorie I. Ordnung sollte $c_0 = 8$ verwendet werden.

ANMERKUNG Der Wert $c_0 = 8$ gilt auch für Bauteile mit doppelter Krümmung. Es sollte beachtet werden, dass in einigen Fällen, je nach Schlankheit und Normalkraft, die Endmomente größer sein können als das vergrößerte Ersatzmoment.

(4) Sind die Absätze 5.8.7.3 (2) oder (3) nicht zutreffend, darf üblicherweise $\beta = 1$ als sinnvolle Vereinfachung angesetzt werden. Die Gleichung (5.28) darf dann wie folgt zusammengefasst werden:

$$M_{Ed} = \frac{M_{0Ed}}{1-(N_{Ed}/N_B)} \quad (5.30)$$

ANMERKUNG 5.8.7.3 (4) gilt auch bei der Schnittgrößenermittlung am Gesamttragwerk bestimmter Tragwerkstypen, beispielsweise bei Tragwerken, die mit Wandscheiben ausgesteift sind, bei denen die Hauptauswirkungen der Einwirkungen Biegemomente in den Aussteifungsgliedern sind. Abschnitt H.2 in Anhang H enthält einen weiter gefassten Ansatz für andere Tragwerkstypen.

5.8.8 Verfahren mit Nennkrümmung

5.8.8.1 Allgemeines

(1) Dieses Näherungsverfahren eignet sich vor allem für Einzelstützen mit konstanter Normalkraftbeanspruchung und einer definierten Knicklänge l_0 (siehe 5.8.3.2). Mit dem Verfahren wird ein Nennmoment mit einer Verformung nach Theorie II. Ordnung berechnet, die auf der Grundlage der Knicklänge und einer geschätzten Maximalkrümmung ermittelt wird [AC](siehe auch 5.8.5 (3)) [AC].

(2) Das auf dieser Grundlage ermittelte Bemessungsmoment wird für die Bemessung von Querschnitten unter Biegung mit Normalkraft gemäß 6.1 verwendet.

5.8.8.2 Biegemomente

(1) Das Bemessungsmoment ist:

$$M_{Ed} = M_{0Ed} + M_2 \quad (5.31)$$

Dabei ist

M_{0Ed} das Moment nach Theorie I. Ordnung, einschließlich der Auswirkungen von Imperfektionen, siehe auch 5.8.8.2 (2);
M_2 das Nennmoment nach Theorie II. Ordnung, siehe 5.8.8.2 (3).

Der Maximalwert für M_{Ed} wird durch den Verlauf von M_{0Ed} und M_2 bestimmt. Der Momentenverlauf von M_2 darf dabei als sinus- oder parabelförmig über die Knicklänge angenommen werden.

ANMERKUNG Bei statisch unbestimmten Bauteilen wird M_{0Ed} für die tatsächlichen Randbedingungen festgelegt, wobei M_2 von den Randbedingungen für die Knicklänge abhängt; vergleiche auch 5.8.8.1 (1).

(2) [AC] Für Bauteile ohne Querlasten zwischen den Stabenden dürfen unterschiedliche Endmomente M_{01} und M_{02} [AC] nach Theorie I. Ordnung durch ein äquivalentes Moment nach Theorie I. Ordnung M_{0e} ersetzt werden.

$$M_{0e} = 0{,}6\, M_{02} + 0{,}4\, M_{01} \geq 0{,}4\, M_{02} \quad (5.32)$$

M_{01} und M_{02} haben dasselbe Vorzeichen, wenn sie auf derselben Seite Zug erzeugen, andernfalls haben sie gegensätzliche Vorzeichen. Darüber hinaus gilt $|M_{02}| \geq |M_{01}|$.

(3) Das Nennmoment nach Theorie II. Ordnung M_2 in Gleichung (5.31) lautet

$$M_2 = N_{Ed} \cdot e_2 \quad (5.33)$$

Dabei ist

N_{Ed} der Bemessungswert der Normalkraft;
e_2 die Verformung $= (1/r) \cdot l_0^2 / c$;
$1/r$ die Krümmung, siehe 5.8.8.3;
l_0 die Knicklänge, siehe 5.8.3.2;
c ein Beiwert, der vom Krümmungsverlauf abhängt, siehe 5.8.8.2 (4).

NCI Zu 5.8.8.2 (3)

Für Druckglieder mit Schlankheiten $25 \leq \lambda \leq 35$ darf die Verformung e_2 mit dem interpolierenden Faktor K_1 multipliziert werden: $K_1 = \lambda /10 - 2{,}5$.

(4) Bei konstantem Querschnitt wird üblicherweise $c = 10$ ($\approx \pi^2$) verwendet. Wenn das Moment nach Theorie I. Ordnung konstant ist, ist in der Regel ein niedrigerer Wert anzusetzen (8 ist ein unterer Grenzwert, der einem konstanten Verlauf des Gesamtmoments entspricht).

ANMERKUNG Der Wert π^2 entspricht einem sinusförmigen Krümmungsverlauf. Der Wert einer konstanten Krümmung ist 8.[1]

5.8.8.3 Krümmung

(1) Bei Bauteilen mit konstanten symmetrischen Querschnitten (einschließlich Bewehrung) darf die Krümmung wie folgt ermittelt werden:

$$1/r = K_r \cdot K_\varphi \cdot 1/r_0 \quad (5.34)$$

Dabei ist

K_r ein Beiwert in Abhängigkeit von der Normalkraft, siehe 5.8.8.3 (3);
K_φ ein Beiwert zur Berücksichtigung des Kriechens, siehe 5.8.8.3 (4);
$1/r_0 = \varepsilon_{yd} / (0{,}45\, d)$;
$\varepsilon_{yd} = f_{yd} / E_s$;
d die statische Nutzhöhe; siehe 5.8.8.3 (2).

(2) Wenn die gesamte Bewehrung nicht an den gegenüberliegenden Querschnittsseiten konzentriert sondern teilweise parallel zur Biegungsebene verteilt ist, wird d definiert als

$$d = (h/2) + i_s \quad (5.35)$$

---
[1] Der dritte Satz der Anmerkung ist entfallen.

wobei i_s der Trägheitsradius der gesamten Bewehrungsfläche ist.

(3) In Gleichung (5.34) ist K_r in der Regel wie folgt anzunehmen:

$$K_r = (n_u - n) / (n_u - n_{bal}) \leq 1 \qquad (5.36)$$

Dabei ist

n = $N_{Ed}/(A_c\, f_{cd})$, die bezogene Normalkraft;
N_{Ed} der Bemessungswert der Normalkraft;
n_u = $1 + \omega$;
n_{bal} der Wert von n bei maximaler Biegetragfähigkeit; es darf der Wert 0,4 verwendet werden;
ω = $A_s\, f_{yd}/(A_c\, f_{cd})$;
A_s die Gesamtquerschnittsfläche der Bewehrung;
A_c die Betonquerschnittsfläche.

(4) Die Auswirkungen des Kriechens dürfen mit dem folgenden Beiwert berücksichtigt werden:

$$K_\varphi = 1 + \beta \cdot \varphi_{ef} \geq 1 \qquad (5.37)$$

Dabei ist

φ_{ef} die effektive Kriechzahl; siehe 5.8.4;
β = $0{,}35 + f_{ck}/200 - \lambda/150$;
λ die Schlankheit, [AC⟩ siehe 5.8.3.2. ⟨AC]

5.8.9 Druckglieder mit zweiachsiger Lastausmitte

(1) Das allgemeine Verfahren nach 5.8.6 darf auch für Druckglieder mit zweiachsiger Lastausmitte verwendet werden. Die folgenden Regeln gelten, wenn Näherungsverfahren angewendet werden. Besonders wichtig ist die Feststellung des Bauteilquerschnitts mit der maßgebenden Momentenkombination.

(2) Als erster Schritt darf eine getrennte Bemessung in beiden Hauptachsenrichtungen ohne Beachtung der zweiachsigen Lastausmitte erfolgen. Imperfektionen müssen nur in der Richtung berücksichtigt werden, in der sie zu den ungünstigsten Auswirkungen führen.

NCI Zu 5.8.9 (2)

Die getrennten Nachweise dürfen dabei in den Richtungen der beiden Hauptachsen jeweils mit der gesamten im Querschnitt angeordneten Bewehrung durchgeführt werden.

(3) Es bedarf keiner weiteren Nachweise, wenn die Schlankheitsverhältnisse die folgenden beiden Bedingungen erfüllen

$$\lambda_y / \lambda_z \leq 2 \text{ und } \lambda_z / \lambda_y \leq 2 \qquad (5.38a)$$

[AC⟩ und wenn die bezogenen Lastausmitten e_y/h_{eq} und e_z/b_{eq} (siehe Bild 5.8) eine der folgenden Bedingungen erfüllt: ⟨AC]

$$\frac{e_y/h_{eq}}{e_z/b_{eq}} \leq 0{,}2 \text{ oder } \frac{e_z/b_{eq}}{e_y/h_{eq}} \leq 0{,}2 \qquad (5.38b)$$

Dabei ist

b, h die Breite und Höhe des Querschnitts;
b_{eq} = $i_y \cdot \sqrt{12}$ und $h_{eq} = i_z \cdot \sqrt{12}$ für einen gleichwertigen Rechteckquerschnitt;
λ_y, λ_z die Schlankheit l_0/i jeweils bezogen auf die y- und z-Achse;
i_y, i_z die Trägheitsradien jeweils bezogen auf die y- und z-Achse;
e_z = M_{Edy}/N_{Ed}; Lastausmitte in Richtung der z-Achse;
e_y = M_{Edz}/N_{Ed}; Lastausmitte in Richtung der y-Achse;
M_{Edy} das Bemessungsmoment um die y-Achse, einschließlich des Moments nach Theorie II. Ordnung;
M_{Edz} das Bemessungsmoment um die z-Achse, einschließlich des Moments nach Theorie II. Ordnung;
N_{Ed} der Bemessungswert der Normalkraft in der zugehörigen Einwirkungskombination.

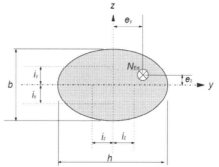

Bild 5.8 – Definition der Lastausmitten e_y und e_z

NCI Zu 5.8.9 (3)

Für Druckglieder mit rechteckigem Querschnitt und mit $e_{0z} > 0{,}2h$ dürfen getrennte Nachweise nur dann geführt werden, wenn der Nachweis der Biegung über die schwächere Hauptachse z des Querschnitts auf der Grundlage der reduzierten Querschnittsdicke h_{red} nach Bild NA.5.8.1 geführt wird. Der Wert h_{red} darf unter der Annahme einer linearen Spannungsverteilung nach folgender Gleichung ermittelt werden:

$$h_{red} = \frac{h}{2}\left(1 + \frac{h}{6(e_{0z} + e_{iz})}\right) \leq h \qquad (NA.5.38.1)$$

Dabei ist

h die größere der beiden Querschnittsseiten;
e_{0z} die Lastausmitte nach Theorie I. Ordnung in Richtung der Querschnittsseite h.
e_{iz} die Zusatzausmitte zur Berücksichtigung geometrischer Ersatzimperfektionen in z-Richtung;

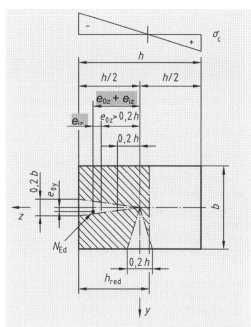

Bild NA.5.8.1 – Reduzierte Querschnittsdicke h_{red}

(4) Werden die Bedingungen der Gleichung (5.38) nicht erfüllt, ist in der Regel eine zweiachsige Lastausmitte einschließlich der Auswirkungen nach Theorie II. Ordnung in beiden Richtungen zu berücksichtigen, wenn sie nicht gemäß 5.8.2 (6) oder 5.8.3 vernachlässigt werden dürfen. Ohne eine genaue Bemessung der Querschnitte für eine zweiachsige Lastausmitte darf der folgende vereinfachte Nachweis verwendet werden:

$$\left(\frac{M_{Edz}}{M_{Rdz}}\right)^a + \left(\frac{M_{Edy}}{M_{Rdy}}\right)^a \leq 1{,}0 \qquad (5.39)$$

Dabei ist

$M_{Edz/y}$ das Bemessungsmoment um die entsprechende Achse, einschließlich eines Moments nach Theorie II. Ordnung;
$M_{Rdz/y}$ der Biegewiderstand in die jeweilige Richtung;
a der Exponent;
für runde und elliptische Querschnitte: $a = 2$,
für rechteckige Querschnitte:

N_{Ed} / N_{Rd}	0,1	0,7	1,0
$a =$	1,0	1,5	2,0

mit linearer Interpolation für Zwischenwerte,
N_{Ed} der Bemessungswert der Normalkraft;
$N_{Rd} = A_c \cdot f_{cd} + A_s \cdot f_{yd}$, Bemessungswert der zentrischen Normalkrafttragfähigkeit.

Dabei ist
A_c die Bruttofläche des Betonquerschnitts;
A_s die Fläche der Längsbewehrung.

5.9 Seitliches Ausweichen schlanker Träger

(1)P Das seitliche Ausweichen schlanker Träger muss in bestimmten Fällen berücksichtigt werden, beispielsweise bei Transport und Montage von Fertigteilträgern, bei Trägern ohne ausreichende seitliche Aussteifung im fertigen Tragwerk usw. Geometrische Imperfektionen sind dabei anzusetzen.

(2) Beim Nachweis von nichtausgesteiften Trägern ist in der Regel eine seitliche Auslenkung von $l/300$ als geometrische Imperfektion anzusetzen, wobei l die Gesamtlänge des Trägers ist. Im fertigen Tragwerk darf die Aussteifung durch angeschlossene Bauteile berücksichtigt werden.

(3) Die Auswirkungen nach Theorie II. Ordnung auf das seitliche Ausweichen dürfen vernachlässigt werden, falls die folgenden Bedingungen erfüllt sind:
– ständige Bemessungssituationen:

$$\frac{l_{0t}}{b} \leq \frac{50}{(h/b)^{1/3}} \quad \text{und} \quad \frac{h}{b} \leq 2{,}5 \qquad (5.40a)$$

– vorübergehende Bemessungssituationen:

$$\frac{l_{0t}}{b} \leq \frac{70}{(h/b)^{1/3}} \quad \text{und} \quad \frac{h}{b} \leq 3{,}5 \qquad (5.40b)$$

Dabei ist

l_{0t} die Länge des Druckgurts zwischen seitlichen Abstützungen;
h die Gesamthöhe des Trägers im mittleren Bereich von l_{0t};
b die Breite des Druckgurts.

(4) Die mit dem seitlichen Ausweichen verbundene Torsion ist in der Regel bei der Bemessung des unterstützenden Tragwerks zu berücksichtigen.

NCI Zu 5.9 (4)

Sofern keine genaueren Angaben vorliegen, ist die Auflagerkonstruktion so zu bemessen, dass sie mindestens ein Torsionsmoment $T_{Ed} = V_{Ed} \cdot l_{eff}/300$ aus dem Träger aufnehmen kann. Dabei ist l_{eff} die effektive Stützweite des Trägers und V_{Ed} der Bemessungswert der Auflagerkraft rechtwinklig zur Trägerachse.

5.10 Spannbetontragwerke

5.10.1 Allgemeines

(1)P In dieser Norm wird nur die auf den Beton durch Spannglieder aufgebrachte Vorspannung behandelt.

(2) Die Vorspannung darf als Einwirkung oder Widerstand infolge Vordehnung und Vorkrümmung berücksichtigt werden. Die Tragfähigkeit ist in der Regel dementsprechend zu berechnen.

(3) Im Allgemeinen ist die Vorspannung in den in EN 1990 definierten Einwirkungskombinationen als Teil der Lastfälle enthalten. Die Vorspannung ist in der Regel im angesetzten inneren Moment und bei der Normalkraft zu berücksichtigen.

(4) Unter den Annahmen nach (3) ist in der Regel der Beitrag der Spannglieder zur Querschnittstragfähigkeit auf die durch das Vorspannen noch nicht ausgenutzte Festigkeit zu begrenzen. Dies darf dadurch berücksichtigt werden, indem der Ursprung der Spannungs-Dehnungs-Linie der Spannglieder entsprechend den Auswirkungen der Vorspannung verschoben wird.

(5)P Ein Bauteilversagen ohne Vorankündigung infolge Versagen der Spannglieder muss ausgeschlossen werden.

(6) Ein Versagen ohne Vorankündigung ist in der Regel mit einem oder mehreren der folgenden Verfahren zu verhindern:

Verfahren A: Einbau der Mindestbewehrung gemäß 9.2.1;
Verfahren B: Einbau von Spanngliedern im sofortigen Verbund;
Verfahren C: Sicherstellen einfacher Zugänglichkeit zu den Bauteilen, um den Zustand der Spannglieder durch zerstörungsfreie Verfahren oder durch Monitoring überprüfen und kontrollieren zu können;
Verfahren D: Führen überzeugender Nachweise hinsichtlich der Zuverlässigkeit der Spannglieder;
Verfahren E: Sicherstellen, dass es bei Versagen durch Zunahme der Belastung oder durch Abnahme der Vorspannung unter der häufigen Einwirkungskombination zur Rissbildung kommt, bevor der Grenzzustand der Tragfähigkeit erreicht ist. Dabei ist die durch die Rissbildung bedingte Momentenumlagerung zu berücksichtigen.

ANMERKUNG Die landesspezifische Auswahl der Verfahren darf einem Nationalen Anhang entnommen werden.

NDP Zu 5.10.1 (6)
In Deutschland sind nur die Verfahren A, C und E zugelassen.
ANMERKUNG Zum Verfahren E siehe auch DAfStb-Heft 600.

5.10.2 Vorspannkraft während des Spannvorgangs

5.10.2.1 Maximale Vorspannkraft

(1)P Die am Spannglied aufgebrachte Kraft P_{max} (d. h. die Kraft am Spannende während des Spannvorgangs) darf den nachfolgenden Wert nicht überschreiten:

$$P_{max} = A_p \cdot \sigma_{p,max} \quad (5.41)$$

Dabei ist
A_p die Querschnittsfläche des Spannstahls;
$\sigma_{p,max}$ die maximale Spannstahlspannung = min $\{k_1 \cdot f_{pk}; k_2 \cdot f_{p0,1k}\}$.

ANMERKUNG Die landesspezifischen Werte k_1 und k_2 dürfen einem Nationalen Anhang entnommen werden. Die empfohlenen Werte sind $k_1 = 0{,}8$ und $k_2 = 0{,}9$.

NDP Zu 5.10.2.1 (1)P
Es gelten die empfohlenen Werte $k_1 = 0{,}80$ und $k_2 = 0{,}90$.

(2) Ein Überspannen ist unter der Voraussetzung zulässig, dass die Spannpresse eine Messgenauigkeit der aufgebrachten Spannkraft von ± 5 % bezogen auf den Endwert der Vorspannkraft sicherstellt. Unter dieser Voraussetzung ⌊AC⌋ darf während des Spannvorgangs die höchste Pressenkraft P_{max} auf $k_3 \cdot f_{p0,1k} \cdot A_p$ gesteigert werden ⌊AC⌋ (z. B. bei Auftreten einer unerwartet hohen Reibung beim Vorspannen sehr langer Spannglieder).

ANMERKUNG Der landesspezifische Wert für k_3 darf einem Nationalen Anhang entnommen werden. Der empfohlene Wert ist 0,95.

NDP Zu 5.10.2.1 (2)
Es gilt der empfohlene Wert $k_3 = 0{,}95$.

NCI Zu 5.10.2.1 (2)
ANMERKUNG Diese Überspannreserve kann bei unerwartet hohem Reibungsbeiwert nicht ausreichend sein (siehe DAfStb-Heft 600).

NCI Zu 5.10.2.1
(NA.3) Wenn die Kontrolle der Spannkraft nicht genügend genau ist und nur der Spannweg exakt kontrolliert wird, kann nicht ausgeschlossen werden, dass bei erhöhten Verlusten (aus erhöhter Reibung, zusätzlicher Umlenkung oder Blockierungen) die Spannstahlspannung die Streckgrenze erreicht. Darüber hinaus sind bei unplanmäßigen Verlusten keine Reserven mehr vorhanden.

Die planmäßige Vorspannkraft ist deshalb für Spannglieder im nachträglichen Verbund so zu begrenzen, dass auch bei erhöhten Reibungsverlusten die gewünschte Vorspannung bei Einhaltung der Gleichung (5.41) über die Bauteillänge erreicht werden kann. Dazu ist die planmäßige Höchstkraft P_{max} mit einem Faktor k_μ abzumindern.

Der Abminderungsbeiwert zur Berücksichtigung erhöhter Reibungsverluste k_μ beträgt dabei:

$$k_\mu = e^{-\mu \cdot \gamma \cdot (\kappa - 1)} \qquad (NA.5.41.1)$$

Dabei ist

μ der Reibungsbeiwert nach Zulassung;
$\gamma = \theta + k \cdot x$ siehe Gleichung (5.45);
κ das Vorhaltemaß zur Sicherung einer Überspannreserve:
$\kappa = 1,5$ bei ungeschützter Lage des Spannstahls im Hüllrohr bis zu drei Wochen oder mit Maßnahmen zum Korrosionsschutz,
$\kappa = 2,0$ bei ungeschützter Lage über mehr als drei Wochen.

Der Wert x entspricht bei einseitigem Vorspannen dem Abstand zwischen Spannanker und Festanker oder fester Kopplung, bei beidseitiger Vorspannung der Einflusslänge des jeweiligen Spannankers.

5.10.2.2 Begrenzung der Betondruckspannungen

(1)P Ein lokales Druckversagen oder Spalten des Betons im Verankerungsbereich von Spanngliedern im sofortigen oder im nachträglichen Verbund darf nicht auftreten.

(2) In der Regel ist ein lokales Druckversagen oder Spalten des Betons hinter Verankerungen von Spanngliedern im nachträglichen Verbund gemäß den entsprechenden Europäischen Technischen Zulassungen zu verhindern.

(3) Die Betonfestigkeit bei Aufbringen oder Übertragen der Vorspannung darf in der Regel den in den entsprechenden Europäischen Technischen Zulassungen definierten Mindestwert nicht unterschreiten.

(4) Wird die Vorspannung in einem einzelnen Spannglied schrittweise aufgebracht, darf die erforderliche Betonfestigkeit reduziert werden. Die Mindestbetondruckfestigkeit $f_{cm}(t)$ zum Zeitpunkt t muss der Regel k_4 [%] der bei voller Vorspannung nach der Europäischen Technischen Zulassung erforderlichen Betonfestigkeit betragen. Zwischen der Mindestbetondruckfestigkeit und der erforderlichen Betonfestigkeit bei endgültiger Vorspannung darf die Vorspannung zwischen k_5 [%] und 100 % der endgültigen Vorspannung interpoliert werden.

ANMERKUNG Die landesspezifischen Werte für k_4 und k_5 dürfen einem Nationalen Anhang entnommen werden. Der empfohlene Wert für k_4 beträgt 50 und für k_5 30.

NDP Zu 5.10.2.2 (4)

k_4 und k_5: Die Mindestbetondruckfestigkeiten bei Teilvorspannung sind den entsprechenden Zulassungen zu entnehmen.

(5) Die durch die Vorspannkraft und andere Lasten zum Zeitpunkt des Vorspannens oder des Absetzens der Spannkraft im Tragwerk wirkenden Betondruckspannungen sind in der Regel folgendermaßen zu begrenzen:

$$\sigma_c \leq 0,6\, f_{ck}(t) \qquad (5.42)$$

wobei $f_{ck}(t)$ die charakteristische Druckfestigkeit des Betons zum Zeitpunkt t ist, ab dem die Vorspannkraft auf ihn wirkt.

Bei Spannbetonbauteilen mit Spanngliedern im sofortigen Verbund darf die Betondruckspannung zum Zeitpunkt des Übertragens der Vorspannung auf $k_6 \cdot f_{ck}(t)$ erhöht werden, wenn aufgrund von Versuchen oder Erfahrung sichergestellt werden kann, dass sich keine Längsrisse bilden.

ANMERKUNG Der landesspezifische Wert k_6 darf einem Nationalen Anhang entnommen werden. Der empfohlene Wert ist 0,7.

Wenn die Betondruckspannung den Wert $0,45 \cdot f_{ck}(t)$ ständig überschreitet, ist in der Regel die Nichtlinearität des Kriechens zu berücksichtigen.

NDP Zu 5.10.2.2 (5)

Es gilt der empfohlene Wert $k_6 = 0,7$.

Zur Vermeidung von Längsrissen muss die maximale Betondruckspannung zum Zeitpunkt der Spannkraftübertragung durch die Erfahrung des Fertigteilherstellers belegt werden (siehe auch DAfStb-Heft 600).

5.10.2.3 Messung der Spannkraft und des zugehörigen Dehnwegs

(1)P Bei Spanngliedern im nachträglichen Verbund müssen die Vorspannkraft und die zugehörige Dehnung der Spannglieder mittels Messungen geprüft und die tatsächlichen Reibungsverluste kontrolliert werden.

5.10.3 Vorspannkraft nach dem Spannvorgang

(1)P Zum Zeitpunkt t und für den Abstand x (oder einer Bogenlänge) vom Spannende des Spann-

Normen

glieds entspricht der Mittelwert der Vorspannkraft $P_{m,t}(x)$ der maximalen, am Spannende aufgebrachten Kraft P_{max}, abzüglich der sofortigen und der zeitabhängigen Verluste (siehe unten). Für alle Spannkraftverluste werden absolute Werte angenommen.

(2) Der Mittelwert der Vorspannkraft $P_{m0}(x)$ (zum Zeitpunkt $t = t_0$) unmittelbar nach Vorspannen und Verankern (Vorspannung mit nachträglichem oder ohne Verbund) oder nach dem Übertragen der Vorspannung (Vorspannung mit sofortigem Verbund) ist durch Abziehen der sofortigen Verluste $\Delta P_i(x)$ von der Vorspannkraft P_{max} zu ermitteln und darf den folgenden Wert nicht überschreiten:

$$P_{m0}(x) = A_p \cdot \sigma_{pm0}(x) \qquad (5.43)$$

Dabei ist

$\sigma_{pm0}(x)$ die Spannung im Spannglied unmittelbar nach dem Vorspannen oder der Spannkraftübertragung $= \min \{k_7 \cdot f_{pk}; k_8 \cdot f_{p0,1k}\}$.

ANMERKUNG Die landesspezifischen Werte k_7 und k_8 dürfen einem Nationalen Anhang entnommen werden. Der empfohlene Wert für k_7 beträgt 0,75 und für k_8 0,85.

NDP Zu 5.10.3 (2)

Es gelten die empfohlenen Werte $k_7 = 0,75$ und $k_8 = 0,85$.

(3) Bei der Bestimmung der sofortigen Verluste $\Delta P_i(x)$ sind in der Regel die folgenden Einflüsse für sofortigen und nachträglichen Verbund entsprechend zu berücksichtigen (siehe 5.10.4 und 5.10.5):

– Verluste infolge elastischer Verformung des Betons ΔP_{el},
– Verluste infolge Kurzzeitrelaxation ΔP_r,
– Verluste infolge Reibung $\Delta P_\mu(x)$,
– Verluste infolge Verankerungsschlupf ΔP_{sl}.

(4) Der Mittelwert der Vorspannkraft $P_{m,t}(x)$ zum Zeitpunkt $t > t_0$ ist in der Regel in Abhängigkeit von der Vorspannart zu bestimmen. Zusätzlich zu den sofortigen Verlusten nach (3) sind in der Regel die zeitabhängigen Spannkraftverluste $\Delta P_{c+s+r}(x)$ (siehe 5.10.6) aus Kriechen und Schwinden des Betons sowie die Langzeitrelaxation des Spannstahls zu berücksichtigen. Somit ist $P_{m,t}(x) = P_{m0}(x) - \Delta P_{c+s+r}(x)$.

5.10.4 Sofortige Spannkraftverluste bei sofortigem Verbund

(1) Folgende bei sofortigem Verbund auftretende Spannkraftverluste sind in der Regel zu berücksichtigen:

i) während des Spannens: Reibungsverluste an den Umlenkungen (bei umgelenkten Drähten oder Litzen) und Verluste aufgrund von Ankerschlupf;

ii) vor Übertragung der Vorspannung auf den Beton: Relaxationsverluste der Spannglieder in der Zeit zwischen dem Spannen der Spannglieder und dem eigentlichen Vorspannen des Betons;

ANMERKUNG Bei Wärmenachbehandlung ändern sich die Verluste aus Schwinden und Relaxation und sind in der Regel entsprechend zu berücksichtigen. Eine direkte Temperaturauswirkung ist in der Regel ebenfalls zu berücksichtigen [AC] (siehe 10.3.2.1 und Anhang D) [AC].

iii) bei der Übertragung der Vorspannung auf den Beton: Spannkraftverluste infolge elastischer Stauchung des Betons aufgrund der Spanngliedwirkung beim Lösen im Spannbett.

5.10.5 Sofortige Spannkraftverluste bei nachträglichem Verbund

5.10.5.1 Elastische Verformung des Betons

(1) Der Spannkraftverlust infolge der Verformung des Betons ist in der Regel unter Berücksichtigung der Reihenfolge, in der die Spannglieder angespannt werden, zu ermitteln.

(2) Dieser Spannkraftverlust ΔP_{el} darf als Mittelwert in jedem Spannglied wie folgt angenommen werden:

$$\Delta P_{el} = A_p \cdot E_p \cdot \sum \left[\frac{j \cdot \Delta \sigma_c(t)}{E_{cm}(t)} \right] \qquad (5.44)$$

Dabei ist

$\Delta \sigma_c(t)$ die Spannungsänderung im Schwerpunkt der Spannglieder zum Zeitpunkt t;

j ein Beiwert mit:
  $(n-1)/2n$, wobei n die Anzahl identischer, nacheinander gespannter Spannglieder ist. Näherungsweise darf j mit ½ angenommen werden;
  1 für die Spannungsänderung infolge der ständigen Einwirkungen nach dem Vorspannen.

5.10.5.2 Reibungsverluste

(1) Die Reibungsverluste $\Delta P_\mu(x)$ bei Spanngliedern im nachträglichen Verbund dürfen wie folgt abgeschätzt werden:

$$\Delta P_\mu(x) = P_{max} \cdot \left(1 - e^{-\mu(\theta + k \cdot x)}\right) \qquad (5.45)$$

Dabei ist

θ die Summe der planmäßigen, horizontalen und vertikalen Umlenkwinkel über die Länge x (unabhängig von Richtung und Vorzeichen);

μ der Reibungsbeiwert zwischen Spannglied und Hüllrohr;

k der ungewollte Umlenkwinkel (je Längeneinheit), abhängig von der Art des Spannglieds;

x die Länge entlang des Spannglieds von der Stelle an, an der die Vorspannkraft gleich P_{max} ist (die Kraft am Spannende).

Die Werte μ und k werden in den entsprechenden Europäischen Technischen Zulassungen angegeben. Der Reibungsbeiwert μ hängt von den Oberflächeneigenschaften der Spannglieder und der Hüllrohre, von etwaigem Rostansatz, von der Spanngliedehnung und von der Spannstahlprofilierung ab.

Der Wert k für den ungewollten Umlenkwinkel hängt von der Ausführungsqualität, dem Abstand zwischen den Spanngliedunterstützungen, dem verwendeten Hüllrohrtyp bzw. der Ummantelung, sowie der Intensität der Betonverdichtung ab.

(2) Fehlen Angaben aus Europäischen Technischen Zulassungen, dürfen in Gleichung (5.45) die in Tabelle 5.1 enthaltenen Werte für μ angenommen werden.

(3) Fehlen Angaben in Europäischen Technischen Zulassungen, dürfen für den ungewollten Umlenkwinkel der internen Spannglieder i. Allg. zwischen $0{,}005 < k < 0{,}01$ pro Meter angesetzt werden.

NCI Zu 5.10.5.2 (2) und (3)

Die Angaben für μ und k dürfen nur den Zulassungen entnommen werden, Tabelle 5.1 ist nicht anzuwenden.

(4) Bei externen Spanngliedern dürfen die Spannkraftverluste infolge von ungewollten Umlenkwinkeln vernachlässigt werden.

NCI Zu 5.10.5.2 (4)

Bei Spanngliedern ohne Verbund braucht die Reibung nur bei der Ermittlung der wirksamen mittleren Vorspannkraft P_{mt} und der Ermittlung der daraus resultierenden Schnittgrößen infolge der Eintragung der Vorspannkraft berücksichtigt zu werden.

Tabelle 5.1 – Reibungsbeiwerte μ für interne Spannglieder im nachträglichen Verbund und externe Spannglieder ohne Verbund

	Interne Spannglieder [a]	Externe Spannglieder ohne Verbund			
		nicht geschmiert		geschmiert	
		Stahlhüllrohr	HDPE-Hüllrohr	Stahlhüllrohr	HDPE-Hüllrohr
kaltgezogener Draht	0,17	0,25	0,14	0,18	0,12
Litze	0,19	0,24	0,12	0,16	0,10
gerippte Stäbe	0,65	—	—	—	—
glatte Rundstäbe	0,33	—	—	—	—
[a] bei Spanngliedern, die etwa die Hälfte des Hüllrohrs ausfüllen					

ANMERKUNG HDPE – Hochdichtes Polyethylen.

5.10.5.3 Verankerungsschlupf

(1) Die Spannkraftverluste infolge Keilschlupf in der Ankervorrichtung während des Verankerns nach dem Spannen, sowie infolge der Verformungen der Verankerung selbst sind in der Regel zu berücksichtigen.

(2) Die Werte für den Keilschlupf sind in den Europäischen Technischen Zulassungen angegeben.

5.10.6 Zeitabhängige Spannkraftverluste bei sofortigem und nachträglichem Verbund

(1) Die zeitabhängigen Spannkraftverluste dürfen unter Berücksichtigung der beiden folgenden Spannungsreduktionen errechnet werden:

a) infolge der Betonstauchungen, die durch Kriechen und Schwinden unter den ständigen Lasten auftreten,

b) infolge der Relaxation des Spannstahls unter Zug.

ANMERKUNG Die Spannstahlrelaxation hängt von der Verformung des Betons infolge Kriechen und Schwinden ab. Diese Wechselwirkung darf im Allgemeinen näherungsweise mit einem Abminderungsbeiwert von 0,8 berücksichtigt werden.

(2) Gleichung (5.46) stellt ein vereinfachtes Verfahren zur Ermittlung der zeitabhängigen Verluste an der Stelle x unter ständigen Lasten dar.

$$\Delta P_{c+s+r} = A_p \cdot \Delta\sigma_{p,c+s+r}$$

$$= A_p \cdot \frac{\varepsilon_{cs} \cdot E_p + 0{,}8\Delta\sigma_{pr} + \dfrac{E_p}{E_{cm}} \cdot \varphi(t,t_0) \cdot \sigma_{c,QP}}{1 + \dfrac{E_p A_p}{E_{cm} A_c} \cdot \left(1 + \dfrac{A_c}{I_c} \cdot z_{cp}^2\right) \cdot [1 + 0{,}8\varphi(t,t_0)]}$$

(5.46)

Dabei ist

$\Delta\sigma_{p,c+s+r}$ der absolute Wert der Spannungsänderung in den Spanngliedern aus Kriechen, Schwinden und Relaxation an der Stelle x, bis zum Zeitpunkt t;

ε_{cs} die gemäß 3.1.4 (6) ermittelte Schwinddehnung als absoluter Wert;

⟨AC⟩ E_p der Elastizitätsmodul für Spannstahl, siehe auch 3.3.6 (2) ⟨AC⟩;

E_{cm} der Elastizitätsmodul für Beton (Tabelle 3.1);

$\Delta\sigma_{pr}$ der absolute Wert der Spannungsänderung in den Spanngliedern an der Stelle x zum Zeitpunkt t infolge Relaxation des Spannstahls. Sie wird für eine Spannung $\sigma_p = \sigma_p \cdot (G + P_{m0} + \psi_2 \cdot Q)$ bestimmt. Dabei ist σ_p die Ausgangsspannung in den Spanngliedern unmittelbar nach dem Vorspannen und infolge der quasi-ständigen Einwirkungen;

$\varphi(t,t_0)$ der Kriechbeiwert zum Zeitpunkt t bei einer Lastaufbringung zum Zeitpunkt t_0;

$\sigma_{c,QP}$ die Betonspannung in Höhe der Spannglieder infolge Eigenlast und Ausgangsspannung sowie weiterer maßgebender quasi-ständiger Einwirkungen. Die Spannung $\sigma_{c,QP}$ darf je nach untersuchtem Bauzustand unter Ansatz nur eines Teils der Eigenlast und der Vorspannung oder unter der gesamten quasi-ständigen Einwirkungskombination $\sigma_c\{G + P_{m0} + \psi_2 \cdot Q\}$ ermittelt werden;

A_p die Querschnittsfläche aller Spannglieder an der Stelle x;

A_c die Betonquerschnittsfläche;

I_c das Flächenträgheitsmoment des Betonquerschnitts;

z_{cp} der Abstand zwischen dem Schwerpunkt des Betonquerschnitts und den Spanngliedern.

Druckspannungen und die entsprechenden Dehnungen in Gleichung (5.46) sind in der Regel mit einem positiven Vorzeichen einzusetzen.

NCI Zu 5.10.6 (2)

Die Spannungsänderung $\Delta\sigma_{pr}$ im Spannstahl an der Stelle x infolge Relaxation darf mit den Angaben der Zulassung des Spannstahls für das Verhältnis der Ausgangsspannung zur charakteristischen Zugfestigkeit (σ_p / f_{pk}) bestimmt werden.

(3) Die Gleichung (5.46) gilt für Spannglieder im Verbund, wenn die Spannungen im jeweiligen Querschnitt angesetzt werden, sowie für Spannglieder ohne Verbund, wenn gemittelte Werte der Spannung verwendet werden. Die gemittelten Werte für externe Spannglieder sind in der Regel im Bereich gerader Abschnitte zwischen den idealisierten Knickpunkten bzw. Verankerungsstellen oder bei internen Spanngliedern entlang der Gesamtlänge zu berechnen.

5.10.7 Berücksichtigung der Vorspannung in der Berechnung

(1) Momente nach Theorie II. Ordnung können infolge Vorspannung mit externen Spanngliedern auftreten.

(2) Momente infolge indirekter Einwirkungen der Vorspannung treten nur in statisch unbestimmten Tragwerken auf.

(3) Bei linearen Verfahren der Schnittgrößenermittlung sind in der Regel sowohl die direkten als auch die indirekten Einwirkungen der Vorspannung zu berücksichtigen, bevor eine Umlagerung von Kräften und Momenten vorgenommen wird (siehe 5.5).

NCI Zu 5.10.7 (3)

Bei Anwendung linear-elastischer Verfahren der Schnittgrößenermittlung sollte die statisch unbestimmte Wirkung der Vorspannung als Einwirkung berücksichtigt werden. Die Schnittgrößen sind im GZT mit den Steifigkeiten der ungerissenen Querschnitte zu bestimmen.

Bei Anwendung nichtlinearer Verfahren sowie bei der Ermittlung der erforderlichen Rotation bei Verfahren nach der Plastizitätstheorie sollte die Vorspannung als Vordehnung mit entsprechender Vorkrümmung berücksichtigt werden. Die Ermittlung des statisch unbestimmten Moments aus Vorspannung entfällt dann, da bei diesen Verfahren die Schnittgrößen infolge Vorspannung nicht getrennt von den Lastschnittgrößen ausgewiesen werden können.

(4) Bei Verfahren nach der Plastizitätstheorie und bei nichtlinearen Verfahren dürfen die indirekten Einwirkungen der Vorspannung als zusätzliche plastische Rotationen behandelt werden, die dann in der Regel im Nachweis der Rotationsfähigkeit zu berücksichtigen sind.

(5) Nach dem Verpressen darf bei Spanngliedern im nachträglichen Verbund von einem starren Verbund zwischen Stahl und Beton ausgegangen werden. Vor dem Verpressen sind die Spannglieder in der Regel jedoch als verbundlos zu betrachten.

(6) Externe Spannglieder dürfen als zwischen den Umlenkstellen gerade angesetzt werden.

5.10.8 Grenzzustand der Tragfähigkeit

(1) Im Allgemeinen darf der Bemessungswert der Vorspannkraft mit $P_{d,t}(x) = \gamma_P \cdot P_{m,t}(x)$ ermittelt werden (für $P_{m,t}(x)$ siehe 5.10.3 (4) und für γ_P siehe 2.4.2.2).

(2) Bei Spannbetonbauteilen mit Spanngliedern ohne Verbund muss im Allgemeinen die Verformung des gesamten Bauteils zur Berechnung des Spannungszuwachses berücksichtigt werden. Wird keine genaue Berechnung durchgeführt, darf der Spannungszuwachs zwischen wirksamer Vorspannung und Spannung im Grenzzustand der Tragfähigkeit mit $\Delta\sigma_{p,ULS}$ angenommen werden.

ANMERKUNG Der landesspezifische Wert $\Delta\sigma_{p,ULS}$ darf einem Nationalen Anhang entnommen werden. Der empfohlene Wert ist 100 N/mm².

NDP Zu 5.10.8 (2)

Es gilt der empfohlene Wert $\Delta\sigma_{p,ULS} = 100$ N/mm².

Diese Vereinfachung darf nur bei Tragwerken mit exzentrisch geführten internen Spanngliedern angesetzt werden.

Wenn bei Tragwerken mit externen Spanngliedern die Schnittgrößenermittlung für das gesamte Tragwerk vereinfachend linear-elastisch erfolgt, darf der Spannungszuwachs im Spannstahl infolge Tragwerksverformungen unberücksichtigt bleiben.

(3) Wird der Spannungszuwachs unter Berücksichtigung des Verformungszustands des gesamten Bauteils berechnet, sind in der Regel die Mittelwerte der Baustoffeigenschaften zu verwenden. Der Bemessungswert des Spannungszuwachses $\Delta\sigma_{pd} = \Delta\sigma_p \cdot \gamma_{\Delta P}$ ist in der Regel mit den maßgebenden Teilsicherheitsfaktoren $\gamma_{\Delta P,sup}$ und $\gamma_{\Delta P,inf}$ zu bestimmen.

ANMERKUNG Die landesspezifischen Werte $\gamma_{\Delta P,sup}$ und $\gamma_{\Delta P,inf}$ dürfen einem Nationalen Anhang entnommen werden. Die empfohlenen Werte für $\gamma_{\Delta P,sup}$ und $\gamma_{\Delta P,inf}$ sind 1,2 bzw. 0,8. Wird das lineare Verfahren mit ungerissen Querschnitten angewendet, darf von einem niedrigeren Grenzwert der Verformung ausgegangen werden und der empfohlene Wert sowohl für $\gamma_{\Delta P,sup}$ wie auch $\gamma_{\Delta P,inf}$ ist 1,0.

NDP Zu 5.10.8 (3)

Es gelten die empfohlenen Werte.
- nichtlineares Verfahren:
  $$\gamma_{\Delta P,sup} = 1,2 \text{ bzw. } \gamma_{\Delta P,inf} = 0,8$$
- lineares Verfahren mit ungerissen Querschnitten: $\gamma_{\Delta P,sup} = \gamma_{\Delta P,inf} = 1,0$

5.10.9 Grenzzustände der Gebrauchstauglichkeit und der Ermüdung

(1)P In den Gebrauchstauglichkeits- und Ermüdungsnachweisen müssen die möglichen Streuungen der Vorspannung berücksichtigt werden.

Die beiden folgenden charakteristischen Werte der Vorspannkraft im Grenzzustand der Gebrauchstauglichkeit dürfen abgeschätzt werden:

$$P_{k,sup} = r_{sup} \cdot P_{m,t}(x) \quad (5.47)$$
$$P_{k,inf} = r_{inf} \cdot P_{m,t}(x) \quad (5.48)$$

Dabei ist

$P_{k,sup}$ der obere charakteristische Wert;
$P_{k,inf}$ der untere charakteristische Wert.

ANMERKUNG Die landesspezifischen Werte r_{sup} und r_{inf} dürfen einem Nationalen Anhang entnommen werden. Die empfohlenen Werte sind:
- für Spannglieder im sofortigen Verbund oder ohne Verbund:
  $r_{sup} = 1,05$ und $r_{inf} = 0,95$,
- für Spannglieder im nachträglichen Verbund:
  $r_{sup} = 1,10$ und $r_{inf} = 0,90$,
- falls entsprechende Maßnahmen getroffen werden (z. B. direkte Messungen der Vorspannung unter den Gebrauchstauglichkeitsbedingungen):
  $r_{sup} = r_{inf} = 1,0$.

NDP Zu 5.10.9 (1)P

- für Spannglieder im sofortigen Verbund oder ohne Verbund:
  $r_{sup} = 1,05$ und $r_{inf} = 0,95$,
- für Spannglieder im nachträglichen Verbund:
  $r_{sup} = 1,10$ und $r_{inf} = 0,90$.

Die Annahme von $r_{sup} = r_{inf} = 1,0$ ist unzulässig.

5.11 Berechnung für ausgewählte Tragwerke

(1)P Punktgestützte Platten werden als Flachdecken bezeichnet.

(2)P Wandscheiben sind unbewehrte oder bewehrte Betonwände, die die Stabilität des Tragwerks gegen seitliches Ausweichen unterstützen.

ANMERKUNG Anhang I enthält weitere Informationen zur Berechnung von Flachdecken und Wandscheiben.

NCI Zu 5.11 (2)P

Anmerkung wird ersetzt:

ANMERKUNG Der informative Anhang I ist in Deutschland nicht anzuwenden.

6 NACHWEISE IN DEN GRENZZUSTÄNDEN DER TRAGFÄHIGKEIT (GZT)

6.1 Biegung mit oder ohne Normalkraft und Normalkraft allein

(1)P Dieser Abschnitt gilt für ungestörte Bereiche von Balken, Platten und ähnlichen Bauteilen, deren Querschnitte vor und nach Beanspruchung näherungsweise eben bleiben. Die Diskontinuitätsbereiche von Balken und anderen Bauteilen, in denen Querschnitte nicht eben bleiben, dürfen nach 6.5 bemessen und konstruktiv durchgebildet werden.

(2)P Bei der Bestimmung der Biegetragfähigkeit von Querschnitten aus Stahlbeton oder Spannbeton werden folgende Annahmen getroffen:
– Ebene Querschnitte bleiben eben.
– Die Dehnungen der im Verbund liegenden Bewehrung oder Spannglieder haben sowohl für Zug als auch für Druck die gleiche Größe wie die des umgebenden Betons.
– Die Betonzugfestigkeit wird nicht berücksichtigt.
– Die Verteilung der Betondruckspannungen wird entsprechend den Bemessungs-Spannungs-Dehnungs-Linien nach 3.1.7 angenommen.
– Die Spannungen im Betonstahl oder im Spannstahl werden jeweils mit den Arbeitslinien aus 3.2 (Bild 3.8) und 3.3 (Bild 3.10) bestimmt.
– Die Vordehnung der Spannglieder wird bei der Spannungsermittlung im Spannstahl berücksichtigt.

(3)P Die Betonstauchung ist auf ε_{cu2} oder ε_{cu3} in Abhängigkeit von der verwendeten Spannungs-Dehnungs-Linie zu begrenzen (siehe 3.1.7 und Tabelle 3.1). Die Dehnungen des Betonstahls und des Spannstahls sind auf ε_{ud} zu begrenzen (wo zutreffend), siehe 3.2.7 (2) bzw. 3.3.6 (7).

NCI Zu 6.1 (3)P
ANMERKUNG Bei geringen Ausmitten bis $e_d / h \leq 0{,}1$ darf für Normalbeton die günstige Wirkung des Kriechens des Betons vereinfachend durch die Wahl von $\varepsilon_{c2} = -0{,}0022$ berücksichtigt werden.

(4) Für [AC]gestrichener Text[AC] Querschnitte mit Drucknormalkraft ist in der Regel eine Mindestausmitte von $e_0 = h / 30 \geq 20$ mm anzusetzen (mit h – Querschnittshöhe).

NCI Zu 6.1 (4)
Für Querschnitte in Biegebauteilen braucht diese Mindestausmitte nicht angesetzt zu werden. Für Bauteile, die nach Theorie II. Ordnung nachzuweisen sind, sind die Imperfektionen nach 5.2 maßgebend.

(5) Bei Querschnittsteilen, die näherungsweise [AC]zentrischem Druck ($e_d/h \leq 0{,}1$) ausgesetzt sind[AC], wie z. B. Druckgurte von Hohlkastenträgern, ist in der Regel die mittlere Stauchung auf ε_{c2} (bzw. ε_{c3} wenn die bilineare Linie aus Bild 3.4 verwendet wird) zu begrenzen.

NCI Zu 6.1 (5)
Die Tragfähigkeit des Gesamtquerschnitts braucht nicht kleiner angesetzt zu werden als diejenige der Stege mit der Höhe h und der Dehnungsverteilung nach Bild 6.1.

(6) Die zulässigen Grenzen der Dehnungsverteilung sind in Bild 6.1 dargestellt.

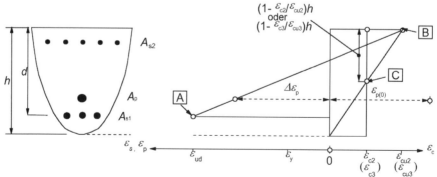

A – Dehnungsgrenze des Betonstahls
B – Stauchungsgrenze des Betons
C – Stauchungsgrenze des Betons bei reiner Normalkraft

Bild 6.1 – Grenzen der Dehnungsverteilung im GZT

(7) Für Spannbetonbauteile mit Spanngliedern ohne Verbund siehe 5.10.8.

(8) Bei extern angeordneten Spanngliedern ist die Dehnung im Spannstahl zwischen zwei aufeinander folgenden Kontaktpunkten (Verankerungs- und Umlenkstellen) konstant anzusetzen. Die Dehnung im Spannstahl entspricht dann der Vordehnung unmittelbar nach dem Vorspannen zuzüglich der Dehnung infolge der Tragwerksverformung zwischen den entsprechenden Kontaktbereichen. Siehe auch 5.10.

6.2 Querkraft

6.2.1 Nachweisverfahren

(1)P Für die Nachweise des Querkraftwiderstands werden folgende Bemessungswerte definiert:

$V_{Rd,c}$ Querkraftwiderstand eines Bauteils ohne Querkraftbewehrung;
$V_{Rd,s}$ durch die Fließgrenze der Querkraftbewehrung begrenzter Querkraftwiderstand;
$V_{Rd,max}$ durch die Druckstrebenfestigkeit begrenzter maximaler Querkraftwiderstand.

Bei Bauteilen mit geneigten Gurten werden folgende zusätzliche Bemessungswerte definiert (siehe auch Bild 6.2):

V_{ccd} Querkraftkomponente in der Druckzone bei geneigtem Druckgurt;
V_{td} Querkraftkomponente in der Zugbewehrung bei geneigtem Zuggurt.

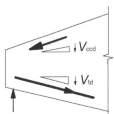

Bild 6.2 – Querkraftkomponente für Bauteile mit geneigten Gurten

NCI Zu 6.2.1 (1)P

ANMERKUNG Wenn die Vorspannung nicht als Einwirkung berücksichtigt wird, ergibt sich der Bemessungswert der Querkraftkomponente in der Zugbewehrung bei geneigtem Zuggurt V_{td} einschließlich dem Querkraftanteil der Vorspannung V_{pd}.

(2) Der Querkraftwiderstand eines Bauteils mit Querkraftbewehrung entspricht:

$$V_{Rd} = V_{Rd,s} + V_{ccd} + V_{td} \qquad (6.1)$$

(3) In Bauteilbereichen mit $V_{Ed} \leq V_{Rd,c}$ ist eine Querkraftbewehrung rechnerisch nicht erforderlich. V_{Ed} ist der Bemessungswert der Querkraft im untersuchten Querschnitt aus äußerer Einwirkung und Vorspannung (mit oder ohne Verbund).

NCI Zu 6.2.1 (3)

Zum Querkraftwiderstand eines Bauteiles ohne Querkraftbewehrung dürfen analog Gleichung (6.1) $V_{ccd} + V_{td}$ addiert werden.

(4) Auch wenn rechnerisch keine Querkraftbewehrung erforderlich ist, ist in der Regel dennoch eine Mindestquerkraftbewehrung gemäß 9.2.2 vorzusehen. Auf die Mindestquerkraftbewehrung darf bei Bauteilen wie Platten (Voll-, Rippen- oder Hohlplatten), in denen eine Lastumlagerung in Querrichtung möglich ist, verzichtet werden. Auf eine Mindestquerkraftbewehrung darf auch in Bauteilen von untergeordneter Bedeutung verzichtet werden (z. B. bei Stürzen mit Spannweiten ≤ 2 m), die nicht wesentlich zur Gesamttragfähigkeit und Gesamtstabilität des Tragwerks beitragen.

NCI Zu 6.2.1 (4)

ANMERKUNG 1 Bei Einhaltung der Bewehrungs- und Konstruktionsregeln nach Abschnitt 8 und 9 kann von einer ausreichenden Querverteilung der Lasten bei Platten ausgegangen werden.

Bei Rippendecken darf unter vorwiegend ruhenden Einwirkungen mit Nutzlasten $q_k \leq 3{,}0$ kN/m² bzw. Einzellasten $Q_k \leq 3{,}0$ kN auf die Mindestquerkraftbewehrung in den Rippen verzichtet werden, wenn der maximale Rippenabstand 700 mm beträgt. Bei Rippendecken, die feuerbeständig (≥ R90) sein müssen, sind stets Bügel anzuordnen.

ANMERKUNG 2 Zur Belastung von Stürzen siehe DAfStb-Heft 600.

(5) In Bereichen mit $V_{Ed} > V_{Rd,c}$ gemäß Gleichung (6.2) ist in der Regel eine Querkraftbewehrung vorzusehen, die $V_{Ed} \leq V_{Rd}$ sicherstellt [AC] (siehe Gleichung (6.1)) [AC].

(6) Die Summe aus Bemessungsquerkraft und Beiträgen der Gurte, $V_{Ed} - V_{ccd} - V_{td}$ darf in der Regel in keinem Bauteilquerschnitt den Maximalwert $V_{Rd,max}$ überschreiten (siehe 6.2.3).

(7) Die Längszugbewehrung muss in der Regel den zusätzlichen Zugkraftanteil infolge Querkraft aufnehmen können (siehe 6.2.3 (7)).

NCI Zu 6.2.1 (7)

Alternativ darf diese zusätzliche Zugkraft auch nach 9.2.1.3 (2) mit einem Versatzmaß berücksichtigt werden.

Normen

(8) Bei gleichmäßig verteilter Belastung darf die Bemessungsquerkraft im Abstand d vom Auflager nachgewiesen werden. Die erforderliche Querkraftbewehrung ist in der Regel bis zum Auflager weiterzuführen. Zusätzlich ist in der Regel nachzuweisen, dass die Querkraft am Auflager $V_{Rd,max}$ nicht überschreitet (siehe 6.2.2 (6) und 6.2.3 (8)).

NCI Zu 6.2.1 (8)

Die Nachweise für $V_{Rd,c}$ und $V_{Rd,s}$ dürfen in der Regel nur bei direkter Auflagerung im Abstand d vom Auflagerrand und für $V_{Rd,max}$ unmittelbar am Auflagerrand geführt werden. Bei indirekter Auflagerung ist die Bemessungsquerkraft für alle Nachweise V_{Rd} in der Regel in der Auflagerachse zu bestimmen. Ausnahmen siehe DAfStb-Heft 600.

(9) Für eine an der Bauteilunterseite abgehängte Last ist in der Regel zusätzlich zur Querkraftbewehrung eine Aufhängebewehrung erforderlich, die die Last im oberen Querschnittsbereich verankert.

NCI Zu 6.2.1

(NA.10) Die Querkraftnachweise dürfen bei zweiachsig gespannten Platten in den Spannrichtungen x und y mit den jeweiligen Einwirkungs- und Widerstandskomponenten getrennt geführt werden. Wenn Querkraftbewehrung erforderlich wird, ist diese aus beiden Richtungen zu addieren.

(NA.11) Vorgespannte Elementdecken werden in allgemeinen bauaufsichtlichen Zulassungen geregelt.

6.2.2 Bauteile ohne rechnerisch erforderliche Querkraftbewehrung

(1) Der Bemessungswert für den Querkraftwiderstand $V_{Rd,c}$ darf ermittelt werden mit:

$$V_{Rd,c} = [C_{Rd,c} \cdot k \cdot (100 \cdot \rho_l \cdot f_{ck})^{1/3} + k_1 \cdot \sigma_{cp}] \cdot b_w \cdot d \quad (6.2.a)$$

mit einem Mindestwert

$$V_{Rd,c} = (v_{min} + k_1 \cdot \sigma_{cp}) \cdot b_w \cdot d \quad (6.2.b)$$

Dabei ist

f_{ck} die charakteristische Betonfestigkeit [N/mm²];
k = $1 + \sqrt{200/d} \le 2{,}0$ mit d [mm];
ρ_l = $A_{sl} / (b_w d) \le 0{,}02$;
A_{sl} die Fläche der Zugbewehrung, die mindestens ($l_{bd} + d$) über den betrachteten Querschnitt hinaus geführt wird (siehe Bild 6.3);
b_w die kleinste Querschnittsbreite innerhalb der Zugzone des Querschnitts [mm];

σ_{cp} = $N_{Ed} / A_c < 0{,}2 \cdot f_{cd}$ [N/mm²];
⟨AC⟩ N_{Ed} die Normalkraft im Querschnitt infolge Lastbeanspruchung oder Vorspannung [N] ($N_{Ed} > 0$ für Druck). Der Einfluss von Zwang auf N_{Ed} darf vernachlässigt werden; ⟨AC⟩
A_c die Betonquerschnittsfläche [mm²];
$V_{Rd,c}$ in [N].

ANMERKUNG Die landesspezifischen Werte für $C_{Rd,c}$, v_{min} und k_1 dürfen einem Nationalen Anhang entnommen werden. Der empfohlene Wert für $C_{Rd,c}$ ist $0{,}18/\gamma_c$, der für v_{min} ist in Gleichung (6.3N) angegeben und der für k_1 ist 0,15.

$$v_{min} = 0{,}035 \, k^{3/2} \cdot f_{ck}^{1/2} \quad (6.3N)$$

NDP Zu 6.2.2 (1)

$C_{Rd,c}$ = $0{,}15 / \gamma_c$
k_1 = $0{,}12$
v_{min} = $(0{,}0525/\gamma_c) k^{3/2} f_{ck}^{1/2}$ für $d \le 600$ mm (6.3aDE)
v_{min} = $(0{,}0375/\gamma_c) k^{3/2} f_{ck}^{1/2}$ für $d > 800$ mm (6.3bDE)

Für 600 mm $< d \le$ 800 mm darf interpoliert werden.

Betonzugspannungen σ_{cp} sind in den Gleichungen (6.2) negativ einzusetzen.

(2) Bei einfeldrigen, statisch bestimmten Spannbetonbauteilen ohne Querkraftbewehrung darf die Querkrafttragfähigkeit in gerissenen Bereichen mit Gleichung (6.2a) ermittelt werden. In ungerissenen Bereichen (für die die Biegezugspannung kleiner als $f_{ctk,0,05}/\gamma_c$ ist), darf die Querkrafttragfähigkeit auf Grundlage der Betonzugfestigkeit wie folgt berechnet werden:

$$V_{Rd,c} = \frac{I \cdot b_w}{S} \sqrt{f_{ctd}^2 + \alpha_l \cdot \sigma_{cp} \cdot f_{ctd}} \quad (6.4)$$

Dabei ist

I das Flächenträgheitsmoment;
b_w die Querschnittsbreite in der Schwerachse unter Berücksichtigung etwaiger Hüllrohre gemäß Gleichungen (6.16) und (6.17);
S das Flächenmoment 1. Grades oberhalb der Schwerachse;
α_l = $l_x / l_{pt2} \le 1{,}0$ für Spannglieder im sofortigen Verbund,
= 1,0 für andere Arten der Vorspannung;

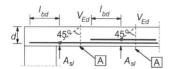
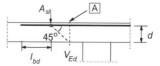

A — betrachteter Querschnitt

Bild 6.3 – Definition von A_{sl} in Gleichung (6.2)

l_x der Abstand des betrachteten Querschnitts vom Beginn der Übertragungslänge;

l_{pt2} der obere Grenzwert der Übertragungslänge des Spanngliedes gemäß Gleichung (8.18);

σ_{cp} die Betondruckspannung im Schwerpunkt infolge Normalkraft und/oder Vorspannung ($\sigma_{cp} = N_{Ed} / A_c$ in N/mm^2, $N_{Ed} > 0$ bei Druck).

Bei Querschnitten mit über die Höhe unterschiedlicher Breite, kann die maximale Hauptspannung auch außerhalb der Schwerachse auftreten. In diesem Fall sollte der Minimalwert des Querkraftwiderstands durch Berechnung von $V_{Rd,c}$ in verschiedenen Höhen ermittelt werden.

NCI Zu 6.2.2 (2)

Die Gleichung (6.4) darf für Stahlbetonbauteile mit Normaldruckkraft ebenfalls angewendet werden. Dann ist $\alpha_l = 1,0$.

Bei Anwendung der Gleichung (6.4) wird vorausgesetzt, dass eine ausreichende Spaltzugbewehrung vorhanden ist.

Die Anforderungen an die Mindestquerkraftbewehrung nach 9.2.2 (5) und 9.3.2 (2) sind einzuhalten.

Für vorgespannte Elementdecken darf Gleichung (6.4) nicht verwendet werden.

(3) Auf eine Berechnung des Querkraftwiderstands gemäß Gleichung (6.4) darf bei Querschnitten verzichtet werden, die näher am Auflager liegen als der Schnittpunkt zwischen der elastisch berechneten Schwerachse und einer vom Auflagerrand im Winkel von 45° geneigten Linie.

(4) Kann für Bauteile unter Biegung und Normalkraft nachgewiesen werden, dass es im GZT zu keiner Rissbildung kommt, darf 12.6.3 angewendet werden.

(5) Zur Bemessung der Längsbewehrung in unter Biegung gerissenen Bereichen ist in der Regel die M_{Ed}-Linie um das Versatzmaß $a_l = d$ in die ungünstige Richtung zu verschieben (siehe 9.2.1.3 (2)).

(6) Bei Bauteilen mit oberseitiger Eintragung einer Einzellast im Bereich von $0,5d \leq a_v < 2d$ vom Auflagerrand (oder von der Achse verformbarer Lager), darf der Querkraftanteil dieser Last V_{Ed} mit $\beta = a_v/2d$ multipliziert werden. Diese Abminderung darf beim Nachweis von $V_{Rd,c}$ in Gleichung (6.2a) verwendet werden, wenn die Längsbewehrung vollständig am Auflager verankert ist. Für $a_v \leq 0,5d$ ist in der Regel der Wert $a_v = 0,5d$ anzusetzen.

Die ohne die Abminderung β berechnete Querkraft muss in der Regel folgende Bedingung erfüllen

$$V_{Ed} \leq 0,5 \cdot b_w \cdot d \cdot \nu \cdot f_{cd} \quad (6.5)$$

Dabei ist ν ein Abminderungsbeiwert für die Betonfestigkeit bei Schubrissen.

ANMERKUNG Der landesspezifische Wert für ν darf einem Nationalen Anhang entnommen werden. Der empfohlene Wert folgt aus:

$$\nu = 0,6 \cdot (1 - f_{ck} / 250) \quad (f_{ck} \text{ in } [\text{N/mm}^2]) \quad (6.6N)$$

NDP Zu 6.2.2 (6)

- allgemein für Querkraft: $\nu = 0,675$
- allgemein für Torsion nach 6.3.2 (4): $\nu = 0,525$
- für Schubnachweise in der Verbundfuge in 6.2.5 nach Gleichung (6.25) gilt:
  → sehr glatte Fuge: $\nu = 0$
  (für sehr glatte Fugen ohne äußere Drucknormalkraft senkrecht zur Fuge; der Reibungsanteil in Gleichung (6.25) darf bis zur Grenze ($\mu \cdot \sigma_n \leq 0,1 f_{cd}$) ausgenutzt werden)
  → glatte Fuge: $\nu = 0,20$
  → raue Fuge: $\nu = 0,50$
  → verzahnte Fuge: $\nu = 0,70$

Für Betonfestigkeitsklassen $\geq$ C55/67 sind alle ν-Werte mit dem Faktor $\nu_2 = (1,1 - f_{ck}/500)$ zu multiplizieren.

ANMERKUNG: Durch die o. a. Festlegung der einzelnen Abminderungsbeiwerte ν kann Gleichung (6.6N) entfallen.

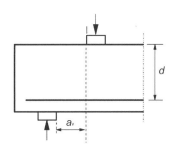

(a) Träger mit direkter Auflagerung

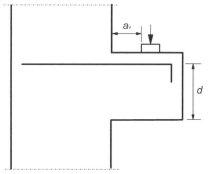

(b) Konsole

Bild 6.4 – auflagernahe Lasten

Normen

NCI Zu 6.2.2 (6)
Die Abminderung des Querkraftanteils auflagernaher Einzellasten mit β darf nur bei direkter Auflagerung erfolgen.

(7) Träger mit auflagernahen Lasten und Konsolen dürfen alternativ dazu auch mit Stabwerkmodellen bemessen werden. Siehe hierzu 6.5.

NCI Zu 6.2.2 (7)
Der Abschnitt 6.2.2 (7) wird ersetzt:
Träger mit auflagernahen Lasten dürfen alternativ auch mit Stabwerkmodellen bemessen werden. Konsolen sind in der Regel mit Stabwerkmodellen zu bemessen. Siehe 6.5.

6.2.3 Bauteile mit rechnerisch erforderlicher Querkraftbewehrung

(1) Die Bemessung von Bauteilen mit Querkraftbewehrung basiert auf einem Fachwerkmodell (Bild 6.5). Die Druckstrebenneigung θ im Steg ist nach 6.2.3 (2) zu begrenzen.

Folgende Bezeichnungen werden in Bild 6.5 verwendet:

α Winkel zwischen Querkraftbewehrung und der rechtwinklig zur Querkraft verlaufenden Bauteilachse (in Bild 6.5 positiv);
θ Winkel zwischen Betondruckstreben und der rechtwinklig zur Querkraft verlaufenden Bauteilachse;

F_{td} Bemessungswert der Zugkraft in der Längsbewehrung;
F_{cd} Bemessungswert der Betondruckkraft in Richtung der Längsachse des Bauteils;
b_w kleinste Querschnittsbreite zwischen Zug- und Druckgurt;
z innerer Hebelarm bei einem Bauteil mit konstanter Höhe, der zum Biegemoment im betrachteten Bauteil gehört. Bei der Querkraftbemessung von Stahlbeton ohne Normalkraft darf im Allgemeinen der Näherungswert $z = 0{,}9d$ verwendet werden.

Bei Bauteilen mit geneigten Spanngliedern ist in der Regel ausreichend Betonstahllängsbewehrung im Zuggurt einzulegen, um die in Absatz (7) definierte Längszugkraft infolge Querkraft aufzunehmen.

NCI Zu 6.2.3 (1)
Für die Annahme von $z = 0{,}9\,d$ wird vorausgesetzt, dass die Bügel nach 8.5 in der Druckzone verankert sind.

Es darf für z aber kein größerer Wert angesetzt werden, als sich aus $z = d - 2\,c_{V,l} \geq d - c_{V,l} - 30\text{ mm}$ ergibt (mit Verlegemaß $c_{V,l}$ der Längsbewehrung in der Betondruckzone).

Zu Bild 6.5
Bei anderen Querschnittsformen, z. B. Kreisquerschnitten, ist als wirksame Breite b_w der kleinere Wert der Querschnittsbreite zwischen dem Bewehrungsschwerpunkt (Zuggurt) und der Druckresultierenden (entspricht der kleinsten Breite senkrecht zum inneren Hebelarm z) zu verwenden.

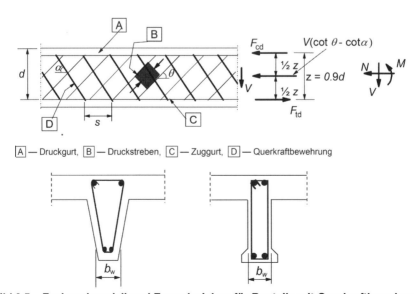

A — Druckgurt, B — Druckstreben, C — Zuggurt, D — Querkraftbewehrung

Bild 6.5 – Fachwerkmodell und Formelzeichen für Bauteile mit Querkraftbewehrung

(2) Der Winkel θ ist in der Regel zu begrenzen.

ANMERKUNG Der landesspezifische Wert für cot θ darf einem Nationalen Anhang entnommen werden. Die empfohlenen Grenzwerte sind in Gleichung (6.7N) angegeben.

$$1 \leq \cot \theta \leq 2{,}5 \qquad (6.7N)$$

NDP Zu 6.2.3 (2)

$$1{,}0 \leq \cot\theta \leq \frac{1{,}2+1{,}4\sigma_{cp}/f_{cd}}{1-V_{Rd,cc}/V_{Ed}} \leq 3{,}0 \qquad (6.7aDE)$$

Bei geneigter Querkraftbewehrung darf cot θ bis 0,58 ausgenutzt werden.

$$V_{Rd,cc} = c \cdot 0{,}48 \cdot f_{ck}^{1/3} \cdot \left(1-1{,}2\frac{\sigma_{cp}}{f_{cd}}\right) \cdot b_w \cdot z \qquad (6.7bDE)$$

Dabei ist
c = 0,5;
σ_{cp} der Bemessungswert der Betonlängsspannung in Höhe des Schwerpunkts des Querschnitts mit $\sigma_{cp} = N_{Ed}/A_c$ in N/mm²; Betonzugspannungen σ_{cp} in den Gleichungen (6.7aDE) und (6.7bDE) sind negativ einzusetzen;
N_{Ed} der Bemessungswert der Längskraft im Querschnitt infolge äußerer Einwirkungen ($N_{Ed} > 0$ als Längsdruckkraft).

Vereinfachend dürfen für cot θ die folgenden Werte angesetzt werden:
– reine Biegung: cot θ = 1,2
– Biegung und Längsdruckkraft: cot θ = 1,2
– Biegung und Längszugkraft: cot θ = 1,0

(3) Bei Bauteilen mit Querkraftbewehrung rechtwinklig zur Bauteilachse ist der Querkraftwiderstand V_{Rd} der kleinere Wert aus:

$$V_{Rd,s} = (A_{sw}/s) \cdot z \cdot f_{ywd} \cdot \cot\theta \qquad (6.8)$$

ANMERKUNG Bei Verwendung der Gleichung (6.10) ist in der Regel der Wert f_{ywd} in Gleichung (6.8) auf $0{,}8f_{ywk}$ zu reduzieren.

und

$$V_{Rd,max} = \alpha_{cw} \cdot b_w \cdot z \cdot v_1 \cdot f_{cd}/(\cot\theta + \tan\theta) \qquad (6.9)$$

Dabei ist
A_{sw} die Querschnittsfläche der Querkraftbewehrung;
s der Bügelabstand;
f_{ywd} der Bemessungswert der Streckgrenze der Querkraftbewehrung;
v_1 ein Abminderungsbeiwert für die Betonfestigkeit bei Schubrissen;
α_{cw} ein Beiwert zur Berücksichtigung des Spannungszustandes im Druckgurt.

ANMERKUNG 1 Die landesspezifischen Werte v_1 und α_{cw} dürfen einem Nationalen Anhang entnommen werden. Der empfohlene Wert für v_1 ist v (siehe Gleichung (6.6N)).

ANMERKUNG 2 Wenn bei Bauteilen aus Stahlbeton oder Spannbeton der Bemessungswert der Spannung in der Querkraftbewehrung unter 80 % der charakteristischen Streckgrenze f_{yk} liegt, darf der Wert v_1 wie folgt ermittelt werden:

$$v_1 = 0{,}6 \qquad \text{für } f_{ck} \leq 60 \text{ N/mm}^2 \qquad (6.10.aN)$$
$$v_1 = 0{,}9 - f_{ck}/200 > 0{,}5 \qquad \text{für } f_{ck} \geq 60 \text{ N/mm}^2 \qquad (6.10.bN)$$

ANMERKUNG 3 Der empfohlene Wert für α_{cw} ist:
1 für nicht vorgespannte Tragwerke,
$(1 + \sigma_{cp}/f_{cd})$ für $0 < \sigma_{cp} \leq 0{,}25 f_{cd}$ (6.11.aN)
1,25 für $0{,}25 f_{cd} < \sigma_{cp} \leq 0{,}5 f_{cd}$ (6.11.bN)
$2{,}5 \cdot (1 - \sigma_{cp}/f_{cd})$ für $0{,}50 f_{cd} < \sigma_{cp} < 1{,}0 f_{cd}$ (6.11.cN)

Dabei ist
σ_{cp} die mittlere Druckspannung im Beton (positiv) infolge des Bemessungswerts der Normalkraft. Dieser ist in der Regel über den Betonquerschnitt unter Berücksichtigung der Bewehrung zu mitteln. Der Wert für σ_{cp} braucht nicht für Bereiche näher als $0{,}5d \cdot \cot\theta$ vom Auflagerrand berechnet zu werden.

ANMERKUNG 4 Die maximal wirksame Querschnittsfläche der Querkraftbewehrung $A_{sw,max}$ für cot θ = 1 ist gegeben durch:

$$\frac{A_{sw,max} \cdot f_{ywd}}{b_w \cdot s} \leq 0{,}5 \cdot \alpha_{cw} \cdot v_1 \cdot f_{cd} \qquad (6.12)$$

NDP Zu 6.2.3 (3)

v_1 = 0,75 · v_2
v_2 = (1,1 − f_{ck}/500) ≤ 1,0
α_{cw} = 1,0

Die Gleichungen (6.10N) und (6.11N) sind nicht zu anzuwenden.

(4) Bei Bauteilen mit geneigter Querkraftbewehrung ist der Querkraftwiderstand der kleinere Wert aus:

$$V_{Rd,s} = \frac{A_{sw}}{s} \cdot z \cdot f_{ywd} \cdot (\cot\theta + \cot\alpha) \cdot \sin\alpha \qquad (6.13)$$

und

$$V_{Rd,max} = \alpha_{cw} \cdot b_w \cdot z \cdot v_1 \cdot f_{cd} \cdot (\cot\theta + \cot\alpha)/(1+\cot^2\theta) \qquad (6.14)$$

ANMERKUNG Die maximal wirksame Querkraftbewehrung $A_{sw,max}$ für cot θ = 1 folgt aus:

$$\frac{A_{sw,max} \cdot f_{ywd}}{b_w \cdot s} \leq \frac{0{,}5 \cdot \alpha_{cw} \cdot v_1 \cdot f_{cd}}{\sin\alpha} \qquad (6.15)$$

NCI Zu 6.2.3 (4)[1]

(5) In Bereichen ohne Diskontinuitäten im Verlauf von V_{Ed} (z. B. bei einer Gleichstreckenlast auf der Bauteiloberseite), ⟨AC⟩ darf die Querkraftbewehrung in jedem Längenabschnitt $l = z \cdot \cot\theta$) mit

---

[1] Die Anmerkung zu NCI 6.2.3 (4) wurde gestrichen.

dem kleinsten Wert AC von V_{Ed} in diesem Abschnitt bestimmt werden.

NCI Zu 6.2.3 (5)
Wird die Belastung nicht an der Bauteiloberseite eingetragen, ist die Querkraftbewehrung mit dem Mittelwert von V_{Ed} in diesem Längenabschnitt zu bestimmen.

(6) Enthält der Steg verpresste Metallhüllrohre mit einem Durchmesser von $\emptyset > b_w / 8$, ist in der Regel der Querkraftwiderstand $V_{Rd,max}$ auf Grundlage einer rechnerischen Stegbreite zu bestimmen:

$$b_{w,nom} = b_w - 0{,}5 \, \Sigma\emptyset \quad (6.16)$$

Dabei ist $\emptyset$ der Außendurchmesser des Hüllrohres und $\Sigma\emptyset$ wird für die ungünstigste Lage bestimmt.

Für verpresste Metallhüllrohre mit einem Durchmesser von $\emptyset < b_w / 8$ gilt $b_{w,nom} = b_w$.

Für nichtverpresste Hüllrohre, verpresste Kunststoffhüllrohre und Spannglieder ohne Verbund beträgt die rechnerische Stegbreite:

$$b_{w,nom} = b_w - 1{,}2 \, \Sigma\emptyset \quad (6.17)$$

Mit dem Faktor 1,2 in Gleichung (6.17) wird das durch Querzugspannungen bedingte Spalten der Betondruckstreben berücksichtigt. Ist ausreichend Querbewehrung eingelegt, darf dieser Wert auf 1,0 reduziert werden.

NCI Zu 6.2.3 (6)
In Gleichung (6.16) sollten die Querschnitte der Hüllrohre bei Betonen $\geq$ C55/67 oder $\geq$ LC55/60 vollständig abgezogen werden:

$$b_{w,nom} = b_w - 1{,}0 \, \Sigma\emptyset$$

Die Abminderung des Faktors 1,2 in Gleichung (6.17) ist auch bei vorhandener Querbewehrung nicht zulässig.

(7) Die zusätzliche Zugkraft ΔF_{td} in der Längsbewehrung infolge der Querkraft V_{Ed} darf wie folgt bestimmt werden:

$$\Delta F_{td} = 0{,}5 \cdot V_{Ed} (\cot \theta - \cot \alpha) \quad (6.18)$$

Die Zugkraft $(M_{Ed}/z) + \Delta F_{td}$ braucht nicht größer als $M_{Ed,max}/z$ angesetzt zu werden, wobei $M_{Ed,max}$ das maximale Moment in Bauteillängsrichtung ist.

(8) Bei Bauteilen mit oberseitiger Eintragung einer Einzellast im Bereich von $0{,}5d \leq a_v < 2d$ vom Auflagerrand, darf der Querkraftanteil an V_{Ed} mit dem Faktor $\beta = a_v/2d$ abgemindert werden.

Die so reduzierte Querkraft V_{Ed} muss in der Regel folgende Bedingung erfüllen:

$$V_{Ed} \leq A_{sw} \cdot f_{ywd} \cdot \sin\alpha \quad (6.19)$$

Dabei ist $A_{sw} \cdot f_{ywd}$ der Widerstand der Querkraftbewehrung, die den geneigten Schubriss zwischen den belasteten Bereichen kreuzt (siehe Bild 6.6). In der Regel darf nur die Querkraftbewehrung in einem mittleren Bereich von $0{,}75a_v$ berücksichtigt werden. Die Abminderung mit β ist bei der Bemessung der Querkraftbewehrung nur zulässig, wenn die Längsbewehrung vollständig am Auflager verankert ist.

Für $a_v < 0{,}5d$ ist in der Regel der Wert $a_v = 0{,}5d$ zu verwenden.

AC Der ohne die Abminderung mit β bestimmte Wert V_{Ed} darf in der Regel jedoch $V_{Rd,max}$ nach Gleichung (6.9) nicht überschreiten. AC

NCI Zu 6.2.3 (8)
Die Querkraft darf nur bei direkter Auflagerung mit dem Beiwert β abgemindert werden.
Konsolen sollten ohne Querkraftabminderung mit Stabwerkmodellen bemessen werden.

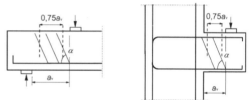

Bild 6.6 – Querkraftbewehrung mit direkter Strebenwirkung

6.2.4 Schubkräfte zwischen Balkensteg und Gurten

(1) Die Schubtragfähigkeit eines Gurts darf unter Annahme eines Systems von Druckstreben und Zuggliedern aus Bewehrung berechnet werden.

(2) Eine Mindestbewehrung ist in der Regel nach 9.3.1 vorzusehen.

(3) Die Längsschubspannung v_{Ed} am Anschluss einer Seite eines Gurtes an den Steg wird durch die Längskraftdifferenz im untersuchten Teil des Gurtes bestimmt:

$$v_{Ed} = \Delta F_d / (h_f \cdot \Delta x) \quad (6.20)$$

Dabei ist
h_f die Gurtdicke am Anschluss;
Δx die betrachtete Länge, siehe Bild 6.7;
ΔF_d die Längskraftdifferenz im Gurt über die Länge Δx.

Für Δx darf höchstens der halbe Abstand zwischen Momentennullpunkt und Momentenmaximum angenommen werden. Wirken Einzellasten darf in der Regel die Länge Δx den Abstand zwischen den Einzellasten nicht überschreiten.

EC 2-1-1:2011 und EC 2-1-1/NA:2011

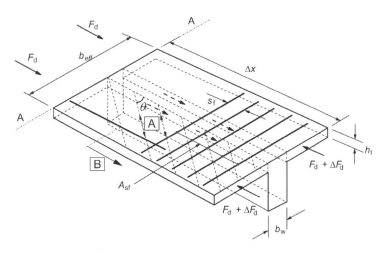

A — Druckstreben   B — hinter diesem projizierten Punkt verankerter Längsstab, siehe 6.2.4 (7)

Bild 6.7 – Formelzeichen beim Anschluss zwischen Gurten und Steg

(4) Die Querbewehrung pro Abschnittslänge A_{sf} / s_f darf wie folgt bestimmt werden:

$$(A_{sf} \cdot f_{yd} / s_f) \geq v_{Ed} \cdot h_f / \cot \theta_f \quad (6.21)$$

Um das Versagen der Druckstreben im Gurt zu vermeiden, ist in der Regel die folgende Anforderung zu erfüllen:

$$v_{Ed} \leq v \cdot f_{cd} \cdot \sin \theta_f \cdot \cos \theta_f \quad (6.22)$$

ANMERKUNG Die landesspezifischen Grenzen für $\cot \theta_f$ dürfen einem Nationalen Anhang entnommen werden. Die empfohlenen Werte sind, sofern kein genauerer Nachweis erfolgt:

$1,0 \leq \cot \theta_f \leq 2,00$ für Druckgurte $\quad (45° \geq \theta_f \geq 26,5°)$
$1,0 \leq \cot \theta_f \leq 1,25$ für Zuggurte $\quad (45° \geq \theta_f \geq 38,6°)$

NDP Zu 6.2.4 (4)

Der Druckstrebenwinkel θ_f darf nach NDP zu 6.2.3 (2) ermittelt werden. Dabei ist $b_w = h_f$ und $z = \Delta x$ zu setzen. Für σ_{cd} darf die mittlere Betonlängsspannung im anzuschließenden Gurtabschnitt mit der Länge Δx angesetzt werden.

Vereinfachend darf in Zuggurten $\cot \theta_f = 1,0$ und in Druckgurten $\cot \theta_f = 1,2$ gesetzt werden.

Gleichung (6.22): Für v ist v_1 nach NDP zu 6.2.3 (3) zu verwenden.

(5) Bei kombinierter Beanspruchung durch Querbiegung und durch Schubkräfte zwischen Gurt und Steg ist in der Regel der größere erforderliche Stahlquerschnitt anzuordnen, der sich entweder als Schubbewehrung nach Gleichung (6.21) oder aus der erforderlichen Biegebewehrung für Querbiegung und der Hälfte der Schubbewehrung nach Gleichung (6.21) ergibt.

NCI Zu 6.2.4 (5)

Wenn Querkraftbewehrung in der Gurtplatte erforderlich wird, sollte der Nachweis der Druckstreben in beiden Beanspruchungsrichtungen des Gurtes (Scheibe und Platte) in linearer Interaktion nach Gleichung (NA.6.22.1) geführt werden:

$$\left(\frac{V_{Ed}}{V_{Rd,max}}\right)_{Platte} + \left(\frac{V_{Ed}}{V_{Rd,max}}\right)_{Scheibe} \leq 1,0 \quad (NA.6.22.1)$$

(6) In Bereichen mit $v_{Ed} \leq k \cdot f_{ctd}$ ist keine zusätzliche Bewehrung zur Biegebewehrung erforderlich.

ANMERKUNG Der landesspezifische Wert k darf einem Nationalen Anhang entnommen werden. Der empfohlene Wert ist 0,4.

NDP Zu 6.2.4 (6)

Es gilt der empfohlene Wert $k = 0,4$ für monolithische Querschnitte und mit Mindestbiegebewehrung nach Abschnitt 9.

(7) Die Längszugbewehrung im Gurt ist in der Regel hinter der Druckstrebe zu verankern, die am Stegbereich beginnt, an dem diese Längsbewehrung benötigt wird (siehe Schnitt A - A in Bild 6.7).

6.2.5 Schubkraftübertragung in Fugen

(1) Die Schubkraftübertragung in Fugen zwischen zu unterschiedlichen Zeitpunkten hergestellten Betonierabschnitten ist in der Regel zusätzlich zu den Anforderungen aus 6.2.1 bis 6.2.4 wie folgt nachzuweisen:

$v_{Edi} \leq v_{Rdi}$ (6.23)

v_{Edi} ist der Bemessungswert der Schubkraft in der Fuge. Er wird ermittelt durch:

$v_{Edi} = \beta \cdot V_{Ed} / (z \cdot b_i)$ (6.24)

Dabei ist

- β das Verhältnis der Normalkraft in der Betonergänzung und der Gesamtnormalkraft in der Druck- bzw. Zugzone im betrachteten Querschnitt;
- V_{Ed} der Bemessungswert der einwirkenden Querkraft;
- z der Hebelarm des zusammengesetzten Querschnitts;
- b_i die Breite der Fuge (siehe Bild 6.8);
- v_{Rdi} der Bemessungswert der Schubtragfähigkeit in der Fuge mit:

$v_{Rdi} = c \cdot f_{ctd} + \mu \cdot \sigma_n + \rho \cdot f_{yd} \cdot (\mu \cdot \sin \alpha + \cos \alpha)$
$\leq 0.5 \cdot \nu \cdot f_{cd}$ (6.25)

Dabei ist

- c und μ je ein Beiwert, der von der Rauigkeit der Fuge abhängt (siehe (2));
- f_{ctd} der Bemessungswert der Betonzugfestigkeit nach 3.1.6 (2)P;
- σ_n die Spannung infolge der minimalen Normalkraft rechtwinklig zur Fuge die gleichzeitig mit der Querkraft wirken kann (positiv für Druck mit $\sigma_n < 0.6 f_{cd}$ und negativ für Zug). Ist σ_n eine Zugspannung, ist in der Regel $c \cdot f_{ctd}$ mit 0 anzusetzen;
- ρ = A_s / A_i;
- A_s die Querschnittsfläche der die Fuge kreuzenden Verbundbewehrung mit ausreichender Verankerung auf beiden Seiten der Fuge einschließlich vorhandener Querkraftbewehrung;
- A_i die Fläche der Fuge, über die Schub übertragen wird;
- α der Neigungswinkel der Verbundbewehrung nach Bild 6.9 mit einer Begrenzung auf $45° \leq \alpha \leq 90°$;
- ν ein Festigkeitsabminderungsbeiwert, siehe 6.2.2 (6).

NCI Zu 6.2.5 (1)

Für den inneren Hebelarm darf $z = 0.9d$ angesetzt werden. Ist die Verbundbewehrung jedoch gleichzeitig Querkraftbewehrung, muss die Ermittlung des inneren Hebelarms nach NCI zu 6.2.3 (1) erfolgen.

Gleichung (6.25): Der Traganteil der Verbundbewehrung aus der Schubreibung in Gleichung (6.25) darf auf $\rho \cdot f_{yd} \cdot (1.2 \mu \cdot \sin \alpha + \cos \alpha)$ erhöht werden.

ANMERKUNG Die Übertragung von Spannungen aus teilweise vorgespannten Bauteilen infolge Kriechen und Schwinden über die Verbundfuge ist bei der einwirkenden Schubkraft v_{Edi} zu berücksichtigen.

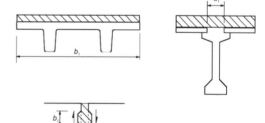

Bild 6.8 – Beispiele für Fugen

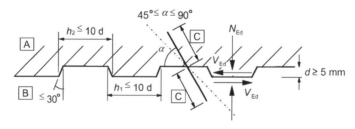

A — 1. Betonabschnitt, B — 2. Betonabschnitt, C — Verankerung der Bewehrung

Bild 6.9 – Verzahnte Fugenausbildung

NCI Zu 6.2.5, Bild 6.9

Es gilt zusätzlich: $0.8 \leq h_1 / h_2 \leq 1.25$. Die Zahnhöhe muss abweichend vom Bild 6.9 $d \geq 10$ mm betragen.

(2) Fehlen genauere Angaben, dürfen Oberflächen in die Kategorien sehr glatt, glatt, rau oder verzahnt entsprechend folgender Beispiele eingeteilt werden:

[AC>
- Sehr glatt: die Oberfläche wurde gegen Stahl, Kunststoff oder speziell geglättete Holzschalungen betoniert:
  $0{,}025 \leq c \leq 0{,}10$ und $\mu = 0{,}5$;
- Glatt: die Oberfläche wurde abgezogen oder im Gleit- bzw. Extruderverfahren hergestellt, oder blieb nach dem Verdichten ohne weitere Behandlung:
  $c = 0{,}20$ und $\mu = 0{,}6$;
- Rau: eine Oberfläche mit mindestens 3 mm Rauigkeit, erzeugt durch Rechen mit ungefähr 40 mm Zinkenabstand, Freilegen der Gesteinskörnungen oder andere Methoden, die ein äquivalentes Verhalten herbeiführen:
  $c = 0{,}40$ und $\mu = 0{,}7$; <AC]
- Verzahnt: eine verzahnte Oberfläche gemäß Bild 6.9:
  $c = 0{,}50$ und $\mu = 0{,}9$.

NCI Zu 6.2.5 (2)

Im Allgemeinen ist für sehr glatte Fugen der Rauigkeitsbeiwert $c = 0$ zu verwenden. Höhere Beiwerte müssen durch entsprechende Nachweise begründet sein.

Unbehandelte Fugenoberflächen sollten bei der Verwendung von Beton (1. Betonierabschnitt) mit fließfähiger bzw. sehr fließfähiger Konsistenz ($\geq$ F5) als sehr glatte Fugen eingestuft werden.

Bei rauen Fugen muss die Gesteinskörnung mindestens 3 mm tief freigelegt werden (d. h. z. B. mit dem Sandflächenverfahren bestimmte mittlere Rautiefe mindestens 1,5 mm).

Wenn eine Gesteinskörnung mit $d_g \geq 16$ mm verwendet und diese z. B. mit Hochdruckwasserstrahlen mindestens 6 mm tief freigelegt wird (d. h. z. B. mit dem Sandflächenverfahren bestimmte mittlere Rautiefe mindestens 3 mm), darf die Fuge als verzahnt eingestuft werden.

In den Fällen, in denen die Fuge infolge Einwirkungen rechtwinklig zur Fuge unter Zug steht, ist bei glatten oder rauen Fugen $c = 0$ zu setzen.

(3) Die Verbundbewehrung darf nach Bild 6.10 gestaffelt werden. Wird die Verbindung zwischen den beiden Betonierabschnitten durch geneigte Bewehrung (z. B. mit Gitterträgern) sichergestellt, darf für den Traganteil der Bewehrung an v_{Rdi} die Resultierende der diagonalen Einzelstäbe mit $45° \leq \alpha \leq 135°$ angesetzt werden.

NCI Zu 6.2.5 (3)

Für die Verbundbewehrung bei Ortbetonergänzungen sollten im Allgemeinen die Konstruktionsregeln für die Querkraftbewehrung eingehalten werden.

Für Verbundbewehrung bei Ortbetonergänzungen in Platten ohne rechnerisch erforderliche Querkraftbewehrung dürfen nachfolgende Konstruktionsregeln angewendet werden.

Für die maximalen Abstände gilt

- in Spannrichtung: $2{,}5\ h \leq 300$ mm
- quer zur Spannrichtung: $5{,}0\ h \leq 750$ mm
                          (≤ 375 mm zum Rand).

Wird die Verbundbewehrung zugleich als Querkraftbewehrung eingesetzt, gelten die Konstruktionsregeln für Querkraftbewehrung nach NCI zu 9.3.2. Für aufgebogene Längsstäbe mit angeschweißter Verankerung in Platten mit $h \leq 200$ mm darf jedoch als Abstand in Längsrichtung ($\cot \theta + \cot \alpha) \cdot z \leq 200$ mm gewählt werden.

In Bauteilen mit erforderlicher Querkraftbewehrung und Deckendicken bis 400 mm beträgt der maximale Abstand quer zur Spannrichtung 400 mm. Für größere Deckendicken gilt NCI zu 9.3.2 (4).

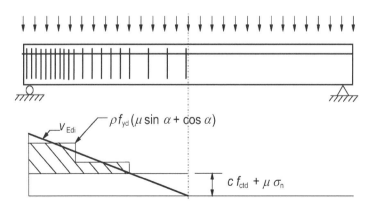

Bild 6.10 – Querkraft-Diagramm mit Darstellung der erforderlichen Verbundbewehrung

(4) Die Schubtragfähigkeit in Längsrichtung von vergossenen Fugen zwischen Decken oder Wandelementen darf entsprechend 6.2.5 (1) bestimmt werden. Wenn die Fugen überwiegend gerissen sind, ist in der Regel jedoch für glatte und raue Fugen $c = 0$ und für verzahnte Fugen $c = 0{,}5$ anzusetzen (siehe auch 10.9.3 (12)).

NCI Zu 6.2.5 (4)

Dies gilt auch bei Fugen zwischen nebeneinander liegenden Fertigteilen ohne Verbindung durch Mörtel- oder Kunstharzfugen wegen des nicht vorhandenen Haftverbundes.

(5) Bei dynamischer oder Ermüdungsbeanspruchung sind die Werte für c in 6.2.5 (1) in der Regel zu halbieren.

NCI Zu 6.2.5 (5)

Der Absatz wird ersetzt durch: Bei dynamischer oder Ermüdungsbeanspruchung darf der Adhäsionstraganteil des Betonverbundes nicht berücksichtigt werden ($c = 0$ in 6.2.5 (1)).

NCI Zu 6.2.5

(NA.6) Bei überwiegend auf Biegung beanspruchten Bauteilen mit Fugen rechtwinklig zur Systemachse wirkt die Fuge wie ein Biegeriss. In diesem Fall sind die Fugen rau oder verzahnt auszuführen. Der Nachweis sollte deshalb entsprechend 6.2.2 und 6.2.3 geführt werden. Dabei sollte sowohl $V_{Rd,c}$ nach Gleichung (6.2) als auch $V_{Rd,cc}$ nach Gleichung (NA.6.7b) als auch $V_{Rd,max}$ nach Gleichung (6.9) bzw. Gleichung (6.14) im Verhältnis $c/0{,}50$ abgemindert werden. Bei Bauteilen mit Querkraftbewehrung ist die Abminderung mindestens bis zum Abstand von $l_e = 0{,}5 \cdot \cot\theta \cdot d$ beiderseits der Fuge vorzunehmen.

6.3 Torsion

6.3.1 Allgemeines

(1)P Wenn das statische Gleichgewicht eines Tragwerks von der Torsionstragfähigkeit einzelner Bauteile abhängt, ist eine vollständige Torsionsbemessung für die Grenzzustände der Tragfähigkeit und der Gebrauchstauglichkeit erforderlich.

(2) Wenn in statisch unbestimmten Tragwerken Torsion nur aus Einhaltung der Verträglichkeitsbedingungen auftritt und die Standsicherheit des Tragwerks nicht von der Torsionstragfähigkeit abhängt, darf auf Torsionsnachweise im GZT verzichtet werden. In solchen Fällen ist in der Regel eine Mindestbewehrung gemäß den Abschnitten 7.3 und 9.2 in Form von Bügeln und Längsbewehrung vorzusehen, um eine übermäßige Rissbildung zu vermeiden.

(3) Die Torsionstragfähigkeit eines Querschnitts darf unter Annahme eines dünnwandigen, geschlossenen Querschnitts nachgewiesen werden, in dem das Gleichgewicht durch einen geschlossenen Schubfluss erfüllt wird. Vollquerschnitte dürfen hierzu durch gleichwertige dünnwandige Querschnitte ersetzt werden.

Gegliederte Querschnitte, wie z. B. T-Querschnitte, dürfen in Teilquerschnitte aufgeteilt werden, die jeweils durch gleichwertige dünnwandige Querschnitte ersetzt werden. Die Gesamttorsionstragfähigkeit darf als Summe der Tragfähigkeiten der Einzelelemente berechnet werden.

(4) Die Aufteilung des angreifenden Torsionsmomentes auf die einzelnen Querschnittsteile darf in der Regel im Verhältnis der Torsionssteifigkeiten der ungerissenen Teilquerschnitte erfolgen. Bei Hohlquerschnitten darf die Ersatzwanddicke die wirkliche Wanddicke nicht überschreiten.

(5) Die Bemessung darf für jeden Teilquerschnitt getrennt erfolgen.

6.3.2 Nachweisverfahren

(1) Die Schubspannung in einer Wand eines durch ein reines Torsionsmoment beanspruchten Querschnittes darf folgendermaßen ermittelt werden:

$$\tau_{t,i} \cdot t_{ef,i} = T_{Ed}/(2 \cdot A_k) \qquad (6.26)$$

Die Schubkraft $V_{Ed,i}$ in einer Wand i infolge Torsion wird ermittelt mit:

$$V_{Ed,i} = \tau_{t,i} \cdot t_{ef,i} \cdot z_i \qquad (6.27)$$

Dabei ist

T_{Ed} der Bemessungswert des einwirkenden Torsionsmoments (siehe Bild 6.11);

A_k die Fläche, die von den Mittellinien der verbundenen Wände eingeschlossen wird, einschließlich innerer Hohlbereiche;

$\tau_{t,i}$ die Torsionsschubspannung in Wand i;

$t_{ef,i}$ die effektive Wanddicke. Diese darf zu A/u angenommen werden, jedoch nicht kleiner als der doppelte Abstand von der Außenfläche bis zur Mittellinie der Längsbewehrung. Für Hohlquerschnitte ist die vorhandene Wanddicke eine Obergrenze.

A die Gesamtfläche des Querschnitts innerhalb des äußeren Umfangs, einschließlich von Hohlräumen;

u der äußere Umfang des Querschnitts;

z_i die Höhe der Wand i, definiert durch den Abstand der Schnittpunkte der Wandmittellinie mit den Mittellinien der angrenzenden Wände.

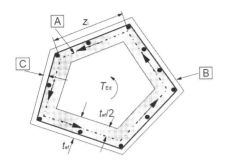

A — Mittellinie

B — Außenkante des effektiven Querschnitts, Außenumfang u_k

C — Betondeckung

Bild 6.11 – In 6.3 verwendete Formelzeichen und Definitionen

NCI Zu 6.3.2 (1)

Die Definition der effektiven Wanddicke $t_{ef,i}$ wird ersetzt durch: Die effektive Wanddicke $t_{ef,i}$ ist immer gleich dem doppelten Abstand von der Außenfläche bis zur Mittellinie der Längsbewehrung, aber nicht größer als die vorhandene Wanddicke, anzunehmen.

Bei Hohlkästen mit Wanddicken $h_W \leq b/6$ bzw. $h_W \leq h/6$ und beidseitiger Wandbewehrung darf die gesamte Wanddicke für $t_{ef,i}$ angesetzt werden.

(2) Die Auswirkungen aus Torsion und Querkraft dürfen unter Annahme gleicher Druckstrebenneigung θ sowohl für Hohl- als auch Vollquerschnitte überlagert werden. Die Grenzwerte für θ nach 6.2.3 (2) gelten auch für eine kombinierte Beanspruchung durch Querkraft und Torsion. Die maximale Tragfähigkeit eines durch Querkraft und Torsion beanspruchten Bauteils ergibt sich nach 6.3.2 (4).

NCI Zu 6.3.2 (2)

Bei kombinierter Beanspruchung aus Torsion und anteiliger Querkraft ist in Gleichung (NA.6.7a) für V_{Ed} die Schubkraft der Wand $V_{Ed,T+V}$ nach Gleichung (NA.6.27.1) und in Gleichung (NA.6.7b) für b_w die effektive Dicke der Wand $t_{ef,i}$ einzusetzen. Mit dem gewählten Winkel θ ist der Nachweis sowohl für Querkraft als auch für Torsion zu führen. Die so ermittelten Bewehrungen sind zu addieren.

$$V_{Ed,T+V} = V_{Ed,T} + \frac{V_{Ed} \cdot t_{ef,i}}{b_w} \quad (NA.6.27.1)$$

Vereinfachend darf die Bewehrung für Torsion allein unter der Annahme von $\theta = 45°$ ermittelt und zu der nach 6.2.3 ermittelten Querkraftbewehrung addiert werden.

(3) Die erforderliche Querschnittsfläche der Torsionslängsbewehrung ΣA_{sl} darf mit Gleichung (6.28) ermittelt werden:

$$\frac{\Sigma A_{sl} \cdot f_{yd}}{u_k} = \frac{T_{Ed}}{2 \cdot A_k} \cot\theta \quad (6.28)$$

Dabei ist

u_k der Umfang der Fläche A_k;
f_{yd} der Bemessungswert der Streckgrenze der Längsbewehrung A_{sl};
θ der Druckstrebenwinkel (siehe Bild 6.5).

In Druckgurten darf die Längsbewehrung entsprechend den vorhandenen Druckkräften abgemindert werden.

In Zuggurten ist in der Regel die Torsionslängsbewehrung zusätzlich zur übrigen Längsbewehrung einzulegen. Die Längsbewehrung ist in der Regel über die Höhe der Wand z_i zu verteilen, darf jedoch bei kleineren Querschnitten an den Wandecken konzentriert werden.

NCI Zu 6.3.2 (3)

Die erforderliche Querschnittsfläche der Torsionsbügelbewehrung A_{sw}/s_w rechtwinklig zur Bauteilachse darf mit Gleichung (NA.6.28.1) ermittelt werden:

$$\frac{A_{sw} \cdot f_{yd}}{s_w} = \frac{T_{Ed}}{2 \cdot A_k} \tan\theta \quad (NA.6.28.1)$$

Dabei ist

s_w der Abstand der Torsionsbewehrung in Richtung der Bauteilachse.

(4) Die maximale Tragfähigkeit eines auf Torsion und Querkraft beanspruchten Bauteils wird durch die Druckstrebentragfähigkeit begrenzt. Um diese Tragfähigkeit nicht zu überschreiten, sind in der Regel folgende Bedingungen zu erfüllen:

$$T_{Ed}/T_{Rd,max} + V_{Ed}/V_{Rd,max} \leq 1{,}0 \quad (6.29)$$

Dabei ist

T_{Ed} der Bemessungswert des Torsionsmoments;
V_{Ed} der Bemessungswert der Querkraft;
$T_{Rd,max}$ der Bemessungswert des aufnehmbaren Torsionsmoments mit

$$T_{Rd,max} = 2 \cdot \nu \cdot \alpha_{cw} \cdot f_{cd} \cdot A_k \cdot t_{ef,i} \cdot \sin\theta \cdot \cos\theta \quad (6.30)$$

⌈AC⌉ wobei ν aus 6.2.2 (6) und α_{cw} aus Gleichung (6.9) folgt. ⌊AC⌋

$V_{Rd,max}$ ist der maximale Bemessungswert der Querkrafttragfähigkeit gemäß den Gleichungen (6.9) oder (6.14). Bei Vollquerschnitten darf die gesamte Stegbreite zur Ermittlung von $V_{Rd,max}$ verwendet werden.

Normen

NCl Zu 6.3.2 (4)

Für Kompaktquerschnitte darf die günstige Wirkung des Kernquerschnitts in der Interaktionsgleichung

$$\left(\frac{T_{Ed}}{T_{Rd,max}}\right)^2 + \left(\frac{V_{Ed}}{V_{Rd,max}}\right)^2 \leq 1{,}0 \quad \text{(NA.6.29.1)}$$

berücksichtigt werden.

Bei Kastenquerschnitten mit Bewehrung an den Innen- und Außenseiten der Wände darf $v = 0{,}75$ angesetzt werden.

(5) Bei näherungsweise rechteckigen Vollquerschnitten ist nur die Mindestbewehrung erforderlich (siehe 9.2.1.1), wenn die nachfolgende Bedingung erfüllt ist:

$$T_{Ed} / T_{Rd,c} + V_{Ed} / V_{Rd,c} \leq 1{,}0 \quad (6.31)$$

Dabei ist

$T_{Rd,c}$ das Torsionsrissmoment, das mit $\tau_{t,i} = f_{ctd}$ ermittelt werden darf;

$V_{Rd,c}$ der Querkraftwiderstand nach Gleichung (6.2).

NCl Zu 6.3.2 (5)

Wenn die beiden folgenden Bedingungen nicht eingehalten werden, sollte neben dem Einbau der Mindestbewehrung der Nachweis auf Querkraft und Torsion geführt werden:

$$T_{Ed} \leq \frac{V_{Ed} \cdot b_w}{4{,}5} \quad \text{(NA.6.31.1)}$$

$$V_{Ed}\left[1 + \frac{4{,}5 \cdot T_{Ed}}{V_{Ed} \cdot b_w}\right] \leq V_{Rd,c} \quad \text{(NA.6.31.2)}$$

6.3.3 Wölbkrafttorsion

(1) Bei geschlossenen dünnwandigen Querschnitten und bei Vollquerschnitten darf Wölbkrafttorsion im Allgemeinen vernachlässigt werden.

(2) Bei offenen dünnwandigen Bauteilen kann es erforderlich sein, Wölbkrafttorsion zu berücksichtigen. Bei sehr schlanken Querschnitten sollte die Berechnung auf Grundlage eines Trägerrostmodells und in anderen Fällen auf Grundlage eines Fachwerkmodells erfolgen. In allen Fällen sind in der Regel die Nachweise gemäß den Bemessungsregeln für Biegung und Normalkraft sowie für Querkraft durchzuführen.

6.4 Durchstanzen

6.4.1 Allgemeines

(1)P Die Regeln dieses Abschnitts ergänzen die Regeln in 6.2. Sie betreffen das Durchstanzen von Vollplatten, von Rippendecken mit Vollquerschnitten über Stützen und von Fundamenten.

(2)P Durchstanzen kann infolge konzentrierter Lasten oder Auflagerreaktionen eintreten, die auf einer relativ kleinen Lasteinleitungsfläche A_{load} auf Decken oder Fundamente einwirken.

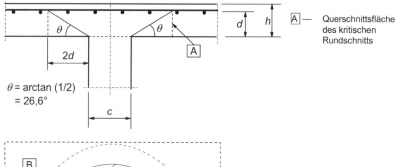

a) Querschnitt

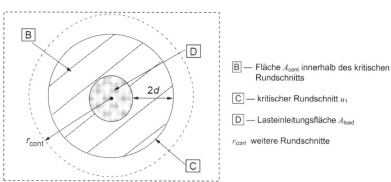

b) Grundriss

Bild 6.12 – Bemessungsmodell für den Nachweis der Sicherheit gegen Durchstanzen im Grenzzustand der Tragfähigkeit

NCI Zu 6.4.1 (2)P

Die Festlegungen in 6.4 sind auf die folgenden Arten von Lasteinleitungsflächen A_load anwendbar:
- rechteckig und kreisförmig mit einem Umfang $u_0 \leq 12d$ und einem Seitenverhältnis $a/b \leq 2$;
- beliebig, aber sinngemäß wie die oben erwähnten Formen begrenzt.

Dabei ist d die mittlere statische Nutzhöhe des nachzuweisenden Bauteils. Die Rundschnitte benachbarter Lasteinleitungsflächen dürfen sich nicht überschneiden.

Bei größeren Lasteinleitungsflächen A_load sind die Durchstanznachweise auf Teilrundschnitte zu beziehen (siehe Bild NA.6.12.1).

Bei Rundstützen mit $u_0 > 12d$ sind querkraftbeanspruchte Flachdecken nach 6.2 nachzuweisen. Dabei darf in 6.2.2 (1) der Vorwert $C_{Rd,c} = (12d/u_0) \cdot 0{,}18/\gamma_c \geq 0{,}15/\gamma_c$ verwendet werden.

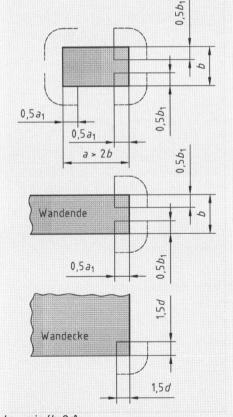

$b_1 = \min\{b;\, 3d\}$
$a_1 = \min\{a;\, 2b;\, 6d - b_1\}$

Bild NA.6.12.1 – kritischer Rundschnitt bei ausgedehnten Auflagerflächen

(3) Ein geeignetes Bemessungsmodell für den Nachweis gegen Durchstanzen im Grenzzustand der Tragfähigkeit ist in Bild 6.12 dargestellt.

(4) Der Durchstanzwiderstand ist in der Regel am Stützenrand und entlang des kritischen Rundschnitts u_1 nachzuweisen. Wenn Durchstanzbewehrung erforderlich wird, ist ein weiterer Rundschnitt $u_\text{out,ef}$ (siehe Bild 6.22) zu ermitteln, in dem Durchstanzbewehrung nicht mehr erforderlich ist.

(5) Die in 6.4 angegebenen Regeln gelten grundsätzlich für den Fall gleichmäßig verteilter Last. In bestimmten Fällen, wie beispielsweise Fundamenten, erhöht die Last innerhalb des kritischen Rundschnitts den Durchstanzwiderstand und darf bei der Bestimmung der Bemessungsschubspannung abgezogen werden.

6.4.2 Lasteinleitung und Nachweisschnitte

(1) Der kritische Rundschnitt u_1 darf im Allgemeinen in einem Abstand von $2{,}0d$ von der Lasteinleitungsfläche angenommen werden und muss dabei in der Regel einen möglichst geringen Umfang aufweisen (siehe Bild 6.13).

Die statische Nutzhöhe der Platte wird als konstant angenommen und darf im Allgemeinen wie folgt ermittelt werden:

$$d_\text{eff} = (d_y + d_z)/2 \qquad (6.32)$$

wobei d_y und d_z die statischen Nutzhöhen der Bewehrung in zwei orthogonalen Richtungen sind.

NCI Zu 6.4.2 (1)

Bei Wänden und großen Stützen sind, sofern kein genauerer Nachweis geführt wird, die Rundschnitte nach Bild NA.6.12.1 festzulegen, da sich die Querkräfte auf die Ecken der Auflagerflächen konzentrieren.

Zu Bild 6.13 wird ergänzt:

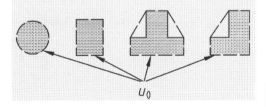

(2) Rundschnitte in einem Abstand kleiner als $2d$ sind in der Regel zu berücksichtigen, wenn der konzentrierten Last ein hoher Gegendruck (z. B. Sohldruck auf das Fundament) oder die Auswirkungen einer Last oder einer Auflagerreaktion innerhalb eines Abstands von $2d$ vom Rand der Lasteinleitungsfläche entgegenstehen.

Normen

NCI Zu 6.4.2 (2)

Der Abstand a_{crit} des maßgebenden Rundschnitts ist iterativ zu ermitteln. Für Bodenplatten und schlanke Fundamente mit $\lambda > 2{,}0$ darf zur Vereinfachung der Rechnung ein konstanter Rundschnitt im Abstand $1{,}0d$ angenommen werden.

Die Fundamentschlankheit $\lambda = a_\lambda / d$ bezieht sich auf den kürzesten Abstand a_λ zwischen Lasteinleitungsfläche und Fundamentrand (siehe auch Bild NA.6.21.1).

(3) Für Lasteinleitungsflächen, deren Rand nicht weiter als $6d$ von Öffnungen entfernt ist, ist ein der Öffnung zugewandter Teil des betrachteten Rundschnitts als unwirksam zu betrachten. Dieser Umfangsabschnitt wird durch den Abstand der Schnittpunkte der Verbindungslinien mit dem betrachteten Rundschnitt nach Bild (6.14) bestimmt.

(4) Bei Lasteinleitungsflächen, die sich in der Nähe eines freien Randes oder einer freien Ecke befinden, ist in der Regel der kritische Rundschnitt nach Bild 6.15 anzunehmen, sofern dieser einen Umfang ergibt (ausschließlich des freien Randes), der kleiner als derjenige nach den Absätzen (1) und (2) ist.

(5) Bei Lasteinleitungsflächen nahe eines freien Rands oder einer Ecke, d. h. in einer Entfernung kleiner als d, ist in der Regel eine besondere Randbewehrung nach 9.3.1.4 einzulegen.

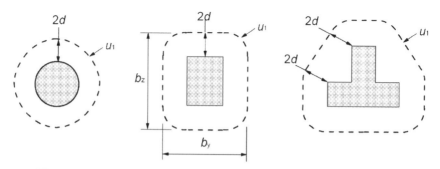

Bild 6.13 – Typische kritische Rundschnitte um Lasteinleitungsflächen

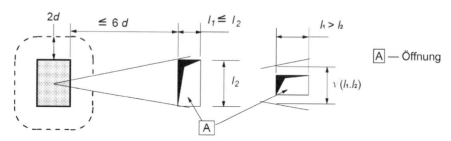

Bild 6.14 – Rundschnitte in der Nähe von Öffnungen

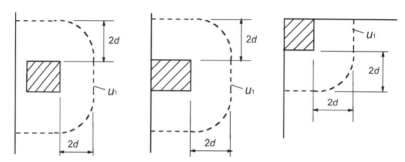

Bild 6.15 – Kritische Rundschnitte um Lasteinleitungsflächen nahe eines Randes oder Ecke

(6) Der Nachweisquerschnitt ergibt sich entlang des kritischen Rundschnitts mit der statischen Nutzhöhe d. Bei Platten mit konstanter Dicke verläuft der Nachweisquerschnitt senkrecht zur Mittelebene der Platte. Bei Platten oder Fundamenten mit veränderlicher Dicke (gilt nicht für Stufenfundamente) darf als wirksame statische Nutzhöhe die am Rand der Lasteinleitungsfläche auftretende statische Nutzhöhe wie in Bild 6.16 angenommen werden.

(7) Weitere Rundschnitte u_i innerhalb und außerhalb des kritischen Rundschnitts müssen in der Regel die gleiche Form wie der kritische Rundschnitt aufweisen.

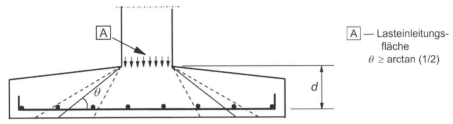

Bild 6.16 – Höhe der Querschnittsfläche des Rundschnitts in einem Fundament mit veränderlicher Dicke

(8) Bei Platten mit runder Stützenkopfverstärkung mit $l_H < 2h_H$ (siehe Bild 6.17) ist ein Nachweis der Durchstanztragfähigkeit nach 6.4.3 nur in der Querschnittsfläche des Rundschnitts außerhalb der Stützenkopfverstärkung erforderlich. Der Abstand r_{cont} dieses Schnittes vom Schwerpunkt der Stützenquerschnittsfläche darf wie folgt ermittelt werden:

$$r_{cont} = 2d + l_H + 0{,}5c \quad (6.33)$$

Dabei ist

l_H der Abstand des Stützenrands vom Rand der Stützenkopfverstärkung;

c der Durchmesser einer Stütze mit Kreisquerschnitt.

Bei Rechteckstützen mit einer rechteckigen Stützenkopfverstärkung $l_H < 2{,}0h_H$ (siehe Bild 6.17) und Gesamtabmessungen von l_1 und l_2 ($l_1 = c_1 + 2l_{H1}$, $l_2 = c_2 + 2l_{H2}$, $l_1 \leq l_2$), darf r_{cont} als der kleinere der folgenden Werte angenommen werden:

$$r_{cont} = 2d + 0{,}56\,(l_1 \cdot l_2)^{0{,}5} \quad (6.34)$$

und

$$r_{cont} = 2d + 0{,}69\,l_1 \quad (6.35)$$

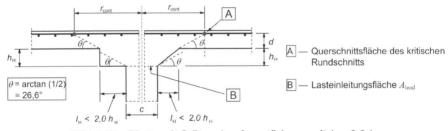

Bild 6.17 – Platte mit Stützenkopfverstärkung mit $l_H < 2{,}0\,h_H$

NCI Zu 6.4.2 (8)

Die Nachweisgrenze $l_H < 2h_H$ ist durch $l_H < 1{,}5h_H$ zu ersetzen.

Für Stützenkopfverstärkungen mit $1{,}5h_H < l_H < 2h_H$ ist ein zusätzlicher Nachweis im Abstand $1{,}5(d + h_H)$ vom Stützenrand zu führen (Nachweis mit d_H als statische Nutzhöhe). Hierbei darf der Durchstanzwiderstand ohne Durchstanzbewehrung $v_{Rd,c}$ im Verhältnis der Rundschnittlängen $u_{2,0d} / u_{1,5d}$ erhöht werden.

(9) Bei Platten mit Stützenkopfverstärkung mit $l_H > 2h_H$ (siehe Bild 6.18) sind in der Regel die Querschnitte der Rundschnitte sowohl innerhalb der Stützenkopfverstärkung als auch in der Platte nachzuweisen.

(10) Die Angaben aus 6.4.2 und 6.4.3 gelten ebenfalls für Nachweise innerhalb der Stützenkopfverstärkung mit $d = d_H$ gemäß Bild 6.18.

(11) Bei Stützen mit Kreisquerschnitt dürfen die Abstände vom Schwerpunkt der Stützenquerschnittsfläche zu den Querschnittsflächen der Rundschnitte in Bild 6.18 wie folgt ermittelt werden:

$$r_{cont,ext} = l_H + 2d + 0{,}5c \quad (6.36)$$
$$r_{cont,int} = 2(d + h_H) + 0{,}5c \quad (6.37)$$

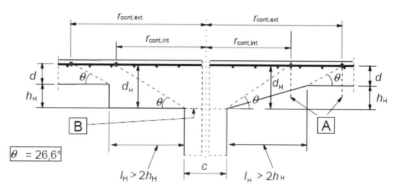

A — Querschnittsflächen der kritischen Rundschnitte bei Stützen mit Kreisquerschnitt
B — Lasteinleitungsfläche A_{load}

Bild 6.18 – Platte mit Stützenkopfverstärkung mit $l_H \geq 2{,}0\ h_H$

NCI Zu 6.4.2 (11)

Für nicht kreisförmige Stützen sind die Rundschnitte affin zu Bild 6.13 anzunehmen. Dabei sind die kritischen Rundschnitte für die Stützenkopfverstärkung mit d_H und für die anschließende Platte mit d zu ermitteln.

6.4.3 Nachweisverfahren

(1)P Die Durchstanznachweise sind am Stützenrand und entlang des kritischen Rundschnitts u_1 zu führen. Wenn Durchstanzbewehrung erforderlich wird, ist ein weiterer Rundschnitt $u_{out,ef}$ (siehe Bild 6.22) zu ermitteln, für den Durchstanzbewehrung nicht mehr erforderlich ist. Folgende Bemessungswerte des Durchstanzwiderstands [N/mm²] der Querschnittsfläche der Rundschnitte werden definiert:

$v_{Rd,c}$ Durchstanzwiderstand je Flächeneinheit einer Platte ohne Durchstanzbewehrung;
$v_{Rd,cs}$ Durchstanzwiderstand je Flächeneinheit einer Platte mit Durchstanzbewehrung;
$v_{Rd,max}$ maximaler Durchstanzwiderstand je Flächeneinheit.

(2) Die folgenden Nachweise sind in der Regel zu erbringen:

(a) Entlang des Umfangs der Stütze bzw. der Lasteinleitungsfläche darf der maximale Durchstanzwiderstand nicht überschritten werden:

$v_{Ed} \leq v_{Rd,max}$

(b) Durchstanzbewehrung ist nicht erforderlich, falls:

$v_{Ed} \leq v_{Rd,c}$

(c) Ist v_{Ed} größer als der Wert $v_{Rd,c}$ im kritischen Rundschnitt, ist in der Regel eine Durchstanzbewehrung gemäß 6.4.5. vorzusehen.

NCI Zu 6.4.3 (2)

Der maximale Durchstanzwiderstand $v_{Rd,max}$ wird modifiziert und ist im kritischen Rundschnitt u_1 nachzuweisen.

(3) Wenn die Auflagerreaktion ausmittig bezüglich des betrachteten Rundschnitts ist, ist in der Regel die maximale einwirkende Querkraft je Flächeneinheit wie folgt zu ermitteln:

$$v_{Fd} = \frac{\beta \cdot V_{Ed}}{u_1 \cdot d} \qquad (6.38)$$

Dabei ist
d die mittlere Nutzhöhe der Platte, die als $(d_y + d_z)/2$ angenommen werden darf, mit:
d_y, d_z die statische Nutzhöhe der Platte in y- bzw. z-Richtung in der Querschnittsfläche des betrachteten Rundschnitts;
u_i der Umfang des betrachteten Rundschnitts;

$$\beta = 1 + k\frac{M_{Ed}}{V_{Ed}} \cdot \frac{u_1}{W_1} \qquad (6.39)$$

Dabei ist
u_1 der Umfang des kritischen Rundschnitts;
k ein Beiwert, der sich aus dem Verhältnis der Abmessungen der Stützen c_1 und c_2 ergibt: sein Wert gibt den Anteil des Momentes an, der durch eine nicht rotationssymmetrische Schubspannungsverteilung übertragen wird. Der restliche Anteil wird über Biegung und Torsion in die Stütze eingeleitet (siehe Tabelle 6.1);
W_1 eine Funktion des kritischen Rundschnitts u_1 zur Ermittlung der in Bild 6.19 dargestellten Querkraftverteilung

$$W_i = \int_0^{u_i} |e|\, dl \qquad (6.40)$$

dl das Differential des Umfangs;
e der Abstand von dl zur Achse, um die das Moment M_{Ed} wirkt.

Bei Rechteckstützen:

$W_1 = c_1^2/2 + c_1 \cdot c_2 + 4 \cdot c_2 \cdot d + 16 \cdot d^2 + 2\pi \cdot d \cdot c_1$ (6.41)

Dabei ist
- c_1 die Abmessung der Stütze parallel zur Lastausmitte;
- c_2 die Abmessung der Stütze senkrecht zur Lastausmitte.

Tabelle 6.1 — Werte für k bei rechteckigen Lasteinleitungsflächen

c_1/c_2	≤ 0,5	1,0	2,0	≥ 3,0
k	0,45	0,60	0,70	0,80

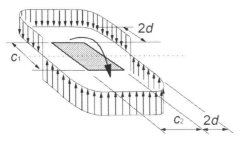

Bild 6.19 – Querkraftverteilung infolge eines Kopfmoments einer Innenstütze

Für Innenstützen mit Kreisquerschnitt folgt β aus der Gleichung:

$$\beta = 1 + 0{,}6\pi \frac{e}{D + 4d}$$ (6.42)

[AC] Dabei ist
- D der Durchmesser der Stütze mit Kreisquerschnitt;
- e die Lastausmitte $e = M_{Ed} / V_{Ed}$. [AC]

Bei einer rechteckigen Innenstütze mit zu beiden Achsen ausmittiger Lasteinleitung darf die folgende Näherung für β verwendet werden:

$$\beta = 1 + 1{,}8 \cdot \sqrt{\left(e_y/b_z\right)^2 + \left(e_z/b_y\right)^2}$$ (6.43)

Dabei ist
- e_y und e_z die Lastausmitten M_{Ed} / V_{Ed} jeweils bezogen auf y- und z-Achse;
- b_y und b_z die Abmessungen des betrachteten Rundschnitts (siehe Bild 6.13).

ANMERKUNG e_y resultiert aus einem Moment um die z-Achse und e_z aus einem Moment um die y-Achse.

NCI Zu 6.4.3 (3)

Bei Anwendung der Gleichung (6.39) ist das Moment unter Berücksichtigung der Steifigkeiten der angrenzenden Bauteile zu berechnen. Werte kleiner als 1,10 sind für den Lasterhöhungsfaktor β unzulässig.

Bei Stützen-Decken-Knoten mit zweiachsigen Ausmitten darf Gleichung (NA.6.39.1) verwendet werden:

$$\beta = 1 + \sqrt{\left(k_z \frac{M_{Ed,z}}{V_{Ed}} \cdot \frac{u_1}{W_{1,z}}\right)^2 + \left(k_y \frac{M_{Ed,y}}{V_{Ed}} \cdot \frac{u_1}{W_{1,y}}\right)^2}$$

(NA.6.39.1)

Die Gleichungen (6.41) und (6.42) dürfen bei allen Stützen angesetzt werden, bei denen ein geschlossener kritischer Rundschnitt geführt werden kann (z. B. auch Randstützen mit großem Deckenüberstand).

Gleichung (6.43) gilt nur bei Innenstützen mit zweiachsiger Ausmitte.

(4) Bei Anschlüssen von Randstützen mit einer Lastausmitte rechtwinklig zum Plattenrand zum Platteninneren (infolge eines Moments um eine Achse parallel zum Plattenrand) und ohne Lastausmitte parallel zum Rand darf gemäß Bild 6.20a) von einer gleichmäßig entlang des kritischen Rundschnittes u_1* verteilten Durchstanzquerkraft ausgegangen werden.

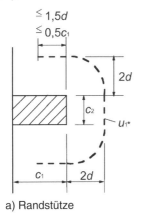

a) Randstütze

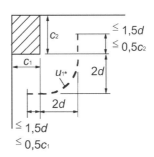

b) Eckstütze

Bild 6.20 – Verminderter Rundschnitt u_1*

Bei Lastausmitten in beide orthogonale Richtungen darf β wie folgt ermittelt werden:

$$\beta = \frac{u_1}{u_{1*}} + k\frac{u_1}{W_1}e_{par} \quad (6.44)$$

Dabei ist
- u_1 der kritische Rundschnitt (siehe Bild 6.15);
- u_{1*} der reduzierte kritische Rundschnitt (siehe Bild 6.20(a));
- e_{par} die parallel zum Plattenrand verlaufende Lastausmitte aus einem Moment um eine Achse senkrecht zum Plattenrand;
- k ein Wert, der aus Tabelle 6.1 ermittelt werden darf, wenn das Verhältnis c_1/c_2 durch $c_1/(2 \cdot c_2)$ ersetzt wird;
- W_1 für den kritischen Rundschnitt u_1 ermittelt (siehe Bild 6.13).

Bei einer Rechteckstütze, wie in Bild 6.20a) gilt:

$$W_1 = c_2^2/4 + c_1 \cdot c_2 + 4 \cdot c_1 \cdot d + 8 \cdot d^2 + \pi \cdot d \cdot c_2 \quad (6.45)$$

Wenn die Lastausmitte senkrecht zum Plattenrand nicht zum Platteninneren gerichtet ist, gilt Gleichung (6.39). Bei der Berechnung von W_1 ist in der Regel die Lastausmitte e von der Schwerachse des Rundschnittes aus zu berücksichtigen.

NCI Zu 6.4.3 (4)

Das Nachweisverfahren nach 6.4.3 (4) darf nicht angewendet werden.

(5) Bei Anschlüssen von Eckstützen mit einer Lastausmitte zum Platteninneren wird angenommen, dass die Querkraft gemäß Bild 6.20b) gleichmäßig entlang dem reduzierten Rundschnitt u_{1*} verteilt ist. Der Wert β darf dann wie folgt ermittelt werden:

$$\beta = u_1/u_{1*} \quad (6.46)$$

Wenn die Lastausmitte nach außen gerichtet ist, gilt Gleichung (6.39).

NCI Zu 6.4.3 (5)

Das Nachweisverfahren nach 6.4.3 (5) darf nicht angewendet werden.

(6) Bei Tragwerken, deren Stabilität gegen seitliches Ausweichen von der Rahmenwirkung zwischen Platten und Stützen unabhängig ist und bei denen sich die Spannweiten der angrenzenden Felder um nicht mehr als 25 % unterscheiden, dürfen Näherungswerte für β verwendet werden.

ANMERKUNG Die landesspezifischen Werte für β dürfen einem Nationalen Anhang entnommen werden. Die empfohlenen Werte sind in Bild 6.21N angegeben.

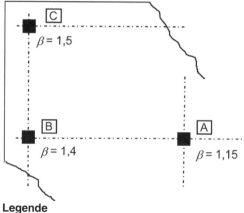

Legende
- A – Innenstütze
- B – Randstütze
- C – Eckstütze

Bild 6.21N – Empfohlene Werte für β

NDP Zu 6.4.3 (6)

Für unverschiebliche Systeme gilt Bild NA.6.21 mit folgenden Werten für β:

- A – Innenstütze: $\beta = 1{,}10$
- B – Randstütze: $\beta = 1{,}40$
- C – Eckstütze: $\beta = 1{,}5$
- D – Wandende: $\beta = 1{,}35$
- E – Wandecke: $\beta = 1{,}20$

Für Randstützen mit großen Ausmitten $e/c \geq 1{,}2$ ist der Lasterhöhungsfaktor genauer zu ermitteln (z. B. nach Gleichung (6.39)).

Bild 6.21N wird um D und E ergänzt:

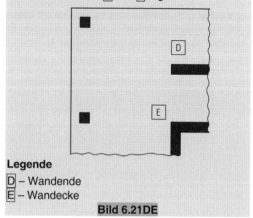

Legende
- D – Wandende
- E – Wandecke

Bild 6.21DE

(7) Bei einer konzentrierten Einzellast in der Nähe der punktförmigen Stützung einer Flachdecke ist eine Abminderung der Querkraft nach 6.2.2 (6) bzw. 6.2.3 (8) nicht zulässig.

(8) Die Querkraft V_{Ed} in einer Fundamentplatte darf um die günstige Wirkung des Sohldrucks abgemindert werden.

(9) Die vertikale Komponente V_{pd} infolge geneigter Spannglieder, die die Querschnittsfläche des betrachteten Rundschnitts schneiden, darf gegebenenfalls als günstige Einwirkung berücksichtigt werden.

NCI Zu 6.4.3 (9)

ANMERKUNG Zur Lage anrechenbarer Spannglieder siehe 9.4.3 (2).

6.4.4 Durchstanzwiderstand für Platten oder Fundamente ohne Durchstanzbewehrung

(1) Der Durchstanzwiderstand einer Platte ist in der Regel für die Querschnittsfläche im kritischen Rundschnitt nach 6.4.2 zu bestimmen. Der Bemessungswert des Durchstanzwiderstands [N/mm²] darf wie folgt bestimmt werden:

$$v_{Rd,c} = C_{Rd,c} \cdot k \cdot (100 \cdot \rho_l \cdot f_{ck})^{1/3} + k_1 \cdot \sigma_{cp}$$
$$\geq (v_{min} + k_1 \cdot \sigma_{cp}) \quad (6.47)$$

Dabei ist

f_{ck} die charakteristische Betondruckfestigkeit [N/mm²];

k $= 1 + \sqrt{200/d} \leq 2{,}0$ mit d in [mm];

ρ_l $= \sqrt{\rho_{ly} \cdot \rho_{lz}} \leq 0{,}02$;

ρ_{ly}, ρ_{lz} der Bewehrungsgrad bezogen auf die verankerte Zugbewehrung in y- bzw. z-Richtung. Die Werte ρ_{ly} und ρ_{lz} sind in der Regel als Mittelwerte unter Berücksichtigung einer Plattenbreite entsprechend der Stützenabmessung zuzüglich $3d$ pro Seite zu berechnen;

σ_{cp} $= (\sigma_{cy} + \sigma_{cz})/2$.

Dabei ist

σ_{cy}, σ_{cz} jeweils die Betonnormalspannung in y- und z-Richtung im kritischen Querschnitt (N/mm², für Druck positiv): $\sigma_{c,y} = N_{Ed,y}/A_{cy}$ und $\sigma_{c,z} = N_{Ed,z}/A_{cz}$

N_{Edy}, N_{Edz} jeweils die Normalkraft, die für Innenstützen im gesamten Feldbereich wirkt bzw. die Normalkraft, die für Rand- und Eckstützen im kritischen Nachweisschnitt wirkt. Diese Kraft kann durch eine Last oder durch Vorspannung entstehen;

A_c die Betonquerschnittsfläche gemäß der Definition von N_{Ed}.

ANMERKUNG Die landesspezifischen Werte $C_{Rd,c}$, v_{min} und k_1 dürfen einem Nationalen Anhang entnommen werden. Der empfohlene Wert für $C_{Rd,c}$ ist $0{,}18/\gamma_c$, für v_{min} ist er durch Gleichung (6.3N) gegeben und für k_1 ist er 0,1.

NDP Zu 6.4.4 (1)

- bei Flachdecken und Bodenplatten:
  $C_{Rd,c} = 0{,}18/\gamma_c$
  Für Innenstützen bei Flachdecken mit $u_0/d < 4$ gilt jedoch:
  $C_{Rd,c} = 0{,}18/\gamma_c \cdot (0{,}1\, u_0/d + 0{,}6)$
- bei Fundamenten:
  $C_{Rd,c} = 0{,}15/\gamma_c$

$k_1 = 0{,}10$

v_{min} wie in 6.2.2 (1)

Der Biegebewehrungsgrad ρ_l ist zusätzlich auf $\rho_l \leq 0{,}5 f_{cd}/f_{yd}$ zu begrenzen.

Betonzugspannungen σ_{cp} in Gleichung (6.47) sind negativ einzusetzen.

(2) Die Querkrafttragfähigkeit von Stützenfundamenten ist in der Regel in kritischen Rundschnitten innerhalb von $2d$ vom Stützenrand nachzuweisen.

Bei mittiger Belastung ist die resultierende einwirke Kraft

$$V_{Ed,red} = V_{Ed} - \Delta V_{Ed} \quad (6.48)$$

Dabei ist

V_{Ed} die einwirkende Querkraft;

ΔV_{Ed} die resultierende, nach oben gerichtete Kraft innerhalb des betrachteten Rundschnittes, d.h. der nach oben gerichtete Sohldruck abzüglich der Fundamenteigenlast.

$$v_{Ed} = V_{Ed,red}/(u \cdot d) \quad (6.49)$$
$$v_{Rd,c} = C_{Rd,c} \cdot k \cdot (100 \cdot \rho_l \cdot f_{ck})^{1/3} \cdot 2 \cdot d/a$$
$$\geq v_{min} \cdot 2 \cdot d \quad (6.50)$$

Dabei ist

a der Abstand vom Stützenrand zum betrachteten Rundschnitt;

$C_{Rd,c}$ nach 6.4.4 (1);
v_{min} nach 6.4.4 (1);
k nach 6.4.4 (1).

Für ausmittige Lasten gilt

$$v_{Ed} = \frac{V_{Ed,red}}{u \cdot d}\left[1 + k\frac{M_{Ed} \cdot u}{V_{Ed,red} \cdot W}\right] \quad (6.51)$$

Dabei wird k in 6.4.3 (3) bzw. 6.4.3 (4) definiert und W entspricht W_1, jedoch für den Rundschnitt u.

NCI Zu 6.4.4 (2)

Der Abstand a_{crit} des maßgebenden Rundschnitts ist iterativ zu ermitteln (Bild NA.6.21.1). Für Bodenplatten und schlanke Fundamente mit $\lambda > 2{,}0$

darf zur Vereinfachung der Rechnung ein konstanter Rundschnitt im Abstand 1,0d angenommen werden.

Für Stützenfundamente gilt $C_{Rd,c} = 0{,}15 / \gamma_C$.

Die resultierende einwirkende Querkraft $V_{Ed,red}$ nach Gleichung (6.48) sollte in jedem Fall mindestens mit einem Lasterhöhungsfaktor $\beta = 1{,}10$ vergrößert werden.

In Gleichung (6.51) wird der Mindestwert für den Lasterhöhungsfaktor für ausmittige Lasten analog NCI zu 6.4.3 (3) ergänzt:

$$\beta = 1 + k \frac{M_{Ed}}{V_{Ed,red}} \cdot \frac{u}{W} \geq 1{,}10 \qquad (NA.6.51.1)$$

ANMERKUNG Ein weiterer Ansatz zur Bestimmung des Lasterhöhungsfaktors β in Gleichung (NA.6.51.1) ist in DAfStb-Heft 600 enthalten.

Der Bemessungswert des Durchstanzwiderstands $v_{Rd,c}$ nach Gleichung (6.50) ergibt sich in N/mm².

Für ausmittig belastete Fundamente mit klaffender Fuge im Rundschnittbereich unter Bemessungseinwirkungen darf eine Berechnung mit Sektorlasteinzugsflächen erfolgen. Der Abzugswert für den Sohldruck ergibt sich dann jeweils in jedem Sektor separat.

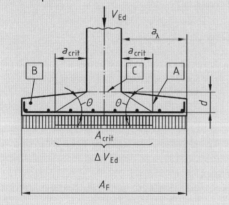

Legende

A kritischer Rundschnitt
B Fundament
C Lasteinleitungsfläche A_{load}
A_F Fundamentgrundfläche
ΔV_{Ed} Abzugswert des Sohldrucks ohne Fundamenteigenlast nach 6.4.4 (2)
λ = a_λ / d mit a_λ und d an der Lasteinleitungsfläche
θ $\geq$ arctan 1/2

Bild NA.6.21.1 – Rundschnitt und Abzug Sohldruck bei Fundamenten

6.4.5 Durchstanzwiderstand für Platten oder Fundamente mit Durchstanzbewehrung

(1) Ist Durchstanzbewehrung erforderlich, ist sie in der Regel gemäß Gleichung (6.52) zu ermitteln:

$$v_{Rd,cs} = 0{,}75 \cdot v_{Rd,c}\\ + 1{,}5\,(d/s_r) \cdot A_{sw}\,f_{ywd,ef} \cdot (1/(u_1 d)) \cdot \sin\alpha \; [N/mm^2]\qquad(6.52)$$

Dabei ist

A_{sw} die Querschnittsfläche der Durchstanzbewehrung in einer Bewehrungsreihe um die Stütze [mm²];

s_r der radiale Abstand der Durchstanzbewehrungsreihen [mm];

$f_{ywd,ef}$ der wirksame Bemessungswert der Streckgrenze der Durchstanzbewehrung, gemäß $f_{ywd,ef} = 250 + 0{,}25 d \leq f_{ywd}$ [N/mm²];

d der Mittelwert der statischen Nutzhöhen in den orthogonalen Richtungen [mm];

α der Winkel zwischen Durchstanzbewehrung und Plattenebene.

Bei einer einzelnen Reihe aufgebogener Stäbe darf für das Verhältnis d/s_r in Gleichung (6.52) der Wert 0,67 angesetzt werden.

NCI Zu 6.4.5 (1)

Die Tragfähigkeit der Durchstanzbewehrung nach Gleichung (6.52), der Betontraganteil $v_{Rd,c}$ nach Gleichung (6.47) und die einwirkende Querkraft $V_{Ed,i}$ nach Gleichung (6.38) sind für diesen Nachweis für Flachdecken auf den kritischen Umfang u_1 im Abstand $a_{crit} = 2{,}0d$ bezogen. Diese Durchstanzbewehrung ist in jeder rechnerisch erforderlichen Bewehrungsreihe einzulegen, wobei die Bewehrungsmenge A_{sw} in den ersten beiden Reihen neben A_{load} mit einem Anpassungsfaktor $\kappa_{sw,i}$ zu vergrößern ist:

Reihe 1 (mit $0{,}3d \leq s_0 \leq 0{,}5d$): $\kappa_{sw,1} = 2{,}5$
Reihe 2 (mit $s_r \leq 0{,}75d$): $\kappa_{sw,2} = 1{,}4$.

Bei unterschiedlichen radialen Abständen der Bewehrungsreihen $s_{r,i}$ ist in Gleichung (6.52) der maximale einzusetzen.

Für aufgebogene Durchstanzbewehrung ist für das Verhältnis d/s_r in Gleichung (6.52) der Wert 0,53 anzusetzen. Die aufgebogene Bewehrung darf mit $f_{ywd,ef} = f_{ywd}$ ausgenutzt werden.

Aufgrund der steileren Neigung der Druckstreben wird für Fundamente und Bodenplatten folgendes festgelegt:

Die reduzierte einwirkende Querkraft $V_{Ed,red}$ nach Gleichung (6.48) ist von den ersten beiden Bewehrungsreihen neben A_{load} ohne Abzug eines Betontraganteils aufzunehmen. Dabei wird die Bewehrungsmenge $A_{sw,1+2}$ gleichmäßig auf beide Reihen verteilt, die in den Abständen $s_0 = 0{,}3d$

und $(s_0 + s_1) = 0{,}8d$ anzuordnen sind:
- Bügelbewehrung:
  $\beta \cdot V_{Ed,red} \leq V_{Rd,s} = A_{sw,1+2} \cdot f_{ywd,ef}$ (NA.6.52.1)
- aufgebogene Bewehrung:
  $\beta \cdot V_{Ed,red} \leq V_{Rd,s} = 1{,}3 \cdot A_{sw,1+2} \cdot f_{ywd} \cdot \sin \alpha$
  (NA.6.52.2)

Dabei ist

β der Erhöhungsfaktor für die Querkraft nach Gleichung (NA.6.51.1);

α der Winkel der geneigten Durchstanzbewehrung zur Plattenebene.

Wenn bei Fundamenten und Bodenplatten ggf. weitere Bewehrungsreihen erforderlich werden, sind je Reihe jeweils 33 % der Bewehrung $A_{sw,1+2}$ nach Gleichung (NA.6.52.1) vorzusehen. Der Abzugswert des Sohldrucks ΔV_{Ed} in Gleichung (6.48) darf dabei mit der Fundamentfläche innerhalb der betrachteten Bewehrungsreihe angesetzt werden.

(2) Die Anforderungen für die bauliche Durchbildung der Durchstanzbewehrung sind in 9.4.3 enthalten.

NCI Zu 6.4.5 (2)

Es sind in jedem Fall mindestens 2 Bewehrungsreihen innerhalb des durch den Umfang u_{out} nach 6.4.5 (4) begrenzten Bauteilbereiches zu verlegen.

Der radiale Abstand der 1. Bewehrungsreihe ist bei gedrungenen Fundamenten auf $0{,}3d$ vom Rand der Lasteinleitungsfläche und die Abstände s_r zwischen den ersten drei Bewehrungsreihen auf $0{,}5d$ zu begrenzen.

(3) Am Stützenanschlitt ist die Durchstanztragfähigkeit begrenzt auf maximal:

$v_{Ed} = \beta \cdot V_{Ed} / (u_0 \cdot d) \leq v_{Rd,max}$ (6.53)

Dabei ist

u_0 für eine Innenstütze $u_0 =$ ⟨AC⟩ umfassender minimaler Umfang, ⟨AC⟩
für eine Randstütze $u_0 = c_2 + 3d \leq c_2 + 2c_1$,
für eine Eckstütze $u_0 = 3d \leq c_1 + c_2$;

c_1, c_2 jeweils eine der Stützenabmessungen nach Bild 6.20;

⟨AC⟩ gestrichener Text ⟨AC⟩

β siehe 6.4.3 (3), (4) und (5).

ANMERKUNG Der landesspezifische Wert $v_{Rd,max}$ darf einem Nationalen Anhang entnommen werden. Der empfohlene Wert ist ⟨AC⟩ $0{,}4 \cdot v \cdot f_{cd}$ mit v nach Gleichung (6.6N). ⟨AC⟩

NDP Zu 6.4.5 (3)

Der Absatz wird ersetzt durch: Die Maximaltragfähigkeit $v_{Rd,max}$ ist im kritischen Rundschnitt u_1 mit Gleichung (NA.6.53.1) nachzuweisen:

$v_{Ed,u1} \leq v_{Rd,max} = 1{,}4 \cdot v_{Rd,c,u1}$ (NA.6.53.1)

Eine Betondrucknormalspannung σ_{cp} infolge Vorspannung bei $v_{Rd,c}$, darf dabei nicht berücksichtigt werden.

Bei Fundamenten ist der iterativ ermittelte kritische Rundschnitt u für u_1 einzusetzen.

(4) Der Rundschnitt u_{out} (bzw. $u_{out,ef}$ siehe Bild 6.22), für den Durchstanzbewehrung nicht mehr erforderlich ist, ist in der Regel nach Gleichung (6.54) zu ermitteln:

$u_{out,ef} = \beta \cdot V_{Ed} / (v_{Rd,c} \cdot d)$ (6.54)

Die äußerste Reihe der Durchstanzbewehrung darf in der Regel nicht weiter als $k \cdot d$ von u_{out} entfernt sein (bzw. $u_{out,ef}$ siehe Bild 6.22).

ANMERKUNG Der landesspezifische Wert k darf einem Nationalen Anhang entnommen werden. Der empfohlene Wert ist 1,5.

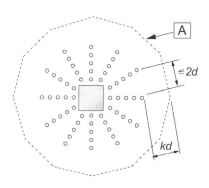 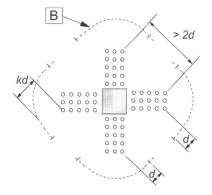

A Rundschnitt u_{out} B Rundschnitt $u_{out,ef}$

Bild 6.22 – Rundschnitte bei Innenstützen

NDP Zu 6.4.5 (4)

Es gilt der empfohlene Wert $k = 1{,}5$.

NCI Zu 6.4.5 (4)

ANMERKUNG $v_{Rd,c}$ für Querkrafttragfähigkeit ohne Querkraftbewehrung nach 6.2.2 (1).

Bild 6.22: Die rechtwinklig angeordnete und auf die Gurtstreifen konzentrierte Durchstanzbewehrung mit einem aufgelösten äußeren Rundschnitt $u_{out,ef}$ B darf nicht verwendet werden.

(5) Bei Verwendung von speziellen Bewehrungselementen als Durchstanzbewehrung ist in der Regel $v_{Rd,cs}$ durch Versuche in Übereinstimmung mit den maßgebenden Europäischen Technischen Zulassungen zu bestimmen. Siehe auch 9.4.3.

NCI Zu 6.4.5

(NA.6) Um die Querkrafttragfähigkeit sicherzustellen, sind die Platten im Bereich der Stützen für Mindestmomente m_{Ed} nach Gleichung (NA.6.54.1) zu bemessen, sofern die Schnittgrößenermittlung nicht zu höheren Werten führt.

Wenn andere Festlegungen fehlen, sollten folgende Mindestmomente je Längeneinheit angesetzt werden:

$m_{Ed,z} = \eta_z \cdot V_{Ed}$ und $m_{Ed,y} = \eta_y \cdot V_{Ed}$ (NA.6.54.1)

Dabei ist

V_{Ed} die aufzunehmende Querkraft;

η_z, η_y der Momentenbeiwert nach Tabelle NA.6.1.1 für die z- bzw. y-Richtung (siehe Bild NA.6.22.1).

Diese Mindestmomente sollten jeweils in einem Bereich mit der in Tabelle NA.6.1.1 angegebenen Breite angesetzt werden (siehe Bild NA.6.22.1).

Die Bereiche für den Ansatz der Mindestbiegemomente $m_{Ed,z}$ und $m_{Ed,y}$ nach Tabelle NA.6.1.1 können Bild NA.6.22.1 entnommen werden.

Tabelle NA.6.1.1 – Momentenbeiwerte und Verteilungsbreite der Mindestlängsbewehrung

Zeile	Spalte	1	2	3	4	5	6
	Lage der Stütze	η_z		anzusetzende Breite[b]	η_y		anzusetzende Breite b
		Zug an der Plattenoberseite[c]	Zug an der Plattenunterseite[c]		Zug an der Plattenoberseite[c]	Zug an der Plattenunterseite[c]	
1	Innenstütze	0,125	0	$0{,}3\,l_y$	0,125	0	$0{,}3\,l_z$
2	Randstütze, Rand „z"[a]	0,25	0	$0{,}15\,l_y$	0,125	0,125	(je m Plattenbreite)
3	Randstütze, Rand „y"[a]	0,125	0,125	(je m Plattenbreite)	0,25	0	$0{,}15\,l_z$
4	Eckstütze	0,5	0,5	(je m Plattenbreite)	0,5	0,5	(je m Plattenbreite)

[a] Definition der Ränder und der Stützenabstände l_z und l_y siehe Bild NA.6.22.1.
[b] Siehe Bild NA.6.22.1.
[c] Die Plattenoberseite bezeichnet die der Lasteinleitungsfläche gegenüberliegende Seite der Platte; die Plattenunterseite diejenige Seite, auf der die Lasteinleitungsfläche liegt.

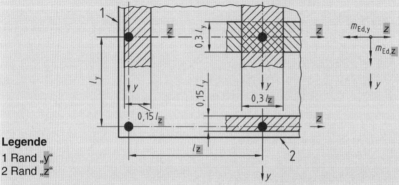

Legende
1 Rand „y"
2 Rand „z"

Bild NA.6.22.1 – Bereiche für den Ansatz der Mindestbiegemomente $m_{Ed,z}$ und $m_{Ed,y}$

6.5 Stabwerkmodelle

6.5.1 Allgemeines

(1)P Bei einer nichtlinearen Dehnungsverteilung (z. B. bei Auflagern, in der Nähe konzentrierter Lasten oder bei Scheiben) dürfen Stabwerkmodelle verwendet werden (siehe auch 5.6.4)

6.5.2 Bemessung der Druckstreben

(1) Der Bemessungswert der Druckfestigkeit für Betonstreben in einem Bereich mit Querdruck oder ohne Querzug darf mit Gleichung (6.55) bestimmt werden (siehe Bild 6.23).

$$\sigma_{Rd,max} = f_{cd} \quad (6.55)$$

In Bereichen mit mehraxialem Druck darf ein höherer Bemessungswert der Festigkeit angesetzt werden.

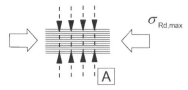

A Querdruck oder ohne Querzug

Bild 6.23 – Bemessungswert der Festigkeit von Betonstreben ohne Querzug

NCI Zu 6.5.2 (1)

ANMERKUNG Ist die Dehnungsverteilung über die Höhe der Betonstrebe nicht konstant, dann sollte die Höhe des Druckspannungsfeldes oder die Höhe des Spannungsblocks im Hinblick auf die Verträglichkeit begrenzt werden. So sollten diese Abmessungen nicht größer gewählt werden, als sie sich bei Annahme einer linearen Dehnungsverteilung ergeben.

(2) Der Bemessungswert der Druckfestigkeit für Betonstreben in gerissenen Druckzonen ist in der Regel abzumindern und darf mit Gleichung (6.56) bestimmt werden, wenn keine genauere Berechnung erfolgt (siehe Bild 6.24).

$$\sigma_{Rd,max} = 0{,}6 \cdot v' \cdot f_{cd} \quad (6.56)$$

ANMERKUNG Der landesspezifische Wert v' darf einem Nationalen Anhang entnommen werden. Der empfohlene Wert ist in Gleichung (6.57N) angegeben.

$$v' = 1 - f_{ck} / 250 \quad (6.57N)$$

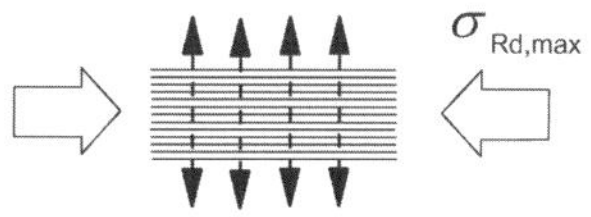

Bild 6.24 – Bemessungswert der Festigkeit von Betonstreben mit Querzug

NDP Zu 6.5.2 (2) Bemessung der Druckstreben

- für Druckstreben parallel zu Rissen:
  $v' = 1{,}25$ (6.57aDE)
- für Druckstreben, die Risse kreuzen und für Knotenbemessung nach 6.5.4:
  $v' = 1{,}0$ (6.57bDE)
- für starke Rissbildung mit V und T:
  $v' = 0{,}875$ (6.57cDE)

Für Betonfestigkeitsklassen $\geq$ C55/67 ist v' zusätzlich mit $v_2 = (1{,}1 - f_{ck} / 500)$ zu multiplizieren.

(3) Für Druckstreben, die sich direkt zwischen Lasteinleitungsflächen befinden, wie z. B. Konsolen oder kurze hohe Träger, sind alternative Berechnungsmethoden in 6.2.2 und 6.2.3 angegeben.

6.5.3 Bemessung der Zugstreben

(1) Der Bemessungswert der Festigkeit der Bewehrung in Zugstreben ist in der Regel gemäß 3.2 und 3.3 zu begrenzen.

NCI Zu 6.5.3 (1)

Der Bemessungswert der Stahlspannung der Bewehrung der Zugstreben und der Bewehrung zur Aufnahme der Querzugkräfte in Druckstreben ist bei Betonstahl auf f_{yd} nach 3.2 bzw. bei Spannstahl auf $0{,}9 f_{p0,1k} / \gamma_S$ zu begrenzen.

(2) Die Bewehrung ist in der Regel in den Knoten ausreichend zu verankern.

NCI Zu 6.5.3 (2)

Die Bewehrung ist bis in die konzentrierten Knoten ungeschwächt durchzuführen.

Sie darf in verschmierten Knoten, die sich im Tragwerk über eine größere Länge erstrecken, innerhalb des Knotenbereichs gestaffelt enden. Dabei muss sie alle durch die Bewehrung umzulenkenden Druckwirkungen erfassen.

Die Verankerungslänge der Bewehrung in Druck-Zug-Knoten beginnt am Knotenanfang, wo erste Druckspannungen aus den Druckstreben auf die verankerte Bewehrung treffen und von ihr umgelenkt werden (siehe Bild 6.27).

(3) Die zur Aufnahme der Kräfte an konzentrierten Knoten benötigte Bewehrung darf verteilt werden (siehe Bild 6.25a) und b)). Die Bewehrung ist dabei in der Regel über den gesamten Bauteilbereich, in dem die Druck-Trajektorien gekrümmt sind (Zug- und Druckstreben), zu verteilen. Die Querzugkraft T darf folgendermaßen ermittelt werden:

a) in Bereichen mit begrenzter Ausbreitung der Druckspannung $b \leq H/2$, siehe Bild 6.25a):

$$T = \frac{1}{4}\frac{b-a}{b}F \qquad (6.58)$$

b) in Bereichen mit unbegrenzter Ausbreitung der Druckspannung $b > H/2$, siehe Bild 6.25b):

$$T = \frac{1}{4}\left(1 - 0{,}7\frac{a}{h}\right)F \qquad (6.59)$$

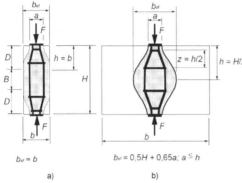

B – Kontiunitätsbereich
D – Diskontiunitätsbereich

a) **Spannungsfeld mit begrenzter Ausbreitung der Druckspannung**

b) **Spannungsfeld mit unbegrenzter Ausbreitung der Druckspannung**

Bild 6.25 – Parameter zur Bestimmung der Querzugkräfte in einem Druckfeld mit verteilter Bewehrung

6.5.4 Bemessung der Knoten

(1) Die Regeln dieses Abschnitts für Knoten gelten auch für die Bereiche konzentrierter Krafteinleitungen in Bauteile, die in den übrigen Bereichen nicht mit Stabwerkmodellen berechnet werden.

(2)P Die an einem Knoten angreifenden Kräfte müssen im Gleichgewicht sein. Querzugkräfte, die senkrecht zur Knotenebene wirken, sind dabei zu berücksichtigen.

(3) Die Dimensionierung und bauliche Durchbildung konzentrierter Knoten bestimmen maßgeblich deren Tragfähigkeit. Konzentrierte Knoten können sich z. B. bei Einzellasten, an Auflagern, in Verankerungsbereichen mit Konzentration von Bewehrung oder Spanngliedern, an Biegungen von Bewehrungsstäben sowie an Anschlüssen und Ecken von Bauteilen ausbilden.

(4) Die Bemessungsdruckfestigkeiten im Knoten dürfen wie folgt bestimmt werden:

a) in Druckknoten ohne Verankerung von Zugstreben (siehe Bild 6.26)

$$\sigma_{Rd,max} = k_1 \cdot v' \cdot f_{cd} \qquad (6.60)$$

b) in Druck-Zug-Knoten mit Verankerung von Zugstreben in einer Richtung (siehe Bild 6.27)

$$\sigma_{Rd,max} = k_2 \cdot v' \cdot f_{cd} \qquad (6.61)$$

c) in Druck-Zug-Knoten mit Verankerung von Zugstreben in mehrere Richtungen (siehe Bild 6.28)

$$\sigma_{Rd,max} = k_3 \cdot v' \cdot f_{cd} \qquad (6.62)$$

[AC⟩wobei $\sigma_{Rd,max}$ die maximale Druckspannung ist, die an den Knotenrändern aufgebracht werden kann. Siehe 6.5.2 (2) für die Definition von v'.

ANMERKUNG Die landesspezifischen Werte k_1, k_2 und k_3 dürfen einem Nationalen Anhang entnommen werden. Die empfohlenen Werte sind $k_1 = 1{,}0$, $k_2 = 0{,}85$ und $k_3 = 0{,}75$. ⟨AC]

NDP Zu 6.5.4 (4)

$k_1 = 1{,}1$; $k_2 = k_3 = 0{,}75$

NCI Zu 6.5.4 (4)

Knoten mit Abbiegungen von Bewehrung (z. B. nach Bild 6.28) erfordern die Einhaltung der zulässigen Biegerollendurchmesser nach 8.3.

(5) Die Bemessungswerte für die Druckspannung nach 6.5.4 (4) dürfen um bis zu 10 % erhöht werden, wenn mindestens eine der unten aufgeführten Bedingungen zutrifft:

– dreiaxialer Druck ist gewährleistet,
– alle Winkel zwischen Druck- und Zugstreben $\geq 55°$;
– die an Auflagern oder durch Einzellasten aufgebrachten Spannungen sind gleichmäßig verteilt und der Knoten ist durch Bügel gesichert;
– die Bewehrung ist in mehreren Lagen angeordnet;
– die Querdehnung des Knotens wird zuverlässig durch die Lager oder Reibung behindert.

(6) Dreiaxial gedrückte Knoten dürfen mit den Gleichungen (3.24) und (3.25), mit [AC⟩einer oberen Begrenzung⟨AC] von $\sigma_{Rd,max} = k_4 \cdot v' \cdot f_{cd}$ nachgewiesen werden, wenn für alle drei Richtungen der Streben die Lastverteilung bekannt ist.

ANMERKUNG Der landesspezifische Wert k_4 darf einem Nationalen Anhang entnommen werden. Der empfohlene Wert ist 3,0.

NDP Zu 6.5.4 (6)

$k_4 = 1{,}1$

Bei genaueren Nachweisen können auch höhere Werte bis $\sigma_{Rd,max} = 3{,}0\ f_{cd}$ angesetzt werden (siehe 3.1.9 bzw. 6.7).

(7) Die Verankerung der Bewehrung in den Druck-Zug-Knoten beginnt am Anfang des Knotens, d. h.

sie beginnt beispielsweise bei einer Auflagerverankerung am Auflagerrand (siehe Bild 6.27). Die Verankerungslänge muss in der Regel über die gesamte Knotenlänge reichen. In bestimmten Fällen darf die Bewehrung auch hinter dem Knoten verankert werden. Zur Verankerung und zum Biegen der Bewehrung siehe Abschnitte 8.4 bis 8.6.

(8) Ebene Druckknoten, an denen sich drei Druckstreben treffen, dürfen gemäß Bild 6.26 nachgewiesen werden. Die maximale der gleichmäßig verteilten Knoten-Hauptspannungen (σ_{c0}, σ_{c1}, σ_{c2}, σ_{c3}) ist in der Regel gemäß 6.5.4 (4) a) nachzuweisen. Üblicherweise darf angenommen werden:

$F_{cd,1}/a_1 = F_{cd,2}/a_2 = F_{cd,3}/a_3$ entspricht
$\sigma_{cd,1} = \sigma_{cd,2} = \sigma_{cd,3} = \sigma_{cd,0}$.

(9) Knoten an Biegungen von Bewehrungsstäben dürfen gemäß Bild 6.28 berechnet werden. Die mittleren Spannungen in den Druckstreben sind in der Regel gemäß 6.5.4 (5) nachzuweisen. Der Biegerollendurchmesser ist ⌊AC⌋ in der Regel gemäß 8.3 einzuhalten ⌊AC⌋.

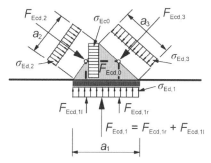

Bild 6.26 – Druckknoten ohne Verankerung von Zugstreben

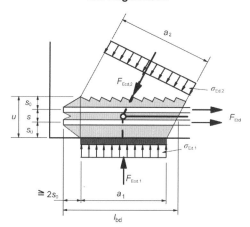

Bild 6.27 – Druck-Zug-Knoten mit Bewehrung in einer Richtung

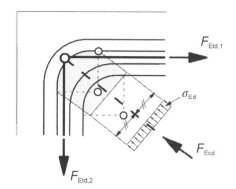

Bild 6.28 – Druck-Zug-Knoten mit Bewehrung in zwei Richtungen

6.6 Verankerung der Längsbewehrung und Stöße

(1)P Der Bemessungswert der Verbundfestigkeit ist auf einen Wert begrenzt, der von den Oberflächeneigenschaften der Bewehrung, der Zugfestigkeit des Betons und der Umschnürung des umgebenden Betons abhängt. Diese wird von der Betondeckung, der Querbewehrung und dem Querdruck beeinflusst.

(2) Die erforderliche Verankerungs- bzw. Übergreifungslänge wird auf Grundlage einer konstanten Verbundspannung ermittelt.

(3) Die Anwendungsregeln für die Bemessung und bauliche Durchbildung von Verankerungen und Stößen sind in den Abschnitten 8.4 bis 8.9 enthalten.

6.7 Teilflächenbelastung

(1)P Bei der Teilflächenbelastung müssen das lokale Bruchverhalten (siehe unten) und die Querzugkräfte (siehe 6.5) berücksichtigt werden.

(2) Für eine gleichmäßige Lastverteilung auf einer Fläche A_{c0} (siehe Bild 6.29) darf die aufnehmbare Teilflächenlast wie folgt ermittelt werden:

$$F_{Rdu} = A_{c0} \cdot f_{cd} \cdot \sqrt{A_{c1}/A_{c0}} \leq 3{,}0 \cdot f_{cd} \cdot A_{c0} \quad (6.63)$$

Dabei ist

A_{c0} die Belastungsfläche;

A_{c1} die maximale rechnerische Verteilungsfläche mit geometrischer Ähnlichkeit zu A_{c0}.

(3) Die für die Aufnahme der Kraft F_{Rdu} vorgesehene rechnerische Verteilungsfläche A_{c1} muss in der Regel den nachfolgenden Bedingungen genügen:

– Für die zur Lastverteilung in Belastungsrichtung zur Verfügung stehende Höhe gelten die Bedingungen in Bild 6.29.

- Der Schwerpunkt der Fläche A_{c1} muss in der Regel in Belastungsrichtung mit dem Schwerpunkt der Belastungsfläche A_{c0} übereinstimmen.
- Wirken auf den Betonquerschnitt mehrere Druckkräfte, so dürfen sich die rechnerischen Verteilungsflächen innerhalb der Höhe h nicht überschneiden.

Der Wert von F_{Rdu} ist in der Regel zu verringern, wenn die Last nicht gleichmäßig über die Fläche A_{c0} verteilt ist oder wenn hohe Querkräfte vorhanden sind.

NCI Zu 6.7 (3)

Bei ausmittiger Belastung ist die Belastungsfläche A_{c0} entsprechend der Ausmitte zu reduzieren.

NCI Zu 6.7 (3), Bild 6.29

ANMERKUNG Für den Ansatz der Teilflächentragfähigkeit ist mindestens eine A_{c0} umgebende Betonfläche mit den Abmessungen aus der Projektion von A_{c1} auf die Lasteinleitungsebene erforderlich.

(4) Die durch die Teilflächenbelastung entstehenden Querzugkräfte sind in der Regel durch Bewehrung aufzunehmen.

NCI Zu 6.7 (4)

Ist die Aufnahme dieser Querzugkräfte nicht durch Bewehrung gesichert, sollte die Teilflächenlast auf $F_{Rdu} \leq 0{,}6 \cdot f_{cd} \cdot A_{c0}$ begrenzt werden.

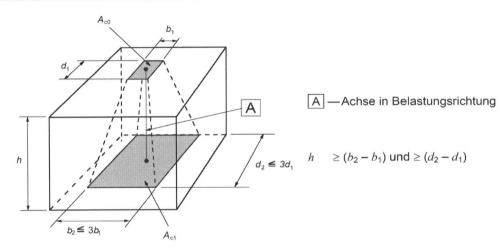

Bild 6.29 – Ermittlung der Flächen für Teilflächenbelastung

6.8 Nachweis gegen Ermüdung

6.8.1 Allgemeines

(1)P In speziellen Fällen muss bei Tragwerken der Nachweis gegen Ermüdung erbracht werden. Dieser Nachweis ist für Beton und Stahl getrennt zu führen.

(2) Im Allgemeinen sind Tragwerke und tragende Bauteile, die regelmäßigen Lastwechseln unterworfen sind, gegen Ermüdung zu bemessen (z. B. Kranbahnen, Brücken mit hohem Verkehrsaufkommen).

NCI Zu 6.8.1 (2)

Für Tragwerke des üblichen Hochbaus braucht im Allgemeinen kein Nachweis gegen Ermüdung geführt zu werden.

6.8.2 Innere Kräfte und Spannungen beim Nachweis gegen Ermüdung

(1)P Die Ermittlung der Spannungen muss auf der Grundlage gerissener Querschnitte unter Vernachlässigung der Betonzugfestigkeit, jedoch bei Einhaltung der Verträglichkeit der Dehnungen erfolgen.

(2)P Das unterschiedliche Verbundverhalten von Betonstahl und Spannstahl ist durch Erhöhung der unter Annahme starren Verbunds berechneten Betonstahlspannungen mit dem Faktor η zu berücksichtigen:

$$\eta = \frac{A_s + A_p}{A_s + A_p\sqrt{\xi(\varnothing_s / \varnothing_p)}} \qquad (6.64)$$

Dabei ist

A_s die Querschnittsfläche der Betonstahlbewehrung;
A_p die Querschnittsfläche der Spannstahlbewehrung;
$\varnothing_s$ der größte Durchmesser der Betonstahlbewehrung;

$\varnothing_p$ der Durchmesser oder äquivalente Durchmesser der Spannstahlbewehrung:

$\varnothing_p = 1{,}60\sqrt{A_p}$ für Bündelspannglieder,
$\varnothing_p = 1{,}75\,\varnothing_{wire}$ für Einzellitzen mit 7 Drähten,
$\varnothing_p = 1{,}20\,\varnothing_{wire}$ für Einzellitzen mit 3 Drähten,
dabei ist $\varnothing_{wire}$ der Durchmesser des Drahts;

ξ das Verhältnis der Verbundfestigkeit von im Verbund liegenden Spanngliedern zur Verbundfestigkeit von Betonrippenstahl im Beton. Der Wert ist der maßgebenden Europäischen Technischen Zulassung zu entnehmen. Sollte dieser Wert nicht verfügbar sein, dürfen die Werte in Tabelle 6.2 verwendet werden.

NCI Zu 6.8.2 (2)P

In der Definition des Verhältniswerts der Verbundfestigkeit ξ werden der zweite und dritte Satz ersetzt durch:

ANMERKUNG 1 Der Wert ξ ist in Europäischen Technischen Zulassungen nicht enthalten.

ANMERKUNG 2 Die Verbundbeiwerte ξ für sofortigen Verbund in Tabelle 6.2 gelten für Betone $\leq$ C50/60. Bei Betondruckfestigkeiten $\geq$ C70/85 sind diese Werte zu halbieren. Für Werte zwischen C50/60 und C70/85 darf interpoliert werden.

(3) Bei der Bemessung der Querkraftbewehrung darf die Druckstrebenneigung θ_{fat} mit Hilfe eines Stabwerkmodells oder gemäß Gleichung (6.65) ermittelt werden.

$$\tan\theta_{fat} = \sqrt{\tan\theta} \leq 1{,}0 \qquad (6.65)$$

Dabei ist

θ der bei der Bemessung im GZT (siehe 6.2.3) angesetzte Winkel zwischen Betondruckstreben und Trägerachse.

Tabelle 6.2 – Verhältnis ξ der Verbundfestigkeit von Spannstahl zur Verbundfestigkeit von Betonstahl

Spannstahl	ξ		
	sofortiger Verbund	nachträglicher Verbund	
		$\leq$ C50/60	$\geq$ C70/85
glatte Stäbe und Drähte	nicht anwendbar	0,3	0,15
Litzen	0,6	0,5	0,25
profilierte Drähte	0,7	0,6	0,3
gerippte Stäbe	0,8	0,7	0,35
ANMERKUNG Für Werte zwischen C50/60 und C70/85 darf interpoliert werden.			

6.8.3 Einwirkungskombinationen

(1)P Zur Berechnung der Schwingbreiten muss eine Unterteilung in nichtzyklische und zyklische ermüdungswirksame Einwirkungen (Anzahl von wiederholten Lasteinwirkungen) erfolgen.

NCI Zu 6.8.3 (1)P

Die Nachweise sind für Stahl und Beton im Allgemeinen unter Berücksichtigung der folgenden Einwirkungskombinationen zu führen:

- ständige Einwirkungen,
- maßgebender charakteristischer Wert der Vorspannung P_k,
- wahrscheinlicher Wert der Setzungen, sofern ungünstig wirkend,
- häufiger Wert der Temperatureinwirkung, sofern ungünstig wirkend,
- Einwirkung aus Nutzlasten bzw. Verkehrslasten.

(2)P Die Grundkombination der nichtzyklischen Einwirkungen entspricht der häufigen Einwirkungskombination im GZG:

$$E_d = E\left\{G_{k,j};\ P;\ \psi_{1,1}\cdot Q_{k,1};\ \psi_{2,i}\cdot Q_{k,i}\right\} \quad (6.66)$$

mit $j \geq 1;\ i > 1$

Die Einwirkungskombination in geschweiften Klammern { }, (Grundkombination) kann wie folgt dargestellt werden:

$$\sum_{j\geq 1} G_{k,j}\ "+"\ P\ "+"\ \psi_{1,1}\cdot Q_{k,1}\ "+"\ \sum_{i>1}\psi_{2,i}\cdot Q_{k,i} \quad (6.67)$$

ANMERKUNG $Q_{k,1}$ und $Q_{k,i}$ sind nichtzyklische, veränderliche Einwirkungen.

(3)P Die zyklische Einwirkung muss mit der ungünstigen Grundkombination kombiniert werden:

$$E_d = E\left\{\{G_{k,j};\ P;\ \psi_{1,1}\cdot Q_{k,1};\ \psi_{2,i}\cdot Q_{k,i}\};\ Q_{fat}\right\} \quad (6.68)$$

mit $j \geq 1;\ i > 1$

Die Einwirkungskombination in geschweiften Klammern { }, (Grundkombination zuzüglich zyklischer Einwirkung), kann wie folgt dargestellt werden:

$$\left(\sum_{j\geq 1} G_{k,j}\ "+"\ P\ "+"\ \psi_{1,1}\cdot Q_{k,1}\ "+"\ \sum_{i>1}\psi_{2,i}\cdot Q_{k,i}\right)\ "+"\ Q_{fat}$$

(6.69)

Dabei ist

Q_{fat} die maßgebende Ermüdungsbelastung (z. B. Verkehrslast nach EN 1991 oder andere zyklische Einwirkungen).

6.8.4 Nachweisverfahren für Betonstahl und Spannstahl

(1) Für die Schädigung infolge von Spannungswechseln mit einer Schwingbreite $\Delta\sigma$ dürfen die entsprechenden Ermüdungsfestigkeitskurven (Wöhlerlinien) für Betonstahl und Spannstahl nach Bild 6.30 angesetzt werden. Dabei ist in der Regel die Einwirkung mit $\gamma_{F,fat}$ zu multiplizieren. Die aufnehmbare Schwingbreite für N^* Lastzyklen $\Delta\sigma_{Rsk}$ ist in der Regel durch den Sicherheitsbeiwert $\gamma_{S,fat}$ zu dividieren.

ANMERKUNG 1 [AC] Der Wert für $\gamma_{F,fat}$ ist in 2.4.2.3 (1) angegeben. [AC]

ANMERKUNG 2 Die landesspezifischen Werte für die Parameter der Ermüdungsfestigkeitskurven (Wöhlerlinien) für Betonstahl und Spannstahl dürfen einem Nationalen Anhang entnommen werden. Die empfohlenen Werte sind in den Tabellen 6.3N und 6.4N enthalten.

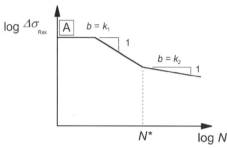

[A] — Bewehrung an der Streckgrenze

Bild 6.30 – Form der charakteristischen Ermüdungsfestigkeitskurve (Wöhlerlinien für Beton- und Spannstahl)

NDP Zu 6.8.4 (1)

Es gilt der empfohlene Wert $\gamma_{F,fat} = 1,0$.

Die Parameter der Wöhlerlinien sind in den Tabellen 6.3DE und 6.4DE enthalten.

NCI Zu 6.8.4 (1)

Kann ein vereinfachter Nachweis nach 6.8.5 oder 6.8.6 nicht erbracht werden, so ist ein expliziter Betriebsfestigkeitsnachweis nach 6.8.4 (2) zu führen.

NDP Zu 6.8.4, Tabelle 6.3N

Es gilt Tabelle 6.3DE.

NCI Zu 6.8.4, Tabelle 6.3DE

Mechanische Verbindungen werden grundsätzlich über Zulassungen geregelt.

Die Werte gelten bei geschweißten Stäben einschließlich Heft- und Stumpfstoßverbindungen.

Die Verwendung von Stabdurchmessern $\varnothing > 40$ mm wird durch Zulassungen geregelt.

Auf den Reduktionsfaktor ζ_1 darf bei Querkraftbewehrung mit 90°-Bügeln für $\varnothing \leq 16$ mm mit Bügelhöhen ≥ 600 mm verzichtet werden.

NDP Zu 6.8.4, Tabelle 6.4N

Es gilt Tabelle 6.4DE.

NCI Zu 6.8.4, Tabelle 6.4DE

Kopplungen werden grundsätzlich im Rahmen von Zulassungen für Spannverfahren geregelt.

Die Verwendung von Stabdurchmessern $\varnothing > 40$ mm wird durch Zulassungen geregelt.

Tabelle 6.3N – Parameter der Ermüdigungsfestigkeitskurven (Wöhlerlinien) für Betonstahl

Art der Bewehrung		Spannungsexponent		$\Delta\sigma_{Rsk}$ [N/mm²] bei N^* Zyklen
	N^*	k_1	k_2	
gerade und gebogene Stäbe[1]	10^6	5	9	162,5
geschweißte Stäbe und Stahlmatten	10^7	3	5	58,5
Kopplungen	10^7	3	5	35

[1] Die Werte für $\Delta\sigma_{Rsk}$ gelten für gerade Stäbe. Werte für gebogene Stäbe sind in der Regel mit Hilfe des Abminderungsbeiwerts $\zeta = 0,35 + 0,026\ D/\varnothing$ zu ermitteln.
Dabei ist
  D der Biegerollendurchmesser;
  $\varnothing$ der Stabdurchmesser.

Tabelle 6.3DE – Parameter der Ermüdungsfestigkeitskurven (Wöhlerlinien) für Betonstahl

Art der Bewehrung	N^*	Spannungs-exponent		$\Delta\sigma_{Rsk}$ bei N^* Zyklen N/mm²
		k_1	k_2	
gerade und gebogene Stäbe [a]	10^6	5	9 [c]	175
geschweißte Stäbe und Betonstahlmatten [b]	10^6	4	5	85

[a] Für gebogene Stäbe mit $D < 25\varnothing$ ist $\Delta\sigma_{Rsk}$ mit dem Reduktionsfaktor $\zeta_1 = 0{,}35 + 0{,}026\, D/\varnothing$ zu multiplizieren. Für Stäbe $\varnothing > 28$ mm ist $\Delta\sigma_{Rsk} = 145$ N/mm² (gilt nur für hochduktile Betonstähle). Dabei ist D der Biegerollendurchmesser; $\varnothing$ der Stabdurchmesser.
[b] Sofern nicht andere Wöhlerlinien durch eine allgemeine bauaufsichtliche Zulassung oder Zustimmung im Einzelfall festgelegt werden.
[c] In korrosiven Umgebungsbedingungen (XC2, XC3, XC4, XS, XD) sind weitere Überlegungen zur Wöhlerlinie anzustellen. Wenn keine genaueren Erkenntnisse vorliegen, ist für k_2 ein reduzierter Wert $5 \leq k_2 < 9$ anzusetzen.

Tabelle 6.4N – Parameter der Ermüdigungsfestigkeitskurven (Wöhlerlinien) für Spannstahl

Spannstahl	Spannungsexponent			$\Delta\sigma_{Rsk}$ [N/mm²] bei N^* Zyklen
	N^*	k_1	k_2	
im sofortigen Verbund	10^6	5	9	185
im nachträglichen Verbund				
– Einzellitzen in Kunststoffhüllrohren	10^6	5	9	185
– gerade Spannglieder, gekrümmte Spannglieder in Kunststoffhüllrohren	10^6	5	10	150
– gekrümmte Spannglieder in Stahlhüllrohren	10^6	5	7	120
– Kopplungen	10^6	5	5	80

Tabelle 6.4DE – Parameter der Ermüdungsfestigkeitskurven (Wöhlerlinien) für Spannstahl

Spannstahl [a]	N^*	Spannungs-exponent		$\Delta\sigma_{Rsk}$ bei N^* Zyklen [b] N/mm²	
		k_1	k_2	Klasse 1	Klasse 2
im sofortigen Verbund	10^6	5	9	185	120
im nachträglichen Verbund					
– Einzellitzen in Kunststoffhüllrohren	10^6	5	9	185	120
– gerade Spannglieder, gekrümmte Spannglieder in Kunststoffhüllrohren	10^6	5	9	150	95
– gekrümmte Spannglieder in Stahlhüllrohren	10^6	3	7	120	75

[a] Sofern nicht andere Wöhlerlinien durch eine Zulassung oder Zustimmung im Einzelfall für den eingebauten Zustand festgelegt werden.
[b] Werte im eingebauten Zustand. Die Spannstähle werden in 2 Klassen eingeteilt. Die Werte für Klasse 1 sind durch eine allgemeine bauaufsichtliche Zulassung für den Spannstahl nachzuweisen. Die Werte für Nachweise des Verankerungsbereichs von Spanngliedern sind immer der allgemeinen bauaufsichtlichen Zulassung zu entnehmen.

(2) Treten Spannungswechsel mit unterschiedlichen Schwingbreiten auf, dürfen die Schädigungen nach der *Palmgren-Miner*-Regel addiert werden. Dabei muss in der Regel die Schädigungssumme D_{Ed} für den Stahl infolge der maßgebenden Ermüdungsbelastung folgende Bedingung erfüllen:

$$D_{Ed} = \sum_i \frac{n(\Delta\sigma_i)}{N(\Delta\sigma_i)} < 1 \quad (6.70)$$

Dabei ist

$n(\Delta\sigma_i)$ die Zahl der aufgebrachten Lastwechsel für eine Schwingbreite $\Delta\sigma_i$;

$N(\Delta\sigma_i)$ die Zahl der aufnehmbaren Lastwechsel für eine Schwingbreite $\Delta\sigma_i$.

(3)P In Betonstahl oder Spannstahl dürfen die unter Ermüdungsbelastungen ermittelten Spannungen den Bemessungswert der Streckgrenze nicht überschreiten.

(4) Die Streckgrenze ist in der Regel anhand von Zugfestigkeitsprüfungen am verwendeten Stahl nachzuweisen.

(5) Werden die Regeln aus 6.8 für ein bestehendes Tragwerk zur Bewertung der Restlebensdauer oder zur Prüfung einer Verstärkung verwendet und Korrosion hat bereits eingesetzt, darf die Schwingbreite bestimmt werden, indem der Spannungsexponent k_2 für gerade und gebogene Stäbe vermindert wird.

ANMERKUNG Der landesspezifische Wert k_2 darf einem Nationalen Anhang entnommen werden. Der empfohlene Wert ist 5.

NDP Zu 6.8.4 (5)

Es gilt der empfohlene Wert $k_2 = 5$.

(6)P Die Schwingbreite von geschweißten Stäben darf nicht über der für gerade oder gebogene Stäbe liegen.

6.8.5 Nachweis gegen Ermüdung über schädigungsäquivalente Schwingbreiten

(1) Anstelle eines expliziten Nachweises der Betriebsfestigkeit nach 6.8.4 darf der Nachweis gegen Ermüdung bei Standardfällen mit bekannten Belastungen (Eisenbahn- und Straßenbrücken) auch wie folgt geführt werden:
- über schädigungsäquivalente Schwingbreiten für Stahl nach 6.8.5 (3),
- über schädigungsäquivalente Druckspannungen für Beton nach 6.8.7.

(2) Bei der schadensäquivalenten Schwingbreite wird das tatsächliche Spannungskollektiv zu einer einstufigen Beanspruchung mit N^* Zyklen ersetzt. EN 1992-2 enthält für maßgebende Ermüdungsbelastungen Modelle und Verfahren zur Berechnung der äquivalenten Schwingbreiten $\Delta\sigma_{s,equ}$ für Überbauten von Straßen- und Eisenbahnbrücken.

(3) Für Betonstahl oder Spannstahl und Kopplungen darf ein ausreichender Widerstand gegen Ermüdung angenommen werden, wenn Gleichung (6.71) erfüllt wird:

$$\boxed{AC}\ \gamma_{F,fat} \cdot \Delta\sigma_{s,equ}(N^*) \leq \frac{\Delta\sigma_{Rsk}(N^*)}{\gamma_{S,fat}}\ \boxed{AC} \quad (6.71)$$

Dabei ist

$\Delta\sigma_{Rsk}(N^*)$ die Schwingbreite bei N^* Lastzyklen aus den entsprechenden Ermüdungsfestigkeitskurven (Wöhlerlinien) in Bild 6.30.

ANMERKUNG Siehe auch Tabellen 6.3N und 6.4N.

$\Delta\sigma_{S,equ}(N^*)$ die schädigungsäquivalente Schwingbreite für verschiedene Bewehrungsarten unter Berücksichtigung der Anzahl der Lastwechsel N^*. Für den Hochbau darf $\Delta\sigma_{S,equ}(N^*)$ näherungsweise zu $\Delta\sigma_{S,max}$ angenommen werden;

$\Delta\sigma_{S,max}$ die maximale Stahlspannungsamplitude unter der maßgebenden ermüdungswirksamen Einwirkungskombination.

6.8.6 Vereinfachte Nachweise

(1) Für nicht geschweißte Bewehrungsstäbe unter Zugbeanspruchung darf ein ausreichender Widerstand gegen Ermüdung angenommen werden, wenn die Schwingbreite unter der häufigen zyklischen Einwirkung mit der Grundkombination $\Delta\sigma_s \leq k_1$ ist.

ANMERKUNG Der landesspezifische Wert k_1 darf einem Nationalen Anhang entnommen werden. Der empfohlene Wert ist 70 N/mm².

Für geschweißte Bewehrungsstäbe unter Zugbeanspruchung darf ein ausreichender Widerstand gegen Ermüdung angenommen werden, wenn die Schwingbreite unter der häufigen zyklischen Einwirkung mit der Grundkombination $\Delta\sigma_s \leq k_2$ ist.

ANMERKUNG Der landesspezifische Wert k_2 darf einem Nationalen Anhang entnommen werden. Der empfohlene Wert ist 35 N/mm².

NDP Zu 6.8.6 (1)

$k_1 = 70$ N/mm² und $k_2 = 0$

(2) Als Vereinfachung zu Absatz (1) darf der Nachweis auch unter Verwendung der häufigen Einwirkungskombination geführt werden. Kann dieser erbracht werden, sind keine weiteren Überprüfungen nötig.

(3) Bei geschweißten Verbindungen oder Kopplungen in Spannbetonbauteilen muss der Betonquerschnitt im Bereich von 200 mm um Spannglieder oder Betonstahleinlagen unter der häufigen Einwirkungskombination und einer um den Beiwert k_3 abgeminderten mittleren Vorspannkraft P_m in der Regel überdrückt sein.

ANMERKUNG Der landesspezifische Wert k_3 darf einem Nationalen Anhang entnommen werden. Der empfohlene Wert ist 0,9.

NDP Zu 6.8.6 (3)

$k_3 = 0,75$

6.8.7 Nachweis gegen Ermüdung des Betons unter Druck oder Querkraftbeanspruchung

(1) Ausreichender Widerstand gegen Ermüdung darf für Beton unter Druck angenommen werden, wenn die nachfolgende Bedingung erfüllt ist:

$$E_{cd,max,equ} + 0{,}43\sqrt{1-R_{equ}} \leq 1 \quad (6.72)$$

Dabei ist

$$R_{equ} = E_{cd,min,equ} / E_{cd,max,equ} \quad (6.73)$$
$$E_{cd,min,equ} = \sigma_{cd,min,equ} / f_{cd,fat} \quad (6.74)$$
$$E_{cd,max,equ} = \sigma_{cd,max,equ} / f_{cd,fat} \quad (6.75)$$

Dabei ist

R_{equ} das Verhältnis der Spannungen;
$E_{cd,min,equ}$ das minimale Niveau der Druckspannung;
$E_{cd,max,equ}$ das maximale Niveau der Druckspannung;
$\sigma_{cd,max,equ}$ die Oberspannung der Dauerschwingfestigkeit mit einer Anzahl von N Zyklen;
$\sigma_{cd,min,equ}$ die Unterspannung der Dauerschwingfestigkeit mit einer Anzahl von N Zyklen.

ANMERKUNG Der landesspezifische Wert N ($\leq 10^6$ Zyklen) darf einem Nationalen Anhang entnommen werden. Der empfohlene Wert ist $N = 10^6$.

$f_{cd,fat}$ Bemessungswert der einaxialen Festigkeit des Betons beim Nachweis gegen Ermüdung gemäß Gleichung (6.76)

$$f_{cd,fat} = k_1 \cdot \beta_{cc}(t_0) \cdot f_{cd} \cdot \left(1 - \frac{f_{ck}}{250}\right) \quad (6.76)$$

Dabei ist

$\beta_{cc}(t_0)$ der Beiwert für die Betonfestigkeit bei Erstbelastung (siehe 3.1.2 (6));
t_0 der Zeitpunkt der ersten zyklischen Belastung des Betons in Tagen.

ANMERKUNG Der landesspezifische Wert k_1 darf einem Nationalen Anhang entnommen werden. Der empfohlene Wert für $N = 10^6$ Zyklen ist 0,85.

NDP Zu 6.8.7 (1)

$N = 10^6$
$k_1 = 1{,}0$

(2) Ausreichender Widerstand gegen Ermüdung darf für Beton unter Druck angenommen werden, wenn die nachfolgende Bedingung erfüllt ist:

$$\frac{\sigma_{c,max}}{f_{cd,fat}} \leq 0{,}5 + 0{,}45 \frac{\sigma_{c,min}}{f_{cd,fat}} \quad (6.77)$$
$$\leq 0{,}9 \text{ für } f_{ck} \leq 50 \text{ N/mm}^2$$
$$\leq 0{,}8 \text{ für } f_{ck} > 50 \text{ N/mm}^2$$

Dabei ist

$\sigma_{c,max}$ die maximale Druckspannung unter der häufigen Einwirkungskombination (Druckspannungen positiv bezeichnet);
$\sigma_{c,min}$ duie minimale Druckspannung an der gleichen Stelle, wo $\sigma_{c,max}$ auftritt. Ist $\sigma_{c,min}$ eine Zugspannung, dann gilt $\sigma_{c,min} = 0$.

(3) Gleichung (6.77) darf auch für die Druckstreben von querkraftbeanspruchten Bauteilen angewendet werden. In diesem Fall ist in der Regel die Betondruckfestigkeit $f_{cd,fat}$ mit dem Festigkeitsabminderungsbeiwert ν zu reduzieren (siehe 6.2.2 (6)).

NCI Zu 6.8.7 (3)

Der zweite Satz wird ersetzt durch:

In diesem Fall ist in der Regel die Betondruckfestigkeit $f_{cd,fat}$ mit dem Festigkeitsabminderungsbeiwert ν_1 nach NDP zu 6.2.3 (3) zu reduzieren.

(4) Bei Bauteilen ohne rechnerisch erforderliche Querkraftbewehrung darf ein ausreichender Widerstand gegen Ermüdung des Betons bei Querkraftbeanspruchung als gegeben angesehen werden, wenn die folgenden Bedingungen eingehalten sind:

– für $V_{Ed,min} / V_{Ed,max} \geq 0$:

$$\frac{|V_{Ed,max}|}{|V_{Rd,c}|} \leq 0{,}5 + 0{,}45 \frac{|V_{Ed,min}|}{|V_{Rd,c}|} \quad (6.78)$$
$$\begin{cases} \leq 0{,}9 \text{ bis C 50/60} \\ \leq 0{,}8 \text{ ab C55/67} \end{cases}$$

– für $V_{Ed,min} / V_{Ed,max} < 0$:

$$\frac{|V_{Ed,max}|}{|V_{Rd,c}|} \leq 0{,}5 - \frac{|V_{Ed,min}|}{|V_{Rd,c}|} \quad (6.79)$$

Dabei ist

$V_{Ed,max}$ der Bemessungswert der maximalen Querkraft unter häufiger Einwirkungskombination;
$V_{Ed,min}$ der Bemessungswert der minimalen Querkraft unter häufiger Einwirkungskombination in dem Querschnitt, in dem $V_{Ed,max}$ auftritt;
$V_{Rd,c}$ der Bemessungswert des Querkraftwiderstands nach Gleichung (6.2a).

7 NACHWEISE IN DEN GRENZZUSTÄNDEN DER GEBRAUCHSTAUGLICHKEIT (GZG)

7.1 Allgemeines

(1)P Dieser Abschnitt gilt für die üblichen Grenzzustände der Gebrauchstauglichkeit. Diese sind:
- Begrenzung der Spannungen (siehe 7.2),
- Begrenzung der Rissbreiten (siehe 7.3),
- Begrenzung der Verformungen (siehe 7.4).

Weitere Grenzzustände (wie z. B. Schwingungen) können bei bestimmten Tragwerken von Bedeutung sein, werden in dieser Norm allerdings nicht behandelt.

(2) Bei der Ermittlung von Spannungen und Verformungen ist in der Regel von ungerissenen Querschnitten auszugehen, wenn die Biegezugspannung $f_{ct,eff}$ nicht überschreitet. Der Wert für $f_{ct,eff}$ darf zu f_{ctm} oder $f_{ctm,fl}$ angenommen werden, wenn die Berechnung der Mindestzugbewehrung auch auf Grundlage dieses Wertes erfolgt. Für die Nachweise von Rissbreiten und bei der Berücksichtigung der Mitwirkung des Betons auf Zug ist in der Regel f_{ctm} zu verwenden.

NCI Zu 7.1

(NA.3) Die Spannungsnachweise nach 7.2 dürfen für nicht vorgespannte Tragwerke des üblichen Hochbaus, die nach Abschnitt 6 bemessen wurden, im Allgemeinen entfallen, wenn

- die Schnittgrößen nach der Elastizitätstheorie ermittelt und im Grenzzustand der Tragfähigkeit um nicht mehr als 15 % umgelagert wurden und
- die bauliche Durchbildung nach Abschnitt 9 durchgeführt wird und insbesondere die Festlegungen für die Mindestbewehrungen eingehalten sind.

7.2 Begrenzung der Spannungen

(1)P Die Betondruckspannungen müssen begrenzt werden, um Längsrisse, Mikrorisse oder starkes Kriechen zu vermeiden, falls diese zu Beeinträchtigungen der Funktion des Tragwerks führen können.

(2) Es kann zu Längsrissen kommen, wenn die Spannungen unter der charakteristischen Einwirkungskombination einen kritischen Wert übersteigen. Diese Rissbildung kann die Dauerhaftigkeit beeinträchtigen. In Bauteilen unter den Bedingungen der Expositionsklassen XD, XF und XS (siehe Tabelle 4.1) sollten die Betondruckspannungen auf den Wert $k_1 \cdot f_{ck}$ begrenzt werden, wenn keine anderen Maßnahmen, wie z. B. eine Erhöhung der Betondeckung in der Druckzone oder eine Umschnürung der Druckzone durch Querbewehrung getroffen werden.

ANMERKUNG Der landesspezifische Wert k_1 darf einem Nationalen Anhang entnommen werden. Der empfohlene Wert ist 0,6.

NDP Zu 7.2 (2)

Es gilt der empfohlene Wert $k_1 = 0,6$.

ANMERKUNG charakteristische = seltene Einwirkungskombination

(3) Beträgt die Betondruckspannung unter quasi-ständiger Einwirkungskombination weniger als $k_2 \cdot f_{ck}$, darf von linearem Kriechen ausgegangen werden. Übersteigt die Betondruckspannung $k_2 \cdot f_{ck}$, ist in der Regel nicht-lineares Kriechen zu berücksichtigen (siehe 3.1.4).

ANMERKUNG Der landesspezifische Wert k_2 darf einem Nationalen Anhang entnommen werden. Der empfohlene Wert ist 0,45.

NDP Zu 7.2 (3)

Es gilt der empfohlene Wert $k_2 = 0,45$.

(4)P Zur Vermeidung nichtelastischer Dehnungen, unzulässiger Rissbildungen und Verformungen müssen die Zugspannungen in der Bewehrung begrenzt werden.

(5) Wenn die Zugspannung in der Bewehrung unter der charakteristischen Einwirkungskombination $k_3 \cdot f_{yk}$ nicht übersteigt, darf davon ausgegangen werden, dass für das Erscheinungsbild unzulässige Rissbildungen und Verformungen vermieden werden. Zugspannungen infolge indirekter Einwirkung sind in der Regel auf $k_4 \cdot f_{yk}$ zu begrenzen.

Die Spannstahlspannungen infolge des Mittelwertes der Vorspannkraft dürfen in der Regel $k_5 \cdot f_{pk}$ nicht überschreiten.

ANMERKUNG Die landesspezifischen Werte für k_3, k_4 und k_5 dürfen einem Nationalen Anhang entnommen werden. Die empfohlenen Werte sind 0,8, 1 bzw. 0,75.

NDP Zu 7.2 (5)

$k_3 = 0,8$
$k_4 = 1,0$
$k_5 = 0,65$ für die quasi-ständige Einwirkungskombination nach Abzug der Spannkraftverluste nach 5.10.5.2 und 5.10.6 unter Berücksichtigung des Mittelwertes der Vorspannung

ANMERKUNG charakteristische = seltene Einwirkungskombination

NCI Zu 7.2

(NA.6) Nach dem Absetzen der Pressenkraft bzw. dem Lösen der Verankerung darf der Mittelwert der Spannstahlspannung unter der seltenen Einwirkungskombination in keinem Querschnitt und zu keinem Zeitpunkt den kleineren Wert von $0{,}9 f_{p0{,}1k}$ und $0{,}8 f_{pk}$ überschreiten.

(NA.7) Im Bereich von Verankerungen und Auflagern dürfen die Nachweise nach Absatz (2) und (3) entfallen, wenn die Festlegungen in 8.10.3 sowie Abschnitt 9 eingehalten werden.

7.3 Begrenzung der Rissbreiten

7.3.1 Allgemeines

(1)P Die Rissbreite ist so zu begrenzen, dass die ordnungsgemäße Nutzung des Tragwerks, sein Erscheinungsbild und die Dauerhaftigkeit nicht beeinträchtigt werden.

(2) Rissbildung tritt bei Stahlbetontragwerken auf, welche durch Biegung, Querkraft, Torsion oder Zugkräfte beansprucht werden, die aufgrund direkter Last oder durch behinderte bzw. aufgebrachte Verformungen auftreten.

(3) Risse im Beton können auch aus anderen Gründen, z. B. aus plastischem Schwinden oder chemischen Reaktionen mit Volumenänderung auftreten. Die Vermeidung und die Begrenzung der Breite solcher Risse sind in diesem Kapitel nicht geregelt.

(4) Die Rissbreite muss nicht begrenzt werden, wenn der ordnungsgemäße Gebrauch des Tragwerks nicht beeinträchtigt wird.

(5) Ein ⌊AC⌉ Grenzwert w_{max} für die rechnerische Rissbreite w_k ⌊AC⌉ ist in der Regel unter Berücksichtigung des geplanten Gebrauchs und der Art des Tragwerks sowie der Kosten der Rissbreitenbegrenzung festzulegen.

ANMERKUNG Der landesspezifische Wert w_{max} darf einem Nationalen Anhang entnommen werden. Die empfohlenen Werte für die maßgebenden Expositionsklassen sind in Tabelle 7.1N enthalten.

Tabelle 7.1N – Empfohlene Werte für w_{max} (mm)

Expositionsklasse	Stahlbetonbauteile bzw. Spannbetonbauteile mit Spanngliedern ohne Verbund	Spannbetonbauteile mit Spanngliedern im Verbund
	quasi-ständige Einwirkungskombination	häufige Einwirkungskombination
X0, XC1	$0{,}4^{1)}$	0,2
XC2, XC3, XC4	0,3	$0{,}2^{2)}$
⌊AC⌉XD1, XD2, XD3 XS1, XS2, XS3 ⌊AC⌉		Dekompression

1) Bei den Expositionsklassen X0 und XC1 hat die Rissbreite keinen Einfluss auf die Dauerhaftigkeit und dieser Grenzwert wird zur allgemeinen Wahrung eines akzeptablen Erscheinungsbildes festgelegt. Fehlen entsprechende Anforderungen an das Erscheinungsbild, darf dieser Grenzwert erhöht werden.
2) Bei diesen Expositionsklassen ist in der Regel zusätzlich die Dekompression unter quasi-ständiger Einwirkungskombination zu prüfen.

Fehlen spezifische Anforderungen (z. B. Wasserundurchlässigkeit), darf davon ausgegangen werden, dass hinsichtlich des Erscheinungsbilds und der Dauerhaftigkeit die Begrenzung der zulässigen Rissbreiten für Stahlbetonbauteile im Hochbau unter der quasi-ständigen Einwirkungskombination auf die Werte von w_{max} gemäß Tabelle 7.1N, im Allgemeinen ausreicht.

Die Beeinflussung der Dauerhaftigkeit von Bauteilen aus Spannbeton durch Rissbildung kann maßgebend sein. Fehlen genauere Anforderungen, darf davon ausgegangen werden, dass die Begrenzung der rechnerischen Rissbreiten für Bauteile aus Spannbeton unter der häufigen Einwirkungskombination auf die Werte von w_{max} gemäß Tabelle 7.1N, ausreicht.

Der Nachweis der Dekompression verlangt, dass alle Teile des Spannglieds im Verbund oder des Hüllrohrs mindestens 25 mm tief im überdrückten Beton liegen.

NDP Zu 7.3.1 (5)

Es gilt Tabelle 7.1DE.

NCI Zu 7.3.1 (5)

Für die Einhaltung des Grenzzustands der Dekompression ist nachzuweisen, dass der Betonquerschnitt um das Spannglied im Bereich von 100 mm oder von 1/10 der Querschnittshöhe unter Druckspannungen steht. Der größere Bereich ist maßgebend. Die Spannungen sind im Zustand II nachzuweisen.

Die ANMERKUNG zu Tabelle 7.1N entfällt.

Normen

Tabelle 7.1DE – Rechenwerte für w_{max} (in Millimeter)

Expositionsklasse	Stahlbeton und Vorspannung ohne Verbund	Vorspannung mit nachträglichem Verbund	Vorspannung mit sofortigem Verbund	
	mit Einwirkungskombination			
	quasi-ständig	häufig	häufig	selten
X0, XC1	0,4 [a]	0,2	0,2	–
XC2 – XC4	0,3	0,2 [b,c]	0,2 [b]	0,2
XS1 – XS3 XD1, XD2, XD3 [d]			Dekompression	

[a] Bei den Expositionsklassen X0 und XC1 hat die Rissbreite keinen Einfluss auf die Dauerhaftigkeit und dieser Grenzwert wird i. Allg. zur Wahrung eines akzeptablen Erscheinungsbildes gesetzt. Fehlen entsprechende Anforderungen an das Erscheinungsbild, darf dieser Grenzwert erhöht werden.
[b] Zusätzlich ist der Nachweis der Dekompression unter der quasi-ständigen Einwirkungskombination zu führen.
[c] Wenn der Korrosionsschutz anderweitig sichergestellt wird (Hinweise hierzu in den Zulassungen der Spannverfahren), darf der Dekompressionsnachweis entfallen.
[d] Beachte 7.3.1 (7).

(6) Für Bauteile mit Spanngliedern ausschließlich ohne Verbund gelten die Anforderungen für Stahlbetonbauteile. Für Bauteile mit einer Kombination von Spanngliedern im und ohne Verbund gelten die Anforderungen an Spannbetonbauteile mit Spanngliedern im Verbund.

(7) Bei Bauteilen der Expositionsklasse XD3 können besondere Maßnahmen erforderlich werden. Die Wahl der entsprechenden Maßnahmen hängt von der Art des Angriffsrisikos ab.

(8) Bei Stabwerkmodellen, die an der Elastizitätstheorie orientiert sind, dürfen die aus den Stabkräften ermittelten Stahlspannungen beim Nachweis der Rissbreitenbegrenzung verwendet werden (siehe 5.6.4 (2)).

NCI Zu 7.3.1 (8)

Auch an Stellen, an denen nach dem verwendeten Stabwerkmodell rechnerisch keine Bewehrung erforderlich ist, können Zugkräfte entstehen, die durch eine geeignete konstruktive Bewehrung, z. B. für wandartige Träger nach 9.7, abgedeckt werden müssen.

(9) Rissbreiten dürfen gemäß 7.3.4 berechnet werden. Alternativ dürfen vereinfachend die Durchmesser der Stäbe oder deren Abstände gemäß 7.3.3 begrenzt werden.

NCI Zu 7.3.1

(NA.10) Werden Betonstahlmatten mit einem Querschnitt $a_s \geq 6$ cm²/m nach 8.7.5.1 in zwei Ebenen gestoßen, ist im Stoßbereich der Nachweis der Rissbreitenbegrenzung mit einer um 25 % erhöhten Stahlspannung zu führen.

7.3.2 Mindestbewehrung für die Begrenzung der Rissbreite

(1)P Zur Begrenzung der Rissbreiten ist eine Mindestbewehrung in der Zugzone erforderlich. Die Mindestbewehrung darf aus dem Gleichgewicht der Betonzugkraft unmittelbar vor der Rissbildung und der Zugkraft in der Bewehrung der Zugzone unter Berücksichtigung der Stahlspannung σ_s nach Absatz (2) ermittelt werden.

(2) Sofern nicht eine genauere Rechnung zeigt, dass ein geringerer Bewehrungsquerschnitt ausreicht, darf die erforderliche Mindestbewehrung zur Begrenzung der Rissbreite nach Gleichung (7.1) ermittelt werden. Bei gegliederten Querschnitten wie Hohlkästen oder Plattenbalken ist in der Regel die Mindestbewehrung für jeden Teilquerschnitt (Gurte und Stege) einzeln nachzuweisen.

$$A_{s,min} \cdot \sigma_s = k_c \cdot k \cdot f_{ct,eff} \cdot A_{ct} \qquad (7.1)$$

Dabei ist

$A_{s,min}$ die Mindestquerschnittsfläche der Betonstahlbewehrung innerhalb der Zugzone;

A_{ct} die Fläche der Betonzugzone. Die Zugzone ist derjenige Teil des Querschnitts oder Teilquerschnitts, der unter der zur Erstrissbildung am Gesamtquerschnitt führenden Einwirkungskombination im ungerissenen Zustand rechnerisch unter Zugspannungen steht;

σ_s der Absolutwert der maximal zulässigen Spannung in der Betonstahlbewehrung unmittelbar nach Rissbildung. Dieser darf als die Streckgrenze der Bewehrung f_{yk} angenommen werden. Zur Einhaltung der Rissbreitengrenzwerte kann allerdings ein geringerer Wert entsprechend dem Grenzdurchmesser der Stäbe oder dem Höchstwert der Stababstände erforderlich werden (siehe 7.3.3 (2));

$f_{ct,eff}$ der Mittelwert der wirksamen Zugfestigkeit des Betons, der beim Auftreten der Risse zu erwarten ist:
$f_{ct,eff} = f_{ctm}$ oder niedriger mit $f_{ctm}(t)$, falls die Rissbildung vor Ablauf von 28 Tagen erwartet wird;

k der Beiwert zur Berücksichtigung von nichtlinear verteilten Eigenspannungen, die zum Abbau von Zwang führen
$k = 1{,}00$ für Stege mit $h \leq 300$ mm oder Gurten mit Breiten unter 300 mm,
$k = 0{,}65$ für Stege mit $h \geq 800$ mm oder Gurten mit Breiten über 800 mm.
Zwischenwerte dürfen interpoliert werden;

k_c der Beiwert zur Berücksichtigung des Einflusses der Spannungsverteilung innerhalb des Querschnitts vor der Erstrissbildung sowie der Änderung des inneren Hebelarmes:
– bei reinem Zug:
$k_c = 1{,}0$,
– bei Biegung oder Biegung mit Normalkraft:
 – bei Rechteckquerschnitten und Stegen von Hohlkästen- oder T-Querschnitten:

$$k_c = 0{,}4 \cdot \left[1 - \frac{\sigma_c}{k_1 \cdot (h/h^*) \cdot f_{ct,eff}} \right] \leq 1$$
(7.2)

 – bei Gurten von Hohlkästen- oder T-Querschnitten:

$$k_c = 0{,}9 \cdot \frac{F_{cr}}{A_{ct} \cdot f_{ct,eff}} \geq 0{,}5 \qquad (7.3)$$

Dabei ist

σ_c die mittlere Betonspannung, die auf den untersuchten Teil des Querschnitts einwirkt
$\sigma_c = N_{Ed} / (b \cdot h)$; (7.4)

N_{Ed} die Normalkraft im Grenzzustand der Gebrauchstauglichkeit, die auf den untersuchten Teil des Querschnitts einwirkt (Druckkraft positiv). Zur Bestimmung von N_{Ed} sind in der Regel die charakteristischen Werte der Vorspannung und der Normalkräfte unter der maßgebenden Einwirkungskombination zu berücksichtigen;

h^* $h^* = h$ für $h < 1{,}0$ m,
$h^* = 1{,}0$ m für $h \geq 1{,}0$ m;

k_1 der Beiwert zur Berücksichtigung der Auswirkungen der Normalkräfte auf die Spannungsverteilung:
$k_1 = 1{,}5$ falls N_{Ed} eine Druckkraft ist,
$k_1 = 2h^*/(3h)$ falls N_{Ed} eine Zugkraft ist;

F_{cr} der Absolutwert der Zugkraft im Gurt unmittelbar vor Rissbildung infolge des mit $f_{ct,eff}$ berechneten Rissmoments.

NCI Zu 7.3.2 (2)

Die Mindestbewehrung ist überwiegend am gezogenen Querschnittsrand anzuordnen, mit einem angemessenen Anteil aber auch so über die Zugzone zu verteilen, dass die Bildung breiter Sammelrisse vermieden wird.

Der Querschnitt der Mindestbewehrung darf vermindert werden, wenn die Zwangsschnittgröße die Rissschnittgröße nicht erreicht. In diesen Fällen darf die Mindestbewehrung durch eine Bemessung des Querschnitts für die nachgewiesene Zwangsschnittgröße unter Berücksichtigung der Anforderungen an die Rissbreitenbegrenzung ermittelt werden.

Dabei ist

$f_{ct,eff}$ die wirksame Zugfestigkeit des Betons zum betrachteten Zeitpunkt t, die beim Auftreten der Risse zu erwarten ist (bei diesem Nachweis als Mittelwert der Zugfestigkeit $f_{ctm}(t)$). In vielen Fällen, z. B. wenn der maßgebende Zwang aus dem Abfließen der Hydratationswärme entsteht, kann die Rissbildung in den ersten 3 Tagen bis 5 Tagen nach dem Einbringen des Betons in Abhängigkeit von den Umweltbedingungen, der Form des Bauteils und der Art der Schalung entstehen. In diesem Fall darf, sofern kein genauerer Nachweis erforderlich ist, die Betonzugfestigkeit $f_{ct,eff} = 0{,}5\, f_{ctm}(28\ d)$ gesetzt werden. Falls diese Annahme getroffen wird, ist dies durch Hinweis in der Baubeschreibung und auf den Ausführungsplänen dem Bauausführenden rechtzeitig mitzuteilen, damit bei der Festlegung des Betons eine entsprechende Anforderung aufgenommen werden kann. Wenn der Zeitpunkt der Rissbildung nicht mit Sicherheit innerhalb der ersten 28 Tage festgelegt werden kann, sollte mindestens eine Zugfestigkeit von 3 N/mm² angenommen werden;

k der Beiwert zur Berücksichtigung von nichtlinear verteilten Betonzugspannungen und weiteren risskraftreduzierenden Einflüssen. Modifizierte Werte für k sind für unterschiedliche Fälle nachfolgend angegeben:

a) Zugspannungen infolge im Bauteil selbst hervorgerufenen Zwangs (z. B. Eigenspannungen infolge Abfließen der Hydratationswärme):
k darf mit 0,8 multipliziert werden. Für h ist der kleinere Wert von Höhe oder Breite des Querschnitts oder Teilquerschnitts zu setzen;

b) Zugspannungen infolge außerhalb des Bauteils hervorgerufenen Zwangs (z. B. Stützensenkung, wenn der Querschnitt frei von nichtlinear verteilten Eigenspannungen und weiteren risskraftreduzierenden Einflüssen ist):
$k = 1{,}0$;

Normen

σ_c die Betonspannung in Höhe der Schwerlinie des Querschnitts oder Teilquerschnitts im ungerissenen Zustand unter der Einwirkungskombination, die am Gesamtquerschnitt zur Erstrissbildung führt.

(3) Spannglieder im Verbund in der Zugzone können bis zu einem Abstand ≤ 150 mm von der Mitte des Spannglieds zur Begrenzung der Rissbreite beitragen. Dies darf durch Addition des Terms $\xi_1 \cdot A_p' \cdot \Delta\sigma_p$ zur linken Widerstandsseite der Gleichung (7.1) berücksichtigt werden.

Dabei ist

A_p' die Querschnittsfläche der in $A_{c,eff}$ liegenden Spannglieder im Verbund;

$A_{c,eff}$ der Wirkungsbereich der Bewehrung. $A_{c,eff}$ ist die Betonfläche um die Zugbewehrung mit der Höhe $h_{c,ef}$, wobei $h_{c,ef}$ das Minimum von [$2{,}5 \cdot (h-d)$; $(h-x)/3$; $h/2$] ist (siehe Bild 7.1);

ξ_1 das gewichtete Verhältnis der Verbundfestigkeit von Spannstahl und Betonstahl unter Berücksichtigung der unterschiedlichen Durchmesser:

$$= \sqrt{\xi \cdot \varnothing_s / \varnothing_p} \qquad (7.5)$$

ξ das Verhältnis der mittleren Verbundfestigkeit von Spannstahl zu der von Betonstahl nach Tabelle 6.2 in 6.8.2;

$\varnothing_s$ der größte vorhandene Stabdurchmesser der Betonstahlbewehrung;

$\varnothing_p$ der äquivalente Durchmesser der Spannstahlbewehrung gemäß 6.8.2. Wenn nur Spannstahl zur Begrenzung der Rissbreite verwendet wird, gilt $\xi_1 = \sqrt{\xi}$;

$\Delta\sigma_p$ die Spannungsänderung in den Spanngliedern bezogen auf den Zustand des ungedehnten Betons.

NCI Zu 7.3.2 (3)

ANMERKUNG Der Ansatz für den Wirkungsbereich der Bewehrung $A_{c,eff}$ mit $2{,}5(h-d)$ gilt nur für eine konzentrierte Bewehrungsanordnung und dünne Bauteile mit $h/(h-d) \leq 10$ bei Biegung und $h/(h-d) \leq 5$ bei zentrischem Zwang hinreichend genau. Bei dickeren Bauteilen kann der Wirkungsbereich bis auf $5(h-d)$ anwachsen (siehe Bild 7.1 d)).

Wenn die Bewehrung nicht innerhalb des Grenzbereiches $(h-x)/3$ liegt, sollte dieser auf $(h-x)/2$ mit x im Zustand I vergrößert werden.

(4) Bei Spannbetonbauteilen wird keine Mindestbewehrung in den Querschnitten benötigt, in denen unter der charakteristischen Einwirkungskombination und der charakteristischen Vorspannung der Beton gedrückt oder der absolute Wert der Betonzugspannung kleiner $\sigma_{ct,p}$ ist.

ANMERKUNG Der landesspezifische Wert für $\sigma_{ct,p}$ darf einem Nationalen Anhang entnommen werden. Der empfohlene Wert beträgt $f_{ct,eff}$ gemäß 7.3.2 (2).

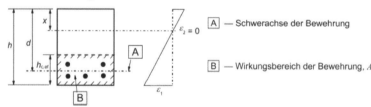

a) Träger

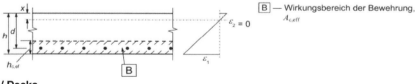

b) Platte / Decke

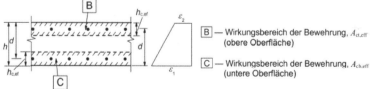

c) Bauteil unter Zugbeanspruchung

Bild 7.1 – Wirkungsbereich der Bewehrung (typische Fälle)

NCI Zu 7.3.2; Bild 7.1N

Bild 7.1N wird ergänzt um Bild NA.7.1d):

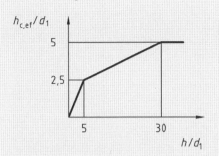

$d_1 = (h - d)$

Bild NA.7.1d) – Vergrößerung der Höhe $h_{c,ef}$ des Wirkungsbereiches der Bewehrung bei zunehmender Bauteildicke

NDP Zu 7.3.2 (4)

Der Absatz wird ersetzt durch:

In Bauteilen mit Vorspannung mit Verbund ist die Mindestbewehrung nicht in Bereichen erforderlich, in denen im Beton unter der seltenen Einwirkungskombination und unter den maßgebenden charakteristischen Werten der Vorspannung Betondruckspannungen $\sigma_{c,p}$ am Querschnittsrand auftreten, die dem Betrag nach größer als 1,0 N/mm² sind. Anderenfalls ist Mindestbewehrung nachzuweisen.

ANMERKUNG charakteristische = seltene Einwirkungskombination

NCI Zu 7.3.2 Mindestbewehrung für die Begrenzung der Rissbreite

(NA.5) Bei dickeren Bauteilen darf die Mindestbewehrung unter zentrischem Zwang für die Begrenzung der Rissbreiten je Bauteilseite unter Berücksichtigung einer effektiven Randzone $A_{c,eff}$ mit Gleichung (NA.7.5.1) je Bauteilseite berechnet werden.

$A_{s,min} = f_{ct,eff} \cdot A_{c,eff} / \sigma_s \geq k \cdot f_{ct,eff} \cdot A_{ct} / f_{yk}$ (NA.7.5.1)

Dabei ist

$A_{c,eff}$ der Wirkungsbereich der Bewehrung nach Bild 7.1: $A_{c,eff} = h_{c,ef} \cdot b$;

A_{ct} die Fläche der Betonzugzone je Bauteilseite mit $A_{ct} = 0,5\,h \cdot b$.

Der Grenzdurchmesser der Bewehrungsstäbe zur Bestimmung der Betonstahlspannung in Gleichung (NA.7.5.1) muss in Abhängigkeit von der wirksamen Betonzugfestigkeit $f_{ct,eff}$ folgendermaßen modifiziert werden:

$\varnothing = \varnothing_s^* \cdot f_{ct,eff} / 2,9$ (NA.7.5.2)

Es braucht aber nicht mehr Mindestbewehrung eingelegt zu werden, als sich nach Gleichung (7.1) mit Gleichung (NA.7.7) bzw. nach 7.3.4 ergibt.

(NA.6) Werden langsam erhärtende Betone mit $r \leq 0,3$ verwendet (in der Regel bei dickeren Bauteilen), darf die Mindestbewehrung mit einem Faktor 0,85 verringert werden. Die Rahmenbedingungen der Anwendungsvoraussetzungen für die Bewehrungsverringerung sind dann in den Ausführungsunterlagen festzulegen.

ANMERKUNG Kennwert für die Festigkeitsentwicklung des Betons $r = f_{cm2} / f_{cm28}$ nach DIN EN 206-1.

7.3.3 Begrenzung der Rissbreite ohne direkte Berechnung

(1) Bei biegebeanspruchten Stahlbeton- oder Spannbetondecken im üblichen Hochbau ohne wesentliche Zugnormalkraft sind bei einer Gesamthöhe von nicht mehr als 200 mm und bei Einhaltung der Bedingungen gemäß 9.3 keine speziellen Maßnahmen zur Begrenzung der Rissbreiten erforderlich.

NCI Zu 7.3.3 (1)

Die Regel darf nur für Platten in der Expositionsklasse XC1 angewendet werden.

(2) Zur Vereinfachung des Nachweises der Rissbreitenbegrenzung sind die Regeln aus 7.3.4 in tabellarischer Form als Begrenzung des Stabdurchmessers oder des Stababstands dargestellt.

ANMERKUNG Wenn die Mindestbewehrung nach 7.3.2 eingehalten wird, ist eine Überschreitung der Rissbreiten unwahrscheinlich, wenn:
- bei Rissen infolge überwiegenden Zwangs der Stabdurchmesser nach Tabelle 7.2N eingehalten ist. Dabei ist für die Stahlspannung der Wert unmittelbar nach Rissbildung (d. h. σ_s in Gleichung (7.1)) einzusetzen.
- bei Rissen infolge überwiegend direkter Einwirkungen die Bedingungen nach Tabelle 7.2N oder nach Tabelle 7.3N eingehalten sind. Die Stahlspannungen sind in der Regel auf Grundlage gerissener Querschnitte unter der maßgebenden Einwirkungskombination zu ermitteln.

Bei Spannbeton mit Spanngliedern im sofortigen Verbund, bei dem die Begrenzung der Rissbreiten vorwiegend durch Spannglieder sichergestellt wird, dürfen die Tabellen 7.2N und 7.3N mit einer Spannung verwendet werden, die sich aus der Gesamtspannung abzüglich der Vorspannung ergibt. Bei Spannbeton mit nachträglichem Verbund, bei dem die Begrenzung der Rissbreiten vorwiegend durch Betonstahl sichergestellt wird, dürfen die Tabellen mit der Spannung dieser Bewehrung unter Berücksichtigung der Vorspannkräfte verwendet werden.

Tabelle 7.2N – Grenzdurchmesser bei Betonstählen $\varnothing_s^*$ zur Begrenzung der Rissbreite[1]

Stahlspannung[2] [N/mm²]	Grenzdurchmesser der Stäbe [mm]		
	$w_k = 0{,}4$ mm	$w_k = 0{,}3$ mm	$w_k = 0{,}2$ mm
160	40	32	25
200	32	25	16
240	20	16	12
280	16	12	8
320	12	10	6
360	10	8	5
400	8	6	4
450	6	5	–

ANMERKUNG 1. Die Werte der Tabelle basieren auf den folgenden Annahmen: $c = 25$ mm; $f_{ct,eff} = 2{,}9$ N/mm²; ⌈AC⌉ $h_{cr} = 0{,}5h$; $(h-d)$⌈AC⌉ $= 0{,}1h$; $k_1 = 0{,}8$; $k_2 = 0{,}5$; $k_c = 0{,}4$; ⌈AC⌉ $k_4 = 1{,}0$; ⌈AC⌉ $k_t = 0{,}4$ und $k' = 1{,}0$.
2. Unter der maßgebenden Einwirkungskombination.

Tabelle 7.3N – Höchstwerte der Stababstände zur Begrenzung der Rissbreiten[1]

Stahlspannung[2] [N/mm²]	Höchstwerte der Stababstände [mm]		
	$w_k = 0{,}4$ mm	$w_k = 0{,}3$ mm	$w_k = 0{,}2$ mm
160	300	300	200
200	300	250	150
240	250	200	100
280	200	150	50
320	150	100	–
360	100	50	–

Zu den Anmerkungen, siehe Tabelle 7.2N

Der Grenzdurchmesser sollte wie folgt modifiziert werden:

– Biegung (Querschnitt zumindest teilweise unter Druck)

$$\varnothing_s = \varnothing_s^* \cdot \frac{f_{ct,eff}}{2{,}9} \cdot \frac{k_c \cdot h_{cr}}{2 \cdot (h-d)} \quad (7.6N)$$

– Zug (gleichmäßig verteilte Zugnormalspannung)

$$\varnothing_s = \varnothing_s^* \cdot \frac{f_{ct,eff}}{2{,}9} \cdot \frac{h_{cr}}{8 \cdot (h-d)} \quad (7.7N)$$

Dabei ist

$\varnothing_s$ der modifizierte Grenzdurchmesser;
$\varnothing_s^*$ der Grenzdurchmesser nach Tabelle 7.2;
h die Gesamthöhe des Querschnitts;
h_{cr} die Höhe der Zugzone unmittelbar vor Rissbildung unter Berücksichtigung der charakteristischen Werte der Vorspannung und der Normalkräfte unter quasi-ständiger Einwirkungskombination;
d die statische Nutzhöhe bis zum Schwerpunkt der außenliegenden Bewehrung.

Steht der Querschnitt vollständig unter Zug, ist $(h-d)$ der Mindestabstand zwischen dem Schwerpunkt der Bewehrungslage und der Betonoberfläche (bei unsymmetrischer Stablage Mindestabstand zu allen Seiten berücksichtigen).

NDP Zu 7.3.3 (2)

ANMERKUNG wird ergänzt:

Es gelten Tabelle 7.2DE und 7.3N.

Bei Bauteilen mit im Verbund liegenden Spanngliedern ist die Betonstahlspannung für die maßgebende Einwirkungskombination unter Berücksichtigung des unterschiedlichen Verbundverhaltens von Betonstahl und Spannstahl nach Gleichung (NA.7.5.3) zu berechnen:

$$\sigma_s = \sigma_{s2} + 0{,}4 \cdot f_{ct,eff} \cdot \left(\frac{1}{\rho_{p,eff}} - \frac{1}{\rho_{tot}} \right) \quad (NA.7.5.3)$$

Dabei ist

σ_{s2} die Spannung im Betonstahl bzw. der Spannungszuwachs im Spannstahl im Zustand II für die maßgebende Einwirkungskombination unter Annahme eines starren Verbundes;
$\rho_{p,eff}$ der effektive Bewehrungsgrad unter Berücksichtigung der unterschiedlichen Verbundfestigkeiten nach Gleichung (7.10);
ρ_{tot} der geometrische Bewehrungsgrad:
$$\rho_{tot} = (A_s + A_p) / A_{c,eff} \quad (NA.7.5.4)$$

Dabei ist

A_s die Querschnittsfläche der Betonstahlbewehrung, siehe Legende zu Gleichung (7.1);
A_p die Querschnittsfläche der Spannglieder, die im Wirkungsbereich $A_{c,eff}$ der Bewehrung liegen;

$A_{c,eff}$ der Wirkungsbereich der Bewehrung nach Bild 7.1, im Allgemeinen darf $h_{c,ef} = 2{,}5 d_1$ (konstant) verwendet werden;

$f_{ct,eff}$ die wirksame Betonzugfestigkeit nach NCI zu 7.3.2 (2).

Tabelle 7.2DE – Grenzdurchmesser bei Betonstählen

σ_s[b] N/mm²	Grenzdurchmesser bei Betonstählen $\varnothing_s^{*[a]}$ in mm		
	w_k		
	0,4 mm	0,3 mm	0,2 mm
160	54	41	27
200	35	26	17
240	24	18	12
280	18	13	9
320	14	10	7
360	11	8	5
400	9	7	4
450	7	5	3

[a] Die Werte der Tabelle 7.2DE basieren auf den folgenden Annahmen: Grenzwerte der Gleichungen (7.9) und (7.11) mit $f_{ct,eff} = 2{,}9$ N/mm² und $E_s = 200\,000$ N/mm²:

$$\sigma_s = \sqrt{w_k \frac{3{,}48 \cdot 10^6}{\varnothing_s^*}}$$

[b] unter der maßgebenden Einwirkungskombination

Mindestbewehrung Rissmoment Biegung nach 7.3.2:

$$\varnothing_s = \varnothing_s^* \cdot \frac{k_c \cdot k \cdot h_{cr}}{4 \cdot (h-d)} \cdot \frac{f_{ct,eff}}{2{,}9} \geq \varnothing_s^* \cdot \frac{f_{ct,eff}}{2{,}9} \quad (7.6\text{DE})$$

Mindestbewehrung zentrischer Zug nach 7.3.2:

$$\varnothing_s = \varnothing_s^* \cdot \frac{k_c \cdot k \cdot h_{cr}}{8 \cdot (h-d)} \cdot \frac{f_{ct,eff}}{2{,}9} \geq \varnothing_s^* \cdot \frac{f_{ct,eff}}{2{,}9} \quad (7.7\text{DE})$$

Lastbeanspruchung:

$$\varnothing_s = \varnothing_s^* \cdot \frac{\sigma_s \cdot A_s}{4 \cdot (h-d) \cdot b \cdot 2{,}9} \geq \varnothing_s^* \cdot \frac{f_{ct,eff}}{2{,}9} \quad (7.7.1\text{DE})$$

Dabei ist

σ_s die Betonstahlspannung im Zustand II; bei Spanngliedern im Verbund nach Gleichung (NA.7.5.3).

(3) Bei Trägern mit einer Höhe von mindestens 1000 mm, bei denen die Hauptbewehrung auf einem kleinen Teil der Höhe konzentriert ist, ist in der Regel eine zusätzliche Oberflächenbewehrung vorzusehen, um die Rissbreite an den Seitenflächen des Trägers zu begrenzen. Diese Oberflächenbewehrung ist in der Regel gleichmäßig über die Höhe zwischen der Lage der Zugbewehrung und der Nulllinie innerhalb der Bügel zu verteilen. Die Querschnittsfläche der Oberflächenbewehrung darf in der Regel den nach 7.3.2 (2) mit $k = 0{,}5$ und $\sigma_s = f_{yk}$ ermittelten Mindestwert nicht unterschreiten. Abstand und Durchmesser der Stäbe darf gemäß 7.3.4 [AC] oder durch eine geeignete Vereinfachung gewählt werden. [AC]

Dabei wird von reinem Zug und einer Stahlspannung mit der Hälfte des für die Hauptzugbewehrung ermittelten Wertes ausgegangen.

(4) Ein erhöhtes Risiko für größere Risse besteht in Querschnitten, in denen es zu größeren lokalen Spannungsänderungen kommt, beispielsweise:

– bei Querschnittsänderungen,
– in der Nähe konzentrierter Lasten,
– in Bereichen mit gestaffelter Bewehrung,
– in Bereichen mit hohen Verbundspannungen, insbesondere an den Enden von Bewehrungsstößen.

In diesen Bereichen ist in der Regel besonders darauf zu achten, die Spannungsänderungen soweit wie möglich zu minimieren. Üblicherweise begrenzen die oben aufgeführten Regeln jedoch die Rissbreiten dort ausreichend, wenn die Bewehrungsregeln der Kapitel 8 und 9 angewendet werden.

(5) Es darf davon ausgegangen werden, dass die Rissbreiten infolge indirekter Einwirkungen ausreichend begrenzt sind, [AC] wenn die Konstruktionsregeln der Abschnitte 9.2.2, 9.2.3, 9.3.2 und 9.4.3 eingehalten werden. [AC]

NCI Zu 7.3.3

(NA.6)P Bei Stabbündeln ist anstelle des Stabdurchmessers der n-Einzelstäbe der Vergleichsdurchmesser des Stabbündels $\varnothing_n = \varnothing \cdot \sqrt{n}$ anzusetzen.

(NA.7) Werden in einem Querschnitt Stäbe mit unterschiedlichen Durchmessern verwendet, darf ein mittlerer Stabdurchmesser $\varnothing_m = \Sigma\varnothing_i^2 / \Sigma\varnothing_i$ angesetzt werden.

(NA.8) Bei Betonstahlmatten mit Doppelstäben darf der Durchmesser eines Einzelstabes angesetzt werden.

(NA.9) Die Begrenzung der Schubrissbreite darf ohne weiteren Nachweis als sichergestellt angenommen werden, wenn die Bewehrungsregeln nach 8.5 und die Konstruktionsregeln nach 9.2.2 und 9.2.3 eingehalten sind.

7.3.4 Berechnung der Rissbreite

(1) Die charakteristische Rissbreite w_k darf wie folgt ermittelt werden:

$$w_k = s_{r,max} \cdot (\varepsilon_{sm} - \varepsilon_{cm}) \quad (7.8)$$

Dabei ist

$s_{r,max}$ der maximale Rissabstand bei abgeschlossenem Rissbild;

ε_{sm} die mittlere Dehnung der Bewehrung unter der maßgebenden Einwirkungskombination, einschließlich der Auswirkungen aufgebrachter Verformungen und unter Berücksichtigung der Mitwirkung des Betons auf Zug zwischen den Rissen. Es wird nur die zusätzliche, über die Nulldehnung hinausgehende, in gleicher Höhe auftretende Betonzugdehnung berücksichtigt;

ε_{cm} die mittlere Dehnung des Betons zwischen den Rissen.

NCI Zu 7.3.4 (1)

Wenn die Rissbreiten für Beanspruchungen berechnet werden, bei denen die Zugspannungen aus einer Kombination von Zwang und Lastbeanspruchung herrühren, dürfen die Gleichungen dieses Abschnitts verwendet werden. Jedoch sollte die Dehnung infolge Lastbeanspruchung, die auf Grundlage eines gerissenen Querschnitts berechnet wurde, um den Wert infolge Zwang erhöht werden.

(2) Die Größe von $(\varepsilon_{sm} - \varepsilon_{cm})$ darf mit folgender Gleichung ermittelt werden:

$$\varepsilon_{sm} - \varepsilon_{cm} = \frac{\sigma_s - k_t \cdot \frac{f_{ct,eff}}{\rho_{p,eff}} \cdot (1 + \alpha_e \cdot \rho_{p,eff})}{E_s} \geq 0{,}6 \cdot \frac{\sigma_s}{E_s} \quad (7.9)$$

Dabei ist

σ_s die Spannung in der Zugbewehrung unter Annahme eines gerissenen Querschnitts. Bei Spannbeton im sofortigen Verbund darf σ_s durch die Spannungsänderung $\Delta\sigma_p$ in den Spanngliedern, die auf den Zustand des ungedehnten Betons in gleicher Höhe bezogen ist, ersetzt werden;

α_e ist das Verhältnis E_s/E_{cm};

$$\rho_{p,eff} = \frac{A_s + \xi_1^2 \cdot A_p'}{A_{c,eff}} \quad (7.10)$$

A_p' und $A_{c,eff}$ sind in 7.3.2 (3) definiert;
ξ_1 gemäß Gleichung (7.5);
k_t der Faktor, der von der Dauer der Lasteinwirkung abhängt
$k_t = 0{,}6$ bei kurzzeitiger Lasteinwirkung,
$k_t = 0{,}4$ bei langfristiger Lasteinwirkung.

NCI Zu 7.3.4 (2)

Wenn die resultierende Dehnung infolge von Zwang im gerissenen Zustand den Wert 0,8 ‰ nicht überschreitet, ist es im Allgemeinen ausreichend, die Rissbreite für den größeren Wert der Spannung aus Zwang- oder Lastbeanspruchung zu ermitteln.

Die wirksame Betonzugfestigkeit in Gleichung (7.9) entspricht $f_{ct,eff}$ nach NCI zu 7.3.2 (2) (jedoch ohne Ansatz einer Mindestbetonzugfestigkeit).

In der Regel ist das Verbundkriechen zu berücksichtigen und $k_t = 0{,}4$ zu setzen.

Bei Bauteilen mit Vorspannung mit Verbund ist σ_s nach (NCI) zu 7.3.3 (2) zu berücksichtigen.

(3) Bei geringem Abstand der im Verbund liegenden Stäbe untereinander in der Zugzone ($\leq 5 \cdot (c + \varnothing/2)$) darf der maximale Rissabstand bei abgeschlossenem Rissbild mit Gleichung (7.11) ermittelt werden (siehe Bild 7.2):

$$s_{r,max} = k_3 \cdot c + k_1 \cdot k_2 \cdot k_4 \cdot \varnothing/\rho_{p,eff} \quad (7.11)$$

Dabei ist

$\varnothing$ der Stabdurchmesser. Werden verschiedene Stabdurchmesser in einem Querschnitt verwendet, ist in der Regel ein Ersatzdurchmesser $\varnothing_{eq}$ zu verwenden. Bei einem Querschnitt mit n_1 Stäben mit dem Durchmesser $\varnothing_1$ und n_2 Stäben mit einem Durchmesser $\varnothing_2$ beträgt der Ersatzdurchmesser:

$$\varnothing_{eq} = \frac{n_1 \cdot \varnothing_1^2 + n_2 \cdot \varnothing_2^2}{n_1 \cdot \varnothing_1 + n_2 \cdot \varnothing_2} \quad (7.12)$$

c die Betondeckung der Längsbewehrung;
k_1 der Beiwert zur Berücksichtigung der Verbundeigenschaften der Bewehrung
$k_1 = 0{,}8$ für Stäbe mit guten Verbundeigenschaften,
$k_1 = 1{,}6$ für Stäbe mit nahezu glatter Oberfläche (z. B. Spannglieder);
k_2 der Beiwert zur Berücksichtigung der Dehnungsverteilung:

$k_2 = 0{,}5$ für Biegung,
$k_2 = 1{,}0$ für reinen Zug.

In Fällen von außermittigem Zug oder für lokale Bereiche dürfen folgende Zwischenwerte von k_2 verwendet werden:

$$k_2 = (\varepsilon_1 + \varepsilon_2) / 2\varepsilon_1 \quad (7.13)$$

Dabei ist ε_1 die größere und ε_2 die kleinere Zugdehnung am Rand des betrachteten Querschnitts, die unter Annahme eines gerissenen Querschnitts ermittelt wurden.

ANMERKUNG Die landesspezifischen Werte k_3 und k_4 dürfen einem Nationalen Anhang entnommen werden. Die empfohlenen Werte sind 3,4 bzw. 0,425.

Wenn der Abstand der im Verbund liegenden Stäbe $5 \cdot (c + \varnothing/2)$ übersteigt (siehe Bild 7.2) oder wenn in der Zugzone keine im Verbund liegende Bewehrung vorhanden ist, darf ein oberer Grenzwert für die Rissbreite unter Annahme eines maximalen Rissabstands ermittelt werden:

$$s_{r,max} = 1{,}3\,(h - x) \quad (7.14)$$

NDP Zu 7.3.4 (3)

$k_1 \cdot k_2 = 1$; $k_3 = 0$; $k_4 = 1/3{,}6$

Dabei darf $s_{r,max}$ nach Gleichung (7.11) mit

$$s_{r,max} \leq \frac{\sigma_s \cdot \varnothing}{3{,}6 \cdot f_{ct,eff}}$$

und bei Betonstahlmatten auf maximal zwei Maschenweiten begrenzt werden.

(4) Wenn die Achsen der Hauptzugspannung in orthogonal bewehrten Bauteilen einen Winkel von mehr als 15° zur Richtung der zugeordneten Bewehrung bilden, darf der Rissabstand $s_{r,max}$ mit folgender Gleichung berechnet werden:

$$s_{r,max} = \frac{1}{\dfrac{\cos\theta}{s_{r,max,y}} + \dfrac{\sin\theta}{s_{r,max,z}}} \quad (7.15)$$

Dabei ist

θ der Winkel zwischen der Bewehrung in y-Richtung und der Richtung der Hauptzugspannung;

$s_{r,max,y}$; $s_{r,max,z}$ der maximale Rissabstand in y- bzw. z-Richtung nach 7.3.4 (3).

(5) Bei Wänden, bei denen der Querschnitt der horizontalen Bewehrung A_s die Anforderungen aus 7.3.2 nicht erfüllt und bei denen die mit dem Abfließen der Hydratationswärme verbundene Verformung durch früher hergestellte Fundamente behindert wird, darf $s_{r,max}$ gleich der 1,3-fachen Wandhöhe angenommen werden.

ANMERKUNG Werden vereinfachte Verfahren zur Berechnung der Rissbreite verwendet, sollten diese in der Regel auf den in dieser Norm enthaltenen Grundlagen beruhen oder sie sind durch Versuche zu verifizieren.

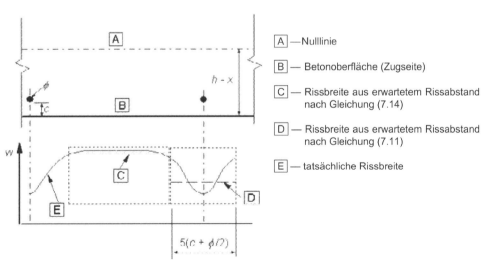

A — Nulllinie
B — Betonoberfläche (Zugseite)
C — Rissbreite aus erwartetem Rissabstand nach Gleichung (7.14)
D — Rissbreite aus erwartetem Rissabstand nach Gleichung (7.11)
E — tatsächliche Rissbreite

Bild 7.2 – Rissbreite w an der Betonoberfläche in Bezug auf den Stababstand

NCI Zu 7.3.4 (5)

Wenn für diese Wände der Nachweis der Rissbreitenbegrenzung geführt wird, sollte ein oberer Grenzwert der Rissbreite im Einzelfall festgelegt werden. Der maximale Rissabstand sollte jedoch gleich der 2-fachen Wandhöhe gesetzt werden.

7.4 Begrenzung der Verformungen

7.4.1 Allgemeines

(1)P Die Verformungen eines Bauteils oder eines Tragwerks dürfen weder die ordnungsgemäße Funktion noch das Erscheinungsbild des Bauteils beeinträchtigen.

(2) Geeignete Grenzwerte für die Durchbiegung sind in der Regel auf die Art des Tragwerks, des Ausbaus, etwaige leichte Trennwände oder Befestigungen sowie auf die Funktion des Tragwerks abzustimmen.

(3) Verformte Bauteile oder Tragwerke dürfen angrenzende Bauelemente, wie z. B. leichte Trennwände, Verglasungen, Außenwandverkleidungen, haustechnische Anlagen oder Oberflächenstrukturen nicht beeinträchtigen. In einigen Fällen können Begrenzungen erforderlich sein, um die ordnungsgemäße Funktion von Maschinen oder Geräten auf dem Tragwerk sicherzustellen oder stehendes Wasser auf Flachdächern zu vermeiden.

ANMERKUNG Die Durchbiegungsgrenzen nach den Absätzen (4) und (5) basieren auf ISO 4356 und stellen im Allgemeinen hinreichende Gebrauchseigenschaften von Bauwerken, wie z. B. Wohnbauten, Bürobauten, öffentlichen Bauten oder Fabriken, sicher. Es sollte überprüft werden, ob die Grenzwerte für das jeweilig betrachtete Tragwerk angemessen sind und keine besonderen Anforderungen vorliegen. Weitere Angaben zu Durchbiegungen und deren Grenzwerte dürfen ISO 4356 entnommen werden.

NCI Zu 7.4.1 (3)

ANMERKUNG In diesem Abschnitt werden nur Verformungen in vertikaler Richtung von biegebeanspruchten Bauteilen behandelt. Dabei wird unterschieden in
– Durchhang: vertikale Bauteilverformung bezogen auf die Verbindungslinie der Unterstützungspunkte.
– Durchbiegung: vertikale Bauteilverformung bezogen auf die Systemlinie des Bauteils (z. B. bei Schalungsüberhöhungen bezogen auf die überhöhte Lage).

(4) Das Erscheinungsbild und die Gebrauchstauglichkeit eines Tragwerks können beeinträchtigt werden, wenn der berechnete Durchhang eines Balkens, einer Platte oder eines Kragbalkens unter quasi-ständiger Einwirkungskombination 1/250 der Stützweite überschreitet. Der Durchhang ist auf die Verbindungslinie der Unterstützungspunkte zu beziehen. Überhöhungen dürfen eingebaut werden, um einen Teil oder die gesamte Durchbiegung auszugleichen. Die Schalungsüberhöhung darf in der Regel 1/250 der Stützweite nicht überschreiten.

NCI Zu 7.4.1 (4)

Bei Kragträgern darf für die Stützweite die 2,5-fache Kraglänge angesetzt werden, d. h. Durchhang ≤ 1/100 der Kraglänge. Der maximal zulässige Durchhang eines Kragträgers sollte jedoch den des benachbarten Feldes nicht überschreiten.

In Fällen, in denen der Durchhang weder die Gebrauchstauglichkeit beeinträchtigt noch besondere Anforderungen an das Erscheinungsbild gestellt werden, darf dieser Wert erhöht werden.

ANMERKUNG Auch bei Anwendung der Biegeschlankheitskriterien bzw. sorgfältiger Verformungsberechnung können die Verformungsgrenzwerte gelegentlich und geringfügig überschritten werden.

(5) Verformungen, die angrenzende Bauteile des Tragwerks beschädigen könnten, sind in der Regel zu begrenzen. Für die Durchbiegung unter quasi-ständiger Einwirkungskombination nach Einbau dieser Bauteile darf als Richtwert für die Begrenzung 1/500 der Stützweite angenommen werden. Andere Grenzwerte dürfen je nach Empfindlichkeit der angrenzenden Bauteile berücksichtigt werden.

(6) Der Grenzzustand der Verformung darf nachgewiesen werden durch:
– Begrenzung der Biegeschlankheit nach 7.4.2 oder
– Vergleich einer berechneten Verformung gemäß 7.4.3 mit einem Grenzwert.

ANMERKUNG Die tatsächlichen Verformungen können von den berechneten Werten abweichen, insbesondere wenn die einwirkenden Momente in der Nähe des Rissmomentes liegen. Die Unterschiede hängen von der Streuung der Materialeigenschaften, den Umweltbedingungen, der Lastgeschichte, den Einspannungen an den Auflagern, den Bodenverhältnissen usw. ab.

7.4.2 Nachweis der Begrenzung der Verformungen ohne direkte Berechnung

(1)P Im Allgemeinen sind Durchbiegungsberechnungen nicht erforderlich, wenn die Biegeschlankheit nach 7.4.2 (2) begrenzt wird. Genauere Nachweise sind erforderlich, wenn die Biegeschlankheit nach 7.4.2 (2) nicht eingehalten wird oder andere Randbedingungen oder Durchbiegungsgrenzen als die dem vereinfachten Verfahren zugrunde liegenden bestehen.

(2) Wenn Stahlbetonbalken oder -platten im Hochbau so dimensioniert sind, dass die in diesem Abschnitt angegebenen zulässigen Biegeschlankheiten eingehalten werden, darf man davon ausgehen, dass auch ihre Durchbiegungen die in 7.4.1 (4) und (5) angegebenen Grenzen

nicht überschreiten. Die zulässige Biegeschlankheit darf mit den Gleichungen (7.16.a) und (7.16.b) ermittelt werden, wenn diese mit Korrekturbeiwerten, welche die Bewehrung und andere Einflussgrößen berücksichtigen, multipliziert werden. Eine Überhöhung wird in diesen Gleichungen nicht berücksichtigt.

$$\frac{l}{d} = K \cdot \left[11 + 1{,}5\sqrt{f_{ck}}\,\frac{\rho_0}{\rho} + 3{,}2\sqrt{f_{ck}}\left(\frac{\rho_0}{\rho} - 1\right)^{3/2} \right]$$

wenn $\rho \leq \rho_0$ \hfill (7.16a)

$$\frac{l}{d} = K \cdot \left[11 + 1{,}5\sqrt{f_{ck}}\,\frac{\rho_0}{\rho - \rho'} + \frac{1}{12}\sqrt{f_{ck}}\sqrt{\frac{\rho'}{\rho_0}} \right]$$

wenn $\rho > \rho_0$ \hfill (7.16b)

Dabei ist

l/d der Grenzwert der Biegeschlankheit (Verhältnis von Stützweite zu Nutzhöhe);

K der Beiwert zur Berücksichtigung der verschiedenen statischen Systeme;

ρ_0 der Referenzbewehrungsgrad = $10^{-3} \cdot f_{ck}^{0{,}5}$;

ρ der erforderliche Zugbewehrungsgrad in Feldmitte, um das Bemessungsmoment aufzunehmen (am Einspannquerschnitt für Kragträger);

ρ' der erforderliche Druckbewehrungsgrad in Feldmitte, um das Bemessungsmoment aufzunehmen (am Einspannquerschnitt für Kragträger);

f_{ck} [N/mm²].

Die Gleichungen (7.16a) und (7.16b) sind unter der Voraussetzung hergeleitet worden, dass die Stahlspannung unter der entsprechenden Bemessungslast im GZG in einem gerissenen Querschnitt in Feldmitte eines Balkens bzw. einer Platte oder am Einspannquerschnitt eines Kragträgers 310 N/mm² beträgt (entspricht ungefähr f_{yk} = 500 N/mm²). Werden andere Spannungsniveaus verwendet, sind in der Regel die nach Gleichung (7.16) ermittelten Werte mit 310 / σ_s zu multiplizieren. Im Allgemeinen befindet man sich mit der Annahme nach Gleichung (7.17) auf der sicheren Seite:

$$310/\sigma_s = 500/(f_{yk} \cdot A_{s,req}/A_{s,prov}) \quad (7.17)$$

Dabei ist

σ_s die Stahlzugspannung in Feldmitte (am Einspannquerschnitt eines Kragträgers) unter der Bemessungslast im GZG;

$A_{s,prov}$ die vorhandene Querschnittsfläche der Zugbewehrung im vorgegebenen Querschnitt;

$A_{s,req}$ die erforderliche Querschnittsfläche der Zugbewehrung im vorgegebenen Querschnitt im Grenzzustand der Tragfähigkeit.

Bei gegliederten Querschnitten, bei denen das Verhältnis von Gurtbreite zu Stegbreite den Wert 3 übersteigt, sind in der Regel die Werte von l/d nach Gleichung (7.16) mit 0,8 zu multiplizieren.

Bei Balken und Platten (außer Flachdecken) mit Stützweiten über 7 m, die leichte Trennwände tragen, die durch übermäßige Durchbiegung beschädigt werden könnten, sind in der Regel die Werte l/d nach Gleichung (7.16) mit dem Faktor $7/l_{eff}$ (l_{eff} [m], siehe 5.3.2.2 (1)) zu multiplizieren.

Bei Flachdecken mit Stützweiten über 8,5 m, die leichte Trennwände tragen, die durch übermäßige Durchbiegung beschädigt werden könnten, sind in der Regel die Werte l/d nach Gleichung (7.16) mit dem Faktor $8{,}5/l_{eff}$ (l_{eff} [m]) zu multiplizieren.

ANMERKUNG Der landesspezifische Wert K darf einem Nationalen Anhang entnommen werden. Die empfohlenen Werte für K sind in Tabelle 7.4N angegeben. Werte, die mit Gleichung (7.16) für häufige Fälle ermittelt werden können (C30/37, σ_s = 310 N/mm², verschiedene statische Systeme und Bewehrungsgrade ρ = 0,5 % und ρ = 1,5 %), sind ebenfalls enthalten.

Die Werte nach Gleichung (7.16) und Tabelle 7.4N sind das Ergebnis einer Parameterstudie, die an einer Reihe von gelenkig gelagerten Balken oder Platten mit Rechteckquerschnitten unter Verwendung des allgemeinen Ansatzes aus 7.4.3 durchgeführt wurde. Dabei wurden verschiedene Betondruckfestigkeitsklassen und eine charakteristische Streckgrenze von 500 N/mm² berücksichtigt. Für eine gegebene Zugbewehrung wurde das Tragfähigkeitsmoment errechnet und die quasi-ständige Einwirkung wurde mit 50 % der entsprechenden Gesamtbemessungslast angenommen. Die daraus resultierenden Biegeschlankheiten führen zur Einhaltung der Verformungsgrenzwerte nach 7.4.1 (5).

NDP Zu 7.4.2 (2)

Es gilt die empfohlene Tabelle 7.4N.

NCI Zu 7.4.2 (2)

Die Biegeschlankheiten nach Gleichung (7.16) sollten jedoch allgemein auf die Maximalwerte $l/d \leq K \cdot 35$ und bei Bauteilen, die verformungsempfindliche Ausbauelemente beeinträchtigen können, auf $l/d \leq K^2 \cdot 150 / l$ begrenzt werden.

Tabelle 7.4N – Grundwerte der Biegeschlankheit von Stahlbetonbauteilen ohne Drucknormalkraft

Statisches System	K	Beton hoch beansprucht $\rho = 1{,}5\ \%$	Beton gering beansprucht $\rho = 0{,}5\ \%$
frei drehbar gelagerter Einfeldträger; gelenkig gelagerte einachsig oder zweiachsig gespannte Platte	1,0	14	20
Endfeld eines Durchlaufträgers oder einer einachsig gespannten durchlaufenden Platte; Endfeld einer zweiachsig gespannten Platte, die kontinuierlich über einer längere Seite durchläuft	1,3	18	26
Mittelfeld eines Balkens oder einer einachsig oder zweiachsig gespannten Platte	1,5	20	30
Platte, die ohne Unterzüge auf Stützen gelagert ist (Flachdecke) (auf Grundlage der größeren Spannweite)	1,2	17	24
Kragträger	0,4	6	8

ANMERKUNG 1 Die angegebenen Werte befinden sich im Allgemeinen auf der sicheren Seite. Genauere rechnerische Nachweise führen häufig zu dünneren Bauteilen.
ANMERKUNG 2 Für zweiachsig gespannte Platten ist in der Regel der Nachweis mit der kürzeren Stützweite zu führen. Bei Flachdecken ist in der Regel die größere Stützweite zugrunde zu legen.
ANMERKUNG 3 Die für Flachdecken angegebenen Grenzen sind weniger streng als der zulässige Durchhang von 1/250 der Stützweite. Erfahrungsgemäß ist dies ausreichend.

7.4.3 Nachweis der Begrenzung der Verformungen mit direkter Berechnung

(1)P Wenn eine Berechnung erforderlich wird, muss die Durchbiegung mit einer dem Nachweiszweck entsprechenden Lastkombination ermittelt werden.

(2)P Das Berechnungsverfahren muss das Verhalten des Tragwerks unter den maßgebenden Einwirkungen wirklichkeitsnah mit einer Genauigkeit beschreiben, die auf den Nachweiszweck abgestimmt ist.

NCI Zu 7.4.3 (2)P
ANMERKUNG In der Literatur finden sich weitere Hinweise zur Berechnung der Durchbiegung von Stahlbetonbauteilen (siehe DAfStb-Heft 600).

(3) Bauteile, bei denen die Betonzugfestigkeit unter der maßgebenden Belastung an keiner Stelle überschritten wird, dürfen als ungerissen betrachtet werden. Das Verhalten von Bauteilen, bei denen nur bereichsweise Risse erwartet werden, liegt zwischen dem von Bauteilen im ungerissenen und im vollständig gerissenen Zustand. Für überwiegend biegebeanspruchte Bauteile lässt sich dieses Verhalten näherungsweise nach Gleichung (7.18) bestimmen:

$$\alpha = \zeta \cdot \alpha_{\text{II}} + (1 - \zeta) \cdot \alpha_{\text{I}} \qquad (7.18)$$

Dabei ist

α der untersuchte Durchbiegungsparameter, der beispielsweise eine Dehnung, eine Krümmung oder eine Rotation sein kann. (Vereinfachend darf α als Durchbiegung angesehen werden (siehe Absatz (6) unten);

α_{I}, α_{II} der jeweilige Wert des untersuchten Parameters für den ungerissenen bzw. vollständig gerissenen Zustand;

ζ ein Verteilungsbeiwert (berücksichtigt die Mitwirkung des Betons auf Zug zwischen den Rissen) nach Gleichung (7.19):

$$\zeta = 1 - \beta \cdot \left(\frac{\sigma_{\text{sr}}}{\sigma_{\text{s}}}\right)^2 \qquad (7.19)$$

$\zeta = 0$ für ungerissene Querschnitte

β ein Koeffizient, der den Einfluss der Belastungsdauer und der Lastwiederholung berücksichtigt
     $\beta = 1{,}0$ bei Kurzzeitbelastung,
     $\beta = 0{,}5$ bei Langzeitbelastung oder vielen Zyklen sich wiederholender Beanspruchungen;

σ_{s} die Spannung in der Zugbewehrung bei Annahme eines gerissenen Querschnitts (Spannung im Riss);

σ_{sr} die Spannung in der Zugbewehrung bei Annahme eines gerissenen Querschnitts unter einer Einwirkungskombination, die zur Erstrissbildung führt.

ANMERKUNG $\sigma_{\text{sr}}/\sigma_{\text{s}}$ darf mit M_{cr}/M für Biegung oder N_{cr}/N für reinen Zug ersetzt werden, wobei M_{cr} das Rissmoment und N_{cr} die Rissnormalkraft sind.

(4) Verformungen infolge von Lastbeanspruchung dürfen unter Verwendung der Zugfestigkeit und des wirksamen Elastizitätsmoduls für Beton ermittelt werden (siehe (5)).

In Tabelle 3.1 ist der Bereich wahrscheinlicher Werte für die Zugfestigkeit enthalten. Im Allgemeinen wird das Verhalten am besten abgeschätzt, wenn f_{ctm} verwendet wird. Wenn nachgewiesen werden kann, dass im Schwerpunkt keine Längszugspannungen vorhanden sind (z. B. infolge Schwinden oder Wärmeauswirkungen), darf die Biegezugfestigkeit $f_{ctm,fl}$ (siehe 3.1.8) verwendet werden.

(5) Für kriecherzeugende Beanspruchungen darf die Gesamtverformung unter Berücksichtigung des Kriechens mittels des effektiven Elastizitätsmoduls für Beton gemäß Gleichung (7.20) ermittelt werden:

$$E_{c,eff} = E_{cm} / [1 + \varphi(\infty, t_0)] \quad (7.20)$$

Dabei ist

🆎 $\varphi(\infty, t_0)$ die für die Last und das Zeitintervall maßgebende Kriechzahl (siehe 3.1.4).🆎

(6) Krümmungen infolge Schwindens dürfen mit Gleichung (7.21) ermittelt werden:

$$1/r_{cs} = \varepsilon_{cs} \cdot \alpha_e \cdot S / I \quad (7.21)$$

Dabei ist

$1/r_{cs}$ die durch Schwinden verursachte Krümmung;
ε_{cs} die freie Schwinddehnung (siehe 3.1.4);
S das Flächenmoment 1. Grades der Querschnittsfläche der Bewehrung bezogen auf den Schwerpunkt des Querschnitts;
I das Flächenmoment 2. Grades des Querschnitts;
α_e das Verhältnis der E-Moduln: $\alpha_e = E_s / E_{c,eff}$.

S und I sind in der Regel sowohl für den ungerissenen als auch für den gerissenen Zustand zu ermitteln. Die Gesamtkrümmung darf dann mit Gleichung (7.18) ermittelt werden.

(7) Das genaueste Verfahren zur Berechnung der Durchbiegung nach Absatz (3) ist, die Krümmungen an einer Vielzahl von Schnitten entlang des Bauteils zu berechnen und dann durch numerische Integration die Durchbiegung zu bestimmen. In den meisten Fällen reicht es aus, die Verformungen zweimal zu berechnen – jeweils unter der Annahme eines vollständig gerissenen und eines vollständig ungerissenen Bauteils – und dann unter Verwendung der Gleichung (7.18) zu interpolieren.

ANMERKUNG Werden vereinfachte Verfahren zur Berechnung der Durchbiegungen verwendet, sollten sie auf den in dieser Norm enthaltenen Grundlagen beruhen und sie sind durch Versuche zu verifizieren.

8 ALLGEMEINE BEWEHRUNGSREGELN

8.1 Allgemeines

(1)P Die in diesem Abschnitt enthaltenen Regeln gelten für gerippten Betonstahl, Betonstahlmatten und Spannstähle unter vorwiegend ruhender Belastung. Sie gelten für den normalen Hochbau und Brücken. Sie sind möglicherweise nicht ausreichend für:
- Bauteile unter dynamischen Belastungen aus seismischen Einwirkungen oder aus Schwingungen von Maschinen, Anprallasten und
- Bauteile mit speziell lackierten, mit Epoxydharz oder mit Zink beschichteten Stäben.

Zusätzliche Regeln sind für große Stabdurchmesser angegeben.

NCI Zu 8.1 (1)P

Für die außergewöhnliche Einwirkung aus Fahrzeuganprall im Hochbau dürfen die Bewehrungsregeln uneingeschränkt verwendet werden.

(2)P Die Anforderungen an die Mindestbetondeckung müssen erfüllt sein (siehe 4.4.1.2).

(3) Für Leichtbeton gelten die ergänzenden Regeln in Kapitel 11.

(4) Für Tragwerke unter Ermüdungsbelastung gelten die Regeln in 6.8.

8.2 Stababstände von Betonstählen

(1)P Der Stababstand muss mindestens so groß sein, dass der Beton ordnungsgemäß eingebracht und verdichtet werden kann, um ausreichenden Verbund sicherzustellen.

(2) Der lichte Abstand (horizontal und vertikal) zwischen parallelen Einzelstäben oder in Lagen paralleler Stäbe darf in der Regel nicht geringer als das Maximum von $\{k_1 \cdot$ Stabdurchmesser; $d_g + k_2$ mm; 20 mm$\}$ sein. Dabei ist d_g der Durchmesser des Größtkorns der Gesteinskörnung.

ANMERKUNG Die landesspezifischen Werte k_1 und k_2 dürfen einem Nationalen Anhang entnommen werden. Die empfohlenen Werte sind 1 bzw. 5.

NDP Zu 8.2 (2)

$k_1 = 1$
$k_2 = 0$ für $d_g \leq 16$ mm
$k_2 = 5$ für $d_g > 16$ mm

(3) Bei einer Stabanordnung in getrennten horizontalen Lagen sind in der Regel die Stäbe jeder einzelnen Lage vertikal übereinander anzuordnen. Es ist in der Regel ausreichend Platz zwischen den Stäben innerhalb der Lagen zum Einbringen eines Innenrüttlers zur guten Verdichtung des Betons vorzusehen.

(4) Gestoßene Stäbe dürfen sich innerhalb der Übergreifungslänge berühren. Weitere Details sind in 8.7 enthalten.

8.3 Biegen von Betonstählen

(1)P Der kleinste Durchmesser, um den ein Stab gebogen wird, muss so festgelegt sein, dass Biegerisse im Stab und Betonversagen im Bereich der Stabbiegung ausgeschlossen werden.

(2) Um eine Schädigung der Bewehrung zu vermeiden, darf in der Regel der Biegerollendurchmesser nicht kleiner als D_{min} sein.

ANMERKUNG Die landesspezifischen Werte für D_{min} dürfen einem Nationalen Anhang entnommen werden. Die empfohlenen Werte sind in Tabelle 8.1N enthalten.

Tabelle 8.1N – Mindest-Biegerollendurchmesser D_{min} zur Vermeidung von Schäden an der Bewehrung

a) für Stäbe und Draht

Stabdurchmesser	Mindestwerte der Biegerollendurchmesser D_{min} für Haken, Winkelhaken, Schlaufen (siehe Bild 8.1)
$\varnothing \leq 16$ mm	$4\varnothing$
$\varnothing > 16$ mm	$7\varnothing$

b) für nach dem Schweißen gebogene Bewehrung (Stäbe und Matten)

Mindestwerte der Biegerollendurchmesser D_{min}	
$5\varnothing$	$d \geq 3\varnothing$: $5\varnothing$
	$d < 3\varnothing$ oder Schweißstelle innerhalb des Biegebereiches: $20\varnothing$
ANMERKUNG Der Biegerollendurchmesser für Schweißstellen innerhalb des Biegebereichs darf auf $5\varnothing$ reduziert werden, wenn die Schweißstelle nach EN ISO 17660 Anhang B ausgeführt wird.	

NDP zu 8.3 (2)

Es gilt Tabelle 8.1DE.

Tabelle 8.1DE – Mindest-Biegerollendurchmesser D_{min}

a) für Stäbe

Mindestwerte der Biegerollendurchmesser für Haken, Winkelhaken, Schlaufen, Bügel		Mindestwerte der Biegerollendurchmesser für Schrägstäbe oder andere gebogene Stäbe		
Stabdurchmesser mm		Mindestwerte der Betondeckung rechtwinklig zur Biegeebene		
$\varnothing < 20$	$\varnothing \geq 20$	> 100 mm und > 7$\varnothing$	> 50 mm und > 3$\varnothing$	≤ 50 mm oder ≤ 3$\varnothing$
4$\varnothing$	7$\varnothing$	10$\varnothing$	15$\varnothing$	20$\varnothing$

b) für nach dem Schweißen gebogene Bewehrung (Stäbe und Matten)

für	vorwiegend ruhende Einwirkungen		nicht vorwiegend ruhende Einwirkungen	
	Schweißung außerhalb des Biegebereiches	Schweißung innerhalb des Biegebereiches	Schweißung auf der Außenseite der Biegung	Schweißung auf der Innenseite der Biegung
$a < 4\varnothing$	20$\varnothing$	20$\varnothing$	100$\varnothing$	500$\varnothing$
$a \geq 4\varnothing$	Werte nach Tabelle NA.8.1a)			

Dabei ist
a der Abstand zwischen Biegeanfang und Schweißstelle.

(3) Der zur Vermeidung von Betonversagen erforderliche Biegerollendurchmesser muss nicht nachgewiesen werden, wenn folgende Bedingungen eingehalten werden:

– Es ist [AC] entweder [AC] keine Verankerungslänge des Stabes > 5$\varnothing$ über das Ende der Biegung hinaus erforderlich [AC] oder [AC] der Stab liegt nicht am Rand (Ebene der Biegung nahe der Betonoberfläche) und der Durchmesser eines Querstabs innerhalb der Biegung beträgt ≥ $\varnothing$ und
– der Biegerollendurchmesser ist mindestens gleich den empfohlenen Werten aus Tabelle 8.1N.

Andernfalls ist in der Regel der Biegerollendurchmesser D_{min} gemäß Gleichung (8.1) zu erhöhen.

$$D_{min} \geq F_{bt} \cdot [(1/a_b) + 1/(2 \cdot \varnothing)] / f_{cd} \quad (8.1)$$

Dabei ist

F_{bt} die Zugkraft im GZT in einem Stab oder Stabbündel am Anfang der Stabbiegung;

a_b für einen bestimmten Stab (oder Stabbündel) der halbe Schwerpunkt-Abstand zwischen den Stäben (oder den Stabbündeln) senkrecht zur Biegungsebene. Für einen Stab oder ein Stabbündel in der Nähe der Oberfläche eines Bauteils ist in der Regel a_b mit $\varnothing/2$ zuzüglich der Betondeckung anzunehmen.

Der Wert für f_{cd} darf in der Regel nicht größer als derjenige für die Betonfestigkeitsklasse C55/67 angenommen werden.

NCI Zu 8.3

(NA.4)P Beim Hin- und Zurückbiegen gelten die Absätze (NA.5)P bis (NA.7)P.

(NA.5)P Beim Kaltbiegen von Betonstählen sind die folgenden Bedingungen einzuhalten:

– Der Stabdurchmesser darf maximal $\varnothing = 14$ mm sein. Ein Mehrfachbiegen (wiederholtes Hin- und Zurückbiegen an derselben Stelle) ist nicht zulässig.
– Bei vorwiegend ruhenden Einwirkungen muss der Biegerollendurchmesser beim Hinbiegen mindestens $D_{min} = 6\varnothing$ betragen. Die Bewehrung darf im GZT höchstens zu 80 % ausgenutzt werden.
– Bei nicht vorwiegend ruhender Einwirkung muss der Biegerollendurchmesser beim Hinbiegen mindestens 15$\varnothing$ betragen. Die Schwingbreite der Stahlspannung darf 50 N/mm² nicht überschreiten.
– Im Bereich der Rückbiegestelle ist die Querkraft auf $0{,}30 V_{Rd,max}$ bei Bauteilen mit

Querkraftbewehrung senkrecht zur Bauteilachse und $0{,}20\,V_{Rd,max}$ bei Bauteilen mit Querkraftbewehrung in einem Winkel $\alpha < 90°$ zur Bauteilachse zu begrenzen. Dabei darf $V_{Rd,max}$ nach 6.2.3 vereinfachend mit $\theta = 40°$ ermittelt werden.

(NA.6)P Beim Warmbiegen von Betonstählen sind die folgenden Bedingungen einzuhalten:
- Wird Betonstahl B500 bei der Verarbeitung warm gebogen ($\geq 500\,°C$), so darf er nur mit einer Streckgrenze von $f_{yk} = 250\,N/mm^2$ in Rechnung gestellt werden.
- Bei nicht vorwiegend ruhenden Einwirkungen darf die Schwingbreite der Stahlspannung $50\,N/mm^2$ nicht überschreiten.

(NA.7)P Verwahrkästen für Bewehrungsanschlüsse sind so auszubilden, dass sie weder die Tragfähigkeit des Betonquerschnitts noch den Korrosionsschutz der Bewehrung beeinträchtigen.

ANMERKUNG Einzelheiten der technischen Ausführung sind z. B. im DBV-Merkblatt „Rückbiegen von Betonstahl und Anforderungen an Verwahrkästen" enthalten.

8.4 Verankerung der Längsbewehrung

8.4.1 Allgemeines

(1)P Bewehrungsstäbe, Drähte oder geschweißte Betonstahlmatten müssen so verankert sein, dass ihre Verbundkräfte sicher ohne Längsrissbildung und Abplatzungen in den Beton eingeleitet werden. Falls erforderlich, muss eine Querbewehrung vorgesehen werden.

(2) Mögliche Verankerungsarten sind in Bild 8.1 dargestellt (siehe auch 8.8 (3)).

(3) Winkelhaken und Haken dürfen nicht zur Verankerung von Druckbewehrung verwendet werden.

NCI Zu 8.4.1 (3)

Für die Verankerung von Druckbewehrungen sind auch Schlaufen nicht zulässig.

(4) Ein Betonversagen innerhalb der Stabbiegung ist in der Regel durch Einhaltung der Bedingungen nach 8.3 (3) zu vermeiden.

NCI Zu 8.4.1 (4)

ANMERKUNG Einem Abplatzen des Betons oder einer Zerstörung des Betongefüges kann vorgebeugt werden, indem eine Konzentration von Verankerungen vermieden wird.

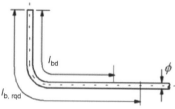

a) Basiswert der Verankerunglänge $l_{b,rqd}$, für alle Verankerungsarten, gemessen entlang der Mittellinie

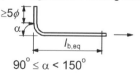

$90° \leq \alpha < 150°$

b) Ersatzverankerungslänge für normalen Winkelhaken

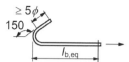

c) Ersatzverankerungslänge für normalen Haken

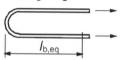

d) Ersatzverankerungslänge für normale Schlaufe

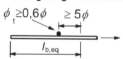

e) Ersatzverankerungslänge für angeschweißten Querstab

Bild 8.1 – Zusätzliche Verankerungsarten zum geraden Stab

NCI Zu 8.4.1 (2), Bild 8.1 e)

Der Grundwert der Verankerungslänge darf bei gebogenen Bewehrungsstäben nur dann über die Krümmung nach Bild 8.1a) gemessen werden, wenn der größere Biegerollendurchmesser nach Tabelle 8.1DE für Schrägstäbe und gebogene Stäbe eingehalten ist. Für gebogene Stäbe mit einem kleineren Biegerollendurchmesser (Haken, Winkelhaken, Schlaufen) ist die Ersatzverankerungslänge $l_{b,eq}$ nach Bild 8.1b) bis 8.1d) zu verwenden.

Schweißverbindungen sind als tragende Verbindungen auszuführen (z. B. in Bild 8.1e).

(5) Bei Ankerkörpern müssen in der Regel die Prüfungsanforderungen den maßgebenden Produktnormen oder einer Europäischen Technischen Zulassung entsprechen.

NCI Zu 8.4.1 (5)

Sofern rechnerisch nicht nachweisbar, sind Ankerkörper durch Zulassungen zu regeln.

(6) Hinsichtlich der Übertragung von Vorspannkräften in den Beton wird auf 8.10 verwiesen.

8.4.2 Bemessungswert der Verbundfestigkeit

(1)P Die Verbundtragfähigkeit muss zur Vermeidung von Verbundversagen ausreichend sein.

(2) Der Bemessungswert der Verbundfestigkeit f_{bd} darf für Rippenstäbe wie folgt ermittelt werden:

$$f_{bd} = 2{,}25 \cdot \eta_1 \cdot \eta_2 \cdot f_{ctd} \qquad (8.2)$$

Dabei ist

f_{ctd} der Bemessungswert der Betonzugfestigkeit gemäß 3.1.6 (2)P. Aufgrund der zunehmenden Sprödigkeit von höherfestem Beton ist in der Regel $f_{ctk;0{,}05}$ auf den Wert für C60/75 zu begrenzen, außer es können höhere Werte der mittlere Verbundfestigkeit nachgewiesen werden;

η_1 ein Beiwert, der die Qualität der Verbundbedingungen und die Lage der Stäbe während des Betonierens berücksichtigt (siehe Bild 8.2):

$\eta_1 = 1{,}0$ bei „guten" Verbundbedingungen,

$\eta_1 = 0{,}7$ für alle anderen Fälle sowie für Stäbe in Bauteilen, die im Gleitbauverfahren hergestellt wurden, außer es können „gute" Verbundbedingungen nachgewiesen werden;

η_2 ein Beiwert zur Berücksichtigung des Stabdurchmessers:

$\eta_2 = 1{,}0$ für $\varnothing \leq 32$ mm,

$\eta_2 = (132 - \varnothing)/100$ für $\varnothing > 32$ mm.

NCI Zu 8.4.2 (2)

ANMERKUNG Für f_{ctd} darf hier nach NDP zu 3.1.6 (2) $1{,}0 \cdot f_{ctk;0{,}05}/\gamma_C$ eingesetzt werden.

NCI Zu 8.4.2, Bild 8.2

Der gute Verbundbereich darf im unteren Bauteilbereich auf 300 mm Höhe angenommen werden, d. h.

Bild 8.2b): $h \leq 300$ mm

Bild 8.2c): $h > 300$ mm sowie Maß für gute Verbundbedingungen auf 300 mm erhöhen.

Der gute Verbundbereich darf auch für liegend gefertigte stabförmige Bauteile (z. B. Stützen) angenommen werden, die mit einem Außenrüttler verdichtet werden und deren äußere Querschnittsabmessungen 500 mm nicht überschreiten.

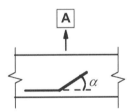

a) $45° \leq \alpha \leq 90°$

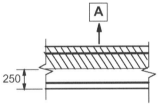

c) $h > 250$ mm

 Betonierrichtung

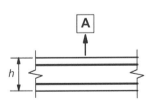

b) $h \leq 250$ mm

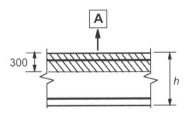

d) $h > 600$ mm

a) und b)
‚gute' Verbundbedingungen für alle Stäbe

c) und d)
unschraffierter Bereich – ‚gute' Verbundbedingungen
schraffierter Bereich – ‚mäßige' Verbundbedingungen

Bild 8.2 – Verbundbedingungen

8.4.3 Grundwert der Verankerungslänge

(1)P Bei der Festlegung der erforderlichen Verankerungslänge müssen die Stahlsorte und die Verbundeigenschaften der Stäbe berücksichtigt werden.

(2) Der erforderliche Grundwert der Verankerungslänge $l_{b,rqd}$ zur Verankerung der Kraft $A_s \cdot \sigma_{sd}$ eines geraden Stab unter Annahme einer konstanten Verbundspannung f_{bd} folgt aus der Gleichung:

$$l_{b,rqd} = (\emptyset / 4) \, (\sigma_{sd}/f_{bd}) \qquad (8.3)$$

Dabei ist σ_{sd} die vorhandene Stahlspannung im GZT des Stabes am Beginn der Verankerungslänge. Werte für f_{bd} sind in 8.4.2 angegeben.

(3) Bei gebogenen Stäben sind in der Regel ⌈AC⌉der Grundwert der erforderlichen Verankerungslänge $l_{b,rqd}$ und der Bemessungswert ⌈AC⌉ der Verankerungslänge l_{bd} entlang der Mittellinie des Stabes zu messen (siehe Bild 8.1a)).

NCI Zu 8.4.3 (3)

Die gerade Vorlänge (Abstand zwischen Beginn der Verankerungslänge und Beginn der Krümmung) sollte z. B. in Rahmenecken ausreichend lang sein (z. B. $0{,}5 l_{bd}$, mit $\alpha_1 = 1{,}0$).

(4) Bei Doppelstäben in geschweißten Betonstahlmatten ist in der Regel der Durchmesser $\emptyset$ in Gleichung (8.3) durch den Vergleichsdurchmesser $\emptyset_n = \emptyset \cdot \sqrt{2}$ zu ersetzen.

8.4.4 Bemessungswert der Verankerungslänge

(1) Der Bemessungswert der Verankerungslänge l_{bd} darf wie folgt ermittelt werden:

$$l_{bd} = \alpha_1 \cdot \alpha_2 \cdot \alpha_3 \cdot \alpha_4 \cdot \alpha_5 \cdot l_{b,rqd} \geq l_{b,min} \qquad (8.4)$$

Dabei berücksichtigen die in Tabelle 8.2 angegebenen Beiwerte α_i:

α_1 die Verankerungsart der Stäbe unter Annahme ausreichender Betondeckung (siehe Bild 8.1);
α_2 die Mindestbetondeckung (siehe Bild 8.3);

a) Gerade Stäbe b) (Winkel)Haken c) Schlaufen
$c_d = \min(a/2, c_1, c_2)$ $c_d = \min(a/2, c_1)$ $c_d = c$

Bild 8.3 – Werte für c_d für Balken und Platten

α_3 eine Querbewehrung;
α_4 einen oder mehrere angeschweißte Querstäbe ($\emptyset_t > 0{,}6\emptyset$) innerhalb der erforderlichen Verankerungslänge l_{bd} (siehe auch 8.6);
α_5 einen Druck quer zur Spaltzug-Riss-Ebene innerhalb der erforderlichen Verankerungslänge;

Im Allgemeinen ist

$$(\alpha_2 \cdot \alpha_3 \cdot \alpha_5) \geq 0{,}7. \qquad (8.5)$$

$l_{b,rqd}$ folgt aus Gleichung (8.3);
$l_{b,min}$ die Mindestverankerungslänge beträgt, wenn keine andere Begrenzung gilt:
 – bei Verankerungen unter Zug:
  ⌈AC⌉$l_{b,min} \geq \max\{0{,}3 \cdot l_{b,rqd}; 10\emptyset; 100 \text{ mm}\}$⌈AC⌉;
  (8.6)
 – bei Verankerungen unter Druck:
  ⌈AC⌉$l_{b,min} \geq \max\{0{,}6 \cdot l_{b,rqd}; 10\emptyset; 100 \text{ mm}\}$⌈AC⌉
  (8.7)

NCI Zu 8.4.4 (1), Bild 8.3

ANMERKUNG Bei Übergreifungsstößen gerader Stäbe nach Bild 8.3a) darf die Betondeckung orthogonal zur Stoßebene unberücksichtigt bleiben, d. h. $c_d = \min\{a/2; c_1\}$.

NCI Zu 8.4.4 (1), Gleichungen (8.6) und (8.7)

Gleichung (8.6): Bei $l_{b,min}$ darf auch α_1 und α_4 berücksichtigt werden. Der Mindestwert 100 mm darf unterschritten werden. Der Mindestwert $10\emptyset$ darf bei direkter Lagerung auf $6{,}7\emptyset$ reduziert werden.
Gleichung (8.7): Der Mindestwert 100 mm darf unterschritten werden.

(2) Als vereinfachte Alternative zu 8.4.4 (1) darf die Verankerung unter Zug bei bestimmten, in Bild 8.1 gezeigten Verankerungsarten als Ersatzverankerungslänge $l_{b,eq}$ angegeben werden. Die Verankerungslänge $l_{b,eq}$ wird in diesem Bild definiert und darf folgendermaßen angenommen werden:

 – $\alpha_1 \cdot l_{b,rqd}$ für die Verankerungsarten gemäß den Bildern 8.1b) bis 8.1d) (siehe Tabelle 8.2 mit Werten für α_1);
 – $\alpha_4 \cdot l_{b,rqd}$ für die Verankerungsarten gemäß Bild 8.1e) (siehe Tabelle 8.2 mit Werten für α_4).

Dabei ist

α_1 und α_4 jeweils in (1) definiert;
$l_{b,rqd}$ der Grundwert nach Gleichung (8.3).

NCI Zu 8.4.4 (2)

 – $l_{b,eq} = \alpha_1 \cdot \alpha_4 \cdot l_{b,rqd}$ für Haken, Winkelhaken und Schlaufen mit mindestens einem angeschweißten Querstab innerhalb von $l_{b,rqd}$ vor Krümmungsbeginn
 – $l_{b,eq} = 0{,}5 \cdot l_{b,rqd}$ für gerade Stabenden mit mindestens zwei angeschweißten Stäben innerhalb $l_{b,rqd}$ (Stababstand $s < 100$ mm und $\geq 5\emptyset$ und ≥ 50 mm), jedoch nur zulässig bei Einzelstäben mit $\emptyset \leq 16$ mm und bei Doppelstäben mit $\emptyset \leq 12$ mm

Grundsätzlich gilt $l_{b,eq} \geq l_{b,min}$.

Wenn wegen Querzugspannungen der Beiwert $\alpha_5 > 1,0$ anzusetzen ist, muss dieser bei der Ermittlung der Ersatzverankerungslänge zusätzlich berücksichtigt werden.

Tabelle 8.2 – Beiwerte α_1, α_2, α_3, α_4 und α_5

Einflussfaktor	Verankerungsart	Bewehrungsstab	
		unter Zug	unter Druck
Form der Stäbe	gerade	$\alpha_1 = 1,0$	$\alpha_1 = 1,0$
	gebogen (siehe Bild 8.1 (b), (c) und (d))	$\alpha_1 = 0,7$ für $c_d > 3\varnothing$ andernfalls $\alpha_1 = 1,0$ (siehe Bild 8.3 für c_d)	$\alpha_1 = 1,0$
Betondeckung	gerade	$\alpha_2 = 1 - 0,15 \cdot (c_d - \varnothing)/\varnothing$ $\geq 0,7$ $\leq 1,0$	$\alpha_2 = 1,0$
	gebogen (siehe Bild 8.1 (b), (c) und (d))	$\alpha_2 = 1 - 0,15 \cdot (c_d - 3\varnothing)/\varnothing$ $\geq 0,7$ $\leq 1,0$ (siehe Bild 8.3 für c_d)	$\alpha_2 = 1,0$
nicht an die Hauptbewehrung angeschweißte Querbewehrung	alle Arten	$\alpha_3 = 1 - K \cdot \lambda$ $\geq 0,7$ $\leq 1,0$	$\alpha_3 = 1,0$
angeschweißte Querbewehrung[1]	alle Arten, Positionen und Größen sind in Bild 8.1 (e) angegeben	$\alpha_4 = 0,7$	$\alpha_4 = 0,7$
Querdruck	alle Arten	$\alpha_5 = 1 - 0,04p$ $\geq 0,7$ $\leq 1,0$	—

Dabei ist
$\lambda = (\Sigma A_{st} - \Sigma A_{st,min}) / A_s$;
ΣA_{st} die Querschnittsfläche der Querbewehrung innerhalb der Verankerungslänge l_{bd};
$\Sigma A_{st,min}$ die Querschnittsfläche der Mindestquerbewehrung:
  $\Sigma A_{st,min} = 0,25 A_s$ für Balken und $\Sigma A_{st,min} = 0$ für Platten;
A_s die Querschnittsfläche des größten einzelnen verankerten Stabs;
K der Wert nach Bild 8.4;
p der Querdruck [N/mm²] im Grenzzustand der Tragfähigkeit innerhalb l_{bd}.

[1] Siehe auch 8.6: Bei direkter Lagerung darf l_{bd} auch geringer als $l_{b,min}$ angesetzt werden, wenn mindestens ein Querstab innerhalb der Auflagerung angeschweißt ist. Dieser sollte mindestens 15 mm vom Lageranschnitt entfernt sein.

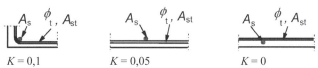

Bild 8.4 – Werte für K für Balken und Platten

NCI Zu 8.4.4 (2), Tabelle 8.2

Bei Schlaufenverankerungen mit $c_d > 3\varnothing$ und mit Biegerollendurchmessern $D \geq 15\varnothing$ darf $\alpha_1 = 0,5$ angesetzt werden.

Der Beiwert α_2 ist in der Regel mit $\alpha_2 = 1,0$ anzusetzen.

Bei direkter Lagerung darf $\alpha_5 = 2/3$ gesetzt werden.

Falls eine allseitige, durch Bewehrung gesicherte Betondeckung von mindestens $10\varnothing$ vorhanden ist, darf $\alpha_5 = 2/3$ angenommen werden. Dies gilt nicht für Übergreifungsstöße mit einem Achsabstand der Stöße von $s \leq 10\varnothing$.

Der Beiwert α_5 ist auf 1,5 zu erhöhen, wenn rechtwinklig zur Bewehrungsebene ein Querzug vorhanden ist, der eine Rissbildung parallel zur Bewehrungsstabachse im Verankerungsbereich erwarten lässt. Wird bei vorwiegend ruhenden Einwirkungen die Breite der Risse parallel zu den Stäben auf $w_k \leq 0{,}2$ mm im GZG begrenzt, darf auf diese Erhöhung verzichtet werden.

ANMERKUNG Verankerungen mit gebogenen Druckstäben sind unzulässig (siehe NCI zu 8.4.1 (3)).

8.5 Verankerung von Bügeln und Querkraftbewehrung

(1) Bügel und Querkraftbewehrungen sind in der Regel mit Haken oder Winkelhaken oder durch angeschweißte Querstäbe zu verankern. Innerhalb eines Hakens oder Winkelhakens ist in der Regel ein Querstab einzulegen.

(2) Die Verankerung muss in der Regel gemäß Bild 8.5 erfolgen. Schweißstellen sind in der Regel gemäß EN ISO 17660 mit einer Verankerungskraft nach 8.6 (2) auszuführen.

ANMERKUNG Eine Definition der Biegewinkel ist in Bild 8.1 enthalten.

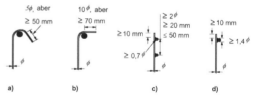

ANMERKUNG Für c) und d) darf in der Regel die Betondeckung nicht weniger als $3\varnothing$ oder 50 mm betragen.

Bild 8.5 – Verankerung von Bügeln

NCI Zu 8.5, Bild 8.5

Bild 8.5 wird durch Bild 8.5DE ersetzt.

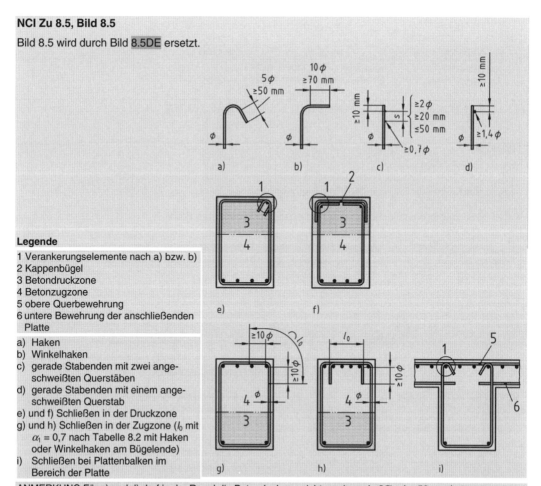

Legende
1 Verankerungselemente nach a) bzw. b)
2 Kappenbügel
3 Betondruckzone
4 Betonzugzone
5 obere Querbewehrung
6 untere Bewehrung der anschließenden Platte

a) Haken
b) Winkelhaken
c) gerade Stabenden mit zwei angeschweißten Querstäben
d) gerade Stabenden mit einem angeschweißten Querstab
e) und f) Schließen in der Druckzone
g) und h) Schließen in der Zugzone (l_0 mit $\alpha_1 = 0{,}7$ nach Tabelle 8.2 mit Haken oder Winkelhaken am Bügelende)
i) Schließen bei Plattenbalken im Bereich der Platte

ANMERKUNG Für c) und d) darf in der Regel die Betondeckung nicht weniger als $3\varnothing$ oder 50 mm betragen.

Bild 8.5DE – Verankerung und Schließen von Bügeln

NCI Zu 8.5

(NA.3)P Bei Balken sind die Bügel in der Druckzone nach Bild 8.5DE e) oder Bild 8.5DE f), in der Zugzone nach Bild 8.5DE g) oder Bild 8.5DE h) zu schließen.

(NA.4) Bei Plattenbalken dürfen die für die Querkrafttragfähigkeit erforderlichen Bügel im Bereich der Platte mittels durchgehender Querstäbe nach Bild 8.5DE i) geschlossen werden, wenn der Bemessungswert der Querkraft $V_{Ed} \leq 2/3\, V_{Rd,max}$ nach 6.2.3 beträgt.

8.6 Verankerung mittels angeschweißter Stäbe

(1) Eine zusätzliche Verankerung zu der nach 8.4 und 8.5 kann durch angeschweißte Querstäbe (siehe Bild 8.6) erreicht werden, die Kräfte über den Beton abtragen. Die Qualität der Schweißverbindungen ist dabei in der Regel nachzuweisen.

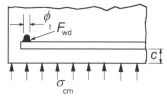

Bild 8.6 – Angeschweißter Querstab als Verankerung

(2) Die Verankerungskraft eines auf der Innenseite des verankerten Stabs angeschweißten Querstabs (Durchmesser von 14 mm bis 32 mm) beträgt F_{btd}. Die Bemessungsstahlspannung σ_{sd} in Gleichung (8.3) darf um F_{btd}/A_s reduziert werden, wobei A_s die Querschnittsfläche des Stabes ist.

ANMERKUNG Der landesspezifische Wert für F_{btd} darf einem Nationalen Anhang entnommen werden. Der empfohlene Wert wird folgendermaßen bestimmt:

$$F_{btd} = l_{td} \cdot \varnothing_t \cdot \sigma_{td} \leq F_{wd} \quad (8.8N)$$

Dabei ist

F_{wd} der Bemessungswert des Scherwiderstandes der Schweißstelle (anteilig von $A_s \cdot f_{yd}$; z. B. F_{wd} = $0{,}5 \cdot A_s \cdot f_{yd}$, wobei A_s die Querschnittsfläche des verankerten Stabs und f_{yd} der Bemessungswert der Streckgrenze sind);

l_{td} der Bemessungswert der Länge des Querstabs: $l_{td} = 1{,}16 \cdot \varnothing_t \cdot (f_{yd}/\sigma_{td})^{0,5} \leq l_t$;

l_t die Länge des Querstabs ($\leq$ dem Stababstand der zu verankernden Stäbe);

$\varnothing_t$ der Durchmesser des Querstabs;

σ_{td} die Betonspannung; $\sigma_{td} = (f_{ctd} + \sigma_{cm})/y \leq 3 f_{cd}$;

σ_{cm} die Betondruckspannung orthogonal zu den beiden Stäben (mittlerer Wert, Druck positiv);

y eine Funktion: $y = 0{,}015 + 0{,}14\, e^{(-0,18x)}$;

x eine Funktion zur Berücksichtigung der Geometrie: $x = 2\,(c/\varnothing_t) + 1$;

c die Betondeckung orthogonal zu den beiden Stäben.

NDP Zu 8.6 (2)

$F_{btd} = 0 \quad (NA.8.8)$

Dies gilt auch für Gleichung (8.9).

(3) Wenn beidseitig des zu verankernden Stabs zwei gleich große Querstäbe angeschweißt sind, darf die Verankerungskraft nach 8.6 (2) verdoppelt werden, wenn die Betondeckung des äußeren Stabs den Anforderungen aus Kapitel 4 entspricht.

(4) Wenn zwei Querstäbe einseitig mit einem Mindestabstand von 3$\varnothing$ angeschweißt werden, darf in der Regel die Verankerungskraft nach 8.6 (2) auf das 1,41fache erhöht werden.

(5) Für Nennstabdurchmesser $\leq$ 12 mm hängt die Verankerungskraft eines angeschweißten Querstabs im Wesentlichen vom Bemessungswert der Tragfähigkeit der Schweißstelle ab. Dieser Wert darf wie folgt ermittelt werden:

$$F_{btd} = F_{wd} \leq 16 \cdot A_s \cdot f_{cd} \cdot \varnothing_t / \varnothing_l \quad (8.9)$$

Dabei ist

F_{wd} der Bemessungswert des Scherwiderstandes der Schweißstelle (siehe 8.6 (2));

$\varnothing_t$ der Nenndurchmesser des Querstabs: $\varnothing_t \leq$ 12 mm

$\varnothing_l$ der Nenndurchmesser des zu verankernden Stabs: $\varnothing_l \leq$ 12 mm

⌊AC⌉ Werden zwei angeschweißte Querstäbe mit einem Mindestabstand von $\varnothing_t$ verwendet, darf in der Regel die Verankerungskraft nach Gleichung (8.9) auf das 1,41fache erhöht werden. ⌊AC⌉

NCI Zu 8.6 (5)

Die Verankerungskraft F_{bd} darf nicht angesetzt werden.

$F_{btd} = 0 \quad (8.8DE)$

8.7 Stöße und mechanische Verbindungen

8.7.1 Allgemeines

(1)P Die Kraftübertragung zwischen zwei Stäben erfolgt durch:

– Stoßen der Stäbe, mit oder ohne Haken bzw. Winkelhaken,
– Schweißen,
– mechanische Verbindungen für die Übertragung von Zug- und Druckkräften bzw. nur Druckkräften.

NCI Zu 8.7.1 (1)P

Mechanische Verbindungen sind durch Zulassungen zu regeln.

8.7.2 Stöße

(1)P Die bauliche Durchbildung von Stößen zwischen Stäben muss so ausgeführt werden, dass
- die Kraftübertragung zwischen den Stäben sichergestellt ist,
- im Bereich der Stöße keine Betonabplatzungen auftreten,
- keine großen Risse auftreten, die die Funktion des Tragwerks gefährden.

(2) Stöße:
- von Stäben sind in der Regel versetzt anzuordnen und dürfen in der Regel nicht in hoch beanspruchten Bereichen liegen (z. B. plastische Gelenke). Ausnahmen sind in Absatz (4) angegeben,
- sind in der Regel in jedem Querschnitt symmetrisch anzuordnen.

(3) Die Anordnung der gestoßenen Stäbe muss in der Regel Bild 8.7 entsprechen und folgende Bedingungen erfüllen:
- der lichte Abstand zwischen sich übergreifenden Stäben darf in der Regel nicht größer als $4\varnothing$ oder 50 mm sein, andernfalls ist die Übergreifungslänge um die Differenz zwischen dem lichten Abstand und $4\varnothing$ bzw. 50 mm zu vergrößern;
- der Längsabstand zweier benachbarter Stöße darf in der Regel die 0,3fache Übergreifungslänge l_0 nicht unterschreiten;
- bei benachbarten Stößen darf in der Regel der lichte Abstand zwischen benachbarten Stäben nicht weniger als $2\varnothing$ oder 20 mm betragen.

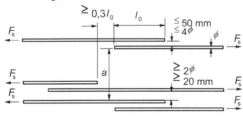

Bild 8.7 – Benachbarte Stöße

(4) Wenn die Anforderungen aus Absatz (3) erfüllt sind, dürfen 100 % der Zugstäbe in einer Lage gestoßen sein. Für Stäbe in mehreren Lagen ist in der Regel dieser Anteil auf 50 % zu reduzieren.

Alle Druckstäbe sowie die Querbewehrung dürfen in einem Querschnitt gestoßen sein.

NCI Zu 8.7.2

(NA.5) Druckstäbe mit $\varnothing \geq 20$ mm dürfen in Stützen durch Kontaktstoß der Stabstirnflächen gestoßen werden, wenn sie beim Betonieren lotrecht stehen, die Stützen an beiden Enden unverschieblich gehalten sind und die gestoßenen Stäbe auch unter Berücksichtigung einer Beanspruchung nach 5.8 (Theorie II. Ordnung) zwischen den gehaltenen Stützenenden nur Druck erhalten. Der zulässige Stoßanteil beträgt dabei maximal 50 % und ist gleichmäßig über den Querschnitt zu verteilen. Die Querschnittsfläche der nicht gestoßenen Bewehrung muss mindestens 0,8 % des statisch erforderlichen Betonquerschnitts betragen. Die Stöße sind in den äußeren Vierteln der Stützenlänge anzuordnen. Der Längsversatz der Stöße muss mindestens $1,3 l_{b,rqd}$ betragen ($l_{b,rqd}$ nach Gleichung (8.3) mit $\sigma_{sd} = f_{yd}$). Die Stabstirnflächen müssen rechtwinklig zur Längsachse hergestellt und entgratet sein. Ihr mittiger Sitz ist durch eine feste Führung zu sichern, die die Stoßfuge vor dem Betonieren teilweise sichtbar lässt.

8.7.3 Übergreifungslänge

(1) Der Bemessungswert der Übergreifungslänge beträgt:

$$l_0 = \alpha_1 \cdot \alpha_2 \cdot \alpha_3 \cdot \alpha_5 \cdot \alpha_6 \cdot l_{b,rqd} \geq l_{0,\min} \quad (8.10)$$

Dabei ist

$l_{b,rqd}$ nach Gleichung (8.3);

$l_{0,\min} \geq \max\{0,3 \cdot \alpha_6 \cdot l_{b,rqd};\ 15\varnothing;\ 200\text{ mm}\};$ (8.11)

Die Werte für α_1, α_2, α_3 und α_5 dürfen der Tabelle 8.2 entnommen werden. Für die Berechnung von α_3 ist in der Regel $\Sigma A_{st,\min}$ zu $1,0\ A_s\ (\sigma_{sd}/f_{yd})$ anzunehmen, mit A_s = Querschnittsfläche eines gestoßenen Stabes;

$\alpha_6 = (\rho_1/25)^{0,5} \leq 1,5$ bzw. $\geq 1,0$. Dabei ist ρ_1 der Prozentsatz der innerhalb von 0,65 l_0 (gemessen ab der Mitte der betrachteten Übergreifungslänge) gestoßenen Bewehrung, siehe Bild 8.8. Werte für α_6 sind in Tabelle 8.3 enthalten.

Tabelle 8.3 – Beiwert α_6

Anteil gestoßener Stäbe am Gesamtquerschnitt des Betonstahls	< 25 %	33 %	50 %	> 50 %
α_6	1	1,15	1,4	1,5
ANMERKUNG Zwischenwerte dürfen durch Interpolieren ermittelt werden.				

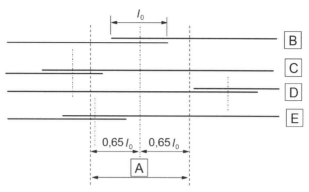

A betrachteter Querschnitt B Stab I C Stab II D Stab III E Stab IV

BEISPIEL   Die Stäbe II und III liegen außerhalb des betrachteten Abschnitts:
$\rho_l = 50\ \%$ und $\alpha_6 = 1,4$.

Bild 8.8 – Anteil gestoßener Stäbe in einem Stoßabschnitt

NCI zu 8.7.3 (1)

Gleichung (8.11): Bei $l_{0,min}$ darf neben α_6 auch α_1 berücksichtigt werden.

Statt Tabelle 8.3 ist in Deutschland Tabelle 8.3DE anzuwenden.

Tabelle 8.3DE – Beiwert α_6

Stoß	Stab-$\varnothing$	Stoßanteil einer Bewehrungslage	
		$\leq 33\ \%$	$> 33\ \%$
Zug	< 16 mm	$1,2^a$	$1,4^a$
	≥ 16 mm	$1,4^a$	$2,0^b$
Druck	alle	1,0	1,0
Wenn die lichten Stababstände $a \geq 8\varnothing$ (Bild 8.7) und der Randabstand in der Stoßebene $c_1 \geq 4\varnothing$ (Bild 8.3) eingehalten werden, darf der Beiwert α_6 reduziert werden auf:			
[a] $\alpha_6 = 1,0$			
[b] $\alpha_6 = 1,4$			

8.7.4 Querbewehrung im Bereich der Übergreifungsstöße

8.7.4.1 Querbewehrung für Zugstäbe

(1) Im Stoßbereich wird Querbewehrung benötigt, um Querzugkräfte aufzunehmen.

(2) Wenn der Durchmesser der gestoßenen Stäbe $\varnothing < 20$ mm ist oder der Anteil gestoßener Stäbe in jedem Querschnitt höchstens 25 % beträgt, dann darf die aus anderen Gründen vorhandene Querbewehrung oder Bügel ohne jeden weiteren Nachweis als ausreichend zur Aufnahme der Querzugkräfte angesehen werden.

(3) Wenn der Durchmesser der gestoßenen Stäbe $\varnothing \geq 20$ mm ist, darf in der Regel die Gesamtquerschnittsfläche der Querbewehrung ΣA_{st} (Summe aller Schenkel, die parallel zur Lage der gestoßenen Bewehrung verlaufen) nicht kleiner als die Querschnittsfläche A_s eines gestoßenen Stabes ($\Sigma A_{st} \geq 1,0\ A_s$) sein. Der Querstab sollte orthogonal zur Richtung der gestoßenen Bewehrung angeordnet werden.

Werden mehr als 50 % der Bewehrung in einem Querschnitt gestoßen und ist der Abstand zwischen benachbarten Stößen in einem Querschnitt $a \leq 10\varnothing$ (siehe Bild 8.7), ist in der Regel die Querbewehrung in Form von Bügeln oder Steckbügeln ins Innere des Betonquerschnitts zu verankern.

NCI Zu 8.7.4.1 (3)

Zusätzlich gilt:

In flächenartigen Bauteilen muss die Querbewehrung ebenfalls bügelartig ausgebildet werden, falls $a \leq 5\varnothing$ ist; sie darf jedoch auch gerade sein, wenn die Übergreifungslänge um 30 % erhöht wird.

Sofern der Abstand der Stoßmitten benachbarter Stöße mit geraden Stabenden in Längsrichtung etwa $0,5 l_0$ beträgt, ist kein bügelartiges Umfassen der Längsbewehrung erforderlich.

Werden bei einer mehrlagigen Bewehrung mehr als 50 % des Querschnitts der einzelnen Lagen in einem Schnitt gestoßen, sind die Übergreifungsstöße durch Bügel zu umschließen, die für die Kraft aller gestoßenen Stäbe zu bemessen sind.

(4) Die nach Absatz (3) erforderliche Querbewehrung ist in der Regel im Anfangs- und Endbereich der Übergreifungslänge nach Bild 8.9a) zu konzentrieren.

NCI Zu 8.7.4.1

(NA.5) In vorwiegend biegebeanspruchten Bauteilen ab der Festigkeitsklasse C70/85 sind die Übergreifungsstöße durch Bügel zu umschließen, wobei die Summe der Querschnittsfläche der orthogonalen Schenkel gleich der erforderlichen Querschnittsfläche der gestoßenen Längsbewehrung sein muss.

8.7.4.2 Querbewehrung für Druckstäbe

(1) Zusätzlich zu den Regeln für Zugstäbe muss in der Regel ein Stab der Querbewehrung außerhalb des Stoßbereichs, jedoch nicht weiter als $4\varnothing$ von den Enden der Stoßbereichs entfernt liegen (siehe Bild 8.9b)).

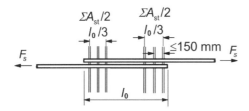

a) Zugstäbe

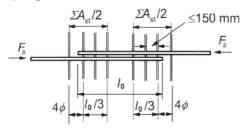

b) Druckstäbe

Bild 8.9 – Querbewehrung für Übergreifungsstöße

8.7.5 Stöße von Betonstahlmatten aus Rippenstahl

8.7.5.1 Stöße der Hauptbewehrung

(1) Die Stöße dürfen entweder durch Verschränkung oder als Zwei-Ebenen-Stoß von Betonstahlmatten ausgeführt werden (Bild 8.10).

a) Verschränkung von Betonstahlmatten (Längsschnitt)

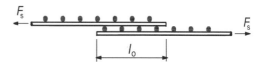

b) Zwei-Ebenen-Stoß von Betonstahlmatten (Längsschnitt)

Bild 8.10 – Übergreifungsstöße von geschweißten Betonstahlmatten

NCI Zu 8.7.5.1 (1)

Zu Bild 8.10 wird Bild NA.8.10 c) ergänzt.

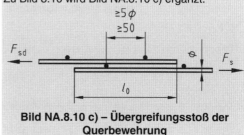

Bild NA.8.10 c) – Übergreifungsstoß der Querbewehrung

(2) Bei Ermüdungsbelastungen ist in der Regel eine Verschränkung auszuführen.

(3) Bei verschränkten Betonstahlmatten muss in der Regel die Anordnung der Hauptlängsstäbe im Übergreifungsstoß Abschnitt 8.7.2 entsprechen. Günstige Auswirkungen der Querstäbe sollten mit $\alpha_3 = 1{,}0$ vernachlässigt werden.

NCI Zu 8.7.5.1 (3)

Die Übergreifungslänge für verschränkte Betonstahlmatten ist nach Gleichung (8.10) zu berechnen. Darüber hinaus sollte $l_{0,min}$ nach Gleichung (8.11) den Abstand der Querbewehrung s_{quer} bei Matten nicht unterschreiten.

(4) Bei Betonstahlmatten mit Zwei-Ebenen-Stoß müssen in der Regel die Stöße der Hauptbewehrung generell in Bereichen liegen, in denen die Stahlspannung im Grenzzustand der Tragfähigkeit nicht mehr als 80 % des Bemessungswerts der Stahlfestigkeit beträgt.

NCI Zu 8.7.5.1 (4)

Zwei-Ebenen-Stöße ohne bügelartige Umfassung sind zulässig, wenn der zu stoßende Mattenquerschnitt $a_s \leq 6$ cm²/m beträgt.

(5) Wenn Absatz (4) nicht eingehalten wird, ist in der Regel die statische Nutzhöhe bei der Berechnung des Biegewiderstands gemäß 6.1 für die am weitesten von der Zugseite entfernte Bewehrungslage zu bestimmen. Außerdem ist in der Regel bei der Rissbreitenbegrenzung im Bereich der Stoßenden aufgrund der dort vorliegenden Diskontinuität die Stahlspannung für die Anwendung der Tabellen 7.2 und 7.3 um 25 % zu erhöhen.

(6) Der Anteil der Hauptbewehrung, der in jedem beliebigen Querschnitt gestoßen werden darf, muss in der Regel nachfolgenden Bedingungen entsprechen:
- Bei verschränkten Betonstahlmatten gelten die Werte aus Tabelle 8.3.
- Bei Betonstahlmatten im Zwei-Ebenen-Stoß hängt der zulässige Anteil einer mittels Übergreifung gestoßenen Hauptbewehrung in jedem Querschnitt von der vorhandenen Querschnittsfläche der geschweißten Betonstahlmatte $(A_s/s)_{prov}$ ab, wobei s der Abstand der Stäbe ist:
  - 100 % wenn $(A_s/s)_{prov} \leq 1200$ mm²/m;
  - 60 % wenn $(A_s/s)_{prov} > 1200$ mm²/m.
- Bei mehrlagiger Bewehrung sind in der Regel die Stöße der einzelnen Lagen mindestens um die 1,3fache Übergreifungslänge l_0 in Längsrichtung gegeneinander zu versetzen (l_0 nach 8.7.3).

NCI Zu 8.7.5.1 (6)

Für Zwei-Ebenen Stöße gilt:

Betonstahlmatten mit einem Bewehrungsquerschnitt $a_s \leq 12$ cm²/m dürfen stets ohne Längsversatz gestoßen werden. Vollstöße von Matten mit größerem Bewehrungsquerschnitt sind nur in der inneren Lage bei mehrlagiger Bewehrung zulässig, wobei der gestoßene Anteil nicht mehr als 60 % des erforderlichen Bewehrungsquerschnitts betragen darf.

Die Übergreifungslänge (siehe Bild 8.10b)) darf folgenden Wert nicht unterschreiten:

$$l_0 = l_{b,rqd} \cdot \alpha_7 \geq l_{0,min} \quad \text{(NA.8.11.1)}$$

Dabei ist

$l_{b,rqd}$ der Grundwert der Verankerungslänge nach Gleichung (8.3);
α_7 der Beiwert Mattenquerschnitt mit
$\alpha_7 = 0,4 + a_{s,vorh}/8$ mit $1,0 \leq \alpha_7 \leq 2,0$;
$a_{s,vorh}$ die vorhandene Querschnittsfläche der Bewehrung im betrachteten Schnitt in cm²/m;
$l_{0,min}$ der Mindestwert der Übergreifungslänge mit $l_{0,min} = 0,3 \cdot \alpha_7 \cdot l_{b,rqd} \geq s_q$; ≥ 200 mm;
s_q der Abstand der geschweißten Querstäbe.

(7) Eine zusätzliche Querbewehrung im Stoßbereich ist nicht erforderlich.

8.7.5.2 Stöße der Querbewehrung

(1) Die Querbewehrung darf vollständig in einem Schnitt gestoßen werden. Die Mindestwerte für die Übergreifungslänge l_0 sind in Tabelle 8.4 enthalten; innerhalb der Übergreifungslänge zweier Stäbe der Querbewehrung müssen in der Regel mindestens zwei Stäbe der Hauptbewehrung vorhanden sein.

Tabelle 8.4 – Erforderliche Übergreifungslängen für Stöße von Querbewehrung

Stabdurchmesser (mm)	Übergreifungslänge
$\varnothing \leq 6,0$	≥ 150 mm; jedoch mindestens 1 Mattenmasche
$6,0 < \varnothing \leq 8,5$	≥ 250 mm; jedoch mindestens 2 Mattenmaschen
$8,5 < \varnothing \leq 12$	≥ 350 mm; jedoch mindestens 2 Mattenmaschen

NCI Zu 8.7.5.2 (1)

Tabelle 8.4 wird um eine Zeile ergänzt:

Stabdurchmesser mm	Übergreifungslänge
$\varnothing > 12$	≥ 500 mm; ≥ 2 Mattenmaschen

8.8 Zusätzliche Regeln bei großen Stabdurchmessern

(1) Bei Stäben mit einem Durchmesser größer als $\varnothing_{large}$ gelten die nachfolgenden Regeln zusätzlich zu den in 8.4 und 8.7 angegebenen.

ANMERKUNG Der landesspezifische Wert $\varnothing_{large}$ darf einem Nationalen Anhang entnommen werden. Der empfohlene Wert ist 32 mm.

NDP Zu 8.8 (1)

Es gilt der empfohlene Wert $\varnothing_{large} = 32$ mm.

Stäbe mit $\varnothing > 32$ mm dürfen nur in Bauteilen mit einer Mindestdicke von $15\varnothing$ und der Festigkeitsklassen C20/25 bis C80/95 eingesetzt werden. Bei überwiegend auf Druck beanspruchten Bauteilen darf hiervon abgewichen werden, wenn die Bedingungen nach 8.4, 8.7 und 9.5 eingehalten sind. Die Verwendung von Stabdurchmessern $\varnothing > 40$ mm wird durch Zulassungen geregelt.

(2) Bei Verwendung solcher großen Stabdurchmesser dürfen die Rissbreiten entweder durch Verwendung einer Oberflächenbewehrung (siehe 9.2.4) oder durch Berechnung (siehe 7.3.4) begrenzt werden.

(3) Bei Verwendung großer Stabdurchmesser nehmen sowohl die Spaltkräfte als auch die Dübelwirkung zu. Solche Stäbe sind in der Regel mit Ankerkörpern zu verankern. Alternativ dürfen sie als gerade Stäbe mit umschnürenden Bügeln verankert werden.

(4) In der Regel dürfen Stäbe mit großen Durchmessern nicht gestoßen werden. Ausnahmen hiervon sind in Querschnitten mit einer Mindestabmessung von 1,0 m oder bei einer Stahlspannung bis maximal 80 % des Bemessungswerts der Stahlfestigkeit zulässig.

NCI Zu 8.8 (4)

Stöße dürfen nur mittels mechanischer Verbindungen oder als geschweißte Stöße ausgeführt werden. Übergreifungsstöße sind nur in überwiegend biegebeanspruchten Bauteilen zulässig, wenn maximal 50 % der Stäbe in einem Schnitt gestoßen werden. Stöße gelten dabei als längsversetzt, wenn der Längsabstand der Stoßmitten mindestens $1,5 l_0$ beträgt.

(5) In Verankerungsbereichen ohne Querdruck ist in der Regel zusätzlich zur Querkraftbewehrung Querbewehrung einzulegen.

(6) Bei Verankerungen von geraden Stäben darf in der Regel die zusätzliche Bewehrung nach (5) nicht weniger betragen als (siehe Bild 8.11 für die verwendeten Bezeichnungen):

– parallel zur Zugseite: $A_{sh} = 0,25 \cdot A_s \cdot n_1$ (8.12)
– senkrecht zur Zugseite: $A_{sv} = 0,25 \cdot A_s \cdot n_2$ (8.13)

Dabei ist

A_s die Querschnittsfläche eines verankerten Stabes;
n_1 die Anzahl der Lagen mit Stäben, die in derselben Stelle im Bauteil verankert sind;
n_2 die Anzahl der Stäbe, die in jeder Lage verankert sind.

(7) Die zusätzliche Querkraftbewehrung ist in der Regel gleichmäßig im Verankerungsbereich zu verteilen, wobei die Stababstände das 5fache des Durchmessers der Längsbewehrung nicht übersteigen sollten.

(8) Für die Oberflächenbewehrung gilt 9.2.4. Die Querschnittsfläche der Oberflächenbewehrung darf in der Regel nicht kleiner als $0,01 A_{ct,ext}$ orthogonal und $0,02 A_{ct,ext}$ parallel zu den Stäben mit großen Durchmessern sein.

NCI Zu 8.8

(NA.9)P Beim Nachweis der Querkrafttragfähigkeit nach 6.2.2 und der Torsionstragfähigkeit nach 6.3 ist

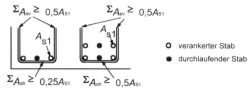

BEISPIEL Im linken Beispiel ist $n_1 = 1$, $n_2 = 2$ und im rechten Beispiel ist $n_1 = 2$, $n_2 = 2$

Bild 8.11 – Zusätzliche Bewehrung für große Stabdurchmesser im Verankerungsbereich ohne Querdruck

der Bemessungswert für den Querkraftwiderstand $V_{Rd,c}$ mit dem Faktor 0,9 zu multiplizieren.

(NA.10)P Die Bauteile müssen direkt gelagert sein (siehe 1.5.2.26), so dass die Auflagerkraft normal zum unteren Bauteilrand mit Druckspannungen eingetragen wird.

(NA.11) Gerade oder kreisförmig gekrümmte Stäbe dürfen verwendet werden, wenn der Mindestbiegerollendurchmesser $D_{min} = 1,00$ m eingehalten wird.

(NA.12)P In biegebeanspruchten Bauteilen ist die zur Aufnahme der Stützmomente angeordnete Bewehrung im Bereich rechnerischer Betondruckspannungen zu verankern.

(NA.13)P Zur Verankerung gerader Stäbe ist das Grundmaß $l_{b,rqd}$ (nach Gleichung (8.3) mit $\sigma_{sd} = f_{yd}$) erforderlich. Die ersten endenden Stäbe müssen jedoch mindestens um das Maß d über den Nullpunkt der Zugkraftlinie hinausgeführt werden (siehe Bild NA.8.11.1). Die Anzahl der in einem Schnitt endenden Stäbe ergibt sich aus der Zugkraftdeckung nach 9.2.1.3. Als längsversetzt gelten Stäbe mit einem Abstand $\geq l_{b,rqd}$ (nach Gleichung (8.3) mit $\sigma_{sd} = f_{yd}$).

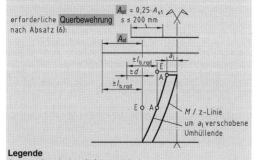

Legende
A   rechnerischer Anfangspunkt
E   rechnerischer Endpunkt
a_l Versatzmaß
d statische Nutzhöhe
A_{s1} Fläche eines Längsstabes

Bild NA.8.11.1 – Verankerung von geraden Stäben $\emptyset > 32$ mm im Stützbereich

(NA.14) In massigen Bauteilen mit $h \geq 800$ mm darf die Bewehrung gestaffelt werden. Die Anzahl der in einem Schnitt endenden Stäbe ergibt sich aus der Zugkraftdeckung nach 9.2.1.3. Als längsversetzt gelten Stabenden mit einem Abstand größer $0{,}5 l_{b,rqd}$ (nach Gleichung (8.3) mit $\sigma_{sd} = f_{yd}$). Es dürfen nur innenliegende Stäbe vor dem Auflager enden. Der über das Auflager zu führende Prozentsatz der Längsbewehrung muss Absatz (1) entsprechen.

(NA.15)P Zur Verbundsicherung ist über die ganze Länge der Bewehrung eine Zusatzbewehrung anzuordnen und im Bauteilinneren so zu verankern, dass jeweils maximal drei Stäbe von einem Bügel umfasst werden (siehe Bild NA.8.11.2). Der Bügelquerschnitt muss dabei $A_{sw} = 0{,}1 A_s$ (cm²/m und Stab) und der Abstand $s_w \leq 200$ mm sein.

Bei Bauteilen mit rechnerisch erforderlicher Querkraftbewehrung gilt diese Bedingung als eingehalten, wenn mindestens 50 % der erforderlichen Querkraftbewehrung in Form von Bügeln angeordnet wird.

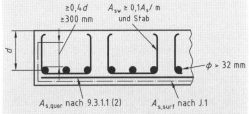

Bild NA.8.11.2 – Zusatzbewehrung zur Verbundsicherung von geraden Stäben $\varnothing > 32$ mm

(NA.16) Liegt die erforderliche Querbewehrung $A_{st} = 0{,}25 A_s$ mindestens zu 50 % außen, wird der horizontale Anteil $A_{st} \geq 0{,}1 A_s$ cm²/m der Bewehrung zur Verbundsicherung abgedeckt. Die Oberflächenbewehrung darf dabei angerechnet werden.

(NA.17)P Zur Verbundsicherung ist in Querrichtung eine zusätzliche Bewehrung von $0{,}1 A_s$ [cm²/m] über die gesamte Balkenlänge erforderlich. Diese muss die Zugbewehrung umschließen und im Balkensteg verankert werden. Die Querstäbe der Oberflächenbewehrung nach Anhang J.1 dürfen dafür herangezogen werden.

(NA.18)P Jeder zweite Längsstab muss von einem Bügelschenkel gehalten werden, der im Bauteilinneren verankert ist. Diese Längsstäbe sind in den Bügelecken anzuordnen.

(NA.19) In plattenartigen Bauteilen mit mehrlagiger Bewehrung ist die erforderliche Querbewehrung möglichst gleichmäßig zwischen den einzelnen Stablagen zu verteilen.

(NA.20)P Bei Balken und Platten mit mehrlagiger Bewehrung sind ab der dritten Lage die an den Stegseiten angeordneten Stäbe gegen seitliches Ausbrechen durch eine entsprechende Bewehrung zu sichern. Diese kann aus Steckbügeln bestehen, welche die Randstäbe von mindestens zwei Lagen in das Bauteilinnere verankern. Der Querschnitt der Steckbügel muss mindestens $0{,}18 A_{sl}$ cm²/m, bezogen auf einen in das Bauteilinnere geführten Schenkel betragen (siehe Bild NA.8.11.3).

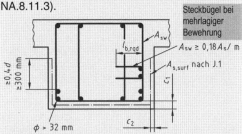

Legende
c_1 Betondeckung der Längsbewehrung A_s
c_2 Betondeckung der Oberflächenbewehrung $A_{s,surf}$

Bild NA.8.11.3 – Balken und Anordnung von Steckbügeln bei mehrlagiger Bewehrung $\varnothing > 32$ mm

(NA.21)P Bei Druckgliedern muss der Bügelabstand $s_w \leq h_{min}/2 \leq 300$ mm betragen (mit h_{min} die kleinste Querschnittsabmessung).

(NA.22) Für das Schweißen an der Bewehrung sind stets vorgezogene Arbeitsprüfungen nach DIN EN ISO 17660-1:2006-12, Abschnitte 11 und 12 erforderlich, die von einer für die Überwachung von Betonstählen anerkannten Stelle geprüft werden müssen.

8.9 Stabbündel

8.9.1 Allgemeines

(1) Wenn nicht anders festgelegt, gelten die Regeln für Einzelstäbe auch für Stabbündel. In einem Stabbündel müssen in der Regel alle Stäbe gleiche Eigenschaften aufweisen (Sorte und Festigkeitsklasse). Stäbe mit verschiedenen Durchmessern dürfen gebündelt werden, wenn das Verhältnis der Durchmesser den Wert 1,7 nicht übersteigt.

NCI Zu 8.9.1 (1)

Die Durchmesser der Einzelstäbe dürfen $\varnothing = 28$ mm nicht überschreiten.

(2) Für die Bemessung wird das Stabbündel durch einen Ersatzstab mit gleicher Querschnittsfläche und gleichem Schwerpunkt ersetzt. Der Vergleichsdurchmesser $\varnothing_n$ dieses Ersatzstabs ergibt sich zu:

$$\varnothing_n = \varnothing \cdot \sqrt{n_b} \leq 55 \text{ mm} \quad (8.14)$$

Dabei ist

n_b die Anzahl der Bewehrungsstäbe eines Stabbündels mit folgenden Grenzwerten:
$n_b \leq 4$ für lotrechte Stäbe unter Druck und für Stäbe in einem Übergreifungsstoß;
$n_b \leq 3$ für alle anderen Fälle.

NCI Zu 8.9.1 (2)

Bei Betonfestigkeitsklassen $\geq$ C70/85 ist $\varnothing_n \leq 28$ mm einzuhalten, sofern keine genaueren Untersuchungsergebnisse vorliegen.

(3) Für Stabbündel gelten die in 8.2 aufgeführten Regeln für die Stababstände. Dabei ist in der Regel der Vergleichsdurchmesser $\varnothing_n$ zu verwenden, wobei jedoch der lichte Abstand zwischen den Bündeln vom äußeren Bündelumfang zu messen ist. Die Betondeckung ist in der Regel vom äußeren Bündelumfang zu messen und darf nicht weniger als $\varnothing_n$ betragen.

(4) Zwei sich berührende, übereinanderliegende Stäbe in guten Verbundbedingungen brauchen nicht als Bündel behandelt zu werden.

8.9.2 Verankerung von Stabbündeln

(1) Stabbündel unter Zug dürfen über End- und Zwischenauflagern enden. Bündel mit einem Vergleichsdurchmesser < 32 mm dürfen in der Nähe eines Auflagers ohne Längsversatz der Einzelstäbe enden. Bei Bündeln mit einem Vergleichsdurchmesser $\geq$ 32 mm, die in der Nähe eines Auflagers verankert sind, sind in der Regel die Enden der Einzelstäbe gemäß Bild 8.12 in Längsrichtung zu versetzen.

(2) Werden Einzelstäbe mit einem Längsversatz größer $1,3 l_{b,rqd}$ verankert (mit $l_{b,rqd}$ für den Stabdurchmesser), darf der Stabdurchmesser zur Berechnung von l_{bd} verwendet werden (siehe Bild 8.12). Andernfalls ist in der Regel der Vergleichsdurchmesser des Bündels $\varnothing_n$ zu verwenden.

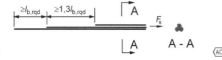

Bild 8.12 – Verankerung von Stabbündeln bei auseinander gezogenen rechnerischen Endpunkten

(3) Bei druckbeanspruchten Stabbündeln dürfen alle Stäbe an einer Stelle enden. Für einen Vergleichsdurchmesser $\geq$ 32 mm sind in der Regel mindestens vier Bügel mit $\geq$ 12 mm am Ende des Bündels anzuordnen. Ein weiterer Bügel ist in der Regel direkt hinter dem Stabende anzuordnen.

NCI Zu 8.9.2 (3)

Auf die Bügel darf verzichtet werden, wenn der Spitzendruck durch andere Maßnahmen (z. B. Anordnung der Stabenden innerhalb einer Deckenscheibe) aufgenommen wird; in diesem Fall ist ein Bügel außerhalb des Verankerungsbereichs anzuordnen.

8.9.3 Gestoßene Stabbündel

(1) Die Übergreifungslänge nach 8.7.3 ist in der Regel mit dem Vergleichsdurchmesser $\varnothing_n$ (aus 8.9.1 (2)) zu ermitteln.

(2) Bündel aus zwei Stäben mit einem Vergleichsdurchmesser $\varnothing_n$ < 32 mm dürfen ohne Längsversatz der Stäbe gestoßen werden. Dabei ist in der Regel der Vergleichsdurchmesser zur Berechnung von l_0 zu verwenden.

(3) Bei Bündeln aus zwei Stäben mit einem Vergleichsdurchmesser $\varnothing_n \geq$ 32 mm oder bei Bündeln aus drei Stäben sind in der Regel die Einzelstäbe gemäß Bild 8.13 um mindestens $1,3 l_0$ in Längsrichtung versetzt zu stoßen. Dabei bezieht sich l_0 auf den Einzelstab. In diesem Fall wird der vierte Stab als übergreifender Stab (Stoßlasche) verwendet. In jedem Schnitt eines gestoßenen Bündels dürfen in der Regel höchstens vier Stäbe vorhanden sein. Bündel mit mehr als drei Stäben dürfen in der Regel nicht gestoßen werden.

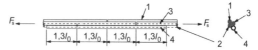

Bild 8.13 – Zugbeanspruchter Übergreifungsstoß mit viertem Zulagestab

8.10 Spannglieder

8.10.1 Anordnung von Spanngliedern und Hüllrohren

8.10.1.1 Allgemeines

(1)P Die Abstände der Hüllrohre und Spannglieder müssen so festgelegt werden, dass das Einbringen und Verdichten des Betons einwandfrei möglich ist und dass ein ausreichender Verbund zwischen dem Beton und den Spanngliedern erzielt werden kann.

NCI Zu 8.10.1.1 (1)P

Zwischen im Verbund liegenden Spanngliedern und verzinkten Einbauteilen oder verzinkter Bewehrung müssen mindestens 20 mm Beton vorhanden sein; außerdem darf keine metallische Verbindung bestehen.

NCI Zu 8.10.1.1

(NA.2)P Die nachfolgenden Regeln gelten, sofern in den allgemeinen bauaufsichtlichen Zulassungen keine anderen Werte gefordert werden.

(NA.3)P Kritische Querschwingungen extern geführter Spannglieder infolge von Nutzlasten, Wind oder anderer Ursachen sind durch geeignete Maßnahmen auszuschließen.

8.10.1.2 Spannglieder im sofortigen Verbund

(1) Der horizontale und vertikale lichte Mindestabstand einzelner Spannglieder gemäß Bild 8.14 ist in der Regel einzuhalten. Andere Abstände dürfen verwendet werden, wenn durch Versuchsergebnisse für den Grenzzustand der Tragfähigkeit Folgendes nachgewiesen werden kann:

– die Begrenzung der Betondruckspannung an der Verankerung,
– kein Abplatzen des Betons,
– die Verankerung von Spanngliedern im sofortigen Verbund,
– das Einbringen des Betons zwischen den Spanngliedern.

Die Dauerhaftigkeit und die Korrosionsgefahr der Spannglieder an den Bauteilenden sind in der Regel dabei ebenfalls zu berücksichtigen.

NCI Zu 8.10.1.2 (1)

Eine Unterschreitung der Mindestabstände nach Bild 8.14 ist nur im Rahmen einer Zulassung oder Zustimmung im Einzelfall zulässig.

Für Vorspannung mit sofortigem Verbund ist die Verwendung von glatten Drähten nicht zulässig.

(2) Eine Bündelung von Spanngliedern im Verankerungsbereich ist in der Regel zu vermeiden, es sei denn, dass das einwandfreie Einbringen und Verdichten des Betons und ausreichender Verbund zwischen dem Beton und den Spanngliedern sichergestellt werden kann.

NCI Zu 8.10.1.2

(NA.3) Spannglieder aus gezogenen Drähten oder Litzen dürfen nach dem Spannen umgelenkt werden oder im umgelenkten Zustand vorgespannt werden, wenn sie dabei im Bereich der Krümmung keine Schädigung erfahren und das Verhältnis aus Biegeradius und Spanngliedurchmesser min. 15 beträgt.

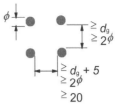

ANMERKUNG Dabei sind $\varnothing$ der Durchmesser des Spannglieds im sofortigen Verbund und d_g der Durchmesser des Größtkorns der Gesteinskörnung.

Bild 8.14 – Lichter Mindestabstand für Spannglieder im sofortigen Verbund

8.10.1.3 Hüllrohre für Spannglieder im nachträglichen Verbund

(1)P Die Hüllrohre für Spannglieder im nachträglichen Verbund müssen so angeordnet und konstruiert werden, dass

– der Beton sicher eingebracht werden kann, ohne dass die Hüllrohre beschädigt werden,
– der Beton an den gebogenen Hüllrohrabschnitten die Umlenkkräfte während und nach dem Vorspannen aufnehmen kann,
– kein Verpressmaterial während des Verpressens in andere Hüllrohre austreten kann.

(2) Hüllrohre für Spannglieder im nachträglichen Verbund dürfen in der Regel nicht gebündelt werden (Ausnahme: vertikal übereinander liegendes Hüllrohrpaar).

NCI Zu 8.10.1.3 (2)

Die Ausnahme ist nicht zulässig.

(3) Die lichten Mindestabstände zwischen Hüllrohren nach Bild 8.15 sind in der Regel einzuhalten.

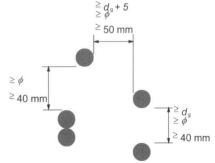

ANMERKUNG Dabei sind $\varnothing$ der Durchmesser des Hüllrohrs für den nachträglichen Verbund und d_g der Durchmesser des Größtkorns der Gesteinskörnung.

Bild 8.15 – Lichter Mindestabstand zwischen Hüllrohren

8.10.2 Verankerung bei Spanngliedern im sofortigen Verbund

8.10.2.1 Allgemeines

(1) In den Verankerungsbereichen von Spanngliedern im sofortigen Verbund sind in der Regel folgende Längen zu berücksichtigen (siehe Bild 8.16):

a) Übertragungslänge l_{pt}, über die die Vorspannkraft (P_0) vollständig in den Beton übertragen wird; siehe 8.10.2.2 (2),

b) Eintragungslänge l_{disp}, über die die Betonspannungen schrittweise in einen linearen Verlauf über den Betonquerschnitt übergehen, siehe 8.10.2.2 (4),

c) Verankerungslänge l_{bpd}, über die die Kraft des Spannglieds F_{pd} im Grenzzustand der Tragfähigkeit vollständig im Beton verankert wird, siehe 8.10.2.3 (4) und (5).

NCI Zu 8.10.2.1 (1)

Im Verankerungsbereich ist eine enge Querbewehrung zur Aufnahme der aus den Verankerungskräften hervorgerufenen Spaltzugkräfte anzuordnen. Darauf darf in besonderen Fällen (z. B. Spannbetonhohlplatten) verzichtet werden, wenn die Spaltzugspannung den Wert f_{ctd} nicht überschreitet.

NCI Zu 8.10.2.1

(NA.2)P Die nachfolgenden Regeln gelten, sofern in den allgemeinen bauaufsichtlichen Zulassungen keine anderen Werte gefordert werden.

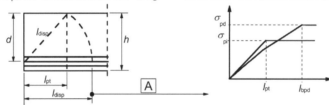

A — Lineare Spannungsverteilung im Bauteilquerschnitt

Bild 8.16 – Übertragung der Vorspannung bei Bauteilen aus Spannbeton; Längenparameter

8.10.2.2 Übertragung der Vorspannung

(1) Beim Absetzen der Spannkraft darf davon ausgegangen werden, dass die Vorspannung mit einer konstanten Verbundspannung f_{bpt} in den Beton übertragen wird:

$$f_{bpt} = \eta_{p1} \cdot \eta_1 \cdot f_{ctd}(t) \quad (8.15)$$

Dabei ist

η_{p1} ein Beiwert zur Berücksichtigung der Art des Spannglieds und der Verbundbedingungen beim Absetzen der Spannkraft:

$\eta_{p1} = 2{,}7$ für profilierte Drähte,
$\eta_{p1} = 3{,}2$ für Litzen mit 3 und 7 Drähten;

$\eta_1 = 1{,}0$ für gute Verbundbedingungen (siehe 8.4.2),
$\eta_1 = 0{,}7$ für andere Verbundbedingungen, wenn kein höherer Wert durch Maßnahmen in der Bauausführung gerechtfertigt werden kann;

⌜AC⌝ $f_{ctd}(t)$ der Bemessungswert der Betonzugfestigkeit zum Zeitpunkt des Absetzens der Spannkraft:
$f_{ctd}(t) = \alpha_{ct} \cdot 0{,}7 \cdot f_{ctm}(t) / \gamma_C$
(siehe auch 3.1.2 (9) und 3.1.6 (2)P). ⌞AC⌟

ANMERKUNG Die Werte von η_{p1} für andere außer den oben aufgeführten Arten von Spanngliedern dürfen einer Europäischen Technischen Zulassung entnommen werden.

NCI Zu 8.10.2.2 (1)

Die Verbundspannung beim Absetzen der Spannkraft f_{bpt} nach Gleichung (8.15) gilt nur für übliche (nicht verdichtete) Litzen mit einer Querschnittsfläche $A_p \leq 100$ mm².

Für profilierte Drähte mit $\varnothing \leq 8$ mm und Litzen ist $\eta_{p1} = 2{,}85$ anzusetzen.

ANMERKUNG Es gilt $\alpha_{ct} = 0{,}85$.

(2) Der Grundwert der Übertragungslänge l_{pt} beträgt:

$$l_{pt} = \alpha_1 \cdot \alpha_2 \cdot \varnothing \cdot \sigma_{pm0} / f_{bpt} \quad (8.16)$$

Dabei ist

$\alpha_1 = 1{,}0$ für das schrittweise Absetzen der Spannkraft,
$\alpha_1 = 1{,}25$ für das plötzliche Absetzen der Spannkraft;
$\alpha_2 = 0{,}25$ für Spannstahl mit runden Querschnitten,
$\alpha_2 = 0{,}19$ für Litzen mit 3 und 7 Drähten;
$\varnothing$ der Nenndurchmesser des Spannstahls;
σ_{pm0} die Spannstahlspannung direkt nach dem Absetzen der Spannkraft.

(3) Der Bemessungswert der Übertragungslänge ist in der Regel je nach Bemessungssituation als der ungünstigere der folgenden zwei Werte anzunehmen:

$l_{pt1} = 0{,}8 \, l_{pt}$ (8.17)

oder

$l_{pt2} = 1{,}2 \, l_{pt}$ (8.18)

ANMERKUNG In der Regel wird der niedrigere der beiden Werte zum Nachweis der örtlichen Spannungen beim Absetzen der Spannkraft verwendet und der höhere Wert für Grenzzustände der Tragfähigkeit (Querkraft, Verankerung usw.).

(4) Es darf davon ausgegangen werden, dass die Betonspannungen außerhalb der Eintragungslänge einen linearen Verlauf aufweisen; AC siehe Bild 8.16 AC:

$$l_{disp} = \sqrt{l_{pt}^2 + d^2}$$ (8.19)

(5) Ein alternativer Spannkraftverlauf im Eintragungsbereich darf angenommen werden, wenn dieser ausreichend begründet ist und die Übertragungslänge entsprechend modifiziert wurde.

NCI Zu 8.10.2.2 (5)

ANMERKUNG Zur Begründung siehe DAfStb-Heft 600.

8.10.2.3 AC Verankerung der Spannglieder in den Grenzzuständen der Tragfähigkeit AC

(1) Die Verankerung der Spannglieder ist in der Regel nachzuweisen, wenn die Zugspannung im Verankerungsbereich $f_{ctk,0,05}$ überschreitet. Die Kraft in den Spanngliedern ist dabei in der Regel für einen gerissenen Querschnitt AC unter Berücksichtigung der Querkraft gemäß 6.2.3 (7) zu berechnen, siehe auch AC 9.2.1.3. Wenn die Betonzugspannung $\leq f_{ctk,0,05}$ beträgt, ist der Nachweis der Verankerung nicht erforderlich.

NCI Zu 8.10.2.3 (1)

Überschreiten die Betonzugspannungen den Wert $f_{ctk;0,05}$, ist nachzuweisen, dass die vorhandene Zugkraftlinie die Zugkraftdeckungslinie aus der Zugkraft von Spannstahl und Betonstahl nicht überschreitet.

Die in der Entfernung x vom Bauteilende zu verankernde Kraft $F_{Ed}(x)$ beträgt:

$$F_{Ed}(x) = M_{Ed}(x)/z + 0{,}5 \cdot V_{Ed}(x) \cdot (\cot\theta - \cot\alpha)$$

(NA.8.19.1)

Dabei ist

$M_{Ed}(x)$ der Bemessungswert des aufzunehmenden Biegemoments an der Stelle x;

z der innere Hebelarm nach 6.2.3 (1);

$V_{Ed}(x)$ der Bemessungswert der zugehörigen aufzunehmenden Querkraft an der Stelle x;

θ der Winkel zwischen den Betondruckstreben und der Bauteillängsachse; für Bauteile ohne Querkraftbewehrung gilt $\cot\theta = 3{,}0$

und $\cot\alpha = 0$;

α der Winkel zwischen der Querkraftbewehrung und der Bauteilachse.

Bei der Ermittlung der vom Spannstahl aufzunehmenden Verankerungskraft ist die Rissbildung zu berücksichtigen.

(2) Die Verbundfestigkeit für die Verankerung im Grenzzustand der Tragfähigkeit beträgt

$$f_{bpd} = \eta_{p2} \cdot \eta_1 \cdot f_{ctd}$$ (8.20)

Dabei ist

η_{p2} der Beiwert zur Berücksichtigung der Art des Spannglieds und den Verbundbedingungen bei der Verankerung:

$\eta_{p2} = 1{,}4$ für profilierte Drähte,
$\eta_{p2} = 1{,}2$ für Litzen mit 7 Drähten;

η_1 in 8.10.2.2 (1) definiert.

ANMERKUNG Die Werte von η_{p2} für andere außer den oben aufgeführten Arten von Spanngliedern dürfen einer Europäischen Technischen Zulassung entnommen werden.

NCI Zu 8.10.2.3 (2)

Die Verbundspannung f_{bpd} nach Gleichung (8.20) gilt nur für nicht verdichtete Litzen mit einer Querschnittsfläche ≤ 100 mm².

Für 7-drähtige Litzen darf abweichend auch $\eta_{p2} = 1{,}4$ angesetzt werden.

(3) Da die Sprödigkeit mit steigender Betonfestigkeit zunimmt, ist $f_{ctk,0,05}$ hier in der Regel auf den Wert für die Betonfestigkeitsklasse C60/75 zu begrenzen, wenn nicht nachgewiesen werden kann, dass die durchschnittliche Verbundfestigkeit größer ist.

(4) Die Gesamtverankerungslänge zur Verankerung eines Spanngliedes mit der Spannung σ_{pd} beträgt:

$$l_{bpd} = l_{pt2} + \alpha_2 \cdot \varnothing \cdot (\sigma_{pd} - \sigma_{pm\infty})/f_{bpd}$$ (8.21)

Dabei ist

l_{pt2} der obere Bemessungswert der Übertragungslänge; siehe 8.10.2.2 (3);

α_2 in 8.10.2.2 (2) definiert;

σ_{pd} die Spannung im Spannglied, die der Kraft nach Absatz (1) entspricht;

$\sigma_{pm\infty}$ die Vorspannung abzüglich aller Spannkraftverluste.

NCI Zu 8.10.2.3 (4)

Gleichung (8.21) gilt bei Rissbildung außerhalb der Übertragungslänge l_{pt}.

Bei Rissbildung innerhalb der Übertragungslänge l_{pt} ist die Verankerungslänge wie folgt zu ermitteln

Normen

(siehe auch Bild 8.17DE b)):

$$l_{bpd} = l_r + \alpha_2 \cdot \varnothing \cdot [\sigma_{pd} - \sigma_{pt}(x = l_r)] / f_{bpd} \quad (NA.8.21.1)$$

Dabei ist
l_r die Länge des ungerissenen Verankerungsbereichs.

(5) Die Spannungen in Spanngliedern im Verankerungsbereich sind in Bild 8.17 dargestellt.

NCI Zu 8.10.2.3, Bild 8.17

Bild 8.17 wird durch Bild 8.17DE ersetzt.

(6) Wird eine Betonstahlbewehrung mit Spannstahl kombiniert, dürfen die Tragfähigkeiten der einzelnen Verankerungen addiert werden.

NCI Zu 8.10.2.3

(NA.7)P Bei zyklischer Beanspruchung nach 6.8.3 sind zusätzlich folgende Regeln zu beachten:
- Der rechnerische Erstriss darf frühestens 200 mm hinter dem Ende der Verankerungslänge l_{bpd} auftreten, um ein Verbundversagen auszuschließen.
- Für die Bestimmung der Übertragungslänge l_{pt} nach 8.10.2.2 ist f_{bpt} auf 80 % der Wertes für f_{bpt} nach Gleichung (8.15) zu begrenzen.
- Für die Bestimmung der Verankerungslänge l_{bpd} nach 8.10.2.3 ist f_{bpd} auf 80 % der Wertes für f_{bpd} nach Gleichung (8.20) zu begrenzen.
- Die rechnerische Verankerungslänge l_{bpd} muss frei von Rissen bleiben.

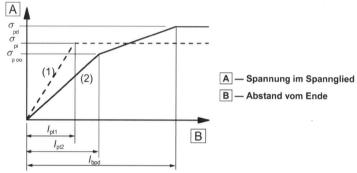

Bild 8.17 – Spannungen im Verankerungsbereich von Bauteilen aus Spannbeton mit Spanngliedern im sofortigen Verbund: (1) beim Absetzen, (2) im GZT

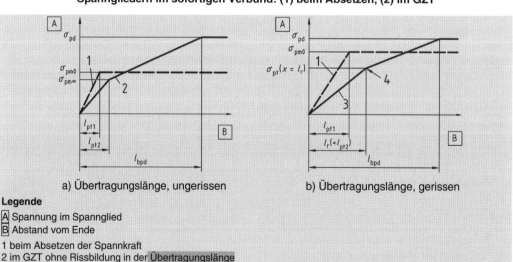

a) Übertragungslänge, ungerissen   b) Übertragungslänge, gerissen

Legende
A Spannung im Spannglied
B Abstand vom Ende
1 beim Absetzen der Spannkraft
2 im GZT ohne Rissbildung in der Übertragungslänge
3 mit Rissbildung in der Übertragungslänge
4 Stelle des ersten Biegerisses

Bild 8.17DE – Spannungen im Verankerungsbereich von Spannbetonbauteilen mit Spanngliedern im sofortigen Verbund

8.10.3 Verankerungsbereiche bei Spanngliedern im nachträglichen oder ohne Verbund

(1) Die Bemessung der Verankerungsbereiche muss in der Regel den Anwendungsregeln dieses Abschnitts und denen nach 6.5.3 entsprechen.

NCI Zu 8.10.3 (1)
Die Verankerung muss der allgemeinen bauaufsichtlichen Zulassung für das verwendete Spannverfahren entsprechen.

Die im Verankerungsbereich erforderliche Spaltzug- und Zusatzbewehrung ist dieser Zulassung zu entnehmen.

(2) Werden die Auswirkungen der Vorspannung als eine konzentrierte Kraft auf den Verankerungsbereich betrachtet, muss in der Regel der Bemessungswert der Spanngliedkraft unter Berücksichtigung von 2.4.2.2 (3) ermittelt werden, wobei die niedrigere charakteristische Betonzugfestigkeit anzusetzen ist.

(3) Die Spannung hinter den Verankerungsplatten ist in der Regel gemäß der maßgebenden Europäischen Technischen Zulassung nachzuweisen.

(4) Die Zugkräfte, die aufgrund der konzentrierten Krafteintragung auftreten, sind in der Regel mittels eines Stabwerkmodells oder eines anderen geeigneten Modells nachzuweisen (siehe 6.5). Die Bewehrung ist dabei unter der Annahme durchzubilden, dass sie mit dem Bemessungswert ihrer Festigkeit beansprucht wird. Wenn die Spannung in dieser Bewehrung auf 300 N/mm² begrenzt wird, ist ein Nachweis der Rissbreite nicht erforderlich.

NCI Zu 8.10.3 (4)
ANMERKUNG Eine Spannungsbegrenzung im GZT auf $\sigma_{sd} \leq 300$ N/mm² lässt erwarten, dass angemessene Rissbreiten nicht überschritten werden.

(5) Vereinfachend darf angenommen werden, dass sich die Vorspannkraft mit einem Ausbreitungswinkel von 2 β (siehe Bild 8.18) ausbreitet. Die Ausbreitung beginnt am Ende der Ankerkörper, wobei β mit arc tan 2/3 angenommen werden darf.

NCI Zu 8.10.3
(NA.6) Die lichten Mindestabstände zwischen den Hüllrohren nach 8.10.1.3 (3) gelten sowohl für Spannglieder im nachträglichen Verbund als auch für intern geführte Spannglieder ohne Verbund.

Die Abstände extern geführter Spannglieder werden durch Austauschbarkeit und Inspizierbarkeit bestimmt.

(NA.7) Eine Bündelung interner Spannglieder ohne Verbund ist nur in Bereichen außerhalb der Verankerungsbereiche zulässig, wenn das Einbringen und Verdichten des Betons einwandfrei möglich und die Aufnahme der Umlenkkräfte sichergestellt ist.

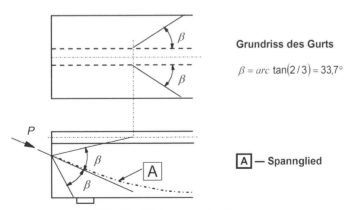

$\beta = arc\ \tan(2/3) = 33{,}7°$

Grundriss des Gurts

$\boxed{A}$ — Spannglied

Bild 8.18 – Eintragung der Vorspannung

8.10.4 Verankerungen und Spanngliedkopplungen für Spannglieder

(1)P Ankerkörper für Spannglieder im nachträglichen Verbund müssen den Spezifikationen des Vorspannsystems entsprechen. Die Verankerungslängen von Spanngliedern im sofortigen Verbund müssen so bemessen sein, dass der maximale Bemessungswert der Spanngliedkraft aufgenommen werden kann, wobei die Auswirkungen wiederholter schneller Einwirkungswechsel zu berücksichtigen sind.

NCI Zu 8.10.4 (1)P
Als Spezifikation darf nur die allgemeine bauaufsichtliche Zulassung des Vorspannsystems verwendet werden.

(2)P Spanngliedkopplungen müssen den Spezifikationen des Vorspannsystems entsprechen. Sie müssen unter Berücksichtigung von möglichen durch sie hervorgerufenen Störungen so angeordnet werden, dass die Tragfähigkeit des Bauteils nicht beeinträchtigt wird und dass Zwischenverankerungen im Bauzustand ordnungsgemäß vorgenommen werden können.

NCI Zu 8.10.4 (2)P
Als Spezifikation darf nur die allgemeine bauaufsichtliche Zulassung des Vorspannsystems verwendet werden.

(3) Die Berechnung örtlicher Auswirkungen auf Beton und Querbewehrung ist in der Regel in Übereinstimmung mit 6.5 und 8.10.3 durchzuführen.

(4) In der Regel sind Kopplungen in Bereichen außerhalb von Zwischenauflagern anzuordnen.

(5) Die Anordnung von 50 % und mehr Spanngliedkopplungen in einem Querschnitt ist in der Regel zu vermeiden, wenn nicht nachgewiesen werden kann, dass ein höherer Anteil die Sicherheit des Tragwerks nicht beeinträchtigt.

8.10.5 Umlenkstellen

(1)P Eine Umlenkstelle muss die folgenden Bedingungen erfüllen:
– sie muss die Normal- und Querkräfte, die das Spannglied auf die Umlenkstelle überträgt, aufnehmen und diese Kräfte in das Tragwerk weiterleiten können,
– sie muss sicherstellen, dass der Krümmungsradius des Spannglieds zu keiner Spannungsüberschreitung oder keinem Schaden am Spannglied führt.

(2)P In den Umlenkbereichen müssen die Hüllrohre, die die Führung für die Spannglieder bilden, dem Radialdruck und der Längsverschiebung des Spannglieds widerstehen können, ohne das Spannglied zu beschädigen und ohne seine Funktion zu beeinträchtigen.

(3)P Der Krümmungsradius eines Spanngliedes in einem Umlenkbereich muss die Anforderungen der EN 10138 und der maßgebenden Europäischen Technischen Zulassungen erfüllen.

NCI Zu 8.10.5 (3)P
Es gelten die Zulassungen der Spannverfahren.

(4) Planmäßige Umlenkungen eines Spannglieds bis zu einem Winkel von 0,01 rad sind ohne Umlenkstelle zulässig. Kräfte, die infolge einer Winkeländerung mittels einer Umlenkstelle in Übereinstimmung mit der maßgebenden Europäischen Technischen Zulassung entstehen, sind in der Regel in der Bemessung zu berücksichtigen.

NCI Zu 8.10.5 (4)
Planmäßige Krümmungen ohne Umlenkstellen sind nur zulässig, wenn sie in den Zulassungen der Spannverfahren enthalten sind.

NCI Zu 8.10.5
(NA.5) Verankerungs- und Umlenkstellen externer Spannglieder sollten so ausgebildet werden, dass sie ein Auswechseln des Spannglieds ohne Beschädigung von Tragwerksteilen erlauben, sofern dies nicht ausdrücklich anders festgelegt wurde.

9 KONSTRUKTIONSREGELN

9.1 Allgemeines

(1)P Die Anforderungen an die Sicherheit, Gebrauchstauglichkeit und Dauerhaftigkeit werden durch die Einhaltung der Regeln dieses Abschnitts zusätzlich zu den anderweitig aufgeführten allgemeinen Regeln erfüllt.

(2) Die bauliche Durchbildung von Bauteilen muss in der Regel mit den zur Bemessung verwendeten Modellen übereinstimmen.

(3) Die Anordnung von Mindestbewehrung erfolgt zur Vermeidung unangekündigten Versagens und breiter Risse sowie zur Aufnahme von Zwangschnittgrößen.

ANMERKUNG Die in diesem Abschnitt aufgeführten Regeln gelten überwiegend für den Stahlbetonhochbau.

9.2 Balken

9.2.1 Längsbewehrung

9.2.1.1 Mindestbewehrung und Höchstbewehrung

(1) Die Mindestquerschnittsfläche der Längszugbewehrung muss in der Regel $A_{s,min}$ entsprechen.

ANMERKUNG 1 Siehe auch 7.3 für die Querschnittsflächen der Längszugbewehrung zur Begrenzung der Rissbreiten.

ANMERKUNG 2 Der landesspezifische Wert von $A_{s,min}$ für Balken darf einem Nationalen Anhang entnommen werden. Der empfohlene Wert wird durch folgende Gleichung ermittelt:

$$A_{s,min} = 0{,}26 \cdot \frac{f_{ctm}}{f_{yk}} \cdot b_t \cdot d \geq 0{,}0013 \cdot b_t \cdot d \qquad (9.1N)$$

Dabei ist

b_t die mittlere Breite der Zugzone; bei Plattenbalken mit gedrücktem Gurt ist für die Berechnung von b_t nur die Stegbreite in Rechnung zu stellen;

f_{ctm} entsprechend der maßgebenden Betonfestigkeitsklasse nach Tabelle 3.1 zu bestimmen.

Alternativ darf bei untergeordneten Bauteilen, bei denen ein bestimmtes Risiko unangekündigten Versagens in Kauf genommen werden kann, der Wert $A_{s,min}$ mit der 1,2fachen Querschnittsfläche, die für den Nachweis des GZT benötigt wird, angesetzt werden.

NDP Zu 9.2.1.1 (1)

Gleichung (9.1N) gilt nicht.

ANMERKUNG 2 wird ersetzt:

ANMERKUNG 2 Die Mindestbewehrung $A_{s,min}$ zur Sicherstellung eines duktilen Bauteilverhaltens ist für das Rissmoment (bei Vorspannung ohne Anrechnung der Vorspannkraft) mit dem Mittelwert der Zugfestigkeit des Betons f_{ctm} nach Tabelle 3.1 und einer Stahlspannung $\sigma_s = f_{yk}$ zu berechnen.

Auf $A_{s,min}$ darf bei Spannbetonbauteilen 1/3 der Querschnittsfläche der im Verbund liegenden Spannglieder angerechnet werden, wenn mindestens zwei Spannglieder vorhanden sind. Es dürfen nur Spannglieder angerechnet werden, die nicht mehr als 0,2h oder 250 mm (der kleinere Wert ist maßgebend) von der Betonstahlbewehrung entfernt liegen. Dabei ist die anrechenbare Spannung im Spannstahl auf f_{yk} des Betonstahls begrenzt.

Die Mindestbewehrung ist gleichmäßig über die Breite sowie anteilmäßig über die Höhe der Zugzone zu verteilen. Die im Feld erforderliche untere Mindestbewehrung muss unabhängig von den Regelungen zur Zugkraftdeckung zwischen den Auflagern durchlaufen. Hochgeführte Spannglieder und Bewehrung dürfen nicht berücksichtigt werden. Über Innenauflagern ist die obere Mindestbewehrung in beiden anschließenden Feldern über eine Länge von mindestens einem Viertel der Stützweite einzulegen. Bei Kragarmen muss sie über die gesamte Kragarmlänge durchlaufen. Die Mindestbewehrung ist am Endauflager und am Innenauflager mit der Mindestverankerungslänge zu verankern. Stöße sind für die volle Zugkraft auszubilden.

Bei Gründungsbauteilen und erddruckbelasteten Wänden aus Stahlbeton darf auf die Mindestbewehrung nach Absatz (1) verzichtet werden, wenn das duktile Bauteilverhalten durch Umlagerung der Sohldrucks bzw. des Erddrucks sichergestellt werden kann. Dies ist in der Regel bei Gründungsbauteilen zu erwarten. Dabei müssen die Schnittgrößen für äußere Lasten nach 5.4 ermittelt sowie die Grenzzustände der Tragfähigkeit nach Abschnitt 6 und der Gebrauchstauglichkeit nach Abschnitt 7 nachgewiesen werden.

Der Verzicht auf Mindestbewehrung ist im Rahmen der Tragwerksplanung zu begründen. Bei schwierigen Baugrundbedingungen oder komplizierten Gründungen ist nachzuweisen, dass ein duktiles Bauteilverhalten auch ohne entsprechende Mindestbewehrung durch die Boden-Bauwerk-Interaktion sichergestellt ist.

(2) Querschnitte mit weniger Bewehrung als $A_{s,min}$ gelten als unbewehrt (siehe Kapitel 12).

(3) Die Querschnittsfläche der Zug- oder Druckbewehrung darf in der Regel außerhalb von Stoßbereichen $A_{s,max}$ nicht überschreiten.

ANMERKUNG Der landesspezifische Wert von $A_{s,max}$ für Balken darf einem Nationalen Anhang entnommen werden. Der empfohlene Wert ist 0,04A_c.

NDP Zu 9.2.1.1 (3)

Die Summe der Querschnittsfläche der Zug- und Druckbewehrung darf $A_{s,max} = 0{,}08 A_c$ nicht überschreiten. Dies gilt auch im Bereich von Übergreifungsstößen.

(4) Bei Bauteilen mit Spanngliedern ohne Verbund oder mit externer Vorspannung ist in der Regel nachzuweisen, dass der Biegewiderstand im GZT größer ist als das Biegerissmoment. Ein Biegewiderstand in 1,15facher Höhe des Rissmoments ist ausreichend.

9.2.1.2 Weitere Konstruktionsregeln

(1) In monolithisch hergestellten Balken sind in der Regel bei Annahme einer gelenkigen Lagerung die Querschnitte an den Auflagern für ein Moment infolge teilweiser Einspannung zu bemessen, das mindestens dem β_1-fachen maximalen benachbarten Feldmoment entspricht.

ANMERKUNG 1 Der landesspezifische Wert von β_1 für Balken darf einem Nationalen Anhang entnommen werden. Der empfohlene Wert ist 0,15.

ANMERKUNG 2 Es gilt die in 9.2.1.1 (1) definierte Mindestquerschnittsfläche der Längsbewehrung.

NDP Zu 9.2.1.2 (1)

Es gilt $\beta_1 = 0,25$ für Balken und Platten.

Die Bewehrung muss, vom Auflagerrand gemessen, mindestens über die 0,25-fache Länge des Endfeldes eingelegt werden.

ANMERKUNG 2 entfällt.

(2) An Zwischenauflagern von durchlaufenden Plattenbalken ist in der Regel die gesamte Querschnittsfläche der Zugbewehrung A_s über die effektive Breite des Gurtes zu verteilen (siehe 5.3.2). Ein Teil davon darf über dem Steg konzentriert werden (siehe Bild 9.1).

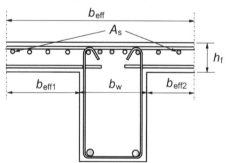

Bild 9.1 – Anordnung der Zugbewehrung im Plattenbalkenquerschnitt

NCI Zu 9.2.1.2 (2)

Es wird empfohlen, die Zugbewehrung bei Plattenbalken- und Hohlkastenquerschnitten höchstens auf einer Breite entsprechend der halben rechnerischen effektiven Gurtbreite $b_{eff,i}$ nach Gleichung (5.7a) anzuordnen. Die tatsächlich vorhandene Gurtbreite darf ausgenutzt werden.

(3) Die im GZT rechnerisch erforderliche Druckbewehrung (Stabdurchmesser $\varnothing$) ist in der Regel durch Querbewehrung mit einem Stababstand von maximal $15\varnothing$ zu sichern.

9.2.1.3 Zugkraftdeckung

(1) Für alle Querschnitte ist in der Regel ausreichende Bewehrung vorzusehen, um die Umhüllende der einwirkenden Zugkraft aufzunehmen. Dabei sind die Auswirkungen von geneigten Rissen in Stegen und Gurten zu berücksichtigen.

NCI Zu 9.2.1.3 (1)

Ausreichende Bewehrung ist mit der Zugkraftdeckung im GZG und GZT nachgewiesen.

Bei einer Schnittgrößenermittlung nach E-Theorie darf i. Allg. auf einen Nachweis im GZG verzichtet werden, wenn nicht mehr als 15 % der Biegemomente umgelagert werden.

(2) Bei Bauteilen mit Querkraftbewehrung ist in der Regel die zusätzliche Zugkraft ΔF_{td} entsprechend 6.2.3 (7) zu ermitteln. Bei Bauteilen ohne Querkraftbewehrung darf ΔF_{td} berücksichtigt werden, indem der Verlauf des Biegemoments gemäß 6.2.2 (5) um das Versatzmaß $a_l = d$ verschoben wird. Dieses Versatzmaß darf alternativ auch bei Bauteilen mit Querkraftbewehrung verwendet werden. Dabei gilt:

$$a_l = z \,(\cot\theta - \cot\alpha) \,/\, 2 \qquad (9.2)$$

Die zusätzliche Zugkraft ist in Bild 9.2 dargestellt.

NCI Zu 9.2.1.3 (2)

Bei einer Anordnung der Zugbewehrung in der Gurtplatte außerhalb des Steges ist a_l jeweils um den Abstand der einzelnen Stäbe vom Steganschnitt zu erhöhen.

(3) Die Tragfähigkeit der Stäbe innerhalb ihrer Verankerungslängen darf unter Annahme eines linearen Kraftverlaufs berücksichtigt werden, siehe Bild 9.2. Als auf der sicheren Seite liegende Vereinfachung darf diese Annahme vernachlässigt werden (konstanter Kraftverlauf).

(4) Die Verankerungslänge aufgebogener Querkraftbewehrung muss in der Regel in der Zugzone mindestens $1,3 l_{bd}$ und in der Druckzone mindestens $0,7 l_{bd}$ betragen. Sie wird vom Schnittpunkt zwischen den Achsen des aufgebogenen Stabs und der Längsbewehrung aus gemessen.

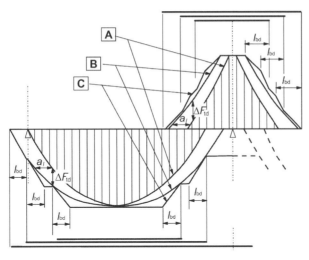

A — Umhüllende für $M_{Ed}/z + N_{Ed}$ B — Einwirkende Zugkraft F_s C — Aufnehmbare Zugkraft F_{Rs}

Bild 9.2 – Darstellung der Staffelung der Längsbewehrung unter Berücksichtigung geneigter Risse und der Tragfähigkeit der Bewehrung innerhalb der Verankerungslängen

9.2.1.4 Verankerung der unteren Bewehrung an Endauflagern

(1) Die Querschnittsfläche der unteren Bewehrung an Endauflagern, für die bei der Bemessung wenig oder keine Einspannung angenommen wurde, muss in der Regel mindestens das β_2-fache der Feldbewehrung betragen.

ANMERKUNG Der landesspezifische Wert von β_2 für Balken darf einem Nationalen Anhang entnommen werden. Der empfohlene Wert ist 0,25.

NDP Zu 9.2.1.4 (1)

Es gilt der empfohlene Wert $\beta_2 = 0{,}25$.

(2) Die zu verankernde Zugkraft darf gemäß 6.2.3(7) (Bauteile mit Querkraftbewehrung) gegebenenfalls unter Berücksichtigung der Normalkraft oder mit dem Versatzmaß ermittelt werden:

$$F_{Ed} = |V_{Ed}| \cdot a_l / z + N_{Ed} \quad (9.3)$$

Dabei ist N_{Ed} die Normalkraft, die zur Zugkraft addiert oder von ihr abgezogen wird; für a_l siehe auch 9.2.1.3 (2).

NCI Zu 9.2.1.4 (2)

Gleichung (9.3) wird um einen Mindestwert ergänzt

$$F_{Ed} = |V_{Ed}| \cdot a_l / z + N_{Ed} \geq V_{Ed}/2 \quad (9.3DE)$$

(3) Die Verankerungslänge l_{bd} nach 8.4.4 beginnt am Auflagerrand. Bei direkter Auflagerung darf der Querdruck berücksichtigt werden. Siehe Bild 9.3.

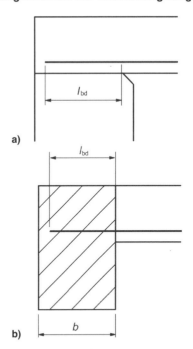

a) direkte Auflagerung: Balken liegt auf Wand oder Stütze auf
b) indirekte Auflagerung: Balken bindet in einen tragenden Balken ein

Bild 9.3 – Verankerung der unteren Bewehrung an Endauflagern

NCI Zu 9.2.1.4 (3)

Der Querdruck bei direkter Auflagerung wird mit $\alpha_5 = 0{,}67$ in $l_{bd} \geq 6{,}7\varnothing$ nach 8.4.4 (1) berücksichtigt. Die Bewehrung ist jedoch in allen Fällen mindestens über die rechnerische Auflagerlinie zu führen.

ANMERKUNG Definition direkte / indirekte Auflagerung siehe NA.1.5.2.26.

9.2.1.5 Verankerung der unteren Bewehrung an Zwischenauflagern

(1) Es gilt die Querschnittsfläche der Bewehrung nach 9.2.1.4 (1).

(2) Die Verankerungslänge muss in der Regel mindestens $10\varnothing$ (für gerade Stäbe) oder mindestens den Biegerollendurchmesser (für Haken und Winkelhaken mit mindestens 16 mm Stabdurchmesser) oder den doppelten Biegerollendurchmesser (in den anderen Fällen) betragen (siehe Bild 9.4a)). Im Allgemeinen sind die Mindestwerte maßgebend. Es darf jedoch auch eine genauere Berechnung nach 6.6 durchgeführt werden.

NCI Zu 9.2.1.5 (2)

In der Regel ist es ausreichend, an Zwischenauflagern von durchlaufenden Bauteilen die erforderliche Bewehrung mindestens um das Maß $6\varnothing$ bis hinter den Auflagerrand zu führen.

(3) Eine Bewehrung, die mögliche positive Momente aufnehmen kann (z. B. Auflagersetzungen, Explosion usw.), ist in der Regel in den Vertragsunterlagen festzulegen. Diese Bewehrung ist in der Regel durchlaufend auszuführen, z. B. durch gestoßene Stäbe (siehe Bild 9.4 b) oder c)).

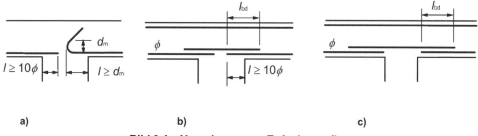

Bild 9.4 – Verankerung an Zwischenauflagern

9.2.2 Querkraftbewehrung

(1) Die Querkraftbewehrung muss in der Regel mit der Schwerachse des Bauteils einen Winkel von 45° bis 90° bilden.

(2) Sie darf aus einer Kombination folgender Bewehrungen bestehen:
- Bügel, die die Längszugbewehrung und die Druckzone umfassen (siehe Bild 9.5),
- aufgebogene Stäbe,
- Querkraftzulagen in Form von Körben, Leitern usw., die ohne Umschließung der Längsbewehrung verlegt sind, aber ausreichend in der Druck- und Zugzone verankert sind.

(3) Bügel sind in der Regel wirksam zu verankern. Ein Übergreifungsstoß des Bügelschenkels nahe der Oberfläche des Stegs ist erlaubt (außer bei Torsionsbügeln).

NCI Zu 9.2.2 (3)

Die Verankerung muss in der Druckzone zwischen dem Schwerpunkt der Druckzonenfläche und dem Druckrand erfolgen; dies gilt im Allgemeinen als erfüllt, wenn die Querkraftbewehrung über die ganze Querschnittshöhe reicht. In der Zugzone müssen die Verankerungselemente möglichst nahe am Zugrand angeordnet werden.

NCI Zu 9.2.2 (3), Bild 9.5

Einschnittige Bügel mit Haken in Balken gelten als Querkraftzulage.

Weitere Beispiele für Querkraftbewehrung sind in Bild NA.9.5.1 angegeben.

(4) Mindestens das β_3-fache der erforderlichen Querkraftbewehrung muss in der Regel aus Bügeln bestehen.

ANMERKUNG Der landesspezifische Wert von β_3 darf einem Nationalen Anhang entnommen werden. Der empfohlene Wert ist 0,5.

NDP Zu 9.2.2 (4)

Es gilt der empfohlene Wert $\beta_3 = 0{,}5$ mit Bügeln nach Bild 8.5DE.

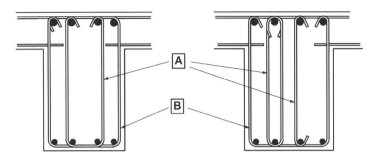

A — Beispiele für Innenbügel   B — Außenbügel

Bild 9.5 – Beispiele zur Querkraftbewehrung

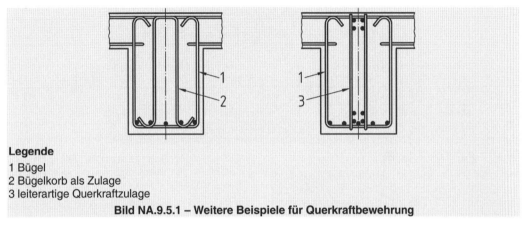

Legende
1 Bügel
2 Bügelkorb als Zulage
3 leiterartige Querkraftzulage

Bild NA.9.5.1 – Weitere Beispiele für Querkraftbewehrung

(5) Der Querkraftbewehrungsgrad ergibt sich aus Gleichung (9.4):

$$\rho_w = A_{sw} / (s \cdot b_w \cdot \sin \alpha) \quad (9.4)$$

Dabei ist

ρ_w der Bewehrungsgrad der Querkraftbewehrung; mit $\rho_w \geq \rho_{w,min}$;

A_{sw} die Querschnittsfläche der Querkraftbewehrung je Länge s;

s der Abstand der Querkraftbewehrung entlang der Bauteilachse;

b_w die Stegbreite des Bauteils;

α der Winkel zwischen Querkraftbewehrung und der Bauteilachse (siehe 9.2.2 (1)).

ANMERKUNG Der landesspezifische Wert von $\rho_{w,min}$ für Balken darf einem Nationalen Anhang entnommen werden. Der empfohlene Wert ist in der Gleichung (9.5N) angegeben.

$$\rho_{w,min} = \left(0{,}08\sqrt{f_{ck}}\right)/f_{yk} \quad (9.5N)$$

NDP Zu 9.2.2 (5)

Der Mindestquerkraftbewehrungsgrad $\rho_{w,min}$ beträgt:

Allgemein: $\rho_{w,min} = 0{,}16 \cdot f_{ctm}/f_{yk}$ (9.5aDE)

Für gegliederte Querschnitte mit vorgespanntem Zuggurt: $\rho_{w,min} = 0{,}256 \cdot f_{ctm}/f_{yk}$ (9.5bDE)

(6) Der größte Längsabstand der Querkraftbewehrungselemente darf in der Regel den Wert $s_{l,max}$ nicht überschreiten.

ANMERKUNG Der landesspezifische Wert für $s_{l,max}$ darf einem Nationalen Anhang entnommen werden. Der empfohlene Wert ist in Gleichung (9.6N) angegeben.

$$s_{l,max} = 0{,}75d\,(1 + \cot \alpha) \quad (9.6N)$$

wobei α der Winkel zwischen der Querkraftbewehrung und der Längsachse des Balkens ist.

NDP Zu 9.2.2 (6)

Gleichung (9.6N) wird durch Tabelle NA.9.1 ersetzt.

(7) Der größte Längsabstand von aufgebogenen Stäben darf in der Regel den Wert $s_{b,max}$ nicht überschreiten.

ANMERKUNG Der landesspezifische Wert für $s_{b,max}$ darf einem Nationalen Anhang entnommen werden. Der empfohlene Wert ist in Gleichung (9.7N) angegeben.

$$s_{b,max} = 0{,}6d\,(1 + \cot \alpha) \quad (9.7N)$$

NDP Zu 9.2.2 (7)

$$s_{b,max} = 0{,}5h\,(1 + \cot \alpha) \quad (9.7DE)$$

(8) Der Querabstand der Bügelschenkel darf in der Regel den Wert $s_{t,max}$ nicht überschreiten.

ANMERKUNG Der landesspezifische Wert für $s_{t,max}$ darf einem Nationalen Anhang entnommen werden. Der empfohlene Wert ist in Gleichung (9.8N) angegeben.

$$s_{t,max} = 0{,}75d \leq 600 \text{ mm} \qquad (9.8N)$$

NDP Zu 9.2.2 (8)

Gleichung (9.8N) wird durch Tabelle NA.9.2 ersetzt.

Tabelle NA.9.1 – Längsabstand $s_{l,max}$ für Bügel

	1	2	3
	Querkraftausnutzung [a]	Beton der Festigkeitsklasse	
		≤ C50/60	> C50/60
1	$V_{Ed} \leq 0{,}3 V_{Rd,max}$	$0{,}7h$ [b] bzw. 300 mm	$0{,}7h$ bzw. 200 mm
2	$0{,}3 V_{Rd,max} < V_{Ed} \leq 0{,}6 V_{Rd,max}$	$0{,}5h$ bzw. 300 mm	$0{,}5h$ bzw. 200 mm
3	$V_{Ed} > 0{,}6 V_{Rd,max}$	$0{,}25h$ bzw. 200 mm	

[a] $V_{Rd,max}$ darf hier vereinfacht mit $\theta = 40°$ ($\cot\theta = 1{,}2$) ermittelt werden.
[b] Bei Balken mit $h < 200$ mm und $V_{Ed} \leq V_{Rd,c}$ braucht der Bügelabstand nicht kleiner als 150 mm zu sein.

Tabelle NA.9.2 – Querabstand $s_{t,max}$ für Bügel

	1	2	3
	Querkraftausnutzung [a]	Beton der Festigkeitsklasse	
		≤ C50/60	> C50/60
1	$V_{Ed} \leq 0{,}3 V_{Rd,max}$	h bzw. 800 mm	h bzw. 600 mm
2	$0{,}3 V_{Rd,max} < V_{Ed} \leq V_{Rd,max}$	h bzw. 600 mm	h bzw. 400 mm

[a] $V_{Rd,max}$ darf hier vereinfacht mit $\theta = 40°$ ($\cot\theta = 1{,}2$) ermittelt werden.

9.2.3 Torsionsbewehrung

(1) Die Torsionsbügel sind in der Regel zu schließen und durch Übergreifung oder Haken zu verankern, (siehe Bild 9.6). Sie sollten dabei einen Winkel von 90° mit der Bauteilachse bilden.

NCI Zu 9.2.3 (1)

Die Torsionsbügel dürfen in Balken und in Stegen von Plattenbalken nach Bild 8.5DE e), g) oder h) geschlossen werden. Die Hakenlänge nach Bild 8.5DE a) in Bild e) ist dabei auf $10\varnothing$ zu vergrößern. Die Bügelform a3) nach Bild 9.6 darf für Torsionsbügel nicht angewendet werden.

(2) Die Regeln 9.2.2 (5) und (6) gelten im Allgemeinen für die Mindestmenge der erforderlichen Torsionsbügel.

(3) Der Längsabstand der Torsionsbügel darf in der Regel den Wert $u/8$ (siehe 6.3.2, Bild 6.11), die Abstände nach 9.2.2 (6) und die kleinere Abmessung des Balkenquerschnitts nicht überschreiten.

(4) In jeder Querschnittsecke ist in der Regel mindestens ein Längsstab anzuordnen. Weitere Längsstäbe sind in der Regel gleichmäßig über den Umfang innerhalb der Bügel mit einem Abstand von höchstens 350 mm zu verteilen.

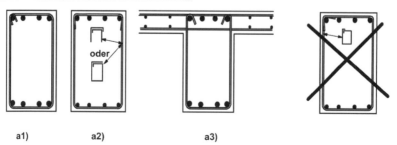

a1)   a2)   a3)

a) empfohlene Bügelformen   b) nicht empfohlene Bügelformen

ANMERKUNG Die zweite Alternative für a2) (untere Darstellung) muss in der Regel eine volle Übergreifungslänge entlang des oberen Abschnitts aufweisen.

Bild 9.6 – Beispiele zur Ausbildung von Torsionsbügeln

9.2.4 Oberflächenbewehrung

(1) Zur Vermeidung von Betonabplatzungen und zur Begrenzung der Rissbreiten kann eine Oberflächenbewehrung erforderlich sein.

ANMERKUNG ⌊AC⌉Regelungen zu Oberflächenbewehrungen sind im informativen Anhang J enthalten.⌊AC⌉

NCI Zu 9.2.4 (1)

ANMERKUNG Der Anhang J ist normativ.

9.2.5 Indirekte Auflager

(1) Liegt ein Träger anstatt auf einer Wand oder Stütze indirekt auf einem anderen Träger auf, ist in der Regel im Kreuzungsbereich der Bauteile eine Aufhängebewehrung vorzusehen, die die wechselseitigen Auflagerreaktionen vollständig aufnehmen kann. Diese Bewehrung wird zusätzlich zu der eingelegt, die aus anderen Gründen erforderlich ist. Dies gilt auch für eine indirekt aufgelagerte Platte.

(2) Die Aufhängebewehrung muss in der Regel aus Bügeln bestehen, die die Hauptbewehrung des unterstützenden Bauteils umfassen. Einige dieser Bügel dürfen außerhalb des unmittelbaren Kreuzungsbereichs beider Bauteile angeordnet werden (siehe Bild 9.7).

NCI Zu 9.2.5 (2)

Wenn die Aufhängebewehrung nach Bild 9.7 ausgelagert wird, dann sollte eine über die Höhe verteilte Horizontalbewehrung im Auslagerungsbereich angeordnet werden, deren Gesamtquerschnittsfläche dem Gesamtquerschnitt dieser Bügel entspricht.

Bei sehr breiten stützenden Trägern oder bei stützenden Platten sollte die in diesen Trägern oder Platten angeordnete Aufhängebewehrung nicht über eine Breite angeordnet werden, die größer als die Nutzhöhe des gestützten Trägers ist.

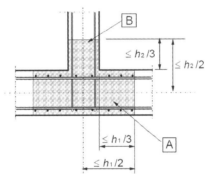

A — stützender Träger mit Höhe h_1
B — unterstützter Träger mit Höhe h_2
($h_1 \geq h_2$)

Bild 9.7 – Bereich der Aufhängebewehrung beim Anschluss eines Nebenträgern (Grundriss)

9.3 Vollplatten

(1) Dieser Abschnitt gilt für einachsig und zweiachsig gespannte Vollplatten, bei denen b und l_{eff} nicht weniger als $5h$ betragen (siehe 5.3.1).

NCI Zu 9.3 (1)

Die Regeln für Vollplatten dürfen auch für $l_{eff}/h \geq 3$ angewendet werden.

9.3.1 Biegebewehrung

9.3.1.1 Allgemeines

(1) Für die Mindest- und Höchstwerte des Bewehrungsgrades in der Hauptspannrichtung gelten die Regeln aus 9.2.1.1 (1) und (3).

ANMERKUNG Zusätzlich zu Anmerkung 2 aus 9.2.1.1 (1) darf $A_{s,min}$ bei Platten mit geringem Risiko von Sprödbruch mit dem 1,2-fachen derjenigen Querschnittsfläche berechnet werden, die für den Nachweis im GZT benötigt wird.

NCI Zu 9.3.1.1 (1)

Bei zweiachsig gespannten Platten braucht die Mindestbewehrung nach 9.2.1.1 (1) nur in der Hauptspannrichtung angeordnet zu werden.

Die Anmerkung wird ersetzt durch:

ANMERKUNG Bei Platten mit geringem Risiko von Sprödbruch darf $A_{s,min}$ alternativ mit dem 1,2-fachen derjenigen Querschnittsfläche berechnet werden, die für den Nachweis im GZT benötigt wird.

(2) Bei einachsig gespannten Platten darf in der Regel die Querbewehrung nicht weniger als 20 % der Hauptbewehrung betragen. In auflagernahen Bereichen ist keine Querbewehrung der oben liegenden Zugbewehrung erforderlich, wenn kein Biegemoment in Querrichtung vorliegt.

NCI Zu 9.3.1.1 (2)

Der zweite Satz ist nicht anzuwenden.
Bei Betonstahlmatten ist min $\varnothing_{quer}$ = 5 mm einzuhalten.
In zweiachsig gespannten Platten darf die Bewehrung in der minderbeanspruchten Richtung nicht weniger als 20 % der in der höherbeanspruchten Richtung betragen.

(3) Der Abstand zwischen den Stäben darf in der Regel nicht größer als $s_{max,slabs}$ sein.

ANMERKUNG Der landesspezifische Wert für $s_{max,slabs}$ darf einem Nationalen Anhang entnommen werden. Der empfohlene Wert beträgt:
- für die Hauptbewehrung $3h \leq 400$ mm, wobei h die Gesamtdicke der Platte ist;
- für die Querbewehrung $3,5h \leq 450$ mm.

Bei Bereichen mit konzentrierten Einzellasten oder Höchstmoment gelten diese Regeln entsprechend:
- für die Hauptbewehrung $2h \leq 250$ mm;
- für die Querbewehrung $3h \leq 400$ mm.

NDP Zu 9.3.1.1 (3)

Es gilt:
- für die Haupt(Zug-)bewehrung:
  $s_{max,slabs} = 250$ mm für Plattendicken $h \geq 250$ mm;
  $s_{max,slabs} = 150$ mm für Plattendicken $h \leq 150$ mm;
  Zwischenwerte sind linear zu interpolieren.
- für die Querbewehrung oder die Bewehrung in der minderbeanspruchten Richtung:
  $s_{max,slabs} \leq 250$ mm.

(4) Die Regeln aus 9.2.1.3 (1) bis (3), 9.2.1.4 (1) bis (3) und 9.2.1.5 (1) bis (2) gelten ebenfalls, allerdings mit $a_l = d$.

NCI Zu 9.3.1.1

(NA.5) Die Mindestdicke h_{min} einer Vollplatte (Ortbeton) beträgt in der Regel 70 mm.

9.3.1.2 Bewehrung von Platten in Auflagernähe

(1) Bei gelenkig gelagerten Platten ist in der Regel mindestens die Hälfte der erforderlichen Feldbewehrung über das Auflager zu führen und dort gemäß 8.4.4 zu verankern.

ANMERKUNG Die Staffelung und Verankerung der Bewehrung dürfen gemäß 9.2.1.3, 9.2.1.4 und 9.2.1.5 durchgeführt werden.

NCI Zu 9.3.1.2 (1)

Die Regel gilt für alle Auflager von beliebig gelagerten Platten.

(2) Bei teilweiser Einspannung einer Plattenseite, die bei der Berechnung nicht berücksichtigt wurde, ist in der Regel eine obere Stützbewehrung anzuordnen, die mindestens 25 % des benachbarten maximalen Feldmoments aufnehmen kann. Diese Bewehrung muss in der Regel, vom Auflagerrand gemessen, mindestens über die 0,2fache Länge des Endfeldes eingelegt werden.

Sie muss in der Regel über den Zwischenauflagern durchlaufen und an den Endauflagern verankert werden. Bei den Endauflagern darf das aufzunehmende Stützmoment auf 15 % des benachbarten maximalen Feldmoments reduziert werden.

NCI Zu 9.3.1.2 (2)

Der letzte Satz wird ersetzt durch:
Auch bei frei drehbar angenommenen Endauflagern sind 25 % des angrenzenden Feldmomentes durch eine obere konstruktive Bewehrung abzudecken.

9.3.1.3 Eckbewehrung

(1) Wenn durch bauliche Durchbildung das Abheben der Platte an einer Ecke verhindert wird, ist in der Regel eine entsprechende Drillbewehrung anzuordnen.

NCI Zu 9.3.1.3

(NA.2) Werden die Schnittgrößen in einer Platte unter Ansatz der Drillsteifigkeit ermittelt, so ist die Bewehrung in den Plattenecken unter Berücksichtigung des Drillmoments zu bemessen.

(NA.3) Die Drillbewehrung darf durch eine parallel zu den Seiten verlaufende obere und untere Netzbewehrung in den Plattenecken ersetzt werden, die in jeder Richtung die gleiche Querschnittsfläche wie die Feldbewehrung und mindestens eine Länge von 0,3 $l_{eff,min}$ hat.

(NA.4) In Plattenecken, in denen ein frei aufliegender und ein eingespannter Rand zusammenstoßen, sollte die Hälfte der Bewehrung nach Absatz (NA.3) rechtwinklig zum freien Rand eingelegt werden.

(NA.5) Bei vierseitig gelagerten Platten, deren Schnittgrößen als einachsig gespannt oder unter Vernachlässigung der Drillsteifigkeit ermittelt werden, sollte zur Begrenzung der Rissbildung in den Ecken ebenfalls eine Bewehrung nach Absatz (NA.3) angeordnet werden.

(NA.6) Ist die Platte mit Randbalken oder benachbarten Deckenfeldern biegefest verbunden, so brauchen die zugehörigen Drillmomente nicht nachgewiesen und keine Drillbewehrung angeordnet zu werden.

9.3.1.4 Randbewehrung an freien Rändern von Platten

(1) Entlang eines freien (ungestützten) Randes ist in der Regel eine Längs- und Querbewehrung nach Bild 9.8 anzuordnen.

(2) Die vorhandene Bewehrung der Platte darf als Randbewehrung angerechnet werden.

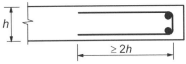

Bild 9.8 – Randbewehrung an freien Rändern von Platten

NCI Zu 9.3.1.4

(NA.3) Bei Fundamenten und innen liegenden Bauteilen des üblichen Hochbaus braucht eine Bewehrung nach Absatz (1) nicht angeordnet zu werden.

9.3.2 Querkraftbewehrung

(1) Die Mindestdicke einer Platte mit Querkraftbewehrung beträgt in der Regel 200 mm.

NCI Zu 9.3.2 (1)

h_{min} einer Vollplatte (Ortbeton):
- mit Querkraftbewehrung (aufgebogen): 160 mm;
- mit Querkraftbewehrung (Bügel) oder Durchstanzbewehrung: 200 mm

(2) Für die bauliche Durchbildung der Querkraftbewehrung gelten der Mindestwert und die Definition des Bewehrungsgrades nach 9.2.2, soweit sie nicht nachfolgend modifiziert werden.

NCI Zu 9.3.2 (2)

- bei $V_{Ed} \leq V_{Rd,c}$ mit $b/h > 5$ ist keine Mindestbewehrung für Querkraft erforderlich.
- Bauteile mit $b/h < 4$ sind als Balken zu behandeln.
- Im Bereich $5 \geq b/h \geq 4$ ist eine Mindestbewehrung erforderlich, die bei $V_{Ed} \leq V_{Rd,c}$ zwischen dem nullfachen und dem einfachen Wert, bei $V_{Ed} > V_{Rd,c}$ zwischen dem 0,6-fachen und dem einfachen Wert der erforderlichen Mindestbewehrung von Balken interpoliert werden darf.
- bei $V_{Ed} > V_{Rd,c}$ mit $b/h > 5$ ist der 0,6-fache Wert der Mindestbewehrung von Balken erforderlich.

(3) In Platten mit $|V_{Ed}| \leq 1/3\, V_{Rd,max}$ (siehe 6.2) darf die Querkraftbewehrung vollständig aus aufgebogenen Stäben oder Querkraftzulagen bestehen.

(4) Der größte Längsabstand von Bügelreihen ist:
$$s_{max} = 0{,}75d \cdot (1 + \cot \alpha) \quad (9.9)$$
wobei α die Neigung der Querkraftbewehrung ist.

Der größte Längsabstand von aufgebogenen Stäben ist:
$$s_{max} = d. \quad (9.10)$$

NCI Zu 9.3.2 (4)

Die Gleichungen (9.9) und (9.10) werden ersetzt durch:

Größter Längsabstand von Bügeln:
- für $V_{Ed} \leq 0{,}30\, V_{Rd,max}$ $s_{max} = 0{,}70h$
- für $0{,}30\, V_{Rd,max} < V_{Ed} \leq 0{,}60\, V_{Rd,max}$ $s_{max} = 0{,}50h$
- für $V_{Ed} > 0{,}60\, V_{Rd,max}$ $s_{max} = 0{,}25h$

Der größte Längsabstand von aufgebogenen Stäben darf mit $s_{max} = h$ angesetzt werden.

(5) Der maximale Querabstand der Querkraftbewehrung darf in der Regel nicht größer als $1{,}5d$ sein.

NCI Zu 9.3.2 (5)

Der Absatz wird ersetzt durch:

Der maximale Querabstand von Bügeln darf in der Regel $s_{max} = h$ nicht überschreiten.

9.4 Flachdecken

9.4.1 Flachdecken im Bereich von Innenstützen

(1) Die Anordnung der Bewehrung in Flachdecken muss in der Regel das Verhalten im Gebrauchszustand berücksichtigen. Im Allgemeinen führt dies zu einer Konzentration der Bewehrung über den Stützen.

NCI Zu 9.4.1 (1)

ANMERKUNG Beachte auch die Festlegungen zu den Mindestbiegemomenten für den Durchstanzbereich nach NCI zu 6.4.5 (1).

(2) Werden keine genaueren Gebrauchstauglichkeitsberechnungen durchgeführt, ist in der Regel über Innenstützen eine Stützbewehrung mit der Querschnittsfläche $0{,}5A_t$ beidseitig der Stütze auf einer Breite entsprechend der 0,125fachen effektiven Spannweite der angrenzenden Deckenfelder anzuordnen. A_t ist dabei die Querschnittsfläche der Biegebewehrung über der Stütze, die erforderlich ist, um das gesamte negative Moment aufzunehmen, das aus der Belastung aus den beiderseits der Stütze angrenzenden Deckenfeldern resultiert.

(3) Bei Innenstützen ist in der Regel eine untere Bewehrung (≥ 2 Stäbe) entlang jeder orthogonalen Richtung anzuordnen. Diese Bewehrung muss in der Regel über der Stütze durchlaufen.

NCI Zu 9.4.1 (3)

Zur Vermeidung eines fortschreitenden Versagens von punktförmig gestützten Platten ist stets ein Teil der Feldbewehrung über die Stützstreifen im Bereich von Innen- und Randstützen hinwegzuführen bzw. dort zu verankern. Die hierzu erforderliche Bewehrung muss mindestens die Querschnittsfläche $A_s = V_{Ed} / f_{yk}$ aufweisen und ist im Bereich der Lasteinleitungsfläche anzuordnen. Abminderungen von V_{Ed} sind dabei nicht zulässig.

Dabei ist V_{Ed} der Bemessungswert der Querkraft mit $\gamma_F = 1{,}0$.

Auf diese Abreißbewehrung beim Durchstanzen darf bei elastisch gebetteten Bodenplatten wegen der Boden-Bauwerk-Interaktion verzichtet werden.

9.4.2 Flachdecken im Bereich von Randstützen

(1) Bewehrungen, die senkrecht entlang eines freien Rands verlaufen und die die Biegemomente der Platte auf eine Eck- oder Randstütze übertragen sollen, sind in der Regel innerhalb der mitwirkenden Breite b_e nach Bild 9.9 einzulegen.

NCI Zu 9.4.2 (1)

ANMERKUNG Beachte auch die Festlegungen zu den Mindestbiegemomenten für den Durchstanzbereich nach NCI zu 6.4.5 (1).

NCI Zu 9.4.2

(NA.2) Bei Lasteinleitungsflächen, die sich nahe oder an einem freien Rand oder einer Ecke befinden, d. h. mit einem Randabstand kleiner als d, ist stets eine besondere Randbewehrung nach 9.3.1.4 mit einem Abstand der Steckbügel $s_w \leq 100$ mm längs des freien Randes erforderlich.

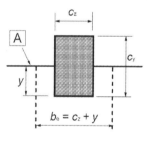

ANMERKUNG: y darf $> c_y$ sein.
ANMERKUNG: y ist der Abstand vom Plattenrand bis zur Innenseite der Stütze.

a) Randstütze

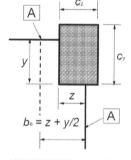

ANMERKUNG: z darf $> c_z$ sein und $y > c_y$.

b) Eckstütze

Bild 9.9 – Wirksame Breite b_e einer Flachdecke

9.4.3 Durchstanzbewehrung

(1) Wenn Durchstanzbewehrung erforderlich wird (siehe 6.4), ist diese in der Regel zwischen der Lasteinleitungsfläche/Stütze bis zum Abstand $k \cdot d$ innerhalb des Rundschnitts einzulegen, an dem Querkraftbewehrung nicht mehr benötigt wird. Sie ist in der Regel mindestens in zwei konzentrischen Reihen von Bügelschenkeln einzulegen (siehe Bild 9.10). Der Abstand zwischen den Bügelschenkelreihen darf in der Regel nicht größer als $0{,}75d$ sein.

Innerhalb des kritischen Rundschnitts ($2d$ von der Lasteinleitungsfläche) darf in der Regel der tangentiale Abstand der Bügelschenkel in einer Bewehrungsreihe nicht mehr als $1{,}5d$ betragen. Außerhalb des kritischen Rundschnitts darf in der Regel der Abstand der Bügelschenkel in einer Bewehrungsreihe nicht mehr als $2d$ betragen, wenn die Bewehrungsreihe zum Durchstanzwiderstand beiträgt (siehe Bild 6.22).

Bei aufgebogenen Stäben (wie in Bild 9.10 b)

dargestellt) darf eine Bewehrungsreihe als ausreichend betrachtet werden.

ANMERKUNG Siehe 6.4.5 (4) für den Wert von k.

NCI Zu 9.4.3 (1)

Die Stabdurchmesser einer Durchstanzbewehrung sind auf die vorhandene mittlere statische Nutzhöhe der Platte abzustimmen:

Bügel: $\varnothing \leq 0{,}05d$
Schrägaufbiegungen: $\varnothing \leq 0{,}08d$

Weitere Hinweise zu Bügelformen und Darstellung der Durchstanzbewehrung sind in DAfStb-Heft 600 enthalten.

(2) Wenn Durchstanzbewehrung erforderlich ist, wird der Querschnitt eines Bügelschenkels (oder gleichwertig) $A_{sw,min}$ mit der Gleichung (9.11) ermittelt.

$$A_{sw,min} \cdot \frac{(1{,}5 \cdot \sin\alpha + \cos\alpha)}{(s_r \cdot s_t)} \geq {}_{AC}0{,}08 \cdot \frac{\sqrt{f_{ck}}}{f_{yk}}{}_{AC} \quad (9.11)$$

Dabei ist

α der Winkel zwischen der Durchstanzbewehrung und der Längsbewehrung (d. h. bei vertikalen Bügeln $\alpha = 90°$ und $\sin\alpha = 1$);
s_r der Abstand der Bügel der Durchstanzbewehrung in radialer Richtung;
s_t der Abstand der Bügel der Durchstanzbewehrung in tangentialer Richtung;
f_{ck} in N/mm².

Im Durchstanznachweis darf die vertikale Komponente nur solcher Spannglieder berücksichtigt werden, die innerhalb eines Abstandes von $0{,}5d$ von der Stütze verlaufen.

NCI Zu 9.4.3 (2)

Die Gleichung (9.11) wird durch Gleichung (9.11DE) ersetzt:

$$A_{sw,min} = A_s \cdot \sin\alpha = \frac{0{,}08}{1{,}5} \cdot \frac{\sqrt{f_{ck}}}{f_{yk}} \cdot s_r \cdot s_t \quad (9.11DE)$$

(3) Aufgebogene Stäbe, die die Lasteinleitungsfläche kreuzen oder in einem Abstand von weniger als $0{,}25d$ vom Rand dieser Fläche liegen, dürfen als Durchstanzbewehrung verwendet werden (siehe Bild 9.10b), oben).

(4) Der Abstand zwischen dem Auflageranschnitt oder dem Umfang einer Lasteinleitungsfläche und der nächsten Durchstanzbewehrung, die bei der Bemessung berücksichtigt wurde, darf nicht größer als $d/2$ sein. Dieser Abstand ist in der Regel in Höhe der Längszugbewehrung zu messen. Bei nur einer Lage von aufgebogenen Stäben darf deren Neigung auf 30° verringert werden.

NCI Zu 9.4.3 (4)

Werden Schrägstäbe als Durchstanzbewehrung eingesetzt, sollten diese eine Neigung von $45° \leq \alpha \leq 60°$ gegen die Plattenebene aufweisen.

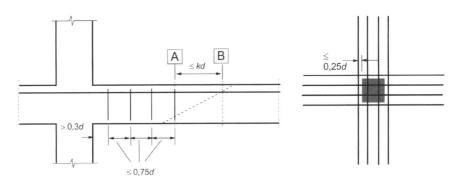

A — Äußerer Rundschnitt, der noch Durchstanzbewehrung benötigt

B — Erster Rundschnitt, der keine Durchstanzbewehrung benötigt

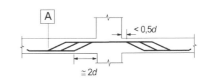

a) Bügelabstände

b) Abstände aufgebogener Stäbe

Bild 9.10 – Durchstanzbewehrung

Normen

NCI Zu 9.4.3, Bild 9.10

Bild 9.10 wird durch Bild 9.10DE ersetzt.

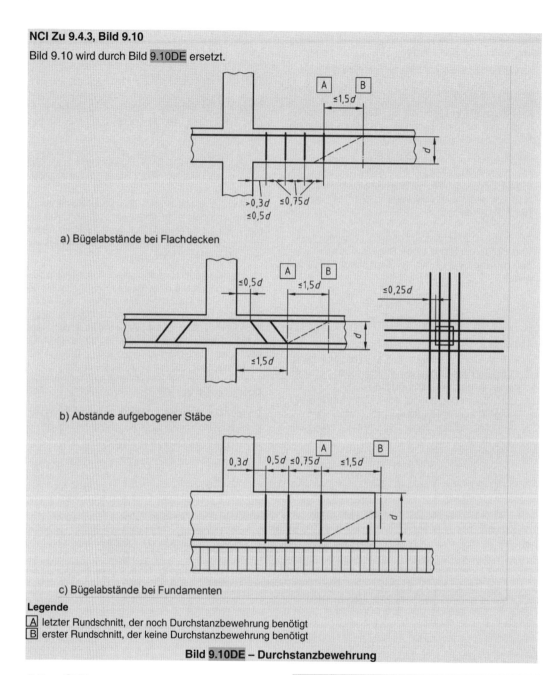

a) Bügelabstände bei Flachdecken

b) Abstände aufgebogener Stäbe

c) Bügelabstände bei Fundamenten

Legende

A letzter Rundschnitt, der noch Durchstanzbewehrung benötigt
B erster Rundschnitt, der keine Durchstanzbewehrung benötigt

Bild 9.10DE – Durchstanzbewehrung

9.5 Stützen

9.5.1 Allgemeines

(1) Dieser Abschnitt gilt für Stützen, bei denen die größere Abmessung h das 4fache der kleineren Abmessung b nicht überschreitet.

NCI zu 9.5.1 (1)

Für Stützen mit Vollquerschnitt, die vor Ort (senkrecht) betoniert werden, darf die kleinste Querschnittsabmessung 200 mm nicht unterschreiten.

9.5.2 Längsbewehrung

(1) Der Durchmesser der Längsstäbe darf in der Regel nicht kleiner als $\varnothing_{min}$ sein.

ANMERKUNG Der landesspezifische Wert für $\varnothing_{min}$ darf einem Nationalen Anhang entnommen werden. Der empfohlene Wert ist 8 mm.

NDP Zu 9.5.2 (1)

$\varnothing_{min}$ = 12 mm

(2) Die Gesamtquerschnittsfläche der Längsbewehrung darf in der Regel nicht kleiner als $A_{s,min}$ sein.

ANMERKUNG Der landesspezifische Wert für $A_{s,min}$ darf einem Nationalen Anhang entnommen werden. Der empfohlene Wert ist in Gleichung (9.12N) angegeben.

$$A_{s,min} = 0{,}10\, N_{Ed} / f_{yd} \text{ oder } 0{,}002\, A_c, \quad (9.12N)$$
je nachdem, welcher der größere Wert ist.

Dabei ist
- f_{yd} der Bemessungswert der Streckgrenze der Bewehrung;
- N_{Ed} der Bemessungswert der Normalkraft.

NDP Zu 9.5.2 (2)

$$A_{s,min} = 0{,}15 \cdot |N_{Ed}| / f_{yd} \quad (9.12DE)$$

(3) Die Gesamtquerschnittsfläche der Längsbewehrung darf in der Regel nicht größer als $A_{s,max}$ sein.

ANMERKUNG Der landesspezifische Wert für $A_{s,max}$ darf einem Nationalen Anhang entnommen werden. Der empfohlene Wert ist $0{,}04 A_c$ außerhalb der Stoßbereiche, außer, wenn nachgewiesen werden kann, dass die Struktur des Betons nicht geschwächt wird und die volle Festigkeit im GZT erreicht wird. Dieser Grenzwert ist in der Regel bei Stößen auf $0{,}08 A_c$ zu erhöhen.

NDP Zu 9.5.2 (3)

$A_{s,max} = 0{,}09 A_c$ auch im Bereich von Übergreifungsstößen

(4) Bei Stützen mit polygonalem Querschnitt muss in der Regel mindestens in jeder Ecke ein Stab liegen. In Stützen mit Kreisquerschnitt sind in der Regel mindestens 4 Längsstäbe anzuordnen.

NCI Zu 9.5.2 (4)

Der zweite Satz wird ersetzt durch:

Dabei sollte der Abstand der Längsstäbe ≤ 300 mm betragen. Bei $b \leq 400$ mm und $h \leq b$ genügt je ein Bewehrungsstab in den Ecken. In Stützen mit Kreisquerschnitt sollten mindestens 6 Stäbe angeordnet werden.

9.5.3 Querbewehrung

(1) Der Durchmesser der Querbewehrung (Bügel, Schlaufen oder Wendeln) muss in der Regel mindestens ein Viertel des maximalen Durchmessers der Längsbewehrung, jedoch mindestens 6 mm betragen. Der Stabdurchmesser bei Betonstahlmatten als Querbewehrung muss in der Regel mindestens 5 mm betragen.

NCI Zu 9.5.3 (1)

Die Querbewehrung muss die Stützenlängsbewehrung umfassen.

Bei Verwendung von Stabbündeln mit $\varnothing_n > 28$ mm und bei Stäben mit $\varnothing > 32$ mm nach 8.8 als Druckbewehrung muss abweichend von Absatz (1) der Mindeststabdurchmesser für Einzelbügel und für Bügelwendeln 12 mm betragen.

(2) Die Querbewehrung ist in der Regel ausreichend zu verankern.

NCI Zu 9.5.3 (2)

Bügel sind in der Regel mit Haken nach Bild 8.5DE a) zu schließen.

Wird der Widerstand gegen Abplatzen der Betondeckung erhöht, darf die Querbewehrung aus Bügeln auch mit 90°-Winkelhaken nach Bild 8.5DE b) geschlossen werden. Die Bügelschlösser sind entlang der Stütze zu versetzen. Mindestens eine der folgenden Maßnahmen kommen hierfür in Frage:

- Vergrößerung des Mindestbügeldurchmessers um mindestens 2 mm gegenüber Absatz (1);
- Halbierung der Bügelabstände nach Absatz (3) bzw. (4);
- angeschweißte Querstäbe (Bügelmatten);
- Vergrößerung der Winkelhakenlänge nach Bild 8.5DE b) von $10\varnothing$ auf $\geq 15\varnothing$.

(3) Die Abstände der Querbewehrung entlang der Stütze dürfen in der Regel nicht größer als $s_{cl,tmax}$ sein.

ANMERKUNG Der landesspezifische Wert für $s_{cl,tmax}$ darf einem Nationalen Anhang entnommen werden. Der empfohlene Wert ist der kleinste von den drei folgenden Abständen:

- das 20fache des kleinsten Durchmessers der Längsstäbe;
- die kleinste Seitenlänge der Stütze;
- 400 mm.

NDP Zu 9.5.3 (3)

Der Abstand der Querbewehrung $s_{cl,tmax}$ darf den kleinsten der drei folgenden Werte nicht überschreiten:

- das 12-fache des kleinsten Durchmessers der Längsstäbe;
- die kleinste Seitenlänge oder den Durchmesser der Stütze;
- 300 mm.

(4) Die Abstände nach (3) sind in der Regel mit dem Faktor 0,6 zu vermindern:
(i) unmittelbar über und unter Balken oder Platten über eine Höhe gleich der größeren Abmessung des Stützenquerschnitts;
(ii) bei Übergreifungsstößen der Längsstäbe, wenn deren größter Durchmesser größer als 14 mm ist. Dabei sind mindestens 3 gleichmäßig auf der Stoßlänge angeordnete Stäbe erforderlich.

(5) Bei Richtungsänderungen der Längsstäbe (z. B. bei Veränderungen des Stützenquerschnitts) sind die Abstände der Querbewehrung in der Regel unter Berücksichtigung der auftretenden Querzugkräfte zu berechnen. Diese Auswirkungen dürfen vernachlässigt werden, falls die Richtungsänderung ≤ 1/12 ist.

(6) Alle Längsstäbe oder Stabbündel in einer Ecke sind in der Regel durch Querbewehrung zu umfassen. Dabei darf kein Stab innerhalb einer Druckzone weiter als 150 mm von einem gehaltenen Stab entfernt sein.

NCI Zu 9.5.3 (6)

In oder in der Nähe jeder Ecke ist eine Anzahl von maximal 5 Stäben durch die Querbewehrung gegen Ausknicken zu sichern. Weitere Längsstäbe und solche, deren Abstand vom Eckbereich den 15-fachen Bügeldurchmesser überschreitet, sind durch zusätzliche Querbewehrung nach Absatz (1) zu sichern, die höchstens den doppelten Abstand der Querbewehrung nach Absatz (3) haben darf.

9.6 Wände

9.6.1 Allgemeines

(1) Dieser Abschnitt gilt für Stahlbetonwände, bei denen die Wandlänge mindestens der 4fachen Wanddicke entspricht und bei denen die Bewehrung im Tragfähigkeitsnachweis berücksichtigt wurde. Die Größe und die zweckmäßige Anordnung der Bewehrung dürfen einem Stabwerkmodell (siehe 6.5) entnommen werden. Für Wände mit überwiegender Plattenbiegung gelten die Regeln für Platten (siehe 9.3).

NCI Zu 9.6.1 (1)

Für Wände mit Halbfertigteilen gelten die allgemeinen bauaufsichtlichen Zulassungen.

NCI Zu 9.6.1

(NA.2) Die Wanddicken tragender Wände sollten die Nennmaße nach Tabelle NA.9.3 nicht unterschreiten:

Tabelle NA.9.3 – Mindestwanddicken für tragende Stahlbetonwände

	Wandkonstruktion		1	2
			\multicolumn{2}{c}{mit Decken}	
			nicht durchlaufend	durchlaufend
2	≥ C16/20	Ortbeton	120 mm	100 mm
3		Fertigteil	100 mm	80 mm

9.6.2 Vertikale Bewehrung

(1) Die Querschnittsfläche der vertikalen Bewehrung muss in der Regel zwischen $A_{s,vmin}$ und $A_{s,vmax}$ liegen.

ANMERKUNG 1 Der landesspezifische Wert für $A_{s,vmin}$ darf einem Nationalen Anhang entnommen werden. Der empfohlene Wert ist $0,002 A_c$.

ANMERKUNG 2 Der landesspezifische Wert für $A_{s,vmax}$ darf einem Nationalen Anhang entnommen werden. Der empfohlene Wert ist $0,04 A_c$ außerhalb der Stoßbereiche, außer wenn nachgewiesen werden kann, dass die Struktur des Betons nicht geschwächt wird und die volle Festigkeit im GZT erreicht wird. Dieser Grenzwert darf bei Stößen verdoppelt werden.

NDP Zu 9.6.2 (1)

- allgemein:
  $A_{s,vmin} = 0,15 |N_{Ed}| / f_{yd} \geq 0,0015 A_c$
- bei schlanken Wänden $\lambda \geq \lambda_{lim}$ (nach 5.8.3.1) oder solchen mit $|N_{Ed}| \geq 0,3 f_{cd} A_c$:
  $A_{s,vmin} = 0,003 A_c$
- $A_{s,vmax} = 0,04 A_c$ (dieser Wert darf innerhalb von Stoßbereichen verdoppelt werden.)

Der Bewehrungsgehalt sollte an beiden Wandaußenseiten im Allgemeinen gleich groß sein.

(2) Wenn die Mindestbewehrung $A_{s,vmin}$ maßgebend ist, muss in der Regel die Hälfte dieser Bewehrung an jeder Außenseite liegen.

(3) Der Abstand zwischen zwei benachbarten vertikalen Stäben darf nicht größer als die 3fache

Wanddicke oder 400 mm sein. Der kleinere Wert ist maßgebend.

NDP Zu 9.6.2 (3)

Der Abstand zwischen zwei benachbarten lotrechten Stäben sollte nicht über der 2-fachen Wanddicke oder nicht über 300 mm liegen (der kleinere Wert ist maßgebend).

9.6.3 Horizontale Bewehrung

(1) Eine horizontale Bewehrung, die parallel zu den Wandaußenseiten (und zu den freien Kanten) verläuft, ist in der Regel außenliegend einzulegen. Diese muss in der Regel mindestens $A_{s,hmin}$ betragen.

ANMERKUNG Der landesspezifische Wert für $A_{s,hmin}$ darf einem Nationalen Anhang entnommen werden. Der empfohlene Wert ist der größere Wert aus 25 % der vertikalen Bewehrung und $0{,}001 A_c$.

NDP Zu 9.6.3 (1)

- allgemein: $A_{s,hmin} = 0{,}20 A_{s,v}$
- bei schlanken Wänden $\lambda \geq \lambda_{lim}$ (nach 5.8.3.1) oder solchen mit $|N_{Ed}| \geq 0{,}3 f_{cd} A_c$: $A_{s,hmin} = 0{,}50 A_{s,v}$

Der Durchmesser der horizontalen Bewehrung muss mindestens ein Viertel des Durchmessers der vertikalen Stäbe betragen.

(2) Der Abstand zwischen zwei benachbarten horizontalen Stäben darf in der Regel nicht größer als 400 mm sein.

NCI Zu 9.6.3 (2)

Der Absatz wird ersetzt durch:

Der Abstand s zwischen zwei benachbarten horizontalen Stäben sollte max. 350 mm betragen.

9.6.4 Querbewehrung

(1) In jedem Wandbereich, in dem der Gesamtquerschnitt der vertikalen Bewehrung beider Wandseiten $0{,}02 A_c$ übersteigt, ist in der Regel Querbewehrung mit Bügeln nach den Bestimmungen für Stützen (siehe 9.5.3) einzulegen. Entsprechend 9.5.3 (4)(i) sind die Bügelabstände unmittelbar über und unter aufliegenden Platten über eine Höhe gleich der 4fachen Wanddicke zu vermindern.

NCI Zu 9.6.4 (1)

Beträgt die Vertikalbewehrung weniger als $0{,}02 A_c$, ist die Querbewehrung nach 9.6.4 (2) auszubilden.

(2) Eine außenliegende Hauptbewehrung ist in der Regel durch Querbewehrung mit mindestens 4 Bügelschenkeln je m² Wandfläche zu verbinden.

ANMERKUNG Es wird keine Querbewehrung benötigt, wenn geschweißte Stahlmatten bzw. Stäbe mit Durchmesser $\varnothing \leq 16$ mm bei einer Betondeckung größer als $2\varnothing$ verwendet werden.

NCI Zu 9.6.4 (2)

Die Anmerkung wird ersetzt durch:

S-Haken dürfen bei Tragstäben mit $\varnothing \leq 16$ mm entfallen, wenn deren Betondeckung mindestens $2\varnothing$ beträgt; in diesem Fall und stets bei Betonstahlmatten dürfen die druckbeanspruchten Stäbe außen liegen.

Die außenliegenden Bewehrungsstäbe dicker Wände können auch mit Steckbügeln im Innern der Wand verankert werden, wobei die freien Bügelenden die Verankerungslänge $0{,}5 l_{b,rqd}$ haben müssen.

An freien Rändern von Wänden mit einer Bewehrung $A_s \geq 0{,}003 A_c$ je Wandseite müssen die Eckstäbe durch Steckbügel nach Bild 9.8 gesichert werden.

9.7 Wandartige Träger

(1) Wandartige Träger (Definition in 5.3.1 (3)) sind in der Regel an beiden Außenflächen mit einer rechtwinkligen Netzbewehrung mit einer Mindestquerschnittsfläche von $A_{s,dbmin}$ zu versehen.

ANMERKUNG Der landesspezifische Wert für $A_{s,dbmin}$ darf einem Nationalen Anhang entnommen werden. Der empfohlene Wert ist $0{,}001 A_c$, aber nicht weniger als 150 mm²/m je Außenfläche und Richtung.

NDP Zu 9.7 (1)

$A_{s,dbmin} = 0{,}075\,\%$ von A_c und $A_{s,dbmin} \geq 150$ mm²/m. Der größere Wert ist maßgebend.

NCI Zu 9.7 (1)

Die Mindestwanddicken nach Tabelle NA.9.3 sind auch bei wandartigen Trägern einzuhalten.

(2) Die Maschenweite des Bewehrungsnetzes darf in der Regel nicht größer als die doppelte Trägerdicke und nicht größer als 300 mm sein.

(3) Die Bewehrung, die den Zugstäben im Bemessungsmodell zugeordnet ist, ist für das Gleichgewicht in den Knoten in der Regel (siehe auch 6.5.4) durch Aufbiegung der Stäbe, durch Verwendung von U-Bügeln oder mit Ankerkörpern vollständig zu verankern, wenn keine ausreichende Verankerungslänge l_{bd} zwischen Knoten und Trägerende vorhanden ist.

9.8 Gründungen

9.8.1 Pfahlkopfplatten

(1) Der Abstand vom Außenrand des Pfahls zum Rand der Pfahlkopfplatte ist in der Regel so zu bemessen, dass die Zugkräfte in der Pfahlkopfplatte ausreichend verankert werden können. Die erwarteten Herstellungsabweichungen eines Pfahles sind dabei in der Regel zu berücksichtigen.

(2) Die Bewehrung der Pfahlkopfplatte ist in der Regel entweder mit Hilfe eines Stabwerkmodells oder mit der Biegetheorie zu berechnen.

(3) Die erforderliche Hauptzugbewehrung ist in der Regel in den Spannungszonen zwischen den Pfahlköpfen zu konzentrieren. Dabei muss in der Regel ein Mindeststabdurchmesser $\varnothing_{min}$ eingehalten werden. Wenn diese Bewehrung der Mindestbewehrung entspricht oder diese übersteigt, sind gleichmäßig verteilte Stäbe an der Unterseite des Bauteils nicht erforderlich. Die anderen Bauteilseiten dürfen ebenfalls unbewehrt bleiben, wenn kein Risiko besteht, dass in diesen Bereichen des Bauteils Zugspannungen auftreten.

ANMERKUNG Der landesspezifische Wert für $\varnothing_{min}$ darf einem Nationalen Anhang entnommen werden. Der empfohlene Wert ist 8 mm.

NDP Zu 9.8.1 (3)

Es gilt der empfohlene Wert $\varnothing_{min}$ = 8 mm.

(4) Zur Verankerung der Zugbewehrung dürfen angeschweißte Querstäbe verwendet werden. In diesem Falle darf der Querstab als Teil der Querbewehrung im Verankerungsbereich des betrachteten Bewehrungsstabes angesetzt werden.

NCI Zu 9.8.1 (4)

Es gilt 8.4.1 und Tabelle 8.2. Verankerungen nach 8.6 sind nicht zulässig.

(5) Die Verteilung der Druckspannung aus der Auflagerreaktion des Pfahles darf unter einem Winkel von 45° vom Rand des Pfahles aus angenommen werden (siehe Bild 9.11). Bei der Berechnung der Verankerungslänge darf dieser Druck berücksichtigt werden.

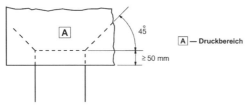

Bild 9.11 – Verbesserung der Verankerung im Druckbereich

9.8.2 Einzel- und Streifenfundamente

9.8.2.1 Allgemeines

(1) Die Hauptbewehrung ist in der Regel entsprechend 8.4 und 8.5 zu verankern. Dabei ist in der Regel ein Mindeststabdurchmesser $\varnothing_{min}$ einzuhalten. Bei Fundamenten darf das Bemessungsmodell nach 9.8.2.2 verwendet werden.

ANMERKUNG Der landesspezifische Wert für $\varnothing_{min}$ darf einem Nationalen Anhang entnommen werden. Der empfohlene Wert ist 8 mm.

NDP Zu 9.8.2.1 (1)

$\varnothing_{min}$ = 6 mm für Betonstahlmatten und $\varnothing_{min}$ = 10 mm für Stabstahl

(2) Die Hauptbewehrung von Kreisfundamenten darf orthogonal und in der Mitte des Fundaments auf einer Breite von (50 ± 10) % des Fundamentdurchmessers konzentriert werden, siehe Bild 9.12. Bei der Bemessung sollten hierbei die unbewehrten Teile des Fundaments als unbewehrter Beton gelten.

(3) Wenn die Einwirkungen zu Zug an der Oberseite des Fundamentes führen, sind in der Regel die daraus folgenden Zugspannungen zu untersuchen und gegebenenfalls mit Bewehrung abzudecken.

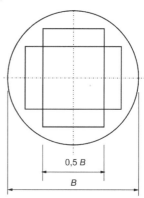

Bild 9.12 – Orthogonale Bewehrung in Kreisfundamenten im Boden

9.8.2.2 Verankerung der Stäbe

(1) Die Zugkraft in der Bewehrung wird durch Gleichgewichtsbedingungen unter Berücksichtigung der Auswirkungen von geneigten Rissen bestimmt (siehe Bild 9.13). Die Zugkraft F_s an der Stelle x ist in der Regel im Beton im Abstand x vom Fundamentrand zu verankern.

(2) Die zu verankernde Zugkraft ist:

$F_s = R \cdot z_e / z_i$ (9.13)

Dabei ist

- R die Resultierende des Sohldrucks innerhalb der Länge x;
- z_e der äußere Hebelarm, d. h. der Abstand zwischen R und der Vertikalkraft N_{Ed};
- N_{Ed} die Vertikalkraft, die den gesamten Sohldruck zwischen den Schnitten A und B erzeugt;
- z_i der innere Hebelarm, d.h. der Abstand zwischen der Bewehrung und der horizontalen Kraft F_c;
- F_c die Druckkraft, die der maximalen Zugkraft $F_{s,max}$ entspricht.

(3) Die Hebelarme z_e und z_i (siehe Bild 9.13) dürfen jeweils für die entsprechenden Druckzonen für N_{Ed} und F_c bestimmt werden. Vereinfachend dürfen z_e mit der Annahme $e = 0{,}15b$ und z_i mit $0{,}9d$ bestimmt werden.

(4) Die verfügbare Verankerungslänge für gerade Stäbe wird in Bild 9.13 mit l_b bezeichnet. Reicht diese Länge zur Verankerung von F_s nicht aus, dürfen die Stäbe entweder aufgebogen werden, um damit die Verankerungslänge zu vergrößern, oder sie dürfen mit Ankerkörpern verankert werden.

(5) Bei geraden Stäben ohne Endverankerungen ist der Mindestwert von x maßgebend. Vereinfachend darf $x_{min} = h / 2$ angenommen werden. Bei anderen Verankerungsarten können höhere Werte für x maßgebend sein.

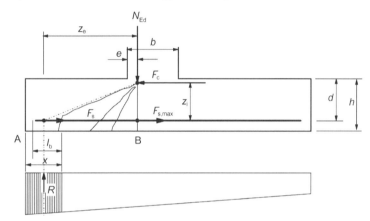

Bild 9.13 – Modell der Zugkraft unter Berücksichtigung geneigter Risse

9.8.3 Zerrbalken

(1) Zerrbalken dürfen verwendet werden, um die Wirkungen einer Lastausmitte auf die Fundamente auszugleichen. Zerrbalken sind in der Regel so zu bemessen, dass sie auftretende Biegemomente und Querkräfte aufnehmen können. Die Biegebewehrung muss in der Regel einen Mindeststabdurchmesser $\varnothing_{min}$ einhalten.

ANMERKUNG Der landesspezifische Wert für $\varnothing_{min}$ darf einem Nationalen Anhang entnommen werden. Der empfohlene Wert ist 8 mm.

NDP Zu 9.8.3 (1)

$\varnothing_{min} = 6$ mm für Betonstahlmatten und $\varnothing_{min} = 10$ mm für Stabstahl

(2) Die Zerrbalken sind in der Regel ebenfalls für eine minimale lotrechte Last q_1 auszulegen, falls die Einwirkungen eines Bodenverdichtungsgeräts Beanspruchungen des Zerrbalkens hervorrufen können.

ANMERKUNG Der landesspezifische Wert für q_1 darf einem Nationalen Anhang entnommen werden. Der empfohlene Wert ist 10 kN/m.

NDP Zu 9.8.3 (2)

Es gilt der empfohlene Wert $q_1 = 10$ kN/m.

9.8.4 Einzelfundament auf Fels

(1) Zur Aufnahme der Spaltzugkräfte im Fundament ist in der Regel eine ausreichende Querbewehrung vorzusehen, wenn der Sohldruck in den Grenzzuständen der Tragfähigkeit größer als q_2 ist. Diese Bewehrung darf gleichmäßig in Richtung der Spaltzugkräfte über die Höhe h verteilt werden (siehe Bild 9.14). Dabei ist der Regel ein Mindeststabdurchmesser $\varnothing_{min}$ einzuhalten.

ANMERKUNG Die landesspezifischen Werte für q_2 und für $\varnothing_{min}$ dürfen einem Nationalen Anhang entnommen werden. Die empfohlenen Werte sind für $q_2 = 5$ N/mm^2 und für $\varnothing_{min} = 8$ mm.

Normen

NDP Zu 9.8.4 (1)

$\varnothing_{min} = 6$ mm für Betonstahlmatten und $\varnothing_{min} = 10$ mm für Stabstahl

Es gilt der empfohlene Wert $q_2 = 5$ N/mm².

(2) Die Spaltzugkraft F_s darf wie folgt ermittelt werden (siehe Bild 9.14):

$$F_s = 0{,}25 \cdot (1 - c/h) \cdot N_{Ed} \qquad (9.14)$$

Dabei ist h das Minimum von b oder H.

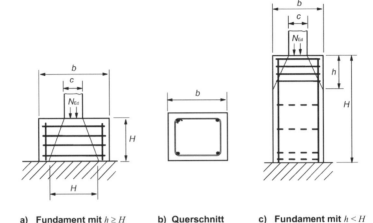

a) Fundament mit $h \geq H$ b) Querschnitt   c) Fundament mit $h < H$

Bild 9.14 – Spaltbewehrung bei Einzelfundamenten auf Fels

9.8.5 Bohrpfähle

(1) Der folgende Abschnitt gilt für bewehrte Bohrpfähle. Für unbewehrte Bohrpfähle siehe Kapitel 12.

(2) Damit sich der Beton zwischen der Bewehrung unbehindert ausbreiten kann, ist es erforderlich, dass die Bewehrung, Bewehrungskörbe und alle Einbauteile baulich so durchgebildet sind, dass die Betonierbarkeit nicht eingeschränkt wird.

[AC](3) Für Bohrpfähle ist in der Regel eine Mindestlängsbewehrung $A_{s,bpmin}$ in Abhängigkeit vom Pfahlquerschnitt A_c einzulegen.

ANMERKUNG Die landesspezifischen Werte für $A_{s,bpmin}$ und das zugehörige A_c dürfen einem Nationalen Anhang entnommen werden. Die empfohlenen Werte sind in Tabelle 9.6N angegeben. Diese Bewehrung ist in der Regel entlang des Querschnittrandes zu verteilen. [AC]

Der Mindestdurchmesser der Längsstäbe darf in der Regel 16 mm nicht unterschreiten. Die Pfähle müssen in der Regel über mindestens 6 Längsstäbe verfügen. Der lichte Abstand zwischen den Stäben, am Pfahlrand entlang gemessen, darf in der Regel nicht größer als 200 mm sein.

Tabelle 9.6N – Empfohlene Mindestfläche der Längsbewehrung bei Ortbeton-Bohrpfählen

Pfahlquerschnitt A_c	Mindestquerschnittsfläche der Längsbewehrung $A_{s,bpmin}$
$A_c \leq 0{,}5$ m²	$A_s \geq 0{,}005 \cdot A_c$
$0{,}5$ m² $< A_c \leq 1{,}0$ m²	$A_s \geq 25$ cm²
$A_c > 1{,}0$ m²	$A_s \geq 0{,}0025 \cdot A_c$

NDP Zu 9.8.5 (3)

Es gelten die empfohlenen Werte der Tabelle 9.6N. Bohrpfähle mit $d_{nom} \leq 300$ mm sind immer zu bewehren. Bezüglich Herstellung und Bemessung wird auf DIN EN 14199 verwiesen.

Für bewehrte Bohrpfähle mit Durchmessern $d_{nom} \leq h_1 = 600$ mm ist die Mindestbewehrung $A_{s,bpmin}$ nach Tabelle 9.6N einzulegen.

Pfähle mit 300 mm $< d_{nom} \leq 600$ mm sollten über mindestens 6 Längsstäbe mit $\varnothing = 16$ mm verfügen, ansonsten gelten sie als unbewehrt. Bohrpfähle mit $d_{nom} > 600$ mm dürfen auch nach Abschnitt 12 unbewehrt ausgeführt werden. Bei bewehrter Ausführung ist eine Mindestbewehrung nach Tabelle 9.6N vorzusehen.

(4) Für die bauliche Durchbildung der Längs- und Querbewehrung bei Bohrpfählen wird auf EN 1536 verwiesen.

9.9 Bereiche mit geometrischen Diskontinuitäten oder konzentrierten Einwirkungen (D-Bereiche)

(1) D-Bereiche sind in der Regel mit Stabwerkmodellen nach 6.5 zu bemessen. Ihre bauliche Durchbildung ist in der Regel gemäß den Regeln in Kapitel 8 auszuführen.

ANMERKUNG Weitere Informationen hierzu finden sich im Anhang J.

(2)P Die Bewehrung für die Zugstreben muss vollständig mit l_{bd} nach 8.4 verankert werden.

9.10 Schadensbegrenzung bei außergewöhnlichen Ereignissen

9.10.1 Allgemeines

(1)P Tragwerke, die nicht für außergewöhnliche Ereignisse bemessen sind, müssen ein geeignetes Zuggliedsystem aufweisen. Dieses soll alternative Lastpfade nach einer örtlichen Schädigung ermöglichen, so dass der Ausfall eines einzelnen Bauteils oder eines begrenzten Teils des Tragwerks nicht zum Versagen des Gesamttragwerks führt (fortschreitendes Versagen). Die nachfolgenden einfachen Regeln erfüllen im Allgemeinen diese Anforderung.

(2) Die nachfolgenden Zuganker dürfen in der Regel verwendet werden:
a) Ringanker;
b) innen liegende Zuganker;
c) horizontale Stützen- oder Wandzuganker;
d) wo erforderlich, vertikale Zuganker, insbesondere bei Großtafelbauten.

(3) Wird ein Bauwerk durch Dehnfugen in unabhängige Tragwerksteile geteilt, muss in der Regel jeder Abschnitt ein unabhängiges Zuggliedsystem aufweisen.

(4) Für die Bemessung der Zugglieder darf die Bewehrung bis zu ihrer charakteristischen Festigkeit ausgenutzt werden, so dass die in den nachfolgenden Abschnitten definierten Kräfte aufgenommen werden können.

NCI Zu 9.10.1 (4)

Bei der Bemessung der Zugglieder dürfen andere Schnittgrößen als die, die direkt durch die außergewöhnlichen Einwirkungen hervorgerufen werden oder unmittelbar aus der betrachteten lokalen Zerstörung resultieren, vernachlässigt werden.

(5) Für andere Zwecke vorgesehene Bewehrung in Stützen, Wänden, Balken und Decken darf teilweise oder vollständig für diese Zugglieder angerechnet werden.

NCI Zu 9.10.1

(NA.6) Zugglieder dürfen mit Vorspannung mit nachträglichem Verbund ausgeführt werden.

9.10.2 Ausbildung von Zugankern

9.10.2.1 Allgemeines

(1) Zuganker sind als Mindestbewehrung und nicht als zusätzliche Bewehrung zu der aus der Bemessung erforderlichen Bewehrung vorgesehen.

9.10.2.2 Ringanker

(1) In jeder Decken- und Dachebene ist in der Regel ein wirksamer durchlaufender Ringanker innerhalb eines Randabstandes von 1,2 m anzuordnen. Der Ringanker darf Bewehrung einschließen, die Teil der inneren Zuganker ist.

(2) Der Ringanker muss in der Regel folgende Zugkraft aufnehmen können:

$$\text{\tiny AC} \; F_{tie,per} = l_i \cdot q_1 \geq Q_2 \; \text{\tiny AC} \tag{9.15}$$

Dabei ist

$F_{tie,per}$ die Zugkraft des Ringankers;
l_i die Spannweite des Endfeldes.

ANMERKUNG Die landesspezifischen Werte für q_1 und $\text{\tiny AC}\, Q_2\, \text{\tiny AC}$ dürfen einem Nationalen Anhang entnommen werden. Die empfohlenen Werte sind für $q_1 = 10$ kN/m und für $Q_2 = 70$ kN.

NDP Zu 9.10.2.2 (2)

Es gelten die empfohlenen Werte $q_1 = 10$ kN/m und $Q_2 = 70$ kN.

NCI Zu 9.10.2.2 (2)

Die Umlaufwirkung kann durch Stoßen der Längsbewehrung mit einer Stoßlänge $l_0 = 2l_{b,rqd}$ erzielt werden. Der Stoßbereich ist mit Bügeln, Steckbügeln oder Wendeln mit einem Abstand $s \leq 100$ mm zu umfassen. Die Umlaufwirkung darf auch durch Verschweißen oder durch Verwenden mechanischer Verbindungen erzielt werden.

(3) Tragwerke mit Innenrändern (z. B. Atrium, Hof usw.) müssen in der Regel Ringanker wie bei Decken mit Außenrändern aufweisen, die vollständig zu verankern sind.

9.10.2.3 Innen liegende Zuganker

(1) Diese Zuganker müssen in der Regel in jeder Decken- und Dachebene in zwei zueinander ungefähr rechtwinkligen Richtungen liegen. Sie müssen in der Regel über ihre gesamte Länge wirksam durchlaufend und an jedem Ende in den Ringankern verankert sein (es sei denn, sie werden als horizontale Zuganker zu Stützen oder Wänden fortgesetzt).

(2) Die innen liegenden Zuganker dürfen insgesamt oder teilweise gleichmäßig verteilt in den Platten oder in Balken, Wänden bzw. anderen geeigneten Bauteilen angeordnet werden. In Wänden müssen sie in der Regel innerhalb von 0,5 m über oder unter den Deckenplatten liegen, siehe Bild 9.15.

(3) Die innen liegenden Zuganker müssen in der Regel in jeder Richtung einen Bemessungswert der Zugkraft von $F_{tie,int}$ aufnehmen können (in kN/m).

ANMERKUNG Die landesspezifischen Werte für $F_{tie,int}$ dürfen einem Nationalen Anhang entnommen werden. Der empfohlene Wert ist 20 kN/m.

NDP Zu 9.10.2.3 (3)

Es gilt der empfohlene Wert $F_{tie,int}$ = 20 kN/m.

(4) Bei Decken ohne Aufbeton, in denen die Zuganker über die Spannrichtung nicht verteilt werden können, dürfen die Zuganker konzentriert in den Fugen zwischen den Bauteilen angeordnet werden. In diesem Fall ist die aufzunehmende Mindestkraft in einer Fuge:

$$F_{tie} = q_3 \cdot (l_1 + l_2) / 2 \geq Q_4 \quad (9.16)$$

Dabei sind

l_1, l_2 die Spannweiten (in m) der Deckenplatten auf beiden Seiten der Fuge (siehe Bild 9.15).

ANMERKUNG Die landesspezifischen Werte für q_3 und Q_4 dürfen einem Nationalen Anhang entnommen werden. Die empfohlenen Werte sind für q_3 = 20 kN/m und für Q_4 = 70 kN.

NDP Zu 9.10.2.3 (4)

Es gelten die empfohlenen Werte q_3 = 20 kN/m und Q_4 = 70 kN.

(5) Innen liegende Zuganker sind in der Regel so mit den Ringankern zu verbinden, dass die Kraftübertragung gesichert ist.

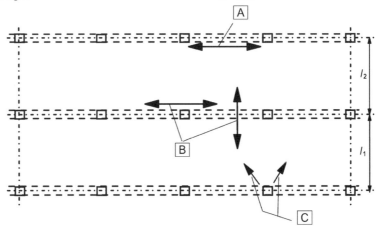

A — Ringanker B — innen liegende Zuganker
C — horizontale Stützen oder Wandzuganker

Bild 9.15 – Zuganker für außergewöhnliche Einwirkungen

9.10.2.4 Horizontale Stützen- und Wandzuganker

(1) Randstützen und Außenwände sind in der Regel in jeder Decken- und Dachebene horizontal im Tragwerk zu verankern.

(2) Die Zuganker müssen in der Regel eine Zugkraft $f_{tie,fac}$ je Fassadenmeter aufnehmen können. Für Stützen ist dabei nicht mehr als $F_{tie,col}$ je Stütze anzusetzen.

ANMERKUNG Die landesspezifischen Werte für $f_{tie,fac}$ und $F_{tie,col}$ dürfen einem Nationalen Anhang entnommen werden. Die empfohlenen Werte sind für $f_{tie,fac}$ = 20 kN/m und für $F_{tie,col}$ = 150 kN.

NDP Zu 9.10.2.4 (2)

$f_{tie,fac}$ = 10 kN/m und $F_{tie,col}$ = 150 kN

(3) Eckstützen sind in der Regel in zwei Richtungen zu verankern. Die für den Ringanker vorhandene Bewehrung darf in diesem Fall für den horizontalen Zuganker angerechnet werden.

NCI Zu 9.10.2.4

(NA.4) Bei Hochhäusern sollte auch eine horizontale Verankerung am unteren Rand der Randstützen und tragenden Außenwände vorgesehen werden.

(NA.5) Bei Außenwandtafeln von Hochhäusern, die zwischen ihren aussteifenden Wänden nicht gestoßen sind und deren Länge zwischen diesen Wänden höchstens das Doppelte ihrer Höhe ist, dürfen die Verbindungen am unteren Rand ersetzt werden durch Verbindungen gleicher Gesamtzugkraft, die in der unteren Hälfte der lotrechten Fugen zwischen der Außenwand und ihren aussteifenden Wänden anzuordnen sind.

(NA.6) Am oberen Rand tragender Innenwandtafeln sollte mindestens eine Bewehrung von 0,7 cm^2/m in den Zwischenraum zwischen den Deckentafeln eingreifen. Diese Bewehrung darf an zwei Punkten vereinigt werden, bei Wandtafeln mit einer Länge bis 2,50 m genügt ein Anschlusspunkt in Wandmitte. Die Bewehrung darf durch andere gleichwertige Maßnahmen ersetzt werden.

9.10.2.5 Vertikale Zuganker

(1) In Großtafelbauten ab 5 Geschossen sind in der Regel vertikale Zuganker in den Stützen/Wänden anzuordnen, um den Einsturz einer Decke im Fall eines außergewöhnlichen Ausfalls der darunter liegenden Stütze/Wand zu verhindern. Die Zuganker müssen in der Regel einen Teil eines Überbrückungssystems um den zerstörten Bereich bilden.

(2) Die Zuganker müssen in der Regel über alle Geschosse durchlaufen und in der außergewöhnlichen Bemessungssituation mindestens die Einwirkungen aufnehmen können, die auf der Decke unmittelbar über der ausgefallenen Stütze/Wand wirken. Andere Lösungen wie beispielsweise auf Grundlage der Scheibenwirkung verbliebener Wandelemente und/oder der Membranwirkung in Decken dürfen berücksichtigt werden, falls das Gleichgewicht und ausreichende Verformungsfähigkeit nachgewiesen werden können.

(3) Wenn eine Stütze oder Wand an ihrem unteren Ende nicht durch ein Fundament sondern durch ein anderes Bauteil gestützt wird (z. B. durch Balken oder Platten), ist in der Regel ein außergewöhnlicher Ausfall dieses Bauteils bei der Tragwerksplanung zu untersuchen und ein geeigneter alternativer Kraftfluss vorzusehen.

NCI Zu 9.10.2.5

Der Abschnitt gilt nur für Großtafelbauten.

9.10.3 Durchlaufwirkung und Verankerung von Zugankern

(1)P Zuganker in zwei horizontalen Richtungen müssen wirksam durchlaufend sein und am Rand des Tragwerks verankert werden.

(2) Zuganker dürfen vollständig innerhalb des Aufbetons oder an Verbindungen von Fertigteilen angeordnet werden. Wenn die Zuganker nicht in einer Ebene durchlaufen, ist in der Regel die Auswirkung der Biegung infolge von Lastausmitten zu berücksichtigen.

(3) Übergreifungen von Zugankern dürfen in der Regel nicht in zu schmalen Fugen zwischen Fertigteilen angeordnet werden. In diesen Fällen sollten dann sichere mechanische Verankerungen verwendet werden.

10 ZUSÄTZLICHE REGELN FÜR BAUTEILE UND TRAGWERKE AUS FERTIGTEILEN

10.1 Allgemeines

(1)P Die in diesem Abschnitt aufgeführten Regeln gelten für Hochbauten, die teilweise oder vollständig aus Fertigteilen bestehen und ergänzen die Regeln in den anderen Abschnitten. Zusätzliche Regeln im Zusammenhang mit der baulichen Durchbildung, der Herstellung und Montage sind in speziellen Produktnormen enthalten.

ANMERKUNG Die Überschriften werden mit einer vorangestellten 10 nummeriert, der die Nummer des entsprechenden Hauptabschnitts folgt. Die Unterkapitel werden ohne Verbindung zu den Unterüberschriften in den entsprechenden Hauptabschnitten durchnummeriert.

NCI Zu 10.1

(NA.2) Diese Norm enthält keine Angaben über den Nachweis der Tragfähigkeit von Transportankern. Für Bemessung, Herstellung und Einbau sind spezielle Richtlinien zu beachten.

10.1.1 Besondere Begriffe dieses Kapitels

Fertigteil: Ein Bauteil, das nicht in seiner endgültigen Lage, sondern im Werk oder an anderer Stelle mit einem Schutz vor ungünstigen Wettereinflüssen hergestellt wird.

Fertigteilprodukt: Ein Fertigteil, das gemäß einer speziellen CEN-Norm hergestellt wird.

Verbundbauteil: Ein Bauteil, das aus einem Fertigteil und Ortbeton mit oder ohne Verbindungsmittel besteht.

Hohl- und Füllkörperdecke: Diese besteht aus vorgefertigten Rippen (oder Trägern), deren Zwischenräume durch Zwischenbauteile, keramische Hohlkörper oder andere verbleibende Bauteile geschlossen werden. Die Decke kann mit oder ohne Aufbeton ausgeführt werden.

Scheibe: Ebenes Bauteil, das in seiner Ebene wirkenden Kräften ausgesetzt ist. Eine Scheibe darf aus mehreren vorgefertigten, miteinander verbundenen Elementen bestehen.

Zugglied: Ein Zuganker bei Fertigteiltragwerken, der am wirkungsvollsten durchlaufend in Wänden, Decken oder Stützen geführt ist.

Vorgefertigtes Einzelbauteil: Bauteil, bei dem im Versagensfall keine alternative Möglichkeit zur Lastübertragung mehr besteht.

Vorübergehende Bemessungssituation: in der Fertigteilbauweise umfasst diese Folgendes:

- Ausschalen,
- Transport zum Lagerplatz,
- Lagerung (Bedingungen der Unterstützung und der Einwirkung),
- Transport zur Baustelle,
- Aufstellung (Heben),
- Einbau (Zusammenbau).

NCI Zu 10.1.1

Fertigteilprodukt: Ein Fertigteil, das nach einer harmonisierten Produktnorm oder einer Zulassung oder nach DIN 1045-4 hergestellt wird.

10.2 Grundlagen für die Tragwerksplanung, Grundlegende Anforderungen

(1)P Bei der Bemessung und baulichen Durchbildung von Fertigteilen und Tragwerken aus Fertigteilen muss insbesondere Folgendes berücksichtigt werden:

- vorübergehende Bemessungssituationen (siehe 10.1.1),
- vorübergehende und ständige Lager,
- Verbindungen und Fugen zwischen den Bauteilen.

(2) Falls erforderlich, sind in der Regel dynamische Einwirkungen in vorübergehenden Bemessungssituationen zu berücksichtigen. Wenn keine genaueren Berechnungen vorliegen, dürfen die statischen Einwirkungen mit einem entsprechenden Faktor multipliziert werden (siehe hierzu auch die Produktnormen für bestimmte Arten von Fertigteilprodukten).

(3) Erforderliche mechanische Verbindungen sind in der Regel so auszubilden, dass ein einfacher Einbau und einfaches Überprüfen und Auswechseln möglich sind.

NCI Zu 10.2

(NA.4) Bei Fertigteilen dürfen für Bauzustände im Grenzzustand der Tragfähigkeit für Biegung und Längskraft die Teilsicherheitsbeiwerte für die ständigen und die veränderlichen Einwirkungen mit $\gamma_G = \gamma_Q = 1{,}15$ angesetzt werden. Einwirkungen aus Krantransport und Schalungshaftung sind dabei zu berücksichtigen.

(NA.5) Bei Verwendung von Fertigteilen sind auf den Ausführungszeichnungen anzugeben:
- die Art der Fertigteile,
- Typ- oder Positionsnummer und Eigenlast der Fertigteile,
- die Mindestdruckfestigkeitsklasse des Betons beim Transport und bei der Montage,
- Art, Lage und zulässige Einwirkungsrichtung

der für den Transport und die Montage erforderlichen Anschlagmittel (z. B. Transportanker), Abstützpunkte und Lagerungen,
- gegebenenfalls zusätzliche konstruktive Maßnahmen zur Sicherung gegen Stoßbeanspruchung,
- die auf der Baustelle zusätzlich zu verlegende Bewehrung in gesonderter Darstellung.

(NA.6) Bei Bauwerken mit Fertigteilen sind für die Baustelle Verlegezeichnungen der Fertigteile mit den Positionsnummern der einzelnen Teile und eine Positionsliste anzufertigen. In den Verlegezeichnungen sind auch die für den Zusammenbau erforderlichen Auflagertiefen, die Art und die Abmessungen der Lager und die erforderlichen Abstützungen der Fertigteile anzugeben.

(NA.7) Bei Bauwerken mit Fertigteilen sind in der Baubeschreibung Angaben über den Montagevorgang einschließlich zeitweiliger Stützungen und Aufhängungen sowie über das Ausrichten und über die während der Montage auftretenden, für die Tragfähigkeit und Gebrauchstauglichkeit wichtigen Zwischenzustände erforderlich. Besondere Anforderungen an die Lagerung der Fertigteile sind in den Zeichnungen und der Montageanleitung anzugeben.

10.3 Baustoffe

10.3.1 Beton

10.3.1.1 Festigkeiten

(1) Bei Fertigteilprodukten aus ständiger Produktion, die einer entsprechenden Qualitätskontrolle gemäß den Produktnormen unterzogen wurden und deren Betonzugfestigkeit nachgewiesen wurde, darf alternativ zu den Werten aus Tabelle 3.1 eine statistische Analyse der Versuchsergebnisse als Grundlage für die Ermittlung der Betonzugfestigkeit dienen, die für die Nachweise in den Grenzzuständen der Gebrauchstauglichkeit verwendet wird.

(2) Es dürfen Festigkeitsklassen verwendet werden, die zwischen den in Tabelle 3.1 angegebenen liegen.

NCI Zu 10.3.1.1 (2)

Dieser Absatz gilt in Deutschland nicht.

(3) Bei einer Wärmebehandlung von Betonfertigteilen ⌐AC⌐ darf die Druckfestigkeit des Betons $f_{cm}(t)$ im Alter $t < 28$ Tage mit der Gleichung (3.1) abgeschätzt werden. ⌐AC⌐ In dieser wird das Betonalter t durch das temperaturangepasste Betonalter t_T nach Gleichung (B.10) in Anhang B ersetzt.

ANMERKUNG Der Beiwert $\beta_{cc}(t)$ ist in der Regel auf 1 zu begrenzen.

Die Auswirkungen der Wärmebehandlung dürfen mit Gleichung (10.1) berücksichtigt werden:

$$f_{cm}(t) = f_{cmp} + \frac{f_{cm} - f_{cmp}}{\log(28 - t_p + 1)} \log(t - t_p + 1) \quad (10.1)$$

Dabei ist f_{cmp} die mittlere Betonfestigkeit nach der Wärmebehandlung (d. h. beim Absetzen der Spannkraft). Diese wird durch Messungen an Proben im Alter t_p ($t_p < t$) ermittelt, die derselben Wärmebehandlung zusammen mit den Fertigteilen unterzogen wurden.

10.3.1.2 Kriechen und Schwinden

(1) Bei wärmebehandelten Betonfertigteilen ist es zulässig, die Werte der Kriechverformung gemäß der Reifefunktion in Gleichung (B.10) im Anhang B abzuschätzen.

(2) Zur Berechnung der Kriechverformungen ist in der Regel das Alter des Betons bei Belastung t_0 (in Tagen) aus Gleichung (B.5) mit dem äquivalenten Betonalter aus den Gleichungen (B.9) und (B.10) in Anhang B zu ersetzen.

(3) Bei wärmebehandelten Betonfertigteilen darf davon ausgegangen werden:
a) dass das Schwinden während der Wärmebehandlung unwesentlich und
b) dass das autogene Schwinden vernachlässigbar ist.

10.3.2 Spannstahl

10.3.2.1 Eigenschaften

(1)P Bei Bauteilen mit Spanngliedern im sofortigem Verbund müssen die durch die erhöhten Temperaturen bei wärmebehandeltem Beton hervorgerufenen Relaxationsverluste berücksichtigt werden.

ANMERKUNG Die Relaxation beschleunigt sich während der Wärmebehandlung, wenn gleichzeitig eine Dehnung infolge Temperatur wirkt. Die Relaxationsrate verringert sich am Ende der Behandlung.

(2) In den Funktionen der Relaxationszeit in 3.3.2 (7) ist in der Regel der Zeit nach dem Vorspannen t eine äquivalente Zeit t_{eq} hinzuzufügen. Dies berücksichtigt die Auswirkungen der Wärmebehandlung auf die Vorspannverluste, die aufgrund der Relaxation des Spannstahls entstehen. Diese äquivalente Zeit darf mit Gleichung (10.2) ermittelt werden:

$$t_{eq} = \frac{1{,}14^{T_{max}-20}}{T_{max} - 20} \sum_{i=1}^{n}(T_{(\Delta t_i)} - 20)\Delta t_i \quad (10.2)$$

Dabei ist
t_{eq} die äquivalente Zeit (in Stunden);
$T_{(\Delta t_i)}$ die Temperatur (in °C) während des Zeitintervalls Δt_i;
T_{max} die maximale Temperatur (in °C) während der Wärmebehandlung.

NCI Zu 10.3.2.1 (2)

ANMERKUNG Der Abschnitt gilt nicht im Zusammenhang mit den Gleichungen in Abschnitt 3.3.2 (7). Er kann im Zusammenhang mit den allgemeinen bauaufsichtlichen Zulassungen angewendet werden, sofern in diesen nichts anderes festgelegt wird.

NA.10.4 Dauerhaftigkeit und Betondeckung

(1) Bei Fertigteilen mit einer werksmäßigen und ständig überwachten Herstellung darf das Vorhaltemaß Δc_{dev} nur dann um mehr als 5 mm reduziert werden, wenn durch eine Überprüfung der Mindestbetondeckung am fertigen Bauteil (Messung und Auswertung nach DBV-Merkblatt „Betondeckung und Bewehrung") sichergestellt wird, dass Fertigteile mit zu geringer Mindestbetondeckung ausgesondert werden. Eine Verringerung von Δc_{dev} unter 5 mm ist dabei unzulässig.

10.5 Ermittlung der Schnittgrößen
10.5.1 Allgemeines

(1)P Die Schnittgrößenermittlung muss Folgendes berücksichtigen:
- das Verhalten der Tragwerksteile für alle Bauzustände, unter Verwendung der entsprechenden Geometrie und Eigenschaften für die jeweiligen Bauzustände und ihr Zusammenwirken mit anderen Bauteilen (z. B. Verbundverhalten mit Baustellenbeton bzw. anderen Fertigteilen),
- das durch die Bauteilverbindungen beeinflusste Tragwerkverhalten unter besonderer Berücksichtigung möglicher Verformungen und der Tragfähigkeit von Verbindungen,
- die Unsicherheiten in Bezug auf Zwangsbeanspruchungen und die Kraftübertragung zwischen den Bauteilen infolge von Abweichungen in Geometrie und Lage von Bauteilen und Lagern.

(2) Durch Reibung hervorgerufene, günstig wirkende horizontale Auflagerkräfte infolge der Eigenlast eines gestützten Bauteils dürfen nur für nicht erdbebengefährdete Gebiete (mit $\gamma_{G,inf}$) verwendet werden und dort wo:
- die Reibung nicht allein die Gesamtstabilität des Tragwerks sicherstellen muss,
- die Ausbildung der Lager die Möglichkeit einer Aufsummierung irreversibler Bauteilbewegungen ausschließt, wie sie z. B. durch ungleiches Verhalten unter wechselnden Einwirkungen hervorgerufen wird (z. B. zyklische thermische Auswirkungen auf die Auflagerränder gelenkig gelagerter Einfeldsysteme),
- keine Möglichkeit maßgebender Anprallbelastungen besteht.

(3) Die Auswirkungen horizontaler Bewegungen sind in der Regel bei der Tragwerksplanung unter Beachtung des Tragwerkwiderstands und der Funktionsfähigkeit der Fugen/Verbindungen zu berücksichtigen.

10.5.2 Spannkraftverluste

(1) Bei der Wärmebehandlung von Betonfertigteilen führt das Nachlassen der Spannung in den Spanngliedern und die Zwangdehnung des Betons infolge Temperatur zu einem speziellen Spannkraftverlust ΔP_θ infolge Wärme. Dieser Verlust darf mit der Gleichung (10.3) ermittelt werden:

$$\Delta P_\theta = 0{,}5 \cdot A_p \cdot E_p \cdot \alpha_c \, (T_{max} - T_0) \quad (10.3)$$

Dabei ist

A_p die Querschnittsfläche der Spannglieder;
E_p der Elastizitätsmodul der Spannglieder;
⟨AC⟩ α_c die lineare Wärmedehnzahl für Beton (siehe 3.1.3 (5)); ⟨AC⟩
$T_{max} - T_0$ der Unterschied zwischen der Höchst- und der Anfangstemperatur im Beton in der Nähe der Spannglieder in °C.

ANMERKUNG Werden die Spannglieder vorgewärmt, darf der durch die Dehnung infolge der Wärmebehandlung hervorgerufene Spannkraftverlust ΔP_θ vernachlässigt werden.

10.9 Bemessungs- und Konstruktionsregeln
10.9.1 Einspannmomente in Platten

(1) Einspannmomente können durch eine obere Bewehrung aufgenommen werden, die im Aufbeton verlegt oder mit Betondübeln in Öffnungen von Hohlbauteilen verankert wird. Im ersten Fall ist in der Regel die horizontale Schubkraft in der Verbundfuge nach 6.2.5 nachzuweisen. Im zweiten Fall ist in der Regel die Kraftübertragung zwischen dem Betondübel und dem Hohlbauteil nach 6.2.5 zu prüfen. Die Länge der oberen Bewehrung muss in der Regel den Anforderungen aus 9.2.1.3 entsprechen.

(2) Ungewollte Einspannwirkungen an Auflagern von gelenkig gelagerten Platten sind in der Regel durch besondere Bewehrung und/oder spezielle bauliche Durchbildung zu berücksichtigen.

10.9.2 Wand-Decken-Verbindungen

(1) Bei Wandelementen, die auf Deckenplatten stehen, ist in der Regel Bewehrung für mögliche Lastausmitten und für eine Konzentration der Vertikallast am Wandende vorzusehen. Für Deckenbauteile siehe 10.9.1 (2).

(2) Bei einer vertikalen Last je Längeneinheit $\leq 0{,}5 h \cdot f_{cd}$ ist keine besondere Bewehrung erforderlich (mit h – Wanddicke, siehe Bild 10.1). Die

Last darf auf $0{,}6h \cdot f_{cd}$ erhöht werden, wenn eine Bewehrung nach Bild 10.1 vorhanden ist, die einen Durchmesser $\varnothing \geq 6$ mm hat und deren Abstand s nicht größer als der kleinere Wert aus h und 200 mm ist. Bei größeren Lasten ist in der Regel die Bewehrung nach (1) zu bemessen. Die untere Wand ist in der Regel zusätzlich zu prüfen.

NCI Zu 10.9.2 (2)

Dies gilt bei Anordnung einer Fertigteilwand auf einer Fuge zwischen zwei Deckenplatten als auch auf einer Deckenplatte (siehe Bild NA.10.1.1).

Die Querschnittsfläche einer zusätzlichen Querbewehrung am Wandfuß bzw. Wandkopf (siehe Bild NA.10.1) sollte mindestens betragen:

$$a_{sw} = h/8$$

mit a_{sw} in cm^2/m und h in cm.

Der Durchmesser der Längsbewehrung A_{sl} sollte ebenfalls mindestens 6 mm betragen.

Bild 10.1 links wird ersetzt durch Bild 10.1DE.

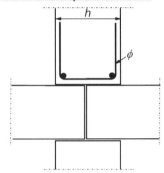
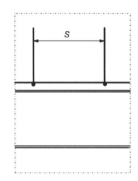

Bild 10.1 – Beispiel zur Bewehrung einer Wand über der Verbindung zweier Deckenplatten

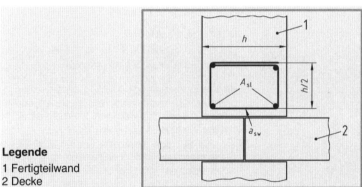

Legende
1 Fertigteilwand
2 Decke

Bild 10.1DE – Beispiel zur Bewehrung einer Wand über der Verbindung zweier Deckenplatten

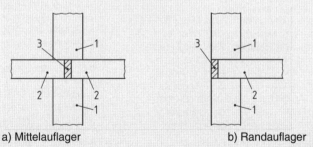

a) Mittelauflager   b) Randauflager

Legende
1 Fertigteilwände
2 Fertigteildeckenplatten
3 Fugenverguss

Bild NA.10.1.1 – Auflagerung von Deckenplatten auf Fertigteilwänden

10.9.3 Deckensysteme

(1)P Die bauliche Durchbildung von Deckensystemen muss mit den in der Schnittgrößenermittlung und Bemessung getroffen Annahmen übereinstimmen. Die maßgebenden Produktnormen sind zu beachten.

(2)P Wird die Querverteilung der Lasten zwischen nebeneinander liegenden Deckenelementen berücksichtigt, sind geeignete Verbindungen zur Querkraftübertragung vorzusehen.

(3)P Die Auswirkungen möglicher Einspannungen von Fertigteilen müssen berücksichtigt werden. Dies gilt auch, wenn bei der Bemessung von gelenkigen Auflagern ausgegangen wurde.

(4) Die Querkraftübertragung in Fugen kann auf verschiedene Weisen erreicht werden. Drei Haupttypen von Fugenausbildungen sind in Bild 10.2 dargestellt.

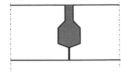
a) ausbetonierte oder ausgegossene Fugen

b) Schweiß- oder Bolzenverbindungen (gezeigt wird *eine* Art der Schweißverbindung als Beispiel)

c) bewehrter Aufbeton (vertikale Bewehrungsverbindungen in den Aufbeton können für die Querkraftübertragung im GZT erforderlich werden)

Bild 10.2 – Deckenverbindungen zur Querkraftübertragung (Beispiele)

NCI Zu 10.9.3 (4) Deckensysteme

Bild 10.2a) wird ersetzt durch Bild 10.2aDE:

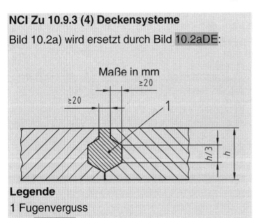

Legende
1 Fugenverguss

Bild 10.2aDE – Mindestmaße für ausbetonierte bzw. vergossene Fugen

(5) Die Querverteilung der Lasten muss in der Regel auf Grundlage von Berechnungen oder Versuchen und unter Berücksichtigung möglicher Lastunterschiede zwischen den Fertigteilen nachgewiesen werden. Die zu übertragende Querkraft zwischen Deckenbauteilen ist in der Regel bei Bemessung und Ausbildung von Verbindungen bzw. Fugen und anliegenden Teilen des Bauteils (z. B. Außenrippen oder Stege) zu berücksichtigen.

Wird keine genauere Berechnung durchgeführt, darf bei Decken mit gleichmäßig verteilten Lasten die entlang der Fugen wirkende Querkraft pro Längeneinheit wie folgt ermittelt werden:

$$v_{Ed} = q_{Ed} \cdot b_e / 3 \qquad (10.4)$$

Dabei ist

q_{Ed} der Bemessungswert der Nutzlast (kN/m²);
b_e die Breite des Bauteils.

NCI Zu 10.9.3 (5)

Die Lasteinzugbreite $b_e / 3$ in Gleichung (10.4) sollte mindestens 0,50 m betragen.

(6) Wenn vorgefertigte Decken als Scheiben zur Übertragung horizontaler Kräfte zu den aussteifenden Bauteilen bemessen werden, ist in der Regel Folgendes zu berücksichtigen:

– die Scheibe sollte Teil eines wirklichkeitsnahen Tragwerkmodells sein, das die Verträglichkeit der Verformungen der aussteifenden Bauteile berücksichtigt,
– die Auswirkungen der resultierenden horizontalen Verschiebungen auf alle Teile des Tragwerks sind zu berücksichtigen,
– die Scheibe ist entsprechend der in dem angenommenen Tragwerksmodell auftretenden Zugkräfte zu bewehren,
– wo Spannungskonzentrationen in der Scheibe auftreten (z. B. an Öffnungen, Verbindungen zu aussteifenden Bauteilen), ist eine geeignete bauliche Durchbildung vorzusehen.

(7) Eine Querbewehrung für die Schubkraftübertragung in Fugenlängsrichtung der Scheibe darf entlang der Auflager konzentriert werden, so dass sich mit dem statischen Modell kompatible Zugstreben bilden. Diese Querbewehrung darf im Aufbeton liegen.

(8) Fertigteile mit einer Aufbetonschicht von mindestens 40 mm dürfen als Verbundbauteile bemessen werden, falls die Verbundfuge nach 6.2.5 nachgewiesen wird. Das Fertigteil ist dabei in der Regel für alle Bauzustände vor und nach Wirksamwerden der Verbundwirkung nachzuweisen.

(9) Die Querbewehrung für Biegung und andere Auswirkungen darf vollständig im Aufbeton liegen. Die bauliche Durchbildung muss in der Regel mit dem statischen System übereinstimmen, z. B. bei Annahme von zweiachsig gespannten Platten.

(10) Stege oder Rippen in einzelnen Plattenelementen (d. h. Elemente, die nicht für die Querkraftübertragung verbunden sind) sind in der Regel mit einer Querkraftbewehrung zu versehen, wie sie für Balken vorgeschrieben ist.

(11) Hohl- und Füllkörperdecken ohne Aufbeton dürfen für die Schnittgrößenermittlung als Vollplatten angesetzt werden, falls die Ortbeton-Querrippen mit einer durch die Fertigteil-Längsrippen durchlaufenden Bewehrung ausgeführt und im Abstand s_T gemäß Tabelle 10.1 angeordnet werden.

Tabelle 10.1 – Größter Querrippenabstand s_T[1)]

Art der Belastung	$s_L \leq l_L/8$	$s_L > l_L/8$
Lasten aus dem Wohnungsbau, Schnee	nicht benötigt	$s_T \leq 12\,h$
andere	$s_T \leq 10\,h$	$s_T \leq 8\,h$

[1)] so dass Hohl- und Füllkörperdecken für die Schnittgrößenermittlung als Vollplatten angesehen werden können.
s_L = Abstand der Längsrippen,
l_L = Länge (Stützweite) der Längsrippen,
h = Dicke der gerippten Decke

(12) Für die Scheibenwirkung zwischen den vorgefertigten Plattenelementen mit ausbetonierten oder vergossenen Fugen ist in der Regel die durchschnittliche Schubtragfähigkeit v_{Rdi} bei sehr glatten Oberflächen auf 0,10 N/mm² und bei glatten und rauen Oberflächen auf 0,15 N/mm² zu begrenzen. Eine Definition der Oberflächen ist in 6.2.5 angegeben.

NCI Zu 10.9.3 (12)

Die Scheiben sind dabei mit Zugankern nach 9.10.2 auszubilden.

NCI Zu 10.9.3

(NA.13) Für nachträglich mit Ortbeton ergänzte Deckenplatten gelten zusätzlich die Absätze (NA.14)P bis (NA.18).

(NA.14)P Bei zweiachsig gespannten Platten darf für die Beanspruchung rechtwinklig zur Fuge nur die Bewehrung berücksichtigt werden, die durchläuft oder mit ausreichender Übergreifung gestoßen ist. Voraussetzung für die Berücksichtigung der gestoßenen Bewehrung ist, dass der Durchmesser der Bewehrungsstäbe $\emptyset \leq 14$ mm, der Bewehrungsquerschnitt $a_s \leq 10$ cm²/m und der Bemessungswert der Querkraft $V_{Ed} \leq 0{,}3\,V_{Rd,max}$ (V_{Ed} und $V_{Rd,max}$ nach 6.2.3) ist. Darüber hinaus ist der Stoß durch Bewehrung (z. B. Bügel) im Abstand höchstens der zweifachen Deckendicke zu sichern. Der Betonstahlquerschnitt dieser Bewehrung im fugenseitigen Stoßbereich ist dabei für die Zugkraft der gestoßenen Längsbewehrung zu bemessen. Werden Gitterträger verwendet gelten darüber hinaus die Zulassungen.

(NA.15)P Die günstige Wirkung der Drillsteifigkeit darf bei der Schnittgrößenermittlung nur berücksichtigt werden, wenn sich innerhalb des Drillbereiches von 0,3/ab der Ecke keine Stoßfuge der Fertigteilplatten befindet oder wenn die Fuge durch eine Verbundbewehrung im Abstand von höchstens 100 mm vom Fugenrand gesichert wird. Die Aufnahme der Drillmomente ist nachzuweisen.

(NA.16) Die Aufnahme der Drillmomente braucht nicht nachgewiesen zu werden, wenn die Platte mit den Randbalken oder den benachbarten Deckenfeldern biegesteif verbunden ist.

(NA.17)P Bei Endauflagern ohne Wandauflast ist eine Verbundsicherungsbewehrung von mindestens 6 cm²/m entlang der Auflagerlinie anzuordnen. Diese sollte auf einer Breite von 0,75 m angeordnet werden.

(NA.18) Wenn an Fertigteilplatten mit Ortbetonergänzung planmäßig und dauerhaft Lasten angehängt werden, sollte die Verbundsicherung im unmittelbaren Lasteinleitungsbereich nachgewiesen werden.

10.9.4 Verbindungen und Lager für Fertigteile

10.9.4.1 Baustoffe

(1)P Die Baustoffe für Verbindungsmittel müssen:
– während der Lebensdauer des Tragwerks tragfähig und dauerhaft sein,
– chemisch und physikalisch kompatibel sein,
– gegen schädliche chemische und physikalische Einflüsse geschützt sein,
– den gleichen Feuerwiderstand wie das Tragwerk aufweisen.

(2)P Die Festigkeit und Verformungseigenschaften von Lagern müssen den Bemessungsannahmen entsprechen.

(3)P Metallische Verbindungsmittel für Fassaden, die nicht in die Expositionsklassen X0 und XC1 (Tabelle 4.1) fallen und die nicht gegen Umwelteinflüsse geschützt sind, müssen aus korrosionsbeständigen Baustoffen sein. Sofern sie kontrolliert werden können, dürfen auch beschichtete Baustoffe verwendet werden.

NCI Zu 10.9.4.1 (3)P

Ersatz für den letzten Satz:

Verbindungsmittel für Fassaden im Außenbereich müssen grundsätzlich aus korrosionsbeständigen Baustoffen bestehen. Verbindungsmittel aus beschichteten Baustoffen bedürfen einer Zulassung.

ANMERKUNG Zu beachten sind auch DIN 18516-1 bzw. die Zulassungen für Fassadenverbindungsmittel.

(4)P Vor dem Schweißen, Glühen oder Kaltverformen muss die Eignung des Materials nachgewiesen werden.

10.9.4.2 Konstruktions- und Bemessungsregeln für Verbindungen

(1)P Verbindungen müssen in der Lage sein, dass sie den Bemessungsannahmen entsprechend die Einwirkungen und notwendigen Verformungen aufnehmen sowie ein robustes Tragverhalten des Tragwerks sicherstellen können.

(2)P Das vorzeitige Spalten oder Abplatzen des Betons an den Bauteilenden muss verhindert werden. Dabei ist Folgendes zu berücksichtigen:
– die relativen Verschiebungen zwischen den Bauteilen,
– die Toleranzen,
– die Montageanforderungen,
– die einfache Ausführbarkeit,
– die einfache Überprüfbarkeit.

(3) Der Nachweis der Tragfähigkeit und Steifigkeit der Verbindungen darf rechnerisch erfolgen und ggf. durch Versuche unterstützt werden (versuchsgestützte Bemessung, siehe EN 1990 Anhang D). In der Regel sind dabei Imperfektionen zu berücksichtigen. In den auf der Grundlage von Versuchen ermittelten Bemessungswerten sind in der Regel ungünstige Abweichungen von den Versuchsbedingungen zu berücksichtigen.

NCI Zu 10.9.4.2 (3)

ANMERKUNG Nachweise unter Verwendung von Versuchen erfordern eine Zulassung oder eine Zustimmung im Einzelfall.

10.9.4.3 Verbindungen zur Druckkraft-Übertragung

(1) Die Querkräfte bei Druckfugen dürfen vernachlässigt werden, wenn sie weniger als 10 % der Druckkraft betragen.

NCI Zu 10.9.4.3 (1)

ANMERKUNG Druckfugen sind Fugen, die bei der ungünstigsten anzusetzenden Beanspruchungskombination vollständig überdrückt bleiben.

(2) Bei Lagerfugen mit Bettungen aus z. B. Mörtel, Beton oder Polymeren ist in der Regel eine relative Bewegung zwischen den verbundenen Oberflächen während der Erhärtung des Bettungsmaterials auszuschließen.

(3) Trockene Lagerfugen dürfen in der Regel nur dann verwendet werden, wenn die erforderliche Qualität der Bauausführung erreicht werden kann. Die durchschnittliche Lagerpressung zwischen den ebenen Oberflächen darf in der Regel nicht größer als $0{,}3f_{cd}$ sein. Trockene Lagerfugen mit gekrümmten (konvexen) Oberflächen, sind in der Regel unter Berücksichtigung der Geometrie zu bemessen.

(4) Querzugspannungen in benachbarten Bauteilen sind in der Regel zu berücksichtigen. Diese können aufgrund von konzentriertem Druck gemäß Bild 10.3a) entstehen oder aufgrund der Dehnungen eines verformbaren Fugenmaterials gemäß Bild 10.3b). Die Bewehrung im Fall a) darf nach 6.5 bemessen und angeordnet werden. Die Bewehrung im Fall b) ist in der Regel nahe der Oberfläche der benachbarten Bauteile anzuordnen.

NCI Zu 10.9.4.3 (4)

ANMERKUNG Konzentrierter Druck entsteht bei einer harten Lagerung. Diese wird angenommen, wenn der Elastizitätsmodul des Fugenmaterials mehr als 70 % des Elastizitätsmoduls der angrenzenden Bauteile beträgt. Eine harte Lagerung bilden auch vollflächig mit Zementmörtel gefüllte Fugen. Hier treten Querzugspannungen infolge der Umlenkung der Traganteile aus Bewehrung und Betonanteil auf.

Bei verformbarem Fugenmaterial (Bild 10.3b) kann es zusätzlich erforderlich sein, die Fuge selbst zu bewehren, sofern ein Ausweichen des Fugenmaterials nicht anderweitig verhindert wird.

(5) Fehlen genauerer Modelle, darf der Bewehrungsquerschnitt im Fall b) gemäß der Gleichung (10.5) berechnet werden:

$$A_s = 0{,}25 \cdot (t/h) \cdot F_{Ed} / f_{yd} \qquad (10.5)$$

Dabei ist

A_s die Bewehrungsfläche an jeder Oberfläche;
t die Dicke des Fugenmaterials;

h die Abmessung des Fugenmaterials in Richtung der Bewehrung;
F_{Ed} die Druckkraft in der Lagerfuge.

(6) Die maximale Tragfähigkeit von Druckfugen darf nach 6.7 ermittelt werden. Alternativ darf sie auf der Grundlage einer genaueren Berechnung ermittelt werden, die durch Versuche unterstützt wird (versuchsgestützte Bemessung, siehe EN 1990).

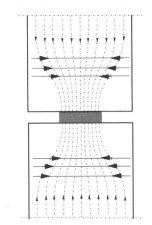
a) Konzentriertes Lager

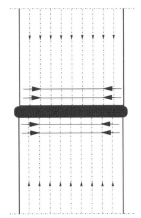
b) Fuge mit verformbarem Fugenmaterial

Bild 10.3 – Querzugspannungen in Druckfugen

NCI Zu 10.9.4.3 (6)
ANMERKUNG Nachweise unter Verwendung von Versuchen erfordern eine Zulassung oder eine Zustimmung im Einzelfall. Hinweise zur Berechnung der Tragfähigkeit von Druckfugen siehe DAfStb-Heft 600.

10.9.4.4 Verbindungen zur Querkraft-Übertragung

(1) Für die Schubkraftübertragung in Verbundfugen zwischen zwei Betonen, wie beispielsweise einem Fertigteil und Ortbeton, siehe 6.2.5.

10.9.4.5 Verbindungen zur Übertragung von Biegemomenten oder Zugkräften

(1)P Die Bewehrung muss die Fuge kreuzen und in den benachbarten Bauteilen verankert werden.

(2) Die Kraftübertragung kann beispielsweise erreicht werden mit:
– Übergreifungsstößen;
– Vergießen der Bewehrung in Aussparungen,
– Übereinandergreifen von Bewehrungsschlaufen,
– Schweißen von Stäben oder Stahlplatten,
– Vorspannen,
– mechanische Vorrichtungen (Schraub- oder Vergussmuffen),
– geschmiedete Verbindungsmittel (Druckmuffen).

10.9.4.6 Ausgeklinkte Auflager

(1) Ausgeklinkte Auflager dürfen mit Stabwerkmodellen nach 6.5 bemessen werden. Zwei alternative Modelle und Bewehrungsführungen sind in Bild 10.4 dargestellt. Beide Modelle dürfen kombiniert werden.

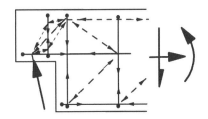 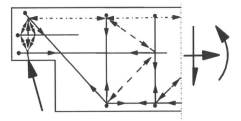

Bild 10.4 – Beispiele für Stabwerkmodelle für ausgeklinkte Auflager

NCI Zu Bild 10.4
ANMERKUNG Das Bild zeigt nur die wesentlichen Merkmale des Stabmodells.

10.9.4.7 Verankerung der Längsbewehrung an Auflagern

(1) Die Bewehrung in stützenden und gestützten Bauteilen ist in der Regel baulich so durchzubilden, dass die Verankerung im betrachteten Knoten unter Berücksichtigung von Abweichungen sichergestellt ist. Ein Beispiel dafür ist in Bild 10.5 dargestellt.

Die wirksame Auflagertiefe a_1 ist vom Abstand d vom Rand des betrachteten Bauteils abhängig (siehe Bild 10.5). Dabei ist

$d = c_i + \Delta a_i$ mit horizontalen Schlaufen oder endverankerten Stäben,

$d = c_i + \Delta a_i + r_i$ mit vertikalen aufgebogenen Stäben.

Dabei ist
c_i die Betondeckung;
Δa_i die Abweichung (siehe 10.9.5.2 (1));
r_i der Biegeradius.

Für die Definitionen von Δa_2 bzw. Δa_3 siehe Bild 10.5 und 10.9.5.2 (1).

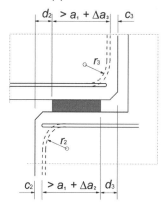

Bild 10.5 – Beispiel der Bewehrungsführung am Auflager

NCI Zu 10.9.4.7 (1)
ANMERKUNG $d = d_i$

10.9.5 Lager

10.9.5.1 Allgemeines

(1)P Die Funktionstüchtigkeit von Lagern muss durch Bewehrung in den benachbarten Bauteilen, durch Begrenzung der Lagerpressung und durch Maßnahmen zur Berücksichtigung von Verschiebungen oder Zwang sichergestellt werden.

(2)P Bei Lagern, bei denen weder Gleiten noch Rotation ohne erhebliche Zwangsspannungen möglich sind, müssen die Einwirkungen aus Kriechen, Schwinden, Temperatur, mangelhaftes Ausrichten, Fehlen der Lotausrichtung usw. bei der Bemessung der benachbarten Bauteile berücksichtigt werden.

(3) Die Auswirkungen nach Absatz (2)P können eine Querbewehrung in den unterstützten und unterstützenden Bauteilen und/oder eine Verbundbewehrung erforderlich machen, um die Bauteile zu verbinden. Diese Auswirkungen können auch Einfluss auf die Bemessung und Führung der Hauptbewehrung dieser Bauteile haben.

(4)P Lager müssen so bemessen und konstruktiv gestaltet werden, dass sie unter Berücksichtigung von Herstellungs- und Montagetoleranzen eine korrekte Lage sicherstellen.

(5)P Mögliche örtliche Einflüsse von Spanngliedverankerungen und ihrer Aussparungen müssen berücksichtigt werden.

10.9.5.2 Lager für verbundene Bauteile (Nicht-Einzelbauteile)

(1) Der Nennwert a der Tiefe eines einfachen Auflagers, wie in Bild 10.6 dargestellt, darf berechnet werden mit:

$$a = a_1 + a_2 + a_3 + \sqrt{\Delta a_2^2 + \Delta a_3^2} \qquad (10.6)$$

Dabei ist
a_1 der Grundwert der Auflagertiefe abhängig von der Lagerpressung, $a_1 = F_{Ed} / (b_1 \cdot f_{Rd})$, mit den Mindestwerten nach Tabelle 10.2;
F_{Ed} der Bemessungswert der Auflagerreaktion;
b_1 die Netto-Auflagerbreite des Bauteils, siehe (3);
f_{Rd} der Bemessungswert der Auflagerfestigkeit, siehe (2);
a_2 der als nicht wirksam angesehene Abstand vom äußeren Rand des unterstützenden Bauteils, siehe Bild 10.6 und Tabelle 10.3;
a_3 der als nicht wirksam angesehene Abstand vom äußeren Rand des unterstützten Bauteils, siehe Bild 10.6 und Tabelle 10.4;
Δa_2 die zulässige Grenzabweichung für den Abstand zwischen unterstützenden Bauteilen, siehe Tabelle 10.5;
Δa_3 die zulässige Grenzabweichung für die Länge der unterstützten Bauteile,
$\Delta a_3 = l_n / 2500$, mit l_n – Bauteillänge.

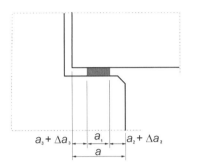 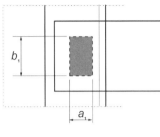

Bild 10.6 – Beispiel für Lager mit Definitionen

Tabelle 10.2 – Mindestwerte von a_1 in mm

Bezogene Lagerpressung, σ_{Ed}/f_{cd}	≤ 0,15	0,15 bis 0,4	> 0,4
Linienlager (Decken, Dächer)	25	30	40
Rippendecken und Pfetten	55	70	80
Konzentrierte Auflager (Balken)	90	110	140

Tabelle 10.3 – Abstand a_2 (mm) von der Außenkante des unterstützenden Bauteils, der als nicht mitwirkend angesehen wird

Baustoff und Art des Auflagers	σ_{Ed}/f_{cd}	≤ 0,15	0,15 bis 0,4	> 0,4
Stahl	Linienlager	0	0	10
	Einzellager	5	10	15
Bewehrter Beton ≥ AC C30/37 AC	Linienlager	5	10	15
	Einzellager	10	15	25
Unbewehrter Beton und bewehrter Beton < AC C30/37 AC	Linienlager	10	15	25
	Einzellager	20	25	35
Mauerwerk	Linienlager	10	15	(–)[1]
	Einzellager	20	25	(–)[1]
[1] In diesen Fällen sollte ein Betonauflagerstein verwendet werden.				

Tabelle 10.4 – Abstand a_3 (mm) über die Außenkante des gestützten Bauteils hinaus, der als nicht mitwirkend angesehen wird

Bauliche Durchbildung der Bewehrung	Auflager	
	Linienlager	Einzellager
Durchlaufende Stäbe über Auflager (eingespannt oder nicht)	0	0
Gerade Stäbe, horizontale Schlaufen, direkt am Bauteilende	5	15, aber mindestens Betondeckung am Ende
Spannglieder oder gerade Stäbe, die am Bauteilende ungeschützt sind	5	15
Vertikale Schlaufenbewehrung	15	Betondeckung am Ende plus innerer Biegeradius

Tabelle 10.5 – Grenzabmaß Δa_2 für lichten Abstand zwischen den Auflageranschnitten

Baustoff des Auflagers	Δa_2
Stahl oder Betonfertigteil	$10 \leq l/1200 \leq 30$ mm
Mauerwerk oder Ortbeton	$15 \leq l/1200 + 5 \leq 40$ mm
l = Spannweite	

(2) Wenn nicht anders festgelegt, dürfen folgende Werte für die Auflagerfestigkeit verwendet werden.

$f_{Rd} = 0{,}4 f_{cd}$ für trockene Lagerfugen (Definition nach 10.9.4.3 (3)),

$f_{Rd} = f_{bed} \leq 0{,}85\, f_{cd}$ für alle anderen Fälle.

Dabei ist

f_{cd} der niedrigere der Bemessungswerte der Festigkeit des unterstützten bzw. des unterstützenden Bauteils;

f_{bed} der Bemessungswert der Festigkeit des Fugenfüllmaterials.

(3) Werden Maßnahmen ergriffen, um eine gleichförmige Verteilung der Lagerpressung zu erzielen, wie beispielsweise mit Mörtel-, Elastomer- oder ähnlichen Lagern, darf die Bemessungsauflagerbreite b_1 als die tatsächliche Breite des Lagers angenommen werden. In allen anderen Fällen, und falls genauere Berechnungen fehlen, darf b_1 in der Regel nicht größer als 600 mm angesetzt werden.

10.9.5.3 Lager für Einzelbauteile

(1)P Der Nennwert der Auflagertiefe für Einzelbauteile muss 20 mm größer sein als für verbundene Bauteile (Nicht-Einzelbauteile).

(2)P Wenn ein Bauteil sich relativ zum Auflager frei bewegen kann, muss die Netto-Auflagertiefe so vergrößert werden, dass die zu erwartende Bewegung aufgenommen werden kann.

(3)P Wenn ein Bauteil außerhalb der Auflagerebene verankert wird, muss der Grundwert der Auflagertiefe a_1 vergrößert werden, um die Auswirkungen einer Lagerverdrehung gegenüber der Verankerung aufnehmen zu können.

10.9.6 Köcherfundamente

10.9.6.1 Allgemeines

(1)P Betonköcher müssen vertikale Lasten, Biegemomente und Horizontalkräfte aus Stützen in den Baugrund übertragen können. Der Köcher muss groß genug sein, um ein einwandfreies Verfüllen mit Beton unter und seitlich der Stütze zu ermöglichen.

10.9.6.2 Köcherfundamente mit profilierter Oberfläche

(1) Köcher mit speziell ausgebildeten Profilierungen oder Verzahnungen dürfen als mit der Stütze monolithisch verbunden angenommen werden.

(2) Wo vertikaler Zug infolge der Momentübertragung auftritt, ist eine sorgfältige Ausbildung der Übergreifung der Bewehrung von Stütze und Fundament unter Berücksichtigung des großen Stababstandes erforderlich. AC) Die Übergreifungslänge nach 8.7 ist in der Regel mindestens um (AC) den horizontalen Abstand zwischen dem Stab in der Stütze und dem senkrechten übergreifenden Stab im Fundament zu erhöhen (siehe Bild 10.7a)). Für den Übergreifungsstoß ist in der Regel eine entsprechende Horizontalbewehrung vorzusehen.

(3) Die Bemessung für Durchstanzen darf in der Regel wie für monolithische Verbindungen von Stütze und Fundament nach 6.4 erfolgen (siehe Bild 10.7a)), wenn die Querkraftübertragung zwischen Stütze und Fundament sichergestellt ist. Andernfalls muss in der Regel die Bemessung für Durchstanzen wie für Köcher mit glatter Oberfläche erfolgen.

10.9.6.3 Köcherfundamente mit glatter Oberfläche

(1) Es darf angenommen werden, dass die Kräfte und das Moment von der Stütze in das Fundament durch Druckkräfte F_1, F_2 und F_3 über den Füllbeton und entsprechende Reibungskräfte übertragen werden (siehe Bild 10.7b)). Das Modell setzt voraus, dass $l \geq 1{,}2h$ ist.

NCI Zu 10.9.6.3 (1)

Die Einbindetiefe l sollte $1{,}5h$ nicht unterschreiten.

(2) Der Reibungsbeiwert darf in der Regel nicht größer als $\mu = 0{,}3$ gewählt werden.

(3) Besonders zu beachten ist:
- die konstruktive Durchbildung der Bewehrung für F_1 an der Oberseite der Köcherwand,
- die Übertragung von F_1 entlang den Seitenwänden in das Fundament,
- die Verankerung der Hauptbewehrung in Stütze und Köcherwänden,
- die Querkrafttragfähigkeit der Stütze innerhalb des Köchers,
- der Durchstanzwiderstand der Fundamentplatte unter der Stützenlast, wobei der Füllbeton unter dem Fertigteil berücksichtigt werden darf.

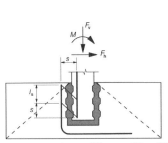
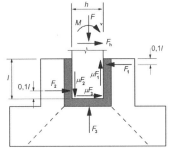

a) mit profilierter Oberfläche   b) mit glatter Oberfläche

Bild 10.7 – Köcherfundamente

10.9.7 Schadensbegrenzung bei außergewöhnlichen Ereignissen

(1) Bei Scheiben aus vorgefertigten Elementen, z. B. Wand- und Deckenscheiben, kann das erforderliche Zusammenwirken durch außen und/oder innen liegende Zuganker erreicht werden. Diese Zuganker können auch ein fortschreitendes Versagen gemäß 9.10 verhindern.

NCI NA.10.9.8 Zusätzliche Konstruktionsregeln für Fertigteile

(1) Zur Erzielung einer ausreichenden Seitensteifigkeit sollte bei Fertigteilen, deren Verhältnis $l_{eff} / b > 20$ ist, ein Teil der Längsbewehrung konzentriert an den seitlichen Rändern der Zug- und Druckzone angeordnet werden.

(2) Für Vollplatten aus Fertigteilen mit einer Breite $b \leq 1{,}20$ m darf die Querbewehrung nach 9.3.1.1 (2) entfallen.

(3) Bei feingliedrigen Fertigteilträgern (z. B. Trägern mit I-, T- oder Hohlquerschnitten mit Stegbreiten $b_w \leq 80$ mm) dürfen einschnittige Querkraftzulagen allein als Querkraftbewehrung verwendet werden, wenn die Druckzone und die Biegezugbewehrung gesondert durch Bügel umschlossen sind.

(4) Die Mindestquerschnittsabmessung nach NCI zu 9.5.1 (1) darf für waagerecht betonierte Fertigteilstützen auf 120 mm reduziert werden.

NCI NA.10.9.9 Sandwichtafeln

(1)P Bei der Bemessung von Sandwichtafeln müssen die Einflüsse von Temperatur, Feuchtigkeit, Austrocknen und Schwinden in ihrem zeitlichen Verlauf berücksichtigt werden.

(2)P In Sandwichtafeln sind ausschließlich zugelassene, korrosionsbeständige Werkstoffe für die Verbindungen der einzelnen Schichten zu verwenden.

(3) Die Mindestbewehrung der tragenden Schicht der Tafeln sollte an beiden Seiten in der horizontalen und vertikalen Richtung nicht weniger als 1,3 cm²/m betragen. Im Allgemeinen ist eine Randbewehrung (siehe Bild 9.8) nicht erforderlich.

(4) In der Vorsatzschicht einer Sandwichtafel darf die Bewehrung einlagig angeordnet werden.

(5) Die Mindestdicke für Trag- und Vorsatzschicht beträgt 70 mm.

(6) Bei Sandwichtafeln mit Fugenabdichtung sollte die Innenseite der Vorsatzschicht und in der Regel auch die gegenüberliegende Seite der Tragschicht im Bereich einer anliegenden, geschlossenporigen Kerndämmung der Expositionsklasse XC3 zugeordnet werden.

11 ZUSÄTZLICHE REGELN FÜR BAUTEILE UND TRAGWERKE AUS LEICHTBETON

11.1 Allgemeines

(1)P Dieses Kapitel enthält zusätzliche Anforderungen für Leichtbeton. Es wird auf die anderen Abschnitte dieses Dokumentes (1 bis 10 und 12) sowie die Anhänge verwiesen.

ANMERKUNG Die Überschriften werden mit einer vorangestellten 11 nummeriert, der die Nummer des entsprechenden Hauptabschnitts folgt. Die Unterkapitel werden ohne Verbindung zu den Unterüberschriften in den entsprechenden Hauptabschnitten durchnummeriert. Falls Alternativen für Gleichungen, Bilder oder Tabellen in anderen Abschnitten aufgeführt werden, wird der ursprünglichen Referenzzahl ebenfalls eine 11 vorangestellt.

11.1.1 Geltungsbereich

(1)P Alle Abschnitte der Kapitel 1 bis 10 und 12 sind generell gültig, wenn sie nicht durch spezielle Abschnitte in diesem Kapitel ersetzt werden. Allgemein gilt, dass alle Werte für die Festigkeit aus Tabelle 3.1 in Gleichungen mit den entsprechenden Werten für Leichtbeton nach Tabelle 11.3.1 zu ersetzen sind.

(2)P Kapitel 11 gilt für alle Betonsorten mit dichtem Gefüge, die mit leichten natürlichen oder künstlichen, mineralischen Gesteinskörnungen hergestellt sind. Wenn zuverlässige Erfahrungswerte vorliegen, dürfen auch andere abgesicherte Regeln als die hier gegebenen angewendet werden.

NCI Zu 11.1.1 (2)P

Für die Anwendung zuverlässiger Erfahrungswerte ist in der Regel eine allgemeine bauaufsichtliche Zulassung erforderlich.

(3) Dieses Kapitel gilt nicht für autoklavierten oder normal nachbehandelten Porenbeton und für Leichtbeton mit einem offenen Gefüge.

(4)P Als Leichtbeton gilt Beton, der ein geschlossenes Gefüge und eine Dichte von nicht mehr als 2200 kg/m³ hat und der leichte künstliche oder natürliche Gesteinskörnungen mit einer Kornrohdichte weniger als 2000 kg/m³ enthält.

NCI Zu 11.1.1 (4)P

Leichtbeton muss eine Dichte von min. 800 kg/m³ aufweisen. Der obere Grenzwert der Dichte für Konstruktionsleichtbeton darf auch für die Bemessung mit 2 000 kg/m³ angesetzt werden.

11.1.2 Besondere Formelzeichen

(1)P Folgende Formelzeichen werden speziell für Leichtbeton verwendet:

LC das den Festigkeitsklassen des Leichtbetons vorangestellte Kurzzeichen LC;
η_E der Korrekturfaktor zur Berechnung des Elastizitätsmoduls;
η_1 der Beiwert zur Bestimmung der Zugfestigkeit;
η_2 der Beiwert zur Bestimmung der Kriechzahl;
η_3 der Beiwert zur Bestimmung der Trocknungsschwinddehnung;
ρ die ofentrockene Dichte des Leichtbetons in kg/m³.

Für die mechanischen Eigenschaften wird ein zusätzlicher Fußzeiger l (Leichtbeton) verwendet.

11.2 Grundlagen für die Tragwerksplanung

(1)P Kapitel 2 gilt ohne Einschränkungen auch für Leichtbeton.

11.3 Baustoffe

11.3.1 Beton

(1)P In EN 206-1 werden Leichtbetone entsprechend ihrer Dichte klassifiziert, siehe Tabelle 11.1. Zusätzlich enthält diese Tabelle die entsprechenden Dichten für unbewehrten Beton und Stahlbeton mit normalen Bewehrungsgraden. Diese dürfen für Bemessungszwecke verwendet werden, wenn die Eigenlast oder die ständige Bemessungslast ermittelt wird. Alternativ darf die Dichte auch als Zielwert angegeben werden.

(2) Der Bewehrungsanteil an der Dichte darf alternativ auch berechnet werden.

(3) Die Zugfestigkeit von Leichtbeton darf durch Multiplikation von f_{ct} aus Tabelle 3.1 mit einem Beiwert η_1 ermittelt werden.

$$\eta_1 = 0{,}40 + 0{,}60 \cdot \rho / 2200 \qquad (11.1)$$

Dabei ist

ρ der obere Grenzwert der Trockenrohdichte der maßgebenden Klasse nach Tabelle 11.1.

NCI Zu 11.3.1 (3)

ANMERKUNG Dies gilt für f_{ctm}, $f_{ctk;0,05}$ und $f_{ctk;0,95}$.

Tabelle 11.1 – Rohdichteklassen und die zugehörigen Bemessungsdichten von Leichtbeton gemäß EN 206-1

Rohdichteklasse		1,0	1,2	1,4	1,6	1,8	2,0
Trockenrohdichte ρ (kg/m³)		801 bis 1000	1001 bis 1200	1201 bis 1400	1401 bis 1600	1601 bis 1800	1801 bis 2000
Wichte (kg/m³)	unbewehrter Leichtbeton	1050	1250	1450	1650	1850	2050
	bewehrter Leichtbeton	1150	1350	1550	1750	1950	2150

11.3.2 Elastische Verformungseigenschaften

(1) Der jeweilige Mittelwert der Sekantenmoduln E_{lcm} für Leichtbeton darf abgeschätzt werden, indem die Werte aus Tabelle 3.1 für normal dichten Beton mit folgendem Beiwert multipliziert werden:

$$\eta_E = (\rho/2200)^2 \quad (11.2)$$

wobei ρ die ofentrockene Dichte nach EN 206-1, Kapitel 4 (siehe Tabelle 11.1) angibt.

Werden genaue Daten benötigt, wenn z. B. die Verformungen maßgebend sind, sollten Versuche zur Festlegung der Werte von E_{lcm} nach ISO 6784 durchgeführt werden.

ANMERKUNG Nicht widersprechende, ergänzende Informationen dürfen einem Nationalen Anhang entnommen werden.

NCI Zu 11.3.2 (1)

Der Beiwert η_E nach Gleichung (11.2) gilt auch für den Tangentenmodul E_{lc0m}.

ANMERKUNG Bei Verwendung von Werten nach ISO 6784 ist in der Regel eine allgemeine bauaufsichtliche Zulassung erforderlich.

(2) Die Wärmedehnzahl von Leichtbeton hängt im Wesentlichen von der Art der verwendeten Gesteinskörnung ab und variiert über einen weiten Bereich von $4 \cdot 10^{-6}$ bis $14 \cdot 10^{-6}$ / K.

Für Bemessungszwecke, bei denen die Wärmedehnung nicht maßgebend ist, darf die Wärmedehnzahl mit $8 \cdot 10^{-6}$ / K angenommen werden.

Der Unterschied der Wärmedehnzahlen zwischen Stahl und Leichtbeton braucht bei der Bemessung nicht berücksichtigt zu werden.

Tabelle 11.3.1 – Festigkeits- und Formänderungskennwerte von Leichtbeton

	Festigkeitsklassen für Leichtbeton												Analytische Beziehung
f_{lck} (N/mm²)	12	16	20	25	30	35	40	45	50	55	60	70	80	
$f_{lck,cube}$ (N/mm²)	13	18	22	28	33	38	44	50	55	60	66	77	88	
f_{lcm} (N/mm²)	17	22	28	33	38	43	48	53	58	63	68	78	88	für $f_{lck} \geq 20$ N/mm² $f_{lcm} = f_{lck} + 8$ (N/mm²)
f_{lctm} (N/mm²)	$f_{lctm} = f_{ctm} \cdot \eta_1$													$\eta_1 = 0{,}40 + 0{,}60 \rho/2200$
$f_{lctk,0,05}$ (N/mm²)	$f_{lctk,0,05} = f_{ctk,0,05} \cdot \eta_1$													5 % Quantil
$f_{lctk,0,95}$ (N/mm²)	$f_{lctk,0,95} = f_{ctk,0,95} \cdot \eta_1$													95 % Quantil
E_{lcm} (N/mm²)	$E_{lcm} = E_{cm} \cdot \eta_E$													$\eta_E = (\rho/2200)^2$
ε_{lc1} (‰)	$k \cdot f_{lcm} / (E_{cm} \cdot \eta_E)$ $k = 1{,}1$ für Leichtbeton mit Natursand; $k = 1{,}0$ für alle anderen Leichtbetone													siehe Bild 3.2
ε_{lcu1} (‰)	ε_{lc1}													siehe Bild 3.2
ε_{lc2} (‰)	2,0								2,2	2,3	2,4	2,5		siehe Bild 3.3
ε_{lcu2} (‰)	3,5 η_1								3,1 η_1	2,9 η_1	2,7 η_1	2,6 η_1		siehe Bild 3.3 $\|\varepsilon_{lcu2}\| \geq \|\varepsilon_{lc2}\|$
n	2,0								1,75	1,6	1,45	1,4		
ε_{lc3} (‰)	1,75								1,8	1,9	2,0	2,2		siehe Bild 3.4
ε_{lcu3} (‰)	3,5 η_1								3,1 η_1	2,9 η_1	2,7 η_1	2,6 η_1		siehe Bild 3.4 $\|\varepsilon_{lcu3}\| \geq \|\varepsilon_{lc3}\|$

NCI Zu 11.3.2, Tabelle 11.3.1

Ergänzt werden die Fußnoten 1) (an Festigkeitsklassen für Leichtbeton) und 2) (an $f_{ck} = 12$):

NCI [1] Für die Einstufung in die Festigkeitsklasse für die Bemessung ist nur die Zylinderdruckfestigkeit relevant.

NCI [2] Ermüdungsnachweise mit der Festigkeitsklasse LC12/13 sind nicht zulässig.

11.3.3 Kriechen und Schwinden

(1) Bei Leichtbeton darf für die Kriechzahl φ der Wert von Normalbeton angenommen und mit einem Faktor $(\rho/2200)^2$ multipliziert werden.

Die so ermittelten Kriechverformungen sind in der Regel mit dem Faktor η_2 zu multiplizieren. Dieser beträgt

$\eta_2 = 1{,}3$ für $f_{lck} \leq$ LC16/18,
$\eta_2 = 1{,}0$ für $f_{lck} \geq$ LC20/22.

(2) Der Endwert der Trocknungsschwinddehnung für Leichtbeton darf ermittelt werden, indem die Werte für Normalbeton aus Tabelle 3.2 mit dem Faktor η_3 multipliziert werden. Dieser beträgt

$\eta_3 = 1{,}5$ für $f_{lck} \leq$ LC16/18,
$\eta_3 = 1{,}2$ für $f_{lck} \geq$ LC20/22.

(3) Die Gleichungen (3.11), (3.12) und (3.13) für autogenes Schwinden liefern die Höchstwerte für Leichtbetonsorten, bei denen der trocknenden Matrix kein Wasser aus der Gesteinskörnung zugeführt wird. Wird eine vollständig oder teilweise wassergesättigte leichte Gesteinskörnung verwendet, sind die autogenen Schwindwerte erheblich geringer.

11.3.4 Spannungs-Dehnungs-Linie für nichtlineare Verfahren der Schnittgrößenermittlung und für Verformungsberechnungen

(1) Bei Leichtbeton sind in der Regel die in Bild 3.2 angegebenen Werte ε_{c1} und ε_{cu1} mit den Werten ε_{lc1} und ε_{lcu1} aus Tabelle 11.3.1 zu ersetzen.

11.3.5 Bemessungswert für Druck- und Zugfestigkeiten

(1)P Der Bemessungswert der Betondruckfestigkeit wird definiert als

$f_{lcd} = \alpha_{lcc} \cdot f_{lck} / \gamma_C$ (11.3.15)

wobei γ_C der Teilsicherheitsbeiwert für Beton (siehe 2.4.2.4) und α_{lcc} der Beiwert nach 3.1.6 (1)P ist.

ANMERKUNG Der landesspezifische Wert für α_{lcc} darf einem Nationalen Anhang entnommen werden. Der empfohlene Wert ist 0,85.

NDP Zu 11.3.5 (1)P

- $\alpha_{lcc} = 0{,}75$ bei Verwendung des Parabel-Rechteck-Diagramms nach Bild 3.3 oder des Spannungsblocks nach Bild 3.5
- $\alpha_{lcc} = 0{,}80$ bei Verwendung der bilinearen Spannungs-Dehnungs-Linie nach Bild 3.4

(2)P Der Bemessungswert der Betonzugfestigkeit wird definiert als

$f_{lctd} = \alpha_{lct} \cdot f_{lctk} / \gamma_C$ (11.3.16)

wobei γ_C der Teilsicherheitsbeiwert für Beton (siehe 2.4.2.4) und α_{lct} der Beiwert nach 3.1.6 (2)P ist.

ANMERKUNG Der landesspezifische Wert für α_{lct} darf einem Nationalen Anhang entnommen werden. Der empfohlene Wert ist 0,85.

NDP Zu 11.3.5 (2)P

Es gilt der empfohlene Wert $\alpha_{lct} = 0{,}85$.

11.3.6 Spannungs-Dehnungs-Linie für die Querschnittsbemessung

(1) Bei Leichtbeton sind in der Regel die in Bild 3.3 angegebenen Werte ε_{c2} und ε_{cu2} mit den Werten ε_{lc2} und ε_{lcu2} aus Tabelle 11.3.1 zu ersetzen.

(2) Bei Leichtbeton sind in der Regel die in Bild 3.4 angegebenen Werte ε_{c3} und ε_{cu3} mit den Werten ε_{lc3} und ε_{lcu3} aus Tabelle 11.3.1 zu ersetzen.

11.3.7 Beton unter mehraxialer Druckbeanspruchung

(1) Falls keine genaueren Angaben vorhanden sind, darf die Spannungs-Dehnungs-Linie aus Bild 3.6 mit erhöhter charakteristischer Festigkeit und erhöhten Dehnungen gemäß folgenden Gleichungen verwendet werden:

$f_{lck,c} = f_{lck} \cdot (1{,}0 + k \cdot \sigma^2 / f_{lck})$ (11.3.24)

ANMERKUNG Der landesspezifische Wert für k darf einem Nationalen Anhang entnommen werden. Der empfohlene Wert ist:

k = 1,1 für Leichtbeton mit Sand als feine Gesteinskörnung,
k = 1,0 für Leichtbeton mit feiner bzw. grober leichter Gesteinskörnung.

$\varepsilon_{lc2,c} = \varepsilon_{lc2} (f_{lck,c}/f_{lck})^2$ (11.3.26)
$\varepsilon_{lcu2,c} = \varepsilon_{lcu2} + 0{,}2\sigma_2 / f_{lck}$ (11.3.27)

wobei ε_{lc2} und ε_{lcu2} aus der Tabelle 11.3.1 entnommen werden.

NDP Zu 11.3.7 (1)

Es gelten die empfohlenen Werte:

k = 1,1 für Leichtbeton mit Sand als feine Gesteinskörnung,
k = 1,0 für Leichtbeton sowohl mit feiner als auch grober leichter Gesteinskörnung.

NCI Zu 11.3.7 (1)

Dabei ist σ_2 (= σ_3) die effektive seitliche Druckspannung im Grenzzustand der Tragfähigkeit infolge einer Umschnürung (siehe 3.1.9).

11.4 Dauerhaftigkeit und Betondeckung

11.4.1 Umgebungseinflüsse

(1) Für Leichtbeton dürfen in Tabelle 4.1 dieselben Expositionsklassen wie für Normalbeton verwendet werden.

NCI Zu 11.4.1 (1)

Zur Sicherstellung der Dauerhaftigkeit sind zusätzliche Anforderungen an die Zusammensetzung und die Eigenschaften des Betons nach DIN EN 206-1 und DIN 1045-2 zu berücksichtigen.

11.4.2 Betondeckung

(1)P Bei Leichtbeton müssen die Werte für die Mindestbetondeckung in Tabelle 4.2 um 5 mm erhöht werden.

NCI Zu 11.4.2 (1)P

Bei Bauteilen aus Leichtbeton muss die Mindestbetondeckung nach 4.4.1.2 (3) außer für die Expositionsklasse XC1 mindestens 5 mm größer sein als der Durchmesser des Größtkorns der leichten Gesteinskörnung. Die Mindestwerte für c_{min} zum Schutz gegen Korrosion sind einzuhalten.

11.5 Ermittlung der Schnittgrößen

11.5.1 Vereinfachter Nachweis der plastischen Rotation

ANMERKUNG Für Leichtbeton ist in der Regel der in Bild 5.6N angegebene Wert für $\theta_{pl,d}$ mit dem Faktor $\varepsilon_{cu2}/\varepsilon_{cu2}$ zu multiplizieren.

NCI Zu 11.5.1

(NA.1)P Verfahren der Schnittgrößenermittlung nach der Plastizitätstheorie dürfen bei Bauteilen aus Leichtbeton nicht angewendet werden.

NCI NA.11.5.2 Linear-elastische Berechnung

(1) Für Durchlaufträger, bei denen das Stützweitenverhältnis benachbarter Felder mit annähernd gleichen Steifigkeiten $0{,}5 < l_{eff,1}/l_{eff,2} < 2{,}0$ beträgt, in Riegeln von Rahmen und in sonstigen Bauteilen, die vorwiegend auf Biegung beansprucht sind, einschließlich durchlaufender, in Querrichtung kontinuierlich gestützter Platten, sollte das Verhältnis x_d/d den Wert 0,35 für Leichtbeton nicht übersteigen, sofern keine geeigneten konstruktiven Maßnahmen zur Sicherstellung ausreichender Duktilität getroffen werden (enge Verbügelung der Druckzone).

(2) Für die linear-elastische Berechnung mit begrenzter Umlagerung von durchlaufenden Balken oder Platten aus Leichtbeton gilt 5.5 (4), Gleichung (5.10b) mit den folgenden Beiwerten: $k_3 = 0{,}72$; $k_4 = 0{,}8$; $k_5 = 0{,}8$; $k_6 = 1{,}0$.

11.6 Nachweise in den Grenzzuständen der Tragfähigkeit (GZT)

11.6.1 Bauteile ohne rechnerisch erforderliche Querkraftbewehrung

(1) Der Bemessungswert für den Querkraftwiderstand eines Leichtbeton-Bauteiles ohne Querkraftbewehrung $V_{lRd,c}$ folgt aus der Gleichung:

$$V_{lRd,c} = [C_{lRd,c} \cdot \eta_1 \cdot k \cdot (100\rho_l \cdot f_{lck})^{1/3} + k_1 \cdot \sigma_{cp}] \cdot b_w \cdot d$$
$$\geq (\eta_1 \cdot v_{l,min} + k_1 \cdot \sigma_{cp}) \cdot b_w \cdot d \quad (11.6.2)$$

Dabei ist

η_1 in Gleichung (11.1) definiert;
f_{lck} aus Tabelle 11.3.1 entnommen;
σ_{cp} die mittlere Druckspannung im Querschnitt infolge von Normalkräften und einer Vorspannung, jedoch begrenzt auf $\sigma_{cp} \leq 0{,}2 f_{cd}$.

ANMERKUNG Die landesspezifischen Werte für $C_{lRd,c}$, $v_{l,min}$ und k_1 dürfen einem Nationalen Anhang entnommen werden. Der empfohlene Wert für $C_{lRd,c}$ beträgt $0{,}15/\gamma_C$, für $v_{l,min}$ beträgt er $0{,}028\, k^{3/2} f_{lck}^{1/2}$ und für k_1 beträgt er 0,15.

NDP Zu 11.6.1 (1)

$C_{l,Rd,c} = 0{,}15/\gamma_C$;
$k_1 = 0{,}12$
$v_{l,min}$ nach 6.2.2 (1), jedoch mit f_{lck}

Tabelle 11.6.1N gilt nicht.

Tabelle 11.6.1N – Werte für $v_{l,min}$ bei gegebenen Werten für d und f_{lck}

d (mm)	$v_{l,min}$ (N/mm²) f_{lck} (N/mm²)						
	20	30	40	50	60	70	80
200	0,36	0,44	0,50	0,56	0,61	0,65	0,70
400	0,29	0,35	0,39	0,44	0,48	0,52	0,55
600	0,25	0,31	0,35	0,39	0,42	0,46	0,49
800	0,23	0,28	0,32	0,36	0,39	0,42	0,45
≥ 1000	0,22	0,27	0,31	0,34	0,37	0,40	0,43

(2) Die ohne den Abminderungsbeiwert β ermittelte Querkraft V_{Ed} (siehe 6.2.2 (6)) muss in der Regel folgende Bedingung erfüllen:

⟨AC⟩ $V_{Ed} = 0{,}5 \cdot b_w \cdot d \cdot \nu_l \cdot f_{lcd}$ ⟨AC⟩ (11.6.5)

Dabei ist

⟨AC⟩ gestrichener Text ⟨AC⟩
⟨AC⟩ ν_l in Übereinstimmung mit 11.6.2 (1). ⟨AC⟩

11.6.2 Bauteile mit rechnerisch erforderlicher Querkraftbewehrung

⟨AC⟩ (1) Der Reduktionsbeiwert für den Bruchwiderstand der Betonstreben ist ν_l.

ANMERKUNG 1 Der landesspezifische Wert für ν_l darf einem Nationalen Anhang entnommen werden. Der empfohlene Wert folgt aus:

$\nu_l = 0{,}5\,\eta_1 \cdot (1 - f_{lck}/250)$ (11.6.6N)

ANMERKUNG 2 Bei Leichtbeton darf ν_l in der Regel nicht entsprechend 6.2.3 (3), Fußnote 2, modifiziert werden. ⟨AC⟩

NDP Zu 11.6.2 (1)

– allgemein für Querkraft:
  $\nu_l = 0{,}675 \cdot \eta_1$ in Gleichung (6.5)
  $\nu_l = 0{,}75 \cdot \eta_1$ in Gleichung (6.9)
– allgemein für Torsion: $\nu_l = 0{,}525 \cdot \eta_1$
– für Schubnachweise in der Verbundfuge nach 6.2.5:
  sehr glatte Fuge: $\nu_l = 0$
  glatte Fuge: $\nu_l = 0{,}20 \cdot \eta_1$
  raue Fuge: $\nu_l = 0{,}50 \cdot \eta_1$
  verzahnte Fuge: $\nu_l = 0{,}70 \cdot \eta_1$

Für Betonfestigkeitsklassen $\geq$ LC55/60 sind alle ν_l-Werte mit dem Faktor $\nu_2 = (1{,}1 - f_{lck}/500)$ zu multiplizieren.

ANMERKUNG 2 gilt nicht.

NCI Zu 11.6.2

(NA.2) Der Druckstrebenwinkel nach Gleichung (6.7aDE) muss auf cot $\theta = 2{,}0$ begrenzt werden. $V_{Rd,cc}$ nach Gleichung (6.7bDE) ist mit η_1 zu multiplizieren.

(NA.3) Die Tragfähigkeit der Verbundfuge v_{lRdi} nach 6.2.5(1) beträgt

$v_{lRdi} = c \cdot f_{lctd} + \mu \cdot \sigma_n + \rho \cdot f_{yd}(1{,}2\mu \cdot \sin\alpha + \cos\alpha)$
$\leq 0{,}5 \cdot \nu_l \cdot f_{lcd}$ (NA.11.6.25)

mit ν_l nach 11.6.2 (1).

11.6.3 Torsion

11.6.3.1 Nachweisverfahren

(1) In Gleichung (6.30) wird für Leichtbeton ν durch ν_l nach 11.6.2 (1) ersetzt.

11.6.4 Durchstanzen

11.6.4.1 Durchstanzwiderstand für Platten oder Fundamente ohne Durchstanzbewehrung

(1) Der Durchstanzwiderstand je Flächeneinheit einer Leichtbetonplatte beträgt:

$v_{lRd,c} = C_{lRd,c} \cdot k \cdot \eta_1 \cdot (100 \cdot \rho_l \cdot f_{lck})^{1/3} + k_2 \cdot \sigma_{cp}$
$\geq (\eta_1 \cdot v_{l,min} + k_2 \cdot \sigma_{cp})$ (11.6.47)

Dabei ist

η_1 in Gleichung (11.1) definiert;
$C_{lRd,c}$ siehe 11.6.1 (1);
$v_{l,min}$ siehe 11.6.1 (1).

ANMERKUNG Der landesspezifische Wert für k_2 darf einem Nationalen Anhang entnommen werden. Der empfohlene Wert ist 0,08.

NDP Zu 11.6.4.1 (1)

Es gilt der empfohlene Wert $k_2 = 0{,}08$. Für $C_{lRd,c}$ gilt NDP zu 6.4.4 (1).

(2) Der Durchstanzwiderstand v_{lRd} für Stützenfundamente aus Leichtbeton beträgt:

$v_{lRd,c} = C_{lRd,c} \cdot \eta_1 \cdot k \cdot (100 \cdot \rho_l \cdot f_{lck})^{1/3} \cdot 2d/a$
$\geq \eta_1 \cdot v_{lmin} \cdot 2d/a$ (11.6.50)

Dabei ist

η_1 in Gleichung (11.1) definiert;
⟨AC⟩ ρ_l ⟨AC⟩ $\geq 0{,}005$;
$C_{lRd,c}$ siehe 11.6.1 (1);
$v_{l,min}$ siehe 11.6.1 (1).

NCI Zu 11.6.4.1 (2)

Für $C_{lRd,c}$ gilt $C_{Rd,c}$ nach NCI zu 6.4.4 (2).

11.6.4.2 Durchstanzwiderstand für Platten oder Fundamente mit Durchstanzbewehrung

(1) Wenn Durchstanzbewehrung erforderlich ist, wird der Durchstanzwiderstand wie folgt ermittelt:

$v_{lRd,cs} = 0{,}75 \cdot v_{lRd,c}$
$+ 1{,}5 \cdot \dfrac{d}{s_r} \cdot \dfrac{1}{u_1 \cdot d} \cdot A_{sw} \cdot f_{ywd,eff} \cdot \sin\alpha$ (11.6.52)

wobei $v_{lRd,c}$ in Gleichung (11.6.47) bzw. (11.6.50) definiert ist.

NCI Zu 11.6.4.2 (1)

Es gelten die Ergänzungen zu NCI zu 6.4.5 (1) analog.

(2) Am Stützenanschnitt ist der Durchstanzwiderstand begrenzt auf maximal:

⟨AC⟩ $v_{Ed} = \dfrac{V_{Ed}}{u_0 \cdot d} \leq v_{lRd,max}$ (11.6.53)

Der landesspezifische Wert für $v_{lRd,max}$ darf einem Nationalen Anhang entnommen werden. Der empfohlene Wert ist $0{,}4 \cdot v \cdot f_{lcd}$, wobei für v der Wert v_1 aus Gleichung (11.6.6N) angesetzt wird.

NDP Zu 11.6.4.2 (2)

Der Absatz wird ersetzt durch:

Es gelten die Ergänzungen zu NDP zu 6.4.5 (3) analog.

NCI Zu 11.6

Es wird der folgende Abschnitt NA.11.6.5 ergänzt. Die folgenden Abschnittsnummern werden um +1 erhöht.

NA.11.6.5 Stabwerkmodelle

(1)P Für Stabwerk-Druckstreben ist f_{cd} in Gleichungen (6.55) und (6.56) mit η_1 zu multiplizieren.

(2)P Für Stabwerk-Druckknoten ist f_{cd} in Gleichungen (6.60) bis (6.62) mit η_1 zu multiplizieren.

11.6.7 Teilflächenbelastung

(1) Für eine gleichmäßige Lastverteilung auf einer Fläche A_{c0} (siehe Bild 6.29) darf die aufnehmbare Teilflächenlast wie folgt ermittelt werden:

$$F_{Rdu} = A_{c0} \cdot f_{lcd} \cdot [A_{c1}/A_{c0}] \frac{\rho}{4400}$$
$$\leq 3{,}0 \cdot f_{lcd} \cdot A_{c0} \cdot \frac{\rho}{2200}$$
(11.6.63)

11.6.8 Nachweis gegen Ermüdung

(1) Der Nachweis gegen Ermüdung für Bauteile aus Leichtbeton erfordert besondere Überlegungen. Eine Europäische Technische Zulassung muss in der Regel herangezogen werden.

11.7 Nachweise in den Grenzzuständen der Gebrauchstauglichkeit (GZG)

(1)P Die Grundwerte der zulässigen Biegeschlankheit von Stahlbetonbauteilen ohne Drucknormalkraft nach 7.4.2 sind für Leichtbeton mit dem Faktor $\eta_E^{0,15}$ zu reduzieren.

NCI Zu 11.7

(NA.2) Wenn der Zeitpunkt der Rissbildung nicht mit Sicherheit innerhalb der ersten 28 Tage festgelegt werden kann, sollte in 7.3.2 (2), Gleichung (7.1) mindestens eine Zugfestigkeit $f_{lct,eff} \geq 2{,}5$ N/mm² angenommen werden.

11.8 Allgemeine Bewehrungsregeln

11.8.1 Zulässige Biegerollendurchmesser für gebogene Betonstähle

(1) Die für Normalbeton auf die Werte in 8.3 begrenzten Biegerollendurchmesser zur Vermeidung von Abspaltungen des Betons an Haken, Winkelhaken und Schlaufen sind in der Regel für Leichtbeton um 50 % zu erhöhen.

11.8.2 Bemessungswert der Verbundfestigkeit

(1) Der Bemessungswert für die Verbundfestigkeit von Stäben in Leichtbeton darf mit Gleichung (8.2) ermittelt werden. Dabei wird f_{ctd} durch $f_{lctd} = f_{lctk,0,05} / \gamma_C$ ersetzt. Die Werte für $f_{lctk,0,05}$ sind in Tabelle 11.3.1 enthalten.

NCI Zu 11.8.2

(NA.2)P Den Verbundfestigkeiten in den Gleichungen (8.15) und (8.20) ist f_{lctd} zugrunde zu legen.

11.9 Konstruktionsregeln

(1) Der Stabdurchmesser darf in der Regel in Leichtbetonbauteilen 32 mm nicht überschreiten. Stabbündel dürfen in der Regel nicht aus mehr als zwei Stäben bestehen. Der Vergleichsdurchmesser darf dabei nicht größer als 45 mm sein.

NCI Zu 11.9 (1)

Bei Leichtbeton sollten Stabbündel nur dann Verwendung finden, wenn ihr Einsatz aufgrund von Erfahrungen oder Versuchsergebnissen gerechtfertigt ist (in der Regel in Zulassungen). Der Durchmesser eines Einzelstabes darf hierbei 20 mm nicht überschreiten.

NCI Zu 11.9

(NA.2) Der Mindestquerkraftbewehrungsgrad nach Gleichung (9.5aDE) dieses Nationalen Anhangs darf bei Leichtbeton unter Verwendung von f_{lctm} nach Tabelle 11.3.1 ermittelt werden.

(NA.3) Die Mindestwanddicken nach Tabelle NA.9.3 bzw. Tabelle NA.12.2 in Zeile 1 gelten für LC12/13, die in Zeilen 2 und 3 für $\geq$ LC16/18.

11.10 Zusätzliche Regeln für Bauteile und Tragwerke aus Fertigteilen

(1) Kapitel 10 gilt ohne Abänderungen auch für Leichtbeton.

11.12 Tragwerke aus unbewehrtem oder gering bewehrtem Beton

(1) Kapitel 12 gilt ohne Abänderungen auch für Leichtbeton.

12 TRAGWERKE AUS UNBEWEHRTEM ODER GERING BEWEHRTEM BETON

12.1 Allgemeines

(1)P Dieses Kapitel enthält ergänzende Regeln für Tragwerke aus unbewehrtem Beton oder für Tragwerke, bei denen die vorhandene Bewehrung geringer als die Mindestbewehrung für Stahlbeton ist.

ANMERKUNG Die Überschriften werden mit einer vorangestellten 12 nummeriert, der die Nummer des entsprechenden Hauptabschnitts folgt. Die Unterkapitel werden ohne Verbindung zu den Unterüberschriften in den entsprechenden Hauptabschnitten durchnummeriert.

(2) Dieses Kapitel gilt für Bauteile, bei denen die Auswirkungen von dynamischen Einwirkungen vernachlässigt werden können. Beispiele für solche Bauteile sind:
– nichtvorgespannte Bauteile, die überwiegend einer Druckbeanspruchung ausgesetzt sind, z. B. Wände, Stützen, Bögen, Gewölbe und Tunnel,
– streifenförmig und flach gegründete Einzelfundamente,
– Stützwände,
– Pfähle mit einem Durchmesser ≥ 600 mm mit $N_{Ed} / A_c \leq 0{,}3 f_{ck}$.

Das Kapitel gilt nicht bei Auswirkungen infolge rotierender Maschinen oder Verkehrsbeanspruchung.

NCI Zu 12.1 (2)

Pfähle mit $d_{nom} \geq 600$ mm dürfen unter Berücksichtigung der folgenden Abschnitte auch bei höheren Ausnutzungsgraden als $N_{Ed} / A_c = 0{,}3 f_{ck}$ unbewehrt ausgeführt werden, wenn im GZT der Querschnitt vollständig überdrückt bleibt.

(3) Bei Bauteilen aus Leichtbeton mit geschlossenem Gefüge nach Kapitel 11 oder bei Fertigteilbauteilen und -tragwerken, die von diesem Eurocode erfasst werden, sind die Bemessungsregeln in der Regel entsprechend anzupassen.

(4) In unbewehrten Betonbauteilen darf jedoch auch Betonstahlbewehrung zur Erfüllung der Anforderungen an die Gebrauchstauglichkeit und/oder die Dauerhaftigkeit bzw. in bestimmten Bereichen der Bauteile angeordnet werden. Diese Bewehrung darf für örtliche Nachweise im GZT und für Nachweise im GZG berücksichtigt werden.

12.3 Baustoffe

12.3.1 Beton

(1) Aufgrund der geringeren Duktilität von unbewehrtem Beton sind in der Regel die Werte für $\alpha_{cc,pl}$ und $\alpha_{ct,pl}$ geringer als die Werte α_{cc} und α_{ct} für bewehrten Beton anzusetzen.

ANMERKUNG Die landesspezifischen Werte für $\alpha_{cc,pl}$ und $\alpha_{ct,pl}$ dürfen einem Nationalen Anhang entnommen werden. Der empfohlene Wert ist für beide 0,8.

NDP Zu 12.3.1 (1)

$\alpha_{cc,pl} = 0{,}70$ in Gleichung (3.15)
$\alpha_{ct,pl} = 0{,}70$ in Gleichung (12.1)

(2) Wenn Betonzugspannungen beim Bemessungswert der Tragfähigkeit unbewehrter Betonbauteile in die Berechnung einbezogen werden, darf die Spannungs-Dehnungs-Linie (siehe 3.1.7) mit der Gleichung (3.16) als eine lineare Beziehung auf den Bemessungswert der Betonzugfestigkeit erweitert werden.

$$f_{ctd,pl} = \alpha_{ct,pl} \cdot f_{ctk,0{,}05} / \gamma_C \quad (12.1)$$

(3) Auf der Bruchmechanik beruhende Berechnungsverfahren sind zulässig, wenn nachgewiesen wird, dass das geforderte Sicherheitsniveau damit erreicht wird.

12.5 Ermittlung der Schnittgrößen

(1) Da unbewehrte Betonbauteile nur über eine begrenzte Duktilität verfügen, dürfen lineare Verfahren mit Umlagerung oder Verfahren nach der Plastizitätstheorie in der Regel nicht angewendet werden.

Solche Verfahren ohne ausdrückliche Prüfung der Verformungsfähigkeit sind nur in begründeten Fällen anwendbar.

(2) Die Schnittgrößenermittlung darf auf Basis der nichtlinearen oder der linearen Elastizitätstheorie erfolgen. Wird das nichtlineare Verfahren angewendet (z. B. Bruchmechanik), muss in der Regel eine Prüfung der Verformungsfähigkeit erfolgen.

NCI Zu 12.5 (2)

Eine nichtlineare Schnittgrößenermittlung ist nur nach 5.7 (NA.6) zulässig.

12.6 Nachweise in den Grenzzuständen der Tragfähigkeit (GZT)

NCI Zu 12.6

Die Betonzugspannungen dürfen im Allgemeinen nicht angesetzt werden.

Rechnerisch darf keine höhere Festigkeitsklasse des Betons als C35/45 oder LC20/22 ausgenutzt werden.

12.6.1 Biegung mit oder ohne Normalkraft und Normalkraft allein

(1) Bei Wänden dürfen Zwangsverformungen infolge Temperatur oder Schwinden bei entsprechender konstruktiver Durchbildung und Nachbehandlung vernachlässigt werden.

(2) Die Spannungs-Dehnungs-Linie für unbewehrten Beton ist in der Regel nach 3.1.7 anzunehmen.

(3) Die aufnehmbare Normalkraft N_{Rd} eines Rechteckquerschnitts mit einachsiger Lastausmitte e in der Richtung h_w darf wie folgt ermittelt werden:

$$N_{Rd} = \eta \cdot f_{cd,pl} \cdot b \cdot h_w \cdot (1 - 2 \cdot e / h_w) \quad (12.2)$$

Dabei ist

$\eta \cdot f_{cd,pl}$ die wirksame Bemessungsdruckfestigkeit (siehe 3.1.7 (3));
b die Gesamtbreite des Querschnitts (siehe Bild 12.1);
h_w die Gesamtdicke des Querschnitts;
e die Lastausmitte von N_{Ed} in Richtung h_w.

ANMERKUNG Wenn andere vereinfachte Verfahren angewendet werden, müssen diese in der Regel mindestens das gleiche Sicherheitsniveau wie ein genaueres Verfahren sicherstellen, das eine Spannungs-Dehnungs-Linie nach 3.1.7 verwendet.

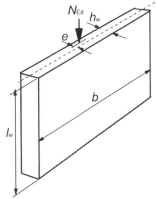

Bild 12.1 – Bezeichnungen für unbewehrte Wände

12.6.2 Örtliches Versagen

(1)P Sofern das örtliche Versagen eines Querschnitts auf Zug nicht durch entsprechende Maßnahmen verhindert wird, muss die höchstzulässige Lastausmitte der Normalkraft N_{Ed} im Querschnitt auf einen bestimmten Wert beschränkt werden, um große Risse zu vermeiden.

NCI Zu 12.6.2 (1)P

Für stabförmige unbewehrte Bauteile mit Rechteckquerschnitt gilt das Duktilitätskriterium als erfüllt, wenn die Ausmitte der Längskraft in der maßgebenden Einwirkungskombination des Grenzzustandes der Tragfähigkeit auf $e_d / h < 0{,}4$ beschränkt wird. Die Ausmitte e_d ist mit M_{Ed} nach Gleichung (5.31) zu ermitteln.

Für e_d ist e_{tot} nach 12.6.5.2 (1) zu setzen.

12.6.3 Querkraft

(1) In unbewehrten Betonbauteilen darf die Betonzugfestigkeit im Grenzzustand der Tragfähigkeit für Querkraft berücksichtigt werden, wenn entweder durch Rechnung oder Versuch nachgewiesen wird, dass ein Sprödbruch ausgeschlossen werden kann und eine ausreichende Tragfähigkeit vorhanden ist.

NCI Zu 12.6.3 (1)

Es ist nachzuweisen, dass die Betonzugfestigkeit nicht infolge von Rissbildung ausfällt.

(2) Bei einem Querschnitt, bei dem eine Querkraft V_{Ed} und eine Normalkraft N_{Ed} über eine Druckzone A_{cc} wirken, sind in der Regel die Bemessungswerte der Spannungen wie folgt anzusetzen:

$$\sigma_{cp} = N_{Ed} / A_{cc} \quad (12.3)$$
$$\tau_{cp} = k \cdot V_{Ed} / A_{cc} \quad (12.4)$$

ANMERKUNG Der landesspezifische Wert k darf einem Nationalen Anhang entnommen werden. Der empfohlene Wert ist 1,5.

NDP Zu 12.6.3 (2)

$k = S \cdot A_{cc} / (b_w \cdot I)$ für Schnittgrößen aus vorwiegend ruhenden Einwirkungen

Folgendes ist in der Regel nachzuweisen:

$$\tau_{cp} \leq f_{cvd}$$

Dabei gilt

wenn $\sigma_{cp} \leq \sigma_{c,lim}$:

$$f_{cvd} = \sqrt{f_{ctd,pl}^2 + \sigma_{cp} \cdot f_{ctd,pl}} \quad (12.5)$$

oder wenn $\sigma_{cp} > \sigma_{c,lim}$:

$$f_{cvd} = \sqrt{f_{ctd,pl}^2 + \sigma_{cp} \cdot f_{ctd,pl} - \left(\frac{\sigma_{cp} - \sigma_{c,lim}}{2}\right)^2} \quad (12.6)$$

$$\sigma_{c,lim} = f_{cd,pl} - 2\sqrt{f_{ctd,pl} \cdot (f_{ctd,pl} + f_{cd,pl})} \quad (12.7)$$

Dabei ist

f_{cvd} der Bemessungswert der Betonfestigkeit bei Querkraft und Druck;
$f_{cd,pl}$ der Bemessungswert der Betondruckfestigkeit nach 12.3.1 (1);
$f_{ctd,pl}$ der Bemessungswert der Betonzugfestigkeit nach Gl. (12.1).

(3) Ein Betonbauteil darf als ungerissen angesehen werden, wenn es im Grenzzustand der Tragfähigkeit vollständig unter Druckbeanspruchung steht oder die Hauptzugspannung σ_{ct1} im Beton den Wert [AC] $f_{ctd,pl}$ [AC] nicht überschreitet.

NCI Zu 12.6.3 (3)

Kann nicht von einem ungerissenen Bauteil ausgegangen werden, ist der Bemessungswert der Querkrafttragfähigkeit V_{Rd} am ungerissenen Restquerschnitt zu berechnen. Dieser ist aus dem Spannungszustand des Querschnitts für die ungünstigste Bemessungssituation zu ermitteln.

12.6.4 Torsion

(1) Gerissene Bauteile dürfen in der Regel nicht für die Aufnahme von Torsionsmomenten bemessen werden, sofern nicht eine ausreichende Tragfähigkeit hierfür nachgewiesen werden kann.

NCI Zu 12.6.4

(NA.2) Für kombinierte Beanspruchung aus Torsion und Querkraft gelten die Festlegungen aus 12.6.3 und 12.6.4 (1) analog.

12.6.5 Auswirkungen von Verformungen von Bauteilen unter Normalkraft nach Theorie II. Ordnung

12.6.5.1 Schlankheit von Einzeldruckgliedern und Wänden

(1) Die Schlankheit einer Stütze oder Wand ist

$$\lambda = l_0 / i \qquad (12.8)$$

Dabei ist

i der minimale Trägheitsradius;
l_0 die Knicklänge des Bauteils. Sie darf angenommen werden mit:

$$l_0 = \beta \cdot l_w \qquad (12.9)$$

Dabei ist

l_w die lichte Höhe des Bauteils;
β ein von den Lagerungsbedingungen abhängiger Beiwert,
 bei Stützen im Allgemeinen: $\beta = 1$,
 bei Kragstützen oder Wänden: $\beta = 2$,
 für anders gelagerte Wände: β-Werte nach Tabelle 12.1.

NCI Zu 12.6.5.2 (1)

Das vereinfachte Verfahren darf nur für Bauteile in unverschieblich ausgesteiften Tragwerken angewendet werden.
Eine Zusatzausmitte infolge Kriechen in e_{tot} darf im Allgemeinen vernachlässigt werden.

(2) Die β-Werte sind in der Regel entsprechend zu vergrößern, wenn die Querbiegetragfähigkeit durch Schlitze oder Aussparungen beeinträchtigt wird.

(3) Querwände dürfen als aussteifende Wände angesehen werden, wenn:
- ihre Gesamtdicke den Wert $0,5h_w$ nicht unterschreitet, wobei h_w die Gesamtdicke der ausgesteiften Wand ist,
- sie die gleiche Höhe l_w besitzen wie die jeweilige ausgesteifte Wand,
- ihre Länge l_{ht} mindestens $l_w / 5$ der lichten Höhe l_w der ausgesteiften Wand beträgt,
- innerhalb der Länge [AC] $l_w / 5$ [AC] der Querwand keine Öffnungen vorhanden sind.

(4) Bei zweiseitig gehaltenen Wänden, die am Kopf- und Fußende durch Ortbeton und Bewehrung biegesteif angeschlossen sind, so dass die Randmomente vollständig aufgenommen werden können, darf β nach Tabelle 12.1 mit dem Faktor 0,85 abgemindert werden.

(5) Die Schlankheit unbewehrter Wände in Ortbeton darf in der Regel den Wert $\lambda = 86$ (d. h. $l_0 / h_w = 25$) nicht überschreiten.

NCI Zu 12.6.5.1 (5)

Dies gilt auch für unbewehrte Stützen aus Ortbeton.

NCI Zu 12.6.5.1

(NA.6) Unabhängig vom Schlankheitsgrad λ sind Druckglieder aus unbewehrtem Beton als schlanke Bauteile zu betrachten. Jedoch ist für Druckglieder aus unbewehrtem Beton mit $l_{col} / h < 2,5$ eine Schnittgrößenermittlung nach Theorie II. Ordnung nicht erforderlich.

12.6.5.2 Vereinfachtes Verfahren für Einzeldruckglieder und Wände

(1) Wenn kein genauerer Lösungsansatz gewählt wird, darf der Bemessungswert der Normalkraft in einer schlanken Stütze oder Wand näherungsweise wie folgt berechnet werden:

$$[AC]\ N_{Rd} = b \cdot h_w \cdot f_{cd,pl} \cdot \Phi\ [AC] \qquad (12.10)$$

Dabei ist

N_{Rd} der Bemessungswert der aufnehmbaren Normaldruckkraft;
b die Gesamtbreite des Querschnitts;
h_w die Gesamtdicke des Querschnitts;
Φ der Faktor zur Berücksichtigung der Lastausmitte, einschließlich der Auswirkungen nach Theorie II. Ordnung und der normalen Auswirkungen des Kriechens.

Tabelle 12.1 – Werte für β bei verschiedenen Randbedingungen

Lagerungs-bedingungen	Zeichnung	Gleichung	Faktor β
Zweiseitig gehalten	(A Deckenplatte oben/unten, B freier Rand, Breite b, Höhe l_w)		$\beta = 1{,}0$ für alle Verhältnisse von l_w/b
Dreiseitig gehalten	(A Deckenplatte oben/unten, B freier Rand, C Querwand)	$\beta = \dfrac{1}{1+\left(\dfrac{l_w}{3b}\right)^2}$	b/l_w : β 0,2 : 0,26 0,4 : 0,59 0,6 : 0,76 0,8 : 0,85 1,0 : 0,90 1,5 : 0,95 2,0 : 0,97 5,0 : 1,00
Vierseitig gehalten	(A Deckenplatte oben/unten, C Querwände links/rechts)	Wenn $b \geq l_w$: $\beta = \dfrac{1}{1+\left(\dfrac{l_w}{b}\right)^2}$ Wenn $b < l_w$: $\beta = \dfrac{b}{2 l_w}$	b/l_w : β 0,2 : 0,10 0,4 : 0,20 0,6 : 0,30 0,8 : 0,40 1,0 : 0,50 1,5 : 0,69 2,0 : 0,80 5,0 : 0,96

(A) — Deckenplatte (B) — Freier Rand (C) — Querwand

ANMERKUNG Den Angaben in Tabelle 12.1 liegt zugrunde, dass die Wand keine Öffnung aufweist, deren Höhe 1/3 der lichten Wandhöhe l_w oder deren Fläche 1/10 der Wandfläche überschreitet. Werden diese Grenzen nicht eingehalten, sind in der Regel bei 3- oder 4-seitig gehaltenen Wänden die zwischen den Öffnungen liegenden Teile als nur an zwei Seiten gehalten zu betrachten und entsprechend zu bemessen.

Für ausgesteifte Bauteile darf der Faktor Φ wie folgt angenommen werden:

$$\boxed{AC}\ \Phi = 1{,}14 \cdot (1 - 2e_{tot}/h_w) - 0{,}02 \cdot l_0/h_w$$
$$\leq (1 - 2e_{tot}/h_w)\ \boxed{AC} \qquad (12.11)$$

Dabei ist

$$e_{tot} = e_0 + e_i; \qquad (12.12)$$

e_0 die Lastausmitte nach Theorie I. Ordnung, erforderlichenfalls unter Berücksichtigung der Einwirkungen aus anschließenden Decken (z. B. Einspannmomente zwischen Platte und Wand) sowie horizontaler Einwirkungen;

e_i die ungewollte zusätzliche Lastausmitte infolge geometrischer Imperfektionen, siehe 5.2.

(2) Andere vereinfachte Verfahren dürfen verwendet werden, wenn sie mindestens das gleiche Sicherheitsniveau sicherstellen wie ein genaueres Verfahren nach 5.8.

12.7 Nachweise in den Grenzzuständen der Gebrauchstauglichkeit (GZG)

(1) Spannungen sind in der Regel zu überprüfen, wenn sie infolge konstruktionsbedingter Einspannungen (Zwang) zu erwarten sind.

(2) Die folgenden Maßnahmen sind in der Regel zur Sicherung einer ausreichenden Gebrauchstauglichkeit in Betracht zu ziehen:

a) im Hinblick auf eine Rissbildung:
 – Begrenzung der Betonzugspannungen auf zulässige Werte,
 – Einlegen einer konstruktiven Zusatzbewehrung (Oberflächenbewehrung, erforderlichenfalls Ring- und Zuganker),
 – Anordnung von Fugen,
 – betontechnologische Maßnahmen (z. B. geeignete Betonzusammensetzung, Nachbehandlung),
 – geeignete Bauverfahren;

b) im Hinblick auf die Begrenzung der Verformungen:
- Festlegung einer minimalen Querschnittsgröße (siehe 12.9),
- Begrenzung der Schlankheit bei Druckgliedern.

(3) Jede Bewehrung in sonst unbewehrten Bauteilen muss in der Regel den Dauerhaftigkeitsanforderungen aus 4.4.1 entsprechen. Dies gilt auch, wenn sie für Tragfähigkeitszwecke nicht in Anspruch genommen wird.

12.9 Konstruktionsregeln

12.9.1 Tragende Bauteile

(1) Die Gesamtdicke h_w am Einbauort betonierter Wände darf in der Regel nicht kleiner als 120 mm sein.

(2) Schlitze und Aussparungen sind in der Regel nur zulässig, wenn eine ausreichende Festigkeit und Stabilität nachgewiesen werden kann.

NCI Zu 12.9

Für die Mindestwanddicken gilt Tabelle NA.12.2.

NCI Zu 12.9.1 (2)

Aussparungen, Schlitze, Durchbrüche und Hohlräume sind bei der Bemessung der Wände zu berücksichtigen, mit Ausnahme von lotrechten Schlitzen sowie lotrechten Aussparungen und Schlitzen von Wandanschlüssen, die den nachstehenden Regelungen für nachträgliches Einstemmen genügen. Das nachträgliche Einstemmen ist nur bei lotrechten Schlitzen bis 30 mm Tiefe zulässig, wenn ihre Tiefe höchstens 1/6 der Wanddicke, ihre Breite höchstens gleich der Wanddicke, ihr gegenseitiger Abstand mindestens 2,0 m und die Wand mindestens 120 mm dick ist.

Tabelle NA.12.2 – Mindestwanddicken für tragende unbewehrte Wände

	Wandkonstruktion		1	2
			mit Decken	
			nicht durchlaufend	durchlaufend
1	C12/15	Ortbeton	200 mm	140 mm
2	≥ C16/20	Ortbeton	140 mm	120 mm
3		Fertigteil	120 mm	100 mm

12.9.2 Arbeitsfugen

(1) In Bereichen, in denen Betonzugspannungen zu erwarten sind, ist in der Regel eine geeignete Bewehrung zur Begrenzung der Rissbreiten anzuordnen.

12.9.3 Streifen- und Einzelfundamente

(1) Sofern nicht genauere Daten zur Verfügung stehen, dürfen zentrisch belastete Streifen- und Einzelfundamente als unbewehrte Bauteile berechnet und ausgeführt werden, wenn

$$\frac{0{,}85 \cdot h_F}{a} \geq \sqrt{(3\sigma_{gd} / f_{ctd,pl})} \qquad (12.13)$$

eingehalten wird.
Dabei ist

h_F die Fundamenthöhe;
a der Fundamentüberstand von der Stützenseite an (siehe Bild 12.2);
σ_{gd} der Bemessungswert des Sohldrucks;
$f_{ctd,pl}$ der Bemessungswert der Betonzugfestigkeit (Maßeinheit wie für σ_{gd}).

Vereinfachend darf das Verhältnis $h_F / a \geq 2$ verwendet werden.

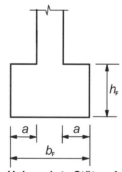

Bild 12.2 – Unbewehrte Stützenfundamente; Bezeichnungen

NCI Zu 12.9.3 (1)

Das Verhältnis h_F / a darf auch bei Anwendung von Gleichung (12.13) den Wert 1,0 nicht unterschreiten. Für $f_{ctd,pl}$ darf f_{ctd} nach Gleichung (3.16) angesetzt werden.

Anhang A
(informativ)

NCI Zu Anhang A

Anhang A ist normativ.

Modifikation von Teilsicherheitsbeiwerten für Baustoffe

A.1 Allgemeines

(1) Die Teilsicherheitsbeiwerte für Baustoffe nach 2.4.2.4 setzen die geometrischen Abweichungen der Klasse 1 nach ENV 13670-1 sowie ein übliches Niveau der Bauausführung und Überwachung (z. B. Überwachungsklasse 2 in ENV 13670-1) voraus.

(2) Dieser informative Anhang enthält Empfehlungen für verminderte Teilsicherheitsbeiwerte von Baustoffen. Weitere detaillierte Regeln zu Überwachungsverfahren dürfen Produktnormen für Fertigteile entnommen werden.

ANMERKUNG Weitere Informationen sind in Anhang B der EN 1990 enthalten.

A.2 Tragwerke aus Ortbeton

A.2.1 Reduktion auf Grundlage von Qualitätskontrollen und verminderten Abweichungen

(1) Wird die Ausführung einem Qualitätssicherungssystem unterzogen, mit dem sichergestellt wird, dass sich ungünstige Abweichungen von Querschnittsabmessungen innerhalb der verminderten Abweichungen nach Tabelle A.1 bewegen, dürfen die Teilsicherheitsbeiwerte für die Bewehrung auf $\gamma_{S,red1}$ reduziert werden.

ANMERKUNG Der landesspezifische Wert für $\gamma_{S,red1}$ darf einem Nationalen Anhang entnommen werden. Der empfohlene Wert ist 1,1.

NDP Zu A.2.1 (1)

$\gamma_{S,red1} = 1,15$

(2) Unter den Bedingungen aus A.2.1 (1) und wenn der Variationskoeffizient der Betonfestigkeit nachweislich nicht mehr als 10 % beträgt, darf der Teilsicherheitsbeiwert für den Beton auf $\gamma_{C,red1}$ reduziert werden.

ANMERKUNG Der landesspezifische Wert für $\gamma_{C,red1}$ darf einem Nationalen Anhang entnommen werden. Der empfohlene Wert ist 1,4.

NDP Zu A.2.1 (2)

$\gamma_{C,red1} = 1,5$

Tabelle A.1 – Verminderte Abweichungen

h oder b (mm)	Verminderte Abweichung (mm)	
	Querschnittsabmessung $\pm \Delta h, \Delta b$ (mm)	Lage der Bewehrung $+ \Delta c$ (mm)
≤ 150	5	5
400	10	10
≥ 2500	30	20

ANMERKUNG 1 Lineare Interpolation darf für Zwischenwerte verwendet werden.

ANMERKUNG 2 $+\Delta c$ bezieht sich auf den Durchschnittswert der Bewehrungsstäbe oder vorgespannte Spannglieder im Querschnitt oder über eine Breite von einem Meter (z. B. bei Platten und Wänden).

A.2.2 Reduktion auf Grundlage der Verwendung von verminderten oder gemessenen geometrischen Daten bei der Bemessung

(1) Hängt der Bemessungswert der Tragfähigkeit von kritischen geometrischen Daten (einschließlich der statischen Nutzhöhe, siehe Bild A.1) ab, die entweder

– verminderte Abweichungen aufweisen oder
– am fertigen Tragwerk aufgemessen werden,

dürfen die Teilsicherheitsbeiwerte auf $\gamma_{S,red2}$ und $\gamma_{C,red2}$ vermindert werden.

ANMERKUNG Die landesspezifischen Werte für $\gamma_{S,red2}$ und $\gamma_{C,red2}$ dürfen einem Nationalen Anhang entnommen werden. Der empfohlene Wert für $\gamma_{S,red2}$ beträgt 1,05 und für $\gamma_{C,red2}$ 1,45.

NDP Zu A.2.2 (1)

$\gamma_{S,red2} = 1,15$ und $\gamma_{C,red2} = 1,5$

(2) Unter den Bedingungen aus A.2.2 (1) und wenn der Variationskoeffizient der Betonfestigkeit nachweislich nicht mehr als 10 % beträgt, darf der Teilsicherheitsbeiwert für den Beton auf $\gamma_{C,red3}$ reduziert werden.

ANMERKUNG Der landesspezifische Wert für $\gamma_{C,red3}$ darf einem Nationalen Anhang entnommen werden. Der empfohlene Wert ist 1,35.

NDP Zu A.2.2 (2)

$\gamma_{C,red3} = 1,5$

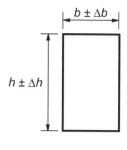
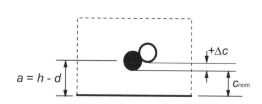

a) Querschnitt b) Lage der Bewehrung
(ungünstige Richtung für die statische Nutzhöhe)

Bild A.1 – Abweichungen des Querschnitts und der Bewehrung am Querschnitt

A.2.3 Reduktion auf Grundlage der Bestimmung der Betonfestigkeit im fertigen Tragwerk

(1) Für Werte der Betonfestigkeit, die auf Versuchen an einem fertigen Tragwerk oder Bauelement, siehe EN 13791, EN 206-1 sowie entsprechende Produktnormen, basieren, darf γ_C mit dem Umrechnungsfaktor η vermindert werden.

ANMERKUNG Der landesspezifische Wert für η darf einem Nationalen Anhang entnommen werden. Der empfohlene Wert ist 0,85.

Der Wert γ_C, für den diese Reduktion angewendet wird, darf bereits nach A.2.1 oder A.2.2 reduziert worden sein. Jedoch darf der Endwert des Teilsicherheitsbeiwertes nicht kleiner als $\gamma_{C,red4}$ angesetzt werden.

ANMERKUNG Der landesspezifische Wert für $\gamma_{C,red4}$ darf einem Nationalen Anhang entnommen werden. Der empfohlene Wert ist 1,3.

> **NDP Zu A.2.3 (1)**
>
> Ortbeton: $\eta = 1,0$ und $\gamma_{C,red4} = 1,5$
> Fertigteile: $\eta = 0,9$ und $\gamma_{C,red4} = 1,35$, wenn bei Fertigteilen mit einer werksmäßigen und ständig überwachten Herstellung durch eine Überprüfung der Betonfestigkeit an jedem fertigen Bauteil sichergestellt wird, dass alle Fertigteile mit zu geringer Betonfestigkeit ausgesondert werden. Die in diesem Fall notwendigen Maßnahmen sind durch den Hersteller in Abstimmung mit der zuständigen Überwachungsstelle festzulegen. Diese Maßnahmen sind vom Hersteller zu dokumentieren.

A.3 Fertigteilprodukte

A.3.1 Allgemeines

(1) Diese Regeln gelten für Fertigteilprodukte nach Kapitel 10, die einem Qualitätssicherungssystem unterliegen und für die ein Konformitätsnachweis vorliegt.

ANMERKUNG Die werkseigene Produktionskontrolle von Fertigteilprodukten mit CE-Zeichen wird von einer benannten Stelle bestätigt (Konformitätsverfahren 2+).

A.3.2 Teilsicherheitsbeiwerte von Baustoffen

(1) Die verminderten Teilsicherheitsbeiwerte für Baustoffe $\gamma_{C,pcred}$ und $\gamma_{S,pcred}$ dürfen gemäß den Regeln nach A.2 verwendet werden, wenn dies durch ausreichende Kontrollverfahren berechtigt erscheint.

(2) Die notwendigen Empfehlungen, die bei der werkseigenen Produktionskontrolle benötigt werden, um verminderte Teilsicherheitsbeiwerte für Baustoffe verwenden zu dürfen, sind in den Produktnormen enthalten. EN 13369 enthält hierzu allgemeine Empfehlungen.

A.4 Fertigteile

(1) Die Regeln in A.2 für Tragwerke aus Ortbeton gelten auch für die in 10.1.1 definierten Betonfertigteile.

Anhang B
(informativ)

NCI Zu Anhang B
Anhang B ist normativ.

Kriechen und Schwinden

B.1 Grundgleichungen zur Ermittlung der Kriechzahl

(1) Die Kriechzahl $\varphi(t,t_0)$ darf wie folgt ermittelt werden:

$$\varphi(t,t_0) = \varphi_0 \cdot \beta_c(t,t_0) \tag{B.1}$$

Dabei ist

φ_0 die Grundzahl des Kriechens mit

$$\varphi_0 = \varphi_{RH} \cdot \beta(f_{cm}) \cdot \beta(t_0) \tag{B.2}$$

φ_{RH} ist ein Beiwert zur Berücksichtigung der Auswirkungen der relativen Luftfeuchte auf die Grundzahl des Kriechens mit

$$\varphi_{RH} = 1 + \frac{1 - RH/100}{0{,}1 \cdot \sqrt[3]{h_0}} \quad \text{für } f_{cm} \leq 35\,\text{N/mm}^2 \tag{B.3a}$$

$$\varphi_{RH} = \left[1 + \frac{1 - RH/100}{0{,}1 \cdot \sqrt[3]{h_0}} \cdot \alpha_1\right] \cdot \alpha_2 \quad \text{für } f_{cm} > 35\,\text{N/mm}^2 \tag{B.3b}$$

RH die relative Luftfeuchte der Umgebung in %;

$\beta(f_{cm})$ ein Beiwert zur Berücksichtigung der Auswirkungen der Betondruckfestigkeit auf die Grundzahl des Kriechens:

$$\beta(f_{cm}) = \frac{16{,}8}{\sqrt{f_{cm}}} \tag{B.4}$$

f_{cm} die mittlere Zylinderdruckfestigkeit des Betons in N/mm² nach 28 Tagen;

$\beta(t_0)$ ein Beiwert zur Berücksichtigung der Auswirkungen des Betonalters bei Belastungsbeginn auf die Grundzahl des Kriechens:

$$\beta(t_0) = \frac{1}{\left(0{,}1 + t_0^{0{,}20}\right)} \tag{B.5}$$

h_0 die wirksame Bauteildicke in mm. Dabei ist

$$h_0 = 2A_c/u \tag{B.6}$$

A_c die Gesamtfläche des Betonquerschnitts;
u der Umfang des Querschnitts, welcher Trocknung ausgesetzt ist;

$\beta_c(t,t_0)$ ein Beiwert zur Beschreibung der zeitlichen Entwicklung des Kriechens nach Belastungsbeginn, der wie folgt ermittelt werden darf:

$$\beta_c(t,t_0) = \left[\frac{(t-t_0)}{(\beta_H + t - t_0)}\right]^{0{,}3} \tag{B.7}$$

t das Betonalter zum betrachteten Zeitpunkt in Tagen;
t_0 das tatsächliche Betonalter bei Belastungsbeginn in Tagen;
$t - t_0$ die tatsächliche Belastungsdauer in Tagen;
β_H ein Beiwert zur Berücksichtigung der relativen Luftfeuchte (RH in %) und der wirksamen Bauteildicke (h_0 in mm). Er darf wie folgt ermittelt werden:

$\beta_H = 1{,}5[1 + (0{,}012RH)^{18}] \cdot h_0 + 250$
≤ 1500 für $f_{cm} \leq 35\,\text{N/mm}^2$ (B.8a)

$\beta_H = 1{,}5[1 + (0{,}012RH)^{18}] \cdot h_0 + 250 \cdot \alpha_3$
$\leq 1500\alpha_3$ für $f_{cm} \geq 35\,\text{N/mm}^2$ (B.8b)

$\alpha_{1/2/3}$ Beiwerte zur Berücksichtigung des Einflusses der Betondruckfestigkeit:

$$\alpha_1 = \left[\frac{35}{f_{cm}}\right]^{0{,}7}$$

$$\alpha_2 = \left[\frac{35}{f_{cm}}\right]^{0{,}2}$$

$$\alpha_3 = \left[\frac{35}{f_{cm}}\right]^{0{,}5} \tag{B.8c}$$

(2) Die Auswirkungen der Zementart auf die Kriechzahl des Betons darf durch die Anpassung des Betonalters bei Belastungsbeginn t_0 in Gleichung (B.5) berücksichtigt werden. t_0 darf wie folgt ermittelt werden:

$$t_0 = t_{0,T} \cdot \left(\frac{9}{2 + t_{0,T}^{1{,}2}} + 1\right)^{\alpha} \geq 0{,}5 \tag{B.9}$$

Dabei ist

$t_{0,T}$ das der Temperatur angepasste Betonalter bei Belastungsbeginn in Tagen. Die Anpassung darf mit Gleichung (B.10) erfolgen;

α ein Exponent zur Berücksichtigung der Zementart:

$\alpha = -1$ für Zemente der Klasse S,
$\alpha = 0$ für Zemente der Klasse N,
$\alpha = 1$ für Zemente der Klasse R.

(3) Die Auswirkungen von erhöhten oder verminderten Temperaturen in einem Bereich von 0 °C bis 80 °C auf den Grad der Aushärtung des Betons dürfen durch die Anpassung des Betonalters wie folgt berücksichtigt werden:

$$t_T = \sum_{i=1}^{n} e^{-(4000/[273+T(\Delta t_i)]-13,65)} \cdot \Delta t_i \quad (B.10)$$

Dabei ist

t_T das temperaturangepasste Betonalter, welches t in den entsprechenden Gleichungen (B.5 und B.9) ersetzt;
$T(\Delta t_i)$ die Temperatur in °C im Zeit-Intervall Δt_i;
Δt_i die Anzahl der Tage, an denen die Temperatur T vorherrscht.

Der mittlere Variationskoeffizient der nach obigen Verfahren vorausgesagten Größe des Kriechens liegt im Bereich von 20 %. Das Vorhersageverfahren beruht auf den Auswertungen einer digitalen Datenbank aus Labor-Versuchsergebnissen.

Die nach den obigen Verfahren ermittelten Werte für $\varphi(t,t_0)$ sind in der Regel auf den Tangenten-Modul E_c zu beziehen.

Wenn keine große Genauigkeit verlangt wird, dürfen die Werte in Bild 3.1 aus 3.1.4 herangezogen werden, um das Kriechen von Beton im Alter von 70 Jahren zu bestimmen.

B.2 Grundgleichungen zur Ermittlung der Trocknungsschwinddehnung

(1) Der Grundwert des Trocknungsschwindens $\varepsilon_{cd,0}$ lässt sich wie folgt ermitteln:

$$\varepsilon_{cd,0} = 0,85\left[(220+110\cdot\alpha_{ds1})\cdot\exp\left(-\alpha_{ds2}\cdot\frac{f_{cm}}{f_{cm0}}\right)\right]\cdot 10^{-6} \cdot \beta_{RH}$$

(B.11)

$$\beta_{RH} = 1,55\left[1-(RH/RH_0)^3\right] \quad (B.12)$$

Dabei ist

f_{cm} die mittlere Zylinderdruckfestigkeit des Betons [N/mm²];
$f_{cm0} = 10$ N/mm²;
α_{ds1} ein Beiwert zur Berücksichtigung der Zementart (siehe 3.1.2 (6)):
$\alpha_{ds1} = 3$ für Zemente der Klasse S,
$\alpha_{ds1} = 4$ für Zemente der Klasse N,
$\alpha_{ds1} = 6$ für Zemente der Klasse R;
α_{ds2} ein Beiwert zur Berücksichtigung der Zementart:
$\alpha_{ds2} = 0,13$ für Zemente der Klasse S,
$\alpha_{ds2} = 0,12$ für Zemente der Klasse N,
$\alpha_{ds2} = 0,11$ für Zemente der Klasse R;
RH die relative Luftfeuchte der Umgebung [%];
$RH_0 = 100$ %.

ANMERKUNG exp{ } hat die gleiche Bedeutung wie $e^{(\ )}$

NCI zu B.2

ANMERKUNG Die Gleichungen für das Gesamtschwinden sind in 3.1.4 (6) enthalten.

Die Auswertung der Gleichungen (B.11) und (B.12) für die Grundwerte der Trocknungsschwinddehnung $\varepsilon_{cd,0}$ ist für die Zementklassen S, N, R und die Luftfeuchten $RH = 40$ % bis $RH = 90$ % in den Tabellen NA.B.1 bis NA.B.3 enthalten (für $RH = 100$ % beträgt $\varepsilon_{cd,0} = 0$).

Tabelle NA.B.1 – Grundwerte für die Trocknungsschwinddehnung $\varepsilon_{cd,0}$ in ‰ für Beton mit Zement CEM Klasse S

$f_{ck}/f_{ck,cube}$ N/mm²	relative Luftfeuchte RH in %					
	40	**50**	60	70	**80**	90
C12/15	0,52	**0,49**	0,44	0,37	**0,27**	0,15
C16/20	0,50	**0,46**	0,42	0,35	**0,26**	0,14
C20/25	0,47	**0,44**	0,39	0,33	**0,25**	0,14
C25/30	0,44	**0,41**	0,37	0,31	**0,23**	0,13
C30/37	0,41	**0,39**	0,35	0,29	**0,22**	0,12
C35/45	0,39	**0,36**	0,32	0,27	**0,20**	0,11
C40/50	0,36	**0,34**	0,30	0,26	**0,19**	0,11
C45/55	0,34	**0,32**	0,29	0,24	**0,18**	0,10
C50/60	0,32	**0,30**	0,27	0,22	**0,17**	0,09
C55/67	0,30	**0,28**	0,25	0,21	**0,16**	0,09
C60/75	0,28	**0,26**	0,23	0,20	**0,15**	0,08
C70/85	0,25	**0,23**	0,21	0,17	**0,13**	0,07
C80/95	0,22	**0,20**	0,18	0,15	**0,11**	0,06
C90/105	0,19	**0,18**	0,16	0,13	**0,10**	0,05
C100/115	0,17	**0,16**	0,14	0,12	**0,09**	0,05

Tabelle NA.B.2 – Grundwerte für die unbehinderte Trocknungsschwinddehnung $\varepsilon_{cd,0}$ in ‰ für Beton mit Zement CEM Klasse N

$f_{ck}/f_{ck,cube}$ N/mm²	relative Luftfeuchte RH in %					
	40	**50**	60	70	**80**	90
C12/15	0,64	**0,60**	0,54	0,45	**0,33**	0,19
C16/20	0,61	**0,57**	0,51	0,43	**0,32**	0,18
C20/25	0,58	**0,54**	0,49	0,41	**0,30**	0,17
C25/30	0,55	**0,51**	0,46	0,38	**0,29**	0,16
C30/37	0,52	**0,48**	0,43	0,36	**0,27**	0,15
C35/45	0,49	**0,45**	0,41	0,34	**0,25**	0,14
C40/50	0,46	**0,43**	0,38	0,32	**0,24**	0,13
C45/55	0,43	**0,40**	0,36	0,30	**0,22**	0,12
C50/60	0,41	**0,38**	0,34	0,28	**0,21**	0,12
C55/67	0,38	**0,36**	0,32	0,27	**0,20**	0,11
C60/75	0,36	**0,34**	0,30	0,25	**0,19**	0,10
C70/85	0,32	**0,30**	0,27	0,22	**0,17**	0,09
C80/95	0,28	**0,26**	0,24	0,20	**0,15**	0,08
C90/105	0,25	**0,23**	0,21	0,18	**0,13**	0,07
C100/115	0,22	**0,21**	0,19	0,16	**0,12**	0,06

Tabelle NA.B.3 – Grundwerte für die unbehinderte Trocknungsschwinddehnung $\varepsilon_{cd,0}$ in ‰ für Beton mit Zement CEM Klasse R

$f_{ck} / f_{ck,cube}$ N/mm²	relative Luftfeuchte *RH* in %					
	40	**50**	60	70	**80**	90
C12/15	0,87	**0,81**	0,73	0,61	**0,45**	0,25
C16/20	0,83	**0,78**	0,70	0,58	**0,43**	0,24
C20/25	0,80	**0,75**	0,67	0,56	**0,42**	0,23
C25/30	0,75	**0,71**	0,63	0,53	**0,39**	0,22
C30/37	0,71	**0,67**	0,60	0,50	**0,37**	0,21
C35/45	0,68	**0,63**	0,57	0,47	**0,35**	0,20
C40/50	0,64	**0,60**	0,54	0,45	**0,33**	0,19
C45/55	0,61	**0,57**	0,51	0,43	**0,32**	0,18
C50/60	0,57	**0,54**	0,48	0,40	**0,30**	0,17
C55/67	0,54	**0,51**	0,45	0,38	**0,28**	0,16
C60/75	0,51	**0,48**	0,43	0,36	**0,27**	0,15
C70/85	0,46	**0,43**	0,39	0,32	**0,24**	0,13
C80/95	0,41	**0,39**	0,35	0,29	**0,21**	0,12
C90/105	0,37	**0,35**	0,31	0,26	**0,19**	0,11
C100/115	0,33	**0,31**	0,28	0,23	**0,17**	0,10

Anhang C
(normativ)

Eigenschaften des Betonstahls

NCI Zu Anhang C
Anhang C ist informativ.
Der Anhang C findet in Deutschland keine Anwendung. Es gelten die Normen der Reihe DIN 488, die die für die Bemessung erforderlichen Eigenschaften sicherstellen.

C.1 Allgemeines

(1) In Tabelle C.1 werden die Eigenschaften der Bewehrungsstähle angegeben, die zur Verwendung mit diesem Eurocode geeignet sind. Die Eigenschaften gelten für den Betonstahl im fertigen Tragwerk bei Temperaturen zwischen −40 °C und 100 °C. Alle Biege- und Schweißarbeiten am Betonstahl, die auf der Baustelle ausgeführt werden, sind in der Regel darüber hinaus auf den nach ENV 13670 zulässigen Temperaturbereich zu begrenzen.

Tabelle C.1 – Eigenschaften von Betonstahl

Produktart	Stäbe und Betonstabstahl vom Ring			Betonstahlmatten			Anforderung oder Quantilwert (%)
Klasse	A	B	C	A	B	C	—
charakteristische Streckgrenze f_{yk} oder $f_{0,2k}$ (N/mm²)	400 bis 600						5,0
Mindestwert von $k = (f_t/f_y)_k$	≥ 1,05	≥ 1,08	≥ 1,15 < 1,35	≥ 1,05	≥ 1,08	≥ 1,15 < 1,35	10,0
charakteristische Dehnung bei Höchstlast, ε_{uk} (%)	≥ 2,5	≥ 5,0	≥ 7,5	≥ 2,5	≥ 5,0	≥ 7,5	10,0
Biegbarkeit	Biege/Rückbiegetest			—			
Scherfestigkeit	—			0,25 $A\,f_{yk}$ (A – Stabquerschnittsfläche)			Minimum
Maximale Abweichung von der Nennmasse (Einzelstab oder Draht) (%) — Nenndurchmesser des Stabs (mm): ≤ 8; > 8	± 6,0 ± 4,5						5,0

Tabelle C.2N – Eigenschaften von Betonstahl

Produktart	Stäbe und Betonstabstahl vom Ring			Betonstahlmatten			Anforderung oder Quantilwert (%)
Klasse	A	B	C	A	B	C	—
Ermüdungsschwingbreite (N/mm²) (für $N \geq 2 \times 10^6$ Lastzyklen) mit einer Obergrenze von $\beta\,f_{yk}$	≥ 150			≥ 100			10,0
Verbund: Mindestwerte der bezogenen Rippenfläche, $f_{R,min}$ — Nenndurchmesser des Stabs (mm): 5 und 6; 6,5 bis 12; > 12	0,035 0,040 0,056						5,0

ANMERKUNG Die landesspezifischen Werte der Ermüdungsschwingbreite mit dem oberen Grenzwert $\beta \cdot f_{yk}$ und die der minimalen bezogenen Rippenfläche dürfen einem Nationalen Anhang entnommen werden. Die empfohlenen Werte sind in Tabelle C.2N enthalten. Der landesspezifische Wert für β darf einem Nationalen Anhang entnommen werden. Der empfohlene Wert ist 0,6.

Ermüdung: Die landesspezifischen Ausnahmen zu den Ermüdungsregeln dürfen einem Nationalen Anhang entnommen werden. Empfohlene Ausnahmen sind eine vorwiegend ruhende Belastung des Betonstahls oder der Nachweis durch Versuche, dass höhere Werte für die Ermüdungsschwingbreite bzw. die Anzahl der Lastzyklen gelten. Für den letzteren Fall dürfen die Werte aus Tabelle 6.3 entsprechend abgeändert werden. Solche Versuche sind in der Regel nach EN 10080 durchzuführen.

Verbund: Wenn nachgewiesen werden kann, dass mit f_R-Werten unterhalb der oben angegebenen, eine ausreichende Verbundfestigkeit erzielt wird, dürfen die Werte entsprechend reduziert werden. Um sicherzustellen, dass eine ausreichende Verbundfestigkeit erreicht wird, [AC] sollten [AC] die Verbundspannungen die empfohlenen Werte der Gleichungen (C.1N) und (C.2N) erfüllen, wenn sie mittels des CEB/RILEM-Balkentests überprüft werden:

$$\tau_m \geq 0{,}098\,(80 - 1{,}2\varnothing) \qquad (C.1N)$$
$$\tau_r \geq 0{,}098\,(130 - 1{,}9\varnothing) \qquad (C.2N)$$

Dabei ist

$\varnothing$ der Nenndurchmesser des Stabs (mm);
τ_m die mittlere Verbundspannung (N/mm²) bei 0,01, 0,1 und 1 mm Schlupf;
τ_r die Verbundspannung bei Versagen durch Herausziehen.

NDP Zu C.1 (1)

Für die Ausführung auf der Baustelle gilt DIN EN 13670 bzw. DIN 1045-3.

Für die Anwendung von Betonstählen, die von den technischen Baubestimmungen abweichen oder für die Anwendung unter abweichenden Anwendungsbedingungen ist eine allgemeine bauaufsichtliche Zulassung erforderlich.

Es gilt Tabelle C.2DE mit $\beta = 0{,}6$.

Tabelle C.2DE – Eigenschaften von Betonstahl

Produktart		Stäbe und Betonstabstahl vom Ring			Betonstahlmatten			Anforderung oder Quantilwert %
Klasse	$\varnothing$	A	B	C	A	B	C	–
Ermüdungsschwingbreite (N/mm²) (für $N \geq 1 \cdot 10^6$ Lastzyklen) mit einer Obergrenze von $\beta \cdot f_{yk}$	≤ 28 mm		≥ 175			≥ 100		5,0
	> 28 mm	–	≥ 145		–			
Verbund:	Nenn-$\varnothing$ mm							
Mindestwerte der bezogenen Rippenfläche, $f_{R,min}$	5 bis 6 6,5 bis 8,5 9 bis 10,5 11 bis 40		0,039 0,045 0,052 0,056					min. 5,0

(2) Die Werte für f_{yk}, k und ε_{uk} aus Tabelle C.1 sind charakteristische Werte. Die rechte Spalte aus Tabelle C.1 gibt für jeden charakteristischen Wert den maximalen Prozentwert der Testergebnisse an, die unterhalb des charakteristischen Wertes liegen.

(3) EN 10080 gibt weder den Quantilwert charakteristischer Werte noch die Bewertung von Versuchsergebnissen einzelner Testeinheiten an.

Um daher den Qualitätsanforderungen der ständigen Produktion nach Tabelle C.1 zu genügen, sind in der Regel die nachfolgenden Grenzwerte auf Versuchsergebnisse anzuwenden:

– wenn alle Einzelversuchsergebnisse einer Versuchsreihe den charakteristischen Wert übersteigen (oder im Falle des Maximalwerts f_{yk} oder k unter dem charakteristischen Wert liegen), darf davon ausgegangen werden, dass die Versuchsreihe den Anforderungen genügt;

– [AC] die Einzelwerte der Streckgrenze f_y und ε_u müssen in der Regel [AC] größer als die Mindestwerte und kleiner als die Höchstwerte sein. Darüber hinaus muss der Mittelwert M einer Versuchseinheit in der Regel nachfolgende Gleichung erfüllen.

$$M \geq C_v + a \qquad (C.3)$$

Dabei ist
C_v der charakteristische Langzeitwert;
a der Beiwert, der von den betrachteten Parametern abhängt.

ANMERKUNG 1 Der landesspezifische Wert für a darf einem Nationalen Anhang entnommen werden. Der empfohlene Wert für f_y ist 10 N/mm² und für k und ε_u ist er 0.

ANMERKUNG 2 Die landesspezifischen Mindest- und Höchstwerte f_y, k und ε_u dürfen einem Nationalen Anhang entnommen werden. Die empfohlenen Werte sind in Tabelle C.3N enthalten.

Tabelle C.3N – Absolute Grenzwerte der Versuchsergebnisse

Gebrauchscharakteristik	Mindestwert	Höchstwert
Streckgrenze f_y	0,97 × Minimum C_v	1,03 × Maximum C_v
|AC⟩ k ⟨AC|	0,98 × Minimum C_v	1,02 × Maximum C_v
ε_u	0,80 × Minimum C_v	nicht zutreffend

NDP Zu C.1 (3)

Die landesspezifischen Werte für a, f_{yk}, k und ε_{uk} dürfen DIN 488 oder Zulassungen entnommen werden.

Tabelle C.3N gilt nicht. Die landesspezifischen Grenzwerte dürfen DIN 488 oder Zulassungen entnommen werden.

C.2 Festigkeiten

(1)P Die tatsächliche maximale Streckgrenze $f_{y,max}$ darf nicht größer als $1,3 f_{yk}$ sein.

C.3 Biegbarkeit

(1)P Die Biegbarkeit muss nach den Biege-/Rückbiegeversuchen nach EN 10080 und EN ISO 15630-1 nachgewiesen werden. In den Fällen, in denen der Nachweis lediglich mit einem Rückbiegeversuch erbracht wird, darf der Biegerollendurchmesser nicht größer sein |AC⟩ als der für Biegung nach Tabelle 8.1N dieses Eurocodes ⟨AC| definierte Wert. Um die Biegbarkeit sicherzustellen, darf nach dem |AC⟩ Versuch ⟨AC| keine Rissbildung zu erkennen sein.

Anhang D
(informativ)

Genauere Methode zur Berechnung von Spannkraftverlusten aus Relaxation

D.1 Allgemeines

(1) Werden die Verluste aus Relaxation für einzelne Zeitintervalle (Laststufen) berechnet, in denen die Spannung im Spannglied nicht konstant ist, z. B. aufgrund elastischer Verformungen des Betons, ist in der Regel das Verfahren der äquivalenten Belastungsdauer anzuwenden.

(2) Das Konzept des Verfahrens der äquivalenten Belastungsdauer ist in Bild D.1 dargestellt, wobei zum Zeitpunkt t_i eine unmittelbare Verformung des Spannglieds vorliegt. Dabei ist

σ_{pi}^- die Zugspannung im Spannstahl direkt vor t_i;
σ_{pi}^+ die Zugspannung im Spannstahl direkt nach t_i;
σ_{pi-1}^+ die Zugspannung im Spannstahl in der vorhergehenden Laststufe;
$\Delta\sigma_{pr,i-1}$ die Spannungsänderung im Spannstahl infolge der Relaxation während der vorhergehenden Laststufe;
$\Delta\sigma_{pr,i}$ die Spannungsänderung im Spannstahl infolge der Relaxation während der betrachteten Laststufe.

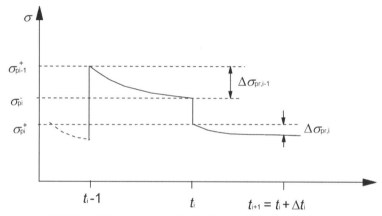

Bild D.1 – Verfahren der äquivalenten Belastungsdauer

(3) Wenn $\sum_{1}^{i-1}\Delta\sigma_{pr,j}$ die Summe aller Relaxationsverluste der vorhergehenden Laststufen ist, dann ist t_e als die äquivalente Belastungsdauer (in Stunden) definiert, die mit den Relaxationsgleichungen in 3.3.2 (7) diese Summe der Relaxationsverluste mit einer Ausgangsspannung

$\sigma_{pi}^+ + \sum_{1}^{i-1}\Delta\sigma_{pr,j}$ und mit $\mu = \dfrac{\sigma_{pi}^+ + \sum_{1}^{i-1}\Delta\sigma_{pr,j}}{f_{pk}}$ ergibt.

(4) Für ein Spannglied der Klasse 2 wird t_e nach Gleichung (3.29) beispielsweise:

$$\sum_{1}^{i-1}\Delta\sigma_{pr,j}=0{,}66\cdot\rho_{1000}\cdot e^{9{,}09\mu}\left(\frac{t_e}{1000}\right)^{0{,}75(1-\mu)} \cdot\left\{\sigma_{p,i}^+ + \sum_{1}^{i-1}\Delta\sigma_{pr,j}\right\}10^{-5} \quad (D.1)$$

(5) Löst man die obige Gleichung nach t_e auf, so kann die gleiche Formel verwendet werden, um die Relaxationsverluste $\Delta\sigma_{pr,i}$ der betrachteten Laststufe abzuschätzen (wobei die äquivalente Belastungsdauer zur Dauer der betrachteten Laststufe addiert wird):

$$\Delta\sigma_{pr,i}=0{,}66\cdot\rho_{1000}\cdot e^{9{,}09\mu}\left(\frac{t_e+\Delta t_i}{1000}\right)^{0{,}75(1-\mu)} \cdot\left\{\sigma_{p,i}^+ + \sum_{1}^{i-1}\Delta\sigma_{pr,j}\right\}10^{-5} - \sum_{1}^{i-1}\Delta\sigma_{pr,j} \quad (D.2)$$

(6) Dieses Prinzip lässt sich auf alle drei Klassen von Spanngliedern anwenden.

Anhang E
(informativ)

Indikative Mindestfestigkeitsklassen zur Sicherstellung der Dauerhaftigkeit

NCI Zu Anhang E
Anhang E ist normativ.

E.1 Allgemeines

(1) Die Wahl eines ausreichend dauerhaften Betons zum Schutz vor Bewehrungskorrosion und Betonangriff erfordert die Berücksichtigung der Betonzusammensetzung. Dies kann dazu führen, dass eine höhere Betonfestigkeitsklasse erforderlich wird als aus der Bemessung. Der Zusammenhang zwischen Betonfestigkeitsklassen und Expositionsklassen (siehe Tabelle 4.1) darf mittels indikativer Mindestfestigkeitsklassen beschrieben werden.

(2) Wird eine höhere Betonfestigkeitsklasse als aus der Bemessung erforderlich, ist in der Regel der Wert von f_{ctm} ⒶⒸ für die Bestimmung der Mindestbewehrung nach 7.3.2 und 9.2.1.1 und für die Rissbreitenbegrenzung ⒶⒸ nach 7.3.3 und 7.3.4 an die höhere Festigkeitsklasse anzupassen.

ANMERKUNG Die landesspezifischen Werte der indikativen Mindestfestigkeitsklassen können im Nationalen Anhang eingesehen werden. Die empfohlenen Werte sind in Tabelle E.1N angegeben.

Tabelle E.1N – ⒶⒸ Indikative Mindestfestigkeitsklassen ⒶⒸ

	Expositionsklasse nach Tabelle 4.1									
	Bewehrungskorrosion									
	ausgelöst durch Karbonatisierung				ausgelöst durch Chloride ausgenommen Meerwasser			ausgelöst durch Chloride aus Meerwasser		
	XC1	XC2	XC3	XC4	XD1	XD2	XD3	XS1	XS2	XS3
Indikative ⒶⒸ Mindestfestigkeitsklasse ⒶⒸ	C20/25	C25/30	C30/37	C30/37	C30/37	C35/45	C30/37	C35/45		

	Betonangriff						
	kein Angriffsrisiko	durch Frost mit und ohne Taumittel			durch chemischen Angriff der Umgebung		
	X0	XF1	XF2	XF3	XA1	XA2	XA3
Indikative ⒶⒸ Mindestfestigkeitsklasse ⒶⒸ	C12/15	C30/37	C25/30	C30/37	C30/37	C35/45	

NDP Zu E.1 (2)
Es gilt Tabelle E.1DE.

Tabelle E.1DE – Indikative Mindestfestigkeitsklassen

	Expositionsklasse nach Tabelle 4.1									
	Bewehrungskorrosion									
	ausgelöst durch Karbonatisierung				ausgelöst durch Chloride ausgenommen Meerwasser			ausgelöst durch Chloride aus Meerwasser		
	XC1	XC2	XC3	XC4	XD1	XD2	XD3	XS1	XS2	XS3
Indikative Mindestfestigkeitsklasse	C16/20	C20/25	C25/30	C30/37[a]	C35/45 a oder c	C35/45[a]	C30/37[a]	C35/45 a oder c	C35/45[a]	

	Betonangriff							
	Kein Angriffsrisiko	durch Frost mit und ohne Taumittel				durch chemischen Angriff der Umgebung		
	X0	XF1	XF2	XF3	XF4	XA1	XA2	XA3
Indikative Mindestfestigkeitsklasse	C12/15	C25/30	C25/30 LP[b] C35/45[c]	C25/30 LP[b] C35/45[c]	C30/37 LP [b, d, e]	C25/30	C35/45 a oder c	C35/45[a]

[a] Bei Verwendung von Luftporenbeton, z. B. auf Grund gleichzeitiger Anforderungen aus der Expositionsklasse XF, eine Betonfestigkeitsklasse niedriger; siehe auch Fußnote [b].
[b] Diese Mindestbetonfestigkeitsklassen gelten für Luftporenbeton mit Mindestanforderungen an den mittleren Luftgehalt im Frischbeton nach DIN 1045-2 unmittelbar vor dem Einbau.
[c] Bei langsam und sehr langsam erhärtenden Betonen ($r < 0,30$ nach DIN EN 206-1) eine Festigkeitsklasse im Alter von 28 Tagen niedriger. Die Druckfestigkeit zur Einteilung in die geforderte Druckfestigkeitsklasse ist auch in diesem Fall an Probekörpern im Alter von 28 Tagen zu bestimmen.
[d] Erdfeuchter Beton mit $w/z \leq 0,40$ auch ohne Luftporen
[e] Bei Verwendung eines CEM III/B nach DIN 1045-2:2008-08, Tabelle F.3.3, Fußnote c) für Räumerlaufbahnen in Beton ohne Luftporen mindestens C40/50 (hierbei gilt: $w/z \leq 0,35$, $z \geq 360$ kg/m³).

Anhang F
(informativ)

Gleichungen für Zugbewehrung für den ebenen Spannungszustand

NCI Zu Anhang F

Der informative Anhang F ist in Deutschland nicht anzuwenden.

F.1 Allgemeines

(1) Dieser Anhang enthält keine Gleichungen für Druckbewehrung.

(2) Die Zugbewehrung in einem Bauteil, in dem ein ebener Spannungszustand mit den orthogonalen Spannungen σ_{Edx}, σ_{Edy} und τ_{Edxy} herrscht, darf mit dem folgenden Verfahren berechnet werden.

Druckspannungen sind in der Regel positiv zu bezeichnen, mit $\sigma_{Edx} > \sigma_{Edy}$, und die Richtung der Bewehrung sollte mit den x- und y-Achsen übereinstimmen.

Die Zugfestigkeiten der Bewehrung sind in der Regel aus folgender Beziehung zu ermitteln:

$$f_{tdx} = \rho_x \cdot f_{yd} \quad \text{und} \quad f_{tdy} = \rho_y \cdot f_{yd} \tag{F.1}$$

Dabei sind ρ_x und ρ_y die geometrischen Bewehrungsgrade entlang der x- bzw. der y-Achse.

(3) In Bereichen, in denen sowohl σ_{Edx} als auch σ_{Edy} Druckspannungen sind und $\sigma_{Edx} \cdot \sigma_{Edy} > \tau^2_{Edxy}$ gilt, ist tragende Bewehrung nicht erforderlich. Jedoch darf in der Regel die maximale Druckspannung den Wert f_{cd} nicht überschreiten (siehe 3.1.6).

(4) In Bereichen, in denen σ_{Edy} eine Zugspannung ist oder $\sigma_{Edx} \cdot \sigma_{Edy} \leq \tau^2_{Edxy}$ gilt, ist Bewehrung erforderlich.

Die optimale Bewehrung, gekennzeichnet durch den hochgestellten Index ', und die dazugehörige Betonspannung werden durch folgende Gleichungen bestimmt:

Für $\sigma_{Edx} \leq |\tau_{Edxy}|$

$$f'_{tdx} = |\tau_{Edxy}| - \sigma_{Edx} \tag{F.2}$$
$$f'_{tdy} = |\tau_{Edxy}| - \sigma_{Edy} \tag{F.3}$$
$$\sigma_{cd} = 2|\tau_{Edy}| \tag{F.4}$$

Für $\sigma_{Edx} > |\tau_{Edxy}|$

$$f'_{tdx} = 0 \tag{F.5}$$
$$f'_{tdy} = \frac{\tau^2_{Edxy}}{\sigma_{Edx}} - \sigma_{Edy} \tag{F.6}$$
$$\sigma_{cd} = \sigma_{Edx}\left(1 + \left(\frac{\tau_{Edxy}}{\sigma_{Edx}}\right)^2\right) \tag{F.7}$$

Die Betonspannung σ_{cd} ist in der Regel mit einer realistischen Modellierung der gerissenen Bereiche (siehe EN 1992-2) zu ermitteln. Dabei darf sie jedoch $\nu \cdot f_{cd}$ nicht überschreiten (ν darf mit Gleichung (6.5) ermittelt werden).

ANMERKUNG Die minimale Bewehrung ergibt sich, wenn die Richtungen der Bewehrung mit den Richtungen der Hauptspannungen übereinstimmen.

Alternativ dürfen im Allgemeinen die erforderliche Bewehrung und die Betonspannung folgendermaßen bestimmt werden:

$$f_{tdx} = |\tau_{Edxy}| \cdot \cot\theta - \sigma_{Edx} \tag{F.8}$$
$$f_{tdy} = |\tau_{Edxy}| / \cot\theta - \sigma_{Edy} \tag{F.9}$$
$$\sigma_{cd} = |\tau_{Edxy}| \cdot \left(\cot\theta + \frac{1}{\cot\theta}\right) \tag{F.10}$$

dabei ist θ der Winkel zwischen der Betonhauptdruckspannung und der x-Achse.

ANMERKUNG Der Wert für $\cot\theta$ ist in der Regel so zu wählen, dass keine Druckspannungen für f_{td} entstehen.

Um die Rissbreiten für die Grenzzustände der Gebrauchstauglichkeit zu begrenzen und die erforderliche Duktilität in den Grenzzuständen der Tragfähigkeit sicherzustellen, muss die nach den Gleichungen (F.8) und (F.9) für jede Richtung getrennt bestimmte Bewehrungsmenge in der Regel nicht mehr als das Doppelte und nicht weniger als die Hälfte der nach den Gleichungen (F.2) und (F.3) oder (F.5) und (F.6) bestimmten Bewehrungsmenge betragen. Diese Grenzen lassen sich wie folgt formulieren:

$$\tfrac{1}{2} f'_{tdx} \leq f_{tdx} \leq 2 f'_{tdx} \quad \text{und} \quad \tfrac{1}{2} f'_{tdy} \leq f_{tdy} \leq 2 f'_{tdy}$$

(5) Die Bewehrung ist in der Regel an allen freien Rändern ausreichend, z. B. durch Steckbügel oder Ähnliches, zu verankern.

Anhang G
(informativ)

NCI Zu Anhang G
Der informative Anhang G ist in Deutschland nicht anzuwenden.

Boden-Bauwerk-Interaktion

G.1 Flachgründungen

G.1.1 Allgemeines

(1) Die Wechselwirkung zwischen dem Boden, der Gründung und dem Tragwerk ist in der Regel zu berücksichtigen. Die Sohldruckverteilung und die Kräfte in den Stützen hängen dabei von den relativen Setzungen ab.

(2) Es ist in der Regel sicherzustellen, dass die Verschiebungen und die zugehörigen Reaktionen des Bodens und des Bauwerks verträglich sind.

(3) Obwohl das obige allgemeine Verfahren ausreicht, bestehen aufgrund der Lastgeschichte und der Kriechauswirkungen weiterhin viele Unsicherheiten. Deswegen werden im Allgemeinen je nach dem Idealisierungsgrad der mechanischen Modelle verschiedene Genauigkeitsgrade des Nachweisverfahrens definiert.

(4) Gilt das Tragwerk als nachgiebig, hängen die übertragenen Lasten nicht von den relativen Setzungen ab, da das Tragwerk keine Steifigkeit besitzt. In diesem Fall sind die Lasten nicht mehr unbekannt und das Problem begrenzt sich auf die Untersuchung einer Gründung auf einem sich verformenden Boden.

(5) Gilt das Tragwerk als steif, dürfen die unbekannten Lasten auf der Gründung unter der Bedingung ermittelt werden, dass die Setzungen in der Regel auf einer Ebene liegen. Es ist in der Regel nachzuweisen, dass diese Steifigkeit bis zum Erreichen der Grenzzustände der Tragfähigkeit erhalten bleibt.

(6) Eine weitere Vereinfachung bietet sich an, wenn davon ausgegangen werden kann, dass das Gründungssystem ausreichend steif oder dass der Untergrund sehr steif ist. In beiden Fällen dürfen die relativen Setzungen vernachlässigt werden. Dadurch entfällt eine Modifizierung der von dem Tragwerk übertragenen Lasten.

(7) Zur Abschätzung der Steifigkeit des statischen Systems darf eine Berechnung durchgeführt werden, in der die kombinierte Steifigkeit des Gesamtsystems, bestehend aus der Gründung, den Rahmenbauteilen des Tragwerks und den Wandscheiben, mit der Steifigkeit des Bodens verglichen wird. Diese bezogene Steifigkeit K_R bestimmt, ob die Gründung bzw. das statische System entweder als steif oder als nachgiebig zu betrachten ist. Die nachfolgende Gleichung darf für den Hochbau verwendet werden:

$$K_R = (EJ)_S / (E \cdot l^3) \quad \text{(G.1)}$$

Dabei ist

$(EJ)_S$ der Näherungswert der Biegesteifigkeit pro Breiteneinheit des betrachteten Tragwerks. Dieser wird durch Addition der Biegesteifigkeiten der Gründung, jedes Rahmenbauteils und jeder Wandscheibe ermittelt;

E der Verformungsmodul des Bodens;

l die Länge der Gründung.

Bezogene Steifigkeiten größer als 0,5 deuten auf steife statische Systeme hin.

G.1.2 Genauigkeitsgrade des Nachweisverfahrens

(1) Für Bemessungszwecke sind die nachfolgenden Genauigkeitsgrade des Nachweisverfahrens zulässig:

Grad 0: Auf diesem Grad darf von einer linearen Verteilung des Sohldrucks ausgegangen werden. Die nachfolgenden Voraussetzungen sind in der Regel dabei zu erfüllen:
- der Sohldruck ist nicht größer als die Bemessungswerte für die Grenzzustände der Gebrauchstauglichkeit und der Tragfähigkeit,
- im Grenzzustand der Gebrauchstauglichkeit wird das statische System nicht von Setzungen beeinflusst, bzw. die zu erwartenden relativen Setzungen variieren nicht erheblich,
- im Grenzzustand der Tragfähigkeit verfügt das Tragwerkssystem über ausreichende plastische Verformungsfähigkeit, so dass die Unterschiede in den Setzungen die Bemessung nicht beeinflussen.

Grad 1: Der Sohldruck darf unter Berücksichtigung der bezogenen Steifigkeit der Gründung und des Bodens ermittelt werden. Es muss nachgewiesen werden, dass sich die daraus ergebenden Verformungen innerhalb der zulässigen Grenzwerte befinden.

Die nachfolgenden Voraussetzungen sind in der Regel dabei zu erfüllen:
- es ist ausreichend Erfahrung vorhanden, um zu zeigen, dass die Gebrauchstauglichkeit des Tragwerks wahrscheinlich nicht von den Bodenverformungen beeinflusst wird,
- im Grenzzustand der Tragfähigkeit besitzt das Tragwerk ein ausreichend duktiles Verhalten.

Grad 2: Auf diesem Genauigkeitsgrad des Nachweisweisverfahrens wird der Einfluss der Bodenverformungen auf das Tragwerk berücksichtigt. Dabei wird das Tragwerk unter Berücksichtigung der aufgezwungenen Verformungen der Gründung untersucht, um die Veränderungen der auf die Gründungen einwirkenden Belastungen zu bestimmen. Sind die sich ergebenden Veränderungen signifikant (d. h. > |10| %), ist in der Regel die Berechnung nach Grad 3 anzuwenden.

Grad 3: In diesem vollständig interaktiven Verfahren werden das Tragwerk, die Gründung und der Boden berücksichtigt.

G.2 Pfahlgründungen

(1) Wenn die Pfahlkopfplatte steif ist, darf von einem linearen Verlauf der Setzungen der Einzelpfähle ausgegangen werden. Der Verlauf hängt von der Rotation der Pfahlkopfplatte ab. Falls keine Rotation auftritt oder diese vernachlässigt werden kann, darf von einer gleichmäßigen Setzung aller Pfähle ausgegangen werden. Aus den Gleichgewichtsbedingungen können die unbekannten Pfahllasten sowie die Setzung der Gruppe berechnet werden.

(2) Bei der Untersuchung einer Pfahl-Plattengründung kommt es allerdings nicht nur zwischen den Einzelpfählen zur Wechselwirkung, sondern auch zwischen der Fundamentplatte und den Pfählen. Ein einfacher Ansatz zur Lösung dieses Problems ist nicht verfügbar.

(3) Die Antwort einer Pfahlgruppe auf horizontale Belastungen ist in der Regel nicht nur von der seitlichen Steifigkeit des umgebenden Bodens und der Pfähle abhängig, sondern auch von deren axialer Steifigkeit (beispielsweise verursacht die seitliche Belastung einer Pfahlgruppe Zug und Druck auf die Randpfähle).

Normen

Anhang H
(informativ)

Nachweise am Gesamttragwerk nach Theorie II. Ordnung

H.1 Kriterien zur Vernachlässigung der Nachweise nach Theorie II. Ordnung

H.1.1 Allgemeines

(1) Abschnitt H.1 enthält Kriterien für Tragwerke, bei denen die Bedingungen aus 5.8.3.3 (1) nicht erfüllt sind. Diese Kriterien beruhen auf 5.8.2 (6) und berücksichtigen die durch Biegung und Querkraft hervorgerufenen globalen (d. h. auf das Gesamttragwerk bezogenen) Verformungen, wie in Bild H.1 dargestellt.

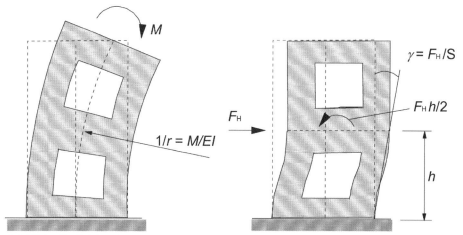

Bild H.1 – Definition der globalen Krümmung und Schubverformung ($1/r$ bzw. γ) und die entsprechenden Steifigkeiten (EI bzw. S)

H.1.2 Aussteifungssystem ohne wesentliche Schubverformungen

(1) Für Aussteifungssysteme ohne wesentliche Schubverformungen (z. B. Wandscheiben ohne Öffnungen) dürfen die globalen Auswirkungen nach Theorie II. Ordnung vernachlässigt werden, falls:

$$F_{V,Ed} \leq 0{,}1 \cdot F_{V,BB} \quad \text{(H.1)}$$

Dabei ist

$F_{V,Ed}$ die gesamte vertikale Last (auf ausgesteifte und aussteifende Bauteile);

$F_{V,BB}$ die globale nominale Grenzlast für globale Biegung, siehe (2).

(2) Die globale nominale Grenzlast für globale Biegung darf mit folgender Gleichung angenommen werden

$$F_{V,BB} = \xi \cdot \Sigma EI / L^2 \quad \text{(H.2)}$$

Dabei ist

ξ ein Beiwert, der von der Anzahl der Geschosse, der Änderung der Steifigkeit, dem Grad der Fundamenteinspannung und der Lastverteilung abhängt, siehe (4);

ΣEI die Summe der Biegesteifigkeiten der Aussteifungsbauteile in der betrachteten Richtung, einschließlich möglicher Auswirkungen durch Rissbildung, siehe (3);

L die Gesamthöhe des Gebäudes oberhalb der Einspannung.

(3) Fehlen genauere Berechnungen der Biegesteifigkeit, darf die folgende Gleichung für ein Aussteifungsbauteil mit *gerissenem* Querschnitt verwendet werden:

$$EI \approx 0{,}4 \cdot E_{cd} I_c \quad \text{(H.3)}$$

Dabei ist

$E_{cd} = E_{cm}/\gamma_{cE}$ der Bemessungswert des Beton E-Moduls, siehe 5.8.6 (3);

I_c das Flächenmoment 2. Grades des Aussteifungsbauteils.

Falls nachgewiesen werden kann, dass der Querschnitt im Grenzzustand der Tragfähigkeit *ungerissen* ist, darf die Konstante 0,4 in Gleichung (H.3) durch 0,8 ersetzt werden.

(4) Wenn die Aussteifungsbauteile eine konstante Steifigkeit entlang der Höhe aufweisen und wenn die gesamte vertikale Belastung um denselben Betrag pro Geschoss ansteigt, darf ξ folgendermaßen angesetzt werden

$$\xi = 7{,}8 \cdot \frac{n_s}{n_s + 1{,}6} \cdot \frac{1}{1 + 0{,}7 \cdot k} \quad \text{(H.4)}$$

Dabei ist

n_s die Anzahl der Geschosse;
k die bezogene Steifigkeit der Einspannung, siehe (5).

(5) Die bezogene Steifigkeit der Einspannung am Fundament wird definiert als:

$$k = (\theta / M) \cdot (EI / L) \qquad (H.5)$$

Dabei ist
θ die Rotation infolge des Biegemoments M;
EI die Biegesteifigkeit nach (3);
L die Gesamthöhe der Aussteifungseinheit.

ANMERKUNG Für $k = 0$, d. h. volle Einspannung, dürfen die Gleichungen (H.1) bis (H.4) in der Gleichung (5.18) zusammengefasst werden, wobei der Beiwert 0,31 aus $0{,}1 \cdot 0{,}4 \cdot 7{,}8 \approx 0{,}31$ folgt.

H.1.3 Aussteifungssystem mit wesentlichen globalen Schubverformungen

(1) Globale Auswirkungen nach Theorie II. Ordnung dürfen vernachlässigt werden, wenn die folgende Bedingung erfüllt ist:

$$F_{V,Ed} \leq 0{,}1 \cdot F_{V,B} = 0{,}1 \cdot \frac{F_{V,BB}}{1 + F_{V,BB}/F_{V,BS}} \qquad (H.6)$$

Dabei ist
$F_{V,B}$ die globale Grenzlast unter Berücksichtigung der globalen Biegung *und* Querkraft;
$F_{V,BB}$ die globale Grenzlast für reine Biegung, siehe H.1.2 (2);
$F_{V,BS}$ die globale Grenzlast für reine Querkraft, $F_{V,BS} = \Sigma S$;
ΣS die gesamte Schubsteifigkeit (Kraft bezogen auf den Schubwinkel) der aussteifenden Bauteile (siehe Bild H.1).

ANMERKUNG Die globale Schubverformung eines aussteifenden Bauteils wird üblicherweise durch lokale Biegeverformungen bestimmt (Bild H.1). Aus diesem Grund darf bei Fehlen einer genaueren Berechnung die Rissbildung für S auf dieselbe Weise wie für EI berücksichtigt werden, siehe H.1.2 (3).

H.2 Berechnungsverfahren für globale Auswirkungen nach Theorie II. Ordnung

(1) Dieser Abschnitt beruht auf der linearen Ermittlung der Schnittgrößen nach Theorie II. Ordnung gemäß 5.8.7. Globale Auswirkungen nach Theorie II. Ordnung dürfen bei der Schnittgrößenermittlung von Tragwerken mit fiktiven, vergrößerten Horizontalkräften $F_{H,Ed}$ berücksichtigt werden:

$$F_{H,Ed} = \frac{F_{H,0Ed}}{1 - F_{V,Ed}/F_{VB}} \qquad (H.7)$$

Dabei ist

$F_{H,0Ed}$ die Horizontalkraft nach Theorie I. Ordnung aufgrund von Wind, Imperfektionen usw.;
$F_{V,Ed}$ die gesamte vertikale Last, die auf aussteifende *und* ausgesteifte Bauteile einwirkt;
$F_{V,B}$ die globale nominale Grenzlast, siehe (2).

(2) Die Grenzlast $F_{V,B}$ darf nach H.1.3 bestimmt werden (oder nach H.1.2, wenn globale Schubverformungen vernachlässigbar sind). In diesem Fall sind in der Regel jedoch die Nennsteifigkeitswerte nach 5.8.7.2 unter Berücksichtigung des Kriechens zu verwenden.

(3) In Fällen, in denen die globale Grenzlast $F_{V,B}$ nicht definiert ist, darf ersatzweise die nachfolgende Gleichung verwendet werden:

$$F_{H,Ed} = \frac{F_{H,0Ed}}{1 - F_{H,1Ed}/F_{H,0Ed}} \qquad (H.8)$$

Dabei ist

$F_{H,1Ed}$ die fiktive Horizontalkraft, die die gleichen Biegemomente ergibt wie die Vertikalkraft $N_{V,Ed}$, die auf das verformte Tragwerk einwirkt; mit Verformungen aufgrund von $F_{H,0Ed}$ (Verformung nach Theorie I. Ordnung) und berechnet mit den Nennsteifigkeitswerten nach 5.8.7.2.

ANMERKUNG Die Gleichung (H.8) folgt aus einer schrittweisen numerischen Berechnung, in der die Auswirkungen der Vertikallast und der Verformungsvergrößerungen, die als äquivalente Horizontalkräfte ausgedrückt werden, fortlaufend summiert werden. Die Vergrößerungen werden nach einigen Schritten eine geometrische Reihe bilden. Unter der Annahme, dass dies bereits im ersten Schritt der Fall ist (was der Annahme entspricht, dass in 5.8.7.3 (3) $\beta = 1$ ist), darf die Summe wie in Gleichung (H.8) ausgedrückt werden. Für diese Annahme müssen die Steifigkeitswerte der Endverformung in allen Schritten verwendet werden (dies ist auch die Grundannahme der Schnittgrößenermittlung auf Grundlage der Nennsteifigkeitswerte).

In anderen Fällen, z. B. wenn im ersten Berechnungsschritt von ungerissenen Querschnitten ausgegangen wird, eine Rissbildung jedoch in späteren Schritten auftritt oder wenn sich die Verteilung der äquivalenten Horizontalkräfte innerhalb der ersten Schritte wesentlich ändert, müssen zusätzliche Schritte in die Berechnung eingefügt werden, bis die Annahme einer geometrischen Serie erfüllt ist.

Ein Beispiel mit zwei Schritten mehr als in Gleichung (H.8) ist:

$$F_{H,Ed} = F_{H,0Ed} + F_{H,1Ed} + F_{H,2Ed} / (1 - F_{H,3Ed}/F_{H,2Ed}).$$

Anhang I
(informativ)

NCI Zu Anhang I
Der informative Anhang I ist in Deutschland nicht anzuwenden.

Ermittlung der Schnittgrößen bei Flachdecken und Wandscheiben

I.1 Flachdecken

I.1.1 Allgemeines

(1) Die in diesem Abschnitt behandelten Flachdecken können konstante Dicke oder Querschnittsänderungen aufweisen (Stützenkopfverstärkungen).

(2) Flachdecken sind der Regel mit einem bewährten Verfahren zu berechnen, wie beispielsweise als Trägerrost (in dem die Decke als eine Reihe verbundener diskreter Bauteile idealisiert wird), mit der Finite-Element-Methode, mit der Bruchlinientheorie oder als Rahmen. Dabei sind eine angemessene Geometrie und angemessene Baustoffeigenschaften zu verwenden.

I.1.2 Modellierung und Berechnung als Rahmen

(1) Das Tragwerk ist in der Regel für dieses Verfahren in Längs- und Querrichtung in Rahmen einzuteilen, die aus Stützen und Plattenbereichen bestehen, die zwischen den Mittellinien der benachbarten Stützen liegen (Fläche, die von vier angrenzenden Auflagern begrenzt wird). Die Steifigkeit der Bauteile darf für ihre Bruttoquerschnitte berechnet werden. Für eine vertikale Belastung darf die volle Breite der Platten für die Berechnung der Steifigkeit herangezogen werden. Für eine horizontale Belastung sind in der Regel 40 % dieses Wertes zu verwenden, um die im Vergleich zu Stützen/Trägerverbindungen verringerte Steifigkeit von Stützen/Deckenverbindungen bei Flachdecken adäquat zu berücksichtigen. Zur Schnittgrößenermittlung in der jeweiligen Richtung darf in der Regel von Vollbelastung in allen Feldern ausgegangen werden.

(2) Das ermittelte Gesamtbiegemoment ist in der Regel auf die volle Breite der Decke zu verteilen. Bei der elastischen Ermittlung der Schnittgrößen konzentrieren sich negative Momente auf die Mittellinien der Stützen.

(3) Die Plattenbereiche sind in der Regel in Gurt- und Feldstreifen zu unterscheiden (siehe Bild I.1). Die Biegemomente sind hierbei in der Regel nach Tabelle I.1 aufzuteilen.

(4) Weicht die Breite des Gurtstreifens von $0,5 l_x$ ab, siehe beispielsweise Bild I.1, und entspricht der Breite der Querschnittsvergrößerung, ist die Breite des Mittelstreifens in der Regel entsprechend anzupassen.

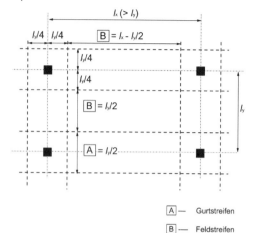

A — Gurtstreifen
B — Feldstreifen

ANMERKUNG Wenn Stützenkopfverstärkungen mit einer Breite $> (l_y / 3)$ vorhanden sind, darf diese Breite für die Gurtstreifen verwendet werden. Die Breite der Feldstreifen ist dann in der Regel entsprechend anzupassen.

Bild I.1 – Unterteilung von Flachdecken

(5) Sind keine für Torsion entsprechend dimensionierten Randträger vorhanden, sind auf Rand- oder Eckstütze übertragene Momente in der Regel auf das Widerstandsmoment eines rechteckigen Querschnitts zu beschränken, das $0,17 \cdot b_e \cdot d^2 \cdot f_{ck}$ entspricht (siehe Bild 9.9 für die Definition von b_e). Das positive Moment im Endfeld ist in der Regel entsprechend anzupassen.

I.1.3 Ungleiche Stützweiten

(1) Wo aufgrund von ungleichen Stützweiten die Schnittgrößen einer Flachdecke mit dem Rahmenverfahren nicht sinnvoll ermittelt werden können, darf das Trägerrost-Verfahren oder ein anderes elastisches Verfahren verwendet werden. In solchen Fällen reicht üblicherweise der nachfolgende vereinfachte Ansatz aus:

i die Schnittgrößenermittlung der Decke wird unter Volllast mit $\gamma_Q\, Q_k + \gamma_G\, G_k$ in allen Feldern durchgeführt,

ii die Momente in Feldmitte und die Stützmomente sind daraufhin in der Regel zu erhöhen, um die Auswirkungen einer feldweise alternierenden Belastung zu berücksichtigen. Diese kann dadurch erzeugt werden, dass ein maßgebendes Feld (oder Felder) mit

$\gamma_Q Q_k + \gamma_G G_k$ und der Rest der Decke mit $\gamma_G G_k$ belastet werden. Bei wesentlichen Unterschieden der Eigenlast von einzelnen Feldern ist in der Regel $\gamma_G = 1$ für die unbelasteten Felder anzusetzen,

iii diese Art von Belastung darf dann in ähnlicher Weise auf andere kritische Felder und Auflager angewendet werden.

(2) Die Einschränkungen hinsichtlich [AC] der Momentenübertragung auf Randstützen nach I.1.2 (5) sind in der Regel zu beachten [AC].

I.2 Wandscheiben

(1) Wandscheiben sind unbewehrte oder bewehrte Betonwände, die zur Stabilität des Tragwerks gegen seitliches Ausweichen beitragen.

(2) Die von jeder Wandscheibe in einem Tragwerk aufgenommene seitliche Belastung ist in der Regel am Gesamtsystem zu ermitteln. Dabei sind die einwirkenden Belastungen, die Lastausmitten in Bezug auf den Schubmittelpunkt des Tragwerks und die Interaktion zwischen den verschiedenen tragenden Wänden zu berücksichtigen.

(3) Die Auswirkungen einer asymmetrischen Windbelastung sind in der Regel zu berücksichtigen (siehe EN 1991-1-4).

(4) Die Überlagerung von Längskraft und Querkraft ist in der Regel zu berücksichtigen.

(5) Zusätzlich zu den anderen Gebrauchstauglichkeitskriterien in diesem Eurocode sind die Auswirkungen von Schwingungen von Wandscheiben auf die Bewohner des Gebäudes in der Regel ebenfalls zu berücksichtigen (siehe EN 1990).

(6) Bei Bauwerken bis zu 25 Geschossen mit ausreichend symmetrischer Anordnung der Wände, die keine zu wesentlichen Schubverformungen am Gesamttragwerk führenden Öffnungen aufweisen dürfen, darf im Hochbau die aufnehmbare seitliche Einwirkung einer Wandscheibe wie folgt ermittelt werden:

$$P_n = \frac{P \cdot (EI)_n}{\Sigma(EI)} \pm \frac{(P \cdot e) y_n \cdot (EI)_n}{\Sigma(EI) \cdot y_n^2} \qquad (I.1)$$

Dabei ist
P_n die seitliche Einwirkung auf die Wand n;
$(EI)_n$ die Steifigkeit der Wand n;
P die einwirkende Last;
e die Lastausmitte von P, bezogen auf den Schwerpunkt der Steifigkeiten (siehe Bild I.2);
y_n der Abstand der Wand n vom Schwerpunkt der Steifigkeiten.

(7) Werden Bauteile mit und ohne wesentliche Schubverformungen im Aussteifungssystem kombiniert, sind für die Schnittgrößenermittlung in der Regel sowohl die Schub- als auch die Biegeverformung zu berücksichtigen.

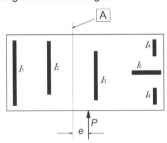

[A] — Schwerpunkt einer Wandscheibengruppe

Bild I.2 — Lastausmitte der Belastung vom Schwerpunkt der Wandscheiben

Normen

Anhang J
(informativ)

NCI Zu Anhang J

Der Anhang J ist normativ.

Konstruktionsregeln für ausgewählte Beispiele

J.1 Oberflächenbewehrung

(1) Oberflächenbewehrung zur Vermeidung von Betonabplatzungen ist in der Regel erforderlich, wenn die Hauptbewehrung

- Stäbe mit Durchmesser größer 32 mm oder
- Stabbündel mit einem Vergleichsdurchmesser größer als 32 mm (siehe 8.8)

aufweist.

Die Oberflächenbewehrung muss in der Regel aus Betonstahlmatten oder Stäben mit kleinen Durchmessern bestehen und außerhalb der Bügel liegen, siehe Bild J.1.

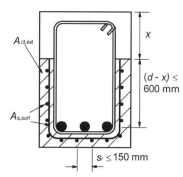 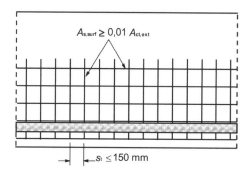

x ist die Höhe der Druckzone im GZT

Bild J.1 – Beispiele für Oberflächenbewehrung

NCI zu J.1 (1)

Die Durchmesser der Oberflächenbewehrung sollten $\varnothing \leq 10$ mm betragen.

Zu Bild J.1: Es gilt $A_{s,surf} \geq 0{,}02\, A_{ct,ext}$

(2) Die Querschnittsfläche der Oberflächenbewehrung $A_{s,surf}$ muss in der Regel in den zwei Richtungen parallel und orthogonal zur Zugbewehrung des Balkens mindestens $A_{s,surfmin}$ betragen.

ANMERKUNG Der landesspezifische Wert $A_{s,surfmin}$ darf einem Nationalen Anhang entnommen werden. Der empfohlene Wert ist $0{,}01 A_{ct,ext}$. Dabei ist $A_{ct,ext}$ die Querschnittsfläche des Betons unter Zug außerhalb der Bügel [AC] (siehe Bild J.1) [AC].

NDP Zu J.1 (2) Oberflächenbewehrung

$A_{s,surfmin} \geq 0{,}02 A_{ct,ext}$

(3) Bei einer Betondeckung von über 70 mm ist in der Regel für eine erhöhte Dauerhaftigkeit eine ähnliche Oberflächenbewehrung mit einer Querschnittsfläche von $0{,}005 A_{ct,ext}$ in beiden Richtungen vorzusehen.

(4) Die Mindestbetondeckung für die Oberflächenbewehrung ist in 4.4.1.2 angegeben.

(5) Die Längsstäbe der Oberflächenbewehrung dürfen als Biegebewehrung in Längsrichtung und die Querstäbe dürfen als Querkraftbewehrung berücksichtigt werden, soweit sie den jeweiligen Bewehrungsregeln entsprechen.

J.2 Rahmenecken

NCI Zu J.2 und J.3

Die Abschnitte J.2 und J.3 werden gestrichen (informativ in DAfStb-Heft 600).

J.2.1 Allgemeines

(1) Die Betonfestigkeit $\sigma_{Rd,max}$ ist in der Regel in Hinblick auf 6.5.2 (Druckzonen mit oder ohne Querbewehrung) zu bestimmen.

J.2.2 Rahmenecken mit schließendem Moment

(1) Für nahezu gleiche Höhen von Stiel und Riegel ($2/3 < h_2/h_1 < 3/2$) (siehe Bild J.2 a)) ist kein Nachweis der Bügelbewehrung oder der Verankerungslängen innerhalb des Überschneidungsbereichs von Stiel und Riegel erforderlich, wenn die gesamte Zugbewehrung um die Ecke herumgeführt wird.

(2) In Bild J.2b) wird ein Stabwerkmodell für $h_2/h_1 < 2/3$ mit einer begrenzten Druckstrebenneigung $\tan\theta$ dargestellt.

ANMERKUNG Die landesspezifischen Werte der Grenzen für tan θ dürfen einem Nationalen Anhang entnommen werden. Der empfohlene Wert für die untere Grenze ist 0,4 und der empfohlene Wert für die obere Grenze ist 1.

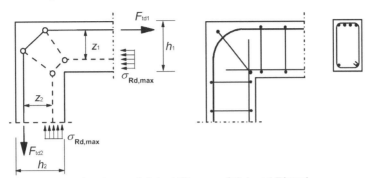

a) nahezu gleiche Höhe von Stiel und Riegel

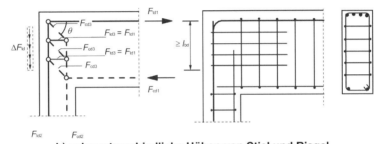

b) sehr unterschiedliche Höhen von Stiel und Riegel

Bild J.2 – Rahmenecken mit schließendem Moment. Modell und Bewehrung

(3) Die Verankerungslänge l_{bd} ist in der Regel für die Kraft $\Delta F_{td} = F_{td2} - F_{td1}$ zu bestimmen.

(4) Bewehrung ist in der Regel für Zugkräfte in Querrichtung einzulegen, die rechtwinklig zu einem Knoten in Stabwerksebene wirken.

J.2.3 Rahmenecken mit öffnendem Moment

(1) Für nahezu gleiche Höhen von Stiel und Riegel dürfen die in den Bildern J.3 a) und J.4 a) angegebenen Stabwerkmodelle verwendet werden. Die Bewehrung in der Ecke ist in der Regel als Schlaufe oder als zwei sich überlappende Steckbügel in Verbindung mit Schrägbügeln auszuführen (siehe Bilder J.3 b) und c) und Bilder J.4 b) und c)).

(2) Für große öffnende Momente ist in der Regel gegen ein Abspalten das Einlegen eines Schrägstabes oder eines Schrägbügels zu prüfen (siehe Bild J.4).

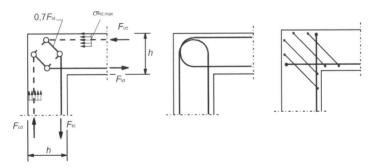

a) Stabwerkmodell   b) und c) Bewehrungsführung

Bild J.3 – Rahmenecke mit mäßigem öffnenden Moment (z. B. $A_s/(b \cdot h) \leq 2\,\%$)

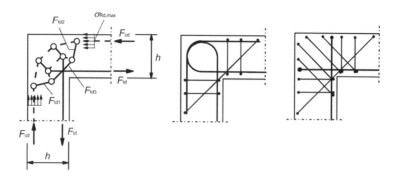

a) Stabwerkmodell b) und c) Bewehrungsführung

Bild J.4 – Rahmenecke mit hohem öffnenden Moment (z. B. $A_s/(b \cdot h) > 2\ \%$)

J.3 Konsolen

NCI Zu J.2 und J.3
Die Abschnitte J.2 und J.3 werden gestrichen (informativ in DAfStb-Heft 600).

(1) Konsolen ($a_c < z_0$) dürfen mit Stabwerkmodellen nach 6.5 (siehe Bild J.5) bemessen werden. Die Druckstrebenneigung ist dabei auf $1{,}0 \leq \tan\theta \leq 2{,}5$ begrenzt.

(2) Für $a_c < 0{,}5 h_c$ sind in der Regel geschlossene horizontale oder schräge Bügel mit $A_{s,\text{lnk}} \geq k_1 \cdot A_{s,\text{main}}$ zusätzlich zur Hauptzugbewehrung vorzusehen (siehe Bild J.6 a)).

ANMERKUNG Der landesspezifische Wert k_1 darf einem Nationalen Anhang entnommen werden. Der empfohlene Wert ist 0,25.

(3) Für $a_c > 0{,}5 h_c$ und $F_{Ed} > V_{Rd,c}$ (siehe 6.2.2) sind in der Regel geschlossene vertikale Bügel mit $A_{s,\text{lnk}} \geq k_2 \cdot F_{Ed} / f_{yd}$ zusätzlich zur Hauptzugbewehrung vorzusehen (siehe Bild J.6 b)).

ANMERKUNG Der landesspezifische Wert k_2 darf einem Nationalen Anhang entnommen werden. Der empfohlene Wert ist 0,5.

(4) Die Hauptzugbewehrung ist in der Regel an beiden Enden zu verankern. Sie ist in der Regel im unterstützenden Bauteil an der abgewandten Seite zu verankern. Die Verankerungslänge beginnt ab der Lage der vertikalen Bewehrung an der Konsolseite. Die Bewehrung ist in der Regel in der Konsole zu verankern. Dabei beginnt die Verankerungslänge ab der Innenkante der Lastplatte.

(5) Zur Erfüllung besonderer Anforderungen an die Rissbreitenbegrenzung sind Schrägbügel am sich öffnenden Anschnitt effektiv.

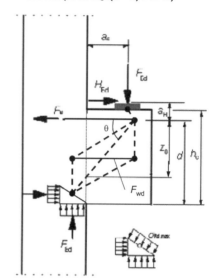

Bild J.5 – Konsolen Stabwerkmodell

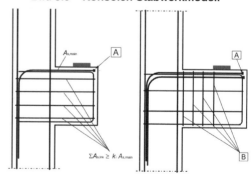

A — Ankerkörper oder Schlaufen   B — Bügel

a) Bewehrung für $a_c \leq 0{,}5\ h_c$ b) Bewehrung für $a_c > 0{,}5\ h_c$

Bild J.6 – Bewehrungsführung bei einer Konsole

NCI NA.J.4 Oberflächenbewehrung bei vorgespannten Bauteilen

(1) P Bei Bauteilen mit Vorspannung ist stets eine Oberflächenbewehrung nach Tabelle NA.J4.1 anzuordnen.

Die Grundwerte ρ sind dabei mit $\rho = 0{,}16\, f_{ctm} / f_{yk}$ einzusetzen.

(2) Bei Vorspannung mit sofortigem Verbund dürfen diejenigen Spannglieder vollflächig auf die Oberflächenbewehrung angerechnet werden, die im Bereich der zweifachen Betondeckung der Oberflächenbewehrung aus Betonstahl nach 4.4.1 liegen.

(3) P Die Oberflächenbewehrung ist in der Zug- und Druckzone von Platten in Form von Bewehrungsnetzen anzuordnen, die aus zwei sich annähernd rechtwinklig kreuzenden Bewehrungslagen mit der jeweils nach Tabelle NA.J.4.1 erforderlichen Querschnittsfläche bestehen. Dabei darf der Stababstand 200 mm nicht überschreiten.

(4) In Bauteilen, die den Umgebungsbedingungen der Expositionsklasse XC1 ausgesetzt sind, darf die Oberflächenbewehrung am äußeren Rand der Druckzone nach Tabelle NA.J.4.1, Zeile 2, Spalte 1 entfallen.

(5) Für Platten aus Fertigteilen mit einer kleineren Breite als 1,20 m darf die Oberflächenbewehrung in Querrichtung nach Tabelle NA.J.4.1, Zeile 2 entfallen.

(6) Eine Addition der aus den Anforderungen nach Absatz (1), 9.2.1.1 und 7.3.2 resultierenden Längsbewehrung ist nicht erforderlich. In jedem Querschnitt ist der jeweils größere Wert maßgebend.

(7) Die Oberflächenbewehrung nach Absatz (1) darf bei allen Nachweisen in den Grenzzuständen der Tragfähigkeit und der Gebrauchstauglichkeit auf die jeweils erforderliche Bewehrung angerechnet werden, wenn sie die Regelungen für die Anordnung und Verankerung dieser Bewehrungen erfüllt.

Tabelle NA.J.4.1 – Mindestoberflächenbewehrung für die verschiedenen Bereiche eines vorgespannten Bauteils

	Bauteilbereich	1	2	3	4
		Platten, Gurtplatten und breite Balken mit $b_w > h$ je m		Balken mit $b_w \leq h$ und Stege von Plattenbalken und Kastenträgern	
		Bauteile in Umgebungsbedingungen der Expositionsklassen			
		XC1 bis XC4	sonstige	XC1 bis XC4	sonstige
1	– bei Balken an jeder Seitenfläche – bei Platten mit $h \geq 1{,}0$ m an jedem gestützten oder nicht gestützten Rand [a]	$0{,}5\,\rho\,h$ bzw. $0{,}5\,\rho\,h_f$	$1{,}0\,\rho\,h$ bzw. $1{,}0\,\rho\,h_f$	$0{,}5\,\rho\,b_w$ je m	$1{,}0\,\rho\,b_w$ je m
2	– in der Druckzone von Balken und Platten am äußeren Rand [b] – in der vorgedrückten Zugzone von Platten [a, b]	$0{,}5\,\rho\,h$ bzw. $0{,}5\,\rho\,h_f$	$1{,}0\,\rho\,h$ bzw. $1{,}0\,\rho\,h_f$	–	$1{,}0\,\rho\,h\,b_w$
3	– in Druckgurten mit $h > 120$ mm (obere und untere Lage je für sich) [a]	–	$1{,}0\,\rho\,h_f$	–	–

[a] Eine Oberflächenbewehrung größer als 3,35 cm²/m je Richtung ist nicht erforderlich.
[b] Siehe Absätze (4) und (5).

Es bedeuten:
h die Höhe des Balkens oder die Dicke der Platte;
h_f die Dicke des Druck- oder Zuggurtes von profilierten Querschnitten;
b_w die Stegbreite des Balkens;
ρ der Grundwert nach 9.2.2 (5), Gleichung (9.5aDE).

Alle Originalnormen via Internet:

www.eurocode-online.de

Online-Dienst von Beuth

Eurocode online bietet Ihnen alle Informationen zum Stand der Umsetzung der europäischen Regelungen und vor allem auch alle bisher vorliegenden Normen zur Tragwerksplanung (Eurocode-Normen) in 10 verschiedenen Paketen.

Kostengünstig, aktuell und komfortabel.

Die Normenpakete im Überblick:
Eurocode 0: Grundlagen
Eurocode 1: Einwirkungen
Eurocode 2: Betonbau
Eurocode 3: Stahlbau
Eurocode 4: Verbundbau
Eurocode 5: Holzbau
Eurocode 6: Mauerwerksbau
Eurocode 7: Grundbau
Eurocode 8: Erdbeben
Eurocode 9: Aluminiumbau

Außerdem erhalten Sie
aktuell die wichtigsten Informationen zu folgenden Themen:
// Eurocodes – Entstehung und Geschichte
// Stand der Umsetzung
// Nationale Anhänge
// Tagungen und Seminare
// Zukünftige Entwicklung
// Dokumente und Links zu den Eurocodes

Seit dem 1. Juli 2012 sind die Eurocodes im Bauwesen mit Ausnahme des EC 6 und EC 8 bauaufsichtlich eingeführt.

Fragen Sie uns unter:

Telefon +49 30 2601-2668
Telefax +49 30 2601-1268
mediaservice@beuth.de

Alle Informationen und aktuellen Preise sowie Direkt- Anmeldung hier:

www.eurocode-online.de

NEU: Im Rahmen dieses Online-Dienstes stehen Ihnen in den Eurocode-Paketen jetzt auch die gültigen Normen-Handbücher zu den Eurocodes im PDF-Format zur Verfügung.

K VERZEICHNISSE – INDUSTRIEBEITRÄGE

1 Beiträge aus der Bauindustrie K.3

   A   Beitrag SCHÖCK Bauteile GmbH K.3
   B   Beitrag RW Sollinger Hütte GmbH K.14

2 Adressen von Verbänden, Institutionen und Hochschule K.17

3 Verzeichnis von Baunormen, Richtlinien und Merkblättern K.26

4 Beiträge früherer Praxishandbücher K.31

5 Autorenverzeichnis K.39

6 Literaturverzeichnis K.41

7 Stichwortverzeichnis K.57

1 BEITRÄGE AUS DER BAUINDUSTRIE

A Bewehrung aus Glasfaser-Verbundwerkstoff

Dipl.-Ing. Benjamin Jütte, Dipl.-Ing. Werner Venter, Dr.-Ing. André Weber

1 Bewehrung aus Glasfaser-Verbundwerkstoff 4
    1.1 Allgemeines 4
    1.2 Bezeichnungen 4
2 Faserverbundwerkstoff ComBAR 5
    2.1 Stabquerschnitt, Stabgewicht, Standard Stablängen 5
    2.2 E-Modul 5
    2.3 Zugfestigkeit 5
    2.4 Verbundverhalten 7
    2.5 Dynamisches Verhalten 8
    2.6 Thermisches Verhalten 8
    2.7 Elektromagnetische Eigenschaften 9
3 Stäbe mit Köpfen 9
    3.1 Allgemeines 9
    3.2 Endverankerung mit Köpfen 9
    3.3 Querkraftbewehrung mit Köpfen 9
    3.4 Brandverhalten 9
4 Bügel 10
    4.1 Allgemeines 10
    4.2 Stabgewicht, -geometrie und -querschnitt 10
    4.3 Formen, Biegerollendurchmesser 10
    4.4 E-Modul 10
    4.5 Zugfestigkeit 10
    4.6 Verbundeigenschaften 10
5 Bemessung 10
    5.1 Vorbemerkung 10
    5.2 Anwendungsbereich 10
    5.3 Ermittlung der Schnittgrößen 11
    5.4 Lastermittlung 11
    5.5 Eigengewicht ComBAR 11
    5.6 Nenngewicht je Durchmesser 11
    5.7 GZT Grenzzustand der Tragfähigkeit 11
        5.7.1 Biegebemessung 11
        5.7.2 Querkraft 12
        5.7.3 Torsion 12
        5.7.4 Nachweis gegen Ermüdung 12
    5.8 Verbund 12
    5.9 Übergreifungsstoß 12
    5.10 Heißbemessung 12
    5.11 GZG Grenzzustand der Gebrauchstauglichkeit 13
        5.11.1 Begrenzung der Rissbreiten und Nachweis der Dekompression 13
        5.11.2 Durchbiegung 13
6 Literatur 13

1 Bewehrung aus Glasfaser-Verbundwerkstoff

1.1 Allgemeines

Nachdem in Europa und in Deutschland seit vielen Jahren mit GFK-Bewehrung geforscht wird und seit 2008 auch eine erste Allgemeine bauaufsichtliche Zulassung (AbZ) vom DIBT, Berlin [DIBT-01, DIBT-02] und seit 2009 eine der Niederländischen Zulassungsstelle KoMo [KOMO-01] vorliegt, ist es an der Zeit innovativen Ingenieuren einen Überblick über den Faserverbundwerkstoff und einen Einblick in die Grundlagen der Massivbaubemessung mit einer Bewehrung aus Glasfaser-Stäben zu geben.

Endlos-Glasfasern geben dem Material seine Festigkeit und Steifigkeit. Die Harzmatrix hat die Aufgabe die Fasern in ihrer Lage zu fixieren, die Last zwischen den einzelnen Fasern zu übertragen und die Fasern vor schädlichen Einflüssen zu schützen. Im Bauwesen kann ein Vergleich mit dem natürlichen Werkstoff Holz am besten die unterschiedlichen Eigenschaften in den verschiedenen Richtungen längs- und quer des Faserverlaufs erklären. Aus der gerichteten, unidirektionalen Faserorientierung folgen die wesentlichen Werkstoffeigenschaften: hohe Zugfestigkeit in Faserrichtung, vergleichsweise geringe Querdruck- und Querzugfestigkeit senkrecht zur Faser. Dank neuer Herstellungsverfahren liegt der Glasfaseranteil bei modernen Bewehrungsstäben bei über 85% (Gewicht). Daher wird hier im Allgemeinen von Glasfaserbewehrung und nicht mehr von glasfaserverstärktem Kunststoff (GFK) gesprochen. Die mechanischen und physikalischen Eigenschaften der Stäbe sind den Ausgangsmaterialien (Glas und Harzmatrix inklusive Additive), sowie dem bei der Herstellung verwendeten Produktionsverfahren geschuldet. Sowohl die Ausgangsmaterialien, als auch die Herstellverfahren der auf dem Markt derzeit erhältlichen Glasfaserbewehrungsstäbe unterscheiden sich zum Teil deutlich. Im Folgenden werden der Einfachheit halber nur auf das Bewehrungsmaterial Schöck ComBAR und dessen Eigenschaften eingegangen, da hierfür erste Zulassungen in Europa vorliegen.

Schöck ComBAR wurde als innen liegende, schlaffe Bewehrung von Betonbauteilen konzipiert. Seine mechanischen Eigenschaften, ebenso wie sein Verbundverhalten, sind mit denen von geripptem Betonstahl vergleichbar.

Ein besonderes Augenmerk bei der Ermittlung der Materialeigenschaften und der Bemessungswerte einer neuartigen Bewehrung liegt auf deren Dauerhaftigkeit. Alle Eigenschaften müssen für die im Bauwesen üblichen 100 Jahre Lebensdauer ermittelt werden. Kurzzeitfestigkeiten, die bei Glasfaserbewehrung mitunter beeindruckende Werte haben, sind bei den aggressiv Einwirkungen im Bauwerk und die zeitabhängigen Materialeigenschaften nur begrenzt aussagekräftig. Daher sind in den Prüfanforderungen zur Erwirkung einer Zulassung Langzeit-Versuche gefordert, die nicht selten über mehrere Monate laufen. Sie sind in feuchtwarmen Beton unter Dauerlast durchzuführen. Die Materialeigenschaften von ComBAR sind bei vorwiegend ruhender Belastung für den Einsatz in mitteleuropäischem Klima und eine Lebensdauer von 100 Jahren nachgewiesen.

Faserverbund-Stäbe verhalten sich bis zu ihrem Bruch linear elastisch. Der Bruch ist spröde. Bei allen ComBAR Stabdurchmessern erfolgt er bei einer Zugspannung von weit über 1000N/mm². Ein mit ComBAR bewehrtes Betonbauteil verhält sich hingegen, dank des vergleichsweise geringen E-Moduls der Glasfaserbewehrung, quasi duktil. Das Versagen wird durch große Durchbiegungen und durch große Rissbreiten angekündigt. Wird das Betonbauteil vor dem Versagen der Betondruckzone entlastet, verhält es sich gleichermaßen linearelastisch. Seine Verformung geht auf nahe Null zurück.

Durch das linearelastische Materialverhalten können Faserverbundwerkstoffe mit einem duroplastischen Harz nicht dauerhaft verformt bzw. gebogen werden. Ein gebogener Stab springt beim Loslassen immer wieder in die Gerade zurück. Sind Bügel oder Biegungen im Bewehrungskorb erforderlich, werden diese auf Zeichnungsmaß individuell hergestellt. Doch dazu im Kapitel „Bügel" mehr.

1.2 Bezeichnungen

AbZ	Allgemeine bauaufsichtliche Zulassung
A_f	Querschnittsfläche der Faserbewehrung
A_{fl}	Querschnittsfläche der Längsbewehrung
A_{fw}	Querschnittsfläche der Querkraftbewehrung
ComBAR	Markenname für die Faserverbundbewehrung von Schöck. **Com**posite **Re**bar
E_f	E-Modul der Faserbewehrung
E_{fl}	E-Modul der Längsbewehrung
E_{fw}	E-Modul der Querkraftbewehrung
$E\rho_{res}$	Resultierende bezogene Dehnsteifigkeit
$f_{fb,0}$	Kurzzeitwert der Verbundfestigkeit
f_{fbd}	Bemessungswert der Verbundfestigkeit
f_{fd}	Bemessungswert der Zugfestigkeit (100 Jahre, 40°C)
f_{fk}	Charakteristischer Wert der Langzeit-Zugfestigkeit (100 Jahre, 40°C)
$f_{fk,0}$	Charakteristischer Wert der Kurzzeit-Zugfestigkeit
f_{fu}	Bruchwert der Zugfestigkeit
f_{fwd}	Bemessungswert der Zugfestigkeit in der Querkraftbewehrung (100 Jahre, 40°C)
FV	Faserverbundbewehrung
GFK	Glasfaserverstärkter Kunststoff
l_b	Verankerungslänge

MG_f	Metergewicht
$V_{Rd,c}$	Bemessungswert der Tragfähigkeit eines Bauteils ohne Querkraftbewehrung = Betontraganteil (Bemessungswert) des Querkrafttragwiderstands eines Bauteils mit Querkraftbewehrung
$V_{Rd,f}$	Bemessungswert des Querkraftwiderstands einer Faserbewehrung
$\alpha_{\parallel}$	Wärmeausdehnungskoeffizient axial (parallel zur Stabachse)
$\alpha_{\perp}$	Wärmeausdehnungskoeffizient radial (quer zur Stabachse)
$\varnothing_f$	Nenndurchmesser / Kerndurchmesser der Faserbewehrung
$\varnothing_{f,a}$	Außendurchmesser der Faserbewehrung
ε_f	Dehnung der Faserbewehrung
$\varepsilon_{fd,w}$	Bemessungswert der Dehnung der Querkraft-Faserbewehrung
γ_f	Teilsicherheitsbeiwert für Faserbewehrung
ρ_l	Bewehrungsgrad der Längsbewehrung
ρ_w	Bewehrungsgrad der Querkraftbewehrung
τ	Verbundspannung

2 Faserverbundwerkstoff ComBAR

ComBAR besteht aus einer Vielzahl endloser in Kraftrichtung ausgerichteter korrosionsresistenter Glasfasern die von einer Vinylester-Harzmatrix umgeben sind. Die Stäbe werden im Pultrusionsverfahren (Strang-Zieh-Verfahren) hergestellt. Dieses garantiert die lineare Ausrichtung der Fasern in Richtung der Stabachse, die vollständige Tränkung der Glasfasern mit dem Harz und einen extrem hohen Aushärtungsgrad des Harzes. Der erreichte Fasergehalt von 75 % Volumen bzw. 88 % Gewicht entspricht ungefähr dem physischen Maximum.

Abb. 2.1 Querschnitt durch ComBAR

Abb. 2.2 Längsschnitt durch ComBAR

2.1 Stabquerschnitt, Stabgewicht, Standard Stablängen

Der tragende Querschnitt der ComBAR- Stäbe entspricht deren Kern- bzw. Nennquerschnitt. Dieser ergibt sich aus dem pultrudierten Querschnitt abzüglich der eingeschliffenen Rippentiefe. Bei allen statischen Berechnungen (inkl. Betondeckung) ist der Nennquerschnitt anzusetzen. Die spezifische Dichte beträgt 2,2 g/cm³.

Tafel 3.1 Querschnittswerte gerader Stab

Nenndurchmesser $\varnothing_f$ [mm]	Außendurchmesser $\varnothing_{f,a}$ [mm]	Querschnitt A_f [mm²]	Metergewicht MG_f [kg/m]
$\varnothing$ 8	8,5	50	0,13
$\varnothing$ 12	13,5	113	0,30
$\varnothing$ 16	18,0	201	0,53
$\varnothing$ 20	22,0	314	0,80
$\varnothing$ 25	27,0	491	1,22
$\varnothing$ 32	34,0	804	1,92

2.2 E-Modul

Der gemessene E-Modul von ComBAR beträgt immer deutlich über 60.000N/mm². In Kanada wurde 63.500N/mm² festgelegt. Die deutsche AbZ verbrieft ComBAR einen E-Modul von 60.000N/mm², der einer Bemessung in Deutschland zugrunde zu legen ist (vgl. Spannungs-Dehnungskurve unten).

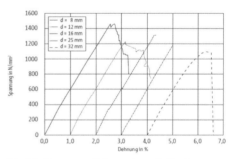

Abb. 3.3. Spannungs-Dehnungskurve je Durchmesser

2.3 Zugfestigkeit

In diesem Artikel wir immer wieder zwischen Kurzzeitfestigkeit und Langzeitfestigkeit unterschieden. Forschungsergebnisse aus den letzten Jahren haben gezeigt, dass Glasfaser-Materialien im alkalischen Milieu ihre Materialeigenschaften unterschiedlich ändern, wenn diese unbelastet oder unter ständiger Last geprüft werden.

Richtlinien und Normen aus Nordamerika beinhalten Prüfverfahren, bei denen die Stäbe unbelastet oder unter geringer Last in einer hoch-alkalische Lösung gelagert werden. Anschließend wird die Restfestigkeit (Zugfestigkeit) der getrockneten Stäbe in einem gewöhnlichen Zugversuch ermittelt. Diese Restfestigkeit muss einen festgelegten, prozentualen Anteil der Kurzzeitfestigkeit erreichen. Für die Bemessung im GZT wird je nach Bewehrungsgrad ein Teilsicherheitsbeiwert auf die Kurzzeitfestigkeit angesetzt. Die projektspezifischen Umwelteinflüsse werden über einen Umweltfaktor Ce berücksichtig. (Trocken: Ce = 0,8, Feucht: Ce = 0,7). Für einen Stab mit 1000N/mm² Kurzzeitfestigkeit, ergibt sich unter Berücksichtigung eines Umweltfaktors eine Bemessungsspannung zwischen 385 und 455N/mm². Für den Nachweis im GZG unter ständigen Lasten wird die Stabspannung auf 20% der Kurzzeitfestigkeit begrenzt:

1000N/mm² x 0,7 x 0,2 = 140N/mm² [ACI-01]

Aktueller Stand der Technik:

Die Forschung zeigt, dass Bemessungswerte der Dauerzugfestigkeit von Bewehrungsstäben aus Glasfasern nur sinnvoll aus den Ergebnissen von Langzeitversuchen unter Last abgeleitet werden können, die auf Bruchlastniveau gefahren wurden. Bei diesem Verfahren werden einzelne GFK-Stäbe in Betonprismen aus hoch alkalischem Beton geprüft. Die Stäbe werden bis zum Bruch mit einer konstanten Spannung belastet. Die Prüflast liegt dabei weit über dem Bemessungswert der Zugfestigkeit. Dieser Test wird bei verschiedenen Stabspannungen wiederholt, bis eine Versuchsdauer von mindestens 5000 Stunden erreicht ist. Über die gesamte Dauer der Versuche werden die Betonprismen mit Wasser gesättigt und bei einer Temperatur von 40°C gehalten.

Die Versagensdauer der einzelnen Versuche wird anschließend auf einer doppelt logarithmischen Skala als Funktion der Stabspannung aufgetragen. Die resultierenden Daten weisen bei qualitativ hochwertigen Materialien eine lineare Entwicklung der Festigkeit auf. Anhand der Mittelwertkurve der einzelnen Ergebnisse kann der charakteristische Wert der Dauerzugfestigkeit (5%-Quantile) für eine Lebensdauer von bis zu 100 Jahren linear extrapoliert werden. Der angesetzte Bemessungswert der Dauerzugfestigkeit ergibt sich dann aus einer Division dieses charakteristischen Wertes durch den Teilsicherheitsbeiwert für Glasfaserbewehrung.

Der Internationale Betonverband *fib* hat dieses Dauerhaftigkeitskonzept Ende 2007 in seinen technical bulletin 40 aufgenommen [FIB-01]. Im Zusammenhang mit der Erteilung der Allgemeinen bauaufsichtliche Zulassung durch das DIBt in Deutschland (Z-1.6-238) und durch die KIWA (K49001/01) [KOMO-01] in den Niederlanden ist dieses Prüfkonzept verbindlich übernommen worden. Es stellt somit den neuesten Stand der Technik für alle Be-

wehrungsstäbe aus faserverstärkten Kunststoffen dar. Derzeit wird in den zuständigen Ausschüssen der Canadian Standards Association (CSA) die Aufnahme dieses Prüfverfahrens in die dortigen Normen diskutiert [CSA-01], [ACI-01].

Um die unterschiedlichen Bewehrungstypen aus Faserverbundwerkstoff auch über die Qualität zu beschreiben, sind nachfolgend immer die Kurzzeitwerte für die Qualitätsprüfung und die Langzeitwerte für die Bemessung und Dimensionierung angegeben.

2.3.1 Kurzzeit Zugfestigkeit

Die gemessene Zugfestigkeit liegt bei allen Stabdurchmessern über 1000N/mm². Die Mittelwerte der kurzzeitigen Zugfestigkeiten für die einzelnen Stabdurchmesser sind in der nachfolgenden Tabelle aufgeführt.

Tafel 3.2 Zugfestigkeiten gerade Stäbe

Stabdurchmesser	Zugfestigkeit $f_{fu,0}$ [N/mm²]
Ø 8	1500
Ø 12	1350
Ø 16	1200
Ø 20	1100
Ø 25	1000
Ø 32	1000

2.3.2 Langzeit Zugfestigkeit

Die Langzeit–Zugfestigkeit bzw. die Dauerzugfestigkeit wurden im Zusammenhang mit der Allgemeinen bauaufsichtlichen Zulassung in Deutschland und in den Niederlanden für den Einsatz in Beton über 100 Jahre mit folgendem Versuchsprogramm nachgewiesen:

- Die Stäbe wurden unter ständiger konstanter Last in feuchtem hoch-alkalischem Beton bis zum Bruch belastet.
- Je nach Spannung lagen die Bruchzeiten zwischen 50 und über 6500 Stunden.
- Die Versuche wurden bei Raumtemperatur (23 °C), bei 40 °C und bei 60 °C durchgeführt.
- Aus den Einzelwerten wurden für jede Temperatur eine der Dauerstandskurve (Mittelwert) und die zugehörige 5%-Quantile bestimmt.

Die Ergebnisse der Versuchsreihe mit mehr als 80 Einzelversuchen sind in der Grafik dargestellt. Die aus den Versuchen resultierenden Dauerstandslinien für die unterschiedlichen Temperaturen sind für alle Stabdurchmesser identisch.

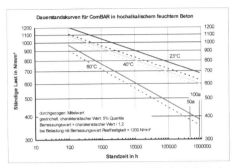

Abb. 3.4 Dauerstandskurve ComBAR in hochalkalischem gesättigtem Beton

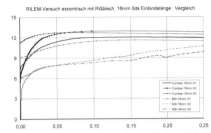

Abb. 3.5 Zentrischer RILEM-Versuch, 16 mm Stab, 5 $\varnothing_f$ = 80 mm Einbindelänge: Vergleich ComBAR und BSt500

Der charakteristische Wert der Dauerzugfestigkeit wird aus diesen Daten für die vorgesehene Lebensdauer des Bauteils auf Basis der 5 %-Quantile extrapoliert. Für Außenbauteile in mitteleuropäischem Klima beträgt der charakteristische Wert der Dauerzugfestigkeit für eine Lebensdauer von 100 Jahren:

f_{fk} = 580 N/mm².

Weichen die tatsächlichen Umweltbedingungen wie zum Beispiel die effektive Temperatur im Betonbauteil deutlich von den o. g. Ansätzen ab, können genauere charakteristische Werte der Grafik abgeleitet werden. Insbesondere bei einer wesentlich kürzeren planmäßigen Lebensdauer können höhere Werte herangezogen werden. Hierbei sind immer sichere Annahmen zur Lebensdauer und den Umweltbedingungen zu treffen. [FIB-01]

Der Bemessungswert der Dauerzugfestigkeit wird analog dem Vorgehen bei Betonstahl ermittelt. Der Teilsicherheitsbeiwert für ComBAR beträgt γ_f = 1,3. Es ergibt sich somit für Außenbauteile in normalem mitteleuropäischen Klima ein Bemessungswert der Zugfestigkeit im Grenzzustand der Tragfähigkeit (GZT) von:

f_{fd} = 445 N/mm².

2.4 Verbundverhalten

2.4.1 Kurzzeit Verbundverhalten

Das kurzzeitige Verbundverhalten von ComBAR-Stäben wurde im zentrischen Ausziehversuch aus Betonwürfeln entsprechend der RILEM Empfehlung RC6 „Pull-Out Test" getestet. Die Verschiebungen am lastabgewandten Stabende wurden hierbei in Abhängigkeit von der Kraft gemessen. Die Betondruckfestigkeit lag bei über 40 N/mm².

Die Versuchsreihe hat zu folgendem Ergebnis geführt:

- Wie bei Verbundversuchen mit Betonstahl ist die Betonzugfestigkeit die limitierende Größe. In der Regel ist das Abscheren der Betonkonsolen und das Herausziehen des ComBAR-Stabs aus dem Prüfkörper als Versagenskriterium zu beobachten (Siehe Foto).
- Eine Steigerung der Verbundspannungen ist mit einer höheren Betongüte zu erzielen.
- Es werden nur geringe Unterschiede zwischen Schöck ComBAR und Betonstahl hinsichtlich der Verschiebungen am freien Ende beobachtet. Das Maximum der Verbundspannung wird bei Schlupfwerten zwischen 0,2 und 0,8 mm festgestellt.
- Trotz höherer Verbundspannungen bei gleichem Schlupf wird in Versuchen mit Schöck ComBAR eine geringere Spaltzugwirkung als bei Betonstahl beobachtet.
- Auch nach dem Überschreiten der maximalen Verbundspannung werden noch hohe Verbundspannungen, vergleichbar mit denen von Betonstahl, erreicht.

Abb. 3.6 Abscheren der Betonkonsolen nach einem Verbundversuch

2.4.2 Langzeit Verbundverhalten

Um das langzeitige Verbundverhalten bzw. das Verbundkriechverhalten von ComBAR-Stäben zu ermitteln, wurden Serien von Verbundversuchen gem. der RILEM RC6 gefahren. Das Ziel dieser Untersuchungen war es, das Verbundverhalten der ComBAR-Stäbe über eine Einsatzdauer von bis zu 100 Jahren aus beschleunigten Langzeitversuchen unter Extrembedingungen im gerissenen bzw. vorbelasteten Bauteilen, abzuleiten.

Es wurden dazu Bewehrungsstäbe mit einer Verankerungslänge $l_b = 5\ \emptyset_f$ zentrisch in Betonwürfel einbetoniert. Die Stäbe wurden, nachdem der Beton unter Normbedingungen ausgehärtet war, in einem ersten Schritt soweit belastet, dass sich ein Gesamtschlupf von ca. 1 mm am unbelasteten Ende einstellte.

Die Dauerstandtests im Anschluss wurden mit jeweils konstanten Zugspannungen zwischen 5 und 11,2 N/mm² durchgeführt. Über die gesamte Dauer jedes Versuchs wurde der Beton auf eine Temperatur von 60°C erwärmt und permanent wassergesättigt gehalten.

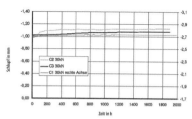

Abb. 3.7 Verbundkriechen nach Vorbelastung bei f_b = 7,5 kN/mm²; 60 °C, ständig gesättigter Beton

2.5 Dynamisches Verhalten

ComBAR-Stäbe sind in Deutschland bisher lediglich für den Einsatz unter vorwiegend ruhenden Lasten zugelassen. Bei einer Oberspannung von 300N/mm² und einer Schwingbreite ($2\sigma_a$) von 60N/mm² nehmen gerade ComBAR-Stäbe mindestens 2 Millionen Lastwechsel auf. Bei geringeren Oberspannungen können die Stäbe größere Schwingbreiten aufnehmen. Die Prüfungen an ComBAR-Stäben unter dynamischen Lasten sind noch nicht abgeschlossen. Vor einem Einsatz unter diesen Bedingungen ist Rücksprache mit dem Produktmanagement von Schöck ComBAR zu halten.

2.6 Thermisches Verhalten

2.6.1 Brandverhalten

Das Brandverhalten von Faserverbundwerkstoffen wird durch das Verhalten der Fasern und durch das Verhalten des Harzes bestimmt. Bei direkter Beflammung können sich ComBAR-Stäbe entzünden. ComBAR erlischt jedoch nach kurzer Zeit, wenn an der Oberfläche kein brennbares Material mehr vorhanden ist. ComBAR enthält keine flammenhemmenden Zusätze.

Der Verbund des Stabs mit dem Beton wird durch die Harzmatrix gewährleistet. Das Harz wird mit ansteigender Temperatur weicher und verliert dabei seine Verbundfestigkeit.

Da sich dieses Verhalten deutlich vom Brandverhalten von Betonstahl unterscheidet wird bei ComBAR eine Begrenzung der Stab-Temperatur in Abhängigkeit der Verbundspannung im Lastfall „Brand" empfohlen. Die Grenztemperaturen hierfür wurden unter anderen an der IBMB Braunschweig ermittelt. Bei den Grenztemperaturen, die kaum einen Einfluss des Stabdurchmessers zeigten, handelt es sich um Versagenswerte. Der Materialsicherheitsbeiwert der Bemessung ist also 1,0.

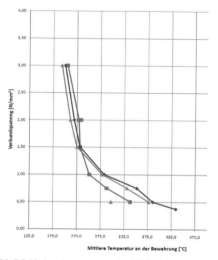

Abb.3.8 Verbundspannungen in Abhängigkeit der mittleren Temperatur am Stab

Eine Tabelle mit den Grenztemperaturen ist in dem Kapitel „Heißbemessung" angegeben.

Um eine Einstufung in die Brandschutzklasse zu ermöglichen, können Maßnahmen erforderlich werden die sicherstellen, dass die Temperatur am Stab in der geforderten Zeit nicht die Grenztemperatur überschreitet. Dies kann konstruktiv – z. B. durch eine erhöhte Betondeckung oder durch eine Brandschutzbeplankung (Faserzementplatten o. Ä.) gewährleistet werden.

2.6.2 Niedrigtemperaturen

An der University of Toronto wurden Materialversuche an auf –40°C abgekühlten ComBAR-Stäben durchgeführt. Diese haben gezeigt, dass sich die Zugfestigkeit (kurzzeitig), die Bruchdehnung und der E-Modul des Werkstoffs durch die starke Abkühlung nicht reduzieren. Kalte Einwirkungen haben kaum einen Einfluss auf die Bewehrung.

2.6.3 Hochtemperaturen

Die Allgemeine bauaufsichtliche Zulassung erlaubt den Einsatz von ComBAR-Stäben in Bauteilen mit einer maximalen Bauteiltemperatur von 40 °C.

Kurzfristig, z. B. während dem Abbinden des Betons, darf diese Temperatur überschritten werden. Bei dauerhaft höheren Temperaturen des Betons sind der Bemessungswert der Zugfestigkeit des Materials und ggf. auch der Bemessungswert der Verbundspannung abzumindern. Genaue Informationen dazu liefern die Dauerhaftigkeitstest wie unter Punkt 3.3.2 geschildert. Auskünfte hierzu erteilen Produktmanagement und Anwendungstechnik ComBAR fallweise auf Anfrage.

2.6.4 Wärmeausdehnungskoeffizient

Glasfaserverbundwerkstoffe haben einen sehr ähnlichen Wärmeausdehnungskoeffizient wie Beton und sind somit als Verbundwerkstoff optimal geeignet. Durch die Unidirektionalität von ComBAR unterscheiden sich die Koeffizienten in Stablängsachse (axial) und quer zum Stab (radial).

$\alpha_{\parallel} = 0{,}6 \times 10^{-5}$ K^{-1} (axial)
$\alpha_{\perp} = 2{,}2 \times 10^{-5}$ K^{-1} (radial)

Durch die vergleichsweise geringen E-Modul von Glasfaserbewehrung treten auch bei sehr großen Temperaturänderungen vernachlässigbar geringe Spannungen im Beton auf.

2.7 Elektromagnetische Eigenschaften

ComBAR enthält keine ferromagnetischen Bestandteile und ist daher weder elektrisch leitfähig noch magnetisierbar. Externe Versuche an ComBAR-bewehrten Betonbalken, die hohen elektrischen Strömen ausgesetzt wurden, haben gezeigt, dass ComBAR-Stäbe auch im Hoch-Voltbereich als Isolator geeignet sind. Weiterhin wurde an ComBAR-bewehrten Beton-Bodenplatten die Auswirkung der Stäbe auf das Erdmagnetfeld geprüft. Hierbei hat sich gezeigt, dass durch die Glasfaserbewehrung keinerlei magnetische Verzerrung zu messen ist. Das Erdmagnetfeld beleibt ungestört. Somit ist ComBAR eine sinnvolle Alternative zu Betonstahl, wenn dessen Einsatz aufgrund seiner elektromagnetischen Eigenschaften in einem Bauwerk nicht in Frage kommt. Typische Anwendungen sind in Kraftwerksbauten, Bahnanlagen, in der Schwerindustrie und in Wohngebäuden für elektromagnetisch besonders sensible Bewohner.

3 Stäbe mit Köpfen

3.1 Allgemeines

Um die Verankerungslängen gerader ComBAR-Stäbe zu reduzieren und um diese als Querkraft- bzw. Durchstanzbewehrung einsetzen zu können, wurden Kopfbolzen aus einem Polymerbeton entwickelt, die auf den Stab aufgeformt werden.

ComBAR- Kopfenden sind für folgende Stabdurchmesser verfügbar:

Ø12, 16 und 25 mm.

ComBAR-Köpfe sind nicht in der Allgemeinen bauaufsichtlichen Zulassung geregelt. Unter Umständen ist für deren Einsatz in Deutschland eine Zustimmung im Einzelfall (ZiE) erforderlich.

3.2 Endverankerung mit Köpfen

In Versuchen, welche analog zu den Zulassungsversuchen der geraden Stäbe durchgeführt wurden, sind die charakteristischen Werte der Verankerungskraft der Kopfenden ermittelt worden.

Unter Anwendung des Teilsicherheitsbeiwerts auf der Materialseite von $\gamma_F = 1{,}3$ (gem. Zulassung ComBAR) ergeben sich die in den nachfolgenden Tabellen angegebenen Bemessungswerte für die Verankerungskräfte der Köpfe.

Tafel 4.1 Kurzzeitwerte

Kopf	$F_{fk,0}$	$F_{fd,0}$
Ø 12	50 kN	38 kN
Ø 16	100 kN	75 kN
Ø 25	180 kN	138 kN

Tafel 4.2 Langzeitwerte (100 Jahre)

Kopf	F_{fk}	F_{fd}
Ø 12	25 kN	19 kN
Ø 16	59 kN	45 kN
Ø 25	92 kN	71 kN

3.3 Querkraftbewehrung mit Köpfen

Über ein Sonderforschungsvorhaben wurde in den vergangenen Jahren das Querkrafttragverhalten von Betonbauteilen mit Faserverbundbewehrung unter der Leitung von Prof. Hegger an der RWTH Aachen erarbeitet. Das Ergebnis ist im Bericht Ai-FIGF15467 [HEGGER-01] zu finden. Der Nachweis wird im Kapitel Querkraftbemessung zusammengefasst.

Da die Köpfe mit 60 bis 100mm relativ lang sind, darf für die Querkraftbemessung nur der Anteil der Kopflänge angerechnet werden, welcher hinter der Längsbewehrung verankert ist.

3.4 Brandverhalten

Der Polymerbeton, der für die Herstellung der ComBAR-Köpfe verwendet wird, enthält ca. 80% nicht-brennbare Materialien. Wegen des hohen dichten Füllgrads erweicht der Kopf bei Temperaturen, die deutlich über der Übergangstemperatur des Vinylesterharzes im Stab liegen.

Bei einer Heißbemessung sollte die Grenztemperatur von 180°C nicht überschritten werden.

4 Bügel

4.1 Allgemeines

Ausgehärtete Faserverbundwerkstoffe auf Vinylester-Basis sind linear elastisch. Somit kann dieser Werkstoff nicht plastisch verformt werden. Bügel müssen also in der endgültigen Form hergestellt werden. Auch ein „Schließen" von Bügeln, wie es bei Betonstahl gerne geplant und ausgeführt wird, ist mit Glasfaserbewehrung nicht möglich.

ComBAR-Bügel werden daher auf Zeichnungsmaß hergestellt. Der Herstellungsprozess unterscheidet sich von dem der geraden Stäbe. Deshalb haben Bügel andere Materialkennwerte als gerade ComBAR-Stäbe.

Eine Allgemeine bauaufsichtlichen Zulassung (AbZ) liegt für ComBAR-Bügel noch nicht vor. Bei einem statisch tragenden Einsatz von ComBAR-Bügeln ist in Deutschland daher eine Zustimmung im Einzelfall (ZiE) erforderlich.

4.2 Stabgewicht, -geometrie und -querschnitt

Tafel 5.1. Bügelquerschnitte

Bügel	Durchmesser		Querschnitt A_f [mm²]	Metergewicht MG_f [kg/m]
	Innen $\emptyset f_i$ [mm]	Aussen $\emptyset f_a$ [mm]		
Ø 12	12,0	15,5	113	0,30
Ø 16	16,0	19,8	201	0,49
Ø 20	19,1	23,8	287	0,70

4.3 Formen, Biegerollendurchmesser

ComBAR Bügel sind in vergleichbaren Formen wie Betonstahlbügel erhältlich. Auch Biegungen in zwei Richtungen sind möglich.

Der kleinste Biegerollendurchmesser ist für alle Stabdurchmesser

$$\emptyset_{D,min.} = 7 \, \emptyset_f$$

Die minimalen Biegerollendurchmesser ergeben sich damit zu:

Tafel 5.2. Mindest-Biegerollendurchmesser

Bügel	Biegerollendurchmesser D_{min} [mm]
Ø 12	84
Ø 16	112
Ø 20	140

4.4 E-Modul

Der E-Modul der Bügel wurde ebenfalls im Rahmen des AiF Vorhabens an der RWTH ermittelt und beträgt bei ComBAR-Bügeln 57.000 N/mm². [HEGGER-01]

4.5 Zugfestigkeit

Die Materialeigenschaften der Bügel sind in folgender Tabelle gezeigt.

Tafel 5.3 Zugfestigkeit Bügel

Bügel	$f_{fk,0}$ N/mm²	f_{fk} N/mm²	f_{fd} N/mm²
Ø 12	700	250	190
Ø 16	600	250	190
Ø 20	550	250	190

4.6 Verbundeigenschaften

Die Maximalwerte der Verbundspannung f_{Fbu} im geraden Bereich der Stäbe und in der Biegung (Endverankerung des Stabs) im Kurzzeitverbundversuch sind

Tafel 5.4 Verbundspannungen Bügel

Bügel	Gerade $f_{fbu,0}$	Biegung $f_{fbu,0}$
Ø 12	8 N/mm²	10 N/mm²
Ø 16	8 N/mm²	10 N/mm²
Ø 20	10 N/mm²	12 N/mm²

Der Bemessungswert für dauerhafte Anwendungen sollte f_{fbd} = 2,3 N/mm² nicht überschreiten bis weitere Versuchsergebnisse langzeitigen zum Verbundverhalten der ComBAR-Bügel vorliegen.

5 Bemessung

5.1 Vorbemerkung

Vorab sei erwähnt, dass die beschriebenen Nachweise der Einfachheit halber mit den Materialeigenschaften von Schöck ComBAR gezeigt sind.

5.2 Anwendungsbereich

5.2.1 Normalbeton

Das Bemessungskonzept gilt für Normalbetone nach EC2 der Festigkeitsklassen C20/25 bis C100/115. Beim Einsatz in hochfesten Betonen (>C50/60) sind in der Bemessung die Druckfestigkeit und die Verbundfestigkeit eines C50/60 anzusetzen.

5.2.2 Druckbewehrung

Der Ansatz von ComBAR-Stäben als Druckbewehrung ist in der Bemessung wirtschaftlich nicht sinnvoll, da der E-Modul nicht wesentlich größer ist als der von Beton. Die AbZ des geraden ComBAR-Stabs sieht daher den statischen Ansatz von ComBAR als Druckbewehrung nicht vor, ComBAR-

Stäbe dürften jedoch in der Betondruckzone liegen (Verankerung, konstruktive Bewehrung).

Die AbZ des ComBAR Thermoanker [DIBT-02] - für die Verbindung der beiden Fertigteilschalen von Sandwichwänden - beinhaltet den beidseitig eingespannten ComBAR-Stab ($\varnothing_f$ = 12mm) unter Druckbelastung mit einer freien Knicklänge (maximale Dicke der Wärmedämmung) von bis zu 200mm.

5.2.3 Betondeckung

ComBAR rostet nicht. Es sind daher keine Maßnahmen zum Schutz der Bewehrung gegen Korrosion, wie z. B. eine erhöhte Betondeckung, erforderlich. Für alle Expositionsklassen gilt die Mindestbetondeckung die zur Übertragung der Zugkräfte aus dem Stab in den umliegenden Beton erforderlich ist.

$c_v = \varnothing_f + 10mm$
$c_v = \varnothing_f + 5mm$ (Fertigteile)

5.3 Ermittlung der Schnittgrößen

5.3.1 Linear-elastische Berechnung

Die Ermittlung der Schnittgrößen ist nach DIN EN 1992-1 Absatz 5 unter Ansatz der Steifigkeiten ungerissener Querschnitte durchzuführen.

5.3.2 Linear-elastische Berechnung mit Umlagerung

Faserverbundwerkstoffe verhalten sich bis zu ihrem Bruch linear-elastisch. Ein Fließen wie bei Betonstahl tritt nicht auf. Somit übernimmt auch ein gerissener FV-bewehrter Betonquerschnitt zunehmend mehr Last. Eine Umlagerung der Biegemomente wie sie in Bauwerken aus Stahlbeton auftritt, ist bei Bauwerken mit Bewehrung aus Glasfaserkunststoff wenn überhaupt nur in begrenztem Maße zu beobachten. Eine Umlagerung der Momente im Zuge der Ermittlung der Schnittgrößen ist daher bei ComBAR-bewehrten Querschnitten nicht möglich. Im Gegenteil: Es findet eine Umlagerung der Spannungen im Verhältnis der Steifigkeiten der gerissenen Querschnitte statt. Bei statisch unbestimmten Tragwerken ist dies in der AbZ mit dem Faktor 0,85 berücksichtigt.

Ebenso kann das Verfahren der Plastizitätstheorie nach EC2 5.6 aufgrund der Tatsache, dass sich keine plastischen Gelenke wie bei Stahlbeton ausbilden, nicht angewendet werden.

5.3.3 Nichtlineare Verfahren

Nichtlineare Ansätze dürfen nur für die Ermittlung der Durchbiegung angesetzt werden.

5.3.4 Vorgespannte Tragwerke

Die AbZ bezieht sich lediglich auf den Einsatz von ComBAR als schlaffe Zugbewehrung.

Das Vorspannen von ComBAR-Stäbe mit sofortigem Verbund um z. B. bei filigranen Fertigteilen die Durchbiegung zu reduzieren oder einen überdrückten Querschnitt zu erzeugen ist außerhalb der AbZ (falls erforderlich mit ZiE) möglich. Dabei ist die Vorspannung als dauerhafte Einwirkung mit γ_G = 1,35 anzusetzen und eine Dekompression auszuschließen. Die durch das Vorspannen aufgebrachte Zugspannung im Stab ist so zu begrenzen, dass die maximale Gesamtspannung im Stab nach Aufbringen der äußeren Bemessungslasten die zulässige Bemessungsspannung von ComBAR nicht überschreitet.

$f_{fd,Vorspannung} + f_{fd,Last} \leq f_{fd}$.

5.4 Lastermittlung

Die Lastermittlung erfolgt gemäß DIN EN 1991-1, dem EC1.

5.5 Eigengewicht ComBAR

Spezifisches Gewicht (Dichte):

ρ_{ComBAR} = 2,2 g/cm³

Damit ist die Dichte von ComBAR nur 28 % der von Stahl (Stahl: 7,85 g/cm³) und in etwa gleich der Dichte von Beton (Beton: 2,4 g/cm³).

Die Bewehrung schwimmt bei der kleinen Differenz von 0,2 g/cm³ gegenüber Beton nicht auf. Eine Lagesicherung wie sie beim Einsatz von Betonstahl vorgesehen wäre, ist für ComBAR ausreichend.

5.6 Nenngewicht je Durchmesser

Siehe Tafel 3.1 für gerade Stäbe und Tafel 5.1 für Bügel.

5.6.1 Eigengewicht bewehrter Beton

Da die Dichte von ComBAR in etwa die von Beton ist, können für ComBAR bewehrte Bauteile die Werte für unbewehrten Normalbeton angesetzt werden.

Günstige LFK: g_k = 23,0 kN/m³
Ungünstige LFK: g_k = 24,0 kN/m³

5.7 GZT Grenzzustand der Tragfähigkeit

5.7.1 Biegebemessung

Biegung mit oder ohne Längskraft und Längskraft allein

Für Beton und Betonstahl gelten die Dehnungsbegrenzungen gemäß DIN EN 1992 (EC2). Die Dehnung im ComBAR- Stab ist auf folgende Werte zu begrenzen:

statisch bestimmte Bauteile:
$\varepsilon_{fu\,(bestimmt)}$ = 7,4 ‰

statisch unbestimmte Bauteile:
$\varepsilon_{fu\,(unbest.)}$ = 6,1 ‰

5.7.2 Querkraft

Nachweisverfahren: $V_{Ed} \leq V_{Rd,c} + V_{Rd,f}$

Abweichend zur Zulassung und zur Norm wird an dieser Stelle das Nachweisverfahren aus dem AiF Sonderforschungsvorhaben der RWTH Aachen zitiert. [HEGGER-01]

Die Mindestquerkraftbewehrung für Balken und einachsig gespannte Platten mit b/h < 5 gemäß Absatz 9.2.2 bzw. 9.3.2 des EC2 gilt sinngemäß auch für ComBAR-bewehrte Querschnitte.

5.7.2.1 Bauteile ohne rechnerisch erforderliche Querkraftbewehrung

Anstelle der Gleichung 6.2a des EC2 gilt:

$$V_{Rd,c} = \beta \cdot \frac{1}{620} \cdot \kappa \cdot (100 \cdot \rho_l \cdot E_{fl} \cdot f_{ck})^{1/3} \cdot b_w \cdot d$$

mit:

$\beta = 3/(a/d)$ (auflagernahe Lasten)

$\kappa = 1 + \sqrt{\frac{200}{d}} \leq 2{,}0$ Maßstabsfaktor

Die Gleichung 6.2.b des EC2 gilt für ComBAR nicht.

5.7.2.2 Bauteile mit rechnerisch erforderlicher Querkraftbewehrung

Anstelle der Gleichung 6.8 des EC2 gilt:

$$V_{Rd,f} = \frac{A_{fw}}{s_w} \cdot f_{fd,w} \cdot z \cdot \cot\theta \leq \frac{b_w \cdot z \cdot \sqrt{f_{ck}} \cdot 1{,}5}{\cot\theta + \tan\theta}$$

$$\theta = 50 - \frac{E\rho_{res}}{400}$$

$$f_{fd,w} = \varepsilon_{fd,w} \cdot E_f = (2{,}5 + \frac{E\rho_{res}}{1750}) \cdot E_f$$

$$E\rho_{res} = \sqrt{(\rho_l \cdot E_{fl})^2 + (\rho_w \cdot E_{fw})^2}$$

5.7.3 Torsion

Es sind nur Bügel als Torsionsbewehrung zulässig. Der Einsatz gekreuzter Kopfenden als Torsionsbewehrung ist bisher nicht geprüft.

5.7.4 Nachweis gegen Ermüdung

Die AbZ beschränkt sich auf den Einsatz in Bauteilen unter vorwiegend ruhender Belastung.

Auf der sicheren Seite liegend sind bei nicht vorwiegend ruhenden Einwirkungen die Oberspannung im ComBAR-Stab auf 150 N/mm² und die maximale Schwingbreite $2\sigma_a$ auf 90 % zu begrenzen (bis zu 5 Mio. Lastzyklen).

5.8 Verbund

5.8.1 Verbundbedingungen

Für ComBAR-Stäbe gelten die gleichen Verbundbedingungen wie für Bewehrungsstäbe aus Betonstahl.

5.8.2 Bemessungswert der Verbundspannung

Für ComBAR gilt Tafel 6.1. und ersetzt damit Gleichung 8.2 des EC2.

Für mäßige Verbundbedingungen sind die Werte in Tafel 6.1. mit dem Faktor 0,7 zu multiplizieren.

Tafel 6.1 Bemessungswerte der Verbundspannung f_{bd} bei guten Verbundbedingungen laut AbZ

Betondruckfestigkeit f_{ck} [N/mm²]	Verbundspannung f_{bd} [N/mm²]
12	1,45
16	1,77
20	2,03
25	2,26
30	2,33
35	2,39
40	2,45
45	2,51
50	2,58

5.9 Übergreifungsstoß

Die Bemessungswerte der Verankerungslänge sind gemäß Gleichung 8.4. EC2 zu ermitteln. Der Faktor für angeschweißte Querstäbe entfällt, da Faserverbundstäbe nicht geschweißt werden können. In der holländischen Zulassung wird die Übergreifungslänge mit 2x Verankerungslänge vorgeschlagen. Die AbZ regelt diesen Bereich nicht.

5.10 Heißbemessung

Bei Anforderungen an die Brandwiderstandsfähigkeit eines Bauwerks muss durch technische Maßnahmen sichergestellt werden, dass die Oberflächentemperatur der Stäbe im geforderten Zeitraum die kritische Temperatur nicht überschreitet. Für unterschiedliche Brandschutzklassifizierung sind entweder die unten angegebenen Betondeckungen einzuhalten oder anderweitige Brandschutzmaßnahmen (z. B. Beplankung) vorzusehen.

Tafel 6.2 Grenztemperatur

Verbundspannung f_{fb} [N/mm²]	Grenztemperatur t [°C]
3,0	192
2,5	202
2,0	211
1,5	225
1,0	238
0,5	336

Tafel 6.3 Brandschutzklassen nach Normbrandkurve

Brandschutzklasse	Betondeckung c [mm]
R30	30
R60	50
R90	65
R120	85

5.11 GZG Grenzzustand der Gebrauchstauglichkeit

5.11.1 Begrenzung der Rissbreiten und Nachweis der Dekompression

ComBAR-Stäbe rosten nicht. Somit ist eine Begrenzung der Rissbreiten zum Schutz der Bewehrung nicht erforderlich.

Die maximal zulässige Rissbreite in ComBAR-bewehrten Bauteilen beträgt gem. der AbZ für alle Anforderungs- und Expositionsklassen 0,4mm.

5.11.1.1 Mindestbewehrung für die Begrenzung der Rissbreite

Absatz 7.3 des EC2 gilt nicht für ComBAR-bewehrte Bauteile.

5.11.1.2 Berechnung der Rissbreite

Nach AbZ (Z-1.6-238) ist:

$$s_{r,max} = \frac{\emptyset_f}{2,8 \cdot eff\rho_f} \leq \frac{\sigma_f \emptyset_f}{2,8 \cdot f_{ct,eff}}$$

Ansonsten sind in Kapitel 7.3.4 EC2 die Spannung im ComBAR-Stab und der Elastizitätsmodul von ComBAR anstelle der Werte von Betonstahl einzusetzen.

5.11.2 Durchbiegung

Ein Nachweis der Begrenzung der Verformungen ohne direkte Berechnung, über die Biegeschlankheit des Bauteils, wie aus Betonstahlnormen bekannt, ist für glasfaserbewehrte Bauteile nicht anwendbar, da hierzu noch keine ausreichenden Erfahrungen vorliegen.

Wegen des vergleichsweise geringen E-Moduls von ComBAR ist der Beschränkung der Durchbiegung bei der Bemessung besondere Beachtung zu schenken. Die AbZ ComBAR enthält detaillierte Angaben zur Ermittlung der Durchbiegung ComBAR-bewehrter Bauteile. Diese wurden in Anlehnung an Heft 533 des DAfStb erstellt.

Einfacher kann die Durchbiegung jener Bauteile mittels gängiger FEM- Programme unter Ansatz der Materialeigenschaften von ComBAR ermittelt werden.

6 Literatur

[ACI-01] ACI 440.6-08 Specification for Carbon and Glass Fiber-Reinforced Polymer Bar Materials for Concrete Reinforcement

[CSA-01] CSA S806-02: Design and Construction of Building Components with Fibre-Reinforced Polymers

[CSA-02] CSA S807 FRP Product Spezifikation

[DIBT-01] Allgemeine bauaufsichtliche Zulassung Schöck ComBAR DIBt Z-1.6-238

[DIBT-02] Allgemeine bauaufsichtliche Zulassung Schöck ComBAR Thermoanker DIBt Z-21.8-1894

[EC2] DIN EN 1992-1, CEN

[fib-01] fib bulletin 40 „FRP reinforcement in RC structures"

[HEGGER-01] Hegger; Kurth: RWTH Aachen Kurzbericht AiF IGF15467 2012

[HEGGER-02] Hegger J., Kurth M.: Querkraftbemessung für Betonbauteile mit Faserverbundkunststoff-Bewehrung; RWTH Aachen; Fachbericht 2012

[IBMB-01] Untersuchungsbericht Nr. (3263/322/10) – MPA Braunschweig

[ISIS-01] Certification of ComBAR GFRP Bars. Department of Civil Engineering, University of Toronto, Ontario, Canada, October 2007.

[KOMO-01] KOMO Atestaat, KIWA K49001/01

[SCHÖCK-01] DiBT-Zulassung Z-1.6-238 Schöck ComBAR

[SCHÖCK-02] Technische Information von Schöck ComBAR

[Schießl-01] Gutachterliche Stellungnahme 07/051/1.2.1 zum Antrag auf ein AbZ für ComBAR

[Sheikh-01] Sheikh, S.: Report on Test Results on Fibre Contents and Cure Ration of GRP ComBAR Bars; University of Toronto; June 2012

[TUM-01] Überwachungsbericht Nr.: 32-10-0177 ComBAR Durchmesser 8 bis 32 mm, Centrum Baustoffe und Materialprüfung der TU-München

Autoren

Jütte, Benjamin, Dipl.-Ing.; Produktmanager
Venter, Werner, Dipl.-Ing.; Leiter Competence Center
Weber, André, Dr.- Ing.: R&D
Schöck Bauteile GmbH, Baden-Baden
www.schoeck.de

B Instandsetzungsmöglichkeiten von Fahrbahnübergangskonstruktionen – Zwei ausgeführte Beispiele

Dr.-Ing. Joachim Braun, Dipl.-Ing. Michael Schmidberger, Dr.-Ing. Jens Tusche

1 Einleitung

An Brückenenden entstehen Verformungen. Diese Längenänderungen und Endtangentenverdrehungen sind die Folge von überwiegend Temperaturschwankungen und Verkehrsbelastungen. Um eine weitgehend zwängungsfreie Bewegung der Endquerschnitte des Überbaus zu ermöglichen, werden an den Brückenenden Fahrbahnübergänge eingebaut, die diese Längenänderungen und auch die Endtangentenverdrehungen ausgleichen können. Nur wenige Fahrbahnübergangstypen besitzen die gleiche Lebensdauer wie das Bauwerk. Die Lebenszeit für solche Konstruktionen beträgt nach der TL/TP FÜ [1] 25 Jahre und nach der neuen europäischen Richtlinie [2] 35 bis 45 Jahre, je nach Festlegung des Herstellers. In diesem Beitrag werden drei Sanierungsmaßnahmen solcher Fahrbahnübergangskonstruktionen vorgestellt.

2 Ersatz eines Fahrbahnübergangs in Lamellenbauweise durch Mattenübergänge an einer Brücke in der B 256 / Ortsumgehung Niederbieber

Mattenübergänge [3] bestehen mindestens aus zwei Komponenten, den Elastomermatten, die mit oder ohne metallische Bewehrung hergestellt werden kann, und einem Verankerungssystem. Mattenübergängen nach [4] können bis 160 mm Gesamtdehnweg realisieren.

Bei Betonüberbauten können wasserdichte mehrprofilige Fahrbahnübergänge in Lamellenbauweise im vorgenannten Dehnwegbereich durch einfachere Konstruktionen ersetzt werden, weil durch das Abklingen von Schwinden und Kriechen eine kleinere Bewegungskapazität des Fahrbahnübergangs notwendig ist als beim Einbau.

Das Beispiel Brücke im Zuge der B 256 bei Neuwied zeigt den Ersatz eines zweiprofiligen wasserdichten Lamellenübergangs durch einen wasserdichten Fahrbahnübergang mit einer unbewehrten Elastomermatte.

Dabei können die vorhandenen Aussparungen des alten Fahrbahnübergangs weitgehend für den Einbau der neuen Konstruktion genutzt werden.

Während die Lamellenkonstruktion eine regelgeprüfte Lösung nach [1] ist, handelt es sich bei den einfachen Mattensystemen um ein Produkt, das keine Regel- oder Einzelprüfung benötigt. Grundlage für deren Einbau ist ein Konformitätszertifikat einer Fremdüberwachungsstelle, die die Übereinstimmung mit der Richtzeichnung Übe1 [5] bescheinigt.

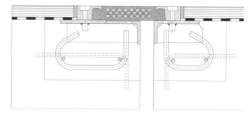

Abb. 1 Prinzipdarstellung einer T-Matte – Typ T Straße

Abb. 2 Alte Lammellenfuge (oben) und einbaubereite geschlossene Fugenkonstruktion (T-Mattenkonstruktion; unten) gemäß Ril 804.9020 K09 mit HPQ der RW Sollinger-Hütte

Abb. 3 Sanierter Fahrbahnübergang mit T-Mattenkonstruktion

3 Sanierung einer Bauwerksfugen mit einer neuen Belagsdehnfuge der Brücke A 45 DB-ÜF Edingen

Die Belagsdehnfuge Baureihe PA, POLYFLEX® Advanced PU [6] ist eine komplette Neuentwicklung basierend auf elastischen Polymeren und eine Weiterentwicklung der elastischen Belagsdehnfuge, wobei die Nachteile der bisher bekannten bituminösen elastischen Belagsdehnfugen, wie z. B. Flankenabrisse, Verdrückungen, Spurrillenbildung, Auslaufen der bituminösen Oberfläche, Überbelastung durch stehenden Verkehr oder in Kreuzungsbereichen etc., durch den Einsatz von einem neu entwickelten Material beseitigt werden konnten. Ein wesentlicher Vorteil dieser Dehnfuge [5] besteht darin, dass eine individuelle Anpassung der Fugenausbildung an die jeweiligen Objekte vorgenommen werden kann. So werden Einbaustärke und Fugenbreite an die speziellen Kundenerfordernisse angepasst, um eine wirtschaftliche Dimensionierung zu finden, ohne durch Standardabmessungen eingeschränkt zu sein. Gesamtdehnwege bis zu 90mm wurden bereits an zahlreichen Objekten verwirklicht, die schon seit mehreren Jahren erfolgreich unter Verkehr sind.

Diese Fugenart besitzt einen guten Fahrkomfort, den gleichen Lärmpegel wie der des anschließenden Belags, ist wasserdicht und abschnittsweise einbaubar. Zum Einsatz kommt ein dauerstandfestes, voll elastisches Material mit enormer Reißdehnung und geringen Rückstellkräften. Durch die eingebauten Lochblechwinkel, die allseits vom PU-Material umgeben sind, werden die Flanken zum anschließenden Belag vollständig von Brems- und Rückstellkräften entlastet. Das neue Material ist außerordentlich alterungsbeständig, beständig gegen Umwelteinflüsse und Chemikalien und auch verschleißfest. Seine Lebensdauer ist wesentlich höher als die Lebensdauer der für die Fahrbahnoberflächen verwendeten Werkstoffe. Die volle Funktionsfähigkeit der Fuge ist in einem Temperaturbereich zwischen - 50 °C und + 70 °C gewährleistet.

Es können nahezu beliebige Fugenverläufe, Hochzüge, Schrägen, T- und Kreuzstöße schnell und sicher hergestellt werden. Das 2-komponentige Material wird in vollständigen Verpackungseinheiten bei Raumtemperatur zwangsgemischt, es gibt daher keine Mischfehler auf der Baustelle. Es kann bei Temperaturen zwischen 5 °C und 35 °C verarbeitet werden, nahezu unabhängig von der Luftfeuchtigkeit und ist bereits nach wenigen Stunden voll belastbar.

Die Autobahn A 45 im Bereich südlich von Dillenburg ist eine sehr stark durch Schwerlastverkehr beanspruchte Strecke. Beim vorliegenden Projekt nahe der Ortschaft Edingen handelt es sich um eine einfeldrige Eisenbahnüberführung mit einer Spannweite von ca. 30 m und einem Kreuzungswinkel von ca. 60 gon. Die Brücke ist schwimmend auf Elastomerkissen gelagert und weist einen Dehnweg von ca. 30 mm je Widerlager auf.

An beiden Widerlagern wurde aufgrund großer Schäden im Bereich der Übergänge im Jahr 2006 ein Austausch des einprofilgen Übergangs durch einen Polymerbetonübergang durchgeführt.

Diese Lösung ist aufgrund der hohen Verkehrsbelastung, vor allem durch Schwerlastverkehr, keine dauerhafte Lösung. Im Randbereich des im Polymerbeton verankerten Dichtprofils kam es zu erheblichen Ausbrüchen und dadurch zu Undichtigkeiten in der Fuge, die im Weiteren zu Schäden an der Eisenbahnbrücke führen können.

Aus diesem Grunde erfolgt die Sanierung des bestehenden Polymerbetonüberganges durch eine Belagsdehnfuge Polyflex Advanced PU. Durch diese Sanierung nicht in den bestehenden Bauwerksbeton eingrgriffen, was zu einer deutlich kürzeren Bauzeit und damit zu einer Reduzierung der Verkehrssicherungsmaßnahmen führt.

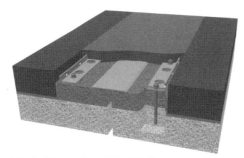

Abb. 4 3D-Darstellung POLYFLEX® Advanced PU [6]

Abb. 5 Brückenfuge A 45 DB-ÜF Edingen vor der Sanierung

Abb. 6 Brückenfuge A45 DB-ÜF Edingen nach der Sanierung

4 Zusammenfassung

Der Sanierung von Brücke wie auch von Fahrbahnübergangskonstruktion wird in den kommenden Jahren eine verstärkte Bedeutung zukommen. Im Rahmen dieses Beitrages werden verschiedene Lösungen anhand ausgeführter Beispiele mit unterschiedlich großem Eingriff in das Brückentragwerk vorgestellt. Der Beitrag zeigt, dass einerseits der Eingriff in das Bauwerk aber auch andererseits in den Verkehr minimiert werden kann und Fugen an Bauwerken nicht notwendige Übel sondern sinnvolle und kostengünstig sanierbare Konstruktionen sind.

Literatur

[1] Bundesanstalt für Straßenwesen: Technische Lieferbedingungen und Technische Prüfvorschriften für Ingenieurbauten – TL/TP-ING; Technische Lieferbedingungen und Prüfvorschriften für wasserdichte Fahrbahnübergänge in Lamellenbauweise und Fingerübergänge mit Entwässerung von Straßen- und Wegbrücken TL/TP FÜ, Stand 03/05.

[2] ETAG 032:2011-09: Guideline for European Technical Approval of Expansion Joints for Road Bridges; Part 1-8.

[3] Braun, Joachim; Tusche, Jens: Fahrbahnübergänge nach Europäischer Zulassung, Stahlbaukalender 2012

[5] Bundesanstalt für Straßenwesen: Richtzeichnung Übe 1.Unterkonstruktionen für wasserdichten Übergang mit einem Dichtprofil. Jan. 2007.

[6] RW Sollinger-Hütte POLYFLEX® Advanced PU, Uslar 2012

[7] Einbau von lärmgeminderten Fahrbahnübergängen mit Regelprüfung nach TL/TP FÜ, ARS – Allgemeines Rundschreiben 15/2002 vom 30.3.2009, Bundesministerium für Verkehr, Bau und Stadtentwicklung, Bonn, 2009.

[8] Österreichische Forschungsgesellschaft Straße – Schiene – Verkehr RVS/RVE 15.04.51: Brücken – Brückenausrüstung, Blatt 01 Übergangskonstruktionen, Ausgabe 2008-11-06.

Autoren

Dr.-Ing. Joachim Braun, Beratender Ingenieur, Uslar

Dipl.-Ing. Michael Schmidberger, Spartenleiter Eisenbahnsysteme RW Sollinger Hütte, Augsburg

Dr.-Ing. Jens Tusche, Technischer Leiter RW Sollinger Hütte, Uslar

2 ADRESSEN VON VERBANDEN, INSTITUTIONEN UND HOCHSCHULEN

2.1 Nationale Verbände und Institutionen

Arbeitsgemeinschaft industrieller Forschungs-
vereinigungen „Otto von Guericke" e. V. (AiF)
Bayenthalgürtel 23
50968 Köln
Tel.: 02 21 / 3 76 80 - 0
Fax: 02 21 / 3 76 80 - 27

Bundesarchitektenkammer
Askanischer Platz 4
10963 Berlin
Tel.: 0 30 / 26 39 44 - 0
Fax: 0 30 / 26 39 44 - 90

Bundesingenieurkammer
Kochstraße 22
10969 Berlin
Tel.: 0 30 / 25 34 29 00
Fax: 0 30 / 25 34 29 03

Bundesminister für Verkehr, Bau und Stadtent-
wicklung
Invalidenstraße 44
10115 Berlin
Tel.: 0 30 / 20 08 - 0
Fax: 0 30 / 20 08 - 19 42

Bundesverband Deutsche Beton- und Fertigteil-
industrie e. V. (BDB)
Schloßallee 10
53179 Bonn
Tel.: 02 28 / 9 54 56 - 0
Fax: 02 28 / 9 54 56 - 90

Bundesverband der Deutschen Kies- und Sand-
industrie e. V.
Düsseldorfer Straße 50
47051 Duisburg
Tel.: 02 03 / 9 92 39 - 0
Fax: 02 03 / 9 92 39 - 97

Bundesverband der Deutschen Transportbeton-
industrie (BTB)
Düsseldorfer Straße 50
47051 Duisburg
Tel.: 02 03 / 9 92 39 - 0
Fax: 02 03 / 9 92 39 - 97

Bundesverband der Deutschen Zementindustrie
e. V. (BDZ)
Luisenstr. 44
10117 Berlin
Tel.: 0 30 / 2 80 02 - 0
Fax: 0 30 / 2 80 02 - 250

Bundesverband Estrich und Belag e. V.
Industriestr. 19
53842 Troisdorf
Tel.: 0 22 41 / 3 97 39 60
Fax: 0 22 41 / 3 97 39 69

Bundesverband Porenbetonindustrie e. V.
Entenfangweg 15
30419 Hannover
Tel.: 05 11 / 39 08 97 - 7
Fax: 05 11 / 39 08 97 - 90

Bundesvereinigung der Prüfingenieure für Bau-
technik e. V. (VPI)
Ferdinandstr. 47
20095 Hamburg
Tel.: 0 40 / 30 37 95 00
Fax: 0 40 / 35 35 65

Deutscher Ausschuß für Stahlbeton (DAfStb)
im DIN Deutsches Institut für Normung
Burggrafenstr. 6
10787 Berlin
Tel.: 0 30 / 26 01 - 20 39
Fax: 0 30 / 26 01 - 17 23

Deutscher Beton- und Bautechnik-Verein (DBV)
Kurfürstenstraße 129
10785 Berlin
Tel.: 0 30 / 23 60 96 - 0
Fax.: 0 30 / 23 60 96 - 23

Deutsche Gesellschaft für Geotechnik e. V.
Hohenzollernstraße 52
45128 Essen
Tel.: 02 01 / 78 27 23
Fax: 02 01 / 78 27 43

Deutsches Institut für Bautechnik
Kolonnenstr. 30
10829 Berlin
Tel.: 0 30 / 78 73 00
Fax: 0 30 / 78 73 03 20

Adressen

DIN Deutsches Institut für Normung
Burggrafenstraße 6
10787 Berlin
Tel.: 030/2601-0
Fax: 030/2601-1231

Deutscher Stahlbau-Verband (DSTV)
Sohnstraße 65
40237 Düsseldorf
Tel.: 0211/670 7800
Fax: 0211/670 7820

Fachverband Betonstahlmatten
Kaiserswerther Straße 137
40474 Düsseldorf
Tel.: 0211/456 4255
Fax: 0211/456 4218

Forschungsgemeinschaft Eisenhüttenschlacken
Bliersheimer Str. 62
47229 Duisburg
Tel.: 02065/9945-0
Fax: 02065/994510

Forschungsgesellschaft für Straßen- und Verkehrswesen e. V.
Konrad-Adenauer-Straße 13
50996 Köln
Tel.: 0221/93583-0
Fax: 0221/93583-73

Gütegemeinschaft Betonstraßen e. V.
Pferdmengesstraße 7
50996 Köln
Tel.: 0221/37656-0
Fax: 0221/3765686

Hafenbautechnische Gesellschaft e. V.
Dalmannstraße 1
20457 Hamburg
Tel.: 040/42847-2178
Fax: 040/42847-2179

Hauptverband der Deutschen Bauindustrie e. V. (HVDBi)
Kurfürstenstraße 129
10785 Berlin
Tel.: 030/21286-0
Fax: 030/21286-240

Informationszentrum Raum und Bau der Fraunhofer-Gesellschaft
Nobelstraße 12
70569 Stuttgart
Tel.: 0711/970 2500
Fax: 0711/970 2508

Institut für Bauforschung e. V. (IfB)
An der Markuskirche 1
30163 Hannover
Tel.: 0511/965160
Fax: 0511/9651626

Institut für Stahlbetonbewehrung (ISB)
Kaiserswerther Straße 137
40474 Düsseldorf
Tel.: 0211/4564256
Fax: 0211/4564218

Normenausschuß Bauwesen (NABau)
im DIN Deutsches Institut für Normung e. V.
Burggrafenstraße 6
10787 Berlin
Tel.: 030/2601-2503
Fax: 030/2601-1180

Studiengemeinschaft für unterirdische Verkehrsanlagen e. V. (STUVA)
Mathias-Brüggen-Straße 41
50827 Köln
Tel.: 0221/59795-0
Fax: 0221/59795-50

VDI-Gesellschaft Bautechnik
Postfach 101139
40002 Düsseldorf
Tel.: 0211/6214313
Fax: 0211/6214177

Verband Beratender Ingenieure VBI
Budapester Str. 31
10787 Berlin
Tel.: 030/2 6062-0
Fax: 030/2 6062-100

Verband Deutscher Architekten- und Ingenieurvereine e. V. (DAI)
Keithstraße 2-4
10787 Berlin
Tel.: 030/21473174
Fax: 030/21473182

Verein Deutscher Zementwerke e. V
Tannenstraße 2
40476 Düsseldorf
Tel.: 0211/4 5781
Fax: 0211/4 57 82 96

Zentralverband des Deutschen Baugewerbes
Kronenstraße 55 - 58
10117 Berlin
Tel.: 030/20314-0
Fax: 030/20314-420

2.2 Internationale Institutionen

American Concrete Institute (aci)
P.O. Box 9094
Farmington Hills
MI 48333-7094 (USA)
Tel.: 0 01 / 2 48 / 8 48 - 27 00
Fax: 0 01 / 2 48 / 8 48 - 27 01

Association Européenne du Cement
rue d'Arlon, 55
1040 Brüssel (Belgien)
Tel.: 00 32 / 2 / 2 34 10 11
Fax: 00 32 / 2 / 2 30 47 20

Betonvereniging
Ir. P. Bloklandhuis
Büchnerweg 3
Postbus 411
2800 AK Gouda (Niederlande)
Tel.: 00 31 / 1 82 / 53 98 58
Fax: 00 31 / 1 82 / 55 84 89

Cement och Betong Institutet
Drottning Kristinas väg 26
10 044 Stockholm (Schweden)
Tel.: 00 46 / 8 / 6 96 11 00
Fax: 00 46 / 8 / 24 31 37

Fédération Internationale du Béton (fib)
Case Postale 88
CH-1015 Lausanne (Schweiz)
Tel.: 00 41 / 21 / 6 93 27 47
Fax: 00 41 / 21 / 6 93 62 45

Internationale Vereinigung für Brückenbau und
Hochbau (IVBH)
ETH-Hönggerberg
TA IVBH
CH-8093 Zürich (Schweiz)
Tel.: 00 41 / 44 / 6 33 28 47
Fax: 00 41 / 44 / 6 33 12 41

Österreichische Vereinigung für Beton- und Bautechnik
Karlsgasse 5
A-1040 Wien
Tel.: 00 43 / 1 / 5 04 15 95
Fax: 00 43 / 1 / 5 04 15 96

2.3 Universitäten und Fachhochschulen mit Studiengang Bauingenieurwesen

(mit INTERNET-Adresse der jeweiligen Hochschule)

Universitäten

Rheinisch-Westfälische
Technische Hochschule Aachen
Fakultät für Bauingenieur- und Vermessungswesen
Mies-van-der-Rohe-Straße 1
52074 Aachen
Tel.: 02 41 / 802 - 50 78
http://www.rwth-aachen.de/

Technische Universität Berlin
Fachbereich Bauingenieurwesen
Gustav-Meyer-Allee 25
13355 Berlin
Tel.: 0 30 / 31 47 23 41
hhtp://tu-berlin.de/

Ruhr-Universität Bochum
Fakultät für Bauingenieurwesen
Universitätsstraße 150
44780 Bochum
Tel: 02 34 / 3 22 61 24
http://www.ruhr-uni-bochum.de/

Technische Universität Braunschweig
Fachbereich Bauingenieurwesen
Pockelsstraße 4
38106 Braunschweig
Tel.: 05 31 / 3 91 - 23 10
http://www.tu-braunschweig.de/

Brandenburgische
Technische Universität Cottbus
Fakultät für Architektur und Bauingenieurwesen
Konrad-Wachsmann-Allee 1
03046 Cottbus
Tel.: 03 55 / 69 - 21 91
http://www.tu-cottbus.de/

Technische Universität Darmstadt
Fachbereich Bauingenieurwesen
Petersenstraße 13
64287 Darmstadt
Tel.: 0 61 51 / 16 - 37 37
http://www.tu-darmstadt.de/

Universität Dortmund
Fakultät für Bauwesen
August-Schmidt-Straße 8
44227 Dortmund
Tel.: 02 31 / 7 55 20 74
http://www.uni-dortmund.de/

Technische Universität Dresden
Fakultät für Bauingenieurwesen
Helmholtz Str. 10
01069 Dresden
Tel.: 03 51 / 46 33 42 79
http://www.tu-dresden.de/

Universität Duisburg-Essen
Fachbereich Bauwissenschaften
Universitätsstraße 15
45117 Essen
Tel.: 02 01 / 1 83 - 27 75
http://www.uni-essen.de/

Technische Universität Hamburg-Harburg
Fachbereich Bauingenieurwesen und Umwelttechnik
Schwarzenbergstr. 95
21073 Hamburg
Tel.: 0 40 / 4 28 78 22 32
http://www.tu-harburg.de/

HafenCity Universität Hamburg
Fachbereich Bauingenieurwesen
Hebebrandstraße 1
22297 Hamburg
Tel.: 0 40 / 4 28 27 56 00
http://www.hcu-hamburg.de/

Universität Hannover
Fakultät Bauingenieur- und Vermessungswesen
Callinstraße 34
30167 Hannover
Tel.: 05 11 / 7 62 - 1 91 90
http://www.uni-hannover.de/

Adressen

Technische Universität Kaiserslautern
Fachbereich Bauingenieurwesen
Paul-Ehrlich-Str. 14
67663 Kaiserslautern
Tel.: 06 31 / 2 05 - 30 30
http://www.uni-kl.de/

Universität Karlsruhe
Fakultät für Bauingenieur- und Vermessungswesen
Kaiserstraße 12
76128 Karlsruhe
Tel.: 07 21 / 6 08 - 21 92
http://www.uni-karlsruhe.de/

Universität Kassel
Fachbereich Bauingenieurwesen
Mönchebergstraße 7
34109 Kassel
Tel.: 05 61 / 8 04 - 3926
http://www.uni-kassel.de/

Universität Leipzig
Fakultät für Wirtschaftswissenschaften
Marschnerstraße 31
04109 Leipzig
Tel.: 03 41 / 9 73 35 00
http://www.uni-leipzig.de/

Technische Universität München
Fakultät für Bauingenieur- und Vermessungswesen
Arcisstraße 19
80333 München
Tel.: 0 89 / 2 89 - 2 24 00
http://www.tu-muenchen.de/

Universität der Bundeswehr München
Fakultät für Bauingenieur- und Vermessungswesen
Werner-Heisenberg-Weg 39
85579 Neubiberg
Tel.: 0 89 / 60 04 - 25 17
http://www.unibw-muenchen.de/

Universität Siegen
Fakutlät IV, Department Bauingenieurwesen
Paul-Bonatz-Str. 9-11
57068 Siegen
Tel.: 02 71 / 7 40 - 21 10
http://www.uni-siegen.de/

Universität Stuttgart
Fakultät Bauingenieur- und Vermessungswesen
Pfaffenwaldring 7
70569 Stuttgart
Tel.: 07 11 / 6 85 - 62 34
http://www.uni-stuttgart.de/

Bauhaus Universität Weimar
Fakultät Bauingenieurwesen
Marienstraße 13
99423 Weimar
Tel.: 0 36 43 / 58 44 15
http://www.uni-weimar.de/

Universität Wuppertal
Fachbereich Bauingenieurwesen
Pauluskirchstraße 7
42285 Wuppertal
Tel.: 02 02 / 4 39 - 40 85
http://www.uni-wuppertal.de/

Adressen

Fachhochschulen

Fachhochschule Aachen
Fachbereich Bauingenieurwesen
Bayernallee 9
52066 Aachen
Tel.: 02 41 / 60 09 - 12 10
http://www.fh-aachen.de/

Fachhochschule Augsburg
Fachbereich Bauingenieurwesen
Baumgartnerstraße 16
86161 Augsburg
Tel.: 08 21 / 55 86 - 1 02
http://www.fh-augsburg.de/

Technische Fachhochschule Berlin
Fachbereich Bauingenieurwesen
Luxemburger Straße 10
13353 Berlin
Tel.: 0 30 / 45 04 - 25 94
http://www.tfh-berlin.de/

Fachhochschule für Technik und Wirtschaft Berlin
Fachbereich Ingenieurwissenschaften
Blankenburger Pflasterweg 102
13129 Berlin
Tel.: 0 30 / 50 19 - 21 26
http://www.fhtw-berlin.de/

Fachhochschule Biberach
Fachbereich Bauingenieurwesen
Karlstraße 11
88400 Biberach
Tel.: 0 73 51 / 5 82 - 351
http://www.fh-biberach.de/

Fachhochschule Bochum
Fachbereich Bauingenieurwesen
Lennershofstraße 140
44801 Bochum
Tel.: 02 34 / 3 21 02 01
http://www.fh-bochum.de/

Hochschule Bremen
Fachbereich Bauingenieurwesen
Neustadtwall 30
28199 Bremen
Tel.: 04 21 / 59 05 - 2300
http://www.hs-bremen.de/

Hochschule 21
Harburger Straße 7
21614 Buxtehude
Tel.: 0 4161 / 6 48 - 0
http://www.hs21.de/

Fachhochschule Coburg
Fachbereich Bauingenieurwesen
Friedrich-Streib-Str. 2
96450 Coburg
Tel.: 0 95 61 / 3 17 - 2 34
http://www.fh-coburg.de/

Fachhochschule Lausitz
Fachbereich Bauingenieurwesen
Lipezker Straße 47
03048 Cottbus
Tel.: 03 55 / 58 18 - 6 00
http://www.fh-lausitz.de/

Fachhochschule Darmstadt
Fachbereich Bauingenieurwesen
Haardtring 100
64295 Darmstadt
Tel.: 0 61 51 / 16 - 81 31
http://www.fh-darmstadt.de/

Fachhochschule Anhalt, Standort Dessau
Fachbereich Architektur und Bauingenieurwesen
Bauhausstraße 10
06846 Dessau
Tel.: 03 40 / 51 97 15 00
http://www.hs-anhalt.de/

Fachhochschule Deggendorf
Fachbereich Bauingenieurwesen
Edlmairstraße 6 - 8
94469 Deggendorf
Tel.: 09 91 / 36 15 - 4 01
http://www.fh-deggendorf.de/

Fachhochschule Lippe
Abteilung Detmold
Fachbereich Bauingenieurwesen
Emilienstraße 45
32756 Detmold
Tel.: 0 52 31 / 7 69 - 8 15
http://www.fh-lippe.de/

Hochschule für Technik und Wirtschaft Dresden
Fachbereich Architektur und Bauingenieurwesen
Friedrich-List-Platz 1
01069 Dresden
Tel.: 03 51 / 4 62 - 25 11
http://www.htw-dresden.de/

Fachhochschule Erfurt
Fachbereich Bauingenieurwesen
Altonaer Straße 25
99085 Erfurt
Tel.: 03 61 / 67 00 - 9 01
http://www.fh-erfurt.de/

Fachhochschule Frankfurt
Fachbereich Bauingenieurwesen
Nibelungenplatz 1
60318 Frankfurt/Main
Tel.: 0 69 / 15 33 - 23 17
http://www.fh-frankfurt.de/

Fachhochschule Gießen-Friedberg
Fachbereich Bauingenieurwesen
Wiesenstraße 14
35390 Gießen
Tel.: 06 41 / 3 09 - 18 01
http://www.fh-giessen.de/

Fachhochschule Hildesheim/Holzminden/Göttingen
Abteilung Hildesheim
Fachbereich Bauingenieurwesen
Hohnsen 2
31134 Hildesheim
Tel.: 0 51 21 / 8 81 - 2 51
http://www.fh-hildesheim.de/

Fachhochschule Hildesheim/Holzminden/Göttingen
Abteilung Holzminden
Fachbereich Bauingenieurwesen
Haarmannplatz 3
37603 Holzminden
Tel.: 0 55 31 / 1 26 - 0
http://www.fh-holzminden.de/

Fachhochschule Kaiserslautern
Fachbereich Bauingenieurwesen
Schönstraße 6
67659 Kaiserslautern
Tel.: 06 31 / 3 72 45 01
http://www.fh-kl.de/

Fachhochschule Karlsruhe
Hochschule für Technik
Fachbereich Bauingenieurwesen
Moltkestraße 30
76133 Karlsruhe
Tel.: 07 21 / 9 25 - 26 44
http://www.fh-karlsruhe.de/

Fachhochschule Koblenz
Fachbereich Bauingenieurwesen
Rheinau 3-4
56075 Koblenz
Tel.: 02 61 / 95 28 - 1 83
http://www.fh-koblenz.de/

Fachhochschule Köln
Fachbereich Bauingenieurwesen
Betzdorfer Str. 2
50679 Köln
Tel.: 02 21 / 82 75 - 27 71
http://www.fh-köln.de/

Fachhochschule Konstanz
Fachbereich Bauingenieurwesen
Braunegger Straße 55
78462 Konstanz
Tel.: 0 75 31 / 2 06 - 2 11
http://www.fh-konstanz.de/

HWTK Leipzig
Fachbereich Bauingenieurwesen
Karl-Liebknecht-Str. 132
04277 Leipzig
Tel.: 03 41 / 3 07 - 62 27
http://www.htwk-leipzig.de/

Fachhochschule Lübeck
Fachbereich Bauingenieurwesen
Stephensonstraße 1
23562 Lübeck
Tel.: 04 51 / 3 00 - 51 59
http://www.fh-luebeck.de/

Hochschule Magdeburg-Stendal
Fachbereich Bauwesen
Breitscheidstraße 2
39114 Magdeburg
Tel.: 03 91 / 88 64 - 2 12
http://www.hs-magdeburg.de/

Fachhochschule Mainz
Fachbereich Bauingenieurwesen
Holzstraße 36
55116 Mainz
Tel.: 0 61 31 / 28 59 - 0, - 236
http://www.fh-mainz.de

Fachhochschule Bielefeld, Abteilung Minden
Fachbereich Architektur und Bauingenieurwesen
Artilleriestraße 9
32427 Minden
Tel.: 05 71 / 83 85 - 0, - 1 01
http://www.fh-bielefeld.de

Fachhochschule München
Fachbereich Bauingenieurwesen
Karlstraße 6
81827 München
Tel.: 0 89 / 12 65 - 26 88
http://www.fh-muenchen.de/

Adressen

Fachhochschule Münster
Fachbereich Bauingenieurwesen
Corrensstraße 25
48149 Münster
Tel.: 02 51 / 8 36 51 53
http://www.fh-muenster.de/

Fachhochschule Neubrandenburg
Fachbereich Bauingenieurwesen
Brodaer Str. 2
17033 Neubrandenburg
Tel.: 03 95 / 56 93 - 621
http://www.fh-nb.de/

Fachhochschule Hannover
Fachbereich Bauingenieurwesen
Bürgermeister-Stahn-Wall 9
31582 Nienburg/Weser
Tel.: 0 50 21 / 9 81 - 8 02
http://www.fh-hannover.de/

Georg-Simon-Ohm-Fachhochschule Nürnberg
Fachbereich Bauingenieurwesen
Kesslerplatz 12
90489 Nürnberg
Tel.: 09 11 / 58 80 - 14 18
http://www.fh-nuernberg.de/

Fachhochschule Oldenburg/Ostfriesland/
Wilhelmshaven
Fachbereich Bauingenieurwesen
Ofener Straße 16
26121 Oldenburg
Tel.: 0 18 05 / 6 78 07 - 3210
http://www.fh-oow.de/

Fachhochschule Potsdam
Fachbereich Bauingenieurwesen
Pappelallee 8-9
14469 Potsdam
Tel.: 03 31 / 5 80 - 13 01
http://www.fh-potsdam.de/

Fachhochschule Regensburg
Fachbereich Bauingenieurwesen
Prüfeninger Straße 58
93025 Regensburg
Tel.: 09 41 / 9 43 - 1200
http://www.fh-regensburg.de/

HTW Saarland
Fachbereich Bauingenieurwesen
Goebenstraße 40
66117 Saarbrücken
Tel.: 06 81 / 58 67 - 1 79
http://www.htw-saarland.de/

Hochschule für Technik Stuttgart
Fachbereich Bauingenieurwesen
Schellingstraße 24
70174 Stuttgart
Tel.: 07 11 / 89 26 - 25 64
http://www.hft-stuttgart.de/

Universität Lüneburg
Fachbereich Bauingenieurwesen
Herbert-Meyer-Straße 7
29556 Suderburg
Tel.: 0 58 26 / 9 88 - 92 04
http://www.fbbwu.uni-lueneburg.de/

Fachhochschule Trier
Fachbereich Bauingenieurwesen
Schneidershof
54293 Trier
Tel.: 06 51 / 81 03 - 4 14
http://www.fh-trier.de/

Fachhochschule Wiesbaden
Fachbereich Bauingenieurwesen
Kurt-Schumacher-Ring 18
65197 Wiesbaden
Tel.: 06 11 / 94 95 - 4 51
http://www.fh-wiesbaden.de/

Hochschule Wismar
Fachbereich Bauingenieurwesen
Philipp-Müller-Straße 14
23952 Wismar
Tel.: 0 38 41 / 7 53 - 437
http://www.hs-wismar.de/

FH Würzburg-Schweinfurt
Fachbereich Bauingenieurwesen
Röntgenring 8
97070 Würzburg
Tel.: 09 31 / 35 11 - 2 54
http://www.fh-wuerzburg.de/

HTWS Zittau/Görlitz
Fachbereich Bauwesen
Theodor-Körner-Allee 16
02763 Zittau
Tel.: 0 35 83 / 61 - 16 32
http://www.cmsweb.hs-zigr.de/

2.4 INTERNET-Adressen

Bauarchiv:	http://www.bauarchiv.de	(Deutsches Bauarchiv)
BauNet:	http://www.bau.net	(Wirtschaftsinformationen, Ausschreibungen)
Bauingenieur24:	http://www.bauingenieur24.de	(Nachrichtenportal für die Baubranche mit Rubriken zu Fachbeiträgen, Software)
Bau-Info:	http://www.bau-info.com	(Öffentliche Ausschreibungen)
Baunet:	http://www.baunet.de	(Online-Branchenbuch)
BauNetz:	http://www.bau-netz.de	(Informationen für Planer)
Bau-Online:	http://www.bau-online.de	(Informationen für Planer, Handel, Handwerk, Bauherren)
Bauportal:	http://www.bauportal.de	(Informationsplattform Baurecht, Normen, Richtlinien, Veranstaltungen, Adresse)
Bauwesen:	http://www.bauwesen.de	(Firmen- und Produktinformationen)
bi-online:	http://www.bauwi.de	(Öffentliche Ausschreibungen)
Bundesausschreibungsblatt:	http://www.vva.de/ba-blatt.htm	(Öffentliche Ausschreibungen)
DASI:	http://www.dasi.de	(Verzeichnis mit Schwerpunkt Bauwesen)
DieStatiker	http://www.diestatiker.de	(Infopool von Statikern für Statiker)
FIZ-Technik:	http://www.fiz-technik.de	(Ausschreibungen, Unternehmen, Literatur, Bauverfahren, Ingenieurwesen)
German Bau + Zulieferer:	http://www.avl.de/datenbank	(Deutsche Baudatenbank)
Ingenieurnetz:	http://www.ingenieurnetz.de	(Deutsche Planerdatenbank)

Berufs- und Interessensverbände für Architekten und Bauingenieure

Bundesingenieurkammer	http://www.bingk.de
Bundesarchitektenkammer	http://www.bak.de
Verband Beratender Ingenieure (VBI)	http://www.vbi.de
Bundesvereinigung der Prüfingenieure (BVPI):	http://www.bvpi.de
Bund der Ingenieure für Wasserwirtschaft, Abfallwirtschaft und Kulturbau (BWK):	http://www.bwk-bund.de
Bundesvereinigung der Straßenbau- und Verkehrsingenieure (BSVI):	http://www.bsvi.de
Verein Deutscher Ingenieure (VDI):	http://www.vdi.de
Bund Deutscher Architekten (BDA):	http://www.bda-architekten.de
Bund Deutscher Baumeister, Architekten und Ingenieure (BDB)	http://www.baumeister-online.de
Verband Deutscher Vermessungsingenieure	http://www.vdv-online.de

Bauwesen allgemein

Berufsgenossenschaft der Bauwirtschaft (BG BAU)	http://www.bgbau.de
Bundesamt für Bauwesen und Raumordnung	http://www.bbr.bund.de
Bundesanstalt für Materialforschung und -prüfung (BAM)	http://www.bam.de
Bundesministerium für Verkehr, Bau ubd Stadtentwicklung	http://www.bmvbs.de
Deutsches Institit für Bautechnik (DIBT)	http://www.dibt.de
Deutsches Institut für Normung (DIN)	http://www.din.de
Hauptverband der Deutschen Bauindustrie	http://www.bauindustrie.de
Informationszentrum Raum und Bau der Fraunhofer-Gesellschaft (IRB)	http://www.irb.fraunhofer.de
Zentralverband des Deutschen Handwerks (ZDH)	http://www.zdh.de
Zentralverband Deutsches Baugewerbe (ZDB)	http://www.zdb.de

Betonbau

Bundesverband der Deutschen Zementindustrie	http://www.bdzement.de
Bundesverband Deutsche Beton- und Fertigteilindustrie	http://www.betoninfo.de
Deutscher Ausschuss für Stahlbeton (DAfStb)	http://www.dafstb.de
Deutscher Beton- und Bautechnik-Verein (DBV)	http://www.betonverein.de

3 VERZEICHNIS VON BAUNORMEN, RICHTLINIEN UND MERKBLÄTTERN

3.1 Baunormen für den Beton- und Stahlbetonbau

(Auswahl; alle Normen sind zu beziehen beim Beuth Verlag, Berlin)

DIN	Titel	Ausgabe
	a) Übergreifende Normen – Einwirkungen	
1055-100	Einwirkungen auf Tragwerke Teil 100: Grundlagen der Tragwerksplanung, Sicherheitskonzept und Bemessungsregeln	03.2001
1055-1	Einwirkungen auf Tragwerke Teil 1: Wichten und Flächenlasten von Baustoffen, Bauteilen und Lagerstoffen	06.2002
1055-2	Einwirkungen auf Tragwerke Teil 2: Bodenkenngrößen (Entwurf)	11.2010
1055-3	Einwirkungen auf Tragwerke Teil 3: Eigen- und Nutzlasten für Hochbauten	03.2006
1055-4	Einwirkungen auf Tragwerke Teil 4: Windlasten bei nicht schwingungsanfälligen Bauwerken w.v. – Berichtigung 1	03.2005 03.2006
1055-5	Einwirkungen auf Tragwerke Teil 5: Schneelasten und Eislasten	07.2005
1055-6	Einwirkungen auf Tragwerke Teil 6: Lasten in Silos und Flüssigkeitsbehälter w.v. – Berichtigung 1	03.2005 02.2006
1055-7	Einwirkungen auf Tragwerke Teil 7: Temperatureinwirkungen	11.2002
1055-8	Einwirkungen auf Tragwerke Teil 8: Einwirkungen während der Bauausführung	01.2003
1055-9	Einwirkungen auf Tragwerke Teil 9: Außergewöhnliche Einwirkungen	08.2003
1055-10	Einwirkungen auf Tragwerke Teil 10: Einwirkungen infolge Krane und Maschinen	07.2004
EN 1990 EN 1990/NA EN 1990/NA/A1	Eurocode: Grundlagen der Tragwerksplanung National festgelegte Parameter zu DIN EN 1990 w.v. – Änderung A1	12.2010 12.2010 08.2012
EN 1991 -1-1 -1-1/NA -1-2 -1-2/NA -1-3 -1-3/NA -1-4 -1-4/NA -1-5 -1-5/NA	Eurocode 1: Einwirkungen auf Tragwerke Teil 1-1: Allgemeine Einwirkungen auf Tragwerke; Wichte, Eigengewicht und Nutzlasten im Hochbau National festgelegte Parameter zu DIN EN 1991-1-1 Teil 1-2: Allg. Einwirkungen auf Tragwerke; Brandeinwirkungen National festgelegte Parameter zu DIN EN 1991-1-2 Teil 1-3: Allg. Einwirkungen auf Tragwerke; Schneelasten National festgelegte Parameter zu DIN EN 1991-1-3 Teil 1-4: Allg. Einwirkungen auf Tragwerke; Windlasten National festgelegte Parameter zu DIN EN 1991-1-4 Teil 1-5: Allgemeine Einwirkungen; Temperatureinwirkungen National festgelegte Parameter zu DIN EN 1991-1-5	 12.2010 12.2010 12.2010 12.2010 12.2010 12.2010 12.2010 12.2010 12.2010 12.2010

DIN	Titel	Ausgabe
EN 1991	Eurocode 1: (Fortsetzung)	
-1-6	Teil 1-6: Allg. Einwirkungen; Einw. während der Bauausführung	12.2010
-1-6/NA	National festgelegte Parameter zu DIN EN 1991-1-6	12.2010
-1-7	Teil 1-7: Allg. Einwirkungen; Außergewöhnliche Einwirkungen	12.2010
-1-7/NA	National festgelegte Parameter zu DIN EN 1991-1-7	12.2010
-2	Teil 2: Verkehrslasten auf Brücken	12.2010
-2/NA	National festgelegte Parameter zu DIN EN 1991-2	08.2012
-3	Teil 3: Einwirkungen infolge von Kranen und Maschinen	12.2010
-3/NA	Nationaler Anhang – National festgelegte Parameter zu DIN EN 1991-3	12.2010
-4	Teil 4 Einwirkungen auf Silos und Flüssigkeitsbehälter	12.2010
-4/NA	Nationaler Anhang – National festgelegte Parameter zu DIN EN 1991-4	12.2010
EN 1998	Eurocode 8: Auslegung von Bauwerken gegen Erdbeben	
-1	Teil 1: Grundlagen, Erdbebeneinwirkungen und Regeln für den Hochbau	12.2010
-1/A1 (E)	w.v. – Änderung A1 (z. Zt. Entwurf)	03.2011
-1/NA	Nationaler Anhang – National festgelegte Parameter zu DIN EN 1998-1	01.2011
-2	Teil 2: Brücken	12.2010
-2/NA	Nationaler Anhang – National festgelegte Parameter zu DIN EN 1998-2	03.2011
Fachbericht 101	Einwirkungen auf Brücken	09.2009
	b) Beton, Stahlbetonbau, Spannbetonbau	
1045-1	Tragwerke aus Beton, Stahlbeton und Spannbeton Teil 1: Bemessung und Konstruktion	08.2008
1045-2	Tragwerke aus Beton, Stahlbeton und Spannbeton Teil 2: Beton; Festlegung, Eigenschaften, Herstellung und Konformität; Anwendungsregeln zu DIN EN 206-1	08.2008
EN 206-1	Beton – Teil 1: Festlegung, Eigenschaften, Herstellung und Konformität	07.2001
EN 206-1/A1	w.v. – Änderung A1	10.2004
EN 206-1/A2	w.v. – Änderung A2	09.2005
1045-3	Tragwerke aus Beton, Stahlbeton und Spannbeton Teil 3: Bauausführung	08.2008
1045-4	Tragwerke aus Beton, Stahlbeton und Spannbeton Teil 4: Ergänzende Regeln für die Herstellung und Konformität von Fertigteilen	07.2011
1045-100	Tragwerke aus Beton, Stahlbeton und Spannbeton Teil 100: Ziegeldecken	02.2005
Fachbericht 100	Beton	03.2010
Fachbericht 102	Betonbrücken	03.2009

DIN	Titel	Ausgabe
EN 1992	Eurocode 2: Bemessung und Konstruktion von Stahlbeton- und Spannbetonbauwerken	
-1-1	Allgemeine Bemessungsregeln und Regeln für den Hochbau	01.2011
-1-1/NA	Nationaler Anhang zu DIN EN 1992-1-1	01.2011
-1-1/NA Ber 1	w.v. – Berichtigung 1	06.2012
-1-1/NA/A1 (E)	w.v. – Änderung A1 (z. Zt. Entwurf)	05.2012
-1-2	Tragwerksbemessung für den Brandfall	12.2010
-1-2/NA	Nationaler Anhang zu DIN EN 1992-1-2	12.2010
-2	Betonbrücken, Bemessungs- und Konstruktionsregeln	12.2010
-2/NA	Nationaler Anhang zu DIN EN 1992-2	04.2012
-3	Silos und Behälterbauwerke aus Beton	01.2011
-3/NA	Nationaler Anhang zu DIN EN 1992-3	01.2011
EN 445	Einpressmörtel für Spannglieder – Prüfverfahren	01.2008
EN 447	Einpressmörtel für Spannglieder – Anforderungen für übliche Einpressmörtel	01.2008
EN 12 350	Prüfverfahren von Frischbeton	
-1	Probenahme	08.2009
-4	Verdichtungsmaß	08.2009
-5	Ausbreitmaß	08.2009
-6	Frischbetonrohdichte	08.2009
-7	Luftgehalte – Druckverfahren	08.2009
EN 12 390	Prüfung von Festbeton	
-1	Form, Maße und andere Anforderungen an Probekörper und Formen	02.2001
	w.v., Ber. 1	05.2006
-2	Herstellung und Lagerung von Probekörpern für Festigkeitsprüfungen	08.2009
-3	Druckfestigkeit von Probekörpern	07.2009
	w.v., Ber. 1	11.2011
-4	Bestimmung der Druckfestigkeit; Anforderungen an Prüfmaschinen	12.2000
-5	Biegzugfestigkeit von Probekörpern	07.2009
-6	Spaltzugfestigkeit von Probekörpern	05.2006
-7	Dichte von Festbeton	07.2009
-8	Wassereindringtiefe unter Druck	07.2009
EN 12 504	Prüfung von Beton in Bauwerken	
-1	Bohrkernproben – Herstellung, Untersuchung und Prüfung der Druckfestigkeit	07.2009
-2	Zerstörungsfreie Prüfung – Bestimmung der Rückprallzahl	12.2001
-3	Bestimmung der Ausziehkraft	07.2005
-4	Bestimmung der Ultraschallgeschwindigkeit	12.2004
	c) Betonstahl	
488	Betonstahl	
-1	Stahlsorten, Eigenschaften, Kennzeichnung	08.2009
-2	Betonstabstahl	08.2009
-3	Betonstahl in Ringen, Bewehrungsdraht	08.2009
-4	Betonstahlmatten	08.2009
-5	Gitterträger	08.2009
-6	Übereinstimmungsnachweis	01.2010

3.2 Richtlinien des Deutschen Ausschusses für Stahlbeton
(Auswahl; Vertrieb durch den Beuth Verlag, Berlin)

Stichwort	Titel	Vertriebs-Nr.	Ausgabe
Restwasser	Herstellung von Beton unter Verwendung von Restwasser, Restbeton und Restmörtel	65 022	08.1995
Belastungsversuche	Belastungsversuche an Massivbauwerken	65 029	09.2000
Schutz/ Instandsetzung	Schutz und Instandsetzung von Betonbauteilen[2] Teil 1: Allgemeine Regelungen und Planungsgrundsätze Teil 2: Bauprodukte und Anwendungen[1] Teil 3: Anforderungen an die Betriebe und Überwachung der Ausführung Teil 4: Prüfverfahren[1]	65 030	10.2001
Selbstverdichtender Beton	Selbstverdichtender Beton (Teil 1 und 2)	65 034	11.2003
Wasserundurchlässige Bauwerke	Wasserundurchlässige Bauwerke aus Beton[2] (WU-Richtlinie)	65 035	11.2003
Rezyklierter Zuschlag	Beton nach DIN EN 206-1 und DIN 1045-2 mit rezyklierten Gesteinskörnungen nach DIN 4226-100 Teil 1: Anforderungen an den Beton für die Bemessung nach DIN 1045-1	65 080	09.2010
Umweltschutz	Betonbau beim Umgang mit wassergefährdenden Stoffen Teil 1: Grundlagen, Bemessung und Konstruktion unbeschichteter Betonbauteile Teil 2: Baustoffe und Einwirkungen von wassergefährdenden Stoffen Teil 3: Instandsetzung und Ertüchtigung Anhang A: Prüfverfahren Anhang B: Erläuterungen	65 192	03.2011
Anorganische Stoffe	Bestimmung der Freisetzung anorganischer Stoffe durch Auslaugung aus zementgebundenen Baustoffen	65 039	05.2005
Trockenbeton	Herstellung und Verwendung von Trockenbeton und Trockenmörtel[1]	65 040	06.2005
Vergussbeton/ Vergussmörtel	Herstellung und Verwendung von zementgebundenem Vergussbeton und Vergussmörtel	65211	11.2011
Verzögerter Beton	Beton mit verlängerter Verarbeitbarkeitszeit (verzögerter Beton)	65 042	11.2006
Alkali	Vorbeugende Maßnahmen gegen schädigende Alkalireaktionen im Beton[2] Teil 1: Allgemeines Teil 2: Betonzuschlag mit Opalsandstein und Flint Teil 3: Gebrochene alkaliempfindlichen Gesteinskörnungen	65 043	02.2007
Stahlfaserbeton	Stahlfaserbeton	65 050	03.2010
Massige Bauteile	Massige Bauteile aus Beton Teil 1: Ergänzungen zu DIN 1045-1 Teil 2: Änderungen und Ergänzungen zu DIN EN 206-1 und DIN 1045-2 Teil 3: Änderungen und Ergänzungen zu DIN 1045-3	65 053	04.2010
Qualität der Bewehrung	Ergänzende Festlegungen zur Weiterverarbeitung von Betonstahl und zum Einbau der Bewehrung	65 084	10.2010

[1] Diese Richtlinien sind in der Bauregelliste A Teil 1 enthalten.
[2] Druckfehlerkorrekturen sind zu beachten (s. Homepage des DAfStb; www.dafstb.de).

3.3 Merkblätter und Sachstandsberichte des Deutschen Beton- und Bautechnik-Vereins e. V.

(Auswahl; zu beziehen beim Beton- und Bautechnik-Verein)

Nachfolgend ist die neue Struktur mit den Merkblättern und Sachstandsberichten wiedergegeben.

Hauptgebiet	Titel	Ausgabe
Bautechnik	Parkhäuser und Tiefgaragen (2. überarbeitete Ausgabe)	09.2010
	Hochwertige Nutzung von Untergeschossen – Bauphysik und Raumklima	01.2009
	Schnittstellen Rohbau / Technische Gebäudeausrüstung (2 Teile)	10.2006
	Industrieböden aus Beton für Frei- und Hallenflächen	11.2004
	Begrenzung der Rissbildung im Stahlbeton-und Spannbetonbau	01.2006
	Betondeckung und Bewehrung nach Eurocode 2	01.2011
	Fugenausbildung für ausgewählte Baukörper aus Beton	04.2001
	Brückenkappen aus Beton	04.2011
	Nachhaltiges Bauen – Hinweise zur Gebäudebewertung	12.2010
Betontechnik	Stahlfaserbeton	10.2001
	Hochfester Beton	03.2002
	Selbstverdichtender Beton	12.2004
	Unterwasserbeton	05.1999
	Strahlenschutzbeton – Merkblatt für das Entwerfen, Herstellen und Prüfen von Betonen des bautechnischen Strahlenschutzes	1978[1]
	Massenbeton für Staumauern (Sachstansbericht)	10.1996
	Betonoberflächen – Betonrandzonen (Sachstandsbericht)	11.1996[2]
	Nicht geschalte Betonoberflächen	08.1996
	Besondere Verfahren zur Prüfung von Frischbeton	06.2007
Bauausführung	Sichtbeton (2. korrigierter Nachdruck)	08.2004
	Betonierbarkeit von Bauteilen aus Beton und Stahlbeton	11.1996[2]
	Betonieren im Winter	08.1999[2]
	Betonschalungen und Ausschalfristen	09.2006
	Gleitbauverfahren	02.2008
	Hochdruckwasserstrahltechnik im Betonbau	06.1999
Bauprodukte	Abstandhalter nach Eurocode 2	01.2011
	Unterstützungen nach Eurocode 2	01.2011
	Rückbiegen von Betonstahl und Anforderungen an Verwahrkästen nach Eurocode 2	01.2011
	Injektionsschlauchsysteme und quellfähige Einlagen für Arbeitsfugen	01.2010
Bauen im Bestand	Bauwerksbuch	06.2007
	Leitfaden	01.2008
	Brandschutz	01.2008
	Beton und Betonstahl	01.2008

[1] Redaktionell überarbeitet 1996. [2] Redaktionell überarbeitet 2004.

4 BEITRÄGE FRÜHERER PRAXISHANDBÜCHER

Praxishandbuch 1998

Kapitel	Titel	Autor
A	Gestaltung und Entwurf	Dr.-Ing. Norbert Weickenmeier
B	Baustoffe Beton und Betonstahl	Dr.-Ing. habil. Jochen Pirner
C	Statik	Prof. Dr.-Ing. Ulrich P. Schmitz
D	Bemessung von Stahlbetontragwerken	Prof. Dr.-Ing. Alfons Goris
E	Konstruktion von Stahlbetontragwerken	Prof. Dr.-Ing. Helmut Geistefeldt Dr.-Ing. Heinz Bökamp
F	Der Baubetrieb des Beton- und Stahlbetonbaus	Prof. Dr.-Ing. Eberhard Petzschmann
G.1	Verbesserter Nachweis der Biegeschlankheit nach Euronormung	Prof. Dr.-Ing. Helmut Geistefeldt
G.2	Betondeckung – Planung, der wichtigste Schritt zur Qualität	Prof. Dr.-Ing. Rolf Dillmann
G.3	Glas im konstruktiven Ingenieurbau	Prof. Dr.-Ing. Friedrich Mang Prof. Dr.-Ing. Ömer Bucak
H.1	Planung von Teilfertigdecken	Prof. Dr-Ing. Ralf Avak
H.2	Vorbemessung	Prof. Dr.-Ing. Jürgen Mattheiß
I	Normen	Prof. Dr.-Ing. Ralf Avak
J	Zulassungen	Dr.-Ing. Uwe Hartz Dipl.-Ing. Rolf Schilling

Praxishandbuch 1999

Kapitel	Titel	Autor
A	Gestalteter Beton	Dipl.-Ing. Ulrich Pickel Dr.-Ing. Ulrich Hahn
B	Baustoffe Beton und Betonstahl	Dr.-Ing. habil. Jochen Pirner
C	Statik	Prof. Dr.-Ing. Ulrich P. Schmitz
D	Bemessung von Stahlbetontragwerken	Prof. Dr.-Ing. Alfons Goris
E	Konstruktion von Stahlbetontragwerken	Prof. Dr.-Ing. Helmut Geistefeldt
F	Verstärken von Stahlbetonkonstruktionen	Prof. Dr.-Ing. Udo Kraft Dipl.-Ing. Günther Ruffert Prof. Dr.-Ing. Horst G. Schäfer et.al.
G.1	Stützenbemessung mit Interaktionsdiagrammen nach Theorie II. Ordnung	Prof. Dr.-Ing. Ralf Avak
G.2	Momentenkrümmungsbeziehung im Stahlbetonbau	Porf. Dr.-Ing. Günther Lohse
G.3	Verformungsvermögen und Umlagerungsverhalten von Stahlbeton- und Spannbetonbauteilen	Prof. Dr.-Ing. Gert König
H.1	Hinweise zur Bemessung von punktgestützten Platten	Dr.-Ing. Hans-Peter Andrä Prof. Dr.-Ing. Ralf Avak
H.2	Verankerung und Bemessung der Vorsatzschalen mehrschichtiger Außenwandtafeln aus Stahlbeton	Dr.-Ing. Ralf Gastmeyer
I	Normen	Prof. Dr.-Ing. Ralf Avak
J	Zulassungen	Dr.-Ing. Uwe Hartz

Praxishandbuch 2000

Kapitel	Titel	Autor
A	Bauwerke aus WU-Beton	Prof. Dr. Erich Cziesielski Dr.-Ing. Thomas Schrepfer
B	Baustoffe Beton und Betonstahl	Dozent Dr.-Ing. habil. Jochen Pirner
C	Statik	Prof. Dr.-Ing. Ulrich P. Schmitz
D	Bemessung von Stahlbetontragwerken	Prof. Dr.-Ing. Alfons Goris
E	Konstruktion von Stahlbetontragwerken	Prof. Dr.-Ing. Helmut Geistefeldt
F	Spannbetonbau	Prof. Dr.-Ing. Carl-Alexander Graubner Dipl.-Ing. Michael Six
G.1	Durchbiegungsberechnung im Betonbau	Prof. Dr.-Ing. habil. Wolfgang Krüger Dr.-Ing. Olaf Mertsch
G.2	Zweifeldträger nach E DIN 1045-1	Prof. Dr.-Ing. Ralf Avak
G.3	Kragstütze nach E DIN 1045-1	Prof. Dr.-Ing. Ralf Avak
G.4	Einachsig gespannte dreifeldrige Platte nach E DIN 1045-1	Prof. Dr.-Ing. Alfons Goris
G.5	Einzelfundament nach E DIN 1045-1	Prof. Dr.-Ing. Alfons Goris
H.1	Industriefußböden	Dr.-Ing. Bernd Schnütgen
H.2	Aus Fehlern lernen	Dr.-Ing. Heinz Bökamp
I	Normen	Prof. Dr.-Ing. Ralf Avak
J	Zulassungen	Dr.-Ing. Uwe Hartz

Praxishandbuch 2001

Kapitel	Titel	Autor
A	Sicherheitskonzept und Einwirkungen nach DIN 1055 (neu)	Prof. Dr.-Ing. Jürgen Grünberg
B	Baustoffe Beton und Betonstahl	Dozent Dr.-Ing. habil. Jochen Pirner
C	Statik	Prof. Dr.-Ing. Ulrich P. Schmitz
D	Bemessung von Stahlbetontragwerken	Prof. Dr.-Ing. Alfons Goris
E	Konstruktion von Stahlbetontragwerken	Prof. Dr.-Ing. Helmut Geistefeldt
F	Spannbetonbau	Prof. Dr.-Ing. Carl-Alexander Graubner Dipl.-Ing. Michael Six
G.1	Zweifeldträger nach DIN 1045-1	Prof. Dr.-Ing. Ralf Avak
G.2	Kragstütze nach DIN 1045-1	Prof. Dr.-Ing. Ralf Avak
G.3	Einachsig gespannte dreifeldrige Platte nach DIN 1045-1	Prof. Dr.-Ing. Alfons Goris
G.4	Einzelfundament nach DIN 1045-1	Prof. Dr.-Ing. Alfons Goris
H.1	Hochleistungsbeton – Bemessung und baupraktische Anwendung	Prof. Dr.-Ing. Josef Hegger Dr.-Ing. Norbert Will
H.2	Aus Fehlern lernen – Bauausführung	Dr.-Ing. Heinz Bökamp
H.3	Berechnung der Durchbiegung von Stahlbetonbauteilen: praktische Anwendung im Ingenieurbüro	Dr.-Ing. Karl-Ludwig Fricke
H.4	Künftige Anforderungen an den hygienischen und energiesparenden Wärmeschutz	Prof. Dipl.-Ing. Thomas Ackermann
I	Normen	Prof. Dr.-Ing. Ralf Avak
J	Zulassungen	Dr.-Ing. Uwe Hartz

Praxishandbuch 2002

Kapitel	Titel	Autor
A	Europäische Regelungen im Brückenbau	Prof. Dr.-Ing. Fritz Großmann Prof. Dr.-Ing. Balthasar Novák
B	Baustoffe: Beton und Betonstahl	Prof. Dr.-Ing. habil. Michael Schmidt
C	Statik	Prof. Dr.-Ing. Ulrich P. Schmitz
D	Bemessung von Stahlbetontragwerken	Prof. Dr.-Ing. Alfons Goris
E	Konstruktion von Stahlbetontragwerken	Prof. Dr.-Ing. Helmut Geistefeldt
F	Spannbetonbau	Prof. Dr.-Ing. Carl-Alexander Graubner Dipl.-Ing. Michael Six
G.1	Leichtbeton – Technologie, Bemessung und Anwendung	Prof. Dr.-Ing. Gert König Dipl.-Ing. Frank Dehn
G.2	Ausführung von Betonbauwerken nach DIN 1045-3	Prof. Dr.-Ing. Josef Hegger Dr.-Ing. Norbert Will
G.3	Tragender Stampflehm	Prof. Dr.-Ing. Klaus Dierks Dipl.-Ing. Christof Ziegert
H	Normen	
I	Zulassungen	Dr.-Ing. Uwe Hartz

Praxishandbuch 2003

Kapitel	Titel	Autor
A	Die neue Energieeinsparverordnung EnEV 2002 und ihre Auswirkungen auf Neubauten und den Gebäudebestand	Prof. Dr.-Ing. Klaus W. Liersch Dipl.-Ing. Normen Langner
B	Baustoffe: Beton und Betonstahl	Prof. Dr.-Ing. habil. Michael Schmidt
C	Statik – Finite Elemente	Prof. Dr.-Ing. Horst Werkle Prof. Dr.-Ing. Ralf Avak
D	Bemessung von Stahlbetontragwerken	Prof. Dr.-Ing. Alfons Goris
E	Konstruktion von Stahlbetontragwerken	Prof. Dr.-Ing. Helmut Geistefeldt
F	Spannbetonbau	Prof. Dr.-Ing. Carl-Alexander Graubner Dipl.-Ing. Michael Six
G.1	Bemessung und Konstruktion von Teilfertigdecken nach DIN 1045-1	Prof. Dr.-Ing. Helmut Land
G.2	Verformungsnachweise – Erweiterte Tafeln zur Begrenzung der Biegeschlankheit	Prof. Dr.-Ing. W. Krüger Dr.-Ing. Olaf Mertzsch
G.3	Nachweise gegen Durchstanzen nach DIN 1045-1	Prof. Dr.-Ing. Josef Hegger Dipl.-Ing. Rüdiger Beutel
H	Normen	
I	Zulassungen	Dr.-Ing. Uwe Hartz

Verzeichnisse

Praxishandbuch 2004

Kapitel	Titel	Autor
A	Bemessung von Betonbrücken	Dr.-Ing. Karl-Heinz Haveresch Prof. Dr.-Ing. Reinhard Maurer Prof. Dr.-Ing. Martin Mertens
B	Baustoffe: Beton und Betonstahl	Prof. Dr.-Ing. habil. Michael Schmidt Prof. Dr.-Ing. Ralf Avak
C	Statik	Prof. Dr.-Ing. Ulrich P. Schmitz
D	Bemessung von Stahlbetontragwerken	Prof. Dr.-Ing. Alfons Goris Dr.-Ing. R. Friedrich
E	Konstruktion von Stahlbetontragwerken	Prof. Dr.-Ing. Helmut Geistefeldt Prof. Dr.-Ing. Josef Hegger Dr.-Ing. Wolfgang Roeser
F	Spannbetonbau	Prof. Dr.-Ing. Carl-Alexander Graubner Dr.-Ing. Michael Six
G	Berechnen und Konstruieren mit Finiten Elementen im Stahlbetonbau	Prof. Dr.-Ing. Ralf Avak Dipl.-Ing. Leo Scheck
H	Normen	
I	Zulassungen	Dr.-Ing. Uwe Hartz
K	Verzeichnisse	

Praxishandbuch 2005

Kapitel	Titel	Autor
A	Bemessung von Betonbrücken	Dr.-Ing. Karl-Heinz Haveresch Prof. Dr.-Ing. Reinhard Maurer
B	Baustoffe: Beton und Betonstahl	Prof. Dr.-Ing. habil. Michael Schmidt Prof. Dr.-Ing. Ralf Avak
C	Statik	Prof. Dr.-Ing. Ulrich P. Schmitz
D	Bemessung von Stahlbetontragwerken	Prof. Dr.-Ing. Alfons Goris Dr.-Ing. R. Friedrich
E	Konstruktion von Stahlbetontragwerken	Prof. Dr.-Ing. Helmut Geistefeldt
F	Spannbetonbau	Prof. Dr.-Ing. Ralf Avak Dr.-Ing. Peter Grätz Dipl.-Ing. Ronny Glaser
G	Stahlfaserbeton	Dr.-Ing. B. Schnüttgen
H	Normen	
I	Zulassungen	Dr.-Ing. Uwe Hartz
K	Verzeichnisse	

Praxishandbuch 2006

Kapitel	Titel	Autor
A	Faustwerte für Tragwerksentwurf und Kostenschätzung im Hoch- und Brückenbau	Dr.-Ing. Max A. M. Herzog
B	Baustoffe: Beton und Betonstahl	Prof. Dr.-Ing. habil. Michael Schmidt Prof. Dr.-Ing. Ralf Avak
C	Statik	Prof. Dr.-Ing. Ulrich P. Schmitz
D	Bemessung von Stahlbetontragwerken	Prof. Dr.-Ing. Alfons Goris Dr.-Ing. R. Friedrich
E	Konstruktion von Stahlbetontragwerken	Prof. Dr.-Ing. Helmut Geistefeldt
F	Spannbetonbau	Prof. Dr.-Ing. Carl-Alexander Graubner Dr.-Ing. Michael Six
G	Hochleistungsbeton – Bemessung und baupraktische Anwendung	Prof. Dr.-Ing. Josef Hegger Dr.-Ing. Nornert Will
H	Normen	
I	Zulassungen	Dipl.-Ing. Vera Häusler
K	Verzeichnisse	

Praxishandbuch 2007

Kapitel	Titel	Autor
A	Beton – warum lassen wir's nicht öfter drauf ankommen?	Prof. Dr.-Ing. Drs. h.c. Jörg Schlaich
B	Baustoffe: Beton und Betonstahl	Prof. Dr.-Ing. habil. Michael Schmidt Prof. Dr.-Ing. Ralf Avak
C	Bauen in Erdbebengebieten (DIN 4149) – Lastannahmen, Bemessung, Ausführung	Prof. Dr.-Ing. Lothar Stempniewski Dipl.-Ing. Sascha Schnepf
D	Bemessung von Stahlbetontragwerken	Prof. Dr.-Ing. Alfons Goris
E	Konstruktion – Weiße Wannen	Dipl.-Ing. Karsten Ebeling
F	Spannbetonbau	Prof. Dr.-Ing. Carl-Alexander Graubner Dr.-Ing. Michael Six
G	Geotechnik – Bemessung nach neuen Normen DIN 1054 / EC 7-1	Prof. Dr.-Ing. Hans-Georg Kempfert
H	Normen	
I	Zulassungen	Dipl.-Ing. Vera Häusler
K	Verzeichnisse	

Praxishandbuch 2008

Kapitel	Titel	Autor
A	Entwurf und Vorbemessung von Tragelementen im Hochbau	Prof. Dr.-Ing. Ralf Avak Dipl.-Ing. Leo Scheck
B	Baustoffe: Beton und Betonstahl	Prof. Dr.-Ing. habil. Michael Schmidt Prof. Dr.-Ing. Ralf Avak
C	Statik	Prof. Dr.-Ing. Ulrich P. Schmitz
D	Bemessung von Stahlbetontragwerken	Prof. Dr.-Ing. Alfons Goris
E	Konstruktion – Spannbetonfertigteile und vorgespannte Deckenkonstruktionen	Prof. Dr.-Ing. Josef Hegger Dr.-Ing. Norbert Will Dipl.-Ing. Thomas Roggendorf
F	Spannbetonbau	Prof. Dr.-Ing. Carl-Alexander Graubner Dr.-Ing. Michael Six
G	Vorbeugender und konstruktiver baulicher Brandschutz	Prof. Dr.-Ing. Dietmar Hosser Dr.-Ing. Ekkehard Richter
H	Normen	
I	Zulassungen	Dipl.-Ing. Vera Häusler
K	Verzeichnisse	

Praxishandbuch 2009

Kapitel	Titel	Autor
A	Vom Wert und der Zukunft des Bauens	Prof. Dr.-Ing. Manfred Curbach Dr.-Ing. Frank Jesse
B	Baustoffe: Beton und Betonstahl	Prof. Dr.-Ing. habil. Michael Schmidt Prof. Dr.-Ing. Ralf Avak
C	Statik – Nichtlineares Berechnen	Prof. Dr.-Ing. Ulrich Quast
D	Bemessung von Stahlbetontragwerken	Prof. Dr.-Ing. Alfons Goris
E	Hochbauten aus Stahlbetonfertigteilen	Prof. Dr.-Ing. Jens Minnert Dipl.-Ing. Markus Blatt
F	Spannbetonbau – Vorgespannte Decken	Prof. Dr.-Ing. Josef Hegger Dr.-Ing. Norbert Will Dipl.-Ing. Thomas Roggendorf
G	Geotechnik – Standsicherheit von Flachgründungen	Prof. Dr.-Ing. Hans-Georg Kempfert Dipl.-Ing. Daniel Fischer
H	Normen	
K	Verzeichnisse	

Praxishandbuch 2010

Kapitel	Titel	Autor
A	Energieeinsparverordnung – EnEV 2009	Prof. Dr.-Ing. Klasu W. Liersch Dr.-Ing. Normen Langner
B	Baustoffe: Beton und Betonstahl	Prof. Dr.-Ing. W. Brameshuber Prof. Dr.-Ing. Ralf Avak
C	Statik	Prof. Dr.-Ing. U.-P. Schmitz
D	Bemessung von Stahlbetontragwerken	Prof. Dr.-Ing. Alfons Goris
E	Rissbreitenbegrenzung und Zwang – Grundlagen, Konstruktionsregeln, Nachweise in besonderen Fällen	Prof. Dr.-Ing. Josef Hegger Dr.-Ing. Norbert Will Dipl.-Ing. Guido Bertram
F	Spannbetonbau	Prof. Dr.-Ing. Carl-Alexander Graubner Dr.-Ing. Michael Six
G	Schutz und Instandsetzung im im Stahlbeton- und Spannbetonbau	Prof. Dr.-Ing. Michael Raupach
H	Normen	
K	Verzeichnisse	

Praxishandbuch 2011

Kapitel	Titel	Autor
A	Brandschutz nach Eurocode 2 (DIN EN 1992-1-2)	Prof. Dr.-Ing. Dietmar Hosser Dr.-Ing. Ekkehard Richter
B	Beton Betonstahl, Spannstahl	Prof. Dr.-Ing. W. Brameshuber Prof. Dr.-Ing. Michael Raupach Dipl.-Ing. (FH) Jürgen Leißner
C	Statik	Prof. Dr.-Ing. U.-P. Schmitz
D	Bemessung von Stahlbetonbauteilen nach Eurocode 2	Prof. Dr.-Ing. Alfons Goris Dipl.-Ing. Melanie Müermann Dipl.-Ing. (FH) Jana Voigt, M.Sc.
E	Hintergründe und Nachweise zum Durchstanzen nach Eurocode 2	Prof. Dr.-Ing. Josef Hegger Dipl.-Ing. Carsten Siburg
F	Spannbetonbau nach EC 2	Prof. Dr.-Ing. Carl-Alexander Graubner Dr.-Ing. Michael Six
G	Tragwerksplanung für das Bauen im Bestand	Prof. Dr.-Ing. Jürgen Schnell Prof. Dipl.-Ing. Peter Bindseil Dipl.-Ing. Markus Loch
H	Brücken – Prüfen, Erhalten, Verstärken oder Erneuern	Dr.-Ing. Karlheinz Haveresch
I	Normen	
K	Verzeichnisse	

Praxishandbuch 2012

Kapitel	Titel	Autor
A	Erdbebenbemessung von Stahlbetontragwerken nach DIN EN 1998-1	Dr.-Ing. C. Butenweg Dr.-Ing. W. Roesener
B	Beton Betonstahl, Spannstahl	Prof. Dr.-Ing. W. Brameshuber Prof. Dr.-Ing. Michael Raupach Dipl.-Ing. (FH) Jürgen Leißner
C	Statik	Prof. Dr.-Ing. U.-P. Schmitz
D	Bemessung von Stahlbetonbauteilen nach Eurocode 2	Prof. Dr.-Ing. Alfons Goris Dipl.-Ing. Melanie Müermann Dipl.-Ing. (FH) Jana Voigt, M.Sc.
E	Geotechnik – Bemessung nach neuen Normen EC 7-1 / DIN 1054	Prof. Dr.-Ing. Hans-Georg Kempfert Dr.-Ing. Marc Raithel
F	Spannbetonbau nach EC 2	Prof. Dr.-Ing. Carl-Alexander Graubner Dr.-Ing. Michael Six
G	Verankerungs- und Bewehrungstechnik	Dr.-Ing. Thomas Sippel Dipl.-Ing. G. Feistel Dipl.-Ing. V. Häusler
H	Normen	
K	Verzeichnisse	

6 AUTORENVERZEICHNIS, 2013

Brameshuber, Wolfgang; Prof. Dr.-Ing.
RWTH Aachen, ibac - Institut für Bauforschung

Butenweg, Christoph; Dr.-Ing.
RWTH Aachen, Lehrstuhl für Baustatik und Baudynamik

Frass, Simone, Dipl.-Ing.
Universität Dortmund, Lehrstuhl für Betonbau

Geßner, Stephan; Dipl.-Ing.
RWTH Aachen, Lehrstuhl und Institut für Massivbau

Goris, Alfons; Prof. Dr.-Ing.
Universität Siegen, Lehrstuhl für Massivbau

Haveresch, Karlheinz; Dr.-Ing.
Straßen NRW, Essen

Hegger, Josef; Prof. Dr.-Ing.
RWTH Aachen, Lehrstuhl und Institut für Massivbau

Hosser, Dietmar; Prof. Dr.-Ing.
Technische Universität Braunschweig, Institut für Baustoffe, Massivbau und Brandschutz

Leißner, Jürgen; Dipl.-Ing. (FH)
RWTH Aachen, ibac - Institut für Bauforschung

Maurer, Reinhard, Prof. Dr.-Ing.
Universität Dortmund, Lehrstuhl für Betonbau

Müermann, Melanie; Dipl.-Ing.
Universität Siegen, Lehrstuhl für Massivbau

Raupach, Michael; Prof. Dr.-Ing.
RWTH Aachen, ibac - Institut für Bauforschung

Richter, Ekkehard; Dr.-Ing.
Technische Universität Braunschweig, Institut für Baustoffe, Massivbau und Brandschutz

Roeser, Wolfgang; Dr.-Ing.
Hegger + Partner Ingenieure GmbH & Co. KG

Schmitz, Ulrich-Peter; Prof. Dr.-Ing.
Universität Siegen, Bauinformatik und Massivbau

Voigt, Jana; Dipl.-Ing. (FH), M.Sc.
Universität Siegen, Lehrstuhl für Massivbau

Will, Norbert; Dr.-Ing.
RWTH Aachen, Lehrstuhl und Institut für Massivbau

Verzeichnisse

6 Literaturverzeichnis

Literatur zu Kapitel A

[AC zu EN 1992-1-2 – 08]	EN 1992-1-2:2004/AC:2008(D) Eurocode 2 – Bemessung und Konstruktion von Stahlbeton- und Spannbetontragwerken – Teil 1–2: Allgemeine Regeln – Tragwerksbemessung für den Brandfall; Berichtigungen 2008.
[Cyllok/Achenbach – 09]	Cyllok, M; Achenbach, M.: Anwendung der Zonenmethode zur brandschutztechnischen Bemessung von Stahlbetonstützen. Beton- und Stahlbetonbau 104 (2009), Heft 12, S. 813–822.
[DIN 4102-2 – 77]	DIN4102-2 (1977-09): Brandverhalten von Baustoffen und Bauteilen – Teil2: Bauteile, Begriffe, Anforderungen und Prüfungen.
[DIN 4102-3 – 77]	DIN 4102-3 (1977-09): Brandverhalten von Baustoffen und Bauteilen – Teil 3: Brandwände und nichttragende Außenwände, Begriffe, Anforderungen und Prüfungen.
[DIN 4102-4 – 94]	DIN4102-4 – Brandverhalten von Baustoffen und Bauteilen – Teil4: Zusammenstellung und Anwendung klassifizierter Baustoffe, Bauteile und Sonderbauteile; 1994-03.
[DIN 4102-22 – 04]	DIN4102-4 (2004-11): Brandverhalten von Baustoffen und Bauteilen; Teil22: Anwendungsnorm zu DIN 4102-4.
[DINEN1990 – 10]	DINEN1990 (2010-12) Eurocode: Grundlagen der Tragwerksplanung.
[DINEN1991-1-2 – 10]	DIN EN 1991-1-2 (2010-12) Eurocode 1: Einwirkungen auf Tragwerke – Teil 1-2: Allgemeine Einwirkungen, Brandeinwirkungen auf Tragwerke.
[DIN EN 1991-1-2/NA – 10]	DIN EN 1991-1-2/NA (2010-12) Nationaler Anhang – National festgelegte Parameter – Eurocode 1: Einwirkungen auf Tragwerke Teil 1–2: Allgemeine Einwirkungen – Brandeinwirkungen auf Tragwerke.
[DINEN 1992-1-1 – 10]	DIN EN 1992-1-2 (2010-12) Eurocode 2: Bemessung und Konstruktion von Stahlbeton- und Spannbetontragwerken – Teil 1–2: Allgemeine Regeln – Tragwerksbemessung für den Brandfall.
[DIN EN 1992-1-2/NA – 10]	DIN EN 1992-1-2/NA (2010-12) Nationaler Anhang – National festgelegte Parameter – Eurocode 2: Bemessung und Konstruktion von Stahlbeton- und Spannbetontragwerken – Teil 1–2: Allgemeine Regeln – Tragwerksbemessung für den Brandfall.
[Hertz – 85]	Hertz, K.: Analyses of prestressed concrete structures exposed to fire. Technical University of Denmark. Institute of Building Design. Report no. 174. Lyngby 1985.
[Hosser et al. – 00]	Hosser, D. (Hrsg.): Brandschutz in Europa – Bemessung nach Eurocodes, Erläuterungen und Anwendungen zu den Brandschutzteilen der Eurocodes 1 bis 6; Beuth-Kommentare, 1. Auflage 2000; Berlin, Wien, Zürich: Beuth Verlag GmbH.
[Hosser/Kampmeier – 04]	Hosser, D; Kampmeier, B.; Zehfuß, J.: Überprüfung der Anwendbarkeit von alternativen Ansätzen nach Eurocode 1 Teil 1-2 zur Festlegung von Brandschutzanforderungen bei Gebäuden. Schlussbericht im Auftrag des Deutschen Institut für Bautechnik. Braunschweig: Technische Universität Braunschweig, Institut für Baustoffe, Massivbau und Brandschutz, Dezember 2004.

[Hosser/Richter – 06]	Hosser, D.; Richter, E.: Überführung von EN 1992-1-2 in EN-Norm und Bestimmung der national festzulegenden Parameter (NDP) im Nationalen Anhang zu EN 1992-1-2. Schlussbericht im Auftrag des Deutschen Instituts für Bautechnik, Az.: ZP 52-5-7.240-1132/04. Institut für Baustoffe, Massivbau und Brandschutz, TU Braunschweig, Dezember 2006.
[Hosser/Richter – 07]	Hosser, D.; Richter, E.: Rechnerische Nachweise im Brandschutz Zukunftsaufgabe für Prüfingenieure. Der Prüfingenieur, Okt. 2007.
[Hosser et al. – 08]	Hosser, D.; Weilert, A.; Klinzmann, C.; Schnetgöke, R.: Erarbeitung eines Sicherheitskonzeptes für die brandschutztechnische Bemessung unter Anwendung von Ingenieurmethoden gemäß Eurocode1 Teil 1–2 – (Sicherheitskonzept zur Brandschutzbemessung). Abschlussbericht zum DIBT-Forschungsvorhaben ZP 52-5-4.168-1239/07. Institut für Baustoffe, Massivbau und Brandschutz, Technische Universität Braunschweig, Juni 2008.
[Hosser – 09]	Hosser, D.: Brandschutzbemessung nach den Eurocodes – Vorgaben für die Anwendung in Deutschland. In: Hosser, D. (Hrsg.): Braunschweiger Brandschutz-Tage '09, Tagungsband. Institut für Baustoffe, Massivbau und Brandschutz, TU Braunschweig, Heft 208, Braunschweig, 2009, ISBN 978-3-89288-191-9.
[Litzner – 95]	Litzner, H.-U.: Grundlagen der Bemessung nach Eurocode 2 – Vergleich mit DIN 1045 und DIN 4227. In: Eibl, J. (Hrsg.): Beton-Kalender 1995, Teil 1. Ernst & Sohn, Berlin, 1995, ISBN 3-433-01413-2.
[Richter/Zehfuß – 98]	Richter, E.; Zehfuß, J.: Erläuterungen und Anwendungshilfen für die brandschutztechnische Bemessung mit Eurocode 2 Teil 1-2. In Hosser et al: Gleichwertigkeit von Brandschutznachweisen nach Eurocode und DIN 4102-4. Forschungsbericht im Auftrag des Deutschen Instituts für Bautechnik. Institut für Baustoffe, Massivbau und Brandschutz, Braunschweig, November 1998.
[Zilch et al. – 10]	Zilch, K.; Müller, A.; Reitmayer, C.: Erweiterte Zonenmethode zur brandschutztechnischen Bemessung von Stahlbetonstützen. Bauingenieur Band 85, Juni 2010, S. 282–287.

Literatur zu Kapitel B.1 – B.5

[Bra – 2004]	Brameshuber, W.: Selbstverdichtender Beton. Düsseldorf : Verlag Bau und Technik. – In: Schriftenreihe Spezialbetone (2004), Nr. 5 ISBN: 3-7640-0417-7
[CEB – 1990]	CEB ; Comite Euro-International du Beton; Model Code ; CEB-FIP: CEB-FIP Model Code 1990. Lausanne : Comite Euro-International du Beton – CEB – In: Bulletin d'Information (1993), Nr. 213/214
[DAF – 2003a]	DAfStb – Heft Nr. 525, Erläuterungen zu DIN 1045-1, 2003, Hrsg. Deutscher Ausschuss für Stahlbeton, 223 Seiten, Beuth Verlag
[DAF – 2003b]	DAfStb – Heft Nr. 526, Erläuterungen zu den Normen DIN EN 206-1, DIN 1045-2, DIN 1045-3, DIN 1045-4 und DIN 4226 2003. 154 Seiten, Beuth Verlag
[DAfStb – 2007]	DAfStb – Richtlinie, Vorbeugende Maßnahmen gegen schädigende Alkalireaktion im Beton, Februar 2007.
[DIN 1045-1 – 08]	DIN 1045-1 (2008-08): Tragwerke aus Beton, Stahlbeton und Spannbeton – Teil 1: Bemessung und Konstruktion

[DIN 1045-2 – 08]	DIN 1045-2 (2008-08): Tragwerke aus Beton, Stahlbeton und Spannbeton – Teil 2: Beton – Festlegung, Eigenschaften, Herstellung und Konformität – Anwendungsregeln zu DIN EN 206-1
[DIN 1045-3 – 12]	DIN 1045-3 (2012-03): Tragwerke aus Beton, Stahlbeton und Spannbeton – Teil 3: Bauausführung.
[DIN 1045-4 – 12]	DIN 1045-4 (2012-02): Tragwerke aus Beton, Stahlbeton und Spannbeton – Teil 4: Ergänzende Regeln für die Herstellung und die Konformität von Fertigteilen.
[DIN-Fachbericht 100 – 10]	DIN-Fachbericht 100 (2010-03): Beton – Zusammenstellung von DIN EN 206-1 Beton – Teil 1: Festlegung, Eigenschaften, Herstellung und Konformität und DIN 1045-2 Tragwerke aus Beton, Stahlbeton und Spannbeton – Teil 2: Beton – Festlegung, Eigenschaften, Herstellung und Konformität – Anwendungsregeln zu DIN EN 206-1.
[DIN EN 206-1 – 01]	DIN EN 206-1 (2001-07): Beton Teil 1: Festlegung, Eigenschaften, Herstellung und Konformität Deutsche Fassung EN 206-1.
[DIN EN 1992-1-1 – 11]	DIN EN 1992-1-1, Eurocode 2 (2011-01): Bemessung und Konstruktion von Stahlbeton- und Spannbetontragwerken – Teil 1-1: Allgemeine Bemessungsregeln und Regeln für den Hochbau.
[VDZ – 2008]	Deutsche Zementindustrie, Zement-Taschenbuch, 51. Ausgabe, Verlag Bau + Technik GmbH, ISBN:978-3-7640-0499-9
[WES – 1993]	Wesche, K.: Baustoffe für tragende Bauteile 2 – Beton-Mauerwerk, Bauverlag GmbH, 524 Seiten, ISBN 3-7625-2681-8
[ZTV – 2007]	ZTV-ING Zusätzliche Technische Vertragsbedingungen und Richtlinien für Ingenieurbauten, Verkehrsblattsammlung Nr. S – 1056, Stand 12/07

Literatur zu Kapitel B.6

[DBV – 02]	Deutscher Beton-Verein; DBV: Merkblatt Unterstützungen. (Fassung Juli 2002). Berlin: Deutscher Beton-Verein, 2002. In: Merkblattsammlung, Merkblätter, Sachstandberichte
[DBV – 08]	Deutscher Beton- und Bautechnik-Verein ; DBV: Merkblatt Rückbiegen von Betonstahl und Anforderungen an Verwahrkästen. (Fassung Januar 2008) Berlin: Deutscher Beton- und Bautechnik-Verein, e. V., 2008.
[DIBt – 04]	Richtlinie für Zulassungs- und Überwachungsprüfungen für Spannstähle (Fassung 2004).
[DIBt – 07]	Grundsätze für Zulassungs- und Überwachungsprüfungen von mechanischen Betonstahlverbindungen (Fassung Mai 2007).
[DIN 488-1 – 09]	DIN488-1 2009-08:Betonstahl; Teil 1: Stahlsorten, Eigenschaften, Kennzeichnung.
[DIN 488-2 – 09]	DIN488-2(2009-08):Betonstahl; Betonstabstahl.
[DIN 488-3 – 09]	DIN488-3(2009-08):Betonstahl; Betonstabstahl in Ringen, Bewehrungsdraht.
[DIN 488-4 – 09]	DIN488-4(2009-08):Betonstahl; Betonstabstahlmatten.
[DIN 488-5 – 09]	DIN488-5(2009-08):Betonstahl; Gitterträger.
[DIN 488-6 – 10]	DIN488-6(2010-01):Betonstahl; Übereinstimmungsnachweis.

[DIN EN ISO 15630-1 – 11]	DIN EN ISO 15630-1(2011-02): Stähle für die Bewehrung und das Vorspannen von Beton – Prüfverfahren; Teil 1: Bewehrungsstäbe, -walzdraht und -draht (ISO 15630-1:2010).
[DIN EN ISO 15630-2 – 11]	DIN EN ISO 15630-2 (2011-02): Stähle für die Bewehrung und das Vorspannen von Beton – Prüfverfahren; Teil 2: Geschweißte Matten (ISO 15630-2:2010).
[DIN EN ISO 15630-3 – 11]	DIN EN ISO 15630-3 (2011-02): Stähle für die Bewehrung und das Vorspannen von Beton – Prüfverfahren; Teil 3: Spannstähle (ISO 15630-3:2010).
[Entwurf – 07]	Vorläufige Prüfrichtlinie als Ergänzung zur „Richtlinie für Zulassungs- und Überwachungsprüfungen für Spannstähle" des DIBt, (Fassung 2004) für die Bestätigung der Einhaltung der Wöhlerlinien nach DIN 1045-1.
[ISO 15835-1 – 09]	ISO 15835-1(2009-04): Steels for the reinforcement of concrete – Reinforcement couplers for mechanical splices of bars; Part 1: Requirements.
[ISO 15835-2 – 09]	ISO 15835-2(2009-04): Steels for the reinforcement of concrete – Reinforcement couplers for mechanical splices of bars; Part 2: Test methods.
[Russw/Fabr – 02]	Russwurm, D.; Fabritius, E.: Bewehren von Stahlbeton-Tragwerken nach DIN 1045-1:2001-07: Arbeitsblätter. Düsseldorf: Institut für Stahlbeton Bewehrung e. V., 2002
[Russw/Martin – 92]	Russwurm, D.; Martin, H.: Betonstähle für den Stahlbetonbau. Wiesbaden: Bauverlag, 1992

Literatur zu Kapitel C

[Avellan/Werkle – 98]	Avellan, K.; Werkle, H.: Zur Anwendung der Bruchlinientheorie in der Praxis. Bautechnik 75 (1998), S. 80.
[Beck/Zuber – 69]	Beck, H.; Zuber, E.: Näherungsweise Berechnung von Stahlbetonplatten mit Rechtecköffnungen unter Gleichflächenlast. Bautechnik 46 (1969), S. 397.
[Czerny – 96]	F. Czerny: Tafeln für Rechteckplatten und Trapezplatten. Betonkalender 85 (1996), Teil I, S. 277–339.
[DAfStb-H217 – 72]	Baumann, T.: Tragwirkung orthogonaler Bewehrungsnetze beliebiger Richtung in Flächentragwerken aus Stahlbeton. Deutscher Ausschuss für Stahlbeton, Heft 217. Verlag W. Ernst & Sohn, Berlin 1972.
[DAfStb-H240 – 91]	Grasser, E.; Thielen, G.: Hilfsmittel zur Berechnung der Schnittgrößen und Formänderungen von Stahlbetontragwerken. Deutscher Ausschuss für Stahlbeton, Heft 240. Verlag W. Ernst & Sohn, 3. Auflage, Berlin 1991.
[DAfStb-H425 – 92]	Kordina, K. et al.: Bemessungshilfsmittel zu Eurocode 2 Teil 1. Deutscher Ausschuss für Stahlbeton, Heft 425. Verlag W. Ernst & Sohn, Berlin 1992.
[DAfStb-H525 – 03]	Erläuterungen zu DIN 1045 – Tragwerke aus Beton, Stahlbeton und Spannbeton – Teil1: Bemessung und Konstruktion. Deutscher Ausschuss für Stahlbeton, Heft 525. Beuth Verlag, Berlin/Köln 2003.
[DIN 1045 – 88]	Beton und Stahlbeton, Bemessung und Ausführung – DIN 1045, Ausgabe 07.88, Beuth Verlag, Berlin/Köln.
[DIN 1045-1 – 08]	DIN 10451. Tragwerke aus Beton, Stahlbeton und Spannbeton. Teil 1: Bemessung und Konstruktion. Ausgabe 2008. Beuth Verlag, Berlin/Köln.

[DIN 1055-100 – 00]	DIN 1055100. Einwirkungen auf Tragwerke. Teil 100: Grundlagen der Tragwerksplanung, Sicherheitskonzept und Bemessungsregeln. Oktober 2000. Beuth Verlag, Berlin/Köln.
[DIN EN 1992-1-1 – 11]	DIN EN 1992 Teil 1-1, Ausgabe 2011-01: Planung von Stahlbeton- und Spannbetontragwerken; Teil 1: Grundlagen und Anwendungsregeln für den Hochbau. 2010, Beuth Verlag, Berlin/Köln.
[DIN EN 1992-1-1 NA – 11]	Nationaler Anhang zu DIN EN 1992 Teil 1-1. 2011-01, Beuth Verlag, Berlin/Köln
[DIN-Fachbericht 102 – 08]	DIN-Fachbericht 102, Betonbrücken. Ausgabe 2008. Beuth Verlag, Berlin/Köln.
[Eichstaedt – 63]	Eichstaedt, H. J.: Einspanngrad-Verfahren zur Berechnung der Feldmomente durchlaufender kreuzweise bewehrter Platten im Hochbau. Beton- und Stahlbetonbau 58 (1963), S. 19.
[Eisenbiegler – 73]	Eisenbiegler, G.: Durchlaufplatten mit dreiseitigem Auflagerknoten. Die Bautechnik 50 (1973), S. 92.
[Favre/Jaccoud – 97]	Favre, R.; Jaccoud, J.-P.; Burdet, O.; Charuf, H.: Dimensionnement des Structures en Béton. Presses polytechniques et universitaires romandes, Lausanne, 1997.
[Franz – 83]	Franz, G: Konstruktionslehre des Stahlbetons. Band I Grundlagen und Bauelemente, Teil B. Die Bauelemente und ihre Bemessung. Springer-Verlag, Berlin, 4. Auflage 1983.
[Friedrich – 95]	Friedrich, R.: Vereinfachte Berechnung vierseitig gelagerter Rechteckplatten nach der Bruchlinientheorie. Beton- und Stahlbetonbau 90 (1995), S. 113.
[Friedrich – 11]	Friedrich, R.: Plastische Berechnungsverfahren: Formeln und Diagramme für Rechteckplatten nach der Bruchlinientheorie. Beton- und Stahlbetonbau 106 (2011), S. 649.
[Goris – 11]	Goris, A.: Stahlbetonbau-Praxis nach Eurocode 2, Band 1 und 2. 4. Auflage 2011. Bauwerk Verlag, Berlin.
[Goris – 12]	Goris, A.: Stahlbetonbau. Beitrag in: Schneider; Bautabellen für Ingenieure (Hrsg.: A. Goris). 20. Auflage. Werner-Verlag, Düsseldorf 2012.
[Haase – 62]	Bruchlinientheorie von Platten. Werner Verlag, Düsseldorf 1962.
[Hahn – 76]	Hahn, J.: Durchlaufträger, Rahmen, Platten und Balken auf elastischer Bettung. Werner-Verlag, Düsseldorf, 12. Aufl. 1976.
[Herzog – 78]	Herzog, M: Vereinfachte Bemessung schiefer Bewehrungsnetze für Stahlbetonplatten nach der Plastizitätstheorie. Beton- und Stahlbetonbau 73 (1978), S. 254–257 und 74 (1979), S. 234-236.
[Herzog – 90]	Herzog, M: Vereinfachte Schnittkraftermittlung für umfanggelagerte Rechteckplatten nach der Plastizitätstheorie. Beton- und Stahlbetonbau 85 (1990), S. 311–315.
[Herzog – 95.1]	Herzog, M: Vereinfachte Stahlbeton- und Spannbetonbemessung. Beton- und Stahlbetonbau 90 (1995). Teil I: Tragfähigkeitsnachweis für Träger. Teil II: Tragfähigkeitsnachweise für Platten. Teil IV: Tragfähigkeitsnachweise für Rahmen.
[Herzog – 95.2]	Herzog, M: Die Tragfähigkeit von Pilz- und Flachdecken. Bautechnik 72 (1995), S. 516.
[Heydel/Krings/Herrmann – 95]	Heydel, G.; Krings, W.; Herrmann, H.: Stahlbeton im Hochbau nach EC 2. Ernst & Sohn, Berlin 1995.

[Kessler – 97.1]	Kessler, H.-G.: Die drehbar gelagerte Rechteckplatte unter randparalleler Linienlast nach der Fließgelenktheorie. Bautechnik 74 (1997), S. 143–152.
[Kessler – 97.2]	Kessler, H.-G.: Zum Bruchbild isotroper Quadratplatten. Bautechnik 74 (1997), S. 765–768.
[Leonhardt/Mönnig – 77]	Leonhardt, F.; Mönnig E.: Vorlesungen über Massivbau. Teil 2: Sonderfälle der Bemessung im Stahlbetonbau. Teil 3: Grundlagen zum Bewehren im Stahlbetonbau. Springer-Verlag, Berlin/Heidelberg 1977.
[Litzner – 96]	Litzner, H.-U.: Grundlagen der Bemessung nach Eurocode 2 – Vergleich mit DIN 1045 und DIN 4227. Betonkalender 85 (1996), Teil I, S. 567–776.
[Mattheis – 82]	Mattheis, J.: Platten und Scheiben. Werner-Verlag, Düsseldorf 1982.
[Pieper/Martens – 66]	Pieper, K.; Martens, P.: Durchlaufende vierseitig gestützte Platten im Hochbau. Beton- und Stahlbetonbau 61 (1966), S. 158 und 62 (1967), S. 150.
[Sawczuk/Jaeger – 63]	Sawczuk, A.; Jaeger, T.: Grenztragfähigkeitstheorie der Platten. Springer-Verlag, Berlin/Göttingen/Heidelberg 1963.
[Schlaich/Schäfer – 01]	Schlaich, J.; Schäfer, K.: Konstruieren im Stahlbetonbau. Betonkalender 96 (2001), Teil II, S. 380.
[Schmitz/Goris – 04]	Schmitz, U. P; Goris, A.: Bemessungstafeln nach DIN 1045-1 (ergänzte Aufl. 2004). Werner-Verlag, Düsseldorf.
[Schmitz/Goris – 09]	Schmitz, U. P; Goris, A.: DIN 1045 digital, 3. Aufl. 2009. Werner-Verlag, Düsseldorf.
[Schneider – 12]	Goris, A. (Hrsg.): Schneider, Bautabellen für Bauingenieure. 20. Auflage, 2012. Werner-Verlag, Düsseldorf.
[Schriever – 79]	Schriever, H.: Berechnung von Platten mit dem Einspanngradverfahren. 3. Aufl. Werner Verlag, Düsseldorf 1979.
[Stiglat/Wippel – 83]	Stiglat K.; Wippel, H.: Platten. Verlag W. Ernst & Sohn, Berlin, 3. Aufl. 1983.
[Stiglat/Wippel – 92]	Stiglat K.; Wippel, H.: Massive Platten. Betonkalender 81 (1992), Teil I, S. 287–366.

Literatur zu Kapitel D

[Andrä/Avak – 99]	Andrä, H.-P/Avak, R.: Hinweise zur Bemessung von punktgestützen Platten; in Avak/Goris (Hrsg.): Stahlbetonbau aktuell 1999; Werner Verlag, Beuth Verlag.
[Avak – 99]	Avak, R.: Stützenbemessung mit Interaktionsdiagrammen nach Theorie II. Ordnung; in Avak/Goris (Hrsg.): Stahlbetonbau aktuell 1999; Werner Verlag, Beuth Verlag.
[Bender et al. – 10]	Bender, Michél/Mark, Peter/Stangenberg, Friedhelm: Querkraftbemessung von bügel- oder wendelbewehrten Bauteilen mit Kreisquerschnitt; Beton- und Stahlbetonbau Heft 7, 2010.
[Bender – 10]	Bender, Michél: Zum Querkrafttragverhalten von Stahlbetonbauteilen mit Kreisquerschnitt, Dissertation, Ruhr-Universität Bochum, 2009.
[DAfStb-H220 – 79]	Deutscher Ausschuss für Stahlbeton, Heft 220: Bemessung von Beton- und Stahlbetonbauteilen nach DIN 1045, Ausgabe 1978, 2. überarbeitete Auflage, Verlag Ernst & Sohn, Berlin, 1979.

[DAfStb-H240 – 91]	Deutscher Ausschuss für Stahlbeton, Heft 240: Hilfsmittel zur Berechnung der Schnittgrößen und Formänderungen von Stahlbetontragwerken nach DIN 1045, Ausg. Juli 1988. 3. Auflage. Beuth Verlag, Berlin 1991.
[DAfStb-H371 – 86]	Deutscher Ausschuss für Stahlbeton, H. 371. Kordina/Nölting: Tragfähigkeit durchstanzgefährdeter Stahlbetonplatten. Verlag Ernst & Sohn, Berlin, 1986.
[DAfStb-H373 – 86]	Deutscher Ausschuss für Stahlbeton, Heft 373: Empfehlung für die Bewehrungsführung in Rahmenecken und -knoten. Beuth Verlag, Berlin 1986.
[DAfStb-H387 – 87]	Deutscher Ausschuss für Stahlbeton, H. 387. Dieterle/Rostásy: Tragverhalten quadratischer Einzelfundamente aus Stahlbeton. Beuth Verlag, Berlin, 1987.
[DAfStb-H399 – 93]	Deutscher Ausschuss für Stahlbeton, H. 399. Eligehausen/Gerster: Das Bewehren von Stahlbetonbauteilen – Erläuterungen zu verschiedenen gebräuchlichen Bauteilen. Beuth Verlag, Berlin, 1993.
[DAfStb-H400 – 88]	Deutscher Ausschuss für Stahlbeton, H. 400: Erläuterungen zu DIN 1045, Beton- und Stahlbeton, Ausgabe 7.88; Beuth Verlag, Berlin.
[DAfStb-H425 – 92]	Deutscher Ausschuss für Stahlbeton, Heft 425: Bemessungshilfen zu Eurocode 2 Teil 1, 2. ergänzte Auflage. Beuth Verlag, Berlin 1992.
[DAfStb-H430 – 92]	Deutscher Ausschuss für Stahlbeton, Heft 430. Jennewein/Schäfer: Standardisierte Nachweise von häufigen D-Bereichen. Beuth Verlag, Berlin 1992.
[DAfStb-H459 – 96]	Deutscher Ausschuss für Stahlbeton, Heft 459. Hottmann/Schäfer: Bemessen von Stahlbetonbalken und wandscheiben mit Öffnungen. Beuth Verlag, Berlin, 1996.
[DAfStb-H466 – 96]	Deutscher Ausschuss für Stahlbeton, Heft 466: Grundlagen und Bemessungshilfen für die Rissbreitenbeschränkung im Stahlbeton und Spannbeton. Beuth Verlag, Berlin 1996.
[DAfStb-H525 – 10]	Deutscher Ausschuss für Stahlbeton, Heft 525: Erläuterungen zu DIN 1045-1, 2. Auflage, Beuth Verlag, Berlin, 2010.
[DAfStb-H532 – 02]	Deutscher Ausschuss für Stahlbeton, H. 532. Hegger/Roeser: Die Bemessung und Konstruktion von Rahmenecken. Beuth Verlag, Berlin. 2002.
[DAfStb-H566 – 07]	Deutscher Ausschuss für Stahlbeton, H. 566. Schnellenbach-Held/Ehmann/Neff: Untersuchung des Trag- und Verformungsverhaltens von Stahlbetonbalken mit großen Öffnungen. Beuth Verlag, Berlin, 2007.
[DAfStb-Ri-Alkali – 07]	Deutscher Ausschuss für Stahlbeton: Vorbeugende Maßnahmen gegen schädigende Alkalireaktionen im Beton (Alkali-Richtlinie) 07.
[DBV – 10]	Eurocode 2 für Deutschland: Gemeinschaftstagung, Korrekturband, Hrsg.: Deutscher Beton- und Bautechnik-Verein, Berlin: Ernst & Sohn, 2010.
[DBV-Bsp – 10]	Deutscher Beton- und Bautechnik-Verein: Beispiele zur Bemessung nach Eurocode 2. Band 1: Hochbau. Berlin: Ernst & Sohn, 2010.
[DBV-H14 – 07]	Deutscher Beton- und Bautechnik-Verein: Weiterbildung Tragwerksplaner Massivbau, DBV-Heft 14, Berlin, 2007.
[DIBt – 2010]	Abschlussbericht: Überprüfung und Überarbeitung des Nationalen Anhangs (DE) für DIN EN 1992-1-1 (Eurocode 2). Abschlussbericht des DIBt-Forschungsvorhabens ZP 52-5-7.278.2-1317/09: „Eurocode 2 Hochbau – Pilotprojekte", Stuttgart: Fraunhofer irb, 2010.
[DIN 1045 – 88]	DIN 1045. Beton und Stahlbetonbau, Bemessung und Ausführung, Juli 1988.

[DIN 1045-1 – 08]	DIN 1045-1. Tragwerke aus Beton, Stahlbeton und Spannbeton. Teil 1: Bemessung und Konstruktion. August 2008.
[DIN EN 1992-1-1 – 11]	DIN EN 1992-1-1. Eurocode 2, Bemessung und Konstruktion von Stahlbeton- und Spannbetontragwerken. Teil 1-1: Allgemeine Bemessungsregeln und Regeln für den Hochbau. Jan. 2011.
[DIN EN 1992-1-1/NA – 11]	DIN EN 1992-1-1/NA. Nationaler Anhang – National festgelegte Parameter – Bemessung und Konstruktion von Stahlbeton- und Spannbetontragwerken. Teil 1-1: Allgemeine Bemessungsregeln und Regeln für den Hochbau. Jan. 2011.
[DIN EN 1992-1-1/NA Ber1 – 12]	DIN EN 1992-1-1/NA4 Ber. 1. Berichtigung 1 zu DIN EN 1992-1-1/NA: 2011-01; Juni 2012.
[DIN EN 1992-1-1/NA A1 – 12]	DIN EN 1992-1-1/NA A1. Änderung A1 zu DIN EN 1992-1-1/NA:2011-01, Entwurf, Mai 2012.
[Ehrigsen/Quast – 03]	Ehrigsen, O./Quast, U.: Knicklängen, Ersatzlänge und Modellstützen, in: Beton- und Stahlbetonbau 98, Heft 5, 2003.
[Fingerloos/Litzner – 06]	Fingerloos/Litzner: Erläuterungen zur praktischen Anwendung der neuen DIN 1045-1, in: Beton-Kalender 2006, Berlin: Ernst & Sohn.
[Fingerloos/Zilch – 08]	Fingerloos, F./Zilch, K.: Einführung in die Neuausgabe von DIN 1045-1; Beton- und Stahlbetonbau, 2008, S. 211ff.
[Fingerloos – 10]	Fingerloos, F.: Der Eurocode 2 für Deutschland – Erläuterungen und Hintergründe. Beton- und Stahlbetonbau Heft 8, 2010.
[Friedrich – 04]	Friedrich, R.: Bemessungshilfen; in: Avak/Goris (Hrsg.): Stahlbetonbau aktuell, Berlin: Bauwerk, 2004.
[Geistefeldt/Goris – 93]	Geistefeldt, H.; Goris, A.: Ingenieurhochbau – Teil 1: Tragwerke aus bewehrtem Beton nach Eurocode 2; Werner Düsseldorf/Beuth, Berlin 1993.
[Goris – 09]	Goris, A.: Bemessung von Stahlbetonbauteilen nach DIN 1045-1, in: Goris/Hegger (Hrsg.): Stahbetonbau aktuell; Bauwerk, Berlin 2010.
[Goris – 10]	Betonfundamente ohne Durchstanzbewehrung – Nachweise nach DIN 1045-1 und EN 1992-1-1; in: mb-news, Kaiserslautern, 01/2010.
[Goris – 11]	Goris, A.: Stahlbetonbau-Praxis nach Eurocode 2. Band 1: Grundlagen, Bemessung, Beispiele. Band 2: Bewehrung, Konstruktion, Beispiele, 4. Auflage, Bauwerk, Berlin 2011.
[Goris – 12]	Goris, A.: Stahlbeton- und Spannbetonbau nach Eurocode 2. In: Schneider, Bautabellen für Ingenieure (Hrsg.: A. Goris), Kap. 5C; 20. Auflage, Werner Verlag, Köln, 2012.
[Grasser – 97]	Grasser: Bemessung der Stahlbetonbauteile. Bemessung für Biegung mit Längskraft, Schub und Torsion. Beton-Kalender 1997, Verlag Ernst & Sohn, Berlin.
[Hegger/Beutel – 03]	Hegger/Beutel: Nachweis gegen Durchstanzen nach DIN 1045-1; in: Avak/Goris (Hrsg.): Stahlbetonbau aktuell, Bauwerk, Berlin 2003.
[Hegger/Roeser – 04]	Hegger/Roeser: Rahmentragwerke gemäß DIN 1045-1; in: Avak/Goris (Hrsg.): Stahlbetonbau aktuell, Bauwerk, Berlin 2004.
[Hegger et al. – 08]	Hegger, J./Ricker, M./Häusler, F.: Zur Durchstanzbemessung von ausmittig beanspruchten Stützenknoten und Einzelfundamenten nach Eurocode 2, in: Beton- und Stahlbetonbau, Heft 11, 2008.
[Hegger/Siburg – 10]	Hegger, J./Siburg, C.: Durchstanzen, in: Eurocode 2 für Deutschland: Gemeinschaftstagung, Seminarband, S. 53-74; Hrsg.: Deutscher Beton- und Bautechnik-Verein, Berlin: Ernst & Sohn, 2010.

[Hilsdorf/Reinhardt – 01]	Hilsdorf; Reinhardt: Beton. Beton-Kalender 2001, Verlag Ernst & Sohn, Berlin.
[Jähring – 06]	Jähring, A.: Auslegung DIN 1045-1: Nachweis in den Grenzzuständen der Tragfähigkeit, Münchner Massivbau-Seminar 2006.
[König/Dehn – 02]	König/Dehn: Leichtbeton – Technologie, Bemessung und Anwendung. In: Avak/Goris (Hrsg.): Stahlbetonbau aktuell, Praxishandbuch 2002. Bauwerk Verlag, Berlin.
[Krüger/Mertzsch – 03]	Krüger; Mertzsch: Verformungsnachweise – Erweiterte Tafeln zur Begrenzung der Biegeschlankheit. In: Avak/Goris (Hrsg.): Stahlbetonbau aktuell, Praxishandbuch 2003. Bauwerk Verlag, Berlin.
[Leonhardt – 74/77/84]	Leonhardt, F.: Vorlesungen über Massivbau. Teil 1, 3. Auflage, 1984; Teil 2, 1974; Teil 3, 3. Auflage, 1977. Teil 4, korrigierter Nachdruck, 1977, Berlin: Springer.
[Minnert – 09]	Minnert, J., Blatt, M.: Hochbauten aus Stahlbetonfertigteilen. In: Avak/Goris (Hrsg.): Stahlbetonbau aktuell, 2009; Berlin: Bauwerk Verlag.
[NABau-Ausl-1045 – 09]	Normenausschuss Bauwesen: Auslegungen zu DIN 1045-1, Stand 12. Mai 2009 (http://www.nabau.din.de am 29.07.2010).
[Neuser/Häusler – 05]	Neuser, Jens/Häusler, Frank: Querkraftnachweis runder Querschnitte nach DIN 1045-1, in Beton- und Stahlbetonbau, Heft 11, 2005.
[Reineck – 05]	Reineck, K.-H.: Modellierung der D-Bereiche von Fertigteilen, Beton-Kalender 2005, Verlag Ernst & Sohn, Berlin.
[Roeser/Hegger – 05]	Zur Bemessung von Konsolen gemäß DIN 1045-1 und Heft 525. Beton- und Stahlbetonbau, Heft 5, 2005.
[Schlaich/Schäfer – 01]	Schlaich; Schäfer: Konstruieren im Stahlbetonbau. Beton-Kalender 2001, Verlag Ernst & Sohn, Berlin.
[Schmitz – 08]	Schmitz, U.-P.: Statik; in: Avak/Goris (Hrsg.): Stahlbetonbau aktuell; Bauwerk, Berlin, 2008.
[Schmitz/Goris – 12/1]	Schmitz, P.U./Goris, A.: EC 2 digital, 4. Auflage; Werner, Köln 2012.
[Schmitz/Goris – 12/2]	Schmitz, P.U./Goris, A.: Bemessungstafeln nach Eurocode 2. 2. Auflage, Werner, Köln, 2012 (in Vorb.).
[Schneider – 12]	Schneider: Bautabellen für Ingenieure, Hrsg. A. Goris, 20. Auflage, Köln: Werner, 2012.
[Schnellenbach-Held – 06]	Schnellenbach-Held, M.; Ehmann, S: Stahlbetonträger mit Öffnungen. Beton- und Stahlbetonbau; Heft 3, 2006.
[Stiglat – 95]	Stiglat, K.: Näherungsberechnung der Durchbiegungen von Biegetraggliedern aus Stahlbeton. Beton- und Stahlbetonbau Heft 4, 1995.
[Tue/Pierson – 01]	Tue; Pierson: Ermittlung der Rissbreite und Nachweiskonzept nach DIN 1045-1. Beton- und Stahlbetonbau, Heft 5, 2001, Verlag Ernst & Sohn.
[Zilch/Fitik – 10]	Zilch, K./Fitik, B.: Ermüdung, Druckglieder; in: : Eurocode 2 für Deutschland: Gemeinschaftstagung, Seminarband S.91-105; Hrsg.: Deutscher Beton- und Bautechnik-Verein, Berlin: Ernst & Sohn, 2010.
[Zilch/Zehetmaier – 10]	Zilch, Konrad/Zehetmaier, Gerhard: Bemessung im konstruktiven Betonbau, 2. Auflage, Berlin/Heidelberg: Springer, 2010.

Literatur zu Kapitel E

[Abel/Krautwald – 01]	Ruhrtalbrücke Rumbeck – Extern vorgespannte Taktschiebebrücke mit Hilfspy-lon, Beton- und Stahlbetonbau 96 (2001) Heft 7, S. 497 – 502.
[ARS 11 – 03]	Bundesministerium für Verkehr, Bau- und Wohnungswesen: Allgemeines Rundschreiben Straßenbau Nr. 11/2003, Technische Baubestimmungen; DIN-Fachbericht 102 „Betonbrücken", Ausgabe März 2003.
[ARS 6 – 09]	Bundesministerium für Verkehr, Bau- und Stadtentwicklung: Technische Baubestimmungen Brücken- und Ingenieurbau, Allgemeines Rundschreiben Straßenbau Nr. 6/2009.
[DAfStb Heft 600 – 13]	Erläuterungen zu Eurocode 2 (DIN EN 1992-1-1), Deutscher Ausschuss für Stahlbeton, Heft 600, Beuth Verlag.
[DBV – 06]	DBV – Merkblatt Rissbildung,Deutscher Beton- und Bautechnik-Verein E. V.: Fassung Februar 2006.
[Fingerloos et al. – 12]	Fingerloos, F.; Hegger, J.; Zilch, K.: Eurocode 2 für Deutschland, Kommentierte Fassung, 1.Auflage 2012, Beuth, Ernst & Sohn.
[Freundt et al. – 11]	Freundt, U.; Böning, S.; Kaschner, R.: Straßenbrücken zwischen aktuellem und zukünftigem Verkehr – Straßenverkehrslasten nach DINEN1991-2/NA. Beton- und Stahlbetonbau 106 (2011), Heft 11, S. 736–746.
[Haveresch – 07]	Haveresch, K.-H.: Pilotprojekt Mühlenbergbrücke – Vorspannung ohne Verbund für Brücken, Beton- und Stahlbetonbau 102 (2007), Heft 9, S. 622–629.
[Haveresch – 01]	Haveresch, K.-H.: Externe Vorspannung für das Taktschiebeverfahren, Beton- und Stahlbetonbau 96, 2001, Heft 4, S. 181 – 187.
[Haveresch – 00]	Haveresch, K.-H.: Verstärkung älterer Spannbetonbrücken mit Koppelfugenrissen, Beton- und Stahlbetonbau 95 (2000), Heft 8, S. 452–460.
[Haveresch – 99]	Haveresch, K.-H.: Talbrücke Rümmecke – Vorspannung durch externe Spannglieder bei Bau auf Vorschubrüstung, Beton- und Stahlbetonbau 94 (1999), Heft 7, S. 295–305.
[Haveresch – 99]	Haveresch, K.: Nachrechnen und Verstärken älterer Spannbetonbrücken, Beton- und Stahlbetonbau 106 (2011), Heft 2, S. 89–102.
[Haveresch/Maurer – 10]	Haveresch, K.-H; Maurer, R.: Entwurf, Bemessung und Konstruktion von Betonbrücken,Betonkalender 2010, Band 1, S. 127–244,Ernst & Sohn.
[Hegger – 09]	Schlussbericht: Querkrafttragfähigkeit von Fahrbahnplatten, FE 84.0110/2009.
[König/Maurer – 93]	König, G.; Maurer, R.: Versuche zum Einfluss einer Rissbildung auf den statisch unbestimmten Momentenanteil aus Vorspannung, Beton- und Stahlbetonbau 88 (1993), Heft 12, S. 338–342, Ernst & Sohn.
[König/Novak 1998]	Untersuchungen über den Einfluss von Anpassungsfaktoren (a-Werte) für Straßenverkehrslasten gemäß Eurocode 1, Teil 3, auf Brücken, Schlussbericht zum Forschungsprojekt BASt-FE-12.259R95F, Leipzig 1998.
[Maurer/ Arnold – 09]	Maurer, R.; Arnold, A: Bemessung von Tragwerken aus Stahlbetonbau und Spannbeton für eine kombinierte Beanspruchung aus Last und Biegezwang, Bauingenieur 84 (2009), Heft 10, S. 427–437.
[Maurer et al. – 11]	Maurer, R.; Arnold, A.; Müller, M.: Auswirkungen aus dem neuen Verkehrslastmodell nach DINEN1991 – 2/NA bei Betonbrücken, Beton- und Stahlbetonbau 106 (2011), Heft 11.

[Pfisterer – 03]	Pfisterer, H.; Fritsche, T.; Scheibe, M.; Zilch, K.; Hennecke, M.; Leonhardt, G.: Innovatives Bauprojekt – Brücke mit interner Vorspannung ohne Verbund als Pilotprojekt im Zuge der BAB A 99 West Autobahnring München, Bauingenieur Band 78 (2003), Heft 4, S. 165–171.
[RiLi BMVBS – 99]	Bundesministerium für Verkehr, Bau- und Stadtentwicklung: Richtlinie für Betonbrücken mit externen Spanngliedern, Ausgabe 1999, Anlage 1: Erläuterungen der Richtlinie für Betonbrücken mit externen Spanngliedern, Anlage 2: Hinweise für das Aufstellen von Bauwerksentwürfen und für die Ausschreibung mit Musterplänen.
[RiLi BMVBS 09]	Bundesministerium für Verkehr, Bau- und Stadtentwicklung: Richtlinie für Betonbrücken mit internen Spanngliedern ohne Verbund, Rundschreiben 220, März 2009, S. 8–10.
[Rombach et al. – 09]	Rombach, G. A.; Latte, S.; Steffens, R.: Querkrafttragfähigkeit von Fahrbahnplatten ohne Querkraftbewehrung, Forschung Straßenbau und Straßenverkehrstechnik, Heft 1011, 2009.
[Standfuß et al. – 98]	Standfuß, F.; Abel, M.; Haveresch, K.-H.: Erläuterungen zur Richtlinie für Betonbrücken mit externen Spanngliedern, Beton- und Stahlbetonbau 93 (1998), Heft 9, S. 264–272.
[Westerberg – 04]	Westerberg, Bo: Second order effects in slender concrete structures, Background to the rules in EC2, KTH Civil and Architectural Engineering, 2004.

Literatur zu Kapitel F

[Abel – 96]	Abel, M.: Zur Dauerhaftigkeit von Spanngliedern in teilweise vorgespannten Bauteilen unter Betriebsbedingungen, Dissertation RWTH Aachen, 1996.
[Bökamp – 90]	Bökamp, H.: Ein Beitrag zur Spannstahlermüdung unter Reibdauerbeanspruchung bei teilweiser Vorspannung, Dissertation RWTH Aachen, 1990.
[Cordes et al. – 81]	Cordes, H., Schütt, K. und Trost, H.: Großmodellversuche zur Spanngliedreibung, DAfStb, Heft 325, 1981.
[Cordes et al. – 83]	Cordes, H., Engelke, P., Jungwirth, D. und Thode, D.: Eintragung der Spannkraft, Einflußgrößen bei Entwurf und Ausführung, Mitteilungen des Instituts für Bautechnik, 1983.
[Cordes – 86]	Cordes, H.: Dauerhaftigkeit von Spanngliedern unter zyklischen Beanspruchungen, DAfStb, Heft 370, 1986.
[DAfStb-H525 – 03]	DAfStb-Heft 525 – Erläuterungen zu DIN 1045-1, DAfStb, Beuth-Verlag, Berlin, 2003.
[DAfStb-H525 – 10]	DAfStb-Heft 525 – Erläuterungen zu DIN 1045-1, 2. Überarbeitete Auflage, DAfStb, Beuth-Verlag, Berlin, 2010.
[DAfStb-H600 – 12]	DAfStb-Heft 600 – Erläuterungen zu DIN EN 1992-1-1 und DIN EN 1992-1-1/NA (Eurocode 2), DAfStb, Beuth-Verlag, Berlin, 2012
[den Uijl – 95]	den Uijl, J.: Transfer Length of Prestressing Strand in HPC. Progress in Concrete Research, Band 4, TU Delft, 1995.
[DIN 1045-1 – 08]	DIN 1045-1: Tragwerke aus Beton und Spannbeton – Teil 1: Bemessung und Konstruktion, DIN, Beuth Verlag, Berlin, 2008.
[DIN 4227 – 88]	DIN 4227 Teil 1: Spannbeton; Bauteile aus Normalbeton mit beschränkter und voller Vorspannung, 1988.

Verzeichnisse

[DIN 4227-6 – 82]	DIN 4227 Teil 6: Spannbeton – Bauteile mit Vorspannung ohne Verbund Teil 6, 1982.
[DIN EN 1990 – 10]	DIN EN 1990 Eurocode: Grundlagen der Tragwerksplanung. DIN, Beuth Verlag, Berlin, 2010.
[DIN EN 1990/NA – 10]	DIN EN 1990/NA, Nationaler Anhang – National festgelegte Parameter – Eurocode: Grundlagen der Tragwerksplanung. DIN, Beuth Verlag, Berlin, 2010.
[DIN EN 1991-1-1 – 10]	DIN EN 1991-1-1: Eurocode 1: Einwirkungen auf Tragwerke – Teil 1-1: Allgemeine Einwirkungen auf Tragwerke – Wichten, Eigengewicht und Nutzlasten im Hochbau. DIN, Beuth Verlag, Berlin, 2010.
[DIN EN 1991-1-2 – 10]	DIN EN 1991-1-2: Eurocode 1: Einwirkungen auf Tragwerke – Teil 1-2: Allgemeine Einwirkungen – Brandeinwirkungen auf Tragwerke. DIN, Beuth-Verlag, Berlin, 2010.
[DIN EN 1991-1-3 – 10]	DIN EN 1991-1-3: Eurocode 1: Einwirkungen auf Tragwerke – Teil 1-3: Allgemeine Einwirkungen, Schneelasten. DIN, Beuth Verlag, Berlin, 2010.
[DIN EN 1991-1-4 – 10]	DIN EN 1991-1-4: Eurocode 1: Einwirkungen auf Tragwerke – Teil 1-4: Allgemeine Einwirkungen – Windlasten. DIN, Beuth Verlag, Berlin, 2010.
[DIN EN 1991-1-5 – 10]	DIN EN 1991-1-5: Eurocode 1: Einwirkungen auf Tragwerke – Teil 1-5: Allgemeine Einwirkungen – Temperatureinwirkungen. DIN, Beuth Verlag, Berlin, 2010.
[DIN EN 1991-1-6 – 10]	DIN EN 1991-1-6: Eurocode 1: Einwirkungen auf Tragwerke – Teil 1-6: Allgemeine Einwirkungen, Einwirkungen während der Bauausführung. DIN, Beuth Verlag, Berlin, 2010.
[DIN EN 1991-1-7 – 10]	DIN EN 1991-1-7: Eurocode 1: Einwirkungen auf Tragwerke – Teil 1-7: Allgemeine Einwirkungen – Außergewöhnliche Einwirkungen. DIN, Beuth Verlag, Berlin, 2010.
[DIN EN 1991-2 – 10]	DIN EN 1991-2: Eurocode 1: Einwirkungen auf Tragwerke – Teil 2: Verkehrslasten auf Brücken. DIN, Beuth Verlag, Berlin, 2010.
[DIN EN 1991-3 – 10]	DIN EN 1991-3: Eurocode 1: Einwirkungen auf Tragwerke – Teil 3: Einwirkungen infolge von Kranen und Maschinen. DIN, Beuth Verlag, Berlin, 2010.
[DIN EN 1991-4 – 10]	DIN EN 1991-4: Eurocode 1: Einwirkungen auf Tragwerke – Teil 4: Einwirkungen auf Silos und Flüssigkeitsbehälter. DIN, Beuth Verlag, Berlin, 2010.
[DIN EN 1992-1-1 – 11]	DIN EN 1992-1-1: Eurocode 2: Bemessung und Konstruktion von Stahlbeton- und Spannbetontragwerken – Teil 1-1: Allgemeine Bemessungsregeln und Regeln für den Hochbau, DIN, Beuth Verlag, Berlin, 2011.
[DIN EN 1992-1-1 – 11/NA]	Nationaler Anhang – National festgelegte Parameter – Eurocode 2: Bemessung und Konstruktion von Stahlbeton- und Spannbetontragwerken – Teil 1-1: Allgemeine Bemessungsregeln und Regeln für den Hochbau, DIN, Beuth Verlag, Berlin, 2011.
[DIN EN 1998-1 – 10]	DIN EN 1998-1: Eurocode 8: Auslegung von Bauwerken gegen Erdbeben – Teil 1: Grundlagen, Erdbebeneinwirkungen und Regeln für Hochbauten. DIN, Beuth Verlag, Berlin, 2010.
[DIN EN 446 – 08]	DIN EN 446: Einpressmörtel für Spannglieder – Einpressverfahren, DIN, Beuth Verlag, Berlin, 2008.
[DIN EN 447 – 08]	DIN EN 447: Einpressmörtel für Spannglieder – Allgemeine Anforderungen, DIN, Beuth Verlag, Berlin, 2008.
[DIN EN 523 – 03]	DIN EN 523: Hüllrohre aus Bandstahl für Spannglieder, Begriffe, Anforderungen und Konformität, DIN, Beuth Verlag, Berlin, 2003.

[DIN EN 524 – 97]	DIN EN 524: Hüllrohre aus Bandstahl für Spannglieder – Prüfverfahren, Teil1 : Ermittlung der Formen und Maße, DIN, Beuth Verlag, Berlin, 2003.
[DIN-FB 102 – 09]	DIN-Fachbericht 102: Betonbrücken, DIN, Beuth Verlag 2009.
[ETAG 013 – 02]	ETAG 013: Guidline for European Technical Approval of Post-Tensioning Kits for prestressing of structures, Europäische Organisation für Technische Zulassungen, Brüssel, 2002.
[Fingerloos et al. – 12]	Fingerloss, F., Hegger, J., Zilch, K.: Eurocode 2 für Deutschland, DIN EN1992-1-1 Bemessung und Konstruktion von Stahlbeton und Spannbetontragwerken, Teil 1-1: Allgemeine Bemessungsregeln und Regeln für den Hochbau mit Nationalem Anhang, Kommentierte Fassung, Beuth Verlag und Ernst & Sohn, Berlin, 2012.
[Funke – 05]	Funke, G.: Spannbetontürme für Multimegawatt-Windenergieanlagen in modularer Bauweise – Optimierung von Schalung, Rüstung, Bewehrung und Beton für On- und Offshore Turmkonstruktionen. In: Jahrbuch 2005 Bautechnik, VDI-Verlag, 205, S. 161–176.
[Grasser/Thiele – 88]	Grasser, E.; Thielen, G.: Hilfsmittel zur Berechnung der Schnittgrößen und Formänderungen von Stahlbetontragwerken nach DIN 1045, DAfStb, Heft 240, 1988.
[Hegger et al. – 07]	Hegger, J.; Bülte, S.; Kommer, B.: Structural Behavior of Prestressed-Beams Made With Self-consolidating Concrete. In: PCI Journal – Volume 52, Nummer 4, Seiten 34–42, 2007.
[Hegger et al. – 09]	Hegger, J.; Will, N.; Roggendorf, T.: Spannbetonbau – Vorgespannte Decken. Stahlbeton aktuell 2009, Bauwerk Verlag, Berlin, 2009.
[Hegger et al. – 10a]	Hegger, J.; Will, N.; Roggendorf, T.; Häusler, V.: Spannkrafteinleitung und Endverankerung bei Vorspannung mit sofortigem Verbund. In: Bauingenieur Band 85, Oktober 2010, Seite 445–454.
[Hegger et al. – 10b]	Hegger, J.; Will, N.; Bertram, G.: Rissbreitenbegrenzung und Zwang – Grundlagen, Konstruktionsregeln, Nachweise in besonderen Fällen. Stahlbeton aktuell 2010, Bauwerk Verlag, Berlin, 2010.
[Hegger/Nitsch – 99]	Hegger, J.; Nitsch, A.: Verbundverankerungen von Spannstählen bei Spannbetonfertigteilen aus hochfestem Beton. Bericht Nr.56/99 – Lehrstuhl und Institut für Massivbau, Rheinisch-Westfälische Technische Hochschule Aachen, 1999.
[Holst – 98]	Holst, K.-H.: Brücken aus Stahlbeton und Spannbeton, Ernst & Sohn, Berlin 1998.
[Hoyer – 39]	Hoyer, E.: Der Stahlsaitenbeton, Otto Elsner Verlagsgesellschaft, Berlin, 1939.
[König/Gebhardt – 86]	König/Gerhardt: Beurteilung der Betriebsfestigkeit von Spannbetonbrücken im Koppelfugenbereich unter besonderer Berücksichtigung einer möglichen Rissbildung, DAfStb, Heft 370, 1986.
[Kupfer – 91]	Kupfer, H.: Bemessung von Spannbetonbauteilen – einschließlich teilweiser Vorspannung. In: Beton-Kalender 1991, Teil 1, Ernst & Sohn, Berlin, 1991.
[Leonhardt – 73]	Leonhardt, F.: Spannbeton für die Praxis, Ernst & Sohn, Berlin 1973.
[Leonhardt – 80]	Leonhardt, F.: Vorlesungen über Massivbau, Teil 5. Spannbetonbau, Springer-Verlag, Berlin, 1980.
[Nitsch – 01]	Nitsch, A.: Spannbetonfertigteile mit teilweiser Vorspannung aus hochfestem Beton, Dissertation RWTH Aachen, 2001.
[Rombach – 10]	Rombach, G.: Spannbetonbau, Ernst & Sohn, Berlin, 2010.

[Ruhnau/Kupfer – 77]	Ruhnau, J.; Kupfer, H.: Spaltzug-, Stirnzug- und Schubbewehrung im Eintragungsbereich von Spannbett-Trägern. Beton- und Stahlbetonbau, Heft 7, 1977, Seiten 175–179.
[Utescher et al. – 77]	Utescher, G., Walter, R. und Schreck, D.: Vorausbestimmung der Spannkraftverluste infolge Dehnungsbehinderung, DAfStb, Heft 282, 1977.
[Walraven – 91]	Walraven, J.: Spannbeton, Vorlesungsmanuskript, 3. Auflage, 1991.

Literatur zu Kapitel G

[ATC-40 – 1996]	ATC-40: Seismic Evaluation and Retrofit of Concrete Buildings. Applied Technology Council, Vol. 1, 1996.
[Bachmann – 02]	Bachmann, H.: Erdbebensicherung von Bauwerken. 2. Überarbeitete Auflage, Basel: Birkhäuser Verlag, 2002.
[Bachmann – 04]	Bachmann, H.: Neue Tendenzen im Erdbebeningenieurwesen; Beton- und Stahlbetonbau 99 (2004), Heft 5, Ernst und Sohn, Berlin.
[Beutel – 03]	Beutel, R: Durchstanzen schubbewehrter Flachdecken im Bereich von Innenstützen; Dissertation, Institut für Massivbau, RWTH Aachen, 2003.
[DIN 1045-1 – 08]	DIN1045-1 (2008-08): Tragwerke aus Beton, Stahlbeton und Spannbeton, Teil1: Bemessung und Konstruktion. Normenausschuss Bauwesen (NABau) im DIN Deutsches Institut für Normung e. V., Beuth-Verlag, Berlin.
[DIN 4149 – 81]	DIN4149 Teil 1 (1981-04): Bauten in deutschen Erdbebengebieten – Lastannahmen, Bemessung und Ausführung üblicher Hochbauten. Deutsches Institut für Normung (DIN), Beuth-Verlag, Berlin.
[DIN 4149 – 05]	DIN 4149 (2005-04): Bauten in deutschen Erdbebengebieten. Deutsches Institut für Normung (DIN), Berlin Beuth-Verlag, Berlin.
[DIN EN 1990 – 10]	DIN EN 1990 (2010-12): Eurocode: Grundlagen der Tragwerksplanung. Deutsche Fassung EN 1990:2002+A1:2005+A1:2005/AC:2010. Deutsches Institut für Normung (DIN), Berlin, Dezember, 2010.
[DIN EN 1990/NA – 10]	Nationaler Anhang – National festgelegte Parameter – Eurocode: Grundlagen Tragwerksplanung. Deutsches Institut für Normung (DIN), Berlin, Dezember.
[DIN EN 1991-1-1 – 10]	DIN EN 1991-1-1 (2010-12): Eurocode 1: Einwirkungen auf Tragwerke, Teil 1-1: Allgemeine Einwirkungen auf Tragwerke, Wichten, Eigengewicht und Nutzlasten im Hochbau. Deutsche Fassung EN 1991-1-1:2002 + AC:2009. Deutsches Institut für Normung (DIN), Berlin.
[DIN EN 1991-1-1/NA – 10]	DIN EN 1991-1-1/NA (2010-12): Nationaler Anhang – National festgelegte Parameter – Eurocode 1: Einwirkungen auf Tragwerke, Teil 1-1: Allgemeine Einwirkungen auf Tragwerke – Wichten, Eigengewicht und Nutzlasten im Hochbau. Deutsches Institut für Normung (DIN), Berlin.
[DIN EN 1992-1-1 – 11]	DIN EN 1992-1-1, Eurocode 2 (2011-01): Bemessung und Konstruktion von Stahlbeton- und Spannbetontragwerken – Teil 1-1: Allgemeine Bemessungsregeln und Regeln für den Hochbau. Deutsche Fassung EN 1992-1-1:2004+AC:2010. Deutsches Institut für Normung (DIN), Berlin.
DIN EN 1992-1-1/NA – 11]	DIN EN 1992-1-1/NA (2011-01): Nationaler Anhang – National festgelegte Parameter – Eurocode 2: Bemessung und Konstruktion von Stahlbeton- und Spannbetontragwerken – Teil 1-1: Allgemeine Bemessungsregeln und Regeln für den Hochbau. Deutsches Institut für Normung (DIN), Berlin, Januar 2011.

[DIN EN 1998-1 – 10]	DIN EN 1998-1, Eurocode 8 (2010-12): Auslegung von Bauwerken gegen Erdbeben – Teil 1: Grundlagen, Erdbebeneinwirkungen und Regeln für Hochbauten. Deutsche Fassung EN 1998-1:2004+AC:2009. Deutsches Institut für Normung (DIN), Berlin.
[DIN EN 1998-1/NA – 11]	DIN EN 1998-1/NA (2011-01): Nationaler Anhang – National fest-gelegte Parameter, Eurocode 8: Auslegung von Bauwerken gegen Erdbeben – Teil 1: Grundlagen, Erdbebeneinwirkungen und Regeln für Hochbauten. Deutsches Institut für Normung (DIN), Berlin.
[DIN EN 1998-5 – 10]	DIN EN 1998-5, Eurocode 8 (2010-12: Auslegung von Bauwerken gegen Erdbeben Teil 5: Gründungen, Stützbauwerke und geotechnische Aspekte. Deutsche Fassung EN 1998-5:2004. Deutsches Institut für Normung (DIN), Berlin.
[DIN EN 1998-5/NA – 11]	DIN EN 1998-5/NA (2011-07): Nationaler Anhang – National festgelegte Parameter, Eurocode 8: Auslegung von Bauwerken gegen Erdbeben Teil 5 : Gründungen, Stützbauwerke und geotechnische Aspekte. Entwurfsfassung, Deutsches Institut für Normung (DIN), Berlin.
[Eibl, Keintzel – 95]	Eibl, J.; Keintzel, E.: Vergleich der Erdbebenauslegung von Stahlbetonbauten nach DIN 4149 und Eurocode 8; Beton- und Stahlbetonbau 90 (1995), Heft 9 + 10, Ernst & Sohn, Berlin.
[Eurocode 8 – 04]	Eurocode 8, Part 1, European Standard, Draft No. 6, Stage 51, Central Secretary: rue de Stassart 36, B1050 Brussels, Mai 2004.
[Fajfar – 98]	Fajfar, P., Drobniè, D.: Nonlinear seismic analysis of the ELSA buildings, Proc. 11th European Conference on Earthquake Engineering, Paris. CD-ROM, Balkema, Rotterdam, 1998.
[FEMA 273 – 97]	FEMA 273: NEHRP guidelines for the seismic rehabilitation of buildings. Federal Emergency Management Agency. Washington, D.C., USA, 1997.
[FEMA 274 – 97]	FEMA 274: NEHRP commentary on the guidelines for the seismic rehabilitation of buildings. Federal Emergency Management Agency. Washington, D.C., USA, 1997.
[FEM 356 – 00]	FEMA 356: Prestandard and Commentary for the seismic rehabilitation of buildings. American Society of Civil Engineers (ASCE), Reston, VA., USA, 2000.
[FRILO – 11]	Frilo Statik: Friedrich und Lochner GmbH, 2011.
[Hegger, Roeser – 02]	Hegger, J.; Roeser, W.: Die Bemessung und Konstruktion von Rahmenknoten – Grundlagen und Beispiele gemäß DIN 1045-1; Deutscher Ausschuss für Stahlbeton, Heft 532, Beuth Verlag, Berlin, 2002.
[Krätzig, Meskouris – 87]	Krätzig, W.B.; Meskouris, K.: Nachweis seismisch beanspruchter Stahlbetonrahmen auf der Grundlage einer Duktilitätsbilanz; Beton und Stahlbetonbau 82 (1987), Heft 7, Ernst und Sohn, Berlin.
[Meskouris – 11]	Meskouris, K.; Hinzen, K.G., Butenweg, C., Mistler, M.: Bauwerke und Erdbeben – Grundlagen, Anwendung, Beispiele; 3. Überarbeitet Auflage, Vieweg Verlag, Wiesbaden, 2011.
[MINEA – 2011]	Programm für die Berechnung von wandausgesteiften Systemen, Version 2.0. SDA-engineering GmbH, Herzogenrath, 2011.
[Müller, Keintzel – 84]	Müller, F. P., Keintzel, E.: Erdbebensicherung von Hochbauten. Ernst & Sohn, Berlin, 1984.
[Paulay – 90]	Paulay, T.; Bachmann, H.; Moser, K.: Erdbebenbemessung von Stahlbetonhochbauten; Birkhäuser Verlag, Basel, Boston, Berlin, 1990.

[Roeser – 06]	Roeser, W.: Die konstruktive Durchbildung von Stahlbetonbauten gemäß der neuen Erdbebennorm DIN 4149:2005; Beton- und Stahlbetonbau, Heft 4, 2006, S. 302–366.
[Schwarz – 98]	Schwarz, J.: Festlegung effektiver Beschleunigungen für probabilistische Gefährdungszonenkarten im Zusammenhang mit der nationalen Anwendung des Eurocode 8, DBEB – Publikation Nr. 9, Hrsg., S.A. Savidis, 1998.

Stichwortverzeichnis

Abminderung von Stützmomenten C.38, C.40
Alkali-Kieselsäurereaktion D.9
Allgemeines Rechenverfahren A.11
Anforderungsklassen E.44
Anker- und Umlenkelemente E.67ff
Ankerplatten F.11
Ankerschlupf F.48
Anprall E.40ff, E.71
Antwortspektrenverfahren,
– multimodal G.12, G.40
– vereinfacht G.11, G.34
Antwortspektrum G.5, G.6
Anwendungsbeispiele A.21
– Stahlbetondurchlaufplatte A.21
– Stahlbetondurchlaufträger A.25
– Stahlbeton-Innenstütze A.28
– Tragwerk eines Lagerhauses A.21
Anwendungsregel D.4
Arbeitsfugen E.54
Aufhängebewehrung C.76, C.79
Auflagerknoten C.53, C.77, C.79
Auflagerkräfte von Scheiben C.75, C.77f
Auflagernahe Einzellast D.63, D.107
Auflagerverschiebung F.66
Aufrissgestaltung G.9
Ausgangsstoffe Beton B.6
Ausmitte, zufällig G.15
Aussteifende Rahmenstysteme G.22
Aussteifende Stütze G.21

Bauaufsichtliche Regelungen B.54
Bauaufsichtlichen Zulassungen F.8
Baudurchführung E.7ff
Baugrundklassen G.4
Bauliche Durchbildung E.41, E.65ff, F.94
Bauteile
  mit Querkraftbewehrung D.67
  ohne Querkraftbewehrung D.63
Bauwerkskapazität G.13
Beanspruchungen D.5
Bedeutungsbeiwert G.7, G.8
Begrenzung der Rissbreiten E.44ff, E.52
Begrenzung der Spannungen E.42
Begrenzung der Verformungen E.42, E.55, E.62
Begriffe D.4
Beispiel Ermüdung Plattenbalkenüberbau E.72
Belastungsfläche C.32
Bemessung D.5
  mit vereinfachten Rechenverfahren A.20
  mittels tabellarischer Daten A.20
  von Stützen A.17
Bemessungsdiagramm
  allgemeines Bemessungsdiagramm D.22ff
  Gebrauchszustand D.51ff

Interaktionsdiagramm D.35ff
  Querkraft D.65ff
Bemessungsquerkraft D.62
Bemessungsspektrum G.6
Bemessungstafel
  Biegung, Rechteck D.26ff
  Biegung, Platten D.31ff
  Biegung, Plattenbalken D.41f
  Gebrauchszustand D.48ff
  Stütze D.34, D.100ff, D.104
Bemessungswert
  Beton D.11
  Betonstahl D.15
  Einwirkung D.4
  Querkraft D.62
  Widerstand D.4
Besondere Stützweitenverhältnisse C.40
Beton B.3, D.11, E.13, F.16
  Begriffe und Klassifizierung B.4
  Druckfestigkeit D.11f
  Eigenschaften D.11, D.12
  E-Modul D.12, D.13
  Festigkeitsklassen D.11f
  Spannungs-Dehnungs-Linie D.11, D.13
  unbewehrt D.43
  Zugfestigkeit D.12
Betondeckung D.10, E.16, F.82, F.94
Betondehnung F.85
Betondruckspannung F.30, F.108
Betondruckzone D.19
  beliebige Form D.40
  rechteckig D.19
Betonspannung F.83
Betonstahl B.45, D.15, E.15, F.17
  Eigenschaften B.46
  Herstellung B.45
Betonstahlspannung F.83, F.87, F.109
Betonstahlverbindungen B.55
Betonzugspannungen E.50 ff
Betonzusatzmittel B.18
Betonzusatzstoffe B.18
Betriebsfestigkeit E.38
Bewehrungsgrad G.24
Bewehrungsregeln D.133
Bezogene Druckzonenhöhe F.57
Bezogene Längskraft G.43
Biegebewehrung G.43, G.44
Biegeschlankheit
  Erweiterte Nachweise D.59
  Nachweis nach EC 2 D.58
Biegeversagen F.52
Biegung D.19, F.53, F.68, F.105
  mit Längskraft D.19, D.20, D.39
  Plattenbalken D.39

K.57

Rechteck D.19
Rechteckquerschnitt D.19
Bodenbeschleunigung G.4
Bogenwirkung D.63
Brandschutz nach DIN EN 1992-1-2 A.3
Brandschutzbemessung A.3
– Grundlagen A.3
Brandschutznachweis A.22
– mit Tabelle A.22
– mit vereinfachten Rechenverfahren A.23
– mit allgemeinen Rechenverfahren A.30
– nach Methode A A.29
Bruchdehnung E.29
Bruchlinientheorie C.54, C.56ff, C.60, C.62ff, C.68ff, C.72
Bruchzustand D.5
Bündelspannglied F.4
Bürogebäude G.31

Charakteristischer Wert D.4
CQC-Methode G.12

Dauerfestigkeit F.20
Dauerhaftigkeit B.25, D.4, D.8, E.16
Dehnungsbereich D.17, D.19, D.33
Dehnungsverteilung D.17
Dehnweg F.29
Dekompression E.44, F.4, F.29, F.89, F.100
DIN 1045-1 D.3
Dissipation G.18
Draht F.18
3D-Modell G.38, G.40
Dreiseitige Auflagerknoten C.38
Drillbewehrung C.30, C.38f, C.50
Drillmomente C.30, C.38ff, C.43, C.50
Drillsteifigkeit C.30, C.37, C.39, C.41, C.52
Druckbewehrung F.56
Druckfestigkeit D.12
Druckglieder D.33, D.94
    unbewehrt D.43, D.102
Druckgurt D.39, D.71
Drucklinienverschiebung F.38
Druckstreben C.73ff, D.67
Druckstrebenneigung D.67, D.68, F.60
Druckzone F.4, F.57
Druckzonenhöhe
    Bruchzustand D.19, D.39, D.40
    Gebrauchszustand D.45, D.48ff
Dübelwirkung D.64
Duktiles Bauteilverhalten D.44, F.59
Duktilität
    Betonstahl D.15
    Spannstahl D.16
Duktilität G.19, G.20, G.43
Duktilitätsklasse G.20, G.35, G.42, G.43
    Duktilitätsklasse 1 G.21, G.40
    Duktilitätsklasse 2 G.23, G.41
Durchbiegung F.93
durchlaufenden Wandscheiben C.73, C.76

Durchlaufplatten C.37f, C.57
Durchlaufträger F.38
Durchstanzbewehrung D.85
Durchstanzen D.82
    Eckstütze D.83
    Innenstütze D.83
    Mindestmomente D.87
    Randstütze D.83
Durchstanzwiderstand G.28

Eckbewehrung C.38, C.57
Eckkonsole E.68
Eckverankerte Platten C.39
Eigenform G.12, G.23, G.37
Eigenperiode G.12, G.23, G.38
Eigenspannungszustand F.34
Einachsig gespannte Platten C.31
Einfeldplatten C.30, C.37
Einpressmörtel E.20, F.22
Einspanngradverfahren C.37f
Eintragungslänge F.71, F.74, F.76, F.78, F.85
Einwirkung D.4, D.5, F.28
Einwirkungskombination E.3, E.10, E.12, E.22ff, E.27ff
Einzellast, auflagernahe D.63, D.107
Elastisches Antwortspektrum G.5, G.6
Elastomerlager E.21
E-Modul
    Beton D.13
    Betonstahl D.15
    Spannstahl D.16
EN 1992-1 D.3
Energiedissipation G.7, G.10, G.15, G.30
Entwurf E.7
Entwurfsgrundsätze G.8
Erdbebenbeanspruchung G.14, G.40
Erdbebeneinwirkung G.3
Erdbebengerechter Entwurf G.8
Erdbebenzonen G.3, G.18, G.22, G.32
Ergebnisvergleich A.33
Erhaltung E.9
Ermüdung D.6, E.34, F.19
    Nachweisverfahren E.36
Ermüdungslastmodell E.36, E.72
Ersatzlänge D.97f
Erstarrungszeiten B.8
Erstrissbildung F.85, F.87
Erzeugnisformen Betonstahl B.50
Eurocode D.3
Externe Spannglieder E.26ff, E.65
Externe Vorspannung E.65, F.4, F.15, F.28
Exzentrizität G.17, G.33, G.36

Fachwerkanalogie F.64
Fachwerkmodell D.61, D.67, F.60
    Druckgurt D.71
    Torsion D.79
Fahrbahnübergänge E.36, E.56
Fertigteilbalken G.32

Fertigteil-Dachbinder A.33
Fertigteilkonstruktion G.30
Fertigteilstütze G.32
Festanker F.11
Festbeton B.27
Festigkeitseigenschaften A.7
Festigkeitsklassen B.11
Flachdecke F.34, F.39, G.28
Fließbeginn C.12f
Fließgelenk C.6, G.13, G.19
Fließmittel B.19
Formelzeichen D.4
Formtreue Vorspannung F.4
Freivorbau F.33
Frischbeton B.21
Fuge D.72
Fugenrauigkeit D.74

Gebrauchstauglichkeit C.3, C.9, C.58f, C.66, C.68, C.70, C.72, D.7, D.45ff
Gesamterdbebenkraft G.11, G.35, G.39
Gesteinskörnung für Beton B.13
Gleichgewicht D.6
Gleiten G.19, G.28
Gleitlager E.21ff
Grenzdurchmesser E.51ff, F.92
Grenzzustand D.4
   Gebrauchstauglichkeit D.7, D.45, E.24, E.28, E.58, E.67, F.29, F.51, F.82, F.108
   Begrenzung der Rissbreiten E.44ff, E.67
   Begrenzung der Spannungen E.42
   Begrenzung der Verformungen E.42, E.55, E.62
   Dekompression E.44
   Schwingungen E.42, E.56
   Tragfähigkeit D.17, D.61, D.79, D.82, D.93
Grenzzustand der Tragfähigkeit D.5, E.6 E.24, E.28ff, F.29, F.51, F.105
   Anprall E.40ff, E.71
   Biegung D.17
   Biegung mit Längskraft E.21, E.29ff
   Durchstanzen D.82
   Ermüdung E.34
   Knicken D.93
   Querkraft D.61, E.38
   Robustheit E.30, E.65
   Torsion D.79, E.34
Grundbruch G.29
Grundperiode G.11, G.27
Grundrissgestaltung G.8
Grundschwingform G.11, G.35
Gründungen G.10, G.19, G.29
Gurtanschluss D.71

Hauptspannungen C.74, D.61
Hauptmomente C.30, C.38, C.50
Haupttragrichtung C.31ff, C.36, C.59
Hauptzugspannungen E.43
Hochfester Beton A.19

Hohlkastenquerschnitt D.79
Horizontale Scheiben G.18, G.19
Hoyereffekt F.75
Hüllrohr F.4, F.22, F.45, F.64, F.94
Hüttensand B.6
Hydratationswärme B.23
Hydration Zement B.7

Ideeller Querschnitt F.43
Identitätsbedingung D.18, D.19, D.33
Imperfektionen E.18
Inerte Stoffe B.7
Interaktionsdiagramm D.34
Interne Vorspannung F.15
Interne Vorspannung ohne Verbund F.4

Junger Beton B.23

Kapazitätsbemessung G.19
Kastenquerschnitt E.50; E.65, E.69
k_d-Tafeln D.29
Kellergeschoss G.12, G.30
Kippen D.97
Klinkermaterialien B.6
Knicken
   Kriechausmitte D.96
   nach zwei Richtungen D.97
Knicklänge D.92
Knicksicherheitsnachweis D.92
Knoten C.38, C.77, C.79
Kombination, vereinfachte D.6
Kombinationsbeiwert D.5
Kombinationsregeln E.8
Konkordante Vorspannung F.4
Konsistenzklassen B.21
Konsolen D.108
Konstruktionsregeln E.57, E.63
Kontrollperiode G.5
Konzentrierte Lasten C.32, C.76f
Kopplung F.74
Kornverzahnung D.63
Korrosionsprinzipien B.39
Korrosionsschutz F.94
Kraftgrößenverfahren F.36, F.99
Kragplatten C.40
Kreisquerschnitt D.40, D.70
Kriechen F.23, F.24, F.48, F.83, F.103
Kriechzahl D.13
Kritische Fläche D.82f
Kritischer Bereich G.25, G.44
Kritischer Rundschnitt D.82f
Krümmung C.10, C.12, C.15f, C.18, C.29, D.96
Krümmungs-Duktilitätsfaktor G.23

Lager E.12, E.21
Lagesicherheit E.12, E.40
Längsdruckkraft D.33f
Längskraft D.18, D.33

K.59

Stichwortverzeichnis

Längsschub D.72
Längszugkraft C.74, C.78, D.18
Lastausmitte D.93
   aus Kriechen D.96
   nach Theorie II. Ordnung D.93
   planmäßige D.93
   ungewollte D.93
Lastbeanspruchung D.56
Lastpfad C.73, C.75f
Lastumordnungsverfahren C.37f
Lastverteilungsbreite C.33
Lineare Schnittgrößenermittlung C.3
Linienlast C.33, C.47, C.49f, C.52
Litze F.18, F.48, F.75
Litzenspannglied F.4

μ_s-Tabellen D.26ff
Massenmittelpunkt G.15, G.16, G.33
Materialeigenschaften A.7, D.11ff, D.15, D.16
Mechanische Analyse A.13
Mechanische Einwirkungen A.6
Mechanischer Bewehrungsgrad G.45
Mehlkorngehalt B.23
Mehrmassenschwinger G.35, G.37, G.47
Messungen beim Spannen F.49
Mindestabstände F.82
Mindestbewehrung D.54, E.50, F.59, F.89, F.106, F.109
Mindestmomente C.5, C.7, C.38
Mindestquerkraftbewehrung F.62, F.65
Mindestspanngliedanzahl F.95
Mischbauweise E.59, E.65
Mitwirkende Breite C.33
Modale Masse G.11, G.37, G.38
Modaler Anteilsfaktor G.14
Modalvektor G.14
Modellstütze E.21
Modellstützenverfahren D.93, D.100
Momenten-Durchbiegungs-Linie F.67
Momenten-Krümmungs-Beziehung C.10ff, C.15ff
Momenten-Krümmungs-Verhalten G.24
Momentenumlagerung C.6f
Monolitze F.4, F.14
Multimodales Antwortspektrenverfahren G.12, G.37, A,38, G.39

N2-Methode G.46
Nachweis der Endverankerung F.78
Nachweiskonzept F.53
Nachweisverfahren A.39
Nebentragrichtung C.31ff, C.35, C.59
Nettoquerschnitt F.43
Nichtlineare Verfahren E.20, G.10, G.13
Nichtlineare Zeitverlaufsberechnungen G.10, G.15
Normalbeton D.12

Oberflächenbewehrung F.96, F.112
Oberflächengeometrie Betonstahl-Erzeugnisformen B.48

Öffnungen D.126
Öffnungen in Platten C.41

Palmgren-Miner-Hypothese E.36
Parabelgleichung F.99
Parabel-Rechteck-Diagramm D.11
Performance Point G.14, G.49
Pfahlgründung G.2, G.30
Physikalische Eigenschaften A.10
Plastisches Gelenk C.8
Plastizitätstheorie C.5, C.8f, C.56, C.73
Platte
   Bemessungstafeln D.31
   dreiseitig gestützt C.36, C.41ff
   mit Durchstanzbewehrung D.90
   mit Rechtecköffnungen C.33
   ohne Durchstanzbewehrung D.89
   ohne Schubbewehrung D.63
Plattenanschlüsse B.59
Plattenbalken D.39, E.51, E.59, E.69, E.71
Plattenberechnung C.44, C.54, C.72
Plattenbreite, mitwirkende D.39
Plattendicke C.30, C.32, C.37, C.42, C.44, C.52, C.56, C.66
Plattentragwerke C.30, C.58
Portlandzement B.9
Pounding G.19
Presse F.49
Primärvorspannung F.33
Prinzip D.4
Profilverformung E.19
Pushover-Analyse G.13, G.47, G.48
Pushover-Kurve G.13, G.14, G.47
Puzzolanische Stoffe B.7

Querbiegung D.72
Querdehnung C.31f
Querdehnzahl D.13
Querkraft D.61, E.32ff, F.60, F.70, F.106
Querkraftbewehrung D.138
Querkraftversagen F.52
Querkraftwiderstand F.62
Querschnittsbetrachtung F.34
Querschnittssteifigkeit C.4, C.10, C.19
Querschnittsverkleinerung A.15
Querschnittswerte F.43, F.98
Querspannglieder E.46ff

Rahmen F.39
Rahmenartige Tragwerke C.25
Rahmenecken D.114ff
– mit negativem Moment D.114
– mit positivem Moment D.116
Rahmenknoten D.118ff
   Rahmenendknoten D.118
   Rahmeninnenknoten D.119
Rayleigh G.12
Regelmäßigkeitskriterien G.11, G.15, G.18
Reibung F.29, F.44, F.46, F.101

Reibungskräfte F.31
Relaxation F.23, F.27, F.48, F.50, F.104
Repräsentativer Wert D.5
Richtungsüberlagerung G.20, G.36, G.39
Rissabstand F.85
Rissbildung F.67, F.79, F.84, F.86, F.109
Rissbreite D.53, F.85, F.88, F.93
Rissbreitenbegrenzung D.53, E.44ff, E.52
   Grenzabstand D.56
   Grenzdurchmesser D.56
Rissbreitenbeschränkung F.84, F.85, F.90
Risskraft F.87
Rissmoment C.71, E.31, F.59
Robustheit D.44, E.31
Rotationsfähigkeit C.5ff, C.8f, C.15, C.70, F.57
Rotationssteifigkeit C.28
Rotationsvermögen C.57
Rundschnitt, kritischer D.82

Schädigungsäquivalente
   Schwingbreite E.36, E.64
Scheiben C.8, C.56, C.58, C.73ff
Schiefe Hauptzugspannungen E.43
Schlankheit D.92
Schlupf F.101
Schnittgrößenermittlung E.18, F.27
Schnittgrößentabellen F.41
Schnittgrößenverteilung C.4, C.9
Schubbewehrung D.61, D.79, G.27, G.43, G.44
Schubfugen D.72
Schwindbehinderte Bauteile E.57
Schwinden F.23, F.48, F.66, F.103
Schwindmaß D.13
Schwingungen E.42, E.56
Schwingzeit G.12, G.35
Segmentbauweise F.31
Sicherheit D.5
Sicherheitsfaktor D.5
Sicherheitsnachweis D.5
Sonderzemente B.11
Spaltzugbewehrung E.12, E.28, E.58, F.63, F.81, F.96
Spaltzugkräfte F.72
Spannanker F.13
Spannbett F.4, F.7, F.9, F.50
Spanndraht F.4
Spanngliedanordnung F.94
Spannglieder E.17, E.34, E.54, E.65, E.74, F.4
   Kopplungen E.34, E.54, E.74, F.12, F.33, F.96
   Verankerungen E.66
Spanngliedverankerung F.11, F.96
Spanngliedverlauf F.32, F.38, F.98
Spannkraft F.46
Spannkrafteinleitung F.71
Spannkraftverluste F.44, F.47, F.101, F.104
Spannlitze F.4
Spannpresse F.4, F.29
Spannstab F.4
Spannstahl B.63, D.16, F.9, F.18

Spannstahldehnung F.54
Spannstahlspannung F.55, F.83, F.87, F.109
Spannungsbegrenzung D.53, F.83, F.108
Spannungsblock F.57
Spannungs-Dehnungs-Linie
   Beton D.11
   Betonstahl D.15
   für die Querschnittsbemessung D.11
   für die Schnittgrößenermittlung D.11
   Spannstahl D.16
   vereinfachte D.13
Spannungsermittlung D.45
Spannungs-Riss-Korrosion E.30
Spannungsumlagerung F.87
Spannweg F.49
Spektralbeschleunigungs-Spektralverschiebungs Diagramm G.14, G.49
SRSS-Regel G.12, G.37, G.39
Stab F.18, F.48
Stababstand F.92
Stabbündel D.138
Stabdurchmesser F.93
Stabilität des Gesamttragwerks C.27
Stabwerkmodell C.73, C.75, F.72, D.106ff
Stahlbetondurchlaufplatte A.21
Stahlbetondurchlaufträger A.25
Stahlbeton-Innenstütze A.28
Stahlbeton-Kragstütze mit Horizontallast A.35
Stahlbetonwände E.57
Standsicherheit G.18
statisch bestimmt F.34
statisch unbestimmt F.35, F.66, F.100
Steifigkeitsmittelpunkt G.9, G.16, G.17, G.33, G.36, G.39
Steifigkeitsschwerpunkt G.33
Steifigkeitsverhältnis C.4
Steifigkeitsverteilung G.10
Streuungen der Vorspannkraft F.30
Stützenbemessung A.16
Stützung, direkte D.63
Stützung, indirekte D.63
Stützung, unberücksichtigte C.36
Stützung, unterbrochene C.44
Stützweite D.39, D.58

Tabellarische Daten A.17
Taktschiebeverfahren F.33
Teilflächenbelastung D.124, E.62
Teilsicherheitsbeiwerte D.5, D.6, E.4, E.10ff, E.31, E.38, E.40, F.53
Teilvorspannen F.30
Temperatur F.66
Tension Stiffening F.85
Theorie II. Ordnung C.3, C.16, C.27ff, G.14, G.19, G.37
Thermische Analyse A.11
Thermische Eigenschaften A.10
Thermische Einwirkungen A.4
Torsion D.79

Stichwortverzeichnis

kombinierte Beanspruchung D.81
reine D.79
Torsion E.34, F.65, F.70
Torsionseffekt G.34, G.38, G.40
Torsionsmoment G.16, G.17, G.36
Torsionsradius G.16, G.33, G.34
Torsionsschwingungen G.9, :17, G.38
Torsionswirkung G.15, G.36
Träger mit Öffnungen D.126
Tragfähigkeit G.18
Tragwerk Lagerhaus A.21
Tragwerksduktilität C.6
Tragwerksverformungen E.10
Tragwiderstand E.10ff, E.20
Translationssteifigkeit C.27

Übergreifungslänge
    Betonstahlmatten D.137
    Stabstahl D.136
Überspannen F.15, F.45
Überspannreserve E.26, E.42
Übertragungslänge F.74, F.76
Überwachung E.8, E.13, E.66ff
Umlagerung C.3, C.5ff, C.30, C.56, C.60
Umlenkelement F.4
Umlenkkraft C.75, C.77, F.31, F.38
Umlenkkraftmethode F.35, F.36
Umlenkwinkel F.47
Umschnürungsbewehrung G.24, G.27, G.30, .G.45
Umschnürungsbügel G.25, G.26
Unberücksichtigte Stützungen C.36
Unterbrochene Stützung C.44
Untergrundklassen G.3, G.4, G.6, G.32

Verankerung F.71
Verankerungskräfte F.31, F.38
Verankerungslänge D.134f, F.76, F.78
Verbund F.86, F.87
Verbundbedingung D.133
Verbundfestigkeit E.37, E.52
Verbundmechanismen F.74
Verbundspannung D.133, F.75, F.77
Vereinfachte Rechenverfahren A.13
Vereinfachtes Antwortspektrenverfahren G.11, G.34
Verformungen D.58, F.93
Verformungsbasierter Nachweis G.13
Verformungsbegrenzung D.58
Verformungsberechnung C.16, C.18

Verformungseigenschaften A.7
Verhaltensbeiwert G.5, G.6, G.7, G.10, G.19, G.21, G.22, G.23, G.32
Versagen ohne Vorankündigung D.6
Versagensarten F.52
Versatzmaß D.67
Verteilungszahl G.17, G.36, G.37, G.39
Verträglichkeitsbedingung F.37
Verwaltung E.7ff, E.16
Vorbemessung F.100
Vordehnung F.54, F.59
Vorgedrückte Zugzone F.4
Vorspanngrad F.8
Vorspannkraft E.25ff, E.31, E.38ff, E.54, E.65, F.29
Vorspannung E.11, F.5, F.28, F.31
    Mittelwert E.26
    mit Verbund F.86
    ohne Verbund F.7, F.12, F.15, F.30, F.48, F.55, F.58, F.71, F.95
    zulässige E.27
Vorspannung mit nachträglichem Verbund F.4, F.7, F.9, F.30, F.44, F.48, F.71, F.95
Vorspannung mit sofortigem Verbund F.4, F.7, F.9, F.30, F.48, F.49, F.74, F.95

Wandartige Träger C.73ff
Wandbemessung G.42
Wärmenachbehandlung F.50
Werkkennzeichen Betonstahl B.49
Widerstand D.4
Wöhlerlinie E.34, F.20

Zeitabhängiges Materialverhalten F.23, F.44, F.47, F.66, F.103
Zement B.6
Zerrbalken G.10, G.29, G.30
Zerschellschicht E.41, E.71
Zielverschiebung G.48, G.49
Zonenmethode A.16
Zugabewasser B.18
Zugfestigkeit B.29
Zuggurt D.71
Zugstab C.75, C.77
Zugzone F.4
Zusätzliche technische Vertragsbedingungen E.7
Zustand II F.67, F.86, F.89
Zwangsbeanspruchung D.54, F.29, F.66
Zweifeldträger F.41